DICTIONNAIRE DES SCIENCES ET TECHNIQUES DU PÉTROLE

Anglais-Français
Français-Anglais

COMPREHENSIVE DICTIONARY OF PETROLEUM SCIENCE AND TECHNOLOGY

English-French
French-English

CHEZ LE MÊME ÉDITEUR • FROM THE SAME PUBLISHER

- Guide pratique pour le système international d'unités (SI), (2e édition).
  M. MOUREAU
- Dictionnaire de prospection sismique. Anglais-Français, Français-Anglais.
  Dictionary of Seismic Prospecting. English-French, French-English.
- Dictionnaire du forage et des puits. Anglais-Français, Français-Anglais.
  Dictionary of Drilling and Boreholes. English-French, French-English.
  M. MOUREAU, G. BRACE
- Glossaire de stratigraphie séquentielle. Anglais-Français.
  C. CRAMEZ

Publications de l'Institut Français du Pétrole

DICTIONNAIRE DES SCIENCES ET TECHNIQUES DU PĒTROLE

Anglais-Français
Français-Anglais

COMPREHENSIVE DICTIONARY OF PETROLEUM SCIENCE AND TECHNOLOGY

English-French
French-English

Magdeleine MOUREAU
Gerald BRACE
Institut Français du Pétrole

NEW EDITION
COMPLETELY REVISED
EXPANDED AND UPDATED

NOUVELLE ÉDITION
ENTIÈREMENT REFONDUE
COMPLÉTÉE ET MISE À JOUR

1993

ÉDITIONS TECHNIP 27 RUE GINOUX 75737 PARIS CEDEX 15

ISBN 2-7108-0648-7

Imprimé en France par Normandie Roto Impression s.a., 61250 Lonrai

...donner un sens plus pur aux mots de la tribu.

Stéphane MALLARMÉ

"That's a great deal to make one word mean," Alice said....

Lewis CARROLL

Preface

This dictionary is the successor to the Dictionary of Petroleum Technology *published in 1979, which in turn was the successor to the* Technical Dictionary of Terms Used in the Petroleum Industry *published in 1963. The philosophy behind it is still the same,* i.e. *to provide its users with a linguistic implement enabling them to solve their translation problems without having to resort to other works.*

With its nearly 70,000 entries, this dictionary is almost twice the size of the first edition. The range covered has evolved. New technologies and techniques have appeared, others have been altered, while still others have lost some of their importance. But the most characteristic trend, concerning the vocabulary used in petroleum science and technology, is the accentuation of its extraordinary diversity. There are very few sciences or technologies that are not included. However, the fields covered are not limited to science and technology. Economic, social or legal vocabularies are largely included in this dictionary.

As for the preceding editions, the terms were mainly gleaned from a large number of widely varying publications (books, periodicals, meeting papers) concerning the petroleum sector. Colloquial terms may also be found. The countless databases consulted covering the petroleum literature as a whole include, in particular, those of the American Petroleum Institute *and the* University of Tulsa *for English-language vocabulary, and that of* Centre National de la Recherche Scientifique *for French. They were used systematically to search for new terms or to check the frequency of use to see whether terms should be maintained or dropped.*

Avant-propos

Ce dictionnaire fait suite au *Dictionnaire technique du pétrole* publié en 1979, qui lui même faisait suite au *Dictionnaire technique des termes utilisés dans l'industrie du pétrole* publié en 1963. Sa conception est toujours la même : fournir aux utilisateurs un outil linguistique permettant de résoudre leurs problèmes de traduction, de quelque nature qu'ils soient, sans avoir recours à d'autres ouvrages.

Avec près de 70 000 entrées, ce nouveau dictionnaire compte presque deux fois plus de termes que la première édition. Le domaine couvert a évolué : de nouvelles techniques sont apparues, d'autres se sont modifiées et d'autres enfin ont perdu leur importance. Mais la tendance la plus caractéristique dans l'évolution du vocabulaire utilisé dans l'industrie du pétrole est l'accentuation de son extraordinaire diversité ; rares sont les sciences ou les techniques auxquelles elle n'a pas recours. Les domaines couverts ne se limitent pas à ceux de la science et de la technique ; les vocabulaires économique, juridique ou des relations sociales sont largement pris en compte dans ce dictionnaire.

Comme pour les précédents ouvrages, la collecte des termes s'est principalement effectuée à partir des très nombreuses publications (livres, périodiques, communications à des congrès) qui intéressent le secteur pétrolier ; mais des termes du jargon parlé ont été aussi répertoriés. Les nombreuses bases de données concernant l'ensemble de la littérature pétrolière, en particulier celles de l'*American Petroleum Institute* et de l'*Université de Tulsa* pour le vocabulaire anglais, du *Centre National de la Recherche Scientifique* pour le français, ont permis de rechercher systématiquement les termes nouveaux ou de vérifier les occurrences de termes déjà retenus pour en justifier la présence.

Comment utiliser ce dictionnaire

Présentation des termes

Les termes qui composent le dictionnaire se trouvent sous deux formes d'entrée : **entrée principale** (en caractère gras) et **entrée secondaire** (en petits caractères gras), l'entrée secondaire regroupant sous l'entrée principale tous les termes composés avec elle.

> **abandonment** – abandon *m* ; délaissement *m*.
> **abandonment of a ship:** délaissement d'un navire.
> **abandonment shales:** argiles d'abandon.

Cette présentation permet de trouver rapidement, pour chacun des termes, un large éventail de ses emplois possibles et des différentes traductions qui peuvent correspondre à chacun d'entre eux. Elle permet aussi d'imaginer comment construire, par analogie, la traduction d'un terme composé qui ne figurerait pas dans ce dictionnaire. Une entrée principale est généralement un mot simple, mais un nom composé peut également figurer en entrée principale.

> **Arabian light** – arabe léger, *pétrole brut d'Arabie saoudite utilisé comme brut de référence pour la cotation des prix sur le marché international.*

Ordre alphabétique

Le classement alphabétique s'effectue sur les lettres de chaque mot, l'espace blanc étant pris en compte comme séparateur. Ainsi chaque mot simple sera suivi de tous les mots composés formés à partir de lui. Les prépositions et les articles figurant dans les mots composés entrent dans le classement alphabétique, donc il faudra penser à leur possible variations. Le classement sera :

anchor	et non	**anchor**
anchor buoy		**anchorage**
anchor cable		**anchor buoy**
anchor fluke		**anchor cable**
anchor piling		**anchor fluke**
anchor shank		**anchoring**
anchor winch		**anchor piling**
anchorage		**anchor shank**
anchoring		**anchor winch**

Le trait d'union peut selon le cas être considéré comme un séparateur à l'égal d'un blanc ou n'être pas pris en compte dans le classement alphabétique qui s'effectuera alors sur l'ensemble des lettres.

arrache-clavette *m* – cotter puller.
arrache-coulisse *m* – jar socket. *jar-tongue socket (drill).*
arrachement *m* – plucking.
arrache-moyeu *m* – hub puller.
arracher – wrench (to).
arrache-tige *m* – drill-collar spear.

C'est le cas pour les noms composés d'un préfixe dont la tendance est à se souder en un seul mot, car le trait d'union disparaît de plus en plus dans la pratique et nous avons suivi cette évolution. Il est donc fortement recommandé, à qui ne trouverait pas un mot composé sous le mot simple qui le compose, de le rechercher à la place alphabétique de ses composés soudés où il se trouvera, avec ou sans trait d'union. On peut même, dans un petit nombre de cas, trouver la même expression en deux endroits : par exemple, **fresh water** : eau douce, se trouvera sous l'adjectif **fresh** en entrée secondaire et à **freshwater** en entrée principale.

fresh – frais ; nouveau. **fresh air**: air frais ; air pur **fresh water**: eau douce.
freshet – avalaison *f*, *crue violente se produisant en montagne.*
freshwater – dulçaquicole, *qui vit exclusivement dans les eaux douces* ; d'eau douce. **freshwater cooler**: réfrigérant à l'eau douce, *échangeur de chaleur.* **freshwater deposit:** dépôt d'eau douce.

Dans un petit nombre de cas il a été fait exception à l'ordre alphabétique strict : par exemple : **light breeze, gentle breeze, moderate breeze, fresh breeze, strong breeze** seront regroupées sous le terme **breeze** et dans cet ordre, c'est-à-dire celui de leur force sur l'échelle Beaufort.

Les entrées secondaires au pluriel sont traitées comme étant des singuliers.

Traduction des termes

Chaque entrée est accompagnée de traduction ou, s'il n'y a pas de traduction, d'un commentaire. Les termes traduits sont présentés en caractères romains ; s'il y a plusieurs traductions possibles, celles-ci se trouveront dans l'ordre alphabétique.

area – aire *f*; domaine *m*; plage *f*; région *f*; superficie *f*; surface *f*; zone *f*.

S'il n'existe pas de traduction, on trouvera une explication présentée en caractères italiques : dans la plupart des cas il s'agira d'abréviations ou de renvois.

ACT – *abrév. de automatic control transfer, ou automatic custody transfer.*

Indicateurs grammaticaux

Le genre des substantifs français est indiqué pour chaque entrée principale : *f* pour féminin, *m* pour masculin ; certaines entrées principales ne figurent dans ce dictionnaire que pour indiquer le genre de leurs termes composés. Certains pluriels irréguliers figurent à leur ordre alphabétique et renvoient au terme au singulier, par exemple **coraux** à **corail** ou **teeth** à **tooth**. Dans la partie française les adjectifs sont entrés au masculin, mais regroupent aussi les formes féminines qui peuvent figurer dans le dictionnaire :

> **petit** – little; minute; small, *fem. petite.* **petite baie :** cove. **petit bras de mer :** inlet. **petite calorie :** gram calorie. **petite carotte:** plug. *taken from the core sample.* **petit chelem:** small slam. *a computing procedure based on data from a dual-induction*

C'est dans la partie française qu'est indiquée la forme féminine d'un adjectif quand cela a été jugé nécessaire.

Les verbes sont reconnaissables par l'adjonction systématique de **(to)** à la forme anglaise.

Majuscules et minuscules

Au début de chaque entrée les minuscules et les majuscules sont utilisées pour identifier noms communs et noms propres et tiennent compte des habitudes dans les deux langues.

> **Asturian** – asturien *(strat)*. **Asturian orogeny:** phase asturienne, *phase tectonique majeure de l'orogenèse varisque.*

Les noms des produits et procédés de marque déposée sont indiqués par une majuscule.

> **Aerocat** – *dénomination d'une série de catalyseurs de craquage silice-alumine.*

Cependant, quand un nom propre est si répandu qu'il est utilisé comme nom commun dans la grande majorité des écrits, nous avons suivi cet usage.

> **moteur diesel :** diesel engine.

Abréviations

Chaque abréviation est suivie de sa forme développée.

> **AAPG** – *abrév. de American Association of Petroleum Geologists.*

Parfois elle n'existe que dans une seule langue, parfois dans les deux. Dans ce cas l'abréviation équivalente figure comme traduction suivie des formes développées dans les deux langues.

> **ALU** – UAL, *abrév. de arithmetic logic unit : unité arithmétique et logique.*

Les sigles et acronymes d'organismes sont également développés et parfois, leur raison d'être explicitée.

ARA – ARA, *zone de marché Amsterdam Rotterdam Anvers.*

Selon les textes certaines abréviations se trouveront tantôt écrites en majuscules, tantôt en minuscules (rpm, r.p.m., RPM, Rpm). Il n'existe pas de règles exactes les concernant. Dans ce cas nous avons opté pour la présentation la plus courante.

Les définitions et compléments

De nombreuses définitions ou courtes explications accompagnent les termes traduits. Elles ont pour but d'éclairer sur la signification d'un concept dont l'utilisation pure et simple pourrait poser des problèmes si l'on n'en comprend pas le contexte exact. Ces textes ont été rédigés par des spécialistes ou sont tirés d'ouvrages de référence.

accommodation – accommodation *f*; espace disponible, *espace potentiellement disponible, entre le fond de la mer et le niveau marin, pour l'accumulation des sédiments.*

Quand il s'agit de synonymes, la définition accompagne généralement l'équivalence préférée ou la plus courante.

accuracy – exactitude *f*, *étroitesse de l'accord entre le résultat d'un mesurage et la valeur vraie de la grandeur mesurée ; aptitude d'un instrument de mesure à donner des indications proches de la valeur vraie d'une grandeur mesurée* ; justesse *f*; précision *f*.

Des informations complémentaires y figurent aussi. Elles peuvent être l'indication d'une autre orthographe ou d'un ou de plusieurs synonymes ou l'indication d'un domaine qui précise l'utilisation du terme ; il est alors donné entre parenthèses soit sous forme abrégée (voir liste en annexe) soit en toutes lettres. Définitions et compléments sont présentés en italiques.

Les renvois

Des renvois sont utilisés pour des termes synonymiques que l'on rencontre dans une langue mais dont on ne veut pas encourager l'utilisation dans l'autre langue. Le terme *voir* sera alors suivi du terme synonymique dont il faudra utiliser la ou les traductions.

absorptive power: *voir absorptivity.*

Le terme **voir aussi** renvoie vers une information complémentaire : synonyme préféré accompagné d'une définition, concept associé ou antonyme :

adhesion – adhérence *f,* adhésion *f, voir aussi adherence.*

Les unités

Les unités utilisées dans l'industrie du pétrole sont largement répertoriées mais la référence de base est le Système international d'unités (SI). Les unités de base, les unités composées et les unités dérivées ayant un nom spécial y sont toutes rassemblées et accompagnées des grandeurs qu'elles représentent. Pour l'écriture des unités, le système SI comporte des règles strictes qu'il semble utile de passer brièvement en revue.

Les noms des unités, même constitués par des noms de savants, sont grammaticalement **des noms communs, leur initiale est une lettre minuscule et ils prennent un s au pluriel** (exemple : 10 newtons): sauf s'ils se terminent par s, x ou z et à l'exception du quintal dont le pluriel est quintaux. Une exception à cette règle est le degré Celsius qui prend un C majuscule.

Les symboles des unités (à l'exception du symbole de l'ohm qui est la lettre majuscule grecque oméga) **sont exprimés en caractères romains**, en général en caractères **minuscules** ; toutefois, si les symboles sont dérivés de noms propres, leur première lettre est un caractère romain majuscule (pascal : Pa).

Les symboles des préfixes sont aussi exprimés en caractères romains (à l'exception de micro qui est la minuscule grecque mu). Jusqu'à kilo (k) ce sont des minuscules, à partir de méga (M) des majuscules.

Les symboles ne prennent pas la marque de pluriel. Contrairement aussi à ce qui se fait pour les abréviations de mots, **les symboles des unités s'écrivent sans point final** mais cette interdiction ne s'applique pas au point de ponctuation à la fin d'une phase terminée par un symbole d'unité.

Les symboles d'unités s'écrivent en **caractères droits**, contrairement aux symboles des grandeurs qui s'écrivent en caractères **italiques**. Cependant, dans ce dictionnaire quand un symbole d'unité est inclus dans le corps d'une définition, il se trouve traité avec le même type de caractère, c'est-à-dire en italique.

Dans l'écriture des noms d'unités, le préfixe **ne doit être séparé du nom de l'unité ni par un espace, ni par un signe typographique quelconque**.

Si un nom d'unité ou un symbole contenant un préfixe est affecté d'un exposant, cela indique que le multiple de l'unité ou le sous-multiple de l'unité **est élevé à la puissance exprimée par l'exposant**. Par exemple : Gm^3 signifie $(Gm)^3$, volume d'un cube ayant un gigamètre d'arête, soit **10^{27} mètres cubes**. Pour désigner un milliard de mètres cubes il faut employer l'expression un kilomètre cube ($1\ km^3$).

Complémentarité des deux langues

Les entrées principales dans la version française sont principalement des substantifs, et dans la version anglaise souvent des adjectifs. Les définitions ne sont pas toujours les mêmes dans les deux versions ou n'accompagnent pas toujours les mêmes termes. Il est donc recommandé aux utilisateurs ayant un problème portant sur la traduction d'un terme (adjectif ou substantif) d'aller aussi consulter la version dans l'autre langue ; il y trouvera dans bien des cas un fil conducteur qui lui permettra de le résoudre.

Quelques ouvrages de référence

Webster's Ninth New Collegiate Dictionary.

McGraw-Hill Dictionary of Scientific and Technical Terms.

Encyclopedic Dictionary of Exploration Geophysics, R. E. Sheriff.

Glossary of Geology, American Geological Institute.

Glossary of Oilfield Production Terminology (GOT), American Petroleum Institute.

Glossary of Terms and Expressions Used in Well Logging, Society of Professional Well Log Analysts.

Grant and Hackh's Chemical Dictionary.

The Condensed Chemical Dictionary, Van Nostrand Reinhold Co.

Grand Dictionnaire Encyclopédique Larousse.

Dictionnaire de la Langue Française, P. Robert.

Dictionnaire de la Chimie et de ses Applications, C. Duval et R. Duval.

Dictionnaire de Géologie, A. Foucault et J.-F. Raoult.

Dictionnaire de l'Océan, Conseil International de la Langue Française.

Dictionnaire de Science du Sol, J. Lozet et C. Mathieu.

Liste des abréviations

acous.	acoustique
agr.	agronomie
amér.	américain
app.	appareillage
astron.	astronomie
auto.	automobile
aviat.	aviation
biochim.	biochimie
biol.	biologie
bot.	botanique
cartog.	cartographie
catal.	catalyse
chim.	chimie
chromat.	chromatographie
climat.	climatologie.
combus.	combustion
commun.	communication
constr.	construction
crist.	cristallographie
diag.	diagraphie
distil.	distillation
écol.	écologie
écon.	économie
élec.	électricité
électr.	électronique, électrotechnique
électromag.	électromagnétisme
explor.	exploration
fin.	finance
for.	forage
géoch.	géochimie
géog.	géographie
géol.	géologie
géom.	géométrie
géomorph.	géomorphologie
géoph.	prospection géophysique
gravim.	gravimétrie
hydrol.	hydrologie
impr.	impression, imprimerie
inform.	informatique
jur.	juridique, droit
mach.	machine
math.	mathématiques
méc.	mécanique
méc. fl.	mécanique des fluides
méc. quant.	mécanique quantique
méc. roc.	mécanique des roches
méc. stat.	mécanique statistique
métal.	métallurgie
météo.	météorologie
mine	mines, exploration minière
minér.	minéralogie
mot.	moteurs
naut.	nautique
nav., navig.	navires, navigation
nucl.	physique nucléaire
océan.	océanographie
opt.	optique
pal.	paléontologie
palyn.	palynologie
pédol.	pédologie
pétro.	pétrographie
photo.	photographie
photogram.	photogrammétrie
phys.	physique
phys. part.	physique des particules
physiol.	physiologie
pol.	pollution
prép.	préparation des produits
prod.	production du pétrole
raf.	raffinage
sédim.	sédimentologie
sism.	prospection sismique
spectrom.	spectrométrie
stat.	statistiques
stock.	stockage des produits pétroliers
strat.	stratigraphie
tect.	tectonique
text.	textile
thermo.	thermodynamique
topog.	topographie
transp.	transportation
trav. pub.	travaux publiques
tribol.	tribologie
typog.	typographie
zool.	zoologie.

How to Use the Dictionary

Presentation of Terms

The different terms making up the dictionary are given in two types of entries: **headword** *(in boldface characters) and* **subentry** *(in small boldface characters). The subentry is nested underneath the headword and includes all the composite terms made from it.*

affaiblissement *m* – attenuation, *reduction in the level of a quantity*; decay; fading. **affaiblissement des couleurs** : fading of colors. **affaiblissement linéique** : attenuation coefficient *(phys)*.

This presentation is designed to give quick access to as wide a range as possible of uses for each term as well as different translations that may correspond to each of them. By analogy, this also makes it possible to find the translation for a composite term that is not included in the dictionary.

A headword is usually a single word, but a composite term may also be used as a headword and likewise be followed by subentries.

arrache-tube *m* – bell socket, *fishing tool for cylindrical downhole drilling equipment*; casing dog; drill-collar spear; spear. tubing spear. **arrache-tube décrochable** : releasing spear.

Alphabetical Order

Alphabetical order of the terms is on a letter-by-letter basis, with any blank space being taken into consideration. Hence any single word will be followed by all the composite words formed from it. Prepositions and articles form an integral part of the entry. The order will thus be:

pompe	*and not*	**pompe**
pompe à chaleur		**pompé**
pompe d'épuisement		**pompe à chaleur**
pompe de cale		**pompe de cale**
pompe électrique		**pompe d'épuisement**
pompe rotative		**pompe électrique**
pompe volumétrique		**pomper**
pompé		**pomperie**
pomper		**pompe rotative**
pomperie		**pompe volumétrique**

Depending on the case, a hyphen may be recognized as a separator that is equal to a space, or it may be ignored in the alphabetical sequencing.

arrache-câble *m* – wire-rope chopper, *an elastic fork for fishing out a wireline.*
arrache-carotte *m* – core breaker: core catcher, *a spring designed to trap a core sample inside a core barrel:* core extractor; core lifter.
arrache-chemise *m* – liner puller.
arrache-clavette *m* – cotter puller.
arrache-coulisse *m* – jar socket, *jar-tongue socket (drill)*.
arrachement *m* – plucking.
arrache-moyeu *m* – hub puller.
arracher – wrench (to).
arrache-tige *m* – drill-collar spear.

This is the case for terms composed of a hyphenated prefix, since they are in the process of evolving toward being welded as a single word, with the hyphen tending to disappear more and more often in practice, and we have tried to keep pace with this evolution. It is thus strongly recommended, if a composite term is not found under the single word it starts with, to look and see whether it is listed in the alphabetical position of its unseparated components. This will also show whether or not the hyphen separating the two original terms has been maintained.

In a few instances the same terms can be found in two places. For example, **fresh water:** eau douce *is found under the adjective* **fresh** *as well as in the adjectival form* **freshwater** *as a headword followed by the composite terms it forms.*

fresh – frais: nouveau. **fresh air:** air frais: air pur **fresh water:** eau douce.

freshwater – dulçaquicole, *qui vit exclusivement dans les eaux douces*; d'eau douce. **freshwater cooler:** réfrigérant à l'eau douce, *échangeur de chaleur.* **freshwater deposit:** dépôt d'eau douce.

There are a few exceptions in the strict alphabetical order. For example, **très légère brise, légère brise, petite brise; jolie brise; bonne brise** *are given in that order to indicate their force in the Beaufort scale.*

Subentries are dealt with as if they were in the singular form.

Translation of Terms

Each entry is accompanied by its translation or by comments. If there are several possible translations, they are given in alphabetical order in roman type.

agitation *f* – agitating; agitation; shaking; stirring; wiggle.

If there is no translation, an explanation is given in italics. In most cases, this explanation has to do with an abbreviation.

AFTP – *abbr. Association française des techniciens du pétrole.*

Grammatical Indicators

*The gender of French nouns is indicated for each headword as "f" for feminine and "m" for masculine. Moreover, a few headwords are included in the dictionary solely to indicate the gender of its compound terms. Some irregular plurals are included in their regular alphabetical order with a cross-reference to the singular (*e.g. **coraux** *to* **corail** *or* **teeth** *to* **tooth***). In the French-English part, adjectives are given in the masculine form, but they also include the feminine forms that may be included as entries in the dictionary.*

petit – little; minute; small, *fem. petite.* **petite baie :** cove. **petit bras de mer :** inlet. **petite calorie :** gram calorie. **petite carotte :** plug, *taken from the core sample,* **petit chelem :** small slam, *a computing procedure based on data from a dual-induction*

It is also in the French-English part that the feminine form of an adjective is given whenever this is thought to be necessary.

Verbs can be recognized by the systematic addition of **(to)** *to the English form.*

Uppercase and Lowercase

Uppercase and lowercase letters are used at the beginning of each entry to identify proper nouns and common nouns in keeping with the uses of both languages.

arabe léger – Arabian light, *benchmark crude oil from Saudi Arabia.*

Tradenames for products and processes are indicated by an uppercase letter.

Alundum – Alundum, *trademark for a series of refractory and abrasive products.*

*However, when a proper noun is so widespread that it is used as a common noun in the great majority of the literature, we have complied with standard usage (*e.g. **moteur diesel :** diesel engine*).*

Abbreviations

Each abbreviation is followed by the term written out in full. It may exist in only one language or in both of them. When it exists in both languages, the equivalent is given as a translation followed by the full terms in both languages.

> **ATD** – DTA, *abbr. analyse thermique différentielle : differential thermal analysis.*

Acronyms for organizations are also given in full, or explained.

> **ARA** – ARA, *Amsterdam-Rotterdam-Antwerp market area.*

In practice there is considerable variation in the use of periods and capitalization (rpm, r.p.m., Rpm, RPM), and versions other than those given in this dictionary are often acceptable.

Definitions and Complements

This dictionary includes a great many definitions and explanations to clear up the meaning of a concept that might cause problems when used by itself without fully understanding exactly what it means. These definitions have been written by specialists or are taken from reference books.

> **alicyclique** – alicyclic, *refers to a group of organic compounds having carbon atoms arranged in closed ring structures, including cycloparaffins, cycloolefins and cycloacetylenes, as opposed to aromatic compounds.*

Since the translations of a term are given in alphabetical order, the definition generally follows the preferred equivalence or the one most often used.

> **asphalte** *m* – asphalt, *liquid or low-melting solid bitumen consisting almost entirely of carbon and hydrogen and soluble in carbon disulfide of either natural or artificial origin*; asphaltum; mineral pitch; petroleum pitch.

Complements may be either the indication of another spelling of one or more of the synonyms or else an indication of the field covered. Definitions and complements are given in italics.

Cross-references

Cross-references are given for synonymous terms encountered in a language but that should preferably not be used in the other one, in which case the term see *will be followed by the synonymous terms that should be used in translations.*

> **alcoylation** *f – see alkylation.*
> **alcoyle** *m – see alkyle.*

The cross-reference see also *gives additional information such as a preferred synonym accompanied by its definition, an associated concept or an antonym.*

additif *m* – addition agent; additive; dope, *see also agent.*

Units

The units used in the petroleum industry are widely referred to, but it is the International System of units (SI) that must be taken as the basic reference. The basic units, compound units and derivative units having special names are all referenced and accompanied by the quantities they represent. The SI system has strict rules for the writing of units, which it seems useful to review briefly here.

Grammatically, the names of units, including those formed from scientists' names, are **common nouns, their first letter is a lowercase letter, and they take an s in the plural** (e.g. *10 newtons), unless they end with s, x or z. One exception to this rule is the degree Celsius, which takes an uppercase C. Symbols for units (with the exception for ohm, which is the Greek uppercase letter omega)* **are written in roman characters**, *generally* **lowercase**. *However, if the symbols are derived from proper nouns, their first letter is a roman* **uppercase** *character.*

Symbols for prefixes are also written in roman characters (except for micro which is the Greek lowercase letter mu). Prefix symbols up to kilo (k) *are lowercase, and starting with mega* (M) *they are uppercase.*

Symbols have no plural form. The letter s, *moreover, stands for second. As opposed to the abbreviations of words,* **symbols for units are not followed by a period**, *except when the symbol is the last word in a sentence, in which case it is followed by a period to mark the end of the sentence.*

Symbols for units are written in **roman characters**, *as opposed to symbols for quantities which are in* **italics**. *However, when a unit symbol is included in a definition in this dictionary, it is dealt with in the same type of character,* i.e. *italics.*

The prefix **must not be separated from the unit by either a space or any typographic sign** *when the names of units are written.*

If a name of a unit or a symbol containing a prefix has an exponent, this means that the multiple or submultiple of the unit **is raised to the power expressed by the exponent**. *For example,* Gm^3 *means* $(\mathrm{Gm})^3$, i.e. *the volume of a cube having an edge equal to one gigameter,* i.e. $\mathbf{10^{27}}$ **cubic meters**. *To indicate one billion cubic meters, the expression one cubic kilometer must be used,* i.e. $1\ \mathrm{km}^3$.

Complementary of the Two Languages

The headwords in the French version are principally nouns, while in the English version they are very often adjectives. The definitions are not always the same in both versions nor do they always accompany the same terms. It is thus recommended that users having a problem concerning the translation of a term (adjective or noun) also refer to the version in the other language. In many cases, this may lead to a clue that will be of use in solving the problem.

Selected References

Webster's Ninth New Collegiate Dictionary.

McGraw-Hill Dictionary of Scientific and Technical Terms.

Encyclopedic Dictionary of Exploration Geophysics, R. E. Sheriff.

Glossary of Geology, American Geological Institute.

Glossary of Oilfield Production Terminology (GOT), American Petroleum Institute.

Glossary of Terms and Expressions Used in Well Logging, Society of Professional Well Log Analysts.

Grant and Hackh's Chemical Dictionary.

The Condensed Chemical Dictionary, Van Nostrand Reinhold Co.

Grand Dictionnaire Encyclopédique Larousse.

Dictionnaire de la Langue Française, P. Robert.

Dictionnaire de la Chimie et de ses Applications, C. Duval et R. Duval.

Dictionnaire de Géologie, A. Foucault et J.-F. Raoult.

Dictionnaire de l'Océan, Conseil International de la Langue Française.

Dictionnaire de Science du Sol, J. Lozet et C. Mathieu.

Field Abbreviations

acous.	acoustics	*mech.*	mechanics
agr.	agronomy	*metal.*	metallurgy
app.	apparatus, appliances	*meteo.*	meteorology
astron.	astronomy	*microbio.*	microbiology
auto.	automobile	*mine*	mining
aviat.	aviation	*miner.*	minerals, mineralogy
biochem.	biochemistry	*naut.*	nautical
biol.	biology	*nav.*	naval
bot.	botany	*navig.*	navigation
cartog.	cartography	*nucl.*	nuclear science
catal.	catalysis	*ocean.*	oceanography
chem.	chemistry	*opt.*	optics
chromat.	chromatography	*pal.*	paleontology
civ. eng.	civil engineering	*palyn.*	palynology
colloq.	colloquial	*pedol.*	pedology
combus.	combustion	*petro.*	petrography
comp. sci.	computer science	*photo.*	photography
constr.	construction	*photogram.*	photogrammetry
cryst.	crystallography	*phys.*	physics
distil.	distillation	*pol.*	pollution
drill.	drilling	*prep.*	preparation of products
ecol.	ecology	*prod.*	petroleum production
econ.	economics	*quant. mech.*	quantum mechanics
elec.	electricity	*ref.*	petroleum refining
electromag.	electromagnetism	*rock mech.*	rock mechanics
eng.	engines	*sedim.*	sedimentology
fin.	finance	*seis.*	seismology, seismic prospecting
fl. mech.	fluid mechanics	*spectrom.*	spectrometry
geochem.	geochemistry	*stat.*	statistics
geog.	geography	*stat. mech.*	statistical mechanics
geol.	geology	*strat.*	stratigraphy
geom.	geometry	*tect.*	tectonics
geomorph.	geomorphology	*text.*	textile
geoph.	geophysics	*thermo.*	thermodynamics
glacio.	glaciology	*tribol.*	tribology
gravim.	gravimetry	*topog.*	topography
hydrol.	hydrology	*transp.*	transportation
jur.	jurisprudence, law	*typog.*	typography
log.	well logging	*weld.*	welding
math.	mathematics	*zool.*	zoology

ANGLAIS – FRANÇAIS

A

a – a, *symbole de year (annum), are et atto.*

A – A, *symbole de ampere.*

AAA – *abrév. de American Automobile Association.*

AAAS – *abrév. de American Association for the Advancement of Science.*

Aalenian – Aalénien *m, étage du Jurassique moyen.*

AAPG – *abrév. de American Association of Petroleum Geologists.*

abaca – abaca *m, chanvre de Manille.*

abaft – arrière, *sur l'arrière, à l'arrière.*

abandon (to) – abandonner. **abandon (to) a claim**: abandonner une concession *(géol)* ; abandonner une revendication, *brevet.* **abandon (to) a well**: abandonner un puits, *fermer un puits qui a cessé d'être productif.*

abandoned – abandonné ; délaissé. **abandoned beach**: plage fossile *(géol)*. **abandoned cliff**: falaise morte. **abandoned-mine storage**: stockage dans une mine abandonnée. **abandoned oil**: huile abandonnée, *dans le gisement.* **abandoned patent**: brevet déchu. **abandoned shoreline**: rivage fossile *(géol)*. **abandoned well**: puits abandonné ; puits fermé. **abandoned workings**: chantier abandonné.

abandonment – abandon *m* ; délaissement *m.* **abandonment of a ship**: délaissement d'un navire. **abandonment shales**: argiles d'abandon, *argiles déposées dans des chenaux turbiditiques des cônes sous-marins de bassin, dès que ceux-ci deviennent inactifs.*

abatement – diminution *f* ; limitation *f* ; réduction *f.*

Abbe – Abbe. **Abbe refractometer**: réfractomètre d'Abbe. **Abbe theory**: théorie d'Abbe, *formation des images optiques par le processus de la double diffraction.*

ABC-transaction – transaction ABC, *transaction tripartite portant sur la vente et l'achat de production pétrolière et ayant pour but d'éviter le paiement de certaines taxes.*

abd – *abrév. pour abandoned (for).*

Abel – Abel. **Abel closed tester**: appareil Abel, *pour déterminer le point d'éclair en vase clos.*

Abelian – abélien, *commutatif.* **Abelian group**: groupe abélien *(math)*.

aberrancy – aberrance *f (stat).*

aberration – aberration *f.*

ability – aptitude *f.*

abiogenic – abiogène. **abiogenic oxidation**: oxydation abiogène.

abiogenesis – abiogenèse *f.*

abiotic – abiotique. **abiotic environment**: environnement abiotique. **abiotic substance**: substance abiotique.

ablation – ablation *f* ; fusion *f, des glaciers.* **ablation moraine**: moraine d'ablation.

Abney – Abney. **Abney level**: niveau d'Abney, *clinomètre.*

abnormal – anormal. **abnormal combustion**: combustion anormale. **abnormal contact**: contact anormal. **abnormal dip**: pendage anormal. **abnormal event**: événement anormal, *en sismique tout ce qui n'est pas réflexion.* **abnormal pressure**: pression anormale. **abnormal stress**: contrainte anormale. **abnormal variation**: anomalie magnétique. **abnormally-high pressure**: pression sous-compactée *(for)* ; surcompression *f.*

aboard – à bord.

aboveground – carreau d'une mine ; à ciel ouvert ; au-dessus du sol ; superficiel ; à la surface. **aboveground storage facility**: installation de stockage en surface.

abradant – abrasif *m.*

abrasijet – abrasijet *m (for).*

abrasion – abrasion *f.* **abrasion drilling**: forage par abrasion. **abrasion level**: niveau d'abrasion. **abrasion platform**: plate-forme d'abrasion *(géol)*. **abrasion resistance**: résistance à l'abrasion ; résistance à l'érosion. **abrasion-testing machine**: machine à vérifier l'usure par abrasion.

abrasive – abrasif. **abrasive cloth**: toile émeri. **abrasive disk**: disque abrasif. **abrasive-jet drilling**: perforation par jet abrasif *(for)*. **abrasive jetting**: abrasijet *m, technique consistant à perforer un tubage à l'aide d'un fluide véhiculant une matière solide* ; perforation par jet abrasif. **abrasive paper**: papier abrasif ; papier de verre. **abrasive perforating**: perforation par jet abrasif *(for)*. **abrasive powder**: poudre abrasive. **abrasive power**: pouvoir abrasif. **abrasive rock**: roche abrasive ; roche d'érosion. **abrasive wear**: usure par abrasion. **abrasive wheel**: meule abrasive.

abrasiveness – abrasivité *f.*

abreast – côte à côte.

abrupt – abrupt. **abrupt contact**: contact abrupt.

ABS – ABS, *abrév. de acrylonitrile-butadiene-styrene, de alkylbenzene-sulfonate, et de American Bureau of Shipping.* **ABS resin**: résine ABS.

abscissa – abscisse *f.*

absolute – absolu. **absolute age**: âge absolu, *âge des sédiments déterminé au moyen de leur radioactivité naturelle.* **absolute alcohol**: alcool absolu ; alcool éthylique anhydre. **absolute altitude**: altitude absolue, *se mesure à partir d'un* *zéro qui est généralement fixé par le niveau de la mer.* **absolute boiling point**: point d'ébullition absolu. **absolute ceiling**: plafond absolu. **absolute density**: densité absolue. **absolute disintegration rate**: vitesse absolue de désintégration. **absolute deviation**: déviation absolue ; écart absolu. **absolute error**: erreur absolue. **absolute expansion**: dilatation absolue, *d'un liquide par opposition à sa dilatation apparente.* **absolute humidity**: humidité absolue, *masse d'eau présente dans une unité de volume d'air, en grammes par mètre cube.* **absolute open-flow potential**: débit potentiel absolu, *d'un puits.* **absolute orientation**: orientation absolue. **absolute parallax**: parallaxe absolue. **absolute permeability**: perméabilité absolue, *perméabilité monophasique d'une formation.* **absolute permittivity**: permittivité absolue, *permittivité.* **absolute porosity**: porosité brute ; porosité totale, *comprend non seulement les pores interconnectés mais aussi ceux qui sont fermés par un ciment.* **absolute potential**: potentiel absolu. **absolute pressure**: pression absolue, *égale à la pression indiquée par un manomètre, plus la pression atmosphérique.* **absolute temperature**: température absolue, *température mesurée d'après l'échelle Kelvin.* **absolute time**: temps absolu. **absolute vacuum**: vide absolu. **absolute value**: valeur absolue. **absolute viscosity**: viscosité absolue ; viscosité dynamique, *s'exprime en SI en pascal-seconde.* **absolute zero**: zéro absolu, *0 K = – 273,16°C ou – 459,72°F.*

absorbance – absorbance *f, logarithme décimal du rapport de l'intensité lumineuse incidente à l'intensité transmise.*

absorbed – absorbé. **absorbed dose**: dose absorbée. **absorbed dose rate**: débit de dose absorbée.

absorbent – absorbant *m.* **absorbent clay**: terre absorbante. **absorbent earth**: terre absorbante. **absorbent oleophilic-belt skimmer**: recupérateur à bande absorbante.

absorber – absorbeur *m* ; colonne d'absorption. **absorber oil**: huile d'absorption.

absorptance – absorptance *f, rapport du flux rayonnant absorbé par un corps au flux incident.*

absorptiometer – absorptiomètre *m.*

absorption – absorption *f.* **absorption area**: aire d'absorption. **absorption band**: bande d'absorption. **absorption coefficient**: coefficient d'absorption, *le coefficient d'absorption d'un gaz dans un solvant est le volume de gaz absorbé par l'unité de volume du solvant.* **absorption column**: colonne d'absorption. **absorption cross-section**: section efficace d'absorption. **absorption curve**: courbe d'absorption. **absorption cycle**: cycle à absorption, *réfrigération.* **absorption extraction**: extraction par absorption. **absorption factor**: facteur d'absorption ; pouvoir d'absorption. **absorption filter**: filtre d'absorption *(élec).* **absorption gasoline**: essence d'absorption, *essence de dégazolinage par absorption.* **absorption gasoline-recovery process**: procédé de récupération d'essence par absorption. **absorption line**: raie d'absorption. **absorption loss**: perte par absorption. **absorption oil**: huile d'absorption. **absorption plant**: unité d'absorption, *installation de récupération de l'essence contenu dans les gaz.* **absorption process**: procédé d'absorption. **absorption-refrigeration system**: système de réfrigération à absorption. **absorption spectroscopy**: spectroscopie d'absorption. **absorption spectrum**: spectre d'absorption. **absorption tower**: dégazolineur *m.* **absorption tube**: tube à absorption.

absorptive – absorptif. **absorptive power**: *voir absorptivity.*

absorptivity – absorptivité *f*; coefficient d'extinction *(spectrom)* ; pouvoir d'absorption.

abstract – résumé *m.*

abstraction – élimination *f.*

abundance – abondance *f, nombre d'individus d'un taxon par unité de surface (écol).* **abundance ratio**: rapport des teneurs isotopiques ; rapport isotopique, *quotient des masses des isotopes d'un même corps présents dans un échantillon.* **abundance zone**: *voir acme zone.*

abutment – aboutement *m* ; arc-boutant *m* ; butée *f*; contrefiche *f*; contrefort *m* ; culée *f.*

abutting – aboutant ; attenant. **abutting joint**: assemblage en about.

abyss – abîme *m* ; abysse *m* ; gouffre *m.*

abyssal – abyssal. **abyssal area**: région abyssale. **abyssal deposits**: dépôts abyssaux. **abyssal depth**: profondeur abyssale. **abyssal environment**: milieu abyssal. **abyssal fissure**: fente abyssale. **abyssal floor**: fonds abyssaux. **abyssal ooze**: boue abyssale. **abyssal plain**: plaine abyssale. **abyssal rock**: roche abyssale. **abyssal zone**: zone abyssale, *étage profond de la zonation benthique, situé entre les étages bathyal et hadal.*

AC – CA, *abrév. de alternating current, courant alternatif.*

Acadian – Acadien *m, étage du Cambrien moyen.*

accelerated – accéléré. **accelerated aging**: vieillissement accéléré. **accelerated aging test**: essai de vieillissement accéléré. **accelerated depreciation**: amortissement accéléré. **accelerated gum**: gomme accélérée. **accelerated motion**: mouvement accéléré. **accelerated particle**: particule accélérée. **accelerated sludge test**: essai accéléré de formation des dépôts. **accelerated speed**: vitesse accélérée.

accelerating – accélérateur. **accelerating agent**: accélérateur *m (chim).* **accelerating electrode**: électrode d'accélération.

acceleration – accélération *f.* **acceleration factor**: gradient de vitesse. **acceleration of free fall**: accélération de la pesanteur. **acceleration of gravity**: accélération de la pesanteur. **acceleration vector**: vecteur d'accélération.

accelerator – accélérateur *m.* **accelerator pedal**: pédale d'accélérateur. **accelerator pump**: pompe d'accélération.

accelerometer – accéléromètre *m.* **accelerometer-type seismometer**: sismographe accéléromètre.

acceptable – acceptable. **acceptable quality level**: niveau de qualité acceptable. **acceptable reliability level**: niveau de fiabilité acceptable. **acceptable risk**: risque acceptable. **acceptable risk level**: niveau de risque acceptable.

acceptance – acceptation *f*; admission *f*; réception *f.* **acceptance test**: essai d'homologation ; essai de réception ; recette *f.*

acceptor – accepteur *m, impureté d'un semiconducteur.*

access – accès *m.* **access road**: route d'accès ; voie d'accès. **access time**: temps d'accès. **access to oil**: accès à l'huile, *quantité d'huile librement commercialisable par chaque partie, équivalente aux droits à l'exportation pour la compagnie étrangère.*
accessibility – accessibilité *f.*
accessory – accessoire. **accessory element**: élément accessoire. **accessory mineral**: minéral accessoire.
accident – accident *m.* **accident insurance**: assurance contre les accidents.
accidental – accidentel. **accidental collision**: abordage fortuit. **accidental discharge**: déversement accidentel ; rejet accidentel *(pol)*. **accidental error**: erreur aléatoire ; erreur fortuite. **accidental exposure**: irradiation accidentelle. **accidental pollution**: pollution accidentelle. **accidental spill**: déversement accidentel.
acclimatization – acclimatation *f.*
acclivity – acclivité *f*; élévation *f*; montée *f.*
acclivous – montant ; en talus.
accommodation – accommodation *f*; espace disponible, *espace potentiellement disponible, entre le fond de la mer et le niveau marin, pour l'accumulation des sédiments.* **accommodations platform**: plate-forme de logement ; plate-forme de soutien logistique ; plate-forme hôtel *(for)*. **accommodations quarters**: quartiers d'habitation.
accordance – accord *m* ; conformité *f.* **in accordance with**: en accord avec.
account – bilan *m* ; compte *m* ; compte-rendu *m.* **accounts payable**: comptes fournisseurs.
account (to) – compter.
accounting – comptabilité *f.* **accounting control**: gestion comptable. **accounting money**: monnaie de compte. **accounting period**: exercice comptable, *période, en général annuelle, comprise entre deux arrêtés des comptes successifs* ; période comptable. **accounting position**: position comptable. **accounting practices**: usages comptables. **accounting procedure**: procédure comptable.
accreditation – accréditation *f.*
accretion – accrétion *f, augmentation du volume d'un corps par adjonction de matière extérieure* ; accroissement par alluvionnement ; aggradation ; atterrissement *m* ; engraissement *m, plage.* **accretion bar**: barre d'accrétion. **accretion beach**: côte d'accumulation. **accretion coast**: côte d'accumulation. **accretion prism**: prisme d'accrétion *(géol)*.
accrue (to) – résulter de ; s'ensuivre ; échoir. **accrue (to) from**: s'accumuler.
accrued – provisionné.
accumulate (to) – accumuler ; mettre en stock.
accumulated – accumulé. **accumulated divergence**: accumulation des erreurs.
accumulation – accumulation *f*; amoncellement *m.* **accumulation of cuttings**: accumulation de déblais *(for)*. **accumulation of mud**: accumulation de boue *(for)*. **accumulation of petroleum**: accumulation de pétrole, *concentration souterraine pouvant produire de l'huile en quantités suffisantes* ; mise en place du pétrole, *ou mise en place de l'huile.*
accumulator – accumulateur *m.* **accumulator battery**: batterie d'accumulateurs. **accumulator cell**: élément d'accumulateur. **accumulator lamp**: lampe à accumulateur. **accumulator tank**: accumulateur *m* ; réservoir d'emmagasinage.
accuracy – exactitude *f, étroitesse de l'accord entre le résultat d'un mesurage et la valeur vraie de la grandeur mesurée ; aptitude d'un instrument de mesure à donner des indications proches de la valeur vraie d'une grandeur mesurée* ; justesse *f*; précision *f.*
accurate – exact ; net ; précis.
acetaldehyde – acétaldéhyde *m, éthanal, aldéhyde éthylique, aldéhyde acétique, utilisé dans la fabrication de nombreux composés organiques industriels.*
acetate – acétate *m, sel ou ester de l'acide acétique.*
acetic – acétique. **acetic acid**: acide acétique. **acetic anhydride**: anhydride acétique.
acetolysis – acétolyse *f.*
acetone – acétone *f, diméthylcétone.*
acetonitrile – acétonitrile *m, utilisé comme solvant dans la distillation extractive, en particulier celle du butadiène.*
acetophenone – acétophénone *f, acétylbenzène, méthylphénylcétone, hypnone.*
acetoxycarbonylation – acétoxycarbonylation *f.*
acetoxylation – acétoxylation *f.*
acetyl – acétyle *m, radical monovalent.* **acetyl number**: indice d'acétyle, *mesure du nombre d'hydroxyles libres dans les corps gras obtenue en saponifiant un gramme d'un échantillon acétylé.* **acetyl value**: *voir acetyl number.*
acetylation – acétylation *f.*
acetylene – acétylène *m, éthyne.* **acetylene black**: noir d'acétylène. **acetylene burner**: bec à l'acétylène. **acetylene cutting**: découpage à l'acétylène. **acetylene cylinder**: bouteille d'acétylène. **acetylene generator**: générateur d'acétylène. **acetylene hydrocarbon**: hydrocarbure acétylénique, *alcyne.* **acetylene lamp**: lampe à acétylène. **acetylene lighting**: éclairage à l'acétylène. **acetylene welding**: soudure à l'acétylène.
acetylenic – acétylénique.
acetylnitroperoxide – *voir peroxyacetyl nitrate (PAN)*.
ACF – FAC, *abrév. d'autocorrelation function : fonction d'autocorrélation.*
Acheson – Acheson. **Acheson graphite**: graphite Acheson, *dénomination d'un graphite défloculé utilisé comme lubrifiant, voir aussi DAG.*
Acheulean – Acheuléen *m, faciès du Paléolithique inférieur.*
achievable – réalisable.
achievement – réalisation *f.*
achondrite – achondrite *f, météorite.*
achromatic – achromatique ; achrome. **achromatic lens**: achromat *m* ; lentille achromatique.
achromatism – achromatisme *m.*
acicular – aciculaire ; aiguillé.
acid – acide *m.* **acid aerosol**: aérosol acide. **acid alkylation**: alkylation à l'acide. **acid bath**: bain acide. **acid Bessemer steel**: acier Bessemer acide. **acid bottle**: bouteille pour acides ; récipient pour acides. **acid brittleness**: fragilisation par l'hydrogène. **acid buffer**: tampon acide. **acid chloride**: chlorure d'acide. **acid clay**: terre activée à l'acide

(raf). **acid corrosion**: corrosion par les acides. **acid deposition**: dépôt acide, *retombées atmosphériques acides*. **acid dump bailer**: cuiller pour mise en place de l'acide *(for)*. **acid dye**: colorant acide. **acid egg**: réservoir d'acide, *réservoir en fonte utilisé pour stocker les acides forts*. **acid etching**: avivage à l'acide ; décapage à l'acide. **acid flooding**: injection d'acide *(prod)*. **acid fog**: brouillard acide. **acid fracturing**: fracturation à l'acide. **acid free**: sans acide ; exempt d'acide. **acid gas**: gaz acide. **acid gel**: gel acide, *solution d'acide épaissie par addition de particules colloïdales*. **acid heat test**: essai d'échauffement sulfurique. **acid inhibitor**: inhibiteur de corrosion acide. **acid injection**: injection d'acide. **acid lava**: lave acide. **acid lining**: garnissage acide. **acid medium**: milieu acide. **acid number**: indice d'acide, *voir strong acid number et total acid number*. **acid/oil ratio**: rapport acide/huile. **acid precipitation**: précipitation acide, *neige ou pluie ayant un pH inférieur à 5,6*. **acid pump**: pompe à acide. **acid rain**: pluie acide. **acid recovery**: récupération d'acide. **acid-recovery plant**: unité de récupération d'acide. **acid refining**: raffinage à l'acide. **acid resisting**: résistant aux acides. **acid-resisting brick**: brique antiacide. **acid response curve**: courbe de réponse à l'acide, *acidification des réservoirs*. **acid-restoring plant**: installation de traitement des boues acides. **acid rock**: roche acide. **acid slag**: laitier acide. **acid sludge**: boues acides. **acid-smut emission**: émission de fumerons. **acid snow**: neige acide. **acid soil**: sol acide. **acid solution**: solution acide. **acid steel**: acier acide, *acier Bessemer*. **acid stress**: agression acide. **acid tar**: goudron acide. **acid test**: essai aux acides. **acid-treated clay**: terre activée à l'acide. **acid-treating equipment**: équipement de traitement à l'acide. **acid-treating process**: procédé de traitement à l'acide. **acid treatment**: traitement acide. **acid value**: *voir acid number*. **acid washing**: lavage à l'acide. **acid well treatment**: acidification des puits, *injection d'acides dans la formation productive pour élargir les pores de la roche-magasin et faciliter ainsi le drainage des fluides*.

Acidfrac – *dénomination d'un fluide de fracturation*.

acidification – acidification *f*.

acidify (to) – acidifier.

acidity – acidité *f*, *pour un minéral ou une roche, s'exprime par le pourcentage de silicium qu'il contient rapporté à la somme des cations. Les roches ayant plus de 60 % de silicium sont dites acides, de 50 à 60 % neutres, moins de 50 % basiques*. **acidity function**: fonction d'acidité.

acidize (to) – acidifier.

acidizer – acidifiant *m*.

acidizing – acidification *f*, *voir acid well treatment*. **acidizing fluid**: fluide d'acidification. **acidizing service**: service d'acidification. **acidizing tools**: outils d'acidification.

acidogenic – acidogène.

acidophilic – acidophile, *caractère de certains végétaux des eaux pauvres en calcaire*.

acidproof – inattaquable par les acides ; résistant aux acides. **acidproof alloy**: alliage résistant aux acides. **acidproof brick**: brique antiacide. **acidproof casting**: fonte résistant aux acides. **acidproof coating**: revêtement résistant aux acides. **acidproof lining**: revêtement résistant aux acides. **acidproof steel**: acier résistant aux acides.

acinose – granuleux.

aclinal – aclinal *(géol)*.

aclinic – aclinique, *se dit d'un lieu ou l'inclinaison du champ magnétique est nulle*. **aclinic line**: ligne aclinique, *équateur magnétique*.

acme – acmé *m*, *apogée*. **acme thread**: pas acmé, *filetage trapézoïdal*. **acme zone**: zone d'apogée, *groupe de couches correspondant à l'apogée d'un taxon*.

ACMH – *abrév. de Advisory Committee on Major Hazards (UK)*.

ACOPS – *abrév. de Advisory Committee on Pollution of the Sea*.

acoustic – acoustique, *voir aussi acoustical*. **acoustic admittance**: admittance acoustique. **acoustic-amplitude log**: diagraphie d'amplitude acoustique, *diagraphie d'amplitude sonique*. **acoustic basement**: socle acoustique ; socle sismique. **acoustic beacon**: balise acoustique. **acoustic cement-bond logging**: diagraphie acoustique de cimentation, *servant à analyser la qualité de la cimentation du tubage*. **acoustic communication**: transmission acoustique. **acoustic compensator**: compensateur acoustique. **acoustic coupler**: coupleur acoustique. **acoustic detection**: détection acoustique. **acoustic echo sounding**: méthode acoustique de mesure de profondeur. **acoustic filter**: filtre acoustique. **acoustic frequency**: fréquence acoustique. **acoustic hologram**: hologramme acoustique. **acoustic horizon**: horizon acoustique. **acoustic impedance**: impédance acoustique. **acoustic-impedance log**: diagraphie d'impédance acoustique. **acoustic-impedance section**: coupe d'impédance acoustique. **acoustic inertance**: *voir acoustic mass*. **acoustic insulation**: isolation acoustique. **acoustic intensity**: intensité acoustique. **acoustic isolation**: insonorisation *f*. **acoustic log**: diagraphie acoustique. **acoustic logging**: diagraphie acoustique ; diagraphie sonique. **acoustic mass**: masse acoustique. **acoustic measurement**: mesure acoustique. **acoustic method**: méthode acoustique. **acoustic noise**: bruit acoustique. **acoustic noise detector**: détecteur acoustique de bruit. **acoustic positioning**: positionnement acoustique. **acoustic receiver**: récepteur acoustique. **acoustic resistance**: résistance acoustique. **acoustic rod**: tige sonore. **acoustic surface wave (ASW)**: onde acoustique de surface. **acoustic survey**: diagraphie acoustique. **acoustic tomography**: tomographie acoustique. **acoustic transmission**: transmission acoustique. **acoustic transmitter**: transmetteur acoustique. **acoustic transparency**: transparence acoustique. **acoustic traveltime**: durée de trajet acoustique *(sism)*. **acoustic triangulation**: triangulation acoustique. **acoustic velocity**: vitesse acoustique, *vitesse du son*. **acoustic-velocity log (AVL)**: diagraphie de vitesse ; enregistrement de vitesse. **acoustic wave**: onde acoustique ; onde sonore. **acoustic well logging**: diagraphie acoustique.

acoustical – acoustique. **acoustical holography**: holographie acoustique. **acoustical material**: matériau acoustique ; matériau antibruit. **acoustical panel**: parabruit *m*, *dispositif d'insonorisation*.

acoustics – acoustique *f, science de la production, transmission et effets des sons.*
Acoustilog – *dénomination d'une diagraphie acoustique.*
acquisition – acquisition *f.*
acre – acre *m, unité de surface, 1 acre = 4046,856 m*^{2}. **acre-foot**: acre pied, *unité de mesure pour les réservoirs pétroliers, un acre d'une formation productive d'un pied d'épaisseur.* **acre-yield**: rendement à l'acre, *production moyenne de pétrole ou de gaz d'un acre de réservoir.*
acreage – superficie *f, en acres d'un permis.* **acreage rent**: impôt foncier.
acrid – âcre.
acritarch – acritarche *m, microfossile.*
acrolein – acroléine *f, aldéhyde acrylique, propénal.*
acrozone – *voir range zone.*
acrylamide – acrylamide *m.*
acrylate – acrylate *m.*
acrylic – acrylique. **acrylic fiber**: fibre acrylique. **acrylic resin**: résine acrylique.
acrylonitrile – acrylonitrile *m.* **acrylonitrile-styrene resin**: résine acrylonitrile-styrène.
ACS – *abrév. de American Chemical Society.*
act – acte *m.* **act of God**: calamité naturelle ; cas de force majeure.
ACT – *abrév. de automatic control transfer, ou automatic custody transfer.*
acting – *voir single acting et double acting.* **acting president**: président par intérim.
actinic – actinique. **actinic light**: lumière actinique. **actinic ray**: rayon chimique.
actinide – actinide *m, un des éléments radioactifs d'un groupe de numéro atomique compris entre 89 (actinium) et 103.*
actinium – actinium *m, symbole chim. Ac.*
actinograph – actinographe *m.*
actinolite – actinote *f, variété d'amphibole.*
actinometer – actinomètre *m.*
actinometry – actinométrie *f, mesure de l'intensité des radiations, et en particulier des radiations solaires.*
action – intervention *f*; acte *m* ; action *f*; effet *m* ; jeu *m.* **action code**: code d'intervention. **action period**: temps d'analyse, *traitement des données.* **action time**: temps d'occupation. **action turbine**: turbine à impulsion. **action variable**: variable d'action.
activated – activé. **activated alumina**: alumine activée. **activated carbon**: charbon activé. **activated charcoal**: charbon actif. **activated clay**: terre activée. **activated complex**: complexe activé. **activated fault**: faille rajeunie. **activated sintering**: frittage activé. **activated sludge**: boues activées, *flocons bactériens décantables formés lors du traitement des eaux résiduaires.* **activated-sludge process**: procédé aux boues activées, *traitement d'eaux usées par ensemencement avec des flocons bactériens récupérés des cycles précédents.*
activation – activation *f.* **activation energy**: énergie d'activation. **activation logging**: diagraphie d'activation.
activator – activateur *m* ; agent d'activation.
active – actif. **active beacon**: balise active. **active catalyst**: catalyseur actif. **active crater**: cratère actif. **active deposit**: dépôt actif. **active dune**: dune vive. **active energy**: énergie cinétique. **active fault**: faille active. **active filter**: filtre actif *(élec)*. **active hydrogen**: hydrogène actif ; hydrogène naissant. **active layer**: couche active, *voir aussi mollisol.* **active margin**: marge active, *voir convergent plate boundary.* **active matter**: matière active. **active mud tank**: bac à boue en circulation, *différent des bacs de préparation.* **active network**: réseau actif. **active nitrogen**: azote actif. **active safety**: sécurité active. **active section**: brin actif ; élément actif, *d'une flûte marine, élément qui comporte les hydrophones.* **active sensor**: capteur actif. **active shipping**: tonnage en service. **active site**: centre actif, *catalyseur* ; site actif, *d'un catalyseur.* **active tagging**: marquage actif. **active volcano**: volcan actif ; volcan en activité.
activity – activité *f.* **activity coefficient**: coefficient d'activité, *rapport de l'activité à la concentration, égal à l'unité dans le cas de solutions idéales ou infiniment diluées.*
actual – effectif ; réel. **actual age**: *voir absolute age.* **actual consumption**: consommation réelle. **actual cost**: coût réel. **actual drilling time**: temps de forage réel. **actual gradient**: gradient réel. **actual income**: revenu effectif. **actual order**: commande ferme. **actual payload**: charge réelle. **actual porosity**: porosité réelle. **actual resistivity**: résistivité réelle. **actual size**: grandeur réelle. **actual thickness**: épaisseur réelle. **actual value**: valeur réelle. **actual working**: fonctionnement *m.*
actualism – actualisme *m, théorie postulant que les phénomènes géologiques actuels étaient aussi valables dans le passé.*
actuate (to) – mettre en action ; mettre en marche.
actuated – actionné. **actuating cam**: came de commande ; came de poussée.
actuator – actionneur *m* ; actuateur *m* ; dispositif de commande.
acutance – acutance *f, mesure de l'aptitude d'un système photographique à reproduire la transition brusque d'un blanc à un noir.*
ACV – *abrév. de air-cushion vehicle.*
acyclic – acyclique, *voir aussi aliphatic.* **acyclic compound**: composé acyclique.
A/D – A/N, *abrév. de analog-to-digital : analogique à numérique.* **A/D conversion**: numérisation *f.* **A/D converter**: CAN, *abrév d'analog-to-digital converter : convertisseur analogique-numérique.*
Ada – Ada, *langage de programmation.*
adamantane – adamantane *m, hydrocarbure acyclique.*
adamantine – adamantin, *ayant l'éclat ou la dureté du diamant.*
adaptability – adaptabilité *f.* **adaptative filtering**: filtrage adaptatif.
adapter – adaptateur *m* ; allonge *f*; boisseau *m, d'un robinet* ; raccord *m.* **adapter bushing**: fourrure intermédiaire *(for)* ; réduction *f (for)*. **adapter flange**: bride d'adaptation. **adapter spool**: manchette à bride d'adaptation.
adaptive – adaptatif. **adaptive deconvolution**: déconvolution adaptative. **adaptive filter**: filtre autoadaptatif *(sism)*. **adaptive processing**: traitement adaptatif.
adaptivity – adaptivité *f.*

adaptor – *voir adapter.*

add (to) – ajouter ; joindre. **add (to) a new joint**: ajouter un nouveau raccord, *à une tige de forage.* **add (to) up**: additionner.

addendum – addendum *m* ; produit ajouté. **addendum circle**: cercle de couronne, *cercle de tête, cercle extérieur.* **addendum line**: ligne de couronne.

adder – additionneur *m.*

addition – addition *f.* **addition agent**: additif *m* ; agent d'addition, *voir additive* ; produit d'addition. **addition compound**: composé d'addition. **addition polymer**: polymère d'addition. **addition polymerization**: polyaddition *f*; polymérisation par addition. **addition reaction**: réaction d'addition.

additional – additionnel ; auxiliaire ; supplémentaire. **additional clause**: avenant *m, d'un contrat.* **additional time**: délai *m.*

additive – additif *m, voir aussi agent.* **additive containing**: additivé. **additive oil**: huile additivée ; huile dopée. **additive primary color**: couleur primaire additive.

address – adresse *f, dans la terminologie des calculatrices, désigne la case particulière d'un organe d'information.* **address bus**: bus d'adresse. **address space**: encombrement en mémoire.

addressing – adressage *m.*

adduct – adduit *m, à utiliser de préférence à complexe* ; produit d'addition *(chim).*

adenosine – adénosine *f (biochim).* **adenosine triphosphate (ATP)**: triphosphate d'adénosine (ATP), *molécule associée au transfert d'énergie dans les cellules vivantes.*

ADES – *abrév. de angular distribution electron spectroscopy.*

ADF – *abrév. de automatic direction finder.*

adfreezing – adhésion par congélation, *sous l'action de la glace (pédol).*

adherence – adhérence *f.*

adherometer – adhéromètre *m.*

adhesion – adhérence *f*; adhésion *f, voir aussi adherence.* **adhesion coefficient**: coefficient d'adhésion. **adhesion promoter**: agent d'adhésivité.

adhesive – adhésif. **adhesive bond**: liaison adhésive. **adhesive power**: adhérence *f*; pouvoir adhérent. **adhesive strength**: force d'adhésion. **adhesive wear**: usure adhésive.

adhesiveness – adhésivité *f.*

adiabatic – adiabatique. **adiabatic change**: changement adiabatique. **adiabatic compression**: compression adiabatique. **adiabatic contraction**: contraction adiabatique. **adiabatic cooling**: refroidissement adiabatique. **adiabatic cycle**: cycle adiabatique. **adiabatic expansion**: détente adiabatique. **adiabatic flow**: écoulement adiabatique. **adiabatic index**: exposant adiabatique. **adiabatic invariant**: invariant adiabatique. **adiabatic process**: processus adiabatique.

adinole – adinole *f, roche métamorphique de contact dérivant d'argiles, de pélites ou de schistes.*

adipocere – adipocire *f, gras des cadavres.*

adipocerite – adipocérite *f, hatchettite.*

adiponitrile – adiponitrile *m.*

adit – entrée *f (mine)* ; fendue *f*; galerie à ciel ouvert ; galerie d'écoulement. **adit-cut mining**: exploitation à flanc de coteau.

adjacent – adjacent. **adjacent field**: champ contigu. **adjacent rock**: couche avoisinante ; roche bordière ; roche voisine.

adjoining – adjacent ; contigu. **adjoining coastal state**: état côtier limitrophe. **adjoining coasts**: côtes contiguës. **adjoining concession**: concession contiguë. **adjoining well**: puits voisin.

adjunct – adjoint *m* ; auxiliaire *m.*

adjust (to) – régler.

adjustable – réglable. **adjustable at will**: réglable à volonté. **adjustable blade**: pale orientable. **adjustable choke**: duse réglable, *robinet à pointeau que l'on peut bloquer dans une position déterminée (prod)* ; orifice variable. **adjustable flow bean**: duse réglable. **adjustable index**: index ajustable, *avec mise à zéro.* **adjustable-lead magneto**: magnéto à avance variable. **adjustable orifice**: injecteur réglable. **adjustable prop**: étançon métallique flexible. **adjustable propeller**: hélice à pas variable. **adjustable resistance**: résistance variable *(élec).* **adjustable spanner**: clé à molette. **adjustable-speed motor**: moteur à vitesse réglable. **adjustable stop**: butée réglable ; taquet réglable. **adjustable wrench**: clé à molette.

adjusting – mise au point. **adjusting bolt**: boulon de réglage. **adjusting-bolt nut**: écrou du boulon de réglage. **adjusting cone**: cône de réglage. **adjusting file**: lime d'ajusteur. **adjusting nut**: écrou de fixage ; écrou de réglage. **adjusting rack**: crémaillère de réglage. **adjusting ring**: anneau de réglage ; bague d'ajustage. **adjusting-ring pin**: pivot de l'anneau de réglage. **adjusting-ring pin gasket**: joint du pivot de l'anneau de réglage. **adjusting rod**: tige de rallonge *(for).* **adjusting screw**: vis de réglage. **adjusting-screw nut**: écrou de la vis de réglage. **adjusting shim**: cale de réglage. **adjusting shop**: atelier d'ajustage. **adjusting snubber**: rallonge ajustable *(for).*

adjustment – ajustage *m*; dispache *f, ou dispatche, document établissant le décompte de l'indemnité due par les assureurs* ; réglage *m.* **adjustment fault**: faille de compensation. **adjustment of average**: règlement d'avaries, *dispache.* **adjustment of instruments**: correction des instruments ; mise au point des instruments.

adjutage – ajutage *m, tube pour régulariser le débit d'un liquide.*

adjuvant – adjuvant *m.*

administration – administration *f.*

administrative – administratif. **administrative cost**: frais d'administration. **administrative machinery**: rouages administratifs.

admiralty – amirauté *f.* **admiralty brass**: laiton amirauté, *alliage contenant 70-73 % de cuivre, 20 % d'étain et 7 à 10 % de zinc.*

admissibility – admissibilité *f*; recevabilité *f.*

admission – admission *f.* **admission cam**: came d'admission. **admission pressure**: pression d'admission. **admission stroke**: phase d'admission. **admission valve**: soupape d'admission. **admission velocity**: vitesse d'admission.

admittance – accès *m* ; admittance *f, inverse de l'impédance.*

admixture – addition *f*; mélange *m.*

adobe – adobe *m*, *dépôt argileux existant dans les déserts des Etats-Unis et du Mexique, utilisé pour la fabrication de briques séchées à l'air.*
adrift – à la dérive, *pour un appareil lors d'un remorquage.*
adsorb (to) – adsorber.
adsorbate – adsorbat *m* ; substance adsorbée.
adsorbent – adsorbant *m*. **adsorbent clay**: argile adsorbante ; terre adsorbante. **adsorbent filtering medium**: milieu adsorbant filtrant. **adsorbent oil**: huile d'adsorption.
adsorber – adsorbeur *m*.
adsorption – adsorption *f*. **adsorption chromatography**: chromatographie d'adsorption, *chromatographie dans laquelle la phase fixe est un solide adsorbant.* **adsorption gasoline**: essence d'adsorption, *essence obtenue à partir d'un gaz naturel ou d'un gaz de raffinerie par un procédé d'adsorption.* **adsorption isobar**: isobare d'adsorption. **adsorption isotherm**: isotherme d'adsorption. **adsorption layer**: couche d'adsorption. **adsorption method**: méthode d'adsorption. **adsorption potential**: *voir zeta potential.* **adsorption power**: pouvoir d'adsorption. **adsorption process**: procédé d'adsorption. **adsorption treating**: traitement par adsorption.
adsorptive – adsorbant.
adulterant – adultérant *m*.
adulterate (to) – altérer ; couper par mélange ; dénaturer ; falsifier ; frelater.
adulteration – adultération *f* ; falsification *f*.
advance – avancée *f* ; avancement *m* ; progrès *m* ; progression *f*. **advance account**: compte d'avances. **advance borehole**: trou à l'avancement *(for)*. **advance repayment**: remboursement anticipé. **advance rod**: tige d'avancement.
advanced – avancé. **advanced chemistry**: chimie avancée. **advanced galling**: éraillure profonde. **advanced ignition**: avance à l'allumage. **advanced timing**: avance à l'allumage. **advanced training**: stage de perfectionnement.
advantage – avantage *m*.
advection – advection *f*, *déplacement d'une masse d'air dans le sens horizontal ; mouvement horizontal ou vertical de l'eau de mer ; mouvement latéral des masses tectoniques.* **advection fog**: brouillard d'advection.
advent – arrivée *f* ; venue *f*. **advent of water in an oil well**: *voir water encroachment.*
adventitious – accidentel ; fortuit.
adventive – adventif. **adventive cone**: cône adventif, *volcan* ; cône parasitaire ; puy adventif. **adventive crater**: cratère adventif.
adverse – adverse. **adverse effect**: effet indésirable ; effet pervers. **adverse event**: événement indésiré.
advertisement – annonce *f*, *dans les journaux* ; publicité *f* ; réclame *f*.
advice – annonce *f* ; avis *m* ; conseil *m*.
advise (to) – conseiller.
advisory – consultatif. **advisory opinion**: avis consultatif.
AEAPS – *abrév. de Auger-electron appearance-potential spectroscopy : spectroscopie de potentiels d'apparition par effet Auger.*
aelotropy – *voir anisotropy.*
AEM – *abrév. de Auger-electron microscopy : microscopie Auger.*
aeolian – *voir eolian.*
aeon – aeon *m*, *voir eon.*
aerate (to) – aérer ; gazéifier.
aerated – aéré. **aerated concrete**: béton aéré. **aerated drilling fluid**: fluide de forage aéré ; fluide de forage allégé. **aerated layer**: zone altérée, *voir aussi low-velocity layer, LVL.* **aerated mud**: boue aérée ; boue allégée.
aeration – aération *f*. **aeration cap**: manchon d'aération. **aeration tank**: réservoir d'aération.
aerator – aérateur *m* ; ventilateur *m*.
aerial – aérien. **aerial arch**: voûte anticlinale dénudée ; voûte arasée. **aerial camera**: chambre de prise de vues aériennes. **aerial carrier**: chariot de suspension ; transporteur aérien, *ou transporteur à câble.* **aerial conveyor**: téléphérique *m* ; transporteur aérien. **aerial exposure index (AEI)**: indice d'exposition aérien, *sensibilité d'une émulsion pour la photographie aérienne.* **aerial film**: pellicule pour photographies aériennes. **aerial fold**: pli dénudé. **aerial line**: fil aérien ; ligne aérienne. **aerial magnetometer**: magnétomètre aéroporté. **aerial mapping**: cartographie aérienne ; levé aérien. **aerial photogrammetry**: photogrammétrie aérienne. **aerial photograph**: prise de vue aérienne. **aerial photography**: photographie aérienne. **aerial photointerpretation**: photointerprétation aérienne. **aerial reconnaissance**: reconnaissance aérienne. **aerial ropeway**: câble aérien ; téléphérique *m* ; transporteur aérien. **aerial sensing**: détection aérienne. **aerial spraying**: épandage aérien ; pulvérisation aérienne. **aerial survey**: levé aérien ; levé photoaérien ; levé photogrammétrique. **aerial triangulation**: aérotriangulation *f*. **aerial wire-rope conveyor**: transporteur aérien.
aerial – antenne *f*. **aerial wire**: fil d'antenne.
aeriform – gazeux.
aerobic – aérobie. **aerobic bacteria**: bactéries aérobies. **aerobic digestion**: digestion aérobie.
Aerocat – *dénomination d'une série de catalyseurs de craquage silice-alumine.*
aerodynamic – aérodynamique. **aerodynamic coefficient**: coefficient aérodynamique, *tout coefficient relatif aux forces ou aux moments aérodynamiques.* **aerodynamic force**: force aérodynamique. **aerodynamic lift**: portance aérodynamique, *composante de la résultante des forces de pression qui s'exercent sur un corps en mouvement perpendiculairement à la vitesse.* **aerodynamic moment**: moment aérodynamique.
aerodynamics – aérodynamique *f*, *science ayant pour objet l'étude des mouvements de l'air et du déplacement des corps qui y sont liés.*
aeroelasticity – aéroélasticité *f*.
aeroembolism – aéroembolisme *m*, *processus pathologique lié à la formation de bulles gazeuses dans le sang, affectant les plongeurs sous-marins.*
aeroengine – aéromoteur *m*, *moteur actionné par l'air.*
Aeroform – *Aeroform catalyst, dénomination d'un catalyseur de reformage à base d'alumine.*
aerogel – aérogel *m*.
aerogenerator – aérogénérateur *m* ; éolienne *f*.
aerogeology – géologie aérienne.

aerolite – aérolite *m, aérolithe, météorite pierreuse.*
aeromagnetic – aéromagnétique. **aeromagnetic map**: carte aéromagnétique. **aeromagnetic prospecting**: prospection magnétique aéroportée. **aeromagnetic survey**: levé aéromagnétique. **aeromagnetic surveying**: aéromagnétométrie *f.*
aerometeorograph – aérométéorographe *m.*
aeronautic – aéronautique.
aeronautical – aéronautique. **aeronautical chart**: carte aéronautique. **aeronautical engineering**: industrie aéronautique. **aeronautical mile**: mille aéronautique, *égal au mille marin.*
aeronomy – aéronomie *f.*
aeropause – aéropause *f, zone limite de la haute atmosphère.*
aerophotography – photographie aérienne.
aerosol – aérosol *m.* **aerosol propellant**: propulseur à aérosol, *liquide ou gaz sous pression qui véhicule un aérosol de produits courants dans un emballage spécial (bombe).*
aerospace – aérospatial. **aerospace environment**: environnement aérospatial. **aerospace remote sensing**: télédétection aérospatiale. **aerospace vehicle**: véhicule aérospatial.
aerostat – aérostat *m.*
aerosystem – aérométhode *f.*
aerothermochemistry – aérothermochimie *f.*
aerotrain – aérotrain *m.*
aerotriangulation – aérotriangulation *f.* **aerotriangulation block**: bloc d'aérotriangulation. **aerotriangulation strip**: bande d'aérotriangulation.
AES – *abrév. de Auger electron spectroscopy : spectroscopie Auger.*
aetiology – *voir etiology.*
AFC – *abrév. de automatic frequency control.*
affect (to) – affecter.
affected – affecté ; altéré ; attaqué.
affidavit – attestation assermentée, *brevet.*
affinity – affinité *f*; attraction chimique. **affinity chromatography**: chromatographie d'affinité. **affinity constant**: constante d'affinité.
affluent – affluent *m.*
afflux – afflux *m.*
afforestation – boisement *m.*
AFMAG – *abrév. de audio-frequency magnetic.* **AFMAG method**: méthode AFMAG de prospection électromagnétique, *méthode électromagnétique dont la source émettrice naturelle est la partie du champ magnétique terrestre qui correspond à la bande 1-8000 hertz provenant des décharges électriques atmosphériques.*
AFNOR – AFNOR, *abrév. de Association française de normalisation.* **AFNOR standard**: norme AFNOR.
AFRA – AFRA, *abrév. de Average Freight Rate Assessment : barème des taux de frets moyens, moyenne pondérée de tous les taux pratiqués dans le trafic maritime mondial du pétrole.*
aft – à l'arrière, *d'un navire.* **aft mercury trim**: cylindre d'équilibrage à mercure arrière.
afterburner – brûleur à postcombustion.
afterburning – postcombustion *f, combustion de l'oxyde de carbone et de particules de coke entraînées dans la phase diluée d'un brûleur de coke ou d'un régénérateur de catalyseur.*
aftercondenser – postcondenseur *m.*
aftercooler – refroidisseur complémentaire.
aftercooling – réfrigération complémentaire.
afterdamp – gaz délétère ; mofette *f*; produits d'explosion de grisou.
afterflow – post-débit *m.*
aftergas – produits gazeux d'explosion, *voir afterdamp.*
afterglow – incandescence résiduelle ; phosphorescence *f.*
afterheat – chaleur résiduelle.
afterpeak – coqueron arrière *(nav).*
afterrunning – autoallumage *m* ; queues de distillation ; réallumage *m, phénomène par lequel un moteur continue de tourner pendant un temps variable et à faible vitesse après coupure de l'allumage.*
aftershock – queue d'un séisme ; réplique *f, d'un séisme* ; tremblement secondaire.
AGA – *abrév. de American Gas Association.*
agar – agar *m, agar-agar ou gélose, polysaccharide extrait des algues.*
agate – agate *f, variété de calcédoine colorée en zones.*
AGC – CAG, *abrév. de automatic gain control : commande automatique de gain.* **AGC time constant**: constante de temps d'expansion d'une CAG *(élec).*
age – âge *m.* **age dating**: *voir dating.* **age determination**: détermination de l'âge. **age hardening**: durcissement structural, *traitement de l'acier à basses températures.* **age of ammonites**: âge des ammonites, *Mésozoïque.* **age of the beds**: âge des couches géologiques. **age of water**: age des eaux. **age resistor**: agent de protection contre le vieillissement.
ageing – *voir aging.*
agency – agence *f.* **agency contract**: contrat d'agence, *l'Etat partenaire ne supporte pas le coût et les risques des travaux d'exploration.*
agenda – ordre du jour.
agent – agent *m, voir aussi additive* ; mandataire *m.*
agglomerate – agglomérat *m* ; aggloméré *m.*
agglomeration – agglomération *f.*
agglutinant – agglutinant *m* ; liant *m.*
agglutinate (to) – agglutiner.
agglutinating – agglutinant. **agglutinating power**: pouvoir agglutinant.
aggradation – aggradation *f (géol)* ; alluvionnement *m (géol)* ; atterrissement *m, alluvions accroissant peu à peu sur les rives, la surface de terre au dépens de la surface submergée* ; remblaiement *m.* **aggradation plain**: plaine alluviale.
aggradational – aggradant. **aggradational deposit**: dépôt alluvionnaire. **aggradational offlap**: progradation aggradante.
aggrade (to) – alluvionner ; combler.
aggregate – agrégat *m* ; ensemble *m* ; granulat *m, ciment* ; groupe *m.* **aggregate income**: revenu global. **aggregate liability**: total des engagements. **aggregate model**: modèle global. **aggregate output**: rendement global.
aggregate (to) – agréger ; réunir.
aggregation – agglomération *f*; agrégation *f*; réunion *f.*

aggregative – agglomérant. **aggregative fluidization**: fluidisation agglomérante.
aggression – agression *f.*
aggressive – agressif. **aggressive carbon dioxide**: acide carbonique agressif, *mesure de l'agressivité de l'eau.* **aggressive water**: eau agressive.
AGI – *abrév. de American Geological Institute.*
aging – vieillissement *m.* **aging crack**: fissure de vieillissement. **aging stability**: résistance au vieillissement. **aging test**: essai de vieillissement.
agitate (to) – agiter.
agitating – agitation *f.* **agitating speed**: vitesse d'agitation, *béton.* **agitating tank**: cuve d'agitation. **agitating truck**: camion malaxeur, *béton.*
agitation – agitation *f.*
agitator – agitateur *m.*
agmatite – agmatite *f, variété de migmatite.*
AGO – GOM, *abrév. de automotive gas oil, gasoil moteur.*
AGP – *abrév. de Aniline Gravity Product.*
agpaitic – agpaïtique *(minér).*
agreement – accord *m* ; conformité *f*; contrat *m* ; convention *f.* **out of agreement**: en dehors des accords.
agribusiness – industrie agro-alimentaire.
agricultural – agricole. **agricultural chemistry**: chimie agricole. **agricultural engineering**: génie agricole ; génie rural. **agricultural wastes**: déchets agricoles.
agrimotor – autotracteur *m.*
agrochemicals – produits agrochimiques.
agropharmaceutical – agropharmaceutique. **agropharmaceutical product**: produit agropharmaceutique.
AGS – *abrév. de American Geographical Society et de alternating gradient synchrotron.*
ahead – en avant. **ahead running**: marche avant.
ahermatypic – ahermatypique. **ahermatypic coral**: corail ahermatypique, *qui ne construit pas de récif.*
AI – IA, *abrév. artificial intelligence, intelligence artificielle.*
AIChE – *abrév. de American Institute of Chemical Engineers.*
aid – aide *f*; secours *m.*
aikinite – aikinite *f (minér).*
AIM – *abrév. de adsorption isotherm measurement : mesure d'isothermes d'adsorption.*
aim (to) – viser.
AIME – *abrév. de American Institute of Mining and Metallurgical Engineers.*
air – air *m* ; vent *m.* **air-acetylene welding**: soudage aéro-acétylénique. **air actuated**: pneumatique. **air admission**: introduction d'air. **air base**: base de prise de vues, *longueur de la ligne imaginaire qui joint deux points de prise de vues aérienne successifs.* **air blast**: soufflerie d'air. **air-blast injection**: injection pneumatique. **air bleed**: purgeur d'air. **air blower**: soufflante d'air, *ventilateur soufflant.* **air-blown asphalt**: asphalte soufflé à l'air ; bitume soufflé, *asphalte traité à chaud par insufflation d'air dans la masse.* **air box**: boîte à air ; caisse à vent ; caisson d'aérage. **air brake**: aérofrein ; frein à air. **air-breathing propulsion**: propulsion avec utilisation de l'air ambiant. **air brick**: brique creuse. **air bubble**: bulle d'air. **air bubbling**: barbotage d'air. **air buoyancy**: poussée de l'air. **air camera**: chambre de prise de vues aériennes. **air cell**: chambre de turbulence. **air chill**: durcissement à l'air ; trempe à l'air. **air classifier**: turboséparateur *m, sépare, par ventilation, les particules par taille.* **air cleaner**: épurateur d'air ; filtre à air. **air clip**: virole à air, *d'un brûleur à gaz.* **air clutch**: embrayage à air comprimé ; embrayage pneumatique. **air cock**: purgeur d'air ; robinet à air. **air compartment**: compartiment de ventilation *(mine).* **air compressor**: compresseur d'air. **air-compressor governor**: modérateur pour compresseur d'air ; régulateur pour compresseur d'air. **air condenser**: aérocondenseur *m* ; condenseur à air. **air conditioned**: à air conditionné. **air conditioner**: climatiseur *m* ; conditionneur d'air. **air conditioning**: climatisation *f*; conditionnement de l'air. **air-controlled lubricator**: graisseur à commande pneumatique. **air cooled**: refroidi à l'air. **air-cooled engine**: moteur à refroidissement par air. **air-cooled exchanger**: aéroréfrigérant *m.* **air-cooled motor**: moteur à refroidissement par air. **air cooler**: refroidisseur à air. **air cooling**: refroidissement par air. **air coordinates**: coordonnées aériennes. **air cured**: conservé à l'air. **air cushion**: amortisseur à air ; coussin d'air. **air-cushion vehicle**: aéroglisseur *m* ; véhicule sur coussin d'air. **air cushioning**: amortisseur pneumatique. **air cutting**: bullage à l'air, *présence accidentelle d'air dans le fluide de forage.* **air dried**: séché à l'air. **air drill**: perforatrice à air comprimé. **air drilling**: forage à l'air, *utilisé comme fluide de forage.* **air drive**: injection d'air, *procédé de récupération secondaire par injection d'air comprimé (prod).* **air driven**: actionné par l'air, *ou par force pneumatique* ; pneumatique. **air duct**: conduit aéraulique ; gaine d'air ; gaine de ventilation. **air ejector**: éjecteur d'air. **air engine**: aéromoteur *m* ; moteur à air. **air exhaust line**: conduite d'évacuation d'air. **air fan**: ventilateur *m.* **air fare**: tarif aérien. **air feeder**: manche à air. **air filter**: filtre à air. **air-filter oil**: huile pour filtre à air. **air flooding**: injection d'air *(prod).* **air-flow meter**: anémomètre *m.* **Air Force specifications**: spécifications Air Force. **air free**: exempt d'air. **air freight**: fret aérien. **air/fuel ratio**: rapport air/combustible ; richesse du mélange. **air-fuel mixture**: mélange air-combustible. **air funnel**: manche à air. **air gage**: manomètre à air. **air gap**: entrefer *m* ; garde à l'air, *distance entre le dessous d'une plate-forme marine et le niveau maximum calculé de la mer* ; intervalle d'air ; tirant d'air. **air gas**: gaz à l'air. **air/gas ratio**: rapport air injecté/gaz produit *(prod).* **air gun**: canon à air. **air hammer**: marteau pneumatique ; perforateur à air comprimé. **air hardened**: trempé à l'air. **air hardening**: trempe à l'air. **air heater**: réchauffeur d'air. **air hoist**: treuil à air ; treuil à air comprimé. **air hole**: buse d'aérage ; évent *m* ; prise d'air. **air house**: abri en plastique gonflable. **air injection**: injection à l'air *(mot).* **air inlet**: arrivée d'air ; entrée d'air ; prise d'air. **air-input well**: puits d'injection d'air, *pour la remise en compression d'un gisement (prod).* **air intake**: entrée d'air ; prise d'air. **air jacket**: manchon à air. **air-jet evaporation test**: évaporation par jet d'air, *essai de mesure des gommes dans les essences.* **air knife**: couteau d'air. **air level**: niveau

à bulle. **air lift**: allègement à l'air, *de la colonne d'huile, procédé d'ascension de l'huile dans les puits par injection d'air (prod)* ; gazosiphon *m* ; remontée pneumatique. **air-line lubricator**: graisseur automatique à l'air, *presque identique au graisseur hydrostatique.* **air liner**: avion de ligne. **air lock**: sas *m.* **air mass**: masse d'air *(météo).* **air mattress**: matelas à air. **air moisture content**: humidité de l'air. **air/oil ratio**: rapport air injecté/huile produite *(prod).* **air-oil separator**: séparateur air-huile. **air operated**: à commande pneumatique. **air outlet**: sortie d'air. **air pipe**: buse d'aérage ; évent *m* ; tube d'aération. **air pollutant**: polluant atmosphérique. **air pollution**: pollution atmosphérique ; pollution de l'air. **air-pollution control**: lutte contre la pollution atmosphérique. **air-pollution episode**: épisode de pollution atmosphérique, *période dans laquelle se trouvent réunis plusieurs facteurs, généralement d'ordre météorologiques, provoquant une concentration anormale de la pollution atmosphérique.* **air preheater**: préchauffeur d'air. **air-pressure gage**: manomètre à air. **air pump**: pompe à air, *machine pneumatique.* **air purge**: purge d'air. **air purification**: assainissement de l'air. **air quenching**: trempe à l'air. **air receiver**: réservoir d'air. **air register**: registre d'air *(combus).* **air release value**: temps de désaération, *exprimé en minutes, caractérise l'aptitude d'un produit à libérer, dans les conditions de l'essai, les bulles d'air préalablement dispersées dans sa masse.* **air repressuring**: remise en pression par air comprimé, *d'un gisement de pétrole (prod).* **air requirement**: air nécessaire, *combustion in situ.* **air screw**: hélice *f.* **air scrubber**: épurateur d'air ; laveur d'air. **air seal**: joint étanche à l'air. **air separator**: séparateur d'air. **air shooting**: tir en l'air *(sism).* **air standard-cycle efficiency**: rendement moyen du cycle air. **air supply**: apport d'air ; ventilation *f.* **air survey**: levé aérien. **air-survey camera**: caméra pour photographie aérienne. **air sweetening**: adoucissement à l'air, *ou à l'oxygène pour oxyder les mercaptans (raf).* **air tank**: bouteille d'air, *appelée ainsi sur un chantier* ; caisson d'air ; réservoir à air. **air temperature**: *voir shade temperature.* **air tool**: outil pneumatique. **air traffic**: trafic aérien. **air transportation**: transport aérien. **air trap**: purgeur d'air. **air vent**: aspirail *m* ; évent *m* ; soupirail *m.* **air wave**: énergie acoustique ; onde aérienne, *onde de choc* ; onde atmosphérique. **air well**: puits d'aération.

air (to) – aérer ; ventiler.

airborne – aéroporté. **airborne data-acquisition system (ADAS)**: appareillage de saisie de données aéroporté. **airborne detection**: détection aéroportée. **airborne magnetometer**: magnétomètre aéroporté. **airborne magnetometric survey**: campagne magnétométrique aéroportée. **airborne radar**: radar aéroporté. **airborne remote sensing**: télédétection aérienne. **airborne scintillation counter**: compteur de scintillation aéroporté. **airborne wave**: onde sonore.

aircraft – aéronef *m.* **aircraft-engine oil**: huile pour moteurs d'avions.

airless – sans air. **airless injection**: injection mécanique.

airometer – aéromètre *m.*

airphoto – photo aérienne ; photographie aérienne.

airplane – avion *m.* **airplane mapping**: cartographie aérienne. **airplane oil**: huile pour moteurs d'avions.

airport – aéroport *m.*

airproof – étanche à l'air ; hermétique.

airspace – espace aérien.

airtight – étanche à l'air ; hermétique ; imperméable à l'air.

Airy – Airy. **Airy disk**: disque d'Airy, *ou cercle d'Airy, (optique).* **Airy function**: fonction d'Airy *(math).* **Airy phase**: phase d'Airy *(sism).*

AISE – *abrév. de Association of Iron and Steel Engineers.*

AISI – *abrév. de American Iron and Steel Institute.*

akin – connexe ; parent de ; voisin de.

alabaster – albâtre *m, variété de gypse.*

alarm – alarme *f* ; avertisseur *m.* **alarm bell**: sonnerie d'alarme. **alarm device**: système d'alarme. **alarm fuse**: fusible avertisseur. **alarm relay**: relais de contrôle. **alarm signal**: signal d'alarme. **alarm thermometer**: thermomètre avertisseur.

albedo – albédo *m, fraction de la lumière totale tombant sur une surface renvoyée par cette surface dans toutes les directions.*

albedometer – albédomètre *m.*

albertite – albertite *f, pyrobitume asphaltique fréquemment rencontré dans les schistes d'Alberta, Canada.*

Albian – Albien *m, étage du Crétacé.*

albite – albite *f, plagioclase.*

albitite – albitophyre *m (pétro).*

albitization – albitisation *f (pétro).*

albitophyre – *voir albitite.*

alcohol – alcool *m.* **alcohol fuel**: alcool carburant ; carburant alcoolisé. **alcohol-slug injection**: injection d'un bouchon d'alcool *(prod).* **alcohol-slug process**: déplacement par un bouchon d'alcool, *procédé de récupération assistée qui consiste à injecter dans le gisement un bouchon d'alcool (généralement isopropylique) miscible avec l'huile en place, puis un bouchon d'un alcool miscible avec le précédent et avec l'eau, enfin de l'eau.* **alcohol strength**: titre alcoolométrique, *des boissons alcoolisées.* **alcohol thermometer**: thermomètre à alcool. **alcohol-type antifreeze**: antigel à base d'alcool.

alcoholic – alcoolique. **alcoholic strength**: degré alcoolométrique.

alcoholometer – alcoolomètre *m.*

alcoholysis – alcoolyse *f.*

aldehyde – aldéhyde *m.*

aldol – aldol *m, aldéhyde-alcool, diacétaldéhyde, employé comme agent de résistance au vieillissement du caoutchouc, solvant, etc.* **aldol condensation**: aldolisation *f, condensation de molécules d'alhéhydes ou de cétones avec production d'aldéhydes-alcools.*

aleurite – aleurite *f, roche détritique meuble à grains très fins.*

aleurolite – aleurolite *f, aleurite consolidée.*

alfalfa – luzerne *f.*

alga – algue *f.*

algal – algaire. **algal coal**: charbon d'algues, *formé par l'accumulation d'algues vertes lacustres.* **algal mat**: laminite algaire. **algal reef**: calcaire à algues ; récif d'algues. **algal ridge**: trottoir d'algues.
algarite – algarite *f., substance organique jaunâtre d'aspect corné résultant d'une action bactérienne sur les paraffines et les gaz de pétrole.*
algebra – algèbre *f.*
algebraic – algébrique. **algebraic calculus**: calcul algébrique. **algebraic value**: valeur algébrique.
algicide – algicide *m, produit utilisé pour détruire les algues.*
algin – algine *f., dérivé de l'acide alginique, utilisé dans les boues de forage et dans le stockage de l'essence à l'état solide.*
alginic – alginique. **alginic acid**: acide alginique.
alginite – alginite *f., voir exinite.*
Algonkian – Algonkien *m, division du Précambrien.*
algorithm – algorithme *m.*
alias – alias *m* ; fréquence repliée *(sism)* ; reflet *m (sism)*. **alias filter**: filtre antialias *(sism)* ; filtre antirepliement, *utilisé avant l'échantillonnage d'un enregistrement sismique pour éliminer les parasites générateurs du repliement du spectre.*
alias (to) – aliaser.
aliasing – aliasage *m* ; repliement du spectre, *ambiguïté sur les fréquences, phénomène provoqué par l'échantillonnage d'une sinusoïde (sism).*
alicyclic – alicyclique, *se dit d'un composé organique renfermant une chaîne fermée non aromatique.* **alicyclic hydrocarbon**: hydrocarbure alicyclique, *comprend les cycloparaffines (saturées) et les cyclooléfines (non saturées) ayant deux ou plusieurs doubles liaisons* ; hydrocarbure cyclanique.
alidade – alidade *f.*
aligning – alignement *m.* **aligning bar**: barre d'orientation. **aligning punch**: broche d'assemblage. **aligning torque**: couple d'autoalignement *(auto).*
alignment – alignement *m* ; centrage *m* ; équerrage *m.* **alignment chart**: abaque à points alignés ; nomogramme. **alignment frame**: ligneur *m.* **alignment map**: carte-tracé, *pour construction des pipelines.* **alignment pin**: cheville de positionnement, *tige guidant le ressort d'appui sur les bagues d'étanchéité.* **alignment test**: essai de centrage.
aliphatic – aliphatique, *tout composé organique ayant une structure de chaîne ouverte qu'elle soit ou non saturée.* **aliphatic amine**: amine aliphatique. **aliphatic compound**: composé aliphatique, *composé à chaîne ouverte.* **aliphatic hydrocarbon**: hydrocarbure aliphatique, *se compose de trois groupes : hydrocarbures paraffiniques (alcanes), oléfiniques (alcènes), acétyléniques (alcynes).* **aliphatic solvent**: solvant aliphatique.
Alitrile – *dénomination d'une série de nitriles aliphatiques d'acides gras, utilisés comme additifs dans les huiles de graissage.*
alkali – alcali *m.* **alkali basalt**: basalte alcalin. **alkali blue**: bleu alcalin. **alkali feldspar**: feldspath alcalin. **alkali lake**: lac natroné *(géol).* **alkali rock**: roche alcaline. **alkali strength**: force d'alcalinité. **alkali test**: essai à la soude caustique. **alkali treatment**: traitement alcalin. **alkali wash**: lavage à la soude.
alkalimeter – alcalimètre *m.*
alkalimetry – alcalimétrie *f.*
alkaline – alcalin. **alkaline bath**: bain alcalin. **under alkaline conditions**: en milieu alcalin. **alkaline earth**: terre alcaline. **alkaline-earth chloride**: chlorure alcalino-terreux. **alkaline-earth metal**: métal alcalino-terreux. **alkaline-earth sulfate**: sulfate alcalino-terreux. **alkaline flooding**: injection alcaline, *récupération assistée* ; injection d'eau alcaline *(prod).* **alkaline medium**: milieu basique. **alkaline soil**: sol alcalin. **alkaline storage battery**: accumulateur alcalin. **alkaline wash**: lavage alcalin ; traitement alcalin. **alkaline water**: eau alcaline. **alkaline waterflooding**: injection d'eau alcaline.
alkalinity – alcalinité *f.*
alkalinous – alcalin.
alkalization – alcalisation *f., ou alcalinisation.*
alkalize (to) – alcaliniser ; alcaliser.
alkaloid – alcaloïde *m.*
alkalous – alcalin.
alkane – alcane *m, paraffine ou hydrocarbure paraffinique, nom générique des hydrocarbures saturés acycliques.*
alkene – alcène *m, oléfine, hydrocarbure éthylénique ayant une double liaison.*
alkoxide – alcoolate *m.*
alkyd – *voir alkyd resin.* **alkyd resin**: alkyde *m, ou alkyd, résine de glycérol et d'acides insaturés.*
alkyl – alkyle *m, ou alcoyle.* **alkyl plant**: unité d'alkylation. **alkyl radical**: radical alkyle. **alkyl sulfonate**: alkylsulfonate *m.* **alkyl-sulfur compound**: composé alkylé sulfuré.
alkylate – alkylat *m.* **alkylate aviation gasoline**: essence aviation d'alkylation. **alkylate bottoms**: résidu d'alkylation, *alkylat lourd.* **alkylate polymer**: polymère d'alkylat.
alkylation – alkylation *f.* **alkylation gasoline**: essence moteur d'alkylation. **alkylation process**: procédé d'alkylation. **alkylation reaction**: réaction d'alkylation.
alkylbenzene – alkylbenzène *m.* **alkylbenzene sulfonate (ABS)**: sulfonate d'alkylbenzène, *détergents.*
alkylene – alkylène *m.*
alkylidene – alkylidène *m.*
alkyloxide – alcoolate *m.*
alkyne – alcyne *m, hydrocarbure acétylénique, ayant une triple liaison.*
all – tout. **all-flotation process**: procédé de flottation générale. **all-gas burner**: brûleur tous gaz. **all-levels sample**: échantillon moyen. **all-loss lubrication**: graissage perdu. **all-ones tape**: bande de uns. **all-purpose**: universel ; pour tous usages. **all-purpose engine oil**: huile moteur tous usages. **all-purpose grease**: graisse tous usages. **all-risk insurance**: assurance tous risques. **all risks**: tous risques. **all-round light**: feu d'horizon. **all-steel construction**: construction tout acier. **all weather**: tout temps.
Allegheny – Allegheny, *ou Alleghany, partie central du massif des Appalaches.* **Allegheny orog-**

eny: orogenèse appalachienne, *mouvements tectoniques s'étendant du Dévonien à la fin du Permien.*
allene – allène *m, propadiène.*
allergen – allergène *m.*
allevardite – *voir rectorite.*
alliaceous – alliacé.
alligator – alligator *m.* **alligator clip**: pince crocodile. **alligator grab**: foène *f, repêchage* ; gueule de crocodile, *outil de repêchage.* **alligator-grip wrench**: clé crocodile.
allocate (to) – affecter ; allouer ; attribuer, *un bloc, par exemple* ; réserver, *de la place en mémoire.*
allocation – allocation *f, quantité d'huile ou de produit pétrolier dont la consommation ou la production est autorisée* ; attribution *f.* **allocation of resources**: répartition des ressources.
allochem – allochème *m, élément d'origine chimique ou biochimique d'une roche carbonatée ayant subi un certain transport sous forme de fragments distincts.*
allochemical – allochimique. **allochemical metamorphism**: métamorphisme allochimique, *métamorphisme accompagné d'une addition ou soustraction d'éléments qui aboutissent à une transformation de la composition chimique de la roche.*
allochromatic – allochromatique. **allochromatic crystal**: cristal allochromatique.
allochthon – allochtone *m, terrain déplacé par l'effet d'un processus tectonique.*
allochthonous – allochtone, *qui ne s'est pas formé in situ (géol).* **allochthonous deposit**: dépôt allochtone. **allochthonous fold**: pli allochtone. **allochthonous rock**: terrain allochtone.
allodapic – allodapique. **allodapic limestone**: calcaire allodapique, *déposé par des courants de turbidité.*
allogenic – allogène ; allothigène.
allomorphic – allomorphe.
allophane – allophane *f, variété d'argile colloïdale.*
allostratigraphic – *allostratigrahic units, voir synthems.*
allothigenic – allothigène.
allotment – partage *m* ; répartition *f* ; terrain concédé.
allotriomorphic – allotriomorphe, *xénomorphe (crist).*
allotropic – allotropique.
allotropy – allotropie *f.*
allowable – admissible ; autorisé. **allowable load**: charge admissible. **allowable production**: contingent de production ; production autorisée, *contingent fixé pour limiter la production pétrolière d'un puits, d'un gisement, d'un état.* **allowable stress**: contrainte admissible. **allowable wear**: usure admissible.
allowance – allocation *f* ; correction *f, des cotes, etc.* ; indemnité *f* ; tolérance *f.*
allowed – autorisé ; permis. **allowed time**: temps alloué. **allowed transition**: transition permise *(méc. quant).*
alloy – alliage *m.* **alloy casting**: fonte alliée. **alloy steel**: acier allié ; acier spécial.
alloy (to) – allier.
alloyage – alliage *m.*
alluvial – alluvial *(géol).* **alluvial apron**: glacis d'accumulation ; plaine alluviale. **alluvial cone**: cône alluvial ; cône de déjection ; cône torrentiel. **alluvial deposit**: alluvion *f* ; dépôt alluvial, *gisement alluvial* ; gisement alluvial. **alluvial fan**: cône alluvial ; cône d'éboulis. **alluvial plain**: plaine alluviale. **alluvial sheet**: nappe alluviale. **alluvial slope**: plaine alluviale. **alluvial terrace**: terrasse alluviale ; terrasse d'accumulation.
alluviation – alluvionnement *m (géol).*
alluvium – alluvion *m* ; terre d'alluvions. **alluvium period**: période alluvienne *(géol).*
allyl – allyle *m.* **allyl alcohol**: alcool allylique, *intermédiaire dans la synthèse de produits organiques.*
allylic – allylique.
aloe – aloès *m.* **aloe cable, aloe rope**: câble d'aloès *(for).*
Alox – *dénomination de mélanges d'acides organiques, oxyacides et esters dérivés de l'oxydation des hydrocarbures du pétrole.*
Alpco – Alpco, *dénomination d'une série de cires à haut point de fusion.*
alpha – alpha, *lettre de l'alphabet grec, désigne un isomère en chimie ; la variété allotropique à basse température d'un corps ; la rotation optique ; une forme de radiation.* **alpha iron**: fer alpha. **alpha methylnaphthalene**: alpha méthylnaphtalène, *utilisé comme carburant de référence pour la détermination de l'indice de cétane.* **alpha olefin**: alpha oléfine. **alpha olefin polymer**: polyalphaoléfine *(PAO).* **alpha particle**: particule alpha. **alpha quartz**: quartz alpha *(minér).* **alpha radiation**: radiation alpha. **alpha ray**: rayon alpha.
alphyl – *abrév. de alkylphenyl.*
alpine – alpin. **Alpine orogeny**: cycle alpin, *cycle orogénique débutant au Secondaire, et marqué par des phases tectoniques paroxysmales du Crétacé supérieur au Miocène.*
alpinotype – *voir alpinotype tectonics.* **alpinotype tectonics**: alpinotype *m, type de style tectonique en plis serrés et nappes de charriage.*
alsifilm – alsifilm *m, produit dérivé de la bentonite.*
alter (to) – se modifier ; changer.
alterable – altérable.
alteration – altération *f.*
alterite – altérite *f (géol).*
alternance – alternance *f.*
alternate – alternatif ; alterné. **alternate operation**: opération alternée.
alternating – alternatif ; alterné. **alternating bed**: lit alterné ; lit autoalternant. **alternating beds**: couches alternées. **alternating copolymer**: copolymère alterné. **alternating current (AC)**: courant alternatif. **alternating-current generator**: alternateur *m, génératrice de courant alternatif.* **alternating-current potential ratio method**: méthode du rapport des potentiels en courant alternatif *(géoph).* **alternating gradient**: gradient alterné *(électromag).* **alternating-gradient synchrotron (AGS)**: synchrotron à gradient alterné. **alternating of beds**: alternance des couches. **alternating peak current**: courant de crête. **alternating stills**: rebouilleurs à températures différentes.

alternative – alternatif ; alternative *f* ; alterné ; option *f* ; de rechange. **alternative energy**: énergie de substitution. **alternative energy source**: source d'énergie de remplacement ; source énergétique de remplacement. **alternative fuel**: combustible de remplacement ; combustible de substitution. **alternative scenario**: scénario contrasté.

alternator – alternateur *m.*

altimeter – altimètre *m.*

altimetry – altimétrie *f.*

altitude – altitude *f (géom).* **altitude control**: commande altimétrique. **altitude-grade gasoline**: essence pour haute altitude. **altitude mixture control**: contrôle du mélange carburant en altitude.

ALU – UAL, *abrév. de arithmetic logic unit : unité arithmétique et logique.*

alum – alun *m.* **alum earth**: terre alumineuse. **alum shale**: schiste alunifère.

alumina – alumine *f, oxyde d'aluminium.* **alumina trihydrate**: alumine hydratée.

aluminate – aluminate *m.*

aluminiferous – aluminifère.

aluminite – aluminite *f (minér).*

aluminium – *voir aluminum.*

aluminize (to) – aluminer, *combiner avec l'aluminium.*

aluminosilicate – aluminosilicate *m.*

aluminothermic – aluminothermique.

aluminothermy – aluminothermie *f.*

aluminous – alumineux.

aluminum – aluminium *m, symbole chim. Al.* **aluminum alloy**: alliage d'aluminium. **aluminum-alloy bearing**: coussinet en alliage d'aluminium. **aluminum-base grease**: graisse à base d'aluminium. **aluminum brass**: laiton d'aluminium. **aluminum bronze**: bronze d'aluminium. **aluminum carbide**: carbure d'aluminium. **aluminum chloride**: chlorure d'aluminium, *catalyseur.* **aluminum-chloride alkylation**: alkylation au chlorure d'aluminium. **aluminum fluoride**: fluorure d'aluminium. **aluminum foil**: feuille d'aluminium. **aluminum grease**: graisse à base d'aluminium. **aluminum hydroxide**: hydroxyde d'aluminium. **aluminum iron**: ferro-aluminium *m.* **aluminum naphthenate**: naphténate d'aluminium. **aluminum oleate**: oléate d'aluminium. **aluminum ore**: minerai d'aluminium. **aluminum oxide**: oxyde d'aluminium. **aluminum palmitate**: palmitate d'aluminium, *épaississant pour huiles lubrifiantes.* **aluminum-rolling mill**: laminoir à aluminium. **aluminum silicate**: silicate d'aluminium. **aluminum soap**: savon d'aluminium. **aluminum-soap grease**: graisse au savon d'aluminium. **aluminum stearate**: stéarate d'aluminium. **aluminum steel**: acier à l'aluminium. **aluminum sulfate**: sulfate d'aluminium. **aluminum welding**: soudage à l'aluminium.

Alundum – Alundum, *dénomination d'une série de produits réfractaires.*

alunite – alunite *f, sulfate d'aluminium naturel.*

alunitization – alunitisation *f (géol).*

alunitized – alunitisé.

alunogen – alunogène *m.*

alveolar – alvéolaire. **alveolar weathering**: érosion alvéolaire.

alveolinid – alvéoline *f, foraminifère.*

AM – MA, *abrév. de amplitude modulation, modulation d'amplitude.*

amalgam – amalgame *m.* **amalgam pot retort, amalgam retort**: cornue pour la distillation d'amalgame. **amalgam press**: presse à amalgame. **amalgam solution**: bain d'amalgamation.

amalgamate (to) – amalgamer.

amalgamated – amalgamé ; fusionné. **amalgamated metal**: métal amalgamé. **amalgamated turbidites**: turbidites amalgamées, *lithofaciès de cônes sous-marins.*

amalgamating – amalgamation *f.*

amalgamation – amalgamation *f.* **amalgamation of interests**: communauté d'intérêts ; syndicat *m.*

amalgamator – amalgameur *m.*

amateur – amateur *m.* **amateur radio operator**: radioamateur *m.*

amateurism – amateurisme *m.*

amatol – amatol *m, mélange explosif composé de nitrate d'ammonium et de trinitrotoluène.*

amber – ambre *m, résine fossile provenant des conifères* ; succin *m.*

ambience – ambiance *f.*

ambient – ambiant. **ambient air**: air ambiant. **ambient light**: lumière ambiante. **ambient noise**: bruit ambiant ; bruit naturel. **ambient pressure**: pression ambiante. **ambient temperature**: température ambiante. **ambient vibration**: ambiance vibratoire.

ambiguity – ambiguïté *f.*

ambit – cadre *m, d'une recherche.*

ambrite – ambrite *f, substance bitumineuse de Nouvelle-Zélande.*

amendment – amendement *m, modification, rectification* ; avenant *m.*

American – américain. **American melting point**: point de goutte américain, *des paraffines, 3°F supérieur au point de fusion ASTM.* **American standard**: norme américaine.

americium – américium *m, symbole chim. Am.*

amethyst – améthyste *f.*

amidation – amidation *f.*

amide – amide *m.* **amide formation**: formation d'amide.

amination – amination *f.*

amine – amine *f.* **amine antioxidant**: antioxydant aminé. **amine washing**: lavage aux amines, *traitement des gaz de raffinerie.*

amino-acid – acide aminé ; aminoacide *m.*

aminobenzene – aminobenzène *m, voir aniline.*

aminophenol – aminophénol *m, avec trois isomères : méta, ortho, para.*

aminoplast – *voir aminoplast resin.* **aminoplast resin**: aminoplaste *m, classe de résine thermodurcissable résultant de la polycondensation d'une amine et d'un aldéhyde.*

ammeter – ampèremètre *m.*

ammonal – ammonal *m, mélange de nitrate d'ammonium, de nitrate d'aluminium et de TNT employé comme explosif.*

ammonia – ammoniac *m, gaz ammoniac.* **ammonia alum**: alun ammoniacal. **ammonia compressor**: compresseur à ammoniac. **ammonia nitrogen**: azote ammoniacal.

ammonification – ammonification *f, ammonisation, transformation de la matière azotée des sols en composés ammoniacaux.*

ammonite – ammonite *f (pal)*.
ammonium – ammonium *m, radical chimique.* **ammonium carbamate**: carbamate d'ammonium, *synthèse de l'urée.* **ammonium carbonate**: carbonate d'ammonium. **ammonium hydroxide**: ammoniaque *f.* **ammonium liquor**: liqueur ammoniacale. **ammonium molybdate**: molybdate d'ammonium. **ammonium nitrate**: nitrate d'ammonium, *explosif.* **ammonium salt**: sel d'ammonium. **ammonium sulfate**: sulfate d'ammonium. **ammonium water**: eau ammoniacale.
ammonoid – ammonoïde *m (pal)*.
ammonolysis – ammoniolyse *f.*
ammoxidation – ammoxydation *f, oxydation catalytique d'un hydrocarbure en présence d'ammoniac.*
amorphous – amorphe. **amorphous graphite**: graphite amorphe, *de forme cryptocristalline, employé comme lubrifiant solide ou en addition dans les huiles de graissage.* **amorphous peat**: tourbe altérée, *tourbe dont la matière organique est fortement décomposée.* **amorphous wax**: paraffine amorphe ; petrolatum *m.*
amortization – amortissement *m.*
amortize (to) – amortir.
amortized – amorti *(fin)*. **amortized loan**: emprunt amorti.
amount – quantité *f*; somme *f.* **amount of precipitation**: hauteur de précipitation *(météo)*. **amount of substance**: quantité de matière, *l'unité SI est la mole.*
AMP – *abrév. de American melting point (raf)*.
ampelite – ampélite *f.*
amperage – ampérage *m, intensité d'un courant.*
ampere – ampère *m, unité SI d'intensité de courant électrique, symbole* A. **ampere meter squared**: ampère-mètre carré, *unité SI de moment électromagnétique* ($A.m^2$). **ampere per square meter**: ampère par mètre carré, *unité SI de densité de courant* (A/m^2). **ampere per volt**: ampère par volt, *voir siemens.* **ampere second**: ampère seconde, *voir coulomb.* **ampere square meter**: ampère-mètre carré, *unité SI de moment magnétique d'une particule* ($A.m^2$). **ampere-volt regulator (AVR)**: régulateur ampère-volt.
ampere-hour – ampère-heure *m, unité de charge électrique utilisée pour les accumulateurs.*
ampere-turn – ampère-tour *m, ancienne unité de force magnétomotrice.*
amphibious – amphibie. **amphibious vehicle**: véhicule amphibie.
amphibole – amphibole *f (minér)*.
amphibolic – amphibolique *(minér)*.
amphibolite – amphibolite *f, roche à amphiboles.* **amphibolite facies**: faciès des amphibolites, *roches métamorphiques.*
amphidromic – amphidromique. **amphidromic point**: point amphidromique, *point géographique autour duquel rayonnent les lignes cotidales et où le marnage est nul.*
amphiphile – amphiphile, *caractérise une molécule ayant une moitié hydrophile et une moitié hydrophobe.*
amphitheater – amphithéâtre *m.*
ampholyte – ampholyte *f, électrolyte ayant à la fois une fonction acide et basique.*
amphoteric – amphiprotique ; amphotère. **amphoteric detergent**: détergent amphotère, *détergent cationique dans les solutions acides, et anionique dans les solutions basiques.* **amphoteric surfactant**: surfactant amphotère.
amphyprotic – *voir amphoteric.*
amplification – amplification *f.* **amplification seismograph**: sismographe à amplification.
amplifier – amplificateur *m.* **amplifier integrator**: amplificateur intégrateur.
amplify (to) – amplifier.
amplitude – amplitude *f, écart d'une grandeur oscillante par rapport à sa valeur moyenne* ; module *m, spectre.* **amplitude anomaly**: anomalie d'amplitude. **amplitude distortion**: distorsion d'amplitude. **amplitude equalization**: égalisation d'amplitude. **amplitude keying**: manipulation d'amplitude. **amplitude log**: diagraphie d'amplitude. **amplitude modulation (AM)**: modulation d'amplitude. **amplitude recovery**: récupération d'amplitude ; restitution d'amplitude. **amplitude response**: réponse en amplitude. **amplitude spectrum**: spectre d'amplitude. **amplitude standout**: augmentation d'amplitude. **amplitude-to-time converter**: convertisseur amplitude-temps. **amplitude variation with angle of incidence (AVA)**: variation de l'amplitude avec l'azimut (AVA), *examen de la manière dont le coefficient de réflexion varie avec l'azimut de l'observation.* **amplitude variation with offset (AVO)**: variation de l'amplitude avec le déport, *technique d'étude des propriétés d'une couche par l'examen de la façon dont le coefficient de réflexion à son toit varie avec le déport (sism)*.
amu – uma, *abrév. de atomic mass unit, unité de masse atomique.*
amygdaloid – amygdaloïde *(géol)*. **amygdaloid rock**: roche amygdaloïde. **amygdaloid structure**: structure en amygdale.
amyl – amyle *m, radical hydrocarboné monovalent.* **amyl acetate**: acétate d'amyle. **amyl alcohol**: alcool amylique.
amylene – amylène *m, triméthyléthylène.*
AN – *abrév. de Army and Navy.* **AN specifications**: spécifications US Army et US Navy.
anabatic – anabatique. **anabatic wind**: vent anabatique, *vent qui possède une composante ascendante.*
anabolic – anabolique *(biochim)*. **anabolic process**: processus anabolique.
anaclinal – anaclinal, *se dit d'un versant incliné dans le sens contraire des couches.*
anaerobe – organisme anaérobie.
anaerobic – anaérobie. **anaerobic bacteria**: bactéries anaérobies. **anaerobic digestion**: décomposition anaérobique, *des boues d'épuration.*
anagenesis – anagenèse *f, évolution continue d'une lignée d'êtres vivants par transformation progressive.*
anaglacial – anaglaciaire, *au début de la glaciation.*
anaglyph – anaglyphe *m, superposition avec un léger décalage de deux images en couleurs complémentaires.* **anaglyphic viewing**: observation anaglyphique, *télédétection.*
analcime – analcime *f, zéolite naturelle.*

analog – analogique. **analog computer**: calculateur analogique ; ordinateur analogique. **analog data**: données analogiques. **analog filter**: filtre analogique *(élec)*. **analog modeling**: modélique analogique ; modélisation analogique. **analog plotter**: traceur analogique, *appareil de restitution analogique.* **analog recording**: enregistrement analogique. **analog signal**: signal analogique. **analog strip profile**: profil composite, *profil le long duquel sont reportés plusieurs types d'enregistrement.* **analog tape format**: format de bande analogique ; mode d'enregistrement analogique. **analog telemetering**: télémesure analogique, *conversion d'une mesure en un signal de durée proportionnelle.* **analog-to-digital (A/D)**: d'analogique à numérique. **analog-to-digital converter**: convertisseur analogique-numérique (CAN).

analysis – analyse *f* ; étude *f.* **analysis angle**: angle d'analyse.

analytic – analytique, *voir aussi analytical.* **analytic function**: fonction analytique. **analytic geometry**: géométrie analytique. **analytic mechanics**: mécanique analytique. **analytic signal**: signal analytique.

analytical – analytique. **analytical balance**: balance de précision. **analytical chemistry**: chimie analytique. **analytical photogrammetry**: photogrammétrie analytique.

analyze (to) – analyser ; dépouiller.

analyzer – analyseur *m.*

anamorphism – anamorphisme *m (pétro).*

anamorphosis – anamorphose *f, déformation optique d'une image.*

anaphoresis – anaphorèse *f.*

anastigmatic – anastigmatique, *voir anastigmatic lens.* **anastigmatic lens**: anastigmat *m* ; objectif anastigmatique.

anatase – anatase *f (minér).*

anatexis – anatexie *f, stade extrême du métamorphisme des roches avec fusion.*

anatexite – anatexite *f, roche formé par anatexie.*

anchimetamorphism – anchimétamorphisme *m, métamorphisme général de très faible degré.*

anchor – ancre *f.* **anchor bolster**: rambarde de protection pour ancres. **anchor bolt**: boulon d'ancrage ; boulon de fondation. **anchor buoy**: bouée d'orin. **anchor cable**: chaîne d'ancre. **anchor crown**: collet d'ancre. **anchor davit**: bossoir d'ancre. **anchor fluke**: bêche d'ancre ; patte d'ancre. **anchor-handling supply boat**: bateau de service manipulateur d'ancre. **anchor holding power**: capacité d'une ancre ; tenue d'une ancre. **anchor ice**: glace de fond, *glace immergée attachée ou ancrée au fond.* **anchor-isolation packer**: packer sans coins *(for)*. **anchor latch**: dispositif d'ancrage, *du tube de production.* **anchor line**: câble d'ancre. **anchor packer**: packer à ancre *(for)* ; packer à coins d'ancrage *(for)*. **anchor piling**: pile d'ancrage. **anchor plate**: plaque d'ancre. **anchor rod**: *voir anchor bolt.* **anchor shank**: verge d'ancre. **anchor shoe**: sabot d'ancrage. **anchor stem**: verge d'ancre. **anchor stock**: jas *m, d'ancre.* **anchor winch**: treuil de ligne d'ancrage.

anchor (to) – ancrer.

anchorage – ancrage *m* ; mouillage *m.* **anchorage buoy**: bouée de mouillage.

anchored – ancré. **safely anchored**: bien ancré.

anchoring – ancrage *m.*

ancient – ancien. **ancient coastal plain**: ancienne plaine côtière ; plaine côtière fossile. **ancient coastline**: ancienne ligne de rivage.

ancillary – accessoire ; subordonné.

AND – ET. **AND gate**: porte ET *(élec)*.

andalusite – andalousite *f, néosilicate d'alumine.*

andesite – andésite *f (pétro).*

andosol – andosol *m, sol formé sur la roche volcanique.*

anechoic – anéchoïque. **anechoic room**: chambre anéchoïque *(acoust)*.

anelasticity – anélasticité *f.*

anemometer – anémomètre *m.*

anemometry – anémométrie *f (météo)*.

anergy – anergie *f.*

aneroid – anéroïde. **aneroid barometer**: baromètre anéroïde.

angel – *voir angel echo.* **angel echo**: ange *m, écho radar sans cible visible.*

angle – angle *m.* **angle bar**: cornière *f.* **angle build-up**: gradient d'accroissement de déviation *(for)*. **angle check valve**: clapet de retenue d'équerre ; soupape de retenue d'équerre. **angle drop-off**: gradient de décroissance de déviation. **angle iron**: fer cornière. **angle-iron baffles**: chicane en fer cornière. **angle of advance**: avance angulaire. **angle of approach**: angle d'approche, *angle d'émergence.* **angle of bank**: angle de roulis. **angle of bedding**: angle de stratification. **angle of contact**: angle de contact ; angle de contingence. **angle of contingence**: angle de contingence *(géom)*. **angle of deflection**: angle d'écartement ; angle de déflexion. **angle of depression**: angle de dépression à l'horizon. **angle of deviation**: angle de déviation. **angle of dip**: angle d'inclinaison ; angle de pendage *(géol)* ; valeur du pendage. **angle of drift**: angle de dérive. **angle of elevation**: angle d'élévation ; angle de hauteur. **angle of emergence**: angle d'émergence. **angle of field**: angle de champ. **angle of friction**: angle de frottement. **angle of gradient**: angle de déclivité. **angle of hade**: angle d'inclinaison, *angle que fait un filon, un plan de faille avec la verticale.* **angle of incidence**: angle d'incidence, *angle que fait une surface d'onde avec un dioptre.* **angle of inclination**: angle d'inclinaison. **angle of inclination of the Earth's magnetic field**: degré d'angle d'inclinaison du champ magnétique terrestre. **angle of intersection**: angle d'intersection. **angle of lag**: angle de retard ; retard angulaire. **angle of lock**: angle de braquage. **angle of orientation**: angle d'orientation *(radar)*. **angle of polarization**: angle de polarisation ; incidence brewstérienne. **angle of reflection**: angle de réflexion. **angle of refraction**: angle de réfraction. **angle of repose**: angle de talus naturel, *angle maximal de la surface libre d'un talus de matériau meuble par rapport au plan horizontal.* **angle of rotation**: angle de rotation. **angle of slope**: angle de pendage, *ou de pente.* **angle of strike**: angle de direction *(minér)*. **angle of tilt**: angle d'inclinaison. **angle of unconformity**: angle de discordance. **angle of view**: angle de visée, *télédétection.* **angle of wrap**: angle d'enroulement, *bande de frein.* **angle right**: angle à droite, *mesuré dans le sens des aiguilles d'une montre.*

angle valve: robinet d'angle ; robinet d'équerre ; vanne d'équerre.

angledozer – bouteur biais.

angström – angström *m, unité de longueur d'onde des radiations lumineuses, symbole* Å.

angular – angulaire. **angular acceleration**: accélération angulaire. **angular aperture**: ouverture angulaire *(opt)*. **angular deviation measurement**: écartométrie *f.* **angular distance**: distance angulaire. **angular distortion**: distorsion angulaire. **angular-distribution electron spectroscopy (ADES)**: spectroscopie électronique à distribution angulaire. **angular frequency**: fréquence angulaire ; pulsation *f.* **angular momentum**: moment angulaire. **angular motion**: mouvement angulaire. **angular parallax**: parallaxe angulaire, *angle de convergence des axes pupillaires.* **angular pitch**: pas angulaire. **angular speed**: vitesse angulaire, *scalaire.* **angular unconformity**: discordance angulaire, *disposition d'horizons géologiques par laquelle certains d'entre eux viennent se terminer en biseau contre d'autres.* **angular velocity**: vitesse angulaire, *vectorielle.*

angularity – angularité *f*; obliquité *f.* **angularity correction**: correction d'angularité.

anhedral – anédrique *(crist)*.

anhyd – *abrév. de anhydrous.*

anhydride – anhydride *m.*

anhydrite – anhydrite *f, sulfate naturel anhydre de calcium.*

anhydritic – anhydritique. **anhydritic cemented sandstone**: grès à ciment d'anhydrite. **anhydritic clay**: argile à anhydrite. **anhydritic sandstone**: grès anhydritique. **anhydritic shale**: argile anhydritique ; argile gypsifère.

anhydrous – anhydre. **anhydrous aluminum chloride**: chlorure d'aluminium anhydre. **anhydrous ammonia**: ammoniac anhydre. **anhydrous hydrogen chloride**: chlorure d'hydrogène anhydre. **anhydrous hydrogen fluoride**: acide fluorhydrique anhydre.

anhysteretic – anhystérétique, *sans hystérésis.*

aniline – aniline *f, aminobenzène, phénylamine, aminophène.* **aniline dye**: colorant à l'aniline. **aniline oil**: aniline impure ; huile d'aniline. **aniline point**: point d'aniline, *température la plus basse à laquelle des volumes égaux d'aniline et du produit analysé sont complètement miscibles, indique la teneur en aromatiques.* **aniline salt**: sel d'aniline. **Aniline Gravity Product**: *méthode d'estimation du pouvoir calorifique inférieur des carburéacteurs utililisant le produit du point d'aniline par la densité API.*

animal – animal. **animal black**: noir animal, *obtenu par calcination d'os, de corne, d'ivoire.* **animal charcoal**: charbon animal. **animal fat**: graisse animale. **animal fiber**: fibre animale. **animal glue**: colle animale. **animal oil**: huile animale. **animal power**: énergie animale. **animal remains**: restes fossiles d'animaux. **animal-waste conversion**: conversion des déchets animaux. **animal wax**: cire animale.

anion – anion *m, ion chargé négativement.* **anion-exchange capacity (AEC)**: capacité d'échange d'anions. **anion-exchange resin**: résine anionique. **anion exchanger**: échangeur d'anions.

anionic – anionique. **anionic aromatic polymer (AAP)**: polymère aromatique anionique. **anionic detergent**: détergent anionique. **anionic emulsion**: émulsion anionique. **anionic polymerization**: polymérisation anionique. **anionic surfactant**: surfactant anionique.

Anisian – Anisien *m, étage du Trias.*

anisole – anisole *m, éther méthylique du phénol.*

anisometric – anisométrique *(miner)*.

anisomyarian – anisomyaire, *mollusque bivalve.*

anisotropic – anisotrope ; anisotropique. **anisotropic antenna**: antenne anisotropique. **anisotropic crystal**: cristal anisotrope. **anisotropic membrane**: membrane anisotropique.

anisotropism – anisotropisme *m.*

anisotropy – anisotropie *f, caractère des corps ou des processus qui se comportent différemment selon la direction.* **anisotropy coefficient**: coefficient d'anisotropie.

ankaramite – ankaramite *f, basalte.*

ankerite – ankérite *f (minér)*.

anneal (to) – recuire, *(métal)*.

annealed – recuit. **annealed steel**: acier recuit. **annealed wire**: fil recuit.

annealing – recuit *m, chauffage prolongé d'un solide à température élevée, suivi d'un refroidissement très lent.* **annealing furnace**: four à recuire ; four de recuit. **annealing process**: procédé de recuit, *(métal)*. **annealing temperature**: température de recuit, *(métal)*.

annelid – annélide *m, animal invertébré vermiforme.*

annex – annexe *f, d'un document, d'un bâtiment.*

annotated – annoté. **annotated photograph**: photographie équipée, *ou renseignée, photographie aérienne contenant des informations nécessaires à la restitution photogrammétrique.*

annual – annuel. **annual variation of magnetic declination**: variation annuelle de la déclinaison magnétique.

annuity – annuité *f.*

annular – annulaire. **annular area**: zone annulaire. **annular blowout preventer**: obturateur annulaire *(for)*. **annular circulation**: circulation dans l'annulaire. **annular flow**: écoulement annulaire. **annular fluid**: fluide d'annulaire. **annular gear**: engrenage à dents intérieures. **annular preventer**: obturateur annulaire, *obturateur antiéruption annulaire fermant sur tous les diamètres.* **annular production**: production annulaire. **annular space**: espace annulaire, *voir annulus.* **annular velocity**: vitesse annulaire ; vitesse périphérique ; vitesse tangentielle.

annulus – anneau torique, *eau de gisement dans les formations pétrolifères traversées par un sondage plein de boue* ; espace annulaire, *délimité par le tubage et le diamètre des tiges de production.* **annulus pressure**: pression annulaire. **annulus pressure-responsive (APR) safety valve**: vanne de sécurité, *pour contrôle de la pression annulaire.* **annulus seal**: presse-étoupe *m (for)*. **annulus valve**: vanne de l'annulaire. **annulus velocity**: vitesse annulaire ; vitesse de remontée *(for)*.

anode – anode *f, électrode positive.* **anode copper**: cuivre anodique. **anode corrosion**: corrosion anodique. **anode effect**: effet d'anode. **anode efficiency**: rendement anodique. **anode layer**: couche anodique. **anode mud**: boue anodique. **anode pickling**:

décapage anodique. **anode potential**: potentiel anodique. **anode scrap**: déchet anodique.

anodic – anodique. **anodic cleaning**: dégraissage anodique. **anodic polarization**: polarisation anodique. **anodic protection**: protection anodique. **anodic reaction**: réaction anodique. **anodic solution**: dissolution anodique. **anodic zone**: zone anodique, *zone positive*.

anodizing – anodisation *f*; traitement anodique, *dépôt d'un film d'oxyde métallique résistant à la corrosion*.

anolyte – anolyte *m*, *électrolyte placé à l'anode d'une pile*.

anomalous – anormal ; exceptionnel ; irrégulier. **anomalous propagation**: propagation anormale. **anomalous viscosity**: viscosité anormale, *non newtonien*.

anomaly – anomalie *f*, *en géophysique écart d'une grandeur par rapport aux valeurs que l'on s'attendrait à trouver*.

anomer – anomère *m*, *stéréo-isomère des sucres*.

anorogenic – anorogénique. **anorogenic period**: période anorogénique.

anorthic – triclinique *(crist)*.

anorthite – anorthite *f*, *feldspath alcalin*.

anorthoclase – anorthose *f*, *feldspath sodi-potassique*.

anorthosite – anorthosite *f*, *roche magmatique plutonique*.

anoxia – anoxie *f (biol)*.

anoxic – anoxique, *voir aussi anaerobic*.

antagonistic – antagoniste, *ou antagonique*. **antagonistic effect**: effet antagoniste, *interaction de facteurs dont l'effet global est moindre que la somme des effets indépendant des facteurs*.

antecedent – antécédent. **antecedent stream**: cours d'eau antécédent, *dont le tracé est antérieur aux déformations tectoniques*.

antechamber – préchambre *f*.

anteclise – antéclise *f*, *type de structure de plateforme continentale*.

antenna – antenne *f*. **antenna array**: réseau d'antennes. **antenna effect**: effet d'antenne. **antenna lobe**: lobe d'antenne. **antenna offset**: correction d'antenne, *sismique marine*. **antenna spacing**: espacement d'antenne.

anthracene – anthracène *m*. **anthracene oil**: huile anthracénique.

anthracite – anthracite *m*, *charbon ayant le degré de carbonification le plus élevé*.

anthraxolite – anthraxolite *f*, *variété d'asphaltoïde*.

anthrogenic – anthropique, *résultant de l'action de l'homme sur la nature*.

anthropozoic – anthropozoïque *(géol)*.

antiacid – antiacide. **antiacid additive**: additif antiacide.

antiager – antivieillisseur *m*.

antiaging – *voir antiaging additive*. **antiaging additive**: additif antivieillissement.

antialias – *voir alias filter*.

antiaverage – antimoyenne *f*.

antibacterial – antibactérien. **antibacterial agent**: agent antibactérien.

antibiotic – antibiotique *m*.

antibonding – antiliant. **antibonding electron**: électron antiliant. **antibonding orbital**: orbitale antiliante.

anticathode – anticathode *f*.

anticenter – antiépicentre *m*, *d'un séisme*.

antichatter – anticliquetis *m*.

anticipation – anticipation *f*. **anticipation function**: fonction d'anticipation.

anticlinal – anticlinal *(géol)*. **anticlinal apex**: charnière anticlinale. **anticlinal axial plane**: plan axial d'un anticlinal. **anticlinal axis**: axe anticlinal ; ligne anticlinale. **anticlinal bulge**: bombement anticlinal. **anticlinal closure**: fermeture d'un anticlinal, *hauteur entre les points le plus haut et le plus bas (point de fuite)*. **anticlinal composite**: complexe anticlinal. **anticlinal core**: coeur d'un anticlinal ; noyau anticlinal. **anticlinal crest**: arête anticlinale ; crête d'un anticlinal. **anticlinal flank**: flanc d'un anticlinal. **anticlinal fold**: plissement anticlinal. **anticlinal gap**: noyau d'un anticlinal érodé. **anticlinal high**: bombement anticlinal. **anticlinal limb**: flanc anticlinal. **anticlinal line**: axe anticlinal. **anticlinal nose**: saillant anticlinal. **anticlinal range**: chaîne anticlinale. **anticlinal reservoir**: réservoir anticlinal. **anticlinal ridge**: crête d'un anticlinal. **anticlinal saddle**: selle anticlinale. **anticlinal structure**: structure anticlinale. **anticlinal theory**: théorie anticlinale, *posant que le gaz, l'huile et l'eau séparés par ordre de densité s'accumulent dans la partie la plus élevée des réservoirs*. **anticlinal trap**: piège anticlinal. **anticlinal valley**: combe *f*; vallée anticlinale.

anticline – anticlinal *m*.

anticlinorium – anticlinal complexe ; anticlinorium *m*.

anticlockwise – dans le sens contraire des aiguilles d'une montre.

anticlutter – *voir anticlutter gain control*. **anticlutter gain control**: régulateur de sensibilité temporisée, *radar*.

anticoagulant – anticoagulant *m*.

anticoincidence – anticoïncidence *f*, *utilisation d'un événement ou d'une impulsion pour empêcher un circuit ou un appareil de fournir pendant un intervalle de temps spécifié un signal correspondant à un signal reçu à une entrée déterminée*. **anticoincidence circuit**: circuit d'anticoïncidence.

anticollision – anticollision *f*. **anticollision device**: dispositif anticollision. **anticollision radar**: radar anticollision.

anticooling – antirefroidisseur.

anticorrosion – anticorrosion. **anticorrosion additive**: additif anticorrosion.

anticorrosive – anticorrosif. **anticorrosive additive**: additif anticorrosif. **anticorrosive paint**: peinture anticorrosive.

anticyclone – anticyclone *m*.

antidecompostion – antidécomposition *f*. **antidecomposition additive**: additif antidécomposition ; additif stabilisateur.

antidune – antidune *f*, *dune aquatique qui se déplace en sens inverse du courant*.

antifatigue – antifatigue.

antiferromagnetism – antiferromagnétisme *m*.

antifilter – filtre inverse, *déconvolution*.

antifoaming – antimousse. **antifoaming agent**: additif antimousse ; antimousse *m.*
antifogging – antibuée.
antiform – antiforme *f, pli dessinant une courbe convexe vers le haut.* **antiformal syncline**: faux anticlinal.
antifouling – antisalissure, *se dit de tous les produits servant à la protection des coques de navire, des bouées contre les algues, crustacés et autres salissures marines.* **antifouling paint**: peinture antisalissure.
antifreeze – antigel *m.* **antifreeze mixture**: mélange antigel. **antifreeze solution**: solution incongelable.
antifreezing – anticongélateur ; antigel, *qui prévient la congélation.* **antifreezing agent**: agent antigel.
antifriction – antifriction. **antifriction alloy**: alliage antifriction. **antifriction bearing**: coussinet antifriction ; palier à roulements ; palier antifriction. **antifriction-bearing grease**: graisse à roulements. **antifriction metal**: métal antifriction ; métal blanc. **antifriction thrust bearing**: palier de butée à billes.
antifroth – antiécume.
antihalation – antihalo *m.* **antihalation coating**: couche antihalo.
antiheave – antipilonnement.
antiicing – dégivreur *m, voir aussi antistalling agent.* **antiicing additive**: additif antigivre.
antijamming – antibrouillage *m.*
antiknock – antidétonant ; indétonant. **antiknock compound**: composé antidétonant. **antiknock fuel**: combustible antidétonant. **antiknock gasoline**: essence à haut indice d'octane ; essence antidétonante. **antiknock properties**: propriétés antidétonantes. **antiknock quality**: qualité antidétonante. **antiknock rating**: pouvoir antidétonant ; qualité antidétonante. **antiknock value**: indice antidétonant ; valeur antidétonante.
antimagnetic – antimagnétique, *conçu pour éviter l'influence des champs magnétiques.*
antimonide – antimoniure *m.*
antimony – antimoine *m, symbole chim. Sb.*
antinodal – antinodal. **antinodal point**: point antinodal.
antinode – ventre *m, d'une onde stationnaire.*
antinoise – antibruit. **antinoise screen**: écran antibruit.
antioxidant – antioxydant *m, inhibiteur d'oxydation.* **antioxidant additive**: additif antioxydant.
antiozonant – additif antiozone, *caoutchouc.*
antiparticle – antiparticule *f.*
antiperoxide – antiperoxyde. **antiperoxide additive**: additif antiperoxyde.
antipetroleum – antipétrole. **antipetroleum agent**: produit antipétrole, *pollution.*
antipodal – antipodal *(géog).*
antipodes – antipodes *m (géog).*
antiradiation – antiradiation. **antiradiation additive**: additif antiradiation.
antiredeposition – antiredéposition *f, action de maintenir en suspension les particules insolubles.* **antiredeposition agent**: agent antiredéposition.
antiresonance – antirésonance *f.*
antiroll – antiroulis.
antirust – antirouille. **antirust agent**: agent antirouille. **antirust compound**: composé antirouille. **antirust grease**: graisse antirouille. **antirust paint**: peinture antirouille.
antiseize – antigrippant. **antiseize additive**: additif antigrippant. **antiseize thread compound**: dégrippant *m.*
antishock – antichoc.
antiskid – antidérapant. **antiskid paint**: peinture antidérapante.
antisludge – antiboues. **antisludge additive**: additif antidépôt, *destiné à prévenir la formation des dépôts.*
antismoke – antifumée. **antismoke additive**: additif antifumée.
antisolvent – antisolvant *m.*
antisquawk – antigrincement. **antisquawk additive**: additif antigrincement.
antistalling – *voir antistalling agent.* **antistalling agent**: agent anticalage, *additif pour essence destiné à prévenir le givrage du carburateur.*
antistatic – antistatique. **antistatic additive**: additif antistatique.
antisticking – antigrippant. **antisticking additive**: additif antigrippant.
antistranding – *voir antistranding sonar.* **antistranding sonar**: sonar antiéchouage.
antistripping – *voir antistripping additive.* **antistripping additive**: additif d'accrochage ; additif d'adhésivité.
antithetic – antithétique, *se produisant dans un sens opposé.* **antithetic fault**: faille antithétique ; faille en retour. **antithetic variable**: variable antithétique *(stat).*
antithixotropy – antithixotropie *f, quand, pour un corps fluidifiant, la viscosité apparente est fonction croissante de la durée d'écoulement et que le corps retrouve son état initial après un repos assez long.*
antivibration – antivibration. **antivibration device**: dispositif antivibration.
antivignetting – *voir antivignetting filter.* **antivignetting filter**: filtre de vignettisation *(photo).*
antiwear – antiusure. **antiwear additive**: additif antiusure. **antiwear property**: protection contre l'usure.
anvil – enclume *f.*
AOR – *abrév. de air/oil ratio.*
AOSTRA – *abrév. de Alberta Oil Sands Technology and Research Authority.*
AOV – *abrév. de automatically operated valve.*
AP – *abrév. de array processor.*
apatite – apatite *f (minér).*
APBM – *abrév. de articulated positive-buoyancy mooring.*
aperiodic – apériodique. **aperiodic antenna**: antenne apériodique. **aperiodic galvanometer**: galvanomètre apériodique. **aperiodic pendulum**: pendule apériodique.
aperture – fenêtre *f, traitement de données* ; ouverture *f (photo).* **aperture ratio**: ouverture relative. **aperture time**: temps d'ouverture ; temps de réaction, *d'une porte ou d'un circuit.* **aperture width**: largeur d'ouverture.
apex – apex *m* ; faîte *m* ; sommet *m.*
aphanitic – aphanitique, *se dit des roches n'ayant pas de cristaux discernables à l'oeil nu.*
aphelion – aphélie *m (astron).*

aphotic – aphotique. **aphotic zone**: zone aphotique, *zone sans lumière allant des profondeurs de 200 m aux fonds abyssaux.*

API – API, *abrév. de American Petroleum Institute.* **API degree**: degré API, *le degré API du pétrole brut s'échelonne de 0 (équivalent à une densité de 1,076) à 100 (équivalent à une densité de 0,6112).* **API gravity**: densité API, *échelle employée pour calculer la densité des produits pétroliers liquides. La densité API s'exprime en degrés API suivant la formule Deg API = (141,5/densité à 15,56°C) – 131,5.* **API monogram**: monogramme API, *placé sur une pièce d'équipement, il signifie qu'elle a été fabriquée selon les normes API.* **API specifications**: spécifications API. **API standards**: normes API. **API thread gage**: calibre fileté API.

aplanat – aplanat *m (photo).*

aplanatic – aplanétique *(opt).* **aplanatic lens**: lentille aplanétique. **aplanatic surface**: surface aplanétique.

aplite – aplite *f, roche magmatique granitique à grains fins.*

aplitic – aplitique. **aplitic texture**: texture aplitique, *texture très grenue.*

apnea – apnée *f.*

apochromatic – apochromatique. **apochromatic lens**: objectif apochromatique.

apodization – apodisation *f, élimination partielle des maxima secondaires d'une figure de diffraction à l'infini par une ouverture de forme quelconque.*

apodizing – apodisation *m.* **apodizing function**: fonction d'apodisation.

apogee – apogée *m.*

apolar – apolaire.

apomagmatic – apomagmatique. **apomagmatic deposit**: gîte apomagmatique.

apophysis – apophyse *f (géol).*

Appalachian – appalachien *(strat).* **Appalachian relief**: relief appalachien, *type de relief où une structure plissée, complètement aplanie, est rajeunie et reprise par l'érosion.* **Appalachian Revolution**: *voir Allegheny orogeny.*

apparatus – appareil *m* ; instrument *m.*

apparel – apparaux *m, équipements d'un navire permettant d'effectuer des manoeuvres d'amarrage, de remorquage ou de levage.*

apparent – apparent. **apparent density**: densité apparente ; masse volumique apparente. **apparent dip**: pendage apparent. **apparent displacement**: déplacement apparent. **apparent formation resistivity factor**: facteur de formation apparent, *résistivité d'un volume de formation quelconque saturée d'un mélange d'hydrocarbures et d'électrolyte, divisée par la résistivité d'un seul électrolyte (prod).* **apparent formation-water resistivity**: résistivité apparente de l'eau de formation. **apparent heave**: recouvrement horizontal apparent, *d'une faille inverse* ; rejet horizontal apparent, *d'une faille normale.* **apparent horizon**: horizon apparent. **apparent polarity**: polarité apparente. **apparent pore volume**: volume des pores apparent. **apparent power**: puissance apparente. **apparent resistance**: résistance apparente. **apparent resistivity**: résistivité apparente. **apparent slip**: rejet incliné apparent, *sur un plan de projection perpendiculaire à la couche (géol).* **apparent solar time (AST)**: temps solaire vrai (TSV). **apparent solubility**: solubilité apparente. **apparent specific weight**: poids spécifique apparent. **apparent stratigraphic gap**: lacune stratigraphique apparente. **apparent thickness**: épaisseur apparente. **apparent throw**: rejet vertical apparent, *sur un plan de projection perpendiculaire à la couche (géol).* **apparent truncation**: troncature apparente, *rapport géométrique entre les terminaisons des strates d'un cortège transgressif et d'un cortège de haut niveau (géol).* **apparent velocity**: vitesse apparente. **apparent-velocity filtering**: filtrage en vitesse apparente. **apparent viscosity**: viscosité apparente, *rapport entre la contrainte de cisaillement et la vitesse de déformation de cisaillement.* **apparent volume**: volume apparent. **apparent wavelength**: longueur d'onde apparente. **apparent wavenumber**: nombre d'onde apparent.

appearance – apparence *f* ; apparition *f* ; aspect *m.* **appearance potentiel**: potentiel d'apparition *(nucl).*

appendage – accessoire *m.*

appendix – annexe *f, d'un document.*

appliance – appareil *m* ; dispositif *m* ; matériel *m.*

applicability – applicabilité *f.*

application – application *f* ; demande *f.* **application for a concession**: demande de concession. **application for a patent**: demande de brevet. **application of a theory**: application d'une théorie. **application package**: progiciel d'application.

applied – appliqué. **applied chemistry**: chimie appliquée. **applied geology**: géologie appliquée. **applied geophysics**: prospection géophysique. **applied load**: charge appliquée. **applied-potential method**: méthode de la mise à la masse.

apply (to) – appliquer. **apply (to) heat**: chauffer. **apply (to) current**: donner le courant. **apply (to) the brake**: freiner ; serrer le frein.

appointment – désignation *f.*

appraisal – estimation *f* ; évaluation *f.* **appraisal drilling**: forage d'évaluation, *forage entrepris pour déterminer les réserves et le potentiel productif d'un gisement de pétrole ou de gaz.* **appraisal mission**: mission d'évaluation. **appraisal well**: puits d'appréciation ; puits d'évaluation, *résultat d'un forage d'évaluation ; voir aussi delineation well et extension well.*

appraise (to) – estimer ; évaluer.

appreciable – appréciable ; important ; notable.

appreciate (to) – apprécier ; évaluer.

approval – approbation *f* ; homologation *f* ; ratification *f.* **approval seal**: estampille *f.*

approved – homologué. **approved equipment**: équipement homologué.

approximate – approché. **approximate calculation**: calcul approché. **approximate value**: valeur approchée.

approximation – approximation *f.* **approximation error**: erreur d'approximation.

appurtenances – accessoires *m, d'équipement d'une usine.*

apron – tablier *m.* **apron conveyor**: transporteur à bande articulée *(mine).* **apron feeder**: alimentateur à bande articulée. **apron ring**: cornière de pied d'un réservoir cylindrique *(stock).*

aprotic – aprotique *(chim)*. **aprotic solvent**: solvant aprotique.
APS – *abrév. de appearance-potential spectroscopy: spectroscopie de potentiel d'apparition ; et de atom probe spectroscopy : sonde atomique.*
Aptian – Aptien *m, étage du Crétacé inférieur.*
aq – *abrév. de aqueous.*
aqua-ammonia – ammoniaque *f, solution aqueuse d'ammoniac.*
Aquablak – *dénomination commerciale d'une suspension de noir de carbone dans l'eau.*
Aquadag – *dénomination commerciale d'un graphite colloïdal utilisé comme lubrifiant.*
Aquaflex – Aquaflex, *dénomination commerciale d'une source sismique marine.*
aqua-fortis – eau forte, *acide nitrique.*
Aquagel – *dénomination commerciale d'un silicate d'aluminium utilisé pour les boues de forage.*
aqualung – scaphandre autonome.
Aquapulse – Aquapulse, *dénomination commerciale d'une source sismique marine.*
aqua-regia – eau régale.
Aquaseis – *dénomination commerciale d'une source de sismique marine.*
aquation – aquation *f (chim)*.
aqueduct – aqueduc *m.*
aqueous – aqueux. **aqueous emulsion**: émulsion aqueuse. **aqueous solution**: solution aqueuse.
aquiclude – couche imperméable *(géol)*.
aquiculture – aquaculture *f.*
aquifer – aquifère *m* ; couche aquifère.
aquiferous – aquifère.
aquitard – couche semiperméable, *formation géologique qui oppose une résistance à la circulation des fluides.*
ARA – ARA, *zone de marché Amsterdam Rotterdam Anvers.*
Arabian light – arabe léger, *pétrole brut d'Arabie saoudite utilisé comme brut de référence pour la cotation des prix sur le marché international.*
arable – arable. **arable soil**: sol arable.
aragonite – aragonite *f (minér)*.
aralkyl – aralkyle *m, radical aryle dans lequel un atome d'hydrogène a été remplacé par un radical alkyle.*
aramid – aramide *m, classe de fibres polyamides aromatiques.* **aramid fiber**: fibre aramide.
arbitration – arbitrage *m.* **arbitration award**: sentence arbitrale. **arbitration board**: chambre d'arbitrage. **arbitration clause**: clause arbitrale ; clause compromissoire.
arbitrator – arbitre *m.*
arbor – arbre *m (méc)* ; axe *m.*
arboreal – silvatique. **arboreal pollen**: pollen silvatique.
arborescence – arborescence *f.*
arborescent – arborescent ; dendritique. **arborescent structure**: structure arborescente ; structure dendritique.
arc – arc *m* ; cintre *m.* **arc brazing**: brasage à l'arc. **arc burns**: brûlures d'arc, *sur les tubes en acier.* **arc cutting**: découpage à l'arc. **arc furnace**: four à arc. **arc generator**: générateur à arc. **arc lamp**: lampe à arc. **arc of folding**: arc de plissement *(géol)* ; voussoir *m (géol)*. **arc shooting**: tir en arc *(géoph)*. **arc spectrum**: spectre d'arc. **arc spread**: dispositif en arc *(sism)*. **arc stud weld**: soudure de goujons. **arc stud welding**: soudage à l'arc des goujons. **arc-welded vessel**: récipient soudé à l'arc. **arc welding**: soudure à l'arc. **quasi-arc welding**: soudage à l'arc électrique à électrodes, *garnies de fil d'amiante destiné à éviter l'oxydation du métal déposé.*
ARC – *abrév. de acid response curve.*
Arcer – Arcer, *dénomination commerciale d'un étinceleur.*
arch – anticlinal de fond ; arc *m* ; arche *f*; cintre *m* ; voûte *f.* **arch bend**: charnière anticlinale *(géol)* ; cintrage *m (géol)*. **arch center for crest**: centre de courbure de la crête. **arch core**: noyau du pli *(géol)*. **arch dam**: barrage voûte. **arch limb**: flanc supérieur, *d'un pli couché.*
archaeocyathid – archaeocyathidé *m (pal)*.
Archean – Archéen *m, période la plus ancienne du Précambrien.*
Archeozoic – Archéozoïque *m, synonyme soit de l'Archéen soit du Précambrien.*
Archie – Archie. **Archie's formula**: formule d'Archie, *formule empirique des rapports de la résistivité, de la porosité et de la saturation huile/eau (diag)*.
Archimedean – d'Archimède. **Archimedean principle**: principe d'Archimède. **Archimedean screw**: vis d'Archimède.
arching – voussure *f.*
archipelago – archipel *m.*
architecture – architecture *f.*
archive file – fichier d'archives.
arctic – arctique. **arctic blackout**: *voir radio blackout.* **arctic circle**: cercle arctique. **arctic sea smoke**: fumée de mer arctique *(météo)*.
are – are *m, unité de superficie agraire, 1 a = 100 m*^{2}.
area – aire *f*; domaine *m* ; plage *f*; région *f*; superficie *f*; surface *f*; zone *f.* **area above the ring**: couronne d'un piston *(mot)*. **area monitoring**: surveillance de zone. **area of no signal reception**: zone de silence. **area of subsidence**: aire de subsidence *(géol)* ; zone de subsidence *(géol)*. **area of truncation**: aire d'aplanissement, *d'érosion.*
areal – à deux dimensions ; de surface, *ou en surface.* **areal erosion**: érosion de surface. **areal geology**: géologie de surface. **areal geology map**: carte géologique de surface. **areal map**: carte de surface. **areal sweep efficiency**: efficacité superficielle de balayage, *rapport de l'aire balayée à l'aire totale, à l'instant considéré (prod)*.
arenaceous – arénacé *(géol)* ; sableux. **arenaceous disintegration**: arénisation *f.* **arenaceous foraminifer**: foraminifère arénacé *(pal)*. **arenaceous limestone**: calcaire sableux. **arenaceous texture**: texture arénacée.
arene – arène *m, hydrocarbure aromatique.*
arenite – arénite *f (pétro)*.
arenolutite – arénolutite *f (pétro)*.
arenorudite – arénorudite *f (pétro)*.
argentiferous – argentifère.
argil – argile à poterie.
argillaceous – argileux. **argillaceous dolomite**: dolomie argileuse. **argillaceous earth**: terre argi-

leuse. **argillaceous limestone**: calcaire argileux. **argillaceous rock**: roche argileuse. **argillaceous sandstone**: grès argileux ; silt argileux. **argillaceous texture**: texture argileuse *(pétro)*.

argillite – argilite *f, roche argileuse peu stratifiée et indurée par compaction.*

argillization – argilisation *f (pétro)*.

argon – argon *m, symbole chim. Ar.* **argon detector**: détecteur à argon, *détecteur à ionisation d'argon.*

Argos – Argos, *système de localisation en mer.*

Argovian – Argovien *m, ancien étage du Jurassique supérieur.*

argument – argument *m (math)* ; paramètre *m, informatique.*

arheism – aréisme *m, absence d'écoulement des eaux en surface.*

arid – aride. **arid region**: région aride ; zone aride.

arisen – *voir sea (arisen sea)*.

arithmetic – arithmétique *f.* **arithmetic, arithmetical**: arithmétique. **arithmetic calculus**: calcul arithmétique. **arithmetic-logic unit (ALU)**: unité arithmétique et logique (UAL). **arithmetic mean**: moyenne arithmétique. **arithmetic mean temperature**: température moyenne arithmétique. **arithmetic mean value**: valeur moyenne arithmétique. **arithmetic progression**: progression arithmétique.

arkose – arkose *f, roche sédimentaire détritique terrigène contenant des grains de quartz.*

arkosic – arkosique. **arkosic sandstone**: grès arkosique ; grès feldspathique.

arm – bras *m.* **arm of a wheel**: rayon d'une roue. **arm of the sea**: bras de mer.

armature – induit *m (élec)*. **armature current**: courant de l'induit. **armature shaft**: arbre d'induit. **armature winding**: bobinage d'induit ; enroulement d'induit.

Armeen – *dénomination d'une série d'amines aliphatiques à haut poids moléculaire.*

Armofos – *dénomination d'un défloculent pour boues de forage.*

armor – blindage *m* ; cuirasse *f.* **armor plate**: plaque de blindage.

armored – armé. **armored cable**: câble armé. **armored concrete**: béton armé. **armored diving suit**: armure articulée ; scaphandre à armure articulé. **armored glass**: verre armé. **armored hose**: flexible armé ; tuyau armé.

armoring – armure *f, d'un câble* ; blindage *m.*

Armowax – *dénomination de lubrifiant synthétique.*

Arofining – *dénomination d'un procédé de désaromatisation.*

aromatic – aromatique. **aromatic alcohol**: alcool aromatique. **aromatic amine**: amine aromatique. **aromatic base**: base aromatique. **aromatic compound**: composé aromatique. **aromatic crude oil**: pétrole brut aromatique, *renfermant moins de 50 % d'hydrocarbures saturés et plus de 50 % d'aromatiques, de résines et d'asphaltènes, contenant souvent plus de 1 % de soufre, correspondant fréquemment à des produits dégradés, formant des huiles lourdes et visqueuses.* **aromatic derivative**: dérivé aromatique. **aromatic hydrocarbon**: hydrocarbure aromatique, *contenant un noyau benzénique.* **aromatic ketone**: cétone aromatique. **aromatic nucleus**: noyau aromatique. **aromatic ring**: noyau aromatique. **aromatic series**: série aromatique. **aromatic solvent**: solvant aromatique.

aromaticity – aromaticité *f.*

aromatics – aromatiques *f, hydrocarbures cycliques à cycle benzénique.* **aromatics content**: teneur en aromatiques. **aromatics free**: sans aromatiques. **aromatics-free petroleum**: pétrole non aromatique, *ne contenant pas de composés aromatiques.*

aromatization – aromatisation *f.*

Aromax – *dénomination d'un procédé de séparation d'isomères.*

Aromex – *dénomination d'un procédé d'extraction des aromatiques.*

Arosorb – *dénomination d'un procédé d'adsorption pour séparer les aromatiques.*

arpent – arpent *m, ancienne unité de surface agraire en France, voisine de l'acre.*

arrangement – arrangement *m* ; disposition *f.*

array – antenne *f, de source ou de récepteur* ; arrangement *m* ; dispositif *m, ensemble des moyens utilisés pour l'émission et pour la réception des signaux sismiques* ; rangée *f, d'atomes ;* tableau *(math)*. **array directivity**: directivité du dispositif *(sism)*. **array forming**: simulation de dispositif. **array length**: longueur du dispositif. **array of geophones**: arrangement de géophones. **array processor (AP)**: convolueur *m* ; processeur matriciel *(sism)*. **array station**: station composite.

arrest – arrêt *m* ; palier *m, d'une courbe.* **arrest of a ship**: saisie d'un navire.

Arrhenius – Arrhenius. **Arrhenius equation**: équation d'Arrhenius, *relation exprimant l'effet de la température sur la vitesse de réaction.*

arrival – arrivée *f, alignement de signaux cohérents sur un sismogramme ou sur une coupe.* **arrival time**: temps d'arrivée *(sism)*.

arrow – flèche *f.* **arrow plot**: diagramme de fléchettes ; planche à clous ; trace flèches *(diag)*.

arsenate – arséniate *m.*

arsenic – arsenic *m, symbole chim. As.*

arsenical – arsenical.

arsenide – arséniure *m.*

arseniferous – arsénifère.

arsenopyrite – arsénopyrite *f, sulfure de fer.*

artesian – artésien. **artesian aquifer**: nappe artésienne, *nappe d'eau souterraine captive.* **artesian basin**: bassin artésien. **artesian flow**: débit artésien. **artesian head**: charge artésienne. **artesian spring**: source artésienne. **artesian uplift pressure**: force d'un jet artésien. **artesian water**: eau artésienne. **artesian well**: puits artésien.

article – article *m.*

articulated – articulé. **articulated flare platform**: torchère articulée. **articulated joint**: joint articulé. **articulated loading platform**: plate-forme de chargement articulée. **articulated loading tower**: colonne de chargement articulée. **articulated platform**: colonne articulée ; plate-forme articulée. **articulated positive-buoyancy mooring**: amarrage articulé à flottabilité positive. **articulated stock anchor**: ancre articulée à jas.

articulation – articulation *f.*

artifact – artefact *m, objet ayant subi une transformation, même minime, d'origine artificielle* *et qui se distingue ainsi de ceux produits par des phénomènes naturels.*

artificial – artificiel ; postiche. **artificial acidification**: acidification artificielle. **artificial aging**: vieillissement artificiel *(métal)*. **artificial antenna**: antenne fictive. **artificial atmosphere**: atmosphère artificielle. **artificial current**: courant provoqué. **artificial earthquake**: séisme artificiel ; tremblement de terre artificiel. **artificial fertilizer**: engrais chimique. **artificial graphite**: graphite artificiel. **artificial ice island**: île de glace artificielle. **artificial intelligence (AI)**: intelligence artificielle (IA). **artificial island**: île artificielle. **artificial lake**: lac artificiel. **artificial lift**: ascension artificielle dans les puits *(prod)*. **artificial nuclear disintegration**: désintégration nucléaire artificielle. **artificial radioactivity**: radioactivité artificielle. **artificial relief**: relief postiche. **artificial respiration**: respiration artificielle. **artificial satellite**: satellite artificiel.

Artinskian – Artinskien *m, étage du Permien.*

Arundel – Arundel. **Arundel method**: méthode d'Arundel *(topog)*.

aryl – aryle *m (chim)*. **aryl radical**: radical aryle, *radical de la série aromatique, formé par élimination d'un atome d'hydrogène.*

arylation – arylation *f (chim)*.

aryne – aryne *m (chim)*.

ASA – *abrév. de American Standards Association.* **ASA standards**: normes ASA.

asbestos – amiante *m* ; asbeste *f (minér)*. **asbestos board**: panneau d'amiante. **asbestos cement**: amiante ciment ; ciment à base d'amiante. **asbestos cloth**: tissu d'amiante. **asbestos clothing**: vêtement protecteur en amiante. **asbestos cord**: tresse d'amiante. **asbestos covering**: revêtement en amiante. **asbestos dish**: capsule d'amiante. **asbestos felt**: feutre d'amiante. **asbestos fiber**: fibre d'amiante. **asbestos gasket**: garniture d'amiante ; joint à l'amiante ; joint d'amiante. **asbestos gloves**: gants d'amiante. **asbestos iron wire gauze**: toile métallique amiantée. **asbestos joint**: joint d'amiante. **asbestos packing**: garniture en amiante. **asbestos pipe**: tube d'amiante. **asbestos plate**: plaque d'amiante. **asbestos putty**: mastic d'amiante. **asbestos sheet**: feuille d'amiante. **asbestos stopper**: bouchon en amiante. **asbestos twine**: tresse d'amiante. **asbestos yarn**: fil d'amiante.

Ascarite – *dénomination d'amiante sodé, réactif solide pour le dosage de gaz carbonique.*

ascending – ascendant. **ascending chromatography**: chromatographie ascendante. **ascending horizontal slicing**: exploitation par tranche ascendante *(mine)*. **ascending node**: noeud ascendant, *trajectoire d'un satellite.*

ascent – ascendance *f*; déclivité *f*; montée *f*; rampe *f*; remontée *f.*

aschistic – aschiste *(pétro)*. **aschistic rock**: roche aschiste *(pétro)*.

ASCII – ASCII, *abrév. de American Standard Code for Information Interchange, code standardisé utilisé pour l'échange des données dans les systèmes de traitement de l'information.*

aseismic – asismique ; parasismique *(protection)*. **aseismic district**: domaine asismique. **aseismic ridge**: dorsale asismique *(océan)*.

ash – carbonate de sodium anhydre ; cendre *f.* **ash coal**: charbon riche en cendres. **ash colored**: cendré. **ash cone**: cône de cendres. **ash content**: teneur en cendres. **ash determination**: détermination des cendres. **ash fall**: chute de cendres. **ash farming**: brûlis *m.* **ash fusibility**: fusibilité des cendres. **ash pit**: cendrier *m, forges à charbon.* **ash rain**: pluie de cendres. **ash rock**: sable volcanique. **ash-softening temperature**: température de fusion des cendres. **ash test**: dosage des cendres. **ash tray**: cendrier *m.*

Ashgillian – Ashgillien *m, étage de l'Ordovicien.*

ashlar – moellon *m* ; pierre de taille. **ashlar stone**: *voir ashlar.*

ashless – sans cendres.

ASHRAE – *abrév. de American Society of Heating, Refrigerating and Air Conditioning Engineers.*

askant – de biais.

askarel – askarel *m, catégorie d'isolants liquides, constitués totalement ou partiellement de chlorobiphényles.*

aslant – de biais ; obliquement.

ASLE – *abrév. de American Society of Lubrication Engineers.*

ASME – *abrév. de American Society of Mechanical Engineers.* **ASME specifications**: spécifications ASME.

aspartic – aspartique. **aspartic acid**: acide aspartique, *diacide aminé.*

aspect – orientation *f.* **aspect ratio**: rapport d'anamorphose ; rapport de forme.

asperity – aspérité *f, voir aussi roughness.*

asphalt – asphalte *m, produit du groupe des naphtabitumes et caractérisé par une teneur en constituants huileux inférieure à 50 %. Les spécialistes des bitumes routiers désignent sous le nom d'asphalte un mélange de matières minérales inertes et de bitume* ; bitume *m.* **asphalt-base course**: couche de fondation, *à base de bitume et d'agrégats minéraux, pour la construction des chaussées.* **asphalt-base crude oil**: pétrole brut à base asphaltique, *brut à base naphténique.* **asphalt binder course**: couche de liaison à base de bitume, *pour la construction des chaussées, couche intermédiaire entre une couche de fondation et une couche de roulement.* **asphalt-block pavement**: chaussée en pavés d'asphalte, *chaussée dont la couche de roulement est construite avec des pavés constitués par un béton bitumineux moulé sous forte compression.* **asphalt bottoms**: résidu asphaltique, *de la distillation du pétrole.* **asphalt cake**: asphalte en pain, *mastic d'asphalte coulé en blocs de formes géométriques et dont l'emploi est précédé d'une nouvelle fusion.* **asphalt cement**: bitume routier, *mélange à base de bitume asphaltique préparé pour servir d'agglomérant* ; ciment asphaltique. **asphalt coating**: enduit asphaltique ; enrobage bitumineux, *de matériaux.* **asphalt color coat**: enduit bitumineux coloré, *enduit superficiel recouvert de gravillons donnant au revêtement la couleur désirée.* **asphalt content**: teneur en asphaltes. **asphalt deposit**: gisement asphaltique. **asphalt distributor**: épandeuse de bitume. **asphalt dust**: *voir asphalt powder.* **asphalt emulsion**: émulsion bitumineuse. **asphalt enamel**: émail asphaltique. **asphalt filler**:

masse de remplissage bitumineuse, *produit bitumineux utilisé pour obstruer les fissures et les joints des chaussées.* **asphalt flux**: huile de fluxage, *huile utilisée pour réduire la consistance de bitumes trop durs pour utilisation directe.* **asphalt-fog coat**: enduit très léger au bitume, *sans gravillonnage.* **asphalt-grouted macadam**: *voir asphalt macadam.* **asphalt-grouted surfacing**: empierrement asphaltique. **asphalt jelly**: gelée d'asphalte, *mélange d'asphalte et de goudron de houille, traité à chaud par une solution de soude caustique et additionné d'un agent émulsionnant.* **asphalt macadam**: bitumacadam *m*; empierrement asphaltique, *pierres cassées cylindrées, dans les interstices desquelles on introduit un ciment asphaltique par la méthode de pénétration.* **asphalt pavement**: revêtement d'asphalte, *revêtement bitumineux constitué d'agrégats minéraux enrobés et agglomérés par un bitume routier.* **asphalt paving block**: carreau d'asphalte, *éléments formés d'une mixture asphaltique coulée ou comprimée en moules, servant à la construction des chaussées*; pavé d'asphalte. **asphalt-paving plant**: station centrale d'enrobage, *installatiom fixe pour la préparation des revêtements bitumineux.* **asphalt penetration test**: essai de pénétration des bitumes, *consiste à mesurer le nombre de dixièmes de millimètre dont s'enfonce, dans le bitume, une aiguille lestée sous des conditions normalisées de température, de durée et de charge.* **asphalt powder**: poudre d'asphalte. **asphalt prime coat**: couche d'impression au bitume, *premier épandage d'un bitume fluide sur une surface absorbante, destiné à favoriser l'adhérence entre cette surface et un revêtement appliqué ultérieurement.* **asphalt primer**: bitume pour couche d'impression, *liquide bitumineux pour couche d'impression.* **asphalt putty**: mastic d'asphalte, *ciment bitumineux de consistance plastique, facilement travaillable.* **asphalt residue**: résidu asphaltique, *résidu semisolide ou solide, obtenu par distillation du pétrole.* **asphalt rock**: roche bitumineuse, *roche (calcaire, grès ou autre roche massive) naturellement imprégnée de bitume asphaltique.* **asphalt seal coat**: couche de scellement au bitume, *couche superficielle, mince, d'un produit destiné à imperméabiliser la chaussée et à en agglomérer les éléments supérieurs.* **asphalt sealing coat**: *voir asphalt seal coat.* **asphalt seepage**: suintement d'asphalte. **asphalt shingle**: bardeau enduit d'asphalte. **asphalt slab**: *voir asphalt tile.* **asphalt softening-point test**: essai de ramollissement de l'asphalte. **asphalt surface course**: couche de roulement à base de bitume. **asphalt surface treament**: enduit superficiel au bitume, *applications, avec ou sans gravillonnage, de produits bitumineux en surface d'un type quelconque de route.* **asphalt tack coat**: couche d'accrochage au bitume; couche de fond, *épandage d'un produit bitumineux sur une surface existante en vue d'assurer la liaison parfaite entre le revêtement projeté et l'ancienne chaussée.* **asphalt tanker**: asphaltier *m (nav).* **asphalt tar**: goudron d'asphalte, *produit obtenu par distillation destructive de roches naturelles bitumineuses.* **asphalt-tar pitch**: brai de goudron d'asphalte, *brai obtenu par distillation du goudron d'asphalte.* **asphalt tile**: carreau d'asphalte; dalle d'asphalte, *préparée par compression à chaud de certaines roches asphaltiques préalablement broyées.*

asphaltene – asphaltène *m, fraction de certains bitumes, insoluble dans les carbures aliphatiques à bas poids moléculaire mais soluble dans le sulfure de carbone, le chloroforme et le tétrachlorure de carbone.* **asphaltene number**: indice d'asphaltène.

asphaltic – asphaltique. **asphaltic aromatic oil**: huile aromatique asphaltique, *renfermant moins de 25 % de naphtènes, et généralement assez riche en soufre.* **asphaltic bitumen**: bitume asphaltique, *bitume naturel ou artificiel contenant des hydrocarbures peu volatils et une forte proportion de leurs dérivés oxygénés ou sulfurés, généralement visqueux ou solide et soluble dans le sulfure de carbone.* **asphaltic cement**: *voir asphalt cement.* **asphaltic coal**: charbon asphaltique, *premier nom de l'albertite.* **asphaltic compound**: composé asphaltique. **asphaltic concrete**: béton asphaltique, *ou bitumineux, mélange d'agrégat minéral et d'asphalte ou de mastic d'asphalte.* **asphaltic limestone**: calcaire asphaltique. **asphaltic macadam**: *voir asphalt macadam.* **asphaltic mastic**: *voir mastic asphalt.* **asphaltic material**: matériau asphaltique. **asphaltic nonskid treatment**: traitement asphaltique antidérapant. **asphaltic paint**: peinture bitumineuse, *produit bitumineux liquide contenant parfois des pigments minéraux.* **asphaltic petroleum**: pétrole asphaltique, *donnant des quantités importantes d'asphalte par distillation.* **asphaltic pyrobitumen**: pyrobitume asphaltique, *voir asphaltoid.* **asphaltic pyrobituminous shale**: schiste pyrobitumineux asphaltique, *schistes auxquels sont associés des pyrobitumes asphaltiques ou asphaltoïdes.* **asphaltic residual oil**: huile résiduelle asphaltique, *résidu liquide de distillation des pétroles, contenant peu de constituants volatils, mais donnant de l'asphalte par évaporation à température élevée.* **asphaltic resin**: résine asphaltique, *résines de pétrole, substances solides brun-rouge à brun-noir entrant dans la composition des bitumes naturels ou artificiels et caractérisées par leur forte adsorbabilité sur certains produits minéraux activés (alumine pour chromatographie).* **asphaltic road oil**: huile routière bitumineuse, *bitume fluide contenant des huiles de faible consistance, mais peu volatiles, et obtenu par distillation directe ou par fluxage.* **asphaltic sand**: sable asphaltique. **asphaltic sandstone**: grès asphaltique, *naturel.* **asphaltic varnish**: vernis asphaltique, *mélange d'asphalte dur, généralement naturel, avec un solvant volatil et une huile siccative, animale ou végétale.*

asphalting – bitumage *m*; goudronnage *m*.

asphaltite – asphaltite *f, substance bitumineuse noire, naturelle, dont le point de fusion est supérieur à 110 °C, soluble dans le chloroforme et le sulfure de carbone.*

asphaltoid – asphaltoïde *m, substance noire de composition chimique semblable à celle des naphtabitumes, mais infusible et insoluble* *dans les solvants usuels (chloroforme, sulfure de carbone).*

asphaltum – asphalte *m* ; bitume *m*. **asphaltum oil**: *voir asphaltic residual oil.*

asphyxia – asphyxie *f.*

asphyxiate (to) – asphyxier.

asphyxiating – asphyxiant. **asphyxiating gas**: gaz asphyxiant.

asphyxiation – asphyxie *f.*

aspirator – masque antipoussière, *protège contre l'inhalation de poussières* ; aspirateur *m*.

assay – détermination de la teneur ; essai *m* ; titre *m*. **assay balance**: balance d'essai ; trébuchet *m*. **assay button**: bouton d'essai. **assay crucible**: creuset d'essai. **assay furnace**: fourneau à coupelle. **assay ton**: tonne d'essai. **assay value**: teneur *f, d'un minerai.*

assay (to) – analyser ; essayer ; titrer.

assaying – docimasie *f (chim).*

assemblage – accumulation *f*; assemblage *m* ; montage *m*. **assemblage zone**: cénozone *f, biozone définie par un certain assemblage de fossiles.*

assemble (to) – assembler.

assembly – appareillage *m* ; assemblage *m* ; montage *m*. **assembly conveyor**: chaîne de montage ; tapis roulant. **assembly jig**: bâti de montage. **assembly line**: chaîne de montage. **assembly mark**: repère d'assemblage.

assess (to) – apprécier.

assessment – appréciation *f*; évaluation *f*; répartition *f*; taxation *f*. **assessment drilling**: forage d'évaluation. **assessment map**: carte foncière.

asset – immobilisation *f (fin)* ; bien *m*.

assets – actif *m, en comptabilité* ; capital *m*.

assign (to) – affecter.

assignee – cessionnaire *m*.

assignment – affectation *f*; assignation *f*; attribution *f*; cession *f*; transfert *m*. **assignment clause**: clause d'assignation, *permettant dans un contrat de transférer librement un droit.* **assignment of permit**: cession de permis.

assimilation – assimilation *f, processus par lequel un magma digère et incorpore des roches situées à son contact.*

assistance – secours *m*. **assistance at sea**: assistance à la mer.

assistant – adjoint *m* ; aide *m* ; assistant *m* ; auxiliaire *m*. **assistant driller**: second *m, équipe de forage.* **assistant engine**: machine de renfort.

assize – assise *f*; barème *m* ; tarif *m* ; taxe *f*; zone *f.*

associated – associé. **associated gas**: gaz associé, *gaz naturel associé au pétrole brut dans un réservoir productif.* **associated mineral**: minéral associé. **associated sheets**: couches associées *(géol).*

assumption – hypothèse *f*; supposition *f.*

assured – assuré *m, dans une police d'assurance : the assured.*

Assyntian – assyntique *(strat).* **Assyntian orogeny**: phase assyntique, *phase tectonique à la limite du Précambrien et du Cambrien.*

astatic – astatique *(phys).* **astatic galvanometer**: galvanomètre astatique, *galvanomètre de Lord Kelvin.* **astatic gravimeter**: gravimètre astatique. **astatic magnetometer**: magnétomètre astatique. **astatic pendulum**: pendule astatique. **astatic system**: système astatique.

astatine – astate *m, dernier membre de la famille des halogènes, découvert dans les produits de fission nucléaire de l'uranium, symbole chim. At.*

asterism – astérisme *m*.

astern – vers l'arrière, *d'un vaisseau.*

asthenolith – asthénolite *m, volume de roches fondues au sein de masses solides.*

asthenosphere – asthénosphère *f, partie profonde du manteau terrestre.*

Astian – Astien *m, étage du Pliocène.*

astigmatism – astigmatisme *m*.

ASTM – *abrév. de American Society for Testing and Materials.* **ASTM-CFR engine**: moteur ASTM-CFR, *utilisé pour la mesure de l'indice d'octane des essences et de l'indice de cétane des fuels.* **ASTM-color number**: couleur ASTM, *mesurée au colorimètre Union ASTM.* **ASTM distillation**: distillation ASTM. **ASTM gum test**: dosage des gommes par la méthode ASTM. **ASTM paraffin wax melting point**: point de fusion des paraffines mesuré par la méthode ASTM. **ASTM specifications**: spécifications ASTM. **ASTM steam-emulsion number**: indice d'émulsion à la vapeur, *mesuré par la méthode ASTM.* **ASTM test**: essai ASTM. **ASTM Union colorimeter**: colorimètre Union ASTM. **ASTM viscosity-temperature chart**: abaque ASTM de relation viscosité-température.

astrobleme – astroblème *m, cratère créé par l'impact d'une météorite.*

astronautics – astronautique *f*; cosmonautique *f.*

astronomical – astronomique. **astronomical observation**: observation astronomique. **astronomical point**: point astronomique. **astronomical tables**: éphémérides astronomiques.

astronomy – astronomie *f.*

Asturian – asturien *(strat).* **Asturian orogeny**: phase asturienne, *phase tectonique majeure de l'orogenèse varisque.*

ASW – *abrév. de acoustic surface-wave measurement : mesure d'ondes acoustiques de surface.*

asymmetric – asymétrique. **asymmetric anticline**: anticlinal asymétrique. **asymmetric fold**: pli dissymétrique.

asymmetry – asymétrie *f.*

asymptote – asymptote *f.*

asynchronous – asynchrone. **asynchronous I/O**: entrée/sortie asynchrone. **asynchronous motor**: moteur asynchrone. **asynchronous protocol**: protocole asynchrone. **asynchronous system**: système asynchrone.

AT – *abrév. de acid treatment.*

atactic – atactique, *se dit d'un polymère dans lequel les groupes latéraux sont disposés au hasard sur la chaîne.* **atactic polymer**: polymère atactique.

atacticity – atacticité *f.*

ataxic – ataxique, *se dit d'un dépôt minéral non stratifié.*

Athabasca – Athabasca. **Athabasca tar sands**: sables asphaltiques d'Athabasca.

athwart – au travers ; par le travers. **athwartship bulkhead**: cloison transversale.

Atlantic – atlantique. **Atlantic suite**: série atlantique *(pétro)*.

atlas – atlas *m*.

atmoclastic – atmoclastique. **atmoclastic rock**: roche atmoclastique, *roche clastique dont la formation est due à l'intervention des agents atmosphériques*.

atmogenic – atmogénique, *résultant de condensation atmosphérique, neige, glace, etc.* **atmogenic rock**: roche atmogénique.

atmometer – évaporimètre *m*.

atmophile – atmophile. **atmophile element**: élément atmophile, *éléments les plus typiques de l'atmosphère*.

atmosphere – atmosphère *f*, *voir aussi standard atmosphere et technical atmosphere*.

atmospheric – atmosphérique. **atmospheric absorption**: absorption atmosphérique. **atmospheric aerosol**: aérosol atmosphérique. **atmospheric agent**: agent atmosphérique. **atmospheric attenuation**: atténuation atmosphérique. **atmospheric boiling point**: point d'ébullition à la pression atmosphérique. **atmospheric boundary layer**: couche limite atmosphérique. **atmospheric changes**: modifications atmosphériques. **atmospheric chemistry**: chimie atmosphérique. **atmospheric column**: colonne atmosphérique. **atmospheric condensation**: condensation atmosphérique. **atmospheric condenser**: condenseur atmosphérique. **atmospheric convection**: convection atmosphérique, *mouvement vertical de l'air ascendant ou descendant*. **atmospheric cooling tower**: tour de refroidissement atmosphérique. **atmospheric correction**: correction d'atmosphère ; correction de réfraction atmosphérique. **atmospheric corrosion**: corrosion atmosphérique. **atmospheric dispersion**: diffusion atmosphérique. **atmospheric distillation**: distillation atmosphérique. **atmospheric diving system (ADS)**: plongée à pression atmosphérique. **atmospheric electricity**: électricité atmosphérique. **atmospheric fractionating tower**: tour de fractionnement atmosphérique. **atmospheric haze**: brouillard atmosphérique. **atmospheric heat exchanger**: échangeur de chaleur atmosphérique. **atmospheric interference**: parasites atmosphériques *(radio)* ; perturbation atmosphérique. **atmospheric inversion**: inversion atmosphérique. **atmospheric ionization**: ionisation atmosphérique. **atmospheric lines**: raies telluriques vues au microscope. **atmospheric nitrogen**: azote atmosphérique. **atmospheric noise**: bruit atmosphérique. **atmospheric opacity**: opacité atmosphérique. **atmospheric pipe still**: four de distillation atmosphérique. **atmospheric pollution**: pollution atmosphérique. **atmospheric pressure**: pression atmosphérique. **atmospheric radiation attenuation**: atténuation atmosphérique du rayonnement. **atmospheric regulator**: régulateur atmosphérique, *pour gaz*. **atmospheric relief valve**: soupape de détente à la pression atmosphérique. **atmospheric rerun**: redistillation atmosphérique. **atmospheric residue**: résidu atmosphérique. **atmospheric rock**: roche éolienne. **atmospheric temperature**: température atmosphérique. **atmospheric topping**: distillation atmosphérique. **atmospheric tower**: tour atmosphérique. **atmospheric transmittance**: transmittance atmosphérique. **atmospheric turbulence**: turbulence atmosphérique. **atmospheric vapor condenser**: condenseur atmosphérique de vapeur. **atmospheric water**: eau atmosphérique, *eau de pluie*.

atmospherics – *voir atmospheric interference*.

atoll – atoll *m*, *île de coraux*.

atom – atome *m*.

atomic – atomique. **atomic absorption coefficient**: coefficient d'absorption atomique. **atomic absorption spectrometry**: spectrométrie d'absorption atomique. **atomic accelerator**: accélérateur de particules atomiques. **atomic bond**: liaison atomique. **atomic clock**: horloge atomique. **atomic energy**: énergie atomique. **atomic field**: champ atomique. **atomic fission**: fission nucléaire. **atomic frequency**: fréquence atomique. **atomic hydrogen**: hydrogène atomique. **atomic mass**: masse atomique. **atomic-mass constant**: constante de masse atomique. **atomic-mass unit**: unité de masse atomique, *égale à la fraction 1/12 de la masse atomique de carbone 12*. **atomic nucleus**: noyau atomique *(phys)*. **atomic number**: nombre atomique, *égal au nombre de protons du noyau* ; numéro atomique. **atomic orbital**: orbitale atomique. **atomic photoelectric effect**: photo-ionisation *f*. **atomic rocket**: fusée nucléaire. **atomic-scattering factor**: facteur de diffusion atomique. **atomic spectroscopy**: spectroscopie atomique. **atomic time**: temps atomique. **atomic volume**: volume atomique. **atomic weight**: poids atomique, *terme impropre, employer masse atomique relative*. **atomic-weight conversion factor**: facteur de conversion de poids atomique.

atomicity – atomicité *f* ; valence *f*.

atomization – atomisation *f* ; pulvérisation *f*.

atomize (to) – atomiser ; pulvériser.

atomized – atomisé. **atomized lubrication**: graissage par pulvérisation.

atomizer – atomiseur *m* ; pulvérisateur *m*. **atomizer passage**: orifice de diffuseur ; orifice de pulvérisation ; trou d'injecteur. **atomizer quill**: buse de pulvérisateur.

atomizing – *voir atomization*. **atomizing burner**: brûleur atomiseur. **atomizing carburetor**: carburateur gicleur.

ATR – *abrév. de attenuated total reflectance*.

ATRS – ATRS, *abrév. de American Tanker Rate Schedule, barème de frets remplacé par Worldscale*.

attach (to) – attacher ; fixer.

attached – attaché. **attached island**: île rattachée. **attached water**: eau connexe.

attachment – accessoire *m*, *voir aussi fitting* ; attache *f* ; fixation *f* ; liaison *f* ; raccord *m*.

attack – agression *f* ; attaque *f*. **attack time**: constante de temps de compression *(sism)*.

attacking – attaque *f* ; corrosion *f*.

attapulgite – attapulgite *f*, *minéral argileux fibreux*.

attemperator – désurchauffeur *m*.

attempt – essai *m* ; tentative *f*.

attendance – assistance *f* ; réglage *m* ; service *m*. **attendance button**: bouton de réglage. **attendance crew**: équipe de service. **attendance fee**: jeton de présence. **attendance record**: feuille de présence.

attendance regulations: instructions de service ; notice de réglage.
attenuate (to) – atténuer.
attenuated – atténué. **attenuated total reflectance (ATR)**: spectroscopie à réflexion interne.
attenuation – affaiblissement *m*, *diminution subie par une grandeur mesurable* ; amortissement *m* ; atténuation *f*. **attenuation coefficient**: affaiblissement linéique ; coefficient d'atténuation. **attenuation constant**: constante d'affaiblissement. **attenuation factor**: facteur d'atténuation. **attenuation length**: longueur d'atténuation, *inverse du coefficient d'atténuation*.
attenuator – affaiblisseur *m (élec)* ; atténuateur *m (élec)*.
Atterberg – Atterberg. **Atterberg limits**: limites d'Atterberg, *teneur en eau conventionnelle caractérisant l'état du sol, voir liquid limit et plastic limit*. **Atterberg scale**: échelle d'Atterberg, *pour le classement des particules des sédiments*.
attic – grenier *m*. **attic oil**: huile d'amont-pendage, *huile piégée au toit du réservoir, huile située au-dessus des perforations les plus hautes de la sonde la plus haute* ; pétrole sommital.
Attic – attique *(strat)*. **Attic orogeny**: phase attique, *phase tectonique à la limite du Miocène et du Pliocène*.
attitude – attitude *f* ; orientation *f*. **attitude angle of a journal bearing**: angle d'équilibre d'un palier lisse. **attitude of a journal bearing**: position d'équilibre d'un palier lisse.
atto – atto, *préfixe représentant* 10^{-18}, *symbole* a.
attraction – attraction *f*.
attribute – caractère *m*, *ensemble des particularités d'une arrivée sismique (nombre d'arches, forme de l'enveloppe, pseudo-période) qui permettent de la reconnaître*.
attrition – attrition *f*, *usure par frottement*. **attrition resistance**: résistance à l'attrition *(catal)*.
Aturian – Aturien *m*, *étage du Crétacé supérieur*.
auction – adjudication *f* ; vente aux enchères.
audibility – audibilité *f*, *seuil d'audition*.
audible – audible. **audible decibel**: décibel audible, *parfois abrégé dBa*. **audible tone**: son audible, *son que l'oreille humaine peut percevoir et supporter*.
audio-frequency – fréquence acoustique ; fréquence audible.
audio-masking – masquage des signaux acoustiques, *masquage de la voix*.
audit – audit *m*, *contrôle financier ou fiscal*.
auditor – vérificateur des comptes.
augen – oeillé *(pétro)*. **augen gneiss**: gneiss oeillé. **augen structure**: structure oeillée.
auger – cuiller *f* ; tarière *f*, *outil de forage à main pour les terrains tendres de surface*. **auger bit**: tarière *f*. **auger drilling**: forage à la tarière. **auger mining**: exploitation à la tarière. **auger stem**: maîtresse-tige *f*, *dans le forage au câble*.
Auger – Auger. **Auger effect**: effet Auger, *autoionisation d'un atome*. **Auger-electron appearance-potential spectroscopy (AEAPS)**: spectroscopie de potentiels d'apparition par effet Auger. **Auger-electron microscopy (AEM)**: microscopie Auger. **Auger-electron spectroscopy (AES)**: spectroscopie Auger.
aulacogen – aulacogène *m*, *fossé tectonique beaucoup plus long que large*.
aural – auditif. **aural masking**: masquage des signaux acoustiques, *masquage de la voix*.
aureole – auréole *f*.
aurora – aurore *f*. **aurora australis**: aurore australe. **aurora borealis**: aurore boréale.
austenite – austénite *f*, *(métal)*.
austenitic – austénitique. **austenitic cast iron**: fonte austénitique. **austenitic-ferritic steel**: acier austénitique-ferritique ; acier austéno-ferritique. **austenitic steel**: acier austénitique.
authigenesis – authigenèse *f (pétro)*.
authigenic – authigène *(pétro)*. **authigenic mineral**: minéral authigène. **authigenic sediment**: sédiment authigène.
autocatalysis – autocatalyse *f*.
autochthon – autochtone *m (géol)*.
autochthonous – autochtone. **autochthonous mantle**: manteau autochtone. **autochthonous massif**: massif autochtone. **autochthonous rock**: roche autochtone.
autoclave – autoclave *m*. **autoclave molding**: moulage à l'autoclave.
autocollimation – autocollimation *f (optique)*.
autoconsumption – autoconsommation *f*.
autoconvolution – autoconvolution *f*.
autocorrelation – autocorrélation *f*. **autocorrelation function**: fonction d'autocorrélation. **autocorrelation pulse**: impulsion d'autocorrélation ; ondelette d'autocorrélation.
autocorrelogram – autocorrélogramme *m*.
autocovariance – autocovariance *f*.
Autofining – *dénomination d'un procédé catalytique de désulfuration par l'hydrogène*.
autofire – autoallumage *m*, *source sismique* ; autoamorçage *m*.
autogenous – autogène. **autogenous cutting**: découpage autogène. **autogenous grinding**: broyage autogène *(méc)*. **autogenous-ignition temperature**: température d'allumage spontané ; température d'auto-inflammation. **autogenous welding**: soudage autogène.
autogeosyncline – autogéosynclinal *m*.
autoignition – allumage spontané ; autoallumage *m* ; auto-inflammation *f*. **autoignition temperature (AIT)**: température d'auto-inflammation.
autolith – autolite *m*, *enclave endogène*.
automated – automatisé. **automated cartography**: cartographie automatisée.
automatic – automatique. **automatic casing hanger**: olive de suspension automatique de tubage. **automatic cathead**: cabestan automatique. **automatic choke**: starter automatique. **automatic classification**: classification automatique. **automatic control**: commande automatique ; réglage automatique ; régulation automatique. **automatic-control valve**: soupape à commande automatique. **automatic correlation**: corrélation automatique. **automatic custody transfer (ACT)**: transfert et comptage automatiques. **automatic custody-transfer installation**: centre de production et de comptage automatiques *(prod)*. **automatic direction finder**: radiocompas *m*. **automatic driller**: foreur automatique, *dispositif de contrôle automatique du poids sur l'outil*. **automatic exhaust valve**: soupape auto-

matique d'échappement. **automatic feed**: alimentation automatique ; avance automatique. **automatic fill-up casing-guide shoe**: sabot de tubage à remplissage automatique. **automatic fill-up shoe**: sabot à remplissage automatique, *cimentation*. **automatic frequency control (AFC)**: régulateur automatique d'accord ; stabilisation automatique de fréquence. **automatic gage**: jauge automatique. **automatic gain control (AGC)**: commande automatique de gain, *système à effet rétroactif destiné à régler l'amplitude du signal de sortie d'un amplificateur* ; commande automatique de sensibilité. **automatic ignition**: allumage automatique. **automatic-lead magneto**: magnéto à avance automatique. **automatic map**: carte automatique. **automatic migration**: migration automatique. **automatic mud detector**: détecteur automatique de gaz dans la boue. **automatic oil**: huile pour machines automatiques. **automatic-operated valve**: vanne automatique. **automatic picking**: pointé automatique *(sism)*. **automatic pipe-handling system**: système de gerbage automatique. **automatic-recording gas detector**: détecteur à gaz automatique. **automatic sampler**: échantillonneur automatique. **automatic shift**: changement de vitesse automatique. **automatic shutdown**: fermeture automatique. **automatic shutoff valve**: vanne de fermeture automatique. **automatic slips**: coins de retenue automatique *(for)*. **automatic spark advance**: avance automatique à l'allumage. **automatic spark control**: réglage automatique d'avance à l'allumage. **automatic starting**: démarrage automatique. **automatic-stop valve**: soupape de sûreté à fermeture automatique. **automatic submerged-arc welding**: soudage automatique à l'arc immergé. **automatic tank battery**: batterie de réservoirs à commande automatique. **automatic throw-in clutch**: embrayage automatique. **automatic tracking**: guidage automatique. **automatic transmission**: transmission automatique. **automatic valve**: soupape automatique. **automatic volume control (AVC)**: commande automatique de volume, *voir aussi AGC*. **automatic welding**: soudage automatique.

automation – automation *f*; automatisation *f*.

automaton – automate *m*.

autometamorphism – autométamorphisme *m (pétro)*.

automobile – automobile *f*; voiture *f*. **automobile chassis**: châssis d'automobile. **automobile engine**: moteur automobile. **automobile oil**: lubrifiant pour automobile.

automorphic – automorphe.

automotive – automoteur, *qui concerne l'automobile*. **automotive diesel**: diesel pour automobile. **automotive emission**: gaz d'échappement des voitures. **automotive-emission control**: contrôle des gaz d'échappement ; lutte contre les gaz d'échappement. **automotive engine**: moteur automobile. **automotive-engine oil**: huile pour moteurs automobiles. **automotive engineering**: génie automobile. **automotive exhaust**: gaz d'échappement des voitures. **automotive fleet**: flotte automobile. **automotive gas oil (AGO)**: gasoil moteur (GOM) ; gasoil routier, *pouvant être utilisé dans un moteur diesel rapide*. **automotive gasoline**: essence automobile, *essence auto*. **automotive grease**: graisse pour automobiles. **automotive industry**: industrie automobile ; secteur de l'automobile. **automotive manufacturer**: constructeur automobile. **automotive manufacturing**: construction automobile.

autonomy – autonomie *f*.

autooxidation – auto-oxydation *f*.

autopneumatolysis – autopneumatolyse *f (géol)*.

autopolymerization – autopolymérisation *f*.

autopositive – autopositif *m*.

autorefrigeration – autorefroidissement *m, d'un gaz résultant de la réduction de sa pression*.

autoregressive – autorégressif. **autoregressive deconvolution**: déconvolution autorégressive *(sism)*. **autoregressive process**: processus autorégressif. **autoregressive series**: série autorégressive.

Autotape – Autotape, *dénomination commerciale d'un système de radiopositionnement*.

autothermal – autotherme ; autothermique. **autothermal cracker**: réacteur autothermique ; réacteur de craquage autotherme.

autotrophic – autotrophe, *capable d'élaborer sa substance organique à partir de matières minérales*.

Autunian – Autunien *m, étage du Permien*.

autunite – autunite *f, uranophosphate naturel d'uranium, minéral d'altération des gisements d'uranium*.

Auversian – Auversien *m, partie inférieure de l'Eocène supérieur dans le bassin de Paris*.

auxiliary – auxiliaire. **auxiliary brake**: frein auxiliaire, *système de freinage lors de la descente de la garniture de forage*. **auxiliary engine**: machine auxiliaire ; moteur auxiliaire. **auxiliary fault**: faille secondaire. **auxiliary float**: flotteur auxiliaire. **auxiliary motor**: moteur auxiliaire. **auxiliary mud pump**: pompe à boue auxiliaire. **auxiliary plant**: installation annexe. **auxiliary syncline**: synclinal accessoire. **auxiliary tank**: nourrice *f*; réservoir de secours. **auxiliary winding**: enroulement auxiliaire.

AVA – AVA, *abrév. de amplitude versus azimuth, voir amplitude variation with angle of incidence*.

availability – disponibilité *f*. **availability time**: temps de disponibilité.

available – disponible. **available oxygen**: oxygène actif. **available relief**: relief virtuel. **available water**: eau utile, *eau contenue dans le sol, disponible pour les végétaux*.

avalanche – avalanche *f, 1) masse de neige dévalant une pente sous l'effet de la gravité. 2) multiplication d'ions due à l'ionisation produite dans un gaz par un ion déjà formé lorsqu'il heurte des atomes ou des molécules neutres*. **avalanche breccia**: brèche de pente. **avalanche photodiode**: photodiode à avalanche. **avalanche track**: couloir d'avalanche.

AVC – CAV, *abrév. d'automatic volume control : commande automatique de volume*.

average – moyen. **average boiling point**: température moyenne d'ébullition. **average crushing strength**: écrasement grain par grain (EGG), *catalyseur*. **average cycle**: cycle moyen. **average daily production**: production journalière moyenne. **average dip**: pendage moyen. **average efficiency**:

rendement moyen. **average energy loss**: perte moyenne d'énergie, *par paire d'ions formés.* **average error**: erreur moyenne. **Average Freight RateAssessment (AFRA)**: barème des taux de frets moyens, *moyenne pondérée de tous les taux pratiqués dans le trafic maritime mondial.* **average hade**: inclinaison moyenne, *angle du plan de faille avec le plan vertical.* **average logarithmic energy decrement**: décrément logarithmique moyen de l'énergie. **average sample**: échantillon moyen. **average specific heat**: chaleur massique moyenne. **average speed**: vitesse moyenne. **average temperature**: température moyenne. **average thickness**: épaisseur moyenne, *d'une couche.* **average trend**: direction moyenne ; tendance moyenne. **average velocity**: vitesse moyenne.

average – avarie *f.* **average bond**: compromis d'avarie.

averaging – moyenne *f.* **averaging process**: prise des moyennes.

AVG – *abrév. de automatic volume control, voir également AGC.*

avgas – essence d'aviation, *contraction de aviation gasoline.*

aviation – aviation *f.* **aviation fuel**: carburant aviation. **aviation gasoline**: essence d'aviation, *voir aussi avgas.* **aviation liquid fuel (ALF)**: carburant liquéfié d'aviation. **aviation map**: carte aéronautique. **aviation mix**: *mélange antidétonant contenant du plomb tétraéthyle pour essence d'aviation.* **aviation octane method**: méthode d'essai d'octane de l'essence d'aviation. **aviation spirit**: essence d'aviation. **aviation-turbine fuel**: carburéacteur *m, voir jet fuel.*

AVL – *abrév de acoustic-velocity log : diagraphie de vitesse.*

AVO – AVO, *abrév. de amplitude versus offset : amplitude versus obliquité, voir amplitude variation with offset.*

Avogadro – Avogadro. **Avogadro constant**: constante d'Avogadro, *quotient du nombre d'entités élémentaires contenues dans une quantité donnée de matière par cette quantité, s'exprime en SI en mole à la puissance moins un.* **Avogadro's law**: loi d'Avogadro, *il y a toujours le même nombre de molécules dans des volumes égaux de gaz différents à la même température.* **Avogadro's number**: nombre d'Avogadro, *expression numérique de la constante d'Avogadro* ($6,022 \times 10^{23}\ mol^{-1}$).

avoirdupois – avoirdupois, *voir avoirdupois units.* **avoirdupois pound**: livre avoirdupois, *1 livre avdp = 0,4536 kg.* **avoirdupois system**: système avoirdupois, *système de mesure utilisé dans les échanges commerciaux en Grande-Bretagne et aux USA.* **avoirdupois units**: unités avoirdupois, *unités de masse incluant : ton, hundredweight, cental, quarter, stone, pound, ounce, dram, grain.*

award – récompense *f*; adjudication *f, d'un contrat.*

AWG – *abrév. de American wire gauge : jauge américaine (diamètre des fils).*

awning – taud *m.*

AWRA – *abrév. de American Water Resource Association.*

awry – déjeté.

ax – hache *f.*

axial – axial. **axial compressor**: compresseur axial. **axial flow**: flux axial. **axial-flow catalyst converter**: craqueur catalytique à débit axial. **axial-flow fan**: ventilateur axial. **axial-flow turbine**: turbine axiale. **axial load**: charge axiale. **axial plane**: plan axial ; surface axiale. **axial-plunger pump**: pompe à pistons rotatifs. **axial section**: coupe longitudinale. **axial stress**: contrainte axiale. **axial surface**: surface axiale. **axial thrust**: poussée axiale.

axinite – axinite *f, minéral accessoire des roches acides.*

axiolite – axiolite *f (pétro).*

axiom – axiome *m.* **axiom of choice**: axiome du choix, *joue un rôle essentiel dans la théorie des ensembles.*

axis – axe *m.* **axis of a crystal**: axe d'un cristal. **axis of a lode**: axe de filon. **axis of homology**: axe d'homologie. **axis of perspective**: axe de perspective. **axis of revolution**: axe de révolution. **axis of rotation**: axe de rotation. **axis of symmetry**: axe de symétrie. **axis of tilt**: axe d'inclinaison. **x axis**: abscisse *f.* **y axis**: ordonnée *f.*

axle – arbre *m, mécanique* ; essieu *m.* **axle bearing**: palier d'axe. **axle-box grease**: graisse pour boîte d'essieu. **axle breakage**: rupture d'arbre. **axle grease**: graisse pour essieu. **axle load**: charge par essieu. **axle oil**: huile de pont. **axle pin**: clavette d'essieu ; esse *f.* **axle ratio**: rapport de réduction de l'essieu. **axle shaft**: arbre d'essieu ; arbre de roue motrice. **axle spindle**: fusée d'essieu. **axle tube**: trompette *f (auto)* ; tube de pont. **axle weight limit**: limite de poids d'essieu.

axonometric – axonométrique *(cartog).* **axonometric projection**: perspective cavalière.

azeotrope – azéotrope *m, mélange de liquides distillant à une température constante, sans changement de composition.*

azeotropic – azéotropique. **azeotropic agent**: agent azéotropique. **azeotropic distillation**: distillation azéotropique. **azeotropic mixture**: mélange azéotropique. **azeotropic point**: point azéotropique. **azeotropic polymerization**: polymérisation azéotrope. **azeotropic process**: procédé azéotropique.

azimuth – azimut *m.* **azimuth angle**: angle de gisement ; ouverture en gisement. **azimuth circle**: cercle de relèvement. **azimuth compass**: boussole azimutale. **azimuth of the plane of polarization**: azimut de polarisation, *angle formé par le plan de polarisation avec le plan d'incidence.*

azimuthal – azimutal. **azimuthal map projection**: projection azimutale, *carte.*

azimuthing – *voir azimuthing thruster.* **azimuthing thruster**: propulseur orientable.

azobenzene – azobenzène *m, azobenzide, azobenzol.*

azoic – azoïque, *se dit d'une roche sédimentaire qui ne contient pas de fossile ou des colorants possédant le groupement azoïque.* **azoic dye**: colorant azoïque.

azurite – azurite *f, chessylite, carbonate naturel de cuivre.*

B

b – b, *symbole de barn.*

B – B, *symbole de bel.*

babbitt – *voir babbitt metal.* **babbitt-lined**: garni d'antifriction ; antifrictionné. **babbitt metal**: métal antifriction ; métal babbitt, *métal blanc composé d'une proportion élevée d'étain et de petites quantités de cuivre et d'antimoine* ; régule *m*, *alliage antifriction.* **babbitted bearing**: palier à garniture antifriction ; roulement à garniture antifriction.

Babo – Babo. **Babo's law**: loi de Babo, *l'addition d'un solide non volatil à un liquide dans lequel il est soluble diminue la tension de vapeur du solvant proportionnellement à la quantité de substance dissoute.*

bacillus – bacille *m.*

back – arrière *m* ; en arrière ; dos *m* ; écran *m* ; en retour. **back-action shovel**: pelle rétrocaveuse. **back arc**: arrière-arc *m.* **back-arc basin**: bassin d'arrière-arc. **back axle**: pont arrière. **back balance**: soutènement provisoire du puits. **back-circulating valve**: soupape de circulation inverse *(for)*. **back-crank pumping**: pompage combiné. **back draft**: refoulement *m.* **back-electromotive force**: force contre-électromotrice (fcem). **back end**: résidu de redistillation. **back-end volatility**: volatilité des résidus de distillation. **back entry**: passage d'aérage *(mine)*. **back interest**: arrérages *m.* **back-jet current**: courant de retour *(géomorph)*. **back pass**: passe sur l'envers *(soudure)*. **back pressure**: contre-pression *f.* **back-pressure control valve**: soupape de réglage de la contre-pression. **back-pressure regulating valve**: régulateur de contre-pression. **back-pressure test**: essai de diffusivité à débit variable, *essai de détermination de la capacité de production des puits, consistant à observer d'abord la pression statique de fond, puis les pressions en régime, au point moyen de la couche productrice pour différentes valeurs du débit.* **back-pressure turbine**: turbine à contre-pression. **back-pressure valve**: soupape de contre-pression ; soupape de retenue ; vanne antiretour. **back-pressure valve-removal tool**: outil pour récupérer le clapet de sécurité en production. **back reaction**: réaction inverse. **back reef**: arrière-récif *m*, *partie du récif opposée à la haute mer (géol)* ; récif interne. **back rush**: *voir backwash.* **back shock**: choc en retour. **back steam**: contre-vapeur *f.* **back substitution**: calcul inverse *(math)*. **back sweetening**: adoucissement postérieur, *des produits pétrochimiques par l'addition de mercaptans pour réduire la teneur en soufre libre par formation de disulfure.* **back titration**: titrage en retour. **back to-back**: ininterrompu, *en succession.* **back twist**: contre-torsion *f*, *torsion donnée en sens contraire du câblage pour éviter le détoronnage d'un câble de forage.* **back wave**: onde de contre-manipulation. **back window**: lunette arrière *(auto)*. **back wing**: aile arrière.

back (to) – soutenir. **back (to) off**: dégager ; dépouiller ; dévisser. **back (to) up**: doubler ; renforcer ; sauvegarder ; soutenir.

backbeach – arrière-côte *f* ; arrière-plage *f.*

backbone – colonne vertébrale.

backboned – vertébré. **backboned polymer**: polymère vertébré.

backdeep – arrière-fosse *f*, *fosse océanique du côté concave d'un arc insulaire (géol)*.

backdigger – rétrocaveuse *f.*

backfill – terre de remblayage, *terre qui recouvre un fossé ou une tranchée.* **backfill tamper**: dame *f*, *machine à damer pour remblayage.*

backfiller – remblayeuse *f*, *pipeline.*

backfilling – rebouchage *m*, *remplissage d'un sondage avec des matériaux solides, par exemple pour isoler une couche aquifère, ou en vue d'une rectification* ; remblayage *m.* **backfilling machine**: remblayeuse *f.*

backfire – pétarade *f* ; retour de flamme.

backfire (to) – brûler en dedans ; pétarader.

backfiring – retour d'allumage ; retour de flamme.

backflow – courant de retour ; écoulement de retour ; reflux *m* ; refoulement *m* ; retour de fluide. **backflow condenser**: condenseur à reflux ; réfrigérant à reflux. **backflow ripple**: ride de retour.

backflows – retour de produits, *produits pétroliers retournés à la raffinerie pour traitement ou mélange.*

backflushing – rétrobalayage *m*, *technique qui permet, en chromatographie en phase gazeuse, la circulation du solvant en sens inverse.*

backfold – pli en retour.

backfolding – plissement en retour *(géol)*.

background – arrière-plan *m* ; données de base ; expérience *f*, *dans le sens avoir de l'expérience* ; fond *m* ; mouvement propre *(phys)* ; soubassement *m (géol)*. **background count**: bruit de fond radioactif. **background counting rate**: taux de comptage du mouvement propre. **background level**: niveau de fond *(pol)*. **background noise**: bruit de fond *(élec)* ; bruit parasite. **background pollution**: pollution de fond, *pollution existant dans un endroit donné, avant l'entrée en action d'une source polluante définie.* **background ra-**

diation: fond de rayonnement, *rayonnement ionisant ambiant en un point dû à des sources autres que celles qu'on désire détecter.*

backhoe – pelle rétrocaveuse mécanique, *utilisée pour creuser les tranchées des pipelines.* **backhoe loader**: chargeuse pelleteuse.

backing – empennelage *m, ancrage* ; renforcement *m* ; soutien *m.* **backing off**: dépouille *f.* **backing pass**: passe de soutien *(soudure)*. **backing piece**: pièce d'appui. **backing ring**: anneau de soutien. **backing strip**: bande de soutien. **backing weld**: soudure de soutien.

backland – arrière-pays *m (géol)*.

backlash – contrecoup *m, d'une explosion* ; jeu de recul, *jeu de denture des engrenages* ; marche à vide.

backlath – bois de garnissage ; palplanche *f.*

backlight – lunette arrière *(auto)*. **backlight defroster**: dégivreur de lunette arrière.

backloader – rétrochargeuse *f, petit tracteur muni d'une benne.*

backmixing – mélange en retour.

backoff – dévissage *m.* **backoff joint**: joint de dévissage. **backoff shooting**: dévissage à l'explosif, *ce procédé consiste à faciliter le déblocage des joints des tiges d'une sonde, coincés lors d'un forage, en faisant sauter une petite charge d'explosif.* **backoff tool**: coulisse de battage *(for)*.

backscatter – rétrodiffusion *f.*

backscattering – diffusion arrière ; rétrodiffusion *f.* **backscattering coefficient**: coefficient de rétrodiffusion.

backshore – arrière-côte *f.*

backsight – visée arrière *(topog)*.

backslope – contre-pente *f*; revers *m* ; surface structurale *(géol)*.

backstepping – rétrogradation *f, déplacement vers le continent de la rupture de pente côtière dans des cortèges sédimentaires transgressifs, au fur et à mesure des montées relatives du niveau marin.*

backstroke – course arrière ; course en retour, *d'un piston.*

backsurge – pression de retour.

backthrust – rétrochevauchement *m (géol)*.

backthrusting – chevauchement en retour *(géol)* ; rétrocharriage *m (géol)*.

backtracking – retour arrière *(informatique)*.

backup – matériel prévu en secours ; sauvegarde *f*; de secours. **backup energy**: énergie d'appoint. **backup generator**: groupe de secours *(élec)*. **backup line**: câble de la clé de blocage, *des tiges de forage.* **backup man**: ouvrier foreur, *qui, sur la plate-forme du derrick, actionne les clés de blocage.* **backup post**: point fixe de clé. **backup service**: service d'appoint. **backup tongs**: clés de blocage des tiges, *de forage* ; clés de dévissage.

backups – *abrév. de backup tongs.*

Backus – Backus. **Backus filter**: filtre de Backus, *filtre inverse.*

backward – en arrière ; mouvement rétrograde. **backward branch**: branche arrière, *diffraction.* **backward burning**: combustion à contre-courant, *récupération thermique du pétrole.* **backward chaining**: chaînage arrière, *intelligence artificielle.* **backward combustion**: combustion à contre-courant, *voir reverse combustion* ; rétrocombustion *f.* **backward erosion**: érosion régressive *(géol)* ; érosion rétrograde. **backward folding**: plissement en retour. **backward prediction**: prédiction arrière, *utilisation de valeurs futures pour prédire des valeurs passées (sism)*.

backwash – flot de retour ; redescente du jet de rive ; remous *m* ; retrait *m, mouvement de redescente des eaux marines.*

backwashing – lavage par inversion de courant ; réextraction *f, traitement au solvant.*

backwater – eau de remous ; marigot *m.* **backwater valve**: soupape de vidange.

backweld – soudure à l'envers ; soudure sur l'envers.

bacteria – bactéries *f, le sing. bacterium est rarement utilisé en anglais.* **bacteria bed**: lit bactérien. **bacterial corrosion**: corrosion bactérienne. **bacterial degradation**: biodégradation *f*; dégradation bactérienne. **bacterial filter**: filtre bactérien.

bactericide – bactéricide *m.*

bacteriology – bactériologie *f.*

bacteriolysis – bactériolyse *f.*

bacteriophage – bactériophage *m.*

bacteriostasis – bactériostase *f.*

baculite – baculite *f (géol)*.

bad – mauvais. **bad conductor**: mauvais conducteur.

badlands – terrains ravinés et arides, *textuellement mauvaises terres, ce nom fut appliqué à l'origine à une région désertique du South Dakota.*

badly-conducting – mauvais conducteur.

baffle – baffle *m, sonar*; chicane *f, distillation* ; déflecteur *m* ; écran *m.* **baffle collar**: manchon de cimentation à chicanes *(for)*. **baffle collector**: dépoussiéreur à chicanes. **baffle column**: colonne à chicanes. **baffle plate**: anneau de retenue ; chicane de répartition ; déflecteur *m* ; obturateur *m* ; plaque d'arrêt ; plateau à chicanes ; tôle de chicane.

baffler – régulateur *m, de débit de l'huile dans les pompes.*

baffling – chicanage *m, système de chicanes.*

bag – sac *m* ; sachet *m.* **bag filter**: filtre à manches. **bag-type BOP**: BOP à membrane.

bagasse – bagasse *f, résidu de canne à sucre.*

bagging – ensachage *m* ; mise en sac.

baghouse – dépoussiéreur à tissu filtrant.

bail – anse *f.*

bailer – cuiller *f*; écope *f, récipient en tôle fixé à un long manche et servant à vider les puisards* ; soupape *f*; tube à clapet, *employé pour l'extraction de matières liquides ou pâteuses dans les sondages.* **bailer valve**: vanne de cuiller *(for)* ; vanne du bac à boue *(for)*.

bailing – cuillerage *m*; curage *m (for)* ; puisage *m.* **bailing drum**: tambour de curage. **bailing line**: câble de curage. **bailing pulley**: treuil de curage. **bailing tank**: cuve de curage. **bailing tub**: cuve de curage, *récipient dans lequel est vidée la cuiller.* **bailing well**: puits curé.

bainite – bainite *f (métal)*.

bajada – glacis d'accumulation *(géomorph)*.

Bajocian – Bajocien *m, étage du Jurassique moyen.*

bake (to) – calciner ; cuire.

Bakelite – Bakélite *f, dénomination d'une matière plastique thermorésistante fabriquée à partir du phénol et du formaldéhyde.*

baking – cuisson *f.* **baking oven**: étuve ; four à sécher. **baking soda**: bicarbonate de sodium.

balance – balance *f*; bilan *m* ; équilibre *m* ; solde *m.* **balance bob**: balancier à contrepoids ; contrebalancier *m.* **balance crane**: grue à contrepoids. **balance lever**: levier à contrepoids. **balance of payments**: balance des paiements. **balance pan**: plateau de balance. **balance pressure**: pression d'équilibre. **balance sheet**: bilan *m, de l'exercice (écon).* **balance-sheet items**: détails du bilan. **balance-type float valve**: vanne à balancier. **balance weight**: contrepoids *m.*

balance (to) – balancer ; équilibrer. **balance (to) a section**: équilibrer une coupe, *le gain d'une coupe (sism)* ; homogénéiser une coupe *(sism).* **balance (to) a survey**: compenser *(topog)* ; fermer un cheminement *(topog).*

balanced – équilibré ; réversible. **balanced cross-section**: coupe compensée ; coupe restaurée. **balanced gasoline**: essence équilibrée, *dont la courbe de distillation est régulière.* **balanced input**: entrée équilibrée. **balanced load**: charge équilibrée. **balanced reaction**: réaction équilibrée. **balanced safety valve**: soupape de sûreté équilibrée. **balanced section**: coupe équilibrée, *coupe géologique où les déformations que l'on suppose sont compatibles avec la conservation des volumes depuis le dépôt des formations jusqu'à leur état actuel.* **balanced valve**: soupape équilibrée.

balancemeter – bilanmètre *m.*

balancing – ajustement *m* ; compensation *f*; équilibrage *m.* **balancing machine**: machine d'équilibrage. **balancing network**: réseau d'équilibrage. **balancing pressure**: pression d'équilibrage. **balancing stand**: banc d'équilibrage.

Balco – *dénomination d'un alliage (70 % nickel, 30 % fer) résistant aux températures élevées.*

bald – chauve. **bald-headed anticline**: anticlinal chauve, *anticlinal au sommet duquel certains horizons, encore présents sur les flancs, ont été érodés.* **bald tire**: pneu lisse.

balk – poutre *f*; solive *f.*

ball – balle *f*; bille *f*; boule *f*; boulet *m.* **ball-and-ring method**: *voir ring-and-ball test.* **ball-and-socket connector**: connecteur à rotule. **ball-and-socket coupling**: assemblage à rotule. **ball-and-socket joint**: joint à genou ; joint à rotule. **ball-and-socket pipe**: tuyau à emboîtement. **ball bearing**: coussinet à billes ; palier à billes ; roulement à billes. **ball-bearing cage**: cage de roulement à billes. **ball-bearing cup**: cuvette de roulement à billes. **ball-bearing grease**: graisse pour roulements à billes. **ball-bearing oil**: huile pour roulements à billes. **ball-bearing race**: gorge de roulement. **ball cage**: cage à billes. **ball check valve**: clapet à bille ; soupape de retenue sphérique, *à bille.* **ball clay**: argile plastique. **ball gage cock**: raccord de niveau à billes. **ball gearshift lever**: commande par levier à rotule. **ball governor**: régulateur à boules ; régulateur à force centrifuge, *régulateur de Watt.* **ball hardness test**: billage *m* ; essai de dureté Brinell. **ball joint**: joint à rotule ; joint sphérique. **ball-peen hammer**: marteau à panne bombée. **ball plug**: bouchon cylindrique de sécurité. **ball-plug valve**: *voir plug valve.* **ball-plug weld**: soudure d'arrêt de bouchon. **ball pump**: pompe à boulet. **ball race**: chemin de roulement, *des billes.* **ball sealer**: balle d'obturation, *balles qui viennent obturer les perforations déjà traitées, en attendant la perforation des zones plus compactes.* **ball-sealer process**: obturation par billes, *injection de billes de caoutchouc dans le fluide de fracturation afin d'obstruer les perforations une fois le fluide sorti.* **ball shaped**: sphérique. **ball soda**: soude en pastilles. **ball test**: essai à la bille, *essai de dureté* ; essai de billage. **ball thrust**: butée à billes. **ball-thrust bearing**: crapaudine à billes ; palier de butée à billes. **ball-type tubing-wiper plug**: bouchon racleur de tige type ballon *(for).* **ball valve**: clapet sphérique ; robinet à boisseau sphérique ; vanne à boisseau.

ball (to) – s'agglomérer.

ballast – ballast *m* ; cailloutage *m* ; empierrement *m* ; lest *m.* **in ballast**: sur lest. **ballast pump**: pompe de ballastage. **ballast segregation**: séparation des ballasts. **ballast tank**: ballast *m (nav).* **ballast water**: eau de ballast.

ballast (to) – lester.

ballasting – ballastage *m.*

ballcock – robinet à flotteur ; soupape à flotteur.

balling – bourrage *m* ; embourbage *m, agglutination des déblais dans l'outil de forage.*

balling-up – bourrage *m, phénomène qui se produit quand les déblais ne peuvent être évacués du sondage à une vitesse suffisante.*

ballistic – balistique. **ballistic camera**: chambre balistique. **ballistic galvanometer**: galvanomètre balistique. **ballistic magnetometer**: magnétomètre balistique. **ballistic pendulum**: pendule balistique.

ballistics – balistique *f.*

balloon – aérostat *m* ; ballon *m.* **balloon-roof tank**: réservoir à toit sphérique. **balloon tire**: pneu ballon.

ballstone – calcaire concrétionné.

Balmer – Balmer. **Balmer lines**: raies de Balmer *(spect).* **Balmer series**: série de Balmer, *série de raies nettes et distinctes du spectre visible de l'atome d'hydrogène.*

balsam – baume *m.* **Canada balsam**: baume du Canada, *utilisé pour le collage des verres optiques.*

BAM – *abrév. de British Air Ministry.*

band – bande *f*; bride *f*; cordon *m* ; courroie *f*; intercalation de roches *(géol)* ; passée *f (géol)* ; ruban *m* ; sangle *f.* **band belt**: courroie *f.* **band brake**: frein à bande ; frein à collier. **band broadening**: élargissement de la bande, *chromatographie.* **band clamp**: collier d'obturation. **band clay**: minerai de fer argileux. **band clutch**: embrayage à ruban. **band conveyor**: convoyeur à bandes. **band-elimination filter**: filtre à élimination de bande *(élec).* **band filter**: filtre de fréquence. **band-limited function**: fonction à bande limitée. **band-pass filter**: filtre à bande passante *(élec)* ; filtre passe-bande *(élec).* **band pulley**: poulie à courroie. **band-reject filter**: filtre à élimination de bande *(élec).* **band-stop filter**: filtre à élimination de bande *(élec).* **band wheel**: poulie à courroie, *dans le forage au câble, grande poulie recevant* *la courroie principale et actionnant l'arbre de manivelle*; roue d'entraînement, *actionnant une installation de pompage (prod)*. **band-wheel counterweight**: contrepoids placé sur la roue d'entraînement. **K band**: bande K, *fréquences radar entre 10,9 et 36 GHz*. **L band**: bande L, *fréquences radar entre 390 et 1550 MHz*. **P band**: bande P, *fréquences radar entre 225 et 390 MHz*. **Q band**: bande Q, *fréquences radar entre 36 et 46 GHz*. **S band**: bande S, *fréquences radar entre 1550 et 5200 MHz*. **V band**: bande V, *fréquences radar entre 46 et 56 GHz*. **X band**: bande X, *fréquences radar entre 5200 et 11 000 MHz*.

banded – rubané ; strié. **banded clay**: argile rubanée. **banded coal**: charbon lité. **banded limestone**: calcaire rubané. **banded ore**: minerai rubané. **banded structure**: structure rubanée. **banded texture**: texture rubanée.

banding – frettage *m* ; rubanement *m (géol)*.

bandwidth – bande passante ; largeur de bande.

bang – bang *m, bruit violent*; émission sismique.

bank – banc *m* ; banque *f*; banquette *f*; barre *f*; batterie *f, de chaudières, de cornues*; berge *f, d'une rivière*; faisceau *m, d'échangeur, de four*; groupe *m*; levée de terre ; remblai *m*; rive *f*; talus *m* ; terrasse *f*; virage incliné. **bank account**: compte en banque. **bank head**: carreau d'une mine. **bank money**: monnaie scripturale. **bank of gravel**: banc de gravier. **bank rate**: taux d'escompte officiel. **bank reef**: banc corallien. **bank returns**: statistiques bancaires. **bank transfer**: virement bancaire.

bank (to) – amonceler ; déposer de l'argent en banque ; entasser. **bank (to) up**: terrasser. **bank (to) a road**: relever un virage. **bank (to) up**: s'amonceler, *pour les nuages, la neige*; endiguer ; s'entasser ; remblayer. **bank (to) up fires**: mettre en veilleuse.

banking – opération de banque ; remblai *m* ; remblayage *m*.

Banox – *dénomination de plusieurs séries d'inhibiteurs de corrosion.*

BAP – *abrév. de benzyl-paraaminophenol.*

bar – banc *m (géol)* ; barre *f*; cordon *m* ; flèche *f*; lingot *m*. **bar code**: code à barres. **bar graph**: histogramme *m*. **bar hole**: trou de recherche de fuites, *fait dans la terre le long d'une canalisation pour gaz (en vue d'en détecter les fuites)*. **bar iron**: fer en barre. **bar magnet**: barreau aimanté. **T bar**: fer en T. **Z bar**: fer en Z.

bar – bar *m, unité de pression égale à 100 kPa.* **bar meter**: bar mètre, *unité employée pour caractériser l'amplitude du signal émis par une source marine.*

baraboo – baraboo *m, relief enterré, postérieurement dénudé par l'érosion ; ce nom vient de Baraboo, Wisconsin.*

Barafos – *dénomination d'un fluidifiant pour boues de forage.*

Barbados – Barbade. **Barbados tar**: huile de la Barbade, *désignation ancienne d'une huile brute en provenance de la Barbade.*

barbed – barbelé. **barbed junction**: confluent en crochet, *qualifie un réseau fluvial dont les branches s'inscrivent sur l'axe et forment avec lui un angle aigu du côté de l'aval.* **barbed wire**: fil de fer barbelé.

barberite – barberite *f, alliage de cuivre.*

barbwire – fil barbelé.

barchan – barkhane *f, dune en forme de croissant.*

bare – dénudé ; nu. **bareboat charter**: affrètement avec dévolution du navire ; affrètement coque nue, *le navire est livré en état de marche mais sans équipage, combustible, ni provisions de route.* **bare cable**: câble nu. **bare conductor**: conducteur nu. **bare electrode**: électrode nue. **barefoot completion**: complétion en découvert, *voir openhole completion* ; complétion non tubée. **barefoot well**: puits à tubage au toit, *puits dont la formation productrice est non tubée* ; puits non tubé. **bare ground**: terrain dénudé. **bare pipe**: conduite nue. **bare wire**: câble nu ; fil nu. **bare-wire heater**: résistance chauffante à fil nu.

bargaining – marchandage *m*. **bargaining power**: position de négociation.

barge – barge *f*; chaland *m* ; péniche *f*; ponton *m*. **barge carrier**: navire kangourou ; porte-barges *m*. **barge carrying vessel**: navire porte-barges. **barge-mounted plant**: usine sur barge.

Bari-Sol – *dénomination commerciale d'un procédé de déparaffinage au solvant.*

barite – baryte *f, pour les foreurs, appelation courante de la barytine*; barytine *f, sulfate de baryum, utilisé comme alourdissant pour les boues de forage, improprement appelé baryte par les foreurs.*

barium – baryum *m, symbole chim. Ba.* **barium chlorate**: chlorate de baryum. **barium chloride**: chlorure de baryum. **barium-chloride test**: essai au chlorure de baryum, *essai des huiles pour détecter la présence d'acide sulfurique ou de sulfate.* **barium hydroxide**: baryte *f*; hydroxyde de baryum. **barium peroxide**: peroxyde de baryum, *bioxyde de baryum.* **barium-soap grease**: graisse au baryum. **barium stearate**: stéarate de baryum. **barium sulfate**: sulfate de baryum, *barytine.*

bark – écorce *f, d'un arbre.* **bark fiber**: fibre d'écorce, *colmatant pour boues de forage.*

barker – *voir barker word.* **barker word**: sonal *m, indicatif d'une émission radio.*

Barkhausen – Barkhausen. **Barkhausen effect**: effet Barkhausen, *lorsqu'une substance ferromagnétique subit l'action d'un champ magnétique, dont l'intensité s'accroît ou décroît progressivement, l'aimantation résultante se produit sous forme d'une série de degrés discontinus.* **Barkhausen oscillations**: oscillations de Barkhausen, *oscillations électriques de longueur d'onde décimétrique et de faible puissance dues aux mouvements alternatifs de faible amplitude des électrons dans des triodes.*

barn – barn *m, unité de surface caractérisant une section efficace de réaction nucléaire,* $1\ b = 10^{-28}\ m^2$.

baroclinic – barocline *(météo)*.

Baroco – *dénomination d'une argile pour la préparation des boues de forage utilisées dans les formations contenant du sel.*

barograph – baromètre enregistreur.

Baroid – *dénomination d'un alourdissant pour boues de forage.*

barometer – baromètre *m*.

barometric – barométrique. **barometric changes**: variations barométriques. **barometric condenser**: condenseur barométrique, *dans les unités de distillation sous vide, assure la condensation des vapeurs de tête par pulvérisation d'eau froide.* **barometric leveling**: nivellement barométrique. **barometric pressure**: pression barométrique. **barometric tendency**: tendance barométrique, *variation de la pression atmosphérique.*

barophilic – barophile.

barotolerance – barotolérance *f, capacité de résister à la haute pression.*

barotrauma – barotraumatisme *m, lésion survenant dans l'organisme par déséquilibre de pression entre l'intérieur et l'extérieur (plongée).*

barotropic – barotrope.

barratry – baraterie *f, préjudice maritime.*

barrel – baril *m, unité de volume pour produits pétroliers, 1 bbl = 0,158984 m^3* ; corps cylindrique ; fût *m* ; tonneau *m.* **barrel mile**: baril par mile, *unité de mesure pour le transport de produits pétroliers par pipelines.* **barrel oil equivalent (boe)**: baril équivalent pétrole (bep). **barrels per calendar day (BPCD)**: baril par jour calendaire. **barrels per day**: baril par jour, *unité de production pétrolière à peu près équivalente à 50 t/a.* **barrels per day oil equivalent (bbl/doe)**: barils par jour équivalent pétrole. **barrels per stream day (BPSD)**: barils par jour de fonctionnement, *ou par jour de marche.*

barreler – puits productif, *ce terme est toujours précédé du nombre de barils par jour que produit le puits, a 500 barreler : puits produisant 500 barils par jour.*

barreling – embidonnage *m* ; enfûtage *m.* **barreling station**: dépôt d'emplissage en conditionné ; station d'enfûtage.

Barremian – Barrémien *m, étage du Crétacé.*

barren – aride ; stérile. **barren lode**: filon stérile. **barren of oil**: non pétrolifère, *terrain* ; sec, *puits.* **barren rock**: morts terrains. **barren sand**: sable stérile. **barren spot**: zone stérile. **barren well**: sondage stérile.

barrier – barrage *m, en pollution on utilisera indifféremment barrage ou barrière* ; barrière *f* ; clôture *f* ; pilier *m (mine).* **barrier beach**: cordon littoral, *barre.* **barrier berg**: iceberg tabulaire. **barrier island**: île de cordon libre. **barrier lake**: lac de barrage. **barrier layer**: couche d'arrêt. **barrier pillar**: pilier de limite *(mine).* **barrier reef**: récif barrière. **barrier system**: exploitation par chambres et piliers *(mine).*

Barrovian – barrowien. **Barrovian-type facies series**: série métamorphique barrowienne, *succession type de roches métamorphiques.*

barrow – brouette *f.*

barter – échange *m, transaction* ; troc *m.* **barter deal**: accord de troc. **barter trade**: commerce de troc ; commerce par opérations compensées.

Bartonian – Bartonien *m, étage de l'Eocène.*

barycenter – barycentre *m.*

barye – barye *f, unité de pression du système cgs = 10 Pa.*

barysphere – barysphère *f (géol).*

barytes – *voir barite.*

basal – basal ; de base ; fondamental. **basal cleavage**: clivage principal. **basal conglomerate**: conglomérat de base *(géol).* **basal orientation**: orientation de la base, *de prise de vue aérienne.* **basal plane**: plan basal. **basal section**: section basale, *section de base.*

basalt – basalte *m, roche magmatique effusive.* **basalt dike**: dyke de basalte. **basalt slate**: basalte lité.

basaltic – basaltique. **basaltic column**: colonne de basalte. **basaltic glass**: verre basaltique. **basaltic jointing**: division prismatique. **basaltic lava**: lave basaltique. **basaltic layer**: couche basaltique *(géol).* **basaltic structure**: structure prismatique *(géol).* **basaltic tuff**: tuf basaltique *(pétro).*

basaltiform – basaltiforme ; basaltoïde.

basanite – basanite *f, roche magmatique effusive.*

base – assise *f* ; base *f, 1) opposé d'acide, corps capable d'accepter un proton. 2) structure chimique dominante d'un pétrole brut. 3) fondation, soutien, partie inférieure d'un corps* ; culot *m (élec)* ; pied *m* ; socle *m.* **base bullion**: plomb d'oeuvre. **base catalysis**: catalyse basique. **base circle**: cercle de base ; partie d'une dent d'engrenage. **base conditions**: conditions de base, *conditions dites normales, c'est-à-dire une pression de 101 325 Pa et une température de 60°F (15,6°C) utilisées pour calculer la quantité de gaz dans une huile à la sortie du puits (rapport gaz-huile).* **base constituents**: constituants de base *(d'une huile de graissage), ils comprennent les bases organiques et inorganiques, les sels d'acides faibles (savons), les sels basiques de bases polyacides, les sels de métaux lourds et les agents d'addition (inhibiteurs et détergents).* **base exchange**: échange de base, *phénomène d'échange entre les cations fixés sur les argiles et d'autres cations présents dans les solutions aqueuses.* **base float**: flotteur d'embase. **base frame**: châssis *m, d'une machine.* **base grease**: graisse de base. **base leveling**: égalisation statique ; égalisation trace entière. **base line (BL)**: base *f (topog)* ; ligne de base. **base-line extension**: prolongement de la base. **base load**: charge de base ; charge minimale, *d'un générateur électrique.* **base-load consumption**: consommation en ruban, *consommation d'énergie n'ayant pratiquement aucune fluctation durant une longue période.* **base-load gas**: gaz de base. **base map**: carte de base, *carte très précise, servant de base à des travaux géologiques* ; fond de carte. **base-metal arc welding**: soudage à l'arc métallique avec électrode nue. **base number**: indice de base, *quantité d'acide, exprimée en milligrammes de potasse, nécessaire pour neutraliser les constituants à caractère basique fort présents dans 1 g de la matière à analyser.* **base of the low-velocity layer**: base de la couche altérée. **base of weathering**: base de la couche altérée. **base oil**: *voir base stock.* **base plane**: plan de base. **base pressure**: pression de base, *pression choisie pour déterminer un volume de gaz.* **base-pressure index**: indice de pression de base. **base quantity**: grandeur de base. **base ring**: cornière de base. **base royalty**: redevance de base. **base station**: station de base ; station de référence. **base stock**: huile de base, *telle que l'a* *fournie le raffineur, sans additif et non mélangée* ; matière de base. **base surge**: nuage de base *(nucl)*. **base tilt**: inclinaison de la base. **base unit**: unité de base, *dans un système de mesure, unités indépendantes les unes des autres, choisies conventionnellement comme fondement du système, à partir desquelles sont définies les autres unités.* **base value**: valeur basique. **base volume index**: correcteur thermomanométrique de volume, *facteur de conversion pour corriger les volumes de gaz mesurés dans les conditions opératoires de température et de pression.*

base – pauvre, *de basse qualité.* **base metal**: métal commun, *métal pauvre.* **base ore**: minerai pauvre.

baseboard – chariot *m, d'un appareil* ; plinthe *f (constr)*.

baselap – recouvrement de base sur discordance *(géol)*.

baselevel – niveau de base, *niveau le plus bas que peut atteindre l'érosion fluviale.*

baseleveling – pénéplanation *f (géol)*.

basement – socle *m, substratum d'une formation géologique* ; soubassement *m.* **basement complex**: complexe de base, *s'emploie généralement pour désigner le socle (géol)*. **basement rock**: roche de base, *s'applique communément aux roches ignées et métamorphiques, situées sous une formation sédimentaire* ; roche du socle. **basement uplift**: soulèvement du socle, *pli de fond.*

baseplate – embase *f* ; socle *m* ; sole *f* ; soubassement *m, de machine-outils.*

Bashkirian – Bashkirien *m, étage du Carbonifère.*

basic – de base ; basique ; fondamental. **basic addition**: addition basique *(métal)*. **basic Bessemer steel**: acier Thomas, *acier basique.* **basic brick**: brique basique. **basic cinder**: *voir basic slag.* **basic converter**: convertisseur basique. **basic dye**: colorant basique. **basic intrusive rock**: roche intrusive basique. **basic investment**: investissement de base. **basic law**: loi fondamentale. **basic lining**: garnissage basique *(métal)* ; revêtement basique. **basic patent**: brevet de base. **basic price**: prix de base. **basic rock**: roche basique. **basic sediments**: sédiments basiques, *voir BS.* **basic sediments and water (BS&W)**: eau et sédiments, *eau et autres matières étrangères contenues dans le pétrole brut.* **basic slag**: laitier basique ; scorie basique. **basic wage**: salaire de base total. **basic well cement**: ciment de base.

basicity – basicité *f.*

basify (to) – rendre basique.

basin – bassin *m, d'un fleuve* ; cuve *f* ; cuvette *f* ; port naturel ; rade fermée *(géog)* ; réservoir *m* ; vallée en cuvette *(géol)*. **basin-floor fan**: cône sous-marin de bassin, *réservoir turbiditique aggradant, associé aux cônes sous-marins profonds* ; cône turbiditique de bassin. **basin folds**: bassin structural *(géol)* ; cuvette synclinale. **basin of deposition**: bassin de sédimentation *(géol)*. **basin setting**: morphologie de bassin, *la morphologie d'un bassin sédimentaire se caractérise par le passage plaine côtière-talus continental de la limite inférieure des séquences de dépôt.* **basin synthesis**: études de bassin.

basining – affaissement en cuvette.

basis – fondement *m.* **basis for taxation**: assiette fiscale.

basket – benne *f* ; corbeille *f* ; cuiller *f, ou cuillère* ; écran de cimentation, *écran conique en toile employé dans la cimentation d'une colonne de forage à travers les perforations, et empêchant le ciment de descendre au-dessous de son point de sortie* ; godet *m* ; ombrelle *f* ; panier *m.* **basket bit**: panier à sédiments, *pour recueillir de petits échantillons pour analyse (for)*. **basket cooper**: outil de repêchage, *de molettes ou d'objets métalliques, du type araignée.* **basket grapple**: coin agrippeur, *outil de repêchage.* **basket sub**: panier à sédiments ; raccord à récupérer la ferraille *(for)* ; tube à sédiments.

basque – garnissage d'un four ; revêtement d'un four.

bass – fréquences dans la partie la plus basse de l'audible *(acoust)* ; schiste bitumineux compact *(géol)*.

bastard – bâtard, *qualificatif donné à tout outillage d'une forme ou d'une taille non standardisée.* **bastard break**: cassure irrégulière ; fracture irrégulière. **bastard car**: citerne bâtarde, *citerne dont les compartiments sont de capacité inégale.* **bastard connection**: joint à filetage irrégulier. **bastard file**: lime bâtarde. **bastard thread**: filetage bâtard.

bat – *voir batt.*

batch – cargaison *f, de pétrole, ou produits pétroliers différents dans un pipeline* ; charge discontinue ; échantillon *m, petite quantité* ; fournée *f* ; lot *m* ; lot de fabrication. **batch agitator**: agitateur discontinu. **batch distillation**: distillation discontinue. **batch evaporation**: évaporation discontinue. **batch furnace**: four à charge discontinue. **batch oil**: huile d'ensimage, *lubrifiant pour les fibres textiles en cours d'étirage, de peignage ou de cardage.* **batch process**: procédé discontinu. **batch processing**: traitement par lots. **batch-processing system**: système d'accès séquentiel. **batch production**: production par lots, *par petites séries.* **batch still**: appareil de distillation discontinue, *alambic à marche discontinue opérant par charge limitée.* **batch treating**: traitement discontinu. **batch-type furnace**: four dormant.

batchwise – en discontinu, *par petits paquets, par petites portions, par charges, par petites quantités.*

batea – batée *f (mine)*.

bath – bain *m.* **bath heater**: chauffe-bain *m.* **bath lubrication**: graissage par barbotage. **bath voltage**: tension de bain.

batholith – batholite *m, massif constitué de roches magmatiques plutoniques.*

bathometer – bathomètre *m, mesure de la profondeur d'eau.*

Bathonian – Bathonien *m, étage du Jurassique.*

bathosphere – bathosphère *f.*

bathyal – bathyal, *correspond au milieu et aux profondeurs de la pente continentale et des fonds en pente douce qui lui succèdent jusqu'aux environs de 3000 mètres.* **bathyal deposit**: dépôt bathyal. **bathyal environment**: milieu bathyal *(géol)*. **lower bathyal**: bathyal inférieur, *profondeur d'eau entre 1000 et 2000 m.* **middle**

bathyal: bathyal moyen, *profondeur d'eau entre 500 et 1000 m.* **upper bathyal**: bathyal supérieur, *profondeur d'eau entre 200 et 500 m.*

bathymeter – *voir bathometer.*

bathymetric – bathymétrique. **bathymetric chart**: carte bathymétrique.

bathymetry – bathymétrie *f.*

bathypelagic – bathypélagique. **bathypelagic zone**: zone bathypélagique.

bathyscaph – bathyscaphe *m, engin de plongée autonome à grande profondeur.*

bathysphere – bathysphère *f, sphère à flottabilité négative dont la plongée s'effectue au bout d'un câble en acier relié à un engin de surface.*

bathythermograph – bathythermographe *m.*

batt – schiste bitumineux compact, *s'écrit également bass ou bat.*

batter – escarpe *f*; talus *m.*

battery – batterie *f, accumulateur électrique, ou groupe d'appareils identiques.* **battery acid**: acide pour accumulateur, *acide sulfurique exempt d'arsenic, d'antimoine, de cuivre et autres impuretés.* **battery charger**: chargeur de batterie. **battery limits**: limites d'unité, *dans une raffinerie ou une usine pétrochimique, c'est la localisation géographique de la partie de l'usine affectée uniquement à la fabrication effective.* **battery-terminal corrosion**: corrosion des bornes de batterie, *souvent appelée sulfatation.* **battery test**: essai de batterie, *essai de mesure de la densité d'un électrolyte dans une batterie.*

baud – baud *m, unité de rapidité de modulation en télétransmission.*

baulk – poutre *f, voir balk.*

Baumé – Baumé. **Baumé gravity**: densité Baumé, *densité d'un liquide exprimée en degré Baumé.* **Baumé scale**: échelle Baumé, *échelle de mesure des densités des liquides ; en 1921, aux USA, l'échelle Baumé fut remplacée, pour les hydrocarbures, par l'échelle API.*

bauxite – bauxite *f, minerai d'alumine hydratée.* **bauxite treating**: traitement à la bauxite.

bay – baie *f*; hall *m, dans une unité de production.* **bay cable**: câble dormant ; flûte de fond. **bay salt**: sel marin.

Bayes – Bayes. **Bayes theorem**: théorème de Bayes, *sur la probabilité conditionnelle.*

bayhead – fond de la baie, *s'écrit aussi bay head.*

bayline – ligne de baie, *ligne qui limite l'environnement fluviatile de l'environnement paralique-deltaïque.*

baymouth – entrée de la baie. **baymouth bar**: flèche littorale ; poulier *m, flèche littorale en bordure de baie.*

bayonet – baïonnette *f.* **bayonet base**: culot à baïonnette. **bayonet catch**: fermeture à baïonnette. **bayonet coupling**: accouplement à baïonnette. **bayonet holder**: douille à baïonnette. **bayonet joint**: joint à baïonnette. **bayonet socket**: douille à baïonnette.

BB – *abrév. de butane butene.* **B-B fraction**: fraction B-B, *ayant les points d'ébullition des butanes et des butènes.*

bbl – *abrév. de barrel.*

BCD – DCB, *abrév. de binary-coded decimal : décimal codé en binaire.*

BD – *abrév. de barrels per day.*

B/DOE – *abrév. de barrels per day oil equivalent.*

BDC – PMB, *abrév. de bottom dead center : point mort bas.*

Bé – Bé, *abrév. de Baumé.*

beach – plage *f.* **beach accretion**: crue de plage. **beach cusp**: croissant de plage. **beach deposit**: dépôt côtier. **beach drift**: dérive littorale. **beach drifting**: dérive littorale. **beach dune**: dune d'estran. **beach gravel**: gravier de plage ; gravier de rivage. **beach plain**: plaine d'accumulation littorale, *voir strand plain.* **beach reef**: barre de sable. **beach restoration**: remise en état des plages, *après une pollution.* **beach ridge**: ride de plage. **beach rock**: dépôt de plage ; grès de plage.

beachy – côtier.

beacon – balise *f.* **beacon tower**: tour balise.

beacon (to) – baliser.

beaconage – balisage *m.*

bead – cordon *m, de soudure* ; grain *m* ; perle *f.* **bead clinometer**: clinomètre à bulle. **bead machine**: machine à faire des granules. **bead-packed**: bourré de perles, *de verre, etc.* **bead test**: essai à la perle, *analyse au chalumeau.* **bead tube**: tube garni de perles de verre.

beaded – perlé, *en chapelet.* **beaded texture**: structure en chapelet *(géol).* **beaded vein**: filon en chapelet *(géol).*

beader – mandrin *m.*

beading – dépôt d'un cordon de soudure. **beading hand tool**: matoir à tubes. **beading machine**: machine à border. **beading press**: presse à emboutir.

beadtool – gouge *f.*

beak – bec *m* ; éperon *m* ; pointe *f.* **beak of retort**: col d'une cornue.

beaker – becher *m.*

beakiron – bigorne *f, d'une enclume.*

beam – balancier *m* ; faisceau *m* ; fléau *m, de balance* ; lobe *m* ; poutre *f*; poutrelle *f*; rayon *m* ; travée *f.* **beam angle**: angle de faisceau. **beam balance**: balance à fléau. **beam caliper**: compas à coulisse. **beam compass**: compas à trusquin ; compas à verge. **beam drive**: commande par balancier ; transmission par balancier. **beam hanger**: support de tige de pompage, *pièce qui relie le balancier à la première tige de pompage.* **beam hook**: crochet de balancier. **beam of light**: rayon de lumière. **beam pointing**: filtrage en vitesse apparente. **beam pump**: pompe à balancier *(prod).* **beam pumping unit**: unité de pompage à balancier. **beam scales**: balance à fléau. **beam splitter**: lame dichroïque. **beam steam engine**: machine à vapeur à balancier. **beam steering**: recherche de directivité ; sommation oblique. **I beam**: poutre en double T ; poutre en I. **T beam**: poutre en T. **Z-beam torsion balance**: balance de torsion à fléau en Z.

beamwidth – ouverture du faisceau.

bean – duse *f (prod).* **bean (to) back**: réduire le débit d'un puits. **bean (to) up**: augmenter le débit d'un puits.

bear (to) – mesurer ; porter ; sonder. **bear (to) out**: confirmer ; corroborer, *une théorie, etc* ; justifier ; soutenir ; tenir à l'appui, *d'une conclusion.*

bearer – barreau dormant ; cadre porteur ; sommier *m (mine).* **bearer bond**: obligation au porteur. **bearer plates of the engine**: berceau de moteur.

bearing – coussinet *m* ; direction *f*; gisement *m*, *angle, compté dans le sens des aiguilles d'une montre, dans le plan horizontal, avec une direction de référence* ; orientation *f*; palier *m* ; porte-coussinet *m* ; porteur ; roulement *m*. **bearing alloy**: alliage pour coussinet. **bearing axle**: essieu porteur. **bearing bar**: barre de support. **bearing bolt**: boulon porteur. **bearing box**: corps du palier. **bearing bracket**: chevalet de palier ; plateau à palier. **bearing bushing**: douille *f*. **bearing cap**: chapeau de palier. **bearing capacity**: capacité portante ; portance *f*. **bearing capacity of ground**: tenue du sol. **bearing capacity of soils**: portance des sols, *aptitude d'un terrain à supporter des charges*. **bearing clearance**: jeu de palier ; jeu du coussinet. **bearing face**: surface d'appui. **bearing gland**: douille palier. **bearing liner**: douille de palier. **bearing metal**: métal blanc ; métal pour coussinets. **bearing of a lode**: direction d'un filon. **bearing of infinite length**: palier de longueur infinie. **bearing pitting**: piquage des paliers. **bearing power**: force portative ; puissance *f*. **bearing rope**: câble porteur. **bearing shell**: coquille de palier ; coussinet de palier. **bearing shim**: cale mince pour palier. **bearing surface**: surface d'appui ; surface portante. **bearing system**: pivoterie *f*. **bearing-up pulley**: poulie support. **bearing wall**: mur de soutènement.

beat – battement *m*. **beat-frequency oscillator**: oscillateur de battement.

beat (to) – battre ; emboutir ; frapper. **beat (to) in**: enfoncer.

beater – batteur *m* ; bourroir *m (mine)* ; pile *f*.

beating – battage *m* ; emboutissage *m* ; pilage *m*.

Beaufort – Beaufort. **Beaufort scale**: échelle de Beaufort, *échelle anémométrique permettant de chiffrer la vitesse d'un vent*.

Beckmann – Beckmann. **Beckmann rearrangement**: transposition de Beckmann, *conversion d'une cétoxime en amide isomérique sous l'action d'un catalyseur*. **Beckmann thermometer**: thermomètre de Beckmann, *thermomètre sensible destiné à mesurer de faibles différences de température*.

becquerel – becquerel *m*, *unité SI d'activité d'une source radioactive, symbole* Bq. **becquerel per kilogram**: becquerel par kilogramme, *unité SI d'activité massique* (Bq/kg).

bed – assise *f*; banc *m* ; couche *f*, *la plus petite des divisions lithostratigraphiques* ; dépôt *m* ; gîte *m (géol)* ; lit *m*, *de catalyseur, de rivière* ; strate *f*. **bed charge**: charge d'allumage ; fausse charge. **bed claim**: concession de lit de cours d'eau. **bed fuel**: charge d'allumage. **bed load**: charriage de fond *(hydrol)*. **bed mining**: exploitation des gisements *(mine)*. **bed of a machine tool**: banc d'une machine-outil. **bed of clay**: lit d'argile. **bed of nails**: matrice de diracs pondérés ; planche à clous. **bed pinchout**: lit biseauté *(géol)*. **bed succession**: succession de couches. **bed surface**: surface du banc. **bed thickness**: épaisseur de la couche.

bedded – lité ; stratifié. **bedded chert**: silexite *f*, *accident siliceux dans des calcaires*. **bedded clay**: argile litée. **bedded deposit**: gisement en couche ; sédiment stratifié. **bedded rock**: roche stratifiée. **bedded structure**: structure litée ; structure stratifiée. **bedded vein**: filon couche.

bedding – couche *f*; litage *m* ; minerai homogénéisé, *désigne la matière reprise au fond, en sidérurgie* ; mise en lit ; stratification *f (géol)*. **bedding angle**: angle de stratification. **bedding fault**: faille dans le plan des couches ; faille parallèle au plan de stratification *(géol)*. **bedding fissility**: schistosité de plan axial, *schistosité parallèle aux plans axiaux des plis*. **bedding joint**: joint de stratification. **bedding plane**: plan de stratification. **bedding plant**: parc d'homogénéisation.

bedding-in – *voir run-in*.

bedjoint – joint horizontal, *fracture ou cassure parallèle à la stratification*.

bedplate – bâti *m*, *d'une machine* ; châssis *m* ; embase *f*; plaque d'assise ; plaque de base ; plaque de fondation ; semelle *f*; socle *m*.

bedrock – bon sol ; roche de fond ; rocher *m*, *travaux publics* ; socle *m* ; soubassement *m*. **bedrock price**: dernier prix ; prix le plus bas.

beehive – ruche *f*. **beehive oven**: four à ruche.

beeline – ligne à vol d'oiseau.

beep – top *m*, *signal sonor bref*.

beeswax – cire d'abeille.

beetle – dame *f*; maillet *m* ; pilon *m*.

behavior – comportement *m* ; tenue *f*.

beidellite – beidellite *f*, *minéral argileux*.

Beilby – Beilby. **Beilby layer**: couche de Beilby, *couche superficielle de nature amorphe, qui se forme sur les surfaces métalliques lorsqu'elles subissent un frottement de caractère abrasif*.

bel – bel *m*, *unité de puissance sonore, symbole* B.

belemnite – bélemnite *f*, *(pal)*.

bell – cloche *f*; cône *m* ; sonnerie *f*; sonnette *f*. **bell-and-spigot**: tulipe *f*. **bell-and-spigot joint**: joint coulé, *joint au plomb*. **bell-and-spigot pipe**: tuyau à emboîtement et cordon. **bell buoy**: bouée à carillon ; bouée à cloche. **bell cap**: calotte de plateau ; cloche de plateau ; coupelle *f*, *d'une colonne à plateaux*. **bell crank**: renvoi de sonnette. **bell-crank lever**: levier de renvoi coudé. **bell-end valve**: soupape en chapeau, *à cloche, en forme de coupe*. **bell guide**: cloche de guidage *(for)*. **bell hole**: niche *f*, *excavation faite dans la terre pour atteindre une canalisation déjà posée, elle doit être suffisamment profonde pour permettre l'accès tout autour de la canalisation*. **bell-hole weld**: soudure à fond de niche, *soudure faite tout autour du pipeline déjà posé*. **bell jar**: cloche à vide ; cloche de laboratoire ; cloche de verre. **bell-line rope**: câble de signalisation. **bell nipple**: goulotte de retour de boue ; tube fontaine *(for)*. **bell-shaped insulator**: isolateur à cloche. **bell socket**: arrache-tube *m*, *outil servant à accrocher un tubage écrasé ou cassé (for)* ; cloche à emboîtement, *repêchage*. **bell tap**: cloche taraudée, *instrument de repêchage*. **bell-type gas holder**: gazomètre hydraulique à cloche. **bell valve**: soupape à cloche. **belled pile**: pieu élargi ; pieu en cloche.

bellite – bellite *f*, *explosif*.

bellows – soufflet *m.* **bellows joint**: joint à soufflet. **bellows meter**: débitmètre *m.* **bellows valve**: robinet à soufflet.

belly – bombement *m (géol)* ; renflement *m* ; ventre *m, d'un ballon, etc.* **belly band, bellybuster**: sangle de sûreté, *utilisée par les ouvriers travaillant au sommet d'un derrick.*

belonite – bélonite *f (pétro).*

belowground – au fond ; souterrain.

belt – bande *f*; ceinture *f*; courroie *f*; zone *f.* **belt bolt**: boulon de courroie. **belt clamp**: agrafe de courroie. **belt conveyor**: convoyeur à bande ; transporteur à bande ; transporteur à courroie. **belt drive**: commande par courroie ; transmission par courroie. **belt driven**: entraîné par courroie. **belt fastener**: attache pour courroie. **belt feeder**: distributeur à courroie. **belt fork**: fourche de manoeuvre des courroies. **belt guard**: courroie de protection. **belt housing, belt house**: protège-courroie *m, construction protégeant une transmission à courroie.* **belt idler**: galet guide ; poulie guide. **belt lace**: lacet pour courroie. **belt mounter**: monte-courroie *m, crochet pour la pose des courroies.* **belt of cementation**: zone de cimentation. **belt of weathering**: frange d'érosion ; zone d'altération. **belt pulley**: poulie à courroie. **belt sling**: élingue plate, *servant à la manipulation des tronçons de canalisation sans en abîmer le revêtement.* **belt stretcher**: tendeur de courroie. **belt tightener**: tendeur de courroie. **V-belt**: courroie trapézoïdale. **V-belt drive**: entraînement par courroie trapézoïdale. **V-belt sheave**: poulie à courroie trapézoïdale.

belted – ceinturé. **belted tire**: pneu à ceinture.

belting – courroies *f*; transmission *f, par courroies.*

bench – banc *m* ; banquette *f (géol)* ; établi *m* ; gradin *m* ; paillasse *f.* **bench gas**: *voir coal gas.* **bench gravel**: gravier de terrasse. **bench stoping**: exploitation par gradins. **bench test**: essai au banc.

benchmark – borne repère ; point de repère topographique ; point géodésique ; repère de nivellement ; tests de qualité, *informatique.* **benchmark price**: prix de référence. **benchmark soil**: sol repère.

bend – coude *m* ; courbe *f.* **bend test**: essai de pliage. **U bend**: coude en U ; raccord en U.

bend (to) – couder ; courber ; frapper un câble ; plier.

bender – cintreuse *f, machine à cintrer* ; hydrophone à flexion ; machine à rouler ; rouleuse *f.*

Bender – Bender. **Bender sweetening process**: procédé d'adoucissement Bender, *procédé d'adoucissement au sulfure de plomb.*

bending – cintrage *m* ; courbage *m* ; courbure *f*; flexion *f.* **bending fatigue**: fatigue de flexion, *due à une flexion, à un courbage.* **bending furnace**: four à cintrer. **bending machine**: *voir bender.* **bending modulus**: module de flexion. **bending moment**: moment de flexion ; moment fléchissant, *rupture.* **bending press**: presse à cintrer ; presse plieuse. **bending radius**: rayon de courbure. **bending roll**: cylindre de cintrage. **bending shoe**: sabot de cintrage. **bending strength**: résistance à la flexion. **bending-strength ratio**: rapport des modules d'inertie des filetages, *permettant de définir leurs caractéristiques mécaniques.* **bending stress**: effort de flexion ; tension de flexion. **bending test**: essai de pliage, *essai de flexion.*

beneficial – profitable. **beneficial effect**: effet bénéfique.

beneficiation – enrichissement *m, procédé d'amélioration des propriétés physiques ou chimiques des minerais.*

benefit – allocation *f*; indemnité *f*; prestation *f.* **welfare benefits**: prestations sociales.

Benioff – Benioff. **Benioff zone**: plan de Benioff, *zone sismique inclinée qui plonge dans le manteau.*

bent – arqué ; courbé ; plié ; voilé. **bent legs (BL)**: bras pincés, *outil de forage.* **bent rod**: tige faussée. **bent spanner**: clé coudée. **bent sub**: raccord coudé *(for).* **bent-tube boiler**: chaudière à tubes cintrés.

benthic – benthique, *qualifie les organismes et les processus ayant un lien avec les fonds océaniques.* **benthic foraminifer**: foraminifère benthique.

benthonic – *voir benthic.*

benthos – benthos *m, ensemble des êtres vivants (végétaux et animaux) qui sont fixés sur le fond, ou nageant à son voisinage immédiat.*

Bentone – *dénomination d'une série de produits à base de bentonite.*

bentonite – bentonite *f, roche argileuse formée principalement de beidellite et montmorillonite.*

benzaldehyde – aldéhyde benzoïque ; benzaldéhyde *m.*

benzene – benzène *m, hydrocarbure aromatique.* **benzene hexachloride**: hexachlorure de benzène, *voir aussi lindane.* **benzene hydrocarbon**: hydrocarbure benzénique. **benzene nucleus**: noyau benzénique. **benzene ring**: cycle aromatique. **benzene series**: série benzénique.

benzidine – benzidine *f, employée pour la fabrication de colorants.*

benzine – benzine *f, terme ancien pour une coupe contenant du benzène, maintenant petroleum ether.*

benzoate – benzoate *m, sels et esters formés par l'acide benzoïque.*

benzoic – benzoïque. **benzoic acid**: acide benzoïque.

benzol – *voir benzene.*

benzopyrene – benzopyrène *m, hydrocarbure aromatique polynucléaire.*

benzoyl – benzoyle *m, radical chimique.*

benzyl – benzyle *m, radical chimique.*

benzyl-para-aminophenol – benzyl-para-aminophénol *m, inhibiteur de formation des gommes dans les essences.*

benzyne – benzyne *m, le plus simple des arynes.*

BEP – *abrév. de both ends plain, lisse aux deux extrémités.*

berengelite – bérengélite *f, substance asphaltique.*

Bergius – Bergius. **Bergius process**: procédé de Bergius, *hydrogénation catalytique de la houille sous forte pression.*

bergy – *voir bergy bit.* **bergy bit**: fragment d'iceberg, *bloc flottant de glace de glacier qui émerge généralement de 1 à 5 m, et qui a habituellement une superficie de 100 à 200 m².*

berkelium – berkélium *m, symbole chim.* Bk.
Berl – Berl. **Berl saddle**: selle de Berl, *garnissage pour colonne de distillation ou d'absorption.*
berm – berme *f (géomorph)* ; gradin de plage, *rebord découpé en morte-eau sur les côtes à marée, séparant la grève de galets de l'estran.*
berme – *voir berm.*
Bernoulli – Bernoulli. **Bernoulli equation**: équation de Bernoulli, *décrivant l'écoulement d'un fluide parfait incompressible sous l'action de la pesanteur.* **Bernoulli's theorem**: théorème de Bernoulli, *dans une conduite parcourue par un fluide parfait incompressible, la somme de la pression, de l'énergie potentielle et de l'énergie cinétique est égale en tout point.*
Berriasian – Berriasien *m, étage du Crétacé.*
berth – emploi *m* ; mouillage *m* ; place *f*; position *f.* **berth mole**: môle de cale.
berthierite – berthiérite *f (minér).*
berthing – accostage *m* ; amarrage *m* ; mouillage *m* ; place à quai.
beryllia – glucine *f, oxyde de béryllium.*
beryllium – béryllium *m, symbole chim. Be.*
Besquare – *dénomination commerciale d'une paraffine de pétrole microcristalline.*
Bessemer – Bessemer. **Bessemer converter**: convertisseur Bessemer *(métal)*. **Bessemer iron**: fonte Bessemer. **Bessemer steel**: acier Bessemer.
BET – BET, *abrév. de Brunauer-Emmett-Teller.* **BET equation**: équation BET, *utilisée pour déterminer la surface d'un solide finement divisé par la mesure du volume de la couche monomoléculaire de gaz inerte adsorbé par ce corps.* **BET surface area**: surface BET.
BET – *abrév. de both ends threaded, fileté aux deux bouts.*
beta – bêta, *lettre de l'alphabet grec, désigne en chimie l'un de deux ou plusieurs isomères.* **beta distribution**: distribution bêta *(stat)*. **beta particle**: particule bêta. **beta ray**: rayon bêta.
betafite – bétafite *f (minér).*
betatron – bêtatron *m, accélérateur d'électron.*
Betsy – *dénomination commerciale d'une source sismique.*
BeV – GeV, *abrév. de billion electron volts, utilisée aux USA.*
Bevatron – Bévatron *m, accélérateur construit pour fournir des particules dont l'énergie est de l'ordre du GeV.*
bevel – angle oblique ; biseau *m* ; chanfrein *m.* **bevel angle**: angle de chanfrein *(soudure)*. **bevel cutter**: fraise d'angle. **bevel differential**: différentiel conique. **bevel-drive pinion**: pignon d'attaque conique. **bevel gear**: engrenage à pignons coniques ; engrenage à roues coniques ; engrenage à roues d'angle ; roue conique. **bevel-gear cutter**: fraise pour engrenages coniques. **bevel gearing**: commande par pignon d'angle. **bevel pinion**: pignon conique ; pignon d'angle ; pignon d'engrenage conique. **bevel shears**: cisailles d'angle. **bevel spur gear**: engrenage à roues coniques. **bevel weld**: soudure sur chanfrein. **bevel wheel**: pignon conique ; roue conique ; roue d'angle.
bevel (to) – biseauter.
beveled – biseauté ; chanfreiné.
beveling – angle d'équerrage ; biseautage *m* ; chanfreinage *m.* **beveling machine**: machine à chanfreiner. **beveling shearing machine**: cisailles chanfreineuses.
BG – *abrév. de Birmingham gage.*
BHA – *abrév. de bottomhole assembly.*
BHC – *abrév. de borehole compensated : à effet de trou compensé – abrév. de benzene hexachloride.* **BHC acoustilog**: *dénomination commerciale d'une diagraphie à effet de trou compensé.* **BHC sonic log**: *dénomination commerciale d'une diagraphie à effet de trou compensé.*
BHN – *abrév. de Brinell hardness number.*
bhp – *abrév. de bottomhole pressure et de brake horsepower.*
BHT – *abrév. de bottomhole temperature.*
bias – biais *m (stat)* ; dérive *f, traitement du signal* ; distorsion *f*; erreur systématique ; liseré *m, d'une trace galvanométrique* ; polarisation électrique ; tare de l'exposant, *informatique* ; tension de polarisation, *en enregistrement magnétique.* **bias cell**: pile de polarisation. **bias error**: erreur de justesse, *composante systématique de l'erreur d'un instrument de mesure* ; erreur systématique. **bias-ply tire**: pneu à carcasse croisée. **bias potentiometer**: potentiomètre à polarisation. **bias recording**: enregistrement avec tension de polarisation.
bias (to) – polariser.
biased – biaisé ; polarisé *(élec)*. **biased error**: distorsion *f.* **biased estimator**: estimateur avec erreur systématique ; estimateur biaisé.
biatomic – diatomique.
biaxial – biaxe, *à deux axes.* **biaxial crystal**: cristal biaxe. **biaxial element**: élément biaxe.
bibasic – bibasique.
bibb – *bibb cock, voir bibcock.*
bibcock – robinet à bec courbe.
bibliography – bibliographie *f.*
bicarbonate – bicarbonate *m.*
bickern – bigorne *f.*
bicolored – bicolore.
bid – offre *f*; soumission *f, dans une adjudication.* **bid bond**: garantie de soumission.
bidder – soumissionnaire *m.* **highest bidder**: soumissionnaire le plus offrant. **lowest bidder**: soumissionnaire le moins offrant.
bidding – candidature *f, à un emploi* ; commandement *m* ; enchères *f*; ordre *m.* **bidding documents**: dossier d'appel d'offres.
bifilar – bifilaire. **bifilar gravimeter**: gravimètre bifilaire. **bifilar suspension**: suspension bifilaire.
bifocal – bifocal.
bifunctional – bifonctionnel. **bifunctional catalyst**: catalyseur bifonctionnel.
big – grand. **big end**: tête de bielle. **big-end bearing**: coussinet de tête de bielle. **big-end half bearing**: demicoussinet de tête de bielle. **big-eye bit**: outil à jet excentré, *outil de forage ayant une duse plus grosse que les autres.* **big floe**: grand floe, *plus de 1000 m.* **big hole**: forage en grand diamètre.
bight – anse *f*; baie *f*; boucle *f*; noeud *m.*
bigrid – bigrille *f.*
bijection – bijection *f, application bijective, à la fois injective et surjective.*

bilateral – bilatéral. **bilateral transducer**: transducteur réversible.
bilge – bouchain *m* ; fond de cale. **bilge keel**: quille de roulis. **bilge pipe**: tuyau de cale. **bilge pump**: pompe de cale. **bilge pumping**: pompage de l'eau de cale. **bilge water**: eau de cale ; vidange de cale, *provenant des fuites de la chambre des machines.*
bilinear – bilinéaire.
bill – attestation *f*; bec *m*, *d'une patte d'ancre* ; facture *f*; loi *f*; note *f*. **bill of costs**: mémoire *m*, *d'entrepreneur*. **bill of credit**: lettre de crédit. **bill of debt**: reconnaissance de dette. **bill of entry**: congé d'entrée ; déclaration d'entrée ; déclaration en douane ; permis d'entrée. **bill of exchange**: lettre de change ; traite *f*. **bill of lading**: bordereau d'expédition ; connaissement *m* ; police de chargement. **bill of materials**: inventaire *m*. **bill of quantities**: devis de poids, *d'un engin sous-marin*. **bill of sale**: contrat de vente.
billet – billette *f*; lingot *m*. **billet-roll mill**: laminoir à billettes *(métal)*. **billet shears**: cisailles à billettes.
billion – billion *m*, *= 1 million de millions = 10^{12}, dans les systèmes de notation SI ; aux USA milliard, mille millions = 10^9* ; milliard *m*.
bimetallic – bimétallique. **bimetallic catalyst**: catalyseur bimétallique. **bimetallic strip**: bilame *f*; lame bimétallique. **bimetallic thermometer**: thermomètre à bilame ; thermomètre bimétallique.
bimodal – bimodal *(stat)*. **bimodal pore-size distribution**: répartition poreuse double.
bimolecular – bimoléculaire. **bimolecular reaction**: réaction bimoléculaire.
bin – case *f*, *ou pavé en sismique à trois dimensions, servant à sélectionner les traces à sommer en couverture multiple* ; casier *m* ; pavé *m* ; récipient *m* ; silo *m* ; soute *f*; trémie *f*. **bin wagon**: wagon à benne.
binary – binaire, *en chimie, se dit d'une combinaison de deux corps simples*. **binary compound**: composé binaire, *mélange de deux éléments seulement*. **binary digit**: bit *m* ; élément binaire. **binary fission**: fission binaire. **binary fuel**: carburant binaire. **binary gain (BG)**: gain binaire, *gain à variation binaire*. **binary-gain (BG) amplifier**: amplificateur à gain binaire ; amplificateur à variation binaire de gain. **binary gain control**: commande binaire du gain ; gain binaire *(commande de)*. **binary granite**: granite à deux micas. **binary heat engine**: moteur thermique à vapeurs combinées. **binary mixture**: mélange binaire. **binary molecule**: molécule binaire. **binary number system**: numération binaire, *système de numération n'utilisant que deux chiffres : le 0 et le 1*. **binary separation**: séparation binaire.
bind (to) – attacher ; fixer ; forcer ; lier.
binder – agglomérant *m* ; ciment *m*, *toute matière liant entre eux les éléments figurés et conduisant à des roches sédimentaires compactes* ; liant *m*, *matériau servant à enrober et à lier les éléments d'un agrégat*. **binder briquette**: briquette de charbon, *confectionnée de poussier de charbon lié par des résidus de goudrons de houille ou des résidus asphaltiques*. **binder course**: couche de liaison, *dans la construction des chaussées* ; couche intermédiaire. **binder for water-bound macadam**: matériau d'agrégation pour macadam à l'eau, *matière employée pour favoriser l'agglomération des éléments d'empierrement en présence de l'eau d'arrosage*. **binder phase**: phase liante.
binding – agglutination *f*; attache *f*; bandage *m* ; coincement *m* ; grippage *m* ; liaison *f*. **binding agent**: liant *m*, *agglutinant*. **binding chain**: chaîne de liaison. **binding coal**: charbon collant. **binding energy**: énergie de liaison. **binding factor**: facteur de liaison. **binding gravel**: gravier d'empierrement, *pour routes*. **binding post**: borne d'un appareil électrique. **binding screw**: borne à vis. **binding site**: site de liaison ; site liant.
Bingham – Bingham. **Bingham flow**: écoulement de Bingham. **Bingham plastic**: corps plastique de Bingham, *caractérisé par une relation linéaire entre le gradient de vitesse et la tension de cisaillement à partir du moment où le seuil de déformabilité a été atteint*. **Bingham pycnometer test**: essai au pycnomètre de Bingham, *densité des liquides*.
binning – *sélection de traces selon la case où se trouve leur point de réflexion*.
binocular – binoculaire. **binocular hand level**: niveau à main binoculaire. **binocular microscope**: microscope binoculaire. **binocular parallax**: parallaxe binoculaire. **binocular vision**: observation binoculaire ; vision binoculaire. **binocular visual acuity**: acuité visuelle binoculaire.
binoculars – jumelles *f*.
binomial – binôme *m* ; binomial. **binomial distribution**: distribution binomiale. **binomial nomenclature**: nomenclature binominale, *consiste à nommer les organismes par un nom latin formé de deux mots, le premier désigne le genre, le deuxième l'espèce*.
bioaccumulation – bioaccumulation *f*, *d'une substance dans les tissus d'un organisme*.
bioassay – essai biologique.
biocatalyst – biocatalyseur *m*.
biocenose – *voir biocoenosis*.
biochemical – biochimique. **biochemical oxygen demand (BOD)**: demande biochimique en oxygène (DBO).
biochemistry – biochimie *f*.
biocide – biocide *m*.
bioclast – bioclaste *m*, *tout reste fossile, animal ou végétal, présent dans une roche*.
bioclastic – bioclastique, *se dit des roches qui doivent leur fragmentation à l'activité d'êtres vivants*. **bioclastic limestone**: calcaire bioclastique. **bioclastic rock**: roche bioclastique.
bioclimatology – bioclimatologie *f*.
biocoenosis – biocénose *f*, *ensemble des êtres vivants existant dans un biotope*.
bioconstructed – bioconstruit. **bioconstructed limestone**: calcaire bioconstruit. **bioconstructed sand**: sable bioconstruit.
bioconversion – bioconversion *f*, *changement de forme d'énergie ayant pour agent un être vivant*.
biodegradability – biodégradabilité *f*.
biodegradable – biodégradable. **biodegradable detergent**: détergent biodégradable. **biodegradable surfactant**: agent tensioactif biodégradable.

biodegradation – biodégradation *f.*
biodeterioration – biodétérioration *f.*
bioenergy – bioénergie *f.*
bioethanol – bioéthanol *m, alcool de vin, éthanol produit à partir de la biomasse.*
biofacies – biofaciès *m, éléments biologiques d'un faciès.*
biofuel – biocarburant *m* ; biocombustible *m.*
biogas – biogaz *m, gaz naturel biologique obtenu à partir du fumier de ferme.*
biogenesis – biogenèse *f.*
biogenetic – *voir biogenic.*
biogenic – biogène ; biogénétique, *d'origine animale ou végétale.* **biogenic gas**: gaz biogénétique, *gaz produit par la décomposition anaérobie de la matière organique.* **biogenic rock**: roche biogène, *organogène.*
biogenous – *voir biogenic.*
biogeochemical – biogéochimique. **biogeochemical cycle**: cycle biogéochimique, *interactions entre l'atmosphère, l'hydrosphère, la lithosphère et la biosphère.* **biogeochemical prospecting**: prospection biogéochimique.
biogeochemistry – biogéochimie *f.*
biogeography – biogéographie *f, science de la distribution spatiale des êtres vivants.*
bioherm – bioherme *m, récif vrai, récif en strates, accumulation de squelettes d'organismes coloniaux se développant sur une épaisseur nettement plus forte que les sédiments qui les entourent.*
biohorizon – biohorizon *m, surface correspondant à un changement biostratigraphique.*
biological – biologique. **biological activity**: activité biologique. **biological computer**: ordinateur biologique. **biological filter**: filtre biologique. **biological half-life**: période biologique, *temps pour éliminer la moitié des substances administrées.* **biological marker**: traceur biochimique. **biological monitoring**: contrôle biologique. **biological oceanography**: océanographie biologique. **biological oil-spill control**: lutte biologique contre le déversement du pétrole. **biological oxidation**: oxydation biologique. **biological oxygen demand (BOD)**: demande biologique en oxygène (DBO). **biological pest control**: lutte antiparasite biologique. **biological productivity**: productivité biologique, *quantité de matière vivante élaborée dans un temps donné sur une superficie donnée.* **biological rhythmic process**: biorythme *m, rythme biologique.* **biological screen**: écran biologique. **biological shield**: bouclier biologique. **biological treatment**: traitement biologique.
biology – biologie *f.*
bioluminescence – bioluminescence *f.*
biolysis – biolyse *f, décomposition de la matière organique par les êtres vivants.*
biomarker – traceur biochimique, *molécule d'origine biologique, intacte ou dégradée, dont la présence permet de reconstituer l'origine de la matière organique.*
biomass – biomasse *f, masse de matière organique d'origine animale ou végétale.*
biomaterial – biomatériau *m.*
biome – biome *m, communauté de très grande taille.*
biomembrane – biomembrane *f.*
biomethanation – biométhanisation *f, production de méthane par un processus biologique.*
biometry – biométrie *f.*
bionics – bionique *f, utilisation de processus du monde vivant dans des applications électroniques.*
bionomics – bionomie *f, science des lois de la vie en regard du milieu.*
biophilic – biophile, *se dit des éléments les plus typiques des êtres vivants et de la matière organique tels que carbone, azote ou oxygène.*
biophysics – biophysique *f.*
biopolymer – biopolymère *m, polymère d'origine biologique, souvent utilisé comme additif dans les boues de forage.* **biopolymer solution**: solution de biopolymères.
bioremediation – traitement biologique à action curative.
biorhexistasy – biorhexistasie *f, théorie explicative de certains processus sédimentaires, reposant sur les phénomènes de formation des sols et les variations du couvert végétal.*
biosphere – biosphère *f, partie de la sphère terrestre où se trouvent les organismes vivants.*
biostasy – biostasie *f, période de stabilité biologique pour les sols.*
biostereometry – biostéréométrie *f.*
biostratigraphic – biostratigraphique.
biostratigraphy – biostratigraphie *f.*
biostrome – biostrome *m, accumulations d'organismes coloniaux disposés en lits ne dépassant pas sensiblement l'épaisseur des sédiments avoisinants non récifaux.*
biosynthesis – biosynthèse *f.*
biot – biot *m, unité de courant électrique qui équivaut à 10 ampères.*
biota – biota *m, faune et flore caractérisant une région donnée.*
biotechnology – biotechnologie *f.*
biotic – biotique. **biotic community**: communauté biotique, *biocénose.* **biotic environment**: milieu biotique.
biotite – biotite *f, mica noir ferromagnésien.*
biotope – biotope *m, lieu caractérisé par une uniformité écologique.*
bioturbation – bioturbation *f, ensemble des petits dérangements dans un sédiment dus à des organismes vivants.*
biotype – biotype *m, groupe d'individus ayant le même patrimoine génétique.*
biozone – biozone *f, unité de base des divisions biostratigraphiques.*
biphenylene – biphénylène *m.*
bipolar – bipolaire. **bipolar electrode**: électrode bipolaire. **bipolar winding**: enroulement bipolaire.
biradical – biradical *m (chim).*
bird – oiseau *m, nom familier donné au magnétomètre aéroporté* ; poisson *m, détecteur de profondeur* ; régulateur d'immersion. **bird dog**: contrôleur d'entrepreneur, *représentant de la société qui a retenu les services de l'équipe géophysique* ; contrôleur de mission, *surveillant l'exécution des travaux.* **bird-foot delta**: delta digité ; delta en patte d'oie. **bird's eye**: fenestra *f, vacuoles cimentées ou non provenant de la*

présence de bulles de gaz dans un sédiment non lithifié. **bird's-eye view**: perspective à vol d'oiseau.

bireflectance – biréflectance *f.*

birefringence – biréfringence *f.*

birefringent – biréfringent.

BIRPS – *abrév. de British Institutions Reflection Profiling Syndicate.*

bischofite – bischofite *f, chlorure de magnésium naturel.*

bisection – bissection *f.*

bisectrix – bissectrice *f.*

bismuth – bismuth *m, symbole chim. Bi.*

bisphenol – bisphénol *m, bisphénol A, utilisé dans la fabrication des résines phénoliques et des résines époxydes.*

bistable – bistable, *flip-flop.* **bistable circuit**: circuit bistable. **bistable multivibrator**: circuit électronique bistable.

bit – mèche *f*; outil *m, en forage, synonyme de trépan*; trépan *m.* **bit blade**: lame de l'outil. **bit body**: corps de l'outil. **bit breaker**: débloqueur *m, de trépan*; plaque de vissage ou de dévissage du trépan. **bit clearance**: jeu de l'outil. **bit cooling**: refroidissement de l'outil de forage. **bit gage**: jauge à trépan, *cercle métallique destiné à vérifier le calibre du trépan.* **bit-gage surface**: front de taille du trépan. **bit hook**: caracole à trépan, *outil pour repêcher un trépan perdu.* **bit hydraulics**: hydraulique de l'outil de forage. **bit insert**: pivot d'outil. **bit leg**: bras de l'outil de forage. **bit life**: durée de fonctionnement de l'outil *(for).* **bit load**: *voir weight on the bit.* **bit mold**: matrice de trepan. **bit neck**: col de l'outil. **bit nose**: nez de l'outil. **bit penetration**: avance de l'outil. **bit performance**: performance de l'outil, *forage.* **bit pilot**: guide d'outil. **bit plate**: plaque de vissage et de dévissage, *des outils de forage.* **bit puller**: outil pour retirer le trépan de la tige. **bit shank**: filetage de l'outil *(for).* **bit shroud**: bouclier de l'outil de forage. **bit size**: diamètre de l'outil. **bit speed**: vitesse de rotation de l'outil. **bit sticking**: coincement de l'outil. **bit sub**: raccord porte-outil. **X bit**: taillant en croix *(mine)*; trépan en croix *(for).*

bit – fragment *m*; morceau *m.*

bit – bit *m, contraction de binary digit : unité de capacité de stockage d'une mémoire, utilisée avec un système de codage binaire.* **bit clipping**: perte d'un bit, *ou de plusieurs bits, dans un enregistrement.* **bit density**: densité d'information, *sur bande magnétique.* **bit shift**: décalage binaire. **most-significant bit (MSB)**: bit de poids le plus fort.

bite – morsure *f.*

bite (to) – attaquer ; corroder ; mordre.

bitt – bitte *f, amarrage.*

bitter – amer. **bitter earth**: magnésie *f.* **bitter lake**: lac salé. **bitter salt**: epsomite *f, sulfate hydraté de magnésium.* **bitter spar**: chaux carbonatée. **bitter water**: eau magnésifère ; eau mère.

bittern – bittern *m, eau mère qui reste après la cristallisation du sel ordinaire à partir de l'eau de mer.*

bitumen – bitume *m, mélange naturel ou artificiel d'hydrocarbures et de leurs dérivés oxygénés et sulfurés, soluble dans le sulfure de carbone.* **bitumen blowing**: soufflage du bitume. **bitumen emulsion**: émulsion bitumineuse. **bitumen of Judea**: bitume de Judée, *espèce d'asphalte trouvée originellement dans la région de la mer Morte et utilisé en applications médicinales.* **bitumen residue**: résidu bitumineux.

bitumenite – bituménite *f, torbanite.*

bituminiferous – bituminifère.

bituminization – bituminisation *f, ensemble des processus naturels de transformation d'une substance naturelle en bitume.*

bituminized – bitumé ; enduit de bitume.

bituminous – bitumineux, *contenant des hydrocarbures lourds.* **bituminous binder**: agglomérant bitumineux ; liant bitumineux ; liant hydrocarboné. **bituminous coal**: charbon bitumineux, *houille* ; charbon gras ; houille grasse. **bituminous coating**: revêtement bitumineux. **bituminous concrete**: béton bitumineux. **bituminous emulsion**: émulsion butimineuse. **bituminous expansion joint**: joint bitumineux préparé, *constitué de bitume routier mélangé à de fines substances minérales, à des produits fibreux, à du liège, de la sciure, etc.* **bituminous grout**: enduit bitumineux. **bituminous joint filler**: *voir asphalt filler.* **bituminous limestone**: calcaire bitumineux ; calcaire kérabitumineux. **bituminous macadam**: *voir asphalt macadam.* **bituminous mastic**: bitumastic *m.* **bituminous material**: matériau bitumineux. **bituminous matter**: substance bitumineuse. **bituminous pavement**: chaussée au bitume. **bituminous peat**: tourbe grasse. **bituminous pitch**: goudron de lignite ; poix d'asphalte. **bituminous rock**: roche bitumineuse, *roche contenant du bitume naturel.* **bituminous sand**: sable bitumineux, *voir tar sand.* **bituminous sandstone**: grès asphaltique, *ou bitumineux.* **bituminous shale**: *voir oil shale.* **bituminous substance**: substance bitumineuse. **bituminous tar**: goudron bitumineux, *mélange de bitume, de pétrole et de goudron.*

biuret – biuret *m, allophanamide, formé par la décomposition de l'urée par la chaleur.*

bivalent – bivalent.

bivariate – *voir bivariate frequency table.* **bivariate frequency table**: tableau statistique à double entrée.

black – noir *m.* **black acids**: acides noirs, *sulfonates trouvés, après le traitement des produits pétroliers à l'acide sulfurique, dans les dépôts acides, insolubles dans le benzène ou dans le tétrachlorure de carbone, solubles dans l'eau.* **black and white**: noir et blanc *(photo).* **black-and-white film**: pellicule noir et blanc. **black-and-white panchromatic photography**: photographie panchromatique en blanc et noir. **black ash**: cendre noire. **black balls**: soude brute. **black box**: boîte noire. **black chalk**: craie noire. **black copper**: cuivre brut ; cuivre noir. **black diamond**: *voir carbonado.* **black earth**: terre noire, *tchernozem.* **black gold**: or noir, *pétrole.* **black grease**: graisse noire, *sous-produit du raffinage des huiles de coton.* **black Jura**: Jurassique noir, *Lias.* **black lead**: graphite plombagine. **black light**: lumière invisible ; lumière noire. **black lignite**: lignite noir. **black liquor**: liqueur noire, *sous-produit de la fabrication du papier par le procédé au bisulfite, parfois employé comme combustible.* **black mica**: mica noir, *mica ferromagnésien.* **black oil**: huile noire, *ré-*

sidu pétrolier utilisé pour des graissages grossiers. **black-oil circulation furnace**: four à circulation d'huile noire. **black oils**: *voir black products.* **black powder**: poudre noire, *poudre explosive.* **black products**: produits noirs, *produits pétroliers de couleur foncée : fuel-oil, bitume, etc.* **black sand**: sable noir. **black shale**: ampélite *f, schiste ampélitique, roche schisteuse riche en matières organiques et en pyrite.* **black smoke**: fumée noire. **black stone**: schiste charbonneux ; schiste houiller. **black tide**: marée noire, *arrivée à proximité des côtes d'une importante nappe de pétrole (pol).*

blackband – minerai de fer charbonneux.

blackboard – tableau noir, *base de données qui sert d'intermédiaire entre les différentes bases de connaissances.*

blackbody – corps noir, *absorbe toutes les radiations incidentes sans en réfléchir aucune.* **blackbody radiation**: rayonnement du corps noir, *radiation totale (phys).* **blackbody temperature**: température du corps noir.

blackdamp – air vicié.

blackjack – blende obscure, *intercalation de charbon schisteux.*

blacklist – liste noire.

blacksmithing – forgeage *m.*

blackstrap – huile noire émulsionnée, *provenant du raffinage au plombite et contenant du sulfure de plomb en émulsion.*

blacktop – *revêtement routier noir à base de bitume.*

blade – aube *f, de turbine* ; lame *f* ; pale *f* ; palette *f, d'agitateur* ; raclette *f.* **blade bit**: trépan à lames. **blade grader**: niveleuse *f.* **blade holder**: porte-lame *m.* **blade mixer**: mélangeur à palettes.

blank – blanc *m* ; ébauche *f* ; essai à blanc ; pièce brute. **blank bit**: couronne *f (for).* **blank cartridge**: cartouche à blanc. **blank casing**: tubage sans perforation. **blank cover**: couvercle plein. **blank credit**: crédit à découvert. **blank flange**: bride aveugle ; bride d'obturation ; bride pleine. **blank flow bean**: duse d'obturation. **blank liner**: colonne perdue, *non crépinée* ; tubage sans perforation *(for).* **blank-off pressure**: pression minimale. **blank pipe**: tube hermétique de sonde, *tube à paroi pleine, par opposition au tube perforé (for).* **blank test**: essai à blanc.

blank (to) – mettre à zéro.

blanked – obturé. **blanked off**: obturé, *par une bride pleine.*

blanket – couche *f* ; couverture *f* ; filon-couche horizontal ; nappe *f* ; strate *f.* **blanket basalt**: entablement basaltique. **blanket lease**: contrat de forage couvrant une zone étendue. **blanket mortgage**: hypothèque générale. **blanket sand**: dépôt de sable alluvionnaire. **blanket steam**: *voir top steam.* **blanket vein**: filon couche.

blanketing – couverture *f.* **blanketing frequency**: fréquence d'occultation *(radiocomm).* **blanketing gas**: couverture de gaz inerte ; gaz tampon.

blast – déflagration *f* ; détonation *f* ; explosion *f* ; jet d'air ; souffle *m.* **blast box**: boîte à vent *(métal).* **blast burner**: chalumeau *m.* **blast effect**: effet de souffle. **blast engine**: soufflerie *f, (métal).* **blast firing**: sautage. **blast furnace**: haut-fourneau *m.* **blast-furnace charge**: charge de haut-fourneau. **blast-furnace coke**: coke de hauts-fourneaux. **blast-furnace gas**: gaz du gueulard, *ou du haut-fourneau* ; gaz pauvre de haut-fourneau. **blast gage**: indicateur de tirage. **blast gate**: registre de réglage du vent. **blast hole**: soufflure *f (métal)* ; trou de mine *(mine).* **blast joint**: tube renforcé, *colonne de production.* **blast meter**: indicateur de pression de vent. **blast nipple**: manchon de protection, *revêtant le tube de production en face des perforations pour le protéger de destruction par abrasion en cas de venue de sable.* **blast pipe**: porte-vent *m (métal)* ; tuyère *f (métal).* **blast pressure**: pression du vent. **blast valve**: valve à vent.

blast (to) – abattre à l'explosif ; faire sauter.

blaster – boîte de tir ; boutefeu *m* ; détonateur *m* ; sableuse *f (métal).*

blasting – sautage *m* ; tirage *m.* **blasting box**: boîte de tir. **blasting cap**: amorce *f* ; détonateur *m.* **blasting charge**: charge explosive. **blasting fuse**: mèche *f.* **blasting gelatin**: dynamite gomme. **blasting powder**: poudre de démolition ; poudre de mine ; poudre explosive. **blasting vibrations**: vibrations d'une explosion.

blastogranitic – blastogranitique *(pétro).*

blastoid – blastoïde *m, échinoderme fossile.*

blastphone – capteur d'onde aérienne, *(sism).*

blaze – flambée *f* ; miroitement *m.*

bleach (to) – blanchir ; se décolorer.

bleached – blanchi. **bleached oil**: huile décolorée.

bleacher – réservoir de blanchiment, *réservoir utilisé pour le blanchiment et le mélange des huiles lubrifiantes.*

bleaching – blanchiment *m, d'une huile.* **bleaching agent**: décolorant *m.* **bleaching assistant**: adjuvant de blanchiment. **bleaching clay**: terre décolorante. **bleaching efficiency**: pouvoir blanchissant. **bleaching powder**: chlorure de chaux, *utilisé comme agent de blanchiment.*

bleb – bulle *f* ; soufflure *f.*

bleed – purge *f.* **bleed valve**: vanne de purge.

bleed (to) – purger ; vider, *par le bas.* **bleed (to) off**: purger la pression ; réduire la pression, *en laissant échapper lentement du gaz ou de l'huile.*

bleeder – déchargeur *m, placé au point bas d'une conduite de gaz, permettant d'évacuer l'eau ou l'huile condensée* ; purgeur *m* ; robinet de prise d'échantillon. **bleeder-line valve**: vanne de décharge. **bleeder pipe**: torche *f.* **bleeder screw**: vis de purge ; vis purgeur. **bleeder-type condenser**: condenseur à soutirage.

bleeding – fuite *f, de liquide, etc.* ; ressuage *m, exsudation des éléments fluides d'une matière bitumineuse revêtant une chaussée qui se produit pendant la saison chaude.* **bleeding core**: carotte suintante *(for).* **bleeding test**: essai de ressuage ; essai du buvard. **bleeding valve**: robinet purgeur.

blend – mélange *m.*

blend (to) – fusionner ; mélanger.

blende – blende *f, minerai de zinc.*

blended – mélangé. **blended fuel**: carburant composite, *mélange de carburants de types différents.* **blended gasoline**: essence de mélange. **blended lubricating oil**: huile lubrifiante mélangée, *huile obtenue en mélangeant deux ou plusieurs huiles de bases différentes.*

blender – mélangeur *m.*

blending – mélange *m.* **blending agent**: agent mélangeur. **blending index**: indice de mélange, *essences.* **blending naphtha**: naphta de coupage. **blending of coals**: mélange de charbons. **blending tank**: réservoir de mélange. **blending value**: indice d'octane de mélange.

BLEVE – BLEVE *m, abrév. de boiling liquid expanding vapor explosion : explosion de vapeurs en expansion au-dessus d'un liquide en ébullition.*

blind – sans affleurement ; aveugle ; sans ouverture. **blind auction**: enchères sous plis fermés. **blind coal**: charbon sec. **blind corner**: tournant encaissé ; virage sans visibilité. **blind drift**: galerie en cul-de-sac. **blind drilling**: forage aveugle ; forage en pertes totales. **blind flange**: bride pleine ; joint plein. **blind-flanged joint**: joint plein pour tuyauteries. **blind hole**: trou borgne *(mine)* ; trou en cul-de-sac. **blind joint**: joint virtuel. **blind landing**: atterrissage sans visibilité (ASV). **blind level**: galerie d'exhaure, *ou d'écoulement d'une mine* ; niveau intermédiaire *(mine)*. **blind lode**: filon sans affleurement *(mine)*. **blind pass**: cannelure à vide *(métal)*. **blind plug**: bouchon plein. **blind ram**: mâchoire à fermeture totale *(for)*. **blind-ram preventer**: obturateur à fermeture totale. **blind sidetrack**: forage dévié non orienté. **blind valley**: bout-du-monde *m, vallée fermée à son extrémité avant* ; cul-de-sac *m* ; reculée *f*; vallée aveugle. **blind zone**: zone d'ombre ; zone sourde, *voir aussi shadow zone.*

blind (to) – aveugler ; boucher ; gravillonner une chaussée.

blink – clignotement *m.* **blink microscope**: microscope à clignotement.

blinker – clignotant *m* ; feu clignotant.

blinking – clignotement *m.*

blip – réponse *f (élec)* ; top d'écho *(radar)*.

blister – ampoule *f*; soufflure *f.* **blister copper**: cuivre ampoulé. **blister steel**: acier à soufflures ; acier cémenté, *ou de cémentation.* **blister wax**: *voir flower wax.*

blistered – bulleux ; cloqué ; vésiculé.

blistering – cloquage *m, formation de cloques.* **blistering corrosion**: corrosion par cloquage.

BLM – *abrév. de Bureau of Land Management.*

block – bloc *m, 1) division rectangulaire de la plate-forme continentale ouverte à la recherche pétrolière, en Grande-Bretagne 30 blocs forment un quadrant ; 2) groupe d'unités d'information* ; blocage *m* ; compartiment *m, chacun des blocs de part et d'autre d'une faille* ; massif *m (géol)* ; moufle *m (for)* ; panneau géologique. **block adjustment**: compensation par bloc. **block and fall**: *voir block and tackle.* **block-and-hook retractor**: appareil de retrait du moufle et du crochet. **block and tackle**: palan *m, appareil de levage comprenant un ou deux moufles (généralement deux), un câble (ou une chaîne) et un crochet de levage.* **block brazing**: brasage au fer à souder. **block capacitor**: condensateur d'arrêt. **block chain**: chaîne à roulement. **block cluster**: amas de blocs. **block coefficient**: coefficient de remplissage *(naut)*. **block copolymer**: copolymère séquencé. **block disintegration**: désagrégation en blocs *(géol)*. **block diagram**: bloc-diagramme *m* ; schéma synoptique ; synoptique *m.* **block field**: champ de pierres *(géol)* ; chaos de blocs *(géol)*. **block grease**: graisse en pains, *ou en briquettes, graisse très consistante.* **block line**: mouflage *m.* **block mountain**: relief dû à une tectonique cassante. **block number**: numéro de bloc, *numéro de parcelle du plateau continental.* **block of photographs**: bloc de clichés. **block of strips**: bloc de bandes. **block overthrust**: charriage cisaillant. **block polymer**: bloc-polymère *m, copolymère dont la chaîne est composée d'unités monomères identiques.* **block polymerization**: polymérisation en bloc. **block pulley**: moufle *m* ; poulie mouflée. **block-retractor mechanism**: système de retrait du moufle. **block stream**: coulée de pierres. **block structure**: tectonique cassante. **block tariff**: tarif à tranches. **block tin**: étain en saumon. **block valve**: vanne d'isolement ; vanne de sectionnement.

block (to) – bloquer ; obstruer. **block (to) off**: obturer l'arrivée d'eau, *au moyen de boue ou de ciment (for)*.

blockade – blocus *m.*

blocked – bloqué. **blocked-flow operation**: mise en campagne *(raf)*. **blocked impedance**: impédance bloquée.

blocking – blocage *m* ; enrayage *m, enrayement.* **blocking capacitor**: condensateur de blocage. **blocking layer**: couche d'arrêt.

blooey-line – *conduite d'évacuation sur bourbier, en forage à l'air et à la mousse.*

blooie-line – *voir blooey line.*

bloom – affleurement altéré, *par l'action des agents atmosphériques, également appelé blossom (géol)* ; efflorescence *f*; fleur *f*; fluorescence *f, des huiles lubrifiantes* ; opalescence *f, laque, vernis* ; reflet *m, d'une huile.*

blooming – en fleur ; épanouissement *m.*

bloomless – sans fluorescence. **bloomless oil**: huile sans fluorescence ; huile sans reflet.

blossom – affleurement oxydé ; fleur *f.* **blossom rock**: minerai oxydé, *provenant de l'affleurement.*

blow – affleurement *m (géol)* ; bombement *m, d'un filon* ; coup *m* ; élargissement *m, de filon* ; passage de grisou, *à travers une cloison (mine)* ; souffle *m* ; soufflure *f (métal)*. **blow cock**: robinet d'extraction. **blow lamp**: lampe à souder.

blow (to) – faire sauter ; souffler, *injecter dans un produit de l'air ou de la vapeur.* **blow (to) off**: purger. **blow (to) up**: agrandir ; diverger *(math)* ; éclater ; faire sauter ; sauter.

blowby – fuyage *m, d'un moteur* ; ventilation du carter, *expression désignant dans les moteurs à combustion le passage des gaz combustibles dans le carter par suite d'un défaut d'étanchéité des segments.*

blowcase – monte-jus *m.*

blowdown – chasse *f*; purge rapide ; vide-vite *m.* **blowdown drum**: ballon de purge, *pour récupérer les liquides et vapeurs lors d'un arrêt de fonctionnement d'une unité.* **blowdown pipe**: tubulure de purge vide-vite. **blowdown tank**: réservoir de vide-vite. **blowdown valve**: vanne de purge.

blower – soufflante *f*; soufflard *m (mine)* ; soufflerie *f*; souffleur *m* ; surpresseur *m* ; ventilateur *m.* **blower casing**: corps de soufflante ; enveloppe d'une soufflante. **blower engine**: soufflante *f.* **blower oil seal**: joint d'huile de soufflante. **blower wax**: cire soufflée, *variété d'ozocérite qui, expulsée de son filon sous l'influence de la pression, se répand sur les roches environnantes.*

blowhole – cavité *f (métal)* ; soufflard *m (géol)* ; soufflure *f*; trou souffleur *(géol)*.

blowing – soufflage *m, agitation d'un liquide par introduction d'air comprimé en fond de réservoir ou de récipient.* **blowing agent**: agent gonflant ; agent porogène, *agent générant la structure cellulaire des plastiques et caoutchoucs.* **blowing cone**: hornito *m (géol)* ; jet de lave *(géol)*. **blowing fan**: ventilateur soufflant. **blowing line**: conduite d'évacuation, *forage à l'air.* **blowing machine**: soufflante *f.* **blowing still**: tour de soufflage des bitumes. **blowing up**: explosion *f.* **blowing well**: puits éruptif, *puits artésien.*

blown – soufflé. **blown asphalt**: asphalte soufflé ; bitume soufflé, *asphalte traité à chaud par insufflation d'air dans la masse.* **blown bitumen**: bitume soufflé. **blown film**: film soufflé. **blown foam**: mousse soufflée. **blown fuse**: fusible fondu. **blown glass**: verre soufflé. **blown oil**: huile soufflée, *huile épaissie par une insufflation d'air.* **blown petroleum**: pétrole soufflé. **blown sand**: sable éolien.

blowoff – vidange *f.* **blowoff cock**: purgeur *m* ; robinet d'extraction. **blowoff pipe**: tubulure de vidange ; tuyau d'échappement. **blowoff valve**: clapet de purge ; valve de dégonflage ; vanne de vidange ; vanne de vide-vite.

blowout – creux de déflation *(géol)* ; débourrage *m* ; éruption *f, jaillissement violent et soudain de gaz ou d'huile d'un sondage.* **blowout dune**: dune déchaussée. **blowout flow**: débit d'éruption. **blowout of a tire**: éclatement d'un pneu. **blowout preventer (BOP)**: bloc d'obturation de puits (BOP), *obturateur antiéruption, vannes d'éruption, dispositif permettant de fermer rapidement la tête d'un sondage en cas de venue de gaz* ; bloc obturateur de puits (BOP).

blowpipe – chalumeau *m.* **blowpipe analysis**: analyse à la flamme, *au chalumeau.* **blowpipe welding**: soudage au chalumeau.

blowtorch – chalumeau *m* ; lampe à souder.

blowup – divergence d'une série *(math)* ; agrandissement *m (photo)* ; explosion *f*; remontée en ballon, *accident de plongée.*

blue – bleu *m, quand utilisé comme adj. fém. bleue.* **blue cap**: auréole de lampe de sûreté *(mine)*. **blue coal**: houille bleue, *désigne l'énergie éolienne.* **blue copper ore**: *voir azurite.* **blue-demon bit**: trépan à doigts. **blue gas**: gaz bleu, *gaz à l'eau, obtenu en projetant de la vapeur d'eau sur du coke chauffé.* **blue-green algae**: algues bleues. **blue oil**: huile bleue, *gasoil spécial.* **blue peter**: pavillon de partance. **Blue-Sky law**: loi bleu ciel, *statuts réglant la délivrance et la vente de titres aux USA.* **blue-water gas**: gaz à l'eau. **blue whistler**: puits de gaz, *nom familier parfois donné aux puits de gaz naturel.*

blueprint – bleu *m, dessin calqué.*

blueschist – schiste bleu. **blueschist facies**: faciès des schistes bleux.

bluff – abrupt *m (géol)*.

blunge (to) – malaxer.

blunt – émoussé.

blur – brouillage *m.*

blush – *voir bloom.*

blushing – film *m* ; voile *m.*

BMEP – PMEF, *abrév. de brake mean effective pressure : pression moyenne effective au frein.*

BO – *abrév. de barrels of oil.*

board – comité *m* ; conseil *m* ; planche *f.* **board of directors**: conseil d'administration ; conseil de direction. **board of examiners**: jury *m.* **board of trustees**: conseil d'administration.

boarded – coffré, *se dit d'un derrick recouvert de panneaux pleins* ; couvert.

boarding – abordage *m.*

boardman – accrocheur *m.*

boast (to) – dégrossir.

boat – bateau *m, voir aussi ship, vessel* ; capsule *f*; coupelle *f (chim)* ; navire *m.* **boat channel**: chenal d'embarcation, *chenal étroit et peu profond séparant un récif de la côte.*

boatage – lamanage *m, opération d'amarrage et de désamarrage d'un navire dans un port.*

bob – plomb *m, d'un fil à plomb* ; balancier *m.*

bobbin – bobine *f (élec)*.

bobtail – *voir bobtail crew.* **bobtail crew**: équipe à contrat sans lendemain *(sism)*.

bocca – bocca *m, ouverture dans un volcan d'où sort du magma ou du gaz.*

BOD – DBO, *abrév. de biological oxygen demand ou de biochemical oxygen demand : demande biologique en oxygène ou demande biochimique en oxygène.*

bodily – *bodily tide, voir earth tide.*

body – carrosserie *f*; consistance *f*; corps *m* ; viscosité *f.* **body of cock**: boisseau de robinet. **body of revolution**: corps de révolution *(math)*. **body plan**: section transversale. **body wave**: onde de volume, *onde qui se propage sans être guidée par une interface ou une couche.*

bodyless – sans support.

boe – bep, *abrév. de barrels oil equivalent : barils équivalent pétrole.*

boehmite – boehmite *f, oxyde d'aluminium hydraté.*

bog – marécage *m* ; tourbière *f.* **bog body**: gîte de minerai des prés. **bog iron**: minerai de fer des marais. **bog manganese**: écume de manganèse.

boggy – marécageux. **boggy soil**: sol marécageux ; sol tourbeux.

boghead – *voir boghead coal* ; charbon d'algues. **boghead coal**: boghead *m, charbon d'algues, variété brune de charbon gras, plus ou moins bitumineux, pouvant être une source d'hydrocarbures liquides ou gazeux.*

bogie – bogie *m.*

boil – ébullition *f.*

boil (to) – bouillir ; faire bouillir. **boil (to) down**: concentrer par ébullition. **boil (to) off**: chasser par ébullition ; extraire par ébullition.

boiler – bouilleur *m* ; chaudière *f*; chaudron *m* ; générateur de vapeur. **boiler bearer**: berceau de chaudière. **boiler blowdown**: purge de chaudière. **boiler bracket**: oreille de chaudière. **boiler compound**: composé détartrant pour chaudières. **boiler drum**: bouilleur *m* ; corps de chaudière.

boiler end: fond de chaudière. **boiler-feed pump**: pompe d'alimentation de chaudière. **boiler feed water**: eau des chaudières, *eau d'alimentation des chaudières*. **boiler feeding**: alimentation des chaudières. **boiler fittings**: accessoires pour chaudières. **boiler flue**: carneau de chaudière. **boiler foaming**: moussage dans une chaudière. **boiler furnace**: foyer de chaudière. **boiler head**: fond de la chaudière. **boiler header**: collecteur de chaudière. **boiler lagging**: enveloppe isolante d'une chaudière. **boiler packing**: garniture de chaudière. **boiler pipe**: tube de chaudière. **boiler plant**: chaufferie *f.* **boiler plate**: tôle de chaudière. **boiler ring**: joint de chaudière. **boiler room**: chaufferie *f.* **boiler scale**: incrustation de chaudière ; tartre de chaudière. **boiler shell**: corps cylindrique de chaudière. **boiler tube**: tube bouilleur. **boiler-tube cleaning**: ramonage des tubes de chaudière.

boilerhouse – chaufferie *f.*

boilermaking – chaudronnerie *f.*

boiling – ébullition *f.* **boiling-liquid expanding-vapor explosion (BLEVE)**: explosion de gaz en expansion, *provenant d'un liquide en ébullition*. **boiling over**: débordement *m.* **boiling point (bp)**: point d'ébullition, *température d'apparition d'une bulle de vapeur au sein d'un liquide*. **boiling-point method**: ébulliométrie *f*, *méthode de détermination des poids moléculaires à partir des points d'ébullition*. **boiling-point temperature**: température d'ébullition. **boiling range**: intervalle d'ébullition, *du début à la fin de la distillation d'un produit pétrolier*. **boiling spring**: source bouillante. **boiling tube**: tube à essais. **boiling up**: ébullition prolongée. **boiling-water reactor (BWR)**: réacteur à l'eau bouillante *(nucl)*.

boil-off – vaporisation au cours du stockage. **boil-off gas**: vaporisat *m*, *quantité de GPL ou de GNL perdue par vaporisation lors du stockage*. **boil-off loss**: perte au stockage par vaporisation. **boil-off rate**: taux de vaporisation, *taux d'évaporation au stockage*.

boil over – débordement par bouillonnement, *bouillonnement brusque dû à l'ébullition instantanée de l'eau contenue dans le produit*.

bolide – bolide *m*, *météore brillant donnant l'aspect d'une boule de feu* ; météore *m.*

bollard – bollard *m*, *bitte d'amarrage* ; borne d'amarrage.

boll-weevil – foreur novice, *argot*. **boll-weevil tool**: outil de fortune, *outil ou dispositif de fortune, fait sur le chantier pour parer à un besoin immédiat ; ou simple, robuste, pouvant être manié par un novice (argot)*.

bolometer – bolomètre *m*, *appareil utilisé pour mesurer un flux d'énergie rayonnante par la variation de la résistance électrique d'une bande métallique*.

bolson – dépression fermée *(géol)*. **bolson plain**: plaine alluviale dans une dépression fermée.

bolster – coussinet *m* ; plateau mobile ; rembourrage *m.*

bolt – boulon *m* ; cheville *f.* **bolt cutter**: coupe-boulons *m.* **bolt maker**: machine de boulonnerie. **bolt oil**: huile pour le graissage des boulons. **bolt-threading machine**: machine à fileter les tiges de boulons. **bolt with nut**: boulon à écrou. **T-bolt**: boulon en T. **U-bolt**: étrier fileté.

bolted – boulonné. **bolted cover**: couvercle boulonné. **bolted joint**: assemblage à boulons. **bolted tank**: réservoir boulonné.

bolting – boulonnerie *f.*

Boltzmann – Boltzmann. **Boltzmann constant**: constante de Boltzmann, *constante des gaz parfaits divisée par le nombre d'Avogadro*. **Boltzmann statistics**: statistique de Boltzmann, *mécanique statistique des gaz*.

bomb – bombe *f.* **bomb apparatus**: autoclave *m.* **bomb calorimeter**: bombe calorimétrique. **bomb method**: méthode à la bombe *(chim)*. **bomb sulfur test**: dosage du soufre à la bombe. **bomb test**: essai à la bombe, *détection des fuites*. **bomb tube**: tube scellé. **bomb-type plug**: bouchon bombe.

bonanza – bonanza *f* ; riche filon *(géol)* ; pactole *m.*

bond – agglomérat *m* ; joint *m* ; liaison *f* ; lien *m* ; obligation *f (fin)* ; zone de liaison *(soudure)*. **bond cleavage**: coupure de liaison ; rupture de liaison. **bond energy**: énergie de liaison. **bond index**: indice de cimentation. **bond migration**: migration de liaison. **bond strength**: force de liaison. **bond test**: essai d'adhérence ; essai de cohésion.

bond (to) – connecter ; unir.

bonded – entreposé, *pour les marchandises* ; lié. **bonded film**: vernis de glissement *(tribol)*. **bonded-phase chromatography**: chromatographie sur phase greffée. **bonded warehouse**: entrepôt *m.*

Bonderlube – *dénomination d'une série de lubrifiants*.

bonding – connexion *f* ; jonction *f* ; liaison *f* ; mode de liaison. **bonding additive**: additif d'accrochage ; additif d'adhésivité. **bonding electron**: électron liant. **bonding layer**: couche de liage. **bonding orbital**: orbitale liante. **bonding strength**: pouvoir agglutinant.

bone – os *m.* **bone ash**: cendre d'os. **bone bed**: brèche ossifère ; lit à ossements, *lit renfermant une grande quantité d'ossements résultant d'une hécatombe due à un changement brutal de milieu*. **bone black**: noir d'os, *voir aussi animal black*. **bone board**: nivelette *f.* **bone coal**: charbon d'os, *charbon barré, charbon terreux, schiste houiller*. **bone coal-tar pitch**: brai de goudron d'os. **bone fat**: graisse d'os. **bone oil**: huile d'os, *huile de Dippel*.

bonnet – capot *m* ; capuchon *m* ; chapeau *m.* **bonnet stud**: goujon de capuchon.

bonus – bonus *m*, *prix payable au propriétaire du sol lors de la signature d'un contrat minier* ; droit d'entrée, *payé par le concessionnaire d'un permis de recherche au propriétaire du terrain, il est généralement fonction de la surface (en acres ou en mètres carrés)* ; prime *f* ; superdividende *m.* **bonus allowable**: quota supplémentaire de production, *accordé aux Etats-Unis pour un puits à condition qu'un autre puits soit fermé*.

book – livre *m.* **book value**: valeur comptable, *valeur exprimée en monnaie courante*.

booking – réservation *f.* **booking note**: bordereau de fret ; engagement de fret.

bookkeeping – comptabilité *f* ; tenue des livres.

booklet – brochure *f* ; livret *m.*

Boolean – booléen *(math)*. **Boolean algebra**: algèbre booléenne ; algèbre de Boole. **Boolean func-**

tion: fonction booléenne. **Boolean operator**: opérateur booléen.

boom – antenne *f*; barrage *m*; barrière antipollution ; barrière de confinement ; bôme *f*; flèche *f*; mât de charge ; queue de chargement ; tangon *m*, *servant à dériver les sources marines*. **boom cat**: tracteur chenillé à grue, *utilisé dans la pose des pipelines*, *voir side boom*. **boom derrick**: grue *f*. **boom dog**: flèche de grue à rochet. **boom jack**: accroche-coulisse *m*; pince à loquet. **boom ratchet**: flèche de grue à rochet. **boom stop**: cliquet de blocage de la flèche.

Boomer – *dénomination d'une source sismique marine sans explosif.*

boost – augmentation *f*. **boost gage**: indicateur de surpression. **boost pressure**: pression de suralimentation.

boost (to) – augmenter ; mettre les gaz *(aviat)* ; survolter. **boost (to) production**: faire monter la production.

booster – accélérateur *m*, *moteur auxiliaire utilisé pour le décollage d'une fusée* ; charge relais, *explosif*; primaire *m*, *explosif*; renforçateur *m*, *détergents* ; surcompresseur *m* ; surpresseur *m* ; survolteur *m*. **booster pump**: pompe de charge ; pompe de gavage ; pompe de renfort ; pompe de suralimentation ; pompe de surcompression. **booster station**: station auxiliaire, *ou de relais (pipeline)* ; station de recompression.

boosting – surpression *f*; survoltage *m*.

boot – botte *f*, *chaussure* ; gaine *f*; robinet au fond d'une citerne. **boot basket**: panier de repêchage. **boot cap**: capuchon de robinet, *vissé sur le robinet d'une citerne*. **boot socket**: accroche-coulisse *m*. **boot sub**: panier à sédiments ; raccord panier *(instrument de repêchage)*.

boot (to) – amorcer, *un programme sismique*; gainer.

bootjack – fourche à cliquet, *outil pour le repêchage à la cuiller.*

bootleg – *indique un outil bricolé*. **bootleg packer**: presse-étoupe de fortune, *permettant de fermer les eaux autour des tubes de pompage.*

bootstrap – amorce *f*, *ou amorçage, instructions d'un programme servant à charger d'autres instructions*. **bootstrap program**: programme amorce, *programme d'amorçage.*

BOP – BOP, *abrév. de blowout preventer : bloc obturateur de puits*. **BOP control panel**: tableau de commande du BOP. **BOP control unit**: unité de commande du BOP. **BOP ram**: mâchoire de BOP. **BOP stack**: bloc d'obturation de puits.

bopd – *abrév. de barrels of oil per day.*

boph – *abrév. de barrels of oil per hour.*

boracic – *voir boric.*

boracite – boracite *f (minér)*.

borane – borane *m*.

borate – borate *m*, *sel ou ester de l'acide borique.*

borax – borax *m*, *tétraborate de sodium.*

border – bord *m* ; bordure *f*; confins *m* ; frontière *f*; lisière *f*; marge *f*. **border fault**: faille limite. **border moraine**: moraine latérale.

bordering – adjacent ; contigu ; limitrophe.

borderline – limite *f*. **borderline case**: cas limite. **borderline-knock curve**: courbe frontière de détonation. **borderline method**: méthode des courbes frontières, *méthode de détermination de la valeur antidétonante d'une essence sur véhicules*. **borderline pumping temperature**: température limite de pompabilité, *d'une huile lubrifiante.*

bore – alésage *m* ; calibre *m*, *d'un tube ; voir aussi tidal bore*. **bore frame**: chevalet de forage. **bore oil**: huile à percer. **bore rod**: tige de sonde. **bore running fit**: alésage coulissant. **bore slide fit**: alésage glissant.

bore (to) – aléser ; creuser ; forer ; percer ; sonder.

borebit – fleuret *m (mine)* ; mèche *f*; trépan *m (for)*.

borehole – sondage *m*; trou *m*, *puits en cours d'exécution*. **borehole bottom**: fond d'un sondage. **borehole breakout**: ovalisation des trous de forage. **borehole compensated (BHC)**: compensé d'effet de trou ; compensé pour le trou de sonde, *diagraphie acoustique*. **borehole-compensated (BHC) sonic log**: diagraphie compensée pour le trou de forage. **borehole effect**: effet de puits ; effet de trou. **borehole gravimeter**: gravimètre de fond. **borehole gravity**: gravimétrie de puits, *mesures de la pesanteur en des points situés à l'intérieur d'un sondage*. **borehole gravity meter**: sonde de gravimétrie. **borehole-profile log**: inclinométrie *f*. **borehole pump**: pompe de fond *(for)*. **borehole survey**: mesures et contrôles dans les sondages ; sismique de puits, *méthode faisant appel à des capteurs descendus dans un ou plusieurs puits*. **borehole televiewer**: télévision acoustique de fond. **borehole temperature**: température de sondage, *température de fond (for)*. **borehole-to-borehole measurements**: *voir crosshole tomography.*

borer – fleuret *m* ; foreur *m*; mèche *f*; sonde *f*; sondeur *m*. **borer bit**: trépan pour sondage percutant.

boresight – ligne de visée *(opt)*.

boresighting – pointage *m*.

boric – borique. **boric acid**: acide borique.

boride – borure *m*.

boriding – boruration *f*.

boring – forage *m*; perçage *m*; percement *m*; sondage *m*. **boring bar**: tige de sonde. **boring contractor**: entrepreneur de forage. **boring rig**: appareil de sondage. **boring rod**: tige de sonde. **boring-rod joint**: joint pour tige de sondage. **boring sample**: carotte *f*, *de forage* ; échantillon de forage. **boring spindle**: mandrin porte-outil. **boring tool**: outil de forage.

Born – Born. **Born approximation**: approximation de Born, *méthode de calcul des fonctions d'ondes dans la mécanique quantique.*

boron – bore *m*, *symbole chim. B*. **boron carbide**: carbure de bore. **boron fiber**: fibre de bore. **boron fluoride**: fluorure de bore. **boron iron**: ferrobore *m*. **boron nitride**: nitrure de bore. **boron steel**: acier au bore.

bort – bort *m*, *boart, diamant granuleux impur utilisé comme abrasif.*

boss – bosse *f*; culot *m* ; massif intrusif, *masse de roches ayant résisté à la dénudation* ; moyeu *m* ; noix de support *(chim)* ; protubérance *f*; renflement *m*.

boss – patron *m*, *chef*.

bossing – havage *m* ; sous-cavage *m*, *d'une couche puissante.*

BOT-marker – MDB, *abrév. de beginning of tape marker : marque de début de bande.*
botany – botanique *f.*
botryoidal – botryoïde, *en forme de grappes.* **botryoidal blende**: blende concrétionnée. **botryoidal structure**: structure botryoïde.
bottle – bouteille *f*; flacon *m* ; tube émetteur. **bottle brush**: écouvillon *m* ; goupillon *m*. **bottle chock**: poulie de déviation, *dans le transport par câble sans fin.* **bottle oiler**: graisseur semi-automatique. **bottle-oiler lubrication**: graissage semi-automatique. **bottle sampler**: bouteille de prélèvement ; bouteille de purge.
bottled – en bouteille. **bottled gas**: gaz en bouteille, *gaz de pétrole liquéfiés contenus dans des récipients appropriés.*
bottleneck – goulot d'étranglement.
bottom – bas *m* ; bas d'une colonne, *distillation* ; carène *f*, *navire* ; dépôts de fond *(raf)* ; fond *m* ; niveau inférieur ; queues de distillation *(raf)* ; recette inférieure du puits *(mine)* ; résidu *m* ; roche sous-jacente ; socle *m* ; soubassement *m (géol)* ; substratum *m*. **bottom bearing**: crapaudine *f*. **bottom cementing plug**: bouchon de cimentation inférieur *(for)*. **bottom coning**: cône de fond *(prod)*. **bottom cut**: coupe de queue ; résidu de distillation. **bottom dead center (BDC)**: point mort bas (PMB), *moteur*. **bottom discharge**: déchargement par le fond ; purge *f*. **bottom draw**: fraction la plus lourde *(raf)*. **bottom echo**: écho de fond. **bottom fraction**: fraction de queue. **bottom fuel/air ratio**: richesse limite inférieure, *du mélange carburant.* **bottom gate**: vanne de fond. **bottom hold-down**: butée d'ancrage de fond. **bottom-jet whipstock**: sifflet déviateur à jet de fond. **bottom joint**: diaclase horizontale *(géol)*. **bottom level**: étage du fond *(mine)* ; niveau de fond. **bottom loading**: chargement en source, *d'un camion-citerne* ; remplissage par le bas, *d'un réservoir.* **bottom lock**: asservissement sur le fond, *sonar Doppler.* **bottom mode**: mode d'asservissement au fond. **bottom of the barrel**: fond du baril, *résidus et produits lourds.* **bottom of the line**: bas de gamme, *équipement ou produit.* **bottom outlet**: vanne de vidange de fond. **bottom plate**: plaque de fondation ; plaque de la sole *(métal)* ; plateau inférieur. **bottom pull**: traction sur le fond *(pipeline)*. **bottom-pulling method**: méthode de traction sur le fond, *ou de tirage sur le fond.* **bottom rake**: angle d'incidence, *d'un outil.* **bottom sediments**: dépôt de fond ; fond de réservoir, *voir bottom settlings et bottom sludge.* **bottom settling (BS)**: dépôt de fond. **bottom settlings (BS)**: sédiments et résidus, *accompagnant certains bruts.* **bottom-simulation reflection (BSR)**: réflexion simulant le fond de la mer. **bottom sludge**: boues de fond. **bottom sounder**: échosondeur de pénétration ; sondeur de sédiments. **bottom steam**: vapeur de fond, *introduite dans l'huile au cours de la distillation.* **bottom time**: temps de plongée. **bottom tow**: traction sur le fond *(pipeline)*. **bottom-tow method**: méthode de traction sur le fond, *pour la pose des pipelines.* **bottom valve**: vanne de fond. **bottom wall**: mur *m (mine)*. **bottom water**: eau de fond ; eau du mur, *eaux qui remplissent les pores de la roche magasin à la partie inférieure des gisements* ; eau sous-jacente. **bottom-water drive**: déplacement par poussée d'eau de fond, *voir water drive* ; poussée d'eau de fond, *sur les flancs de la structure.* **in British bottoms**: sous pavillon anglais. **in neutral bottoms**: sous pavillon neutre.
bottomed – ayant touché à..., *désigne la profondeur finale d'un sondage ; ou la situation d'un outil ou tubage n'atteignant pas le fond à sa descente.* **bottomed borehole**: forage ayant atteint le fond.
bottomhole – fond du sondage. **bottomhole assembly (BHA)**: assemblage de fond ; assemblage de masses-tiges ; bas de garniture. **bottomhole bumper**: amortisseur inférieur *(for)*. **bottomhole cementation**: cimentation du fonds du puits. **bottomhole choke**: duse de fond. **bottomhole cleaning**: nettoyage du front de taille. **bottomhole contract**: contrat de fond de trou, *nom donné à un contrat spécifiant un paiement, ou toute autre contribution, au moment de la complétion d'un puits à une profondeur donnée.* **bottomhole differential pressure**: pression différentielle de fond, *différence entre la pression du réservoir et la pression du fond d'un puits en exploitation.* **bottomhole flow rate**: débit de fond. **bottomhole flowing pressure**: pression d'écoulement en fond de puits. **bottomhole flowmeter**: débitmètre de fond. **bottomhole inclinometer**: inclinomètre de fond. **bottomhole jet cutter**: coupe-tige à charge creuse circulaire *(for)*. **bottomhole orientation sub**: raccord d'orientation. **bottomhole packer**: packer de fond *(for)*. **bottomhole pressure**: pression au puits, *pression existant au fond ou près du fond d'un sondage (for)* ; pression de fond *(prod)*. **bottomhole pressure gage**: manomètre de fond. **bottomhole pressure recorder**: enregistreur de pression de fond de puits. **bottomhole pressure test**: essai de pression au fond du puits. **bottomhole pump**: pompe de fond. **bottomhole sample**: échantillon de fond *(for)*. **bottomhole sample taker**: échantillonneur de fond. **bottomhole scavenging**: récurage de fond de trou. **bottomhole separator**: séparateur d'huile/gaz de fond. **bottomhole stabilizer**: stabilisateur de fond. **bottomhole temperature (BHT)**: température de fond de trou ; température du fond du puits. **bottomhole thermometer**: thermomètre de fond.
bottoming – empierrement *m*, *assise rocheuse.* **bottoming tap**: taraud finisseur.
bottomland – terre d'alluvions, *lit majeur d'une rivière.*
bottomset – basal. **bottomset bed**: couche basale, *matériaux qui se déposent au fond d'un lac ou de la mer au seuil d'un delta* ; feuillet basal *(géol)* ; lit basal *(géol)*.
boudinage – boudinage *m*, *tronçonnage par étirement d'une couche géologique rigide entre deux couches plastiques.*
Bouguer – Bouguer. **Bouguer anomaly**: anomalie de Bouguer, *anomalie à l'air libre du champ de la pesanteur.* **Bouguer correction**: correction de Bouguer, *réduction de Bouguer.* **Bouguer-Lambert law**: loi de Bouguer-Lambert, *sur l'absorption du rayonnement.* **Bouguer reduction**: réduction de Bouguer, *correction de Bouguer.*

boulder – bloc *m, élement rocheux plus gros que le galet, dont la taille peut varier de 25 centimètres à plusieurs mètres.* **boulder clay**: argile à blocaux ; terrain erratique *(géol)*. **boulder mud**: boue glaciaire. **boulder pavement**: pavé désertique. **boulder period**: période glaciaire. **boulder rampart**: levée de galets ; rempart de blocs. **boulder stream**: coulée de blocs. **boulder wall**: levée de blocs ; rempart morainique. **bouldery soil**: sol caillouteux.

Bouma – Bouma. **Bouma sequence**: séquence de Bouma, *séquence théorique d'une turbidite qui comprend cinq intervalles, de bas en haut : A graviers grossiers, B gréseux, fin, laminaire, C fin, ondulé, D silteux, fin et laminaire, E argileux.*

bounce – cahot *m* ; oscillation *f*; rebond *m.* **bounce diving**: plongée à incursion ; plongée rapide d'intervention. **bounce mark**: moulage de rebond, *moulage d'outils* ; trace en ricochet.

bounce (to) – rebondir ; sauter.

bound – lié. **bound electron**: électron lié. **bound water**: eau de rétention ; eau liée. **bound wave**: *voir surface wave.*

boundary – borne *f*; frontière *f*; limite *f.* **boundary condition**: condition aux limites ; condition frontière. **boundary fault**: faille bordière ; faille limite *(géol)* ; faille marginale. **boundary film**: épilamen *m.* **boundary layer**: couche limite, *couche de fluide à la surface d'un solide en mouvement.* **boundary-layer control (BLC)**: contrôle de la couche limite *(mec.fl)*. **boundary-layer separation**: décollement de la couche limite. **boundary lubrication**: graissage limite ; graissage onctueux, *régime de lubrification dans lequel le frottement entre deux surfaces en mouvement n'est plus contrecarré par les propriétés visqueuses du lubrifiant* ; lubrification limite. **boundary-phase pressure**: pression de saturation. **boundary plane**: surface de séparation ; surface limite. **boundary stone**: borne *f*; pierre de bornage. **boundary treaty**: traité de délimitation. **boundary-value problem**: problème aux limites. **boundary wave**: onde d'interface, *notamment onde de surface* ; onde limite ; onde superficielle.

bounding – *voir bounding surface.* **bounding surface**: surface de discontinuité.

boundstone – *roche dont les composants organiques ont été liés entre eux pendant le dépôt.*

Bourdon – Bourdon. **Bourdon pressure gage**: manomètre de Bourdon. **Bourdon tube**: tube de Bourdon.

bow – anneau *m* ; arc *m* ; arceau *m* ; cintre *m* ; courbe *f*; courbure *f*; étrave *f*; noeud *m* ; proue *f.* **bow area**: zone plissée. **bow on**: de face par l'avant *(naut)*. **bow ropes**: amarres de pointe. **bow-shaped dune**: dune arquée. **bow thruster**: propulseur d'étrave. **bow tie**: caustique *f (sism)* ; image-temps d'un synclinal pincé. **bow wave**: lame d'étrave ; vague d'étrave.

bower – ancre de bossoir. **bower cable**: chaîne de bossoir.

bowl – bassin *m* ; cloche de guidage, *élément de tube servant à guider un outil de repêchage dans un sondage* ; cuffat *m (mine)* ; cuve *f (géol)* ; cuvette *f (géol)* ; entonnoir *m* ; plateau *m* ; tonneau *m.* **bowl granulation**: dragéification *f.* **bowl granulator**: drageoir *m.*

bowlder – *voir boulder.*

bowline – noeud de cabestan ; noeud de chaise.

box – boîte *f*; caisse *f*; case *f*; châssis *m* ; raccord à filetage femelle. **box and pin**: filetage femelle et mâle *(for)*. **box bill**: cloche taraudée, *instrument de repêchage des tiges de sonde.* **box both ends**: manchon double *(for)*. **box cock**: robinet coffret. **box connection**: connexion femelle *(for)*. **box coupling**: manchon d'accouplement. **box end**: tête de bielle en étrier. **box fold**: pli coffré *(géol)*. **box girder**: poutre caisson ; poutre tubulaire. **box shoulder**: épaulement femelle. **box spanner**: clé à douille ; clé à tire-fonds. **box tap**: cloche taraudée *(for)*. **box thread**: filetage femelle. **box-to-box reducer**: réduction femelle-femelle. **box-type cooler**: réfrigérant à bâche. **box wrench**: clé à douille.

boxcar – créneau *m, fonction.* **boxcar function**: fonction créneau.

boxing – emboîtage *m.*

Boyle – Boyle. **Boyle's law**: loi de Mariotte, *ou loi de Boyle, à température constante, le produit de la pression d'une masse donnée de gaz par son volume est constant.* **Boyle temperature**: température de Boyle, *température à laquelle un gaz suit la loi de Boyle.*

bp – *abrév. de back pressure, et de boiling point.*

bpcd – *abrév. de barrels per calendar day.*

bpd – *abrév. de barrels per day.*

bph – *abrév. de barrels per hour.*

bpi – *abrév. de bits per inch, nombre de bits par pouce, comptés sur chaque piste d'une bande magnétique.*

bpsd – *abrév. de barrels per stream day.*

Bq – Bq, *symbole de becquerel.*

brace – contrefiche *f, croisillon dans un derrick, pièce oblique par rapport aux éléments principaux et donnant de la rigidité à leur assemblage* ; crampon *m* ; croisillon *m* ; diagonale *f*; entretoise *f.* **brace head**: manche de manoeuvre *(for)* ; tourne-à-gauche *m.*

brachiopod – brachiopode *m.*

brachistochrone – brachistochrone *f (sism)*. **brachistochronic path**: parcours de temps minimum.

brachyanticline – brachyanticlinal *m, anticlinal large et court.*

brachydome – brachydôme *m (géol)*.

brachysyncline – brachysynclinal *m, synclinal large et court.*

bracing – boisage *m* ; contreventement *m* ; entretoisement *m* ; étrésillonnement *m* ; renforcement *m.*

bracket – console *f*; parenthèse *f (typog)* ; potence *f*; support *m.* **bracket bearing**: palier support.

brackish – saumâtre. **brackish water**: eau saumâtre.

bradding – matage *m, des dents d'un outil.*

bradenhead – tête de tubage *(prod)*. **bradenhead cap for the casing**: bouchon de tête de tubage. **bradenhead gas**: gaz de puits de pétrole, *gaz enfermé par la tête de tubage ou, en général, gaz de toute couche sus-jacente au pétrole.*

bradyseism – bradyséisme *m, instabilité verticale de la croûte terrestre qui est longue, continue et très lente.*

bracytely – bradygenèse *f, modification évolutionnaire qui est arrêtée ou fortement ralentie pendant de longues périodes géologiques.*

Bragg – Bragg. **Bragg's law**: loi de Bragg, *ou formule de Bragg, sur la diffraction cristalline par rayons X.*

braided – anastomosé, *en tresses.* **braided cable**: câble tressé. **braided fluvial network**: réseau fluviatile à bras multiples ; cours d'eau en tresses ; anastomose *f*; réseau anastomosé *(hydrol)*.

brain – cerveau *m.* **brain drain**: exode des cerveaux.

brake – frein *m.* **brake adjuster**: dispositif de réglage du frein. **brake anchor pin**: axe fixe. **brake band**: collier de frein ; ruban de frein. **brake block**: patin de frein. **brake booster**: servofrein *m.* **brake cable**: câble de frein. **brake-cable lubricant**: graisse pour câbles de frein. **brake caliper**: frein à mâchoire. **brake compensator**: palonnier de frein. **brake control rod**: tige de commande de frein. **brake cross shaft**: arbre transversal de frein. **brake cylinder**: cylindre de frein. **brake-cylinder block**: carter de cylindre de frein. **brake-cylinder casing**: carter de cylindre de frein. **brake drum**: tambour de frein. **brake flange**: flasque de frein. **brake fluid**: fluide hydraulique pour frein. **brake fulcrum pin**: axe de frein. **brake gear**: commande de frein. **brake guard**: carter de frein. **brake hop**: broutement du frein. **brake horsepower (bhp)**: chevaux au frein ; puissance au frein. **brake lever**: levier de frein. **brake lining**: garniture de frein. **brake linkage**: timonerie de frein. **brake master cylinder**: maître-cylindre de frein. **brake mean-effective pressure (BMEP)**: pression moyenne effective sur frein. **brake pedal**: pédale de frein. **brake power**: puissance au frein. **brake pull rod**: tringle de commande de frein. **brake shoe**: mâchoire de frein ; sabot de frein. **brake-shoe lining**: garniture de sabot de frein. **brake thermal efficiency**: rendement thermique effectif de freinage. **brake vacuum booster cylinder**: cylindre de frein à dépression. **brake valve**: soupape de frein. **brake wedge**: articulation de frein.

brake (to) – freiner.

braking – freinage *m.* **braking distance**: distance de freinage. **braking efficiency**: efficacité de freinage. **braking friction**: frottement de freinage. **braking pull**: effort de freinage. **braking surface**: surface de freinage. **braking torque**: couple de freinage.

bran – *bran oil, voir furfural.*

brances – concrétions de pyrite dans la houille.

branch – branche *f*; branchement *m, informatique* ; succursale *f, établissement, souvent situé à l'étranger, jouissant d'une certaine autonomie par rapport à la maison-mère.* **branch circuit**: bifurcation *f*; branchement *m* ; circuit dérivé ; dérivation *f.* **branch connection**: piquage *m (pipeline)* ; piquage sur canalisation, *pour embranchement d'un nouveau tube.* **branch fault**: faille secondaire. **branch line**: antenne *(pipeline)* ; ligne de jonction, *intersection entre deux plans de chevauchement.* **branch-line system**: réseau ramifié, *pipeline.* **branch office**: succursale *f, sous-station.* **branch pipe**: tubulure d'embranchement ; tuyau d'embranchement, *tronçon de tube partant d'une conduite principale* ; tuyau de dérivation. **branch vein**: filon ramifié *(géol)*.

branched – branché ; ramifié. **branched alkane**: alcane ramifié. **branched chain**: chaîne ramifiée *(chim)*. **branched-chain hydrocarbon**: hydrocarbure à chaîne ramifiée. **branched-chain reaction**: réaction en chaîne ramifiée. **branched polymer**: polymère ramifié.

branching – embranchement *m* ; fixation *f*; ramification *f.* **branching box**: boîte de dérivation *(élec)*. **branching reaction**: réaction de ramification.

branchite – branchite *f, substance hydrocarbonée provenant du lignite.*

brand – marque de fabrique. **brand oil**: huile de marque.

brash – *voir brash ice.* **brash ice**: sarrazins *m, accumulation de glaçons (débris d'autres blocs de glace) dont les dimensions n'excèdent pas 2 m.*

brass – laiton *m.* **brass bearing**: coussinet en laiton. **brass plate**: placage de laiton. **brass plating**: laitonnage *m.* **brass soldering**: soudage au laiton. **brass valve**: robinet en laiton.

brassing – laitonnage *m* ; placage de laiton.

brattice – cloison d'aérage.

braze-welding – soudobrasage *m.*

brazing – brasage *m, voir aussi welding.* **brazing powder**: poudre à souder.

brea – *nom local à la Trinité pour désigner les huiles lourdes.*

breach – brèche *f, passage en gorge dans une arête rocheuse* ; infraction *f*; percée *f (géol)*. **breach of contract**: rupture de contrat.

breadth – largeur *f.*

break – arrivée *f, arrivée d'énergie sismique, en particulier les premières arrivées* ; cassure *f*; interruption *f*; rupture *f*; séparation *f, de l'huile et des boues acides (raf)*. **break-in bronze**: bronze de rodage. **break in the succession**: coupure stratigraphique *(géol)*. **break joint**: joint en chicane. **break point**: point d'interruption ; point de rupture, *dans l'essai de stabilité à l'oxydation des essences* ; point de surchloration, *lorsqu'on effectue la chloration d'une eau.* **break spark**: étincelle de rupture. **break switch**: disjoncteur *m* ; interrupteur *m.* **break thrust**: chevauchement brisant ; plan de chevauchement ; pli faille *(géol)*. **break-up season**: déglacement *m, saison du dégel.*

break (to) – briser ; casser ; couper ; débloquer ; déconnecter ; dégager ; dévisser ; interrompre ; rompre. **break (to) down**: arrêter ; débrancher ; se décomposer ; tomber en panne. **break (to) in**: roder, *moteur.* **break (to) off**: abattre ; dégager ; dévisser, *un train de tiges ou une partie de canalisation* ; éclater. **break (to) the circuit**: ouvrir le circuit ; rompre le circuit. **break (to) the pipes down**: dévisser les tiges de forage. **break (to) the string**: casser le train de tiges.

breakage – bris *m* ; casse *f.*

breakbulk – semivrac *m.*

breakdown – avarie de machine ; claquage *m* ; défaillance *f*; panne *f*; rupture *f.* **breakdown fluid**: fluide de rupture *(prod)*. **breakdown pressure**: pression de fracturation, *pression d'amorce de la fracture (prod)* ; pression de rupture. **breakdown strength**: rigidité diélectrique. **breakdown time**: période d'induction, *dans l'essai de stabi-*

lité à l'oxydation de l'essence. **breakdown viscosity**: viscosité critique ; viscosité de grippage. **breakdown voltage**: tension de claquage *(élec)*.

breaker – brisant *m* ; briseur *m* ; concasseur *m* ; déferlement *m* ; interrupteur *m* ; vague déferlante. **breaker cam**: came de rupteur. **breaker plate**: plateau porte-rupteur. **breaker point**: contact de rupture ; vis platinée, *de rupteur.* **breaker-point gap**: écartement des contacts de rupteur. **breaker-type distributor**: distributeur à rupteur.

break-even – opération blanche, *opération financière se soldant sans gain ni perte* ; seuil de rentabilité. **break-even point**: point de rentabilité ; seuil de rentabilité, *défini par un paramètre quelconque de l'étude.*

breaking – abattage *m (mine)* ; broyage *m* ; coupure *f (élec)* ; rupture *f*; rupture d'émulsion, *phénomène au cours duquel la phase dispersée est plus ou moins complètement rassemblée.* **breaking bulk**: rupture de charge. **breaking down**: dévissage des tiges, *de forage.* **breaking-down process**: *voir cracking process.* **breaking-down temperature**: température de décomposition. **breaking energy**: énergie de séparation. **breaking ground**: abattage de la roche. **breaking load**: charge de rupture. **breaking point**: charge de rupture, *à la traction* ; température de fissurage, *bitumes.* **breaking pressure**: pression de tarage *(pompes)*. **breaking resilience**: résilience de rebondissement ; résilience de rupture. **breaking strength**: force de rupture ; limite de rupture ; résistance à la rupture. **breaking stress**: contrainte de rupture. **breaking test**: essai de rupture. **breaking weight**: charge de rupture.

breakout – déblocage *m.* **breakout block**: bloc de dévissage, *bloc d'acier supportant le trépan et le maintenant dans la table de rotation pendant son dévissage.* **breakout cathead**: cabestan de dévissage. **breakout tongs**: clés de dévissage, *outil employé pour le vissage et le dévissage des tiges de sondage.*

breakthrough – instant d'arrivée première, *moment de l'arrivée du front de déplacement dans le puits de production* ; percée *f.* **breakthrough curve**: courbe de rupture ; courbe de transition, *en adsorption, diagramme de variation de l'effluent en fonction du temps.* **breakthrough sweep efficiency**: aire effectivement balayée, *par les fluides d'injection au moment de leur arrivée aux puits de production.* **breakthrough time**: temps de percée, *temps nécessaire au fluide d'injection pour atteindre le puits productif.*

breakup – débâcle *f.*

breakwater – brise-lames *m.* **breakwater wall**: mur brise-lames ; paroi brise-lames.

breast – front d'attaque ; front de taille ; taille *f.* **breast and pillar**: exploitation par poche et pilier *(mine)*. **breast derrick**: chèvre de forage. **breast drill**: chignole *f*; vilebrequin *m.* **breast ropes**: amarres de travers.

breather – reniflard *m.* **breather pipe**: tube de reniflard. **breather plug**: évent. **breather roof**: toit respirant, *de réservoir.* **breather valve**: aérateur *m* ; reniflard *m* ; soupape de respiration.

breathing – exploitation par jaillissement intermittent, *on laisse l'eau ou l'huile s'accumuler jusqu'au moment où le gaz a atteint une pression suffisante pour faire jaillir le liquide* ; respiration *f.* **breathing apparatus**: appareil respiratoire. **breathing buoy**: bouée respirante, *bouée à flottabilité variable.* **breathing gas**: gaz respiratoire. **breathing loss**: perte par respiration. **breathing mixture**: mélange respiratoire. **breathing of tank**: respiration de réservoir. **breathing valve**: soupape de respiration.

breccia – brèche *f, roche clastique formée d'éléments anguleux de roche pris dans un ciment.*

brecciated – bréchiforme ; bréchoïde. **brecciated texture**: texture bréchoïde. **brecciated vein**: filon bréchiforme. **brecciated zone**: zone bréchique.

brecciation – bréchification *f*; formation de brèche.

breeching – cuissard *m* ; culotte de bouilleur. **breeching strap**: courroie d'arrêt.

breeder – surgénérateur *m* ; surrégénérateur *m.* **breeder reactor**: réacteur surrégénérateur.

breeding – surgénération *f*; surrégénération *f.* **breeding fire**: feu qui couve *(mine)*. **breeding ratio**: rapport de surrégénération *(nucl)*.

breeze – fraisil *m* ; poussier *m* ; poussière de charbon.

breeze – brise *f, vent.* **light breeze**: légère brise, *force 2 sur l'échelle Beaufort.* **gentle breeze**: petite brise, *force 3 sur l'échelle Beaufort.* **moderate breeze**: jolie brise, *force 4 sur l'échelle Beaufort.* **fresh breeze**: bonne brise, *force 5 sur l'échelle Beaufort.* **strong breeze**: vent frais, *force 6 sur l'échelle Beaufort.*

bremsstralhung – bremsstralhung *m, rayonnement de freinage, radiation émise par un électron dans sa collision avec le noyau d'un atome.*

Brent – Brent, *pétrole brut de référence pour la mer du Nord.*

Brewster – Brewster. **Brewster's angle**: angle de Brewster, *angle de polarisation.*

brick – brique *f.* **brick clay**: argile à briques. **brick fuel**: combustible en briquettes. **brick grease**: graisse solide, *voir block grease.* **brick stack**: cheminée en briques.

bridge – montage en dérivation *(élec)* ; pont *m* ; pontage *m, fragment de roche obstruant un sondage.* **bridge circuit**: circuit ponté ; pont électrique. **bridge connection**: montage en pont. **bridge crane**: grue à portique ; pont grue. **bridge pier**: pile de pont. **bridge plug**: bouchon de support, *bouchon destiné à boucher un sondage en un point désigné.*

bridged – ponté. **bridged carbocation**: carbocation ponté. **bridged system**: système ponté.

bridging – pontage *m.* **bridging agent**: agent de support, *pour colmater les grandes fissures dans les parois d'un sondage.* **bridging bond**: liaison pontée. **bridging crude**: brut relais, *part de production revenant à un État, dont la commercialisation est assurée par la société exploitante temporairement, pour lui permettre de satisfaire des engagements antérieurs à la prise de participation par l'État.* **bridging facility**: crédit relais *(fin)*. **bridging material**: matériau de colmatage *(for)*. **bridging of hole**: pontage du trou, *accumulation de matériaux dans un sondage, qui empêche l'accès au fond.* **bridging oil**:

voir bridging crude. **bridging plug**: *voir bridge plug.*

bridle – bride *f*; connexion en parallèle ; enregistrement en parallèle. **bridle iron**: tendeur *m*, *maintenant les supports de l'arbre de manivelle dans la machine au câble (for).*

bridle (to) – connecter en parallèle, *divers amplificateurs sur un même signal (sism).*

briefing – exposé verbal ; instructions *f*, *directives.*

bright – brillant ; lumineux ; vif. **bright coal**: charbon brillant. **bright oil**: huile claire et exempte d'humidité. **bright soft temper**: revenu au blanc, *(métal).* **bright spot**: anomalie d'amplitude forte ; point brillant, *zone d'une coupe sismique où l'on observe un accroissement d'amplitude, qui peut être lié à la présence de gaz dans la roche.*

brightener – agent de brillantage.

brightening – avivage *m* ; brillantage *m*. **brightening agent**: agent d'avivage. **brightening effect**: éclaircissement *m*.

brightness – brillance *f*; éclat *m*; luminance *f*; luminosité *f*. **brightness control**: réglage de luminosité. **brightness range**: gamme de luminance.

bright-stock – bright-stock *m*, *huile lubrifiante de base à haute viscosité.*

brim – bord *m*.

brimstone – soufre brut ; soufre natif.

brine – saumure *f*, *solution saline contenant du chlorure de sodium avec plus ou moins d'iodure, de bromure et de sodium, associée au pétrole dans le gisement.* **brine-cooled chiller**: cristallisoir refroidi à la saumure. **brine-disposal well**: puits d'eau saumâtre. **brine pit**: saline *f*. **brine pond**: marais salant. **brine well**: puits d'extraction de saumure.

Brinell – Brinell. **Brinell hardness**: dureté Brinell. **Brinell test**: essai Brinell, *essai à la bille, mesure de la dureté des métaux et autres matériaux d'après l'empreinte d'une bille en matière dure et de dimension étalonnée, enfoncée par une force F sur une surface plane du matériau étudié.*

bring (to) – amener. **bring (to) in a well**: mettre un puits en production, *se dit des opérations par lesquelles un sondage est mis en état de produire.* **bring (to) into step**: synchroniser. **bring (to) onstream**: mettre en marche productive ; mettre en régime.

bringing – apportant. **bringing in**: mise en production, *après extraction des tiges de forage, la contre-pression dans le réservoir est diminuée par curage de la boue ou son remplacement par un liquide de densité moindre, jusqu'à ce que l'huile puisse s'écouler dans le puits.*

briquettable – agglomérable.

briquette – briquette *f*, *ou aggloméré de charbon, de sciure de bois, ou tout autre produit combustible.*

briquetting – briquettage *m*. **briquetting asphalt**: bitume pour agglomérés. **briquetting pitch**: brai aggloméré. **briquetting press**: presse à agglomérer.

brisance – brisance *f*, *explosifs.* **brisance index**: pouvoir brisant, *mesure du pouvoir d'éclatement d'un explosif.*

British – britannique. **British thermal unit (Btu)**: *unité thermique britannique ; 1 Btu = 1 054,2 J.*

brittle – cassant ; fragile. **brittle fracture**: rupture fragile *(méc. roc)* ; rupture par fragilité, *aciers.* **brittle iron**: fer cassant. **brittle mica**: mica cassant ; mica dur, *calcique en lamelles cassantes.* **brittle point**: point de fragilité, *d'un métal.* **brittle silver ore**: stéphanite *f*, *minerai d'argent.*

brittleness – fragilité *f*; friabilité *f*.

brkn – *abrév. de broken.*

broaching – alésage *m* ; brochage *m* ; mandrinage *m*.

broad – large. **broad-band antenna**: antenne à large bande.

broadcast – radiodiffusion *f*.

broadside – avec déport latéral *(sism)* ; latéral ; par le travers. **broadside refraction**: réfraction à déport latéral *(sism)* ; réfraction en arc *(sism).* **broadside spread**: dispositif à déport latéral *(sism).*

brochure – brochure *f*; plaquette *f*.

broken – brisé ; cassé ; désagrégé. **broken fold**: pli faillé *(géol).* **broken ground**: roche concassée ; roche désagrégée. **broken iron**: ferraille *f*. **broken ore**: minerai abattu *(mine).* **broken stone**: cailloutis *m* ; pierraille. **broken teeth**: dents cassées, *d'un outil de forage.*

broker – courtier *m*, *intermédiaire rémunéré à la commission.* **Brokers Panel rate**: *voir London Tanker Brokers Panel.*

boldface – caractère gras *(typog).*

bromide – bromure *m*.

bromination – bromuration *f*.

bromine – brome *m*, *symbole chim. Br.* **bromine index**: *voir bromine number.* **bromine number**: indice de brome, *le nombre de grammes de brome absorbé par 100 g d'huile, indique la teneur en doubles liaisons de cette substance ; la teneur en oléfines peut être alors calculée si on connaît le type de l'huile et son poids moléculaire.*

bromobenzene – bromobenzène *m*.

bromoethane – bromoéthane *m*, *bromure d'éthyle.*

bromohydrocarbon – hydrocarbure bromé.

bromomethane – bromométhane *m*, *bromure de méthyle.*

Brönsted – Brönsted. **Brönsted acid**: acide de Brönsted, *entité moléculaire capable de donner un proton à une base.*

bronze – bronze *m*. **bronze-bushed bearing**: palier à coussinet en bronze.

bronzing – bronzage *m*, *métallisation.*

brood – gangue de minerai.

brook – ruisseau *m*.

brookite – brookite *f*, *oxyde de titane.*

broomstick – manche à balai. **broomstick charge**: charge longue en hélice, *sismique marine.*

brow – front d'une nappe de charriage ; galerie inclinée ; plan incliné.

brown – brun. **brown acid**: acide brun, *sulfonates de pétrole solubles dans l'huile et trouvés dans les boues du traitement à l'acide sulfurique de produits pétroliers.* **brown alga**: phéophycée *f*, *algue brune.* **brown coal**: lignite *m*. **brown-coal briquette (BCB)**: briquette de lignite. **brown-coal gas**: gaz de lignite. **brown coal-tar pitch**: brai de goudron de lignite et de schiste. **brown smoke**: fumée rousse.

Brownian – brownien. **Brownian movement**: mouvement brownien, *mouvement en zig-zag des particules en suspension dans un fluide.*

brownstone – grès ferrugineux.

BRTA – *abrév. de British Road Tar Association.* **BRTA viscometer**: viscosimètre BRTA. **BRTA viscosity**: viscosité BRTA *(brais et bitumes), c'est le temps exprimé en secondes, mesuré pour l'écoulement de 50 ml de produit avec le viscosimètre BRTA.*

brucite – brucite *f, hydroxyde de magnésium.*

brush – balai *m (élec)* ; brosse *f*; brousse *f*; pinceau *m*. **brush collector**: commutateur à balais. **brush discharge**: décharge en aigrette *(élec)*. **brush gang**: équipe de débroussaillement, *équipe qui défriche le terrain de passage d'un pipeline.*

brushwood – broussaille *f.*

Bruxellian – Bruxellien *m, étage de l'Eocène moyen.*

bryozoan – bryozoaire *m.*

BS – *abrév. de bottom sediments, bad settlings, bottom settlings ; à l'origine, désigne des dépôts trouvés dans le fond des réservoirs de stockage du pétrole brut, s'applique maintenant à tout composé inconnu d'une huile s'il constitue un inconvénient.* **BS & W**: *abrév. de basic sediments and water, basic sludge and water, bottom sediments and water, bottom settlings and water (teneur en eau et sédiments des huiles brutes ou des fuels).*

BSI – *abrév. de British Standards Institute.*

BSL – *abrév. de below sealevel : au-dessous du niveau de la mer.*

btm – *abrév.de bottom.*

Btu – Btu, *abrév. de British thermal unit.*

BTX – BTX, *abrév. de benzene-toluene-xylene.*

bu – *abrév. de bushel.*

bubble – bulle *f.* **bubble cap**: calotte de barbotage, *calotte de plateau de colonne.* **bubble-cap deck**: plateau de colonne à barbotage. **bubble-cap plate**: plateau à cloches de barbotage. **bubble-cap tray**: plateau à calottes, *plateau horizontal garni de calottes qui, à l'intérieur de la tour de fractionnement, assurent un contact intime entre les vapeurs et le liquide* ; plateau perforé, *utilisé à la place de chicanes.* **bubble chamber**: chambre à bulles. **bubble column**: barboteur *m.* **bubble effect**: bruit de bulle ; effet bulle, *impulsion secondaire produite par l'oscillation d'une bulle de gaz engendrée par l'émission de l'onde de choc d'une source sismique.* **bubble flow**: écoulement avec bulles. **bubble gage**: débitmètre à bulle de gaz. **bubble level**: niveau à bulle. **bubble memory**: mémoire à bulle, *magnétique.* **bubble point**: point de bulle, *température à laquelle un mélange liquide commence à se vaporiser ; la pression doit être spécifiée s'il ne s'agit pas de la pression atmosphérique.* **bubble-point curve**: courbe de bulle. **bubble-point pressure**: pression de point de bulle. **bubble pulse**: *voir bubble effect.* **bubble scrubber**: laveur à barbotage, *du gaz.* **bubble tight**: antibulle. **bubble tower**: tour de fractionnement à calottes, *les vapeurs ascendantes barbotent au travers du liquide condensé retenu sur chaque plateau par l'intermédiaire des cloches, chaque fraction se condense ainsi à l'étage dont la température est maintenue au point de condensation correspondant.* **bubble-tower overhead**: produits de tête de distillation, *sortant d'une colonne de distillation.* **bubble tray**: plateau à calottes, *voir bubble-cap tray* ; plateau de barbotage. **bubble-tray column**: colonne à plateaux de barbotage. **bubble-type separation**: séparation par barbotage. **bubble viscometer**: viscosimètre à bulle. **bubble washer**: laveur à barbotage.

bubble (to) – barboter ; bouillonner ; faire des bulles.

bubbling – barbotage *m* ; bouillonnement *m* ; bullage *m, fluidisation.* **bubbling hood**: cloche de barbotage.

bucaramangite – bucaramangite *f, résine couleur d'ambre, insoluble dans l'alcool et ne contenant pas de succin comme l'ambre.*

bucket – auget *m* ; baquet *m* ; benne *f*; coupelle *f*; cuffat *m* ; godet *m* ; seau *m.* **bucket chain**: chaîne à godets ; noria *f.* **bucket-chain dredger**: drague à godets. **bucket conveyor**: convoyeur à godets ; transporteur à godets. **bucket elevator**: élévateur à godets ; noria *f.* **bucket excavator**: excavateur à godets. **bucket loader**: chargeuse à godets. **bucket pump**: pompe élévatoire. **bucket trap**: purgeur à cloche. **bucket wheel**: roue à augets ; roue pelle.

buckle – agrafe *f*; boucle *f*; gauchissement *m.*

buckled – déjeté ; gondolé ; voilé. **buckled pipe**: tube ondulé au cintrage. **buckled wheel**: roue voilée.

buckling – agrafage *m* ; déformation *f*; flambage *m, ou flambement* ; flexion *f*; gauchissement *m* ; gondolement *m* ; laplacien *m (nucl) forme abrégée de laplacien géométrique ou laplacien matière.* **buckling coefficient**: coefficient de flambage. **buckling point**: point de flambage. **buckling strength**: résistance au flambage. **buckling stress**: effort de flambage.

buddling – lavage de minerai.

budget – budget *m.* **budget cuts**: compressions budgétaires, *coupes budgétaires.* **budget deficit**: déficit budgétaire. **budget estimate**: budget prévisionnel. **budget estimates**: prévisions budgétaires. **budget surplus**: excédent budgétaire.

budgetary – budgétaire. **budgetary control**: contrôle budgétaire. **budgetary gap**: déficit budgétaire.

buffer – amortisseur *m* ; tampon *m, mélange de solutions dont le pH ne varie pas au cours d'une dilution.* **buffer battery**: batterie tampon. **buffer layer**: couche tampon. **buffer memory**: mémoire tampon, *ordinateur.* **buffer salt**: sel tampon. **buffer solution**: solution tampon. **buffer spring**: ressort amortisseur. **buffer stocks**: stocks régulateurs.

buffered – tamponné *(chim).*

buffeted – battu, *par le vent ou les vagues.*

buffing – polissage *m.* **buffing machine**: polisseuse *f, machine utilisée pour le nettoyage des extrémités des tubes et des soudures.* **buffing wheel**: disque à polir.

bug – bogue *f, défaut d'un programme d'informatique* ; erreur *f, informatique* ; indicateur de position ; sismo *m, en particulier gueule de trou* ; sismographe *m.* **bug blower**: ventilateur *m, utilisé pour repousser les insectes autour du derrick (for).* **bug dust**: havrits *m, menus de havage (mine).*

bugas – gaz en bouteille, *voir aussi bottled gas.*

buggy – wagonnnet *m.*
bughole – cavité de druse *(minér).*
bugtime – temps à la gueule du trou *(sism)* ; temps vertical.
builder – constructeur *m.* **builder's certificate**: certificat de constructeur.
building – bâtiment *m* ; construction *f*; édifice *m* ; remblai *m.* **building-block chemicals**: grands intermédiaires, *hydrocarbures utilisés pour produire des produits chimiques plus complexes, ils incluent l'éthylène, le propylène, les butènes, le butadiène, le benzène, le toluène, les xylènes, etc.* **building materials**: matériaux de construction. **building slip**: cale de construction navale. **building stone**: moellon *m* ; pierre à bâtir ; pierre de taille. **building-up process**: procédé de synthèse.
buildup – accroissement de la déviation, *du trou foré, en degrés par X mètres d'avancement*; accumulation *f, de pression, etc.* ; gradient d'inclinaison *(for)* ; montée *f*; montée en angle ; remontée *f.* **buildup curve**: courbe de remontée de pression *(prod).* **buildup rate (BUR)**: taux d'augmentation de l'angle, *pour un forage dirigé.* **buildup sequence**: disposition des passes *(soudure).* **buildup terrace**: terrasse d'accumulation. **buildup test**: essai de remontée de pression.
built – construit. **built in**: encastré ; incorporé. **built-up girder**: poutre d'assemblage.
bulb – ampoule *f*; ballon *m* ; bulbe *m* ; lampe *f.* **bulb barometer**: baromètre à cuvette. **bulb bow**: *voir bulbous bow.* **bulb condenser**: condenseur à boules ; réfrigérant à boules. **bulb fractionating column**: colonne à cloches.
bulbous – bulbeux. **bulbous bow**: bulbe d'étrave ; étrave à bulbe.
bulge – bombement *m* ; courbure *f*; élargissement *m* ; loupe de glissement *(géol)* ; renflement *m* ; ventre *m.*
bulk – charge *f*; chargement *m* ; masse *f*; vrac *m.* **bulk cargo**: cargaison en vrac. **bulk carrier**: transporteur en vrac ; vraquier *m.* **bulk catalyst**: catalyseur massique. **bulk cement**: ciment en vrac. **bulk-cement trailer**: groupe de cimentation sur semiremorque. **bulk chemicals**: chimie lourde. **bulk density**: densité apparente ; densité en vrac, *masse volumique en vrac de matériaux solides granulés ou pulvérulents* ; densité globale ; densité in-situ *(diag).* **bulk factor**: facteur de concentration. **bulk flotation**: flottation collective *(mine).* **bulk material**: matériel banalisé, *matériel standard, bon pour une gamme étendue d'applications, comme la boulonnerie, la robinetterie, les roulements à billes, etc.* **bulk modulus** : module d'incompressibilité ; module de compressibilité, *coefficient d'élasticité appliqué au volume d'un corps qui subit une contrainte.* **bulk oil products**: produits pétroliers en vrac. **bulk plant**: installation de stockage en vrac, *des produits pétroliers.* **bulk polymerization**: polymérisation en masse. **bulk sale**: vente en vrac. **bulk shipment**: transport en vrac. **bulk specific gravity**: densité apparente. **bulk station**: station de chargement. **bulk storage**: stockage en vrac. **bulk-storage plant**: dépôt de stockage. **bulk velocity**: vitesse de propagation dans le milieu. **bulk viscosity**: viscosité de volume. **bulk volume**: volume apparent. **in bulk**: en gros ; en vrac.
bulker – vraquier *m (nav).*
bulkhead – cloison *f*; cloison de protection, *de bateau-citerne.* **bulkhead deck**: pont de cloisonnement.
bulky – encombrant ; volumineux.
bull – *littéralement taureau, terme utilisé dans beaucoup d'expressions pétrolières pour indiquer la force et l'endurance, voir bull pump, bull rope, bull wheel.* **bull nose**: guide de tête, *pour élargisseur.* **bull-nose brick**: brique avec quart de rond. **bull plug**: bouchon de grosse dimension, *servant à obstruer les tubes et les canalisations.* **bull pump**: pompe à maîtresse-tige, *pompe à vapeur verticale à simple effet dont le cylindre entraîne directement les tiges de pompage d'un puits.* **bull rope**: câble de sondage, *câble de transmission rond en chanvre entraînant le tambour de forage depuis l'arbre-manivelle de la machine au câble.* **bull wheel**: tambour de forage au câble.
bulldog – *qualifie des outils de serrage type tenailles.* **bulldog grip**: serre-câble *m.* **bulldog spear**: arrache-tube indécrochable, *outil de repêchage.*
bulldozer – bouteur *m.*
bullet – balle *f.* **bullet-gun perforator**: perforateur à balles. **bullet perforating**: perforation à balles. **bullet perforator**: perforateur à balles.
bulling – bourrage d'un trou de mine.
bullion – lingot d'or, *ou d'argent.*
bump – sourbresaut *m* ; coup de charge *(mine)* ; heurt *m* ; trou d'air.
bumper – amortisseur *m* ; butoir *m* ; pare-chocs *m* ; tampon *m.* **bumper jar**: coulisse d'amortissement *(for).* **bumper safety joint**: coulisse-joint de sécurité. **bumper sub**: coulisse de battage, *sorte de tube pour dégager les outils calés dans le forage au câble et, en particulier, les coulisses.*
bumping – cahotement *m* ; heurtement *m* ; soubresauts *m, heurts qui se produisent lors de l'ébullition violente d'un produit pétrolier contenant de l'eau.* **bumping hammer**: marteau de carrossier ; marteau postillon.
bunched – groupé. **bunched geophones**: géophones en grappes, *dans la langue parlée : sismos en grappes* ; géophones groupés. **bunched seismometers**: sismomètres groupés, *multiples.*
bund – digue *f.* **bund wall**: mur coupe-feu, *mur en terre ou en ciment construit autour des réservoirs de stockage* ; mur de protection.
bundle – botte *f*; faisceau *m.* **bundle carrier**: raccord porte-enregistreur, *essai aux tiges.* **bundle of rays**: gerbe de rayons.
bundwall – digue de protection.
bung – bonde *f*; bouchon *m* ; obturateur *m.*
bunker – soute *f.* **bunker oil**: soutes *f (plur) huile lourde pour moteur marin.*
bunkering – avitaillement *m* ; mazoutage *m* ; soutage *m.* **bunkering port**: port de soutage. **bunkering surcharge**: surtaxe de soutage.
Bunsen – Bunsen. **Bunsen burner**: bec Bunsen. **Bunsen ice calorimeter**: calorimètre à glace de Bunsen.
Buntsandstein – Buntsandstein *m, partie du Trias inférieur germanique caractérisée par des grès bigarrés.*

buoy – bouée *f.* **buoy boat**: bateau balise. **buoy tender**: baliseur *m.*

buoyage – balisage *m.*

buoyancy – flottabilité *f*; poussée d'Archimède, *poussée d'un liquide ou d'un gaz sur un solide.* **buoyancy chamber**: bouée à flottabilité positive. **buoyancy factor**: facteur de flottabilité. **buoyancy tank**: caisse de flottabilité ; caisson à air.

buoyant – flottable. **buoyant box**: caisson flottant. **neutrally buoyant**: à flottabilité nulle. **buoyant unit weight**: poids volumique déjaugé, *d'une plate-forme marine.*

burden – charge *f*; contenance d'un navire ; lit de fusion *(métal)* ; morts-terrains *m (géol)*. **burden of proof**: charge de la preuve *(jur)*.

Burdigalian – Burdigalien *m, étage du Miocène.*

buret – burette *f*; burette graduée ; éprouvette graduée.

burglar – cambrioleur *m* ; voleur *m.* **burglar alarm**: dispositif antivol.

burial – enfouissement *m*; ennoyage *m (géol)* ; ensouillage *m.* **burial by fluidization**: ensouillage par fluidisation.

buried – enterré ; en souille, *canalisation.* **buried cable**: câble souterrain. **buried fault**: faille enterrée. **buried focus**: foyer enterré, *employé improprement pour centre de courbure enterré.* **buried focus effect**: effet de focalisation ; focalisation enterrée. **buried hill**: relief enterré, *voir aussi foothill, sandhill.* **buried ice**: glace enfouie. **buried outcrop**: affleurement masqué *(géol)*. **buried placer**: placer enterré. **buried ridges**: *voir buried hills.* **buried structure**: relief enterré ; structure enterrée ; structure profonde. **buried tank**: cuve enterrée ; réservoir enterré. **deeply buried**: enterré profondément, *à grande profondeur.*

burmite – burmite *f, résine fossile.*

burn – brûlure *f.* **burn pit**: bourbier de production ; fosse de brûlage, *fosse creusée dans la terre dans laquelle les huiles usées et autres déchets sont brûlés.*

burn (to) – brûler. **burn (to) a bit**: forer trop vite. **burn (to) away**: éliminer par combustion. **burn (to) down**: brûler entièrement. **burn (to) off**: brûler entièrement ; éliminer par combustion. **burn (to) up**: brûler entièrement.

burned – brûlé ; cuit.

burner – bec *m* ; brûleur *m.* **burner port**: orifice de formation de la flamme. **burner throat**: col du mélangeur du brûleur. **burner-wall tube**: tube de paroi d'un four.

burning – brûlage *m* ; brûlant ; brûlis *m* ; calcination *f*; carbonisation *f*; combustion *f.* **burning agent**: stimulateur de combustion, *matière destinée à stimuler la combustion d'hydrocarbures répandus sur l'eau.* **burning oil**: kérosène *m*; pétrole lampant. **burning point**: *voir fire point.* **burning quality**: qualité d'allumage, *d'un combustible*; qualité de brûlage, *pétrole lampant.* **burning shoe**: sabot de fraisage. **burning test**: essai de brûlage à la lampe ; essai de combustion. **burning velocity**: vitesse de combustion, *vitesse de propagation.*

burnishing – brunissage *m (usure)*.

burnt – brûlé ; cuit. **burnt deposit**: dépôt brûlé. **burnt iron**: fer oxydé. **burnt lime**: chaux vive, *oxyde de calcium.* **burnt oil**: huile brûlée, *huile improprement traitée à l'acide sulfurique et qui a pris une couleur brune ou bleuâtre, elle doit être alors retraitée.* **burnt steel**: acier brûlé.

burnup – combustion nucléaire massique, *énergie totale libérée par unité de masse d'un combustible nucléaire.*

burr – bavure *f (métal)* ; ébarbure *f.*

burrow – fouissement *m* ; terrier *m, trou ou ouverture tubulaire fait dans des sédiments meubles par un organisme vivant, ce trou peut être droit ou sinueux, horizontal ou vertical.*

burrowing – fouissage *m.*

burst – coup *m* ; éclat *m* ; éclatement *m* ; explosion *f.* **burst disk**: disque de rupture. **burst out**: recrudescence d'énergie *(sism)* ; accroissement soudain d'amplitude *(sism)*. **burst pressure**: pression d'éclatement ; pression d'explosion, *d'un récipient ou d'une canalisation.* **burst rate**: taux de transfert *(sism)*. **burst test**: essai d'éclatement.

bursting – éclatement *m.* **bursting shot**: mine d'empiétage. **bursting strength**: résistance à l'éclatement.

burying – enfouissement *m.* **burying barge**: barge d'ensouillage. **burying machine**: ensouilleuse *f*; machine d'ensouillage.

bus – autobus *m* ; bus *m, véhicule à moteur.*

bus – bitoduc *m* ; bus *m, ensemble de conducteurs d'interconnexion de plusieurs organes digitaux d'un ordinateur*; infoduc *m.*

busbar – barre omnibus, *alimentation électrique.* **busbar chamber**: chambre de barre omnibus. **busbar clamp**: bride double pour barre omnibus. **busbar support**: support barre omnibus.

bush – bague *f*; brousse *f, région non cultivée et broussailleuse*; coussinet *m*; douille *f, voir aussi bushing*; manchon *m.* **bush bearing**: palier lisse. **bush hammer**: boucharde *f*; marteau à boucharder.

bushel – boisseau *m, mesure de volume, bushel (imperial) = 36,367 litres, bushel (US) = 35,238 litres.*

bushing – bague *f*; coussinet *m*; douille *f*; fourrure *f, pièce servant à rattraper le jeu de diverses pièces mécaniques*; garniture d'étanchéité, *sur tubage, élément permettant de raccorder des tubes de différents calibres (for)* ; manchon mâle-femelle. **bushing retainer**: barre de retenue.

business – affaire *f*; commerce *m*; fonds de commerce. **business hours**: heures d'ouverture ; heures de travail. **business income**: revenus industriels et commerciaux. **business venture**: entreprise commerciale.

bust – erreur de fermeture *(sism)*.

butadiene – butadiène *m.*

Butamer – *dénomination d'un procédé d'isomérisation du butane.*

butane – butane *m.* **butane-air mixture**: air butané. **butane carrier**: butanier *m.* **butane dehydrogenation**: déshydrogénation de butane. **butane vapor-phase isomerization**: isomérisation de butane en phase vapeur.

butanediol – butanediol *m, (−1,3) butylène glycol; (−1,4) tétraméthylène glycol; (−2,3) butylène glycol.*

butanol – butanol *m, alcool butylique.*

butanone – butanone *f, méthyl-éthylcétone.*

butene – butène *m, butylène, hydrocarbure éthylénique dont il existe 3 isomères : le butène-1 et les butènes-2 cis et trans.*

Buton – *dénomination de résines obtenues par copolymérisation de 80 parties de butadiène et 20 parties de styrène.*

butt – about *m* ; aboutement *m*. **butt joint**: assemblage bout à bout ; joint bout à bout. **butt plate**: couvre-joint *m*. **butt strap**: couvre-joint *m*. **butt welded**: abouté. **butt-welded pipe**: tube soudé par rapprochement. **butt welding**: soudage bout à bout, *ou par rapprochement* ; soudage en bout. **butt-welding machine**: machine à souder bout à bout. **butt weld (to)**: souder bout à bout.

butte – butte *f.*

butterfly – papillon *m*. **butterfly damper**: registre papillon. **butterfly filter**: filtre en papillon. **butterfly nut**: écrou à oreilles. **butterfly valve**: robinet à papillon ; robinet-vanne papillon ; soupape à papillon ; vanne à papillon.

Butterworth – Butterworth. **Butterworth filter**: filtre Butterworth *(élec)*. **Butterworth system**: système Butterworth, *système de nettoyage des citernes des pétroliers.*

button – bouton *m*. **button bit**: outil à pastilles *(for)*.

buttress – avancée *f* ; contrefort *m* ; éperon *m* ; pilier *m*. **buttress sand**: biseau sableux discordant.

buttress (to) – arc-bouter ; étançonner ; étayer.

butyl – butyle *m*. **tert-butyl acetate (TBA)**: acétate de tertiobutyle (ATB), *additif permettant d'accroître la susceptibilté au plomb d'un carburant.* **butyl-acetone fermentation**: fermentation acétono-butylique. **butyl acrylate**: acrylate de butyle. **butyl alcohol**: alcool butylique, *butanol.* **tert-butyl alcohol (TBA)**: alcool butylique tertiaire, *alcool tertiobutylique, utilisé dans les essences sans plomb.* **tert-butyl hydroperoxide (TBHP)**: hydroperoxyde de tertiobutyle. **butyl rubber**: caoutchouc butyle, *caoutchouc synthétique.* **di-tert-butyl peroxide (DTBP)**: ditertiobutylperoxyde *(DTBP) produit susceptible d'améliorer l'indice de cétane d'un gasoil.*

butylene – butylène *m, butène.*

butyllithium – butyllithium *m*.

butyric – butyrique. **butyric acid**: acide butyrique. **butyric fermentation**: fermentation butyrique.

buy-back – achat en retour, *accord de compensation, le contracteur s'engage envers le contractant à acheter le produit de l'usine construite.* **buy-back clause**: clause de rachat, *faculté accordée dans certains contrats à la compagnie étrangère de racheter, aux fins d'exportation, une partie de la production revenant de droit à la société nationale.* **buy-back crude**: brut de participation. **buy-back price**: prix de rachat.

buyer – acheteur *m*. **buyer's market**: marché favorable à l'acheteur.

buzzer – trembleur *m* ; vibreur *m*.

BW – *abrév. de barrels of water.*

BWG – *abrév. de Birmingham Wire Gauge, jauge de Birmingham pour les fils.*

BWPD – *abrév. de barrels of water per day.*

BWPH – *abrév. de barrels of water per hour.*

BWR – *abrév. de boiling water reactor.*

byerite – byérite *f, pyrobitume asphaltique.*

bylaw – règlement *m* ; statut *m*.

bypass – by-pass *m, tuyauterie de dérivation* ; déviation *f, conduite de dérivation d'un fluide en dehors de son circuit normal* ; évitement *m*. **bypass baffle**: siège du bouchon râcleur *(for)*. **bypass filter**: filtre en dérivation. **bypass injector**: injecteur à boucle. **bypass line**: conduite de dérivation. **bypass packer**: packer à canaux de circulation de boue *(for)*. **bypass pit**: puits d'aérage. **bypass valve**: soupape de dérivation ; vanne d'égalisation *(for)*.

bypassed – dérivé.

by-product – sous-produit *m, produit obtenu accessoirement dans un procédé de fabrication.* **by-product gas**: gaz de four à coke.

byroad – voie détournée ; voie déviée.

bysmalith – bysmalite *m, tampon plutonique (géol)*.

byte – byte *m, unité de quantité d'information de plusieurs bits traités comme un tout.*

bytownite – bytownite *f, feldspath plagioclase.*

C

c – c, *symbole de centi.*

C – C, *symbole de coulomb* ; C, *abrév. de cost.* **C and F**: C et F, *abrév. de cost and freight: coût et fret.*

cab – abri *m* ; cabine *f*; cabine de commande ; guérite *f*; marquise *f*; poste de conduite.

cabin – cabane *f, voir aussi cab.*

cabinet – coffret *m* ; compartiment *m.* **cabinet file**: lime à arrondir.

cable – câble *m.* **cable armor**: armure de câble. **cable balancing network**: dispositif d'équilibrage d'un câble. **cable bearer**: porte-câble *m.* **cable box**: boîte de jonction. **cable clamp, cable clip**: serre-câble *m.* **cable compound**: graisse d'imprégnation des câbles, *mélange isolant pour câbles.* **cable-controlled unmanned vehicle**: engin non habité commandé par câble ; engin non habité lié. **cable crab**: porte-palan *m.* **cable drilling**: forage au câble ; forage par percussion. **cable-drilling bit**: trépan de forage au câble. **cable-drilling tool**: outil de forage au câble. **cable drive**: commande par câble. **cable drum**: bobine *f*; dévidoir *m* ; tambour de câble ; touret *m.* **cable fault tester**: détecteur de perte des câbles. **cable form**: peigne de câble. **cable grease**: graisse pour câbles. **cable hanger**: porte-câble. **cable laid**: en grelin. **cable layer**: machine à poser les câbles. **cable laying**: pose d'un câble. **cable length**: encâblure *f, dixième partie du mille marin.* **cable lubricant**: *voir wire-rope lubricant.* **cable noise**: bruit de câble, *bruit transmis au géophone par le câble de forage dans les mesures de vitesse dans le puits.* **cable oil**: huile pour câbles électriques, *huile de remplissage des câbles electriques creux à haute tension.* **cable reel**: dévidoir de câble ; tambour de câble. **cable release**: déclencheur automatique. **cable rig**: appareil de forage au câble. **cable ring**: bague de suspension. **cable sheath**: enveloppe de câble ; gaine de câble. **cable ship**: câblier *m, navire câblier.* **cable shoe**: cosse de câble. **cable socket**: raccord de câble. **cable splice**: épissure de câble. **cable strand**: toron d'un câble. **cable strum**: à-coup du câble. **cable thimble**: raccord de câble. **cable tool**: outillage de forage au câble. **cable-tool core barrel**: carottier pour forage au câble. **cable-tool coring**: carottage au câble. **cable-tool line**: câble de battage. **cable-tool well**: puits foré au câble. **cable truck**: câblière *f.*

cablebreak – onde de câble, *onde amenée par le câble qui soutient le géophone dans un puits.*

cableway – câble aérien ; transporteur aérien à voie unique ; voie à câble aérien. **cableway car**: benne de transporteur aérien. **cableway excavator**: grue à câble, *blondin.*

cabling – câblage *m.*

CAD – CAO, *abrév. de computer-aided design: conception assistée par ordinateur.*

cadastral – cadastral. **cadastral map**: carte cadastrale. **cadastral survey**: levé cadastral ; service du cadastre.

cadmiferous – cadmifère.

cadmium – cadmium *m, symbole chim. Cd.* **cadmium alloy**: alliage au cadmium. **cadmium-sulfide solar cell**: cellule solaire au sulfure de cadmium.

Cadomian – cadomien. **Cadomian orogeny**: cycle cadomien, *cycle orogénique de la fin du Précambrien.*

caesium – caesium *m, voir cesium.*

CAFE – *abrév. de Corporate Average Fuel Economy.*

cage – cage *f*; lanterne *f, de roulement à billes* ; sphère perforée. **cage aerial**: antenne prismatique. **cage box**: cage d'extraction *(mine).* **cage compound**: composé cage. **cage of delivery valve**: corps de la soupape de compression. **cage shooting**: tir dans une boule, *Flexotir.*

caged – en cage, *structure chimique.*

Cainozoic – *voir Cenozoic.*

cairn – cairn *m, amas de pierres servant de borne.*

cairngorm – pierre de cairngorm.

caisson – caisson *m.* **caisson disease**: mal des caissons *(plongée).* **caisson foundation**: fondation sur caissons.

cake – cake *m, dépôt laissé sur les parois du sondage après absorption par le terrain de l'eau libre de la boue de forage, qui assure la stabilité des parois* ; gâteau *m, de paraffine* ; pain *m, d'asphalte.* **cake of carbon**: briquette de charbon. **cake of cinder**: plaque de scories. **cake thickness**: épaisseur du cake.

cake (to) – s'agglomérer ; s'agglutiner ; se coller ; concréter, *une poudre* ; former une croûte ; se prendre.

caking – agglutination *f*; croûte *f.* **caking capacity**: pouvoir agglutinant ; pouvoir collant. **caking coal**: charbon agglutinant, *charbon gras ou houille grasse.*

cal – cal, *abrév. de calorie.*

Calabrian – Calabrien *m, Pleistocène inférieur.*

calamine – calamine *f, hémimorphite, sorosilicate hydraté de zinc.*

calc – calco, *préfixe s'appliquant aux roches.*

calc-alkalic – calco-alcalin, *roches magmatiques.* **calc-alkalic series**: série calco-alcaline.

calcarenite – calcarénite *f, roche sédimentaire calcaire.*

calcareous – calcaire. **calcareous cement**: ciment calcaire. **calcareous cemented sandstone**: grès à ciment calcaire. **calcareous dolomite**: dolomie calcaire. **calcareous earth**: terre calcaire. **calcareous iron ore**: minerai de fer calcareux. **calcareous marl**: marne calcaire. **calcareous oolith**: oolite calcaire. **calcareous peat**: tourbe calcique. **calcareous sand**: sable carbonaté. **calcareous sandstone**: grès calcaire. **calcareous shale**: argile calcaire. **calcareous sinter**: *voir travertine.*

calcariferous – calcareux.

calcic – calcique.

calciclase – anorthite *f (minér).*

calciferous – calcifère.

calcification – calcification *f.*

calcify (to) – calcifier.

calcilutite – calcilutite *f, terme qui regroupe les calcaires fins, microcristallins, lithographiques, les micrites et microsparites.*

calcimeter – calcimètre *m, appareil pour mesurer la teneur en carbonates.*

calcination – calcination *f*; cuisson *f*; frittage *m*; grillage *m, des minerais.*

calcining – calcination *f.* **calcining furnace**: four à calciner. **calcining heat**: température de calcination. **calcining kiln**: four de grillage. **calcining plant**: installation de grillage *(minér).*

calcirudite – calcirudite *f, roche sédimentaire calcaire formée d'éléments dépassant 2 mm.*

calcite – calcite *f, minéral caractérisant les calcaires*; spath calcaire, *spath d'Islande.*

calcium – calcium *m, symbole chim. Ca.* **calcium acrylate**: acrylate de calcium. **calcium-aluminum garnet**: grenat alumino-calcique. **calcium-base grease**: graisse à base de calcium. **calcium carbide**: carbure de calcium. **calcium carbonate**: carbonate de calcium, *utilisé comme alourdissant dans les fluides de forage.* **calcium-carbonate content**: teneur en carbonate de calcium. **calcium chelating power**: pouvoir anticalcaire. **calcium chlorate**: chlorate de calcium. **calcium chloride**: chlorure de calcium. **calcium-chloride mud**: boue au chlorure de calcium. **calcium cyanamide**: cyanamide calcique, *cyanamide de calcium.* **calcium garnet**: grenat calcique. **calcium grease**: graisse au calcium ; graisse calcique. **calcium hardness**: dureté calcaire. **calcium hydride**: hydrure de calcium. **calcium hydroxide**: hydroxyde de calcium, *chaux éteinte.* **calcium naphthenate**: naphténate de calcium. **calcium nitrate**: nitrate de calcium. **calcium-rosin soap**: graisse pour le graissage des câbles. **calcium silicate**: silicate de calcium. **calcium soap**: savon de chaux. **calcium sulfate**: sulfate de calcium. **calcium-sulfate treated mud**: boue au sulfate de calcium. **calcium-treated mud**: boue calcique, *boue traitée avec des sels de calcium.*

calcrete – calcrète *f, croûte calcaire d'un sol, voir aussi caliche.*

calc-schist – calcschiste *m, schiste métamorphique dérivant des marnes ou pélites calcareuses.*

calc-sinter – *voir travertine.*

calcspar – *voir calcite.*

calc-tufa – tuf calcaire, *voir tufa.*

calculate (to) – calculer.

calculated – calculé. **calculated cetane index (CCI)**: indice de cétane calculé, *calculé selon une formule utilisant à la fois la densité du carburant et du point 50 % de la courbe de distillation ASTM.*

calculation – calcul *m.* **calculation chart**: abaque *f.*

calculator – barème *m* ; calculateur *m* ; machine à calculer.

calculus – calcul *m, en anglais, ce terme désigne plus spécialement le calcul infinitésimal.* **calculus of variations**: calcul des variations *(math).*

caldera – caldeira *f, cratère d'explosion (géol).*

Caledonian – calédonien. **Caledonian orogeny**: cycle calédonien, *cycle orogénique du Paléozoïque inférieur.*

caledonite – calédonite *f (minér).*

calefaction – caléfaction *f.*

calendar – calendrier *m.* **calendar day**: jour calendaire. **calendar year**: année civile.

calender – calandre *f*; laminoir *m.* **calender grease**: graisse pour calandre.

calf – glaçon détaché d'un iceberg. **calf line**: câble de manoeuvre, *câble utilisé dans une installation de forage au câble pour monter et descendre le tubage.* **calf wheel**: tambour de levage, *dans la machine au câble, tambour servant aux manoeuvres diverses et en particulier à celle du tubage.* **calf-wheel arms**: bras d'un treuil de levage. **calf-wheel brake**: frein pour treuil de levage.

caliber – calibre *m* ; étalon *m.*

calibrate (to) – caler ; calibrer ; étalonner ; graduer ; jauger.

calibrated – calibré ; étalonné ; gradué. **calibrated choke**: étranglement calibré. **calibrated with official certificate**: avec certificat d'étalonnage.

calibrating – étalonnage *m.* **calibrating tank**: réservoir d'étalonnage.

calibration – calage *m* ; calibrage *m* ; étalonnage *m* ; réglage *m.* **calibration buoy**: bouée de calage. **calibration curve**: courbe d'étalonnage. **calibration of a tank**: barémage d'un réservoir. **calibration plate**: plaque d'étalonnage. **calibration sheet**: fiche de calibrage. **calibration template**: gabarit d'étalonnage.

calibre – *voir caliber.*

caliche – caliche *m, salpêtre du Chili, croûte de nitrate de sodium naturel impur ; croûte de carbonate de calcium, plus ou moins cimentée, des sols désertiques ou semiarides.*

California – Californie. **California bearing ratio (CBR)**: indice portant californien, *nombre exprimant en pourcentage le rapport entre les pressions produisant un enfoncement.* **California bearing ratio test**: essai d'indice portant californien. **California polymerization**: *dénomination d'un procédé de polymérisation catalytique à l'acide phosphorique.*

californium – californium *m, symbole chim. Cf.*

caliper – calibre *m, instrument* ; compas d'épaisseur ; gabarit *m.* **caliper gage**: jauge à coulisse. **caliper log**: diagraphie de diamétrage. **caliper logging**: diamétrage *m, opération pour déterminer le diamètre d'un sondage ou le diamètre interne d'un tubage, d'une tige de forage ou de tubes de production.* **caliper measurement of hole size**: diamétrage du puits. **caliper rule**: calibre à vis.

calking – *voir caulking.*

call – appel *m* ; escale *f, dans un port.* **call bell**: avertisseur *m* ; sonnette d'appel. **call box**: cabine téléphonique. **call button**: bouton d'appel. **call for bids**: appel d'offres. **call for tenders**: appel d'offres. **call letter**: indicatif d'appel. **call on oil**: option d'achat de pétrole, *durant une période donnée.* **call option**: option d'achat. **call sign**: signe distinctif. **call whistle**: sifflet avertisseur.

calling – appel *m.* **calling dial**: cadran de numérotation d'appel. **calling sequence**: séquence d'appel, *informatique.*

calliper – *voir caliper.*

Callovian – Callovien *m, étage du Jurassique.*

calm – calme *m.*

CALM – *abrév. de catenary anchor leg mooring.*

calomel – calomel *m, chlorure mercureux.* **calomel electrode**: électrode au calomel.

calorescence – calorescence *f, absorption de radiations lumineuses par une surface.*

caloricity – pouvoir calorifique.

calorie – calorie *f, ancienne unité de chaleur, 1 cal = 4,184 J.*

calorific – calorifique. **calorific balance**: bilan thermique. **calorific engine**: machine à air chaud ; moteur à air chaud. **calorific value**: pouvoir calorifique, *quantité de chaleur produite par la combustion complète d'une masse donnée d'un combustible (généralement l'unité de masse) et mesurée à l'aide d'une bombe calorimétrique.*

calorimeter – calorimètre *m.*

calorimetric – calorimétrique. **calorimetric bomb**: bombe calorimétrique, *destinée à mesurer le pouvoir calorifique des combustibles.* **calorimetric test**: essai calorimétrique.

calorimetry – calorimétrie *f.*

calorizing – calorisation *f, procédé de protection de l'acier par cémentation par l'aluminium.*

Calutron – *dénomination d'un type spécial de spectrographe de masse.*

calved – *calved ice, voir calf.*

calving – vêlage *m, séparation par fracture d'une masse de glace à partir d'un mur de glace ou d'un iceberg.*

cam – came *f*; taquet *m.* **cam and followers**: excentrique à galets. **cam-and-piston oil pump**: pompe à huile à piston et came. **cam-and-roller steering**: direction à vis et galet. **cam and yoke**: excentrique à cadre. **cam-bearer hub**: moyeu porte-cames. **cam circle**: cercle primitif de la came. **cam engine**: moteur à came, *dans lequel le piston est actionné au moyen de galets.* **cam follower**: galet de la came ; roulette de la came. **cam gear**: commande par came ; distribution à cames. **cam grinder**: machine à rectifier les cames. **cam keyed on**: came clavetée sur. **cam lever**: bras de commande de came ; levier à cames ; levier de came. **cam-operating lever**: bras de commande de came. **cam roller**: galet de la came ; galet du culbuteur. **cam wheel**: bague à cames ; roue à cames.

CAM – FAO, *abrév. de computer aided manufacturing, fabrication assistée par ordinateur.*

camber – bombement *m, d'une chaussée* ; cambrure *f*; carrossage *m* ; courbe *f*; courbure *f*; tonture *f.* **camber angle**: angle de carrossage.

cambered – arqué. **cambered road**: chaussée bombée.

Cambrian – Cambrien *m, période la plus ancienne de l'ère paléozoïque.*

cambrite – cambrite *f, explosif à base de nitroglycérine.*

camera – appareil photographique, *ou appareil photo* ; caméra *f*; chambre de prise de vues ; chambre photographique. **camera axis**: axe d'une chambre de prise de vue ; axe de prise de vue. **camera lucida**: chambre claire. **camera station**: point de station de la chambre, *télédétection.*

camhead – rebord saillant d'une came.

camp – camp *m* ; campement *m.* **camp dismantling**: démontage du camp.

Campanian – Campanien *m, étage du Crétacé supérieur.*

camphor – camphre *m.* **camphor oil**: huile camphrée.

camshaft – arbre à cames. **camshaft bearing**: coussinet d'arbre à cames ; palier de l'arbre à cames. **camshaft bushing**: douille d'arbre à cames. **camshaft drive hole**: passage de l'arbre de distribution. **camshaft gear locknut**: écrou de retenue du pignon. **camshaft sprocket**: pignon d'arbre à cames.

can – bidon *m* ; boîte de conserve.

can-buoy – bouée cylindrique.

Canadian – canadien. **Canadian drilling**: forage canadien, *système de forage à percussion dans lequel les outils sont suspendus à des tiges pleines, en bois ou en fer, actionnées par balancier.* **Canadian rig**: appareil de forage canadien.

canal – canal *m.* **canal ditch**: fosse à boue, *cavité dans laquelle on envoie le fluide de forage dans le forage rotary.* **canal lock**: écluse *f.* **canal ray**: rayon canal, *rayon positif.* **canal tolls**: frais de canal.

cancel (to) – annuler ; oblitérer. **cancel (to) out**: s'annuler, *pour 2 grandeurs.*

canceling – *ou cancelling, voir cancellation.* **canceling clause**: clause de résiliation.

cancellation – annulation *f*; oblitération *f*; résiliation *f.* **cancellation decree**: décret d'annulation d'une concession. **cancellation of a lease**: annulation d'une concession. **cancellation of a license**: retrait de patente. **cancellation of an order**: contre-ordre *m.*

cancrinite – cancrinite *f, type de feldspathoïde.*

candela – candela *f, unité d'intensité lumineuse SI, symbole* cd. **candela per square meter**: candela par mètre carré, *unité SI de luminance* (cd/m^2).

candescence – blancheur éblouissante ; chauffe à blanc ; incandescence *f.*

candescent – incandescent.

candle – bougie *f.* **candle coal**: *voir cannel coal.* **candle ice**: glace en aiguille. **candlenut oil**: huile de bancoul, *huile d'origine végétale.* **candle wax**: paraffine pour bougies.

canga – brèche ferrugineuse.

canister – cartouche filtrante.

canker (to) – corroder, *oxyder.*

canned – en bidon ; conditionné, *en bidons.*

cannel-coal – cannel-coal *m, houille compacte très riche en matières volatiles contenant de* *grandes quantités de spores et de grains de pollen* ; charbon de spores.

canning – embidonnage *m*, *mise en bidons*. **canning plant**: unité d'embidonnage, *section d'une raffinerie où les produits finis sont conditionnés en bidons prêts à l'expédition.*

canoe – *voir canoe fold.* **canoe fold**: pli synclinal en forme de nacelle.

cañon – *voir canyon.*

canonical – canonique. **canonical correlation**: coefficient de corrélation canonique. **canonical ensemble**: ensemble canonique *(méc.stat)*. **canonical equations of motion**: équations canoniques, *équations de Hamilton, équations générales du mouvement d'un système mécanique.* **canonical form**: forme canonique. **canonical system**: système canonique. **canonical transformation**: transformation canonique.

canopy – auvent *m* ; dôme *m*.

cant – arête *f*; bille de bois équarri ; biseau *m* ; chanfrein *m* ; dévers *m* ; inclinaison *f*; pan coupé ; relèvement d'un virage. **cant chisel**: ciseau en biseau. **cant hook**: grappin *m* ; patte d'élingue.

cant (to) – basculer ; biseauter ; émousser ; incliner.

cantilever – encorbellement *m*, *en porte-à-faux.* **cantilever beam**: poutre en porte-à-faux, *pièce rectiligne encastrée à un bout et libre à l'autre.* **cantilever brake**: frein cantilever. **cantilever drilling mast**: mât de forage cantilever.

canting – inclinaison *f*. **canting of the shaft**: coincement de l'arbre. **canting table**: table inclinable.

canvas – grosse toile ; toile à bâche ; toile de tente. **canvas gloves**: gants protecteurs en toile. **canvas hose**: manche en toile ; tuyau en toile.

canyon – canyon *m*, *gorge profonde.* **canyon fill**: remplissage d'un canyon, *remplissage sédimentaire d'une ancienne vallée sous-marine.*

cap – amorce *f*; bouchon *m*, *bouchon femelle* ; calotte *f*; capsule *f*; chapeau *m*, *terrains de recouvrement* ; cloche *f (raf)* ; couvercle *m* ; culot *m (élec)* ; déto *m (familier pour détonateur)* ; détonateur *m*. **cap break**: temps d'amorce, *instant de mise à feu que l'on prend pour origine des temps, cet instant est inscrit sur le film d'enregistrement par un brusque décrochement sur l'une des traces (sism)*. **cap crimper**: pince à sertir *(mine)*. **cap lamp**: lampe de chapeau. **cap lubricator**: graisseur à chapeau. **cap nut**: écrou à chape. **cap pass**: passe de finition, *passe de rechargement (soudure)*. **cap rock**: chapeau *m* ; recouvrement *m* ; roche couverture, *terrain relativement imperméable recouvrant un gisement d'hydrocarbures liquides ou gazeux, voir roof rock ; amas d'anhydrite, de gypse, de calcaires et parfois de soufre surmontant un dôme de sel.* **cap screw**: vis à tête.

capacitance – capacitance *f*, *rapport entre la quantité d'électricité et le voltage* ; capacité électrique. **capacitance meter**: capacimètre *m*.

capacitive – capacitif. **capacitive reactance**: réactance capacitive.

capacitor – condensateur *m (élec)*. **capacitor coupling**: couplage par condensateur. **capacitor oil**: huile pour condensateur.

capacity – capacité *f*, *de production, de traitement, d'écoulement, rendement maximal pouvant être atteint, voir aussi volume* ; capacité d'un accumulateur, *quantité d'électricité exprimée en ampère-heure que peut restituer cet accumulateur lors de sa décharge* ; contenance *f*; contenance d'un récipient, *volume de liquide ou de gaz ou de solide pulvérulent qu'il peut renfermer.* **capacity control valve**: soupape de contrôle du débit. **capacity of the bunkers**: volume des soutes.

cape – cap *m* ; promontoire *m*. **cape chisel**: bédane *m* ; burin *m*.

capillarity – capillarité *f*, *ensemble de phénomènes dus à des actions intermoléculaires qui s'opposent à toute augmentation de l'aire de la surface libre d'un liquide.*

capillary – capillaire. **capillary action**: capillarité, *action capillaire.* **capillary attraction**: attraction capillaire. **capillary column**: colonne capillaire, *colonne à tube ouvert, colonne de Golay.* **capillary condensation**: condensation capillaire. **capillary conductivity**: conductivité capillaire. **capillary constant**: constante capillaire, *tension superficielle.* **capillary correction**: correction capillaire. **capillary depression**: dépression capillaire. **capillary electrometer**: électromètre capillaire. **capillary fringe**: frange capillaire *(géol)*. **capillary gas chromatography**: chromatographie en phase gazeuse sur colonne capillaire. **capillary ground water**: eau capillaire. **capillary interstice**: interstice capillaire. **capillary migration**: migration par capillarité. **capillary pressure**: pression capillaire, *tension capillaire.* **capillary pressure curve**: courbe de pression capillaire. **capillary pyrites**: millérite *f*, *pyrite capillaire.* **capillary rise**: ascension capillaire. **capillary saturation**: saturation capillaire. **capillary tube**: tube capillaire. **capillary viscometer**: viscosimètre capillaire. **capillary water**: eau capillaire. **capillary wave**: onde capillaire ; vague capillaire.

capital – capital *m* ; fonds *m*. **capital account**: compte de capital. **capital charges**: charges financières. **capital efficiency**: rentabilité des capitaux. **capital endowment**: dotation en capital. **capital expenditures**: immobilisations *f*. **capital expenses**: dépenses en capital. **capital flow**: flux de capitaux ; mouvement de capitaux. **capital gain**: plus-value *f*, *en capital.* **capital-gains tax**: impôt sur les plus-values. **capital goods**: biens d'équipement. **capital inflow**: apport de capitaux *(fin)*. **capital intensive**: capitalistique. **capital-intensive technology**: technologie à fort coefficient de capital. **capital outlay**: dépenses d'investissement ; mise de fonds. **capital recovery factor (CRF)**: coefficient de récupération du capital. **capital stock**: capital social. **capital structure**: structure financière. **capital-surplus country**: pays à excédent de capitaux. **capital transfer**: transfert de capitaux. **capital widening**: élargissement du capital.

capitalized – capitalisé. **capitalized cost**: coût capitalisé. **capitalized expenses**: frais immobilisés.

capnometry – mesure de la densité de la fumée.

capping – coiffage *m* ; fermeture d'un puits, *procédé consistant à encapuchonner un puits en surface pour arrêter une fuite de pétrole ou de gaz* ; reprise sous contrôle, *suite d'opérations destinées à reprendre le contrôle d'un puits en éruption* ; terrain de recouvrement. **capping mass**: terrain de recouvrement.

caprolactam – caprolactame *m*, *oxo-2-hexaméthylénimine, utilisé pour la fabrication de fibres synthétiques polyamides.*

caprolactone – caprolactone *m*, *intermédiaire de synthèse organique.*

caprylamide – caprylamide *m.*

capsize (to) – chavirer.

capstan – cabestan *m* ; treuil *m.* **capstan drive**: commande par manège. **capstan drumhead**: chapeau de cabestan ; tête du cabestan. **capstan engine**: machine pour cabestan. **capstan head**: cloche de cabestan. **capstan lathe**: tour à revolver. **capstan winch**: treuil à moufle.

capsule – capsule *f.* **capsule pipeline**: pipeline à capsules.

caption – légende *f.*

captive – prisonnier. **captive production**: production captive.

captor – cours d'eau capteur, *cours d'eau pirate.*

capture – capture *f*; fixation *f.* **capture cross-section**: section efficace de capture. **K capture**: capture K *(nucl)*. **L capture**: capture L, *capture d'un électron.*

car – automobile *f* ; voiture *f.* **car bearing**: palier de wagon. **car body**: carrosserie *f.* **car coupler**: accrocheur *m*, *dispositif d'attelage.* **car industry**: industrie automobile. **car-load**: *voir carload.* **car registration**: carte grise, *permis de circulation d'une voiture.*

Caradocian – Caradocien *m*, *étage de l'Ordovicien.*

carapace – carapace *f.*

carat – carat *m*, *unité de masse égale à 2 décigrammes, employée pour l'estimation de la valeur d'un diamant, employée aussi pour mesurer la pureté de l'or.* **carat weight**: caratage *(for)*.

caravan – roulotte *f.*

carbamate – carbamate *m.*

carbamide – carbamide *m.*

carbanion – carbanion *m*, *ion négatif résultant de la rupture d'une liaison au niveau d'un atome de carbone d'une molécule organique.*

carbazole – carbazole *m*, *dibenzopyrrole.*

carbene – carbène *m*, *constituant que l'on rencontre dans les asphaltites. Il est insoluble à froid dans le tétrachlorure de carbone mais soluble dans le chloroforme et le sulfure de carbone.*

carbide – carbure *m.* **carbide bit**: outil à carbure de tungstène. **carbide furnace**: four à carbure. **carbide insert**: pastille de carbure. **carbide lamp**: lampe à carbure. **carbide slag**: laitier blanc, *de carbure.* **carbide tool**: outil au carbure.

carbinol – carbinol *m*, *alcool méthylique.*

Carbitol – *dénomination d'une série de monoéthers du diéthylène glycol.*

carbocation – carbocation *m.*

carbocyclic – carbocyclique, *se dit de composés organiques renfermant un ou plusieurs cycles formés seulement d'atomes de carbone.* **carbocyclic compound**: composé carbocyclique.

carbohydrate – glucide *m* ; hydrate de carbone.

carboid – carboïde *m*, *constituant des asphaltites insoluble dans tous les solvants, voir kerotenes.*

carbolic – carbolique. **carbolic acid**: acide carbolique, *phénol.* **carbolic oil**: huile carbolique, *huile phénolique, fraction du goudron de houille.*

carbon – carbone *m*, *symbole chim. C.* **carbon 14**: carbone 14, *isotope radioactif du carbone, la teneur en carbone 14 des sédiments permet de les dater de l'époque actuelle à 50 000 av. J.C. environ.* **carbon arc**: arc au charbon *(élec)*. **carbon-arc cutting**: coupage à l'arc au charbon. **carbon-arc welding**: soudage à l'arc au charbon. **carbon-bag electrode**: électrode à sachet de carbone. **carbon black**: noir de carbone, *provient de la combustion incomplète ou de la décomposition thermique du gaz naturel et des hydrocarbures liquides, voir aussi gas black.* **carbon bond**: liaison carbonée. **carbon brush**: balai de charbon *(élec)*. **carbon burning rate**: vitesse de combustion du carbone, *quantité de carbone brûlée par unité de temps au cours de la régénération d'un catalyseur de craquage.* **carbon chain**: chaîne carbonée *(chim)*. **carbon-combustion cell**: pile au charbon. **carbon content**: teneur en carbone. **carbon copy**: copie *f*, *au papier carbone* ; double *m.* **carbon cycle**: cycle du carbone, *échange continu et réactions du carbone à travers la matière vivante.* **carbon deposit**: calamine *f*, *dans les moteurs* ; dépôt de carbone ; encrassement *m.* **carbon dioxide**: anhydride carbonique ; dioxyde de carbone ; gaz carbonique. **carbon-dioxide fire extinguisher**: extincteur au gaz carbonique. **carbon-dioxide gas laser**: laser à gaz carbonique. **carbon-dioxide ice**: carboglace *f.* **carbon-dioxide injection**: injection de gaz carbonique. **carbon-dioxide miscible displacement**: déplacement par injection de gaz carbonique. **carbon disulfide**: sulfure de carbone, *bisulfure de carbone, dithiométhane.* **carbon electrode**: électrode de charbon. **carbon-electrode arc welding**: soudage à l'arc avec électrode de charbon. **carbon fiber**: fibre de carbone. **carbon filter**: filtre à charbon. **carbon freezing**: refroidissement au gaz carbonique, *production de basses températures au moyen de l'évaporation rapide de la neige carbonique.* **carbon granules**: fines de charbon, *coke menu.* **carbon holder**: porte-charbon *m*, *de lampe à arc.* **carbon knock**: cognement *m*, *produit dans un moteur à essence par suite de dépôts de carbone incandescent dans les cylindres.* **carbon-manganese steel**: acier au carbone-manganèse. **carbon microphone**: microphone à charbon. **carbon-molybdenum steel**: acier au carbone-molybdène. **carbon monoxide**: monoxyde de carbone ; oxyde de carbone. **carbon-monoxide detector**: détecteur d'oxyde de carbone. **carbon oxychloride**: oxychlorure de carbone. **carbon/oxygen log**: diagraphie carbone/oxygène. **carbon oxysulfide**: *voir carbonyl sulfide.* **carbon paper**: papier carbone. **carbon period**: durée de cémentation, *(métal)*. **carbon ratio**: teneur en carbone fixe, *indique le degré de métamorphisme des houilles.* **carbon-ratio theory**: théorie de White, *sur la relation dans une région entre la variation chimique des charbons exprimée par le carbon ratio et l'absence ou la présence de gisements d'hydrocarbures (d'huile ou de gaz)*. **carbon receiver**: récepteur à noir de fumée. **carbon residue**: carbone résiduel ; résidu de carbone, *formé après évaporation et pyrolyse d'un produit pétrolier.* **carbon rod**: baguette de charbon ; balai de charbon ; crayon *m, d'une lampe à arc.* **carbon skeleton**: squelette carboné. **carbon steel (CS)**: acier au carbone ; acier non allié. **carbon-steel vessel**: récipient en acier au carbone. **carbon stick**: baguette de charbon ; crayon *m.* **carbon test**: dosage du carbone. **carbon tetrachloride**: tétrachlorure de carbone.

carbonaceous – carbonacé ; carboné ; charbonneux. **carbonaceous deposit**: dépôt houiller. **carbonaceous limestone**: calcaire carboné. **carbonaceous matter**: matière charbonneuse. **carbonaceous rock**: roche carbonée. **carbonaceous shale**: schiste charbonneux.

carbonado – carbonado *m, variété impure de diamant noir, employé comme abrasif.*

carbonatation – carbonatation *f, introduction d'un groupement CO_2 dans une molécule.*

carbonate – carbonate *m* ; carbonaté. **carbonate compensation depth (CCD)**: niveau de compensation des carbonates, *profondeur à partir de laquelle le taux de dissolution des carbonates dans les dépôts marins excède le taux de déposition* ; profondeur de compensation des carbonates. **carbonate deposit**: sédiment carbonaté. **carbonate geyser**: geyser à acide carbonique. **carbonate mud**: boue carbonatée. **carbonate platform**: plate-forme carbonatée *(géol)*. **carbonate reservoir**: réservoir carbonaté. **carbonate rock**: roche carbonatée. **carbonate sediment**: sédiment carbonaté.

carbonation – carbonatation *f, processus d'altération chimique selon lequel les minéraux qui contiennent des oxydes basiques sont changés en carbonates par l'action de l'acide carbonique de l'eau ou de l'air.*

carbonatite – carbonatite *f, roche ignée.*

carbonatization – *voir carbonation.*

carbonic – carbonique. **carbonic acid**: acide carbonique. **carbonic-acid hardening**: trempe à l'acide carbonique. **carbonic ester**: ester carbonique.

carboniferous – carbonifère ; houiller. **carboniferous limestone**: calcaire carbonifère. **carboniferous rock**: roche carbonifère. **carboniferous sandstone**: grès carbonifère. **carboniferous series**: série carbonifère.

Carboniferous – Carbonifère *m, période de l'ère primaire ou paléozoïque comprise entre le Dévonien et le Permien.*

carbonite – carbonite *f, coke naturel, charbon carbonisé par une intrusion ignée.*

carbonitrided – carbonitruré. **carbonitrided steel**: acier carbonitruré.

carbonitriding – carbonitruration *f, traitement thermochimique de la surface d'un alliage ferreux.*

carbonium – *voir carbonium ion.* **carbonium ion**: carbocation *m* ; ion carbonium, *ion positif résultant au niveau d'un atome de carbone d'une molécule organique de la rupture d'une liaison.*

carbonizable – carbonisable. **carbonizable substance**: matière carbonisable, *dans la paraffine.*

carbonizate – carbonisat *m.*

carbonization – carbonisation *f, transformation de matière organique en charbon.* **carbonization index**: indice de carbonisation. **carbonization of coal**: distillation lente du charbon.

carbonizing – carbonisation *f* ; carburation *f* ; cémentation *f.* **carbonizing assistant**: adjuvant de carbonisation. **carbonizing bath**: bain de carbonisation. **carbonizing chamber**: chambre de carbonisation. **carbonizing flame**: flamme de carbonisation. **carbonizing furnace**: four de carbonisation. **carbonizing period**: durée de distillation. **carbonizing plant**: installation de cémentation.

carbonyl – carbonyle *m, radical divalent.* **carbonyl sulfide (COS)**: oxysulfure de carbone.

carbonylation – carbonylation *f, réaction chimique.*

carborane – carborane *m, nom générique de composés à base de carbone, de bore et d'hydrogène.*

Carborundum – Carborundum *m, dénomination d'un carbure de silicium utilisé comme abrasif et comme matériau réfractaire.*

Carbose – *dénomination d'une catégorie de carboxyméthylcellulose.*

Carbowax – *dénomination de polyéthylène glycols.*

carboxamide – carboxamide *m, radical chimique.*

carboxyalkylation – carboxyalkylation *f, réaction chimique.*

carboxyl – carboxyle *m, radical monovalent caractéristique des acides organiques.*

carboxylation – carboxylation *f, réaction chimique.*

carboxylic – carboxylique. **carboxylic acid**: acide carboxylique.

carboxymethylcellulose – carboxyméthylcellulose *f, CMC, glycolate de cellulose sodium.* **carboxymethyl hydroxyethyl cellulose (CMHEC)**: carboxyméthylhydroxyéthyl cellulose (CMHEC), *employé comme produit d'addition dans les ciments (for)*.

carboy – bonbonne *f* ; dame-jeanne *f.*

carburet (to) – carburer.

carbureted – carburé. **carbureted air**: air carburé. **carbureted hydrogen**: hydrogène carburé, *méthane.* **carbureted water gas**: gaz à l'eau carburé.

carburetion – carburation *f.*

carburetor – carburateur *m.* **carburetor adjustment**: réglage du carburateur. **carburetor body**: corps du carburateur. **carburetor choke**: buse du carburateur. **carburetor control**: commande du carburateur. **carburetor control rod**: tringle de commande du carburateur. **carburetor flange**: bride de carburateur. **carburetor float**: flotteur du carburateur. **carburetor float spindle**: tige de flotteur du carburateur. **carburetor icing**: givrage du carburateur. **carburetor lid**: couvercle du carburateur. **carburetor needle**: pointeau du carburateur. **carburetor nozzle**: gicleur du carburateur.

carburettor – *voir carburetor.*

carburizing – cémentation *f.* **carburizing carbon**: carbone de cémentation. **carburizing flame**: flamme de cémentation. **carburizing steel**: acier de cémentation.

carcass – carcasse *f* ; charpente *f* ; ossature *f.*

carcinogen – cancérigène *m, cancérogène.*

card – carte *f*; fiche *f*. **card catalog**: catalogue sur fiches, *fichier de bibliothèque*. **card code**: code carte. **card index**: catalogue sur fiches ; classeur *m* ; fichier *m*. **card of a compass**: rose des vents. **card punch**: perforatrice à cartes. **card reader**: lecteur de cartes, *ordinateur*.

Cardan – Cardan. **Cardan joint**: cardan *m*, *joint universel, joint de cardan* ; genou de cardan. **Cardan shaft**: arbre à la cardan.

Cardanol – *dénomination de plastifiants pour résines phénol-formol*.

cardboard – carton *m*. **cardboard wax**: cire pour carton.

care – précaution *f*; soin *m*. **care committee**: comité de bienfaisance.

careen (to) – caréner, *un navire* ; donner de la bande *(naut)* ; pencher sur le côté *(naut)*.

cargneule – cargneule *f*, *roche sédimentaire vacuolaire donnant des reliefs ruiniformes*.

cargo – cargaison *f*. **cargo boom**: mât de charge. **cargo compartment**: soute à bagages. **cargo-discharging plant**: installation de déchargement de navires. **cargo hook**: croc de charge. **cargo insurance**: assurance sur facultés, *d'un navire*. **cargo intake certificate**: certificat de chargement. **cargo liner**: cargo de ligne. **cargo manifest**: manifeste de cargaison. **cargo mix**: composition de la cargaison. **cargo outtake certificate**: certificat de déchargement. **cargo pipe**: collecteur de cargaison. **cargo pump**: pompe de cargaison. **cargo ship**: bâtiment de charge ; cargo *m* ; navire de charge. **cargo tank**: citerne de cargaison. **cargo winch**: treuil à marchandises.

carina – carène *f*, *structure anatomique*.

carinate – *voir carinate fold*. **carinate fold**: pli isoclinal.

carload – chargement de wagon-citerne, *unité de poids (production, transport) pouvant être utilisée dans l'industrie du pétrole, 1 wagon = 10 000 kg = 10 tonnes métriques*. **carload rate**: tarif par wagon complet.

carnallite – carnallite *f*, *constituant principal des potasses*.

Carnian – Carnien *m*, *étage du Triassique*.

Carnot – Carnot. **Carnot cycle**: cycle de Carnot, *cycle idéal de détente et de compression dans un moteur chaud consistant en deux isothermiques et deux adiabatiques*. **Carnot's principle**: principe de Carnot, *sur le rendement maximal d'une machine thermique*.

carnotite – carnotite *f*, *minerai d'uranium*.

carotenoid – caroténoïde *m*, *classe de pigments*.

carpet – tapis *m*.

carrageen – carragheen *m*, *algue mucilagineuse*.

carrageenan – carraghénane *f*, *ou carraghénine, polysaccharide*.

carriage – chariot *m* ; charriage *m* ; fret *m* ; port *m* ; transport *m* ; voiture *f*; wagon *m*. **carriage charges, carriage expenses**: frais de transport. **carriage forward**: port dû. **carriage free**: franco de port. **carriage grease**: graisse pour voiture. **carriage jack**: cric *m* ; lève-roues *m*. **carriage paid**: port payé. **carriage paid to...**: port payé jusqu'à..., *condition de vente*. **carriage road**: route carrossable. **carriage rope**: câble de traction.

carriageway – chaussée *f*.

carried – porté. **carried interest**: portage *m*, *c'est le droit résultant d'un arrangement entre plusieurs associés copropriétaires aux termes duquel un partenaire avance une partie des dépenses qu'il pourra récupérer en priorité sur la production future*.

carrier – entraîneur *m (nucl)* ; onde porteuse ; porteur *m* ; support *m*, *de réaction, de catalyseur, d'appareil* ; traceur *m* ; transporteur *m* ; vecteur *m* ; véhicule *m*. **carrier current**: courant porteur. **carrier fluid**: fluide porteur. **carrier frequency**: fréquence de l'onde porteuse. **carrier gas**: gaz porteur ; gaz vecteur. **carrier haulage**: acheminement par le transporteur maritime. **carrier hull**: coque porteuse, *d'un méthanier*. **carrier rock**: *voir reservoir rock*. **carrier rope**: câble porteur. **carrier wave**: onde porteuse, *train continu d'ondes électromagnétiques d'amplitude et de fréquence constante, qui sert de support au signal et le propage dans l'atmosphère*.

carry – portage *m*. **carry-back of losses**: report de pertes, *affectation des pertes fiscales d'un exercice au bénéfice d'un exercice ultérieur afin d'en diminuer le montant et par conséquent l'impôt auquel il donne lieu*. **carry-forward of losses**: *voir carry-back of losses*.

carry (to) – entraîner ; mener ; porter ; transporter ; véhiculer. **carry (to) along**: entraîner. **carry (to) down**: entraîner par précipitation ; précipiter. **carry (to) off**: enlever ; évacuer, *des vapeurs*. **carry (to) on**: conduire ; continuer ; effectuer ; réaliser. **carry (to) out**: effectuer, *une expérience* ; exécuter ; expulser. **carry (to) over**: entraîner. **carry (to) through**: mener à bonne fin.

carrying – transport *m*. **carrying agent**: agent d'entraînement. **carrying area**: surface portante. **carrying bar**: barre de support. **carrying capacity**: capacité de transport ; charge admise ; charge utile ; force portante ; portée utile. **carrying effect**: effet d'entraînement, *introduction dans l'huile à distiller d'hydrocarbures légers dont la vaporisation facilite la vaporisation de l'huile* ; entraînement à la vapeur. **carrying gate**: galerie principale, *galerie ou passage principal d'une mine*. **carrying out**: réalisation *f*. **carrying power**: capacité d'enlèvement, *d'un avion* ; portée *f*, *d'une balance* ; puissance de transport, *d'un courant*. **carrying ring**: noyau de support. **carrying rope**: câble porteur. **carrying sleeve**: fusée creuse.

carry-over – entraînement *m*, *contamination relativement peu volatile entraînée par les vapeurs de tête d'une colonne de fractionnement*.

cart – berline *f* ; charrette *f* ; fourgon *m* ; wagonnet *m*. **cart grease**: cambouis *m* ; graisse pour voiture.

cartage – camionnage *m*. **cartage expenses**: frais de camionnage.

cartel – cartel *m (écon)*.

cartographic – cartographique. **cartographic communication**: communication cartographique. **cartographic distance**: distance cartographique. **cartographic satellite**: satellite cartographique.

cartography – cartographie *f*.

cartridge – cartouche *f*. **cartridge filter**: filtre à cartouches. **cartridge fuse**: fusible à cartouche. **cartridge mask**: masque à cartouche filtrante. **cartridge starting**: démarrage par cartouche. **cartridge wire**: fil d'amorce.

carving – sculpture *f*, *modelé de terrain (géol)*.

cascade – cascade *f*. **cascade amplifier**: amplificateur en cascade. **cascade connection**: accouplement en série ; couplage en cascade ; montage en série *(élec)*. **cascade cooler**: réfrigérant à cascade. **cascade cycle**: cycle à cascade. **cascade liquefaction**: liquéfaction en cascade, *procédé de liquéfaction du gaz naturel*. **cascade liquefier**: liquéfacteur en cascade, *appareil employé pour liquéfier l'air, l'oxygène, etc*. **cascade sequence**: séquence en cascade, *séquence dans laquelle les cordons de soudure sont déposés en couches se recouvrant les unes les autres (soudage)*. **cascade shower**: gerbe en cascade, *gerbe de rayons cosmiques*. **cascade theory**: théorie des cascades. **cascade tray**: plateau à cascade *(raf)* ; plateau à gradins.

cascading – plongée d'eau, *courant marin vertical*.

case – boîte *f*; caisse *f*; casse *f*, *typographie* ; châssis *m* ; coffret *m* ; coquille *f*, *d'un géophone* ; écrin *m*. **case hardened**: cémenté ; trempé à la surface. **case-hardened steel**: acier cémenté. **case hardening**: cémentation *f*; trempe superficielle.

case – cas *m*. **case history**: cas concret, *historique des faits qui ont conduit à la découverte d'un champ d'huile ou de gaz, mettant l'accent sur les méthodes de découverte* ; étude de cas ; exemple type ; historique *m*. **case law**: jurisprudence *f*. **case of force majeure**: cas de force majeure.

case (to) – blinder ; chemiser ; emballer ; envelopper ; tuber.

cased – emballé ; tubé, *pour un puits*. **cased-hole completion**: complétion d'un puits tubé. **cased-hole logging**: diagraphie en trou tubé. **cased product**: produit conditionné. **cased well**: puits tubé.

cash – argent comptant ; espèces numéraires. **cash and carry**: paiement comptant et enlèvement, *des marchandises par l'acheteur*. **cash bonus**: paiement pas-de-porte, *droit d'entrée payé d'avance au concédant par le titulaire d'un périmètre de recherche. Ce droit d'entrée est fonction du nombre d'acres ou de kilomètres carrés*. **cash book**: livre de caisse ; sommier *m*. **cash cost**: coût marginal d'exploitation *(prod)*. **cash flow**: flux de trésorerie ; marge brute d'autofinancement (MBA). **cash forecast**: plan de trésorerie. **cash grants for investments**: bonification d'investissement. **cash holdings**: avoirs en caisse ; solde de trésorerie. **cash less discount**: comptant avec escompte. **cash management**: gestion de trésorerie. **cash offer**: offre réelle. **cash on delivery**: paiement à la livraison ; contre remboursement. **cash on order**: comptant à la commande. **cash payment**: comptant *m* ; paiement comptant ; paiement en espèces. **cash price**: prix au comptant. **cash sale**: vente au comptant. **cash shortage**: déficit de trésorerie. **cash substitute royalty**: *voir compensatory royalty*. **cash with order**: payable à la commande. **in cash**: en espèces.

casing – boîtier *m* ; carter *m* ; chemise *f*; cuvelage *m*; enveloppe *f*, *de pneu, etc*; fourreau *m*; gainage de protection, *des pipelines, lors du passage de voies publiques ou de points spéciaux*; tubage *m*, *éléments tubulaires dont on revêt la paroi interne d'un trou de forage pour la maintenir, le tubage est fixé par cimentation*. **casing adapter**: réducteur de tubage, *permettant de raccorder deux tubages de diamètre différent*. **casing anchor packer**: packer à ancre pour tubage *(for)*. **casing bowl**: cloche de repêchage à coins ; outil de repêchage à coins, *permettant de saisir par l'extérieur un corps cylindrique*. **casing cementing**: cimentation du tubage. **casing-cementing aids**: habillage de la colonne de tubage. **casing centralizer**: centreur de colonne de tubage *(for)*. **casing clamp**: anneau de retenue ; collier de retenue. **casing collar**: joint de tubage, *entre deux éléments de tubage*. **casing-collar locator**: détecteur de joints de tubage. **casing-collar log (CCL)**: diagraphie de joints de tubage. **casing conductor**: tube guide. **casing coupling**: accouplement de tubage ; manchon de tubage. **casing cover**: couvercle de carter. **casing cutter**: coupe-tube *m*. **casing depth**: profondeur du sabot de tubage. **casing dog**: arrache-tube *m*. **casing elevator**: élévateur de tubage, *collier de verrouillage supporté par des étriers et servant à la manoeuvre des tubages*. **casing-failure elimination tool**: appareil de contrôle des tubages. **casing fitting**: raccord d'enveloppe. **casing float**: flotteur à tube, *soupape intercalée dans le tubage et permettant le mouvement du liquide dans un seul sens*. **casing float collar**: manchon de tubage à soupape *(for)*. **casing float shoe**: sabot à soupape. **casing floating**: flottage d'un tubage. **casing grab**: accroche-tube *m*. **casing gun**: perforateur de tubage, *appareil émettant des projectiles forant des trous dans un tubage en place*. **casing hanger**: coin de suspension *(for)* ; coins en griffes, *dispositif de suspension du tubage* ; raccord de suspension du tubage. **casing hook**: crochet à tubage, *gros crochet attaché au palan de manoeuvre et pouvant prendre les étriers de l'élévateur à tube*. **casing knife**: coupe-tube *m*, *appareil permettant de tronçonner par l'intérieur un tubage en place*. **casing landing**: pose du tubage. **casing line**: câble de levage, *câble de treuil de manoeuvre*. **casing-line pulley**: poulie de câble de tubage. **casing of a boiler**: chemise d'une chaudière. **casing packer**: packer pour colonne, *garniture étanche*. **casing patching**: rapiéçage d'un tubage. **casing perforation**: perforation du tubage. **casing perforator**: perforateur de tubage. **casing pipe**: tube de cuvelage ; tube de revêtement. **casing point**: cote définitive d'un tubage *(for)*. **casing potential**: potentiel spontané enregistré dans un sondage. **casing-potential profile log**: diagraphie de potentiel du tubage. **casing pressure**: pression de cuvelage, *pression dans l'espace annulaire entre le tubage et le tube de production* ; pression de tubage. **casing protector**: protecteur de tubage, *pour protéger le dernier tubage mis en place*. **casing rack**: râtelier à tubage. **casing-racker head**: tête d'agrippage. **casing ripper**: incise-tube *m*. **casing roller**: mandrin de cylindrage, *outil servant à restaurer un tubage écrasé ou déformé dans son diamètre et sa forme première*. **casing scraper**: racleur de tubage, *aléseur permettant de gratter la paroi d'un puits et d'éliminer la pellicule de ciment qui pourrait gêner la pose d'un packer*. **casing-seal assembly**: anneau d'étanchéité du tubage.

casing seat: siège du sabot. **casing setting depth**: profondeur de pose du tubage. **casing shoe**: sabot de cuvelage ; sabot de tubage. **casing slips**: coins de retenue pour tubage *(for)*. **casing spear**: poire de repêchage *(for)*. **casing spider**: support de tubage à coins, *pièce fondue en cône creux garnie de coins et supportant une colonne de tubes.* **casing splitter**: incise-tube *m, appareil servant à couper les tubes en place suivant leur axe, voir casing ripper.* **casing spool**: bride d'ancrage pour tubage, *pièce comportant deux brides destinées à la suspension d'un tubage* ; raccord double-bride pour tubage ; tête de tubage. **casing stabbing basket**: nacelle de tubage. **casing strength factor**: coefficient de résistance du tubage. **casing string**: colonne de cuvelage ; colonne de tubage ; train de tubage. **casing supporting ability**: pouvoir de sustentation du tubage. **casing swage**: redresse-tubes *m (for), s'écrit aussi casing swedge.* **casing tester**: vérificateur de tubage, *appareil de contrôle de fermeture d'eau.* **casing tongs**: clés de tubage. **casing wagon**: chariot à tubes, *petit chariot bas supportant et guidant le bas d'un élément de tube lors de son introduction dans la tour.* **casing with inserted joints**: tubage à emboîtements ; tubage à rétreint, *tube portant un filetage mâle à une extrémité et un filetage femelle à l'autre.*

casinghead – tête de sonde ; tête de tubage, *pièce terminale du cuvelage d'un sondage.* **casinghead control**: contrôle de tête de puits. **casinghead gas**: gaz de pétrole, *de tête de sonde.* **casinghead-gas clause**: clause du gaz de pétrole, *dans le contrat d'une concession, redevance pour le gaz produit par un puits de pétrole et récupéré.* **casinghead gasoline**: essence naturelle. **casinghead-gasoline plant**: unité de dégazolinage. **casinghead housing**: tête de tubage de base. **casinghead pressure**: pression en tête de l'espace annulaire ; pression en tête de tubage. **casinghead spool**: tête de tubage à doubles brides. **casinghead tank**: réservoir de tête de puits.

cask – baril *m* ; fût *m* ; tonneau *m.*

cassava – manioc *m.*

cassette – cassette *f.*

cassiterite – cassitérite *f, minerai d'étain.*

cast – coulée *f* ; couleur d'une huile ; fluorescence *f* ; jet *m* ; moulage *m* ; pièce coulée, *ou moulée* ; reflet *m.* **cast aluminum**: aluminium de fonte. **cast brass**: laiton de fonte. **cast concrete**: béton coulé ; béton moulé. **cast furnace**: fourneau de fonderie. **cast in mold**: coulé en moule. **cast in one**: venue de fonte en une pièce. **cast iron**: fonte *f.* **cast-iron liner**: chemise en fonte. **cast-iron mold**: coquille *f, moule en fonte.* **cast metal**: métal coulé. **cast of an oil**: reflet d'une huile. **cast steel**: acier moulé, *fonte d'acier.* **cast-steel works**: aciérie *f.* **cast structure**: structure de coulée. **cast welding**: soudage par moulage.

cast (to) – couler *(métal)* ; fondre ; jeter ; mouler.

castellated – crénelé ; ruiniforme. **castellated nut**: écrou crénelé. **castellated rock**: rocher ruiniforme.

caster – chasse *f, inclinaison vers l'avant ou vers l'arrière de l'axe des pivots de direction (auto)* ; couleur *m, ouvrier métallurgiste.* **caster angle**: angle de chasse *(auto)*. **caster wheel**: roue pivotante.

casting – coulage *m* ; coulée *f (métal)* ; fonte *f* ; moulage *m* ; pièce coulée. **casting bed**: lit de coulée. **casting block**: lingot *m.* **casting car**: chariot de coulée. **casting conduit**: orifice de coulée. **casting crane**: grue de fonderie. **casting form**: moule *m.* **casting ladle**: poche de coulée. **casting pattern**: modèle de fonderie. **casting pit**: fosse de coulée. **casting skin**: croûte de la fonte. **casting steel**: acier de moulage, *acier fondu.* **casting temperature**: température de coulée.

castor – *voir castor oil.* **castor oil**: huile de ricin.

casts – figures de courant, *sur le fond sous-marin.*

casual – fortuit. **casual expenses**: frais imprévus.

casualty – accidenté *m* ; sinistre *m.* **casualty insurance**: assurance contre les accidents.

cat – *abrév. de caterpillar, et de catalytic.* **cat cracker**: craqueur catalytique ; unité de craquage catalytique. **cat wagon**: tracteur à chenilles, *utilisé dans l'érection du matériel lourd de forage.*

cat – chat *m.* **cat's eye**: catadioptre *m* ; oeil de chat, *variété de chrysobéryl (minér)*. **cat's paw**: risée *f, de vent.*

catabolism – catabolisme *m (biochim)*.

Catacarb – *dénomination d'un procédé d'adoucissement de gaz.*

cataclasis – cataclase *f, broyage d'une roche et de ses éléments.*

cataclastic – cataclastique, *se dit des roches cristallines dont les minéraux ont été broyés, déchiquetés, puis recimentés.* **cataclastic breccia**: brèche tectonique. **cataclastic metamorphism**: métamorphisme cataclastique. **cataclastic rock**: roche cataclastique. **cataclastic structure**: structure cataclastique.

cataclinal – cataclinal, *se dit d'un versant incliné dans le même sens que les couches.*

cataclysm – cataclysme *m.*

Catadiene – *dénomination d'un procédé de conversion catalytique de paraffines en mono ou dioléfines.*

catagenesis – catagenèse *f, changements dans les roches sédimentaires déjà formées.*

catalog, catalogue – catalogue *m.*

catalyse (to) – *voir to catalyze.*

catalysis – catalyse *f.*

catalyst – catalyseur *m.* **catalyst activity**: activité du catalyseur, *dans une réaction catalytique, on peut l'exprimer par le pourcentage de conversion par unité de poids de catalyseur et par unité de temps.* **catalyst carrier**: *voir catalyst support.* **catalyst chamber**: chambre catalytique. **catalyst holdup**: quantité de catalyseur, *contenue dans une unité de craquage catalytique.* **catalyst life**: vie d'un catalyseur. **catalyst poison**: poison de catalyseur. **catalyst poisoning**: empoisonnement du catalyseur. **catalyst promoter**: activateur de catalyseur. **catalyst residence time**: temps de séjour moyen d'un catalyseur, *dans un réacteur.* **catalyst riser**: élévateur de catalyseur. **catalyst selectivity**: sélectivité du catalyseur, *exprimée par le rapport des activités de deux réactions qui peuvent se produire simultanément sur un catalyseur.* **catalyst support**: support catalytique ; support de catalyseur. **catalyst-to-oil ratio**: rapport catalyseur/huile.

catalytic – catalytique. **catalytic action**: action catalytique. **catalytic agent**: agent catalytique. **catalytic**

alkylation: alkylation catalytique. **catalytic burner**: brûleur catalytique. **catalytic carbon**: carbone catalytique, *dans le craquage catalytique, carbone provenant de la réaction du craquage ; la quantité varie avec les conditions opératoires.* **catalytic coefficient**: coefficient catalytique. **catalytic conservative hydrogenation**: hydrogénation catalytique non destructive. **catalytic converter**: craqueur catalytique ; pot catalytique ; unité de craquage catalytique. **catalytic cracker**: craqueur catalytique ; unité de craquage catalytique. **catalytic cracking**: craquage catalytique. **catalytic dehydrogenation**: déshydrogénation catalytique. **catalytic desulfurization**: désulfuration catalytique. **catalytic-exchange reaction**: réaction à échange catalytique, *ou d'échange catalytique.* **catalytic hydrogenation**: hydrogénation catalytique. **catalytic incineration**: incinération catalytique. **catalytic isomerization**: isomérisation catalytique. **catalytic load**: charge catalytique. **catalytic muffler**: pot catalytique, *utilisé pour réduire les niveaux d'hydrocarbures, d'oxydes de carbone et d'azote dans les gaz d'échappement des véhicules à moteur à essence.* **catalytic naphtha**: naphta catalytique. **catalytic polymer gasoline**: essence de polymérisation catalytique. **catalytic polymerization**: polymérisation catalytique. **catalytic process**: procédé catalytique. **catalytic reactor**: réacteur catalytique. **catalytic reforming**: reformage catalytique. **catalytic site**: site catalytique, *site actif.* **catalytic tower**: tour catalytique.

catalyze (to) – catalyser.

catamaran – catamaran *m (naut).*

cataphoresis – cataphorèse *f*; électrophorèse *f.*

catapult – catapulte *f.*

catastrophe – catastrophe *f.*

catastrophism – catastrophisme *m, théorie expliquant les changements survenus sur le globe terrestre par des catastrophes* ; théorie cataclysmique *(géol).*

catathermal – catathermal.

catazone – *voir katazone.*

catch – arrêt *m* ; cliquet *m* ; cran *m* ; taquet *m.* **catch basin**: bassin collecteur ; puisard *m.* **catch bolt**: verrou d'entraînement. **catch button**: bouton de déclic. **catch drain**: caniveau d'écoulement ; caniveau de drainage. **catch feeder**: canal d'irrigation. **catch hook**: crochet de sauvetage *(for).* **catch pin**: vis de blocage. **catch plate**: plateau porte-mandrin. **catch rod**: tringle de verrou. **catch title**: titre abrégé, *d'un ouvrage catalogué.* **catch-up carbonate**: carbonate à géométrie sigmoïdale, *dépôt carbonaté du cortège sédimentaire de haut-niveau à profil de sédimentation sigmoïdal.* **catch wrench**: clé de retenue.

catchall – attrape-tout *m, outil d'extraction des débris dans les puits.*

catcher – attrapeur *m* ; bloqueur *m, système anti-rebond* ; collecteur de poussière ; preneur *m* ; récupérateur *m, de carotte, de ferraille.*

catching – engrenage *m* ; engrenure *f.* **catching groove**: rainure de repêchage, *rainure portée par un outil et facilitant la prise des appareils de repêchage.*

catchment – captage *m.* **catchment area**: aire de drainage ; bassin de réception ; bassin hydrographique.

catchpot – séparateur *m.*

catchword – mot souche ; réclame en bas de page.

catechol – catéchine *f, catéchol, pyrocatéchine.*

category – catégorie *f.*

catenary – caténaire ; chaînette *f, courbe.* **catenary anchor-leg mooring (CALM)**: amarrage à chaîne caténaire ; amarrage sur caténaire avec une seule tige d'ancre. **catenary mooring**: amarrage caténaire. **catenary suspension**: suspension caténaire.

cater (to) – approvisionner.

caterpillar – chenille *f.* **caterpillar drive**: traction à chenilles. **caterpillar gate**: vanne à chenilles. **caterpillar tractor**: tracteur à chenilles. **caterpillar truck**: camion à chenilles.

Catforming – *dénomination d'un procédé de reformage catalylique à catalyseur fixe.*

catgut – boyau de chat ; catgut *m.*

cathead – cabestan *m (for).* **cathead line**: *voir catline.*

cathode – cathode *f, électrode négative.* **cathode bias**: résistance de cathode. **cathode cleaning**: dégraissage cathodique. **cathode efficiency**: rendement cathodique. **cathode layer**: couche cathodique. **cathode pickling**: décapage cathodique. **cathode ray**: rayon cathodique, *faisceau d'électrons émis par la cathode dans un tube à vide.* **cathode-ray oscilloscope (CRO)**: oscilloscope à rayon cathodique. **cathode-ray screen**: écran à tube cathodique ; écran cathodique. **cathode-ray tube (CRT)**: tube cathodique ; tube à rayon cathodique. **cathode sputtering**: pulvérisation cathodique. **cathode stream**: rayon cathodique.

cathodic – cathodique. **cathodic corrosion**: corrosion cathodique. **cathodic inhibitor**: inhibiteur cathodique. **cathodic polarization**: polarisation cathodique. **cathodic protection**: protection cathodique.

cathodoluminescence – cathodoluminescence *f.*

cathodophosphorescence – cathodophosphorescence *f.*

catholyte – catholyte *m.*

cation – cation *m, ion à charge positive.* **cation exchange**: échange de cations. **cation-exchange capacity (CEC)**: bases échangeables *(géoch)* ; capacité d'échange de cations *(diag).* **cation-exchange resin**: résine cationique ; résine échangeuse cationique.

cationic – composé cationique. **cationic detergent**: détergent cationique. **cationic emulsion**: émulsion cationique. **cationic polymerization**: polymérisation cationique. **cationic reagent**: réactif cationique. **cationic surfactant**: surfactant cationique.

catline – câble de cabestan. **catline grips**: serre-câble de sécurité. **catline sheave**: poulie de câble de cabestan, *petite poulie du moufle fixe sur laquelle passe le câble du cabestan employé pour les manoeuvres auxiliaires de levage (for).*

catogene – catogène, *se dit de roches sédimentaires formées par des dépôts venus d'en haut, comme des matières en suspension.*

catpoly – *abrév. de catalytic polymerization.*

catshaft – arbre de cabestan.

catwalk – aire de stockage des tiges, *endroit où sont stockées les tiges prêtes à être utilisées* ; coursive *f* ; passerelle *f, chemin étroit au sommet* *des réservoirs* ; plan incliné, *par lequel les outils et le matériel tubulaire sont montés ou descendus vers le plancher de forage* ; rampe de manutention.

catworks – treuil auxiliaire *(for)*.

cauldron – chaudière *f*; chaudron *m*; effondrement circulaire ; gouffre *f (océan)*.

caulk (to) – calfater ; étancher ; imperméabiliser.

caulked – calfaté. **caulked joint**: joint calfaté ; joint maté.

caulking – calfatage *m* ; calfeutrage *m* ; matage *m*. **caulking agent**: agent de matage.

causal – causal, *désigne des signaux dont l'amplitude est nulle avant un certain instant origine* ; réalisable, *se dit d'un signal.*

causality – causalité *f.*

cause – cause *f.* **cause beyond control**: cas de force majeure. **cause-effect relationship**: relation de cause à effet.

causeway – chaussée sur remblai ; route sur digue.

caustic – *abrév. de caustic soda* ; caustique *f, surface à deux nappes, lieu des centres de courbure principaux d'une surface d'onde* ; caustique ; corrosif. **caustic alkali**: alcali caustique, *terme employé vulgairement pour désigner l'hydroxyde de sodium ou de potassium.* **caustic by reflection**: catacaustique ; caustique par réflexion. **caustic curve**: caustique *f, surface courbe qui enveloppe un faisceau de rayons lumineux.* **caustic dip**: bain caustique. **caustic embrittlement**: fragilité caustique. **caustic lye**: lessive caustique. **caustic metamorphism**: métamorphisme caustique. **caustic potash**: potasse caustique. **caustic regeneration tower**: tour de régénération de la soude caustique. **caustic scrubbing**: épuration à la soude caustique. **caustic soda**: soude caustique. **caustic-soda cell**: pile à soude caustique. **caustic-soda solution**: solution de soude caustique. **caustic stone**: pierre à cautère, *nitrate d'argent.* **caustic treatment**: traitement à la soude caustique. **caustic-wash tower**: tour de lavage à la soude caustique. **caustic washing**: lavage à la soude caustique.

causticity – causticité *f.*

caustobiolith – caustobiolite *f, roche organique combustible.*

caution – attention *f*; prudence *f.* **caution board**: tableau avertisseur.

cave – caverne *f*; éboulement *m* ; foudroyage *m* ; grotte *f.* **cave deposit**: dépôt de fonds. **cave-in lake**: lac d'effondrement. **cave pearl**: perle de caverne, *pisolite de caverne.*

cave (to) – caver. **cave (to) in**: s'ébouler ; s'effondrer ; foudroyer.

caved – éboulé ; effondré ; foudroyé.

cavern – caverne *f.*

cavernous – alvéolaire ; caverneux. **cavernous limestone**: calcaire alvéolaire ; calcaire caverneux. **cavernous vein**: filon caverneux, *filon à cavernes.*

caving – éboulement *m, débris de terrains détachés des parois et tombés au fond du sondage* ; foudroyage *m, exploitation par foudroyage (mine)*. **caving formation**: formation éboulante ; terrain boulant ; terrain ébouleux. **caving from the upper portion of the hole**: éboulement de la partie supérieure du sondage. **caving in of the walls of a borehole**: éboulement des parois d'un puits.

cavitation – cavitation *f, formation de cavités au sein des liquides sous l'effet de vibrations à fréquence élevée.* **cavitation erosion**: érosion par cavitation.

cavity – cavité *f*; chambre *f*; creux *m.* **cavity resonator**: cavité résonnante *(phys)*.

cavy – éboulant, *qualifie une formation qui s'effondre dans le puits, on dit que le trou ne tient pas (for)*.

cay – caye *f, récif de corail.*

CBL – *abrév. de cement bond log.*

CBM – *abrév. de constant boiling mixture.*

CBT – *abrév. de clean-ballast tank.*

cc – *abrév. de cubic centimeter, le symbole correct est* cm^3.

CC – *abrév. de card code : code carte (mécanographie), de cotton covered : à guipage coton.*

CCD – *abrév. de carbonate compensation depth.*

CCI – *abrév. de calculated cetane index.*

CCL – *abrév. de casing-collar log.*

CCMAC – CCMC, *abrév. de Committee of Common Market Automobile Constructors : Comité des Constructeurs du Marché Commun.*

CCP – *abrév. de critical compression pressure.*

CCR – *abrév. de critical compression ratio.*

CCS – *abrév. de cold-cranking simulator.*

CCTV – *abrév. de closed-circuit television.*

cd – cd, *symbole de candela.*

CDP – *abrév. de common depth point : couverture multiple.* **CDP collection**: traces regroupées en point-miroir commun *(sism)*. **CDP fold order**: ordre de couverture. **CDP gather**: *voir common-depth-point gather* ; traces regroupées en point-miroir commun.

CDPS – *abrév. de common-depth-point stack : somme en point-miroir commun.*

CDT – *abrév. de cyclododecatriene.*

CEA – *abrév. de Council of Economic Advisors.*

CEC – *abrév. de cation exchange capacity, de Coordinating European Council.*

ceiling – plafond *m, hauteur maximale que peut atteindre un avion, hauteur d'une galerie, pour la météo, voir height of cloud base* ; vaigrage *m (navire)*. **ceiling price**: prix plafond.

celerity – célérité *f, vitesse de propagation d'un signal.*

celestial – céleste. **celestial body**: astre *m.* **celestial equator**: équateur céleste. **celestial fix**: point astronomique. **celestial horizon**: horizon astronomique *(nav)*. **celestial latitude**: latitude céleste. **celestial longitude**: longitude céleste. **celestial mechanics**: mécanique céleste. **celestial navigation**: navigation astronomique. **celestial parallel**: parallèle céleste. **celestial refraction**: réfraction astronomique. **celestial sphere**: sphère céleste.

celestite – célestine *f (minér)*.

cell – alvéole *f*; cellule *f*; maille *f (crist)* ; pile *f.* **cell connector**: connexion d'éléments ; pont de connexion. **cell constant**: constante d'un élément. **cell electrochemical potential**: potentiel électrochimique d'une pile. **cell-like**: alvéolaire. **cell lining**: revêtement de cellule. **cell texture**: texture alvéolaire, *texture poreuse* ; texture cellulaire.

cellar – cave *f* ; cave avant-puits, *excavation creusée en début de forage pour recevoir l'appareillage de tête de puits.* **cellar deck**: plancher inférieur au plancher de forage ; pont inférieur *(for)*. **cellar oil**: huile d'aval-pendage, *huile piégée au mur des réservoirs, huile située au-dessous des perforations les plus basses de la sonde la plus basse.*

cellophane – cellophane *f, cellulose régénérée de viscose.*

Cellosolve – *dénomination d'un éther éthylglycolique utilisé comme solvant.*

Celluflex – *dénomination d'un produit d'addition pour lubrifiants.*

cellular – alvéolaire ; cellulaire. **cellular concrete**: béton cellulaire. **cellular-concrete construction**: ouvrage constitué par des alvéoles de béton. **cellular dolomite**: cargneule *f, roche sédimentaire carbonatée* ; dolomie caverneuse. **cellular lava**: lave boueuse *(géol)*. **cellular plastic**: matière plastique alvéolaire. **cellular structure**: structure cellulaire.

cellulose – cellulose *f.* **cellulose acetate butyrate**: acétobutyrate de cellulose. **cellulose acetate propionate**: acétopropionate de cellulose. **cellulose ester**: ester cellulosique. **cellulose ether**: éther cellulosique. **cellulose filter**: filtre à cellulose. **cellulose lacquer**: laque cellulosique. **cellulose nitrate**: nitrate de cellulose. **cellulose triacetate**: triacétate de cellulose. **cellulose xanthate**: xanthogénate de cellulose, *viscose.*

Celsius – Celsius. **Celsius degree**: degré Celsius, *unité de température SI (remplace les anciennes appellations : degré centésimal ou degré centigrade), symbole* °C. **Celsius temperature**: température Celsius. **Celsius temperature scale**: échelle Celsius, *dans l'échelle Celsius les valeurs 0 et 100 sont données à la glace fondante et à l'eau bouillante sous pression atmosphérique normale ; ancienne échelle centigrade.*

celyphytic – *voir kelyphytic.*

cement – cément *m* ; ciment *m* ; mortier *m.* **cement bin**: silo à ciment. **cement binder**: liant pour ciment. **cement-bond log (CBL)**: diagraphie d'adhésivité du ciment, *diagraphie acoustique pour analyser la qualité de la cimentation des tubages.* **cement-bond quality**: adhésivité du ciment *(for)*. **cement coating**: enduit de ciment. **cement copper**: cuivre de cémentation. **cement dump bailer**: cuiller pour mise en place du ciment. **cement float collar**: anneau à soupape *(for)* ; manchon de cimentation à clapet antiretour, *ou à bille antiretour.* **cement float-shoe**: sabot de ciment à soupape, *(for)*. **cement gold**: or cémentatoire. **cement grout**: coulis de ciment. **cement grouting**: injection de ciment. **cement gun**: mitrailleuse à ciment. **cement hardening**: prise du ciment. **cement hopper**: trémie à ciment. **cement injector**: injecteur de ciment. **cement mill**: broyeur à ciment. **cement mixer**: bétonnière *f* ; mélangeur pour ciment. **cement mortar**: mortier de ciment. **cement packer**: packer de cimentation *(for)*. **cement plug**: bouchon de ciment *(for)*. **cement retainer**: obturateur de cimentation ; packer de cimentation sous pression *(for)* ; presse-étoupe de cimentation, *appareil permettant de réaliser l'étanchéité entre les tiges de forage ou des tubes de pompage et le cuvelage pour faire remonter du ciment derrière celui-ci à partir d'un point déterminé.* **cement-setting accelerator**: accélérateur de prise. **cement-setting retarder**: retardateur de prise de ciment. **cement shattering**: éclatement du ciment de consolidation, *dans un puits.* **cement shoe**: sabot de ciment. **cement slurry**: coulis de ciment ; laitier de ciment. **cement steel**: acier cémenté ; acier de cémentation. **cement stone**: calcaire à ciment. **cement strength**: résistance du ciment. **cement weigher**: balance à ciment.

cementation – cémentation *f, transformation superficielle d'un alliage métallique par absorption d'un nouvel élément ; quand celui-ci n'est pas précisé, il s'agit généralement de carbone* ; cimentation *f, pour les puits de pétrole, voir cementing.* **cementation carbon**: carbone de cémentation. **cementation factor**: facteur de cémentation ; facteur de cimentation. **cementation powder**: poudre à cémenter. **cementation zone**: zone de cémentation.

cementer – manchon de cimentation.

cementing – cimentation *f, qualifie toute opération ayant pour but la mise en place de ciment dans un sondage, la plus classique est la cimentation du tubage qui en assure la fixation et exclut toute venue d'eau.* **cementing basket**: ombrelle de cimentation ; panier de cimentation. **cementing collar**: manchon de cimentation. **cementing depth**: profondeur de cimentation. **cementing head**: tête de cimentation *(for)*. **cementing hose**: flexible de cimentation. **cementing nipple**: manchon de cimentation. **cementing outfit**: équipement de cimentation. **cementing plug**: bouchon de cimentation *(for)*. **cementing pump**: pompe à cimentation. **cementing shoe**: sabot de cimentation. **cementing string**: colonne de cimentation. **cementing unit**: groupe de cimentation.

cementite – cémentite *f, carbure de fer.*

cemf – fcem, *abrév. de counterelectromotive force : force contre-électromotrice.*

Cenomanian – Cénomanien *m, étage du Crétacé.*

cenosphere – cénosphère *f, sphère charbonneuse creuse produite durant la combustion de fuel-oils ou de charbon.*

cenotypal – *voir neovolcanic.*

Cenozoic – Cénozoïque *m, ère géologique dans laquelle on groupe généralement le Tertiaire et le Quaternaire, mais parfois pris aussi comme équivalent du Tertiaire.*

cenozone – *voir assemblage zone.*

center – centre *m.* **center bit**: foret centré, *mèche anglaise à trois pointes.* **center boss**: moyeu *m, renflement central.* **center boss of paddle wheel**: moyeu d'une roue à aube. **center cap**: chapeau de pivot. **center irons**: palier du balancier, *dans la machine au câble ou le pompage à balancier, ensemble des pièces constituant le pivot du balancier.* **center-latch elevator**: élévateur à ouverture centrale. **center line**: ligne des centres. **center mark**: coup de pointeau. **center-nozzle jet bit**: outil à jet à duse centrale. **center of area**: centre de surface, *centre de gravité d'une région homogène à deux dimensions.* **center of**

buoyancy: centre de carène ; centre de poussée. **center of configuration**: centre de configuration, *point de symétrie dans une électrode*. **center of curvature**: centre de courbe. **center of flotation**: centre de flottaison. **center of gravity**: centre de gravité. **center of gyration**: centre giratoire. **center of inertia**: centre d'inertie, *centre de masse*. **center of mass**: barycentre *m* ; centre de masse. **center point**: centre de scène ; point central. **center punch**: pointeau *m*. **center tank**: citerne centrale.

centerboard – dérive *f (nav)*.

centering – cintre *m* ; opération de centrage.

centerline – axe *m*.

centesimal – centésimal, *pour la température utiliser Celsius*.

centi – centi, *préfixe du sous multiple décimal* 10^{-2}, *soit 0,01, symbole* c.

centigrade – centigrade, *pour la température utiliser Celsius*. **centigrade degree**: degré centigrade, *ou degré centésimal, l'appellation SI est degré Celsius*. **centigrade heat unit (CHU)**: *dénomination d'une unité de chaleur anglaise quelquefois appelée pcu : pound centigrade unit, 1 CHU = 1900,44 J*. **centigrade scale**: échelle centigrade, *voir Celsius temperature scale*.

centimeter – centimètre *m*, *1 cm = 0,393704 pouce*.

centimeter-gram-second – centimètre-gramme-seconde (cgs), *unités de base du système cgs*.

centipoise – centipoise *m*, (cP) *en SI on utilise le millipascal-seconde*.

centistokes – centistokes *m* (cSt), *en SI on utilise le millimètre carré par seconde*.

central – central. **central axis**: axe central. **central fiber core**: âme en textile. **central force**: force centrale. **central hearth**: foyer central. **central heating**: chauffage central. **central jack plant**: installation principale de pompage, *distribuant l'énergie à des installations secondaires*. **central lubrication, centralized lubrication**: graissage centralisé. **central map projection**: projection centrale, *carte*. **central perspective**: perspective centrale. **central power-control panel**: tableau d'alimentation générale. **central processing unit (CPU)**: unité centrale, *d'un ordinateur*. **central pumping power**: station centrale de pompage. **central station**: centrale *f*. **central strand**: âme d'un câble.

centralizer – centreur *m*.

centre – *voir center*.

centreline – *voir centerline*.

centrifugal – centrifuge. **centrifugal acceleration**: accélération centrifuge. **centrifugal blower**: ventilateur centrifuge. **centrifugal brake**: frein centrifuge. **centrifugal casting**: coulée centrifuge, *(métal)*. **centrifugal clarification**: clarification centrifuge. **centrifugal clutch**: embrayage centrifuge. **centrifugal compressor**: compresseur centrifuge. **centrifugal crusher**: broyeur centrifuge. **centrifugal dehydrator**: déshydrateur centrifuge. **centrifugal dewaxing**: déparaffinage par centrifugation. **centrifugal-disk atomization**: atomisation à disque tournant. **centrifugal drier**: essoreuse centrifuge. **centrifugal fan**: ventilateur centrifuge. **centrifugal filter**: filtre centrifuge. **centrifugal force**: force centrifuge. **centrifugal governor**: régulateur centrifuge. **centrifugal ignition**: allumage centrifuge. **centrifugal molecular still**: appareil de distillation moléculaire centrifuge. **centrifugal oil cleaner**: épurateur centrifuge d'huile. **centrifugal oil separator**: séparateur centrifuge pour huiles. **centrifugal oiler**: graisseur centrifuge. **centrifugal process**: procédé centrifuge. **centrifugal pump**: pompe centrifuge. **centrifugal separation**: séparation par centrifugation. **centrifugal settler**: décanteur centrifuge ; séparateur centrifuge. **centrifugal volute-type pump**: pompe centrifuge à volute.

centrifuge – centrifugeuse *f*. **centrifuge method**: méthode centrifuge. **centrifuge tube**: tube de centrifugeuse.

centripetal – centripète. **centripetal flow**: écoulement centripète. **centripetal force**: force centripète.

centroclinal – *voir periclinal*.

centroid – centroïde *m*, *point fictif désignant le barycentre d'une configuration géométrique*.

CEP – CEP, *abrév. de Car Efficiency Parameter, exprime la relation taux de compression-exigence en octane et taux de compression-rendement d'un moteur d'automobile*.

cephalon – céphalon *m*, *tête d'un trilobite*.

cephalopod – céphalopode *m (pal)*.

cepstrum – cepstre *m*, *traitement des signaux acoustiques (anagramme de spectre)* ; log-spectre *m*. **cepstrum analysis, cepstral analysis**: analyse cepstrale.

ceramic – céramique *f*; produit céramique. **ceramic fiber**: fibre céramique. **ceramic fuel**: combustible céramique, *substance combustible, comme par exemple l'oxyde ou le carbure d'uranium*.

ceratite – cératite *m*, *genre d'ammonite*.

CERC – *abrév. de Coordinating Equipment Research Committee*.

CERCLA – *acronyme de Comprehensive Environmental Response, Compensation and Liability Act*.

Cerenkov – Cerenkov. **Cerenkov counter**: compteur de Cerenkov, *pour la détection de particules chargées à haute énergie*. **Cerenkov radiation**: rayonnement de Cerenkov.

ceresin – cérésine *f*, *cire obtenue par le raffinage de l'ozocérite*.

cerium – cérium *m*, *symbole chim. Ce*.

cermet – cermet *m*, *produit constitué d'une matière réfractaire et d'un liant métallique*.

certainty – certitude *f*.

certificate – certificat *m*. **certificate of clearance**: certificat d'expédition, *permis de transport et de livraison de pétrole, de gaz ou de produits*. **certificate of competency**: certificat de capacité. **certificate of compliance**: attestation de conformité ; certificat de conformité. **certificate of conformance**: attestation de conformité. **certificate of delivery**: reçu *m*, *bulletin de livraison*. **certificate of deposit**: certificat de dépôt. **certificate of fitness**: certificat de conformité. **certificate of inspection**: certificat d'inspection. **certificate of insurance**: certificat d'assurance. **certificate of origin**: certificat d'origine ; certificat de provenance. **certificate of receipt**: certificat de chargement ; certificat de réception. **certificate of registry**: certificat d'immatriculation, *acte de nationalité (d'un navire)*. **certificate of registry as a French ship**: acte de francisation, *d'un navire*. **certificate of**

survey: certificat d'expertise ; certificat de visite. **certificate of tonnage**: certificat de jaugeage ou de tonnage.

certification – certification *f*; classification *f*, *des navires, des plates-formes marines.*

certified – certifié. **certified copy**: copie conforme.

cerussite – cérusite *f*, *ou cérussite, carbonate de plomb naturel.*

cesium – césium *m*, *ou caesium, symbole chim. Cs.*

cesspool – égout *m* ; fosse septique ; puisard *m* ; puits absorbant ; puits perdu.

cetane – cétane *m*, *hexadécane normal, hydrocarbure paraffinique.* **cetane index**: *voir calculated cetane index.* **cetane number**: indice de cétane, *échelle utilisée pour exprimer l'aptitude à l'auto-inflammation d'un combustible diesel.* **cetane number improver**: additif pro-cétane. **cetane test method**: méthode d'évaluation de l'indice de cétane, *d'un combustible diesel, se détermine à l'aide d'un moteur CFR par comparaison avec un mélange de cétane (d'une valeur de 100) et d'alpha-méthyl-naphtalène (d'une valeur 0).*

cetene – cétène *m*, *hexadécène-1, carbure éthylénique, obtenu par déshydratation de l'alcool cétylique.* **cetene number**: indice de cétène, *primitivement utilisé à la place de l'indice de cétane. Ces deux indices sont pratiquement identiques, le cétène pur ayant un indice de cétane de 96.*

cetyl – cétyle *m*. **cetyl alcohol**: alcool cétylique. **cetyl ether**: éther cétylique. **cetyl vinyl ether**: éther vinylique de cétyle.

CFC – CFC, *abrév. de chlorofluorocarbon.*

CFE – CFE, *abrév. de chlorotrifluoroethylene.* **CFE hydrocarbon**: polymonochlorotrifluoroéthylène *m*.

CFF – *abrév. de critical flicker frequency.*

cfg – *abrév. de cubic feet of gas.*

cfgpd – *abrév. de cubic feet of gas per day.*

cfm – *abrév. de cubic feet per minute : pieds cubes par minute.*

CFPP – TLF, *abrév. de cold filter-plugging point : température limite de filtrabilité.*

CFR – CFR, *abrév. de Coordinating Fuel Research, comité de recherche sur les carburants fondé en 1922, ayant mis au point le moteur ASTM-CFR.* **CFR engine**: moteur CFR, *moteur d'essai pour la détermination de l'indice de détonation des carburants (indice d'octane).* **CFR octane number**: indice d'octane CFR, *obtenu à l'aide du moteur CFR-ASTM.*

cfs – *abrév. de cubic feet per second : pieds cubes par seconde.*

cg – *abrév. de center of gravity.*

CGPM – CGPM, *abrév. de Conférence générale des poids et mesures.*

cgs – cgs, *abrév. de centimeter-gram-second : centimètre-gramme-seconde, système d'unités.* **cgs units**: unités cgs, *unités du système cgs : centimètre-gramme-seconde.*

chabazite – chabasite *f*, *zéolite naturelle.*

chafing – frottement *m* ; ragage *m (naut)* ; usure *f*. **chafing corrosion**: corrosion par frottement. **chafing fatigue**: fatigue par frottement. **chafing plate**: plaque de friction. **chafing ring**: bague de protection.

chain – chaîne *f*. **chain adjuster**: patte de tension ; tendeur de chaîne. **chain-adjusting screw**: vis de tension de chaîne. **chain belt**: chaîne sans fin ; courroie articulée. **chain bolt**: boulon de chaîne ; tendeur de chaîne. **chain breaker**: agent de rupture de chaîne. **chain case**: carter couvre-chaîne. **chain compound**: composé en chaîne *(chim)*. **chain conveyor**: transporteur à chaîne. **chain cover**: carter de chaîne. **chain dredger**: drague à godets. **chain drive**: commande par chaîne ; transmission par chaîne. **chain guard**: carter couvre-chaîne ; carter de chaîne. **chain haulage**: transport par chaîne sans fin *(mine)*. **chain hoist**: palan à chaîne, *palan pour levages de faible amplitude, se composant d'une chaîne et d'un ou deux moufles.* **chain hook**: croc de câble ; crochet de chaîne. **chain intermittent fillet welding**: soudage d'angle discontinu symétrique. **chain isomerism**: isomérie en chaîne. **chain joint**: joint de chaîne ; manille *f*. **chain link**: maillon d'une chaîne. **chain locker**: puits à chaîne. **chain lubrication**: graissage par chaîne. **chain molecule**: molécule en chaîne. **chain of shops**: magasins à succursales multiples. **chain pitch**: pas de chaîne. **chain polymerization**: polymérisation en chaîne. **chain pull-down rig**: sonde à enfoncement par chaîne. **chain pump**: noria *f*; pompe à chapelet. **chain reaction**: réaction en chaîne *(chim)*. **chain runner**: accrocheur à la chaîne *(mine)*. **chain stores**: magasins à succursales multiples *(amér)*. **chain structure**: structure en chaîne. **chain tensioner**: pignon tendeur de chaîne. **chain tightener**: tendeur de chaîne. **chain tongs**: clé à chaîne *(for)* ; serre-tube à chaîne. **chain transfer**: transfert de chaîne *(chim)*. **chain wheel**: pignon à chaîne ; poulie à chaîne ; volant à chaîne. **chain wrench**: clé à chaîne.

chaining – chaînage *m (chim)* ; enchaînement *m (chim)*.

chainlike – linéaire, *molécule.*

chainsaw – tronçonneuse *f*.

chair – chaise *f*. **chair display**: restitution en forme de chaise, *d'un volume tridimensionnel.* **chair form**: forme chaise, *type d'arrangement spatial d'une molécule cyclique comme le cyclohexane.*

chairman – président *m*. **chairman of the board**: président du conseil d'administration.

chairmanship – présidence *f*.

chalcedony – calcédoine *f*, *variété de silice formée de fibres.*

chalcocite – chalcocite *f (minér)* ; chalcosine *f (minér)*.

chalcogen – chalcogène *m*, *nom donné aux corps de la famille des éléments : oxygène, soufre, sélénium, tellure et polonium.*

chalcogenide – chalcogénure *m*.

chalcography – chalcographie *f*.

chalcophile – chalcophile, *s'applique aux éléments se combinant facilement avec le soufre.*

chalcopyrite – chalcopyrite *f*, *minerai de cuivre.*

chalk – craie *f*, *roche calcaire pulvérulente blanche d'origine marine.* **chalk cliff**: falaise crayeuse. **chalk line**: ligne faite au cordeau ; trait à la craie. **chalk marl**: craie marneuse. **Chalk Period**: période crétacée.

chalky – crayeux. **chalky limestone**: calcaire crayeux.

chalybeate – ferrugineux. **chalybeate spring**: source ferrugineuse.

chamber – chambre *f, ce terme s'applique à de nombreux appareils constitués par des enceintes closes ou des cavités renfermant divers dispositifs* ; chapelle *f.* **chamber-and-pillar mining**: exploitation par chambres et piliers *(mine)*. **chamber blast**: sautage par chambres et piliers *(mine)*. **chamber blasting**: abattage en chambre *(mine)*. **chamber deposit**: gîte en forme de chambres. **chamber filter press**: filtre-presse à chambres. **chamber of a blast-furnace**: cuve d'un haut fourneau.

chambered – chambré ; cloisonné ; évidé. **chambered hole**: mine chambrée. **chambered vein**: filon en forme de chambres *(géol)*.

chambering – agrandissement du fond d'un trou de mine.

chamfer – chanfrein *m.*

chance – hasard *m.* **chance observation**: observation due au hasard.

change – changement *m* ; transformation *f.* **change house**: vestiaire *m.* **change of course**: changement de cap *(navig)*. **change-of-ownership clause**: clause de changement de propriété, *clause des contrats de concession fixant les modalités d'un changement de propriétaire d'un terrain concédé.* **change of state**: changement d'état. **change of stroke**: changement de course. **change relay**: commutateur *m.* **change room**: vestiaire *m.* **change-speed gear**: engrenage de changement de vitesse.

change (to) – changer. **change (to) color**: virer, *passer d'une couleur à l'autre.* **change (to) gear**: changer de vitesse.

changeover – inverseur *m.* **changeover switch**: commutateur *m* ; inverseur *m.*

channel – canal *m* ; chenal *m* ; filière *f*; goulet *m* ; gouttière *f*; guide d'ondes ; rigole *f*; saignée *f* *(mine)* ; voie *f.* **channel bar**: barre de chenal. **channel bed**: couche de gravier, *couche d'origine fluviale.* **channel black**: noir de carbone, *obtenu par combustion de petites flammes.* **channel cover**: couvercle de boîte de circulation. **channel deposit**: gîte en forme de traînées. **channel filling**: remplissage de chenaux, *par des matériaux sableux, voir aussi shoestring.* **channel iron**: fer en U. **channel lift**: écoulement en chenaux. **channel light**: feu de chenal. **channel of ascent**: cheminée volcanique ; évent *m (géol)*. **channel process**: procédé au tunnel, *procédé de fabrication d'une variété de noir de carbone par combustion incomplète de gaz naturel.* **channel section**: profilé en U. **channel stone**: caniveau *m.* **channel test**: essai de cavitation, *essai ayant pour but de déceler la tendance à la cavitation des huiles épaisses pour engrenages.* **channel wave**: onde canalisée ; onde guidée.

channeling – cheminements préférentiels, *phénomène par lequel, lors des opérations de cimentation, le laitier chemine dans la boue sans la chasser complètement* ; renardage *m, fissure dans une canalisation, siège d'une fuite* ; tendance à la cavitation, *c'est-à-dire à la formation de poches gazeuses qui s'interposent entre la pellicule d'huile et l'objet à lubrifier par fluage insuffisant de la graisse.*

chaos – chaos *m, entassement sans ordonnance de roches.*

chaotic – chaotique. **chaotic mound**: monticule à structure chaotique.

chapapate – chapapote *f, sorte d'asphalte, également appelé asphalte mexicain (Cuba)*.

char – produit de carbonisation.

Characeae – Characées *f (pal)*. **Characeae chalk**: craie lacustre.

character – caractère *m* ; signature *f, pour une source sismique, forme du signal qu'elle émet à chaque tir.* **characters per inch (CPI)**: caractères par pouce, *densité d'enregistrement sur bande magnétique.* **character recognition**: reconnaissance des caractères.

characteristic – caractéristique. **characteristic curve**: courbe caractéristique. **characteristic equation**: équation caractéristique. **characteristic fossil**: fossile caractéristique, *espèce à longévité courte et à grande expansion géographique utilisée pour comparer l'âge des couches.* **characteristic number, root, value**: *voir eigenvalue* ; nombre caractéristique. **characteristic temperature**: température caractéristique. **characteristic vector**: *voir eigenvector.*

characteristic – caractéristique *f, partie entière de logarithme (math)*.

characteristics – caractéristiques *f*; constantes *f.*

characterization – caractérisation *f.* **characterization factor**: facteur de caractérisation, *expression des variations des densités et des températures d'ébullition indiquant la nature chimique, de paraffinique à aromatique, d'un produit pétrolier*; facteur de Watson.

charcoal – charbon de bois, *terme désignant de nombreuses variétés de charbon habituellement impur.* **charcoal blast furnace**: haut-fourneau au charbon de bois. **charcoal filter**: filtre à charbon de bois. **charcoal iron**: fer affiné ; fer au bois. **charcoal steel**: acier au charbon de bois. **charcoal test**: essai au charbon de bois, *essai de détermination de la teneur en essence du gaz naturel.*

charge – charge *f, quantité d'électricité dans une batterie de stockage ; quantité du stock d'alimentation introduit périodiquement dans une unité ; mélange carburé admis dans un cylindre moteur ; quantité et type de l'explosif d'un tir sismique* ; fournée *f.* **charge account**: compte de crédit d'achats. **charge anchor**: ancrage de charge ; ancre pour charge d'explosif *(sism)*. **charge book**: livre des charges. **charge coke**: coke des charges. **charge density**: charge volumique, *voir volume density of charge* ; densité de charge, *charge électrique par unité de surface, ou par unité de volume.* **charge for depreciation**: taux d'amortissement. **charge main**: conduite en charge. **charge pump**: *voir booster pump.* **charge switch**: commutateur de charge. **charge-transfer complex**: complexe de transfert de charge.

charge (to) – charger ; faire payer ; introduire, *une charge* ; prélever ; taxer.

chargeback – facturation interne.

charged – chargé. **charged particle**: particule chargée. **charged-particle equilibrium (CPE)**: équilibre de particules chargées. **charged suction**: aspiration suralimentée.
charger – chargeur *m (élec)* ; enfourneuse *f, (métal)*.
charges – frais généraux.
charging – chargement *m*. **charging by induction, by influence**: électrisation par influence. **charging car**: benne de chargement ; wagonnet de chargement, *(métal)*. **charging current**: courant de charge. **charging device**: dispositif de chargement. **charging door**: clapet de remplissage ; porte de remplissage. **charging floor**: plancher de chargement. **charging hole**: gueulard *m*. **charging jitney**: convoyeur sans fin pour argile *(raf)*. **charging line**: canalisation d'alimentation. **charging load**: régime de charge. **charging machine**: enfourneuse *f*. **charging platform**: plate-forme de chargement. **charging pressure**: pression de charge, *des bouteilles de gaz comprimé*. **charging pump**: pompe de remplissage. **charging set**: groupe de recharge, *accumulateurs*. **charging stock**: charge *f, d'alimentation d'un appareil de distillation* ; matière première. **charging valve**: robinet de charge.
Charles – Charles. **Charles' law**: loi de Charles, *ou loi de Gay-Lussac, loi des gaz parfaits*.
charm – charme *m, nombre quantique*.
Charmouthian – Charmouthien *m, Jurassique inférieur*.
charnockite – charnockite *f (pétro)*.
charophyte – charophyte *m, groupe de végétaux chlorophylliens d'eau douce*.
charred – carbonisé. **charred coal**: coke *m*.
charring – carbonisation *f* ; cokéfaction *f*.
chart – abaque *m* ; carte *f* ; carte marine ; diagramme *m* ; table *f*. **chart datum (nautical chart)**: zéro d'une carte marine. **chart scale**: cadran *m* ; échelle *f* ; graduation *f*.
charter – affrètement *m* ; charte *f*. **charter party**: charte partie ; contrat d'affrètement.
chartered – affrété. **chartered accountant**: expert-comptable *m*.
charterer – affréteur *m*.
chase – encoche *f* ; rainure *f*.
chasm – abîme *m* ; crevasse *f* ; gouffre *m*.
chassis – châssis *m*. **chassis dynamometer**: banc à rouleaux *(auto.)* ; châssis dynamométrique. **chassis grease**: graisse pour châssis. **chassis-grease service test**: essai en service des graisses pour châssis.
chatter – cliquetis *m* ; vibration *f*.
chatter (to) – brouter ; cliqueter ; cogner ; rebondir.
chattering – claquement *m*.
chattermark – strie *f, sur la surface inférieure d'un glacier*.
Chattian – Chattien *m, étage de l'Oligocène*.
cheap – bon marché. **cheap oil**: essence d'étêtage.
cheater – allonge *f, morceau de tube utilisé pour accroître la puissance de levier d'une clef*.
Chebyshev – Tchebychev. **Chebyshev approximation**: approximation de Tchebychev. **Chebyshev array**: dispositif pondéré à la Tchebychev. **Chebychev's inequality**: inégalité de Tchebychev *(math)*.
check – contrôle *m* ; fissure longitudinale ; témoin *m* ; test *m* ; vérification *f*. **check analysis**: analyse de contrôle. **check bit**: bit de parité. **check bolt**: boulon d'arrêt. **check flap**: clapet de retenue. **check list**: liste de contrôle ; liste de vérifications. **check mark**: trait de repère. **check measurement**: mesure de contrôle. **check nut**: contre-écrou *m* ; écrou de sûreté. **check pipe**: tuyau de retenue. **check point**: point de contrôle ; point de vérification. **check sample**: échantillon témoin. **check shot**: sismosondage *m* ; tir de calage, *de diagraphie acoustique*. **check test**: contre-épreuve *m* ; essai de contrôle. **check valve**: clapet de retenue ; soupape de retenue.
check (to) – contrôler ; revoir. **check (to) off**: collationner ; inventorier ; pointer ; récoler.
checked – contrôlé ; quadrillé.
checker – vérificateur *m*.
checker (to) – guillocher ; quadriller ; strier.
checkerboard – damier *m*. **checkerboard leasing**: permis de recherche en damiers, *permis portant sur différentes fractions d'une zone*. **checkerboard pattern**: carroyage *m, quadrillage suivant lequel sont accordés les permis de recherche des hydrocarbures*.
checking – contrôle *m* ; vérification *f*. **checking well**: puits d'observation.
cheddite – cheddite *f, explosif*.
cheek – joue *f*.
cheesebox – boîte à fromage, *appellation des premières chaudières cylindriques et verticales pour la distillation du kérosène qui affectaient la forme d'une boîte à fromage*.
cheesehead – tête cylindrique, *de vis, de rivet* ; tête ronde.
cheesy – caséiforme, *terme utilisé pour indiquer la texture molle d'un revêtement*.
chelate – chélate *m, complexe de coordination*.
chelating – chélatant. **chelating agent**: agent chélatant ; complexant *m*.
chelation – chélation *f*.
chelogenesis – chélogenèse *f, formation des grands boucliers anciens*.
chelotropic – chélotrope, *ou chélétrope, l'orthographe chélotrope est étymologiquement plus correcte*. **chelotropic elimination**: élimination chélotrope. **chelotropic reaction**: réaction chélotrope, *sorte de cyclo-addition*.
cheluviation – chéluviation *f (géochim)*.
chemical – chimique ; produit chimique. **chemical action**: action chimique. **chemical activity**: activité chimique. **chemical affinity**: affinité chimique, *force qui maintient les atomes en étroite liaison*. **chemical agent**: agent chimique. **chemical analysis**: analyse chimique. **chemical balance**: bilan chimique. **chemical barrier**: barrière chimique. **chemical battery**: pile chimique. **chemical bleaching agent**: agent de blanchiment chimique. **chemical bond**: liaison chimique. **chemical change**: modification chimique ; réaction chimique ; transformation chimique. **chemical cleaning**: nettoyage chimique, *par opposition au nettoyage mécanique, emploi de solvants et produits chimiques pour dissoudre les dépôts à la surface de l'équipement des raffineries*. **chemical composition**: composition chimique. **chemical compound**: composé chimique, *mélange chimique*. **chemical constitution**: constitution chimique. **chemical corrosion**: corrosion chimique, *corrosion due à des*

agents chimiques. **chemical crystallography**: cristallographie chimique. **chemical cutoff**: coupe chimique, *des tubes dans un puits par des jets de solution corrosive.* **chemical deposit**: dépôt d'origine chimique. **chemical desalting**: dessalage chimique. **chemical element**: élément chimique. **chemical emulsification**: émulsification chimique. **chemical energy**: énergie chimique. **chemical engineer**: ingénieur chimiste ; ingénieur de génie chimique. **chemical engineering**: génie chimique. **chemical equilibrium**: équilibre chimique. **chemical equivalent**: équivalent chimique, *valeur choisie pour chaque élément d'après les nombres proportionnels.* **chemical erosion**: érosion chimique. **chemical fertilizer**: engrais chimique. **chemical flooding**: injection chimique ; injection d'eau contenant des additifs chimiques. **chemical flux**: flux chimique. **chemical formula**: formule chimique. **chemical function**: fonction chimique. **chemical grouting**: injection chimique. **chemical indicator**: indicateur chimique. **chemical inhibitor**: inhibiteur chimique. **chemical kinetics**: cinétique chimique. **chemical laser**: laser chimique. **chemical machining**: usinage chimique. **chemical manure**: engrais chimique. **chemical metallurgy**: métallurgie chimique. **chemical microscopy**: microscopie chimique. **chemical notation**: notation chimique. **chemical octane number**: indice d'octane chimique. **chemical oxygen demand (COD)**: demande chimique en oxygène (DCO). **chemical pickling**: décapage chimique. **chemical plant**: usine chimique. **chemical potential**: potentiel chimique. **chemical precipitation**: précipitation chimique. **chemical property**: propriété chimique. **chemical pump**: pompe pour produits chimiques. **chemical ray**: rayon actinique ; rayon chimique. **chemical reaction**: réaction chimique. **chemical reactor**: réacteur chimique. **chemical reagent**: réactif chimique. **chemical recovery process**: procédé de récupération chimique. **chemical relaxation**: relaxation chimique. **chemical remanent magnetization (CRM)**: aimantation rémanente chimique (ARC). **chemical resistance**: résistance aux actions chimiques. **chemical rock**: roche d'origine chimique. **chemical sediment**: sediment d'origine chimique. **chemical species**: espèce chimique, *ensemble de molécules identiques par la nature, la proportion, et l'arrangement des molécules qui les composent.* **chemical spectrum**: spectre chimique. **chemical stability**: stabilité chimique, *indique que les divers éléments présents dans les huiles ou les graisses ne subiront aucun changement.* **chemical structural formula**: formule chimique structurale. **chemical structure**: structure chimique. **chemical substance**: substance chimique. **chemical symbol**: symbole chimique. **chemical synthesis**: synthèse chimique. **chemical thermodynamics**: thermodynamique chimique. **chemical thermometer**: thermomètre chimique. **chemical treatment**: traitement chimique. **chemical value**: valence *f.* **chemical voltage**: tension chimique, *d'une pile.* **chemical weathering**: altération chimique. **chemical warfare**: guerre chimique.

chemically – chimiquement. **chemically-induced dynamic nuclear polarization (CIDNP)**: polarisation nucléaire dynamique induite chimiquement. **chemically neutral**: chimiquement neutre. **chemically-neutral oil**: huile chimiquement neutre, *n'ayant aucun élément de corrosion.* **chemically pure**: chimiquement pur. **chemically pure substance**: corps chimiquement pur. **chemically resistant glass**: verre résistant aux agents chimiques.

chemicals – produits chimiques. **chemicals tanker**: transporteur pour produits chimiques.

chemicophysical – chimico-physique.

Chemigum – *dénomination commerciale de caoutchouc synthétique fabriqué à partir du butadiène.*

chemiluminescence – chimiluminescence *f, chimioluminescence.*

chemiosmosis – chimiosmose *f, réaction chimique produite à l'aide d'une membrane semiperméable.*

chemisorption – adsorption chimique ; chimisorption *f.*

chemist – chimiste *m.*

chemistry – chimie *f.* **chemistry-based industry**: industrie parachimique.

chemocline – chemocline *f, couche hydrologique d'un lac.*

chemoselectivity – chimiosélectivité *f.*

chemosynthesis – chimiosynthèse *f.*

chemotaxis – chimiotaxie *f, attraction ou répulsion des cellules par des substances chimiques.*

chemurgy – chimiurgie *f.*

chenier – cordon de sable. **chenier plain**: plaine à chenières.

Chernozem – tchernoziom *m, ou chernozem, sol fertile et très noir.*

cherry – cerise *f.* **cherry coal**: houille grasse à longue flamme. **cherry picker**: nacelle de manutention, *travaux publics* ; tube de repêchage fendu *(for)*. **cherry-red heat**: température du rouge cerise, *(métal)*.

chert – chaille *f, rognon de silice dans des calcaires marins* ; chert *m, terme général pour les roches siliceuses formées de calcédoine et d'opale* ; roche siliceuse, *de précipitation* ; silice impure. **chert clause**: clause de chert, *stipulant dans un contrat de forage que lorsque l'on entre dans le chert le taux applicable est le temps passé et non le mètre foré.* **chert nodule**: rognon de silex.

chertification – silicification *f.*

cherty – siliceux. **cherty limestone**: calcaire à silex. **cherty marl**: marne à silex.

chessylite – chessylite *f, azurite.*

chest – armoire *f* ; boîte *f* ; caisson *m* ; chapelle *f* ; coffre *m.*

Chesterian – série de Chester *(géol)*.

chevron – chevron *m.* **chevron fold**: pli en chevron.

chiastolite – andalousite *f (minér)* ; chiastolite *f, néosilicate d'alumine.*

chief – chef *m* ; principal. **chief designer**: chef du bureau d'études. **chief engineer**: ingénieur en chef ; ingénieur principal. **chief geologist**: géologue en chef. **chief operator**: chef opérateur, *chef de quart d'installations de fabrication, directement responsable de celles-ci et des caractéristiques des produits obtenus.* **chief town**: chef-lieu *m.*

Chiksan – *dénomination de raccords formant genouillère, montés sur roulement à billes et utilisés dans le circuit de boue (for).*

chill – fraîcheur *f*; froid *m*. **chill cast**: fondu en coquille. **chill casting**: fonte en coquille. **chill factor**: *voir wind-chill index*. **chill hardened**: moulé en coquille. **chill mold**: coquille *f (metal)* ; moule à fonte. **chill ring**: anneau de protection, *des connexions soudées à l'intérieur du tubage.*

chill (to) – fondre en coquille ; glacer ; réfrigérer ; refroidir ; tremper en coquille.

chilled – refroidi. **chilled distillate**: distillat refroidi. **chilled margin**: bordure refroidie *(géol)*. **chilled steel**: acier coulé en coquille.

chiller – cristallisoir *m* ; réfrigérant à râclage, *tubes munis de râcleurs pour faire cristalliser la paraffine et la séparer de l'huile* ; refroidisseur *m*.

chilling – réfrigération *f*; refroidissement *m*; trempe *f*. **chilling coil**: serpentin de refroidissement. **chilling machine**: machine à refroidir. **chilling plate**: plateau de refroidissement. **chilling point, chill point**: *voir cloud point*. **chilling room**: chambre de réfrigération.

chimney – cheminée *f*; cheminée d'éruption ; colonne de minerai *(mine)* ; évent *m*; verre de lampe. **chimney breeching**: hotte de cheminée. **chimney cap**: lanterne de cheminée. **chimney draft**: tirage de cheminée. **chimney effect**: effet de cheminée, *phénomène consistant en un mouvement ascendant d'une masse d'air ou de gaz, dû à des différences de température*. **chimney flue**: carneau de cheminée ; conduit de fumée ; tuyau de tirage. **chimney rock**: pilier *m (géol)*. **chimney stack**: cheminée d'usine. **chimney sweeping**: ramonage de cheminée.

china – porcelaine *f*.

chine – arête *f*; crête *f*; gorge *f*; ravin *m*.

chink – fente *f*; fissure *f*; lézarde *f*.

chip – copeau *m* ; craquèlement *m* ; éclat *m* ; fragment *m*; microplaquette *f*, *petite plaquette de silicium* ; puce *f*, *électronique*. **chip axe**: doloire *f*. **chip of rock**: esquille de roche.

chip (to) – buriner ; ébarber ; tailler.

chipboard – panneau de copeaux.

chippage – écaillement *m (for)* ; éclatement *m*; fragmentation *f*.

chipper – burin *m*.

chipping – burinage *m*; ciselage *m*; piquage *m*. **chipping hammer**: marteau burineur.

chippings – gros gravier ; pierres concassées.

chiral – chiral *(chem)*. **chiral molecule**: molécule chirale.

chirality – chiralité *f*, *propriété d'un corps non superposable à son image prise dans un miroir plan.*

chirp – signal à balayage de fréquence. **chirp radar**: radar à compression d'impulsions.

chisel – burin *m*; ciseau *m*; matoir *m*. **chisel bit**: tarière à tranchant ; trépan à biseau ; trépan tranchant.

chiseling – ciselure *f*.

chitin – chitine *f*, *sous l'influence de l'acide chlorhydrique, elle se dédouble en glucosamine et en acide acétique.*

chitinozoan – chitinozoaire *m*, *microfossile marin.*

chitosamin – chitosamine *f*; glucosamine *f*.

chk – *abrév. de choke.*

chloracne – chloracné *m*, *dermatose provoquée par les hydrocarbures chlorés.*

chloral – chloral *m*, *trichloracétaldéhyde, trichloroéthanal.*

chloramphenicol – chloramphénicol *m*, *chloromycétine, thyphomycine, antibiotique.*

chlorate – chlorate *m*. **chlorate explosive**: explosif chloraté.

chlordane – chlordane *m*, *insecticide.*

chlorendic – chlorendique. **chlorendic acid**: acide chlorendique, *acide hexachloro-endométhylène-tétrahydrophtalique, utilisé comme diacide dans la fabrication de polyesters spéciaux.*

Chlorex – *dénomination de l'éther diéthylique dichloré.* **Chlorex-solvent refining process**: *dénomination d'un procédé d'extraction liquide-liquide au solvant Chlorex.*

chloride – chlorure *m*. **chloride of lime**: chlorure de chaux, *un décolorant.*

chlorinate (to) – chlorer ; chlorurer ; javelliser.

chlorinated – chloré. **chlorinated cutting oil**: huile de coupe chlorée. **chlorinated hydrocarbon**: hydrocarbure chloré. **chlorinated oil**: huile chlorée, *lubrifiant extrême pression utilisé comme huile de coupe.* **chlorinated paraffin**: paraffine chlorée. **chlorinated rubber**: caoutchouc chloré.

chlorination – chloration *f*; chloruration *f*. **chlorination of ore**: chloruration des minerais. **chlorination plant**: unité de chloruration.

chlorine – chlore *m*, *symbole chim. Cl.* **chlorine content**: teneur en chlore. **chlorine demand**: demande en chlore des eaux, *la quantité de chlore consommée par les substances présentes dans l'eau quand on y laisse un excès de chlore en contact pendant dix minutes.* **chlorine dioxide**: dioxyde de chlore. **chlorine-in-lubricating oil test**: essai de dosage des halogènes dans les huiles de graissage. **chlorine log**: diagraphie de chlore, *indiquant la présence d'eau salée.* **chlorine logging**: diagraphie de chlore, *spectométrie de rayons gamma de capture dus au chlore.* **chlorine treatment**: traitement au chlore. **chlorine water**: eau chlorée.

chlorinity – chlorinité *f*, *masse, en grammes, des halogènes contenus dans l'eau de mer.*

chlorite – chlorite *f (minér)*. **chlorite schist**: chloritoschiste *m* ; schiste chloriteux.

chloritic – chloriteux.

chloritization – chloritisation *f (pétro)*.

chloritoid – chloritoïde *m*, *silicate naturel d'aluminium et de fer.*

chloroalkylation – chloroalkylation *f*.

chlorobenzene – chlorobenzène *m*.

chlorobutadiene – chlorobutadiène *m*, *chloroprène, monomère pour la fabrication des caoutchoucs synthétiques.*

chlorocalcite – chlorocalcite *f*, *chlorure de calcium naturel.*

chlorocosane – huile de paraffine chlorée.

chlorofluorocarbon – hydrocarbure chlorofluoré.

chlorofluorocarbons – chlorofluorocarbones *m (CFCs)*, *au pluriel, série de gaz, dérivés chlorés et fluorés de l'éthane et du méthane, et considérés comme une cause de diminution de la couche d'ozone.*

chloroform – chloroforme *m*, *trichlorométhane*.
chlorohydrin – chlorohydrine *f*, *utilisée comme solvant*.
chlorohydrocarbon – hydrocarbure chloré.
chlorometer – chloromètre *m*.
chloromethane – chlorométhane *m* ; chlorure de méthyle.
chlorophane – chlorophane *f (minér)*.
chlorophyll – chlorophylle *f*.
chlorophyllite – chlorophyllite *f (minér)*.
Chlorophyta – Chlorophyte *m*, *algue verte*.
chloropicrin – chloropicrine *f*, *trichloronitrométhane*.
chloroplatinic – chloroplatinique. **chloroplatinic acid**: acide chloroplatinique.
chloroprene – chloroprène *m*, *chlorobutadiène*.
chlorosity – chlorosité *f*, *nombre de grammes de chlorures dans un litre d'eau de mer*.
Chlorowax – *dénomination d'une série de paraffines chlorées*.
chock – bille *f*; cale *f*; chaumard *m* ; coin *m* ; pile de bois.
chocolate – chocolat *m*. **chocolate mousse**: mousse au chocolat, *émulsion d'eau de mer dans le pétrole formée lors d'un déversement pétrolier, qui se dépose sur le rivage et le rend difficile à nettoyer*.
choke – buse *f*, *de carburateur*; duse *f*, *orifice calibré permettant de régler le débit d'un puits (prod)* ; étranglement *m*; starter *m (auto)*. **choke coil**: bobine d'impédance ; bobine d'induction. **choke control**: commande du starter *(auto)*. **choke line**: ligne d'évacuation ; ligne de duse. **choke manifold**: manifold de duses. **choke nipple**: duse calibrée, *permettant un certain débit d'huile ou de gaz pour une pression terminale donnée (prod)*. **choke tube**: diffuseur *m*. **choke valve**: soupape d'étranglement ; starter *m*.
choke (to) – engager ; étrangler ; obstruer.
choking – colmatage *m* ; engorgement *m*. **choking gas**: gaz irritant.
chondrite – chondrite *f*, *type de météorite*.
chop – clapotis *m (océan)*.
chopper – hacheur *m (élec)* ; hélico *m*, *familier*. **chopper amplifier**: amplificateur à hacheur.
chopping – réponse hachée ; réponse manipulée, *répondeur*.
choppy – clapoteux ; heurté, *mer*. **choppy sea**: mer clapoteuse ; mer courte.
chord – corde *f*, *ligne droite joignant les deux points d'une courbe* ; membrure *f*.
Christmas-tree – arbre de Noël, *ensemble de vannes destiné à contrôler le débit d'un puits* ; tête d'éruption.
chromate – chromate *m*.
chromatic – chromatique. **chromatic aberration**: aberration chromatique ; chromatisme *m*. **chromatic dispersion**: dispersion chromatique. **chromatic distortion**: distorsion chromatique.
chromaticity – chromaticité *f*. **chromaticity coordinates**: coordonnées trichromatique.
chromatogram – chromatogramme *m*, *tracé chromatographique*.
chromatograph – chromatographe *m*.
chromatographic – chromatographique. **chromatographic adsorption**: adsorption chromatographique. **chromatographic column**: colonne chromatographique.
chromatography – chromatographie *f*, *méthode de séparation d'un mélange basée sur la différence d'affinité des divers constituants de ce mélange vis-à-vis de deux phases non miscibles dont l'une est fixe, qui retient les espèces à séparer, et l'autre mobile qui les entraîne*.
chrome – chrome *m*, *utilisé pour le pigment et les objet en chrome, pour l'élément voir chromium*. **chrome plating**: chromage *m*.
Chromel – *dénomination d'une série d'alliages nickel-chrome*.
chromia – oxyde de chrome. **chromia-alumina gel**: gel d'oxyde de chrome et d'alumine, *catalyseur*.
chromic – chromique. **chromic acid**: acide chromique. **chromic oxide**: oxyde de chrome. **chromic oxide-gel catalyst**: catalyseur gel-oxyde de chrome.
chromiferous – chromifère.
chrominance – chrominance *f (opt)*. **chrominance signal, chrominance carrier signal**: signal de chrominance, *signal d'image de télévision en couleur*.
chromite – chromite *f*, *sert à préparer directement du ferrochrome* ; fer chromé.
chromium – chrome *m*, *symbole chim. Cr*. **chromium coating, chromium plating**: *voir chrome plating*. **chromium oxide**: oxyde de chrome. **chromium plated**: chromé. **chromium steel**: acier au chrome.
chromodynamics – chromodynamique *f*.
chromogenic – chromogène.
chromometer – chromomètre *m* ; colorimètre *m*.
chromosphere – chromosphère *f*, *région de l'atmosphère du soleil*.
chron – chrone *m*, *durée d'une chronozone*.
chronogenesis – chronogenèse *f*, *séquence géochronologique suivant l'apparition d'organismes dans les roches*.
chronograph – chronographe *m*.
chronology – chronologie *f*.
chronometer – chronomètre *m*.
chronostratigraphic – chronostratigraphique. **chronostratigraphic chart**: diagramme chronostratigraphique, *diagramme en coupe-temps qui résume la géométrie des cortèges sédimentaires et des séquences visibles sur les coupes géologiques ou sur les lignes sismiques*. **chronostratigraphic unit**: division chronostratigraphique ; unité chronostratigraphique, *ensemble de roches servant de référence pour les autres roches formées pendant le même intervalle de temps*.
chronostratigraphy – chronostratigraphie *f*, *stratigraphie qui subdivise une section sédimentaire en différentes unités, composées de tous les sédiments déposés pendant un intervalle déterminé de temps géologique*.
chronotron – chronotron *m (élec)*.
chronozone – chronozone *f*, *division chronostratigraphique plus petite que l'étage*.
chrysene – chrysène *m*, *constituant du goudron de houille*.
chrysotile – chrysotile *m*, *serpentine*, *type d'amiante*.
chuck – mandrin *m* ; plateau *m*. **chuck gage**: jauge à pression.

chunk – gros morceau ; fragment de savoir.

churn – malaxeur *m.* **churn drill**: sonde percutante ; trépan pour sondage au câble. **churn drilling**: sondage à la corde, *sondage percutant, voir cable drilling.* **churn flow**: écoulement bouillonnant.

churn (to) – agiter ; brasser.

chute – *abrév. de parachute* ; cheminée *f, (mine)* ; chute *f*; couloir *m* ; goulotte *f*; gouttière *f*; passe de flottage, *barrage* ; toboggan *m.* **chute-and-pillar system**: exploitation par piliers. **chute door**: porte de cheminée. **chute drawer**: déchargeur de cheminée. **chute feed**: alimentation par gouttière. **chute mouth**: bouche de cheminée. **chute raise**: cheminée de remontage *(mine).*

CI – *abrév. de color index, correlation index, contour interval, compression ignition.* **CI engine**: *abrév. de compression-ignition engine.*

cicatrization – cicatrisation *f.*

CIDNP – PNDIC, *abrév. de chemically-induced dynamic nuclear polarization : polarisation nucléaire dynamique induite chimiquement.*

cienaga – bourbier *m.*

CIF – CAF, *abrév. de cost-insurance-freight : coût-assurance-fret.*

CIMAH – *abrév. de Control of Industrial Major Accident Hazards.* **CIMAH Regulations**: réglementation CIMAH *(UK).*

Cimmerian – cimmérien *(strat).* **Cimmerian orogeny**: phases cimmériennes, *phases tectoniques de l'ère secondaire.*

cinder – cendre *f*; cendres *fragments de lave volcanique et de poussières* ; laitier *m.* **cinder block**: parpaing *m.* **cinder concrete**: béton de laitier. **cinder cone**: cône de débris ; cône de scories *(géol).* **cinder dump**: crassier *m.* **cinder hole, cinder notch**: trou à laitier, *(métal).* **cinder pig iron**: fonte métisse, *(métal).* **cinder pit**: cendrier *m.*

cinder (to) – calciner ; carboniser ; cendrer, *une piste.*

cindynic – cindynique, *désigne les sciences du danger.*

cinereous – cinéritique.

cinerite – cinérite *f, roche pyroclastique* ; tuf volcanique.

cinesubstitution – cinésubstitution *f (chim).*

cinnabar – cinabre *m, sulfure naturel de mercure, couleur rouge vermillon.*

cinnamic – cinnamique.

cinnamon – cannelle *f.* **cinnamon oil**: essence de cannelle. **cinnamon stone**: essonite *f*; grenat jaune.

cipher – chiffre *m, code et codage d'un message* ; zéro *m.*

cipolin – cipolin *m (pétro).*

CIPW – CIPW, *initiales de Cross, Iddings, Pirsson & Washington, auteurs des règles de la norme CIPW.* **CIPW norm**: norme CIPW, *norme la plus utilisée sur la composition minéralogique théorique d'une roche magmatique, destinée à introduire des comparaisons entre faciès minéralogiques différents, calculée selon des règles strictes.*

CIR – IRC, *abrév. de color infrared: infrarouge couleur.*

circ – *abrév. de circulated.*

circadian – circadien, *se dit de biorythmes voisins du rythme diurne.* **circadian rhythm**: rythme circadien.

circle – cercle *m* ; orbite *f*; révolution *f.* **circle of confusion**: cercle de diffusion tolérée. **circle of declination**: cercle horaire.

circuit – circuit *m.* **circuit breaker**: coupe-circuit *m* ; disjoncteur *m* ; interrupteur *m.* **circuit-breaker oil**: huile pour usages électriques. **circuit-breaker switch**: disjoncteur *m.* **circuit closer**: conjoncteur *m.* **circuit interruption**: interruption de circuit. **circuit noise**: bruit de ligne.

circular – circulaire. **circular birefringence**: biréfringence circulaire. **circular chart**: tableau enregistreur rotatif. **circular chromatography**: chromatographie circulaire. **circular cross**: équerre cylindrique. **circular dial**: cadran circulaire. **circular dichroism**: dichroïsme circulaire. **circular fault**: faille circulaire. **circular function**: fonction circulaire *(math).* **circular line**: fonction circulaire *(math).* **circular mil**: mil circulaire, *unité de section pour les fils.* **circular motion**: mouvement circulaire. **circular pitch**: pas circulaire, *d'engrenage.* **circular polarization**: polarisation circulaire. **circular projection**: projection circulaire. **circular scanning**: balayage circulaire. **circular seam**: joint circulaire.

circulate (to) – circuler ; faire circuler.

circulating – circulation *f.* **circulating and increasing mud weight**: circulation en augmentant la densité, *de la boue de forage.* **circulating-and-splash system**: graissage à basse pression, *pour automobiles.* **circulating boiler**: chaudière à circulation. **circulating bottom temperature**: température de fond de circulation *(for).* **circulating choke**: duse de circulation. **circulating fraction**: fraction périodique. **circulating head**: tête de circulation, *dipositif fixé en tête de tubage et destiné à permettre la continuation d'un forage contre une forte pression de gaz et du circuit de boue sans risque d'éruption.* **circulating joint**: joint de circulation. **circulating oil**: huile de graissage par circulation. **circulating overshot**: cloche à circulation, *permettant le passage de la boue.* **circulating pressure**: pression de circulation, *des fluides de forage.* **circulating pump**: pompe de circulation. **circulating reflux**: reflux circulant. **circulating side reflux**: circulation du reflux latéral. **circulating sub**: raccord de circulation *(for).* **circulating-system lubrication**: graissage par circulation ; graissage par circulation d'huile. **circulating valve**: soupape de circulation d'un tester *(for)* ; vanne de circulation. **circulating water**: eau circulante ; eau courante.

circulation – circulation *f.* **circulation bypass**: dérivation de la boue. **circulation of electrolyte**: circulation d'électrolyte. **circulation of mud**: circulation de la boue de forage. **circulation oiling**: graissage par circulation. **circulation pump**: pompe de circulation. **circulation rate**: vitesse de circulation, *fluides de forage.* **circulation shaft**: puits de circulation, *puits servant à la circulation du personnel et contenant généralement des échelles (mine).* **circulation system**: groupe accumulateur.

circumference – circonférence *f*; périphérie *f*; pourtour *m.*

circumferential – circonférentiel. **circumferential joint**: joint annulaire ; joint circulaire. **circumferential pitch**: pas circulaire.
circus – *voir cirque.*
cirque – cirque *m (géol)*. **cirque cutting**: formation des cirques. **cirque glacier**: glacier de cirque. **cirque lake**: lac de cirque. **cirque stairway**: cirques étagés ; escaliers de cirque.
CIS – *abrév. de characteristic isochromat spectroscopy : spectroscopie d'apparition des RX produits par électrons.*
cis- – cis-, *préfixe employé pour désigner un isomère géométrique où deux substituants semblables se font face.* **cis-trans isomerism**: isomérie cis-trans.
cistern – bâche *f*; caisse *f*; citerne *f*; cuve *f*; cuvette *f, d'un baromètre.*
citric – citrique. **citric acid**: acide citrique.
citrine – citrin, *d'une couleur jaune verdâtre*; citrine *f, fausse topaze.*
city – ville *f.* **city gas**: gaz de ville, *comprend aussi le gaz naturel distribué par la ville et les bouteilles de gaz liquéfié.*
civil – civil. **civil engineer**: ingénieur civil. **civil engineering**: génie civil. **civil servant**: fonctionnaire *m.* **civil service**: administration publique. **civil time**: temps civil.
CL – CL, *abrév. de cathodoluminescence.*
clabbered – *terme argot pour désigner la floculation d'une boue de forage.*
clack – clapet *m.* **clack valve**: clapet à charnière ; soupape à boulet ; soupape à charnière ; soupape à clapet.
clad – revêtu *(métal)*. **clad steel**: acier plaqué.
cladding – gainage *m* ; revêtement métallique.
clade – clade *m, taxon monophylétique, groupe qui correspond aux grands types d'organisation du monde vivant.*
cladism – systématique cladistique, *classification des êtres vivants basée sur la filiation des espèces.*
cladistics – *voir cladism.*
cladogenesis – cladogenèse *f, apparition de lignées divergentes dans l'évolution d'une même espèce.*
claim – concession minière ; créance *f*; droit *m* ; prétention *f*; revendication *f, d'un brevet*; titre *m.* **claim agent**: commissaire d'avaries, *assurance.* **claims book**: registre de réclamations. **claim license**: acte de concession *(mine)* ; titre de concession *(mine)*.
claim (to) – exiger ; réclamer ; revendiquer.
claimant – demandeur *m, d'un brevet.*
claimholder – concessionnaire *m, Etats-Unis et Australie.*
clam – coquille *f*; crampon *m.*
clamp – bride *f*; collier *m* ; collier de serrage ; fixation *f*; positionneur *m.* **clamp bolt**: boulon de support. **clamp screw**: vis d'arrêt ; vis de blocage.
clamping – agrafage *m* ; blocage *m* ; calage *m* ; serrage *m.* **clamping bolt**: boulon de bloquage ; boulon de serrage. **clamping device**: dispositif de serrage ; système de serrage.
clamshell – benne preneuse. **clamshell bucket**: benne à demicoquilles ; benne piocheuse ; benne preneuse ; pelle à benne preneuse. **clamshell excavator**: excavateur à benne preneuse. **clamshell-bucket dredging machine**: drague à mâchoires.
clapboarding – revêtement de bardeaux ; revêtement de planches à clin.
clapper – clapet *m.* **clapper valve**: clapet *m* ; soupape à clapet, *plateau de fractionnement.*
clarain – clarain *m, type lithologique de charbon composé en majorité de clarite.*
clarification – clarification *f.* **clarification bed**: lit filtrant.
clarified – clarifié. **clarified oil**: huile clarifiée, *huile lourde, prise à la partie inférieure d'une tour de craquage catalytique à catalyseur fluide et dont on a éliminé les particules de catalyseur au moyen d'une centrifugation.*
clarifier – clarificateur *m.*
clarifying – clarification *f.* **clarifying agent**: clarifiant *m.* **clarifying basin**: bassin de clarification. **clarifying centrifuge**: centifugeuse de clarification. **clarifying filter**: filtre de clarification. **clarifying tank**: réservoir de clarification.
clarke – clarke *m, teneur moyenne d'un élément chimique dans la croûte terrestre.*
clasolite – clasolite *f, roche composée d'autres fragments de roche.*
clasp – agrafe *f*; fermeture *f.* **clasp lock**: serrure à fermeture automatique. **clasp nut**: écrou à mâchoires.
class – classe *f, en taxinomie, chacune des grandes divisions d'un embranchement animal ou végétal, comprend plusieurs ordres.*
class (to) – classer ; classifier.
classification – classification *f.* **classification of rocks**: classification des roches. **classification of samples**: classification des échantillons. **classification society**: bureau de classification ; société de classification, *entreprise privée ou publique qui vérifie, en fonction des normes techniques, les caractéristiques des navires et des engins, et délivre les certificats de navigabilité.* **classification system**: systématique *f.*
classified – confidentiel. **classified information**: information confidentielle. **classified zone**: zone classée.
classifier – appareil de classement ; classeur *m.*
classify (to) – classer ; classifier ; séparer ; trier.
classifying – classement *m* ; classificatoire. **classifying screen**: crible classeur.
clast – claste *m, grain ou fragment inclus dans un sédiment ou une roche.*
clastate (to) – broyer ; fragmenter.
clastic – clastique *(pétro)* ; détritique. **clastic deformation**: déformation clastique ; déformation discontinue. **clastic dike**: filon clastique *(géol)*. **clastic discontinuity**: discontinuité clastique. **clastic ratio**: rapport détritique sur carbonates plus évaporites. **clastic reservoir**: réservoir clastique. **clastic rock**: roche clastique, *roche détritique ; roche formée de débris d'autres roches.* **clastic sediment**: sédiment clastique.
clastocrystalline – clastocristallin *(pétro)*.
clastomorphic – clastomorphique *(pétro)*.
clathrate – clathrate *m, composé chimique formé non par l'action des liens de valence mais par emprisonnement moléculaire.* **clathrate compound**: composé d'insertion ; composé en cage.

clathration – clathration *f, fabrication de clathrates par cristallisation de complexes contenant des hôtes (molécules encagées).*

Claude – Claude. **Claude process**: procédé Claude, *de liquéfaction de l'air, et de synthèse d'ammoniac.*

Claus – Claus. **Claus off gas**: *voir Claus tail gas.* **Claus plant**: unité de Claus ; unité de désulfuration. **Claus process**: procédé de Claus, *procédé de conversion de l'hydrogène sulfuré en soufre élémentaire par oxydation sélective.* **Claus reaction**: réaction de Claus. **Claus tail gas**: queue de Claus. **Claus-plant tail gas**: effluent d'unité de Claus.

clause – article *m* ; clause *f*; condition *f*; modalité *f*. **most-favored-nation (MFN) clause**: clause de la nation la plus favorisée.

Clausius – Clausius. **Clausius equation**: équation de Clausius *(thermo).* **Clausius inequality**: inégalité de Clausius *(thermo).* **Clausius-Mosotti equation**: équation de Clausius-Mosotti, *polarisation d'une substance.* **Clausius-Clapeyron equation**: formule de Clapeyron-Clausius, *sur la chaleur latente relative à un changement d'état.*

claw – crochet *m* ; dent d'ensouilleuse, *pipeline* ; griffe *f*. **claw bar**: pied de biche ; pied de chèvre. **claw clutch**: embrayage à griffes. **claw coupling**: embrayage à griffes. **claw hammer**: marteau à panne fendue.

clay – argile *f*; roche argileuse. **clay activation**: activation des terres décolorantes. **clay-base mud**: boue à l'argile. **clay bed**: lit d'argile. **clay bleaching**: blanchiment à la terre ; décoloration à la terre. **clay cement**: ciment argileux. **clay contact process**: procedé de traitement à la terre par contact. **clay content**: teneur en argile. **clay decolorizing**: décoloration à la terre. **clay deposit**: dépôt d'argile. **clay filter**: filtre argileux. **clay filtration**: filtration à la terre. **clay furnace**: four de régénération des terres. **clay gall**: copeau d'argile sec enroulé, *résultant de la dessiccation de la lave qui se trouve ensuite interstratifié et aplati dans un banc sableux.* **clay gouge**: intercalation d'argile ; salbande argileuse. **clay iron**: fer argileux. **clay iron ore**: minerai de fer argileux. **clay ironstone**: minerai de fer argileux. **clay kiln**: four de régénération des terres *(raf).* **clay layer**: couche d'argile. **clay loam**: argile limoneuse. **clay marl**: marne argileuse. **clay mineral**: minéral argileux, *les minéraux argileux les plus communs sont : la kaolinite, l'illite, les smectites, les interstratifiés, les minéraux fibreux ; ce terme s'emploie généralement au pluriel.* **clay mortar**: mortier d'argile. **clay pan**: couche dure argileuse du sous-sol ; horizon argileux compact. **clay particle**: particule argileuse. **clay parting**: intercalation d'argile ; salbande *f*. **clay percolating**: percolation à la terre. **clay pit**: argilière *f*; carrière d'argile. **clay recovery**: régénération des terres. **clay refining**: raffinage à la terre, *neutralise l'essence et améliore sa couleur.* **clay revivifying system**: méthode de régénération des terres. **clay slate**: schiste ardoisier argileux. **clay soil**: sol argileux. **clay treating, clay treatment**: traitement à la terre décolorante. **clay wash**: lavage à la terre, *pour éliminer les odeurs désagréables.*

clayey – argileux. **clayey limestone**: calcaire argileux. **clayey marl**: marne argileuse. **clayey rock**: roche argileuse. **clayey sand**: sable argileux. **clayey soil**: sol argileux.

clayiness – teneur en argile.

claying – glaisage *m*. **claying bar**: tarière à argile.

clayish – argileux ; glaiseux.

claystone – argile indurée.

clean – net ; propre ; pur. **clean ballast**: ballast propre. **clean-ballast tank**: citerne à ballast propre. **clean burning**: brûlant sans résidu. **clean car**: voiture propre. **clean cargo**: produits blancs. **clean coal**: charbon épuré. **clean engine**: moteur propre. **clean formation**: formation propre, *en diagraphie qualifie une formation dépourvue d'argile.* **clean fracture**: cassure nette. **clean fuel**: carburant propre ; combustible propre. **clean-oil circulation furnace**: four à circulation d'huile propre. **clean-oil tanker**: pétrolier pour produits blancs. **clean-oil vessel**: navire à produits blancs ; réservoir à produits blancs. **clean oils**: produits blancs. **clean power**: énergie propre, *non polluante.* **clean pure oil**: huile pure. **clean reactor**: reacteur à froid. **clean receipt**: décharge sans signature. **clean room**: chambre propre. **clean sand**: sable propre, *sans argile.* **clean signature**: décharge sans réserve. **clean steam cracking**: vapocraquage propre. **clean time break**: bonne rupture *(sism).*

clean (to) – dégraisser ; nettoyer ; purifier. **clean (to) out**: déboucher ; désenvaser ; vidanger. **clean (to) up**: ramasser ; enlever ; nettoyer.

cleaned – nettoyé. **cleaned gas**: gaz épuré.

cleaner – appareil de nettoyage ; dégraisseur *m* ; épurateur *m* ; laveur *m* ; nettoyeur *m*. **cleaner's solvent**: *voir Stoddard solvent.*

cleaning – dégraissage *m* ; épuration *f*; nettoyage *m* ; purification *f*. **cleaning a well**: récurage d'un puits. **cleaning-and-priming machine**: brosseuse-vernisseuse *f, machine chargée du nettoyage et de la pose de l'enduit de fixation (primer) sur la canalisation* ; enrobeuse vernisseuse, *canalisations.* **cleaning compound**: produit détergent. **cleaning door**: porte de vidange. **cleaning drum**: trommel de nettoyage. **cleaning efficiency**: pouvoir nettoyant. **cleaning fluid**: fluide de rinçage. **cleaning oil**: solvant pour nettoyage à sec. **cleaning out a river**: curage d'une rivière. **cleaning peephole**: regard de nettoyage. **cleaning powder**: poudre à récurer. **cleaning room**: atelier de nettoyage. **cleaning solution**: bain de dégraissage. **cleaning table**: table de dessablage. **cleaning wagon**: chariot de nettoyage.

cleanout – nettoyage *m*. **cleanout bailer**: cuiller de curage, *ou cuillère de curage.* **cleanout doorsheet, cleanout plate**: porte de visite. **cleanout jet auger**: cuiller de nettoyage à jet, *ou cuillère de nettoyage à jet.* **cleanout mill**: fraise de nettoyage. **cleanout opening**: ouverture de nettoyage ; purge. **cleanout plug**: bouchon de nettoyage. **cleanout rig**: installation de nettoyage.

cleanse (to) – *voir to clean.*

cleanser – démaquillant *m* ; nettoyant *m, poudre, liquide ou crème.*

cleansing – *voir cleaning.*

clear – clair. **clear day**: jour franc. **clear gasoline**: essence non éthylée. **clear octane number**: indice d'octane clair, *sans additif antidétonnant.* **clear sky**: ciel clair. **clear well**: puits de décantation.

clear (to) – dédouaner ; éclaircir ; enlever ; liquider ; purger. **clear (to) away**: débarrasser ; déblayer. **clear (to) lines**: layonner, *ouvrir le passage d'un profil.* **clear (to) up**: dissiper. **clear (to) up a matter**: éclaircir une affaire.

clearance – compensation *f*; congé *m*, *d'un navire* ; dédouanement *m* ; dépouille *f*; espace libre ; intervalle *m* ; jeu *m* ; libération *f.* **clearance angle**: angle d'incidence. **clearance certificate**: lettre de mer. **clearance inwards**: entrée en douane ; mise en douane ; permis d'entrée. **clearance of piston**: jeu de piston. **clearance of rods in the hole**: jeu des tiges dans le trou. **clearance outwards**: congé en douane ; expédition en douane. **clearance paper**: acquit de douane. **clearance ratio**: jeu relatif, *palier.* **clearance sale**: réalisation du stock ; soldes *m* ; vente de liquidation. **clearance volume**: espace mort ; volume mort.

clearing – acquittement *m* ; clairière *f*; clearing *m* *(écon)* ; compensation *f*; déblaiement *m* ; défrichement *m* ; dégarnissage *m* ; dégorgement du puits, *pendant son reconditionnement* ; expédition *f*; terrain découvert. **clearing agreement**: accord de compensation. **clearing balance**: solde de compensation. **clearing certificate**: bulletin de sortie. **clearing cylinder**: tambour débourbeur. **clearing distance**: distance de sécurité. **clearing locomotive**: locomotive de déblaiement. **clearing office**: office de compensation.

clearness – limpidité *f.*

cleat – clivage *m* ; taquet *m* ; tasseau *m.*

cleavability – aptitude au clivage ; clivabilité *f.*

cleavage – clivage *m* ; coupure *f*; délitage *m*, *tendance d'une roche sédimentaire de se fendre selon ses plans de stratification* ; fission *f*; rupture d'une molécule, *ouverture d'une liaison ou d'un noyau (chim)* ; scission *f.* **cleavage plane**: délit *m*, *plan de délitage d'une roche* ; plan de clivage. **cleavage structure**: schistosité *f*; structure de clivage ; texture schisteuse.

cleft – crevasse *f*; fissure *f*; interstice *m.* **cleft weld**: soudure à gueule de loup. **cleft welding**: soudage à gueule de loup.

clench (to) – serrer.

clerk – employé *m* ; employé de bureau.

Cleveland – Cleveland. **Cleveland open-cup tester**: appareil Cleveland à vase ouvert, *utilisé pour la détermination des point d'éclair et point de feu des lubrifiants.*

clevis – crochet à ressort ; crochet de sûreté ; manille d'assemblage.

click – bruit sec ; cliquet *m* ; déclic *m* ; parasite *m*, *communication.* **click spring**: ressort d'enclenchement. **click wheel**: roue à cliquet.

cliff – escarpement à pic ; falaise *f.*

cliftonite – cliftonite *f*, *carbone cristallin qu'on trouve dans les météorites.*

climate – climat *m.*

climatic – climatique. **climatic change**: changement climatique. **climatic conditions**: conditions climatiques ; régime climatique. **climatic factor**: facteur climatique. **climatic gasoline**: essence adaptée à la saison, *répondant aux besoins d'une saison donnée (printemps, hiver, etc.).*

climatological – climatologique. **climatological data**: données climatologiques. **climatologic normals (CLINO)**: normales climatologiques *(météo).*

climatology – climatologie *f.*

climax – gradation ascendante ; point culminant.

climb – ascension *f*; côte *f*; montée *f*; remontée *f.*

climbers – griffes de monteur.

climbing – ascendant. **climbing ability**: tenue en côte, *d'un véhicule.* **climbing ripples**: rides chevauchantes. **climbing toplap**: biseaux sommitaux ascendants, *rapports géométriques typiques associés aux courants de contours.* **climbing toplap mound**: monticule à structure inclinée.

clinch – rivet *m.*

clinch (to) – aplatir.

clinching – aplatissement *m*, *rivets.*

cling (to) – s'accrocher ; adhérer ; coller ; se cramponner.

clinginess – adhésivité *f.*

clinging – collant.

clink – choc *m* ; cliquetis *m* ; scorie *f*; tintement *m.*

clinker – ciment non broyé ; clinker *m*, *produit résultant de la cuisson d'un mélange d'argile et de calcaire* ; laitier *m* ; mâchefer *m* ; scorie *f.* **clinker asphalt**: clinker asphalt, *mélange asphaltique dans lequel l'agrégat minéral est constitué principalement par des scories ou des cendres à demi vitrifiées.* **clinker cake**: gâteau de scories.

clinkering – clinkérisation *f*; scorification *f.* **clinkering coal**: charbon scorifère. **clinkering tool**: ringard *m.*

clinkstone – *voir phonolite.*

clinochlore – clinochlore *m*, *aluminosilicate du groupe chlorite.*

clinoform – progradation *f*, *terme général qui exprime la géométrie progradante des surfaces de dépôts.*

clinograph – clinographe *m*, *indicateur de pente.*

clinometer – clinomètre *m* ; éclimètre *m*, *appareil mesurant les écarts de la verticale.*

clinopinacoid – clinopinacoïde *m.*

clinoprism – clinoprisme *m (crist).*

clinoptilolite – clinoptilolite *f*, *minéral du groupe zéolite.*

clinopyroxene – clinopyroxène *m*, *nom de groupe pour les pyroxènes monocliniques.*

clinorhombic – clinorhombique ; monoclinique.

clinounconformity – *voir angular unconformity.*

clinozoisite – clinozoïsite *f*, *silicate d'aluminium et de calcium.*

clintonite – clintonite *f*, *mica dur.*

clip – attache *f*; étrier de serrage ; pince *f.*

clipped – écrêté ; tronqué.

clippers – pinces coupantes ; sécateur *m.*

clipping – coupure de presse ; écrêtage *m*, *écrêtement.*

cloakroom – consigne *f*; vestiaire *m.*

clock – horloge *f*; pendule *f.* **clock card**: carte de pointage. **clock movement**: mouvement d'horlogerie. **clock oil**: huile pour rouage d'horlogerie.

clock (to) – chronométrer.

clockwise – dans le sens des aiguilles d'une montre, *à droite.*

clockwork – mécanisme d'horlogerie ; minuterie *f.*

clod – grumeau *m (pédol)* ; motte *f.*

clog (to) – bloquer ; boucher ; colmater ; empêcher ; s'encrasser ; s'obstruer.

clogged – bouché, *se dit en particulier des pores d'une couche ou des perforations d'un tube obstrué par des dépôts solides ou pâteux* ; encrassé ; engorgé.

clogging – bouchage *m* ; colmatage *m* ; encrassement *m* ; obstruction *f.* **clogging point**: point de colmatage.

clone – clone *m (biol).*

cloning – clonage *m.*

close – proche ; serré. **close-burning coal**: charbon cokéfiable. **close collision**: collision proche. **close coupling**: accouplement serré. **close cut**: coupe étroite. **close-cut fraction**: fraction étroite. **close-deviation control**: contrôle d'une faible déviation. **close drift ice**: *voir close pack ice.* **close-fitting-plunger pump**: pompe à piston ajusté. **close foliation**: fausse schistosité *(géol)* ; stratification finement foliacée. **close fractionation**: fractionnement par coupe étroite. **close grained**: à fine cristallisation ; à grain fin ; à grain serré ; serré. **close-grained structure**: structure grenue compacte. **close-in fallout**: précipitation radioactive primaire. **close investigation**: recherche minutieuse. **close joint**: joint étanche. **close meshed**: à fines mailles. **close nipple**: raccord étroit. **close pack ice**: pack serré, *champ de floes serrés où la navigation est difficile et peut nécessiter l'aide de brise-glaces.* **close-range conveyor**: transporteur à courte distance. **close sand**: sable compact, *sable à grains trop fins pour former un bon réservoir d'huile (par opposition à open sand).* **close shut**: bien fermé ; hermétique. **close-spiral spring**: ressort de rappel. **close temperature control**: contrôle précis de la température. **close up**: gros plan, *cinéma.*

close – fin *f* ; conclusion *f.*

close (to) – arrêter ; clore, *une étude* ; fermer. **close (to) a loop**: fermer une maille *(sism).* **close (to) a well**: fermer un puits. **close (to) down production**: arrêter une fabrication.

closed – clos ; étanche ; fermé. **closed anticline**: anticlinal fermé. **closed basin**: bassin fermé. **closed-center valve**: vanne de fermeture centrale. **closed-chain compound**: composé cyclique ; composé en chaîne fermée. **closed-chamber experiment**: essai en vase clos. **closed circuit**: circuit fermé. **closed-circuit diesel**: diesel en circuit fermé. **closed-circuit television (CCTV)**: télévision en circuit fermé, *ou TV en circuit fermé.* **closed-circuit voltage**: tension en circuit fermé. **closed-circuit working**: exploitation à circuit fermé. **closed coil**: serpentin fermé. **closed core**: noyau fermé. **closed crucible**: procédé au creuset, *dans la fabrication de l'acier.* **closed cup**: creuset fermé, *essai* ; vase clos. **closed-cycle diesel system**: moteur diesel en circuit fermé. **closed-deviation control**: contrôle d'une faible déviation. **closed fault**: faille fermée. **closed fold**: pli fermé, *pli dont la courbure ne peut être accentuée sans que soit détruit le parallélisme des couches* ; pli resserré. **closed fracture**: fracture fermée. **closed-head drum**: fût à bonde. **closed heater**: chaudière à récupération, *vapeur.* **closed-in pressure**: pression statique, *d'un puits fermé.* **closed-in pressure valve**: vanne de mesure de pression de fond *(for).* **closed-in production**: production latente, *d'une sonde temporairement fermée.* **closed joint**: soudure sans écartement des bords. **closed loop**: boucle fermée, *régulation* ; maille fermée *(sism).* **closed-loop control**: commande à asservissement ; commande à boucle fermée ; contrôle en circuit fermé. **closed-loop control system**: système de commande en boucle fermée. **closed-loop system**: système asservi. **closed pass**: cannelure fermée, *(métal).* **closed pressure**: pression de gisement, *pression d'un puits de gaz fermé assez longtemps pour atteindre un maximum, ce temps variant de un à plusieurs jours.* **closed-return bend**: raccord en U. **closed-ring hydrocarbon**: hydrocarbure ayant un ou plusieurs noyaux cycliques. **closed rock pressure**: pression initiale dans un gisement vierge. **closed rope**: câble clos. **closed sea**: mer fermée. **closed set**: ensemble fermé *(math).* **closed steam**: vapeur indirecte. **closed structure**: structure compacte ; structure fermée, *voir structural closure* ; structure finement lamellaire. **closed syncline**: synclinal fermé. **closed-system pyrolysis**: pyrolyse en milieu fermé. **closed tester**: vase clos. **closed traverse**: traverse étroite. **closed-tube test**: essai en tube fermé. **closed vessel**: vase clos. **closed work**: ouvrage souterrain.

close-down – *voir shutdown.*

closehauled – au plus près *(naut).*

closing – cyclisation *f* ; fermeture *f* ; final. **closing a valve**: sectionnement d'une vanne. **closing date**: date de clôture. **closing error**: erreur de fermeture *(géol).* **closing indicating lamp**: lampe de signalisation d'enclenchement. **closing point**: position de fermeture. **closing pressure**: pression de fermeture. **closing structural contour**: courbe de niveau fermée. **closing time**: durée de fermeture ; heure de fermeture. **closing valve**: soupape de fermeture.

closterite – clostérite *f, variété de charbon d'algues.*

closure – clôture ; constriction *f, réduction de section d'une galerie, due à la poussée du terrain* ; fermeture *f* ; hauteur imprégnée, *d'huile* ; serrement *m.* **closure of a valve**: fermeture d'une soupape. **closure of an anticline**: fermeture d'un anticlinal. **closure of the current**: fermeture du courant.

clot – bombe volcanique ; caillot *m* ; flocon *m.*

clot (to) – coller ; figer ; floculer.

cloth – chiffon *m* ; étoffe *f* ; tissu *m.* **cloth oil**: huile d'ensimage.

clothing – enveloppe *f* ; habillement *m* ; revêtement *m* ; vêtement *m.*

clotting – coagulation *f.*

cloud – nuage *m* ; nuée *f.* **cloud chamber**: chambre à brouillard ; chambre de détente ; chambre de Wilson. **cloud cover**: couverture nuageuse sur l'image ; nébulosité *f.* **cloud point**: point de trouble, *d'une huile de pétrole, c'est la température à laquelle les paraffines, cires ou autres matières commencent à se solidifier lorsqu'elle est refroidie dans des conditions normalisées.* **cloud temperature**: température de trouble. **cloud test**: essai de trouble.

cloud (to) – couvrir ; embuer ; troubler ; voiler.

cloudburst – déluge *m* ; rafale de pluie ; trombe d'eau.
cloudiness – nébulosité *f, état nuageux du ciel* ; obscurité *f, de style* ; turbidité *f, d'un liquide.*
cloudy – nuageux ; sombre ; trouble. **cloudy liquid**: liquide trouble.
clough – couloir *m (géol)* ; gorge *f*; ravin *m.*
cloustonite – cloustonite *f, substance bitumineuse soluble dans le benzol.*
cloverleaf – échangeur routier.
CLRC – *abrév. de Coordinating Lubricants Research Committee.*
cluck – gloussement *m, se dit parfois en parlant d'un puits.*
clue – fil *m* ; guide *m* ; indication *f*; indice *m.*
clump – bloc *m* ; masse *f*; massif *m* ; morceau *m* ; motte *f.* **clump weight**: gueuse *f.*
clunch – argile schisteuse ; barre *f, dans une couche de houille* ; roche argileuse.
Clunian – Clunien *m, étage du Gothlandien.*
cluster – amas *m* ; cluster, *voir aussi well cluster* ; grappe *f*; groupe *m* ; nuage de points. **cluster analysis**: analyse de grappe ; analyse de groupes. **cluster of crystals**: groupe de cristaux. **cluster of gear wheels**: train d'engrenages. **cluster of springs**: faisceau de ressorts.
clustering – groupage *m* ; groupement *m.*
clutch – accouplement *m* ; coulisse *f*; débrayage *m* ; dent *f*; embrayage *m* ; griffe *f.* **clutch bevel**: cône d'accouplement. **clutch box**: embrayage à dents. **clutch brake**: frein sur l'embrayage. **clutch casing**: douille d'embrayage. **clutch cone**: cône d'embrayage. **clutch coupling box**: accouplement par friction ; manchon d'accouplement. **clutch disk**: disque d'embrayage ; embrayage à plateaux ; plateau d'embrayage. **clutch fluid**: fluide d'embrayage. **clutch friction ring**: couronne d'embrayage. **clutch guard**: carter d'embrayage. **clutch housing**: carter d'embrayage. **clutch lever**: levier d'embrayage. **clutch lining**: garniture d'embrayage. **clutch lock**: verrouillage d'embrayage. **clutch pedal**: pédale d'embrayage ; pédale de débrayage. **clutch plate**: cuvette d'embrayage ; disque d'embrayage ; plateau d'embrayage. **clutch-release bearing**: butée d'embrayage. **clutch-release fork**: fourchette de débrayage. **clutch shaft**: arbre primaire ; essieu d'entraînement. **clutch spring**: ressort d'embrayage. **clutch stop**: frein d'embrayage ; frein de débrayage. **clutch taper**: cône d'embrayage. **clutch thrust**: poussée de l'embrayage, *poussée axiale provoquée par des ressorts d'embrayage.* **clutch thrust bearing**: butée de débrayage.
clutch (to) – agripper ; embrayer. **clutch (to) a tool**: agripper un outil, *tombé dans un trou de forage.*
clutter – échos parasites, *radar* ; fouillis d'échos, *radar* ; signaux parasites.
clutterlock – verrouillage sur fouillis, *radar.*
cm – cm, *symbole de centimeter.*
CMC – CMC, *abrév. de carboxymethylcellulose.*
CMHEC – CMHEC, *abrév. de carboxymethylhydroxyethylcellulose.*
CMOS – *abrév. de complementary metal-oxide semiconductor.*
CMP – *abrév. de common midpoint : point-milieu commun.*
CNG – GNC, *abrév. de compressed natural gas, gaz naturel comprimé, gaz naturel carburant.*
CNGA – *abrév. de California Natural Gasoline Association.*
cnidarian – cnidaire *m (pal).*
CNL – *abrév. de compensated neutron log.*
CO – *abrév. de cutoff.*
coacervate – coacervat *m, une macromolécule fournissant une phase présentant les caractères physiques d'un liquide visqueux* ; coacervé. **coacervate phase**: phase coacervée *(chim).* **coacervate system**: système coacervé.
coacervation – coacervation *f, séparation d'une suspension colloïdale en deux couches d'une concentration différente.*
coach – autocar *m* ; carrosse *m* ; voiture *f*; wagon *m.*
coadministration – cogérance *f.*
coagulant – coagulant *m.*
coagulate (to) – cailler ; coaguler ; figer ; se prendre en masse.
coagulation – coagulation *f*; figeage *m* ; floculation *f.* **coagulation inhibitor**: inhibiteur de coagulation.
coal – charbon *m* ; houille *f, nom donné à tous les charbons qui ne sont pas de l'anthracite.* **coal apples**: galets de houille. **coal balls**: nodule de charbon, *nodules calcaréo-magnésiens contenant des fossiles marins.* **coal barge**: chaland à charbon. **coal-bearing**: carbonifère ; houiller. **coal bed**: couche de houille ; filon houiller ; gîte de houille. **coal belt**: sillon houiller ; traînée de houille ; zone houillère. **coal briquette**: briquette de charbon. **coal bunker**: soute à charbon ; trémie à charbon. **coal carbonization**: carbonisation de la houille. **coal carbonizing plant**: cokerie *f.* **coal cleaning**: épuration du charbon. **coal conversion**: conversion du charbon. **coal cutter**: haveuse *f.* **coal deposit**: depôt houiller. **coal dust**: poussier *m* ; poussière de charbon. **coal-dust explosion**: coup de poussières *(mine).* **coal-fired boiler**: chaudière à charbon. **coal firing**: chauffage au charbon ; chauffe au charbon. **coal fuel**: carburant à base de charbon. **coal gas**: gaz d'éclairage ; gaz de houille. **coal gasification**: gazéification du charbon. **coal liquefaction**: liquéfaction du charbon. **Coal Measures**: Houiller *m, formation du Carbonifère supérieur qui détermine les principaux bassins houillers de la Grande-Bretagne.* **coal mine**: charbonnage *m* ; houillère *f*; mine de charbon. **coal mining**: charbonnage *m* ; exploitation de la houille. **coal oil**: huile lourde de houille, *provenant de la distillation du goudron de houille.* **coal pipe**: tronc debout, *souche d'arbre fossile s'élevant d'une couche charbonneuse jusque dans la roche sus-jacente.* **coal pipeline**: carboduc *m.* **coal pit**: puits de charbon. **coal port**: port charbonnier. **coal-powered fuel**: carburant à base de charbon. **coal rake**: niveau charbonneux. **coal rank**: *voir rank.* **coal screen**: crible à charbon. **coal seam**: couche de charbon ; filon houiller. **coal slurry pipeline**: hydrocarboduc *m* ; pipeline pour charbon pulvérulent. **coal tar**: goudron de houille. **coal-tar dyestuff**: colorant d'aniline. **coal-tar naphtha**: huile légère de houille. **coal-tar oil**: huile de goudron de houille. **coal-tar pitch**: brai de houille.

coalesce (to) – se combiner ; se fondre ; fusionner ; se souder ; s'unir.
coalescence – coalescence *f*; combinaison *f*; fusion *f*.
coalescer – coalesceur *m*.
coalfield – bassin houiller ; district houiller ; gisement de charbon, *gisement houiller*.
coalification – houillification *f*, *transformation de la matière végétale en charbon*.
coaling – charbonnage *m*, *embarquement du charbon*.
Coanda – Coanda. **Coanda effect**: effet Coanda, *tendance d'un gaz ou d'un liquide débouchant d'un jet à haute pression à cheminer le long des parois*.
coarse – gros ; grossier. **coarse adjustment**: réglage grossier ; réglage préliminaire. **coarse aggregate**: agrégat grossier, *agrégat dans lequel les plus grosses particules ont un diamètre supérieur à 6.5 mm*. **coarse emery**: émeri grossier. **coarse file**: grosse lime. **coarse grain**: gros grain. **coarse grained**: à gros grains, *voir aussi phaneritic*. **coarse-grained sand**: sable grossier. **coarse-grained sandstone**: grès grossier, *gros points alignés*. **coarse porosity**: nid de soufflures, *soufflure*.
coarseness – granulosité *f*, *d'un cliché*. **coarseness of grain**: granulation *f*.
coast – côte *f*; littoral *m*; plage *f*; rivage *m*. **coast guard**: garde maritime. **coast of emergence**: côte d'émersion. **coast of submergence**: côte de submersion. **coast pilot**: instructions nautiques ; pilote côtier. **coast road**: route en corniche.
coast (to) – se mouvoir, *par inertie* ; côtoyer, *le rivage* ; marcher en roue libre.
coastal – côtier. **coastal aggradation**: aggradation côtière, *composante verticale des biseaux d'aggradation côtière*. **coastal area**: région côtière ; zone côtière. **coastal country**: pays riverain. **coastal crude**: brut américain de la région côtière. **coastal deposit**: alluvion côtière. **coastal dune**: dune littorale. **coastal encroachment**: empiétement côtier, *composante horizontale des biseaux d'aggradation*. **coastal engineering**: aménagement côtier. **coastal facies**: faciès côtier ; faciès littoral. **coastal grading**: régularisation littorale. **coastal lake**: lac littoral. **coastal mountain**: montagne littorale. **coastal navigation**: cabotage *m* ; navigation côtière. **coastal onlap**: biseau d'aggradation côtière. **coastal-onlap curve**: courbe d'aggradation côtière, *courbe chronostratigraphique des biseaux d'aggradation côtière*. **coastal onlap diagram**: diagramme d'aggradation côtière, *diagramme chronostratigraphique des biseaux d'aggradation côtière*. **coastal plain**: plaine côtière, *surface de dépôt en amont de la ligne de côte dont l'altitude est proche du niveau de la mer* ; plaine littorale. **coastal shifting**: déplacement des côtes. **coastal tanker**: caboteur citerne ; pétrolier caboteur. **coastal waters**: eaux côtières. **coastal zone**: zone côtière, *zone des eaux navigables*.
coaster – caboteur *m*.
coasting – cabotage *m*. **coasting vessel**: caboteur *m*.
coastline – façade maritime ; ligne de côte, *ligne entre la mer et la terre* ; littoral *m* ; trait de côte.
coastward – vers la côte.
coastwise – côtier, *le long de la côte*. **coastwise trade**: commerce caboteur.
coat – application *f* ; couche *f* ; enduit *m* ; manteau *m* ; pelure *f* ; revêtement.
coated – couvert ; enduit ; enrobé ; revêtu. **coated electrode**: électrode enrobée. **coated lens**: objectif à revêtement antiréfléchissant ; objectif traité. **coated pipe**: tuyau revêtu d'un enduit.
coating – application *f*; couche *f*; enduction *f*; enduisage *m* ; enduit *m* ; étendage *m* ; revêtement *m*. **coating and wrapping**: application d'un revêtement protecteur, *sur une canalisation*. **coating-and-wrapping machine**: enrobeuse *f*.
coaxial – coaxial, *s'applique à des figures ayant le même axe*. **coaxial cable**: câble coaxial, *constitué par deux conducteurs de même axe, séparés par un espace rempli d'une substance diélectrique* ; ligne coaxiale.
cob – morceau *m* ; pisé *m* ; torchis *m (constr)*.
cobalt – cobalt *m*, *symbole chim. Co*. **cobalt bloom**: érythrite *f (minér)* ; fleur de cobalt. **cobalt blue**: bleu de cobalt ; cobalt d'outremer. **cobalt-bromide test**: méthode au bromure de cobalt, *pour la détection de l'eau dans le propane commercial*. **cobalt catalyst**: catalyseur au cobalt. **cobalt glance**: cobalt gris *(minér)*. **cobalt ore**: minerai de cobalt. **cobalt plating**: cobaltage *m*, *procédé* ; couche de cobalt. **cobalt steel**: acier au cobalt. **cobalt trifluoride**: trifluorure de cobalt.
cobaltiferous – cobaltifère.
cobaltite – cobaltine *f*, *cobaltite, arséniosulfure naturel de cobalt*.
cobble – caillou *m*, *terme général pour désigner des morceaux de roche* ; galet *m*, *fragment de roche de 64 à 256 mm de diamètre* ; moellon *m* ; pavé *m*. **cobble beach**: grève *f*.
cobblestone – *voir cobble*.
Coblenzian – Coblencien *m*, *étage du Dévonien*.
cobweb – toile d'araignée. **cobweb diagram**: diagramme en toile d'araignée, *schéma représentant les résultats d'études de sensibilité*.
cocatalyst – cocatalyseur *m*.
coccolite – coccolite *f (minér)*.
coccolith – coccolithe *m (pal)*.
coccolithophore – coccolithophoracée *f*, *algue chrysophycée unicellulaire*.
cock – robinet *m*. **cocks and fittings**: robinetterie *f*. **cock brass**: bronze pour robinetterie. **cock key**: clé de robinet. **cock metal**: bronze pour robinetterie. **cock valve**: robinet à boisseau.
cockade – cocarde *f*. **cockade ore**: minerai en cocarde. **cockade structure**: structure en cocarde.
cockpit – cockpit *m*, *d'un bateau ou d'un avion* ; doline *f*, *dépression fermée circulaire* ; doline karstique, *dépression circulaire* ; habitacle *m* ; poste de pilotage.
COCORP – *acronyme de Consortium for Continental Reflection Profiling, programme d'étude sismique de la croûte terrestre*.
cocurrent – cocourant. **cocurrent flow**: écoulement cocourant.
COD – CR, *abrév. de cash on delivery : contre remboursement* ; DCO, *abrév. de chemical oxygen demand : demande chimique en oxygène*.
coda – phase finale ; queue *f*, *séisme*.

code – code *m*. **code converter**: transcodeur *m*. **code letter**: chiffre secret ; indicateur littéral. **code word**: mot télégraphique convenu.
codeclination – codéclinaison *f*; distance polaire.
codeposition – dépôt simultané.
codification – codification *f*.
codimer – codimère *m*, *produit formé par l'union de deux molécules d'oléfines différentes.*
codimerization – codimérisation *f*.
coding – codage *m*.
codon – codon *m*, *triplet de nucléotides dans une molécule d'acide nucléique.*
CODU – *abrév. de crude oil distillation unit.*
COED – *dénomination d'un procédé de liquéfaction du charbon.*
coefficient – coefficient *m*. **coefficient of earth pressure at rest**: coefficient de poussée du sol au repos. **coefficient of expansion**: coefficient de dilatation. **coefficient of friction**: coefficient de frottement. **coefficient of heat transfer**: coefficient de transfert de chaleur. **coefficient of induced magnetization**: coefficient d'aimantation, *quotient de l'aimantation spécifique d'une substance par la valeur H du champ magnétique.* **coefficient of performance (COP)**: coefficient de performance, *pour une pompe à chaleur, quotient du flux de chaleur utile fournie et de l'ensemble de la puissance consommée.* **coefficient of restitution**: coefficient de choc, *mécanique* ; coefficient de restitution. **coefficient of thermal insulation**: coefficient d'isolation thermique. **coefficient of tide**: coefficient de marée, *variations du marnage dans le temps, surtout utilisé pour les marées des côtes de France.* **coefficient of variation (COV)**: coefficient de variation, *rapport, exprimé sous forme de pourcentage, de l'écart-type d'une distribution à sa moyenne arithmétique.*
coelenterate – coelentéré *m (pal)*.
coenzyme – coenzyme *m*.
coercive – coercitif. **coercive force**: champ coercitif, *champ magnétique nécessaire pour désaimanter une substance ferromagnétique.*
coercivity – coercitivité *f*.
COET – *abrév. de crude oil equalization tax.*
COFCAW – *abrév. de combination of forward combustion and waterflooding.* **COFCAW process**: *procédé de récupération assistée par combustion à cocourant avec injection d'eau.*
coffer – bassin *m* ; caisson *m* ; coffrage *m* ; coffre *m* ; revêtement d'un puits *(mine)* ; sac *m*.
cofferdam – batardeau *m* ; caisson hydraulique ; cofferdam *m*, *partie étanche du bateau séparant les citernes à produits dangereux des machines et locaux d'habitation* ; cuvelage *m (mine)*.
coffin – caisse de transport, *de produits radioactifs.*
cog – cran *m* ; dent *f*, *d'une roue dentée* ; pile de bois ; pilier de remblais *(mine)*. **cog rail**: crémaillère *f*. **cog railway**: chemin de fer à crémaillère. **cog shaft**: arbre de levée.
cogeneration – cogénération *f*, *production combinée de chaleur et d'électricité.*
cogged – à crans. **cogged bloom**: lingot dégrossi.
cognate – parent, *de même origine.* **cognate inclusion**: autolite *f*; enclave endogène ; enclave homéogène.
cogwheel – roue d'engrenage ; roue dentée.
cohade – pendage *m*.
coherence – cohérence *f*, *en sismique, mesure de la ressemblance des signaux appartenant à des traces adjacentes* ; cohésion *f*. **coherence enhancement**: amélioration de cohérence. **coherence filtering**: filtrage améliorant la cohérence ; filtrage en cohérence. **coherence length**: longueur de cohérence.
coherent – cohérent. **coherent anti-Stokes Raman spectroscopy (CARS)**: spectroscopie Raman anti-Stokes cohérente. **coherent light**: lumière cohérente. **coherent noise**: bruit cohérent ; bruit en phase *(sism)* ; bruit organisé, *se dit des bruits qui se présentent comme des ondes relativement régulières.* **coherent scattering**: diffusion cohérente. **coherent unit**: unité cohérente, *unité qui appartient à un système cohérent d'unités (mesure)*.
cohesion – cohésion *f*. **cohesionless soil**: sol sans cohésion.
cohesive – cohésif. **cohesive-energy density**: densité d'énergie de cohésion. **cohesive force**: attraction moléculaire ; force cohésive. **cohesive soil**: sol cohérent. **cohesive strength**: résistance de cohésion.
cohesiveness – cohésivité *f*.
coil – bobine *f (élec)* ; enroulement *m* ; rouleau *m* ; serpentin *m* ; spire *f*. **coil clutch**: embrayage à spirale. **coil drag**: pièce d'assemblage de serpentin. **coil ignition**: allumage par bobine. **coil spring**: ressort à boudin ; ressort en spirale. **coil tubing**: tube de production concentrique.
coiled – enroulé. **coiled tubing**: tube d'intervention enroulé, *tube souple enroulé sur touret utilisé pour intervenir dans les puits sous pression.*
coin – monnaie *f*. **coin balance**: trébuchet *m*. **coin-op distributor**: *voir coin-op machine.* **coin-op machine**: distributeur automatique, *fonctionnant avec une pièce de monnaie.*
coincidence – coïncidence *f*. **coincidence correction**: correction pour le temps mort. **coincidence factor**: coefficient de simultanéité, *demande maximale d'énergie.* **coincidence loss**: correction pour le temps mort. **coincidence rangefinder**: télémètre à coïncidence.
coining – matriçage *m*.
coinstantaneous – simultané.
coir – coir *m*, *fibre de noix de coco* ; fibre de coco. **coir rope**: cordage en coco.
coke – coke *m*. **coke bed**: couche de coke ; lit de coke. **coke blast furnace**: haut-fourneau au coke. **coke breaker**: broyeur à coke. **coke cake**: tourteau de coke. **coke coal**: coke naturel, *voir natural coke.* **coke cutter**: broyeur à coke. **coke dross**: coke menu. **coke drum**: tour à coke. **coke firing**: chauffage au coke. **coke lay**: dépôt de coke. **coke laydown**: dépôt de coke. **coke number**: indice de cokéfaction. **coke oven**: four à coke. **coke-oven battery**: batterie de four à coke. **coke-oven gas**: gaz de cokerie ; gaz de four à coke. **coke-oven plant**: cokerie *f*. **coke-oven tar**: goudron de coke, *sous-produit du coke obtenu dans la fabrication du coke à partir du charbon bitumineux.* **coke precursor**: précurseur de coke. **coke quenching**: extinction du coke. **coke scrubber**: épurateur au coke ; laveur à coke, *utilisé*

dans la purification des gaz. **coke settler**: séparateur de coke. **coke test**: essai de cokéfaction, *désigne les essais Conradson et Ramsbottom.* **coke yield**: rendement en coke.

cokeite – cokéite *f, coke naturel (minér).*

coker – unité de cokéfaction.

coking – carbonisation *f*; cokage *m, formation indésirable de coke ou de dépôts de carbone sur les parois d'un appareil*; cokéfaction *f, distillation ou craquage jusqu'au coke.* **coking bulb**: ampoule de cokéfaction. **coking chamber**: chambre de cokéfaction. **coking coal**: charbon à coke ; charbon cokéfiant. **coking cracking**: craquage avec formation de coke. **coking drum**: chambre de cokéfaction. **coking plant**: cokerie *f.* **coking still**: unité de cokéfaction, *par charge discontinue.* **coking time**: durée de carbonisation du coke. **coking wharf**: aire de défournement, *cokerie.*

col – col *m (géol).*

colatitude – colatitude *f, complément de la latitude géographique d'un lieu.*

colcothar – colcotar *m, oxyde de fer utilisé pour le polissage.*

cold – froid. **cold area**: zone froide, *laboratoire ou usine ne manipulant pas de produit radioactif, ou maintenu froid pour faciliter des expériences particulières.* **cold asphalt**: asphalte à froid. **cold brittle**: cassant à froid. **cold cathode**: cathode froide. **cold chisel**: burin *m*; ciseau à froid. **cold-cranking simulator (CCS)**: simulateur de démarrage à froid. **cold drawing**: écrouissage *m*; étirage à froid. **cold-drawing process**: procédé d'étirage du métal à froid. **cold drawn**: écroui ; étiré à froid. **cold-drawn oil**: huile obtenue par pression à froid. **cold-drawn steel**: acier étiré à froid. **cold expanded**: à expansion à froid. **cold extrusion**: extrusion à froid. **cold filter-plugging point (CFPP)**: température limite de filtrabilité (TLF), *température la plus élevée à laquelle un volume déterminé de combustible cesse de traverser, dans un temps limité, un appareil de filtration normalisé quand il est soumis à un refroidissement.* **cold finger**: rétrogradateur *m.* **cold flow**: fluage à froid. **cold forging**: forgeage à froid. **cold forming**: profilage à froid. **cold fusion**: fusion froide, *fusion nuclaire à température ambiante.* **cold-hammered steel**: acier écroui ; acier façonné à froid. **cold lahar**: coulée boueuse. **cold laid**: posé à froid. **cold-laid mixture**: mélange posé à froid, *produit routier.* **cold light**: lumière froide. **cold mill**: laminoir à froid. **cold-mixed**: mélangé à froid. **cold-neck grease**: graisse pour tourillons froids. **cold neutron**: neutron froid. **cold pit**: puits d'aérage *(mine).* **cold plasma**: plasma froid. **cold point**: *voir freezing point.* **cold-press molding**: moulage à la presse à froid. **cold pressing**: filtration à froid, *séparation par filtration d'un produit pétrolier solide sur un filtre presse (par exemple la paraffine à partir d'un distillat de pétrole).* **cold-producing substance**: frigorigène *m.* **cold reflux**: reflux froid, *reflux servant à ajuster la température en tête de colonne au degré choisi.* **cold riveting**: rivetage à froid. **cold roll**: cylindre de laminoir, *pour laminage à froid.* **cold-roll neck grease**: graisse pour laminage à froid. **cold rolled**: laminé à froid. **cold-rolled steel**: acier laminé à froid. **cold rolling**: écrouissage *m*; laminage à froid. **cold room**: chambre froide. **cold rubber**: caoutchouc froid ; caoutchouc polymérisé à froid. **cold-set grease, cold-settled grease**: graisse élaborée à froid ; graisse fabriquée sans chauffage, *par exemple graisse à essieu.* **cold-setting grease**: graisse à bas point de congélation. **cold settling**: sédimentation à froid, *dépôt par décantation à froid de paraffine cristallisée.* **cold short**: cassant à froid, *mauvaise soudure par gorgeage.* **cold-short iron**: fer cassant à froid. **cold shortness**: aigreur du fer ; fragilité à froid. **cold soldering**: *voir cold welding.* **cold start-up**: démarrage à froid. **cold starting**: démarrage à froid ; départ à froid. **cold storage**: conservation par le froid ; entrepôt frigorifique. **cold-storage plant**: installation frigorifique. **cold store**: entrepôt frigorifique. **cold tar**: goudron à froid. **cold tarring**: goudronnage à froid. **cold test**: essai au froid, *détermination de la température à laquelle il devient visible que l'huile commence à se solidifier.* **cold trapping**: piégeage à froid. **cold trimming**: ébarbage à froid. **cold valve**: soupape de refroidissement. **cold wave**: vague de froid. **cold-weather LP gas**: gaz liquéfié pour temps froid. **cold welding**: soudage à froid. **cold-work permit**: permis de travail à froid, *autorisation de travail sans étincelle ni risque d'incendie.* **cold working**: conduite à froid, *d'une opération*; travail à froid.

collagen – collagène *m.*

collapse – affaissement *m*; déformation *f*; éboulement *m*; écrasement *m*; écroulement *m*; effondrement *m.* **collapse caldera**: caldeira d'effondrement, *caldeira par éboulement.* **collapse fault**: faille serrée. **collapse job**: repêchage du matériel noyé dans les puits. **collapse of the casing**: écrasement du tubage. **collapse pressure**: pression d'écrasement. **collapse resistance**: résistance des tubages à la pression extérieure. **collapse sink**: creux formé par effondrement ; doline d'effondrement. **collapse sinkhole**: *voir solution sinkhole.* **collapse strength**: résistance à l'écrasement. **collapse structure**: décoiffement *m (géol)* ; structure d'effondrement, *déformation par glissement des couches très redressées sous l'effet de leur propre poids, transition entre les déformations tectoniques et les glissements superficiels.* **collapse valley**: vallée d'effondrement.

collapse (to) – s'affaisser ; s'ébouler ; effondrer ; s'effondrer.

collapsed – affaissé. **collapsed pipe**: tube déformé ; tube écrasé.

collapsible – démontable ; pliable ; pliant ; télescopable ; télescopique. **collapsible bit**: trépan à effacement, *outil pouvant être descendu et remonté à l'intérieur des tiges de forage au moyen d'un câble et qui s'écarte sous leur charge au fond du trou.* **collapsible load**: effort de compression axial. **collapsible prop**: étançon téléscopique.

collapsing – éboulement *m.* **collapsing pressure**: pression d'écrasement, *provoquant la déformation d'un tubage par un excès de pression extérieure souvent dû à un éboulement.*

collar – bague *f*; collerette *f*; collier *m*; emmanchement femelle d'un tube ; frette *f*; manchon *m.* **collar bearing**: palier à cannelures ; palier à collet. **collar buster**: brise-manchon *m, outil de repêchage destiné à briser par chocs de bas en haut un raccord de cuvelage.* **collar flange**: bride à cornière. **collar-joint casing**: tubage à emboîtement à rétreint. **collar locator**: localisateur de joints, *diagraphie.* **collar nut**: écrou à collet. **collar socket**: douille à collet. **collar step**: anneau de fond. **collar-step bearing**: crapaudine. **collar thrust bearing**: palier à cannelures ; palier de butée à collet.

collate (to) – collationner, *un texte* ; comparer ; rassembler, *une documentation.*

collect (to) – rassembler ; recueillir ; réunir.

collecting – récepteur. **collecting pit**: puisard *m* ; puits collecteur. **collecting system**: réseau de collecte ; système collecteur, *pipeline.* **collecting vat**: bac collecteur.

collection – accumulation *f*; collecte *f*; collection *f*; encaissement *m, d'argent ou de valeurs* ; rassemblement *m* ; récupération *f*; réunion *f.* **collection basin**: bassin collecteur. **collection charges**: frais d'encaissement ; frais de recouvrement. **collection of samples**: collection d'échantillons. **collection trap**: collecteur de fractions.

collective – collectif. **collective bargaining**: convention collective ; négociations collectives. **collective wage agreement**: convention collective.

collector – capteur *m* ; collecteur *m.* **collector ditch**: fossé collecteur. **collector plate**: joint conducteur ; plaque collectrice. **collector ring**: bague collectrice.

collet – douille de serrage ; pince américaine. **collet for drills**: mandrin porte-foret. **collet sleeve**: douille de serrage.

collier – navire charbonnier.

colligate (to) – colliger, *créer en commun une liaison covalente normale, coordonner entre eux des effets isolés.*

colligation – colligation *f, formation d'une liaison covalente par combinaison de deux radicaux.*

colligative – colligatif. **colligative property**: propriété colligative, *dépendant de la concentration des molécules présentes, et non de leurs propriétés spécifiques.*

collimating – collimateur. **collimating lens**: lentille collimatrice.

collimation – collimation *f.* **collimation error**: erreur de collimation.

collimator – collimateur *m.*

collinear – colinéaire. **collinear points**: points colinéaires. **collinear vectors**: vecteurs colinéaires.

collinite – collinite *f, un macéral de charbon à l'intérieur du groupe de vitrinite.*

collision – abordage *m* ; collision *f*; tamponnement *m.* **collision at sea**: abordage en mer. **collision bulkhead**: cloison d'abordage ; cloison de choc. **collision door**: porte étanche, *navire.* **collision frequency**: fréquence des chocs. **collisionless plasma**: plasma sans collision. **collision rate**: taux de collision. **both-to-blame collision clause**: clause de faute commune en cas d'abordage.

collochemistry – *voir colloidal chemistry.*

collodion – collodion *m, solution de nitrate de cellulose dans un mélange d'alcool et d'éther.* **collodion cotton**: nitrocellulose *f.*

colloid – colloïde *m, matière colloïdale.* **colloid chemistry**: chimie colloïdale.

colloidal – colloïdal, *le caractère colloïdal d'une substance s'exprime par un certain nombre de propriétés qui sont la thixotropie, la gélification, la plasticité, la ductilité et l'absorption d'eau.* **colloidal clay**: argile colloïdale ; terre colloïdale. **colloidal dispersion**: dispersion colloïdale. **colloidal fuel-oil/coal mixture**: mélange de fuel et charbon. **colloidal graphite**: graphite colloïdal. **colloidal lubricant**: lubrifiant colloïdal. **colloidal material**: substance colloïdale. **colloidal metal**: métal colloïdal. **colloidal mud**: boue colloïdale. **colloidal particle**: particule colloïdale. **colloidal solution**: solution colloïdale. **colloidal state**: état colloïdal. **colloidal sulfur**: soufre colloïdal. **colloidal system**: système colloïdal.

collophane – collophanite *f, ou collophane, forme cryptocristalline de l'apatite.*

collotype – phototypie *f (impr)*.

colluvial – colluvial *(géol)*. **colluvial deposit**: dépôt colluvial. **colluvial soil**: sol colluvial.

colluvium – colluvion *f, matériaux descendus le long d'un versant jusque vers son pied.*

cologarithm – cologarithme *m.*

colony – amas de cristaux ; colonie *f.*

color – couleur *f.* **color aberration**: aberration chromatique. **color album**: catalogue des couleurs. **color analysis**: analyse chromatique. **color bearing**: chromophore, *se dit du groupe insaturé de la molécule qui apporte la couleur.* **color coding**: codage en couleurs. **color comparator**: comparateur de couleurs. **color composite**: composition colorée. **color-composite image**: image en couleur composée. **color conditioning**: peinture fonctionnelle des locaux, *choix des couleurs en fonction de l'éclairage.* **color-corrected lens**: objectif achromatique. **color display**: affichage en couleur ; représentation couleur. **color enhancement**: accentuation des couleurs. **color equation**: équation de couleurs. **color fastness**: inaltérabilité de la couleur. **color film**: pellicule couleur. **color filter**: écran coloré ; filtre coloré. **color hold test**: essai de stabilité à la couleur. **color-image recorder**: imageur en couleur. **color index**: charte des couleurs ; index colorimétrique ; indice de coloration, *chiffre indiquant le pourcentage de minerais colorés dans une roche, s'applique particulièrement à la classification des roches ignées* ; indice de couleur, *différence entre la magnitude photographique et la magnitude visuelle d'une étoile (astr)*. **color index number**: numéro de référence dans le code des couleurs. **color indicator**: indicateur coloré. **color infrared (CIR)**: infrarouge couleur (IRC). **color-infrared aerial photography**: photographie aérienne infrarouge couleur. **color monitor**: moniteur couleur. **color negative**: négatif en couleur. **color negative film**: pellicule négative couleur. **color photography**: photographie en couleur. **color response**: sensibilité chromatique. **color reversion**: altération de la couleur. **color saturation**: saturation de la couleur. **color scale**: échelle des couleurs. **color-sensitive film**: pellicule sensible à la couleur. **color sensitivity**: sensibilité aux couleurs, *sensibilité d'une émulsion photographique à la lumière pour différentes longueurs d'onde.* **color stability**: stabilité de la couleur. **color stabilizer**: stabilisateur de couleur. **color standard**: étalon de couleur.

color temperature: température de couleur, *température d'un corps incandescent, déterminée par observation de la longueur d'onde à laquelle il émet un flux radiatif maximum.* **color test**: détermination de la couleur, *d'une substance.*

colorability – aptitude à la coloration.

colorant – colorant *m.*

coloration – coloration *f.*

colored – coloré. **colored-light signal**: feu coloré. **colored sweep**: balayage non linéaire, *en vibrosismique.*

color-fast – grand teint.

colorimeter – colorimètre *m.*

colorimetric – colorimétrique. **colorimetric purity**: pureté colorimétrique ; pureté d'excitation.

colorimetry – colorimétrie *f.*

coloring – colorant. **coloring agent**: colorant *m.* **coloring matter**: matière colorante.

colorless – incolore. **colorless dye**: blanc optique.

colorlessness – absence de couleurs.

Colorundum – *dénomination d'un abrasif.*

colour – *voir color.*

columbite – colombite *f, aussi columbite (minér).*

columbium – colombium *m, columbium, ancien nom du niobium.*

column – colonne *f, de distillation* ; pilier *m* ; poteau *m.* **column adaptor**: cloche à tubulures. **column battery**: pile de Volta ; pile galvanique. **column chromatography**: chromatographie sur colonne. **column drill**: perforatrice à colonne. **column hoist**: treuil à colonne. **column jib crane**: grue pivotante à colonne. **column matrix**: matrice colonne. **column mounting**: montage sur colonne. **column of fluid**: colonne de fluide. **column of liquid**: colonne de liquide. **column of mud**: colonne de boue. **column of oil**: colonne d'huile, *fermeture effective, dénivelée, séparant le point le plus haut d'une structure pétrolière de la surface de contact huile-eau.* **column packing**: garnissage de colonne. **column plate**: plateau de colonne. **column scrubber**: tour de lavage.

columnar – colonnaire ; columnaire, *en forme de colonne.* **columnar basalt**: basalte prismatique ; orgues de basalte. **columnar habitus**: faciès columnaire *(minér).* **columnar jointing**: division columnaire *(géol).* **columnar section**: profil stratigraphique. **columnar structure**: structure columnaire, *ou prismatique (géol)* ; structure prismée.

colza – colza *m (bot).* **colza oil**: huile de colza.

comagmatic – comagmatique. **comagmatic rock**: roche comagmatique *(pétro).*

comb – peigne *m.* **comb bit**: barroir *m.* **comb filter**: filtre en peigne *(élec).* **comb structure**: structure crêtée *(minér).* **comb texture**: texture en peigne.

combe – combe *f, petite vallée.*

comber – lame déferlante.

combinable – jumelable.

combination – association *f* ; combinaison *f.* **combination cracking**: craquage combiné. **combination drilling rig**: *voir combination rig.* **combination drive**: drainage multiple *(prod).* **combination gas**: gaz humide ; gaz riche en condensat. **combination of forward combustion and waterflooding**: combustion à cocourant avec injection d'eau *(prod).* **combination packer**: packer combiné, *composé d'une garniture conique à la base et cylindrique au-dessus (for).* **combination perforating**: perforation combinée, *moitié balles, moitié charges creuses.* **combination plant**: unité de dégazolinage, *système de récupération des hydrocarbures liquides à partir de gaz naturel, en particulier du gaz de tête de sonde.* **combination rig**: installation de forage combinée, *installation comprenant une machine rotary et une machine au câble.* **combination socket**: souricière *f, outil de repêchage.* **combination string**: garniture composée ; tubage combiné, *se dit de toute colonne obtenue par l'assemblage d'éléments de calibre variable.* **combination tower**: tour combinée, *pour effectuer simultanément les opérations de distillation atmosphérique et de fractionnement après craquage.* **combination trap**: piège mixte, *retenue d'huile ou de gaz dans une roche-réservoir provoquée par l'intervention combinée de facteurs stratigraphiques et structuraux.*

combinatorial – combinatoire. **combinatorial analysis**: analyse combinatoire, *partie élémentaire du calcul des probabilités.*

combine – cartel *m* ; entente industrielle.

combine (to) – allier ; combiner ; se combiner ; fusionner ; réunir.

combined – combiné ; conjugué. **combined carbon**: carbone combiné. **combined carrier**: pétrolier mixte ; transporteur mixte. **combined-cycle power plant**: centrale à cycle combiné. **combined-fuel burner**: brûleur mixte. **combined gold**: or combiné. **combined heat and power (CHP)**: cogénération *f, de chaleur et d'électricité.* **combined heat-and-power plant**: centrale à production combinée. **combined sewer system**: système unitaire d'assainissement, *servant pour le ruissellement de surface et comme égout.* **combined strength**: résistance composée. **combined string of casing**: colonne de tubage combinée, *à plusieurs épaisseurs de paroi.* **combined work**: travail fait en collaboration.

combining – *voir combination.* **combining cone**: tuyère d'aspiration, *injecteur.* **combining volume**: volume de combinaison. **combining weight**: poids relatif de combinaison.

Combisweep – *dénomination commerciale d'une technique d'émission vibrosismique.*

comblike – crénelé ; dentelé.

combustibility – combustibilité *f.*

combustible – comburable ; combustible, *capable de brûler.* **combustible constituents**: constituants d'un combustible. **combustible gas**: gaz combustible. **combustible-gas indicator**: indicateur de gaz combustible.

combustion – combustion *f.* **combustion activator**: promoteur de combustion. **combustion air**: air comburant. **combustion analysis**: analyse des produits de combustion. **combustion block**: brique réfractaire. **combustion boat**: nacelle *f (chim).* **combustion bomb**: bombe à combustion. **combustion chamber**: chambre d'explosion ; chambre de combustion. **combustion-chamber deposit**: dépôt de la chambre de combustion. **combustion-controlled ignition**: allumage asservi à la combustion. **combustion data**: données sur la combustion ; résultats de la combustion. **combustion-deposit modifier**: additif anticalamine. **combustion efficiency**: rendement de la combustion. **combustion engine**: moteur à combustion interne ; moteur à explosion. **combustion furnace**: grille à analyse. **combustion gas**: gaz de combustion. **combustion head**: culasse *f*; tête de brûleur. **combustion heat**: chaleur de combustion. **combustion improver**: activateur d'allumage ; promoteur de combustion. **combustion in free air**: combustion à l'air libre. **combustion indicator**: indicateur de combustion, *était utilisé sur le moteur CFR-diesel (cetane method), il est remplacé par le combustion pick-up, voir ce mot.* **combustion lag**: délai d'inflammation. **combustion method**: méthode de minéralisation par voie humide. **combustion pick-up**: détecteur de combustion, *fait partie de l'ensemble appelé ignition delay meter.* **combustion potential**: potentiel de combustion. **combustion product**: produit de combustion. **combustion recorder**: enregistreur de combustion. **combustion residue**: résidu de combustion. **combustion temperature**: température de combustion. **combustion tube**: tube à combustion, *capable de supporter une chaleur considérable.* **combustion turbine**: turbine à gaz. **combustion velocity**: vitesse de combustion. **combustion volume**: volume de combustion, *volume occupé par la flamme et la zone invisible de combustion d'un combustible.* **combustion zone**: zone de combustion.

come (to) – venir. **come (to) in**: commencer *(for)* ; entrer en production.

comealong – treuil manuel *(for)*.

coming – arrivée *f.* **coming alongside**: accostage *m.* **coming out of hole**: dégerbage *m, tiges de forage* ; remontée du train de tiges, *sortie des tiges du trou de sonde, lors du démontage de la colonne.*

command – ordre *m.* **command language**: langage de commande, *ordinateur.*

commencement – début *m.* **commencement date**: date de début de contrat.

commensalism – commensalisme *m (écol)*.

commercial – commercial. **commercial accumulation**: gisement commercial, *d'un volume suffisant pour être d'une exploitation rentable.* **commercial deposit**: gisement rentable, *quantité d'huile ou de gaz suffisant pour en justifier l'exploitation.* **commercial efficiency**: rendement économique. **commercial energy**: énergie commerciale ; énergie marchande. **commercial field**: gisement rentable. **commercial granite**: granit *m, roche dure et grenue suceptible d'être polie et utilisée en décoration.* **commercial production**: production commerciale. **commercial quantity**: quantité commerciale, *voir commercial deposit.* **commercial-scale plant**: unité industrielle. **commercial steel**: acier commercial, *ou marchand.* **commercial wax**: cire commerciale. **commercial well**: puits rentable, *puits ayant une production suffisante pour couvrir les frais d'exploitation sans se référer aux frais du forage initial.* **commercial yield**: production commerciale.

commingled – mélangé. **commingled production**: production mélangée, *à partir de différentes zones productrices dans le même puits.* **commingled well**: puits de mélange, *puits de pétrole produisant à partir de formations différentes.*

commingling – mélange *m, de la production de plusieurs gisements par un transport commun jusqu'aux réservoirs de stockage.*

comminute (to) – broyer ; broyer finement ; grenailler ; morceler ; porphyriser ; pulvériser.

comminution – comminution *f, réduction en poudre* ; fragmentation *f*; pulvérisation *f.*

commission – commission *f.* **commission agent**: commissionnaire *m* ; représentant à la commission.

commission (to) – armer, *un navire* ; commissionner ; mettre en service.

commissioning – armement *m, d'un navire* ; mise en service. **commissioning manual**: manuel de mise en service.

commitment – compromis *m, d'achat* ; engagement *m.*

committee – comité *m* ; commission *f.*

commodity – denrée *f*; marchandise *f*; produit *m.* **commodity credits**: accords commerciaux. **commodity exchange**: bourse des matières premières. **commodity loan**: prêt en nature.

common – commun. **common brass**: laiton ordinaire. **common bus**: bus commun. **common carriage**: transport commun, *voir common carrier.* **common carrier**: accès pour le compte de tiers, *statut qui signifie qu'un moyen de transport, oléoduc, gazoduc ou réseau électrique peut être utilisé par n'importe quelle partie désignée, et que le même péage sera appliqué à tous les utilisateurs.* **common-depth-point (CDP)**: point de réflexion commun à plusieurs trajets d'onde ; point-miroir commun. **common-depth-point gather**: regroupement à point-miroir commun, *de traces.* **common-depth-point shooting**: couverture multiple *(sism)*. **common-depth-point stack (CDPS)**: somme à point-miroir commun, *de traces.* **common-depth-point stacking**: sommation en couverture multiple. **common garnet**: grenat commun *(minér)*. **common-geophone gather**: regroupement à géophone commun, *de traces.* **common heritage of mankind**: patrimoine commun de l'humanité. **common law**: code civil ; droit coutumier. **common limb**: flanc médian *(géol)*. **common midpoint**: point-milieu commun, *entre la source et le capteur.* **common-midpoint gather**: regroupement à point-milieu commun. **common-midpoint stack**: somme à point-milieu commun *(sism)*. **common mode**: à mode commun. **common-mode rejection**: mode à amplification différentielle ; réjection commune *(élec)* ; réjection de mode commun. **common-offset gather**: collection de points et de miroirs communs ; regroupement de même déport, *de traces.* **common-offset stack**: somme de traces de même déport *(sism)*. **common-range gather**: regroupement de même déport, *de traces.* **common-reflection point (CRP)**: point-miroir commun *(sism)*. **common salt**: sel gemme, *halite.* **common stock**: action ordinaire *(fin)*. **common unit**: unité commune, *unité dans laquelle sont converties les unités spécifiques utilisées pour les différentes formes d'énergie, ex. la tonne équivalent pétrole (tep).*

communications – communication *f.* **communications center**: centre de communication. **com-**

munications engineering: technique des communications. **communications network**: réseau de communication. **communications satellite**: satellite de télécommunication.

community – communauté *f.* **community lease**: concession commune, *concession couvrant des terrains d'appartenance différente, voir joint lease.* **community property**: régime de la communauté, *droit.*

commutate (to) – commuter ; inverser ; multiplexer.

commutativity – commutativité *f (math).*

commutator – collecteur *m* ; commutateur *m* ; pulseur *m.* **commutator bar**: lame de collecteur ; segment de collecteur ; touche de collecteur.

comp. – *abrév. de completed, completion.*

compact – compact ; ramassé ; serré ; tassé. **compact limestone**: calcaire compact. **compact sand**: sable compact. **compact sandstone**: grès compact. **compact wellhead**: tête de puits monobloc.

compacted – compacté. **compacted graphite iron**: fonte à graphite vermiculaire.

compactibility – compactibilité *f.*

compaction – compactage *m, opération destinée à diminuer un espace poral* ; compaction *f, tassement naturel des roches au cours du temps* ; tassement *m.*

compactness – compacité *f, degré de rapprochement des particules d'une masse de matériaux.*

companion – *voir companion flange.* **companion flange**: contrebride *f.*

company – compagnie *f* ; société *f.* **company earnings**: revenus de société. **company law**: loi sur les sociétés. **company-owned rig**: appareil de forage appartenant aux compagnies pétrolières. **company representative**: représentant du maître d'oeuvre.

comparative – comparatif ; comparé ; relatif.

comparator – comparateur *m.*

comparison – comparaison *f.* **comparison test**: essai de comparaison.

compartment – compartiment *m* ; soute *f.*

compass – boussole *f* ; compas *m.* **compass bearing**: relèvement au compas. **compass card**: rose des vents. **compass dial**: boussole de poche. **compass man**: boussolier *m, groupe d'ouverture.* **compass needle**: aiguille de compas. **compass north**: nord magnétique. **compass saw**: égoïne *f* ; passe-partout *m* ; scie à contourner. **compass survey**: levé à la boussole. **compass traverse**: traverse de compas.

compatible – compatible.

compel (to) – forcer.

compensated – compensé. **compensated-density sonde**: sonde de densité compensée, *sonde à double espacement comportant deux détecteurs espacés différemment de la source.* **compensated log**: diagraphie compensée. **compensated neutron log (CNL)**: diagraphie de neutron compensée.

compensating – compensateur. **compensating coil**: enroulement correcteur. **compensating jacket**: chemise de régulation de température. **compensating ring**: anneau de renforcement. **compensating valve**: soupape de compensation.

compensation – compensation *f* ; dédommagement *m* ; indemnité *f.* **compensation depth**: profondeur de compensation *(océan).* **compensation filter**: filtre compensateur. **compensation level**: niveau de compensation. **compensation mass**: masse compensatrice. **compensation method**: méthode de compensation. **compensation pendulum**: pendule compensé. **compensation rate**: barème d'indemnisation.

compensator – balancine *f* ; compensateur *m.*

compensatory – compensatoire. **compensatory damages**: indemnisation *f.* **compensatory royalty**: redevance compensatoire, *redevance versée si un des forages prévu dans le contrat de concession n'a pas été exécuté.*

competence – compétence *f, aptitude plus ou moins grande d'un cours d'eau à transporter des matériaux.*

competent – compétent, *s'applique aux niveaux, aux couches et aux roches moins déformables que les terrains avoisinants* ; efficace. **competent bed**: couche compétente, *couche qui se déforme sans étirement dans son plan.* **competent wind**: vent efficace.

competition – concurrence *f.* **competitive intelligence**: veille technologique.

compile (to) – compiler ; dresser ; établir ; rassembler, *des documents* ; rédiger.

compiler – compilateur *m.*

complement – complément *m.*

complementarity – complémentarité *f.*

complementary – complémentaire. **complementary angle**: angle complémentaire. **complementary color**: couleur complémentaire. **complementary financing**: financement complémentaire.

complete – complet. **complete carry**: report total *(informatique).* **complete combustion**: combustion complète. **complete fusion**: fusion complète *(métal).* **complete routine**: programme figé, *d'ordinateur.*

complete (to) – compléter. **complete (to) a calculation**: faire un calcul. **complete (to) a well**: compléter un puits.

completed – achevé. **completed well**: puits complété.

completion – achèvement *m* ; complètement *m* ; complétion *f* ; conditionnement *m, voir aussi well completion.* **completion cap**: couvercle de protection. **completion fluid**: fluide de complétion.

complex – complexe. **complex compound**: complexe *m (chim).* **complex frequency**: fréquence complexe. **complex ion**: ion complexe. **complex lipid**: lipide complexe. **complex mound**: monticule à structure complexe *(stratig).* **complex number**: nombre complexe. **complex ore**: minerai complexe. **complex progradations**: progradations complexes. **complex soil**: sol complexe. **complex structure**: structure complexe. **complex trace**: trace complexe *(sism).* **complex-trace analysis**: analyse de la trace complexe.

complex – complexe *m.* **complex formation**: complexation *f (chim)* ; formation de complexe *(chim).*

complexing – complexation *f* ; formation de complexe. **complexing agent**: agent complexant. **complexing efficiency**: pouvoir complexant.

compliance – complaisance *f (méc)* ; conformité *f* ; élasticité *f* ; souplesse *f.*

compliant – souple. **compliant platform**: plate-forme articulée ; plate-forme souple. **compliant system**: structure souple ; système souple *(for)*.

component – fraction *f*; composant *m* ; composante *f*; constituant *m*. **n-component**: à n-composants.

composite – composé ; composite ; matériau composite, *matériau hétérogène, dont les performances globales sont supérieures à celles des composants* ; mixte. **composite anticline**: anticlinorium *m (géol)*. **composite color image**: image composite. **composite cone**: cône composé. **composite dike**: dyke composé *(géol)*. **composite electrode**: électrode composite. **composite fault**: faille composée. **composite fold**: pli composé *(géol)*. **composite fuel**: combustible complexe. **composite glacier**: glacier composé. **composite gneiss**: gneiss d'injection ; migmatite *f*. **composite log**: diagraphie habillée. **composite plate**: dépôt composite. **composite reflection**: onde réfléchie composite. **composite réaction**: réaction composée. **composite sample**: échantillon composé ; échantillon moyen. **composite section**: coupe composée. **composite syncline**: synclinorium *m*. **composite time-distance curve**: dromochronique composite. **composite vein**: filon composé.

compositing – composition *f*; mixage *m (sism)*.

composition – composition *f*; constitution *f*. **composition metal**: alliage *m*. **composition plane**: plan de macle *(crist)*.

compost – compost *m*, *amendement humique obtenu par la lente fermentation de déchets organiques.*

composting – compostage *m*, *procédé biologique de fabrication de compost.*

compound – composé *m* ; compound *m* ; mélange *m* ; transmission entre moteur et treuil *(for)*. **compound body**: corps composé. **compound compressor**: compresseur biétagé ; compresseur compound. **compound dynamo**: dynamo compound. **compound engine**: machine compound. **compound fault**: faille composée *(géol)*. **compound fertilizer**: engrais composé. **compound interest**: intérêt composé, *intérêt calculé sur le nominal plus les intérêts déjà accumulés.* **compound motor**: moteur compound. **compound nucleus**: noyau composé *(phys)*. **compound oil**: huile compoundée, *huile minérale additionnée d'huile végétale ou animale en vue d'améliorer ses propriétés d'onctuosité. Elle est généralement émulsionnable à l'eau.* **compound pendulum**: pendule composé. **compound reversible-type pendulum**: pendule physique réversible. **compound steam turbine**: turbine à vapeur compound. **compound steel**: acier composé. **compound turbine**: turbine multirotors, *turbine à plusieurs corps.* **compound unit**: unité composée, *unité dérivée ou multiple ou sous-multiple d'une unité dérivée qui n'a pas reçu de nom spécial (mesure)*. **compound vein**: filon composé.

compounding – combinaison *f*; compoundage *m*. **compounding grease**: graisse compoundée. **compounding-plug header**: boîte de retour à étriers.

comprehensive – d'ensemble. **comprehensive general liability insurance**: assurance responsabilité civile générale. **comprehensive insurance**: assurance multirisque. **comprehensive planning**: planification globale.

compressed – comprimé ; tassé. **compressed air**: air comprimé. **compressed-air cylinder**: cylindre à air comprimé. **compressed-air drilling**: forage à air comprimé. **compressed-air pipeline**: pipeline à air comprimé. **compressed-air starting**: lancement à air comprimé. **compressed asphalt**: asphalte comprimé, *asphalte naturel pulvérisé, chauffé et pilonné après addition éventuelle de bitume asphaltique.* **compressed-gas insulated cable (CGI)**: câble isolé au gaz comprimé. **compressed natural gas (CNG)**: gaz naturel comprimé (GNC), *gaz stocké sous pression en bouteilles et utilisé pour alimenter les moteurs d'automobiles.* **compressed section**: coupe anamorphosée ; coupe après compression *(sism)* ; coupe comprimée.

compressibility – compressibilité *f*, *variation relative de volume d'une matière rapportée à la pression moyenne qui a causé la déformation.* **compressibility coefficient**: coefficient de compressibilité. **compressibility effect**: effet de compressibilité. **compressibility factor**: facteur de compressibilité.

compression – compression *f*. **compression chamber**: chambre de compression ; chambre de contre-pression. **compression cup**: graisseur à pression, *graisseur utilisé pour le graissage des paliers.* **compression efficiency**: efficience de la compression. **compression fault**: faille de compression. **compression gasoline**: essence condensée, *essence naturelle obtenue par compression.* **compression ignition**: allumage par compression. **compression-ignition engine**: moteur à allumage par compression. **compression joint**: fente de compression *(géol)*. **compression load**: charge de compression. **compression packer**: packer ancré en compression *(for)* ; packer en compression *(for)*. **compression plant**: installation de compression. **compression pressure**: pression de compression. **compression ratio**: rapport volumétrique de compression ; taux de compression, *rapport entre le volume intérieur du cylindre lorsque le piston est au point mort bas et le volume intérieur du cylindre lorsque le piston est au point mort haut.* **compression refrigeration**: réfrigération par compression. **compression-refrigeration system**: système de réfrigération par compression. **compression release**: décompresseur *m*. **compression ring**: segment de compression. **compression spring**: ressort de compression. **compression strength**: résistance à la compression. **compression stress**: force de compression. **compression stroke**: temps de compression. **compression test**: essai de résistance à la compression. **compression volume**: volume en fin de compression. **compressional wave**: onde de compression, *onde P, onde longitudinale.*

compressive – compressif. **compressive strain**: déformation due à la compression ; déformation par compression. **compressive strength**: résistance à l'écrasement ; résistance à la compression. **compressive stress**: contrainte de compression ; effort de compression.

compressor – compresseur *m* ; frein à lames. **compressor bleed**: dérivation sur le compresseur.

compressor flow range: domaine d'utilisation d'un compresseur. **compressor housing**: carter compresseur. **compressor impeller**: rotor de compresseur ; roue de compresseur ; rouet de compresseur. **compressor oil**: huile pour compresseurs, *huile compoundée avec une huile fixe, lard, colza, ricin*. **compressor/pressure ratio**: rapport de pression du compresseur. **compressor set**: groupe motocompresseur. **compressor station**: station de compression. **compressor unit**: motocompresseur *m*. **V compressor**: compresseur en V.

compromise – compromis *m*.

Compton – Compton. **Compton scattering**: diffusion Compton. **Compton wavelength**: longueur d'onde de Compton.

compulsory – obligatoire. **compulsory insurance**: assurance obligatoire. **compulsory pooling**: mise en commun obligatoire, *réunion de plusieurs parcelles de terrain dont la superficie peut faire l'objet d'un permis de recherche, mesure destinée à éviter des forages inutiles*. **compulsory sale**: adjudication forcée ; vente par autorité de justice.

computation – calcul *m* ; estimation *f*.

computer – calculateur *m* ; ordinateur *m*. **computer-aided design (CAD)**: conception assistée par ordinateur (CAO). **computer aided manufacturing (CAM)**: fabrication assistée par ordinateur (FAO). **computer assisted instruction (CAI)**: enseignement assisté par ordinateur (EAO). **computer-assisted interpretation**: interprétation assistée par ordinateur. **computer-assisted mapping**: cartographie assistée par ordinateur. **computer-compatible tape (CCT)**: bande magnétique compatible avec l'ordinateur (BCO). **computer-controlled vehicle**: véhicule à conduite assistée par ordinateur. **computer graphics**: infographie *f*; informatique graphique. **computer language**: langage informatique. **computer map**: carte infographique. **computer modeling**: modélique *f*; modélisation informatique. **computer program**: programme d'informatique. **computer routine**: programme d'un calculateur électronique. **computer science**: informatique *f*.

computerized – informatisé. **computerized map**: carte infographique. **computerized production control (CPC)**: production commandée par ordinateur (PCO).

computing – calcul *m*, *avec ordinateur*. **computing machine**: calculateur *m* ; machine à calculer.

concatenation – concaténation *f*.

concave – concave. **concave fracture**: fracture concave.

concavity – concavité *f*.

concavo-concave – biconcave ; concavo-concave ; double concave.

concavo-convex – concavo-convexe.

CONCAWE – CONCAWE, *acronyme de Oil Companies International Study Group for Conservation of Clean Air and Water*.

concealed – caché ; dissimulé ; inaccessible ; masqué ; noyé ; subtil, *piège stratigraphique*. **concealed erosion**: érosion cachée ; érosion occulte. **concealed fault**: faille masquée. **concealed outcrop**: affleurement masqué. **concealed pediment**: pédiment couvert *(géomorph)*. **concealed water**: eau dissimulée.

concealer – écran *m*.

concentrate – concentré *m*.

concentrated – concentré. **concentrated acid**: acide concentré. **concentrated load**: charge concentrée.

concentrating – concentration *f*. **concentrating coil**: bobine de concentration ; bobine de focalisation. **concentrating table**: table de concentration *(prép)*.

concentration – concentration *f*; localisation *f*. **concentration cell**: élément à deux liquides, *à concentration différente*. **concentration electrode**: électrode de focalisation. **concentration gradient**: gradient de concentration. **concentration polarization**: polarisation de concentration.

concentrator – bobine de focalisation ; concentrateur *m* ; électrode de focalisation.

concentric – concentrique ; homocentrique. **concentric cable**: câble coaxial. **concentric fault**: faille concentrique. **concentric fold**: pli concentrique. **concentric jointing**: division en écailles *(géol)*. **concentric rift**: fissure concentrique.

concept – concept *m* ; notion *f*.

concern – affaire *f*; fonds de commerce.

concerted – joint ; lié ; simultané. **concerted reaction**: réaction simultanée *(chim)*.

concertina (to) – se plier en accordéon.

concessible – concessible.

concession – concession *f*. **concession crude**: brut de concession, *voir aussi equity crude*. **concession for exploration and exploitation**: concession d'exploration et d'exploitation.

concessionaire – concessionnaire *m*.

conch – conque *f*; coquille *f*.

conchoidal – conchoïdal. **conchoidal fracture**: cassure conchoïdale, *d'un minéral ou d'une roche*.

conciliation – conciliation *f*.

concluding – final. **concluding stage**: manifestations ultimes ; phase finale ; phase terminale.

concordance – concordance *f*, *parallélisme des couches sédimentaires et des strates qui les entourent*.

concordant – concordant. **concordant bedding**: stratification concordante, *structure sédimentaire où les différentes couches épousent étroitement celles qui sont dessous*. **concordant injection**: intrusion concordante. **concordant intrusion**: intrusion concordante. **concordant strata**: couches concordantes.

concordantly – en concordance *(géol)*.

concrete – béton *m*. **concrete batching and mixing plant**: centrale à béton ; usine à béton. **concrete form oil**: huile de décoffrage, *du béton* ; huile de démoulage, *huile neutre, fluide utilisée dans l'industrie du béton*. **concrete-lined pit**: fosse maçonnée, *station service*. **concrete lining**: revêtement en béton. **concrete mixer**: bétonnière *f*; malaxeur de béton. **concrete oil**: huile de décoffrage. **concrete perforated-wall platform**: plate-forme à paroi perforée en béton. **concrete platform**: plate-forme en béton. **concrete pump**: pompe à béton. **concrete road paver**: bétonnière routière. **concrete shield**: carapace en béton. **concrete spreader**: épandeuse de béton. **concrete tank**: réservoir en béton. **concrete waterproofing oil**: huile imperméable à l'eau, *huile utilisée en maçonnerie comme agent d'imperméabilisation.*

concreting – bétonnage *m.* **concreting plant**: usine à béton. **concreting program**: programme de bétonnage. **concreting tower**: tour élévatrice à béton.

concretion – concrétion *f (géol).*

concretionary – concrétionnaire ; concrétionné. **concretionary laterite**: latérite gravillonnaire. **concretionary sand**: bétain *m.* **concretionary texture**: texture concretionnée. **concretionary zoning**: zonalité concrétionnée.

concurrence – concours *m* ; coopération *f*; simultanéité *f.*

concurrent – concurrent. **concurrent-flow gasification**: gazéification en courants parallèles. **concurrent heating**: chauffage additionnel. **concurrent range zone**: zone d'extension concomitante ; zone de cooccurrence, *extension d'un taxon.*

concussion – choc *m* ; secousse *f.* **concussion spring**: ressort amortisseur. **concussion table**: table à secousses.

condensability – condensabilité *f.*

condensable – condensable. **condensable gas**: gaz condensable, *en passant dans un réfrigérant.*

condensate – condensat *m, hydrocarbures maintenus à l'état gazeux dans les conditions du réservoir et devenant liquides dans les conditions normales de surface.* **condensate gas**: gaz à condensat. **condensate natural gas**: gaz naturel à condensat. **condensate pump**: pompe à eau de condensation ; pompe de reprise. **condensate-removal pump**: pompe à eau de condensation. **condensate well**: puits de condensat.

condensation – condensation *f.* **condensation nucleus**: noyau de condensation. **condensation point**: point de condensation. **condensation polymer**: polycondensat *m.* **condensation polymerization**: polycondensation *f.*

condensed – condensé. **condensed asphalt**: asphalte soufflé. **condensed engine deposit**: dépôt dû à la condensation dans les moteurs, *laques, etc.* **condensed oil**: huile soufflée, *voir blown oil.* **condensed section**: intervalle condensé ; section condensée, *intervalle stratigraphique marin, généralement peu épais, caractérisé par une vitesse de sédimentation très faible variant de 1 à 10 mm par 1 000 ans.* **condensed succession**: série condensée, *série de faible épaisseur dont la sédimentation s'est opérée sur une très longue période.*

condenser – condensateur *m, électrique, voir capacitor*; condenseur *m.* **condenser box**: bâche de condenseur. **condenser coil**: serpentin *m.* **condenser meter**: électromètre à condensateur. **condenser oil**: huile pour condensateur.

condensing – condensant. **condensing agent**: agent de condensation. **condensing-gas drive**: injection de gaz riche. **condensing lubricator**: graisseur à condensation.

CONDEP – *dénomination commerciale d'un régulateur d'immersion.*

condition – condition *f*; état *m* ; qualité *f.* **conditions of contract**: cahier des charges.

conditional – conditionnel. **conditional probability**: probabilité conditionnelle, *ou liée.*

conditioned – conditionné.

conditioner – conditionneur *m.*

conditioning – conditionnement *m.*

conductance – conductance *f, inverse de la résistance électrique d'un conducteur, l'unité SI est le siemens (S)* ; conductivité *f.*

conductimetry – conductimétrie *f.*

conducting – conducteur. **conducting guide**: guide d'ondes. **conducting line**: ligne conductrice. **conducting medium**: milieu conducteur. **conducting polymer**: polymère conducteur. **conducting salt**: sel conducteur. **conducting wire**: fil conducteur ; fil de cuivre.

conduction – conduction *f*; conductivité *f*; conduite d'un liquide ; transmission *f.* **conduction current**: courant de conduction. **conduction electron**: électron de conduction. **conduction of heat**: transmission de la chaleur.

conductive – conducteur. **conductive body**: corps conducteur. **conductive layer**: couche conductrice. **conductive zone**: zone conductrice.

conductivity – conductivité *f.* **conductivity of rocks**: conductivité des roches.

conductometric – conductimétrique. **conductometric titration**: titrage conductimétrique.

conductor – conducteur *m (élec).* **conductor pipe**: colonne initiale d'un sondage ; tube conducteur ; tube guide. **conductor string**: *voir conductor pipe.* **conductor wire**: fil conducteur.

conduit – canal *m* ; canalisation *f*; conduit *m* ; passage d'aérage *(mine)* ; tube *m* ; tuyau *m.* **conduit box**: boîte de dérivation. **conduit reducer**: raccord de réduction. **conduit support**: support de tube.

cone – cône *m* ; molette *f, outil de forage.* **cone and socket**: raccord mâle et femelle. **cone bearing**: palier conique. **cone bit**: trépan à cônes, *outil à molettes.* **cone classifier**: classeur conique *(prép).* **cone clutch**: embrayage à cônes ; embrayage conique. **cone delta**: cône de déjection *(géol).* **cone diaphragm**: membrane conique. **cone-in-cone structure**: structure à cônes emboîtés, *type de structure existant dans certaines formations schisteuses.* **cone locked**: molette bloquée, *outil de forage.* **cone of dejection**: cône de déjection. **cone of revolution**: cône de révolution. **cone offset**: déport des axes des molettes, *des trois molettes du trépan.* **cone penetration**: pénétrabilité au cône, *d'une graisse.* **cone penetration test**: essai de pénétration des graisses. **cone pulley**: poulie étagée. **cone rock bit**: trépan à molettes ; trépan conique. **cone roof**: toit conique. **cone-roof tank**: réservoir à toit conique. **cone shake**: vibration des cônes, *d'un outil de forage.* **cone shell**: coquille *f, outil de forage.* **cone skidding**: ripage des cônes, *d'un outil de forage.* **cone-teeth conditions**: état d'usure des dents, *des molettes du trépan.*

conference – conférence *f*; congrès *m* ; réunion *f.*

confidence – confiance *f.* **confidence interval**: intervalle de confiance *(stat).* **confidence level**: niveau de confiance.

configuration – allure *f, d'une séquence sismique* ; architecture *f*; arrangement *m, géophones* ; configuration *f, voir aussi conformation.*

configurational – structural.

configurative – *voir configurational.*

confine (to) – enfermer ; limiter ; séparer, *un gaz.*

confined – confiné. **confined aquifer**: nappe captive, *nappe d'eau souterraine.* **confined ground water**: eau captive.
confinement – confinement *m.*
confines – confins *m, eaux d'un port.*
confining – confinement *m.* **confining bed**: couche encaissante. **confining layer**: toit imperméable, *d'un aquifère.* **confining pressure**: pression de confinement, *pression de terrain.* **confining stress**: contrainte de confinement.
confirm (to) – homologuer.
confirmation – *voir confirmation well.* **confirmation well**: puits de confirmation, *nom donné au second puits producteur d'un gisement nouveau, le premier étant le puits de découverte.*
conflagration – combustion vive ; conflagration *f.*
conflict – conflit *m.* **conflict resolution**: résolution de conflit, *décision que l'interpréteur doit prendre quand dans un système expert plusieurs règles peuvent se déclencher.*
conflicting – aberrant ; discordant, *résultat.*
confluence – confluence *f.* **confluence step**: gradin de confluence.
confluent – confluent *m* ; jonction *f.*
conformability – concordance *f (géol), voir aussi conformity.*
conformable – concordant *(géol)* ; conforme, *se dit d'une stratification dont les couches sont parallèles et régulières.* **conformable bedding**: stratification concordante. **conformable beds**: couches concordantes. **conformable fault**: faille conforme, *faille dont le plan est incliné dans le sens du pendage des couches.* **conformable relief**: relief conforme. **conformable strata**: couches concordantes. **conformable stratification**: *voir conformable bedding.* **conformable structure**: structure conforme.
conformal – conforme. **conformal map projection**: projection conforme, *carte.* **conformal projection**: projection conforme. **conformal transformation**: transformation conforme.
conformance – conformité *f.* **conformance efficiency**: efficacité de déplacement à l'échelle des pores. **conformance factor**: facteur de structure, *hétérogénéités du réservoir (prod).*
conformation – conformation *f, voir aussi configuration.* **conformational isomer**: isomère de conformation.
conformity – accordance *f (géol)* ; concordance *f (géol)* ; concordance stratigraphique, *surface séparant les strates, le long de laquelle il n'y a aucune évidence d'érosion ou de non dépôt et, par conséquent, aucun hiatus ne lui est associé.*
confused – embrouillé. **confused sea**: mer croisée.
confusion – *voir confusion matrix.* **confusion matrix**: matrice de confusion, *reconnaissance des formes.*
congeal (to) – cailler ; coaguler ; congeler.
congealing – congélation *f*; figeage *m, figement* ; prise en masse. **congealing point**: point de figeage, *température à laquelle les cires de pétrole et vaselines refroidies dans des conditions normalisées cessent d'être fluides.*
congelation – congélation *f.*
congelifraction – cryoclastie *f*; gélifraction *f, fragmentation d'une roche sous l'effet du gel.*
congeliturbation – cryoturbation *f, ensemble des mouvements et déplacements des sols sous l'effet du gel et du dégel.*
congestion – accumulation *f*; engorgement *m.*
conglomerate – conglomérat *m* ; poudingue *m.*
conglomerated – congloméré. **conglomerated ice**: glace agglomérée.
conglomeration – conglomération *f.*
congress – congrès *m.*
congruence – congruence *f (math).*
congruent – congruent. **congruent matrix**: matrice congruente. **congruent melting**: fusion congruente, *fusion qui donne un liquide de même composition que le solide.* **congruent melting point**: point de fusion congruent. **congruent mixture**: mélange conforme.
Coniacian – Coniacien *m, étage du Crétacé supérieur.*
conic – conique. **conic projection**: projection conique.
conical – conique. **conical drum**: tambour conique. **conical gearing**: engrenage conique. **conical map projection**: projection conique, *carte.* **conical pendulum**: pendule conique. **conical plug**: robinet conique. **conical scanning**: balayage conique. **conical valve**: valve conique. **conical wave**: onde conique. **conical-wing valve**: soupape conique guidée.
coning – succion *f, formation de cône axée sur le sondage, phénomène affectant les nappes d'eau et de gaz d'un gisement en production.*
conjugate – conjugué. **conjugate acid**: acide conjugué. **conjugate base**: base conjuguée. **conjugate faults**: failles conjuguées. **conjugate fold**: pli conjugué. **conjugate fracture**: fracture conjuguée *(géol).* **conjugate function**: fonction conjuguée *(math).* **conjugate image point**: points homologues, *télédétection* ; point-image conjugué, *image d'un même point terrain enregistré à partir de deux stations de vue différentes.* **conjugate roots**: racines conjuguées. **conjugate system**: système conjugué. **conjugate vein**: filon conjugué *(géol).*
conjugated – conjugué. **conjugated diene**: diène conjugué. **conjugated double bond**: liaison double conjuguée. **conjugated protein**: protéine conjuguée.
conjugation – conjugaison *f.*
conjugative – conjugatif. **conjugative resonance**: mésomérie *f, représentation de la fonction d'onde d'une molécule par une combinaison linéaire des fonctions d'ondes correspondant aux différentes configurations pour ses électrons de valence.*
conjunction – conjonction *f.*
conk (to) – tomber en panne. **conk (to) out**: caler *(auto).*
connate – inné. **connate water**: eau connée, *eau emprisonnée dans une roche depuis le moment de sa formation* ; eau fossile ; eau interstitielle.
connected – associé ; connecté ; couplé. **connected load**: charge connectée. **connected porosity**: porosité connectée. **connected series of assays**: série cohérente d'essais. **connected up**: interconnecté.
connecting – association *f, de piles (élec)* ; connexion *f.* **connecting box**: boîte de raccordement, *pour câbles.* **connecting cable**: câble de

raccord. **connecting cord**: fil de raccord. **connecting flange**: bride de raccordement. **connecting gear**: embrayage *m.* **connecting link**: membre intermédiaire ; trait d'union. **connecting piece**: pièce de jonction. **connecting pipe**: tuyau de jonction. **connecting rod**: barre de connexion ; bielle *f*; tige de connexion ; tringle de connexion. **connecting-rod bearing**: coussinet de bielle ; embiellage *m.* **connecting-rod body**: corps de bielle. **connecting-rod shank**: corps de bielle. **connecting shaft**: arbre de transmission. **connecting sleeve**: manchon de raccordement. **connecting spool**: raccord double-bride. **connecting tube**: tube flexible de jonction. **connecting up**: mise en circuit *(élec)* ; montage *m.* **connecting wire**: fil de connexion.

connection – assemblage *m* ; branchement *m* ; connexion *f* ; raccord *m* ; relation *f.* **connection flex**: cordon de raccordement. **connection gas**: bouchon de gaz d'ajout de tige. **connection layout**: schéma de montage. **connection plug**: fiche de raccordement. **Y connection**: montage en étoile.

connectivity – connectivité *f.*

connector – connecteur *m, joint de connexion, en particulier celui qui relie la tête de puits sous-marine au tube prolongateur* ; prise *f.* **connector clamp**: collier d'assemblage.

conning – *voir conning tower.* **conning tower**: kiosque d'un sous-marin.

conodont – conodonte *m (pal).*

conoscope – conoscope *m, appareil utilisé en minéralogie optique.*

Conrad – Conrad. **Conrad discontinuity**: discontinuité de Conrad, *croûte terrestre.*

Conradson – Conradson. **Conradson carbon**: carbone Conradson. **Conradson-carbon residue**: résidu Conradson, *carbone résiduel obtenu après évaporation et pyrolyse dans des conditions normalisées des gasoils, fuel-oils et huiles minérales de graissage.*

consequence – conséquence *f.*

consequent – conséquent, *cataclinal, se dit d'un cours d'eau dont la pente est conforme à la direction des couches.* **consequent divide**: ligne de partage conséquente *(géol)*. **consequent valley**: vallée conséquente *(géol)*.

conservation – conservation *f*; protection *f.* **conservation gasoline**: essence de récupération, *extraite des gaz récupérés de la distillation, du craquage et du stockage.* **conservation of energy**: conservation de l'énergie. **conservation of mass**: conservation de la masse. **conservation of matter**: conservation de la matière. **conservation of momentum**: conservation de l'impulsion.

conservative – conservatif. **conservative distillation**: distillation directe. **conservative force**: force conservative. **conservative force field**: champ de forces conservatif. **conservative property**: propriété de conservation.

consignee – consignataire *m, agent maritime, transitaire* ; destinataire *m.*

consignment – envoi *m* ; expédition *m.* **consignment note**: bordereau *m.*

consignor – expéditeur *m.*

consistence – compacité *f, du sol* ; consistance *f.*

consistency – cohérence *f*; consistance *f*; uniformité *f.* **consistency gage**: jauge de consistance. **consistency of asphalt**: consistance de l'asphalte. **consistency test**: essai de consistance.

consistent – logique ; cohérent ; compatible ; conséquent ; consistant.

consistometer – consistomètre *m.*

Consol – *dénomination d'un système de radionavigation.* **Consol beacon**: balise Consol, *de radionavigation.*

console – console *f*; pupitre *m* ; terminal à écran *(ordinateur)*.

consolidate (to) – consolider ; durcir.

consolidated – consolidé. **consolidated balance sheet**: bilan consolidé *(fin)*. **consolidated drained test**: essai consolidé drainé, *essai consolidé lent du sol.* **consolidated formation**: formation consolidée. **consolidated profits**: bénéfices consolidés. **consolidated rock**: roche indurée. **consolidated sand**: sable consolidé. **consolidated undrained test**: essai consolidé non drainé, *essai consolidé rapide du sol.*

consolidation – consolidation *f.*

consolidometer – oedomètre *m, servant à mesurer le tassement d'un échantillon de terrain sous une charge verticale.*

consolute – miscible. **consolute temperature**: température de mélange.

consortium – consortium *m (écon)*.

constant – constant ; constante *f.* **constant-boiling mixture**: mélange azéotropique, *mélange à point d'ébullition constant.* **constant-current charge**: charge à courant constant. **constant-displacement oil pump**: pompe à huile à débit constant. **constant error**: erreur constante. **constant level**: niveau constant. **constant-level carburetor**: carburateur à niveau constant. **constant-level lubricator**: graisseur à niveau constant. **constant-level tank**: cuve à niveau constant. **constant mesh**: prise constante. **constant-mesh countershaft transmission**: boîte de vitesse toujours en prise. **constant-mesh gear**: pignon de prise constante. **constant money**: monnaie constante, *valeur de la monnaie en une année de référence.* **constant-offset profiling**: enregistrement à déport constant. **constant-pressure combustion**: combustion à pression constante. **constant-pressure engine**: moteur à pression constante. **constant speed**: vitesse constante. **constant-speed motor**: moteur à vitesse constante. **constant spring**: source à débit constant. **constant-temperature bath**: bain à température constante ; bain thermostatique. **constant tilt**: inclinaison constante. **constant torque**: couple constant ; résistance autorégulatrice. **constant-velocity universal joint**: joint homocinétique. **constant-voltage charge**: charge à tension constante. **constant-volume combustion**: combustion à volume constant. **constant-volume hydrometer**: aréomètre à volume constant. **constant-volume sampling (CVS)**: prélèvement à volume constant, *gaz d'échappement.* **constant-volume superpressure balloon**: ballon surpressurisé à volume constant. **constant-weight hydrometer**: aréomètre à poids constant.

constantan – constantan *m, alliage composé de cuivre et de nickel à forte résistivité, utilisé pour des thermocouples.*

constituent – composant *m* ; constituant *m.*

constitution – constitution *f.* **constitution diagram**: diagramme des phases.
constitutional – constitutionnel. **constitutional isomer**: isomère de constitution.
constitutive – constitutif. **constitutive equation**: loi de comportement, *relation sollicitation-déformation d'un matériau donné.*
constraint – contrainte *f.*
constriction – étranglement *m.*
constringence – constringence *f, inverse du pouvoir dispersif.*
construction – construction *f*; structure *f.* **construction diagram**: schéma de montage. **construction materials**: matériaux de construction. **construction timber**: bois de construction. **construction valley**: vallée structurale ; vallée tectonique.
constructive – constructif. **constructive interference**: interférence constructive *(opt)*. **constructive total loss**: perte censée totale.
consultant – consultant *m, expert conseil ou ingénieur-conseil.*
consumables – consommables *m*; matières consommables.
consume (to) – consommer.
consumer – consommateur *m.* **consumer credit**: crédit à la consommation. **consumer goods**: biens de consommation.
consummation – fin d'une réaction.
consumption – consommation *f.* **consumption test**: essai de consommation.
cont – *abrév. de container, de content ou de continent.*
contact – contact *m* ; interface *f.* **contact acid**: acide sulfurique de contact, *produit par le procédé de contact.* **contact adsorption**: adsorption de contact. **contact angle**: angle de contact. **contact area**: surface de contact. **contact aureole**: auréole de contact ; zone de contact. **contact breaker**: interrupteur *m*; levier de rupture. **contact catalysis**: catalyse de contact. **contact clay decolorization**: décoloration par contact à la terre. **contact clock**: horloge à contact. **contact column**: colonne de contact. **contact electrode**: électrode de contact. **contact filtration**: filtration par contact. **contact force**: force de contact. **contact lode**: filon de contact. **contact log**: diagraphie de contact ; diagraphie de résistivité. **contact maker**: contacteur *m (élec)*. **contact map**: carte reproduite par contact. **contact metamorphism**: métamorphisme de contact. **contact mineral**: minéral de contact. **contact piece**: plot *m.* **contact pin**: cheville de contact. **contact plating**: revêtement électrolytique par contact. **contact plug**: cheville de contact *(élec)*. **contact potential**: potentiel de contact, *effet-Volta.* **contact printing**: tirage par contact *(photo)*. **contact process**: procédé de contact, *procédé de fabrication catalytique d'acide sulfurique à partir d'anhydride sulfureux et d'oxygène.* **contact resistance**: résistance de contact. **contact screw**: vis de contact *(élec)*. **contact substance**: catalyseur. **contact surface**: surface de contact. **contact time**: temps de contact. **contact treatment**: traitement par contact, *des huiles.* **contact twin**: macle de contact, *macle par accolement.* **contact zone**: auréole de contact ; zone de contact.
contacting – agissant par contact.
contactor – contacteur *m (élec)* ; interrupteur automatique *(élec)*.
container – conteneur *m.* **container ship**: navire porte-conteneurs ; porte-conteneurs *m.* **container truck**: camion porte-conteneurs.
containerization – conteneurisation *f, mise en conteneurs.*
containment – confinement *m.* **containment vessel**: enceinte de confinement.
contaminant – contaminant *m* ; impureté *f.*
contaminate (to) – contaminer ; corrompre ; souiller.
contaminated – contaminé. **contaminated ballast**: ballast pollué. **contaminated fuel**: carburant sale. **contaminated mud**: boue contaminée. **contaminated sample**: échantillon contaminé.
contamination – contamination *f*; impureté *f*; pollution *f.* **contamination meter**: contaminamètre *m, appareil de mesure de la contamination (énergie nucl)*.
contemporaneous – contemporain. **contemporaneous beds**: couches contemporaines. **contemporaneous fault**: faille de croissance.
content – contenance *f*; contenu *m* ; proportion *f*; teneur *f*; volume *m.* **content of fossils**: teneur en fossiles.
conterminous – contigu ; limitrophe ; voisin, *de même étendue, de même durée.*
contest – concours *m.*
contexture – contexture *f*; texture *f.*
contiguous – contigu ; jointif ; rapproché. **contiguous angle**: angle adjacent. **contiguous beds**: couches rapprochées *(géol)*. **contiguous seams**: couches rapprochées *(géol)*. **contiguous zone**: zone contiguë, *partie de la haute mer contiguë à la mer territoriale, elle ne peut s'étendre au-delà de douze milles à partir de la ligne de base.*
continental – continental. **continental accretion**: accrétion continentale *(géol)*. **continental apron**: glacis continental, *voir continental rise.* **continental area**: aire continentale *(géol)*. **continental block**: bloc continental. **continental borderland**: bordure continentale. **continental climate**: climat continental. **continental coastline**: ligne côtière de la terre ferme. **continental code**: code international, *communications télégraphiques.* **continental connection**: connexion continentale. **continental crust**: croûte continentale. **continental delta**: delta continental. **continental deposit**: dépôt continental. **continental displacement**: dérive des continents. **continental drift**: dérive des continents. **continental facies**: faciès continental. **continental flexure**: flexure continentale. **continental glacier**: calotte glaciaire continentale *(géol)* ; glacier d'inlandsis. **continental margin**: marge continentale, *région immergée de la bordure d'un continent faisant raccord avec les fonds océaniques, elle comprend le plateau continental, la pente continentale et le glacis continental.* **continental platform**: *voir continental shelf.* **continental rise**: glacis continental, *zone de la marge continentale, à pente très faible, qui se raccorde aux bassins océaniques.* **continental shelf**: plateau continental, *forme du relief sous-marin en pente très faible, s'étendant sur la partie supérieure*

de la marge continentale ; plate-forme continentale. **continental shield**: bouclier continental *(géol)*. **continental sill**: seuil continental. **continental slope**: pente continentale, *zone de la marge continentale située entre le plateau continental et le glacis continental* ; talus continental. **continental terrace**: socle continental ; socle sous-marin des continents.

contingencies – faux-frais *m* ; imprévus *m*.

contingency – contingence *f*. **contingency plan**: plan d'intervention ; plan d'urgence. **contingency table**: tabeau de contingence *(stat)*.

contingent – aléatoire ; contingent *m* ; éventuel. **contingent commitment**: engagement conditionel. **contingent expenses**: dépenses imprévues. **contingent profit**: profit aléatoire.

continuation – prolongement *m*.

continuity – continuité *f*. **continuity equation**: équation de continuité. **continuity of a bed**: continuité d'une couche. **continuity of supply**: continuité du service. **continuity test**: contrôle de ligne ; test de continuité.

continuous – continu. **continuous analyzer**: analyseur en continu. **continuous bed**: couche continue ; lit continu. **continuous-belt skimmer**: récupérateur à bande. **continuous casting**: coulée continue. **continuous coating**: étendage en continu. **continuous control**: régulation continue. **continuous coring**: carottage continu. **continuous deformation**: déformation continue. **continuous dipmeter**: pendagemètre continu. **continuous dipmetering**: pendagemétrie continue. **continuous distillation**: distillation en continu. **continuous duty**: service permanent. **continuous electrode**: électrode continue. **continuous flow**: écoulement continu. **continuous furnace**: four continu. **continuous loader**: chargeuse continue. **continuous operation**: fonctionnement continu ; marche continue ; service continu. **continuous poteclinometer dipmeter**: pendagemètre continu à potéclinomètre, *enregistre de façon continue les paramètres : inclinaison, orientation de cette inclinaison et azimut de l'un des dispositifs de corrélation*. **continuous process**: procédé en continu. **continuous profiling**: profilage continu *(sism)*. **continuous profiling in line**: dispositif en bout *(sism)*. **continuous rating**: régime permanent. **continuous-reflection profiling**: sondage réflexion continu *(sism)* ; sondage sismique continu. **continuous reforming**: reformage régénératif. **continuous running**: fonctionnement continu. **continuous sample**: échantillon par prélèvement continu. **continuous seismic profiling (CSP)**: profil sismique continu ; sismique marine monotrace ; sondage sismique continu. **continuous spectrum**: spectre continu. **continuous still**: appareil de distillation continue, *par opposition à batch still* ; four de distillation continue. **continuous stratification profiles**: enregistrement continu de la stratification. **continuous-strip camera**: chambre à compensation de filé ; chambre à défilement continu. **continuous-strip photograph**: photographie en bande continue. **continuous-strip photography**: prise de vues à défilement. **continuous studies**: études suivies. **continuous treating**: raffinage en continu. **continuous variable**: variable continue. **continuous variable transmission (CVT)**: transmission continue. **continuous velocity log (CVL)**: carottage continu de vitesse (CCV) ; diagraphie de vitesse. **continuous wave (CW)**: onde entretenue, *non amortie*. **continuous-wave radar, CW radar**: radar à émission continue. **continuous weld**: soudure continue. **continuous welding**: soudage continu.

continuum – continuum *m*. **continuum mechanics**: mécanique du continu. **continuum physics**: physique du continu.

contour – contour *m* ; courbe de niveau ; isoligne *f*; ligne de niveau ; profil *m* ; tracé *m*. **contour chart**: courbe isopropriété. **contour current**: courant de contour. **contour interval (CI)**: équidistance entre courbes, *de niveau*. **contour line**: courbe de niveau ; courbe hypsométrique. **contour map**: carte en courbe de niveau ; carte hypsométrique. **contour of subsurface structures**: courbe de niveau de structures profondes.

contourite – contourite *f*, *sédiment détritique fin dont les éléments ont été transportés par les courants de contour*.

contraband – contrebande *f*. **contraband oil**: pétrole de contrebande.

contract – contrat *m* ; convention *f*; marché *m* ; pacte *m*. **contract area**: aire contractuelle. **contract depth**: cote de fin de contrat ; profondeur du contrat, *profondeur du puits prévue par le contrat de forage*. **contract drilling**: forage sur contrat. **contract price**: prix à forfait. **contract purchase**: marché forfaitaire. **contract work**: travail à forfait.

contract (to) – contracter.

contracting – contractant. **contracting authority**: maître de l'ouvrage. **contracting party**: contractant *m*, *partie adjudicataire, désigne en général la compagnie pétrolière étrangère dans un contrat d'exploration ou de production*.

contraction – contraction *f*; rétrécissement *m*. **contraction coefficient**: coefficient de contraction. **contraction fissure**: fissure de retrait. **contraction joint**: joint de retrait. **contraction of cooling rivet**: retrait du rivet se refroidissant. **contraction of credit**: amoindrissement de crédit. **contraction of metals**: retrait des métaux.

contractor – contractant *m* ; contracteur *m*, *appellation de la société pétrolière dans les contrats de partage de production ou de service* ; entrepreneur *m*. **contractor-owned rig**: appareil de forage appartenant aux entrepreneurs de forage.

contractual – contractuel. **contractual conditions**: cahier des charges. **contractual obligation**: obligation contractuelle. **contractual time limit**: délai contractuel.

contradictory – contradictoire. **contradictory instructions**: instructions contradictoires.

contrast – contraste *m*. **contrast enhancement**: accentuation de contrastes.

control – canevas *m*, *télédétection* ; commande *f*; contrôle *m* ; lutte *f*; maîtrise *f*; réglage *m* ; régulation *f*; stabilisation *f*. **control apparatus**: appareil de contrôle. **control assay**: essai contradictoire, *(métal)*. **control battery**: batterie d'excitation. **control board**: tableau de commande ; tableau de contrôle. **control bus**: bus de contrôle. **control by throttling**: régulation par laminage.

control cell: élément témoin. **control circuit**: circuit de commande. **control clock**: pendule de pointage. **control column**: levier de commande ; manche à balai. **control device**: appareil de contrôle ; dispositif de contrôle. **control element**: appareil de réglage. **control grid**: grille de commande, *ou guide de contrôle, tube à vide.* **control guard**: protecteur d'arrêt. **control head**: obturateur *m* ; tête de contrôle ; tête de tubage. **control instrument**: instrument de contrôle. **control knob**: bouton de réglage. **control lever**: levier de commande. **control light**: lampe témoin. **control panel**: pupitre de commande ; tableau de commande ; tableau de contrôle ; tableau de mesure. **control point**: point de canevas ; point de repère. **control points**: canevas de base, *carte géologique.* **control program for microprocessors (CP/M)**: programme de commande pour microprocesseur. **control rod**: tige de commande ; tringle de commande. **control room**: salle de commande ; salle de contrôle. **control sample**: témoin *m.* **control system**: asservissement *m* ; circuit de réglage. **control total**: total de contrôle. **control valve**: soupape de commande ; vanne de réglage. **control winding**: enroulement de commande.

control (to) – commander ; contrôler ; diriger ; réduire ; réprimer ; vérifier.

controllability – maniabilité *f.*

controllable – contrôlable. **controllable load**: charge modulable. **controllable pitch (CP)**: pas variable. **controllable-pitch propeller**: hélice à pas variable ; propulseur orientable.

controlled – commandé ; contrôlé. **controlled atmosphere**: atmosphère contrôlée. **controlled currency**: monnaie dirigée. **controlled directional drilling**: forage dirigé contrôlé. **controlled economy**: économie dirigée. **controlled mosaic**: photoplan *m.* **controlled production**: production contrôlée. **controlled-release fertilizer**: engrais enrobé. **controlled variable**: grandeur réglée.

controller – appareil de contrôle automatique ; contrôleur *m* ; régulateur *m.*

controlling – réglage *m.* **controlling factor**: facteur limitatif. **controlling force**: force antagoniste. **controlling interest**: contrôle financier, *prédominance financière dans une affaire* ; participation majoritaire. **controlling operation**: opération d'enclenchement. **controlling step**: étape limitative, *réaction par étape* ; stade régulateur.

controls – commandes d'un appareil, *appareils de commande.*

conulariid – conulaire *f (pal).*

conurbation – conurbation *f.*

convection – convection *f.* **convection coefficient**: coefficient de film, *transfert de chaleur.* **convection current**: courant de convection. **convection heat-transfer coefficient**: coefficient de transfert par convection. **convection section**: section de convection. **convection-type furnace**: four type convection.

convector – appareil de chauffage par convection ; convecteur *m.*

convenience – commodité *f.* **convenience flag**: pavillon de complaisance, *pavillon libre.*

convenient – commode.

convention – congrès *m.*

conventional – classique ; conventionnel ; ordinaire ; traditionnel ; de type courant. **conventional brick**: brique ordinaire. **conventional core analysis**: analyse classique sur petits échantillons. **conventional coring**: carottage classique. **conventional drilling**: forage classique, *désigne le procédé rotary.* **conventional energy**: énergie classique. **conventional gas**: gaz naturel classique, *gaz naturel qui se trouve dans une roche-réservoir normale et qui peut être exploité par des moyens de production normale.* **conventional mud**: boue ordinaire, *fluide de forage formé d'argile et d'eau.* **conventional oil**: pétrole brut classique, *qui fait l'objet d'une exploration et d'une exploitation courantes utilisant des techniques actuellement classiques et rentables.* **conventional recovery**: récupération classique, *récupération primaire ou secondaire (prod).* **conventional resistivity curve**: courbe de résistivité conventionnelle. **conventional time section**: coupe-temps classique *(sism).*

convergence – convergence *f.* **convergence pressure**: pression de convergence, *des coefficients d'équilibre d'un mélange.*

convergent – convergent. **convergent photography**: prise de vue en convergence. **convergent plate boundary**: marge active, *où la croûte océanique s'enfonce par subduction sous la croûte continentale (tectonique de plaques).*

converging – convergent. **converging lens**: objectif convergent.

conversational – conversationnel. **conversational mode**: mode dialogué.

conversion – conversion *f*; transformation *f.* **conversion burner**: brûleur de substitution. **conversion coefficient**: taux de conversion. **conversion factor**: facteur de conversion. **conversion oil**: huile de conversion, *charge d'alimentation pour le noir de carbone.* **conversion table**: table de conversion.

convert (to) – convertir.

converted – converti. **converted wave**: onde convertie ; onde de conversion.

converter – convertisseur *m, appareil qui transforme des données sous forme analogique en leur équivalent numérique, ou inversement* ; cornue *f (métal)* ; groupe convertisseur *(élec)* ; redresseur *m (élec).* **converter belly**: calotte de convertisseur, *(métal).* **converter bottom**: fond de convertisseur. **converter lining**: garnissage de convertisseur, *(métal).* **converter mouth, converter nose**: bec de cornue, *(métal).* **converter process**: procédé au convertisseur. **converter trunnion**: tourillon du convertisseur. **converter waste**: projection de convertisseur.

convertible – cabriolet *m (auto)* ; décapotable *f (auto).*

convex – convexe. **convex road**: chaussée bombée. **convex-trap reservoir**: piège convexe.

convexity – convexité *f.*

convexo-concave – convexo-concave.

conveyance – débitance *f*; moyen de transport ; roulage *m* ; transport *m.* **conveyance of a patent**: transmission de propriété d'un brevet.

conveyor – convoyeur *m* ; courroie de transport ; noria *f*; transporteur *m, mécanique.* **conveyor belt**: bande transporteuse. **conveyor bucket**: godet de convoyeur. **conveyor chain**: chaîne à godets. **conveyor engine**: moteur de convoyeur.

convolute – convoluté. **convolute structure**: structure convolutée *(géol)*.

convolution – convolution *f (sism et géol)*.

convolutional – convolutionnel. **convolutional model**: modèle convolutionnel *(sism)*.

convolver – convolueur *m*.

convoy – convoi *m* ; escorte *f*.

convulsion – agitation violente *(de la mer)* ; bouleversement *m (de la terre)* ; cataclysme *m* ; convulsion *f*.

conylene – conylène *m*, *hydrocarbure diéthylénique.*

cooker – cuiseur *m*, *bac en plomb pour la récupération de l'acide des boues résultant du traitement acide des huiles lubrifiantes.*

cooking – cuisson *f*. **cooking time**: temps de cuisson.

cool – frais ; tiède. **cool flame**: flamme froide.

cool (to) – rafraîchir ; réfrigérer ; refroidir ; tiédir. **cool hammer (to)**: battre à froid *(métal)*. **cool (to) off**: ressuer.

coolant – fluide caloporteur ; fluide de refroidissement ; fluide frigorigène ; huile de coupe. **coolant outlet**: sortie du fluide refroidisseur.

cooled – refroidi.

cooler – appareil rafraîchisseur ; réfrigérant *m* ; réfrigérateur *m* ; refroidisseur *m*. **cooler box**: bâche de réfrigération.

Cooley – Cooley. **Cooley-Tukey method**: méthode de Cooley-Tukey, *transformée de Fourier.*

cooling – refroidissant ; attiédissant ; attiédissement *m* ; rafraîchissement *m* ; réfrigérant ; réfrigération *f* ; refroidissement *m*. **cooling bath**: bain réfrigérant. **cooling box**: bâche à eau ; caisson de réfrigération ; caisson réfrigérant. **cooling chamber**: chambre de refroidissement. **cooling coil**: refroidisseur *m* ; serpentin réfrigérant ; serpentin refroidisseur. **cooling device**: organe réfrigérateur. **cooling drum**: tambour refroidisseur. **cooling fin**: ailette de refroidissement. **cooling fissure**: fissure de refroidissement. **cooling flange**: ailette de refroidissement. **cooling jacket**: chemise de refroidissement, *double enveloppe de refroidissement* ; enveloppe réfrigérante. **cooling load**: charge frigorifique. **cooling medium**: frigoporteur *m* ; milieu réfrigérant. **cooling of the bit**: refroidissement de l'outil de forage. **cooling pan**: chambre de réfrigération. **cooling plant**: installation frigorifique. **cooling pond**: bac de refroidissement. **cooling rib**: ailette de refroidissement. **cooling surface**: surface de refroidissement. **cooling system**: système de refroidissement. **cooling tank**: cuve à eau ; cuvette de refroidissement. **cooling tower**: réfrigérant à cheminée ; refroidisseur *m* ; tour de réfrigération. **cooling unit**: unité de réfrigération ; unité de refroidissement. **cooling water**: eau de refroidissement.

cooperation – coopération *f*.

cooperative – coopératif. **cooperative program**: programme de coopération. **cooperative research**: recherche coopérative, *en commun.*

coordinate – égal, *de même rang.*

coordinated – coordonné.

coordinates – coordonnées *f*.

coordination – coordination *f*. **coordination catalysis**: catalyse de coordination. **coordination chemistry**: chimie de coordination. **coordination compound**: complexe *m* ; composé de coordination, *composé formé par l'union d'un ion métallique généralement un métal de transition, avec un ion non métallique appelé agent complexant ou ligand.* **coordination lattice**: réseau de coordination *(crist)*. **coordination link**: liaison de coordinence. **coordination number**: coordinence *f* ; indice de coordination ; nombre de coordination. **coordination polygon**: polygone de coordination. **coordination polyhedron**: polyèdre de coordination. **coordination polymer**: polymère coordonné.

coordinatograph – coordinatographe *m*.

coordinatometer – coordinatomètre *m*.

coordinence – indice de coordination.

coorongite – coorongite *f*, *substance bitumineuse, semblable au caoutchouc, composée d'algues, de particules végétales et de diatomées.*

COP – *abrév. de coefficient of performance.*

copal – copal *m*, *nom générique de nombreuses résines d'origine végétale.*

copaline – copaline *f*, *résine fossile.*

coping – grugeage *m*.

copolymer – copolymère *m*.

copolymerization – copolymérisation *f*.

copper – cuivre *m*, *symbole chim. Cu.* **copper alloy**: alliage de cuivre. **copper-bearing**: cuprifère. **copper bit**: fer à souder ; soudoir *m*. **copper bottomed**: doublé en cuivre. **copper bus**: barre omnibus en cuivre *(élec)*. **copper concentrate**: concentré de cuivre. **copper-lead alloy**: alliage plomb-cuivre. **copper mine**: mine de cuivre. **copper mining**: exploitation de cuivre. **copper number**: indice de cuivre, *nombre de milligrammes de mercaptans présents dans 100 ml d'un produit pétrolier. Une solution de sulfate de cuivre est utilisée pour titrer les mercaptans.* **copper ore**: minerai de cuivre. **copper plate**: plaque de cuivre ; tôle de cuivre. **copper plating**: cuivrage *m*. **copper pyrites**: pyrite cuivreuse. **copper refining**: affinage du cuivre. **copper rolling mill**: usine de laminage de cuivre. **copper steel**: acier au cuivre. **copper stone**: grenaille de cuivre. **copper strip**: lame de cuivre. **copper-strip corrosion**: corrosion à la lame de cuivre. **copper-strip test**: essai à la lame de cuivre, *méthode qualitative pour déterminer la corrosivité d'un produit par ses effets sur une lame de cuivre placée dans ce produit.* **copper sulfate**: sulfate de cuivre. **copper sweetening**: adoucissement au chlorure de cuivre, *par oxydation des mercaptans en disulfures (raf)*.

copperas – mélantérite *f*, *sulfate ferreux.*

coppered – cuivré. **coppered steel**: acier cuivré.

coppering – cuivrage *m* ; doublage *m*.

coppery – cuivreux.

coprecipitation – coprécipitation *f*.

coprocollinite – coprocollinite *f*, *forme de vitrinite.*

coproduct – coproduit *m*.

coprolite – coprolite *m*, *excréments fossilisés.*

copter – helico, *abrév. de helicopter.*

copy – copie *f* ; épreuve photographique ; exemplaire *m* ; gabarit *m* ; manuscrit *m*, *destiné à l'impression* ; modèle *m*. **copy camera**: appareil de reproduction. **attested copy**: copie certifiée.

copying – transcription *f.* **copying machine**: duplicateur *m.* **copying projector**: projecteur pour reproduction photographique.

copyright – droit d'auteur ; propriété littéraire.

coquina – calcaire coquillier ; lumachelle *f, roche sédimentaire calcaire formée essentiellement de coquilles.* **coquina pure-quartz sandstone**: grès lumachellique.

coquinoid – lumachellique. **coquinoid limestone**: calcaire lumachellique.

coral – corail *m* ; coraux *m.* **coral bank**: banc corallien. **coral head**: massif corallien. **coral island**: île corallienne. **coral limestone**: calcaire à polypiers, *calcaire corallien.* **coral reef**: récif corallien. **coral-reef limestone**: calcaire corallien. **coral sand**: sable corallien.

coralline – corallien. **coralline facies**: faciès corallien. **coralline limestone**: calcaire corallien.

corallite – corallite *f, squelette d'un individu dans une colonie de coraux.*

Coray – *dénomination commerciale d'un lubrifiant.*

corbeling – encorbellement *m.*

CORC – *abrév. de Cooperative Octane Requirements Committee.*

cord – câble *m* ; conducteur souple ; corde *f* ; cordeau *m* ; cordée *f.*

cordage – cordage *m, nom générique des cordes et câbles employés pour le gréement ou la manoeuvre d'engins quelconques.* **cordage oil**: huile pour cordage.

cordierite – cordiérite *f, cyclosilicate d'aluminium.*

cordillera – cordillère *f.*

cordite – cordite *f, explosif.*

core – âme *f, d'un câble* ; carotte *f, échantillon cylindrique de roche, prélevé à l'aide d'un outil spécial, le carottier, dans un sondage (for)* ; coeur *m* ; noyau *m.* **core analysis**: analyse des carottes, *examen systématique approfondi des carottes* ; mesures sur carottes. **core barrel**: carottier *m* ; tube carottier *(for)*. **core binder**: huile à mouler, *mélangé avec du sable et agissant comme liant en fonderie.* **core bit**: carottier *m* ; couronne à mollette ; couronne de carottage ; outil de carottage ; trépan carottier ; trépan découpeur. **core breaker**: arrache-carotte *m.* **core catcher**: anneau de retenue pour carotte ; arrache-carotte *m, ressort coinçant la carotte dans le carottier.* **core curriculum**: programme à tronc commun, *pour les études* ; tronc commun, *d'un enseignement.* **core-cutter head**: couronne de carottier. **core drill**: sondage géologique peu profond. **core drilling**: carottage *m, prise d'un échantillon de roche pendant le forage.* **core extractor**: arrache-carotte *m* ; extracteur de carottes. **core fishing magnet**: aimant de repêchage à carottier. **core flushing**: invasion de la carotte, *pendant le carottage la boue ou le filtrat envahit la formation et la carotte prélevée et chasse devant elle une partie des fluides saturant la roche, il en résulte une modification dans la saturation de celle-ci en eau et en huile* ; lavage de la carotte. **core lifter**: arrache-carotte *m (for)* ; extracteur de carottes. **core memory**: mémoire centrale. **core molding**: machine à noyauter. **core of a syncline**: coeur d'un synclinal. **core of an anticline**: coeur d'un anticlinal ; noyau anticlinal. **core of the Earth**: noyau terrestre. **core oil**: huile à mouler. **core oven**: étuve à noyaux. **core program**: programme prioritaire. **core pusher-plunger**: plongeur pousse-carottes. **core record**: enregistrement de carottage, *donnant le nombre et les caractéristiques des carottes extraites.* **core recovery**: récupération de carottes. **core sample**: carotte *f* ; échantillon carotté. **core section**: section de carotte. **core shell**: enveloppe de carotte. **core storage**: mémoire centrale, *d'un ordinateur, voir core memory.* **core-storage box**: caisse de stockage des carottes. **core test**: essai de carottage.

core (to) – carotter *(for)*.

cored – évidé ; pourvu d'un noyau, *(métal)* ; troué. **cored interval**: hauteur carottée.

corer – carottier *m.*

coring – carottage *m* ; noyautage *m.* **coring time**: temps de carottage. **coring tool**: carottier.

Coriolis – Coriolis. **Coriolis acceleration**: accélération de Coriolis. **Coriolis correction**: correction de Coriolis. **Coriolis effect**: effet de Coriolis, *déviation des corps vers la droite dans l'hémisphère Nord et vers la gauche dans l'hémisphère Sud.* **Coriolis force**: force de Coriolis. **Coriolis mass flowmeter**: débitmètre massique à effet Coriolis.

cork – bouchon *m* ; liège *m.* **cork board**: liège aggloméré. **cork borer**: perce-bouchon *m.* **cork bung**: gros bouchon en liège.

corkscrew – tire-bouchon *m.*

corn – maïs *m (amér)*. **corn oil**: huile de maïs. **corn stover**: tige de maïs.

corn (to) – grainer ; granuler ; grener.

corner – angle *m* ; coin *m.* **corner brace**: vilebrequin d'angle. **corner frequency**: fréquence coin ; fréquence limite. **corner joint**: contrefiche *f.* **corner mark**: borne de délimitation. **corner plate**: équerre en fer. **corner post**: borne *f.* **corner reflector**: réflecteur en trièdre.

cornerstone – pierre angulaire.

cornerwise – en diagonale.

cornice – corniche *f* ; galerie *f.*

corona – couronne *f* ; halo *m (météo)* ; kélyphite *f (miner)*. **corona effect**: effet couronne.

corporate – constitué. **corporate assets**: actif social. **Corporate Average Fuel Economy (CAFE)**: *norme américaine qui fixe la moyenne annuelle de consommation que doit respecter chaque constructeur pour l'ensemble des véhicules qu'il met en circulation sur le marché intérieur.* **corporate body**: personne morale. **corporate earnings**: revenus de société. **corporate income tax**: impôt sur les sociétés. **corporate name**: raison sociale. **corporate sector**: secteur des entreprises.

corporation – entreprise *f* ; firme *f* ; société anonyme *(amér)*. **corporation tax**: impôt sur les sociétés, *fraction du bénéfice imposable.*

corrasion – corrasion *f, érosion causée par des agents mécaniques.*

correct (to) – annuler ; corriger ; neutraliser ; rectifier.

corrected – corrigé. **corrected for drift**: corrigé de la dérive. **corrected tape**: bande corrigée.

correction – correction *f.* **correction density**: densité de correction, *gravimétrie.* **correction factor**: facteur de correction. **correction vibrator**: vibreur pirate *(sism)*.

corrective – rectificatif. **corrective action**: action corrective. **corrective maintenance**: maintenance corrective.

correctness – exactitude *f*; justesse *f*, *d'une balance* ; précision *f*.

correlate (to) – corréler ; établir.

correlated – corrélatif.

correlation – corrélation *f*, *en interprétation sismique, ressemblance entre deux traces, identification d'événements représentatifs d'une même formation géologique*. **correlation analysis**: analyse corrélative. **correlation coefficient**: coefficient de corrélation, *mesure de l'interdépendance de deux variables aléatoires*. **correlation filter**: filtre adapté *(élec)* ; filtre de corrélation *(élec)* ; filtre de déphasage *(élec)*. **correlation function**: fonction de corrélation. **correlation ghost**: fantôme de corrélation. **correlation method**: méthode par corrélation. **correlation of well logs**: corrélation des diagraphies. **correlation shooting**: tir de corrélation *(sism)*.

correlator – corrélateur *m*.

correlogram – corrélogramme *m*.

corrensite – corrensite *f*, *aluminosilicate de magnésium et de fer*.

corresponding – *voir corresponding states*. **corresponding states**: états correspondants, *état de deux systèmes physiques satisfaisant à la même équation réduite et dont les variables réduites sont représentées par les mêmes nombres*.

corridor – couloir *m*. **corridor stack**: *sommation particulière à la sismique surface-puits, le long d'un couloir centré sur les premières arrivées*: *sommation particulière aux profils sismiques verticaux*.

corrie – cirque glaciaire *(géol)* ; creux *m* ; entonnoir *m*.

corrodant – agent corrosif.

corrode (to) – attaquer ; corroder ; ronger.

corroded – corrodé.

corrodibility – corrodabilité *f*.

corrosion – corrosion *f*; oxydation *f*. **corrosion allowance**: surépaisseur de corrosion. **corrosion at initial boiling point (IBP)**: essai de corrosion en début de distillation. **corrosion cap**: chapeau anticorrosion. **corrosion control**: lutte contre la corrosion. **corrosion fatigue**: fatigue due à la corrosion ; fatigue par corrosion. **corrosion inhibitor**: inhibiteur de corrosion. **corrosion pitting**: piqûre de corrosion. **corrosion preventive**: inhibiteur de corrosion. **corrosion resistance**: résistance à la corrosion. **corrosion resisting alloy**: alliage anticorrosion. **corrosion test**: essai de corrosion. **corrosion tubercle**: pustule de corrosion.

corrosive – corrosif. **corrosive pitting**: piqûres de corrosion. **corrosive sublimate**: sublimé corrosif, *chlorure mercurique*. **corrosive sulfur**: soufre actif.

corrosivity – corrosivité *f*.

corrugate (to) – gaufrer, *le papier* ; onduler, *la tôle* ; plisser, *une surface* ; rider ; strier, *nervures*.

corrugated – ondulé ; plissé ; plissoté ; ridé ; rugueux. **corrugated cardboard**: carton d'emballage ondulé. **corrugated glass**: verre cannelé. **corrugated iron**: tôle ondulé. **corrugated lens**: lentille prismatique de Fresnel. **corrugated mirror**: miroir cannelé. **corrugated paper**: papier gaufré ; papier plissé. **corrugated-plate interceptor**: déshuileur à plaques ondulées, *pollution*. **corrugated sheet iron**: tôle ondulée.

corrugation – cannelure *f*; gaufrage *m* ; ondulation *f*; plissement *m* ; rugosité *f*; strie *f*.

corrupt (to) – altérer, *des données ou un programme*.

cortex – cortex *m*, *couche périphérique*.

corundum – corindon *m*, *minéral dont la dureté est juste inférieure à celle du diamant*.

cosecant – cosécante *f (math)*.

cosine – cosinus *m*. **cosine curve**: cosinusoïde *f*. **cosine transform**: partie paire d'une transformée (de Fourier).

cosmic – cosmique. **cosmic fog**: brume cosmique. **cosmic noise**: bruit cosmique. **cosmic radiation**: radiation cosmique ; rayonnement cosmique. **cosmic ray**: rayon cosmique. **cosmic-ray shower**: gerbe de particules, *rayonnement cosmique*.

cosmochemistry – cosmochimie *f*.

cosmogony – cosmogonie *f*.

cosmography – cosmographie *f*.

cosmos – cosmos *m*.

cosolvent – cosolvant *m*.

cost – coût *m* ; frais *m*. **cost accounting**: comptabilité analytique ; comptabilité des prix de revient ; comptabilité industrielle. **cost analysis**: analyse des coûts. **cost and freight (C&F)**: coût et fret (C&F), *conditions de vente*. **cost benefit analysis**: analyse de coût-avantage ; analyse de coût-utilité. **cost calculation**: calcul des coûts ; calcul économique. **cost control**: maîtrise des coûts. **cost-effective**: rentable. **cost-effectiveness**: rentabilité *f*. **cost ex works**: prix départ usine. **cost-insurance-freight (CIF)**: coût assurance et fret (CAF). **cost-of-living bonus**: indemnité de vie chère. **cost oil**: part de production pour la récupération des coûts, *part de production qui rembourse les dépenses du contracteur dans un contrat de partage de production*. **cost-plus contract**: contrat en régie ; travaux en régie. **cost-plus fee**: prix de revient plus honoraires. **cost-plus-fee contract**: contrat à marges bénéficiares garanties. **cost price**: prix de revient. **cost recovery**: recouvrement des coûts. **cost sharing**: répartitions des charges *(fin)*. **cost stop**: *fraction de la production plafonnant le cost oil*.

costing – évaluation des coûts, *installations de génie chimique*.

costless – sans frais ; gratis.

cosurfactant – cosurfactant *m*, *co-agent de surface*.

cotangent – cotangente *f*.

coticule – coticule *m*, *schiste siliceux*.

cotidal – cotidal.

cotter – clavette *f*; goupille *f*. **cotter bolt**: boulon à clavette. **cotter joint**: agrafe à clavette. **cotter pin**: goupille fendue. **cotter puller**: arrache-clavette *m*. **cotter wire**: fil pour goupille.

cotterpin (to) – claveter ; goupiller.

cotton – coton *m*. **cotton oil**: huile de coton. **cotton pad**: tampon d'ouate. **cottonseed hull**: écorce de graine de coton, *colmatant de boue de forage*.

cotton wool: ouate *f.* **cotton-wool wad**: tampon d'ouate.
Cottrel – Cottrel. **Cottrel hardening**: phénomène de Cottrel, *état solide.* **Cottrel precipitator**: dépoussiéreur Cottrel.
cotype – cotype *m (pal).*
Couette – Couette. **Couette flow**: écoulement de Couette. **Couette viscometer**: viscosimètre de Couette, *viscosimètre à rotation.*
coulee – coulée *f (géol).*
coulomb – coulomb *m, unité SI de quantité d'électricité et de charge électrique, symbole* C. **coulomb meter**: coulomb mètre, *unité SI de moment de dipôle électrique* (C.m). **coulomb meter squared per volt**: coulomb-mètre carré par volt, *unité SI de coefficient de polarisation* ($C.m^2/V$). **coulomb per cubic meter**: coulomb par mètre cube, *unité SI de charge volumique* (C/m^3). **coulomb per kilogram**: coulomb par kilogramme, *unité SI d'exposition* (C/kg). **coulomb per kilogram second**: coulomb par kilogramme seconde, *unité SI de débit d'exposition* (C/kg.s). **coulomb per mole**: coulomb par mole, *unité SI de constante de Faraday* (C/mol). **coulomb per square meter**: coulomb par mètre carré, *unité SI de déplacement, induction électrique, charge surfacique, polarisation électrique* (C/m^2). **Coulomb's law**: loi de Coulomb, *attraction électrostatique.*
coulometer – électrolyseur *m, cuve électrolytique* ; voltamètre *m, cuve à électrolyse, servant à mesurer une charge électrique par un procédé électrochimique.*
coulometric – coulométrique. **coulometric analysis**: analyse coulométrique. **coulometric titration**: titrage coulométrique.
coulometry – coulométrie *f.*
coumarin – coumarine *f, benzopyrone.*
coumarone – coumarone *f, benzofuranne.* **coumarone-indene resin**: résine coumarone-indène. **coumarone resin**: résine de coumarone.
count – calcul *m* ; comptage *m* ; compte *m* ; dénombrement *m* ; dépouillement *m.* **counts per minute**: coups par minute ; impulsions par minute.
count (to) – compter ; dépouiller.
countdown – compte à rebours.
counter – compteur *m* ; numériseur *m* ; opposé. **counter oil**: huile pour compteur. **counter tube**: tube compteur.
counterbalance – contrepoids *m.* **counterbalance valve**: vanne d'obturation unilatérale.
counterbore – contre-alésage *m* ; épaulement *m.*
countercheck – force antagoniste ; force opposée.
counterclaim – demande reconventionnelle.
counterclockwise – dans le sens contraire des aiguilles d'une montre, *à gauche.*
countercurrent – contre-courant *m.* **countercurrent centrifuge**: centrifugeuse à contre-courant. **countercurrent distillation**: distillation à contre-courant. **countercurrent extraction**: extraction à contre-courant. **countercurrent flow**: écoulement à contre-courant. **countercurrent gas scrubbing**: lavage de gaz à contre-courant. **countercurrent pipe exchanger**: tuyauterie d'échangeur à contre-courant.
counterdrain – fosse de décharge, *pour recueillir les eaux d'infiltration.*
counterelectromotive – *voir counterelectromotive force.* **counterelectromotive force (cemf)**: force contre-électromotrice (fcem).
counterfeiting – contrefaçon *f.*
counterflange – contrebride *f.*
counterflow – contre-courant *m.* **counterflow plate**: plateau à contre-courant.
counterflush – circulation inverse. **counterflush drilling**: sondage à injection inversée.
counterfoil – souche *f*; talon *m.*
counterfort – appui *m* ; contrefort *m.*
counterion – contre-ion *m, ion opposé ou complémentaire.*
counterlode – filon croiseur *(géol).*
counternut – contre-écrou *m.*
counteroffer – contre-offre *f.*
counterpart – analogue ; contrepartie *f*; double *m* ; duplicata *m.*
counterpoise – contrepoids *m* ; masse d'équilibrage. **counterpoise bridge**: pont à bascule. **in counterpoise**: en équilibre.
counterproject – contre-projet *m.*
counterpurchase – accord de compensation, *pour vendre un produit ou un équipement, on s'engage envers le contractant à effectuer un achat parmi des fournitures qu'il propose* ; achat de contrepartie.
counterreaction – contre-réaction *f, réaction inverse.*
countersample – contretype *m.*
counterscale – balance Roberval.
countersea – mer à contre-vent.
countershaft – arbre de renvoi ; arbre intermédiaire.
countersink – foret conique ; fraise *f.*
countersink (to) – chanfreiner ; encastrer, *la tête d'un rivet* ; fraiser.
countersinker – foret à fraiser ; fraise pour perceuses.
counterslope – contre-pente *f.*
countersunk – fraisé. **countersunk-head bolt**: boulon à tête fraisée. **countersunk rivet**: rivet fraisé. **countersunk screw**: vis à tête fraisée, *noyée.*
countertrade – compensation *f, commerce international.*
countervaluation – contre-expertise *f.*
counterweight – contrepoids *m.* **counterweight hoisting**: extraction à contrepoids *(mine).*
counting – comptage *m.*
country – contrée *f*; pays *m* ; région *f*; terrain *m.* **country rock**: roche encaissante *(pétro).*
couple – couple *m.*
couple (to) – se combiner ; coupler ; embrayer, *pour les filins.*
coupled – couplé. **coupled oscillators**: oscillateurs couplés. **coupled pipes**: conduites couplées. **coupled reaction**: réaction de l'induction mutuelle. **coupled wave**: onde couplée.
coupler – connecteur *m* ; coupleur *m (élec).*
coupling – accouplement *m* ; assemblage *m* ; couplage *m* ; manchon *m* ; raccord *m.* **coupling agent**: agent de couplage, *produit assurant l'accrochage d'une résine sur des fibres de renfort.* **coupling box**: manchon d'accouplement. **coupling coefficient**: facteur de couplage. **coupling flange**: bride d'accouplement ; collerette de jonction.

coupling gasket: rondelle de joint. **coupling guard**: protection d'accouplement. **coupling lever**: levier d'embrayage. **coupling make-up**: serrage des manchons. **coupling ring**: bague d'accouplement. **coupling rod**: allonge *f*; bielle d'accouplement. **coupling shaft**: manchon d'accouplement d'arbre. **coupling sleeve**: manchon d'accouplement. **coupling with plain ends**: manchon biconique. **coupling with recessed ends**: manchon biconique à encoches.

coupon – coupon *m* ; éprouvette *f, barreau découpé en rondelles pour essais mécaniques, de corrosion, de soudure.*

course – assise *f*; couche *f, dans la construction d'une chaussée* ; cours *m, enseignement*; cours d'un fleuve ; direction *f*; filon *m* ; route *f, d'un navire* ; trajectoire *f, d'un véhicule dans l'espace* ; veine *f.* **course control**: contrôle de trajectoire. **course of outcrop**: direction de l'affleurement.

course (to) – couler, *liquide.*

Couvinian – Couvinien *m, division stratigraphique du Dévonien.*

COV – *abrév. de coefficient of variation : coefficient de variation.*

covalence – covalence *f.*

covalent – covalent. **covalent bond**: liaison covalente, *liaison homopolaire.* **covalent crystal**: cristal covalent.

covariance – covariance *f (stat).*

cove – anse *f*; crique *f (géol)* ; cuvette *f*; gorge *f*; niche *f, creusée par les vagues* ; petite baie.

covellite – covellite *f (minér).*

covenant – contrat *m* ; convention *f*; pacte *m* ; traité *m.*

cover – bâche *f*; couvercle *m* ; couverture *f*; étui *m* ; morts-terrains *m.* **cover band**: bride de fermeture. **cover crop**: culture de plantes de couverture, *pour lutter contre l'érosion.* **cover glass**: lamelle couvre-objets. **cover hood**: couvercle *m.*

cover (to) – couvrir. **cover (to) in**: recouvrir, *une canalisation* ; remplir, *une tranchée.* **cover (to) over**: fermer, *un puits* ; recouvrir.

coverage – couverture *f, surface couverte par des photos, des cartes.*

covering – couverture *f*; enrobage *m* ; enveloppe *f*; garnissage *m (mine)* ; recouvrement *m* ; revêtement *m.* **covering letter**: annexe confirmative ; lettre d'introduction.

COW – *abrév. de crude oil washing.*

cowl – abat-vent *m, de cheminée* ; capot *m* ; capuchon *m.*

cowling – capot *m, de moteur* ; carénage *m.*

coworker – collaborateur *m.*

Cox – Cox. **Cox chart**: diagramme de Cox, *tension de vapeur par rapport à la température, utilisé pour les hydrocarbures.*

CP – *abrév. de casting pressure, de casing point, de candle power, de chemically pure, de center of pressure, et de controllable pitch.*

cP – cP, *symbole de centipoise.*

CPC – PCO, *abrév. de computerized production control : production commandée par ordinateur.*

cpd – *abrév. de compound.*

CPD – *abrév. de contact potential difference : différence de potentiel de contact.*

CPE – *abrév. de charged particle equilibrium.*

CPM – *abrév. de counts per minute.*

CPPS – *abrév. de critical path planning and scheduling.*

cps – *abrév. de characters per second, mesure de vitesse de transfert* ; cps, *abrév. de cycle per second: cycle par seconde, voir hertz.*

CPSC – *abrév. de Consumer Product Safety Commission.*

CPU – UC, *abrév. de cental processing unit : unité centrale.*

CR – *abrév. de cathode ray, et de compression ratio.*

crab – chariot de pont roulant ; chèvre *f, appareil de levage* ; dérive *f*; treuil *m.*

crack – cassure *f*; craquelure *f*; crevasse *f*; crique *f (métal)* ; défaut de soudure ; fêlure *f*; fente *f*; fissure *f, fissure ou fente dans la glace de mer, de largeur insuffisante pour la navigation* ; gerçure *f*; lézarde *f.* **crack per pass**: conversion par passe ; taux de craquage, *c'est le rapport entre la quantité d'essence produite en un temps donné et la quantité de produit circulant dans le circuit de craquage, pendant le même temps.*

crackability – aptitude au craquage, *mesure du degré jusqu'où un pétrole brut ou une fraction pétrolière peut être craqué.*

crackate – craquat *m.*

cracked – concassé ; de craquage, *par opposition à distillation directe* ; craqué ; crevassé ; fêlé ; fendu ; fissuré ; pilé. **cracked bearing**: coussinet fêlé, *dû à la fatigue, la couche d'alliage antifriction étant séparée de son support.* **cracked distillate**: distillat de craquage. **cracked-fuel dilution**: dilution de l'huile dans le carter, *dilution de l'huile d'un moteur par les produits de craquage du combustible dans le cylindre.* **cracked gas**: gaz de craquage. **cracked-gas compression**: compression du gaz de craquage. **cracked gas oil**: gasoil de craquage. **cracked gasoline**: essence de craquage. **cracked ice**: glace pilée. **cracked naphtha**: naphta de craquage. **cracked residue**: résidu de craquage.

cracker – câble de chanvre, *intercalé entre les outils de forage et le câble métallique pour augmenter l'élasticité de l'ensemble* ; craqueur *m* ; unité de craquage.

cracking – craquage *m, ensemble des phénomènes permettant de transformer des hydrocarbures sous l'action de la chaleur, avec ou sans pression, en hydrocarbures à point d'ébullition inférieur.* **cracking capacity**: capacité de craquage. **cracking catalyst**: catalyseur de craquage. **cracking chamber**: chambre de craquage ; chambre de réaction. **cracking coil**: serpentin de craquage, *utilisé pour le craquage des produits lourds.* **cracking corrosion**: corrosion fissurante. **cracking cycle**: cycle de craquage. **cracking feed**: charge de craquage. **cracking furnace**: four de craquage. **cracking intensity**: intensité de craquage. **cracking of oil**: craquage des huiles. **cracking plant**: unité de craquage. **cracking reactor**: réacteur de craquage. **cracking residuum**: résidu de craquage. **cracking severity**: sévérité du craquage. **cracking still**: appareillage de craquage ; four de craquage. **cracking stock**: matière première de craquage.

cracking temperature: température de craquage. **cracking unit**: unité de craquage. **cracking zone**: zone de craquage.
crackle – crépitement *m.* **crackle test**: essai de crépitement, *pour la détection rapide d'eau dans une huile.*
cracky – cassant ; fissuré ; fragile.
cradle – bâti *m* ; berceau *m* ; collier *m* ; crible laveur. **cradle car**: wagon basculant. **cradle iron**: étrier d'échafaudage.
cradle (to) – mettre le tube en fouille.
cradling – mise en fouille, *des canalisations.*
craft – profession *f*; ruse *f*; adresse *f*; artifice *m* ; embarcation *f*; engin *m* ; habileté *f*; métier *m.*
craftsman – artisan *m* ; ouvrier qualifié.
crag – rocher *m.*
cragged – rocailleux.
Cramer – Cramer. **Cramer's rule**: règle de Cramer, *pour résoudre une série d'équations linéaires.*
cramped – étriqué.
cranage – droits de grue ; frais de grue ; grutage *m.*
crane – grue *f.* **crane barge**: barge grue. **crane boom**: flèche de grue. **crane crab**: chariot de pont roulant. **crane hook**: crochet de grue. **crane operator**: grutier *m.* **crane truck**: camion grue. **crane winch**: treuil de grue.
crane (to) – décharger ; hisser ; lever.
crank – bras *m* ; manivelle *f*; vilebrequin *m.* **crank-and-flywheel pump**: pompe à volant. **crank angle**: angle de calage de la manivelle. **crank arm**: bras de manivelle ; excentrique d'une pompe. **crank axle**: axe pédalier ; essieu coudé. **crank disk**: plateau de manivelle. **crank guard**: boîtier de manivelle. **crank head**: tête de bielle. **crank web**: flasque de vilebrequin ; joue de vilebrequin. **crank winch**: treuil à manivelle.
crankcase – carter *m, d'un moteur.* **crankcase breather**: reniflard de carter. **crankcase compression**: compression dans le carter, *moteur deux-temps.* **crankcase dilution oil**: huile moteur diluée. **crankcase explosion**: explosion accidentelle dans le carter, *due à l'accumulation de vapeurs de combustible.* **crankcase fill**: plein de carter. **crankcase mayonnaise**: émulsion de carter, *boues formées à basse température et se présentant sous forme d'émulsion d'huile et d'eau acide.* **crankcase-oil foaming test**: essai de mousse des huiles moteur. **crankcase-oil oxidation**: oxydation des huiles moteur. **crankcase-oil total solids test**: dosage des insolubles dans l'huile usagée. **crankcase sludge**: boues de carter. **crankcase ventilation**: ventilation du carter.
crankend – pied de bielle.
cranking – démarrage *m.* **cranking motor**: moteur de lancement. **cranking speed**: régime de rotation du moteur tournant au démarreur. **cranking the engine**: lancement du moteur à la manivelle.
crankpin – maneton du vilebrequin ; pied de bielle. **crankpin bearing**: coussinet du pied de bielle ; maneton *m* ; palier de tête de bielle. **crankpin hollow**: évidement de maneton de vilebrequin.
crankshaft – vilebrequin *m.* **crankshaft bearing**: palier de l'arbre de manivelle ; palier de vilebrequin. **crankshaft-bearing cap**: chapeau de palier de vilebrequin. **crankshaft build-up**: montage du carter. **crankshaft flange**: joue de vilebrequin. **crankshaft timing gear**: pignon de distribution, *sur vilebrequin.*
cranny – fente *f*; lézarde *f*; niche *f.*
crash – accident *m* ; chute *f*; collision *f*; fracas *m.* **crash dive**: plongée raide, *d'un sous-marin.* **crash helmet**: casque protecteur. **crash stop**: arrêt en catastrophe.
crate – cageot *m, emballage léger en bois* ; caisse à claire-voie ; caisse d'emballage.
crate (to) – emballer.
crater – cratère *m, excavation de surface produite par une éruption qui n'a pas pu être maîtrisée* ; reprise *f, soudure.* **crater lake**: lac de cratère. **crater lip, crater rim**: bord du cratère *(géol).*
crateriform – cratériforme.
cratering – formation d'un cratère autour d'un sondage, *par éruption du brut.*
craton – craton *m, portion de la croûte terrestre qui n'a pas subi de déformations appréciables au cours des temps géologiques.*
crawler – chenille *f.* **crawler crane**: grue sur chenilles. **crawler loader**: chargeuse sur chenilles. **crawler track**: chenille. **crawler tractor**: tracteur à chenilles. **crawler truck**: camion sur chenilles.
crawling – rampement *m.*
CRC – CRC, *abrév. de Coordinating Research Council, dénomination d'un groupe constitué par des membres de l'API et de la SAE ; abrév. de cyclic redundancy check.* **CRC cetane test**: mesure CRC de l'indice de cétane. **CRC lean-mixture test**: mesure CRC de l'indice d'octane d'un mélange pauvre. **CRC rich-mixture test method**: mesure CRC de l'indice d'octane d'un mélange riche.
creak – grincement *m.*
creak (to) – grincer, *pour une roue.*
crease – pli *m.*
creasing – pli *m* ; plissement *m.* **creasing stake**: bigorne de pliage.
creation – création *f.*
creativity – créativité *f.*
credentials – lettres de créance ; papiers d'identité.
credit – crédit *m* ; foi *f*; réputation *f.* **credit account**: compte de crédit. **credit arrangements**: accords de crédit. **credit availability**: accès au crédit. **credit facilities**: facilités de crédit. **credit insurance**: assurance contre les mauvaises créances. **credit note**: avoir *m, comptabilité.* **credit risk**: risque d'insolvabilité. **credit standing**: surface financière.
creditor – créancier.
creditworthiness – solvabilité *f*; surface financière.
creek – anse *f*; crique *f*; ruisseau *m.*
creep – allongement visqueux *(métal)* ; boursouflement du sol ; coulée de terrain ; éboulement *m* ; fluage *m* ; glissement *m* ; gonflement *m, du mur*; reptation *f.* **creep hole**: abri souterrain. **creep limit**: limite de fluage. **creep pressure**: pression de fluage. **creep rate**: vitesse de fluage. **creep recovery**: rétablissement élastique. **creep resistance**: résistance au glissement. **creep stress**: contrainte de fluage. **creep test**: essai de fluage.
creeper – chaîne sans fin *(mine)* ; vis sans fin. **creeper valve**: vanne à ouverture progressive.
creeping – ascension capillaire, *des sels d'une solution* ; boursouflement du sol ; montée des

sels ; rampement *m* ; reptation *f*, *des sols*. **creeping inflation**: inflation larvée ; inflation rampante. **creeping rock**: roche fluante. **creeping wave**: onde rampante.

crenulation – crénulation *f*, *microplis rapprochés sur une surface de stratification*.

creosote – créosote *f*. **creosote oil**: huile de créosote.

crescent – croissant *m*. **crescent mark**: marque en croissant ; marque en fer à cheval. **crescent pump**: pompe à tambour en forme de croissant.

cresol – crésol *m*, *phénol dérivé du toluène, ortho-, méta- et para-*.

crest – arête *f*; crête *f*, *maximum d'une courbe* ; faîte *m* ; sommet *m*. **crest amplitude**: amplitude de crête. **crest factor**: facteur de pointe *(phys)*. **crest line**: ligne de crête ; ligne de faîte ; point haut, *d'une onde*. **crest voltage**: tension de pointe.

crestal – de crête. **crestal injection**: injection en amont-pendage *(prod)*. **crestal plane**: plan de crête.

Cretaceous – Crétacé *m*, *troisième et dernière période de l'ère secondaire, divisée généralement en Crétacé inférieur et Crétacé supérieur*.

crevasse – crevasse *f*. **crevasse splay**: dépôt de crevasse *(sédim)*.

crevassing – fissuration *f*.

crevice – crevasse *f*; fente *f*; fissure *f*; lézarde *f*. **crevice corrosion**: corrosion fissurante. **crevice oil**: pétrole de fissures, *huile de schiste*. **crevice water**: eau de diaclases.

crew – équipage *m*, *d'un navire* ; équipe *f*. **crew boat**: bateau de relève, *des équipes travaillant sur les chantiers en mer*. **crew compartment**: habitacle *m*. **crew costs**: dépenses d'équipage. **crew list**: rôle d'équipage.

cricondenbar – cricondenbar *f*, *pression maximale à laquelle les deux phases liquide et vapeur peuvent coexister*.

cricondentherm – cricondentherme *f*, *température maximale à laquelle les deux phases liquide et vapeur peuvent coexister*.

crimp – frisure *f*; gaufrage *m* ; sertissure *f*. **crimp anvil**: berceau de sertissage. **crimp connection**: connexion sertie.

crimping – amorçage *m* ; sertissage *m*.

crinkle (to) – chiffonner ; froisser.

crinoid – crinoïde *m*, *échinoderme*. **crinoidal limestone**: calcaire à crinoïdes.

crisis – crise *f*.

crisscross – entrecroisé ; imbriqué. **crisscross bedding**: stratification diagonale ; stratification entrecroisée *(géol)*. **crisscross texture**: structure entrecroisée *(géol)*.

CRISTAL – CRISTAL, *abrév. de Contract Regarding an Interim Supplement to Tanker Liability for oil pollution, complément de TOVALOP introduit en 1971*.

cristobalite – cristobalite *f (minér)*.

criterion – critère *m*.

critical – critique. **critical angle**: angle critique ; angle limite. **critical anode voltage**: tension critique d'anode. **critical compression pressure (CCP)**: pression critique de compression. **critical compression ratio**: taux de compression critique. **critical constant**: constante critique. **critical damping**: amortissement critique ; amortissement limite. **critical-damping seismograph**: sismographe à amortissement critique. **critical data**: caractéristiques critiques. **critical density**: densité critique. **critical dip**: pendage critique. **critical distance**: distance critique. **critical exponent**: exposant critique. **critical field**: champ critique. **critical flicker frequency (CFF)**: fréquence critique de papillotement. **critical flow**: écoulement critique. **critical-flow prover**: mesureur de débit critique. **critical-flow rate**: débit critique. **critical frequency**: fréquence critique. **critical gas saturation**: saturation critique en gaz, *c'est la saturation minimale à laquelle le gaz commence à s'écouler*. **critical grid voltage**: tension critique de grille *(élec)*. **critical mass**: masse critique. **critical micelle concentration (CMC)**: concentration micellaire critique (CMC). **critical moisture content**: humidité critique. **critical opalescence**: opalescence critique, *diffusion de la lumière*. **critical-path method**: méthode à chemin critique. **critical-path planning and scheduling (CPPS)**: planning à chemin critique. **critical point**: point critique, *état caractérisé par la pression et la température pour lesquelles les variables intensives des phases liquide et vapeur deviennent identiques*. **critical pressure**: pression critique. **critical production**: production critique. **critical property**: propriété critique. **critical reflection**: réflexion à l'angle limite ; réflexion limite. **critical size**: dimensions critiques ; taille critique. **critical solution temperature**: température de dissolution critique. **critical speed**: vitesse critique. **critical state**: état critique. **critical temperature**: température critique. **critical velocity**: vitesse critique, *au-delà de laquelle le fluide passe de l'écoulement linéaire à l'écoulement turbulent*. **critical viscosity**: viscosité critique, *point d'augmentation brutale du frottement*. **critical voltage**: tension limite. **critical zone**: zone critique.

criticality – criticité *f (nucl)*.

CRM – ARC, *abrév. de chemical remanent magnetization : aimantation rémanente chimique*.

CRO – *abrév. de cathode-ray oscilloscope*.

crocodile – crocodile *m*. **crocodile shears**: cisailles à guillotine. **crocodile spanner**: pince crocodile.

Croixian – Croixien *m*, *étage du Cambrien supérieur*.

Cromerian – Cromérien *m*, *étage du Quaternaire*.

crooked – courbé, *crochu, tordu* ; déjeté. **crooked hole**: sondage dévié ; trou déjeté *(for)*. **crooked line**: profil sinueux, *profil sismique en zigzag*.

crookedness – sinuosité *f*.

crop – affleurement *m*, *voir aussi outcrop* ; récolte *f*; moisson *f*.

cropping – affleurement *m* ; mise en culture.

cross – croix *f*, *raccord de tuyauteries en croix*. **cross baffle**: chicane transversale. **cross bit**: trépan en croix. **cross bunker**: soute transversale. **cross-coil antenna**: radiogoniomètre à cadres croisés. **cross-drum boiler**: chaudière sectionnelle, *à réservoir transversal*. **cross-energy spectrum**: spectre d'intercorrélation. **cross equalization**: égalisation multicanale. **cross fault**: faille perpendiculaire ; faille transversale. **cross file**: lime double demironde. **cross girder**: poutre transversale.

cross joint: fissure horizontale ; joint en croix ; joint entre deux couches *(géol)*. **cross lamination**: stratification entrecroisée *(géol)*. **cross licensing**: licence croisée. **cross light**: faux jour. **cross lighting**: éclairage à feux croisés. **cross lode**: filon croiseur. **cross member**: entretoise *f*, *de châssis* ; traverse *f*. **cross partial term**: terme de dérivées premières croisées. **cross pin**: cardan à croisillon. **cross product**: produit vectoriel. **cross-product term**: terme croisé. **cross profile**: coupe *f*; profil transversal, *d'une rivière*. **cross ratio**: rapport anharmonique. **cross-roller bit**: quadricône *m*, *outil de forage* ; trépan en croix. **cross staff**: pantomètre *m*, *équerre d'arpenteur*. **cross stratification**: stratification entrecroisée ; stratification oblique accidentelle. **cross stratum**: feuillet oblique *(géol)*. **cross swell**: houle croisée ; houle gaufrée. **cross-tube boiler**: chaudière à bouilleurs. **cross valley**: cluse *f*; coupure transversale, *coupure de la montagne*. **cross valve**: robinet à trois voies. **cross ventilation**: ventilation croisée.

cross (to) – croiser ; traverser.

crossarm – croisillon *m* ; traverse *f*.

cross-array – dispositif en croix *(sism)*.

crossbar – entretoise *f*; traverse *f*.

crossbeam – balancier transversal ; poutre transversale ; traverse *f*.

cross-bearing – relèvements croisés.

crossbed – couche oblique.

crossbedded – à stratification croisée. **crossbedded sand**: intercalation de sable, *sable à stratification entrecroisée*.

crossbedding – stratification croisée ; stratification oblique.

crossbrace – croisillon.

crossconnect (to) – raccorder transversalement.

crossconnection – connexions croisées ; raccordement transversal *(élec)*.

crosscorrelation – autocorrélation *f*; corrélation *f*; intercorrélation *f*. **crosscorrelation filter**: filtre d'intercorrélation *(sism)* ; filtre de corrélation. **crosscorrelation function**: fonction d'intercorrélation ; fonction de corrélation.

crosscurrent – écoulement transversal ; renvoi de courant. **crosscurrent extraction**: extraction à contacts multiples ; extraction à courants croisés.

crosscut – coupe en travers ; coupe transversale ; courant *m*, *d'un méandre*. **crosscut saw**: scie passe-partout.

cross-dip – pendage latéral.

crossed – croisé. **crossed dispersion**: dispersion croisée *(crist)*. **crossed Nicols**: nicols croisés. **crossed polarization**: polarisation croisée.

crossfeed – avance transversale ; diaphonie *f*; entraînement *m (sism)*.

cross-fertilization – fertilisation croisée.

crossflow – écoulement transversal. **crossflow tray**: plateau à une passe.

crossfolding – plissement transversal.

cross-frontier – transfrontière, *ou transfrontalier*. **cross-frontier pollution**: pollution transfrontière.

crosshairs – ligne de foi ; réticule *m (opt)*.

crosshead – coulisseau *m*; crosse *f*; pied de bielle ; tête de piston ; traverse *f*.

crosshole – à travers puits, *d'un puits à l'autre*. **crosshole method**: méthode puits-à-puits, *mesures de résistivité ou électromagnétiques entre les sondages utilisées pour la détection de cavités*. **crosshole tomography**: tomographie puits-à-puits, *ou à travers puits*.

crossing – franchissement *m*, *d'une rivière*, *d'une route*.

crossite – crossite *f (minér)*.

crossline – ligne transversale ; réticule *m (opt)*.

crosslinked – reticulé, *polymère*. **crosslinked copolymer**: copolymère réticulé. **crosslinked polyethylene (XLPE)**: polyéthylène réticulé.

crosslinking – liaison transversale ; réticulation *f*, *polymères*.

crossover – croisement *m*; croisement de courbes ; brisure *f*, *en sismique réfraction* ; traversée *f*. **crossover bend**: tube d'angle ; tube de croisement. **crossover distance**: abscisse du point de brisure ; distance point de brisure-point de tir, *réfraction*. **crossover flange**: bride intermédiaire. **crossover point**: point de brisure, *en sismique réfraction, point du diagramme temps-distance à partir duquel l'onde réfractée arrive la première*. **crossover sub**: réduction *f*, *pour connecter ensemble des éléments du train de tiges ayant des diamètres ou des filetages différents*. **crossover tee**: té double.

crosspiece – entretoise *f*; gabie *f*, *d'antenne* ; pièce transversale ; traverse *f*.

crossplot – graphique de comparaison, *graphique utilisé pour la comparaison de différentes mesures, généralement entre résultats de diagraphie* ; pointé *m*.

crossplots – pointages comparatifs.

crosspoint – point d'intersection ; pointe de croisement, *rail*.

cross-reference – renvoi *m*.

crossroad – chemin de traverse ; croisement *m*.

crossrule (to) – quadriller, *une carte*.

cross-section – coupe temps *(sism)* ; coupe transversale ; section droite *(géom)* ; section efficace ; section transversale. **cross-section detector**: détecteur à section de capture. **cross-section of safety valve**: coupe d'une soupape de sûreté.

cross-sectional – en coupe. **cross-sectional drawing**: vue en coupe.

cross-spectrum – interspectre ; spectre croisé.

cross-spread – dispositif en croix, *utilisé en sismique pour obtenir le pendage des miroirs suivant deux directions perpendiculaires et par suite restituer ceux-ci dans l'espace* ; dispositif transversal. **cross-spread shooting**: tir en croix.

crosstalk – diaphonie *f*, *phénomène par lequel le signal d'une voie sismique se trouve superposé à celui d'une autre* ; intermodulation *f*.

crossthread (to) – fausser le filetage, *d'un boulon*.

crosstie – tirant transversal.

crosstrack – perpendiculaire au profil sismique.

crosswind – vent contraire ; vent de travers.

crosswire – croisillon *m*.

crosswise – en croix ; en travers.

crow – corbeau *m*. **crow's foot**: caracole *f*, *pour extraire les tiges de sonde* ; chausse-trape *f*, *pour extraire les tiges de sonde* ; crochet de repêchage. **crow's nest**: nid de pie, *plate-forme supérieure du derrick* ; passerelle du moufle fixe *(for)*.

crowbar – barre à mine.

crown – chapeau *m (mine)* ; clé *f*; couronne *f*, *de forage* ; crête *f*; crête anticlinale ; front *m* ; sommet *m*; tête *f*. **crown bit**: trépan à couronne. **crown block**: moufle fixe, *ensemble des poulies de renvoi placées au sommet de l'appareil de forage* ; palan fixe *(for)*. **crown-block bumper**: amortisseur de moufle fixe. **crown-block protector**: protecteur de moufle fixe. **crown compound**: composé couronne. **crown gear**: engrenage à roue plate. **crown platform**: plate-forme supérieure. **crown point**: point d'arçon. **crown pulley**: poulie de forage ; poulie de tête, *derrick*. **crown sheave**: poulie de forage, *poulie au sommet de la tour (forage au câble) ou du moufle fixe (forage combiné) sur laquelle passe le câble de forage*. **crown sheet**: ciel de four *(raf)*. **crown support**: charpente intérieure fixe, *gazomètre* ; support de ciel, *d'un réservoir*. **crown valve**: vanne de curage. **crown wheel**: roue à rochet, *roue dentée sur une surface latérale*.

CRP – *abrév. de common-reflection point*.

CRT – *abrév. de cathode-ray tube*.

crucible – coupelle à combustion ; creuset *m*. **crucible cast steel**: acier fondu au creuset. **crucible furnace**: four à creuset. **crucible fusion**: fusion au creuset. **crucible refining**: affinage au creuset. **crucible steel**: acier au creuset. **crucible steel iron**: fonte malléable.

crude – brut *m*, *abrév. de crude oil* ; brut. **crude assay**: titrage du brut, *pour déterminer les caractéristiques générales de distillation du pétrole brut*. **crude bottoms**: résidu de brut, *sédiment résidu de la distillation du pétrole brut*. **crude carrier**: transporteur de brut. **crude degassing**: dégazage du brut. **crude dehydration**: déshydratation du brut. **crude desalting**: dessalage du brut. **crude distillation**: distillation du brut. **crude distillation plant**: unité de distillation du brut. **crude fractionation**: fractionnement du brut. **crude gas**: gaz brut. **crude light-solvent naphtha**: solvant naphta brut, *fraction brute d'huile légère de goudron de houille*. **crude mineral oil**: huile minérale brute. **crude naphtha**: coupe de naphta brute de distillation. **crude oil**: huile brute, *dans les opérations de production* ; pétrole brut. **crude-oil analysis**: analyse de l'huile brute ; analyse de pétrole brut. **crude-oil base**: base d'un pétrole brut, *classification qui s'effectue suivant sa structure chimique ; les pétroles bruts les plus courants sont de base naphténique, de base paraffinique et de base intermédiaire ou mixte*. **crude-oil corrosivity**: corrosivité du pétrole brut. **crude-oil cracking**: craquage du pétrole brut. **crude-oil emulsion**: émulsion d'huile brute. **crude-oil evaluation**: mise en oeuvre des bruts. **crude-oil fraction**: fraction pétrolière. **crude-oil gravity test**: densité de l'huile brute. **crude-oil liftings**: enlèvements de pétrole brut. **crude-oil pipeline**: pipeline pour pétrole brut. **crude-oil processing**: traitement du pétrole brut. **crude-oil production**: production de pétrole brut. **crude-oil pyrolysis**: pyrolyse du pétrole brut. **crude-oil recovery**: récupération de pétrole brut. **crude-oil reserves**: réserves de pétrole brut. **crude-oil stabilization**: stabilisation du pétrole brut. **crude-oil storage tank**: réservoir de stockage d'huile brute. **crude-oil supply**: approvisionnement du pétrole brut. **crude-oil viscosity**: viscosité du pétrole brut. **crude-oil washing (COW)**: lavage des citernes au pétrole brut. **crude ore**: minerai brut. **crude paraffin**: paraffine brute. **crude petroleum**: pétrole brut. **crude preparation**: traitement préalable du brut. **crude refining**: raffinage du brut. **crude scale wax**: paraffine non déshuilée. **crude shale oil**: huile de schiste brute. **crude splitter**: colonne de séparation du brut. **crude stabilization**: stabilisation du pétrole brut. **crude still**: tour de séparation du brut. **crude tank water**: eau résiduelle de citerne. **crude wax**: cire brute ; paraffine brute. **crude work-up**: analyse de pétrole brut. **crude yellow scale**: *dénomination commerciale d'une cire paraffinique*.

cruising – en croisière. **cruising speed**: vitesse de croisière.

crumbling – délitement *m* ; désagrégation *f*; écaillement *m* ; effritement *m* ; émiettement *m*.

crumbly – ébouleux ; friable. **crumbly limestone**: calcaire friable ; calcaire grumeleux ; calcaire pulvérulent.

crumpling – écrasement *m* ; froissement *m*.

crush – écrasement *m*. **crush breccia**: brèche de dislocation *(géol)* ; brèche de friction. **crush structure**: structure cataclastique.

crushed – broyé ; concassé ; écrasé. **crushed coke**: coke concassé. **crushed stone**: cailloutis *m* ; pierraille *f*.

crusher – broyeur *m* ; concasseur *m* ; écraseur *m*. **crusher gage**: dynamomètre à écrasement. **crusher head**: trémie de broyeur *(prép)*. **crusher oil**: huile pour broyeur. **crusher roll**: broyeur *m* ; cylindre broyeur ; rouleau à broyer.

crushing – bocardage *m* ; broiement *f*; broyage *m* ; concassage *m* ; écrasage *m* ; écrasement *m*. **crushing bit**: trépan à molettes, *à pastilles de carbure*. **crushing machine**: concasseur *m*. **crushing mill**: concasseur à cylindres. **crushing plant**: installation de broyage. **crushing roll**: cylindre de broyeur *(prep)* **crushing roller**: cylindre d'écrasement. **crushing rolls**: concasseur à cylindres. **crushing strength**: résistance à l'écrasement ; résistance à la compression.

crust – croûte *f*; cuirasse *f (pédol)* ; écorce *f*. **crust of the Earth**: croûte terrestre ; écorce terrestre.

crustal – crustal. **crustal warping**: déformation de la croûte terrestre.

cryocable – cryocâble *m*.

cryogen – cryogène *m*, *mélange réfrigérant, formé d'eau et d'un sel soluble*.

cryogenic – cryogénique. **cryogenic cable**: cryocâble. **cryogenic extraction**: extraction cryogénique. **cryogenic fluid**: fluide cryogénique. **cryogenic fractionation**: fractionnement cryogénique. **cryogenic propellant**: cryopropergol *m*. **cryogenic pump**: pompe cryogénique. **cryogenic ship**: navire cryogénique. **cryogenic storage**: stockage cryogénique. **cryogenic tankage**: opération de stockage réfrigéré. **cryogenic tanker**: navire cryogénique. **cryogenic temperature**: cryotempérature *f*; température cryogénique. **cryogenic transformer**: cryotransformateur *m*.

cryogenics – cryogénie *f*.

cryohydrate – cryohydrate *m*.

cryohydric – cryohydratique. **cryohydric point**: point cryohydratique.
cryolite – cryolite *f (minér)*.
cryology – cryologie *f.*
cryoluminescence – cryoluminescence *f.*
cryomagnetism – cryomagnétisme *m.*
cryometer – cryomètre *m.*
cryometry – cryométrie *f.*
cryopedology – cryopédologie *f.*
cryophilous – cryophile, *qui se développe à basse température.*
cryoplanation – cryoplanation *f (géol)*.
cryopropellant – cryopropergol *m.*
cryopump – cryopompe *f*; pompe cryogénique.
cryoresistive – cryorésistant. **cryoresistive cable**: câble cryorésistant.
cryoscopic – cryoscopique. **cryoscopic constant**: constante cryoscopique.
cryoscopy – cryoscopie *f.*
cryosphere – cryosphère *f, partie de la surface de la terre gelée en permanence.*
cryostat – cryostat *m.*
cryotransformer – cryotransformateur *m.*
cryoturbation – cryoturbation *f, des sols.*
cryptand – cryptand *m, entité moléculaire.*
cryptate – cryptate *m, voir cryptand.*
cryptocrystalline – cryptocristallin. **cryptocrystalline limestone**: calcaire cryptocristallin.
crystal – cristal *m.* **crystal defect**: défaut cristallin. **crystal diode**: diode à semiconducteur. **crystal effect**: effet cristallin. **crystal electricity**: piézoélectricité *f.* **crystal face**: face cristalline. **crystal filter**: filtre à quartz ; filtre piézoélectrique. **crystal growth**: croissance des cristaux. **crystal habit**: faciès cristallin ; faciès de cristal. **crystal lattice**: réseau cristallin. **crystal optics**: optique cristalline. **crystal oscillator**: oscillateur à cristal. **crystal spots**: taches de cristaux. **crystal structure**: structure cristalline. **crystal system**: système cristallin, *un des polyèdres fondamentaux : cubique, quadratique, orthorhombique, monoclinique, triclinique, rhomboédrique, hexagonal.*
crystalline – cristallin. **crystalline basement**: socle cristallin *(géol)* ; soubassement cristallin. **crystalline limestone**: calcaire cristallin. **crystalline rock**: roche cristalline. **crystalline schist**: schiste cristallin. **crystalline wax**: cire cristalline.
crystallinity – cristallinité *f, d'une roche.* **crystallinity index**: indice de cristallinité, *des cires microcristallines.*
crystallite – cristallite *f, cristal micrométrique.*
crystallizable – cristallisable.
crystallization – cristallisation *f.* **crystallization cleavage**: clivage de cristallisation.
crystallize (to) – cristalliser.
crystallizer – cristallisoir *m.*
crystallizing – cristallisant ; cristallisation *f.*
crystalloblastic – cristalloblastique. **crystalloblastic series**: ordre cristalloblastique, *des minéraux des roches métamorphiques.*
crystallogeny – cristallogenèse *f.*
crystallographic – cristallographique. **crystallographic axis**: axe cristallographique. **crystallographic texture**: structure cristallographique.
crystallography – cristallographie *f.*
crystalloid – cristalloïde *m.*
CS – *abrév. de carbon steel.*
csg – *abrév. de casing, utilisée dans les rapports de forage.*
cSt – cSt, *symbole de centistokes.*
CSTCR – *abrév. de continuous stirred tank catalytic reactor.*
cubature – cubature *f, détermination du cube dont le volume est égal à celui du volume considéré.*
cube – cube *m.* **cubes and squares table**: table des carrés et des cubes. **cube root**: racine cubique.
cube (to) – cuber ; élever un nombre au cube.
cubic – cubique. **cubic, cubed**: cube, *dans la composition du nom d'une unité, cubic indique qu'il s'agit de volume et cubed qu'il s'agit de puissance.* **cubic centimeter**: centimètre cube, *symbole* cm^3, *ne pas utiliser cc.* **cubic cleavage**: clivage cubique. **cubic content**: cubage *m.* **cubic cylinder capacity**: cylindrée en centimètres cubes. **cubic equation**: équation du troisième degré. **cubic expansion coefficient**: coefficient de dilatation volumique. **cubic foot**: pied cube, *unité utilisée pour mesurer les quantités de gaz, 1 cu ft = 0,0283* m^3. **cubic meter**: mètre cube, *unité SI de volume* (m^3). **cubic meter per kilogram**: mètre cube par kilogramme, *unité SI de volume massique* (m^3/kg).
cubicle – cabine *f.*
cuesta – côte *f*; cuesta *f, plateau structural à double pente asymétrique.*
Cuisian – Cuisien *m, étage de l'Eocène inférieur.*
cull – déchet *m* ; rebut *m.*
culm – charbon poussiéreux ; culm *m (géol)* ; fraisil *m* ; menu *m* ; poussière d'anthracite.
culmination – culmination *f, passage au méridien.*
cultivation – culture *f.*
cultural – *voir cultural noise.* **cultural noise**: bruit anthropogénique.
culture – culture *f (microbio)*. **culture medium**: milieu de culture *(biol)*.
culvert – aqueduc *m* ; buse *f*; canal *m* ; conduit souterrain *(élec)*.
cumbersome – encombrant ; fastidieux ; incommode, *notation.*
cumene – cumène *m, isopropylbenzène.* **cumene hydroperoxide**: hydroperoxyde de cumène.
cumulate – cumulat *m (pétro)*.
cumulative – cumulatif. **cumulative effect**: effet cumulatif. **cumulative error**: erreur cumulée. **cumulative frequency curve**: courbe des fréquences cumulées *(stat)*. **cumulative production**: production cumulée. **cumulative yield**: rendement cumulé.
cumulophyric – glomérophyrique. **cumulophyric texture**: texture glomérophyrique.
cumulo-volcano – cumulovolcan *m (géol)*.
cup – coupelle *f*; cuvette *f.* **cup-and-ball joint**: joint à rotule. **cup-and-ball structure**: structure en bilboquet *(pétro)*. **cup coral**: corail simple, *par opposition à colonie.* **cup grease**: graisse à godet ; graisse consistante. **cup of a wind gage**: coquille d'un anémomètre. **cup-packed pump**: pompe à tiges. **cup packer**: packer à coupelles *(for)*. **cup-type test plug**: bouchon d'essai à coupelles. **cup valve**: soupape à cloche. **cup viscometer**: viscosimètre à cupule.

cupel – coupelle *f.*
cupellation – coupellation *f.*
cupola – coupole *f*; cubilot *m, (métal)* ; dôme *m.*
cupped – évasé.
cupping – bombement *m, d'une tôle* ; évasement *m.*
cuprammonium – liqueur cuproammoniacale, *réactif de Schweitzer.*
cuprate – cuprate *m.*
cupric – cuivrique ; cuprique.
cupriferous – cuprifère.
cuprite – cuprite *f, (minér)*.
cuprous – cuivreux.
curb – bord. **curb weight**: poids en ordre de marche, *d'un véhicule.*
curbstone – bord du trottoir ; margelle *f, de puits.* **curbstone market**: marché hors-cote.
curdle (to) – coaguler ; se figer ; floculer ; glacer.
curdy – caillebotté.
cure – traitement *m* ; vulcanisation *f, du caoutchouc.*
cure (to) – traiter ; vulcaniser, *le caoutchouc.*
cured – vulcanisé.
curie – curie *m, unité d'activité d'une source radioactive, 1 Ci = 37 GBq.* **Curie constant**: constante de Curie *(électromagnét)*. **Curie point**: point de Curie, *voir Curie temperature.* **Curie temperature**: température de Curie, *température au-dessus de laquelle les corps ferromagnétiques perdent leurs propriétés particulières.*
curing – conservation *f*; durcissement *m* ; protection *f*; vulcanisation *f.* **curing agent**: agent de prise ; agent de vulcanisation. **curing temperature**: température de durcissement. **curing time**: temps de cuisson ; temps de prise, *d'un ciment.*
curium – curium *m, élément transuranien radioactif, symbole chim. Cm.*
curling – roulage de bord. **curling die**: outil à border. **curling machine**: machine à border.
currency – monnaie *f.* **currency depreciation**: dépréciation de la monnaie. **currency unit**: unité monétaire.
current – courant *m, mouvement d'un fluide* ; courant électrique. **current bedding**: stratification de courant ; stratification torrentielle, *généralement entrecroisée.* **current-carrying capacity**: courant admissible, *capacité limite d'un câble électrique.* **current density**: densité de courant. **current drain**: courant débité. **current efficiency**: rendement de courant. **current flow**: courant *m* ; flux de courant ; intensité de courant. **current force**: force du courant. **current generator**: générateur de courant. **current linkage**: courant totalisé *(élec)* ; solénation *f, courant électrique net de conduction à travers une boucle fermée.* **current meter**: compteur de courant ; courantomètre *m.* **current ripple**: ride de courant. **current tap**: douille voleuse.
current – courant, *en cours, habituel.* **current account**: balance des paiements courants. **current assets**: actif réalisable. **current budget**: budget de fonctionnement. **current liabilities**: exigibilités ; passif à court terme. **current maintenance repairs**: réparations courantes d'entretien. **current money**: monnaie courante, *valeur de la monnaie en une année quelconque.* **current price**: prix courant. **current revenues**: recettes courantes.
curriculum – programme d'enseignement.
cursor – curseur *m.*
curtailment – diminution *f*; réduction *f.*
curtain – rideau *m.* **curtain shutter**: obturateur à rideau. **curtain wall**: mur rideau.
curvature – courbure *f*; inflexion *f.* **curvature correction**: correction de courbure. **curvature of field**: courbure de champ.
curve – courbe *f*; courbure *f.* **curve fitting**: courbe de régression. **curve for crude evaluation**: courbe d'évaluation des bruts. **curve matching**: comparaison à un abaque. **curve of maximal convexity**: courbe de convexité maximale. **curve reader**: lecteur de courbes.
curve (to) – courber ; entailler *(mine)* ; plier.
curved – cintré ; courbé. **curved path**: rayon courbe. **curved pipe**: tuyauterie courbée. **curved ray**: rayon courbe. **curved raypath**: trajectoire courbe. **curved reflector**: réflecteur courbe. **curved well**: puits infléchi ; sondage infléchi.
curvilinear – *voir curvilinear regression.* **curvilinear regression**: regression non linéaire.
curvometer – cartomètre *m* ; curvimètre *m.*
cusec – pied cube par seconde, *unité de débit.*
cushion – amortisseur *m* ; coussin *m.* **cushion gas**: gaz coussin, *gaz immobilisé dans le stockage souterrain.*
cushioning – amortisseur *m.*
cusp – banc de sable ; croissant *m, voir aussi beach cusp* ; point de rebroussement, *d'une courbe* ; sommet d'une courbe.
cuspate – *en forme de pointe de flèche ou de V.* **cuspate bar**: cordon littoral en pointe de flèche, *ou en V.* **cuspate delta**: delta en pointe de flèche.
custody – garde *f.* **custody transfer**: *voir lease automatic custody transfer.*
custom – douane *f, voir customs* ; droit *m* ; usage *m.* **custom body**: carrosserie spéciale. **custom built**: hors série. **custom made**: *voir custom built.* **custom retrofitting**: rééquipement industriel à la demande.
customable – soumis aux droits de douane.
customary – habituel. **customary clause**: clause d'usage. **customary right**: droit d'usage. **customary unit**: unité hors-système, *unité qui n'appartient pas à un système cohérent d'unités, en particulier au SI.*
customer – client *m.* **customer density**: densité des consommateurs, *nombre de consommateurs pour une région donnée ou pour une longueur de pipeline donnée.* **at customer's door**: livré à domicile.
customhouse – bureau de la douane ; douane *f, poste, service ou bureau de douane.* **customhouse broker**: courtier en douane. **customhouse entry**: passage en douane.
customs – douane *f.* **customs agency**: agence en douane. **customs agent**: commissionnaire en douane. **customs clearance**: dédouanement. **customs declaration**: déclaration en douane. **customs duties**: droits de douane. **customs examination**: visite douanière. **customs manifest**: manifeste de douane. **customs permit**: acquit à caution. **customs regime**: régime douanier ; tarif douanier. **customs station**: poste de douane. **customs tariff**: tarif douanier. **customs union**: union douanière.

customs valuation: détermination de la valeur en douane.
customshouse – *voir customhouse.*
cut – cassure *f (géol)* ; coupe *f*, *fraction de pétrole brut.* **cuts and fills**: déblais et remblais *(trav. pub)*. **cut asphalt**: asphalte de pétrole fluxé. **cut fraction**: fraction de pétrole. **cut glass**: verre taillé. **cut oil**: pétrole brut à teneur élevée en eau, *appelée aussi wet oil.* **cutover land**: terrain déboisé. **cut point**: point de coupe, *température d'ébullition à laquelle se séparent les différentes fractions d'un pétrole* ; point de fractionnement. **cut stone**: pierre de taille.
cut (to) – couper ; percer ; tailler ; trancher ; tronçonner. **cut (to) hole**: forer. **cut (to) off**: trancher ; tronçonner. **cut (to) rock**: forer dans une formation dure ; tailler la pierre. **cut (to) threads**: fileter.
cutaway – entaillé. **cutaway view**: écorché *m* ; vue écorchée.
cutback – bitume fluidisé, *bitume mélangé avec un solvant* ; bitume fluxé ; cutback *m* ; mise à pied ; réduction *f.* **cutback asphalt**: asphalte de pétrole fluxé ; bitume fluxé ; cutback *m*, *bitume routier rendu liquide par fluxage avec un distillat volatil.*
cuticular – cuticulaire. **cuticular wax**: cire cuticulaire.
cutin – cutine *f*, *constituant majeur de la cutinite.*
cutinite – cutinite *f*, *voir exinite.*
cutoff – bras mort ; coupure *f.* **cutoff date**: date butoir. **cutoff frequency**: fréquence de coupure. **cutoff meander**: méandre recoupé, *abandonné, lac en forme de croissant.* **cutoff porosity**: porosité limite, *porosité au-dessous de laquelle il ne peut y avoir de production d'huile.* **cutoff rate**: taux de rejet, *d'un investissement.* **cutoff valve**: tiroir de détente. **cutoff voltage**: tension de coupure.
cutout – coupe-circuit *m* ; disjoncteur *m* ; fusible *m* ; interrupteur *m* ; rupteur *m.*
cutrate – bon marché ; à prix réduit.
cutter – canot *m* ; couloir *m* ; couperet *m* ; coupe-tige *m*, *outil de repêchage* ; diaclase transversale *(géol)* ; fraise *f*; haveuse *f*; lame *f*; outil de coupe ; piqueur *m* ; traîneau *m.* **cutter head**: porte-lame *m* ; tête de fraisage. **cutter holder**: porte-taillant *m.* **cutter nose**: nez de molette.
cutting – coupage *m* ; coupe *f*; découpage *m* ; havage *m* ; sous-cavage *m (mine)* ; taille *f*; tranchant ; tranchée *f.* **cutting action**: effort tranchant. **cutting angle**: angle de coupe. **cutting compound**: liquide de refroidissement. **cutting diameter**: coupe transversale. **cutting edge**: bord coupant ; taillant *m* ; tranchant *m*, *de l'outil.* **cutting flame**: flamme coupante. **cutting fluid**: fluide de coupe. **cutting gas**: gaz de coupe, *propane, acétylène, etc. utilisés dans la coupe des métaux.* **cutting head**: tête coupante. **cutting lubricant**: lubrifiant de coupe. **cutting machine**: cisailles *f*; haveuse *f*; machine-outil à découper. **cutting nippers**: pinces coupantes. **cutting oil**: huile de coupe. **cutting-oil additive**: additif pour huile de coupe. **cutting-oil emulsion**: émulsion de coupe, *émulsion fluide d'huile dans l'eau, utilisée comme réfrigérant et huile de coupe dans le travail des métaux.* **cutting-oil separator**: séparateur d'huile de coupe. **cutting outfit**: ensemble oxycoupeur. **cutting pliers**: pince cisaille ; pinces coupantes. **cutting speed**: vitesse de coupe. **cutting tool**: outil de coupe. **cutting torch**: chalumeau à couper ; chalumeau oxycoupeur.
cuttings – déblais *m* ; déblais de forage, *particules des formations détruites pendant les opérations de forage et évacuées.* **cuttings removal**: évacuation des déblais.
CVCC – *abrév. de compound vortex-controlled combustion.*
CVE – *abrév. de confined-vapor explosion.*
CVL – CCV, *abrév. de continuous velocity log : carottage continu de vitesse.*
CVS – *abrév. de constant-volume sampling.*
CVT – *abrév. de continuous variable transmission.*
CW – OE, *abrév. de continuous wave : onde entretenue.* **CW radar**: *abrév. de continuous-wave radar.*
CWG – *abrév. de carbureted water gas.*
CWO – *abrév. de cash with order.*
cyanamide – cyanamide *m*, *carbamonitrile.*
cyanic – cyanique. **cyanic acid**: acide cyanique.
cyanide – cyanure *m.* **cyanide plant**: unité de cyanuration. **cyanide treatment**: traitement au cyanure.
cyaniding – cyanuration *f*, *traitement thermochimique de la surface d'un alliage ferreux.*
cyanobacteria – cyanophycée *f*, *algue bleue.*
cyanoethylation – cyanoéthylation *f (chim)*.
cyanogen – cyanogène *m*, *gaz toxique.* **cyanogen bromide**: bromure de cyanogène. **cyanogen chloride**: chlorure de cyanogène.
cybernetics – cybernétique *f.*
Cyclar – *dénomination commerciale d'un procédé de production d'aromatiques.*
cycle – cycle *m* ; période *f.* **cycle gas**: gaz de recyclage. **cycle gas oil**: gasoil de recyclage. **cycle of erosion**: cycle d'érosion, *il comporte les stades de jeunesse, de maturité, de vieillesse et de sénilité.* **cycle of operation**: cycle d'opération. **cycle oil**: coupe pétrolière recyclée. **cycle per second**: cycle par seconde, *unité de fréquence, 1 cps = 1 Hz.* **cycle plant**: séparateur gaz/huile, *pour la réinjection du gaz pour maintenir la pression du gisement.* **cycle-redundancy check (CRC)**: contrôle de redondance de cycle (CRC). **cycle skip**: perte de phase *(sism)* ; saut de phase *(sism)*. **cycle skipping**: cycles manqués, *brusque saut de temps de parcours quand les signaux sont trop faibles et ne déclenchent pas le récepteur le plus éloigné (diag)*. **cycle stealing**: vol de cycle *(ordinateur)*. **cycle stock**: charge de recyclage. **cycle time**: cycle de base. **cycles per second**: cycles par seconde, *voir hertz.*
cyclic – cyclique. **cyclic compound**: composé cyclique. **cyclic dehydrogenation**: désydrogénation discontinue. **cyclic hydrocarbon**: hydrocarbure cyclique. **cyclic loading**: chargements cycliques, *ou répétés.* **cyclic polymerization**: polymérisation cyclique. **cyclic reforming**: reformage cyclique. **cyclic salt**: sel cyclique, *sel venant de la mer, redissous dans les solutions du sol et y retournant par drainage.* **cyclic stage**: stade cyclique, *voir cycle of erosion.* **cyclic steam injection**: injection cyclique de vapeur d'eau *(prod)*. **cyclic stratigra-**

phy: stratigraphie cyclique. **cyclic twinning**: maclage cyclique *(crist)*.
cycling – recyclage *m*. **cycling of gas**: recyclage du gaz. **cycling plant**: unité de recyclage.
cyclization – cyclisation *f*.
cyclized – cyclisé. **cyclized rubber**: caoutchouc cyclisé.
cycloaddition – cycloaddition *f*.
cycloalkane – cycloalcane *m*, *cyclane, alcane de forme cyclique.*
cycloalkene – cyclène *m*, *alcène de forme cyclique.*
cycloalkylation – cycloalkylation *f*.
cyclobutane – cyclobutane *m*.
cyclobutene – cyclobutène *m*.
cycloconverter – cycloconvertisseur *m (élec)*.
cyclodecatriene – cyclodécatriène *m (CDT)*.
cyclododecane – cyclododécane *m*.
cyclododecanol – cyclododécanol *m*.
cycloelimination – cycloélimination *f*.
cyclogram – oscillogramme *m*.
cyclograph – curvigraphe *m* ; oscillographe *m*.
cyclohexane – cyclohexane *m*, *hexahydrobenzène, hexaméthylène, hydrocarbure cyclanique.*
cyclohexanol – cyclohexanol *m*, *hexahydrophénol, hexaline, monoalcool dérivé du cyclohexane.*
cyclohexanone – cyclohexanone *f*, *cétone dérivée du cyclohexane.*
cyclohexene – cyclohexène *m*, *tétrahydrobenzène.*
cyclohexylamine – cyclohexylamine *f*, *aminocyclohexane, hexahydroaniline.*
cycloidal – cycloïdal. **cycloidal pendulum**: pendule cycloïdal. **cycloidal thruster**: propulseur cycloïdal.
cyclometer – compteur kilométrique, *pour bicyclette* ; odomètre *m*.
cyclone – cyclone *m*, *phénomène météorologique, ou un appareil de séparation des divers éléments contenus dans un fluide* ; dépoussiéreur cyclone. **cyclone recovery skimmer**: récupérateur à vortex. **cyclone separator**: dépoussiéreur cyclone ; séparateur à cyclone.
cyclonite – cyclonite *f*, *explosif très puissant fabriqué par nitration de l'hexomène.*
cyclooctane – cyclooctane *m*.
cycloolefin – cyclooléfine *f*, *cyclène, cycloalcène, hydrocarbure alicyclique à cycle insaturé, comme le cyclopentadiène ou le cyclohexadiène.*
cycloparaffin – cycloparaffine *f*, *cycloalcane, cyclane, naphtène ; hydrocarbure cyclanique comme le cyclopropane, le cyclohexane et le cyclopentane.*
cyclopean – *voir cyclopean concrete.* **cyclopean concrete**: béton cyclopéen.
cyclopentadiene – cyclopentadiène *m*, *cycloparaffine.*
cyclopentane – cyclopentane *m*, *pentaméthylène.*
cycloreversion – cycloélimination *f*.
cyclosilicate – cyclosilicate *m*, *famille de silicate.*
cyclostome – cyclostome *m (pal)*.
cyclostratigraphy – stratigraphie cyclique, *stratigraphie qui essaye de diviser les sections sédimentaires en unités déposées en association avec les cycles orbitaux de Milankovitch.*
cyclothem – cyclothème *m*, *alternance répétée, retour de couches alternantes (géol)*.
cyclotron – cyclotron *m*, *accélérateur de particules.* **cyclotron frequency**: gyrofréquence *f*.
Cycloversion – Cycloversion, *procédé de reformage catalytique à catalyseur fixe utilisant la bauxite comme catalyseur.*
cylinder – bouteille *f*, *pour gaz sous pression* ; cylindre *m* ; éprouvette *f* ; tambour *m*, *de bobine électrique* ; verre gradué. **cylinder barrel**: corps de cylindre. **cylinder bearing**: roulement à billes en forme de cylindres. **cylinder block**: bloc-cylindre *m*. **cylinder bore**: alésage *m*. **cylinder capacity**: cylindrée *f*, *voir aussi stroke volume, swept volume, piston displacement.* **cylinder clearance**: jeu du cylindre. **cylinder furnace**: four cylindrique. **cylinder grinder**: rectifieuse pour cylindre. **cylinder head**: calotte *f* ; culasse *f*. **cylinder-head bolt**: boulon de culasse. **cylinder-head gasket**: joint de culasse. **cylinder-head stud**: boulon de culasse. **cylinder jacket**: chemise de cylindre ; enveloppe du cylindre. **cylinder liner**: chemise de cylindre. **cylinder oil**: huile à cylindres, *huile visqueuse compoundée à l'huile de lard ou à la suintine pour cylindres de machines à vapeur.* **cylinder-operated valve**: soupape de sûreté du cylindre. **cylinder shaped**: en forme de cylindre. **cylinder shim**: cale de cylindre. **cylinder still**: chaudière de distillation. **cylinder stock**: cylinder-stock *m*, *huile lubrifiante de couleur foncée et de viscosité élevée, utilisée comme constituant de base des huiles à cylindres et des bright stocks.* **cylinder stove**: calorifère *m*. **cylinder valve**: soupape de cylindre. **cylinder wear**: usure des cylindres.
cylindrical – cylindrique. **cylindrical divergence**: divergence cylindrique. **cylindrical fold**: pli cylindrique. **cylindrical hydrophone**: hydrophone à céramique tubulaire. **cylindrical map projection**: projection cartographique cylindrique. **cylindrical tank**: réservoir cylindrique. **cylindrical wave**: onde cylindrique.
cymene – cymène *m*, *isopropyltoluène.*
cystamine – cystamine *f*, *hexaméthylène tétramine.*
cysteine – cystéine *f*, *acide aminé.*
cystine – cystine *f*, *acide aminé.*
cystoid – cystidé *m*, *échinoderme fossile.*
cytochrome – cytochrome *m*.
cytology – cytologie *f (biol)*.
cytoplasm – cytoplasme *m*.
cytotoxic – cytotoxique.
cytotoxicity – cytotoxicité *f*, *propriété d'une substance qui peut détruire une cellule.*

D

d – d, *symbole de day (dies) et de deci.*

D – D, *symbole de darcy ; abrév. de digital, drilling, dry.* **D and A**: *abrév. de dry and abandoned.* **D and P**: *abrév. de drilling and production.* **D and P platform**: plate-forme de forage et de production.

da – da, *symbole de deca.*

DA – *abrév. de deasphalting* ; PRG, *abrév. de depletion allowance, provision pour reconstitution des gisements.* **DA and AT unit**: *abrév. de deasphalting and acid-treating unit.*

D/A – N/A, *digital-to-analog, numérique à analogique.*

DAC – *abrév. de digital-to-analog converter.*

dacite – dacite *f, variété d'andésite.*

dacitoid – dacitoïde *m (minér).*

Dacron – Dacron, *dénomination d'une fibre synthétique à base de méthyltéréphtalate et d'éthylèneglycol.*

dactylitic – digital *(pétro).*

DAG – *abrév. de Deflocculated Acheson Graphite, graphite utilisé comme lubrifiant.*

dagger – dague *f.* **dagger skirt**: jupe d'ancrage à dents.

daily – journalier, *par jour.* **daily average sendout**: livraison journalière moyenne, *de gaz.* **daily capacity**: capacité journalière. **daily delivery rate**: taux de production journalière. **daily drilling report**: rapport journalier de forage. **daily flow**: débit journalier. **daily output**: production journalière. **daily production**: production journalière.

dale – rigole *f* ; vallée *f.*

dalton – dalton *m, nom parfois utilisé pour l'unité de masse atomique.* **Dalton's law**: loi de Dalton, *loi des pressions partielles : la pression exercée par un mélange de gaz est égale à la somme des pressions partielles que chacun des gaz exercerait s'il occupait à lui seul le volume total.*

dam – barrage *m* ; batardeau *m* ; digue *f* ; serrement *m (mine).*

damage – avarie *f* ; dégât *m* ; dommage *m* ; endommagement *m* ; préjudice *m.* **damage assessment**: estimation des dégâts. **damage control**: limitations des dégâts. **damage forecast**: prévision des dégâts. **damage mitigation**: atténuation des dégâts. **damage report**: bordereau d'avaries. **damage settlement**: règlement d'avaries. **damage stability**: stabilité après avarie. **damage threshold**: seuil de détérioration.

damage (to) – endommager.

damaged – accidenté, *plate-forme* ; endommagé. **damaged casing**: tubage endommagé. **damaged wellbore**: puits endommagé.

damages – dommages et intérêts.

Damköhler – Damköhler. **Damköhler numbers**: nombres de Damköhler, *chaleur de réaction.*

dammar – dammar *m, oléorésine extraite de conifères d'Asie, d'Australie et d'Amérique du Sud, semblable au copal.*

damourite – damourite *f, variété de mica blanc.*

damp – humide. **damp air**: air humide. **damp proof**: étanche à l'eau ; hydrofuge. **damp weather**: temps humide *(météo).*

damp (to) – amortir ; étouffer.

damped – amorti ; décati. **damped natural frequency**: fréquence propre amortie. **damped oscillation**: oscillation amortie. **damped pendulum**: pendule amorti. **damped wave**: onde amortie.

dampen (to) – humidifier.

dampener – amortisseur *m* ; mouilleur *m.*

dampening – humidification *f* ; mouillage *m.* **dampening solution**: solution de mouillage.

damper – amortisseur *m* ; modérateur *m* ; registre *m (app).* **damper regulator**: régulateur de tirage.

damping – amortissement *m* ; arrêt momentané ; bouchage *m* ; freinage *m* ; insonorisation *f.* **damping coefficient**: *voir damping factor.* **damping device**: amortisseur *m* ; dispositif d'amortissement. **damping down**: arrêt momentané, *mise en veilleuse (d'un haut-fourneau).* **damping down of the coke**: extinction du coke. **damping factor**: coefficient d'amortissement ; décrément *m* ; facteur d'amortissement. **damping layer**: couche d'amortissement. **damping magnet**: aimant amortisseur. **damping ratio**: rapport d'amortissement. **damping resistance**: résistance d'amortissement. **damping test**: essai d'amortissement.

dampness – humidité *f.*

danger – danger *m.* **danger of jamming**: danger de calage, *de l'outil de forage.* **danger signal**: signal de danger ; voyant d'alarme.

dangerous – dangereux. **dangerous area**: zone dangereuse. **dangerous goods**: marchandises dangereuses. **dangerous substance**: substance dangereuse.

dangerousness – dangerosité *f.*

Danian – Danien *m, étage du Paléocène inférieur ou du Crétacé supérieur.*

Daniell – Daniell. **Daniell cell**: pile Daniell. **Daniell hygrometer**: hygromètre Daniell.

DAO – *abrév. de deasphalted oil.*

DAPS – *abrév. de disappearance-potential spectroscopy : spectroscopie de potentiel de disparition.*

darcy – darcy *m*, (D) *unité pratique de perméabilité. C'est la perméabilité d'un milieu qui laisse passer par seconde un centimètre cube d'un liquide dont la viscosité est celle de l'eau à 20°C, sous l'effet d'une différence de pression d'une atmosphère, sa valeur est proche du micromètre carré.* **Darcy's law**: loi de Darcy, *sur l'écoulement des fluides en milieux poreux ; le débit d'un filtre est proportionnel à sa section droite perpendiculairement à l'écoulement, et à la différence des charges hydrostatiques sur les faces d'entrée et de sortie, et inversement.*

dark – foncé ; sombre. **dark color**: couleur foncée. **dark nilas**: nilas sombre, *nilas ayant moins de 5 cm d'épaisseur.* **dark position**: position d'extinction *(minér)*.

darkening – assombrissement *m* ; brunissement *m* ; noircissement *m*. **darkening agent**: opacifiant *m*, *voir aussi opacifier.*

darkroom – chambre noire.

dart – clapet *m*, *sur une cuiller de curage.* **dart bailer**: cuiller de curage à clapet. **dart valve**: valve à clapet.

DAS – *abrév. de deconvolution after stack.*

dash – tiret *m* ; petite quantité ; trait *m*, *alphabet morse.*

dashboard – planche de bord ; tableau de bord.

dashpot – amortisseur *m*.

dasymeter – dasymètre *m*, *pour mesurer la masse volumique des gaz.*

data – données *f.* **data acquisition**: acquisition de données ; saisie des données. **data analysis**: analyse des données. **data block**: bloc des données. **data coding**: codification des données. **data collection**: collecte de données. **data-collection platform (DCP)**: plate-forme de collecte de données, *télédétection.* **data compression**: compression de données ; condensation des données. **data correction**: correction de données. **data display**: affichage de données. **data flow**: circulation de données. **data interpretation**: interprétation des données. **data link**: liaison de transmission de données. **data management**: gestion de données. **data plotter**: traceur de courbe. **data processing**: traitement de l'information ; traitement des données. **data reduction**: mise en forme des données *(sism)*. **data set**: jeu de données. **data sheet**: bordereau de données ; feuille de données ; fiche de données ; fiche technique ; notice de documentation. **data smoothing**: lissage des données. **data strip**: segment de données, *télédétection.*

databank – banque de données.

database – base de données. **database management**: gestion de base de données.

date – date *f.* **date line**: ligne de changement de date. **date marker**: dateur *m*. **date stamp**: timbre à date. **due date**: échéance *f.*

dating – datation *f.*

datum – plan de référence ; référence *f*, *dans le sens d'information, ce terme est toujours utilisé au pluriel latin : data, le pluriel de datum étant datums.* **datum correction**: correction altimétrique. **datum elevation**: altitude du plan de référence. **datum horizon**: niveau de repère *(géol)*. **datum level**: plan de niveau ; plan de référence. **datum line**: ligne de niveau ; ligne de référence ; niveau de base. **datum plane (DP)**: plan d'origine, *plan employé dans les corrections superficielles nécessitées par la méthode sismique-réflexion* ; plan de référence ; surface de référence. **datum plate**: plaque de touche, *d'un réservoir de stockage.* **datum point**: point de repère ; repère *m*. **datum velocity**: vitesse à la surface de référence.

datuming – calage sur une surface de référence ; réduction à la référence.

datumized – réduit à la référence. **datumized section**: coupe horizontalisée ; coupe recalée sur un horizon ; coupe réduite à une référence *(sism)*.

dauber – soudeur *m*.

daughter – descendant *m (nucl)* ; produit de filiation *(nucl)*.

Davisian – davisien *(géomorph)*.

davit – bossoir *m* ; davier *m*, *permet de filer ou de relever les câbles sur un navire.*

dawsonite – dawsonite *f*, *carbonate basique d'aluminium et de sodium.*

day – jour *m* ; surface *f (mine)*. **day output**: production journalière. **day shift, day tour**: équipe de jour, *ou équipe du jour.* **day stone**: affleurement *m (géol)*. **day tour**: *voir day shift.* **day turn**: *voir day shift.* **day work**: travail à la journée, *base de certains contrats de forage ; l'entrepreneur est payé par jour de fonctionnement* ; travail en régie.

daylight – jour *m (mine)* ; lumière du jour *(mine)*. **daylight lamp**: lampe-lumière du jour.

daylighting – éclairage naturel.

dayrate – taux journalier.

daytank – réservoir du jour, *stockage.*

dazzling – éblouissant.

dB – dB, *symbole de decibel.*

DB – *abrév. de doodlebug, DB crew désigne l'équipe qui creuse les trous des sismos.*

DBMS – SGBD, *abrév. de database management system : système de gestion de base de données.*

DBS – *abrév. de deconvolution before stack.*

DC – *abrév. de direct current et de drill collar.*

DCC – *abrév. de double cotton covered.*

DCF – *abrév. de discounted cash flow.*

DCLSP – *abrév. de digging cellar and slush pits, utilisée dans les rapports de forage.*

DCO – *abrév. de dehydrated castor oil.*

DD – *abrév. de drilling deeper.*

DDC – *abrév. de deck decompression chamber, et de direct digital control.*

DDT – DDT, *abrév. de dichlorodiphenyltrichloroethane, insecticide.*

DEA – DEA, *abrév. de diethanolamine et de Drug Enforcement Administration.*

deacetoxylation – désacétoxylation *f*, *déacétoxylation.*

deacidified – désacidifié. **deacidified tar**: goudron désacidifié.

deacidizing – désacidification *f.*

deactivation – désactivation *f.*

deactivator – désactivant *m* ; désactivateur *m*.

dead – mort, *qui ne fonctionne plus* ; raide, *trace* ; stérile. **dead acid**: acide mort. **dead air**: air lourd, *air méphitique.* **dead angle**: angle mort. **dead arm**: bras mort, *d'une rivière.* **dead band**: zone morte, *étendue à l'intérieur de laquelle un signal d'entrée peut être modifié sans provoquer de variation de la réponse d'un instrument de mesure.* **dead beat**: apériodique. **dead-beat pendulum**: pendule apériodique. **dead burned**: cuit à mort. **dead burning**: cuisson à mort. **dead center**: point mort. **dead freight**: faux fret ; fret sur le vide. **dead ground**: morts-terrains *m.* **dead hard steel**: acier diamant. **dead hole**: culot *m, tir.* **dead ice**: glace morte, *glace relictuelle persistante.* **dead level**: surface plane. **dead lime**: chaux éteinte. **dead line**: pipeline inutilisé. **dead load**: charge statique ; poids mort. **dead loss**: perte sèche. **dead oil**: huile lourde de houille, *utilisée pour les moteurs diesel* ; huile morte, *huile privée de son gaz, qui ne se déplace plus dans le gisement que sous l'effet de la pesanteur : opposé à live oil.* **dead pulley**: poulie fixe. **dead reckoning**: estime *f, navigation* ; point à l'estime. **dead reef**: récif mort. **dead roasting**: cuisson à fond. **dead rock**: roche stérile. **dead section**: brin mort, *élément de flûte marine sans hydrophone.* **dead sheave**: poulie de brin mort *(for)*. **dead-soft steel**: acier extradoux. **dead-soft temper**: trempe extradouce. **dead soil**: sol stérile. **dead space**: espace mort. **dead station**: trace morte *(sism)*. **dead steam**: vapeur passive. **dead steel**: acier calmé ; acier doux. **dead time**: temps mort. **dead trace**: trace morte ; trace raide, *trace sur laquelle n'apparaît aucune déflexion.* **dead valley**: vallée morte. **dead volume**: volume mort, *dans une colonne chromatographique.* **dead water**: eau morte. **dead well**: puits stérile. **dead wireline anchor**: attache de brin mort. **dead work**: chantier improductif, *ou inachevé* ; travaux préparatoires.

deadline – brin mort, *point fixe du câble de forage* ; date limite ; échéance *f.* **deadline anchor**: ancrage du brin mort *(for)* ; attache de brin mort *(for)* ; réa *m (for)*.

deadman – corps mort, *point fixe d'amarrage servant d'attache à un hauban de derrick.*

deadweight – poids mort ; port en lourd, *différence entre le déplacement à pleine charge d'un navire et son déplacement lège.* **deadweight gage**: balance manométrique. **deadweight scale**: échelle de charge. **deadweight tester**: appareil d'essai à contre-poids. **deadweight tonnage (dwt)**: tonnage de port en lourd (tpl). **deadweight-type relief valve**: déchargeur à charge directe, *soupape de sécurité.*

deadwood – membrures intérieures d'un réservoir, *leur volume est déduit lors du calcul de la capacité du réservoir.*

deadworks – oeuvres mortes, *navire.*

deaeration – désaération *f.*

deaerator – désaérateur *m.*

deal – affaire *f* ; madrier pour plancher ; planche *f.*

dealer – distributeur *m* ; marchand *m* ; négociant *m.*

dealkylated – désalkylé.

dealkylation – désalkylation *f.*

dealuminization – désalumination *f.*

deamination – désamination *f.*

Dean – Dean. **Dean-and-Davis viscosity index**: indice de viscosité de Dean-Davis. **Dean and Stark apparatus**: appareil Dean et Stark, *appareil de distillation avec tube à décantation pour le dosage de l'eau dans les produits pétroliers, dans un liant.*

dearomatization – désaromatisation *f.*

deashing – élimination des cendres.

deasphalted – désasphalté. **deasphalted oil**: huile désasphaltée.

deasphalting – désasphaltage *m.*

death – *death rate : voir mortality rate.*

deballasting – déballastage *m.*

debenture – obligation *f, finance.*

debitumenization – débituminisation *f.*

deblocking – déblocage de couche pétrolière.

debloom (to) – blanchir les huiles, *en les exposant au soleil.*

deblooming – défluorescent ; traitement antifluorescent, *traitement des huiles en les exposant au soleil, ou à l'aide de produits chimiques.* **deblooming agent**: agent antifluorescent ; agent de blanchiment ; agent de dégrossissage, *(métal)*.

debottlenecking – déblocage *m* ; dégoulottage *m.*

debris – déblais *m* ; débris *m.* **debris cone**: cône de déjection. **debris fall**: chute de débris. **debris flow**: coulée boueuse. **debris plain**: champ de débris. **debris slide**: glissement de débris.

debt – dette *f.* **debt cancellation**: remise de dette. **debt/equity ratio**: rapport dettes/fonds propres.

debug (to) – déboguer ; déverminer.

debugging – déverminage *m, programmes d'ordinateur.*

deburring – ébarbage *m.*

debutanization – débutanisation *f.*

debutanized – débutanisé. **debutanized fraction**: fraction débutanisée.

debutanizer – débutaniseur *m, tour de séparation de butane.*

deca – déca, *préfixe signifiant 10, symbole* da.

decahydronaphthalene – décahydronaphtalène *m, décaline.*

decalcification – décalcification *f.*

Decalin – *dénomination d'un combustible synthétique liquide à base de décahydronaphtalène.*

decane – décane *m, hydrocarbure paraffinique à 10 atomes de carbone.*

decanol – décanol *m, alcool décylique.*

decantation – décantation *f.* **decantation tank**: bac de décantation.

decanted – décanté. **decanted oil**: huile clarifiée.

decanter – décanteur *m.*

decanting – décantation *f* ; dépotage *m.* **decanting basin**: bassin de décantation. **decanting pond**: bassin de décantation.

decapitation – décapitation *f, de rivières.*

decarbonation – décarbonatation *f.*

decarbonization – décarbonation *f.*

decarbonize (to) – décalaminer ; décarboner ; désencrasser.

decarbonylation – décarbonylation *f.*

decarboxylation – décarboxylation *f.*

decarburization – décarburation *f (métal)*.

decarburizing – décarburation *f.*

decay – affaiblissement *m* ; amortissement *m* ; déclin *m* ; décomposition *f* ; dégradation *f* ; désintégration *f*; putréfaction *f*. **decay chain**: chaîne de désintégration. **decay constant**: constante de désintégration ; constante de temps. **decay curve**: courbe d'amortissement ; courbe de décroissance, *courbe donnant la variation d'activité d'une substance radioactive en fonction du temps.* **decay product**: descendant *m (nucl)*. **decay rate**: vitesse de désintégration. **decay time**: temps de descente, *de l'amplitude d'une onde.*

Decca – Decca, *système de radionavigation.*

deceleration – décélération *f*; ralentissement *m.*

decelerometer – décéléromètre *m.*

decene – décène *m, hydrocarbure oléfinique à 10 atomes de carbone.*

decentralization – décentralisation *f.*

dechlorination – déchloration *f*; déchloruration *f.*

deci – déci, *préfixe signifiant* 10^{-1} *soit 0,1, symbole* d.

decibel – décibel *m, unité d'intensité sonore, symbole* dB. **decibel per octave**: décibel par octave.

deciduous – décidu, *dont les feuilles tombent selon un rythme saisonnier.* **deciduous plant**: plante à feuilles caduques.

decimal – décimal. **decimal point**: virgule *f, décimale (math).*

decimalization – décimalisation *f.*

decision – arrêté *m* ; décision *f.* **decision maker**: décideur *m.* **decision-making process**: processus de prise de décision. **decision theory**: théorie de la décision, *recouvre tout l'appareil théorique et les concepts offrant des critères d'aide à la décision.* **decision tree**: arbre de décision, *voir aussi fault tree.*

deck – couvercle *m* ; couverture *f*; pont *m* ; tablier *m, de flotteur, d'un pont.* **deck chamber**: caisson de pont. **deck crane**: grue de pont. **deck decompression chamber (DDC)**: caisson de décompression de pont.

deckhouse – rouf *m.*

deckload – pontée *f, chargement du pont d'un navire.*

decladding – dégainage *m.*

declaration – déclaration *f.*

declination – déclinaison *f.* **declination compass**: *voir declinometer.*

decline – baisse *f*; déclin *m* ; diminution *f.* **decline curve**: courbe de déclin, *graphique enregistrant la chute de pression d'un gisement en production.*

declining – dégressif. **declining-balance depreciation**: amortissement dégressif *(fin)*. **declining-balance method**: amortissement dégressif *(fin)*.

declinometer – déclinomètre *m.*

declivity – déclivité *f*; inclinaison *f*; pente *f.*

declogging – décolmatage *m.*

decoder – décodeur *m* ; transcripteur *m.*

decoding – décodage *m.*

decoking – décokage *m.*

decollement – décollement *m (géol)*.

decolorizer – décolorant *m.*

decolorizing – décoloration *f.* **decolorizing agent**: agent décolorant.

decommissioned – démantelé ; désarmé. **decommissioned ship**: navire désarmé.

decommissioning – démantèlement *m, d'une structure marine* ; désarmement *m, d'un navire* ; mise hors-service, *d'une installation nucléaire.*

decomposer – décomposeur *m, organisme détritivore.*

decomposition – décomposition *f*; désagrégation *f.* **decomposition inhibitor**: inhibiteur de décomposition. **decomposition point**: point de décomposition. **decomposition potential**: potentiel de décomposition ; tension de décomposition. **decomposition voltage**: potentiel de décomposition, *tension minimale pour la décomposition électrolytique.*

decompression – décompression *f.* **decompression chamber**: caisson de décompression ; chambre de recompression *(plongée)*. **decompression sickness**: malaise de décompression *(plongée)*. **decompression stop, decompression stage**: palier de décompression *(plongée)*. **decompression table**: table de décompression, *table de plongée.* **decompression valve**: pointeau de décompression ; robinet de décompression.

decompressor – décompresseur *m.*

decontamination – décontamination *f.* **decontamination factor**: facteur de décontamination.

deconvolution – déconvolution *f, en sismique, traitement qui vise à convertir les impulsions enregistrées en signaux de durée et de forme appropriées* ; désynthétisation *f.* **deconvolution after stack (DAS)**: déconvolution après sommation. **deconvolution before stack (DBS)**: déconvolution avant sommation. **deconvolution filtering**: filtrage de déconvolution. **deconvolution gap**: distance de prédiction.

decoupling – découplage *m (élec)*.

decrease – décroissance *f*; diminution *f.* **decrease in price**: baisse de prix.

decree – arrêté ; décret *m (jur)*.

decrement – décrément *m.*

decrepitation – décalcination *f*; décrépitation *f.*

decyclization – décyclisation *f*; ouverture du cycle.

decyl – décyle *m, radical décyle.* **decyl alcohol**: alcool décylique, *décanol.*

dedendum – creux *m, d'une dent d'engrenage.* **dedendum angle**: angle de creux. **dedendum circle**: cercle de pied. **dedendum cone**: cône de pied.

dedicated – affecté ; dédié ; à usage exclusif. **dedicated line**: ligne dédiée ; ligne louée ; ligne spécialisée. **dedicated message**: message privilégié. **dedicated terminal**: terminal dédié *(ordinateur)*.

dedication – affectation *f.* **dedication of reserves**: affectation de réserves, *contrat par lequel un producteur de gaz naturel s'engage à en fournir une certaine quantité, de façon constante, à un transporteur par pipeline.*

dedolomitization – dédolomitisation *f (pétro)*.

deduction – déduction *f, enchaînement par axiomes et règles d'inférence.*

dedust (to) – dépoussiérer.

dedusting – dépoussiérage *m.*

deep – profond. **deep borer**: sonde *f.* **deep boring**: sondage profond. **deep conversion**: conversion profonde, *mise en oeuvre de procédés conduisant à la disparition des fuel-oils dans les schémas de raffinage, voir aussi whitening of the barrel.* **deep diving**: plongée profonde. **deep**

drawing: emboutissage profond *(métal)*. **deep drilling**: forage à grande profondeur ; forage profond. **deep earthquake**: séisme profond. **deep green**: vert foncé. **deep hole**: forage profond. **deep karst**: karst complet ; karst profond. **deep pay**: formation productrice profonde. **deep refraction**: grande réfraction *(sism)*. **deep scattering layer (DSL)**: couche diffusante profonde, *couche d'eau où la présence d'organismes vivants produit une réflexion diffuse des ondes acoustiques* ; milieu de diffusion marin. **deep sea**: haute mer, *mer profonde*. **deep-sea barge**: barge de haute mer. **deep-sea channel**: chenal sous-marin. **deep-sea deposit**: dépôt de mer profonde ; dépôt pélagique. **deep-sea drilling**: forage en mer profonde. **deep-sea fan**: delta sous-marin ; éventail sous-marin. **deep-sea mineral**: minéral de mer profonde. **deep-sea ooze**: boue pélagique ; limon pélagique. **deep-sea sand**: sable pélagique. **deep-sea terrace**: terrasse sous-marine, *bordant un relief quelconque à des profondeurs dépassant 600 mètres*. **deep-sea trough**: sillon sous-marin. **deep seated**: enraciné ; profond ; très enfoui, *voir aussi plutonic*. **deep-seated fold**: pli profond. **deep-seated rock**: roche d'intrusion ; roche profonde. **deep-seated salt dome**: dôme de sel profond. **deep-seated structures**: tectonique de fond. **deep seismic profiling**: lignes sismiques en écoute longue. **deep seismic sounding**: sondage sismique profond. **deep simulated diving**: plongée profonde fictive. **deep spring**: source juvénile. **deep test**: test profond, *fait dans un puits d'exploration profond*. **deep tow**: traction à grande profondeur, *d'un capteur, en mer*. **deep vacuum distillate**: distillat lourd obtenu par distillation sous vide. **deep water**: eau profonde. **deep-water drilling**: forage en eau profonde. **deep-water drunkenness**: ivresse des profondeurs. **deep-water port**: port en eau profonde ; superport *m*. **deep-water setting**: bassin avec bordure marquée, *bassin ayant une rupture de pente continentale très prononcée*. **deep-water terminal**: terminal en eau profonde. **deep well**: puits profond. **deep-well pump**: pompe de fond, *pompe dont le cylindre est placé dans le sondage au bout d'une colonne de tubes de petits diamètres dans laquelle descendent les tiges actionnant le piston depuis la surface*. **Deep Well Thermometer**: *dénomination d'un thermomètre de fond, basé sur la variation de résistance d'un fil en contact thermique avec la boue (diag)*.

deep – fosse *f*, *zone océanique quelconque bien délimitée dont la profondeur dépasse 6 000 mètres, abysse*.

deepen (to) – approfondir ; creuser.

deepening – approfondissement *m*.

deethanization – déséthanisation *f*.

deethanizer – déséthaniseur *m*, *unité de fractionnement qui sépare l'éthane des hydrocarbures plus lourds*.

default – défaut *m*.

defect – défaut *m* ; vice *m*. **defect conduction**: conductivité de lacune, *semiconducteur*. **defect electron**: électron de vacance.

defective – défectueux. **defective equipement design**: vice de conception.

defense – défense *f*.

deferment – ajournement *m*. **deferment factor**: coefficient d'actualisation.

deferred – différé. **deferred junction**: confluent entraîné vers l'aval. **deferred payment**: paiement différé. **deferred production**: production différée. **deferred share**: action différée.

deficiency – déficit *m* ; insuffisance *f*. **deficiency disease**: maladie par carence, *ou de carence*.

deficit – déficit *m*.

defined – défini.

definition – définition *f*.

deflagging – changement de pavillon, *d'un navire*.

deflagrating – déflagrant. **deflagrating explosive**: explosif déflagrant.

deflagration – déflagration *f*.

deflation – déflation *f*, *enlèvement des particules de la surface du sol sous l'action du vent ; réduction de la masse monétaire* ; dégonflage *m*, *d'un pneu*. **deflation hole**: creux de déflation *(géol)*. **deflation lake**: lac de cuvette éolienne.

deflator – déflateur *m*, *indice d'ajustement (fin)*.

deflect (to) – dévier ; fléchir ; incurver ; plier. **deflect (to) a well**: dévier un puits.

deflected – dévié. **deflected hole**: puits dévié. **deflected well**: forage dévié.

deflecting – déclenchement *m* ; déviation *f*. **deflecting cam**: came de déclenchement. **deflecting cone**: cône déflecteur. **deflecting field**: champ de déviation. **deflecting magnet**: aiguille aimantée. **deflecting tool**: outil de déviation, *pour changer l'angle et la direction d'un forage*.

deflection – débattement *m* ; déflexion *f* ; déviation *f*. **deflection angle**: angle de déviation. **deflection bit**: outil de déviation. **deflection magnetometer**: magnétomètre à déviation. **deflection of boreholes**: déviation des sondages. **deflection of the vertical**: déviation de la verticale. **deflection point**: point de déflexion *(sism)*.

deflectometer – déflectomètre *m* ; indicateur de déformation.

deflector – chicane *f* ; déflecteur *m*. **deflector cone**: cône déflecteur.

deflocculant – défloculant *m*, *agent de défloculation*.

deflocculated – défloculé. **deflocculated graphite**: graphite défloculé.

deflocculation – défloculation *f*, *état d'une suspension colloïdale dans laquelle les particules sont séparées les unes des autres*.

defluorination – défluoration *f*.

defoamer – additif antimousse.

defoaming – antimousse ; démoussage *m*. **defoaming agent**: antimousse *m*.

defoliant – défoliant *m*.

defoliation – défoliation *f*, *des arbres*.

deforestation – déboisement *m*.

deformation – déformation *f*. **deformation ellipsoid**: ellipsoïde des déformations. **deformation energy**: énergie de déformation. **deformation texture**: texture déformée *(pétro)*.

deformed – déformé. **deformed bar**: barre à haute adhérence *(béton)*. **deformed oolith**: oolite déformée.

defreezing – décongélation *f*.

defroster – dégivreur *m*.

defrosting – décongélation *f* ; dégivrage *m*.

deg. – *abrév. de degree.*
DEG – DEG, *abrév. de diethylene glycol.*
degasification – dégazéification *f.*
degassed – dégazé. **degassed oil**: huile exempte de gaz.
degasser – dégazeur *m (for)*.
degassing – débullage *m, de la boue*; dégazage *m.* **degassing station**: unité de dégazage. **degassing tower**: tour de dégazage.
degaussing – démagnétisation *f*; effacement *m, bande magnétique.*
degeneracy – dégénérescence *f (phys)*.
degenerate – dégénéré. **degenerate electron gas**: gaz électronique dégénéré *(phys)*. **degenerate matter**: matière dégénérée *(phys)*. **degenerate polymerization**: polymérisation dégénérée. **degenerate rearrangement**: réarrangement dégénéré. **degenerate state**: état dégénéré. **degenerate vibrations**: vibrations dégénérées.
degeneration – dégénérescence *f.*
deghost (to) – défantômer *(sism)*.
deghosting – défantômage *m (sism)*.
degradation – décomposition *f*; dégradation *f.* **degradation of energy**: dégradation de l'énergie *(thermo)*. **degradation vacuity**: vacuité par érosion *(strat)*.
degras – dégras *m, produit servant à assouplir les cuirs, constitué par de la suintine, de l'huile de poisson, de l'oléine et du suif.*
degreasing – dégraissage *m.*
degree – degré *m.* **degree Baumé**: degré Baumé, *voir Baumé scale.* **degree of accuracy**: degré de précision. **degree of biodegradation**: degré de biodégradation. **degree of dissociation**: degré de dissociation. **degree of freedom**: degré de liberté. **degree of hardness**: coefficient de dureté. **degree of latitude**: degré de latitude. **degree of longitude**: degré de longitude. **degree of polymerization**: degré de polymérisation. **degree of precision**: degré de précision. **degree of saturation**: degré de saturation.
degree-day – degré-jour *m, unité utilisée dans la technique du chauffage et du conditionnement de l'air.*
degressive – dégressif. **degressive scale**: barème dégressif. **degressive taxation**: impôt dégressif.
dehalogenation – déshalogénation *f.*
dehexanizer – déshexaniseur *m (raf)*.
dehumidification – déshumidification *f*; déshydratation *f*; séchage *m.*
dehydrase – déshydrase *f, déhydrase, déshydrogénase.*
dehydrated – déshydraté. **dehydrated oil**: huile déshydratée. **dehydrated tar**: goudron déshydraté.
dehydrating – *voir dehydration.* **dehydrating agent**: agent déshydratant ; déshydratant *m.*
dehydration – déshydratation *f.* **dehydration plant**: unité de déshydratation. **dehydration tank**: réservoir de déshydratation, *stockage.* **dehydration tower**: tour de déshydratation. **dehydration water**: eau de déshydratation.
dehydrator – déshydrateur *m.*
dehydrobromination – déshydrobromation *f.*
dehydrochlorination – déshydrochloration *f.*
dehydrocyanidation – déshydrocyanuration *f.*
dehydrocyclization – déshydrocyclisation *f, procédé de reformage catalytique.*
dehydrogenation – déshydrogénation *f.* **dehydrogenation catalyst**: catalyseur de déshydrogénation. **dehydrogenation pressure**: pression de déshydrogénation. **dehydrogenation reactor**: réacteur de déshydrogénation. **dehydrogenation temperature**: température de déshydrogénation.
dehydrohalogenation – déshydrohalogénation *f.*
dehydroisomerization – déshydro-isomérisation *f.*
dehydroxylation – déshydroxylation *f.*
deicer – dégivreur *m.*
deicing – dégivrage *m.*
deindustrialization – désindustrialisation *f.*
deionization – désionisation *f.* **deionization rate**: vitesse de désionisation.
deionized – désionisé. **deionized water**: eau permutée.
deisobutanizer – désisobutaniseur *m.*
del – *voir del operator.* **del operator**: nabla *m, opérateur de gradient de vecteur.*
delamination – délaminage *m, rupture de la liaison de deux couches de renfort de plastique armé.*
delay – délai *m*; retard *m.* **delay angle**: angle de retard ; retard angulaire. **delay blasting cap**: détonateur à retard. **delay cap**: détonateur à retard. **delay circuit**: circuit retard. **delay filter**: filtre à retard *(élec)*. **delay fuse**: amorce à retard. **delay lamp**: lampe de signalisation. **delay line**: ligne à retard *(sism)*. **delay period**: délai d'allumage, *intervalle de temps écoulé entre l'injection et l'inflammation.* **delay rental**: redevance d'ajournement, *payable si le forage est différé.* **delay tank**: réservoir de désactivation *(nucl)*. **delay time**: délai *m, désigne, en sismique réfraction, la différence entre la durée de trajet observée et celle qui résulterait d'une propagation horizontale effectuée à la vitesse du marqueur.* **delay timer**: temporisateur *m.*
delayed – différé ; retardé. **delayed-action exploder**: exploseur à retardement. **delayed automatic gain control**: réglage de gain automatique retardé. **delayed cokefaction**: cokéfaction retardée. **delayed coking**: cokéfaction différée ; cokéfaction retardée. **delayed critical**: critique différé *(nucl)*. **delayed explosion**: explosion retardée. **delayed fluorescence**: fluorescence retardée. **delayed fracture**: rupture différée. **delayed ignition**: allumage retardé ; inflammation retardée. **delayed neutron**: neutron différé ; neutron retardé. **delayed test**: essai de durée ; essai différé. **delayed valve action**: retard de soupape, *dû à l'élasticité des tiges (pompage profond)*.
deleterious – délétère.
deliberate – délibéré. **deliberate discharge**: déversement délibéré ; rejet délibéré *(pol)*.
delicacy – précision *f*; sensibilité *f.*
deliming – détartrage *m.*
delimit (to) – délimiter.
delimiter – séparateur *m, informatique.*
delineation – délinéation *f.* **delineation drilling**: forage de délinéation. **delineation well**: puits de délinéation, *voir aussi appraisal well et extension well.*
deliquescence – déliquescence *f, désagrégation et liquéfaction d'un corps solide par absorption de l'humidité de l'air.*

deliver (to) – décharger ; délivrer ; distribuer ; livrer ; refouler, *pompes* ; rendre à destination. **deliver (to) directly**: livrer en droiture, *directement de la raffinerie à un gros client.*

deliverability – débit soutirable, *de gaz de stockage souterrain* ; productivité *f.* **deliverability curve**: courbe indicatrice, *de l'écoulement d'un puits.* **deliverability test**: essai de productivité.

delivered – fourni ; livré ; rendu. **delivered at frontier**: rendu frontière, *condition de vente.* **delivered capacity**: volume débité. **delivered current**: courant débité. **delivered duty paid**: rendu droits acquittés, *condition de vente.*

delivery – amenée *f*; débit *m* ; décharge *f*; dégagement *m* ; distribution *f*; fourniture *f*; livraison *f.* **delivery clause**: clause de livraison. **delivery gage**: manomètre de refoulement. **delivery head**: hauteur de refoulement. **delivery hose**: tuyau de distribution ; tuyau de remplissage. **delivery man**: livreur *m.* **delivery meter**: compteur. **delivery order**: bon d'enlèvement ; bon de livraison. **delivery output**: capacité de débit. **delivery pipe**: conduite d'alimentation ; conduite d'amenée ; conduite de décharge ; conduite de refoulement. **delivery port**: port de déchargement. **delivery pressure**: pression de refoulement, *pression à laquelle le gaz doit être livré (prévue par le contrat de fourniture de gaz).* **delivery pump**: pompe de débit. **delivery ticket**: bordereau de livraison. **delivery time**: délai de livraison. **delivery truck**: camionnette de livraison. **delivery tube**: tube d'alimentation. **delivery valve**: soupape de refoulement. **delivery van**: camionnette de livraison ; voiture de livraison.

dell – creux *m (géol)* ; vallon *m.*

delocalization – délocalisation *f, d'un électron.* **delocalization energy**: énergie de délocalisation.

delocalized – délocalisé. **delocalized electron**: électron délocalisé.

Delphi – Delphi, *méthode ou technique ou enquête Delphi ou méthode de Delphes, méthode de prévision technologique basée sur une enquête auprès d'un nombre sélectionné d'experts.*

Delseis – Delseis, *dénomination commerciale d'un système d'acquisition de données.*

delta – delta *m, construction sédimentaire marine créée par les alluvions d'un fleuve ; lettre de l'alphabet grec qui désigne le laplacien, la variation finie d'une grandeur (maj), la distribution de Dirac (min).* **delta connection**: montage en triangle. **delta distributary**: bras du delta. **delta fan**: delta sous-marin. **delta front**: front de delta. **delta function**: dirac *m* ; distribution delta. **delta lake**: lac de delta. **delta ON**: *abrév. de delta octane number.* **delta plain**: plaine deltaïque. **Delta R**: Delta R, *grandeur qui correspond à la différence entre le IOR d'un carburant et celui de ses fractions les plus volatiles recueillies au cours d'une distillation ASTM.* **delta shoreline**: côte deltaïque. **delta t**: delta t, *différence de temps d'arrivée entre les différents groupes de capteurs (sism).*

deltaic – deltaïque. **deltaic bedding**: stratification deltaïque. **deltaic deposit**: dépôt deltaïque ; sédiment deltaïque.

deluge (to) – inonder.

delustrant – délustreur *m.*

demagnetization – démagnétisation *f*; désaimantation *f.*

demagnetizing – démagnétisation *f.* **demagnetizing field**: champ démagnétisant.

demand – demande *f.* **demand deposit**: dépôt à vue *(fin).* **demand factor**: facteur de demande *(élec).* **demand management**: orientation de la demande.

demantoid – démantoïde *f (minér).*

demarcation – démarcation *f.*

deme – dème *m (écol).*

demerit – démérite *m* ; taux chiffré de détérioration.

demersal – benthique.

demetallation – démétallation *f, d'un catalyseur.*

demetallization – démétallisation *f, d'un pétrole brut.*

demethanation – *voir demethanization.*

demethanization – déméthanisation *f, procédé dans lequel méthane est séparé des constituants plus lourds ; cette opération peut se faire par distillation ou par absorption.*

demethanizer – déméthaniseur *m.*

demethylation – déméthylation *f.*

demijohn – dame-jeanne *f, bouteille de 20 à 50 litres.*

demineralization – déminéralisation *f.*

demise – affermage *m* ; cession à bail. **demise charter**: affrètement coque nue.

demister – désembueur *m* ; dispositif antibrouillard. **demister pad**: tamis contre les entraînements *(raf).*

demisting – désembuage *m* ; élimination de brouillard.

demixing – démixtion *f.*

demobilization – repli *m, de l'appareil de forage.*

demodulation – démodulation *f.*

demodulator – démodulateur *m, détecteur.*

demolition – démolition *f.*

demote (to) – affaiblir ; diminuer.

demulsibility – désémulsibilité *f.* **demulsibility test**: essai de désémulsion.

demulsification – désémulsification *f, prévention ou destruction d'émulsions entre deux liquides par voie chimique, électrique ou mécanique* ; désémulsion *f.* **demulsification number**: indice de désémulsion. **demulsification test**: essai de désémulsification.

demulsifier – désémulsifiant *m* ; désémulsificateur *m* ; désémulsionneur *m.*

demulsifying – désémulsification *f.* **demulsifying agent**: agent désémulsionneur.

demultiplex (to) – démultiplexer.

demultiplexer – démultiplexeur *m.*

demultiplexing – démultiplexage *m, obtention de traces individuelles à partir d'enregistrements multiplexés.*

demurrage – surestaries *f.*

denaturant – dénaturant *m, matière ajoutée à un produit pour le rendre impropre à la consommation.*

denaturation – dénaturation *f.*

denatured – dénaturé. **denatured alcohol**: alcool à brûler ; alcool dénaturé.

dendrite – dendrite *f, cristallisation arborescente.*

dendritic – arborescent ; dendritique. **dendritic drainage**: drainage dendritique. **dendritic pattern**:

réseau dendritique ; réseau ramifié. **dendritic structure**: structure dendritique *(pétro)*. **dendritic texture**: texture dendritique.
dendrochronology – dendrochronologie *f, datation par les anneaux de croissance des arbres.*
dendroclimatology – dendroclimatologie *f, étude des paléoclimats par l'analyse des anneaux de croissance des arbres.*
dendroid – dendroïde *(pal)*.
denitrification – dénitrification *f.*
denitrogenation – dénitrogénation *f*; désazotation *f (chim)*.
dense – compact ; dense. **dense-graded aggregate**: agrégat à haute densité, *agrégat contenant une forte proportion de très fines particules pour réduire les espaces vides au minimum dans un revêtement compact.* **dense negative**: négatif dense ; négatif surexposé. **dense-phase bed**: lit à particules solides fluidisées *(chim)*. **dense shale**: argile schisteuse compacte.
denseness – *voir density.*
densification – densification *f.*
densilog – diagraphie de densité, *dispositif permettant de mesurer la densité des formations dans les forages.*
densimeter – densimètre *m, appareil servant à mesurer directement la densité d'un liquide.*
densitometer – densitomètre *m (photo)*.
densitometry – densitométrie *f.*
density – densité *f*; épaisseur *f*; intensité *f*; masse volumique ; opacité *f (photo)*. **density current**: courant de densité *(océan)*. **density function**: fonction de probabilité. **density log**: diagraphie de densité. **density logging**: diagraphie de densité compensée. **density number**: nombre volumique, *de particules ou de molécules.* **density of heat flow rate**: densité de flux thermique, *s'exprime en SI en watt par mètre carré.* **density set**: ensemble dénombrable. **density slicing**: isodensitométrie *f.* **density tool**: outil de densité.
dent – bosselure *f*; creux *m, empreinte creuse laissée par un coup* ; enfoncement *m, défaut de surface d'un matériel tubulaire causé par un impact.*
denting – bossellement *m.*
denudation – érosion *f*; ablation *f*; mise à nu. **denudation of the crest of an anticline**: érosion de la crête d'un anticlinal. **denudation plain**: plaine d'ablation.
denude (to) – déboiser, *une forêt* ; dénuder, *un fil.*
denuded – dénudé. **denuded mountain**: montagne pelée.
denuder – dénudeur *m.*
denumerable – dénombrable.
denunciation – dénonciation, *d'un contrat.*
deodorant – déodorant *m* ; désodorisant *m.*
deodorization – désodorisation *f.*
deodorized – désodorisé. **deodorized naphtha**: naphta désodorisé, *utilisé comme liquide détachant.* **deodorized oil**: huile désodorisée, *par hydrogénation ou autre procédé et rendue propre à la consommation.*
deoiler – déshuileur *m.*
deoiling – déshuilage *m.*
deoxidation – désoxydation *f.*
deoxidized – désoxydé.
deoxidizer – désoxydant *m.*
deoxyribonucleic – désoxyribonucléique. **deoxyribonucleic acid (DNA)**: acide désoxyribonucléique (ADN).
deparaffination – *voir dewaxing.*
depart (to) – partir. **depart (to) from**: s'écarter, *d'une valeur.*
department – département *m* ; ministère *m* ; section *f*; service *m.* **department chief**: chef d'atelier. **department head**: chef de département. **department manager**: chef de division. **department superintendent**: chef de service.
departure – départ *m*; déport *m, forage dirigé* ; déviation *f*; écart *m*; partance *f (navire)*. **departure curve**: abaque de correction ; courbe de correction. **departure from standard**: déviation de la norme.
dependability – précision *f, d'une mesure* ; sécurité *f.*
dependable – précis, *de grande valeur* ; sûr.
dependency – dépendance *f.*
Dependip – *dénomination commerciale d'un solvant pétrolier.*
depentanization – dépentanisation *f.*
depentanizer – dépentaniseur *m, colonne de fractionnement qui sépare le pentane des fractions légères d'hydrocarbures.*
dephasing – déphasage *m.*
dephenolation – *voir phenol removal.*
dephlegmation – condensation partielle *(distil)* ; déflegmation *f*; déphlegmation *f.*
dephlegmator – déflegmateur *m* ; déphlegmateur *m, appareil dans lequel les impuretés liquides lourdes sont séparées par distillation de la fraction recherchée.*
depict (to) – décrire, *un appareil* ; représenter, *par une courbe.*
deplete (to) – drainer ; épuiser, *un gisement.* **deplete (to) a well**: épuiser un puits.
depleted – épuisé. **depleted area**: zone épuisée. **depleted formation**: formation épuisée. **depleted nuclear fuel**: combustible nucléaire appauvri. **depleted stock**: stock épuisé. **depleted uranium**: uranium appauvri. **depleted well**: puits épuisé.
depletion – déplétion *f*; épuisement *m.* **depletion allowance (DA)**: provision pour reconstitution des gisements (PRG). **depletion curve**: courbe de tarissement *(hydrol)*. **depletion drive**: drainage par expansion, *sous l'effet de décompression de la couche (prod)*. **depletion layer**: zone de déplétion, *semiconducteur.* **depletion rate**: taux d'épuisement.
deployment – deploiement *m.* **deployment time**: délai d'intervention.
depocenter – dépôt-centre *m, ou dépôcentre, zone d'accumulation maximale de dépôt de sédiments.*
depolarization – dépolarisation *f.* **depolarization factor**: facteur de dépolarisation.
depolarizer – dépolarisant *m.*
depollution – dépollution *f.*
depolymerization – dépolymérisation *f.*
deposit – apport *m (géol)* ; dépôt *m* ; gisement *m, accumulation de substances utiles* ; gîte *m* ; précipitation *f*; précipité *m* ; sédiment *m.* **deposit of hydrocarbons**: gisement d'hydrocarbures. **de-**

posit of petroleum: gisement de pétrole. **deposit of scale**: entartrage *m*.

deposited – déposé. **deposited drift**: moraine déposée. **deposited metal**: métal déposé, *soudure, voir aussi weld metal.* **deposited moraine**: moraine déposée *(géol)*.

deposition – dépôt *m, accumulation de substances sur un substratum, voir aussi sedimentation.* **deposition efficiency**: débit de déposition de l'électrode ; rapport de distribution du métal. **deposition of sediments**: dépôt des sédiments. **deposition potential**: potentiel d'électrodéposition. **deposition rate**: coefficient de dépôt. **deposition sequence**: séquence de déposition, *soudure.*

depositional – de dépôt *(géol)*. **depositional basin**: bassin de dépôt *(géol)*. **depositional coastal break**: rupture de la pente côtière. **depositional environment**: milieu de dépôt. **depositional fault**: faille de croissance. **depositional remanent magnetization (DRM)**: aimantation rémanente par dépôt (ARD). **depositional sequence**: séquence de dépôt, *ensemble de strates plus ou moins conformes génétiquement liées, et limitées au sommet et à la base par des discordances ou leurs surfaces corrélatives.* **depositional shelf edge**: rebord de la pente continentale. **depositional shoreline break**: rupture de la pente côtière. **depositional surface**: surface de dépôt. **depositional system**: système de dépôt, *assemblage tridimensionnel de lithofaciès génétiquement liés.*

depot – dépôt *m* ; entrepôt *m* ; gare *f.*

depreciate (to) – abaisser ; amortir ; baisser ; déprécier.

depreciation – amortissement *m* ; dépréciation *f*; dévalorisation *f*; moins-value *f.* **depreciation allowance**: plafond d'amortissement ; taux d'amortissement. **depreciation provision**: provision pour amortissement ; provision pour moins-value.

depress (to) – abaisser ; déprimer ; tomber.

depressant – abaisseur *m* ; dépresseur *m* ; sédatif *m (chim)*.

depressed – abaissé ; diminué. **depressed industry**: industrie en déclin, *en perte de vitesse.* **depressed shoreline**: côte affaissée ; côte d'affaissement.

depression – dépression *f.* **depression angle**: angle de dépression, *complément algébrique de l'angle de déclinaison.* **depression contour**: courbe de cuvette ; courbe de niveau de dépression. **depression spring**: source de dépression.

depressor – dépresseur *m (chim)*. **depressor section**: brin abaisseur.

depropanation – *voir depropanization.*

depropanization – dépropanisation *f, séparation du propane.*

depropanizer – dépropaniseur *m, tour de séparation du propane.*

depth – abysse *m* ; cote *f*; creux *m, distance entre la partie supérieure de la quille et le pont supérieur, mesurée au centre du navire* ; intensité *f, d'une teinte* ; profondeur *f.* **depth contour**: isobathe *f.* **depth-control log**: diagraphie de contrôle des profondeurs. **depth controller**: régulateur d'immersion. **depth curve**: courbe bathymétrique. **depth finder**: sondeur *m.* **depth gage**: calibre de profondeur, *appareil à coulisse pour mesurer les profondeurs* ; jauge de profondeur. **depth in**: cote à laquelle l'outil est descendu *(for)*. **depth indicator**: indicateur de profondeur. **depth map**: carte profondeur. **depth mark**: repère de profondeur. **depth micrometer**: jauge de précision ; jauge micrométrique. **depth migration**: migration profondeur *(sism)*. **depth not attainable by the drill**: profondeur ne pouvant être atteinte par un forage. **depth of burial**: profondeur d'enfouissement. **depth of burial for underground pipes**: profondeur d'enfouissement des conduites enterrées. **depth of chill**: profondeur de trempe *(métal)*. **depth of field**: profondeur de champ. **depth of focus**: profondeur au foyer, *ou de foyer.* **depth of hardening**: *voir depth of chill.* **depth of heat penetration**: profondeur de pénétration de la chaleur. **depth of invasion**: épaisseur de la zone envahie. **depth of investigation**: profondeur de pénétration, *profondeur au-delà de laquelle les propriétés des formations n'ont plus d'incidence significative sur les mesures et les enregistrements.* **depth of penetration**: pénétration *f (for)* ; profondeur de pénétration. **depth out**: cote à laquelle l'outil est remonté *(for)*. **depth point**: cote *f (sism)* ; point miroir *(sism)*. **depth range**: gamme de profondeur, *d'engins de forage.* **depth scale**: échelle de profondeur. **depth section**: coupe profondeur. **depth shooting**: tir de profondeur *(sism)*. **depth-time curve**: courbe profondeur-temps. **depth track**: piste de profondeur.

depthometer – indicateur de profondeur *(for)*.

depyrophorization – dépyrophorisation *f.*

derange (to) – fausser.

deregulation – décontrôle *m* ; déréglementation *f*; dérégulation *f.*

derelict – abandonné ; épave *f.*

deresining – dérésinage *m, enlèvement des résines.*

dereverberation – déréverbération *f.*

deringing – déréverbération *f (sism)*.

derivate – dérivé *m* ; produit dérivé.

derivation – bifurcation *f*; démonstration *f (math)* ; dérivation *f.*

derivative – dérivé *m* ; dérivée *f (math)*. **derivative mode**: mode de contrôle par dérivation, *contrôle automatique.*

derive (to) – découler, *de.* **derive (to) from**: déduire ; dériver ; provenir ; tenir de.

derived – dérivé. **derived circuit**: circuit dérivé. **derived energy**: énergie dérivée. **derived fossil**: fossile remanié. **derived quantity**: grandeur dérivée. **derived unit**: unité dérivée, *unité définie à partir des unités de base (mesure)*.

dermatitis – dermatite *f*; dermite *f.*

dermatosis – dermatose *f.*

dermis – derme *m.*

derrick – derrick *m* ; tour de forage, *ou tour de sondage.* **derrick barge**: barge de travail, *comportant une grue pour l'érection de plates-formes et la pose de canalisations en mer.* **derrick brace**: croisillon de derrick. **derrick cellar**: avant-puits *m (for)*. **derrick cornice**: corniche de derrick. **derrick crane**: grue à volée variable, *grue de manoeuvre pour les trépans.* **derrick crown**: couronne de derrick. **derrick floor**: plancher de manoeuvre *(for)* ; plancher de travail, *plancher principal sur la base du derrick.* **derrick girt**: entretoise de derrick. **derrick king-post**: mât du derrick. **derrick leg**: montant de derrick *(for)* ; pied du derrick.

derrick platform: plate-forme de forage. **derrick post**: montant de derrick. **derrick roof**: toit de derrick. **derrick safety cage**: cage de sécurité d'un derrick. **derrick sill**: tablette au-dessous du plancher. **derrick skinner**: foreur *m*, *argot*. **derrick substructure**: substructure de derrick. **derrick-type crane**: grue derrick. **derrick wheel**: volant de commande.

derrickman – accrocheur *m*, *ouvrier chargé des travaux sur les plates-formes de la tour.*

DERV – *abrév. de Diesel Engine Road Vehicle.* **DERV fuel**: gasoil moteur.

desalination – dessalement *m*, *élimination du sel de l'eau.*

desalted – dessalé. **desalted crude**: brut dessalé.

desalting – dessalage *m*, *élimination des sels du pétrole brut.* **desalting plant**: unité de dessalage. **desalting temperature**: température de dessalage.

desand (to) – désensabler ; dessabler.

desander – déssableur *m*.

desanding – désensablement *m*.

desaturation – désaturation *f*.

descaling – décalaminage *m* ; décapage *m* ; détartrage *m*.

descending – descendant. **descending chromatography**: chromatographie descendante. **descending node**: noeud descendant, *d'un satellite.*

description – description *f*, *dans un permis de recherches, énoncé des limites du permis et des réserves existantes.*

descriptive – descriptif. **descriptive climatology**: climatologie descriptive. **descriptive geometry**: géométrie descriptive.

desert – désert *m*. **desert belt**: ceinture désertique. **desert climate**: climat désertique. **desert environment**: milieu désertique. **desert pavement**: pavage désertique. **desert pediment**: glacis rocheux désertique. **desert plateau**: plateau désertique. **desert rose**: rose des sables, *concrétion de gypse.* **desert varnish**: patine désertique ; vernis désertique *(géol)*.

deserted – déserté. **deserted loop**: méandre abandonné.

desertification – désertification *f*.

desiccant – desséchant *m*, *agent desséchant, voir aussi drying agent.*

desiccated – déshydraté ; desséché.

desiccation – dessèchement *m* ; dessiccation *f*. **desiccation breccia**: brèche de dessiccation. **desiccation crack**: fente de dessiccation. **desiccation joint**: joint de dessiccation.

desiccator – dessiccateur *m*.

design – conception *f* ; dessin *m* ; étude *f* ; plan *m* ; projet *m*. **design-basis memorandum**: rapport de base d'un projet. **design capacity**: capacité théorique. **design gate**: fenêtre de calcul. **design life**: durée de vie contractuelle, *d'une plate-forme.* **design operation**: fonctionnement conforme, *aux plans, aux devis.* **design power**: puissance nominale. **design pressure**: pression de calcul. **design speed**: vitesse nominale. **design standard**: norme de construction. **design temperature**: température de calcul.

design (to) – concevoir ; dessiner.

designate (to) – affecter.

designation – appellation *f* ; désignation *f*. **designation number**: chiffre de référence, *d'une méthode normalisée.* **designations for automotive oils**: appellations des huiles pour moteurs.

designer – concepteur *m* ; dessinateur *m* ; maquettiste *m* ; projeteur *m*.

desilication – désilication *f (pédol)*.

desiliconization – *voir desilication.*

desilter – dessilteur *m*, *désilteur.*

desilting – dessiltage *m* ; dévasement *m*.

desilvering – désargentage *m*.

desk – bureau *m*.

deslag (to) – décrasser.

desludging – élimination des boues, *dans un moteur.*

desorption – désorption *f*.

despatch – *voir dispatch.*

desquamation – desquamation *f*.

destinker – désodoriseur *m*, *déshydrateur éliminant l'odeur des corps gras.*

destitute – dépourvu.

destraction – extraction par fluide supercritique.

destruction – démantèlement *m* ; destruction *f*.

destructional – *se dit d'une forme de relief causée par l'érosion.* **destructional valley**: vallée d'érosion.

destructive – brisant, *explosif* ; destructeur ; destructif. **destructive alkylation**: alkylation destructive. **destructive analysis**: analyse destructive. **destructive distillation**: distillation destructive ; distillation sèche. **destructive examination**: contrôle destructif. **destructive fatigue stress**: contrainte de fatigue destructive. **destructive hydrogenation**: hydrogénation destructive, *hydrocraquage.* **destructive interference**: interférence destructive. **destructive pitting**: piquage destructif. **destructive test**: essai destructeur, *évaluation de la charge optimale ou de la résistance des matériaux.* **destructive wear**: usure destructive ; usure excessive.

destructor – incinérateur *m*.

desulfurization – désulfuration *f*. **desulfurization catalyst**: catalyseur de désulfuration. **desulfurization of gases**: désulfuration des gaz. **desulfurization unit**: unité de désulfuration.

desulfurized – désulfuré. **desulfurized atmospheric residue**: résidu désulfuré de distillation atmosphérique. **desulfurized distillate**: distillat désulfuré. **desulfurized gas**: gaz désulfuré. **desulfurized gas oil**: gasoil désulfuré. **desulfurized gasoline**: essence désulfurée. **desulfurized heavy naphtha**: essence lourde désulfurée. **desulfurized middle distillate**: distillat moyen désulfuré. **desulfurized naphtha**: naphta désulfuré. **desulfurized natural gas**: gaz naturel désulfuré. **desulfurized residue**: résidu désulfuré. **desulfurized vacuum gas oil**: gasoil sous vide désulfuré. **desulfurized vacuum residue**: résidu sous vide désulfuré.

desuperheater – désurchauffeur *m*, *système pour injecter du liquide dans une vapeur surchauffée et réduire le degré de surchauffe.*

desurger – amortisseur de pulsations ; antibélier *m*.

detach (to) – décoller ; démonter ; détacher, *un précipité sur un filtre* ; dételer ; séparer.

detachable – amovible ; démontable ; séparable. **detachable bit**: taillant à vis, *forage.* **detachable cylinder head**: culasse rapportée. **detachable link**:

chaîne de transmission. **detachable valve seat**: siège de soupape démontable.

detachment – décollement *m (géol)*.

detail – détail *m*. **detail shooting**: tir de détail *(sism)*.

detailed – détaillé ; fouillé. **detailed balance**: micro-réversibilté *f (phys)* ; réversibilité microscopique, *d'un système en équilibre*. **detailed work**: travail minutieux.

detarrer – dégoudronneur *m*.

detarring – dégoudronnage *m*.

detect (to) – détecter.

detectable – décelable. **detectable limit**: limite de détectabilité.

detection – détection *f*.

detectivity – détectivité *f*, *grandeur caractérisant la sensibilité d'un détecteur*.

detector – capteur *m* ; cellule détectrice ; détecteur *m* ; indicateur *m* ; signal *m*. **detector bar**: pédale de sûreté. **detector look angle**: angle de visée du détecteur.

detent – cliquet *m* ; détente *f* ; loquet *m*.

detergency – détergence *f* ; dispersance *f*.

detergent – agent tensioactif ; détergent *m* ; détersif *m* ; dispersant *m*. **detergent action**: action détergente. **detergent additive**: additif détergent. **detergent and dispersant additive**: additif détergent et dispersant. **detergent effect**: effet détergent. **detergent oil**: huile détergente. **detergent power**: pouvoir détergent. **detergent wax**: cire détersive.

deteriorate (to) – altérer ; détériorer ; diminuer de valeur.

deterioration – détérioration *f*.

determination – détermination *f* ; dosage *m* ; mesure *f*.

determine (to) – déterminer ; doser.

deterministic – déterministe. **deterministic chaos**: chaos déterministe, *apparaissant dans le comportement temporel des systèmes dynamiques*. **deterministic deconvolution**: déconvolution déterministe.

deterrent – inhibiteur *m* ; préventif.

detersive – détersif.

detinning – désétamage *m*.

detonability – détonabilité *f*.

detonate (to) – détoner ; faire détoner ; faire exploser.

detonating – détonant. **detonating combustion**: combustion détonante. **detonating cord**: cordeau détonant. **detonating explosive**: explosif brisant ; explosif détonant. **detonating fuse**: cordeau détonant. **detonating tube**: eudiomètre *m*.

detonation – détonation *f* ; explosion *f*, *du moteur*. **detonation inhibitor**: inhibiteur de détonation, *antidétonant*. **detonation meter**: compteur de détonation, *système de détection et d'amplification électronique destiné à augmenter la précision de la mesure de l'aptitude à la détonation d'un carburant* ; détonomètre. **detonation velocity**: vitesse de détonation. **detonation wave**: onde de détonation ; onde explosive.

detonator – détonateur *m*.

detoxication – désintoxication *f* ; détoxication *f* ; élimination des impuretés d'un catalyseur.

detoxification – *voir detoxication*.

detrimental – nuisible ; préjudiciable.

detrital – détritique *(géol)*. **detrital deposit**: dépôt détritique ; sédiment clastique. **detrital lime**: calcaire détritique. **detrital remanent magnetization (DRM)**: aimantation rémanente détritique (ARD). **detrital rock**: roche détritique, *roche sédimentaire formé majoritairement de débris*. **detrital tuff**: tuf détritique.

detritus – détritus *m* ; matériel détritique *(géol)*.

deuteric – deutérique, *terme s'appliquant aux altérations subies par les roches ignées durant les derniers stades et en conséquence directe de la consolidation du magma*.

deuteride – deutérure *m*.

deuterium – deutérium *m*, *hydrogène lourd*. **deuterium oxide**: oxyde de deutérium.

deuterocompound – composé deutéré.

deuterogenic – deutogène *(pétro)*.

deuteron – deutéron *m*, *noyau de l'atome de deutérium*.

develop (to) – découvrir ; développer ; élaborer ; engendrer ; mettre au point ; produire ; révéler ; tracer.

developed – développé. **developed area**: zone pétrolière en exploitation, *voir aussi reserves*. **developed proven reserves**: réserves développées, *réserves prouvées par le forage des puits*.

developer – maître de l'ouvrage ; révélateur photographique.

developing – développement *m*. **developing country**: pays en développement ; pays en voie de développement (PVD). **developing tank**: bac de développement *(photo)*.

development – aménagement *m* ; développement *m* ; extension *f* ; mise au point ; mise en exploitation ; mise en valeur. **development drilling**: forage d'extension ; forage de développement. **development engineer**: ingénieur de mise au point. **development geophysics**: géophysique de gisement. **development of heat**: production de chaleur. **development of ports**: aménagement des ports. **development phase**: phase de développement, *dans la mise en valeur d'un gisement*. **development plan**: plan d'aménagement. **development stage**: stade de développement. **development survey**: sismique de gisement. **development well**: puits de développement, *puits foré dans un réservoir reconnu producteur*. **development work**: travail d'accès et de traçage.

deviant – aberrant.

deviate – déviation *f (stat)*.

deviate (to) – dévier ; s'écarter, *d'une valeur*.

deviated – dévié. **deviated well**: puits dévié ; sondage dévié.

deviating – divergent, *résultat*.

deviation – déroutement *m*, *d'un navire en cours de voyage* ; déviation *f* ; écart *m*. **deviation angle**: angle de déviation *(for)*. **deviation survey**: mesure de la déviation.

device – appareillage *m* ; dispositif *m* ; engin *m* ; moyen *m* ; organe *m*.

devitrification – dévitrification *f*.

devolution – décentralisation administrative ; dégénérescence *f*, *(biol)* ; dévolution *f*.

devolve (to) – s'ébouler.

Devonian – Dévonien *m*, *troisième période du Paléozoïque*.

dew – rosée *f, goutte d'eau ou plus généralement de liquide dans l'air.* **dew point**: point de rosée, *température d'apparition d'une goutte liquide dans une vapeur sèche qui est devenue saturante.* **dew-point boundary**: domaine limite de rosée. **dew-point composition**: composition au point de rosée. **dew-point curve**: courbe de rosée, *dans un diagramme PVT, ligne séparant le domaine gazeux du domaine gaz-liquide.* **dew-point depression**: abaissement du point de rosée. **dew-point formula**: formule pour déterminer le point de rosée. **dew-point hygrometer**: hygromètre du point de rosée. **dew-point meter**: appareil de mesure du point de rosée. **dew-point pressure**: pression de rosée. **dew-point recorder**: enregistreur du point de rosée. **dew-point reservoir**: *voir retrograde gas-condensate reservoir.* **dew-point spread**: gamme de rosée. **dew pond**: mare artificielle, *au sommet d'une colline, qui s'alimente de rosée.*

dewater (to) – assécher ; déshydrater.

dewatering – assèchement *m*; dénoyage *m (mine)* ; déshydratation *f, rassemblement d'eau répartie en fines particules* ; épuisement *m* ; exhaure *f.* **dewatering pump**: pompe d'assèchement. **dewatering screen**: tamis d'égouttage. **dewatering tank**: cuve de décantation ; cuve de déshydratation.

dewax (to) – déparaffiner, *débarrasser de cires.*

dewaxed – déparaffiné. **dewaxed lubricating oil**: huile lubrifiante déparaffinée. **dewaxed oil (DWO)**: déparaffinat *m* ; huile déparaffinée.

dewaxing – déparaffinage *m.*

dextran – dextrane *m, polysaccharide.* **dextran gel**: gel de dextrane, *xérogel utilisé en chromatographie.*

dextrorotatory – dextrogyre, *tournant à droite (opt).*

dezincification – dézingage *m.*

DF – *abrév. de derrick floor et de diesel fuel.*

DFDT – *abrév. de difluorodiphenyltrichloroethane, produit analogue au DDT.*

DGA – DGA, *abrév. de diglycolamine.*

DHI – *abbr. de direct hydrocarbon indicator.*

diabase – diabase *f (pétro)* ; dolérite *f.*

diablastic – diablastique, *structure de roche métamorphique.*

diachronic – diachronique. **diachronic analysis**: analyse diachronique.

diachronism – diachronisme *m, constance lithologique d'une couche sédimentaire dont l'âge varie selon les lieux.*

diachronous – diachrone, *diachronique.* **diachronous surface**: surface diachronique *(stratig).*

diaclase – diaclase *f (géol).*

diaclinal – diaclinal, *terme appliqué aux fleuves qui recoupent transversalement un pli.*

diagenesis – diagenèse *f, processus de transformation d'un dépôt sédimentaire en roche.*

diagenetic – diagénétique. **diagenetic trap**: piège diagénétique, *piège stratigraphique ayant pris naissance pendant le dépôt ou la diagenèse de la roche réservoir.* **diagenetic water**: eau diagénétique, *eau qui a changé chimiquement et physiquement avant, durant et après la diagenèse du dépôt sédimentaire.*

diagnosis – diagnose *f, définition courte mais complète d'un taxon* ; diagnostic *m.*

diagnostic – diagnostic *m* ; diagnostique. **diagnostic check**: diagnose *f, contrôle avec diagnostic* ; vérification *f.* **diagnostic fossil**: fossile caractéristique. **diagnostic mineral**: minéral symptomatique. **diagnostic routine**: diagnose *f*; programme de diagnostic, *ordinateur.*

diagonal – diagonal. **diagonal bedding**: stratification diagonale. **diagonal bracing**: croisillons *m.* **diagonal coast**: côte oblique. **diagonal fault**: faille diagonale, *faille oblique* ; rejet oblique *(géol).* **diagonal joint**: cassure diagonale. **diagonal rolling**: laminage diagonal, *(métal).*

diagram – courbe *f*; diagramme *m* ; figure *f*; schéma *m.* **diagram factor**: coefficient d'utilisation, *moteur à vapeur.*

diagrammatic – schématique.

dial – cadran *m.* **dial comparator**: comparateur à cadran. **dial gage**: jauge à cadran. **dial indicator**: indicateur à cadran. **dial lock**: serrure à secret. **dial manometer**: manomètre à cadran. **dial thermometer**: thermomètre à cadran.

dialog – *voir dialog mode.* **dialog mode**: mode conversationnel ; mode dialogué ; mode interactif.

dialysis – dialyse *f.*

dialyzate – dialysat *m.*

diamagnetic – diamagnétique. **diamagnetic material**: substance diamagnétique.

diamagnetism – diamagnétisme *m.*

diameter – diamètre *m.* **diameter of borehole circle**: diamètre de perçage. **diameter of the grains**: diamètre des particules. **diameter of the hole**: diamètre du trou. **diameter of the mouth**: diamètre de l'embouchure.

diamond – diamant *m* ; losange *m.* **diamond array**: dispositif en carré diagonal, *en losange (sism).* **diamond bit**: outil de forage à diamant. **diamond core drill**: carottier au diamant. **diamond core-drill samples**: échantillons de carottage au diamant. **diamond core drilling**: carottage au diamant. **diamond coring**: carottage au diamant. **diamond drill**: foret au diamant ; outil au diamant ; outil diamanté ; perforateur à diamant. **diamond drilling**: forage au diamant. **diamond drilling outfit**: équipement de forage au diamant. **diamond-head chisel**: burin à diamant, *employé pour le nettoyage des soudures.* **diamond pass**: cannelure quadrangulaire. **diamond point**: pointe de diamant. **diamond-point bit**: outil au diamant ; outil diamanté. **diamond rock-drill crown**: couronne à diamants. **diamond shaped**: en losange. **diamond spar**: corindon *m (minér).* **diamond switch**: aiguille de croisement ; croisement double. **diamond wire lattice**: treillage métallique en losange.

diaphragm – cloison *f*; diaphragme *m* ; membrane *f.* **diaphragm-actuated valve**: vanne actionnée par un diaphragme. **diaphragm cell**: cellule électrolytique à diaphragme. **diaphragm controller**: contrôleur à diaphragme. **diaphragm-motor operator**: opérateur d'une vanne pneumatique. **diaphragm pressure gage**: manomètre à diaphragme ; manomètre à plaque. **diaphragm pump**: pompe à membrane. **diaphragm-type pressure gage**: manomètre à membrane. **diaphragm valve**: robinet à diaphragme ; robinet à membrane ; soupape à diaphragme, *à membrane.*

diaphthoresis – diaphtorèse *f, rétromorphose.*

diapir – diapir *m, anticlinal dont les couches les plus internes ont percé l'enveloppe.* **diapir structure**: structure diapirique *(géol).*

diapiric – diapirique. **diapiric fold**: pli diapir, *voir diapir.*

diapirism – diapirisme *m, mécanisme de la formation des diapirs et des dômes de sel et, par extension, de l'ascension d'un magma par différence de densité.*

diapositive – diapositive *f (photo).*

diaschistic – diaschistique *(pétro).*

diasphaltene – diasphaltène *m.*

diaspore – diaspore *m (minér).*

diastem – diastème *m, petite interruption de sédimentation* ; lacune de sédimentation.

diastrophic – diastrophique.

diastrophism – diastrophisme *m, ensemble des dislocations et déformations subies par des couches postérieurement à leur dépôt et à leur consolidation.*

diathermanous – diathermane, *qui laisse passer la chaleur.*

diatom – diatomée *f, algue unicellulaire marine ou lacustre à coque siliceuse.* **diatom ooze**: boue à diatomées.

diatomaceous – à diatomées. **diatomaceous earth**: terre d'infusoires, *diatomite, farine fossile.* **diatomaceous mud**: vase à diatomées. **diatomaceous shale**: schiste à diatomées.

diatomite – diatomite *f, farine fossile, terre d'infusoires, tripoli, kieselguhr, roche sédimentaire presque entièrement formée de diatomées.*

diatreme – diatrème *f, cheminée volcanique (géol).*

diazomethane – diazométhane *m.*

diazotization – diazotation *f, réaction entre des amines aromatiques primaires et l'acide nitreux pour donner des composés diazoïques.*

dibasic – dibasique.

dibenzopyrrole – dibenzopyrrole *m, carbazole, fraction du goudron de houille.*

Dicalite – *dénomination de produits à base de diatomite.*

dichloride – bichlorure *m, sel ou ester différant des chlorures par sa plus forte teneur en chlore.*

dichlorobenzene – dichlorobenzène *m, trois isomères : ortho, méta, para.*

dichloroethane – dichloréthane *m (DCE), nom donné aux deux isomères : chlorure d'éthylidène et dichlorure d'éthylène.*

dichloroethylene – dichloréthylène *m, nom donné à trois isomères : dichlorure d'acétylène cis et trans et chlorure d'éthylidène.*

dichloromethane – dichlorométhane *m, chlorure de méthylène, méthane dichloré.*

dichroic – dichroïque. **dichroic mirror**: miroir dichroïque.

dichroism – dichroïsme *m (opt).*

dichromate – bichromate *m, sels acides formés par l'acide chromique.*

dickite – dickite *f, variété de kaolin.*

dictum – affirmation *f.*

dicyclopentadiene – dicyclopentadiène *m.*

didymium – didyme *m, terre rare, mélange de néodyme et de praséodyme.*

die – coussinet *m* ; dé *m* ; étampe *f* ; filière *f* ; matrice *f* ; peigne *m* ; poinçon *m* ; semelle *f.* **die cast**: coulé en coquille, *(métal)* ; matrice *f.* **die-cast alloy**: alliage coulé sous pression. **die collar**: cloche taraudée, *outil de repêchage (for).* **die head**: première tête, *de rivet* ; tête de pose. **die mark**: marque de matriçage. **die nipple**: taraud de repêchage. **die stamping**: matriçage *m* ; poinçonnage *m.* **die steel**: acier pour matrice.

die (to) – mourir, disparaître. **die (to) out**: coincer ; disparaître ; se terminer en coin.

dieldrin – dieldrine *f, insecticide.*

dielectric – diélectrique *m, matière mauvaise conductrice de l'électricité* ; diélectrique. **dielectric absorption**: absorption diélectrique. **dielectric breakdown**: rupture diélectrique. **dielectric constant**: constante diélectrique, *rapport entre la capacité d'un condensateur contenant un diélectrique et sa capacité à vide.* **dielectric current**: courant de fuite. **dielectric density**: densité de fuite. **dielectric dissipation factor**: facteur de dissipation diélectrique, *d'un matériau isolant.* **dielectric gradient**: gradient diélectrique. **dielectric loss**: perte diélectrique. **dielectric loss factor**: indice de pertes diélectriques. **dielectric permittivity**: *voir dielectric constant.* **dielectric polar elliptical polarization**: polarisation elliptique. **dielectric polarization**: polarisation diélectrique. **dielectric rigidity**: rigidité diélectrique. **dielectric strength**: rigidité diélectrique. **dielectric susceptibility**: susceptibilité diélectrique. **dielectric test**: essai diélectrique.

dielectrolysis – diélectrolyse *f.*

Diels – Diels. **Diels-Alder reaction**: réaction de Diels-Alder, *cycloaddition de composés diéniques, synthèse des aromatiques.*

diene – diène *m, dioléfine.* **diene number**: indice de diène, *mesure des doubles liaisons dans les acides gras.* **diene value**: *voir diene number.*

dienophile – diénophile *m, partenaire d'un diène conjugué dans une synthèse diénique (réaction de Diels-Alder).*

diesel – diesel *m, moteur diesel ou véhicule diesel.* **diesel-driven generating set**: groupe électrogène à diesel. **diesel-electric drilling rig**: appareil de forage diesel-électrique. **diesel-electric engine**: moteur diesel-électrique. **diesel-electric locomotive**: locomotive diesel-électrique. **diesel-electric rig**: appareil diesel-électrique, *appareil de forage avec un moteur diesel entraînant une génératrice électrique.* **diesel engine**: moteur diesel. **diesel-engine oil**: lubrifiant pour moteur diesel. **diesel fuel**: combustible diesel ; combustible pour moteur diesel. **diesel-fuel injector**: injecteur de combustible pour moteur diesel. **diesel generator**: groupe diesel. **diesel hammer**: marteau diesel. **Diesel Ignition Improvers (DII)**: *dénominations d'une série d'additifs pro-cétane.* **diesel index**: indice diesel, *utilisé pour classer les combustibles pour moteur diesel ; se calcule en multipliant le point d'aniline par la densité en degrés API et en divisant par 100.* **diesel knock**: cognement diesel. **diesel locomotive**: locomotive diesel. **diesel lubricating oil**: huile pour moteurs diesel. **diesel oil**: combustible pour diesel ; gasoil *m* ; huile diesel. **diesel-oil cement (DOC)**: ciment diesel, *mélange de ciment et de gasoil, généralement injecté sous pression pour réduire les venues d'eau dans un sondage.*

dieseling – autoallumage *m, moteur diesel.*

dieselization – diésélisation *f, application du moteur diesel à l'automobile.*

Diesulforming – *dénomination d'un traitement désulfurant des huiles diesel par hydrogénation.*

diethanolamine – diéthanolamine *f, DEA.*

diethyl – diéthyle *m.*

diethylene – diéthylène *m.* **diethylene glycol**: diéthylène glycol.

difference – différence *f.* **difference of two vectors**: différence géométrique.

differential – différentiel ; différentiel *m, plus value ou moins value dans l'affectation du prix d'un produit.* ; différentielle *f, d'une fonction (math).* **differential aeration**: aération différentielle. **differential-aeration cell**: pile d'aération différentielle. **differential bevel wheel**: planétaire de différentiel. **differential bit**: outil différentiel *(for).* **differential calculus**: calcul différentiel. **differential calorimetry**: calorimétrie différentielle. **differential chassis**: châssis différentiel. **differential coefficient**: dérivée *f.* **differential compaction**: compaction différentielle ; tassement différentiel. **differential controller**: appareil de contrôle différentiel. **differential converter**: convertisseur différentiel. **differential equation**: équation différentielle. **differential erosion**: érosion différentielle. **differential fill-up collar**: anneau de retenue à remplissage différentiel ; raccord de retenue à remplissage différentiel *(for).* **differential fill-up shoe**: sabot à remplissage différentiel, *sabot de retenue à remplissage différentiel.* **differential flotation**: flottation différentielle, *ou sélective.* **differential galvanometer**: galvanomètre différentiel. **differential gas liberation**: vaporisation différentielle du gaz, *dégagement du gaz formé au point de bulle qui ne reste pas en contact de l'huile dans le réservoir.* **differential gear**: différentiel *m* ; engrenage différentiel. **differential-gear housing**: carter du différentiel. **differential geometry**: géométrie différentielle. **differential hoist**: palan différentiel. **differential liberation**: détente différentielle. **differential manometer**: manomètre différentiel. **differential normal moveout (DNMO)**: différentiel de delta-t ; écart d'indicatrice *(sism).* **differential pinion**: pignon satellite. **differential pressure**: pression différentielle, *différence entre les pressions de deux fluides.* **differential-pressure gage**: jauge à pression différentielle. **differential-pressure instrument**: instrument à pression différentielle. **differential-pressure sticking**: coincement par pression différentielle ; collage par pression différentielle, *de la garniture de forage par le cake de filtration par suite d'une distribution non uniforme de la pression autour des tiges de forage.* **differential steam calorimeter**: calorimètre différentiel de vapeur. **differential stretch**: allongement différentiel. **differential-temperature survey**: mesure de la température différentielle. **differential thermal analysis (DTA)**: analyse thermique différentielle (ATD). **differential thermogravimetry**: thermogravimétrie différentielle. **differential weathering**: désagrégation sélective *(géol).* **differential weathering correction**: correction relative de zone altérée ; écart de correction de zone altérée *(sism).* **differential windlass**: treuil chinois.

differentiated – différencié *(pétro).* **differentiated dike**: dyke différencié *(géol).*

differentiation – dérivation *f* ; différenciation *f (pétro)* ; différentiation *f (math).*

diffluence – diffluence *f, d'un glacier.* **diffluence step**: gradin de diffluence.

diffracted – diffracté. **diffracted reflection**: réflexion diffractée. **diffracted wave**: onde diffractée.

diffraction – diffraction *f.* **diffraction camera**: chambre de diffraction. **diffraction curve**: courbe de diffraction. **diffraction function**: sinus cardinal. **diffraction grating**: réseau de diffraction. **diffraction knot**: foyer de diffraction ; noeud de diffraction. **diffraction overlay**: abaque de diffraction. **diffraction spectrum**: spectre de diffraction. **diffraction stack**: migration par méthode de Kirchhoff *(sism)* ; migration suivant les diffractions *(sism).* **diffraction surface**: surface de diffraction.

diffractogram – diffractogramme *m.*

diffractometry – diffractométrie *m, pour l'analyse des cristaux.*

diffuse – diffus. **diffuse front**: front diffus *(météo).* **diffuse pollution**: pollution diffuse. **diffuse reflection**: réflexion diffuse.

diffused – diffusé. **diffused junction**: jonction diffuse *(élec).* **diffused-junction semiconductor detector**: détecteur semiconducteur à jonction diffuse. **diffused lighting**: éclairage diffus.

diffuser – diffuseur *m* ; divergent *m, brûleur.*

diffusiometer – diffusiomètre *m.*

diffusion – diffusion *f.* **diffusion area**: aire de diffusion. **diffusion chamber**: chambre de diffusion. **diffusion coefficient**: coefficient de diffusion. **diffusion equation**: équation de diffusion. **diffusion factor**: facteur de diffusion. **diffusion flame**: flamme de diffusion. **diffusion-flame burner**: brûleur à flamme de diffusion. **diffusion length**: longueur de diffusion. **diffusion potential**: *voir liquid-junction potential.* **diffusion pump**: pompe à diffusion.

diffusiveness – diffusibilité *f.*

diffusivity – diffusivité *f.* **diffusivity test**: essai de diffusivité, *observation des pressions dans les puits à diverses époques au cours d'essais à débit constant ou variable* ; test de diffusivité.

dig (to) – creuser ; extraire ; fouiller.

digester – digesteur *m.*

digestion – digestion *f, traitement anaérobique des boues.*

digger – excavateur *m* ; foreur *m, terme ancien* ; mineur *m* ; tige de commande des soupapes, *moteur à combustion interne.*

digging – creusement *m* ; excavation *f* ; fouille *f.*

diggings – ouvrages souterrains.

digit – chiffre *m (math)* ; touche *f.*

digital – numérique. **digital clipping**: écrêtage numérique. **digital coder**: codeur numérique. **digital coding**: codage numérique. **digital computer**: calculateur numérique ; ordinateur numérique. **digital control**: commande numérique. **digital correlation**: corrélation numérique. **digital display**: affichage numérique. **digital filter**: filtre numérique. **digital filter box**: convolueur *m.* **digital**

filtering: filtrage numérique. **digital hardware**: matériel de traitement numérique. **digital image**: image numérique. **digital image processing**: traitement d'image numérique. **digital input**: entrée digitale ; entrée numérique. **digital measuring instrument**: appareil de mesure à affichage digital. **digital plotter**: traceur numérique. **digital recording**: enregistrement numérique. **digital terrain model (DTM)**: modèle numérique de terrain (MNT). **digital-to-analog conversion**: conversion de numérique en analogique. **digital-to-analog converter**: convertisseur numérique-analogique.

digitize (to) – numériser, *à utiliser de préférence à digitaliser.*

digitized – numérisé. **digitized image**: image numérisée.

digitizer – numériseur *m.*

digitizing – digitalisation *f*; numérisation *f.* **digitizing error**: erreur de conversion.

diglycolamine – diglycolamine *f (DGA) solvant d'adoucissement du gaz.*

DII – *abrév. de Diesel Ignition Improvers.*

diisocyanate – diisocyanate *m, utilisé pour la synthèse des polyuréthanes.*

diisopropanolamine – diisopropanolamine *f (DIPA) solvant d'adoucissement du gaz.*

diisopropylbenzene – diisopropylbenzène *m.*

dike – digue *f*; dyke *m, veines de roches éruptives pénétrant dans des fissures du sol et formant une arête à la surface du sol quand elles sont dégagées par l'érosion* ; endiguement *m* ; filon *m* ; fossé *m.* **dike mole**: digue. **dike rock**: roche filonienne, *enrochement.* **dike swarm**: essaim de dykes ; réseau de dykes.

dil. – *abrév. de dilute.*

dilatability – dilatabilité *f*; expansibilité *f.*

dilatancy – dilatance *f, propriété de certains corps d'augmenter de volume sous l'action de contraintes de cisaillement*; foisonnement *m.*

dilatation – dilatation *f.* **dilatation coefficient**: coefficient de dilatation. **dilatational wave**: onde de dilatation, *onde P.*

dilatometer – dilatomètre *m.*

dilatometry – dilatométrie *f.*

diluent – diluant *m.* **diluent gas**: gaz diluant.

dilute – dilué. **dilute phase**: phase diluée. **dilute solution**: solution diluée.

dilute (to) – diluer ; étendre, *diminuer la concentration d'un liquide.*

diluted – dilué. **diluted LP-gas**: gaz de pétrole liquéfié dilué, *mélange constitué principalement de butane et de propane dilués par de l'air.*

dilution – dilution *f.* **dilution constant**: constante de dilution. **dilution of crankcase oils**: dilution des huiles carter. **dilution of motor oil**: dilution de l'huile moteur, *avec du carburant non brûlé provenant de la chambre de combustion.* **dilution ratio**: taux de dilution, *essai de solubilité des gommes et de la nitrocellulose dans les solvants.* **dilution test**: essai de dilution, *essai pour la détermination du pourcentage de diluant contenu dans un échantillon d'huile.* **dilution thinning**: perte de viscosité par dilution.

diluvial – diluvien *(géol).* **diluvial sand**: sable diluvien.

diluvium – diluvium *m, désuet (géol).*

dim – faible, *lumière* ; terne ; trouble. **dim spot**: affaiblissement (anormal) d'amplitude, *d'un événement sismique* ; point sombre *(contraire de bright spot).*

dimension – cote *f*; dimension *f.*

dimensional – dimensionnel. **dimensional analysis**: analyse dimensionnelle. **dimensional map**: carte en relief. **dimensional requirement**: cote spécifiée. **dimensional stability**: stabilité dimensionnelle.

dimensioned – dimensionné.

dimensioning – dimensionnement *m.*

dimensionless – sans dimension. **dimensionless group**: grandeur sans dimension. **dimensionless number**: nombre sans dimension. **dimensionless quantity**: grandeur sans dimension. **dimensionless time function**: fonction de temps réduit. **dimensionless unit**: unité réduite.

dimer – dimère *m (polymère).*

dimerization – dimérisation *f (chim).*

Dimersol – Dimersol, *dénomination d'un procédé de dimérisation du propylène.*

dimethyl – diméthyle *m.* **dimethyl ether**: diméthyléther *m, oxyde de diméthyle, éther méthylique.* **dimethyl terephthalate (DMT)**: téréphtalate de méthyle, *fibre synthétique.*

dimethylacetamide – diméthylacétamide *m, utilisé comme agent en distillation extractive.*

dimethylamine – diméthylamine *f (DMA).*

dimethylaminoethanol – diméthylaminoéthanol *m, diméthyléthanolamine.*

dimethylbutane – diméthylbutane *m.*

dimethylformamide – diméthylformamide *m (DMF).*

dimethylketone – diméthylcétone *f, acétone.*

dimethyl-sulfoxide – diméthylsulfoxyde *m (DMSO) diméthylsulfinone, utilisé comme solvant polaire, antigel.*

dimmer – gradateur *m, interrupteur à gradation de lumière.*

dimorphism – dimorphisme *m.*

dimorphous – dimorphe.

dimple – creux d'épaule, *d'un outil de forage* ; lentille *f (géol)* ; loupe *f, anomalie de vitesse superficielle.*

Dinantian – Dinantien *m, étage du Carbonifère.*

dinghy – canot *m* ; radeau *m.*

dingle – vallon *m.*

dinitrotoluene – dinitrotoluène *m, intermédiaire de synthèse organique.*

dinoflagellate – dinoflagellé *m, microfossile.*

Dinoseis – *dénomination d'une source sismique terrestre.*

diode – diode *f.* **diode error**: erreur de diode, *erreur due à la cartouche électronique, dans les diagraphies électriques.*

diolefin – dioléfine *f, diène, oléfine ayant deux doubles liaisons.* **diolefin hydrocarbon**: hydrocarbure dioléfinique. **diolefin series**: série dioléfinique.

diopter – dioptrie *f, unité de vergence d'un système optique.*

diorite – diorite *f, roche magmatique plutonique.*

dioxane – dioxane *m, ou dioxanne, diéthylène dioxyde.*

dioxide – dioxyde *m, bioxyde.*

dioxin – dioxine *f, tétrachlorodibenzo-dioxine, TCDD, hydrocarbure aromatique chloré très toxique.*

dip – bain d'immersion ; creux *m* ; inclinaison *f*; pendage *m* ; pente *f*; trempe *f.* **dip angle**: angle de dépression, *à l'horizon* ; angle de pendage, *angle que fait la ligne de plus grande pente d'une couche plane avec un plan horinzontal.* **dip-arrow map**: carte schématique, *utilisée en forage et montrant la position approximative des structures.* **dip at high angles**: fort pendage. **dip brazing**: brasage au bain. **dip circle**: boussole d'inclinaison. **dip fault**: faille conforme ; faille transversale. **dip filter**: *voir velocity filter* ; filtre en pendage *(élec)*. **dip filtering**: filtrage en vitesse apparente *(sism)*. **dip fold**: pli plongeant *(géol)*. **dip in a curve**: dépression de l'horizon ; flèche *f*; inflexion dans une courbe. **dip line**: profil de pente ; profil perpendiculaire à la direction des couches. **dip log**: enregistrement du pendage. **dip logging**: pendagemétrie *f, mesure de pendage dans les sondages.* **dip map**: carte de pendage. **dip moveout (DMO)**: delta-t dû au pendage, *partie du delta-t qui est due au pendage du miroir.* **dip needle**: aiguille d'inclinaison. **dip of the needle**: inclinaison magnétique. **dip pipe**: siphon renversé ; tuyau plongeur de barillet. **dip plating**: dépôt au trempé. **dip-plotting machine**: machine à restituer les pendages. **dip resolution**: calcul du pendage vrai ; résolution en pendage. **dip reversal**: plongement inverse, *contre-pendage.* **dip rod**: *voir dipstick.* **dip scan**: balayage en pendage. **dip shift**: rejet en profondeur *(géol)*. **dip shooting**: tir au pendage. **dip slip**: projection du rejet net d'une faille *(voir net slip) sur la ligne de plus grande pente du plan de faille* ; rejet incliné, *d'une faille.* **dip-slip fault**: faille d'effondrement. **dip slope**: inclinaison du pendage ; pendage pente ; revers *m (géomorph)*. **dip spectrum**: histogramme des pendages. **dip throw**: composante de l'angle, *mesurée parallèlement à l'inclinaison du filon.* **dip trap**: coupe-air *m* ; siphon *m.* **dip tube**: tube plongeur. **dip valley**: vallée inclinée. **dip vector**: flèche de pendage. **dip view**: projection horizontale.

dip (to) – affleurer ; baisser ; décaper ; s'incliner ; nettoyer ; plonger ; tremper. **dip (to) in oil**: barboter dans l'huile. **dip (to) up**: creuser ; découvrir ; écoper ; puiser.

DIPA – DIPA, *abrév. de diisopropanolamine.*

dipentene – dipentène *m.*

diphenyl – biphényle *m, phénylbenzène* ; diphényl, *préfixe indiquant la présence de deux radicaux phényles dans une molécule.* **diphenyl oxide**: oxyde de diphényle.

diphenylacetylene – diphénylacétylène *m, diphényléthyne, tolane.*

diphenylamine – diphénylamine *f, phénylaniline.*

diphenylethylene – diphényléthylène *m, stilbène.*

diphenylmethane – diphénylméthane *m, benzylbenzène.*

diploid – diploèdre *m (crist)*.

diplomatic – diplomatique. **diplomatic copy**: copie exacte de l'original.

dipmeter – pendagemètre *m.* **dipmeter log**: pendagemétrie *f.*

dipolar – dipolaire. **dipolar bond**: liaison dipolaire. **dipolar ion**: ion dipolaire, *voir aussi zwitterion.*

dipole – dipôle *m.* **dipole field**: champ dipôle, *champ magnétique équivalent au champ que créerait un aimant placé au centre de la terre.* **dipole moment**: moment dipolaire.

dipper – godet de pelle mécanique. **dipper dredge**: pelle mécanique.

dipping – décapage *m* ; décrochage *m* ; immersion *f*; inclinaison *f*; incliné ; jaugeage *m, de la hauteur d'huile dans un réservoir à l'aide d'un ruban d'acier ou d'une baguette de jaugeage* ; pentu ; plongeant ; plongement *m* ; trempe *f.* **dipping bed**: lit incliné. **dipping compass**: boussole d'inclinaison. **dipping fault**: faille inclinée. **dipping fold**: pli plongeant. **dipping microscope**: microscope à immersion. **dipping needle**: aiguille d'inclinaison. **dipping reflector**: réflecteur incliné. **dipping refractometer**: réfractomètre à immersion. **dipping rod**: réglette de jaugeage ; baguette de sourcier. **dipping stratum**: couche inclinée. **dipping tank**: bassin d'immersion. **dipping toward**: incliné vers, *ayant un pendage vers...*

dipropenyl – dipropényle *m, hexadiène-2,4.*

dipropylene – dipropylène *m, voir dipropenyl.* **dipropylene glycol**: dipropylène glycol, *glycol dipropylénique.*

dipropylmethane – *voir heptane.*

dipropyloctane – dipropyloctane *m.*

dips – liqueurs corrosives.

dipstick – jauge *f, de voiture* ; pige de niveau d'huile ; réglette *f.*

dipyramidal – bipyramidal. **dipyramidal quartz**: quartz bipyramidal.

dipyre – dipyre *m, variété de scapolite (minér)*.

dipyrization – scapolitisation *f (géol)*.

Dirac – Dirac. **Dirac comb**: peigne de diracs. **Dirac equation**: équation de Dirac. **Dirac function**: dirac *m, ou fonction de Dirac* ; distribution delta ; fonction impulsion. **Dirac matrix**: matrice de Dirac.

direct – direct. **direct access**: accès direct. **direct-acting**: à action directe ; automatique. **direct-acting pump**: pompe à action directe. **direct-action pressure reducer**: détendeur à action directe. **direct-arc furnace**: four à arc direct. **direct casting**: coulée de première fusion. **direct circulation**: circulation directe. **direct connection**: liaison directe. **direct contact**: contact direct. **direct cost**: coût direct. **direct coupled**: monté en direct ; en prise directe. **direct current (DC)**: courant continu. **direct-current generator**: générateur de courant continu. **direct-current motor**: moteur à courant continu. **direct-current transformer**: redresseur de courant ; transformateur de courant continu. **direct digital control (DDC)**: contrôle numérique direct. **direct-discharge bucket loader**: chargeuse à godets de déversement direct. **direct drive**: commande directe. **direct energy conversion**: conversion directe de l'énergie. **direct expansion**: dilatation *f*; expansion directe. **direct-feed evaporator**: évaporateur à injection directe. **direct fire**: feu continu. **direct-fired boiler**: chaudière à flamme directe. **direct-fired oil heater**: chaudière à flamme nue alimentée au mazout. **direct hydrocarbon indicator (DHI)**: indice de présence d'hydrocarbure, *toute mesure indiquant la présence ou* *l'absence d'une accumulation de pétrole ou de gaz (point brillant, réflexion sur plan d'eau, AVO, etc.)*. **direct hydrocarbon detection**: détection directe des hydrocarbures, *mode de recherche basé sur le fait que l'impédance acoustique d'une formation contenant des hydrocarbures est différente de celle qu'elle aurait été en leur absence*. **direct-indicating viscometer**: viscosimètre à lecture directe. **direct-injected diesel**: diesel à injection directe. **direct injection**: injection directe. **direct-injection stratified-charge (DISC) engine**: moteur à charge stratifiée à injection directe. **direct leveling**: nivellement direct. **direct memory access**: accès direct en mémoire. **direct modeling**: modélisation directe. **direct positive**: positif direct *(photo)*. **direct problem**: problème direct. **direct proportionality**: raison directe *(math)*. **direct reading**: à lecture directe. **direct recording**: enregistrement direct. **direct-reduction process**: réduction directe, *du minerai de fer*. **direct reflection**: réflexion directe. **direct refrigeration**: refroidissement continu. **direct sale**: vente directe. **direct shot**: tir direct, *quand on enregistre dans deux directions opposées sur un même profil de sismique réfraction, l'un des deux ensembles de tirs est dit direct, l'autre inverse*. **direct wave**: onde directe.

direction – direction *f*; directive *f*; indication *f*; orientation *f*; sens *m*. **direction finder**: radiogoniomètre *m*. **direction-finding method**: méthode par repérage des directions *(géoph)*. **direction indicator**: clignotant *m*. **direction of current**: sens du courant. **direction of dip**: direction du pendage ; orientation des couches. **direction of flow**: sens du débit. **direction of groundwater flow**: sens du courant. **direction of propagation**: direction de propagation. **direction of strata**: direction des couches, *voir strike*. **direction of the angle of deviation**: sens de l'angle de déviation. **direction of the trend**: direction de l'axe des gisements.

directional – directionnel ; dirigé ; orienté. **directional antenna**: antenne directive. **directional borehole deviation**: déviation dirigée des sondages. **directional charge**: charge directionnelle. **directional drilling**: forage dirigé, *forage d'un puits destiné à atteindre un objectif situé dans un emplacement directement inaccessible, ou à multiplier les puits à partir d'un forage initial*. **directional-drilling tool**: outil de forage dirigé. **directional radio beacon**: radioalignement *m*. **directional scanning**: balayage directionnel. **directional survey**: mesure de déviation. **directional transmission**: transmission dirigée. **directional valve**: vanne guide. **directional well**: puits dirigé.

directions – instructions *f*.

directivity – directivité *f*, *propriété d'un transducteur de concentrer la puissance rayonnée au voisinage d'un axe*. **directivity graph**: diagramme de directivité.

directory – annuaire *m* ; livre d'adresses ; répertoire *m*.

directrix – directrice *f*, *d'une conique (math)*.

dirt – boue stérile ; crasse *f*; curure *f*, *boue retirée par curage* ; déblais *m* ; impuretés *f*; remblai *m* ; saleté *f*; salissure *f*. **dirt band**: bande boueuse, *glaciers* ; intercalation stérile ; passée stérile. **dirt bed**: intercalation stérile ; lit de saletés, *dans une roche ou un sol*. **dirt road**: chemin en terre battue. **dirt track**: piste cendrée.

dirty – argileux, *s'emploie surtout pour les sables* ; encrassé ; noir, *employé dans le transport des produits pétroliers laissant un résidu noir (huile brute, fuel, asphaltes, etc.)* ; sale ; souillé. **dirty ballast**: ballast sale. **dirty formation**: formation argileuse *(diag)*. **dirty-oil tanker**: pétrolier pour produits noirs. **dirty-oil vessel**: navire à produits noirs ; réservoir à produits noirs, *stockage*. **dirty products**: produits noirs. **dirty sand**: *voir shaly sand*. **dirty ship**: *voir dirty-oil tanker*. **dirty weather**: gros temps ; sale temps.

disability – incapacité de travail, *due à un accident* ; invalidité *f*. **disability pension**: pension d'invalidité.

disable (to) – mettre hors de service.

disablement – invalidité *f*. **disablement insurance**: assurance invalidité, *ou d'invalidité*.

disadjustment – déréglage *m* ; malajustement *m*.

disaffirm (to) – annuler ; casser, *un jugement* ; dénoncer, *un contrat*.

disaggregation – désagrégation *f*.

disalignment – désalignement *m*.

disappearing – disparaissant. **disappearing-filament pyrometer**: pyromètre à disparition de filament optique.

disarm (to) – désarmer.

disassemble (to) – démonter ; désassembler.

disassembly – démontage *m*.

disaster – calamité *f*; catastrophe *f*; désastre *m* ; sinistre *m*. **disaster site**: lieu de la catastrophe.

disbursement – versement *m*.

disc – *voir disk*.

DISC – *abrév. de direct-injection stratified-charge*.

discard (to) – mettre au rebut, *une machine*.

discharge – acquit *m* ; congédiement *m* ; débit *m* ; décharge *f*; déchargement *m* ; dépotage *m* ; déversement *m* ; écoulement *m* ; évacuation *f*; quittance *f*; refoulement *m* ; rejet *m* ; renvoi *m*. **discharge air**: air de refoulement. **discharge air shaft**: puits de ventilation. **discharge at sea**: rejet en mer. **discharge box for the mud screen**: boîte de décharge pour écran à boues. **discharge chamber**: chambre de décharge. **discharge coefficient**: coefficient de décharge. **discharge controller**: contrôleur de décharge. **discharge end of pump**: refoulement d'une pompe. **discharge fitting**: raccordement de vidange. **discharge flange**: bride de refoulement. **discharge gage**: manomètre de refoulement. **discharge head**: hauteur d'élévation, *d'une pompe* ; hauteur de refoulement. **discharge hydrograph**: courbe des débits. **discharge lamp**: lampe à décharge. **discharge line**: ligne de décharge ; tuyau de refoulement. **discharge of a river**: débit d'un fleuve. **discharge of a shot**: décharge d'un tir. **discharge pipe**: tuyau d'évacuation ; tuyau de décharge. **discharge port**: lumière de décharge ; lumière de refoulement. **discharge pressure**: pression de refoulement, *à la sortie*. **discharge pump**: pompe de refoulement. **discharge piping**: collecteur de refoulement. **discharge rate of battery**: régime de décharge d'accumulateur. **discharge ratio**: rapport d'échappement. **discharge spark**: étincelle de décharge. **discharge temperature**: température de refoulement. **dis-**

charge terminal: station de déchargement. **discharge tube**: tube à décharge *(élec)*. **discharge valve**: clapet de refoulement, *d'un compresseur, d'une pompe* ; soupape de décharge.
discharge (to) – congédier ; décharger ; déverser ; rejeter.
discharged – déchargé ; dégagé ; éliminé ; évacué.
discharging – déchargement *m.* **discharging crane**: grue de transbordement.
disclaimer – désistement *m* ; renonciation *f*; déni de responsabilité.
discoid – discoïde, *en forme de disque.*
discoloring – décoloration *f.*
disconformity – discordance d'érosion, *par opposition à discordance angulaire : unconformity* ; discordance de ravinement.
disconnect (to) – couper ; débrancher un appareil ; débrayer ; interrompre ; mettre hors circuit ; séparer.
disconnected – épars ; mis hors circuit ; isolé. **disconnected circuit**: circuit interrompu.
disconnecting – déconnexion *f.* **disconnecting hook**: crochet de débrayage. **disconnecting switch**: disjoncteur *m* ; sectionneur *m.*
disconnection – débranchement *m* ; débrayage *m* ; déconnexion *f*; disjonction *f*; rupture *f.*
disconnector – disjoncteur *m.*
discontinuity – discontinuité *f.* **discontinuity surface**: surface de discontinuité.
discontinuous – discontinu ; intermittent. **discontinuous bedding**: stratification discontinue. **discontinuous deformation**: déformation discontinue. **discontinuous phase**: *voir disperse phase.*
discordance – discordance *f*, *disposition stratigraphique où les couches transgressives et les couches transgressées ont des inclinaisons très différentes.*
discordant – discordant. **discordant bedding**: stratification discordante. **discordant hanging junction**: confluent discordant. **discordant igneous body**: corps igné discordant. **discordant injection**: intrusion discordante.
discount – rabais *m.* **discount allowance**: rabais d'impôt. **discount factor**: coefficient d'actualisation. **discount rate**: taux d'actualisation, *taux fixé par le décideur, correspondant au rendement qu'il entend obtenir de son capital pour accepter de s'en priver dans l'immédiat.*
discount (to) – escompter ; faire un escompte ; négliger, *ne pas tenir compte* ; rejeter. **discount (to) a draft**: escompter une traite.
discounted – actualisé. **discounted cash flow (DCF)**: bénéfice actualisé ; valeur actuelle nette (VAN). **discounted-cash-flow (DCF) method**: méthode d'actualisation des flux financiers. **discounted cost**: coût actualisé. **discounted production**: production actualisée. **discounted rate of return**: taux de rentabilité interne (TRI). **discounted return**: bénéfice actualisé.
discounting – actualisation *f*, *opération consistant à comparer un flux monétaire à venir à un flux monétaire présent.*
discovered – découvert.
discoverer – inventeur *m.*
discovery – découverte *f.* **discovery claim**: revendication de découverte ; revendication de recherche. **discovery of petroleum**: découverte de pétrole. **discovery well**: puits de découverte, *premier puits foré sur un gisement.* **discovery-well allowable**: quota de production sur les puits de découverte. **discovery work**: travaux de découverte, *travaux d'exploration qui ont conduit à une découverte.*
discrepancy – désaccord *m* ; différence *f*; discrépance *f*; divergence *f*; écart *m.* **discrepancy switch**: commutateur à discordance.
discrete – discret. **discrete variable**: variable discrète *(stat)*.
discretization – discrétisation *f.* **discretization error**: erreur de discrétisation.
discretized – discrétisé.
discriminant – discriminant *m (math)*. **discriminant analysis**: analyse discriminante *(math)*. **discriminant function**: fonction discriminante *(math)*.
discrimination – discrimination *f*; mobilité *f*, *d'un appareil de mesure.* **discrimination threshold**: seuil de mobilité, *la plus petite variation d'un signal d'entrée qui provoque une variation perceptible d'un instrument de mesure.*
discriminator – discriminateur *m (élec)*.
disease – mal *m* ; maladie *f.*
disengage (to) – débrayer ; se dégager.
disengagement – désengagement *m* ; séparation *f*, *de deux objets.*
disengaging – débrayage *m* ; dégagement *m* ; désengrenage *m.* **disengaging clutch**: manchon mobile, *d'appareil de débrayage.* **disengaging coupling**: accouplement débrayable. **disengaging drum**: bac de dégagement, *récipient utilisé pour la séparation rapide des gaz-liquide ou liquide-liquide, se distingue du bac de décantation par la durée de l'opération.* **disengaging lever**: levier de débrayage ; levier de déclenchement.
disequilibrium – déséquilibre *m.*
disestablish (to) – mettre fin aux activités.
dish – coupelle *f*; creuset *m* ; cuvette *f*; récipient *m.* **dish-bottom tank**: réservoir à fond concave, *stockage.*
disharmonic – disharmonique, *qualifie les couches contiguës qui se sont plissées différemment au cours d'une même phase tectonique.* **disharmonic fold**: pli disharmonique. **disharmonic folding**: disharmonie *f*; disharmonie de plissement, *plissement de deux couches de façon différente au cours d'une même phase tectonique, et généralement impliquant la présence de surfaces de décollement.* **disharmonic movement**: mouvement disharmonique. **disharmonic system**: système disharmonique.
dished – incurvé ; ventru ; bombé ; en cuvette. **dished bottom**: fond bombé, *d'un réservoir* ; fond embouti. **dished end**: *voir dished bottom ou dished head.* **dished head**: fond embouti, *fond bombé convexe ou concave utilisé pour les réservoirs.* **dished plate**: tôle emboutie ; tôle ondulée. **dished wheel**: roue désaxée.
dishing – emboutissage d'un fond. **dishing press**: presse à emboutir.
disincrustant – désincrustant *m.*
disinfectant – désinfectant *m.*
disintegrate (to) – se décomposer ; se désagréger ; désintégrer ; se détruire.

disintegrated – désintégré. **disintegrated granite**: granite désagrégé. **disintegrated rock**: roche désagrégée.
disintegration – désintégration *f*. **disintegration energy**: énergie de désintégration. **disintegration of a drill core**: désintégration d'une carotte de forage. **disintegration rate**: taux de désintégration.
disintegrator – broyeur *m* ; concasseur *m* ; désintégrateur *m (méc)* ; pulvérisateur *m*.
disinvestment – désinvestissement *m*.
disjunction – disjonction *f* ; séparation *f*.
disk – disque *m* ; lentille *f* ; opercule *m*, *de vanne* ; plateau *m* ; rond *m* ; rondelle *f*. **disk and-doughnut**: disque et anneau, *dispositif de chicane dans une colonne de fractionnement, ou dans un échangeur constitué par des disques et des anneaux alternés*. **disk bit**: trépan à disques. **disk brake**: frein à disque. **disk cam**: came à disque. **disk centrifuge**: centrifugeuse à assiettes. **disk clutch**: embrayage à disques ; embrayage à plateaux. **disk controller**: contrôleur de disque *(ordinateur)*. **disk crank**: manivelle à disque. **disk crusher**: broyeur à plateau. **disk drive**: unité de disque *(ordinateur)*. **disk engine**: moteur à disque. **disk fan**: ventilateur à aubes. **disk filter**: filtre à disque. **disk hydrophone**: hydrophone à disques ; hydrophone à pastilles. **disk mill**: moulin à disques. **disk-operating system (DOS)**: système d'exploitation sur disques (DES) *(ordinateur)*. **disk plate**: plateau *m*. **disk recorder**: enregistreur sur disque. **disk skimmer**: récupérateur à disque. **disk spring**: ressort à disque. **disk storage**: mémoire à disque. **disk valve**: clapet à disque.
diskette – disque souple ; disquette *f*.
dislocation – dislocation *f (cristal)*. **dislocation breccia**: brèche de faille. **dislocation metamorphism**: métamorphisme de dislocation. **dislocation mountain**: montagne de dislocation.
dismantle (to) – démanteler ; démonter, *un appareil*.
dismantling – démantèlement *m* ; démontage *m* ; désarmement *m*. **dismantling flange**: anneau amovible. **dismantling report**: rapport de démontage, *signalant qu'une pièce de l'équipement doit être démontée et rayée de l'inventaire*. **dismantling to move (DTM)**: démontage avant déménagement *(for)*.
dismiss (to) – congédier.
dismount (to) – démonter.
dismounted – démonté.
disparity – différence *f* ; écart *m*.
dispatch – expédition *f*. **dispatch center**: centre de répartition, *pipeline*. **dispatch department**: service d'expédition. **dispatch money**: prime de célérité. **dispatch sheet**: feuille d'expédition.
dispatch (to) – expédier ; répartir ; transmettre.
dispatcher – répartiteur *m*, *employé responsable du mouvement des produits envoyés dans un pipeline*.
dispatching – acheminement *m* ; répartition *f*.
dispel (to) – chasser ; dissiper.
dispense (to) – débiter ; distribuer ; fournir.
dispenser – distributeur automatique.
dispersal – dispersion *f*. **dispersal route**: route d'évacuation.
dispersant – additif dispersant ; dispersant *m*.
disperse – dispersé. **disperse particles**: particules dispersées, *d'un système colloïdal*. **disperse phase**: phase dispersée.
dispersed – dispersé. **dispersed element**: élément dispersé *(géochim)*. **dispersed flood**: injection répartie *(prod)*. **dispersed gas injection**: injection de gaz répartie *(prod)*.
dispersibility – dispersibilité *f*.
dispersing – dispersif. **dispersing agent**: additif dispersant ; agent de dispersion ; antifloculant *m*, *voir aussi emulsifying agent et deflocculating agent* ; dispersant *m*. **dispersing power**: pouvoir dispersant.
dispersion – dispersion *f*, *variation de la vitesse de propagation en fonction de la fréquence*. **dispersion additive**: additif dispersant. **dispersion agent**: agent de dispersion. **dispersion curve**: courbe de dispersion. **dispersion electroscope**: électroscope à dispersion. **dispersion force**: force de dispersion, *des molécules*. **dispersion medium**: milieu dispersant. **dispersion of energy**: dispersion de l'énergie.
dispersive – dispersif. **dispersive filter**: filtre de déphasage. **dispersive medium**: milieu dispersif, *milieu dans lequel la vitesse de phase dépend de la fréquence*. **dispersive power**: pouvoir de dispersion *(opt)* ; pouvoir dispersif.
disphotic – disphotique. **disphotic zone**: zone disphotique, *zone de faible luminosité, se situant à des profondeurs marines allant de 200 à 400 m*.
displaced – déplacé. **displaced fossil**: fossile remanié. **displaced mass**: masse charriée.
displacement – chasse *f*, *lors d'une cimentation* ; décalage *m* ; déplacement *m* ; dislocation *f* ; glissement *m* ; rejet *m* ; volume d'encombrement, *volume déplacé par minute par un compresseur, une pompe*. **displacement chromatography**: chromatographie de déplacement. **displacement current**: courant de déplacement. **displacement efficiency**: efficacité de déplacement, *rapport du volume d'hydrocarbures effectivement déplacé au volume initialement présent dans la zone considérée*. **displacement factor**: coefficient de déplacement. **displacement fan**: ventilateur statique. **displacement logging**: diagraphie par déplacement différentiel, *de l'huile et de l'eau pour l'étude de la zone envahie*. **displacement of oil in porous media**: déplacement de l'huile en milieu poreux. **displacement on a fault**: déplacement sur une faille. **displacement pickup**: capteur de déplacement. **displacement plunger**: plongeur par déplacement. **displacement pressure**: pression de déplacement, *pression minimale nécessaire pour déplacer un fluide mouillant la roche par un fluide ne la mouillant pas*. **displacement theory**: mobilisme *f*, *nom de la théorie qui postule la dérive des continents*. **displacement ton**: tonneau de déplacemnt. **displacement vector**: vecteur de déplacement, *d'un ion*. **displacement zone**: zone de déplacement.
displacer – piston auxiliaire, *utilisé dans quelques moteurs à gaz pour comprimer le mélange explosif avant son entrée dans le cylindre moteur*.
display – affichage *m* ; étalage *m* ; exposition *f* ; parade *f* ; représentation *f* ; restitution *f* ; visua-

lisation *f.* **display device**: moyen graphique ; visuel *m.* **display unit**: console de visualisation.

display (to) – afficher *(inform)* ; exercer, *une action* ; manifester, *une propriété* ; présenter ; produire, *un effet* ; visualiser.

disposable – à jeter après usage ; disponible. **disposable filter element**: élément filtrant non réutilisable. **disposable income**: revenu disponible. **disposable load**: charge utile.

disposal – élimination *f*; évacuation *f*; fosse à déchets. **disposal of waste**: élimination des déchets. **disposal well**: puits de refoulement, *puits par lequel l'eau salée provenant des puits en production est renvoyée dans les formations souterraines.* **dispose (to) of**: arranger ; se débarrasser de ; disposer ; éliminer ; jeter.

disproportionation – dismutation *f, réaction d'oxydoréduction qui fournit simultanément un corps réduit et un corps oxydé.*

DISPS – *abrév. de diverless subsea production system.*

dispute – conflit *m* ; différend *m* ; litige *m.*

disrating – déclassement *m.*

disregard – non-respect *m, transgression.*

disregard (to) – négliger.

disrupted – démembré ; disloqué. **disrupted bed**: couche interrompue. **disrupted fold**: pli faillé *(géol)*. **disrupted stratum**: couche déchirée.

disruption – désintégration *f*; destruction *f*; rupture *f.*

disruptive – disruptif. **disruptive discharge**: décharge disruptive. **disruptive spark**: étincelle disruptive. **disruptive strength**: tension de claquage. **disruptive voltage**: tension disruptive.

dissected – découpé. **dissected peneplain**: pénéplaine rajeunie.

dissection – découpage *m* ; dissection *f.*

disseminate (to) – diffuser ; disséminer.

disseminated – disséminé. **disseminated deposit**: gîte disséminé ; gîte porphyrique *(géol)*. **disseminated ore**: minerai disséminé.

dissemination – diffusion *f*; dissémination *f*; matière disséminée.

dissipating – *voir dissipation.* **dissipating area**: champ d'épandage *(hydrol)*.

dissipation – dissipation *f (élec)* ; effluve *m* ; éparpillement *m* ; gaspillage *m.* **dissipation coefficient**: coefficient de dissipation. **dissipation factor**: facteur de dissipation ; produit de la tangente. **dissipation function**: fonction de dissipation. **dissipation of energy**: dissipation de l'énergie.

dissociation – dissociation *f.*

dissoluble – dissoluble.

dissolution – dissolution *f.*

dissolved – dissous. **dissolved gas**: gaz dissous. **dissolved-gas drive**: drainage par expansion du gaz dissous ; expansion par gaz dissous *(prod)*. **dissolved-gas-drive reservoir**: réservoir produisant par expansion de gaz dissous *(prod)*. **dissolved material**: matière dissoute. **dissolved natural gas**: gaz naturel dissous, *gaz naturel en solution avec le pétrole brut dans un réservoir.* **dissolved oxygen (DO)**: oxygène dissous.

dissolvent – dissolvant *m.*

distal – distal, *éloigné d'un lieu pris comme référence* ; éloigné. **distal bar**: barre distale. **distal onlap**: biseau d'aggradation distale, *biseau d'aggradation regardant le bassin.*

distance – distance *f*; écartement *m.* **distance bolt**: boulon d'écartement. **distance curve**: courbe des distances. **distance indicator**: compteur kilométrique. **distance marker**: marqueur de distance. **distance-measuring equipment**: radiotélémètre *m, appareil de mesures des distances.* **distance meter**: appareil de mesure des distances. **distance piece**: entretoise *f*; pièce d'écartement. **distance-reading thermometer**: thermomètre à distance. **distance terminal**: bande d'écartement *(élec)*.

distant – éloigné. **distant collision**: collision lointaine. **distant control**: commande à distance.

distemper – détrempe *f*; peinture à la colle.

disthene – disthène *m, silicate naturel d'aluminium.*

distillability – distillabilité *f.*

distillate – distillat *m.* **distillate fuel**: distillat combustible. **distillate pool**: gisement à condensat. **distillate recovery**: récupération de distillat. **distillate well**: puits de condensat.

distillation – distillation *f.* **distillation apparatus**: appareil de distillation. **distillation column**: colonne de distillation. **distillation curve**: courbe de distillation. **distillation cut**: coupe de distillation. **distillation flask**: ballon à distiller. **distillation in steam**: revaporisation à la vapeur d'eau. **distillation loss**: perte par distillation. **distillation plant**: unité de distillation. **distillation range**: intervalle de distillation. **distillation residue**: résidu de distillation. **distillation temperature**: température de distillation. **distillation test**: essai de distillation. **distillation time**: durée de distillation. **distillation unit**: unité de distillation.

distilled – distillé. **distilled mercury**: mercure distillé. **distilled oil**: huile distillée. **distilled to dryness**: distillé à fond, *à sec.* **distilled water**: eau distillée.

distillery – distillerie *f.*

distilling – distillation *f.*

distinct – distinct. **distinct bedding**: stratification distincte. **distinct cleavage**: clivage distinct.

distort (to) – altérer, *un produit* ; déformer.

distorted – déformé. **distorted scale**: échelle déformée.

distortion – altération *f*; déformation *f*; distorsion *f*; incurvation *f*; retroussement *m.* **distortion curve**: courbe de distorsion. **distortion free**: corrigé de la distorsion ; exempt de distorsion. **distortion point**: seuil de distorsion. **distortion tail**: queue de distorsion. **distortional wave**: onde de distorsion, *onde S.*

distress – détresse *f.* **distress signal**: signal de détresse.

distributary – bras d'un delta ; bras d'une rivière ; défluent *m, d'un cours d'eau* ; distributaire *m (hydrol)*. **distributary channel**: chenal de distributaire, *delta.*

distributed – distribué ; réparti. **distributed control system**: système numérique de commande centralisée. **distributed fault**: zone de faille. **distributed load**: charge répartie. **distributed processing**: traitement réparti. **distributed processing system**: informatique répartie. **distributed system**: système réparti.

distributing – de distribution. **distributing agent**: dispersant *m* ; peptisant *m.* **distributing board**:

tableau de branchement. **distributing fuse**: coupe-circuit de distribution, *(élec)*. **distributing lever**: levier de mise en marche. **distributing network**: réseau de distribution. **distributing system**: système de distribution. **distributing track**: voie de triage.

distribution – diffusion *f*; distribution *f*; partage *m*; répartition *f*. **distribution box**: boîte de dérivation. **distribution company**: société de distribution. **distribution cost**: coût de distribution. **distribution curve**: courbe de distribution *(stat)* ; courbe de fréquences ; courbe de répartition. **distribution function**: fonction de distribution. **distribution law**: loi de distribution. **distribution licence**: licence de distribution. **distribution line**: ligne de distribution. **distribution loss**: perte de distribution. **distribution main**: conduite de distribution. **distribution map**: carte de répartition, *des gisements, des populations, etc.* **distribution network**: réseau de distribution. **distribution octane number (DON)**: indice d'octane distribution (IOD). **distribution of goods**: distribution des produits, *ensemble des activités intermédiaires entre la production d'un bien et sa consommation ou son utilisation.* **distribution of load**: répartition de la charge. **distribution of oil deposits**: répartition des gisements de pétrole. **distribution plant**: installation de distribution. **distribution system**: réseau de distribution.

distributive – distributif. **distributive fault**: *voir step fault.* **distributive province**: province distributrice, *source du matériel sédimentaire.*

distributor – allumeur *m* ; distributeur *m*. **distributor cap**: chapeau d'allumeur ; chapeau de distributeur. **distributor coil**: bobine d'allumage. **distributor contact**: contact de rupture. **distributor shaft**: arbre d'allumeur ; arbre de distributeur ; arbre de distribution.

district – district *m* ; région *f*; secteur *m* ; zone *f*. **district heating**: chauffage urbain.

disturbance – dislocation *f*; ébranlement *m* ; perturbation *f*. **disturbance signal**: signal perturbateur.

disturbed – dérangé ; disloqué ; perturbé ; troublé. **disturbed area**: zone perturbée. **disturbed formation**: formation tectonisée.

disulfide – bisulfure *m* ; disulfure *m*. **disulfide bond**: liaison disulfure. **disulfide bridge**: pont disulfure. **disulfide oil**: huile disulfurée, *obtenue après oxydation des mercaptans en disulfures.*

ditch – canal *m* ; caniveau *m* ; fossé *m* ; rigole *f*; tranchée *f*. **ditch bottom**: fond de fouille. **ditch excavator**: pelle fouilleuse.

ditcher – trancheuse *f*, *machine servant à creuser des tranchées.*

ditching – amerrissage forcé ; exécution des tranchées ; percutage au sol, *avion.* **ditching machine**: excavatrice *f*; trancheuse *f*.

diterpene – diterpène *m*.

dithioglycolic – dithioglycolique. **dithioglycolic acid**: acide dithioglycolique.

dithiophosphate – dithiophosphate *m*.

ditroite – ditroïte *f*, *sénite néphélinique.*

diurnal – diurne ; nycthéméral. **diurnal magnetic change**: changement magnétique diurne. **diurnal tide**: marée diurne. **diurnal variation**: variation diurne, *du champ magnétique de la terre.* **diurnal variations of compass**: variations diurnes de la boussole.

divalent – bivalent ; divalent.

dive – descente *f*; plongée *f*.

diver – plongeur *m* ; scaphandrier *m*. **diver assistance**: assistance de plongeur. **diver-assistance vehicle**: véhicule soutien de plongée. **diver-lockout submersible**: engin submersible porte-plongeurs. **diver shelter**: abri pour plongeur. **diver welder**: plongeur soudeur.

diverge (to) – diverger.

divergence – divergence *f*.

divergency – divergence *f*.

divergent – divergent. **divergent beam**: faisceau divergent. **divergent dip**: pendage divergent. **divergent lens**: lentille divergente. **divergent plate boundary**: marge passive *(tectonique des plaques)*. **divergent quarl**: ouvreau divergent. **divergent reflections**: séquence divergente de réflexions. **divergent series**: série divergente *(math)*. **divergent structure**: structure divergente *(pétro)*.

diverless – sans plongeur. **diverless assistance**: sans l'assistance de plongeurs. **diverless subsea production system (DISPS)**: système de production sous-marine sans plongeur.

diversification – diversification *f*.

diversion – dérivation *f*; déroutement *m*, *d'un navire* ; détournement *m*. **diversion cut**: rigole *f*.

diversity – diversité *f*. **diversity factor**: facteur de diversité, *rapport du total des consommations individuelles à la capacité d'un réseau.* **diversity reception**: réception en diversité *(commun)* ; réception multiple. **diversity stack**: addition en diversité ; sommation avec seuillage, *ou avec pondération des amplitudes* ; sommation discriminatoire. **diversity stacking**: addition en diversité ; sommation pondérée.

divert (to) – consommer autrement ; dérouter ; détourner ; dévier.

diverter – aiguillage *m* ; déflecteur *m* ; dériveur *m* ; obturateur de sécurité avec sorties latérales, *basse pression pour début de puits.* **diverter valve**: aiguillage *m*.

diverting – détournement *f*. **diverting agent**: colmatant sélectif, *dans le traitement des réservoirs, assure la sélectivité du traitement en limitant temporairement le débit des fluides injectés dans les zones très perméables* ; colmatant temporaire.

divestiture – démantèlement *m* ; démembrement *m* ; dépossession *f*, *des sociétés.*

divide – ligne de partage *(géol)*. **divide (groundwater)**: ligne de partage des eaux souterraines, *ligne à flux nul qui sépare deux bassins hydrologiques limitrophes.* **divide (streams)**: ligne de partage des eaux, *ligne de séparation des eaux, ligne délimitant un bassin versant topographique.*

divide (to) – diviser ; partager ; sectionner.

dividend – coupon *m* ; dividende *m*.

divider – diviseur *m*.

dividing – de démarcation ; de séparation. **dividing crest**: arête de faîte. **dividing edge**: arête médiane. **dividing head**: diviseur *m* ; plateau diviseur. **dividing line**: ligne de démarcation, *de partage.* **dividing machine**: machine à diviser. **dividing ridge**: *voir dividing crest.* **dividing rod**: tige graduée.

dividing slate: intercalation de schiste, *dans une couche de houille.*

diving – plongée *f.* **diving apparatus**: appareil de plongée. **diving barge**: barge-soutien de plongée, *barge-base pour plongeurs.* **diving bell**: cloche de plongée ; tourelle de plongée. **diving chamber**: chambre de plongée. **diving gas**: gaz de plongée. **diving gear**: équipement de plongée. **diving helmet**: casque de plongée. **diving saucer**: soucoupe plongeante. **diving suit**: combinaison de plongée ; habit de plongée. **diving tables**: tables de plongée. **diving wave**: onde mirage. **diving workboat**: navire-soutien de plongée.

divinylacetylene – divinylacétylène *m, trimère de l'acétylène.*

divinylbenzene – divinylbenzène *m, existe sous la forme de trois isomères, ortho-, méta-, para-.*

divisibility – divisibilité *f.*

division – division *f*; embranchement *m, première division taxinomique, voir aussi phylum.* **division plate**: cloison *f*; séparation *f.* **divisional plane**: plan de disjonction *(géol).*

divisor – diviseur *(math).*

Dix – Dix. **Dix formula**: formule de Dix, *utilisée en sismique réflexion pour calculer certaines vitesses de tranche.*

DMA – DMA, *abrév. de dimethylamine : diméthylamine.*

DMF – DMF, *abrév. de dimethylformamide : diméthylformamide.*

DMO – *abrév. de dip moveout : delta-t dû au pendage.*

DMSO – DMSO, *abrév. de dimethyl sulfoxide : diméthylsulfoxyde.*

DNA – ADN, *abrév. de deoxyribonucleic acid : acide déoxyribonucléique.*

DNMO – *abrév. de differential normal moveout : écart d'indicatrice.*

DNV – DNV, *abrév. de Det Norske Veritas.*

DOB – *abrév. de diesel-oil bentonite.*

DOC – *abrév. de diesel-oil cement.*

dock – bassin *m, port*; dock *m.* **dock dues**: droits de bassin ; droits de dock. **dock price**: prix d'usine. **dock warrant**: reçu de marchandises, *déposées en douane.*

dockage – droits de bassin.

docket – étiquette *f, d'un document*; extrait *m, d'un document*; récépissé de douane.

docketing – classement *m.*

docosane – docosane *m, hydrocarbure saturé.*

docrystalline – docristallin *(pétro).*

doctor – *tout dispositif pour remédier à une difficulté*; docteur *m*; raclette *f*; racloir *m.* **doctor blade**: racloir *m.* **doctor plant**: unité de traitement au plombite, *des essences pour moteur (raf).* **doctor settling**: dépôt au plombite, *dépôt brun observé dans le traitement au plombite.* **doctor solution**: solution au plombite, *utilisée dans le traitement des produits pétroliers.* **doctor sweetening**: désulfuration au plombite. **doctor test**: essai au plombite de sodium, *pour la recherche des mercaptans dans les distillats pétroliers.* **doctor-treated gasoline**: essence traitée au plombite. **doctor treatment**: traitement au plombite.

doctor (to) – adultérer ; falsifier ; traiter, *1) retravailler un puits pour augmenter la production ; 2) traiter pour donner ou supprimer certaines propriétés (par exemple traitement au plombite pour désulfurer).*

documentary – documentaire. **documentary credit**: crédit documentaire. **documentary evidence**: pièces justificatives. **documentary holdings**: fonds documentaire.

documentation – documentation *f.*

DOD – *abrév. de U.S. Department of Defense.*

dodecadiene – dodécadiène *m.*

dodecahedron – dodécaèdre *m (crist).*

dodecane – dodécane *m, hydrocarbure paraffinique saturé.*

dodecatylene – dodécatylène *m, hydrocarbure du groupe benzénique.*

dodecyl – dodécyle *m, lauryle.* **dodecyl alcohol**: alcool dodécylique, *alcool laurique, dodécanol-1.* **dodecyl mercaptan**: dodécylmercaptan *m.*

dodecylamine – dodécylamine *f.*

dodecylbenzene – dodécylbenzène *m, tétrapropylène benzène, mélange d'alkylats pour détergent.*

dodging – compensation de contraste *(photo).*

DOE – *abrév. de U.S. Department of Energy.*

dog – butée *f*; cliquet *m* ; crampon *m* ; renard *m* ; toc *m, accessoire d'un tour*; valet *m, d'un outil.* **dog-and-spline clutch**: embrayage à dents. **dog clutch**: accouplement à griffes ; embrayage à dents. **dog hole**: passage *m.* **dog hook**: griffe de serrage. **dog iron**: crampon *m* ; crochet d'assemblage. **dog nail**: clou à crochet ; clou à large tête. **dog's tooth**: dent de scie ; poinçon d'acier. **dog shift**: *voir tour, night tour.* **dog stop**: cliquet d'arrêt. **dog watch**: tour de nuit, *poste de nuit.* **dog wheel**: roue à cliquet ; roue à rochet.

Dogger – Dogger *m, Jurassique moyen.*

doghole – recoupe *f (mine).*

doghouse – abri de chantier, *cabine située sur le plancher de forage servant de bureau ou de magasin de stockage pour les petits objets*; cabine labo ; labo *m.* **doghouse dope**: tuyaux sur le forage *(familier) profondeur du puits, opérations en cours, données sur la boue, incidents (d'une manière générale ce qui est porté sur le registre du sondage).*

dogleg – déviation en patte de chien, *gradient d'inclinaison d'un forage dévié*; double cambrure dans un tuyau ; gradient d'inclinaison, *variation de la déviation dans un sens, puis dans l'autre dans un forage*; patte de chien, *changement abrupt dans la direction d'un puits*; redent *m.* **dogleg jar**: câble à coulisse, *utilisé dans les outils de repêchage.* **dogleg multiple**: multiple en baïonnette. **dogleg severity**: mesure de la variation angulaire du profil d'un puits, *en fonction de l'inclinaison et de l'azimut.*

dogs – pince *f*; tenailles *f.*

doldrums – pot au noir *(météo).*

dolerine – dolérine *f, variété de talcschiste.*

dolerite – dolérite *f, roche magmatique.*

Dolgellian – Dolgellien *m, étage du Cambrien.*

doline – doline *f, dépression superficielle des roches calcaires, souvent en forme d'entonnoir.*

dolly – chariot à tubes ; diabolo *m.*

dolomicrite – dolomicrite *f, roche carbonatée.*

dolomite – dolomie *f, roche sédimentaire carbonatée* ; dolomite *f, carbonate naturel de calcium et de magnésium.* **dolomite mudstone**: *voir dolomicrite.* **dolomite rock**: dolomie *f.*

dolomitic – dolomitique. **dolomitic-cemented sandstone**: grès à ciment dolomitique. **dolomitic limestone**: calcaire dolomitique. **dolomitic marl**: marne dolomitique. **dolomitic sandstone**: grès dolomitique. **dolomitic shale**: argile dolomitique.

dolomitization – dolomitisation *f, transformation d'une roche par remplacement de la calcite par la dolomite.*

dolostone – *voir dolomite rock.*

dolphin – poteau d'amarrage.

domain – domaine *m* ; espace *m.*

dome – calotte *f* ; champignon *m* ; coupole *f* ; dôme *m.* **dome dam**: barrage à dôme. **dome gas**: gaz de dôme. **dome innage**: *volume situé entre le liquide et le toit d'une citerne.* **dome-roof tank**: réservoir à toit bombé, *stockage.* **dome shaped**: bombé ; hémisphérique. **dome structure**: dôme *m (géol).*

domed – bombé.

domestic – domestique ; intérieur ; national. **domestic coal**: charbon domestique. **domestic coke**: coke domestique. **domestic consumption**: consommation intérieure. **domestic demand**: demande nationale, *ou intérieure.* **domestic fuel**: combustible domestique. **domestic heating**: chauffage domestique. **domestic heating oil**: combustible liquide pour chauffage domestique. **domestic jurisdiction**: juridiction nationale. **domestic kerosine**: pétrole lampant, *de haute qualité.* **domestic liabilities**: engagements intérieurs. **domestic market**: marché intérieur ; marché national. **domestic oil**: huile pour usage domestique. **domestic preference**: préférence nationale, *donnée aux entreprises nationales.* **domestic resources cost (DRC)**: coût en ressources intérieures, *coût réel des devises.* **domestic supply**: approvisionnement intérieur. **domestic trade**: commerce intérieur. **domestic use**: usage domestique. **domestic waste**: ordures ménagères.

dominant – dominant ; prépondérant. **dominant fault**: faille principale *(géol).* **dominant fault line**: ligne de faille dominante. **dominant frequency**: fréquence prépondérante. **dominant mineral**: minéral prédominant. **dominant wavelength**: longueur d'onde prépondérante.

doming – formation de dômes *(géol).*

domino – *voir domino effect.* **domino effect**: effet domino, *réaction en chaîne entraînant toute une suite de catastrophes.*

domite – dômite *f (pétro).*

DON – IOD, *abrév. de distribution octane number, indice d'octane distribution.*

Donald – Donald, *voir Donald Duck effect.* **Donald Duck effect**: effet Donald Duck, *déformation nasillarde de la voix des plongeurs, due à la présence d'hélium dans le mélange respiratoire.*

donation – donation *f.* **donation letter**: lettre d'engagement, *accord par lequel une personne accepte de contribuer au financement d'un puits foré par une autre.*

Donau – Donau *m, glaciation de la fin de l'ère tertiaire.*

donkey – chariot *m* ; machine auxiliaire ; treuil roulant. **donkey boiler**: chaudière auxiliaire. **donkey engine**: moteur auxiliaire (petit) ; petit cheval. **donkey pump**: pompe alimentaire auxiliaire, *petite pompe auxiliaire.* **donkey winch**: treuil à vapeur.

donor – donneur *m, atome fournissant les deux électrons d'une liaison de covalence.* **donor impurity**: donneur *m, impureté d'un semiconducteur augmentant le nombre des électrons libres.*

doodle (to) – nettoyer une tranchée de pipeline *(argot).*

doodlebug – baguette de sourcier ; sismographe *m.*

doodlebug (to) – prospecter, *que ce soit de manière scientifique, empirique ou magique (argot).*

doodlebugger – géophysicien *m, argot* ; pétardier *m, familier* ; pros *m, mot de jargon pour prospecteur.*

door – bouche *f, de foyer* ; fermeture *f* ; porte *f.* **door handle**: poignée de porte. **door sheet**: plaque de nettoyage. **door-to-door time**: durée brute de séjour, *dans l'entreprise* ; temps de présence, *dans l'entreprise.* **V door**: plan incliné *(for)* ; porte en V, *ouverture en V renversé sur la face du derrick opposée au treuil et par laquelle les tiges sont introduites.*

dope – additif *m* ; dope *m* ; enduit *m, d'enrobage ; pour voiture..* ; tuyaux *m, argot pour renseignements.* **dope gang**: équipe de revêtement, *pipeline.* **dope machine**: enrobeuse *f, machine appliquant à chaud le revêtement bitumineux sur la canalisation.* **dope pot**: fondoir *m, récipient dans lequel un produit de revêtement est réchauffé.* **dope well**: puits stimulé.

dope (to) – améliorer ; doper ; laquer, *une voiture.*

dopebook – *voir well log.*

doped – additionné, *d'un produit* ; additivé ; dopé.

doping – dopage *m ;* enduisage *m, action d'assurer la tension d'un câble.*

Doppler – Doppler. **Doppler effect**: effet Doppler, *effet Doppler-Fizeau, modification de la fréquence d'une onde sinusoïdale perçue par le récepteur, lorsque la source ou le récepteur est en mouvement.* **Doppler frequency**: fréquence Doppler. **Doppler navigation**: navigation par Doppler. **Doppler radar**: radar à effet Doppler. **Doppler range**: *voir doran.* **Doppler shift**: décalage Doppler ; dérive Doppler. **Doppler sonar**: sonar à effet Doppler.

dopplerite – dopplérite *f, constituant des tourbes.*

doran – télémétrie Doppler.

dormant – assoupi. **dormant oil**: *voir dormant spray.* **dormant spray**: huile de dormance, *huile fongicide appliquée sur les arbres pendant la saison d'hiver.* **dormant volcano**: volcan assoupi.

Dorr – Dorr. **Dorr agitator**: agitateur de Dorr. **Dorr classifier**: appareil de classement Dorr *(prép).*

DOS – SED, *abrév. de disk operating system : système d'exploitation sur disques.*

dose – dose *f.* **dose equivalent**: équivalent de dose. **dose-rate meter**: intensimètre *m (nucl).*

dosimeter – dosimètre *m.*

dot – point *m* ; pointillé *m.* **dot-and-dash line**: trait mixte, *dessin.* **dot log**: diagraphie de points, *sismique de puits.* **dot product**: produit scalaire *(math)*. **dots and dashes**: points et traits, *de l'alphabet Morse.*

dotted – ponctué ; en pointillé. **dotted curve**: courbe en pointillé. **dotted line**: ligne en pointillé.

double – double ; double *m* ; rame double, *rame de deux tiges de forage ou de tubage, voir aussi single, thribble, fourble.* **double acting**: à double effet. **double-acting compressor**: compresseur à double effet. **double-acting engine**: machine à double effet. **double-acting pump**: pompe à double effet. **double-acting steam engine**: machine à vapeur à double effet. **double-action press**: presse à double action, *(métal)*. **double-arc bit**: taillant double. **double-beam torsion balance**: balance de torsion à double bras. **double belt**: courroie double, *montée sur la même poulie.* **double block**: moufle double ; poulie double. **double board**: plate-forme de travail sur un derrick. **double bond**: double liaison ; liaison double. **double-bonded hydrocarbon**: hydrocarbure à double liaison. **double-bored cork**: bouchon à deux trous. **double bottom**: double fond. **double-case pump**: pompe à double corps. **double casing**: double paroi. **double coated**: à deux couches. **double core barrel**: carottier double *(for)*. **double cotton covered (DCC)**: guipage à deux couches de coton. **double course**: double couche. **double coverage**: double cheminement. **double-current dynamo**: dynamo à double courant ; dynamo dimorphique. **double-current generator**: générateur à double courant. **double cutting shears**: cisailles à double coup antibavures. **double-cylinder engine**: moteur à deux cylindres. **double-cylinder steam engine**: moteur à vapeur à deux cylindres. **double-deck floating roof**: toit flottant à double pont. **double declining balance depreciation**: amortissement dégressif à un taux double du taux linéaire. **double-decomposition grease**: graisse de double décomposition. **double-disk parallel-gate valve**: vanne à passage direct à deux opercules parallèles. **double-disk valve**: soupape à double plateau. **double drum**: double tambour. **double-drum winch**: treuil à deux tambours. **double edged**: à double biseau ; à deux tranchants. **double-end heater**: chauffage à double fin. **double-entry accounting**: comptabilité en partie double. **double-entry bookkeeping**: comptabilité en partie double. **double extra heavy**: double extra-fort, *terme employé pour les tuyauteries.* **double extra-strong pipe**: tube double extra-fort ; tuyauterie extra-épaisse. **double-feed valve**: clapet de double alimentation. **double flange**: double bride. **double-flanged**: à deux rebords. **double glazing**: double vitrage. **double integral**: intégrale double. **double jointing**: doublage *m*, *soudage des tubes d'un pipeline deux à deux avant leur transport sur le chantier de pose.* **double layer**: couche double, *interface liquide-solide.* **double-layer weathering**: zone altérée double. **double-linking**: à double liaison. **double-locking equalizing valve**: vanne d'égalisation à double verrouillage, *d'un tester.* **double-pipe chiller**: refroidisseur à tuyauterie double ; refroidisseur tubulaire à double enveloppe. **double-pipe condenser**: condenseur à double tube. **double-pipe heat exchanger**: échangeur de chaleur à double tube. **double-pole switch**: interrupteur bipolaire. **double radial engine**: moteur radial double. **double reduction**: double réduction. **double-reduction drive**: conduite à double réduction. **double-reduction gear**: engrenage à double réduction. **double refracting**: biréfringent. **double refraction**: biréfringence *f* ; réfraction double. **double-rope tramway**: téléphérique à deux câbles. **double-row ball bearing**: roulement à double rangée de billes. **double-seat valve**: soupape à double siège. **double-sheave pulley**: poulie à deux gorges. **double-solvent extraction**: extraction par double solvant. **double split flow**: double courant divisé. **double staged**: à deux étages. **double stroke**: frappe double. **double tariff**: tarif double. **double taxation**: double imposition. **double throw**: à deux directions. **double-throw switch**: disjoncteur bipolaire. **double track**: voie double. **double-tube core barrel**: tube carottier double *(for)*. **double-wall pipe**: tube à double paroi. **double walled**: à double enveloppe ; à double paroi. **double weighing**: double pesée.

doubler – doubleur *m* ; duplicateur électrique.

doublet – doublet *m*, *en géothermie, système de deux puits.* **doublet impulse**: doublet impulsionnel.

doubling – recouvrement *m (géol)* ; redoublement *m*. **doubling time**: temps de doublement, *temps nécessaire dans un réacteur nucléaire pour reformer l'équivalent de la première charge de matière fissile.*

dough – masse pâteuse ; pâte *f* ; pâte molle.

doughnut – tore *m* ; tube toroïdal. **doughnut-disk plate**: plateau disque et anneaux. **doughnut ring**: chicane annulaire *(raf)* ; joint torique.

doughy – pâteux.

Douglas – Douglas. **Douglas scale**: échelle de Douglas, *de l'état de la mer, indique l'agitation de la surface de la mer.*

dovetail (to) – assembler à queue d'aronde. **dovetail joint**: joint à queue d'aronde.

dowel – cheville *f* ; ergot *m* ; goujon *m*, *d'assemblage* ; tampon *m* ; tige de contact. **dowel pin**: goujon *m*.

down – vers le bas ; à l'arrêt. **downgoing wave**: onde descendante, *sismique de puits.* **down payment**: accompte *m (fin)*.

down – *colline crayeuse dénudée, s'emploie généralement au pluriel : downs.*

down (to) – abattre. **down (to) tools**: cesser le travail ; se mettre en grève.

downbending – flexure *f*.

downcomer – déversoir *m*, *dispositif permettant la descente du liquide d'un plateau à l'autre dans une colonne de fractionnement* ; trop-plein *m*. **downcomer-type tray**: plateau à déversoir. **downcomerless tray**: plateau sans déversoir.

downcreep – glissement *m (géol)*.

downcutting – érosion verticale *(géomorph)*.

downdip – aval-pendage *m*. **downdip injection**: injection en aval-pendage *(prod)*. **downdip velocity**: vitesse aval.

downdraft – courant descendant, *pollution atmosphérique* ; tirage inférieur. **downdraft carburetor**: carburateur à tirage en bas ; carburateur inversé.

downfall – chute *f* ; décadence *f* ; éboulement *m*.

downfault – faille normale *(géol)*.

downflow – courant descendant ; écoulement *m*.

downfold – gouttière *f (géol)* ; pli synclinal. **downfold syncline**: synclinal en gouttière.
downgrade – déclivité *f*; pente *f*; pente descendante.
downgrading – déclassement *m*.
downhill – en aval ; vers le bas. **downhill side**: aval *m*. **downhill welding**: soudage en descendant.
downhole – à la descente ; de fond de trou ; au fond. **downhole blowout preventer (DHBOP)**: obturateur de fond, *BOP de fond (for)*. **downhole electrodrill**: électroforeuse de fond. **downhole gravity**: gravimétrie de puits. **downhole landing**: arrivée au fond. **downhole method**: mesure en puits ; méthode de puits. **downhole motor**: moteur de fond, *(for)*. **downhole pressure recorder**: enregistreur de pression de fond. **downhole sealing**: obturation de fond. **downhole seismic source**: source sismique de fond, *source sismique située dans un sondage*. **downhole tool**: outil de fond *(for)*.
downjet – jet descendant, *tuyère verticale d'injection d'air primaire au-dessus du lit du combustible*.
downlap – biseau de progradation ; couches inclinées sur discordance ; surbiseau *m*. **downlap surface**: surface basale de progradation *(stratig)*.
downpipe – tuyau de décharge ; tuyau de descente.
downpour – averse *f*.
downshift (to) – rétrograder *(auto)*.
downspout – bec de descente ; déversoir *m*, *voir aussi downcomer* ; trop-plein *m*.
downstairs – plancher de derrick.
downstream – aval *m*, *dans l'industrie pétrolière, couvre les opérations qui viennent après la production : raffinage, traitements, transports, utilisation des produits ; voir aussi upstream.* **downstream processing**: traitement secondaire *(raf)*. **downstream side**: aval *m*.
downstroke – course descendante.
downsweep – balayage descendant ; balayage vers les graves.
downtake – tuyau d'évacuation.
downthrow – lèvre affaissée, *d'une faille* ; rejet vers le bas, *valeur du déplacement du compartiment affaissé d'une faille.* **downthrow fault**: faille affaissée ; faille d'affaissement ; faille d'effondrement. **downthrown block**: compartiment abaissé, *partie de la faille s'étant déplacée vers le bas.*
downtime – temps d'immobilisation ; temps mort, *pour réparations, pour cause de mauvais temps en mer, etc.*
Downtonian – Downtonien *m*, *Silurien supérieur ou Dévonien inférieur.*
downward – descendant, *dirigé vers le bas.* **downward borehole**: sondage descendant. **downward condenser**: condenseur descendant. **downward continuation**: prolongement vers le bas. **downward drag**: rebroussement en bas. **downward enrichment**: enrichissement secondaire. **downward shift**: déplacement vers le bassin, *des biseaux d'aggradation côtière, dû à une chute relative du niveau marin.*
downwards – en aval ; vers le bas.
downwarping – affaissement du socle ; creux *m* ; pli synclinal.
downwelling – plongée d'eau *f*.
dowser – hydroscope *m* ; sourcier *m*.
dowsing – hydroscopie *f*; radiesthésie *f*. **dowsing rod**: baguette de sourcier.
Dowtherm – *dénomination d'un fluide caloporteur à base de diphényle.*
dozer – *abrév. de bulldozer.* **dozer blade**: lame de bulldozer.
DP – *abrév. de difference of potential, de difference in pressure, de drillpipe, de datum plane et de dynamic positioning.*
draft – calaison *f*; courant d'air ; croquis *m* ; dépouille d'un modèle ; dépression *f*; dessin *m* ; esquisse *f*; minute *f*, *d'un contrat* ; plan *m* ; projet *m* ; tirage *m* ; tirant d'eau ; traction *f*; traite *f (fin)*. **draft control**: dispositif de réglage du tirage. **draft gage**: déprimomètre *m* ; indicateur de tirage. **draft map**: minute cartographique. **draft stack**: cheminée de tirage. **draft tube**: tube d'aspiration.
drafting – dessin *m* ; étirage *m*. **drafting instrument**: instrument de dessin. **drafting machine**: appareil à dessiner.
draftsman – dessinateur *m*.
drag – crochon *m*, *d'une faille* ; drague *f*; rebroussement *m*, *torsion localisée des couches, due aux frottements des lèvres d'une faille* ; résistance *f*; tirage *m* ; traînée *f*. **drag bit**: trépan à lames. **drag-bottom cable**: câble traîné sur le fond. **drag cast**: moulage de traînage, *moulage d'outils.* **drag classifier**: classeur à raclettes *(prép)*. **drag coefficient**: coefficient de frottement ; coefficient de résistance *(méc. fl)* ; coefficient de traînée. **drag dip**: dérangement de l'inclinaison par retroussement *(géol)*. **drag fold**: crochon *m*, *de faille* ; pli d'entraînement ; pli d'étirement *(géol)* ; pli de frottement, *développé dans une couche incompétente comprise entre deux bancs compétents ; au sens large : tout pli secondaire d'un plissement d'ensemble.* **drag hook**: ratissette *f*. **drag in**: solution adhérente. **drag ore**: brèche minéralisée ; minerai broyé. **drag out**: solution entraînée. **drag reducing agent**: additif modificateur de frottement. **drag reduction**: réduction de frottement ; réduction de la résistance à l'avancement ; réduction de la traînée hydrodynamique. **drag scraper**: racleur *m*. **drag shovel**: pelle équipée en fouille ; pelle rétrocaveuse.
drag (to) – draguer ; chasser, *ancre* ; tirer ; traîner.
dragline – dragline *f*; pelle à benne traînante. **dragline bucket**: benne à traction. **dragline excavator**: dragline *f*.
Dragonian – Dragonien *m*, *étage du Paléocène inférieur.*
drain – canal d'écoulement ; décharge *f*; drain *m* ; drainage *m* ; puisard *m* ; purge *f*; rigole *f*; vidange *f*. **drain cock**: robinet de purge ; robinet de vidange. **drain cooler**: réfrigérant des purges. **drain current**: courant débité. **drain hole**: drain *m (prod)* ; puits de drainage. **drain-off valve**: vanne de vidange. **drain oil**: huile de vidange. **drain-oil header**: collecteur d'huile. **drain pit**: puisard *m*. **drain plug**: bouchon de purge ; bouchon de vidange. **drain trap**: siphon *m*. **drain valve**: robinet de purge ; soupape de vidange ; vanne de purge.
drain (to) – drainer ; égoutter ; épuiser ; purger ; vidanger.

drainage – drainage *m* ; épuisement *m*. **drainage area**: aire de drainage. **drainage basin**: bassin de réception ; bassin hydrographique. **drainage channel**: chenal d'écoulement. **drainage ditch**: fossé de drainage ; rigole d'assèchement. **drainage gallery**: galerie d'exhaure. **drainage line**: ligne de plus grande pente. **drainage nip**: ressaut hydraulique. **drainage path**: circuit de drainage, *fond marin*. **drainage pattern**: chevelu hydrographique ; réseau hydrographique. **drainage pump**: pompe d'exhaure. **drainage ratio**: coefficient d'écoulement. **drainage sieve**: tamis d'égouttage. **drainage texture**: densité du réseau.

drained – drainé.

drainer – égouttoir *m* ; tour d'égouttage.

draining – assèchement *m*, *des cuves de tanker* ; drainage *m*. **draining out**: égouttage *m*, *réservoir de stockage*. **draining tap**: robinet de vidange.

drainpipe – tuyau de vidange.

drape – enveloppe pélagique, *enveloppe sédimentaire composée par des argiles pélagiques et déposée entre des cortèges sédimentaires*. **drape fold**: pli chapé.

draping – drapage *m (géol)* ; plissement moulant, *des structures sous-jacentes, dû à la compaction différentielle*. **draping anticline**: anticlinal de tassement. **draping stratum**: feuillet drapant *(géol)*.

drastic – draconien ; dur ; strict. **drastic condition**: spécification draconienne. **drastic cracking**: craquage très poussé.

draught – *voir draft*.

draw – étirage *m* ; tirage *m* ; petit vallon *(géol)*. **draw hole**: orifice de tréfilage, *(métal)*. **draw hook**: crochet de traction. **draw off**: prélèvement *m* ; soutirage *m*. **draw-off pan**: plateau de soutirage. **draw-off tap**: robinet de puisage. **draw-off tray**: plateau de soutirage.

draw (to) – aspirer, *pompe* ; démouler, *(métal)* ; dessiner ; étirer ; tirer ; tréfiler. **draw (to) a blank**: forer un puits sec. **draw (to) out**: allonger ; étirer ; extraire ; forger ; marteler ; tirer. **draw (to) through**: faire passer à travers ; faire passer dans. **draw (to) a draft**: tirer une traite.

drawability – étirabilité *f*.

drawback – inconvénient *m* ; obstacle *m* ; ristourne des droits de douane.

drawbar – barre d'attelage *ou* de traction ; timon *m*.

drawbridge – pont mobile ; pont roulant ; pont-levis *m*.

drawdown – rabattement *m (hydrol)* ; soutirage *m*, *pour un débit fixé, différence entre le niveau du fluide en état d'équilibre (puits fermé) et son niveau quand le puits produit avec le débit fixé*. **drawdown of equity**: libération du capital, *d'une société* ; versement du capital *(fin)*. **drawdown period**: période de soutirage *(prod)*. **drawdown potential**: potentiel d'abaissement de niveau, *potentiel de production déterminé par le niveau du liquide et la pression dans une série d'intervalles*. **drawdown pressure test**: essai de diffusivité à débit constant.

drawing – croquis *m* ; dessin *m* ; emboutissage *m* ; étirage *m* ; extraction *f*. **drawing board**: planche à dessin. **drawing compound**: pâte de tréfilage. **drawing frame**: banc d'étirage ; filière *f*. **drawing mill**: tréfilerie *f*, *(métal)*. **drawing of metal**: filage des métaux. **drawing off**: prise *f*, *de gaz*. **drawing oil**: huile d'étirage. **drawing out**: extraction *f*. **drawing paper**: papier à dessin. **drawing pass**: cylindre étireur, *(métal)*. **drawing pen**: tire-ligne *m*. **drawing pin**: punaise *f*. **drawing scale**: échelle graduée. **drawing table**: table à dessin.

drawn – épuisé ; étiré ; exploité. **drawn bar**: barre étirée. **drawn-galvanized wire rope**: câble en acier tréfilé sur galvanisation. **drawn glass**: verre étiré. **drawn-out limb**: flanc étiré *(géol)*. **drawn pipe**: tube étiré. **drawn sheet**: tôle étirée. **drawn wire**: fil étiré ; fil tréfilé.

drawworks – treuil de forage. **drawworks drum**: tambour de treuil.

dredge – drague *f* ; dragueur *m*. **dredge boat**: bateau dragueur. **dredge bucket**: godet de drague. **dredge working**: dragage *m*.

dredger – drague *f*.

dredging – dragage *m*. **dredging machine**: drague *f*. **dredging pump**: pompe de dragage. **dredging scoop**: cuiller de drague, *ou cuillère de drague*.

dreikanter – dreikanter *m*, *caillou auquel les vents de sable ont donné trois facettes*.

dress (to) – apprêter ; préparer ; tailler ; traiter. **dress (to) the bit**: affiler le trépan ; dresser le trépan.

dressed – préparé ; taillé.

dressing – ajustage *m* ; apprêt *m* ; arrangement *m* ; dressage *m* ; préparation *f* ; taille *f* ; triage *m*. **dressing plant**: installation de préparation. **dressing works**: *voir dressing plant*.

dribble – suintement *m*. **dribble blending**: mélange goutte à goutte, *système de mélange des huiles par un goutte à goutte de deux liquides à une température donnée*.

dribble (to) – tomber goutte à goutte.

dried – desséché ; ressuyé *(pédol)* ; séché. **dried ice**: glace asséchée, *glace de mer sur laquelle l'eau de fonte a disparu*.

drier – dessiccateur *m* ; sécheur *m* ; sécheuse *f (photo)* ; séchoir *m*.

drift – apports *m (hydrol)* ; décalage *m* ; dérive *f* ; diamètre du calibre, *mandrin qui doit passer à l'intérieur d'un tube sous l'action de son propre poids pour en vérifier le diamètre intérieur* ; mandrinage *m*. **drift angle**: gradient d'inclinaison, *en un point d'un puits dévié*. **drift avalanche**: avalanche poudreuse. **drift bed**: dépôt glaciaire. **drift breccia**: brèche glaciaire. **drift control**: synchroniseur, *système Loran*. **drift correction**: correction de décalage ; correction de dérive. **drift current**: courant de dérive. **drift deposit**: dépôt glaciaire. **drift diameter**: diamètre de passage du mandrin *(for)*. **drift free**: sans décalage ; sans dérive. **drift-free amplifier**: amplificateur sans décalage ; amplificateur sans dérive. **drift ice**: glace flottante. **drift indicator**: dérivomètre *m* ; inclinomètre *m* ; indicateur de dérive ; indicateur de déviation. **drift mandrel**: calibre d'alésage. **drift meter**: dérivomètre *m*. **drift mining**: exploitation par descenderie. **drift of a platform**: dérive d'une plate-forme *(for)*. **drift pin**: broche d'assemblage. **drift station**: station asservie ; station dirigée ; station secondaire. **drift structure**: stratification croisée ou entrecroisée *(géol)*. **drift terrace**: terrasse fluvio-glaciaire, *ou d'accumulation*. **drift**

test: essai de mandrinage. **drift wave**: onde de dérive, *plasma*.

drift (to) – dériver ; dévier, *en forage* ; mandriner ; percer ; repousser.

driftage – charriage *m* ; matériaux échoués ; terrains charriés.

drifting – brochage *m* ; charriage *m* ; percement des galeries.

driftwood – bois flottant.

drill – exercice *m*, *pour se perfectionner dans un domaine* ; forage *m* ; foret *m* ; mèche *f*; perceuse *f*; perforatrice *f*. **drill barge**: barge de forage. **drill bit**: outil de forage ; trépan m. **drill collar**: masse-tige *f*, *tige de forte épaisseur placée au-dessus de l'outil pour encaisser les efforts de compression*. **drill-collar lift nipples**: tête de manoeuvre des masses-tiges. **drill-collar spear**: arrache-tige *m* ; arrache-tube *m*. **drill core**: carotte *f*. **drill cuttings**: déblais de forage. **drill edge**: dent de fraise. **drill extractor**: extracteur *m*, *outil utilisé pour extraire les trépans du train de tiges*. **drill hammer**: marteau perforateur. **drill hook**: crochet de montage. **drill log**: coupe d'un sondage. **drill man**: foreur *m*. **drill mill**: cloche à fraiser. **drill-off test**: essai de forabilité ; essai de forage au frein bloqué, *essai d'avancement consistant à mettre un certain poids sur l'outil et à bloquer ensuite le frein*. **drill pipe**: *voir drillpipe*. **drill post**: colonne-support de perforatrice. **drill rake**: obliquité de l'arête d'un outil de forage. **drill reamer**: aléseur *m (for)*. **drill rig**: appareil de forage. **drill rod**: tige de forage. **drill-rod bushing**: raccord pour tiges de forage. **drill rope**: câble de forage. **drill runner**: foreur *m*. **drill sharpening**: affûtage des mèches. **drill steel**: acier à fleurets. **drill stem**: *voir drillstem*. **drill string**: garniture de forage, *ensemble des éléments tubulaires composant le train de sonde* ; train de tiges. **drill-string compensator (DSC)**: compensateur de pilonnement. **drill string free**: garniture de forage libre. **drill-time recorder**: enregistreur de l'avancement, *du trépan*. **drill-torque indicator**: dynamomètre à torsion.

drill (to) – forer ; percer ; perforer ; sonder. **drill (to) ahead**: continuer les opérations de forage. **drill (to) blind**: forer en aveugle ; forer sans retour de boue. **drill (to) in**: pénétrer dans une couche pétrolière. **drill (to) out**: débourrer, *un coup de mine* ; reforer, *un puits, un bouchon de ciment*.

drillability – forabilité *f*, *facilité avec laquelle la roche se laisse forer*.

drillable – forable. **drillable casing**: tubage forable. **drillable liner**: crépine reforable. **drillable plug**: bouchon reforable.

drilled – foré ; perforé. **drilled-and-grouted pile**: pieu foré cimenté. **drilled show**: venue en cours de forage.

driller – chef de poste *(for)* ; chef de sonde ; foreur *m*. **driller's log**: diagraphie du foreur, *diagramme des paramètres et incidents de forage* ; livre de bord d'un forage ; rapport de forage. **driller's report**: rapport de forage, *document relatant les observations journalières faites par le sondeur pendant le forage*.

drilling – forage *m* ; foration *f*; perçage *m* ; perforation *f*. **drilling activity**: activité de forage. **drilling ahead**: forage en cours. **drilling-and-casing program**: programme de forage et de tubage. **drilling barge**: ponton de forage, *supportant le matériel de forage dans les opérations maritimes*. **drilling bit**: *voir drill bit*. **drilling blind without returns**: forage aveugle en circulation perdue, *méthode de forage qui ne permet pas les détections habituellement faites dans les déblais, du fait qu'il n'y a pas de retour du fluide de forage*. **drilling break**: augmentation de la vitesse d'avancement, *avant éruption* ; rupture dans la vitesse d'avancement. **drilling by vibrations**: forage par vibrations. **drilling cable**: câble de forage. **drilling clamp**: serre-câble *m*. **drilling contract**: contrat de forage. **drilling contractor**: entrepreneur de forage. **drilling control**: contrôle de l'avancement du forage, *voir aussi automatic driller*. **drilling core**: carotte *f*. **drilling crew**: équipe de forage. **drilling engine**: moteur de forage. **drilling equipment**: équipement de forage. **drilling fluid**: fluide de forage. **drilling-fluid circulation**: circulation des fluides de forage. **drilling foreman**: maître sondeur. **drilling frame**: chevalet de forage. **drilling gang**: équipe de forage. **drilling in**: forage de la couche, *pénétration de la sonde dans la couche pétrolifère*. **drilling-in fluid**: fluide de forage en contrôle permanent ; fluide de forage pour forage de la couche, *en contrôle permanent*. **drilling instructions**: consignes de forage. **drilling island**: île de forage, *construite artificiellement*. **drilling jar**: coulisse de forage ; glissière de forage. **drilling journal**: rapport de forage. **drilling line**: câble de forage. **drilling log**: rapport de forage. **drilling machine**: foreuse *f*; perceuse *f*. **drilling mud**: boue de forage. **drilling operation**: opération de forage. **drilling-operations clause**: clause de forage, *clause prévoyant que, si une concession prend fin avant l'achèvement des opérations de forage, elle sera prolongée jusqu'à la fin des opérations*. **drilling out cement**: reforage du ciment. **drilling parameter**: paramètre de forage. **drilling pattern**: canevas des puits ; espacement des puits, *nombre des puits par rapport à la superficie du terrain*. **drilling permit**: permis de forage. **drilling pipe**: *voir drillpipe*. **drilling platform**: plate-forme de forage. **Drilling Porosity Log (DPL)**: *dénomination d'une diagraphie de porosité obtenue pendant le forage*. **drilling rate**: avancement du forage ; vitesse d'avancement. **drilling rig**: appareil de forage. **drilling rope**: câble de forage. **drilling shaft**: corps de sonde ; train de sonde. **drilling shows**: traces d'huile pendant le forage. **drilling site**: chantier de forage ; emplacement du forage. **drilling speed**: vitesse de forage. **drilling spool**: croix de circulation *(for)* ; raccord de forage à brides. **drilling-spool adapter**: adaptateur de tête de puits. **drilling thrust power**: vitesse d'avancement. **drilling time**: temps de forage. **drilling-time log**: diagraphie de vitesse d'avancement, *diagramme donnant le temps de forage pour l'unité de longueur choisie*. **drilling-time test**: essai d'avancement. **drilling tool**: outil de forage. **drilling unit**: surface de forage ; unité d'implantation de forage, *zone prévue par les règlements sur l'espacement des puits*.

drillometer – indicateur de charge *(for)*.

drillpipe – tige de forage. **drillpipe coupling**: raccord de tige. **drillpipe cutter**: coupe-tige *m (for)*. **drill-**

pipe elevator: élévateur de tige de forage. **drillpipe float line**: soupape à flotteur de garniture de forage. **drillpipe float valve**: soupape de flottation de tige de forage ; soupape de tige. **drillpipe pressure**: pression en tête des tiges de forage. **drillpipe protector**: protecteur de tiges, *dispositif antifriction fixé aux tiges de forage.* **drillpipe slips**: coins de tige de forage. **drillpipe spinner**: appareil de vissage des tiges. **drillpipe string**: train de tiges. **drillpipe sub**: réduction de tige de forage.

drillship – navire de forage.

drillstem – garniture de forage. **drillstem test (DST)**: essai aux tiges, *un appareil composé d'une vanne (tester) et d'un packer se substitue au trépan au bas d'un train de tiges de forage en vue d'établir une communication directe entre la couche à essayer et l'intérieur du train de tiges.* **drillstem testing**: essais en cours de forage.

drinkable – potable, *buvable.* **drinkable water**: eau potable.

drip – égouttement *m* ; goutte *f*; larmier *m* ; purge *f*; tuyau de purge, *appareil de séparation des condensats du gaz à la sortie du puits.* **drip accumulator**: séparateur à condensats. **drip cock**: robinet purgeur. **drip cup**: poche de vidange. **drip gasoline**: essence de gaz naturel ; essence naturelle. **drip irrigation**: irrigation au goutte à goutte. **drip pot**: pot de purge ; siphon *m.* **drip pump**: pompe de purge. **drip stone**: *voir dripstone.* **drip trap**: pot de purge ; siphon *m.*

drip (to) – s'égoutter ; tomber goutte à goutte.

dripper – puits produisant goutte à goutte, *voir aussi stripper well.*

drips – condensats *m.*

dripstone – stalactite *f.*

drivability – aptitude au fonçage, *pour les pieux* ; conduisabilité *f*; facilité de conduite, *véhicules.*

drive – commande *f, servomoteur, etc* ; commande de poussée, *d'un vibrateur* ; conduite *f*; déplacement *m, voir aussi drainage (prod)* ; entraînement *m* ; pignon conducteur ; pignon d'entraînement ; transmission *f.* **drive axle**: essieu moteur. **drive bushing**: coussinet pour tige d'entraînement *(for)* ; fourrure d'entraînement. **drive cap**: tête de protection *(for)*. **drive chain**: commande par chaîne. **drive clamps**: serre-joint *m, pour renforcer et protéger les masses-tiges lorsqu'elles sont utilisées comme tiges motrices.* **drive gear**: engrenage menant. **drive head**: manchon de battage ; tête de tube. **drive impulse**: impulsion d'attaque *(sism)*. **drive mechanism**: mécanisme de drainage *(prod)*. **drive pipe**: tube de fonçage *(for)* ; tube de pilotage. **drive-pipe ring**: fourrure de la tête *(for)*. **drive ratio**: rapport de transmission. **drive shaft**: arbre de commande ; arbre de transmission ; arbre menant *(for)* ; arbre moteur. **drive shoe**: sabot de tube *(prod)* ; sabot pour tubage de surface.

drive (to) – avancer ; conduire ; entraîner. **drive (to) a pile**: battre un pieu. **drive (to) away**: chasser. **drive (to) back**: drainer. **drive (to) in**: enfoncer. **drive (to) out**: purger.

driveability – *voir drivability.*

driven – commandé ; entraîné ; mené. **driven-and-grouted pile**: pieu battu cimenté. **driven gear**: engrenage mené ; pignon entraîné ; roue entraînée ; roue menée. **driven pile**: pieu battu. **driven shaft**: arbre conduit ; arbre entrainé. **driven well**: puits enfoncé.

driver – chauffeur *m* ; conducteur *m, de véhicule* ; motoriste. **driver's lamp**: lampe de mine.

driving – avancement *m* ; traçage *m* ; transmission *f.* **driving belt**: courroie de commande ; courroie de transmission. **driving chain**: chaîne de commande. **driving engine**: machine motrice ; moteur de commande. **driving fit**: emboîtement à force ; emmanchement *m.* **driving force**: force motrice, *d'une réaction chimique.* **driving gear**: dispositif d'entraînement ; engrenage menant ; pignon conducteur ; pignon d'entraînement ; roue entraîneuse ; roue menante. **driving kelly bushing**: fourrure de table *(for)*. **driving license**: permis de conduire. **driving motor**: moteur de commande. **driving pinion**: pignon d'entraînement ; pignon de commande. **driving propeller**: *voir propeller shaft.* **driving pulley**: poulie de commande ; poulie motrice. **driving rain**: pluie battante. **driving resistance**: résistance à l'enfoncement, *des piles* ; résistance au battage. **driving screw**: vis de réglage. **driving shaft**: arbre de commande ; arbre moteur. **driving sheath**: fonçage de gaine, *de canalisation pour traverser une route.* **driving strap**: courroie d'entraînement. **driving torque**: couple moteur. **driving trough**: couloir d'attaque *(mine)*. **driving water**: eau motrice. **driving wheel**: roue motrice.

drizzle – bruine *f*; pluie fine.

drlg – *abrév. de drilling.*

DRM – ARD, *abrév. de depositional remanent magnetization, aimantation rémanente dépositionnelle ; et de detrital remanent magnetization, aimantation rémanente détritique.*

drogue – ancre flottante.

drop – chute *f*; goutte *f*; pente *f*; tombée *f.* **drop along**: chute de poids en continu, *mise en oeuvre de couverture multiple en chute de poids.* **drop bottle**: compte-gouttes *m* ; flacon dose ; stilligoutte *m.* **drop-bottom bucket**: cuffat à fond mobile. **drop-cooling tower**: tour de refroidissement à pluie d'eau. **drop-feed lubrication**: graissage goutte à goutte. **drop-feed lubricator**: graisseur compte-gouttes. **drop-feed oiler**: graisseur à compte-gouttes. **drop forged**: façonné par marteau de chute. **drop forging**: estampage *m.* **drop hammer**: marteau pilon. **drop-in check valve**: clapet de retenue. **drop-in pressure**: chute de pression ; perte de pression. **drop melting point of petroleum wax**: point de fusion conventionnel des paraffines, *la température à laquelle la première goutte de produit tombe du réservoir du thermomètre utilisé.* **drop of potential**: chute de tension. **drop of pressure**: chute de pression. **drop of voltage**: chute de tension. **drop point**: point de chute. **drop reaction**: stilliréaction *f.* **drop runner**: chenal de coulée en chute directe, *(métal)*. **drop sight-feed lubricator**: graisseur à voyant, *graisseur avec compteur permettant de régler la venue d'huile sur les roulements.* **drop tank**: réservoir largable. **drop-weight method**: méthode par pesée des gouttes.

drop (to) – s'égoutter ; éliminer ; faire tomber ; tomber goutte à goutte. **drop (to) anchor**: jeter l'ancre ; mouiller.

droplet – gouttelette *f.*

drop-off – chute de la déviation, *du trou foré en degrés pour X m d'avancement.* **drop-off point**: amorce de chute, *point à partir duquel la déviation décroît.*

dropout – manque de signal. **dropout error**: perte accidentelle d'information, *informatique.*

droppable – largable.

dropped – tombé. **dropped axle**: essieu coudé. **dropped coverage**: portion de profil non tirée *(sism)*. **dropped frame**: châssis surbaissé.

dropper – compte-gouttes *m.* **dropper corer**: carottier à gravité.

dropping – chute *f.* **dropping-ball penetration test**: billage *m.* **dropping bottle**: flacon compte-gouttes. **dropping electrode**: électrode à goutte. **dropping funnel**: entonnoir à robinet. **dropping of tools**: chute d'outils de forage. **dropping point**: point de goutte, *température à laquelle une graisse passe de l'état semisolide à l'état liquide.* **dropping-point test**: essai du point de goutte.

dropwise – goutte à goutte.

dross – crasse *f*; fines de charbon ; laitier *m*; scorie *f.*

drought – sécheresse *f (climat)*.

drowned – noyé. **drowned reef**: récif submergé. **drowned shelf**: *voir continental shelf.* **drowned spring**: source sous-marine. **drowned valley**: vallée submergée. **drowned well**: puits noyé.

drowning – noyage *m, envahissement d'un puits productif par l'eau.*

drum – ballon *m*; cylindre métallique ; réservoir sous pression, *stockage*; tambour *m*; tonnelet *m.* **drum drier**: séchoir à tambour. **drum filter**: filtre à tambour. **drum fire**: feu roulant. **drum flange**: joue d'un tambour. **drum separator**: crible à tambour. **drum washer**: laveur rotatif.

drumlin – drumlin *m, colline elliptique aux formes douces, d'origine glaciaire.*

drunkenness – ivresse *f, voir deep-water drunkenness.*

druse – druse *f, géode, cavité tapissée de minéraux dans une roche*; géode *f (géol)*. **druse structure**: structure drusiforme *(géol)*.

dry – aride ; sec. **dry acid**: acide acétique cristallisable, *utilisé pour l'acidification des gisements.* **dry and abandoned**: sec et abandonné, *puits.* **dry assay**: essai par voie sèche. **dry boiling point**: point d'ébullition à sec, *température pour laquelle le fond du ballon de distillation apparaît sec.* **dry boring**: sondage à sec. **dry cell**: pile sèche. **dry chlorination**: chloruration sèche. **dry cleaning**: nettoyage à sec. **dry-cleaning fluid**: *voir dry-cleaning solvent.* **dry-cleaning gasoline**: essence pour nettoyage à sec. **dry-cleaning solvent**: solvant pour nettoyage à sec, *hydrocarbure chloré léger utilisé pour le nettoyage des vêtements.* **dry coal**: charbon maigre ; houille sèche. **dry combustion**: combustion sèche, *par injection d'air et par combustion à cocourant (prod)*. **dry-cooling tower**: réfrigérant sec. **dry crushing**: broyage à sec. **dry diggings**: placers d'éluvion *(géol)*. **dry distillation**: distillation à sec ; distillation sèche. **dry dock**: bassin de radoub ; cale sèche ; forme de radoub. **dry drilling**: forage à sec. **dry extract**: extrait à sec. **dry forward combustion**: combustion sèche à cocourant. **dry gas**: gaz sec, *gaz pauvre ou gaz naturel ne contenant pas de fractions lourdes facilement condensables dans les conditions atmosphériques normales.* **dry gas holder**: gazomètre sec. **dry gel**: *voir xerogel.* **dry grinding**: broyage à sec. **dry hole**: puits sec, *forage improductif*; trou sec, *improductif, il sera bouché et abandonné.* **dry-hole agreement**: accord de puits sec, *dans les zones de morcellement des droits miniers, contrat où les détenteurs de parcelles voisines s'engagent à participer au coût d'un sondage dans le cas où celui-ci serait sec ; évaluation peu coûteuse des possibilités pétrolifères de la zone.* **dry-hole plug**: bouchon d'obturation, *bouchon servant à obturer un forage improductif.* **dry-hot-rock geothermal system**: géothermie à roche sèche. **dry ice**: glace carbonique ; neige carbonique. **dry lake**: lac temporaire. **dry meter**: compteur sec. **dry mud**: boue sèche, *barytine ou autres produits minéraux qui, mélangés avec l'eau, formeront la boue de forage.* **dry natural gas**: gaz naturel sec. **dry oil**: huile sèche, *huile exempte de toute humidité.* **dry packing**: remblai sec *(mine)*. **dry pipe**: crépine *f*; tuyau sécheur. **dry point**: point sec, *température à laquelle se vaporise la dernière goutte de liquide au fond du ballon de distillation.* **dry process**: développement à sec *(photo)* ; procédé par voie sèche ; voie sèche. **dry purification**: épuration à sec. **dry-run tar**: résidu de goudron, *réduit à la consistance voulue par une simple réduction thermique sans emploi de vapeur.* **dry season**: saison sèche *(météo)*. **dry sand**: sable sec, *couche improductive.* **dry-sand casting**: coulée en sable sec, *(métal)*. **dry scale**: calamine pulvérulente. **dry screening**: criblage à sec. **dry scrubbing**: criblage à sec. **dry separation**: séparation à sec. **dry sliding**: glissement à sec. **dry stamping**: bocardage à sec. **dry steam**: vapeur sèche. **dry-steam deposit**: gisement de vapeur sèche, *gisement dans lequel la vapeur est prédominante.* **dry stone**: pierre nue ; pierre sans liant ; pierre sèche. **dry suit**: scaphandre *m.* **dry sump**: carter sec. **dry-sump lubrication**: graissage à carter sec, *l'alimentation se fait par deux pompes, l'une pour la vidange constante du moteur et le refoulement de l'huile dans un réservoir, l'autre pour la reprise de cette huile et son refoulement dans le moteur*; lubrification à carter sec. **dry test**: essai par voie sèche. **dry-transfer atmospheric system**: système de transfert à sec à pression atmosphérique. **dry tree**: tête de production au sec. **dry valley**: vallée sèche. **dry wall**: mur de pierres sèches. **dry walling**: meurtriat *m.* **dry washing**: lavage à sec. **dry welding**: soudage en atmosphère sèche. **dry well**: puits sec. **dry wellhead**: tête de puits au sec ; tête de puits encapsulée.

drydocking – carénage *m, d'un navire.*

drying – séchant ; essorage *m*; séchage *m.* **drying agent**: agent déshydratant. **drying bed**: lit de séchage. **drying chamber**: séchoir *m.* **drying drum**: tambour sécheur. **drying furnace**: four de séchage. **drying mark**: trace de séchage *(photo)*. **drying oil**: huile siccative. **drying oven**: étuve *f.* **drying plant**: installation de séchage. **drying temperature**: température de séchage. **drying up**: tarissement *m (hydrol)*.

dryness – aridité *f*; sécheresse *f*; siccité *f.*

DSC – *abrév. de differential scanning calorimetry ; et de drillstring compensator.*

DSDP – *abrév. de Deep Sea Drilling Project.*

DSL – *abrév. de deep scattering layer.*

DSPS – *abrév. de dynamic ship-positioning system.*

DSRV – *abrév. de deep submergence rescue vessel.*

DST – *abrév. de drillstem test.*

DTA – ATD, *abrév. de differential thermal analysis : analyse thermique différentielle.*

DTE – *abrév. de diesel turbine engine.*

DTM – MNT, *abrév. de digital terrain model : modèle numérique de terrain.*

dual – double. **dual completion**: complétion double, *mise en production de deux couches superposées par deux colonnes parallèlement ou concentriquement dans l'espace annulaire du forage.* **dual control**: double commande. **dual fuel**: à deux carburants. **dual-fuel engine**: moteur polycarburant. **dual-function catalyst**: catalyseur bifonctionnel. **dual-induction log**: diagraphie à deux courbes d'induction. **dual packer**: packer double, *constitué par deux garnitures cylindriques superposées (for).* **dual-purpose boiler**: chaudière mixte. **dual-purpose oil**: huile à double usage. **dual recording**: enregistrement en parallèle. **dual space**: espace dual *(math).* **dual-stage cementer**: manchon de cimentation étagée. **dual system**: forage double. **dual variables**: variables duales. **dual-wall tank**: bac à double paroi. **dual-zone well**: puits à deux horizons productifs.

Dualayer – *dénomination d'un procédé de désulfuration de l'essence à l'aide de solvants.*

Dualflow – *Dualflow tray : dénomination de plateau de colonne.*

duct – canal *m*; canalisation *f*; conduit *m*; conduite *f.* **duct trench**: tranchée pour canalisation.

ducted – *voir ducted propeller.* **ducted propeller**: hélice carénée.

ductile – malléable. **ductile fracture**: rupture ductile *(méc. roc.).* **ductile iron**: fer ductile, *fer affiné.* **ductile malleable casting**: *voir malleable cast iron.*

ductility – ductilité *f, la ductilité des produits bitumineux est mesurée par l'allongement, exprimé en centimètres, à l'instant de sa rupture, d'une éprouvette de forme déterminée.* **ductility limit**: limite de ductilité ; limite de fluage. **ductility test**: essai de ductilité, *des asphaltes.*

ductilometer – ductilomètre *m, pour la détermination de la ductilité d'un métal.*

due – droit *m, voir aussi dues* ; redevance *f.*

dues – cotisation *f*; honoraires *m.*

dug – creusé, *bêché.* **dug well**: puits à bras, *puits creusé à la main.*

dull – émoussé ; mat ; terne ; trouble. **dull bit code**: codage des usures d'outils *(for).* **dull finish**: surface mate. **dull fracture**: cassure terne. **dull luster**: éclat mat. **dull tool**: outil usé.

dullness – matité *f.*

dummy – postiche. **dummy antenna**: antenne fictive. **dummy cathode**: cathode d'épuration. **dummy coil**: section morte, *d'un enroulement.* **dummy flange**: bride d'obturation. **dummy load**: impédance fictive.

dump – portions d'acide, *séparément ajoutées à l'eau dans le traitement à l'acide* ; décharge *f*; dépôt *m* ; tas *m.* **dump bailer**: cuiller de cimentation, *ou cuillère de cimentation (for).* **dump body**: benne basculante. **dump cable**: câble de basculement. **dump car**: wagon basculant. **dump cradle**: culbuteur *m.* **dump gas**: essence de mauvaise qualité. **dump pit**: halde *f*; terril *m.* **dump tank**: réservoir de décharge, *premier nom des réservoirs de stockage dans lesquels l'huile était déchargée en attendant l'arrivée des bateaux.* **dump truck**: camion à bascule ; camion basculant. **dump valve**: vanne de décharge.

dump (to) – basculer ; décharger ; déverser ; écouler à perte ; vider, *informatique.*

dumped – déchargé ; déversé. **dumped fill**: remblai déversé. **dumped moraine**: moraine rempart *(géol).* **dumped rock fill**: enrochement en vrac.

dumper – camion à bascule ; tombereau *m* ; wagon basculant.

dumping – culbutage *m* ; décharge sauvage, *d'ordures* ; déchargement en vrac ; déversement *m* ; dumping *m, introduction sur le marché d'un pays d'un produit d'importation à un prix inférieur à sa valeur normale* ; écoulement à perte. **dumping ground**: chantier de dépôt ; dépôt des déblais ; dépotoir *m.*

dumpy – *voir dumpy level.* **dumpy level**: niveau à lunette fixe *(topog).*

dune – dune *f.* **dune field**: champ de dune. **dune range**: cordon de dune.

dung – fumier *m.*

dunite – dunite *f (pétro).*

dunnage – fardage *m, planches ou caillebotis placés dans les cales d'un bateau pour protéger les marchandises de l'humidité.*

dunnite – dunnite *f, picrate d'ammonium employé comme explosif.*

DuoSol – *dénomination d'un procédé d'extraction pour la fabrication des huiles lubrifiantes à l'aide de deux solvants, un mélange de phénol et crésol et du propane.*

duplex – duplex. **duplex carburetor**: carburateur jumelé. **duplex gate valve**: vanne à casque. **duplex pump**: pompe alternative à deux cylindres ; pompe duplex, *à deux cylindres (à simple ou double effet).*

duplicate – contretype *m* ; duplicata *m.*

duplication – duplication *f*; redoublement *m, répétition tectonique d'une série de couches.* **duplication check**: double contrôle. **duplication of beds**: répétition des couches.

duplicature – duplicature *f (géol).*

durability – durabilité *f.*

durain – durain *m, niveau charbonneux composé en majorité d'inertinite et d'exinite.*

Duralumin – Duralumin *m, alliage d'aluminium à haute résistance.*

duration – durée *f.*

durene – durène *m, tétraméthylbenzène.*

duricrust – croûte concrétionnée ; cuirasse *m (géol)* ; niveau rubéfié.

durite – durite *f, lit charbonneux composé d'un assemblage inertinite-exinite.*

Durite – *dénomination d'une résine phénolformaldéhyde thermodurcissable.*

durometer – duromètre *m.*
dust – poudre *f*; poussier *m*; poussière *f.* **dust arrester**: collecteur de poussière. **dust bowl**: trombe de poussière. **dust catcher**: collecteur de poussière. **dust collector**: collecteur de poussière ; dépoussiéreur *m.* **dust exhauster**: aspirateur de poussière. **dust explosion**: coup de poussière, *explosion de poussière.* **dust fall**: chute de pluie de poussière ; retombée de poussière. **dust filter**: filtre à poussière. **dust layer**: couche de poussière. **dust-laying oil**: huile antipoussière, *huile lourde résiduaire utilisée pour retenir la poussière des routes.* **dust removal**: dépoussiérage *m.* **dust separator**: dépoussiéreur *m*; séparateur de poussière. **dust skin**: cuticule de poussière. **dust storm**: tempête de poussière. **dust tuff**: tuf volcanique.
dustbin – poubelle *f*; sac à poussière.
duster – puits improductif *(for)*.
dustless – sans poussière.
dustproof – étanche à la poussière.
dusttight – étanche à la poussière.
dusty – poussiéreux ; pulvérulent.
Dutch – *Dutch oil : voir ethylene dichloride.*
dutchman – flipot *m*; morceau rapporté, *servant à boucher une ouverture, à cacher ou renforcer une partie faible ou un défaut, à rallonger un tube ou une tige.*
duty – devoir *m*; droit *m*; rendement *m*; service *m*; travail utile. **duty cycle**: cycle actif ; cycle de service, *séquence de conditions de fonctionnement auxquelles est soumis un équipement, un dispositif, un composant.* **duty free**: exempt de droits ; en franchise ; hors taxe. **duty of a pump**: débit d'une pompe. **duty of utmost fair dealing**: devoir de justice du concédant, *dans son comportement vis-à-vis des concessionnaires.*
dw – *abrév. de deadweight.*
DWC – *abrév. de differential weathering correction.*
dwell – temporisation *f*, *commande numérique.* **dwell phase**: phase inactive.
dwindle (to) – diminuer. **dwindle (to) away**: épuiser.
dwindling – diminution *f*; épuisement *m.*
DWO – *abrév. de dewaxed oil.*
dwt – tpl *ou* TPL, *abrév. de deadweight tonnage, tonnage de port en lourd.*
DWT – *abrév. de Deep Well Thermometer.*
dy – vase putride, *composé de matière organique qui précipite dans un lac où il s'est trouvé apporté sous forme colloïdale, voir aussi sapropel.*
dyadic – diadique ; dyadique. **dyadic operation**: opération diadique, *opération ayant deux opérandes.*
Dyassic – *voir Permian.*
dye – colorant *m*; teinture *f.* **dye fixing**: fixage du colorant. **dye laser**: laser à colorant. **dye strength**: pouvoir tinctorial.
dyeing – teinture *f.* **dyeing accelerant**: accélérateur de teinture.
dyestuff – matière colorante.
dyke – *voir dike.*
Dyna-drill – *dénomination d'un moteur de fond volumétrique.*
Dynacracking – *dénomination d'un procédé de traitement des huiles lourdes.*
dynamic – dynamique. **dynamic anchoring**: ancrage dynamique, *voir dynamic positioning.* **dynamic balance**: équilibrage dynamique. **dynamic breccia**: brèche tectonique. **dynamic characteristic**: caractéristique dynamique. **dynamic correction**: correction d'obliquité, *modification de l'échelle des temps dont il faut affecter les traces enregistrées en couverture multiple avant de les additionner*; correction dynamique. **dynamic electrode potential**: potentiel dynamique d'une électrode. **dynamic geology**: géologie dynamique. **dynamic head**: charge dynamique ; pression dynamique. **dynamic holdup**: retenue liquide en régime. **dynamic measurement**: mesurage dynamique. **dynamic metamorphism**: dynamométamorphisme *m*; métamorphisme dynamique, *ensemble des transformations subies par les roches sous l'action de tensions mécaniques et à basse température.* **dynamic miscibility**: miscibilité dynamique. **dynamic positioning**: positionnement dynamique, *maintien d'un support flottant en station, en opposant en permanence à la force de dérive résultant de l'action des éléments la réaction conjuguée de propulseurs contrôlés par un calculateur alimenté par les informations d'un détecteur d'écart.* **dynamic pressure**: pression dynamique. **dynamic programming**: programmation dynamique. **dynamic range**: dynamique d'appareillage *(sism)*. **dynamic-range enhancement**: adaptation de dynamique. **dynamic-range stretching**: adaptation de dynamique. **dynamic stability**: stabilité dynamique. **dynamic stationing**: *voir dynamic positioning.* **dynamic test**: essai dynamique. **dynamic unbalance**: balourd dynamique. **dynamic viscosity**: viscosité dynamique, *viscosité d'un fluide dans lequel la vitesse sous contrainte tangentielle de 1 pascal a un gradient de 1 mètre par seconde par mètre perpendiculaire au plan de glissement.*
dynamically – dynamiquement. **dynamically-positioned drillship (DPDS)**: navire de forage à positionnement dynamique. **dynamically-positioned ship**: navire à positionnement dynamique.
dynamics – dynamique *f.*
dynamite – dynamite *f.* **dynamite cartridge**: cartouche de dynamite. **dynamite charge**: charge de dynamite. **dynamite magazine**: dynamitière *f*, *magasin à dynamite.* **dynamite thawing**: dégèlement de la dynamite.
dynamiting – dynamitage *m.*
dynamo – dynamo *f.*
dynamoelectric – dynamoélectrique. **dynamoelectric machine**: machine dynamoélectrique, *génératrice à courant continu.*
dynamometamorphism – dynamométamorphisme *m*, *métamorphisme dynamique.*
dynamometer – dynamomètre *m.*
dynamometric – dynamométrique.
dynamometry – dynamométrie *f.*
dynamotor – dynamoteur *m*, *convertisseur tournant.*
Dynasource – Dynasource, *dénomination commerciale d'une source sismique.*
dyne – dyne *f*, *ancienne unité de force.*
dynode – dynode *f*, *tube électronique.*
dypsnea – dypsnée *f*, *difficulté respiratoire.*

dysbaric – dysbarique. **dysbaric osteonecrosis**: ostéonécrose dysbarique, *(plongée)*.
dysbarism – dysbarisme *m*, *ensemble des effets pathologiques indésirables sur l'organisme dus aux variations de pression en plongée.*
dyscrystalline – microcristallin *(pétro)*.
dysfunctioning – dysfonctionnement *m*.
dysmigration – dysmigration *f*, *déplacement des hydrocarbures conduisant l'huile et le gaz jusqu'à la surface du sol, où ils donnent naissance à des indices superficiels ; voir aussi migration.*
dysodile – dysodile *f*, *résine fossile hydrocarbonée.*
dysphotic – *voir disphotic.*
dysprosium – dysprosium *m*, *symbole chim. Dy.*
dystrophic – dystrophique, *concernant un environnement où la nutrition est déficiente.* **dystrophic lake**: lac dystrophique, *lac caractérisé par une perturbation de la nutrition et de la croissance des organismes due à un déséquilibre des nutriments.*
dysyntribite – dysyntribite *f*, *aluminosilicate de potassium et de sodium.*

E

E – E, *symbole de exa.*

E&P – E&P, *abrév. de exploration and production.* **E&P Forum**: *dénomination d'une organisation internationale qui regroupe les parties concernées par la réglementation de l'exploration et de la production du pétrole et du gaz.*

eagre – barre *f*; mascaret *m* ; raz-de-marée *m.*

EAK – *abrév. de ethylamylketone.*

ear – anse *f*; languette *f*; oreille *f.*

early – précoce. **early diagenesis**: diagenèse précoce. **early diagnosis**: dépistage *m.* **early highstand**: haut niveau inférieur, *cortège sédimentaire.* **early maturity**: maturité précoce. **early production**: production anticipée, *ou précoce d'un gisement d'hydrocarbures en mer.* **early production facilities (EPF)**: installations de production anticipée. **early production system**: système de production anticipée, *d'un gisement de pétrole marin utilisant un matériel provisoire léger soit pour l'exploitation définitive de champs marginaux soit pour l'exploitation temporaire de champs importants.*

earned – gagné. **earned income**: revenu du travail. **earned surplus**: bénéfice non distribué.

earnings – profit *m* ; recettes *f*; salaire *m.* **earnings before interest and taxes**: résultat d'exploitation avant impôt et frais financiers. **earnings sheet**: tableau des gains.

earphone – écouteur *m.*

earth – terre *f, globe terrestre, prend alors la majuscule (Earth) ; partie solide et émergée du globe opposée à air et eaux ; matière qui constitue la couche superficielle du sol où croissent les végétaux.* **earth alkali**: alcali terreux. **earth anchor**: ancre de terre, *utilisée pour ancrer les haubans des installations de forage et les canalisations dans les terrains marécageux.* **earth auger**: tarière *f.* **earth borer**: *voir earth auger.* **earth-boring bit**: tarière *f.* **earth cable**: *voir ground cable.* **earth coal**: charbon de terre, *variété de lignite.* **earth connection**: *voir ground connection.* **earth current**: courant terrestre, *courant tellurique.* **Earth curvature**: courbure de la terre. **earth dam**: barrage en terre. **earth detector**: *voir leakage detector.* **earth fall**: éboulement *m.* **earth grab**: benne drague ; cuiller d'excavation, *ou cuillère d'excavation.* **earth-grounded circuit**: retour à la terre. **earth inductor**: inclinomètre à induction ; inducteur de terre, *appareil de mesure du champ magnétique terrestre par induction.* **earth layering**: structure tabulaire. **earth lead**: conducteur de terre *(élec).* **earth leakage**: perte à la terre. **earth load**: poussée des terres. **earth metal**: métal terreux. **earth movement**: mouvement de la terre ; pression latérale. **earth oil**: huile de pierre, *appellation ancienne du pétrole* ; huile de roche. **Earth orbit**: orbite terrestre. **earth pillar**: cheminée de fées *(géol)* ; colonne coiffée ; demoiselle *f*; nonne *f (géol)* ; pyramide coiffée. **earth pitch**: pissasphalte *m.* **earth pressure**: poussée des terres. **Earth-resources satellite**: satellite d'exploration des ressources terrestres. **Earth's magnetic field**: champ magnétique terrestre. **earth science**: sciences de la terre. **earth sculpture**: glyptogenèse *f, sculpture de relief.* **earth shell**: croûte terrestre ; écorce terrestre. **earth silicon**: silice *f.* **earth slide**: *voir landslide.* **earth tester**: telluromètre *m* ; vérificateur de prise de terre. **earth tide**: marée solide ; marée terrestre. **earth tremor**: secousse sismique. **earth wave**: onde sismique. **earth wax**: cire minérale ; ozocérite *f, hydrocarbure naturel ayant un aspect paraffineux.*

EARTH – *abrév. de European Association for Research and Technology on Hydrocarbons.*

earth (to) – mettre à la terre ; terrasser.

earthed – *voir grounded.*

earthen – en terre. **earthen reservoir**: réservoir en terre, *réservoir creusé à même le sol.*

earthenware – faïence *f.*

earthing – mise à la terre. **earthing wire**: fil de mise à la terre.

earthlight – lumière cendrée.

earthmover – engin de terrassement.

earthquake – séisme *m*; tremblement de terre. **earthquake intensity**: intensité d'un séisme, *voir aussi intensity scale.* **earthquake magnitude**: magnitude d'un séisme, *voir magnitude of an earthquake.* **earthquake prediction**: prévision sismique. **earthquake-proof construction**: construction antisismique. **earthquake record**: sismogramme *m.* **earthquake risk**: risque sismique. **earthquake wave**: onde sismique.

earthshine – lumière cendrée.

earthworks – ouvrage en terre ; terrassement *m* ; transport des terres.

earthy – terreux. **earthy luster**: éclat mat ; éclat terreux. **earthy water**: eau dure, *riche en carbonate de calcium.*

ease (to) – desserrer, *une vis* ; donner du jeu à une pièce.

easement – droit d'usage ; droit de passage ; servitude *f.*

easiness – facilité *f.*

east – est *m.* **east variation**: déclinaison de l'aiguille du côté Nord-Est.

easting – longitude est, *différence de longitude des deux extrémités d'un cheminement lorsque l'azimut de la ligne se trouve dans le quadrant Nord-Est ou Sud-Est, par opposition à westing dans les deux autres cas.*

easy – facile.

eat (to) – manger. **eat (to) away**: éroder ; ronger ; saper.

eaten – mangé ; rongé.

ebb – reflux *m*. **ebb and flow**: flux et reflux. **ebb current**: courant de jusant. **ebb delta**: delta de jusant. **ebb of spring tide**: jusant de vives eaux. **ebb tide**: basse marée ; jusant *m* ; marée descendante.

ebb – baisser ; refluer.

ebonite – ébonite *f, matière plastique thermodurcissable.*

ebullating – bouillonnant. **ebullating bed**: lit bouillonnant, *lit fixe traversé par un gaz.* **ebullating-bed reactor**: réacteur à lit bouillonnant.

ebullient – *voir boiling.*

ebulliometer – ébulliomètre *m*.

ebulliometry – ébulliométrie *f*.

ebullioscope – ébullioscope *m*.

ebullition – ébullition *f, voir aussi boiling.*

eccentric – excentré ; excentrique *m*. **eccentric action**: commande par excentrique. **eccentric arm**: bras de décentrement, *d'une sonde.* **eccentric bit**: trépan décentré ; trépan excentrique. **eccentric load**: charge décentrée. **eccentric oiler**: graisseur excentrique. **eccentric rod**: bielle de commande à excentrique ; tige de l'excentrique. **eccentric shaft**: arbre à excentrique. **eccentric sheave**: plateau d'excentrique. **eccentric strap**: collier d'excentrique. **eccentric wear**: usure excentrique.

eccentricity – décentrement *m* ; déport oblique ; désaxage *m* ; excentration *f, défaut matériel tubulaire* ; excentricité *f*.

ECD – *abrév. de electron capture detector : détecteur à capture d'électrons.*

echelon – échelon *m*. **en echelon**: en échelons *(géol)*. **en-echelon fault**: faille en échelons. **en-echelon faults**: relais de failles. **en-echelon fold**: pli en relais. **en-echelon folds**: plis en coulisse ; plis en échelons, *plis parallèles les uns aux autres mais décalés selon leur allongement toujours dans le même sens.*

echinoderm – échinoderme *m (pal)*.

echinoid – échinidé *m, ou oursin (pal)*.

echo – écho *m*. **echo location**: écholocation *m*. **echo ranging**: écholocation *m*. **echo-ranging sonar**: échosondeur *m*. **echo sounder**: échosondeur *m*. **echo sounding**: échosondage *m*. **echo-sounding recorder**: enregistreur d'échos.

echogram – échogramme *m*.

echometer – échomètre *m*.

ecliptic – écliptique *m, plan de l'orbite terrestre autour du soleil.* **ecliptic pole**: pôle de l'écliptique.

eclogite – éclogite *f, roche métamorphique.* **eclogite facies**: faciès des éclogites, *faciès minéral avec omphacite et grenat.*

ECO – *abrév. de electron coupled oscillator : ocillateur à couplage électronique.*

ecological – écologique. **ecological impact**: impact écologique. **ecological monitoring**: surveillance écologique. **ecological niche**: créneau écologique. **ecological succession**: succession écologique. **ecological system**: écosystème *m*.

ecologist – écologiste *m*.

ecology – écologie *f, étude des rapports des organismes vivants avec le milieu dans lequel ils vivent.*

econometrics – économétrie *f*.

economic – économique. **economic basement**: socle économique. **economic choice**: calcul économique. **economic crisis**: crise économique. **economic depreciation**: amortissement économique. **economic geology**: géologie économique. **economic impact**: impact économique. **economic model**: modèle économique. **economic performance**: résultats économiques. **economic recession**: récession économique. **economic situation**: conjoncture économique.

economical – économe ; économique.

economics – économie *f* ; économie politique ; science économique.

economizer – économiseur *m* ; éconostat *m, enrichisseur de pleine charge d'un carburateur.* **economizer jet**: gicleur d'économie.

economy – économie *f, gestion des dépenses.* **economy of scale**: économie d'échelle.

ECORS – ECORS, *acronyme : Etude Continentale et Océanique par Réflexion et Réfraction Sismique.*

ecosystem – écosystème *m, ensemble d'une communauté et de l'environnement physicochimique dans lequel elle vit.*

ecotoxicity – écotoxicité *f*.

ecotoxicology – écotoxicologie *f, étude des effets toxiques des produits chimiques sur les organismes vivants dans le cadre de leur écosystème.*

ecotype – écotype *m, subdivision de l'espèce résultant de l'action sélective d'un milieu particulier.*

ECPE – *abrév. de external-combustion piston engine.*

ECS – CEN, *abrév. de European Committee of Standardization : Comité Européen de Normalisation.*

ECT – *abrév. de energy conservation techniques : techniques pour économiser l'énergie.*

edaphic – édaphique, *relatif au sol.*

edaphon – édaphon *m, flore et faune microscopique du sol.*

EDB – *abrév. de ethylene dibromide.*

eddy – remous *m* ; tourbillon *m*. **eddy chamber**: chambre à tourbillons, *chambre aérodynamique pour l'étude des remous.* **eddy current**: courant de Foucault ; courant parasite ; courant vagabond. **eddy-current brake**: frein à courant de Foucault ; frein magnétique. **on eddy flow**: en régime turbulent. **eddy loss**: perte par tourbillons, *turbine.* **eddy velocity**: fluctuation de vitesse. **eddy viscosity**: viscosité turbulente.

eddying – tournoiement *m*.

Edeleanu – Edeleanu. **Edeleanu process**: procédé Edeleanu, *d'extraction au solvant, utilisant l'anhydride sulfureux pour dissoudre les aromatiques et éthyléniques.*

edge – arête *f* ; biseau *m* ; bord *m* ; fil *m* ; mèche *f* ; taillant *m* ; tranchant *m, d'un outil.* **edge**

coning: cône latéral *(prod)*. **edge crack**: fissure d'angle. **edge dislocation**: dislocation en coins *(cristal)*. **edge effect**: effet de bord ; effet de bordure, *distorsion entourant l'information d'image et mordant sur les zones voisines*. **edge enhancement**: accentuation des contours. **edge gradient**: gradient de bord *(photo)*. **edge joint**: joint sur bord, *soudure*. **edge lease**: concession située à la lisière du gisement, *au-delà de la ligne qui sépare l'huile et l'eau*. **edge mill**: broyeur à meules verticales. **edge preparation**: préparation du bord, *soudure*. **edge seam**: dressant *m* ; pendage raide. **edge side**: arête *f*; extrémité *f*. **edge-type filter**: filtre lamellaire. **edge water**: eau de bordure, *eau de gisement située en dehors de la limite du champ d'huile et de gaz*. **edge-water drive**: déplacement par poussée d'eau marginale, *voir water drive* ; poussée d'eau marginale ; production par poussée d'eau de bordure. **edge-water line**: limite eau-pétrole. **edge wave**: onde piégée. **edge well**: puits à la limite d'un gisement.

edible – comestible. **edible oil**: huile alimentaire ; huile comestible, *huile végétale ou animale*.

edict – décret *m*.

edit (to) – annoter ; mettre en forme, *préparer un texte ou des données pour un traitement* ; préparer un texte, *pour la publication* ; rédiger.

edition – édition *f*.

editor – correcteur *m* ; éditeur *m* ; programme d'édition ; programme d'impression ; rédacteur *m*.

EDL – *abrév. de electric double layer : double couche électrique.*

EDM – *abrév. de electronic distance measurement: mesure électronique de distance.*

EDP – *abrév. de electronic data processing.*

EDS – *abrév. de energy dispersion spectrometer.*

EDTA – EDTA, *abrév. de ethylenediaminetetraacetic acid, acide éthylènediamine-tétraacétique.*

education – éducation *f*. **education facilities**: établissements scolaires. **continuing education**: formation continue.

educational – éducatif. **educational achievements**: résultats scolaires. **educational guidance**: orientation scolaire.

educt – produit de décomposition ; résidu *m (chim)*.

eduction – décharge *f*; échauffement *m* ; évacuation *f*; sortie *f*; vidange *f*. **eduction pipe**: tuyau d'émission. **eduction port**: orifice d'émission, *de décharge, d'échappement.*

eductor – éjecteur *m*.

edulcorate (to) – purifier par lavage, *débarrasser de l'acidité.*

EDX – *abrév. de energy dispersive X-ray.*

EEC – CEE, *abrév. de European Economic Community, Communauté économique européenne.*

eel – anguille *f, flûte.*

Eemian – Eemien *m, étage du Pléistocène supérieur.*

EEZ – ZEE, *abrév. de exclusive economic zone: zone économique exclusive.*

effect – action *f*; conséquence *f*; effet *m* ; influence *f*; résultat *m*.

effective – effectif ; efficace ; réel. **effective atmosphere**: atmosphère efficace. **effective capacity**: capacité utile, *d'un réservoir de stockage*. **effective chimney height**: hauteur de cheminée efficace, *hauteur utilisée pour le calcul des gaz émis par une cheminée, et qui diffère de sa hauteur vraie.* **effective closure**: fermeture effective, *d'un piège*. **effective concentration**: concentration efficace. **effective formation-resistivity factor**: facteur de formation effectif, *résistivité d'un volume de formation argileuse saturée en électrolyte, divisée par la résistance de cet électrolyte.* **effective head**: chute effective ; chute réelle. **effective length of weld**: longueur utile de la soudure. **effective load**: charge utile. **effective mass**: masse effective. **effective molarity**: molarité efficace. **effective output**: production effective. **effective overburden pressure**: pression géostatique effective. **effective pay**: partie effectivement productrice, *d'un gisement*. **effective permeability**: perméabilité effective ; perméabilité réelle. **effective porosity**: porosité effective ; porosité utile, *rapport des pores connectés entre eux dans la roche au volume total de la roche.* **effective power**: puissance au frein ; puissance effective ; travail utile. **effective pressure**: pression effective. **effective pull**: force transmise. **effective rate**: taux actuariel *(fin)*. **effective reservoir-rock compressibility**: compressibilité effective des roches réservoir. **effective shear**: cisaillement effectif. **effective signal**: signal utile. **effective size**: dimension réelle. **effective value**: *voir rms value*. **effective zone**: zone utile.

effectiveness – efficacité *f*. **effectiveness of an agreement**: entrée en vigueur d'un accord.

effervesce (to) – se dégager ; faire effervescence ; mousser.

effervescence – effervescence *f*.

efficacy – efficacité *f*.

efficiency – efficacité *f*, *pour un moteur : rapport de l'énergie utilisable à l'énergie dépensée dans ce moteur* ; efficience *f* ; puissance utile ; rendement *m*. **efficiency coefficient**: coefficient d'efficacité ; coefficient d'efficience. **efficiency curve**: courbe de rendement. **efficiency wage**: salaire au rendement.

efficient – efficace ; efficient ; de rendement élevé. **efficient offtake rate**: taux de récupération rentable, *ou efficace*. **efficient production rate**: débit global.

effloresce (to) – effleurir, *s'effleurir* ; former une efflorescence ; tomber en efflorescence.

efflorescence – délitescence *f*; efflorescence *f*.

effluence – dégagement *m* ; effluence *f*; émanation *f*.

effluent – effluent *m*, *qualifie un produit liquide, solide ou gazeux résiduaire qui se dégage lors d'un procédé.* **effluent drain**: canalisation de sortie, *d'un collecteur d'eau d'égout* ; cours d'eau dérivé, *d'un lac, d'une rivière*. **effluent-gas analysis (EGA)**: analyse des effluents gazeux.

efflux – dégagement *m* ; dépense *f*; écoulement *m* ; émanation *f*; flux *m*. **efflux time**: temps d'écoulement.

effort – effort *m* ; ordre de multiplicité.

effuser – diffuseur *m*.

effusiometer – effusiomètre *m, appareil servant à mesurer la vitesse d'effusion des gaz à travers un orifice réduit, dans des conditions normalisées.*

effusion – effusion *f*; épanchement *m*.

effusive – effusif. **effusive activity**: activité effusive. **effusive rock**: roche d'épanchement *(géol)* ; roche effusive *(géol)*.

EFI – IE, *abrév. de electronic fuel injection : injection électronique.*

EFV – VPS, *abrév. de equilibrium flash vaporization : vaporisation progressive simple.*

EGA – *abrév. de effluent-gas analysis.*

eggstone – calcaire oolitique.

EGR – RGE, *abrév. de exhaust-gas recirculation, recyclage (recirculation) des gaz d'échappement.*

egress – sortie d'échappement.

EHD – EHD, *abrév. de elastohydrodynamics: élastohydrodynamique.*

EHL – *abrév. de elastohydrodynamic lubrication: lubrification élastohydrodynamique.*

EHP – *abrév. de electrical horsepower : puissance électromécanique.*

eicosane – eicosane *m, nom générique de carbures saturés.*

Eifelian – Eifélien *m, étage du Dévonien moyen.*

eigenfrequency – fréquence propre.

eigenfunction – fonction propre.

eigenvalue – valeur propre, *valeur que doit prendre un paramètre dans certaines équations différentielles ou intégrales pour que ces équations possédent des solutions satisfaisantes nommées fonctions propres.* **eigenvalue equation**: équation aux valeurs propres.

eigenvector – vecteur propre.

eikonal – *voir eikonal equation.* **eikonal equation**: équation de l'eikonal, *optique géométrique*; équation de l'imagerie.

einsteinium – einsteinium *m, symbole chim. Es.*

eject (to) – chasser ; éjecter ; émettre ; expulser ; rejeter.

ejecta – déjections *f (géol)* ; projections volcaniques.

ejection – expulsion *f*; jet *m, de flammes* ; projection *f.* **ejection of lava**: rejet de lave.

ejector – éjecteur *m*.

elaborate – approfondi, *minutieusement élaboré*; fouillé ; soigné, *très étudié (appareil)*.

elastic – élastique ; flexible. **elastic aftereffect**: déformation élastique retardée. **elastic anisotropy**: anisotropie élastique. **elastic coefficient**: coefficient d'élasticité. **elastic compliance**: complaisance élastique *(méc)*. **elastic constant**: constante d'élasticité. **elastic deformation**: déformation élastique. **elastic failure**: déformation permanente. **elastic impedance**: impédance élastique. **elastic limit**: limite d'élasticité. **elastic modulus**: module d'élasticité, *grandeur caractéristique de l'élasticité d'un corps, que l'on peut obtenir directement au moyen d'une simple expérience physique.* **elastic range**: zone d'élasticité. **elastic rebound**: restitution élastique. **elastic recovery**: degré d'élasticité. **elastic scattering**: diffusion élastique. **elastic stiffness**: module d'élasticité. **elastic-strain energy**: énergie de déformation élastique. **elastic strength**: limite d'élasticité. **elastic wave**: onde élastique.

elasticator – élastifiant *m*.

elasticity – élasticité *f*; flexibilité *f*; souplesse *f.* **elasticity test**: essai d'extensibilité.

elastohydrodynamic – élastohydrodynamique. **elastohydrodynamic lubrication (EHL)**: graissage élastohydrodynamique ; lubrification élastohydrodynamique.

elastomer – élastomère *m, nom générique des hauts polymères ressemblant au caoutchouc.*

elastometer – élastomètre *m, appareil utilisé pour déterminer l'élasticité d'une substance.*

elastoplaticity – élastoplasticité *f.*

elastoviscometry – élastoviscosimétrie *f.*

elaterite – élatérite *f, variété de pyrobitume asphaltique.*

elbow – coude *m, d'un raccord, etc* ; dressant *m (minér)*. **elbow of capture**: coude de capture *(hydrol)*. **elbow pipe**: coude *m* ; genou *m* ; tube coudé. **elbow wrench**: clé d'équerre.

Elcord – *dénomination commerciale d'un explosif à retard.*

electret – électret *m (élec)*.

electrification – électrification *f, adaptation à l'électricité d'une installation.*

electric – électrique. **electric accumulator**: accumulateur électrique. **electric analyzer**: analyseur électrique, *modèle analogique pour l'étude des problèmes pratiques d'écoulement des hydrocarbures en milieux poreux.* **electric anisotropy**: anisotropie électrique. **electric anomaly**: anomalie électrique. **electric arc**: arc électrique. **electric-arc furnace**: four à arc électrique. **electric-arc welding**: soudage à l'arc. **electric bottomhole drilling**: électroforage *m*. **electric bulb**: ampoule électrique. **electric cable**: câble électrique. **electric car**: voiture électrique. **electric charge**: charge électrique ; quantité d'électricité. **electric circuit**: circuit électrique. **electric cleaner**: aspirateur électrique. **electric condenser**: condensateur électrique. **electric-contact pressure gage**: manomètre à contact électrique. **electric-contact thermometer**: thermomètre à contact électrique. **electric-control valve**: soupape à commande électrique. **electric current**: courant électrique. **electric dehydrator**: déshydrateur électrique. **electric detonator**: détonateur électrique. **electric dipole moment**: moment de dipôle électrique, *d'une molécule.* **electric discharge**: décharge électrique. **electric double layer (EDL)**: double couche électrique. **electric drilling**: électroforage *m*. **electric drive**: commande électrique. **electric engine**: automotrice *f.* **electric exploder**: détonateur électrique. **electric field**: champ électrique. **electric filter**: filtre électrique. **electric firing**: tir électrique. **electric-flash welding**: soudage par étincelage électrique. **electric flux**: flux électrique. **electric flux density**: induction électrique. **electric-furnace steel**: acier au four électrique. **electric generating set**: groupe électrogène. **electric generator**: générateur d'électricité ; générateur électrique. **electric heater**: radiateur électrique. **electric heating**: chauffage électrique. **electric hoist**: treuil électrique. **electric igniter**: allumeur électrique. **electric lamp**: lampe électrique. **electric lighting**: éclairage électrique. **electric locomotive**: locomotive électrique. **electric**

log: diagraphie électrique, *enregistrement des résistivités ou des conductivités des formations et des potentiels spontanés qui prennent naissance dans les sondages.* **electric logging**: diagraphie électrique. **electric main**: ligne électrique ; réseau électrique. **electric melting furnace**: four électrique de fusion, *(métal)*. **electric meter**: compteur électrique. **electric model**: modèle électrique. **electric motor**: électromoteur *m* ; moteur électrique. **electric-motor casing**: carcasse de moteur électrique. **electric-motor oil**: huile pour moteurs électriques. **electric-motor operated**: à commande électrique. **electric potential**: potentiel électrique. **electric power**: énergie électrique. **electric power plant**: centrale électrique. **electric power supply (EPS)**: alimentation électrique. **electric precipitation**: précipitation électrique. **electric pump**: électropompe *f*; pompe électrique. **electric reactor**: réacteur électrique. **electric-resistance welding**: soudage par résistance électrique. **electric-resistance wire**: fil de résistance. **electric retarder**: ralentisseur électrique. **electric rig**: appareil de forage électrique. **electric rocket**: fusée électrique. **electric shock**: commotion *f*; secousse électrique. **electric shovel**: pelle mécanique électrique. **electric smelting**: fusion électrique, *(métal)*. **electric soldering**: brasure électrique. **electric space heating**: chauffage électrique intégré (CEI). **electric spark**: étincelle électrique. **electric steel plant**: aciérie électrique. **electric strength**: rigidité électrique, *voir dielectric strength.* **electric submersible pump (ESP)**: pompe submersible électrique. **electric survey (ES)**: prospection électrique. **electric susceptibility**: susceptibilité électrique. **electric torque**: couple de démarrage. **electric tracing**: traçage électrique. **electric transformer**: transformateur électrique. **electric varnish**: vernis isolant. **electric-ventilation stack**: cheminée de ventilation électrique. **electric-weld casing**: tubage soudé électriquement. **electric-weld pipe**: tube soudé électriquement. **electric welding**: soudage électrique. **electric winder**: treuil électrique.

electrical – électrique. **electrical agitator**: agitateur électrique. **electrical conductivity**: conductivité électrique. **electrical control**: commande électrique. **electrical engineering**: électrotechnique *f.* **electrical horsepower**: puissance électromécanique. **electrical impedance**: impédance électrique. **electrical inertia**: inductance *f.* **electrical oil**: huile diélectrique ; huile isolante. **electrical prospecting**: prospection électrique. **electrical resistor**: résistor *m.* **electrical steel**: acier électrique.

electricity – électricité *f.* **electricity in motion**: électricité dynamique. **electricity works**: centrale électrique.

electrification – électrisation *f, développement de charges électriques dans un corps.*

electroacoustics – électroacoustique *f.*

electroanalysis – électroanalyse *f.*

electrocapillarity – électrocapillarité *f.*

electrochemical – électrochimique. **electrochemical activity**: activité électrochimique. **electrochemical corrosion**: corrosion électrochimique. **electrochemical equivalent**: équivalent électrochimique. **electrochemical potential**: potentiel électrochimique. **electrochemical protection**: protection électrochimique. **electrochemical series**: série électrochimique. **electrochemical valve metal**: métal de soupape électrochimique.

electrochemistry – électrochimie *f.*

electrocoppering – électrocuivrage *m.*

electrocorer – électrocarottier *m.*

electrocracking – électrocraquage *m.*

electrode – électrode *f.* **electrode coke**: coke à électrode. **electrode current**: courant électrique. **electrode drop**: chute de tension. **electrode economizer**: économiseur d'électrode. **electrode force**: effort sur l'électrode. **electrode furnace**: four à électrodes. **electrode holder**: porte-électrode *m.* **electrode impedance**: impédance d'électrode. **electrode lead**: câble de soudage. **electrode potential**: potentiel d'électrode. **electrode resistance**: résistance d'électrode. **electrode skid**: dérapage de l'électrode. **electrode spacing**: écartement des électrodes. **electrode tip**: pointe d'électrode. **electrode welding**: soudage à l'arc.

electrodeposit – dépôt galvanoplastique ; électrodépôt *m.* **electrodeposit coating**: revêtement galvanoplastique. **electrodeposit metal surface**: surface métallique déposée par galvanoplastie.

electrodeposition – électrodéposition *f*; galvanoplastie *f.*

electrodialysis – électrodialyse *f.*

electrodissolution – électrodissolution *f.*

electrodrill – électroforeuse *f*; sondeuse électrique.

electrodrilling – électroforage *m.*

electrodynamic – électrodynamique. **electrodynamic ammeter**: ampèremètre électrodynamique. **electrodynamic brake**: frein électrodynamique, *frein magnétique.* **electrodynamic geophone**: géophone électrodynamique.

electrodynamics – électrodynanique *f.*

electrodynamometer – électrodynamomètre *m.*

electroextraction – extraction électrochimique.

electrofiltration – électrofiltration *f.* **electrofiltration potential**: potentiel d'électrofiltration, *dû à la filtration du filtrat de boue à travers un corps poreux.*

electrofocusing – électrofocalisation *f.*

electroforming – électroformage *m.*

electrofuge – électrofuge.

electrokinetic – électrocinétique. **electrokinetic potential**: potentiel électrocinétique, *différence de potentiel entre la couche liquide adhérente à une paroi solide et la masse mobile du liquide.*

electrokinetics – électrocinétique *f, ensemble des phénonèmes et des lois relatifs aux charges électriques en mouvement.*

Electrolog – *dénomination d'une diagraphie électrique.*

electroluminescence – électroluminescence *f.*

electrolysis – électrolyse *f.*

electrolyte – électrolyte *m.* **electrolyte acid**: acide pour batterie.

electrolytic – électrolytique. **electrolytic aluminum**: aluminium électrolytique. **electrolytic analysis**: analyse électrolytique. **electrolytic bath**: bain électrolytique. **electrolytic capacitor**: condensateur électrolytique. **electrolytic cell**: cellule électrolytique ; élément électrolytique. **electrolytic chlorine**: chlore électrolytique. **electrolytic cleaning**: dégraissage électrolytique. **electrolytic conduc-**

tivity: conductivité électrolytique. **electrolytic copper**: cuivre électrolytique. **electrolytic corrosion**: corrosion électrolytique. **electrolytic deposit**: dépôt électrolytique. **electrolytic dissociation**: dissociation électrolytique. **electrolytic nickel**: nickel électrolytique. **electrolytic oxidation**: oxydation électrolytique. **electrolytic parting**: séparation électrolytique. **electrolytic pickling**: décapage électrolytique. **electrolytic polarization**: polarisation électrolytique. **electrolytic potential**: potentiel électrolytique. **electrolytic rectifier**: redresseur électrolytique. **electrolytic reduction**: réduction électrolytique. **electrolytic refining**: affinage électrolytique. **electrolytic separation**: séparation électrolytique. **electrolytic slime**: boue électrolytique. **electrolytic tin**: étain électrolytique. **electrolytic zinc**: zinc électrolytique. **electrolytic-zinc process**: électrolyse du zinc.

electrolyze (to) – électrolyser.

electrolyzing – électrolyse *f.*

electromagnet – électroaimant *m.*

electromagnetic – électromagnétique. **electromagnetic anomaly**: anomalie électromagnétique. **Electromagnetic Casing Inspection**: *dénomination d'une diagraphie d'inspection de l'épaisseur des tubages.* **electromagnetic crack detector**: détecteur de fissure électromagnétique. **electromagnetic field**: champ électromagnétique. **electromagnetic induction**: induction électromagnétique. **electromagnetic inspection**: inspection électromagnétique. **electromagnetic interference (EMI)**: perturbation électromagnétique. **electromagnetic method**: méthode électromagnétique. **electromagnetic prospecting**: prospection électromagnétique. **electromagnetic pulse**: impulsion électromagnétique. **electromagnetic pump**: pompe électromagnétique. **electromagnetic radiation (EMR)**: rayonnement électromagnétique (REM). **electromagnetic remote sensing (EMRS)**: télédétection électromagnétique (TDEM). **electromagnetic seismometer**: sismographe électromagnétique. **electromagnetic separator**: séparateur électromagnétique. **electromagnetic sounding**: sondage électromagnétique. **electromagnetic wave**: onde électromagnétique.

electromagnetics – électromagnétique *f.*

electromagnetism – électromagnétisme *m.*

electromechanics – électromécanique *f.*

electrometallurgy – électrométallurgie *f.*

electrometer – électromètre *m.*

electromotive – électromoteur. **electromotive force (emf)**: force électromotrice (fem).

electron – électron *m.* **electron acceptor**: accepteur d'électron. **electron attachment**: fixation d'électron. **electron beam**: faisceau électronique. **electron-beam magnetometer**: magnétomètre à faisceau électronique. **electron-beam welding**: soudage électronique ; soudage par faisceau d'électrons. **electron capture**: capture électronique ; fixation d'électron. **electron capture detector (ECD)**: détecteur à capture d'électrons. **electron charge**: charge de l'électron, *en SI, elle s'exprime en coulombs.* **electron compound**: *voir intermetallic compound.* **electron-coupled oscillator (ECO)**: oscillateur à couplage électronique. **electron density**: densité d'électrons. **electron detachment**: ablation d'électron. **electron diffraction**: diffraction d'électrons. **electron gas**: gaz d'électrons. **electron gun**: canon à électrons ; canon électronique. **electron micrograph**: micrographie électronique. **electron microprobe**: microsonde électronique. **electron microscope**: microscope électronique. **electron nuclear double resonance (ENDOR)**: double résonance paraélectronique. **electron orbital**: orbitale de l'électron. **electron pair**: électrons appariés. **electron paramagnetic resonance (EPR)**: résonance paramagnétique électronique. **electron probe**: sonde électronique. **electron spin**: spin de l'électron. **electron-spin resonance (ESR)**: résonance paramagnétique électronique (RPE). **electron synchrotron**: synchrotron à électrons. **electron tube**: tube électronique. **K electron**: électron K.

electronegative – électronégatif. **electronegative gas**: gaz électronégatif.

electroneutrality – électroneutralité *f.*

electronic – électronique. **electronic beam**: faisceau électronique. **electronic brain**: cerveau électronique. **electronic cloud**: nuage électronique. **electronic component**: composant électronique. **electronic computer**: calculateur électronique. **electronic conductor**: conducteur *m.* **electronic control**: asservissement électronique, *de machine ou procédé* ; commande électronique. **electronic converter**: convertisseur électronique. **electronic data processing (EDP)**: informatique *f.* **electronic data processing center**: centre de calcul. **electronic distance measurement (EDM)**: mesure électronique de distance. **electronic emission**: émission électronique. **electronic fuel injection (EFI)**: injection électronique, *moteur.* **electronic ignition**: allumage électronique. **electronic mail**: courrier électronique. **electronic noise**: bruit électronique. **electronic pipe locator**: détecteur de canalisations. **electronic position indicator (EPI)**: indicateur électronique de position, *système de radionavigation.*

electronics – électronique *f.*

electronvolt – électronvolt *m, unité d'énergie cinétique, symbole* eV.

electrooptics – électrooptique *f, optoélectronique.*

electroosmosis – électroosmose *f.*

electrophilic – électrophile. **electrophilic reagent**: réactif électrophile.

electrophoresis – électrophorèse *f.*

electrophoretic – électrophorétique. **electrophoretic effect**: effet électrophorétique.

electroplate (to) – galvaniser.

electroplating – électroplacage *m* ; galvanisation *f*; galvanoplastie *f.* **electroplating plant**: installation de galvanisation.

electropolarization – électropolarisation *f.* **electropolarization potential**: potentiel d'électropolarisation.

electrorefining – électroraffinage *m.*

electroscope – électroscope *m.*

electrostatic – électrostatique. **electrostatic bond**: liaison électrostatique. **electrostatic camera**: caméra électrostatique. **electrostatic desalting**: dessalage électrostatique. **electrostatic energy**: énergie électrostatique. **electrostatic field**: champ électrostatique. **electrostatic force**: force électrostatique. **electrostatic induction**: induction électrostatique. **electrostatic plotter**: traceur électrostatique. **electrostatic precipitation**: précipitation électrostatique. **electrostatic precipitator (ESP)**: dépoussiéreur électrique, *dépoussiéreur électrostatique* ; électrofiltre *m.* **electrostatic printer**: imprimante électrostatique. **electrostatic separation**: séparation électrostatique. **electrostatic shield**: écran électrostatique.

electrostatics – électrostatique *f.*

electrostenolysis – électrosténolyse *f.*

electrostriction – électrostriction *f.*

electrostrictive – électrostrictif.

electrothermal – électrothermique. **electrothermal analysis**: analyse électrothermique. **electrothermal efficiency**: rendement électrothermique.

electrothermics – électrothermie *f.*

electrovalence – électrovalence *f.*

electrovalent – électrovalent. **electrovalent bond**: liaison hétéropolaire ; liaison ionique.

electrowinning – extraction électrolytique, *des métaux.*

element – corps simple ; élément *m* ; génératrice *f, d'une courbe.* **element sulfur**: soufre élément.

elemental – élémentaire. **elemental analysis**: analyse élémentaire.

elementary – élémentaire. **elementary analysis**: analyse élémentaire. **elementary body**: corps simple. **elementary charge**: charge élémentaire *(élec)*. **elementary constituent**: élément figuré. **elementary particle**: particule élémentaire, *particule fondamentale.* **elementary reaction**: réaction élémentaire.

elevated – élevé. **elevated beach**: terrasse littorale élevée. **elevated plain**: plaine élevée ; plateau *m.* **elevated shoreline**: plage soulevée.

elevation – altitude *f*; élévation *f*; hauteur *f*; soulèvement *m* ; surhaussement *m.* **elevation above sealevel**: hauteur au dessus du niveau de la mer. **elevation angle**: angle de site *(navig)* ; élévation *f* ; ouverture en site. **elevation correction**: correction à l'air libre ; correction alti ; correction altimétrique ; correction d'altitude ; correction d'élévation. **elevation drawing**: élévation *f, d'un bâtiment, vue de face, de derrière, de côté.* **elevation of the well**: cote de l'orifice de sondage ; cote du sondage *(for)*. **elevation plant**: installation de levage.

elevator – ascenseur *m* ; élévateur *m* ; gouvernail *m* ; harnais *m (for)* ; monte-charge *m* ; noria *f.* **elevator bail**: *voir elevator link.* **elevator bucket**: auget de noria ; godet d'élévateur. **elevator cage**: cage d'ascenseur. **elevator dredge**: drague à godets. **elevator link**: bras d'élévateur *(for)*. **elevator plug**: tête de levage. **elevator scoop**: godet d'élévateur. **elevator shaft**: puits d'ascenseur.

ELF – *abrév. de extremely low frequency : très basse fréquence.*

eliminate (to) – éliminer.

elimination – élimination *f.* **elimination factor**: facteur d'élimination, *dans un procédé de craquage.* **elimination reaction**: réaction d'élimination.

eliquation – liquation *f* ; ressuage *m.*

elkerite – elkerite *f, variété de bitume formé par la lente oxydation du pétrole (de Elk Hills, Calif.).*

ell – raccord coudé en L.

ellipse – ellipse *f.*

ellipsoid – ellipsoïde *m.* **ellipsoid of anisotropy**: ellipsoïde d'anisotropie.

ellipsoidal – ellipsoïdal.

elliptical – elliptique. **elliptical polarization**: polarisation elliptique.

ellipticity – aplatissement d'une ellipse.

elongated – allongé. **elongated anticline**: anticlinal allongé. **elongated charge**: charge allongée.

elongation – allongement *m* ; déviation *f* ; élongation *f.* **elongation at break**: déformation à la rupture ; déformation au seuil. **elongation coefficient**: coefficient d'élongation.

elpidite – elpidite *f (minér)*.

ELSBM – *abrév. de exposed-location single-buoy mooring.*

Elster – Elster *m, seconde glaciation du Pléistocène.*

eluate – éluat *m, solution résultant d'une élution.*

eluent – éluant *m, liquide utilisé pour extraire une substance d'une autre.*

elution – élution *f.* **elution chromatography**: chromatographie par élution. **elution curve**: courbe d'élution. **elution gradient**: gradient d'élution, *chromatographie.*

elutriate (to) – décanter ; éluer ; épurer par lavage et filtrage.

elutriation – décantation *f* ; élutriation *f* ; purification par lavage. **elutriation test**: essai d'élutriation, *pour déterminer la finesse du sable, ou de particules d'après la quantité entraînée par un courant liquide.*

elutriator – séparateur *m.*

eluvial – éluvial. **eluvial deposit**: dépôt éluvial *(géol)* ; éluvion *f.* **eluvial horizon**: horizon éluvial. **eluvial ore deposit**: gisement éluvial de minerai. **eluvial placer**: gisement éluvionnaire.

eluviation – éluviation *f, migration généralement verticale des matières à l'état soluble dans les sols.*

eluvium – éluvion *m* ; éluvium *m.*

EM – *abrév. de electron microprobe : microsonde électronique* ; EM, *abrév. de electromagnetic : électromagnétique.*

emanation – effluve *m* ; émanation *f.*

emanometer – émanomètre *m, tube renfermant un absorbant utilisé en prospection géochimique pour capter les émanations de radon dans l'eau ou le sol.*

emarginate (to) – ôter le bord ; rogner.

embanked – encaissé.

embankment – barrage *m* ; digue *f* ; encaissement *m (géomorph)* ; endiguement *m* ; remblai *m.*

embargo – embargo *m.*

embayed – en forme de baie. **embayed coast**: côte découpée. **embayed shore**: côte découpée.

embayment – baie *f (géol)*.

embed (to) – enrober ; entourer ; incorporer ; incruster.

embedded – encastré ; enfoncé ; enrobé ; ensouillé ; intercalé ; noyé dans ; posé ; scellé. **embedded length of a pile**: fiche d'un pieu. **embedded scale**: épaisseur d'oxydation. **embedded wavelet**: ondelette équivalente.

embedding – encastrement *m* ; ensouillage *m* ; lit *m, matériau.*

ember – braise *f* ; cendre *f.*

embezzlement – détournement de fonds *(fin)*.
embody (to) – contenir ; incorporer ; réaliser ; renfermer.
embossed – bosselé ; embouti ; en relief.
embossing – emboutissage *m.*
embouchure – embouchure *f.*
embrechite – embréchite *f, migmatite.*
embrittle (to) – rendre fragile.
embrittlement – fragilisation *f.* **embrittlement caused by pickling**: fragilité de décapage.
emend (to) – amender ; corriger.
emerged – émergé. **emerged reef**: récif émergé. **emerged shoreline**: côte d'émersion *(géol)*.
emergence – émergence *f*; émersion *f (géol)* ; exondation *f, changement dans le niveau des eaux laissant apparaître des terrains après une inondation ou une régression.*
emergency – de secours ; urgence *f.* **emergency alternator**: alternateur de secours. **emergency assistance**: secours d'urgence. **emergency brake**: frein de secours. **emergency braking**: freinage de sécurité. **emergency breathing equipment**: équipement respiratoire de secours. **emergency cell**: élément de secours. **emergency diesel engine**: diesel de secours. **emergency evacuation**: évacuation d'urgence. **emergency exit**: sortie de secours. **emergency flashing lights**: feux de détresse. **emergency lighting**: éclairage de secours. **emergency orders**: consignes d'urgence. **emergency procedure**: procédure d'urgence. **emergency release**: déconnexion d'urgence. **emergency relief**: secours d'urgence. **emergency repair**: dépannage *m.* **emergency repairs**: réparations urgentes. **emergency shutdown**: arrêt d'urgence, *d'une installation.* **emergency shut-down area**: zone d'arrêt d'urgence. **emergency-stop valve**: soupape de sûreté. **emergency team**: équipe d'alerte. **emergency tire**: pneu de secours. **emergency wheel**: roue de secours. **in an emergency**: en cas de danger.
emersion – émersion *f.*
emery – émeri *m, mélange de corindon et d'oxyde de fer en poudre très fine, employé comme abrasif.* **emery cloth**: toile d'émeri. **emery grinder**: tour à meules d'émeri. **emery joint**: joint émeri ; joint rodé. **emery paper**: papier d'émeri. **emery stick**: polissoir *m* ; rodoir *m.* **emery stone**: pierre d'émeri. **emery tape**: ruban émerisé. **emery wheel**: meule d'émeri.
emery (to) – polir ; roder.
emf – fem, *abrév. de electromotive force : force électromotrice.*
EMI – *abrév. de electromagnetic interference.*
eminence – hauteur *f (topog)*.
emission – dégagement *m* ; émission *f*; lancement *m.* **emission lines**: raies d'émission. **emission spectral analysis**: analyse par spectroscopie d'émission. **emission spectrography**: spectrographie d'émission. **emission spectroscopy**: spectroscopie d'émission. **emission spectrum**: spectre d'émission.
emissions – émission de polluants.
emissivity – émissivité *f, rapport entre l'exitance énergique d'un corps à celle du corps noir à la même température* ; pouvoir émissif.
emittance – émittance *f, voir exitance, luminous exitance, radiant exitance.*
emollescence – ramollissement avant fusion.
EMP – *abrév. de English melting point : point de goutte anglais des paraffines.*
empirical – empirique. **empirical formula**: formule brute.
employee – employé *m.*
employer – employeur *m.* **employers' liability**: responsabilité des employeurs, *pour les accidents du travail.*
empty – vide. **empty weight**: poids à vide.
empty (to) – dépoter ; vider.
emptying – dépotage *m* ; vidage *m* ; vidange *f.* **emptying tap**: robinet de vidange.
empyreumatic – empyreumatique, *se dit d'une odeur forte que dégage la matière organique soumise à l'action d'une forte chaleur.*
EMR – REM, *abrév. electromagnetic radiation, rayonnement électromagnétique.*
EMRS – TDEM, *abrév. de electromagnetic remote sensing, télédétection électromagnétique.*
Emscherian – Emschérien *m, partie inférieure du Sénonien.*
Emsian – Emsien *m, étage du Dévonien.*
emulate (to) – simuler.
emulation – émulation *f, informatique.* **emulation mode**: mode d'émulation, *ordinateur.*
emulator – émulateur *m* ; programme de simulation ; simulateur *m.*
emulsibility – émulsibilité *f.*
emulsifiable – émulsionnable. **emulsifiable bitumen**: bitume émulsionnable. **emulsifiable oil**: huile émulsionnable, *dans l'eau, employée comme insecticide.*
emulsification – émulsification *f.* **emulsification test**: essai d'émulsification, *des huiles.*
emulsified – émulsionné. **emulsified asphalt**: émulsion bitumineuse. **emulsified cutting oil**: huile de coupe émulsifiée. **emulsified water**: eau émulsionnée.
emulsifier – émulseur *m* ; émulsifiant *m* ; émulsionneur *m.*
emulsify (to) – émulsifier ; émulsionner.
emulsifying – émulsifiant ; émulsionnant. **emulsifying agent**: agent émulsionnant ; émulsifiant *m.* **emulsifying oil**: huile émulsifiable. **emulsifying power**: pouvoir émulsionnant.
emulsion – émulsion *f.* **emulsion breaking**: rupture d'émulsion. **emulsion-breaking agent**: produit désémulsionnant. **emulsion flooding**: injection d'émulsion *(prod)*. **emulsion inversion**: inversion d'émulsion. **emulsion mud**: boue émulsionnée. **emulsion number**: indice d'émulsion, *nombre de secondes nécessaires pour qu'une huile se sépare, une fois émulsionnée et traitée dans certaines conditions.* **emulsion polymerization**: polymérisation en émulsion, *ou en perle.* **emulsion sludge**: *voir low-temperature sludge.* **emulsion stability**: stabilité d'émulsion. **emulsion-stabilized gravel**: grave émulsion, *gravier incorporé dans une émulsion de bitume.* **emulsion test**: essai d'émulsion. **emulsion treater**: traiteur d'émulsion.
emulsive – émulsif *m.*
enable (to) – habiliter ; rendre capable de.
enactment – décret *m.*
enamel – émail *m.* **enamel cloth**: toile cirée. **enamel decalcification**: décalcification de l'émail. **enamel**

paper: papier glacé, *au moyen d'un enduit métallique.*
enantiomer – énantiomère *m*, *voir enantiomorph.*
enantiomorph – énantiomorphe *m*, *inverse optique.*
enantiotropy – enantiotropie *f.*
encapsulate (to) – encapsuler.
encapsulation – encapsulation *f.*
encase (to) – blinder ; munir d'une enveloppe.
encased – encaissé.
encircle (to) – circonscrire, *une nappe de pétrole.*
enclosed – encaissé ; fermé. **enclosed derrick**: derrick gainé ; tour de forage protégée, *pour atténuer les bruits et nuisances.* **enclosed engine**: moteur blindé. **enclosed sea**: mer intérieure. **enclosed space**: espace clos.
enclosing – renfermant ; entourant. **enclosing beds**: couches encaissantes. **enclosing rock**: roche encaissante *(géol)*. **enclosing wall**: mur de clôture.
enclosure – boîte *f*; capot *m* ; coffret *m* ; enceinte *f*; enclave *f*; enclos *m* ; enveloppe *f*; inclusion *f.*
encoder – codeur *m* ; encodeur *m.*
encounter – rencontre *f.* **encounter complex**: complexe de collision, *complexe de rencontre.*
encrinal – à encrines. **encrinal limestone**: calcaire à entroques.
encrinite – encrinite *f*, *calcaire à encrines.*
encroachment – empiétement *m* ; envahissement *m* ; transgression *f*; venue *f.* **encroachment of the aquifer**: déformation de l'aquifère *(prod)*.
encrustation – encroûtement *m (pédol)* ; incrustation *f.*
encumber (to) – encombrer ; entraver ; surcharger.
encumbrance – hypothèque *f*; servitude *f.*
end – aboutissement *m* ; bec *m* ; bout *m* ; extrémité *f*; fin *f.* **end boiling point**: point final d'ébullition ; point final de distillation, *température maximale atteinte en fin de distillation.* **end bond**: liaison terminale. **end cell**: batterie terminale. **end chamfer**: chanfreinage des extrémités. **end connector**: connecteur d'extrémité. **end cut**: fraction de queue. **end fraction**: fraction finale. **end gage**: calibre de hauteur. **end grouping**: groupement terminal *(chim)*. **end mill**: fraise en bout. **end moraine**: moraine frontale. **end of file (EOF)**: fin de fichier, *dans un enregistrement magnétique.* **end-of-file gap**: blanc de fin de fichier. **end-of-file mark**: marque de fin de fichier. **end of record (EOR)**: fin d'enregistrement. **end of spread**: fin du dispositif *(sism)*. **end of tape (EOT)**: fin de bande. **end-of-tape marker**: marque de fin de bande (MFB). **end on**: en bout, *tir (sism)*. **end-on shooting**: tir en bout. **end-on spread**: dispositif en bout *(sism)*. **end play**: jeu axial ; jeu en bout. **end point**: fin *f*, *d'une réaction* ; point de virage ; point final, *température maximale relevée au cours de l'essai de distillation.* **end-point temperature**: température de point final. **end-point zone**: zone de virage *(chim)*. **end product**: produit final ; produit fini, *terme ultime d'une fabrication, d'une réaction.* **end pulley**: poulie de retour. **end ring**: bague de couverture, *turbine.* **end seal**: embout protecteur. **end shell ring**: virole d'extrémité, *chaudière.* **end thrust**: poussée axiale. **end to end**: bout à bout. **end-to-end coupling**: jonctionnement *m.* **end-to-end spread**: dispositif tiré aux deux bouts *(sism)*. **end use**: usage final ; utilisation finale. **end-use control**: contrôle d'usage final, *défense ou réglementation de l'utilisation du gaz naturel ou du pétrole à certaines fins aux Etats-Unis.* **end user**: utilisateur final. **end wall**: paroi d'extrémité. **end-wall tube**: tube de mur de fond, *d'un four.*
end (to) – achever. **end (to) off**: se terminer en coin *(géol)*.
endemic – endémique.
enderbite – enderbite *f*, *roche magmatique.*
endless – sans fin. **endless belt**: courroie de transmission ; courroie sans fin. **endless chain**: chaîne sans fin. **endless rope**: câble sans fin. **endless-rope haulage**: traction par câble sans fin. **endless screw**: vis sans fin.
endogenetic – *voir endogenous.*
endogenic – endogène, *voir endogenous.*
endogenous – endogène. **endogenous energy**: forces internes. **endogenous event**: événement endogène *(géol)*. **endogenous inclusion**: enclave endogène, *autolite.* **endogenous rock**: roche endogène. **endogenous variable**: variable endogène.
endolithic – endolithique, *qui habite dans la roche.* **endolithic breccia**: brèche endolithique.
endomorph – endomorphe *m.*
endomorphism – endomorphisme *m (pétro)*.
ENDOR – *abrév. de electron nuclear double resonance.*
endorheic – endoréique, *se dit des eaux fluviales qui ne gagnent pas la mer.* **endorheic drainage**: drainage endoréique.
endorheism – endoréisme *m.*
endorse (to) – avaliser ; homologuer.
endorsement – aval *m* ; endos *m* ; endossement *m.*
endosmosis – endosmose *f.*
endothermic – endothermique. **endothermic reaction**: réaction endothermique.
endurance – endurance *f*; rayon d'action. **endurance failure**: rupture par fatigue. **endurance limit**: limite d'endurance ; résistance à la fatigue.
energize (to) – activer ; exciter ; faire passer du courant dans un circuit ; mettre sous tension.
energy – énergie *f.* **energy accounting**: comptabilité énergétique. **energy audit**: analyse énergétique, *permettant de suivre et d'analyser les flux énergétiques.* **energy balance**: bilan énergétique, *quantité d'énergie libérée ou absorbée dans une réaction.* **energy carrier**: vecteur énergétique. **energy chain**: chaîne énergétique. **energy conservation**: conservation de l'énergie ; économies d'énergie ; maîtrise de l'énergie, *ensemble des mesures mises en oeuvre pour agir sur la demande d'énergie.* **energy content**: contenu énergétique. **energy conversion**: conversion de l'énergie. **energy crops**: plantes énergétiques. **energy density**: densité d'énergie. **energy dependency**: dépendance énergétique. **energy dependence ratio**: taux de dépendance énergétique, *quotient de la quantité nette d'énergie importée et de l'énergie consommée.* **energy disperser**: amortisseur *m.* **energy economics**: économie de l'énergie. **energy efficiency**: rendement énergétique. **energy-efficient**: à bon rendement énergétique. **energy fluence**: fluence énergétique, *l'unité SI de fluence énergétique est le joule par mètre*

carré. **energy fluence rate**: débit de fluence énergétique, *l'unité SI est le watt par mètre carré.* **energy flux density**: *voir energy fluence rate.* **energy gap**: déficit énergétique. **energy independence**: indépendance énergétique. **energy indicator**: indicateur énergétique. **energy intensive**: énergivore ; gros consommateur d'énergie, *appareil, industrie.* **energy level**: niveau d'énergie ; niveau énergétique. **energy of motion**: énergie de mouvement. **energy per weight**: énergie massique. **energy rationalization**: utilisation rationnelle de l'énergie, *voir aussi energy conservation.* **energy reflectivity**: coefficient de réflexion en énergie. **energy requirement**: contenu énergétique. **energy saving**: économie d'énergie. **energy shortage**: pénurie d'énergie. **energy spectral density**: densité spectrale d'énergie. **energy system**: filière énergétique. **energy transfer**: transfert d'énergie. **energy velocity**: vitesse d'énergie. **energy wastage**: gaspillage de l'énergie. **energy yield**: rendement énergétique.

enforced – contraint ; forcé.

enforcement – mise en demeure *(jur)*.

engage (to) – accrocher ; actionner ; enclencher ; engager ; entrer ; mettre en communication ; mettre en prise. **engage (to) a clutch**: embrayer.

engagement – accrochement *m* ; engrènement *m* ; prise *f.*

engaging – embrayage *m.* **engaging lever**: levier d'engagement.

engine – engin *m* ; machine *f*; moteur *m.* **engine balance**: équilibrage d'un moteur. **engine block**: bloc-moteur *m.* **engine case**: carter de moteur, *voir aussi crankcase.* **engine casting**: pièce moulée pour moteur. **engine cooling**: refroidissement du moteur. **engine deposit**: dépôt dans les moteurs. **engine displacement**: cylindrée *f.* **engine distillate**: distillat léger, *pour moteur.* **engine driven**: commandé par moteur. **engine efficiency**: rendement du moteur. **engine exhaust**: échappement du moteur. **engine failure**: panne de moteur. **engine flywheel**: volant de machine ; volant moteur. **engine frame**: bâti de moteur ; châssis de locomotive. **engine front mountings**: patins de support avant de moteur. **engine fuel**: carburant pour moteurs. **engine governor**: régulateur de vitesse du moteur. **engine gum**: crasse *f*; gomme dans les moteurs. **engine hood**: capot de moteur. **engine house**: machinerie *f*; salle des machines. **engine induction manifold**: collecteur d'aspiration du moteur. **engine injector**: injecteur *m.* **engine knock**: cliquetis *m.* **engine lathe**: tour parallèle, *à fileter et surfacer automatiquement par la vis mère, marchant au moteur.* **engine lubrication**: graissage du moteur. **engine oil**: huile moteur, *huile pour moteurs.* **engine performance**: performance moteur. **engine power**: puissance du moteur. **engine room**: chambre des machines ; salle des machines. **engine scavenging**: balayage du moteur. **engine set**: groupe motopropulseur. **engine shaft**: arbre moteur. **engine sludge**: boues de carter, *produits insolubles de dégradation des carburants et lubrifiants.* **engine speed**: régime du moteur. **engine torque**: couple moteur. **engine trouble**: avarie de moteur ; panne de moteur.

engined – à moteur.

engineer – ingénieur *m.* **engineer's chain**: *dénomination d'une unité de mesure d'arpentage égale à 30,48 m.*

engineering – génie *m* ; ingénierie *f*, *études en vue d'assurer la réalisation d'installations industrielles.* **engineering department**: service technique. **enginnering design**: dossier technique. **engineering design department**: bureau d'études. **engineering fees**: frais d'ingénierie. **engineering geology**: géologie appliquée. **engineering geophysics**: géophysique de génie civil ; HMGC, *abrév. de hydrologie, mines, génie civil.* **engineering science**: science de l'ingénieur. **engineering seismology**: génie parasismique. **engineering structure**: ouvrage d'art.

englacial – intraglaciaire. **englacial moraine**: moraine interne *(géol)*.

Engler – Engler. **Engler degree**: degré Engler, *rapport entre le temps nécessaire pour l'écoulement de 200 cm³ du liquide étudié dans le viscosimètre Engler et le temps nécessaire pour l'écoulement de 200 cm³ d'eau distillée à 20°C.* **Engler distillation**: distillation Engler. **Engler distillation flask, Engler distillator**: ballon pour distillation Engler, *ballon à long col et tubulure latérale pour la distillation des dérivés du pétrole.* **Engler flask**: fiole d'Engler, *jaugée pour le viscosimètre Engler.* **Engler scale**: échelle Engler, *échelle empirique de viscosité dynamique employée pour les fuel-oils et les lubrifiants.* **Engler second**: *voir Engler degree.* **Engler viscometer**: viscosimètre Engler, *utilisé dans l'industrie du pétrole.* **Engler viscosity**: viscosité Engler, *exprimée en degrés Engler.*

engraving – gravure *f.* **engraving wax**: cire pour gravure.

enhance (to) – accroître ; augmenter ; exalter ; mettre en valeur ; rehausser.

enhanced – amélioré ; rehaussé. **enhanced image**: image améliorée. **enhanced oil recovery (EOR)**: récupération assistée des hydrocarbures (RAH), *ensemble de méthodes de récupération élaborées dont l'amélioration permet l'exploitation d'une gamme de plus en plus étendue de gisements* ; récupération assistée du pétrole (RAP). **enhanced recovery**: récupération assistée. **enhanced unconformity**: discordance angulaire, *discordance eustatique renforcée localement par la tectonique.*

enhancement – accentuation *f*; amélioration *m* ; mise en valeur.

enlarge (to) – agrandir ; aléser ; étendre.

enlargement – accroissement *m* ; agrandissement *m* ; alésage *m* ; extension *f.*

enlarger – appareil agrandisseur.

enol – énol *m*, *nom générique des composés renfermant une double liaison (carbone-carbone) et un groupement hydroxyle.*

enrich (to) – enrichir.

enriched – enrichi. **enriched fuel**: combustible enrichi. **enriched-gas drive**: déplacement par injection de gaz riche *(prod)* ; injection de gaz riche. **enriched-gas injection**: injection de gaz riche. **enriched uranium**: uranium enrichi.

enriching – enrichissement *m.* **enriching device**: enrichisseur *m.*

enrichment – enrichissement *m.*

enring (to) – encercler ; entourer.
enrollment – inscription *f.*
entablature – entablement *m.*
entangled – *voir entangled polymer.* **entangled polymer**: polymère enchevêtré.
enterprise – entreprise *f.*
enthalpy – enthalpie *f, l'enthalpie d'une fraction pétrolière est la quantité totale de chaleur contenue dans cette fraction dont l'état thermodynamique est défini par pression et température.* **enthalpy chart**: diagramme enthalpique. **enthalpy diagram**: diagramme enthalpique.
entirety – intégralité *f.* **entirety clause**: clause d'intégralité.
entitled – habilité. **entitled party**: ayant-droit *m.*
entitlement – droit *m.* **entitlement to oil**: droits à l'huile.
entombed – enfoui ; enseveli.
entombment – mise au tombeau, *d'une installation nucléaire.*
entrain (to) – embarquer ; entraîner.
entrained – entraîné. **entrained air**: air entraîné. **entrained bed**: lit entraîné. **entrained-bed catalyst**: catalyseur à lit entraîné. **entrained fluid**: fluide entraîné.
entrainment – embarquement *m* ; entraînement *m (raf), voir aussi carryover.* **entrainment separator**: séparateur par entraînement.
entrance – admission *f*; entrée *f*; pénétration *f.* **entrance channel**: chenal d'accès. **entrance fee**: cotisation d'admission ; droit d'entrée ; droit d'inscription. **entrance money**: *voir entrance fee.*
entrapment – empiègement *m* ; piégeage *m.*
entrapped – emprisonné ; encastré ; implanté. **entrapped gas**: gaz emprisonné, *captif*; gaz occlus.
entrenched – entouré de tranchées. **entrenched meander**: méandre encaissé, *hérité.* **entrenched valley**: vallée encaissée.
entropy – entropie *f, fonction thermodynamique associée à l'état d'un système.* **entropy chart**: diagramme entropique. **entropy diagram**: diagramme entropique. **entropy of mixing**: entropie de mélange *(gaz).*
entry – entrée *f*; inscription *f.* **entry guide**: guide d'entrée.
enumeration – dénombrement *m.*
envelope – enveloppe *f, d'un signal.* **envelope amplitude**: amplitude de l'enveloppe, *d'une trace complexe (sism).*
environment – environnement *m* ; milieu *m.*
environmental – environnemental. **environmental effects**: effets sur l'environnement. **environmental-impact statement**: dossier d'impact sur l'environnement ; étude d'impact sur l'environnement. **environmental regulations**: réglementation sur l'environnement. **environmental stability**: stabilité d'ambiance.
enzymatic – enzymatique, *voir aussi enzymic.*
enzyme – enzyme *f ou m.* **enzyme detergent**: détergent aux enzymes.
enzymic – enzymatique. **enzymic activity**: activité enzymatique. **enzymic catalysis**: catalyse enzymatique.
enzymology – enzymologie *f.*
Eocambrian – Eocambrien *m, ou Infracambrien, partie supérieure du Protérozoïque.*
Eocene – Eocène *m, division stratigraphique de l'ère tertiaire.*
EOF – *abrév. de end of file.*
Eogene – *voir Paleogene.*
eolian – éolien. **eolian deposit**: dépôt éolien. **eolian deposition**: sédimentation éolienne. **eolian environment**: milieu éolien. **eolian sand**: sable éolien.
eolianite – éolianite *f, roche sédimentaire calcaire.*
eolic – *voir eolian.*
eon – éon *m, la plus longue des divisions géochronologiques, au-dessus de l'ère.*
eonothem – éonothème *m, unité chronostratigraphique la plus grande, correspondant à un éon.*
EOR – RAH, *abrév. de enhanced oil recovery : récupération assistée des hydrocarbures.*
EOS – *abrév. de equation of state.*
eosin – éosine *f, nom générique de matières colorantes.*
EOT – *abrév. de end of tape.*
eötvös – eötvös *m, unité de gradient de gravité.* **Eötvös equation**: relation d'Eötvös, *équation reliant la tension superficielle d'un liquide au volume moléculaire et à la température absolue T de la mesure.* **Eötvös torsion balance**: balance de torsion d'Eötvös.
EP – *abrév. de end point*; EP, *abrév. de extreme pressure : extrême-pression.* **EP additives**: *abrév. de extreme-pressure additives.* **EP lubricants**: *abrév. de extreme-pressure lubricants.* **EP property**: *abrév. de extreme-pressure property.*
EPA – *abrév. de Environmental Protection Agency.*
epeiric – épicontinental. **epeiric sea**: mer épicontinentale.
epeirocratic – géocratique, *s'applique à une période où les terres émergent.*
epeirogenesis – *voir epeirogeny.*
epeirogenic – épirogénique, *épeirogénique.* **epeirogenic movements**: mouvements épirogéniques.
epeirogeny – épirogenèse *f, lents mouvements de l'écorce terrestre.*
EPF – *abrév. de early production facilities.*
ephemeris – éphéméride *f.* **ephemeris time (ET)**: temps des éphémérides.
EPI – *abrév. de electronic position indicator.*
epibole – épibole *f, zone d'abondance correspondant au développement maximal d'un taxon.*
epicadmium – épicadmium *m (nucl).* **epicadmium neutron**: neutron épicadmique.
epicenter – épicentre *m.*
epicentral – épicentral. **epicentral distance**: distance épicentrale, *distance à l'épicentre d'un tremblement de terre.*
epichlorhydrin – épichlorhydrine *f, matière première dans la préparation des résines epoxy.*
epiclastic – épiclastique *(géol).*
epicontinental – épicontinental. **epicontinental sea**: mer bordière ; mer épicontinentale ; mer intérieure. **epicontinental shelf**: plate-forme épicontinentale *(géol).*
epicycle – épicycle *m, subdivision du cycle d'érosion.*
epicyclic – épicycloïdal. **epicyclic gear**: engrenage épicycloïdal. **epicyclic train**: train épicycloïdal.
epidemiology – épidémiologie *f.*

epidiagenesis – épidiagenèse *f*, *diagenèse physicochimique.*
epidiorite – épidiorite *f* *(pétro)*.
epidote – épidote *f* *(minér)*.
epieugeosyncline – épieugéosynclinal *m.*
epigene – épigénique *(géol)*. **epigene process**: processus externe.
epigenesis – épigénie *f*, *remplacement lent d'un minerai par un autre au sein d'une roche, diagenèse tardive en sédimentologie.*
epigenetic – épigénétique *(biol)*. **epigenetic valley**: vallée épigénétique.
epilamen – assises moléculaires ; épilamen *m*, *couche lubrifiante de quelques assises moléculaires seulement.*
epilimnion – épilimnion *m*, *dans les eaux stagnantes, caractérise la zone supérieure de température élevée.*
epimer – épimère *m*, *type d'isomère.*
epirock – épiroche *f* *(géol)* ; roche superficielle *(géol)*.
episode – épisode *m.*
episodic – épisodique. **episodic wave**: vague occasionnelle.
episodicity – épisodicité *f*, *propriété pour certains phénomènes de se produire à intervalles plus ou moins réguliers.*
epitaxy – épitaxie *f*, *dépôt de cristaux sur des cristaux préexistants, d'une autre espèce, dans une orientation relativement constante.*
epithermal – épithermique. **epithermal neutron**: neutron épithermique. **Epithermal Neutron Log**: *dénomination d'une diagraphie de neutrons épithermiques.*
epizone – épizone *f*, *zone correspondant au stade de métamorphisme le plus superficiel.*
epoch – époque *f*, *division géochronologique supérieure à l'âge et inférieure à la période.*
Epon – *Epon resins, dénomination de résines synthétiques utilisées pour les revêtements protecteurs.*
epoxidation – époxydation *f.*
epoxide – époxyde *m*, *composé organique.*
epoxy – époxy, *préfixe servant à désigner la liaison de deux atomes de carbone d'une chaîne par l'extérieur de celle-ci au moyen d'un atome d'oxygène.* **epoxy resin**: époxyline *f* ; résine époxyde.
EPR – RPE, *abrév. de electron paramagnetic resonance, résonance paramagnétique électronique.*
EPS – *abrév. de electric power supply.*
equal – égal. **equal-area map projection**: projection équivalente, *projection cartographique qui conserve les surfaces.* **equal crosses**: croix égales. **equal-falling**: équitombant. **equal share**: équipartition *f.* **equal tees**: tés égaux. **equal U**: coude en U. **equal-U bottom outlet**: coude en U avec tubulure arrière.
equality – égalité *f.*
equalization – égalisation *f.*
equalizer – balancier *m* ; compensateur *m* ; égaliseur *m*, *de potentiel.* **equalizer tube**: tube égalisateur, *utilisé lorsqu'on essaie la couche entre deux packers (prod)*.
equalizing – égalisation *f.* **equalizing charge**: charge d'égalisation. **equalizing gear**: engrenage différentiel. **equalizing of energy**: échange d'énergie. **equalizing standing valve**: clapet d'égalisation. **equalizing sub**: raccord d'égalisation *(for)*. **equalizing tank**: caisse d'assiette *(naut)*. **equalizing valve**: soupape d'égalisation, *d'un tester* ; vanne compensatrice. **equalizing yoke**: palonnier *m.*
equals – quantités égales *(math)*.
equation – équation *f.* **equation of state (EOS)**: équation d'état.
equator – équateur *m.*
equatorial – équatorial. **equatorial orbit**: orbite équatoriale.
equidistance – équidistance *f.*
equidistant – équidistant. **equidistant map projection**: projection équidistante, *carte.*
equilateral – équilatéral.
equilibrate (to) – contrebalancer ; équilibrer.
equilibrium – aplomb *m* ; équilibre *m.* **equilibrium condition**: condition d'équilibre. **equilibrium constant**: constante d'équilibre. **equilibrium distillation**: distillation par détente, *distillation ne mettant en oeuvre qu'un seul équilibre liquide-vapeur.* **equilibrium electrode potential**: potentiel d'équilibre d'une électrode. **equilibrium flash vaporization (EFV)**: vaporisation progressive simple (VPS), *c'est-à-dire sans rectification.* **equilibrium point**: point d'équilibre, *point où le taux de variation eustatique égale et annule celui de la subsidence. Il sépare les secteurs soumis à une chute relative du niveau marin de ceux soumis à une montée relative.* **equilibrium profile**: profil d'équilibre, *profil longitudinal d'un cours d'eau à peine suffisant pour que le courant puisse transporter les sédiments disponibles.* **equilibrium ratio**: rapport d'équilibre. **equilibrium reaction potential**: potentiel d'équilibre d'une réaction. **equilibrium relative humidity (ERH)**: degré hygrométrique d'équilibre. **equilibrium ring**: bague compensatrice *(méc)* ; rondelle d'équilibrage. **equilibrium shaft**: arbre d'équilibrage. **equilibrium valve**: soupape d'équilibre.
equinoctial – équinoxial, *d'équinoxe.* **equinoctial circle**: équateur céleste.
equinox – équinoxe *m.* **autumnal equinox**: équinoxe d'automne. **vernal equinox**: équinoxe de printemps.
equip (to) – armer, *un navire* ; monter, *une usine.*
equipartition – équipartition *f.*
equiplanation – équiplanation *f*, *aplatissement du relief.*
equipment – appareillage *m* ; équipement *m* ; matériel *m* ; outillage *m.* **equipment insurance**: assurance machines. **equipment maintenance**: entretien de l'équipement. **equipment manufacturer, equipment supplier**: equipementier *m.*
equipoise (to) – contrebalancer ; équilibrer.
equipollence – équipollence *f*, *relation géométrique d'équivalence définie sur un ensemble de bipoints à l'aide de translations* ; équivalence *f.*
equipollent – équipollent.
equipotential – équipotentiel. **equipotential line**: ligne équipotentielle. **equipotential surface**: surface équipotentielle, *lieu géométrique des points d'égal potentiel de gravité.*
equipped – équipé.
equipping – armement *m*, *plate-forme.*

equitable – équitable. **equitable partition**: équipartition *f*; répartition équitable.

equity – équité *f*, *justice sociale*; fonds propres *(fin)*. **equity capital**: capital social, *capital propre*. **equity cash-flow**: flux de fonds propres *(fin)*. **equity crude, equity oil**: brut de concession, *part de la production allouée à la compagnie opératrice après une nationalisation*. **equity grant**: dotation en capital. **equity share**: part en capital.

equivalence – égalité *f*; équivalence *f*. **equivalence coefficients**: coefficients d'équivalence, *mesures*. **equivalence principle**: principe d'équivalence ; relation d'équivalence. **equivalence ratio**: richesse *f*, *exprime la composition du milieu réactionnel d'un moteur, définie par la relation masse de carburant/masse d'air*. **equivalence relation**: relation d'équivalence.

equivalent – équivalent *m*. **equivalent conductance**: conductance équivalente. **equivalent cost**: prix de revient économique (PRE), *soit un taux d'actualisation donné ; le PRE est le coût moyen (en général par unité produite) équivalent au coût réel encouru*. **equivalent electrons**: électrons équivalents. **equivalent projection**: projection équivalente. **equivalent resistance**: résistance équivalente *(élec)*. **equivalent weight**: poids équivalent.

equivoluminal – *equivoluminal wave, voir S wave*.

era – ère *f*, *une des plus longues divisions géochronologiques, située entre l'éon (la plus longue) et la période*.

eraciation – rayonnement de la Terre.

eraser – gomme *f*, *à effacer*; grattoir *m*.

erasing – effacement *m*. **erasing head**: tête d'effacement. **erasing speed**: vitesse d'effacement.

erathem – érathème *m*, *division chronostratigraphique plus petite que l'éonothème et plus grande que le système, correspondant à une ère*.

erbium – erbium *m*, *métal trivalent du groupe des terres rares, symbole chim. Er*.

ERCB – *abrév. de Energy Resources Conservation Board*.

ERDA – *abrév. de Energy Research and Development Administration*.

erect (to) – construire ; élever ; ériger ; monter.

erecting – montage *m*. **erecting prism**: prisme redresseur. **erecting shop**: atelier de montage. **erecting tool**: outil de montage. **erecting track**: chaîne de montage ; tapis roulant.

erection – assemblage *m*, *d'une machine*; dressage *m*, *d'un mât*; érection *f*; montage *m*. **erection crane**: grue de montage. **erection gang**: équipe de montage. **erection lug**: oreille de montage. **erection mast**: mât de levage. **erection plan**: plan de montage. **erection pole**: mât de levage. **erection welding**: soudage de montage.

erf – *abrév. de error function*.

erg – erg *m*, *1) unité de travail, égal au déplacement d'une dyne par centimètre. 2) massif désertique couvert de dunes de sable*.

ergeron – ergeron *m*, *partie basale sableuse du loess*.

ergon – ergon *m*, *quantum d'énergie rayonnante*.

ergonomics – ergonomie *f*, *étude quantitative ou qualitative du travail dans l'entreprise*.

ERH – *abrév. de equilibrium relative humidity*.

Erian – Erié *m*, *série comprenant les étages Eiférien et Givétien*.

Erlenmeyer – Erlenmeyer. **Erlenmeyer flask**: erlenmeyer *m*, *vase conique et d'étroite ouverture utilisé pour les essais de laboratoire*; fiole d'Erlenmeyer. **Erlenmeyer synthesis**: synthèse d'Erlenmeyer *(chim. org)*.

eroded – affouillé ; érodé.

erodibility – érodabilité *f (pédol)*.

erodible – érodable.

EROS – *abrév. de Earth Resources Observation Satellite*.

erosion – affouillement *m* ; érosion *f (géol)* ; usure *f*, *d'une chaudière*. **erosion agent**: agent d'érosion. **erosion baselevel**: niveau de base d'érosion. **erosion column**: demoiselle *f (géol)* ; pilier d'érosion ; pyramide d'érosion. **erosion cycle**: cycle d'érosion *voir cycle of erosion*. **erosion level**: niveau d'érosion. **erosion surface**: surface d'érosion. **erosion terrace**: terrasse d'érosion. **erosion thrust**: chevauchement *m*, *dont la mise en place s'est effectuée à partir d'une ligne de rupture le long d'une charnière anticlinale érodée jusqu'à une couche en général disharmonique*. **erosion velocity**: vitesse d'érosion.

erosional – d'érosion. **erosional contact**: contact érosionnel. **erosional form**: forme d'érosion. **erosional gap**: lacune d'érosion *(géol)*. **erosional hiatus**: hiatus d'érosion, *intervalle de temps géologique, non représenté par des strates, par suite de l'érosion de celles-ci*. **erosional truncation**: troncature d'érosion. **erosional unconformity**: discordance d'érosion *(géol)*.

erosive – érosif.

erratic – erratique *(géol)* ; faux ; intermittent ; irrégulier ; variable. **erratic block**: bloc erratique *(géol)*. **erratic boulder**: *voir erratic block*.

error – erreur *f*. **error checking**: détection des erreurs. **error equation**: équation de probabilité. **error function**: fonction d'erreur, *ou intégrale d'erreur, calcul des probabilités*. **error message**: message d'erreur. **error of closure**: erreur de fermeture, *désigne l'écart à la situation idéale dans laquelle on devrait se trouver lorsqu'on finit une courbe : en topographie retomber sur les mêmes coordonnées, en sismique revenir au même temps d'arrivée*. **error signal**: signal d'erreur. **error tolerance**: tolérance d'inaction, *en terme de sécurité, période durant laquelle l'inaction humaine ou l'action humaine erronée peut être tolérée*. **containing errors**: entaché d'erreurs *(math)*.

ERTS – *abrév. de Earth Resources Technology Satellite*.

eruption – éruption *f*. **eruption cloud**: nuée volcanique. **eruption cone**: cône de débris ; puy de projection. **eruption cycle**: phases de l'éruption. **eruption point**: centre d'éruption. **eruption rain**: pluie d'éruption ; pluie d'origine volcanique.

eruptive – éruptif. **eruptive breccia**: brèche éruptive. **eruptive rock**: roche éruptive *(géol)*.

Erzgebirgian – Erzgebirge *m (strat)*. **Erzgebirgian orogeny**: phase de l'Erzgebirge, *phase tectonique du Carbonifère*.

ES – *abrév. de electric survey.*

ESCA – *abrév. de electron spectroscopy for chemical analysis: spectroscopie photoélectronique en analyse chimique.*

escape – dégagement *m* ; échappement *m* ; évasion *f* ; fuite *f*. **escape boom**: toboggan de secours. **escape clause**: clause de sauvegarde. **escape gas**: gaz d'échappement. **escape head**: trop-plein *m*. **escape line**: câble d'évacuation ; stop-chute *m*. **escape pipe**: tuyau d'échappement. **escape slide system**: glissière d'évacuation. **escape valve**: clapet de sûreté ; détendeur *m, de pression* ; soupape d'échappement. **escape velocity**: vitesse de libération, *vitesse d'évasion.*

escarpment – escarpement *m* ; falaise *f* ; talus *m*.

escort – escorte *f*.

ESD – *abrév. de emergency shutdown ; et de electron stimulated desorption : désorption d'ions stimulée par électrons.*

ESDN – *abrév. de electron-stimulated desorption of neutrals : désorption de neutres stimulée par électrons.*

esker – esker *m, crête tortueuse de sables et de graviers généralement déposée par des courants sous-glaciaires.*

ESP – *abrév. de expanding-spread profile : méthode à point-milieu fixe ; de electric submersible pump : pompe submersible électrique ; et de electrostatic precipitator : électrofiltre.*

esplanade – esplanade *f*.

ESR – *abrév. de electron-spin resonance.*

essence – essence *f* ; extrait *m, en parfumerie.*

essential – essentiel. **essential mineral**: minéral essentiel. **essential oil**: huile essentielle, *huile renfermant les principes odorants d'un végétal.*

essexite – essexite *f (pétro)*.

est – *abrév. de estimate et de estimated.*

ester – ester *m* ; éther-sel *m*. **ester number**: indice d'ester, *nombre de milligrammes d'hydroxyde de potassium pour la saponification des glycérides dans 1 g de graisse ou d'huile.*

esterification – estérification *f, réaction chimique.* **esterification limit**: limite d'estérification.

estimate – appréciation *f* ; chiffre prévisionnel ; détermination *f* ; devis *m* ; évaluation *f* ; prévision *f*.

estimate (to) – apprécier ; estimer ; évaluer ; mesurer.

estimated – évalué. **estimated cost of drilling**: estimation des coûts de forage. **estimated ultimate yield**: quantité estimée de pétrole récupérable.

estimation – estimation *f* ; évaluation *f*. **estimation of reserves**: estimation des réserves.

estimator – estimateur *m (stat)*.

estuarine – estuarien. **estuarine deposit**: dépôt d'estuaire *(géol)* ; sédiment estuarien. **estuarine facies**: faciès d'estuaire *(géol)*.

estuary – embouchure *f* ; estuaire *m*.

ETBE – ETBE, *abrév. de ethyl tert-butyl ether : éthyl tertio-butyl éther.*

etch (to) – attaquer à l'acide ; corroder ; décaper ; graver ; ronger.

etched – corrodé ; gravé. **etched bearing**: coussinet attaqué ; coussinet corrodé. **etched circuit**: circuit gravé.

etching – attaque à l'acide ; attaque chimique ; décapage *m* ; gravure *f*. **etching figure**: burinage *m* ; figure d'attaque ; gravure. **etching liquid**: liquide corrosif. **etching pit**: cavité d'attaque ; golfe de corrosion ; piqure de corrosion ; point d'attaque. **etching reagent**: décapant *m* ; réactif d'attaque ; réactif métallographique.

ethanal – éthanal *m, acétaldéhyde.*

ethane – éthane *m, méthylméthane, diméthyle, hydrure d'éthyle.*

ethanol – éthanol *m, alcool éthylique.*

ethanolamine – éthanolamine *f, monoéthanolamine.* **ethanolamine treating**: traitement à l'éthanolamine, *pour enlever l'hydrogène sulfuré des gaz de raffinerie et des hydrocarbures liquides.*

ethene – éthène *m, éthylène.*

ether – éther *m*. **ether for engine starting purposes**: éther servant au démarrage des moteurs. **ether for laboratory use**: éther de laboratoire. **ether-soluble**: soluble dans l'éther.

etherification – éthérification *f, réaction chimique.*

ethine – éthine *m, acétylène.*

ethoxylation – éthoxylation *f (chim)*.

ethyl – éthyl, *préfixe indiquant la présence d'un radical éthyle dans une molécule* ; éthyle *m, radical chimique.* **ethyl acetate**: acétate d'éthyle, *éther acétique.* **ethyl acrylate**: acrylate d'éthyle. **ethyl alcohol**: alcool éthylique, *éthanol.* **ethyl bromide**: bromure d'éthyle, *bromoéthane.* **ethyl chloride**: chlorure d'éthyle. **ethyl fermentation**: fermentation éthylique. **ethyl fluid**: plomb tétraéthyle (PTE), *bromure d'éthyle utilisé comme antidétonant dans les carburants.* **ethyl gasoline**: essence éthylée, *contenant une solution de plomb tétraéthyle.* **ethyl radical**: radical éthyle. **ethyl tert-butyl ether (ETBE)**: éthyl tertio butyl ether (ETBE). **ethyl thioethanol**: éthylthioéthanol *m*.

ethylacetylene – éthylacétylène *m, butyne-1.*

ethylate – éthylate *m*.

ethylation – éthylation *f (chim)*.

ethylbenzene – éthylbenzène *m, phényléthane.* **ethylbenzene hydroperoxide**: hydroperoxyde d'éthylbenzène.

ethylcellulose – éthylcellulose *f*.

ethylene – éthylène *m, éthène, gaz oléfiant.* **ethylene dibromide**: bromure d'éthylène, *dibromoéthane-1-2.* **ethylene dichloride**: chlorure d'éthylène, *dichloréthane, dichloroéthane.* **ethylene glycol**: éthylène glycol. **ethyleneglycolmonobutyl ether (EGMBE)**: éthylène glycol monobutyle éther (EGMBE), *diminue la stabilité des émulsions et améliore la mouillabilité à l'eau de la formation.* **ethylene oxide**: oxyde d'éthylène. **ethylene series**: hydrocarbures éthyléniques, *oléfines* ; série éthylénique.

ethylenediamine – éthylènediamine *f*. **ethylenediaminetetraacetic acid (EDTA)**: acide éthylènediamine-tétraacétique, *acide édétique, agent de contrôle du fer.*

ethyne – éthyne *m, acétylène.*

ethynylation – éthynylation *f, procédé de condensation de l'acétylène.*

etiology – étiologie *f, science des causes des phénomènes et des maladies.*

ettringite – ettringite *f (minér)*.

EU – *abrév. de external upset.*

Euclidean – euclidien. **Euclidean algorithm**: algorithme d'Euclide *(math)*. **Euclidean geometry**: géométrie euclidienne. **Euclidean space**: espace euclidien *(math)*.

eudiometer – eudiomètre *m*, *sert à mesurer les changements de volumes dans la combustion des gaz.*

EUE – *abrév. de external upset ends.*

eugeosyncline – eugéosynclinal *m (tect)*.

euhedral – automorphe *(pétro)*.

eukaryote – eucaryote *m (biol)*.

Euler – Euler, *voir aussi Eulerian.* **Euler angles**: angles d'Euler *(méc)*. **Euler equation**: équation d'Euler *(méc)*.

Eulerian – eulérien *(math)*. **Eulerian coordinates**: coordonnées eulériennes *(math)*. **Eulerian equation**: équation d'Euler, *dynamique des fluides.*

euosmite – euosmite *f*, *résine fossile odoriférante.*

euphotic – euphotique. **euphotic zone**: zone euphotique, *partie de l'océan où la pénétration de la lumière est suffisante pour permettre la photosynthèse, avoisine les 80 m de profondeur.*

euritic – euritique, *microgranulaire (pétro)* ; felsitique *(pétro)*.

europium – europium *m*, *symbole chim. Eu.*

Eurosuper – Eurosuper, *essence sans plomb de spécification européenne avec un taux minimum de 95 IOR et 85 IOM.*

euryhaline – euryhalin, *se dit d'un organisme qui peut vivre dans des milieux de salinité variée.*

eurythermal – eurytherme, *se dit d'un organisme qui peut vivre dans des conditions de température très variées.*

eustasy – eustatisme *m*, *variations globales du niveau des mers.*

eustatic – eustatique *(géol)*. **eustatic change**: variation du niveau marin, *variation relative, à l'échelle du globe terrestre, pendant une période spécifique de temps géologique.* **eustatic cycle**: cycle eustatique, *sans autre précision, c'est un cycle du troisième ordre, c'est à dire la période de temps pendant laquelle se dépose une séquence de dépôt. Ils ont des durées variant entre 0,5 et 5 Ma.* **eustatic cycles**: cycles eustatiques, *intervalle de temps géologique ou l'on constate une montée et une descente du niveau marin moyen. Cinq ordres de cycles ont été reconnus : mégacycles, supercycles, cycles, paracycles (4ème et 5ème ordre)*. **eustatic megacycle**: mégacycle eustatique, *cycle eustatique de 1er ordre, il correspond à un ensemble de supercycles. Il peut avoir une durée variant entre 200 et 1 500 Ma.* **eustatic paracycle**: paracycle eustatique, *cycle eustatique de 4ème ou de 5ème ordre, il correspond à l'intervalle de temps géologique pendant lequel une montée relative du niveau marin est suivie par une autre montée, sans qu'aucune chute relative ne se produise.* **eustatic sealevel**: niveau eustatique. **eustatic sealevel curve**: courbe eustatique, *courbe représentant les variations relatives du niveau de la mer.* **eustatic stillstand**: stabilité eustatique, *un rapport apparent constant entre le niveau marin et la surface de dépôt.* **eustatic supercycle**: supercycle eustatique, *cycle eustatique de 2ème ordre composé par un ensemble de cycles eustatiques du 3ème ordre dans lequel une montée cumulative du niveau marin est suivie par une descente cumulative. Ils ont des durées qui varient entre 5 et 10 Ma.*

eutaxitic – eutaxitique, *se dit de la structure rubanée de certaines roches effusives.* **eutaxitic structure**: structure eutaxitique.

eutectic – eutectique, *se dit d'un mélange de deux corps dont la composition correspond au point (point eutectique) d'un diagramme d'état correspondant à une transformation (transformation eutectique) réversible à une température caractéristique.* **eutectic mixture**: mélange eutectique. **eutectic point**: point eutectique. **eutectic structure**: structure eutectique.

eutectoid – eutectoïde *m*. **eutectoid steel**: acier eutectoïde.

eutrophic – eutrophe. **eutrophic peat**: tourbe eutrophe, *tourbe calcique.*

eutrophication – eutrophisation *f*, *dans les eaux stagnantes, prolifération des végétaux entraînée par l'apport de substances nutritives liées aux activités humaines provoquant une diminution de la teneur en oxygène nécessaire à la vie animale.*

eutrophy – eutrophie *f (biol)*.

euxinic – euxinique, *caractérise une mer fermée.* **euxinic sediment**: sédiment euxinique.

eV – eV, *abrév. de electron-volt.*

evacuate (to) – évacuer ; faire le vide.

evacuated – vidé. **evacuated-tube solar collector**: capteur solaire à tubes sous vide. **gas evacuated**: vide de gaz.

evacuation – évacuation *f*. **evacuation gear**: dispositif d'évacuation.

evaluate (to) – évaluer.

evaluation – évaluation *f*. **evaluation of a discovery**: évaluation d'une découverte. **evaluation of performance**: évaluation de performance.

evanescent – fugitif. **evanescent wave**: onde évanescente.

evaporable – évaporable.

evaporate (to) – évaporer. **evaporate (to) down**: concentrer ; réduire. **evaporate (to) off**: chasser par évaporation.

evaporation – évaporation *f* ; vaporisation *f*. **evaporation capacity**: *voir evaporative power.* **evaporation cell**: capsule d'évaporation. **evaporation coil**: serpentin d'évaporation. **evaporation cooling**: refroidissement par évaporation. **evaporation gage**: jauge d'évaporation. **evaporation loss**: perte par évaporation. **evaporation point**: point de vaporisation. **evaporation residue**: résidu d'évaporation. **evaporation test**: essai d'évaporation.

evaporative – à évaporation, par évaporation. **evaporative condenser**: condenseur à évaporation forcée. **evaporative cooling**: refroidissement par évaporation. **evaporative power**: pouvoir évaporant.

evaporator – évaporateur *m*. **evaporator coil**: serpentin évaporateur. **evaporator tower**: tour d'évaporation.

evaporimeter – évaporimètre *m*.

evaporite – évaporite *f*, *dépôt riche en chlorures et sulfures alcalins qui précipitent après concentration par évaporation dans des lagunes.*

evapotranspiration – évapotranspiration *f, quantité d'eau évaporée par le sol, les nappes liquides et transpirée par les plantes.*
even – lisse ; pair ; plan ; plat ; uni. **even electron**: à nombre pair d'électron. **even fracture**: cassure plane. **even function**: fonction paire. **even grained**: à grain régulier. **even ground**: terrain uni. **even number**: nombre pair.
even (to) – aplanir ; égaliser ; niveler.
event – arrivée *f (sism)* ; événement *m.*
Everdur – *dénomination d'un alliage cuivre-silicium-manganèse résistant à l'eau de mer.*
evolute – développée *f (math).*
evolution – dégagement *m* ; déroulement *m* ; développement *m* ; évolution *f.* **evolution of gas from solution**: dégagement du gaz d'une solution. **evolution of heat**: dégagement de chaleur.
evolve (to) – dégager ; développer ; évoluer.
evolved – dégagé. **evolved gas**: gaz dégagé.
evorsion – évorsion *f, creusement des marmites de géant par des eaux tourbillonnaires chargées de sable et de galets.*
exa – exa, *préfixe signifiant* 10^{18} *soit un trillion, symbole* E.
exact – précis. **exact fit**: ajustage juste ; calage juste.
EXAFS – *abrév. de extended X-ray absorption fine structure, spectroscopie d'absorption des RX au-delà du seuil (d'absorption).*
examination – étude *f*; examen *m* ; visite *f.* **examination fee**: droit d'examen, *brevet.*
example – exemple *m.*
excavate (to) – creuser ; excaver ; fouiller.
excavating – creusement *m* ; excavation *f.* **excavating bucket**: benne piocheuse.
excavation – cavité *f*; excavation *f*; fosse *f*; fouille *f, archéologie.*
excavator – excavateur *m.*
excelsior – laine de bois, *pour emballage et garnissage.*
except – sauf. **except gate**: porte OU exclusif, *OUX.*
excess – dépassement *m* ; excédent *m* ; excès *m.* **excess acid**: acide en excès. **excess air**: excès d'air. **excess-air factor**: facteur d'excès d'air. **excess energy meter**: compteur de dépassement. **excess Gibbs energy**: enthalpie libre d'excès. **excess load**: excès de charge. **excess of mass**: excès de masse. **excess pressure**: surpression *f*; surtension *f.* **excess profit**: superbénéfice *m.* **excess royalty**: redevance excédentaire. **excess time**: correction de remplacement. **excess weight**: excédent de poids.
excessive – excessif. **excessive production**: production excédentaire. **excessive wear**: usure excessive.
exchange – change *m* ; échange *m.* **exchange capacity**: capacité d'échange *(géol).* **exchange control**: contrôle des changes *(fin).* **exchange control regulations**: réglementation des changes. **exchange degeneracy**: dégénérescence d'échange *(phys. part).* **exchange force**: force d'échange. **exchange plate**: plateau de colonne *(raf).* **exchange reaction**: réaction d'échange. **exchange system**: régime des changes.
exchangeable – échangeable. **exchangeable bases**: bases échangeables, *ions échangeables adsorbés par les colloïdes du sol.*
exchanger – échangeur *m.*
excimer – excimère *m, dimère dans un état électronique excité.* **excimer laser**: laser excimère.
exciplex – exciplexe *m, complexe dans un état électronique excité.*
excise – accise *f, impôt indirect levé sur certains produits de consommation comme les produits pétroliers.* **excise tax**: impôt indirect.
excitation – excitation *f.* **excitation anode**: anode d'excitation. **excitation energy**: énergie d'excitation. **excitation field**: champ d'excitation. **excitation potential**: potentiel d'excitation. **excitation purity**: pureté d'excitation.
excited – excité. **excited level**: niveau d'excitation. **excited state**: état excité.
exciter – excitatrice *f.*
exciton – exciton *m (phys).*
excitron – excitron *m, redresseur à vapeur de mercure.*
exclusion – exclusion *f.* **exclusion chromatography**: chromatographie d'exclusion, *voir aussi gel-permeation chromatography.* **exclusion limit**: limite de porosité, *du gel, dans la chromatographie sur gel.* **exclusion principle**: principe d'exclusion, *principe de Pauli.*
exclusive – exclusif. **exclusive dealing**: fourniture exclusive. **exclusive economic zone (EEZ)**: zone économique exclusive (ZEE), *l'Etat riverain a, sur cette zone, située au-delà de sa mer territoriale et adjacente à celle-ci, des droits souverains en matière d'exploration, d'exploitation et de conservation des ressources de toute nature.* **exclusive filter**: filtre passe-bande très étroit ; filtre très sélectif *(élec).* **exclusive leasing power**: droit de concession exclusif. **exclusive of profits**: hors bénéfice. **exclusive OR**: OU-exclusif *(OUX).* **exclusive projects**: projets incompatibles.
excoriation – excoriation *f.*
excrement – *voir coprolite.*
excrescence – aspérité *f*; excroissance *f.*
excursion – déflexion *f.*
exducer – aubage de sortie, *d'une turbine radiale.*
executive – cadre supérieur ; directeur *m* ; exécutif. **executive committee**: comité directeur. **executive council**: bureau exécutif. **executive program, executive routine**: programme directeur, programme superviseur, *d'un ordinateur.*
exempt – exempt.
exemption – exemption *f*; exonération *f*; franchise *f.*
exercise – exercice *m.*
exergy – exergie *f, maximum de travail utile qu'on peut obtenir d'un système thermodynamique.*
exfoliation – desquamation en écailles *(géol)* ; effeuillage *m* ; exfoliation *f.* **exfoliation joint**: fissure d'exfoliation *(géol).*
exhalation – exhalation *f.*
exhale (to) – émettre ; exhaler.
exhaust – échappement *m* ; évacuation *f.* **exhaust cam**: came d'échappement. **exhaust cycle**: cycle d'échappement. **exhaust draft**: tirage par aspiration. **exhaust fan**: ventilateur aspirant. **exhaust fumes**: fumée d'échappement. **exhaust gas**: gaz d'échappement. **exhaust-gas recirculation (EGR)**: recirculation des gaz d'échappement (RGE), *méthode de réduction des émissions d'oxyde*

d'azote par retour d'une partie des gaz d'échappement au moteur par l'intermédiaire de l'admission d'air au carburateur. **exhaust-jacketed carburetor**: carburateur réchauffé par les gaz d'échappement. **exhaust jet**: tuyère d'échappement. **exhaust lead**: avance à l'échappement. **exhaust manifold**: collecteur d'échappement. **exhaust pipe**: conduite d'échappement ; tuyau d'échappement. **exhaust piston**: piston-valve d'échappement. **exhaust port**: orifice d'échappement ; orifice d'évacuation. **exhaust pressure**: pression d'échappement. **exhaust pump**: pompe d'épuisement. **exhaust-relief valve**: soupape de sûreté par évacuation. **exhaust silencer**: pot d'échappement ; silencieux d'échappement. **exhaust steam**: vapeur d'échappement. **exhaust stroke**: course d'échappement ; course d'expulsion ; temps d'échappement. **exhaust valve**: soupape d'échappement. **exhaust-valve cap**: bouchon de soupape d'échappement. **exhaust ventilation**: aérage aspirant *(mine)*. **exhaust ventilator**: ventilateur aspirant.

exhaust (to) – aspirer ; épuiser ; faire le vide ; vider.

exhausted – épuisé. **exhausted mine**: mine épuisée. **exhausted well**: puits épuisé.

exhausting – épuisement *m.* **exhausting plate**: plateau d'épuisement, *plateau situé au-dessous de l'alimentation d'une colonne de distillation.* **exhausting section**: zone d'épuisement, *partie de la colonne de distillation située au-dessous de l'alimentation.*

exhaustion – épuisement *m.* **exhaustion point**: point d'épuisement, *échange d'ions.*

exhibition – exposition *f.*

exhumed – exhumé. **exhumed peneplain**: pénéplaine exhumée.

exine – exine *f, couche externe des spores et pollens.*

exinite – exinite *f, groupe de macéraux du charbon comprenant la sporinite, la cutinite, l'alginite, la résinite et la liptodétrinite.*

existent – *voir gasoline existent gum.*

existing – existant. **existing corrosion**: corrosion existante, *déjà provoquée par les éléments existant dans l'huile.* **existing law**: droit en vigueur.

exit – sortie *f.*

exitance – exitance *f, émittance, rapport entre le flux lumineux ou énergétique émis par une surface et l'aire de cette surface* ; pouvoir émissif.

exocyclic – exocyclique *(chim)*.

exoergic – exoénergétique.

exogenetic – exogène. **exogenetic inclusion**: enclave exogène. **exogenetic process**: phénomène exogène. **exogenetic rock**: roche exogène.

exogenic – exogène.

exogenous – exogène. **exogenous dome**: dôme exogène. **exogenous inclusion**: enclave énallogène, *xénolite.*

exogeosyncline – exogéosynclinal *m.*

exomorphic – exomorphique.

exomorphism – exomorphisme *m.*

exonerated – exonéré.

exoneration – exonération *f.*

exorheic – exoréique, *se dit d'une région dont les eaux courantes gagnent la mer.* **exorheic drainage**: drainage exoréique.

exorheism – exoréisme *m.*

exosmosis – exosmose *f.*

exosphere – exosphère *f, couche d'altitude supérieure de l'atmosphère terrestre.*

exosporium – *voir exine.*

exothermic – exothermique. **exothermic reaction**: réaction exothermique, *réaction qui se fait avec dégagement de chaleur.*

exotic – exotique, *qui provient d'ailleurs.* **exotic fuel**: *mélange liquide ou solide pour fusées et satellites interplanétaires, voir propellant.*

expand (to) – allonger *(sism)* ; amplifier *(élec)* ; se détendre ; développer *(math)* ; se dilater ; élargir ; mandriner.

expandable – extensible.

expanded – développé ; dilaté ; expansé. **expanded-bed reactor**: réacteur à lit bouillonnant. **expanded joint**: joint expansé. **expanded metal**: métal déployé. **expanded pipe**: tube expansé. **expanded plastic**: mousse expansée ; plastique expansé.

expander – dispositif à déport croissant *(sism)*.

expanding – extensible. **expanding cement**: ciment expansif ; ciment gonflant. **expanding cone**: cône extensible. **expanding Earth**: théorie de l'expansion de la Terre. **expanding pintap**: taraud extensible, *qui s'agrippe au filetage femelle d'un joint de tige lors de la récupération d'un train de tiges.* **expanding prop**: étançon extensible. **expanding roller**: rouleau de tension. **expanding spread**: dispositif à déport croissant ; dispositif à étalement progressif. **expanding-spread profile (ESP)**: méthode à point-milieu fixe, *méthode à deux bateaux.* **expanding stress**: effort d'expansion.

expansible – dilatable ; expansible.

expansion – croissance *f* ; détente *f* ; dilatation *f* ; expansion *f.* **expansion adapter**: joint réglable. **expansion bellows**: soufflet de dilatation. **expansion bend**: lyre de dilatation. **expansion bit**: trépan réglable. **expansion bolt**: boulon de scellement. **expansion coefficient**: coefficient de dilatation. **expansion coil**: serpentin de détente. **expansion drum**: cylindre d'expansion. **expansion engine**: machine à détente. **expansion joint**: joint d'expansion ; joint de dilatation ; lyre de raffinerie. **expansion line**: courbe de détente. **expansion loop**: boucle d'élasticité ; lyre de dilatation. **expansion of gas**: expansion des gaz, *augmentation du volume des gaz sous l'influence d'un changement de température ou de pression.* **expansion oil recovery**: récupération par expansion propre de l'huile. **expansion ratio**: taux d'expansion ; taux de détente ; taux de dilatation. **expansion ring**: anneau de dilatation ; lyre de dilatation. **expansion stroke**: course de détente. **expansion valve**: détendeur *m* ; robinet détendeur. **expansion vessel**: vase d'expansion. **expansion wave**: onde de détente.

expectation – attente *f* ; espérance *f* ; prévision *f.*

expected – attendu. **expected gain**: espérance mathématique de gain. **expected value**: espérance mathématique.

expendable – consommable ; non récupérable. **expendable perforator**: perforateur non récupérable *(destructible) (for)*.

expenditure – dépense *f.*

expenses – dépense *f*; frais *m.* **expense item**: poste de dépense.

expensed – comptabilisé en charge *(fin)*.

experiment – expérience *f.*

experimental – expérimental. **experimental chemistry**: chimie expérimentale. **experimental stage**: stade expérimental.

expert – expert *m.* **expert system (ES)**: système expert (SE), *ensemble de logiciels dont les capacités de résolution de problèmes dans un domaine sont assimilables à celles d'un expert humain de ce domaine.*

expertise – technicité *f.*

explode (to) – exploser ; faire explosion.

exploded – éclaté. **exploded view**: vue éclatée ; vue écorchée.

exploder – exploseur *m (mine)*.

exploding – explosant. **exploding gas**: gaz en explosion ; gaz explosif. **exploding reflector**: miroir source *(sism)*. **exploding wire**: étinceleur à fil.

exploitation – exploitation *f.* **exploitation drilling**: forage d'exploitation. **exploitation permit**: permis d'exploitation.

exploration – exploration *f.* **exploration borehole**: sondage d'exploration. **exploration boring**: sondage de recherche. **exploration crew**: équipe d'exploration. **exploration expenses**: dépenses d'exploration. **exploration geophysics**: géophysique appliquée ; prospection géophysique. **exploration license**: permis d'exploration, *permis qui peut être non exclusif et n'autorisant que des travaux de prospection et de forage.* **exploration perimeter**: périmètre de recherche. **exploration permit**: permis d'exploration. **exploration phase**: phase d'exploration. **exploration well**: puits d'exploration.

exploratory – d'exploration ; de recherche. **exploratory drilling**: forage d'exploration. **exploratory hole**: sondage d'exploration. **exploratory mission**: mission d'étude. **exploratory period**: période d'exploration, *chacune des divisions de la durée d'exploration autorisée.* **exploratory survey**: levé de reconnaissance *(topog)*. **exploratory work**: recherches préliminaires ; travaux d'exploration.

explorer – explorateur *m.*

explosible – détonant ; explosible.

explosimeter – explosimètre *m*, *appareil utilisé pour détecter les gaz inflammables.*

explosion – explosion *f.* **explosion buret**: burette à explosion. **explosion chamber**: chambre d'explosion. **explosion cone**: cône d'explosion. **explosion crater**: cratère d'explosion *(géol)*. **explosion door**: porte d'explosion ; porte de sécurité. **explosion engine**: moteur à explosion. **explosion head**: dispositif antiexplosion, *dans un réseau de distribution de gaz.* **explosion point**: point d'explosion ; stade explosif. **explosion seam**: joint antiexplosion, *pour réservoir de stockage* ; joint de sûreté. **explosion stroke**: détente *f*; phase de détente. **explosion tuff**: tuf d'explosion *(géol)*. **explosion welding**: soudage par explosion.

explosionproof – antidéflagrant ; à l'épreuve des explosions. **explosionproof motor**: moteur antidéflagrant.

explosive – détonant ; explosif *m.* **explosive atmosphere**: atmosphère explosive. **explosive bolt**: boulon explosif. **explosive charge**: charge explosive. **explosive cord**: cordeau détonant. **explosive factor**: charge spécifique. **explosive limit**: limite d'explosion ; limite d'explosivité. **explosive magazine**: dépôt d'explosifs. **explosive mixture**: mélange détonant. **explosive rope**: cordeau détonant. **explosive shaped-charge cutter**: coupe-tube à explosif à charge creuse. **explosive welding**: soudage par explosion.

explosiveness – explosivité *f.*

explosivity – explosivité *f.*

exponent – exposant *m (math)*.

exponential – exponentiel. **exponential curve**: courbe exponentielle. **exponential decay**: amortissement exponentiel. **exponential distribution**: distribution exponentielle. **exponential equation**: équation exponentielle. **exponential function**: fonction exponentielle. **exponential growth**: croissance exponentielle. **exponential law**: loi exponentielle. **exponential ramp**: raccord exponentiel. **exponential smoothing**: lissage exponentiel.

export – exportation *f*; marchandise exportée. **export duty**: droit d'exportation. **export license**: licence d'exportation.

exportation – exportation *f.* **exportation credit**: crédit à l'exportation.

exporter – exportateur *m.*

exposed – exposé. **exposed anticline**: anticlinal affleurant. **exposed-location single-buoy mooring (ELSBM)**: amarrage sur bouée unique en site non abrité, *dans des conditions difficiles.*

exposure – affleurement *m (géol)* ; engagement *m (fin)* ; exposition *f*; irradiation *f (nucl)* ; lumination *f*; mise financière ; pose *f*, *en photographie, action de soumettre une surface photosensible à l'action des rayonnements actiniques* ; temps de pose. **exposure index**: indice de pose. **exposure interval**: intervalle de prise de vue *(photo)*. **exposure latitude**: latitude d'exposition ; latitude de pose. **exposure meter**: cellule photoélectrique ; posemètre *m.* **exposure rate**: débit d'exposition. **exposure station**: point de station de la chambre. **exposure time**: temps d'exposition ; temps de pose *(photo)*.

expressible – exprimable.

expressway – autoroute *f.*

expropriation – expropriation *f.*

expulsion – éjection *f*; expulsion *f.*

exsiccation – dessèchement du sol.

exsiccator – dessiccateur *m*; étuve de séchage ; séchoir *m.*

exsolution – exsolution *f*, *passage d'un cristal homogène à un assemblage hétérogène polyminéral.*

exsurgence – exsurgence *f (hydrol)*.

extended – étendu. **extended-nozzle jet bit**: outil à jet à duse rallongée. **extended range**: longue portée. **extended-range Shoran**: Shoran à longue portée. **extended resolution**: pouvoir séparateur amélioré. **extended spread**: dispositif allongé ; dispositif déporté longitudinalement *(sism)*. **extended succession**: série compréhensive, *série constituée par des sédiments de même nature, accumulés sur de grandes épaisseurs, en géné-*

ral rapidement. **extended surface**: surface développée.

extensibility – expansibilité *f*; extensibilité *f.*

extension – allongement *m*; élargissement *m*; expansion *f*; extension *f*; rallonge *f.* **extension agreement**: accord de prolongation, *d'une concession.* **extension cord**: rallonge *f.* **extension fault**: faille d'extension. **extension ladder**: échelle à coulisse. **extension pipe**: tuyau d'extension. **extension rod**: allonge de tige *(for).* **extension shaft**: rallonge d'arbre. **extension stem**: tige rallongée. **extension test**: essai d'extension. **extension well**: puits d'extension, *puits qui permet d'étendre les limites connues d'un gisement.*

extensive – extensif. **extensive property**: grandeur extensive, *grandeur de quantité.*

extensometer – extensomètre *m, appareil pour déterminer la limite d'élasticité.*

extent – amplitude *f*; degré *m, d'importance*; étendue *f.*

exterior – extérieur. **exterior orientation**: orientation externe.

external – externe. **external clamp**: collier positionneur extérieur, *voir internal clamp.* **external combustion**: combustion externe au cylindre. **external-combustion engine**: moteur à combustion externe. **external memory**: mémoire auxiliaire. **external mold**: moule externe. **external pipe cutter**: coupe-tige extérieur. **external reflux**: reflux externe. **external shape**: configuration *f, d'une séquence sismique.* **external thread**: filet extérieur ; filetage extérieur. **external upset**: refoulement externe. **external-upset casing**: tubage à refoulement externe. **external-upset drillpipe**: tige de forage à refoulement externe. **external-upset end (EUE)**: bout à refoulement externe ; extrémité à refoulement externe. **external-upset tubing**: tube de production à refoulement extérieur.

externides – externides *f, parties externes d'une chaîne géosynclinale.*

extinct – éteint. **extinct volcano**: volcan éteint.

extinction – extinction *f.* **extinction angle**: angle d'extinction. **extinction coefficient**: coefficient d'extinction. **extinction position**: position d'extinction. **extinction voltage**: tension d'extinction *(élect).*

extinguish (to) – éteindre.

extinguisher – extincteur *m.*

extinguishing – éteignant ; extincteur.

extra – extra ; spécial. **extra bonus**: surprime *f.* **extra-hard steel**: acier extradur, *acier diamant.* **extra heavy**: extralourd. **extra-strong pipe**: tube extra-fort.

extraclast – extraclaste *m, fragment de roche carbonatée.*

extract – extrait *m, terme appliqué, dans le raffinage au solvant, à la portion d'huile de nature naphténique dissoute et séparée par le solvant sélectif.*

extractable – extractible.

extraction – extraction *f.* **extraction column**: colonne d'extraction. **extraction flask**: erlenmeyer *m, pour la détermination de la teneur en sédiments des huiles combustibles.* **extraction plant**: unité d'extraction, *des constituants liquides du gaz humide (prod).* **extraction process**: procédé d'extraction. **extraction thimble**: cartouche d'extraction, *utilisée pour déterminer la teneur en sédiments des huiles combustibles.* **extraction tower**: tour d'extraction. **extraction with toluene**: extraction au toluène, *utilisée pour la détermination de la teneur en sédiments des pétroles bruts et des huiles combustibles.*

extractive – extractif. **extractive distillation**: distillation extractive, *distillation en présence d'un solvant de point d'ébullition relativement élevé.*

extractor – extracteur *m.*

extramagmatic – extramagmatique.

extraneous – étranger, *en surplus.* **extraneous gas**: gaz étranger, *gaz dû à une rentrée.* **extraneous substance**: substance étrangère.

extrapolated – extrapolé. **extrapolated boundary**: limite extrapolée. **extrapolated viscosity**: viscosité extrapolée, *viscosité calculée d'après un abaque.*

extrapolation – extrapolation *f.* **extrapolative scenario**: scénario tendenciel.

extreme – extrême. **extreme distance**: distance extrême. **extreme-line casing**: tubage à joints spéciaux intégrés. **extreme pressure (EP)**: extrême pression (EP). **extreme-pressure additive, EP additive**: additif extrême-pression. **extreme-pressure compound**: composé extrême-pression. **extreme-pressure grease**: graisse extrême-pression. **extreme-pressure lubricant**: lubrifiant extrême-pression. **extreme-pressure property**: propriété d'extrême pression. **extreme value**: valeur extrême, *valeur minimale ou maximale d'une variable.* **extremely hard formation**: formation très dure. **extremely low frequency (ELF)**: très basse fréquence.

extrinsic – extrinsèque, *se dit de ce qui vient du dehors ou ne dépend pas de la nature ou de l'essence de quelque chose.* **extrinsic photoconductivity**: photoconductivité extrinsèque. **extrinsic photoemission**: photoémission extrinsèque. **extrinsic semiconductor**: semiconducteur extrinsèque.

extrudability – extrudabilité *f.*

extrude (to) – chasser ; s'épancher *(géol)* ; extruder ; refouler ; tréfiler, *métal, matière plastique.*

extruded – extrudé. **extruded pipe**: tube extrudé. **extruded tube**: tube extrudé.

extruder – extrudeuse *f.*

extrusion – dégagement *m* ; épanchement *m* ; expulsion *f*; extrusion *f.*

extrusive – effusif ; extrusif *(géol).* **extrusive body**: corps extrusif. **extrusive rock**: roche effusive ; roche extrusive, *roche volcanique mise en place à l'état liquide ou pâteux en surface.* **extrusive sheet**: nappe de lave.

exudation – exsudation *f*; suintement *m.*

exude (to) – suinter.

eye – anneau *m* ; chas *m* ; oeil *m* ; oeillet *m.* **eye irritant**: lacrymogène. **eye lens**: loupe *f.* **eye structure**: structure oeillée *(pétro).*

eyebolt – boulon à bout percé ; boulon à oeil ; oeillet fileté ; tirefond *m.*

eyedropper – compte-gouttes *m.*

eyeglasses – lunettes *f.*

eyelet – oeillet *m.*

eyepiece – lentille oculaire ; lunette de four ; oculaire *m* ; regard *m.*

F

f – f, *symbole de femto.*

F – F, *symbole de farad.*

FAA – *abrév. de free of all average.*

FABMS – *abrév. de fast atom-bombardment mass spectrometry : spectrométrie de masse par bombardement d'atomes accélérés.*

fabric – bâtiment *m* ; construction *f*; édifice *m* ; fabrique *f, ensemble des caractères structuraux d'une roche* ; pétrofabrique *f, agencement des minéraux d'une roche acquis sous l'effet de contraintes comme au cours d'un métamorphisme régional* ; structure *f*; texture *f*; tissu *m* ; toile *f.* **fabric analysis**: pétrologie structurale. **fabric covered**: entoilé ; revêtu de tissu. **fabric diagram**: diagramme structurologique, *(géol)*. **fabric fiber**: fibre textile. **fabric filter**: dépoussiéreur à tissu filtrant.

fabrication – contrefaçon *f*; fabrication *f*; invention *f.*

face – face *f*; facette *f (cristal)* ; front de taille ; plateau *m (méc)* ; taille *f*; tranchant *m.* **face bend test**: essai de pliage à l'endroit. **face-centered cubic lattice**: réseau cubique à faces centrées *(cristal)*. **face hardened**: cémenté. **face value**: valeur faciale ; valeur nominale. **face wheel**: roue de champ.

face (to) – affronter ; confronter ; dégauchir ; surfacer. **face harden (to)**: aciérer *(métal)* ; cémenter.

faceplate – plateau *m, de tour.*

faceted – facetté. **faceted pebble**: caillou à facettes ; galet façonné.

facework – façade *f, bâtiment.*

facies – faciès *m, ensemble des caractéristiques d'une roche résultant de ses conditions de dépôt ; en sismique ensemble des caractéristiques d'une réflexion ou d'un groupe de réflexions qui permettent de les reconnaître.* **facies analysis**: *voir seismic facies analysis.* **facies fossil**: fossile de faciès. **facies line**: limite de faciès. **facies map**: carte de faciès. **facies tract**: profil de faciès, *profil de lithofaciès à l'intérieur d'un système de dépôt.*

facilities – aménagements *m* ; installations industrielles ; moyens *m.* **facilities management**: gérance d'exploitation.

facility – installation *f.*

facing – garniture *f*; revêtement *m* ; surface de portée. **facing brick**: brique de revêtement. **facing ring**: garniture d'embrayage ; plaque annulaire. **facing sand**: sable de moulage.

facsimile – facsimilé *m* ; télécopie *f.*

factice – caoutchouc factice ; factice *m.*

factor – agent *m* ; diviseur *m* ; facteur *m.* **factor analysis**: analyse factorielle. **factor of evaporation**: facteur d'évaporation. **factor ring**: anneau factoriel, *anneau de Gauss (math)*. **Q factor**: facteur Q, *facteur de qualité.*

factorage – commission *f*; courtage *m.*

factorial – factoriel. **factorial experiment**: expérience factorielle, *complexe (math)*.

factorial – factorielle *f (math)*.

factorization – factorisation *f (math)*.

factory – fabrique *f*; usine *f.* **factory cost**: coût de production. **factory overheads**: frais de fabrication.

factual – positif ; réel.

fade (to) – muter, *une trace* ; raidir, *une trace (sism)*.

fader – potentiomètre *m.*

fading – affaiblissement *m* ; chute d'intensité *(élec)* ; évanouissement *m (élec)* ; fading *m, radio* ; fondu *m.* **fading of colors**: affaiblissement des couleurs. **fading of brakes**: évanouissement des freins, *réduction temporaire de l'efficacité des freins.*

Fafnir – Fafnir, *dénomination d'une machine utilisée pour déterminer la capacité de protection contre l'usure des graisses lubrifiantes.*

faggot – *voir fagot.*

fagot – fagot *m* ; faisceau *m* ; paquet *m, (métal)*. **fagot iron**: ferraille *f.*

fagoting – fagottage *m* ; paquetage *m, (métal)*.

fahlband – fahlbande *f, terme minier allemand désignant des roches métamorphiques, très riches en minéraux sulfureux, qui prennent à l'air une teinte brunâtre.*

fahlore – tétraédrite *f (minér)*.

Fahrenheit – Fahrenheit. **Fahrenheit degree**: degré Fahrenheit *(°F − 32) × 5/9 = °C.* **Fahrenheit scale**: échelle Fahrenheit, *échelle de température dans laquelle la température de fusion de la glace et d'ébullition de l'eau sont respectivement de 32° et 212°.*

failsafe – à sécurité automatique. **failsafe behavior**: opérabilité après endommagement. **failsafe valve**: vanne à sécurité intrinsèque.

failure – défaillance *f*; défaut *m* ; détérioration *f*; échec *m* ; insuccès *m* ; manque *m* ; panne *f.* **failure to pay**: défaut de paiement.

fair – équitable ; juste. **fair wear and tear**: usure normale. **fair-weather wave base**: niveau d'érosion des vagues par mer calme.

fairfieldite – fairfieldite *f (minér)*.

fairing – carénage *m, ou habillage d'un câble destiné à diminuer sa trainée dans l'eau* ; profilage *m.*

fairlead – chaumard *m.*

fairlight – vasistas *m.*

fairway – chenal *m* ; passage *m* ; zone utile.

fake – faux. **fake reflection**: fausse réflexion.

Falex – Falex, *dénomination d'une machine spéciale pour les essais d'huile extrême-pression.*

fall – chute *f*; décrue *f*; descente *f*; éboulement *m* ; pente *f.* **fall block**: poulie mobile. **fall line**: ligne de rapides, *d'un cours d'eau.* **fall of ground**: éboulement, *voir aussi falloff.*

fall (to) – baisser ; descendre ; tomber. **fall (to) due**: venir à échéance. **fall (to) in**: s'ébouler. **fall (to) over**: se renverser ; tomber à la renverse. **fall (to) through**: échouer.

falling – chute *f*; descente *f*; éboulement *m.* **falling-ball viscometer**: viscosimètre à chute de bille. **falling body**: corps en chute. **falling-drop method**: méthode de la goutte tombante, *pour mesurer la masse spécifique des liquides.* **falling-film evaporator**: évaporateur à film descendant ; évaporateur à film tombant. **falling market**: marché à la baisse. **falling stones**: chute de pierres. **falling tide**: *voir ebb tide.*

falloff – déclin *m.* **falloff curve**: courbe de chute de pression *(prod)*. **falloff test**: essai de fermeture *(prod)*.

fallout – retombée radioactive. **fallout area**: zone des retombées radioactives.

fallow – en friche ; jachère *f (agr)*. **fallow land**: friche *f.*

false – faux. **false bedding**: fausse stratification *(géol)* ; stratification oblique. **false bottom**: double fond ; faux socle. **false cleavage**: faux clivage ; pseudoclivage *m (géol)*. **false color**: fausse couleur, *couleur volontairement modifiée pour donner à l'observateur humain une perception colorée d'une scène, différente de celle qu'il aurait autrement.* **false-color film**: film fausses couleurs ; pellicule spectrozonale *(photo)*. **false conclusion**: déduction erronée. **false dip**: faux pendage. **false ditch**: fouille en porte à faux, *pipeline.* **false echo**: faux écho. **false folding**: faux plissement. **false movement**: fausse manoeuvre. **false pass**: cannelure à vide, *(métal)*. **false set**: cadre provisoire *(mine)*. **false stratification**: stratification oblique entrecroisée. **false weight**: poids inexact.

falsework – échafaudage *m* ; étaiement *m.*

falsify (to) – fausser.

faltung – convolution *f.*

falun – falun *m, variété de lumachelle.*

Famennian – Famennien *m, étage terminal du Dévonien.*

family – famille *f, en taxinomie, division entre l'ordre et genre.* **family allowances**: allocations familiales. **family curve**: courbe de famille, *courbe moyenne des rendements fournis par différents puits d'une même région.*

fan – cône *m (sédim)* ; éventail *m, en sismique, désigne un type de filtrage en fréquence et nombre d'onde* ; pale d'hélice ; soufflet *m* ; ventilateur *m.* **fan belt**: courroie de ventilateur. **fan blade**: ailette de ventilateur ; pale de ventilateur. **fan blast**: vent de ventilateur. **fan blower**: soufflante *f*; ventilateur *m.* **fan case**: carter de ventilateur. **fan cooled**: refroidi par ventilateur. **fan cooling**: refroidissement par ventilation. **fan delivery**: rendement en air soufflé. **fan filter**: filtre en éventail *(sism)*. **fan fold**: pli en éventail *(géol)*. **fan-folded filter paper**: papier filtre plissé. **fan-heating installation**: installation de chauffage à l'air chaud. **fan housing**: carter de ventilateur. **fan shaped**: en éventail. **fan-shaped fold**: pli en éventail. **fan shooting**: tir en éventail, *mode opératoire de la sismique-réfraction employé en reconnaissance, les sismographes sont disposés en éventail autour du point d'explosion.* **fan spread**: dispositif en éventail *(sism)*. **fan structure**: cône d'alluvions ; structure en éventail *(géol)*.

fan (to) – ventiler.

fanglomerate – dépôt de cône alluvial, *cimenté ultérieurement* ; fanglomérat *m, conglomérat constitué à partir des dépôts d'un delta alluvial.*

fanlight – éventail *m* ; vasistas *m.*

fanning – éventant. **fanning the bottom**: effleurement du fond, *forage avec peu de poids sur l'outil, pour éviter le début d'une déviation.*

fantail – bec de gaz en éventail ; voûte *f, d'un bateau.*

far – lointain. **far field**: champ lointain. **far infrared**: infrarouge lointain. **far range**: portée distale, *radar.* **far trace**: trace lointaine, *trace éloignée du point d'émission (sism)*. **far ultraviolet**: ultraviolet lointain.

farad – farad *m, unité de capacité électrique SI, symbole* F. **farad per meter**: farad par mètre, *unité SI de permittivité* (F/m).

faraday – faraday *m, quantité d'électricité qui, dans l'électrolyte, rompt une valence de 1 mole de l'électrolyte.* **Faraday cage**: *voir Faraday shield.* **Faraday constant**: constante de Faraday, *s'exprime en coulomb par mole.* **Faraday cylinder**: cylindre de Faraday *(élec)*. **Faraday effect**: effet Faraday, *polarisation rotatoire magnétique.* **Faraday shield**: cage de Faraday.

faradic – faradique. **faradic current**: courant faradique.

fare – prix du voyage ; tarif *m.*

farewell – adieu. **farewell sand**: *la zone la plus profonde supposée contenir de l'huile en quantités rentables.*

farm – ferme *f.* **farm equipment**: matériel agricole.

farm-in – amodiation *f, modification de la répartition des parts d'intérêts au sein d'une association. Un farm-in est une acquisition d'intérêt.*

farm-in (to) – affermer ; prendre à ferme.

farmout – amodiation *f.* **farmout agreement**: accord d'affermage ; accord d'amodiation, *accord par lequel un individu ou une compagnie peut obtenir du détenteur des droits miniers l'autorisation de forer et acquiert un droit à la production sur une portion définie du terrain.* **divided farmout agreement**: accord d'affermage divisé, *accord dans lequel le droit à la production porte sur un certain nombre de parcelles disposées en damier au voisinage du puit d'exploration.*

farmout (to) – affermer ; amodier ; cultiver ; donner à ferme.

farmyard – cour de ferme. **farmyard gas**: gaz de fumier. **farmyard manure**: fumier de ferme.

farringtonite – farringtonite *f, phosphate de magnésium.*

FAS – FLB, *abrév. de free alongside ship, franco long du bord.*

fascine – fascine *f (génie civil).*

fashion (to) – adapter ; façonner ; former.

fast – ferme ; attaché ; fixe ; serré ; solide ; stable ; tenace. **fast ice**: banquise côtière, *glace de mer qui reste fixe, généralement à l'endroit où elle s'est formée, et pouvant atteindre une épaisseur considérable ; on distingue la glace côtière d'hiver (fast ice) et la glace côtière polaire (polar fast ice).* **fast-on nut**: écrou indesserrable. **fast pulley**: poulie fixe.

fast – rapide. **fast breeder reactor (FBR)**: réacteur surrégénérateur rapide. **fast Fourier transform (FFT)**: transformée de Fourier rapide. **fast-moving depression**: dépression rapide *(météo).* **fast neutron**: neutron rapide. **fast-neutron reactor**: réacteur à neutrons rapides. **fast reaction**: réaction rapide. **fast shutoff coupling**: manchon de fermeture rapide.

fasten (to) – amarrer ; attacher ; caler ; fixer ; lier ; serrer. **fasten (to) with rivets**: riveter.

fastener – agrafe *f* ; attache *f* ; fermeture *f.*

fastening – ancrage *m* ; attache *f* ; fixation *f* ; liaison *f.*

fastline – brin actif, *partie du câble de forage fixée sur le tambour et qui se déroule le plus vite.*

fat – gras. **fat asphalt**: asphalte gras, *mélange dans lequel l'excès de ciment asphaltique est apparent.* **fat clay**: argile grasse ; argile plastique. **fat coal**: charbon gras ; houille grasse. **fat content**: teneur en acide gras, *d'une huile composée.* **fat-faced type**: caractère gras *m (typog).* **fat gas**: gaz humide, *gaz naturel contenant de l'essence.* **fat hardening**: durcissement des graisses. **fat lime**: chaux grasse. **fat oil**: huile grasse, *d'origine animale ou végétale* ; huile riche, *huile en circulation à la sortie d'une colonne d'absorption et contenant les fractions les plus lourdes extraites d'un gaz humide.* **fat soil**: sol fertile. **fat solvent**: solvant gras. **fat spark**: étincelle nourrie, *automobile.*

fat – corps gras ; graisse *f.*

fatal – fatal. **fatal accident**: accident fatal. **fatal error**: erreur fatale.

fathogram – fathogramme *m, profil continu du fond sous-marin obtenu par écho-sondeur.*

fathom – brasse *f, unité utilisée pour mesurer la profondeur des mers, égale à 6 pieds (1,829 m).*

fathom (to) – sonder.

fathometer – fathomètre *m, sondeur.*

fatigue – fatigue *f.* **fatigue allowance**: coefficient de fatigue. **fatigue break**: rupture par fatigue. **fatigue crack**: fêlure par fatigue ; fissure de fatigue ; rupture de fatigue. **fatigue damage**: endommagement par fatigue. **fatigue failure**: rupture par fatigue. **fatigue life**: durée de service. **fatigue limit**: limite de fatigue. **fatigue pitting**: piquage par fatigue. **fatigue strength**: résistance à la fatigue. **fatigue test**: essai d'endurance ; essai de fatigue.

fatlike – lipoïdique.

fatty – gras. **fatty acid**: acide gras. **fatty-acid grease**: graisse fabriquée à base d'acides gras. **fatty alcohol**: alcool gras. **fatty amine**: amine grasse. **fatty clay**: argile plastique. **fatty ester**: ester gras. **fatty matter**: corps gras. **fatty oil**: huile grasse.

faucet – douille *f* ; robinet *m.* **faucet hole**: mortaise *f.* **faucet joint**: assemblage à emboîtement ; joint à douille. **faucet pipe**: boisseau *m* ; tuyau à emboîtement.

faujasite – faujasite *f, zéolite naturelle.*

fault – défaut *m* ; dislocation *f* ; faille *f, fracture d'un massif rocheux avec déplacement relatif des parties séparées, quand ce déplacement s'effectue dans le sens horizontal on parle de décrochement* ; imperfection *f* ; paraclase *f (géol)* ; travers *m.* **fault basin**: bassin d'effondrement. **fault bench**: gradin de faille. **fault block**: bloc faillé ; massif faillé. **fault-block valley**: vallée d'effondrement. **fault boundary**: limite de faille. **fault breccia**: brèche de dislocation ; brèche de faille ; brèche de friction. **fault bundle**: faisceau de failles. **fault cliff**: escarpement de faille. **fault closure**: fermeture sur faille. **fault coal**: charbon pauvre. **fault coast**: côte de faille. **fault complex**: complexe faillé. **fault current**: courant de défaut. **fault detector**: détecteur de fuite, *indicateur de perte à terre (élec).* **fault dip**: inclinaison de faille ; pendage de faille. **fault escarpment**: escarpement de faille. **fault fissure**: fente de faillage. **fault fold**: pli-faille. **fault gouge**: argile de faille. **fault heave**: rejet horizontal. **fault ledge**: escarpement de faille. **fault line**: ligne de faille. **fault-line coast**: côte de ligne de faille. **fault-line scarp**: escarpement de ligne de faille. **fault-line valley**: vallée de ligne de faille. **fault network**: lacis de failles ; réseau de failles. **fault outcrop**: affleurement de faille. **fault overfold**: pli déversé avec faille. **fault pit**: cuvette de failles ; effondrement circulaire, *voir cauldron.* **fault plane**: plan de faille ; surface de faille. **fault polish**: miroir de faille ; miroir de glissement. **fault ridge**: tête de faille. **fault rock**: roche de faille, *roche broyée par la friction dans une faille.* **fault scarp**: abrupt de faille ; ressaut de faille. **fault shoreline**: côte de faille. **fault strike**: orientation de faille. **fault surface**: surface de faille. **fault system**: système de failles. **fault tectonics**: tectonique cassante ; tectonique de failles. **fault throw**: rejet de faille. **fault trace**: ligne de faille ; tracé de faille. **fault trap**: piège par faille, *faille normale ou inverse, et décrochement.* **fault tree**: arbre de défaillances. **fault-tree analysis (FTA)**: étude par arbre de défaillances, *méthode utilisée pour prévoir les risques de défaillances d'un système.* **fault trough**: fosse tectonique ; fossé d'effondrement ; graben *m.* **fault valley**: vallée de faille. **fault vein**: veine faillée. **fault zone**: zone de faille ; zone faillée *(géol).*

faulted – avarié, *en mauvais état* ; disloqué *(géol)* ; faillé. **faulted anticline**: anticlinal faillé. **faulted deposit**: gisement faillé. **faulted formation**: formation tectonisée. **faulted overfold**: pli déversé faillé *(géol).* **faulted structure**: structure faillée *(géol).*

faulting – formation des failles *(géol).*

Fault-o-meter – *dénomination d'un détecteur de défauts dans les revêtements.*

faulty – défectueux ; inexact. **faulty material**: matériel défectueux.
fauna – faune *f.*
faunal – faunistique. **faunal province**: province faunistique. **faunal zone**: *see faunizone.*
faunizone – faunizone *f, unité biostratigraphique dont l'identité paléontologique repose sur un ensemble d'espèces animales.*
Faville – Faville, *machine Faville-Levally pour essais d'huile EP, voir aussi Falex.*
fax – fax *m, télécopie, abrév. de fac-similé.*
fbc – *abrév. de fluidized-bed catalyst : catalyseur en lit fluidisé.*
FBP – *abrév. de final boiling point.*
FBR – *abrév. de fast breeder reactor.*
FC – *abrév. de fixed carbon.*
FCC – CCF, *abrév. de fluid catalytic cracking, craquage catalytique fluide.*
FCL – LFC, *abrév. de ferrochrome lignosulfonate, lignosulfonate de ferrochrome.*
FD – *abrév. de flash desorption : désorption éclair – abrév. de frequency domain.*
FDA – *abrév. de Food and Drug Administration (USA).* **FD&C color**: *série de colorants alimentaires autorisés par la FDA.*
FDM – *abrév. de field-desorption microscopy : microscopie à désorption de champ.*
FDS – *abrév. de field-desorption spectroscopy : spectroscopie à désorption de champ.*
FEA – *abrév. de Federal Energy Administration (USA).*
feasibility – faisabilité *f.* **feasibility study**: étude préalable ; étude de faisabilité.
feasible – faisable ; réalisable.
feather – clavette *f*; ergot *m (méc)* ; nervure *f*; plume *f.* **feather edge**: arête en biseau. **feather pattern**: disposition en épi.
feathered – allégée, *se dit d'une huile coupée par un gaz.*
feathering – dérive en épi, *d'une flûte marine en présence d'un courant traversier.*
feathers – plumage *m.*
feature – caractère *m* ; caractéristique *f*; trait *m.*
fecal – fécal. **fecal pellet**: coprolite *m* ; pelote fécale.
fed – alimenté.
federal – fédéral. **federal lease**: concession sur une terre fédérale. **federal leasing act**: statut pour la concession des terrains fédéraux. **federal specifications**: spécifications fédérales, *américaines.*
fee – droit *m* ; propriété *f, terrain appartenant à l'entrepreneur pétrolier, par opposition à terrain concédé (leased land)* ; rémunération *f*; taxe *f.* **fee royalty**: redevance reçue par le propriétaire du sol. **fee simple**: propriété inconditionnelle.
feed – alimentation *f, d'une machine* ; avance *f, d'un outil coupant (for)* ; régime *m, de descente du trépan.* **feed box**: boîte d'alimentation. **feed check valve**: boîte à clapets ; soupape de retenue. **feed chute**: goulotte d'alimentation ; trémie d'alimentation, *ou de chargement.* **feed cock**: robinet d'alimentation ; robinet de refoulement ; robinet de remplissage. **feed compressor**: compresseur d'alimentation. **feed control**: contrôle d'alimentation. **feed engine**: machine auxiliaire d'alimentation. **feed hopper**: trémie d'alimentation. **feed inlet**: admission *f.* **feed line**: admission *f*; conduite d'alimentation. **feed-line check valve**: soupape de retenue pour conduite d'alimentation. **feed motion**: mouvement d'entraînement. **feed off**: avance de l'outil *(for).* **feed pipe**: conduite d'alimentation ; conduite d'amenée ; tuyauterie d'alimentation. **feed plate**: plateau d'alimentation. **feed point**: alimentation *f*; point d'alimentation. **feed-preparation unit**: unité de préparation de charge, *unité de fractionnement destinée à préparer un stock d'alimentation à coupes étroites.* **feed pressure**: pression de l'alimentation. **feed pump**: pompe alimentaire ; pompe d'alimentation ; pompe nourricière. **feed rack**: crémaillère d'avance. **feed rate**: vitesse d'alimentation. **feed screw**: vis d'avance ; vis de commande de l'avance d'un tour ; vis sans fin d'alimentation. **feed shaft**: arbre de commande *(for).* **feed tank**: bâche ; bâche d'alimentation ; réservoir d'alimentation ; réservoir nourrice. **feed valve**: vanne d'alimentation. **feed water**: eau d'alimentation. **feed-water heater**: réchauffeur d'eau d'alimentation. **feed-water injector**: injecteur d'eau d'alimentation. **feed-water pump**: pompe pour eau d'alimentation. **feed-water tank**: réservoir d'eau d'alimentation. **feed-water treatment**: traitement des eaux de chaudières. **feed wire**: fil d'amenée *(élec).*
feedback – asservissement *m, régulation* ; mécanisme d'autoentretien, *combustion* ; rétroaction *f (élec)* ; rétroalimentation *f.* **feedback control system**: système asservi. **feedback filter**: filtre à rétroaction *(élec)* ; filtre récursif *(sism).* **feedback filtering**: filtrage récursif *(sism).* **feedback loop**: boucle d'asservissement ; boucle de réaction ; boucle de régulation.
feeder – affluent *m, d'une rivière* ; alimentateur *m* ; apport *m* ; artère *f*; canalisation d'amenée ; canalisation de transport ; conduite d'amenée ; conduite de transport, *de gaz, d'électricité, de vapeur* ; dispositif d'alimentation ; distributeur *m* ; feeder *m* ; filon nourricier. **feeder cable**: câble d'alimentation. **feeder mains**: réseau d'alimentation. **feeder ship**: navire collecteur. **feeder system**: réseau d'alimentation.
feeding – alimentation *f*; avancement *m.* **feeding device**: dispositif d'alimentation. **feeding head**: jet *m* ; masselotte *f, (métal)* ; nourrice *f.* **feeding pump**: *voir feed pump.* **feeding vent**: cheminée ; évent *m.*
feedstock – charge d'alimentation ; charge de départ ; matière première *(raf)* ; produit de base.
feeler – ballon d'essai ; calibre d'épaisseur ; éclaireur *m* ; palpeur *m.* **feeler sonde**: sonde à palpeurs.
fees – émoluements *m, voir aussi fee* ; honoraires *m.*
FEES – *abrév. de field-electron energy spectroscopy : spectroscopie électronique de champ.*
feet – *voir foot.*
feldspar – feldspath *m, groupe de minéraux essentiels des roches magmatiques.*
feldspathic – feldspathique *(pétro).*
feldspathization – feldspathisation *f (géol).*
feldspathoid – feldspathoïde *m (minér).*
felling – abattage *m, arbres.*

felsic – felsique, *terme formé par contraction de feldspath et de silice et appliqué aux minéraux composés de ces éléments.* **felsic mineral**: minéral felsique.

felsite – felsite *f (minér)*.

felsitic – felsitique. **felsitic texture**: texture pétrosiliceuse *(pétro)*.

felspar – *voir feldspar.*

felt – feutre *m.* **felt joint**: joint de feutre. **felt padding**: matelassage de feutre, *des tubes.* **felt pipe coating**: revêtement pour tuyauterie en feutre.

FEM – *abrév. de field-emission microscopy : microscopie à émission de champ.*

female – femelle ; féminin. **female cone**: cône femelle. **female screw**: vis femelle. **female tap**: cloche de repêchage *(for)*.

femic – fémique, *terme formé par contraction de Fe (fer) et de M (magnésium) et appliqué aux minéraux composés de ces éléments.*

femto – femto, *préfixe qui placé devant une unité la multiplie par 10^{-15}, symbole* f.

fen – marais *m* ; marécage *m.* **fen fire**: feu follet. **fen land**: terre marécageuse.

fence – barrière *f*; clôture *f*; palissade *f.* **fence diagram**: diagramme en panier à oeufs. **fence wall**: garde *f, d'une machine outil* ; mur de clôture ; réglette *f, d'une scie circulaire.*

fencing – clôture *f*; enceinte *f.*

fender – aile *f, de voiture* ; amortisseur *m* ; défense *f, protection des coques* ; garde-boue *m.*

fenestra – fenestra *f, voir aussi bird's-eye.*

fenny – marécageux.

Fenske – Fenske. **Fenske equation**: équation de Fenske, *calcul des colonnes de distillation.* **Fenske ring**: anneau de Fenske, *garnissage de colonne.*

FEP – *abrév. de fluorinated ethylene propylene.*

FERC – *abrév. de Federal Energy Regulatory Commission, qui a remplacé aux USA la Federal Power Commission chargée du transport et de la vente du gaz naturel.*

Fermat – Fermat. **Fermat path**: trajet de Fermat. **Fermat principle**: principe de Fermat, *principe selon lequel une perturbation élastique suit, pour aller d'un point à un autre, un trajet dont la durée est un extremum.*

ferment – ferment *m.*

fermentation – fermentation *f.* **fermentation gas**: gaz de fermentation. **fermenting tank**: cuve de fermentation.

fermenter – fermenteur *m.*

fermi – fermi *m, unité de longueur utilisée en physique nucléaire égale au femtomètre.* **Fermi-Dirac statistics**: statistiques de Fermi-Dirac, *mécaniques statistiques.* **Fermi energy**: énergie de Fermi, *niveau d'énergie électronique dans un solide.* **Fermi resonance**: résonance de Fermi, *dans une molécule polyatomique.* **Fermi surface**: surface de Fermi, *surface d'énergie constante pour les électrons d'un métal.* **Fermi temperature**: température de Fermi, *elle est de l'ordre de 10^4 K.*

fermion – fermion *m, particule.*

fermium – fermium *m, symbole chim. Fm.*

fern – fougère *f.*

Fernico – *dénomination d'un alliage fer-nickel-cobalt dont le coefficient de dilatation est le même que celui du verre.*

ferralite – ferrallite *f, latérite, sol ferrallitique.*

ferralitization – ferrallitisation *f (pédol)*.

ferrate – ferrate *m (chim)*.

ferriage – droits de passage ; passage en bac ; transport par bac.

ferric – ferrique. **ferric oxide**: oxyde ferrique. **ferric salt**: sel ferrique. **ferric sulfate**: sulfate ferrique.

ferricyanic – ferricyanhydrique.

ferriferous – ferrifère.

ferrimagnetic – ferrimagnétique. **ferrimagnetic resonance**: résonance ferrimagnétique. **ferrimagnetic material**: substance ferrimagnétique.

ferrimagnetism – ferrimagnétisme *m.*

ferrite – ferrite *f, phase métallique constituée de fer pur* ; ferrite *m, composés à base d'oxyde de fer ayant des propriétés ferrimagnétiques.*

ferritic – ferritique.

ferroalloy – ferroalliage *m.*

ferroboron – ferrobore *m.*

ferrocene – ferrocène *m, composé organique du fer.*

ferrochrome – ferrochrome *m.* **ferrochrome lignosulfonate (FCL)**: lignosulfonate de ferrochrome (LFC).

ferrochromium – ferrochrome *m.*

ferrocobalt – ferrocobalt *m.*

ferroconcrete – ferrociment *m.*

ferroelectric – ferro-électrique. **ferroelectric hysteresis**: hystérésis électrique, *hystérésis diélectrique.*

ferroelectricity – ferro-électricité *f.*

Ferrofining – *dénomination d'un procédé d'hydrotraitement.*

ferrofluid – ferrofluide *m, fluide ferromagnétique, suspension colloïdale ultrastable de particules ferromagnétiques à un seul domaine élémentaire dans un liquide porteur et qui reste liquide sous l'action d'un champ magnétique extérieur.*

ferrography – ferrographie *f, méthode magnétique pour déterminer la distribution par taille des particules d'usure dans une huile lubrifiante.*

ferrolite – ferrolite *f (pétro)*.

ferromagnesian – ferromagnésien. **ferromagnesian mineral**: minéral ferromagnésien, *principalement les micas, les amphiboles, les pyroxènes, les péridots.*

ferromagnetic – ferromagnétique. **ferromagnetic material**: substance ferromagnétique. **ferromagnetic resonance**: résonance ferromagnétique.

ferromagnetism – ferromagnétisme *m.*

ferromanganese – ferromanganèse *m.*

ferromolybdenum – ferromolybdène *m.*

ferronickel – ferronickel *m.*

ferropallidite – ferropallidite *f (minér)*.

ferrosilicon – ferrosilicium *m.*

ferrotitanium – ferrotitane *m.*

ferrotungsten – ferrotungstène *m.*

ferrous – ferreux. **ferrous alloy**: alliage ferreux. **ferrous metal**: métal ferreux. **ferrous oxide**: oxyde ferreux. **ferrous salt**: sel ferreux. **ferrous sulfate**: sulfate ferreux.

ferrovanadium – ferrovanadium *m.*

ferruginous – ferrugineux. **ferruginous cement**: ciment ferrugineux *(pétro)*. **ferruginous material**: matière ferrugineuse. **ferruginous sandstone**: grès ferrugineux. **ferruginous spring**: source ferrugineuse. **ferruginous water**: eau ferrugineuse.

ferrule – bague *f*; embout *m* ; frette *f*; virole *f*.

ferryboat – bac *m*.

ferrying – transport en bac.

fertile – fertile. **fertile material**: matériel fertile ; produit fertile *(nucl)*. **fertile nuclide**: nuclide fertile.

fertilization – fertilisation *f*; fumure *f*.

fertilizer – engrais *m*. **fertilizer plant**: usine d'engrais.

festoon – feston *m*. **festoon crossbedding**: stratification oblique entremêlée.

FET – *abrév. de field effect transistor.*

fetch – fetch *m*, *distance à partir de laquelle les vagues n'augmentent plus de hauteur lorsque le vent souffle depuis la terre.*

fettling – décapage *m* ; ébarbage *m*, *(métal)* ; ébavurage *m*. **fettling hammer**: marteau à ébarber, *(métal)*. **fettling machine**: ébarbeuse *f*, *(métal)* ; ébarboir *m*, *machine à ébarber les métaux.*

FF&W – *abrév. de furnish fuel and water.*

FFI – *abrév. de free fluid index.*

FFT – *abrév. de fast Fourier transform.*

FGA – *abrév. de free of general average.*

FGD – *abrév. de flue gas desulfurization : désulfuration des gaz de carneau.*

FH – *abrév. de full hole.*

fiber – fibre *f*; nerf *m* ; veinule *f (géol)*. **fiber bearing**: coussinet en fibre. **fiber grease**: graisse fibreuse, *graisse à base de savon sodique.* **fiber incrustation**: incrustation de la fibre. **fiber-optic magnetometer**: magnétomètre à fibre optique. **fiber-optic probe**: sonde à fibres optiques. **fiber-optic sensor**: capteur à fibres optiques. **fiber optics**: optiques de fibres. **fiber washer**: rondelle de fibre.

Fiberglas – *dénomination commerciale de fibres de verre.*

Fibertex – *dénomination d'un colmatant pour boues de forage à base de matières fibreuses.*

fibre – *voir fiber.*

fibrillation – fibrillation *f (text)*.

fibrous – fibreux ; nerveux. **fibrous fracture**: cassure fibreuse. **fibrous grease**: graisse fibreuse. **fibrous iron**: fer nerveux. **fibrous jamesonite**: plumosite *f (minér)*. **fibrous material**: colmatant fibreux ; matériau fibreux, *employé en forage pour prévenir les pertes de circulation dans les formations poreuses.* **fibrous peat**: tourbe fibreuse, *tourbe riche en lignine.* **fibrous protein**: protéine fibreuse. **fibrous pyrite**: millérite *f (minér)*. **fibrous serpentine**: chrysotile *f (minér)*. **fibrous structure**: structure fibreuse. **fibrous wax**: ozocérite fibreuse.

fichtelite – fichtélite *f*, *hydrocarbure translucide brillant, inodore, soluble dans l'éther, l'acide nitrique froid, et distillable sans décomposition.*

FID – *abrév. de flame ionization detector : détecteur à ionisation de flamme.*

fiducial – fiduciel. **fiducial axis**: axe du cliché. **fiducial center**: centre de la photographie. **fiducial line**: ligne de foi. **fiducial mark**: marque repère. **fiducial time**: temps rapporté au plan de référence.

fiducials – points de référence ; repères *m (sism)*.

field – champ *m* ; domaine *m* ; étendue *f (géol)* ; gisement *m* ; terrain *m*. **field allowable**: contingent de production autorisée. **field book**: carnet de terrain *(géol)*. **field capacity**: capacité au champ, *capacité de rétention pour l'eau dans un sol en place, après que l'eau excédentaire se soit écoulée par gravité.* **field circuit**: circuit d'excitation. **field coil**: bobine de champ, *bobine d'inducteur.* **field crew**: équipe de terrain. **field current**: courant inducteur. **field distribution**: distribution du champ *(élec)*. **field effect transistor**: transistor à effet de champ. **field emission**: émission par champ électrique. **field-emission microscope**: microscope à émission de champ. **field filter**: filtre à l'enregistrement *(sism)*. **field geology**: géologie de terrain. **field going to water**: gisement en cours d'inondation. **field ice**: glace côtière ; glace de banquise. **field inspection**: complètement photogrammétrique ; contrôle sur le terrain. **field intensity**: densité de puissance d'une onde électromagnétique. **field log**: carnet de terrain. **field magnet**: électroaimant de champ ; inducteur de champ. **field notes**: carnet de terrain *(géol)*. **field observations**: observations sur le terrain *(géol)*. **field of view (FOV)**: angle de champ de l'objectif photographique ; champ de vision. **field pole**: pôle inducteur. **field portable porosimeter**: porosimètre de chantier. **field pressure**: pression de gisement. **field processing**: traitement préliminaire du pétrole ; traitement sur le terrain. **field sampling**: prise d'échantillons sur le terrain. **field stone**: bloc *m* ; gros caillou. **field survey**: étude du terrain. **field surveying**: levés directs au sol. **field tape**: bande terrain *(sism)* ; film nu, *sortant du labo (géophys)*. **field-terminal platform**: plate-forme centrale de production. **field test**: essai d'utilisation, *sur route* ; essai sur le champ *(prod)* ; essai sur le chantier. **field testing**: essai sur chantier. **field timing**: comptage-temps de terrain. **field walk**: parcours instrumental. **field weld (FW)**: soudure exécutée sur le chantier. **field welding**: soudage de montage ; soudage sur chantier. **field welding of pipelines**: soudage sur place des pipelines. **field work**: exploration *f*, *prospection.*

Fieldbus – bus de terrain, *réseau situé sur une unité industrielle et permettant d'interconnecter des transmetteurs de mesure, des actionneurs et des automatismes type régulateurs ou des automates programmables.*

fierce – féroce. **fierce competition**: concurrence acharnée.

fiery – grisouteux, *inflammable.* **fiery atmosphere**: atmosphère grisouteuse. **fiery mine**: mine grisouteuse. **fiery seam**: couche grisouteuse. **fiery steel**: *voir burnt steel.*

FIFO – PEPS, *abrév. de first-in, first-out : premier entré, premier sorti.*

fifty-fifty – cinquante-cinquante, *régle du partage des bénéfices nets de la production pétrolière par moitié entre le propriétaire du sol et la société exploitante.*

figure – donnée numérique ; aspect *m* ; chiffre *m* ; dessin *m* ; figure *f.* **figure stone**: agalmatolite *f (pétro)*.

figure (to) – calculer ; coter ; façonner ; figurer ; représenter.

figurehead – figure de proue ; homme de paille ; prête-nom *m.*

FIH – *abrév. de fluid in hole.*

filament – filament *m.* **filament battery**: batterie de chauffage. **filament current**: courant de chauffage. **filament voltage**: tension de chauffage. **filament winding**: enroulement filamentaire, *plastique armé.* **filament yarn**: fil continu.

file – classeur *m* ; dossier *m* ; fichier *m* ; file *f* ; liasse *f, de papier* ; lime *f* ; pique-note *m* ; râpe *f.* **file card**: fiche de classeur, *carton de classement.* **file copy**: exemplaire d'archive. **file leader**: chef de file. **file number**: cote d'un document ; numéro d'ordre. **file protection**: protection de fichier, *d'ordinateur.* **file scratch**: trait de lime. **file stroke**: trait de lime.

file (to) – classer ; limer.

filer – ajusteur *m.*

files – archives *f.*

filiform – filiforme. **filiform corrosion**: corrosion filiforme.

filing – classement *m.* **filing box**: fichier. **filing clerk**: employé au classement.

filing – limaille *f.* **filing machine**: machine à limer.

fill – charge *f* ; décharge *f* ; plein *m* ; remblai *m.* **fill connection**: ligne de remplissage. **fill earth**: terre à remblai. **fill ratio**: *voir filling ratio.* **fill up**: remblayage *m, hauteur de remblayage* ; remplissage *m.* **fill-up time**: temps de remplissage.

fill (to) – charger ; emplir ; remblayer. **fill (to) up**: faire le plein, *de carburant* ; remplir à ras bord.

filled – colmaté.

filler – charge *f, ajoutée à une graisse* ; mastic *m* ; produit d'apport ; remplisseur *m.* **filler cap**: bouchon de remplissage. **filler metal**: métal d'apport. **filler piece**: bride d'espacement ; cale *f.* **filler plug**: bouchon de remplissage. **filler wire**: fil (métallique) de remplissage.

fillet – bande *f* ; cordon de soudure ; filet *m.* **fillet weld**: cordon d'angle ; soudure d'angle.

filling – âme d'un cordage ; colmatage *m* ; remblai *m* ; remblayage *m* ; remplissage *m.* **filling density**: densité de remplissage, *gaz de pétrole liquéfiés.* **filling factor**: coefficient de remplissage, *passagers.* **filling line**: conduite de remplissage. **filling loss**: perte au remplissage. **filling machine**: remblayeuse *f.* **filling pass**: passe de remplissage *(soudure)*. **filling period**: période de remplissage. **filling pipe**: *voir filling sleeve.* **filling pump**: pompe de remplissage. **filling ratio**: taux de remplissage. **filling sleeve**: manche de remplissage. **filling station**: poste d'essence ; station service, *voir service station.* **filling substance**: matière inerte. **filling-up putty**: mastic à spatule.

film – feuil *m* ; film *m* ; pellicule *f.* **film cartridge**: bobine de pellicules. **film coefficient**: coefficient de film *(thermo)*. **film cooling tower**: tour de refroidissement à écoulement pelliculaire. **film deformation**: déformation du film. **film-filter combination**: combinaison émulsion-filtre. **film forming**: feuillogène, *propriété de certains composés chimiques, tels des amines, qui forment une couche monomoléculaire à la surface des métaux, les protégeant contre la corrosion* ; filmogène ; surfactif, *dans le domaine des détergents.* **film holder**: châssis *m (photo)*. **film library**: cinémathèque *f* ; filmothèque *f.* **film of metal**: pellicule de métal. **film of oil**: film d'huile. **film strength**: solidité du film, *propriété d'une huile capable de maintenir un film continu sur une surface.*

FILO – PEDS, *abrév. de first-in last-out : premier entré-dernier sorti.*

filter – filtre *m, appareil ou algorithme qui réalise un filtrage.* **filter aid**: adjuvant pour filtrage. **filter bed**: bassin filtrant ; lit filtrant. **filter cake**: cake de filtration ; gâteau de filtration, *particules solides retenues par un support filtrant après une opération de filtration ; particules de boue solides déposées sur les parois ou le mur du sondage par le fluide de forage* ; gâteau de sédiments. **filter-cake texture**: texture du cake de filtration, *propriétés physiques d'un cake qui se mesurent par sa consistance et son élasticité.* **filter cartridge**: cartouche filtrante. **filter choke**: bobine de filtrage. **filter clay**: terre à filtration. **filter cloth**: toile filtrante. **filter cock**: robinet pour filtre-presse. **filter coefficient**: coefficient de filtre. **filter correction**: correction de filtre. **filter dewaxing**: déparaffinage par filtration. **filter drum**: tambour filtrant. **filter element**: élément filtrant. **filter flask**: fiole à vide ; fiole conique. **filter funnel**: entonnoir à filtre. **filter layer**: couche filtrante. **filter loss**: perte par filtration, *quantité de liquide passant à travers une membrane perméable dans un temps donné.* **filter material**: matière filtrante. **filter medium**: milieu filtrant. **filter panel**: analyse de filtrage ; planche de filtrage. **filter paper**: papier buvard ; papier filtre. **filter passband**: bande de transmission *(sism)*. **filter plant**: installation de filtration. **filter plate**: plaque filtrante ; rondelle filtrante. **filter press**: filtre-presse *m.* **filter-press wax**: paraffine de filtre-presse. **filter pump**: pompe filtrante ; trompe à vide. **filter residue**: résidu de filtration. **filter-response curve**: abaque de filtrage. **filter sand**: sable de filtration. **filter scan**: *voir filter panel.* **filter screen**: crible à grille filtrante ; écran filtre *(opt)*. **filter sieve**: tamis filtrant. **filter slope**: pente d'un filtre. **filter well**: puits filtrant.

filterability – filtrabilité *f.*

filtered – filtré. **filtered water**: eau filtrée.

filtering – filtrage *m* ; filtration *f.* **filtering basin**: bassin de filtration. **filtering bed**: lit filtrant. **filtering candle**: bougie filtrante. **filtering clay**: argile filtrante ; terre filtrante. **filtering cloth**: tissu filtrant. **filtering jar**: fiole à vide. **filtering medium**: milieu filtrant. **filtering-medium felt**: feutre pour milieu filtrant. **filtering tank**: purgeoir *m.* **filtering temperature**: température de filtration.

filtrate – filtrat *m.* **filtrate reducer**: réducteur de filtrat.

filtration – filtration *f, méthode de purification la plus généralement utilisée pour les huiles.* **filtration control agent**: réducteur de filtrat. **filtration loss**: perte par filtration. **filtration percolation**: *voir percolation filtration.* **filtration quality**: qualité de filtration, *caractéristiques de filtration d'une boue de forage ; ces qualités sont inversement proportionnelles à l'épaisseur du cake déposé* *sur la surface d'un milieu poreux.* **filtration rate**: vitesse de filtration, *mesure de la quantité de filtrat d'un fluide de forage passant au travers ou dans un milieu poreux durant un temps donné.* **filtration spring**: source d'infiltration. **filtration vat**: bac de filtration.

FIM – *abrév. de field-ion microscopy : microscopie ionique de champ.*

fimbria – fimbriae *m, structure fibrillaire de la surface de certaines bactéries.*

fimmenite – fimmenite *f, variété de tourbe contenant une forte proportion de spores.*

fin – ailette *f*; bavure de fonte, *fonderie* ; plan fixe vertical. **fin tube**: tube à ailettes. **fin-tube heat exchanger**: échangeur à ailettes.

finable – passible d'amende.

final – final. **final boiling point (FBP)**: point d'ébullition final, *voir end point.* **final coat**: couche de finition ; couche de teinte. **final compressive strength**: résistance finale d'un ciment. **final consumption**: consommation finale. **final depth of the well**: profondeur finale du puits. **final design**: plan définitif. **final energy**: énergie finale. **final flow pressure**: pression finale d'écoulement. **final hydrostatic mud pressure**: pression hydrostatique finale de la boue. **final installment**: paiement pour solde. **final operation report**: compte-rendu de mise en oeuvre. **final pass**: cylindre finisseur, *(métal)*. **final pressure**: pression finale. **final refinery product**: produit fini. **final shut-in pressure**: pression de fond finale ; pression de fond lors de la dernière fermeture, *en cours de test.* **final user**: utilisateur final.

financial – financier. **financial assistance**: aide financière. **financial commitments**: obligations financières, *montant minimum de dépenses que le contractant doit engager au cours de chaque période d'exploration.* **financial costs**: frais financiers, *tous frais résultant des relations avec les prêteurs, en particulier les intérêts des emprunts (mais pas le principal remboursé).* **financial equilibrium**: équilibre financier. **financial exposure**: exposition financière. **financial income**: produits financiers, *ressources tirées des prêts, en particulier les intérêts.* **financial package**: montage financier. **financial risk**: risque financier.

financing – financement *m, action de procurer des fonds (quelle qu'en soit l'origine) à l'entreprise.*

find – découverte *f, d'un nouveau gisement d'huile.*

find (to) – découvrir ; trouver.

finder – inventeur *m* ; viseur *m (opt)*.

finding – découverte *f*; résultat *m*. **finding cost**: coût de la découverte, *s'exprime en francs par mètre cube découvert, en francs par tonne ou en dollars par baril.*

fine – fin ; pur. **fine adjustment**: réglage de précision ; réglage fin ; réglage micrométrique ; réglage précis. **fine chemicals**: chimie fine ; produits de chimie fine. **fine clay**: ultrargile *f.* **fine coal**: fines de charbon. **fine crushing**: broyage fin. **fine drizzle**: crachin *m.* **fine edge**: tranchant affilé. **fine grain**: grain fin. **fine-grained ore**: minerai fin. **fine-grained sand**: sable à grain fin. **fine-grained sandstone**: grès fin, *points fins alignés.* **fine gravel**: gravillon *m.* **fine graveling**: gravillonnage *m.* **fine grinding**: broyage fin. **fine metal**: métal fin, *ou raffiné.* **fine ore**: minerai fin. **fine pitch**: filetage fin ; pas fin. **fine-pitch thread**: filet fin. **fine sand**: sable fin. **fine sandstone**: grès fin. **fine steel**: acier fin. **fine structure**: microstructure *f*; structure fine.

fine – amende *f (jur)*.

fine (to) – affiner ; mettre à l'amende ; purifier.

fineness – finesse *f*; qualité supérieure ; titre *m, d'un métal précieux.* **fineness modulus**: module de finesse, *grandeur caractérisant le résultat d'un tamisage.* **fineness of gold**: titre d'or. **fineness of grinding**: finesse de mouture. **fineness test**: essai de finesse, *essai granulométrique pour déterminer le degré de mouture d'un ciment* ; essai granulométrique.

fines – fines *f, fragments de matériaux très fins séparés par criblage.*

finger – doigt *m* ; manette *f*; palpeur *m*. **finger grip**: extracteur *m, d'instruments de sondage.*

fingerboard – râtelier à tiges creuses.

fingering – digitation *f, infiltration incomplète, en doigt de gant, d'eau ou de gaz dans une formation pétrolifère, ou de ciment mal réparti dans l'espace annulaire d'un sondage entre le terrain et le tubage, voir aussi channeling.*

fingerprint – empreinte *f, d'un pétrole brut.*

fingerprinting – identification d'un brut, *méthode d'analyse utilisée pour identifier la provenance d'un pétrole brut ayant causé une pollution.*

fining – affinage *m* ; clarification *f*; purification *f.*

finish – finissage *m* ; poli *m.*

finished – fini, *apprêté, ouvré.* **finished distillate**: première qualité de fuel-oil. **finished product**: produit fini.

finishing – achèvement *m* ; apprêt *m* ; finition *f.* **finishing bit**: alésoir *m.* **finishing machine**: finisseuse *f.* **finishing plaster**: plâtre de finition. **finishing roasting**: grillage définitif *(prép)*. **finishing roll**: cylindre finisseur. **finishing rolling mill**: laminoir finisseur, *(métal)*. **finishing still**: four de redistillation *(raf)*. **finishing work**: finition.

finite – borné ; fini ; limité. **finite bearing**: palier de largeur finie. **finite-difference method**: méthode des différences finies. **finite element**: élément fini. **finite-element method**: méthode des éléments finis. **finite set**: ensemble fini *(math)*.

finned – à ailettes. **finned tube**: tube à ailettes. **finned-tube heat exchanger**: échangeur thermique à ailettes.

FIO – BAB, *abrév. de free in and out, bord à bord.*

fire – feu *m* ; incendie *m.* **fire alarm**: avertisseur d'incendie ; signal d'incendie. **fire assay**: essai à température élevée. **fire ball**: boule de feu. **fire bank**: levée pare-feu, *enceinte construite autour d'un réservoir de stockage pour en contenir les fuites en cas d'incendie.* **fire bridge**: autel *m, de foyer, de chaudière.* **fire detector**: détecteur d'incendie. **fire door**: porte d'incendie, *porte contre les feux (mine)* ; porte de chargement ; porte de foyer. **fire drive**: déplacement par combustion, *voir aussi in situ combustion.* **fire engine**: pompe à incendie. **fire escape**: escalier de secours. **fire extinguisher**: extincteur d'incendie. **fire-extinguishing foam**: mousse extinctrice. **fire-extinguishing gas**: gaz extincteur. **fire fighting**: défense contre l'incendie (DCI) ; lutte contre l'incendie. **fire-**

fighting equipment: équipement de lutte contre l'incendie. **fire fountain**: fontaine de lave. **fire hazard**: danger d'incendie ; risque d'incendie. **fire hose**: manche à incendie ; tuyau d'incendie. **fire hydrant**: borne d'incendie ; bouche d'incendie ; prise d'incendie. **fire insurance**: assurance incendie. **fire ladder**: échelle à incendie. **fire nozzle**: lance d'incendie. **fire order**: ordre de mise à feu (OMF) ; ordre de tir *(sism)*. **fire permit**: autorisation de feu. **fire plug**: borne d'incendie ; bouche d'incendie ; prise d'eau. **fire point**: point de feu, *température minimale à laquelle un produit pétrolier soumis à une petite flamme présentée à sa surface, dans des conditions normalisées, s'allume et continue à brûler pendant un temps spécifié*. **fire protection**: prévention incendie ; protection contre l'incendie. **fire pump**: pompe à incendie. **fire resistant**: pyrorésistant. **fire-resistant fluid**: fluide difficilement inflammable. **fire resisting**: ignifuge ; réfractaire. **fire-resisting fluid**: *voir fire-resitant fluid.* **fire ring**: segment de feu. **fire sand**: sable de moulage *(métal)*. **fire screen**: cloison pare-feu. **fire sprinkling system**: *voir sprinkler system.* **fire station**: caserne de pompiers ; poste d'incendie. **fire still**: chaudière de distillation, *à contact direct avec la flamme, anciennement utilisée pour distiller le pétrole.* **fire test**: essai du point de feu. **fire tile**: tuile réfractaire. **fire tube**: bouilleur *m* ; tube à feu ; tube de fumée, *chaudière* ; tube foyer. **fire-tube boiler**: chaudière à foyer intérieur ; chaudière à tube de flamme. **fire wall**: cloison pare-feu ; merlon *m* ; mur coupe-feu.

fire (to) – embraser ; s'enflammer ; incendier ; mettre le feu. **fire (to) off**: faire partir ; tirer.

fireblende – pyrostilpnite *f (minér)*.

fireboat – bateau pompe.

firebox – boîte à feu ; chambre de combustion ; foyer *m, d'une chaudière.*

firebreak – coupe-feu *m* ; pare-feu *m, dans une forêt* ; tranchée coupe-feu ; tranchée garde-feu.

firebrick – brique réfractaire. **firebrick wall**: mur de briques réfractaires.

fireclay – argile réfractaire.

fired – chauffé. **fired coil**: four à tube, *alambic ou four tubulaire.* **fired heater**: réchauffeur *m.*

firedamp – gaz des marais, *méthane* ; grisou, *gaz hautement inflammable, qui se dégage dans les mines de charbon, constitué principalement de méthane.* **firedamp detector**: détecteur de grisou *(minér)*. **firedamp explosion**: explosion de grisou *(mine)*.

firefighter – combattant du feu ; pompier *m.*

fireflood – injection de chaleur, *voir in situ combustion.*

fireflooding – récupération thermique.

fireless – sans feu.

fireman – boutefeu *m (mine)* ; pompier *m.*

fireplace – cheminée *f* ; foyer *m.*

fireproof – ignifuge ; incombustible. **fireproof grease**: graisse résistant à la chaleur.

fireproofing – ignifugation *f.*

firestone – argile réfractaire ; silex à feu.

firewood – bois de feu.

firing – allumage *m* ; chauffe *f* ; émission sismique ; mise à feu ; tir *m* ; tirage *m.* **firing line**: câble de tir ; ligne de tir. **firing pressure**: pression maximale, *d'allumage.* **firing rate**: cadence de tir *(sism)* ; taux d'allumage, *exprime le taux auquel le combustible ou le mélange air-combustible arrive au brûleur.* **firing stroke**: temps d'allumage. **firing time**: temps de cuisson.

firm – compact ; consistant ; dur ; serré. **firm-joint caliper**: compas à charnière ; compas d'épaisseur. **firm offer**: offre ferme.

firm – entreprise *f* ; firme *f* ; manufacture *f* ; raison sociale *f.*

firmware – programme précâblé. **firmware interpreter**: interpréteur microprogrammé *(ordinateur)*.

firn – névé *m.* **firn line**: ligne de névé.

first – premier. **first aid**: premiers secours ; premiers soins ; secourisme *m.* **first-aid post**: poste de secourisme. **first arrival**: arrivée première, *première onde qui arrive au sismographe.* **first arrivals**: premières arrivées. **first break**: arrivée première. **first-break plot**: dromochronique *f.* **first cost**: prix de revient ; prix initial. **first cut**: première coupe *(raf)*. **first firing stroke**: premières combustions dans un essai moteur-huile. **first gear**: première vitesse, *d'un moteur.* **first hand**: de première main. **first-in first-out (FIFO)**: premier entré, premier sorti (PEPS), *règle de priorité.* **first-in last-out (FILO)**: premier entré, dernier sorti (PEDS), *règle de priorité.* **first leg of the reflection**: première phase de la réflexion *(sism)*. **first-loss fire insurance**: assurance au premier feu. **first-order cycle**: cycle eustatique de premier ordre, *voir eustatic megacycle.* **first-order reaction**: réaction du premier ordre. **first radiation constant**: première constante de rayonnement. **first rate**: première classe. **first running**: tête de distillation. **first working**: préparation *f* ; travaux de traçage.

firth – vallée submergée, *ancienne vallée submergée lors d'une transgression marine.*

FIS – *abrév. de field-ion spectroscopy : spectroscopie ionique de champ.*

fiscal – fiscal. **fiscal balance**: solde budgétaire. **fiscal period**: exercice budgétaire. **fiscal revenue**: recettes fiscales. **fiscal transparency**: transparence fiscale. **fiscal year**: année budgétaire, *exercice.*

Fischer – Fischer. **Fischer assay**: essai de Fischer, *méthode d'évaluation de la quantité d'huile de schiste que l'on peut récupérer à partir d'un schiste bitumineux spécifique.* **Fischer-Tropsch catalyst**: catalyseur Fischer-Tropsch. **Fischer-Tropsch synthesis**: synthèse Fischer-Tropsch, *synthèse d'hydrocarbures liquides à partir d'oxyde de carbone et d'hydrogène.* **Fischer-Tropsch wax**: cire Fischer-Tropsch.

fish – poisson *m, qualifie en forage toute partie d'outil ou objet qui tombé dans un sondage nécessite un repêchage.* **fish glue**: colle de poisson. **fish job**: repêchage *m, voir aussi fishing.* **fish meal**: farine de poisson. **fish oil**: huile de poisson. **fish plate**: ferrure d'assemblage. **fish-protein concentrate (FPC)**: concentré de protéine de poisson.

fish (to) – pêcher. **fish (to) up**: repêcher *(for)* ; retirer une pièce tombée au fond *(for)*.

fishing – éclissage *m (for)* ; instrumentation *f* ; repêchage *m, qualifie toute opération destinée à retirer d'un sondage les parties d'outil ou objets étrangers qui gênent la continuation du* *forage.* **fishing basket**: panier de repêchage. **fishing grab**: foène de repêchage. **fishing hook**: caracole *f*; crochet de repêchage ; harpon *m.* **fishing jar**: coulisse de repêchage. **fishing job**: instrumentation *f*; opération de repêchage. **fishing magnet**: aimant de repêchage. **fishing socket**: souricière *f.* **fishing spear**: harpon de repêchage. **fishing string**: garniture de repêchage *(for)*. **fishing tap**: taraud de repêchage. **fishing time**: temps d'instrumentation, *temps passé à récupérer les outils perdus ou cassés.* **fishing tool**: outil de repêchage.

fishtail – queue de poisson. **fishtail and drag bit**: *voir fishtail bit.* **fishtail bit**: outil bilame *(for)* ; trépan à deux lames ; trépan en queue de poisson. **fishtail burner**: bec à deux trous ; bec papillon.

fissile – fissile. **fissile fuel**: combustible fissile. **fissile nucleus**: noyau fissile. **fissile nuclide**: nuclide fissile.

fissility – fissilité *f.*

fission – fission *f.* **fission chain**: chaîne de fission. **fission cross-section**: section efficace de fission. **fission energy**: énergie de fission. **fission neutron**: neutron de fission. **fission-track dating**: datation par traces de fission. **fission-track method**: méthode des traces de fission. **fission tracks**: traces de fission, *vermiculations visibles provoquées par des particules radioactives dans un minéral ou une roche.*

fissure – crevasse *f*; fente *f*; fissure *f.* **fissure of retreat**: fissure de retrait. **fissure vein**: filon minéralisé ; fissure filonienne ; fissure minéralisée.

fissured – crevassé.

fit – adaptation *f*; ajustage *m* ; ajustement *m* ; calage *m* ; emboîtement *m* ; emmanchement *m.*

FIT – *abrév. de free of income tax et de formation internal tester.*

fit (to) – accorder ; adapter ; ajuster ; caler ; faire coller ; fixer ; monter ; réparer. **fit (to) in**: emboîter. **fit (to) into**: encastrer. **fit (to) on**: essayer ; monter. **fit (to) out**: équiper. **fit (to) up**: agencer ; armer ; monter.

fitted – emmanché ; équipé.

fitter – ajusteur *m.*

fitting – accessoire *m* ; adaptation *f*; ajustage *m* ; montage *m.* **fitting out**: armement *m, plate-forme.* **fitting pipe**: raccord *m.* **fitting shop**: atelier d'ajustage.

fittings – accastillage *m (nav)* ; agencements *m* ; garnitures *f*; raccords de tuyauteries ; raccorderie *f.*

five – cinq. **five-ball test**: essai à cinq billes, *essai d'usure.* **five-day forecast**: prévision à cinq jours, *à échéance de cinq jours (météo).* **five-spot flood system**: système de maille à cinq puits, *dispositif d'implantation de puits de production au centre d'un carré dont quatre puits d'injection occupent les sommets.* **five-spot model**: modèle à cinq mailles *(prod)*. **five-spot pattern**: maille à cinq puits *(prod)*. **five-way cock**: robinet à cinq voies.

fix – point par visée.

fixation – fixation *f.*

fixative – agent de fixation ; fixatif *m.*

fixed – fixé. **fixed-angle coverage**: couverture sous angle prédéterminé. **fixed assets**: capital fixe ; immobilisations *f.* **fixed axle**: essieu fixe. **fixed beam**: poutre encastrée. **fixed bed**: lit fixe, *catalyseur.* **fixed-bed catalytic cracking**: craquage catalytique à lit fixe. **fixed-bed unit**: unité à lit fixe. **fixed capital**: capital immobilisé. **fixed carbon**: carbone fixe, *dans le cas du charbon, du coke et des matières bitumineuses, résidu solide autre que les cendres, obtenu par distillation destructive ou pyrogénation et déterminé par certaines méthodes utilisées dans l'analyse immédiate.* **fixed-carbon ratio**: teneur en carbone fixe. **fixed charges**: frais généraux. **fixed command control**: régulation de maintien. **fixed cost**: coût fixe. **fixed cutting oil**: huile de coupe grasse, *animale ou végétale.* **fixed datum**: repère *m.* **fixed dune**: dune fixée. **fixed grease**: graisse fixe ; graisse stabilisée. **fixed ignition**: allumage à avance fixe. **fixed-lead magneto**: magnéto à avance fixe. **fixed light**: feu fixe. **fixed oil**: huile fixe, *huile grasse d'origine animale ou végétale.* **fixed pitch**: pas fixe. **fixed platform**: plate-forme fixe. **fixed point**: virgule fixe, *calcul.* **fixed-point part**: mantisse *f.* **fixed price**: prix fixe. **fixed pulley**: poulie fixe. **fixed pump**: pompe fixe, *distributeur d'essence.* **fixed-roof tank**: réservoir à toit fixe. **fixed royalty**: redevance fixe, *redevance fixée pour une période définie et indépendamment de la production du terrain concédé.*

fixing – fixage *m.* **fixing agent**: agent fixant. **fixing bath**: bain de fixation. **fixing salt**: sel de fixation.

fixture – affrètement *m* ; appareil fixe ; fixation *f*; montage *m.*

fizz – crachement *m* ; effervescence *f*; pétillement *m* ; sifflement *m.*

fizz (to) – cracher ; fuser ; siffler.

fjord – fjord *m, golfe marin, étroit, allongé, aux parois abruptes.*

f-k – f-k, *s'applique à des traitements, filtrages, etc., décrits dans le domaine fréquence et nombre d'onde.* **f-k analysis**: analyse f-k, *en fréquence et nombre d'onde.* **f-k domain**: domaine f-k *(sism)*. **f-k filter**: filtre f-k, *filtre en fréquence et nombre d'ondes.* **f-k migration**: migration f-k *(sism)*. **f-k plot**: *voir f-k analysis.* **f-k space**: domaine f-k.

FLA – *abrév. de fluid loss additive.*

flag – dalle *f*; drapeau *m* ; fanion *m* ; jalon *m* ; pavillon *m* ; piquet *m* ; repère *m, fixé à intervalle régulier et servant à mesurer la longueur d'un câble* ; sémaphore *m, informatique* ; signal *m.* **flag discrimination**: privilège de pavillon. **flag of convenience**: pavillon de complaisance.

flagellate – flagellé *m, microorganisme.*

flagellum – flagelle *m, filament mobile fixé à la surface de nombreuses cellules.*

flagging – ruban de balisage. **flagging out**: délocalisation *f, d'un navire* ; dépavillonnement *m, d'un navire.*

flaggy – en dalles ; en plaques.

flagstaff – hampe de drapeau ; mât de drapeau.

flagstone – roche en dalles ; roche en plaques.

flake – écaille *f*; flocon *m* ; paillette *f.* **flake graphite**: graphite en paillettes. **flake material**: produit floconneux. **flake structure**: structure en gruau.

flaked – en écailles. **flaked bearing**: coussinet écaillé, *dont le métal est décollé.*

flaky – écailleux ; lamellaire ; lamellé ; lamelliforme.

flame – flamme *f.* **flame annealing**: recuit au chalumeau. **flame arrester**: arrête-flamme *m* ; coupe-flamme *m* ; pare-feu *m.* **flame baffling**: conduite des flammes, *(métal)*. **flame black**: noir de fumée, *voir aussi carbon black.* **flame chamber**: chambre de combustion. **flame coal**: charbon flambant. **flame coloration**: coloration de la flamme. **flame cutting**: coupage au chalumeau. **flame descaling**: décapage à la flamme ; décapage au chalumeau. **flame detector**: détecteur de flamme. **flame emission detector (FED)**: détecteur à émission de flamme. **flame front**: front de flamme. **flame hardening**: trempe au chalumeau. **flame ignition**: allumage par flamme. **flame ionization detector**: détecteur à ionisation de flamme. **flame photometric detector (FPD)**: détecteur à photométrie de flamme. **flame port**: orifice de formation de la flamme. **flame priming**: nettoyage au chalumeau, *des surfaces d'acier avant de les peindre.* **flame proof**: *voir flameproof.* **flame propagation**: propagation de la flamme. **flame resistant**: ininflammable. **flame retardant**: retardateur de flamme. **flame scaling**: décalaminage à la flamme. **flame spectrometer**: spectromètre de flamme. **flame spectrometry**: spectrométrie de flamme. **flame spectrophotometry**: spectrophotométrie de flamme. **flame spectrum**: spectre de flamme. **flame stability**: stabilité de la flamme. **flame temperature**: température de flamme, *température maximale d'une flamme.* **flame test**: essai à la flamme. **flame velocity**: vitesse de propagation d'une flamme. **flame welding**: soudage à la flamme, *par opposition au soudage à l'arc électrique.*

flameless – sans flamme. **flameless combustion**: combustion sans flamme. **flameless explosive**: explosif de sûreté.

flameproof – antidéflagrant ; à l'épreuve des flammes ; ignifuge ; ininflammable ; pare-flamme, *se dit d'un dispositif qui s'oppose à la propagation du feu.*

flaming – flambant ; flamboyant. **flaming coal**: charbon flambant.

flammability – inflammabilité *f.* **flammability limits**: limites d'inflammabilité.

flammable – inflammable. **flammable atmosphere**: atmosphère inflammable. **flammable liquid**: liquide inflammable. **flammable material**: matière inflammable. **flammable mixture**: mélange inflammable. **flammable solvent**: solvant inflammable.

Flandrian – Flandrien *m, étage de la fin du Quaternaire.*

flange – bord rabattu ; bride *f* ; collerette *f* ; collet *m* ; contrebride *f* ; flasque *m* ; joue *f.* **flange angle**: bride *f* ; cornière *f* ; cornière bride. **flange-cooled engine**: moteur à refroidissement par ailettes. **flange coupling**: joint de raccordement à brides ; manchon de raccordement à brides. **flange gasket**: garniture de bride. **flange of sleeve**: flasque du manchon.

flange (to) – brider, *faire une bride.* **flange (to) up**: poser le dernier raccord, *d'un pipeline, du train de tiges.*

flanged – à boudin ; à bourrelet ; à bride ; bridé. **flanged adapter**: raccord à brides. **flanged-edge joint**: joint à arête bridée ; joint encastré. **flanged end**: extrémité à brides. **flanged fitting**: raccord à brides. **flanged joint**: joint à bride ; joint à collerette. **flanged pipe**: tube à brides ; tuyau à brides. **flanged tee**: té à brides. **flanged valve**: soupape à bride, *à ailettes.* **flanged wheel**: roue à boudin.

flank – flanc *m.* **flank dip**: pendage latéral. **flank eruption**: éruption latérale. **flank fissure**: fissure de flanc. **flank moraine**: moraine riveraine, *quelquefois syn. de moraine latérale.* **flank well**: puits latéral, *puits placé en bordure d'un gisement connu.*

flap – abattant *m* ; clapet *m* ; courroie *f* ; trappe *f.* **flap lubricator**: graisseur à clapet. **flap valve**: clapet rabattant ; soupape à clapet ; soupape antiretour.

flapper – palette *f.* **flapper valve**: *voir flap valve.*

flare – évasement *m* ; fusée lumineuse ; torche *f* ; torchère *f.* **flare bleeder**: torche *f.* **flare drum**: ballon de torche. **flare gas**: gaz de torche. **flare pit**: fosse de brûlage, *de torchère.* **flare platform**: plate-forme support de torche. **flared production**: production brûlée, *de gaz naturel.*

flaring – brûlage à la torche ; torchage *m, opération consistant à brûler à la sortie du puits le gaz naturel pour lequel il n'existe ni débouché ni utilisation possible sur place.*

flaser – flaser *m (géol).*

flash – détente *f* ; éclair *m* ; flash *m.* **flash boiler**: chaudière à vaporisation instantanée ; chaudière de détente. **flash chamber**: chambre de détente. **flash closed cup**: point d'éclair en vase clos. **flash column**: zone de détente. **flash curve**: courbe de flash, *pour un mélange quelconque, graphique des pourcentages vaporisés que l'on obtient en fonction de la température à pression constante* ; courbe de vaporisation. **flash distillation**: distillation par détente ; séparation éclair, *procédé de séparation continue d'un liquide et d'une vapeur en équilibre.* **flash drum**: ballon de détente. **flash fire**: inflammation instantanée, *ne donnant pas lieu à une surpression significative.* **flash flood**: crue éclair ; inondation surprise. **flash gas liberation**: vaporisation éclair du gaz, *formation de gaz à partir d'un liquide dans des conditions où la composition totale du système demeure la même.* **flash liberation**: comportement éclair ; détente éclair. **flash liberation of gas**: vaporisation éclair. **flash open cup**: point d'éclair en vase ouvert. **flash point**: point d'éclair, *température à laquelle les vapeurs d'un produit pétrolier s'enflamment à l'approche d'une flamme, voir aussi fire point.* **flash process**: détente éclair, *système liquide-vapeur dans lequel la composition demeure constante, quoique la proportion des phases liquide et gazeuse varie avec la pression ou la température.* **flash setting of cement**: prise rapide du ciment. **flash tower**: tour de détente. **flash vaporization**: vaporisation instantanée ; vaporisation par détente isenthalpique ; vaporisation progressive simple, *c'est-à-dire sans rectification.* **flash weld**: soudure par étincelage. **flash welding**: soudage par étincelage.

flashback – retour de flamme.

flasher – clignotant *m.* **flasher light**: feu clignotant ; feux de direction.

flashing – chaperon *m (construction)* ; opération comportant un flash, *voir flash distillation,* *flash vaporization*. **flashing light**: feu à éclats *(navig)*.

flashlight – lampe électrique.

flat – bas-fond *m* ; plan ; plat ; replat *m*. **flatbed truck**: camion à plate-forme, *ou camion plate-forme*. **flat calm**: calme plat. **flat coast**: côte plate. **flat diamond bit**: outil diamanté à fond plat. **flat-floored valley**: vallée en fond de bateau. **flat gasket**: joint plat. **flat ground**: terrain plat. **flat-head rivet**: rivet à tête plate. **flat iron**: fer plat. **flat-nosed pliers**: pinces plates. **flat-plate collector**: collecteur plat. **flat-plate solar collector**: collecteur solaire plan. **flat pliers**: pinces plates. **flat point**: point plat. **flat price**: prix de base, *d'un brut* ; prix uniforme ; prix unique. **flat rate**: tarif forfaitaire. **flat-rate tariff**: simple tarif. **flat spot**: horizon plat, *anomalie d'un plan d'eau, réflexion horizontale liée à une interface gaz/liquide* ; réflexion méplate. **flat-topping**: écrêtage *m*. **flat-twin**: flat-twin *m, moteur à deux cylindres opposés à plat*. **flat-twin engine**: moteur bicylindrique à plat ; moteur flat-twin.

flatcar – wagon plate-forme.

flatness – aplatissement *m, d'une courbe* ; indice d'aplatissement, *permettant de caractériser la forme d'un galet* ; planéité *f*. **flatness of the field**: planéité du champ. **flatness ratio**: rapport d'aplatissement *(pétro)*.

flatten (to) – aplanir ; aplatir ; horizontaliser ; laminer.

flattened – aplani ; aplati. **flattened section**: coupe horizontalisée ; coupe recalée sur un horizon ; coupe réduite à une référence *(sism)*. **flattened strand**: toron plat.

flattening – aplatissement *m* ; horizontalisation *f (sism)*. **flattening test**: essai d'aplatissement, *tubes*. **flatting agent**: agent de matité, *pour peinture ou vernis* ; délustreur *m, peintures, vernis* ; matteur *m*.

flavor – saveur *f*. **flavoring agent**: agent de sapidité ; aromatisant *m*.

flaw – défaut *m* ; fente *f*; fissure *f*; paille *f*. **flaw detector**: appareil de détection de défauts.

flax – lin *m*. **flax stalk**: tige de lin, *colmatant pour boue de forage*. **flaxseed oil**: huile de lin.

fleet – flotte *f*. **fleet of vehicles**: parc automobile. **fleet test**: essai en service courant.

fleet – *battement d'un câble qui s'enroule*. **fleet angle**: angle d'attaque d'un câble.

flex – flexible. **flex joint**: joint flexible, *qui relie le tube prolongateur et le BOP d'une tête de puits sous-marine* ; rotule *f*. **flex point**: point d'inflexion.

flexible – articulé ; flexible ; souple. **flexible boom**: barrière flexible. **flexible coupling**: accouplement flexible ; raccord souple. **flexible drive**: commande élastique. **flexible hose**: tuyau flexible. **flexible housing**: gaine flexible. **flexible joint**: joint flexible. **flexible metal hose**: tuyau métallique flexible. **flexible pipe**: flexible *m* ; tige souple ; tube souple. **flexible plate**: tôle souple. **flexible rubber hose**: tuyau flexible en caoutchouc. **flexible shafting**: transmission flexible. **flexible sheath**: gaine flexible. **flexible tank**: réservoir souple. **flexible tube**: tube flexible.

Flexichoc – Flexichoc *m, dénomination d'une source de sismique marine de type imploseur qui utilise le choc de deux plaques*.

Flexicoking – *dénomination d'un procédé de traitement des fractions lourdes et des résidus*.

flexiflow – *voir flexiflow fill-up*. **flexiflow fill-up collar**: anneau à bille à remplissage permanent *(for)*. **flexiflow fill-up shoe**: sabot à remplissage permanent *(for)*.

flexion – courbure *f*; flexion *f*.

Flexitray – *dénomination du plateau de distillation à soupape (voir float-valve tray)*.

flexocoring – flexocarottage *m*.

Flexodrill – Flexoforeuse *f*.

Flexodrilling – Flexoforage *m, dénomination d'une méthode de forage utilisant des tiges souples*.

Flexotir – Flexotir *m, dénomination d'une source sismique marine consistant à faire exploser une petite charge de dynamite dans une sphère aux parois épaisses et percées de trous*.

flextime – horaire variable.

flexure – courbure *f*; flexure *f*; pli monoclinal. **flexure fault**: pli faille. **flexure point**: point de flexion. **flexure test**: essai de flexion.

FLF – *abrév. de fatigue life factor*.

flicker – papillotement *m*. **flicker effect**: bruit de frissonnement, *tube électronique* ; effet de scintillation. **flicker noise**: bruit de scintillation. **flicker photometer**: photomètre à papillotement.

flicker (to) – papilloter ; scintiller, *flamme* ; vaciller.

flier – prospectus *m*.

flight – vol *m*. **flight altitude**: altitude de vol. **flight drag conveyor**: transporteur à raclettes. **flight height**: hauteur de vol. **flight level**: niveau de vol. **flight path**: trajectoire de vol. **flight plan**: plan de vol.

flint – flint *m* ; silex *m*. **flint clay**: argile à silex. **flint glass**: flint *m, verre à base de plomb* ; verre de plomb.

flinty – caillouteux. **flinty crushed rock**: ultramylonite *f*. **flinty fracture**: cassure conchoïdale. **flinty ground**: sol silicieux.

flip – basculement *m*. **flip-over process**: *voir Umklapp process*.

flip-flop – bascule *f, circuit électronique bistable*.

flipper – palme de natation.

float – flotteur *m*. **float-and-sink analysis**: analyse densimétrique ; essai densimétrique, *essai de séparation par liquide de densité intermédiaire*. **float case**: caisson de renflouage. **float chamber**: cuve à niveau constant ; cuve du flotteur, *d'un carburateur*. **float collar (FC)**: anneau de cimentation, *à bille ou à soupape* ; manchon à soupape ; manchon de retenue pour bouchons, *ou anneau de retenue pour bouchons*. **float feed**: alimentation à flotteur. **float gage**: jauge à flotteur. **float glass**: verre flotté. **float needle**: pointeau *m, carburateur* ; tige du flotteur. **float-on/float-off ship**: navire porte-barges. **float-operated valve**: soupape à flotteur. **float plug**: bouchon flottant ; bouchon suspendu. **float shoe**: sabot à bille ; sabot à soupape ; sabot flottant. **float switch**: interrupteur à flotteur. **float test**: essai au flotteur, *essai employé pour estimer la consistance des bitumes*. **float trap**: purgeur à flotteur. **float-**

type pressure gage: manomètre à flotteur. **float-type switch**: interrupteur à flotteur. **float valve**: clapet à flotteur ; soupape à flotteur. **float-valve tray**: plateau de distillation à soupape. **float viscosity**: viscosité par flottage. **float-viscosity test**: essai de la viscosité des bitumes.

float (to) – être à flot ; nager ; flotter.

floatability – flottabilité *f.*

floatel – flotel *m.*

floater – réservoir de stockage à toit flottant ; support flottant *(for)*.

floating – flottage *m* ; flottant ; flottement *m* ; en suspension. **floating assets**: actif flottant *(fin)*. **floating axle**: essieu flottant. **floating beacon**: balise flottante. **floating bed**: lit flottant *(catal)*. **floating boom**: barrage flottant *(pol)* ; barrière flottante. **floating bushing**: douille flottante. **floating capital**: capital flottant ; capitaux mobiles. **floating cash reserve**: volant de trésorerie *(écon)* ; volant de trésorerie. **floating charge**: charge mal placée *(sism)* ; charge remontée *(sism)*. **floating crane**: grue flottante. **floating datum**: plan de référence variable. **floating deck**: toit flottant. **floating dock**: dock flottant. **floating dredger**: drague flottante. **floating earth**: terrain boulant. **floating end cover**: couvercle d'extrémité mobile, *pour échangeur.* **floating engine**: moteur flottant. **floating equipment**: équipement flottant, *équipement de forage formé par le sabot de la colonne et le manchon de retenue pour bouchon.* **floating-head heat exchanger**: échangeur à tête mobile, *permettant la dilatation en évitant des tensions dans l'enveloppe extérieure.* **floating ice**: glace flottante. **floating mark**: index de pointé stéréoscopique. **floating-mud column**: colonne de boue flottante. **floating nuclear power plant**: centrale nucléaire flottante. **floating plant**: usine flottante. **floating plastic blanket**: écran plastique flottant, *pour réservoir de stockage.* **floating platorm**: plate-forme flottante *(for)*. **floating point**: décimalisation instantanée ; virgule flottante. **floating-ring bearing**: palier à coussinet flottant. **floating roof**: plancher flottant ; toit flottant, *pour réservoir de stockage.* **floating-roof tank**: bac à toit flottant ; réservoir à toit flottant. **floating stock**: stock flottant. **floating supply base**: base de soutien flottante. **floating tank**: réservoir tampon. **floating-tube sheet cover**: couvercle de plaque tubulaire mobile. **floating vessel**: support flottant.

floc – flocon *m.* **floc point**: point de floculation. **floc test**: essai de floculation.

flocculant – floculant *m, agent floculant.*

flocculating – *voir flocculation.* **flocculating agent**: agent floculant.

flocculation – floculation *f, agglomération des micelles d'une suspension colloïdale en flocons.*

flocculator – floculateur *m, bassin utilisé pour la floculation des eaux résiduaires.*

flocculent – floconneux.

floe – floe *m, plaque de glace provenant de la dislocation de la banquise, selon ses dimensions, il se subdivise en giant, vast, big, medium, small (géant, immense, grand, moyen, petit) floe* ; glaçon *m.* **floe ice**: glace flottante.

flood – crue *f* ; déluge *m* ; injection *f, voir flooding* ; inondation *f.* **flood basalt**: basalte des plateaux. **flood control**: défense contre les inondation. **flood current**: courant de flot. **flood flow of a river**: inondation fluviale. **flood lubrication**: lubrification par jet. **flood mark**: laisse de crue. **flood plain**: plaine inondable. **flood-plain deposit**: dépôt de plaine d'inondation ; remblaiement fluviatile. **flood tide**: flot *m.*

flood (to) – emplir à ras bord ; inonder ; noyer.

flooded – inondé. **flooded column**: colonne engorgée *(raf)*. **flooded evaporator**: évaporateur noyé. **flooded ice**: glace inondée.

flooding – engorgement *m* ; injection *f, de fluide dans un réservoir d'huile pour en accroître la production* ; inondation *f* ; noyage *m.* **flooding surface**: surface d'inondation.

floodlight – projecteur *m.*

floor – étage *m, d'un immeuble* ; mur *m, base d'une couche géologique, partie inférieure d'une excavation* ; palier *m* ; plancher *m* ; plateforme *f, d'une installation de forage.* **floor block**: moufle de plancher *(for)*. **floor flange**: socle rond. **floor limb**: flanc inférieur d'un pli couché *(géol)*. **floor of a seam**: mur d'une couche. **floor plate**: platelage *m.* **floor plug**: bonde de fond. **floor price**: prix plancher. **floor saturant**: huile pour parquets, *produit d'imprégnation pour parquets.* **floor space**: encombrement *m* ; superficie couverte, *par une installation.* **floor stand**: colonne de manoeuvre. **floor timber**: varangue *f.* **floor tube**: tube de sole, *d'un four.* **floor work**: moulage à découvert *(métal)*.

floorman – ouvrier de plancher *(for)*.

floppy – souple. **floppy disk**: disque souple ; disquette *f.*

flora – flore *f.*

florizone – florizone *f, unité biostratigraphique caractérisée par un ensemble d'espèces végétales fossiles.*

floss – scorie de puddlage. **floss hole**: trou de laitier, *(métal)*.

flotation – flottation *f, procédé de séparation de solides de densités différentes en utilisant un liquide de densité intermédiaire.* **flotation activator**: activateur de flottation. **flotation agent**: agent de flottation. **flotation chemical**: flottateur *m, agent de flottation.* **flotation collector**: collecteur de flottation. **flotation concentrate**: concentré de flottation. **flotation depressor**: inhibiteur de flottation, *déprimant de flottation.* **flotation frother**: agent écumant ; agent moussant, *voir frothing agent.* **flotation machine**: machine de flottation. **flotation method**: méthode de flottation. **flotation reagent**: réactif de flottation. **flotation test**: essai de flottation.

flotsam – épaves flottantes.

flour – farine *f, voir fossil flour, rock flour.*

flow – acheminement *m* ; courant *m* ; débit *m* ; écoulement *m* ; fluage *m* ; flux *m.* **flow-and-plunge structure**: stratification oblique ondulée. **flow annulus**: espace annulaire, *puits de pétrole.* **flow bean**: duse *f (for)* ; orifice calibré. **flow-bean valve**: soupape d'éruption à pointeau. **flow-behavior index**: indice de fluidité *(prod)*. **flow brazing**: brasage à la poche. **flow chart**: *voir flowchart.* **flow cleavage**: schistosité de pression. **flow control**: réglage du débit *(prod)*. **flow-control valve**: vanne de réglage de débit. **flow cup**: coupe viscosimétrique. **flow delta**: delta de flot. **flow diagram**:

schéma de fonctionnement, *voir flowsheet.* **flow ditch**: fossé d'écoulement. **flow-dividing valve**: vanne distributrice, *répartitrice.* **flow element**: déprimogène *m.* **flow fold**: pli de fluage. **flow gage**: jauge d'écoulement. **flow gate**: orifice de coulée, *(métal)*. **flow governor**: régulateur de débit. **flow head**: tête d'écoulement *(for)* ; tête d'éruption. **flow improver**: additif de filtrabilité, *pour abaisser la TLF et le point d'écoulement des carburants.* **flow index**: indice d'écoulement. **flow indicator**: débitmètre ; indicateur de débit. **flow line**: *voir flowline.* **flow logging**: repérage du flux, *permet de déterminer dans le trou le chemin suivi par tel ou tel fluide.* **flow nipple**: duse de fond à clapet, *tubulure d'écoulement à clapet qui se place à l'extrémité inférieure d'un tube de production ou au-dessous des perforations.* **flow nozzle**: tuyère *f.* **flow of gas**: débit de gaz. **flow of metal**: jet de fonte. **flow pattern**: configuration d'écoulement ; diagramme d'écoulement ; schéma d'écoulement. **flow pipe**: conduite montante. **flow point**: point d'écoulement, *température à laquelle l'asphalte et les brais de pétrole commencent à couler.* **flow rate**: débit *m.* **flow recorder**: débitmètre enregistreur ; enregistreur de débit. **flow regime**: régime d'écoulement. **flow regulation**: dusage *m.* **flow regulator**: régulateur de débit. **flow schedule**: programme de production d'un puits. **flow scheme**: schéma de marche. **flow set point**: point de réglage de débit. **flow sheet**: *voir flowsheet.* **flow string**: colonne de production. **flow system**: régime dynamique. **flow tank**: réservoir de stockage, *de l'huile à la sortie du puits.* **flow tap**: piquage sur un débit. **flow test**: essai d'écoulement. **flow texture**: structure fluidale *(pétro)*. **flow valve**: clapet de débit ; soupape de régulation de débit. **flow welding**: soudage à la poche.

flow (to) – couler. **flow (to) a well hard**: faire produire un puits au maximum de sa capacité. **flow (to) away**: s'écouler. **flow (to) back**: refluer. **flow (to) by heads**: jaillir par intermittence. **flow (to) off**: couler. **flow (to) out**: s'écouler ; se vider.

flowage – écoulement *m, des roches, d'un glacier.*

flowchart – diagramme des débits ; organigramme *m* ; schéma complet d'unité, *de recherche ou industrielle* ; schéma de fabrication.

flowing – écoulement *m* ; jaillissement *m.* **flowing life**: durée de l'éruption *(prod)*. **flowing pressure**: pression d'écoulement ; pression de débit, *pression de fond en débit.* **flowing well**: puits à écoulement naturel ; puits en éruption ; puits éruptif. **flowing-well log**: diagraphie de puits en débit.

flowline – chaîne de production ; conduite d'écoulement, *qui mène le pétrole du puits au réservoir de stockage* ; conduite d'évacuation ; conduite de collecte ; goulotte f ; ligne de flux. **flowline connector**: connecteur de ligne principale. **flowline pull-in**: halage de la conduite de collecte. **flowline riser**: tube prolongateur de goulotte. **flowline temperature**: température à la goulotte *(for)*.

flowmeter – débitmètre *m* ; indicateur de débit.

flowsheet – plan de circulation des fluides (PCF) ; schéma de fabrication ; schéma de fonctionnement, *d'une raffinerie ou d'une installation* ; schéma de principe.

fluctuate (to) – fluctuer ; varier.

fluctuating – fluctuant. **fluctuating current**: courant fluctuant. **fluctuating pressure**: pression variable.

fluctuation – fluctuation *f.* **fluctuation noise**: *voir random noise.* **fluctuation velocity**: *voir eddy velocity.*

flue – canal *m* ; carneau *m, tube vertical formant cheminée* ; conduit *m.* **flue brush**: écouvillon *m, brosse à nettoyer les tubes.* **flue gas**: gaz de carneau. **flue-gas desulfurization (FGD)**: désulfuration des gaz de carneau.

fluence – fluence *f, densité de flux d'un courant de particules.*

fluid – fluide *m, nom générique des corps liquides et gazeux* ; fluide. **fluid actuated**: hydraulique. **fluid barrier**: barrière de perméabilité. **fluid bearing**: palier fluide. **fluid bed**: lit fluide. **fluid catalytic cracking (FCC)**: craquage catalytique fluide. **fluid cell**: pile à liquide. **fluid coupling**: accouplement hydraulique ; embrayage hydraulique. **fluid-displacement pressure**: pression d'injection *(prod)*. **fluid drive**: transmission hydraulique. **fluid dynamics**: dynamique des fluides. **fluid factor**: coefficient hydraulique, *de la boue.* **fluid flow**: écoulement d'un fluide. **fluid inclusion**: inclusion de fluide. **fluid injection**: injection de fluide *(prod)*. **fluid level**: niveau du fluide, *de l'huile dans un sondage.* **fluid loss**: filtrat *m* ; perte de fluide. **fluid-loss additive**: additif de perte de circulation ; réducteur de filtrat. **fluid-loss control agent**: réducteur de filtrat. **fluid lubrication**: lubrification fluide, *lubrification par un liquide.* **fluid mechanics**: mécanique des fluides. **fluid-packed pump**: pompe à garnissage hydraulique, *caractérisée par la grandeur du jeu qui existe entre le corps de la pompe et le piston.* **fluid-pressure measurement**: mesure de la pression des fluides *(prod)*. **fluid sample**: échantillon de fluide *(prod)*. **fluid-sample container**: chambre d'échantillonnage pour fluide. **fluid sampler**: échantillonneur de fluide *(prod)*. **fluid saturation method**: méthode par saturation de fluide, *méthode de mesure de la porosité effective d'une carotte par saturation au kérosène de l'échantillon sec.* **fluid slag**: scorie fluide, *(métal)*. **fluid steel**: acier fondu. **fluid wave**: onde de boue ; onde de fluide.

fluidal – fluidal *(géol)* ; fluide. **fluidal texture**: structure fluidale *(petro)*.

fluidics – fluidique *f, technique d'automatisation des processus par interaction de jets de fluides gazeux ou liquides.*

fluidimeter – fluidimètre *m, instrument pour mesurer la fluidité des huiles.*

fluidity – fluidité *f, propriété inverse de la viscosité caractérisée par la vitesse d'écoulement.*

fluidization – fluidisation *f, mise en suspension dans un fluide d'un corps solide à l'état pulvérulent.*

fluidized – fluidifié ; fluidisé. **fluidized bed**: lit fluidisé. **fluidized-bed boiler**: chaudière à lit fluidisé. **fluidized-bed combustion**: combustion à lit fluidisé. **fluidized catalyst**: catalyseur fluidisé.

fluke – bêche d'ancre ; patte d'ancre.

flume – buse *f*; canal d'amenée ; canalisation *f*; gorge *f*; ravin *m*.
fluoboric – borofluorhydrique ; fluoborique. **fluoboric acid**: acide borofluorhydrique.
fluocerite – fluocérite *f, fluorure de métaux cériques, peut aussi s'écrire flurocérine.*
Fluon – *dénomination de polytétrafluoroéthylène.*
fluor – *voir fluorite et luminophor.*
fluoranthene – fluoranthène *m, aromatique tétracyclique.*
fluorene – fluorène *m, dibenzocyclopentadiène.*
fluorescein – fluorescéine *f, colorant pour la détection des eaux souterraines, ou pour étudier la dispersion des gaz de cheminées.*
fluorescence – fluorescence *f.* **fluorescence microscope**: microscope à fluorescence.
fluorescent – fluorescent. **fluorescent dye**: colorant fluorescent. **fluorescent indicator**: indicateur de fluorescence. **fluorescent-indicator adsorption (FIA)**: adsorption en présence d'indicateurs fluorescents, *pour la détermination des groupes d'hydrocarbures dans les produits pétroliers liquides.* **fluorescent lamp**: lampe fluorescente. **fluorescent lighting**: éclairage fluorescent. **fluorescent screen**: écran fluorescent.
fluoride – fluorure *m*.
fluorinate (to) – fluorer.
fluorination – fluoration *f.*
fluorine – fluor *m, symbole chim. F.* **fluorine dating**: datation au fluor ; *datation des os d'après leur teneur en fluor.*
fluorite – fluorine *f, ou fluorite, minerai du fluor.*
fluorobenzene – fluorobenzène *m*.
fluoroboric – *voir fluoboric.*
fluorocarbon – fluorocarbure *m*.
fluorolog – diagraphie de fluorescence, *détection du pétrole brut par fluorescence.*
Fluorolubes – *dénomination de produits lubrifiants à base de chlorures de polyfluorovinyle.*
fluorometer – fluorimètre *m*.
fluoroscope – fluoroscope *m*.
fluorspar – spath fluor, *fluorine.*
fluosilicate – fluosilicate *m, silicofluorure.*
flush – affleurant ; débordant ; encastré. **flush-bottom tank valve**: vanne de fond de cuve. **flush deck**: plat-pont *m*. **flush joint**: joint à francs bords ; joint lisse. **flush-joint drillpipe**: tige à joints lisses. **flush mounting**: montage encastré. **flush pipe**: tige lisse. **flush turbine**: turbine de forage à diamètre constant, *du trépan au raccord supérieur.* **flush weld**: soudure à niveau ; soudure affleurée.
flush – chasse *f, d'eau, de boue.* **flush production**: production éruptive, *non réglée.* **flush valve**: soupape de vidange. **flush water**: eau de rinçage.
flush (to) – curer ; débourber ; noyer, *laver par passage de liquide, procéder au remplissage hydraulique.* **flush (to) out**: balayer rapidement ; rincer. **flush (to) through**: envoyer rapidement au travers.
flushed – lavé ; rincé. **flushed zone**: zone envahie ; zone lavée.
flushing – balayage *m, mouvement naturel de l'eau de gisement chassant le pétrole devant elle et se substituant à lui* ; rinçage *m*. **flushing head**: tête d'injection, *de balayage.* **flushing hose**: tuyau flexible d'injection. **flushing oil**: huile de rinçage. **flushing pump**: pompe à injection ; pompe de balayage.
flute – cannelure *f.* **flute cast**: empreinte en forme de ride ; moulage en flûte, *moulage d'affouillement.*
fluted – cannelé ; plissé ; strié. **fluted filter**: filtre plissé. **fluted shaft**: arbre à cannelure ; arbre profilé.
flutter – flottement *m* ; fluctuation *f*; oscillation *f*; pleurage *m* ; scintillement *m, variations rapides de vitesse : bande, disque* ; turbulence *f.*
fluvial – fluvial. **fluvial denudation**: érosion fluviale. **fluvial deposit**: sédiment fluviatile. **fluvial deposition**: sédimentation fluviatile, *sédiments déposés au-dessus du niveau marin, c'est à dire en amont de la ligne de baie.* **fluvial plain**: plaine fluviale.
fluviatile – fluviatile. **fluviatile deposit**: dépôt fluviatile. **fluviatile environment**: milieu fluviatile. **fluviatile erosion**: érosion fluviale.
fluvioglacial – fluvioglaciaire.
fluviolacustrine – fluviolacustre.
fluviomarine – fluviomarin.
flux – courant *m* ; décapant *m* ; flux *m* ; fondant *m* ; marée montante ; flux de déplacement. **flux gate**: vanne de flux. **flux-gate magnetometer**: magnétomètre à passage de flux. **flux of displacement**: flux électrique. **flux oil**: huile de fluxage, *pour le bitume.*
flux (to) – fluxer ; mélanger.
fluxed – fluxé. **fluxed bitumen**: bitume fluxé, *mélangé d'huile.*
fluxie – *voir fluxoturbidite.*
fluxing – fluidification *f*; fluxage *m*. **fluxing agent**: fondant *m (métal)*. **fluxing power**: pouvoir scorifiant.
fluxion – fluxion *f.* **fluxion structure**: structure fluidale *(pétro)*.
fluxional – en fluxion. **fluxional chemical species**: espèces chimiques en fluxions.
fluxmeter – fluxmètre *m*.
fluxoturbidite – fluxoturbidite *f (géol)*.
fly – vol *m*. **fly ash**: cendre volante ; escarbilles *f.* **fly nut**: écrou à oreilles. **fly press**: balancier à vis ; presse rapide. **fly pulley**: poulie volant.
fly (to) – voler. **fly (to) a flag**: battre un pavillon.
flyer – bretelle *f, série de géophones disposés à intervalles réguliers sur un câble court.*
flying – volant. **flying bar**: flèche relicte ; flèche témoin *(géol)*.
flysch – flysch *m, type de formation sédimentaire.*
flywheel – volant *m*. **flywheel bearing**: palier de volant. **flywheel energy-storage system**: système de stockage à volant d'inertie. **flywheel magneto**: volant magnétique.
FM – MF, *abrév. de frequency modulation : modulation de fréquence.*
FMEP – *abrév. de friction mean effective pressure.*
FMR – RMF, *abrév. de ferromagnetic resonance: résonance ferromagnétique.*
foam – écume *f*; mousse *f.* **foam booster**: renforçateur de mousse. **foam breaker**: antimousse *m*. **foam breaking**: rupture de mousse. **foam chamber**: réservoir à mousse, *installé de façon permanente sur les réservoirs de stockage.* **foam**

concrete: béton mousse, *béton d'écume, type de béton cellulaire*. **foam connection**: prise de mousse, *contre incendie*. **foam drainage**: essorage de la mousse. **foam drilling**: forage à la mousse. **foam drive**: déplacement par injection de mousse *(prod)*. **foam extinguisher**: extincteur à mousse. **foam flooding**: injection de mousse, *la forte viscosité apparente des mousses permet leur utilisation comme fluide d'injection de mobilité réduite, conduisant à un accroissement de l'efficacité du balayage et du déplacement*. **foam fracturing**: fracturation à la mousse. **foam generator**: générateur à mousse. **foam glass**: verre cellulaire. **foam gun**: canon à mousse. **foam inhibitor**: antimousse *m*. **foam mixing chamber**: boîte de mélange de mousse. **foam mixing station**: station de mousse. **foam persistence**: stabilité de mousse. **foam rubber**: caoutchouc mousse. **foam stability**: stabilité de mousse. **foam stabilizer**: stabilisateur de mousse. **foam test**: essai de moussage, *détermination de la tendance d'une huile à former de la mousse*. **foam tower**: centrale à mousse, *fixe ou mobile, à partir de laquelle la mousse est dirigée sur le foyer d'incendie*.

foamed – *en forme de mousse*. **foamed asphalt**: *voir sponge asphalt*. **foamed plastic**: plastique expansé.

foaminess – tendance à la formation de mousse.

foaming – écumant ; formation de mousse ; moussage *m* ; moutonnement *m*. **foaming agent**: agent moussant. **foaming test**: essai de moussage.

foamy – mousseux.

FOB – FAB, *abrév. de free on board : franco à bord*.

FOC – *abrév. de free of charge*.

focal – focal. **focal depth**: profondeur focale. **focal distance**: distance focale. **focal length**: distance focale. **focal mechanism**: mécanisme au foyer. **focal plane**: plan focal. **focal-plane glass**: glace d'appui. **focal-plane plate**: plaque de plan focal. **focal-plane shutter**: obturateur focal. **focal time**: heure initiale.

focus – centre *m* ; foyer *m*, *point de convergence de rayons réfléchis ; pour un séisme, endroit où se produit le premier ébranlement*.

focus (to) – mettre au point *(opt)*.

focused – focalisé. **focused-electrode sonde**: sonde à électrode focalisée. **focused log**: diagraphie focalisée.

focusing – focalisation *f* ; mise au point. **focusing electrode**: électrode de concentration. **focusing sonde**: sonde focalisée.

focussed – *voir focused*.

focussing – *voir focusing*.

FOE – *abrév. de fuel-oil equivalent*.

FO/FO – *abrév. de float-on/float-off*.

fog – brouillard *m* ; brume *f* ; halo *m* ; voile *m*. **fog cured**: conservé à l'air humide. **fog lamp, fog light**: phare antibrouillard. **fog lubrication**: graissage par brouillard d'huile. **fog signal**: signal de brume.

fogging – brumisage *m*, *action de créer un brouillard en pulvérisant finement un liquide*.

foghorn – corne de brume *(navig)*.

foids – *contraction de feldspathoids*.

foil – clinquant *m*, *feuille mince de métal* ; feuille *f* ; lame *f*.

fold – ordre *m*, *d'une couverture multiple* ; pli *m* *(géol)*. **fold axis**: axe d'un pli. **fold back**: double dispositif. **fold-back test**: essai sur dispositif redoublé. **fold belt**: ceinture plissée. **fold bend**: charnière d'un pli. **fold bundle**: faisceau de plis. **fold overlap**: flèche de recouvrement. **fold sheaf**: faisceau de plis en forme de gerbe. **fold tectonics**: tectonique de couverture ; tectonique de plissement. **fold thrust**: chevauchement par plissement *(géol)*.

folded – plié ; plissé ; replié. **folded fault**: faille-pli. **folded filter**: filtre plissé. **folded mountain**: montagne plissée.

folding – convolution *f* ; pliable ; pliant ; plissement *m (géol)* ; repliement *m*. **folding frequency**: fréquence de repliement, *fréquence de Nyquist*. **folding ladder**: échelle pliante. **folding machine**: plieuse *f*. **folding map**: carte dépliante. **folding mast**: mât repliable, *mât de forage repliable en trois parties au moyen d'un vérin hydraulique*. **folding seat**: strapontin *m*.

foldover – déchirure *f*, *télévision* ; image fantôme.

folia – feuillets des schistes, *sing. folium*.

foliaceous – foliacé.

foliated – foliacé ; lamellaire. **foliated coal**: houille schisteuse. **foliated texture**: texture foliacée.

foliation – foliation *f*. **foliation cleavage**: schistosité *f (géol)*. **foliation structure**: structure feuilletée *(pétro)*.

follow-up – perfectionnement complémentaire ; poursuite du forage, *après la pose d'un outil de déviation pour continuer l'action de ce dernier* ; rappel *m* ; relance *f* ; suite *f* ; suivi *m*, *des réalisations*. **follow-up bit**: trépan déviateur, *utilisé pour accroître la déviation d'un sondage*. **follow-up bottomhole assembly**: garniture de fond stabilisée, *pour maintenir une tendance en forage dirigé*. **follow-up control**: régulation de correspondance. **follow-up financing**: financement complémentaire. **follow-up system**: système d'asservissement.

food – aliment *m* ; nourriture *f*. **food chain**: chaîne alimentaire. **food-chain accumulation**: accumulation dans la chaîne alimentaire. **food color**: colorant alimentaire. **food crop**: culture vivrière.

foolproof – indéréglable ; indétraquable, *à toute épreuve, à l'abri des fausses manoeuvres*.

foot – base *f* ; mur *m* ; pied *m* ; socle *m*. **foot brake**: frein à pied. **foot of slope**: bas de pente. **foot operated**: à commande au pied. **foot press**: presse à pédale. **foot's oil**: huile de ressuage, *huile paraffineuse extraite lors du raffinage de la paraffine*. **foot shoe**: sabot guide *(for)*. **foot throttle**: accélérateur *m (auto)*. **foot valve**: clapet à crépine ; clapet à pied ; crépine d'aspiration.

foot – pied *m*, *unité de mesure, 1 ft = 0,30480 m*. **footcandle (ftc)**: bougie pied, *unité d'éclairement*. **foot per second (fps)**: pied par seconde, *unité de vitesse = 0,3048 m/s*. **foot pound**: pied livre, *unité de travail*. **foot scale**: règle graduée en pieds.

footage – avancement du forage en pieds ; courbe d'avancement, *du forage* ; pieds forés. **footage contract**: contrat à l'avancement, *contrat de forage dont le paiement est fixé au pied foré* ; contrat au métré *(for)*. **footage per round**: avancement par cycle de travail *(for)*.

footbridge – passerelle *f.*
foothill – bosse *f*; colline *f*; contrefort *m*; piedmont *m.*
footing – base *f*; empattement *m, d'un mur*; fondation *f*; pied *m*; semelle *f*; socle *m.*
footnote – renvoi en bas de page.
footpath – piste à piétons ; sentier *m.*
footpiece – semelle *f (mine).*
footprint – empreinte de pas ; rayon d'action, *d'un engin submersible.*
footwall – compartiment chevauché, *masse de roches situées au-dessous d'un plan de faille*; mur *m*; mur de pied ; paroi inférieure ; série chevauchée, *terrains sous-jacents à un plan de chevauchement.*
FOR – *abrév. de free on railway.*
foramen – foramen *m, trou ou orifice dans une description anatomique.*
foraminifer – foraminifère *m, microfossile.*
foraminiferous – contenant des foraminifères.
forams – *abrév. de foraminifers.*
forbid (to) – interdire.
forbidden – interdit, défendu. **forbidden line**: raie interdite, *spectre atomique.* **forbidden transition**: transition interdite *(méc. quant).*
forble – *voir fourble.*
force – contrainte *f*; force *f.* **force-and-splash lubrication**: graissage par barbotage. **force-feed lubrication**: graissage forcé. **force-feed lubricator**: graisseur à pompe à piston ; graisseur sous pression. **force field**: champ de force. **force majeure**: force majeure. **force-majeure clause**: clause de force majeure. **force of adhesion**: force d'adhérence. **force of gravity**: pesanteur *f.* **force pipe**: conduite forcée. **force polygon**: polygone des forces. **force pump**: pompe refoulante. **in force**: en vigueur.
forced – contraint ; forcé. **forced-air burner**: brûleur à air soufflé. **forced circulation**: circulation forcée. **forced-circulation boiler**: chaudière à circulation forcée. **forced convection**: convection forcée. **forced draft**: tirage artificiel ; tirage forcé. **forced-draft condenser**: condenseur à convection forcée. **forced-draft cooler**: réfrigérant soufflé. **forced-draft cooling tower**: tour de refroidissement à tirage forcé. **forced fit**: emmanchement à force. **forced-in joint**: joint emmanché à force. **forced induction**: alimentation forcée. **forced injection**: injection sous pression. **forced lubrication**: graissage forcé. **forced oscillation**: oscillation forcée. **forced production**: production forcée. **forced release**: libération forcée. **forced ventilation**: ventilation mécanique par insufflation. **forced vibration**: vibration forcée.
forceps – pince *f.*
fore-and-aft – longitudinal. **fore-and-aft bulkhead**: cloison longitudinale.
forearc – avant-arc *m.* **forearc basin**: bassin d'avant-arc.
forecast – prévision *f.*
forecasting – prévision *f.*
forecastle – gaillard *m*; gaillard d'avant *(nav).*
foreclosure – forclusion *f (jur).*
foredeep – avant-fosse *f (géol).*
foredune – avant-dune *f.*
forefolds – avant-plis *m.*
foreground – premier plan *(photo).*
forehearth – avant-creuset *m, (métal)*; avant-foyer *m.*
foreign – étranger. **foreign currency**: devise *f, monnaie étrangère.* **foreign exchange**: change *m (fin).* **foreign matter**: corps étranger ; matières étrangères, *carburant, suie ou carbone dans les huiles-moteur en service.* **foreign trade**: commerce extérieur.
foreland – avant-pays *m*; région frontale. **foreland syncline**: synclinal d'avant-pays.
foreman – chef d'équipe ; contremaître *m.*
forensic – judiciaire. **forensic chemistry**: chimie légale.
forepoling – marchavant *m, longuerine faîtière fournissant une protection lors de l'avancement d'une galerie de mine.*
forereef – avant-récif *m, dépôt de sédiments provenant du démantèlement des récifs calcaires*; récif externe.
forerunner – précurseur *m.*
foreset – lit frontal. **foreset bed**: couche frontale, *dépôt deltaïque, voir aussi bottomset bed, topset bed*; feuillet frontal *(géol)*; lit frontal *(géol).*
foreshaft – avant-puits *m.*
foreshock – précurseur *m, séisme*; prémices d'un séisme ; secousse prémonitoire *(séisme).*
foreshore – avant-plage *f*; estran *m*; rivage *m.*
foreshortening – raccourci *m.*
foresight – cran de mire *(topog)*; prévision *f*; visée avant *(topog).*
forest – forêt *f.* **forest cover**: couverture forestière. **forest fallow**: jachère forestière. **forest fire**: incendie de forêt. **forest management**: aménagement forestier. **forest peat**: humus brut, *matière organique humifiée formée sous les arbres.* **galleria forest**: forêt galerie.
foretrough – avant-fosse *f.*
forfeit – dédit *m, somme à verser en cas de rupture d'un contrat.*
forfeiture – déchéance *f, juridique.* **forfeiture clause**: clause de déchéance. **forfeiture of lease**: déchéance d'une concession.
forge – forge *f.* **forge blower**: ventilateur de forge. **forge coal**: charbon de forge. **forge pig**: fer puddlé, *(métal).* **forge scale**: battitures *f*; déchets de forge ; scorie de forge. **forge shop**: forge *f.* **forge welding**: soudage à la forge. **forge work**: forgeage m, *pièce de forge.*
forge (to) – étirer ; forger ; marteler. **forge (to) out**: étirer sous le marteau.
forgeability – forgeabilité *f.*
forgeable – forgeable.
forged – forgé. **forged cast steel**: acier fondu forgé. **forged fitting**: raccord forgé. **forged steel**: acier forgé. **forged-steel flange**: bride en acier forgé.
forging – forgeage *m.* **forging billet**: billette pour forge, *(métal).* **forging die**: étampe *f.* **forging hammer**: marteau à forger. **forging machine**: presse à forger. **forging press**: presse à estamper.
fork – bifurcation *f, d'une route*; diapason *m (sism)*; fourche *f*; fourchette *f.* **fork-lift truck**: chariot élévateur à fourche. **fork test bar**: éprouvette en fourche. **fork truck**: chariot à fourche ; transpalette *f.* **fork wrench**: clé à fourche.
forking – bifurcation *f*; ramification *f.*

form – bordereau *m* ; bulletin *m* ; coffrage *m* ; forme *f* ; imprimé *m*. **form factor**: facteur de forme *(élec)*. **form oil**: huile de démoulage. **form removal**: décoffrage *m*, *du béton*. **form steel**: coffrage métallique.

formaldehyde – formaldéhyde *m*, *formol*, *aldéhyde formique*, *méthanal*.

formamide – formamide *m*, *formiamide*.

format – format *m*, *disposition des données (comme sur une bande magnétique)*.

format (to) – formater.

formate – formiate *m*, *ou formate*, *sel ou ester de l'acide formique*.

formation – couches *f* ; formation *f*, *ensemble de strates formant une unité lithologique*, *c'est la division lithostratigraphique de base* ; terrain *m*. **formation-analysis log (FAL)**: diagraphie d'analyse des formations. **formation boundary**: limite de la formation. **formation-breakdown pressure**: pression de dislocation d'une formation ; pression de rupture. **formation damage**: endommagement de la formation, *par les fluides de forage*. **formation-density log (FDL)**: diagraphie de densité des formations. **formation evaluation**: évaluation du potentiel du gisement. **formation factor**: facteur de formation, *voir formation resistivity factor*. **formation-factor log**: diagraphie de facteur de formation. **formation fluid**: fluide de formation. **formation fracture**: fracture de la formation. **formation-interval tester (FIT)**: échantillonneur à fluides *(prod)*. **formation line**: plan de stratification *(géol)*. **formation map**: carte de formation ; plan de formation. **formation parting pressure**: pression de décollement de la formation *(prod)*. **formation plugging**: colmatage d'une formation. **formation pore pressure**: pression de pore de la formation. **formation pressure**: pression de formation, *pression de fond d'un puits fermé*. **formation resistivity factor**: facteur de formation, *résistivité d'un volume de formation défini*, *complètement saturé en électrolyte*, *divisée par la résistivité de cet électrolyte (prod)*. **formation sample**: échantillon de formation. **formation temperature**: température de formation. **formation-test tool (FTT)**: échantillonneur à fluides *(prod)*. **formation tester**: tester de formation, *appareil d'essai des couches*, *dispositif de mise en évidence des fluides imprégnant une formation et de leur pression vierge*. **formation testing**: essai des couches *(prod)*. **formation thickness**: épaisseur de la formation. **formation voltage**: tension de formation. **formation volume factor (FVF)**: facteur de volume liquide ; facteur volumétrique de fond, *c'est le volume de fluide du réservoir ayant donné naissance au volume-unité d'huile recueillie au bac de stockage*. **formation water**: eau de formation ; eau de gisement. **formation-water resistivity**: résistivité de l'eau de gisement.

formatting – formatage *m*.

formic – formique. **formic acid**: acide formique.

forming – formage *m* ; gaufrage *m* ; mise en forme ; moulage *m*.

formol – formol *m*, *voir formaldehyde*.

formula – formule *f*.

formulary – formulaire *m*.

formulation – formulation *f*, *détermination des quantités relatives des différents composés entrant dans un mélange*.

formwork – coffrage *m*, *béton*.

FORTRAN – FORTRAN, *contraction de FORmula TRANslation*, *langage de programmation*.

forward – en aval ; en avant ; à terme *(fin)*. **forward chaining**: chaînage avant, *intelligence artificielle*. **forward combustion**: combustion à cocourant, *l'allumage a lieu au puits d'injection et le front se propage vers le puits de production*. **forward current**: courant direct, *(élec)*. **forward direction**: sens direct, *d'un semiconducteur*. **forward Fourier transform**: transformée de Fourier directe. **forward integration**: intégration en aval. **forward market**: marché d'option *(fin)*. **forward mercury trim**: cylindre d'équilibrage à mercure avant. **forward path**: chaîne d'action, *régulation*. **forward problem**: problème direct. **forward solution**: solution du problème direct. **forward voltage**: tension directe *(élec)*.

forward (to) – expédier ; faire suivre.

forwarder – expéditionnaire *m*.

forwarding – acheminement *m* ; avancement *m* ; expédition *f*. **forwarding agent**: commissionnaire de transport ; entrepreneur de transport ; transitaire *m*.

FOS – *abrév. de free on station*.

fosse – fossé *m*.

fossil – fossile *m*. **fossil bearing**: fossilifère. **fossil-bearing bed**: banc fossilifère. **fossil coal**: *voir brown coal*. **fossil flour**: farine fossile, *diatomite*. **fossil fuel**: combustible fossile. **fossil ice**: glace fossile. **fossil imprint**: empreinte fossile. **fossil oil**: huile fossile, *un des premiers noms du pétrole*. **fossil resin**: résine fossile. **fossil rock**: roche fossile. **fossil site**: gîte fossilifère. **fossil soil**: paléosol *m*. **fossil water**: eau fossile. **fossil wax**: cire fossile, *ozocérite*. **fossil wood**: bois fossile.

fossilate (to) – fossiliser ; pétrifier.

fossiliferous – fossilifère *(pal)*. **fossiliferous layer**: couche fossilifère. **fossiliferous limestone**: calcaire fossilifère. **fossiliferous sandstone**: grès coquillier.

fossilization – fossilisation *f* ; pétrification *f*.

fossilize (to) – fossiliser ; pétrifier.

FOT – *abrév. de free on train*.

Foucault – Foucault. **Foucault current**: courant de Foucault. **Foucault pendulum**: pendule de Foucault, *rotation de la terre*.

foul – impur ; vicié. **foul air**: air vicié. **foul electrolyte**: électrolyte impropre. **foul gas**: gaz non purifié. **foul main**: collecteur de gaz, *conduite transportant le gaz vers l'installation de purification*.

foul (to) – boucher ; encrasser.

foulant – salissures *f*.

fouled – encrassé.

fouling – accumulation de dépôts ; encrassement *m*. **fouling factor**: coefficient d'encrassement, *d'un échangeur de chaleur*.

foundation – assise *f* ; fondation *f* ; plaque de fondation. **foundation bolt**: boulon de fondation. **foundation coefficient**: coefficient de sous-sol. **foundation drilling**: forage de fondation. **foundation pile**: tube conducteur *m*. **foundation raft**: châssis de fondation ; radier *m*. **foundation skirt**: jupe de fondation. **foundation stone**: pierre de fondation.

founder – fondateur *m.* **founders' shares**: parts de fondateurs, *société.*

founder (to) – couler, *navire* ; s'effondrer ; sombrer.

founding – coulée *f*; fonte *f*; moulage *m.* **founding metal**: métal de coulée.

foundry – fonderie *f.* **foundry coke**: coke de fonderie ; coke métallurgique. **foundry crane**: grue de fonderie. **foundry sand**: sable de fonderie.

four – quatre. **four-ball tester**: machine à quatre billes, *pour essais d'huiles extrême pression.* **four-bearing crankshaft**: vilebrequin à quatre paliers. **four-cycle engine**: moteur à quatre temps. **four-cylinder engine**: moteur à quatre cylindres. **four-electrode system**: système à quatre électrodes. **four-line reeving**: mouflage à quatre brins. **four-ply wick**: mèche à quatre torons. **four-pole motor**: moteur tétrapolaire. **four-sheave block**: moufle à quatre poulies. **four-speed gearbox**: boîte à quatre vitesses. **four-stroke cycle**: cycle à quatre temps, *cycle Beau de Rochas.* **four-stroke-cycle engine**: moteur à quatre temps. **four-stroke engine**: moteur à quatre temps. **four-way bit**: trépan à quatre lames. **four-way cock**: robinet à quatre voies. **four-way dip**: pendage par tir en croix. **four-way drag bit**: trépan à quatre lames. **four-way tee**: croix *f.* **four-way valve**: soupape à quatre voie ; vanne à quatre voies. **four-wheel drive**: traction à quatre roues motrices. **four-wing bit**: trépan à deux taillants croisés.

fourble – quadruple *m* ; rame de quatre tiges de forage, *assemblées et manoeuvrées dans cet état.* **fourble board**: plate-forme d'accrochage *(for)* ; plate-forme de quadruple passe *(for)*.

Four-Corners – Quatre-coins, *importante zone pétrolifère couvrant les territoires situés à la jonction des états de l'Utah, du Colorado, du New-Mexico et de l'Arizona.*

fourfold – quadruple.

Fourier – Fourier. **Fourier analysis**: analyse de Fourier ; analyse harmonique ; décomposition de Fourier. **Fourier integral**: intégrale de Fourier. **Fourier series**: série de Fourier. **Fourier synthesis**: synthèse de Fourier ; synthèse harmonique. **Fourier transform**: transformée de Fourier, *transformation mathématique qui fait passer du domaine des temps à celui des fréquences.*

FP – *abrév. de freezing point, et de flowing pressure.*

FPA – FAP, *abrév. de free of particular average, franc d'avaries particulières.*

FPC – *abrév. de Federal Power Commission.*

fpm – *abrév. de feet per minute.*

fps – *abrév. de feet per second, ou de foot-pound-second.* **fps system of units** : *ancien système anglais d'unités basé sur le pied, la livre, la seconde et le poundal.*

frac – *abrév. de fractured, ou dans la dénomination d'un procédé ou d'un produit, terme indiquant la fracturation ou le torpillage : acid frac, bomb frac, emulsifrac, multifrac, hydrafrac, oil frac, sandfrac, stratafrac, vertifrac, vibrofrac, etc.* **frac fluid**: fluide de fracturation. **frac tank**: réservoir de fracturation, *réservoir de produits liquides de fracturation (prod).*

fractal – fractal, *se dit de formes irrégulières* ; fractale *f, structure plane ou spatiale, plus ou moins ramifiée ou fragmentaire dont l'irrégularité subsiste à quelque échelle qu'on l'examine.* **fractal dimensionality**: dimension fractale *(math)*.

fraction – fraction *f.* **fraction collector**: collecteur de fractions, *chromatographie.*

fractional – fractionné. **fractional analysis**: analyse fractionnée. **fractional condensation**: condensation fractionnée. **fractional crystallization**: cristallisation fractionnée. **fractional distillation**: distillation fractionnée. **fractional precipitation**: précipitation fractionnée. **fractional wettability**: mouillabilité fractionnaire.

fractionating – fractionnement *m.* **fractionating column**: colonne de fractionnement. **fractionating-tower**: tour de fractionnement. **afterfractionating tower**: tour de fractionnement secondaire *(raf)*. **fractionating tray**: plateau de fractionnement.

fractionation – fractionnement *m.* **fractionation range**: domaine de fractionnement, *chromatographie sur gel.*

fractionator – colonne de fractionnement.

fractography – fractographie *f, examen micrographique des surfaces métalliques fracturées.*

fracturation – fracturation *f, voir fracturing.*

fracture – cassure *f*; fracture *f*; rupture *f.* **fracture cleavage**: schistosité de fracture *(géol)*. **fracture line**: ligne de fracture. **fracture log**: diagraphie de fracturation. **fracture pattern**: structure de fracturation. **fracture plane**: plan de fracture. **fracture porosity**: porosité fissurale. **fracture pressure**: pression de fracturation. **fracture stress**: contrainte de rupture. **fracture thrust**: chevauchement-fracture *(géol)*. **fracture toughness test**: essai de ténacité à la fracture. **fracture treating**: traitement par fracturation *(prod)*. **fracture zone**: zone de fractures.

fracture (to) – casser ; fracturer.

fractured – crevassé ; fissuré ; fracturé. **fractured formation**: formation fracturée. **fractured reservoir**: réservoir fracturé. **fractured zone**: zone fracturée.

fracturing – fissurité *f (géol)* ; formation de fissures ; fracturation *f, voir aussi formation fracturing, hydraulic fracturing.* **fracturing fluid**: fluide de fracturation. **fracturing job**: opération de fracturation hydraulique. **fracturing sand**: sable de fracturation.

fragile – cassant ; fragile.

fragility – fragilité *f.*

fragment – débris *m* ; fragment *m.*

fragmental – détritique.

fragmentation – fragmentation *f.*

fragrance – odeur *f*; parfum *m.*

fragrant – odoriférant ; parfumé. **fragrant oil**: huile essentielle.

frame – bâti *m* ; cadre *m* ; cadre sémantique, *une méthode de représentation des connaissances qui associe des attributs à un objet. Chaque attribut est stocké dans un tiroir* ; charpente *f*; châssis *m* ; chevalet *m* ; membre *m* ; membrure *f*; mouture *f*; structure *f*; trame *f.* **frame connection**: raccord de châssis. **frame of an engine**: bâti d'un moteur, *d'une machine.* **frame of reference**: référentiel *m (math)*. **A frame**: structure en A.

frame (to) – ajuster ; encadrer ; former ; modeler ; régler.

framework – bâti *m* ; cadre *m* ; canevas *m*, *d'un levé* ; charpente *f* ; coffrage *m*, *béton*.

francium – francium *m*, *symbole chim. Fr.*

franklin – franklin *m*, *unité de charge électrique*.

Frasch – Frasch. **Frasch process**: procédé Frasch, *pour l'extraction du soufre élémentaire*.

Frasnian – Frasnien *m*, *étage du Dévonien supérieur*.

fraud – fraude *f*.

Fraunhofer – Fraunhofer. **Fraunhofer diffraction**: diffraction de Fraunhofer. **Fraunhofer line discriminator (FLD)**: capteur de luminescence, *télédétection*. **Fraunhofer spectrum**: spectre de Fraunhofer.

frazil – frasil *m*, *fines aiguilles de glace en suspension dans l'eau*. **frazil crystals**: cristaux de glace.

freak – anormal. **freak wave**: vague phénoménale. **freak well**: puits capricieux.

free – débarrassé, *de* ; décoincé ; exempt ; gratuit ; libre ; vide de. **free acid**: acide libre. **free-air anomaly**: anomalie à l'air libre. **free-air correction**: correction à l'air libre ; correction d'altitude ; réduction à l'air libre. **free-air reduction**: *voir free-air correction*. **free alkali**: alcali libre. **free alongs de ship (FAS)**: franco long du bord (FLB), *franco sous palan* ; franco quai. **free bend test**: essai de pliage libre. **free-burning coal**: houille non collante à longue flamme. **free carbon**: carbone libre. **free carrier**: franco transporteur, *condition de vente*. **free configuration**: configuration transparente, *géométrie des réflecteurs sismiques*. **free convection**: convection libre. **free cutting steel**: acier de décolletage. **free cyanide**: cyanure libre. **free delivery**: franco, *sans frais pour le destinataire*. **free diving**: plongée libre, *plongée en apnée*. **free electron**: électron libre. **free-electron laser**: laser à électron libre. **free end of a rope**: brin libre d'une corde. **free energy**: énergie libre. **free enthalpy**: enthalpie libre. **free exhaust**: échappement libre. **free fall**: chute libre. **free-fall boring**: forage à chute libre. **free-fall corer**: carottier à chute libre. **free fatty acid**: acide gras libre. **free field**: en format libre, *saisie des données*. **free flag**: pavillon libre, *pavillon de complaisance*. **free-floating boom**: barrage flottant librement. **free-fluid index (FFI)**: indice de fluide libre *(diag)*. **free from**: franc *(commerce)*. **free gas**: gaz libre. **free-gas saturation**: saturation en gaz libre. **free-hanging drill string**: garniture pendulaire. **free heat**: chaleur gratuite. **free in and out (FIO)**: de bord à bord (BAB), *condition de vente*. **free interfacial energy**: énergie interfaciale libre. **free-liquid knockout**: séparateur de liquide. **free metamorphism**: métamorphisme libre *(géol)*. **free moisture**: humidité brute. **free of all average (FAA)**: franco d'avarie, *assurance contre uniquement une perte totale*. **free of charge (FOC)**: sans frais, *pour le destinataire*. **free of general average (FGA)**: franc d'avarie commune. **free of income tax**: exonéré de l'impôt sur le revenu. **free of particular average (FPA)**: franc d'avarie particulière. **free on board (FOB)**: franco à bord (FAB). **free on rail**: franco sur voie. **free on railway (FOR)**: franco wagon. **free on station (FOS)**: franco gare. **free on train (FOT)**: franco wagon. **free on truck**: franco sur camion. **free oscillation**: oscillation libre ; oscillation propre. **free-piston engine**: moteur à piston libre. **free play of piston rings**: liberté des segments de pistons. **free point**: point libre, *d'une garniture de forage coincée*. **free-point indicator**: indicateur de coincement, *appareil permettant de déterminer l'endroit où les tiges de forage sont coincées* ; indicateur de point libre *(for)*. **free point of stuck pipe**: point où la garniture est coincée *(for)*. **free-point string shot method**: repérage des distorsions de la tige de forage, *à l'aide d'un circuit électrique à oscillateur détectant les modifications de la structure moléculaire de la tige*. **free port**: port franc. **free precession**: précession libre. **free progressive wave**: onde progressive libre. **free radical**: radical libre. **free-radical mechanism**: mécanisme radicalaire. **free-radical polymerization**: polymérisation radicalaire. **free ride**: redevance pétrolière sans participation aux dépenses. **free ring**: segment libre, *moteur*. **free running**: douceur de roulement. **free sample**: échantillon gratuit. **free speed**: vitesse à vide. **free-standing mast**: mât non-haubané. **free sulfur**: soufre libre. **free surface**: surface libre, *limite entre deux fluides homogènes*. **free surface energy**: énergie superficielle libre. **free trade**: libre échange. **free-trade zone**: zone franche. **free volume**: volume libre. **free vortex**: vortex libre. **free-vortex oil recovery**: récupération par effet vortex. **free water**: eau libre. **free-water knockout (FWKO)**: séparateur d'eau libre. **free wave**: onde libre ; vague libre. **free wetting energy**: énergie libre de mouillage. **free wheel**: roue libre.

freeboard – franc-bord *m*.

freehold – propriété foncière perpétuelle.

freeholder – propriétaire foncier à perpétuité.

freestone – pierre de taille.

freeze – gel *m* ; gelée *f*. **freeze desalination**: dessalement par congélation. **freeze drier**: lyophilisateur *m*. **freeze drying**: lyophilisation *f*. **freeze point**: point de coincement, *des tiges de forage*. **freeze resisting agent**: antigélif *m*, *additif pour béton*.

freeze (to) – se solidifier, *par congélation* ; se congeler ; geler ; glacer.

freezing – calage *m* ; congélation *f* ; solidification *f*. **freezing bath**: bain réfrigérant. **freezing compartment**: chambre frigorifique. **freezing interval**: intervalle de congélation, *intervalle de température qui sépare le passage de l'état liquide à l'état solide*. **freezing mixture**: mélange réfrigérant. **freezing point**: point de congélation, *température à laquelle un liquide commence à se solidifier* ; point de disparition des cristaux, *température à laquelle les cristaux d'hydrocarbures formés au cours d'un refroidissement disparaissent complètement quand on laisse remonter la température du carburant*. **freezing test**: essai de congélation.

freight – charge *f* ; chargement *m* ; fret *m*. **freight car**: wagon à marchandises ; wagon de marchandises. **freight differential**: différentiel de fret, *pour les prix*. **freight elevator**: monte-charge *m*. **freight insurance**: assurance sur fret. **freight manifest**: manifeste de fret. **freight prepaid**: fret payé. **freight quotation**: cotation de fret. **freight rate**: tarif de transport des marchandises ; taux de fret. **freight-rate insurance**: assurance fret. **freight ton**: tonneau d'affrêtemet ; tonneau d'encombrement, *unité de volume égale à 40 ft³*. **freight train**: train de marchandises.

freight (to) – affréter ; charger ; fréter, *un navire*.

freighter – affréteur *m* ; cargo *m* ; consignateur *m* *(naut)* ; entrepreneur de transport.

French – français. **French chalk**: craie de Meudon, *blanc de Meudon, blanc d'Espagne, variété de talc*. **french curve**: pistolet *m*, *dessin*.

Freon – Fréon *m*, *dénomination d'une série de chloro-fluoro-méthanes principalement utilisés comme fluides frigorigènes*.

frequency – fréquence *f*. **frequency agility**: vivacité de fréquence, *d'un équipement électronique*. **frequency allocation**: allocation de fréquence. **frequency assignment**: affectation de fréquence. **frequency band**: bande de fréquence. **frequency bridge**: pont de fréquence. **frequency converter**: convertisseur de fréquence. **frequency curve**: courbe de fréquences ; courbe des fréquences, *représentation graphique de la distribution continue de la fréquence d'événements, la variable étant l'abscisse et la fréquence l'ordonnée*. **frequency distribution**: distribution des fréquences *(stat)*. **frequency-division multiplexing (FDM)**: multiplexage par division de temps. **frequency domain**: domaine de fréquence, *dans l'enregistrement sismique* ; domaine fréquentiel ; domaine harmonique. **frequency-domain migration**: migration en domaine fréquentiel *(sism)* ; migration f-k. **frequency excursion**: balayage de fréquence. **frequency factor**: facteur de fréquences. **frequency filter**: filtre de fréquence. **frequency filtering**: filtrage en fréquence. **frequency indicator**: indicateur de fréquence. **frequency interval**: intervalle de fréquence. **frequency meter**: fréquencemètre *m*. **frequency-modulated radar**: radar à modulation de fréquence. **frequency modulation (FM)**: modulation de fréquence (MF). **frequency monitor**: contrôleur de fréquence. **frequency panel**: planche des filtrages adjacents, *d'analyse fréquentielle*. **frequency polygon**: polygone de fréquence *(stat)*. **frequency range**: gamme de fréquences. **frequency response**: réponse en fréquence ; réponse harmonique. **frequency-response curve**: courbe de réponse en fréquence. **frequency scan**: balayage fréquentiel. **frequency-shift keying (FSK)**: modulation par déplacement de fréquence. **frequency slices**: filtres passe-bande adjacents *(sism)*. **frequency spectrum**: spectre de fréquences. **frequency sweep**: balayage fréquentiel. **frequency synthesizer**: synthétiseur de fréquence. **frequency transformer**: transformateur de fréquences. **frequency-wavenumber domain**: domaine fréquence-nombre d'onde.

fresh – frais ; nouveau. **fresh air**: air frais ; air pur. **fresh bit**: trépan neuf. **fresh catalyst makeup**: apport de catalyseur frais. **fresh concrete**: béton frais. **fresh feed**: charge fraîche. **fresh feedstock**: charge d'alimentation fraîche. **fresh gale**: coup de vent, *échelle de Beaufort, force 8*. **fresh marsh**: marais d'eau douce. **fresh oil**: huile neuve, *huile de graissage non usagée*. **fresh-oil lubrication**: graissage par huile neuve. **fresh view**: oeil neuf. **fresh water**: eau douce, *voir aussi freshwater*.

freshet – avalaison *f*, *crue violente se produisant en montagne*.

freshwater – dulçaquicole, *qui vit exclusivement dans les eaux douces* ; d'eau douce. **freshwater cooler**: réfrigérant à l'eau douce, *échangeur de chaleur*. **freshwater deposit**: dépôt d'eau douce. **freshwater drilling mud**: boue de forage à l'eau douce. **freshwater ecosystem**: écosystème dulçaquicole. **freshwater limestone**: calcaire d'eau douce. **freshwater marsh**: marais doux. **freshwater moor**: lande marécageuse d'eau douce. **freshwater mud**: boue à l'eau douce ; boue douce.

fresnel – fresnel *m*, *unité de fréquence égale à 10^{12} hertz*. **Fresnel diffraction**: diffraction de Fresnel *(optique)*. **Fresnel zones**: zones de Fresnel, *anneaux concentriques, centrés sur un point de réflexion théorique, et ordonnés quand on s'éloigne de ce point selon des déphasages croissants le long des trajets source-miroir-source qui leur correspondent*.

fret (to) – corroder ; ronger ; user par frottement.

fretting – érosion ; corrosion *f*. **fretting corrosion**: corrosion par trépidation ; oxydation par frottement, *dite parfois faux billage pour les roulements en raison de la forme des empreintes de billes, se produisant à l'interface de deux métaux chargés soumis à un glissement relatif de nature vibratoire à faible amplitude et fréquence élevée*.

Freundlich – Freundlich. **Freundlich isotherm**: isotherme de Freundlich, *isotherme d'adsorption*.

friability – friabilité *f*.

friable – friable.

friction – friction *f* ; frottement *m*. **friction angle**: angle de frottement. **friction bearing**: palier à glissement ; palier lisse. **friction-bearing bit**: outil à palier de friction. **friction brake**: frein à friction. **friction breccia**: brèche de dislocation ; brèche de friction. **friction cloth**: toile caoutchoutée. **friction clutch**: embrayage à friction. **friction coefficient**: coefficient de frottement. **friction cone**: cône à friction. **friction coupling**: manchon à friction. **friction disk**: disque de friction. **friction drive**: entraînement par friction. **friction factor**: coefficient de frottement ; facteur de frottement. **friction gearing**: embrayage à friction ; entraînement par frottement. **friction gouge**: brèche de friction. **friction head**: charge de friction ; perte de charge due au frottement. **friction loss**: perte par frottement. **friction mean-effective pressure**: pression effective moyenne dépensée en frottements ; pression moyenne de frottement (PMF). **friction plate**: disque d'embrayage. **friction pulley**: poulie à friction. **friction socket**: tube de repêchage à frottement *(for)*. **friction spring**: ressort à friction. **friction tape**: chatterton *m*. **friction test**: essai de frottement. **friction torque**: couple de frottement. **friction welding**: soudage par friction.

frictional – frictionnel. **frictional resistance**: résistance de friction ; résistance de frottement.

frictionproof – antifriction, *dont la résistance au frottement a été vérifiée*.

Friedel – Friedel. **Friedel-Crafts reaction**: réaction de Friedel et Crafts, *réaction de substitution utilisant l'action catalytique d'un chlorure métallique*.

frigid – froid ; glacé.

frigorie – frigorie *f*, *kilocalorie négative*.

fringe – bordure *f*; frange *f.* **fringe well**: puits de bordure, *puits en bordure du réservoir, qui n'est (généralement) alimenté que par une faible section de l'horizon productif.*

fringing – de bordure *(géol)* ; marginal. **fringing reef**: récif bordure ; récif frangeant.

fritted – fritté. **fritted glass**: verre fritté. **fritted hard metal**: métal fritté. **fritted rock**: roche recuite ; roche vitrifiée *(géol)*.

fritting – frittage *m.*

frogman – homme grenouille.

front – antérieur ; avant *m* ; front *m.* **front axle**: essieu avant. **front bumper**: pare-chocs avant. **front end**: frontal, *traitement informatique.* **front-end cost**: coût initial. **front-end loader**: chouleur *m* ; tractochargeur *m.* **front-end processor (FEP)**: frontal *m, ordinateur frontal.* **front-end spread**: dispositif avant. **front-end tail**: produits légers. **front-loaded**: à phase minimale. **front of a thrust**: front de charriage *(géol)*. **front slope**: front *m.* **front-to-back ratio**: rapport avant/arrière, *signature sismique.* **front view**: élévation *f*; vue de face. **front-view arrangement**: dispositif en ligne. **front wheel**: roue avant. **front-wheel drive**: traction avant. **front wing**: aile avant.

frontal – frontal. **frontal analysis**: analyse frontale. **frontal drive**: déplacement frontal *(prod)*. **frontal layer**: couche frontale. **frontal moraine**: moraine frontale, *moraine de poussée.* **frontal ramp**: rampe frontale *(géol)*.

frontier – frontière *f.* **frontier gas**: gaz frontière, *gaz obtenu dans des conditions techniquement ou économiquement limites.* **frontier oil**: pétrole frontière, *pétrole obtenu dans des conditions techniquement ou économiquement limites.* **frontier orbital**: orbitale frontière, *la plus haute orbitale moléculaire occupée (HO) et la plus basse orbitale moléculaire vacante (BV).* **frontier technology**: technologie de pointe.

frontogenesis – frontogenèse *f (météo)*.

frontolysis – frontolyse *f (météo)*.

frost – gel *m* ; gelée *f.* **frost break**: bruit de gel, *bruit dû aux tirs en sol gelé.* **frost breaking**: fracturation par le froid. **frost bursting**: éclatement par le froid, *voir congelifraction.* **frost churning**: *voir congeliturbation.* **frost crack**: craquelure de gel ; crevasse de gel ; fente de froid. **frost cracking**: gélifraction *f.* **frost effect**: effet de gel. **frost heaving**: poussée de gel verticale. **frost prying**: gélifraction *f.* **frost rending**: gélifraction *f.* **frost riven**: gélif, *se dit de matériau poreux absorbant l'humidité et très sensible à la gélifraction.* **frost shattering**: *voir congelifraction.* **frost smoke**: brume d'évaporation, *bancs de brume provenant du contact d'un air froid avec une eau relativement chaude.* **frost splitting**: *voir congelifraction.* **frost stirring**: *voir congeliturbation.* **frost weathering**: *voir congelifraction.* **frost wedging**: *voir congelifraction.*

frostbite – morsure de gelée.

frosted – dépoli, *verre* ; givré.

frosting – dépolissage, *du verre* ; givrage *m.*

frostproof – incongelable ; résistant au gel.

frostshove – poussée de gel horizontale.

frostthrust – poussée de gel horizontale.

froth – écume *f*; mousse *f.* **froth flotation**: flottation par moussage. **froth zone**: zone d'entraînement, *zone située au-dessus du plateau où un brouillard de gouttelettes liquides est entraîné par la vapeur.*

frother – agent écumant ; agent moussant.

frothing – écumant ; moussage *m* ; spumation *f.* **frothing agent**: agent écumant ; agent moussant.

frothy – écumeux.

Froude – Froude. **Froude number**: nombre de Froude, *nombre caractéristique exprimant le rapport des forces d'inertie aux forces de gravité dans la dynamique des fluides pesants.*

frozen – coincé ; congelé ; gelé ; glacé. **frozen assets**: capitaux gelés. **frozen bearing**: palier grippé. **frozen casing**: tubage calé ; tubage coincé *(for)*. **frozen drillpipe**: tige de forage coincée. **frozen ground**: gélisol *m, sol soumis au gel* ; sol gelé. **frozen pipe**: tube coincé *(for)*. **frozen ring**: segment gommé, *moteurs.* **frozen string**: garniture coincée *(for)*. **frozen string of casing**: train de tubage gelé, *bloqué.*

FRP – *abrév. de glass-fiber reinforced plastic.*

FS – *abrév. de Federal Specification.*

FSB – *abrév. de Federal Specifications Board et de floating supply base.*

fsg – *abrév. de fishing.*

FSK – *abrév. de frequency shift keying.*

FT – *abrév. de field tape.*

FTIR – *abrév. de Fourier transform infrared.*

FTP – *abrév. de field-terminal platform.*

FTT – *abrév. de formation-test tool.*

fucoid – fucoïde *m, trace fossile d'animaux.*

fuel – carburant *m* ; combustible *m, matière susceptible de brûler en produisant une quantité de chaleur utilisable.* **fuel/air ratio**: rapport combustible/air, *dans un mélange combustible* ; richesse du mélange. **fuel-and-road oil**: fuel-oil visqueux de chauffe. **fuel briquette**: briquette combustible, *sorte de brique faite de poussière de charbon ou de lignite agglomérée avec du brai et servant de combustible.* **fuel-can nozzle**: bec verseur de bidon à carburant. **fuel cell**: pile à combustible. **fuel-cell fuel**: combustible pour pile. **fuel consumption**: consommation de combustible. **fuel crop**: plantation énergétique. **fuel-dilution test**: essai de dilution des huiles de carter. **fuel dope**: additif pour combustible. **fuel efficiency**: efficacité énergétique ; rendement du combustible. **fuel feed**: alimentation en combustible. **fuel filter**: filtre à carburant ; filtre à combustible. **fuel gage**: jauge à combustible ; jauge d'essence. **fuel gas**: gaz combustible ; gaz de chauffage. **fuel injection**: injection du carburant, *dans les moteurs à combustion interne.* **fuel-injection nozzle**: injecteur *m.* **fuel-injection pump**: pompe d'injection. **fuel-injection timing**: calage d'injection *(mot)*. **fuel injector**: injecteur de combustible. **fuel line**: canalisation de combustible ; tuyau d'alimentation en carburant. **fuel load**: poids de combustible. **fuel mixture**: mélange carburé, *quand il s'agit d'essence* ; mélange combustible. **fuel nozzle**: injecteur *m.* **fuel oil**: fuel *m, forme abrégée de fuel-oil, s'écrit aussi fioul* ; fuel-oil *m, combustible liquide utilisé pour les installations de chauffage et dans les diesels lents type marine* ; huile combustible ; mazout *m.* **fuel-oil equivalent (FOE)**: équivalent fuel-oil. **fuel pin**: aiguille de combustible *(nucl)*. **fuel pipe**: tuyau de combustible. **fuel pump**: pompe à combustible ; pompe d'alimentation. **fuel ratio**: rapport carbone fixe/matière volatile, *d'un charbon*. **fuel reprocessing**: retraitement du combustible *(nucl)*. **fuel sensitivity**: sensibilité d'un carburant. **fuel starting ability**: aptitude d'un carburant au démarrage. **fuel sulfur content**: teneur en soufre du combustible. **fuel system**: dispositif d'alimentation en combustible, *dans les moteurs*. **fuel tank**: réservoir à carburant, *ou à combustible*. **fuel test**: essai de combustible. **fuel yard**: parc à combustibles.

fuel (to) – avitailler.

fueler – avitailleur *m*.

fueling – alimentation *f*; approvisionnement en combustible.

fuelwood – bois de feu.

fugacity – fugacité *f*, *mesure de la tendance qu'ont les molécules à s'échapper de la phase où elles se trouvent*. **fugacity coefficient**: coefficient de fugacité.

fulcrum – axe *m*; pivot *m*; point de rotation. **fulcrum pin**: axe de rotation.

fulgurite – fulgurite *f*, *petite tubulure constituée de verre siliceux due à la foudre qui dans certaines roches a provoqué une fusion localisée*.

full – complet ; plein ; rempli. **full annealing**: recuit total. **full automatic plating**: électrodéposition complètement automatique. **full availability**: accessibilité totale *(téléphone)*. **full cargo**: cargaison complète ; plein chargement. **full container load (FCL)**: chargement complet de conteneur. **at full development**: en régime de croisière. **full dip**: pendage vrai ; plongement réel *(géol)*. **full fare**: plein tarif. **full-flow valve**: vanne à passage intégral. **full-flow-type filter**: filtre en série, *pour moteurs thermiques* ; filtre en plein débit. **full-fluid-film lubrication**: graissage visqueux. **full gage**: diamètre nominal *(for)* ; plein diamètre. **full-gage bit**: outil plein diamètre ; outil plein trou. **full-gage reamer**: fraise pleine. **full-gage whipstock**: sifflet déviateur à grand diamètre. **full hole**: *qualifie une série de joints de tiges offrant un passage intérieur un peu plus petit que celui de la tige*. **full-hole tool-joint**: joint à passage total, *dénomination de joints de tiges à section de passage un peu inférieure à la section interne de la tige de forage (normalisation API)*. **full-level indicator**: indicateur de remplissage. **full lift**: levée maximale. **full line**: ligne continue ; trait plein. **full load**: pleine charge. **full-load consumption**: consommation en heures pleines. **full-load running**: fonctionnement à pleine charge ; marche à pleine puissance. **full maturity**: pleine maturité. **full-opening valve**: vanne à passage intégral. **full power**: pleine puissance. **full reflection**: réflexion totale. **full ring**: bague entière. **full run**: essai à la puissance maximale. **full scale**: à l'échelle ; grandeur réelle. **full-scale test**: essai dans les conditions d'utilisation. **full size**: échelle grandeur naturelle. **full-size bit**: *voir full-gage bit*. **full-size core**: carotte plein diamètre. **full speed**: pleine vitesse. **full throttle**: pleine charge *(moteur)* ; à plein régime. **at full throttle**: à plein gaz. **full-throttle enriching device**: enrichisseur de pleine charge, *carburateur*. **full-time job**: travail à plein temps. **full to overflowing**: rempli à ras bords. **full-view mast**: mât de forage avec visibilité totale. **full-wave acoustic logging**: diagraphie acoustique en champ total. **full-wave rectifier**: redresseur à double alternance ; redresseur pleine onde. **full-waveform log**: diagraphie en trace galva ; diagraphie en trace galvanométrique. **full-width at half maximum**: largeur à mi-hauteur, *d'une raie spectrale*.

fuller – dégorgeoir *m*, *(métal)*. **fuller's earth**: terre à foulon.

fullerene – fullerène *m*, *molécule en forme de cage (footballène), troisième forme de carbone pur après le diamant et le graphite*.

fulling – foulage *m*. **fulling assistant**: adjuvant de foulage.

fully – pleinement. **fully-adjustable hydraulically-actuated valve**: vanne actionnée par ajustage. **fully-arisen sea**: mer complètement formée. **fully-developed sea**: mer formée. **fully expendable**: non-récupérable, *équipement non récupérable*. **fully-killed steel**: acier complètement calmé. **fully mature valley**: vallée mûre *(géol)* ; vallée sénile.

fulminate – fulminate *m*. **fulminate of mercury**: fulminate de mercure.

fulminating – fulminant. **fulminating cap**: amorce fulminante. **fulminating powder**: poudre fulminante.

fumaric – fumarique, *se dit d'un diacide éthylénique*. **fumaric acid**: acide fumarique, *acide trans-butènedioïque*.

fumarole – fumerolle *f*, *évent pour l'émission de gaz avant, pendant et après un paroxysme éruptif*. **fumarole mound**: pustule fumerollienne.

fume – exhalaison *f*. **fume cupboard**: hotte *f*. **fume duct**: conduit de fumée.

fumes – fumée *f*; vapeur délétère.

fumigant – fumigant *m*.

fumigation – fumigation *f*, *phénomène atmosphérique au cours duquel la pollution qui a été retenue par une couche d'inversion près de son niveau d'émission est amenée rapidement au niveau du sol, lorsque l'inversion se disperse*.

fuming – fumant. **fuming nitric acid**: acide fumant. **fuming sulfuric acid**: acide sulfurique fumant.

function – fonction *f*. **function generator**: générateur de fonction *(élec)*. **function key**: touche de fonction, *d'un terminal d'ordinateur*.

functional – fonctionnel. **functional design**: conception fonctionnelle, *d'une machine*. **functional group**: groupement fonctionnel, *groupement d'atomes ayant une valence propre et caractérisant une fonction*. **functional performance**: fonctionnement spécifique. **functional test**: essai de fonctionnement.

fund – argent *m* ; caisse *f*; fonds *m*.

fundamental – fondamental, *primitif*. **fundamental gneiss**: gneiss du socle *(géol)*. **fundamental interaction**: interaction fondamentale, *particules élémentaires*. **fundamental mode**: mode fondamental d'un guide d'ondes. **fundamental particle**: particule fondamentale, *particule élémentaire*. **fundamental research**: recherche fondamentale. **fundamental schist**: schiste du socle *(géol)*.

funded – financé. **funded capital**: capitaux investis. **funded debt**: dette consolidée. **funded property**: biens en rentes.

funding – financement *m.* **funding gap**: déficit de financement. **funding of a debt**: consolidation d'une dette, *transformation d'une dette du court terme au long terme.* **funding risk**: risque de financement.
funds – capitaux *m.*
fungible – fongible.
fungicide – fongicide *m.*
fungusproof – à l'abri des moisissures.
funicular – funiculaire. **funicular saturation**: saturation funiculaire *(prod)*. **funicular water**: eau funiculaire.
funnel – cheminée *f*; entonnoir *m.* **funnel bonnet**: chapeau de cheminée. **funnel holder**: support à entonnoir. **funnel-shaped**: en forme d'entonnoir ; infundibuliforme. **funnel sink**: doline de dissolution. **funnel tube**: tube à entonnoir. **funnel viscometer**: viscosimètre à entonnoir.
furan – furanne *m, furane, composé hétérocyclique oxygéné.* **furan resin**: résine furannique.
furfural – furfural *m.* **furfural extraction**: extraction au furfural. **furfural refining**: raffinage au furfural, *procédé de raffinage par solvant.*
furlong – furlong *m, unité de longueur = 201,168 m.*
furnace – chaudière *f*; four *m* ; foyer *m.* **furnace air**: air de combustion. **furnace black**: noir de pétrole. **furnace blast**: vent de haut-fourneau. **furnace bottom**: sole de four. **furnace charge**: charge de fourneau. **furnace coke**: coke de hauts-fourneaux ; coke métallurgique. **furnace distillate**: distillat pour chaudière. **furnace efficiency**: rendement du four. **furnace electrode**: électrode d'un four. **furnace flue**: carneau d'un four. **furnace fuel oil**: fuel-oil domestique (FOD) ; huile combustible de chauffe. **furnace gas**: gaz de chaudière. **furnace hearth**: sole de four. **furnace jacket**: blindage de fourneau. **furnace lining**: revêtement du four. **furnace mouth**: gueulard *m.* **furnace oil**: *voir furnace fuel oil.* **furnace shell**: blindage de fourneau. **furnace slag**: scorie de fourneau. **furnace steel**: acier brut ; acier naturel. **furnace throat**: gueulard de haut fourneau. **furnace-top bell**: cloche de haut fourneau. **furnace with recirculated flue gas**: four avec recirculation des gaz de carneau.
furnish (to) – fournir ; garnir ; livrer ; munir.
Furol – *abrév. de fuel and road oils.*
furred – entartré.
furrow – cannelure *f*; entaille *f (mine)* ; rainure *f*; rayure *f*; sillon *m* ; strie *f.*
fusain – fusain *m, type lithologique de charbon noir, à éclat soyeux, à débris de bois à structure cellulaire conservée.*
fuse – amorce sèche ; cordeau *m* ; coupe-circuit *m* ; détonateur *m* ; fusée *f*; fusible *m* ; mèche *f.* **fuse box**: boîte à fusibles. **fuse plug**: bouchon fusible. **fuse wire**: fusible *m* ; plomb *m (élec)*.
fuse (to) – amalgamer ; fondre.
fused – fondu. **fused electrolyte**: électrolyte fondu. **fused-electrolyte cell**: pile à électrolyte fondu. **fused ring**: cycle condensé *(chim)*. **fused salt**: sel fondu.
fusel – *voir fusel oil.* **fusel oil**: fusel *m* ; huile de fusel, *obtenue par fermentation de produits végétaux.*
fusibility – fusibilité *f.*
fusible – fusible. **fusible alloy**: alliage fusible. **fusible-link valve**: vanne à fusible. **fusible plug**: bouchon fusible.
fusiform – fusiforme.
fusing – fusion *f, peu usité.* **fusing agent**: agent de fusion.
fusinite – fusinite *f, voir inertinite.*
fusion – fusion *f.* **fusion bed**: lit de fusion *(métal)*. **fusion energy**: énergie de fusion. **fusion heat**: chaleur de fusion. **fusion reactor**: réacteur à fusion. **fusion temperature**: température de fusion. **fusion welding**: soudage par fusion.
fusulinid – fusuline *f, foraminifère.*
future – avenir *m.* **future delivery**: livraison à terme. **futures market**: marché à terme, *marché financier sur lequel s'échangent des contrats.* **future value**: valeur capitalisée ; valeur future.
futurology – futurologie *f.*
Fuvelian – Fuvélien *m, étage du Crétacé supérieur.*
fuzzy – flou. **fuzzy logic**: logique floue, *logique des ensemble flous* ; sous-ensemble flou.
FVF – FVF, *abrév. de formation volume factor, facteur volumétrique de fond.*
FW – *abrév. de field weld.*
FWKO – *abrév. de free-water knockout.*

G

g – g, *symbole de gram, abrév. de generator, grid.*
G – G, *symbole de giga et de gauss.*
G&OCM – *abrév. de gas- and oil-cut mud.*
gab – enclenche *f*; encoche *f.*
gabbro – gabbro *m, roche magmatique plutonique.*
gabbroid – gabbroïque.
gabion – gabion *m, type de panier.*
gadolinite – gadolinite *f (minér).*
gadolinium – gadolinium *m, symbole chim. Gd.*
GAGC – *abrév. de ganged automatic gain control : commande de gain multitrace.*
gage – jauge *f*; manomètre *m* ; mesure *f.* **gage cock**: robinet de hauteur d'eau ; robinet de jauge. **gage cock valve**: robinet de jauge à boisseau. **gage cutter**: calibre *m, outil d'entretien des tubes de production.* **gage equipment**: appareil de mesure de niveau. **gage glass**: tube à niveau. **gage hatch**: trappe de jaugeage. **gage hole**: orifice de jaugeage. **gage length**: longueur de référence. **gage line**: ligne de jaugeage. **gage loss**: perte de diamètre, *d'un outil de forage usé.* **gage plate**: plaque de touche, *plaque tenant lieu de référence inférieure dans le jaugeage d'un réservoir de stockage.* **gage pole**: règle de jaugeage, *pour réservoir de stockage.* **gage pressure**: pression effective ; pression manométrique. **gage ring**: bague étalon. **gage rod**: tige de jauge. **gage table**: barème de jaugeage. **gage tank**: réservoir de jaugeage. **gage tap**: robinet de jauge ; robinet indicateur. **gage wear**: perte de diamètre, *d'un outil de forage usé.*
gage (to) – calibrer ; étalonner ; jauger. **gage (to) the production of a well**: cuber la production d'un puits.
gaging – calibrage *m* ; jaugeage *m.* **gaging bob**: lest de pige. **gaging hatch**: orifice de pige ; tubulure de jaugeage. **gaging height**: *voir reference depth.* **gaging nipple**: orifice de jaugeage et d'échantillonnage. **gaging pipe**: tube guide-pige, *d'un réservoir de stockage.* **gaging pole**: réglette de jaugeage. **gaging sheet**: feuille de jauge. **gaging station**: station de jaugeage. **gaging tank**: bac jaugeur ; réservoir de jaugeage. **gaging tape**: pige *f, ruban d'acier gradué lesté utilisé pour le jaugeage des réservoirs* ; ruban de jaugeage. **gaging well**: puits de jauge.
gain – amplification *f*; gain *m, pour un signal, rapport entre l'amplitude du signal sortant d'un amplificateur et l'amplitude du signal entrant, se chiffre en décibels.* **gain control**: commande de gain. **gain correction**: correction de gain. **gain curve**: courbe de gain. **gain ranging**: calibrage de gain. **gain trace**: trace de gain *(sism).*
gaize – gaize *f, roche sédimentaire siliceuse.*
gal – *abrév. de gallon.*
gal – gal *m, unité d'accélération, égale à 1 centimètre par seconde carrée.*
galactic – galactique. **galactic center**: centre galactique. **galactic latitude**: latitude galactique. **galactic noise**: bruit galactique.
galaxy – galaxie *f.*
gale – coup de vent, *échelle de Beaufort, force 8.* **gale warning**: avis de coup de vent ; avis de tempête. **moderate gale**: grand frais, *échelle de Beaufort, force 7.* **strong gale**: fort coup de vent, *échelle de Beaufort, force 9.*
galena – galène *f, utilisée pour augmenter la densité des fluides de forage.*
galenite – *voir galena.*
gallery – balcon *m* ; galerie *f.*
gallic – gallique, *se dit des composés du gallium trivalent.* **gallic acid**: acide gallique.
galling – éraillure *f, genre d'usure étalée due à un défaut des conditions de graissage.*
gallium – gallium *m, symbole chim. Ga.*
gallon – gallon *m, mesure de capacité.* **UK gallon**: gallon impérial, *= 4,546 09 litres.* **UK gallon per mile**: gallon (UK) par mile, *unité de consommation de carburant, = 2,8248 litres/km.* **US gallon**: gallon américain, *= 3,785 litres.* **US gallon per mile**: gallon (US) par mile, *unité de consommation de carburant, = 2,352 litres/km.*
galloping – galop *m, terme qualifiant un moteur qui fonctionne irrégulièrement à cause d'un réglage trop riche.*
gallows – plancher *m* ; portique *m* ; potence *f.* **gallows frame**: bâti de machine à balancier ; chevalement *m (mine).*
galvanic – galvanique. **galvanic cell**: élément galvanique. **galvanic corrosion**: corrosion galvanique, *corrosion électrochimique causée par la juxtaposition de deux métaux différents.* **galvanic coupling**: couplage galvanique. **galvanic current**: courant galvanique.
galvanized – galvanisé. **galvanized iron**: fer galvanisé. **galvanized pipe**: tube galvanisé. **galvanized sheet**: tôle galvanisée. **galvanized tank**: réservoir galvanisé. **galvanized wire rope**: câble en acier galvanisé.
galvanizing – galvanisation *f.* **galvanizing bath**: bain de galvanisation.
galvanomagnetic – galvanomagnétique. **galvanomagnetic effect**: effet galvanomagnétique, *phéno-*

mène se produisant lorsqu'un matériau conducteur parcouru par un courant est placé dans un champ d'induction magnétique.

galvanometer – galvanomètre *m.*

galvanometric – galvanométrique.

galvanoscope – galvanoscope *m.*

game – jeu *m.* **game theory**: théorie des jeux *(math)*.

gamma – gamma *m, unité d'induction magnétique, l'unité SI est le tesla.* **gamma counter**: compteur de gamma. **gamma-gamma log**: diagraphie gamma-gamma, *pour mesurer la densité des formations.* **gamma radiation beam**: faisceau de rayonnement gamma. **gamma iron**: fer gamma. **gamma radiation**: rayonnement gamma. **gamma ray**: rayon gamma. **gamma-ray curve**: courbe de rayons gamma, *en fonction d'un paramètre.* **gamma-ray influx**: flux de rayon gamma. **gamma-ray log**: diagraphie de rayons gamma, *voir neutron log* ; gammagraphie *f.* **gamma-ray spectrometer**: spectromètre à rayons gamma. **gamma-ray well logging**: diagraphie par rayons gamma, *mesure de la radioactivité naturelle des roches.*

gang – équipe *f.* **gang boss**: chef d'une équipe, *de travailleurs.* **gang drill**: perceuse à forets multiples.

ganged – à commande unique. **ganged automatic gain control (GAGC)**: commande de gain multitrace.

gangsaw – scie multiple, *scie à plusieurs lames.*

gangue – gangue *f, partie rocheuse sans valeur qui entoure un minerai.* **gangue mineral**: minéral de gangue.

gangway – galerie de transport ; passage *m* ; passerelle de service ; voie de circulation. **gangway ladder**: échelle de coupée.

ganister – ganister *m, mélange calorifuge fait de quartz et d'argile réfractaire.* **ganister mud**: boue réfractaire.

ganoid – ganoïde, *concernant des écailles de poissons.*

gantry – pont roulant ; portique *m.* **gantry crane**: grue à portique ; portique roulant.

gap – blanc *m, sur une bande magnétique* ; brèche *f, couloir profond coupant transversalement une dorsale ou un massif sous-marin* ; col d'une montagne ; coupe *f, d'une pièce* ; écart *m* ; écartement *m (méc)* ; encoche *f*; espace *m* ; fenêtre *f, en traitement du signal*; fente *f*; gorge *f*; hiatus *m, dans la série géologique* ; intervalle *m, de la courbe de distillation de la fraction la plus légère et le point initial de la courbe de la fraction la plus lourde ; si cette différence est positive, c'est un chevauchement* ; jeu *m* ; ouverture *f*; trou *m.* **gap in the geological record**: lacune dans la série géologique. **gap lathe**: tour à banc rompu. **gap width**: écartement des électrodes, *bougies.*

gaping – béant. **gaping fault**: faille béante.

gapped – encoché. **gapped deconvolution**: déconvolution prédictive, *méthode consistant à prédire par moindres carrés ce que l'on devrait trouver sur une certaine partie d'une trace à partir de ce que l'on connaît de cette même trace à des temps antérieurs.* **gapped operator**: opérateur à fenêtres.

garage – garage *m.*

garbage – ordures *f.* **garbage power**: énergie tirée des déchets urbains.

Gardner – *nom d'une méthode d'interprétation en sismique réfraction.*

Gargasian – Gargasien *m, sous-étage de l'Aptien.*

garnet – grenat *m (minér)* ; palan de charge, *pour des bateaux.*

garnetiferous – grenatifère *(minér)* ; grenatique.

gas – *abrév. de gasoline* ; gaz *m.* **gas-absorber oil**: *voir absorption oil.* **gas absorption**: absorption des gaz. **gas-adsorption chromatography**: *voir gas-solid chromatography.* **gas analyzer**: analyseur de gaz. **gas anchor**: piège à gaz, *dispositif placé sous la pompe d'un puits pour en éviter le désamorçage.* **gas-and-oil separator**: *voir gas separator.* **gas-atomizing oil burner**: brûleur à huile à pulvérisation par le gaz. **gas background**: fond de gaz. **gas bag**: ballon à gaz. **gas balance**: balance à gaz, *pour mesurer la densité des gaz* ; bilan gazeux. **gas band**: zone de gaz, *créée entre le bouchon miscible et l'eau pour empêcher le gaz de détruire le banc (production par phase miscible)*. **gas-bearing**: gazéifère. **gas bearing**: palier à gaz. **gas black**: noir de gaz. **gas blowout**: éruption de gaz. **gas booster**: surcompresseur de gaz, *compresseur utilisé pour augmenter la pression de gaz dans un système de circulation de gaz.* **gas bottle**: bonbonne à gaz ; bouteille à gaz. **gas brazing**: brasage au chalumeau. **gas-bubble separation time**: temps de désaération. **gas-bubble storage**: bullage des gaz, *stockage par bullage souterrain de gaz.* **gas burner**: brûleur à gaz. **gas cap**: calotte de gaz libre ; chapeau de gaz, *dans un gisement, gaz déjà séparé du pétrole et le plus souvent rassemblé au voisinage du sommet de la structure.* **gas-cap drive**: drainage par expansion du gaz libre, *le chapeau de gaz situé au-dessus de la zone pétrolifère se détend en poussant l'huile vers les puits de production.* **gas-cap gas**: gaz de couverture. **gas carbon**: charbon de cornue. **gas case hardening**: cémentation gazeuse. **gas catcher**: prise de gaz. **gas cell**: pile à gaz. **gas chromatography (GC)**: chromatographie en phase gazeuse (CPG). **gas cleaner**: barboteur à gaz ; laveur à gaz. **gas cleaning**: épuration de gaz. **gas coal**: charbon à gaz ; houille grasse. **gas coke**: coke de gaz. **gas-combustion retorting**: pyrogénation par combustion de gaz. **gas compressor**: compresseur à gaz ; compresseur de gaz. **gas concrete**: béton gaz, *béton cellulaire.* **gas condensate**: condensat *m, mélange qui par détente isotherme peut donner lieu à une phase liquide.* **gas-condensate pool**: gisement de gaz à condensat. **gas-condensate reservoir**: réservoir de gaz à condensat. **gas coning**: formation d'un cône de gaz, *la nappe de gaz se déforme au voisinage du trou de sonde et prend la forme d'un cône ayant pour axe le sondage et dont le sommet pénètre progressivement dans la zone productive.* **gas constant**: constante des gaz. **gas conversion**: conversion des gaz, *en essence.* **gas cooker**: cuisinière à gaz ; réchaud à gaz. **gas-cooled fast-breeder reactor (GCFBR)**: réacteur surrégénérateur rapide refroidi au gaz. **gas cushion**: coussin de gaz. **gas-cut mud (GCM)**: boue bullée *(for)* ; boue émulsionnée de gaz, *boue de forage contenant du gaz dissous provenant de la formation* ; boue gazée. **gas cutting**: *voir mud gas cutting et air cutting* ; découpage au chalumeau. **gas cycling**: recyclage du gaz, *dans un gisement pour en maintenir la pression.* **gas cylinder**: bouteille à gaz ; bouteille d'air comprimé. **gas-dehydration plant**: unité de déshydratation du gaz. **gas dehydrator**: déshydrateur de gaz. **gas-density balance (GDB)**: balance de densité gazeuse. **gas detector**: détecteur de gaz. **gas discharge**: conduction gazeuse. **gas distillate**: gaz humide, *gaz naturel contenant une forte proportion d'essence naturelle.* **gas drive**: déplacement par poussée de gaz ; poussée de gaz, *mode de production de l'huile par injection de gaz dans le réservoir, la production se faisant sous régime volumétrique, voir aussi water drive.* **gas electrode**: électrode à gaz, *électrode renfermant un gaz occlus.* **gas engine**: moteur à gaz. **gas-engine scrubber**: épurateur de moteur à gaz. **gas escape**: dégagement gazeux. **gas-expansion method**: méthode par expansion de gaz, *mesure de la porosité effective d'une carotte par injection de gaz sous pression.* **gas exploder**: canon à gaz, *appareillage de sismique donnant la structure des premiers niveaux du fond de la mer par une onde de choc produite par la détonation d'un mélange gazeux* ; exploseur à gaz. **gas factor**: teneur en gaz. **gas field**: champ de gaz naturel. **gas-filled electron tube**: tube électronique à gaz. **gas-filled rectifier**: soupape à gaz ; tube redresseur à gaz. **gas-film lubrication**: lubrification gazeuse. **gas filter**: filtre à gaz. **gas-fire front**: écran à gaz. **gas-fired boiler**: chaudière à gaz. **gas firing**: chauffage au gaz ; foyer à gaz. **gas flare**: torche *f.* **gas flooding**: injection de gaz *(prod)*. **gas free**: sans gaz. **gas-free certificate**: certificat de dégazage. **gas freeing**: dégazage *m.* **gas furnace**: chaudière à gaz ; four à gaz. **gas gathering**: réseau collecteur de gaz. **gas gathering line**: gazoduc de collecte. **gas generation**: gazéification *f.* **gas generator**: gazogène *m* ; générateur de gaz. **gas groove**: ondulation due au gaz. **gas gun**: canon à gaz. **gas-gun shooting**: tir au canon à gaz *(sism)*. **gas guzzler, gas-guzzling automobile**: automobile vorace, *gourmande, goinfre, ayant une trop forte consommation d'essence.* **gas holder**: cloche à gaz ; gazomètre *m* ; réservoir à gaz. **gas horizon**: horizon gazéifère. **gas hourly space velocity (GHSV)**: volume par volume par heure (VVH), *volume de charge gazeuse traitée dans un réacteur par volume de catalyseur et par heure, voir aussi liquid hourly space velocity.* **gas hydrate**: hydrate de gaz, *corps cristallisés qui se forment sous pression à partir d'eau liquide et de gaz naturel.* **gas hydrate layer**: niveau d'hydrate. **gas indicator**: *voir gas detector.* **gas injection**: injection de gaz *(prod)*. **gas-injection valve**: soupape d'admission de gaz, *de compression du gaz.* **gas-injection well**: puits d'injection de gaz. **gas-input well**: puits d'injection de gaz. **gas jet**: bec à gaz. **gas kick**: venue de gaz. **gas kinematics**: cinématique des gaz. **gas laser**: laser à gaz. **gas law**: loi des gaz parfaits. **gas leak**: fuite de gaz. **gas-leak alarm**: alarme pour fuites de gaz, *et vapeurs inflammables.* **gas lever**: manette des gaz. **gas lift**: pompage pneumatique *(prod)* ; poussée de gaz, *procédé de production par injection de gaz provoquant l'allègement par émulsion de la colonne d'huile.* **gas-lift valve**: soupape de gas-lift ; vanne de drainage du gaz. **gas lighting**: éclairage au gaz. **gas line**: conduite de gaz. **gas liquid**: liquide extrait du gaz naturel. **gas-liquid chromatography (GLC)**: chromatographie gaz-liquide. **gas/liquid ratio (GLR)**: rapport gaz/liquide, *utilisé à la place du rapport gaz-huile quand le puits produit aussi de l'eau.* **gas lock**: *voir vapor lock.* **gas-lubricated bearing**: *voir gas bearing.* **gas main**: conduite principale de gaz. **gas mantle**: manchon incandescent. **gas mask**: masque à gaz. **gas mechanical atomizing oil burner**: brûleur à huile de pulvérisation mécanique. **gas mechanics**: mécanique des gaz. **gas-metal arc welding (GMAW)**: *voir MIG welding.* **gas meter**: compteur de gaz. **gas naphtha**: essence lourde de gaz naturel. **gas occlusion**: occlusion de gaz. **gas offtake**: prise de gaz. **gas oil**: gasoil *m, distillat pétrolier destiné à l'alimentation des moteurs à combustion interne* ; gazole *m.* **gas-oil contact**: contact gaz-huile ; surface de contact huile-gaz. **gas-oil contact line**: ligne de contact gaz-huile, *dans la roche réservoir.* **gas-oil level**: niveau gaz-huile, *niveau interfacial entre le gaz et l'huile dans un gisement.* **gas/oil ratio (GOR)**: rapport gaz/huile, *rapport de la quantité de gaz à la quantité de l'huile produites simultanément.* **gas outlet**: sortie de gaz. **gas oven**: four à gaz. **gas overhead**: ciel gazeux, *dans un réacteur chimique.* **gas phase**: phase gazeuse. **gas pipe**: tuyau à gaz. **gas pipeline**: gazoduc *m* ; pipeline pour gaz. **gas plant**: usine à gaz. **gas plug**: prise de gaz *(mâle)*. **gas pocket**: poche de gaz ; soufflure *f, cavité causée par une inclusion de gaz.* **gas pool**: gisement de gaz naturel. **gas pressure**: pression de gaz. **gas-pressure governor**: régulateur de pression de gaz. **gas-pressure regulator**: régulateur de pression de gaz. **gas processing**: traitement du gaz. **gas producer**: gazogène *m, appareil destiné à transformer un combustible solide en gaz par oxydation incomplète.* **gas-producer gas**: gaz de gazogène, *gaz pauvre.* **gas pump**: pompe à gaz. **gas purger**: épurateur de gaz. **gas purification**: purification des gaz. **gas purifier**: épurateur de gaz ; laveur de gaz. **gas range**: cuisinière à gaz. **gas-reducing valve**: détendeur de gaz ; valve de manodétendeur. **gas regulator**: *voir gas-pressure regulator.* **gas reinjection**: réinjection de gaz. **gas release**: décompression du gaz. **gas repressuring**: reconstitution du gradient de pression, *dans un gisement par balayage du pétrole par du gaz forcé dans des puits spéciaux.* **gas reserves**: réserves de gaz naturel. **gas retort**: cornue à gaz. **gas reversion**: *voir polyforming.* **gas rock**: roche gazéifère. **gas royalty**: redevance sur la production du gaz, *la redevance ne porte pas sur la production de gaz réinjecté dans le gisement.* **gas sand**: sable à gaz. **gas saturation**: saturation en gaz. **gas saturation pressure**: pression de saturation d'un gaz, *pression à laquelle le gaz dissous dans un liquide commence à se dégager.* **gas scrubber**: barboteur à gaz ; laveur de gaz. **gas scrubbing**: épuration du gaz naturel ; purification des gaz. **gas seep**: dégagement gazeux ; sortie de gaz. **gas sendout**: émission de gaz, *quantité de gaz produite, achetée ou soutirée d'un stockage souterrain durant* *un intervalle de temps précisé.* **gas separator**: épurateur de gaz. **gas shale**: schiste bitumineux à gaz, *schiste bitumineux donnant du gaz lors d'une distillation sèche.* **gas show**: indice de gaz ; venue de gaz, *en cours de forage.* **gas-solid chromatography**: chromatographie gaz-solide. **gas stopper**: obturateur à gaz. **gas storage**: stockage de gaz. **gas-storage facility**: stockage de gaz. **gas streak**: intercalation gazéifère. **gas swivel**: joint tournant, *pour gaz à haute pression.* **gas tank**: réservoir de gaz. **gas tar**: goudron de gaz de houille. **gas thermometer**: thermomètre à gaz. **gas tight**: étanche au gaz. **gas torch**: chalumeau soudeur. **gas transmission system**: réseau de collecte et de distribution de gaz. **gas trap**: piège renfermant du gaz ; pot de condensation ; séparateur de gaz ; siphon *m.* **gas-tungsten arc welding (GTAW)**: *voir TIG welding.* **gas turbine**: turbine à gaz. **gas-turbine oil**: huile pour turbines à gaz. **gas valve**: soupape à gaz. **gas viscosity**: viscosité de gaz. **gas volume composition**: composition volumique des gaz. **gas washer**: laveur à gaz. **gas-water contact (GWC)**: contact gaz-eau. **gas welding**: soudage au gaz. **gas well**: puits à gaz. **gas works**: usine à gaz. **gas-works gas**: gaz d'usine. **gas-works tar**: goudron d'usine à gaz. **gas yield**: rendement en gaz. **gas zone**: zone gazéifère.

gaseous – gazeux. **gaseous diffusion**: diffusion gazeuse. **gaseous effluent**: effluent gazeux. **gaseous enclosure**: inclusion gazeuse. **gaseous fuel**: combustible gazeux. **gaseous hydrocarbon**: hydrocarbure gazeux. **gaseous mixture**: mélange gazeux. **gaseous state**: état gazeux.

gash – balafre *f (géol)* ; coupure *f*; entaille *f*; tranchée *f*, *creusée par l'eau dans du calcaire compact (géol).*

gasification – gazéification *f.*

gasifier – réacteur de gazéification.

gasifying – gazéification *f.*

gasket – garniture *f*; joint *m* ; joint de culasse *m.* **gasket cement**: ciment pour joints. **gasket groove**: gorge pour garniture. **gasket seal compound**: pâte à joints.

gasogene – gaz de gazogène, *utilisé pour la traction routière.*

gasohol – carburol *m*, *mélange carburant composé de 90 % d'essence et de 10 % d'éthanol, voir aussi alcohol fuel.*

gasoline – essence *f.* **gasoline additive**: additif pour essence. **gasoline dope**: additif pour essence. **gasoline engine**: moteur à essence. **gasoline existent gum**: gomme actuelle, *corps en solution dans l'essence et qui, après l'évaporation de cette dernière, reste comme résidu.* **gasoline extraction**: dégazolinage *m.* **gasoline front end**: fraction légère d'essence. **gasoline fumes**: vapeurs d'essence. **gasoline gum**: gomme d'essence. **gasoline inlet**: arrivée d'essence. **gasoline oxidation-stability test**: essai de stabilité à l'oxydation de l'essence. **gasoline plant**: unité de dégazolinage. **gasoline pool**: pool carburant, *ensemble de différentes qualités d'essences considérées comme un seul groupe, ensemble de la production d'essences d'une raffinerie par exemple.* **gasoline pump**: pompe à essence. **gasoline-pump meter**: volucompteur *m.* **gasoline recovery**: dégazolinage *m* ; désessenciement *m.* **gasoline recovery plant**: unité de dégazolinage. **gasoline sensitivity**: sensibilité de l'essence, *différence entre l'indice d'octane recherche et l'indice d'octane moteur.* **gasoline-stabilization process**: procédé de stabilisation de l'essence. **gasoline station**: *voir service station.* **gasoline stock**: base essence, *matière première de l'essence.* **gasoline tank**: réservoir à essence ; réservoir d'essence. **gasoline trap**: pot de condensation. **gasoline yield**: rendement en essence.

gasometer – gazomètre *m.*

gasproof – étanche au gaz.

gasser – puits de gaz.

gassing – dégagement gazeux ; gazage *m*, *tendance de l'huile à dégager du gaz.*

Gassmann – Gassmann. **Gassmann equation**: formule de Gassmann, *vitesse des ondes sismiques.*

GASSP – GASSP, *dénomination commerciale d'un canon à gaz.*

gassy – gazeux ; grisouteux *(mine).*

gastropod – gastéropode *m.*

gate – fenêtre *f*; ouverture *f*; passage *m* ; porte *f*; vanne *f.* **gate clamp valve**: vanne à passage direct à étrier. **gate valve**: robinet vanne ; vanne à passage direct ; vanne porte. **gate wedge valve**: vanne à passage direct à coin.

gather – regroupement de traces, *collection de traces.*

gather (to) – collecter ; rassembler ; regrouper.

gathering – collecte *f*; aire d'alimentation ; aire de drainage. **gathering line**: conduite d'amenée ; conduite de collecte ; ligne de collecte, *pipeline de petit diamètre, utilisé pour amener le pétrole du gisement jusqu'au pipeline principal.* **gathering lines**: réseau de collecte. **gathering of effluents**: collecte des effluents. **gathering station**: station collectrice ; station de réception, *station d'arrivée des pipelines qui collectent la production des puits d'un gisement.* **gathering system**: réseau collecteur ; réseau de collecte.

gauge – *voir gage* ; jauge *f (électromag).* **gauge invariance**: invariance de jauge, *théorie des champs magnétiques.* **gauge theory**: théorie de jauge *(phys).*

gauge (to) – *voir gage (to).*

gauging – *voir gaging.*

Gault – Gault *m*, *synonyme de l'Albien.*

gauss – gauss *m*, *unité d'induction magnétique, l'unité SI est le tesla.*

Gaussian – gaussien *(stat).* **Gaussian curve**: courbe de Gauss, *courbe en cloche.* **Gaussian distribution**: *voir normal distribution.* **Gaussian elimination**: élimination de Gauss *(math).* **Gaussian window**: fenêtre gaussienne *(math).*

gauze – gaze *f*; toile métallique ; treillis *m.* **gauze packing**: garnissage en toile métallique, *pour colonne de raffinage.*

GAWR – PNBE, *abrév. de gross axle weight rating, poids nominal brut sur l'essieu.*

Gb – Gb, *symbole de gilbert.*

gbo – *abrév. de gumbo, utilisée dans les rapports de forage.*

GC – *abrév. de gas cut* ; GPC, *abrév. de gas chromatography : chromatographie en phase gazeuse.*

GCFBR – *abrév. de gas-cooled fast breeder reactor.*

GCM – *abrév. de gas-cut mud.*

GCP – *abrév. de ground control point.*

GCV – PCS, *abrév. de gross calorific value, pouvoir calorifique supérieur.*

GDME – *abrév. de glycol dimethyl ether.*

GDMS – *abrév. de glow-discharge mass spectroscopy : spectroscopie de masse à décharge luminescente.*

GDOS – *abrév. de glow-discharge optical spectroscopy : spectroscopie optique à décharge luminescente.*

GDP – PIB, *abrév. de gross domestic product : produit intérieur brut.*

geanticline – géanticlinal *m.*

gear – apparaux *m* ; appareil *m* ; dispositif *m* ; engrenage *m* ; levier *m (fin) utilisation de l'emprunt pour améliorer la rentabilité des fonds propres* ; mécanisme *m.* **in gear**: en prise. **gear case**: boîte d'engrenage ; carter d'engrenage. **gear-case oil**: huile pour boîte de vitesse. **gear change**: changement de vitesse. **gear-change lever**: levier de changement de vitesse. **gear-change selector fork**: fourchette de commande de changement de vitesse. **gear drive**: commande par engrenage. **gear grease**: graisse pour engrenages. **gear lever**: levier de changement de vitesse. **gear motor**: moteur à réduction. **gear oil**: huile pour engrenages. **gear pitting**: piquage des engrenages. **gear pump**: pompe à engrenage. **gear ratio**: rapport d'engrenages ; rapport de démultiplication. **gear reducer**: réducteur à engrenage. **gear reduction**: réduction par engrenage. **gear shaft**: arbre de transmission ; arbre du harnais d'engrenages. **gear shaper**: machine à tailler les engrenages. **gear thrust**: poussée de denture. **gear tooth**: dent d'engrenage. **gear train**: train d'engrenages. **gear wheel**: roue d'engrenage ; roue dentée.

gear (to) – embrayer ; enclencher.

gearbox – boîte de vitesse.

geared – à commande par engrenage ; embrayé ; à engrenage. **geared down**: démultiplié. **geared motor**: moteur démultiplié. **geared power**: commande par engrenage. **geared winch**: treuil de levage.

gearing – embrayage *m* ; engrenage *m* ; levier financier, *voir gear.* **gearing cone**: cône d'entraînement.

gearless – sans engrenage ; à prise directe. **gearless motor**: moteur à prise directe ; moteur sans engrenage.

gears – pignonnerie *f.*

gearshift – boîte de vitesse ; changement de vitesse. **gearshift lever**: levier de vitesse.

Gedinnian – Gédinnien *m, étage du Dévonien.*

Geertsma – Geertsma. **Geertsma formula**: formule de Geertsma, *équation utilisée pour prédire la vitesse des ondes P dans une roche poreuse saturée en fluides.*

Geiger – Geiger. **Geiger counter**: compteur Geiger, *compteur Geiger-Müller.* **Geiger probe**: sonde Geiger, *sonde Geiger-Müller.*

gel – gel *m.* **gel cement**: gel ciment, *mélange de ciment et de bentonite.* **gel coat**: enduit gélifié, *résine de composition particulière, appliquée sur un moule pour constituer la peau de la pièce* ; gel coat, *couche riche en résine qui protège le plastique armé de l'action des agents corrosifs.* **gel-permeation chromatography (GPC)**: chromatographie de perméation sur gel (CPG), *chromatographie en phase liquide pour laquelle la phase fixe est un gel poreux à l'intérieur duquel, en fonction de leur taille, les constituants du mélange pénètrent plus ou moins.* **gel point**: point de gélification. **gel strength**: force du gel, *faculté ou mesure de la faculté des colloïdes à former des gels* ; résistance de gel. **gel structure**: structure d'un gel. **gel time**: temps de gélification.

gel (to) – gélifier, *se gélifier.*

gelatin – gélatine *f.* **gelatin dynamite**: dynamite gélatinée ; dynamite gomme, *explosif.*

gelatinous – gélatineux.

gelation – gélification *f, passage d'un état fluide à l'état de gel.*

gelifluction – gélifluxion *f, des sols.*

gelifraction – *voir congelifraction.*

gelignite – gélignite *f, explosif.*

gelisol – gélisol *m.*

geliturbation – *voir congeliturbation.*

gelivation – *voir congelifraction.*

gelivity – gélivité *f, propriété des roches sensibles à la gélifraction.*

gelled – gélifié. **gelled fuel**: carburant anti-impact ; carburant gelifié.

gelling – gélifiant. **gelling agent**: gélifiant *m.* **gelling point**: point de gélification, *température et concentration auxquelles les semiliquides deviennent consistants.*

gem – gemme *f, pierre précieuse.*

geminate – géminé. **geminate pair**: paire géminée. **geminate recombination**: recombinaison géminée.

gene – gène *m.* **gene cloning**: clonage des gènes.

general – général. **general average**: avarie commune ; avarie grosse ; moyenne générale. **general chemistry**: chimie générale. **general expenses**: frais généraux. **general geology**: géologie générale. **general management**: direction générale, *d'une entreprise.* **general partnership**: société commerciale en nom collectif. **general plan**: plan d'ensemble. **general purpose**: à tout faire ; universel ; tous usages. **general-purpose grease (GP grease)**: graisse pour usage général. **general-purpose vessel (GPV)**: cargo à polyvalence. **general trend**: direction générale des couches *(géol)* ; orientation générale ; tendance générale.

generalized – généralisé. **generalized routine**: routine généralisée *(ordinateur)*. **generalized section**: coupe généralisée ; coupe schématique.

generated – engendré. **generated address**: adresse calculée. **generated traffic**: trafic induit.

generating – générateur. **generating plant**: *voir generating station.* **generating set**: groupe électrogène, *ensemble d'un moteur actionnant un générateur électrique tournant* ; groupe générateur. **generating station**: centrale électrique.

generation – génération *f* ; production *f.*

generator – dynamo *f* ; générateur *m* ; génératrice *f.* **generator drive**: groupe électrogène ; transmission électrique. **generator gas**: gaz de gazogène ; gaz pauvre. **generator voltage**: tension de décomposition, *tension aux bornes de la génératrice.*

generic – générique. **generic name**: nom générique *(pal)*.

genesis – genèse *f* ; origine *f.*

genetic – génétique. **genetic code**: code génétique. **genetic engineering**: génie génétique.
genoholotype – génoholotype *m (pal)*.
genoparatype – génoparatype *m (pal)*.
genotype – génotype *m (pal)*.
genotypical – génotypique, *concernant la composition génétique d'un organisme.*
genuine – authentique ; d'origine ; pur.
genus – genre *m, division taxinomique entre la famille et l'espèce.*
geobios – géobios *m, partie du globe occupée par les animaux et végétaux terrestres.*
geocentric – géocentrique. **geocentric coordinates**: coordonnées géocentriques.
geocerite – géocérite *f, cire fossile oxygénée que l'on trouve dans les lignites.*
geochemical – géochimique. **geochemical analysis**: analyse géochimique. **geochemical anomaly**: anomalie géochimique. **geochemical balance**: équilibre géochimique. **geochemical cycle**: cycle géochimique. **geochemical evolution**: évolution géochimique. **geochemical exploration**: exploration géochimique. **geochemical facies**: faciès géochimique. **geochemical prospecting**: prospection géochimique. **geochemical survey**: étude géochimique. **geochemical well logging**: diagraphie géochimique.
geochemistry – géochimie *f.*
geochronology – chronologie géologique ; géochronologie *f.*
geochronometry – géochronométrie *f, branche de la géochronologie qui se rapporte à la mesure quantitative du temps géologique.*
geocoding – géocodage *m.*
geocratic – géocratique, *se dit d'une période pendant laquelle, à la suite d'une importante régression marine, une large partie du plateau continental émerge.* **geocratic period**: période géocratique *(géol)*.
geode – géode *f.*
geodepression – géodépression *f.*
geodesic – géodésique *f, ligne géodésique, courbe la plus courte joignant deux points d'une surface définie mathématiquement.*
geodesy – géodésie *f.*
geodetic – géodésique. **geodetic instrument**: instrument de géodésie. **geodetic latitude**: latitude géodésique. **geodetic line**: ligne géodésique. **geodetic point**: point géodésique. **geodetic satellite**: satellite géodésique, *géodésie spatiale.*
geodimeter – géodimètre *m.*
geodynamic – géodynamique.
geodynamics – géodynamique *f.*
Geograph – *dénomination commerciale d'une source sismique par chute de poids.*
geographic – géographique. **geographic data**: coordonnées géographiques. **geographic latitude**: latitude géographique. **geographic point**: point géographique. **geographic pole**: pôle géographique.
geography – géographie *f.*
geohistory – géohistoire *f, histoire de la Terre* ; géologie historique. **geohistory diagram**: courbes de subsidence, *construites en projetant en profondeur un horizon géologique.*
geohydrology – géohydrologie *f.*
geoid – géoïde *m, surface de la terre ramenée au niveau de la mer.*
Geoloc – *dénomination commerciale d'un système de radiopositionnement.*
Geolock – *dénomination commerciale d'un outil sismique de puits.*
geologic – géologique. **geologic age**: âge géologique. **geologic column**: colonne stratigraphique ; coupe géologique ; échelle géologique. **geologic compass**: boussole géologique. **geologic crew**: équipe géologique. **geologic engineer**: ingénieur géologue. **geologic event**: phénomène géologique. **geologic hammer**: marteau de géologue. **geologic horizon**: horizon géologique, *niveau mince que l'on peut distinguer dans une séquence stratigraphique.* **geologic map**: carte géologique. **geologic position**: position géologique. **geologic province**: province géologique. **geologic section**: coupe géologique. **geologic series**: série géologique. **geologic structure**: structure géologique. **geologic survey**: *voir geological survey.* **geologic thermometer**: thermomètre géologique. **geologic window**: fenêtre tectonique.
geological – géologique. **geological oceanography**: océanographie géologique. **geological survey**: étude géologique ; service géologique.
Geolograph – *appareil servant à mesurer la vitesse d'avancement d'un outil de forage.*
geology – géologie *f.*
geomagnetic – géomagnétique. **geomagnetic field**: champ géomagnétique. **geomagnetic (polarity) reversal**: inversion du champ magnétique terrestre. **geomagnetic pole**: pôle géomagnétique.
geomagnetism – géomagnétisme *m* ; magnétisme terrestre.
geomathematics – géomathématique *f.*
geometric – géométrique. **geometric buckling**: laplacien géométrique *(nucl)*. **geometric correction**: correction géométrique. **geometric factor**: facteur géométrique, *utilisé dans l'interprétation.* **geometric isomer**: isomère géométrique, *stéréo-isomère.* **geometric mean**: moyenne géométrique. **geometric optics**: optique géométrique. **geometric progression**: progression géométrique. **geometric shadow**: ombre portée. **geometric spreading**: divergence géométrique.
geometrical – géométrique. **geometrical aberration**: aberration géométrique. **geometrical optics**: optique géométrique.
geometry – géométrie *f.*
geomorphic – géomorphique.
geomorphology – géomorphologie *f.*
Geon – *dénomination commerciale d'une série de résines à base de chlorure de polyvinyle.*
geopetal – géotrope, *se dit d'une structure sédimentaire qui permet de savoir où était le bas et le haut au moment du dépôt.*
geophone – géophone *m, capteur de sismique terrestre* ; sismo *m* ; sismographe *m.* **geophone array**: arrangement de géophones ; dispositif de géophones. **geophone bunch**: grappe de géophones. **geophone cable**: câble de géophone. **geophone cluster**: grappe de géophones. **geophone connector**: jarretière de géophones. **geophone group**: grappe de géophones ; groupe de géophones ; trace *f (sism)*. **geophone hanger**: épingle à géophones ; épingle de ramassage. **geophone**

interval: distance entre géophones ; intervalle entre géophones. **geophone offset**: distance source-trace. **geophone pattern**: arrangement de géophones ; dispositif de géophones. **geophone planter**: planteur de géophones. **geophone spacing**: distance entre géophones. **geophone station**: centre trace *(sism)* ; piquet de trace, piquet-trace. **geophone string**: bretelle de sismos.

geophysical – géophysique. **geophysical crew**: équipe géophysique. **geophysical equipment**: équipement géophysique. **geophysical exploration**: prospection géophysique. **geophysical log**: diagraphie géophysique. **geophysical prospecting**: prospection géophysique. **geophysical survey**: campagne géophysique ; étude géophysique. **geophysical survey contrat**: contrat de géophysique. **geophysical surveying**: prospection géophysique ; relèvement géophysique.

geophysicist – géophysicien *m.*

geophysics – géophysique *f, discipline couvrant les applications de la physique à l'étude quantitative de la Terre.*

geopolitics – géopolitique *f.*

geopotential – géopotentiel. **geopotential number**: cote géopotentielle.

geopressure – géopression *f, pression anormalement haute des fluides de fond.*

geopressured – soumis à la pression géostatique. **geopressured deposit**: gisement de géopression, *gisement géothermique situé dans les zones profondes.*

geostatic – géostatique. **geostatic load**: charge géostatique. **geostatic pressure**: pression géostatique, *pression excercée par le poids des roches susjacentes.*

geostationary – géostationnaire. **geostationary satellite**: satellite géostationnaire.

geostatistics – géostatistique *f, application des techniques statistiques aux problèmes géologiques.*

geostrophic – géostrophique. **geostrophic current**: courant géostrophique. **geostrophic equilibrium**: équilibre géostrophique. **geostrophic force**: force géostrophique, *force de Coriolis.* **geostrophic wind**: vent géostrophique.

geosuture – géosuture *f, ligne de suture entre les plaques océaniques.*

geosynchronous – géosychrone. **geosynchronous orbit**: orbite géosynchrone.

geosynclinal trough – sillon géosynclinal.

geosyncline – géosynclinal *m.*

geotechnics – géotechnique *f, étude des propriétés des sols et des roches en vue de la construction d'ouvrages d'art.*

geotectonic – géotectonique.

geotextile – géotextile *m, matériau polymérique introduit dans le sol comme barrière d'étanchéité dans le stockage des déchets.*

geothermal – géothermique. **geothermal anomaly**: anomalie géothermique. **geothermal degree**: degré géothermique, *distance parcourue dans la Terre pour obtenir une augmentation de 1 °C, elle est en moyenne de 33 mètres.* **geothermal deposit**: gisement géothermique ; site géothermique. **geothermal depth**: *voir geothermal gradient.* **geothermal energy**: géothermie *f.* **geothermal field**: gisement géothermique. **geothermal gradient**: gradient géothermique, *augmentation de la température en fonction de la profondeur en dessous de la surface.* **geothermal log**: diagramme géothermique. **geothermal metamorphism**: métamorphisme géothermique. **geothermal potential**: potentiel géothermique. **geothermal power**: énergie géothermique. **geothermal power plant**: centrale géothermique. **geothermal process**: processus géothermique. **geothermal prospecting**: prospection géothermique. **geothermal reservoir**: réservoir géothermique. **geothermal well logging**: diagraphie géothermique.

geothermics – géothermie *f.*

geothermometer – géothermomètre *m, minéral permettant de déterminer la température ayant régné lors de sa formation.*

geothermometry – géothermométrie *f.*

germanium – germanium *m, symbole chim. Ge.*

germanotype tectonics – germanotype *m, style tectonique.*

germicide – antiseptique *m* ; germicide *m.*

getaway – démarrage *m (auto).* **getaway gun**: charge de décollage, *voir gun perforating.* **getaway power**: puissance au démarrage *(auto).* **getaway shot**: tir de décollage, *test de formation.*

getter – getter *m, substance absorbante qui capte les ultimes traces de gaz dans un tube à vide.*

geyser – geyser *m.* **geyser pipe**: cheminée de geyser.

geyserite – geysérite *f (pétro).*

ghost – fantôme *m, réflexion fantôme, réflexion multiple due à la surface du sol ou de la mer.* **ghost image**: image secondaire. **ghost reflection**: réflexion fantôme, *causée par la réflexion multiple sur la surface du sol ou la base de la zone altérée (WZ).*

GHSV – VVH, *abrév. de gas hourly space velocity : volume par volume par heure.*

GHV – PCS, *abrév. de gross heating value, pouvoir calorifique supérieur.*

GI – *abrév. de gas injection, utilisée dans les rapports de forage.*

giant – géant. **giant field**: gisement géant, *on qualifie ainsi un gisement qui contient au moins 500 millions de barils (75 Mt) de pétrole récupérable, ou son équivalence en gaz naturel, à partir de 5 milliards de barils, il devient supergéant. Aux USA, un gisement est géant avec seulement 100 millions de barils, dans le reste du monde on le qualifie de major (large de 50 à 100, medium de 25 à 50).* **giant's causeway**: chaussée des géants. **giant's kettle**: marmite de géant *(géol).*

gib – contre-clavette *f*; patin *m.* **gib and key**: clavette et contre-clavette.

gibbet – flèche de grue.

Gibbs – Gibbs. **Gibbs free-energy**: enthalpie libre, *énergie libre de Gibbs, fonction de Gibbs, potentiel thermondynamique total.* **Gibbs function**: *voir Gibbs free energy.* **Gibbs paradox**: paradoxe de Gibbs, *accroissement d'entropie lors de la diffusion mutuelle de deux masses de gaz d'espèces différentes.* **Gibbs phenomenon**: phénomène de Gibbs *(math).*

gibbsite – gibbsite *f, hydroxyde d'aluminium.*

giga – giga, *préfixe représentant 10^9 soit un milliard, symbole* G.

gigajoule – gigajoule *m, unité SI, à utiliser dans les ventes de gaz naturel à la place de million de Btu.*

GIGO – *abrév. de garbage in, garbage out : si ce que l'on entre dans un ordinateur est erroné ce qui en sort l'est aussi.*

gilbert – gilbert *m, unité de force magnétomotrice, 1 Gb = 0,8 A approx.*

gild (to) – dorer.

gilding – dorure *f.*

gill – ailette, *d'un radiateur* ; branchie *f.*

gill – gill *m, unité de volume environ égale à 0,142 litre en Angleterre et 0,118 litre aux Etats-Unis.*

gilled – à ailettes. **gilled pipe**: tuyau à ailettes. **gilled radiator**: radiateur à ailettes. **gilled tube**: tube à ailettes.

gilsonite – gilsonite *f, variété d'asphalte.*

gimbaled – à suspension à cardan. **gimbaled spider**: table de manoeuvre rotulante.

gimbals – suspension à cardan.

gimlet – avant-clou *m* ; foret *m* ; vrille *f.*

gin – chèvre *f*; treuil *m (mine)*. **gin pole**: flèche de levage, *chevalement supérieur de la tour servant à la mise en place du moufle fixe lors du montage (for)*. **gin-pole truck**: camion grue, *camion équipé d'un treuil et de deux mâts de charge articulés.*

giobertite – giobertite *f, magnésite, carbonate de magnésium.*

Girbotol – *dénomination d'un procédé d'absorption régénératrice pour éliminer l'hydrogène sulfuré, le gaz carbonique et des impuretés acides des gaz naturels ou de raffinerie.*

girder – entretoise *f*; longeron *m* ; poutre *f*; poutrelle *f*; soliveau *m.* **girder iron**: fer à poutres.

Girondian – Girondien *m, division correspondant à l'Aquitanien et au Burdigalien.*

girt – entretoise *f, traverse horizontale d'un derrick.*

girth – circonférence *f*; contour *m* ; développement *m, ou périmètre d'un navire.* **girth sheet**: tôle latérale, *plaque d'acier formant les côtés d'une chaudière.* **girth weld**: soudure de contour, *pipeline.*

gitology – gîtologie *f, étude des gîte métallifères.*

give (to) – donner. **give (to) back**: rendre. **give (to) off**: dégager ; émettre. **give (to) way**: céder.

Givetian – Givétien *m, étage du Dévonien.*

GJ – GJ, *symbole de gigajoule.*

gl – *abrév. de ground level.*

glabella – glabelle *f, partie axiale de la tête d'un trilobite.*

glacial – glaciaire, *en rapport avec les glaciers* ; glacial, *qui est très froid* ; glaciel, *s'applique aux résultats sur le littoral de l'action des glaces flottantes.* **glacial acetic acid**: acide acétique glacial. **glacial action**: action glaciaire. **glacial advance**: crue de glacier ; progression glaciaire *(géomorph)*. **glacial balance**: bilan glaciaire. **glacial basin**: bassin de vallée glaciaire. **glacial-carved valley**: auge glaciaire ; vallée glaciaire. **glacial cirque**: cirque glaciaire. **glacial deposit**: dépôt glaciaire ; sédiment glaciaire. **glacial deposition**: dépôt glaciaire ; sédimentation glaciaire. **glacial drift**: sédiment glaciaire ; transport glaciaire. **glacial environment**: milieu glaciaire. **glacial epoch**: époque glaciaire. **glacial erosion**: érosion glaciaire. **glacial groove**: strie due au glacier. **glacial horn**: aiguille glaciaire. **glacial lake**: lac glaciaire. **glacial lobe**: lobe glaciaire. **glacial moraine**: moraine glaciaire. **glacial mud**: boue glaciaire. **glacial period**: période glaciaire. **glacial plain**: plaine glaciaire. **glacial plowing**: labourage glaciaire. **glacial pothole**: cuvette glaciaire. **glacial retreat**: récession glaciaire. **glacial sand plain**: plaine de sable glaciaire. **glacial scratching**: marque glaciaire ; strie glaciaire. **glacial sheet**: couverture glaciaire. **glacial silt**: boue glaciaire. **glacial stage**: stade glaciaire. **glacial stream**: torrent glaciaire. **glacial stria**: strie glaciaire. **glacial till**: alluvion glaciaire. **glacial trough**: auge glaciaire. **glacial valley**: vallée glaciaire. **glacial wind**: vent glacial.

glacialism – glacialisme *m, théorie qui donne aux glaciers une grande efficacité morphogénique.*

glaciated – à modelé glaciaire. **glaciated knob**: roche moutonnée.

glaciation – glaciation *f, période durant laquelle la quantité de glace sur la surface du globe est supérieure à la moyenne.*

glacier – glacier *m.* **glacier berg**: iceberg de glacier, *de forme irrégulière, détaché d'un glacier côtier, typique de l'Arctique.* **glacier burst**: débâcle glaciaire. **glacier cave**: arche du glacier. **glacier cirque**: cirque glaciaire. **glacier fall**: cascade de glacier. **glacier flood**: débâcle glaciaire. **glacier ice**: glace de terre ; glace du glacier. **glacier iceberg**: *voir glacier berg.* **glacier lake**: lac de dégel ; lac glaciaire. **glacier milk**: lait de glacier. **glacier mill**: moulin glaciaire *(géomorph)*. **glacier spillway**: chenal d'eau de fonte. **glacier tongue**: langue de glacier, *extension, généralement flottante, d'un glacier au-dessus de la mer* ; langue glaciaire.

glacieret – glacier suspendu ; petit glacier.

glaciology – glaciologie *f.*

glacis – glacis *m, forme de relief proche de la surface plane et peu inclinée.*

glade – clairière *f*; éclaircie *f, dans une forêt.*

glance – minerai lustré. **glance coal**: *voir pich coal.* **glance pitch**: asphaltite *f.*

gland – presse-étoupe *m.* **gland cock valve**: robinet à boisseau foncé. **gland grease**: graisse de garniture, *de presse-étoupe.* **gland nut**: chapeau de presse-étoupe. **gland oil**: huile de presse-étoupe. **gland packing**: garniture d'étanchéité ; garniture de presse-étoupe. **gland ring**: bague d'étanchéité.

glare – clarté *f*; éblouissement *m* ; éclat *m* ; lumière crue.

Glasphalt – *dénomination d'un revêtement routier fabriqué à partir de la récupération de bouteilles et de pneus.*

glass – glace *f*; verre *m.* **glass bead**: bille de verre. **glass cutting**: taille du verre. **glass envelope**: ampoule *f*; gaine de verre. **glass fiber**: fibre de verre. **glass-fiber-reinforced plastic (GRP)**: composite verre-résine (CVR). **glass floss**: feutre de verre. **glass foam**: verre mousse. **glass lamp chimney**: verre de lampe. **glass marble**: bille de verre. **glass matrix**: pâte vitreuse *(pétro)*. **glass paper**: papier de verre. **glass-reinforced plastic (GRP)**: composite verre-résine (CVR) ; plastique renforcé à la fibre de verre. **glass rod**: agitateur *m.* **glass shot**: perle de verre. **glass structure**: structure vitreuse. **glass-**

transition temperature: température de transition vitreuse. **glass tube**: tube de verre. **glass wool**: laine de verre.
glassblowing – soufflage du verre.
glassivation – glassivation *f, semiconducteur.*
glassmaking – verrerie *f, fabrication de verre.*
glassware – verrerie *f, objets de verre.*
glassworks – verrerie *f, fabrique de verre.*
glassy – vitreux. **glassy rock**: roche vitreuse. **glassy sea**: mer calme, *sans ride.* **glassy texture**: texture vitreuse.
glauconite – glauconie *f, désigne des produits de nature minéralogique mêlée ou variée, qui ont en commun d'être verts* ; glauconite *f, minéral argileux homéotype ferrique de l'illite.*
glauconitic – glauconieux. **glauconitic limestone**: calcaire glauconieux. **glauconitic sand**: sable glauconieux, *sable vert.* **glauconitic sandstone**: grès glauconieux.
glauconitization – glauconitisation *f, transformation chimique d'un minéral aluminosilicaté phylliteux aboutissant à la formation de glauconie.*
glaucophane – glaucophane *f, amphibole bleue.* **glaucophane schist**: *voir blueschist.* **glaucophane-schist facies**: faciès des schistes à glaucophanes, *schistes bleux.*
glaze – émail *m* ; glaçage *m* ; verglas *m* ; vernis *m.*
glazed – givré. **glazed frost**: verglas *m.*
glazing – lustrage *m* ; vitrage *m.*
GLC – *abrév. de gas-liquid chromatography.*
glen – vallée étroite, *d'Irlande ou d'Ecosse.*
glide – glissement *m.*
glider – glisseur *m* ; planeur *m.*
gliding – glissement *m* ; vol à voile. **gliding plane**: plan de glissement.
glimmer (to) – luire.
glint – glint *m, type d'escarpement.*
glitch – à-coup *m (sism)* ; parasite *m, traitement des données.*
global – global, *en géologie un événement dit global s'applique à toute la surface terrestre* ; planétaire. **global cycle chart**: diagramme des cycles eustatiques ; diagramme eustatique, *diagramme montrant le synchronisme des chutes du niveau marin relatif dans des bassins géologiques éloignés.* **Global Positioning System (GPS)**: *système de positionnement par satellite.* **global radiation**: rayonnement global. **global sea-level**: niveau eustatique. **global tectonics**: tectonique globale, *retrace l'évolution des plaques au cours des temps géologiques en étudiant le mouvement d'une plaque et l'effet d'un tel mouvement sur les autres plaques.* **global unconformity**: discordance globale, *reconnue à l'échelle globale.*
globe – globe *m* ; sphère *f.* **globe joint**: joint à rotule. **globe mill**: moulin à boulets. **globe shaped**: sphérique. **globe valve**: clapet à bille ; robinet à soupape ; robinet d'arrêt sphérique ; robinet droit ; soupape à boulet, *d'arrêt à boule* ; soupape sphérique.
globigerinid – globigérine *f (pal).*
globular – globulaire. **globular form**: forme globulaire. **globular structure**: structure globulaire. **globular texture**: texture globulaire.
globule – globule *m* ; gouttelette *f* ; perle de soudure.
G-log – *dénomination commerciale d'une pseudo-diagraphie acoustique.*
gloss – éclat *m* ; luisance *f* ; lustre *m.* **gloss coal**: lignite luisant.
glossy – brillant ; lustré. **glossy sandstone**: grès brillant.
glove – gant *m.* **glove box**: boîte à gants.
glow – combustion lente ; incandescence *f, lueur rouge.* **glow curve**: courbe d'émission, *en fonction de la température.* **glow discharge**: décharge luminescente. **glow-discharge mass spectroscopy (GDMS)**: spectroscopie de masse à décharge luminescente. **glow-discharge optical spectroscopy (GDOS)**: spectroscopie optique à décharge luminescente. **glow lamp**: lampe luminescente. **glow plug**: bougie de réchauffage ; bougie luisante, *moteur diesel.*
glow (to) – se consumer ; brûler sans flammes.
glowing – incandescent. **glowing cloud**: nuée ardente *(géol).* **glowing heat**: incandescence *f.*
GLR – *abrév. de gas/liquid ratio.*
glucan – glucane *f, polymère de glucide formé à partir de glucose.*
glucinium – glucinium *m, ancien nom du béryllium.*
gluconic – gluconique. **gluconic acid**: acide gluconique, *agent de contrôle du fer.*
glucose – glucose *m.*
glue – colle *f.*
glue (to) – coller.
gluing – encollage *m.*
gluon – gluon *m, particule.*
glutamic – glutamique. **glutamic acid**: acide glutamique.
glutaric – glutarique. **glutaric acid**: acide glutarique, *acide pentanedioïque.*
glutting – encombrement du marché, *par un produit.*
glyceride – ester de glycérine ; glycéride *m, nom générique des esters et des acides gras du glycérol.*
glycerin – glycérine *f, nom générique de produits à base de glycérol.*
glycerol – glycérol *m, glycérine officinale, propanetriol-1-2-3, un trialcool.*
glycogen – glycogène *m, haut-polymère du glucose.*
glycol – glycol *m, généralement abrév. de ethylene glycol.* **glycol dimethyl ether (GDME)**: diméthyléther de glycol.
glyoxal – glyoxal *m, diformyle, éthanedial, oxalaldéhyde.*
Glyptal – *dénomination de résines glycérophtaliques.*
GMAW – *abrév. de gas-metal arc welding.*
GMT – TU, *abrév. de Greenwich mean time : temps universel.*
gneiss – gneiss *m, roche métamorphique.*
gneissic – gneissique. **gneissic structure**: structure gneissique *(pétro).*
gnomonic – gnomonique. **gnomonic projection**: projection gnomonique, *perspective du globe terrestre, de son centre sur un plan tangent à*

l'ellipsoïde ; le même type de projection est utilisé en cristallographie.

GNP – PNB, *abrév. de gross national product : produit national brut.*

go (to) – aller. **go (to) dead**: cesser de produire *(puits)*. **go (to) into the hole**: aller dans le puits, *descendre un appareillage quelconque dans un sondage.* **go (to) to water**: être inondé, *puits.* **go (to) wild**: devenir fou, *se dit d'un puits éruptif qui ne peut être contrôlé.*

gob – remblai *m (mine)*. **gob gas**: gaz de remblais ; grisou *m.*

go-devil – racleur *m, appareil en forme de piston circulant à l'intérieur des pipelines pour les nettoyer* ; ramoneur *m, pipeline.*

goethite – goethite *f (minér)*.

goffering – tuyautage *m* ; gaufrage *m* ; plissage *m.*

GO-fining – *dénomination d'un procédé de désulfuration des distillats à haut point d'ébullition.*

gold – or *m, symbole chim. Au.* **gold-bearing**: aurifère. **gold-bearing quartz**: quartz aurifère. **gold digging**: exploitation aurifère. **gold dust**: poussière d'or. **gold field**: champ aurifère ; gisement aurifère. **gold flour**: poudre d'or. **gold foil**: or en feuille. **gold leaf**: or en feuille. **gold number**: nombre d'or, *nombre de protection d'un colloïde protecteur.* **gold sand**: sable aurifère. **gold standard**: étalon or.

gon – gon *m, unité d'angle plan, syn. de grade.*

gondola – gondole *f, voir gondola car.* **gondola car**: plate-forme roulante ; wagon plat ; wagon tombereau ; wagon trémie.

Gondwana – Gondwana *m, continent hypothétique de l'hémisphère austral.*

gone – parti. **gone to water**: envahi, *se dit d'un puits de pétrole envahi par l'eau de la formation* ; inondé.

gong buoy – bouée à carillon.

goniatite – goniatite *m (pal)*.

goniometer – goniomètre *m.*

goo – cambouis *m.*

Gooch – Gooch. **Gooch crucible**: creuset de Gooch, *creuset à fond perforé.*

good – bon. **good conductor**: bon conducteur. **good oil**: *voir raffinate.* **good running order**: bon ordre de marche, *ou de service.*

Goodloe – Goodloe, *dénomination d'un garnissage pour colonne de raffinage, formé de tampons métalliques ou en nylon.*

goodness – bonne qualité. **goodness of fit**: qualité de l'ajustement.

goods – marchandises *f.* **goods depot**: hangar de marchandises. **goods station**: gare de marchandises. **goods tariff**: tarif marchandises. **goods truck**: wagon à marchandises.

goodwill – bonne volonté, bon vouloir, bienveillance *f*; fonds de commerce, clientèle, *biens incorporels (comm)*. **goodwill mission**: mission de conciliation, *ou de médiation.*

gooseneck – col de cygne ; coude de tête d'injection. **gooseneck coupling**: raccord en col de cygne.

GOR – *abrév. de gas/oil ratio.*

gorge – gorge *f*; ravin *m.*

gossan – chapeau de fer, *zone exposée en surface et oxydée d'un gisement métallifère.*

Gotlandian – Gothlandien *m, Silurien supérieur.*

gouge – argile de frottement *(géol)* ; gouge *f (méc)* ; salbande argileuse. **gouge bit**: mèche cuiller ; tarière *f.* **gouge zone**: zone broyée, *dôme de sel.*

Goupillaud – Goupillaud. **Goupillaud layering**: modèle de Goupillaud, *utilisé pour les sismogrammes synthétiques.*

governing – gouvernant. **governing law**: droit applicable. **governing valve**: soupape de commande, *de distribution* ; vanne de manoeuvre.

government – gouvernement *m.* **government selling price (GSP)**: prix de vente officiel.

governor – gouverneur *m, commmande automatique* ; régulateur *m.* **governor drive**: commande du régulateur. **governor-driving rack**: secteur de commande de régulateur. **governor pressure**: pression de régulateur. **governor pump**: pompe de régulation. **governor valve**: soupape régulatrice.

GP – *abrév. de general purpose.* **GP grease**: *abrév. de general-purpose grease : graisse pour tous usages.*

GPC – CPG, *abrév. de gel-permeation chromatography, chromatographie de perméation sur gel.*

gpd – *abrév. de gallons per day.*

gph – *abrév. de gallons per hour.*

gpm – *abrév. de gallons per minute.*

gps – *abrév. de gallons per second.*

GPS – *abrév. de global positioning system : système de positionnement par satellite.*

GRA – *abrév. de government rubber acrylonitrile.*

grab – accrocheur *m* ; grappin *m* ; pelle automatique. **grab bucket**: benne preneuse. **grab crane**: grue à benne. **grab dredger**: benne preneuse. **grab iron**: accrocheur *m.* **grab sampling**: échantillonnage instantané ; échantillonnage ponctuel.

grabbing – accrochage *m.*

graben – fossé d'effondrement ; fossé tectonique ; graben *m, compartiment faillé étroit, relativement abaissé.*

grace period – période de grâce, *en terme de sécurité, période pendant laquelle la sécurité est assurée sans qu'il y ait encore nécessité d'une intervention en cas d'incident.*

gradation – échelonnement *m* ; gradation *f*; progression *f.*

grade – degré *m* ; grade *m, 1) nombre associé à une matière afin de la caractériser ; 2) unité d'angle plan égale à la centième partie de l'angle droit* ; nuance *f*; pente *f*; qualité *f*; rampe *f*; teneur *f.* **grade crossing**: passage à niveau. **grade of ores**: teneur de minerai. **grade of steel**: nuance d'acier. **grade size**: dimension *f*; grosseur *f.* **at grade**: à niveau.

grade (to) – classer ; évaluer la qualité de ; graduer ; niveler. **grade (to) a reflection**: graduer une réflexion *(sism)*.

graded – classé ; gradué. **graded bed**: couche granoclassée. **graded bedding**: granoclassement *m, sédimentation graduée produite par le dépôt cyclique des éléments détritiques.* **graded profile**: profil régularisé. **graded river**: rivière régularisée. **graded sediment**: sédiment classé. **graded shoreline**: côte rectiligne ; rivage régularisé.

grader – *voir aussi road grader*; classeur *m*; trieur *m*.
gradient – déclivité *f*; gradient *m*; pente *f*; plan incliné ; rampe *f*. **gradient elution**: élution graduée. **gradient of flow**: pente d'écoulement. **gradient of gravity**: gradient de la gravité.
gradienter – échelle de pente.
grading – arasement du sol ; classement *m*; composition granulométrique ; cotation *f*; nivellement *m*; terrassement *m*; triage *m*, *par qualité ou dimension*. **grading curve**: courbe granulométrique.
gradiomanometer – gradiomanomètre *m*, *appareil qui enregistre de façon continue le profil du gradient de pression d'un puits*.
gradiometer – gradiomètre *m*; sonde de gradient de gravimétrie.
gradual – progressif. **gradual contact**: contact graduel. **gradual idle**: ralenti progressif.
graduate – diplômé *m*.
graduated – gradué. **graduated circle**: cercle gradué. **graduated cylinder**: éprouvette graduée. **graduated measure**: mesure graduée. **graduated scale**: échelle graduée. **graduated screw**: vis graduée ; vis micrométrique.
graduating – graduation *f*. **graduating spring**: ressort progressif. **graduating valve**: soupape progressive.
graduation – graduation *f*.
graft – greffe *f*. **graft copolymer**: copolymère greffé. **graft copolymerization**: copolymérisation greffée. **graft polymerization**: polymérisation par greffage.
grahamite – grahamite *f*, *variété d'asphaltite*.
grain – grain *m*, *particule discrète de petite taille composant une roche* ; texture *f*. **grain boundary**: frontière granulaire ; joint de grain ; joint intergranulaire. **grain density**: densité de grain. **grain size**: granulométrie *f*, *dimension de grain* ; taille des grains. **grain-size analysis**: granulométrie *f*. **grain-size distribution**: granulométrie *f*. **grain structure**: structure granulaire. **grain volume (GV)**: volume des grains. **grain-volume determination**: mesure de la porosité des roches. **grain-volume method**: méthode de mesure du volume, *de la phase solide des échantillons pour la recherche de la porosité effective des roches réservoirs*.
grain – grain *m*, *unité de masse = 64,8 mg*. **grains per gallon**: grains par gallon, *unité de mesure parfois utilisée pour les salinités de l'eau*.
grained – granulé ; granuleux ; grenu. **grained rock**: roche grenue, *roche plutonienne, roche de profondeur*.
graininess – granulation *f*.
grainstone – *roche carbonatée dont les composants organiques ne sont pas liés entre eux pendant le dépôt et qui n'a pas de particules fines (boue)*.
grainy – granuleux. **grainy sludge**: boues granuleuses.
gram – gramme *m*, *unité de masse de symbole* g, *1 g = 0,001 kg ; c'est par l'adjonction des préfixes décimaux au mot gramme que se forment les multiples et les sous-multiples de l'unité de masse SI*. **gram atom**: atome gramme. **gram calorie**: microthermie *f*; petite calorie. **gram equivalent**: équivalent gramme. **gram molecule**: molécule gramme, *ancienne unité de quantité de substance*.
gram-negative – gramnégatif, *réaction colorante des bactéries*.
gram-positive – grampositif, *réaction colorante des bactéries*.
grand – grand. **grand baselevel**: niveau de base général, *niveau de la mer*. **grand canonical ensemble**: ensemble grand canonique *(méc.stat)*. **grand slam**: grand chelem, *programme de calcul qui, à partir des données double induction, PS, latérolog et diagraphie de proximité, calcule la profondeur d'invasion et la résistivité à la fois pour les zones envahies et non contaminées*.
granite – granite *m*, *roche magmatique plutonique grenue*. **granite gneiss**: gneiss granitoïde. **granite quarry**: carrière de granite. **granite wash**: arkose *f*, *terme de foreur pour une arkose formée de détritus gneissique*.
granitic – granitique. **granitic layer**: couche granitique. **granitic rock**: roche granitique. **granitic subsoil**: soubassement granitique. **granitic texture**: structure granitique.
granitization – granitisation *f*.
granitoid – granitoïde *m*.
granoblastic – granoblastique. **granoblastic texture**: texture granoblastique.
granodiorite – granodiorite *f*, *roche magmatique plutonique*.
granophyre – granophyre *m*.
granophyric – granophyrique. **granophyric texture**: structure granophyrique, *structure microgranitique*.
grant – bourse *f*; concession *f*; délivrance *f*, *d'un brevet*; octroi *m*; subvention *f*.
grantee – concessionnaire *m*.
granting – concession *f*; octroi d'un titre.
grantor – concédant *m*.
granular – à grains ; granulaire ; grenu, *désigne une structure ou une roche où tous les grains sont visibles à l'oeil nu*. **granular fracture**: cassure grenue. **granular material**: colmatant granuleux *(for)*. **granular-media filter**: filtre à lits granuleux. **granular rock**: roche grenue, *roche cristalline*. **granular structure**: structure grenue.
granularity – granularité *f*, *grosseur de grain*; granulation *f*.
granulated – granulé. **granulated metal**: métal en grenailles.
granulation – granulation *f*.
granulator – granulateur *m*.
granule – granule *m*. **granule gravel**: gravier fin. **granule roundstone**: gravier fin. **granule texture**: texture granulaire.
granulite – granulite *f*, *roche métamorphique catazonale*. **granulite facies**: faciès des granulites, *faciès minéral avec orthopyroxène, plagioclase basique et grenat*; faciès granulitique.
granulitic – granulitique. **granulitic structure**: structure granulitique.
granulometric – granulométrique. **granulometric separation**: séparation granulométrique.
granulometry – granulométrie *f*.
granulose – granuleux. **granulose texture**: texture granoblastique.
granulous – granuleux.

graph – courbe *f*; diagramme *m*; graphe *m*; graphique *m*. **graph theory**: théorie des graphes *(math)*.

graphic – graphique. **graphic formula**: formule de constitution, *formule rationnelle*. **graphic granite**: granite graphique; pegmatite graphique. **graphic log**: diagraphie de chantier. **graphic panel**: panneau graphique, *tableaux représentant une unité avec des mesures diverses (température, débit, pression) dans la salle de contrôle de la dite unité*. **graphic recorder**: enregistreur graphique. **graphic scale**: échelle graphique. **graphic structure**: structure graphique. **graphic tellurium**: sylvanite *f (minér)*. **graphic texture**: structure graphique, *dans les roches magmatiques, structure montrant des inclusions minérales rappelant l'écriture cunéiforme*. **graphic triangulation**: triangulation graphique.

graphite – graphite *m*; plombagine *f*. **graphite deposit**: gisement de graphite. **graphite electrode**: électrode en graphite. **graphite flake**: flocon de graphite; paillette de graphite. **graphite grease**: graisse graphitée. **graphite oil**: huile graphitée.

graphitic – graphitique. **graphitic carbon**: carbone graphitique. **graphitic corrosion**: corrosion graphitique.

graphitization – graphitisation *f*.

grapnel – *voir grapple*.

grapple – coin en spirale; grappin *m*; harpon *m*.

grappling – accrochage *m*; repêchage *m*.

graptolite – graptolite *m*, *fossile marin*.

grasp (to) – comprendre; empoigner; saisir.

grass – herbe *f*. **at grass**: à la surface *(mine)*. **at grass the pit's mouth**: sur le carreau de la mine *(mine)*.

grasshopper – sauterelle *f*, *appellation 1) d'une installation de pompage; 2) du contrepoids d'une pompe; 3) d'un outil servant à aligner les tubes destinés à être soudés*. **grasshopper rig**: *dénomination familière d'une installation de forage peu coûteuse utilisée au début du siècle*.

grassroots – région agricole, *par opposition à région industrielle*. **grassroots deposit**: gisement en surface, *en couches superficielles*. **grassroots plant**: installation nouvelle, *il s'agit d'une réalisation entièrement nouvelle, construite de toutes pièces sur un terrain vierge*.

grate – grille *f*; tamis *m*. **grate bar**: barreau de grille. **grate surface**: surface de grille.

grated – râpé.

graticule – graticule *m*, *craticule*; quadrillage *m*.

grating – armature *f*; caillebotis *m*; grillage *m*; grincement *m*; réseau *m (opt)*; treillis *m*. **grating spectroscope**: spectroscope à réseau.

gratuity – gratification *f*; indemnité *f*; pot-de-vin *m*; prime *f*.

gravel – agglomérat *m*; gravelle *f*, *élément du type sable ou gravier*; gravier *m*. **gravel bank**: banc de gravier. **gravel-bed filter**: filtre à gravier. **gravel bitumen**: grave bitume. **gravel desert**: désert caillouteux; reg *m*. **gravel ground**: terrain graveleux. **gravel hopper**: trémie à graviers. **gravel mine**: placer d'or. **gravel-pack method**: gravillonnage des crépines. **gravel-packed liner**: colonne perdue à gravillonnage incorporé. **gravel packing**: filtre à gravier, *écran de gravier mis en place entre les parois de la formation à exploiter et un liner perforé*; gravier filtre *(prod)*. **gravel pipe**: orgue géologique. **gravel pit**: carrière de gravier. **gravel rampart**: levée de galets; rempart de bloc. **gravel stone**: gravier *m*.

gravel (to) – gravillonner.

graveling – empierrement *m*; gravelage *m*.

gravelly – graveleux. **gravelly layer**: couche graveleuse, *du matériel de solifluxion recouvrant les zones périglaciaires (géol)*. **gravelly soil**: sol graveleux.

graveyard – *voir tour (graveyard tour)*.

gravimeter – gravimètre *m*.

gravimetric – gravimétrique. **gravimetric analysis**: analyse gravimétrique. **gravimetric crew**: équipe gravimétrique. **gravimetric geodesy**: géodésie gravimétrique. **gravimetric map**: carte gravimétrique. **gravimetric method**: méthode gravimétrique. **gravimetric survey**: étude gravimétrique.

gravimetry – gravimétrie *f*, *méthode de prospection géophysique qui cherche à déterminer, d'après les perturbations du champ de la pesanteur, la répartition, dans le sous-sol, des différentes formations caractérisées par leurs densités*.

graving – radoub *m*, *réparation de la coque d'un bâtiment*. **graving dock**: bassin de radoub.

gravitation – gravitation *f*.

gravitational – attractif; gravitationnel. **gravitational acceleration**: accélération de la pesanteur, *la valeur normalisée internationale est de 9,80665 m/s^2*. **gravitational constant**: constante de gravitation. **gravitational field**: champ de gravitation. **gravitational flow**: écoulement libre; écoulement par gravité. **gravitational force**: force de gravitation. **gravitational gliding**: glissement gravitationnel; glissement par pesanteur. **gravitational pull**: gravitation *f*. **gravitational sliding**: écoulement gravitationnel *(tect)*. **gravitational wave**: onde de gravitation.

gravity – densité *f*; gravité *f*; pesanteur *f*. **gravity actuated**: actionné par gravité. **gravity anomaly**: anomalie de la pesanteur, *voir free-air anomaly*; anomalie gravimétrique. **gravity attraction**: force d'attraction de la pesanteur. **gravity balance**: balance gravimétrique. **gravity-base structure (GBS)**: plate-forme à embase-poids, *structure dont la stabilité est assurée par gravité grâce aux dimensions et au poids de l'embase, généralement en béton, et ne nécessitant pas d'ancrage sur le fond de la mer*. **gravity concentration**: concentration par gravité. **gravity conveyor**: transporteur à plan incliné. **gravity corer**: carottier à gravité. **gravity dam**: barrage poids. **gravity drainage**: drainage par gravité, *voir aussi segregation drive*. **gravity drive**: déplacement par gravité. **gravity fault**: faille de gravité; faille directe; faille normale. **gravity feed**: alimentation par gravité; alimentation par pesanteur. **gravity-feed tank**: réservoir en charge. **gravity field**: champ de la pesanteur. **gravity filter**: filtre à écoulement par gravité. **gravity flow**: écoulement par gravité. **gravity force**: force de gravité; pesanteur *f*. **gravity gliding**: écoulement par gravité; glissement par pesanteur. **gravity gradient**: gradient de la pesanteur. **gravity line**: conduite à écoulement naturel, *canalisation dont le produit s'écoule par pente naturelle du terrain*. **gravity logging**: diagraphie de gravimétrie. **gravity measurement**: mesure de la pesanteur. **gravity meter**: *voir gravimeter.* **gravity method**: méthode gravimétrique. **gravity oiling system**: système de graissage par gravité. **gravity pendulum**: pendule de gravité. **gravity platform**: plate-forme à embase-poids ; plate-forme gravitaire. **gravity segregation**: ségrégation par gravité. **gravity separation**: séparation par gravité. **gravity spring**: source de gravitation. **gravity structure**: structure à embase-poids, *type de structure marine* ; structure gravitaire, *voir aussi gravity-base structure.* **gravity survey**: levé gravimétrique. **gravity-system lubrication**: graissage par gravité. **gravity tank**: réservoir en charge. **gravity tectonics**: tectonique par gravité, *formation de structures sous l'action d'un glissement gravitationnel.* **gravity tide**: marée gravimétrique. **gravity variometer**: variomètre de gravité. **gravity water**: eau de gravité ; eau gravitaire. **gravity wave**: onde de gravité, *onde superficielle.*

gray – gris. **gray cobalt**: smaltine *f (minér)*. **gray copper**: cuivre gris *(minér)*. **gray iron**: fonte grise. **gray level**: grisé *m.* **gray metal**: schiste argileux gris. **gray scale**: gamme de gris.

gray – gray *m, unité SI de dose absorbée de rayonnements ionisants, symbole* Gy. **gray per second**: gray par seconde, *unité SI de taux de dose absorbée* (Gy/s).

Gray – Gray. **Gray chiller**: cristallisoir Gray, *appareil de déparaffinage.* **Gray process, Gray treating**: procédé Gray, *traitement à la terre en phase vapeur pour éliminer les produits générateurs de gommes dans les essences.* **Gray's tester**: appareil Gray, *utilisé pour la détermination du point d'éclair des huiles en creuset fermé.*

graybody – corps gris, *rayonnement thermique.*

graywacke – grauwacke *m, roche sédimentaire détritique d'un vert sombre et d'une composition minéralogique très variable.*

graywater – eaux ménagères *(pol)*.

grazing – rasant. **grazing angle**: angle d'incidence rasante. **grazing incidence**: incidence rasante.

grazing – pâturage *m.* **grazing land**: pâturage *m.*

grease – graisse *f, mélange semisolide de dérivés du pétrole, de savons, avec ou sans charges, adapté aux différents procédés de graissage.* **grease box**: boîte à graisse. **grease classification**: classification des s. **grease cock**: robinet graisseur. **grease consistency**: consistance des graisses. **grease cup**: godet graisseur ; graisseur. **grease-elasticity test**: essai d'élasticité des graisses. **grease gun**: pompe à graisse. **grease ice**: sorbet *m, stade de la congélation postérieur au frasil, les cristaux commencent à s'agglutiner pour former en surface une couche épaisse comme de la soupe.* **grease mineral additive**: additif minéral pour graisse. **grease-moisture adsorption test**: essai d'adsorption de l'humidité des graisses. **grease nipple**: raccord graisseur. **grease-oxidation test**: essai d'oxydabilité des graisses. **grease-oxygen bomb test**: essai d'oxydation des graisses à la bombe. **grease-penetration test**: essai de pénétration des graisses. **grease penetrometer**: pénétromètre *m, appareil de mesure de la consistance des graisses.* **grease resistance**: ingraissabilité *f.* **grease-torque breakdown test**: détermination du couple de cassure d'une graisse. **grease worker**: malaxeur pour graisse. **grease working**: malaxage des graisses.

grease (to) – graisser.

greasing – graissage *m.*

greasy – graisseux. **greasy luster**: reflet gras.

Greek – grec. **Greek fire**: feu grégeois, *mélange de substances, probablement du soufre, du naphte et de la chaux vive, qui prenaient feu quand elles étaient mouillées, utilisé par les Grecs comme arme de guerre.*

green – vert, *indique souvent une caractéristique écologique.* **green acid**: acide vert, *acides sulfoniques, obtenus lors du traitement des huiles par l'acide sulfurique.* **green algae**: algues vertes, *groupe d'algues marines (Chlorophycées)*. **green concrete**: béton frais. **green copperas**: *voir sulate ferreux.* **green-head bit**: trépan à deux étages. **green manure**: engrais vert. **green mud**: boue verte, *sédiment marin profond composé de particules terrigènes à forte proportion de glauconite.* **green tar**: brai vert, *désigne le pétrole de la Barbade.* **green vegetation index (GVI)**: indice de verdure.

greenhouse – serre *f.* **greenhouse effect**: effet de serre, *l'atmosphère se comportant comme les parois d'une serre absorbe les radiations solaires de grande longueur d'onde et les transforme en chaleur.*

greenness – verdure *f.* **greenness index**: indice de verdure.

greenockite – greenockite *f (minér)*.

greensand – sable glauconieux ; sable vert.

greenschist – schiste vert, *roche métamorphique schisteuse dont la couleur verte est due à la présence de chlorite, épidote ou actinolite.* **greenschist facies**: faciès des schistes verts, *faciès minéral métamorphique.*

greenstone – roche verte, *roche métamorphique devant sa couleur à la présence de chlorite, d'actinolite ou d'épidote.* **greenstone belt**: ceinture de roches vertes, *terme désignant des zones allongées du bouclier précambrien, caractérisées par la présence de nombreuses roches vertes et qui pourraient contenir des gîtes métallifères.*

Grenwich – Greenwich. **Greenwich mean time (GMT)**: temps universel (TU), *temps solaire moyen du méridien de Greenwich.*

greisen – greisen *m, roche magmatique plutonique.*

grey – *voir gray.*

grid – carroyage *m* ; grille *f* ; maille *f* ; quadrillage *m* ; réseau *m* ; tamis *m.* **grid cell**: maille *f.* **grid coordinates**: coordonnées rectangulaires d'une carte ; grille de coordonnées. **grid effect**: effet de grille. **grid line**: ligne du quadrillage *(cartog)*. **grid method**: méthode du quadrillage, *méthode de redressement des photographies obliques, utilisant un quadrillage (photogéol)*. **grid node**: noeud de grille. **grid packing**: garnissage en grille. **grid pattern**: maillage *m.* **grid plate**: plaque grille ; plaque réseau. **grid system**: réseau de transport.

gridding – maillage *m* ; quadrillage *m.*

griefstem – *voir kelly.*

grillage – treillis *m.*

grillwork – grillage *m.*

grind (to) – affiler ; broyer ; meuler ; moudre ; polir ; poncer ; pulvériser ; roder. **grind (to) in**: roder.

grindability – broyabilité *f*; friabilité *f*.

grinder – affûteuse *f*; broyeur *m*; meuleuse *f*; rectifieuse *f*.

grinding – broiement *m* ; broyage *m* ; meulage *m* ; polissage *m* ; ponçage *m* ; rectification *f*; rodage *m*. **grinding compound**: pâte à roder. **grinding fluid**: liquide de meulage. **grinding machine**: machine à rectifier ; rectifieuse *f*. **grinding oil**: huile de meulage. **grinding paste**: pâte à roder. **grinding powder**: poudre à roder. **grinding tool**: rodoir *m*. **grinding wheel**: meule *f*; roue à meuler.

grindout – essai de centrifugation, *pour déterminer la teneur en eau et sédiments de l'huile brute*. **grindout machine**: centrifugeuse *f*, *pour déterminer la teneur en eau et sédiments des produits pétroliers*.

grindstone – meule à aiguiser.

grip – mâchoire *f*, *d'un étau* ; pince d'accrochage ; prise *f*; serrage *m*.

grip (to) – prendre ; saisir ; serrer.

gripper – pinces *f*; taquet *m*. **gripper system**: système de préhension.

grit – particules abrasives ; arène *f*; gravillon *m* ; grès grossier ; sable grossier. **grit blasting**: décapage au sable. **grit free**: exempt de particules abrasives. **grit spreader**: gravillonneuse *f*.

gritstone – grès grossier.

gritty – graveleux ; gréseux.

grizzle – charbon pyriteux.

grizzly – claie *f*; crible à barres.

groove – cannelure *f*; feuillure *f*; gorge *f*; rainure *f*; saignée *f*; tranchée *f*. **groove cast**: moulage de cannelures, *moulage d'outils*. **groove of a pulley**: gorge d'une poulie. **groove weld**: soudure de bord.

groove (to) – bouveter ; canneler ; rainer ; rayer.

grooved – cannelé. **grooved bearing**: coussinet à gorge. **grooved pulley**: poulie à gorge. **grooved roll**: cylindre cannelé. **grooved shaft**: arbre cannelé. **grooved tire**: pneu cannelé. **grooved wheel**: roue à gorge.

grooving – rainurage *m*.

gross – brut ; global. **gross axle weight rating (GAWR)**: poids nominal brut sur l'essieu (PNBE), *poids maximal autorisé sur l'essieu*. **gross calorific value (GCV)**: pouvoir calorifique supérieur (PCS), *quantité totale de chaleur dégagée par un combustible en brûlant lorsque l'eau formée pendant la combustion se trouve à l'état liquide*. **gross consumption**: consommation brute. **gross domestic product (GDP)**: produit intérieur brut (PIB). **gross earnings**: revenu brut. **gross energy requirement (GER)**: contenu énergétique brut (CEB). **gross error**: erreur grossière. **gross freight**: fret brut. **gross heating value (GHV)**: pouvoir calorifique supérieur (PCS). **gross installed capacity**: *voir installed capacity*. **gross loss**: perte totale. **gross national product (GNP)**: produit national brut (PNB). **gross negligence**: faute lourde. **gross off**: déduction non faite. **gross production tax**: taxe sur la production brute, *l'assiette de la taxe est l'unité produite*. **gross profit**: bénéfice brut. **gross profit per ton**: bénéfice brut par tonne. **gross register tonnage (GRT)**: jauge brute *(navire)*. **gross return**: rendement brut. **gross royalty**: redevance brute, *désigne la redevance versée au propriétaire du terrain concédé*. **gross ton**: tonne forte, = *1016,047 kg*. **gross tonnage**: jauge brute ; tonnage brut. **gross value**: valeur brute. **gross vehicle weight (GVW)**: poids total en charge (PTC), *poids total du véhicule chargé*. **gross weight**: poids brut. **gross weight rating (GWR)**: poids nominal brut, *poids maximum autorisé pour un véhicule*.

grotto – grotte *f (géomorph)*.

ground – fond *m* ; masse *f (élec)* ; motif *m (jur)* ; prise de terre ; raison *f*, *fondement* ; sol *m* ; terrain *m* ; terre *f*. **ground arch**: voûte du terrain. **ground auger**: tarière *f*. **ground avalanche**: avalanche de fond. **ground cable**: câble de mise à la terre. **ground circuit**: retour par la terre. **ground clamp**: prise de terre. **ground clearance**: garde au sol, *d'un véhicule* ; hauteur du châssis au-dessus du sol *(auto)*. **ground clutter**: écho-parasite de sol. **ground coat**: couche d'impression ; première couche. **ground color**: teinte de fond. **ground connection**: prise de masse, *retour à la masse ou à la terre* ; prise de terre. **ground-control point (GCP)**: point d'appui, *point de coordonnées connues (photo aérienne)*. **ground coordinates**: coordonnées terrain. **ground coupling**: couplage au sol, *interaction d'un géophone ou d'un vibreur avec le sol, considérée du point de vue de la transmission des signaux sismiques*. **ground element**: tachèle *f*. **ground feature**: accident de terrain ; détail de terrain. **ground lead**: câble à la terre. **ground-level concentration**: concentration au niveau du sol, *quantité de solide, de liquide ou de gaz par unité de volume d'air, généralement mesurée à une hauteur spécifiée* ; concentration au sol. **ground line**: conduite à la terre, *à la masse* ; ligne de terre, *intersection des plans horizontal et vertical*. **ground loop**: circuit de masse, *de terre* ; circuit de terre. **ground magnetometer**: magnétomètre terrestre. **ground magnetometric survey**: campagne magnétométrique terrestre. **ground mix**: mixage terrain, *désigne le cas où les signaux de traces adjacentes ne sont pas totalement indépendants parce que les groupes de sources ou de capteurs voisins sur le terrain se recouvrent partiellement*. **ground mixing**: mixage de terrain, *mixage de dispositif*. **ground moraine**: moraine de fond. **ground movement**: mouvement de terrain. **ground nadir**: nadir sur le terrain, *nadir de terrain, nadir terrestre*. **ground noise**: bruit de fond. **ground-noise survey**: étude du bruit ambiant. **ground parallel**: parallèle au sol. **ground-patch area**: tache élémentaire, *télédétection* ; tachèle *f*. **ground photogrammetry**: photogrammétrie terrestre. **ground photograph**: photographie au sol. **ground pipe**: canalisation enterrée. **ground plane**: plan horizontal au sol. **ground plate**: plaque de terre. **ground platform**: plate-forme au sol, *télédétection*. **ground protection**: protection contre les pertes de courant. **ground rent**: rente foncière. **ground resistance**: résistance du sol. **ground resolution**: limite de résolution au sol. **ground rod**: tige de mise à la terre. **ground roll**: bruit de surface ; onde de surface, *en sismique terrestre ensemble des ondes guidées et des ondes coniques produites dans les couches superficielles par un tir ou par une vibration* ; ondes parasites superficielles *(sism)* ; roulement de sol. **ground sluicing**: exploitation des alluvions par canaux. **ground speed**: vitesse au sol. **ground state**: état fondamental, *état de la plus basse énergie d'un système.* **ground storage**: stockage en terre, *technique consistant à creuser une fosse dans le sol pour y emmagasiner le gaz liquéfié qui y est maintenu en place par congélation du sol entourant cette fosse.* **ground survey**: levé terrestre. **ground surveying**: point de levé du terrain. **ground swell**: houle de fond ; lame de fond. **ground truth**: réalité de terrain, *connaissance de caractéristiques de la scène étudiée, à partir d'observations et de mesures réalisées in situ* ; vérité terrain, *données acquises sur le terrain en conjonction avec celles de télédétection.* **ground unrest**: bruit naturel. **ground visibility**: visibilité au sol. **ground water**: *voir groundwater.* **ground wave**: onde de sol. **ground wire**: fil de terre ; prise de terre.

ground – broyé ; meulé ; moulu ; raclé ; rectifié. **ground glass**: verre dépoli ; verre rodé. **ground in**: rodé, *soupapes, etc.* **ground joint**: joint rodé. **ground plastic**: plastique moulu, *colmatant pour boue de forage.*

groundage – droits de port.

ground (to) – appuyer ; baser ; fonder ; mettre à la masse ; mettre à la terre.

groundage – droits de mouillage.

grounded – enterré ; mis à terre. **grounded circuit**: circuit mis à la terre. **grounded ice**: glace d'échouage ; glace échouée, *glace flottante qui s'est échouée dans des eaux peu profondes.* **grounded wire**: câble à la masse.

groundel – tachèle *f.*

grounding – échouage *m* ; mise à la terre. **grounding device**: dispositif de mise à la terre.

groundlevel – niveau du sol. **groundlevel concentration**: teneur au sol *(pol).*

groundmass – matrice *f*; pâte *f*; pâte matrice *(pétro).*

groundnut – arachide *f.*

groundwater – eau de fond ; eau phréatique ; eau souterraine. **groundwater balance**: bilan de l'eau souterraine. **groundwater basin**: bassin hydrogéologique. **groundwater flow**: cheminement des eaux souterraines ; percolation des eaux souterraines. **groundwater hydrology**: hydrologie des eaux souterraines. **groundwater level**: niveau phréatique ; niveau piézométrique, *d'une nappe d'eau.* **groundwater lowering**: rabattement de nappe, *opération qui consiste à abaisser le niveau de la nappe phréatique.* **groundwater mining**: surexploitation des eaux souterraines. **groundwater runoff**: écoulement souterrain. **groundwater seepage**: infiltration dans la nappe phréatique. **groundwater table**: nappe phréatique.

groundwork – assise *f*; fond *m* ; fondement *m.*

group – groupe *m, division lithostratigraphique au-dessus de la formation* ; groupe de capteurs ; groupement *m, ou groupe (chim)* ; trace terrain. **group-coded recording**: enregistrement codé par groupe. **group delay**: retard à la trace-terrain *(sism).* **group frequency**: fréquence de groupe. **group incentive plan**: système collectif de salaire au rendement. **group insurance**: assurance collective. **group interval**: distance entre traces ; intertrace *m, distance entre centres de groupe de capteurs adjacents.* **group leader**: chef de groupe. **group of faults**: réseau de failles. **group of strata**: complexe de couches. **group shoot**: groupe d'intérêt, *campagne sismique menée par plusieurs partenaires associés à cet effet.* **group velocity**: vitesse de groupe, *pour un train d'ondes.* **entering group**: groupe entrant, *dans une réaction chimique.*

grouped – groupé. **grouped flood**: injection groupée *(prod).*

grouping – groupement *m.* **Y grouping**: montage en étoile ; montage en Y.

grout – coulis *m* ; lait de ciment ; mortier liquide. **grout hole**: trou d'injection de ciment. **grout seal**: coulis de scellement.

grouted – cimenté. **grouted pile**: pieu cimenté ; pile cimentée.

grouting – injection de coulis ; jointement au mortier liquide. **grouting machine**: machine de cimentation. **grouting process**: fonçage des pieux par la méthode de cimentation.

grow (to) – s'accroître ; croître ; cultiver ; pousser.

growler – bourguignon *m, bloc de glace assez petit et émergeant peu, il émerge de moins d'un mètre et s'étend sur une superficie de 20* m^2 *environ* ; indicateur de court-circuit ; vibreur *m.* **growler board**: tableau reproducteur de sons.

growth – augmentation *f*; croissance *f*; gonflement *m.* **growth coefficient**: coefficient d'accroissement. **growth curve**: courbe de croissance. **growth factor**: facteur de croissance. **growth fault**: faille de croissance, *faille formée pendant le dépôt et la diagenèse de la roche.* **growth-fault setting**: bassin avec bordure faillée, *caractérisé par une morphologie faillée de la limite inférieure des séquences de dépôt.* **growth medium**: substrat de croissance *(biol).* **growth pattern**: scénario de croissance. **growth rate**: taux de croissance. **growth rate of return**: taux de rentabilité intégré *(fin).* **growth regulator**: régulateur de croissance.

GRP – CVR, *abrév. de glass-reinforced plastics, composite verre-résine.*

GRS – *abrév. de generally recognized as safe, s'applique aux additifs alimentaires agréés par la FDA – abrév. de government rubber styrene, dénomination d'un caoutchouc synthétique fabriqué par copolymérisation du butadiène et du styrène.*

GRT – *abrév. de gross register tonnage.*

grub – larve *f.* **grub screw**: vis sans tête.

grubbing – dessouchage *m.*

gryphite – gryphée *f, mollusque.* **gryphite limestone**: calcaire à gryphées.

GTAW – *abrév. de gas-tungsten arc welding.*

GU – *abrév. de general use, modèle courant.*

Guadalupian – Guadalupien *m, subdivision du Permien.*

guaiacol – gaïacol *m, produit extrait de la résine de gaïac.*

guano – guano *m.*

guanyl – guanyle *m, radical monovalent.*

guar – guar *m.* **guar gum**: guar *m, mucilage utilisé comme agent épaississant (prod).*

guarantee – caution *f*; cautionnement *m* ; garantie *f.* **guarantee form**: fiche de garantie ; garantie *f.*

guarantee (to) – avaliser ; cautionner ; garantir.

guaranty – *voir guarantee.*
guard – appareil de protection ; dispositif de sécurité ; garde *m* ; gardien *m* ; protecteur *m*. **guard bar**: barre de protection. **guard electrode**: électrode de garde ; électrode gardée. **guard-electrode log**: *voir guard-electrode logging.* **guard-electrode logging**: diagraphie avec électrode de garde, *ou électrode gardée, système à focalisation de courant.* **guard log**: *voir guard-electrode logging.* **guard plate**: plaque de garde. **guard reactor**: réacteur de garde ; réacteur de protection. **guard valve**: vanne d'arrêt.
guard (to) – garder ; protéger.
guardian – gardien *m*.
guardrail – garde-corps *m* ; garde-fou *m* ; rampe de protection.
guayaquilite – guayaquillite *f, substance bitumineuse oxygénée, jaune pâle, soluble dans l'alcool, provenant de Guayaquil (Amérique du Sud).*
guayule – guayule *m, variété de caoutchouc brut provenant d'une herbe mexicaine.*
gubbin – minerai de fer argileux.
gudgeon – goujon *m* ; tourillon *m*. **gudgeon oil**: huile à mouvement ; huile pour pivots. **gudgeon pin**: axe de pied de bielle ; axe du piston. **gudgeon-pin recess**: détalonnage *m, d'un piston.*
guess – conjecture *f*; hypothèse *f*; supposition *f*.
guesswork – estimation *f*.
guest – invité *m, d'une structure moléculaire.* **guest element**: élément capté *(géoch)* ; élément trace. **guest mineral**: métasome *m, nouveau minéral dans un gisement métasomatique* ; minéral métasomatique.
guestimate – estimation grossière, *contraction de guess et d'estimate (argot).*
guidance – direction *f*; directive *f*; guidage *m* ; indication *f*; orientation *f*; pilotage *m*.
guide – guide *m*. **guide arm**: bras de guidage. **guide bar**: glissière guide. **guide base**: plaque de base. **guide bearing**: palier guide. **guide card**: fiche guide. **guide formation**: formation caractéristique. **guide fossil**: fossile guide, *permettant d'identifier l'âge d'une couche.* **guide frame**: bras de guidage. **guide funnel**: entonnoir de guidage *(for)*. **guide mineral**: minéral guide. **guide post**: colonne de guidage. **guide posts**: piliers de guidage. **guide pulley**: poulie guide. **guide rod**: tige de direction. **guide roller**: galet de guidage. **guide rope**: câble guide. **guide shoe**: sabot de guidage ; sabot guide ; sabot normal. **guide wheel**: roue de guidage.
guided – guidé. **guided bend test**: essai de pliage dirigé. **guided missile**: missile guidé. **guided wave**: onde guidée.
guideline – câble de guidage ; ligne de guidage ; ligne directrice. **guideline-tensioner line**: câble tensionneur de ligne guide.
guidelines – schéma directeur.
guiding – conduite *f*; guidage *m*.
guillotine – guillotine *f*. **guillotine shears**: cisailles à guillotine.
gulch – gorge *f*; ravin *m*.
gulf – gouffre *m, abîme* ; golfe *m (géomorph)*.
Gulf-HDS – *dénomination d'un procédé d'hydrodésulfuration des résidus fortement sulfureux.*
Gulfining – *dénomination d'un procédé d'hydrodésulfuration des distillats lourds.*
Gulfinishing – *dénomination d'un procédé de traitement des huiles lubrifiantes.*
gull – mouette *f*. **gull wings**: ailes de mouettes, *terme très souvent utilisé pour exprimer la géométrie ondulée des dépôts de débordement associés aux cônes de talus.*
gully – gorge de torrent ; rigole de ruissellement. **gully erosion**: érosion par ravinement ; ravinement *m*.
gullying – ravinement *m, voir gully erosion.*
gum – gomme *f, dépôt solide résultant de l'oxydation des huiles ou des essences.* **gum arabic**: gomme arabique. **gum content**: teneur en gomme. **gum deposit**: dépôt de gomme. **gum dynamite**: dynamite-gomme. **gum formation**: formation de gomme. **gum inhibitor**: inhibiteur de gommage, *inhibiteur de formation de gomme.* **gum resin**: gomme-résine, *substance oléorésineuse extraite des plantes* ; oléorésine *f*; résine-gomme. **gum test**: essai de gomme, *détermination de la quantité de gomme existant dans les essences.*
gum (to) – engommer ; gommer. **gum (to) up**: encrasser ; gommer ; gripper.
gumbo – gumbo *m, argile collante.*
gummed – gommé. **gummed up piston**: piston gommé.
gumminess – tendance au gommage.
gummy – gluant ; gommeux. **gummy bottoms**: résidus gommeux.
gun – canon *m, désigne diverses sources de sismique marine* ; fusil *m* ; mitrailleuse *f*; pistolet *m*. **gun brass**: *voir gun bronze.* **gun bronze**: bronze dur. **gun burner**: brûleur à air total. **gun grease**: graisse d'armes. **gun oil**: huile pour armes. **gun perforating**: perforation à balles, *le puits ayant été consolidé par injection de ciment entre le tubage et la paroi du sondage, cet ensemble est ensuite perforé à la hauteur de la formation productrice pour permettre l'écoulement de l'huile.* **gun perforator**: perforateur à balles *(for)*.
gunbarrel – réservoir de décantation, *de faible diamètre et de grande hauteur servant à la décantation de l'huile, de l'eau et du gaz à leur sortie du puits.* **gunbarrel tank**: *voir gunbarrel.*
guncotton – coton poudre ; fulmicoton *m*.
gunite – gunite *f, mélange de ciment et de sable projeté pneumatiquement à travers une buse contre la paroi à revêtir.*
gunk – déchets graisseux pâteux ; cambouis *m* ; huile cambouisée.
gunmetal – bronze à canon.
gunned – projeté. **gunned asphalt**: asphalte projeté, *poudre d'asphalte et de filler minéral, projetée à chaud selon une technique particulière sur une surface quelconque préalablement traitée, de manière à former sur cette surface une couche dense, imperméable, sans joint.*
gunpowder – poudre à canon ; poudre de guerre.
Gunter – Gunter. **Gunter's chain**: chaîne de Gunter, *chaîne d'arpenteur, de 20,1168 m de long.*
Günz – Günz *m, glaciation du Pléistocène.*
gurgling – glougloutant. **gurgling well**: puits à jaillissement intermittent.
GUS-BUS – GUS-BUS, *dénomination commerciale d'un système de télémesure.*

gush – jaillissement *m* ; jet violent de liquide.
gusher – débordement *m* ; éruption *f*; geyser *m* ; jaillissement *m* ; puits éruptif. **gusher sand**: sable pétrolifère.
gusset – cornière de jonction. **gusset plate**: gousset *m, organe d'assemblage ou de contreventement.*
gust – rafale *f.* **gust tunnel**: soufflerie à rafales.
gut – boyau *m, d'une grande canalisation pour en réchauffer le fluide* ; canal *m* ; rigole *f.*
gut (to) – vider de sa substance, *faire produire un puits le plus rapidement possible, exploiter seulement les parties riches du gisement.*
Gutenberg – Gutenberg. **Gutenberg discontinuity**: discontinuité de Gutenberg, *discontinuité entre le manteau et le noyau de la Terre.*
gutta-percha – gutta-percha *f.*
gutter – caniveau *m* ; goulotte *f*; gouttière *f*; rigole *f.*
guy – hauban *m.* **guy anchor**: ancrage du haubanage d'un derrick, *voir deadman.* **guy cable**: hauban. **guy ring**: anneau de haubanage. **guy wire**: hauban *m.*
guy (to) – haubaner ; retenir.
guyaquillite – *voir guayaquilite.*
guyed – haubané. **guyed derrick**: derrick haubané. **guyed mast**: mât haubané. **guyed portable mast**: mât démontable haubané. **guyed stack**: cheminée haubanée. **guyed-tower platform**: plate-forme à tour haubanée, *plate-forme de forage haubanée.*
guying – haubanage *m.*
guyline – hauban *m.*
guyot – guyot *m, volcan sous-marin isolé, tronqué par l'érosion.*
GVI – *abrév. de green vegetation index.*
GVW – PTC, *abrév. de gross vehicle weight : poids total en charge.*
GW – GW, *symbole de gigawatt.*
GWR – *abrév. de gross weight rating.*
Gy – Gy, *symbole de gray.*
gymnosperm – gymnosperme *f.*
gyp – *voir gypsum.*
gypseous – gypseux.
gypsiferous – gypsifère. **gypsiferous clay**: argile gypsifère. **gypsiferous sandstone**: grès gypsifère.
gypsification – gypsification *f, transformation de l'anhydrite en gypse.*
gypsometer – gypsomètre *m.*
gypsum – gypse *m, sulfate hydraté naturel de calcium, pierre à plâtre.* **gypsum-base mud**: boue au gypse. **gypsum cement**: ciment au gypse. **gypsum quarry**: plâtrière *f.*
gyration – giration *f*; révolution *f.*
gyrator – concasseur giratoire.
gyratory – giratoire. **gyratory crusher**: gyrobroyeur giratoire *m.*
gyre – grand tourbillon marin.
gyrocompass – compas gyrostatique ; gyrocompas *m (nav).*
gyrofrequency – gyrofréquence *f.*
gyromagnetic – gyromagnétique. **gyromagnetic compass**: compas gyromagnétique. **gyromagnetic effect**: effet gyromagnétique. **gyromagnetic ratio**: rapport gyromagnétique.
gyrometer – gyromètre *m.*
gyroscope – gyroscope *m.*
gyroscopic – gyroscopique. **gyroscopic compass**: compas gyroscopique. **gyroscopic stabilization**: stabilisation gyroscopique.
gyrostabilized – gyrostabilisé, *stabilisé au moyen d'un gyroscope.*
gyrotron – gyrotron *m, tube électronique à ondes progressives.*
gyttja – gyttja *f, sédiment lacustre contenant des débris organiques en décomposition.*
Gzhelian – Gzelien *m, étage du Carbonifère supérieur.*

H

h – h, *symbole de hecto et de hour.*

H – H, *symbole de henry.*

ha – ha, *symbole de hectare.*

HA – *abrév. de heat of adsorption : chaleur d'adsorption.*

haar – haar *m*, *brouillard marin ou crachin (Ecosse).*

Haber – Haber. **Haber process**: procédé Haber, *grand procédé de préparation de l'ammoniac.*

habit – habitus *m*, *forme cristalline prise par un corps.*

habitat – habitat *m*, *écologie* ; localisation *f.* **habitat conservation**: protection de l'habitat. **habitat management**: gestion et aménagement de l'habitat. **habitat of oil**: habitat des hydrocarbures, *répartition spatiale des gisements dans un bassin ou une province.* **habitat welding**: soudage en caisson hyperbare.

habituation – accoutumance *f.*

hachure – hachure *f.*

hack – brèche *f*; entaille *f*; pic *m* ; pioche *f.*

hackly – dentelé ; haché ; heurté. **hackly fracture**: cassure hachée.

hacksaw – scie à métaux.

hadal – hadal, *qualifie les grandes profondeurs océaniques, de plus de 6500 m.* **hadal zone**: zone hadale, *zone ultraabyssale.*

hade – écart de la verticale ; inclinaison *f*, *angle du plan de pendage avec la verticale* ; mutation *f*, *mécanique.* **hade of fault**: angle du plan de faille avec la verticale.

hade (to) – descendre ; s'incliner, *par rapport à la verticale* ; plonger.

hadron – hadron *m*, *particule fondamentale.*

hafnium – hafnium *m*, *symbole chim. Hf.*

haft – manche *m* ; poignée *f.*

Hagedoorn – Hagedoorn. **Hagedoorn method**: méthode de Hagedoorn, *méthode d'interprétation en réfraction ou méthode des plus-minus.*

hail – grêle *f.*

hailing – arraisonnement *m.*

hailstone – grêlon *m.*

hair – cheveu *m.* **hair crack**: fendillement *m* ; fissure capillaire. **hair hygrometer**: hygromètre à cheveu. **hair spray**: laque pour cheveux.

hairpin – épingle à cheveux. **hairpin bend**: virage en épingle à cheveux ; zigzag *m.* **hairpin shaped**: en épingle à cheveux, *se dit d'un arrangement de faisceaux tubulaires dans un condenseur.*

halation – halo *m.*

half – semi ; demi ; moitié *f.* **half bearing**: demicoussinet *m.* **half bog**: semitourbeux *(pédol).* **half cell**: demi-élément *m.* **half day**: demijournée *f.* **half duplex**: semiduplex *(commun).* **half fare**: demiplace *f.* **half filled**: à demi rempli ; à moitié plein. **half fluid**: semifluide. **half full**: demiplein. **half hard**: demidur. **half life**: période radioactive. **at half load**: à demi charge. **half pay**: demisolde *f.* **half-pipe fitting**: siphon à entrée verticale et sortie horizontale. **half-power point**: fréquence de coupure en puissance *(élec).* **half round**: demirond ; semicirculaire. **half-round file**: lime demironde. **half space**: demi-espace *m* ; semi-espace *m.* **half speed**: demivitesse *f.* **half-speed shaft**: arbre tournant à demivitesse. **half thickness**: *voir half-value thickness.* **half-turn socket**: cloche de repêchage à demitour *(for).* **half-value layer**: *voir half-value thickness.* **half-value thickness**: couche de demiatténuation (CDA), *épaisseur d'un matériau qui absorbe 50 % des rayons gamma incidents.* **half wave**: demi-alternance *f*; demi-onde *f.*

halftrack – véhicule demichenillé.

halide – halogénure *m.*

halite – halite *f*, *sel gemme.*

Hall – Hall. **Hall coefficient**: coefficient de Hall, *constante de Hall.* **Hall effect**: effet Hall, *apparition d'une tension électrique entre les faces latérales d'un matériau conducteur traversé longitudinalement par un courant et soumis à un champ magnétique.* **Hall process**: procédé Hall, *pour la fabrication électrolytique de l'aluminium.*

hallmark – cachet de contrôle ; poinçon de garantie.

halloysite – halloysite *f*, *minéral des argiles.*

halmyrolysis – halmyrolyse *f*, *altération chimique d'un sédiment marin au contact de l'eau de mer.*

halo – auréole *f*; halo *m.*

haloalkane – haloalcane *m*, *alcane halogéné.*

halocarbon – halocarbone *m*, *hydrocarbure halogéné.* **halocarbon plastic**: matière plastique halogénée.

halocline – halocline *f*, *couche d'eau à fort gradient vertical de salinité.*

haloform – haloforme *m.*

halogen – halogène *m*, *nom donné aux corps de la famille des fluor, chlore, brome et iode.*

halogenated – halogéné. **halogenated ester**: ester halogéné. **halogenated hydrocarbon**: hydrocarbure halogéné.

halogenation – halogénation *f*, *introduction d'un halogène dans une molécule.*

haloid – haloïde.

halokinesis – halocinèse *f*, *tectonique salifère.*

halolysis – halolyse *f*, *réaction d'un halogénure ionique sur un ester organique.*
halomethane – halométhane *m.*
halomorphic – halomorphe *(pédol).*
Halon – Halon *m*, *dénomination de dérivés fluorés d'hydrocarbure employés comme fluides extincteurs et frigorifiques.*
halophilic – halophile, *se développant dans un milieu salin.*
halophyte – halophyte *f*, *végétal vivant dans un milieu sursalé.*
halyard – drisse *f (naut).*
hammada – hamada *f*, *ou hammada, plateau rocheux de région désertique.*
hammer – marteau *m* ; massette *f*; pilon *m.* **hammer crusher**: broyeur à marteaux. **hammer drill**: marteau perforateur. **hammer face**: panne de marteau. **hammer forging**: martelage *m.* **hammer grab**: trépan benne, *benne jouant à la fois le rôle de trépan et de cuiller : elle attaque le sol et extrait les déblais.* **hammer hardening**: écrouissage *m* ; martelage à froid. **hammer in a line**: coup de bélier dans une canalisation. **hammer mill**: broyeur à marteaux. **hammer oil**: huile pour marteau-pilon. **hammer peen**: panne de marteau. **hammer sampler**: carottier battu. **hammer slag**: battitures *f.* **hammer test**: essai au marteau, *pour déterminer les points faibles dans du matériel en acier.* **hammer welding**: soudage au marteau ; soudage par martelage.
hammered – martelé. **hammered steel**: acier forgé au pilon.
hammering – battage *m* ; martelage *m.*
Hamming – Hamming. **Hamming function**: fonction de Hamming *(sism).*
hand – aiguille *f*, *d'une montre* ; main *f.* **hand brake**: frein à main. **hand-brake lever**: levier de frein à main. **hand burnishing**: brunissage à la main. **hand-control valve**: vanne de contrôle manuelle. **hand-controlled**: commandé à la main. **hand drill**: chignole *f*; perceuse à main ; perforatrice *f.* **hand-drilled well**: forage à bras. **hand drilling**: perforation à la main. **hand drive**: commande manuelle. **hand-dug well**: puits creusé à main d'homme. **hand feed**: avance d'un outil à main. **hand feeding**: alimentation à main. **hand fitting**: ajustage à la main. **hand forging**: forgeage à main. **hand hammer**: marteau à main. **hand-held drill**: perforatrice à main. **hand hoist**: palan à bras. **hand hole**: trou d'inspection ; trou de poing ; trou de visite, *trou-visite.* **hand jack**: cric à main. **hand lamp**: baladeuse *f*; lampe de mine. **hand lens**: loupe *f.* **hand level**: niveau à main *(topog).* **hand lever**: levier à main ; manette *f.* **hand loading**: chargement à la main. **hand lubrication**: graissage à la main. **hand molded**: moulé à main. **hand-operated**: actionné à la main ; à commande à main ; à main. **hand operation**: fonctionnement à main. **hand picking**: triage à la main. **hand press**: presse à main. **hand puddling**: puddlage à la main. **hand pump**: pompe à main. **hand-pump lubricator**: graisseur à coup de poing ; graisseur par pompe à main. **hand shield**: écran de projection, *soudage.* **hand shoveling**: pelletage à main. **hand sorting**: triage à main. **hand stop valve**: robinet d'arrêt à main. **hand template**: plaque de triangulation manuelle. **hand tight**: serré à la main ; vissé à la main. **hand-tight coupling**: raccord serré à la main. **hand-tight make-up**: serrage à la main *(for).* **hand tools**: outillage à main. **hand truck**: chariot de manutention à bras ; diable *m.* **hand wheel**: volant *m.* **hand winch**: treuil à bras ; treuil à main. **at hand**: à portée de la main. **in hand**: disponible ; en main.
handbill – prospectus *m* ; tract *m.*
handbook – formulaire *m.*
handdog – clés à tiges *(for).*
handicraft – entreprise artisanale.
handie-talkie – radiotéléphone portatif.
handiness – maniabilité *f.*
handle – anse *f*; levier *m*, *machines* ; manche *m* ; manette *f*; poignée *f.*
handle (to) – manier ; manipuler. **handle (to) with care**: manipuler avec soin.
handlebar – guidon *m*, *de bicyclette* ; poignée de direction.
handling – maniement *m* ; manipulation *f*; manutention *f*; traitement *m.* **handling charge**: coût de manutention. **handling charges**: frais de manutention. **handling damage**: dégâts de manutention. **handling loss**: perte par manipulation.
handpicked – trié à la main.
handrail – garde-corps *m* ; garde-fou *m* ; main courante ; rambarde *f.*
handsaw – égoïne *f*; scie à main.
handwork – travail artisanal ; travail manuel.
handy – commode ; maniable ; pratique.
hang – inclinaison *f*; pendage *m* ; pente *f.* **hang line**: câble de suspension.
hang (to) – accrocher ; pendre ; suspendre. **hang (to) a well off**: arrêter le pompage d'un puits.
hangar – hangar *m.*
hanger – bride de support ; collier de suspension ; crochet de suspension ; étrier *m* ; olive de suspension ; tige de suspension. **hanger bearing**: palier suspendu. **hanger flange**: bride de suspension.
hanging – accrochage *m* ; montage *m* ; suspendu ; suspension *f.* **hanging bridge**: pont suspendu. **hanging glacier**: glacier suspendu. **hanging rod**: tringle de suspension. **hanging valley**: vallée suspendue ; valleuse *f*, *vallon perché au sommet d'une falaise généralement crayeuse.* **hanging wall**: compartiment chevauchant, *masse rocheuse située au-dessus du plan de faille et qui repose sur lui* ; série chevauchante, *terrains surmontant un plan de chevauchement particulier* ; terrain de recouvrement ; toit de faille.
Hanning – Hanning. **Hanning function**: fonction de Hanning *(sism).* **Hanning window**: fenêtre de Hanning *(sism).*
harbolite – harbolite *f*, *variété d'asphalte dur utilisé comme combustible.*
harbor – port *m.* **harbor dues**: droit de port, *droit de mouillage dans un port.* **harbor facilities**: installations portuaires. **harbor station**: gare maritime.
harbormaster – capitaine du port.
hard – dur. **hard abrasive formation**: formation dure abrasive. **hard acid**: acide dur. **hard-ash coal**: charbon maigre. **hard asphalt**: bitume dur, *d'une pénétration standard inférieure à 10.* **hard carbon black**: dépôt dur de carbone. **hard chromium**: chromage dur. **hard coal**: anthracite *m.* **hard-coal**

briquette: aggloméré de charbon ; briquette de houille. **hard copy**: copie d'écran ; épreuve *f (impr)* ; sortie papier ; tirage *m.* **hard currency**: devise forte ; monnaie forte. **hard detergent**: détergent non biodégradable. **hard digging**: forage en terrain dur. **hard disk**: disque dur, *d'un ordinateur.* **hard drawn**: étiré à froid. **hard driving**: emmanché à chaud. **hard energy**: énergie dure. **hard facing**: glaçage *m* ; recharge *f, d'une surface métallique avec un alliage très dur résistant à l'usure* ; surfaçage *m.* **hard formation**: formation dure. **hard-formation bit**: outil pour formation dure. **hard-formation cutter head**: porte-lame pour formation dure. **hard-formation cutting head**: fraise pour formation dure. **hard grease**: graisse dure, *graisse lubrifiante s'écoulant à une température voisine de 90°C.* **hard ground.** *voir hardground.* **hard hat**: casque de sécurité. **hard-hat diving**: plongée en scaphandre. **hard-hat diving suit**: scaphandre *m.* **hard lead**: plomb dur, *plomb antimonieux.* **hard lumpy sludge**: boues dures. **hard metal**: métal dur, *métal trempé.* **hard pitch**: brai dur. **hard rock**: roche dure. **hard rubber**: ébonite *f.* **hard sand**: grès dur *(for).* **hard semiabrasive formation**: formation dure semiabrasive. **hard shoes**: chaussures de sécurité. **hard solder**: brasure forte ; soudure forte. **hard spot**: zone dure, *dans un tube, zone présentant un durcissement localisé.* **hard steel**: acier dur. **hard surfacing**: durcissement superficiel ; revêtement antiabrasif. **hard water**: eau dure. **hard wax**: paraffine dure. **hard-wired logic**: circuit logique câblé.

harden (to) – durcir ; prendre, *ciment* ; tremper.

hardenability – trempabilité *f.*

hardened – durci ; traité ; trempé, *(métal).* **hardened case**: couche cémentée ; couche de cémentation. **hardened oil**: huile hydrogénée. **hardened steel**: acier trempé.

hardener – durcissant *m* ; durcisseur *m.*

hardening – durcissement *m* ; trempe *f.* **hardening agent**: agent de trempe. **hardening capacity**: aptitude à la trempe. **hardening carbon**: carbone de trempe. **hardening furnace**: four à tremper. **hardening heat**: chaleur de trempe. **hardening liquid**: liquide de trempe. **hardening medium**: liquide de trempe ; milieu de trempe. **hardening plant**: atelier de trempe. **hardening process**: procédé de trempe. **hardening steel**: acier trempant. **hardening temper**: revenu *m, (métal).* **hardening temperature**: température de trempe. **hardening test**: essai de trempabilité.

hardground – niveau rubéfié, *fond marin corrodé par des courants et ne recevant pas de sédiments* ; surface durcie ; surface rubéfiée.

Hardgrove – Hardgrove. **Hardgrove grindability index (HGI)**: indice de broyabilité Hardgrove, *utilisé pour le coke de pétrole.*

hardness – dureté *f, voir aussi Brinell, Mohs, Rockwell, Shore, Vickers.* **hardness number**: indice de dureté. **hardness of water**: degré hydrotimétrique ; dureté de l'eau. **hardness penetration**: profondeur de trempe. **hardness scale**: échelle de dureté. **hardness test**: essai de dureté. **hardness tester**: appareil d'essai de dureté.

hardpan – carapace *f (géol)* ; croûte concrétionnée ; cuirasse *f (pédol)* ; horizon induré.

hardware – ferronnerie *f* ; quincaillerie *f* ; matériel *m, ensemble des équipements utilisés pour le traitement électronique des données.*

hardwood – bois dur ; bois feuillu.

harmful – dangereux ; nocif. **harmful effect**: nuisance *f.* **harmful insect**: insecte nuisible. **harmful ray**: rayon dangereux ; rayon nocif.

harmless – inoffensif.

harmlessness – innocuité *f.*

harmonic – harmonique *m, fréquence qui est un multiple entier d'une fréquence fondamentale* ; harmonique. **harmonic analysis**: analyse harmonique. **harmonic analyzer**: analyseur harmonique. **harmonic component**: harmonique *m.* **harmonic curve**: sinusoïde *f.* **harmonic decline**: déclin harmonique, *courbe de déclin de la production.* **harmonic distortion**: distorsion harmonique, *décrit le taux d'harmoniques qu'un processus non linéaire a créé.* **harmonic field**: champ harmonique. **harmonic function**: fonction harmonique. **harmonic motion**: oscillation harmonique. **harmonic tidal constituent**: composante de la marée. **harmonic vibration**: vibation harmonique, *oscillation harmonique.* **harmonic wave**: onde harmonique. **harmonic mean**: moyenne harmonique *(math).*

harness – harnachement *m* ; harnais *m.* **harness oil**: huile pour harnais, *utilisée en sellerie, huile à cylindre contenant 5 % d'huile de pied de boeuf.*

harness (to) – aménager ; atteler ; capter ; harnacher.

harsh – dur ; rude. **harsh environment**: milieu hostile.

hartite – hartite *f, variété d'hydrocarbure trouvée dans le lignite sous forme de masses transparentes.*

hartley – hartley *m, unité d'information égale à 3 219 bits.* **Hartley formula**: formule de Hartley, *capacité d'un canal de communication.* **Hartley oscillator**: oscillateur de Hartley *(élec).*

hartleyite – hartleyite *f, variété de schiste bitumineux.*

hartshorn – *voir ammonium carbonate.* **hartshorn oil**: huile d'os.

Hastelloy – *dénomination d'une série d'alliages à base de nickel ayant une haute résistance à la corrosion.*

hat – chapeau *m.* **hat roller**: poulie support.

hatch – écoutille *f* ; trappe *f.* **hatch beam**: barrot *m.* **hatch cover**: panneau *m* ; panneau d'écoutille.

hatchback – hayon *m (auto).*

hatchet – hachette *f.*

hatchettine – adipocérite *f, cire fossile.*

hatchettite – hatchettite *f, hatchettine, adipocérite.*

hatching – hachure *f.*

haul – distance de transport, *entre les points de chargement et de déchargement* ; parcours *m* ; traction *f* ; trajet *m.* **haul-in connection**: connexion par halage interne.

haul (to) – haler ; remorquer ; tirer ; traîner ; transporter.

haulage – camionnage *m* ; frais de transport ; halage *m* ; roulage *m* ; traction *f* ; traînage *m.*

hauling – extraction *f* ; roulage *m* ; transport *m.* **hauling capacity**: effort de traction, *effort maxi-*

mal qui peut être demandé au crochet (for). **hauling line**: va-et-vient *m.* **hauling unit**: engin de transport.

Hauterivian – Hauterivien *m, étage du Crétacé inférieur.*

hawkbill – tenailles à souder.

hawsehole – écubier *m.*

hawser – amarre *f*; aussière *f*; grelin *m.*

hay – foin *m.* **hay filter**: filtre à foin, *filtre séparateur d'eau, appareil utilisant une cartouche de fibre comme milieu filtrant.*

haystack – relief résiduel *(géol)* ; meule de foin. **haystack hill**: butte-témoin *f.*

haystellite – haystellite *f, carbure de tungstène.*

hazard – danger *m, potentiel d'un système, d'un composant, d'une substance, d'un état, d'un événement ou d'une situation à provoquer des atteintes à la vie humaine, à l'environnement ou des pertes financières* ; hasard *m* ; péril *m* ; risque *m.* **hazard analysis**: *voir risk analysis.* **hazard assessment**: évaluation des dangers ; évaluation des risques. **hazard bonus**: prime pour travaux dangereux. **hazard classification system**: système de classement des dangers. **hazard potential**: potentiel de risque. **hazard warning light**: signal d'alarme lumineux.

hazardous – dangereux. **hazardous area**: zone dangereuse. **hazardous installation**: installation dangereuse. **hazardous material**: matière dangereuse. **hazardous substance**: substance dangereuse. **hazardous waste**: déchet toxique.

haze – trouble léger ; brume *f*; brume sèche ; voile *m, de distillation.*

hazelnut – noisette *f.* **hazelnut oil**: huile d'aveline ; huile de noisette.

HAZOP – HAZOP, *abrév. de hazard and operability.* **HAZOP study**: méthode HAZOP, *examen systématique et critique en vue de prévoir et imaginer tous les dangers et les problèmes potentiels lors de la mise en marche d'un procédé ou d'un système.*

hazy – brumeux ; embrumé.

HC – HC, *abrév. de hydrocarbon : hydrocarbure ; et de hydrocracking : hydrocraquage.*

HCH – *abrév. de hexachlorocyclohexane, insecticide.*

HCO – *abrév. de heavy cycle oil : gasoil lourd de craquage catalytique.*

hd – *abrév. de hard.* **hd sd**: *abrév. de hard sand, utilisée dans les rapports de forage.*

HD – *abrév. de heavy-duty.*

HDA – HDA, *abrév. de hydrodealkylation.*

HDM – HDM, *abrév. de hydrodemetallization.*

HDPE – PEHD, *abrév. de high-density polyethylene, polyéthylène à haute densité.*

HDR – *abrév. de hot dry rock : roche chaude et sèche.*

HDS – HDS, *abrév. de hydrodesulfurization.* **HDS process**: procédé d'hydrodésulfuration.

HDTV – TVHD, *abrév. de high-definition television : télévision à haute définition.*

head – avant *m* ; calotte *f*; charge hydraulique ; chef *m* ; contremaître *m* ; corps *m* ; coulée boueuse ; culasse *f*; fonds de réservoir ; hauteur d'élévation ; hauteur de chute ; hauteur de refoulement ; palier *m* ; plateau *m* ; promontoire *m* ; proue *f*; sommet, *d'une colonne de distillation* ; tête *f.* **head bank**: banc de têtes. **head flume**: canal de tête. **head gasket**: joint de culasse. **head loss**: perte de charge. **head melter**: maître fondeur. **head of a cone**: sommet d'un cône, *de déjection.* **head of a fold**: tête de pli, *charnière d'un pli couché ou renversé.* **head of the tide**: limite de la marée. **head of water**: charge d'eau ; hauteur de chute ; pression d'eau. **head office**: siège social. **head pipe**: conduite d'amenée. **head product**: distillat de tête. **head pulley**: poulie de tête. **head water**: *voir headwater.* **head wave**: dromochronique *f, par abus de langage* ; onde conique ; onde réfractée. **I-head engine**: moteur à soupapes en tête. **L-head cylinder**: *abrév. de lateral-head cylinder : cylindre à soupapes latérales.* **L-head engine**: moteur à soupapes latérales. **T-head engine**: moteur à soupapes latérales opposées.

headache – mal de tête. **headache post**: poteau de sécurité, *qui, dans le forage au câble, limite la course du balancier.*

headboard – traverse d'appui, *soutenant le treuil rotary dans un derrick.*

header – collecteur *m* ; distributeur *m* ; étiquette *f, enregistrement magnétique* ; manifold *m.* **header box**: boîte de retour. **header tank**: nourrice *f.*

headframe – chevalement *m.*

headgate – vanne de tête.

headgear – chapeau *m* ; chevalement *m* ; superstructure d'un derrick.

heading – angle de cap *(nav)* ; cap *m, direction* ; front de taille ; rubrique *f, d'un article.* **heading stability**: stabilité de cap *(nav).*

headlamp – phare *m (auto)* ; projecteur *m.*

headland – pointe de terre ; promontoire *m.*

headlight – phare *m (auto).* **headlight oil**: huile à lanternes.

headphone – casque téléphonique.

headquarters – bureau principal ; quartier général ; service central ; siège social.

headroom – encombrement vertical ; hauteur de passage ; hauteur de plafond ; hauteur de voûte ; tirant d'air.

heads – concentré *m (mine)* ; produits de tête *(raf).*

headset – casque téléphonique.

headstock – chevalement porte-outil ; poupée porte-pièce.

headstone – pierre angulaire.

headwall – mur de rimaye, *d'un cirque glaciaire.*

headward – vers la tête. **headward erosion**: érosion remontante.

headwater – eau d'amont. **headwater basin**: bassin de réception. **headwater erosion**: *voir headward erosion.*

headway – erre en avant, *d'un bateau* ; progrès *m.*

headwheel – molette *f.*

headwind – vent debout.

headwork – travail intellectuel.

health – santé *f.* **health certificate**: certificat médical. **health hazard**: risque pour la santé. **health insurance**: assurance maladie. **health physics**: radioprotection *f, ensemble des mesures destinées à protéger l'organisme humain contre les effets* *des rayonnements ionisants.* **health risk**: risque pour la santé. **health risk assessment**: appréciation des risques pour la santé. **health supplies**: fournitures médicales.

heap – amas de déblais stériles ; amoncellement *m* ; halde *f*; tas *m* ; terril *m*. **heap sand**: sable en tas.

hearing – ouïe *f*; audition *f*.

heart – centre *m* ; coeur *m*. **heart cut**: fraction de coeur *(raf)*.

hearth – creuset *m* ; foyer *m* ; sole *f*. **hearth block**: fond du creuset. **hearth bottom**: fond de creuset ; sole du creuset. **hearth capacity**: capacité de sole. **hearth casing**: blindage du creuset. **hearth furnace**: four à sole. **hearth level**: fond du creuset ; sole du creuset. **hearth lining**: garnissage de la sole. **hearth mold**: moule ouvert. **hearth molding**: moulage à découvert. **hearth refining**: affinage sur sole.

heat – chaleur *f*. **heat absorption (HA)**: absorption de chaleur. **heat accumulator**: accumulateur de chaleur. **heat-affected zone (HAZ)**: zone thermique affectée (ZTA) *(métal)*. **heat balance**: bilan calorifique ; bilan thermique. **heat budget**: bilan thermique. **heat capacity**: capacité thermique, *quantité de chaleur nécessaire pour élever de un degré la température d'un corps, en SI s'exprime en joule par kelvin* ; pouvoir calorifique. **heat-capacity mapping sensor**: capteur HCM *(télédétection)*. **heat-capacity rate**: capacité calorifique. **heat carrier**: caloporteur *m* ; calovecteur *m* ; fluide caloporteur. **heat conduction**: conduction thermique. **heat conductivity**: conductivité thermique. **heat content**: enthalpie *f*. **heat convection**: convection thermique. **heat crack**: fissure due à la chaleur. **heat detector**: détecteur de chaleur. **heat economizer**: économiseur de chaleur. **heat efficiency**: rendement thermique. **heat elimination**: évacuation de la chaleur. **heat energy**: énergie calorifique. **heat engine**: moteur thermique. **heat engineer**: thermicien *m*. **heat exchange**: échange de chaleur ; échange thermique. **heat exchanger**: échangeur de chaleur. **heat flow**: flux de chaleur ; flux thermique. **heat flow rate**: flux thermique. **heat function**: enthalpie *f*. **heat gain**: gain de chaleur. **heat generation**: production de chaleur. **heat input**: apport calorifique ; débit de chaleur ; énergie thermique fournie, *consommée.* **heat insulating**: calorifuge. **heat insulation**: isolation thermique. **heat insulator**: calorifuge *m*. **heat loss**: perte de chaleur ; perte thermique. **heat loss along the segment**: densité linéique de perte, *perte thermique d'une conduite aérienne, par unité de temps et de longueur de segment.* **heat of absorption**: chaleur d'absorption. **heat of adsorption**: chaleur d'adsorption. **heat of combustion**: chaleur de combustion. **heat of combustion per unit volume**: pouvoir calorifique volumique. **heat of combustion per unit weight**: pouvoir calorifique massique. **heat of compression**: chaleur de compression. **heat of condensation**: chaleur de condensation. **heat of decomposition**: chaleur de décomposition. **heat of dissociation**: chaleur de dissociation. **heat of evaporation**: chaleur de vaporisation. **heat of formation**: chaleur de formation. **heat of fusion**: chaleur de fusion. **heat of reaction**: chaleur de réaction. **heat of solution**: chaleur de dissolution. **heat of sublimation**: chaleur de sublimation. **heat of transformation**: chaleur de transformation. **heat of vaporization**: chaleur de vaporisation. **heat oil**: huile de chauffe. **heat pipe**: caloduc *m*. **heat plug**: bougie de réchauffage. **heat pump**: pompe à chaleur. **heat radiation**: radiation thermique. **heat-reclaming system**: système de recupération de chaleur. **heat recovery**: récupération de chaleur. **heat release**: dégagement de chaleur. **heat resistant**: thermostable. **heat resisting**: ignifuge ; réfractaire ; résistant à la chaleur. **heat-resisting alloy**: alliage réfractaire. **heat-resisting steel**: acier réfractaire. **heat resistivity**: résistivité thermique. **heat-resolution-in-the-visible sensor**: capteur HRV *(télédétection)*. **heat seal**: joint thermique. **heat shrinkable**: thermorétractable. **heat sink**: puits de chaleur. **heat stable**: stable à la chaleur. **heat supply**: apport de chaleur. **heat test**: essai de stabilité thermique, *des huiles lubrifiantes.* **heat time**: temps de chauffage. **heat transfer**: transfert de chaleur. **heat-transfer coefficient**: coefficient de transmission thermique, *chaleur transmise en une heure, par unité de surface, exprimée par degrés de différence de température entre les deux parois d'une cloison.* **heat-transfer factor**: facteur de transfert de chaleur. **heat-transfer fluid**: fluide caloporteur. **heat transmission**: transmission de chaleur. **heat-transmission coefficient**: coefficient de conductibilité thermique. **heat-transmission medium**: véhicule thermique. **heat-transmission oil**: huile de transmission de chaleur. **heat treated**: traité thermiquement. **heat-treating furnace**: four à traitement thermique. **heat treatment**: traitement thermique. **heat unit**: unité thermique. **heat uptake**: apport de chaleur ; gain de chaleur. **heat value**: *voir heating value.* **heat waste**: déperdition de chaleur. **heat wave**: onde calorifique *(phys)* ; vague de chaleur *(météo)*. **heat-wave process**: procédé de la vague de chaleur, *récupération thermique du pétrole.*

heat (to) – chauffer.

heated – chauffé. **heated glass pane**: vitrage chauffant. **heated suit**: vêtement chauffant *(plongée)*.

heater – élément chauffant ; radiateur *m* ; réchauffeur *m*. **heater test**: essai de réchauffage. **heater treater**: unité de traitement thermique.

heating – chauffage *m* ; chauffe *f*; échauffement *m*. **heating capacity**: pouvoir calorifique. **heating coil**: serpentin de chauffage. **heating coke**: coke d'allumage. **heating day**: jour de chauffe, *jour durant lequel la température extérieure moyenne tombe en dessous d'une température de référence déterminée (température de chauffe)*. **heating degree day**: *voir degree day.* **heating element**: élément de chauffage. **heating gas**: gaz de chauffe. **heating hearth**: foyer de chauffage. **heating jacket**: enveloppe chauffante ; gaine chauffante. **heating load**: charge thermique. **heating method**: méthode de chauffage. **heating oil**: huile de chauffe ; mazout *m*. **heating period**: temps de chauffe. **heating pipe**: conduit de chaleur. **heating power**: pouvoir calorifique ; puissance calorifique ; puissance thermique. **heating surface**: surface de chauffe. **heating system**: système de chauffage. **heating time**: temps de chauffe. **heating tongs**: tenailles à rivets. **heating up**: chauffage *m* ; préchauffage *m*. **heating value**:

pouvoir calorifique. **heating-ventilating-air conditioning (HVAC)**: climatisation *f.* **heating zone**: zone de préchauffage.

heatproof – réfractaire ; résistant à la chaleur.

heave – boursouflement *m* ; gonflement *m, du mur* ; levée de la lame *(océan)* ; pilonnement *m, mouvement vertical des plates-formes semi-submersibles ou des navires de forage* ; recouvrement horizontal, *d'une faille inverse* ; rejet horizontal, *d'une faille normale.* **heave compensation**: compensation de pilonnement *(océan).* **heave compensator**: compensateur antipilonnement ; compensateur de pilonnement.

heave (to) – lever ; soulever. **heave (to) back**: dévirer *(navig).* **heave (to) in**: virer *(navig).*

heaver – débardeur *m* ; déchargeur *m.*

heaviness – lourdeur *f.*

heaving – gonflement *m, des parois du trou par hydratation qui provoque leur écroulement partiel ou total.* **heaving line**: lance-amarre *m.* **heaving plug**: bouchon de soutènement, *bouchon posé au fond d'un forage pour éviter l'éboulement des sables.* **heaving shale**: marne gonflante.

Heaviside – Heaviside. **Heaviside layer**: couche de Heaviside, *couche atmosphérique ionisée.* **Heaviside unit function**: échelon unité de Heaviside *(math).*

heavy – dense ; lourd. **heavy chemicals**: chimie lourde. **heavy crude**: brut lourd. **heavy cut**: coupe lourde *(raf).* **heavy cycle oil (HCO)**: gasoil lourd de craquage catalytique, *fraction aromatique lourde.* **heavy-duty (HD)**: soumis à un dur travail ; renforcé ; pour service sévère. **heavy-duty derrick**: derrick renforcé. **heavy-duty detergent**: détergent pour gros travaux. **heavy-duty engine**: moteur poussé, *à grande puissance.* **heavy-duty jack**: cric pour poids lourds. **heavy-duty machine**: machine robuste, *renforcée.* **heavy-duty oil (HD oil)**: huile pour service sévère, *huile inhibée détergente, mais généralement on conserve la forme huile heavy duty ou HD.* **heavy-duty service**: travaux de force. **heavy-duty vehicle**: poids lourd. **heavy-duty winch line**: câble de manutention de charges lourdes. **heavy-end tail**: produits lourds. **heavy ends**: fractions lourdes, *d'un distillat* ; queues de distillation. **heavy-ends column**: colonne d'équeutage. **heavy-fluid separation**: séparation par liquide dense. **heavy fraction**: fraction lourde. **heavy fuel oil**: fuel-oil lourd, *mélange de résidus lourds et de distillats, utilisé pour le chauffage industriel.* **heavy grease**: graisse consistante. **heavy layer**: couche puissante. **heavy liquid**: liquide dense ; liquide lourd. **heavy lubricating oil**: huile lubrifiante épaisse. **heavy metal**: métal lourd. **heavy mineral**: minéral lourd, *minéral fémique.* **heavy mud**: boue lourde. **heavy naphtha**: essence lourde. **heavy oil**: huile lourde, *pétrole brut dont la densité est supérieure à 0,9 (densité API inférieure à 25°), mais inférieure à 1 (densité API supérieure à 10°)* ; huile visqueuse ; pétrole lourd. **heavy pressure**: haute pression. **heavy residue**: résidu lourd. **heavy scale**: forte oxydation. **heavy sea**: grosse mer. **heavy-series chain**: chaîne de la série lourde *(forage).* **heavy spar**: spath pesant. **heavy stratification**: stratification puissante. **heavy water**: eau lourde. **heavy-water reactor (HWR)**: réacteur à eau lourde. **heavyweight drillpipe (HWDP)**: tige de forage lourde.

hectare – hectare *m, mesure de superficie agraire, 1 ha = 2,471 acres.*

hecto – hecto, *préfixe représentant* 10^2*, soit 100, symbole* h.

hectopascal – hectopascal *m* (hPa), *unité de pression SI égale au millibar.*

hectorite – hectorite *f, minéral argileux.*

hedge – valeur de refuge, *marché de valeurs.*

hedging – couverture *f, couverture des opérations à terme (fin)* ; opération de couverture, *marché à terme.*

HEED – *abrév. de high-energy electron diffraction: diffraction d'électrons de haute énergie.*

heel – fond de réservoir ; pied *m* ; talon *m.*

Hefner – Hefner. **Hefner-candle**: bougie Hefner, *ancienne unité d'intensité lumineuse égale à 0,903 cd.*

heft – effort *m* ; poids *m* ; soulèvement *m.*

Hehner – Hehner. **Hehner number**: indice de Hehner, *pourcentage d'acide gras insoluble dans l'eau, dans une huile ou une graisse.*

height – hauteur *f.* **height equivalent to a theoretical plate (HETP)**: hauteur équivalente à un plateau théorique *(raf).* **height equivalent to a theoretical stage (HETS)**: hauteur équivalente à un étage théorique *(raf).* **height gage**: altimètre *m.* **height indicator**: indicateur de niveau. **height of cloud base**: plafond nuageux, *altitude de la base des nuages.* **height of instrument (HI)**: hauteur d'appareil ; hauteur de l'instrument en station. **height of tank**: hauteur utile d'un réservoir. **height of theoretical stage**: plateau théorique, *en distillation, voir aussi HETP.* **height of transfer unit (HTU)**: hauteur équivalente à une unité de transfert.

heighting – nivellement indirect.

helenite – hélénite *f, variété d'ozocérite.*

heliborne – héliportable ; héliporté.

helical – en hélice ; hélicoïdal. **helical antenna**: antenne hélicoïdale. **helical cut**: taille hélicoïdale. **helical gear**: engrenage hélicoïdal ; roue hélicoïdale. **helical spring**: ressort hélicoïdal. **helical-toothed wheels**: pignons à denture hélicoïdale.

helicitic – hélicitique, *se dit de la disposition spiralée d'inclusions dans un minéral.* **helicitic texture**: structure hélicitique *(pétro).*

helicity – hélicité *f, propriété d'une particule en mouvement qui possède un spin.*

helicoid – hélicoïde *m.*

helicopter – hélicoptère *m.* **helicopter base**: base d'hélicoptères ; hélibase *f.* **helicopter electromagnetics (HEM)**: électromagnétique héliportée. **helicopter photograph**: photographie par hélicoptère.

helideck – hélipont *m.*

heligmite – héligmite *f, stalagmite montrant un ou plusieurs changements dans son axe de croissance.*

helihoisting – hélitreuillage *m.*

helimagnetism – hélimagnétisme *m, structure magnétique en hélice de certains cristaux.*

heliograph – héliographe *m.*

heliographic – héliographique.

heliometer – héliomètre *m.*

heliostat – héliostat *m, miroir biaxial reflétant sur un point fixe les rayons du soleil au fur et à mesure de son déplacement.*
heliox – héliox *m, mélange respiratoire d'hélium et d'oxygène.*
helipad – hélisurface *f, pour l'atterrissage d'hélicoptères.*
heliport – héliport *m.*
heliported – héliporté.
helirig – appareil de forage héliporté.
helium – hélium *m, symbole chim. He.* **helium barrier**: syndrome nerveux des hautes pressions (SNHP) *(plongée)*. **helium-bearing natural gas**: gaz naturel contenant de l'hélium. **helium nucleus**: hélion *m, noyau de l'atome de hélium.* **helium speech decoder**: correcteur phonique ; restituteur de voix de l'hélium *(plongée)*. **helium voice**: voix de l'hélium.
helix – hélice *f* ; spirale *f.*
helmet – casque *m* ; casque de protection.
Helmholtz – Helmholtz. **Helmholtz coils**: bobines de Helmholtz *(électromag)*. **Helmholtz equation**: équation de Helmholtz. **Helmholtz free energy**: *voir Helmholtz function.* **Helmholtz function**: fonction de Helmholtz, *énergie libre.* **Helmholtz resonator**: résonateur de Helmholtz, *oscillateur acoustique.*
help – secours *m.*
helper – assistant *m* ; manoeuvre *m* ; ouvrier *m.*
helraser – aimant de repêchage, *outil de repêchage des objets métalliques.*
Helvetian – Helvétien *m, étage du Miocène.*
HEM – *abrév. de helicopter electromagnetics.*
hematite – hématite *f (minér)*.
hematology – hématologie *f.*
hemera – héméra *f, en paléontologie, période de temps pendant laquelle un groupe d'organismes est au sommet de son évolution ; en stratigraphie, subdivision caractérisée par une espèce fossile particulière.*
hemicellulose – hémicellulose *f.*
hemicolloid – hémicolloïde *m.*
hemicrystalline – semicristallin.
hemihedral – hémièdre, *se dit d'un cristal n'ayant pas tous les éléments de symétrie dans son réseau cristallin.*
hemihedrism – hémiédrie *f (crist)*.
hemimorphic – hémimorphe. **hemimorphic crystal**: cristal hémimorphe, *n'ayant ni un plan transversal de symétrie ni un centre de symétrie.*
hemimorphite – hémimorphite *f, calamine (minér)*.
hemin – hémine *f, microcristaux obtenus du sang.*
hemipelagic – hémipélagique. **hemipelagic deposit**: dépôt hémipélagique, *voir hemipelagite.*
hemipelagite – hémipélagite *f, sédiments formés par la lente accumulation de fines particules d'origine organique ou terrigène.*
hemisphere – hémisphère *m.*
hemispheroid – hémisphéroïde. **hemispheroid tank**: réservoir hémisphéroïde.
hemitetrahexahedron – dodécaèdre pentagonal ; hémihexatétraèdre *m.*
hemitropic – hémitrope ; maclé.
hemitropism – hémitropie *f, association de cristaux identiques.*
hemlock – tsuga *m, sapin du Canada.* **hemlock-bark extract**: extrait d'écorce de sapin du Canada, *amincissant pour boue de forage.*
hemp – chanvre *m.* **hemp core**: âme de chanvre, *cordage.* **hemp jointing**: joint de chanvre. **hemp packing**: garniture de chanvre, *étoupage de chanvre.*
hempa – *nom générique de l'hexaméthylphosphoramide.*
Hempel – Hempel. **Hempel distillation**: distillation Hempel, *distillation fractionnée de pétrole brut.* **Hempel flask**: ballon de Hempel. **Hempel gas buret**: burette de Hempel, *appareil utilisé pour mesurer le volume des gaz.*
hempseed – chènevis *m.* **hempseed oil**: huile de chènevis.
henry – henry *m, unité de mesure SI de l'inductance électrique, symbole* H. **henry per meter**: henry par mètre, *unité SI de perméabilité magnétique* (H/m). **Henry's law**: loi d'Henry sur les gaz parfaits, *dans un liquide donné, à une température donnée, un gaz se dissout proportionnellement à sa pression.*
heptadecane – heptadécane *m.*
heptadecanol – heptadécanol *m.*
heptagon – heptagone *m.*
heptane – heptane *m.* **normal heptane**: heptane normal, *ou n-heptane, utilisé comme combustible de référence pour déterminer l'indice d'octane de l'essence.* **heptane solubility**: solubilité à l'heptane.
heptanol – heptanol *m, alcool heptylique.*
heptene – heptène *m, mélange d'isomères.*
heptode – heptode *m, tube à sept électrodes.*
heptyl – heptyle *m, radical monovalent.* **heptyl alcohol**: alcool heptylique, *heptanol.*
herapathite – hérapathite *f, iodosulfate de quinine.*
herbaceous – herbacé. **herbaceous pollen**: pollen non silvatique.
herbicide – désherbant *m* ; herbicide *m.*
Herculoy – *dénomination d'un bronze au silicium résistant à la corrosion.*
Hercynian – hercynien, *qualifie le cycle orogénique débutant au Dévonien et se terminant au Permien.* **Hercynian orogeny**: cycle hercynien.
herding – rassemblement d'un troupeau. **herding agent**: repousseur *f, produit repousseur, sert à concentrer le pétrole déversé sur l'eau.*
hermatypic – hermatypique. **hermatypic coral**: corail hermatypique, *qui construit des récifs.*
hermetic – hermétique. **hermetic seal**: fermeture hermétique.
Hermitian – hermitien, *ou hermitique, forme d'un espace vectoriel.* **Hermitian matrix**: matrice hermitienne *(math)*.
herring – hareng *m.* **herring oil**: huile de hareng.
herringbone – en chevrons. **herringbone gear**: engrenage à chevrons ; engrenage hélicoïdal double. **herringbone pattern**: allure en chevron, *tracé automatique.* **herringbone shaped**: en forme de chevrons. **herringbone structure**: structure en chevrons. **herringbone texture**: texture en chevrons *(pétro)*.
Herschel – Herschel. **Herschel demulsibility number**: indice de désémulsibilité Herschel, *indique la*

tendance de l'huile à se séparer de l'eau dans certaines conditions.

hertz – hertz *m, unité de mesure SI de la fréquence d'un phénomène périodique dont la période est 1 seconde, symbole* Hz.

Hertzian – hertzien. **Hertzian wave**: onde hertzienne.

HES – *abrév. de high-early strength.* **HES cement**: *abrév. de high-early-strength cement.*

Hess – Hess. **Hess's law**: loi de Hess, *réactions chimiques.* **Hess tester**: appareil de Hess, *pour la détermination de la teneur en carbures aromatiques d'un pétrole.*

HET – *abrév. de hexachloroendomethylenetetrahydrophthalic.* **HET acid**: acide chlorendique.

heteroatom – hétéroatome *m, atome autre que le carbone, par exemple azote, oxygène et soufre.*

heteroblastic – hétéroblastique *(pétro).*

heterochromous – hétérochrome, *photométrie.*

heterochronous – hétérochrone, *se dit de formations de même faciès et d'âge différent.*

heterocyclic – hétérocyclique. **heterocyclic compound**: composé hétérocyclique, *présentant une chaîne fermée et comprenant des atomes d'éléments autres que le carbone.* **heterocyclic structure**: hétérocycle *m.*

heterodynamic – hétérodynamique.

heterodyne – hétérodyne *f.*

heterogeneity – hétérogénéité *f.*

heterogeneous – hétérogène. **heterogeneous catalysis**: catalyse hétérogène, *le catalyseur, ordinairement solide, forme une phase distincte de celle constituée par le mélange en réaction.* **heterogeneous chemical reaction**: réaction chimique hétérogène. **heterogeneous fluid**: fluide hétérogène. **heterogeneous medium**: milieu hétérogène. **heterogeneous reservoir**: réservoir hétérogène.

heterogenetic – hétérogène.

heterojunction – hétérojonction *f, semiconducteur.*

heterolytic – hétérolytique. **heterolytic cleavage**: rupture hétérolytique.

heteromorphic – hétéromorphe, *présentant des formes différentes.* **heteromorphic rock**: roche hétéromorphe.

heteropic – hétéropique, *se dit d'ensembles sédimentaires contemporains ayant des faciès différents.* **heteropic deposit**: dépôt hétéropique, *se dit de dépôts synchrones présentant des faciès différents.*

heteropolyacid – hétéropolyacide *m.*

heterosphere – hétérosphère *f, zone de l'atmosphère.*

heterostatic – hétérostatique.

heterotaxial – hétérotaxique. **heterotaxial deposit**: dépôt hétérotaxique, *se dit de formations situées dans des régions plus ou moins éloignées qui ne sont pas équivalentes quant à leurs positions relatives dans l'échelle géologique.*

heterotaxic – hétérotaxique.

heterotopic – hétérotopique *(chim).* **heterotopic deposit**: dépôt hétérotopique, *se dit de dépôts synchrones appartenant à des provinces géologiques différentes.*

heterotroph – hétérotrophe *m, microorganisme qui utilise des composés organiques pour son énergie et ses besoins en carbone.*

HETP – *abrév. de height equivalent to a theoretical plate.*

HETS – *abrév. de height equivalent to a theoretical stage.*

Hettangian – Hettangien *m, étage du Jurassique inférieur.*

heulandite – heulandite *f (minér).*

heumite – heumite *f, roche hypabyssale.*

heuristic – heuristique. **heuristic method**: méthode heuristique, *méthode empirique.* **heuristic program**: programmation heuristique. **heuristic programming**: programmation heuristique.

heuristics – heuristique *f.*

Heviwate – *dénomination de tiges de forage très lourdes.*

hex – *voir hexagonal.*

hexachloride – hexachlorure *m.*

hexachlorobenzene – hexachlorobenzène *m, perchlorobenzène.*

hexachlorobutadiene – hexachlorobutadiène *m.*

hexachlorocyclohexane – hexachloroyclohexane *m, hexachlorure de benzène.*

hexachloroethane – hexachloréthane *m, perchloréthane.*

hexacontane – hexacontane *m, hydrocarbure à haut poids moléculaire.*

hexacoral – hexacoralliaire *m (pal).*

hexacosene – hexacosène *m.*

hexadecane – hexadécane *m, hexadécane normal, cétane.*

hexadecanol – hexadécanol *m, alcool cétylique.*

hexadiene – hexadiène *m.*

hexagon – hexagone *m.*

hexagonal – hexagonal. **hexagonal bubble-cap tray**: plateau à calottes hexagonales. **hexagonal head**: tête à six pans. **hexagonal-head screw**: vis à tête hexagonale. **hexagonal kelly**: masse-tige à six pans ; tige hexagonale. **hexagonal nut**: écrou à six pans ; écrou six-pans. **hexagonal shot pattern**: dispositif de tir en hexagone. **hexagonal system**: système hexagonal *(crist).*

hexahedral – hexaédrique.

hexahedron – hexaèdre *m, cube.*

hexahydrobenzene – hexahydrobenzène *m, cyclohexane, hexaméthylène.*

hexametapol – hexamétapol *m, hexaméthylphosphotriamide, HMPA, solvant en synthèse organique.*

hexamethylbenzene – hexaméthylbenzène *m.*

hexamethylene – hexaméthylène *m, cyclohexane, hexahydrobenzène.* **hexamethylenetetramine (HMTA)**: hexaméthylène tétramine (HMTA), *hexamine, urotropine.*

hexamethylphosphoramide – hexaméthylphosphoramide *m, voir hexametapol.*

hexanaphthene – hexanaphtène *m, cyclohexane.*

hexane – hexane *m.* **normal hexane**: hexane normal, *ou n-hexane.*

hexanol – hexanol *m, nom de trois alcool isomères : 1) alcool hexylique, 2) méthyl n-butylcarbinol, 3) éthylpropylcarbinol.*

hexene – hexène *m, nom générique d'hydrocarbures éthyléniques.*

Hexogen – *dénomination d'une série de siccatifs.*

hexyl – hexyle, *radical chimique.* **hexyl alcohol**: alcool hexylique, *hexanol-1, amylcarbinol.*

hexylene – hexylène *m, hexène.*

hexyne – hexyne *m, nom donné à trois hydrocarbures acétyléniques.*

HF – HF, *abrév. de high frequency : haute fréquence ; et de hydrofluoric acid.* **HF alkylation**: *dénomination d'un procédé d'alkylation à l'acide fluorhydrique.*

HFO – *abrév. de hole full of oil, utilisée dans les rapports de forage ; et de heavy fuel oil.*

HFW – *abrév. de hole full of water, utilisée dans les rapports de forage.*

H-GHydrocracking – *dénomination d'un procédé d'hydrocraquage.*

HGOR – *abrév. de high gas/oil ratio.*

HHV – *abrév. de higher heat value.*

HHW – NME, *abrév. de high high water : niveau maximum de l'eau.*

HI – *abrév. de height of instrument.*

hiatal – hiatal. **hiatal texture**: structure poreuse *(pétro).*

hiatus – hiatus *m (géol)* ; lacune de sédimentation ; lacune stratigraphique.

HIC – PIC, *abrév. de hot isostatic pressure : pression isostatique à chaud.*

hidden – caché. **hidden layer**: couche indétectable ; couche invisible, *en réfraction* ; couche masquée, *réfraction.* **hidden reserves**: réserves occultes, *non enregistrées dans la comptabilité.*

hide – cuir *m* ; peau *f.* **hide rope**: corde en cuir.

hide (to) – cacher ; dissimuler ; masquer.

hierarchy – hiérarchie *f.*

hieroglyph – hiéroglyphe *m, trace sédimentaire due à l'activité biologique.*

hi-fi – *abrév. de high fidelity.*

high – élevé ; fort ; haut ; à haute teneur. **high-addendum tooth**: dent fortement déportée. **high alloy**: alliage à haute teneur. **high-alloy steel**: acier fortement allié. **high-altitude aerial photography**: prise de vue aérienne à haute altitude. **high-and-low water alarm**: avertisseur de niveau d'eau. **high-angle fault**: faille à fort pendage, *faille ayant une inclinaison supérieure à 45°.* **high ash**: à forte teneur en cendre. **high-ash coal**: houille riche en cendre. **high bank**: rive haute. **high basement**: point haut *(géoph).* **high beams**: éclairage route *(auto).* **high-carbon steel**: acier à haute teneur en carbone. **high-compression engine**: moteur comprimé. **high-cut filter**: filtre coupe-haut *(élec)* ; filtre passe-bas *(élec).* **high-definition television (HDTV)**: télévision à haute définition (TVHD). **high-density polyethylene (HDPE)**: polyéthylène à haute densité (PEHD). **high dip**: pendage fort. **high-early-strength cement**: ciment à résistance initiale élevée. **high-efficiency engine**: moteur poussé. **high end point**: point final de distillation élevé. **high-energy electron diffraction (HEED)**: diffraction d'électrons de haute énergie. **high-energy depositional environment**: milieu de dépôt à haute énergie, *milieu de dépôt sédimentaire marin très agité* ; milieu de haute énergie. **high explosive**: explosif brisant, *à grande puissance.* **high fidelity**: haute fidélité. **high flash**: à point d'éclair élevé. **high frequency**: haute fréquence. **high-frequency current**: courant à haute fréquence. **high-frequency image**: image de haute fréquence, *image haute-fréquence.* **high gear**: pignon de grande vitesse. **high-gear clutch**: embrayage de prise directe. **high grade**: de bonne qualité ; à forte teneur ; à grande teneur ; de haute qualité ; de première qualité. **high-grade ore**: minerai à haute teneur. **high-grade steel**: acier de haute qualité. **high-gravity crude**: brut à forte densité. **high high water (HHW)**: niveau maximum de l'eau (NME). **high-jump gasoline**: essence à haute sensitivité. **high-level alarm**: avertisseur pour niveau haut. **high-level language**: langage de haut niveau, *langage de programmation proche du langage naturel.* **high-lift truck**: chariot à grande levée. **high line**: *voir highline.* **high low**: dénivellement *m, mauvais alignement des tubes pendant le soudage.* **high-low-off control**: réglage par tout ou peu. **high-low test**: essai par tout ou peu. **high-manganese steel**: acier à haute teneur en manganèse. **high melting**: à haut point de fusion. **high-melting-point grease**: graisse à haut point de fusion. **high molecular weight**: haut poids moléculaire. **high moorland**: plateau marécageux ; tourbière haute. **high oblique**: oblique panoramique. **high-oblique aerial photograph**: photographie aérienne oblique panoramique. **high octane**: haut indice d'octane. **high-octane gasoline**: essence à haut indice d'octane. **high-pass filter**: filtre passe-haut. **high-pass filtering**: filtrage passe-haut. **high-pass image**: image filtrée passe-haut ; image passe-haut. **high-performance liquid chromatography (HPLC)**: chromatographie liquide à haute performance (CLHP). **high-pH drilling fluid**: fluide de forage à pH élevé. **high plain**: haute plaine. **high polar glacier**: glacier polaire. **high polymer**: haut polymère. **high pressure (HP)**: haute pression. **high-pressure controller**: pressostat haute pression. **high-pressure cylinder**: cylindre à haute pression. **high-pressure gas drive**: déplacement par un gaz à haute pression, *injection de gaz pauvre dans une huile à haute pression (prod).* **high-pressure gas injection**: injection de gaz sec à haute pression. **high-pressure gas line**: ligne de gaz à haute pression. **high-pressure grease**: graisse pour haute pression. **high-pressure hose**: flexible haute pression. **high-pressure line**: conduite à haute-pression, *conduite haute-pression.* **high-pressure liquid chromatography**: *voir high-performance liquid chromatography.* **high-pressure nervous syndrome (HPNS)**: syndrome nerveux des hautes pressions (SNHP) *(plongée).* **high-pressure oil-filled (HPOF) cable**: câble à haute pression d'huile. **high-pressure steam**: vapeur à haute pression. **high-pressure thread compound**: graisse pour filetage à haute pression. **high-pressure valve**: vanne à haute pression. **high-pressure vessel**: récipient sous pression. **high-pressure water chamber**: chambre humide sous haute pression. **high-pressure well**: puits à haute pression. **high-rate filter**: filtre à haut rendement. **high resolution (HR)**: à haut pouvoir séparateur ; à haute résolution ; à haute résolvance ; à haute séparation. **high-resolution dipmeter**: pendagemètre à haute résolution. **high-resolution filter**: filtre à haute résolution *(élec).* **high-resolution method**: sismique à haute résolution. **high-resolution microscope**: microscope à haute résolution. **high-resolution radar**:

radar à haute résolution. **high-resolution thermometer**: thermomètre à haute résolution. **high-resolution visible instrument**: instrument à haut pouvoir de résolution dans le visible. **high-risk area**: zone à risque élevé. **high sea**: mer grosse. **high seas**: haute mer. **high-slip motor**: moteur à fort glissement. **high slope**: pente élevée. **high-solids mud**: boue à teneur de solides élevée. **high speed**: à grande vitesse. **high-speed diesel engine**: moteur diesel à régime rapide. **high-speed drum**: tambour de grande vitesse. **high-speed electric reservoir analyzer**: analyseur électrique à réponse rapide, *pour la mesure de la baisse de pression des gisements en fonction de l'histoire de leur production*. **high-speed engine**: moteur rapide. **high-speed layer**: couche rapide. **high-speed liquid chromatography**: *voir high-performance liquid chromatography*. **high-speed shaft**: arbre à grande vitesse, *ou arbre grande-vitesse* ; arbre d'attaque. **high-speed steel**: acier à coupe rapide. **high spot**: événement capital, *" le clou "*. **high steel**: acier à haute teneur en carbone. **high strength**: à haute résistance. **high-strength bolt**: boulon à haute résistance. **high-strength casing joint**: joint de tubage à haute résistance. **high-strength explosive**: explosif brisant ; explosif puissant. **high-sulfate-resistant (HSR) cement**: ciment à résistance forte aux sulfates. **high-sulfur coal**: charbon à haute teneur en soufre. **high-sulfur crude**: brut à teneur élevée en soufre. **high-sulfur fuel**: combustible à haute teneur en soufre. **high tech**: haute technicité. **high temperature**: température élevée. **high-temperature alarm**: avertisseur de haute température. **high-temperature carbonization**: carbonisation à haute température. **high-temperature gas-cooled reactor (HTGR)**: réacteur à haute température refroidi au gaz. **high-temperature reactor**: réacteur à haute température. **high-temperature scaling**: écaillage à haute température. **high-temperature strength**: résistance aux températures élevées. **high-tensile steel**: acier à haute résistance à la rupture, *à la traction*. **high tension**: haute tension. **high-tension cable**: câble à haute tension ; câble d'allumage. **high-tension spark plug**: bougie de haute tension. **high tide**: marée haute. **high vacuum**: vide fin ; vide poussé. **high-velocity layer**: couche rapide. **high viscosity index (HVI)**: indice de viscosité élevé. **high-volatile bituminous coal**: charbon flambant ; houille flambante. **high voltage**: haute tension. **high-voltage line**: ligne à haute tension. **high water**: hautes eaux ; pleine mer. **higher high water**: pleine mer supérieure. **lower high water**: pleine mer inférieure. **high-water mark**: laisse de haute mer. **mean high water**: pleine mer moyenne. **high water of spring tides (HWST)**: pleine mer de vives-eaux (PMVE). **high-water platform**: banquette de tempête. **high-weight mud**: boue lourde. **high-yield drilling clay**: argile à haut rendement.

higher – supérieur. **higher alcohol**: alcool supérieur. **higher heat value (HHV)**: pouvoir calorifique supérieur (PCS). **higher hydrocarbons**: hydrocarbures supérieurs.

highest – le plus haut. **highest grade cleaning**: dépoussiérage le plus fin. **highest nonfail load**: charge maximale de non détérioration, *des huiles*. **highest useful compression ratio (HUCR)**: taux de compression maximale utilisable.

highline – ligne à haute tension *(élec)* ; ligne de gaz à haute pression. **highline eliminator**: atténuateur d'induction de lignes à haute tension. **highline pickup**: induction par lignes électriques, *bruit dû aux lignes à haute tension*.

highly – hautement. **highly-inclined seam**: couche à fort pendage ; couche en dressant.

highstand – haut niveau, *intervalle du temps géologique dans un cycle eustatique pendant lequel le niveau marin est largement au-dessus de la bordure de la plate-forme et couvre la rupture de pente côtière*. **highstand deposits**: dépôts de haut niveau, *sédiments déposés dans la plate-forme continentale, ou dans la plaine côtière, quand le niveau de la mer est au-dessus du rebord du bassin et que le point d'équilibre et la ligne de baie sont en amont de la rupture de pente côtière*. **highstand systems tract**: cortège de haut niveau, *il se dépose lorsque le niveau eustatique est haut et se caractérise par son allure progradante*.

highway – route *f*. **highway map**: carte routière. **highway safety**: prévention routière.

Hilbert – Hilbert. **Hilbert filter**: filtre de Hilbert *(sism)*. **Hilbert space**: espace de Hilbert, *espace vectoriel*. **Hilbert transform**: transformée de Hilbert.

hiline – *voir highline*.

hill – colline *f* ; montée *f*.

Hillman – Hillman. **Hillman test**: essai Hillman, *pour déterminer la stabilité de la couleur du kérosène durant le stockage*.

hillock – butte *f* ; colline *f* ; mamelon *m (géol)* ; monticule *m* ; terril *m* ; tertre *m*.

hillside – flanc *m* ; pente *f* ; versant *m*.

hilly – accidenté ; montagneux. **hilly country**: région accidentée.

Hilt – Hilt. **Hilt's law**: loi de Hilt, *règle selon laquelle la houillification croît avec la profondeur*.

hind – arrière. **hind wheel**: roue arrière.

hindcasting – rétrovision *f*, *reconstitution de séries statistiques passées pour pouvoir formuler une prévision sur, par exemple, la hauteur des vagues*.

hinder (to) – arrêter ; empêcher ; entraver ; gêner.

hindrance – empêchement *m* ; gêne *f* ; obstacle *m*. **hindrance function**: fonction de blocage.

hinge – articulation *f* ; charnière *f* ; flexure *f* ; gond *m*. **hinge fault**: faille à charnière. **hinge line**: ligne de charnière. **hinge pin**: axe d'articulation ; broche *f* ; charnière *f* ; cheville *f* ; goujon *m*. **hinge point**: charnière *f*, *région de courbure maximale d'un pli*. **hinge shaft**: arbre de pivotement. **hinge spring**: ressort d'articulation.

hinge (to) – monter ; pivoter ; tourner.

hinged – articulé ; à charnière. **hinged casing slips**: coins de tubage à charnières *(for)*. **hinged connection**: assemblage par articulation. **hinged lever**: levier articulé. **hinged lid**: couvercle articulé. **hinged valve**: soupape à charnière.

hinterland – arrière-pays *m*.

HIP – *abrév. de hot isostatic pressing*.

hircine – hircine *f*, *résine fossile*.

hire – location *f* ; loyer *m*. **hire car**: voiture de louage. **hire purchase**: location vente.

hire (to) – embaucher ; louer.
hiring – embauchage *m* ; louage *m*.
hiss – sifflement *m*.
histogram – histogramme *m*, *graphique représentant une fréquence de distribution.*
hit – coup *m* ; succès *m*, *découverte d'huile ou de gaz.* **hit or-miss**: au hasard. **hit-or-miss adjustment**: réglage au jugé.
hit (to) – frapper.
hitch – faille *f (géol)* ; amarrage *m* ; anicroche *f*; noeud *m* ; saccade *f*; secousse *f*.
hitch (to) – accrocher ; amarrer ; fixer. **hitch (to) up**: atteler.
HLB – *abrév. de hydrophile-lipophile balance : bilan hydrophile-lipophile.*
HMLS – *abrév. de heavy metal lignosulfate.*
HMTA – HMTA, *abrév. de hexamethylenetetramine : hexaméthylène tétramine.*
HO – *abrév. de home office.*
hoarding – accumulation *f*; amassage *m* ; clôture en planche ; palissade *f*; thésaurisation *f*.
hoarfrost – gelée blanche ; givre *m*.
HOCM – *abrév. de heavily oil-cut mud, utilisée dans les rapports de forage.*
hodochrone – hodochrone *f*, *courbe de propagation (sism).*
hodograph – hodographe *m*, *courbe décrite par l'extrémité d'un vecteur.*
hofmannite – hofmannite *f*, *composé organique trouvé sous forme d'efflorescences blanches.*
hog – arc *m*, *dans la quille d'un pétrolier.*
hogback – crêt monoclinal ; dos d'âne ; échine *f*.
hoggin – gravier sableux, *pour routes.*
hoghead – boueux *m*, *familier pour ingénieur des boues* ; tête de pompe à boue.
hogshead – barrique *f*; foudre *m*, *grand tonneau contenant de 50 à 300 hl* ; fût *m*, *mesure anglaise de 52 gallons 1/2 = 240 litres* ; tonneau *m*.
H-oil – *dénomination de procédés d'hydrocraquage et d'hydrotraitement.*
hoist – élévateur *m* ; palan *m* ; treuil *m*. **hoist block**: moufle mobile. **hoist cable**: câble de levage ; câble moufleur. **hoist drawworks**: treuil de levage. **hoist drum**: *voir hoisting drum.* **hoist frame**: chevalement *m*. **hoist motor**: moteur de levage. **hoist rope**: câble de levage. **hoist tackle**: palan de levage.
hoist (to) – hisser.
hoisting – extraction *f*; hissage *m* ; levage *m*. **hoisting block**: moufle mobile ; poulie mobile. **hoisting crab**: cric *m* ; treuil *m*. **hoisting crane**: grue *f*. **hoisting drum**: tambour à câble ; tambour d'extraction ; tambour de manoeuvre ; tambour de treuil. **hoisting engine**: machine d'extraction ; machine de levage. **hoisting equipment**: équipement de levage. **hoisting gear**: appareil de levage. **hoisting height**: hauteur de levage. **hoisting hook**: crochet de levage. **hoisting mast**: mât de levage. **hoisting speed**: vitesse de levage. **hoisting sub**: raccord de levage. **hoisting winch**: treuil de levage.
hold – étreinte *f*; prise *f*; tenue *f*. **hold-back agent**: inhibiteur d'entraînement. **hold-back anchor**: ancre de démarrage. **hold-back rope**: câble de retenue. **hold-back winch**: treuil de retenue. **hold-down bar**: barre de retenue. **hold-down bolt**: boulon de retenue. **hold-down nut**: écrou de serrage. **hold-down plate**: plateau de retenue *(raf)*. **hold-down ring**: anneau de retenue.
hold – cale *f (naut)*.
hold (to) – contenir ; fixer ; tenir. **hold (to) back**: retenir. **hold (to) the road**: tenir la route.
holder – concessionnaire *m* ; détenteur *m* ; récipient *m* ; support *m* ; titulaire *m*. **holder pressure**: pression du gaz à la sortie du gazomètre.
holdfast – crampon *m* ; crochet *m* ; fiche *f*, *pattefiche* ; fixation *f*.
holding – maintien *m* ; tenue *f*; tenure *f*; terre affermée. **holding action**: action de maintien. **holding capacity**: capacité de rétention. **holding company**: société de holding, *société financière ayant pour but de gérer des participations au capital de diverses sociétés industrielles et qui possède ainsi le contrôle des autres sociétés.* **holding-down bar**: barre d'étrier. **holding-down bolt**: boulon de fixation ; boulon de scellement. **holding ring**: anneau de fixation.
holdup – capacité de retenue ; rétention *f*; retenue liquide, *dans une colonne de fractionnement.* **holdup time**: temps de rétention.
hole – cavité *f*; entaille *f*; excavation *f*; forage *m* ; ouverture *f*; puits *m* ; trou *m*. **hole bleed**: évent *m*. **hole blow**: bruit de trou *(sism)* ; débourrage *m*. **hole bottom**: fond du trou, *du sondage.* **hole deviation**: déviation du trou. **hole fatigue**: fatigue de trou, *de tir.* **hole full of oil (HFO)**: sondage plein d'huile. **hole full of water (HFW)**: sondage plein d'eau. **hole instability**: instabilité du puits, *instabilité des parois du puits.* **hole making capability of a rig**: capacité de forage d'un appareil. **hole noise**: bruit de trou. **hole opener**: élargisseur *m*. **hole radius**: diamètre du trou. **hole size**: diamètre du trou. **hole sloughing**: éboulement des parois d'un puits, *provoquant un élargissement du trou foré.* **going in hole**: descente des tiges de forage dans un sondage.
hole (to) – creuser ; entailler ; percer.
holed – percé ; perforé.
holiday – défaut d'enrobage, *dans le revêtement d'une conduite (pipeline)* ; jour férié. **holiday detector**: balai électrique, *pour détecter les défauts dans le revêtement d'une conduite.*
holing – percement *m* ; perforation *f*.
hollow – creux. **hollow bullet**: balle creuse, *cylindre creux servant de tube carottier ; voir sidewall coring* ; charge creuse. **hollow cathode**: cathode creuse. **hollow-handle stopcock**: robinet à clé creuse. **hollow lode**: filon à géodes. **hollow reamer**: élargisseur creux. **hollow rod**: tige creuse. **hollow shaft**: arbre creux.
hollow – bas-fond *m* ; cavité *f*.
hollow (to) – creuser. **hollow (to) out**: creuser ; emboutir ; évider ; excaver.
hollowed – creusé.
holmium – holmium *m*, *symbole chim. Ho, élément de terre rare.*
holoaxial – holoaxe *(crist)*.
Holocene – Holocène *m*, *dernière période de l'ère quaternaire, correspond approximativement au Récent.*
holocrystalline – holocristallin, *s'applique aux roches magmatiques entièrement formées de cristaux.*
hologram – hologramme *m*.

holography – holographie *f.*
holohedral – holoédrique *(crist).*
holohedron – holoèdre *m, cristal.*
holohyaline – holohyalin *(pétro).*
hololeucocratic – hololeucocrate *(pétro).*
holomelanocratic – holomélanocrate *(pétro).*
holomorphic – holomorphe.
holonomic – holonome *(méc).* **holonomic constraint**: contrainte holonome *(méc).* **holonomic system**: système holonome *(méc).*
holoplankton – holoplancton *m.*
holothuroid – holothurie *f, variété d'échinoderme de la classe des Holothurides.*
holotype – holotype *m (pal), nomenclature utilisée pour décrire un taxon de base : premier exemplaire d'un organisme décrit et figuré.*
Holsteinian – Holsteinien *m, Pléistocène moyen.*
home – foyer *m* ; intérieur *m* ; logis *m.* **home address**: adresse de rangement. **home appliance**: appareil électroménager. **home consumption**: consommation intérieure, *produits destinés au marché intérieur par opposition aux produits destinés à l'exportation.* **home heating**: chauffage domestique. **home-heating oil**: fuel-oil domestique (FOD), *produit analogue au gasoil moteur dont il ne se différencie que par un indice de cétane plus faible.* **home port**: port d'armement ; port d'attache. **home-produced fuels**: carburants nationaux. **home trade**: commerce intérieur.
homeoblastic – homéoblastique. **homeoblastic texture**: structure homéoblastique, *texture cristalloblastique d'une roche métamorphique.*
homeomorphic – homéomorphe.
homeomorphism – homéomorphisme *m.*
homeostasis – homéostasie *f, maintien de l'équilibre dans un système biologique.*
homestead – bien de famille, *insaisissable dans plusieurs états des Etats-Unis* ; exploitation rurale.
homeward – de retour. **homeward cargo**: chargement de retour. **homeward freight**: fret de retour.
homework – travail à domicile.
homeworker – travailleur à domicile.
homing – autoguidé, *fusée* ; directionnel ; radioralliement *m.*
HOMO – HO, *abrév. de highest-energy occupied molecular orbital, plus Haute orbitale moléculaire Occupée.*
homoclinal structure – structure homoclinale.
homocline – homoclinal *m.*
homocyclic – homocyclique. **homocyclic compound**: composé homocyclique.
homogeneity – homogénéité *f.* **homogeneity velocity**: vitesse d'homogénéité, *vitesse de propagation pour laquelle les ordonnées d'une coupe-temps peuvent être considérées comme représentant des profondeurs avec une échelle égale à celle des abscisses.*
homogeneous – homogène. **homogeneous catalysis**: catalyse homogène, *le catalyseur forme avec les corps qui réagissent un mélange monophasé.* **homogeneous coordinates**: coordonnées homogènes. **homogeneous crystallization**: cristallisation homogène. **homogeneous equation**: équation homogène. **homogeneous equilibrium**: équilibre homogène. **homogeneous function**: fonction homogène *(math).* **homogeneous-grain structure**: structure à grain homogène *(pétro).* **homogeneous medium**: milieu homogène. **homogeneous texture**: texture homogène. **homogeneous wave**: onde homogène, *onde dont l'amplitude est constante sur chacune de ses surfaces d'onde.*
homogenization – homogénéisation *f.*
homogenize (to) – homogénéiser.
homogenized – homogénéisé. **homogenized grease**: graisse homogénéisée.
homogenizer – homogénéisateur *m* ; moulin colloïdal, *entraîné par un moteur électrique et tournant à grande vitesse.*
homologation – homologation *f, approbation ou réaction chimique.*
homologous – homologue. **homologous series**: séries homologues, *1) série renfermant des corps de type chimique analogue (chim) ; 2) se dit de formations situées dans des régions plus ou moins éloignées, dont la position relative dans l'échelle géologique est apparemment la même (géol).*
homology – homologie *f (chim).*
homolysis – homolyse *f.*
homolytic – homolytique. **homolytic cleavage**: rupture homolytique.
homometric – homométrique. **homometric structure**: structure homométrique.
homomorphic – homomorphe. **homomorphic deconvolution**: déconvolution homomorphe. **homomorphic filtering**: filtrage homomorphe.
homomorphism – homomorphisme *m.*
homopolar – homopolaire. **homopolar bond**: liaison homopolaire, *liaison covalente.* **homopolar series**: série homopolaire.
homopolymer – homopolymère *m.*
homoseismal – cosismal. **homoseismal line**: ligne homoséiste.
homosphere – homosphère *f, atmosphère terrestre jusqu'à une altitude de 80 à 100 km.*
homotaxial – homotaxique. **homotaxial deposit**: dépôt homotaxique *(géol).*
hone – pierre à aiguiser.
hone (to) – affûter ; passer à la pierre ; roder.
honeycomb – alvéolaire, *ayant l'apparence d'un rayon de miel* ; nid d'abeille. **honeycomb coil**: bobine en nid d'abeille. **honeycomb cracking**: fissuration en étoile, *en toile d'araignée.* **honeycomb radiator**: radiateur à nids d'abeilles ; radiateur alvéolaire. **honeycomb rock**: roche à structure alvéolaire. **honeycomb structure**: cuvettes d'érosion éolienne *(géol)* ; structure alvéolaire. **honeycomb texture**: texture alvéolaire. **honeycomb weathering**: décomposition alvéolaire *(géol)* ; érosion alvéolaire.
honing – pierrage *m, technique de finition d'une surface métallique, consistant à frotter des bâtons abrasifs contre la surface à polir ; cette surface est toujours un cylindre.*
hood – calotte *f* ; capot *m* ; capote *f* ; capuchon protecteur ; casque de soudeur ; chapeau *m* ; cloche *f* ; hotte *f.*
Hood – Hood. **Hood method**: diagramme de Hood, *dans l'étude des transformations thermiques des matières organiques, fournit une correspondance entre le temps de chauffe effective d'un*

niveau et la température maximum correspondante, voir LOM scale.

hoodoo – cheminée de fées *(géol)* ; guigne *f, argot.*

hook – croc *m* ; crochet *m* ; grappin *m* ; tenon *m.* **hook block**: crochet intégré *(for)* ; moufle crochet *(for)*. **hook crack**: virgule *f, défaut sur les soudures.* **hook horsepower**: puissance au crochet. **hook line**: anse de crochet *(for)*. **hook load**: charge au crochet, *poids du train de tiges, s'exprime en newtons* ; poids au crochet. **hook off**: *voir knock off.* **hook stick**: perche à crochet. **hook tackle**: palan à croc. **hook-wall packer**: packer pour colonne, *pour tubage.*

hook (to) – accrocher. **hook (to) up**: accrocher ; assembler ; combiner.

Hooke – Hooke. **Hooke's law**: loi de Hooke, *dans un milieu élastique, et pour de petites déformations, chaque élément du tenseur des contraintes est une combinaison linéaire de ceux du tenseur des déformations.*

hooking – accrochage *m.* **hooking on**: accrochage *m.* **hooking platform**: plate-forme d'accrochage.

hooks – pinces *f, pipelines.*

hookup – branchement *m* ; connexion *f* ; liaison *f* ; montage d'une installation, *d'une tête de puits, d'un appareil* ; raccordement *m, désigne les opérations de raccordement dans l'installation d'une plate-forme marine.* **hookup nipple**: raccord de montage.

hoop – cercle *m* ; frette *f.* **hoop stress**: effort circonférentiel. **hoop vibration**: vibration tangentielle.

hooped – cerclé, *garni d'un cercle* ; fretté. **hooped pipe**: tube fretté. **hooped wheel**: roue cerclée.

hooping – frettage *m.*

hooter – avertisseur *m.*

hopane – hopane *m, molécule de trente atomes de carbone caractérisé par son squelette carboné fait de quatre cycles hexagonaux et d'un cycle pentagonal.*

hopanoid – hopanoïde *m, traceur biochimique.*

Hopcalite – *dénomination d'un mélange utilisé pour absorber l'oxyde de carbone dans les masques à gaz.*

hopper – accumulateur *m* ; trémie *f* ; wagonnet basculant. **hopper wagon**: wagonnet à trémie.

hopping – sautillement *m.*

horizon – assise *f* ; horizon *m, en sismique limite de couche bien individualisée sur une coupe par un alignement de signaux réfléchis* ; zone *f.* **horizon camera**: chambre d'horizon, *appareil permettant de déterminer l'inclinaison d'un appareil de prise de vues aériennes par photographie de l'horizon au moment des prises de vues.* **horizon line**: ligne d'horizon. **horizon photograph**: photographie d'horizon. **horizon plane**: ligne d'horizon. **horizon slice**: coupe effectuée le long d'un horizon sismique. **horizon trace**: ligne d'horizon.

horizontal – horizontal. **horizontal anisotropy**: anisotropie horizontale. **horizontal bedding**: stratification horizontale. **horizontal boiler**: chaudière horizontale. **horizontal bracing**: fers horizontaux, *du derrick.* **horizontal check valve**: clapet de retenue horizontal ; soupape de retenue horizontale. **horizontal combine**: consortium *m.* **horizontal component**: composante horizontale. **horizontal-component Schmidt balance**: balance horizontale de Schmidt. **horizontal control**: canevas planimétrique. **horizontal cut-and-fill slope**: taille en échelon avec remblayage. **horizontal dispersion**: dispersion horizontale *(crist)*. **horizontal displacement**: déplacement horizontal, *terme utilisé pour désigner la composante horizontale du rejet, mesurée dans le plan de faille ; voir aussi strike slip.* **horizontal drilling**: forage horizontal, *technique dans laquelle un tronçon du forage est effectué horizontalement grâce à un contrôle précis de sa trajectoire, elle est utilisée principalement pour améliorer le drainage et la productivité des couches.* **horizontal engine**: moteur horizontal. **horizontal joint**: bathroclase *f* ; diaclase horizontale *(géol)*. **horizontal load**: charge horizontale. **horizontal-loop method**: méthode à boucle horizontale, *prospection par induction.* **horizontal mixing**: mixage horizontal, *improprement* ; mixage terrain, *sismique 3D* ; sommation à point-milieu commun. **horizontal parallax**: parallaxe horizontale. **horizontal pendulum**: pendule horizontal. **horizontal permeability**: perméabilité horizontale. **horizontal photograph**: photographie horizontale. **horizontal plane**: plan horizontal ; projection horizontale. **horizontal polarization**: polarisation horizontale. **horizontal projection**: projection horizontale. **horizontal reflector**: réflecteur horizontal. **horizontal retort**: cornue horizontale. **horizontal section**: coupe horizontale. **horizontal seismograph**: sismographe horizontal. **horizontal separator**: séparateur horizontal, *pour séparer le gaz de puits des hydrocarbures liquides.* **horizontal stack**: couverture multiple *(sism)*. **horizontal stacking**: addition horizontale, *improprement* ; addition sans correction *(sism)* ; sommation à point-milieu commun. **horizontal steady state**: régime permanent horizontal. **horizontal stratum**: couche horizontale. **horizontal-stroke device**: va-et-vient *m.* **horizontal sweep efficiency**: efficacité horizontale de balayage, *voir aussi areal sweep efficiency.* **horizontal throw**: rejet horizontal transversal. **horizontal well**: drain horizontal, *pour améliorer le drainage des couches productrices* ; puits horizontal.

horn – avertisseur *m* ; corne *f* ; trompe *f.* **horn socket**: tube de repêchage.

hornblende – hornblende *f, amphibole calcique.* **hornblende gneiss**: gneiss à hornblende. **hornblende granite**: granite à hornblende. **hornblende schist**: amphiboloschiste *m.*

hornfels – cornéenne *f, roche métamorphique très dure à l'aspect corné.* **hornfels texture**: structure cornéenne *(pétro)*.

hornito – hornito *m, relief de coulée de lave* ; jet de lave.

hornschist – amphiboloschiste *m* ; schiste à hornblende.

hornstone – *voir hornblende ou hornfels.*

horse – cavalier *m, masse rocheuse prise entre les murs d'une faille* ; cheval *m.* **horse cock**: trépan aléseur. **horse collar**: manchon de sécurité des masses-tiges. **horseflesh ore**: cuivre panaché. **horse gin**: cabestan à chevaux, *manège à chevaux.* **horse latitude**: zone des calmes tropicaux.

horseback – dos d'âne, *intercalation stérile (géol)*.

horsehair – crin *m.*

horsehead – tête de cheval, *contrepoids des pompes de production.*

horsepower – cheval-vapeur (ch), *unité de puissance, symbole hp pour horsepower, ch pour cheval-vapeur ; 1 hp = 745,7 W ; 1 ch = 735 W.*

horseshoe – fer à cheval. **horseshoe dune**: dune en fer à cheval. **horseshoe magnet**: aimant en fer à cheval.

horsetail – queue de cheval. **horsetail structure**: structure en queue de cheval *(géol)*.

horst – horst *m, type de massif surélevé.*

Hortonspheroid – *dénomination d'un réservoir sphérique pour le stockage des gaz liquéfiés sous-pression.*

hose – flexible *m* ; manche d'une pompe ; tuyau flexible. **hose clamp**: collier de retenue du flexible. **hose coupling**: raccord flexible. **hose fitting**: raccord de flexible. **hose insert**: armature de tuyau. **hose reel**: tambour d'enroulement. **hose-reel unwinding from center**: dévidoir à prise centrale.

host – hôte *m, entité moléculaire formant des complexes avec des invités organiques ou inorganiques.* **host computer**: serveur *m.* **host country**: pays d'accueil. **host mineral**: palasome *m, minéral préexistant dans un gisement métasomatique.*

hostile – hostile. **hostile environment**: environnement hostile ; milieu hostile.

hot – chaud. **hot-air blower**: souffleur d'air chaud. **hot-air circulator**: prise d'air chaud. **hot-air engine**: moteur à air chaud. **hot-air intake**: entrée d'air chaud. **hot area**: région chaude, *secteur de forte radioactivité, dans un laboratoire ou une usine.* **hot avalanche**: avalanche chaude. **hot blast**: vent chaud *(métal)*. **hot-blast furnace**: four à vent chaud. **hot brine**: source salée chaude. **hot brittleness**: fragilité à chaud. **hot-bulb engine**: moteur à têtes chaudes ; semidiesel *m.* **hot-bulb ignition**: allumage par boule chaude. **hot cathode**: cathode chaude, *cathode thermo-ionique.* **hot cave**: casemate *f, enceinte étanche et blindée pour le stockage de produits fortement radioactifs.* **hot cell**: cellule chaude, *lieu de repli des laboratoires manipulant des substances radioactives.* **hot charge**: charge chaude. **hot cloud**: nuée ardente ; nuée péléenne. **hot crack test**: essai de fissilité à chaud. **hot dip**: trempe à chaud. **hot dope**: émail appliqué à chaud, *sur les conduites (voir aussi dope)*. **hot drawn**: étiré à chaud. **hot dry rock (HDR)**: roche chaude et sèche, *source potentielle d'énergie géothermique.* **hot forging**: forgeage à chaud. **hot galvanized**: galvanisé à chaud. **hot-gas welding**: soudage au gaz chaud. **hot isostatic pressing (HIP)**: compression isostatique à chaud, *procédé d'élaboration par frittage d'éléments en alliage de titane.* **hot laid**: posé à chaud. **hot-laid mixture**: mélange posé à chaud, *produit routier.* **hot-line work**: travaux sous tension. **hot-neck grease**: graisse pour tourillons chauds. **hot oil**: pétrole brut produit de façon illégale. **hot-oil operator**: producteur illégal, *tirant de son puits plus d'huile que son allocation ne lui permet.* **hot pass**: passe chaude ; deuxième passe *(soudage)*. **hot plasma**: plasma chaud. **hot press**: presse à chaud. **hot riveting**: rivetage à chaud. **hot rock**: roche favorable. **hot-roll neck grease**: graisse pour laminoirs à chaud. **hot-rolled steel**: acier laminé à chaud. **hot rolling**: laminage à chaud. **hot saw**: scie à chaud. **hot short**: cassant à chaud ; fragilité à chaud. **hot-short iron**: fer cassant à chaud. **hot shortness**: fragilité à chaud. **hot shot**: coup de fouet électrique. **hot spot**: plage hyper-lumineuse ; point chaud, *dans un moteur, parties anormalement chaudes de la chambre de combustion provoquant un allumage intempestif ; en géologie, zone de formation du magma située sous le manteau* ; zone de surchauffe. **hot spring**: source thermale, *source chaude.* **hot stamping**: marquage par transfert à chaud. **hot start-up**: démarrage à chaud. **hot tap**: piquage sur conduite en charge. **hot tapping**: piquage sur conduite en charge, *installation d'un raccordement latéral sur une conduite restée sous pression.* **hot tarring**: goudronnage à chaud. **hot tinned**: étamé à chaud. **hot tinning**: étamage à chaud. **hot trap**: piège chaud. **hot trapping**: piégeage à chaud. **hot-tube ignition**: allumage à tube chaud. **hot water**: eau chaude. **hot-water heating system**: système de chauffage par l'eau chaude. **hot-water injection**: injection d'eau chaude *(prod)*. **hot waterflooding**: injection d'eau chaude. **hot well**: réservoir d'alimentation ; réservoir de vapeur, *ou bâche, ou citerne.* **hot well of condenser**: citerne de condensateur. **hot-wire ammeter**: ampèremètre thermique. **hot-wire analyzer**: détecteur à fil chaud, *dispositif utilisé pour détecter les venues de gaz (diag)*. **hot-wire anemometer**: anémomètre à fil chaud. **hot-wire gas detector**: détecteur de gaz à fil chaud. **hot-wire-resistance seismometer**: sismomètre thermique. **hot-wire voltmeter**: voltmètre thermique. **hot-work permit**: autorisation de travail à chaud ; permis de feu, *autorisation délivrée par le service de sécurité pour tout travail à feu nu.*

hotel – hôtel *m.* **hotel platform**: flotel *m* ; plate-forme de soutien logistique ; plate-forme hôtel.

hotplate – plaque chauffante.

Houdresid – *dénomination d'un procédé de craquage catalytique des résidus lourds.*

Houdriflow – *dénomination d'un procédé de craquage catalytique à lit mobile de calalyseur en billes.*

Houdriforming – *dénomination d'un procédé Houdry de reformage continu pour la fabrication d'aromatiques.*

Houdry – Houdry, *entre dans le nom d'un certain nombre de procédés de raffinage.* **Houdry Hydrocracking**: *voir H-G Hydrocracking.* **Houdry process**: procédé Houdry, *de craquage catalytique à lit fixe.*

hour – heure *f, unité de temps* (h). **hour angle**: angle horaire. **hour circle**: cercle horaire.

hourglass – sablier *m.* **hourglass structure**: structure en sablier *(minér)*.

hourly – horaire. **hourly average**: moyenne horaire. **hourly flow**: débit horaire. **hourly peak**: demande maximale pour une heure ; pointe horaire.

house – habitation *f* ; logement *m* ; maison *f.* **house brand**: marque de fabrique. **house flag**: pavillon de compagnie. **house governor**: régulateur indi-

viduel, *régulateur de débit de gaz à domicile.* **house organ**: journal d'entreprise.
housed – enfermé ; garé ; logé.
household – ménager. **household appliance**: appareil électroménager. **household waste**: ordures ménagères.
housekeeping – conditions de vie, *dans les quartiers d'habitation* ; servitudes *f, ordinateur.*
housing – abri *m, d'une pièce mécanique* ; cage *f*; carter *m* ; enveloppe *f*; logement *m.* **housing box**: boîte à graisse ; boîte d'essieu ; boîte de logement ; carter *m.* **housing unit**: logement *m.*
Hovercraft – aéroglisseur *m.*
Hoverport – port d'aéroglisseurs.
hp – *abrév. de horsepower.*
HP – *abrév. de high pressure.*
HPI – *abrév. de hydrocarbon processing industry.*
HPLC – CLHP, *abrév. high-performance liquid chromatography, chromatographie liquide à haute performance.*
HPNS – SNHP, *abrév. de high-pressure nervous syndrome, syndrome nerveux des hautes pressions.*
HPOF – *abrév. de high-pressure oil-filled.* **HPOF cable**: *abrév. de high-pressure oil-filled cable.*
HR – HR, *abrév. de high resolution : haute résolution.*
HREELS – *abrév. de high-resolution electron energy-loss spectrometry.*
HSS – *abrév. de high-speed steel.*
HT – *abrév. de high tension.*
HTGR – *abrév. de high-temperature gas-cooled reactor.*
HTR – *abrév. de high-temperature reactor.*
HTU – HUT, *abrév. de height of transfer unit : hauteur équivalente à une unité de transfert.*
hub – mire de nivellement ; moyeu *m* ; piquet *m* ; repère *m, petits jalons pour tracer la route d'un pipeline.* **hub brake**: frein à roue ; frein sur moyeu. **hub puller**: arrache-moyeu *m.* **hub spring**: ressort amortisseur.
hubcap – chapeau de moyeu.
Hübl – Hübl. **Hübl number**: indice de Hübl, *mesure de l'indice d'iode.*
HUCR – *abrév. de highest useful compression ratio.*
hue – nuance *f*; teinte *f, la teinte d'une couleur est caractérisée par sa longueur d'onde dominante* ; tonalité chromatique.
huff-and-puff – *voir huff-and-puff injection.* **huff-and-puff injection**: injection cyclique de vapeur ; stimulation cyclique par la vapeur, *méthode de récupération thermique (prod).*
Hugoniot – Hugoniot. **Hugoniot function**: relation de Hugoniot, *interaction explosif-milieu connexe.*
hulk – carcasse de navire ; ponton *m.*
hull – coque d'un navire. **hull insurance**: assurance sur corps, *d'un navire.*
hum – ronflement *m* ; ronflette *f*; vrombissement *m.*
hum (to) – ronfler, *moteur.*
human – humain. **human error**: erreur humaine. **human exposure**: exposition des personnes. **human factor**: facteur humain. **human-induced degradation**: dégradation due à l'homme. **human resource development**: valorisation des ressources humaines.
humate – humate *m, sel ou ester de l'acide humique.*
humbucking – antironflette *f*; montage antironflement *(sism).*
humectant – humectant *m.*
humic – humique. **humic acid**: acide humique, *matière organique acide provenant des végétaux supérieurs.* **humic coal**: charbon humique.
humid – humide.
humidification – humidification *f.*
humidifier – humidificateur *m.*
humidistat – humidistat *m, dispositif de réglage de l'humidité.*
humidity – humidité *f.* **humidity of the air**: humidité atmosphérique.
humification – humification *f, transformation des matières organiques en acides humiques principalement par oxydation lente.*
humin – *voir ulmin.*
huminite – huminite *f, groupe macéral des lignites équivalent aux vitrinites.*
humite – humite *f, charbon humique.*
hummer – bourdonneur *m.* **hummer screen**: tamis à vibration magnétique, *pour le tamisage de minerai.*
humming – bourdonnant. **humming of gears**: ronflement des engrenages.
hummock – colline *f*; monticule *m.*
hummocked – empilé. **hummocked ice**: chaos de glace ; glace hummockée, *glace de mer empilée au hasard.*
hummocky – mamelonné, *configuration de réflexions.* **hummocky configuration**: configuration mamelonnée. **hummocky topography**: relief en bosses et creux, *présenté à l'état frais par les moraines terminales des glaciers.*
humodite – humodite *f, variété de charbon humique.*
humogelite – humogélite *f, nom collectif des gels humiques.*
humolite – charbon humique.
humosite – humosite *f, un des constituants de la torbanite.*
hump – bosse *f*; maximum *m, d'une courbe.*
humus – humus *m.*
hundred – cent *m.* **hundred-percent section**: coupe en couverture simple *(sism).* **hundred-year wave**: houle centennale ; vague centennale, *vague de hauteur exceptionnelle qui peut, statistiquement, se former une fois par siècle.*
hunting – flottement *m* ; marche oscillante ; oscillation de vitesse ; pompage *m, en servomécanisme.*
huntite – huntite *f, carbonate de calcium et de magnésium.*
hurdle – barrière *f*; claie *f*; clôture *f.* **hurdle rate**: taux de rejet ; seuil de rentabilité ; taux critique de rentabilité *(écon).*
Huronian – Huronien *m, complexe moyen du Bouclier canadien.*
hurricane – ouragan *m, force 12 sur l'échelle Beaufort.*
hurry – hâte *f.* **hurry-up stick**: tige d'accélération *(for).*

hurst – banc de sable, *d'une rivière* ; monticule boisé.

hut – baraque *f* ; cabane *f*.

hutment – baraquement *m*.

Huygens – Huygens. **Huygens' principle**: principe de Huygens.

HVAC – *abrév. de heating, ventilating, air-conditioning.*

HVB – HVR, *abrév. de hydrovisbreaking : hydroviscoréduction.*

HVDC – *abrév. de high-voltage direct current.*

HVI – *abrév. de high viscosity index.* **HVI oil**: huile à indice de viscosité élevé.

HVT – *abrév. de half-value thickness.*

HWDP – *abrév. de heavyweight drillpipe.*

HWR – *abrév. de heavy-water reactor.*

HWST – PMVE, *abrév. de high water of spring tides, pleine mer de vives-eaux.*

hyaline – hyalin, *ayant l'apparence de verre* ; vitreux. **hyaline quartz**: quartz hyalin. **hyaline structure**: structure hyaline *(pétro)*.

hyalite – hyalite *f (minér)*.

hyaloclastite – hyaloclastite *f*, *brèche fine à éléments de verre volcanique.*

hyalocrystalline – hyalocristallin.

hyalophane – hyalophane *f*, *minéral monoclinique du groupe feldspath.*

hyalosiderite – hyalosidérite *f*, *olivine.*

hybrid – hybride. **hybrid-base crude**: brut hybride, *quatrième type de base créé en plus des trois principaux (aromatic, naphthenic, paraffinic) pour la classification des bruts, et qualifiant un pétrole à base naphténique contenant une petite quantité de paraffine.* **hybrid composite**: matériau composite hybride. **hybrid computer**: calculateur hybride. **hybrid junction**: jonction hybride, *guide d'onde.* **hybrid migration**: migration hybride *(sism)*. **hybrid platform**: plate-forme hybride, *composée d'une embase en béton surmontée d'un treillis en acier.* **hybrid rocket engine**: moteur de fusée hybride, *moteur de fusée à lithergol.* **hybrid spread**: dispositif pondéré en distance. **hybrid structure**: structure hybride. **hybrid propulsion**: motorisation hybride, *l'effet combiné d'un moteur thermique et un moteur électrique.*

hybridization – hybridation *f* ; hybridation magmatique, *assimilation magmatique des roches.*

Hycar – *dénomination de différents caoutchoucs synthétiques.*

hydatogenesis – hydatogenèse *f (géol)*.

hydatogenic – hydatogène, *se dit d'une roche formée en milieu aqueux.*

Hydeal – *dénomination d'un procédé de désalkylation catalytique.*

hydracid – hydracide *m*, *acide sans atomes d'oxygène.*

Hydrafrac – *dénomination d'un procédé de fracturation hydraulique qui utilise comme fluide visqueux d'injection du kérosène ou du gasoil épaissi au moyen d'un savon acide gras.*

hydrant – bouche d'eau ; prise d'eau. **hydrant refueling system**: oléoréseau *m*, *avitaillement par poste fixe (aviat)*.

hydrate – hydrate *m*. **hydrate formation**: formation d'hydrate. **hydrate inhibitor**: inhibiteur d'hydrate.

hydrated – hydraté. **hydrated grease**: graisse hydratée. **hydrated lime**: chaux hydratée, *hydrate de calcium.* **hydrated oxide**: oxyde hydraté.

hydration – hydratation *f*.

hydraulic – hydraulique. **hydraulic actuator**: actionneur hydraulique. **hydraulic binder**: liant hydraulique, *produit servant à agglomérer les matières inertes (graviers, sables, granulats) anhydres avant l'emploi du ciment, hydratés dans le ciment durci.* **hydraulic brake**: frein hydraulique. **hydraulic cement**: ciment hydraulique. **hydraulic circulation system**: forage à injection, *à curage continu.* **hydraulic clutch**: embrayage hydraulique. **hydraulic connection**: hydroconnexion *f*. **hydraulic connector**: connecteur hydraulique ; hydroconnecteur *m*. **hydraulic control**: commande hydraulique. **hydraulic-controlled lubricator**: graisseur à commande hydraulique. **hydraulic coupling**: accouplement hydraulique ; couplage hydraulique. **hydraulic decoking**: décokage hydraulique, *opération par laquelle le coke de pétrole est retiré de l'appareillage à l'aide de violents courants d'eau.* **hydraulic dredge**: drague hydraulique. **hydraulic drilling**: perforation hydraulique. **hydraulic drive**: commande hydraulique. **hydraulic elevator**: élévateur hydraulique. **hydraulic excavator**: excavateur hydraulique. **hydraulic feed**: avancement hydraulique. **hydraulic fill**: remblai hydraulique. **hydraulic fluid**: fluide hydraulique ; liquide pour transmissions hydrauliques. **hydraulic fracturing**: fracturation hydraulique, *procédé qui consiste à créer artificiellement, par pression hydraulique, des fractures afin d'augmenter la perméabilité au voisinage d'un puits.* **hydraulic gage**: jauge hydraulique. **hydraulic governor**: régulateur hydraulique. **hydraulic gradient**: gradient hydraulique. **hydraulic hammer**: marteau hydraulique. **hydraulic head**: hauteur de charge ; hauteur de refoulement, *pression exercée par une colonne de fluide* ; hauteur piézométrique ; pression en colonne d'eau. **hydraulic holddown anchor**: ancrage hydraulique *(for)*. **hydraulic injection**: injection hydraulique. **hydraulic jack**: cric hydraulique ; vérin hydraulique. **hydraulic jar**: coulisse hydraulique, *outil de repêchage.* **hydraulic-jet perforating**: perforation par jet hydraulique, *voir abrasive jetting.* **hydraulic jump**: ressaut hydraulique. **hydraulic lime**: chaux hydraulique. **hydraulic medium**: fluide hydraulique. **hydraulic mixer**: mélangeur hydraulique. **hydraulic model**: modèle hydraulique. **hydraulic monitor**: monitor *m*, *lance hydraulique alimentée sous pression utilisée pour l'abattage des minerais.* **hydraulic mortar**: mortier hydraulique. **hydraulic oil**: huile hydraulique. **hydraulic perforating**: perforation hydraulique. **hydraulic pile driving**: battage hydraulique des piles. **hydraulic pipe cutter**: coupe-tige hydraulique. **hydraulic power**: force hydraulique. **hydraulic press**: presse hydraulique. **hydraulic-press oil**: huile pour presse hydraulique, *huile neutre, non visqueuse.* **hydraulic pressure**: pression hydraulique. **hydraulic pump**: pompe hydraulique. **hydraulic pumping**: pompage hydraulique. **hydraulic ram**: bélier hydraulique. **hydraulic regulator**: régulateur hydraulique. **hydraulic seal**: joint hydraulique. **hydraulic servosteering**: servodirection à commande hydraulique. **hydraulic-set packer**:

packer à ancrage hydraulique *(for)*. **hydraulic system**: système hydraulique. **hydraulic test**: essai hydraulique. **hydraulic tester**: tester hydraulique. **hydraulic torque converter**: convertisseur de couple hydraulique. **hydraulic transmission**: transmission hydraulique. **hydraulic turbine**: turbine hydraulique. **hydraulic valve**: vanne hydraulique. **hydraulic wall-anchored drill collar**: masse-tige hydraulique à ancrage. **hydraulic wedge**: coin hydraulique.

hydraulicking – abattage hydraulique *(mine)*.

hydraulics – hydraulique *f.*

hydrazine – hydrazine *f.*

hydrazone – hydrazone *f.*

hydric – hydrique.

hydride – hydrure *m.*

Hydril – Hydril, *dénomination d'un obturateur annulaire qui porte le nom de la compagnie qui le fabrique.* **Hydril thread**: filetage Hydril *(for)*.

hydroalkylation – hydralkylation *f.*

hydrobiology – hydrobiologie *f.*

hydrobios – hydrobios *m, partie du globe occupée par les animaux et végétaux aquatiques, voir aussi geobios.*

hydrobiotite – hydrobiotite *f, aluminosilicate de magnésium, fer et potassium.*

hydroboration – hydroboration *f.*

hydrobromic – bromhydrique. **hydrobromic acid**: acide bromhydrique.

hydrobromination – bromhydratation *f.*

hydrocarbon – hydrocarbure *m, voir aussi aliphatic hydrocarbon, aromatic hydrocarbon, cyclic hydrocarbon, diolefinic hydrocarbon, gaseous hydrocarbon, naphthenic hydrocarbon, olefinic hydrocarbon, paraffinic hydrocarbon, saturated hydrocarbon, unsaturated hydrocarbon.* **hydrocarbon accumulation**: accumulation d'hydrocarbures. **hydrocarbon black**: noir de fumée d'hydrocarbure. **hydrocarbon containing**: hydrocarboné, *qui contient de l'hydrogène et du carbone.* **hydrocarbon indicator**: témoin d'hydrocarbures. **hydrocarbon-liquids removal**: dégazolinage *m.* **hydrocarbon-phase behavior**: comportement thermodynamique des hydrocarbures. **hydrocarbon potential**: potentiel d'hydrocarbure *(géochim)*. **hydrocarbon-saturated pore space**: volume des pores imprégnés d'huile. **hydrocarbon saturation**: saturation en hydrocarbures. **hydrocarbon seepage**: indices d'hydrocarbures.

hydrocellulose – hydrocellulose *f.*

hydrochloric – chlorhydrique. **hydrochloric acid**: acide chlorhydrique, *acidification des réservoirs.*

hydrochloride – chlorhydrate *m.*

hydrochlorination – chlorhydratation *f.*

hydroclastic – hydroclastique. **hydroclastic rock**: roche hydroclastique *(pétro)*.

hydrocodimer – hydrocodimère *m, produit à haut indice d'octane obtenu par hydrogénation d'un codimère.*

hydrocolloid – hydrocolloïde *m.*

hydrocrackate – hydrocraquat *m.*

hydrocracker – hydrocraqueur *m.*

hydrocracking – hydrocraquage *m, craquage en présence d'hydrogène.*

hydrocyanation – hydrocyanuration *f.*

hydrocyanic – cyanhydrique. **hydrocyanic acid**: acide cyanhydrique, *acide prussique, formonitrile, méthane nitrile, nitrile formique.*

hydrocyclone – hydrocyclone *m.*

hydrodealkylation – hydrodésalkylation *f.*

hydrodeasphalting – hydrodésasphaltage *m.*

hydrodecyclization – hydrodécyclisation *f.*

hydrodemetallization – hydrodémétallisation *f.*

hydrodenitrogenation – hydrodénitrogénation *f*; hydrodésazotation *f.*

hydrodesulfurization – hydrodésulfuration *f.*

hydrodewaxing – hydrodéparaffinage *m.*

hydrodimerization – hydrodimérisation *f.*

hydrodynamic – hydrodynamique. **hydrodynamic gas bearing**: palier hydrodynamique à gaz. **hydrodynamic lubrication**: graissage hydrodynamique ; lubrification hydrodynamique. **hydrodynamic pressure**: pression hydrodynamique.

hydrodynamics – hydrodynamique *f, science traitant du mouvement des fluides incompressibles.*

hydroelectric – hydroélectrique. **hydroelectric generator**: générateur hydroélectrique. **hydroelectric plant**: centrale hydroélectrique.

hydroelectricity – hydroélectricité *f.*

hydroexplosion – explosion sous-marine ; hydroexplosion *f.*

hydroextractor – essoreuse *f.*

Hydrofining – *dénomination d'un procédé d'hydrotraitement.*

hydrofinishing – hydrofinissage *m.*

hydrofluoric – fluorhydrique. **hydrofluoric acid**: acide fluorhydrique. **hydrofluoric-acid alkylation**: alkylation à l'acide fluorhydrique.

hydrofluorination – fluorhydratation *f.*

hydrofoil – hydroptère *m, navire rapide muni d'ailes portantes et capable de naviguer, à partir d'une certaine vitesse, en position déjaugée.*

hydroformate – hydroformat *m, produit obtenu par un procédé d'Hydroforming.*

Hydroforming – *dénomination d'un procédé d'hydrogénation d'essences lourdes pour obtenir de l'essence à haut indice d'octane.*

hydroformylation – hydroformylation *f, procédé d'oxosynthèse.*

hydrofracturing – *voir hydraulic fracturing.*

hydrogasification – hydrogazéification *f.*

hydrogel – hydrogel *m, résultat de la floculation d'un hydrosol.*

hydrogen – hydrogène *m, symbole chim. H.* **hydrogen blistering**: cloquage par l'hydrogène ; formation de soufflures par l'hydrogène. **hydrogen-blistering corrosion**: corrosion par cloques d'hydrogène ; corrosion par soufflures d'hydrogène. **hydrogen bond**: liaison hydrogène. **hydrogen bonding**: liaison hydrogène. **hydrogen brazing**: brasage à l'hydrogène. **hydrogen bromide**: acide bromhydrique ; bromure d'hydrogène. **hydrogen chloride**: acide chlorhydrique. **hydrogen-donor solvent**: solvant donneur d'hydrogène. **hydrogen electrode**: électrode à hydrogène. **hydrogen embrittlement**: fragilisation par l'hydrogène. **hydrogen-evolution type of corrosion**: corrosion fissurante par l'hydrogène. **hydrogen fluoride**: acide fluorhydrique ; fluorure d'hydrogène. **hydrogen-index log**: diagraphie d'indice d'hydrogène. **hydrogen-induced cracking (HIC)**: fissuration par l'hydrogène. **hydrogen iodide**: iodure d'hydrogène. **hydrogen-ion concentration (pH)**: concentration en ions hydrogène (pH), *cologarithme de la concentration en ions hydrogène d'une solution.* **hydrogen overvoltage**: survoltage associé à la libération d'hydrogène. **hydrogen peroxide**: eau oxygénée ; peroxyde d'hydrogène. **hydrogen pipeline**: hydrogénoduc *m.* **hydrogen sulfide**: hydrogène sulfuré. **hydrogen-sulfide corrosion**: corrosion à l'hydrogène sulfuré.

hydrogenated – hydrogéné. **hydrogenated oil**: huile hydrogénée.

hydrogenation – hydrogénation *f, réduction par l'hydrogène.* **hydrogenation cock**: robinet pour hydrogénation. **hydrogenation plant**: unité d'hydrogénation.

hydrogenic – hydrogénique *(pédol)*. **hydrogenic ion**: ion hydrogénoïde, *formé d'un noyau et d'un seul électron.*

hydrogenolysis – hydrogénolyse *f.*

hydrogeology – hydrogéologie *f.*

hydrograph – hydrographe *m.*

hydrographic – hydrographique. **hydrographic chart**: carte hydrographique. **hydrographic map**: carte hydrographique. **hydrographic survey**: levé hydrographique.

hydrography – hydrographie *f.*

hydrohalogenation – hydrohalogénation *f.*

hydroisomerization – hydro-isomérisation *f.*

hydrokinematics – cinématique des liquides, *ou cinématique des fluides.*

hydrokinetics – cinétique des liquides.

hydrolaccolith – hydrolaccolite *m, grosse lentille de glace provoquant un soulèvement du sous-sol, tertre de toundra.*

hydrolase – hydrolase *f, enzyme catalysant la rupture d'une liaison chimique avec fixation des éléments d'une molécule d'eau.*

hydroliquefaction – hydroliquéfaction *f, procédé de liquéfaction du charbon.*

hydrolith – hydrolithe *f, produit composé d'hydrure de calcium.*

hydrologic – hydrologique. **hydrologic accounting**: bilan hydraulique, *calcul des quantités d'eau reçues et débitées par une nappe d'eau souterraine pendant un certain laps de temps.* **hydrologic cycle**: cycle de l'eau.

hydrology – hydrologie *f.*

hydrolube – hydrolube *f, fluide hydraulique formé d'une solution aqueuse de glycol et de polyglycols.*

hydrolysis – hydrolyse *f, rupture d'une liaison chimique par l'eau.*

hydrolytic – hydrolytique. **hydrolytic enzyme**: enzyme hydrolytique. **hyrolytic process**: procédé hydrolytique.

hydrolyzate – hydrolysat *m.*

hydromagnesite – hydromagnésite *f (minér)*.

hydromagnetic – *voir magnetohydrodynamic.*

hydromechanics – hydromécanique *f.*

hydrometallurgy – hydrométallurgie *f.*

hydrometamorphism – hydrométamorphisme *m.*

hydrometeor – hydrométéore *m.*

hydrometer – aréomètre *m, mesure la densité d'un liquide ; différents types d'aréomètres : Balling, Baumé, Beck, Brix, Sikes et Twaddle* ; densimètre *m* ; hydromètre *m.*

hydrometry – hydrométrie *f.*

Hydromite – *dénomination d'un ciment à base de résine synthétique pour cimentation sous pression (for)*.

hydromorphic – hydromorphe, *résultant d'une précipitation chimique.*

hydroperoxide – hydroperoxyde *m.*

hydrophile – hydrophile *m.* **hydrophile-lipophile balance (HLB)**: rapport hydrophile-lipophile, *affinité respective d'un émulsifiant pour les deux phases d'une émulsion, par exemple pour l'eau et pour l'huile.* **hydrophile moiety of surfactants**: fraction hydrophile des surfactants.

hydrophilic – hydrophile. **hydrophilic colloid**: colloïde hydrophile.

hydrophilite – *voir chlorocalcite.*

hydrophobic – hydrophobe. **hydrophobic colloid**: colloïde hydrophobe. **hydrophobic-oleophilic belt**: courroie oléophile-hydrophobe, *lutte contre la pollution en mer.*

hydrophone – hydrophone *m, capteur utilisé en sismique marine.*

hydroplane – hydroglisseur *m.*

hydropolymer – hydropolymère *m.*

hydropyrolysis – hydropyrolyse *f, procédé de craquage thermique d'hydrocarbures en présence d'hydrogène pour l'obtention d'oléfines.*

hydroquinone – hydroquinone *f, hydroquinol, para-dihydroxybenzène.*

hydrorefining – hydroraffinage *m, raffinage hydrogénant.*

hydroscopic – hydroscopique.

Hydrosein – Hydrosein, *dénomination d'une source sismique marine, type imploseur, qui utilise l'impulsion produite par le déplacement rapide d'un piston à l'intérieur d'un cylindre.*

hydroseparator – hydroséparateur *m.*

hydrosilylation – hydrosilylation *f (chim)*.

hydroskimming – distillation directe simplifiée, *pour éliminer les gaz et les fractions légères, sorte d'étêtage.*

hydrosol – hydrosol *m, solution colloïdale dans de l'eau.*

hydrosphere – hydrosphère *f, ensemble des eaux superficielles.*

hydrospheric – hydrosphérique.

hydrospinning – fluotournage *m.*

hydrostatic – hydrostatique. **hydrostatic balance**: balance hydrostatique. **hydrostatic bearing**: palier à lubrification hydrostatique. **hydrostatic clippers**: pinces coupantes. **hydrostatic-feed lubrication**: graissage sous pression hydrostatique. **hydrostatic gage**: jauge hydrostatique. **hydrostatic head**: charge hydrostatique, *pression excercée par une colonne de fluide.* **hydrostatic level**: niveau hydrostatique. **hydrostatic load**: charge hydrostatique. **hydrostatic lubrication**: graissage hydrostatique. **hydrostatic oiler**: graisseur sous pression hydrostatique. **hydrostatic press**: presse hydrostatique. **hydrostatic pressure**: pression hydrostatique. **hydrostatic-pressure balance**: équilibre hydrostatique d'un puits. **hydrostatic-pressure test**: essai de pression hydrostatique. **hydrostatic squeeze test**: essai hydrostatique sous pression, *pour détecter les fuites d'un gazoduc.* **hydrostatic strength**: résistance hydrostatique. **hydrostatic test**: épreuve hydrostatique ; essai hydrostatique. **hydrostatic transmission**: transmission hydrostatique.

hydrostatics – hydrostatique *f.*

hydrothermal – hydrothermal ; hydrothermique. **hydrothermal deposit**: dépôt hydrothermal ; gisement hydrothermique *(geol)*. **hydrothermal filling**: remplissage hydrothermal *(géol)*. **hydrothermal metamorphism**: métamorphisme hydrothermal, *lié à la circulation de fluides.* **hydrothermal rock**: roche hydrothermale.

hydrotreating – hydrotraitement *m, ensemble des procédés d'épuration intervenant au stade du raffinage et qui permettent d'éliminer par l'action de l'hydrogène les impuretés diverses contenues dans les coupes hydrocarbonées*; traitement par l'hydrogène.

hydrotrope – hydrotrope *m, imprégnant.*

hydrotropy – hydrotropie *f, augmentation de la solubilité d'une substance peu soluble dans l'eau par l'addition d'une troisième substance.*

hydrous – hydraté, *aqueux.* **hydrous pyrolysis**: pyrolyse hydratée. **hydrous silicate**: silicate hydraté.

hydrovisbreaking – hydroviscoréduction *f.*

hydrox – hydrox *m, mélange respiratoire d'hydrogène et d'oxygène.*

hydroxide – hydroxyde *m.*

hydroxyethylcellulose – hydroxyéthycellulose *f (HEC), nom générique de monoéthers de la cellulose et du glycol servant d'additif de suspension dans les boues de forage.*

hydroxyl – hydroxyle *m.* **hydroxyl number**: indice d'hydroxyle, *des acides gras, nombre de milligrammes de potasse (KHO) équivalent à la teneur en hydroxyle de 1 gramme de l'échantillon* indice d'oxhydryle. **hydroxyl value**: *voir hydroxyl number.*

hydroxylamine – hydroxylamine *f, oxyammoniac.*

hydroxylase – hydroxylase *f, enzyme de monooxygénase catalysant la fixation de l'oxygène.*

hydroxylation – hydroxylation *f (chim)*.

hydrozoan – hydrozoaire *m (pal)*.

Hygas – *dénomination d'un procédé de gazéification du charbon.*

hygiene – hygiène *f.*

hygrometer – hygromètre *m.*

hygrometry – hygrométrie *f.*

hygroscopic – hygroscopique. **hygroscopic moisture**: état hygrométrique ; humidité ambiante. **hygroscopic water**: eau hygroscopique.

hylotropic – hylotropique, *concernant un changement de phase sans changement de composition.* **hylotropic phase**: phase hylotropique.

hylotropy – hylotropie *f, ayant un point de fusion et d'ébullition constant.*

hypabyssal – hypabyssal *(géol)*. **hypabyssal rock**: roche hypabyssale, *roche de texture intermédiaire entre une roche de profondeur et une roche effusive.*

hyperbaric – hyperbare, *ayant une pression supérieure à la pression atmosphérique.* **hyperbaric arthragia**: syndrome articulaire des hautes pressions (SAHP) *(plongée)*. **hyperbaric chamber**: caisson hyperbare ; chambre de plongée hyperbare. **hyperbaric diving**: plongée hyperbare. **hyperbaric medicine**: médecine hyperbare. **hyperbaric welding**: soudage hyperbare.

hyperbary – hyperbarie *f (plongée)*.

hyperbola – hyperbole *f.*

hyperbolic – hyperbolique. **hyperbolic decline**: déclin hyberbolique, *courbe de déclin de la production.* **hyperbolic fix**: calage des hyperboles *(nav)*. **hyperbolic function**: fonction hyperbolique. **hyperbolic line of position**: lieu hyperbolique. **hyperbolic search**: analyse d'indicatrice hyperbolique. **hyperbolic tangent**: tangente hyperbolique.

hypercapnia – hypercapnie *f, augmentation de la pression partielle du gaz carbonique dans le corps d'un plongeur.*

hypercharge – hypercharge *f (phys)*.

hyperconjugation – hyperconjugaison *f.*

hypercube – hypercube *m.*

hyperfiltration – hyperfiltration *f, osmose inverse d'un solvant avec application de pression.*

hyperfocal – hyperfocal. **hyperfocal distance**: distance hyperfocale.

Hyperforming – *procédé de reformage catalytique à lit mobile.*

hyperfrequency – hyperfréquence *f.* **hyperfrequency polarization**: polarisation hyperfréquence. **hyperfrequency wave**: onde hyperfréquence.

hypergeometric – hypergéométrique. **hypergeometric function**: fonction hypergéométrique. **hypergeometric series**: série hypergéométrique.

hypergol – hypergol *m.*

hypergolic – hypergolique. **hypergolic propellant**: hypergol *m* ; mélange hypergolique.

hyperite – hypérite *f (pétro)*.

hypernucleus – hypernoyau *m.*

hyperon – hypéron *m, méson de masse comprise entre celle du proton et du neutron.*

hyperoxia – hyperoxie *f, augmentation de la pression partielle en oxygène dans le corps d'un plongeur.*

hyperplane – hyperplan *m (math)*.

hypersensitivity – hypersensibilité *f (allergies)*.

hypersonic – hypersonique. **hypersonic flow**: écoulement hypersonique.

hypersorption – hypersorption *f, procédé d'absorption des composants les moins volatils d'un mélange gazeux par du charbon activé.* **hypersorption column**: hypersorbeur *m.*

hyperstereoscopy – hyperstéréoscopie *f.*

hypersthene – hypersthène *m (minér)*.

hyperventilation – hyperventilation *f (plongée)*.

hypidiomorphic – hypidiomorphe *(pétro)*. **hypidiomorphic structure**: structure hypidiomorphe, *texture microgranitique.*

hypocapnia – hypocapnie *f, diminution de la pression partielle de gaz carbonique dans le corps d'un plongeur.*

hypocenter – hypocentre *m.*

hypochlorite – hypochlorite *f.* **hypochlorite sweetening**: adoucissement à l'hypochlorite, *par oxydation des mercaptans en disulfures (raf)*.

hypocrystalline – hypocristallin ; semicristallin.

hypodigm – *voir type material.*

hypogene – hypogénique, *qualifie un processus géologique ayant agi en profondeur de la croûte*

terrestre. **hypogene process**: processus interne. **hypogene spring**: source hypogène *(géol)*.
hypogenetic – *voir hypogene*.
hypoid – hypoïde. **hypoid gear**: engrenage hypoïde, *engrenage conique dont les axes ne se rencontrent pas*. **hypoid lubricant**: lubrifiant hypoïde, *lubrifiant pour engrenages hypoïdes*. **hypoid oil**: huile hypoïde, *huile pour engrenages hypoïdes*.
hypolimnion – hypolimnion *m*, *zone profonde des eaux froides d'un lac*.
hypophosphorous – hypophosphoreux.
hypothermal – hypothermal *(hydrol)*. **hypothermal vein**: filon hypothermal.
hypothermia – hypothermie *f (physiol)*.
hypothesis – hypothèse *f*.
hypothetical – hypothétique. **hypothetical resources**: ressources hypothétiques.
hypotype – hypotype *m (pal)*.
hypoventilation – hypoventilation *f (plongée)*.
hypsograph – hypsographe *m*.
hypsographic – hypsographique. **hypsographic curve**: courbe hypsographique.
hypsometer – hypsomètre *m*.
hypsometric – hypsométrique. **hypsometric curve**: courbe hyposométrique. **hypsometric map**: carte hypsométrique, *en teintes hypsométriques*.
hypsometry – hypsométrie *f*, *mesure des altitudes*.
Hysomer – *dénomination d'un procédé d'hydroisomérisation*.
hysteresis – hystérésis *f*, *retard de l'effet sur la cause, en particulier dans le comportement élastique et magnétique des corps, qui fait qu'un phénomène varie selon le sens de son déroulement*. **hysteresis loop**: cycle d'aimantation ; cycle d'hystérésis. **hysteresis loss**: perte par hystérésis.
hysterogenous – hystérogène *(minér)*.
hystrichosphaerid – hystricosphère *m*, *microfossile*.
hystrichosphere – *voir hystrichosphaerid*.
Hz – Hz, *symbole de hertz*.

I

IACS – *abrév. de International Association of Classification Societies.*

IADC – *abrév. de International Association of Drilling Contractors, anciennement AAODC.* **IADC bit classification**: classification IADC des outils tricônes, *classification à trois chiffres et une lettre qui prend en compte les dents de l'outil, la dureté des formations, le type de roulement.*

IAE – *abrév. de Institution of Automobile Engineers.*

IAT – TAI, *abrév. de international atomic time, temps atomique international.*

IATA – *abrév. de International Air Transport Association.*

IBP – *abrév. de initial boiling point.*

IBT – *abrév. de initial boiling temperature.*

IC – *abrév. de internal combustion et de integrated circuit.*

ICC – *abrév. de ignition-control compound et de Interstate Commerce Commission.*

ice – glace *f.* **ice age**: époque glaciaire. **ice avalanche**: avalanche de glace. **ice bar**: barre de glace, *formée de blocs accumulés par la mer et la houle.* **ice barrier**: barrière de glace ; falaise de glace. **ice belt**: ceinture glaciaire, *longue bande de glace flottante (de quelques kilomètres à plus de 100 km de large).* **ice blink**: éclairement blanc, *éclat blanc venant des nuages bas au-dessus d'une accumulation de glace au loin* ; halo glaciaire. **ice border**: lisière des glaces. **ice boulder**: bloc de glace. **ice boundary**: limite des glaces. **ice breccia**: mosaïque de glace. **ice-bridge effect**: effet de bouchon de glace. **ice cake**: glaçon *m.* **ice cap**: calotte glaciaire ; couverture de glace. **ice cave**: glacière *f, cavité ou la neige et la glace se conservent toute l'année.* **ice cliff**: falaise de glace. **ice core**: noyau de glace. **ice-cutting rig**: appareil de forage brise-glace. **ice dam**: obturation glaciaire *(géomorph).* **ice drift**: débâcle *f.* **ice edge**: lisière des glaces, *au bord de la banquise, ligne séparant, à un moment donné, la mer de la banquise, fixe ou dérivante.* **ice fall**: chute de glacier ; débâcle *f.* **ice field**: champ de glace. **ice floe**: *voir floe.* **ice flood**: glaciation *f.* **ice foot**: banquette côtière ; pied de glace *(géol).* **ice free**: libre de glace. **ice front**: falaise de glace. **ice island**: île de glace, *grande masse flottante composée par des plaques d'eau marine congelée qui s'agglomèrent sous l'action des vagues et de la mer.* **ice jam**: embâcle *m, accumulation de glace coincée dans un chenal étroit, ou amoncellement de glaces contre la rive d'un lac ou de la mer.* **ice limit**: limite des glaces. **ice line**: glace fondante, *sur une courbe indiquant des degrés de température.* **ice machine**: machine frigorifique. **ice-machine oil**: huile pour machines frigorifiques. **ice needle**: aiguille de glace. **ice noise**: *voir frost break* ; bruit de banquise ; bruit de glace. **ice pack**: pack *m.* **ice point**: *voir freezing point.* **ice port**: port de glace, *baie dans une falaise de glace, temporaire ou non, où les navires peuvent accoster et décharger directement.* **ice push**: poussée de gel, *poussée exercée sur les rives par la glace recouvrant les baies, les détroits, les lacs.* **ice rind**: croûte de glace ; glace vitrée. **ice-scour notch**: niche de rangement glaciaire. **ice segregation**: ségrégation de glace. **ice shelf**: plateau de glace. **ice string**: cordon de glace, *longue et étroite bande de banquise ayant un kilomètre au moins de longueur.* **ice strip**: cordon de glace. **ice thickness**: épaisseur de la glace. **ice vein, ice wedge**: coin de glace *(géomorph).*

iceberg – iceberg *m, grande masse de glace, flottante ou échouée, d'une hauteur de plus de 5 m au dessus du niveau de la mer, détachée d'un glacier ou d'une barrière de glace.* **iceberg scouring**: raclage *m, des fonds par iceberg.*

icebound – bloqué par les glaces. **icebound port**: port bloqué par les glaces, *fermé par les glaces.*

icebreaker – brise-glace *m.* **icebreaking support vessel**: brise-glace d'assistance. **icebreaking tanker**: pétrolier brise-glace.

ichnocoenosis – ichnocénose *f, ensemble de traces fossiles associées.*

ichnofossil – ichnofossile *m (pal).*

icing – congélation *f*; givrage *m* ; glaçage *m.* **icing from sea spray**: givrage par pulvérisation marine, *plate-forme en mer.*

icon – icône *f, signe ayant un rapport de ressemblance avec la réalité extérieure.*

iconic – iconique.

ICP – *abrév. de inductively-coupled plasma atomic spectrometry : spectrométrie d'émission atomique par plasma à couplage inductif.*

ID – *abrév. de inside diameter : diamètre intérieur ; et de identity.*

IDAA – *abrév. de Industrial Diamond Association of America.*

IDC – *abrév. de intangible drilling and development costs.*

iddingsite – iddingsite *f, silicate ferromagnésien.*

ideal – idéal. **ideal diagram**: diagramme théorique, *c'est-à-dire correspondant à un cycle thermodynamique idéal et non à un cycle réel.* **ideal dielectric**: diélectrique parfait. **ideal gas**: gaz idéal ; gaz parfait. **ideal section**: coupe idéalisée ; coupe schématique ; coupe théorique. **ideal solution**: solution idéale *(chim)*.

identification – identification *f.* **identification of seams**: identification des couches.

identity – identité *f.*

idioblast – idioblaste *m (pétro)*.

idiochromatic – idiochromatique.

idiogenous – idiogène, *se dit de dépôts dont l'origine est contemporaine de celle de la roche dans laquelle ils se trouvent.*

idiogeosyncline – idiogéosynclinal *m, un géosynclinal tardif entre la zone stable et mobile de la croûte terrestre.*

idiomorphic – idiomorphe *(pétro)*.

idle – inactif ; ralenti *m* ; au repos. **idle-adjusting screw**: vis de réglage de ralenti. **idle control**: commande de ralenti. **idle current**: courant déwatté, *courant réactif.* **idle gear**: pignon de renvoi ; renvoi de commande. **idle period**: temps mort. **idle pulley**: poulie guide. **idle rig**: appareil de forage désarmé. **idle roll**: poulie de tension. **idle running**: marche au ralenti. **idle shipping**: tonnage désarmé. **idle speed**: ralenti *m, vitesse ralentie d'un moteur.* **idle stop screw**: vis butée de ralenti. **idle time**: temps inactif ; temps mort. **idle wheel**: roue folle.

idle (to) – tourner au ralenti.

idleness – inactivité *f.*

idler – poulie libre de renvoi ; régulateur *m.* **idler gear**: roue folle ; roue intermédiaire ; roue parasite. **idler lever**: levier de commande de ralenti ; levier relais. **idler nozzle**: gicleur de ralenti. **idler pulley**: poulie tendeur. **idler roller**: rouleau tendeur. **idler shaft**: arbre de renvoi. **idler sheave**: poulie de renvoi.

idling – marche à vide ; marche au ralenti ; au ralenti. **idling jet**: gicleur de ralenti. **idling speed**: régime de ralenti ; vitesse de ralenti. **idling spring**: ressort de régulateur.

idrialene, idrialite – idrialite *f, substance bitumineuse.*

IEA – AIE, *abrév. de International Energy Agency, Agence internationale de l'énergie.*

IEU – *abrév. de internal-external upset.*

if-then – si-alors, *règle de logique.* **if-then knowledge base**: base de connaissances déterministe. **if-then rule**: règle conditionnelle, *règle de raisonnement se présentant sous la forme si...alors.*

IF – *abrév. de internal flush.*

iff – ssi, *abrév. de if and if only : si et seulement si.*

IFP – VFI, *abrév. de instantaneous floating point : virgule flottante instantanée.*

IFT – *abrév. de interfacial tension.*

igneous – igné. **igneous foliation**: structure feuilletée des roches éruptives. **igneous intrusion**: inclusion ignée. **igneous metallurgy**: métallurgie par voie ignée. **igneous rock**: roche éruptive ; roche ignée ; roche magmatique, *roche résultant de la cristallisation du magma.*

ignimbrite – ignimbrite *f, roche formée par l'accumulation de laves acides.*

ignis-fatuus – feu follet, *dû à la combustion spontanée du méthane.*

ignitability – inflammabilité *f.*

ignite (to) – allumer ; enflammer ; prendre feu ; tirer. **ignite (to) the fuse**: allumer la mèche.

igniter – amorce *f* ; bougie d'allumage ; cartouche *f* ; inflammateur *m.*

igniting – allumage *m* ; mise à feu.

ignition – allumage *m* ; inflammation *f.* **ignition accelerator**: accélérateur d'inflammation, *additif pour améliorer l'inflammation des combustibles diesel.* **ignition advance**: avance à l'allumage. **ignition battery**: batterie d'allumage. **ignition by compression**: allumage par compression. **ignition cable**: fil d'allumage. **ignition camshaft**: arbre de distribution d'allumage. **ignition circuit**: circuit d'allumage. **ignition coil**: bobine d'allumage. **ignition control**: commande d'allumage ; commande d'avance ; réglage du point d'allumage. **ignition-control compound**: agent d'allumage. **ignition delay**: délai d'allumage ; retard à l'allumage. **ignition-delay meter**: appareil de mesure du délai d'allumage. **ignition distributor**: allumeur *m* ; distributeur d'allumage. **ignition harness**: rampe d'allumage. **ignition heat**: chaleur d'inflammation. **ignition key**: clé de contact. **ignition lag**: délai d'allumage. **ignition lock**: coupe-circuit d'allumage. **ignition magneto**: magnéto d'allumage. **ignition plug**: bougie d'allumage. **ignition point**: point d'allumage ; point d'inflammation. **ignition promoter**: accélérateur d'inflammation. **ignition quality**: aptitude à l'inflammation, *d'un carburant ou d'un combustible.* **ignition spark**: étincelle d'allumage. **ignition switch**: bouton d'allumage ; commutateur d'allumage ; contact *m (auto)*. **ignition system**: dispositif d'allumage ; système d'allumage. **ignition temperature**: température d'allumage ; température d'inflammation. **ignition timing**: avance à l'allumage. **ignition-timing adjustment**: réglage de l'avance à l'allumage. **ignition tube**: tube à combustion. **ignition velocity**: vitesse d'allumage.

ignitron – ignitron *m (élec)*.

IGT – *abrév. de Institute of Gas Technology.*

IHO – OHI, *abrév. de International Hydrographic Organization, Organisation hydrographique internationale.*

IHP – *abrév. de indicated horsepower : puissance indiquée en chevaux.*

IIRS – *abrév. de ion-impact radiation spectroscopy : spectroscopie de radiation sous impact d'ions.*

IIXS – *abrév. de ion-induced X-ray spectroscopy : spectroscopie de RX induits par ions.*

illegal – illégal. **illegal oil**: pétrole illicite, *c'est-à-dire produit de façon illégale en contrevenant aux règlements existants.*

illicit – illicite.

illite – illite *f, terme général des argiles micacées.*

illuminance – éclairement lumineux, *quotient du flux lumineux reçu par un élement de surface, par l'aire de cet élément, l'unité SI est le lux.*

illuminate (to) – éclairer ; illuminer ; irradier.

illuminating – éclairage *m* ; éclairement *m.* **illuminating gas**: gaz d'éclairage. **illuminating oil**: huile d'éclairage, *pétrole lampant, kérosène.* **illuminating power**: pouvoir éclairant.

illumination – éclairage *m* ; éclairement *m.* **illumination angle**: angle d'éclairage ; angle d'éclairement ; angle d'irradiation.

illuvial – illuvial. **illuvial horizon**: horizon d'apport ; horizon illuvial.

illuviation – illuviation *f (pédol)*.

ilmenite – ilménite *f (minér)*.

ILO – BIT, *abrév. de International Labour Office : Bureau international du travail.*

ILS – ASV, *abrév. de instrument landing system : atterrissage sans visibilité.*

image – image *f.* **image analysis**: analyse d'image. **image coordinates**: coordonnées image. **image correction**: correction d'image. **image correlation**: corrélation d'images. **image correlator**: corrélateur d'image. **image degradation**: dégradation de l'image. **image density**: densité de l'image ; noircissement de l'image. **image digitizer**: numériseur d'image. **image digitizing**: numérisation d'image. **image dissector**: analyseur d'image. **image enhancement**: accentuation d'image ; amélioration d'image ; renforcement de l'image, *accentuation de certaines parties de l'image en vue de faire ressortir des caractères particuliers.* **image geometry**: géométrie de l'image. **image horizon**: horizon sur l'image. **image intensifier**: amplificateur de luminance ; intensificateur d'image. **image-intensifier tube**: tube intensificateur d'image. **image interpretation**: interprétation de l'image. **image line**: ligne de l'image ; ligne image. **image monitor**: moniteur d'image. **image-motion compensator**: compensateur de filé. **image plane**: plan de l'image. **image point**: point de l'image ; point image. **image preprocessing**: prétraitement de l'image, *télédétection.* **image processing**: traitement de l'image. **image ray**: rayon autocollimé ; rayon en autocollimation, *rayon qui arrive directement à la surface.* **image recorder**: imageur *m.* **image rectification**: rectification d'image, *prétraitement destiné à réduire les aberrations géométriques.* **image restoration**: restauration d'image.

imagery – imagerie *f, production d'images.*

imaginary – imaginaire. **imaginary axis**: axe imaginaire *(math)* ; axe imaginaire. **imaginary number**: nombre imaginaire. **imaginary part**: partie imaginaire, *d'un nombre complexe.*

imaging – migration *f (sism)* ; prise de vue non photographique ; représentation graphique. **imaging radar**: radar imageur. **imaging sensor**: capteur imageur. **imaging spectrometry**: radiométrie spectrale imageante (RSI).

imbalance – balourd *m.*

imbedded – *voir embedded.*

imbibe (to) – imbiber.

imbibition – déplacement capillaire ; imbibition *f.*

imbricate – imbriqué. **imbricate fault**: faille imbriquée. **imbricate folding**: plissement imbriqué *(géol)*. **imbricate slice**: écaille imbriquée, *portion de terrain comprise entre deux failles imbriquées.* **imbricate structure**: écaille tectonique ; structure à écailles ; structure imbriquée. **imbricate zone**: zone d'imbrication.

imbricated – imbriqué, *voir imbricate.*

imbrication – imbrication *f.*

IMCO – OMCI, *abrév. de Intergovernmental Maritime Consultative Organization : Organisation intergouvernementale de la navigation maritime, devenue OMI en 1982.*

IMEP – PMI, *abrév. de indicated mean effective pressure : pression moyenne indiquée.*

imide – imide *m (chim)*.

imine – imine *f (chim)*.

IMMA – *abrév. de ion microprobe mass analysis : spectrométrie de masse en sonde ionique.*

immature – embryonnaire ; prématuré. **immature crystal**: cristal embryonnaire. **immature soil**: sol embryonnaire.

immerse (to) – immerger ; plonger ; submerger.

immersible – immersible.

immersion – immersion *f.* **immersion burner**: brûleur immergé. **immersion cell**: sonde à immersion. **immersion heater**: élément de chauffage par immersion ; thermoplongeur *m.* **immersion lens**: objectif à immersion. **immersion plating**: dépôt par immersion.

immiscible – immiscible ; non-miscible. **immiscible displacement**: déplacement non miscible, *récupération par injection de fluides non miscibles.* **immiscible fluid**: fluide non miscible. **immiscible liquid**: liquide non miscible.

immission – immission *f.*

immobilization – immobilisation *f.*

immobilized – immobilisé. **immobilized enzyme**: enzyme immobilisé.

IMO – OMI, *abrév. de International Maritime Organization, Organisation maritime internationale (voir IMCO)*.

impact – choc *m* ; impact *m.* **impact blaster**: détonateur à sympathie. **impact burner**: brûleur à choc. **impact cast**: moulage d'impact, *moulage d'outils, voir aussi prod mark.* **impact energy**: énergie d'impact. **impact fatigue**: résistance aux chocs. **impact loading**: charge de choc. **impact metamorphism**: métamorphisme d'impact, *dû à des chutes de météorites.* **impact resistance**: résilience *f.* **impact statement**: *voir environmental impact statement.* **impact strength**: résistance aux chocs. **impact study**: étude d'impact, *étude de l'impact sur l'environnement d'une installation industrielle projetée.* **impact test**: épreuve de choc ; essai au choc ; essai de résilience. **impact-test specimen**: éprouvette de résilience. **impact value**: niveau de résilience *(métal)*.

impactite – impactite *f, roche due à l'impact d'une grosse météorite.*

impactor – dame *f* ; hie *f* ; impacteur *m.*

impair (to) – abîmer ; affaiblir ; détériorer ; fausser.

impalpable – impalpable.

impedance – impédance *f.* **impedance bridge**: pont d'impédance. **impedance compensator**: réseau compensateur d'impédance. **impedance matching**: adaptation d'impédance ; couplage d'impédance. **impedance matrix**: matrice d'impédance. **impedance meter**: impédancemètre *m.* **impedance section**: coupe d'impédance.

impeller – couronne mobile ; impulseur *m* ; rotor *m, de pompe, etc* ; roue à aubes ; roue de pompe centrifuge ; roue motrice.

impenetrability – impénétrabilité *f.*

imperative – impératif.

imperfect – imparfait. **imperfect cleavage**: clivage imparfait. **imperfect gas**: *voir real gas.* **imperfect spark**: allumage imparfait.

imperfection – imperfection *f.*

imperforate – non-perforé.

imperial – impérial. **imperial gallon**: *voir gallon (UK)*.

impermeability – imperméabilité *f.*

impermeable – étanche ; imperméable. **impermeable layer**: couche imperméable. **impermeable rock**: roche imperméable.

impervious – imperméable, *étanche*. **impervious bed**: lit imperméable. **impervious break**: intercalation imperméable. **impervious layer**: couche imperméable. **impervious rock**: roche imperméable.

imperviousness – étanchéité *f*; imperméabilité *f.*

impetus – impulsion *f.*

impingement – collision *f*; empiétement *m* ; heurt *m*. **impingement area**: zone d'impact, *partie du réacteur sur laquelle entrent en collision les particules du catalyseur*. **impingement attack**: corrosion-érosion, *provoquée à la fois par l'effet combiné d'une attaque chimique et de l'érosion du milieu*. **impingement baffle**: chicane de contact. **impingement of flame**: choc de flamme. **impingement plate**: plateau de contact. **impingement rate**: taux surfacique d'incidence.

impinger – impacteur *m*, *instrument fondé sur les effets d'impact pour recueillir les particules des gaz*.

implementation – mise en oeuvre.

implied – implicite ; tacite. **implied easements**: servitudes implicites, *servitudes impliquées par un contrat*.

imploder – imploseur *m*, *source sismique marine* ; source implosive.

implosion – implosion *f.* **implosion source**: source à implosion.

import – importation *f.* **import duty**: droit d'entrée. **import permit**: autorisation d'importation. **import quota**: contingent d'importation. **import regulation**: régime des importations. **import surcharge**: surtaxe à l'importation. **import trade**: commerce d'importation.

impound (to) – confisquer ; saisir.

impounding – captage *m*, *des eaux*. **impounding reservoir**: réservoir de retenue.

impoverished – appauvri, *à très faible teneur*.

impoverishment – appauvrissement *m*.

impregnated – imprégné. **impregnated closure, impregnated thickness**: hauteur imprégnée, *d'huile*. **impregnated sand**: sable imprégné. **impregnated thickness of a field**: puissance d'un gisement.

impregnating – imprégnant. **impregnating compound**: produit pour imprégnation.

impregnation – imprégnation *f.* **impregnation deposit**: gisement d'imprégnation. **impregnation ore**: minerai d'imprégnation. **impregnation vein**: filon d'imprégnation.

impress (to) – empreindre ; impressionner ; imprimer. **impressed current**: courant imposé, *protection cathodique*.

impression – impression *f.* **impression block**: bloc d'empreinte, *pour opération de repêchage*. **impression packer**: packer à impression *(for)*.

imprint – empreinte *f.*

improper – impropre ; incorrect. **improper integral**: intégrale impropre *(math)*. **improper stowage**: arrimage défectueux. **improper thread form**: profil incorrect de filetage, *variation excessive par rapport au profil normal*. **improper thread height**: hauteur incorrecte du filet, *causant une irrégularité du profil de filetage*.

improve (to) – améliorer ; perfectionner.

improved – amélioré ; perfectionné. **improved plow steel (IPS)**: acier traité de haute qualité, *acier de limite de rupture entre 1770 et 1960 MPa*. **improved oil recovery (IOR)**: récupération améliorée du pétrole.

improvement – amélioration *f*; perfectionnement *m*.

improver – améliorant *m* ; facteur d'amélioration.

impsonite – impsonite *f*, *variété de pyrobitume asphaltique*.

impulse – dirac *m* ; impétus *m* ; impulsion *f*; signal impulsionnel. **impulse blaster**: détonateur à sympathie ; détonateur par impulsion. **impulse circuit**: circuit d'impulsion. **impulse corrector**: filtre d'impulsion *(élec)*. **impulse generator**: générateur d'impulsions. **impulse meter**: compteur d'impulsions. **impulse modulation**: modulation par impulsions. **impulse period**: période d'impulsion. **impulse-reaction turbine**: turbine à action et réaction. **impulse recorder**: enregistreur d'impulsions. **impulse response**: réponse impulsionnelle. **impulse tachometer**: dynamo tachymétrique. **impulse turbine**: turbine à action.

impulsive – impulsionnel. **impulsive source**: source impulsionnelle.

impure – impur.

impurity – impureté *f.*

IMXA – *abrév. de ion-microprobe X-ray analysis : spectroscopie de RX en sonde ionique*.

inability – inaptitude *f.*

inaccessible – inaccessible. **inaccessible pore volume (IPV)**: volume des pores inaccessible *(prod)*.

inaccuracy – imprécision *f*; inexactitude *f.*

inaccurate – imprécis.

inactive – inactif.

inadequate – inadéquat ; incomplet ; insuffisant. **inadequate flash trim**: ébavurage incomplet de la soudure.

inbuilt – incorporé.

inc. – *abrév. de incorporated, inscrite à la suite d'un nom, indique qu'il s'agit d'une société anonyme (USA)*.

incandescence – incandescence *f.*

incandescent – incandescent. **incandescent filament**: filament incandescent. **incandescent lamp**: lampe à incandescence. **incandescent lighting**: éclairage par incandescence. **incandescent mantle**: manchon à incandescence.

incapacity – incapacité *f.*

incentive – incitation *f.*

incertae-sedis – incertae-sedis, *expression latine, se dit d'un fossile dont la place dans la classification est douteuse*.

inch – pouce *m*, *unité de longueur, 1 in = 2,54 cm*. **inch of mercury**: pouce de mercure, *unité de pression égale à 3,386 kPa*. **inch of water**: pouce d'eau, *unité de pression égale à 2,490 hPa*.

incidence – incidence *f.* **incidence angle**: angle d'incidence. **incidence matrix**: matrice d'incidence *(math)*. **incidence plane**: plan d'incidence.

incident – incident. **incident expenses**: dépenses imprévues ; faux-frais *m*. **incident light**: lumière incidente. **incident ray**: rayon incident. **incident raypath**: rayon incident.

incident – incident *m* ; événement *m* ; péripétie *f.*

incidental – accidentel ; fortuit ; incident. **incidental damages**: dommages-intérêts accessoires. **incidental expenses**: faux-frais *m.* **incidental heat gain**: chaleur gratuite, *dans un bâtiment, source de chaleur externe qui ne fait pas partie du système de chauffage.*

incineration – incinération *f.* **incineration of waste**: incinération des déchets.

incinerator – incinérateur *m.* **incinerator ship**: navire incinérateur.

incipient – naissant. **incipient blowout**: commencement d'éruption ; éruption naissante. **incipient crack**: amorce de cassure. **incipient folding**: plissement embryonnaire, *naissant.* **incipient maturity**: maturité commençante. **incipient peneplain**: pénéplaine embryonnaire, *naissante.* **incipient pitting**: piquage naissant.

incised – encaissé *(géomorph)*. **incised valley**: vallée encaissante ; vallée entaillée.

inclination – inclinaison *f*; pendage *m* ; plongement *m.* **inclination drilling**: forage incliné, *voir directional drilling.*

incline – descenderie *f (mine)* ; inclinaison *f*; pente *f*; plan incliné ; rampe *f.* **incline offset**: déport longitudinal.

incline (to) – pencher.

inclined – incliné. **inclined anticline**: anticlinal incliné. **inclined bedding**: stratification oblique. **inclined dispersion**: dispersion inclinée *(crist)*. **inclined distance**: distance inclinée. **inclined fault**: faille inclinée. **inclined fold**: pli déjeté ; pli oblique. **inclined oil-water contact**: contact huile-eau incliné. **inclined oil-water table**: surface de contact huile-eau inclinée. **inclined plane**: plan incliné. **inclined seam**: couche inclinée. **inclined stratum**: couche inclinée. **inclined valve**: soupape inclinée. **inclined well**: puits incliné ; puits oblique.

inclinometer – clinoscope *m* ; inclinomètre *m, instrument utilisé pour mesurer la déviation d'un puits.*

include (to) – comprendre ; inclure.

inclusion – enclave *f*; inclusion *f, tout corps englobé dans un cristal hôte ; un défaut de soudure.* **inclusion complex**: complexe d'inclusion ; complexe d'insertion, *édifice cristallin dans lequel des ions étrangers sont venus s'insérer.* **inclusion compound**: composé d'inclusion.

inclusive – inclusif. **inclusive OR gate**: porte OU inclusif.

incoalation – *voir coalification.*

incoherent – incohérent. **incoherent light**: lumière incohérente. **incoherent noise**: bruit aléatoire. **incoherent scattering**: diffusion incohérente.

Incoloy – *dénomination commerciale d'un alliage anticorrosion nickel, fer et chrome.*

incombustibility – incombustibilité *f.*

incombustible – incombustible.

income – revenu *m.* **income of the field**: rente minière, *ensemble des richesses dégagées par le gisement au cours de son exploitation, diminué des dépenses engagées.* **income tax**: impôt sur le revenu.

incoming – arrivée *f*; entrée *f.* **incoming of water**: *voir water encroachment.* **incoming panel**: panneau d'arrivée. **incoming tide**: marée montante. **incoming trap**: sas d'arrivée des racleurs, *pipeline.*

incomings – rentrées *f, voir aussi outgoings.*

incommensurable – incommensurable.

incompatibility – incompatibilité *f.*

incompetent – incompétent, *s'applique aux niveaux, aux couches et aux roches plus plastiques que les terrains avoisinants.* **incompetent bed**: assise tendre *(géol)* ; couche incompétente. **incompetent rock**: roche incompétente, *roche plus apte à se déformer qu'à se rompre.*

incomplete – incomplet. **incomplete combustion**: combustion incomplète. **incomplete fusion**: fusion incomplète, *manque de coalescence d'une portion du métal dans un joint soudé.*

incompressibility – incompressibilité *f.* **incompressibility modulus**: module de compressibilité.

incompressible – incompressible. **incompressible flow**: écoulement incompressible. **incompressible fluid**: fluide incompressible.

Inconel – *dénomination d'un alliage anticorrosion fer, nickel et chrome.*

incongruent – incongruent. **incongruent melting**: fusion incongruente, *fusion qui donne un liquide ayant une composition différente de celle du solide fondu.*

incorporate (to) – comprendre ; constituer en société commerciale ; incorporer.

incorporated – incorporé.

incorporated – constitué en société ; société anonyme.

incorporeal – incorporel *(jur)*.

Incoterms – Incoterms, *abrév. de International Commercial Terms, termes codifiés dans le commerce international sur les conditions de livraison : CIF, FOB, ex ship, etc.*

incrassate (to) – condenser ; épaissir.

increase – accroissement *m* ; augmentation *f*; élévation *f*; hausse *f*; majoration *f.* **increase in participating interest**: remontée en participation, *acquisition par la société nationale d'intérêt dans l'association, en général au début du développement.* **increase in price**: hausse de prix.

increment – accroissement *m* ; augmentation *f*; incrément *m* ; incrémentation *f*; pas de progression ; profit *m.* **increment percent**: taux d'accroissement.

incremental – incrémentiel. **incremental computer**: calculateur incrémentiel. **incremental cost**: coût marginal. **incremental dilution**: dilution fractionnée. **incremental oil recovery (IOR)**: récupération supplémentaire d'huile, *injection de polymère.* **incremental permeability**: perméabilité avec champ magnétique superposé. **incremental strain**: incrément de déformation, *chaque petite augmentation de la déformation conduisant à une déformation donnée.*

incrust (to) – incruster ; revêtir.

incrustation – entartrage *m, formation d'une croûte* ; incrustation *f.*

incubation – incubation *f.* **incubation period**: *voir induction period.*

incumbency – charge *f, devoir, obligation.*

incumbrance – *voir encumbrance.*

incurred – encouru. **incurred but not reported losses (IBNR)**: sinistres inconnus. **incurred expenses**: dépenses faites.
indan – indane *m*, *hydrindène*.
indefeasible – imprescriptible *(jur)*.
indelible – indélébile ; ineffaçable.
indemnification – dédommagement *m*.
indemnify (to) – garantir. **indemnify (to) against**: garantir contre. **indemnify (to) from**: garantir de.
indemnity – dédommagement *m* ; indemnité *f*.
indene – indène *m*, *hydrocarbure bicyclique*.
indent – commande de marchandises ; ordre d'achat.
indent (to) – découper ; inciser.
indentation – dentelure *f*; entaille *f*; indentation *f*; rentrant *m*.
indenter – poinçon *m*.
indenture – contrat bilatéral ; contrat synallagmatique.
independence – indépendance *f*.
independent – indépendant ; indépendant *m*, *producteur indépendant, par opposition aux grandes sociétés de production intégrées, les USA comptent des milliers de producteurs indépendants*. **independent heating**: chauffage indépendant. **independent sideband (ISB)**: bande latérale indépendante (BLI). **independent variable**: grandeur indépendante ; variable indépendante *(math)*. **independent wire-rope core (IWRC)**: âme en acier indépendante.
index – curseur *m* ; exposant *m* ; index *m* ; indice *m* ; repère *m*. **index book**: classeur *m*. **index ellipsoid**: ellipsoïde des indices, *réfraction des cristaux*. **index error**: erreur instrumentale. **index fossil**: bon fossile ; fossile caractéristique ; fossile guide. **index map**: tableau d'assemblage. **index mark**: index spatial. **index mineral**: minéral caractéristique. **index number**: indice *m*, *chiffre*. **index of profitability**: enrichissement relatif en capital, *revenu actualisé rapporté au coût actualisé d'un investissement*. **index of refraction**: indice de réfraction.
indexing – indexation *f*.
indicated – indiqué ; nominal. **indicated efficiency**: rendement indiqué. **indicated horsepower (IHP)**: cheval indiqué. **indicated mean effective pressure (IMEP)**: pression moyenne indiquée (PMI). **indicated power**: puissance indiquée. **indicated specific consumption**: consommation spécifique indiquée (CSI). **indicated value**: résultat brut, *d'un mesurage*.
indicating – indiquant. **indicating device**: dispositif indicateur. **indicating lamp**: lampe de signalisation. **indicating-measuring instrument**: appareil de mesure indicateur. **indicating methane detector**: grisoumètre *m*. **indicating pressure gage**: manomètre indicateur de pression. **indicating scale**: échelle indicatrice.
indicator – indicateur *m* ; indice *m*. **indicator card**: papier à diagrammes. **indicator cylinder**: cylindre d'enregistreur, *cylindre porte-papier*. **indicator diagram**: diagramme d'indicateur. **indicator dial**: cadran d'indicateur. **indicator lamp**: lampe témoin. **indicator pencil**: stylet d'enregistreur. **indicator plant**: plante indicatrice *(écol)*. **indicator species**: espèce caractéristique, *indicateur biologique de pollution, indicateur écologique, organisme vivant ou partie d'organisme utilisé pour détecter ou mesurer une pollution*.
indifferent – indifférent. **indifferent equilibrium**: *voir neutral stability*.
indirect – indirect. **indirect address**: adresse indirecte. **indirect-arc furnace**: four à arc indirect. **indirect cost**: coût indirect. **indirect expenses**: charges indirectes. **indirect labor**: main-d'oeuvre indirecte. **indirect leveling**: nivellement indirect. **indirect lighting**: éclairage indirect. **indirect observation**: observation indirecte. **indirect wave**: onde réfléchie.
indissolubility – indissolubilité *f*.
indissoluble – indissoluble.
indistinct – indistinct. **indistinct cleavage**: clivage imparfait.
indistinguishable – indiscernable ; indistinguable ; insaisissable.
indium – indium *m*, *symbole chim. In*.
individual – individuel ; particulier. **individual drive**: commande individuelle. **individual particle crushing strength**: écrasement grain par grain (EGG), *catalyseur*. **individual-pump injection system**: système d'injection à pompes individuelles *(prod)*. **individual risk**: risque individuel.
indole – indole *m*, *benzopyrrole*.
indoor – à l'intérieur. **indoor pollution**: pollution à l'intérieur des locaux.
indraft – appel d'air ; entrée d'air.
indraught – *voir indraft*.
induced – induit ; provoqué. **induced current**: courant induit. **induced draft**: tirage induit, *par aspiration*. **induced-draft cooling tower**: tour de réfrigération à tirage induit. **induced flow**: débit induit, *débit provoqué par des méthodes de récupération secondaire*. **induced fracture**: fracture induite. **induced noise**: bruit induit. **induced polarization (IP)**: polarisation induite ; polarisation provoquée. **induced-polarization logging**: diagraphie de polarisation induite. **induced-polarization method**: méthode de polarisation induite. **induced radioactivity**: radioactivité induite. **induced reflux**: reflux induit, *liquide formé à l'intérieur d'une tour de fractionnement par condensation des vapeurs induites*. **induced spectral gamma-ray log**: diagraphie spectrale de rayons gammas induits.
inducer – amorceur *m* ; aubage d'entrée, *d'un compresseur centrifuge*.
inductance – inductance *f*. **inductance bridge**: pont d'inductance. **inductance coil**: bobine d'inductance.
inductible – inductible.
induction – admission *f (mot)* ; induction *f*, *délai précédant une réaction*. **induction accelerator**: accélérateur à induction. **induction balance**: balance d'induction. **induction brazing**: brasage par induction. **induction coil**: bobine d'induction. **induction current**: courant d'induction ; courant induit. **Induction-Electrolog (IEL)**: *dénomination d'une diagraphie d'induction*. **induction furnace**: four à induction. **induction heating**: chauffage par induction. **induction inclinometer**: inclinomètre à induction. **induction log**: diagraphie d'induction, *dans cette méthode les formation entourant l'appareil d'enregistrement sont soumises par induc-*

tion à un champ électromagnétique ; diagraphie par induction. **induction logging**: diagraphie d'induction. **induction manifold**: tubulure d'admission. **induction motor**: moteur asynchrone ; moteur d'induction. **induction period**: période d'induction. **induction sonde**: sonde à induction. **induction stroke**: course d'aspiration ; temps de l'aspiration. **induction system**: dispositif d'admission. **induction valve**: soupape d'admission. **induction velocity**: vitesse de l'aspiration. **induction welding**: soudage par induction.

inductive – inductif. **inductive learning**: apprentissage inductif. **inductive reactance**: réactance inductive.

inductor – inducteur *m.*

induration – durcissement *m* ; endurcissement *m* ; induration *f*, *durcissement d'un matériau meuble.*

industrial – industriel. **industrial alcohol**: alcool dénaturé. **industrial area**: zone industrielle. **industrial carrier**: transporteur pour compte propre. **industrial caster**: roulette de manutention. **industrial chemistry**: chimie industrielle. **industrial cooperation**: coopération industrielle, *activité de prestation de services s'accompagnant habituellement de transfert de technologie.* **industrial diamond**: diamant industriel. **industrial disease**: maladie professionnelle. **industrial engineering**: organisation industrielle. **industrial estate**: zone industrielle. **industrial feedstock**: charge industrielle. **industrial furnace**: four industriel. **industrial goods**: produits industriels. **industrial grade**: qualité industrielle. **industrial-grade toluene**: toluène qualité industrielle. **industrial grease**: graisse industrielle. **industrial group**: groupe industriel. **industrial legislation**: législation industrielle. **industrial major accident hazard**: risque industriel majeur. **industrial partnership**: participation des travailleurs aux bénéfices. **industrial plant**: installation industrielle. **industrial port zone**: zone industrielle portuaire (ZIP). **industrial power plant**: centrale industrielle. **industrial process**: procédé industriel. **industrial research**: recherche appliquée. **industrial robot**: robot industriel. **industrial revolution**: révolution industrielle. **industrial sector**: filière *f.* **industrial shares**: actions d'entreprises industrielles. **industrial spirit**: essence spéciale. **industrial waste**: déchet industriel. **industrial water**: eau industrielle.

industrialization – industrialisation *f.*

industry – industrie *f.*

inedible – non-comestible. **inedible oil**: huile non comestible.

ineffective – inefficace.

inefficient – inefficace. **inefficient use**: mauvaise utilisation.

inelastic – inélastique, *non élastique.* **inelastic collision**: collision inélastique. **inelastic deformation**: déformation non élastique. **inelastic neutron scattering (INS)**: diffusion inélastique des neutrons (DIN). **inelastic scattering**: diffusion inélastique. **inelastic-tunneling spectroscopy (ITS)**: spectroscopie par effet tunnel inélastique.

ineligible – non-habilité.

inert – inerte. **inert atmosphere**: atmosphère inerte. **inert ball**: bille inerte, *matière inerte placée sur le lit du catalyseur pour en empêcher le mouvement.* **inert gas**: gaz inerte. **inert-gas carbon-arc welding**: soudage à l'arc au charbon sous gaz inerte. **inert-gas metal-arc welding**: soudage à l'arc métallique sous gaz inerte. **inert-gas narcosis**: narcose aux gaz inertes. **inert-gas welding**: soudage sous gaz inerte. **inert material**: matière inerte.

inertance – *voir acoustic mass.*

inertia – inertie *f.* **inertia brake**: frein d'inertie, *table de rotation.* **inertia constant**: constante d'inertie. **inertia force**: force d'inertie. **inertia starting**: lancement par inertie. **inertia tensor**: tenseur d'inertie.

inertial – inertiel. **inertial force**: force d'inertie. **inertial guidance**: guidage inertiel. **inertial navigation**: navigation par inertie. **inertial navigator**: navigateur inertiel. **inertial platform**: plate-forme à inertie ; plate-forme inertielle, *télédétection.* **inertial reference frame**: référentiel d'inertie *(méc).*

inerting – inertage *m*, *opération consistant à remplacer les vapeurs inflammables des produits pétroliers restant dans un réservoir par un gaz inerte.*

inertinite – inertinite *f*, *groupe macéral du charbon relativement inerte durant le processus de cokéfaction. Il comprend la fusinite, la semifusinite, la micrinite, la macrinite, la sclérotinite.*

inertness – inactivité chimique.

inevitable – fatal ; inévitable.

inexhaustible – inépuisable ; intarissable.

inexperienced – inexpérimenté.

inexploitable – inexploitable.

infauna – endofaune *f*, *ensemble des animaux benthiques qui vivent enfouis dans les sédiments meubles.*

inference – inférence *f.* **inference engine**: moteur d'inférence.

infill – remplissage *m.* **infill drilling**: forage intercalaire. **infill well**: puits intercalaire, *puits de développement.*

infilling – remplissage *m*, *du filon.*

infiltrate (to) – infiltrer, *s'infiltrer.*

infiltration – infiltration *f.* **infiltration water**: eau interstitielle ; infiltration d'eau, *dans la formation pétrolifère.*

infinite – infini. **infinite aquifer**: aquifère infini. **infinite reflux**: reflux infini. **infinite reservoir**: gisement infini.

infinitesimal – infinitésimal. **infinitesimal calculus**: calcul infinitésimal. **infinitesimal-strain theory**: théorie des déformations infiniment petites, *s'appliquant au domaine de Hooke.*

inflammability – *voir flammability.*

inflammation – inflammation *f.* **inflammation point**: point d'inflammabilité, *voir fire point.*

inflatable – gonflable ; pneumatique. **inflatable dome-roof tank**: réservoir à toit bombé gonflable. **inflatable packer**: packer gonflable *(for).* **inflatable-packer element**: élément d'obturation gonflable.

inflater – gonflant *m*, *produit ajouté aux mélanges pour obtenir des caoutchoucs cellulaires.*

inflation – gonflage *m* ; inflation *f.* **inflation pressure**: pression de gonflage, *d'un pneu.*

inflator – gonfleur *m*, *pneu.*

inflection – inflexion *f.*

inflow – arrivée *f*; entrée *f*; venue *f*. **inflow pipe**: tube d'admission ; tuyauterie d'admission. **inflow stream**: affluent *m*.
influence – influence *f*. **influence line**: ligne d'influence *(méc)*.
influent – affluent *m*.
influx – *voir inflow.*
information – information *f*; renseignement *m*. **information call**: demande de renseignement. **information desk**: bureau des renseignements.
Infracambrian – Infracambrien *m, Précambrien supérieur.*
infragranitic – infragranitique, *formé sous le granite.*
infragravity – *voir infragravity wave.* **infragravity wave**: infrahoule *f, infravague.*
infralittoral – infralittoral.
infrared – infrarouge. **infrared aerial photography**: photographie aérienne infrarouge. **infrared analyzer**: analyseur infrarouge. **infrared band**: bande infrarouge. **infrared black-and-white photograph**: photographie infrarouge en noir et blanc. **infrared detector**: détecteur d'infrarouge. **infrared false-color film**: pellicule infrarouge fausse couleur. **infrared film**: pellicule infrarouge. **infrared heating**: chauffage infrarouge ; chauffage par rayonnement infrarouge. **infrared photography**: prise de vue en infrarouge. **infrared point**: point infrarouge. **infrared radiation**: radiation infrarouge ; rayonnement infrarouge. **infrared radiometer**: radiomètre à infrarouge. **infrared scanner**: scanneur à infrarouge. **infrared-sensitive film**: pellicule sensible à l'infrarouge. **infrared spectrometry**: spectrométrie infrarouge. **infrared spectroscopy**: spectroscopie infrarouge. **infrared spectrum**: spectre infrarouge.
infrasound – infrason *m*.
infrastructure – infrastructure *f*.
infusibility – infusibilité *f*.
infusible – infusible.
infusoria – infusoires *f, terre d'infusoires, voir diatomite.*
ingot – lingot *m*. **ingot steel**: lingot d'acier.
ingrained – incrusté.
ingredient – ingrédient *m*.
ingress – admission *f*; entrée *f*.
ingression – ingression *f, transgression marine.*
inground – enterré. **inground tank**: réservoir enterré.
ingrown – encaissé. **ingrown meander**: méandre encaissé, *sculpté.*
inhalation – inhalation *f*.
inherent – inhérent, *naturel, propre.* **inherent porosity**: porosité propre ; porosité utile. **inherent safety**: sécurité inhérente, *garantie de l'élimination de risques pouvant se présenter pour un équipement ou un système.* **inherent stability**: stabilité propre. **inherent vice**: vice propre.
inherited – hérité *(géol)*. **inherited error**: erreur inhérente. **inherited structure**: structure relique.
inhibit (to) – annuler, *un effet*; arrêter ; inhiber.
inhibited – inhibé. **inhibited acid**: acide inhibé. **inhibited mud**: boue inhibée. **inhibited oil**: huile inhibée.
inhibitor – inhibiteur *m*. **inhibitor sweetening**: adoucissement par inhibiteur *(raf)*.
inhomogeneity – hétérogénéité *f*.
inhomogeneous – non-homogène. **inhomogeneous wave**: onde inhomogène, *onde dont l'amplitude ne garde pas une valeur constante sur ses surfaces d'onde.*
initial – initial. **initial blanking**: mutage initial *(sism)* ; mute initial *(sism)*. **initial boiling point (IBP)**: point initial d'ébullition ; point initial de distillation, *température pour laquelle la première goutte de distillation tombe du condenseur.* **initial boiling temperature (IBT)**: température d'ébullition initiale. **initial capital**: capital d'apport ; fonds de premier établissement. **initial compressive strength**: résistance initiale d'un ciment. **initial condition**: condition initiale. **initial cost**: prix de revient ; prix initial. **initial daily production**: production journalière initiale. **initial development period**: période de développement initial, *période pendant laquelle les puits de développement sont forés pour exploiter le gisement et en déterminer les frontières.* **initial expenditure**: frais d'installation. **initial flow**: débit initial ; production initiale. **initial flow pressure**: pression initiale d'écoulement. **initial gain**: gain initial. **initial gel strength**: gel zéro, *boue de forage.* **initial hydrostatic mud pressure**: pression hydrostatique initiale de la boue. **initial installment**: versement initial. **initial investment cost**: frais de premier établissement. **initial landform**: relief primitif. **initial level**: niveau initial. **initial permeability**: perméabilité initiale. **initial potential**: potentiel initial, *d'un puits.* **initial pressure**: pression initiale ; pression vierge. **initial production**: production initiale, *production d'un puits lors de sa mise en production.* **initial rating of a well**: débit initial du puits. **initial reservoir pressure**: pression initiale de réservoir. **initial saturation**: saturation initiale. **initial set of cement**: début de prise du ciment. **initial shut-in pressure**: pression initiale de fond. **initial shut-in pressure build-up**: remontée de pression initiale, *pression vierge, lors d'un test.* **initial state reservoir**: gisement vierge. **initial suppression**: présuppression *f, dans un contrôle automatique de gain, atténuation préalable aux premières arrivées pour atténuer le bruit naturel afin qu'elles soient bien visibles.* **initial temperature**: température initiale. **initial test**: essai initial. **initial vapor pressure (IVP)**: pression de vapeur initiale. **initial velocity**: vitesse initiale. **initial voltage**: tension initiale. **initial water level**: plan d'eau initial. **initial yield**: rendement initial.
initialize (to) – initialiser.
initiate (to) – amorcer ; commencer ; instaurer ; instituer. **initiate (to) a pulse**: engendrer une impulsion.
initiating – initiateur. **initiating electron**: électron germe. **initiating explosive**: explosif d'amorçage.
initiation – amorçage *m* ; début *m* ; déclenchement *m* ; démarrage *m* ; départ *m* ; inauguration *f*; initiation *f*; instauration *f*.
initiator – amorce *f*; amorceur *m* ; initiateur *m*.
injected – injecté. **injected body**: corps intrusif. **injected gas**: gaz injecté. **injected intrusives**: roche intrusive injectée.
injection – injection *f*. **injection cock**: robinet d'injection. **injection dike**: filon d'injection *(géol)*. **injection engine**: moteur à injection. **injection fluid**: fluide d'injection. **injection grout**: coulis d'injection. **injection metamorphism**: métamorphisme d'injection. **injection molding**: moulage sous-pres-

sion. **injection nozzle**: injecteur ; tubulure d'injection. **injection pattern**: configuration d'injection, *nombre de puits d'injection par rapport aux puits de production*. **injection pintle valve**: aiguille d'injecteur. **injection pipe**: tuyau d'injection. **injection pressure**: pression d'injection. **injection pump**: pompe à injection. **injection rate**: taux d'injection. **injection stroke**: course d'injection, *pompe*. **injection-timing adjustment**: réglage de l'avance à l'injection. **injection well**: puits d'injection, *voir aussi input well*.

injectivity – capacité d'injection ; injectivité *f*. **injectivity index**: indice d'injectivité. **injectivity profile**: profil d'injectivité. **injectivity test**: essai d'injectivité.

injector – injecteur *m*. **injector barrel**: cylindre d'injecteur. **injector control rack**: crémaillère de commande d'injecteur, *commande du débit*. **injector control linkage**: tringlage d'injecteur, *commande de débit*. **injector needle**: aiguille d'injecteur. **injector nipple**: tête d'injecteur. **injector nozzle**: nez d'injecteur. **injector plunger**: piston d'injecteur. **injector rocker arm**: culbuteur d'injecteur. **injector seizure**: grippage d'injecteur. **injector spindle**: aiguille d'injecteur. **injector spray tip**: buse d'injecteur. **injector stopcock**: robinet d'arrêt d'injection ; robinet injecteur.

injurious – nocif. **injurious defect**: défaut préjudiciable.

injury – blessure *f*, *ou tort ou préjudice*. **bodily injury**: dommage corporel, *assurance*.

ink – encre *f*.

inking – encrage *m*.

inland – intérieur d'un pays. **inland barge**: barge fluviale. **inland earthquake**: séisme terrestre. **inland haulage**: acheminement intérieur. **inland ice**: calotte glaciaire ; inlandsis *m*, *épaisses couches de glace couvrant des surfaces continentales près des pôles*. **inland navigation**: batellerie *f*. **inland sea**: mer intérieure. **inland trade**: commerce intérieur.

inlet – admission *f*; arrivée *f*; entrée *f*; orifice d'admission ; petit bras de mer. **inlet air port**: lumière d'admission d'air. **inlet cam**: came d'admission. **inlet flange**: bride d'admission. **inlet hole**: orifice d'entrée. **inlet manifold**: collecteur d'admission, *d'arrivée* ; tubulure d'admission. **inlet pipe**: chapelle d'admission ; tube d'admission ; tuyauterie d'admission. **inlet port**: canal d'admission ; lumière d'admission. **inlet valve**: soupape d'admission, *d'aspiration (mot)*. **inlet-valve cap**: bouchon de soupape d'admission.

inlier – fenêtre *f (géol)*.

in-line – en ligne. **in-line array**: dispositif en ligne. **in-line blending**: mélange en ligne, *les produits composant le mélange sont introduits simultanément en quantités strictement contrôlées dans une même canalisation*. **in-line locked-gear train**: train d'engrenages montés en série. **in-line motor**: moteur en ligne, *moteur électrique disposé en ligne avec la machine entraînée*. **in-line offset**: déport en ligne ; déport longitudinal. **in-line offset spread**: dispositif en ligne déporté *(sism)*. **in-line processing**: traitement en ligne. **in-line refraction profiling**: profil-réfraction en ligne. **in-line spread**: dispositif à déport en ligne ; dispositif en ligne *(sism)*.

innage – jaugeage par le plein, *hauteur du liquide dans un réservoir mesurée à partir du fond, voir aussi outage*. **innage gage**: hauteur de plein, *hauteur entre la plaque de touche et la surface libre du réservoir de stockage*.

inner – intérieur ; interne. **inner core**: graine *f*, *partie centrale du globe terrestre*. **inner dead center**: point mort intérieur. **inner harbor**: arrière-port *m*. **inner lining**: chemise intérieure ; revêtement intérieur. **inner product**: produit scalaire. **inner tube**: chambre à air.

innocuous – sans danger ; inoffensif.

innovation – innovation *f*. **innovation cost**: coût d'innovation.

inorganic – inorganique ; minéral. **inorganic acid**: acide minéral. **inorganic base**: base minérale. **inorganic chemistry**: chimie minérale. **inorganic compound**: composé minéral. **inorganic fiber**: fibre minérale. **inorganic polymer**: polymère inorganique. **inorganic salt**: sel minéral. **inorganic solvent**: solvant minéral. **inorganic theory**: théorie inorganique, *théorie donnant au pétrole une origine minérale*.

inosilicate – inosilicate *m*, *famille de silicate*.

in-phase – en phase. **in-phase rejection**: réjection en phase.

in-place – in-situ ; en place *(géol)*.

input – admission *f*; alimentation *f*; apport *m* ; charge *f*; dotation *f*; entrée *f*; puissance fournie. **input circuit**: circuit d'aspiration, *fluide de forage*. **input current**: arrivée du courant. **input data**: données d'entrée. **input dynamic range**: dynamique d'entrée. **input equipment**: appareillage d'entrée. **input filter**: filtre d'entrée *(sism)*. **input gas**: gaz injecté. **input group**: équipe de préparation, *de traitement sismique*. **input heat**: apport calorifique *(mot)* ; chaleur introduite. **input impedance**: impédance d'entrée. **input noise**: bruit ramené à l'entrée. **input of a pump**: aspiration d'une pompe. **input/output (I/O)**: entrée/sortie (E/S). **input power**: puissance introduite. **input pressure**: pression d'entrée ; pression d'injection. **input profile**: profil d'injection. **input signal**: signal d'entrée. **input well**: puits d'injection ; puits de recyclage.

INQUA – *abrév. de International Association for Quaternary Research*.

inquiry – enquête *f*; interrogation *f*; investigation *f*; recherche *f*. **inquiry ticket**: fiche de renseignement. **inquiry time**: temps d'interrogation.

inrush – dégagement instantané ; irruption *f*. **inrush of water**: coup d'eau: *voir water encroachment*.

INS – *abrév. de ion-neutralization spectroscopy : spectroscopie de neutralisation d'ions* ; DIN, *abrév. de inelastic neutron scattering : diffusion inélastique des neutrons*.

insalubrious – insalubre.

in-seam – dans les couches. **in-seam seismic survey**: sismique dans les veines ; sismique en couche.

insect – insecte *m*. **insect powder**: poudre insecticide. **insect repellent**: insectifuge *m*.

insecticide – insecticide *m*.

insecure – dangereux.

inselberg – inselberg *m*, *relief isolé aux parois raides*.

insert – pièce rapportée. **insert bit**: outil à inserts *(for)* ; outil à picots. **insert conditions**: état d'usure des picots, *outil de forage*. **insert pile**: pile additionnelle interne ; pile encastrée, *pour fondations en mer*. **insert pump**: pompe encastrée, *pompe logée dans une colonne de production* ; pompe intégrée. **insert-pump anchor**: ancrage de la pompe *(for)*. **insert valve**: soupape rapportée.

insert (to) – encastrer ; insérer ; introduire ; noyer.

inserted – encastré. **inserted blade**: lame rapportée. **inserted-joint casing**: tubage à emboîtements ; tubage à joint intégré. **inserted teeth**: dents rapportées.

insertion – insertion *f.* **insertion loss**: perte d'insertion. **insertion reaction**: réaction d'insertion.

inset – carton *m*, *cartographie* ; phénocristal *m*.

inshore – près de la côte. **inshore current**: courant d'entraînement. **inshore pilotage**: lamanage *m*.

inside – intérieur. **inside brake**: frein intérieur. **inside cable**: câble intérieur. **inside caliper**: calibre intérieur ; compas d'intérieur ; diamétreur *m*. **inside cutter**: coupe-tube *m*. **inside diameter (ID)**: diamètre intérieur. **inside pipe cutter**: coupe-tige intérieur. **inside pressure**: pression intérieure. **inside-seam weld**: soudure de raccordement interne.

in-situ – in-situ ; en place. **in-situ combustion**: combustion in-situ, *méthode de production dans laquelle l'huile est poussée vers les puits de production par une injection d'air avec formation d'un front à haute température, obtenu par combustion du mélange air-huile*. **in-situ retorting**: pyrogénation in situ, *des schistes bitumineux*.

insolation – ensoleillement *m* ; insolation *f.*

insolubility – insolubilité *f.*

insoluble – insoluble, *qu'on ne peut dissoudre*. **insoluble anode**: anode insoluble. **insoluble residue**: résidu insoluble.

involvable – insoluble, *qu'on ne peut résoudre*. **involvable problem**: problème insoluble.

inspection – inspection *f.* **inspection check**: contre-visite *f.* **inspection door**: porte de visite. **inspection hole**: regard *m*. **inspection lamp**: lampe baladeuse ; lampe d'inspection. **inspection of material**: contrôle de matériel. **inspection of the rings through the scavenging ports**: inspection des segments par les lumières de balayage *(mot)*. **inspection peephole**: regard de visite. **inspection pit**: fosse d'examen, *des véhicules*. **inspection stamp**: cachet de vérification ; poinçon de contrôle.

inspissated – épaissi. **inspissated deposit**: dépôt asphaltisé, *et, dans un sens plus général, oxydé, évaporé, condensé*.

inspissation – asphaltisation *f.*

instability – instabilité *f.* **instability factor**: facteur d'instabilité.

installation – installation *f.* **installation cost**: coût d'installation.

installations – aménagement *m*.

installed – installé. **installed capacity**: puissance installée *(élec)*. **installed load**: puissance installée *(élec)*.

installment – acompte *m* ; versement partiel. **installment plan**: contrat de crédit. **installment selling**: vente à tempérament.

installments – paiements échelonnés. **monthly installments**: mensualités *f*, *paiement par mensualités*.

instantaneous – instantané. **instantaneous dynamic range**: dynamique d'appareillage instantanée. **instantaneous field of view (IFOV)**: champ de visée instantané. **instantaneous floating point (IFP)**: virgule flottante instantanée (VFI). **instantaneous floating-point amplifier**: amplificateur à virgule flottante instantanée. **instantaneous floating-point control**: commande de gain à virgule flottante instantanée. **instantaneous frequency**: fréquence instantanée. **instantaneous phase**: phase instantanée. **instantaneous power**: puissance instantanée, *produit du courant par la différence de potentiel*. **instantaneous release**: déclencheur instantané. **instantaneous velocity**: vitesse instantanée ; vitesse ponctuelle.

institutional – institutionnel. **institutional investor**: investisseur institutionnel.

instruction – consigne *f* ; instruction *f*, *ordre*. **instruction address**: adresse d'instruction. **instruction book**: livret d'instruction ; manuel d'entretien ; notice *f.* **instruction set**: jeu d'instructions *(inform)*.

instrument – instrument *m*, *appareil de mesure ou de réglage*. **instrument air**: air régulé, *circuit d'air comprimé pour le fonctionnement des instruments de contrôle et de commande*. **instrument board**: tableau de bord ; tableau de contrôle. **instrument kick**: entraînement *m* *(élec)*. **instrument landing system (ILS)**: atterrissage sans visibilité (ASV), *atterrissage aux instruments*. **instrument mixing**: mixage d'appareillage. **instrument navigation**: navigation aux instruments. **instrument noise**: bruit d'appareillage. **instrument oil**: huile pour instruments, *huile parfaitement stable utilisée pour la lubrification d'appareils délicats*. **instrument panel**: *voir instrument board*. **instrument parallax**: parallaxe instrumentale. **instrument-phase compensation filter (IPCF)**: filtre compensateur de déphasage-labo *(élec)*.

instrumentation – appareillage *m* ; instrumentation *f.*

instruments – appareillage *m*.

insulant – isolant *m*, *matériau isolant, matériau généralement diélectrique*.

insular – insulaire. **insular saturation**: saturation insulaire ; saturation par points isolés *(prod)*. **insular shelf**: plateau continental insulaire, *plateau continental propre à une île* ; plateau insulaire, *voir continental shelf*. **insular slope**: pente insulaire, *voir continental slope* ; talus insulaire.

insulate (to) – calorifuger ; isoler.

insulated – isolé. **insulated cable**: câble isolé. **insulated pliers**: pince isolée. **insulated tank**: réservoir calorifuge. **insulated tongs**: pince isolante. **insulated truck**: camion isotherme. **insulated wire**: fil isolé.

insulating – isolant. **insulating asphalt**: bitume pour imperméabilisation ; bitume pour isolement. **insulating brick**: brique isolante. **insulating compound**: composition isolante. **insulating concrete**: béton isolant. **insulating flange**: bride isolante. **insulating holder**: support isolant. **insulating joint**: joint isolant. **insulating lagging**: enveloppe calorifuge. **insulating layer**: couche isolante.

insulating material: matériau isolant. **insulating oil**: huile diélectrique ; huile isolante. **insulating pad**: patin isolant. **insulating pliers**: pinces isolantes. **insulating property**: pouvoir isolant. **insulating sleeving**: guipage isolant. **insulating stool**: tabouret isolant. **insulating tape**: chatterton *m* ; ruban isolant. **insulating tiles**: poterie d'isolation. **insulating wax**: cire isolante, *cire pour isolement électrique*.

insulation – isolation *f*; isolement *m (élec)*. **insulation clip**: crochet d'élément calorifuge. **insulation fault**: défaut d'isolement. **insulation level**: niveau d'isolement *(élec)*. **insulation material**: matériau isolant. **insulation strength**: résistance d'isolement. **insulation testing set**: appareil de mesure de l'isolement.

insulator – isolateur *m*.

insurance – assurance *f*. **insurance broker**: courtier d'assurance. **insurance policy**: police d'assurance. **insurance premium**: prime d'assurance.

insurer – assureur *m*.

intake – admission *f*; alimentation *f*; apport *m* ; incorporation *f*; prise *f*. **intake air**: air aspiré ; air d'admission. **intake-and-delivery pressure**: pression d'aspiration et de refoulement. **intake manifold**: tubulure d'admission. **intake point**: point de prélèvement. **intake port**: lumière d'admission ; orifice d'admission. **intake silencer**: silencieux d'admission. **intake stroke**: temps d'admission. **intake valve**: soupape d'admission. **intake well**: puits d'injection ; sondage d'injection.

Intalox-saddle – selle Intalox, *garnissage pour colonnes*.

intangible – intangible. **intangible drilling and development costs (IDC)**: frais intangibles de forage et de développement ; investissements incorporels de forage et de développement, *éléments non récupérables : salaires, carburants, fournitures consommables, etc. déductibles des impôts*.

Intascale – Intascale, *abrév. de Inter Tanker Nominal Freight Scale, barême mondial des taux de frets nominaux, remplacé par Worldscale en 1969*.

integer – nombre entier *(math)*. **integer programming**: programmation en nombres entiers, *ou programmation en variables discrètes*.

integral – intégral. **integral action**: action intégrale, *d'un régulateur* ; action par intégration. **integral action time**: temps de compensation. **integral calculus**: calcul intégral. **integral cam**: came intégrale. **integral control**: réglage par méthode intégrale ; régulation par interaction. **integral equation**: équation intégrale. **integral flange**: bride intégrale.

integral – intégrale *f (math)*.

integrated – intégré. **integrated circuit**: circuit intégré. **integrated company**: compagnie intégrée. **integrated energy-supply system**: système intégré de fourniture d'énergie. **integrated geophysics**: géophysique combinée. **integrated navigation system**: système intégré de navigation. **integrated optics**: optique intégrée. **integrated pusher towboat convoy**: convoi poussé intégré. **integrated refinery**: raffinerie intégrée. **integrated system**: système intégré. **integrated tank**: cuve intégrée.

integrating – intégrateur. **integrating factor**: facteur intégrant. **integrating-measuring instrument**: appareil de mesure intégrateur.

integration – intégration *f*. **integration by parts**: intégration par parties *(math)*.

integrator – intégrateur *m*.

integrity – intégrité *f*, *d'une donnée*.

intelligence – intelligence *f*, *voir artificial intelligence, competitive intelligence*.

intelligent – intelligent. **intelligent robot**: robot intelligent. **intelligent terminal**: terminal intelligent *(ordinateur)*.

intended – projeté. **intended course**: direction prévue *(for)*.

intensifier – intensificateur *m*, *acide fluorhydrique ajouté à l'acide chlorhydrique dans l'acidification des puits*. **intensifier electrode**: électrode de postaccélération.

intensity – intensité *f*. **intensity-modulated time**: densité variable, *mode de restitution d'une diagraphie acoustique*. **intensity of current**: intensité du courant. **intensity of magnetic field**: intensité du champ magnétique. **intensity scale**: échelle d'intensité.

interaction – interaction *f*.

interactive – interactif. **interactive mode**: mode dialogué. **interactive terminal**: terminal interactif *(ordinateur)*.

interbanded – zoné.

interbed – interstratification *f*. **interbed multiple**: multiple interne *(sism)*.

interbedded – intercalé *(géol)* ; interstratifié ; lardé *(géol)*.

interbedding – alternance des couches ; imbrication *f*; interstratification *f*.

intercalary – intercalaire.

intercalate (to) – intercaler.

intercalated – intercalé ; intercutané *(géol)*. **intercalated bed**: couche interstratifiée ; intercalation *f*. **intercalated duplicature**: duplicature intercutanée *(géol.)*.

intercalation – intercalation *f*.

intercept – ordonnée à l'origine ; paramètre cristallographique. **intercept curve**: courbe des ordonnées à l'origine ; courbe relative. **intercept distortion**: distorsion de phase linéaire. **intercept method**: méthode de l'ordonnée à l'origine. **intercept time**: intercept *m*, *temps défini par l'ordonnée à l'origine de la droite représentative des temps d'arrivée d'une onde conique* ; temps à l'origine, *de la dromochronique (sism)*.

intercept (to) – comprendre dans *(courbes)* ; intercepter ; recouper.

interceptor – déshuileur *m*.

interchangeability – interchangeabilité *f*.

interchangeable – interchangeable. **interchangeable connection**: connexion interchangeable *(for)*.

interchanger – échangeur *m*.

intercision – osculation *f (géomorph)*.

intercity – interurbain. **intercity bus**: autobus interurbain. **intercity public transportation**: transports publics interurbains. **intercity traffic**: circulation interurbaine, *trafic interurbain*.

intercommunication – intercommunication *f*.

intercondenser – condenseur intermédiaire.

interconnected – interconnecté. **interconnected networks**: réseaux interconnectés. **interconnected pore space**: volume des vides interconnectés.

interconnection – interconnexion *f (élec)*.
intercooler – radiateur de refroidissement ; réfrigérant intermédiaire.
intercrystalline – intercristallin. **intercrystalline corrosion**: corrosion intercristalline. **intercrystalline crack**: fissure intercristalline, *fissure aux joints de grains*. **intercrystalline porosity**: porosité intercristalline.
interdiction – défense *f*; interdiction *f.*
interdigitation – interdigitation *f.*
interdisciplinary – interdisciplinaire.
interdistributary – interdistributaire. **interdistributary bay**: baie interdistributaire.
interest – intérêt *m* ; participation *f.* **interest rate**: taux d'intérêt. **interest rate cap**: plafond des taux d'intérêt. **beneficial interest**: droit de jouissance.
interested – intéressé. **interested party**: ayant-droit *m (jur)*.
interface – dioptre *m, surface de séparation de deux milieux élastiques (sism)* ; interface *f*; surface de séparation ; tranche *f.* **interface level**: niveau interfacial. **interface wave**: onde d'interface.
interfacial – interfacial. **interfacial angle**: angle des faces *(crist)*. **interfacial energy**: énergie interfaciale. **interfacial film**: feuil *m, couche mince de substance solide non séparable de son support* ; film interfacial. **interfacial tension (IFT)**: tension interfaciale, *tension superficielle dans le cadre de deux fluides non miscibles.*
interference – brouillage *m* ; interférence *f.* **interference colors**: couleurs interférentielles. **interference filter**: filtre antiparasites ; filtre interférentiel *(élec)*. **interference fringes**: franges d'interférences *(opt)*. **interference microscope**: microscope interférentiel. **interference pattern**: moirage *m.* **interference reduction, interference suppression**: antiparasitage *m.* **interference test**: essai d'interférence, *entre puits.*
interferometer – interféromètre *m.*
interferometry – interférométrie *f.*
interfingering – imbrication *f*; interdigitation *f.*
interfluve – interfluve *m, zone entre deux fleuves.*
interformational – interformationnel, *existant entre deux formations.* **interformational conglomerate**: conglomérat interformationnel.
interglacial – interglaciaire. **interglacial period**: période interglaciaire.
intergranular – intergranulaire. **intergranular corrosion**: corrosion intercristalline, *corrosion à la limite des grains* ; corrosion intergranulaire. **intergranular porosity**: porosité intergranulaire, *inhérente à la formation depuis l'époque de son dépôt.*
interior – intérieur. **interior angle**: angle intérieur ; angle interne. **interior delta**: delta intérieur. **interior orientation**: orientation interne. **interior valley**: plojé *m, modelé karstique.*
interlacing – entrelacement *m.*
interlaminar – interlaminaire. **interlaminar shear strength**: résistance au délaminage, *d'un matériau stratifié.*
interlayer – intercalation *f.*
interlobate – interlobaire. **interlobate moraine**: moraine médiane.
interlock – couplage *m* ; dispositif de synchronisation ; emboîtement *m* ; enclenchement *m* ; interdiction d'opérer, *mécanisme qui empêche une opération lorsqu'une condition n'est pas satisfaite* ; verrouillage *m.* **interlock clutch**: verrouillage d'embrayage.
interlocked – enchevêtré ; entrecroisé. **interlocked fiber**: fibre aiguilletée. **interlocked spiral-pressure layer**: voûte spiralée. **interlocked steel tape**: feuillard agrafé.
interlocking – accouplement *m* ; enclenchement *m* ; engrènement *m* ; réciproque, *temps* ; en retour inverse. **interlocking device**: dispositif de verrouillage. **interlocking seismic recording**: mixage *m (sism)*. **interlocking structure**: structure entrelacée.
intermediary – intermédiaire. **intermediary massif**: massif intermédiaire.
intermediate – intermédiaire. **intermediate base**: base intermédiaire ; base mixte, *classe d'un pétrole brut.* **intermediate casing**: colonne de protection ; colonne technique ; tubage intermédiaire *(for)*. **intermediate-casing string**: colonne technique *(for)*. **intermediate contour**: courbe de niveau intercalaire. **intermediate cut**: coupe intermédiaire *(raf)*. **intermediate earthquake**: séisme intermédiaire, *60-300 km.* **intermediate formation**: formation intermédiaire, *modérément consolidée.* **intermediate fraction**: fraction intermédiaire *(raf)*. **intermediate gear**: pignon de vitesse moyenne ; pignon intermédiaire. **intermediate layer**: *voir sima.* **intermediate level**: niveau intermédiaire. **intermediate neutron**: neutron intermédiaire. **intermediate oil**: huile intermédiaire, *produit de distillation de l'huile de schiste.* **intermediate pressure**: pression intermédiaire. **intermediate product**: demiproduit *m* ; produit intermédiaire. **intermediate rolling mill**: train intermédiaire. **intermediate row**: rangée intermédiaire, *dent d'outil.* **intermediate storage**: stockage intermédiaire. **intermediate water**: eau de zone de transition.
intermediate – intermédiaire *m, hydrocarbure de base dans la synthèse des produits pétrochimiques, voir aussi building-block chemicals.*
intermesh (to) – engrener.
intermeshing – interpénétrant. **intermeshing-teeth bit**: outil à dents interpénétrantes *(for)*.
intermetallic – intermétallique. **intermetallic compound**: composé intermétallique, *formé par la combinaison de plusieurs éléments métalliques dans des rapports stoechiométriques mal définis.*
intermittent – intermittent ; temporaire *(hydrol)*. **intermittent discharge**: décharge intermittente. **intermittent distillation**: distillation discontinue. **intermittent flow**: débit intermittent, *voir aussi to flow by heads.* **intermittent production**: production intermittente. **intermittent spring**: source intermittente, *source à débit discontinu.* **intermittent test**: essai intermittent. **intermittent welding**: soudage discontinu.
intermitter – puits à débit intermittent.
intermodulation – intermodulation *f.*
intermolecular – intermoléculaire. **intermolecular force**: force intermoléculaire.
intermontane – entremont *m.* **intermontane basin**: bassin d'entremont.

internal – interne. **internal clamp**: collier positionneur intérieur, *appareil composé de deux anneaux et travaillant par serrage (extérieur) ou par extension (intérieur) pour maintenir les tubes en ligne pendant leur soudage.* **internal combustion**: combustion interne. **internal-combustion engine**: moteur à combustion interne. **internal conversion factor**: facteur de conversion interne. **internal cylindrical gage**: calibre à tampon cylindrique. **internal economic return**: *voir internal rate of return (IRR).* **internal-external upset (IEU)**: diamètre à refoulement extérieur et intérieur. **internal-external upset (IEU) end**: extrémité à refoulement extérieur et intérieur. **internal flush (IF)**: diamètre intérieur sans rétreint. **internal-flush tool-joint**: joint de tige à refoulement intérieur, *de diamètre intérieur égal à celui des tiges.* **internal gas drive**: *voir depletion drive.* **internal gear**: engrenage intérieur. **internal heating**: chauffage interne. **internal mold**: moule interne. **internal pressure**: pression interne. **internal rate of return**: taux de rentabilité relative, *ou taux de rentabilité différentielle.* **internal rate of return (IRR)**: taux de rentabilité interne (TRI), *valeur du taux d'actualisation telle que la valeur actuelle nette du projet soit nulle.* **internal reflux**: reflux interne. **internal resistance**: résistance interne. **internal screw**: vis femelle. **internal strength**: cohésion interne. **internal stress**: contrainte interne ; tension interne. **internal structure**: structure interne. **internal thread**: taraudage *m.* **internal thread-taper caliper**: compas pour mesurer la conicité des filetages intérieurs. **internal transfer rate**: prix de cession interne. **internal upset**: refoulement intérieur. **internal-upset drillpipe**: tige de forage à refoulement intérieur, *tige de forage refoulé intérieurement.* **internal-upset tubing**: tube de production à refoulement intérieur. **internal water**: eau de profondeur. **internal yield-pressure strength**: limite de résistance à la pression, *à l'interieur des tiges.*

international – international. **international atomic time (IAT)**: temps atomique international (TAI), *temps basé sur les horloges atomiques.* **international candle**: bougie internationale, *ancienne unité d'intensité lumineuse, 1 IC = 1,02 cd.* **international customs pass**: carnet de passage en douane. **International Energy Agency (IEA)**: Agence internationale de l'énergie (AIE). **International Labour Office (ILO)**: Bureau international du travail (BIT). **International Seabed Area**: zone internationale des fonds marins. **international standard**: étalon international. **International System of Units (SI)**: Système international d'unités (SI).

internides – internides *f (géol).*

interparticle – interparticulaire. **interparticle porosity**: porosité intergranulaire.

interpass – interpasse *f.* **interpass temperature**: température d'interpasse, *soudage.*

interpenetrant, interpenetrating – interpénétrant.

interpenetration – interpénétration *f.* **interpenetration twin**: macle d'interpénétration *(crist).*

interphase – interphase *f (biol).*

interpolation – interpolation *f.*

interposed – intercalé ; interstratifié *(géol).*

interpretation – interprétation *f, ensemble des opérations et raisonnements qui permettent d'attribuer une signification géologique aux résultats de la géophysique.* **interpretation key**: clé d'interprétation.

interpreter – interprète *m ou f, personne qui transpose oralement une langue dans une autre* ; interpréteur *m, logiciel d'interprétation ou machine informatique.*

interrecord – interbloc *m.* **interrecord gap (IRG)**: interbloc *m, espace entre deux enregistrements.*

interrogation – interrogation *f.*

interrupt – signal d'interruption.

interrupted – interrompu. **interrupted starting thread**: filet de départ interrompu, *interruption de la gorge du filet réel de départ sur le chanfrein d'un filetage.*

interrupter – interrupteur *m.* **interrupter contact**: contact de rupteur.

interruptible – interruptible. **interruptible consumer**: client interruptible. **interruptible load**: charge interruptible *(élec).* **interruptible use**: usage interruptible, *utilisation d'énergie (gaz, électricité) dont la fourniture peut être interrompue par convention dans des conditions préétablies.*

interruption – interruption *f.*

intersect (to) – entrecouper ; entrecroiser, *s'entrecroiser* ; percer.

intersecting – concourant ; entrecroisé.

intersection – croisement *m* ; intersection *f*; recoupement *m.*

intersertal – intersertal *(géol).* **intersertal texture**: structure intersertale.

interstade – interstade *m, laps de temps entre deux glaciation.*

interstage – intermédiaire. **interstage cooler**: refroidisseur intermédiaire.

Interstate Oil Compact Commission – *dénomination d'un organisme interétatique chargé aux USA de donner des renseignements et informations pétroliers, groupe 30 états producteurs membres et 6 associés.*

interstice – alvéole *f*; interstice *m.* **interstice coverage**: couloir aveugle.

interstitial – interstitiel. **interstitial atom**: atome interstitiel *(crist).* **interstitial fluid**: fluide interstitiel. **interstitial material**: matière interstitielle ; mésostase *f (pétro).* **interstitial water**: eau interstitielle.

interstratification – intercalation *f*; interstratification *f.*

interstratified – interstratifié. **interstratified bed**: couche interstratifiée ; intercalation *f.* **interstratified tuff**: tuf interstratifié.

Intertanko – *abrév. de International Association of Independent Tanker Owners.*

intertidal – intertidal. **intertidal reef**: récif intertidal. **intertidal zone**: zone intertidale, *zone de battement des marées, située entre la basse et la pleine mer.*

intertonguing – interdigitation *f, voir aussi interdigitation.*

interval – épisode *m (géol)* ; intervalle *m.* **interval time**: temps d'intervalle. **interval transit-time**: lenteur *f*; temps de traversée d'une couche, *tranche d'épaisseur unitaire.* **interval velocity**: vitesse d'étage ; vitesse d'intervalle, *vitesse de propagation des ondes sismiques dans l'espace qui sépare deux miroirs* ; vitesse de tranche *(sism)*. **interval zone**: zone d'intervalle, *entre deux biohorizons.*

intervalometer – chronodéclencheur *m* ; intervallomètre *m, chronomètre.*

intervention – intervention *f.*

interworking – à action réciproque.

intoxication – intoxication *f.*

intraclast – intraclaste *m, fragment de sédiment carbonaté.*

intrafolial – intrafolial. **intrafolial fold**: pli intrafolial.

intraformational – intraformationnel, *qui se produit pendant le dépôt d'une formation et aux dépens de celle-ci.* **intraformational breccia**: brèche intraformationnelle. **infraformational conglomerate**: conglomérat intraformationnel. **intraformational fold**: pli intraformationnel. **intraformational sheet**: filon couche.

intramolecular – intramoléculaire. **intramolecular catalysis**: catalyse intramoléculaire.

intratelluric – intratellurique *(géol)*.

intrazonal – intrazonal. **intrazonal soil**: sol intrazonal.

intrinsic – intrinsèque. **intrinsic dispersion**: dispersion intrinsèque. **intrinsic energy**: énergie interne *(thermo)*. **intrinsic photoconductivity**: photoconductivité intrinsèque. **intrinsic safety**: sécurité intrinsèque. **intrinsic semiconductor**: semiconducteur intrinsèque. **intrinsic viscosity**: viscosité intrinsèque.

intrude (to) – pénétrer.

intruded – intrusif.

intrusion – intrusion *f.*

intrusive – intrusif. **intrusive body**: corps intrusif. **intrusive breccia**: brèche intrusive. **intrusive dome**: dôme intrusif. **intrusive rock**: roche intrusive. **intrusive sheet**: filon couche ; nappe intrusive. **intrusive vein**: veine intrusive.

intumescence – intumescence *f, gonflement et déformation produits par chauffage d'un matériau.* **intumescence of lava**: dôme de lave.

intumescent – intumescent. **intumescent material**: matériau intumescent, *matière qui gonfle quand elle est chauffée, ce qui en retarde l'inflammation.* **intumescent paint**: peinture intumescente.

inundation – inondation *f.*

invaded – invahi. **invaded zone**: zone envahie, *zone entourant le trou de forage dans laquelle le filtrat a remplacé une partie du contenu original des pores.*

invalidation – annulation *f*; invalidation *f, juridique.* **invalidation of test**: annulation d'essais.

Invar – *dénomination d'un acier au nickel, ayant un très faible coefficient de dilatation.*

invariance – invariance *f (math)*. **invariance principle**: principe d'invariance.

invariant – invariant *m.* **invariant property**: *voir invariance.*

invasion – invasion *f*; irruption *f.* **invasion efficiency**: efficacité d'invasion, *voir vertical sweep efficiency.*

invention – invention *f.*

inventory – inventaire *m, bilan de stocks.* **inventory control**: gestion des stocks. **inventory turnover**: rotation des stocks.

inventory (to) – inventorier.

inverse – inverse. **inverse dispersion**: dispersion inverse. **inverse filter**: antisignal *m* ; filtre inverse *(élec)*. **inverse filtering**: filtrage inverse. **inverse Fourier transform**: transformée de Fourier inverse. **inverse matrix**: matrice inverse. **inverse micelle**: micelle inverse. **inverse modeling**: inversion *f, technique mathématique visant à estimer les caractéristiques d'un système, connaissant sa réponse à une excitation donnée.* **inverse problem**: problème inverse. **inverse signal**: antisignal *m.* **inverse-square law**: loi en $1/r^2$, *voir aussi spherical divergence.*

inversion – inversement *m* ; inversion *f*; position inverse. **inversion layer**: couche d'inversion. **inversion of relief**: inversion du relief. **inversion temperature**: température d'inversion, *d'un gaz.*

invert – radier *m, partie basse d'une excavation souterraine ou du revêtement.*

invert (to) – intervertir ; renverser.

invertebrate – invertébré *m.*

inverted – inversé ; renversé. **inverted-emulsion mud**: boue émulsionnée inverse, *voir aussi water-in-oil emulsion mud.* **inverted fold**: pli renversé. **inverted micelle**: micelle inverse. **inverted oil-emulsion mud**: boue inverse à base d'huile. **inverted order**: position inverse ; position inversée ; position renversée. **inverted pendulum**: pendule inversé. **inverted-plug cock**: robinet à boisseau renversé. **inverted relief**: relief inversé. **inverted stereo**: pseudostéréoscopie *f.*

inverter – inverseur *m* ; onduleur *m, convertisseur d'énergie électrique.* **inverter gate**: inverseur *m.*

invested – investi. **invested capital**: capitaux permanents, *somme des capitaux propres et des dettes à long terme.*

investment – investissement *m.* **investment capital**: *voir invested capital.* **investment cost**: coût d'investissement. **investment in kind**: apport en nature ; investissement en nature. **investment incentive**: incitation à l'investissement. **investment permit**: licence d'investissement.

investor – investisseur *m.*

inviscid – sans viscosité. **inviscid flow**: écoulement d'un fluide parfait. **inviscid fluid**: fluide parfait.

invisible – invisible. **invisible light**: lumière invisible. **invisible loss**: perte invisible.

invitation – invitation *f.* **invitation to bid**: appel d'offres.

invoice – facture *f.*

invoicing – facturation *f.*

involute – involute, *qualifie les còquilles enroulées dont le dernier tour chevauche les autres.* **involute bevel gear**: roue conique à développement ; roue octoïde. **involute gear**: engrenage à développante.

involution – encapuchonnement *m (géol)* ; involution *f.* **involution layer**: couche à involutions ; sol à poches.

inwall – revêtement intérieur.

inward – intérieur. **inward manifest**: manifeste d'entrée *(transp)*.

I/O – E/S, *abrév. de input/output, entrée/sortie.*

iodide – iodure *m.*

iodination – ioduration *f.*

iodine – iode *m, symbole chim. I.* **iodine number**: indice d'iode, *teneur en halogènes exprimée en grammes d'iode qui réagissent sur 100 g de l'échantillon ; renseigne sur la présence de doubles liaisons dans un hydrocarbure.* **iodine value**: *voir iodine number.*

iodomethane – iodométhane *m, iodure de méthyle.*

ion – ion *m.* **ion activity**: activité ionique. **ion beam**: faisceau ionique. **ion cluster**: grappe d'ions. **ion concentration**: concentration ionique. **ion engine**: moteur ionique. **ion exchange**: échange d'ions. **ion-exchange chromatography**: chromatographie par échange d'ions. **ion-exchange process**: procédé par échange d'ions, *pour la déminéralisation de l'eau d'alimentation des chaudières.* **ion-exchange resin**: résine échangeuse d'ions. **ion exchanger**: échangeur d'ions. **ion exclusion**: exclusion d'ions. **ion-exclusion chromatography**: chromatographie par exclusion d'ions. **ion gage**: jauge à ionisation. **ion gun**: canon ionique. **ion-impact radiation spectroscopy (IIRS)**: spectroscopie de radiation sous impact d'ions. **ion-induced X-ray spectroscopy (IIXS)**: spectroscopie de rayons X induits par ions. **ion migration**: migration des ions. **ion-neutralization spectroscopy (INS)**: spectroscopie de neutralisation d'ions. **ion nitriding**: nitruration ionique. **ion pair**: paire d'ions. **ion potential**: potentiel d'ionisation. **ion-scattering spectroscopy (ISS)**: rétrodiffusion d'ions de basse énergie. **ion trap**: piège d'ions.

ionic – ionique. **ionic bond**: liaison ionique, *liaison hétéropolaire ou électrostatique.* **ionic crystal**: cristal ionique. **ionic polymerization**: polymérisation ionique. **ionic strength**: force ionique.

ionite – ionite *f, résine fossile hydrocarbonée trouvée dans la Ione Valley de Californie.*

ionization – ionisation *f.* **ionization chamber**: chambre d'ionisation. **ionization detector**: détecteur à ionisation. **ionization energy**: énergie d'ionisation. **ionization gage**: jauge à ionisation ; manomètre à ionisation. **ionization potential**: potentiel d'ionisation. **ionization time**: temps d'ionisation.

ionized – ionisé. **ionized atom**: atome ionisé. **ionized gas**: gaz ionisé. **ionized layer**: couche ionisée.

ionizing – ionisant. **ionizing radiation**: radiation ionisante ; rayonnement ionisant.

ionomer – ionomère *m, polymère ayant des liaisons covalentes entre les constituants de molécules à longue chaîne et des liaisons ioniques entre les chaînes.*

ionosphere – ionosphère *f, partie de la haute atmosphère.*

ionospheric – ionosphérique. **ionospheric error**: erreur ionosphérique. **ionospheric layer**: couche ionosphérique. **ionospheric scatter**: diffusion ionosphérique. **ionospheric wave**: onde ionosphérique.

IOR – *abrév. de incremental oil recovery ou de improved oil recovery.*

IP – *abrév. de Institute of Petroleum et de induced polarization.*

IPA – *abrév. de isopropyl alcohol.*

IPAA – *abrév. de Independent Petroleum Association of America.*

IPE – *abrév. de International Petroleum Exchange : marché à terme de Londres.*

IPIECA – *abrév. de International Petroleum Industry Environmental Conservation Association.*

IPOD – *abrév. de International Program of Ocean Drilling.*

IPS – *abrév. de improved plow steel.*

IR – IR, *abrév. de infrared : infrarouge.*

iridium – iridium *m, symbole chim. Ir.*

irised – irisé.

IRM – ARI, *abrév. de isothermal remanent magnetization, aimantation rémanente isotherme.*

iron – fer *m, symbole chim. Fe ; désigne le métal et certaines pièces faites avec ce métal.* **Iron Age**: âge du fer. **iron alloy**: alliage ferreux. **iron bacteria**: sidérobactérie *f.* **iron black**: noir de fer. **iron carbide**: carbure de fer. **iron carbonate**: carbonate de fer. **iron carbonyl**: fer carbonyle, *antidétonant.* **iron clay**: argile ferrugineuse. **iron content**: teneur en fer. **iron-control agent**: agent de contrôle du fer, *séquestrant utilisé dans les réservoirs pour former, par complexation des ions ferreux ou ferriques, des combinaisons solubles.* **iron core**: noyau de fer. **iron deposit**: gisement de fer. **iron electrode**: électrode de fer. **iron filings**: limaille de fer. **iron hat**: chapeau de fer *(géol).* **iron layer**: zone de concrétions. **iron meteorite**: fer météorique. **iron ore**: minerai de fer. **iron-ore deposit**: gîte de minerai de fer. **iron oxide**: oxyde de fer. **iron pentacarbonyl**: fer pentacarbonyle, *catalyseur.* **iron pyrites**: pyrite *f.* **iron refinery**: finerie *f* ; usine d'affinage. **iron rust**: rouille de fer. **iron sandstone**: grès ferrugineux. **iron scale**: paille de fer. **iron sheet**: feuillard *m, feuille ou tôle de fer.* **iron slag**: scorie de fer. **iron smelting**: fusion de la fonte. **iron soap**: savon de fer. **iron spar**: fer spathique, *sidérose.* **iron sponge**: éponge de fer. **iron staining**: rouille *f.* **iron sulfide**: sulfure de fer. **iron works**: usine sidérurgique. **I iron**: fer en double T. **T iron**: fer en T. **U iron**: fer en U.

ironpan – alios *m* ; alios ferrugineux, *horizon d'accumulation dans un sol podzolique* ; cuirasse ferrugineuse *(pédol).*

ironstone – minerai de fer.

IRR – TRI, *abrév. de internal rate of return : taux de rentabilité interne.*

irradiance – irradiance *f.*

irradiation – irradiation *f.*

irreducible – irréductible. **irreducible minimum saturation**: saturation minimale irréductible, *saturation en eau exprimée en pourcent du volume des pores au-dessous de laquelle on ne peut pas descendre (prod).* **irreducible saturation**: saturation irréductible. **irreducible water**: eau irréductible. **irreducible water saturation**: saturation en eau irréductible.

irregularity – irrégularité *f.*

irreversible – irréversible. **irreversible process**: transformation irréversible, *processus irréversible.*

irrigate (to) – arroser ; irriguer.

irrigation – irrigation *f.*

irrotational – irrotationnel. **irrotational field**: champ irrotationnel, *champ vectoriel dont le rotationnel est nul.* **irrotational flow**: écoulement irrotationnel. **irrotational vector**: vecteur irrotationnel.

irrotational wave: onde de condensation, *onde P*; onde irrotationnelle. **irrotational waves**: houle irrotationnelle.
irruption – irruption *f, une augmentation forte mais temporaire d'une population naturelle (écol)* ; venue *f.*
irruptive – *voir intrusive.*
IRS – *abrév. de internal-reflectance spectroscopy : spectroscopie de réflectance interne.*
IS – *abrév. de ionization spectroscopy : spectroscopie d'ionisation* ; IS, *abrév. de Intascale.*
isallobar – isallobare *f, ligne d'égale variation de pression.*
isanomal – isanomale *f (météo).*
isarithm – isarithme *m, syn. de isoplèthe.*
ISB – BLI, *abrév. de independent side-band : bande latérale indépendante.*
ISBN – ISBN, *abrév. de international standard book number, code de repérage international des livres.*
ISD – *abrév. de ion-stimulated desorption : désorption stimulée par ions.*
isenthalpic – isenthalpique.
isentropic – isentropique, *indiquant une entropie constante.* **isentropic exponent**: exposant isentropique. **isentropic flow**: écoulement isentropique.
island – île *f.* **island arc**: arc insulaire, *chapelet d'îles formant un arc.* **island chain**: *voir island arc.* **island hill**: butte-témoin *f (géol).* **island shelf**: plateau insulaire, *zone autour d'une île, ou d'un groupe d'îles, allant de la ligne des plus basses mers jusqu'à celle où la pente augmente nettement.* **island slope**: pente insulaire, *pente entre le rebord du plateau insulaire et les grandes profondeurs.*
islet – îlot *m.*
ISO – ISO, *sigle de International Organization for Standardization : Organisation internationale de normalisation.*
isoamylenes – isoamylènes *m, carbures éthyléniques : méthyl-2-butène-1, méthyl-2-butène-2, méthyl-3-butène-1.*
isoanomaly – isoanomalie *f, ligne réunissant les points ayant une même anomalie géophysique.*
isobar – isobare *f, ligne réunissant les points d'égale pression barométrique.*
isobaric – isobarique. **isobaric map**: carte isobarique. **isobaric spin**: spin isobarique.
isobase – isobase *f, ligne réunissant les points d'une couche géologique se trouvant à la même altitude.*
isobath – isobathe *f, ligne réunissant les points d'égale profondeur dans les cartes marines.* **isobath map**: carte d'isobathes.
isobestic – isobestique, *se dit de la longueur d'onde à laquelle les coefficients d'extinction de deux substances sont égaux.* **isobestic point**: point isobestique, *point d'absorption égale des solutions comportant la même concentration totale.*
isobutane – isobutane *m, méthyl-2-propane, triméthylméthane.*
isobutanol – isobutanol *m, alcool isobutylique.*
isobutene – isobutène *m, méthyl-2-propène, isobutylène.*
isobutyl – isobutyle *m, radical monovalent.* **isobutyl acetate**: acétate d'isobutyle. **isobutyl alcohol**: alcool isobutylique, *isobutanol.* **isobutyl-vinyl ether**: éther isobutylvinylique.
isobutylene – isobutylène *m, isobutène, méthyl-2-propène.*
isobutyraldehyde – isobutyraldéhyde *m, aldéhyde isobutyrique.*
isobutyric – isobutyrique. **isobutyric acid**: acide isobutyrique.
isocarb – isocarbe *f, ligne réunissant les points ayant le même carbone fixe.*
isocenter – isocentre *m* ; point focal.
isochemical – isochimique. **isochemical metamorphism**: métamorphisme isochimique, *ou normal, dans lequel la composition chimique globale des roches n'a pas été modifiée.* **isochemical series**: série isochimique, *série de roches ayant une composition chimique identique.*
isochore – isochore *f, ligne joignant les couches d'égale épaisseur, lignes d'égal volume massique.* **isochore map**: carte d'isochores.
isochromatic – isochromatique.
isochrone – isochrone *f, ligne joignant les points où les temps d'arrivée d'une réflexion sont égaux (sism)* ; isodélai *f, réfraction* ; isoretard *f, réfraction.*
isochroneity – isochronisme *m.*
isochronous – isochrone. **isochronous pendulum**: pendule isochrone, *pendule ayant des périodes égales d'oscillation indépendamment de l'amplitude.* **isochronous surface**: surface isochrone ; surface temps *(sism).*
isoclinal – isoclinal, *se dit de plis dont les flancs sont parallèles entre eux.* **isoclinal chart**: carte isoclinale. **isoclinal fold**: pli isoclinal.
isoclinic line – isocline *f, courbe d'égale inclinaison magnétique.*
Isocracking – *dénomination d'un procédé d'hydrocraquage.*
isocurve – courbe isopropriété.
isocyanate – isocyanate *m.* **isocyanate resin**: résine isocyanate.
isodensitracer – isodensitographe *m.*
isodensity – équidensité *f*; isodensité *f, ligne d'égal noircissement dans une image photographique.*
isodiaphere – isodiaphère *m, nucléides ayant la même différence entre le nombre de neutrons et de protons.*
isodynamic – isodynamique. **isodynamic line**: isodynamique *f, ligne reliant les points d'égale intensité horizontale du champ magnétique terrestre.*
isoelectric – isoélectrique. **isoelectric focusing**: électrofocalisation *f.* **isoelectric point**: point isoélectrique, *d'une suspension colloïdale.* **isoelectric precipitation**: précipitation isoélectrique.
isoelectronic – isoélectronique.
isofacial – *voir isograd.*
isofluor – ligne d'égale fluorescence.
Isoforming – *dénomination d'un procédé d'isomérisation.*
isogal – isogal *f, ligne joignant les points d'égale accélération de la pesanteur.*
isogam – isogamme *f, ligne d'égale valeur magnétique.*

isogeotherm – isogéotherme *f, ligne joignant sur la surface de la Terre les points ayant une température moyenne égale.*
isogeothermal – isogéothermique. **isogeothermal line**: isotherme *f.*
isogon – isogone *f, ligne isogone, ligne joingant les points de même déclinaison magnétique.*
isograd – isograde *f, courbe réunissant des points correspondants à des roches de même faciès ; à des stades identiques de métamorphisme ; affectés au même degré par un phénomène déterminé.*
isohaline – isohaline *f, courbe d'égale salinité des eaux d'un océan.*
isohexane – isohexane *m.*
isohyet – isohyète *f, ligne d'égales précipitations.*
isohypse – isohypse *f, courbe de niveau.*
Iso-kel – *dénomination d'un procédé d'isomérisation d'hexane et de pentane.*
isolating – isolant. **isolating switch**: interrupteur de sectionnement *(élec)*. **isolating valve**: vanne d'isolement.
isolation – îlotage *(élec)* ; isolement *m.* **isolation amplifier**: amplificateur séparateur. **isolation of a chemical substance**: isolement d'une substance chimique. **isolation of a unit**: îlotage d'une tranche *(élec)*.
isolator – isolateur *m (élect)* ; sectionneur *m (élec)*.
isoline – isoligne *f, appellée aussi courbe d'isovaleur.*
isomagnetic – isomagnétique. **isomagnetic line**: ligne isomagnétique, *ligne d'égale inclinaison ou déclinaison magnétique.*
Isomate – *dénomination d'un procédé d'isomérisation pour la fabrication d'essence à haut indice d'octane.*
Isomax – *dénomination de procédés d'hydrocraquage et d'hydrodésulfuration.*
isomer – isomère *m, qualifie des corps constitués de mêmes éléments, ayant la même formule brute et le même poids moléculaire, mais une formule développée différente.*
Isomerate – *dénomination d'un procédé d'isomérisation d'hexane et de pentane normal.*
isomeric – isomérique. **isomeric change**: isomérisation *f.* **isomeric transition**: transition isomérique.
isomerism – isomérie *f.*
isomerization – isomérisation *f, transformation d'un corps chimique en l'un de ses isomères.*
isometric – isométrique, *qualifie des cristaux de dimensions égales.* **isometric drawing**: projection isométrique. **isometric latitude**: latitude paramétrique. **isometric parallel**: parallèle isométrique.
isometry – isométrie *f.*
isomorphism – isomorphisme *m (minér)*.
isomorphous – isomorphe.
isoneph – isonèphe *f, ligne d'égale nébulosité.*
isooctane – isooctane *m, isomère de l'octane normal, le plus important est le 2-2-4-triméthylpentane, adopté comme étalon de la résistance à la détonation des carburants et dont l'indice d'octane est égal à 100 par définition.*
isopach – isopaque *f, ligne d'égale épaisseur d'une couche.* **isopach map**: carte d'isopaques.
isopachyte – *voir isopach.*
isoparaffin – isoparaffine *f.*
isopentane – isopentane *m.*
isophorone – isophorone *f, solvant.*
isophthalic – isophtalique. **isophthalic acid**: acide isophtalique.
isopic – isopique, *se dit des roches ayant le même faciès sédimentaire.* **isopic deposit**: dépôt isopique, *qualifie des dépôts synchrones de même faciès.* **isopic zone**: zone isopique.
isopleth – isoplèthe *f, ligne joignant des points correspondant à une taille ou une abondance égales, utilisée pour mettre en évidence les variations de taille moyenne des grains, de leur sphéricité, etc.*
Iso-plus – *dénomination d'un procédé de reformage catalytique.*
isopoll – isopollen *f, ligne d'égale fréquence en pollen fossile pour des périodes équivalentes.*
isopor – isopore *f, ligne d'égale valeur de la variation d'un élément magnétique pour une époque donnée.*
isopotential – isopotentiel. **isopotential map**: carte isopotentielle, *du potentiel de production des puits.*
isoprene – isoprène *m, méthylbutadiène, méthyldivinyle.*
isoprenoid – isoprénoïde *m, composé basé sur la structure de l'isoprène que l'on trouve dans beaucoup de matières naturelles.*
isopropanol – isopropanol *m, alcool isopropylique.*
isopropyl – isopropyl, *préfixe indiquant un radical monovalent.* **isopropyl alcohol (IPA)**: alcool isopropylique, *isopropanol.*
isopropylbenzene – isopropylbenzène *m, cumène.*
isoquinoline – isoquinoléine *f (chim)*.
isorad – isorade *f, ligne d'égale radioactivité.*
isosafrole – isosafrole *m, ou isosafrol (chim)*.
isoseism – isoséiste *f, ligne d'égale intensité de séismes.*
Isosiv – *dénomination d'un procédé de séparation par adsorption à l'aide de tamis moléculaires.*
isospin – isospin *m, spin isotopique.* **isospin multiplet**: multiplet d'isospin.
isospory – homosporie *f*; isosporie *f (bot)*.
isostasy – isostasie *f, état d'équilibre qui se serait réalisé à une certaine profondeur dans la croûte terrestre.*
isostatic – isostatique. **isostatic adjustment**: *voir isostatic compensation.* **isostatic anomaly**: anomalie isostatique. **isostatic compensation**: compensation isostatique. **isostatic equilibrium**: équilibre isostatique. **isostatic mass compensation**: compensation isostatique des masses. **isostatic pressure compensation**: compensation isostatique des pressions. **isostatic reduction**: réduction isostatique. **isostatic settling**: affaissement isostatique *(géol)*.
isosteric – isostère *(chim)*.
isosterism – isostérie, *f, caractère des composés chimiques présentant des arrangements identiques de leurs molécules.*
isotactic – isotactique, *se dit d'une structure de polymères dont tous les substituants sont situés*

d'un même côté du plan de la chaîne. **isotactic polymer**: polymère isotactique.

isotherm – isotherme *f*, *ligne d'égale température moyenne, voir isogeotherm.*

isothermal – isothermique. **isothermal compression**: compression isotherme, *dans laquelle l'air ou le gaz est maintenu à température constante.* **isothermal line**: isotherme *f.* **isothermal remanent magnetization (IRM)**: aimantation rémanente isotherme (ARI).

isothermic – *voir isothermal.*

isotime – *voir isochron* ; isopaque temps.

isotone – isotone *m*, *un des différents nucléides ayant le même nombre de neutrons mais pas celui de protons.*

isotonic – isotonique. **isotonic solution**: solution isotonique, *solution ayant la même pression osmotique qu'une solution donnée.*

isotope – isotope *m.* **isotope abundance**: teneur isotopique. **isotope balance**: bilan isotopique. **isotope effect**: effet isotopique, *effet produit par la différence du nombre de masse entre les isotopes d'une même espèce chimique.* **isotope exchange**: échange isotopique. **isotope separation**: séparation isotopique.

isotopic – isotopique. **isotopic age**: *voir radiometric age.* **isotopic age determination**: *voir radiometric dating.* **isotopic scrambling**: brouillage isotopique, *distribution isotopique.* **isotopic shift**: déplacement isotopique. **isotopic spin**: isospin *m* ; spin isotopique. **isotopic tracer**: traceur isotopique.

isotron – isotron *m*, *dispositif utilisé pour séparer les isotopes selon leurs différentes vitesses.*

isotropic – isotrope, *dont les propriétés ne dépendent pas de la direction.* **isotropic antenna**: antenne isotrope. **isotropic fabric**: assemblage isotrope *(minér).* **isotropic fluid**: fluide isotrope. **isotropic tensor**: tenseur isotrope, *ou sphérique.*

isotropy – isotropie *f.*

isotypic – isotype.

isovelocity – isovitesse *f.* **isovelocity surface**: surface isovitesse.

isovol – isovole *f*, *ligne unissant les points de même taux de matière volatile dans les charbons.*

ISS – *abrév. de ion-scattering spectroscopy : rétrodiffusion d'ions de basse énergie.*

ISSN – ISSN, *abrév. de international standard serial number, code international de repérage des périodiques.*

issuance – délivrance *f*, *d'un brevet, d'un permis.*

issue – décharge *f*; écoulement *m* ; émission *f*; fascicule *m* ; numéro *m*, *d'un périodique* ; sortie *f.* **issue price**: prix d'émission.

isthmus – isthme *m.*

itaconic – itaconique. **itaconic acid**: acide itaconique.

itches – puces *f*, *picotement de la peau faisant partie des malaises de décompression, en plongée.*

item – article *m* ; détail *m* ; poste *m* ; rubrique *f.*

itemized – détaillé. **itemized account**: compte détaillé ; décompte *m.*

iteration – approximations successives ; itération *f.* **iteration loop**: boucle d'itération.

iterative – itératif. **iterative impedance**: impédance itérative. **iterative interpretation**: interprétation itérative. **iterative method**: méthode itérative.

ITI – *abrév. de Inflection Tangent Intersection method.*

itinerant – itinérant. **itinerant worker**: travailleur itinérant.

ITS – *abrév. de inelastic-tunneling spectroscopy : spectroscopie par effet tunnel inélastique.*

IU – *abrév. de internal upset.*

IUGS – UISG, *abrév. de International Union of Geological Sciences, Union internationale des sciences géologiques.*

IUPAC – UICPA, *abrév. de International Union of Pure and Applied Chemistry, Union internationale de chimie pure et appliquée.*

IVP – *abrév. de initial vapor pressure.*

J

J – J, *symbole de joule.*

jack – blende de roche ; cric *m, s'applique aussi à de nombreuses variétés de leviers.* **jack and circle**: cric sur crémaillère circulaire, *pour serrage des joints d'un train de tiges.* **jack bit**: taillant amovible. **jack board**: support de lève-tubes, *dispositif servant à soutenir l'extrémité de la tige de forage à laquelle on veut adjoindre une nouvelle section.* **jack bolt**: boulon de calage ; boulon de réglage. **jack engine**: machine de renfort ; treuil à vapeur. **jack handle**: levier de manoeuvre de cric ; manivelle *f.* **jack-head pit**: puits intérieur. **jack latch**: loquet à ressort. **jack lines**: tiges de commande de puits, *qui actionnent les pompes à partir d'un dispositif central, voir jack-pumping system.* **jack plane**: varlope *f.* **jack post**: chevalet de manivelle. **jack-pumping system**: système de pompage central, *de puits rapprochés et peu profonds, les différentes pompes sont actionnées à partir d'un seul dispositif central.* **jack shaft**: arbre de renvoi ; arbre intermédiaire arrière. **jack stand**: support réglable, *support de laboratoire à réglage vertical.* **jack tool**: vérin de serrage. **jack well**: puits en pompage par dispositif à balancier, *voir jack-pumping system.*

jacket – chemise *f*; enveloppe *f*; jaquette *f*; manchon *m* ; treillis *m, structure métallique dans une plate-forme fixe, posée sur le fond de la mer et fixée au moyen de piles.* **jacket space**: chambre de réchauffage. **jacket water cooler**: refroidisseur d'eau à manchon.

jacketed – chemisé. **jacketed gasket**: joint jaquette.

jackhammer – marteau compresseur ; marteau perforateur ; marteau piqueur ; marteau pneumatique.

jacking – levage au cric. **jacking down**: descente de la plate-forme autoélévatrice *(for).* **jacking up**: élévation de la plate-forme autoélévatrice.

jackknife – couteau de poche. **jackknife rig**: appareil de forage repliable, *mât de forage repliable, constitué par des cornières soudées comportant deux parties se télescopant dans la partie inférieure et dont l'ensemble se replie tel un couteau de poche que l'on referme.*

jackknife (to) – se plier en deux.

jackrabbit – gros lièvre. **jackrabbit start**: démarrage sur les chapeaux de roues.

jackscrew – cric à vis ; vérin à vis.

Jacksonian – Jacksonien *m, étage de l'Eocène.*

jackup – autoélévateur *(for).* **jackup barge**: barge autoélévatrice. **jackup drilling rig**: plate-forme de forage autoélévatrice. **jackup house**: aire de levage, *endroit où se trouve le système de levage des pieds de la plate-forme de forage.* **jackup/jackdown platform**: plate-forme autoélévatrice autodescendante. **jackup platform**: plate-forme autoélévatrice. **jackup production platform**: plate-forme de production autoélévatrice.

Jacobian – jacobien *m (math).*

jadeite – jadéite *f, pyroxène alcalin, constituant de roches métamorphiques.*

Jaeger – Jaeger. **Jaeger-Steinwher method**: méthode de Jaeger-Steinwher, *pour déterminer l'équivalent mécanique de la chaleur.*

jag – dent *f, de scie* ; pointe *f*; saillie *f.* **jag bolt**: boulon de scellement à crans.

jagged – découpé ; dentelé ; ébréché. **jagged rock**: rocher pointu, *dentelé.*

jam – blocage *m* ; embâcle *m* ; embouteillage *m* ; encombrement *m.* **jam nut**: contre-écrou *m.*

jam (to) – bloquer ; brouiller, *TSF* ; se caler ; coincer ; gommer ; gripper. **jam (to) a valve**: caler une soupape.

jamb – chambranle *m* ; châssis *m* ; jambage *m* ; jambe *f*; montant *m.*

Jamin – Jamin. **Jamin effect**: effet de Jamin, *résistance supplémentaire à l'écoulement alterné de liquides et de bulles de gaz en mouvement en milieu capillaire (réservoirs).* **Jamin refractometer**: interféromètre de Jamin, *réfraction des gaz.*

jamming – bourrage *m, du film dans le magasin des caméras* ; brouillage *m, radio* ; calage des outils, *voir aussi sticking* ; coinçage *m* ; enrayage *m, enrayement* ; gommage *m, moteur.* **jamming of brakes**: coincement des freins.

JAN – *abrév. de Joint Army and Navy.*

Jantzen – Jantzen. **Jantzen column**: colonne Jantzen, *de séparation des acides et des bases.* **Jantzen's spinning-rod extraction column**: colonne d'extraction Jantzen à garnissage rotatif.

Janus – Janus. **Janus configuration**: architecture à la Janus, *disposition bilatérale de transducteurs.*

jar – bac *m* ; battement *m* ; bocal *m* ; choc *m* ; coulisse *f*; coulisse de forage ; heurtement *m* ; pot *m* ; vibration *f.* **jar accelerator**: coulisse d'accélération, *pour amplifier l'effet de battage.* **jar molding machine**: machine de moulage à secousses *(métal).* **jar socket**: arrache-coulisse *m (for).* **jar tester**: calibre pour coulisses de forage, *appareil de réglage des coulisses.*

Jarlan – Jarlan. **Jarlan breakwater wall**: brise-lames à mur Jarlan.

jarosite – jarosite *f (minér).*

jarring – battage *m*, *serrage ou relâchement des outils dans le puits au moyen de coulisses de battage* ; broutement d'un outil ; secouage *m*.

jasper – jaspe *m*, *roche sédimentaire siliceuse*.

jaw – chape *f* ; mâchoire *f*. **jaw clutch**: embrayage à crabots, *dispositif permettant de solidariser temporairement deux mécanismes* ; embrayage à mâchoires. **jaw crusher**: concasseur à mâchoires. **jaw swivel**: tourillon à mâchoires.

jeep – balai électrique, *appareil servant à détecter les défauts dans les revêtements d'oléoducs* ; jeep *f*, *voiture légère tout-terrain de l'armée*.

jel – *voir gel*.

jelloid – gélatineux.

jelly – gelée *f*. **jelly like**: gélatineux.

jellying – gélifiant. **jellying ability**: aptitude à la gélification.

jeopardy – danger *m* ; péril *m*. **jeopardy clause**: clause de sauvegarde.

jerk – saccade *f* ; secousse *f*. **jerk line**: câble à secousses, *câble du cabestan automatique*. **jerk pump**: pompe à saccades ; pompe d'injection coup par coup.

jerribag – bidon souple.

jerrican – jerricane *m*, *bidon à essence*.

jet – gicleur *m* ; injection *f* ; jet *m*. **jet bit**: outil à jet ; trépan à jet hydraulique. **jet-bit drilling**: forage au trépan à jet. **jet black**: noir de jais. **jet blade bit**: trépan à lames à jet. **jet booster**: compresseur à jet. **jet bore**: alésage de gicleur. **jet bottomhole cutter**: outil de coupe à jet *(for)*. **jet burner**: brûleur jet, *brûleur formé par la réunion de plusieurs petits brûleurs Bunsen, dotés chacun d'une alimentation en air primaire*. **jet cleaning**: nettoyage au jet, *technique de lavage au jet à l'aide d'eau, de détergent ou d'hydrocarbures, utilisée pour éliminer les dépôts des tubes*. **jet coal**: jais *m*, *variété de lignite noire et brillante*. **jet compressor**: compresseur à jet, *éjecteur*. **jet condenser**: condenseur à injection, *dans lequel la vapeur à condenser est mise en contact direct avec un jet d'eau de refroidissement*. **jet deflection**: déviation par jet de boue, *d'un sondage par un jet de boue dans la direction voulue*. **jet drilling**: forage à érosion ; forage au jet. **jet effect**: effet jet. **jet ejector**: éjecteur à jet, *généralement de vapeur, utilisé pour évacuer sous forme liquide la vapeur produite par une distillation, en vue de maintenir le vide*. **jet engine**: moteur à réaction ; réacteur *m*. **jet float shoe**: sabot à jets tourbillonnaires. **jet fuel**: carburéacteur *m*, *carburant pour moteur à réaction*. **jet-fuel thermal oxidation tester**: appareil d'essai de l'oxydation thermique des carburéacteurs. **jet gun**: éjecteur pour boues de forage, *à air comprimé ou à gaz naturel, utilisé pour vider les cuves à boue et autres* ; giffard *m*, *injecteur sous pression portant le nom de son inventeur, souvent dénaturé en giflard*. **jet-gun control valve**: vanne de commande de giffard ; vanne de contrôle de giffard. **jet-gun perforator**: perforateur à charges creuses. **jet hopper**: trémie d'injection, *appareil servant à introduire des corps solides dans le circuit de boue*. **jet lag**: décalage horaire, *transports aériens*. **jet mixer**: éducteur *m*, *appareil permettant d'introduire de faibles quantités de produits d'addition dans une huile* ; mélangeur à jet, *préparation des laitiers de ciments et boues de forage*. **jet mixing**: éduction *f*, *huiles* ; mélange au jet, *méthode de mélange des essences dans laquelle plusieurs jets d'inclinaisons différentes pénètrent dans la cuve de mélange et sont reliés à l'orifice de sortie de la pompe de circulation, entraînant un tourbillon dans le liquide*. **jet molding**: moulage au jet, *procédé de moulage par injection de résines thermodurcissables*. **jet nozzle**: duse d'outil à jet ; évent calibré pour trépan ; tuyère *m*. **jet-nozzle separation**: séparation par tuyère. **jet perforating**: perforation à charge creuse, *opération analogue à la perforation à balles mais dans laquelle le percement de la paroi du tubage ne s'effectue plus par lancement d'un projectile mais par brûlage au moyen d'une charge d'explosifs puissants, moulée de façon appropriée*. **jet-perforating gun**: perforateur à charges creuses. **jet perforation**: *voir jet perforating*. **jet perforator**: perforateur à jet. **jet piercing**: forage thermique ; thermoforage *m*, *forage par fusion employé pour traverser les roches dures en les fondant sous le dard d'un chalumeau alimenté par de l'oxygène et du pétrole lampant*. **jet-piercing blowpipe**: chalumeau de forage. **jet-piercing machine**: machine de thermoforage. **jet pipe**: tuyère *m*. **jet power (JP)**: turboréacteur *m*. **jet propellant**: carburant pour moteur à réaction. **jet propulsion**: propulsion à réaction. **jet-propulsion fuel**: carburéacteur *m*. **jet pump**: éjecteur *m* ; pompe à éjecteur ; pompe à jet. **jet stream**: courant jet. **jet tray**: plateau à jets directionnels, *plateau de fractionnement entièrement équipé par des plaques dans lesquelles sont découpées des languettes auxquelles on donne une faible inclinaison par rapport à la plaque*. **jet turbine**: turbine à réaction.

jetline – ligne de lançage, *ligne de haute pression pour la réalisation des tranches d'ensouillage des pipelines sous-marins*.

jetsam – épaves rejetées.

jetting – lançage *m*, *de jets d'eau sous pression pour la réalisation d'une tranchée d'ensouillage sous un pipeline marin*. **jetting action**: action d'érosion. **jetting out**: nettoyage au jet. **jetting sled**: chariot de lançage, *engin de lançage, ensouillage des pipelines* ; traîneau de lançage. **jetting tool**: outil de nettoyage au jet.

jettison – jet à la mer, *d'une partie de la cargaison*.

jettison (to) – se délester, *d'une partie de la cargaison*.

jettisonable – largable *m*. **jettisonable ballast weight**: lest largable.

jetty – jetée *f* ; quai *m*. **jetty head**: tête de jetée.

JFTOT – *abrév. de Jet Fuel Thermal Oxidation Tester*.

jib – bras *m* ; flèche *f* ; potence *f*. **jib crane**: grue à flèche.

jig – calibre *m* ; gabarit *m*, *de perçage, d'usinage, de soudage ; see also shaker*. **jig table**: crible vibrant.

jigger – crible oscillant. **jigger conveyor**: convoyeur à secousses, *couloir oscillant*. **jigger work**: criblage par dépôt ; lavage au crible.

jigging – criblage *m, méthode de décantation par tamisage effectué dans l'eau à l'aide d'impulsions données par des courants alternativement ascendants et descendants* ; lavage sur crible à secousses. **jigging screen**: crible à secousses.

jigsaw – scie sauteuse.

Jim – *dénomination d'une série d'armures articulées pour la plongée atmosphérique à grande profondeur.*

jitter – dispersion *f*; impulsion *f*; instabilité *f*; instabilité de phase ; sautillement d'image ; vacillement *m*.

JOA – *abrév. de joint operating agreement.*

job – besogne *f*; emploi *m* ; poste *m* ; tâche *f*. **job analysis**: analyse de poste de travail. **job description**: description de poste. **job engineering**: organisation du travail. **job evaluation**: classification des emplois. **job lot**: marchandises en solde. **job planning**: planification de chantier. **job shop**: atelier travaillant à la commande. **job site**: chantier *m*. **job work**: travail à la pièce. **on-the-job training**: formation sur le tas.

jobber – grossiste *m* ; ouvrier à la tâche ; revendeur *m* ; sous-traitant *m*.

jobbing – cours *m*; courtage *m*; ouvrage à la tâche ; travail à façon ; travail au forfait.

jockey – dispositif d'attelage. **jockey pulley**: galet de guidage ; galet de tension ; pignon tendeur ; poulie intermédiaire. **jockey stick**: cravache *f*, *tige articulée et coulissante reliant le serre-câble au poteau limitateur de la course du balancier et empêchant le serre-câble de tourner pendant le forage.*

jog – cahot *m* ; décrochement *m* ; ébranlement *m* ; secousse *f*.

Johnson – Johnson. **Johnson bar**: frein Johnson, *fixé sur la plate-forme du derrick, du nom de son inventeur.* **Johnson noise**: bruit de Johnson, *bruit thermique.*

JOIDES – *abrév. de Joint Oceanographic Institution for Deep Earth Sampling, programme de carottage profond entrepris par le navire Glomar Challenger pour étudier la tectonique des plaques.*

join (to) – assembler ; joindre ; relier ; réunir ; unir.

joining – jonction *f*; liaison *f*. **joining on butt**: assemblage en bout. **joining pin**: broche *f*, *goupille.*

joint – accouplement *m*; articulation *f*; assemblage *m* ; diaclase *f (géol)* ; élément tubulaire ; joint *m* ; jointure *f*; longueur simple, *généralement de 9 mètres de long, de tige de forage, de tige de production ou de tubage, comportant des filetages aux extrémités qui permettent de les visser entre eux* ; raccord *m*. **joint compound**: lubrifiant visqueux pour joints. **joint dip**: diaclase transversale, *joint parallèle à l'inclinaison (géol)*. **joint geometry**: géométrie du joint, *forme et dimensions d'un joint en coupe avant soudage.* **joint grease**: graisse pour joints. **joint leakage**: fuite de joint, *défaut d'étanchéité des joints.* **joint make-up loss**: perte de longueur au vissage. **joint of retreat**: joint de retrait *(géol)*. **joint pattern**: réseau de fractures. **joint pin**: boulon d'articulation ; tourillon *m*. **joint plane**: plan de cassure *(géol)* ; plan de diaclase. **joint plate**: couvre-joint *m* ; plaque de jonction. **joint strength**: dureté d'un joint ; rigidité d'un joint. **joint welding**: soudage par recouvrement. **joint with butt strap**: assemblage avec couvre-joint, *boulonné.* **T joint**: joint en T. **U-joint**: cardan. **joint (to) up**: joindre des sections de tube, *pipeline.*

joint – combiné ; commun ; conjoint ; coordonné. **joint account**: compte joint. **joint company**: société mixte. **joint financing**: financement conjoint. **joint interest**: intérêt commun. **joint inversion**: inversion combinée. **joint lease**: bail à jouissance commune ; concession à jouissance commune, *pouvant même être partagée par des propriétaires miniers concurrents.* **joint liability**: responsabilité conjointe. **joint mangement**: cogérance *f*. **joint movement**: transport combiné, *expédition d'une livraison de pétrole par plusieurs sociétés de transport.* **joint operating agreement (JOA)**: accord d'association ; accord d'exploitation commune, *accord conclu entre copropriétaires d'un terrain ou d'une concession pour son exploitation en commun* ; accord d'opération commune ; association en participation. **joint owner**: copropriétaire *m*. **joint report**: rapport collectif. **joint stock**: capital social. **joint-stock company**: société en commandite par actions. **joint tariff**: tarif commun, *tarif de transport, commun à plusieurs compagnies de transport pétrolier.* **joint venture**: coentreprise *f*; opération à risques communs ; opération conjointe, *association à risques communs.*

jointed – crevassé *(géol)* ; diaclasé.

jointer – machine à rainer ; varlope *f*.

jointers – tubes raboutés.

jointing – assemblage *m* ; débit *m*, *manière dont se fragmente une roche* ; emboîtement *m* ; jointement *m*. **jointing material**: liant *m*. **jointing plane**: plan de diaclase ; plan de séparation.

jointy – fissuré.

joist – chevron *m* ; entretoise *f*; madrier *m* ; solive *f*.

jojoba – jojoba *m*, *plante donnant une huile semblable à l'huile de spermaceti.* **jojoba oil**: huile de jojoba.

Jolly – Jolly. **Jolly balance**: balance de Jolly, *utilisée pour les calculs de densité, par comparaison des poids dans l'eau et à l'air.*

jolt – cahot *m* ; saccade *f*; secousse *f*.

jolter – machine à mouler à secousses.

jolting – cahotement *m* ; secouage *m*. **jolting machine**: crible laveur à secousses. **jolting molding machine**: machine de moulage à secousses *(métal)*, *voir aussi jolter.*

Jorissen – Jorissen. **Jorissen method**: méthode Jorissen, *de détection de la présence de formol dans les résines.*

Josephson – Josephson. **Josephson effect**: effet Josephson, *supraconducteurs.*

joule – joule *m*, *unité de travail ou d'énergie SI, travail produit par 1 newton dont le point d'application se déplace de 1 mètre, dans la direction de la force, symbole* J. **Joule effect**: effet Joule, *chaleur dégagée par le passage d'un courant électrique dans un milieu électriquement résistant.* **joule per cubic meter**: joule par mètre cube, *unité SI de densité d'énergie électromagnétique* (J/m^3). **joule per cubic meter kelvin**: joule par mètre cube kelvin, *unité SI de* *capacité thermique volumique* (J/m^3.K). **joule per kelvin**: joule par kelvin, *unité SI de capacité thermique et d'entropie* (J/K). **joule per kilogram**: joule par kilogramme, *unité SI d'énergie massique et d'enthalpie massique* (J/kg). **joule per kilogram kelvin**: joule par kilogramme-kelvin, *unité SI de capacité thermique massique et d'entropie massique* (J/kg.K). **joule per meter**: joule par mètre, *unité SI de transfert linéique d'énergie* (J/m). **joule per meter to the fourth power**: joule par mètre bicarré, *unité SI d'énergie rayonnante spectrique volumique* (J/m^4). **joule per mole**: joule par mole, *unité SI d'énergie interne molaire* (J/mol). **joule per mole kelvin**: joule par mole-kelvin, *unité SI de capacité thermique molaire et d'entropie molaire* (J/mol.K)). **joule per second**: joule par seconde, *voir watt.* **joule per square meter**: joule par mètre carré, *unité SI d'énergie de surface, de fluence énergétique, de résilience* (J/m^2). **Joule's laws**: lois de Joule *(thermo)*.

journal – fusée d'essieu ; portée *f*; tourillon *m.* **journal bearing**: coussinet de palier ; palier lisse ; support de l'essieu. **journal-bearing bit**: outil à friction, *avec coussinet de palier.* **journal box**: boîte d'essieu, *boîte qui reçoit le palier supérieur de l'arbre de la poulie à courroie en cas d'utilisation de la courroie pour pompage léger.* **journal compound**: lubrifiant pour tourillon, *de l'arbre d'entraînement d'une locomotive, composé de savon et d'huile à cylindre.* **journal friction**: frottement du tourillon. **journal oil**: huile de tourillon ; huile pour paliers lisses.

joystick – manche à balai.

JP – TR, *abrév. de jet propulsion : turboréaction.* **JP1, JP4, JP5, JP6**: *dénomination d'une série de carburéacteurs.*

JPM – *abrév. de jet-piercing machine.*

judder – broutement *m* ; trépidation *f, mouvement intermittent et saccadé d'un outil, d'un moteur, etc.*

Judean – de Judée. **Judean pitch**: bitume de Judée.

jug – broc *m* ; cruche *f*; sismo *m, argot.* **jug hustler**: dérouleur *m, manoeuvre-câble.* **jug planter**: planteur *m, manoeuvre-sismos.*

juggie – dérouleur *m, familier.*

juice – jus *m.*

JU/JD – *abrév. de jackup/jackdown.*

Julian day – quantième *m, numéro du jour dans l'année.*

jumbo – gros porteur.

jumboization – jumboïsation *f, technique d'agrandissement d'un navire pétrolier en le partageant en deux et lui rajoutant une section centrale.*

jump – accident *m* ; anomalie *f*; branchement *m, instruction d'ordinateur* ; discontinuité *f*; saute *f.* **jump correlation**: corrélation à distance ; corrélation à l'estime ; corrélation sur profil discontinu. **jump drilling**: forage au câble, *voir aussi rope drilling, cable drilling.*

jump (to) – sauter. **jump (to) a claim**: s'emparer d'une concession, *concession appartenant à autrui, sous un prétexte quelconque et toujours illégal.* **jump (to) a pin**: refouler une cheville. **jump (to) beds**: confondre les couches *(géol)*.

jumper – barre à mine ; bretelle *f*; câble de fermeture d'un circuit ; connexion volante *(élec)* ; fleuret d'amorçage ; raccord de canalisation ; rallonge *f*; shunt *m.* **jumper bar**: barre à mine ; fleuret *m* ; refouloir *m.* **jumper board**: répartiteur de filerie. **jumper cable**: câble de pontage. **jumper hose**: bretelle flexible, *entre le tube prolongateur et le jeu de vanne.* **jumper line**: canalisation flexible ; raccord de canalisation.

jumping – aplatissement *m* ; écrasement *m* ; refoulement *m.*

jumpover – contournement *m, de l'étincelle*; manchette tubulaire, *reliant plusieurs tuyaux ou deux parties d'un tour.*

junction – branchement *m* ; dérivation *f*; jonction *f*; raccordement *m.* **junction box**: boîte de jonction ; boîte de raccordement de fils électriques. **junction-box compound**: lubrifiant de haute viscosité pour boîte de raccordement. **junction plate**: bande de recouvrement. **junction transistor**: transistor à jonctions.

juncture – jonction *f*; raccordement *m.* **juncture plane**: surface de contact.

junk – déchet *m* ; détritus *m* ; étoupe *f*; ferraille *f*; rebut *m.* **junk basket**: panier de repêchage, *de ferraille, de sédiments.* **junk catcher**: carottier de repêchage ; collier de repêchage à lames. **junk feeler**: tâte-ferraille *m, outil de repêchage.* **junk head**: culasse de moteur sans soupape. **junk mill**: fraise à ferraille. **junk pipe**: tube reformé. **junk pusher**: crépine *f, sur le packer de production, qui permet le nettoyage du tubage au cours de la descente ; la boue passant à travers les fentes entraîne par sa vitesse les particules solides.* **junk rack**: râtelier de transport, *supports, cadres ou châssis, utilisés pour le colisage des outils et accessoires de complétion non transportables autrement.* **junk retriever**: panier *m, tube à sédiments.* **junk ring**: cercle d'étoupe ; segment de culasse. **junk sleeve**: manchon à ferraille. **junk snatcher**: cuiller hydrostatique à sédiments. **junk sub**: panier à sédiments.

junk (to) – boucher un forage, *dont la mise en production ne se justifie pas.*

junked – mis au rebut. **junked hole**: trou abandonné *(for)*.

junkyard – entrepôt de ferrailleur. **good for the junkyard**: bon pour la ferraille.

Jurassic – Jurassique *m, deuxième période de l'ère secondaire, divisée en trois partie : Jurassique inférieur (Lias), Jurassique moyen (Dogger), Jurassique supérieur (Malm).*

Jurin – Jurin. **Jurin rule**: loi de Jurin, *formule donant la hauteur d'ascension d'un liquide dans un tube capillaire.*

jurisdiction – juridiction *f.*

jurisprudence – jurisprudence *f.*

just-in-time – juste-à-temps, *méthode de gestion des stocks par flux tendus.*

jut – saillie *f.*

jut (to) – affleurer ; avancer ; dépasser ; se projeter.

jutting – saillant ; en saillie.

juvenile – juvénile, *non mûr, peu évolué.* **juvenile gas**: gaz juvénile. **juvenile spring**: source juvénile. **juvenile water**: eau juvénile ; eau magmatique.

juxtaposition – juxtaposition *f.* **juxtaposition twin**: macle par accolement.

K

k – k, *symbole de kilo.*

K – K, *symbole de Kelvin et de potassium.* **K-A dating**: datation potassium-argon, *méthode de datation par les isotopes radioactifs.*

kainite – kaïnite *f, sel double de potassium et de magnésium utilisé comme engrais.*

Kalman – Kalman. **Kalman filter**: filtre de Kalman *(sism).*

kame – kamé *m, colline de gravier laissée par les eaux de fonte d'un glacier.* **kame terrace**: terrasse de kamé.

kanji – kanji *m, signe idéographique de l'écriture japonaise.*

Kansan – Kansien *m, période de la deuxième glaciation du Pléistocène.*

kansasite – kansasite *f, variété de résine fossile.*

kaolin – kaolin *m, roche réfractaire qui entre dans la fabrication de la porcelaine, utilisé en catalyse comme support de catalyseur.*

kaolinite – kaolinite *f, silicate hydraté d'aluminium, principal constituant du kaolin.*

kaolinization – kaolinisation *f, formation de kaolin par décomposition de roches feldspathiques.*

kaon – kaon *m* ; méson K.

kapok – kapok *m.* **kapok oil**: huile de kapok.

karelianite – karélianite *f, oxyde de vanadium.*

karst – karst *m.* **karst features**: modelé karstique. **karst lake**: lac karstique. **karst plain**: plaine karstique. **karst topography**: topographie karstique. **karst valley**: vallée karstique.

karstic – karstique. **karstic degradation**: aplanissement karstique *(pédol).*

karstification – karstification *f, ensemble des phénomènes d'altération et de dissolution qui donnent naissance dans les formations calcaires à la morphologie karstique.*

katamorphic – catamorphique.

katamorphism – catamorphisme *m, métamorphisme fort.*

kataphorite – kataphorite *f, type d'amphibole.*

katazone – catazone *f, zone de métamorphisme fort.*

katharometer – catharomètre *m, appareil de mesure des mélanges gazeux par les changements de leur conductibilité thermique.*

Katmaian – katmaïen, *se dit d'un type d'éruption volcanique.*

kauri – kauri *m, kouri, résine naturelle extraite d'un conifère australien.* **kauri-butanol value**: indice kauri-butanol, *mesure de la teneur en aromatiques et des propriétés solvantes des hydrocarbures liquides.*

Kazanian – Kazanien *m, étage du Permien.*

KB – *abrév. de kelly bushing.*

kedge – ancre à jet. **kedge anchor**: ancre à empenneler ; ancre de touée.

kedge (to) – déhaler, *un navire sur une ancre* ; touer.

keel – quille *f (naut).*

keep – maintien *m.* **keep-alive electrode**: électrode d'entretien. **keep-up carbonate**: carbonate à géométrie oblique, *dépôt carbonaté du cortège sédimentaire de haut-niveau à profil de sédimentation oblique.*

keeper – garde *m.*

keeping – conservation *f*; entretien *m* ; garde *f*; observation *f.* **keeping qualities**: qualités de conservation.

Keewatin – Keewatin *m, Keewatinien, série de l'Archéozoïque canadien.*

keg – barillet *m* ; tonnelet *m.*

Kel-f – *dénomination d'une série de fluorocarbones.*

kelley – *voir kelly.*

kelly – tige d'entraînement, *carrée, octogonale, hexagonale.* **kelly bushing (KB)**: fourrure d'entraînement, *pour la tige carrée, octogonale ou hexagonale* ; manchon d'entraînement. **kelly bushing elevation**: élévation du carré d'entraînement, *élévation du puits au-dessus du niveau de la mer, mesurée au manchon de la tige carrée.* **kelly cock**: robinet de tige d'entraînement, *vanne de la tige d'entraînement, vanne destinée à s'opposer aux éruptions par l'intérieur des tiges.* **kelly drive bushing**: coins d'entraînement *(for).* **kelly hole**: trou de la tige d'entraînement. **kelly hose**: flexible d'injection. **kelly joint**: *voir kelly.* **kelly's rat hole**: trou de la tige d'entraînement *(for).* **kelly-saver sub**: raccord d'usure, *raccord venant sur le filetage vif de la tige carrée pour éviter son usure prématurée.* **kelly spinner**: dispositif de vissage ; entraînement de la tige d'entraînement, *système pneumatique de rotation de la tige d'entraînement pour vissage de la garniture.* **kelly valve**: vanne inférieure, *de la tige d'entraînement.* **kelly wiper**: essuie-tige de la tige d'entraînement, *garniture en caoutchouc permettant d'essuyer la boue sur la tige d'entraînement.*

kelp – kelp *m, algue marine géante.*

kelvin – kelvin *m, unité SI de température thermodynamique, symbole* K. **kelvin per meter**: kelvin par mètre, *unité SI de gradient de température* (K/m). **kelvin per watt**: kelvin par watt, *unité SI de résistance thermique* (K/W). **Kelvin's circulation theorem**: théorème de W.

Thomson, *sur la circulation d'un fluide parfait.* **Kelvin scale**: échelle Kelvin, *échelle de température thermodynamique, le kelvin est la fraction 1/273,16 de la température du point triple de l'eau.*

kelyphytic – kélyphytique. **kelyphytic rim**: auréole kélyphitique, *agrégat de petits cristaux formant une bordure de réaction autour d'un minéral.*

kentledge – corps-mort *m.*

kerabitumen – kérabitume *m, classe de matières organiques sédimentées, insolubles dans les solvants usuels, particulièrement sulfure de carbone et chloroforme, composées de carbone, d'hydrogène, de petites quantités d'azote et éventuellement de soufre.*

keratophyre – kératophyre *m, trachyte albitique caractérisé par la présence de minéraux tels que la chlorite, l'épidote, la calcite.*

kerf – entaille *f*; havée *f*; saignée *f*; trait de scie.

keriotheca – kériothèque *f (pal).*

kerma – kerma *m, quotient pour les particules ionisantes de la somme des énergies cinétiques libérées dans un élément de matière par la masse de cette matière, s'exprime en gray.* **kerma rate**: taux de kerma, *l'unité SI est le gray par seconde.*

kernbut – gradin de faille *(géol).*

kernel – noyau *m.* **kernel function**: fonction noyau, *fonction mathématique de la résistivité et de la profondeur qui peut être calculée à partir de données brutes de résistivité desquelles on cherche à déduire la stratification de la résistivité (diag)* ; noyau *m.*

kerogen – kérogène *m, substance bitumineuse complexe contenue dans les schistes bitumineux, et susceptible de donner par pyrogénation des hydrocarbures liquides.* **kerogen shale**: schiste bitumineux.

kerosene – *voir kerosine.*

kerosine – kérosène *m, distillat pétrolier utilisé pour l'éclairage (pétrole lampant), comme combustible pour le chauffage et la cuisine et comme carburant pour les avions à réaction (carburéacteur).* **kerosine distillate**: pétrole lampant. **kerosine engine**: moteur à kérosène. **kerosine oil**: pétrole lampant. **kerosine shale**: *voir torbanite.*

kerotene – kérotène *m, portion de bitume insoluble dans le sulfure de carbone.*

Kerr – Kerr. **Kerr effect**: effet Kerr, *phénomène de biréfringence optique induite par un champ électrique.*

kersantite – kersantite *f, lamprophyre.*

ketene – cétène *m, carbométhène, la plus simple des cétones.*

ketolysis – cétolyse *f.*

ketone – cétone *f.* **ketone benzol process**: *voir MEK process.* **ketone oxime**: cétoxime *f.*

ketonic – cétonique. **ketonic acid**: acide cétonique.

ketose – cétose *f.*

kettle – bassin *m*; chaudière *f*; chaudron *m*; cirque glaciaire ; fondoir *m, récipient où l'on chauffe les goudrons et bitumes pour les liquéfier.* **kettle grease**: graisse pour organes de chaudière.

Keuper – Keuper *m, étage du Trias supérieur.* **Keuper sandstone**: grès du Keuper.

Kevlar – Kevlar *m, dénomination d'une fibre synthétique à haute résistance, utilisée, entre autres, pour les câbles sismiques et les carcasses des pneus.*

Keweenawan – Keweenawanien *m, série du Protérozoïque.*

key – clavette *f*; clé *f, permettant d'ouvrir une serrure, ou de comprendre quelque chose*; légende explicative, *d'une carte*; touche *f, d'un clavier.* **key bed**: couche repère ; miroir repère ; niveau repère. **key component**: composant clé, *composant intermédiaire servant de repère dans les calculs de colonnes à distiller, généralement un hydrocarbure paraffinique.* **key fossil**: fossile guide. **key fractions for classifying crudes**: fractions clés pour la classification des bruts, *selon la méthode du Bureau of Mines, fraction n° 1 distillant entre 250 et 275°C sous pression atmosphérique, fraction n° 2 distillant entre 275 et 300°C.* **key horizon**: horizon repère. **key money**: pas-de-porte *m.* **key punch**: perforatrice *f, machine à perforer les cartes.* **key rock**: roche guide ; roche repère. **key step**: stade clé, *stade crucial.* **key well**: puits d'alimentation.

key (to) – claveter ; raccorder ; relier.

keyboard – clavier *m.*

keyed – calé.

keying – calage *m*; coinçage *m (méc)* ; manipulation *f.*

keyseat – trou de serrure, *excentrement du trou de sondage en forme de trou de serrure.* **keyseat reamer**: aléseur de trou de serrure, *lorsqu'un trou de serrure est en voie de formation, on intercale un aléseur dans le train de masse-tiges.*

keyseating – coincement dans un trou de serrure, *résultant de la transformation du trou de sonde à section circulaire en trou à section ressemblant à un trou de serrure par suite d'une déviation de forage.*

keyway – logement de clavette ; rainure de clavette.

keyword – mot clé.

kg – kg, *symbole de kilogramme.*

kick – à-coup de pression ; bouchon *m*; cahot *m*; déflexion *f*; impétus *m*; recul *m*; saut *m, dans l'inclinaison d'une couche*; secousse *f*; venue *f, de gaz en cours de forage*; vibration *f, du câble de forage.* **kick sorter**: *voir gamma-ray spectrometer.* **kick starter**: démarreur à pied ; kick *m, pédale à pied pour démarrer une motocyclette.*

kickback – dessous-de-table *m*; retour en arrière ; ristourne *f.*

kickdown – postaccélération *f (auto).*

kickoff – déviation *f, du puits.* **kickoff point (KOP)**: amorce de la déviation *(for).* **kickoff test**: essai de couche à haute pression. **kickoff valve**: soupape du tuyau élévateur. **kickover tool**: outil de décentrage.

kieselguhr – kieselguhr *m, farine fossile, diatomite.*

kieserite – kiesérite *f (minér).*

kill – destruction *f.* **kill-and-choke line**: ligne de duse. **kill line**: conduite d'injection ; ligne de remplissage *(for)* ; ligne de sécurité, *conduit fixé en un point quelconque de l'obturateur de sécurité et* *servant au pompage du fluide de forage envoyé dans le puits pour en réduire la pression.* **kill mud**: boue lourde, *pour contrôle de puits en éruption.*

kill (to) – éteindre ; raidir, *une trace* ; tuer. **kill (to) a well**: tuer un puits, *arrêter une éruption par injection d'un fluide du type boue.* **kill (to) an engine**: caler un moteur.

killed – calmé ; éteint. **killed lime**: chaux éteinte. **killed steel**: acier calmé.

killing – désoxydation *f (métal)* ; extinction *f.*

Kilmangas – *dénomination d'un procédé de gazéification du charbon.*

kiln – four de régénération, *du catalyseur dans le craquage catalytique.*

kilo – kilo (k), *préfixe représentant 10^3 soit 1 000.*

kilocalorie – kilocalorie *f, unité de chaleur obsolète, grande calorie = 4,186 MJ.*

kilogram – kilogramme *m, unité SI de masse, symbole* kg. **kilogram meter per second squared**: kilogramme mètre par seconde carrée, *voir newton.* **kilogram meter squared**: kilogramme-mètre carré, *unité SI de moment d'inertie* ($kg.m^2$). **kilogram meter squared per second**: kilogramme-mètre carré par seconde, *unité SI de moment cinétique* ($kg.m^2/s$). **kilogram per cubic meter**: kilogramme par mètre cube, *unité SI de masse volumique* (kg/m^3). **kilogram per meter**: kilogramme par mètre, *unité SI de masse linéique* (kg/m). **kilogram per mole**: kilogramme par mole, *unité SI de masse molaire* (kg/mol). **kilogram per second**: kilogramme par seconde, *unité SI de débit massique* (kg/s). **kilogram per square meter**: kilogramme par mètre carré, *unité SI de masse surfacique* (kg/m^2).

kilometer – kilomètre *m, unité de longueur* (km). **kilometer per hour**: kilomètre à l'heure, *ou kilomètre par heure, unité de vitesse souvent utilisée dans la pratique, 1 km/h = 0,621 371 mile/h.*

kiloton – kilotonne *f, unité utilisée pour mesurer la puissance explosive d'une bombe, égale à l'énergie produite par l'explosion de 1000 t de TNT* (kt).

kilowatthour – kilowattheure *m, unité d'énergie utilisée pour la facturation de l'énergie électrique* (kWh).

kimberlite – kimberlite *f, péridotite contenant de nombreux phénocristaux d'olivine.*

Kimmeridgian – Kimmeridgien *m, étage du Jurassique supérieur, Grande-Bretagne.*

Kinderhookian – Kinderhookien *m, série kinderhookienne, partie inférieure du Mississippien américain.*

kindle (to) – allumer ; embraser ; enflammer.

kinematic – cinématique. **kinematic viscosity**: viscosité cinématique, *exprimée en SI en mètre carré par seconde.*

kinematics – cinématique *f.*

kinemometer – cinémomètre *m.*

kinetic – cinétique. **kinetic activity factor**: facteur d'activité cinétique. **kinetic coefficient of friction**: coefficient de frottement cinétique, *en opposition avec le coefficient de frottement au repos.* **kinetic energy**: énergie cinétique, *énergie provenant du mouvement et égale à la moitié du produit de la masse par le carré de la vitesse.* **kinetic equivalence**: équivalence cinétique. **kinetic oiliness testing machine (KOTM)**: machine pour l'étude du comportement cinétique des huiles, *avec des coussinets en argent.* **kinetic pressure**: pression cinétique. **kinetic severity function (KSF)**: fonction cinétique de sévérité, *c'est l'intégrale prise entre l'entrée et la sortie du four de la décomposition du pentane normal utilisé comme hydrocarbure témoin.* **kinetic temperature**: température cinétique. **kinetic theory of gases**: théorie cinétique des gaz.

kinetics – cinétique *f.*

kingdom – règne *m, sommet de la hiérarchie dans la classification des animaux (animal kingdom, règne animal) et des végétaux (plant kingdom, règne végétal).*

kingpin – axe de pivotement ; pivot central.

Kingsbury – Kingsbury. **Kingsbury thrust bearing**: palier de butée Kingsbury.

kink – coque *f, d'un câble* ; noeud *m* ; tortillement *m.* **kink band**: pli anguleux dissymétrique. **kink fold**: pli en chevron. **kink instability**: instabilité à coques, *gaz ionisés.*

kink (to) – s'enrouler ; s'entortiller.

kinking – vrillage *m.* **kinking of a rope**: enroulement d'un câble ; vrillage d'un câble.

kinzigite – kinzigite *f, roche magmatique ultrabasique.*

kip – kip, *unité de force = 453,6 N.*

kips – *abrév. de kilopounds, millier de livres.*

Kirchhoff – Kirchhoff. **Kirchhoff equation**: intégrale de Kirchhoff, *formule permettant de calculer le champ d'onde en profondeur à partir des valeurs qu'il prend à la surface du sol.* **Kirchhoff's laws**: lois de Kirchhoff, *première loi : la somme des courants aboutissant à un noeud est nulle ; deuxième loi : la somme algébrique des tensions le long d'une maille fermée est nulle (élec).* **Kirchhoff's method of migration**: méthode de migration de Kirchhoff.

kirwanite – kirwanite *f, variété d'anthracite.*

kish – écume de graphite, *de fourneau de fonderie.*

kishy – graphiteux ; surcarburé *(métal).*

kit – appareil vendu en pièces détachées ; trousse *f*; trousseau *m.*

Kjeldahl – Kjeldahl. **Kjeldahl method**: méthode de Kjeldahl, *méthode de dosage de l'azote dans les composés organiques.*

klaxon – avertisseur sonore ; klaxon *m.*

Klein – Klein. **Klein-Gordon equation**: équation de Klein-Gordon, *équation différentielle.* **Klein's reagent**: réactif de Klein, *solution de borotungstate de cadmium utilisée pour séparer les minéraux par gravité.*

Klinkenberg – Klinkenberg. **Klinkenberg correction**: correction de Klinkenberg, *pour les calculs de perméabilité.*

klippe – klippe *f, lambeau de charriage isolé du corps principal.*

KLSA – *abrév. de knock-limited spark advance.* **KLSA method**: méthode KLSA, *méthode utilisée pour déterminer l'indice d'octane route.*

klystron – klystron *m, tube électronique utilisé comme amplificateur.*

knead (to) – malaxer ; pétrir.

kneading – malaxage *m* ; pétrissage *m.* **kneading mill**: malaxeur *m.*

knee – coude *m* ; genou *m*. **knee brace**: entretoisement en équerre. **knee fold**: pli en genou. **knee pipe**: tube coudé.

knickpoint – knick *m*, *rupture de pente entre un inselberg et un pédiment.*

knife – couteau *m*. **knife casing mill**: coupe-tube *m*, *appareil d'instrumentation destiné à découper un tubage.* **knife edge**: couteau de balance ; lame de couteau, *défaut constitué par un bord aigu à l'extrémité d'un tube dû à un chanfrein extérieur excessivement petit.* **knife file**: lime à couteau. **knife switch**: interrupteur *m (élec)*. **knife valve**: vanne à couteau.

knife (to) – donner un coup de couteau. **knife (to) a well**: ôter la paraffine d'un puits à l'aide de râcleurs.

knob – bosse de terrain ; bouton *m* ; dent *f*; morceau *m*, *de charbon.*

knock – choc *m* ; cliquetis *m* ; cognement *m* ; détonation *f*. **knock intensity**: intensité de cliquetis ; intensité de détonation. **knock-limited spark advance method**: *voir KLSA method.* **knock motor**: moteur pour essais de détonation. **knock-off block**: dispositif de blocage, *de la tige de pompage lorsqu'elle est décrochée de la pompe.* **knock rating**: intensité de cliquetis ; mesure d'indice d'octane. **knock suppressor**: additif anticliquetis ; agent antidétonant. **knock test of gasoline**: essai de détonation de l'essence.

knock (to) – frapper. **knock (to) down oil**: séparer l'huile de l'eau.

knockdown – démontable. **completly knocked down**: en pièces détachées.

knocking – cliquetis *m* ; cognement *m* ; détonation *f*. **knocking combustion**: combustion avec cliquetis ; combustion détonante. **knocking surface ignition**: allumage avec cliquetis sur surface chaude. **knocking tendency**: tendance au cliquetis.

knockmeter – indicateur de cliquetis, *appareil standardisé servant à repérer l'intensité de la détonation au cours de la mesure de l'indice d'octane.*

knockout – séparateur *m*. **knockout drum**: ballon tampon.

knoll – monticule *m* ; tertre *m*.

knot – noeud *m*.

knot (kn) – noeud *m*, *unité de vitesse de translation = 1 mille marin (1 852 m) par heure.*

knotted – tacheté. **knotted schist**: schiste noduleux, *schiste tacheté.*

know-how – connaissance pratique ; expérience *f*; savoir-faire *m*. **know-how transfer**: transfert de connaissances, *dans le transfert de technologie.*

knowledge – connaissance *f*. **knowledge base**: base de connaissances. **knowledge-based system**: *voir knowledge system.* **knowledge system**: système de connaissance. **knowledge transfer**: transfert de connaissance, *en intelligence artificielle.*

knuckle – articulation *f* ; rotule *f*. **knuckle buster**: clé à glissière. **knuckle joint**: genouillère *f*, *une articulation entre tiges ou arbres, peut être utilisée pour dévier un sondage (voir aussi universal joint)* ; joint à rotule ; joint universel.

Knudsen – Knudsen. **Knudsen number**: nombre de Knudsen, *nombre caractéristique de la dynamique des fluides, utilisé pour l'écoulement des gaz à faible densité.* **Knudsen vacuum gage**: manomètre de Knudsen.

knurled – moleté. **knurled nut**: écrou moleté.

knurling – moletage *m*. **knurling wheel**: molette *f*.

Koch – Koch. **Koch acid**: acide de Koch.

kochenite – kochenite *f*, *résine fossile.*

konimeter – conimètre *m*, *appareil destiné à mesurer le nombre de particules de poussière d'une atmosphère.*

konlite – konlite *f*, *hydrocarbure naturel.*

KOP – *abrév. de kickoff point.*

Kovats – Kovats. **Kovats retention indices**: indices de rétention de Kovats, *utilisés en chromatographie en phase gazeuse.*

kraft paper – papier kraft.

kramerite – kramérite *f (minér)*.

krantzite – krantzite *f*, *résine fossile.*

kratogen – *voir craton.*

kraton – *voir craton.*

kriging – krigeage *m*, *méthode géostatistique perfectionnée d'interpolation d'après des données expérimentales irrégulièrement espacées en vue d'applications diverses ; l'opérateur se définit comme l'opérateur d'estimation en données aléatoires à variance minimale.*

krill – krill *m*, *plancton des mers froides.*

krypton – krypton *m*, *symbole chim. Kr.*

KSF – *abrév. de kinetic severity function.*

kukersite – kuckersite *f*, *kukersite, variété de schistes bitumineux.*

Kungurian – Koungourien *m*, *ou Kungurien, étage du Permien.*

KUOP – *voir UOP characterization factor.*

kurtosis – degré d'aplatissement, *d'une distribution statistique* ; kurtosis *m*, *allure générale de la courbe d'une distribution statistique.*

kW – kW, *symbole de kilowatt.*

kWh – kWh, *symbole de kilowatthour.*

kyanite – cyanite *f*, *ou kyanite, néosilicate d'alumine.*

kyanizing – kyanisation *f*, *protection du bois contre les champignons par une solution de chlorure mercurique.*

L

l – l, *ou* L, *symbole de litre ou liter.*

lab – labo *m, abrév. de laboratory : laboratoire.* **X lab**: *abrév. de experimental laboratory.*

label – cartouche *f, d'un document*; désignation *f*; étiquette *f*; label *m*; qualification *f*; têtière *f.*

labeled – étiqueté ; marqué ; renseigné. **labeled atom**: atome marqué. **labeled compound**: composé marqué. **labeled molecule**: molécule marquée.

labile – instable ; labile ; métastable.

lability – instabilité *f*; labilité *f.*

labor – travail *m.* **labor agreement**: convention collective. **labor and material**: main-d'oeuvre et matériel. **labor costs**: coûts de main-d'oeuvre. **labor force**: main-d'oeuvre *f*; population active. **labor-intensive technology**: technologie à fort coefficient de main-d'oeuvre. **labor law**: droit du travail. **labor legislation**: législation du travail. **labor market**: marché du travail. **labor shortage**: pénurie de main d'oeuvre.

laboratory – laboratoire *m.* **laboratory apparatus**: appareil de laboratoire. **laboratory bath**: bain-marie *m.* **laboratory bench**: paillasse *f.* **laboratory inspector**: contrôleur de laboratoire. **laboratory naphtha**: essence normale. **laboratory scale**: échelle laboratoire. **laboratory system**: système de référence au laboratoire. **laboratory test**: essai de laboratoire.

labour – *voir labor.*

labradorite – labrador *m, feldspath sodi-calcique (minér)* ; labradorite *f, ou andésite à labrador, basalte leucocrate, leucobasalte (pétro).*

labyrinth – labyrinthe *m.* **labyrinth joint**: joint à labyrinthe. **labyrinth packing**: garniture à labyrinthe.

laccolith – laccolite *m, massif de roche magmatique.*

laccolithic – laccolitique.

lack – absence *f*; carence *f*; faute *f*; manque *m.* **lack of fusion**: manque de fusion *(métal).* **lack of penetration**: manque de pénétration. **lack of reinforcement**: manque de surépaisseur *(métal).*

lacquer – laque *f*; vernis *m.* **lacquer deposit**: dépôt de laque. **lacquer diluent**: diluant pour laque. **lacquer solvent**: solvant de la laque. **lacquer test**: essai de résistance aux laques, *essai de résistance d'une huile à la formation de dépôts de laque dans un moteur.* **lacquer thinner**: diluant pour laque.

LACT – *abrév. de lease automatic custody transfer, une installation de production et de comptage automatiques.*

lactate – lactate *m (chim).*

lacteous – lactaire ; laiteux.

lactic – lactique. **lactic acid**: acide lactique.

lactone – lactone *f, olide (chim).*

lacuna – lacune *f, absence de strates dans une série sédimentaire durant un certain laps de temps qui correspond à l'interruption des dépôts.*

lacustrine – lacustre. **lacustrine deposit**: dépôt lacustre. **lacustrine environment**: milieu lacustre. **lacustrine facies**: faciès lacustre. **lacustrine limestone**: calcaire lacustre. **lacustrine sand**: sable lacustre. **lacustrine sediment**: sédiment lacustre.

ladder – échelle *f.* **ladder ditcher**: excavateur à godets. **ladder dredge**: drague à échelle. **ladder network**: réseau en échelle. **ladder rung**: barreau d'échelle. **ladder trailer**: remorque porte-échelle. **ladder vein**: filon en échelons ; filon en gradins.

lade (to) – charger, *un navire.*

laden – chargé. **laden and in ballast**: chargé et ballasté, *navire.*

lading – chargement *m* ; embarquement *m.*

Ladinian – Ladinien *m, étage du Trias moyen.*

ladle – poche de coulée. **ladle analysis**: analyse de coulée, *tubes.*

lag – décalage temporel ; délai *m* ; retard *m.* **lag angle**: angle de retard. **lag deposit**: accumulation de pierres par déflation. **lag error**: erreur d'inertie, *d'un instrument.* **lag gravel**: pavé désertique ; résidu de déflation. **lag screw**: tirefond *m.* **lag time**: temps de remontée, *de la boue ou des déblais de forage* ; temps de retard.

lag – latte *f, d'enveloppe de chaudière.*

lag (to) – être déphasé ; calorifuger ; garnir ; isoler ; retarder.

lagging – déphasage *m* ; ralentissement *m* ; retard *m.*

lagging – bacula *m, lattis enrobé de brais destiné à protéger le revêtement normal d'une canalisation lors de la traversée d'une rivière* ; boisage *m* ; calorifugeage *m* ; coffrage *m* ; garnissage *m* ; revêtement *m.*

lagoon – lagon *m, étendue d'eau au coeur d'un atoll ou entre la côte et un récif barrière* ; lagune *f.* **lagoon channel**: chenal du lagon. **lagoon cliff**: abrupt de lagon. **lagoon deposit**: dépôt lagunaire. **lagoon moat**: lagon annulaire. **lagoon reef**: atoll *m.* **lagoon scarp**: abrupt de lagon. **lagoon shelf**: haut-fond récifal. **lagoon slope**: abrupt de lagon.

lagoonal – lagunaire. **lagoonal deposition**: sédimentation lagunaire.

lagooning – lagunage *m.*

Lagrange – Lagrange. **Lagrange equation**: équation de Lagrange, *équation différentielle linéaire.* **Lagrange multipliers**: multiplicateurs de Lagrange, *méthode de détermination des extremums d'une fonction à n variables.*

lahar – avalanche boueuse ; coulée de boue ; lahar *m, coulée boueuse volcanique.*

laid – posé. **laid down**: déposé. **laid length**: longueur montée, *de conduites pour un pipeline.* **laid up ship**: navire desarmé.

lake – lac *m.* **lake asphalt**: asphalte de lac ; bitume lacustre. **lake basin**: bassin lacustre. **lake bed**: couche lacustre. **lake deposit**: dépôt lacustre. **lake ore**: minerai lacustre. **lake sediment**: sédiment lacustre.

lakelet – petit lac.

Lamb – Lamb. **Lamb's problem**: problème de Lamb. **Lamb wave**: onde de Lamb, *une onde électromagnétique propagée sur la surface d'un solide qui a une épaisseur semblable à la longueur d'onde de l'onde.*

lambda – lambda *m, lettre de l'alphabet grec, désigne la constante radioactive, la conductivité thermique.* **lambda point**: point lambda, *température au-dessous de laquelle l'huile est un fluide supercritique.* **Lambda probe**: sonde Lambda, *détection des gaz d'échappement.*

lambert – lambert *m, unité de luminance.* **Lambert conformal conic map projection**: projection conique conforme de Lambert, *projection cartographique dans laquelle les méridiens géographiques sont représentés par des droites concourantes et les parallèles par une série d'arcs de cercles concentriques.* **Lambert surface**: surface de Lambert, *surface rayonnante dont la luminance ne dépend pas de la direction, c'est un diffuseur parfait.*

Lamé – Lamé. **Lamé constant**: coefficient de Lamé, *coefficient d'élasticité des solides isotropes.*

lamellar – lamellaire. **lamellar flow**: écoulement laminaire. **lamellar serpentine**: antigorite *f.* **lamellar structure**: structure lamellaire.

lamellate – feuilleté ; lamellé.

lamella – lamelle *f.*

lamellibranch – lamellibranche *m (pal).*

lamina – feuille *f*; intercalation fine ; lame *f*; lamelle *f*; lamine *f, ou lamina, fine lamelle d'un constituant d'un sédiment.*

laminar – lamellaire ; laminaire ; laminique. **laminar boundary layer**: couche limite laminaire. **laminar deposit**: dépôt laminique *(géol).* **laminar flow**: courant laminaire ; écoulement laminaire. **laminar-flow burner**: brûleur à flamme laminaire. **laminar structure**: structure fluidale.

laminate – lamifié *m, type de matériau composite.*

laminated – feuilleté ; laminé. **laminated iron**: fer feuilleté ; fer laminé. **laminated plastic**: plastique stratifié. **laminated shale**: argile stratifiée ; schiste *m.* **laminated spring**: ressort à lames. **laminated structure**: structure feuilletée ; structure lamellaire ; structure rubanée. **laminated wood**: bois contreplaqué.

lamination – dédoublure *f, défaut de matériel tubulaire* ; feuilletage *m* ; laminage *m* ; lamination *f, disposition des constituants d'un sédiment en fines lames* ; schistosité *f*; structure lamellaire.

laminite – laminite *f, roche détritique finement feuilletée.*

LAMMA – *abrév. de laser-microprobe mass analysis : analyse de masse par microsonde à laser.*

lamp – lampe *f.* **lamp bulb**: ampoule *f.* **lamp-burning test**: essai de brûlage, *essai pour huiles d'éclairage dans lequel l'huile est brûlée dans une lampe standard sous certaines conditions.* **lamp oil**: huile d'éclairage ; lampant *m* ; pétrole lampant. **lamp shell**: *voir brachiopod.* **lamp socket**: douille de lampe. **lamp wax**: *voir paraffin wax.*

lampblack – noir de fumée ; noir de lampe.

lampitude – lampitude *f, équivalent d'amplitude dans le domaine du cepstre.*

lamprophyre – lamprophyre *m, groupe de roches magmatiques filoniennes, caractérisé par l'abondance de mica noir et d'amphibole brune.*

land – butée *f*; épaulement *m* ; terrain *m* ; terre *f.* **land area**: aire continentale. **land breeze**: brise de terre. **land carriage**: transport par voie de terre. **land chain**: chaîne d'arpenteur. **land consolidation**: remembrement *m, des terres.* **land ice**: glace côtière. **land jobber**: spéculateur sur les biens fonciers. **land leveling**: nivellement *m* ; régalage *m.* **land measuring**: arpentage *m.* **land patent**: titre d'une concession de terrain. **land reclamation**: régénération du sol ; revalorisation du sol. **land register**: cadastre *m.* **land rig**: appareil de forage à terre ; appareil de forage terrestre. **land roughness**: aspérité de terrain. **land sediment**: dépôt continental ; sédiment terrestre. **land seismic crew**: équipe de réflexion terrestre. **land shooting**: sismique terrestre. **land subsidence**: affaissement *m* ; tassement du sol. **land surface**: surface du sol. **land survey**: levé topographique, *résultat des opérations topographiques.* **land-survey plot**: parcelle cadastrale. **land surveying**: arpentage *m* ; géodésie *f.* **land surveyor**: arpenteur *m.* **land tax**: impôt foncier. **land tenure system**: régime foncier. **land-tied island**: île rattachée à la terre. **land-use map**: carte d'occupation du sol. **land-use plan**: plan d'occupation des sols (POS). **land-use ratio**: coefficient d'occupation des sols (COS). **land waste**: matériau détritique *(géol).* **land work**: sismique terrestre.

land (to) – atterrir ; débarquer ; décharger ; poser, *une colonne de tubes à sa place définitive.*

landed – débarqué ; à terre. **landed interest (the)**: propriétaires terriens. **landed price**: prix débarqué. **landed property**: propriété foncière.

Landenian – Landénien *m, Paléocène supérieur.*

landfall – atterrissage *m* ; éboulement *m.* **landfall light**: feu d'atterrissage.

landfill – décharge *f, de déchets et d'ordures ménagères.*

landform – modelé d'un relief.

landholder – *voir landowner.*

landing – amérissage *m* ; atterrage *m, d'un pipeline* ; atterrissage *m* ; débarcadère *m* ; débarquement *m* ; mise à terre ; palier *m, d'une échelle.* **landing barge**: péniche de débarquement. **landing chart**: carte d'atterrissage. **landing collar**: manchon de pose. **landing dock**: appontement *m.* **landing field**: aérodrome *m* ; terrain d'atterrissage. **landing gear**: train d'atterrissage. **landing nipple**: raccord à portée intérieure *(for)* ; siège d'outils de pose, *dans la colonne de production.*

landing ring: anneau de lanterne, *pompe.* **landing speed**: vitesse d'atterrissage. **landing-stage bed**: sou lle d'appontement. **landing strip**: piste d'atterrissage. **landing sub**: raccord de pose.

landlocked – environné de terre. **landlocked country**: pays enclavé ; pays sans côtes marines. **landlocked sea**: mer intérieure.

landman – agent foncier, *chargé, au sein d'une compagnie pétrolière, de négocier avec les propriétaires fonciers pour l'obtention de permis de recherche.*

landmark – amer *m* ; borne *f*; point coté *(cartog)* ; point de repère ; repère *m.*

landowner – propriétaire foncier.

lands – cordons *m, piston.*

Landsat – Landsat, *dénomination d'une série de satellites de télédétection.*

landscape – paysage *m.*

landslide – chute de montagne ; couloir d'éboulis ; éboulement *m* ; effondrement *m* ; glissement de terrain.

landslip – *voir landslide.*

landward – vers la terre.

lane – chemin rural ; chenal *m, radiopositionnement* ; couloir *m, radionavigation* ; voie *f.* **lane lead**: chenal *m.*

langbeinite – langbeinite *f, sulfate de magnésium et de potassium.*

Langhian – Langhien *m, étage du Miocène.*

language – langage *m.*

lanolin – lanoline *f, utilisée dans les huiles antirouilles.*

lanthanide – lanthanide *m, nom générique des terres rares.* **lanthanide contraction**: contraction de lanthanides. **lanthanide series**: lanthanides *m, désigne des terres rares.*

lanthanum – lanthane *m, symbole chim. La, élément des terres rares.* **lanthanum chloride**: chlorure de lanthane. **lanthanum nitrate**: nitrate de lanthane. **lanthanum oxide**: oxyde de lanthane. **lanthanum sulfate**: sulfate de lanthane.

lap – chevauchement *m, voir aussi overlap* ; plissement *m* ; recouvrement *m* ; repliure *f, défaut dans un matériel tubulaire.* **lap bit**: alésoir *m* ; rodoir *m.* **lap joint**: assemblage à clin ; joint à recouvrement. **lap rod**: rodoir *m.* **lap weld**: soudure à clin ; soudure à recouvrement. **lap-welded**: soudé par recouvrement. **lap welding**: soudage à clin ; soudage à recouvrement ; soudure par amorces. **lap winding**: bobinage imbriqué ; enroulement imbriqué.

lap (to) – enrouler ; roder.

lapiaz – lapiez *m, modelé karstique.*

lapidify (to) – lapidifier.

lapillus – lapilli *m, fragment de lave projeté par les volcans.*

lapis lazuli – lapis-lazuli *m (pétro).*

Laplace – Laplace. **Laplace's equation**: équation de Laplace *(acous).* **Laplace transform**: transformée de Laplace.

Laplacian – laplacien *m, opérateur différentiel, somme des dérivées secondes d'une fonction scalaire ou vectorielle des coordonnées d'espace.*

lapped – rodé. **lapped flange**: bride tournante. **lapped surface**: joint rodé.

lapping – rodage *m, effectué à la main au moyen d'une huile ou d'une pâte contenant un abrasif en suspension.* **lapping compound**: pâte à roder. **lapping machine**: machine à roder. **lapping of rings**: rodage de segments.

lapse – caducité *f*; déchéance *f, d'un droit* ; erreur *f*; espace *m* ; expiration *f*; faute *f*; laps *m, de temps.* **lapse rate**: gradient *m, variation d'une variable atmosphérique en fonction de la hauteur, cette variable étant la température, sauf spécification contraire* ; gradient de température *(météo).*

lapse (to) – échoir ; s'écouler ; expirer ; périmer.

Laramian – *voir Laramide orogeny.*

Laramide – laramien *(strat).* **Laramide orogeny**: phase laramienne, *épisode de déformation, se place à la fin du Crétacé.*

lard – lard *m.* **lard oil**: huile de lard.

large – grand. **large-range tanker**: gros porteur, *navire pétrolier.* **large-range vessel (LRV)**: *dénomination des navires de 45 000 à 80 000 tpl (cat. 1) et de 80 000 à 160 000 tpl (cat. 2).* **large-scale**: à grande échelle : de grande envergure. **large-scale serial photography**: prise de vue aérienne de très grande échelle. **large-scale integration (LSI)**: intégration à grande échelle, *circuit intégré.* **large-scale photography**: photographie à grande échelle.

Larmor – Larmor. **Larmor frequency**: fréquence de Larmor, *fréquence angulaire de la précession de Larmor.* **Larmor precession**: précession de Larmor, *action du champ magnétique sur les électrons.*

larvicide – larvicide *m.*

LAS – *abrév. de linear alkylsulfonate.*

LASA – LASA, *acronyme d'un réseau sismographique de détection nucléaire.*

laser – laser *m, tout dispositif dans lequel on réalise l'amplification ou l'émission de lumière cohérente dans une substance convenablement excitée ; formé par les initiales de light amplification by stimulated emission of radiation.* **laser altimeter**: altimètre laser. **laser beam**: faisceau laser. **laser-beam profiling**: profils par rayons laser. **laser diode**: diode laser. **laser frequency**: fréquence laser. **laser fusion**: fusion laser. **laser gyro**: gyromètre à laser. **laser printer**: imprimante laser. **laser profilometer**: profilomètre à laser. **laser rangefinder**: télémètre laser. **laser rod**: barreau de laser. **laser source**: source laser. **laser tomography**: tomographie laser. **laser welding**: soudage au laser.

LaserScan – *dénomination commerciale d'un banc de filtrage optique.*

LASH – *abrév. de lighter aboard ship.* **LASH ship**: porte-barges *m, navire porte-barges type LASH.*

lash (to) – amarrer ; lier ; ligaturer ; nouer.

lashing – amarrage *m* ; fouettement *m, des tiges dans le sondage* ; ligature *f.*

last – dernier. **last cut**: *voir heavy fraction.* **last engaged thread**: dernière spire. **last in, first out (LIFO)**: dernier entré, premier sorti (DEPS), *règle de priorité.* **last runnings**: queues de distillation.

lasting – durable ; de longue durée ; résistant.

latch – clenche *f*; loquet *m* ; verrou *m.* **latch-in relay**: relais à enclenchement. **latch jack**: accrocheur *m, outil de repêchage utilisé dans le forage au câble.* **latch pin**: mentonnet *m.*

latch (to) – s' accrocher. **latch (to) on**: accrocher une tige sur les élévateurs *(for)*.

latching – accrochage *m* ; enclenchement *m* ; verrouillage *m*. **latching relay**: relais à enclenchement.

late – en retard ; tardif. **late admission**: retard à l'admission. **late cutoff**: retard à la fermeture. **late diagenesis**: diagenèse tardive. **late ignition**: retard à l'allumage. **late mature**: maturité avancée, *dans le cycle de l'érosion*. **late-mature valley**: vallée parvenue à la maturité avancée. **late maturity**: maturité tardive. **late Tertiary**: Tertiaire récent.

latency – temps de recherche, *informatique* ; temps de réponse, *informatique*. **latency time**: temps d'attente ; temps de latence *(rad)*.

latent – caché ; latent. **latent defect**: vice caché. **latent energy**: énergie latente. **latent heat**: chaleur latente, *quantité de chaleur dégagée ou absorbée au cours d'un changement d'état sans changement de température*. **latent heat of crystallization**: chaleur latente de cristallisation. **latent heat of fusion**: chaleur latente de fusion. **latent heat of sublimation**: chaleur latente de sublimation. **latent heat of vaporization**: chaleur latente de vaporisation. **latent image**: image latente. **latent magnetization**: aimantation latente, *propriété de certaines matières faiblement magnétiques de former des composés fortement magnétiques*. **latent root**: *voir eigenvalue*.

later – ultérieur. **later arrival**: arrivée ultérieure *(sism)*.

lateral – latéral. **lateral accretion bar**: barre d'accrétion latérale. **lateral axis**: axe transversal. **lateral compression**: refoulement latéral. **lateral core**: carotte latérale *(for)*. **lateral crater**: cratère adventif. **lateral curve**: courbe latérale. **lateral-discharge bucket loader**: chargeuse à godets à déversement latéral. **lateral displacement**: déplacement latéral. **lateral drilling**: forage latéral. **lateral erosion**: érosion latérale. **lateral fault**: faille latérale. **lateral migration**: migration latérale. **lateral moraine**: moraine latérale. **lateral-oblique photograph**: oblique latérale ; photographie oblique latérale. **lateral-offset shooting**: tir déporté. **lateral permeability**: perméabilité latérale. **lateral pressure**: pression latérale. **lateral ramp**: rampe latérale *(géol)*. **lateral resolution**: pouvoir séparateur latéral. **lateral secretion**: sécrétion latérale *(géol)*. **lateral separation**: distance des faces, *d'une faille*. **lateral sonde**: sonde latérale. **lateral tilt**: angle de convergence ; en site. **lateral variation**: variation latérale. **lateral velocity change**: variation latérale de vitesse *(sism)*.

laterite – latérite *f, sol ferrallitique*.

lateritic – latéritique. **lateritic cement**: ciment latéritique *(pétro)*.

laterization – latéritisation *f, ferrallitisation des sols*.

Laterolog – *dénomination d'un dispositif de mesure des résistivités dans les sondages*.

latex – latex *m*. **latex cement**: ciment latex. **latex paint**: peinture au latex.

lath – latte *f*.

lathe – tour *m (mach.outil)*.

lather – mousse de savon. **lather oil**: huile mousseuse.

laticiferous – laticifère, *qui contient du latex*.

latite – latite *f, trachyandésite*.

latitude – latitude *f*. **latitude anomaly**: anomalie de latitude. **latitude correction**: correction de latitude ; correction normale, *gravimétrie*.

latitudinal – latitudinal.

latten – fer blanc ; laiton *m*. **latten wire**: fil de laiton.

lattice – lattis *m* ; réseau *m* ; toile métallique ; treillis *m*. **lattice cell**: cellule élémentaire. **lattice constant**: constante de réseau *(crist)* ; constante réticulaire. **lattice crystal**: cristal à réseau. **lattice dynamics**: dynamique du réseau. **lattice force**: force réticulaire. **lattice girder**: poutre en treillis. **lattice mast**: mât en treillis ; pylône métallique. **lattice network**: réseau en treillis ; réseau maillé. **lattice plane**: plan réticulaire. **lattice reactor**: réacteur à réseau. **lattice spectrograph**: spectrographe à réseau. **lattice structure**: structure fenestrée ; structure treillissée *(géol)*. **lattice texture**: texture fenestrée. **lattice vector**: vecteur de réseau.

Lattorfian – Lattorfien *m, Eocène supérieur*.

laumontite – laumontite *f, zéolite efflorescente*.

launch – vedette *f, embarcation*.

launch (to) – lancer.

launcher – lanceur *m* ; lanceur spatial.

launching – lancement *m* ; mise à l'eau. **launching barge**: barge de lancement. **launching grease**: graisse pour lancement. **launching pad**: aire de lancement ; rampe de lancement. **launching platform**: plate-forme de lancement. **launching ramp**: rampe de lancement. **launching stand**: rampe de lancement. **launching trap**: sas de départ des racleurs, *pipeline*.

launder – auge *f* ; caniveau *m* ; rigole *f*.

laundry – blanchisserie *f* ; buanderie *f*. **laundry soap**: savon dur.

Laurasia – Laurasia *f, continent regroupant, à la fin du Paléozoïque, l'Amérique du Nord, l'Europe et l'Asie*.

Laurentian – Laurentien *m, époque du Précambrien*.

lauric – laurique. **lauric acid**: acide laurique, *acide dodécylique, dodécanoïque*.

lauryl – lauryle *m, radical monovalent*. **lauryl alcohol**: alcool laurique, *alcool dodecylique, dodécanol*. **lauryl bromide**: bromure de lauryle. **lauryl chloride**: chlorure de lauryle. **lauryl lactam**: laurylactame *m, monomère du Nylon 12*. **lauryl methacrylate**: méthacrylate de lauryle.

Lauson – Lauson. **Lauson engine test**: essai sur moteur Lauson, *essai de présélection sur moteur monocylindrique des huiles lubrifiantes*.

lava – lave *f*. **lava ball**: boule de lave. **lava dome**: dôme de lave. **lava flood**: déluge de laves. **lava flow**: coulée de lave. **lava lake**: lac de lave. **lava pellet**: lapilli *m*. **lava pool**: lac de lave. **lava scratch**: striage de la lave. **lava sheet**: nappe de lave. **lava shield**: bouclier de lave. **lava stream**: coulée de lave.

law – droit *m* ; loi *f*. **laws of chemical combinations**: lois pondérales des combinaisons chimiques, *loi de Lavoisier, loi de Proust, loi des proportions multiples ou loi de Dalton, loi des nombres proportionnels ou loi de Richter*. **law of probability**: loi des probabilités. **law of refraction**: loi de réfraction, *voir aussi loi de Descartes*. **law of superposition**: principe de superposition, *pour l'établissement d'une chronologie relative,* *consiste à admettre que les couches s'étant déposées à l'horizontale et les unes sur les autres, toute couche superposée à une autre est plus récente que celle-ci.* **law of the sea**: droit de la mer.

lawrencium – lawrencium *m, symbole chim. Lr.*

lawsonite – lawsonite *f, sorosilicate.*

lay – câblage *m* ; commettage *m* ; configuration *f*; disposition *f*; pose *f, pipelines* ; toronnage *m.* **lay barge**: barge de pose. **lay days**: jours de planche, *jours accordés pour le chargement ou le déchargement d'un navire* ; jours de starie ; staries *f*; temps d'escale *(nav)*. **lay-mark**: repère *m.* **lay ramp**: rampe de pose, *pipelines.* **lay shaft**: arbre intermédiaire. **lay tongs**: clés de vissage et dévissage, *de tiges de forage.*

lay (to) – coucher ; étendre ; poser. **lay (to) down**: dévisser le train de tiges. **lay (to) off**: congédier ; débaucher ; mettre au repos. **lay (to) out**: dérouler ; dévider. **lay (to) pipelines**: poser des pipelines. **lay (to) up**: désarmer, *un navire.*

layer – couche *f*; horizon géologique ; lit *m* ; marqueur *m, réflexion sismique.* **layer corrosion**: corrosion en strates ; corrosion feuilletante. **layer-shortening thrust**: chevauchement par perte de volume *(géol)*.

layered – en couche ; lité ; stratifié. **layered Earth**: modèle de Terre stratifiée. **layered rock**: roche litée. **layered structure**: structure litée.

layering – litage *m (géol)* ; stratification *f.*

laying – établissement *m* ; pose *f.* **laying cat**: tracteur chenillé à flèche latérale, *spécialement équipé pour la pose des pipelines.* **laying down, laying out**: dégerbage *m (for)*. **laying in**: approvisionnement *m* ; emmagasinage *m.* **laying on**: application *f*; installation *f.* **laying up**: désarmement *m, navire.*

layoff – chômage *m.*

layout – agencement *m* ; disposition *f, d'un appareil, d'un laboratoire, etc* ; étude *f*; maquette *f*; plan *m* ; tracé *m.* **layout chart**: diagramme de couverture multiple. **layout plan**: plan d'ensemble.

lazurite – lazurite *f, un minéral phosphaté formant le constituant principal du lapis-lazuli.*

lazy – paresseux. **lazy board**: plate-forme d'accrochage *(for)*. **lazy tongs**: pinces à zigzags, *outil de repêchage.*

lb – *abrév. de pound.*

LC – CL, *abrév. de lethal concentration, concentration létale ; et de liquid crystal, cristal liquide.*

LCAO – *abrév. de linear combination of atomic orbitals.*

LCM – *abrév. de lost circulation material.*

LCO – *abrév. de light cycle oil : gasoil léger de craquage catalytique.*

LD – DL, *abrév. de lethal dose, dose létale.* **LD 50**: DL 50, *abrév. de lethal dose 50, dose létale 50.*

LDA – *abrév. laser Doppler anemometry.*

LDC – PMB, *abrév. de lower dead center : point mort bas* ; PVD, *abrév. de less developed country : pays en voie de développement.*

LDF – *abrév. de light distillate feedstock.*

LDPE – PEBD, *abrév. de low-density polyethylene, polyéthylène à basse densité.*

LEAC – *abrév. de linear elution adsorption chromatography.*

leach (to) – filtrer ; lessiver ; lixivier.

leachable – lixiviable.

leached – blanchi ; décoloré ; lessivé. **leached soil**: sol lessivé. **leached zone**: zone de lessivage *(géol)*.

leaching – filtration *f*; lessivage *m* ; lixiviation *f, traitement d'une phase solide par une phase liquide.* **leaching agent**: agent de lixiviation. **leaching factor**: facteur de lessivage ; facteur de percolation. **leaching plant**: installation de lixiviation. **leaching residue**: éboulis de lessivage. **leaching solution**: solution de lessivage. **leaching tank**: cuve de filtration.

leachy – perméable, *sol.* **leachy soil**: sol perméable.

lead – avance *f*; avance de phase ; câble *m* ; canal d'amenée ; chenal navigable ; circuit *m* ; conduite *f*; fil conducteur. **lead angle**: angle d'avance. **lead gage**: calibre de mesure du pas, *filetage.* **lead-in section**: brin de tête, *flûte.* **lead line**: conduite d'amenée ; ligne *f.* **lead manager**: chef de file. **lead pipe**: conduite d'amenée. **lead screw**: vis mère. **lead slurry**: laitier de tête, *pompé en premier.* **lead time**: avance *f*; délai de démarrage ; délai de mise en oeuvre ; délai de réalisation. **lead tongs**: clés de serrage ou de déblocage *(for) voir aussi breakout tongs.* **lead wire**: fil conducteur.

lead – plomb *m, symbole chim. Pb.* **lead accumulator**: accumulateur au plomb. **lead acetate**: acétate de plomb. **lead-acetate test**: essai à l'acétate de plomb, *méthode pour déterminer la présence d'hydrogène sulfuré dans un échantillon par noircissement de l'acétate de plomb.* **lead-acid battery**: accumulateur au plomb ; batterie au plomb. **lead alkyl**: alkyle de plomb, *additif antidétonant.* **lead alloy**: alliage de plomb. **lead amalgam**: amalgame de plomb. **lead-base babbitt**: métal antifriction à base de plomb. **lead-base grease**: graisse à base de savon de plomb. **lead bath**: bain de plomb. **lead bearing**: plombifère. **lead carbonate**: céruse *f, carbonate de plomb.* **lead content**: teneur en plomb. **lead-covered cable**: câble sous plomb. **lead cutout**: fusible *m.* **lead door**: porte plombée. **lead encased**: sous gaine de plomb. **lead joint**: joint au plomb. **lead lining**: revêtement de plomb. **lead molybdate**: molybdate de plomb. **lead naphthenate**: naphténate de plomb, *additif pour huiles lubrifiantes ayant des propriétés extrême-pression modérées.* **lead oleate**: oléate de plomb. **lead ore**: minerai de plomb. **lead oxide**: oxyde de plomb. **lead oxychloride**: oxychlorure de plomb. **lead poisoning**: saturnisme *m.* **lead rubber**: caoutchouc plombé. **lead scavenger**: modificateur de plomb, *produit rendant les sels de plomb plus volatils.* **lead screen**: écran de plomb. **lead sheath**: gaine de plomb. **lead shot**: grenaille de plomb. **lead silicate**: silicate de plomb. **lead soap**: savon de plomb. **lead-soap grease**: graisse au savon de plomb. **lead susceptibility**: susceptibilité au plomb, *d'une essence.* **lead tempering**: trempe au plomb, *dans un bain.* **lead-uranium ratio**: teneur en plomb-uranium, *utilisée pour calculer l'âge des roches.* **lead vein**: filon plombifère. **lead weighted**: lesté de plomb. **lead wool**: laine de plomb ; tresse de plomb.

lead (to) – amener ; conduire ; espacer, *des lettres* ; interligner ; plomber. **lead (to) away**: entraîner. **lead harden (to)**: tremper dans un bain de plomb. **lead (to) in**: introduire.

leaded – plombé. **leaded alloy**: alliage au plomb. **leaded cable**: câble sous plomb. **leaded fuels**: carburants plombés. **leaded gasoline**: essence au plomb ; essence plombée.

leader – amorce *f*; conducteur *m* ; tube guide.

leading – avance de phase ; commandement *m* ; conduite *f*. **leading edge**: bord d'attaque, *d'une hélice ou d'un impulseur*. **leading flank**: bord d'attaque, *des dents de l'outil de forage*. **leading insurer**: apériteur *m*, *assurances*. **leading light**: feu d'alignement ; feu de direction. **leading line**: alignement *m (nav)*. **leading price**: prix directeur. **leading underwriter**: apériteur *m*.

leadman – chef d'équipe ; contremaître *m*.

leads – plombs de garantie.

leaf – feuille *f*. **leaf print**: empreinte de feuilles. **leaf spring**: ressort à lames. **leaf valve**: soupape à lamelle.

leaflet – brochure *f*; notice *f*; paillette *f*.

leaflike – foliacé. **leaflike structure**: structure feuilletée.

league – lieue *f*, *unité de longueur égale à trois miles ou 4828,032 m*.

leak – dispersion *f*; fuite *f*; perte *f*; suintement *m*. **leak-by**: passage de fuite ; retour d'injecteur. **leak clamp**: contrebride d'étanchéité, *collier de serrage pour colmater une fuite*. **leak detector**: détecteur de fuite. **leak loss**: perte de fuite. **leak-off pressure**: pression de fuite, *à partir de laquelle on enregistre des pertes (prod)*. **leak-off test**: essai de pression dans le découvert d'un puits, *sous le sabot, la montée en pression est arrêtée lorsqu'on provoque la fracturation des terrains*. **leak rate**: débit de fuite ; taux de fuite.

leakage – coulage *m* ; dispersion *f*; drainance *f (hydrol)* ; écoulement *m* ; fuite *f*; perte *f*. **leakage coefficient**: facteur de dispersion. **leakage current**: courant de fuite. **leakage curve**: courbe de fuite. **leakage field**: champ de dispersion. **leakage flux**: flux de fuite, *partie du flux magnétique non canalisée dans le circuit magnétique*. **leakage indicator**: indicateur de fuite. **leakage pipe**: tuyau de retour au réservoir, *moteur diesel*. **leakage test**: essai de fuite. **leakage voltage**: tension de dispersion. **leakage water**: eau d'infiltration. **non-leakage probability**: probabilité de non fuite.

leakfree – étanche.

leaking – coulage *m* ; non-étanche. **leaking mode**: mode à perte, *onde guidée*.

léakproof – étanche. **leakproof joint**: joint étanche.

leaky – à fuites. **leaky aquifer**: aquifère à nappe semicaptive.

lean – maigre ; pauvre. **lean-burn combustion**: combustion en mélange pauvre. **lean-burn engine**: moteur à gaz pauvre ; moteur à mélange pauvre. **lean coal**: houille maigre, *contenant jusqu'à 14 % de matières volatiles*. **lean coke**: coke maigre. **lean fuel mixture**: mélange pauvre. **lean gas**: gaz pauvre. **lean mixture**: mélange pauvre *(mot)*. **lean oil**: huile d'absorption ; huile pauvre. **lean ore**: minerai maigre ; minerai pauvre.

lean-to – appentis *m*, *petit hangar*.

leap – dislocation *f*; rejet *m* ; saut *m*. **leap year**: année bissextile.

leap (to) – jaillir.

leapfrog – saute-mouton *m*. **leapfrog test**: test saute-mouton, *programme de contrôle informatique*.

learning – apprentissage *m*. **learning curve**: courbe d'apprentissage.

lease – bail *m* ; concession *f*, *désigne souvent le périmètre d'exploration ou d'exploitation lui-même*. **lease automatic custody transfer (LACT)**: production et comptage automatiques, *système d'expédition automatique à partir du gisement*. **lease back**: cession bail. **lease bonus**: bonus *m*, *versé par l'opérateur au concédant*. **lease broker**: agent d'affaires, *spécialisé dans les droits miniers*. **lease hound**: *voir landman*. **lease rental**: revenu de location de concession. **lease storage**: stockage sur le gisement. **lease tank**: réservoir de production. **departmental lease**: concession fédérale, *non compétitive*. **lend-lease agreement**: accord de prêt-bail.

leased – affermé ; loué. **leased acreage**: surface concédée. **leased territory**: surface louée, *territoire couvert par des permis de recherche*.

leasehold – tenu à bail ; tenure à bail.

leaseholder – preneur *m*.

leasing – affermage *m* ; crédit bail ; location à bail.

least – moindre. **least cost analysis**: analyse du moindre coût ; méthode du moindre coût. **least developed countries (LDC)**: pays les moins avancés (PMA). **least-significant bit (LSB)**: bit de poids le plus faible. **least-squares filter**: filtre par moindres carrés. **least-squares filtering**: filtrage par méthode des moindres carrés *(sism)*. **least-squares fit**: ajustement par moindres carrés ; calage par moindres carrés. **least-squares method**: méthode des moindres carrés. **least-time path**: brachistochrone *f*; parcours de moindre temps ; parcours de temps minimum ; trajet de moindre durée ; trajet minimal *(sism)*.

leather – cuir *m*. **leather belt**: courroie en cuir. **leather facing**: joint en cuir. **leather grease**: *voir degras*. **leather oil**: huile pour cuir, *utilisée en tannerie*. **leather packing**: garniture de cuir. **leather washer**: rondelle de cuir.

leave – autorisation *f*; congé *m* ; permission *f*. **leave without pay**: congé sans solde.

leaving – départ *m*. **leaving group**: groupe partant, *réaction chimique*.

lecithin – lécithine *f (chim)*.

lectotype – lectotype *m*, *syntype pris comme spécimen étalon pour prendre la place de l'holotype*.

lecture – conférence *f*.

LED – DEL, *abrév. de light-emitting diode, diode électroluminescente*.

ledeburite – lédéburite *f*, *mélange eutectique d'austénite et de cémentite*.

ledge – banc de rochers ; bordure de récifs ; couche *f*; rebord *m* ; ressaut *m* ; saillie *f*; vire *f*, *replat étroit et long sur la paroi d'une montagne*. **ledge matter**: remplissage du filon.

ledger – grand livre ; registre *m*.

Ledian – Lédien *m*, *Eocène moyen, correspond au Lutétien moyen*.

lee – côté sous le vent. **lee dune**: dune d'obstacle. **lee side**: côté sous le vent ; face aval ; flanc raide.

Lee – Lee. **Lee configuration**: configuration de Lee, *en prospection électrique, même configuration que Wenner avec addition d'une électrode au centre.*

LEED – DEL, *abrév. de low-energy electron diffraction, diffraction des électrons lents.*

leeward – sous le vent.

leeway – dérive *f.*

left – gauche *f.* **left hand**: à gauche. **left-hand drillpipe**: tige de forage à filetage à gauche. **left-hand drive**: conduite à gauche. **left-hand string**: train de tiges à filetage à gauche. **left-hand thread**: filetage pas à gauche ; pas à gauche. **left-hand turn**: rotation à gauche. **left-handed crystal**: cristal lévogyre. **left-lateral fault**: faille sénestre. **left-lateral strike-slip fault**: décrochement senestre. **left lay**: câblage à gauche ; toronnage à gauche. **left-lay cable**: câble toronné à gauche.

leg – branche *f, d'un tube, etc* ; campagne *f, de géophysique ou de forage* ; cycle *m* ; jambe *f* ; montant *m* ; patte *f.* **leg of a bit**: *voir bit leg.* **leg of angle**: aile de cornière. **leg-raising speed**: vitesse de remontée des piles, *d'une plate-forme auto-élévatrice.*

legal – juridique ; légal. **legal authority**: force exécutoire *(jur)*. **legal chemistry**: chimie légale. **legal department**: contentieux *m* ; service du contentieux. **legal entity**: personne morale. **legal ground**: base *f* ; motif *m.* **legal grounds**: raisons de droit. **legal oil**: pétrole licite, *huile et gaz produits en respectant les règlements en vigueur.* **legal remedy**: voie de recours *(jur)*. **legal tender**: monnaie en cours légal. **legal time**: heure légale.

legend – légende *f.*

Legendre – Legendre. **Legendre polynomial**: polynômes de Legendre *(math)*. **Legendre transformation**: transformation de Legendre *(math)*.

leggy – pédalant *(sism)*.

legislation – législation *f.*

LEL – *abrév. de lower explosive limit.*

lemma – lemme *m (math)*.

lend (to) – prêter.

lender – prêteur *m.*

lending – prêt *m.* **lending agency**: organisme de crédit. **lending limit**: plafond de crédit. **lending rate**: taux prêteur, *taux d'intérêt d'un prêt.*

length – distance *f* ; longueur *f, élément de tube ou de tige.* **length between perpendiculars**: longueur entre perpendiculaires *(naut)*. **length of drillpipe**: longueur de tiges de forage, *assemblage de tiges de forage, par deux ou par trois de façon que la distance entre les extrémités d'une longueur corresponde à celle entre le plancher et la passerelle d'accrochage.* **length of path**: longueur curviligne. **length of piston-stroke**: longueur de course du piston. **length overall**: longueur hors tout *(nav)*.

lengthen (to) – allonger ; étirer ; rallonger.

lengthening – allongement *m.* **lengthening rod**: rallonge *f.*

lengthwise – longitudinal, *dans le sens de la longueur.* **lengthwise section**: coupe longitudinale.

lens – lentille *f (opt)* ; loupe *f (géol)* ; objectif *m.* **lens adaptor**: bague d'objectif. **lens collector**: capteur à lentille.

lensing – stratification lenticulaire *(géol)*.

lenticular – lenticulaire, *lenticulé, lentiforme.* **lenticular intercalation**: intercalation lenticulaire. **lenticular reservoir**: réservoir lenticulaire. **lenticular sand**: sable lenticulaire. **lenticular structure**: structure lenticulaire. **lenticular vein**: filon lenticulaire.

lenticularity – lenticularité *f.*

Leonardian – Léonardien *m, étage du Permien américain.*

leonardite – léonardite *f, variété de lignite.*

leonhardite – léonhardite *f, zéolite naturelle.*

lepidoblastic – lépidoblastique, *structure des roches métamorphiques.* **lepidoblastic texture**: structure lépidoblastique *(pétro)*.

lepidocrocite – lépidocrocite *f, oxyde de fer hydraté.*

lepidolite – lépidolite *f, mica de lithium.*

lepidomelane – lépidomélane *m, mica noir ferromagnésien.*

leptometer – leptomètre *m, appareil permettant de comparer simultanément la viscosité de deux liquides.*

lepton – lepton *m, particule fondamentale sous-atomique.*

leptothermal – leptothermal. **leptothermal deposit**: gîte leptothermal.

leptynite – leptynite *f, roche métamorphique cristallophylienne de type gneissique.*

leptynolite – leptynolite *f, roche du métamorphisme de contact des granites.*

less – moins. **less developed country (LDC)**: pays en voie de développement (PVD).

lessee – amodiataire *m* ; détenteur de concession pétrolière ; locataire à bail.

lessen (to) – amoindrir ; diminuer.

lessening – amoindrissement *m.*

lessor – amodiateur *m* ; bailleur *m.*

LET – TLE, *abrév. linear energy transfer : transfert linéique d'énergie.*

let (to) – laisser ; louer. **let (to) down the mast**: baisser un mât de forage. **let (to) go**: larguer.

letdown – détente *f.* **letdown vessel**: réservoir de détente.

lethal – létal ; mortel. **lethal concentration (LC)**: concentration létale (CL), *concentration d'un produit toxique qui s'exprime en pourcentage de la population tuée.* **lethal dose (LD)**: dose létale (DL). **lethal dose 50 (LD 50)**: dose létale 50 (DL 50), *dose létale médiane.*

letter – lettre *f.* **letter of credit**: lettre de crédit. **letter of intent**: lettre d'intention. **letter of reservations**: lettre de réserves, *transport.* **letter of understanding**: protocole d'accord.

leucite – amphigène *m (minér)* ; leucite *f, feldspathoïde.* **leucite syenite**: syénite à leucite.

leucitite – leucitite *f, roche magmatique.*

leucocratic – leucocrate, *s'applique aux roches magmatiques riches en minéraux blancs.*

leucoxene – leucoxène *m, variété granulaire de sphène, provenant de l'altération de l'ilménite (minér)*.

levee – bourrelet alluvial ; digue *f* ; levée *f* ; levée de terre.

level – bief *m* ; étage *m* ; niveau *m* ; surface *f* ; teneur *f*. **level alarm**: alarme pour niveau. **level country**: terrain plat. **level crossing**: passage à niveau. **level gage**: indicateur de niveau. **level ice**: glace unie, *glace de surface unie, non hummockée.* **level indicator**: indicateur de niveau. **level line**: ligne de nivellement. **level of organic metamorphism (or maturation)**: *voir LOM scale.* **level of reference**: niveau de référence ; surface *f*. **level of the water table**: niveau du plan d'eau. **level rod**: mire *f*. **level seam**: couche horizontale ; couche plate. **level surface**: surface de niveau, *surface équipotentielle.* **level theodolite**: tachéomètre *m (topog)*. **level trier**: vérificateur de niveau.

level (to) – aplanir ; égaliser ; niveler. **level (to) off**: établir à un niveau constant.

leveler – niveleuse *f*.

leveling – aplanissement *m* ; nivellement *m* ; planage *m*. **leveling effect**: effet nivelant, *solvant.* **leveling instrument**: instrument de nivellement ; niveau *m*. **leveling off**: plafonnement *m*. **leveling pole**: balise *f* ; jalon d'arpentage ; mire de nivellement. **leveling rule**: mire graduée. **leveling screw**: vis de calage. **leveling staff**: *voir leveling pole.* **leveling survey**: nivellement *m*.

levelling – *voir leveling.*

lever – balancier *m* ; levier *m* ; manette *f*. **lever arm**: bras de levier. **lever brake**: frein à levier. **lever cock**: robinet de trop-plein. **lever engine**: machine à balancier. **lever press**: presse à levier. **lever safety valve**: soupape de sûreté à levier. **lever shears**: cisailles à levier. **lever test bar**: éprouvette élastique. **lever valve**: soupape à levier. **lever-weighted safety valve**: soupape de sûreté à échappement progressif.

leverage – effet de levier, *mécanisme par lequel la rentabilité de l'actionnaire augmente avec la participation de la banque au financement (si le taux de rentabilité est supérieur au taux d'intérêt du capital)*.

levigation – lévigation *f*, *purification par élutriation.*

Levinson – Levinson. **Levinson algorithm**: algorithme de Levinson, *utilisé pour résoudre des équations normales pour un filtre de Wiener (sism)*.

levitation – lévitation *f*.

levorotary – lévogyre.

levy – taxe *f*.

levynite – lévynite *f*, *aluminosilicate.*

Lewis – Lewis. **Lewis acid**: acide de Lewis. **Lewis acidity**: acidité de Lewis. **Lewis base**: base de Lewis. **Lewis basicity**: basicité de Lewis.

Lewisian – Lewisien *m*, *Précambrien.*

LFL – *abrév. de lower flammable limit.*

lherzolite – lherzolite *f*, *roche ultrabasique du manteau terrestre.*

LHS – *abrév. de left-hand side : du côté gauche.*

LHSV – VVH, *abrév. de liquid hourly space velocity : volume par volume par heure.*

LHV – PCI, *abrév. de low heat (heating) value : pouvoir calorifique inférieur.*

liabilities – engagements *m* ; passif *m*, *ensemble des dettes.*

liability – assujetissement *m* ; responsabilité *f*. **liability management**: gestion du passif. **several liability**: responsabilité séparée.

Lias – Lias *m*, *groupe de terrains du Jurassique inférieur, appelé aussi Jura noir.*

Liassic – liasique, *voir Lias.*

liberation – libération *f*. **liberation of gas**: dégagement des gaz.

liberator – libérateur. **liberator tank**: cuve de dépôt total ; cuve libératrice.

library – bibliothèque *f*, *voir aussi film library, program library.*

libration – libration *f*, *oscillation de rotation.*

licence – *voir license.*

license – autorisation *f* ; concession *f*, *superficie cédée contractuellement à une compagnie par l'Etat pour une durée déterminée et avec la propriété des hydrocarbures du sous-sol et des installations d'exploitation* ; licence *f* ; permis *m*. **license holder**: détenteur d'un permis ; détenteur d'une licence ; patenté *m*. **license plate**: plaque d'immatriculation.

licensee – concessionnaire *m* ; patenté *m*.

licensing – autorisation *f* ; cession d'une licence. **licensing agreement**: accord de licence ; droit d'exploitation de brevet.

licensor – bailleur de licence ; concesseur *m*.

lichen – lichen *m*.

lid – cale de bois ; clapet *m* ; couvercle *m*.

lidar – lidar *m*, *radar de sondage atmosphérique ; abrév. de light detection and ranging.*

lie key – clé de retenue ; fourche de retenue ; pied de boeuf, *élévateur pour tiges de petit diamètre.*

Liebig – Liebig. **Liebig condenser**: condenseur de Liebig, *formé par deux tubes de verre entre lesquels circule de l'eau froide.*

lien – droit de gage ; nantissement *m (jur)*.

life – durée *f* ; efficacité *f* ; longévité *f* ; vie *f*. **life annuity**: rente viagère. **life belt**: ceinture de sauvetage. **life buoy**: bouée de sauvetage. **life cycle**: cycle d'évolution. **life expectancy**: espérance de vie. **life hazard**: danger de mort. **life insurance**: assurance sur la vie. **life jacket**: brassière de sauvetage ; gilet de sauvetage. **life of a well**: durée de vie d'un puits, *nombre d'années pendant lesquelles un puits demeure en production.* **life preserver**: bouée de sauvetage. **life raft**: radeau de sauvetage. **life span**: durée de vie, *installations chimiques, catalyseurs, etc* ; vie *f*. **life support**: autonomie respiratoire. **life-support system**: logistique vitale ; système d'autonomie respiratoire, *ensemble des systèmes de traitement, purification et contrôle de l'air d'un sous-marin ou d'un appareil de plongée, ou d'un appareil spatial.* **life test**: essai de durée de vie, *essai d'oxydation sur des huiles de turbine, de vapeurs inhibées pour déterminer leur stabilité ; essai portant sur le fonctionnement d'appareils.*

lifeboat – canot de sauvetage.

lifeline – courroie de retenue ; garde-corps *m* ; longe de sécurité ; sauvegarde *f*.

lifetime – durée de vie.

LIFO – DEPS, *abrév. de last in, first out : dernier entré, premier sorti.*

lift – ascenseur *m* ; élévation *f* ; hauteur d'élévation ; levée *f* ; monte-charge *m* ; portance *f*. **lift-and-force pump**: pompe aspirante et foulante. **lift/drag ratio**: rapport de portance à la traînée. **lift hook**: crochet de levage. **lift of a pump**: hauteur de refoulement d'une pompe. **lift-on/lift-off ship**: navire à chargement ponté ; navire porte-conteneurs cellulaire. **lift pump**: pompe aspirante ; pompe élévatoire. **lift truck**: chariot élévateur. **lift valve**: soupape de levée. **lift winch**: treuil *m.*

lift (to) – lever. **lift (to) crude**: enlever du brut. **lift (to) off**: démonter ; enlever. **lift (to) out**: se retirer.

lifted – soulevé.

lifter – dispositif de levage. **lifter rod**: tige de poussoir. **lifter-roof tank**: réservoir à toit respirant *(stock)*.

liftering – liftrage *m, équivalent de filtrage dans le domaine du cepstre.*

lifting – déjaugeage, *d'une plate-forme* ; élévation *f*; relevage *m* ; soulèvement *m.* **lifting apparatus**: dispositif de levage. **lifting arm**: bras élévateur. **lifting bridge**: pont levant ; pont levis. **lifting capacity**: force de levage ; force portante ; puissance de levée. **lifting chain**: chaîne de levage. **lifting costs**: frais d'extraction de l'huile. **lifting device**: appareil de levage. **lifting gear**: appareil de levage. **lifting height**: hauteur de levage, *hauteur de levée.* **lifting hook**: crochet de levage. **lifting jack**: cric *m* ; vérin de levage. **lifting magnet**: électroaimant de levage. **lifting nipple**: raccord de levage. **lifting power**: force portante, *d'un ciment* ; puissance ascensionnelle. **lifting speed**: vitesse de levage. **lifting sub**: tête de levage. **lifting surface**: surface portante. **lifting tackle**: palan de levage. **lifting winch**: treuil de levage.

liftings – enlèvement *m, reprise du pétrole brut ou d'un produit fini à partir d'un stock.*

ligand – coordinat *m (chim)* ; ligand *m, atome ou groupe de molécules lié par coordination.*

ligature – ligature *f.*

Ligerian – Ligérien *m, Crétacé superieur.*

light – clair ; léger. **light air**: très légère brise, *force 1 sur l'échelle Beaufort.* **light alloy**: alliage léger. **light crude**: brut léger, *brut à base paraffinique.* **light cut**: coupe légère ; première coupe. **light cycle oil (LCO)**: gasoil léger de craquage catalytique. **light displacement**: déplacement à vide ; déplacement lège, *d'un navire ou d'une plate-forme.* **light distillate**: distillat léger. **light distillate feedstock (LDF)**: charge d'un distillat léger. **light duty**: léger. **light-duty service**: travaux légers, *désigne les services légers.* **light end**: fraction légère. **light-ends recovery**: récupération des fractions légères. **light fraction**: fraction légère. **light fuel oil**: fuel-oil léger. **light gasoline**: essence légère. **light lubricating oil**: huile de graissage fluide. **light metal**: métal léger. **light mineral**: minéral léger, *plus léger que la densité standard (2,87).* **light nilas**: nilas clair, *nilas ayant plus de 5 cm d'épaisseur.* **light oil**: huile légère, *peu visqueuse.* **light petroleum**: pétrole léger. **light petroleum feedstock (LPF)**: charge d'une fraction pétrolière légère. **light straight-run (LSR) naphtha**: naphta de distillation directe. **light truck**: camionnette *f.* **light-water reactor (LWR)**: réacteur à eau légère. **light-weight chain**: chaîne légère.

light – feu *m* ; lumière *f.* **light-emitting diode (LED)**: diode électroluminescente (DEL). **light exposure**: exposition lumineuse, *produit de l'éclairement d'une surface par la durée pendant laquelle elle subit cet éclairement, s'exprime en lux seconde mais aussi en lux heure.* **light guide**: guide de lumière, *fibre optique.* **light hole**: trou d'homme. **light indicator**: indicateur lumineux. **light intensity**: *voir luminous intensity.* **light pen**: photostyle *m.* **light scattering (LS)**: diffusion de la lumière. **light-sensitive layer**: couche photosensible. **light signal**: signal lumineux. **light stability**: stabilité à la lumière, *couleurs.* **light switch**: commutateur d'éclairage. **light unit**: unité d'intensité lumineuse. **light velocity**: vitesse de la lumière. **light wave**: onde lumineuse. **light year**: année lumière.

light (to) – allumer ; éclairer ; illuminer.

lightboat – bateau feu.

lighted – illuminé. **lighted buoy**: bouée lumineuse.

lighten (to) – alléger.

lightening – allègement *m.* **lightening of the barrel**: allègement du baril, *voir aussi whitening of the barrel.*

lighter – acon *m, bateau* ; allège *f*; chaland *m* ; navire allégeur ; péniche *f.* **lighter aboard ship (LAS)**: navire porte-barges.

lighter – briquet *m.* **lighter fluid**: essence à briquet. **lighter gas**: gaz pour briquet.

lighterage – aconage *m, chargement ou déchargement par chalands, par allèges ; s'écrit aussi acconage* ; déchargement par allèges ; droits d'allège ; droits de chaland ; frais d'allège ; frais de chaland.

lightering – allègement *m.* **lightering at sea**: allègement en mer, *déchargement d'une partie de la cargaison d'un navire pour diminuer sa calaison.* **lightering vessel**: allège *f*; bateau allégeur.

lighterman – aconier *m.*

lighthouse – phare *m (naut).* **lighthouse oil**: huile pour lampes de phare ; pétrole lampant pour phares.

lighting – allumage *m* ; éclairage *m.* **lighting fixture**: appareil d'éclairage. **lighting gas**: gaz d'éclairage. **lighting panel**: panneau d'éclairage ; tableau d'éclairage. **lighting power**: pouvoir d'éclairage ; pouvoir éclairant. **lighting transformer**: transformateur d'éclairage.

lightning – éclair *m* ; foudre *f.* **lightning arrester**: parafoudre *m.* **lightning conductor**: paratonnerre *m.* **lightning rod**: paratonnerre *m.*

light-off – température d'amorçage, *catalyse.*

lightship – bateau feu.

lignin – lignine *f, partie non glucidique de la paroi cellulaire des végétaux ; parfois utilisée comme additif dans les boues de forage.*

lignite – lignite *m, charbon intermédiaire entre la tourbe et la houille.* **lignite oil**: huile de lignite. **lignite-tar oil**: huile de goudron de lignite. **lignite wax**: cire de lignite, *voir aussi montan wax.*

lignocellulose – lignocellulose *f.*

lignosulfonate – lignosulfonate *m, additifs pour fluides de forage, utilisés comme réducteurs de viscosité, et dans certains cas comme réducteurs de filtrat.*

ligroin – ligroïne *f, essence minérale, solvant.*

like – semblable. **like polarization**: polarisation parallèle.

likelihood – vraisemblance *f.* **likelihood function**: fonction de vraisemblance. **likelihood ratio**: rapport de vraisemblance.

limb – flanc *m, d'un anticlinal* ; lèvre *f, d'une faille* ; membre articulé.

lime – chaux *f.* **lime-base grease**: graisse à base de savon de calcium. **lime-base starch mud**: boue carbonatée à l'amidon. **lime content**: teneur en chaux. **lime feldspar**: anorthite *f, employé à tort pour feldspath calcique.* **lime grease**: graisse calcique. **lime kiln**: four à chaux. **lime milk**: lait de chaux. **lime mortar**: mortier de chaux. **lime mud**: boue carbonatée. **lime pan**: horizon carbonaté. **lime pit**: bassin à chaux ; fosse à chaux. **lime sink**: doline *f.* **lime slag**: scorie calcaire. **lime soap**: savon de chaux. **lime-soda feldspar**: *voir sodium-calcium feldspar.* **lime-treated mud**: boue à la chaux. **lime treatment**: traitement à la chaux. **lime water**: eau de chaux ; lait de chaux.

limestone – calcaire *m.* **limestone formation**: formation calcaire. **limestone pit**: carrière de calcaire. **limestone quarry**: *voir limestone pit.* **limestone reef**: calcaire récifal. **limestone sonde**: sonde à calcaire, *dispositif permettant d'enregistrer la résistivité dans les sondages en formation dure et très résistante.*

limit – limite *f.* **limit angle**: angle limite. **limit gage**: calibre de tolérance. **limit of detection (LOT)**: limite de détection. **limit of detonability**: limite de détonabilité. **limit of separability**: *voir resolvable limit.* **limit of tolerance**: limite de tolérance. **limit of visibility**: *voir detectable limit.*

limited – limité. **limited availability**: accessibilité partielle *(téléphone)*. **limited company**: société à responsabilité limitée. **limited integrator**: intégrateur à limite *(élec)*. **limited liability**: responsabilité limitée. **limited-liability partnership**: société à responsabilité limitée.

limiter – écrêteur *m* ; limiteur *m.*

limnic – limnique *(géol)*. **limnic basin**: bassin limnique, *bassin houiller d'origine lacustre.* **limnic facies**: faciès limnique. **limnic peat**: tourbe lacustre.

limnimeter – limnimètre *m, pour mesurer les variations de niveau des lacs.*

limnology – limnologie *f, étude les lacs, étangs, marais.*

limonite – limonite *f, trioxyde de fer hydraté.*

limpidity – limpidité *f.*

limy – calcaire ; calcifère ; calcique.

lindane – lindane *m, nom légal de l'hexachlorocyclohexane.*

line – brin *m* ; conduite *f*; ligne *f*; trait *m.* **line and tack**: alignement et pointage *(pipeline)*. **line blending**: mélange en canalisation. **line blind**: obturateur de ligne. **line breaker**: conjoncteur-disjoncteur. **line center**: centre de ligne. **line current**: courant de ligne. **line drawing**: schéma *m.* **line drive**: déplacement par front continu, *système d'injection d'eau où le déplacement de l'huile par l'eau s'effectue suivant un front continu qui progresse à travers l'ensemble du réservoir de la base de la zone d'accumulation vers ses parties hautes.* **line-drive injection**: injection en ligne *(prod)*. **line electrode**: prise de terre rectiligne. **line layout**: déroulage d'un câble sismique, *opération de mise en place de la flûte et des bretelles de géophones.* **line losses**: pertes en ligne. **line noise**: bruit de ligne. **line of contact**: ligne de contact ; trace *f.* **line of demarcation**: ligne de démarcation. **line of dip**: direction du pendage ; ligne de pente. **line of equal gravity**: *voir isogal.* **line of equal magnetic dip**: *voir isoclinic line.* **line of equal value of gravity**: *voir isogam.* **line of force**: ligne de force. **line of intersection**: ligne d'intersection. **line of level**: ligne de niveau. **line of lode**: direction du filon. **line of magnetic force**: ligne de force magnétique. **line of outcrop**: ligne d'affleurement. **line of position (LOP)**: droite de hauteur ; lieu de positionnement ; ligne de position. **line of samples**: série d'échantillons. **line of sight (LOS)**: horizon optique ; ligne de visée ; portée optique. **line of strike**: ligne directrice *(géol)*. **line pipe**: tube de canalisation ; tube de conduite. **line pressure**: pression de ligne. **line production**: production à la chaîne. **line rider**: surveillant *m, agent chargé du contrôle et de la surveillance des canalisations.* **line segment**: segment de droite *(math)*. **line shaft**: arbre principal. **line source**: source ligne. **line spectrum**: spectre de raies. **line splitting**: dédoublement des raies. **line staff**: personnel d'exécution. **line-start switch**: coffret démarreur, *petits moteurs.* **line tester**: contrôleur de ligne, *appareil* ; contrôleur de profil, *ouvrier.* **line up**: alignement *m* ; mise en ligne, *pipeline* ; mise en phase *(sism)* ; mise en rang. **line-up clamp**: ligneur *m, pipeline.* **line-up crew**: équipe de mise en ligne, *des tubes pour le soudage.* **line-up of the reflection**: alignement de la réflexion *(sism)*. **line walker**: surveillant de conduite. **line well**: puits en lisière de la concession. **line wire**: fil de ligne ; fil secteur.

lineage – lignée *f.* **lineage zone**: zone de lignage, *biozone.*

lineament – linéament *m, alignement structural.*

linear – linéaire. **linear absorption coefficient**: coefficient d'absorption linéique. **linear acceleration**: accélération linéaire. **linear accelerator**: accélérateur linéaire. **linear algebra**: algèbre linéaire. **linear alkyl sulfonate (LAS)**: alkylsulfonate linéaire, *tensioactif anionique biodégradable.* **linear alkylbenzenesulfonate**: alkylbenzènesulfonate linéaire. **linear attenuation coefficient**: coefficient d'atténuation linéique. **linear cleavage**: clivage linéaire. **linear combination of atomic orbitals (LCAO)**: combinaison linéaire d'orbitales atomiques. **linear copolymer**: copolymère linéaire. **linear current density**: densité linéique de courant. **linear density**: masse linéique. **linear dispersion**: dispersion linéaire. **linear distortion**: distorsion linéaire. **linear electrode**: électrode linéaire. **linear electron accelerator**: accélérateur linéaire d'électrons. **linear energy transfer (LET)**: transfert linéique d'énergie (TLE). **linear equation**: équation linéaire. **linear expansion**: expansion linéaire. **linear expansion coefficient**: coefficient de dilatation linéique. **linear filtering**: filtrage linéaire. **linear foliation**: texture fibreuse. **linear function**: fonction linéaire ; terme linéaire *(math)*. **linear magnification**: grandissement linéaire. **linear measure**: mesure linéaire. **linear molecule**: molécule linéaire. **linear motor**: moteur linéaire. **linear oscillator**: oscillateur linéaire. **linear parallax**: parallaxe linéaire. **linear-phase filter**: filtre linéaire en phase. **linear polymer**: polymère linéaire. **linear power density**: puissance linéique. **linear programming**: programmation linéaire. **linear regression**: régression linéaire. **linear scale**: échelle linéaire. **linear schistosity**: schistosité linéaire. **linear shoot-**

ing pattern: dispositif de tir en ligne *(sism)*. **linear speed**: vitesse linéaire. **linear stopping power**: pouvoir d'arrêt linéique. **linear strain**: dilatation linéique relative. **linear structure**: structure linéaire. **linear sweep**: balayage linéaire. **linear velocity**: vitesse linéaire.

linearity – linéarité *f*.

linearization – linéarisation *f (math)*.

lineation – linéation *f*, *toutes les microstructures linéaires qui apparaissent au sein d'une roche soumise à une déformation.*

lined – doublé.

liner – chemise *f*; colonne perdue ; crépine *f*; garniture *f*; liner *m*, *tube crépiné placé entre le sabot de la dernière colonne de tubage et la base du réservoir et percé d'ouvertures dont la taille varie suivant la formation pétrolifère, en vue d'empêcher la pénétration des sables dans le sondage* ; manchon *m* ; paquebot *m*. **liner clamp**: butée de chemise. **liner collar**: collerette de chemise. **liner completion**: complétion au mur ; complétion par colonnes perdues. **liner hanger**: dispositif de suspension, *pour colonne de tubage perdue* ; suspension de la colonne perdue. **liner of a pump**: chemise d'une pompe. **liner packer**: dispositif de suspension à étanchéité pour colonne perdue. **liner puller**: arrache-chemise *m*. **liner string**: colonne perdue. **liner-wiper plug**: bouchon de colonne perdue *(for)*.

lining – chemisage *m* ; chemise *f*; corroyage *m* ; fourrure *f*; garnissage *m* ; garniture *f*; revêtement *m*. **lining brick**: brique de revêtement. **lining plate**: plaque de garnissage.

link – articulation *f*; biellette *f*; chaînon *m* ; étrier de levage ; liaison *f*; lien *m* ; maille *f*; maillon *m* ; tringle *f*. **link belt**: courroie articulée. **link block**: bielle d'accouplement ; coulisse *f*. **link ear**: oreille d'élévateur. **link splitting**: déréticulation *f*. **link stabilizer**: stabilisateur des bras d'élévateur *(for)*. **link-type valve gear**: distribution par coulisse.

linkage – édition de liens, *informatique* ; liaison *f (chim)* ; timonerie *f*; tringlage *m*.

linked – articulé ; associé ; joint ; lié. **linked veins**: veines réticulées *(géol)*.

linking – liaison *f*. **linking cable**: câble de connexion.

linoleic – linoléique. **linoleic acid**: acide linoléique, *acide linolique, acide gras polyinsaturé (2 liaisons doubles)*.

linolenic – linolénique. **linolenic acid**: acide linolénique, *acide gras polyinsaturé (3 liaisons doubles)*.

linoleum – linoléum *m*.

linseed – graine de lin. **linseed oil**: huile de lin.

lint – charpie *f*. **lint free**: non-peluchant, *chiffon*. **lint-free cloth**: chiffon sans peluche.

lintel – linteau *m*.

lip – bec *m* ; lèvre *f*; rebord *m*. **lip seal**: joint à lèvre.

liparite – liparite *f*, *variété de rhyolite.*

lipase – lipase *m*.

lipid – lipide *m*, *terme générique pour tous les corps gras et matières grasses.*

lipide – *voir lipid.*

lipoclastic – lipolytique.

lipoid – lipoïde *m*, *lipide complexe.*

lipolytic – lipolytique.

lipophilic – lipophile.

lipophobic – lipophobe.

lipoprotein – lipoprotéine *f (biochim)*.

liposoluble – liposoluble ; oléosoluble.

lipoxidase – lipoxydase *f*.

lipped – à gorge ; à lèvres. **lipped beaker**: becher à bec.

liptinite – liptinite *f*, *voir exinite.*

liptodetrinite – liptodétrinite *f*, *macéral du charbon du groupe de l'exinite.*

liquation – liquation *f (métal)*.

liquefaction – liquéfaction *f*. **liquefaction of gas**: liquéfaction du gaz. **liquefaction temperature**: température de liquéfaction.

liquefiable – liquéfiable.

liquefied – liquéfié. **liquefied gas**: gaz liquéfié. **liquefied natural gas (LNG)**: gaz naturel liquéfié (GNL). **liquefied petroleum gas (LP gas, LPG)**: gaz de pétrole liquéfiés (GPL), *voir aussi bottled gas.* **liquefied refinery gas (LR gas, LRG)**: gaz de raffinerie liquéfiés (GRL).

liquefier – liquéfacteur *m*.

liquefy (to) – fluidifier ; fondre ; liquéfier.

liquid – liquide. **liquid air**: air liquide. **liquid asphalt**: bitume fluide, *bitume très mou dont la consistance ne peut être mesurée par un essai standard de pénétration.* **liquid assets**: disponibilités *f*; liquidités *f*. **liquid bitumen**: bitume fluide. **liquid chromatography**: chromatographie en phase liquide (CPL), *toute méthode chromatographique pour laquelle la phase mobile est un liquide.* **liquid cooling**: refroidissement à liquide. **liquid crystal**: cristal liquide. **liquid-drop model**: modèle de la goutte liquide. **liquid effluent**: effluent liquide. **liquid extinguisher**: extincteur à liquide. **liquid filter**: flitre liquide. **liquid fuel**: combustible liquide. **liquid gas**: gaz liquéfié. **liquid-gas carrier**: transporteur de gaz liquéfiés. **liquid grease**: graisse fluide. **liquid head**: charge hydrostatique ; niveau du liquide. **liquid holdup**: retenue liquide. **liquid hourly space velocity (LHSV)**: volume par volume par heure (VVH), *volume de charge liquide traitée dans un réacteur par volume de catalyseur et par heure, voir aussi gas hourly space velocity.* **liquid hydrocarbon**: hydrocarbure liquide. **liquid-junction potential**: potentiel de diffusion de jonction, *dû aux différences de concentration entre des électrolytes en contact (diag)*. **liquid-level-controlled pump**: pompe à débit visible. **liquid-level controller**: régulateur automatique de niveau. **liquid-level regulator**: régulateur automatique de niveau. **liquid limit**: limite de liquidité, *teneur en eau au-dessus de laquelle le sol se comporte comme un semiliquide et s'écroule sous son propre poids.* **liquid-liquid chromatography (LLC)**: chromatographie de partage en phase liquide ; chromatographie liquide-liquide (CLL), *chromatographie de partage où la phase mobile et la phase fixe sont des liquides.* **liquid-liquid distribution**: répartition liquide-liquide. **liquid-liquid extraction**: extraction liquide-liquide, *procédé de séparation par traitement mécanique de deux phases liquides partiellement miscibles, comprenant le contact et la séparation de ces deux phases ; l'agent de séparation est un solvant* ; extraction par solvant. **liquid manure**: lisier *m* ; purin *m*. **liquid manure gas**: gaz de lisier. **liquid membrane**: membrane liquide. **liquid-metal fast-breeder reactor (LMFBR)**: surrégénérateur rapide à métal liquide.

liquid-mounted seal: joint d'étanchéité à anneau liquide. **liquid-oxygen explosive**: explosif à l'oxygène liquide. **liquid paraffin**: huile de paraffine. **liquid partition chromatography**: *voir liquid-liquid chromatography*. **liquid-penetrant test**: contrôle par ressuage. **liquid petrolatum**: huile de vaseline. **liquid phase**: phase liquide. **liquid-phase alkylation**: alkylation en phase liquide. **liquid-phase chlorination**: chloruration en phase liquide. **liquid-phase cracking**: craquage en phase liquide. **liquid-phase desorption**: désorption en phase liquide. **liquid-phase hydrogenation**: hydrogénation en phase liquide. **liquid-phase oxidation**: oxydation en phase liquide. **liquid-phase refining**: raffinage en phase liquide. **liquid propellant**: propergol liquide. **liquid purification**: purification par liquide. **liquid-ring pump**: pompe à anneau liquide. **liquid scrubber**: épurateur de liquide. **liquid seal**: joint hydraulique ; sceau *m* ; siphon de fermeture hydraulique. **liquid semiconductor**: semiconducteur liquide. **liquid sloshing**: ballottement d'un liquide. **liquid-solid chromatography (LSC)**: chromatographie liquide-solide (CLS), *toute méthode chromatographique où la phase mobile est un liquide et la phase fixe un adsorbant solide.* **liquid-solid extraction**: extraction liquide-solide. **liquid state**: état liquide. **liquid-to-liquid exchanger**: échangeur liquide-liquide. **liquid-vapor equilibrium**: équilibre liquide-vapeur. **liquid waste**: déchet liquide.

liquidation – liquidation *f (jur)*.

liquidity – liquidité *f*. **liquidity management**: gestion des liquidités. **liquidity ratio**: coefficient de liquidité. **liquidity risk**: risque de trésorerie. **liquidity shortage**: pénurie de liquidité.

liquidus – liquidus *m*, *sur un diagramme d'équilibre, courbe correspondant aux points séparant la phase où le liquide existe seul de la phase où coexistent une phase liquide et une phase solide.*

liquor – solution *f*; lessive *f*; liqueur *f*.

LISP – LISP, *langage de programmation symbolique.*

list – gîte *f (naut)* ; liste *f*. **list price**: prix de catalogue.

listening – écoute *f*. **listening period**: temps d'écoute.

listing – listage *m*.

listric – listrique. **listric fault**: faille listrique, *faille proche de l'horizontale ayant une forme concave vers le haut.*

liter – litre *m*, *unité de capacité égale au décimètre cube, symbole* l *ou* L. **liter per 100 kilometers**: litre aux 100 kilomètres, *mesure utilisée pour la consommation des véhicules routiers, le facteur de conversion en N (l/100 km) et M (mile/gal) est 235,215 pour les US gal et 282,481 pour les UK gal.*

litharge – litharge *f*, *oxyde de plomb.*

lithic – lithique, *qui contient des débris de roche.* **lithic sandstone**: grès lithique.

lithifaction – *voir lithification.*

lithification – lithification *f*, *transformation d'un sédiment meuble en roche sédimentaire* ; pétrification *f*.

lithium – lithium *m*, *symbole chim. Li.* **lithium-aluminum hydride**: hydrure de lithium et d'aluminium. **lithium-base grease**: graisse à base de savon de lithium. **lithium bromide**: bromure de lithium. **lithium carbonate**: carbonate de lithium. **lithium chloride**: chlorure de lithium. **lithium fluoride**: fluorure de lithium. **lithium grease**: graisse au lithium. **lithium hydride**: hydrure de lithium. **lithium hydroxide**: hydroxyde de lithium. **lithium molybdate**: molybdate de lithium. **lithium-soap grease**: graisse au savon de lithium. **lithium stearate**: stéarate de lithium. **lithium tourmaline**: tourmaline lithinifère.

lithoclase – lithoclase *f*, *toute cassure dans une roche.*

lithoclast – lithoclaste *m*, *débris de roche carbonatée remanié dans un sédiment carbonaté.*

lithofacies – lithofaciès *m*, *désigne la lithologie et les conditions de dépôt d'une roche.*

lithogenesis – lithogenèse *f*, *origine et formation des roches.*

lithogenous – lithogène *(géol)*.

lithographic – lithographique. **lithographic limestone**: calcaire lithographique. **lithographic stone**: pierre lithographique.

lithologic – lithologique. **lithologic load**: charge lithologique. **lithologic log**: colonne stratigraphique ; coupe lithologique ; diagramme lithologique. **lithologic map**: carte lithologique. **lithologic profile**: habillage lithologique. **lithologic representation**: figuré *m*, *représentation lithologique.*

lithology – lithologie *f*, *nature physique d'une roche.*

lithomarge – lithomarge *f (pédol)*.

lithophagous – lithophage.

lithophile – lithophile, *se dit d'éléments concentrés dans l'écorce terrestre et fréquemment associés à l'oxygène.* **lithophile element**: élément lithophile.

lithophysa – lithophyse *f (géol)*.

lithopone – lithopone *m*, *azolithe, blanc anglais, un pigment blanc.*

lithorelic – lithorelique *f (pédol)*.

lithosol – lithosol *m*, *sol réduit à la roche mère dure intacte.*

lithosphere – lithosphère *f*, *la partie solide de l'écorce terrestre.*

lithostatic – lithostatique. **lithostatic pressure**: pression géostatique ; pression lithostatique.

lithostratigraphic – lithostratigraphique. **lithostratigraphic unit**: division lithostratigraphique, *fondée sur la nature des terrains, on distingue, allant de la plus petite division à la plus grande : la couche, le membre, la formation et le groupe* ; unité lithostratigraphique.

lithostratigraphy – lithostratigraphie *f*, *stratigraphie basée sur les différences de nature entre les roches.*

lithotope – lithotope *m (sédim)*.

litigation – litige *m*.

litmus – tournesol *m*. **litmus paper**: papier tournesol.

lit-par-lit – lit par lit *(géol)*. **lit-par-lit injection**: filons lits *(géol)* ; injection lit-par-lit *(géol)*.

litre – litre *m*, *voir liter, litre est en anglais l'orthographe correcte pour l'unité, mais la forme liter est admise et beaucoup plus utilisée.*

little – petit. **little pipe**: macaroni *m, petite tige.* **little slam**: *voir small slam.*

littoral – littoral *m* ; littoral, *fém. littorale.* **littoral current**: courant littoral. **littoral deposit**: dépôt côtier ; dépôt littoral. **littoral zone**: zone littorale.

live – valide, *trace* ; vivant. **live axle**: essieu moteur ; pont à arbres porteurs. **live load**: charge dynamique ; charge mobile ; poids roulant. **live main**: conduite en charge. **live oil**: huile brute, *contenant en solution ses gaz originels, voir aussi dead oil.* **live pipe**: conduite en charge. **live reef**: récif vivant, *prospère.* **live section**: brin actif, *flûte.* **live skid**: traîneau à roulettes. **live steam**: vapeur vive. **live weight**: charge utile ; poids utile. **live wire**: câble chargé ; fil électrifié ; fil sous tension.

liveliness – vivacité *f, d'une réaction.*

living – vivant. **living chamber**: caisson de vie *(plongée).* **living fossil**: fossile vivant. **living polymer**: polymère vivant.

lixiviate (to) – lessiver ; lixivier.

lixiviation – lessivage *m* ; lixiviation *f.* **lixiviation tank**: cuve à lessiver.

lizardite – lizardite *f, variété de serpentine.*

Llandeilian – Llandeilien *m, étage de l'Ordovicien.*

Llandoverian – Llandovérien *m, ou Llandovery, division stratigraphique du Silurien.*

Llanvirnian – Llanvirnien *m, étage de l'Ordovicien.*

LLC – CLL, *abrév. de liquid-liquid chromatography, chromatographie liquide-liquide.*

LLDP – *abrév. de linear low-density polyethylene.*

LLLTV – *abrév. de low-light-level television.*

Lloyd – Lloyd. **Lloyd mirror effect**: interférences de Lloyd *(sism).* **Lloyd's Register of Shipping**: Lloyd's Register of Shipping, *société de classification crée en 1760 pour fournir aux responsables des transports maritimes des informations précises sur les navires et leur cotation.*

lm – lm, *symbole de lumen.*

LM – *abrév. de laser microprobe : microsonde à laser.*

LMFB – *abrév. de liquid-metal fast-breeder.*

LMFBR – *abrév. de liquid-metal fast-breeder reactor.*

LMP – *abrév. de laser microprobe : microsonde à laser.*

LMTD – DTLM, *abrév. de logarithmic mean temperature difference, différence de température logarithmique moyenne.*

LNG – GNL, *abrév. de liquefied natural gas : gaz naturel liquéfié.* **LNG carrier**: méthanier *m.* **LNG tanker**: méthanier *m* ; navire méthanier.

lnr – *abrév. de liner.*

LNWTs – *abrév. de low and nonwaste technologies.*

load – charge *f*; débit *m* ; effort *m* ; poids *m* ; poussée *f*; puissance *f*; régime *m.* **load binders**: tendeurs à chaîne. **load capacity**: charge utile. **load-carrying ability**: capacité de charge ; résistance à la charge. **load-carrying additive**: additif d'extrême pression. **load cast**: moulage de boue, *figure de charge où la couche supérieure de sédiments s'enfonce dans la couche inférieure sous l'effet de la gravité.* **load center**: centre de charge. **load curve**: courbe de charge. **load diagram**: courbe de charge. **load displacement**: déplacement en charge, *d'un navire ou d'une plateforme.* **load factor**: coefficient de charge ; coefficient de remplissage ; facteur d'utilisation ; facteur de charge ; facteur de puissance. **load impedance**: impédance de charge. **load indicator**: indicateur de charge ; indicateur de poids. **load line**: ligne de charge. **load metamorphism**: métamorphisme de profondeur, *métamorphisme de charge* ; métamorphisme par pression *(géol).* **load of the engine**: charge du moteur. **load-on-top (LOT)**: chargement sur résidus, *méthode de nettoyage des réservoirs de pétroliers qui évite les rejets en mer.* **load-point marker**: marqueur de début de bande (MDB). **load rate**: cadence de chargement. **load-rate tariff**: tarif à dépassement *(élec).* **load rating**: charge nominale, *pneu.* **load shedding**: délestage *m, réseau électrique.* **load structure**: figure de charge. **load test**: essai de charge. **load waterline**: flottaison en charge.

loaded – chargé. **loaded concrete**: béton lourd. **loaded mark**: structure de surcharge. **loaded ripple**: ride déformée. **loaded vehicle weight**: poids total en charge (PTC), *poids maximal du véhicule chargé.*

loader – chargeur *m* ; chargeuse *f*; chargeuse pelleteuse, *petit tracteur muni d'une benne.*

loading – chargement *m.* **loading area**: zone de chargement. **loading arm**: bras de chargement. **loading berth**: poste de chargement. **loading buoy**: bouée de chargement. **loading crane**: grue de chargement. **loading dock**: embarcadère *m.* **loading facility**: poste de chargement. **loading gage**: gabarit de chargement. **loading hopper**: trémie de chargement. **loading in bulk**: chargement en vrac. **loading machine**: chargeuse mécanique. **loading platform**: plate-forme de chargement. **loading point**: limite de charge. **loading pole**: bourroir *m.* **loading port**: port de chargement. **loading rack**: rampe de chargement. **loading rate**: taux de charge ; vitesse de chargement. **loading station**: station de chargement. **loading table**: barème de jaugeage. **loading tax**: taxe de chargement. **loading terminal**: station de chargement ; terminal de chargement. **loading test**: *voir load test.*

loam – limon *m, matériau meuble argileux et silteux à grain très fin* ; terre glaise ; vase *f.*

loan – avance de fonds ; emprunt *m* ; prêt *m.* **loan agreement**: accord de prêt. **loan capital**: capital d'emprunt ; emprunt *m.* **loan certificate**: titre de prêt. **loan commitment**: engagement de prêt. **loan recovery**: recouvrement du prêt.

lobate – lobaire. **lobate delta**: delta lobé.

lobe – lobe *m.*

loc – *abrév. de location (rapports de sondage).*

local – local. **local acceleration of free fall**: accélération locale en chute libre. **local anomaly**: anomalie locale. **local attraction**: déviation locale. **local cell**: pile locale. **local fault**: faille locale. **local-gravity map**: carte gravimétrique locale. **local horizon**: horizon apparent. **local isostatic anomaly**: anomalie isostatique locale. **local isostatic compensation**: compensation isostatique locale. **local oscillator**: oscillateur local. **local time**: temps local. **local unconformity**: discordance locale *(géol).*

locality – lieu *m* ; localité *f.*

locate (to) – délimiter une concession ; localiser ; repérer.
locating – détermination *f*; positionnement *m*; repérage *m*.
location – emplacement *m*, *d'un forage* ; localisation *f*; localité *f*; position *f*; repérage *m*. **location map**: carte de position ; plan de localisation ; plan de position. **location parameter**: paramètre de position *(stat)*. **location survey**: tracé *m (topog)*.
locator – localisateur *m*.
lock – attache *f*; écluse *f*; serrure *f*; verrou *m*. **lock angle**: angle de braquage. **lock ball**: bille de verrouillage. **lock cock**: robinet d'arrêt. **lock gate**: porte d'écluse. **lock keeper**: éclusier. **lock on**: verrouillage *m*. **lock ring**: anneau de fermeture, *bride à rainure intérieure équipée de quatre segments commandés extérieurement et servant à bloquer un tampon obturateur (pipeline)*. **lock screw**: vis de blocage. **lock valve**: robinet d'arrêt. **lock washer**: rondelle d'arrêt ; rondelle de blocage ; rondelle frein. **lock wire**: fil de sûreté ou de freinage.
lock (to) – bloquer ; écluser, *faire passer un bateau d'un bief à un autre par une écluse* ; embrayer, *pour les films (sism)* ; fermer à clé.
locked – bloqué ; fermé. **locked-in section**: portion inclinée rectiligne, *forage dévié*. **locked wire rope**: câble métallique à verrouillage.
locking – blocage *m* ; enrayage *m* ; verrouillage *m*. **locking device**: dispositif de blocage ; dispositif de fermeture ; dispositif de verrouillage. **locking of capital**: immobilisation de capitaux. **locking ring**: anneau de verrouillage.
locknut – contre-écrou *m* ; écrou autofreiné ; écrou de verrouillage ; écrou indesserrable.
lockout – fermeture des ateliers ; renvoi massif du personnel. **lockout bell**: crache-plongeur *m* ; porte-plongeur *m*. **lockout submarine**: sous-marin porte-plongeurs.
locomotive – locomoteur ; locomotive *f*, *chemin de fer* ; motrice *f*.
locus – lieu *m*, *géométrique*.
lode – filon *m (géol)*. **lode deposits**: gisements en filon. **lode ore**: minerai filonien. **lode rock**: roche filonienne.
lodestone – aimant naturel ; magnétite *f*.
lodge – loge *f*.
loess – limon des plateaux ; loess *m*, *dépôt sédimentaire détritique meuble*. **loess clay**: *voir brick clay*. **loess doll**: poupée de loess, *formation de concrétions calcaires*.
log – coupe géologique ; diagramme *m* ; diagraphie *f*, *désigne la coupe enregistrée lors d'une opération de logging (en français l'action logging et le résultat log sont désignés par le même mot)* ; enregistrement *m* ; loch *m*, *instrument de navigation*. **log strip**: bande d'enregistrement.
log – bûche *f*; tronçon de bois.
log – log, *abrév. de logarithm, logarithmic : logarithme, logarithmique*. **log-level indicator**: trace de gain logarithmique *(sism)*. **log mean temperature difference (LMTD)**: différence de température logarithmique moyenne (DTLM). **log phase**: log-phase *f*. **log log**: bilogarithmique *m*, *bilog*.
logarithm – logarithme *m*.
logarithmic – logarithmique. **logarithmic contour interval**: équidistance logarithmique entre isolignes. **logarithmic curve**: courbe logarithmique. **logarithmic decrement**: décrément logarithmique. **logarithmic mean**: moyenne logarithmique. **logarithmic paper**: papier logarithmique.
logbook – journal de sonde ; journal fondamental.
logging – diagraphie *f*, *voir well logging*. **logging run**: prise de diagraphie. **logging tool**: sonde *f*. **logging while drilling**: diagraphie en cours de sondage.
logic – logique *f*.
logistic – logistique. **logistic curve**: courbe logistique. **logistic support**: soutien logistique.
logistics – logistique *f*.
lognormal – log-normale *f*. **lognormal distribution**: distribution log-normale *(stat)*.
LO/LO – *abrév. de lift-on/lift-off*.
LOM – LOM, *abrév. de level of organic metamorphism*. **LOM scale**: échelle LOM, *échelle de 20 unités, établie sur la progression de rang de charbons, utilisée comme indicateur conventionnel de maturation de la matière organique*.
Lomax – *dénomination d'un procédé d'hydrocraquage*.
London – London. **London penetration depth**: profondeur de pénétration de London, *supraconducteur*. **London Tanker Brokers Panel**: London Tanker Brokers Panel, *association des courtier en navires pétroliers qui publie des barèmes type de frets maritimes, voir Intascale, Worldscale*.
long – long. **long-baseline system**: base longue, *système de positionnement acoustique*. **long chain**: chaîne longue *(chim)*. **long chained**: à chaîne longue. **long clay**: argile plastique. **long-fiber grease**: graisse à longues fibres. **long-flame burner**: brûleur à longue flamme. **long-flame coal**: charbon à longue flamme. **longlife oil**: huile de longue durée. **long measure**: mesure de longueur ; mesure linéaire. **long-neck balloon**: ballon à long col. **long necked**: à long col. **long normal**: grande normale, *diagraphie électrique*. **long-path multiple**: multiple à long parcours, *à long trajet* ; multiple long *(sism)*. **long price**: forte cote. **long range**: à long terme. **long-range forecast**: prévision à long terme *(météo) deux semaine à un an*. **long-range order parameter**: paramètre d'ordre à grande distance. **long residuum**: résidu long, *distillation peu poussée de pétrole brut*. **long run**: essai prolongé ; grande série ; longue période. **long-run marginal cost**: coût marginal à long terme. **long source**: source longue. **long-spaced sonic log**: diagraphie acoustique à grand écartement. **long stroke**: à longue course, *piston, etc*. **long-stroke pump**: pompe longue course. **long-stroke pumping unit**: unité de pompage à longue course. **long term**: long term. **long-term effect**: effet à long terme. **long-term liabilities**: passif à long terme. **long-term projections**: prospective *f (écon)*. **long-term storage stability**: stabilité au stockage à long terme. **long-thread casing**: tubage à filetage long. **long-time-burning oil**: pétrole lampant spécial, *pour éclairage de longue durée*. **long-time effect**: effet de longue durée ; effet lointain. **long ton**: tonne anglaise, *égale à 1 016,047 kg* ; tonne forte. **long transmission line**: ligne de

transport à longues distances. **long-tube vertical evaporator (LTVE)**: évaporateur à longs tubes verticaux. **long wave**: onde de surface.

longitude – longitude *f.*

longitudinal – longitudinal. **longitudinal axis**: axe longitudinal. **longitudinal bulkhead**: cloison longitudinale. **longitudinal coast**: côte longitudinale. **longitudinal fault**: faille longitudinale. **longitudinal moraine**: moraine longitudinale. **longitudinal-parity check (LPC)**: contrôle de parité longitudinale. **longitudinal profile**: profil en long. **longitudinal-redundancy check (LRC)**: contrôle de parité longitudinale. **longitudinal scanning**: balayage longitudinal. **longitudinal seam**: couche longitudinale ; joint longitudinal. **longitudinal section**: coupe longitudinale ; profil longitudinal ; section longitudinale. **longitudinal tilt**: angle de site. **longitudinal valley**: vallée longitudinale. **longitudinal wave**: onde longitudinale, *onde sismique pour laquelle le mouvement des particules s'effectue, en un point donné, le long de la normale à la surface d'onde passant par ce point* ; onde première. **longitudinal weld**: soudure longitudinale.

longshore – littoral. **longshore bar**: cordon littoral. **longshore current**: courant littoral.

longshoreman – débardeur *m* ; docker *m.*

longwall – longue taille *(mine)*. **longwall mining**: exploitation par longue taille.

look – apparence *f*; aspect *m.* **look box**: regard *m.*

lookout – vigie *f.*

loom – métier à tisser. **loom oil**: huile pour métier à tisser.

loop – boucle *f*; ceinture *f*; doublement *m, pipeline* ; maille *f.* **loop line**: circuit en boucle ; doublement *m* ; ligne d'évitement. **loop system**: système de distribution à mailles. **loop test bar**: éprouvette en boucle. **loop travel**: trajet aller-retour, *d'onde sismique.*

loose – amovible ; desserré ; fou ; lâche ; libre ; meuble ; mou. **loose axle**: arbre fou. **loose black**: noir de carbone de faible densité. **loose bottom**: fond amovible. **loose circulation**: circulation libre. **loose coupling**: accouplement lâche. **loose fit**: ajustement libre. **loose ground**: terrain ébouleux. **loose joint**: dessoudure *f.* **loose knot**: noeud lâche. **loose material**: matériau meuble. **loose piece**: pièce démontable. **loose plant**: installation mobile. **loose pulley**: poulie folle. **loose reel**: bobine folle. **loose roof**: toit ébouleux *(géol)*. **loose rope**: câble mou. **loose sand**: sable boulant ; sable non consolidé. **loose stuff**: terrain meuble. **loose textured**: spongieux. **loose wheel**: roue folle.

loosening – ameublissement *m, terre* ; déblocage *m* ; désancrage *m* ; desserrage *m.*

lophine – lophine *f, indicateur de fluorescence (chim)*.

lopolith – lopolite *m, massif plutonique intrusif.*

lopsided – déjeté ; déversé ; de guingois.

Lorac – Lorac, *dénomination commerciale d'un système de positionnement radioélectrique.*

loran – loran *m, système de radionavigation hyperbolique.*

Lorentz – Lorentz. **Lorentz force**: force de Lorentz *(électromagnétisme)*. **Lorentz transform**: transformation de Lorentz, *ou transformée de Lorentz (math)*.

lorry – *voir truck.*

LOS – *abrév. de lockout submersible.*

lose (to) – perdre. **lose (to) a hole**: abandonner un forage. **lose (to) returns**: perdre la circulation de la boue de forage.

loss – perte *f*; perte comptable, *résultat net négatif* ; sinistre *m.* **loss angle**: angle de pertes, *pertes diélectriques.* **loss by evaporation**: perte par évaporation. **loss by friction**: perte par frottement. **loss curve**: courbe de pertes. **loss factor**: coefficient de pertes. **loss in transit**: freinte de route, *pertes durant le transport, par manipulation et par évaporation.* **loss in voltage**: chute de tension. **loss meter**: indicateur de pertes. **loss of accuracy**: perte de précision. **loss of circulation**: perte de circulation, *perte du fluide de forage dans la formation.* **loss-of-circulation zone**: zone de perte de circulation. **loss of head**: perte de charge. **loss of heat**: perte de chaleur. **loss of load**: perte de charge *(élec)*. **loss of pressure**: perte de charge. **loss of returns**: pertes de retour, *circulation des boues.* **loss on heating**: pertes au chauffage, *essai de volatilité des asphaltes aux hautes températures* ; perte de masse au chauffage, *des produits bitumineux.*

losser – atténuateur *m, circuit.*

lost – perdu. **lost circulation**: perte de circulation. **lost-circulation alarm**: avertisseur de perte de circulation *(for)*. **lost-circulation material (LCM)**: colmatant *m, boue de forage.* **lost head**: perte de charge. **lost hole**: trou perdu *(for)*. **lost-in-hole insurance**: assurance couvrant le matériel perdu dans le trou, *dans les mesures en cours de forage.* **lost motion**: déplacement libre. **lost oil**: huile non récupérable ; huile perdue, *non récupérable.* **lost pressure**: chute de pression. **lost record**: lacune stratigraphique. **lost returns**: circulation perdue, *voir loss of circulation.* **lost-time accident**: accident entraînant une perte de temps. **lost-wax process**: moulage à la cire perdue. **lost with all hands**: perdu corps et biens, *navire.*

lot – lot *m* ; lot de fabrication ; lot de terrain ; parcelle *f*; quantité *f*; série *f.*

LOT – *abrév. de load-on-top et de leak-off test.*

Lotharingian – Lotharingien *m, partie élevée du Sinémurien.*

loudness – force du son ; intensité acoustique ; sonie *f (acous)* ; sonorité *f.* **loudness level**: niveau d'isosonie.

loudspeaker – haut-parleur *m.*

louver – volet d'aérage.

Love – Love. **Love wave**: onde de Love, *onde de type SH guidée par une couche de surface.*

Lovibond – Lovibond. **Lovibond tintometer**: tintomètre de Lovibond, *servant à déterminer la couleur des produits pétroliers.*

low – bas ; dépression *f*; faible ; mauvais ; peu élevé ; synclinal *m.* **low-alloy steel**: acier faiblement allié. **low-altitude aerial photography**: prise de vue aérienne à basse altitude. **low-amplitude display**: rejeu en faible gain. **low and nonwaste technologies (LNWTs)**: techniques peu polluantes et sans déchets. **low-angle dip**: faible pendage. **low-angle fault**: faille à faible pendage ; faille plate. **low beams**: éclairage code *(auto)*. **low-bed trailer**: remorque surbaissée. **low boiling**: à point d'ébullition bas. **low-boiling fraction**: fraction à bas point d'ébullition. **low-carbon steel**: acier à basse teneur en carbone. **low coast**: côte basse ; côte plate. **low country**: bas-fond *m*. **low-cut filter**: filtre coupe-bas *(élec)* ; filtre passe-haut *(élec)*. **low-density polyethylene (LDPE)**: polyéthylène à basse densité (PEBD). **low dip**: pendage faible. **low-dipping stratum**: couche de faible pendage. **low-down pump**: pompe à main horizontale. **low drum drive**: petite vitesse du treuil. **low-emission boiler**: chaudière non polluante. **low end point**: point final bas *(raf)*. **low-energy electron diffraction (LEED)**: diffraction des électrons lents (DEL). **low-energy environment**: milieu de basse énergie, *milieu de sédimentation marin peu agité* ; milieu de dépôt à basse énergie ; milieu de dépôt calme. **low-expansion alloy**: alliage à bas coefficient de dilatation. **low explosive**: explosif lent. **low frequency**: basse fréquence. **low-frequency furnace**: four basse-fréquence. **low-frequency image**: image basse-fréquence ; image de basse fréquence. **low-frequency shadow**: ombre basse-fréquence. **low gear**: pignon de petite vitesse ; première vitesse. **low geared**: démultiplié. **low grade**: à basse teneur ; à faible teneur ; de mauvaise qualité. **low-grade fuel**: combustible à bas pouvoir calorifique. **low-grade ore**: minerai à faible teneur. **low grease**: graisse courante n° 1, *spécification marine*. **low ground**: plaine *f*. **low heat value (LHV)**: pouvoir calorifique inférieur (PCI). **low-high pilot**: pilote basse et haute pression. **low-holdup column**: colonne de faible retenue liquide. **low insulation**: mauvais isolement. **low-lead gasoline**: essence à faible teneur en plomb. **low-level alarm**: système d'alarme par niveau bas. **low-level language**: langage à bas niveau, *langage de programmation très proche du langage machine*. **low-level multiplexing**: multiplexage à bas niveau. **low-level noise running**: fonctionnement silencieux. **low-level operation**: fonctionnement à bas niveau, *craquage*. **low-lift truck**: chariot à petite levée. **low-light-level television (LLTV)**: télévision à faible niveau d'éclairement, *à bas niveau d'entrée*. **low-lime-content mud**: boue à la chaux à faible alcalinité. **low-lime mud**: boue à basse teneur en chaux. **low-load consumption**: consommation en heures creuses. **low-melting point**: à bas point de fusion. **low-melting-point alloy**: alliage à bas point de fusion ; alliage fusible. **low molecular weight**: faible poids moléculaire. **low oblique**: oblique basse. **low-oblique aerial photograph**: photographie aérienne oblique basse. **low-octane gasoline**: essence à faible indice d'octane. **low-only pilot**: pilote basse pression. **low-pass filter**: filtre passe-bas. **low-pass image**: image filtrée passe-bas ; image passe-bas. **low-percentage alloy**: alliage à faible teneur. **low pressure**: basse pression. **low-pressure area**: zone de basse pression. **low-pressure blower**: soufflante à basse pression. **low-pressure controller**: pressostat basse pression. **low-pressure gas**: gaz de faible pression. **low-pressure gas distribution**: distribution de gaz à basse pression. **low-pressure valve**: vanne basse pression. **low reduced temperature**: température réduite faible. **low solids**: faible teneur en solides (FTS). **low-solids mud**: boue à faible teneur en solides. **low speed**: à faible vitesse ; petite vitesse. **low-speed diesel engine**: moteur diesel lent. **low-speed drum**: tambour de petite vitesse. **low-speed engine**: moteur lent. **low stand**: *voir lowstand*. **low-strength explosive**: explosif faible. **low sulfur**: à basse teneur en soufre (BTS). **low-sulfur coal**: charbon à basse teneur en soufre. **low temperature**: à basse température. **low-temperature carbonization**: carbonisation à basse température ; cokéfaction à basse température. **low-temperature distillation**: distillation à basse température. **low-temperature fluidity**: fluidité à basse température. **low-temperature gas**: gaz de carbonisation à basse température. **low-temperature operability**: opérabilité à basse température. **low-temperature separation (LTS)**: séparation à basse température. **low-temperature steel**: acier pour basse température. **low-temperature torque**: couple à basse température. **low tension**: basse tension. **low tide**: marée basse. **low torque shoulder**: épaulement réduit d'un filetage. **low toxicity mud**: boue à faible toxicité. **low-velocity correction**: *voir weathering correction*. **low-velocity layer (LVL)**: couche à faible vitesse *(sism)* ; couche lente ; zone altérée, *WZ*. **low-velocity-layer correction**: correction de surface. **low-velocity zone (LVZ)**: zone à petite réfraction ; zone altérée. **low viscocity index**: faible indice de viscosité. **low volatile**: à faible volatilité. **low-volatile bituminous coal**: charbon demigras ; houille demigrasse. **low voltage**: basse tension. **low-voltage current**: courant à faible voltage. **low water**: basses eaux ; marée basse. **low-water channel**: chenal d'étiage. **low-water datum**: niveau des basses eaux. **low-water-loss additive**: additif réducteur de filtrat. **low-water-loss cement**: ciment à faible perte en eau. **low water mark**: laisse de basse mer. **low-yield clay**: argile à faible rendement *(for)*.

lower – inférieur, *avec le nom d'une division stratigraphique signifie qu'elle s'y situe au début, voir aussi upper et middle*. **lower bathyal**: bathyal inférieur, *profondeur d'eau entre 1 000 et 2 000 m*. **lower bend**: charnière inférieure. **lower block**: moufle inférieur. **lower case**: bas de casse *(impr)*. **lower course**: cours inférieur, *d'un fleuve*. **lower critical-field strength**: intensité du champ critique inférieur. **lower dead center (LDC)**: point mort inférieur (PMI). **lower echelon staff**: petit personnel. **lower explosive limit (LEL)**: limite d'explosivité inférieure. **lower guide bearing**: palier-guide inférieur. **lower heating value**: *voir low heat value*. **lower limb**: flanc inférieur *(géol)*. **lower limit**: limite inférieure. **lower limit of detectability**: quantité minimale détectable, *la plus petite quantité d'une substance pouvant être détectée* ; sensibilité limite de détection. **lower mantle**: manteau inférieur, *mésosphère*. **lower plane**: plan inférieur. **lower reach**: bief inférieur. **lower subsoil**: sous-sol profond. **lower valve**: *voir standing valve*. **lower wall**: mur affaissé, *d'une faille*. **lower yield point**: limite d'élasticité.

lower (to) – abaisser ; baisser ; descendre, *un instrument, un outil*.

lowered – baissé.

lowering – abaissement *m* ; atténuation *f*; descente *f*. **lowering gang**: équipe de mise en fouille, *pipeline*. **lowering in**: mise en fouille. **lowering the casing**: descente du tubage.

lowest – le plus bas. **lowest useful high frequency (LUHF)**: fréquence minimale d'utilisation.

lowland – bas-pays *m*, *dépression monoclinale* ; dépression *f (géol)* ; plaine *f*; plaine basse. **lowland desert**: basses terres désertiques. **lowland lake**: lac de plaine.

lowstand – bas niveau, *intervalle de temps géologique dans le cycle eustatique pendant lequel le niveau marin est au-dessous de la rupture de la pente côtière.* **lowstand deposit**: dépôt de bas niveau, *sédiments déposés quand le niveau de la mer est bas.* **lowstand prograding wedge**: prisme de bas niveau, *ensemble supérieur du cortège sédimentaire de bas niveau marin.* **lower lowstand prograding wedge**: prisme de bas niveau inférieur. **upper lowstand prograding wedge**: prisme de bas niveau supérieur. **lowstand systems tract**: cortège de bas niveau, *cortège pouvant avoir deux configurations différentes, l'une associée à un passage plateau continental/bassin par l'intermédiaire d'un talus continental bien marqué, l'autre associée à un passage graduel type rampe.* **lowstand wedge**: prisme de bas niveau.

LOX – *abrév. de liquid oxygen.*

loxodrome – loxodromie *f (navig)*.

loyalty – fidélité *f.* **loyalty contract**: contrat de fidélité.

LP – BP, *abrév. de low pressure : basse pression.*

LP-gas – *abrév. de liquefied petroleum gas.* **LP-gas vaporizing system**: système de vaporisation des gaz liquéfiés.

LPC – *abrév. de longitudinal-parity check.*

LPF – *abrév. de light petroleum feedstock.*

LPG – GPL, *abrév. de liquefied petroleum gas : gaz de pétrole liquéfiés.* **LPG injection**: *voir miscible displacement.* **LPG packaging center**: centre de mise en bouteille de GPL. **LPG-slug injection**: injection d'un bouchon de GPL *(prod)*.

LRC – *abrév. de longitudinal redundancy check.*

LRG – GRL, *abrév. de liquefied refinery gas, gaz de raffinerie liquéfiés.*

LRS – *abrév. de laser Raman spectroscopy.*

LRV – *abrév. de long-range vessel.*

ls – *abrév. de limestone.*

LS – *abrév. de light scattering.*

LSB – *abrév. de least-significant bit.*

LSC – CLS, *abrév. de liquid-solid chromatography, chromatographie liquide-solide.*

lse – *abrév. de lease.*

LSI – *abrév. de large-scale integration.*

LTBO – *abrév. de long-time-burning oil.*

LTS – *abrév. de low-temperature separation.*

LTVE – *abrév. de long-tube vertical evaporator.*

lubber – marin ou ouvrier novice. **lubber's line**: ligne de foi, *d'un compas.*

lube – lubrifiant *m.* **lube cut**: fraction des huiles lubrifiantes, *fraction de la distillation du brut dont sont tirées les huiles lubrifiantes.* **lube oil**: *voir lubricating oil.* **lube-oil additive**: additif pour huile lubrifiante. **lube-oil blending**: mélange d'huile lubrifiante. **lube-oil distillate**: *voir lube cut.* **lube-oil purifier**: centrifugeuse d'huile. **lube stock**: *voir lube cut.*

lubricant – lubrifiant *m* ; lubrifiant, *fém. lubrifiante.* **lubricant additive**: additif pour lubrifiants. **lubricant film**: film d'huile ; film lubrifiant ; pellicule lubrifiante. **lubricant stock**: huile de base.

lubricate (to) – graisser ; lubrifier.

lubricated – lubrifié. **lubricated gasoline**: mélange pour moteur deux temps. **lubricated-plug cock**: robinet à boisseau lubrifié. **lubricated sliding**: glissement lubrifié.

lubricating – lubrifiant. **lubricating can**: burette de graissage. **lubricating cock**: robinet graisseur. **lubricating cup**: godet graisseur. **lubricating film**: *voir lubricant film.* **lubricating fluid**: lubrifiant *m.* **lubricating graphite**: graphite de graissage. **lubricating grease**: graisse lubrifiante. **lubricating nipple**: raccord de graisseur. **lubricating oil**: huile de graissage ; huile lubrifiante. **lubricating-oil cooler**: réfrigérant d'huile de graissage. **lubricating-oil dope**: additif pour huile lubrifiante, *ou pour huile de graissage.* **lubricating-oil phosphorous test**: dosage du phosphore dans les huiles lubrifiantes. **lubricating-oil pump**: pompe à huile. **lubricating-oil still**: appareil de distillation des huiles lubrifiantes. **lubricating plug valve**: robinet à boisseau lubrifié. **lubricating power**: pouvoir lubrifiant. **lubricating ring**: bague de graissage. **lubricating stuff**: produit de graissage. **lubricating system**: circuit de graissage ; système de graissage.

lubrication – graissage *m* ; lubrification *f.* **lubrication chart**: tableau de graissage. **lubrication diagram**: schéma de graissage. **lubrication nipple**: raccord de graissage. **lubrication pipe**: canalisation de graissage. **lubrication point**: point de graissage.

lubricator – graisseur *m* ; lubrificateur *m, sas de lubrification.*

lubricity – onctuosité *f, aptitude d'un lubrifiant à diminuer le coefficient de frottement entre deux surfaces en mouvement relatif ; cette propriété est différente de la viscosité (voir aussi oiliness)* ; pouvoir lubrifiant *m.* **lubricity improver**: additif d'onctuosité.

Ludian – Ludien *m, étage de l'Eocène.*

ludlamite – ludlamite *f, phosphate de fer.*

Ludlovian – Ludlovien *m, étage du Silurien supérieur.*

ludwigite – ludwigite *f, borate de fer.*

lug – cosse *f* ; oreille *f* ; patte *f.*

luggage – bagage *m.* **luggage carrier**: porte-bagages *m.* **luggage van**: fourgon *m.*

LUHF – *abrév. de lowest useful high frequency.*

lukewarm – tiède.

lumber – bois de charpente ; bois de construction.

lumen – lumen *m, unité de flux lumineux SI, symbole* lm. **lumen per square meter**: lumen par mètre carré, *unité SI d'exitance lumineuse* (lm/m^2). **lumen per watt**: lumen par watt, *unité SI d'efficacité lumineuse* (lm/W). **lumen second**: lumen seconde, *unité SI de quantité de lumière* (lm/s).

luminance – luminance *f* ; luminance lumineuse ; luminance visuelle. **luminance signal**: signal de luminance, *télévision.*

luminescence – luminescence *f.*

luminol – luminol *m, composé chimique doté d'une chimioluminescence verte.*

luminometer – luminomètre *m.* **luminometer index**: indice de luminométrie, *des carburéacteurs.*

luminophor – luminophore *m, matière fluorescente.*

luminosity – luminosité *f.*

luminous – éclairant ; lumineux. **luminous dial**: cadran lumineux. **luminous efficacy**: efficacité lumineuse, *quotient du flux lumineux par le flux énergétique, s'exprime en lumen par watt.* **luminous efficiency**: efficacité lumineuse. **luminous emittance**: émittance énergétique, *ancienne appellation de l'exitance lumineuse.* **luminous exitance**: exitance lumineuse. **luminous flame**: flamme éclairante. **luminous flux**: flux lumineux, *l'unité SI est le lumen.* **luminous intensity**: intensité lumineuse, *l'unité SI est la candela.*

LUMO – BV, *abrév. de lowest-energy unoccuppied molecular orbital, plus Basse orbitale moléculaire Vacante.*

lump – agrégat *m* ; fragment *m* ; grumeau *m* ; morceau *m* ; motte *f.* **lump coal**: gaillette *f, gros morceau de charbon.* **lump sum**: forfait *m* ; somme forfaitaire ; somme globale. **lump-sum charter**: affrètement à forfait ; affrètement en bloc ; contrat d'affrètement au forfait. **lump-sum contract**: contrat à forfait ; contrat forfaitaire.

lumpy – grumeleux ; en morceaux.

lunar – lunaire. **lunar probe**: sonde lunaire. **lunar tide**: marée lunaire.

lurch – cahot *m* ; embardée *f.*

Lurgi – *dénomination d'un procédé de gazéification du charbon.*

Lusitanian – Lusitanien *m, étage du Jurassique supérieur.*

luster – éclat *m* ; lustre *m.*

lusterless – sans éclat ; terne.

lustrous – luisant ; lustré.

lute – calfat *m* ; lut *m, matière durcissable par dessiccation, utilisée pour boucher hermétiquement des récipients* ; mastic *m.* **luteless joint**: joint sans lut ; joint sec.

Lutetian – Lutétien *m, étage de l'Eocène.*

lutetium – lutétium *m, ou lutécien, une terre rare.*

lutite – lutite *f, anciennes boues faites de matériaux détritiques fins consolidés par compaction.*

lux – lux *m, unité d'éclairement SI, éclairement d'une surface qui reçoit, d'une manière uniformément répartie, un flux lumineux de 1 lumen par mètre carré, symbole* lx. **lux second**: lux seconde, *unité SI d'exposition lumineuse* (lx.s).

luxmeter – luxmètre *m.*

LVI – *abrév. de low viscosity index.*

LVL – WZ, *abrév. de low-velocity layer : zone altérée.* **LVL shots**: petite réfraction, *méthode utilisée pour résoudre des problèmes peu profonds tels que la recherche d'une assise rocheuse en génie civil.*

LVZ – WZ, *abrév. de low-velocity zone : weathering zone.*

LWD – *abrév. de logging while drilling.*

LWL – *abrév. de low-water loss.* **LWL cement**: *abrév. de low-water-loss cement.*

LWR – *abrév. de light-water reactor.*

lx – lx, *symbole de lux.*

lyddite – lyddite *f, explosif.*

lydite – lydienne *f, variété de jaspe.*

lye – lessive *f.* **lye treating**: traitement à la soude caustique, *traitement de désulfuration des fractions pétrolières.*

lyogel – lyogel *m.*

lyophilic – lyophile, *permet de classer les colloïdes selon les liquides dans lesquels ils peuvent se disperser, synonyme de hydrophile quand c'est l'eau et de oléophile si c'est l'huile.*

lyophilization – cryodessiccation *f* ; lyophilisation *f, voir aussi freeze drying.*

lyophobic – lyophobe.

lysimeter – lysimètre *m, étude de l'eau dans les sols.*

lysine – lysine *f, acide aminé.*

lysocline – lysocline *f, profondeur où, dans les océans, la solubilité des carbonates augmente, donc leur taux de sédimentation diminue.*

lysogenic – lysogène, *bactérie.*

lyxose – lyxose *m, aldopentanose.*

M

m – m, *symbole de meter (metre) et de milli.*
M – M, *symbole de mega.*
Ma – Ma, *symbole de millions d'années, unité de temps géologique.*
maar – maar *m, lac de cratère.*
Maastrichtian – *voir Maestrichtian.*
MABP – *abrév. de molar average boiling point.*
MAC – CMA, *abrév. de maximum allowable concentration, concentration maximale admissible.*
macadam – macadam *m.* **macadam aggregate**: agrégat type macadam. **macadam road**: route macadamisée.
macaroni – macaroni *m, petites tiges servant à entraîner le coupe-tige intérieur dans les tiges de forage.* **macaroni tubing**: tube macaroni, *tube de production de petit diamètre.*
maceral – macéral *m, constituants organiques microscopiques du charbon.* **maceral group**: groupe de macéraux, *subdivision des éléments microscopiques du charbon selon qu'on y reconnait ou non les structures végétales et selon leur pouvoir réflecteur.*
Mach – Mach. **Mach cone**: cône de Mach, *onde de choc en forme de cône créée par un corps pointu se déplaçant à très grande vitesse.* **Mach number**: nombre de Mach, *rapport de la vitesse d'un mobile à la célérité du son dans un fluide par rapport auquel il se déplace.* **Mach wave**: ligne de Mach.
machinability – usinabilité *f.* **machinability rate**: vitesse d'usinage.
machine – machine *f.* **machine castor oil**: huile de graissage des axes et coussinets, *solution de savon d'aluminium dans une huile paraffinique ou légèrement neutre.* **machine drill**: perceuse *f.* **machine language**: langage machine. **machine learning**: apprentissage automatique. **machine oil**: huile de mouvement ; huile pour machines. **machine riveting**: rivetage mécanique. **machine room**: salle des machines. **machine shop**: atelier d'usinage ; atelier de mécanique. **machine steel**: acier pour constructions mécaniques. **machine tool**: machine-outil *f.* **machine welding**: soudage mécanique. **machine work**: usinage *m.*
machine (to) – façonner ; travailler ; usiner.
machined – usiné.
machinery – machinerie *f, machines.*
machining – usinage *m.* **machining allowance**: surépaisseur pour ajustage.
macigno – macigno *m, faciès de grès argilo-calcaire.*
mackensite – mackensite *f, silicate de fer.*
mackinawite – mackinawite *f, silicate de fer, produit de corrosion des tubes en fer.*
macle – macle *f, voir aussi twinned crystal.*
macled – maclé *(minér).*
MacMichael – MacMichael. **MacMichael viscometer**: viscosimètre de MacMichael.
MACP – *abrév. de mean absolute column pressure.*
macrinite – macrinite *f, voir inertinite.*
macroanalysis – macroanalyse *f.*
macroclastic – macroclastique.
macrocrystalline – macrocristallin. **macrocrystalline wax**: cire macrocristalline.
macrocycle – macrocycle *m (chim).*
macrodome – macrodôme *m (crist).*
macroeconomics – macroéconomie *f.*
macrofossil – macrofossile *m.*
macrography – macrographie *f.*
macromeritic – macroméritique. **macromeritic structure**: structure macroméritique *(pétro).*
macromolecular – macromoléculaire.
macromolecule – macromolécule *f, molécule géante.*
macropinacoid – macropinacoïde *m (crist).*
macroplankton – macroplancton *m, de 5 cm à 5 mm.*
macropolymerization – macropolymérisation *f.*
macropore – macropore *m.*
macroprism – macroprisme *m (crist).*
macroscopic – macroscopique. **macroscopic analysis**: analyse macroscopique. **macroscopic anisotropy**: anisotropie macroscopique.
macroscopy – macroscopie *f.*
macrospore – macrospore *f* ; mégaspore *f.*
macrostructure – macrostructure *f.*
maculose – tacheté. **maculose rock**: roche tachetée. **maculose structure**: texture tachetée.
made – fabriqué. **made ground**: remblai *m.*
madrepore – madrépore *m, corail.*
maerl – maërl *m, sédiment meuble, composé de débris d'algues rouges, connu sur les côtes de Bretagne.*
Maestrichtian – Maastrichtien *m, ou Maestrichien, étage du Crétacé supérieur.*
MAF – *abrév. de moisture and ash free : sans humidité et sans cendre.*
mafic – mafique, *s'applique aux roches magmatiques riches en minéraux ferromagnésiens.* **mafic mineral**: minéral fémique, *ferromagnésien.*
MAG – *abrév. de metal-active gas.* **MAG welding**: soudage MAG, *soudage à l'arc avec une élec-*

trode fusible sous mélange de gaz actif : argon, gaz carbonique (voir MAG).
magallanite – magallanite *f, variété d'asphalte dur.*
Magdalenian – Magdalénien *m, Paléolithique supérieur.*
maghemite – maghémite *f, spinelle de fer.*
magic – magique. **magic angle spinning (MAS)**: rotation à angle magique *(optique)*. **magic numbers**: nombres magiques.
magma – magma *m*. **magma chamber**: chambre magmatique.
magmatic – magmatique. **magmatic assimilation**: assimilation magmatique, *voir assimilation.* **magmatic column**: colonne magmatique. **magmatic concentration**: concentration magmatique. **magmatic deposit**: gisement magmatique. **magmatic differentiation**: différenciation magmatique, *processus par lequel un magma se fragmente en portions chimiquement et minéralogiquement différentes.* **magmatic eruption**: éruption magmatique. **magmatic hearth**: foyer magmatique *(géol)*. **magmatic segregation**: ségrégation magmatique. **magmatic water**: eau magmatique.
magmatism – magmatisme *m, formation, migration et solidification des magmas.*
Magnaflux – *dénomination d'un dispositif utilisé pour le contrôle de pièces métalliques par magnétoscopie.*
Magnaforming – *dénomination d'un procédé de reformage catalytique.*
magnesia – magnésie *f.* **magnesia brick**: brique de magnésie. **magnesia mixture**: mélange magnésien.
magnesian – magnésien. **magnesian chalk**: craie magnésienne. **magnesian limestone**: calcaire magnésien.
magnesite – magnésite *f, giobertite, carbonate de magnésium.* **magnesite brick**: brique de magnésite. **magnesite lining**: revêtement de magnésite.
magnesium – magnésium *m, symbole chim. Mg.* **magnesium alloy**: alliage au magnésium, *alliage ultraléger.* **magnesium carbonate**: carbonate de magnésium. **magnesium chloride**: chlorure de magnésium. **magnesium fluoride**: fluorure de magnésium. **magnesium fluosilicate**: fluosilicate de magnésium. **magnesium hydroxide**: hydroxyde de magnésium. **magnesium oleate**: oléate de magnésium. **magnesium perchlorate**: perchlorate de magnésium. **magnesium phosphate**: phosphate de magnésium. **magnesium silicate**: silicate de magnésium. **magnesium sulfate**: sulfate de magnésium.
magnet – aimant *m, masse magnétique.* **magnet coil**: bobine magnétique. **magnet crane**: grue à crochet magnétique. **magnet steel**: acier magnétique.
magnetic – magnétique. **magnetic agitator**: agitateur magnétique. **magnetic alloy**: alliage magnétique. **magnetic amplifier**: amplificateur magnétique. **magnetic anomaly**: anomalie magnétique. **magnetic attraction**: attraction magnétique. **magnetic azimuth**: azimut magnétique. **magnetic balance**: balance magnétique. **magnetic barrier**: barrière magnétique. **magnetic bearing**: direction magnétique. **magnetic blowout**: soufflage magnétique. **magnetic brake**: frein magnétique. **magnetic-bubble memory**: mémoire à bulles magnétiques. **magnetic change**: variation magnétique. **magnetic chart**: carte des déclinaisons magnétiques. **magnetic circuit**: circuit magnétique. **magnetic clinograph**: clinographe magnétique. **magnetic clutch**: embrayage magnétique. **magnetic compass**: compas magnétique. **magnetic concentration**: concentration magnétique. **magnetic concentrator**: concentrateur magnétique. **magnetic confinement**: confinement magnétique. **magnetic constant**: constante magnétique. **magnetic cooling**: refroidissement magnétique. **magnetic core**: noyau magnétique. **magnetic crack detection**: contrôle magnétoscopique. **magnetic declination**: déclinaison magnétique. **magnetic deflection**: déviation magnétique. **magnetic dial**: boussole *f.* **magnetic dip**: inclinaison magnétique, *angle que fait le champ magnétique terrestre avec le plan horizontal.* **magnetic dipole moment**: moment de dipôle magnétique. **magnetic disk**: disque magnétique. **magnetic disturbance**: perturbation magnétique. **magnetic double refraction**: biréfringence magnétique. **magnetic drum**: tambour magnétique. **magnetic energy**: énergie magnétique. **magnetic equator**: équateur magnétique. **magnetic field**: champ magnétique. **magnetic-field logging**: diagraphie de champ magnétique. **magnetic-field strength**: intensité du champ magnétique. **magnetic fishing tool**: outil de repêchage magnétique. **magnetic fluid**: fluide magnétique. **magnetic-fluid clutch**: embrayage à fluide magnétique. **magnetic flux**: flux magnétique, *flux d'induction magnétique, s'exprime en weber.* **magnetic flux density**: densité de flux magnétique, *induction magnétique.* **magnetic force**: force magnétique. **magnetic gradiometer**: gradiomètre magnétique. **magnetic head**: tête magnétique. **magnetic hysteresis**: hystérésis d'aimantation ; hystérésis magnétique. **magnetic inclination**: inclinaison magnétique. **magnetic induction**: induction magnétique, *densité de flux magnétique.* **magnetic iron**: fer magnétique, *magnétite (minér)*. **magnetic leakage**: dispersion magnétique. **magnetic lens**: lentille magnétique. **magnetic level indicator**: indicateur de niveau magnétique. **magnetic line of force**: ligne de force. **magnetic lock**: fermeture magnétique. **magnetic memory**: mémoire magnétique. **magnetic meridian**: méridien magnétique. **magnetic method**: méthode magnétique, *de prospection.* **magnetic mirror**: miroir magnétique. **magnetic moment**: moment magnétique. **magnetic needle**: aiguille aimantée. **magnetic north**: nord magnétique, *direction du Nord indiquée par une boussole sous l'influence du champ magnétique terrestre.* **magnetic particle inspection**: magnétoscopie *f, méthode de contrôle des pièces en métaux et alliages ferromagnétiques par poudre magnétique, les pièces sont posées sur un champ magnétique et la poudre magnétique s'accumule sur chaque défaut.* **magnetic-particle test**: contrôle magnétoscopique. **magnetic permeability**: perméabilité magnétique. **magnetic polarization**: induction intrinsèque ; polarisation magnétique. **magnetic pole**: pôle magnétique. **magnetic potential**: force magnétomotrice. **magnetic-potential difference**: tension magnétique. **magnetic prospecting**: prospection magnétique. **magnetic pulley**: poulie magnétique. **magnetic pumping**: pompage magnétique. **magnetic pyrites**: pyrite ma-

gnétique, *pyrrhotite (minér)*. **magnetic recorder**: enregistreur magnétique. **magnetic recording**: enregistrement magnétique. **magnetic relaxation**: relaxation magnétique. **magnetic resonance**: résonance magnétique. **magnetic rigidity**: rigidité magnétique. **magnetic rotation**: polarisation rotatoire magnétique, *effet Faraday*. **magnetic saturation**: saturation magnétique. **magnetic separation**: séparation magnétique. **magnetic separator**: séparateur magnétique. **magnetic shield**: écran magnétique. **magnetic spectrograph**: spectrographe magnétique. **magnetic spectrometer**: spectromètre magnétique. **magnetic storage**: mémoire magnétique. **magnetic storm**: orage magnétique. **magnetic stray field**: champ de dispersion magnétique. **magnetic survey**: levé magnétique ; magnétométrie *f*; prospection magnétique. **magnetic susceptibility**: susceptibilité magnétique. **magnetic tape**: bande magnétique. **magnetic-tape transport**: dérouleur de bande, *magnétique*. **magnetic temperature**: température magnétique. **magnetic thermometer**: thermomètre magnétique. **magnetic valve**: soupape électromagnétique. **magnetic variation**: déclinaison magnétique ; variation magnétique. **magnetic variometer**: magnétomètre *m* ; variomètre magnétique. **magnetic vector potential**: potentiel vecteur magnétique. **magnetic viscosity**: viscosité magnétique. **magnetic wave**: onde magnétique. **magnetic well**: puits magnétique.

magnetism – magnétisme *m*.

magnetite – magnétite *f*, *spinelle de fer (minér)*.

magnetization – aimantation *f*; magnétisation *f*.

magneto – magnéto *f*. **magneto ignition**: allumage magnétique.

magnetoaerodynamics – magnétoaérodynamique *f*, *étude de l'écoulement des gaz ionisés à haute température soumis à un champ magnétique*.

magnetocaloric – magnétocalorique. **magnetocaloric effect**: effet magnétocalorique.

magnetochemistry – magnétochimie *f*.

magnetoelectric – magnétoélectrique.

magnetograph – magnétographe *m*.

magnetohydrodynamics – magnétohydrodynamique *f*.

magnetomechanical – magnétomécanique.

magnetometer – magnétomètre *m* ; variomètre *m*.

magnetometric – magnétométrique. **magnetometric prospecting**: prospection magnétométrique. **magnetometric surveying**: prospection magnétométrique.

magnetomotive – magnétomoteur. **magnetomotive force**: force magnétomotrice.

magneton – magnéton *m*, *unité élémentaire de moment magnétique*.

magnetooptics – magnétooptique *f*.

magnetopause – magnétopause *f*, *couche limite de la magnétosphère*.

magnetoresistance – magnétorésistance *f*.

magnetosphere – magnétosphère *f*, *région de l'espace entourant la Terre et dans laquelle est confiné le champ magnétique terrestre*.

magnetostatics – magnétostatique *f*, *étude des champs magnétiques constants*.

magnetostratigraphy – magnétostratigraphie *f*, *utilisation du magnétisme rémanent des roches pour préciser leur position stratigraphique*.

magnetostriction – magnétostriction *f*.

magnetostrictive – magnétostrictif. **magnetostrictive filter**: filtre magnétostrictif. **magnetostrictive (MS) pickup**: capteur à magnétostriction.

magnetotelluric – magnétotellurique. **magnetotelluric method**: méthode magnétotellurique ; méthode audiomagnétotellurique. **magnetotelluric noise**: bruit magnétotellurique. **magnetotelluric prospecting**: prospection magnétotellurique.

magnetron – magnétron *m*, *tube à vide*.

magnification – agrandissement *m* ; amplification *f*; grandissement *m* ; grossissement *m*.

magnifying – grossissant. **magnifying glass**: loupe *f*; verre grossissant. **magnifying lens**: lentille dioptrique. **magnifying power**: pouvoir grossissant.

magnitude – grandeur *f*; magnitude *f*. **magnitude of an earthquake**: magnitude d'un séisme, *amplitude du mouvement du sol mesurée à l'aide d'un sismogramme de référence, voir aussi échelle de Richter*. **magnitude scale**: échelle de magnitude.

magnon – magnon *m*, *onde d'oscillations de spins se propageant dans un cristal magnétique*.

mahogany – acajou *m*. **mahogany acid**: acide acajou, *acide sulfonique soluble dans l'huile*. **mahogany soap**: savon acajou, *à base de sulfonate, soluble dans l'huile*.

maiden – vierge, initial. **maiden field**: gisement vierge. **maiden voyage**: voyage inaugural, *ou premier voyage d'un navire*.

mail – courrier *m*. **mail clerk**: employé au courrier.

main – principal. **main air inlet**: admission d'air principale. **main beam**: faisceau principal. **main bearing**: palier de vilebrequin ; palier principal. **main circuit**: circuit principal. **main deck**: pont principal, *d'une plate-forme ou d'un navire de forage*. **main distribution**: distribution principale. **main drive shaft**: arbre principal du treuil de forage. **main engine**: moteur principal. **main fault**: faille principale. **main float**: flotteur principal, *plate-forme marine*. **main fold**: pli principal. **main girder**: poutre maîtresse. **main jet**: gicleur principal. **main journal**: voie d'arbre. **main lead**: conducteur principal. **main level**: niveau principal. **main line**: canalisation principale ; conduite d'exhaure ; grande ligne ; voie principale. **main lobe**: lobe principal, *d'une antenne*. **main lode**: filon principal. **main pulley**: poulie motrice. **main rope**: câble de tête. **main shaft**: arbre moteur ; arbre principal. **main sill**: semelle principale, *notamment d'un derrick*. **main storage**: mémoire principale. **main stream**: rivière principale. **main truss**: poutre maîtresse. **main valve**: vanne principale.

main – câble de distribution ; canalisation *f*. **mains current**: courant de secteur ; courant force. **mains failure**: panne de secteur. **mains frequency**: fréquence de secteur. **mains hum**: ronflement de secteur. **mains junction**: noeud de canalisations. **mains laying**: pose des canalisations. **mains power supply**: alimentation secteur.

mainframe – unité centrale, *ordinateur* ; unité principale.

mainland – continent *m* ; terre ferme.

maintainability – maintenabilité *f*, *probabilité de remettre un système en état de fonctionner dans des limites de temps spécifiées*.

maintenance – conservation *f*; entretien *m* ; maintenance *f*. **maintenance cost**: frais d'entretien. **maintenance crew**: équipe d'entretien. **maintenance equipment**: matériel d'entretien. **maintenance expenses**: frais d'entretien. **maintenance kit**: trousse d'entretien. **maintenance manual**: manuel d'entretien. **maintenance staff**: personnel d'entretien. **maintenance vehicle**: camion atelier.

major – majeur ; principal, *de premier plan*. **major constituent**: constituant fondamental. **major diameter**: diamètre externe. **major elements**: éléments majeurs *(géochim)*. **major equipment**: équipement principal. **major field**: *voir giant field*. **major fire**: incendie majeur. **major fold**: pli principal *(géol)*. **major hazard**: risque majeur. **major industrial hazard**: risque industriel majeur. **major joint**: diaclase principale. **major lobe**: lobe principal. **major offence**: faute lourde, *faute majeure*. **major overhaul**: révision générale.

majority – majorité *f*. **majority carrier**: porteur majoritaire. **majority vote**: décision à la majorité.

Majors – *dénomination collective qui regroupe les plus grandes sociétés pétrolières mondiales.*

make – construction *f*; façon *f*; fermeture *f*, *du circuit (élec)* ; marque *f*, *d'un produit*. **make per run**: volume de produit fabriqué par cycle. **make run**: période de fabrication.

make (to) – faire. **make (to) a bridle**: essayer un amplificateur *(sism)*. **make (to) a connection**: ajouter une nouvelle section au train de tiges. **make (to) a trip**: faire un aller-retour du trépan. **make (to) and break**: connecter et déconnecter. **make (to) hole**: approfondir le trou ; forer, *faire de l'avancement*. **make (to) location**: fixer l'emplacement d'un puits. **make (to) oil**: produire de l'huile. **make (to) sand**: s'ensabler, *pour un puits*. **make (to) through**: pénétrer une formation. **make (to) up**: amorcer une charge ; bloquer, *les tiges de forage* ; réunir par vissage. **make (to) up another wrinkle**: visser la tige d'un tour supplémentaire. **make (to) up for lost time**: rattraper le temps perdu.

make-and-break – autorupteur *m* ; conjoncteur disjoncteur. **make-and-break ignition**: allumage par rupteur. **make-and-break rotary table**: table de rotation à vissage et dévissage semiautomatiques.

maker – fabricant *m*.

makeshift – de fortune. **makeshift tool**: outillage de fortune.

makeup – appoint *m* ; vissage *m*. **makeup gas**: gaz d'appoint, *gaz tiré d'un autre réservoir lors des opérations d'injection de gaz sur un gisement.* **makeup length**: pièce de raccordement. **makeup tongs**: clés de plancher, *pour le vissage et le dévissage des tiges de forage*. **makeup torque**: couple de serrage ; couple de vissage, *des tiges de forage*. **makeup water**: eau d'appoint.

making-up – vissage *m (for)*.

malachite – malachite *f*, *minerai de cuivre*.

malathion – malathion *m*, *insecticide*.

male – mâle. **male cone**: cône mâle. **male connection**: raccord mâle. **male fishing tap**: taraud mâle de repêchage. **male joint**: joint mâle.

maleic – maléique. **maleic acid**: acide maléique. **maleic anhydride**: anhydride maléique, *anhydride cis-butènedioïque*.

malfunction – défaillance *f*, *mauvais fonctionnement*.

malic – malique. **malic acid**: acide malique.

malleability – malléabilité *f*.

malleable – malléable. **malleable iron**: fer malléable, *fer doux*. **malleable metal**: métal malléable. **malleable pig iron**: fonte malléable. **malleable steel**: acier malléable, *acier doux*.

malleate (to) – forger ; marteler.

mallet – maillet *m*.

Malm – Malm *m*, *Jura blanc, Jurassique supérieur*.

maltha – malthe *m*, *variété de pétrole ayant perdu ses portions volatiles et commencé à s'altérer.*

malthene – malthène *m*, *un composant de l'asphalte, comprenant les parties huileuses et les résines*.

mamelon – mamelon *m (géol)*.

mammal – mammifère *m*.

mammillary – mamelonné.

man – homme *m*. **man day**: homme jour, *journée individuelle*. **man-machine interface (MMI)**: interface homme-machine. **man overboard**: homme à la mer.

MAN – *abrév. de methacyclonitrile*.

management – direction *f*; gérance *f*, *fonction de gérant* ; gestion *f*; management *m*. **management by objectives (MBO)**: direction par objectifs (DPO) ; gestion par objectifs, *gestion prévisionnelle*. **management cost**: frais d'administration. **management engineering**: organisation de la gestion des entreprises. **management planning**: gestion prévisionnelle.

manager – administrateur *m* ; directeur *m* ; gérant *m* ; manager *m*.

managing – directeur. **managing engineer**: ingénieur d'exploitation.

manandonite – manandonite *f*, *chlorite*.

mandate – mandat *m*.

mandatory – impératif ; obligatoire. **mandatory contract carriage**: obligation de transport pour le compte de tiers, *dans l'industrie du gaz ou de l'électricité, dans les limites des capacités de transport du réseau*.

mandrel – mandrin *m* ; porte-outil *m*, *repêchage*. **mandrel socket**: mandrin de repêchage *(for)*.

mandril – *voir mandrel*.

maneuverability – maniabilité *f*.

manganese – manganèse *m*, *symbole chim. Mg*. **manganese acetate**: acétate de manganèse. **manganese alloy**: alliage de manganèse. **manganese borate**: borate de manganèse. **manganese bronze**: bronze au manganèse. **manganese carbonate**: carbonate de manganèse. **manganese dioxide**: bioxyde de manganèse. **manganese nodule**: nodule de manganèse, *nodule polymétallique des fonds océaniques*. **manganese ore**: minerai de manganèse. **manganese oxide**: oxyde de manganèse. **manganese steel**: acier au manganèse. **manganese sulfate**: sulfate de manganèse.

manganite – manganite *f*, *minerai de manganèse*.

mangrove – manglier *m* ; palétuvier *m*. **mangrove bark**: écorce de manglier, *additif pour boues de forage*. **mangrove swamp**: mangrove *f*.

manhead – *voir manhole*.

manhole – regard de visite ; trou d'homme ; trou de visite.

manifest – manifeste *m, déclaration d'expédition marine.*
manifold – clarinette *f (prod)* ; claviature *f*; collecteur *m* ; manifold *m.* **manifold pit**: fosse de claviature.
manila – de Manille. **manila resin**: manille *f, variété de résine de copal.* **manila rope**: câble en chanvre de Manille.
manipulator – manipulateur *m.* **manipulator arm**: bras manipulateur.
manjak – manjak *m, variété de bitume trouvé à la Barbade.*
man-made – artificiel. **man-made fiber**: fibre synthétique. **man-made island**: île artificielle. **man-made satellite**: satellite artificiel.
manned – habité. **manned light**: feu gardé. **manned orbiting laboratory (MOL)**: laboratoire orbital habité. **manned submersible**: engin habité ; submersible habité *(océan)*. **manned work enclosure (MWE)**: enceinte de travail habitée.
manocryometer – manocryomètre *m, appareil utilisé pour mesurer la modification du point de fusion d'une substance en fonction de la modification de la pression.*
manoeuvrability – *voir maneuverability.*
manograph – manomètre enregistreur.
manometer – manomètre *m.*
manometric – manométrique.
manostat – manostat *m.*
manpower – main-d'oeuvre *f.*
mantissa – mantisse *f, dans une présentation à virgule flottante, nombre à multiplier par deux puissance l'exposant pour obtenir la valeur de l'échantillon.* **mantissa stack**: sommation des mantisses.
mantle – chemise extérieure ; manchon *m* ; manteau *m* ; manteau terrestre, *partie du globe terrestre située entre la croûte et le noyau.* **mantle burner**: brûleur à manchon. **mantle rock**: régolite *m.* **mantle sheet iron**: tôle d'enveloppe, *d'un haut fourneau.*
manual – manuel, *fém. manuelle* ; manuel *m.* **manual casing hanger**: raccord manuel de suspension du tubage. **manual control**: commande à main. **manual drive**: commande manuelle. **manual labor**: travail manuel. **manual lubrication**: graissage manuel. **manual metal-arc welding**: soudage manuel à l'arc métallique. **manual transmission**: transmission manuelle. **manual welding**: soudage manuel.
manufacture – fabrication *f.*
manufacture (to) – fabriquer ; transformer, *un produit.*
manufactured – manufacturé. **manufactured gas**: gaz de ville ; gaz manufacturé. **manufactured mineral**: minéral synthétique.
manufacturer – constructeur *m.*
manufacturing – fabrication *f.* **manufacturing cost**: coût de fabrication. **manufacturing department**: service de fabrication. **manufacturing overhead**: frais de fabrication. **manufacturing process**: procédé de fabrication.
manure – fumier *m.* **manure gas**: gaz de fumier.
manuscript – manuscrit *m.*
manway – trou d'homme, *passage pour homme.*
map – carte *f*; plan *m.* **map drawing**: minute cartographique, *dessin original* ; plan *m.* **map grid**: quadrillage de la carte. **map mounted on cloth**: carte entoilée. **map nadir**: nadir sur la carte. **map pin**: épingle de signalisation. **map projection**: projection cartographique, *voir aussi Lambert, Mercator.* **map scale**: échelle *f, d'une carte.* **map sheet**: coupure *f, d'une carte.*
map (to) – cartographier ; dessiner. **map (to) out**: dresser la carte de ; exécuter une carte.
MAPD – *abrév. de methylacetylene propadiene.*
mapmaking – cartographie *f.*
mapping – cartographie *f.* **mapping camera**: chambre cartographique ; chambre métrique, *appareil de prises de vues destiné à l'établissement des cartes.*
marble – bille *f*; marbre *m.* **marble quarry**: marbrière *f, carrière de marbre.*
marbled – marbré.
marcasite – marcasite *f, ou marcassite, pyrite blanche, sulfure de fer.*
margarite – margarite *f, mica dur.*
margin – marge *f.* **margin of overpull (MOP)**: réserve de traction, *sur une tige de forage.* **margin of safety**: marge de sécurité. **margin of strength**: marge de puissance.
marginal – marginal. **marginal cost**: coût marginal. **marginal crevasse**: crevasse marginale, *glacier* ; rimaye *f, crevasse de glacier.* **marginal deep**: fosse marginale, *idiogéosynclinal.* **marginal deposit**: dépôt marginal. **marginal facies**: faciès marginal, *faciès côtier.* **marginal fault**: faille marginale. **marginal field**: gisement marginal. **marginal fold**: pli marginal *(géol)*. **marginal geosyncline**: paragéosynclinal *m.* **marginal information**: indication en marge. **marginal moraine**: moraine marginale. **marginal sea**: mer bordière ; mer marginale. **marginal texture**: texture marginale *(géol)*. **marginal well**: puits marginal, *puits en production par pompage ayant une capacité journalière qui varie de 10 barils au moins pour un puits de 0 à 2 000 pieds, à 20 à 35 barils pour les puits au-delà de 8 000 pieds.* **marginal zone**: zone marginale.
marigram – marégramme *m, courbe des hauteurs de marée enregistrée par un marégraphe.*
marigraph – marégraphe *m, appareil enregistrant les variations du niveau de la mer.*
marine – marin. **marine abrasion**: abrasion marine. **marine adaptation**: marinisation *f, adaptation d'un équipement aux conditions marines.* **marine arch**: arche marine. **marine boiler**: chaudière marine. **marine completion**: complétion marine. **marine denudation**: érosion marine. **marine deposit**: dépôt marin ; formation marine. **marine diesel**: diesel marin. **marine ecosystem**: écosystème marin. **marine-engine oil**: huile pour moteurs marins. **marine engineering**: génie maritime. **marine environment**: milieu marin. **marine erosion**: érosion marine. **marine facies**: faciès marin. **marine flooding surface**: surface d'inondation marine *(géol)*. **marine fouling**: salissures marines. **marine fuel oil**: fuel-oil marin. **marine insurance**: assurance maritime. **marine oil**: huile marine. **marine onlap**: biseau d'aggradation marine, *des dépôts marins.* **marine probe**: sonde marine. **marine sediment**: sédiment marin. **marine seismic crew**: équipe de sismique marine. **marine seismic survey**: sismique marine. **marine structure**: ouvrage

maritime. **marine-type core barrel**: carottier type marine. **marine underwriter**: assureur maritime. **marine work**: sismique marine.

maritime – maritime. **maritime air**: air marin. **maritime law**: droit maritime. **maritime public property**: domaine public maritime (DPM).

mark – cote *f*; ligne de jauge ; marque *f*; repère *m*. **mark point**: point de repère.

mark (to) – marquer. **mark (to) off a line**: piqueter un profil.

marker – horizon sismique, *en sismique réfraction* ; indicateur *m* ; marqueur *m*, *horizon qui se distingue en sismique réfraction* ; niveau repère. **marker beacon**: radiobalise *f*. **marker bed**: couche de référence, *couche géologique qui peut être suivie sur de longues distances sur le terrain et sur les diagraphies électriques* ; couche repère ; horizon repère ; niveau repère. **marker buoy**: bouée de repère. **marker crude**: brut de référence. **marker horizon**: horizon repère.

market – marché *m*. **market analysis**: analyse du marché. **market demand proration**: ajustement de la production en fonction de la demande. **market-economy country**: pays à économie de marché. **market penetration model**: modèle de pénétration de marché. **market price**: prix courant. **market pricelist**: mercuriale *f*. **market quotation**: cotation du marché. **market quotations**: cours du marché ; prix du marché. **market research**: étude de marché. **market risk**: risque financier, *risque qui affecte l'ensemble du marché des actions (activité économique générale, évolution de la fiscalité, etc.)*. **market share**: part de marché *(écon)*. **market survey**: étude de marché. **market value**: valeur marchande. **bear market**: marché baissier. **bull market**: marché haussier.

marketable – commercialisable ; marchand ; vendable. **marketable gas**: gaz marchand. **marketable oil**: pétrole marchand. **marketable ore**: minerai marchand.

marketed – commercialisé. **marketed production**: production commercialisée.

marketing – commercialisation *f*; distribution *f*; mercatique *f*. **marketing expense**: frais de vente. **marketing report**: étude du marché.

marking – balisage *m* ; marquage *m* ; repérage *m* ; signalisation *f*.

Markovnikov – Markovnikov. **Markovnikov rule**: régle de Markovnikov, *addition d'un halogène d'hydrogène sur des hydrocarbures dissymétriques*.

markup – majoration des prix.

marl – marne *f*. **marl clay**: argile marneuse. **marl earth**: terre marneuse. **marl pit**: marnière *f*.

marlaceous – marneux.

marline – merlin *m*, *cordage*.

marlinespike – épissoir *m*.

marlstone – marne *f*, *roche sédimentaire constituée d'un mélange de calcaire et d'argile*.

marly – marneux. **marly chalk**: craie marneuse. **marly limestone**: calcaire marneux.

MARPOL – MARPOL, *convention de l'OMI couvrant des rejets des pétroliers en mer*.

marsh – marais *m*. **marsh buggy**: véhicule de marais. **marsh gas**: gaz des marais, *méthane*. **marsh ore**: minerai des prairies, *minerai des lacs*.

Marsh – Marsh. **Marsh funnel**: viscosimètre Marsh, *appareil pour mesurer la viscosité des boues de forage*.

marshaling – triage *m*. **marshaling area**: aire de triage. **marshaling yard**: gare de triage.

marshy – marécageux.

martempering – trempe martensitique.

martensite – martensite *f (métal)*.

martensitic – martensitique. **martensitic steel**: acier martensitique. **martensitic transformation**: transformation martensitique *(métal)*.

Martin – Martin, *entre dans la composition des termes Martin Decker, acier Martin et four Martin*. **Martin Decker**: Martin Decker, *s'emploie pour désigner l'indicateur de poids, fabriqué par Martin Decker*. **Martin steel**: acier Martin.

MAS – *abrév. de magic angle spinning*. **MAS-NMR**: RMN (MAS), *abrév. de magic-angle spinning NMR : RMN à angle magique*.

maser – maser *m*, *dispositif utilisé pour l'amplification et l'émission, en hyperfréquences, jusqu'à 10 cycles seconde : formé avec les initiales de microwave amplification by stimulated emission of radiation*.

mash (to) – écraser ; mélanger.

mask – cache *m* ; masque *m*.

masked – masqué. **masked layer**: couche masquée.

masking – masquage *m*. **masking agent**: agent de masquage *(chim)*. **masking effect**: effet de masque *(sism)*. **masking layer**: couche invisible, *en réfraction sismique*.

masonry – maçonnage *m* ; maçonnerie *f*; muraillement *m*. **masonry stack**: cheminée en maçonnerie.

mass – masse *f*; massique. **mass absorption coefficient**: coefficient d'absorption massique. **mass attenuation coefficient**: coefficient d'atténuation massique. **mass balance**: bilan massique. **mass concrete**: béton de masse. **mass copolymerization**: copolymérisation en masse. **mass defect**: défaut de masse. **mass effect**: effet de masse *(phys. nucl)*. **mass energy absorption coefficient**: coefficient d'absorption d'énergie massique. **mass flow**: écoulement massique. **mass-flow rate**: comptage massique ; débit masse ; débit massique. **mass flowmeter**: compteur à moulinet ; débitmètre massique. **mass formula**: formule massique *(phys.nucl)*. **mass fraction**: fraction massique, *d'un constituant*. **mass movement**: mouvement en masse. **mass number**: nombre de masse. **mass percent**: pourcent en masse. **mass polymerization**: polymérisation en masse. **mass production**: fabrication en série, *en grande série*. **mass spectrograph**: spectrographe de masse. **mass spectrometry**: spectrométrie de masse. **mass spectrometer**: spectromètre de masse. **mass spectrum**: spectre de masse. **mass transfer**: transfert de masse. **mass transport**: transport en masse. **mass velocity**: vitesse massique.

massif – massif *m*.

massive – massif. **massive frac**: fracturation massive. **massive hydraulic fracturing (MHF)**: fracturation massive, *méthode de fracturation permettant de développer des fractures extrêmement longues (prod)*. **massive parallel computer**: machine massivement parallèle, *configuration d'ordinateurs*. **massive rock**: roche massive. **massive structure**: structure massive, *structure non stratifiée.* **massive texture**: texture massive.

mast – mât *m (de forage) contrairement aux derricks, les mâts ne se démontent que peu ou pas, on les dresse tout montés sur l'emplacement de forage.* **mast-raising line**: câble de relevage de mât. **mast truck**: camion mât.

master – capitaine *m, d'un navire* ; maître *m* ; principal. **master alloy**: alliage mère. **master brake cylinder**: cylindre principal de frein. **master bushing**: fourrure principale de la table de rotation. **master caliper**: calibre d'ensemble ; calibre mère. **master clutch**: embrayage principal. **master control valve**: *voir master gate valve.* **master cylinder**: cylindre moteur. **master event**: événement majeur. **master form**: forme maîtresse. **master gate**: vanne maîtresse. **master gate valve**: vanne principale de contrôle. **master gear**: engrenage de commande. **master image**: original *m.* **master key**: passe-partout *m.* **master lode**: filon principal. **master meter**: compteur général. **master oscillator**: maître oscillateur ; oscillateur pilote ; pilote d'émetteur. **master policy**: police de base *(assurances)*. **master station**: station directrice, *radiolocalisation* ; station pilote ; station primaire, *radiolocalisation.* **master switch**: interrupteur principal. **master tap**: taraud mère. **master tape**: bande magnétique de base. **master valve**: robinet général ; vanne maîtresse.

masthead – haut du mât ; tête de mât.

mastic – mastic *m.* **mastic asphalt**: asphalte coulé, *mastic d'asphalte fondu et mélangé à chaud avec des criblures ou du sable et étendu avec des spatules sur une fondation appropriée.*

mastication – mastication *f, traitement préliminaire du caoutchouc brut.*

mat – semelle *f* ; tapis *m.* **mat foundation**: fondation sur radier ; radier de fondation. **mat-supported**: sur semelle unique, *plate-forme.* **mat-supported jackup**: plate-forme autoélévatrice sur semelle.

MAT – *abrév. de microactivity test.*

matched – assorti. **matched filter**: filtre accordé *(élec)* ; filtre adapté *(élec)*. **matched terrace**: terrasse couplée.

matching – adéquation *f, par exemple, moteur-carburant...* ; appariement *m* ; comparaison *f* ; mise en correspondance. **matching lattice**: réseau rival.

material – matériau *m* ; matériel *m* ; matière *f* ; substance *f.* **material balance**: bilan matière. **material buckling**: laplacien matière *(nucl)*. **material frame indifference**: objectivité *f, d'un résultat.* **material well**: espace de contraction, *matières plastiques.*

mathematical – mathématique. **mathematical expectation**: espérance mathématique. **mathematical formula**: formule mathématique. **mathematical model**: modèle mathématique. **mathematical pendulum**: pendule mathématique.

mathematics – mathématique *f.*

mating – accouplement *m.* **mating flange**: bride d'accouplement. **mating gear**: roue conjuguée.

matrix – gangue *f (géol)* ; matrice *f* ; pâte *f, partie englobant les éléments individualisés d'une roche.* **matrix algebra**: calcul matriciel. **matrix density**: densité de matrice *(diag)*. **matrix mechanics**: mécanique des matrices. **matrix permeability**: perméabilité de la matrice. **matrix porosity**: porosité matricielle.

matte – mat, *apparence d'une surface* ; matte *f, stade de grillage du minerai de cuivre.* **matte finish**: matité *f.*

matter – affaire *f* ; matière *f* ; substance *f* ; sujet *m.*

mattock – pioche *f.*

mattress – matelas *m.*

maturation – maturation *f, évolution thermique de la matière organique.* **maturation index**: indice de maturation, *voir aussi Hood method et LOM scale.*

mature – mûr. **mature shoreline**: côte mûre. **mature valley**: vallée mûre, *vallée parvenue à la maturité.*

maturity – échéance *f* ; maturité *f, deuxième stade du cycle d'érosion.*

MAWP – *abrév. de maximum allowable working pressure.*

max – maxi, *abrév. de maximum.*

maximum – maximal. **maximum allowable concentration (MAC)**: concentration maximale admissible (CMA). **maximum allowable working pressure (MAWP)**: pression maximale de marche ; timbre *m, d'une chaudière.* **maximum-and-minimum thermometer**: thermomètre à maximum et à minimum. **maximum axle weight capacity**: charge maximale par essieu. **maximum capacity**: capacité maximale ; puissance maximale. **maximum convexity**: convexité maximale, *du fait de la représentation temps-distance des coupes temps, aucun alignement visible sur cette coupe ne saurait avoir une pente supérieure à une certaine limite, fonction des vitesses dans le milieu susjacent* ; courbure maximale. **maximum delay**: retard maximal. **maximum demand**: charge maximale. **maximum economic recovery (MER)**: taux de production maximal. **maximum efficient rate (MER)**: taux de production maximal, *taux d'efficacité maximal, rythme maximal de production d'un gisement qui ne diminuera pas la récupération finale des hydrocarbures contenus dans son réservoir.* **maximum-energy-sum filter**: filtre à maximisation d'énergie *(sism)*. **maximum-entropy deconvolution**: déconvolution à entropie maximale. **maximum-entropy filtering**: filtrage à entropie maximale. **maximum-entropy spectral estimation**: estimation spectrale à entropie maximale. **maximum flooding surface**: surface d'inondation maximale, *surface séparant le cortège sédimentaire transgressif du prisme de haut-niveau.* **maximum foreseeable loss (MFL)**: sinistre maximum prévisible (SMP). **maximum input horsepower**: puissance d'attaque à vitesse maximum. **maximum likehood**: maximum de vraisemblance. **maximum load**: charge maximale ; limite de charge. **maximum permissible concentration (MPC)**: concentration maximale admissible (CMA). **maximum permissible dose (MPD)**: dose maximale admissible (DMA). **maximum permissible dose equivalent (MPDE)**: équivalent de dose maximale admissible (EDMA). **maximum permissible rate (MPR)**: taux maximal de production d'hydrocarbure permis, *par la conjoncture.* **maximum phase**: à phase maximale. **maximum producible oil index**: valeur maximale d'hydrocarbures productibles. **maximum subsidence**: subsidence maximale. **maximum thermometer**: thermomètre à maximum. **maximum water/cement ratio**: teneur maximale eau-ciment, *quantité d'eau qu'il est possible de mélanger au ciment sans avoir de ségrégation.* **maximum weight**: poids maximal.

Maxipulse – Maxipulse, *dénomination commerciale d'une source sismique.*

maxwell – maxwell *m, unité de flux magnétique, symbole* Mx, *l'unité SI est le weber.* **Maxwell equations**: équations de Maxwell, *quatre équations fondamentales du champ électromagnétique établissant la relation entre les sources du champ, les charges et courants électriques et leurs effets.* **Maxwell relations**: relations de Maxwell, *en optique et en thermodynamique.* **Maxwell stress tensor**: tenseur de Maxwell.

mayonnaise – mayonnaise *f, voir émulsion de carter.*

MBE – *abrév. de molecular beam epitaxy.*

MBM – *abrév. de multiple-buoy mooring.*

MBO – DPO, *abrév. de management by objectives : direction par objectifs.*

MBSRS – *abrév. de molecular-beam surface reactive scattering.*

MBSS – *abrév. de molecular-beam surface scattering.*

MCA – *abrév. de mud-cleanout agent.*

McCollum – McCollum, *dénomination commerciale d'une source sismique.*

MCF – *abrév. de million cubic feet.*

McLeod – McLeod. **McLeod gage**: jauge de McLeod, *pour la mesure d'un vide.*

mD – mD, *symbole de millidarcy.*

MDA – *abrév. de metal deactivator.*

MDEA – MDEA, *abrév. de methyldiethanolamine : méthyldiéthanolamine.*

MEA – MEA, *abrév. de monoethanolamine : monoéthanolamine.*

meadow – pré *m.*

meal – farine *f, voir fish meal.*

mealy – farineux. **mealy limestone**: calcaire farineux.

mean – milieu *m* ; moyen *m, voir aussi means* ; moyen ; moyenne *f, moyenne arithmétique.* **mean absolute column pressure**: pression absolue moyenne de la colonne *(raf)*. **mean depth**: profondeur moyenne. **mean deviation**: écart moyen. **mean difference**: différence moyenne *(stat)*. **mean effective head**: pression hydrostatique moyenne. **mean effective pressure (MEP)**: pression moyenne effective (PME). **mean efficiency**: rendement moyen. **mean error**: erreur moyenne. **mean free path**: libre parcours moyen. **mean high water**: niveau moyen des hautes eaux. **mean level**: niveau moyen. **mean life**: vie moyenne. **mean linear range**: parcours moyen linéaire. **mean low water**: niveau moyen des basses eaux. **mean lower low water**: étiage *m.* **mean mass range**: parcours moyen en masse. **mean pressure**: pression moyenne. **mean range**: parcours moyen ; portée moyenne. **mean sealevel (MSL)**: niveau moyen de la mer. **mean solar day**: jour solaire moyen, *jour civil.* **mean solar time (MST)**: temps solaire moyen (TSM). **mean speed**: vitesse moyenne. **mean square deviation**: écart quadratique moyen. **mean square error (MSE)**: erreur quadratique moyenne. **mean stress**: contrainte moyenne. **mean sun**: soleil moyen. **mean temperature**: température moyenne. **mean temperature difference (MTD)**: différence de température moyenne ; écart moyen de température. **mean time between failures (MTBF)**: temps moyen entre pannes. **mean time to repair (MTTR)**: temps moyen de dépannage. **mean value**: moyenne *f.* **mean-variance criterion**: critère espérance variance, *pour le financement d'un projet.*

meander – méandre *m.* **meander bar**: barre de méandre. **meander channel**: chenal de méandre. **meander core**: mamelon central. **meander cutoff**: coupure de méandre ; recoupement d'un méandre. **meander lobe**: lobe de méandre. **meander survey**: levé par cheminement *(topog)*.

Meander – *dénomination commerciale d'un programme de traitement de profils sinueux.*

meandering – sinueux. **meandering stream**: cours d'eau à méandres.

meaning – signification *f.*

means – moyens *m.* **means of escape**: moyens d'évacuation. **means of production**: moyens de production, *voir aussi ways and means.*

measurand – mesurande *m, grandeur soumise à mesurage.*

measure – mesure *f.*

measured – mesuré. **measured depth (MD)**: profondeur mesurée. **measured value**: valeur mesurée.

measurement – mesurage *m* ; mesure *f.* **measurement of ships**: jaugeage des navires. **measurement procedure**: mode opératoire de mesure. **measurement ton**: tonneau d'encombrement. **measurements-while drilling (MWD)**: télémesure de fond, *mesures en cours de forage, deux types de transmission sont utilisés : par câble électrique ou par pression de la boue.*

measurer – mesureur *m, homme ou machine.*

measuring – mensuration *f* ; mesurage *m* ; mesure *f* ; métrage *m.* **measuring chain**: chaîne d'arpenteur ; chaîne de mesure. **measuring device**: appareil de mesure. **measuring glass**: verre gradué. **measuring grid**: barème de jaugeage. **measuring instrument**: instrument de mesure. **measuring reel**: ruban d'arpenteur. **measuring rod**: pige *f.* **measuring rule**: règle graduée. **measuring system**: système de mesure. **measuring tank**: réservoir jaugeur. **measuring tape**: mesure à ruban ; mètre à ruban ; ruban mesure. **measuring while drilling (MWD)**: mesures en cours de forage.

mechanical – mécanique. **mechanical agitator**: agitateur mécanique. **mechanical barrier**: barrière mécanique. **mechanical brake**: frein mécanique. **mechanical cleaning**: nettoyage mécanique. **mechanical collector**: dépoussiéreur mécanique. **mechanical connector**: connecteur mécanique. **mechanical coupling**: connecteur mécanique, *pipeline.* **mechanical damage**: dommage mécanique, *dégât de manutention ou de grippage.* **mechanical dewaxing**: déparaffinage mécanique. **mechanical digger**: pelle mécanique. **mechanical draft**: tirage mécanique. **mechanical drive**: commande mécanique ; entraînement mécanique. **mechanical effect**: effet mécanique. **mechanical efficiency**: rendement mécanique. **mechanical energy**: énergie mécanique. **mechanical engineer**: ingénieur mécanicien. **mechanical**

engineering: construction mécanique. **mechanical equivalent of heat**: équivalent mécanique de la chaleur, *facteur utilisé pour convertir les mesures de quantités de chaleur en mesures de travail*. **mechanical erosion**: corrasion *f*; érosion mécanique. **mechanical feed**: alimentation mécanique. **mechanical filter**: filtre mécanique. **mechanical force-feed lubrication**: graissage mécanique sous pression. **mechanical force-feed lubricator**: graisseur mécanique pour graissage sous pression. **mechanical haulage**: remorquage mécanique. **mechanical hysteresis**: hystérésis mécanique. **mechanical impedance**: impédance mécanique. **mechanical injection**: injection mécanique *(diesel)*. **mechanical jar**: coulisse mécanique. **mechanical life**: durée mécanique. **mechanical loading**: chargement mécanique. **mechanical lubricator**: graisseur mécanique. **mechanical mass**: masse mécanique. **mechanical molding**: moulage à la machine. **mechanical plating**: électrodéposition mécanique. **mechanical preparation**: préparation mécanique. **mechanical press**: presse mécanique. **mechanical property**: propriété mécanique. **mechanical rectifier**: redresseur mécanique. **mechanical resistance**: tenue mécanique. **mechanical seal**: joint plan. **mechanical separation**: séparation mécanique. **mechanical shovel**: excavateur à godets ; pelle à godet. **mechanical source**: source mécanique. **mechanical strength**: résistance mécanique. **mechanical test**: essai mécanique. **mechanical twin**: macle mécanique *(crist)*.

mechanics – mécanique *f*.

mechanism – mécanisme *m*.

mechanization – mécanisation *f*, *remplacement de la force humaine ou animale par une machine*.

mechanochemistry – mécanochimie *f*.

media – *pluriel de medium* ; milieux *m* ; médias *m*, *presse, radiodiffusion, télévision, etc*.

medial – intermédiaire ; médian. **medial moraine**: moraine médiane.

median – médiane *f* ; médian. **median lethal concentration (LC50)**: concentration létale médiane (CL50), *concentration d'un produit toxique tuant 50 % de la population considérée*. **median lethal dose (LD50)**: dose létale médiane (DL50), *voir lethal dose 50*.

medicinal – médicinal. **medicinal oil**: huile médicinale. **medicinal wax**: cire médicinale.

medicine – médecine *f*.

mediophyric – modérément porphyrique, *contenant des phénocristaux dont la dimension varie entre 5 et 1 mm*.

mediosilicic – modérément siliceux, *se dit des roches ignées qui contiennent entre 52 et 66 % de silice*.

Mediterranean – méditerranéen. **Mediterranean suite**: série méditerranéenne.

medium – intermédiaire ; milieu *m* ; moyen. **medium-carbon steel**: acier au carbone moyen. **medium cracking severity**: sévérité moyenne de craquage. **medium curing**: durcissement moyen. **medium-curing (MC) cutback**: cutback à séchage moyen, *semirapide*. **medium frequency (MF)**: moyenne fréquence, *fréquence supérieure à 60 Hz et inférieure ou égale à 10 kHz ; ondes centimétriques*. **medium-grained**: à grains moyens *(roche)*. **medium-grained sand**: sable moyen. **medium-grained sandstone**: grès moyen. **medium-hard formation**: formation moyennement dure. **medium lubricating oil**: huile lubrifiante semifluide. **medium oil**: huile moyennement visqueuse. **medium pressure**: pression moyenne. **medium-pressure process**: procédé pression moyenne. **medium range**: à moyen terme. **medium-range forecast**: prévision à moyen terme *(météo) varie de 2 à 10 jours*. **medium-range vessel (MRV)**: *dénomination des navires de 25 000 à 50 000 tpl*. **medium relief**: relief moyen, *modéré*. **medium sand**: sable à grain moyen. **medium-scale aerial photography**: prise de vue aérienne à moyenne échelle. **medium-scale integration (MSI)**: intégration à moyenne échelle, *circuits intégrés*. **medium-scale photography**: photographie à moyenne échelle. **medium-soft formation**: formation moyennement tendre. **medium-soft pitch**: brai demisec. **medium-speed diesel**: diesel à vitesse moyenne. **medium-speed diesel engine**: moteur diesel semirapide. **medium-speed engine**: moteur semirapide. **medium steel**: acier mi-dur. **medium-temperature isomerization**: isomérisation à température moyenne. **medium term**: moyen terme. **medium viscosity index (MVI)**: indice de viscosité moyenne. **medium-volatile bituminous coal**: houille grasse. **medium wave**: onde moyenne.

mega – méga, *préfixe de multiples décimaux indiquant un million, symbole* M.

megacryst – mégacristal *m (géol)*.

megacycle – mégacycle *m*, *voir eustatic megacycle*.

megafossil – macrofossile *m*.

megaripple – mégaride *f*.

megasequence – mégaséquence *f*, *ensemble sédimentaire déposé pendant un mégacycle eustatique*.

megaspore – *voir macrospore*.

megaton – mégatonne *f*, *énergie dégagée par l'explosion d'un million de tonnes de trinitrotoluène (TNT)*.

meiobenthos – méiobenthos *m*.

meiofauna – méiofaune *f*, *caractérise les organismes dont la taille se situe entre 1 et 0,1 mm et en particulier le benthos*.

meionite – méionite *f (minér)*.

meizoseismal – pléistoséiste, *pléistosiste, se dit de la zone ou les tremblements de terre sont les plus violents*. **meizoseismal area**: région pléistoséiste, *zone d'intensité maximale lors d'un séisme*.

MEK – *abrév. de methylethylketone*. **MEK process**: déparaffinage à la méthyléthylcétone, *solvant*.

melamine – mélamine *f*, *tricyanamide*. **melamine resin**: résine de mélamine.

melanocratic – mélanocrate, *s'applique aux roches riches en minéraux ferromagnésiens souvent de couleur noire*.

melilite – mélilite *f*, *silicate à tétraèdre en chaîne*.

MELR – DMLM, *abrév. de minimum effective liquid rate, débit miminal de liquide de mouillage*.

melt – coulée *f* ; fusion *f*. **melt spinning**: filage par voie fondue.

melt (to) – fondre, *se fondre.* **melt (to) away**: fondre complètement. **melt (to) down**: fondre. **melt (to) out**: séparer par fusion.
meltable – fusible.
meltableness – fusibilité *f.*
melted – fondu.
melting – fondant ; fonte *f*; fusion *f.* **melting crucible**: creuset à fusion. **melting diagram**: diagramme de fusion. **melting furnace**: four de fusion. **melting heat**: chaleur de fusion. **melting kettle**: creuset de fonderie. **melting ladle**: poche de coulée. **melting loss**: perte par fusion. **melting point (MP)**: point de fusion, *pour la paraffine, c'est la température à laquelle la paraffine fondue mise à refroidir commence à montrer une diminution de la vitesse de refroidissement.* **melting-point behavior**: comportement au point de fusion. **melting-point tube**: tube à point de fusion. **melting pot**: creuset *m.* **melting rate**: taux de consommation d'électrode ; vitesse de fusion. **melting temperature**: température de fusion. **melting time**: temps de fusion.
meltwater – eau de fonte. **meltwater pool**: mare d'eau de fonte.
member – membre *m, une division lithostratigraphique formée de plusieurs couches et faisant partie d'une formation* ; pièce *f.*
membrane – membrane *f.* **membrane gage**: manomètre à amortissement. **membrane potential**: potentiel de membrane. **membrane tank**: cuve à membrane.
memory – mémoire *f.* **memory capacity**: capacité de mémoire, *ordinateur.* **memory function**: réponse impulsionnelle.
mendelevium – mendélévium *m, symbole chim. Md.*
Menevian – Menevien *m, étage du Cambrien.*
meniscus – ménisque *m.*
menu – menu *m.*
MEOR – RAB, *abrév. de microbial enhanced oil recovery, récupération assistée bactérienne.*
Meotian – Méotien *m, étage du Miocène.*
MEP – PME, *abrév. de mean effective pressure, pression moyenne effective.*
MER – *abrév. de maximum efficient rate et de maximum economic recovery.*
Mercalli – Mercalli. **Mercalli scale**: échelle Mercalli, *échelle d'intensité d'un séisme.*
Mercapfining – *dénomination d'un procédé d'adoucissement de distillats pétroliers.*
Mercapsol – *dénomination d'un procédé de désulfuration de l'essence.*
mercaptan – mercaptan *m, thioalcool.*
mercaptide – mercaptide *m.*
Mercator – Mercator. **Mercator map projection**: projection de Mercator, *ou projection des cartes réduites, projection conforme du type cylindrique.*
merchandizing – marchandisage *m, ensemble des techniques assurant la diffusion commerciale des produits.*
merchant – marchand *m* ; négociant *m.* **merchant bank**: banque d'affaires. **merchant haulage**: acheminement par le chargeur. **merchant vessel**: navire marchand.
merchantable – commercialisable ; vendable. **merchantable oil**: pétrole commercialisable.
mercuration – mercuration *f.*
mercurial – mercuriel.
mercuric – mercurique. **mercuric oxide**: oxyde de mercure. **mercuric sulfate**: sulfate mercurique. **mercuric sulfide**: sulfure de mercure, *voir aussi cinnabar.*
mercurous – mercureux. **mercurous sulfate**: sulfate mercureux.
mercury – mercure *m, symbole chim. Hg.* **mercury barometer**: baromètre à mercure. **mercury cell**: cellule au mercure ; pile au mercure. **mercury cutoff**: obturateur au mercure, *dispositif d'isolement (d'un gaz) par du mercure.* **mercury-freezing test**: essai par fusion de mercure, *pour le dosage des hydrocarbures supérieurs dans le propane commercial.* **mercury fulminate**: fulminate de mercure. **mercury gage**: jauge au mercure ; manomètre à mercure. **mercury-jet magnetometer**: magnétomètre à jet de mercure. **mercury mine**: mine de mercure. **mercury naphthenate**: naphténate de mercure. **mercury ore**: minerai de mercure. **mercury pressure**: pression de mercure. **mercury pump**: trompe à mercure, *trompe à vide.* **mercury-pump porosimeter**: porosimètre à mercure, *la mesure de la porosité s'effectue en forçant du mercure à une pression assez élevée dans les pores de la roche.* **mercury salt**: sel de mercure. **mercury-seated joint**: joint de mercure. **mercury switch**: interrupteur à mercure. **mercury tank**: réservoir à mercure. **mercury thermometer**: thermomètre à mercure. **mercury trap**: piège à mercure. **mercury trough**: cuve à mercure. **mercury-vapor concentration**: concentration de vapeur de mercure. **mercury-vapor lamp**: lampe à vapeur de mercure. **mercury-vapor rectifier**: redresseur à vapeur de mercure. **mercury-vapor tube**: tube à vapeur de mercure.
merge – fusion *f.* **merge routine**: programme de fusion *(ordinateur).* **merge zone**: zone de raccord.
merge (to) – confondre.
merger – fusion de sociétés. **merger by amalgamation**: fusion par absorption, *d'une société par une autre.* **merger by consolidation**: création d'une nouvelle société, *par la fusion de plusieurs autres.*
meridian – méridien *m.*
meridional – méridional.
Merifining – *dénomination d'un procédé de traitement à la soude des distillats pétroliers.*
merocrystalline – *voir hypocrystalline.*
merohedral – méroédrique, *mérosymétrique.* **merohedral crystal**: cristal méroédrique.
meromictic – méromictique *(hydrol).*
merostome – mérostome *m (pal).*
merosyncline – géosynclinal secondaire.
Merox – *dénomination d'un procédé d'adoucissement de l'essence.*
mesa – mésa *f (géol).*
mesh – engrenage *m* ; filet *m* ; maille *f, mesure de la finesse d'une toile métallique* ; trame *f*; trémie *f.* **mesh analysis**: analyse au tamis, *analyse granulométrique.* **mesh pattern**: maillage *m.* **mesh sieve**: tamis à mailles. **mesh texture**: structure réticulaire ; structure maillée *(pétro).* **in mesh**: en prise. **mesh (to) in**: passer une vitesse.
meshed – maillé ; réticulé.

meshing – engrenant. **meshing gear**: pignon glissant.

mesic – mésique. **mesic atom**: atome mésique, *atome mésonique, atome muonique.*

mesitylene – mésitylène *m, triméthylbenzène.*

meso – méso, *préfixe utilisé pour désigner les roches appartenant à la zone moyenne de métamorphisme.*

mesocratic – mésocrate, *s'applique aux roches composées aussi bien de minéraux blancs que noirs.*

mesolite – mésolite *f, aluminosilicate hydraté naturel.*

Mesolithic – Mésolithique *m, transition entre le Paléolithique et le Néolithique.*

mesomerism – mésomérie *f.*

meson – méson *m, particule élémentaire.* **meson field**: champ mésique. **K meson**: kaon *m* ; méson K.

mesopause – mésopause *f, zone de transition entre la mésosphère et la thermosphère.*

mesopelagic – infrapélagique *(océan).*

mesophiles – bactéries mésophiles, *qui se développent à une température moyenne, entre 25 et 37°C.*

mesosphere – mésosphère *f, partie de l'atmosphère située entre 45 et 95 km ; partie inférieure du manteau terrestre.*

mesostasis – mésostase *f, matière interstitielle vitreuse ou aphanitique des roches volcaniques.*

mesothermal – mésothermal. **mesothermal deposit**: gîte mésothermal. **mesothermal vein**: filon mésothermal. **mésotrophic peat**: tourbe mésotrophe.

mesotype – mésotype *m (minér).*

Mesozoic – Mésozoïque *m, ère géologique comprennant le Trias, le Jurassique et le Crétacé (synomyne de Secondaire ou d'ère secondaire).*

mesozone – mésozone *f, zone correspondant à un certain degré de métamorphisme.*

message – message *m.*

messenger – messager *m, cylindre en métal, coulissant sur le câble d'un appareil océanographique et dont le choc permet de déclencher ou d'arrêter le fonctionnement de l'appareil.*

Messinian – Messinien *m, étage correspondant à la fin du Miocène.*

meta- – méta-, *préfixe indiquant : devant le nom d'une roche que celle-ci a été métamorphisée ; chez les composés cycliques, les substitutions en position 1-3.*

metabasite – métabasite *f (géol).*

metabitumite – métabitumite *f, variété d'hydrocarbure, solide, noir et lustré, trouvé à proximité d'intrusions ignées.*

metabolism – métabolisme *m.*

metabolite – métabolite *m (biochim).*

metacellulose – métacellulose *f, isomère de la cellulose provenant des lichens.*

metacenter – métacentre *m.*

metacolloid – métacolloïde *m.*

metacryst – porphyroblaste *m, phénoblaste.*

metadolomite – dolomie métamorphique.

metagenesis – *voir epigenesis.*

metahalloysite – métahalloysite *f, halloysite déshydratée.*

metal – métal *m* ; métallique. **metal alloy**: alliage métallique. **metal bath**: bain métallique. **metal clad**: blindé ; cuirassé, *placage métallique.* **metal creep**: dilatation d'un métal à la chaleur. **metal cutting**: coupe des métaux. **metal-cutting oil**: huile de coupe. **metal deactivator**: désactivateur de métaux ; inhibiteur de catalyse métallique ; passivateur de métaux, *additif utilisé pour combattre l'action catalytique de nombreux métaux sur la stabilité des combustibles et des huiles.* **metal detector**: détecteur de métal. **metal drawing**: étirage des métaux. **metal-drawing oil**: huile pour l'étirage des métaux. **metal fitting**: ferrure *f.* **metal fog**: brouillard métallique. **metal gage**: jauge métallique ; manomètre métallique. **metal gauze**: toile métallique. **metal lubricant**: lubrifiant métallique, *lubrifiant contenant du métal en poudre.* **metal mine**: mine métallique. **metal notch**: trou de coulée. **metal-oxide semiconductor (MOS)**: semiconducteur métal-oxyde (MOS). **metal-petal basket**: ombrelle métallique *(for).* **metal prop**: étançon métallique. **metal protection**: protection métallique. **metal refining**: affinage des métaux. **metal ridge**: massif de minerai. **metal-rolling lubricant**: lubrifiant pour le laminage des métaux. **metal section**: profilé métallique. **metal spraying**: métallisation *f.* **metal-vapor laser**: laser à vapeur métallique. **metal working**: travail des métaux. **metal-working oil**: huile pour le travail des métaux. **metal works**: constructions métalliques.

metalation – métallation *f, introduction d'un métal dans une molécule organique.*

metaldehyde – métaldéhyde *m, masse blanche s'enflammant sans se liquéfier, utilisée comme combustible sous le nom de Méta.*

metalimnion – métalimnion *m* ; thermocline *f, couche d'eau, dans la mer, où s'observe un changement rapide de température.*

metallation – *voir metalation.*

metalled – empierré. **metalled road**: route empierrée.

metallic – métallique. **metallic-asbestos gasket**: joint métallo-plastique. **metallic bond**: liaison métallique, *type de liaison chimique.* **metallic cloth**: toile métallique. **metallic element**: élément métallique. **metallic filter cloth**: toile métallique filtrante. **metallic luster**: éclat métallique. **metallic mineral**: minéral métallique. **metallic packing**: garniture métallique. **metallic paint**: peinture métallique. **metallic promoter**: promoteur métallique. **metallic resistance**: résistance métallique. **metallic silver**: argent métallique. **metallic soap**: savon métallique. **metallic vein**: filon métallifère.

metalliferous – métallifère. **metalliferous mine**: mine métallique. **metalliferous mineral**: minéral métallique. **metalliferous vein**: filon métallifère.

metallization – métallisation *f.*

metallizing – métallisage *m* ; métallisation *f.*

metallocene – métallocène *m, nom générique des composés de coordination.*

metallogenetic – *voir metallogenic.*

metallogenic – métallogénique. **metallogenic element**: élément métallogénique. **metallogenic map**: carte métallogénique. **metallogenic province**: province métallogénique.

metallogeny – métallogénie *f, étude de la formation des gîtes métallifères.*
metallographic – métallographique.
metallography – métallographie *f.*
metalloid – métalloïde *m.*
metallurgical – métallurgique. **metallurgical cement**: ciment métallurgique. **metallurgical coke**: coke métallurgique. **metallurgical engineering**: technique métallurgique. **metallurgical furnace**: four métallurgique. **metallurgical oil**: huile pour l'industrie métallurgique. **metallurgical plant**: usine métallurgique. **metallurgical process**: procédé métallurgique.
metallurgy – métallurgie *f.*
metamagnetism – métamagnétisme *m.*
metamathematics – métamathématique *f.*
metamer – métamère *m (chim).*
metamerism – métamérie *f (biol).*
metamict – métamicte, *se dit d'un cristal dont le réseau cristallin a été déformé sous l'influence de la radioactivité.*
metamorphic – métamorphique. **metamorphic aureole**: auréole métamorphique. **metamorphic differentiation**: différenciation métamorphique. **metamorphic facies**: faciès métamorphique. **metamorphic grade**: degré de métamorphisme. **metamorphic rank**: degré de métamorphisme. **metamorphic rock**: roche métamorphique. **metamorphic water**: eau métamorphique. **metamorphic zone**: zone métamorphique.
metamorphism – métamorphisme, *ensemble des modifications intervenant à l'état solide dans la composition minérale et dans la structure d'une roche soumise à des conditions de température et de pression différentes de celles où elle s'est formée.*
metamorphosis – métamorphose *f.*
metasediment – roche sédimentaire partiellement métamorphisée.
metasilicate – métasilicate *m.*
metasomasis – *voir metasomatism.*
metasomatic – métasomatique *(géol).* **metasomatic vein**: filon métasomatique.
metasomatism – métasomatose *f, remplacement d'un minéral par un autre ayant une composition chimique différente, dans une roche.*
metasome – métasome *m (géol).*
metastability – métastabilité *f.*
metastable – métastable. **metastable ion**: ion métastable. **metastable phase**: phase métastable.
metatexis – métatexie *f, type de métamorphisme.*
metathesis – métathèse *f, réaction chimique sans changement de valence.*
metatype – métatype *m (pal).*
meteor – météore *m.*
meteoric – météorique. **meteoric iron**: fer météorique. **meteoric stone**: pierre météorique. **meteoric water**: eau météorique, *eau atmosphérique.*
meteorite – météorite *f.* **meteorite crater**: cratère météoritique.
meteoritic – météoritique, *voir aussi meteoric.* **meteoritic dust**: poussière météoritique.
meteorological – météorologique. **meteorological balloon**: ballon météorologique. **meteorological chart**: carte météorologique. **meteorological inversion**: inversion météorologique. **meteorological optical range (MOR)**: portée optique météorologique (POM), *mesure de la visibilité.* **meteorological rocket**: fusée météorologique.
meteorology – météorologie *f.*
Meteosat – Meteosat, *dénomination d'un satellite météorologique.*
meter – compteur *m.* **meter oil**: huile pour compteur. **meter prover**: boucle d'étalonnage ; clepsydre *f, étalon de contrôle de compteur volumétrique.* **meter-prover tank**: réservoir de contrôle d'un compteur volumétrique. **meter reading**: relevé des compteurs. **meter station**: station de comptage. **meter stick**: mètre en bois. **meter wire**: fil compteur.
meter – mètre *m, unité de longueur SI, symbole* m. **meter cubed**: mètre cube, *unité SI de module d'inertie, voir aussi cubic meter.* **meter kelvin per watt**: mètre kelvin par watt, *unité SI de résistivité thermique* (m.K/W). **meter per second**: mètre par seconde, *unité SI de vitesse* (m/s). **meter per second squared**: mètre par seconde carrée, *unité SI d'accélération* (m/s^2). **meter squared**: mètre carré, *unité SI de aire de ralentissement, de diffusion, de migration, voir aussi square meter.* **meter squared per second**: mètre carré par seconde, *unité SI de viscosité cinématique* (m^2/s). **meter to the fourth power**: mètre bicarré, *unité SI de moment quadratique* (m^4).
meterage – métrage *m.*
metering – comptage *m* ; mesure *f.* **metering pump**: pompe doseuse, *pompe à débit étalonné.* **metering separator**: séparateur compteur.
methacrolein – méthacroléine *f, méthyl-2-propénal.*
methacrylamide – méthacrylamide *m, amide de l'acide méthacrylique.*
methacrylate – méthacrylate *m, sel ou ester de l'acide méthacrylique.* **methacrylate ester**: ester de méthacrylate.
methacrylic – méthacrylique. **methacrylic acid**: acide méthacrylique.
methacrylonitrile – méthacrylonitrile *m, isopropénylnitrile.*
methanation – méthanation *f.*
methanator – méthanateur *m.*
methane – méthane *m, premier des hydrocarbures saturés ou alcanes.* **methane carrier**: méthanier *m.* **methane detector**: détecteur de grisou. **methane-oxidizing bacteria**: bactéries méthanooxydantes. **methane pipeline**: conduite de méthane. **methane terminal**: terminal méthanier.
methanogenesis – méthanogenèse *f.*
methanol – méthanol *m, alcool méthylique.* **Methanol to Gasoline (MTG) process**: *dénomination d'un procédé de transformation de méthanol en essence.*
methanolysis – méthanolyse *f.*
methanometer – grisoumètre.
method – méthode *f.* **methods engineering**: étude et application des méthodes. **method of characteristics**: méthode des caractéristiques. **method of images**: méthode des images, *pour calculer l'interférence entres des réservoirs.* **method of least squares**: méthode des moindres carrés. **method of measurement**: méthode de mesure. **method of operation**: méthode de fonctionnement ; méthode de travail ; mode de fonctionnement ; mode opéra-

toire. **method of prospecting**: méthode de prospection. **method of sample taking**: méthode d'échantillonnage. **method of squares**: craticulage *m.* **method of testing**: méthode d'essai.

methyl – méthyl, *préfixe indiquant la présence d'un radical méthyle* ; méthyle *m, radical chimique.* **methyl acetate**: acétate de méthyle. **methyl acrylate**: acrylate de méthyle. **methyl alcohol**: alcool méthylique, *méthanol.* **methyl bromide**: bromure de méthyle, *bromométhane.* **methyl butadiene**: *voir isoprene.* **methyl butene**: méthylbutène *m.* **methyl butyl ketone**: méthylbutylcétone *f, solvant.* **methyl chloride**: chlorure de méthyle, *s'utilise comme réfrigérant.* **methyl ether**: éther méthylique. **methyl ethyl ketone (MEK)**: méthyléthylcétone *f, butanone, méthylacétone, solvant d'extraction.* **methyl formate**: formiate de méthyle. **methyl halide**: halogénure de méthyle. **methyl iodide**: iodure de méthyle, *iodométhane.* **methyl methacrylate**: méthacrylate de méthyle. **methyl pyrrolidone (N-)**: méthyl pyrrolidone (N-), *solvant sélectif.* **methyl rubber**: caoutchouc méthylique. **methyl tert-butyl ether (MTBE)**: méthyl tertio butyl éther (MTBE), *additif pour améliorer l'indice d'octane dans l'essence auto.*

methylamine – méthylamine *f.*

methylation – méthylation *f.*

methylbenzene – méthylbenzène, *toluène.*

methylcellulose – méthylcellulose *f, éther méthylique de la cellulose.*

methylcyclohexane – méthylcyclohexane *m, hydrocarbure cyclique saturé.*

methylcyclopentane – méthylcyclopentane *m.*

methyldiethanolamine – méthyldiethanolamine *f (MDEA) solvant d'adoucissement du gaz.*

methylene – méthylène *m, esprit de bois.* **methylene blue**: bleu de méthylène. **methylene bromide**: bromure de méthylène. **methylene chloride**: chlorure de méthylène. **methylene iodide**: iodure de méthylène.

methylnaphthalene – méthylnaphtalène *m, voir aussi alpha-methylnaphthalene.*

methylpentane – méthylpentane *m.*

methylpropane – méthylpropane *m, isopropane.*

metre – mètre *m, unité, voir meter.*

metric – métrique. **metric camera**: chambre cartographique ; chambre métrique. **metric system**: système métrique. **metric ton**: tonne métrique.

metrication – métrification *f, conversion au système métrique.*

metrology – métrologie *f.*

MeV – MeV, *symbole de megaelectronvolt.*

MF – *abrév. de moisture free : sans humidité.*

mfd – *abrév. de manufactured.* **mfd gas**: *abrév. de manufactured gas.*

MGD – *abrév. de million gallons per day.*

MHD – MHD, *abrév. de magnetohydrodynamics : magnétohydrodynamique.*

MHF – *abrév. de massive hydraulic fracturing.*

mho – mho *m, unité de conductance électrique, l'unité SI est le siemens.*

mica – mica *m.* **mica flake**: écaille de mica. **mica paint**: peinture au mica. **mica schist**: micaschiste *m, roche métamorphique.*

micaceous – micacé. **micaceous iron ore**: fer micacé, *variété d'hématite.* **micaceous sandstone**: grès micacé. **micaceous shale**: schiste micacé. **micaceous structure**: structure feuilletée.

micellar – micellaire. **micellar catalysis**: catalyse micellaire. **micellar charge**: charge micellaire. **micellar flooding**: injection de microémulsion. **micellar injection**: injection micellaire *(prod).* **micellar-polymer drive**: poussée par solution de polymères micellaires *(prod).* **micellar-polymer flooding**: injection de polymères micellaires, *couvre l'injection de détergents, de surfactants, d'huile soluble, de microémulsions et de produits chimiques.* **micellar-solution flooding**: injection de solutions micellaires *(prod).*

micelle – micelle *f, particule en suspension dans une solution colloïdale.*

micellization – micellisation *f.*

mickey-mouse – bricolage *m.*

micrinite – micrinite *f, voir inertinite.*

micrite – micrite *f, calcite microcristalline formant le ciment des roches calcaires.*

micritic – micritique *(pétro).* **micritic limestone**: calcaire micritique.

micritization – micritisation *f (pétro).*

micro – micro, *préfixe qui placé devant une unité la multiplie par* 10^{-6}, *symbole la lettre de l'alphabet grec mu* (μ).

microactivity – microactivité *f.* **microactivity test (MAT)**: essai de microactivité.

microammeter – microampèremètre *m.*

microanalysis – microanalyse *f.*

microanalyzer – microsonde électronique.

microaphanitic – cryptocristallin *(pétro).*

microbalance – microbalance *f.*

microballoons – microbilles *f, microsphères en résines phénoliques servant à recouvrir la surface des liquides dans les réservoirs de stockage pour lutter contre les pertes par évaporation.*

microbe – microbe *m.*

microbial – microbien. **microbial activity**: activité microbienne. **microbial-enhanced oil recovery (MEOR)**: récupération assistée par bactéries (RAB), *récupération assistée bactérienne.* **microbial-enhanced waterflooding**: injection d'eau améliorée par bactéries.

microbicide – microbicide *m.*

microbiology – microbiologie *f.*

microbiostratigraphy – microbiostratigraphie *f, biostratigraphie fondée sur les microfossiles.*

microbreccia – microbrèche *f (pétro).*

microcaliper – microdiamétreur *m.* **microcaliper log**: diagramme de microdiamétrage ; microdiamétrage m.

microcanonical – microcanonique. **microcanonical ensemble**: ensemble microcanonique *(méc.stat).*

microcapsule – microcapsule *f.*

microcellular – microcellulaire. **microcellular rubber**: caoutchouc microcellulaire.

microchemical – microchimique. **microchemical analysis**: analyse microchimique.

microchemistry – microchimie *f.*

microclastic – microclastique.

microclimate – microclimat *m.*

microcline – microcline *m, aluminosilicate naturel de la famille des feldspaths.*

microcode – microcode *m* ; microprogramme *m.*

microcomputer – micro-ordinateur *m.*

microcone – microcône *m.* **microcone penetration test**: essai de pénétration au microcône, *pour évaluer la consistance des graisses.* **microcone penetrometer**: pénétromètre à microcône.
microconglomerate – microconglomérat *m.*
microcrack – microfissure *f.*
microcryptocrystalline – microcryptocristallin.
microcrystalline – microcristallin. **microcrystalline limestone**: calcaire microcristallin. **microcrystalline structure**: structure microcristalline. **microcrystalline wax**: cire microcristalline ; paraffine microcristalline.
microdensitometer – microdensitomètre *m.*
microdevice – microdispositif *m.*
microearthquake – microtremblement *m, de terre* ; secousse faible, *d'un tremblement de terre.*
microelectronics – microélectronique *f.*
microemulsion – microémulsion *f.* **microemulsion flooding**: injection de microémulsion, *procédé de récupération où l'on injecte un bouchon de microémulsion suivi d'un bouchon de solution de polymère.*
microexplosion – microexplosion *f.*
microfacies – microfaciès *m, faciès sédimentaire déterminé à l'aide d'un microscope.*
microfault – microfaille *f.*
microfiber – microfibre *f.* **microfiber grease**: graisse microfibreuse.
microfiltration – microfiltration *f.*
microfissure – microfissure *f.*
microfluidal – microfluidal. **microfluidal texture**: texture microfluidale *(pétro)*.
microfoam – mousse microporeuse. **microfoam rubber**: mousse de latex microporeuse.
microfossil – microfossile *m.*
microgranular – microgrenu.
micrograph – micrographie *f, reproduction photographique d'une microstructure.*
micrographic – micrographique. **micrographic intergrowth**: association micropegmatique *(pétro)*. **micrographic texture**: texture micrographique.
micrographics – micrographie *f, ensemble des techniques de reproduction des documents sous forme réduite (microfilm, microfiches...)*.
microgravimetry – microgravimétrie *f.*
microhardness – microdureté *f.*
microinverse – microinverse *f*; microlatérale *f, enregistrement lors d'une microdiagraphie de résistivité.*
Microlaterolog – Microlaterolog *m, dénomination d'une microdiagraphie de résistivité.*
microlite – microlite *m, petit cristal caractérisant de nombreuses roches volcaniques.*
microlitic – microlitique. **microlitic texture**: structure microlitique.
Microlog – Microlog *m, dénomination d'une microdiagraphie de résistivité.*
micrologging – microdiagraphie *f.*
micromagnetometer – micromagnétomètre *m.*
micromanipulator – micromanipulateur *m.*
micromeritic – microméritique *(pétro)*.
micrometer – micromètre *m, instrument de mesure ; unité de longueur égale à un millionième d'un mètre, anciennement appelé micron.* **micrometer caliper**: *voir micrometer*; palmer *m.* **micrometer gap**: éclateur micrométrique.
micrometric – micrométrique. **micrometric screw**: vis micrométrique.
micrometry – micrométrie *f.*
micron – micron *m, voir micrometer.*
micronormal – micronormale *f, enregistrement lors d'une diagraphie de microrésistivité.*
microorganism – micro-organisme *m.*
micropaleontology – micropaléontologie *f.*
microphone – microphone *m.*
microphyric – microphyrique *(pétro)*.
microplankton – microplancton *m.*
micropore – micropore *m.*
microporosity – microporosité *f.*
microprobe – microsonde *f.*
microprocessing – microtraitement *m.* **microprocessing unit (MPU)**: microprocesseur *m.*
microprocessor – microprocesseur *m.*
microprogram – microprogramme *m.*
microradiography – microradiographie *f.*
microrelief – microrelief *m, relief trop petit pour être reporté sur une carte topographique.*
microresistivity – microrésistivité *f.* **microresistivity log**: diagraphie de microrésistivité.
microscope – microscope *m.*
microscopic – microscopique. **microscopic analysis**: analyse microscopique. **microscopic anisotropy**: anisotropie microscopique, *diagraphie.* **microscopic examination**: examen microscopique. **microscopic reversibility**: réversibilité microscopique, *d'un système en équilibre.* **microscopic stress**: tension microscopique.
microscopy – microscopie *f.*
microsection – plaque mince *(minér)*.
microseism – agitation microsismique, *attribuable à l'activité industrielle, au vent, aux vagues* ; microséisme *m, agitation ou bruit de fond plus au moins permament de la croûte terrestre.*
Microseismogram – *dénomination commerciale d'une diagraphie en densité variable.*
microsphere – microsphère *f.*
microspheroidal – microsphéroïdal. **microspheroidal cracking catalyst**: catalyseur de craquage microsphéroïdal.
microspore – microspore *f.*
microspread – microdispositif *m.*
microstructure – microstructure *f.*
microsurvey – diagraphie de contact, *ou de paroi.*
microswitch – microcontact *m* ; microrupteur *m.*
microtectonics – microtectonique *f, étude de la microstructure des roches.*
microtexture – microtexture *f.*
microwave – micro-onde *f.* **microwave band**: bande hyperfréquence ; bande micro-onde. **microwave link**: faisceau hertzien. **microwave oven**: four à micro-ondes. **microwave polarization**: polarisation hyperfréquence. **microwave radiometer**: radiomètre à hyperfréquences. **microwave spectroscopy**: spectroscopie des micro-ondes.
microwax – *voir microcrystalline wax.*
MICT – *abrév. de moving in cable tools, utilisée dans les rapports de sondage.*
mid – moyen. **mid-boiling point**: point d'ébullition moyen. **mid-continent crude**: brut du Mid-Conti-

nent, *brut produit en Oklahoma, au Kansas et au nord du Texas.* **mid-oceanic ridge**: dorsale médio-océanique, *relief sous-marin constitué par un alignement des hauteurs long de quelques dizaines de milliers de kilomètres et large de quelques dizaines de kilomètres, considéré comme une zone d'accrétion.* **mid-percent curve**: courbe des propriétés des fractions élémentaires ; courbe des propriétés instantanées.

middle – central ; milieu *m* ; moyen, *avec le nom d'une division stratigraphique, signifie qu'elle s'y situe au milieu.* **middle course**: cours moyen, *d'un fleuve.* **middle distillate**: distillat moyen. **middle infrared**: infrarouge moyen. **middle limb**: flanc médian, *flanc inverse étiré d'un pli-faille.* **middle management**: cadre moyen. **middle of the line**: milieu de gamme, *équipement ou produit.* **middle oil**: *voir carbolic oil.* **middle oil distillate**: distillat moyen. **middle tar oil**: huile moyenne de goudron.

midpoint – centre *m* ; milieu *m* ; point milieu. **midpoint estimate**: point médian, *d'une fourchette.*

midway – à mi-chemin.

Mie – Mie. **Mie scattering**: diffusion de Mie, *lumière.*

MIG – *abrév. de metal inert gas.* **MIG welding**: soudage MIG, *soudage à l'arc sous atmosphère inerte, avec un fil électrode fusible.*

migmatite – migmatite *f (pétro).* **migmatite isograd**: isograde d'anatexie, *front des migmatites.*

migmatization – migmatisation *f (pétro).*

migrate (to) – migrer, *pour des hydrocarbures, aller de la roche mère à la roche réservoir ; en sismique replacer correctement les réflexions et comprimer les figures de diffraction.*

migrated – migré. **migrated depth section**: coupe-profondeur migrée. **migrated near-offset data**: traces en déport proche migrées *(sism).* **migrated section**: coupe migrée ; section migrée *(sism).*

migration – migration *f, déplacement des hydrocarbures de la roche-mère vers la roche-réservoir ; en sismique, opération de restitution des formes correctes des interfaces géologiques.* **migration area**: aire de migration. **migration length**: longueur de migration. **migration of ions**: migration des ions. **migration offset**: obliquité de la migration *(sism).* **migration-offset vector**: vecteur de migration. **migration vector**: vecteur de migration *(sism).*

mil – mil *m, millième de pouce anglais.*

Mil – *abrév. de Military.* **Mil specifications**: *abrév. de military specifications : spécifications des forces armées des USA.*

Milankovitch – Milankovitch. **Milankovitch curve**: courbe de Milankovitch, *représentant la quantité d'énergie solaire reçue pendant un certain temps géologique et pour une certaine latitude.* **Milankovitch cycles**: cycles de Milankovitch, *cycles basés sur les variations de l'orbite terrestre, ils provoquent des changements climatiques, dans le volume des glaces sur les continents et des changements eustatiques. Ils ont des périodes caractéristiques de 19, 23, 41 et 100 ka.* **Milankovitch theory**: théorie de Milankovitch, *théorie astronomique des glaciations.*

Milazzian – Milazzien *m, division stratigraphique du Quaternaire méditerranéen.*

mild – doux ; modéré. **mild galling**: éraillure légère. **mild iron**: fer doux. **mild plow steel**: *dénomination d'une qualité d'acier pour câble de forage (API).* **mild steel**: acier doux. **mild-type extreme-pressure gear oil**: huile pour engrenages avec effet extrême-pression modéré.

mile – mile *m, unité de longueur égale à 1 609,344 m, voir aussi nautical mile.* **mile per gallon (MPG)**: mile par gallon, *unité de consommation des véhicules, voir liter per 100 kilometers pour les facteurs de conversion.*

mileage – kilométrage *m, après conversion des miles en kilomètres.*

milestone – borne *f, borne miliaire.*

milestone (to) – jalonner.

miliolid – miliole *f, foraminifère.*

milk – lait *m.* **milk of lime**: lait de chaux.

milkiness – trouble *m, aspect laiteux.*

milky – laiteux. **milky quartz**: quartz laiteux.

mill – broyeur *m* ; fraise *f* ; moulin *m* ; usine *f.* **mill-applied coating**: revêtement en usine. **mill inspection by purchaser**: inspection en usine par l'acheteur. **mill scale**: battitures *f.*

milled – laminé ; moleté ; moulu. **milled slot**: méplat *m, tige de forage.* **milled-tooth bit**: outil à dents fraisées.

milli – milli, *préfixe de sous-multiples décimaux indiquant 10^{-3} soit 0,001, symbole* m.

milliard – milliard *m, voir aussi billion.*

millibar – millibar *m, unité de pression égale à un hectopascal.*

millidarcy – millidarcy *m, symbole* mD, *voir darcy.*

milligram – milligramme *m, symbole* mg.

milliliter – millilitre *m, unité de volume égale au centimètre cube.*

millimeter – millimètre *m, symbole* mm. **millimeter of mercury**: millimètre de mercure, *unité de pression, 1 mm Hg = 1,333 22 × 10^2 Pa.* **millimeter of water**: millimètre d'eau, *unité de pression, 1 mm H_2O = 9,806 65 Pa.*

milling – broyage *m* ; fraisage *m* ; laminage *m.* **milling machine**: fraiseuse *f, machine à fraiser.* **milling oil**: huile de fraisage. **milling ore**: minerai de broyage, *minerai à bocarder.* **milling shoe**: sabot de fraisage *(for)* ; sabot denté ; sabot fraise. **milling tool**: fraise de meulage, *utilisée dans les opérations d'instrumentation pour réduire un poisson.*

million – million *m, mille fois mille.*

millisecond – milliseconde *f, principale unité de temps utilisée en sismique, symbole* ms.

millstone – meulière *f, pierre propre à faire des meules.*

MIM – *abrév. de moving in materials.*

mimetic – mimétique. **mimetic crystal**: cristal mimétique.

mimetism – mimétisme *m.*

min – min, *symbole de minute (unité de temps).*

Mindel – Mindel *m, deuxième glaciation du Pléistocène.*

mine – mine *f.* **mine adit**: fendue *f, galerie au jour.* **mine car**: chariot de mine. **mine face**: front de taille. **mine gas**: grisou *m.* **mine road**: galerie de mine. **mine run coal**: charbon tout-venant. **mine surveying**: levé minier. **mine track**: voie ferrée de mine. **mine ventilation**: aérage de mine. **ex mine**: départ mine, *se dit d'une marchandise livrée à la mine.*

mineral – minéral *m.* **mineral acid**: acide minéral. **mineral additive**: additif minéral. **mineral association**: association de minéraux. **mineral-bearing rock**: roche minéralisée. **mineral black**: noir minéral. **mineral burning oil**: huile d'éclairage minérale. **mineral claim**: concession minière. **mineral coal**: charbon de terre. **mineral colza oil**: huile de colza minérale, *un des anciens noms du pétrole lampant.* **mineral cutting oil**: huile de coupe minérale. **mineral deposit**: gîte minéral. **mineral dressing**: enrichissement des minerais. **mineral dust**: poussière minérale. **mineral facies**: faciès minéral, *comprend toutes les roches qui se sont formées dans des conditions de températures et de pressions si voisines qu'une composition chimique définie a donné lieu à la même gamme de minéraux sans égard à leur mode de cristallisation.* **mineral fiber**: fibre minérale. **mineral-filled asphalt**: bitume fillerisé, *bitume routier contenant un pourcentage (de 10 à 50 %) de matière minérale finement divisée.* **mineral filler**: charge minérale ; farine minérale. **mineral filter**: filtre minéral. **mineral interest**: droit minier, *droit de propriété.* **mineral jelly**: vaseline *f.* **mineral oil**: huile minérale, *produit pétrolier ayant la viscosité d'une huile.* **mineral pigment**: pigment minéral. **mineral pitch**: asphalte *m.* **mineral resource**: ressource minérale. **mineral right**: droit minier, *droit sur une substance minière.* **mineral rubber**: caoutchouc minéral, *élatérite.* **mineral spirit**: essence minérale, *solvant.* **mineral spot**: inclusion minérale. **mineral spring**: source minérale. **mineral theory**: théorie minérale, *théorie donnant au pétrole une origine minérale.* **mineral vein**: filon minéral. **mineral water**: eau minérale. **mineral wax**: cire minérale, *cire fossile.* **mineral wool**: laine minérale. **mineral zoning**: disposition zonale de minerais.

mineralization – minéralisation *f.* **mineralization index**: indice de minéralisation. **mineralization potentiel**: potentiel de minéralisation, *potentiel électrique naturel associé aux gîtes minéraux.*

mineralized – minéralisé. **mineralized zone**: zone minéralisée.

mineralizer – agent minéralisateur ; minéralisateur *m*, *agent volatil agissant sur les dernières phases de cristallisation d'un magma.*

mineralogic – minéralogique.

mineralogical – minéralogique.

mineralography – minéralographie *f.*

mineralogy – minéralogie *f.*

Minerals Management Service (MMS) – *dénomination d'un service du U.S. Department of the Interior chargé du Nation's Federal Offshore Leasing Program.*

minerogenetic – minérogénétique. **minerogenetic province**: province minérogénétique, *métallogénique.*

minesweeper – dragueur de mines.

mingle (to) – mélanger.

miniature – miniature *f.*

miniaturization – miniaturisation *f.*

minibulker – minivraquier *m.*

minicomputer – miniordinateur *m.*

minimum – minimal ; minimum *m.* **minimum allowable wall thickness**: épaisseur minimale admissible pour les parois, *des tubes de forage, de fours.* **minimum delay**: retard minimal ; signal à phase minimale. **minimum-delay filter**: filtre à retard minimal. **minimum detection limit**: *voir lower limit of detectability.* **minimum effective liquid rate (MELR)**: débit minimal de liquide de mouillage (DMLM). **minimum-entropy deconvolution (MED)**: déconvolution à minimum d'entropie *(sism).* **minimum-entropy filter**: filtre à minimum d'entropie *(sism).* **minimum firing rate**: taux de combustion minimal. **minimum internal-yield pressure**: pression minimale de rupture. **minimum lethal dose (MLD)**: dose minimale létale. **minimum miscibility pressure (MMP)**: pression minimale de miscibilité. **minimum of expenditures**: obligations financières, *voir financial commitments.* **minimum of work**: obligations de travaux, *voir work obligation.* **minimum pendulum**: pendule à minima. **minimum phase**: à phase minimale. **minimum-phase filter**: filtre à déphasage minimal *(élec).* **minimum phase-shift**: déphasage minimal. **minimum reflux**: reflux minimal. **minimum-reflux ratio**: taux de reflux minimal. **minimum sun angle**: angle solaire minimal. **minimum thermometer**: thermomètre à minimum. **minimum-time path**: parcours de temps minimum ; trajet de temps minimal. **minimum wage**: salaire minimal. **minimum water/cement ratio**: teneur minimale eau-ciment, *quantité d'eau qu'il est nécessaire de mélanger au ciment pour avoir un laitier pompable.* **minimum wavelength**: longueur d'onde limite. **minimum wellhead price**: prix minimal à la tête de puits, *prix minimal fixé par l'Etat.*

mining – exploitation des mines ; minier. **mining act**: loi minière. **mining claim**: action minière ; concession minière. **mining code**: code minier. **mining company**: société minière, *société d'exploitation minière.* **mining concession**: concession minière. **mining district**: région minière. **mining engineer**: ingénieur des mines. **mining engineering**: technique minière. **mining field**: gisement minier. **mining geology**: géologie minière. **mining industry**: industrie minière. **mining law**: droit minier. **mining lease**: concession minière. **mining license**: permis d'exploitation. **mining method**: méthode d'exploitation, *méthode souterraine.* **mining oil**: pétrole brut exploité par des méthodes minières. **mining property**: propriété minière. **mining pump**: pompe de mine. **mining regulation**: réglementation minière.

miniphyric – microporphyrique. **miniphyric structure**: structure microporphyrique.

Miniranger – Miniranger, *dénomination commerciale d'un système de radiopositionnement.*

minisemi – minisupport *m*, *plate-forme semisubmersible de très faibles dimensions.*

Mini-Sosie – Mini-Sosie, *dénomination d'une méthode de sismique réflexion.*

minisub – sous-marin de poche.

minium – minium *m*, *oxyde de plomb, utilisé comme peinture antirouille.*

minor – mineur. **minor constituent**: constituant secondaire, *constituant existant en petite quantité.* **minor control plot**: triangulation radiale. **minor element**: oligoélément *m.* **minor fault**: faille mineure. **minor fold**: pli secondaire. **minor lobe**: lobe secondaire, *d'une antenne.* **minor mineral**: minéral accessoire. **minor string**: section inférieure de la garniture *(for)*.

Mintrop – Mintrop. **Mintrop wave**: onde de Mintrop, *onde conique, réfraction sismique.*

minus – moins. **minus pole**: pôle négatif.

minute – faible ; minutieux ; petit. **minute folding**: plissotement *m (géol)*.

minute – minute *f, unité de temps, symbole* min ; *unité de mesure d'angle, symbole* '.

minutes – compte-rendu *m.*

Miocene – Miocène *m, époque du Tertiaire supérieur.*

miogeosyncline – miogéosynclinal *m (tecton)*. **miogeosyncline facies**: faciès miogéosynclinal.

MIP – PMI, *abrév. de mean indicated pressure : pression moyenne indiquée.*

MIPS – MIPS, *abrév. millions of instructions per second, pour les performances d'un ordinateur.*

MIR – *abrév. de moving in rig.*

mirabilite – mirabilite *f, sulfate hydraté présent dans les évaporites.*

mirage – mirage *m (opt)*.

mire – boue *f*; limon *m* ; vase *f.*

mirror – miroir *m, en sismique surface qui réfléchit les ondes* ; réflecteur *m (sism)*. **mirror galvanometer**: galvanomètre à miroir. **mirror step**: pas miroir.

MIRT – *abrév. de moving in rotary tools.*

misalignment – défaut d'alignement ; désalignement *m* ; mésalignement *m.*

miscalculation – erreur de calcul.

mischief – malveillance *f.*

mischmetal – mischmétal *m, alliage de terres rares métalliques.*

miscibility – miscibilité *f.* **miscibility pressure**: pression de miscibilité.

miscible – miscible. **miscible bank**: banc miscible *(prod)*. **miscible displacement**: déplacement miscible, *déplacement par phase miscible, procédé de récupération de l'huile en place par élimination des pressions capillaires à l'aide de fluides qui lui sont miscibles en toutes proportions (prod)*. **miscible drive**: *voir miscible displacement.* **miscible flooding**: injection de fluides miscibles. **miscible fluid**: fluide miscible. **miscible-slug flooding**: injection d'un bouchon de solvant *(prod)*. **miscible solvent**: solvant miscible.

misclosure – erreur de fermeture, *see error of closure.*

misdemeanor – délit contraventionnel.

misfire – long-feu *m (sism)* ; raté *m, légère détonation à l'échappement d'un moteur à explosion, lorsque l'allumage du mélange carburé se produit à contre-temps* ; raté de tir *(sism)* ; tir raté, *perforations.*

misfire (to) – avoir des ratés.

misfit – inadapté. **misfit stream**: cours d'eau inadapté, *aux dimensions de sa vallée par suite d'un phénomène de capture, qu'il soit sous-adapté (underfit) s'il s'agit d'un cours d'eau capté, ou sur-adapté (overfit) s'il s'agit d'un cours d'eau capteur.*

misfueling – erreur de carburant, *introduction d'un carburant avec plomb dans un véhicule muni d'un pot catalytique, ou d'essence dans un moteur diesel et vice-versa.*

mishandling – fausse manoeuvre.

mishap – accident *m* ; incident *m* ; panne *f.*

mispickel – mispickel *m, arsénopyrite.*

misread (to) – faire une erreur de lecture.

miss (to) – manquer ; rater.

missile – fusée *f*; missile *m* ; projectile *m.* **missile fuel**: combustible pour fusée.

Mississippian – Mississippien *m, période du Paléozoïque.*

Missourian – Missourien *m, étage du Pennsylvanien.*

mist – brume *f*; buée *f*; embrun *m.* **mist drilling**: forage au brouillard, *forage à l'air ou au gaz avec dispersion de l'eau en provenance de la formation.* **mist extractor**: extracteur de brouillard ; séparateur de brouillard. **mist flow**: écoulement en brouillard. **mist lubrication**: graissage par brouillard d'huile. **mist preventive**: antibuée.

mistake – erreur *f*; faute *f.*

mistie – erreur d'embrayage ; erreur de calage. **mistie map**: carte d'erreurs.

miter – onglet *m.* **miter box**: boîte à onglets. **miter gear**: engrenage à onglet, *engrenage d'équerre.* **miter valve**: soupape conique. **miter weld**: soudure d'angle. **miter wheel**: roue d'angle.

miticide – acaricide *m.*

mitigate (to) – atténuer ; modérer.

MIU – *abrév. de moisture, impurities and unsaponifiable matter.*

mix – mélange *m.*

mix (to) – malaxer ; mélanger.

mixable – miscible.

mixed – mélangé ; mixte. **mixed aniline point**: point d'aniline composé. **mixed-base crude oil**: brut à base mixte. **mixed-base grease**: graisse à base mixte. **mixed cropping**: polyculture *f (agr)*. **mixed crystal**: cristal mixte. **mixed delay**: retard mixte. **mixed fertilizer**: engrais composé. **mixed gas**: gaz mixte. **mixed number**: nombre fractionnaire. **mixed ore**: minerai mélangé. **mixed phase**: à déphasage mixte. **mixed-soap grease**: graisse mixte.

mixer – malaxeur *m* ; malaxeuse *f*; mélangeur *m.* **mixer settler**: mélangeur décanteur ; mélangeur séparateur. **mixer throat**: col du mélangeur du brûleur.

mixing – malaxage *m* ; mélange *m* ; composition de traces ; mixage *m, en sismique, procédé par lequel on additionne des signaux provenant de plusieurs traces ou groupes de capteurs consécutifs, avec ou sans pondération, mais recouvrement.* **mixing chamber**: chambre de mélange, *de carburation.* **mixing cock**: robinet mélangeur. **mixing cylinder**: cylindre malaxeur ; éprouvette de mélange, *éprouvette graduée utilisée pour mélanger les huiles en laboratoire.* **mixing drum**: tambour mélangeur. **mixing globe valve**: soupape à boulet mélangeuse. **mixing hopper**: entonnoir à trémie ; entonnoir de mixage. **mixing machine**: malaxeur *m* ; mélangeur *m.* **mixing ratio**: rapport de composition. **mixing tap**: robinet mélangeur. **mixing valve**: vanne mélangeuse. **mixing water**: eau de gâchage.

mixture – mélange *m.* **mixture distribution**: distribution du mélange *(mot)*. **mixture ratio**: composition du mélange, *voir aussi fuel/air ratio.*

mixture response curve: courbe de réponse du mélange. **mixture temperature**: température de mélange. **mixture test**: essai de mélange.

mizzle – crachin *m, pluie fine.*

MKI – *abrév. de modified knock intensity ; voir modified knock-intensity method.*

MMCF – *abrév. de million cubic feet.*

mmf – *abrév. de magnetomotive force.*

MMP – *abrév. de minimum miscibility pressure.*

MMSCF – *abrév. de million standard cubic feet, employée pour les débits de gaz : MMSCFD (per day, par jour) MMSCFH (per hour, par heure), MMSCFM (per minute, par minute).*

MMT – *abrév. de methylcyclopentadienyl manganese tricarbonyl, additif antidétonnant.*

MNC – FMN, *abrév. de multinational corporation, firme multinationale.*

mnemonic – mnémonique. **mnemonic code**: code mnémonique.

mnemonics – mnémotechnique *f.*

MNOS – *abrév. de metal-nitrile-oxide semiconductor.*

MOB-DEMOB – *abrév. de mobilization-demobilization.*

mobile – mobile. **mobile belt**: ceinture mobile *(géol)*. **mobile crane**: grue mobile. **mobile lubrication**: graissage par unité mobile. **mobile phase**: phase mobile, *chromatographie.* **mobile plant**: unité mobile. **mobile platform**: plate-forme mobile. **mobile powered support**: soutènement mécanisé mobile. **mobile transmitter**: émetteur mobile.

mobility – mobilité *f.* **mobility ratio**: rapport des mobilités, *rapport de la mobilité moyenne du fluide déplaçant à la mobilité moyenne du fluide déplacé (prod).*

mobilizate – mobilisat *m, partie de roche fondue pendant une anatexie partielle.*

mobilization – amenée *f, d'un appareil de forage.* **mobilization costs**: coûts d'installation, *chantier.* **mobilization-demobilization (MOB-DEMOB)**: amenée et repli, *mise en place et repli d'un appareil de forage, ou d'une équipe de sismique.* **mobilization fee**: forfait d'amenée, *d'une installation de forage.*

mockup – maquette *f.*

mode – mode *m.* **mode conversion**: conversion de type d'onde. **mode-locked laser**: laser à modes bloqués. **mode number**: nombre de modes. **mode of occurrence**: mode de gisement. **mode of propagation**: mode de propagation. **mode of vibration**: mode de vibration, *mode d'oscillation.* **mode splitting**: *voir birefringence.*

model – modèle *m, représentation schématique d'un phénomène ou d'un processus.* **model coordinates**: coordonnées appareil ; coordonnées modèle. **model deformation**: déformation de l'image ; déformation du modèle. **model tank**: bassin d'essais, *qui permet d'étudier tous les problèmes liés aux opérations marines des plates-formes : construction, lancement, remorquage, positionnement, ancrage.*

modeling – modélique *f*; modélisation *f, simulation d'un système par un modèle.* **modeling theory**: modélique *f.*

modelling – *voir modeling.*

modem – modem *m, abrév. de modulator-demodulator, modulateur-démodulateur.*

moderate – modéré. **moderate sea**: mer agitée.

moderate-sulfate-resistant (MSR) cement – ciment à résistance moyenne aux sulfates.

moderator – modérateur *m*; ralentisseur *m.* **moderator coolant**: modérateur refroidisseur.

modernization – modernisation *f.*

modification – modification *f.*

modified – modifié. **modified borderline method**: *voir modified knock-intensity method.* **modified cement**: ciment modifié, *gel ciment ayant reçu une addition de lignosulfonate de calcium.* **modified constant-voltage charge**: charge à tension constante modifiée. **modified knock-intensity method**: méthode du cliquetis naissant modifiée, *pour la détermination de l'indice d'octane route.* **modified Mercalli scale (MM scale)**: échelle modifiée Mercalli, *échelle d'intensité d'un séisme.* **modified rate of return**: taux de rentabilité intégré, *ou taux de rentabilité modifié.*

modifier – modificateur *m.*

modifying – modifiant. **modifying agent**: agent de modification.

MODU – MODU, *abrév. de Mobile Offshore Drilling Units.* **MODU Code**: code MODU, *recueil de règles relatives à la construction et à l'équipement des unités mobiles de forage en mer (Mobile Offshore Drilling Units).*

modular – modulaire. **modular construction**: construction modulaire. **modular hull**: coque modulaire. **modular rig**: appareil de forage à architecture modulaire.

modulated – modulé. **modulated section**: plage de modulation. **modulated wave**: onde modulée.

modulating – modulant. **modulating control**: contrôle de modulation. **modulating electrode**: électrode de modulation. **modulating frequency**: fréquence de modulation. **modulating wave**: onde modulatrice.

modulation – modulation *f.* **modulation factor**: coefficient de modulation. **modulation meter**: modulomètre *m.*

modulator – modulateur *m.*

module – module *m, élément combinable à d'autres de même nature.*

modulus – module *m, rapport entre l'effort unité et la déformation unité correspondante.* **modulus of admittance**: module de l'admittance. **modulus of compression**: module de compression. **modulus of continuity**: module de continuité. **modulus of deformation**: module de déformation. **modulus of elasticity**: module d'élasticité, *module de Young.* **modulus of impedance**: module de l'impédance. **modulus of plasticity**: module de plasticité. **modulus of rigidity**: module de rigidité. **modulus of rupture**: module de rupture. **modulus of shearing**: module de cisaillement. **modulus of strain hardening**: module d'écrouissage par déformation.

mofette – mofette *f, émanation de gaz carbonique dans une zone volcanique.*

mogas – *abrév. de motor gasoline.*

Moho – Moho *m, abrév. de Mohorovičić discontinuity : discontinuité de Mohorovičić.*

Mohole – Mohole, *dénomination d'un forage qui a pour but l'étude du manteau terrestre sous la discontinuité de Mohorovičić.*

Mohorovičić – Mohorovičić. **Mohorovičić discontinuity**: discontinuité de Mohorovičić, *disconti-*

nuité définissant la transition entre la croûte et le manteau terrestre.

Mohr – Mohr. **Mohr's circle**: cercle de Mohr, *construction graphique relative à la transformation des composantes d'un tenseur.*

Mohs – Mohs. **Mohs scale of hardness**: échelle de dureté Mohs, *des minéraux allant de 1 (talc) à 10 (diamant), chaque substance rayant les précédentes mais non les suivantes (gypse, calcite, fluorite, apatite, orthoclase, quartz, topaze, corindon).*

moiety – portion *f, fragment d'une molécule, généralement complexe, ayant une caractéristique chimique particulière.*

moist – humide. **moist cured**: conservé à l'air humide.

moisten (to) – humidifier ; imprégner ; mouiller.

moistness – humidité *f.*

moistograph – hygromètre *m.*

moisture – humidité *f.* **moisture capacity**: capacité en eau. **moisture condensation**: condensation d'humidité. **moisture content**: teneur en humidité, *état hygrométrique.* **moisture content of a gaz**: teneur en humidité d'un gaz. **moisture determination**: détermination de l'humidité. **moisture equivalent**: humidité équivalente. **moisture loss**: perte d'humidité. **moisture meter**: humidimètre *m* ; hygromètre *m.* **moisture proof**: étanche à l'humidité. **moisture-vapor transmission**: perméabilité à l'humidité.

MOIV – *abrév. de mechanically operated inlet valve : soupape d'admission mécanique.*

mol – mol, *symbole de mole.* **mol wt**: *abrév. de molecular weight.*

MOL – *abrév. de manned orbiting laboratory.*

molal – molaire. **molal average boiling point**: température moyenne d'ébullition molaire. **molal heat capacity**: capacité de chaleur molaire.

molality – molalité *f, concentration molaire massique.*

molar – molaire. **molar absorption coefficient**: coefficient d'absorption molaire. **molar conductance**: conductance molaire. **molar conductivity**: conductivité molaire. **molar enthalpy**: enthalpie molaire. **molar entropy**: entropie molaire. **molar flow rate**: débit molaire. **molar gas constant**: constante molaire des gaz. **molar heat capacity**: capacité thermique molaire, *quotient de la capacité thermique par la quantité de matière, s'exprime en joule par mole kelvin.* **molar internal energy**: énergie molaire, *énergie interne molaire, quotient de l'énergie interne par la quantité de matière, s'exprime en joule par mole.* **molar mass**: masse molaire. **molar solution**: solution molaire. **molar volume**: volume molaire.

molarity – molarité *f, concentration molaire volumique.*

molasse – molasse *f, formation sédimentaire détritique épaisse.*

molasses – mélasse *f, résidu de la fabrication du sucre.*

mold – matrice *f* ; moisissure *f* ; moulage *m* ; moule *m.* **mold oil**: *voir form oil.* **mold release agent**: *voir release agent.*

molded – moulé. **molded glass**: verre moulé.

molder – mouleur *m.* **molder's oil**: huile de moulage.

moldering – effritement *m* ; formation de terreau.

moldic – *voir moldic porosity.* **moldic porosity**: porosité de dissolution, *porosité secondaire liée à la dissolution d'un constitant particulier de la roche.*

molding – baguette *f* ; jonc *m* ; moulage *m* ; moulure *f.* **molding box**: châssis de moulage *(métal).* **molding flask**: *voir molding box.* **molding floor**: chantier de moulage. **molding machine**: machine à mouler. **molding press**: presse à mouler. **molding sand**: sable de moulage. **molding shop**: atelier de moulage.

moldy – moisi.

mole – mole *f, unité de quantité de matière SI, symbole* mol. **mole fraction**: fraction molaire ; fraction moléculaire. **mole per cubic meter**: mole par mètre cube, *unité SI de concentration molaire volumique, anciennement appelée molarité* (mol/m^3). **mole per kilogram**: mole par kilogramme, *unité SI de concentration molaire massique ou molalité* (mol/kg). **mole per second**: mole par seconde, *unité SI de débit molaire* (mol/s). **mole percent**: pourcent molaire. **mole ratio**: rapport moléculaire.

mole – taupe *f, engin servant à creuser les tunnels.*

mole – digue *f* ; môle *m.*

molecular – moléculaire. **molecular adhesion**: adhésion moléculaire. **molecular association**: association moléculaire. **molecular beam**: jet moléculaire. **molecular beam epitaxy (MBE)**: épitaxie par jets moléculaires. **molecular-beam surface reactive scattering (MBSRS)**: diffusion réactive de faisceaux moléculaires. **molecular-beam surface scattering (MBSS)**: diffusion de surface de faisceaux moléculaires. **molecular bond**: liaison moléculaire. **molecular compound**: composé moléculaire. **molecular concentration**: concentration moléculaire. **molecular crystal**: cristal moléculaire. **molecular distillation**: distillation moléculaire. **molecular drag pump**: pompe moléculaire. **molecular effusion**: effusion moléculaire *(méc.fl).* **molecular-emission cavity analysis**: spectroscopie d'émission moléculaire. **molecular energy**: énergie moléculaire. **molecular flow**: écoulement moléculaire, *en régime moléculaire.* **molecular flow rate**: flux de molécules. **molecular force**: force moléculaire. **molecular heat**: chaleur moléculaire. **molecular mass**: masse moléculaire. **molecular modeling**: modélisation moléculaire. **molecular orbital**: orbitale moléculaire, *fonction d'onde monoélectronique décrivant un électron qui se déplace dans le champ efficace des noyaux et de tous les autres électrons d'une entité moléculaire polyatomique.* **molecular polarizability**: polarisibilité moléculaire. **molecular rearrangement**: réarrangement moléculaire. **molecular refraction**: réfraction moléculaire. **molecular replacement**: métasomatose moléculaire. **molecular scattering**: diffusion moléculaire. **molecular sieve**: tamis moléculaire. **molecular-sieve catalyst**: catalyseur pour tamis moléculaire. **molecular-sieve separation**: séparation au tamis moléculaire. **molecular-sieve treatment**: traitement au tamis moléculaire. **molecular spectroscopy**: spectroscopie moléculaire. **molecular spectrum**: spectre moléculaire. **molecular structure**: structure moléculaire. **molecular vibration**: vibration moléculaire. **molecular volume**: volume moléculaire. **molecular weight**: masse moléculaire ; poids moléculaire, *appellation ancienne de la masse moléculaire relative.*

molecularity – molécularité *f.*

molecule – molécule *f.*

Molex – *dénomination d'un procédé d'adsorption.*

mollic – mollique *(pédol).*

Mollier – Mollier. **Mollier diagram, Mollier chart**: diagramme de Mollier, *donnant les propriétés d'une substance avec l'enthalpie en ordonnée et l'entropie en abscisse.*

mollisol – mollisol *m, couche active, couche superficielle du sol, qui dégèle au-dessus le pergélisol.*

mollusk – mollusque *m.*

molten – fondu. **molten metal**: métal en fusion. **molten salt**: sel fondu. **molten-salt breeder reactor (MSBR)**: surrégénérateur à sels fondus.

molybdate – molybdate *m.*

molybdenite – molybdénite *f, sulfure naturel de molybdène.*

molybdenum – molybdène *m, symbole chim. Mo.* **molybdenum cast iron**: fonte au molybdène. **molybdenum disulfide**: bisulfure de molybdène, *lubrifiant et catalyseur d'hydrogénation et d'isomérisation.* **molybdenum pentachloride**: pentachlorure de molybdène. **molybdenum sesquioxide**: sesquioxyde de molybdène. **molybdenum steel**: acier au molybdène. **molybdenum trioxide**: trioxyde de molybdène.

moment – instant *m* ; moment *m.* **moment coefficient**: coefficient de moment. **moment curve**: courbe des moments. **moment of flexure**: moment de flexion. **moment of force**: moment d'une force. **moment of inertia**: moment d'inertie. **moment of momentum**: *voir angular momentum* ; moment cinétique, *moment de quantité de mouvement, s'exprime en kilogramme mètre carré par seconde.* **moment of resistance**: moment de résistance ; moment résistant. **moment of torsion**: moment de torsion.

momentum – force vive ; quantité de mouvement, *produit de la masse par la vitesse.*

MON – IOM, *abrév. de motor octane number : indice d'octane moteur ou* NOM: *nombre d'octane moteur.*

monadnock – butte-témoin *f, mont isolé* ; monadnock *m, relief résiduel.*

monatomic – monoatomique. **monatomic gas**: gaz monoatomique.

monazite – monazite *f, phosphate de métaux cériques.*

Monel – Monel *m, alliage composé de nickel, de cuivre et d'étain.*

monetary – monétaire. **monetary correction**: correction monétaire. **monetary cover**: couverture de l'émission monétaire.

money – argent *m* ; monnaie *f.* **money at call**: crédit à vue. **money income**: revenu monétaire. **money market**: marché monétaire. **money-market rate**: taux du marché monétaire. **money order**: mandat poste. **money supply**: disponibilités monétaires ; masse monétaire.

monitor – appareil de surveillance ; contrôleur *m* ; écran témoin ; moniteur *m, se dit d'un film de contrôle lorsque l'on rejoue un enregistrement magnétique sur le terrain pour savoir si celui-ci est bon (sism)* ; visu *f, familier.* **monitor record**: rejeu de contrôle.

monitor (to) – contrôler ; régler ; surveiller.

monitoring – contrôle *m* ; monitorage *m* ; régulation *f* ; surveillance *f* ; surveillance active. **monitoring device**: dispositif d'écoute, *de contrôle.* **monitoring network**: réseau de surveillance. **monitoring of marine pollution**: surveillance de la pollution marine. **monitoring of wastewater treatment**: contrôle du traitement des eaux usées. **monitoring team**: équipe de surveillance.

monkey – singe *m.* **monkey board**: plate-forme d'accrochage *(for).* **monkey spanner**: clé anglaise. **monkey wrench**: clé à molette ; clé anglaise ; clé universelle.

monoacid – monoacide *m.*

monoamine – monoamine *f.*

monobasic – monobasique. **monobasic acid**: acide monobasique.

monobuoy – *voir single-buoy mooring.*

monochromatic – monochromatique. **monochromatic light**: lumière monochromatique.

monochrome – monochrome.

monoclinal – monoclinal *(géomorph).* **monoclinal flexure**: flexure monoclinale. **monoclinal fold**: pli monoclinal. **monoclinal structure**: structure monoclinale. **monoclinal valley**: vallée monoclinale.

monocline – monoclinal *m, structure où les couches ont une inclinaison constante sur une grande étendue.*

monoclinic – monoclinique *(crist).* **monoclinic system**: système monoclinique.

monocomparator – monocomparateur *m.*

monodisperse – monodispersé. **monodisperse colloidal system**: système colloïdal monodispersé.

monodynamism – théorie monodynamique *(géol).*

monoenergetic – monoénergétique. **monoenergetic gamma ray**: rayon gamma monoénergétique.

monoethanolamine – monoéthanolamine *f (MEA), éthanolamine, amino-2-éthanol.*

monogenic, monogenetic – monogénique, *se dit de roches sédimentaires détritiques dont les éléments sont de la même nature.* **monogenic breccia**: brèche monogénique. **monogenic conglomerate**: conglomérat monogénique. **monogenetic rock**: roche monogénique.

monogeosyncline – monogéosynclinal *m.*

monograde – monograde. **monograde oil**: huile monograde, *huile lubrifiante ne couvrant qu'un seul échelon SAE.*

monolayer – couche simple ; monocouche *f, couche très mince formée d'une seule assise moléculaire.* **monolayer of propping agents**: couche simple d'agents de soutènement, *fracturation hydraulique.*

monolith – monolithe *m (catal).*

monomer – monomère *m.*

monometallic – monométallique.

monomineralic – monominéral *(pétro).* **monomineralic rock**: roche monominérale.

monomolecular – monomoléculaire. **monomolecular film**: *voir monolayer.* **monomolecular layer**: couche monomoléculaire.
monoolefinic – mono-oléfinique.
monophase – monophase. **monophase oil**: huile alcaline à phase unique, *pour cylindres de gros moteur diesel.*
monopod – monopode. **monopod jackup**: plate-forme autoélévatrice monopode *(for).*
monopole – monopôle *m, particule magnétique hypothétique.*
monopoly – monopole *m (écon).*
monopropellant – monergol *m.*
Mono-pulser – Mono-pulser, *dénomination commerciale d'une source à haute résolvance.*
monorail – monorail *m.*
monotropy – monotropie *f (phys).* **monotropy coefficient**: coefficient de monotropie *(méc. fl).*
monovalency – monovalence *f*; univalence *f.*
monovalent – monovalent.
monoxide – monoxyde *m*; protoxyde *m.*
montan wax – cire montan, *cire de montagne, cire de lignite.*
Monte-Carlo – Monte-Carlo, *désigne une méthode de solution de problèmes mathématiques au moyen de séries d'expériences.*
Montian – Montien *m, étage du Paléocène.*
monticule – monticule *m, cône adventif.*
montmorillonite – montmorillonite *f, silicate analogue à l'argile (minér).*
monument – borne *f*; monument *m*; repère *m.*
monzonite – monzonite *f, roche magmatique.*
moon-pool – puits central, *d'un navire ou d'une plate-forme de forage.*
moor – lande *f*; terrain marécageux.
moor (to) – amarrer; ancrer; mouiller. **moor (to) alongside**: amarrer à couple.
mooring – amarrage *m.* **mooring anchor**: ancre de corps-mort. **mooring buoy**: bouée coffre; bouée d'amarrage. **mooring chain**: chaîne de mouillage. **mooring clump**: crapaud *m, masse pesante posée sur le fond pour servir à l'ancrage des corps morts.* **mooring gear**: ligne de mouillage. **mooring hawser**: aussière d'amarrage. **mooring line**: amarre *f*; aussière d'amarrage. **mooring plug**: tourelle d'amarrage. **mooring post**: duc-d'Albe. **mooring ring**: anneau d'amarrage. **mooring system**: amarrage funiculaire.
moory – marécageux.
MOP – *abrév. de movable-oil plot.*
moped – mobylette *f.*
mor – mor *m, humus brut.*
MOR – POM, *abrév. de meteorological optical range, portée optique météorologique.*
morainal – morainique. **morainal lake**: lac de barrage morainique.
moraine – moraine *f (géol).* **moraine belt**: ceinture morainique *(géol).* **moraine lodge**: loge de moraine *(géol).* **moraine-outwash deposit**: dépôt de lavage de moraine.
morbidity – morbidité *f.*
MORD – *abrév. de magnetic optical rotary dispersion.*
mordant – caustique *m*; mordant *m.* **mordant dye**: colorant à mordant.
mordenite – mordénite *f, zéolite fibreuse (minér).*
morinite – morinite *f (pétro).*
morphogenesis – morphogenèse *f, naissance et évolution des formes du relief.*
morphogenetic – morphogénique, *relatif à l'élaboration des formes de terrain.*
morpholine – morpholine *f, amine hétérocyclique.*
morphological – morphologique. **morphological feature**: caractère morphologique. **morphological geology**: géomorphologie *f.*
morphology – morphologie *f.*
morphometry – morphométrie *f, mesure des dimensions des grains de sable et des galets.*
morphotectonics – morphotectonique *f.*
morphotropism – morphotropisme *m.*
morphotype – morphotype *m.*
Morse – Morse, *code Morse.*
MORT – *abrév. de moving out rotary tools.*
mortality – mortalité *f.* **mortality rate**: taux de mortalité.
mortar – mortier *m.* **mortar and pestle**: mortier et pilon. **mortar mill**: moulin à mortier. **mortar structure**: structure en mortier, *structure bétonnée (pétro).*
mortgage – gage *m*; hypothèque *f*; nantissement *m.* **mortgage financing**: prêts hypothécaires.
mortise – mortaise *f.* **mortise and tenon, mortise-and-tenon joint**: assemblage par tenon et mortaise.
MOS – MOS, *abrév. de metal-oxide semiconductor : métal-oxyde-silicium.* **MOS transistor (MOST)**: transistor MOS.
mosaic – mosaïque *f, l'image obtenue par l'assemblage de photos aériennes verticales représentant des parties différentes d'une même surface et disposées de façon à se chevaucher en bordure.* **mosaic texture**: structure en mosaïque *(pétro).*
mosaicking – mosaïquage *m.*
Moscovian – Moscovien *m, Carbonifère supérieur moyen.*
moss – mousse *f, végétal.*
MOSS – *abrév. de Mössbauer spectroscopy.*
Mössbauer – Mössbauer. **Mössbauer effect**: effet Mössbauer. **Mössbauer spectroscopy**: spectroscopie Mössbauer, *utilisée pour étudier des phénomènes chimiques.* **Mössbauer spectrum**: spectre Mössbauer.
MOST – *abrév. de metal-oxide semiconductor field-effect transistor.*
mothballed – sous cocon. **mothballed plant**: usine sous cocon.
mothballing – mise sous cocon, *d'une installation, d'un équipement.*
mother – mère *f.* **mother hubbard**: armoire à glace, *argot pour mud box.* **Mother Hubbard bit**: trépan mère Hubbard, *trépan au câble particulier, de largeur constante sur toute sa hauteur, de grande épaisseur et portant des épaulements coupants, employé en terrains durs ou collants.* **mother liquor**: eau-mère. **mother lode**: filon mère; filon nourricier; filon principal; maître filon. **mother lye**: *voir mother liquor.* **mother of coal**: *voir fusain.* **mother-of-pearl**: nacre *f.* **mother oil**: pétrole primaire. **mother rock**: roche mère. **mother ship**: navire support. **mother substance**: substance mère.

motion – mouvement *m.* **motion compensator**: compensateur de houle ; compensateur de mouvement. **motion of points**: cinématique du point, *mouvement d'un point matériel.* **motion of rigid figures**: cinématique du solide rigide. **motion-sensitive geophone**: vélocimètre *m.*
motional – cinétique. **motional impedance**: impédance cinétique.
motive – moteur. **motive energy**: énergie cinétique. **motive power**: force motrice.
motor – moteur *m.* **motor barge**: chaland automoteur. **motor benzol**: benzol carburant. **motor craft**: canot automobile. **motor driven**: entraîné par moteur ; mû par moteur, *commandé par moteur.* **motor-driven pump**: motopompe *f.* **motor driven**: commandé par moteur. **motor fuel**: carburant *m.* **motor gasoline**: essence pour moteurs. **motor generator set**: groupe convertisseur ; groupe moteur générateur. **motor-haulage level**: galerie à traction mécanique. **motor method**: méthode moteur, *pour déterminer l'indice d'octane des essences.* **motor mix**: plomb tétraéthyle pour essence moteur. **motor octane number (MON)**: indice d'octane moteur, *marque la capacité d'un carburant à éviter le cliquetis à haut régime (circulation rapide sur autoroute)*. **motor oil**: huile moteur. **motor-operated valve (MOV)**: soupape commandée par moteur ; vanne motorisée. **motor pump**: motopompe *f.* **motor set**: groupe de moteurs. **motor spirit**: carburant auto ; essence moteur. **motor starting**: mise en marche d'un moteur. **motor valve**: vanne motrice. **motor vehicle**: véhicule à moteur ; véhicule automobile. **motor winch**: treuil mécanique.
motorbike – vélomoteur *m.*
motorboat – bateau à moteur.
motorcycle – cyclomoteur *m* ; motocyclette *f.*
motorgrader – niveleuse automotrice.
motorman – motoriste *m.*
mottled – moucheté ; tacheté ; truité. **mottled clay**: argile bigarrée. **mottled iron**: fonte truitée. **mottled structure**: structure mouchetée.
mottling – marbrures *f (pétro)*.
mould – *voir mold.*
moulin – moulin glaciaire *(géomorph)*.
mound – bosse *f*; colline *f*; levée de terre ; monticule *m* ; monticule sédimentaire. **mound of breakdown**: cône d'éboulis.
mounded – moutonné, *configuration de réflexion.* **mounded configuration**: configuration moutonnée.
mount – mont *m* ; montage *m* ; monture *f*; support *m.*
mountain – montagne *f.* **mountain building**: orogenèse *f.* **mountain chain**: chaîne de montagnes. **mountain coast**: côte montagneuse. **mountain cork**: amiante *f*; liège de montagnes, *variété très légère d'amiante.* **mountain crystal**: cristal de roche. **mountain glacier**: glacier de montagne. **mountain making**: *voir mountain building.* **mountain range**: chaîne de montagnes. **mountain spur**: éperon de montagne. **mountain stream**: torrent *m.* **mountain system**: système de montagnes.
mountainous – montagneux. **mountainous country**: pays montagneux.
mounted – monté. **mounted paper**: papier armé.
mounting – montage *m.* **mounting bracket**: patte de fixation. **mounting flange**: bride de fixation ; bride de montage. **mounting lug**: patte d'attache ; patte de montage. **mounting pad**: bride de fixation.
mouse – souris *f, console.*
mousehole – trou de manoeuvre, *trou de garage en surface pour déposer la tige de forage à rajouter*; trou de souris *(for)*.
mousetrap – souricière à clapet, *instrument de repêchage.*
Mousterian – Moustérien *m, Paléolithique supérieur.*
mouth – bouche *f*; embouchure *f*; orifice *m.* **mouth bar**: cordon d'embouchure. **mouth-to-mouth resuscitation**: bouche-à-bouche *m.*
mouthpiece – bec *m* ; embout *m.*
MOV – *abrév. de mechanically-operated valve.*
movable – déplaçable ; mobile. **movable bridge**: pont mobile. **movable flange**: bride mobile. **movable head**: tête magnétique mobile. **movable installation**: installation mobile. **movable-oil plot**: diagraphie des hydrocarbures déplaçables. **movable sprayer**: déversoir mobile. **movable-tank support**: berceau de cuve amovible.
move (to) – déménager ; déplacer ; entraîner ; remuer. **move (to) in**: emménager, *transporter le matériel de forage vers un emplacement nouveau.* **move (to) out**: déménager, *démonter le matériel de forage quand le puits est terminé.*
movement – mouvement *m.* **movement of the ground**: mouvement de terrain.
moveout – courbure *f (sism)* ; courbure d'indicatrice ; delta-t *m, différence de temps d'arrivée, sur une même indicatrice, entre différentes traces, généralement entre la trace la plus proche du point de tir et la plus éloignée.* **moveout correction**: correction de courbure. **moveout filtering**: filtrage en delta-t ; filtrage en vitesse apparente. **moveout scan**: analyse de vitesse, *par balayage de delta-t.*
moving – déménagement *m, transfert d'un appareil de forage* ; mobile ; mouvant. **moving average**: moyenne mobile. **moving bed**: lit mobile *(catal)*. **moving-bed catalytic cracking**: craquage catalytique à lit mobile. **moving-boundary electrophoresis**: électrophorèse par surfaces limites mobiles. **moving coil**: bobine mobile. **moving-coil geophone**: géophone à bobine mobile. **moving from... to....**: déménagement de... à.... **moving-hearth furnace**: four à sole mobile. **moving-iron ammeter**: ampèremètre électromagnétique. **moving load**: poids roulant. **moving moraine**: moraine mouvante. **moving-source method**: méthode des traînées. **moving-target indicator (MTI)**: radar à élimination des échos fixes. **moving van**: fourgon de déménagement.
mower – tondeuse *f.*
mp – *abrév. de melting point.*
MPA – *abrév. de multipurpose additive.*
MPDE – EDMA, *abrév. de maximum permissible dose equivalent : équivalent de dose maximale admissible.*
MP-flooding – *abrév. de micellar-polymer flooding.*
MPG – *abrév. de miles per gallon.*
MPH – *abrév. de miles per hour.*
MPR – *abrév. de maximum permissible rate of production.*
MPU – *abrév. de microprocessor unit.*

MRD – *abrév. de mechanical research and development.*

MRV – *abrév. de medium-range vessel.*

MS – *abrév. de most severe.*

MSB – *abrév. de most-significant bit : bit de poids le plus fort.*

MSBR – *abrév. de molten-salt breeder reactor.*

MSCF – *abrév. de thousand standard cubic feet, employée pour les débit de gaz, MSCFD (per day, par jour) MSCFH (per hour, par heure) MSCFM (per minute, par minute).*

MSE – *abrév. de mean-square error.*

MSI – *abrév. de medium-scale integration.*

MSL – *abrév. de mean sealevel.*

MST – TSM, *abrév. de mean solar time, temps solaire moyen.*

MSV – *abrév. de multiple-purpose submersible vessel.*

MTBE – MTBE, *abrév. de methyl tert-butyl ether : méthyl tertio-butyl éther.*

MTBF – *abrév. de mean time between failures.*

MTD – *abrév. de mean temperature difference.*

MTG – *MTG process, voir Methanol to Gasoline process.*

MTI – *abrév. de moving-target indicator.*

MTTR – *abrév. de mean time to repair.*

mucilage – mucilage *m.*

muck – curure *f*; déblais *m* ; détritus *m* ; fumier *m* ; morts-terrains de recouvrement *(mine)* ; terres de couverture. **muck bar**: fer brut ; fer ébauché. **muck roll**: cylindre ébaucheur. **muck soil**: muck *m, sol humifère* ; terre noire, *sol humifère mal drainé.*

mud – limon *m* ; boue *f*; vase *f.* **mud acid**: acide à boue, *produit chimique utilisé pour effectuer le décapage des parois d'un sondage.* **mud additive**: additif pour boue de forage. **mud-analysis log**: diagraphie d'analyse des boues, *diagramme des résultats de dégazage et de détection d'hydrocarbures dans la boue de forage.* **mud-analysis logging**: diagraphie de boue de forage. **mud balance**: balance à boue, *utilisée pour la détermination de la densité du fluide de forage.* **mud ball**: galet mou. **mud barrel**: cuiller à boue, *ou cuillère à boue.* **mud belt**: ceinture de boue, *ceinture de dépôts marins composée essentiellement d'argile détritique et se situant entre les sédiments terrigènes grossiers proches du continent et les boues organiques des grands fonds.* **mud bit**: trépan à boue. **mud box**: armoire à boue, *sert à protéger les sondeurs des projections de boue* ; boîte à boue. **mud cake**: cake de boue ; dépôt de boue ; gâteau de boue, *dépôt laissé par la boue sur les parois du sondage.* **mud circuit**: circuit de boue. **mud circulation**: circulation de la boue de forage. **mud circulation rate**: débit de la boue en circulation. **mud cleaner**: épurateur de boue, *appareil de séparation mécanique des solides.* **mud-cleanout agent (MCA)**: agent de nettoyage de la boue. **mud cock**: robinet d'ébouage. **mud collar**: masse-tige à valve, *qui permet la circulation de la boue en gardant propre le sommet du trépan.* **mud column**: colonne de boue. **mud conditioning**: traitement de la boue. **mud cone**: cône de boue. **mud crack**: fente de dessiccation ; fissure de retrait. **mud crater**: cratère de boue. **mud cross**: croix de circulation ; raccord de tête de puits, *muni de sorties latérales pour la boue.* **mud degassing**: dégazage de la boue. **mud density**: densité de la boue. **mud desilter**: extracteur de solides, *boue de forage.* **mud ditch**: goulotte à boue *(for)* ; rigole à boue. **mud drape**: drapage argileux. **mud engineer**: ingénieur des boues. **mud filtrate**: filtrat de la boue. **mud flat**: replat boueux ; slikke *f*; vasière *f.* **mud-flow indicator**: débitmètre à boue. **mud flowline**: conduite d'écoulement du bac à boue ; goulotte *f.* **mud fluid**: boue d'injection ; fluide boueux. **mud flush**: *voir mud fluid.* **mud gage**: manomètre de pression de boue. **mud gas cutting**: bullage de la boue, *présence accidentelle dans la boue d'air ou de gaz sous forme de bulles plus ou moins fines.* **mud/gas separator**: séparateur gaz/boue. **mud grouting**: injection de boue. **mud gun**: mélangeur à boue ; mitrailleuse à boue. **mud hog**: pompe à boue. **mud hopper**: *voir mud gun.* **mud hose**: flexible d'injection *(for)* ; flexible pour boue de forage. **mud-hose connection**: raccord de flexible. **mud house**: abri à boue ; baraque à boue *(for).* **mud injection**: injection de boue. **mud-injection hose**: flexible d'injection de boue. **mud-laden fluid**: fluide chargé de boue. **mud lava**: lave boueuse. **mud line**: conduite de boue ; ligne de boue, *limites de la ceinture de boue, voir mud belt.* **mud-line suspension**: suspension sous-marine de conduite de boue. **mud log**: diagraphie de boue, *détection des indices dans les boues, diagraphies portant sur diverses opérations telles que teneur en gaz de la boue, détection du pétrole brut par fluorescence, enregistrement de la vitesse d'avancement.* **mud logging**: diagraphie instantanée, *analyse des déblais présents dans les boues de forage et les différents paramètres liés à la boue, en cours de forage par opposition à diagraphie différée faite en arrêtant le forage et après le retrait des tiges de forage.* **mud loss**: perte de boue *(for).* **mud loss with no return**: perte totale de boue. **mud manifold**: circuit de boue. **mud mixer**: malaxeur de boue ; mélangeur de boue. **mud mixing**: malaxage des boues, *préparation des boues de forage.* **mud-mixing hopper**: malaxeur à boue éjecteur. **mud motor**: moteur à boue *(for).* **mud mound**: monticule de boue. **mud-operated valve**: vanne à boue. **mud penetration**: taux de pénétration de la boue de forage. **mud penetrator**: sondeur de sédiments ; sondeur de vase. **mud pit**: bac à boue ; bassin à boue ; bourbier *m (for).* **mud-pit gain**: gain dans le bassin, *gain de fluide dans les bacs à boue, qui constitue l'indication essentielle de la formation d'une éruption.* **mud-pit level indicator**: indicateur du niveau de boue dans les bassins. **mud plug**: bouchon de boue. **mud pot**: source de boue, *sulfureuse.* **mud preserver**: préservateur de boue. **mud pressure**: pression de boue. **mud-pressure gage**: manomètre à boue. **mud probing**: sondage de sédiments. **mud protector**: protecteur à boue. **mud-pulse telemetry**: transmission d'impulsion par la boue, *des informations acquises au fond, dans les mesures en cours de forage.* **mud pump**: pompe à boue, *pompe de circulation.* **mud-pump pressure**: pression de refoulement de la boue *(for).* **mud-pump valve**: valve de pompe à boue. **mud reclamation**: régénération de la boue *(for)*. **mud return**: boue de sortie ; tube dégorgeoir. **mud-return line**: goulotte f ; goulotte de retour de boue ; tube dégorgeoir ; tube dégueuloir. **mud-return velocity**: vitesse de circulation de la boue dans l'espace annulaire *(for)*. **mud ring**: anneau de boue, *anneau solide sur les parois du puits à l'endroit d'une formation poreuse qui a absorbé l'eau de la boue.* **mud rock**: *voir soapstone.* **mud saver**: armoire à boue. **mud scales**: *voir mud balance.* **mud screen**: tamis vibrant. **mud smeller**: ingénieur des boues, *argot.* **mud socket**: cuiller à clapet, *ou cuillère à clapet (for)*. **mud solution**: solution boueuse. **mud spate**: coulée de boue soudaine. **mud spool**: croix de circulation. **mud spring**: fontaine de boue ; volcan de boue. **mud storage**: magasin pour produits à boue, *bateau de forage.* **mud store**: bassin à boue. **mud stream**: volcan de boue. **mud suction tank**: bac d'aspiration de la boue. **mud tank**: bac à boue. **mud-tank agitator**: agitateur de bassin à boue. **mud thickener**: épaississant pour boue. **mud thickening**: épaississement des boues. **mud thinner**: amincissant pour boues de forage. **mud valve**: vanne à boue. **mud volcano**: résurgence de boue *(for)* ; volcan de boue. **mud water loss**: perte de l'eau de boue. **mud weight**: masse volumique de la boue. **mud-weight balance**: balance à boue. **mud-weight recorder**: enregistreur de boue. **mud-weighting material**: alourdissant pour boue de forage.

mud (to) – recouvrir de boue. **mud (to) off**: embouer, *obturer une venue de liquide au moyen de boue.* **mud (to) up**: améliorer les qualités colloïdales de la boue de forage.

mudding – envasement *m.* **mudding off**: embourbement *m, invasion des formations perméables par la boue.*

muddy – boueux ; vaseux.

mudflow – coulée boueuse, *masse argileuse gorgée d'eau s'écoulant par gravité sur un versant* ; lave torrentielle, *écoulement boueux, visqueux et très dense, d'un torrent en crue.*

mudguard – garde-boue *m.*

mudlump – diapir d'argile, *delta* ; îlot de boue, *monticule de matériau argileux qui a surgi à la surface du sol par suite de la pesée exercée par des dépôts récents* ; loupe de boue.

mudsill – semelle à boue, *traverse de fondation d'un derrick.*

mudstone – *chez les roches carbonatées, caractérise une texture sédimentaire à grains non jointifs et avec plus de 10 % de boue.*

muffle – moufle *m.* **muffle furnace**: four à moufle. **muffle roaster**: four de grillage à moufle.

muffler – pot d'échappement ; silencieux *m.*

mulch – paillis *m, couche de débris organiques destinés à protéger le sol contre le dessèchement, l'érosion ou le tassement.*

mule – mule *f.* **mule head**: balancier d'une pompe de puits, *littéralement tête de mule, voir aussi horsehead.* **mule shoe**: rampe d'orientation, *élément spécial reçevant l'inclinomètre à orientation en permettant son orientation en azimut (for)*. **mule-shoe assembly**: dispositif de guidage. **mule-shoe key**: pièce guide.

mull – mull *m, humus bien mélangé à la matière minérale.*

mullion – meneau *m, cordon de roche compétente.* **mullion structure**: structure à meneaux, *structure linéaire dans des roches plissées métamorphiques formant une série de bâtonnets cylindriques généralement en quartz.*

mullite – mullite *f, silicate d'alumine, utilisé pour les matériaux réfractaires.*

multiband – multibande. **multiband camera**: chambre multibande. **multiband photography**: photographie multibande.

multichannel – multicanal ; multitrace *(sism)*. **multichannel filtering**: filtrage multicanal *(sism)*. **multichannel processing**: traitement multicanal.

multicomponent – multicomposant *m.* **multicomponent distillation**: distillation multicomposant, *sur une charge contenant au moins trois composants, avec sortie d'un seul produit de tête et un seul produit de queue.*

multicycle – polycyclique, *qualifie tout relief appartenant à plusieurs cycles d'érosion.*

multicylinder – multicylindre ; polycylindrique.

multidate – multidate. **multidate image**: image diachronique ; image multidate.

multidisciplnary – multidisciplinaire.

multidrop – multipoint *m, liaison.*

multifield – multidisciplnaire.

multiflash – à détentes étagées. **multiflash desalination**: distillation par évaporation instantanée. **multiflash process**: procédé par détentes étagées.

multifuel – polycarburant ; polycombustible. **multifuel engine**: moteur polycarburant. **multifuel pump**: pompe multiple, *station de remplissage.*

multifunctional – multifonctionnel. **multifunctional additive**: additif multifonctionnel ; additif multiusage.

multigrade – multigrade. **multigrade oil**: huile multigrade, *c'est-à-dire contenant un additif (haut polymère) lui permettant de satisfaire à deux conditions de la classification SAE des huiles pour moteurs.*

multilayer – multicouche. **multilayer bit**: outil multicouches. **multilayer reservoir**: réservoir multicouche.

multinational – multinational. **multinational corporation (MNC)**: firme multinationale (FMN) ; société multinationale.

multinomial – polynomial. **multinomial distribution**: distribution polynomiale.

multiolefinic – multioléfinique.

multipath – trajets multiples. **multipath propagation**: propagation par trajets multiples. **multipath transmission**: transmission par trajets multiples.

multipay – horizons producteurs multiples *(prod)*. **multipay field**: champ à horizons producteurs multiples.

multiphase – polyphasé ; polyphasique. **multiphase flow**: écoulement polyphasique. **multiphase pumping**: pompage polyphasique.

multiple – multiple ; multiple *m* ; réflexion multiple *(sism)*. **multiple access**: accès multiple *(ordinateur)*. **multiples analysis**: analyse des multiples *(sism)*. **multiple-bed filter**: filtre à couches multiples. **multiple-blade bit**: trépan à doigts multiples. **multiple bond**: liaison multiple. **multiple branches**: branches multiples, *réflexion dans le cas d'un centre de coubure enterré.* **multiple-buoy mooring (MBM)**: amarrage sur bouées multiples. **multiple camera**: chambres multiples. **multiple-camera assembly**: assemblage de chambres multiples. **multiple completion**: complétion multiple, *mise en production d'un puits à plusieurs couches productives en utilisant un tubage par couche.* **multiple-completion packer**: packer pour complétion multiple *(for)*. **multiple-completion valve**: vanne de complétion multiple, *(prod)*. **multiple-completion well**: puits à complétion multiple. **multiple coverage**: couverture multiple, *technique où l'on additionne, après correction d'obliquité appropriée, des traces obtenues lors de différents tirs et telles que, pour chacune d'entre elles, le point de tir et le groupe de capteurs soient symétriques par rapport à un même point.* **multiple drilling**: forages multiples, *à partir d'un point central.* **multiple-effect evaporation**: évaporation à effet multiple, *à plusieurs étages.* **multiple fault**: faille multiple. **Multiple Fluid Sampler**: *dénomination d'un échantillonneur de fluides.* **multiple geophones**: géophones multiples ; groupe de géophones. **multiple head**: tête multiple. **multiple-jet nozzle**: injecteur multijet ; injecteur multiple. **multiple-lens camera**: chambre à objectifs multiples ; chambre multiobjectifs. **multiple-lens photograph**: photographie multiobjectif. **multiple-lens photography**: prise de vue multiobjectif. **multiple metamorphism**: métamorphisme multiple. **multiple-phase flow**: écoulement en phase multiple ; écoulement polyphasique. **multiple-pin clutch**: accouplement à broches multiples. **multiple reflections**: réflexions multiples. **multiple regression**: régression multiple. **multiple seismometers**: sismomètres multiples, *groupés.* **multiple-sequential seismic shooting**: tir sismique multiple en série. **multiple-series connection**: montage en séries parallèles. **multiple shot**: tir en nappe *(sism)* ; tir multiple *(sism)*. **multiple-shot holes**: trous de tir multiple. **multiple-shot pattern**: nappe de tir. **multiple-shot survey instrument**: appareil à enregistrements multiples, *pour déterminer le profil d'un puits.* **multiple sources**: groupe de sources *(sism)*. **multiple-spindle drill**: perceuse à arbres multiples. **multiple stage**: *voir multistage.* **multiple-stage cementing**: cimentation étagée *(for)*. **multiple-string packer**: packer pour complétions multiples *(for)*. **multiple-turn ring**: anneau serpentin. **multiple well**: *voir multiwell.*

multiplet – multiplet *m.*

multiplex – multiplexage *m.*

multiplex (to) – multiplexer.

multiplexed – multiplexé. **multiplexed format**: format de multiplexage.

multiplexer – multiplexeur *m, dans l'enregistrement numérique, organe qui relie chaque canal sismique à l'échantillonneur-bloqueur.*

multiplexing – multiplexage *m, lors d'un enregistrement numérique, procédé qui permet d'utiliser un seul canal d'informations relatives à plusieurs voies (sism).*

multiplexor – *voir multiplexer.*

multiplication – multiplication *f.* **multiplication factor**: facteur de multiplication.

multiplicator – multiplicateur *m, effet multiplicateur.*

multiplicity – effort terrain, *produit du nombre de sismos par trace par le nombre de trous par tir et par le nombre de sismogrammes additionnés verticalement, c'est l'effort fait sur le terrain pour améliorer la qualité des réflexions* ; multiplicité *f, nombre de traces élémentaires dont on additionne les signaux* ; ordre de couverture, *en sismique réflexion, nombre de trajets émetteur-récepteur additionnés lors du traitement en même position point milieu commun ou point miroir commun.*

multiplier – multiplicateur. **multiplier effect**: effet multiplicateur. **multiplier tube**: *voir photomultiplier.*

multiplying – multipliant ; multiplicateur ; multiplicatif.

multipoint – multipoint *m.* **multipoint ignition**: allumage en plusieurs points.

multipolar – multipolaire. **multipolar field**: champ multipolaire.

multiprocessing – multitraitement *m* ; traitement parallèle.

multiprocessor – multiprocesseur *m.*

multiprogramming – multiprogrammation *f* ; traitement multitâche.

multipurpose – multifonctionnel ; multitâche, *à usages multiples* ; polyvalent. **multipurpose additive**: additif à usages multiples ; additif multifonctionnel. **multipurpose berth**: poste à quai polyvalent. **multipurpose grease**: graisse pour usages multiples. **multipurpose oil**: huile multifonctionnelle. **multipurpose passenger vehicle (MPV)**: voiture de tourisme à usages multiple. **multipurpose project**: projet polyvalent. **multipurpose submersible vessel (MSV)**: sous-marin multitâche. **multipurpose vessel**: navire multitâche.

multiservice – multitâche. **multiservice vessel (MSV)**: navire multitâche.

multishell – à enveloppes multiples. **multishell condenser**: condenseur à calandres multiples.

multishot – à tirs multiples. **multishot instrument**: instrument à enregistrements multiples.

multispectral – multibande. **multispectral scanner (MSS)**: scanneur multibande (SMB), *télédétection.*

multistage – multiétagé ; polyétagé. **multistage cementing**: cimentation à plusieurs étages. **multistage centrifugal pump**: pompe centrifuge multicellulaire. **multistage compression**: compression à plusieurs étages. **multistage compressor**: compresseur multiétagé. **multistage expansion**: détente étagée. **multistage extractor**: extracteur à plusieurs étages. **multistage-flash distillation**: distillation par détentes étagées, *distillation à vaporisation instantanée par détentes successives.* **multistage fractionation**: fractionnement à plusieurs étages. **multistage pump**: pompe multicellulaire. **multistage steam turbine**: turbine à vapeur à plusieurs étages.

multitemporal – *voir multidate.*

multitrack – multipiste. **multitrack recording**: enregistrement multipistes.

multivalve – multivalve *f, valve multiple.*

multivariate – multivarié. **multivariate analysis**: analyse multivariée.

multivibrator – multivibrateur *m (élec).*

multiwell – multipuits. **multiwell cluster**: emplacement multipuits. **multiwell platform**: plate-forme multipuits, *pour forer plusieurs puits généralement en forage dirigé.* **multiwell rig**: appareil de forage multipuits.

murbruk – *murbruk structure, voir mortar structure.*

muriatic – muriatique. **muriatic acid**: acide muriatique, *ancien nom de l'acide chlorhydrique.*

murky – fuligineux.

Muschelkalk – Muschelkalk *m, division du Trias moyen.*

muscovite – muscovite *f, mica lamelleux appelé aussi verre de moscovie, dans la minéralogie des argiles, terme appliqué à l'illite.*

mush – *voir brash ice.* **mush frost**: aiguille de glace.

mushroom – champignon *m.* **mushroom anchor**: crapaud d'amarrage, *en forme de champignon inversé.* **mushroom rock**: rocher en forme de champignon. **mushroom shaped**: en forme de champignon. **mushroom-type vent**: cheminée de ventilation à champignon. **mushroom valve**: soupape en champignon, *soupape circulaire.* **mushroom vent**: soupape de respiration d'un réservoir.

muskeg – landes marécageuses ; moskeg *m, sol marécageux et acide, dans le Nord des Etats-Unis, le Canada et l'Alaska.*

mustard – moutarde *f.* **mustard gas**: ypérite *f, gaz moutarde, sulfure d'éthyle dichloré.* **mustard oil**: essence de moutarde ; sénévol *m.*

muster – rassemblement *m.* **muster list**: rôle d'appel, *sur les plates-formes et navires de forage.*

mutagen – mutagène *m (biol).*

mutagenesis – mutagenèse *f, production d'une mutation biologique.*

mutagenic – mutagène. **mutagenic agent**: mutagène *m (biol).*

mutant – mutant *m, organisme.*

mutarotation – mutarotation *f, changement de pouvoir rotatoire présenté par les solutions de certains composés.*

mutation – mutation *f.*

mute – muet *(sism)* ; mute *m, trace sismique.*

mute (to) – annuler, *une trace* ; muter, *amputer une trace de certaines de ses parties* ; raidir ; rendre muet, *suppression de certaines arrivées, en sismique.*

muting – annulation *f*; mutage *m (sism).* **muting circuit**: circuit de réglage silencieux. **muting switch**: commutateur de réglage silencieux.

mutual – mutuel. **mutual agreement**: accord de gré à gré. **mutual inductance**: inductance mutuelle. **mutual inductance coupling**: couplage à inductance mutuelle. **mutual induction**: induction mutuelle. **mutual inversion**: inversion combinée. **mutual miscibility**: miscibilité mutuelle. **mutual solubility**: solubilité réciproque.

muzzle – buse *f*; tubulure *f.*

MVI – *abrév. de medium viscosity index.* **MVIN oils**: *abrév. de medium viscosity-index oils of a naphthenic type : huiles de type naphténique à indice de viscosité moyen.* **MVIP oils**: *abrév. de medium-viscosity-index oils of a paraffinic type : huiles de type paraffinique à indice de viscosité moyen.*

MWD – *abrév. de measurement while drilling ou de measuring while drilling.*

MWE – *abrév. de manned work enclosure.*

mycology – mycologie *f.*

mylonite – mylonite *f, roche cristalline ayant subi un broyage tectonique.*

mylonitization – mylonitisation *f, transformation d'une roche en mylonite.*

myriapod – myriapode *m (pal).*

Myriaseis – Myriaseis, *dénomination commerciale d'un système d'acquisition de données.*

myristic – myristique. **myristic acid**: acide myristique, *acide tétradécanoïque.*

myrmekite – myrmékite *f, cristal de feldspath.*

mytilid – mytilidé *m (pal).*

N

n – n, *symbole de nano ; préfixe de normal devant le nom d'un hydrocarbure ; symbole de refractive index.* **n-d M method of analysis**: méthode d'analyse n-d M, *pour déterminer la composition chimique d'une coupe pétrolière à partir de données physiques : n : l'indice de réfraction ; d : la densité et M : le poids moléculaire.*

N – N, *symbole de newton.*

NAAQS – *abrév. de National Ambient Air Quality Standard (USA).*

nabla – nabla *m (math).*

NACE – *abrév. de National Association of Corrosion Engineers.*

nacrite – nacrite *f, variété de kaolin.*

nadir – nadir *m, point opposé au zénith.* **nadir point**: nadir photographique ; point nadiral.

Nafion – *dénomination commerciale d'une résine échangeuse d'ions.*

nahcolite – nahcolite *f, hydrogénocarbonate de sodium.*

nail – clou *m.* **nail cutter**: bistoquet *m.*

nailhead – tête de clou.

naked – nu. **naked burner**: bec ouvert. **naked karst**: karst nu. **naked light**: flamme nue.

name – nom *m.* **former name**: ancien nom.

nameplate – plaque de signalisation, *d'une machine* ; plaque du constructeur.

Namurian – Namurien *m, étage du Carbonifère.*

NAND – *combinaison de NO et AND.* **NAND gate**: porte NON ET, *combinaison d'un circuit NON et d'un circuit ET.*

nannofossil – nannofossile *m.*

nannoplankton – nannoplancton *m.*

nano – nain ; nano, *préfixe de sous-multiples décimaux, indiquant 10^{-9}, symbole* n. *Dans la construction des termes, l'orthographe nano est utilisée en physique et en médecine et nanno en micropaléontologie.*

napalm – napalm *m, essence gélifiée au moyen de palmitate de sodium ou d'aluminium et utilisée dans certains types de bombes incendiaires.*

naphtha – naphta *m, coupe de distillation, utilisée généralement comme charge de reformage catalytique, voir aussi petroleum naphtha* ; naphte *m, ancien nom du pétrole.* **naphtha bottoms**: résidus de la distillation d'essence lourde. **naphtha cut**: coupe de naphta. **naphtha dewaxing**: déparaffinage à l'essence lourde. **naphtha distillate**: distillat naphta. **naphtha gas**: gaz de naphta. **naphtha pyrolysis**: craquage thermique de naphta. **naphtha scrubber**: tour de lavage pour naphta.

naphthabitumen – naphtabitume *m, classe comprenant le gaz naturel de pétrole, les huiles brutes, les malthes, les asphaltes naturels, l'ozocérite et les asphaltites, voir aussi kerabitumen.*

naphthacene – naphtacène *m, benzanthracène-2,3.*

naphthalene – naphtalène *m, hydrocarbure aromatique.* **naphthalene oil**: huile de naphtalène, *hydrocarbure aromatique liquide provenant de la distillation du goudron et contenant près de 40 % de naphtalène solide.*

naphthalic – naphtalique. **naphthalic acid**: *voir phthalic acid.*

naphthenate – naphténate *m.*

naphthene – naphtène *m, voir cycloparaffin.* **naphthene base**: base naphténique. **naphthene-base crude**: *voir naphthenic crude oil : brut à base asphaltique.* **naphthene index**: indice de naphtène, *pourcentage du poids total des atomes de carbone constitués en noyaux naphténiques dans un brut.* **naphthene series**: série naphténique.

naphthenic – naphténique. **naphthenic absorbent oil**: huile d'absorption naphténique. **naphthenic acid**: acide naphténique, *terme désignant l'ensemble des acides organiques contenus dans le pétrole brut et généralement de structure monocylique.* **naphthenic aromatic oil**: huile aromatique naphténique, *renfermant plus de 25 % de naphtènes et moins de 1 % de soufre.* **naphthenic crude oil**: pétrole brut naphténique, *comprenant moins de 50 % de saturés et plus de 40 % d'hydrocarbures naphténiques, cette proportion parfois étant la conséquence d'une suppression des alcanes par biodégradation d'huiles paraffiniques ou naphténo-paraffiniques.* **naphthenic hydrocarbon**: hydrocarbure naphténique. **naphthenic soap**: savon naphténique.

naphtheno- – *préfixe indiquant la présence de naphtène.* **naphtheno-paraffinic crude oil**: pétrole brut naphténo-paraffinique, *comprenant plus de 50 % d'hydrocarbures saturés et moins de 40 % de paraffiniques (iso- et n-paraffines) et de naphténiques ; pauvre en soufre, et pouvant présenter 5 à 15 % de résines et d'asphaltènes et 25 à 40 % d'aromatiques.*

naphthine – naphtéine *f, cire fossile semblable à la hatchettite.*

naphthionic – naphtionique. **naphthionic acid**: acide naphtionique.

naphthol – naphtol *m, hydronaphtalène.*

naphthoquinone – naphtoquinone *f.*

naphthoxyacetic – naphtoxyacétique. **naphthoxyacetic acid**: acide naphtoxyacétique.

naphthylamine – naphtylamine *f.*
naphthylenediamine – naphtylènediamine *f.*
naphthoic – naphtoïque. **naphthoic acid**: acide naphtoïque, *acide dérivé du naphtalène.*
Napierian – népérien. **Napierian logarithm**: logarithme népérien.
nappe – chevauchement *(géol)* ; nappe *f*; nappe de charriage, *ensemble de terrains qui a été déplacé et est venu en recouvrir un autre dont il était éloigné à l'origine.* **nappe inlier**: fenêtre tectonique. **nappe outlier**: lambeau de charriage ; témoin de chevauchement, *voir aussi klippe.*
narcissistic – narcissique. **narcissistic reaction**: réaction narcissique *(chim).*
narcosis – narcose *f.*
narrow – étroit ; resserré. **narrow-band filter**: filtre à bande étroite *(élec).* **narrow cut**: coupe étroite *(raf).* **narrow pass**: défilé *m.*
narrowing – rétrécissement *m.*
NASA – *abrév. de National Aeronautics and Space Administration.*
nascent – naissant. **nascent state**: état naissant, *en chimie, état d'un radical ou d'un élément au moment où il se sépare d'un mélange ; son activité est alors plus grande qu'à l'état normal.*
national – national. **national income**: revenu national. **national income account**: compte du revenu national. **national standard**: étalon national.
nationalized – nationalisé. **nationalized company**: entreprise nationalisée. **nationalized industry**: secteur nationalisé.
native – natif ; pur ; vierge. **native amalgam**: amalgame natif. **native asphalt**: asphalte naturel, *bitume rencontré dans la nature, formé par altération du pétrole par des processus naturels.* **native clay**: argile native. **native copper**: cuivre natif. **native gas**: gaz d'origine ; gaz natif. **native gold**: or natif. **native iron**: fer natif. **native labor**: main-d'oeuvre indigène. **native metal**: métal natif ; métal vierge. **native occurrence**: indice natif ; occurrence non transformée ; occurrence vierge. **native paraffin**: cire minérale ; paraffine naturelle, *ozocérite.* **native rock**: roche encaissante ; roche matrice. **native silver**: argent natif. **native sulfur**: soufre natif. **native water**: eau connée ; eau d'origine ; eau incluse.
natric – natrique *(pédol).* **natric horizon**: horizon natrique.
natrium – sodium *m.*
natroalunite – natroalunite *f, alunite sodifère.*
natrolite – natrolite *f, silicate hydraté d'aluminium et de sodium.*
natron – natron *m, carbonate hydraté.*
natural – naturel ; propre. **natural acid**: acide organique naturel. **natural acidification**: acidification naturelle. **natural aging**: vieillissement naturel. **natural angle of slope**: angle de pente naturelle ; angle de repos. **natural asphalt**: asphalte naturel. **natural bitumen**: bitume naturel, *asphalte fourni par des processus naturels.* **natural brine**: eau salée naturelle. **natural catastrophe**: catastrophe naturelle, *tremblement de terre, tempête, inondation.* **natural clay**: terre décolorante naturelle. **natural coke**: coke naturel. **natural color**: couleur naturelle. **natural-color image**: image en couleur naturelle. **natural convection**: convection naturelle. **natural-convection cooling**: refroidissement par convection naturelle. **natural current**: courant tellurique. **natural density**: densité apparente, *d'une roche ou d'un sédiment poreux contenant de l'eau interstitielle.* **natural diamond**: diamant naturel. **natural disaster**: catastrophe naturelle. **natural draft**: tirage naturel. **natural-draft burner**: brûleur à air induit. **natural-draft cooling tower**: tour de réfrigération à tirage naturel. **natural drive**: drainage naturel. **natural dry gas**: gaz sec naturel, *par opposition à gaz sec de raffinerie.* **natural earth current**: courant naturel tellurique. **natural earth potential**: potentiel du sol spontané ; potentiel naturel du sol. **natural fertilizer**: engrais naturel. **natural fiber**: fibre naturelle. **natural flow**: écoulement naturel. **natural-flowing well**: puits à écoulement naturel. **natural frequency**: fréquence propre. **natural gas**: gaz naturel. **natural-gas deposit**: gisement de gaz naturel. **natural-gas-liquid reserves**: réserves en liquides de gaz naturel, *en place dans un gisement.* **natural-gas liquids (NGL)**: liquides de gaz naturel (LGN), *portions de gaz naturel récupérées à l'état liquide dans les séparateurs et installations de traitement des gaz. Ils englobent l'éthane, le propane, les butanes, les pentanes, l'essence naturelle et les condensats.* **natural-gas production**: production de gaz naturel. **natural-gas reserves**: réserves de gaz naturel. **natural gasoline**: essence de gaz naturel ; essence naturelle ; gazoline *f.* **natural-gasoline plant**: unité de dégazolinage. **natural graphite**: graphite naturel, *contenant des matières abrasives et substances organiques qui doivent être éliminées pour son emploi comme lubrifiant.* **natural hydrocarbon**: hydrocarbure naturel. **natural interface**: interface naturelle. **natural levee**: bourrelet naturel ; levée naturelle, *delta.* **natural load**: charge stabilisée, *quantité de sédiments transportée par un cours d'eau stabilisé.* **natural magnet**: aimant naturel. **natural mud**: boue naturelle, *boue constituée principalement par les solides du terrain pulvérisés par le trépan et en dispersion dans l'eau.* **natural oil**: pétrole brut. **natural person**: personne physique. **natural polymer**: polymère naturel. **natural potential**: potentiel spontané. **natural radioactivity**: radioactivité naturelle. **natural remanent magnetization (NRM)**: aimantation rémanente naturelle (ARN). **natural resin**: résine naturelle, *non modifiée et provenant d'une source naturelle (arbre)* ; résine végétale. **natural resource**: ressource naturelle. **natural resource damage assessment (NRDA)**: évaluation des dommages des ressources naturelles. **natural rock asphalt**: asphalte naturel ; roche asphaltique. **natural rubber**: caoutchouc naturel. **natural scale**: échelle naturelle. **natural science**: science naturelle. **natural selection**: sélection naturelle. **natural slope**: talus naturel. **natural steel**: acier naturel. **natural ventilation**: ventilation naturelle. **natural water**: eau naturelle. **natural wavelength**: longueur d'onde naturelle, *fréquence naturelle d'une antenne ou d'un circuit.* **natural zeolite**: zéolite naturelle.
naturally – naturellement. **naturally fractured reservoir**: réservoir fissuré.
nature – caractère *m.*
nauseous – nauséabond.

nautical – nautique. **nautical almanac**: éphémérides nautiques. **nautical chart**: carte nautique. **nautical mile**: mille marin, *unité de longueur égale à 1 852 m.*

nautiloid – nautile *m (pal).*

naval – naval. **naval architecture**: architecture navale ; génie maritime. **Naval Petroleum Reserves**: *dénomination de zones contenant des réserves prouvées ou probables, conservées pour la défense nationale par une loi du Congrès de 1923 (USA).*

Navier – Navier. **Navier-Stokes equation**: équation Navier-Stokes *(méc. fl).*

navigation – navigation *f.* **navigation lights**: feux de navigation ; feux de route.

navigational – de navigation. **navigational aid**: aide à la navigation ; instrument de navigation. **navigational satellite**: satellite de navigation.

navigator – navigateur *m.*

Navstar – Navstar, *dénomination commerciale d'un système de positionnement par satellites.*

Navtrak – Navtrak, *dénomination commerciale d'un système de positionnement acoustique.*

NBS – *abrév. de National Bureau of Standards, devenu National Institute for Standards and Technology (NIST).*

NBTL – *abrév. de Naval Boiler and Turbine Laboratory.*

NC – NC, *abrév. de nitrocellulose.*

NCV – PCI, *abrév. de net calorific value, pouvoir calorifique inférieur.*

NDT – *abrév. de nondestructive testing.*

neaps – marée basse. **neap tide**: marée de morte eau ; morte eau.

near – près ; proche. **near-bit stabilizer**: stabilisateur porte-outil *(forage).* **near face**: face proximale. **near field**: champ proche. **near infrared**: infrarouge proche. **near-infrared band**: bande proche infrarouge. **near miss**: presqu'incident *m, incident qui aurait pu dégénérer en accident mais qui a été heureusement maîtrisé.* **near range**: portée proximale, *radar.* **near-shore marine deposit**: dépôt marin littoral. **near-shore sedimentation**: sédimentation littorale, *voir onshore.* **near surface**: peu profond ; près de la surface ; superficiel. **near-surface corrections**: corrections de surface. **near trace**: trace proche, *trace située à proximité du point d'émission (sism)* ; trace proximum *(sism).* **near-trace section**: coupe de traces proches. **near ultraviolet**: ultraviolet proche. **near-well zone**: zone voisine du puits.

neat – net ; pur. **neat cement**: ciment pur, *coulis composé de ciment portland et d'eau.* **neat-flame burner**: brûleur à flamme blanche. **neat fluid**: liquide exempt d'eau. **neat-gas burner**: *voir neat-flame burner.*

Nebraskan – Nebraskien *m, Pléistocène inférieur.*

nebula – nébuleuse *f.*

nebular – nébulaire. **nebular hypothesis**: hypothèse nébulaire, *relative au processus de formation des étoiles et des planètes.*

nebulite – nébulite *f, variété de migmatite.*

nebulization – nébulisation *f.*

NEC – *abrév. de National Electrical Code.*

necessary – nécessaire. **necessary and sufficient condition (NSC)**: condition nécessaire et suffisante.

neck – bec d'un convertisseur *(métal)* ; col *m* ; collet *m* ; cou *m* ; détroit *m* ; filon columnaire ; goulot *m* ; isthme *m* ; neck *m, masse de roches dure en forme de cheminée volcanique mise en relief par l'érosion* ; tourillon *m.* **neck flange**: bride à rebord. **neck of land**: langue de terre.

necking – rétrécissement *m* ; striction *f.*

needle – aiguille *f*; pointeau *m.* **needle bearing**: roulement à aiguilles. **needle coke**: coke en aiguilles. **needle dial**: cadran à aiguille. **needle ironstone**: goethite *f.* **needle lubricator**: graisseur à aiguille. **needle-nose lap-joint pliers**: pinces coupantes pour téléphone. **needle oil**: huile à broches, *antirouille et antifriction, elle est également très facile à détacher sur les tissus et ne rancit pas.* **needle ore**: aciculite *f*; aikinite *f (minér).* **needle penetration of petroleum waxes**: pénétrabilité à l'aiguille des cires de pétrole. **needle roller bearing**: palier à aiguilles. **needle shaped**: aciculaire. **needle valve**: robinet à aiguille, *robinet-aiguille* ; robinet à pointeau ; soupape à aiguille ; vanne à pointeau. **needle zeolite**: zéolite aciculaire.

negative – négatif ; image négative ; négatif *m (photo).* **negative azeotrope**: azéotrope négatif. **negative buoyancy**: flottabilité négative. **negative catalysis**: catalyse d'inhibition ; catalyse négative. **negative catalyst**: catalyseur négatif, *retardant la vitesse d'une réaction.* **negative crystal**: cristal négatif. **negative direction**: sens rétrograde. **negative electrode**: électrode négative. **negative feedback**: rétroaction négative. **negative frequency**: fréquence négative. **negative glow**: lumière cathodique. **negative ion**: ion négatif, *anion.* **negative-ion vacancy**: lacune d'ion négatif. **negative kilocalorie**: kilocalorie négative, *frigorie, ancienne unité pratique de chaleur enlevée.* **negative matrix**: matrice négative. **negative phototype**: phototype négatif. **negative plate**: plaque négative. **negative pressure**: dépression *f.* **negative terminal**: borne négative.

negatron – électron négatif, *voir aussi positron* ; négatron *m (électron).*

negligence – négligence *f, manque d'entretien.*

negligent – negligent. **negligent collision**: abordage fautif.

negotiation – négociation *f.*

neighborhood – environs *m* ; voisinage *m.* **neighborhood of a point**: voisinage d'un point *(topog).*

nekton – necton *m, tous les organismes capables de se déplacer à volonté dans l'eau.*

nektonic – nectonique.

NEMA – *abrév. de National Electrical Manufacturers Association.*

nematic – nématique, *phase cristalline.* **nematic phase**: phase nématique, *cristaux liquides.*

nematoblastic – nématoblastique, *structure de roches métamorphiques.* **nematoblastic texture**: texture nématoblastique *(pétro).*

nematocide – nématocide *m, type de fumigène pour l'agriculture.*

neoautochthon – néoautochtone *m, ensemble de sédiments qui se déposent sur une nappe de charriage.*

Neocene – Néocène *m, terme jadis utilisé pour définir la deuxième partie du Tertiaire et les formations correspondantes.*

Neocomian – Néocomien *m, étage du Crétacé.*
neodymium – néodyme *m, symbole chim. Nd.*
neoformation – *voir neogenesis.*
Neogene – Néogène *m, partie supérieure du Cénozoïque, englobe le Miocène et le Pliocène.*
neogenesis – néogenèse *f, formation d'un minéral dans une roche déjà constituée.*
neogenic – néoformé *(géol).* **neogenic mineral**: minéral néoformé.
neohexane – néohexane *m, diméthyl-2,2 butane, liquide volatile incolore à très haut indice d'octane, obtenu par alkylation d'éthylène et d'isobutane.*
Neolithic – Néolithique *m, étage de l'Holocène.*
neomagma – magma palingénétique.
neomorphic – néomorphique.
neon – néon *m, symbole chim. Ne.*
neopentane – néopentane *m, tétraméthylméthane.*
neopentylglycol – néopentylglycol *m.*
neoprene – néoprène *m, nom générique d'élastomères obtenus par polymérisation du chloroprène.*
neosome – néosome *m, fraction néoformée dans un minéral ou une roche, voir aussi mobilizate.*
neospirifer – néospirifère *m, type de brachiopode rencontré dans le Carbonifère et le Permien.*
neotectonics – néotectonique *f, ensemble des déformations affectant un système montagneux déjà formé.*
neoteny – néoténie *f (pal).*
neotype – néotype *m (pal).*
neovolcanic – néovolcanique.
NEP – PEB, *abrév. de noise equivalent power : puissance équivalente au bruit.*
NEPA – *abrév. de National Environmental Policy Act.*
neper – néper *m, unité exprimant le rapport de deux grandeurs de même nature à partir des logarithmes naturels.*
nepheline – néphéline *f (minér).* **nepheline basalt**: basalte à népheline.
nephelinite – néphélinite *f, roche feldspathoïdique.*
nepheloid – néphéloïde. **nepheloid layer**: couche néphéloïde, *concentration de particules non organiques en suspension dans l'eau de mer.* **nepheloid zone**: *voir nepheloid layer.*
nephelometer – néphélomètre *m, dispositif servant à déterminer la quantité de matières en suspension dans une solution par comparaison de la quantité de lumière dispersée par ces particules et une suspension de référence.*
nephelometry – néphélométrie *f, étude des éléments en suspension en utilisant la diffusion de la lumière.*
nephrite – néphrite *f (pétro).*
neptunian – neptunien, *ou neptunique.* **neptunian dike**: filon neptunien. **neptunic rock**: roche neptunique, *roche formée dans la mer.*
neptunium – neptunium *m, symbole chim. Np.*
NER – TEN, *abrév. de net energy ratio : taux d'énergie net.*
neritic – néritique, *caractérise la zone des océans comprise entre 0 et 200 m de profondeur.* **neritic environment**: milieu néritique. **neritic facies**: faciès néritique. **neritic sediment**: sédiment néritique. **neritic zone**: domaine néritique.
Nermot – Nermot. **Nermot equation**: équation de Nermot, *électrochimie.*
Nernst – Nernst. **Nernst effect**: effet Nernst, *un flux de chaleur traversant le champ d'une force magnétique crée une force électromotrice perpendiculaire.* **Nernst potential**: potentiel de Nernst, *différence de potentiel, de part et d'autre d'une cloison, de deux solutions de concentration différente.*
nesosilicate – nésosilicate *m, famille de silicate.*
Nessler – Nessler. **Nessler reagent**: réactif de Nessler, *employé pour déceler des traces d'ammoniaque.* **Nessler tubes**: tubes de Nessler, *utilisés pour les dosages colorimétriques.*
nest – nid *m.* **nest of geophones**: arrangement de géophones ; grappe de géophones. **nest of ore**: poche de minerai. **nest of tubes**: faisceau de tubes.
nested – emboîté. **nested crater**: cratère à bouches multiples. **nested tube**: faisceau tubulaire.
nesting – emboîtage ; emboîtement *m, programmation informatique.*
net – net. **net calorific value (NCV)**: pouvoir calorifique inférieur (PCI), *quantité de chaleur dégagée par la combustion d'un combustible lorsque l'eau formée pendant la combustion demeure à l'état de vapeur.* **net cash income**: revenu net disponible. **net cash requirement**: besoin net de trésorerie. **net discounted value**: valeur actuelle nette (VAN). **net drainage**: drainage effectif, *déduction faite du pétrole irrécupérable du fait des règles de proration et d'espacement des puits.* **net earning**: gain net. **net earnings**: bénéfices nets. **net energy ratio (NER)**: taux d'énergie net (TEN). **net energy requirement (NER)**: contenu énergétique net (CEN). **net heating value (NHV)**: pouvoir calorifique inférieur (PCI). **net income**: bénéfice net, *bénéfice après impôts* ; résultat net, *bénéfice ou perte (après impôts) de l'exercice* ; revenu net. **net material product (NMP)**: produit matériel net (PMN). **net pay**: zone productrice nette, *horizons contribuants effectivement à la production d'huile.* **net positive suction head (NPSH)**: hauteur pratique d'aspiration, *pour une pompe.* **net power**: puissance nette. **net present value (NPV)**: valeur actuelle nette (VAN), *pour un projet donné et un taux d'actualisation retenu, somme des flux de trésorerie actualisés à ce taux.* **net present worth**: bilan actualisé. **net profit**: bénéfice net. **net profits interest**: participation du concessionnaire. **net register tonnage**: jauge nette *(navire).* **net reproduction rate (NRR)**: taux net de reproduction (TNR). **net return**: revenu net. **net royalty**: redevance nette, *basée sur les bénéfices nets d'une exploitation pétrolière.* **net slip**: rejet net, *la plus courte distance, mesurée sur le plan de faille, entre deux points primitivement contigus.* **net ton**: tonne courte, *= 907,85 kg.* **net tonnage**: jauge nette. **net uncompensated drainage**: drainage effectif, *voir net drainage.* **net unrealized gain**: plus-value latente nette. **net weight**: poids net. **net worth**: actifs nets ; fortune *f* ; situation nette, *somme du capital social (capital stock) et des réserves.*

net – filet *m.* **net axis**: azimut du réseau *(télédétection).*

netback – revenu net, *voir aussi netback price.* **netback price**: prix de valorisation, *prix du pétrole brut déterminé sur la base des prix réels des produits vendus sur le marché en retranchant une marge de raffinage et un coût de transport.* **netback value**: valeur nette.

netted – réticulé. **netted texture**: structure maillée.

network – lacis *m* ; réseau *m.* **network analysis**: analyse de réseau. **network architecture**: architecture de réseau, *informatique.* **network configuration**: configuration des réseaux. **network energy**: énergie de réseau. **network like**: réticulaire, *structure.* **network of capillaries**: réseau de capillaires. **network of faults**: réseau de failles. **network of veins**: réseau de veines. **network polymer**: polymère réticulé. **network texture**: structure réticulée.

neural – neural. **neural network**: réseau neuronal, *réseau de neurones.*

neutral – neutre, *en chimie, ni acide, ni basique.* **neutral absorbent**: absorbant neutre, *voir aussi neutral filter.* **neutral atmosphere**: atmosphère neutre, *c'est-à-dire ni oxydante, ni réductrice.* **neutral chemical**: substance chimique neutre, *produit chimique à réaction neutre, c'est-à-dire ni acide, ni basique.* **neutral combustion**: combustion neutre ; combustion stoechiométrique. **neutral density**: densité neutre. **neutral ester**: ester neutre. **neutral filter**: filtre neutre. **neutral flame**: flamme neutre, *émanant d'une combustion complète, donc ni oxydante ni réductrice.* **neutral oil**: huile neutre, *huile de mise au point, huile de faible viscosité utilisée pour ajuster par mélange la viscosité des huiles moteur.* **neutral point**: point mort *(auto)* ; point neutre. **neutral rock**: roche neutre. **neutral slag**: laitier neutre. **neutral stability**: équilibre indifférent. **neutral substance**: substance chimiquement neutre. **neutral temperature**: température neutre. **neutral wire**: conducteur neutre, *c'est-à-dire ne recevant aucun courant ; il est généralement mis à la terre ou à la masse* ; fil neutre.

neutralization – neutralisation *f, traitement d'un acide par une base et inversement jusqu'à l'obtention de pH = 7.* **neutralization number**: indice de neutralisation, *poids de potasse en milligrammes nécessaire pour neutraliser un gramme d'un produit pétrolier quelconque (voir aussi acid number et base number).* **neutralization test**: essai de neutralisation, *essai de détermination de l'indice de neutralisation.* **neutralization value**: *voir neutralization number.*

neutralize (to) – neutraliser.

neutralizing – neutralisation *f.* **neutralizing agent**: agent de neutralisation, *dans le raffinage à l'acide sulfurique.* **neutralizing treatment**: traitement de neutralisation, *pratiqué dans le raffinage à l'acide sulfurique pour éliminer l'acide restant dans le distillat obtenu.*

neutrino – neutrino *m.*

neutron – neutron *m.* **neutron activation**: activation neutronique. **neutron-activation logging**: diagraphie par activation neutronique. **Neutron Lifetime Log**: *dénomination d'une diagraphie de neutrons pulsés.* **neutron-lifetime logging**: diagraphie de durée de vie du neutron ; diagraphie de relaxation neutronique. **neutron log**: diagraphie neutron, *mesure des effets du bombardement des formations par des neutrons.* **neutron logging**: diagraphie de neutrons. **neutron-neutron log**: diagraphie neutron-neutron, *mesure de la radiation induite dans les formations à la suite de leur bombardement par neutrons rapides.* **neutron probe**: sonde à neutrons. **neutron speed**: vitesse de neutrons.

Nevadan – névadien *(strat).* **Nevadan orogeny**: phase névadienne, *phase tectonique du Jurassique supérieur d'Amérique du Nord.*

névé – névé *m, neige à grains épaissis, et rendue compacte par l'effet des changements de température. Etat de transition entre la neige et la glace de glacier.* **névé basin**: bassin de névé. **névé glacier**: glacier de névé. **névé slope**: champ de névé sur une pente.

new – neuf ; nouveau. **new energy**: énergie nouvelle. **new-field wildcat**: sondage d'exploration, *pour la découverte d'un champ nouveau.* **new ice**: glace nouvelle. **new-pool test**: sondage d'exploration secondaire, *destiné à la recherche d'un nouveau gisement dans les limites d'un champ.* **New Red Sandstone**: Nouveaux-grès-rouges, *formations rouges souvent gréseuses du Permien et du Trias.* **new soil**: sol vierge.

newspaper – journal *m.*

newton – newton *m, unité de force SI, force qui communique, à un corps ayant une masse d'un kilogramme, une accélération de 1 mètre par seconde carrée, symbole* N. **newton meter**: newton mètre, *utilisé, pour faciliter la distinction d'avec d'autres grandeurs ayant la même dimension, plutôt que le joule pour exprimer le moment d'une force* (N.m). **newton per meter**: newton par mètre, *unité SI de tension superficielle* (N/m). **newton per square meter**: newton par mètre carré, *voir pascal.* **newton second per meter**: newton-seconde par mètre, *unité SI d'impédance mécanique* (N.s/m). **newton square meter per kilogram squared**: newton mètre carré par kilogramme carré, *unité SI de constante de gravitation* ($N.m^2/kg^2$).

Newtonian – newtonien. **Newtonian flow**: écoulement newtonien. **Newtonian fluid**: fluide newtonien, *dont la viscosité est conforme à la loi de Newton, c'est-à-dire indépendant de la valeur du gradient de vitesse.* **Newtonian liquid**: liquide newtonien, *voir Newtonian fluid.* **Newtonian mechanics**: mécanique newtonienne, *mécanique classique.* **Newtonian velocity**: vitesse newtonienne. **Newtonian viscosity**: viscosité newtonienne.

NFPA – *abrév. de National Fire Protection Association.*

NGAA – *abrév. de Natural Gasoline Association of America.* **NGAA vapor pressure**: pression de vapeur NGAA, *d'un volume donné de gaz de pétrole liquéfiés.*

NGL – LGN, *abrév. de natural-gas liquids : liquides de gaz naturel.*

NGO – ONG, *abrév. de Non-Governmental Organization, Organisation non gouvernementale.*

NGPA – *abrév. de Natural Gas Processors Association.*

NGR – RGN, *abrév. de nuclear gamma-resonance: résonance gamma nucléaire (voir Mössbauer effect)*.

nhp – *abrév. de nominal horsepower = puissance nominale exprimée en chevaux anglais.*

NHV – PCI, *abrév. de net heating value, pouvoir calorifique inférieur.*

Niagaran – Niagarien *m, Silurien moyen.*

nib – pointe *f, outil.*

niche – créneau *m.*

nick – encoche *f*; entaille *f*; rupture de pente ; saignée *f.* **nick break**: cassure nette. **nick point**: rupture de pente, *s'écrie aussi knickpoint.*

nick (to) – entailler.

nickel – nickel *m, symbole chim. Ni.* **nickel acetate**: acétate de nickel. **nickel alloy**: alliage de nickel. **nickel-aluminum bronze**: bronze de nickel et aluminium. **nickel-base alloy**: alliage à base de nickel. **nickel bronze**: bronze au nickel. **nickel-cadmium battery**: accumulateur au nickel-cadmium. **nickel carbonyl**: nickel carbonyle. **nickel cast iron**: fonte au nickel. **nickel-chromium steel**: acier au nickel-chrome. **nickel-copper alloy**: alliage de nickel et de cuivre. **nickel iron**: ferronickel. **nickel-iron battery**: accumulateur au ferronickel. **nickel matte**: matte de nickel. **nickel mineral**: minéral de nickel. **nickel naphthenate**: naphténate de nickel. **nickel ocher**: ocre de nickel. **nickel ore**: minerai de nickel. **nickel oxide**: oxyde de nickel. **nickel plating**: nickelage *m.* **nickel steel**: acier au nickel. **nickel sulfate**: sulfate de nickel.

nickel (to) – nickeler.

Nicol – *voir Nicol prism.* **Nicol prism**: nicol *m, prisme polariseur*; prisme de Nicol.

niggerhead – tambour à l'extrémité d'un treuil *(for)*.

night – nuit *f.* **night cap**: bouchon temporaire, *placé à l'extrémité d'un tronçon de pipeline pour l'obturer à la fin de chaque journée de travail et prévenir ainsi l'entrée de matières étrangères.* **night shift, night tour**: équipe de nuit.

nigrite – nigrite *f, substance isolante formée par les résidus de la distillation des paraffines.*

NIH – *abrév. de National Institute of Health.* **NIH shift**: migration NIH, *migration intramoléculaire, hydroxylation enzymatique des cycles aromatiques.*

nilas – nilas *m, couche de glace mince, élastique et mate ondulant sous les vagues et la houle et formant sous la pression des avancées en forme de doigts entrecroisés (chevauchement avec imbrication)*.

nimbus – nimbus *m.*

nine – neuf. **nine-spot flood system**: système de mailles à neuf puits, *dispositif d'implantation des puits d'injection et de production.*

niobate – niobate *m.*

niobium – niobium *m, symbole chim. Nb.* **niobium carbide**: carbure de niobium.

NIOSH – *abrév. de National Institute for Occupational Safety and Health (U.S. Department of Health)*.

NIPER – *abrév. de National Institute for Petroleum and Energy Research.*

nippers – pinces *f*; tenailles *f.*

nipping – enclavement *m, d'un navire dans les glaces*; pincement *m.* **nipping fork**: clé de retenue *(for)*.

nipple – ajutage *m*; allonge *f*; éjecteur d'un brûleur ; mamelon *m*; manchon *m*; raccord double mâle, *de même dimension des deux côtés*; raccord droit.

nippling-up – emboîtage *m*; montage des blocs d'obturation ; montage des équipements en tête de puits ; raccordement *m.* **nippling-up operation**: bridage *m (pipeline)*.

NIR – *abrév. de near infrared.*

NIRS – *abrév. de neutral-impact radiation spectroscopy.*

NIST – *abrév. de National Institute for Standards and Technology, ancien NBS.*

nit – nit *m, unité de brillance égale à une candela par mètre carré.*

niter – nitre *m, nitrate de potassium naturel*; salpêtre *m.* **niter cake**: *dénomination usuelle du bisulfate de sodium.*

Nitramon – *dénomination commerciale d'un explosif.*

nitrate – azotate *m*; nitrate *m.*

nitration – nitration *f, introduction d'un groupement nitro dans une molécule organique.* **nitration-grade benzene**: benzène pour nitration. **nitration-grade toluene**: toluène pour nitration. **nitration-grade xylene**: xylène pour nitration.

nitre – *voir niter.*

nitrene – nitrène *m (chim)*.

nitric – azotique ; nitrique. **nitric acid**: acide azotique ; acide nitrique. **nitric ester**: ester nitrique. **nitric oxide**: oxyde d'azote.

nitridation – *voir nitriding.*

nitride – nitrure *m.*

nitrided – nitruré. **nitrided steel**: acier nitruré.

nitriding – nitruration *f, procédé de durcissement de l'acier.* **nitriding furnace**: four de nitruration.

nitrification – nitrification *f, transformation des sels ammoniacaux en nitrites puis en nitrates par oxydation.*

nitrile – nitrile *m, composé azoté.* **nitrile rubber**: caoutchouc nitrile. **nitrile silicone rubber (NSR)**: caoutchouc nitrile aux silicones.

nitrilotriacetic – nitrilotriacétique. **nitrilotriacetic acid (NTA)**: acide nitrilotriacétique, *agent de contrôle du fer.*

nitrite – azotite *m*; nitrite *m.*

nitroalkane – nitroalcane *m*; nitroparaffine *f, utilisée notamment comme agent améliorant l'inflammation des combustibles diesel.*

nitrobacteria – nitrobactérie *f, bactérie nitreuse, toute bactérie qui oxyde les nitrites.*

nitrobenzene – nitrobenzène *m, composé obtenu par traitement du benzène à l'acide nitrique.*

nitrocellulose – nitrocellulose *f, terme générique désignant les divers nitrates de cellulose dont le plus courant est le coton-poudre.*

nitrocotton – coton poudre ; fumicoton *m.*

nitroethane – nitroéthane *m.*

nitrogelatin – dynamite-gomme, *voir aussi gelatin dynamite.*

nitrogen – azote *m, symbole chim. N.* **nitrogen balance**: bilan azoté. **nitrogen bubbling**: barbotage d'azote. **nitrogen case hardening**: cémentation à l'azote ; nitruration *f (métal)*. **nitrogen content**: teneur en azote. **nitrogen cycle**: cycle de l'azote. **nitrogen dioxide**: peroxyde d'azote. **nitrogen fixation**: fixation de l'azote, *de l'air dans le sol.* **nitrogen-gas thermometer**: thermomètre à azote. **nitrogen monoxide**: protoxyde d'azote, *oxyde nitreux, gaz hilarant.* **nitrogen narcosis**: narcose à l'azote. **nitrogen oxide**: oxyde d'azote. **nitrogen oxides (NO_X)**: oxydes d'azote (NO_X), *oxydes formés et libérés dans tous les types communs de combustion à température élevée, et qui se répandent dans l'atmosphère.* **nitrogen peroxide**: peroxyde d'azote. **nitrogen poisoning of catalysts**: empoisonnement du catalyseur par l'azote, *contenu en particulier dans les fractions lourdes.* **nitrogen trifluoride**: trifluorure d'azote.

nitrogenated – azoté.

nitrogenation – azotation *f.*

nitrogenous – azoté. **nitrogenous fertilizer**: engrais azoté.

nitroglycerin – nitroglycérine *f.*

nitroguanidine – nitroguanidine *f.*

nitrometer – nitromètre *m.*

nitromethane – nitrométhane *m.*

nitronaphthalene – nitronaphtalène *m.*

nitronium – nitronium *m (chim).*

nitroparaffin – nitroparaffine *f, nitroalcane.*

nitrophenol – nitrophénol *m, nom donné à trois composés isomères: ortho, méta, para.*

nitropropane – nitropropane *m, dérivé nitré du propane ayant deux isomères.*

nitrosation – nitrosation *f, remplacement, dans une molécule organique, d'un atome d'hydrogène par le groupement nitroso.*

nitroshooting – torpillage à la nitroglycérine *(prod).*

nitroso – nitroso, *radical monovalent.*

nitrosubstitution – nitrosubstitution *f, résultat du processus de nitration.*

nitrotoluene – nitrotoluène *m, nom donné à trois composés isomères : ortho, méta, para.*

nitrourea – nitro-urée *f (chim).*

nitrous – azoteux ; nitreux. **nitrous oxide**: oxyde nitreux, *protoxyde d'azote.*

nitroxylene – nitroxylène *m.*

nithryl – nithryle *m, radical chimique.*

nivation – nivation *f, effets de la neige sur le relief.*

NLGI – *abrév. de National Lubricating Grease Institute.* **NLGI classification**: classification NLGI, *échelle qui classe les graisses d'après leur consistance dans des fourchettes de pénétration.* **NLGI grade of grease**: grade NLGI des graisses, *nombre qui définit la consistance d'une graisse, allant de 000 (très fluide) à 6 (extradure).* **NLGI number**: indice NLGI, *échelle de classement d'une graisse selon sa consistance à partir de l'indice de pénétration ASTM.*

NLL – *abrév. de Neutron Lifetime Log.*

NMC – *abrév. de normal moveout correction.*

NML – *abrév. de nuclear-magnetism logging.*

NMO – *abrév. de normal moveout.* **NMO correction**: *voir dynamic correction.* **NMO velocity**: vitesse d'addition ; vitesse de correction d'obliquité.

NMP – *abrév. de N-methylpyrrolidone* ; PMN, *abrév. de net material product : produit matériel net.*

NMR – RMN, *abrév. de nuclear magnetic resonance : résonance magnétique nucléaire.*

NNSS – *abrév. de Navy Navigation Satellite System.*

no – non. **no-cure no-pay contract**: contrat avec paiement seulement en cas de réussite. **no dope**: sans produit d'addition. **no-fines concrete**: béton sans fines. **no further progress**: avancement nul *(for).* **no-go nipple**: raccord à épaulement intérieur. **no-knocking surface ignition**: allumage sans cliquetis sur surface chaude. **no load**: fonctionnement à vide. **no-load characteristic**: caractéristique à vide. **no-load current**: courant à vide. **no-load curve**: courbe à vide. **no-load power**: puissance à vide. **no-load running**: marche à vide. **no-load test**: essai à vide ; essai de marche à vide. **no-load voltage**: tension à vide. **no-record (NR)**: pas de film exploitable *(sism).* **no-record area**: région qui ne donne pas de réflexions *(sism).* **no returns**: perte totale, *boue de forage.* **no-shelf basin**: bassin sans plate-forme continentale. **no-term lease**: bail à reconduction, *bail pouvant être reconduit indéfiniment par paiements retardés du loyer, même sans exploitation de la concession.*

NOAA – *abrév. de National Oceanic and Atmospheric Administration.*

nobelium – nobélium *m, symbole chim. No.*

noble – noble ; précieux. **noble gas**: gaz rare. **noble metal**: métal noble.

nodal – nodal. **nodal hemispheroid tank**: réservoir hémisphéroïde nodal. **nodal plane**: plan nodal *(géoph).* **nodal point**: point nodal.

node – noeud *m, ondes* ; point neutre *m, débit.* **node of the fault**: point de faille.

nodular – bulbeux ; noduleux. **nodular cast iron**: fonte à graphite sphéroïdal. **nodular chalk**: craie noduleuse. **nodular limestone**: calcaire noduleux. **nodular ore**: minerai en rognons. **nodular shale**: argile noduleuse.

nodule – nodule *m* ; rognon *m.* **nodule grade**: teneur du nodule.

noise – bruit *m.* **noise abatement**: diminution du bruit. **noise analysis**: analyse du bruit ; tir de bruit *(sism).* **noise control**: protection contre le bruit. **noise equivalent power (NEP)**: puissance équivalente au bruit (PEB), *grandeur caractéristique du bruit d'un capteur.* **noise exposure**: exposition au bruit. **noise factor**: facteur de bruit. **noise filter**: filtre antiparasite *(élec).* **noise generator**: générateur de bruit. **noise level**: niveau de bruit. **noise log**: diagraphie de bruit. **noise logging**: diagraphie de bruit. **noise measurement**: mesure du bruit. **noise pollution**: nuisance acoustique. **noise reduction (NR)**: réduction du bruit. **noise suppressor**: atténuateur de bruit. **noise survey**: étude du bruit naturel. **noise test**: tir de bruit.

noisiness – bruyance *f.*

noisy – bruyant.

nomenclature – nomenclature *f.*

nominal – nominal. **nominal capacity**: capacité nominale. **nominal delivery of a pump**: débit nominal d'une pompe. **nominal diameter**: diamètre nominal. **nominal diameter of pipe**: diamètre nominal du tube. **nominal diameter of the hole**: diamètre nominal du trou. **nominal horsepower**: puissance

nominale (en chevaux). **nominal output**: production nominale. **nominal power**: puissance nominale. **nominal price**: prix fictif ; prix minime. **nominal relative aperture**: ouverture relative nominale. **nominal service**: service minimum. **nominal size**: dimension nominale ; taille nominale. **nominal strength**: résistance nominale. **nominal stress**: effort nominal. **nominal value**: valeur nominale.
nomination – désignation *f*, *proposition pour un poste ou une distinction.*
nomogram – abaque *m* ; nomogramme *m*.
nonadditive – non-additivé. **nonadditive oil**: huile non additivée ; huile non dopée.
nonadecane – nonadécane *m*.
nonaging – inaltérable.
nonalloy – non-allié. **nonalloy steel**: acier non allié.
nonane – nonane *m*, *hydrocarbure saturé.*
nonangular – non-angulaire. **nonangular unconformity**: discordance plate ; transgression parallèle.
nonarborescent pollen – pollen non silvatique.
nonaromatics – nonaromatique *m*.
nonasphaltic – non-bitumineux. **nonasphaltic road oil**: huile routière non bitumineuse.
nonassociated – non-associé. **nonassociated gas reservoirs**: réservoirs de gaz non associés, *non communicants.* **nonassociated natural gas**: gaz naturel non associé, *gaz naturel produit par un réservoir qui ne contient pas de quantités notables de pétrole.*
nonavailable – indisponible, *non-disponible.*
nonazeotropic – non-azéotrope.
nonbedded – non-stratifié.
nonburning – non-combustible. **nonburning steel**: acier réfractaire.
noncarbon – non-carboné. **noncarbon oil**: huile stable, *huile ne contenant pas ou peu de carbone libre et d'hydrocarbures instables, susceptibles de se décomposer et de former des dépôts.*
noncombustible – incombustible.
noncommercial – non-commercial. **noncommercial energy**: énergie non commercialisable. **noncommercial well**: puits non rentable, *puits dont la production n'est pas commercialisable.*
noncommunicating – non-communiquant. **noncommunicating reservoirs**: réservoirs non communiquants.
noncompetitive – non-compétitif. **noncompetitive lease**: concession non compétitive, *concession donnée sur un territoire fédéral et non soumise à enchères.*
noncondensable – incondensable. **noncondensable gas**: gaz non condensable.
nonconformable – discordant *(géol)*.
nonconformity – non-conformité *f*, *en géologie, discordance sur un ensemble non stratifié, entre des roches sédimentaires et des roches plus anciennes (massif plutonique).*
nonconsent – non-consentement *m*. **nonconsent penalty**: pénalité de non consentement. **nonconsent well**: puits sans consentement d'une partie, *sur une concession intéressant plusieurs parties, l'une d'entre elles peut refuser de participer au frais de forage d'un puits ; mais s'il est productif, elle paiera une pénalité de non consentement.*
noncontinuous – non-continu. **noncontinuous electrode**: électrode non continue.
nonconventional – *voir unconventional.*
noncorrosive – inaltérable, *non corrosif.*
noncreep – non-fluant. **noncreep oil**: *voir nondrip oil.*
noncrystalline – amorphe ; non-cristallin.
nondepositional – non-dépôt. **nondepositional gap**: lacune de sédimentation. **nondepositional hiatus**: hiatus de non dépôt, *hiatus associé aux surfaces limitant le dépôt des strates, il traduit l'intervalle de temps géologique pendant lequel aucune strate ne s'est déposée sur la surface de dépôt.*
nondestructive – non-destructif. **nondestructive examination (NDE)**: examen non destructif. **nondestructive test**: essai non destructif. **nondestructive testing**: contrôle non destructif.
nondetergent – non-détergent. **nondetergent oil**: huile non détergente.
nondiscrimination – non-discrimination *f*.
nondispersive – non-diffuseur. **nondispersive infrared (NDIR) analyzer**: analyseur infrarouge non diffuseur, *gaz d'échappement.*
nondrip – non-égouttant. **nondrip additive**: agent filant, *produit permettant d'accroître la cohésion et l'adhésivité d'un lubrifiant et de réduire les pertes par égouttures en évitant les projections.* **nondrip oil**: huile à haute adhésivité.
nondrying – non-siccatif. **nondrying oil**: huile non siccative.
nonenergy – non-énergétique. **nonenergy use**: usage non énergétique.
nonequilibrium – instable, *réaction.*
nonexpanded – sans expansion.
nonexpendable – non-consommable ; récupérable.
nonexploitant – *voir nonoperator.*
nonferrous – non-ferreux. **nonferrous alloy**: alliage non ferreux. **nonferrous metal**: métal non ferreux. **nonferrous metallurgy**: métallurgie des métaux non ferreux.
nonfission – non-fissile. **nonfission capture**: capture stérile.
nonflowing – non-éruptif, *puits.* **nonflowing well**: puits non éruptif.
nonfluid – non-fluide. **nonfluid oil**: huile non fluide.
nonfoaming – non-moussant. **nonfoaming oil**: huile non moussante.
nonfulfillment – non-exécution *f*, *d'une clause d'un contrat.*
nongaseous – non-gazeux. **nongaseous coal**: charbon maigre ; charbon pauvre en gaz.
nonhazardous – sans danger.
nonimaging – non imageur. **nonimaging sensor**: capteur non imageur.
nonionic – composé non ionique. **nonionic detergent**: détergent non ionique. **nonionic surfactant**: surfactant non ionique.
nonlinear – non-linéaire. **nonlinear detector**: détecteur non linéaire. **nonlinear equation**: équation non linéaire. **nonlinear optics**: optique non linéaire. **nonlinear oscillator**: oscillateur non linéaire. **nonlinear regression**: regression non linéaire. **nonlinear system**: système non linéaire.
nonlinearity – non-linéarité *f*, *d'une fonction de régulation.*

nonluminous – non-lumineux. **nonluminous flame**: flamme non éclairante.
nonmagnetic – amagnétique. **nonmagnetic drill collar**: masse-tige amagnétique. **nonmagnetic steel**: acier amagnétique.
nonmetal – métalloïde ; non-métal *m, tout élément chimique non métallique, 25 éléments sont classé comme non-métaux.*
nonmetallic – non-métallique. **nonmetallic inclusion**: inclusion non métallique.
non-Newtonian – non-newtonien. **non-Newtonian fluid**: fluide non newtonien. **non-Newtonian viscosity**: viscosité non newtonienne.
nonoic – nonoïque. **nonoic acid**: acide nonoïque.
nonoleaginous – non-oléagineux. **nonoleaginous lubricant**: lubrifiant non oléagineux, *tel que l'acide sulfurique et la glycérine diluée.*
nonoperating – non-exploitant. **nonoperating mineral interest**: droits miniers non grevés de frais d'exploitation, *redevances, etc., expression du code fiscal des USA.*
nonoperator – non-opérateur *m, personne ou groupe partie à une concession, qui délègue ses droits à la direction des opérations d'exploitation du gisement à une autre partie, pour leur bénéfice mutuel.*
nonownership – non-propriété *f.* **nonownership theory**: théorie de la non propriété, *selon laquelle le pétrole et le gaz non produits ne sont la propriété de personne, mais le droit de production est réservé au propriétaire du terrain sur lequel est foré le puits.*
nonoxidizable – inoxydable.
nonoxidizing – non-oxydant. **nonoxidizing alloy**: alliage inoxydable.
nonparametric – non-paramétrique. **nonparametric classification**: classification non paramétrique. **nonparametric statistics**: statistiques non paramétriques.
nonparticipating – non-participant. **nonparticipating royalty**: redevance exempte de charges, *indépendante des bénéfices et des primes et ne donnant pas droit d'exploration ou d'exploitation, sur une concession.*
nonperformance – inexécution *f*; non-exécution *f, d'un contrat.*
nonpetroleum – non pétrolier. **nonpetroleum lubricant**: lubrifiant non pétrolier.
nonphotographic – non-photographique. **nonphotographic image**: image non photographique.
nonpolar – non-polaire *(chim).*
nonpolluting – non-polluant. **nonpolluting industry**: industrie non-polluante.
nonpremium – ordinaire, *essence.* **nonpremium-grade gasoline**: essence ordinaire.
nonprocessed – non-traité. **nonprocessed gas**: gaz non traité, *gaz tel qu'il sort du puits.*
nonproducing – non-producteur. **nonproducing property**: concession inexploitée. **nonproducing well**: puits improductif ; puits sec.
nonrecoverable – non-récupérable. **nonrecoverable oil**: huile non récupérable.
nonrefinable – non-raffinable, *appliqué à certains types de bruts ou de fuels très lourds.*
nonrenewable – non-renouvelable. **nonrenewable energy**: énergie non renouvelable.
nonresidue – sans résidu. **nonresidue cracking**: craquage sans résidus, *ne laissant que du coke dans le réacteur.*
nonreturn – antiretour. **nonreturn to zero (NRZ)**: sans retour à zéro, *mode d'enregistrement magnétique.* **nonreturn valve**: clapet antiretour, *clapet de retenue.* **nonreturnable drum**: fût perdu.
nonrusting – inoxydable.
nonsealed – non étanche. **nonsealed roller bearing**: roulement non étanche, *outil de forage.*
nonskid – antidérapant. **nonskid coating**: revêtement antidérappant. **nonskid paint**: peinture antidérapante. **nonskid tire**: pneu antidérapant.
nonsoap – sans savon. **nonsoap grease**: graisse sans savon, *substance de même aspect et de même consistance qu'une graisse industrielle, mais dont le constituant gélifiant est de nature minérale (gel de silice par exemple).* **nonsoap thickener**: épaississant de nature inorganique, *pour les graisses industrielles.*
nonspatter – sans éclaboussures. **nonspatter additive**: agent filant.
nonspinning – antigiratoire. **nonspinning wire rope**: câble antitorsion ; câble préformé ; câble qui ne vrille pas ; câble sans torsion.
nonstabilized – non stabilisé. **nonstabilized zone in frontal drives**: zone d'instabilité dans les déplacements frontaux *(prod).*
nonstripping – antiaccrochage. **nonstripping agent**: additif d'accrochage ; additif d'adhésivité.
nonsubstitutable – non-substituable. **nonsubstitutable use**: usage non substituable, *quand une forme d'énergie ne peut être remplacée, de façon réaliste, par une autre.*
nontree – non-silvatique. **nontree pollen**: pollen non silvatique.
nontronite – nontronite *f, silicate de fer hydraté.*
nonunion – non-syndiqué.
nonupset – sans refoulement. **nonupset tubing**: tube de production sans refoulement.
nonviscous – non visqueux, *voir inviscid.* **nonviscous distillate**: distillat non visqueux. **nonviscous neutral**: neutre non visqueux.
nonwaxy – non-paraffinique. **nonwaxy crude oil**: pétrole brut non paraffinique.
nonwetting – non-mouillant. **nonwetting fluid**: fluide non mouillant. **nonwetting phase**: phase non mouillante. **nonwetting sand**: sable non mouillant.
nonwoven – non-tissé, *souvent employé comme un nom masc.* **nonwoven fabric**: tissu non tissé. **nonwoven fiber**: fibre non tissée.
nonyl – nonyle *m, radical monovalent.* **nonyl alcohol**: alcool nonylique, *produit intermédiaire de la fabrication des détergents.*
nonylphenol – nonylphénol *m.*
noose – noeud coulant.
NOR – *abrév. de notice of readiness – combinaison de NO et OR.* **NOR gate**: porte NON OU, *combinaison d'un circuit NON et d'un circuit OU*; porte NOU.
norbornadiene – norbornadiène *m, dicyclo (2,2,1) heptadiène-2,5.*
nordenskioldine – nordenskioldine *f (minér).*
nordstrandite – nordstrandite *f (minér).*
Norian – Norien *m, étage du Trias supérieur.*
norite – norite *f, roche éruptive intrusive ferromagnésienne.*

norm – norme *f*; norme d'une roche, *composition minéralogique théorique d'une roche.* **norm of a vector**: norme d'un vecteur.

normal – normal, *se dit des composés organiques dont la chaîne ne comporte aucune ramification*; normale *f*, *moyenne calculée pour une période uniforme et relativement longue comprenant au moins trois périodes consécutives de dix années (météo)*. **normal acceleration**: accélération normale, *d'un véhicule.* **normal angle**: angle normal. **normal-angle lens**: objectif à angle normal. **normal angle of coverage**: angle de champ normal. **normal anticlinorium**: anticlinorium normal, *dans lequel les plans axiaux des plis secondaires convergent vers le bas.* **normal atmosphere**: *voir standard atmosphère.* **normal bend test**: essai de pliage à l'endroit, *voir aussi face bend test.* **normal boiling point**: point d'ébullition normal. **normal butane**: butane normal. **normal chain**: chaîne normale, *ou droite.* **normal combustion**: combustion normale. **normal contact**: contact normal. **normal device**: sonde normale, *diagraphie électrique.* **normal dip**: pendage général d'une région ; pendage normal. **normal dip-slip fault**: faille directe. **normal dispersion**: dispersion normale. **normal displacement**: déplacement normal, *terme utilisé pour désigner la composante verticale du rejet, mesurée dans le plan de faille.* **normal downthrow**: affaissement normal ; effondrement normal ; tassement normal. **normal equation**: équation normale. **normal fault**: faille directe ; faille normale, *faille dont le plan de faille est incliné vers le compartiment affaissé.* **normal fold**: pli normal ; pli symétrique. **normal granite**: granite à biotite. **normal habitus**: faciès normal. **normal horizontal separation**: distance horizontale des affleurements, *dans le cas d'une faille, projection de la direction de la faille sur une perpendiculaire à la direction des plis faillés.* **normal incidence**: autocollimation *f*; incidence normale. **normal limb**: flanc normal. **normal-mode propagation**: propagation en mode normal. **normal moveout (NMO)**: courbure normale, *augmentation du temps dû à la distance du point de tir à la trace considérée (sism)*; delta-t d'obliquité. **normal-moveout correction**: correction d'indicatrice ; correction d'obliquité ; correction de dispositif ; correction dynamique. **normal-moveout spectrum**: spectre de correction dynamique. **normal octane**: octane normal. **normal paraffin**: hydrocarbure paraffinique normal. **normal pentane**: pentane normal. **normal polytropic compression**: compression normale polytropique, *elle se situe entre la compression isothermique et la compression adiabatique.* **normal position**: position normale générale, *en géomorphologie désigne une disposition originelle, ou celle qui est la plus naturelle.* **normal pressure**: pression normale, *pression atmosphérique au niveau de la mer.* **normal problem**: problème direct. **normal retirement of fixed assets**: retrait normal des immobilisations. **normal salt**: sel neutre. **normal sequence**: *voir normal position.* **normal solution**: solution normale *(chim)*. **normal sonde**: sonde normale. **normal speed**: régime de marche normal. **normal strain**: déformation normale. **normal stress**: contrainte normale. **normal superposition**: suite normale *(géol)* ; superposition normale *(géol)*. **normal synclinorium**: synclinorium normal, *c'est-à-dire dans lequel les plans axiaux des plis convergent vers le bas.* **normal temperature**: température normale d'un essai, *généralement température ambiante.* **normal thread engagement**: longueur normale de recouvrement, *dans un joint de tube de forage.* **normal throw**: projection verticale du rejet, *mesuré dans le plan de faille.* **normal-traveltime curve**: hodochrone normale. **normal water**: eau normale, *eau de mer de référence dont la chlorinité est voisine de 19,374 parts pour mille.* **normal wear and tear**: usure normale. **normal working conditions**: régime de travail normal.

normality – normalité *f*, *pour une solution, quotient du nombre d'éléments actifs par le volume exprimé en décimètre cube.*

normalization – normalisation *f.*

normalize (to) – égaliser.

normalized – normé. **normalized component**: composante normée. **normalized-crosscorrelation function**: fonction de corrélation normée. **normalized difference (ND)**: indice normalisé.

normalizing – calibrage *m* ; trempe à l'air *(métal)*.

normative – normatif. **normative mineral**: minéral normatif, *minéral virtuel, minéral de la norme.*

north – nord *m.* **north magnetic pole**: pôle nord magnétique. **north-seeking pole**: pôle nord magnétique. **North Star**: étoile polaire.

northern – septentrional. **northern exposure**: ombrée *f*; ubac *m.*

northupite – northupite *f (minér)*.

nose – éperon *m* ; nez *m* ; périclinal *m*, *type de piège structural ne présentant pas une fermeture complète* ; saillant anticlinal ; semianticlinal *m.* **nose irritant**: sternutatoire *m.*

nosecone – ogive *f*, *de fusée.*

notation – notation *f.*

notch – cavité au pied d'une falaise ; cran *m* ; échancrure *f*; encoche *f*; ensellement *m* ; entaille *f*; fente *f*; fissure *f*; gorge due à l'érosion marine ; rainure *f.* **notch ductility**: résistance à l'effet d'entaille. **notch effect**: effet d'entaille *(métal)*. **notch filter**: filtre de réjection, *filtre qui élimine la fréquence parasite du secteur*; filtre encoche *(sism)* ; filtre entaille *(élec)* ; filtre réjecteur *(élec)*. **notch rupture**: rupture par entaille. **notch sensitivity**: sensibilité à l'effet d'entaille *(métal)*. **notch toughness**: résistance à l'effet d'entaille. **notch value**: essai de résilience sur éprouvette entaillée. **notch weir**: déversoir en dents de scie *(raf)*. **V-notch weir**: déversoir en V.

notched – entaillé. **notched bend test**: essai de pliage sur cordon entaillé *(métal)*.

notcher – grugeoir *m.*

notching – entaillage *m.* **notching tool**: outil à entailler, *type de dispositif à couteau ou à jet abrasifs utilisé pour la destruction des tubages en face des zones à exploiter.*

notebook – carnet *m.*

notice – notice *f*; notification *f.* **notice-and-demand clause**: clause de notification, *fréquemment incluse dans les baux de concession et demandant la notification d'un manquement à l'acquittement d'un droit et une sommation d'exécution préalablement à toute action en* *justice*. **notice of readiness (NOR)**: notice de mise à disposition, *notice de prêt à charger ou prêt à décharger.*

noticeable – décelable ; sensible.

not-shot – non-tiré *(sism)*.

nought – zéro *m*.

novaculite – novaculite *f, roche sédimentaire silicatée cryptocristalline, utilisée comme pierre à aiguiser.*

novolak – novolaque *f, phénoplaste par réaction, en milieu acide et en solution aqueuse, entre le phénol et l'acide formique.*

NO_X – NO_X, *abrév. de nitrogen oxides, utilisée dans les problèmes de pollution atmosphérique.*

noxious – dangereux ; nocif ; nuisible.

nozzle – ajutage *m* ; buse f ; duse *f, de passage de la boue dans les trépans à lames à jet* ; éjecteur *m* ; gicleur *m* ; orifice d'échappement ; tubulure *f*; tuyère *f.* **nozzle coking**: encrassement du gicleur. **nozzle for tank sprinkling**: gicleur pour nettoyage des réservoirs. **nozzle fuel injection**: injecteur de combustible. **nozzle-mixing burner**: brûleur sans mélange préalable, *type de brûleur dans lequel l'air et le gaz ne sont mis en contact qu'à leur entrée dans la chambre de combustion.* **nozzle ring**: anneau du gicleur. **nozzle-ring screw**: vis de l'anneau de réglage. **nozzle tip**: pointe d'injecteur ; tête d'injecteur. **nozzle velocity**: vitesse à la sortie des duses, *du fluide de forage.*

NPA – *abrév. de National Petroleum Association.*

NPC – *abrév. de National Petroleum Council.*

NPD – *abrév. de Norwegian Petroleum Directorate.*

NPR – *abrév. de Naval Petroleum Reserves.*

NPRA – *abrév. de National Petroleum Refiners Association.*

NPSH – *abrév. de net positive suction head.*

NPV – VAN, *abrév. de net present value : valeur actuelle nette.*

NQR – *abrév. de nuclear quadripole resonance.*

NR – *abrév. de no reflection : sourd (sism) et de noise reduction.*

NRC – *abrév. de National Research Council.*

NRDA – *abrév. de natural resource damage assessment.*

NRM – ARN, *abrév. de natural remanent magnetization : aimantation rémanente naturelle.*

NRR – TNR, *abrév. de net reproduction rate : taux net de reproduction.*

NRS – *abrév. de nuclear reaction spectroscopy.*

NRT – *abrév. de net register tonnage.*

NRZ – *abrév. de nonreturn to zero : sans retour à zéro.*

NS – *abrév. de no show : pas d'indice et de not shot : non tiré.*

NSC – *abrév. de necessary and sufficient condition.*

NSF – *abrév. de National Science Foundation.*

NSR – *abrév. de nitrile silicone rubber.*

NTA – *abrév. de nitrilotriacetic acid.*

NTIS – *abrév. de National Technical Information Service, U.S. Department of Commerce.*

NTP – *abrév. de normal temperature and pressure.*

NTU – NUT, *abrév. de number of transfer units, nombre d'unités de transfert.*

nuclear – nucléaire. **nuclear binding energy**: énergie de liaison nucléaire. **nuclear charge**: charge électrique positive ; charge nucléaire. **nuclear chemistry**: chimie nucléaire. **nuclear disintegration**: désintégration nucléaire. **nuclear energy**: énergie nucléaire. **nuclear engineering**: génie atomique. **nuclear fission**: fission nucléaire. **nuclear force**: force nucléaire. **nuclear fuel**: combustible nucléaire. **nuclear fusion**: fusion nucléaire. **nuclear induction**: induction nucléaire. **nuclear log**: diagraphie nucléaire, *diagramme utilisant les propriétés radioactives des roches, voir gamma-ray log, neutron log.* **nuclear magnetic relaxation**: relaxation magnétique nucléaire. **nuclear magnetic resonance (NMR)**: résonance magnétique nucléaire (RMN). **nuclear-magnetism logging**: diagraphie par résonance magnétique nucléaire. **nuclear physics**: physique nucléaire. **nuclear power**: énergie nucléaire. **nuclear power plant**: centrale nucléaire ; usine atomique. **nuclear propulsion**: propulsion nucléaire. **nuclear quadripole resonance (NQR)**: résonance quadripolaire nucléaire (RQN). **nuclear reactor**: pile atomique ; réacteur nucléaire. **nuclear relaxation**: relaxation nucléaire. **nuclear-resonance-fluorescence logging**: diagraphie de fluorescence par résonance nucléaire. **nuclear rocket**: fusée nucléaire, *fusée nucléothermique.* **nuclear safety**: sûreté nucléaire. **nuclear species**: espèce atomique, *nucléide.* **nuclear spin**: spin nucléaire. **nuclear target**: cible nucléaire. **nuclear wave**: onde nucléaire.

nucleate – nucléé. **nucleate boiling**: ébullition germinée ; ébullition nucléée.

nucleation – germination *f*; nucléation *f, formation de cristaux à partir de solutions sursaturées.*

nucleic – nucléique. **nucleic acid**: acide nucléique.

nucleofuge – nucléofuge, *se dit du départ d'un élément d'une réaction ionique qui emmène son doublet de liaison.*

nucleon – nucléon *m*.

nucleophilicity – nucléophilie *f (chim)*.

nucleophile, nucleophilic – nucléophile. **nucleophilic reagent**: réactif nucléophile.

nucleus – germe *m* ; noyau *m*. **nucleus crystal**: germe de cristallisation. **nucleus of crystal**: cristal embryonnaire.

nuclide – nuclide *m*.

nudging – déviation d'évitement, *petite déviation au début d'un forage pour éviter un puits adjacent.*

nugget – noyau *m (minér)* ; pépite *f.*

null – égal à zéro ; nul. **null hypothesis**: hypothèse nulle *(stat)*. **null method**: méthode de zéro.

number – indice *m* ; nombre *m* ; numéro *m* ; valeur *f.* **number average molecular weight**: masse moléculaire en nombre. **number of collisions**: nombre de collisions, *d'une molécule.* **number of revolutions**: nombre de tours, *du moteur.* **number of rotations per minute at full load**: nombre de tours par minute à plein régime. **number of strokes**: nombre de coups. **number of transfer units (NTU)**: nombre d'unités de transfert (NUT). **number**

plate: plaque minéralogique *(auto)* ; plaque numérotée. **number system**: système de codage.

number (to) – compter.

numeration – numération *f.*

numerator – numérateur *m.*

numeric – numérique. **numeric coding**: codification numérique.

numerical – numérique. **numerical analysis**: analyse numérique *(math)*. **numerical aperture**: ouverture numérique, *microscope*. **numerical control**: commande numérique. **numerical mathematics**: mathématique numérique. **numerical model**: modèle numérique. **numerical modeling**: modélisation numérique. **numerical value**: valeur numérique, *d'une grandeur.*

nummulite – nummulite *f (pal)*. **nummulite facies**: faciès nummulitique. **nummulite limestone**: calcaire à nummulites ; pierre à liards.

nummulitic – nummulitique.

Nummulitic – Nummulitique *m, synonyme de Paléogène.*

nun-buoy – bouée conique.

nunatak – nunatak *m, pointements rocheux apparaissant sur les bords d'une calotte glacière.*

Nusselt – Nusselt. **Nusselt number**: nombre de Nusselt, *nombre caractéristique lié à l'échange entre un fluide et une paroi.*

nut – écrou *m* ; noix *f.* **nut lock**: frein d'écrou. **nut oil**: huile de noix. **nut union**: joint d'écrou. **nut wrench**: clé à écrous.

nutation – nutation *f.*

nutrient – élément nutritif ; nutriment *m, élément chimique de nature organique ou minérale nécessaire à la synthèse des molécules et que les animaux et végétaux utilisent pour leur croissance* ; substance nutritive. **nutrient solution**: solution nutritive.

nutrition – nutrition *f.*

nutritional – alimentaire. **nutritional deficiency**: carence alimentaire.

nutritive – nutritif.

nylon – nylon *m, nom d'une marque devenu terme générique des polyamides.*

NYMEX – NYMEX, *New York Mercantile Exchange, marché à terme de New York.*

Nyquist – Nyquist. **Nyquist frequency**: fréquence de Nyquist, *fréquence égale à la moitié de la fréquence d'échantillonnage.* **Nyquist stability theorem**: critère de Nyquist, *méthode de détermination de la stabilité d'un système asservi.*

O

O – *abrév. de oil.* **O and G**: *abrév. de oil and gas : huile et gaz.* **O and GCM**: *abrév. de oil-and-gas-cut mud : boue émulsionnée d'huile et de gaz.* **O and SW**: *abrév. de oil and salt water : huile et eau salée.*

oakum – étoupe *f*; filasse *f*, *servant au remplissage des joints.*

OAPEC – OPAEP, *abrév. de Organization of Arab Petroleum Exporting Countries : Organisation des Pays Arabes Exportateurs de Pétrole.*

oar – rame *f.*

ob – *abrév. de oil base.*

OBC – *abrév. de oil bulk carrier.*

obduction – obduction *f*, *chevauchement d'une portion de la croûte océanique par une zone de croûte continentale.*

object – objet *m.* **object program**: programme objet. **object space**: espace objet *(opt)*.

objective – *voir target*; objectif *m.* **objective function**: fonction objectif, *fonction économique.* **objective lens**: prisme d'objectif.

objectivity – objectivité *f*, *fait que les lois de comportement sont indépendantes du mouvement des axes de référence utilisés.*

oblate – aplati ; raccourci, *forme que prend une goutte de liquide sur une surface huilée ou non absorbante.* **oblate spheroid**: sphère aplatie aux pôles.

oblateness – aplatissement *m*, *d'un ellipsoïde.*

obligated – contraint. **obligated capital**: capital souscrit.

obligation – obligation *f.* **obligation well**: puits d'obligation, *l'obligation de forer le puits découle de la cession d'un droit de propriété sur le terrain devant être foré.*

obligatory – obligatoire. **obligatory drilling**: forage d'obligation.

oblique – oblique. **oblique aerial photograph**: photographie aérienne oblique. **oblique bedding**: stratification diagonale ; stratification oblique. **oblique configuration**: allure oblique. **oblique fault**: faille diagonale ; faille oblique. **oblique fold**: pli oblique. **oblique gridded photograph**: photographie oblique quadrillée. **oblique lamination**: *voir oblique bedding.* **oblique photography**: prise de vue oblique. **oblique plotting instrument**: appareil de restitution de photographies obliques. **oblique progradation**: progradation oblique, *réflexion sismique.* **oblique section**: coupe oblique. **oblique system**: système monoclinique *(crist)*.

obliquity – obliquité *f.* **obliquity factor**: facteur d'obliquité *(sism)* ; oblitération *f.*

OBO – *abrév. de oil/bulk/ore carrier.* **OBO carrier**: pétrolier minéralier. **OBO ship**: minéralier vraquier pétrolier, *voir OBO carrier.*

obs – *abrév. de observed.*

obscured – masqué.

obsequent – obséquent, *anaclinal.* **obsequent fault-line scarp**: escarpement obséquent de ligne de faille. **obsequent stream**: cours d'eau obséquent. **obsequent valley**: vallée obséquente.

observation – observation *f.* **observation desk**: table de contrôle. **observation equation**: équation d'observation. **observation period**: période d'observation. **observation platform**: plate-forme d'observation, *télédétection.* **observation well**: puits d'observation, *puits utilisé pour obtenir des renseignements sur le comportement et les caractéristiques du réservoir et pour contrôler le rendement des opérations de production* ; puits témoin.

observer – observateur *m* ; opérateur *m*, *(sism) à utiliser de préférence à observateur.*

obsidian – obsidienne *f*, *roche magmatique vitreuse.*

obsolescence – obsolescence *f.*

obsolete – dépassé, *pour un équipement, un procédé, un produit* ; obsolète ; périmé.

obstruct (to) – encombrer ; obstruer.

obstruction – bouchage *m* ; engorgement *m*, *terme générique sous lequel se rangent de nombreux phénomènes engendrés par les opérations de forage* ; obstruction *f.* **obstruction dune**: dune d'obstacle.

obtuse – obtus.

obvious – évident.

OC – *abrév. de oil cut et de oxygen consumed.*

occasional – occasionnel. **occasional earnings**: recettes occasionnelles.

occlude (to) – absorber ; boucher ; condenser, *et retenir* ; fermer ; obstruer ; occlure, *un gaz.*

occluded – occlus. **occluded gas**: gaz occlus.

occlusion – adsorption *f* ; occlusion *f.*

occult – occulte. **occult mineral**: minéral occulte.

occulting – occultation *f.* **occulting light**: clignotant ; feu à occultations.

occupation – occupation *f.* **occupation efficiency**: coefficient d'utilisation ; facteur d'utilisation. **occupation road**: chemin privé.

occupational – professionnel. **occupational accident**: accident du travail. **occupational category**: catégorie professionnelle. **occupational disease**: maladie professionnelle. **occupational error**: faute professionnelle. **occupational hazard**: risque professionnel. **occupational health**: hygiène du travail.

occupational hygiene: hygiène du travail. **occupational medicine**: médecine du travail. **occupational rate**: taux de salaire professionnel. **occupational safety and health**: hygiène et sécurité du travail. **occupational structure**: structure des emplois.

occur (to) – avoir lieu ; arriver ; se présenter ; se produire ; se trouver.

occurrence – gisement *m* ; manifestation *f* ; occurrence *f* ; présence *f* ; venue *f*. **occurrence of minerals**: présence de minéraux. **occurrence of natural gas**: venue de gaz naturel. **occurrence of oil deposits**: présence de gisements pétroliers.

ocean – océan *m*. **ocean basement**: socle océanique. **ocean bottom**: fond océanique. **ocean current**: courant océanique. **ocean depth**: profondeur océanique. **Ocean Drilling Program (ODP)**: *programme international de forage des fonds océaniques.* **ocean floor**: fond océanique. **ocean-floor spreading**: expansion des fonds océaniques. **ocean navigation**: navigation au long-cours ; navigation hauturière. **ocean thermal energy conversion (OTEC)**: conversion de l'énergie thermique des océans.

oceangoing – long courrier. **oceangoing ship**: navire long-courrier.

oceanic – océanique. **oceanic crust**: croûte océanique. **oceanic ridge**: dorsale océanique, *dorsale médio-océanique, ride médio-océanique.* **oceanic trench**: fossé océanique. **oceanic troposphere**: troposphère océanique, *couche superficielle, relativement chaude, des océans.* **oceanic water**: eau océnique.

oceanite – océanite *f (géol)*.

oceanization – océanisation *f, formation de la croûte océanique.*

oceanography – océanographie *f*.

oceanology – océanologie *f*.

ocellar – ocellaire, *se dit d'une roche magmatique ayant une texture sphéroïdique.* **ocellar texture**: structure ocellaire *(pétro)*.

ocellus – ocelle *m, petite masse globuleuse d'un minéral inclus dans un autre.*

ocher – ocre *f, oxyde pulvérulent généralement impur, utilisé comme pigment.*

ocherous – ocré ; ocreux. **ocherous clay**: argile ocreuse.

ochery – *voir ocherous.*

ochre – *voir ocher.*

OCM – *abrév. de oil-cut mud.*

OCR – ROC, *abrév. de optical character recognition : reconnaissance optique de caractères.*

OCS – *abrév. de outer continental shelf.*

octacosane – octacosane *m*.

octadecane – octadécane *m*.

Octafining – *dénomination commerciale d'un procédé d'isomérisation.*

octagon – octogone *m*.

octagonal – octogonal. **octagonal kelly**: tige d'entraînement octogonale.

octahedral – octaédrique. **octahedral cleavage**: clivage octaédrique *(minér)*. **octahedral plane**: plan octaédrique.

octahedron – octaèdre *m (crist)*.

octal – octal *(math)*.

octane – octane *m, huitième de la série des hydrocarbures paraffiniques saturés.* **octane booster**: composant à haut indice d'octane, *de l'essence moteur.* **octane improver**: additif améliorant l'indice d'octane. **octane mechanical number**: indice d'octane réel, *déterminé sur moteur.* **octane number (ON)**: indice d'octane (IO), *échelle utilisée pour caractériser numériquement les propriétés antidétonantes d'une essence pour moteur ; l'indice représente le pourcentage d'isooctane d'un mélange heptane-normal-isooctane ayant le même comportement que l'essence étudiée ; on peut dire aussi nombre d'octane.* **octane-number improver**: antidétonant *m, additif antidétonant.* **octane-number requirement (ONR)**: exigence en octane. **octane rating**: détermination de l'indice d'octane. **octane rating determination**: définition de l'indice d'octane. **octane requirement**: *voir octane-number requirement.* **octane-requirement increase (ORI)**: augmentation de l'exigence en octane, *d'un moteur rodé.* **octane scale**: échelle des indices d'octane. **octane selector**: commande d'avance à l'allumage, *dont sont parfois munies les automobiles afin de permettre l'emploi d'une essence à faible indice d'octane sans risque de détonation.* **octane value**: *voir octane number.*

octanoic – octanoïque. **octanoic acid**: acide octanoïque, *acide caprylique.*

octanol – octanol *m, alcool octylique.*

octave – octave *m, intervalle entre deux fréquences dont le rapport est égal à deux.*

octene – octène *m, octylène.*

octet – octet *m*.

OCTG – *abrév. de oil country tubular goods.*

octyl – octyle *m, radical monovalent.* **octyl alcohol**: alcool octylique, *octanol.*

octylene – octylène *m, octène.*

octyne – octyne *m*.

ocular – oculaire. **ocular parallax**: parallaxe oculaire. **ocular-partition limit**: limite de séparation oculaire.

OD – *abrév. de outside diameter.*

ODAS – SADO, *abrév. de ocean-data acquisition systems : systèmes d'acquisition de données océaniques.*

odd – bizarre ; dépareillé ; impair.

odograph – odographe *m*.

odometer – compteur kilométrique ; odomètre *m*.

odor – odeur *f, généralement désagréable.* **odor panel**: panel de nez, *étude sensorielle des odeurs de produits ou de polluants.* **odor test**: essai d'odeur, *méthode rudimentaire de détermination du degré de raffinage d'un produit à son odeur.* **odor threshold**: seuil odorant, *la plus petite quantité d'un produit odorant pouvant être détectée par un humain.*

odorant – odorisant *m*.

odorimeter – odorimètre *m*.

odorization – odorisation *f*.

odorizer – odoriseur *m*.

odorizing – odorisation *f*.

odorless – inodore.

odorous – odorant.

odour – *voir odor.*

ODP – *abrév. de Ocean Drilling Program.*

OECD – OCDE, *abrév. de Organization for Economic Cooperation and Development : Organisation de Coopération et de Développement Economique.*

OEDC – *abrév. de oil exporting developing country : pays en voie de développement exportateur de pétrole.*

oedometer – oedomètre *m.*

oedometric – oedométrique.

oersted – oersted *m, unité de champ magnétique.*

OET – *abrév. de one end threaded, fileté à un bout.*

OF – *abrév. de open flow.*

off – fermé ; hors service, *par opposition à on.* **off center**: décalé ; déporté ; désaxé ; excentrique. **off color**: trop sombre, *qualifie en cours de fabrication, des produits pétroliers plus sombres que la normale.* **off duty**: en disponibilité ; hors service ; libre ; non en service. **off-end shooting**: tir en bout. **off gas**: gaz d'échappement ; gaz de dégagement ; gaz résiduels. **off-highway truck**: camion tous terrains. **off-highway vehicle**: véhicule tous terrains, *ses dimensions et son poids lui interdisent parfois de circuler sur les grands axes routiers.* **off peak**: hors pointe. **off-peak tariff**: tarif d'heures creuses ; tarif hors pointe. **off-peak time**: heures creuses. **off production**: hors production, *se dit d'un puits fermé ou temporairement inapte à produire.* **off reef**: avant-récif *m.* **off specs**: horspecs, *abrév. de off specifications.* **off specs products**: *produits pétroliers ne correspondant pas aux spécifications, voir aussi slop.* **off stream**: hors circuit, *se dit d'une installation qui cesse de fonctionner.* **off structure**: hors de la structure. **off-system unit**: unité hors-système. **off-the-road equipment**: matériel tous-terrains. **off-the-shelf goods**: articles standards. **off-the-shelf purchase**: achat direct dans le commerce. **off time**: cadence *f, soudage* ; temps de repos.

offense – délit *m.*

offer – offre *f.*

office – bureau *m* ; office *m* ; service *m.* **office appliances**: matériel de bureau. **office automation**: bureautique *f.* **office hours**: heures d'ouverture, *d'un établissement* ; horaire *m.*

official – officiel. **official acceptance**: agrément *m.* **official goverment selling price (OGSP)**: prix de vente officiel par l'Etat producteur, *pour le pétrole, notion qui se substitue à celle de prix affiché.* **official potential**: potentiel officiel, *d'un puits.*

offlap – recouvrement en retrait ; régression *f* ; retrait *m (sédim), voir aussi onlap* ; unité de progradation, *utilisé pour exprimer la géométrie d'une unité sédimentaire.* **offlap break**: rupture de pente, *d'une surface de stratification.* **offlap mound**: monticule à structure progradante.

offline – autonome ; déporté latéralement ; hors alignement ; hors ligne. **offline processing**: traitement en différé.

offloading – déchargement m. **offloading facilities**: installations de déchargement.

offplot – installations générales et stockage.

offretite – offrétite *f, zéolite calcipotassique.*

offset – compensation *f* ; coude de renvoi ; décalage *m, dans un outil de forage, décalage des axes des cônes par rapport à l'axe de l'outil, permettant un effet d'autonettoyage dû à l'interpénétration des dents ou crêtes des cônes à mesure que l'outil tourne* ; décentrement *m* ; dédommagement *m* ; déport m ; déport horizontal, *en sismique réflexion, désigne la distance horizontale du point d'explosion au point d'impact du rayon réfléchi sur lui-même ; en réfraction, désigne la distance horizontale point d'explosion-point d'impact du rayon limite relatif au marqueur* ; déporté, *placé sur le côté* ; dérive *f, de flotteurs, voir aussi drift* ; désaxage *m* ; désaxé ; distance *f, source-trace* ; distance horizontale des affleurements, *voir normal horizontal separation* ; écart *m, positionnement dynamique* ; offset *m (impression)* ; projection horizontale d'un rayon ; saillie *f.* **offset agreement**: accord compensatoire. **offset clause**: clause de forage de puits limites. **offset cone**: cône à axe divergent, *outil de forage.* **offset continuous profiling**: dispositif offset *(sism).* **offset fold**: pli décalé. **offset frequency**: décalage fréquentiel. **offset migration**: obliquité de la migration *(sism).* **offset oil**: huile pour machines offset, *imprimerie.* **offset royalty**: redevance de puits de limite, *payée par un exploitant de deux concessions adjacentes, au titre d'un puits limite qu'il aurait dû forer, mais qu'il n'a pas foré puisque le puits qu'il possède déjà sur l'autre permis suffisait à drainer l'huile et le gaz en place.* **offset section**: coupe à déport constant. **offset shooting**: tir déporté. **offset shot**: tir déporté. **offset skewness**: dérapage d'un outil. **offset space**: domaine des déports *(sism).* **offset vertical seismic profiling**: profil sismique oblique (PSO), *ensemble de traces obtenues avec réception dans un puits et émission à différentes distances de la gueule de puits.* **offset VSP**: PSO, *abrév. de offset vertical seismic profiling : profil sismique oblique.* **offset well**: puits de limite, *d'un gisement* ; puits de référence. **offset-well covenant**: engagement de puits limite, *pour la protection du drainage dans un permis pétrolier.* **offset zone**: zone limite.

offset (to) – décaler ; décentrer ; désaxer ; excentrer.

offsets – devis de tracé, *architecture navale.*

offsetting – décalage *m.* **offsetting of strata**: décalage des couches, *par faille.*

offshoot – apophyse *f* ; branche *f.*

offshore – hauturier ; au large des côtes ; marin ; en mer ; sous-marin. **offshore bank**: banque offshore, *banque établie à l'étranger et non soumise à la législation nationale.* **offshore bar**: cordon littoral, *barre de sable le long d'une côte exerçant le rôle protecteur d'un briselames.* **offshore cost**: coût de fabrication à l'étranger. **offshore drilling**: forage au large des côtes ; forage en mer ; forage marin ; forage sous-marin. **offshore drilling rig**: appareil de forage en mer. **offshore lease**: concession au large des côtes ; concession marine ; concession sous-marine. **offshore market**: marché hors-frontière. **offshore platform**: plate-forme marine. **offshore platform routing**: routage des plates-formes marines. **offshore reserves**: réserves pétrolières marines. **offshore self-boring pressuremeter**: pressiomètre autoforeur marin (PAM). **offshore shooting**: sismique marine ; tir en mer. **offshore storage**: stockage en mer. **offshore storage-and-treating vessel (OST)**: bâtiment de stockage et de traitement. **offshore structure**: structure marine. **offshore survey**: sismique marine. **offshore technology**: technologie marine. **offshore terminal**: terminal au large. **offshore trough**: sillon d'avant-côte ; sillon prélittoral. **offshore well**: puits marin.

offsites – installations annexes ; installations générales et stockage, *situées en dehors de la zone productive d'une usine.*

offtake – dégagement *m, d'un gaz* ; départ *m* ; prise *f.* **offtake main**: tuyauterie d'aspiration.

OGIP – *abrév. de oil and gas initially in place.*

OGSP – *abrév. de official government selling price : prix officiel de vente par l'Etat producteur.*

OH – *abrév. de open hole.*

ohm – ohm *m, unité de résistance électrique SI, symbole la lettre grecque oméga* (Ω). **ohm meter**: ohm mètre, *unité de résistivité SI.* **ohm second**: ohm seconde, *voir henry.*

ohmmeter – ohmmètre *m, compteur de résistance électrique.*

OHV – *abrév. de overhead valve.*

OIDC – *abrév. de oil importing developing country : pays en voie de développement importateur de pétrole.*

OIH – *abrév. de oil in hole : huile en place.*

oil – huile *f, au sens de pétrole brut, d'huile lubrifiante ou d'huile combustible* ; pétrole *m.* **oil accumulation**: gisement de pétrole. **oil aeration**: teneur en air des huiles ; teneur en mousse des huiles. **oil age**: ère de la motorisation. **oil-and-gas separation**: dégazage du pétrole brut. **oil-and-water separation**: déshuilage de l'eau. **oil barge**: barge pétrolière. **oil-base drilling fluid**: fluide de forage à base d'huile. **oil-base mud**: boue à base d'huile. **oil basin**: bassin pétrolifère. **oil bath**: bain d'huile. **oil-bath filter**: filtre à bain d'huile, *pour l'élimination de particules solides de l'air.* **oil-bath lubrication**: graissage par bain d'huile. **oil bearing**: pétrolifère. **oil-bearing rock**: roche pétrolifère. **oil-bearing sand**: sable pétrolifère. **oil-bearing series**: série pétrolifère. **oil-bearing strata**: gîte pétrolifère. **oil-bearing stratum**: couche pétrolifère. **oil-bearing structure**: structure pétrolifère. **oil bill**: facture pétrolière, *charge nette des importations d'un pays.* **oil blending**: *voir blended lubricating oil.* **oil boom**: barrière de confinement. **oil box**: boîte à huile. **oil brush**: balai graisseur. **oil/bulk carrier**: pétrolier vraquier. **oil/bulk/ore carrier**: pétrolier vraquier minéralier. **oil burner**: brûleur à combustible liquide. **oil-burning lamp**: lampe à pétrole. **oil cake**: tourteau *m.* **oil can**: bidon d'huile ; burette *f.* **oil catcher**: collecteur d'huile ; puisoir *m.* **oil change**: vidange moteur *(véhicules).* **oil chiller**: séparateur d'huile par congélation. **oil circuit-breaker**: disjoncteur dans l'huile. **oil cloth**: toile cirée. **oil coke**: coke de pétrole. **oil column**: hauteur d'huile, *hauteur imprégnée par l'huile, dans un gisement.* **oil company**: compagnie pétrolière ; société pétrolière. **oil concession**: concession pétrolière. **oil control ring**: segment racleur d'huile. **oil cooler**: réfrigérant à l'huile ; réfrigérant d'huile. **oil country tubular goods (OCTG)**: matériel tubulaire pétrolier, *tiges de forage, tubages et tube de production.* **oil cup**: coupelle à huile ; godet graisseur. **oil-cut mud**: boue contaminée par l'huile. **oil-dehydrating plant**: unité de déshydratation de l'huile. **oil dehydrator**: déshydrateur d'huile. **oil deposit**: gisement de pétrole. **oil dilution**: dilution de l'huile. **oil-dilution test**: essai de dilution des huiles, *par l'essence.* **oil dipper**: cuiller d'huile, *ou cuillère d'huile, de tête de bielle* ; cuiller de projection d'huile ; mentonnet lubrificateur ; plongeur *m.* **oil discovery**: découverte de pétrole. **oil dispersant**: dispersant *m.* **oil-drain valve**: robinet de purge d'huile ; robinet de vidange d'huile. **oil drive**: déplacement du pétrole. **oil drop**: coagulation en goutte, *mise en oeuvre de catalyseurs.* **oil duct**: canalisation d'huile. **oil emulsion**: émulsion d'huile. **oil engine**: moteur à huile lourde. **oil exploration**: exploration pétrolière. **oil extractor**: extracteur d'huile. **oil exudation**: exsudation de pétrole. **oil fabric**: toile huilée. **oil feed**: alimentation en huile. **oil field**: champ de pétrole, *ensemble de gisements (voir pool) reliés à une seule entité géologique, structurale et stratigraphique ; un champ peut être constitué par un seul gisement : les deux termes sont alors équivalents.* **oilfield development**: exploitation d'un champ de pétrole. **oilfield equipment**: matériel de chantier de forage. **oilfield modeling**: modélisation de champs de pétrole. **oilfield separator**: séparateur d'huile. **oil film**: couche mince d'huile ; film d'huile ; pellicule lubrifiante. **oil filter**: filtre à huile. **oil fired**: chauffé au mazout ; chauffé au pétrole. **oil-fired furnace**: four chauffé au mazout. **oil firing**: chauffe au mazout. **oil flask**: burette *f* ; canette *f, de prélèvements.* **oil flotation**: flottation à l'huile. **oil foaming**: moussage de l'huile. **oil-fog lubrication**: graissage par brouillard d'huile. **oil fuel**: huile combustible. **oil fumes**: vapeurs d'huile ; vapeurs sulfureuses. **oil gage**: jauge d'huile. **oil gallery**: canalisation à huile. **oil/gas separator**: séparateur huile/gaz. **oil geology**: géologie du pétrole. **oil grade**: qualité d'huile. **oil groove**: gorge de graissage ; rainure de graissage, *en pattes d'araignée sur un coussinet de palier pour en faciliter la lubrification.* **oil guard**: déflecteur *m* ; paregouttes *m.* **oil harbor**: port pétrolier. **oil hardened**: trempé à l'huile. **oil hardening**: trempe à l'huile. **oil heater**: réchauffeur à huile ; réchauffeur d'huile. **oil heating**: chauffage au fuel-oil ; réchauffage de l'huile. **oil-heating unit**: réchauffeur d'huile. **oil holder**: bidon à huile. **oil hole**: lumière de graissage ; trou de graissage ; trou graisseur. **oil horizon**: horizon pétrolifère ; niveau pétrolifère. **oil immersion**: immersion dans l'huile. **oil-immersion objective**: objectif à immersion d'huile. **oil impregnated**: imprégné d'huile. **oil in place (OIP)**: huile en place, *dans un gisement pétrolier* ; pétrole en place. **oil-in-water emulsion**: émulsion huile dans l'eau, *émulsion directe.* **oil independence**: indépendance pétrolière. **oil indication**: indice de pétrole. **oil-injectivity-profile logging**: profil radioactif de la capacité d'injection, *d'un puits en production.* **oil injector**: injecteur d'huile. **oil inlet**: entrée d'huile. **oil insoluble**: insoluble dans l'huile. **oil interceptor**: séparateur d'huile. **oil jack**: vérin à huile. **oil lagging**: garnissage à huile. **oil lamp**: lampe à huile. **oil land**: région pétrolière. **oil layer**: nappe pétrolifère. **oil lease**: concession pétrolière. **oil lens**: lentille de sable de pétrole. **oil level**: niveau d'huile. **oil-level gage**: indicateur de niveau d'huile. **oil line**: canalisation d'huile ; canalisation pétrolière. **oil mea-**

sures: couches pétrolifères. **oil meter**: compteur à huile ; compteur d'huile. **oil mine**: gisement de pétrole exploité par mine. **oil mining**: exploitation du pétrole par méthode minière. **oil-mist lubrication**: graissage par brouillard. **oil mop**: serpillière *f.* **oil nozzle**: gicleur d'huile. **oil occurrence**: manifestation de pétrole ; présence de pétrole. **oil of turpentine**: huile de térébentine. **oil oxidation stabilizer**: additif antioxydant. **oil pan**: carter à huile ; cuve à huile. **oil pipe**: tuyauterie d'huile. **oil pipeline**: oléoduc *m.* **oil pit**: fosse à huile. **oil polish**: huile pour polissage. **oil pool**: gisement de pétrole. **oil port**: port pétrolier. **oil possibility**: possibilité pétrolière. **oil press**: presse à huile. **oil pressure**: pression d'huile. **oil-pressure gage**: indicateur de pression d'huile ; manomètre à huile. **oil-pressure regulator**: régulateur de pression d'huile. **oil-producing formation**: formation productrice de pétrole. **oil production**: production de pétrole. **oil-property valuation**: évaluation économique des terrains pétrolifères. **oil prospecting**: prospection pétrolière ; recherche pétrolière. **oil province**: province pétrolière. **oil pump**: pompe à huile. **oil-pump screen**: filtre de pompe à huile. **oil quenched**: trempé à l'huile, *refroidi brusquement à l'huile.* **oil quenching**: trempe à l'huile. **oil reclaiming by centrifuging**: régénération des huiles par centrifugation. **oil reclaiming by filtration**: régénération des huiles par filtration. **oil reclaiming by gravity**: régénération des huiles par décantation. **oil-recovery vessel**: navire dépollueur. **oil refinery**: raffinerie de pétrole. **oil refining**: raffinage du pétrole. **oil regeneration**: régénération de l'huile. **oil region**: région pétrolière. **oil reserves**: réserves pétrolières. **oil-reservoir rock**: roche réservoir pétrolifère. **oil retainer cup**: cuvette d'étanchéité d'huile. **oil-retention boom**: barrière de confinement *(pol).* **oil return**: retour d'huile. **oil rights**: droits d'extraction du pétrole. **oil rim**: auréole d'huile, *accumulation d'huile surmontée d'un important chapeau de gaz se présente en élévation comme un anneau.* **oil ring**: anneau graisseur ; bague de graissage ; segment racleur. **oil rock**: roche pétrolifère. **oil royalty**: redevance pétrolière. **oil run**: production d'huile durant une période donnée. **oil sampler**: canette *f.* **oil sand**: sable asphaltique. **oil saturated**: imprégné d'huile. **oil saturation**: saturation en huile. **oil saver**: racleur d'huile. **oil scoop**: cuiller *f*; écope *f*; récupérateur d'huile. **oil screen**: filtre à huile. **oil scrubbing**: épuration de l'huile. **oil seal**: garniture d'étanchéité à l'huile ; joint d'huile, *bague à lèvre.* **oil seepage**: indice d'huile ; suintement de pétrole. **oil separation**: séparation d'huile. **oil separator**: déshuileur *m* ; séparateur d'huile. **oil shale**: schiste bitumineux, *roche sédimentaire très riche en matières organiques (kérogène) et susceptible de donner des hydrocarbures par pyrolyse* ; schiste kérobitumineux. **oil shock**: choc pétrolier. **oil show**: indice de pétrole. **oil showings**: indices d'huile, *traces d'huile qu'on observe sur un affleurement.* **oil-sinking materials**: matériaux de coulage. **oil slick**: nappe de pétrole, *pollution de l'eau.* **oil-slick sinking**: coulage des nappes de pétrole. **oil solubles**: produits solubles dans l'huile. **oil spill**: déversement de pétrole. **oil-spill containment**: confinement des déversements. **oil-spill containment system**: système de confinement des déversements. **oil-spot test**: essai à la tache d'huile. **oil spray**: pulvérisation d'huile. **oil-spray lubrication**: lubrification par pulvérisation d'huile. **oil spring**: source de pétrole. **oil stained**: imprégné de pétrole. **oil/steam ratio (OSR)**: rapport huile/vapeur, *rapport de l'huile produite à la quantité de vapeur injectée dans la formation.* **oil-still tube**: tube de four de raffinerie. **oil stone**: pierre à huile, *à aiguiser.* **oil storage**: stockage des produits pétroliers. **oil-storage facilities**: installations de stockage de pétrole. **oil strainer**: filtre métallique à huile. **oil string**: colonne de production. **oil stripping**: dégazolinage de l'huile. **oil structure**: structure pétrolière. **oil sump**: carter d'huile. **oil-sump gage**: jauge de carter. **oil-supply nozzle**: tuyère d'injection d'huile. **oil switch**: interrupteur dans l'huile. **oil tackle**: patte d'araignée, *voir oil track.* **oil tanker**: pétrolier *m.* **oil tanning**: tannage à l'huile. **oil tar**: goudron de pétrole. **oil taxation**: fiscalité pétrolière. **oil terminal**: terminal pétrolier. **oil thermal lubricator**: graisseur thermique, *basé sur l'utilisation de la pression de l'air chauffé par paliers pour vaporiser le lubrifiant.* **oil tight**: étanche à l'huile. **oil trace**: trace de pétrole. **oil track**: patte d'araignée, *rainure sur la surface intérieure d'un coussinet pour l'acheminement du lubrifiant.* **oil trap**: piège pétrolifère. **oil-treated steel**: acier trempé à l'huile. **oil up**: *voir oil drop.* **oil vapor**: vapeur de pétrole, *obtenue par chauffage de la coupe dans le vaporisateur.* **oil vaporizer**: vaporisateur d'huile. **oil vessel**: réservoir de lampe à huile. **oil visor**: regard de graissage. **oil water**: eau de gisement. **oil-water contact**: contact huile-eau ; surface de contact huile-eau. **oil-water interface**: plan de séparation eau-huile. **oil-water level**: niveau eau-huile d'un gisement. **oil/water ratio**: proportion huile/eau, *rapport de la quantité d'eau à la quantité d'huile produites simultanément.* **oil/water separator**: séparateur huile/eau. **oil-water surface**: surface de séparation eau-huile. **oil wedge**: coin d'huile, *dans la lubrification hydrodynamique, établissement d'un gradient de pression dû à un fluide s'écoulant à travers un canal à parois convergentes.* **oil well**: *voir oilwell.* **oil wet**: imprégné d'huile ; mouillable à l'huile ; mouillé par l'huile. **oil wharf**: appontement pétrolier. **oil whip, oil whipping**: fouettement du film d'huile, *dans un palier, par exemple.* **oil wick**: mèche à huile. **oil window**: fenêtre à huile, *localisation verticale d'une zone correspondant à la phase de maturité à huile, c'est-à-dire à la formation de l'huile dans les roches mères. Elle est d'autant plus profonde et plus étendue verticalement que le gradient géothermique est plus faible.* **oil wiper**: segment racleur. **oil yielding**: pétrolifère. **oil zone**: zone pétrolière.

oil (to) – graisser ; huiler.

oildom – région pétrolière.

oiled – graissé ; huilé. **oiled bird**: oiseau mazouté, *oiseau englué de pétrole.* **oiled leather**: cuir chamoisé.

oiler – graisseur *m, terme générique désignant un ensemble de dispositifs de lubrification manuels, semi ou entièrement automatiques* ; na-

vire chauffé au mazout ; pétrolier *m* ; puits productif.
oilfield – *voir oil field.*
oiliness – onctuosité *f.* **oiliness additive**: additif d'onctuosité.
oiling – ensimage *m, textile* ; graissage *m* ; huilage *m* ; lubrification *f* ; mazoutage *m, lors d'une marée noire, dépôt d'une émulsion visqueuse de pétrole sur les eaux et les rivages qui frappe la faune et enduit le plumage des oiseaux.*
oilless – sans huile. **oilless bearing**: palier sans graissage.
oilman – pétrolier *m.*
oilometer – oléomètre *m, voir aussi oleometer.*
oilwell – puits de pétrole. **oilwell appliances**: matériel pour puits de pétrole. **oilwell cement**: ciment pour puits. **oilwell cementing**: cimentation d'un puits de pétrole. **oilwell drilling**: forage d'un puits de pétrole. **oilwell gas**: gaz de pétrole.
oily – huileux ; oléagineux. **oily steam condensate**: condensat d'eau huileuse.
ointment – onguent *m.* **ointment oil**: *voir medicinal oil.*
OIP – *abrév. de oil in place : huile en place.*
old – vieux. **old age**: vieillesse *f, stade d'érosion ; vieillesse d'un cours d'eau.* **old-age stage**: *voir senility.* **old bay ice**: vieille glace côtière, *glace formée depuis plus d'un an, unie, sur laquelle se sont accumulées les couches de neige.* **old ice**: vieille glace, *glace de mer ayant survécu à au moins une fonte d'été.* **Old Red Sandstone (ORS)**: Vieux-grès-rouges *m, ensemble de conglomérats à teinte dominante rouge déposés au cours du Dévonien.* **old volcanic rock**: roche paléovolcanique.
oldland – massif ancien.
oleaginous – oléagineux ; onctueux, *ayant les propriétés de l'huile.*
oleate – oléate *m, sels issus de l'action de l'acide oléique sur les divers métaux.*
olefiant – oléfiant. **olefiant gas**: gaz oléfiant, *nom donné autrefois à l'éthylène.*
olefin – oléfine *f, alcène, hydrocarbure non saturé ayant une ou plusieurs doubles liaisons.* **olefin copolymer**: copolymère oléfinique. **olefin oligomer**: oligomère oléfinique, *les oligomères oléfiniques sont largement utilisés comme lubrifiants automobiles.* **olefin resin**: résine oléfinique. **Olefin Siv**: *dénomination d'un procédé utilisant des tamis moléculaires pour obtenir du butène de haute pureté.*
olefinic – oléfinique. **olefinic hydrocarbon**: hydrocarbure oléfinique, *ils sont nettement plus réactifs que les paraffines ou les naphtènes et se combinent aisément avec l'hydrogène, le chlore et le brome ou entre eux.*
Oleflex – *dénomination commerciale d'un procédé de déshydrogénation.*
oleic – oléique, *se rapportant à, extrait de, ou présent dans l'huile.* **oleic acid**: acide oléique.
olein – oléine *f, combinaison d'acide oléique et de glycérine.*
oleo – oléomargarine *f.* **oleo oil**: huile de suif. **oleo strut**: amortisseur oléopneumatique.
oleometer – oléomètre *m, aéromètre pour huile.*
oleophilic – oléophile, *qui absorbe facilement l'huile.*
oleophobic – oléophobe.
oleoresin – oléorésine *f, huile de résine.*
oleum – acide sulfurique fumant ; oleum *m, nom latin de l'huile.*
olfaction – olfaction *f.*
Oligocene – Oligocène *m, époque du Tertiaire inférieur.*
oligoclase – oligoclase *m, feldspath sodi-calcique, plagioclase.*
oligomer – oligomère *m.*
oligomerization – oligomérisation *f.*
oligopoly – oligopole *m (écon).*
oligotrophic – oligotrophe. **oligotrophic peat**: tourbe oligotrophe, *tourbe acide.*
olistolith – olistolite *m (pétro).*
olistostrome – olistostrome *m, dépôt sédimentaire marin désordonné, dû à un glissement intraformationnel.*
olive – olive *f.* **olive oil**: huile d'olive.
olivine – olivine *f (minér).* **olivine basalt**: basalte à olivine. **olivine rock**: dunite *f* ; roche à olivine.
OM – MO, *abrév. de organic matter, matière organique.*
OMC – *abrév. de oxidized microcrystalline : microcristallin oxydé.* **OMC wax**: cire microcristalline oxydée.
Omega – Oméga, *système de navigation.*
omegatron – omégatron *m, spectromètre de masse.*
omission – omission *f.* **omission error**: omission *f.* **omission factor**: facteur d'oubli. **omission of beds**: suppression de couches. **omission surface**: hiatus *m, surface de non dépôt extrêmement faible, associée à une discontinuité entre les différents cortèges sédimentaires.*
omnidirectional – omnidirectionnel. **omnidirectional antenna**: antenne omnidirectionnelle. **omnidirectonal light**: feu d'horizon.
on – exploité ; ouvert, *voir aussi off.* **on board**: embarqué. **on-off**: marche-arrêt ; tout ou rien. **on-off control**: réglage par tout ou rien. **on-off controller**: régulateur par tout ou rien. **on-off keying**: manipulation par tout ou rien *(commun).* **on-off valve**: vanne d'arrêt. **on plane**: normal au clivage *(géol).* **on-the-spot cost**: prix sur le tas. **on time**: temps d'ouverture.
ON – IO, *abrév. de octane number : indice d'octane.*
once – une fois. **once through**: direct, *se dit d'un procédé en continu ne comportant aucun recyclage* ; sans recyclage. **once-through conversion**: conversion directe. **once-through distillate**: distillat de distillation directe. **once-through lubrication**: graissage à l'huile perdue.
oncogenic – oncogène, *cancérigène.*
oncoid – oncoïde *m, concrétion calcaire ovoïde.*
oncolite – oncolite *m, concrétion calcaire plus ou moins sphérique.*
one – un. **one-atmosphere chamber**: enceinte à pression atmosphérique *(prod).* **one dimensional**: unidimensionnel. **one-dimensional flow**: écoulement unidimensionnel. **one-dimensional lattice**: réseau linéaire *(crist).* **one-lung engine**: moteur à un seul cylindre. **one-of-a-kind problem**: problème isolé. **one-piece axle**: arbre plein. **one-pole switch**: interrupteur unipolaire. **one's comple-**

ment: complément à un. **one-shot process**: procédé par un seul coup. **one-sided function**: fonction causale ; fonction unilatérale. **one sigma**: écart type, *d'une distribution de Rayleigh*. **one-stage cementing**: cimentation à un étage. **one to one**: biunivoque. **one way**: antiretour. **one-way clutch**: embrayage à roue libre. **one-way time (OWT)**: temps simple (TS), *moitié du temps double que l'on observerait pour un capteur à déport nul (sism)*. **one-way wave equation**: équation d'onde pour propagation unidirectionnelle.

ongoing – en cours. **ongoing research**: recherche en cours.

onlap – biseau d'aggradation, *rapport géométrique entre strates initialement horizontales se terminant contre une surface inclinée, ou entre des strates initialement inclinées contre une surface initialement plus inclinée* ; contrebiseau *m*, *extension d'une formation au-delà des limites de la formation sous-jacente* ; recouvrement en avancée ; transgression *f*. **onlapping fill**: remplissage turbiditique *(géol)*.

onlap (to) – déborder.

online – en ligne. **online-display unit**: console de visualisation interactive. **online mode**: mode conversationnel ; mode interactif. **online offset**: déport en ligne.

ONR – *abrév. de octane-number requirement.*

onset – arrivée *f (sism)* ; commencement *m* ; impétus *m*.

onshore – à terre ; terrestre. **onshore well**: puits à terre ; puits terrestre.

onsites – sur le chantier, *qualifie les installations situées à l'intérieur des limites géographiques usuelles d'une unité opérationnelle* ; à pied d'oeuvre.

onstream – en fonctionnement, *production, raffinerie, etc* ; en marche ; en service. **onstream analysis**: analyse en circuit continu. **onstream capacity**: capacité installée. **onstream inspection**: contrôle en service, *à l'aide de méthodes non destructives telles que rayons X*. **onstream time**: période de marche effective, *d'une unité*.

ontogenesis – *voir ontogeny.*

ontogeny – ontogénie *f*, *processus intervenant dans le développement ou la mise en place des comportements d'un organisme.*

OOIP – *abrév. de original oil in place.*

oolite – calcaire oolithique ; oolite *f*, *anciennement utilisé pour couche de calcaire oolitique.*

oolith – oolite *f*, *ou oolithe, petite concrétion sphérique de la taille d'un oeuf de poisson, formée de couches concentriques autour d'un noyau.*

oolitic – oolitique, *oolithique*. **oolitic limestone**: calcaire oolitique. **oolitic structure**: structure oolitique. **oolitic texture**: texture oolitique.

oomicrite – oomicrite *f*, *calcaire oolitique.*

oosparite – oosparite *f*, *calcaire oolitique contenant au moins 25 % d'oolites.*

oosparrudite – oosparrudite *f*, *calcaire oolitique.*

ooze – boue *f* ; sédiment vaseux ; vase *f*.

ooze (to) – filtrer ; sourdre ; suinter.

oozing – suintant.

opacifier – opacifiant *m*, *servant à donner au verre son opacité.*

opacity – opacité *f*.

opal – opale *f*. **opal glass**: verre opale. **opal oil**: distillat lourd de pétrole.

opalescence – opalescence *f*, *reflet d'une huile lubrifiante renfermant de la cire visible à l'oeil nu.*

opaque – opaque.

OPEC – OPEP, *abrév. de Organization of Petroleum Exporting Countries : Organisation des Pays Exportateurs de Pétrole.*

open – libre ; ouvert. **open access**: libre accès, *obligation d'accès pour le compte de tiers, implique un accès et un péage non discriminatoires pour les parties désignées*. **open air**: plein air. **open anticline**: anticlinal ouvert. **open cavity**: cavité ouverte. **open-center valve**: vanne à ouverture centrale. **open chain**: chaîne ouverte *(chim)*. **open-chain compound**: composé non cyclique, *composé à chaîne ouverte*. **open-chain hydrocarbon**: hydrocarbure à chaîne ouverte. **open-chamber exploder**: canon à gaz à chambre ouverte. **open circuit**: circuit ouvert. **open-circuit voltage**: tension en circuit ouvert. **open cup**: creuset ouvert ; vase ouvert. **open-cup tester**: appareil d'essai à vase ouvert. **open cut**: carrière *f* ; exploitation à ciel ouvert. **open drift ice**: pack lâche. **open end**: extrémité de tube dépourvu de filetage. **open-end valve**: robinet de bout de ligne. **open-end wrench**: clé plate. **open-ended drillpipe**: tige nue. **open fault**: faille ouverte. **open flow**: éruption libre. **open-flow capacity**: débit à ouverture totale, *du gaz* ; débit en écoulement naturel, *du gaz*. **open-flow potential**: débit maximal d'un puits ; potentiel maximal d'un puits, *de gaz*. **open-flow-potential diagram**: diagramme de capacité de production. **open-flow pressure**: pression de gisement en écoulement naturel *(for)*. **open-flow test**: essai à plein débit, *d'un puits* ; mesure à sondage ouvert, *se dit d'une mesure de débit, toutes vannes ouvertes*. **open fold**: pli ouvert. **open fracture**: fracture ouverte. **open-gash fracture**: fissure d'extension. **open-graded aggregate**: agrégat grossier très poreux. **open-head drum**: fût à ouverture totale. **open-hearth furnace**: four Martin, *four de fusion à sole pour l'affinage de la fonte*. **open hole**: sondage non tubé, *partie non tubée d'un puits* ; trou en découvert *(for)* ; trou non tubé *(for)* ; trou ouvert, *sans tubage ou sans tiges de forages ou de production*. **open-hole completion**: complétion en découvert ; complétion non tubée. **open-hole logging**: diagraphie de puits ouvert. **open-hole packer**: packer de formation plein diamètre *(for)* ; packer de terrain, *packer cylindrique (for)* ; packer pour trou ouvert en plein diamètre *(for)*. **open-hole perforator**: perforateur de puits non tubé. **open-hole section**: découvert *m*, *partie non tubée d'un puits*. **open-light lighting**: éclairage à feu nu. **open loop**: boucle ouverte, *régulation*. **open-loop control**: commande en chaîne ouverte. **open-loop control system**: système de commande en boucle ouverte. **open-loop gain**: gain en circuit ouvert. **open pack ice**: pack lâche, *champ de glace composé de floes généralement dispersés, présentant de nombreux chenaux et flaques ; la navigation y est relativement facile*. **open pit**: mine à ciel ouvert. **open-pit coal mining**: exploitation de charbon à ciel ouvert. **open policy**:

police tiers chargeur, *assurance.* **open premises**: locaux publics. **open pressure**: pression d'écoulement, *pression indiquée par un manomètre dans le courant de gaz ou de pétrole en jaillissement.* **open quarry**: carrière à ciel ouvert. **open registry**: libre immatriculation, *d'un navire.* **open sand**: sable bien perméable, *grès propice à l'accumulation du pétrole* ; sable ouvert ; sable poreux. **open sand casting**: moulage à découvert *(métal)*. **open sea**: mer libre ; mer ouverte. **open storage**: stockage à ciel ouvert, *dans des réservoirs.* **open structure**: structure ouverte. **open tubular column**: *voir capillary column.* **open water**: eau libre, *zone d'eau libre relativement étendue dans une mer encombrée de glace.*

open (to) – ouvrir.

opening – échancrure *f*; espace vide ; fouille *f*; inauguration *f*; orifice *m* ; ouverture *f*; travail préparatoire. **opening hole**: élargissage *m.* **opening ratio**: rapport d'ouverture, *entre la pression de la formation et la pression nécessaire pour ouvrir le bloc obturateur de puits.* **opening time**: temps d'ouverture, *mâchoires d'obturateurs.*

operability – opérabilité *f.*

operand – opérande *m.*

operate (to) – actionner. **operate (to) a crew**: faire fonctionner une équipe.

operating – en fonctionnement ; manoeuvre *f*; en marche. **operating account**: compte d'exploitation. **operating agreement**: accord d'opération, *passé entre des propriétaires concurrents, ou entre les parties d'un accord de mise en commun, fixant les obligations de l'opérateur désigné* ; accord en association. **operating budget**: budget d'exploitation. **operating charges**: dépenses d'exploitation. **operating condition**: condition de marche ; condition opératoire. **operating costs**: coûts opératoires, *coûts (de personnel, de consommables, etc.) nécessaires au bon fonctionnement des opérations* ; frais d'exploitation ; frais opératoires. **operating deficit**: déficit d'exploitation. **operating efficiency**: rendement effectif, *d'une unité.* **operating engineer**: ingénieur d'exploitation, *opposé à de recherche.* **operating expenses**: *voir operating costs.* **operating income**: revenu d'exploitation. **operating instructions**: notice de fonctionnement. **operating interest**: droit d'exploitation d'un gisement, *voir aussi working interest.* **operating lever**: levier de manoeuvre. **operating line**: courbe opérationnelle. **operating loss**: perte d'exploitation. **operating plan**: plan opératoire, *paramètres de fonctionnement et de rendement d'une unité de raffinage* ; projet d'exploitation. **operating position**: position de travail. **operating pressure**: pression d'exploitation ; pression normale, *ou de service* ; pression opératoire, *de fonctionnement, de marche.* **operating profit**: bénéfice fiscal, *bénéfice avant impôts sur les bénéfices.* **operating provisions**: provisions d'exploitation. **operating range**: domaine de fonctionnement. **operating ratio**: coefficient d'exploitation. **operating revenue**: recettes d'exploitation, *produit de l'activité de l'entreprise (chiffre d'affaires)*. **operating staff**: personnel exécutant. **operating subsidy**: subvention d'exploitation. **operating system (OS)**: système d'exploitation. **operating temperature**: température de fonctionnement ; température normale, *ou de service.* **operating time**: campagne *f* ; roulement *m* ; temps de fonctionnement. **operating trouble**: incident opératoire ; perturbation de fonctionnement. **operating variable**: variable de fonctionnement. **operating voltage**: tension de service.

operation – exploitation *f*; fonctionnement *m* ; marche *f*; opération *f*; service *m.* **operation costs**: frais d'exploitation. **operation ratio**: coefficient d'exploitation.

operational – opérationnel. **operational amplifier**: amplificateur opérationnel. **operational calculus**: calcul operationnel. **operational error**: erreur opératoire. **operational flowsheet**: schéma de fonctionnement ; schéma opératoire. **operational maintenance**: entretien opérationnel. **operational research, operations research**: recherche opérationnelle. **operational time**: durée de fonctionnement ; temps de l'opération.

operative – en vigueur, opératoire. **operative conditions**: conditions opératoires.

operator – exploitant *m* ; opérateur *m.* **operator length**: longueur d'opérateur. **operator on duty**: agent de quart, *salle de commande.* **operator's handbook, operator's manual**: manuel d'utilisation.

OPG-velocity – *abrév. de optimum practical gas velocity : vitesse pratique optimale du gaz.*

ophicalcite – ophicalcite *f, roche contenant de la calcite et de la serpentine.*

ophiolite – ophiolite *f, ensemble de roches basiques et ultrabasiques.* **ophiolitic suite**: cortège ophiolitique, *association de roches constituée de sédiments, de laves et l'ophiolites.*

ophite – ophite *f, variété de dolérite.*

OPOL – OPOL, *abrév. de Offshore Pollution Liability Agreement, accord entre les divers membres de l'UK Offshore Operators' Association pour garantir les paiements compensatoires pour toute pollution causée par un déversement pétrolier provoqué par un des membres.*

opportunity – occasion *f.* **opportunity cost**: coût d'opportunité.

opposed – opposé. **opposed-cylinder compressor**: compresseur à cylindres opposés. **opposed-piston engine**: moteur à pistons opposés. **opposed pistons**: pistons opposés.

Opseis – Opseis, *dénomination commerciale d'un système d'acquisition de données.*

optalic – optalique. **optalic metamorphism**: métamorphisme optalique, *métamorphisme caustique, cuisson.*

optic – optique. **optic angle**: angle optique. **optic axis**: axe optique *(minér)*. **optic condenser**: condenseur optique. **optic-fiber imagery**: imagerie à fibres optiques. **optic sign**: signe optique *(minér)*.

optical – optique. **optical aberration**: aberration optique. **optical activity**: activité optique. **optical anisotropy**: anisotropie optique. **optical anomaly**: anomalie optique. **optical axis**: axe optique. **optical bench**: banc d'optique. **optical center**: centre optique. **optical character**: caractère optique ; signe optique, *positif ou négatif des minéraux.* **optical character recognition (OCR)**: reconnaissance optique des caractères (ROC). **optical contact**: contact optique. **optical convergence**: convergence binoculaire. **optical correlation**: corrélation optique. **optical crystal**: cristal optique. **optical density**: densité optique ; densité photographique. **optical-digital disk**: disque optique numérique (DON). **optical disk**: disque optique. **optical dispersion**: dispersion optique. **optical exaltation**: exaltation optique. **optical fiber**: fibre optique. **optical-fiber cable**: câble à fibre optique. **optical fiber sensor**: capteur à fibres optiques. **optical filter**: filtre optique. **optical filtering**: filtrage optique. **optical holography**: holographie optique. **optical image**: image optique. **optical isomerism**: isomérie optique. **optical lens**: lentille optique. **optical lever**: levier optique. **optically-pumped magnetometer**: magnétomètre à pompage optique. **optical path**: chemin optique. **optical polarization**: polarisation optique. **optical property**: propriété optique. **optical pumping**: pompage optique. **optical pyrometer**: pyromètre optique. **optical rotation**: polarisation rotatoire optique. **optical spectrum**: spectre optique. **optical square**: équerre optique. **optical thickness**: épaisseur optique. **optical transition**: transition optique. **optical wedge**: coin optique.

optics – optique *f.*

optimization – optimisation *f, recherche d'un choix de paramètres qui donne satisfaction à un certain critère.*

optimized – optimisé. **optimized filter**: filtre à haute résolution *(élec)*.

optimum – optimal ; optimum *m*. **optimum feed point**: point optimal d'alimentation. **optimum filter**: filtre optimal. **optimum practical gas velocity**: vitesse pratique optimale du gaz. **optimum rate of flow**: taux de production optimale, *voir aussi maximum efficient rate.* **optimum separation point**: point optimal de séparation, *récupération de l'essence naturelle* ; taux de reflux optimal, *marche la plus rentable au point de vue pureté et quantité de produit et économie de la distillation.* **optimum sweep efficiency**: drainage optimum *(prod)*. **optimum wideband**: bande large optimale.

option – option *f.*

optional – facultatif.

optoelectronics – optoélectronique *f.*

OR – OU. **OR gate**: mélangeur *m* ; porte OU *(élec)*.

orbicular – orbiculaire *(pétro)*. **orbicular diorite**: diorite orbiculaire, *corsite, napoléonite.*

orbicule – orbicule *m, boule sphérique dans les roches magmatiques dont les constituants forment des couches concentriques.*

orbit – orbite *f.* **orbit-shift coil**: enroulement déflecteur d'orbite.

orbital – orbital ; orbitale *f, distribution spatiale d'un électron dans un atome ou des électrons de liaison dans une molécule.* **orbital angular momentum**: moment cinétique orbital. **orbital inclination**: inclinaison de l'orbite. **orbital parameter**: paramètre de l'orbite ; paramètre orbital. **orbital period**: période orbitale.

orbiter – orbiteur *m.*

orbitoid – orbitoïde *f, foraminifère.*

orbitolinid – orbitoline *f, foraminifère.*

orchard – verger *m.* **orchard-heating oil**: huile de chauffage pour les vergers, *voir aussi smudge oil.*

order – bon *m* ; commande *f, de marchandises* ; décret *m* ; ordre *m, en taxinomie, catégorie qui se situe entre la famille et la classe.* **order book**: carnet de commandes. **order form**: bon de commande. **order of crystallization**: ordre de cristallisation. **order of magnitude**: ordre de grandeur. **order of reaction**: ordre de réaction ; ordre réactionnel. **order of reflection**: ordre de réflexion. **order of superposition**: ordre de superposition.

order (to) – commander ; passer commande de.

ordinary – ordinaire. **ordinary law**: droit commun. **ordinary ray**: rayon ordinaire *(opt)*. **ordinary risk**: risque ordinaire. **ordinary wave**: onde ordinaire.

ordinate – ordonnée *f.*

ordnance – artillerie *f.* **ordnance survey map**: carte d'état-major ; plan cadastral, *voir aussi map.*

Ordovician – Ordovicien *m, période du Paléozoïque.*

ore – minerai *m.* **ore assay**: analyse quantitative des minerais. **ore bearing**: métallifère ; minéralisé. **ore bed**: couche de minerai. **ore beneficiation**: enrichissement des minerais. **ore breaking**: abattage de minerai ; concassage de minerai. **ore bunker**: soute à minerai. **ore carrier**: minéralier *m, navire.* **ore channel**: fissure métallifère profonde. **ore concentrate**: concentré de minerai. **ore deposit**: gisement métallifère ; gîte métallifère. **ore dressing**: préparation mécanique des minerais ; traitement des minerais. **ore horizon**: niveau minéralisé. **ore leaching**: lixiviation des minerais. **ore mine**: mine métallique. **ore mineral**: minéral métallique. **ore mining**: exploitation de minerai ; exploitation des mines métalliques. **ore/oil carrier**: pétrolier minéralier *m.* **ore pipe**: cheminée de minerai. **ore placer**: placer de minerai. **ore pocket**: poche de minerai. **ore separator**: séparateur de minerai. **ore vein**: filon métallifère.

orebody – corps minéralisé.

organic – organique. **organic acid**: acide organique. **organic acidity**: acidité organique. **organic base**: base organique. **organic chemistry**: chimie organique. **organic compound**: composé organique. **organic deposit**: dépôt organique. **organic diagenesis**: diagenèse organique. **organic geochemistry**: géochimie organique. **organic grease**: graisse organique. **organic matter**: matière organique. **organic moderator**: modérateur organique, *de réacteur nucléaire à base d'hydrocarbures.* **organic origin**: origine organique. **organic promoter**: promoteur organique. **organic radical**: radical organique. **organic reef**: récif organique. **organic-rich sediment**: sédiment riche en matière organique. **organic rock**: roche organogène. **organic salt**: sel organique. **organic slime**: boue organique ; vase putride *(sédim)*. **organic solvent**: solvant organique. **organic sulfur**: soufre organique. **organic synthesis**: synthèse organique. **organic theory**: théorie organique, *de l'origine du pétrole.* **organic waste**: déchets organiques.

organism – organisme *m.*

organization – organisation *f.* **organization chart**: organigramme *m.*

organogenic – organogène. **organogenic-rock formation**: formation de roches organogènes.

organogenous – organogène. **organogenous sediment**: sédiment organogène.
organometallic – organométallique. **organometallic compound**: organométallique *m, composé organique comprenant au moins une liaison carbone-métal.*
organophilic – organophile, *se dit des associations qui accompagnent la matière organique.*
ORI – *abrév. de octane-requirement increase : augmentation de l'exigence en octane.*
orient (to) – orienter.
orientable – orientable. **orientable steering**: direction orientable *(auto).*
orientation – orientation *f*; position *f, dans un cycle.*
oriented – orienté. **oriented coring**: carottage orienté.
orienting – orientation *f.* **orienting bent sub**: raccord coudé d'orientation. **orienting clamp**: collier d'orientation. **orienting sub**: raccord d'orientation *(for).* **orienting tool**: outil d'orientation *(for).*
orifice – injecteur *m* ; orifice *m.* **orifice flange**: bride à orifice. **orifice meter**: compteur à orifice calibré ; débitmètre à diaphragme ; débitmètre à plaque. **orifice plate**: diaphragme *m* ; plaque à orifice. **orifice well tester**: tester calibré pour essai de production.
origin – origine *f.* **origin of hydrocarbons**: genèse des hydrocarbures. **origin rock**: roche d'origine. **origin time**: heure initiale.
original – original. **original band**: bande spectrale primaire. **original dip**: pendage original. **original mineral**: minéral original ; minéral primaire. **original oil in place (OOIP)**: huile en place ; pétrole initial en place, *estimation du pétrole brut en place dans une roche réservoir avant toute production.* **original order**: superposition d'origine *(géol).* **original pressure**: pression vierge, *d'un gisement.* **original pulse**: impulsion de départ *(sism).* **original saturation pressure**: pression de saturation initiale. **original solution**: solution primitive. **original stratification**: stratification primaire.
Orimulsion – Orimulsion *f, dénomination d'une émulsion formée d'un mélange de bitume de l'Orénoque et d'eau, issue d'un procédé permettant de rendre fluide des bruts très lourds et utilisée comme combustible.*
orlop – faux pont. **orlop deck**: *voir orlop.*
orogene – *voir orogenic belt.*
orogenetic – *voir orogenic.*
orogenic – orogénique. **orogenic belt**: ceinture orogénique ; ceinture plissée *(géol)* ; orogène *m, système montagneux* ; zone orogénique. **orogenic cycle**: cycle orogénique, *intervalle de temps qui voit se former puis se détruire une chaîne de montagnes.* **orogenic facies**: faciès orogénique. **orogenic movement**: mouvement orogénique. **orogenic period**: période orogénétique. **orogenic phase**: phase orogénique. **orogenic sediment**: sédiment orogénique. **orogenic unconformity**: discordance orogénique.
orogeny – orogenèse *f, tout mouvement conduisant à la formation des reliefs.*
orogeosyncline – orogéosynclinal *m.*
orographic – orographique.
orography – orographie *f, étude et description des formes du relief.*
orohydrographic – orohydrographique. **orohydrographic map**: carte orohydrographique.
orology – *voir orography.*
orpiment – orpiment *m, sulfure d'arsenic.*
Orsat – Orsat. **Orsat analyzer**: appareil d'Orsat, *pour l'analyse des gaz de combustion.*
ortstein – ortstein *m, horizon d'accumulation ferrugineuse ou humique, qui caractérise des sols très acides.*
orthicon – orthicon *m, tube à photoémission.*
ortho- – ortho-, *préfixe indiquant pour une roche métamorphique que la roche originelle était magmatique ; en chimie, indique les substitutions en 1-2 sur les noyaux benzéniques et naphténiques ; indique pour un minéral qu'il cristallise dans le système orthorhombique.* **ortho position**: position ortho.
orthoacid – orthoacide *m.*
orthoceratite – orthocère *m (pal).*
orthochem – orthochème *m, nom générique dans la classification des roches carbonatées de la nature du ciment.*
orthochromatic – orthochromatique.
orthoclase – orthoclase *m, orthose pur.*
orthoclastic – orthoclastique.
orthodolomite – *voir primary dolomite.*
orthodrome – orthodromie *f (navig).*
Orthoflow – *dénomination d'un procédé de craquage catalytique sur catalyseur à lit fixe.*
orthogenesis – orthogenèse *f, mode d'évolution de générations d'organismes en droite ligne, par degrés successifs.*
orthogeosyncline – orthogéosynclinal *m, géosynclinal au sens strict.*
orthogonal – orthogonal ; perpendiculaire. **orthogonal crystal**: cristal orthogonal.
orthonormal – orthonormé, *ou orthonormal.* **orthonormal vectors**: vecteurs orthonormés *(math).*
orthophosphate – orthophosphate *m.*
orthophosphoric – orthophosphorique. **orthophosphoric acid**: acide orthophosphorique, *acide phosphorique.*
orthophotography – orthophotographie *f, obtenue par redressement, mise à l'échelle et assemblage de photographies aériennes.*
orthophotomap – carte orthophotographique ; orthophotocarte *f.*
orthophotomosaic – orthophotoplan *m.*
orthophotoprojector – orthophotoprojecteur *m.*
orthophyric – orthophyrique. **orthophyric rock**: roche orthophyrique.
orthopinacoid – orthopinacoïde *m (crist).*
orthopyroxene – orthopyroxène *m.*
orthoquartzite – orthoquartzite *m, quartzite sédimentaire.*
orthorhombic – orthorhombique. **orthorhombic lattice**: réseau orthorhombique *(crist).* **orthorhombic system**: système orthorhombique *(crist).*
orthoscopic – orthoscopique. **orthoscopic viewing**: observation orthoscopique.
orthose – orthose *m, feldspath potassique.*
orthosilicate – orthosilicate *m.*
orthostereoscopy – orthostéréoscopie *f.*
orthotropic – orthotrope, *résistance des matériaux.* **orthotropic deck**: dalle orthotrope, *d'un tablier d'un pont.*

orthoxylene – orthoxylène *m*, *voir xylene*. **orthoxylene column**: colonne de fractionnement d'orthoxylène.

OS – *abrév. de oil sand et de operating system.*

oscillate (to) – osciller.

oscillating – oscillant. **oscillating conveyor**: transporteur à secousses. **oscillating field**: champ oscillant, *propagation des ondes*. **oscillating platform**: plate-forme articulée ; plate-forme oscillante. **oscillating screen**: crible à secousses ; crible oscillant.

oscillation – oscillation *f*. **oscillation lubricator**: graisseur à oscillation. **oscillation magnetometer**: magnétomètre à oscillation. **oscillation ripple**: ride d'oscillation. **oscillation ripple mark**: ride d'oscillation *(géol)*.

oscillator – oscillateur *m (élec)*. **oscillator weight**: masselotte de l'oscillateur, *(for)*.

oscillatory – oscillatatoire. **oscillatory instability**: instabilité oscillatoire, *d'un véhicule*. **oscillatory reaction**: réaction oscillatoire. **oscillatory waves**: houle oscillatoire.

oscillograph – oscillographe *m*.

oscillometric – oscillométrique. **oscillometric titration**: conductimétrie à haute fréquence.

oscillometry – oscillométrie *f*.

oscilloscope – oscilloscope *m*.

OSHA – *abrév. de Occupational Safety and Health Administration.*

OSI – *abrév. de onstream inspection - ISO, abrév. de open systems interconnection : interconnexion des systèmes ouverts, désigne un ensemble de normes permettant la communication entre les systèmes.*

osmium – osmium *m*, *symbole chim. Os.*

osmolality – osmolalité *f*, *concentration s'exprimant par kilogramme de solvent.*

osmolarity – osmolarité *f*, *concentration s'exprimant en litres de solvent.*

osmole – osmole *f*, *mesure de pression osmotique.*

osmometer – osmomètre *m*.

osmometry – osmométrie *f*.

osmosis – osmose *f*.

osmotic – osmotique. **osmotic gradient**: *voir osmotic pressure*. **osmotic pressure**: pression osmotique.

OSO – *abrév. de Offshore Supplies Office.*

OSR – *abrév. de oil/steam ratio.*

osseous – osseux. **osseous breccia**: brèche à ossements.

osteonecrosis – ostéonécrose *f*.

ostracod – ostracode *m (pal)*.

OST-vessel – *abrév. de offshore storage and treating vessel.*

Ostwald – Ostwald. **Ostwald dilution law**: loi de dilution d'Ostwald, *degré de dissociation d'un électrolyte*. **Ostwald viscometer**: viscosimètre d'Ostwald.

OTC – *abrév. de Offshore Technology Conference.*

OTEC – *abrév. de ocean thermal energy conversion.*

Othmer – *dénomination d'un appareil de distillation azéotropique.*

Otto – Otto. **Otto cycle**: cycle d'Otto, *pour moteurs à essence à quatre temps*. **Otto engine**: moteur Otto.

ounce – once *f*, *once avoirdupois, 1 oz = 28,350 g.* **apothecaries' ounce**: once d'apothicaire, *1 oz ap = 31,103 g.* **troy ounce**: once troy, *égale à l'once d'apothicaire.*

out – hors. **out of balance**: déséquilibré. **out of condition**: en mauvais état. **out of gear**: débrayé. **out of phase**: déphasé ; en quadrature. **out of print**: épuisé, *tirage*. **out of round**: ovalisation *f*, *défaut de circularité*. **out-of-trueness of cylinder block**: ovalisation des cylindres. **out of use**: hors de service.

outage – coupure *f* ; coupure de courant ; interruption *f* ; jaugeage par le creux, *mesure de la distance comprise entre la surface du liquide dans un réservoir et le point de jaugeage en haut du réservoir*. **outage gage**: hauteur de creux, *hauteur entre le plan de référence et la surface libre de liquide dans un réservoir de stockage.*

outboard – hors bord. **outboard bearing**: palier en porte à faux. **outboard motor**: moteur hors-bord.

outbuildings – dépendances d'un bâtiment.

outcrop – affleurement *m*, *partie visible en surface d'un terrain géologique* ; pointement *m*, *saillie rocheuse*. **outcrop bending**: phénomène de fauchage, *des têtes de couches*. **outcrop curvature**: fauchage *m*. **outcrop line**: ligne d'affleurement. **outcrop of a seam**: pointement d'une couche. **outcrop spring**: source d'affleurement.

outcropping – affleurement *m*.

outdoor – extérieur. **outdoor temperature**: température extérieure.

outer – extérieur ; externe. **outer barrel**: tube extérieur. **outer bearing**: palier auxiliaire. **outer bend splay sands**: sables de débordement, *sables associés aux complexes chenaux-levées turbiditiques des cônes sous-marins de talus*. **outer continental shelf (OCS)**: zone externe du plateau continental, *zone du plateau continental appartenant à l'Etat fédéral et située au-delà des eaux territoriales dont le sous-sol est attribué aux Etats particuliers*. **outer core barrel**: tube carottier extérieur. **outer dead center**: point mort extérieur. **outer harbor**: avant-port *m*. **outer mantle**: *voir upper mantle*. **outer port**: avant-port *m*. **outer product**: produit vectoriel. **outer space**: espace interplanétaire.

outfall – dégorgement *m* ; issue *f* ; sortie *f*.

outfit – équipement *m* ; outillage *m*.

outfit (to) – équiper.

outflow – déversement *m* ; écoulement *m* ; exutoire *m* ; flux *m*.

outgoing – sortie *f*. **outgoing panel**: panneau de départ.

outgoings – débours *m* ; dépenses obligatoires.

outgush (to) – épancher ; jeter dehors ; répandre.

outlet – débouché *m* ; décharge *f* ; échappement *m* ; embouchure *f* ; exutoire *m*, *d'une nappe d'eau* ; orifice *m* ; refoulement *m* ; sortie *f*. **outlet cam**: came d'échappement. **outlet port**: orifice d'échappement, *de certains pistons racleurs*. **outlet pressure**: pression de sortie, *d'échappement*. **outlet relief valve**: clapet de décharge. **outlet tube**: tube de sortie, *de dégagement*. **outlet valve**: clapet de décharge ; soupape d'échappement ; soupape d'évacuation, *ou de refoulement.*

outlier – avant-butte *f (géol)* ; butte-témoin *(géol)* ; témoin *m (géol)*.
outline – aperçu *m* ; principe général. **outline map**: plan schématique. **outline of method**: généralités sur la méthode.
outlying – écarté. **outlying point**: point aberrant ; point isolé.
outpost – avant-poste *m*. **outpost extension well**: puits d'extension. **outpost well**: puits de développement.
output – débit *m* ; extraction *f*; production *f*; rendement *m* ; résultat *m* ; sortie *f*. **output circuit**: circuit de refoulement, *fluide de forage*. **output curve**: courbe de charge, *d'une canalisation* ; courbe de puissance, *(méc)* ; courbe de rendement, *pour une installation*. **output-decline curve**: courbe de déclin de la production. **output-energy filter**: filtre à maximisation d'énergie *(sism)*. **output file**: fichier de sortie. **output impedance**: impédance de sortie. **output power**: puissance débitée ; puissance restituée. **output shaft**: arbre mené. **output signal**: signal de sortie ; signal de sortie. **output tape**: bande de sortie. **output voltage**: tension de sortie. **output well**: puits producteur, *par opposition à input well : puits d'injection*.
outshoot – saillie *f*.
outside – extérieur. **outside caliper**: compas d'épaisseur ; compas d'extérieur. **outside diameter (OD)**: diamètre extérieur. **outside money**: monnaie externe. **outside pipe cutter**: coupe-tige extérieur. **outside plating**: bordé extérieur ; doublage *m*. **outside pressure**: pression extérieure. **outside price**: prix maximal. **outside screw-and-yoke valve**: vanne à arcade et tige à vis extérieure.
outskirts – banlieue *f*; bord *m* ; limite *f*.
outturn – résultat *m*. **outturn report**: bordereau de débarquement.
outward – extérieur. **outward manifest**: manifeste de sortie.
outwash – depôt glaciaire. **outwash plain**: plaine alluviale proglaciaire ; plaine de lavage.
oval – ovale. **oval socket**: cloche de repêchage ovale.
oven – four *m* ; fourneau *m*. **oven battery**: batterie de fours. **oven chamber**: chambre de four. **oven gas**: gaz de cokerie ; gaz de four. **oven sole**: fond du creuset ; sole de four *(métal)*. **oven wall**: mur de four.
overacidify (to) – suracidifier, *mettre de l'acide en excès*.
overage – suranné ; surplus *m*.
overall – global. **overall dimensions**: cotes d'encombrement. **overall efficiency**: rendement global ; rendement industriel. **overall external dimension**: dimension d'encombrement. **overall height**: hauteur totale. **overall length**: longueur hors tout ; longueur totale. **overall measurements**: dimensions hors tout. **overall weighted wage index**: indice global pondéré des salaires. **overall width**: largeur hors tout.
overalls – bleu-de-travail *m*.
overannealing – recuit excessif *(métal)*.
overbank – *voir overbank deposits*. **overbank deposits**: dépôts de débordement, *sédiments généralement fins déposés par suspension à partir du courant débordant qui ne peut pas être complètement contenu dans le chenal*.
overbased – surbasé *(chim)*.
overblowing – sursoufflage *m (métal)*.
overblown – sursoufflé. **overblown steel**: acier brûlé.
overbraking – surfreinage *m*.
overbreak – surbattage *m (mine)*.
overburden – couverture *f (géol)* ; morts-terrains *m* ; roche de recouvrement ; stérile *m (mine)* ; terrains de couverture. **overburden load**: charge de couverture. **overburden pressure**: pression de couverture ; pression géostatique. **overburden strata**: morts-terrains *m*.
overcapacity – surcapacité *f*.
overcharge (to) – surcharger.
overcompaction – surcompactage *m*.
overconsolidation – surconsolidation *f (géol)*.
overcrowded – surpeuplé.
overcuring – survulcanisation *f (phys)*.
overcurrent – surintensité *f*. **overcurrent relay**: relais de surintensité.
overdamping – suramortissement *m*.
overdeepening – surcreusement *m (géomorph)*.
overdesigned – surdimensionné.
overdetermined – surdéterminé.
overdrive – surmultiplicateur *m* ; surmultiplication *f*.
overestimate (to) – surestimer.
overexploitation – surexploitation *f*.
overfall – déversoir *m* ; digue à déversoir.
overflash – excès de vapeur, *dans la charge*.
overflight – survol *m*.
overflow – débordement *m* ; dépassement de capacité, *informatique* ; dépassement de mémoire ; déversoir *m* ; trop-plein *m*. **overflow current**: courant de décharge. **overflow dam**: barrage déversoir. **overflow pipe**: tuyau de trop-plein. **overflow spring**: source de trop-plein. **overflow valve**: soupape de trop-plein.
overflowing – débordement *m*.
overflush – bouchon de queue, *fluide sans sable injecté dans la formation après le fluide transportant le sable, ou solution acide à faible concentration injectée après une stimulation à l'acide*.
overfold – pli déversé *(géol)*.
overfolding – recouvrement *m (géol)*.
overgage – surdimensionné. **overgage hole**: trou cavé, *dont le diamètre est plus grand que le diamètre de l'outil avec lequel il a été foré*.
overgrinding – broyage excessif.
overhang – porte-à-faux *m* ; surplomb *m*.
overhanging – en porte-à-faux ; en surplomb. **overhanging side**: paroi surplombante.
overhaul – dépose *f*, *du moteur* ; révision *f*.
overhaul (to) – remettre en état ; réviser.
overhead – aérien ; distillat de tête ; frais généraux. **overhead cable**: câble aérien. **overhead camshaft**: arbre à cames en tête. **overhead charges**: frais généraux. **overhead clearance**: tirant d'air, *hauteur libre*. **overhead coil**: serpentin plafonnier. **overhead conveyor**: transporteur aérien. **overhead cost**: frais généraux. **overhead crane**: pont roulant. **overhead crossing**: canalisation aérienne. **overhead drum**: tambour de condensation, *en tête de colonne de distillation*. **overhead earth wire**: câble de garde, *paratonnerre*. **overhead endless rope**: câble flottant. **overhead line**: ligne aérienne. **overhead power line**: ligne électrique aérienne.

overhead product: distillat de tête. **overhead projector**: retroprojecteur *m*. **overhead railway**: chemin de fer aérien. **overhead temperature**: température du distillat de tête. **overhead traveling crane**: pont roulant. **overhead valve (OHV)**: soupape en tête. **overhead vapors**: vapeurs de tête *(distil)*.

overheads – produits de tête de distillation.

overheat (to) – surchauffer.

overheated – surchauffé. **overheated steam**: vapeur surchauffée. **overheated steel**: acier surchauffé.

overheating – échauffement anormal ; surchauffage *m* ; surchauffe *f*.

overinvestment – surinvestissement *m*.

overland – par voie de terre.

overlap – bavure *f*, *soudage* ; chevauchement *m* ; croisement *m*, *de soupapes* ; débordement des couches *(géol)* ; recouvrement *m*, *des courbes de distillation de produits successifs dû à la mauvaise qualité du fonctionnement initial*. **overlap fault**: faille de chevauchement, *entraînant un redoublement des couches*. **overlap of distillation curves**: chevauchement des courbes de distillation *(raf)*. **overlap welding**: soudage par recouvrement, *ou à recouvrement*.

overlapping – chevauchement *m* ; mixage *m*, *de traces sur le terrain (sism)* ; recouvrement *m*. **overlapping distillation curves**: courbes de distillation chevauchantes. **overlapping folds**: plis en échelons. **overlapping series**: série chevauchante. **overlappping nappe**: nappe chevauchante.

overlay – calque *m* ; recouvrement *m*, *informatique* ; transparent *m*.

overlay (to) – recouvrir.

overlift – surplus de brut enlevé, *en dépassement des droits dans un accord en participation*.

overload – surcharge *f*. **overload and undervoltage**: maximum d'intensité et minimum de tension. **overload capacity**: capacité de surcharge. **overload clutch**: limiteur de couple à friction. **overload relay**: relais à maximum d'intensité.

overloaded – surchargé. **overloaded stream**: cours d'eau surchargé.

overlook (to) – négliger ; omettre ; surveiller.

overlying – sus-jacent. **overlying bed**: couverture *f (géol)*. **overlying rock**: roche sus-jacente, *roche qui s'étend au-dessus d'une autre*. **overlying stratum**: couche sus-jacente.

overmigration – surmigration *f (sism)*.

overpopulated – surpeuplé.

overpressure – surpression *f*. **overpressure valve**: soupape de sûreté ; soupape de surpression.

overpressured – surcomprimé ; en surpression.

overpricing – surfacturation *f*.

overprint – surimpression *f*.

overproduction – surproduction *f*.

overrefined – surraffiné.

overrelaxation – surrelaxation *f*. **overrelaxation technique**: technique de surrelaxation.

overrich – trop rich. **overrich mixture**: mélange trop riche, *moteur*.

overriding – prépondérant ; primordial. **overriding royalty**: redevance complémentaire, *fraction du revenu brut revenant au titulaire du droit minier dès qu'il y a production* ; redevance dérogatoire.

overrun – dépassement *m (écon)*.

overrun (to) – déborder ; dépasser.

overrunning – envahissant. **overrunning clutch**: roue libre.

oversaturation – sursaturation *f*.

overseas – outre-mer. **overseas allowance**: indemnité d'expatriation.

oversee (to) – surveiller.

overshoot – amplitude au-dessus du seuil d'écrêtage ; dépassement *m*.

overshoot (to) – tirer trop court ou trop long *(sism)*.

overshot – cloche de repêchage à coins ; souricière à tige. **overshot guide**: cloche guide ; sabot de cloche de repêchage. **overshot guide shoe**: sabot-guide de la cloche de repêchage.

oversize – réalésé ; refus d'un crible, *partie restant dans le crible après le criblage* ; suralésé, *cylindre* ; surépaisseur *f*.

oversized – surdimensionné.

overspeed – survitesse *f*. **overspeed governor**: régulateur de sécurité, *mécanisme d'arrêt en cas de survitesse*. **overspeed preventer**: limiteur de vitesse. **overspeed trip**: déclencheur de survitesse, *mécanisme de déclenchement*.

oversteering – survirage *m*, *d'un véhicule*.

overstep – formation transgressive, *recouvrant des séries tronquées par l'érosion*. **overstep sequence**: propagation contraire, *d'un chevauchement*.

overstrain – tension excessive.

overstressing – surcharge *f (métal)*.

oversupply – offre excédentaire.

overtake (to) – atteindre ; dépasser ; doubler ; rattraper.

overthrust – charriage *m (géol)* ; chevauchement *m*, *(géol)*. **overthrust belt**: ceinture de chevauchement, *grande ligne de contact anormal des formations fortement plissées du Montana à l'Arizona*. **overthrust block**: bloc charrié *(géol)* ; masse charriée *(géol)*. **overthrust fault**: faille de chevauchement ; plan de charriage. **overthrust fold**: pli-faille couché. **overthrust line**: ligne de chevauchement. **overthrust mass**: masse charriée *(géol)*. **overthrust nappe**: nappe de chevauchement ; nappe de couverture *(géol)*. **overthrust plane**: surface de charriage. **overthrust sheet**: nappe de couverture *(géol)*.

overtight – bloqué ; trop serré ; survissé.

overtilted – renversé *(géol)*.

overtime – heures supplémentaires.

overtonging – vissage exagéré aux clés *(for)*.

overtreating – excès de traitement ; traitement trop poussé.

overturn (to) – basculer ; culbuter ; renverser.

overturned – renversé. **overturned anticline**: anticlinal déversé. **overturned fold**: pli déversé *(géol)*. **overturned folding**: stratification oblique déversée.

overturning – capotage *m*, *d'un véhicule* ; chavirage *m*, *ou chavirement*. **overturning moment**: forces de renversement ; moment de renversement.

overvoltage – surtension *f*.

overweight – surcharge *f*.

ownership – droit de propriété ; origine du capital, *d'une société* ; possession *f*.

OWT – TS, *abrév. de one-way time, temps simple.*
oxalate – oxalate *m.*
oxalic – oxalique. **oxalic acid**: acide oxalique.
oxamide – oxamide *m.*
oxazole – oxazole *m.*
oxbow – bras-mort, *d'un cours d'eau.* **oxbow lake**: lac croissant, *méandre recoupé formant lac.*
Oxfordian – Oxfordien *m, Jurassique supérieur.*
oxidable – oxydable.
oxidant – oxydant *m.*
oxidation – oxydation *f.* **oxidation bomb**: bombe pour l'essai d'oxydation. **oxidation cell**: éprouvette d'oxydation. **oxidation characteristics**: caractéristiques d'oxydation. **oxidation inhibitor**: additif antioxydant ; inhibiteur d'oxydation. **oxidation level**: degré d'oxydation. **oxidation number**: indice d'oxydation. **oxidation oven**: four d'oxydation *(essai).* **oxidation pond**: lagunage *m.* **oxidation potential**: potentiel d'oxydation. **oxidation reduction**: oxydoréduction *f.* **oxidation-reduction indicator**: indicateur d'oxydoréduction. **oxidation-reduction potential**: potentiel d'oxydoréduction. **oxidation stability**: résistance à l'oxydation ; stabilité à l'oxydation, *des produits pétroliers.* **oxidation stability test**: essai de stabilité à l'oxydation, *pour déterminer les gommes potentielles des essences.* **oxidation test**: essai d'oxydation. **oxidation value**: indice d'oxydation.
oxide – oxyde *m.* **oxide mineral**: oxyde *(minéral).*
oxidizability – oxydabilité *f.*
oxidizable – oxydable.
oxidized – oxydé. **oxidized asphalt**: bitume oxydé, *ou soufflé à l'air, voir air-blown asphalt.* **oxidized microcrystalline wax**: paraffine microcristalline oxydée. **oxidized zone**: zone oxydée.
oxidizer – comburant *m* ; oxydant *m.*
oxidizing – oxydant, *d'oxydation.* **oxidizing agent**: agent d'oxydation ; oxydant *m.* **oxidizing atmosphere**: atmosphère oxydante. **oxidizing environment**: milieu oxydant. **oxidizing flame**: flamme oxydante. **oxidizing fusion**: fusion oxydante. **oxidizing melting**: fusion oxydante. **oxidizing slag**: scorie oxydante.
oxidoreductase – oxydoréductase *f.*
oximation – oximation *f.*
Oxo – Oxo, *dénomination d'un procédé de production d'aldéhydes et d'alcools par réaction de gaz de synthèse CO et H_2 sur un hydrocarbure.*
oxosynthesis – oxosynthèse *f, production de composés oxygénés aliphatiques à partir d'oléfines et de gaz de synthèse.*
oxyacetylene – oxyacétylène *m.* **oxyacetylene blowpipe**: chalumeau oxyacétylénique. **oxyacetylene burner**: brûleur oxyacétylénique. **oxyacetylene cutting**: découpage au chalumeau. **oxyacetylene torch**: chalumeau oxyacétylénique. **oxyacetylene welding**: soudage autogène ; soudure oxyacétylénique.
oxyalkylation – oxyalkylation *f.*
oxyamination – ammoxydation *f, voir ammoxidation.*
oxycarbonylation – oxycarbonylation *f.*
oxycellulose – oxycellulose *f.*
oxychloride – oxychlorure *m.*
oxychlorination – oxychloration *f.*
oxycyanation – cyanoxydation *f.*
oxygen – oxygène *m, symbole chim. O.* **oxygen absorption test**: essai d'absorption de l'oxygène. **oxygen bottle**: ballon d'oxygène. **oxygen consumed (OC)**: oxygène consommé. **oxygen cutting**: oxycoupage *m.* **oxygen cylinder**: bouteille d'oxygène ; tube à oxygène. **oxygen isotopic stratigraphy**: stratigraphie oxygène, *basée sur le rapport des isotopes d'oxygène présents dans l'eau de mer.* **oxygen mask**: masque à oxygène. **oxygen poisoning**: empoisonnement à l'oxygène. **oxygen scavenger**: désoxygénant *m.* **oxygen welding**: soudage autogène.
oxygenate (to) – oxygéner.
oxygenated – oxygéné, *oxydé.* **oxygenated fuels**: carburants oxygénés, *éthers et alcools.* **oxygenated oil**: huile oxydée.
oxygenous – oxygéné.
oxyhalogenation – oxyhalogénation *f.*
oxyhydrogen – oxyhydrique. **oxyhydrogen flame**: flamme oxyhydrique. **oxyhydrogen torch**: chalumeau oxhydrique. **oxyhydrogen welding**: soudage oxhydrique.
oxylith – oxylithe *f, mélange de peroxydes de sodium et de potassium ; source d'oxygène en soudage.*
oxyluminescence – *voir chemiluminescence.*
oxysulfide – oxysulfure *m.*
oxytrichloride – oxytrichlorure *m.*
ozocerite – ozocérite *f, cire fossile.*
ozone – ozone *m.* **ozone hole**: trou d'ozone, *trou dans la couche d'ozone.* **ozone layer**: couche d'ozone.
ozonide – ozonide *m (chim).*
ozonization – ozonisation *f, ozonation.*
ozonolysis – ozonolyse *f.*
ozonosphere – ozonosphère *f, couche d'ozone.*

P

p – p, *symbole de pico.*
P – P, *symbole de peta et de poise.*
Pa – Pa, *symbole de pascal.*
pace – vitesse *f (méc)* ; allure *f*; pas *m.*
pachnolite – pachnolite *f (géol).*
pachymeter – pachomètre *m, pour mesurer l'épaisseur de films et feuilles.*
Pacific – pacifique. **Pacific suite**: série pacifique *(pétro).*
pack – bourrage *m* ; garniture *f*; paquet *m.* **pack carburizing**: cémentation en caisse. **pack ice**: banquise *f*; pack *m.*
pack (to) – bourrer ; emballer ; empaqueter ; tasser.
package – emballage *m* ; empaquetage *m* ; lot *m* ; paquetage *m* ; progiciel *m, ensemble de programmes de traitement utilisés solidairement.* **package deal**: contrat global.
packaging – conditionnement *m.*
packed – conditionné ; à garnissage ; tassé. **packed bed**: lit à garnissage *(chim).* **packed column**: colonne à garnissage, *les phases sont en contact dans toute la colonne pour être séparées seulement avant de quitter l'appareil* ; colonne garnie. **packed fracture**: soutènement par bourrage de la fracture. **packed hole assembly**: garniture de fond très rigide. **packed oil**: huile conditionnée. **packed pendulum assembly**: garniture de fond pendulaire. **packed tower**: tour à garnissage ; tour garnie *(raf).*
packer – garniture d'étanchéité ; packer *m (for)* ; presse-étoupe *m.* **packer fluid**: fluide de packer. **packer mud**: boue de complétion.
packet – paquet *m.*
packing – anneau de remplissage *(raf)* ; bourrage *m* ; compactage *m* ; emballage *m* ; garnissage *m (raf)* ; garniture *f*; pétrofabrique *f (géol)* ; tassement *m*; texture *f, de la matrice (géol).* **packing assembly**: bride d'étanchéité. **packing bolt**: boulon de serrage. **packing bolt of the stuffing box**: boulon fileté de presse-étoupe. **packing box**: presse-étoupe *m.* **packing density**: compacité *f (sédim)* ; densité d'enregistrement, *de l'information sur support de stockage* ; densité de matrice ; densité de remplissage *(catal).* **packing fraction**: coefficient de tassement ; facteur de tassement. **packing gasket**: tresse de garniture. **packing gland**: boîte à garniture. **packing helix**: hélice de garnissage, *garnissage pour colonne.* **packing list**: bordereau de colisage. **packing nut**: vis de presse-étoupe. **packing of the stuffing box**: garniture du presse-étoupe. **packing puller**: extracteur de chemise. **packing ring**: bague métallique ; garniture d'étanchéité du presse-étoupe. **packing tower**: tour de contact, *pour le contrôle et l'élimination de pollutions gazeuses par différents matériaux de contact.*
packoff – dispositif d'étanchéité *(for).* **packoff assembly**: dispositif de régulation de débit, *dans un puits.* **packoff nipple**: manchon d'étanchéité.
packstone – *roche carbonatée dont la texture sédimentaire se compose de grains jointifs.*
pact – pacte *m.*
pad – cale de support ; patin *m* ; tampon *m.* **pad lubricator**: dispositif de graissage par tampon ; tampon graisseur.
PAD – PAD, *abrév. de packet assembler disassembler, dispositif permettant d'assembler les caractères des données en paquets et à désassembler des paquets en caractères de données.*
padded – rembourré.
padding – matelas *m, calorifugeage* ; matelassage *m* ; rembourrage *m* ; remplissage *m.* **padding machine**: machine de rembourrage, *des sols rocailleux (pipeline).* **padding of ditch**: rembourrage de la fouille.
paddle – ailette *f*; écumeur *m.* **paddle agitator**: agitateur à palettes. **paddle stirrer**: agitateur à palettes. **paddle wheel**: roue à aubes.
paedomorphism – pédomorphose *f*; néoténie *f (biol).*
page (to) – paginer. **page (to) back**: changer d'origine, *diagramme.*
paging – mise en page ; pagination *f, informatique.*
PAH – HAP, *abrév. de polynuclear aromatic hydrocarbon, hydrocarbure aromatique polynucléaire (ou polycyclique)* ; *ou* PNA, *polynucléaire aromatique.*
pahoehoe – pahoehoe *m, coulée de lave lisse.*
paid-up – versé. **paid-up royalty**: redevance *f, somme payée globalement au détenteur d'une licence, généralement en fonction de la capacité installée.*
pail – seau *m.*
paint – peinture *f.* **paint oil**: huile de peinture. **paint pot**: source de boue bouillonnante *(géol).* **paint remover**: décapant pour peinture ; solvant pour peinture. **paint spraying**: peinture au pistolet. **paint thinner**: diluant pour peinture.
pair – couple *m* ; paire *f.* **pair production**: création de paires *(phys).*
paired – apparié. **paired cylinders**: cylindres couplés. **paired wells**: doublet de puits.
PAL – *abrév. de pipe-analysis log.*

palaeo – *voir paleo.*
palagonite – palagonite *f, verre basaltique.*
Palatinian – *voir Pfalzian.*
pale oil – huile pâle, *huile de base de faible viscosité pour lubrifiants.*
paleobiocoenosis – paléobiocénose *f, ensemble des fossiles dans leur biotope.*
paleobiology – paléobiologie *f.*
paleobotany – paléobotanique *f*; paléontologie végétale.
Paleocene – Paléocène *m, époque du Tertiaire.*
paleochemistry – paléochimie *f.*
paleoclimatology – paléoclimatologie *f.*
paleocurrent – paléocourant *m.*
paleoecology – paléoécologie *f.*
paleoenvironment – paléoenvironnement *m.*
Paleogene – Paléogène *m, intervalle de temps comprenant l'Oligocène, l'Eocène et le Paléocène.*
paleogeographic – paléogéographique. **paleogeographic map**: carte paléogéographique.
paleogeography – paléogéographie *f.*
paleogeologic – paléogéologique. **paleogeologic map**: carte paléogéologique.
paleogeology – paléogéologie *f.*
paleokarst – paléokarst *m.*
Paleolithic – Paléolithique *m, la plus ancienne des périodes préhistoriques.*
paleomagnetism – paléomagnétisme *m.*
paleomorphous – paléomorphe.
paleontology – paléontologie *f.*
paleopalynology – paléopalynologie *f.*
paleoplain – paléoplaine *f.*
paleosalinity – paléosalinité *f.*
paleosection – paléocoupe *f (sism).*
paleosol – paléosol *m.*
paleosome – paléosome *m, fraction relique, du matériel originel d'un minéral ou d'une roche, peu ou pas transformée, voir aussi neosome.*
paleotectonic – paléotectonique. **paleotectonic map**: carte paléotectonique.
paleotemperature – paléotempérature *f.*
paleotopographic – paléotopographique. **paleotopographic map**: carte paléotopographique.
paleovolcanic – paléovolcanique. **paleovolcanic rock**: roche paléovolcanique, *terme général appliqué aux roches aphanitiques et porphyriques.*
paleowaterdepth – profondeur d'eau de dépôt.
Paleozoic – Paléozoïque *m, Primaire ou ère primaire.*
palette – palette *f, de couleur.*
palimpsest – résiduel, *s'applique à un relief qui est témoin d'une ancienne morphologie en grande partie détruite par une érosion ultérieure, ou à des roches ou des formations dont les matériaux restés sur place procèdent de l'altération de roches préexistantes.*
palingenesis – palingenèse *f, formation d'un nouveau magma par fusion de roches magmatiques préexistantes.*
palinspastic – palinspastique, *concernant la restitution de caractéristiques géographiques d'origine.* **palinspastic map**: carte palinspastique. **palinspastic section**: coupe palinspastique ; coupe rétrotectonique.
Pall – Pall. **Pall ring**: anneau Pall, *garnissage de colonne (raf).*
palladium – palladium *m, symbole chim. Pd.* **palladium chloride**: chlorure de palladium. **palladium oxide**: oxyde de palladium.
pallasite – pallasite *f (géol).*
pallet – palette *f, plate-forme de manutention*; porte instruments.
palletization – palettisation *f, mise sur palettes du matériel ou des produits.*
pallograph – pallographe *m, appareil mécanique utilisé pour étudier le comportement dynamique des tubes prolongateurs pour forage en mers profondes.*
palm – palme *f*; palmier *m.* **palm butter**: *voir palm oil.* **palm-nut oil**: huile de palmiste. **palm oil**: huile de palme.
palmitate – palmitate *m, sel ou ester de l'acide palmitique.*
palmitic – palmitique. **palmitic acid**: acide palmitique.
palmitin – palmitine *f, tripalmitine, tripalmitate de glycérol.*
paludal – paludéen ; palustre.
palustrine – palustre, *se dit d'un milieu marécageux.*
palygorskite – palygorskite *f, aluminosilicate complexe, synonyme d'attapulgite.*
palynofacies – palynofaciès *m.*
palynology – palynologie *f, étude des pollens.*
PAM – *abrév. de pulse-amplitude modulation*; PAM, *abrév. de polyacrylamide.*
pampa – pampa *f.*
pamphlet – brochure *f*; opuscule *m* ; pamphlet *m.*
pan – bassin *m* ; butée *f*; cuve *f*; cuvette *f*; horizon durci *(pédol).* **pan conveyor**: chaîne à godets ; convoyeur à godets.
PAN – NPA, *abrév. de peroxyacetyl nitrate, nitrate de peroxyacétyle.*
panabase – panabase *f, tétraédrite.*
pancake – crêpe *f.* **pancake coil**: serpentin plat. **pancake engine**: moteur plat. **pancake ice**: glace en crêpe, *plaques de glace.*
panchromatic – panchromatique *(photo).* **panchromatic film**: pellicule panchromatique. **panchromatic image**: image panchromatique. **panchromatic mode**: mode P (panchromatique) *(photo).* **panchromatic photograph**: photographie panchromatique.
pane – carreau de verre ; face *f, d'une pièce, d'un écrou* ; panne *f (du marteau).*
panel – cadran *m*; commission *f*; groupe *m*; groupe de discussion ; jury *m*; panel *m*; panneau *m*; pupitre *m*; tableau *m.* **panel cooler**: panneau refroidissant. **panel discussion**: discussion concertée, *discussion menée par un groupe de spécialistes, exposant leurs différents points de vue autour d'une table*; table ronde. **Panel rate**: taux Panel, *les courtiers de Londres établissent un taux mensuel de fret intitulé : London Tanker Brokers' Panel Monthly Award.*
Pangea – Pangée *f, continent originel unique, qui au Paléozoïque se serait divisé en un continent nord (Laurasia) et un continent sud (Gondwana).*
panidiomorphic – panidiomorphique. **panidiomorphic rock**: roche panidiomorphique.

Pannonian – Pannonien *m*, *Miocène supérieur.*
panoramic – panoramique. **panoramic camera**: chambre panoramique. **panoramic radar**: radar panoramique.
Panthalassa – Panthalassa *f*, *océan entourant la Pangée.*
pantograph – pantographe *m*, *dispositif sur le toit d'un véhicule électrique servant au captage du courant à partir de fils aériens ; appareil de restitution d'un dessin.*
pantometer – pantomètre *m (topog)*.
paper – communication *f (congrès)* ; papier *m*. **paper barrel**: baril papier, *vente à terme d'une cargaison pétrolière, sur des quantités fictives.* **paper capacitor**: condensateur au papier. **paper chromatography**: chromatographie sur papier. **paper clip**: trombone *m*. **paper coal**: houille carton. **paper liner**: revêtement de papier. **paper-machine oil**: huile pour machines à papier. **paper profit**: bénéfice comptable, *fictif, théorique.* **paper pulp**: pâte à papier. **paper shale**: schiste carton, *sédiment marno-calcaire feuilleté coloré par des imprégnations bitumineuses.* **paper strip**: bande de papier. **paper tape**: ruban en papier. **paper waxing**: paraffinage du papier.
paperboard – carton *m*.
papermill – papeterie *f*. **papermill oil**: huile pour papeterie.
par – égalité *f*; pair *m*. **par value**: parité *f*; valeur nominale.
para- – para-, *préfixe utilisé avec un nom de roche métamorphique, indique que la roche est d'origine sédimentaire ; en chimie, indique chez les dérivés benzéniques et naphténiques la position 1-4.*
parabola – parabole *f*.
parabolic – parabolique. **parabolic antenna**: antenne parabolique.
parachor – parachor *m (phys)*.
parachute – parachute *m*.
paraclase – *ancien terme pour fault.*
paraconformity – paraconformité *f*, *discordance stratigraphique entre deux couches d'âge très différent, mais dont les surfaces en contact sont parallèles.*
paracycle – paracycle *m*, *période de temps.* **paracycle of relative change of the sea level**: *voir eustatic paracycle.*
paradox – paradoxe *m*.
paraffin – paraffine *f*, *alcane, classe d'hydrocarbures saturés ; mélange d'hydrocarbures solide, translucide de structure cristalline assez marquée ; en Grande-Bretagne peut aussi désigner du kérosène ou pétrole lampant.* **paraffin acid**: acide paraffinique. **paraffin-asphalt petroleum**: *voir mixed-base petroleum.* **paraffin-base crude**: pétrole brut à base paraffinique. **paraffin butter**: beurre de paraffine, *variété de paraffine molle.* **paraffin cheese**: gâteau de paraffine. **paraffin content**: teneur en paraffine. **paraffin dirt**: dépôt paraffinique, *substance paraffinique considérée comme un indice pétrolier.* **paraffin distillate**: distillat paraffineux, *distillat paraffinique.* **paraffin hydrocarbon**: hydrocarbure paraffinique. **paraffin inhibitor**: inhibiteur de paraffine, *pour prévenir ou réduire les dépôts de paraffine dans un sondage.* **paraffin jelly**: vaseline *f*. **paraffin knife**: couteau à paraffine, *voir aussi paraffin scraper.* **paraffin oil**: huile de paraffine. **paraffin press**: presse à paraffine. **paraffin scale**: écaille de paraffine ; paraffine écaille. **paraffin scraper**: racleur de paraffine, *racleur pour éliminer les dépôts de paraffine dans les tubages.* **paraffin series**: série paraffinique. **paraffin shale**: *voir oil shale.* **paraffin wax**: cire de paraffine ; paraffine *f*. **paraffin-wax melting point**: point de fusion des cires de paraffine, *température à laquelle la paraffine fondue mise à refroidir commence à se stabiliser.*
paraffined – paraffiné. **paraffined cardboard**: carton paraffiné.
paraffinic – paraffinique. **paraffinic base oil**: huile de base paraffinique. **paraffinic crude oil**: pétrole brut paraffinique, *constitué de plus de 50 % d'hydrocarbures saturés et de 40 % de paraffiniques (iso- et n-paraffines), ce sont des pétroles légers de densité voisine de 0,85, parfois à forte viscosité, renfermant moins de 10 % de résines et d'asphaltènes et de 1 % de soufre.*
paraffinicity – teneur en paraffine.
paraffining – paraffinage *m*.
paraffinum – paraffine *f*. **paraffinum liquidum**: paraffine liquide.
paraformaldehyde – paraformaldéhyde *m*, *polymère hydraté de méthanal.*
Paraforming – *dénomination d'un procédé d'hydro-isomérisation.*
paragenesis – paragenèse *f*, *association minérale résultant d'un processus géologique ou géochimique donné.*
parageosyncline – parageosynclinal *m*.
paragneiss – paragneiss *m (pétro)*.
paragonite – paragonite *f*, *mica sodique.*
paraldehyde – paraldéhyde *m*, *trimère de d'acétaldéhyde.*
paraldol – paraldol *m (chim)*.
paraliageosyncline – paraliagéosynclinal *m*.
paralic – paralique, *caractérise les dépôts en bordure de mer.* **paralic environment**: milieu paralique. **paralic sedimentation**: sédimentation paralique.
parallax – parallaxe *f*, *pour deux stations d'observation d'un objet éloigné, angle que forment au point éloigné les deux directions d'observation.* **parallax bar**: barre de parallaxe. **parallax correction**: correction de la parallaxe. **parallax error**: erreur de parallaxe. **Y parallax**: parallaxe transversale ; parallaxe verticale ; parallaxe Y.
parallel – parallèle *m*. **parallel bedding**: stratification parallèle. **parallel circuit**: circuit parallèle, *en dérivation.* **parallel circuit in three tubes**: circuit à trois tubes en parallèle. **parallel connection**: couplage en parallèle ; montage en parallèle, *en dérivation.* **parallel displacement**: déplacement parallèle, *terme utilisé pour désigner la projection du rejet sur la couche dans le plan de faille.* **parallel fault**: faille parallèle. **parallel flow**: courant parallèle ; écoulement parallèle. **parallel migration**: migration parallèle, *l'huile et le gaz se déplaçant dans des zones perméables parallèlement au plan de stratification.* **parallel Nicols**: nicols parallèles. **parallel-plate interceptor**: déshuileur à plaques planes parallèles *(pol)*. **parallel record**: enregistrement en parallèle. **parallel**

shot: tir parallèle *(sism)*. **parallel-slide gate valve**: tiroir à déplacement parallèle ; vanne à obturateur à faces parallèles, *(prod)*. **parallel transgression**: transgression concordante *(géol)*. **parallel unconformity**: discordance parallèle ; pseudoconcordance *f*; transgression parallèle *(géol)*. **parallel vise**: étau à mors parallèles ; étau parallèle.

paramagnetic – paramagnétique. **paramagnetic material**: substance paramagnétique.

paramagnetism – paramagnétisme *m*.

parameter – paramètre *m*.

parameterization – paramétrage *m*.

parametric – paramétrique. **parametric classification**: classification paramétrique. **parametric oscillator**: oscillateur paramétrique.

parametrization – paramétrisation *f*.

paramorphic – paramorphique.

paramorphism – paramorphisme *f*.

paraschist – paraschiste *m*.

parasequence – paraséquence *f*, *succession de couches sédimentaires, plus ou moins conformes, génétiquement liées et limitées par deux surfaces de ravinements consécutives, induites par les inondations marines*. **parasequence set**: succession de paraséquences.

parasite – parasite *m (biol)*.

parasitic – parasite. **parasitic cone**: cône adventif. **parasitic crater**: cratère adventif. **parasitic noise**: bruit parasite. **parasitic oscillation**: oscillation parasite.

paratype – paratype *m*, *exemplaire figuré en même temps que l'holotype*.

paraunconformity – pseudoconcordance *f*; transgression parallèle, *(géol)*.

paravane – paravane *m*, *dispositif destiné à maintenir les géophones dans une position verticale dans l'eau*.

paraxial – paraxial, *ou para-axial, au voisinage d'un axe*. **paraxial ray**: rayon paraxial.

paraxylene – paraxylène *m*, *voir xylene*.

parboil (to) – échauder, *faire bouillir légèrement*.

parcel – colis *m* ; lot *m* ; paquet *m* ; parcelle *f*. **parcel pattern**: parcellaire *m*, *ensemble des parcelles d'une exploitation commune*. **parcel plating**: électrodéposition limitée. **parcel tanker**: navire à citernes séparées, *possédant un grand nombre de cuves séparées conçues pour le transport de produits chimiques différents*.

parent – parent *m*. **parent atom**: atome père. **parent company**: maison-mère *f*, *société d'origine qui contrôle ou dont sont issues succursales et filiales* ; société mère. **parent magma**: magma primaire. **parent material**: matériau d'origine ; matériau parental *(pétro)*. **parent metal**: métal de base. **parent rock**: roche mère. **parent substance**: substance de la même famille ; substance génératrice.

Parex – *dénomination commerciale d'un procédé d'adsorption*.

paring – ébarbure *f*; rognure *f*. **paring action**: mécanisme de coupure *(chim)*.

parity – parité *f*. **parity bit**: bit de parité. **parity check**: contrôle de parité. **parity conservation**: conservation de la parité. **parity error**: erreur de parité.

parking – stationnement *m*. **parking brake**: frein à main *(auto)* ; frein de stationnement. **parking fee**: taxe de stationnement. **parking light**: feu de stationnement. **parking lot**: parc de stationnement. **parking meter**: parcmètre *m*.

parkway – autoroute *f*.

parol – verbal. **parol agreement**: accord verbal.

paroxysm – paroxysme *m*.

Parr – Parr. **Parr method**: méthode de Parr, *d'oxydation destructive d'un composé organique, par du peroxyde de sodium, pour la détermination quantitative des halogènes et du soufre*.

parsec – parsec *m*, *unité de distance astronomique*.

parsimonious – économe ; parcimonieux. **parsimonious deconvolution**: déconvolution économe ; déconvolution parcimonieuse.

parsing – analyse syntaxique.

part – partie *f*; portion *f*. **part cargo loading**: chargement partiel, *chargement d'un pétrolier au dessous de sa capacité normale*. **part-load efficiency**: rendement à charge réduite *(mot)*. **part-load operation**: fonctionnement à charge réduite.

partial – partiel. **partial bearing**: palier partiel, *palier lisse dont le coussinet n'entoure pas entièrement le tourillon*. **partial combustion**: combustion partielle. **partial condensation**: condensation partielle. **partial condenser**: condenseur partiel, *échangeur situé dans ou au sommet de la tour pour condenser une partie des vapeurs de tête pour qu'elles servent de reflux*. **partial derivative**: dérivée partielle. **partial differential equation**: équation aux dérivées partielles. **partial-flow filter**: filtre en dérivation. **partial load**: charge partielle. **partial magma**: magma partiel. **partial migration**: migration partielle avant sommation *(sism)*. **partial molar volume**: volume molaire partiel. **partial mud loss**: perte partielle de boue. **partial opening**: ouverture partielle. **partial oxidation**: oxydation partielle. **partial payment**: acompte *m*. **partial penetration effect**: effet d'étranglement, *baisse du rendement de l'écoulement d'un puits*. **partial pressure**: pression partielle. **partial reflection**: réflexion partielle *(sism)*. **partial stowing**: remblayage partiel. **partial vacuum**: vide imparfait ; vide partiel. **partially-quenched in-situ combustion**: combustion in-situ partiellement éteinte.

participating – de participation. **participating interest**: droit d'un partenaire dans une association. **participating royalty**: redevance avec participation aux bénéfices ; redevance en participation.

participation – participation *f*.

particle – particule *f*. **particle accelerator**: accélérateur de particules. **particle board**: panneau d'agglomérés. **particle counting**: comptage de particules. **particle fluence**: fluence des particules. **particle fluence rate**: débit de fluence des particules. **particle size**: taille des particules, *dimension granulométrique*. **particle-size analysis**: analyse granulométrique. **particle-size distribution**: distribution granulométrique.

particular – particulier. **particular average**: avarie particulière ; avarie simple.

particulate – particulaire. **particulate fluidization**: fluidisation particulaire. **particulate matter**: matière particulaire ; particules *f*.

parting – décollement *m* ; division *f*; séparation *f*. **parting agent**: *voir release agent*. **parting density**:

densité de séparation. **parting plane**: plan de stratification. **parting surface**: surface de séparation.

partition – cloison de séparation ; paroi *f* ; partage *m*. **partition chromatography**: chromatographie de partage, *chromatographie dans laquelle la phase fixe est un liquide non miscible avec la phase mobile*. **partition coefficient**: coefficient de partage, *dans un mélange liquide-vapeur en équilibre, répartition d'un constituant dans le liquide et la vapeur*. **partition column**: colonne de partage. **partition efficiency**: pouvoir séparateur *(chromat)*. **partition fan**: ventilateur de paroi. **partition function**: fonction de partition ; fonction de séparation. **partition process**: bifurcation des eaux. **partition rock**: roche encaissante.

partitioning – compartimentage *m*, *d'un navire*.

partner – associé *m* ; partenaire *m*.

partnership – accord d'association ; association *f* ; partenariat *m* ; société *f*. **partnership share**: part d'association.

parts – pièces de rechange ; pièces détachées. **parts per million (ppm)**: parties par million (ppm) ; *voir aussi sing. part*.

party – équipe de terrain ; groupe d'opérateurs ; mission *f*, *équipe chargée d'un travail de terrain, désigne aussi l'ensemble des gens et du matériel, voire le campement*. **party chief**: chef de mission. **party manager**: chef de terrain *(géol)*.

PAS – *abrév. de photoacoustic spectroscopy : spectroscopie photoacoustique*.

pascal – pascal *m*, *unité de contrainte et de pression SI ; contrainte qui, agissant sur une surface plane de 1 m^2, exerce sur cette surface une force totale de 1 newton, symbole* Pa. **pascal per kelvin**: pascal par kelvin, *unité SI de coefficient de pression* (Pa/K). **pascal per meter**: pascal par mètre, *unité SI de chute de pression et perte de charge* (Pa/m). **pascal second**: pascal seconde, *unité SI de viscosité dynamique* (Pa.s). **pascal second per meter**: pascal-seconde par mètre, *unité SI d'impédance acoustique spécifique et d'impédance acoustique caractéristique* (Pa.s/m). **pascal second per meter cubed**: pascal-seconde par mètre cube, *unité SI d'impédance acoustique* (Pa.s/m^3).

pass – cannelure *f (laminoirs)* ; col *m*, *de montagne* ; passage *m* ; passe *f*. **pass-out turbine**: turbine à soutirage. **pass point**: point de transfert. **pass programming**: programmation de passage. **pass region**: bande passante.

pass (to) – passer. **pass (to) back into solution**: remettre en solution. **pass (to) production**: forer audessous d'un horizon productif. **pass (to) through**: filtrer ; passer à travers.

passage – passage *m*. **passage bed**: couche de passage ; couche de transition *(géol)*.

passageway – allée *f* ; canal de transfert ; corridor *m* ; couloir *m* ; galerie *f* ; passerelle *f* ; voie de passage.

passband – bande passante ; passe-bande.

passenger – passager *m*. **passenger car**: voiture de tourisme ; voiture particulière. **passenger-car diesel engine**: moteur diesel pour voiture particulière. **passenger kilometer**: passager kilomètre, *transport d'un passager sur une distance d'un kilomètre (stat)*. **passenger load factor**: facteur d'occupation. **passenger ship**: navire à passagers ; paquebot *m*. **passenger tariff**: tarif passager.

passivate (to) – rendre passif.

passivation – passivation *f*.

passivator – passivateur *m*.

passive – passif. **passive filter**: filtre passif *(élec)*. **passive margin**: *voir divergent-plate margin*. **passive metal**: métal passif. **passive method**: sismique passive. **passive safety**: sécurité passive. **passive seismic**: écoute passive ; sismique passive. **passive sensor**: capteur passif. **passive tagging**: marquage passif.

passivity – inertie *f* ; passivité *f*.

password – mot de passe.

past – passé. **past experience feedback**: retour d'expérience.

paste – colle *f* ; pâte *f*.

pasting – collage *m* ; empâtage *m*, *saponification partielle des corps gras*.

pasty – pâteux. **pasty lubricant**: lubrifiant pâteux.

patch – coin *m* ; emplâtre *m* ; lopin *m*, *de terre* ; morceau *m* ; nappe de sismos, *utilisé en enregistrement transposé* ; pièce *f*, *pour raccommoder* ; pièce rapportée ; rallonge *f* ; tache *f* ; verrue *f*, *informatique*. **patch of drifting ice**: banc de glace dérivante, *de moins de 10 km d'étendue*. **patchwork surveying method**: méthode de couverture ; méthode ramasse-miettes *(télédétection)*.

patching – colmatage *m* ; raccommodement *m* ; rapiéçage *m*. **patching cement**: mastic *m*.

patent – brevet *m*, *d'invention*. **patent claim**: revendication de brevet. **patent fuel**: *voir briquette*. **patent infringement**: contrefaçon de brevet. **patent portfolio**: portefeuille de brevets. **patent rights**: propriété industrielle. **patent specification**: description de brevet.

patent (to) – breveter ; déposer un brevet.

patentability – brevetabilité *f*.

patentable – brevatable.

patented – breveté.

path – chemin *m*. **path of seismic waves**: trajectoire des ondes sismiques.

pathogenic – pathogène.

pathway – passerelle *f* ; sentier *m*.

patina – patine *f*.

patrimonial – patrimonial. **patrimonial sea**: mer patrimoniale.

patrimony – patrimoine *m*.

pattern – antenne *f* ; arrangement *m* ; calibre *m* ; configuration *f* ; dessin *m* ; diagramme *m* ; dispositif *m* ; disposition *f* ; échantillon *m* ; gabarit *m* ; modèle *m* ; modelé *m (topog)* ; nappe *f* ; patron *m* ; schéma *m*, *d'injection* ; texture *f (pétro)* ; trame *f*. **pattern flow**: écoulement complexe, *écoulement dans un système d'injection de plusieurs puits*. **pattern matching**: appariement de formes. **pattern of the scene**: configuration de la scène, *télédétection*. **pattern recognition**: reconnaissance des formes. **pattern shooting**: tir en nappe ; tir géométrique ; tir organisé, *tir de charges explosives disposées suivant un agencement géométrique défini*. **Y-pattern yoke valve**: robinet à soupape à siège incliné.

patterned – modelé. **patterned ground**: sol réticulé ; sol structuré.

paulopost – autométamorphique ; deutérique *(pétro)*.

pavement – chaussée *f*; dallage *m* ; pavé *m* ; pavement *m* ; trottoir *m*.

paving – chaussée *f*; pavage *m*. **paving breaker**: marteau piqueur ; marteau pneumatique. **paving brick**: pavé *m*.

PAW – *abrév. de Petroleum Administration for War.*

pawl – cliquet *m* ; linguet *m* ; rochet *m*. **pawl lever**: levier à cliquet.

pay – gisement *m* ; paye *f*. **pay and allowances**: salaires et allocations. **pay dirt**: *voir pay sand, pay zone.* **pay lime**: calcaire productif. **pay line**: limite d'exploitabilité. **pay ore**: minerai exploitable ; minerai rémunérateur ; minerai payant. **pay sand**: sable productif, *produisant une quantité payante d'huile brute ou sondage commercialement exploitable.* **pay section**: zone productrice. **pay slip**: feuille de paye. **pay streak**: partie riche d'une veine métallique. **pay zone**: couche productrice ; horizon producteur, *produisant une quantité d'huile brute commercialement exploitable* ; zone imprégnée ; zone productrice.

pay (to) – payer. **pay (to) out**: laisser filer, *une amarre, une ancre* ; rembourser.

payable – exploitable ; payable. **payable on receipt (POR) of goods**: payable à la réception de la marchandise, *contre remboursement.* **payable ore**: *voir pay ore.* **payables and receivables**: sommes à verser et à recevoir.

payback – remboursement *m*. **payback period**: temps de récupération, *d'un investissement, voir aussi payout time.*

paying – payant. **paying production**: production payante. **paying well**: puits payant.

payload – charge utile *(aéron)*. **payload mode**: mode de transmission des données.

payment – paiement *m* ; rémunération *f*. **payment facilities**: facilités de paiement. **payment in kind**: prestations en nature. **payment order**: bon de paiement.

payoff – *voir payout.*

payout – amortissement *m* ; remboursement *m*. **payout period**: *voir payout time.* **payout time**: délai de récupération ; durée de remboursement, *période nécessaire pour récupérer sur les bénéfices la valeur de l'investissement, plus l'amortissement* ; temps de retour.

payroll – masse salariale ; registre du personnel.

PB – *abrév. de plugged back, plugging back.*

PC – *abrév. de printed circuit : circuit imprimé.*

PCM – MIC, *abrév. de pulse-code modulation : modulation par impulsion codée.*

PCR – *abrév. de power-control room.*

PCTFE – *abrév. de polychlorotrifluoroethylene.*

PCV – RGC, *abrév. de positive crankcase ventilation, recyclage des gaz de carter.*

PD – *abrév. de pressure distillate, de positive displacement et de potential difference.* **PD bottoms**: résidu de distillation d'essence de craquage.

PDB – PDB, *abrév. de paradichlorobenzene.*

PDC – *abrév. de polycrystalline-diamond cutter.*

PDM – *abrév. de positive-displacement motor.*

PDR – *abrév. de potential drop ratio.*

PDU – *abrév. de process development unit : unité de mise au point des procédés.*

PE – PE, *abrév. de polyethylene.*

pea – pois *m*. **pea gravel**: gravillon *m*. **pea ore**: minerai pisiforme.

peak – arche positive ; cime *f*; coqueron *m (nav)* ; crête *f*; maximum *m* ; pic *m* ; pointe *f (de production, de charge)* ; sommet *m* ; sommet des traces d'un film *(sism)*. **peak acceleration**: accélération de pointe. **peak amplitude**: amplitude de crête. **peak diameter**: diamètre maximal. **peak force**: puissance de crête ; puissance de pointe. **peak hour**: heure de pointe. **peak load**: charge de pointe ; charge maximale ; pointe de charge. **peak-load consumption**: consommation de pointe. **peak notch filter**: filtre écrêteur *(élec)*. **peak plain**: niveau de crêtes. **peak-reading voltmeter**: voltmètre à maxima. **peak shaving**: écrêtement des pointes, *fourniture d'énergie d'une source extérieure pour permettre de satisfaire une demande de pointe.* **peak-shaving plant**: centrale de pointe. **peak shear strength**: résistance maximale au cisaillement. **peak speed**: vitesse de pointe. **peak tank**: caisse d'assiette *(naut)*. **peak time**: heure de pointe. **peak value**: valeur de crête. **peak voltage**: tension de crête ; tension de pointe. **peak watt**: watt-crête, *puissance maximale d'une pile photovoltaïque sous l'action d'un flux solaire d'un kilowatt par mètre carré.*

peaking – écrêtage *m*. **peaking circuit**: circuit écrêteur. **peaking-power battery**: accumulateur de pointe de charge.

peanut – arachide *f*. **peanut oil**: huile d'arachide.

pear – poire *f*. **pear oil**: acétate d'amyle. **pear shaped**: piriforme.

Pear – Pear. **Pear column**: colonne de Pear, *un type de colonne sans garnissage (raf)*.

pearl – perle *f*. **pearl ash**: cendre perlée, *potassium carbonate impur.*

pearlite – perlite *f*, *mélange de ferrite et de cémentite présent dans les fontes et les aciers.*

pearlitic – perlitique. **pearlitic iron**: fonte perlitique. **pearlitic steel**: fer perlitique.

peat – tourbe *f*. **peat bog**: tourbière *f*. **peat brick**: briquette de tourbe. **peat formation**: tourbification *f*. **peat marsh**: marécage tourbeux. **peat moss**: terre de bruyère. **peat tar**: goudron de tourbe.

peatification – *voir peat formation.*

pebble – caillou *m* ; galet *m*. **pebble bed**: couche de galets. **pebble gravel**: cailloutis *m*. **pebble heater**: four à galets ; réchauffeur à galets. **pebble mill**: broyeur à galets.

pebblestone – caillou roulé ; galet *m*.

pebbled – caillouteux.

pebbly – caillouteux.

peck – peck *m*, *unité de capacité égale à 8,81 cm^3.*

Peclet – Peclet. **Peclet number**: nombre de Peclet, *il caractérise globalement l'influence de la conduction, de la convection, et celle des forces d'inertie et de viscosité.*

pectization – pectisation *f*, *agrégation de particules colloïdales, donnant un gel.*

pedal – pédale *f*.

pedalfer – pédalfer *m, sol sous climat humide présentant une accumulation des sesquioxydes d'aluminium et de fer.*

pedestal – socle *m* ; support *m*. **pedestal bearing**: chaise de palier. **pedestal crane**: grue rotative sur fût.

pediment – glacis d'ablation ; glacis rocheux désertique ; pédiment *m, glacis d'érosion typique des morphologies désertiques.*

pediplain – pédiplaine *f.*

pediplanation – pédiplanation *f.*

pedocal – pédocal *m, sol sous climat aride présentant une accumulation de carbonates.*

pedogenesis – pédogenèse *f.*

pedologic – pédologique. **pedologic feature**: trait pédologique. **pedologic horizon**: horizon pédologique. **pedologic unit**: unité pédologique, *d'un sol, ne prend pas en compte ses relations stratigraphiques.*

pedology – pédologie *f.*

pedometer – compte-pas *m* ; podomètre *m.*

peel – écaille *f*; épluchure *f*; peau *f.* **peel-off time**: correction statique *(sism)* ; temps d'effeuillage *(sism)*. **peel strength**: résistance au pelage. **peel test**: essai de pelage.

peeling – desquamation *f*; écaillage *m* ; pelage *m.*

peen – panne *f.* **peen hammer**: marteau à panne.

peen (to) – cribler.

peening – martelage *m.*

peephole – regard *m.* **peephole door**: volet de regard. **peephole tube**: tube de regard.

peg – cheville *f*; clavette *f*; fiche *f*; jalon *m* ; piquet *m.*

PEG – PEG, *abrév. de polyethylene glycol.*

peg (to) – cheviller. **peg (to) out**: délimiter, *une concession* ; jalonner.

pegging – chevillage *m* ; stabilisation du marché.

pegleg – jambe de bois. **pegleg multiple**: multiple en baïonnette, *multiple court à trajet dissymétrique* ; multiple en patte de chien.

peglegging – boitement *m, frappe irrégulière du trépan au câble.*

pegmatite – pegmatite *f, roche magmatique silicatée.*

pegmatitic – pegmatitique.

PEI – PEI, *abrév. de polyethyleneimine.*

pel – *voir pixel.*

pelagic – pélagique, *qualifie tout organisme qui se trouve en pleine mer sans relation avec le fond.* **pelagic deposit**: dépôt pélagique *(géol)*. **pelagic environment**: milieu pélagique. **pelagic limestone**: calcaire pélagique.

pelagite – pélagite *f, concrétion d'oxyde de manganèse sur les fonds marins.*

pelecypod – lamellibranche *m* ; pélécypode *m, mollusque.*

pelican – pélican *m.* **pelican hook**: crochet pélican.

pelite – pélite *f, toute roche sédimentaire détritique à grains très fins, voir aussi mudstone.*

pelitic – pélitique.

pellet – boulette *f*; granulé *m* ; granule *m* ; pastille *f*; pellet *m, boulette de calcaire cryptocristallin riche en matière organique* ; pelote *f.* **pellet drilling**: forage à abrasion. **pellet-impact drilling**: forage à la grenaille, *système de forage par projection de billes d'acier.* **pellet plant**: usine de bouletage.

pelleted – graveleux. **pelleted limestone**: calcaire graveleux.

pelletization – agglomération *f*; nodulisation *f*; pastillage *m* ; pelletisation *f, opération de réduction en boulettes.*

pelletized – nodulisé ; réduit en boulettes, *en pastilles.*

pelletizer – machine à fabriquer les boulettes, *les pastilles.*

pelletizing – *voir pelletization.*

pelletoid – granuloïde.

pellicle – film *m* ; membrane *f*; pellicule *f.*

pellicular – pelliculaire. **pellicular water**: eau pelliculaire.

pellucid – pellucide ; translucide ; transparent.

pelmicrite – pelmicrite *f, calcaire à pellets.*

pelsparite – pelsparite *f, calcaire à pellets.*

Pelton – Pelton. **Pelton wheel**: roue Pelton, *turbine hydraulique.*

PEM – *abrév. de photoelectron microscopy : microscopie photoélectronique.*

penalty – pénalité *f.* **penalty clause**: clause pénale.

pencil – crayon *m.* **pencil beam**: faisceau filiforme, *faisceau-crayon.* **pencil-beam antenna**: antenne à faisceau filiforme.

pendant – ligne d'ancre. **pendant-drop method**: méthode de la goutte pendante.

pending – en attente ; en cours.

pendletonite – carpathite *f, hydrocarbure solide.*

pendular – pendulaire. **pendular saturation**: saturation pendulaire, *s'applique à des roches de très faible saturation en eau dans lesquelles celle-ci forme de minces anneaux autour des points de contact entre les grains.* **pendular water**: eau pendulaire.

pendulous – oscillant ; pendant.

pendulum – balancier *m* ; pendule *m.* **pendulum bob**: lentille de pendule, *de balancier.* **pendulum conveyor**: transporteur à balancelle. **pendulum dynamometer**: dynamomètre à pendule. **pendulum effect**: effet pendulaire. **pendulum inclinometer**: inclinomètre à pendule. **pendulum oiler**: *voir centrifugal oiler.* **pendulum pumping unit**: unité de pompage à balancier.

penecontemporaneous – pénécontemporain. **penecontemporaneous folding**: plissement synsédimentaire.

peneplain – pénéplaine *f.*

peneplanation – pénéplanation *f.*

penetrability – pénétrabilité *f.*

penetrant – agent pénétrant ; imprégnant *m* ; mouillant *m.*

penetrated – pénétré. **penetrated bed**: couche pénétrée *(for)*.

penetrating – pénétrant. **penetrating oil**: dégrippant *m* ; huile dégrippante ; huile pénétrante, *utilisée pour graisser les lames de ressorts.*

penetration – avancement *m* ; pénétration *f, en sismique, profondeur la plus grande qui sépare la surface du dernier miroir que l'on puisse pointer avec certitude.* **penetration index**: *voir penetration number.* **penetration logging**: diagraphie de pénétration. **penetration number**: pénétrabilité *f, profondeur, exprimée en dixième de* *millimètre, à laquelle une aiguille ou un cône pénètre dans la prise d'essai dans des conditions normalisées.* **penetration power**: force de pénétration. **penetration rate**: *voir rate of penetration.* **penetration recorder**: enregistreur d'avancement *(for)*. **penetration resistance**: résistance à la pénétration, *d'un sol.* **penetration test**: essai de pénétrabilité, *détermination de la consistance des graisses, brais, corps pâteux, produits bitumeux.* **penetration twin**: macle par pénétration.

penetrator – tache bleue, *défaut de soudure par manque de fusion.*

penetrometer – pénétromètre *m.* **penetrometer test**: pénétrométrie *f.*

Penex – *dénomination d'un procédé d'isomération des coupes en C_5-C_6, avec catalyseur au platine en présence d'hydrogène.*

peninsula – péninsule *f*; presqu'île *f.*

pennant – flamme *f, pavillon (naut).* **pennant buoy**: bouée d'orin.

Pennsylvanian – Pennsylvanien *m, étage du Paléozoïque.*

Pensky – Pensky. **Pensky-Martens closed tester**: appareil Pensky-Martens à creuset fermé, *pour la détermination du point d'éclair du pétrole et des huiles.*

penstock – canal d'amenée ; conduite forcée ; vanne hydraulique.

pentaborane – pentaborane *m.*

pentacene – pentacène *m, dibenzo-2,3,6,7 anthracène.*

pentachloride – pentachlorure *m.*

pentachloroethane – pentachloroéthane *m, pentaline.*

pentachlorophenol – pentachlorophénol *m.*

pentadecane – pentadécane *m.*

pentadiene – pentadiène *m, pentadiène-1,3, pipérylène.*

pentaerythritol – pentaérythritol *m, tétraméthylométhane.*

Pentafining – *dénomination d'un procédé d'isomérisation sélective pour élever l'indice d'octane des paraffines normales à bas point d'ébullition.*

pentagon – pentagone *m.*

pentagonal – pentagonal. **pentagonal dodecahedron**: dodécaèdre pentagonal *(crist).*

pentamethylbenzene – pentaméthylbenzène *m.*

pentane – pentane *m, hydrocarbure paraffinique.* **pentane lamp**: lampe à pentane.

pentanol – pentanol *m, nom générique de trois alcools amyliques.*

pentanone – pentanone *f.*

pentene – pentène *m, nom de deux hydrocarbures éthyléniques isomères.*

pentode – pentode *m, tube à cinq électrodes.*

pentoxide – pentoxyde *m.*

pentyl – pentyle *m, voir amyl.*

peperite – pépérite *f, roche pyroclastique.*

pepper – poivre *m, fines particules de boue produites par le traitement à l'acide, restant souvent en suspension dans les huiles lubrifiantes (voir aussi sludge).*

peptide – peptide *m.*

peptization – peptisation *f.*

peptizator – agent peptisant.

peptizer – agent peptisant.

peptizing – peptisant. **peptizing agent**: agent peptisant.

peracetic – peracétique. **peracetic acid**: acide peracétique.

peracid – peracide *m.*

percent – pourcent *m.* **percent compaction**: taux de compaction, *d'un sol.* **percent distortion**: taux de distorsion.

percentage – pourcentage *m, teneur en pourcent.* **percentage of ash**: teneur en cendres. **percentage of discounted profit**: gain relatif en valeur actualisée (GRVA). **percentage of moisture**: teneur en humidité.

percentile – percentile *m (stat).*

perception – perception *f.*

perched – perché. **perched aquifer**: aquifère perché. **perched block**: bloc perché, *roche perchée.* **perched ground water**: nappe perchée, *d'un aquifère.* **perched valley**: vallée perchée ; vallée suspendue. **perched water**: eau supérieure. **perched water table**: nappe suspendue.

perchlorate – perchlorate *m.* **perchlorate explosive**: explosif au perchlorate.

perchloric – perchlorique. **perchloric acid**: acide perchlorique.

perchloroethylene – perchloréthylène *m, perchloroéthylène, tétrachloréthylène.*

perchloryl – perchloryle *m.* **perchloryl fluoride**: fluorure de perchloryle.

percolate (to) – filtrer ; percoler.

percolation – filtration *f*; infiltration *f*; percolation *f*; suintement *m.* **percolation filter**: *voir gravity filter.* **percolation filtration**: percolation filtration, *procédé de finition des huiles lubrifiantes par percolation-filtration à la terre.* **percolation water**: eau d'infiltration.

percrystalline – percristallin, *se dit de roches partiellement vitreuses et partiellement cristallines, dans lesquelles le rapport cristal-verre est supérieur à 7.*

percussion – percussion *f.* **percussion boring**: sondage par percussion, *sondage par battage.* **percussion drill bit**: outil de forage à percussion. **percussion drilling**: forage à percussion ; forage par percussion. **percussion fuse**: amorce à percussion. **percussion mark**: marque de chocs. **percussion rig**: appareil de forage par battage. **percussion system**: système de forage par percussion, *par battage.* **percussion welding**: soudage par percussion.

per-diem – indemnité journalière.

perennial – éternel ; pérenne, *qualifie un écoulement dont les débits d'étiage ne sont jamais nuls au cours de l'année* ; perpétuel. **perennial crop**: culture vivace, *pérenne, permanente.* **perennial spring**: source intarissable ; source pérenne. **perennial stream**: cours d'eau permanent.

perfect – parfait, *voir aussi ideal.* **perfect cleavage**: clivage parfait. **perfect combustion**: combustion parfaite. **perfect cube**: cube parfait. **perfect fluid**: fluide parfait, *fluide idéal non visqueux.* **perfect gas**: gaz parfait. **perfect lubricant**: lubrifiant parfait. **perfect lubrication**: graissage parfait. **perfect plate**: plateau parfait, *plateau théorique permettant l'équilibre liquide-vapeur parfait des deux phases.*

perforated – perforé. **perforated casing**: tubage perforé. **perforated liner**: crépine perforée *(for)*. **perforated metal sphere**: sphère métallique percée de trous. **perforated pipe**: tube perforé. **perforated-pipe casing**: coffrage à tuyau perforé. **perforated plate**: plateau perforé. **perforated-plate column**: colonne à plateux perforés. **perforated-plate distributor**: distributeur à plateaux perforés. **perforated-plate extractor**: extracteur à plateaux perforés. **perforated-ring type distributor**: roue de répartition *(raf)*. **perforated tray**: plateau perforé. **perforated tube**: crépine *f.*

perforating – perforation *f.* **perforating bullet**: balle de perforation. **perforating gun**: charge de perforation ; perforateur de tubage.

perforation – perforation *f.* **perforation effect**: effet de perforation, *baisse de rendement de l'écoulement d'un puits.* **perforation washer**: laveur de perforations *(for)*.

perforator – perforateur *m.*

perform (to) – effectuer ; exécuter ; réaliser.

performance – comportement *m, d'une huile en essai* ; exécution *f* ; performance *f, rendements caractéristiques d'un appareil* ; prestation *f.* **performance coefficient**: coefficient de performance. **performance guarantee**: garantie de bonne fin. **performance number**: indice de performance, *pour caractériser les carburants dont l'indice d'octane est supérieur à 100.* **performance test**: essai de qualification. **performance requirements**: exigences fonctionnelles *(contrat)*.

perfume – parfum *m.* **perfume oil**: huile essentielle.

periclase – périclase *m, oxyde de magnésium.*

periclinal – périclinal, *s'applique aux structures dont les pendages divergent à partir d'un point central soit vers le bas (périanticlinal) soit vers le haut (périsynclinal)*. **periclinal dip**: pendage périclinal, *plis d'axes dirigés vers le centre d'un bassin (géol)*.

pericline – péricline *f, variété d'albite* ; structure périclinale.

pericyclic – péricyclique. **pericyclic reaction**: réaction péricyclique.

peridotite – péridotite *f, roche éruptive halocristalline (pétro)*.

perigee – périgée *m.*

periglacial – périglaciaire. **periglacial climate**: climat périglaciaire. **periglacial mound**: monticule monticulaire.

peril – péril *m, danger.* **peril of the sea**: fortune de mer.

perilla – perilla *m (bot)*. **perilla oil**: huile de perilla, *huile siccative utilisée dans les vernis et peintures.*

perimagmatic – périmagmatique. **perimagmatic deposit**: gîte périmagmatique.

perimeter – périmètre *m.*

perimorphism – périmorphose *f.*

period – période *f, en géologie, division géochronologique entre l'ère et l'époque.* **period of maturity**: période de maturité. **period of oscillation**: période d'oscillation. **period of ripeness**: periode de maturité.

periodic – périodique. **periodic flowing**: débit périodique intermittent. **periodic function**: fonction périodique. **periodic quantity**: grandeur périodique *(phys)*. **periodic spring**: source périodique. **periodic table**: tableau périodique, *tableau mettant en évidence la périodicité des propriétés des éléments en fonction de la charge nucléaire.* **periodic test**: essai périodique *(prod)*. **periodic wave**: onde périodique.

periodite – périodite *f, séquence sédimentaire.*

peripheral – périphérique. **peripheral device**: périphérique *m.* **peripheral equipment**: équipement périphérique ; périphérique d'ordinateur. **peripheral fault**: faille périphérique. **peripheral moraine**: moraine périphérique. **peripheral speed**: vitesse circonférencielle ; vitesse périphérique.

peristaltic – péristaltique. **peristaltic pump**: pompe péristaltique, *pompe à écrasement de tuyau.*

peritectic – péritectique, *se dit d'une réaction réversible qui se produit lors du refroidissement d'un métal.* **peritectic point**: point péritectique.

perlite – perlite *f, rhyolite vitreuse.*

perlitic – perlitique. **perlitic texture**: texture perlitique.

perm – perm *m, unité de perméabilité d'un réservoir, égale au centimètre carré.*

permafrost – pergélisol *m* ; permafrost *m* ; permagel *m.*

Permalloy – *dénomination d'une série d'alliages ferro-nickel.*

permanent – durable ; permanent ; stable. **permanent assets**: capital fixe ; immobilisations *f.* **permanent completion**: complétion permanente. **permanent deformation**: déformation permanente. **permanent error**: erreur permanente, *erreur d'écriture.* **permanent file**: fichier permanent. **permanent gas**: gaz permanent, *nom donné aux gaz qu'on n'arrive pas à liquéfier.* **permanent guide base**: plaque-guide permanente, *structure installée avec la pile de fondation à laquelle viennent se racorder les câbles reliant le fond de la mer à l'engin de forage.* **permanent guide structure (PGS)**: *voir permanent guide base.* **permanent load**: charge permanente. **permanent magnet**: aimant permanent. **permanent set**: déformation permanente. **permanent strain**: déformation permanente. **permanent wear**: usure permanente. **permanent well completion**: complétion permanente des puits. **permanent well-completion equipment**: équipement de complétion permanente des puits.

permanganate – permanganate *m.*

permeability – perméabilité *f, mesure de la facilité avec laquelle une formation se laisse traverser par un fluide.* **permeability barrier**: barrière de perméabilité. **permeability coefficient**: coefficient de perméabilité, *vitesse de filtration par unité de pente.* **permeability curve**: courbe de perméabilité. **permeability log**: diagraphie de perméabilité. **permeability of vacuum**: perméabilité du vide. **permeability pinchout**: biseau de perméabilité, *piège stratigraphique dû à une variation de faciès.* **permeability range**: intervalle de perméabilité. **permeability trap**: piège de perméabilité. **permeability-trap reservoir**: piège de perméabilité.

permeable – perméable. **permeable bed**: couche perméable. **permeable membrane**: membrane perméable. **permeable rock**: roche perméable. **permeable stratum**: couche perméable.

permeameter – perméamètre *m, appareil utilisé pour mesurer la perméabilité.*

permeance – perméance *f, inverse de la réluctance magnétique.*

permeate (to) – imprégner ; pénétrer ; traverser.

permeation – imprégnation *f*; pénétration *f*; perméation *f.*

permeator – perméateur *m, appareil à membrane conçu pour les échanges d'ions, par exemple pour le dessalement de l'eau sur membrane.*

Permian – Permien *m, dernière période de l'ère primaire ou paléozoïque.*

permissible – admissible ; agréé ; autorisé ; toléré. **permissible explosive**: explosif agréé, *explosif antigrisouteux.* **permissible overload**: surcharge permise. **permissible stress**: contrainte admissible.

permit – autorisation de passage ; permis *m.* **permit area**: domaine minier. **permit holder**: titulaire du permis. **permit man**: agent de permittage permitteur *m, en prospection, négociateur foncier, chargé d'obtenir les autorisations de passage et de négocier l'indemnisation des propriétaires.*

permitted – autorisé. **permitted explosive**: explosif autorisé. **permitted production**: production autorisée, *voir aussi allowable.*

permitting – permittage *m.*

permittivity – permittivité *f.* **permittivity of vacuum**: permittivité du vide.

permselective – à perméation sélective. **permselective membrane**: membrane à perméation sélective.

permutation – permutation *f.*

perovskite – perovskite *f (minér).*

peroxide – peroxyde *m.* **peroxide number**: indice de peroxyde, *est caractérisé par la quantité d'iode, évaluée par titrage avec une solution normale d'hyposulfite de soude, libérée par 1 g de l'échantillon.*

peroxidize (to) – peroxyder.

peroxyacetyl – péroxyacétyle *m.* **peroxyacetyl nitrate (PAN)**: nitrate de péroxyacétyle (NPA), *peroxyde organique polluant suceptible d'être formé à la suite de réactions photochimiques dans lesquelles interviennent l'ozone, les oxydes d'azote et les hydrocarbures imbrûlés.*

perpendicular – perpendiculaire. **perpendicular displacement**: déplacement perpendiculaire, *terme utilisé pour désigner la projection du rejet sur une perpendiculaire à la couche dans le plan de la faille.* **perpendicular offset**: déport latéral ; déport perpendiculaire. **perpendicular separation**: rejet perpendiculaire aux couches *(géol).* **perpendicular slip**: projection du rejet net sur une perpendiculaire, *aux bancs dans le plan de faille.* **perpendicular throw**: rejet vertical, *rejet mesuré sur une perpendiculaire aux couches (géol).*

perpetual – perpétuel. **perpetual motion**: mouvement perpétuel.

persalt – persel *m, peroxysel.*

persistent – permanent ; persistant. **persistent fossil**: fossile persistant, *fossile à grande survie.* **persistent oil**: hydrocarbure persistant, *qui peut être un pétrole brut, une huile de graissage, un combustible liquide ou une huile lourde pour diesel qui persiste dans l'environement.*

personal – personnel. **personal equation**: équation personnelle, *c'est l'intervalle de temps qui sépare la perception d'un phénomène de la réaction correspondante de l'opérateur.* **personal share**: action nominative.

personnel – personnel *m.* **personnel and utility area**: zone personnel et services. **personnel evaluation**: notation du personnel. **personnel transfer capsule (PTC)**: capsule de transfert de l'équipe ; tourelle de transfert du personnel, *dans les opérations marines.*

persorption – persorption *f.*

perspective – perspective *f.* **perspective center**: centre de perspective. **perspective-grid method**: méthode de la grille perspective. **perspective map projections**: projections perspectives, *projections géométriques (cartog).* **perspective net**: grille de perspective. **perspective plane**: plan de perspective ; plan perspectif. **perspective projection**: projection centrale.

persulfate – persulfate *m.*

PERT – *abrév. de program evaluation and review technique, méthode de conception et de coordination de l'ordonnancement des tâches.*

perthite – perthite *f (géol).*

pertinent – adéquat ; approprié ; correspondant.

perturbation – perturbation *f (math).* **perturbation equation**: équation aux perturbations. **perturbation theory**: théorie des perturbations, *méthode utilisée pour résoudre des problèmes dont on ne sait résoudre rigoureusement qu'une forme particulière.*

pervade (to) – pénétrer.

pervaporation – pervaporation *f.*

pervious – perméable, *voir permeable.*

perylene – pérylène *m, hydrocarbure aromatique polycyclique.*

PES – *abrév. de pre-engineered structure.*

PESA – *abrév. de Petroleum Equipment Suppliers Association.*

pest – parasite *m.* **pest and disease control**: lutte phytosanitaire.

pesticide – pesticide *m.*

pestle – pilon *m.*

pestle (to) – moudre ; triturer.

peta – peta, *préfixe qui placé devant une unité la multiplie par* 10^{15}, *symbole* P.

petcock – robinet de purge.

peter (to) – *voir peter out.* **peter (to) out**: disparaître en coin ; se terminer en biseau.

petri – *voir petri dish.* **petri dish**: boîte de Petri *(microbiol).*

petrifaction – pétrification *f.*

petrification – *voir petrifaction.*

petrify (to) – pétrifier.

petrochemical – pétrochimique ; produits pétrochimiques, *produits chimiques dérivés du pétrole ou du gaz naturel.* **petrochemical industry**: industrie pétrochimique. **petrochemical plant**: usine pétrochimique.

petrochemistry – pétrochimie *f, chimie du pétrole.*

petrodollar – pétrodollar *m, revenus provenant de la vente du pétrole, le dollar étant la devise dans laquelle s'effectuent les transactions.*

petrofacies – pétrofaciès *m.*

petrogenesis – pétrogenèse *f.*

petrogenetic – pétrogénétique.

petrographic – pétrographique. **petrographic facies**: faciès pétrographique. **petrographic microscope**: microscope pétrographique. **petrographic province**: province pétrographique.

petrography – pétrographie *f.*

petroil – mélange deux temps, *servant comme carburant et à la lubrification des moteurs à deux temps (angl)*.

petrol – essence *f, voir gasoline.*

petrolatum – pétrolatum *m, paraffine amorphe.* **petrolatum oil**: *voir white oils.* **petrolatum wax**: pétrolatum *m.*

petroleum – pétrole *m, employé d'une façon générale en exploration, couvre à la fois les hydrocarbures solides liquides ou gazeux.* **petroleum accumulation**: accumulation de pétrole, *gisement de pétrole.* **petroleum acid**: acide organique. **petroleum asphalt**: bitume de pétrole, *produit provenant de la distillation du pétrole.* **petroleum basin**: bassin pétrolifère. **petroleum benzin**: essence de pétrole, *utilisée comme solvant.* **petroleum black**: noir de pétrole, *carbone pulvérulent obtenu à partir du pétrole.* **petroleum bloom**: fluorescence du pétrole. **petroleum butter**: *voir petrolatum.* **petroleum chemicals**: *voir petrochemicals.* **petroleum coke**: coke de pétrole. **petroleum company**: société pétrolière. **petroleum cut**: coupe pétrolière. **petroleum deposit**: gisement de pétrole. **petroleum derivative**: dérivé du pétrole. **petroleum distillate**: produit de la distillation du pétrole. **petroleum distillation**: distillation du pétrole. **petroleum ether**: éther de pétrole. **petroleum fraction**: fraction pétrolière. **petroleum furnace**: four à pétrole. **petroleum gas**: gaz de pétrole. **petroleum geologist**: géologue pétrolier. **petroleum geology**: géologie du pétrole ; géologie pétrolière. **petroleum grease**: graisse de pétrole. **petroleum industry**: industrie pétrolière. **petroleum jelly**: petrolatum *m* ; vaseline *f.* **petroleum law**: droit pétrolier. **petroleum legislation**: législation pétrolière. **petroleum naphtha**: essence lourde. **petroleum oil**: kérosène. **petroleum-oil engine**: moteur à pétrole, *au kérosène.* **petroleum ointment**: *voir petrolatum.* **petroleum pipeline**: oléoduc *m.* **petroleum pitch**: asphalte *m* ; brai de pétrole. **petroleum processing**: traitement du pétrole. **petroleum product**: dérivé du pétrole. **petroleum production**: production pétrolière. **petroleum products**: produits pétroliers. **petroleum province**: province pétrolière. **petroleum-reconnaissance assignment**: mission de reconnaissance pétrolière. **petroleum refinery**: raffinerie de pétrole. **petroleum refining**: raffinage du pétrole. **petroleum residue**: résidu de pétrole. **petroleum resin**: résine de pétrole. **petroleum service and supply industries**: parapétrolier *m, regroupe les entreprises effectuant des travaux à la demande de l'industrie pétrolière, des sociétés d'ingénierie et des fabriquants d'équipements et installations.* **petroleum spirit**: white-spirit *m.* **petroleum still**: four de distillation continue. **petroleum substitute**: substitut du pétrole. **petroleum sulfonate**: sulfonate de pétrole. **petroleum system**: système pétrolier, *système physico-chimique dynamique de genèse et de concentration du pétrole fonctionnant dans un espace géologique et dans une échelle de temps.* **petroleum tailings**: *voir residual oils.* **petroleum tar**: brai de pétrole. **petroleum vapor**: *dénomination donnée autrefois au gaz naturel.* **petroleum wax**: cire de pétrole. **petroleum well**: puits de pétrole.

petroliferous – pétrolifère. **petroliferous area**: zone pétrolifère. **petroliferous bed**: couche pétrolifère. **petroliferous region**: région pétrolifère. **petroliferous stratum**: couche pétrolifère. **petroliferous structure**: structure pétrolifère.

petrologic – pétrologique.

petrology – pétrologie *f.*

petrophysics – pétrophysique *f, étude des caractéristiques physiques des roches.*

petroplastic – plastique dérivé du pétrole.

petroprotein – pétroprotéine *f, protéine obtenue par biosynthèse par voie microbienne sur substrats pétroliers.*

petrosilex – pétrosilex *m, ancien terme pour felsite.*

Petter – Petter. **Petter engine test**: essai sur moteur Petter, *essai sur moteur monocylindrique diesel AV1 et sur moteur à essence W1 de comportement des huiles pour moteurs.*

pewter – étain *m* ; potin *m, alliage d'étain et de plomb.*

pewtery – stannifère.

pf – *abrév. de power factor.*

Pfalzian – palatin *(strat)*. **Pfalzian orogeny**: phase palatine, *phase tectonique terminale du Permien.*

PFM – *abrév. de pulse-frequency modulation.*

PF-resins – *abrév. de phenol-formaldehyde resins.*

pg – *abrév. de producer gas.*

PGC – *abrév. de programmed gain control : gain programmé.*

pH – pH, *potentiel hydrogène, mesure de l'état acido-basique d'une solution, l'échelle des pH s'étend de 0 (acidité forte) à 14 (base forte), une solution de pH = 7 étant neutre.*

phacoidal – *lenticulaire.* **phacoidal structure**: structure lenticulaire.

phaneritic – phanéritique, *s'applique aux roches magmatiques dont le grain est visible ou perceptible à l'oeil.*

phanerogam – phanérogame *f, plante se reproduisant par des fleurs et des graines.*

Phanerozoic – Phanérozoïque *m, division stratigraphique (éonothème) qui rassemble l'ensemble des temps géologiques où la vie est apparue, depuis l'ère primaire : Paléozoïque, Mésozoïque et Cénozoïque.*

phantom – fantôme *m.* **phantom diffraction**: diffraction fantôme. **phantom horizon**: horizon fantôme. **phantom reflection**: *voir ghost reflection.*

pharmaceutical – pharmaceutique. **pharmaceutical chemistry**: chimie pharmaceutique. **pharmaceutical product**: produit pharmaceutique.

pharmacology – pharmacologie *f.*

pharmacopoeia – pharmacopée *f.*

phase – phase *f.* **phase angle**: angle de phase ; déphasage *m.* **phase-array stations**: réseau de détection sismique ; station sismique complexe. **phase behavior**: comportement de phases. **phase boundary**: couche limite de phases. **phase change**: changement de phase ; rotation de phase. **phase**

characteristics: caractéristique de phase. **phase coherence**: cohérence de phase. **phase coincidence**: concordance de phases *(élec)*. **phase comparison**: comparaison de phase. **phase constant**: constante de phase, *déphasage linéique*. **phase contrast**: contraste de phase. **phase-contrast microscope**: microscope à contraste de phase ; microscope polarisant. **phase control**: commande de phase ; réglage de phase *(élec)*. **phase converter**: convertisseur de phase. **phase correction**: correction de phase. **phase-correction filter**: filtre-compensateur de déphasage *(élec)* ; filtre rephaseur *(élec)*. **phase curve**: courbe de phase. **phase diagram**: courbe d'équilibre des phases ; diagramme de phase. **phase difference**: différence de phase. **phase displacement**: décalage de phase ; déphasage *m*. **phase distortion**: distorsion de phase. **phase encoding**: codage de phase, *informatique*. **phase equilibrium**: équilibre de phase. **phase-in crude**: brut de reprise, *brut dont la commercialisation est temporairement reprise par les compagnies en attendant que les Etats aient les moyens nécessaires pour assurer une commercialisation purement nationale*. **phase index**: indice des phases. **phase inversion**: changement de polarité ; inversion de phase. **phase jump**: enjambement *m* ; saut de phase. **phase lag**: décalage de phase ; déphasage *m* ; retard de phase. **phase lead**: avance de phase. **phase lock**: verrouillage de phase. **phase locus**: lieu de phase. **phase modulation**: modulation de phase. **phase plane**: plan de phase. **phase response**: réponse de phase. **phase reversal**: changement de polarité. **phase shift**: décalage de phase ; déphasage *m*. **phase-shift keying (PSK)**: modulation par déplacement de phase. **phase-shifted traces**: traces déphasées, *les unes par rapport aux autres*. **phase shifter**: déphaseur *m*. **phase solution**: solution à deux phases. **phase space**: espace des phases *(math)*. **phase spectrum**: spectre de phase. **phase splitting**: dédoublement de phase. **phase transfer**: transfert de phase. **phase-transfer catalysis**: catalyse par transfert de phase. **phase velocity**: vitesse de phase. **T phase**: phase T, *onde à courte période qui traverse l'eau à la vitesse du son, et que l'on trouve parfois sur les enregistrements des tremblements de terre*.

phased – phasé. **phased orbits**: orbites phasées.

phasemeter – phasemètre *m*.

phasing – dédoublement *m* ; interférence *f*; mise en phase. **phasing through**: double creux *(sism)*.

phasor – complexeur *m (phys)* ; phaseur *m*. **phasor diagram**: diagramme polaire.

phenanthrene – phénanthrène *m*, *un hydrocarbure cristallin incolore utilisé dans les colorants et les produits pharmaceutiques*.

phenocryst – phénocristal *m (pétro)*.

phenol – phénol *m*, *acide carbolique*. **phenol coefficient**: coefficient de phénol, *mesure de l'efficacité d'un antiseptique en le comparant au phénol*. **phenol extraction**: extraction au phénol, *des hydrocarbures aromatiques des coupes lubrifiantes*. **phenol-formaldehyde resin**: phénoplaste *m* ; résine formophénolique. **phenol removal**: élimination du phénol, *élimination des impuretés phénoliques*.

Phenolfining – *dénomination d'un procédé de raffinage au solvant*.

phenolic – phénolique. **phenolic resin**: résine phénolique.

phenolphthalein – phénolphtaléine *f*, *indicateur chimique*.

phenomenal – prodigieux. **phenomenal sea**: mer énorme.

phenomenon – phénomène *m*.

phenothiazine – phénothiazine *f*, *thiodiphénylamine, dibenzothiazine*.

phenyl – phényle *m*, *radical monovalent*. **phenyl ether**: éther phénylique, *oxyde de phényle, phénoxybenzène*.

phenylacetylene – phénylacétylène *m*, *éthinylbenzène, phényléthyne*.

phenylamine – phénylamine *f*, *voir aniline*.

phenylation – phénylation *f (chim)*.

phenylenediamine – phénylènediamine *f*, *nom donné à trois diaminobenzènes o,m,p*.

phenylnaphthalene – phénylnaphtalène *m*, *nom de deux isomères*.

pheromone – phéromone *(biol)*.

phial – ampoule *f* ; fiole *f* ; flacon *m*.

phillipsite – phillipsite *f*, *zéolite naturelle*.

phlogopite – phlogopite *f*, *silicate magnésien*.

phon – phone *m*, *unité d'intensité physiologique d'un son*.

phone – géophone *m* ; téléphone *m*. **phone booth**: cabine téléphonique. **phone call**: appel téléphonique.

phone (to) – téléphoner.

phonolite – phonolite *f*, *roche magmatique effusive*.

phosgenation – phosgénation *f*.

phosgene – phosgène *m*, *oxychlorure de carbone*.

phosphate – phosphate *m (minér)*. **phosphate desulfurization**: désulfuration au phosphate. **phosphate fertilizer**: engrais phosphaté. **phosphate rock**: phosphate *m*, *roche sédimentaire contenant des minéraux phosphatés* ; roche phosphatée.

phosphatic – phosphaté. **phosphatic chalk**: craie phosphatée. **phosphatic conglomerate**: conglomérat phosphaté. **phosphatic iron ore**: minerai de fer phosphoreux. **phosphatic limestone**: calcaire phosphaté. **phosphatic nodule**: nodule phosphaté. **phosphatic sandstone**: grès phosphaté. **phosphatic shale**: marne phosphatée. **phosphatic slag**: scorie de déphosphoration, *scorie basique*.

phosphating – phosphatation *f*.

phosphine – phosphine *f*, *hydrogène phosphoré*.

phosphite – phosphite *m*.

phosphonation – phosphonation *f*.

phosphor – *voir luminophor*.

phosphorescence – phosphorescence *f*.

phosphorescent – phosphorescent. **phosphorescent decay**: radiophosphorescence *f*. **phosphorescent paint**: peinture phosphorescente.

phosphoric – phosphorique. **phosphoric acid**: acide phosphorique. **phosphoric-acid polymerization**: polymérisation à l'acide phosphorique, *employé comme catalyseur*. **phosphoric anhydride**: anhydride phosphorique. **phosphoric ester**: ester phosphorique.

phosphorite – phosphorite *f*, *roche sédimentaire riche en phosphates*.

phosphorization – phosphorisation *f.*
phosphorous – phosphoreux. **phosphorous acid**: acide phosphoreux.
phosphorus – phosphore *m, symbole chim. P.* **phosphorus nitride**: nitrure de phosphore. **phosphorus oxychloride**: oxychlorure de phosphore. **phosphorus pentachloride**: pentachlorure de phosphore.
phosphorylation – phosphorylation *f.*
phot – phot *m, unité d'éclairement.*
photic – *voir euphotic.*
photo – photo *f, photographie.* **photo base**: base à l'échelle des photographies ; base d'observation.
photoalidade – photoalidade *f.*
photoarchaeology – photoarchéologie *f.*
photocatalysis – photocatalyse *f.*
photocathode – photocathode *f.*
photocell – cellule photoélectique ; photopile *f.*
photochemical – photochimique. **photochemical oxidant**: oxydant photochimique. **photochemical reaction**: réaction photochimique. **photochemical smog**: smog photochimique, *brouillard ayant pour origine l'action des rayons solaires sur les gaz d'échappement des voitures.*
photochemistry – photochimie *f.*
photochromic – photochromique. **photochromic glass**: verre photochromique. **photochromic reaction**: réaction photochromique.
photoclinometer – photoclinomètre *m, appareil servant à mesurer la déviation d'un trou de forage par rapport à la verticale, et la direction de cet écart.*
photoconductive – photoconducteur, *photorésistant.* **photoconductive cell**: cellule photoconductrice.
photoconductivity – photoconductivité *f.*
photocopy – photocopie *f.*
photodegradation – photodégradation *f.*
photodimerization – photodimérisation *f.*
photodetector – photodétecteur *m (élec).*
photodiode – photodiode *f, diode à semiconducteur.*
photodisintegration – photodésintégration *f, d'un nucléide.*
photodissociation – photodissociation *f, dissociation d'une molécule en atomes par le choc avec un photon d'énergie.*
photoelasticity – photoélasticité *f.*
photoelectric – photoélectrique. **photoelectric cell**: cellule photoélectrique. **photoelectric device**: dispositif photoélectrique. **photoelectric effect**: effet photoélectrique. **photoelectric pyrometer**: pyromètre photoélectrique. **photoelectric turbidimeter**: turbidimètre photoélectrique.
photoelectricity – photoélectricité *f.*
photoelectrochemistry – photoélectrochimie *f.*
photoelectrolysis – photoélectrolyse *f.*
photoelectron – photoélectron *m.* **photoelectron spectroscopy**: spectroscopie photoélectronique.
photoemission – effet photoélectrique.
photoemissive – photoémissif. **photoemissive cell**: cellule photoémissive.
photoemissivity – photoémissivité *f.*
photoemission – photoémission *f.*
photogeologic – photogéologique. **photogeologic anomaly**: anomalie photogéologique. **photogeologic map**: carte photogéologique.
photogeology – photogéologie *f.*
photogoniometer – photogoniomètre *m.*
photogram – photogramme *m.*
photogrammetric – photogrammétrique. **photogrammetric coordinates**: coordonnées photogrammétriques. **photogrammetric mapping**: cartographie photogrammétrique.
photogrammetry – photogrammétrie *f, détermination de la forme, des dimensions et de la situation d'un objet à partir d'un ensemble de photographies.*
photograph – cliché *m, cliché photographique* ; photographie *f*; prise de vue photographique. **photograph center**: centre du cliché. **photograph coordonates**: coordonnées cliché. **photograph meridian**: axe méridien de la photographie. **photograph nadir**: nadir du cliché, *intersection de la verticale du point de prise de vues avec le plan de la photographie* ; nadir photographique. **photograph perpendicular**: perpendiculaire photographique.
photographic – photographique. **photographic airplane**: avion photographe. **photographic analysis**: photoanalyse *f.* **photographic contrast**: contraste photographique. **photographic coverage**: couverture photographique. **photographic density**: densité optique. **photographic film**: pellicule photographique. **photographic interpretation**: photo-interprétation *f.* **photographic nuclear emulsion**: émulsion photographique nucléaire, *pour détection des radiations ionisantes, méthode de mesure géophysique par la radioactivité.* **photographic paper**: papier photographique. **photographic plotter**: stéréographe *m.* **photographic reading**: photolecture *f.* **photographic reconnaissance**: reconnaissance photographique, *informations obtenues à partir d'un vol photographique.*
photography – photographie *f.*
photoidentification – photo-identification *f.*
photointerpretation – photo-interprétation *f.* **photointerpretation key**: clé de photo-interprétation.
photoionization – photo-ionisation *f.*
photoluminescence – photoluminescence *f.*
photolysis – photolyse *f.*
photomap – carte photographique ; photocarte *f*; photoplan *m, (cartog).*
photometer – photomètre *m.*
photometry – photométrie *f (opt).*
photomicrography – microphotographie *f.*
photomosaic – photomosaïque *f.*
photomultiplier – photomultiplicateur *m, cellule photoémissive.*
photon – photon *m.* **photon logging**: diagraphie de photons.
photoneutron – photoneutron *m.*
photopedology – photopédologie *f.*
photophoresis – photophorèse *f.*
photopolymerization – photopolymérisation *f.*
photoprinter – photo-imprimante *f.*
photoresistive – photorésistant, *photoconducteur.*
photosensibilizer – photosensibilisateur *m, substance organique se détruisant sous l'action solaire en produisant des radicaux libres qui favorisent la biodégradation des nappes de pétrole.*

photosensitive – photosensible. **photosensitive resist**: photorésist *m.*
photosynthesis – photosynthèse *f.*
phototheodolite – photothéodolite *m.*
phototransistor – phototransistor *m.*
phototriangulation – aérotriangulation analogique ; triangulation photographique.
phototype – phototype *m.*
phototypesetting – photocomposition *f.*
photovoltaic – photovoltaïque. **photovoltaic cell**: cellule photovoltaïque ; pile photovoltaïque. **photovoltaic conversion**: conversion photovoltaïque. **photovoltaic effect**: effet photovoltaïque. **photovoltaic power conversion**: conversion d'énergie photovoltaïque.
phreatic – phréatique. **phreatic eruption**: éruption phréatique. **phreatic layer**: couche phréatique. **phreatic surface sheet**: nappe phréatique. **phreatic water**: eau phréatique. **phreatic zone**: zone de saturation.
phthalate – phtalate *m.*
phthalic – phtalique. **phthalic acid**: acide phtalique. **phthalic anhydride**: anhydride phtalique. **phthalic resin**: résine phtalique.
phthalocyanine – phtalocyanine *f, nom générique des dérivés de l'anhydride phtalique utilisés comme pigments.*
phthalonitrile – phtalonitrile *m, dinitrile phtalique.*
phthanite – phtanite *f, roche sédimentaire siliceuse.*
phyllite – phyllade *m, schiste métamorphisé (pétro)* ; phyllite *f, nom générique des micas, chlorites, argiles et vermiculites (minér).*
phyllitic – phylliteux.
phyllonite – phyllonite *f, roche entre la phyllite et la mylonite.*
phyllosilicate – phyllosilicate *m, famille de silicate.*
phylogeny – phylogenèse *f*; phylogénie *f, recherche de l'arbre généalogique des organismes.*
phylozone – *voir lineage zone.*
phylum – embranchement *m, première division taxinomique du règne animal* ; phylum *m, succession des espèces animales ou végétales qui descendent les unes des autres.*
physical – physique. **physical change**: transformation physique. **physical chemistry**: chimie physique. **physical facilities**: locaux *m.* **physical geography**: géographie physique. **physical geology**: géologie physique. **physical-mass unit**: unité de masse atomique. **physical modeling**: modélisation physique. **physical oceanography**: océanographie physique. **physical optics**: optique physique. **physical property**: propriété physique. **physical quantity**: grandeur physique. **physical stratigraphy**: stratigraphie physique. **physical theory**: théorie physique.
physicist – physicien *m.*
physics – physique *f.*
physiographic – physiographique.
physiography – physiographie *f.*
physisorption – physisorption *f, processus d'adsorption physique.*
physostigmine – physostigmine *f, ésérine.*
phytal – phytal, *voir euphotic.*
phytochemistry – phytochimie *f, chimie végétale.*
phytogenic – phytogène, *d'origine végétale.* **phytogenic rock**: roche phytogène.
phytol – phytol *m, alcool diterpénique obtenu par décomposition de la chlorophylle.*
phytolith – phytolite *m, structure minérale sécrétée par les plantes.*
phytoplankton – phytoplancton *m.*
phytosanitary – phytosanitaire.
phytotoxicity – phytotoxicité *f, toxicité d'un produit pour les plantes.*
PI – *abrév. de penetration index et de productivity index.*
piano – piano *m.* **piano wire**: corde à piano, *câble métallique pour mesurer la profondeur des puits* ; filin *m.*
PIANO – PIANO, *abrév. de paraffins, isoparaffins, aromatics, naphthenes, olefins.*
pick – marteau piqueur ; pic *m* ; pointé *m, opération qui consiste à détecter une arrivée d'onde et en repérer la position.*
pick (to) – pointer. **pick (to) up**: enrouler.
pickax – pic *m* ; pioche *f.*
picket – jalon *m* ; piquet *m.* **picket man**: jalonneur *m* ; piqueteur *m.*
picketing – piquetage *m.*
picking – pointage *m* ; pointé *m (sism).*
pickle – décapant *m, bain d'acide.*
pickle (to) – décaper.
pickling – décapage *m.* **pickling acid**: acide de décapage. **pickling bath**: bain décapant. **pickling inhibitor**: économiseur de décapage ; inhibiteur de décapage. **pickling powder**: poudre décapante. **pickling solution**: bain de décapage ; bain décapant.
pickup – capteur *m* ; crochet *m* ; détecteur *m* ; entraînement *m, signal parasite apparaissant au même temps sur plusieurs traces, dû à une ligne à haute tension* ; géophone *m* ; pince *f* ; ramassage *m* ; reprise *f, qualité d'accélération* ; sismo *m* ; sonde *m (nav).* **pickup diving bell**: tourelle de ramassage *(plongée).* **pickup grab**: pince de repêchage. **pickup oil**: pétrole de récupération, *pétrole échappé du puits ou du réservoir de stockage et récupéré.* **pickup point**: point d'accrochage. **pickup ring**: anneau de relevage. **pickup station**: installation de récupération de l'huile brute. **pickup truck**: *véhicule léger à plateaux.*
pickups – pinces de repêchage.
pico – pico, *préfixe qui placé devant une unité la multiplie par* 10^{-12}, *symbole* p.
picoline – picoline *f, famille d'isomères liquides.*
picolinic – picolique. **picolinic acid**: acide picolique.
picotite – picotite *f, spinelle de chrome.*
picric – picrique. **picric acid**: acide picrique.
picrite – picrite *f, roche volcanique.*
picture – image *f* ; image photographique. **picture control point**: point de canevas, *télédétection.* **picture element**: *voir pixel.* **picture plane**: plan image. **picture point**: point identifiable *(photogram).*
PID – *abrév. de process-and-instrumentation diagram.*
pie – tarte *f.* **pie graph**: camembert *m, graphique (familier).* **Pie slice**: *dénomination commerciale*

d'un filtre en éventail. **pie-slice filtering**: filtrage en éventail *(sism)*.

piece – pièce *f.* **piece rate**: tarif aux pièces. **piece wage**: salaire aux pièces. **Y piece**: coude en Y.

piecework – travail aux pièces.

piedmont – piémont *m.* **piedmont glacier**: glacier de piémont. **piedmont plain**: plaine de piémont.

pier – jetée *f*; môle *m*; quai *m.* **pier on piles**: estacade *f.*

pierce (to) – percer ; perforer.

piercement – percement *m.* **piercement dome**: diapir *m*; pli à noyau perçant. **piercement trap**: piège par percement. **piercement-trap reservoir**: piège par percement.

piercing – ouverture *f*; percement *m.* **piercing fold**: pli à noyau perçant, *voir aussi diapir.*

pierhead – musoir *m.*

pieze – pièze *f, unité de pression, 1 pz = 1 kPa.*

piezoclase – fracture provoquée par la pression *(géol)*.

piezocrystallization – piézocristallisation *f.*

piezoelectric – piézoélectrique. **piezoelectric crystal**: quartz piézoélectrique. **piezoelectric detector**: détecteur piézoélectrique ; sismographe piézoélectrique *(sism)*. **piezoelectric dynamometer**: dynamomètre piézoélectrique. **piezoelectric-hydrophone**: hydrophone piézoélectrique. **piezoelectric manometer**: manomètre piézoélectrique. **piezoelectric oscillator**: oscillateur piézolélectrique. **piezoelectric pressure gage**: capteur piézoélectrique. **piezoelectric probe**: sonde piézoélectrique. **piezoelectric strain gage**: jauge de contrainte piézoélectrique. **piezoelectric transducer**: transducteur piézoélectrique.

piezoelectricity – piézoélectricité *f.*

piezometer – piézomètre *m.*

piezometric – piézométrique. **piezometric level**: niveau piézométrique, *niveau supérieur de la colonne liquide statique qui équilibre la pression hydrostatique au point auquel elle se rapporte.* **piezometric surface**: surface piézométrique, *surface supérieure de l'eau de fond (sondages)*.

pig – cochonnet *m*; piston racleur, *voir scraper, go-devil.* **pig iron**: fonte brute ; fonte en gueuses, *fonte en saumons.* **pig lead**: plomb en saumons. **pig trap**: gare à racleurs *(pipeline)* ; sas pour piston-racleur.

pigging – ramonage des canalisations.

piggyback – ferroroutage *m, transport rail-route* ; porté sur, *qualifie toute opération ou un élément est transporté sur un plus gros et reprend ensuite son autonomie quand il arrive sur les lieux d'intervention.* **piggyback anchor**: ancre d'empennelage. **piggyback basin**: bassin transporté *(géol)*. **piggyback sequence**: propagation conforme, *d'un chevauchement.*

pigment – pigment *m.*

pigtail – queue de cochon *(élec)*. **pigtail chart**: diagramme de pendage. **pigtail connection**: connexion en tire-bouchon.

pile – amas *m* ; amoncellement *m* ; paquet *m* ; pieu *m* ; pile *f*; pilotis *m* ; tas *m.* **pile bearing capacity**: capacité portante d'une pile. **pile dolphin**: duc d'Albe. **pile driver**: appareil de battage ; mouton *m* ; sonnette *f.* **pile driving**: battage des piles. **pile foundation**: fondation sur piles. **pile hammer**: marteau pour le battage des piles. **pile of nappes**: pile de nappes. **pile refusal**: refus de la pile.

piled – empilé ; sur pile ; entassé. **piled steel platform**: plate-forme en acier sur piles.

pileworm – taret *m.*

piling – empilage *m* ; pilotis *m.*

pill – bouchon *m* ; pilule *f.*

pillar – épontille *f.* **pillar crane**: grue à potence.

pillow – coussinet *m.* **pillow-block bearing**: palier ordinaire. **pillow lava**: lave cordée ; lave en coussins. **pillow structure**: structure en coussins *(géol)*.

pilot – modèle *m* ; pilote *m* ; référence *f.* **pilot balloon**: ballon sonde *(météo)*. **pilot bit**: outil pilote ; trépan pilote, *trépan pointu de diamètre réduit servant à guider certains outils d'élargissement.* **pilot boat**: pilotine *f.* **pilot borehole**: trou à l'avancement *(for)*. **pilot burner**: veilleuse *f.* **pilot cell**: élément pilote. **pilot-controlled pressure reducer**: détendeur à commande par pilote. **pilot drift**: galerie pilote. **pilot flag**: pavillon de pilote. **pilot-flame burner**: brûleur à flamme pilote. **pilot flood**: injection pilote, *essai d'injection d'eau dans un gisement pour évaluer la possibilité d'injection à grande échelle* ; pilote d'injection *(prod)*. **pilot hole**: avant-trou *m (for)*. **pilot jet**: gicleur pilote. **pilot lamp**: lampe témoin. **pilot light**: lampe témoin ; veilleuse *f.* **pilot operated**: asservi, *à asservisement.* **pilot-operated valve**: soupape à commande pilote ; soupape d'injection pilote. **pilot plant**: unité pilote, *installation destinée à réaliser une production semi-industrielle avant passage à la fabrication industrielle à grande échelle.* **pilot process**: procédé pilote. **pilot reamer bit**: élargisseur avec guide d'outil ; trépan aléseur, *trépan utilisé pour l'élargissement des avant-trous.* **pilot-scale plant**: unité pilote, *voir pilot plant.* **pilot ship**: bateau pilote. **pilot signal**: onde pilote ; signal de référence ; signal pilote. **pilot switch**: auxiliaire automatique de commande. **pilot trace**: trace pilote *(sism)*. **pilot valve**: robinet pilote ; soupape de commande ; soupape pilote.

piloting – pilotage *m.*

pin – boulon *m* ; broche *f, broche de montage* ; cheville *f*; épingle *f*; extrémité mâle, *d'un joint de tige* ; goupille *f*; tourillon *m.* **pin connection**: connexion mâle *(for)* ; raccord mâle. **pin down**: filetage mâle en bas. **pin-drive kelly bushing**: carré d'entraînement à broches *(for)* ; fourrure d'entraînement à broches. **pin grease cup**: *voir thermal grease cup.* **pin piling**: enclouage par piles ; fixation par piles. **pin tap**: taraud de repêchage, *taraud spécial qui s'agrippe dans le filetage femelle d'un joint de tige.* **pin thread**: filetage mâle. **pin-to-box sub**: raccord mâle et femelle. **pin-to-pin sub**: raccord double mâle. **pin up**: filetage mâle en haut. **pin valve**: pointeau *m.*

pinacoid – pinacoïde *m (crist)*.

pincers – pince *f.*

pinch – amincissement en coin ; étreinte *f*; petite quantité ; pincée *f*; striction *f.* **pinch-clamp cock**: pince Mohr. **pinch cock**: pince *f*; pince d'arrêt *(chim)*. **pinch effect**: effet de pincement *(élec)* ; effet de striction ; effet de striction radiale. **pinch nut**: contre-écrou *m.* **pinch roll**: cylindre preneur.

pinch technology: méthode du pincement. **pinch valve**: soupape à manchon.
pinch (to) – pincer. **pinch (to) out**: biseauter ; se coincer.
pinched – pinçé. **pinched ring**: segment pincé.
pinching – amincissement en coin ; étranglement *m* ; étreinte *f*. **pinching out**: biseautage *m*.
pinchout – amincissement en coin ; biseau *m*, *terminaison en biais d'une couche*. **pinchout trap, pinchout-trap reservoir**: piège par pincement ; piège sous discordance ; piège de pincement.
pine – pin *m*. **pine oil**: essence de pin. **pine tar**: goudron de pin. **pine-tar oil**: huile de pin.
pineapple – ananas *m*. **pineapple bit**: outil à lames étagées, *trépan spécial utilisé pour augmenter l'inclinaison d'un puits*.
ping – cognement *m* ; détonation *f*.
pinger – balise répondeur, *ou balise répondeuse* ; échosondeur *m* ; émetteur acoustique ; émetteur d'ultrasons, *descendu avec les objets de mesures sous-marines afin de faire repérer la profondeur de ceux-ci par rapport à la surface et au fond de la mer* ; répondeur de fond. **pinger probe**: échosondeur de pénétration ; sondeur de sédiments.
pingo – pingo *m*, *hydrolaccolite*.
pinhole – défaut de soudure ; trou d'épingle. **pinhole burner**: brûleur à flamme filiforme.
pinion – pignon *m*. **pinion gear**: commande par pignon. **pinion grease**: graisse pour pignons. **pinion key**: clavette de pignon.
pinite – pinite *f (minér)*.
pink – rose. **pink noise**: bruit rose *(acoust)*.
pinnace – péniche *f* ; pinasse *f*.
pinnacle – pinacle *m*, *d'un récif* ; piton *m (géol)*.
pinning – enclouage *m*.
pinnule – pinnule *f (pal)*.
pinpoint – ponctuel. **pinpoint accuracy**: extrême précision. **pinpoint locating**: localisation ponctuelle. **pinpoint porosity**: porosité fine.
pint – pinte *f*, *mesure de capacité*.
pintle – broche *f* ; pivot *m*. **pintle-chain drive**: commande par chaîne à fuseau. **pintle injector**: injecteur à téton. **pintle nozzle**: injecteur à téton, *injecteur à aiguille*. **pintle-type fuel injector**: injecteur à jet annulaire ; injecteur téton.
pioneer – pionnier *m*. **pioneer tunnel**: tunnel pilote. **pioneer well**: sondage d'exploration.
pipage – transport par canalisation.
pipe – colonne de minerai ; conduite *f* ; tige *f* ; tube *m* ; tuyau *m*. **pipe alignment tool**: ligneur, *pipeline*. **Pipe Analysis Log (PAL)**: *dénomination d'une diagraphie pour localiser les défauts des tubages*. **pipes and fittings**: tuyauterie *f*. **pipe bed**: lit de pose. **pipe bender**: cintreuse à tube. **pipe-bending machine**: cintreuse de tubes. **pipe bracket**: cavalier *m*. **pipe breakage**: rupture de canalisation. **pipe-bridge method**: méthode de canalisation sur passerelle *(pipeline)*. **pipe brush**: hérisson *m*. **pipe buggy**: chariot porte-tubes. **pipe burner**: brûleur rectiligne. **pipe clamp**: bride de serrage ; collier de retenue pour tubes *(for)*. **pipe-clamp fittings**: colliers d'assemblage pour tubes. **pipe coating**: revêtement des tubes. **pipe coil**: serpentin *m*. **pipe connection**: raccord de tuyauterie ; té *m*. **pipe connections**: tuyauteries de raccordement. **pipe coupling**: accouplement de tiges ; manchon *m*. **pipe cutter**: coupe-tige *m* ; coupe-tube *m*, *outils de repêchage utilisés pour couper les tiges et tubages coincés*. **pipe-cutting machine**: tronçonneuse *f*. **pipe dog**: arrache-tuyau *m* ; clé à tube. **pipe dolly**: diabolo *m*, *pour déplacer des sections de pipelines, ou des tiges de forage*. **pipe end**: extrémité du tube. **pipe fingers**: râtelier à tiges *(for)*. **pipe fittings**: raccords de tuyauterie raccorderie *f*, *voir aussi pipefitting*. **pipe flange**: bride de tuyau ; collet de tuyau. **pipe-freeing agent**: agent de décoinçage. **pipe furnace**: chaudière tubulaire, *voir aussi pipe still*. **pipe gang**: équipe d'avancement. **pipe grab**: accroche-tube *m*. **pipe grip**: mâchoire pour serrer les tubes ; pince à griffe. **pipe hanger**: étrier de suspension d'une canalisation. **pipe hole**: cavité *f (métal)* ; retassure *f*. **pipe hook**: crampon pour tubes ; crochet *m*, *outil de repêchage se fixant sur la cloche de repêchage* ; crochet de forage, *pour manipuler les tiges*. **pipe joint**: bride de tube ; joint de tuyauterie. **pipe-joint compound**: garniture pour joints de tuyauterie. **pipe key**: clé à tube. **pipe-lay barge**: barge de pose. **pipe layer**: tracteur à grue latérale, *voir aussi side boom*. **pipe locator**: détecteur de conduite. **pipe machine**: machine à fileter les tubes. **pipe manifold**: claviature *f* ; collecteur *m*. **pipe nipple**: mamelon allongé ; manchon *m*. **pipe of ore**: colonne de minerai. **pipe protector**: protecteur de tiges. **pipe pusher**: pousseur de tiges. **pipe rack**: installation de gerbage *(for)* ; parc à tiges *(for)* ; râtelier de stockage des tiges de forage. **pipe-racker arms**: bras de manutention, *du parc à tiges*. **pipe-racking fingers**: doigts du râtelier de stockage des tiges. **pipe ram**: mâchoire d'obturateur ; mâchoire de fermeture sur tige. **pipe-ram preventer**: obturateur à fermeture sur tiges. **pipe ramp**: plan incliné, *pour monter les tiges de forage*. **pipe reamer**: aléseur pour tube ; fraise conique mâle. **pipe reducer**: raccord de réduction. **pipe repair clamp**: manchon de réparation pour canalisation. **pipe riser**: colonne montante ; tube prolongateur ; tubulure sans bride. **pipe rolling mill**: laminoir à tubes. **pipe saddle**: collier de dérivation ; selle de raccordement, *permettant d'établir rapidement un départ latéral sur une conduite en place*. **pipe scraper**: piston-racleur *m*, *utilisé pour le nettoyage des canalisations*. **pipe sleeve**: fourreau *m (pipeline)*. **pipe squeezer**: écrase-tube *m* ; pince-tube *m*. **pipe still**: four de distillation continue ; four tubulaire. **pipe straightener**: redresseur de tiges *(for)*. **pipe tap**: taraud à tubes. **pipe thread**: filetage des tubes, *extérieur et intérieur*. **pipe-thread protector**: manchon protecteur. **pipe tongs**: clés à tiges ; pince à tuyaux. **pipe trolley**: fardier *m*. **pipe-union nipple**: mamelon de joint de tube ; rondelle de joint de tube. **pipe vein**: colonne de minerai *(géol)*. **pipe vise**: étau à tubes. **pipe walk**: passerelle de manoeuvre. **pipe wall**: paroi de tube. **pipe wiper**: essuie-tige *m*, *disque en caoutchouc qui obture l'espace annulaire lors de la remontée du train de tiges, pour éviter la chute d'objets métalliques dans le trou*. **pipe wrapping**: enrobage des canalisation. **pipe-wrapping machine**: enrobeuse *f*. **pipe wrench**: clé à tiges ; clé à tubes. **pipe yard**: parc à tiges.

pipefitting – montage et assemblage des tuyauteries *(raf)*.

pipelaying – pose de canalisations ; pose des pipelines. **pipelaying barge**: barge de pose. **pipelaying method**: méthode de pose des pipelines. **pipelaying tensioner**: tensionneur de pose.

pipeline – canalisation *f*; conduite d'hydrocarbures ; pipeline *m*. **pipeline burial**: ensouillage des pipelines. **pipeline clamp**: collier de retenue pour conduite. **pipeline connection**: raccordement de canalisation. **pipeline corrosion**: corrosion dans les pipelines. **pipeline-ditching machine**: trancheuse *f*. **pipeline flow efficiency**: débit du pipeline ; rendement du pipeline. **pipeline oil**: pétrole pour pipeline, *huile brute répondant aux normes de transport par pipeline au point de vue teneur en eau et sédiments*. **pipeline route**: tracé d'un pipeline. **pipeline scraper**: piston racleur pour oléoducs. **pipeline shovel**: excavateur de tranchées. **pipeline transportation**: transport par pipeline, *par canalisation*.

pipeline (to) – canaliser ; transporter par pipeline.

pipeliner – pipelinier *m*.

pipelining – transport par pipeline.

piperidine – pipéridine *f*, *hexahydropyridine*.

piperylene – pipérylène *m*, *pentadiène-1-3*.

pipet – compte-gouttes *m* ; pipette *f*.

pipeway – râtelier à tiges *(for)*.

piping – conduite *f*; tuyauterie *f*. **piping end**: embout *m*. **piping hanger**: support de canalisation. **piping system**: réseau de tuyauteries.

piracy – pillage *m*.

pisolith – pisolite *m*, *ou pisolithe, concrétion calcaire sphérique ou ovoïde fréquente dans les roches calcaires*.

pisolitic – pisolitique *(géol)*. **pisolitic limestone**: calcaire pisolitique.

pissasphalt – pissasphalte *m*.

pisselaeum – bitume fétide ; pisselaeum *m*.

piston – piston *m*. **piston blower**: soufflante à piston. **piston clearance**: espace mort du cylindre ; jeu du piston. **piston compressor**: compresseur à piston. **piston-cooling oil**: huile de refroidissement des pistons. **piston-cooling supply oil header**: collecteur d'alimentation d'huile, *pour le refroidissement des pistons*. **piston core sampler**: carottier à piston. **piston corer**: carottier à piston. **piston crown**: tête de piston. **piston displacement**: cylindrée *f*, *volume engendré par le déplacement du piston* ; déplacement du piston. **piston-displacement meter**: compteur volumétrique à piston. **piston engine**: moteur à piston. **piston flow**: écoulement piston. **piston-groove bottom**: fond de gorge de piston. **piston head**: tête du piston. **piston junk ring**: couronne de piston. **piston land**: cordon de piston. **piston nut**: écrou à piston. **piston packing**: garniture de piston. **piston pin**: axe de pied de bielle ; axe de piston. **piston-pin bushing**: coussinet de pied de bielle. **piston-pin recess**: détalonnage *m*, *d'un piston*. **piston pump**: pompe à piston. **piston ring**: segment de piston. **piston-ring scuffing**: rayage des segments. **piston-ring sticking**: gommage des segments. **piston rod**: bielle *f*; tige de piston. **piston-rod extension**: rallonge de crosse. **piston seat**: siège de piston. **piston skirt**: jupe de piston. **piston slap**: claquement de piston. **piston speed**: vitesse du piston. **piston stroke**: course du piston. **piston-type suction pump**: pompe aspirante à piston. **piston undercrown**: calotte de piston. **piston valve**: robinet à piston ; tiroir cylindrique. **piston-valve steam engine**: machine à vapeur à distribution par tiroir. **piston wrist pin**: axe de piston.

pit – bac *m* ; bassin *m* ; carrière *f*; cavité *f*; empreinte *f*, *défaut de matériel tubulaire* ; fosse *f*; fosse de coulée *(métal)* ; mine *f*; piqûre *f (corrosion)* ; puisard *m* ; puits *m*. **pit cast**: coulé dans la fosse de coulée. **pit gas**: grisou *m*. **pit holder**: gazomètre à cuve enterrée. **pit hole**: trou de rouille. **pit level**: niveau de boue *(for)*. **pit-level indicator**: indicateur de niveau de boue. **pit-level recorder**: *voir pit-level indicator*. **pit patcher**: rapiéçage de piqûres. **pit-volume indicator**: *voir pit-level indicator*.

pitch – écartement *m*, *des dents d'un pignon* ; inclinaison *f*; latitude de polarisation ; pas *m*, *d'une vis* ; pente *f*; tangage *m*. **pitch angle**: inclinaison longitudinale. **pitch axis**: axe de tangage. **pitch chain**: chaîne calibrée. **pitch change**: changement de pas. **pitch circle**: cercle primitif, *engrenages*. **pitch-cone radius**: rayon primitif du cône. **pitch diameter**: diamètre primitif, *engrenages*. **pitch line**: cercle primitif, *engrenages* ; ligne d'engrenage ; ligne de jauge, *filetage*. **pitch of a sound**: hauteur d'un son. **pitch of thread**: angle de filetage ; pas de filetage. **pitch velocity**: vitesse de tangage. **pitch wheel**: roue d'engrenage.

pitch – brai *m* ; poix *f*, *résidu de la distillation du bois ou du goudron*. **pitch coke**: coke de brai. **pitch-grouted surfacing**: empierrement au brai. **pitch lake**: lac d'asphalte.

pitchblende – pechblende *f*, *minerai d'uranium et de radium* ; uraninite *f (minér)*.

pitching – incliné ; tangage *m*. **pitching axis**: axe plongeant. **pitching fold**: pli plongeant. **pitching moment**: moment de tangage. **pitching seam**: couche inclinée.

pitchlike – poisseux.

pithead – carreau d'une mine ; entrée de mine.

pitman – bielle de pompe, *reliant le bras de la pompe au balancier*.

Pitot tube – tube de Pitot, *appareil permettant de mesurer la pression dynamique d'un courant de fluide*.

pitted – corrodé ; piqué. **pitted bearing**: coussinet piqué.

pitting – piquage *m*.

pivot – pivot *m*. **pivot bearing**: crapaudine *f*. **pivot bridge**: pont tournant.

pivotal – à pivots. **pivotal fault**: faille à charnière.

pixel – pixel *m*, *plus petite surface homogène constitutive d'une image enregistrée*.

pkr – *abrév. de packer*.

PL – PL, *abrév. de pipeline*.

placer – placer *m (géol)*. **placer deposit**: dépôt alluvial de minéraux, *par opposition à veine*. **placer mining**: exploitation à ciel ouvert.

placoderm – placoderme *m*, *poisson cuirassé (pal)*.

plagioclase – plagioclase *m*, *série de feldspath sodi-calcique*.

plain – lisse ; ordinaire ; simple. **plain bearing**: palier lisse. **plain end**: bout lisse ; extrémité lisse. **plain-end line pipe**: tube à bout lisse. **plain-end**

liner: crépine à bouts lisses ; crépine lisse *(for)*. **plain hemispheroid tank**: réservoir hémisphéroïde lisse. **plain roll**: cylindre lisse. **plain washer**: disque de tôle ; rondelle de serrage.

plain – plaine *f* *(géog)*.

Plaisancian – Plaisancien *m, Pliocène inférieur.*

plait – tresse *f.* **plait point**: point de démixtion, *température à laquelle les solutions de liquides partiellement miscibles d'un système ternaire possèdent la même composition.*

plan – dessin *m* ; plan *m* ; projet *m.* **plan-position indicator (PPI)**: indicateur de gisement panoramique, *télédétection.*

plan (to) – envisager ; projeter.

planar – planaire. **planar crossbedding**: litage oblique tabulaire.

planated – raboté *(géol)*.

planation – aplanissement *m* ; rabotage *m* *(géol)*. **planation surface**: surface d'aplanissement, *surface d'érosion.*

Planck – Planck. **Planck's constant**: constante de Planck. **Planck's law**: loi de Planck, *théorie quantique considérant que l'énergie émise ou absorbée au cours de chaque processus élémentaire correspond à des quantités discrètes d'énergie.*

plane – plan *m* ; rabot *m* ; surface plane *(math)*. **plane of cleavage**: plan de clivage. **plane of polarization**: plan de polarisation. **plane of spin**: plan de rotation. **plane of stratification**: plan de stratification. **plane of symmetry**: plan de symétrie. **plane of unconformity**: plan de discontinuité ; surface de discordance. **plane of vanish point**: plan de l'extrémité du filetage *(for)*.

plane – plan ; plat. **plane angle**: angle plan, *l'unité SI est le radian.* **plane coordinates**: coordonnées planimétriques. **plane polarization**: polarisation plane. **plane strain**: déformation plane. **plane stress**: contrainte plane. **plane survey**: levé à la planchette. **plane table**: planchette *f.* **plane-table survey**: levé à la planchette. **plane wave**: onde plane. **plane-wave simulation**: simulation d'onde plane.

planetary – planétaire. **planetary gear**: engrenage planétaire ; planétaire *m.* **planetary-gear train**: train épicycloïdal ; train planétaire. **planetary transmission**: transmission planétaire.

planimeter – planimètre *m.*

planimetric – planimétrique. **planimetric map**: carte planimétique.

planimetry – planimétrie *f.*

planing – rabotage *m.* **planing boat**: voir hydroplane. **planing machine**: raboteuse *f.*

plank – dosse *f* ; madrier *m* ; planche *f.*

plankton – plancton *m.*

planktonic – planctonique. **planktonic foraminifer**: foraminifère planctonique.

planner – dessinateur *m* ; topographe *m.*

planning – établissement d'un programme d'ordonnancement, *analyse des tâches qui constituent un projet et détermination de la séquence dans laquelle elles doivent être effectuées* ; planification *f* ; planning *m.*

Planosol – planosol *m* *(pédol)*.

plant – centrale *f* ; couplage *m, d'un sismo avec le sol* ; établissement *m* ; installation *f* ; matériel *m* ; plantation *m, d'un sismo* ; usine *f.* **plant designer**: ingénieur de bureau d'étude.

plant – plante *f* *(bot)*. **plant cover**: couverture végétale. **plant diseases**: phytopathologie *f.*

planter – planteuse *f, machine à planter les sismos.*

planting – implantation *f.*

plasma – plasma *m, milieu gazeux ionisé.* **plasma diode**: diode à plasma. **plasma generator**: générateur de plasma. **plasma gun**: canon à plasma. **plasma jet**: jet de plasma, *produit par un arc électrique pour l'usinage des métaux.* **plasma torch**: chalumeau à plasma ; torche à plasma. **plasma welding**: soudage au plasma.

plaster – plâtre *m.* **plaster of paris**: plâtre de Paris, *sulfate de calcium obtenu en chauffant du gypse.*

plastic – plastique *m, matière plastique, matière composée d'une substance macromoléculaire et qui peut être moulée ou modelée* ; plastique. **plastic blanket**: écran plastique flottant, *réservoir de stockage.* **plastic body**: corps plastique. **plastic cement**: ciment plastique. **plastic clay**: argile plastique. **plastic deformation**: déformation plastique. **plastic flow**: écoulement plastique ; écoulement visqueux. **plastic foam**: mousse expansée. **plastic limit**: limite de plasticité, *teneur en eau au-dessous de laquelle le sol perd sa plasticité et devient friable.* **plastic paint**: peinture plastique. **plastic pipeline**: canalisation en matière plastique. **plastic strain**: déformation plastique. **plastic viscosity**: viscosité plastique.

plasticity – plasticité *f.* **plasticity index**: indice de plasticité, *différence entre la limite de liquidité et la limite de plasticité d'un sol.*

plasticized – plastifié.

plasticizer – plastifiant *m.*

plastics – matières plastiques.

plastigel – plastigel *m.*

plastisol – plastisol *m.*

plastomer – plastomère *m.*

plastometer – plastomètre *m, utilisé pour mesurer les propriétés thermoplastiques d'un produit.*

plastotype – plastotype *m* *(pal)*.

plat – carte administrative.

plate – lame *f* ; plaque *f* ; plateau *m* ; tôle *f.* **plate cam**: came plate. **plate camera**: appareil de prise de vues à plaques. **plate clutch**: embrayage à disques ; embrayage à plateaux. **plate collector**: capteur plat ; collecteur plat. **plate column**: colonne à plateaux, *ensemble d'étages de contact distincts, entre lesquels les deux phases circulent séparées.* **plate condenser**: condenseur à plaques ; condenseur à plateaux. **plate coupling**: accouplement à plateau. **plate efficiency**: efficacité du plateau, *rapport de l'équilibre liquide-vapeur d'un plateau d'une colonne de distillation à celui du plateau parfait* ; rendement des plateaux *(raf)*. **plate fin**: plaque ailette. **plate gage**: calibre pour tôles. **plate heat exchanger**: échangeur de chaleur à plaques. **plate iron**: tôle forte. **plate-mill roller**: cylindre à tôles. **plate number**: nombre de plateaux, *d'une colonne de fractionnement.* **plate rolling**: laminage des tôles. **plate shale**: schiste argileux en plaquettes. **plate spring**: ressort à lame. **plate tectonics**: tectonique de plaques, *voir global tectonics.* **plate-type evaporator**: évaporateur à plaques.

plateau – palier *m, d'une courbe* ; plateau *m, en géologie marine, c'est une élévation étendue et de faible pente au fond de la mer, avec un relief de détail et de faible importance.* **plateau basalt**: basalte des plateaux, *relief volcanique.* **plateau glacier**: glacier de plateau.

plated – bordé ; doublé ; plaqué. **plated steel**: acier plaqué.

platelet – plaquette *f, hématologie.*

platen – plateau *m* ; platine *f (méc)* ; table *f, de machine-outil.* **platen force**: effort sur le plateau, *soudage.*

platform – plate-forme *f, le pluriel est plates-formes.* **platform jacket**: *voir jacket.* **platform lift truck**: chariot élévateur à plate-forme. **platform orientation**: attitude d'une plate-forme d'observation *(télédétection)*. **platform reef**: banc coralien.

platformate – platformat *m, essence de reformage obtenue par le procédé Platforming.*

Platforming – *dénomination d'un procédé de reformage catalytique employant un catalyseur au platine.*

plating – blindage *m* ; galvanisation *f* ; placage *m* ; revêtement métallique.

platinite – platinite *f, un alliage de fer et de nickel.*

platinum – platine *m, métal précieux, symbole chim. Pt.* **platinum black**: noir de platine. **platinum chloride**: chlorure de platine. **platinum crucible**: creuset en platine. **platinum-irridium alloy**: platine iridié, *alliage de platine et d'iridium.* **platinum metals**: mine du platine, *désigne l'ensemble de six métaux : le platine, le palladium, le rhodium, le ruthénium, l'osmium et l'iridium.* **platinum oxide**: oxyde de platine. **platinum sponge**: mousse de platine. **platinum sulfate**: sulfate de platine.

platy – aplati ; en plaquettes ; tabulaire. **platy parting**: séparation en plaquettes *(géol)*. division en plaquettes *(géol)*. **platy structure**: *voir platy parting.*

play – jeu *m* ; objectif *m, de prospection pétrolière* ; thème *m, zone où la présence d'hydrocarbures est possible.* **play of valve**: jeu de soupape. **play out**: amincissement en coin *(géol)*.

playa – playa *f (géol)*. **playa lake**: *voir sabkra.*

playback – rejeu *m, d'un enregistrement magnétique* ; restitution *f.* **playback filter**: filtre de rejeu *(sism)*. **playback gain**: gain de rejeu.

Pleistocene – Pléistocène *m, période du Quaternaire.*

plenum – plein *m.* **plenum chamber**: chambre de surpression.

pleochroic – pléochroïque. **pleochroic halo**: halo pléochroïque *(minér)*.

pleochroism – polychroïsme *m, variation de couleur d'un cristal.*

plesiosaur – plésiosaure *m (pal)*.

plesiotype – plésiotype *m (pal)*.

Plexiglas – Plexiglas, *dénomination d'une résine synthétique employée comme verre de sécurité.*

pliability – pliabilité *f.* **pliability test**: essai de pliabilité.

plication – interpénétration *f (géol)* ; involution *f* ; plication *f (géomorph)*.

Pliensbachian – Pliensbachien *m, étage du Jurassique.*

pliers – pinces *f* ; tenailles *f.*

plinthite – plinthite *f, mélange d'argile et de quartz dans un sol.*

Pliocene – Pliocène *m, époque ou période du Tertiaire.*

PLO – *abrév. de pipeline oil.*

plot – croquis à l'échelle ; parcelle de terrain ; plan *m* ; plot *m* ; relevé *m* ; repère *m, sur graphique* ; report graphique ; restitution *f* ; tracé *m.* **plot plan**: schéma d'implantation.

plot (to) – dessiner ; dresser le plan de ; faire le relevé de ; restituer. **plot (to) a curve**: tracer une courbe.

PLOT-column – *voir porous-layer open-tube column.*

plotted – tracé. **plotted section**: coupe restituée.

plotter – appareil de restitution ; dessinateur *m, cartographe* ; traceur *m* ; traceur de courbes.

plotting – levé *m* ; planimétrage *m, mesure d'une aire sur une carte à l'aide d'un planimètre* ; présentation graphique ; relevé *m* ; restitution *f* ; tracé *m.* **plotting camera**: chambre de restitution. **plotting machine**: appareil de restitution photogrammétrique. **plotting of ground**: relevé du terrain. **plotting paper**: papier graphique ; papier quadrillé. **plotting scale**: échelle de restitution. **plotting-scale paper**: papier millimétré. **plotting table**: table traçante.

plough – *voir plow.*

plow – charrue *f.* **plow steel (PS)**: acier de haute qualité, *acier de limite de rupture entre 1570 et 1760 MPa, pour câbles de forage.*

plow (to) – labourer. **plow (to) back profits**: réinvestir les bénéfices.

plowing – labourage *m.* **plowing in**: mise en fouille *(pipeline)*.

plucking – arrachement *m* ; débitage glaciaire ; érosion par éclatement, *glaciers.*

plug – bouchon *m* ; bouchon obturateur *(for)* ; bougie *f (auto)* ; broche *f* ; fiche *f* ; petite carotte, *prélevée sur l'échantillon* ; prise *f* ; prise de courant ; tampon *m.* **plug-back costs**: frais d'obturation, *entraînés par un approfondissement improductif d'un forage produisant à des niveaux superficiels.* **plug box**: boîte de connexion ; boîte de contact. **plug cock**: robinet à boisseau. **plug container**: conteneur à bouchons, *tête de cimentation.* **plug dome**: cumulovolcan *m* ; dôme éruptif ; dôme volcanique. **plug effect**: effet bouchon, *pour une substance plastique s'écoulant dans un tube, phénomène de déplacement en bloc de la zone centrale où le cisaillement est nul, cette partie se déplace comme un solide avec la vitesse maximale dans le tube.* **plug flow**: écoulement avec effet-bouchon, *écoulement d'une substance dans un tube donnant lieu à un effet-bouchon* ; écoulement sublaminaire. **plug gage**: calibre mâle. **plug gap**: écartement des pointes d'une bougie. **plug in**: embrochable. **plug landing nipple**: siège de bouchon, *raccord servant à placer et à fixer un bouchon au devant d'une zone épuisée.* **plug-protector pan**: casier à bouchons *(forage)*. **plug score**: rayure *f, défaut de matériel tubulaire.* **plug setting**: pose de bouchon. **plug type analysis**: analyse sur petits échantillons. **plug valve**: robinet à boisseau ; vanne à opercule. **plug weld**: soudure en bouchon.

plug (to) – se boucher. **plug (to) a well**: condamner un puits. **plug (to) back**: reboucher, *remplir un sondage avec des matériaux solides*. **plug (to) in**: brancher, *un appareil* ; connecter, *un ordinateur*.
pluggable – embrochable.
plugged – bouché ; cimenté ; colmaté ; tamponné. **plugged and abandoned (P&A)**: bouché et abandonné, *puits sec*. **plugged and suspended well**: puits bouché et provisoirement abandonné. **plugged nozzle (PN)**: duse bouchée, *outil de forage*.
plugging – bouchage *m* ; colmatage *m* ; comblement *m* ; obturation *f*. **plugging agent**: produit colmatant, *formant un film ou un bouchon pour lutter contre les pertes de circulation*.
plumb – fil à plomb. **plumb bob**: plomb de sonde. **plumb line**: fil à plomb ; ligne de sonde.
plumber – plombier *m*.
plumbiferous – plombifère.
plumbing – plombée *f*, *centrage au fil à plomb* ; plomberie *f*.
plumbite – plombite *m*, *voir doctor test*.
plume – panache *m*, *d'eau turbide ou de fumée*. **plume rise**: ascension de panache, *pollution de l'air*.
plummet – fil à plomb.
plunge – inclinaison *f*; plongement *m*. **plunge grinding**: moulage en plongée. **plunge of a fold axis**: plongement axial du pli. **plunge of an ore body**: plongement du corps minéralisé.
plunge (to) – s'ennoyer.
plunger – piston *m* ; piston plongeur ; plongeur *m* ; ventouse *f*. **plunger lift**: piston élévateur, *régulateur de débit dans lequel l'ouverture et la fermeture périodiques du sondage sont réalisées par le mouvement d'un piston à l'intérieur du tubing, ce qui évite la ségrégation des fluides dans le puits*. **plunger piston**: piston plongeur. **plunger pump**: pompe à piston plongeur ; pompe foulante. **plunger stroke**: course du piston, *de pompe*. **plunger valve**: clapet à piston plongeur.
plunging – enfoncement *m* ; immersion *f*; plongeant ; plongement *m*. **plunging anticline**: anticlinal plongeant. **plunging axis**: axe plongeant. **plunging breaker**: déferlement en volute ; déferlement plongeant. **plunging-breaking wave**: *voir plunging breaker*. **plunging cliff**: falaise plongeante. **plunging fold**: pli oblique ; pli plongeant.
plus – plus. **plus-minus method**: méthode des plus-minus. **plus pole**: pôle positif.
pluton – pluton *m*, *massif formé de roches magmatiques plutoniques constituant une grosse masse ovoïde*.
plutonic – plutonique *(pétro)*. **plutonic plug**: bysmalite *m* ; tampon plutonique. **plutonic rock**: roche de profondeur ; roche plutonique. **plutonic water**: eau plutonique, *eau juvénile de magma à grande profondeur*.
plutonium – plutonium *m*, *symbole chim. Pu*.
pluvial – pluvial.
pluviation – pluviation *f*.
pluviograph – pluviomètre enregistreur.
pluviometer – pluviomètre *m* ; udomètre *m*.
pluviometric – pluviométrique ; udométrique.
pluviometry – pluviométrie *f*.
ply – couche *f*; pli *m* ; toron *m*.
plywood – bois contreplaqué ; contreplaqué *m*.
PM – *abrév. de Pensky Martens et de permanent magnet*.
PMHP – *abrév. de para-menthane hydroperoxide, catalyseur de polymérisation*.
pmpg – *abrév. de pumping, dans les rapports de sondages*.
PN – *abrév. de performance number et de plasticity number*.
pneumatic – pneumatique. **pneumatic absorber**: amortisseur pneumatique. **pneumatic control**: commande à air comprimé ; commande pneumatique. **pneumatic cylinder**: cylindre pneumatique. **pneumatic dedusting**: dépoussiérage pneumatique. **pneumatic drill**: marteau perforateur à air comprimé ; marteau piqueur ; marteau pneumatique. **pneumatic drilling**: forage pneumatique, *utilisant l'air ou du gaz comme fluide de forage*. **pneumatic-electric lamp**: lampe électro-pneumatique. **pneumatic feed**: mécanisme d'avance pneumatique. **pneumatic hammer**: marteau pneumatique. **pneumatic locomotive**: locomotive à air comprimé. **pneumatic separator**: séparateur pneumatique. **pneumatic stowing**: remblayage pneumatique. **pneumatic table**: table d'épuration pneumatique. **pneumatic tamper**: rouleau compresseur. **pneumatic-tool oil**: huile pour outils pneumatiques. **pneumatic transmission**: transmission pneumatique. **pneumatic valve**: soupape pneumatique. **pneumatic winch**: treuil pneumatique.
pneumatogenic – pneumatolytique, *se dit d'une roche ou d'un minerai formé par un gaz*. **pneumatogenic inclusion**: enclave pneumatogène.
pneumatolism – *voir pneumatolysis*.
pneumatolysis – pneumatolyse *f*, *transformation d'une roche ou d'un minéral sous l'effet de transferts gazeux magmatiques*.
pneumatolytic – pneumatolytique. **pneumatolytic differentiation**: différenciation pneumatolytique. **pneumatolytic metamorphism**: métamorphisme pneumatolytique, *métamorphisme de contact accompagné d'un fort métasomatisme*. **pneumatolytic mineral**: minéral pneumatolytique. **pneumatolytic stage**: stade pneumatolytique.
PNL – *abrév. de Pulsed Neutron Logging*.
pocket – amas *m* ; nid *m* ; poche *f*. **pocket barometer**: baromètre de poche. **pocket compass**: boussole de poche. **pocket of ore**: poche de minerai.
pod – boîtier du distributeur, *(for)* ; lentille allongée de minerai *(géol)* ; nacelle *f*.
POD – *abrév. de Podbielniak*.
Podbielniak extractor – Podbielniak *m*, *dénomination d'appareils à distiller et à rectifier, avec inscription graphique de la température*.
podzol – podzol *m*, *type de sol*.
podzolization – podzolisation *f (pédol)*.
POGO – *abrév. de point of greatest onlap*.
POI – *abrév. de producible-oil index*.
poikilitic – poecilitique, *se dit d'un cristal contenant des petits cristaux d'un autre minéral*.
poikiloblastic – poeciloblastique *(minér)*.
point – aiguille *f*; échantillon *m*, *pour un opérateur de filtrage* ; point *m* ; pointe *f*. **point bar**: barre de méandre. **point-designation grid**: grille de localisation. **point-electrode method**: méthode de

l'électrode ponctuelle. **point group**: groupe ponctuel, *éléments de symétrie des cristaux*. **point of anchorage**: point d'ancrage. **point of discharge**: point de refoulement. **point of failure**: lieu de détérioration ; point de détérioration ; point de rupture. **point of greatest onlap (POGO)**: biseau d'aggradation maximale, *caractérisé par un empiétement et une aggradation maximale*. **point of intersection**: point d'intersection. **point of linkage**: point d'attache ; point de fixation. **point of sale (POS)**: point de vente, *distribution des carburants*. **point of suspension**: point de suspension. **point of symmetry**: point de symétrie. **point of tangency**: point de tangence. **point of the horse**: point de ramification d'un filon *(géol)*. **point sort**: regroupement *m*, *de traces sismiques*. **point source**: source point *(sism)* ; source ponctuelle. **point-to-point link**: liaison point-à-point. **point welding**: soudage par points.

pointer – indicateur *m* ; pointeur *m*.

pointing – braquage *m* ; pointage *m*. **pointing error**: erreur de cap.

poise – poise *m*, *ancienne unité de viscosité dynamique, 1 P = 0,1 Pa.s.*

poiseuille – poiseuille *m*, *ancienne unité de viscosité dynamique égale au pascal seconde*. **Poiseuille's law**: loi de Poiseuille, *loi qui régit la circulation d'un fluide incompressible dans un tube circulaire*.

poison – poison *m*. **poison gas**: gaz toxique.

poisoning – empoisonnement *m* ; intoxication *f*, *voir aussi lead poisoning*.

poisonous – toxique.

Poisson – Poisson. **Poisson's law**: loi de Poisson, *loi de probabilité*. **Poisson's ratio**: coefficient de Poisson. **Poisson solid**: solide de Poisson.

polar – polaire. **polar axis**: axe polaire. **polar bond**: liaison polaire. **polar compound**: composé polaire. **polar coordinates**: coordonnées polaires. **polar diagram**: diagramme polaire. **polar fast ice**: glace polaire fixe. **polar ice**: glace polaire. **polar migration**: migration des pôles. **polar molecule**: molécule polaire. **polar number**: *voir valence number*. **polar orbit**: orbite polaire. **polar pack**: banquise polaire. **polar potentiometer**: potentiomètre à polarisation. **polar solvent**: solvant polaire. **polar symmetry**: symétrie polaire. **polar wandering**: migration des pôles.

polarimeter – polarimètre *m*.

polarimetric – polarimétrique. **polarimetric analysis**: polarimétrie *f*.

polarimetry – polarimétrie *f*.

polariscope – polariscope *m*.

polarity – polarité *f*. **polarity convention**: convention de polarité. **polarity epoch**: époque magnétique. **polarity event**: événement magnétique. **polarity standard**: norme de polarité.

polarizability – coefficient de polarisation, *d'une molécule*.

polarization – polarisation *f*. **polarization ellipse**: ellipse de polarisation. **polarization filtering**: filtrage par polarisation. **polarization potential**: potentiel de polarisation. **polarization spectroscopy**: spectroscopie de polarisation.

polarized – polarisé. **polarized connector**: connecteur à détrompeur. **polarized electrolytic capacitor**: condensateur électrolytique polarisé. **polarized light**: lumière polarisée. **polarized relay**: relais polarisé. **polarized wave**: onde polarisée.

polarizer – polariseur *m*.

polarizibility – polarisibilité *f*.

polarizing – polarisant ; polarisation *f*. **polarizing angle**: angle de polarisation. **polarizing current**: courant polarisant. **polarizing filter**: filtre de polarisation *(élec)*. **polarizing microscope**: microscope polarisant.

polarograph – polarographe *m*.

polarographic – polarographique. **polarographic analysis**: analyse polarographique, *polarographie*.

polarography – polarographie *f*, *analyse polarographique*.

polder – polder *m*, *zone gagnée sur la mer*.

pole – hampe *f* ; jalon *m* ; mât *m* ; mire *f* ; perche *f* ; pôle *m* ; poteau *m*. **pole diagram**: diagramme polaire. **pole drill**: appareil de forage aux tiges pleines. **pole drilling**: forage aux tiges pleines ; forage canadien. **pole scope**: envergure d'un derrick rétractable. **pole shoe**: épanouissement polaire, *partie d'un pôle saillant faisant face à l'entrefer* ; pièce polaire. **pole tool**: outil utilisé pour le sondage à tiges pleines.

polhode – polhodie *f (méc)*.

polianite – polianite *f (minér)*.

policy – police *f*.

policyholder – assuré *m*, *dans une police d'assurance : the policyholder, l'assuré*.

polish – lustre *m* ; poli *m*.

polished – poli. **polished rod**: tige polie, *tige qui traverse le presse-étoupe de la pompe du puits*. **polished-rod clamp**: attache de la tige polie. **polished-rod elevator**: élévateur de tige polie. **polished section**: section polie. **polished surface**: surface polie. **polished thin section**: plaque mince polie.

polishing – polissage *m*. **polishing file**: brunissoir *m*. **polishing oil**: huile de polissage. **polishing scratch**: strie de polissage. **polishing wheel**: disque de polissage ; meule à polir.

polje – poljé *m*, *dépression karstique*.

pollen – pollen *m*. **pollen diagram**: diagramme pollinique. **pollen grain**: grain de pollen. **pollen rain**: pluie de pollen. **pollen spectrum**: spectre pollinique. **pollen sum**: somme pollinique.

polling – interrogation sélective.

pollucite – pollucite *f*, *aluminosilicate naturel de césium*.

pollutant – polluant *m*.

pollute (to) – polluer.

polluted – pollué. **polluted water**: eau polluée.

polluter – pollueur *m*. **polluter pays principle (PPP)**: principe pollueur payeur (PPP), *principe selon lequel le responsable de toute atteinte à l'environnement doit prendre financièrement des mesures réparatoires*.

pollution – pollution *f*. **pollution control**: lutte contre la pollution.

polonium – polonium *m*, *symbole chim. Po*.

polyacid – polyacide *m*.

polyacrylamide – polyacrylamide *m (PAM)*, *polymères hydrosolubles utilisés en récupération assistée*. **polyacrylamide gel**: gel de polyacrylamide.

polyacrylate – polyacrylate *m*.

polyacrylic – polyacrylique. **polyacrylic acid**: acide polyacrylique. **polyacrylic fiber**: fibre polyacrylique.
polyacrylonitrile – polyacrylonitrile *m.*
polyalcohol – polyalcool *m, polyol.*
polyallomer – polyallomère *m, copolymère ayant une structure cristalline uniforme mais une composition chimique mixte.*
polyamide – polyamide *m, voir aussi nylon.* **polyamide resin**: résine polyamide.
polybase – base mixte. **polybase crude**: brut à base mixte.
polybasic – polybasique.
polybutadiene – polybutadiène *m.*
polybutene – polybutène *m.*
polybutylene – polybutylène *m.*
polycaprolactam – polycaprolactame *m.*
polycarbonate – polycarbonate *m, composé macromoléculaire thermoplastique.*
polychlorinated – polychloré. **polychlorinated biphenyl (PCB)**: diphényle polychloré.
polychloroprene – polychloroprène *m, néoprène.*
polychroism – *voir pleochroism.*
polychromy – polychromie *f.*
polycondensation – polycondensation *f, réaction qui réalise l'union de molécules polyfonctionnelles, semblables ou différentes, avec élimination de molécules de faible poids moléculaire.*
polycondensed – polycondensé. **polycondensed organic matter**: matière organique polycondensée.
polyconic – polyconique. **polyconic map projection**: projection polyconique ordinaire, *le méridien central est représenté par une droite, les autres méridiens sont des courbes transcendantes, les parallèles sont des portions de circonférence dont le lieu géométrique des centres est le méridien central.*
polycrystal – polycristal *m.*
polycrystalline – polycristallin. **polycrystalline diamond (PCD)**: diamant polycristallin. **polycrystalline-diamond cutter bit**: trépan à taillants polycristallins, *abrégé avec PCD (polycrystalline diamond) ou avec PDC (polycristalline diamond cutter).*
polycycle – polycycle. **polycycle engine**: moteur polycarburant.
polycyclic – polycyclique *(chim)* ; polynucléaire. **polycyclic aromatic hydrocarbon**: hydrocarbure aromatique polycyclique, *voir polynuclear aromatic hydrocarbon.*
polydispersity – polydispersité *f, d'un système macromoléculaire.*
polyelectrolyte – polyélectrolyte *m.*
polyester – polyester *m.* **polyester fiber**: fibre polyester. **polyester resin**: résine polyester, *résine du groupe résultant d'une polycondensation entre des polyacides ou anhydride d'acide et un polyalcool.*
polyesterification – polyestérification *f.*
polyether – polyéther *m.*
polyethylene – polyéthylène *m.* **polyethylene glycol**: polyéthylèneglycol *m.* **polyethylene terephthalate**: polyéthylène téréphtalate. **polyethylene wax**: cire de polyéthylène.
polyethyleneimine – polyéthylèneimine *m.*
Polyforming – *dénomination d'un procédé de reformage thermique avec recyclage du propane et des butanes.*
polyfunctional – polyfonctionnel.
poly-gas – *poly gasoline, abrév. de polymer gasoline.*
polygenetic – polygénique *(géol).* **polygenetic breccia**: brèche polygénique. **polygenetic conglomerate**: conglomérat polygénique.
polygenic – *voir polygenetic.*
polygeosyncline – polygéosynclinal *m.*
polyglycol – polyglycol *m.*
polygon – polygone *m.*
polygonal – polygonal. **polygonal ground**: sol polygonal.
polygonization – polygonisation *f, formation d'un assemblage de cristaux polygonaux à partir de la fragmentation de cristaux plus grands.*
polyhalite – polyhalite *f (minér).*
polyhedron – polyèdre *m (math).*
polyhydric – polyhydrique. **polyhydric alcohol**: alcool polyvalent, *alcool polyatomique, polyalcool, polyol.*
polyimide – polyimide *m, haut polymère.* **polyimide resin**: résine polyimide, *à haute résistance thermique.*
polyisoprene – polyisoprène *m.*
polylayer – soutènement à plusieurs couches, *fracturation.*
polymer – polymère *m, se dit d'un corps dont le poids moléculaire est multiple de celui d'un autre ayant la même formule développée, et appelé monomère.* **polymer-emulsion fluid**: solution de polymères. **polymer flood**: solution de polymères injectée. **polymer flooding**: injection de polymère *(prod).* **polymer gasoline**: essence de polymérisation. **polymer waterflooding**: injection de solution de polymères.
polymeric – polymérique. **polymeric hydrocarbon**: hydrocarbure polymérique. **polymeric membrane**: membrane polymérique.
polymerizability – polymérisabilité *f.*
polymerization – polymérisation *f, opération transformant un corps en un ou plusieurs de ses polymères.* **polymerization inhibitor**: inhibiteur de polymérisation.
polymerize (to) – polymériser.
polymetamorphic – polymétamorphique. **polymetamorphic rock**: roche polymétamorphique.
polymetamorphism – polymétamorphisme *m, superposition au cours des temps géologiques de plusieurs phases métamorphiques.*
polymethylmethacrylate – polyméthacrylate de méthyl.
polymictic – polygénique, *s'applique aux roches sédimentaires détritiques dont les éléments sont de nature différentes.*
polymorphic, polymorphous – polymorphe.
polymorphism – polymorphisme *m.*
polynomial – polynôme *m (math).*
polynuclear – polycyclique ; polynucléaire. **polynuclear aromatic (PNA)**: hydrocarbure aromatique polynucléaire (HAP). **polynuclear aromatic hydrocarbon (PAH)**: hydrocarbure aromatique polynucléaire (HAP), *série de composés complexes produits en faible quantité durant la combus-*

tion des moteurs à combustion interne, certains sont considérés comme cancérigènes.
polynya – polynie *f, route ouverte de forme non linéaire, enclose dans la glace.*
polyol – polyol *m, polyalcool.*
polyolefin – polyoléfine *f, polyène, nom générique des polymères thermoplastiques obtenus par polymérisation des oléfines.*
polypary – polypier *m.*
polyperoxidation – polyperoxydation *f.*
polyphase – polyphasé.
polyphenylene – polyphénylène *m.* **polyphenylene oxide**: oxyde de polyphénylène, *thermoplaste.* **polyphenylene sulfide**: sulfure de polyphénylène.
polyplant – unité de polymérisation.
polypropylene – polypropylène *m, polypropène, nom générique des polymères du propène.* **polypropylene glycol (PG)**: polypropylène glycol (PPG).
polysaccharide – polysaccharide *m, glucide à haut poids moléculaire.*
polysaprobic – polysaprobie, *se dit de la zone de pollution maximale d'une eau.*
polysiloxane – polysiloxane *m.*
polystyrene – polystyrène *m, polymère du styrène.*
polysulfide – polysulfure *m.*
polysynthetic – polysynthétique. **polysynthetic twin**: macle polysynthétique, *macle répétée.*
polytetrafluroethylene – polytétrafluoroéthylène *m, nom commercial Téflon.*
polythene – *voir polyethylene.*
polytropic – polytropique. **polytropic compression**: compression polytropique.
polytypism – polytypisme *m, polymorphisme restreint (minér).*
polyunsatured – polyinsaturé, *se dit des acides gras dont la molécule contient au moins deux liaisons doubles.*
polyurea – polyurée *f.*
polyurethane – polyuréthanne *m.* **polyurethane foam**: mousse de polyuréthanne. **polyurethane resin**: résine de polyuréthanne.
polyvalent – polyvalent.
polyvinyl – polyvinyle *m*; polyvinylique. **polyvinyl acetate**: acétate de polyvinyle. **polyvinyl alcohol**: alcool polyvinylique. **polyvinyl chloride**: chlorure de polyvinyle. **polyvinyl resin**: résine polyvinylique.
polyvinylidene – polyvinylidène *m.* **polyvinylidene chloride**: chlorure de polyvinylidène. **polyvinylidene fluoride**: fluorure de polyvinylidène.
polyzoan – *voir bryozoan.*
POM – *abrév. de polycondensed organic matter.*
pomade – pommade *f.*
PONA – PONA, *abrév. de paraffins, olefins, naphthenes and aromatics.* **PONA analysis**: analyse PONA, *analyse des paraffines, oléfines, naphtènes, aromatiques dans les essences.*
pond – bassin *m*; étang *m*; mare *f.*
pondage – retenue d'eau. **pondage power plant**: centrale d'éclusée.
ponderosity – importance *f*; lourdeur *f.*
Pontian – Pontien *m, étage du Miocène.*
pontic – *voir euxinic.*
pontoon – flotteur *m*; ponton *m.* **pontoon crane**: ponton grue. **pontoon-type floating roof**: toit flottant à ponton.
pony – *terme utilisé en anglais pour indiquer quelque chose de petite taille.* **pony packer**: presse-étoupe miniature, *type de packer ulilité à l'intérieur des tubes de production.*
POOH – *abrév. de pulled out of hole.*
pool – communauté *f*; équipe supplémentaire, *chargée dans une raffinerie de la surveillance entre les périodes de relève*; flaque *f, petite surface d'eau libre*; fonds commun; gisement *m, accumulation commerciale d'huile ou de gaz occupant un réservoir indépendant et se trouvant sous un système de pression unique, voir aussi field*; groupement *m*; pool *m.* **pool cathode**: cathode liquide. **pool opener**: premier puits producteur, *d'un champ pétrolifère.* **pool reactor**: pile piscine *(nucl).*
pool (to) – mettre en commun.
pooled – en commun. **pooled unit**: unité d'exploitation pétrolière commune, *composée de plusieurs concessions réparties entre autant de propriétaires différents qui ont conclu un accord pour la mise en commun de l'exploitation et des bénéfices.*
pooling – concentration *f*; mise en commun; regroupement *m, réunion de petites parcelles de terrain en vue de l'obtention d'un permis de recherche, différent de unitization (voir ce mot).* **pooling clause**: clause de regroupement, *dans un acte de concession, clause autorisant l'opérateur à adjoindre à la dite concession d'autres parcelles de terrain ou concessions en vue de réunir une superficie suffisante pour l'obtention d'un permis de recherche.*
poop – dunette *f.* **poop shot**: tir de miniréfraction; tir de réfraction miniature, *voir weathering shot.*
poor – mauvais; pauvre. **poor boy**: araignée *f, outil de repêchage*; outil de fortune *(for).* **poor-boy degasser**: dégazeur atmosphérique, *dégazeur vertical.* **poor-boy packer**: packer de fortune, *voir aussi bootleg packer.* **poor cleavage**: clivage faible *(géol).* **poor coal**: charbon pauvre. **poor conductor**: mauvais conducteur. **poor gas**: gaz pauvre. **poor insulation**: mauvais isolement. **poor rock**: minerai pauvre.
pop – tir d'une source impulsionnelle, *se dit surtout des canons à air*; pop *m, émission de faible énergie.* **pop-up backthrust**: rétrochevauchement en coin soulevé. **pop valve**: robinet à pointeau; soupape de surpression.
POP – *abrév. de putting on pump : mise de pompage.*
pop (to) – éclater, *faire entendre une petite explosion.* **pop (to) the still**: surcompresser une tour de distillation.
poppet – poupée *f.* **poppet valve**: soupape à clapet; soupape à tige; soupape champignon *(mot).*
popping – brûlage des gaz, *inutilisés sur le chantier.*
popularization – vulgarisation *f.*
population – ensemble statistique; population *f, ensemble d'individus soumis à une étude statistique : êtres vivants ou objets inaminés.*
POR – *abrév. de porosity, de porous, et de payable on receipt.*
porcelain – porcelaine *f.* **porcelain clay**: terre à porcelaine. **porcelain crucible**: creuset en porcelaine. **porcelain earth**: terre à porcelaine. **porcelain**

enamel: émail vitrifié. **porcelain insulator**: isolateur en porcelaine.
porcelaneous – porcelainé *(pal)*.
pore – pore *m*. **pore cross-section**: diamètre d'un pore. **pore destruction**: poronécrose *f (géol)*. **pore pressure**: pression de couche ; pression interstitielle. **pore size**: taille des pores. **pore-size distribution**: distribution des pores ; morphologie des pores ; répartition du diamètre des pores. **pore space**: espace poral *(pédol)* ; porosité *f*; volume des pores (VP), *d'une roche*. **pore throat**: seuil de pore. **pore volume (PV)**: volume des pores (VP). **pore water**: eau interstitielle. **pore-water pressure**: pression de l'eau interstitielle.
poriferan – spongiaire *m*.
porosimeter – porosimètre *m*.
porosimetry – porosimétrie *f*.
porosity – porosité *f*, *pourcentage du volume total d'une masse de roche occupé par les pores, c'est l'élément essentiel du calcul de l'huile en place dans un gisement.* **porosity balance**: bilan de porosité, *méthode pour contrôler les saturations en eau calculées d'après les diagraphies électriques.* **porosity curve**: courbe de porosité. **porosity determination of cores**: calcul de la porosité des carottes. **porosity distribution**: répartition de la porosité. **porosity log**: diagraphie électrique de porosité ; diagraphie porosité-profondeur, *courbe de mesure de la porosité par diagraphie électrique.* **porosity trap**: piège de porosité, *piège résultant d'une variation de porosité du réservoir.*
porous – cellulaire ; perméable ; poreux. **porous bearing**: coussinet en métal fritté. **porous-layer open tubular column**: colonne capillaire à couche poreuse. **porous limestone**: calcaire poreux. **porous medium**: milieu poreux. **porous plate**: paroi semiperméable, *utilisée dans la mesure de la pression capillaire.* **porous pot**: vase poreux, *type d'électrode impolarisable utilisée en prospection électrique.*
porphin – porphine *f*, *noyau fondamental des porphyrines.*
porphyrin – porphyrine *f*.
porphyrite – porphyrite *f (pétro)*.
porphyritic – porphyrique.
porphyroblast – porphyroblaste *m (pétro)*.
porphyroblastic – porphyroblastique, *se dit des roches métamorphiques possédant des cristaux de grande taille ayant poussé tardivement dans une matrice de cristaux très fins.* **porphyroblastic texture**: texture porphyroblastique *(pétro)*.
porphyroclast – porphyroclaste *m*.
porphyroclastic – porphyroclastique, *se dit d'une roche mécaniquement déformée contenant de grands fragments de cristal.*
porphyroid – porphyroïde *m*, *roche métamorphique.*
porphyry – porphyre *m (pétro)*. **porphyry-copper deposit**: minerai de cuivre porphyrique. **porphyry ore**: minerai porphyrique.
porpoising – marsouinage *m*, *sauts hors de l'eau de la coque de bateaux voyageant à grande vitesse.*
Porro – Porro. **Porro-Koppe principle**: principe de Porro-Koppe, *principe du retour inverse de la lumière utilisé dans les instruments de restitution photogrammétriques.* **Porro prism**: prisme de Porro, *prisme à réflexion.*
port – port *m*. **port authority**: administration portuaire. **port charges**: redevances portuaires. **port dues**: droits de port. **port facilities**: installations portuaires. **port of call**: port d'escale ; port de relâche. **port of delivery**: port de livraison. **port of registry**: port d'attache. **port of shipment**: port d'embarquement. **port-to-port cost**: coût de port à port.
port – bâbord *m (naut)*.
port – évent *m*, *de canon à air* ; lumière *f*; orifice *m*, *désigne notamment les ouvertures pratiquées dans tous les appareils pour permettre l'échappement des gaz ou vapeurs* ; prise de connexion. **port plug**: capsule de protection, *complétion des puits.* **port valve**: soupape orifice, *tenant lieu de soupape, comme l'orifice d'admission dans un moteur à deux temps.* **L port**: passage en L. **T port**: passage en T.
portability – portabilité *f*, *d'un programme d'ordinateur.*
portable – portatif, *ou portable.* **portable battery**: batterie transportable. **portable-belt conveyor**: transporteur à courroie mobile. **portable compressor**: compresseur mobile. **portable dolly**: diabolo *m*. **portable drilling machine**: unité de forage mobile. **portable extinguisher**: extincteur portatif. **portable forge**: forge portative. **portable lamp**: lampe baladeuse. **portable lubrication**: lubrification de chantier, *englobe tous les appareils de lubrification portatifs ou mobiles depuis le pistolet jusqu'aux unités mobiles les plus complexes.* **portable mast**: mât mobile de forage, *télescopique.* **portable pump**: pompe mobile, *distributeur d'essence.* **portable rig**: unité de forage mobile. **portable software**: logiciel portable.
portage – frais de port ; port *m* ; portage *m* ; transport *m*.
portal – tête *f*, *entrée ou sortie d'un tunnel.* **portal crane**: grue à portique.
portfolio – portefeuille *m (fin)*.
porthole – hublot *m* ; lumière *f*, *hublot pour l'observation d'un objet* ; ouverture *f*; sabord *m*.
portion – partie *f*; portion *f*.
Portland – Portland. **Portland cement**: ciment portland.
Portlandian – Portlandien *m*, *étage du Jurassique.*
pory – *voir porous.*
POS – *abrév. de point of sale.*
position – position *f*; situation *f*. **position line**: ligne de position. **position shooting**: tir de position. **position welding**: soudage en position.
positional – positionnel. **positional astronomy**: astronomie de position. **positional isomer**: isomère de position.
positioned – positionné. **positioned weld**: soudure amenée en position.
positioning – implantation *f*; localisation *f*; positionnement *m*.
positive – image positive ; positif *m (photo)* ; positif. **positive booster**: survolteur *m*. **positive charge**: charge positive. **positive choke**: duse fixe. **positive clutch**: embrayage positif, *par opposition à embrayage à friction.* **positive control**: commande positive. **positive crankcase ventilation (PCV)**: recyclage des gaz de carter. **positive-dis-**

placement booster: surpresseur volumogène. positive-displacement compressor: compresseur volumétrique. positive-displacement flowmeter: débitmètre volumique. positive-displacement meter: compteur volumétrique, *mesure le volume de gaz traversant une conduite dans l'intervalle d'une révolution de son mécanisme.* positive-displacement motor (PDM): moteur volumétrique de fond, *moteur fixé près du trépan qu'il actionne.* positive-displacement pump: pompe volumétrique, *pompe débitant un volume constant de fluide par cycle dans les limites de pression tolérées par sa capacité.* positive electrode: électrode positive. positive feedback: rétroaction positive. positive film: pellicule positive. positive lens: objectif convergent. positive matrix: matrice positive. positive ore: réserves de minerai reconnues. positive paper: papier positif. positive phototype: phototype positif. positive plate: lame positive ; plaque positive. positive pole: pôle positif, *pôle nord.* positive stress: effort de compression ; travail à l'écrasement. positive terminal: borne positive *(élec)*. positive-volume tank: réservoir de comptage volumétrique.

positron – positron *m*, *électron positif.*

possibility – possibilité *f.* possibility of reverter: droit de retour, *d'un propriétaire sur un permis de recherche assorti de clauses restrictives.*

possible – possible. possible ore: minerai possible. possible reserves: réserves possibles, *quantités d'hydrocarbures que l'on peut espérer découvrir à partir de gisements connus avec un degré de probabilité qui n'est que modéré, qui suggère la possibilité de leur existence, mais qui ne permet pas de les classer comme probables.*

possum – opossum *m.* possum-belly tank: bac de manoeuvre.

post – montant *m* ; pieu *m* ; pilier *m* ; poste *m* ; poteau *m.* post hanger: poteau de suspension. post stone: grès à grain fin.

post – poste *m* ; situation *f.*

post – poste *f* ; courrier *m.* post free: franco de port.

postacceleration – postaccélération *f.* postaccelerating electrode: électrode de postaccélération.

posted – affiché. posted price: prix affiché *(improprement appelé prix posté)*, *prix officiel annoncé par les mercuriales.* posted values: mercuriale *f.*

postglacial – postglaciaire.

posthole – puits peu profond ; sondage structural.

postignition – postallumage *m.*

posting – affichage *m*, *publication des prix du pétrole brut et des produits pétroliers. Autrefois le prix du pétrole brut était affiché sur un tableau placé à l'entrée du chantier* ; inscription de valeurs.

postplot – plan de position final.

poststack – après sommation.

posttectonic – posttectonique. posttectonic recrystallization: recristallisation postérieure à la déformation.

postulate – postulat *m*, *axiome.*

pot – bouilloire *f* ; chaudière *f* ; creuset *m* ; marmite *f* ; potar *m*, *familier pour potentiomètre.* pot furnace: four à creuset. pot head: tête de câble *(élec)*. pot hole: *voir pothole.* pot life: durée de vie en pot, *temps pendant lequel une résine prête à l'emploi reste utilisable.* pot steel: acier au creuset. pot still: four à creuset, *pour distillation des goudron.*

potable – potable. potable water: eau potable.

potamogenic – potamogène. potamogenic deposit: dépôt potamogène, *dépôt d'origine fluviatile.*

potamology – potamologie *f*, *science des cours d'eau.*

potash – potasse *f.* potash hardening: trempe à la potasse. potash lye: lessive à la potasse. potash salt: sel de potasse. potash soap: savon à la potasse.

potassic – potassique, *contenant du potassium.* potassic alteration: altération potassique. potassic rock: roche potassique, *contenant du potassium.*

potassium – potassium *m*, *symbole chim. K.* potassium acetate: acétate de potassium. potassium bromide: bromure de potassium. potassium carbonate: carbonate de potassium. potassium chlorate: chlorate de potassium. potassium chloride: chlorure de potassium. potassium cyanide: cyanure de potassium. potassium dichromate: bichromate de potassium, *utilisé en solution pour comparer la couleur des tuiles.* potassium feldspar: feldspath potassique. potassium fertilizer: engrais potassique. potassium hydroxide: potasse *f*, *sert à la fabrication de savons et pour la neutralisation des huiles après raffinage sulfurique des distillats.* potassium molybdate: molybdate de potassium. potassium nitrate: nitrate de potassium. potassium palmitate: palimitate de potassium. potassium perchlorate: perchlorate de potassium. potassium permanganate: permanganate de potassium. potassium-rich mica: mica potassique, *muscovite.* potassium silicate: silicate de potassium. potassium sulfate: sulfate de potassium. potassium test: *voir metal test.* potassium xanthate: xanthogénate de potassium.

poteclinometer – potéclinomètre *m*, *appareil utilisé pour la mesure des données relatives au sondage (inclinaison et azimut de la déviation) et à la position de la sonde (azimut de l'électrode).*

potential – potentiel *m*, *force, puissance, capacité de production d'un puits, après sa complétion, un essai officiel détermine son potentiel ainsi que le rythme de production autorisée* ; potentiel, *qui existe en puissance.* potential additional recovery: récupération additionnelle potentielle, *part de l'huile restant en place dans le réservoir qui pourra être récupérée dans le futur grâce à l'amélioration des techniques.* potential barrier: barrière de potentiel. potential corrosion: corrosion potentielle, *corrosion susceptible de se produire.* potential difference (PD): différence de potentiel (DDP). potential distribution: répartition des potentiels, *des roches.* potential drop: chute de potentiel. potential-drop ratio (PDR): rapport de chute de potentiel, *méthode utilisée en prospection électrique.* potential electrode: électrode de potentiel, *en prospection électrique, une des deux électrodes de la sonde utilisée pour mesurer la différence de potentiel.* potential energy: énergie potentielle. potential-energy profile: profil d'énergie potentielle, *d'une réaction.* potential function: fonction potentielle. potential gradient: gradient de potentiel. potential gum: gomme potentielle, *somme des gommes solubles et insolubles d'un carburant.* **potential hill**: barrière de potentiel. **potential measurement**: mesure de potentiel, *pour le calcul du degré de corrosion externe des tubes de revêtement (for).* **potential production**: production potentielle. **potential sonde**: sonde de potentiel ; sonde normale. **potential surface show (PSS)**: indice potentiel de surface (IPS). **potential takeout**: prise de potentiel, *pour la protection cathodique des pipelines.* **potential test**: essai de potentiel, *essai d'écoulement pour déterminer le potentiel d'un puits, surtout utilisé pour le calcul du volume de production autorisé par jour.* **potential transformer**: transformateur de tension.

potentiation – potentialisation *f, effet d'un produit chimique qui n'a pas par lui même d'effets indésirables mais qui renforce la toxicité d'un autre produit.*

potentiometer – potentiomètre *m, réducteur de tension.*

potentiometric – potentiométrique. **potentiometric cell**: pile potentiométrique. **potentiometric map**: carte potentiométrique. **potentiometric model**: modèle potentiométrique ; modèle rhéoélectrique, *pour la mesure de l'efficacité de balayage dans les puits produisant par injection de fluides.* **potentiometric titration**: dosage potentiométrique.

potentiometry – potentiométrie *f.*

potentiostat – potentiostat *m.*

pothole – cuvette *f*; nid de poule.

potter – potier *m.* **potter's clay**: argile à poterie, *argile plastique.*

Poulter – Poulter. **Poulter method**: tir Poulter, *tir en l'air.*

pound – livre *f, unité de masse, 1 lb = 0,4536 kg.* **pound-foot, foot-pound**: livre pied, *mesure de travail.* **pound per square inch (psi)**: livre par pouce carré, *unité de pression,* $1\ lb/in^2 = 6{,}895\ kPa$. **pound troy**: livre troy, *égale 0,37324 kg.* **pound weight**: livre poids, *unité de force.*

poundal – poundal *m, unité de force.*

pounding – broiement *m* ; broyage *m* ; choc *m* ; cognement *m* ; ferraillage *m (mach)* ; martellement *m (mot)* ; talonnement *m (nav)*. **pounding test**: essai de résilience.

pour – coulée *f (métal)* ; déluge *m* ; pluie *f.* **pour depressant**: inhibiteur de figeage. **pour depressor**: *voir pour-point depressant.* **pour inhibitor**: *voir pour-point depressant.* **pour instability**: *voir pour reversion.* **pour point**: point d'écoulement, *c'est la plus basse température à laquelle l'huile coule encore lorsqu'elle est refroidie sans agitation dans des conditions normalisées.* **pour-point additive**: *voir pour-point depressant.* **pour-point depressant**: additif abaisseur de point d'écoulement ; inhibiteur de figeage. **pour-point inhibitor**: inhibiteur de figeage. **pour-point temperature**: température d'écoulement. **pour-point test**: mesure du point d'écoulement. **pour reversion**: instabilité du point d'écoulement, *indiquée par la différence existant entre le point d'écoulement initial et le point d'écoulement après usage ou compte tenu du passé thermique de l'huile.* **pour stability**: stabilité du point d'écoulement, *aptitude de l'huile à conserver son point d'écoulement initial dans des conditions de basse température.*

pour (to) – couler ; verser. **pour (to) off**: décanter.

pourer – verseur *m.*

pouring – coulée *f (métal)*. **pouring lip**: bec verseur. **pouring of oil**: filage de l'huile, *opération consistant à répandre de l'huile sur la mer en vue de la calmer.* **pouring spout**: bec verseur.

powder – explosif *m* ; poudre *f, en prospection sismique, employé familièrement pour explosif.* **powder charge**: charge de poudre. **powder coating**: revêtement poudre. **powder factor**: charge spécifique, *rapport entre le poids d'une charge explosive et le tonnage ou le volume de roche que cette charge explosive peut fragmenter.* **powder metallurgy**: métallurgie des poudres. **powder snow**: neige poudreuse.

powdered – en poudre. **powdered asphalt**: asphalte en poudre, *asphalte traité par concassage ou broyage, et en général utilisé après mélange avec une huile de fluxage* ; bitume en poudre. **powdered bearing**: palier en métal fritté. **powdered carbon**: charbon en poudre, *cément.* **powdered-fuel burner**: brûleur à combustible pulvérisé. **powdered metal**: métal fritté.

powderman – boutefeu *m, opérateur chargé de la mise en place des explosifs et de leur mise à feu.*

powdery – pulvérulent. **powdery avalanche**: avalanche poudreuse. **powdery stone**: pierre friable.

power – énergie *f*; force *f*; force motrice ; pouvoir *m* ; puissance *f.* **power axle**: essieu moteur. **power brake**: servofrein *m.* **power burner**: brûleur à mélange surpressé. **power cable**: câble de transmission, *de force* ; câble distributeur de courant. **power capacitor**: condensateur de puissance. **power consumption**: consommation d'énergie. **power-control room (PCR)**: centrale électrique, *d'une installation marine.* **power current**: courant force. **power cutback**: délestage de puissance. **power density**: puissance volumique. **power density spectrum**: spectre de densité de puissance. **power distribution**: distribution de force. **power divider**: répartiteur de puissance. **power drill**: perforateur mécanique. **power-driven**: à commande mécanique. **power efficiency**: rendement énergétique. **power factor (pf)**: facteur de puissance. **power feeder**: alimentateur mécanique, *dispositif d'avance mécanique.* **power fluid**: fluide d'entraînement, *dans une pompe de production hydraulique* ; fluide de puissance. **power gain**: gain en puissance. **power gas**: gaz carburant. **power generation**: production d'énergie, *d'électricité.* **power hammer**: marteau pilon. **power-law fluid**: fluide en équation de puissance. **power loader**: chargeuse mécanique. **power loss**: perte d'énergie ; perte de puissance. **power lubricator**: graisseur mécanique. **power meter**: mesureur de puissance *(élec)*. **power-operated control**: servocommande *f.* **power plant**: centrale *f*; centrale d'énergie électrique ; centrale électrique ; groupe moteur ; groupe propulseur. **power press**: presse mécanique. **power pump**: pompe à commande ; pompe électrique. **power relay**: relais de puissance. **power requirements**: besoins énergétiques. **power reserve**: réserve de puissance. **power saw**: scie mécanique. **power shovel**: pelle mécanique ;

pelleteuse *f.* **power shoveling**: pelletage mécanique. **power slips**: cales automatiques ; coins automatiques, *coins de retenue à commande pneumatique ou hydropneumatique.* **power spectrum**: spectre de puissance ; spectre facteur de puissance. **power station**: centrale énergétique. **power steering**: direction assistée *(auto).* **power stroke**: course d'explosion ; course motrice. **power supply**: alimentation électrique ; distribution d'énergie ; puissance électrique ; source d'énergie. **power swivel**: tête d'injection motorisée, *sur un appareil de forage sans table de rotation.* **power system**: réseau électrique. **power takeoff (PTO)**: prise de force ; prise de mouvement. **power-takeoff shaft**: arbre de force ; arbre de prise de movement *(moteur).* **power tamper**: dame mécanique. **power tongs**: clés de vissage automatique, *à commande pneumatique ou hydropneumatique.* **power-transfer function**: facteur de transfert en puissance. **power transmission**: transmission de puissance ; transport d'énergie. **power unit**: groupe moteur.

Powerforming – *dénomination d'un procédé de reformage catalytique à lit fixe, employant un catalyseur au platine.*

Powerglide – *dénomination d'un système de transmission hydraulique.*

Poynting – Poynting. **Poynting vector**: vecteur de Poynting, *densité de flux d'énergie de champ électromagnétique.*

pozzolan – pouzzolane *f, cinérite trachytique peu consolidée servant à la fabrication de ciment hydraulique.*

pozzolanic – pouzzolanique. **pozzolanic cement**: ciment pouzzolanique.

PP – *abrév. de pulled pipe, employé dans les rapports de sondage.*

ppm – ppm, *abrév. de parts per million, dont l'emploi est à proscrire, comme non conforme au SI.*

PPM – *abrév. de pulse position modulation.*

PPO – *dénomination commerciale d'un thermoplaste à base d'oxyde de polyphénylène.*

PPP – PPP, *abrév. de polluter pays principle : principe pollueur payeur.*

ppt – *abrév. de precipitate.*

practicability – praticabilité *f.* **practicability of a road**: viabilité *f.*

practical – pratique. **practical-measurement viscosity**: viscosité relative, *ou arbitraire, indices obtenus avec viscosimètres à orifice calibré et ne donnant pas la viscosité absolue.*

practice – pratique *f.*

Prandtl – Prandtl. **Prandtl number**: nombre de Prandtl, *quotient sans dimension du produit de la viscosité dynamique d'un fluide par sa chaleur massique divisé par sa conductivité thermique.*

praseodymium – praséodyme *m, symbole chim. Pr.*

prasinite – prasinite *f, schiste vert.*

Pratt – Pratt. **Pratt hypothesis**: hypothèse de Pratt, *théorie de l'isostasie.*

PRC – *abrév. de pressure recorder-controller : enregisteur-contrôleur de pression.*

preadmission – préadmission *f.*

preamplifier – préamplificateur *m.*

preappraisal – préévaluation *f.*

preassociation – préassociation *f.*

Precambrian – Précambrien *m, ère antérieure au Cambrien.*

precast – prémoulé. **precast concrete**: béton préfabriqué.

precementing – avant cimentation. **precementing reamer bit**: outil de nettoyage avant cimentation, *de la paroi du puits par lavage et grattage.*

precession – précession *f (méc).*

precious – noble ; précieux. **precious metal**: métal précieux. **precious stone**: pierre précieuse.

precipice – précipice *m.*

precipitable – précipitable. **precipitable water**: hauteur d'eau précipitable.

precipitant – précipitant *m.*

precipitate – précipité *m.*

precipitation – précipitation *f.* **precipitation area**: zone de précipitation *(météo).* **precipitation chart**: carte pluviométrique. **precipitation dewaxing**: déparaffinage par précipitation. **precipitation gage**: pluviomètre *m.* **precipitation hardening**: durcissement par précipitation. **precipitation naphtha**: essence de précipitation, *solvant utilisé pour déterminer l'indice de précipitation de l'huile.* **precipitation number**: indice de précipitation, *nombre de cm^3 de précipité formé lorsque 10 cm^3 d'huile de graissage sont mélangés à 90 cm^3 d'essence de précipitation et qu'on soumet le mélange à une centrifugation.* **precipitation polymerization**: polymérisation de précipitation. **precipitation test**: essai de précipitation. **precipitation titration**: dosage par précipitation. **precipitation/evaporation ratio**: rapport précipitation-évaporation, *rapport d'efficacité des précipitations.*

precipitator – précipitant *m (chim).*

precise – précis. **precise level**: niveau de précision *(topog).*

precision – fidélité *f, pour une méthode d'essai, étroitesse de l'accord entre les valeurs expérimentales obtenues au cours d'un ensemble d'expériences faites dans des conditions déterminées* ; précision *f, qualité d'un instrument capable de donner le même résultat lorsqu'on répète plus d'une fois la même mesure.* **precision camera**: chambre métrique. **precision gage**: jauge de précision. **precision grinding**: meulage de précision. **precision index**: indice de précision. **precision-insert type bearing**: coussinet mince interchangeable. **precision-instrument oil**: huile pour les instruments de précision. **precision magnetometer**: magnétomètre de précision. **precision meter**: compteur de précision.

precoat – précouche *f.* **precoat filter**: filtre à précouche.

precombustion – précombustion *f.* **precombustion chamber**: chambre de précombustion. **precombustion-chamber engine**: moteur à chambre de précombustion.

precondenser – précondenseur *m.*

preconditioning – préconditionnement *m.*

precooler – prérefroidisseur *m.*

precooling – préréfrigération *f, refroidissement préalable.*

precrushing – broyage primaire.

precursor – précurseur *m.*

predatory – prédateur. **predatory sale**: vente à perte.
predetonation – prédétonation *f.* **predetonation distance**: distance de prédétonation, *distance parcourue par la flamme entre le point d'allumage et le point où elle devient une détonation.* **predetonation period**: période de prédétonation, *temps que prend le parcours de la distance de prédétonation.*
predictability – prédictibilité *f.*
prediction – prédiction *f*; prévision *f.* **prediction error**: erreur de prédiction. **prediction interval**: intervalle de prévision *(stat).* **prediction lag**: longueur de prédiction.
predictive – prédictif. **predictive deconvolution**: déconvolution prédictive. **predictive maintenance**: maintenance prédictive.
predistillation – prédistillation *f.*
predrilled – préforé.
preemphasis – filtrage de fréquence avant traitement ; préaccentuation *f (élec).*
preequilibrium – prééquilibre *m.*
prefab – objet préfabriqué.
prefabricated – préfabriqué.
prefabrication – préfabrication *f.*
preferred – préféré. **preferred stock**: action de préférence *(fin).*
prefiltering – préfiltrage *m (sism).*
prefinancing – préfinancement *m.*
preflush – bouchon de tête, *bouchon d'acide chlorhydrique lors d'un traitement à l'acide en présence de carbonates dans la formation.*
preformed – préformé. **preformed-asphalt joint**: joint bitumineux prémoulé. **preformed soap**: savon prémoulé. **preformed wire rope**: câble préformé.
prefractionator – préfractionnateur *m (raf).*
preglacial – préglaciaire.
preheat – préchauffe *f.* **preheat furnace**: four de préchauffage, *four de préchauffe.*
preheated – préchauffé. **preheated gas**: gaz préchauffé.
preheater – préchauffeur *m.*
preheating – dégourdissage *m, préchauffage lent d'un tube avant le soudage* ; préchauffage *m.*
prehnite – prehnite *f, néosilicate.*
preignition – allumage prématuré ; préallumage *m.* **preignition knock**: cliquetis par préallumage. **preignition preventer**: additif de préallumage, *pour éviter l'encrassement des bougies.*
preimpregnation – préimprégnation *f.*
preliminary – préliminaire. **preliminary breaking**: avant-broyage *m.* **preliminary design**: avant-projet *m.* **preliminary fault**: faille liminaire. **preliminary filter**: filtre préliminaire. **preliminary plan**: avant-projet *m.* **preliminary section**: coupe préliminaire. **preliminary survey**: étude préliminaire ; préreconnaissance *f.* **preliminary wave**: onde préliminaire. **preliminary work**: avant-projet *m.*
preload – précharge *f.*
preloading – préchargement *m, action de placer la charge d'explosifs un certain temps avant l'exécution d'un tir.* **preloading position**: position de précharge, *d'une plate-forme.*
prelubricated – prélubrifié. **prelubricated bearing**: palier prélubrifié.
premature – prématuré. **premature breakthrough**: temps de percée précoce, *le fluide injecté arrive au puits productif plus tôt que prévu.* **premature wear**: usure prematurée.
premium – prime *f.* **premium basis**: assiette de prime. **premium bonus system**: système de salaire à prime. **premium gasoline**: supercarburant *m.* **premium grade**: qualité supérieure. **premium-grade gasoline**: supercarburant *m.* **premium motor oil**: huile moteur super. **premium sale**: vente à prime.
premix – prémélange *m.* **premix burner**: brûleur à mélange préalable.
premixed – prémélangé. **premixed flame**: flamme de prémélange. **premixed laminar flame**: flamme laminaire de prémélange. **premixed turbulent flame**: flamme turbulente de prémélange.
premixing – prémélange *m.*
prep – *abrév. de preparation.*
prepacked – préconditionné. **prepacked-gravel liner**: filtre en gravier préfabriqué, *constitué par deux crépines entre lesquelles est entassé du sable.* **prepacked liner**: crépine préfabriquée.
preparation – préparation *f.* **preparation of drilling site and access road**: aménagement de l'emplacement et des accès, *chantier de forage.*
preparative – préparatif. **preparative chromatography**: chromatographie préparative. **preparative thin-layer chromatography**: chromatographie en couche mince préparative.
preplot – plan de position précalculé.
preplot (to) – calculer la route, *navigation.*
prepolymer – prépolymère *m.*
prepreg – préimprégné *m.*
preprint – prétirage *m.*
preprocessing – prétraitement *m.* **preprocessing level**: niveau de prétraitement.
preproduction – avant production. **preproduction expenditures**: dépenses avant production.
prequalification – présélection *f.* **prequalification documents**: dossier de présélection. **prequalification of bidders**: présélection des soumissionnaires.
prescription – prescription *f (jur).*
preselection – présélection *f.*
preselector – présélecteur *m.*
present – actuel ; présent. **present system**: époque récente *(géol)* ; système actuel. **present value**: valeur actualisée, *valeur relative à une année quelconque exprimée par son équivalent d'une année de référence (à taux d'actualisation donné)* ; valeur actuelle. **present worth**: *voir present value.* **present-worth factor**: *voir discount factor.*
presentation – présentation *f.*
preservation – conservation *f.*
preservative – préservateur *m* ; préservatif. **preservative agent**: agent de conservation ; préservateur *m, agent de préservation.* **preservative coating**: revêtement préservateur.
preserve (to) – garantir ; préserver.
preserved – conservé.
preset – prédéfini, *prédéterminé.* **preset gain control**: présélection du gain. **preset parameter**: paramètre prédéfini.
preset (to) – régler à l'avance.
presintering – préfrittage *m.*
press – presse *f, désigne comme en français la machine et les journaux.* **press button**: bouton

poussoir. **press clipping**: coupure de presse, *coupure de journaux*. **press drip**: huile déparaffinée. **press fitted**: emmanché à force. **press oil**: *voir press drip*. **press roll**: rouleau compresseur.

press – *abrév. de pressure et de pressurized.*

pressed – comprimé ; pressé ; serré. **pressed distillate**: huile de presse, *lubrifiant*. **pressed glass**: verre moulé. **pressed peat**: tourbe comprimée.

pressing – déparaffinage à la presse ; emboutissage *m* ; foulage *m* ; pressage *m*.

pressolution – *voir pressure solution.*

pressure – pression *f*. **pressure alarm**: alarme pour pression. **pressure-and-vacuum relief valve**: soupape casse-vide de décharge. **pressure blower**: ventilateur soufflant. **pressure buildup**: remontée de pression. **pressure buildup test**: essai de remontée de pression. **pressure bulkhead**: cloison de pression. **pressure burner**: brûleur à mélange surpressé. **pressure charged**: suralimenté. **pressure charging**: suralimentation *f*. **pressure coefficient**: coefficient de pression. **pressure-compensating type flow-dividing valve**: soupape distributrice à débit constant. **pressure control**: contrôle de la pression ; régulation de la pression. **pressure-control manifold**: claviature de contrôle de pression. **pressure-control valve**: soupape régulatrice de pression. **pressure controller**: régulateur de pression. **pressure cooker**: autoclave *m* ; autocuiseur *m*. **pressure coring**: carottage sous pression. **pressure curve**: courbe de pression. **pressure decline**: baisse de pression ; déclin de pression. **pressure detector**: capteur de pression ; hydrophone *m*. **pressure die casting**: moulage sous pression. **pressure distillate (PD)**: distillat de craquage. **pressure distillation**: distillation sous pression. **pressure drawdown**: décompression *f*. **pressure-drawdown curve**: courbe de déclin de pression en débit. **pressure-drawdown test**: essai en débit, *essai où on mesure l'évolution de la pression pour un ou plusieurs débits successifs*. **pressure drilling**: forage sous pression. **pressure drive**: drainage forcé ; drainage sous pression. **pressure drop**: chute de pression ; perte de charge. **pressure falloff**: chute de pression. **pressure fan**: ventilateur soufflant. **pressure-fed carburetor**: carburateur alimenté sous pression. **pressure feed**: alimentation sous pression. **pressure-feed tank**: réservoir sous pression. **pressure filter**: filtre à pression ; filtre sous pression. **pressure filtration**: filtration sous pression. **pressure flow**: circulation forcée. **pressure flow-rate diagram**: diagramme pression débit. **pressure fringe**: *voir pressure shadow*. **pressure gage**: indicateur de pression ; jauge de pression ; manomètre *m* ; sismo à pression. **pressure-gage valve**: soupape manomètre. **pressure governor**: régulateur de pression. **pressure gradient**: gradient de pression. **pressure grease cup**: godet pour graissage forcé. **pressure grease gun**: graisseur pour graissage forcé ; pistolet graisseur. **pressure-gun grease**: graisse pour graissage forcé, *voir aussi chassis grease*. **pressure habitat**: habitat à pression de fond, *plongée*. **pressure head**: charge piézométrique ; hauteur de refoulement *(pompes)*. **pressure holder**: réservoir sous pression. **pressure hull**: coque épaisse ; coque résistante, *sous-marin*. **pressure ice**: glace de pression. **pressure indicator**: indicateur de pression, *de vapeur*. **pressure line**: circuit de refoulement, *pompe à boue*. **pressure-locked**: sous pression. **pressure loss**: chute de pression ; perte de charge. **pressure lubrication**: graissage sous pression. **pressure maintenance**: maintien de pression ; recompression *f*. **pressure metamorphism**: métamorphisme de pression *(géol)*. **pressure naphtha**: essence lourde de craquage. **pressure-operated cutoff switch**: contacteur manométrique. **pressure-operated valve**: soupape à comande par pression. **pressure passage hole**: trou d'égalisation de pression. **pressure pipe**: conduite forcée ; conduite sous pression. **pressure plate**: plateau de presse. **pressure profile**: profil de pression. **pressure pump**: pompe à pression ; pompe foulante. **pressure recorder**: appareil enregistreur de pression. **pressure recorder-controller (PRC)**: enregistreur-contrôleur de pression. **pressure reducer**: détendeur de pression. **pressure-reducing station**: station de détente. **pressure-reducing valve**: manodétendeur *m*. **pressure-regulating valve**: régulateur de pression. **pressure regulator**: régulateur de pression. **pressure-release valve**: soupape régulatrice de pression. **pressure-releasing regulator**: régulateur de décompression. **pressure-relief valve**: soupape de décharge, *soupape contre les surpressions*. **pressure ridge**: crête de pression, *talus de glace brisée, soulevée par la pression*. **pressure safety valve**: soupape de sûreté. **pressure seal**: garniture d'étanchéité. **pressure shadow**: ombres de pression ; queue de cristallisation, *zone fusiforme à l'extrémité d'une roche et où ont cristallisé de nouveaux minéraux*. **pressure solution**: dissolution sous pression, *d'une roche hétérogène*. **pressure still**: four de raffinerie sous pression. **pressure supply**: alimentation sous pression. **pressure surge**: à-coup de pression, *variation momentanée dans la pression* ; coup de bélier ; surpression *f*. **pressure-swing adsorption (PSA)**: adsorption avec régénération par variation de pression, *de l'adsorbant*. **pressure switch**: pressostat *m*. **pressure tendency**: tendance barométrique, *variation de la pression atmosphérique*. **pressure testing**: épreuve sous pression. **pressure texture**: structure cataclastique *(pétro)*. **pressure transducer**: transducteur de pression. **pressure transient**: mouvement transitoire de pression. **pressure tube**: tube de force. **pressure valve**: soupape de pression et de vide. **pressure vessel**: récipient sous pression. **pressure viscometer**: viscosimètre absolu ; viscosimètre sous pression. **pressure viscosity**: viscosité sous pression. **pressure-volume drawdown method**: méthode par report des volumes soutirés, *en fonction de la chute de pression, pour l'estimation des réserves (prod)*. **pressure wave**: onde de pression ; onde de propagation, *onde P*. **pressure welding**: soudage par pression. **pressure well**: puits d'injection *(for)*.

pressuremeter – pressiomètre *m*.

pressurization – pressurisation *f*.

pressurized – pressurisé. **pressurized bearing**: palier sous pression. **pressurized oil**: huile comprimée ; huile sous pression. **pressurized-water reactor (PWR)**: réacteur à l'eau sous pression, *un* *réacteur nucléaire fonctionnant avec de l'eau légère ou lourde.*

prestack – présommation *f*; avant sommation. **prestack imaging**: migration avant sommation. **prestack migration**: migration avant sommation *(sism)*.

prestress – précontrainte *f.*

prestressed – précontraint. **prestressed concrete**: béton précontraint.

presuppression – présuppression *f.*

pretax – avant impôt. **pretax profit**: bénéfice avant impôt.

pretectonic – avant déformation. **pretectonic recrystallization**: recristallisation antérieure à la déformation.

pretension – prétension *f, sur les lignes d'ancrage d'une plate-forme à lignes tendues.*

pretreating – prétraitement *m.*

prevailing – dominant. **prevailing current**: courant dominant *(océan)*. **prevailing feature**: caractère dominant. **prevailing market rate**: cours du marché. **prevailing strike**: direction préférentielle, *dominante.* **prevailing wind**: vent dominant.

prevaluation – préévaluation *f.* **prevaluation test**: essai de préévaluation.

preventer – empêchement *m*; obstacle *m*; obturateur *m (for)*.

prevention – prévention *f.*

preventive – préventif. **preventive maintenance**: entretien préventif. **preventive medicine**: médecine préventive, *prophylaxie.*

prewhitening – préblanchiment *m, spectre.*

PRF – *abrév. de primary reference fuels et de pulse-repetition frequency.*

Priabonian – Priabonien *m, Eocène supérieur.*

price – prix *m.* **price adjustment clause**: clause de révision des prix. **price at the pump**: prix à la pompe, *essence.* **price bulletin**: mercuriale *f.* **price cap**: prix contractuel plancher, *au-dessus duquel se déclenche un mécanisme de fiscalisation.* **price compensation index**: indice des prix à niveau de vie constant *(écon)*. **price component**: composante des prix. **price/earning ratio**: coefficient de capitalisation des résultats. **price elasticity**: élasticité des prix. **price fixing**: fixation des prix. **price freeze**: blocage des prix. **price index**: indice de prix. **price list**: barème de prix ; tarif *m.* **price range**: fourchette de prix. **price regulation**: réglementation des prix. **price swing**: fluctuation des prix. **distress price**: vil prix.

priced – chiffré, *marqué d'un prix.* **priced bill of quantities**: bordereau de prix. **priced offer**: offre chiffrée, *avec indication du prix.*

pricing – fixation d'un prix ; valorisation *f, adoption d'un prix destiné à déterminer le chiffre d'affaires du contractant.* **pricing provision**: clause de prix.

prill – bille sphéroïde ; échantillon *m* ; granulé *m, forme d'explosif comme le nitrate d'ammonium utilisé dans les trous de tir* ; pépite *f.*

prilling – pastillage *m.* **prilling tower**: tour de pastillage.

Primacord – Primacord, *dénomination commerciale d'un cordeau détonant.*

primary – primaire. **primary air**: air primaire, *combustion.* **primary alcohol**: alcool primaire. **primary amine**: amine primaire. **primary battery**: batterie de piles électriques. **primary capital costs**: frais de premier établissement. **primary cell**: élément primaire ; pile primaire. **primary cementing**: cimentation primaire. **primary color**: couleur primaire, *couleur fondamentale, les couleurs qui, par mélange approprié, donnent naissance aux autres couleurs.* **primary colors**: principales couleurs du spectre. **primary commodity**: produit de base. **primary condenser**: condenseur primaire. **primary cracking**: précraquage *m.* **primary crystallization**: cristallisation primaire. **primary current**: courant primaire. **primary-current distribution ratio**: rapport de distribution du courant primaire. **primary dip**: inclinaison primaire. **primary dolomite**: dolomie primaire, *due à la précipitation directe de la dolomite.* **primary downward changes**: variations primaires en profondeur *(géol)*. **primary energy**: énergie primaire. **primary explosive**: explosif d'amorçage ; explosif primaire. **primary field**: champ primaire, *champ électromagnétique naturel ou engendré par du courant alternatif envoyé dans le sol.* **primary gneiss**: gneiss fondamental ; gneiss primaire. **primary gold**: or primaire. **primary migration**: migration primaire, *migration qui conduit les hydrocarbures de la roche mère où ils ont pris naissance jusqu'à la roche-réservoir la plus proche.* **primary porosity**: porosité primaire. **primary product**: matière première ; produit de base. **primary radar**: radar classique. **primary recovery**: récupération primaire, *drainage naturel du réservoir sous l'effet de la différence de pression au sein du gisement et dans le fond des puits de production. L'écoulement peut être naturel, puits éruptifs, ou obtenu par pompage mécanique.* **primary reference fuel (PRF)**: carburant primaire de référence, *mélange binaire de n-heptane et d'isooctanes utilisé pour le calcul de l'indice d'octane, de cétane et d'alpha-méthylnaphtalène pour l'indice de cétane.* **primary reflection**: réflexion primaire ; réflexion réelle. **primary refrigerant**: frigorigène primaire. **primary reserves**: réserves primaires, *réserves récupérables commercialement par les méthodes de production naturelle.* **primary rock**: roche originelle ; roche primaire. **primary shoreline**: côte jeune ; côte primaire. **primary stratification**: stratification primaire. **primary stratigraphic trap**: piège stratigraphique primaire, *piège où les déformations structurales ne jouent et n'ont joué aucun rôle.* **primary-to-bubble ratio**: rapport primaire-bulle, *rapport des amplitudes de l'impulsion principale d'une source et la plus forte des impulsions secondaires résultant des oscillations de la bulle de la dite source.* **primary voltage**: tension d'amorçage. **primary water**: eau primaire. **primary wave**: onde primaire, *onde P.* **primary winding**: enroulement primaire.

Primary – Primaire *m, ère primaire, synonyme de Paléozoïque.*

prime – premier ; principal. **prime contractor**: maître d'oeuvre. **prime cost**: frais d'installation ; prix de revient ; prix initial. **prime-cut naphtha**: *voir petroleum naphtha.* **prime meridian**: méridien origine, *méridien international, premier méridien.*

prime mover: appareil moteur ; force motrice. **prime number**: nombre premier.

prime (to) – amorcer.

primer – cartouche amorce *(mine)* ; enduit *m, couche primaire d'accrochage, couche de peinture à froid étalée sur une canalisation avant l'application à chaud de l'émail* ; enduit d'impression ; explosif primaire ; manuel élémentaire.

priming – amorçage, *d'une pompe* ; couche d'imprégnation ; couche d'impression, *peinture* ; moussage *m* ; primage *m, entraînement de gouttelettes d'eau par la vapeur à la sortie d'une chaudière.* **priming coat**: couche primaire d'accrochage. **priming cock**: amorceur *m.* **priming pump**: pompe d'amorçage.

primitive – primaire ; primitif. **primitive cell**: maille primitive *(crist)*. **primitive translation**: translation primitive *(crist)*. **primitive water**: eau juvénile.

principal – principal. **principal alias**: fréquences repliées principales ; reflets principaux. **principal-alias lobe**: lobe-reflet principal, *diagramme de directivité (sism)*. **principal axis**: axe principal. **principal-components analysis**: analyse en composantes principales. **principal parallel**: parallèle principal. **principal plane**: plan vertical principal. **principal point**: point principal. **principal quantum number**: nombre quantique principal. **principal shock**: séisme principal. **principal volcano**: volcan principal.

principle – principe *m.* **principle of measurement**: principe de mesure. **principle of reciprocity**: principe du retour inverse. **principle of superposition**: principe de superposition.

Prins – Prins. **Prins reaction**: réaction de Prins, *préparation de glycols-1,3 à partir d'oléfines et d'aldéhydes aliphatiques.*

print – empreinte *f* ; impression *f* ; marque *f* ; moule *m* ; sortie *f, d'ordinateur.*

printed – imprimé. **printed card**: fiche imprimée. **printed circuit**: circuit imprimé. **printed-circuit board**: carte à circuit imprimé.

printer – imprimante *f* ; tireuse *f (photo)*.

printing – impression *f* ; tirage *m.* **printing ink**: encre d'impression. **printing-ink oil**: huile pour encre d'imprimerie. **printing plant**: imprimerie *f.*

priority – antériorité *f, brevet.*

prism – prisme *m.* **prism spectrograph**: spectrographe à prisme.

prismatic – prismatique. **prismatic cleavage**: clivage prismatique. **prismatic diagram**: représentation prismatique. **prismatic jointing**: débit en prismes ; division prismatique, *des orgues basaltiques.* **prismatic structure**: structure prismatique. **prismatic system**: système orthorhombique *(crist)*.

pristane – pristane *m, norphytane.*

private – particulier ; privé. **private agreement**: accord amiable. **private company**: société en nom collectif. **private contract**: accord de gré à gré. **private industry**: secteur privé. **private information**: renseignement privé. **private network**: réseau privé, *transport d'énergie.* **private road**: chemin privé.

privilege – privilège *m.*

probabilistic – probabiliste. **probabilistic risk assessment (PRA)**: évaluation probabiliste des risques. **probabilistic study**: étude probabiliste, *étude dans laquelle on définit pour chaque variable une distribution correspondant à sa probabilité d'occurrence.*

probability – probabilité *f.* **probability density function**: densité de probabilité. **probability distribution function**: fonction de répartition.

probable – probable. **probable error**: erreur probable. **probable fault**: faille probable. **probable ore**: minerai probable. **probable reserves**: réserves probables, *quantités d'hydrocarbures que l'on peut espérer récupérer à partir de gisements connus mais sans une certitude suffisante pour que l'on puisse les classer dans la catégorie des réserves prouvées.*

probationary – d'essai, *avec mise à l'épreuve.* **probationary period**: période d'essai *(pers)*.

probe – sonde *f (élec)*. **probe rocket**: fusée sonde, *fusée météorologique.*

probing – sondage *m.*

problem – problème *m.*

PROBO – *abrév. de product/ore/bulk/oil tanker, transporteur mixte.*

procedure – déroulement *m* ; marche à suivre ; méthode *f* ; mode opératoire ; procédure *f* ; processus *m* ; règles de déroulement ; règles de service.

proceed (to) – se poursuivre ; avancer.

proceedings – actes d'un congrès ; compte-rendu *m.*

process – action *f* ; méthode *f* ; opération *f* ; procédé *m* ; processus *m.* **process chromatography**: chromatographie industrielle. **process control**: régulation d'un procédé. **process data book**: livre de procédé, *document de travail remis à l'acquéreur des droits d'exploitation d'une licence par la société qui en est détentrice.* **process design**: conception de procédé, *calcul fondamental d'une installation.* **process development**: développement d'un procédé ; études de développement ; mise au point de procédé. **process-development unit**: unité pilote *f.* **process energy requirement (PER)**: contenu énergétique opératoire (CEO). **process engineering**: calcul d'une installation industrielle ; calcul des procédés. **process facilities**: installations de traitement. **process gas**: gaz de traitement. **process hold-up time**: période improductive, *d'un procédé.* **process layout**: schéma de procédé. **process stock**: fraction d'alimentation, *fraction pétrolière destinée à être transformée.* **process stream**: cycle d'un procédé ; cycle de fabrication. **process time**: temps de traitement. **process unit**: unité de fabrication ; unité de traitement chimique. **process water**: eaux résiduaires.

process (to) – traiter.

processed – traité. **processed section**: coupe élaborée ; coupe traitée.

processing – façonnage *m, traitement de brut à forfait par une raffinerie pour le compte d'une société à qui reviennent les produits finis* ; traitement *m.* **processing in the field**: traitement sur le terrain. **processing industry**: industrie de transformation. **processing parameter**: paramètre de traitement. **processing platform**: plate-forme de traitement. **processing stage**: phase de fabrication. **processing tax**: taxe à la production.

processor – processeur *m.*

procurement – approvisionnement *m*. **procurement time**: délai d'approvisionnement.

prod – aiguillon *m*. **prod mark**: moulage de choc, *moulage d'outils*.

prodelta – prodelta *m (géol)*.

produce (to) – produire.

producer – générateur *m* ; producteur *m* ; puits producteur. **producer gas**: gaz de gazogène, *gaz pauvre de gazogène, obtenu en insufflant dans le haut du gazogène sur une couche de charbon et de coke un mélange d'air et de vapeur d'eau.*

producibility – productibilité *f, d'une centrale hydroélectrique*. **producibility-index log**: diagraphie d'indice de productivité.

producible – productible. **producible-oil index (POI)**: indice de production probable.

producing – producteur ; productif. **producing cost**: coût de production. **producing depth**: profondeur productrice. **producing expenses**: dépenses de production ; frais d'exploitation. **producing formation**: formation productrice. **producing gas/oil ratio**: *voir gas/oil ratio (GOR)*. **producing gas well**: puits de gaz producteur. **producing horizon**: horizon producteur, *réservoir ou ensemble de réservoirs imbriqués au sein d'une unité stratigraphique élémentaire ou à défaut de même faciès*. **producing oil well**: puits d'huile producteur. **producing sand**: sable productif. **producing well**: puits producteur. **producing zone**: zone productrice.

product – produit *m*. **product batching**: séquence de produits. **products cycle**: cycle des produits, *ordre dans lequel sont envoyés différents produits dans une canalisation de transport*. **product line**: gamme de produits ; ligne de produits ; pipeline pour produits, *canalisation de transport pour produits pétroliers*. **products royalty clause**: clause de redevance sur les produits, *clause figurant dans certains contrats qui prévoit le versement d'une certaine fraction des bénéfices au concédant lorsque l'essence ou autres produits sont fabriqués à l'aide de gaz naturel du gisement*. **products tanker**: pétrolier pour produits, *pétrolier pouvant charger plusieurs catégories d'hydrocarbures plus ou moins raffinés*. **product transfers**: transferts de produits, *produits finis qui ont été entrés de nouveaux en raffinerie pour utilisation, sans avoir été livrés aux consommateur finaux*. **interproduct transfers**: transferts interproduits, *résultat du reclassement de produits pétroliers, soit parce que leur spécification a changé soit parce qu'ils ont été mélangés avec un autre produit*.

production – production *f*. **production allowance**: *voir allowable production*. **production buildup**: montée en production. **production capacity**: capacité de production ; pouvoir productif. **production car**: voiture de série. **production casing**: colonne de production. **production control**: gestion de la production, *voir aussi scheduling* ; organisation de la production. **production cost**: coût de production. **production costs**: frais de fabrication ; frais de production. **production crew**: équipe de production. **production curve**: courbe de production. **production data, production record**: historique de production. **production-decline curve**: courbe de déclin de la production. **production engineering**: étude et application des méthodes. **production factor**: facteur de production. **production goods**: biens de production. **production license**: permis de production, *titre exclusif valant à la fois pour la recherche d'hydrocarbures sur le plateau continental et leur exploitation (GB)*. **production line**: chaîne de montage ; chaîne de production, *voir aussi flowline*. **production line-up**: montage à la chaîne. **production log**: diagraphie de production. **production packer**: packer de production *(for)*. **production period**: période de production. **production phase**: phase de production. **production platform**: plate-forme de production. **production potential**: potentiel de production. **production rate**: taux de production. **production run**: mise en fabrication. **production sand**: sable pétrolifère. **production schedule**: programme de production. **production sharing**: partage de production, *système contractuel dans lequel les hydrocarbures produits sont partagés selon certaines règles entre les parties*. **production-sharing agreement**: accord de partage de production, *contrat par lequel l'Etat, seul titulaire des droits miniers, fait appel à l'assistance technique et/ou financière d'intérêts privés qui recevront en rétribution une partie des profits possibles*. **production sharing contrat (PSC)**: contrat de partage de production. **production shop**: atelier de fabrication. **production string**: colonne de production. **production test**: essai de production. **production testing**: essai de production. **production tubing**: tube de production. **production well**: puits productif. **production wellhead**: tête de production.

productive – producteur ; productif. **productive capacity**: capacité de production ; potentiel de production. **productive horizon**: horizon producteur. **productive pool**: gisement producteur. **productive reef**: récif productif. **productive sand**: sable productif. **productive series**: couche productrice.

productivity – productivité *f*. **productivity index (PI)**: indice de productivité (IP), *c'est le volume d'huile produit par jour par unité de baisse de pression de fond, s'exprime en mètres cubes par pascal-seconde*. **productivity ratio**: taux de productivité. **productivity test**: essai de productivité.

proenzyme – proenzyme *f ou m, voir zymogen*.

professional – professionnel. **professional use**: usage professionnel.

profile – coupe *f* ; ligne *f* ; profil *m* ; sismogramme *m* ; tracé *m*. **profile cutter**: fraise à profiler. **profile drag**: traînée de profil. **profile drawing of the hole**: coupe longitudinale du sondage. **profile iron**: fer profilé. **profile of equilibrium**: profil d'équilibre, *d'un cours d'eau*. **profile paper**: papier quadrillé. **profile recorder**: enregistreur de profils. **profile shooting**: tir en profil.

profiler – profileur *m, matériel de sismique marine légère*.

profiling – enregistrement *m, d'un profil sismique monotrace* ; exploitation d'un profil sismique ; profilage *m* ; réalisation d'un profil, *sismique*. **profiling machine**: machine à profiler *(métal)*.

profilograph – profilographe *m*.

profilometer – profilomètre *m*.

profit – bénéfice *m* ; profit *m* ; rapport *m*. **profit-and-loss account**: compte des profits et pertes. **profit-earning capacity**: rentabilité *f*. **profit margin**: marge bénéficiaire. **profit of the field**: rente minière. **profit oil**: bénéfice en huile, *dans un contrat de partage de la production, part de la production qui rémunère le contracteur pour le risque pris*. **profit sharing**: intéressement *m* ; participation aux bénéfices.

profitability – rentabilité *f*. **profitability index**: enrichissement relatif en capital *(fin)*.

profitable – rentable.

proglacial – proglaciaire. **proglacial delta**: delta proglaciaire.

progradation – progradation *f*, *progression du rivage vers le large résultant de l'apport de sédiments par les fleuves côtiers*.

progradational – progradant. **progradational configuration**: configuration progradante.

prograde – prograde, *progressif*. **prograde metamorphism**: métamorphisme prograde.

program – programme *m*. **program flowchart**: organigramme *m*. **program library**: programmathèque *f*, *bibliothèque de programmes*.

programmable – programmable ; reprogrammable. **programmable control device, programmable controller**: automate programmable. **programmable read-only memory**: mémoire morte reprogrammable.

programmed – programmé. **programmed gain**: gain programmé. **programmed gain control (PGC)**: commande programmée du gain.

programmer – programmeur *m*.

programming – établissement d'un programme, *de fabrication, etc.* ; programmation *f*.

progress – avancement *m*, *forage* ; progrès *m*. **progress chart**: graphique d'exécution. **progress payments**: paiements échelonnés.

progression – progression *f*.

progressive – progressif. **progressive aging**: vieillissement progressif. **progressive development**: anagenèse *f (géol)* ; développement progressif. **progressive metamorphism**: métamorphisme progressif. **progressive pitting**: piquage progressif, *engrenages*. **progressive transmission**: transmission par paliers intermédiaires. **progressive wave**: houle progressive ; onde progressive.

prohibited – interdit. **prohibited zone**: zone interdite.

prohibition – interdiction *f*.

project – projet *m*. **project boundary**: limite du projet. **project brief**: fiche de projet. **project cost**: coût d'un projet. **project design**: conception du projet. **project engineer**: ingénieur de bureau d'étude. **project engineering**: étude de projet. **project identification**: définition du projet. **project manager**: directeur de bureau d'étude ; maître d'oeuvre.

projecting – saillant.

projection – projection *f*. **projection welding**: soudage par bossage. **projection well**: *voir offset well*.

prokaryote – procaryote *m*, *organisme dont le noyau cellulaire n'est jamais entouré d'une membrane nucléaire*.

prokaryotic – procaryote *(cytol)*.

prolongation – prolongement *m*.

PROM – *abrév. de programmable read-only memory : mémoire morte programmable*.

promethium – prométhéum *m*, *terre rare radioactive, symbole chim. Pm*.

promontory – cap *m* ; promontoire *m*.

promote (to) – activer, *un catalyseur* ; amorcer ; faciliter ; favoriser ; produire.

promoter – promoteur *m*, *agent d'activation des catalyseurs*.

promotion – accroissement *m* ; amélioration *f* ; avancement *m* ; extension *f* ; lancement *m* ; promotion *f*.

prompt – rapide. **prompt critical**: critique instantané *(nucl)*. **prompt gamma**: gamma instantané. **prompt neutron**: neutron instantané ; neutron prompt.

proneness – propension *f* ; tendance *f*.

prong – dent *f* ; doigt d'égalisation *(for)* ; fourchon *m* ; griffe *f*.

Prony – Prony. **Prony brake**: frein de Prony, *un dynamomètre d'absorption*.

proof – épreuve *f* ; preuve *f* ; résistant à. **proof load**: charge d'épreuve. **proof stress**: limite élastique.

prop – béquille *f* ; butte *f* ; étai *m* ; étançon *m* ; poteau *m* ; support *m*. **prop agent**: *voir propping agent*.

prop (to) – étayer. **prop (to) up**: boiser ; soutenir.

propadiene – propadiène *m*, *allène*.

propagation – propagation *f*. **propagation constant**: constante de propagation. **propagation rate**: vitesse de propagation. **propagation velocity**: célérité de propagation ; vitesse de propagation, *distance parcourue par une onde pendant l'unité de temps*.

propane – propane *m*, *hydrocarbure paraffinique gazeux*. **propane-acid process**: procédé de lavage acide du propane. **propane/air mixture**: air propané. **propane deasphalting**: désasphaltage au propane, *précipitation d'asphaltes par traitement d'un résidu avec du propane sous pression et à chaud ; l'asphalte se sépare, l'huile reste en solution dans le propane liquide*. **propane dewaxing**: déparaffinage au propane, *procédé d'extraction de la paraffine des distillats à l'aide de propane utilisé comme réfrigérant et précipitant des paraffines*. **propane extraction**: extraction au propane. **propane fractionation**: fractionnement au propane. **propane sultone**: propane sultone, *oxathiolane-1,2, dioxyde-2,2*. **propane tanker**: propanier *m*.

propanol – propanol *m*, *alcool propylique*.

propel (to) – propulser.

propellant – ergol *m* ; propergol *m*, *combustible servant à alimenter les moteurs à réaction* ; propulseur *m*. **propellant charge**: charge propulsive.

propelled – propulsé.

propeller – hélice *f* ; propulseur *m*. **propeller blade**: pale d'hélice. **propeller cavitation**: cavitation de l'hélice. **propeller fan**: ventilateur hélicoïdal. **propeller pitch**: pas de l'hélice. **propeller pump**: pompe à hélice. **propeller shaft**: arbre de l'hélice. **propeller turbine**: turbine hélice.

propelling – moteur. **propelling force**: force de propulsion ; force motrice.

propene – propène *m*, *propylène*.

propensity – tendance *f*.

proper – propre. **proper function**: *voir eigenfunction.* **proper value**: *voir eigenvalue.*

property – bien *m*; propriété *f.* **property income**: revenus domaniaux. **property insurance**: assurance immobilière. **property interests**: droits afférents aux terrains, *concessions.*

prophylaxis – prophylaxie *f, ensemble des précautions contre les maladies.*

propionaldehyde – propionaldéhyde *m.*

propionic – propionique. **propionic acid**: acide propionique. **propionic anhydride**: anhydride propionique.

propionitrile – propionitrile *m.*

proportion – dosage *m*; proportion *f*; taux *m*; teneur *f.* **proportion of mixture**: dosage *m, composition du mélange.* **proportion of sulfur**: teneur en soufre, *taux de soufre.*

proportional – proportionnel. **proportional control**: régulation proportionnelle, *système de régulation dans lequel la variable commandée reste dans un rapport linéaire constant avec l'organe de régulation.* **proportional counter**: compteur proportionnel, *utilisé en prospection par méthodes radioactives, dans les cas où le compteur Geiger ne peut capter la tension à enregistrer.*

proportionate – proportionnel. **proportionate reduction clause**: clause de réduction proportionnelle, *clause fréquemment rencontrée dans les titres de concession et prévoyant la réduction des redevances au concédant s'il n'est pas propriétaire de la totalité du terrain d'où proviennent les bénéfices.*

proportioning – dosage de la richesse du mélange *(mot)*. **proportioning pump**: pompe doseuse.

proppant – *voir propping agent.*

propped – étayé.

propping – étaiement *m*; étayage *m.* **propping agent**: agent d'activation *(chim)*; agent de soutènement, *qui empêche les fractures de se refermer, lorsque la pression d'injection a été relâchée.*

proprietary – faisant partie du patrimoine d'une société. **proprietary product**: produit de marque; spécialité *f.* **proprietary rights**: droits exclusifs.

propulsion – propulsion *f.*

propulsive – propulsif. **propulsive force**: force de traction; force propulsive.

propyl – propyle *m, radical monovalent.* **propyl alcohol**: alcool propylique.

propylene – propylène *m, hydrocarbure éthylénique.* **propylene carbonate**: carbonate de propylène. **propylene dichloride**: bichlorure de propylène. **propylene glycol**: propylène glycol, *glycol propylénique, propanediol.* **propylene glycol monomethyl ether**: éther monométhylique du propylène glycol, *liquide pour freins hydrauliques.* **propylene oxide**: oxyde de propylène.

propyne – propyne *m, méthylacétylène.*

proration – contingentement *m*; proration *f, réduction proportionnelle de la production d'un puits, ou d'un gisement, à la suite d'un accord soit au niveau des opérateurs, soit au niveau des Etats.* **proration agreement**: accord de proration. **proration formula**: formule de proration, *formule de calcul du contingent de production pétrolière (voir allowable)*. **proration unit**: unité de proration, *surface maximale d'un gisement, fixée par une commission, qui peut être rentablement drainée par un seul puits.*

prospect – piège prospectif; prospect *m, zone productive possible.* **prospect well**: puits d'exploration.

prospect (to) – explorer; prospecter.

prospecting – exploration *f*; prospection *f.* **prospecting hammer**: marteau de prospecteur. **prospecting license**: permis d'exploration, *qui permet de réaliser à titre exclusif des recherches à terre (GB)*; permis de recherche.

prospection – exploration *f*; prospection *f.*

prospective – prometteur, *présentant des possibilités.* **prospective acreage**: zone prometteuse, *zone riche en possibilités pétrolières.* **prospective customer**: client potentiel.

prospector – prospecteur *m.*

protactinium – protactinium *m, symbole chimique Pa.*

protection – protection *f.* **protection acreage**: option de protection, *option exclusive d'un concessionnaire sur une zone définie en vue de se protéger contre les voisins ou contre des prospections ultérieures.* **protection-and-indemnity clause**: assurance de garanties complémentaires. **protection casing**: colonne technique *(for)*; tubage de protection, *servant à protéger la partie supérieure du puits afin de poursuivre le forage en profondeur.* **protection covenant**: *voir offset-well covenant.* **protection hole**: sondage de protection, *foré obligatoirement au front de taille des galeries souterraines d'exploitation de pétrole.* **protection ratio**: taux de protection. **protection test**: essai antirouille des graisses lubrifiantes.

protective – protecteur. **protective agent**: agent protecteur; inhibiteur *m.* **protective atmosphere**: atmosphère protectrice. **protective clothing**: combinaison de protection. **protective coating**: revêtement de protection. **protective glove**: gant de protection. **protective goggles**: lunettes de protection, *lunettes protectrices.* **protective grounding**: mise à la terre de protection. **protective hat**: casque de sécurité. **protective layer**: couche protectrice. **protective resistance**: résistance de protection. **protective screen**: écran protecteur. **protective string**: *voir protection casing.* **protective tariff**: tarif préférentiel.

protector – bague de protection; protecteur *m.* **protector sleeve**: manchon protecteur.

protein – protéine *f.*

proteolysis – protéolyse *f (biochim)*.

proterogenesis – protérogenèse *f, apparition, au stade embryonnaire, de traits caractéristiques des adultes des générations postérieures.*

proterotype – protérotype *m.*

Proterozoic – Protérozoïque *m, division la plus récente du Précambrien.*

protest – déclaration d'avaries *(nav)*.

protist – protiste *m, organisme unicellulaire dépourvu des caractéristiques des plantes et animaux pluricellulaires.*

proto – proto, *préfixe utilisé en chimie pour désigner le premier ou le plus bas numéro d'une série.*

protobitumen – protobitume *m, hydrate de carbone capable de fournir de l'huile par réduction poussée.*
protoclase – protoclase *f, roche possédant un clivage qui a pris naissance au cours de la sédimentation ou au cours de l'écoulement du magma.*
protoclastic – protoclastique. **protoclastic structure**: structure protoclastique *(pétro)*.
protocol – protocole *m.*
protogenic – protogénique, *relatif aux roches cristallines les plus anciennes supposées d'origine ignée.* **protogenic solvent**: solvant protogène, *donneur de protons.*
protolysis – protolyse *f.*
protolytic – protolytique. **protolytic reaction**: réaction protolytique.
proton – proton *m.* **proton magnetometer**: magnétomètre à protons, *protonique.* **proton microscope**: microscope protonique. **proton number**: nombre de protons. **proton synchrotron**: synchrotron à protons.
protonation – protonation *f (chim)*.
protonic – protonique. **protonic acid**: acide protonique, *voir Brönsted acid.*
protoparaffin – protoparaffine *f.*
protopetroleum – protopétrole *m, ensemble des substances dont dérive le pétrole brut.*
protophilic – protophile, *accepteur de protons.* **protophilic solvent**: solvant protophile.
protophobic – protophobe, *donneur de protons.*
protore – minerai primitif.
prototype – prototype *m.*
protoxide – protoxyde *m.*
protozoan – protozoaire *m.*
protract (to) – tracer, *une carte.*
protractor – rapporteur *m, d'angle (math)*.
protrude (to) – dépasser.
protrusion – protrusion *f.*
prove (to) – prouver, *démontrer les possibilités pétrolières d'un terrain.*
proved – prouvé, *voir aussi proven.* **proved ore**: minerai prouvé. **proved reserves**: *voir proven reserves.*
proven – prouvé, *orthographe souvent préférée à proved pour les réserves de pétrole.* **proven acreage**: région prouvée ; superficie prouvée, *reconnue susceptible de donner lieu à une production.* **proven area**: zone prouvée. **proven-area drilling**: forage de développement. **proven field**: gisement prouvé. **proven oil land**: terrain pétrolifère ; terrain prouvé ; terrain reconnu. **proven reserves**: réserves prouvées, *quantités d'hydrocarbures que l'on peut estimer récupérer avec une quasi-certitude à partir de gisements connus, forés, et dans les conditions techniques et économiques actuelles.* **proven structure**: structure prouvée.
provenance – provenance *f.*
prover – appareil de vérification.
province – province *f, aire géographique considérée comme un tout.*
proving – épreuve *f.* **proving hole**: sondage de recherche. **proving tank**: réservoir de calibrage, *des compteurs de pétrole ou d'autres produits.*
provision – clause *f*; provision *f*; réserve *f.* **provision room**: cambuse *f.*
provisional – provisoire. **provisional measure**: mesure conservatoire.
proximal – proximal *(géol)*. **proximal onlap**: biseau d'aggradation proximale, *biseau d'aggradation regardant le continent.*
proximate – approché ; voisin. **proximate analysis**: analyse quantitative approximative.
proximity – proximité *f.* **proximity detector**: détecteur de proximité. **proximity effect**: effet de proximité *(élec)*. **proximity fuse**: fusée de proximité ; fusée radar. **Proximity log**: *dénomination d'une microdiagraphie focalisée, enregistre la résistivité de la formation près de la paroi du sondage.* **proximity logging**: diagraphie de proximité.
PRR – *abrév. de pulse-repetition rate.*
PRT – *abrév. de Petroleum Revenue Tax (UK)*.
prudent – prudent. **prudent-operator standard**: test de l'opérateur prudent, *il s'agit, par référence aux performances-types d'un opérateur théorique, de vérifier si un concessionnaire remplit bien toutes les obligations de son contrat.*
pruning – élagage *m.*
Prussian – prussien. **Prussian blue**: bleu de Prusse, *indicateur colorimétrique souvent utilisé pour délimiter le contact entre deux surfaces dont l'une est mobile.*
PSA – *abrév. de pressure swing adsorption ; et de production sharing agreement.*
psammite – psammite *f, roche sédimentaire détritique.*
psammitic – psammitique, *riche en micas d'origine détritique.* **psammitic limestone**: calcaire psammitique.
psammophyte – psammophyte, *habitant des régions sableuses.*
PSC – *abrév. de production sharing contract.*
psephite – pséphite *f (pétro)*.
psephitic – pséphitique, *désigne les roches détritiques à grains grossiers.* **psephitic texture**: texture pséphitique *(pétro)*.
pseudoanisotropy – pseudoanisotropie *f.*
pseudoanticline – faux anticlinal.
pseudobreccia – fausse brèche ; pseudobrèche *f.*
pseudocatalysis – pseudocatalyse *f.*
pseudochlorite – pseudochlorite *f.*
pseudocleavage – pseudoclivage *m (géol)*.
pseudocritical – pseudocritique. **pseudocritical pressure**: pression pseudocritique, *spécifique des composées de fractions pétrolières.* **pseudocritical property**: propriété pseudocritique. **pseudocritical temperature**: température pseudocritique, *des mélanges.*
pseudocrystal – pseudocristal *m.*
pseudofossil – pseudofossile *m.*
pseudogeometric – pseudogéométrique. **pseudogeometric factor**: facteur pseudogéométrique, *utilisé pour calculer la résistivité de la formation non envahie (diag)*.
pseudoisomerism – pseudo-isomérie *f.*
pseudoleucite – pseudoleucite *f (minér)*.
pseudoliquid – pseudoliquide *m, calculé pour connaître la masse volumique d'un mélange d'hydrocarbures liquides dans les conditions de réservoir et qui se vaporise partiellement dans les conditions normales.* **pseudoliquid density**:

masse volumique d'un pseudoliquide, *dont la valeur dépend de la teneur en éthane et méthane du fluide de réservoir.*
pseudolog – pseudodiagraphie *f.*
pseudomoraine – pseudomoraine *f, moraine de lave.*
pseudomorphism – pseudomorphose *f (minér).*
pseudomorphous – pseudomorphe, *se dit d'un minéral qui a pris une forme cristalline, propre à un autre minéral.*
pseudo-oolith – pseudo-oolite *f, concrétion calcaire dans les roches sédimentaires, à allure oolitique.*
pseudoplastic – pseudoplastique. **pseudoplastic fluid**: fluide pseudoplastique, *dont le coefficient de viscosité diminue quand la vitesse de déformation augmente.*
pseudoplasticity – pseudoplasticité *f.*
pseudoreduced – pseudoréduit. **pseudoreduced property**: propriété pseudoréduite.
pseudoschistosity – pseudoschistosité *f.*
pseudoscopic – pseudoscopique. **pseudoscopic viewing**: observation pseudoscopique.
pseudosolution – pseudosolution *f, suspension colloïdale.*
pseudostatic – pseudostatique. **pseudostatic spontaneous potential (PSP)**: potentiel spontané pseudostatique.
pseudosteady – semipermanent, *écoulement des fluides.* **pseudosteady state**: régime semipermanent, *écoulement des fluides.* **pseudosteady-state flow**: écoulement semipermanent.
pseudosyncline – faux synclinal ; pseudosynclinal *m.*
pseudotime – pseudotemps *m.*
pseudovelocity – pseudovitesse *f.* **pseudovelocity log**: pseudodiagraphie de vitesse.
psf – *abrév. de pounds per square foot.*
P-shooter – *dénomination commerciale d'une source à chute de poids accélérée.*
psi – psi, *abrév. de pounds per square inch, 1 Pa = 0,6 psi, 1 psi = 6,9 Pa, le symbole correct est* lbf/in^2.
psia – *abrév. de pounds per square inch absolute: pression absolue en livres par pouce carré.*
psig – *abrév. de pounds per square inch gage pressure : pression mamométrique en livres par pouce carré.*
psilomelane – psilomélane *m, minerai de manganèse.*
psilophyte – psilophyte *f, l'un des premiers représentants connus des végétaux terrestres ayant une tige.*
PSK – *abrév. de phase-shift keying.*
PSP – *abrév. de pseudostatic spontaneous potential.*
PSSI – *abrév. de permament shear-stability index.*
psychrometer – psychromètre *m, appareil servant à déterminer l'humidité de l'air.*
PTC – *abrév. de personel transfer capsule.*
pteridophyte – ptéridophyte *m (bot).*
pteridosperm – ptéridospermée *f, plante fossile.*
pterodactyl – ptérodactyle *m (pal).*
pteropod – ptéropode *m, mollusque pélagique.* **pteropod ooze**: vase à ptéropodes, *dépôt calcaire de haut fond.*
pterosaur – ptérosaurien *m (pal).*
PTFE – PTFE, *abrév. de polytetrafluoroethylene.*
PTM – *abrév. de pulse-time modulation.*
PTO – *abrév. de power takeoff.* **PTO shaft**: arbre de prise de mouvement.
PTRM – *abrév. de partial thermoremanent magnetization.*
PTWC – *abrév. de permanent-type well completion.*
ptygmatic – ptygmatique, *s'applique aux plis serrés à charnières régulières.* **ptygmatic fold**: pli ptygmatique. **ptygmatic structure**: structure ptygmatique.
public – public. **public corporation**: société publique. **public debt**: dette publique. **public domain**: domaine public. **public goods**: biens collectifs. **public health**: santé publique. **public housing**: logement social. **public invitation to tender**: adjudication publique. **public lands**: domaines nationaux, *propriétés nationales à l'échelon des Etats, ou de la fédération.* **public means of conveyance**: transports en commun. **public monoply**: monopole public *(écon).* **public property**: domaine public. **public relations**: relations publiques. **public transportation**: transport en commun ; transports publics. **public works**: travaux publics.
publishing – édition *f.*
puckering – froncement *m* ; plissotement *m.*
pudding – pudding *m.* **pudding grease**: graisse semifluide, *provenant d'huile convertie en gel.*
puddingstone – poudingue *m, roche sédimentaire détritique contenant des galets liés par un ciment.*
puddle – balle *f*; bourbier *m*; flaque *f*; loupe *f (métal).*
puddle (to) – brasser ; faire une boue, *à base d'argile et d'eau pour colmatages divers.*
puddling – corroyage *m* ; puddlage *m (métal).*
puffing – soufflant. **puffing hole**: *voir blowhole.*
puke (to) – jaillir par intermittence *(for).*
puking – débordement d'une tour de distillation, *qui entraîne généralement le mélange de la charge brute et des produits fraîchement distillés* ; entraînement liquide, *dans les vapeurs de distillation.*
pull – effort *m* ; poussée *f*; secousse *f*; tirage *m* ; traction *f.* **pull-apart**: divergent *(géol).* **pull-apart zone**: zone en extension. **pull chain**: chaîne de traction. **pull down**: descente du train de tiges *(for).* **pull-in cable**: câble de tirage, *(pipeline).* **pull-in torque**: couple d'accrochage, *d'un moteur.* **pull line**: tige de commande, *tige reliant une pompe au mécanisme de pompage central.* **pull rod**: bielle *f*; tige d'entraînement ; tige de jonction, *d'attelage des chevalets de pompage de plusieurs puits avec la pompe centrale* ; tige de traction ; tringle de traction. **pull-rod carrier**: support de tige d'entraînement. **pull shovel**: pelle rétrocaveuse. **pull up**: bombement apparent, *sur une coupe sismique, dû à la présence de matériau de relativement faible vitesse au-dessus de la zone considérée, opposé à push down.*
pull (to) – détuber ; extraire ; nettoyer un puits de production ; remonter, *un train de tiges* ; tirer ; tracter. **pull (to) a well**: fermer un puits, *en récupérant le tubage et l'équipement de pompage.*

pull (to) a well in: démonter une tour de forage. **pull (to) coupons**: tracter des barreaux, *pour les essais de soudure*. **pull (to) in**: mettre en place par traction, *une canalisation*. **pull (to) in green**: retirer un trépan avant usure complète ; serrer un joint trop fort. **pull (to) on stuck pipe**: tirer sur un tube coincé. **pull (to) the pin**: faire démarrer ; mettre en marche. **pull (to) up**: resserrer la garniture du presse-étoupe.

pulled – tiré. **pulled out of hole (POOH)**: remontée du puits.

puller – arracheur *m.*

pulley – poulie *f.* **pulley block**: moufle *m* ; poulie mouflée. **pulley ratio**: rapport de transmission, *d'engrenage de la poulie*. **pulley shell**: caisse de poulie. **pulley tackle**: palan *m.* **pulley wheel**: *voir grooved pulley.*

pulling – enlèvement *m* ; extraction *f*; remontée *f.* **pulling and running drill pipe**: *voir round trip.* **pulling casing**: détubage *m* ; décuvelage *m.* **pulling handle**: poignée de tirage ; poignée de traction. **pulling head**: tête d'arrachage d'un tubage. **pulling machine**: treuil auxiliaire, *tour de remontée mobile des tiges de forage*. **pulling-out time for drill pipe**: temps de remontée des tiges de forage. **pulling rate**: vitesse de remontée des tiges *(for)*. **pulling rope**: câble tracteur. **pulling test**: essai de pompage ; essai de traction. **pulling tool**: outil de repêchage, *hydraulique*. **pulling tools**: remontée des outils *(for)*. **pulling unit**: appareil de levage *(for) voir aussi pulling machine*. **pulling well**: puits en nettoyage, *en cours d'entretien*.

pullout – arrachement *m* ; remontée du train de tiges *(for)* ; rupture de joint, *dans une canalisation de transport, sous l'effet d'un écart de température par exemple*. **pullout load**: charge d'arrachement. **pullout time**: temps de remontée, *d'un train de tiges*. **pullout torque**: couple de décrochage, *d'un moteur*.

pulp – pulpe *f.*

pulpstone – pierre à aiguiser.

pulsar – pulsar *m*, *contraction de pulsating radio sources*.

pulsate (to) – *voir flow (to) by heads.*

pulsating – pulsatoire. **pulsating flow**: écoulement pulsatoire. **pulsating spring**: source jaillissante *(géol)*.

pulsation – impulsion *f*; pulsation *f.* **pulsation dampener**: amortisseur de pulsations. **pulsation filter**: réservoir amortisseur.

pulsator – pulsateur *m.* **pulsator jig**: bac pulsateur.

pulse – émission sismique ; impulsion *f*; pulse *m*, *radar*; signal *m*; signe *m.* **pulse-amplitude modulation (PAM)**: modulation d'impulsion en amplitude. **pulse chamber**: capteur d'impulsions faibles. **pulse-code modulation (PCM)**: modulation d'impulsion en codage. **pulse column**: colonne à pulsations ; colonne pulsée *(raf)*. **pulse detector**: détecteur à impulsion. **pulse duration**: durée d'impulsion. **pulse-echo tool**: outil à échographie acoustique. **pulse-frequency modulation (PFM)**: modulation d'impulsion en fréquence. **pulse front**: front d'onde. **pulse generator**: générateur d'impulsion. **pulse group**: train d'impulsions. **pulse ionization chamber**: chambre d'ionisation à impulsion. **pulse jitter**: vacillement d'impulsions. **pulse length**: durée d'impulsion. **pulse-position modulation (PPM)**: modulation d'impulsion en position. **pulse radar, pulse-modulated radar**: radar par impulsion. **pulse-repetition frequency (PRF)**: fréquence de répétition des impulsions. **pulse-repetition rate (PRR)**: taux de répétition des impulsions. **pulse-rise time**: temps de montée d'impulsions. **pulse shaping**: formage de l'impulsion ; mise en forme de l'impulsion, *traitement destiné à modifier la forme de l'ondelette* ; mise en forme du signal. **pulse spacing**: espacement entre impulsions. **pulse spectrum**: spectre d'impulsion. **pulse stabilization**: stabilisation de l'ondelette. **pulse stretching**: étirement du signal. **pulse test**: pulsotest *m*, *enregistrement sismique*. **pulse-time modulation (PTM)**: modulation d'impulsions en durée ; modulation en temps d'impulsion. **pulse train**: train d'impulsions. **pulse voltage**: tension d'impulsion. **pulse width**: durée d'impulsion ; largeur d'impulsion. **pulse-width modulation**: modulation en largeur d'impulsion.

pulsed – pulsé. **pulsed capacity**: débit pulsé, *pompe*. **pulsed laser**: laser à impulsion. **pulsed neutron**: neutron pulsé. **pulsed-neutron log**: diagraphie de neutrons pulsés. **pulsed NMR**: RMN à pulsations.

pulsejet – pulsoréacteur *m.*

pulsometer – pulsomètre *m.*

pultrusion – pultrusion *f.*

pulverize (to) – pulvériser.

pulverized – pulvérisé. **pulverized coal**: charbon pulvérisé. **pulverized fuel**: combustible pulvérisé.

pulverulent – pulvérulent.

pumice – pierre ponce ; ponce *f.* **pumice powder**: poudre ponce.

pump – pompe *f.* **pump barrel**: corps de pompe ; cylindre de pompe. **pump bowl**: cuvette de filtre de pompe à essence. **pump brake**: bringuebale *f*; levier de pompe. **pump casing**: carter de pompe ; corps de pompe. **pump discharge**: refoulement d'une pompe. **pump dredge**: drague pompe ; drague suceuse. **pump drive**: commande de pompe. **pump fed**: alimenté par pompe. **pump fist**: poing de pompe, *partie inférieure d'un manchon de plongeur ; contre-écrou de protection, situé à l'extrémité du plongeur*. **pump gear**: garniture de pompe ; gréement d'une pompe. **pump governor**: régulateur de pompe. **pump handle**: levier de pompe. **pump housing**: carter de la pompe. **pump impeller**: roue mobile de pompe ; rouet *m*, *de pompe*. **pump island**: îlot de pompes, *de station-service*. **pump jack**: chevalet de pompage, *dans le pompage à distance, charpente du pompage récepteur, transmettant le mouvement à la pompe*. **pump lift**: hauteur d'aspiration d'une pompe. **pump liner**: chemise de pompe. **pump nozzle**: injecteur de pompe. **pump output**: débit d'une pompe. **pump piston**: piston de pompe. **pump plunger**: piston de pompe ; plongeur de pompe. **pump pressure**: pression de refoulement de la pompe. **pump ram**: piston plongeur. **pump rod**: tige de pompe. **pump room**: pomperie *f*; salle des pompes. **pump-room bilge**: eau de fond de cale. **pump-room walkway**: passerelle de la chambre des pompes. **pump shell**: corps de pompe, *voir aussi pump barrel*. **pump-stage assembly**: montage du dispositif de pompage. **pump station**: *voir pumping station.* **pump stroke rate**:

nombre de coups de pompe. **pump-system lubrication**: graissage par pompe. **pump tree**: tige de pompe. **pump valve**: soupape de pompe. **pump wheel**: roue mobile de pompe.

pump (to) – pomper. **pump (to) back**: recycler *(raf)*. **pump (to) by heads**: pomper par à-coups. **pump (to) off**: épuiser temporairement un puits, *pomper à un rythme accéléré de sorte que le niveau de l'huile passe au-dessous de la soupape de la pompe.*

pumpability – pompabilité *f.*

pumparound – dispositif de soutirage et de réinjection, *servant à accélérer, par recyclage, la condensation des vapeurs d'un plateau à l'autre, dans une tour de distillation.*

pumpback – repompé. **pumpback reflux**: reflux repompé, *portion du produit qui n'est pas transmise au réservoir mais qui retourne dans la tour de fractionnement.*

pumpdown – pompé. **pumpdown completion**: complétion à outils pompés. **pumpdown plug**: bouchon de queue. **pumpdown tools**: train d'outils pompés, *voir aussi TFL.*

pumped – pompé. **pumped concrete**: béton pompé. **pumped storage**: stockage par accumulation. **pumped-storage plant**: centrale de pompage.

pumper – puits pompé, *opposé à puits coulant naturellement.*

pumping – assèchement *m* ; épuisement *m* ; exhaure *f*, *évacuation des eaux d'infiltration hors d'une mine* ; pompage *m*. **pumping beam**: balancier *m* ; bascule *f*. **pumping derrick**: tour de pompage, *par opposition à tour de forage.* **pumping engine**: pompe d'épuisement. **pumping equipment**: équipement de pompage ; machine d'épuisement ; moteur de pompe. **pumping gear**: démultiplicateur pour balancier de pompe. **pumping jack**: *voir pump jack* ; dispositif de pompage à balancier. **pumping line**: câble de pompage. **pumping loss**: perte de pompage. **pumping oil**: huile pompable, *huile ayant une densité et une température adéquates pour permettre son transfert par pompage du réservoir à l'unité de traitement.* **pumping out**: assèchement *m*, *des cuves de tanker.* **pumping pit**: bac de décantation, *dans le recueil préliminaire du pétrole brut.* **pumping plant**: station de pompage ; unité de pompage. **pumping power**: pompe centrale, *dans un système de pompage multiple.* **pumping pressure**: pression de pompage. **pumping rig**: équipement complet de pompage, *d'un puits.* **pumping rod**: tige de pompage. **pumping speed**: vitesse de pompage. **pumping station**: station de pompage. **pumping stroke**: course d'une pompe. **pumping test**: essai de production à la pompe. **pumping unit**: unité de pompage, *pour un seul puits.* **pumping well**: puits pompé.

pumpman – pompiste *m.*

pump-out – assèchement *m* ; dispositif de purgeage, *pour accidents ou périodes de révision* ; épuisement *m* ; évacuation *f*. **pump-out drum**: collecteur *m*, *pour liquides pompés de l'unité en fonctionnement* ; collecteur d'exhaure ; tambour d'évacuation, *d'épuisement.* **pump-out plunger**: piston d'extraction. **pump-out valve**: robinet à mise sous vide.

punch – bouterolle *f* ; broche *f* ; butte *f (mine)* ; emporte-pièces *m* ; étampe *f* ; perçoir *m* ; poinçon *m* ; poinçonnage *m* ; pointeau *m*. **punch card**: carte perforée. **punch mark**: coup de pointeau. **punch paper tape**: bande perforée, *papier.* **punch pliers**: pinces emporte-pièces. **punch tape**: bande perforée.

punched – perforé. **punched card, punched tape**: *voir punch card, punch tape.*

punching – poinçonnage *m*. **punching strength**: résistance au poinçonnement.

puncture – claquage *m* ; crevaison *f*, *pneu.* **puncture resistance**: increvabilité *f*, *résistance d'un pneu à la crevaison.*

pungency – odeur piquante.

pungent – âpre ; piquant.

pup-joint – joint de tube court, *voir aussi dutchman.*

Purasiv – *dénomination commerciale d'un procédé d'adsorption.*

Purbeckian – Purbeckien *m*, *étage du Jurassique.*

purchase – achat *m* ; acquisition *f* ; force mécanique ; moufle *m* ; palan *m* ; prise *f*. **purchase order**: bon de commande. **purchase price**: prix d'achat. **purchase requisition**: demande d'achat. **purchase-specification test**: essai d'homologation. **purchase tackle**: caliorne *m.*

purchaser – acheteur *m*. **purchaser prorationing**: contingentement par l'acheteur, *contingentement officieux de la production quand, en raison des conditions du marché ou des difficultés de stockage, l'acheteur désire une quantité de pétrole inférieure au volume de production autorisée.*

purchasing – achat *m*. **purchasing department**: service d'achats. **purchasing power**: pouvoir d'achat.

pure – pur ; vierge. **pure alcohol**: alcool absolu. **pure aluminum**: aluminium pur. **pure asphalt**: asphalte pur. **pure color**: couleur pure. **pure iron**: fer pur. **pure mathematics**: mathématique pure. **pure oil**: huile pure ; pétrole pur, *déshydraté.* **pure petroleum compound**: composé pétrolier pur, *substance ayant un faible intervalle d'ébullition.* **pure shear**: cisaillement pur. **pure substance**: corps pur. **pure viscosity**: viscosité pure.

pureness – pureté *f.*

purge – purge *f*. **purge pipe**: tube de vidange ; tuyau de vidange. **purge valve**: robinet de purge.

purger – épurateur *m* ; purgeur *m.*

purging – nettoyage *m.*

purification – épuration *f* ; purification *f*. **purification of electrolyte**: purification de l'électrolyte.

purifier – épurateur *m* ; purificateur *m*. **purifier box**: cuve d'épuration, *type d'épurateur de gaz industriel basé sur l'extraction de l'hydrogène sulfuré par passage du gaz sur des copeaux de bois et de l'oxyde de fer.* **purifier-box rotation**: circuit d'épuration du gaz.

purify (to) – épurer.

purity – pureté *f.*

purlin – panne *f*, *d'une toiture.*

Purox – *dénomination commerciale d'un procédé de gazéification des déchets.*

purpurogallin – purpurogalline *f*, *utilisée comme antioxydant ou pour retarder la contamination métallique des carburants ou des lubrifiants.*

push – poussée *f.* **push and pull**: va-et-vient *m.* **push-and-pull pump**: pompe centrale d'un pompage multiple. **push-and-pull pumping power**: pompage central. **push-broom sensor**: capteur en peigne. **push button**: bouton poussoir ; poussoir *m, voir aussi push-button.* **push down**: dépression apparente *sur coupe-temps (sism) opposé à pull up.* **push moraine**: moraine de poussée. **push pole**: baguette jauge. **push-pull wave**: *voir onde P.* **push rod**: bielle de poussée ; tige poussoir. **push-rod cover plate**: couvercle de poussoir. **push sampler**: carottier vériné. **push tug**: pousseur *m.*

push (to) – pousser. **push (to) back**: repousser. **push (to) down**: empiler, *informatique.* **push (to) tongs**: visser des joints de conduites, *à la tenaille.*

push-button – presse-bouton, automatique. **push-button operation**: fonctionnement automatique. **push-button starter**: démarreur à bouton-poussoir démarreur à distance ; démarreur télécommandé. **push-button switch**: interrupteur à poussoir.

pusher convoy – convoi poussé.

push-up – renflement *m, renflement pratiqué à l'extrémité d'une tige et portant le filetage mâle, voir aussi upset.*

pustule – pustule *f.*

putrefaction – pourriture *f*; putréfaction *f.*

putrid – putride. **putrid slime**: vase putride *(géol)*.

putty – mastic *m.* **putty knife**: couteau à mastiquer. **putty oil**: huile pour mastic.

puy – dôme *m (géol)* ; puy *m.*

puzzolan – *voir pozzolan.*

PV – VP, *abrév. de pore volume : volume des pores.*

PVA – *abrév. de polyvinyl alcohol.*

PVC – *abrév. de polyvinyl chloride.*

PVT – PVT, *abrév. de pressure, volume, temperature : pression, volume, température.*

PWC – *abrév. de permanent well completion.*

PWR – *abrév. de pressurized-water reactor.*

pycnocline – pycnocline *f, couche océanique à fort gradient de densité vertical.*

pycnometer – pycnomètre *m, appareil servant à mesurer la masse volumique des fluides, s'écrit aussi pyknometer.*

pylon – pylône *m.*

pyramid – pyramide *f.* **pyramid cut**: entaille pyramidale.

pyranometer – pyranomètre *m, utilisé pour mesurer le rayonnement du ciel tombant sur une surface horizontale, solarimètre.*

pyrene – pyrène *m, hydrocarbure extrait du goudron de houille.*

Pyrenean – pyrénéen *(strat)*. **Pyrenean orogeny**: phase pyrénéenne, *phase tectonique de l'ère tertiaire.*

pyrethrum – pyrèthre *m, produit toxique d'origine végétale entrant dans la fabrication d'insecticides avec des hydrocarbures ou autres solvants.*

Pyrex – Pyrex, *dénomination commerciale d'un verre à base de silice et d'acide borique possédant une bonne résistance aux chocs thermiques.*

pyridine – pyridine *f (chim)*.

pyrite – pyrite *f, sulfure de fer.* **pyrite nodule**: nodule *m, motte de pyrite.* **pyrite oven**: four à pyrite.

pyritic – pyriteux. **pyritic smelting**: fusion pyriteuse.

pyritization – pyritisation *f.*

pyrobitumen – pyrobitume *m, substance naturelle non-volatile, dure et de couleur foncée, composée d'hydrocarbures complexes.*

pyrocatechol – pyrocatéchol *m, dihydroxybenzène.*

pyrochlore – pyrochlore *m (minér)*.

pyroclastic – pyroclastique, *se dit de produits volcaniques détritiques.* **pyroclastic breccia**: brèche volcanique. **pyroclastic rock**: roche pyroclastique ; sédiment pyroclastique. **pyroclastic tuff**: tuf volcanique.

pyroconductivity – pyroconductibilité *f.*

pyrocrystalline – pyrocristallin *(pétro)*.

pyroelectricity – pyroélectricité *f (minér)*.

pyrogallol – pyrogallol *m, acide pyrogallique.*

pyrogenetic – pyrogénétique. **pyrogenetic mineral**: minéral pyrogène. **pyrogenetic rock**: roche pyrogène.

pyrogenic – pyrogénique. **pyrogenic decomposition**: décomposition pyrogénique. **pyrogenic distillation**: distillation pyrogénique, *craquage à haute température.* **pyrogenic rock**: *voir pyrogenetic rock.*

pyrogenous – igné ; pyrogène.

pyrolusite – pyrolusite *f, bioxyde de manganèse.*

pyrolysis – pyrolyse *f.* **pyrolysis gasoline**: essence de pyrolyse.

pyrolytic – pyrolytique. **pyrolytic cracking**: *voir thermal cracking.* **pyrolytic graphite**: graphite pyrolytique.

pyrolyzate – pyrolysat *m.*

pyrolyzer – pyrolyseur *m.*

pyromellitic – pyromellique, *pyromellitique.* **pyromellitic acid**: acide pyromellique.

pyrometallurgy – métallurgie par voie ignée.

pyrometamorphism – pyrométamorphisme *m.*

pyrometasomatism – pyrométasomatisme *m, formation d'un gîte de contact à haute température.*

pyrometer – pyromètre *m, appareil servant à mesurer les hautes températures.* **pyrometer lead**: câble pyrométrique.

pyrometric – pyrométrique. **pyrometric cone**: cône pyrométrique, *utilisé pour la mesure des températures des fours.* **pyrometric-cone equivalent**: résistance pyroscopique.

pyrometrical – *voir pyrometric.*

pyrometry – pyrométrie *f.*

pyromorphous – pyromorphe.

pyrophoric – pyrophorique. **pyrophoric alloy**: alliage pyrophorique. **pyrophoric propellant**: propergol pyrophorique.

pyrophosphate – pyrophosphate *m.*

pyrophosphoric – pyrophosphorique. **pyrophosphoric acid**: acide pyrophosphorique.

pyrophyllite – pyrophyllite *f, silicate d'aluminium.*

pyroschist – pyroschiste *m* ; schiste pyrobitumineux.

pyrosphere – pyrosphère *f, couche située sous la lithosphère.*

pyrostat – pyrostat *m, appareil de sécurité.*

pyrostilpnite – pyrostilpnite *f (minér)*.

pyrotechnics – pyrotechnique *f.*
Pyrotol – *dénomination commerciale d'un procédé d'hydrotraitement.*
pyroxene – pyroxène *m, groupe de minéraux ferromagnésiens, constituant important des roches éruptives.*
pyroxenite – pyroxénite *f (pétro).*
pyrrhotite – pyrrhotite *f, sulfure de fer.*
pyrrole – pyrrole *m (chim).*
pyrrolidone – pyrrolidone *f (chim).*
pyrrone – pyrrone *f, polymère aromatique hétérocyclique.*
pyruvic – pyruvique. **pyruvic acid**: acide pyruvique, *acide propanoïque.*
pz – pz, *symbole de pièze.*

Q

q – q, *symbole de quintal.*

Q – Q, *abrév. de quality factor: facteur de qualité ; désigne la chaleur.*

QC – CQ, *abrév. de quality control: contrôle de la qualité.*

QDA – *abrév. de quality discount agreement, accord de rabais sur la qualité ; et de quantity discount agreement, accord de rabais sur la quantité.*

QHM – *abrév. de quartz horizontal magnetometer.*

quad – quad *m, abrév. de quadrillion Btu, unité d'énergie thermique approx. égale à 1 EJ* ; train de quatre tiges, *(for).*

quadded – à quartes *(élec).* **quadded cable**: câble à quartes en étoiles.

quadrant – lyre *f (mach. outil)* ; quadrant *m* ; quart de cercle. **quadrant electrometer**: électromètre à quadrants.

quadratic – quadratique. **quadratic equation**: équation du second degré. **quadratic pressure drop**: perte de charge quadratique.

quadrature – quadrature *f.* **quadrature component**: composante en quadrature. **quadrature filtering**: filtrage par polarisation. **quadrature spectrum**: partie imaginaire du spectre ; spectre en quadrature. **quadrature trace**: trace en quadrature *(sism).*

quadrilateral – quadrilatère *m.*

quadrille – quadrillé. **quadrille paper**: papier millimétré.

quadrimolecular – quadrimoléculaire.

quadripole – quadripôle *m.*

quadrivalent – quadrivalent ; tétravalent.

quagmire – marécage *m.*

quake – secousse tellurique ; tremblement de terre.

quakeproof – résistant aux tremblements de terre.

quaking – tremblant. **quaking bog**: sol mouvant.

Qualex – *dénomination de carboxyméthylcellulose employée comme additif épaississant dans les boues de forage.*

qualification – homologation *f* ; qualification *f.* **qualification test**: essai de qualification.

qualified – qualifié. **qualified guarantee**: garantie conditionnelle. **qualified ownership theory**: théorie de la propriété qualifiée, *théorie selon laquelle un propriétaire terrien dont le sol recouvre des horizons producteurs a également des droits sur ces ressources ; appliquée dans quatre grands états producteurs de pétrole des USA.* **qualified partnership**: association qualifiée, *accord conclu entre les divers intéressés à une concession pour confier à un opérateur unique la direction de l'exploitation.*

qualitative – qualitatif. **qualitative analysis**: analyse qualitative. **qualitative test**: essai qualitatif, *portant sur la nature d'un composé ou d'un mélange ou sur l'identité de ses constituants.*

quality – qualité *f.* **quality assurance**: assurance qualité, *ensemble des mesures permettant de s'assurer du respect des spécifications d'un système, d'un produit.* **quality booster**: adjuvant *m.* **quality control**: contrôle de la qualité. **quality-control program**: programme de contrôle de la qualité, *d'un travail par vérification statistique des performances de l'ouvrier.* **quality-control team**: cercle de qualité, *groupe auquel est confié la surveillance de la qualité des produits.* **quality differential**: différentiel de qualité, *pour les prix.* **quality factor**: facteur de qualité. **quality premium**: prime à la qualité, *services* ; prime de qualité, *produits.*

quantification – quantification *f, fait de donner une valeur numérique à une mesure ou à un paramètre.*

quantify (to) – quantifier.

quantitative – quantitatif. **quantitative analysis**: analyse quantitative, *détermine à la fois la nature et les proportions des constituants d'un mélange mais est centrée sur les proportions.* **quantitative estimate**: évaluation quantitative. **quantitative geomorphology**: géomorphologie quantitative. **quantitative test**: essai quantitatif.

quantity – grandeur *f* ; quantité *f.* **quantity discount agreement (QDA)**: accord de rabais sur la quantité. **quantity meter**: compteur de quantité. **quantity of heat**: quantité de chaleur. **quantity of light**: quantité de lumière. **quantity of state**: grandeur d'état. **quantity production**: production en grande quantité.

quantization – quantification *f.* **quantization distortion**: distorsion de quantification.

quantize (to) – numériser ; quantifier.

quantizing – quantifiant ; quantification *f, estimation de la valeur discrète, multiple d'un quantum de tension électrique, qui représente au mieux un échantillon d'une trace.* **quantizing error**: erreur de conversion.

quantum – quantique ; quantum *m.* **quantum chemistry**: chimie quantique. **quantum chromodynamics**: chromodynamique quantique, *théorie quantique des interactions fortes comme entre quarks ponctuels par l'intermédiaire de gluons.* **quantum defect**: défaut quantique. **quantum efficiency**: rendement quantique. **quantum electrody-**

namics: électrodynamique quantique. **quantum electronics**: électronique quantique. **quantum mechanics**: mécanique quantique. **quantum number**: nombre quantique. **quantum theory**: théorie des quanta. **quantum yield**: rendement quantique.

quaquaversal – périclinal ; quaquaversal, *concernant des couches et structures géologiques inclinant vers l'extérieur dans tous les sens à partir d'un point central.* **quaquaversal dip**: pendage rayonnant.

quarantine – quarantaine *f, isolement sanitaire.*

quark – quark *m, particule hypothétique.*

quarl – ouvreau *m, prolongement réfractaire d'un brûleur.*

quarry – carrière *f.* **quarry spall**: déchet de carrière ; résidu de carrière. **quarry stone**: moellon *m* ; pierre de taille. **quarry wastage**: *voir quarry spall.*

quart – quart *m, unité de volume anglo-américaine, U.K. quart = 1,136 litre ; U.S. quart = 0,946 litre.*

quartation – quartation *f, échantillonnage du minerai.*

quarter, quarters – cantonnement *m* ; quartier *m.* **quarters boat**: base flottante ; bateau logement. **quarters platform**: plate-forme habitation ; plate-forme quartiers.

quarter – quart *m.* **quarter deck**: gaillard d'arrière ; plage arrière, *d'un navire.* **quarter turn**: quart de tour. **quarter wave**: quart d'onde.

quarterage – paiement trimestriel.

quartering – division en quatre ; habitation *f.* **quartering sea**: houle diagonale ; mer diagonale.

quartile – quartile *m, chacune des trois valeurs de variable qui divisent la fréquence totale d'une distribution en quatre parties égales, on leur donne le nom de premier quartile ou quartile supérieur. deuxième quartile ou médiane, troisième quartile ou quartile inférieur.*

quartz – quartz *m, variété de silice.* **quartz catalyst**: catalyseur au quartz. **quartz-chip-type catalyst**: catalyseur du type éclat de quartz. **quartz cutting**: éclat de quartz ; feuille de quartz. **quartz diorite**: diorite quartzique. **quartz gabbro**: gabbro quartzique. **quartz grain**: grain de quartz. **quartz gravel**: gravier de quartz. **quartz horizontal magnetometer (QHM)**: magnétomètre à quartz. **quartz mine**: mine d'or. **quartz monzonite**: monzonite quartzifère. **quartz porphyry**: porphyre quartzifère. **quartz pressure gage**: manomètre à quartz. **quartz reef**: filon de quartz. **quartz sand**: arène granitique ; sable quartzeux. **quartz spectrograph**: spectrographe à quartz. **quartz vein**: veine de quartz. **quartz veinlet**: veinule de quartz. **biquartz plate**: quartz compensateur *(opt).*

quartziferous – quartzifère.

quartzite – quartzite *m, roche siliceuse très dure.*

quartzitic – quartzitique.

quartzolite – quartzolite *f, silexite.*

quartzose – quartzeux. **quartzose sandstone**: grès quartzeux. **quartzose sediment**: sédiment quartzeux.

quasar – quasar *m, contraction de quasi-stellar radio sources.*

quash (to) – écraser ; étouffer.

quasi-compressional – de quasi-compression *f.* **quasi-compressional wave**: onde de quasi-compression.

quasi-equilibrium – quasi-équilibre *m.*

quasi-particle – quasi-particule *f.*

quasi-shear – quasi-cisaillement *m.* **quasi-shear wave**: onde de quasi-cisaillement.

quasi-static – quasi-statique, *réversible.* **quasi-static process**: transformation quasi-statique, *transformation réversible.*

quasi-stationary – quasi-stationnaire. **quasi-stationary front**: front quasi-stationnaire *(météo).*

quasi-steady – quasi-permanent ; quasi-stationnaire.

quaternary – quaternaire *(chim).* **quaternary alloy**: alliage quaternaire. **quaternary ammonium hydroxide**: hydroxyde d'ammonium quaternaire. **quaternary ammonium salt**: sel d'ammonium quaternaire. **quaternary gain**: gain à base quatre ; gain quaternaire. **quaternary-gain amplifier**: amplificateur à gain quaternaire.

Quaternary – Quaternaire *m, ère géologique, dernière période de l'histoire du globe.*

quaternization – quaternisation *f, réaction chimique.*

quay – quai *m.* **quay crane**: grue de quai. **ex quay duty paid**: à quai dédouané, *conditions de vente.*

quayage – droit de quai.

quebracho – québracho *m, extrait de la fibre de québracho, utilisé comme amincissant pour boues de forage.*

quefrency – log-fréquentiel. **quefrency domain**: domaine log-fréquentiel.

quench – *voir quenching.* **quench aging**: vieillissement après trempe. **quench bath**: bain de trempe. **quench crack**: crique de trempe *(métal)* ; tapure *f.* **quench-hardened steel**: acier trempé. **quench pump**: pompe de refroidissement, *servant à l'opération d'abaissement de la température (craquage).* **quench water**: eau de refroidissement.

quench (to) – éteindre. **quench (to) in water**: tremper à l'eau.

quenched – amorti ; calmé ; éteint ; trempé. **quenched in oil**: trempé à l'huile. **quenched spark**: étincelle à impulsion ; étincelle étouffée. **quenched steel**: acier trempé à l'eau.

quenching – abaissement rapide de température *(craquage)* ; bruit de sillage ; coincement de la flamme, *extinction de la flamme par des éléments de confinement* ; coupage *m* ; dégradation du signal, *par effet de sillage, en sismique marine* ; extinction *f (métal)* ; trempe *f.* **quenching bath**: bain de trempe. **quenching circuit**: circuit coupeur. **quenching defect**: défaut de trempe. **quenching distance**: distance de coincement, *distance minimale entre deux parois parallèles requise pour réaliser le coincement de la flamme.* **quenching effect**: effet extincteur. **quenching hardening**: trempe brusque. **quenching intensity**: sévérité de trempe. **quenching medium**: *voir quench bath.* **quenching oil**: huile de refroidissement, *pour vapeurs de craquage, voir aussi flux* ; huile de trempe, *pour refroidir les métaux.* **quenching solution**: solution aqueuse, *servant à la trempe.* **quenching stress**: contrainte de trempe. **quenching temperature**: température de trempe. **quenching tower**: tour d'extinction, *pour le coke.*

quenselite – quensélite *f, manganate de plomb présent dans les cristaux monoclinaux noirs.*

questionable – problématique.

queue – file d'attente ; queue *f.*

queuing – gestion de file d'attente, *informatique.* **queuing theory**: théorie des files d'attente.

quick – rapide. **quick acting**: à action rapide *(catalyseur).* **quick-acting valve**: vanne à ouverture rapide. **quick-action cam**: came à profil brusque. **quick assets**: avoirs rapidement réalisables ; liquidités *(fin)* ; valeurs disponibles. **quick blow**: battage rapide. **quick-break switch**: interrupteur instantané. **quick clay**: argile rapide. **quick closing**: à fermeture rapide. **quick coupling**: *voir quick union.* **quick-drying oil**: huile siccative. **quick-fitting pipe union**: raccord rapide pour tuyauterie. **quick-flashing light**: feu scintillant. **quick-freezing method**: refroidissement rapide des carottes, *dans une chambre refroidie au carboglace afin de les préserver avant analyse.* **quick ground**: terrain boulant. **quick hardening**: à prise rapide. **quick-hardening cement**: ciment à durcissement rapide, *composé essentiellement de chaux et d'alumine et de très peu de silice.* **quick lock**: blocage rapide. **quick opening**: à ouverture rapide. **quick-opening valve**: vanne à ouverture rapide. **quick operating**: à commande rapide. **quick-operating valve**: vanne à manoeuvre rapide. **quick ore**: minerai de mercure. **quick-release mechanism**: mécanisme à déclenchement rapide. **quick-release valve**: soupape à ouverture rapide ; soupape de décharge rapide. **quick returns**: rendement immédiat. **quick-setting cement**: ciment à prise rapide. **quick shear**: cisaillement rapide. **quick steel**: acier calmé. **quick union**: raccord rapide. **quick vein**: filon productif.

quickie – fait en vitesse.

quicklime – chaux vive.

quicksand – sable boulant ; sable mouvant.

quicksilver – mercure, *vif argent.*

quickwork – oeuvres vives, *d'un navire.*

quiescent – en repos. **quiescent fluidized bed**: lit fluidisé au repos. **quiescent point**: point de repos *(élec).* **quiescent volcano**: volcan en repos.

quill – bobine *f*; fourreau *m* ; gaine tubulaire. **quill bearing**: roulement à aiguilles. **quill drive**: transmission à arbre creux. **quill gear**: engrenage à arbre creux.

quinhydrone – quinhydrone *f, mélange équimolaire de benzoquinone et d'hydroquinone.* **quinhydrone electrode**: électrode à la quinhydrone, *détermination du pH.*

quinine – quinine *f.*

quinoline – quinoléine *f, benzopyrine.* **quinoline base**: base quinoléinique.

quinolinol – quinolinol *m, hydroxyquinoléine.*

quinone – quinone *f.*

quinoxaline – quinoxaline *f.*

quinquevalent – pentavalent ; quintivalent.

quintal – quintal *m, unité de masse égale à 100 kg, symbole* q.

quisqueite – quisquéite *f, substance asphaltique très sulfurée.*

quitclaim – renonciation à un droit.

quota – contingent *m* ; quota *m.*

quotation – citation *f*; cotation *f*; cote *f*; cours *m* ; prix coté. **quotation mark**: guillemet *m (typog).*

quotations – mercuriale *f, liste des prix.*

quote – guillemet *m.*

quote (to) – établir, *un prix* ; indiquer, *un prix, un tarif à quelqu'un.*

quotient – quotient *m.* **quotient group**: groupe quotient. **quotient ring**: anneau quotient. **quotient set**: ensemble quotient *(math).*

R

R&D – R&D, *abrév. de research and development: recherche et développement.*

rabbet – feuillure *f*; rainure *f.*

rabbit – calibre *m, que l'on passe dans les tubages avant de les descendre dans le puits pour vérifier leur diamètre intérieur de passage*; furet *m, dispositif pour nettoyer les canalisations obstruées.* **rabbit shuttle**: furet *m (nucl).*

race – canal *m*; chemin de roulement; cours *m*; course *f*; voie *f.*

race (to) – s'emballer, *moteur.*

racemic – racémique. **racemic acid**: acide racémique. **racemic mixture**: racémique *m, ou mélange racémique, dépourvu d'activité optique.*

racemization – racémisation *f, transformation thermique ou chimique d'un composé optiquement actif en racémique.*

raceway – gaine technique, *pour un réseau de fils*; tube guide-fils.

rack – casier *m*; crémaillère *f*; grille *f*; râtelier *m*; support *m.* **rack-and-pinion drive**: commande par pignon et crémaillère. **rack-and-pinion gear**: engrenage à crémaillère. **rack-and-pinion steering**: direction à crémaillère.

racker – appareil de manoeuvre, *tiges de forage.*

racking – gerbage *m, des tiges de forage.* **racking board**: passerelle d'accrochage. **racking capacity**: capacité de gerbage, *nombre de train de tiges que l'appareil peut contenir.* **racking fingers**: doigts d'accrochage; grille d'accrochage *(for).* **racking platform**: plate-forme d'accrochage *(for).*

rad – rad *m, ancienne unité de dose absorbée de rayonnements ionisants, voir gray.*

rad – rad, *symbole de radian.*

radar – radar *m, détection électromagnétique (DEM), radar vient de radio detection and ranging.* **radar altimeter**: altimètre radar. **radar altimetry**: altimétrie radar. **radar antenna**: antenne radar. **radar backslope**: revers de pente radar, *partie du terrain au revers de celle qui fait face au front d'onde.* **radar beacon**: balise radar. **radar-beam width**: largeur du faisceau radar. **radar contrast**: contraste en radar. **radar coverage**: couverture radar. **radar image**: image radar; radargraphie *f.* **radar imagery**: cartographie radar; imagerie radar. **radar look angle**: angle d'ouverture du faisceau radar. **radar map**: carte radargraphique. **radar mile**: mile de radar, *unité de temps égale à 10,75 microsecondes, temps nécessaire à un signal émis par un radar pour parcourir la distance d'un mile séparant l'antenne et la cible et son retour à l'antenne.* **radar multilook image**: image plurielle par radar; image radar plurielle. **radar multiple-look image**: *voir radar multilook image.* **radar reflectivity**: réflectivité radar. **radar reflector**: balise passive; réflecteur radar. **radar shadow**: angle mort d'un radar; ombre de radar, *ombre radar.* **radar single-look image**: image simple radar. **radar width**: ouverture de faisceau radar.

radarscope – écran radar. **radarscope photograph**: photographie d'écran radar.

radial – radial. **radial clutch bearing**: roulement annulaire d'embrayage. **radial drainage pattern**: système de drainage radial. **radial engine**: moteur en étoile. **radial fault**: faille radiale. **radial flow**: écoulement radial; flux radial. **radial-flow tray**: plateau à écoulement radial. **radial line**: ligne radiale. **radial-ply tire**: pneu à carcasse radiale; pneu radial. **radial processing**: traitement radial, *antimultiples.* **radial refraction**: tir-réfraction radial. **radial runout**: ovalisation du pneu. **radial steady-state flow**: écoulement permanent radial. **radial thrust bearing**: roulement à gorge profonde. **radial triangulation**: triangulation radiale. **radial velocity**: célérité radiale, *vitesse de propagation d'une onde électromagnétique suivant le rayon.*

radian – radian *m, unité SI d'angle plan, symbole* rad. **radian per meter**: radian par mètre, *unité SI de nombre d'onde, de déphasage linéique, de déviation angulaire, symbole* rad/m. **radian per second**: radian par seconde, *unité SI de vitesse angulaire d'un corps qui, animé d'une rotation uniforme autour d'un axe fixe, tourne en une seconde d'un radian, symbole* rad/s. **radian per second squared**: radian par seconde carrée, *unité SI d'accélération angulaire, symbole* rad/s^2.

radiance – luminance énergétique, *quotient de l'intensité énergétique d'un élément de surface par l'aire de projection orthogonale de cet élément, l'unité SI est le watt par stéradian-mètre carré, symbole* $W/sr.m^2$; radiance *f, luminance énergétique.*

radiancy – *voir radiant exitance.*

radiant – radiant; rayonnant. **radiant burner**: brûleur radiant. **radiant energy**: énergie rayonnante. **radiant energy density**: énergie rayonnante volumique. **radiant exitance**: exitance énergétique, *l'unité SI est le watt par mètre carré.* **radiant exposure**: exposition énergétique, *l'unité SI est le joule par mètre carré.* **radiant heat**: chaleur rayonnante. **radiant heating**: chauffage par rayonnement. **radiant intensity**: intensité de rayonnement; intensité énergétique, *l'unité SI est le watt par stéradian.* **radiant power**: flux énergétique, *puissance émise, transportée ou reçue* *sous forme de rayonnement* ; puissance rayonnante. **radiant section**: section de radiation, *four.* **radiant tube**: tube radiant.

radiate (to) – émettre ; irradier ; rayonner.

radiation – radiation *f*; rayonnement *m.* **radiation attenuation**: atténuation de rayonnement. **radiation balance**: bilan radiatif. **radiation catalysis**: catalyse par rayonnement. **radiation chemistry**: chimie sous rayonnement ; radiochimie *f, chimie des radiations.* **radiation damage**: endommagement par radiation. **radiation detector**: détecteur de radiation ; détecteur de rayonnement. **radiation factor**: facteur de rayonnement. **radiation field**: champ de rayonnement. **radiation ionization**: ionisation par rayonnement. **radiation law**: loi du rayonnement du corps noir. **radiation logging**: diagraphie par radiation. **radiation loss**: perte par rayonnement. **radiation pressure**: pression de rayonnement. **radiation pyrometer**: pyromètre à rayonnement. **radiation rate**: intensité de rayonnement ; taux de transmission de chaleur par rayonnement. **radiation resistance**: résistance de rayonnement. **radiation temperature**: température de rayonnement.

radiator – radiateur *m.* **radiator hose**: tuyau de radiateur. **radiator valve**: soupape pour radiateur.

radical – radical *m.* **radical copolymerization**: copolymérisation radicalaire. **radical pair**: paire de radicaux. **radical polymerization**: polymérisation radicalaire. **radical substitution**: substitution radicalaire.

radio – radio *f.* **radio altimeter**: radioaltimètre *m.* **radio beacon**: radiophare *m.* **radio-beacon range**: portée nominale d'un radiophare. **radio blackout**: extinction radioélectrique, *arctique ou polaire.* **radio command**: radiocommande *f.* **radio communication**: radiocommunication *f.* **radio determination**: radiorepérage *m.* **radio direction finder**: radiogoniomètre *m.* **radio element**: radioélément *m, élément radioactif.* **radio firing**: tir par radio. **radio frequency**: fréquence radio ; haute fréquence *f.* **radio-frequency spectroscopy**: spectroscopie des radiofréquences. **radio-frequency spectrum**: *voir radio spectrum.* **radio guidance**: radioguidage *m* ; téléguidage *m.* **radio horizon**: horizon radioélectrique. **radio link**: liaison hertzienne. **radio navigation**: radionavigation *f.* **radio positioning**: radiopositionnement *m, voir aussi radiolocation* ; radiorepérage *m.* **radio prospection**: radioprospection *f, prospection radiométrique.* **radio wave**: onde hertzienne.

radioactive – radioactif. **radioactive contamination**: contamination radioactive. **radioactive decay**: décroissance radioactive. **radioactive element**: élément radioactif. **radioactive emission**: émission radioactive. **radioactive equilibrium**: équilibre radioactif. **radioactive fallout**: retombée radioactive. **radioactive isotope**: isotope radioactif. **radioactive log**: diagraphie nucléaire. **radioactive marker**: marqueur radioactif. **radioactive method**: méthode radioactive. **radioactive pollutant**: polluant radioactif. **radioactive pollution**: pollution radioactive. **radioactive rock**: roche radioactive. **radioactive tracer**: traceur radioactif. **radioactive waste**: déchets radioactifs. **radioactive well logging**: diagraphie nucléaire.

radioactivity – radioactivité *f.* **radioactivity anomaly**: anomalie de radioactivité.

radiochemistry – radiochimie *f.*

radiochronology – radiochronologie *f.*

radiocolloid – radiocolloïde *m, suspension colloïdale d'atomes radioactifs.*

radioecology – radioécologie *f.*

radiogenic – radiogénique. **radiogenic dating**: *voir radiometric dating.* **radiogenic isotope**: isotope radiogénique, *produit par la dégénération d'un isotope radioactif.*

radiographic – radiographique.

radiography – radiographie *f.*

radioisotope – radio-isotope *m, isotope radioactif.*

radiolarian – radiolaire *m (pal).* **radiolarian rock**: roche à radiolaires.

radiolarite – radiolarite *f, jaspe à radiolaires.*

radiolocation – radiolocalisation *f.*

radiological – radiologique.

radiology – radiologie *f.*

radiolysis – radiolyse *f, décomposition de corps chimiques sous l'action de rayonnements ionisants.*

radiometallography – radiométallographie *f.*

radiometer – radiomètre *m.*

radiometric – radiométrique. **radiometric age**: âge radiométrique. **radiometric dating**: datation radiométrique ; radiochronologie *f, ensemble des méthodes de datation des minéraux ou des roches fondées sur l'étude de leurs éléments radioactifs et de leurs produits de désintégration.* **radiometric prospection**: *voir radio prospection.* **radiometric range**: correction radiométrique. **radiometric resolution**: limite de résolution radiométrique ; pouvoir de résolution radiométrique. **radiometric titration**: titrage radiométrique.

radiometry – radiométrie *f.*

radionuclide – radionucléide *m.*

radiophotography – radiophotographie *f.*

radioresistance – radiorésistance *f.*

radiosensitive – radiosensible.

radiosonde – radiosonde *f (météo).*

radiotelephone – radiotéléphone *m.*

radium – radium *m, symbole chim. Ra.* **radium emanation**: émanation de radium. **radium ore**: minerai de radium. **radium salt**: sel de radium.

radius – rayon *m.* **radius arm**: jambe de force ; tendeur *m* ; tringle de poussée. **radius of influence**: zone d'influence.

radix – base de numération ; racine *f.*

radon – radon *m, symbole chim. Rn.* **radon sniffer**: *voir emanometer.*

raffinate – raffinat *m, dans le raffinage au solvant, la part de l'huile non dissoute.*

raft – radeau *m.* **raft foundation**: dalle flottante *(constr).*

rafted – *transporté par un radeau de glace.* **rafted ice**: glace empilée ; glace entassée.

rafter – chevron *m* ; poutre *f.*

rag – chiffon *m* ; lambeau *m.* **rag bolt**: boulon de scellement. **rag line**: corde en chanvre, *utilisée dans les opérations de forage au câble.*

raging – furieux. **raging sea**: mer démontée.

rail – rail *m.* **rail bender**: cintreuse à rails. **rail mill**: laminoir à rails. **rail-mill train**: train à rails. **rail-**

rolling mill: laminoir à rails. **rail tank car**: *voir tank car.* **rail traffic**: trafic ferroviaire.

railing – garde-fou *m* ; main-courante *f*; parapet *m.*

railroad – chemin de fer. **railroad crossing**: passage à niveau. **railroad industry**: industrie ferroviaire. **railroad oil**: huile pour boîtes essieux de wagons ; huile pour essieux de wagons. **railroad schedule**: indicateur de chemin de fer. **railroad terminal**: terminal ferroviaire.

railway – chemin de fer ; voie ferrée. **railway grease**: graisse pour chemin de fer. **railway transportation**: transport ferroviaire ; transport par rail.

railwayman – cheminot *m.*

rain – pluie *f.* **rain chart**: carte pluviométrique. **rain clutter**: écho de pluie. **rain gage**: pluviomètre *m.* **rain-out**: entraînement par la pluie, *phénomène par lequel de petites particules contenues dans les nuages sont éliminées de l'atmosphère par la formation de la pluie* ; lessivage de l'atmosphère. **rain pillar**: pyramide coiffée *(géol)*. **rain print**: empreinte de goutte de pluie. **rain rill**: rigole de ruissellement. **rainy season**: saison des pluies *(météo)*.

rainbow – arc-en-ciel *m*, *traces irisées de pétrole à la surface de l'eau.*

raindrop – goutte de pluie. **raindrop impact**: érosion sous le choc des gouttes de pluie. **raindrop imprint**: empreinte de goutte de pluie.

rainfall – averse *f*; chute de pluie ; hauteur pluviométrique ; pluviosité *f*; précipitation atmosphérique. **rainfall amount**: hauteur de précipitation.

rainforest – forêt ombrophile ; forêt pluviale.

rainwash – ruissellement des eaux de pluie.

rainwater – eau de pluie ; eau pluviale.

raise – augmentation *f*, *salaire* ; montage *m (mine)*. **raise drilling**: forage en montant, *forage destiné à réunir une galerie inférieure et une galerie supérieure.*

raise (to) – construire ; élever ; monter ; remonter. **raise (to) up**: surélever.

raised – relevé. **raised beach**: plage soulevée ; plage surélevée. **raised coast**: côte soulevée. **raised face**: face surélevée, *en saillie.* **raised shoreline**: côte de soulèvement ; côte soulevée.

raising – extraction *f*; levage *m* ; lever *m* ; montage *m* ; remontage *m.* **raising leg**: jambe de levage *(for)* ; portique de levage.

rake – croc à feu ; crochet *m* ; inclinaison *f*; pendage *m* ; plongement *m (géol)* ; râteau *m.* **rake angle**: angle de dégagement. **rake-like dune**: dune en râteau. **rake vein**: filon à pendage fort ; filon croiseur ; filon vertical.

ram – bélier *m* ; mâchoire *f*; marteau pilon ; masse frappante ; piston-plongeur. **ram blowout preventer**: obturateur à mâchoires. **ram change**: changement de mâchoires sur obturateur. **ram plunger**: piston plongeur. **ram-type BOP**: BOP à mâchoires. **ram-type drain valve**: vanne casse-croûte.

RAM – *abrév. de random-access memory.*

ram (to) – aborder ; damer ; tamponner ; tasser.

Raman – Raman. **Raman effect**: effet Raman. **Raman spectrometry**: spectrométrie Raman. **Raman spectroscopy**: spectroscopie Raman.

ramjet – statoréacteur *m.* **ramjet engine**: statoréacteur *m.*

ramming – damage *m.*

ramp – rampe *f*, *plan incliné situé devant le derrick.* **ramp setting**: bassin sans bordure marquée, *caractérisé par une morphologie peu prononcée de la limite inférieure des séquences de dépôt.*

ramp (to) – raccorder, *linéairement.*

rampart – rempart *m.*

ramping – pondération linéaire *(sism)*.

Ramsbottom – Ramsbottom. **Ramsbottom-carbon residue**: résidu de carbone Ramsbottom. **Ramsbottom coke test**: essai Ramsbottom, *détermination du résidu de carbone d'un lubrifiant ou d'un distillat.*

rancid – rance.

rancidity – rancidité *f*; rancissement *m.*

randannite – randannite *f*, *terre à diatomées.*

random – aléatoire. **random access**: accès aléatoire ; accès direct. **random-access memory (RAM)**: mémoire à accès aléatoire ; mémoire à accès direct. **random copolymer**: copolymère statistique. **random error**: erreur aléatoire. **random function**: fonction aléatoire. **random noise**: bruit aléatoire *(spectrophotométrie)* ; bruit de fond ; bruit erratique ; bruit superficiel. **random orientation**: orientation irrégulière. **random packing**: garnissage désordonné *(raf)*. **random process**: fonction aléatoire *(math)*. **random sample**: échantillon aléatoire. **random sampling**: échantillonnage au hasard, *échantillonnage aléatoire.* **random triggering**: déclenchement erratique, *répondeur.* **random variable**: variable aléatoire. **random walk**: cheminement au hasard, *série de mouvements dont la direction et la longueur de chacun est purement aléatoire.* **random waves**: houle aléatoire ; houle réelle.

Raney – Raney. **Raney catalyst**: catalyseur Raney. **Raney nickel**: nickel de Raney, *nickel finement divisé en particules et utilisé comme catalyseur.*

range – alignement *m* ; amplitude *f*; cuisinière *f*, *à gaz ou électrique* ; direction *f*; domaine *m* ; échelle *f*; étendue *f*; fourchette *f*; gamme *f*; intervalle *m* ; portée *f*; rangée *f*; rangée de townships, *voir township* ; série *f.* **range ambiguity**: ambiguïté de distance. **range boiler**: réservoir à eau chaude. **range marker**: marqueur de distance. **range of lost strata**: lacune stratigraphique. **range of mountains**: chaîne de montagnes. **range of temperature**: intervalle de température. **range oil**: kérosène *m*, *qualité utilisée dans les lampes à pétrole, les fourneaux, les cuisinières et les poêles domestiques.* **range pole**: mire *f.* **range rod**: jalon *m.* **range zone**: zone d'extension, *catégorie de biozone.*

range (to) – ranger, s'étendre. **range (to) between**: être compris entre ; varier entre.

rangefinder – télémètre *m.*

ranging – détermination des distances ; télémétrie *f*, *mesure de la distance d'un objet éloigné, obtenue par des procédés acoustiques, optiques ou radioélectriques, l'anglais telemetry se traduit par télémesure.*

rank – ordre *m*, *matrice* ; rang *m*, *degré de houillification des charbons qui va du degré le plus faible (tourbe) au degré le plus élevé (anthracite)*.

rankar – ranker *m*, *sol à horizon humifère reposant directement sur la roche-mère siliceuse.*

Rankine – Rankine. **Rankine cycle**: cycle de Rankine, *cycle thermodynamique idéal du fonctionnement à la vapeur d'un moteur thermique ou d'une pompe à chaleur.* **Rankine temperature scale**: échelle de température Rankine, *échelle Fahrenheit absolue, a le même intervalle que l'échelle Fahrenheit en y ajoutant 459,69 ; s'exprime en degré Rankine.* **Rankine viscometer**: viscosimètre de Rankine.

ranking – classement *m* ; classement des postes, *une méthode d'évaluation des postes de travail.*

RAP – RAP, *dénomination commerciale d'un système de traitement en amplitude préservée.*

rape – colza *m (bot)*. **rape oil**: huile de colza.

rapid – rapide. **rapid coupling**: raccord rapide. **rapid curing**: durcissement rapide. **rapid-curing (RC) cutback**: cutback à séchage rapide. **rapid-curing asphalt**: asphalte à prise rapide. **rapid-hardening cement**: ciment à durcissement rapide. **rapid quenching**: hypertrempe *f (métal)*. **rapid steel**: acier rapide.

rapture – extase *f.* **rapture of the deep**: ivresse des profondeurs.

rare – rare. **rare earth**: terre rare. **rare-earth element**: élément de terres rares. **rare gas**: gaz rare.

rarefaction – raréfaction *f.* **rarefaction wave**: *voir P wave.*

Raschig rings – anneaux de Raschig, *garnissage des tours de distillation.*

rash – mouton *m, tuméfaction sous-cutanée faisant partie des malaises de décompression en plongée.*

rasp – râpe *f.*

raster – canevas *m* ; trame *f, de balayage.* **raster scan**: balayage récurrent.

ratch – *voir ratchet.*

ratchet – cliquet *m* ; galet *m* ; rochet *m.* **ratchet drill**: cliquet à percer ; perçoir à rochet. **ratchet jack**: cric à rochet. **ratchet pipe cutter**: coupe-tube à rochet. **ratchet wheel**: roue à rochet. **ratchet wrench**: clé à rochet.

rate – allure *f* ; rapport *m* ; tarif *m* ; taux *m* ; vitesse *f.* **rate action**: action dérivée, *action par dérivation (contrôle)*. **rate-controlling step**: étape limitative de la vitesse, *étape cinétiquement limitante, réaction par étape.* **rate-limiting step**: étape limitative de la vitesse. **rate of buildup**: gradient d'inclinaison *(for)*. **rate of burial**: enfouissement *m* ; vitesse d'enfouissement. **rate of combustion**: vitesse de combustion. **rate of extension**: vitesse de dilatation. **rate of flame propagation**: vitesse de propagation d'une flamme. **rate of flow**: débit *m.* **rate of heat release**: vitesse de dégagement de chaleur. **rate of inflow**: débit d'injection. **rate of oxidation**: taux d'oxydation. **rate of penetration (ROP)**: taux de pénétration *(for)* ; vitesse d'avancement, *nombre de mètres forés à l'heure.* **rate of production**: taux de production. **rate of reaction**: vitesse de réaction. **rate of relative sealevel change**: vitesse de variation du niveau marin relatif, *courbe qui reflète le potentiel d'espace disponible pour les sédiments.* **rate of return (ROR)**: taux de rendement ; taux de rentabilité. **rate of sedimentation**: taux de sédimentation ; vitesse de sédimentation, *quotient d'une épaisseur de sédiment par le temps de dépôt correspondant.* **rate of voltage rise**: vitesse d'élévation de tension. **rate process**: procédé à taux de transfert. **rate station**: station pilote principale, *ou émettrice (sism)*. **going rate**: taux en usage.

rate (to) – classer ; classifier ; estimer ; étalonner ; régler ; vérifier.

rated – calculé ; estimé ; nominal. **rated capacity**: capacité nominale ; puissance nominale. **rated current**: courant nominal. **rated horsepower**: puissance fiscale, *d'un véhicule, s'exprime en cheval-vapeur fiscal (CV)*. **rated load**: charge nominale. **rated load of an engine**: charge de régime d'un moteur. **rated operating conditions**: conditions assignées de fonctionnement. **rated output**: puissance nominale ; puissance normale. **rated potential**: potentiel nominal, *capacité officielle de production d'un puits.* **rated power**: puissance nominale. **rated pressure**: pression dynamique. **rated speed**: vitesse nominale. **rated voltage**: tension nominale *(élec)*. **rated working pressure**: pression de service nominale, *du matériel.*

rathole – avant-trou *m* ; trou de rat, *trou de garage en surface pour la tige carrée.* **rathole bit**: trépan d'avant-trou. **rathole elevator**: élévateur *m, utilisé pour retirer les tiges du trou de rat.* **rathole packer**: packer pour trou réduit à garniture conique *(for)*.

ratholing – forage d'un avant-trou ; forage du trou de rat.

rating – allure de marche, *taux d'utilisation* ; caractéristique *f, d'une machine, d'un appareil* ; classement au mérite, *du personnel* ; contrôle *m* ; estimation *f* ; évaluation *f* ; intensité *f* ; puissance *f* ; rendement *m* ; tarification *f* ; taux *m.* **rating apparatus**: appareil de quotation. **rating by seniority**: classement selon l'ancienneté, *du personnel.* **rating of storage batteries**: capacité nominale des batteries d'accumulateurs.

ratio – rapport *m, quotient de deux grandeurs de même espèce* ; taux *m* ; teneur *f.* **ratio modulation**: modulation en largeur d'impulsion.

rational – rationnel. **rational horizon**: horizon astronomique *(nav)*.

rationing – rationnement *m.*

rattling – claquement *m.*

Rauracian – Rauracien *m, étage du Jurassique supérieur.*

ravine – gorge *f* ; ravin *m.* **ravine stream**: torrent *m.*

ravinement – ravinement *m.* **ravinement surface**: surface de ravinement, *surface d'érosion sous-marine.*

raw – brut ; cru ; non-raffiné. **raw charge**: charge brute. **raw coal**: charbon brut, *charbon non lavé.* **raw coke**: coke brut. **raw copper**: cuivre brut. **raw data**: données brutes. **raw distillate**: distillat brut. **raw gas**: gaz brut, *gaz non épuré.* **raw gasoline**: essence brute. **raw material**: matière première. **raw natural gas**: gaz naturel brut. **raw ore**: minerai brut. **raw salt**: salpêtre brut. **raw steel**: acier brut. **raw water**: eau brute, *eau non traitée.* **raw water-white**: coupe extra-claire, *coupe pétrole d'une densité de 30 à 46 degrés API.*

ray – rai *m, rayon, trajectoire de l'énergie sismique, terme consacré en sismologie* ; rayon *m.* **ray of light**: rayon de lumière. **ray parameter**: paramètre de rayon, *voir raypath parameter.* **ray**

tracing: lancer de rayons *(sism)* ; tracé des rayons.
Rayleigh – Rayleigh. **Rayleigh disk**: disque de Rayleigh, *radiomètre acoustique utilisé pour mesurer la vitesse des particules.* **Rayleigh distillation**: distillation de Rayleigh. **Rayleigh number**: nombre de Rayleigh, *nombre caractéristique utilisé dans la transmission de la chaleur.* **Rayleigh wave**: onde de Rayleigh, *onde plane théorique qui peut se déplacer à la surface libre d'un milieu homogène semi-infini.* **pseudo Rayleigh wave**: pseudo-onde de Rayleigh, *familièrement pseudo-Rayleigh.* **Rayleigh wavelet**: ondelette de Rayleigh.
rayon – rayonne *f (text).*
raypath – rai *m (sism)* ; trajectoire d'un rayon lumineux rectiligne ; trajectoire sismique. **raypath curvature**: courbure de la trajectoire ; courbure du rayon. **raypath parameter**: lenteur apparente ; paramètre du rayon, *grandeur égale à la vitesse apparente horizontale.*
RB – *abrév. de rock bit et de ring and ball.*
RBS – *abrév. de Rutherford backscattering spectroscopy : spectroscopie de rétrodiffusion élastique d'ions.*
RC – *abrév. de rapid curing : séchage rapide, prise rapide.*
RCF – *abrév. de relative centrifugal force.*
RCV – *abrév. de remotely-controlled vehicle.*
RDB – *abrév. de rotary drill bushing : fourrure de la table de forage.*
RDC – *abrév. de rotating-disk contactor.*
RDF – *abrév. de refuse derived fuel.*
RDU – *abrév. de remote data unit.*
reach – bief *m.*
react (to) – faire réagir ; réagir.
reactance – réactance *f.*
reactant – réactif *m, corps en réaction.*
reaction – réaction *f.* **reaction border**: *voir reaction rim.* **reaction chamber**: chambre de réaction. **reaction engine**: moteur à réaction. **reaction flask**: ballon à réaction. **reaction intermediate**: intermédiaire réactionnel. **reaction kinetics**: cinétique des réactions. **reaction mechanism**: schéma réactionnel. **reaction period**: période de réaction. **reaction rate**: vitesse de réaction. **reaction rim**: couronne réactionnelle *(pétro)*. **reaction runaway**: emballement de réaction. **reaction series**: suite réactionnelle, *série de réactions de minéraux déjà formés avec le magma résiduel pour donner avec lui d'autres minéraux.* **continuous reaction series**: suite réactionnelle continue, *sans changement abrupt de phase, avec les plagioclases (anorthite, bytownite, labrador, andésite, oligoclase, albite, zéolite et quartz) car les cristaux forment une série isomorphe.* **discontinuous reaction series**: suite réactionnelle discontinue, *des minéraux ferromagnésiens (olivine, pyroxène, amphibole, biotite) car les cristaux ont des systèmes cristallins différents.* **reaction step**: étape de réaction ; étape réactionnelle. **reaction stress**: tension de réaction. **reaction test**: essai de réaction. **reaction time**: temps de réaction. **reaction turbine**: turbine à réaction. **reaction velocity**: vitesse de réaction.
reactivation – réactivation *f, d'un catalyseur.* **reactivation surface**: surface de réactivation.
reactive – réactif. **reactive dye**: colorant réactif. **reactive power**: puissance réactive. **reactive torque**: couple réactif.
reactivity – réactivité *f.* **reactivity index**: indice de réactivité.
reactor – bobine de réactance, *utilisée dans le soudage à l'arc* ; réacteur *m.* **reactor containment**: enveloppe de sécurité. **reactor cross-section**: section efficace de pile. **reactor loop**: boucle de réacteur. **reactor system**: filière de réacteur ; filière nucléaire.
read – lecture *f.* **read after write**: relecture immédiate, *contrôle de bande par lecture effectuée aussitôt après l'inscription.* **read-only memory (ROM)**: mémoire fixe ; mémoire morte. **read/write memory (RWM)**: mémoire à lecture écriture ; mémoire vive.
read (to) – lire ; entrer, *informatique.*
readability – détectabilité *f*; lisibilité *f, radio* ; seuil de détection.
reader – lecteur *m.*
readjustment – recalage *m* ; rééquilibrage *m.*
ready – prêt. **ready for use**: prêt à l'emploi. **ready-mixed concrete**: béton prêt à l'emploi.
reagent – réactif *m, substance utilisée au laboratoire pour mesurer ou examiner d'autres substances.*
real – réel. **real aperture**: antenne réelle. **real axis**: axe réel *(math)*. **real bearing**: palier réel. **real cost**: coût réel. **real estate**: biens fonciers ; biens immobiliers. **real-estate developer**: promoteur *m.* **real gas**: gaz réel. **real image**: image réelle. **real interest rate**: taux d'intérêt en valeur réélle, *en monnaie constante.* **real memory**: mémoire centrale ; mémoire réelle. **real number**: nombre réel. **real solubility**: solubilité réelle. **real-term earning power (RTEP)**: rentabilité en terme constant. **real time**: temps réel, *traitement de l'information.* **real-time acquisition**: mode PVD (prise de vue directe) *(photo)*. **real-time photography**: prise de vue directe.
realgar – réalgar *m, sulfure d'arsenic.*
realignment – réalignement *m.*
reality – réalité *f.*
realizable – réalisable. **realizable filter**: filtre réalisable *(sism)*.
ream – rame *f.* **ream of paper**: rame de papier.
ream (to) – aléser ; élargir.
reamer – aléseur *m.* **reamer bit**: trépan aléseur.
reaming – alésage *m* ; reforage *m.* **reaming bit**: *voir reamer bit.* **reaming run**: passe de fraisage.
reappraisal – suivi *m, des réalisations.*
rear – arrière. **rear axle**: essieu arrière ; pont arrière. **rear bumper**: pare-chocs arrière. **rear engine**: moteur arrière. **rear engined**: à moteur à propulsion arrière. **rear sky**: ciel de traîne *(météo)*. **rear wheel**: roue arrière.
rearrangement – réarrangement *m, réaction chimique où un isomère se recombine en un autre plus stable* ; transposition *f, voir aussi Beckmann rearrangement.*
reassemble (to) – remonter.
Reaumur – Réaumur. **Reaumur scale**: échelle Réaumur, *ancienne échelle de température qui assigne les valeurs 0 et 80 à la glace fondante et à l'eau bouillante.* **Reaumur thermometer**: thermomètre de Réaumur.

rebate – bonification *f*; escompte *m*; rabais *m*; ristourne *f*.
reboiler – rebouilleur *m*.
rebore (to) – réaléser.
rebound – rebond *m*; rebondissement *m*. **rebound resilience**: résilience de rebondissement.
rebuilding – reconstruction *f*.
rebuilt – reconstruit. **rebuilt machine**: machine remise à neuf.
rec – *abrév. de recovered.*
recalescence – recalescence *f*, *augmentation spontanée et momentanée de la température d'un métal ou d'un alliage au cours de son refroidissement.*
recalibration – réétalonnage *m*.
recall – rappel *m*. **recall buoy**: bouée de rappel, *bouée à déploiement par rappel.*
recapping – rechapage *m*, *pneu.*
recarburization – recarbonisation *f*.
recarburize (to) – recarburer, *le fer*; recémenter.
recase (to) – recuveler ; retuber *(for)*.
recasting – refonte *f (métal)*.
receipt – récépissé *m* ; reçu *m*.
receipts – arrivages *m*, *en usine* ; recettes *f*, *(fin)* ; rentrées *f*. **receipts and expenditures**: recettes et dépenses.
receiver – capteur *m* ; récepteur *m*. **receiver coil**: bobine réceptrice. **receiver magazine**: cassette *f*; magasin *m*. **receiver point**: station d'enregistrement.
receiving – arrivée *f*; récepteur ; réception *f*; recette *f*. **receiving antenna**: antenne de réception. **receiving drum**: bac de recette. **receiving hopper**: fosse de déchargement. **receiving house**: salle de recette. **receiving tank**: *voir rundown tank.* **receiving terminal**: terminal de réception.
recent – de fraîche date ; récent. **recent epoch**: époque récente *(géol)*. **recent formation**: formation récente.
Recent – *voir Holocene.*
receptacle – récipient *m*.
reception – réception *f*. **reception coil**: serpentin de réception. **reception test**: essai de réception *(radio)*.
receptor – géophone *m*.
recess – cavité *f*; encastrement *m* ; enfoncement *m* ; évidement *m* ; recoin *m* ; rentrant *m* ; retrait *m*.
recess (to) – encastrer ; enfoncer ; évider.
recession – crise *f*; récession *f*.
recessional – de récession. **recessional moraine**: moraine de retrait.
reciprocal – inverse ; réciproque. **reciprocal cubic meter**: mètre à la puissance moins trois, *unité SI de nombre de molécules ou de particules* (m^{-3}). **reciprocal henry**: henry à la puissance moins un, *unité SI de réluctance* (H^{-1}). **reciprocal kelvin**: kelvin à la puissance moins un, *unité SI de coefficient de dilatation linéique* (K^{-1}). **reciprocal lattice**: réseau réciproque *(crist)*. **reciprocal meter**: mètre à la puissance moins un, *unité SI de nombre d'ondes* (m^{-1}). **reciprocal method**: méthode du retour inverse. **reciprocal mole**: mole à la puissance moins un, *unité SI de constante d'Avogadro* (mol^{-1}). **reciprocal pascal**: pascal à la puissance moins un, *unité SI de coefficient de compressibilité* (Pa^{-1}). **reciprocal second**: seconde à la puissance moins un, *unité SI de fréquence de rotation, de pulsation* (s^{-1}). **reciprocal sonde**: sonde inverse. **reciprocal time**: retour inverse *(sism)* ; temps de retour inverse ; temps de trajet inverse ; temps des trajets réciproques ; temps inversé.
reciprocated – inversé. **reciprocated conductivity**: conductivité inversée. **reciprocated induction**: induction inversée.
reciprocating – alternatif. **reciprocating compressor**: compresseur à piston ; compresseur alternatif. **reciprocating engine**: moteur à pistons ; moteur alternatif. **reciprocating motion**: mouvement alternatif. **reciprocating piston**: piston alternatif. **reciprocating-plate extraction column**: colonne d'extraction à plaques tournantes. **reciprocating pump**: pompe alternative. **reciprocating scratcher**: gratteur à mouvement vertical *(for)*.
reciprocation – va-et-vient *m*.
reciprocity – réciprocité *f*. **reciprocity law**: loi de réciprocité. **reciprocity principle**: principe de réciprocité ; principe du retour inverse. **reciprocity theorem**: théorème de réciprocité.
recirculated – recyclé. **recirculated air**: air recyclé.
recirculating – de recyclage. **recirculating fan**: ventilateur en circuit fermé.
recirculation – recirculation *f*.
reckoning – estime *f (nav)*.
reclaim (to) – améliorer ; amender ; mettre en valeur *(pédol)* ; récupérer ; régénérer, *une huile, un sol épuisé.*
reclaimed – régénéré. **reclaimed oil**: huile de récupération ; huile régénérée. **reclaimed rubber**: caoutchouc régénéré.
reclaiming – régénération *f*; revalorisation *f*.
reclamation – assèchement *m* ; épuration *f*; récupération *f*; régénération *f*. **reclamation plant**: installation de régénération.
reclosing – autocicatrisation *f (géol)*.
recognition – agrément *m*.
recoil – détente *f*, *ressort* ; recul *m*. **recoil electron**: électron de recul. **recoil oil**: huile pour armes. **recoil particle**: particule de recul.
recoilless – sans recul. **recoilless piston**: piston sans recul, *d'un carottier.*
recombination – recombinaison *f*. **recombination coefficient**: coefficient de recombinaison. **recombination velocity**: vitesse de recombinaison.
recompletion – remise en production, *d'un puits.*
recomposed – recomposé. **recomposed granite**: granite recristallisé.
recompression – recompression *f*. **recompression station**: station de recompression *(pipeline)*.
recon-crude – *abrév. de reconstitued crude.*
recondition (to) – reconditionner ; remettre en état ; rénover.
reconditioning – régénération *f*; remise en état ; rénovation *f*; réparation *f*. **reconditioning plant**: installation de régénération, *installation centrale de régénération de la boue desservant plusieurs chantiers de forage.*
reconnaissance – exploration *f*; reconnaissance *f*. **reconnaissance level**: niveau de reconnaissance. **reconnaissance license**: permis non exclusif d'exploration. **reconnaissance map**: carte de recon-

naissance. **reconnaissance survey**: enquête préliminaire ; étude de reconnaissance, *service de reconnaissance.*
reconstitute (to) – suréchantillonner.
reconstituted – reconstitué. **reconstituted crude**: brut reconstitué, *mélange de bruts pour satisfaire les spécifications exigées par l'acquéreur.*
reconstitution – reconstitution *f.*
reconstruction – reconstruction *f.*
reconversion – reconversion *f.*
recooling – refroidissement de retour.
record – archives *f*; document *m*; dossier *m*; enregistrement *m*; film *m (sism)* ; procès-verbal *m*. **record filter**: filtre d'enregistrement *(sism)*. **record label**: cartouche d'un enregistrement sismique ; étiquette d'un enregistrement sismique. **record length**: longueur d'enregistrement. **record section**: coupe sismique ; section sismique. **record time**: temps enregistré.
record (to) – enregistrer ; relever ; signaler.
recorded – enregistré.
recorder – appareil enregistreur ; enregistreur *m*. **recorder carrier**: fourreau d'enregistreur. **recorder pen**: plume enregistreuse ; plume traçante.
recording – enregistrement *m*. **recording barometer**: baromètre enregistreur. **recording cylinder**: cylindre enregistreur ; tambour enregistreur. **recording device**: dispositif enregistreur. **recording flowmeter**: débitmètre enregistreur. **recording gage**: jauge enregistreuse. **recording gravimeter**: gravimètre enregistreur. **recording instrument**: appareil enregistreur. **recording instruments**: laboratoire d'enregistrement. **recording-measuring instrument**: appareil de mesure enregistreur. **recording mode**: mode PVE (prise de vue enregistrée) *(photo)*. **recording paper**: papier enregistreur. **recording photography**: prise de vue enregistrée. **recording station**: station d'enregistrement. **recording statoscope**: statoscope enregistreur. **recording thermometer**: thermomètre enregistreur. **recording time**: durée d'enregistrement. **recording truck**: camion d'enregistrement ; camion labo ; camion laboratoire, *l'appareil enregistreur du laboratoire amplifie après filtrage les courants produits par les sismographes.*
recourse – recours *m (jur)*. **non recourse financing**: financement non gagé. **no right of recourse**: non recours *(jur)*.
recover (to) – récupérer.
recoverable – récupérable. **recoverable oil**: huile récupérable. **recoverable reserves**: réserves récupérables, *portion des réserves d'huile et de gaz naturel en place qui pourra être récupérée.*
recovered – récupéré. **recovered acid**: acide récupéré, *acide sulfurique récupéré après séparation des boues acides.* **recovered oil**: huile régénérée.
recovery – recouvrance *f*, *diminution de la déformation résultant de la suppression de la sollicitation* ; recouvrement *m*, *des coûts* ; récupération *f*; rendement *m*. **recovery factor**: facteur de récupération. **recovery of gasoline**: dégazolinage *m*. **recovery of a pipeline**: dépose d'un pipeline. **recovery oil**: huile récupérée. **recovery ratio**: taux de récupération, *rapport de la quantité de pétrole extraite à la quantité initialement en place.* **recovery vehicle**: camion dépanneur ; dépanneuse *f.*
recreational – récréatif. **recreational vehicle (RV)**: véhicule de loisirs.
recruitment – repeuplement *m (écol)*.
recrusher – broyeur secondaire.
recrystallization – recristallisation *f*. **recrystallization temperature**: température de recristallisation.
recrystallize (to) – recristalliser.
rectangular – rectangulaire. **rectangular bubble-cap tray**: plateau à calottes rectangulaires. **rectangular wave**: onde rectangulaire.
rectification – rectification *f*, *séparation par distillation fractionnée des différents composants d'un mélange liquide.*
rectified – rectifié. **rectified distillation**: rectification *f*. **rectified image**: image corrigée.
rectifier – appareil de redressement ; redresseur *m* ; soupape électrique.
rectify (to) – corriger ; rectifier *(chim)* ; redresser *(élec)*.
rectifying – rectifiant. **rectifying column**: colonne de rectification *(raf)*. **rectifying plate**: plateau de rectification, *plateau situé dans la zone de rectification.* **rectifying section**: section de rectification, *partie de la colonne située au-dessus de l'alimentation.*
rectilinear – orthogonal ; rectiligne.
rectorite – allevardite *f*, *minéral argileux interstratifié composé de smectite et de mica.*
recumbent – couché ; renversé. **recumbent anticline**: anticlinal renversé. **recumbent fold**: pli couché *(géol)*.
recuperation – récupération *f*; régénération *f.*
recuperative – régénérateur. **recuperative air heater**: réchauffeur d'air à récupération. **recuperative heat**: chaleur récupérable.
recuperator – récupérateur *m*.
recurrence – récurrence *f.*
recurrent – récurrent. **recurrent expenditures**: dépenses renouvelables. **recurrent faulting**: rejeu de la faille.
recurring – récurrent. **recurring demand**: demande récurrente. **recurring polynya**: polynie récurrente, *qui se retrouve chaque année dans la même position.*
recursion – récurrence *f.*
recursive – récurrent, *récursif est incorrect.* **recursive filter**: filtre récurrent *(sism)*. **recursive filtering**: filtrage récurrent *(sism)*.
recycle – recirculation *f*; recyclage *m*. **recycle gas**: gaz de recyclage. **recycle ratio**: taux de recirculation ; taux de recyclage, *rapport du volume de produits recyclés au volume de charge fraîche.* **recycle stock**: charge de recyclage ; produit de recyclage.
recycle (to) – recycler.
recycling – recyclage *m*. **recycling of capital**: recyclage des capitaux. **recycling of wastes**: récupération des déchets. **recycling plant**: installation de recyclage. **recycling process**: procédé de recyclage.
red – rouge. **red algae**: algues rouges, *voir aussi rhodolith.* **red beds**: couches rouges, *terme appliqué aux roches sédimentaires rouges.* **red**

brass: laiton rouge, *alliage cuivre et zinc.* **red engine oil**: huile rouge pour moteur. **red hardness**: fragilité à chaud. **red heat**: chaleur rouge. **red hot**: chauffé au rouge. **red ironwood**: azobé *m, bois très dur utilisé pour les appontements, les ponts et les pilotis.* **red mud**: boue rouge, *boue de forage contenant de la soude et des extraits tannants en solution lui donnant une couleur rouge.* **red phosphorus**: phosphore rouge. **red short**: cassant à chaud. **red-short iron**: fer cassant à chaud. **red shortness**: *voir red hardness.* **red-tape operations**: servitudes *f, ordinateur.* **red tide**: marée rouge, *créée par l'extrême abondance de dinophycées.*

redatuming – changement de surface de référence *(sism).*

redden (to) – rougir.

redemption – rachat *m* ; remboursement *m, des titres (fin).*

redeployment – reconversion *f* ; redéploiement *m.*

redeposit (to) – redéposer *(géol).*

redeposited – resédimenté *(géol).*

redeposition – redéposition *f.*

redevelopment – réaménagement *m.*

redistill (to) – rectifier ; redistiller.

redistillation – redistillation *f.*

redistribution – redistribution *f.* **redistribution reaction**: réaction de double décomposition.

Redonian – Redonien *m, étage du Pliocène supérieur.*

redox – redox, *utilisé comme adjectif pour indiquer l'oxydoréduction.* **redox potential**: potentiel d'oxydoréduction. **redox reaction**: réaction d'oxydoréduction. **redox titration**: titrage par oxydoréduction.

redrill (to) – reforer.

redrilling – reforage *m.*

reduce (to) – atténuer ; réduire.

reduced – réduit. **reduced crude oil**: brut étêté ; brut réduit, *résidu de distillation atmosphérique.* **reduced diameter**: diamètre réduit *(for).* **reduced equation of state**: équation réduite. **reduced mass**: masse réduite *(méc).* **reduced middle limb**: flanc médian étiré *(géol).* **reduced-pressure distillation**: distillation sous pression réduite, *distillation sous vide.* **reduced refraction section**: coupe des temps à l'origine, *réfraction.* **reduced temperature**: température réduite. **reduced traveltime**: durée de trajet réduite ; temps à l'origine, *réfraction* ; temps réduit. **reduced vertical profile**: PSV réduit, *à l'horizontale.* **reduced viscosity**: viscosité réduite. **reduced width**: épaisseur réduite.

reducer – cône de réduction ; manchon de réduction ; réducteur *m.*

reducibility – réductibilité *f.*

reducible – réductible.

reducing – réducteur. **reducing agent**: agent de réduction ; agent réducteur. **reducing atmosphere**: atmosphère réductrice. **reducing balance**: amortissement dégressif, *la dotation décroît dans le temps.* **reducing-charge method**: amortissement dégressif. **reducing coupling**: manchon de réduction, *taraudé.* **reducing elbow**: coude de réduction ; genou de reduction. **reducing environment**: milieu réducteur. **reducing flame**: flamme réductrice. **reducing flange**: bride de réduction. **reducing nipple**: mamelon de réduction ; raccord de réduction ; réduction mâle-mâle. **reducing still**: four de réduction. **reducing sub**: raccord de réduction. **reducing tee**: té de réduction. **reducing union**: raccord de réduction. **reducing valve**: détendeur ; soupape de réduction ; soupape détendeur.

reduction – réduction *f.* **reduction-drive gear**: *voir reduction gear.* **reduction factor**: coefficient de réduction, *c'est le rapport potentiel spontané pseudostatique/statique (diag).* **reduction flame**: flamme réductrice. **reduction furnace**: four à réduction. **reduction gear**: démultiplicateur *m* ; engrenage de réduction ; réducteur de vitesse à engrenage. **reduction-gear turbine oil**: huile pour turbines, *réducteur de vitesse.* **reduction index**: taux d'abrasion, *des particules sédimentaires transportées, s'exprime avec la masse avant et après le transport et la longueur de la distance parcourue.* **reduction of area**: striction *f.* **reduction of rocks**: effritement des roches ; émiettement des roches. **reduction potential**: potentiel de réduction. **reduction process**: action réductrice. **reduction ratio**: taux de réduction. **reduction slag**: scorie réductrice. **reduction zone**: zone de réduction.

redundancy – redondance *f* ; sureffectif *m, main d'oeuvre.* **redundancy bit**: bit de redondance. **redundancy check**: contrôle de redondance. **redundancy payment**: indemnité de licenciement.

Redwood – Redwood. **Redwood second**: seconde Redwood, *pour mesurer la viscosité des produits pétroliers.* **Redwood viscometer**: viscosimètre Redwood. **Redwood viscosity**: viscosité Redwood.

REE – *abrév. de rare-earth element.*

reed – anche *f (acoust).*

reef – formation récifale ; récif *m, massif calcaire dû à l'activité des coraux.* **reef belt**: ceinture de récifs. **reef breccia**: brèche récifale. **reef buiding**: construction récifale. **reef complex**: complexe récifal. **reef core**: noyau du récif. **reef edge**: bord du récif. **reef effect**: effet de récif, *phénomène qui conduit au développement d'une faune marine au voisinage des plates-formes de forage et de production, où elle trouve abri et nourriture.* **reef facies**: faciès récifal. **reef flat**: glacis récifal ; platier *m.* **reef furrow**: sillon récifal. **reef growth**: croissance du récif. **reef knoll**: pinacle corallien. **reef limestone**: calcaire construit ; calcaire récifal. **reef plate**: platier récifal. **reef reservoir**: réservoir récifal. **reef ring**: anneau récifal, *voir atoll et reef.* **reef rock**: roche récifale. **reef trap**: piège récifal.

reefer – navire frigorifique ; wagon frigorifique.

reel – bobine *f* ; dérouleuse *f* ; tambour *m* ; tambour de treuil ; touret *m, de câble.* **reel-barge method**: pose en touret, *de pipeline de petit diamètre.* **reel lance**: lance-dévidoir *m.* **reel truck**: câblière *f* ; camion câble.

reel (to) – bobiner ; dévider.

reeling – bobinage *m* ; dévidage *m* ; émoulage *m.*

reentrant – indentation *f* ; rentrant *m.* **reentrant angle**: angle rentrant *(crist).*

reentry – rentrée *f, opération qui consiste à réintroduire le train de sonde dans la tête d'un puits sous-marin quand un forage a été interrompu et les liaisons entre le fond et la surface supprimées.* **reentry beacon**: répondeur de rentrée. **reentry sonar**: sonar de rentrée. **reentry system**: système de rentrée.

reestablishment – rétablissement *m.*

reeve (to) – moufler, *un câble.* **reeve (to) a line**: monter un câble.

reeving – mouflage *m.* **eight-line reeving**: mouflage à huit brins.

reextraction – déflegmation *f, revaporisation à la vapeur d'eau.*

referee – arbitre *m.* **referee test**: essai d'arbitrage.

reference – référence *f*; repère *m.* **reference conditions**: conditions de référence, *conditions d'utilisation prescrites pour des essais de fonctionnement.* **reference depth**: hauteur totale témoin (HTT), *distance entre le point de référence supérieur et le point de référence inférieur mesurée lors de l'étalonnage d'un réservoir.* **reference electrode**: électrode de référence. **reference fuel**: carburant de référence, *utilisé pour la détermination de l'indice d'octane ou de cétane, voir aussi primary reference fuel.* **reference gage**: calibre étalon ; jauge étalon. **reference material**: matériau de référence. **reference period**: période de référence. **reference plane**: plan de référence. **reference point**: point de repère ; référence supérieure, *point ou marque au sommet d'un réservoir utilisé dans les opérations de jaugeage.* **reference sample**: échantillon témoin. **reference seismometer**: sismo de référence. **reference standard**: étalon de référence. **reference test**: essai d'arbitrage. **reference value**: échelle de repérage, *d'une grandeur ou d'une propriété.*

refikite – réfikite *f, résine fossile.*

refill (to) – refaire le plein, *de carburant* ; regarnir.

refilling – ravitaillement *m.*

refine (to) – raffiner.

refined – raffiné. **refined asphalt**: bitume raffiné, *asphalte naturel dont on a séparé, par fusion, l'eau et les matières minérales inertes de dimensions notables.* **refined bitumen**: bitume raffiné, *voir aussi refined asphalt.* **refined cast iron**: fonte raffinée. **refined copper**: cuivre fin ; cuivre raffiné. **refined lead**: plomb raffiné. **refined oil**: huile d'éclairage. **refined paraffin wax**: cire de pétrole raffinée. **refined petroleum**: pétrole raffiné. **refined steel**: acier fin, *acier d'affinage.* **refined tar**: goudron préparé ; goudron raffiné. **refined wax**: cire raffinée.

refiner – raffineur *m.*

refinery – raffinerie *f.* **refinery chiller**: déparaffineur de raffinerie. **refinery cluster**: raffineries en grappe. **refinery compressor**: compresseur de dégazolinage. **refinery gas**: gaz de raffinerie. **refinery heater**: four de raffinerie. **refinery off-gas scrubbing**: épuration par expulsion des gaz. **ex refinery price**: prix de reprise en raffinerie. **refinery sludge**: boues de raffinage.

refining – raffinage *m.* **refining capacity**: capacité de raffinage. **refining company**: société de raffinage. **refining license**: autorisation de raffinage ; licence de raffinage. **refining method**: méthode de raffinage. **refining plant**: raffinerie *f.* **refining process**: procédé de raffinage. **refining temperature**: température de raffinage.

refitting – remise en état.

reflectance – pouvoir réflecteur (PR), *rapport de la quantité de lumière réfléchie à celle de la lumière incidente* ; réflectance *f.*

reflected – réfléchi. **reflected light**: lumière réfléchie. **reflected raypath**: rayon réfléchi. **reflected refraction**: réfraction réfléchie. **reflected wave**: onde réfléchie *(sism).*

reflecting – réflecteur. **reflecting horizon**: miroir *m (géoph).* **reflecting surface**: surface réfléchissante.

reflection – réflexion *f.* **reflection-character analysis**: analyse du caractère d'une réflexion. **reflection coefficient**: coefficient de réflexion, *rapport de l'amplitude entre une impulsion réfléchie et l'impulsion incidente qui l'a produite.* **reflection configuration**: géométrie des réflecteurs, *rapports géométriques entre les réflecteurs sismiques, interprétés comme des rapports entre les strates responsables des réflexions* ; organisation des réflexions. **reflection law**: loi de réflexion. **reflection of seismic waves**: réflexion des ondes sismiques. **reflection picking**: pointage des réflexions, *travail relatif au dépouillement des films en sismique réflexion.* **reflection point**: point miroir, *point de réflexion d'un miroir donné (sism).* **reflection polarity**: polarité de la réflexion. **reflection shooting**: sismique réflexion ; tir de réflexion. **reflection spectrum**: spectre de réflexion. **reflection strength**: amplitude analytique ; amplitude de l'enveloppe ; amplitude de réflexion, *d'une trace complexe.* **reflection survey**: campagne de sismique-réflexion ; sismique réflexion. **reflection tomography**: tomographie de réflexions. **reflection twin**: macle par réflexion, *macle symétrique par rapport à un plan réticulaire.*

reflectivity – coefficient de réflexion ; pouvoir de réflexion ; pouvoir réfléchissant ; réflectivité *f.* **reflectivity function**: trace impulsionnelle *(sism).* **reflectivity section**: coupe de coefficients de réflexion.

reflector – miroir *m* ; réflecteur *m.* **reflector curvature**: courbure du réflecteur. **reflector-curvature effect**: effet de courbure d'un miroir.

refloating – déséchouement *m* ; renflouage *m, renflouement.*

reflux – reflux *m, dans les opérations de distillation, partie du condensat qui retourne dans la colonne.* **reflux condenser**: condenseur à reflux. **reflux drum**: bac de reflux ; ballon de reflux. **reflux duty**: capacité de reflux. **reflux exchanger**: échangeur de reflux. **reflux ratio**: taux de reflux, *rapport de la quantité de reflux envoyé dans la colonne à la quantité de distillat extrait.*

refluxing – reflux *m.*

refolded – replié. **refolded fold**: pli replié *(géol)* ; pli replissé.

refolding – replissement *m* ; reploiement *m.*

reforestation – reboisement *m.*

reformate – reformat *m (raf).*

reformatting – changement de format ; reformatage *m* ; remise en forme.

reformed – de reformage. **reformed gas**: gaz de reformage. **reformed gasoline**: essence de reformage.

reformer – reformeur *m.*

reforming – reformage *m, procédé qui modifie la structure moléculaire d'une essence en vue de l'amélioration de son indice d'octane.* **reforming catalyst**: catalyseur de reformage. **reforming stock**:

stock de reformage. **reforming temperature**: température de reformage.
reformulated – reformulé. **reformulated fuels**: carburants reformulés, *carburants dont la composition est déterminée à la fois par de nouvelles normes antipollution, et par la demande du marché.* **reformulated gasoline**: essence reformulée, *essence nouvelle, essence verte, essence répondant aux préconisations pour l'environnement.*
reforwarding – réexpédition *f.*
Refractalloy – *dénomination d'un alliage nickel-cobalt-chrome-molybdène-fer.*
refracted – réfracté. **refracted raypath**: rayon réfracté. **refracted wave**: onde réfractée.
refraction – réfraction *f.* **refraction count**: différentiel Doppler, *navigation par satellite.* **refraction marker**: marqueur réfraction. **refraction path**: trajet de l'onde réfractée. **refraction profile**: profil réfraction. **refraction shooting**: sismique réfraction ; tir de réfraction. **refraction survey**: campagne de sismique-réfraction ; sismique réfraction. **refraction test**: sondage réfraction. **refraction wave**: onde conique ; onde réfractée.
refractive – réfractif. **refractive index**: indice de réfraction.
refractivity – réfringence *f.*
refractometer – réfractomètre *m.*
refractometry – réfractométrie *f.*
refractor – horizon réfractant ; marqueur de réfraction *(sism)* ; réfracteur *m.*
refractories – matières réfractaires ; produits réfractaires.
refractoriness – résistance au feu.
refractory – réfractaire. **refractory brick**: brique réfractaire. **refractory cement**: ciment réfractaire. **refractory clay**: argile réfractaire. **refractory concrete**: béton réfractaire. **refractory lined**: à garnissage réfractaire. **refractory lining**: garnissage réfractaire. **refractory material**: matière réfractaire. **refractory ore**: minerai réfractaire. **refractory sand**: sable réfractaire.
refreezing – recongélation *f.*
refrigerant – fluide frigorigène ; frigorigène *m* ; réfrigérant.
refrigerated – réfrigéré. **refrigerated container**: conteneur frigorifique. **refrigerated hold**: cale frigorifique. **refrigerated storage**: stockage réfrigéré, *employé pour les gaz liquéfiés qui sont maintenus dans les réservoirs réfrigérés à une pression proche de la pression atmosphérique.* **refrigerated storage tank**: réservoir de stockage réfrigéré. **refrigerated tank**: réservoir réfrigéré. **refrigerated truck**: camion frigorifique.
refrigerating – frigorification *f* ; frigorifique ; réfrigération *f.* **refrigerating battery**: batterie réfrigérante. **refrigerating capacity**: puissance frigorifique.
refrigeration – réfrigération *f.* **refrigeration compressor**: compresseur de réfrigération. **refrigeration cycle**: cycle frigorifique. **refrigeration engineering**: génie frigorifique. **refrigeration load**: besoin de froid ; demande de froid. **refrigeration oil**: huile pour machines frigorifiques. **refrigeration process**: procédé de réfrigération.
refrigerator – réfrigérateur *m.* **refrigerator car**: wagon frigorifique.
refringent – réfringent.
refuel (to) – faire le plein de carburant, *ou de combustible.*
refueling – mazoutage *m, ravitaillement d'un navire en combustible liquide* ; ravitaillement en combustible, *ou en carburant.* **refueling tank**: bac d'avitaillement.
refund, refunding – remboursement *m.*
refusal – refus *m.*
refuse – déblais *m* ; rebut *m.* **refuse coke**: rebut de coke. **refuse derived fuel (RDF)**: combustible dérivé des déchets. **refuse dump**: crassier *m* ; halde *f* ; terril *m.*
refusion – fusion *f.*
regasification – régazéification *f.*
regelation – regel *m, alternance de gel et de dégel.*
regenerated – régénéré. **regenerated catalyst**: catalyseur régénéré. **regenerated glacier**: glacier régénéré. **regenerated rock**: roche régénérée.
regenerating – régénérateur.
regeneration – régénération *f.* **regeneration of electrolyte**: régénération d'électrolyte.
regenerative – régénérateur. **regenerative braking**: freinage par récupération. **regenerative cooling**: refroidissement par récupération. **regenerative engine**: moteur à refroidissement par récupération. **regenerative heating**: chauffage par récupération.
regenerator – récupérateur *m* ; régénérateur *m.*
region – région *f, voir aussi area, country, district, zone.*
regional – régional. **regional anomaly**: anomalie régionale. **regional anticline**: anticlinal régional. **regional dip**: pendage régional. **regional-gravity map**: carte gravimétrique régionale. **regional metamorphism**: métamorphisme régional. **regional migration**: migration régionale. **regional planning**: aménagement du territoire. **regional unconformity**: discordance régionale.
regioselectivity – régiosélectivité *f, caractérise une modification chimique préférentielle de l'un des sites réactifs d'une molécule.*
register – grille à registre ; registre *m.* **register design**: modèle déposé. **register ton**: tonneau de jauge international, *= 2,831 m^3 ou 100 ft^3.* **register tonnage**: jauge officielle ; tonnage net.
registered – enregistré ; patenté. **registered bond**: obligation nominative. **registered share**: action nominative *(fin).* **registered trademark**: marque déposée.
registration – enregistrement *m* ; immatriculation *f* ; inscription *f.* **registration as a French ship**: francisation *f, d'un navire.* **registration fee**: droit d'enregistrement. **registration form**: bulletin d'inscription. **registration mark**: marque de repérage. **registration number**: numéro d'immatriculation. **registration paper**: papier enregistreur.
regmagenesis – rhegmatisme *m, ensemble des processus géologiques liés à la présence de fractures majeures de l'écorce terrestre.*
regolith – régolite *m, manteau superficiel de débris.*
regosol – régosol *m (pédol).*
regression – régression *f.* **regression analysis**: analyse de régression. **regression curve**: courbe de régression. **regression line**: droite de régression. **regression plane**: plan de régression.

regressive – régressif. **regressive development**: développement régressif *(géol)*. **regressive overlap**: *voir offlap*. **regressive sediment**: sédiment régressif. **regressive wave**: onde régressive.
regrinding – broyage secondaire ; réaffutage *m* ; rebroyage *m*, *des déblais*.
regs – *abrév. de regulations*.
regular – ordinaire ; régulier. **regular cement**: ciment ordinaire. **regular gasoline**: essence ordinaire. **regular-grade gasoline**: essence ordinaire. **regular lay**: toronnage normal, *câbles*. **regular motor oil**: huile moteur ordinaire détergente. **regular mud**: boue normale. **regular quality**: qualité ordinaire. **regular system**: système cubique *(crist)*. **regular tool-joint**: *dénomination de joint de tige dont le trou intérieur est encore plus réduit que le trou du renflement intérieur des tiges.*
regularization – régularisation *f.*
regulate (to) – ajuster ; régler.
regulating – réglant. **regulating reservoir**: réservoir de compensation. **regulating screw**: vis de réglage. **regulating switch**: rhéostat de réglage. **regulating valve**: robinet de réglage ; soupape de réglage ; vanne régulatrice.
regulation – réglage *m* ; règlement *m* ; réglementation *f* ; régulation *f.*
regulator – détendeur *m* ; modulateur de puissance ; régulateur *m*. **regulator valve**: soupape de réglage ; soupape de régulation, *de pression ou de débit.*
regulus – plomb antimoine.
rehabilitation – modernisation *f* ; remise en état ; rénovation *f.*
reheat (to) – réchauffer.
reheater – réchauffeur *m.*
reheating – réchauffage *m* ; résurchauffage *m.*
Reid – Reid. **Reid vapor pressure (RVP)**: tension de vapeur Reid (TVR) ; pression de vapeur Reid (PVR) *(forme à préférer)*.
reinforced – renforcé. **reinforced cable**: câble armé. **reinforced coating**: enduit armé. **reinforced concrete**: béton armé. **reinforced plastic**: plastique renforcé. **reinforced seam**: soudure renforcée. **reinforced weld**: soudure renforcée.
reinforcement – armure *f*, *câble* ; renforcement *m* ; renfort *m* ; surépaisseur *f.* **reinforcement of weld**: surépaisseur de la soudure.
reinforcing – renforçant. **reinforcing agent**: agent de renforcement. **reinforcing bar**: fer à béton. **reinforcing pad**: semelle de renfort.
reinjected – réinjecté. **reinjected production**: production réinjectée, *de gaz naturel.*
reinjection – réinjection *f.* **reinjection of gas**: réinjection de gaz. **reinjection well**: puits de réinjection.
reinsurance – réassurance *f.*
reinterpretation – réinterprétation *f.*
reinvest (to) – réinvestir.
reject – rejet *m*. **reject filter**: filtre éjecteur *(élec)*. **reject region**: bande de rejet, *réjection n'est pas français* ; plage d'atténuation.
reject (to) – annuler, *un essai* ; mettre au rebut ; refuser.
rejection – rebut *m* ; rejet *m*, *discrimination d'une tension de fréquence déterminée* ; **rejection limits**: limites de rebut.
rejuvenate (to) – rajeunir *(géol)*.
rejuvenated – rajeuni. **rejuvenated river**: rivière rajeunie. **rejuvenated water**: eau remise en circulation.
rejuvenation – rajeunissement *m* ; réjuvénation *f* *(géol)*. **rejuvenation of crystals**: recristallisation *f.*
related – connexe. **related rocks**: roches connexes.
relation – relation *f.*
relational – relationnel. **relational database**: base de données relationnelle.
relative – relatif. **relative age**: âge relatif, *datation d'un événement par rapport à un autre*. **relative altitude**: altitude relative, *ou différence d'altitude entre points hauts et points bas voisins*. **relative atomic mass**: masse atomique relative, *rapport de la masse atomique moyenne d'un élément au douzième de la masse atomique d'un certain nucléide de carbone*. **relative change of sealevel**: changement relatif du niveau marin, *par rapport à la surface terrestre*. **relative density**: densité relative. **relative error**: erreur relative. **relative fugacity**: fugacité relative. **relative humidity (RH)**: degré hygrométrique ; humidité relative. **relative linear stopping power**: pouvoir d'arrêt linéique relatif. **relative mass stopping power**: pouvoir d'arrêt massique relatif. **relative mixture strength**: richesse du mélange. **relative mobility**: mobilité relative. **relative molecular mass**: masse moléculaire relative. **relative orientation**: orientation relative. **relative permeability**: perméabilité relative, *rapport entre la perméabilité effective et la perméabilité absolue*. **relative permittivity**: permittivité relative, *constante diélectrique*. **relative pressure**: pression relative. **relative pressure coefficient**: coefficient relatif de pression. **relative reaction rate**: vitesse relative de réaction. **relative reactivity**: réactivité relative. **relative sealevel**: niveau marin relatif. **relative tilt**: inclinaison relative. **relative vapor density**: densité de vapeur relative, *ou densité spécifique d'un corps par rapport à un gaz de référence tel que l'air ou l'hydrogène*. **relative viscosity**: viscosité relative, *pour une solution, rapport de sa viscosité de cisaillement à celle du solvant pur placé dans les mêmes conditions physiques*. **relative volatility**: volatilité relative.
relativity – relativité *f.*
relaxation – relaxation *f.* **relaxation function**: fonction de relaxation. **relaxation oscillation**: oscillation de relaxation. **relaxation oscillator**: oscillateur à relaxation. **relaxation test**: essai de relaxation. **relaxation time**: temps d'expansion ; temps de relaxation.
relay – relais *m*. **relay earthquake**: tremblement de terre à relais. **relay emergency valve**: valve relais d'urgence, *système de freinage de remorque*. **relay storage**: stockage intermédiaire.
release – déclencheur *m* ; dégagement *m* ; mécanisme de détente. **release agent**: agent de démoulage, *produit utilisé pour éviter l'adhérence moule-pièce moulée*. **release rate**: taux d'expansion. **release socket**: cloche de repêchage à relaxation. **release time**: temps d'expansion, *voir AGC time constant*. **release valve**: clapet d'alimentation *(auto)* ; soupape de décharge, *voir aussi relief valve.*

release (to) – débrayer ; déclencher ; décrocher ; libérer.

released – libéré. **released gas**: gaz libéré.

releasing – décrochable ; libérable. **releasing factor**: facteur de libération *(biol)*. **releasing lever**: levier de débrayage. **releasing overshot**: cloche libérable, *pouvant être décrochée à volonté.* **releasing spear**: arrache-tube décrochable, *outil de repêchage* ; poire de repêchage à coins *(for)*. **releasing tool**: outil libérateur.

relegs – renforts d'un derrick, *pièces renforçant les pieds d'un derrick.*

reliability – fiabilité *f, qualité qu'offre un appareillage dont le fonctionnement est digne de confiance.*

reliable – digne de confiance ; fiable.

relic – relique *f.*

relict – relique, *voir aussi residual.* **relict feature**: forme relique *(géomorph)*. **relict lake**: lac résiduel. **relict landform**: relief relique. **relict mineral**: minéral relique. **relict sediment**: relique sédimentaire ; sédiment relique. **relict soil**: sol relique *(pédol)*. **relict structure**: structure résiduelle *(géomorph)*. **relict texture**: texture relique *(minér)*.

reliction – régression *f (géol)*.

relief – assitance *f, secours, aide* ; dégagement *m* ; dépouille *f.* **relief and gaging hatch**: panneau de sécurité. **relief angle**: angle de dépouille. **relief cock**: décompresseur *m* ; robinet de décompression. **relief fitting**: clapet de décharge. **relief groove**: gorge de dégagement, *filetage.* **relief holder**: gazomètre tampon. **relief pipe**: évent *m.* **relief road**: route de délestage. **relief tank**: réservoir de décharge. **relief valve**: clapet de sûreté ; soupape de décharge ; soupape de décompression ; soupape de sûreté, *soupape de décharge dite de retour d'eau, voir aussi pressure-relief valve* ; soupape de trop-plein ; vanne de détente ; vanne de sécurité. **relief well**: puits d'intervention, *pour étouffer une éruption, forage d'un trou incliné pour rejoindre la partie inférieure d'une sonde en éruption non contrôlée et essayer de la maîtriser par des injections de boue lourde ou de coulis épais de ciment* ; puits de secours.

relief – relief *m (géomorph)*. **relief displacement**: déplacement de l'image d'une dénivelée ; déplacement de relief, *sur une photographie aérienne, erreur planimétrique liée à la denivelée du terrain par rapport au niveau de référence et dont la direction passe par le point nadiral.* **relief feature**: modelé d'un relief. **relief intensity**: vigueur du relief. **relief map**: carte du relief ; carte orographique. **relief model**: modèle en relief. **relief nip**: ressaut de relief. **relief rejuvenation**: rajeunissement du relief.

reline (to) – rechemiser ; regarnir.

relinquished – renoncé. **relinquished permit**: permis rendu *(explor)*.

relinquishment – dessaisissement *m (jur)*. **relinquishment clause**: clause de rendu, *clause prévoyant de rendre une partie de la concession à une date future* ; clause de rétrocession.

reliquefaction – reliquéfaction *f.*

reload (to) – recharger.

relocatable – translatable. **relocatable address**: adresse translatable.

relocating, relocation – relocalisation *f, retour sur l'emplacement d'un forage sous-marin* ; délocalisation *f* ; rapatriement *m.*

reluctance – réluctance *f, quotient de la différence de potentiel magnétique par le flux magnétique.* **reluctance motor**: moteur à réluctance.

rem – rem *m, unité de mesure de doses radiactives (roentgen equivalent man)*.

remachined – réusiné.

remagnetization – réaimantation *f* ; remagnétisation *f.*

remainder – reliquat *m* ; restant *m* ; reste *m.*

remaining – restant. **remaining oil in place**: huile restant en place, *dans le réservoir.* **remaining velocity**: vitesse résiduelle.

remains – restes *m* ; vestiges *m.*

remake (to) – refaire.

remanence – rémanence *f, aimantation rémanente.*

remanent – rémanent. **remanent magnetism**: magnétisme rémanent. **remanent magnetization**: aimantation rémanente.

remelted – refondu. **remelted steel**: acier refondu.

remelting – refonte *f.* **remelting furnace**: four à refondre. **remelting of rocks**: refonte de roches *(géol)*.

remission – exonération *f.*

remittance – remise *f.*

remnants – restes *m.*

remodel (to) – moderniser ; remanier ; remodeler.

remodeled – remanié. **remodeled form**: forme remaniée.

remote – à distance ; éloigné. **remote-and-inaccessible area**: région éloignée et inaccessible. **remote batch processing**: télétraitement par lots, *ordinateur.* **remote checking**: télécontrôle *f.* **remote control**: commande à distance ; télécommande *f.* **remote control of compressor stations**: télécommande des stations de compression. **remote-control switch**: interrupteur de télécommande. **remote controlled**: télécommandé. **remote-controlled submersible**: submersible télécommandé. **remotely controlled vehicle**: véhicule télécommandé. **remote damage**: dommage indirect. **remote data unit (RDU)**: station de télémesure. **remote drive**: commande à distance. **remote firing**: tir à distance. **remote inspection of ships' hulls**: inspection des coques de navires par robots. **remote job entry (RJE)**: soumission des tâches à distance ; télétraitement *m.* **remote manipulator**: télémanipulateur *m.* **remote metering**: télémétrie *f.* **remote monitoring**: télésupervision *f.* **remote monitoring and control (RMC)**: commande et contrôle à distance. **remotely operated vehicle (ROV)**: engin télécommandé ; véhicule télécommandé. **remote operation**: fonctionnement à distance. **remote processing**: télétraitement *m.* **remote reading**: lecture à distance. **remote sensing**: télédétection *f, ensemble des techniques mises en oeuvre à partir d'aéronefs ou de satellites pour étudier la surface de la terre ou l'atmosphère, en utilisant des ondes électromagnétiques émises, réfléchies ou diffractées par les différents corps observés.* **remote-sensing system**: chaîne de télédétection. **remote sensor**: télédétecteur *m.* **remote supervision**: télésurveillance *f.* **remote switch**: *voir remote-control switch.* **remote tank-reading gage**:

manomètre de réservoir avec lecteur à distance. **remote-telemetry unit**: station de télémesure.
removable – amovible. **removable-blade bit**: trépan à lames amovibles. **removable core bit**: carottier retirable, *carottier pouvant être retiré et remonté à l'intérieur des tiges de forage au moyen d'un câble et travaillant coaxialement avec un trépan spécial évidé qui reste au fond.* **removable-cutter bit**: trépan à couteaux amovibles. **removable flange head**: bride supérieure amovible. **removable liner**: fourreau démontable. **removable whipstock**: sifflet déviateur récupérable.
removal – déménagement *m* ; élimination *f, d'un produit indésirable* ; enlèvement *m* ; extraction *f, d'un produit recherché.*
remuneration – rémunération.
rending – brisant. **rending effect**: effet brisant.
renewability – renouvelabilité *f, d'une source d'énergie.*
renewable – renouvelable. **renewable energy**: énergie renouvelable. **renewable resources**: ressources renouvelables.
reniform – réniforme.
renormalization – renormalisation *f, théorie quantique des champs.*
rent – déchirure *f* ; fente *f* ; location *f* ; loyer *m* ; rente *f* ; rupture *f.*
rent (to) – louer.
rental – loyer *m.* **rental equipment**: matériel en location.
renting – affermage *m.*
renunciation – renonciation *f.*
reopened – reouvert. **reopened vein**: filon de remplissage secondaire *(géol).*
reoxidation – réoxydation *f.*
reoxidize (to) – réoxyder.
repair – réparation *f.* **repair expenses**: dépenses de réparation. **repair kit**: trousse de réparation. **repair part**: pièce de rechange. **repair pit**: fosse de réparation. **repair shop**: atelier de réparation. **repair weld**: soudure de réparation.
repair (to) – dépanner ; réparer.
repairability – réparabilité *f.*
repayment – remboursement *m.*
repeat – répétition *f.* **repeat financing**: financement relais. **repeat formation tester (RFT)**: échantillonneur répétitif.
repeatability – fidélité *f, d'un instrument de mesure, aptitude à donner des réponses très voisines lors de l'application répétée d'un même signal d'entrée* ; répétabilité *f, mesure de la fidélité d'une méthode d'essai, d'après l'écart maximal entre les résultats de deux essais identiques exécutés par le même opérateur avec le même appareil.* **repeatability error**: erreur de fidélité, *d'un instrument de mesure.*
repeatable – concordant, *résultats d'essais.*
repellent – répulsif, *qui repousse.*
reperforation – reperforation *f, d'un puits.*
repetition – répétition *f.*
replace (to) – remplacer.
replaceable – remplaçable. **replaceable cutter**: couteau remplaçable.
replacement – rechange *f* ; remplacement *m* ; substitution *f.* **replacement cost**: valeur de remplacement. **replacement deposit**: gîte de substitution *(géol).* **replacement fuel**: combustible de substitution. **replacement lode**: filon de substitution. **replacement part**: pièce détachée. **replacement parts**: pièces de rechange. **replacement theory**: théorie du replacement, *une des théories sur la migration du pétrole brut selon laquelle l'huile en place dans la roche mère est chassée et remplacée par un égal volume d'eau.* **replacement value**: valeur de remplacement. **replacement velocity**: vitesse de comblement.
replay (to) – rejouer.
replenishment – réapprovisionnement *m.* **replenishment of resources**: reconstitution des ressources.
replica – réplique *f.*
replicability – reproductibilité *f.*
replicate (to) – dupliquer.
replicating – reproduisant. **replicating function**: peigne *m.*
replication – réplication *f, production de nouvelles molécules d'ADN par copie de molécules parentales ; création d'une réplique qui reproduit la surface du spécimen pour examination par microscopie électronique.*
reply – réponse *f.* **reply hits in a transponder**: coup au but dans un répondeur.
report – compte-rendu *m* ; procès-verbal *m, d'un essai* ; rapport *m.*
repose – repos *m.*
Reppe – Reppe. **Reppe process**: procédé de Reppe, *procédé de réaction catalytique de l'acétylène sur le formaldéhyde pour obtenir du butadiène.*
representative – représentant *m.* **representative office**: bureau de représentation.
repressure – recompression *f.* **repressure line**: conduite de réinjection, *de gaz.*
repressure (to) – recompresser ; recomprimer ; reconditionner ; repressurer.
repressuring – recompression *f* ; remise en pression, *d'un gisement décomprimé, par injection de gaz, reconstitution du gradient de pression.*
reprocessing – retraitement *m.*
reproducibility – reproductibilité *f, mesure de la fidélité d'une méthode d'essai d'après l'écart maximal entre les résultats de deux essais identiques communiqués par deux laboratoires différents (méthodes, appareils et conditions d'expérimentation identiques).*
reproducible – reproductible, *résultats d'essai.* **reproducible recording**: enregistrement reproductible.
reprographics – reprographie *f.*
repurchase – rachat *m.* **repurchase agreement**: accord de réméré.
required – exigé ; nécessaire. **required conditions**: conditions nécessaires ; conditions requises. **required freight rate (RFR)**: taux de fret requis.
requirement – besoin *m* ; exigence *f* ; spécification *f* ; condition requise.
rereading – relecture *f.*
rerefined – reraffiné. **rerefined oil**: huile reraffinée.
rerun – recyclage *m* ; redescente *f, d'un outil dans le puits.* **rerun oil**: huile recyclée, *ou de recyclage.* **rerun unit**: unité de redistillation.
rerun (to) – redistiller.
rerunning – recyclage *m.* **rerunning operations**: opérations de recyclage. **rerunning still**: tour de recyclage.

resample (to) – rééchantillonner.
resampling – échantillonnage répété.
rescue – sauvetage *m.* **rescue apparatus**: appareil de sauvetage. **rescue boat**: canot de secours. **rescue squad**: équipe de secours. **rescue submarine**: sous-marin de sauvetage. **rescue work**: travaux de sauvetage.
research – études *f*; investigation *f*; recherche *f*; travaux *m.* **research and development (R&D)**: étude et mise au point ; recherche et développement (R&D). **research and development costs**: coûts de recherche et de développement. **research department**: bureau d'études ; service de recherches. **research engineer**: ingénieur d'études ; ingénieur de recherches. **research laboratory**: laboratoire de recherches. **research octane number (RON)**: indice d'octane recherche, *marque la capacité d'un carburant à éviter le cliquetis à bas régime (circulation urbaine), il est généralement supérieur de 10 points à l'indice moteur.*
researcher – chercheur *m.*
reseat (to) – roder *(soupape).*
réseau – réseau *(télédétection).* **réseau grid**: grille réseau. **réseau mondial**: réseau mondial, *réseau météorologique mondial.*
resection – localisation par méthode des chapeaux *(sism)* ; recoupement *m* ; relèvement *m, sur trois points.*
resedimentation – resédimentation *f, sédimentation par des éléments issus d'un même sédiment plus ancien.*
resemblance – ressemblance *f.*
resequent – reséquent *(géol).* **resequent valley**: vallée réséquente.
reservation – permis de recherche. **reservation salary**: salaire d'intégration.
reserve – réserve *f*; stock *m.* **reserve fund**: fonds de réserve. **reserve mud**: boue de réserve. **reserve pit**: bourbier *m (for)* ; fosse de réserve, *boue de forage.* **reserve storage**: stockage de réserve.
reserve (to) – réserver.
reserves – réserves *f, quantité d'huile et/ou de gaz que contient un gisement.* **reserves depletion**: épuisement des réserves.
reservoir – horizon réservoir ; réservoir *m, roches présentant des vides, pores ou fissures, reliés entre eux et dans lesquels peuvent circuler et se rassembler des fluides* ; roche réservoir. **reservoir bed**: couche réservoir, *voir aussi reservoir stratum.* **reservoir boundary**: limite du gisement. **reservoir conditions**: conditions de gisement. **reservoir depth**: profondeur du gisement. **reservoir discontinuity**: discontinuité du gisement. **reservoir drive mechanism**: mécanisme de balayage du gisement. **reservoir dynamics**: dynamique du gisement. **reservoir energy**: pression de gisement. **reservoir engineering**: étude de gisements, *des roches réservoirs.* **reservoir fluid**: fluide de gisement. **reservoir geometry**: géométrie de gisement. **reservoir heterogeneity**: hétérogénéité de réservoir *(prod).* **reservoir performance**: performance des réservoirs. **reservoir pressure**: pression de réservoir. **reservoir rock**: roche magasin ; roche réservoir, *roches poreuses et perméables dans lesquelles les hydrocarbures ont pu se loger et se déplacer.* **reservoir sample**: échantillon de gisement. **reservoir shutoff**: fermeture du gisement. **reservoir simulation**: simulation du gisement. **reservoir stratum**: couche réservoir. **reservoir thickness**: épaisseur de gisement. **reservoir trap**: piège pétrolifère. **reservoir volume factor**: facteur de réservoir, *voir formation volume factor.* **reservoir water**: *voir formation water.*
reset – remis. **reset knob**: bouton de remise en position. **reset pulse**: impulsion de remise.
reset (to) – refaire le réglage, *remise à zéro* ; remettre en position.
reshaped – remanié.
resid – résidu de distillation, *forme abrégée de residual oil, ou de residuum.*
residence – séjour *m.* **residence time**: temps de résidence ; temps de séjour. **residence-time distribution**: distribution des temps de séjour.
Residfining – *dénomination d'un procédé d'hydrotraitement de fuels lourds.*
residual – résiduaire ; résiduel. **residual anomaly**: anomalie résiduelle. **residual anticline**: pseudoanticlinal *m.* **residual ash**: cendre résiduelle. **residual asphalt**: asphalte résiduel. **residual charge**: charge résiduelle. **residual deposit**: gîte résiduel *(géol).* **residual enrichment**: enrichissement résiduel *(géol).* **residual feature**: forme résiduelle *(géomorph).* **residual flux density**: induction magnétique résiduelle. **residual fuel**: combustible résiduel. **residual fuel oil**: fuel-oil résiduel. **residual gas**: gaz résiduel. **residual-gas saturation (RGS)**: saturation en gaz résiduel. **residual-gravity map**: carte gravimétrique résiduelle. **residual heat**: chaleur résiduelle. **residual landform**: relief résiduel, *relief individualisé qui subsiste après une longue période d'érosion.* **residual liquor**: magma résiduel *(géol).* **residual loam**: argile résiduaire. **residual magnetism**: rémanence magnétique. **residual mountain**: butte-témoin *f.* **residual normal moveout**: delta-t résiduel. **residual oil**: huile résiduelle, *pétrole restant en place après la déplétion d'un réservoir* ; résidu de distillation. **residual-oil saturation (ROS)**: saturation en huile résiduelle (SHR), *saturation en huile emprisonnée dans la formation, s'exprime en fraction du volume des pores* ; saturation en hydrocarbures résiduels (SHR). **residual ore deposit**: gisement résiduel de minerai. **residual parallax**: parallaxe résiduelle. **residual pore pressure**: pression résiduelle de l'eau interstitielle. **residual primary soil**: sol résiduel primaire, *couverture détritique superficielle.* **residual saturation**: saturation résiduelle. **residual sediments**: sédiments résiduels. **residual set**: déformation résiduelle. **residual soil**: sol primaire ; sol résiduel. **residual strain**: déformation résiduelle. **residual stress**: contrainte résiduelle ; tension résiduelle. **residual value**: valeur résiduelle. **residual water**: eau résiduelle. **residual-water saturation**: saturation en eau résiduelle.
residualize (to) – calculer l'anomalie résiduelle ; réduire à l'anomalie résiduelle.
residue – résidu *m* ; reste *m.* **residue blowing**: soufflage des résidus. **residue gas**: gaz résiduaire. **residue oil**: huile résiduaire. **residue test**: détermination du taux de résidus, *d'un distillat léger après évaporation à la température ambiante pour une période de temps donnée.*

residuum – résidu *m.* **residuum grease**: graisse résiduaire.
resilience – résilience *f.*
resilient – résilient, *résistant au choc.* **resilient contact**: contact élastique. **resilient joint**: joint élastique.
resin – résine *f.* **resin cement**: résine ciment, *ciment dans lequel on ajoute de la résine à l'eau de mélange.* **resin grease**: graisse résineuse. **A-stage resin**: résol *m, nom générique des phénoplastes obtenus dans le premier stade de la condensation phénol-formol.* **B-stage resin**: résitol *m, deuxième stade de la condensation des phénoplastes, encore solubles dans quelques solvants.* **C-stage resin**: résite *m, résultat final de synthèse des phénoplastes.*
resinite – résinite *f, voir exinite.*
resinlike – résineux.
resinography – résinographie *f, étude de la structure physique des résines, matières plastiques, caoutchoucs.*
resinoid – résinoïde *m.*
resinol – résinol *m, groupe d'alcools résiniques.*
resinous – résineux. **resinous luster**: éclat résineux *(pétro)*. **resinous shale**: *voir oil shale.* **resinous substance**: matière résineuse.
resist – agent de réserve ; matière de protection.
resistance – résistance *f*; tenue *f.* **resistance brazing**: brasage par résistance. **resistance coefficient**: coefficient de résistance. **resistance coupling**: couplage par résistance. **resistance furnace**: four à résistance. **resistance heating**: chauffage par résistance. **resistance pyrometer**: pyromètre à résistance. **resistance thermometer**: thermomètre à résistance. **resistance to cold**: tenue au froid. **resistance welding**: soudage par résistance. **resistance-welding electrode**: électrode de soudage par résistance.
resistates – sédiments résiduels *(géol)*.
resistivity – résistivité *f.* **resistivity anomaly**: anomalie de résistivité. **resistivity curve**: courbe de résistivité. **resistivity-departure curve**: courbe d'écart de résistivité, *donnant les relations entre la résistivité vraie et la résistivité apparente.* **resistivity dipmeter**: pendagemètre à résistivité. **resistivity index**: indice de résistivité. **resistivity log**: diagraphie de résistivité.
resistor – résistance *f, dispositif électrique.*
resite – résite *m, voir C-stage resin.*
resitol – résitol *m, voir B-stage resin.*
resol – résol *m, voir A-stage resin.*
resolution – décomposition *f*; dédoublement *m*; netteté *f*; pouvoir de séparation ; pouvoir séparateur *(sism)* ; redissolution *f*; résolution *f*; résolvance *f.*
resolvable – résoluble. **resolvable limit**: pouvoir séparateur ; résolvance.
resolving – résolvant. **resolving power**: pouvoir de résolution ; pouvoir résolvant.
resonance – résonance *f.* **resonance capture**: capture de résonance. **resonance neutron**: neutron de résonance. **resonance radiation**: rayonnement de résonance. **resonance spectrum**: spectre de résonance. **resonance structure**: structure de résonance.
resonant – résonnant. **resonant coal**: charbon clair. **resonant frequency**: fréquence de résonance ; fréquence propre.
resonator – résonateur *m, oscillateur électrique.*
resorb (to) – résorber.
resorcinol – résorcine *f, résorcinol, diphénol, dérivé du benzène.*
resorption – résorption *f.*
resource – ressource *f, source d'approvisionnement pouvant devenir disponible.*
respirator – respirateur *m.*
responder – répondeur *m.* **responder beacon**: balise répondeur.
response – réponse *f.* **response characteristic**: caractéristique de transfert, *relation entre un signal d'entrée et la réponse correspondante.* **response curve**: courbe de réponse. **response time**: temps de réponse.
responsibility – responsabilité *f.*
rest – repos *m.* **rest mass**: masse au repos, *masse propre (phys)*.
restart (to) – remettre en marche.
restarting – redémarrage *m* ; remise en marche.
restitution – restitution *f.*
restocking – reconstitution des stocks.
restoration – restauration *f.*
restore (to) – reconstituer ; rejouer ; rendre ; restaurer.
restored – restauré. **restored section**: paléocoupe *f.* **restored-state method**: méthode des états restaurés, *courbe de pression capillaire.*
restricted – restreint. **restricted-hour tariff**: tarif à horaire restreint.
restriction – diaphragme *m*; étranglement *m*; limitation *f*; restriction *f.*
restrictor – restricteur *m.*
result – résultat *m.*
resurgence – résurgence *f (hydrol)*.
resurgent – résurgent. **resurgent gas**: gaz résurgent.
resurrected – exhumé. **resurrected peneplain**: pénéplaine exhumée.
resuscitation – réanimation *f.* **resuscitation apparatus**: appareil de réanimation.
resuscitator – appareil de réanimation ; ressuscitateur *m, appareil portatif pour assurer une ventilation d'urgence des personnes en cas d'asphyxie.*
retail – au détail. **retail gasoline pump price**: prix de l'essence à la pompe. **retail price**: prix de détail.
retailer – détaillant *m* ; revendeur *m.*
retained – retenu. **retained earnings**: bénéfices non distribués. **retained water**: eau de rétention.
retainer – arrêt *m* ; arrhes *f*; provision *f.* **retainer assembly**: dispositif d'immobilisation. **retainer bolt**: boulon de retenue. **retainer pin**: goupille de retenue.
retaining – de retenue. **retaining plate**: plaque de retenue. **retaining plug**: bouchon de retenue. **retaining valve**: soupape de retenue ; vanne d'ouverture, *essais de formation.* **retaining wall**: mur de soutènement, *de retenue.*
retard (to) – ralentir ; retarder.
retardant – retardateur *m.*
retarded – retardé. **retarded acid**: acide retardé, *acide suffisamment lent pour pénétrer dans une formation sans s'épuiser dès les abords du*

puits. **retarded cement**: ciment retardé. **retarded ignition**: allumage retardé ; retard à l'allumage. **retarded potentiel**: potentiel retardé. **retarded spark**: étincelle retardée. **retarded time**: retard *m.* **retarded timing**: retard à l'allumage.

retarder – agent retardateur ; ralentisseur *m* ; retardateur *m.*

retarding – retardateur. **retarding torque**: couple retardateur.

retarring – regoudronnage *m.*

retene – rétène *m, hydrocarbure aromatique polycyclique.*

retention – rétention *f*; retenue *f.* **retention dam**: barrage de retenue. **retention index**: indice de rétention, *relation linéaire entre le logarithme du volume de rétention et le nombre d'atomes de carbone du soluté en chromatographie en phase gazeuse.* **retention on-board (ROB)**: rétention à bord, *des résidus d'un pétrolier au lieu de les rejeter à la mer.* **retention pond**: cuvette de rétention, *cuvette de retenue.* **retention time**: temps de rétention, *en chromatographie, intervalle de temps entre l'injection du soluté et l'apparition du sommet du pic.* **retention volume**: volume de rétention, *dans une colonne chromatographique, volume de la phase mobile nécessaire pour que le soluté traverse tout l'appareil injecteur.* **adjusted retention volume**: volume de rétention réduit.

retentivity – coercitivité *f*; hystérésis *f*; rémanence *f*; rétentivité *f.*

retest – contre-essai *m.*

rethread (to) – rénover les filets. **rethread (to) a pipe**: rénover les filets d'une tige *(for).*

reticle – réticule *m.*

reticular – maillé ; réticulaire. **reticular density**: densité réticulaire.

reticulate – réticulaire ; réticulé. **reticulate fibrous texture**: structure fibroréticulaire *(pétro).* **reticulate texture**: structure maillée *(pétro)* ; structure réticulaire. **reticulated vein**: filon réticulé *(géol).*

reticulation – réticulation *f.*

retinasphalt – rétinasphalte *m, résine fossile.*

retinite – rétinite *f, substance résineuse, brun clair, trouvée dans certains asphaltes, les rétinasphaltes notamment.*

retired – retraité. **retired debt**: dette amortie.

retirement – déclassement *m* ; retraite *f.* **retirement benefits**: pension de retraite. **retirement pension**: pension de retraite.

retort – alambic *m* ; chaudière de distillation ; cornue *f.* **retort carbon**: charbon de cornue. **retort coking**: distillation à la cornue. **retort furnace**: four à cornue. **retort gas**: gaz de cornue. **retort gasification**: gazéification à la cornue. **retort gasoline**: essence de cornue.

retorting – distillation à la cornue ; pyrogénation *f, des solides et semisolides.*

retraining – recyclage *m, éducation.*

retread – pneu rechapé.

retreaded – rechapé, *pneu.* **retreaded tire**: pneu rechapé.

retreading – rechapage *m.*

retreat – recul. **retreat mining**: exploitation rabattante, *par taille rabattante.*

retreatment – retraitement *m.* **retreatment of tailings**: reprise des produits de queue.

retrievable – récupérable. **retrievable mud gun**: outil à jet amovible, *permettant de nettoyer hydrauliquement la paroi du puits avant de placer le bouchon de ciment.* **retrievable packer**: packer récupérable *(for).* **retrievable plug**: centre amovible, *d'un carottier.*

retrieval – récupération *f.* **retrieval process**: procédé de récupération.

retrieving – récupérant. **retrieving casing**: récupération du tubage. **retrieving tool**: outil de récupération *(for).*

retrocorrelation – rétrocorrélation *f.*

retrocorrelogram – rétrocorrélogramme *m.*

retrofitting – réadaptation *f, d'un équipement en utilisant des techniques qui n'existaient pas lors de sa construction* ; rééquipement *m.*

retrogradation – rétrogradation *f.*

retrograde – rétrograde. **retrograde condensation**: condensation rétrograde, *condensation se produisant par chute de pression isotherme, ou à pression constante par un accroissement de température.* **retrograde dew point**: point de rosée rétrograde. **retrograde gas-condensate pool**: gisement de gaz à condensat rétrograde. **retrograde gas-condensate reservoir**: réservoir de gaz à condensat rétrograde ; réservoir de gaz à condensation rétrograde, *réservoir où la température d'équilibre du fluide est comprise entre la température critique et la température maximale d'existence sous deux phases (cricondentherme).* **retrograde metamorphism**: métamorphisme régressif ; rétromorphose *f, transformation par métamorphisme d'une roche en une autre de faciès minéral plus faible.* **retrograde orbit**: orbite rétrograde. **retrograde vaporization**: vaporisation rétrograde.

retrogressive – régressif. **retrogressive erosion**: érosion régressive ; érosion remontante. **retrogressive metamorphism**: *voir retrograde metamorphism.* **retrogressive sandstone**: sables rétrogressifs, *réservoirs associés aux cortèges transgressifs, liés aux paraséquences.*

retroreflector – catadioptre *m.*

return – rapport *m* ; relevé *m* ; rendement ; renvoi *m* ; retour *m.* **return-beam vidicon camera (RBV)**: caméra vidicon à retour de faisceau. **return bend**: boîte de retour ; coude double. **return-flow compressor**: compresseur à contre-courant. **return freight**: fret de retour. **return of capital**: recouvrement de l'investissement. **return on assets (ROA)**: rentabilité des actifs. **return on equity**: rentabilité des capitaux propres. **return on investment (ROI)**: enrichissement en capital, *rapport de la valeur actuelle nette d'un projet à l'investissement actualisé, qui mesure le rendement moyen de la mise engagée* ; rendement des investissements ; rentabilité des capitaux investis (RCI), *représente le rapport des rentrées annuelles du capital amortissable* ; retour sur l'investissement. **return on investments**: rentabilité nette des capitaux engagés. **return period**: intervalle de récurrence, *intervalle de temps moyen entre les apparitions réelles d'un événement.* **return period of flooding**: intervalle de récurrence des crues *(hydrol).* **return shock**:

choc en retour. **return spring**: ressort de rappel. **return stroke**: course de retour. **return water**: eau de réinjection, *dans un procédé d'injection d'eau, eau produite avec le pétrole puis séparée et réinjectée dans le gisement.*

returns – retour du fluide de circulation.

reusable – réutilisable. **reusable waste**: déchet réutilisable.

reussinite – réussinite *f, résine fossile.*

revaluation – réévaluation *f.*

revamp (to) – moderniser ; rénover.

revamping – modernisation *f*; réfection *f*; remodelage *m* ; transformation *f.*

revaporization – revaporisation *f.*

reverberation – pédalage *m (sism)* ; réverbération *f, réflexion multiple dans une couche, souvent dans la tranche d'eau.* **reverberation time**: durée de réverbération, *intervalle de temps correspondant à une décroissance de 60 dB du niveau d'intensité acoustique, s'exprime en secondes.*

reverberatory – à réverbère. **reverberatory furnace**: four à réverbère *(métal).*

reversal – inversion *f*; renversement *m.* **reversal of dip**: changement de pendage ; contre-pendage *m.*

reverse – inverse. **reverse bend test**: essai de pliage à l'envers. **reverse branch**: branche inverse ; branche rétrograde. **reverse-call charge**: PCV, *abrév. de paiement après vérification, pour une communication téléphonique.* **reverse circulation**: injection inverse, *renversée, de l'annulaire vers le tube de production.* **reverse-circulation sub**: raccord pour circulation inverse. **reverse-circulation valve**: vanne de circulation inverse. **reverse combustion**: combustion à contre-courant, *le front de combustion se déplace en sens inverse de celui de l'écoulement des fluides*; combustion inverse. **reverse condenser**: condenseur inversé. **reverse control**: tirs direct et inverse ; tirs réciproques *(sism).* **reverse current**: courant inverse. **reverse-current cleaning**: dégraissage anodique à courant inverse. **reverse-current relay**: relais à retour de courant. **reverse dip**: pendage inverse ; pendage renversé. **reverse emulsion**: émulsion inverse. **reverse fault**: faille inverse, *faille où le rejet horizontal transversal correspond à un raccourcissement, le plan de faille est alors incliné vers le compartiment surélevé.* **reverse flow**: débit inverse. **reverse-flow check valve**: vanne antiretour, *pour gas lift.* **reverse fold-fault**: pli-faille inverse. **reverse gear**: pignon de marche arrière. **reverse migration**: antimigration *f (sism).* **reverse nozzle**: duse inversée *(for).* **reverse osmosis**: osmose inverse. **reverse polarity**: polarité inverse, *dans le soudage à l'arc*; polarité opposée, *en sismique, polarité opposée à la normale, ne pas traduire par polarité inverse.* **reverse Polish notation (RPN)**: notation polonaise inverse *(informatique).* **reverse shot**: tir inverse, *voir direct shot.* **reverse slope**: contre-pente *f.* **reverse speed**: vitesse en marche arrière. **reverse winch**: treuil à inversion. **reverse-wound geophone**: sismo à montage antironflette.

reverse (to) – inverser ; renverser.

reversed – inverse. **reversed fault**: faille inverse. **reversed gradient**: contrepente *f.* **reversed limb**: flanc inverse ; flanc renversé. **reversed magnetization**: aimantation inversée. **reversed-phase chromatography**: chromatographie en phase inverse. **reversed profile**: profil inverse. **reversed trace**: trace inversée *(sism).*

reversibility – réversibilité *f.*

reversible – réversible. **reversible chemical reaction**: réaction chimique réversible. **reversible cycle**: cycle réversible. **reversible electrode**: électrode réversible. **reversible electrolytic process**: réaction électrolytique réversible. **reversible motor**: moteur réversible. **reversible-pitch propeller**: hélice à pas réversible. **reversible process**: processus réversible ; réaction réversible. **reversible reaction**: réaction réversible. **reversible transducer**: transducteur réversible.

reversing – changement *m* ; inversion *f*; renversement *m.* **reversing mill**: laminoir réversible *(métal).* **reversing switch**: inverseur de marche ; inverseur de polarité. **reversing thermometer**: thermomètre à renversement *(océan).* **reversing tool**: outil inverseur de rotation, *repêchage.* **reversing valve**: vanne à renversement ; vanne de circulation inverse. **reversing winch**: treuil à inversion.

revet (to) – revêtir.

revetment – revêtement *m.*

review (to) – réviser ; revoir, *une interprétation.*

revise (to) – réviser.

revision – révision *f.* **revision of test**: contre-essai *m.*

revival – *voir rejuvenation* ; reprise *f, d'une activité économique, etc.*

revive (to) – faire revivre ; rajeunir ; réactiver.

revolution – révolution *f*; tour *m.* **revolution counter**: compte-tours *m.* **revolutions per minute (rpm or r/min)**: tours par minute (tr/min). **revolutions per second (rps or r/s)**: tours par seconde (tr/s).

revolving – rotatif ; tournant. **revolving account**: compte renouvelable. **revolving crane**: grue pivotante. **revolving credit**: crédit renouvelable. **revolving fund**: fonds de roulement. **revolving screen**: trommel *m.*

reworked – remanié, *se dit d'un fragment de roche ou de fossile ayant servi à la constitution d'un sédiment plus récent.* **reworked fossil**: fossile remanié.

reworking – rejeu *m (sism)* ; remaniement *m.*

rewrite – réécriture *f, ou récriture.* **rewrite rule**: règle de réécriture, *règle qui spécifie une équivalence entre deux séquences de symboles.*

Rexforming – *dénomination d'un procédé de réformage des essences.*

Reynolds – Reynolds. **Reynolds number**: nombre de Reynolds, *facteur de similitude utilisé en mécanique des fluides dans le cas d'un écoulement à travers un tube cylindrique.*

RFR – *abrév. de required freight rate.*

RFT – *abrév. de repeat formation tester.*

RGS – *abrév. de residual gas saturation.*

rh – *abrév. de relative humidity et de right hand.*

rH – rH, *notation utilisée pour désigner le potentiel d'oxydoréduction.*

rhabdolith – rhabdolite *m, appartient à une classe de protozoaires ou d'algues.*

Rhaetian – Rhétien *m, étage du Trias supérieur.*
RHEED – *abrév. de reflection high-energy electron diffraction : diffraction d'électrons de haute énergie en réflection.*
rhegmagenesis – *voir regmagenesis.*
Rheniforming – *dénomination d'un procédé de reformage de naphtas en essence à haut indice d'octane.*
rhenium – rhénium *m, symbole chim. Re.* **rhenium carbonyl**: rhénium carbonyle.
rheology – rhéologie *f.*
rheopectic – rhéopectique. **rheopectic fluid**: fluide rhéopectique, *fluide dont la consistance augmente sous l'effet d'un mouvement doux et régulier.*
rheopexy – rhéopexie *f, solidification d'un système thixotrope sous l'effet d'un mouvement doux et régulier.*
rheophile – rhéophile, *qui vit dans l'eau courante.*
rheostat – rhéostat *m.*
rheostatic – rhéostatique. **rheostatic braking**: freinage rhéostatique. **rheostatic control**: régulation rhéostatique.
rheotropic – rhéotropique. **rheotropic brittleness**: fragilité rhéotropique.
rheotropism – rhéotropisme *m (biol).*
rhexistasy – rhexistasie *f (pédol).*
Rhinegraben – fossé rhénan.
rhizosphere – rhizosphère *f (pédol).*
rho – rhô, *lettre de l'alphabet grec, désigne la résistivité électrique, en mécanique physique la masse volumique.* **rho-rho determination**: positionnement distance-distance ; positionnement rhô-rhô. **rho-theta determination**: positionnement rhô-théta.
Rhodanian – rhodanien. **Rhodanian orogeny**: phase rhodanienne, *phase tectonique située au milieu du Pliocène.*
rhodium – rhodium *m, symbole chim. Rh.* **rhodium carbonyl**: rhodium carbonyle. **rhodium chloride**: chlorure de rhodium.
rhodochrosite – rhodochrosite *f, dialogite, carbonate de manganèse.*
rhodolith – rhodolite *m, nodule d'algue rouge.*
rhombic – rhombique. **rhombic dodecahedron**: dodécaèdre rhomboïdal *(crist).*
rhombochasm – rhombochasme *m, cassure dans la lithosphère océanique.*
rhombohedral – rhomboédrique. **rhombohedral cleavage**: clivage rhomboédrique *(crist).* **rhombohedral crystal**: cristal rhomboédrique. **rhombohedral system**: système rhomboédrique, *système ternaire, l'un des sept systèmes cristallins dont la maille primitive est un rhomboèdre.*
rhombohedron – rhomboèdre *m (crist).*
rhomboid – rhomboïde *m, parallélogramme.* **rhomboid ripple mark**: ride losangique, *ride de courant.*
rhomboidal – rhomboïdal.
rhombporphyry – rhomboporphyre *m (pétro).*
RHS – *abrév. de right-hand side : du côté droit.*
rhumb – aire de vent ; rhumb *m.* **rhumb line**: loxodromie *f (nav).*
rhyncholite – rhyncholite *m, ou rhyncholithe, petit fossile calcifié, reconnu comme étant une partie de mâchoire de céphalopode.*
rhynchonelloid – rhynchonelle *f (pal).*
rhyodacite – rhyodacite *f, roche magmatique effusive.*
rhyolite – rhyolite *f, roche éruptive microlitique riche en silice.* **rhyolite porphyry**: porphyre rhyolitique.
rhythm – rythme *f.*
rhythmic – rythmique. **rhythmic bedding**: stratification en alternance répétée ; stratification rythmique. **rhythmic sedimentation**: sédimentation rythmique, *montrant des séquences répétées ; voir cyclothem, turbidite.*
RI – *abrév. de refractive index.*
ria – ria *f, vallée inondée.* **ria coast**: côte à rias. **ria shoreline**: côte à rias.
rib – entretoise *f* ; épaule *f, outil de forage* ; membrure *f* ; nervure *f* ; pilier *m* ; support *m.*
ribbed – cannelé ; nervuré ; strié. **ribbed cylinder**: cylindre à ailettes. **ribbed radiator**: radiateur à ailettes.
ribbon – ruban *m.* **ribbon burner**: brûleur ruban. **ribbon injection**: intrusion rubanée *(géol).* **ribbon structure**: structure rubanée *(géol).*
ribonucleic – ribonucléique. **ribonucleic acid (RNA)**: acide ribonucléique (ARN).
rice – riz *m.* **rice oil**: huile de riz.
rich – riche. **rich clay**: argile grasse. **rich coal**: houille grasse. **rich gas**: gaz humide ; gaz riche, *en hydrocarbures supérieurs.* **rich-gas bank**: banc de solvant *(prod).* **rich lime**: chaux grasse. **rich mixture**: mélange riche, *(mot).* **rich oil**: huile d'adsorption, *contenant en dissolution des fractions d'essence naturelle ou de gaz naturel* ; huile riche. **rich ore**: minéral riche. **rich soil**: sol riche.
Richter – Richter. **Richter scale**: échelle de Richter, *numérotée de 1 à 9, donnant la magnitude d'un séisme, c'est une échelle logarithmique, l'énergie est multiplié par 30 chaque fois que la magnitude augmente d'une unité.*
richterite – richtérite *f, métasilicate complexe du type amphibole.*
Ricker – Ricker. **Ricker wavelet**: impulsion de Ricker, *forme d'onde sismique résultant de la transmission d'une impulsion sismique à travers un matériel viscoélastique idéal avec une attenuation proportionnelle au carré de la fréquence.*
riddle – crible *m* ; tamis *m.* **riddle drum**: crible rotatif ; trommel *m (prép).*
ride – promenade *f.* **ride clearance**: course de débattement, *suspension des roues.* **ride rate**: taux de débattement, *suspension de roues.*
rider – allonge d'une traite ; avenant d'un document ; clause additionnelle, *d'un projet de loi* ; inclusion de stérile ; nerf *m (mine).*
ridge – arête *f* ; chaîne *f* ; crête *f* ; croupe *f* ; dorsale *f, surélévation plus longue que large avec de fortes pentes* ; toit *m.* **ridge of high pressure**: crête barométrique *(météo).*
ridging – usure en rayons *(métaux)* ; usure en sillons.
Rieberize (to) – faire des sommations obliques *(sism).*
Riecke – Riecke. **Riecke's principle**: principe de Riecke, *dissolution sous pression d'une roche hétérogène.*

riegel – verrou *m (géomorph)*.

riffle – gué *m, d'un fleuve* ; haut-fond *m*.

rifle – fusil *m*.

rift – crevasse *f*; fil *m* ; fissure *f*; joint *m* ; rift *m, fossé d'effondrement*. **rift valley**: fossé d'effondrement, *dépression longitudinale* ; vallée faillée. **rift zone**: aire d'effondrement ; zone de fracture.

rig – appareil de forage ; engin de forage ; tour de forage. **rig crew**: équipe de forage. **rig dismantling**: démontage d'un appareil de forage. **rig floor**: plancher de forage. **rig irons**: pièces métalliques, *d'un appareil de forage : arbre de manivelle, manivelle, paliers, etc.* **rig manager**: chef de chantier *(for)*. **rig operations**: opérations de forage, *manoeuvres de tiges*. **rig power**: force motrice des appareils de sondage. **rig service hole**: trou technique *(for)*. **rig shift**: déplacement de l'appareil de forage. **rig time**: temps de forage ; temps de montage *(for)*. **rig-up and rig-down moving**: démontage, transport et montage (DTM), *d'un appareil de forage*.

rig (to) – appareiller ; gréer, *un navire*. **rig (to) down**: démonter un appareil de forage. **rig (to) up**: monter un appareil de forage.

rigged – gréé. **rigged-up and tested Xmas tree**: arbre de Noël monté et testé.

rigging – action frauduleuse ; agiotage sur les prix ; capelage *m* ; gréement *m (naut)*. **rigging up**: aménagement *m, de l'appareil de forage* ; érection de l'appareil de forage ; gréement du derrick.

right – droit ; droite *f, opposé de gauche*. **right angle**: angle droit. **right-lay cable**: câble toronné à droite. **right-and-left coupling**: manchon droit et gauche. **right-angle prism**: prise de vue à angle droit ; prisme à angle droit ; prisme de Bertrand Amici. **right ascension**: ascension droite. **right-hand screw**: vis à droite. **right-hand thread**: filetage à droite ; pas à droite. **right-handed crystal**: cristal dextrogyre. **right-lateral fault**: faille dextre. **right-lateral strike-slip fault**: décrochement dextre. **right lay**: câblage à droite ; toronnage à droite.

right – droit *m (jur)*. **rights to oil**: droits à l'huile, *quantité d'huile commercialisable par chaque partie, au titre du contrat*. **right to strike**: droit de grève. **voting rights**: voix *f*.

right-of-way – droit de passage ; emprise *f*; servitude de passage. **right-of-way for a pipeline**: piste d'un pipeline ; tracé d'un pipeline.

rigid – raide ; rigide. **rigid-arm mooring**: amarrage à bras rigide ; bouée à bras rigide. **rigid connection**: raccord rigide.

rigidity – rigidité *f*.

rigidness – rigidité *f*.

RIH – *abrév. de run in hole*.

rill – rigole *f*; ruisselet *m* ; sillon *m* ; trace *f*. **rill erosion**: érosion en rigoles, *érosion en ruisselets*. **rill mark**: rigole de plage, *trace laissée par les vagues*. **rill wash**: ruissellement en filets.

rim – bord *m* ; bourrelet *m* ; jante *f, poulie* ; lèvre *f*; rebord *m*. **rim band**: bande de fond de jante, *pneu*. **rim bracket**: support d'anneau. **rim diameter**: diamètre de la jante, *pneu* ; diamètre du bord. **rim syncline**: dépression périclinale ; synclinal bordier.

rime – givre *m*.

rimmed – bordé. **rimmed steel**: acier effervescent ; acier non calmé, *partiellement désoxydé*.

rimstone – tuf calcaire, *dépôts calcaires formés en bordure de bassins de trop-plein*. **rimstone pool**: gour *m*.

ring – anneau *m* ; bague *f*; couronne *f*; cycle *m (chim)* ; noyau *m (chim)* ; segment *m*. **ring-and-ball test**: méthode d'essai bille et anneau, *de mesure du point de ramollissement des brais et substances thermoplastiques*. **ring-and-ball softening point**: point de ramollissement par la méthode bille et anneau. **ring-back clearance**: jeu entre segment et fond de gorge, *de piston*. **ring belt**: zone de segmentation, *des pistons*. **ring burner**: brûleur annulaire ; brûleur couronne. **ring-butt clearance**: jeu à la coupe de segment. **ring chain**: chaîne cyclique *(chim)*. **ring circuit**: boucle *f (élec)*. **ring clamp**: contrebride de tête. **ring cleavage**: décyclisation *f*; ouverture du cycle *(chim)*. **ring closure**: cyclisation *f (chim)*. **ring compound**: composé cyclique. **ring crater**: cônes emboîtés, *couronnes de projection peu saillantes entourant un cratère d'explosion*. **ring dike**: filon annulaire *(géol)*. **ring-end clearance**: jeu en hauteur de segment. **ring fence**: barrière fiscale, *système interdisant la consolidation fiscale de permis ou d'activités différentes*. **ring formation**: cyclisation *f (chim)*. **ring gage**: calibre à bague. **ring-gap clearance**: jeu à la coupe d'un segment, *de piston*. **ring gasket**: joint circulaire. **ring gear**: couronne *f (mach)* ; couronne d'entraînement. **ring hydrocarbon**: hydrocarbure cyclique. **ring joint**: joint circulaire, *ou annulaire*. **ring lubrication**: graissage à bague. **ring-main system**: réseau maillé. **ring-oil bearing**: palier à anneau graisseur. **ring oiled**: graissé par bague. **ring-oiled bearing**: palier à anneau graisseur. **ring oiler**: graisseur à bague. **ring oiler-and-chain lubrication**: graissage par bague et par chaîne. **ring opening**: décyclisation *f*. **ring ore**: minerai en cocarde. **ring rolling mill**: laminoir à cylindres annulaires. **ring shaped**: annulaire. **ring stand**: support annulaire. **ring sticking**: collage des pistons ; collage des segments ; gommage des segments. **ring structure**: structure annulaire. **ring-type joint**: joint à bague ; joint annulaire. **ring valve**: soupape annulaire. **ring wear**: usure des segments. **O ring**: joint torique.

ringed – muni d'un anneau, *d'un cercle de renforcement*.

Ringelmann – Ringelmann. **Ringelmann chart**: table de Ringelmann, *pour estimer la quantité de particules solides émises par les fumées*.

ringing – pédalage *m (sism)* ; résonance *f (sism)*.

ringy – oscillant ; résonnant.

rinsing – rinçant. **rinsing vat**: tambour laveur.

rip – déchirure. **rip current**: courant d'arrachement, *courant rapide et étroit allant de la côte vers le large, formant les barres en festons* ; courant de déchirure ; courant sagittal.

ripe – mûr.

Riphean – Riphéen *m, division la plus récente du Précambrien de l'Oural*.

ripper – défonceuse *f*.

ripple – ondulation *f*; ride *f*; vague de solidification ; vague de soudure. **ripple filter**: filtre d'ondulations ; filtre de lissage *(sism)* ;

uniformisateur *m.* **ripple mark**: ride de plage. **ripple tray**: plateau à ondulations. **ripple voltage**: tension d'ondulation résiduelle.

rippled – ondulé. **rippled sea**: mer calme, *ridée.* **rippled-wall amplifier**: amplificateur à paroi ondulée.

rippling – usure ondulée.

riprap – enrochement *m* ; perré *m.*

ripsaw – scie de long.

rise – cheminée *f*; crue *f*; déport vertical *(sism)* ; élévation *f*; exhaussement *m* ; hausse *f*; lever *m* ; massif sous-marin ; montée *f*; partie ascendante, *d'une courbe* ; rampe *f*; remontage *m* ; remontée *f.* **rise heading**: plan incliné. **rise of span**: flèche *f.* **rise time**: temps de croissance *(élec)* ; temps de montée. **rise-time error**: retard de détection.

riser – colonne montante, *pour l'évacuation de l'huile* ; évent *m (métal)* ; riser *m* ; tube goulotte, *pour le circuit de boue* ; tube guide ; tube prolongateur, *tube reliant le fond à la surface dans un forage sous-marin.* **riser-angle indicator**: indicateur d'angle et d'orientation du tube prolongateur. **riser buoyancy**: flottabilité du tube prolongateur. **riser connector**: connecteur du tube prolongateur. **riser cracking**: craquage catalytique en lit entraîné. **riser main**: tuyau de refoulement. **riser pipe**: colonne montante. **riser spoilers**: lanières d'atténuation de vibrations *(for)*. **riser tensioner**: tensionneur de tube prolongateur. **riser-tensioner line**: câble tensionneur de tube prolongateur. **riser-tensioning device**: tensionneur de tube prolongateur. **riser tie-in**: jonction du tube prolongateur.

rising – augmentant ; ascension *f*; montant ; montée *f*; remontage *m.* **rising-and-falling compartment**: compartiment marnant. **rising ground**: montée *f*; rampe *f.* **rising main**: tuyau de refoulement. **rising mud column**: colonne montante de boue. **rising pipe**: colonne montante ; tuyau de refoulement. **rising pouring**: coulée en source *(métal)*. **rising-stem valve**: robinet à vis extérieure. **rising tide**: flot *m* ; flux *m* ; marée montante. **rising toplaps**: biseaux sommitaux à pendage croissant, *configuration géométrique souvent associée à des anomalies de plaine abyssale, monticules à structure inclinée, qui représentent des dépôts contouritiques.*

risk – risque *m.* **risk analysis**: analyse de risque, *analyse probabilistique des concours de circonstances pouvant provoquer des événements redoutés, et étude de l'ampleur des effets de ces événements s'ils se réalisent.* **risk capital**: capital risques. **risk estimation, risk assessment, risk evaluation**: évaluation du risque. **risk management**: maîtrise des risques, *choix de la méthode permettant de minimiser la probabilité d'un accident ou de ses conséquences.* **risk perception**: perception du risque. **risk pooling**: mise en commun des risques. **risk premium**: prime de risque. **risk service contract**: contrat de service à risques, *contrat de service par lequel le contracteur assume seul la charge et le risque financier de l'entreprise.* **risk taking**: prise de risque. **sole risk**: risque non partagé, *pris par un seul partenaire.*

Riss – Riss *m, période de la troisième glaciation du Pléistocène.*

Ritter – Ritter. **Ritter reaction**: réaction de Ritter, *dans la formation d'amides.*

river – fleuve *m* ; rivière *f.* **river bank**: rive d'un fleuve. **river-bar placer**: placer fluvial. **river basin**: bassin fluvial ; bassin hydrographique ; bassin versant *(hydrol)* ; impluvium *m.* **river crossing**: conduite sous-fluviale ; traversée sous-fluviale. **river-crossing ditch**: cunette *f*; souille *f.* **river dredging**: dragage de cours d'eau. **river drift**: apport de fleuves. **river erosion**: érosion fluviale. **river flat**: lit de hautes-eaux ; lit majeur. **river gravel**: gravier de rivière. **river head**: source de fleuve. **river load**: apport de fleuves. **river mouth**: embouchure de fleuve. **river placer**: placer fluvial. **river sand**: sable de rivière. **river terrace**: terrasse fluviatile. **river valley**: vallée de rivière. **river water**: eau de rivière.

riverbed – lit de fleuve ; lit de rivière.

rivet – rivet *m.* **rivet head**: tête de rivet. **rivet hole**: trou de rivet. **rivet pliers**: pinces à rivet. **rivet set**: bouterolle *f.* **rivet snap**: bouterolle *f.* **rivet steel**: acier pour rivets.

riveted – rivé ; riveté. **riveted casing**: tubage rivé. **riveted tank**: réservoir rivé ; réservoir riveté.

riveting – rivetage *m.* **riveting hammer**: marteau riveur ; rivoir *m.* **riveting pressure**: pression de rivetage.

rivulet – ruisseau *m.*

RKB – *abrév. de rotary kelly bushing, sert souvent de référence pour la mesure des profondeurs de forage, voir aussi rotary table.*

rmg – *abrév. de reaming.*

rms – *abrév. de root mean square : quadratique moyen.* **rms deviation**: écart quadratique. **rms error**: écart type ; erreur quadratique. **rms positional error**: cercle d'erreur. **rms value**: moyenne quadratique ; valeur efficace. **rms velocity**: vitesse efficace ; vitesse quadratique moyenne, *racine carrée de la moyenne des carrés des vitesses de propagation le long d'un trajet donné.*

RNA – ARN, *abrév. de ribonucleic acid : acide ribonucléique.*

rng – *abrév. de running.*

RO – *abrév. de reverse osmosis.*

ROA – *abrév. de return on assets.*

road – chemin *m* ; route *f.* **road asphalt**: bitume routier ; enrobé bitumineux. **road breaker**: marteau piqueur. **road bridge**: pont routier. **road driving**: creusement des voies *(mine)*. **road grader**: niveleuse *f*; profileuse *f.* **road header**: machine de traçage *(mine)*. **road holding**: tenue de route. **road illumination**: éclairage de route *(auto)*. **road-making filler**: charge pour préparation des routes, *voir aussi asphalt filler.* **road-making material**: matériaux pour la construction des chaussées. **road map**: carte routière. **road network**: réseau routier. **road octane number**: indice d'octane route. **road oil**: bitume fluxé ; huile routière. **road roller**: rouleau compresseur. **road safety**: prévention routière. **road stripe**: bande de signalisation. **road tanker**: camion citerne. **road tar**: goudron routier. **road test**: essai sur route. **road traffic**: circulation routière ; trafic routier. **road transportation**: transport routier.

roadability – tenue de route *(auto)*.

roadbed – assiette d'une chaussée.

roadstead – mouillage *m* ; rade *f.*

roadway – chaussée *f.*

roarer – puits de gaz en éruption.

roast (to) – calciner ; griller.

roasted – grillé. **roasted ore**: minerai grillé.

roaster – four à calciner ; machine à agglomérer.

roasting – calcination *f*; grillage *m.* **roasting bed**: lit de grillage. **roasting chamber**: chambre de grillage. **roasting drum**: tambour de grillage. **roasting furnace**: four de grillage. **roasting plant**: installation de grillage. **roasting temperature**: température du grillage.

robot – robot *m.* **robot submarine**: engin robot sous-marin.

robotic – robotique. **robotic rig**: appareil de forage robotisé.

robotics – robotique *f.*

robust – robuste ; tolérant, *informatique.*

rochlederite – rochlédérite *f, résine fossile.*

rock – roc *m* ; roche *f*; rocher *m.* **rock anchor**: ancrage pour terrain rocheux. **rock arch**: arche naturelle. **rock asphalt**: roche asphaltique. **rock bar**: verrou *m (géomorph).* **rock basin**: bassin de surcreusement *(géol).* **rock bench**: plate-forme d'abrasion *(géol)* ; replat structural. **rock bend**: pli *m (géol).* **rock bit**: outil à molettes ; outil de forage ; trépan à molettes ; tricône *m.* **rock-bit bearing**: roulement d'outil à molette. **rock blanket**: couche horizontale. **rock-boring machine**: machine à percer les roches. **rock breaker**: brise-roche *m* ; broyeur à pierres ; dérocheuse *f.* **rock breaking**: désagrégation des roches *(géol).* **rock character**: caractère lithologique. **rock clay**: argilite *f (pétro).* **rock competence**: compétence d'une roche, *aptitude plus ou moins grande d'une roche à résister à la déformation.* **rock constituent**: constituant des roches. **rock core**: noyau rocheux. **rock crystal**: cristal de roche. **rock decay**: décomposition des roches. **rock destitute of fossils**: roche dépourvue de fossiles. **rock-drill steel**: acier à fleurets. **rock drilling**: forage de roches. **rock explosive**: explosif roche. **rock exposure**: affleurement *m (géol).* **rock failure**: effondrement *m.* **rock fill**: matériaux d'enrochement, *dans un port*; remblayage *m (mine).* **rock-fill dam**: barrage en enrochement. **rock filling**: *voir rock fill.* **rock flour**: farine glaciaire ; matériaux triturés, *fines particules résultant de l'abrasion glaciaire.* **rock flow**: coulée de pierres. **rock flowage**: écoulement des roches. **rock formation**: lithogenèse *f (géol).* **rock-forming mineral**: constituant des roches ; minéral cardinal, *désigne les minéraux qui entrent dans la constitution des roches et qui en déterminent la classification.* **rock fragment**: fragment de roche. **rock gas**: *voir natural gas.* **rock glacier**: coulée de blocs *(géol)* ; glacier rocheux. **rock-hammer drill**: marteau perforateur. **rock in place**: *voir rock in-situ et bedrock.* **rock in-situ**: roche en place ; roche in-situ. **rock mass**: masse rocheuse. **rock matrix**: matrice de la roche, *matière liant entre eux les gros éléments constituant la roche qui peut être composée d'éléments plus petits ou d'une masse indifférenciée.* **rock meal**: *voir rock flour.* **rock mechanics**: géomécanique *f*; mécanique des roches. **rock milk**: *voir rock meal, rock flour.* **rock oil**: pétrole *m, huile de roche.* **rock ore**: minerai en roche. **rock pediment**: glacis rocheux désertique. **rock pressure**: pression de gisement, *voir aussi reservoir pressure, shut-in pressure.* **rock roller bit**: outil à molettes, *trépan à molettes, à trois molettes.* **rock rubble**: brèche de dislocation ; brèche de faille. **rock salt**: sel gemme, *halite.* **rock sample**: carotte *f*; échantillon de roche. **rock shelter**: roche en encorbellement ; roche surplombante. **rock step**: gradin structural ; seuil de cirque *(géol).* **rock stratigraphy**: lithostratigraphie *f.* **rock stream**: *voir rock glacier.* **rock terrace**: terrasse rocheuse. **rock train**: plate-forme d'abrasion *(géol).* **rock unit**: unité lithostratigraphique. **rock wall**: roche encaissante. **rock weathering**: érosion des roches. **rock-weight pressure**: pression des terrains sus-jacents. **rock well**: forage profond, *par opposition à surface well.* **rock wool**: laine de laitier ; laine de scorie.

Rock-Eval – Rock-Eval, *dénomination d'un appareil à pyrolyse pour l'analyse des roches.*

rocker – balancier *m* ; berceau *m* ; crible-laveur *m* ; culbuteur *m.* **rocker arm**: culbuteur *m.* **rocker-arm cover plate**: cache-culbuteur *m.* **rocker-arm grease**: graisse pour culbuteurs. **rocker-arm roller**: galet du culbuteur. **rocker shaft**: arbre incliné ; axe de culbuteur ; balancier de renvoi, *soupapes.* **rocker shovel**: chargeuse mécanique. **rocker valve**: soupape commandée par culbuteur.

rocket – fusée *f*; roquette *f.* **rocket engine**: moteur de fusée. **rocket fuel**: combustible pour fusée ; propergol *m.* **rocket motor**: moteur de fusée. **rocket photograph**: photographie par fusée. **rocket propelled**: propulsé par fusée. **rocket propellant**: propergol *m, voir propellant.* **rocket propulsion**: propulsion par fusée.

rockfall – éboulement de montagne. **rockfall talus**: éboulis *m.*

rockiness – rochosité *f, nature rocheuse d'un sol.*

rocking – agitation par balancement ; balancement *m* ; injection alternée, *dans et autour de la tige de production pour amorçage d'un gas-lift* ; lavage sur tables oscillantes ; refoulement alternatif, *d'un produit dans les tiges et l'espace annulaire pour décaper les parois du sondage.* **rocking channel**: transporteur à secousses. **rocking feeder**: alimentateur oscillant. **rocking float**: flotteur basculant, *énergie des vagues.* **rocking stone**: pierre branlante ; rocher branlant.

rockslide – éboulement *m* ; glissement de terrain ; traînée d'éboulis.

Rockwell – Rockwell. **Rockwell hardness**: dureté Rockwell. **Rockwell hardness tester**: appareil d'essai de dureté Rockwell.

rocky – rocheux. **rocky coast**: côte rocheuse. **rocky matrix**: gangue *f.* **rocky soil**: sol rocheux. **rocky spur**: saillie de roche.

rod – baguette *f*; perche *f, unité de longueur = 5,0292 m*; tige pleine ; tringle *f.* **rod-backoff wheel**: outil de dévissage à l'explosif, *des tiges de pompage coincées.* **rod basket**: *voir sucker-rod hanger.* **rod board**: passerelle d'accrochage des tiges de pompage. **rod burner**: soudeur *m, argot.* **rod coupling**: emmanchement de tiges. **rod-cup grease**: graisse pour tourillon. **rod elevator**: élévateur de tige. **rod elevator fork**: fourche de retenue, *tige de pompage.* **rod guide**: lanterne de guidage, *guide de tige de pompage.* **rod hanger**: étrier de suspension de la tige polie de la pompe *(prod)*. **rod holder**: porte-électrode *m.* **rod mill**: broyeur à barres ; laminoir à fil. **rod packing**: garniture de tige ; tresse de presse-étoupe. **rod-packing gland**: bague de presse-étoupe ; chapeau de presse-étoupe. **rod pass**: cylindre de laminoir à fils. **rod push**: tige de poussée. **rod string**: colonne des tiges de pompage. **rod thief**: pipette *f.* **rod wax**: dépôts paraffineux, *se formant autour des tiges de pompage.*

rodingite – rodingite *f, roche magmatique du type gabbro.*

rodman – porte-mire *m, dans une équipe de prospection.*

roentgen – roentgen *m, ou röntgen, unité de dose de rayonnement.*

roestone – *voir oolite.*

ROI – RCI, *abrév. de return on investment, rentabilité des capitaux investis.*

roily – tourbillonnant. **roily oil**: émulsion naturelle de pétrole brut et d'eau.

ROIP – *abrév. de remaining oil in place : huile restant en place.*

roll – cylindre *m* ; rouleau *m* ; roulis *m.* **roll along**: exploitation continue, *d'un profil* ; exploitation en couverture multiple. **roll-along shooting**: tir en couverture multiple. **roll-along switch**: camembert, *commutateur de géophones, familier* ; commutateur, *de couverture multiple* ; contacteur rotatif. **roll axis**: axe de roulis. **roll center**: centre de roulis. **roll crusher**: broyeur à cylindres. **roll groove**: calibre de cylindre de laminoir *(métal)*. **roll in**: montée en couverture ; transitoire d'entrée en couverture *(sism)*. **roll mark**: marque de laminage, *défaut de matériel tubulaire* ; trace de roulage. **roll mill**: laminoir *m.* **roll neck**: tourillon de cylindre. **roll off**: atténuation *f* ; dérive d'une garniture de déviation, *angle formé par la direction donnée à l'outil de déviation au départ et la direction effective de travail de cet outil* ; fréquence de coupure ; pente d'un filtre *(sism)*. **roll-off slope**: pente de coupure. **roll oil**: huile de laminage. **roll-on/roll-off (RO/RO)**: transroulage *m.* **roll out**: sortie de couverture ; transitoire de sortie de couverture *(sism)*. **roll scale**: écaille de laminage *(métal)*. **roll spot welding**: soudage par points à la molette. **roll stability of lubricating grease**: stabilité d'une graisse à l'action mécanique d'un rouleau. **roll stand**: cage de laminoir *(métal)*. **roll steer**: braquage induit par le roulis *(auto)*. **roll-stiffness distribution**: répartition de la rigidité au roulis. **roll understeer**: sous-virage de roulis *(auto)*. **roll welding**: soudage à la forge par galets.

roll (to) – laminer ; rouler.

rollability – laminabilité *f.*

rollable – laminable.

rollback – baisse générale des prix, *imposée par un décret gouvernemental.*

rolled – cylindré ; laminé. **rolled asphalt**: mortier bitumineux cylindré, *nom générique qui couvre tous les matériaux bitumineux denses appliqués à chaud et compactés par cylindrage.* **rolled cast-steel**: acier coulé laminé. **rolled copper**: cuivre laminé. **rolled-in slugs**: impression *f, dans un tube d'acier, corps métallique étranger laminé dans la surface du métal.* **rolled iron**: fer laminé. **rolled metal**: métal laminé. **rolled pipe**: tube laminé. **rolled plate**: tôle laminée. **rolled steel**: acier laminé.

roller – cylindre *m* ; cylindreur *m* ; galet *m* ; lamineur *m (métal)* ; rouleau *m.* **roller bearing**: palier à rouleaux. **roller-bearing grease**: graisse pour paliers à rouleaux. **roller bit**: outil à molettes ; trépan à molettes ; trépan à rouleaux. **roller chain**: chaîne à galets ; chaîne à rouleaux. **roller coating**: étendage au rouleau. **roller cone bit**: tricône *m, trépan à trois molettes.* **roller feed**: régime d'avance des cylindres. **roller guide**: rouleau guide. **roller kelly bushing**: coins d'entraînement à roulement à rouleaux. **roller leveler**: planeuse *f.* **roller press**: broyeuse *f.* **roller screen**: crible-classeur à rouleaux. **roller-shaker conveyor**: couloir oscillant à galets. **roller thrust**: butée à rouleaux. **roller track**: *voir crawler track.*

rollerless – sans rouleaux. **rollerless bushing chain**: chaîne sans rouleaux *(forage)*.

rolling – enrobage *m* ; laminage *m* ; roulage *m.* **rolling cargo**: fret roulant. **rolling country**: terrain ondulé. **rolling dogs**: coins de retenue *(for)*. **rolling friction**: frottement de roulement. **rolling jet**: mélangeur de boue à jet tourbillonnaire. **rolling machine**: laminoir *m.* **rolling mill**: laminoir *m.* **rolling-mill tube**: laminoir à tubes. **rolling resistance**: résistance au roulement. **rolling resistance force**: force de résistance au roulement, *pneu.* **rolling resistance moment**: moment de résistance au roulement, *pneu.* **rolling scale**: écaille de laminage *(métal)*. **rolling skin**: *voir rolling scale.* **rolling stock**: matériel roulant. **rolling train**: train de laminoir *(métal)*.

rollover – basculement de couche, *se produisant lorsqu'on ajoute du GNL dans un réservoir partiellement rempli d'une couche de composition différente et qui produit un violent dégagement de vapeur* ; inversion de pendage ; refinancement *m* ; renouvellement *m (écon)* ; repli anticlinal *(géol)*. **rollover anticline**: anticlinal de compensation. **rollover credit**: crédit renouvelable. **rollover project**: programme relais.

ROM – *abrév. de read only memory.*

RON – IOR, *abrév. de research octane number : indice d'octane recherche* ; NOR, *nombre d'octane recherche, et de road octane number : nombre d'octane route.*

roof – paroi supérieure ; toit *m* ; voûte *f (métal)*. **roof arch**: voûte *f.* **roof collapse**: écroulement du toit. **roof limb**: flanc supérieur, *d'un pli couché.* **roof pendant**: lambeau témoin *(géol)*. **roof rock**: roche couverture, *roches de couverture imperméables superposées aux roches-magasins et empêchant la fuite des hydrocarbures et leur dispersion à la surface du sol ; voir cap rock.* **roof saturant**: produit d'imprégnation pour toitures. **roof slate**: ardoise de couverture. **roof strata**: roches du toit. **roof subsidence**: affaissement du toit. **roof tube**: tube de ciel, *d'un alambic tubulaire.*

roofing – chape d'étanchéité ; couverture *f* ; toiture *f.* **roofing asphalt**: asphalte pour étanchéité. **roofing felt**: carton goudronné pour toiture. **roofing material**: matériel d'étanchéité. **roofing slab**: dalle de toiture. **roofing slate**: ardoise de couverture.

room – chambre *f*; espace *m* ; salle *f.* **room-and-pillar technique**: exploitation par chambres et piliers *(mine)*. **room temperature**: température ambiante. **room timbering**: boisage de chambres.

root – racine *f.* **root bead**: passe de fond *(soudure)* ; première passe *(soudure)*. **root circle**: cercle de pied, *engrenage.* **root clay**: argile à racines. **root crack**: fissure à la base, *soudure.* **root face**: talon *m, de soudure.* **root hinge**: charnière radicale. **root locus**: lieu des pôles. **root-mean-square (rms)**: quadratique moyen, *voir aussi rms.* **root-mean-square value**: *voir rms value.* **root of a fold**: racine d'une nappe de charriage. **root of an ore deposit**: racines d'un filon. **root of joint**: base du joint *(géol)*. **root of tooth**: base de la dent, *outil.* **root of weld**: base de la soudure. **root pass**: passe de fond *(soudure)* ; racine *f (soudure) voir aussi stringer bead.* **root run**: *voir root pass.* **root scar**: *voir root zone.* **root zone**: zone de racine *(géol)* ; zone radicale, *nappe de charriage.*

rooter – défonceuse *f, machine utilisée pour arracher les souches et les racines.* **rooter plow**: charrue défonceuse ; défonceuse *f.*

rooting – enracinement *m.*

rootlet – radicelle *f.* **rootlet bed**: couche perforée à racines *(géol)*.

ROP – *abrév. de rate of penetration : vitesse d'avancement.*

rope – câble *m* ; corde *f.* **rope-and-drop pull method**: méthode de forage par percussion. **rope boring**: *voir rope drilling.* **rope bucket**: *voir rope socket.* **rope chopper**: couperet de câble. **rope clip**: serre-câble *m.* **rope conveyor**: convoyeur à câble. **rope coupling**: raccord de câble. **rope drilling**: forage à la corde; sondage au cable. **rope drive**: commande par câble. **rope driving**: transmission par câble. **rope drum**: tambour d'enroulement. **rope gearing**: transmission par câble. **rope grab**: grappin pour câbles. **rope grease**: graisse pour câbles. **rope hemp**: cordage en chanvre. **rope knife**: couteau à câble. **rope pulley**: poulie pour câble. **rope sheave**: poulie à câble ; poulie à gorge. **rope socket**: attache-câble *m* ; douille de câble, *douille tronconique recevant la patte d'un câble dont les fils sont repliés et noyés ensuite dans un métal fondu.* **rope spear**: harpon à câble *(for)*. **rope splice**: épissure *f, enveloppe de cordage.* **rope strand**: presse-tresse *m* ; toron *m.* **rope winch**: treuil à câble. **rope wire**: fil pour câble. **rope worm**: tire-bouchon *m, pour repêchage de câble cassé.*

ropeway – transporteur à câble ; va-et-vient à câble. **ropeway bucket**: benne de transporteur aérien.

ropy – cordé. **ropy lava**: lave cordée *(géol)*. **ropy structure**: structure ondulée *(géol)*.

ROR – *abrév. de rate of return.*

RO/RO – *abrév. de roll-on/roll-off.* **RO/RO ship**: roulier *m, navire roulier, cargo roulier.*

ROS – *abrév. de retention-onboard system* ; SHR, *abrév. de residual oil saturation : saturation en hydrocarbures résiduels, ou en huile résiduelle.*

rose – diagramme polaire *(math)* ; rose *f (bot)*.

Rose – Rose. **Rose's metal**: alliage de Rose, *alliage composé de bismuth, de plomb et d'étain.*

rosette – rosette *f.* **rosette texture**: texture en rosette *(géol)*.

rosin – colophane *f*; résine *f.* **rosin grease**: graisse à base de colophane. **rosin oil**: huile de résine.

rosthornite – rosthornite *f, genre de rétinite.*

rot – pourriture *f*; putréfaction *f.*

rotameter – débitmètre à flotteur ; gyromètre *m* ; rotamètre *m, appareil volumétrique utilisé pour mesurer la vitesse d'écoulement d'un fluide* ; spiromètre *m.*

rotary – rotatif. **rotary bit**: trépan pour forage rotary. **rotary blower**: soufflerie rotative ; ventilateur centrifuge ; ventilateur rotatif. **rotary booster**: surpresseur à pistons rotatifs. **rotary boring**: sondage rotary. **rotary breaker**: concasseur giratoire ; concasseur rotatif. **rotary bushing**: coins d'entraînement, *voir kelly-drive bushing* ; fourrure de table *(for)*. **rotary cable**: câble de rotation. **rotary compressor**: compresseur à palettes ; compresseur rotatif. **rotary converter**: commutatrice *f, convertisseur rotatif.* **rotary corer**: carottier rotatif. **rotary crane**: grue pivotante. **rotary crusher**: *voir rotary breaker.* **rotary-disk bit**: trépan à disques. **rotary-disk filter**: filtre rotatif à disques. **rotary dispersion**: dispersion rotatoire. **rotary displacement meter**: compteur à piston rotatif. **rotary drawworks**: treuil rotary *(for)*. **rotary drier**: séchoir rotatif. **rotary drill bushing**: fourrure d'entraînement, *pièce qui dans le forage rotary rend la tige d'entraînement solidaire de la table de rotation.* **rotary drilling**: forage rotary, *système de forage dans lequel le trépan est entraîné par un mouvement de rotation transmis depuis la surface par un arbre constitué de tiges creuses vissées bout à bout dans lesquelles circule un fluide.* **rotary-drilling rig**: installation de forage rotary. **rotary-drive chain**: chaîne d'entraînement de la table *(for)*. **rotary-drum filter**: filtre rotatif à tambour. **rotary dump**: culbuteur rotatif. **rotary engine**: moteur rotatif. **rotary fault**: faille rotatoire, *faille dans laquelle le déplacement est accompagné d'une rotation.* **rotary filter**: filtre rotatif. **rotary fluid**: fluide pour forage rotary. **rotary furnace**: four rotatif ; four tournant *(métal)*. **rotary-grate generator**: générateur à grille tournante. **rotary helper**: manoeuvre de sonde ; ouvrier foreur. **rotary hook**: crochet de levage. **rotary hose**: flexible d'injection, *manche flexible constituant l'organe de liaison entre la tête d'injection et la conduite fixe venant des pompes à boue, voir aussi mud line.* **rotary-hose connection**: raccord de flexible. **rotary-hose safety chain**: chaîne de sécurité du flexible. **rotary ice-paring rig**: appareil de forage brise-glace. **rotary jar**: coulisse de forage. **rotary kelly bushing (RKB)**: fourrure de la table de rotation, *le niveau supérieur de ces fourrures sert souvent en pratique de référence pour la mesure des profondeurs forées, voir aussi RT.* **rotary line**: câble de manoeuvre, *forage rotary.* **rotary mud**: boue pour forage rotary. **rotary oiler**: graisseur rotatif. **rotary-percussion rock drilling**: forage par percussion-rotation. **rotary piston**: piston rotatif. **rotary power**: pouvoir rotatoire. **rotary pump**: pompe rotative. **rotary reamer**: aléseur à rouleaux. **rotary rig**: installation de forage rotary. **rotary screen**: crible rotatif ; trommel *m.* **rotary shoe**: sabot de fraisage. **rotary sub**: réduction de tiges. **rotary switch**: commutateur de rotary. **rotary swivel**: tête d'injection de rotary *(for)*. **rotary system**: système rotary *(for)*. **rotary table (RT)**: table de rotation, *le niveau supérieur de la table est en principe le niveau de référence pour la mesure des profondeur voir aussi RKB*. **rotary tipper**: culbuteur circulaire. **rotary turntable**: *voir rotary table*. **rotary valve**: vanne à opercule tournant ; vanne rotative. **rotary washer**: laveur rotatif.

rotate (to) – forer ; tourner.

rotating – rotatif ; tournant. **rotating-crystal method**: méthode du cristal rotatif, *pour l'analyse de la structure cristalline*. **rotating-cylinder method**: méthode à cylindre rotatif, *de mesure de la viscosité d'un fluide*. **rotating-disk contactor (RDC)**: contacteur rotatif à disques, *appareil à mouvement rotatif utilisé pour l'extraction des aromatiques*. **rotating-disk kelly-drive bushing**: carré d'entraînement à disques *(for)* ; fourrure d'entraînement à disques. **rotating-drum mixer**: malaxeur à axe horizontal. **rotating field**: champ tournant *(élec)*. **rotating head**: tête rotative de circulation, *utilisée généralement sur l'annulaire pour permettre de réaliser certaines opérations en pression, forage à l'air, forage à la mousse, à la boue aérée*. **rotating plantinum electrode (RPE)**: électrode de platine tournante, *titrage ampèremétrique*. **rotating scratcher**: gratteur rotatif, *de parois* ; racleur rotatif, *de parois*. **rotating speed**: régime de rotation.

rotation – rotation *f*. **rotation axis**: axe de rotation *(crist)*. **rotation camera**: chambre de rotation *(crist)*. **rotation-inversion axis**: axe de rotation-inversion *(crist)*. **rotation-reflection axis**: axe de rotation-réflexion *(crist)*. **rotation spectrum**: spectre de rotation. **rotation twin**: macle de rotation *(crist)*. **rotation-vibration spectrum**: spectre de rotation-vibration.

rotational – rotationnel. **rotational constant**: constante de rotation, *onde S*. **rotational energy**: énergie de rotation. **rotational fault**: faille accompagnée d'un mouvement de rotation. **rotational frequency**: fréquence de rotation, *quotient du nombre de tours par le temps mis à les effectuer, s'exprime en seconde à la puissance moins un*. **rotational latency**: temps de positionnement d'un disque, *informatique*. **rotational quantum number**: nombre quantique de rotation. **rotational scraper**: piston à racleur rotatif. **rotational viscometer**: viscosimètre rotatif, *pour boue de forage*. **rotational wave**: onde rotationnelle, *onde S*. **rotational waves**: houle rotationnelle *(océan)*.

rotator – rotateur *m*.

rotatory – rotatoire. **rotatory fault**: *voir rotational fault*. **rotatory power**: pouvoir rotatoire.

Rotliegende – Rotliegende *m*, *Permien inférieur*.

rotor – induit *m* ; rotor *m*. **rotor seal**: joint tournant. **rotor winding**: enroulement de rotor.

rotten – pourri. **rotten ice**: glace pourrie. **rotten lode**: filon pourri *(géol)*. **rotten rock**: roche pourrie.

rotting – putréfaction *f*.

rough – accidenté ; brut ; grossier ; rugueux. **rough analysis**: analyse approximative. **rough coat**: crépi *m*. **rough diamond**: diamant brut ; diamant non taillé. **rough electrodeposit**: dépôt galvanoplastique rugueux. **rough file**: lime d'Allemagne ; lime grosse. **rough gas**: gaz brut. **rough grinding**: dégrossissage à la meule. **rough ground**: terrain accidenté. **rough machining**: dégrossissage à la machine. **rough sandstone**: grès grossier. **rough sea**: forte mer ; grosse mer ; mer forte. **rough sheet**: couche dure *(géol)* ; couche rugueuse *(géol)*. **rough surface**: surface rugueuse. **rough turn**: chariоté gros ; ébauchage du tour.

roughcast – crépi *m*.

roughcasting – pièce brute de fonderie.

rougher – dégrossisseuse *f*.

roughing – dégrossissage *m* ; ébauchage *m*. **roughing cut**: coupe d'ébauche. **roughing-cut oil**: huile d'ébauchage. **roughing pass**: cylindre dégrossisseur ; cylindre ébaucheur. **roughing roll**: *voir roughing pass*. **roughing train**: train dégrossisseur *(métal)* ; train ébaucheur.

roughneck – homme de plancher *(for)* ; ouvrier foreur.

roughness – rugosité *f*, *état de surface*. **roughness factor**: facteur de rugosité, *des pièces usinées*.

round – rond. **round bar iron**: fer rond. **round bubble-cap tray**: plateau à calottes rondes. **round cable**: câble rond. **round coal**: gailleterie *f*; gros charbon. **round file**: lime ronde ; queue de rat. **round-head rivet**: rivet à tête ronde. **round-head screw**: vis à tête ronde. **round iron**: fer rond. **round timber**: rondin *m*. **round lumber**: bois rond. **round of bidding**: tour d'enchères. **round-off error**: erreur d'arrondi. **round pass**: calibre rond *(métal)*. **round steel**: acier rond. **round-strand rope**: câble à torons ronds. **round thread**: filet rond. **round trip, round-trip operation**: manoeuvre complète du train de tige, *opération de montée et de redescente des tiges de forage pour changement du trépan*.

rounded – arrondi ; émoussé. **rounded gage (RG)**: dents de talon arrondies, *outil de forage*. **rounded off**: approché. **rounded pebbles**: galets roulés.

rounding – arrondi *m (math)*. **rounding error**: erreur d'approximation *(math)* ; erreur d'arrondi.

roundness – arrondi *m*. **roundness ratio**: rapport d'arrondi *(pétro)*.

roustabout – homme de surface *(for)* ; manoeuvre *m*, *ouvrier sans spécialité*.

route – itinéraire *m* ; tracé *m* ; voie *f*. **route location**: emplacement d'un itinéraire *(pipeline)*.

routeing – *voir routing*.

routine – programme *m*, *d'un ordinateur* ; routine *f*. **routine maintenance**: entretien courant. **routine test**: essai courant.

routing – acheminement *m* ; routage *m*.

ROV – *abrév. de remotely-operated vehicle*.

row – rang *m* ; rangée *f*. **row matrix**: matrice ligne.

ROW – *abrév. de right of way*.

rowlock – dame de nage.

royalty – redevance *f*. **royalty deed**: contrat de redevance. **royalty in kind**: redevance en nature. **royalty interest**: droit de redevance, *participation à une exploitation sous forme de perception d'une redevance sur la production*. **royalty rate**: taux de redevance.

RP – *abrév. de rock pressure*.

rpm – tr/min, *abrév. de revolutions per minute : nombre de tours par minute*.

rps – tr/s, *abrév. de revolutions per second : nombre de tours par seconde*.

RPS – RPS, *dénomination commerciale d'un système de positionnement (radio-positioning system)*.

RPU – *abrév. de reference plane unit : unité du plan de référence.*
RT – *abrév. de rotary table.*
RTEP – *abrév. de real term earning power.*
RTU – *abrév. de remote telemetry unit : station de télémesure.*
RU – *abrév. de rigging up.*
rub (to) – frotter.
rubber – caoutchouc *m.* **rubber accelerator**: accélérateur de vulcanisation. **rubber asphalt**: mélange caoutchouc-bitume. **rubber bearing**: coussinet en caoutchouc ; palier en caoutchouc. **rubber cement**: colle pour caoutchouc. **rubber cork**: bouchon de caoutchouc. **rubber facing**: joint en caoutchouc. **rubber glove**: gant de caoutchouc. **rubber grease**: graisse à base de caoutchouc. **rubber hose**: tuyau en caoutchouc. **rubber packing**: garniture en caoutchouc ; joint en caoutchouc. **rubber paint**: peinture au latex. **rubber seal**: joint en caoutchouc. **rubber-seed oil**: huile de graine d'hévéa. **rubber-sleeve barrel**: carottier à chaussette ; carottier à chemise intérieure en caoutchouc. **rubber solvent**: solvant pour caoutchouc. **rubber sponge**: caoutchouc spongieux, *variété de caoutchouc-mousse.* **rubber stopper**: bouchon en caoutchouc. **rubber tree**: hévéa *m.*
rubberized – caoutchouté. **rubberized cloth**: toile caoutchoutée.
rubbing – friction *f*; frottement *m* ; polissage *m.* **rubbing oil**: huile pour polissage. **rubbing surface**: surface de frottement ; surface de résistance au mouvement de l'air *(mine).*
rubbish – déchet *m* ; décombres *m* ; détritus *m* ; gangue *f*; gravats *m* ; roche stérile.
rubble – agglomérat *m* ; blocage *m, débris de moellons maçonnés pour remplir les fondations d'un bâtiment* ; blocaille *f*; gravats *m.* **rubble masonry**: maçonnerie en moellons. **rubble stone**: caillou roulé.
rubblizing – fragmentation *f.*
rubefaction – rubéfaction *f, phénomène qui fait devenir un sol rouge.*
rubellite – rubellite *f, variété de tourmaline.*
rubidium – rubidium *m, symbole chim. Rb.* **rubidium chloride**: chlorure de rubidium. **rubidium-strontium dating**: datation par la méthode rubidium-strontium *(géol).*
ruby – rubis *m (minér).* **ruby laser**: laser à rubis. **ruby silver**: pyrargyrite *f (minér).* **ruby spinel**: rubis spinelle *(minér).*
RUCT – *abrév. de rigging up cable tools.*
rudaceous – pséphitique *f (pétro).* **rudaceous texture**: texture pséphitique *(pétro).*
rudder – gouvernail *m.* **rudder bar**: barre de gouvernail ; palonnier *m.* **rudder propeller**: gouvernail actif.
rudimentary – rudimentaire.
rudistid – rudiste *m (pal).*
rudite – rudite *f, roche sédimentaire à gros grain.*
RUDS – *acronyme de Reflectance Unit of Dirt Shade, mesure de la concentration des fumées dans l'air.*
rugged – accidenté ; raboteux ; robuste ; rugueux ; solide.
ruggedize (to) – consolider ; renforcer.
ruggedness – rugosité *f*; solidité *f.*
rugosity – irrégularité *f, de la paroi de forage* ; rugosité *f.*
ruiniform – ruiniforme.
rule – règle *f.* **rule base**: base de règles, *intelligence artificielle.* **rule of capture**: règle du droit de prise, *doctrine selon laquelle le propriétaire du sol acquiert l'huile et le gaz produits par les puits forés sur son terrain, même si ces produits sont drainés du sous-sol du terrain voisin.* **rule of thumb**: règle pratique.
ruling – réglure *f*; jurisprudence *f.* **ruling pen**: tire-ligne *m.*
rumble – grondement *m, bruit sourd d'une durée de quelques secondes accompagnant la marche d'un moteur* ; ronronnement *m, tourne-disque.*
rumbler – tambour dessableur.
ruminant – ruminant *m.*
run – cadence *f*; campagne *f*; coulée *f*; cours *m* ; course *f*; cycle de marche *(raf)* ; direction *f (filon)* ; distance de transport ; durée *f*; éboulement *m* ; essai *m* ; fonctionnement *m* ; marche *f (mach)* ; opération *f*; phase *f*; quantité de produits traitée, *dans un temps donné* ; roulement *m, haut fourneau* ; section de tube ; série *f*; trajet *m* ; tronçon *m.* **run gravel**: gravier alluvionnaire. **run in**: rodé *(mot).* **run-in-hole (RIH)**: descendu dans le puits *(for).* **run of a lode**: direction du filon. **run of ground**: éboulement du terrain. **run-of-mine coal**: charbon tout-venant. **run-of-river plant**: centrale au fil de l'eau. **run of wind**: parcours du vent, *distance parcourue par le vent.* **run on**: *voir afterrunning* ; autoallumage permanent, *le moteur continue à tourner allumage coupé.* **run out**: voilé, *roue.* **run-out gage**: calibre de dégagement, *filetage.* **run-out speed**: vitesse maximale, *vitesse de pointe d'un véhicule.* **run pipe**: tuyau de refoulement. **run time**: temps d'exécution, *informatique.* **run-time error**: erreur en cours d'exécution.
run (to) – couler, *faire couler* ; s'écouler ; exploiter *(usine)* ; faire passer, *tuyau, fil* ; fonctionner ; marcher ; faire marcher ; parcourir ; tourner *(mot)* ; travailler. **run (to) a derrick**: monter un derrick. **run (to) a tank**: vider l'huile d'un réservoir dans un pipeline. **run (to) a test**: faire un essai. **run (to) a weld**: faire une soudure. **run (to) idle**: marcher au ralenti, *à vide.* **run (to) in**: roder, *un moteur* ; redescendre le train de tiges. **run (to) off**: couler *(métal).* **run (to) on choke**: limiter ou régler le débit d'un puits, *avec une duse.* **run (to) on coke**: distiller jusqu'au coke. **run (to) steady**: tourner rond. **run (to) the pig**: passer le racleur. **run (to) the stringer bead**: faire la première passe, *soudage.* **run (to) the swab**: passer le hérisson. **run (to) true**: tourner rond.
runaround – balcon de la plate-forme *(for)* ; plate-forme d'accrochage.
runaway – emballement *m.* **runaway electron**: électron de fuite. **runaway inflation**: inflation galopante. **runaway reaction**: réaction emballée. **runaway speed**: vitesse d'emballement. **runaway surface ignition**: allumage sur surface chaude à avance croissante.
runback – canalisation de retour.
rundown – déchargé ; à plat. **rundown battery**: batterie à plat ; batterie déchargée. **rundown box**: *voir look-box.* **rundown distillation**: distillation de

l'huile jusqu'aux résidus solides. **rundown drum**: réservoir de recette. **rundown line**: canalisation de recette, *qui relie l'unité de fabrication au réservoir de recette.* **rundown tank**: réservoir de recette.

rung – échelon *m*, *barreau d'une échelle.*

runnel – rigole *f*; ruisseau *m*.

runner – chenal de coulée ; curseur *m* ; jet *m* *(métal)* ; meule supérieure d'un moulin ; rotor *m* ; roue de pompe.

running – allure *f*; coulant, *terrain* ; écoulement *m* ; fonctionnement *m* ; fraction de distillation ; marche *f*; marche d'un appareil. **running casing**: pose du tubage. **running clearance**: jeu libre, *jeu d'emboîtement tournant.* **running cost**: coût opératoire ; frais d'exploitation. **running day**: jour courant. **running fit**: emboîtement tournant. **running fuel level**: niveau de carburant en marche. **running ground**: terrain coulant. **running hour**: heure courante. **running in**: descente du train de tiges, *des outils de forage, de tubage, etc.* ; rodage *m*. **running-in line**: câble de descente. **running-in oil**: huile de rodage. **running knot**: noeud coulant. **running order**: ordre de marche. **running pressure**: pression de marche. **running royalty**: redevance courante, *somme généralement rapportée à la production réelle d'une unité, payée par annuités sur la durée d'amortissement des installations ou sur la durée de validité des brevets.* **running sand**: sable boulant ; sable mouvant. **running surface**: surface de roulement. **running time**: temps d'utilisation ; temps machine. **running tool**: outil de pose, *outil spécial pour la descente d'un instrument.* **running trap**: siphon à circulation. **running water**: eau courante ; eau vive. **running window**: fenêtre mobile ; plage glissante.

runoff – débit *m* ; eau de ruissellement ; écoulement *m*, *partie des précipitations qui s'écoule dans un cours d'eau.* **runoff coefficient**: coefficient d'écoulement total ; coefficient de ruissellement, *pourcentage des précipitations ruisselées au cours d'une période pluvieuse.*

runs – entrées de pétrole brut en raffinerie.

runway – lit *m* ; piste de décollage ; rigole *f*; voie suspendue.

Rupelian – Rupélien *m*, *étage de l'Oligocène.*

rupture – fissure *f*; rupture *f*. **rupture disk**: disque de rupture. **rupture load**: charge de rupture. **rupture member**: dispositif de rupture. **rupture plate**: table de rupture. **rupture test**: essai de rupture. **rupture zone**: zone de rupture *(géol)*.

RUR – *abrév. de rigging up rotary rig.*

Ruscinian – Ruscinien *m*, *étage du Pliocène.*

rush – affluence *f*; sortie brusque ; venue *f*. **rush of air**: coup d'air.

Russell flask – volumètre de Russell, *servant à déterminer le volume des grains de sable.*

rust – rouille *f*. **rust free**: exempt de rouille ; inoxydable. **rust from external sources**: rouille erratique ; rouille pérégrine. **rust grease**: graisse antirouille. **rust inhibitor**: additif antirouille. **rust penetrant**: dégrippant *m*. **rust-prevention test**: essai antirouille, *des huiles pour turbines.* **rust preventive**: antirouille *m*. **rust protection**: protection contre la rouille. **rust-protective paint**: peinture antirouille. **rust remover**: dérouillant *m*, *produit enlevant la rouille.*

rust (to) – rouiller.

RustBan – *dénomination d'une série de produits antirouille.*

rustiness – rouillure *f*.

rusting – rouille *f*.

rustless – *voir stainless.* **rustless steel**: *voir stainless steel.*

rustproof – antirouille ; inoxydable. **rustproof grease**: *voir rust grease.* **rustproof oil**: huile antirouille.

rustproofing – revêtement antirouille ; traitement contre la rouille.

rusty – rouillé. **rusty gold**: or rouillé.

rut – ornière *f*.

ruthenium – ruthénium *m*, *symbole chim. Ru.* **ruthenium carbonyl**: ruthénium carbonyle. **ruthenium chloride**: chlorure de ruthénium.

ruthenocene – ruthénocène *m (chim)*.

rutile – rutile *m*, *bioxyde de titane en cristaux.*

ruttles – brèche de faille *(géol)* ; brèche de friction.

RV – *abrév. de relief valve et de recreational vehicle.*

RVP – TVR, *abrév. Reid vapor pressure, tension de vapeur Reid.*

RWM – *abrév. de read/write memory.*

Rydberg – Rydberg. **Rydberg constant**: constante de Rydberg, *constante atomique.* **Rydberg series formula**: formules de Rydberg, *donnant le nombre d'onde des raies spectrales des atomes à un seul électron optique (métaux alcalins).*

RZ – RAZ, *abrév. de return to zero : retour à zéro.*

S

s – s, *symbole de second.*

S – S, *symbole de siemens.*

Saale – Saale *m, glaciation du Quaternaire.*

Saalic orogeny – phase saalienne, *phase tectonique du Permien.*

sabbatical leave – congé sabbatique.

sabkha – sebkra *f, ou sebkha, en pays désertique, dépression temporaire occupée par un lac généralement salé, et où se déposent les évaporites.*

sabotage – sabotage *m.*

sabulous – sablonneux.

saccharoidal – saccharoïde *(pétro)*. **saccharoidal structure**: texture saccharoïde *(pétro)*.

sack – sac *m.*

sacrificial – sacrificiel. **sacrificial anode**: anode sacrificielle ; anode soluble. **sacrificial metal**: métal sacrificiel. **sacrificial protection**: protection sacrificielle *(corrosion)*.

saddle – bride, *pour obturation d'une fuite* ; collier de prise ; ensellement *m, d'un pli anticlinal* ; étrier *m* ; ouverture d'un départ latéral, *dans une canalisation en place* ; selle *f* ; voûte *f (géol)*. **saddle axis**: axe anticlinal *(géol)*. **saddleback channel**: couloir d'ensellement. **saddle bearing**: palier de balancier *(for)*. **saddle bend**: charnière anticlinale *(géol)*. **saddle flange**: bride d'obturation filetée pour canalisation. **saddle pipe**: palier support ; support à berceau. **saddle point**: col *m (topog)* ; point de col, *point d'équilibre (math)* ; point selle *(math)*. **saddle reef**: gîte en selle, *gîte de charnière anticlinale (géol)*. **saddle tee**: collier de prise en charge. **saddle vein**: *voir saddle reef.*

SAE – SAE, *abrév. de Society of Automotive Engineers.* **SAE classification**: classification SAE, *parmi les classifications SAE, une des plus connues est celle des huiles de graissage pour moteurs qui comprend un certain nombre de grades, définis par des fourchettes de viscosité à une température donnée.* **SAE EP-lubricant tester**: machine d'essai SAE des lubrifiants extrême pression. **SAE number**: grade SAE, *nombre qui définit la viscosité d'une huile à une température donnée, la viscosité d'une huile est d'autant plus élevée que le nombre est plus grand.* **SAE thread**: filetage SAE.

safe – sans danger ; sûr. **safe aground**: échoué en sécurité. **safe area**: zone de sécurité. **safe load**: charge admissible ; charge de sécurité. **safe strength**: résistance de sécurité ; résistance pratique.

safeguard – dispositif de sécurité ; mesure de sécurité ; protection *f.*

safeguarding – sauvegarde *f.* **safeguarding equipment**: équipement de protection.

safety – sécurité *f* ; sûreté *f.* **safety allowance**: marge de sécurité. **safety apparatus**: appareil de sécurité. **safety appliance**: dispositif de sécurité. **safety area**: périmètre de sécurité. **safety barrier**: pare-chute *m.* **safety belt**: ceinture de sécurité. **safety board**: passerelle d'accrochage *(for)*. **safety bottle**: flacon de garde. **safety brake**: frein de sécurité. **safety-break switch**: disjoncteur de sûreté *(mot)*. **safety cartridge**: cartouche de sûreté. **safety catch**: cran d'arrêt ; fermoir de sûreté. **safety chain**: chaîne de sûreté, *en particulier chaîne suspendue aux camions-citernes touchant le sol et destinée à éliminer l'électricité statique due au frottement.* **safety clamp**: collier de sécurité, *pour matériel tubulaire.* **safety coefficient**: coefficient de sécurité. **safety-control system**: organe de sécurité. **safety device**: dispositif de sécurité. **safety distance**: distance de sécurité ; distance de tir, *sécurité.* **safety dog**: butée de sûreté. **safety drill**: exercice d'évacuation, *en mer.* **safety earth wall**: digue de protection, *mur de terre entourant les réservoirs de pétrole pour éviter toute fuite due à des débordements.* **safety explosive**: explosif de sûreté. **safety factor**: coefficient de sécurité ; coefficient de sûreté ; facteur de sécurité. **safety fuse**: fusible de sécurité. **safety glass**: glace de sécurité ; verre de sécurité. **safety glazing materials**: verre de sécurité. **safety gloves**: gants de sécurité. **safety goggles**: lunettes de sécurité. **safety harness**: harnais de sécurité. **safety hat**: casque de sécurité. **safety head**: plaque d'éclatement ; tête de sécurité. **safety joint**: joint de sécurité. **safety ladder**: échelle de sauvetage ; échelle de sécurité. **safety lamp**: lampe de sûreté. **safety latch**: verrou de sécurité. **safety lock**: blocage de sécurité ; serrure de sécurité ; verrou de sécurité. **safety loop**: crinoline *f, en haut d'une échelle.* **safety margin**: marge de sécurité. **safety net**: filet de sécurité. **safety of life at sea**: sauvegarde de la vie humaine en mer, *voir SOLAS.* **safety panel**: coffret de sécurité. **safety plug**: plomb de sûreté, *bouchon fusible.* **safety precautions**: mesures préventives de sécurité. **safety record**: bilan des accidents de travail ; statistiques de sécurité. **safety regulations**: contraintes de sécurité. **safety shoes**: chaussures de sécurité. **safety slide**: poulie de sécurité, *permettant à l'ouvrier de superstructure de descendre le long de la ligne de haubanage en cas de danger.* **safety valve**: soupape de sûreté, *dispositif assurant le dégagement automatique de* *la vapeur aux pressions critiques.* **safety-valve nipple**: mamelon de suspension de la vanne de sécurité.

safflorite – safflorite *f, arséniure naturel de cobalt.*

safflower – carthame *m.* **safflower oil**: huile de carthame.

saffron – safran *m (bot).*

sag – affaissement *m*; flambage *m*; flèche *f*; flexion *f*; mou d'un cable ; point bas, *d'une ligne de faille.* **sag bend**: coude du tube vers le bas, *pipeline.* **sag distortion**: distorsion en creux. **sag drain**: purge sur point bas, *pipeline.*

sagging – affaissement *m, décollement et flexion du toit d'une formation* ; fléchissement *m.*

sagittal – sagittal, *orienté de l'arrière vers l'avant.* **sagittal plane**: plan sagittal *(sism).*

SAILE – *acronyme pour une méthode de diagraphie d'impédance acoustique, s'orthographie aussi SAIL.*

sailing – navigation à voile. **sailing permit**: permis de navigation.

Sakmarian – Sakmarien *m, étage du Permien.*

salable – vendable.

salammoniac – chlorure d'ammonium. **salammoniac cell**: pile au chlorure d'ammonium.

salband – salbande *f (géol).*

sale – vente *f.* **sales agreement**: accord de vente. **sales by agent**: vente à la commission. **sales engineer**: ingénieur commercial. **sales price**: prix de vente. **sales realization method**: *voir sales-value method.* **sales value**: valeur marchande. **sales-value method**: méthode de la valeur marchande, *méthode de calcul du prix de revient par produit à partir de leur valeur marchande à des fins de déclarations fiscales.*

saleable – *voir salable.*

salic – salique, *terme mnémotechnique s'appliquant aux roches renfermant du quartz, des feldspaths et, de ce fait, riches en silice et alumine.*

salicylate – salicylate *m.*

salicylic – salicylique. **salicylic acid**: acide salicylique.

salient – saillant, *en saillie.*

saliferous – salifère. **saliferous breccia**: brèche salifère. **saliferous clay**: argile salifère. **saliferous sandstone**: grès salifère. **saliferous shale**: argile salifère.

salina – lac salé ; lac salifère.

saline – salin. **saline deposit**: dépôt salin. **saline formation**: formation salifère. **saline water**: eau saline.

saliniferous – salinifère.

salinity – salinité *f.* **salinity gradient**: gradient de salinité. **salinity log**: diagraphie de salinité.

salinization – imprégnation saline ; salinisation *f (pédol).*

salinometer – salinomètre *m.*

SALM – *abrév. de single-anchor-leg mooring.*

SALS – *abrév. de single-anchor-leg storage.*

salt – sel *m.* **salt-and-pepper sand**: sable poivre et sel, *à grains clairs et grains sombres.* **salt bath**: bain de sel *(métal).* **salt-bath case hardening**: trempe au bain de sel. **salt-bearing crude oil**: pétrole brut salin. **salt brine**: saumure *f.* **salt cavern**: caverne de sel. **salt-cavern storage**: stockage dans des cavernes de sel. **salt content**: teneur en sel. **salt core of a salt dome**: noyau salé d'un dôme de sel. **salt desert**: désert de sel ; désert salé. **salt dome**: dôme de sel, *structure en forme de dôme résultant du mouvement ascensionnel du sel, à laquelle sont fréquemment liés des pièges favorables à l'accumulation d'huile et de gaz.* **salt efflorescence**: efflorescence saline. **salt grainer**: évaporateur de sel. **salt intrusion**: intrusion saline, *de sel.* **salt lake**: lac salé, *lac salifère.* **salt lead**: avance due au sel. **salt marsh**: herbu *m* ; marais salant. **salt mine**: mine de sel. **salt mining**: exploitation des mines de sel. **salt pan**: cuvette à sel ; fond salant, *horizon dur et salé.* **salt pillow**: coussin de sel. **salt plug**: noyau de sel, *d'un dôme de sel.* **salt-resistant clay**: argile pour boue salée. **salt-spray test**: essai au brouillard salin, *essai de détermination de la résistance à la corrosion de pièces métalliques revêtues ou non revêtues.* **salt spring**: source d'eau salée. **salt structure**: structure salifère, *toute présence de sel sous une forme quelconque dans la nature.* **salt swamp**: marais salant. **salt tectonics**: halocinèse *f*; tectonique salifère. **salt water**: eau salée, *eau saline.* **salt-water-base drilling fluid**: fluide de forage à base d'eau salée. **salt-water disposal**: évacuation de l'eau salée, *extraite d'un puits de pétrole.* **salt-water-disposal district**: aire d'évacuation de l'eau salée. **salt-water-disposal well**: puits de réinjection d'eau salée. **salt-water influx**: venue d'eau salée, *dans un puits.* **salt-water mud**: boue à l'eau salée ; boue salée. **salt-water spring**: source d'eau salée. **salt-water well**: puits d'eau salée, *puits de pétrole qui se met à produire de l'eau salée, indiquant par là qu'il atteint l'épuisement.* **salt weathering**: altération due au sel.

saltation – saltation *f, mode de transport des sédiments par sauts successifs.*

salted – salé. **salted well**: puits salé, *puits sec ou non encore productif que les propriétaires maquillent et présentent aux investisseurs éventuels comme un puits productif.*

saltern – *voir saltworks.*

saltiness – salinité *f.*

salting – falsifier les spécifications, *d'un brut ou de produits pétroliers pour en favoriser la vente.* **salting in**: salification *f (chim).* **salting out**: relargage *m.* **salting-out agent**: agent relargant.

saltpeter – salpêtre *m.*

saltworks – saline *f.*

salty – salin. **salty rock**: roche saline.

salvage – sauvetage *m.* **salvage contrat**: contrat de sauvetage. **salvage crew**: équipe de sauvetage. **salvage equipment**: matériel de sauvetage. **salvage expenses**: avarie frais. **salvage pipe**: tube de récupération ; tube récupéré. **salvage tug**: remorqueur de sauvetage. **salvage value**: prix de récupération ; récupérabilité *f*; valeur de récupération ; valeur résiduelle. **salvage vessel**: bateau de sauvetage.

salvaging – sautevage *m.*

salve – baume *m* ; onguent *m* ; pommade *f, corps onctueux semisolide généralement à base de pétrolatum.* **salve oil**: huile médicinale.

SAM – *abrév. de scanning Auger microscopy.*

samarium – samarium *m*, *symbole chim. Sm, terre rare.*

sample – échantillon *m* ; éprouvette *f*. **sample-and-hold circuit**: échantillonneur bloqueur, *dans l'enregistrement magnétique, organe qui conserve la valeur de l'échantillon sans changement pendant le codage des échantillons.* **sample bag**: sachet à échantillons. **sample box**: bac de recette des échantillons, *situé sur le bac à boue.* **sample bucket**: bac de lavage d'échantillons, *des carottes.* **sample catcher**: bac de retenue des échantillons ; échantillonneur *m*. **sample catching**: prise d'échantillons. **sample cock**: robinet d'échantillonnage. **sample examination**: analyse des carottes *(for)*. **sample grabber**: *voir sample jerker.* **sample inquiry**: enquête par sondage *(statistique)*. **sample interval**: pas d'échantillonnage, *intervalle de temps séparant la prise d'échantillons successifs d'un même signal.* **sample jerker**: échantillonneur de bruts, *dans les réservoirs ou camions-citernes.* **sample log**: diagraphie d'échantillonnage ; fiche technique d'échantillon. **sample mark**: repère d'échantillonnage. **sample outlet**: prise d'échantillon. **sample rate**: *voir sample interval.* **sample section**: coupe d'après échantillonnage. **sample shot**: tir d'échantillonnage. **sample taker**: *voir sample catcher et sampler.* **sample trap**: piège à échantillons. **sample trough**: *voir sample box.* **sample tube**: tube de prélèvement. **sample washer**: bac de lavage d'échantillons. **sampled data**: données échantillonnées.

sampler – carottier *m* ; échantillonneur *m* ; appareil de prélèvement.

sampling – échantillonnage *m*, *prélèvement d'échantillons.* **sampling bottle**: bouteille de prélèvement. **sampling cock**: robinet de prise d'échantillon. **sampling distribution**: distribution échantillonnée, *répartition d'échantillons.* **sampling error**: erreur d'échantillonnage. **sampling fraction**: fraction échantillonnée. **sampling frequency**: fréquence d'échantillonnage. **sampling function**: matrice de diracs ; peigne de diracs. **sampling grid**: maille d'échantillonnage. **sampling interval**: pas d'échantillonnage. **sampling nozzle**: gicleur d'échantillonnage. **sampling rate**: fréquence d'échantillonnage ; taux d'échantillonnage. **sampling skew**: biais d'échantillonnage. **sampling theorem**: théorème de l'échantillonnage. **sampling valve**: robinet de prise d'échantillon.

samson – *voir samson post.* **samson post**: support de balancier ; support de levier de battage. **samson-post braces**: entretoises du support de balancier, *forage au câble.*

SAN – SAN, *abrév. de styrene acrylonitrile.*

sand – sable *m*. **sand-asphalt**: sable enrobé de bitume, *mélange de bitume routier et de sable répandu à chaud.* **sand avalanche**: avalanche de sable *(géol)*. **sand bed**: couche de sable, *lit de sable.* **sand-blowing nozzle**: buse à jet de sable. **sand bucket**: cuiller à sédiments, *ou cuillère à sédiment.* **sand cage**: cage de sable. **sand cast**: coulé dans le sable *(métal)*. **sand consolidation**: consolidation des sables. **sand content**: teneur en sable. **sand control**: contrôle du sable, *dans les puits.* **sand desert**: *voir erg.* **sand dome**: dôme de sable. **sand dredge**: drague à sable. **sand drift**: vent de sable. **sand drum**: treuil de curage. **sand dune**: dune de sable. **sand encroachment**: venue de sable. **sand-exclusion method**: élimination du sable des puits *(for)*. **sand fall**: pluie sableuse. **sand filling**: remblayage hydraulique *(métal)*. **sand filter**: filtre à sable. **sand flat**: replat sableux. **sand flood**: *voir sand dune.* **sand flow**: coulée sableuse. **sand foundation**: remblai de sable. **sand fracturing**: fracturation au sable, *fracturation hydraulique utilisant de l'huile brute comme fluide de fracturation et du sable comme agent de soutènement de la fracture créée.* **sand glass**: sablier *m*. **sand-grain volume**: volume des grains de sable, *dans le calcul de la porosité des gisements, c'est le volume des grains de sable sans compter les vides entre les grains.* **sand-gravel mixture**: grave *f*, *mélange naturel de cailloux, de graviers et de sable utilisé dans la construction des chaussées.* **sand hill**: *voir sand dune.* **sand hog**: *voir sand pump.* **sand hole**: trou de sable. **sand hopper**: trémie à sable. **sand intercalation**: passée sableuse. **sand key**: îlot de sable corallien, *accumulé par le vent.* **sand lens**: lentille de sable. **sand line**: limite du sable. **sand machine**: sableuse *f*, *appareil à jet de sable.* **sand mixer**: malaxeur de sable ; mélangeur de sable. **sand mold**: moule à sable. **sand molding**: moulage en sable *(métal)*. **sand packing**: bouchage au sable. **sand patch**: placage sableux. **sand pinnacle**: colonne coiffée ; demoiselle *f (géol)* ; nonne *f (géol)* ; pyramide coiffée. **sand pipe**: orgue géologique, *puits naturel.* **sand pit**: sablière *f*, *carrière de sable.* **sand pulley**: poulie du câble de curage *(for)*. **sand pump**: cuiller à piston *(ou cuillère à piston)*, *aspirant les dépôts lors de son relevage du sondage* ; pompe à sable *(for)*. **sand reel**: tambour de curage *(for)* ; treuil de curage *(for)*. **sand-reel lever**: levier du tambour de curage. **sand removal**: désensablement *m*. **sand ribbon**: ruban sableux. **sand ridge**: *voir sandbank.* **sand ripple**: ride de plage. **sand screen**: tamis à sable. **sand/shale ratio**: rapport argile/sable. **sand sheave**: poulie de curage. **sand sieve**: tamis à sable. **sand-sinking method**: coulage au sable. **sand spit**: flèche de sable. **sand strainer**: *voir sand screen.* **sand stratum**: assise arénacée. **sand tester**: tester pour sable productif, *tube de production perforé et obturé de part et d'autre des perforations.* **sand trap**: échantillonneur de sable ; piège à sable, *joint tubulaire placé sous le cylindre d'une pompe de production pour éviter l'usure du piston et la mauvaise fermeture des soupapes.* **sand volcano**: volcan de sable. **sand washing**: curage à l'aide de tubes télescopiques *(prod)*. **sand wave**: barre sableuse ; vague sableuse. **sand well**: puits de pétrole en formation sableuse.

sandbank – banc de sable.

sandbar – barre côtière ; barre de sable.

sandblast – jet de sable *(métal)*. **sandblast apparatus**: *voir sand machine* ; sableuse *(métal)*.

sandblasted – dépoli au jet de sable, *passé au jet de sable.* **sandblasted pebble**: caillou façonné ; pierre à facettes.

sandblasting – décapage au sable ; nettoyage au jet de sable *(métal)* ; sablage *m*.

sandbox – bac à sable, *enceinte à parois mobiles utilisée pour simuler les déformations subies par des couches géologiques dans le but de la modélisation de leur histoire tectonique* ; décanteur *m*, *récipient à chicane servant à séparer le sable et l'eau du pétrole produit par un puits.*

sanded-up – ensablé ; obstrué par le sable.

sanding – sablage *m*. **sanding up**: ensablement *m*, *remplissage avec du sable.*

sandline – câble de curage, *cable métallique servant au maniement d'un piston ou d'une cuiller.* **sandline pulley**: poulie de curage, *de puisage, située au sommet de la tour et sur laquelle passe le câble de curage.*

sandpaper – papier de verre, *papier émeri.*

sandstone – grès *m*. **sandstone band**: intercalation de grès. **sandstone dike**: dyke de grès. **sandstone grit**: grès grossier. **sandstone lens**: lentille de grès. **sandstone quarry**: carrière de grès. **sandstone reservoir**: réservoir gréseux.

sandstorm – simoun *m* ; tempête de sable.

sandy – sableux, *sablonneux, arénacé.* **sandy clay**: argile sableuse. **sandy dolomite**: dolomie sableuse. **sandy facies**: faciès sableux. **sandy limestone**: calcaire sableux. **sandy marl**: marne sableuse. **sandy rock**: roche arénacée. **sandy shale**: argile sableuse ; schiste argileux et sableux. **sandy soil**: terrain sableux.

sanidine – sanidine *f, feldspath potassique.*

sanidinite – sanidinite *f, roche métamorphique.* **sanidinite facies**: faciès des sanidinites, *faciès minéral avec feldspaths, sandine et albite.*

sanitary – hygiénique ; sanitaire. **sanitary engineering**: technique sanitaire. **sanitary inspection**: inspection sanitaire. **sanitary landfill**: décharge contrôlée, *d'ordures et de déchets.*

sanitation – assainissement *m* ; hygiène *f.*

Sannoisian – Sannoisien *m*, *division utilisée pour désigner la partie inférieure de l'actuel Stampien (Oligocène).*

Santonian – Santonien *m*, *étage du Crétacé supérieur.*

sap – sève *f.*

saphe – saphe *f*, *équivalent de phase dans le domaine du cepstre.*

sapidity – sapidité *f.*

saponaceous – saponacé ; savonneux.

saponifiable – saponifiable.

saponification – saponification *f*. **saponification agent**: saponifiant *m*. **saponification number**: indice de saponification, *exprime le nombre de milligrammes de potasse nécessaire pour neutraliser les acides libres contenus dans un gramme d'huile et pour saponifier les esters.* **saponification of fat**: empâtage de graisse, *hydrolyse alcaline de graisse ou d'huile.* **saponification test**: essai de saponification.

saponified – saponifié. **saponified oil**: huile saponifiée.

saponifier – saponifiant *m*, *substance telle que l'alcali, servant à transformer une graisse en un savon.*

saponifying – saponifiant. **saponifying agent**: agent de saponification.

saponite – saponite *f*, *aluminosilicate de magnésium.*

saprobic – saprobe, *vivant dans les eaux putrides.*

sapropel – sapropèle *m*, *vase contenant une grande proportion de matières organiques et constituant une roche mère potentielle pour les hydrocarbures.*

sapropelic – sapropélique.

sapropelite – sapropélite *f, roche sapropélique.*

saprophage – saprophage *m*, *organisme se nourrissant de détritus organiques.*

saprophyte – saprophyte *m*, *organisme végétal se nourrissant de matière organique en décomposition.*

SAR – RAAS, *abrév. de synthetic-aperture radar, radar à antenne synthétique.*

SARA – *abrév. de saturated aromatics, resins, asphaltenes.*

saran – saran *m*, *copolymère de chlorure de vinyle et de chlorure de vinylidène.*

Sardic – sarde *(strat)*. **Sardic orogeny**: phase sarde, *phase tectonique à la limite du Cambrien et de l'Ordovicien.*

sargasso – sargasse *f, algue.*

Sarmatian – Sarmatien *m*, *étage du Miocène.*

Sasol – *dénomination commerciale d'un procédé de liquéfaction du charbon.*

sassafras – sassafras *m (bot)*. **sassafras oil**: essence de sassafras.

satellite – satellite *m*. **satellite communication**: télécommunication par satellite. **satellite image**: image satellite. **satellite imagery**: imagerie satellitaire. **satellite nadir**: nadir du satellite. **satellite navigation**: navigation par satellite. **satellite orbit**: orbite de satellite. **satellite pass**: passage de satellite. **satellite pulse**: impulsion satellite. **satellite solar-power station (SSPS)**: centrale solaire orbitale.

satnav – navigation aux satellites.

saturable – saturable. **saturable-core magnetometer**: magnétomètre à noyau saturable.

saturant – produit d'imprégnation, *substance servant à neutraliser une autre substance ou à la saturer* ; produit imprégnant.

saturated – saturé. **saturated air**: air saturé, *vapeur d'eau.* **saturated chain**: chaîne saturée. **saturated color**: couleur saturée. **saturated compound**: composé saturé. **saturated core**: carotte imprégnée. **saturated hydrocarbon**: hydrocarbure saturé. **saturated interference spectroscopy**: interférométrie d'absorption saturée. **saturated mixture**: mélange saturé. **saturated permafrost**: pergélisol saturé. **saturated saltwater mud**: boue salée saturée. **saturated solution**: solution saturée. **saturated steam**: vapeur d'eau saturée, *à la limite de la condensation.* **saturated vapor**: vapeur saturante. **saturated vapor pressure**: pression de vapeur saturante.

saturation – saturation *f*, *la saturation en fluide d'une formation est la fraction du volume effectif des pores occupés par le fluide considéré.* **saturation activity**: activité à saturation. **saturation concentration**: charge saturante. **saturation current**: courant de saturation. **saturation diving**: plongée à saturation. **saturation factor**: facteur de saturation, *fraction du volume des pores saturés de pétrole.* **saturation in nonwetting fluid (SNWF)**: saturation en fluide non mouillant (SFNM). **satu-**

ration level: niveau de saturation, *niveau hydrostatique de l'eau*. **saturation point**: point de saturation. **saturation pressure**: pression de saturation. **saturation spectroscopy**: spectroscopie d'absorption saturée. **saturation temperature**: température de saturation. **saturation test**: essai de saturation. **saturation voltage**: tension de saturation.

saturator – saturateur *m*.

sausage – saucisson *m*. **sausage powder**: boudin d'explosif.

saussuritization – saussuritisation *f*, *transformation des plagioclases en un mélange de zoïsite, albite, calcite, séricite et zeolites*.

savanna – savane *f (écol)*.

savart – savart *m*, *unité de hauteur des sons*.

saver sub – *voir kelly-saver sub*.

Savic – save *(strat)*. **Savic orogeny**: phase save, *phase tectonique à la limite de l'Oligocène et du Miocène*.

saving – économie *f*; épargne *f*. **saving of fuel**: économie de combustible. **savings and loan association**: société d'épargne et de crédit. **savings bank**: caisse d'épargne. **savings clause**: clause de préservation d'une concession, *qui, arrivée à terme, n'a pas encore produit et dont le détenteur veut prolonger la validité*.

saw – scie *f*. **saw blade**: lame de scie. **saw cut**: trait de scie.

SAW – OAS, *abrév. de surface acoustic wave, onde acoustique de surface*.

sawdust – sciure *f*, *de bois, colmatant pour boue de forage*.

sawing – sciage *m*.

sawtooth – dent de scie. **sawtooth bit**: couronne dentée *(for)*. **sawtooth pattern**: disposition en dents de scie ; disposition en zigzag. **sawtooth roof**: toit en dents de scie, *usines, hangars*. **sawtooth tread**: sculpture en dents de scie, *pneumatiques*. **sawtooth wave**: onde en dents de scie.

sawtoothed – en dents de scie.

Saxonian – Saxonien *m*, *étage du Permien*.

Saybolt – Saybolt. **Saybolt chromometer**: chromomètre Saybolt, *instrument servant à classer les huiles d'après leur couleur en comparant celle-ci à des disques de couleur*. **Saybolt color**: couleur Saybolt, *échelle de détermination de la couleur de l'essence et des huiles combustibles*. **Saybolt colorimeter**: colorimètre Saybolt, *pour la détermination de la couleur des huiles légères*. **Saybolt Furol viscometer**: viscosimètre Furol-Saybolt. **Saybolt Furol viscosity**: viscosité Saybolt Furol, *furol abrév. de fuels and road oils*. **Saybolt lamp**: lampe Saybolt, *méthode standard d'essai de la combustibilité du kérosène*. **Saybolt second**: seconde Saybolt, *unité empirique de viscosité cinématique*. **Saybolt Seconds Furol (SSF)**: secondes Saybolt Furol (SSF). **Saybolt Seconds Universal (SSU)**: secondes Saybolt universelles (SSU). **Saybolt Universal viscometer**: viscosimètre Saybolt Universel, *pour essai de la viscosité des produits pétroliers liquides et des lubrifiants*. **Saybolt Universal viscosity**: viscosité Saybolt universelle. **Saybolt viscosity ratio (SVR)**: rapport de viscosité Saybolt. **Saybolt viscosity test**: essai de viscosité Saybolt.

SBI – *abrév. de Steel Boiler Institute*. **SBI rating code**: code de classification SBI, *des chaudières à vapeur*.

SBM – *abrév. de single-buoy mooring*.

SBN – *abrév. de strong basic number : basicité forte*.

SBP – *abrév. de special boiling point*.

SBR – *abrév. de styrene-butadiene rubber*.

SBS – *abrév. de single-buoy storage*.

SBT – *abrév. de separated-ballast tank*.

SC – *abrév. de slow-curing*.

scab – battitures de fer ; briseur de grève ; écaille *f*; gale *f*, *défaut matériel tubulaire* ; renard *m* ; tartre *m*.

scabble (to) – smiller, *tailler la pierre de carrière*.

scaffold – accrochage *m (métal)* ; dépôt *m (métal)* ; échafaudage *m*.

scalar – scalaire. **scalar product**: produit scalaire, *ou produit intérieur, d'un espace vectoriel*. **scalar-wave equation**: équation de l'acoustique ; équation scalaire de propagation, *dans les fluides*.

scald – brûlure *f*.

scale – barème *m* ; échelle *f*, *d'une carte* ; étendue *f*; gamme *f*; graduation *f*; plateau de balance, *voir scales* ; règle graduée ; série *f*; suite *f*; tarif *m*. **scale drawing**: dessin à l'échelle. **scale factor**: facteur d'échelle. **scale model**: maquette *f*; modèle à l'échelle. **scale modeling**: modélisation analogique ; modélisation physique. **scale of hardness**: échelle de dureté. **scale of height**: échelle des hauteurs. **scale of length**: échelle des longueurs. **scale of visibility**: échelle de visibilité, *échelle classant la distance limite de visibilité de 0 (moins de 50 m) à 9 (plus de 50 km)*. **scale paper**: papier millimétré. **scale saving**: économie d'échelle. **scale unit**: division *f*, *unité de l'échelle*. **scale up**: extrapolation *f*.

scale – calamine *f*; couche oxydée ; dépôt calcaire ; écaille *f*; incrustation *f*; tartre *m*. **scale coated**: entartré ; incrusté. **scale crust**: incrustation *f*; tartre *m*. **scale deposit**: tartre *m*. **scale formation**: entartrage *m*. **scale inhibitor**: inhibiteur d'entartrage. **scale preventer**: produit anticalcaire. **scale remover**: détartrant *m*, *pour radiateurs*. **scale trap**: séparateur d'impuretés. **scale wax**: paraffine écailles, *paraffine obtenue par ressuage de l'huile*.

scale (to) – détartrer ; écailler ; peser. **scale (to) a boiler**: détartrer une chaudière. **scale (to) up**: extrapoler.

Scale – *abrév. de London Market Nominal Freight Scale*.

scalenohedron – scalénoèdre *m (crist)*.

scaler – facteur d'échelle.

scales – balance *f*.

scaling – desquamation *f*; détartrage *m* ; écaillage *m*; entartrage *m*; exfoliation *f*; piquage *m*. **scaling test**: essai d'écaillage ; essai de piquage.

scaling – comptage électronique de pulsation ; égalisation statique ; mise à l'échelle ; scalant. **scaling circuit**: circuit de comptage ; circuit démultiplicateur. **scaling factor**: facteur d'extrapolation.

scalloped – festonné. **scalloped surface**: surface couverte de cavités ; surface découpée.

scalp (to) – enlever la couche superficielle.

scaly – écailleux. **scaly structure**: structure écailleuse.
scan – balayage *m* ; investigation *f* ; trace *f (élec)*. **scan line**: ligne de balayage ; ligne de scannage. **scan of a radar antenna**: exploration de l'antenne du radar. **scan swath**: couloir couvert ; couloir exploré.
scandium – scandium *m, symbole chim. Sc.*
scanner – scanneur *m.*
scanning – balayage *m, exploration en radiodétection* ; scannage *m* ; scrutation *f.* **scanning axis**: axe de balayage ; axe de scannage. **scanning electron microscope (SEM)**: microscope électronique à balayage (MEB). **scanning line**: ligne d'exploration. **scanning proton microscope**: microscope protonique à balayage. **scanning speed**: vitesse de balayage. **scanning transmission electron microscope (STEM)**: microscope électronique par transmission à balayage. **scanning tunneling microscope**: microscope à effet tunnel.
scantlings – échantillonnage *m, ensemble des dimensions des éléments de structure d'un navire.* **scantlings draft**: tirant d'eau d'échantillonnage.
scaphopod – scaphopode *m (pal)*.
scapolite – scapolite *f, aluminosilicate calco-sodique, wernérite.*
scar – cicatrice *f, d'une zone tectonique.*
scarf – assemblage à mi-bois ; recouvrant *m.* **scarf joint**: enture *f.* **scarf weld**: soudure à recouvrement.
scarf (to) – abouter, *dans la fabrication des tubes* ; amorcer ; assembler à mi-bois ; écarver ; enter.
scarfing – assemblage à mi-bois ; décriquage *m (métal)* ; écart *m* ; encastrement *m.* **scarfing joint**: assemblage en sifflet.
scarp – abrupt *m, pente très raide* ; escarpe *f* ; escarpement *m* ; gradin *m* ; petit versant.
scarped – escarpé.
scatter – diffraction *f* ; dispersion *f* ; éparpillement *m.* **scatter cross-section**: section efficace de diffusion, *combustibles nucléaires.* **scatter diagram**: diagramme de dispersion ; nuage de points *(stat)*. **scatter sheave crown**: bloc-couronne à cinq poulies *(for)*.
scattered – dispersé ; épars. **scattered energy**: énergie diffusée. **scattered radiation**: rayonnement diffus. **scattered wave**: onde diffusée.
scatterer – point diffractant ; point diffringent.
scattering – diffraction *f* ; diffusion *f, en sismique, diffusion de l'énergie sismique par les inhomogénéités de petite taille* ; dispersion *f.* **scattering coefficient**: coefficient de diffusion. **scattering of energy**: diffusion de l'énergie.
scavenge – balayage *m.* **scavenge-oil pump**: pompe de reprise d'huile, *de retour d'huile.*
scavenge (to) – balayer ; évacuer ; nettoyer ; vider.
scavenger – agent d'épuration ; agent de balayage, *diesel* ; balayeur *m.* **scavenger housing**: collecteur de balayage. **scavenger stroke**: course de balayage. **scavenger valve**: soupape de balayage, *moteur à 2 temps.*
scavenging – balayage *m* ; entraînement *m* ; évacuation *f, en particulier des gaz d'échappement par les cylindres d'un moteur.* **scavenging agent**: agent de balayage, *d'épuration.* **scavenging air**: air de balayage. **scavenging air blower**: soufflante de balayage. **scavenging air inlet**: arrivée d'air de balayage *(mot)*. **scavenging air pump**: compresseur d'air de balayage, *moteur à 2 temps.* **scavenging blower**: soufflante de balayage. **scavenging efficiency**: rendement de balayage. **scavenging manifold**: collecteur de balayage. **scavenging oil pump**: pompe de reprise d'huile. **scavenging port**: lumière de balayage ; orifice de balayage. **scavenging pump**: pompe à résidus ; pompe de balayage. **scavenging stroke**: course d'échappement. **scavenging tube**: tube d'évacuation. **scavenging valve**: soupape de balayage.
SCC – *abrév. de stress-corrosion cracking : fissuration par corrosion sous tension.*
scenario – scénario *m.*
scene – scène *f, surface dont le gabarit résulte des propriétés de champ du capteur (télédétection)*.
scent – odeur *f.*
scentless – inodore.
SCF – CCC, *abrév. de stress concentration factor, coefficient de concentration de contraintes.*
schedular – cédulaire. **schedular tax**: impôt cédulaire.
schedule – bordereau *m* ; calendrier *m, d'exécution* ; échéancier *m, répartition dans le temps d'investissements, de remboursements, etc.* ; note explicative ; plan d'un projet, *d'installation, de construction d'une unité.* **schedule of construction**: programme et ordonnancement de la construction.
scheduled – prévu. **scheduled maintenance**: entretien périodique.
scheduling – établissement du programme de marche, *ou du programme de fabrication* ; ordonnancement *m.*
scheelite – scheelite *f, tungstate naturel du calcium.*
schematic – schématique, *illustrant la fonction d'un élément sans en reproduire les mesures ni les proportions exactes.* **schematic diagram**: diagramme schématique, *illustrant la fonction de chaque élément par rapport au tout.* **schematic section**: coupe schématique.
Schiltuis – Schiltuis. **Schiltuis equation**: équation de Schiltuis, *équation de bilan matière (prod)*.
schist – schiste *m* ; schiste cristallin.
schistose – cristallophyllien ; schisteux. **schistose structure**: structure schisteuse.
schistosity – foliation *f* ; schistosité *f, feuilletage plus ou moins serré de certaines roches.*
schlieren – schlieren *m, dans les roches éruptives, bandes irrégulières qui apparaissent comme des taches foncées aux contours plus ou moins dégradés* ; stries *f.* **schlieren method**: méthode schlieren, *méthode des stries, pour la visualisation optique des écoulements* ; strioscopie *f.*
Schlumberger – Schlumberger, *entre dans la dénomination d'un certain nombre d'appareils utilisés en diagraphie.*
Schmidt – Schmidt. **Schmidt field balance**: balance de Schmidt. **Schmidt net**: projection de Lambert *(cartog)*. **Schmidt number**: nombre de Schmidt, *nombre caractéristique pour les écoulements diphasiques.*

schorre – schorre *m, partie haute d'un marais littoral.*

Schrödinger – Schrödinger. **Schrödinger equation**: équation de Schrödinger, *équation d'onde non relativiste des ondes de probabilité (méc. quant).*

Schumann – Schumann. **Schumann region**: ultraviolet de Schumann, *région du spectre ultraviolet.*

schungite – *voir shungite.*

schuppen – imbriqué. **schuppen structure**: structure écailleuse imbriquée.

science – science *f.*

scientific – scientifique. **scientific research**: recherche scientifique.

scintillation – scintillation *f.* **scintillation counter**: compteur à scintillation. **scintillation detector**: détecteur à scintillation. **scintillation layer**: couche luminescente. **scintillation spectrometer**: spectromètre à scintillation.

scintillator – scintillateur *m.*

scintillometer – scintillomètre *m, compteur à scintillations.*

scissors – ciseaux *m.* **scissors fault**: faille en ciseaux. **scissors tongs**: pinces coupantes.

scleroglucan – scléroglucane *m, polymère naturel.*

sclerometer – scléromètre *m, appareil de mesure de la dureté d'un matériau par l'impression de la surface par une pointe diamantée.*

scleroscope – scléroscope *m, instrument servant à mesurer la dureté des métaux.*

sclerotinite – sclérotinite *f, voir inertinite.*

scolecite – scolécite *f, minerai de la famille des zéolites.*

scolecodont – scolécodonte *m (pal).*

scoop – godet *m* ; pelle *f.* **scoop chain**: chaîne à godets ; noria *f.* **scoop dredger**: drague à godets ; excavateur à godets. **scoop shovel**: pelle niveleuse.

scoop (to) – enlever à la pelle ; épuiser ; puiser. **scoop (to) out**: puiser ; vider avec une cuiller.

scooping – dragage *m.*

scope – champ d'applications ; domaine *m* ; étendue *f*; gamme de possibilités ; objet *m* ; plan *m* ; portée *f*; rayon *m*; registre *m.* **scope of work**: rayon de travail.

scorching – brûlage *m.*

score – rayure *f.*

scored – affouillé, *corps d'un fusil* ; rayé, *cylindre.* **scored bearing**: palier strié. **scored places on threads**: entailles sur le filetage. **scored pulley**: poulie à gorge.

scoria – crasse *f*; laitier *m* ; scorie *f*; scorie volcanique. **scoria cone**: cône de scories. **scoria moraine**: moraine de lave ; pseudomoraine *f (géol).*

scoriaceous – scoriacé *(géol).* **scoriaceous structure**: structure scoriacée.

scorification – scorification *f.*

scoring – éraillures légères ; forme d'usure ; rayage *m.* **scoring test**: essai de rayage.

scorodite – scorodite *f, arséniate hydraté de fer.*

SCOT – *dénomination d'un procédé de désulfuration.*

scotch – bloc de frein ; sabot de frein.

Scott – Scott. **Scott viscometer**: viscosimètre Scott, *pour la détermination de la viscosité des huiles lourdes, vernis, colles.*

scour – érosion *f*; affouillement *m* ; creusement *m* ; décapage *m, érosion éolienne.* **scour and fill**: creusement et remblayage. **scour cast**: moulage d'affouillement, *figure en relief sur un banc sous-marin.* **scour lineation**: linéation d'affouillement.

scour (to) – affouiller ; curer ; débourber ; décaper.

scouring – affouillement *m* ; récurage *m.* **scouring agent**: dégraisseur pour laine brute. **scouring basin**: bassin de chasse. **scouring velocity**: vitesse d'affouillement.

scout – enquêteur *m, généralement un géologue chargé de recueillir toutes les informations utiles sur les possibilités pétrolières d'un secteur, sur les tendances de l'exploration, sur les sondages en cours et sur les transactions de droits miniers.*

scouting – exploration *f*; recherche d'information, *sur les activités des prospecteurs ou foreurs concurrents* ; reconnaissance *f.* **scouting costs**: frais d'enquête préliminaire, *de prospection pétrolière.*

scow – barge *f*; chaland à déblais ; gabare *f, aussi gabarre.*

SCP – *abrév. de single-cell protein : protéine unicellulaire.*

SCR – *abrév. de standard compression ratio.*

scrambler – brouilleur *m (élec).*

scrambling – brouillant. **scrambling net**: filet de débarquement, *plate-forme marine.*

scrap – chute *f*; déchet *m* ; ferraille *f*; fragment *m* ; morceau *m* ; perte *f*; rebut *m.* **scrap iron**: ferraille, *vieux fer.* **scrap metal**: déchets métalliques. **scrap value**: valeur à la casse ; valeur résiduelle, *à la fin de la vie utile.*

scrap (to) – mettre à la casse ; mettre à la ferraille ; mettre au rebut.

scrape (to) – gratter ; racler.

scraped – raclé. **scraped-surface chiller**: cristallisoir à racloirs.

scraper – benne racleuse ; curette *f*; décapeuse *f*; gratteur *m* ; grattoir *m* ; racleur *m, utilisé pour enlever toutes sortes de dépôts dans les tubes ou les canalisations.* **scraper chain**: chaîne à raclettes. **scraper-chain conveyor**: convoyeur à raclettes. **scraper-loader**: chargeuse-pelleteuse. **scraper ring**: segment racleur *(mot).* **scraper ring for piston rod**: segment racleur pour tige de piston. **scraper trap**: gare de piston-racleur, *courte section de tube insérée à l'extrémité d'un tronçon de canalisation pour permettre de retirer le piston racleur.*

scraping – grattage *m* ; raclage *m* ; raclures *f.* **scraping tool**: décapeuse *f.*

scrapping – déclassement *m, d'un équipement* ; mise à la casse ; mise à la ferraille, *tankers.*

scratch – rayage léger ; rayure *f*; strie *f.* **scratch file**: fichier de travail, *sur ordinateur.* **scratch hardness**: dureté sclérométrique. **scratch-pad memory**: mémoire-tampon *f.*

scratched – strié. **scratched boulder**: bloc strié *(géol).*

scratcher – gratte-paroi *m* ; gratteur de terrain ; hérisson *m, dispositif de grattage installé sur* *le tubage pour enlever le cake de boue des parois du puits afin d'assurer une bonne adhérence du ciment* ; racleur de parois.

scratching – griffures *f, dans le cas de l'usure des engrenages* ; rayure *f* ; striage *m.* **scratching test**: essai d'éraillure.

scree – cailloutis *m* ; clapier *m (géol)* ; éboulis *m* ; talus d'éboulis. **scree breccia**: brèche détritique.

screen – claie *f* ; crible *m* ; écran *m* ; filtre *m* ; tamis *m.* **screen analysis**: analyse granulométrique ; analyse par tamisage ; refus au tamis, *analyse des argiles.* **screen cloth**: toile de tamis. **screen coordinates**: coordonnées écran. **screen grid**: grille écran. **screen pipe**: tube filtre *(for)*. **screen rows**: baie d'écrans, *assemblage d'écrans disposés côte à côte.* **screen sizing**: calibrage au tamis, *des échantillons.* **screen test**: essai de criblage.

screen (to) – tamiser. **screen (to) out**: cribler ; trier.

screened – blindé ; criblé. **screened cable**: câble blindé. **screened coal**: charbon criblé. **screened ore**: minerai classé. **screened pipe**: crépine *f.*

screening – blindage *m* ; classement *m* ; criblage *m* ; filtrage *m* ; tamisage *m.* **screening box**: caisse de criblage. **screening constant**: constante d'effet d'écran. **screening criteria**: critères de sélection. **screening drum**: tambour de tamisage ; trommel classeur. **screening effect**: effet d'écran. **screening machine**: crible mécanique ; machine à tamiser. **screening number**: nombre d'effet d'écran. **screening specification**: spécification de base, *spécifications auxquelles doivent répondre les produits pétroliers en première analyse pour permettre des essais plus poussés.* **screening test**: essai de présélection ; essai éliminatoire.

screenings – déchets de criblage.

screw – vis *f.* **screw axis**: axe hélicoïdal *(crist)*. **screw base**: culot à vis *(élec)*. **screw bell**: cloche de repêchage *(for)*. **screw cap**: écrou creux à chapeau, *à raccord.* **screw clamp**: serre-joint *m.* **screw compressor**: compresseur à vis. **screw connection**: raccordement vissé. **screw conveyor**: transporteur à vis ; vis transporteuse. **screw-cutting lathe**: tour à fileter. **screw-cutting oil**: huile pour filetage, *pour taraudage.* **screw dislocation**: dislocation en vis *(crist)*. **screw-down stop valve**: robinet d'arrêt à soupape. **screw elevator**: élévateur à vis. **screw feeder**: distributeur à vis ; tourillon d'alimentation. **screw flowmeter**: compteur à moulinet. **screw gage**: calibre à vis. **screw head**: tête de vis. **screw ice**: glace de pression. **screw jack**: vérin *m.* **screw joint**: joint à vis. **screw nail**: clou à vis ; vis à bois. **screw oil**: huile pour vis. **screw pitch**: pas d'un filetage ; pas de vis. **screw-pitch gage**: jauge de pas de vis. **screw-plug header**: oreille de mule, *sortie de retour à bouchon fileté.* **screw press**: balancier à vis ; presse à vis. **screw pump**: pompe à vis. **screw spring**: ressort à boudin. **screw thread**: filetage de la vis.

screwdriver – tournevis *m.*

screwed – vissé. **screwed bonnet**: chapeau vissé. **screwed cap**: bouchon vissé. **screwed joint**: joint vissé *(for)*.

scriber – pointe à tracer.

scrolling – défilement *m, écran.*

scrubbed – épuré ; nettoyé. **scrubbed gas**: gaz naturel purifié. **scrubbed solvent**: solvant purifié.

scrubber – épurateur *m* ; laveur *m, appareil servant à éliminer les solides et les liquides du gaz* ; pot de décantation ; pot de purge ; purificateur *m.* **scrubber cooler**: condenseur direct. **scrubber plant**: unité d'épuration du gaz naturel. **scrubber tank**: réservoir d'épuration du gaz, *grand réservoir à pression destiné à recevoir les liquides extraits du gaz naturel.* **scrubber tower**: tour de lavage ; tour de ruissellement, *tour à garnissages sur lesquels le liquide de lavage est pulvérisé pendant que le gaz à épurer parcourt la tour en sens opposé.*

scrubbing – épuration *f* ; lavage *m, purification d'un gaz ou d'un liquide par lavage dans une tour ou un agitateur* ; nettoyage *m* ; purification *f.* **scrubbing oil**: huile d'absorption. **scrubbing plant**: *voir scrubber plant.* **scrubbing tower**: *voir scrubber tower.*

SCSSV – *abrév. de surface-controlled subsurface safety valve : vanne souterraine de sécurité commandée à partir de la surface.*

scuba – scaphandre autonome. **scuba diving**: plongée autonome.

scuff – éraflure *f.* **scuff-resistance test**: essai de résistance au frottement, *de cartons et papiers enduits de cire paraffinique.*

scuffed – éraflé. **scuffed bearing**: palier usé, *par frottement ou grippage.*

scuffing – éraillure légère et localisée, *détérioration de la surface, usure ni graduelle, ni uniforme, caractérisée par des gorges profondes, des rugosités de surface (engrenages)* ; grippage naissant *(mot)*.

scuffle hoe – racloir *m* ; ratissoire *m, servant à nettoyer le plancher de forage ou à désherber la surface d'un chantier.*

scum – crasse *f* ; écume *f* ; scorie *f.* **scum breaker**: brisant *m.*

scum (to) – écumer. **scum (to) off**: écumer quelque chose.

scupper – dalot *m.* **scupper plug**: bouchon de dalot.

scuttle (to) – saborder, *un navire.*

scuttling – sabordage *m.*

Scythian – Scythien *m, étage du Trias inférieur.*

sd – *abrév. de sand.*

SD – *abrév. de shutdown et de standard deviation et de sand.*

SDC – *abrév. de submersible decompression chamber.*

SDMM – *abrév. de scanning desorption molecule microscopy : microscopie à balayage à désorption moléculaire.*

SDR – DTS, *abrév. de special drawing rights : droits de tirage spéciaux.*

SDWO – *abrév. de shutdown waiting for orders.*

sdy – *abrév. de sandy.*

sea – mer *f.* **sea basin**: bassin océanique. **sea-beach placer**: placer des côtes marines. **sea bottom**: fond marin. **sea breeze**: brise de mer. **sea cave**: caverne marine, *formée par le ressac.* **sea clutter**: écho de vagues. **sea coral**: coraux *m.* **sea drag**: sac d'huile filante, *grand sac de toile rempli d'huile qu'on laisse filer sur la mer par tempête.* **sea duty**: travail sur chantiers de forage marins. **sea floor**: fond océanique. **sea-floor spreading**: expansion des fonds océaniques ; renouvellement des fonds océanique, *théorie selon laquelle le fonds des* *océans est animé par le mouvement des plaques contiguës qui, les unes par rapport aux autres, divergent, convergent ou coulissent.* **sea high**: relief sous-marin, *hauteur sous-marine d'au moins 1 000 m, dont la morphologie ne permet pas de donner une définition précise.* **sea horizon**: horizon apparent *(nav)*. **sea ice**: glace de mer. **sea kindliness**: tenue à la mer, *réaction à la mer d'un navire ou d'un engin marin par mauvais temps.* **sea lane**: route maritime. **sea leg**: parcours maritime. **sea line**: conduite marine, *installée à partir du rivage pour permettre le déchargement des pétroliers en rade sans qu'ils aient à accoster.* **sea lock**: écluse de mer. **sea margin**: zone littorale. **sea marsh**: marais maritime. **sea room**: espace pour manoeuvrer, *en mer sans risque de collision ni d'échouage.* **sea route**: route maritime. **sea salt**: sel marin. **sea sand**: sable marin ; tangue *f, sédiment littoral.* **sea state**: état de la mer. **sea sump**: tube plongeur, *tube s'enfonçant dans la mer et destiné à l'évacuation des rejets d'une plate-forme de forage.* **sea thermal power**: énergie thermique des mers. **seaward breakwater**: digue au large. **sea wax**: cire marine, *cire recueillie en bordure de mer et souvent prise à tort pour un indice de gisement de pétrole.* **arisen sea**: mer formée. **slight sea**: mer peu agitée.

seabed – fond des mers.

seaboard – bord de mer ; littoral *m.*

seacoast – côte de la mer ; littoral *m.*

seafaring – marin ; de mer. **seafaring barge**: chaland de mer.

seafront – front de mer.

seagoing – de haute mer. **seagoing barge**: barge maritime. **seagoing personnel**: personnel navigant. **seagoing tanker**: pétrolier au long cours, *long-courrier.* **seagoing tug**: remorqueur de haute mer. **seagoing vessel**: navire de haute mer.

seaknoll – colline sous-marine, *relief isolé dont la hauteur ne dépasse pas 1 000 mètres au-dessus du fond général de l'océan.*

seal – barrage *m (mine)* ; cachet *m, les cachets sont utilisés pour empêcher des prélèvements illicites de pétrole dans les réservoirs* ; couverture *f, voir cap rock* ; étanchéité *f*; joint *m* ; obturateur *m* ; obturation *f*; rondelle étanche ; sceau liquide ; scellement *m.* **seal assembly**: étanchéité d'annulaire. **seal coat**: revêtement isolant. **seal effective (SE)**: roulement neuf, *outil de forage.* **seal fluid**: fluide obturateur, *d'étanchéité.* **seal groove**: gorge d'étanchéité ; rainure d'étanchéité. **seal nipple**: mamelon d'étanchéité. **seal-off**: obturation d'un puits à la boue. **seal oil**: huile hydraulique. **seal pipe**: *voir dip pipe.* **seal pot**: pot d'évacuation ; pot de garde, *récipient étanche interposé entre les tuyauteries d'une unité et l'appareil de mesure et contenant le liquide d'étanchéité.* **seal questionable (SQ)**: roulement douteux, *outil de forage.* **seal ring**: anneau d'étanchéité ; anneau de scellage ; bague d'étanchéité. **seal shot**: tir de fermeture, *test de production.* **seal weld**: soudure d'étanchéité.

seal (to) – obturer ; rendre étanche, *remplir un espace de façon à empêcher un liquide ou un gaz d'y pénétrer.* **seal (to) a hole**: obturer un trou de forage. **seal (to) off**: fermer ; interdire l'accès ; obturer, *une couche.* **seal (to) off a tank**: homologuer un réservoir par apposition d'un cachet. **seal (to) off a water-bearing formation**: obturer un aquifère. **seal (to) the hole off with mud**: obturer un puits à la boue.

sealant – agent d'étanchéité. **sealant polymer**: imperméabilisant *m, additif pour boues de forage.*

sealed – étanche. **sealed against**: rendu étanche à. **sealed-beam headlight**: phare monobloc. **sealed bearing**: palier étanche. **sealed-bid auction**: enchères sous plis fermés. **sealed bidding**: offres sous plis fermés. **sealed friction bearing**: palier lisse étanche. **sealed friction bearing – gage protected**: palier lisse étanche – avec protection *(for)*. **sealed in**: encastré ; scellé. **sealed-in burner**: brûleur scellé, *encastré, pour éviter toute entrée d'air secondaire.* **sealed-lubrication bearing**: roulement autolubrifiant étanche. **sealed motor**: moteur blindé. **sealed roller bearing**: roulement étanche. **sealed tender**: soumission cachetée, *soumission de transport d'une cargaison de pétrole.*

sealers – pinces à sceller.

sealevel (SL) – niveau de la mer (NM).

sealing – plombage *m* ; scellement *m.* **sealing agent**: agent d'étanchéité. **sealing ball**: balle d'obturation. **sealing compound**: composé d'étanchéité. **sealing fault**: faille barrière ; faille d'étanchéité. **sealing liquid**: liquide d'étanchéité ; liquide obturateur, *d'étanchéité.* **sealing rock**: roche couverture. **sealing strength**: pouvoir d'adhésivité, *d'une paraffine* ; pouvoir d'obturation. **sealing washer**: rondelle d'étanchéité. **sealing wax**: cire à cacheter.

seals – plombs *m* ; scellés *m.*

seam – couche *f*; filon *m (géol)* ; fissure *f*; ligne de jonction ; ligne de soudure ; paille *f, défaut de matériel tubulaire* ; passée *f (mine)* ; soudure *f*; veine *f.* **seam-drawn tube**: tube étiré sans soudure. **seam wave**: onde guidée par une couche, *telle une couche de charbon.* **seam weld**: soudure continue. **seam welding**: soudage à la molette ; soudage continu, *les soudures sont obtenues par une série de points de soudure se recouvrant.* **seam work**: travail en couche *(mine)*.

seamag – *voir shipborne magnetometric survey.*

seamark – amer *m.*

seamless – sans soudure. **seamless casing**: tubage sans soudure. **seamless pipe**: tube sans soudure. **seamless steel tube**: tube en acier sans soudure.

seamount – mont sous-marin ; montagne sous-marine, *relief isolé, ou relativement isolé, du fond océanique, d'au moins 1 000 m de hauteur propre* ; piton *m, relief-sous marin.* **seamount chain**: chaîne de montagnes sous-marines. **seamount group**: groupe de monts sous-marins.

seapeak – pic sous-marin, *montagne sous-marine à base circulaire ou elliptique, à sommet aigu.*

seaplane – hydravion *m.*

seaport – port maritime. **seaport bulk station**: entrepôt maritime.

seaquake – tremblement de terre sous-marin.

search – prospection *f*; recherche *f.* **search coil**: bobine de sonde ; bobine exploratrice. **search radar**: radar de détection. **search time**: temps de recherche.

searcher – chercheur *m.*
searchlight – projecteur *m.*
seascarp – escarpement sous-marin, *rupture de pente très forte et linéaire sur le fond océanique.*
season – saison *f.* **season cracking**: criques saisonnières, *désagrégation par corrosion sous tension en périodes humides.*
seasonal – saisonnier. **seasonal balancing**: ajustement saisonnier, *d'un carburant.* **seasonal consumption**: consommation saisonnière. **seasonal energy**: énergie saisonnière. **seasonal factor**: facteur saisonnier. **seasonal lamination**: lamination saisonnière, *due à l'alternance des saisons.* **seasonal movements**: mouvements saisonniers ; variations saisonnières. **seasonal normals**: normales saisonnières *(météo).* **seasonal power**: énergie saisonnière. **seasonal specifications**: spécifications saisonnières. **seasonal tariff**: tarif saisonnier. **seasonal variations**: variations saisonnières.
seasonality – saisonnalité *f.*
seasonally – selon la saison. **seasonally adjusted**: corrigé des variations saisonnières ; désaisonnalisé.
seat – banc *m* ; chaise *f* ; lieu *m* ; place *f* ; siège *m*, *de clapet, de vanne, etc.* **seat behavior**: tenue des sièges. **seat belt**: ceinture de sécurité, *véhicule.* **seat protector**: chemise de protection. **seat ring**: bague de siège, *de soupape.*
seating – enracinement *m (géol)* ; portage *m*, *d'une soupape.* **seating nipple**: manchon de raccordement.
seawater – eau de mer. **seawater mud**: boue à l'eau de mer.
seaway – route d'un navire ; sillage *m*, *d'un navire.*
seaweed – algue *f* ; herbe marine ; varech *m.*
seaworthiness – bon état de navigabilité ; état de navigabilité ; navigabilité *f.* **seaworthiness certificate**: certificat de navigabilité.
sebacic – sébacique. **sebacic acid**: acide sébacique, *acide décanedioïque.*
sebkha – *voir sabkha : sebkra.*
sec – *abrév. de secondary : secondaire ; à ne pas utiliser pour seconde (s).* **sec-butyl alcohol (SBA)**: alcool butylique secondaire, *butanol-2.*
secant – sécant. **secant modulus**: module d'élasticité sécant *(méc. roc).* **secant projection**: projection sécante.
sechron – durée d'une séquence, *intervalle maximum de temps occupé par une séquence géologique.*
second – deuxième. **second arrival**: arrivée seconde, *en sismique réfraction.* **second axial moment of area**: moment quadratique axial d'une aire plane. **second critical angle**: angle critique de conversion. **second crop**: regain *m*, *voir secondary oil recovery.* **second hand**: d'occasion, *de deuxième main.* **second-order correction**: correction de deuxième ordre. **second-order cycle**: cycle eustatique de deuxième ordre, *voir eustatic supercycle.* **second-order reaction**: réaction du deuxième ordre. **second vertical derivative**: dérivée seconde, *magnétométrie.*
second – seconde *f*, *unité de temps SI, symbole* s. **second of angle**: seconde d'angle, *unité d'angle plan, symbole* ″. **second per cubic meter**: seconde par mètre cube, *unité SI de résistance à l'écoulement* (s/m^3). **second per meter squared**: seconde par mètre carré, *unité SI de fluidité cinématique* (s/m^2).
secondary – auxiliaire ; secondaire. **secondary air**: air secondaire, *combustion.* **secondary alcohol**: alcool secondaire. **secondary amine**: amine secondaire. **secondary anticline**: anticlinal secondaire. **secondary carbon atom**: atome de carbone secondaire. **secondary cementing**: cimentation secondaire. **secondary crystallization**: cristallisation secondaire. **secondary electron**: électron secondaire. **secondary emission**: émission secondaire. **secondary energy**: énergie secondaire. **secondary equilibrium**: équilibre radioactif séculaire. **secondary explosive**: explosif secondaire. **secondary field**: champ secondaire, *champ électromagnétique provoqué par les courants induits dans la masse conductrice.* **secondary hardening**: durcissement secondaire. **secondary hydrogen atom**: atome d'hydrogène secondaire. **secondary lobe**: lobe secondaire. **secondary migration**: migration secondaire, *déplacement des hydrocarbures, qui aboutit à leur empiègement et à la formation des gisements.* **secondary oil recovery**: récupération secondaire du pétrole, *consiste à injecter dans le gisement de l'eau ou du gaz pour en maintenir la pression.* **secondary pattern**: réseau de dégrossissage, *radiopositionnement.* **secondary permeability**: perméabilité secondaire. **secondary porosity**: porosité secondaire, *due à l'action des eaux sur les formations après leur dépôt.* **secondary porosity index (SPI)**: indice de porosité secondaire. **secondary recovery**: récupération secondaire. **secondary reference fuel**: carburant secondaire de référence. **secondary reflection**: réflexion multiple, *réflexion faisant intervenir plus d'un miroir.* **secondary reflections**: *voir multiple reflections.* **secondary refrigerant**: frigorigène secondaire. **secondary reserves**: réserves secondaires, *réserves récupérables commercialement par des méthodes de stimulation de la production.* **secondary shoreline**: côte mûre ; côte secondaire. **secondary stratigraphic trap**: piège paléogéographique, *piège où on retrouve une influence plus ou moins directe de la tectonique.* **secondary transported soil**: sol secondaire de tranport. **secondary wave**: onde secondaire, *onde S* ; onde transversale. **secondary winding**: enroulement secondaire.
Secondary – Secondaire *m*, *ère secondaire, Mésozoïque ou ère mésozoïque.*
secretion – sécrétion *f.*
SECT – *abrév. de skin electric current tracing, méthode de réchauffement des conduites métalliques par effet de peau de courants électriques HF.*
sectile – sécable.
section – chapitre *m* ; brin *m*, *de flûte* ; coupe *f*, *à utiliser de préférence pour des représentations verticales* ; élément *m*, *d'une flûte marine* ; partie *f* ; profil *m* ; section *f*, *à utiliser de préférence pour des représentations à temps constants ; aux Etats-Unis, une unité cadastrale d'une superficie d'un mile terrestre carré* ; tronçon *m.* **section film**: coupe-film *f.* **section iron**: fer profilé. **section mill**: fraise à couper un tubage ; laminoir

à profilés *(métal)*. **section modulus**: module d'inertie.

sectional – sectionnel, *en coupe, en profil.* **sectional boiler**: chaudière sectionnelle. **sectional iron**: fer profilé. **sectional paper**: papier quadrillé. **sectional radiography**: *voir tomography.* **sectional turbodrill**: turboforeuse à sections. **sectional view**: vue en coupe ; vue transversale.

secular – séculaire. **secular movement**: mouvement séculaire. **secular variation**: variation séculaire.

secure (to) – se procurer ; s'assurer de ; attacher ; garantir ; protéger.

secured – garanti. **secured loan**: prêt cautionné ; prêt garanti.

securing – de sûreté. **securing nut**: écrou de fermeture ; écrou de sécurité.

security – caution *f*; garantie *f*; sécurité *f*; sûreté *f*; titres *m, actions et obligations (fin)* ; valeurs *f, valeurs mobilières.* **security of supply**: sécurité d'approvisionnement. **security ratio**: coefficient de sécurité.

sedentary – sédentaire. **sedentary soil**: sol résiduel.

sediment – dépôt *m* ; sédiment *m.* **sediment bypass zone**: zone de passage des sédiments, *zone de non dépôt dans la plaine côtière.* **sediment charge**: débit solide, *d'un cours d'eau.* **sediment concentration**: concentration des sédiments. **sediment discharge**: débit solide. **sediment load**: charge solide, *d'un cours d'eau.* **sediment supply**: apport terrigène, *un des facteurs qui détermine la géométrie des séquences de dépôt, il détermine combien d'espace disponible est rempli.* **sediment-transport rate**: débit solide. **sediments and water**: eau et sédiments.

sedimentary – sédimentaire. **sedimentary basin**: bassin sédimentaire. **sedimentary break**: lacune de sédimentation. **sedimentary breccia**: brèche sédimentaire. **sedimentary complex**: complexe de couches ; complexe sédimentaire *(géol)*. **sedimentary-cover structures**: tectonique de couverture. **sedimentary cycle**: cycle sédimentaire. **sedimentary deposit**: dépôt sédimentaire *(géol)*. **sedimentary differentiation**: différenciation sédimentaire. **sedimentary dike**: dyke sédimentaire ; filon sédimentaire *(géol)*. **sedimentary discontinuity**: discontinuité sédimentaire. **sedimentary environment**: milieu sédimentaire. **sedimentary facies**: faciès sédimentaire. **sedimentary formation**: formation sédimentaire. **sedimentary gap**: lacune de sédimentation. **sedimentary mantle**: manteau sédimentaire. **sedimentary overlap**: recouvrement sédimentaire *(géol)*. **sedimentary petrography**: pétrographie sédimentaire. **sedimentary quartzite**: quartzite sédimentaire. **sedimentary rock**: roche sédimentaire. **sedimentary structure**: structure sédimentaire. **sedimentary tectonics**: tectonique sédimentaire. **sedimentary trap**: piège sédimentaire.

sedimentation – sédimentation *f.* **sedimentation analysis**: analyse granulométrique par sédimentation, *loi de Stokes.* **sedimentation balance**: balance de sédimentation, *chimie analytique.* **sedimentation conformity**: accordance de stratification. **sedimentation equilibrium**: équilibre de sédimentation. **sedimentation potential**: potentiel de sédimentation, *effet Dorn.* **sedimentation rate**: *voir rate of sedimentation.* **sedimentation tank**: bassin de décantation ; bassin de dépôt. **sedimentation test**: essai de sédimentation.

sedimentogenetic – sédimentogénétique. **sedimentogenetic facies**: faciès sédimentogénétique.

sedimentology – sédimentologie *f.*

Seebeck – Seebeck. **Seebeck effect**: effet Seebeck, *effet thermoélectrique.*

seed – germe *m* ; graine *f.* **seed-bearing plant**: plante à graines. **seed crystal**: germe cristallin.

seep – suintement *m, voir aussi seepage.* **seep water**: eau d'infiltration.

seep (to) – filtrer ; suinter.

seepage – dysmigration *f*; indice de surface ; indices *m, d'huile, de bitume dans des fissures, observés sur des affleurements ou dans des travaux de mine* ; suintement *m.* **seepage force**: force d'écoulement. **seepage pressure**: pression de filtration. **seepage velocity**: vitesse de filtration.

seeps – *voir seepage.*

seethe (to) – bouillir ; bouillonner.

Seger – Seger. **Seger cone**: cône de Seger, *cône pyrométrique* ; montre de Seger.

segment – segment *m.*

segregate (to) – se cristalliser ; se déposer ; se séparer.

segregated – séparé. **segregated ballast**: ballast séparé. **segregated oils**: huiles séparées. **segregated vein**: filon de ségrégation isolé *(géol)*.

segregation – ségrégation *f*; séparation *f.* **segregation drive**: drainage par gravité ; drainage par séparation.

seiche – seiche *f, oscillation du niveau des lacs.*

seis – sismo *m.*

Seiscrop – Seiscrop, *dénomination commerciale d'une coupe sismique à un certain temps pour une étude 3D.*

Seislog – Seislog, *dénomination commerciale d'une diagraphie sismique.*

seism – séisme *m* ; tremblement de terre.

Seismex – *dénomination d'un explosif pour prospection sismique.*

seismic – sismique. **seismic apparatus**: appareil sismique. **seismic basement**: socle acoustique ; socle sismique. **seismic cable**: câble sismique ; flûte *f, moyens destinés à assurer une liaison matérielle des capteurs avec le laboratoire d'enregistrement.* **seismic circular slide rule**: disque à calculs sismiques. **seismic computer**: calculateur sismique. **seismic crew**: équipe sismique. **seismic discontinuity**: discontinuité sismique. **seismic dispersion**: dispersion sismique. **seismic disturbance**: agitation sismique. **seismic efficiency**: rendement sismique. **seismic-electric effect**: effet sismoélectrique. **seismic event**: événement sismique. **seismic exploration**: exploration sismique. **seismic facies**: sismofaciès *m.* **seismic facies analysis**: analyse des sismofaciès, *quantification et interprétation des différences entre les paramètres induits par les changements géologiques à l'intérieur des séquences et cortèges sédimentaires.* **seismic filter**: filtre sismique. **seismic gap**: lacune sismique. **seismic grid**: maillage sismique. **seismic instrument**: appareil sismique. **seismic interpretation**: interprétation sismique. **seismic line**: ligne sismique ; profil *m.* **seismic lithology**: lithologie sismique.

seismic log: diagraphie acoustique ; diagraphie sismique. **seismic map**: carte sismique. **seismic noise**: bruit sismique. **seismic observation point**: emplacement du géophone. **seismic origin**: épicentre *m* ; foyer sismique. **seismic parameters**: paramètres sismiques. **seismic pattern**: configuration de géophones ; configuration sismique. **seismic picking**: pointé sismique. **seismic pickup**: capteur sismique. **seismic profile**: profil sismique ; profil sismique de puits. **seismic prospecting**: prospection sismique. **seismic ray**: rayon sismique, *trajectoire sismique*. **seismic record**: enregistrement sismique ; sismogramme *m*. **seismic recording**: enregistrement sismique. **seismic recording cab**: cabine d'enregistrement sismique. **seismic reflection method**: sismique réflexion. **seismic-refraction method**: sismique réfraction. **seismic region**: région sismique. **seismic section**: coupe sismique, *planche sur laquelle les résultats de la sismique par réflexion sont représentés* ; coupe-film *f*. **seismic-sequence analysis**: étude de la séquence sismique. **seismic shooting**: tir sismique. **seismic software**: logiciel sismique. **seismic source**: émetteur sismique ; source d'énergie sismique ; source sismique. **seismic spread**: dispositif sismique. **seismic stratigraphy**: sismostratigraphie *f*, *branche de la stratigraphie qui étudie les séquences des dépôts associées aux différentes phases des cycles eustatiques et qui utilise les cortèges sédimentaires, définis par des données sismiques, comme des unités de corrélation* ; stratigraphie sismique. **seismic surge**: tsunami *m*. **seismic survey**: sismique *f*, *discipline concernant l'utilisation des ondes sismiques pour la prospection*. **seismic tomography**: tomographie sismique. **seismic trace**: trace sismique. **seismic velocity survey**: sondage sismique. **seismic wave**: onde sismique.

seismicity – sismicité *f*.

Seismogel – *dénomination d'un explosif pour prospection sismique*.

seismogram – sismogramme *m*, *ensemble des traces enregistrées lors d'un même tir*.

seismograph – géophone *m* ; sismographe *m*.

seismologist – sismicien *m*.

seismology – sismologie *f*, *étude des séismes naturels ou artificiels*.

seismometer – sismomètre *m*. **seismometer spacing**: distance entre sismomètres. **seismometer spread**: dispositif sismographique.

seismoscope – sismoscope *m*.

seismotectonic – sismotectonique.

Seisviewer – *dénomination commerciale d'un dispositif d'observation de fond de puits*.

seize (to) – coincer ; se coller ; gripper. **seize (to) up**: caler.

seized – grippé. **seized bearing**: coussinet grippé ; palier grippé. **seized piston**: piston grippé.

seizing – grippage *m*.

seizure – grippage *m* ; saisie *f*.

selection – sélection *f*. **selection rules**: règles de sélection *(phys)*.

selective – sélectif. **selective absorption**: absorption sélective. **selective acidizing**: acidification sélective. **selective adsorption**: adsorption sélective. **selective corrosion**: corrosion sélective. **selective cracking**: craquage sélectif. **selective crystallization**: cristallisation sélective. **selective dehydrogenation**: déshydrogénation sélective. **selective-dehydrogenation catalyst**: catalyseur de déshydrogénation sélective. **selective evaporation**: évaporation sélective. **selective extraction**: extraction sélective. **selective flotation**: flottation sélective. **selective fracturing**: fracturation sélective. **selective fusion**: fusion sélective. **selective hydrogenation**: hydrogénation sélective. **selective-hydrogenation catalyst**: catalyseur d'hydrogénation sélective. **selective hydrogenation of diolefins**: hydrodédiénisation *f*, *hydrogénation sélective des dioléfines*. **selective metamorphism**: métamorphisme sélectif. **selective oxidation**: oxydation sélective. **selective permeability**: perméabilité sélective. **selective polymerization**: polymérisation sélective. **selective quenching**: refroidissement rapide sélectif. **selective reaction**: réaction sélective. **selective reagent**: réactif sélectif. **selective solvent**: solvant sélectif. **selective-solvent extraction**: extraction par solvant sélectif. **selective stacking**: addition sélective *(sism)*. **selective transmission**: transmission sélective. **selective trapping**: empiègement différentiel.

selectivity – sélectivité *f*. **selectivity coefficient**: coefficient de sélectivité.

Selectoforming – *dénomination d'un procédé de reformage catalytique*.

selector – sélecteur *m*. **selector switch**: commutateur sélecteur ; sélecteur de commutation.

Selectox – *dénomination d'un procédé de récupération du soufre*.

Selefining – *dénomination commerciale d'un procédé de désulfuration*.

selenic – sélénique. **selenic acid**: acide sélénique.

selenite – sélénite *f (minér)*.

selenium – sélénium *m*, *symbole chim. Se*. **selenium compound**: composé au sélénium. **selenium dioxide**: bioxyde de sélénium.

Selexol – *dénomination d'un solvant d'adoucissement du gaz*. **Selexol procees**: *dénomination d'un procédé d'adoucissment du gaz au Solexol*.

self – automatique ; autonome. **self-acting control**: régulation directe. **self-acting lubricator**: graisseur automatique. **self adjustable**: autoréglable. **self-aligning bearing**: palier à rotule. **self-aligning control**: régulation de correspondance. **self-aligning roller bearing**: roulement à rouleaux autocentreurs. **self bonding**: autoadhérent. **self capture**: autocapture, *par recoupement des méandres ou par dérivation souterraine*. **self centering**: centrage automatique. **self cleaning**: autonettoyage *m* ; autonettoyant. **self-cleaning cone**: cône autonettoyant, *outil de forage*. **self closing**: à fermeture automatique. **self-closing gate**: barrière automatique. **self contained**: autonome ; indépendant. **self-contained breathing apparatus**: appareil respiratoire autonome. **self-contained platform**: plate-forme autonome. **self diffusion**: autodiffusion *f*. **self discharge**: décharge spontanée. **self-elevating rig**: plate-forme autoélévatrice. **self-energizing brake**: servofrein *m*. **self energy**: énergie propre, *d'une particule*. **self excitation**: autoexcitation *f*. **self extinguishing**: autoextinguible. **self feed**: alimentation automatique. **self feeding**: à alimentation automatique. **self financing**: autofinancement *m.* **self fluxing**: autofondant. **self-fluxing alloy**: alliage autofondant. **self-fluxing ore**: minerai autofondant. **self-focusing fiber**: fibre autofocalisante. **self hardening**: autotrempant *(métal)*. **self heating**: échauffement spontané. **self ignition**: autoallumage *m*; auto-inflammation *f*; inflammation spontanée. **self-ignition temperature (SIT)**: température d'autoallumage. **self inductance**: auto-inductance *f*; inductance propre. **self induction**: auto-induction *f.* **self insurance**: autoassurance *f.* **self-loading conveyor**: convoyeur autochargeur. **self locking**: à fermeture automatique ; à verrouillage automatique. **self-locking nut**: écrou indévissable, *ou indésserrable*. **self lubricating**: autograisseur ; autolubrifiant. **self-lubricated bearing**: coussinet autolubrifiant ; palier autograisseur. **self lubrication**: autograissage *m.* **self-oiled bearing**: palier autograisseur. **self oiler**: graisseur automatique. **self polarization (SP)**: polarisation spontanée (PS). **self-potential (SP)**: potentiel spontané, *polarisation spontanée*. **self-potential anomaly**: anomalie de potentiel spontané. **self-potential log**: diagraphie de polarisation spontanée. **self-priming pump**: pompe à amorçage automatique. **self propelled**: autopropulsé ; automoteur. **self-propelled barge**: automoteur *m, par opposition aux péniches tractées et remorquées*. **self-propelled crane**: grue automotrice. **self-propelled platform**: plate-forme autopropulsée. **self-propelled semisubmersible**: semisubmersible autopropulsé. **self reading**: à lecture automatique. **self regulating**: autorégulation *f.* **self releasing**: à débrayage automatique. **self-sealing joint**: joint sans lut ; joint sec. **self service**: libre service. **self-service station**: station libre service. **self starter**: autodémarreur *m*; démarreur automatique. **self starting**: démarrage automatique. **self sufficiency**: autosuffisance *f.* **self-supporting stack**: cheminée autostable ; cheminée sans haubanage. **self-supporting tank**: cuve autoporteuse. **self sustaining**: autoentretenu. **self-tapping screw**: vis autofileteuse ; vis taraud.

self-similar – autosimilaire, *voir fractal*.

seller – vendeur *m.* **seller's market**: marché favorable au vendeur.

selling – vente *f.* **selling monopoly**: monopole de vente *(écon)*. **selling price**: prix de vente. **selling rate**: cours vendeur.

selsyn – selsyn *m, dispositif autosynchronisé*.

selvage – salbande *f.* **selvage clay**: salbande argileuse.

SEM – MEB, *abrév. de scanning electron microscope : microscope électronique à balayage*.

semaphore – sémaphore *m.*

semblance – semblance *f, mesure de cohérence d'un ensemble de traces sismiques*.

semi – *abrév. de semisubmersible*.

semianthracite – semi-anthracite *f, variété de charbon*.

semiarid – semi-aride.

semiautomatic – semiautomatique. **semiautomatic arc welding**: soudage semiautomatique à l'arc. **semiautomatic lubrication**: lubrification semiautomatique. **semiautomatic plating**: électrodéposition semiautomatique. **semiautomatic welding**: soudage semiautomatique.

semicarbazide – semicarbazide *f.* **semicarbazide hydrochloride**: chlorhydrate de semicarbazide.

semicarbazone – semicarbazone *f.*

semicircular – semicirculaire.

semiclastic – semiclastique. **semiclastic rock**: roche semiclastique.

semiconductor – semiconducteur *m.* **semiconductor diode**: diode à semiconducteur. **semiconductor laser**: laser à semiconducteur. **semiconductor memory**: mémoire à semiconducteurs.

semicrystalline – semicristallin.

semidestructive – semidestructif. **semidestructive examination**: contrôle semidestructif. **semidestructive test**: essai semidestructif.

semidiesel – semidiesel *m.* **semidiesel engine**: semidiesel *m.*

semidrying – semisiccatif. **semidrying oil**: huile semisiccative.

semiexpendable – semirécupérable.

semifinished – semifini. **semifinished product**: produit semifini.

semifinite – semifini.

semiflexible – semiflexible. **semiflexible boom**: barrière semiflexible.

semifloating – semiflottant. **semifloating axle**: essieu semiflottant.

semifusinite – semifusinite *f, voir inertinite*.

semihard – mi-dur. **semihard steel**: acier mi-dur.

semihermetic – semihermétique. **semihermetic compressor**: compresseur semihermétique.

semi-infinite – semi-infini.

semikilled – semicalmé. **semikilled steel**: acier semicalmé.

semilog – semilogarithmique. **semilog graph paper**: papier semilogarithmique.

semilongitudinal – semilongitudinal. **semilongitudinal fault**: faille semilongitudinale, *faille oblique*.

semipermeable – semiperméable. **semipermeable membrane**: membrane semiperméable.

semipolar – semipolaire. **semipolar bond**: liaison semipolaire, *ou de coordinance*. **semipolar bonding**: couplage semipolaire.

semirefined – semiraffiné. **semirefined wax**: paraffine semiraffinée.

semiregenerative – semirégénératif. **semiregenerative reforming**: reformage semirégénératif.

semispherical – hémisphérique.

semisteel – fonte aciérée.

semisubmersible – semisubmersible *m, engin semisubmersible* ; semisubmersible. **semisubmersible platform**: plate-forme semisubmersible. **semisubmersible supply vessel (SSV)**: bâtiment de soutien semisubmersible.

semitrailer – semiremorque *f.*

semiwater – *mélange d'oxyde de carbone, de gaz carbonique, d'hydrogène et d'azote*. **semiwater gas**: gaz mixte de gazogène.

send (to) – transmettre.

sender – émetteur *m.*

sendout – *voir gas sendout*.

Senecan – Sénécien *m, étage du Dévonien supérieur*.

senescence – sénescence *f.*

senile – sénile.

senility – sénilité *f, stade du cycle d'érosion*.

senior – de grade supérier. **senior debt**: dette privilégiée *(fin)*. **senior management, senior staff**: cadres supérieurs, haute direction.

seniority – ancienneté *f (personnel)*.

Senonian – Sénonien *m, étage du Crétacé supérieur.*

sense – sens *m.* **sense amplifier**: amplificateur de lecture. **sense finding**: lever de doute.

sensibility – sensibilité *f*; susceptibilité *f.*

sensible – sensé ; sensible. **sensible heat**: chaleur sensible. **sensible-heat cooler**: refroidisseur d'air à chaleur sensible. **sensible-heat ratio**: coefficient de chaleur sensible. **sensible horizon**: horizon visible.

sensing – détection. **sensing head**: tête de lecture. **sensing platform**: plate-forme de détection, *télédétection.*

sensitive – sensible. **sensitive emulsion**: émulsion sensible. **sensitive layer**: couche sensible. **sensitive market**: marché instable. **sensitive tint**: teinte sensible.

sensitivity – sensibilité *f.* **sensitivity analysis**: étude de sensibilité, *examen de l'influence sur un résultat de la variation – dans des limites plausibles – d'une ou plusieurs variables d'étude.* **sensitivity time control (STC)**: régulateur de sensibilité temporisée, *radar.*

sensitizer – sensibilisateur *m.*

sensitometric – sensitométrique. **sensitometric curve**: courbe sensitométrique. **sensitometric filter**: filtre sensitométrique.

sensor – capteur *m.* **sensor system**: groupe capteur *(télédétection)*.

SEP – *abrév. de self-elevating platform.*

separated – séparé. **separated-ballast tank (SBT)**: citerne à ballast séparé.

separating – séparation *f*; triage *m.* **separating funnel**: ampoule à décanter ; entonnoir séparateur. **separating plant**: installation de triage. **separating power**: pouvoir séparateur. **separating process**: processus de séparation.

separation – cloisonnement *m*; déport *m*; distance *f*; écart *m*; rejet *m*; séparation *f*; triage *m.* **separation column**: colonne de séparation. **separation energy**: énergie de séparation. **separation factor**: facteur de séparation. **separation plane**: plan de séparation. **separation process**: procédé de séparation.

separative – séparateur. **separative element**: élément séparateur. **separative power**: puissance de séparation. **separative work unit (SWU)**: unité de travail de séparation (UTS), *mesure de l'effort nécessaire pour séparer l'uranium en deux courants, l'un enrichi et l'autre appauvri.*

separator – épurateur *m*; purgeur *m*; séparateur *m.*

separatory – séparatoire. **separatory drum**: trommel *m.* **separatory funnel**: entonnoir de séparation.

sepiolite – sépiolite *f, magnésite, écume de mer, minéral argileux.*

septa – *voir septum.*

septaria – *voir septarium.*

septarium – septaria *f, concrétion argileuse.*

septic – septique. **septic tank**: fosse septique.

septum – cloison *f (pal)* ; flanc médian *(géol)* ; septum *m (pal)*.

Sequanian – Séquanien *m, étage du Jurassique supérieur.*

sequence – enchaînement *m*; séquence *f*; série *f*; succession *f.* **sequence analysis**: analyse séquentielle. **sequence boundary**: limite de séquence, *type de discordance.* **sequence of depletion**: schéma d'épuisement, *d'un gisement.* **sequence stratigraphy**: stratigraphie séquentielle, *analyse stratigraphique en ensembles sédimentaires limités par des discordances, quatre variables contrôlent ces ensembles : subsidence, eustasie, apport terrigène et climat.*

sequential – séquentiel. **sequential analysis**: analyse séquentielle. **sequential method of sampling**: méthode de couverture ramasse-miettes ; méthode séquentielle d'échantillonnage. **sequential sampling**: échantillonnage progressif.

sequestered – séquestré. **sequestered energy**: contenu énergétique.

sequestering – séquestrant. **sequestering agent**: chélateur *m*; complexant *m*; séquestrant *m, agent complexant ou chélatant.*

sequestration – séquestration *f, voir aussi chelation.*

serac – sérac *m, bloc de glace provenant de la fragmentation d'un glacier.*

serendipity – sérendipité *f, phénomène par lequel une découverte non recherchée présente plus d'intérêt que celle qu'on attendait.*

serial – en série. **serial number**: numéro d'ordre ; numéro de série ; numéro matricule. **serial section**: coupe sériée.

seriate – sérié, *disposé en série.* **seriate fabric**: structure à grain hétérogène *(pétro)*.

sericite – séricite *f, paillettes de cristaux de mica blanc dans les roches métamorphiques.*

series – série *f, division chronostratigraphique formée de plusieurs étages et au-dessous du système.* **series circuit**: circuit de courant ; circuit série. **series connection**: accouplement en série ; couplage en série ; montage en série. **series dynamo**: dynamo série. **series motor**: moteur série, *c'est-à-dire avec excitation en série sur l'induit par opposition à moteur-dérivation.* **series of strata**: complexe de couches *(géol)*. **series production**: *voir batch production.* **series welding**: soudage en série. **series winding**: enroulement sérié. **series wound**: excité en série. **series-wound motor**: moteur sérié. **in series**: en série.

serpentine – serpentine *f (minér)*.

serpentinite – serpentinite *f (minér)*.

serpentinization – serpentinisation *f (pétro)*.

serpulid – serpule *f, annélide marine.* **serpulid reef**: récif à serpules.

serrate – déchiqueté ; dentelé. **serrate texture**: texture engrenée.

serrated – cannelé ; cranté ; dentelé ; strié. **serrated slips**: coins dentelés *(for)*.

serration – cannelure *f*; dentelure *f*; rainure *f.*

Serravallian – Serravallien *m, étage du Miocène.*

serum – sérum *m.*

service – fonctionnement *m*; service *m.* **service capacity**: capacité de service. **service capsule**: capsule d'intervention. **service ceiling**: plafond de travail. **service company**: compagnie de service.

service contract: contrat de services, *contrat ne donnant pas lieu à rémunération en hydrocarbures.* **service corrosion**: corrosion en service. **service duct**: gaine technique. **service factor**: coefficient d'utilisation ; facteur d'utilisation ; facteur de charge ; facteur de service. **service life**: durée de service ; durée utile. **service pipe**: conduite de branchement, *de gaz.* **service road**: chemin de service ; route de desserte ; voie de desserte. **service ship**: navire de servitude. **service station**: station service. **service test**: essai de service. **service valve**: robinet de service ; robinet extérieur. **service well**: puits de service, *puits implanté pour assister les opérations de production sur un gisement.*

serviceability – facilité d'entretien.

servicing – entretien et réparation ; intervention *f.* **servicing rig**: appareil d'intervention sur puits en production. **servicing unit**: appareil de reconditionnement des puits.

serving – en service. **serving president**: président en exercice.

servitude – servitude *f.*

servobrake – servofrein *m.*

servocontrol – commande asservie ; servocommande *f.* **servocontrol valve**: vanne motorisée.

servomechanism – servomécanisme *m, asservissement dans lequel la grandeur de sortie est d'ordre mécanique.*

servomotor – servomoteur *m.*

servosteering – servodirection *f, direction assistée d'un véhicule automobile.*

sesame – sésame *m.* **sesame cake**: tourteau de sésame. **sesame oil**: huile de sésame.

sesquioxide – sesquioxyde *m.*

sessile – fixe, *se dit d'un organisme attaché de façon permanente à un support* ; sessile, *attaché à la base.* **sessile drop**: goutte posée. **sessile-drop method**: méthode de la goutte posée, *pour la mesure des tensions superficielles ou interfaciales des liquides* ; méthode de la goutte sessile.

seston – seston *m, tout organisme vivant ou mort qui flotte passivement sur les eaux.*

set – ajusté ; déformation *f* ; ensemble *m* ; groupe *m* ; jeu *m* ; série *f.* **set-back counter**: compteur avec remise à zéro. **set hammer**: chasse *f* ; coupoir *m.* **set of cross strata**: faisceau de feuillets obliques. **set of wrenches**: jeu de clés. **set point**: point de repère. **set screw**: vis de blocage ; vis de réglage. **set shoe**: sabot de cimentation. **set value**: valeur de consigne.

set (to) – placer ; mettre ; monter ; poser. **set (to) again**: remonter. **set (to) casing**: poser un tubage à sa profondeur définitive. **set (to) up**: préparer, *monter.*

setback – aire de stockage, *des tiges dans le mât ou le derrick.*

setting – cadre *m* ; dépôt *m* ; installation *f* ; mise *f* ; mise en place, *d'un outil de déviation* ; montage *m* ; orientation *f* ; prise en masse. **setting cement**: mise en place d'un bouchon de ciment. **setting depth**: profondeur de pose, *d'un tubage.* **setting mark**: repère de calage. **setting over**: décentrement *m* ; désaxage *m.* **setting point**: température de prise en masse. **setting retarder**: retardateur de prise. **setting sleeve**: manchon de pose. **setting temperature**: température de prise. **setting time**: temps de prise. **setting to zero**: mise au zéro. **setting tool**: appareil de pose *(for)* ; outil de pose. **setting up**: montage *m.*

settle (to) – installer ; se déposer ; établir ; fixer ; se précipiter ; régler ; se tasser.

settled – établi ; fixe ; invariable. **settled production**: production établie ; production stabilisée. **settled production rate**: débit stabilisé, *débit établi.* **settled weather**: temps établi *(météo)* ; temps fixé *(météo).*

settlement – dépôt *m* ; établissement *m* ; liquidation *f, bourse* ; peuplement *m* ; précipitation *f* ; règlement *m, d'un différend.* **settlement area**: périmètre d'établissement, *de construction.* **settlement date**: date de règlement. **settlement of account**: arrêté de compte. **settlement rate**: vitesse de précipitation.

settler – décanteur *m* ; séparateur *m.*

settling – affaissement par compaction ; clarification *f* ; décantation *f* ; dépôt *m* ; fauchage *m, déformation superficielle de la tranche d'une couche géologique* ; sédiment *m* ; sédimentation *f* ; séparation *f.* **settling basin**: bassin de clarification ; bassin de décantation. **settling crack**: lézarde de tassement. **settling pan**: bac de décantation. **settling pit**: fosse de décantation. **settling pond**: bassin de décantation. **settling tank**: bac de décantation ; décanteur *m.* **settling vat**: bac de décantation. **settling velocity**: vitesse de décantation.

setup – cicatrisation du sol, *battage des piles* ; composition de garniture de forage ; dispositif *m* ; montage *m.* **setup time**: temps d'équipement ; temps de montage.

seven – sept. **seven-spot flooding system**: système d'injection à sept puits.

severance – disjonction *f* ; division *f* ; rupture *f.* **severance pay**: indemnité de licenciement. **severance tax**: taxe à la production.

severing – disjonction *f* ; rupture *f* ; séparation *f.*

severity – sévérité *f.* **severity factor**: facteur de sévérité, *mesure arbitraire de la sévérité des conditions réactionnelles dans un procédé tel que le craquage où la température et la pression varient.*

sewage – eaux de décharge ; eaux résiduaires ; eaux usées. **sewage disposal**: évacuation des eaux usées. **sewage field**: champ d'épandage des eaux d'égout. **sewage gas**: gaz d'eaux résiduaires ; gaz de gadoues. **sewage oxidation**: oxydation des eaux usées. **sewage pump**: pompe d'égout. **sewage sludge**: boues des eaux d'égout. **sewage-sludge disposal**: décharge des boues d'épuration. **sewage system**: réseau d'égouts. **sewage treatment**: traitement des eaux usées.

sewer – égout *m.* **sewer gas**: gaz d'égout. **sewer opening**: bouche d'égout.

sewerage – écoulement des eaux d'égout. **sewerage and drainage**: eaux et assainissements. **sewerage project**: projet d'assainissement.

sewing – couture *f.* **sewing machine**: machine à coudre. **sewing-machine oil**: huile pour machines à coudre.

SEXAFS – *abrév. de surface-extended X-ray absorption fine structure : structure fine d'absorption de RX en surface.*

sextant – sextant *m.*

SFC – CFS, *abrév. de supercritical fluid chromatography, chromatographie à fluide supercritique* ; CSE, *abrév. de specific fuel consumption : consommation spécifique effective.*

sferics – *voir atmospheric interference.*

SFL – *abrév. de spherically-focused log : diagraphie avec focalisation sphérique.*

sh – *abrév. de shale.*

SH – SH, *vibration horizontale de l'onde S.* **SH wave**: onde secondaire horizontale.

SHACOB – *abrév. de solar heating and cooling of buildings.*

shackle – boucle de la chaîne d'ancrage ; manille *f, d'attelage, de jonction, d'assemblage.* **shackle bolt**: boulon de manille. **shackle line**: tige de commande. **shackle-rod system**: dispositif de pompage multiple.

Shadcon – *dénomination commerciale d'une représentation en couleur.*

shade – ombre *f.* **shade temperature**: température à l'ombre, *température de l'air sous abri.* **shade tube**: parasoleil *m.*

shaded – ombragé. **shaded slope**: ombrée *f*; ubac *m.*

shadow – ombre *f.* **shadow interest**: intérêt fantôme *(fiscalité)* ; intérêts seulement déductibles *(fin)*. **shadow price**: prix fictif. **shadow zone**: zone aveugle *(diagr)* ; zone d'ombre *(géoph)* ; zone morte ; zone sourde.

shadowgraph – projecteur de profils.

shadowing – effet d'écran.

shaft – arbre *m* ; axe *m* ; descenderie *f (mine)* ; hampe *f*; puits *m.* **shaft and galleries**: puits et galeries, *exploitation par.* **shaft boxing**: fonçage de puits *(mine)*. **shaft cage**: benne d'extraction. **shaft caliper**: calibre à mâchoire. **shaft capacity**: puissance à l'arbre. **shaft drive**: transmission par arbre. **shaft furnace**: four à cuve *(métal)*. **shaft gate**: barrière de puits *(mine)*. **shafthead frame**: charpente du chevalement *(mine)*. **shaft horsepower (SHP)**: chevaux vapeur à l'arbre ; puissance sur l'arbre (en chevaux). **shaft house**: bâtiment d'extraction *(mine)*. **shaft key**: cale d'arbre ; clavette d'arbre. **shaft kiln**: fourneau à cuve *(métal)*. **shaft landing**: accrochage *m (mine)*. **shaft lining**: revêtement de puits *(mine)*. **shaft of a blast-furnace**: cuve d'un haut fourneau *(métal)*. **shaft packing**: garniture d'étanchéité *(for)*. **shaft pillar**: massif de protection de puits *(mine)*. **shaft pump**: pompe d'un puits *(mine)*. **shaft raising**: exécution d'un puits en montant *(mine)*. **shaft set**: cadre de puits *(mine)*. **shaft sinking**: creusement des puits ; fonçage de puits *(mine)*. **shaft sinking by freezing**: fonçage de puits par congélation *(mine)*. **shaft-sinking cementation process**: fonçage de puits par cimentation *(mine)*. **shaft timbering**: boisage du puits *(mine)*. **shaft top**: gueulard *m (métal)*. **shaft tower**: chevalement *(mine)*. **shaft wall**: chemise de la cuve *(métal)*. **shaft working**: fonçage *m (mine)*.

shah – peigne *m (sism)*.

shake – secousse *f.* **shakeproof washer**: rondelle-frein non desserrable. **shake table**: table vibrante.

shake (to) – agiter ; secouer. **shake (to) out**: faire tournoyer, *un échantillon d'huile à grande vitesse pour déterminer sa teneur en eau et sédiments.*

shakeout – échantillon d'huile pris dans une centrifugeuse, *pour déterminer la teneur en eau et sédiments* ; tassement *m, du marché.*

shaker – crible à secousses ; secoueur *m.* **shaker conveyor**: convoyeur à secousses ; couloir oscillant *(mine)*. **shaker pit**: bac à boue sous vibrateurs.

shaking – agitation *f*; secouage *m* ; secousse *f.* **shaking grate**: grille à secousses. **shaking screen**: crible à secousses ; crible oscillant. **shaking sieve**: tamis à secousses. **shaking table**: table à secousses.

shale – argile litée ; roche argileuse litée ; schiste argileux. **shale base line**: ligne de base des argiles. **shale baseline**: ligne de référence des argiles ; limite de l'argile. **shale compaction**: compaction des marnes. **shale diapirism**: argilocinèse *f.* **shale dusting**: schistification *f, épandage dans les galeries de mine de débris de schistes pour éviter certaines explosions.* **shale membrane potential**: potentiel de membrane des argiles et des marnes *(diag)*. **shale naphtha**: naphte de schistes. **shale oil**: huile de schiste, *extraite par traitement thermique des schistes bitumineux.* **shale-oil extraction**: extraction d'huile de schiste. **shale potential**: *voir shale membrane potential.* **shale reservoir**: réservoir de schiste. **shale shaker**: tamis vibrant, *pour éliminer les déblais des boues de forage.* **shale sloughing**: délitage des marnes *(for)*. **shale wax**: paraffine de schiste, *paraffine d'Ecosse.*

shaliness – argilosité *f*; teneur en argile.

shallow – peu profond. **shallow depression**: marais barométrique *(météo)*. **shallow-draft tanker**: bateau-citerne à faible tirant d'eau. **shallow drilling**: forage peu profond. **shallow earthquake**: séisme superficiel, *0-60 km.* **shallow fissure**: fissure superficielle. **shallow foundation**: fondation superficielle. **shallow horizon**: horizon peu profond. **shallow karst**: karst incomplet ; karst superficiel. **shallow scattering layer**: couche diffusante peu profonde. **shallow water**: eau basse ; eau peu profonde. **shallow-water deposit**: dépôt en eau peu profonde. **shallow-water shooting**: sismique en eau peu profonde. **shallow-water survey**: prospection en eau peu profonde. **shallow well**: puits peu profond ; sondage peu profond. **shallower pool test**: sondage peu profond, *d'exploration secondaire.*

shallows – banc de sable ; bas-fond *m.*

shaly – argileux ; schisteux. **shaly bedding**: litage schisteux. **shaly formation**: formation argileuse. **shaly lamination**: schistosité *f.* **shaly sand**: sable argileux.

sham – faux. **sham dividend**: dividende fictif.

shank – embout fileté ; flanc d'un pli ; jambe *f*; tige *f.* **shank shoulder**: portée de blocage.

shannon – shannon *m, unité d'information.* **Shannon formula**: formule de Shannon, *sur la théorie de l'information.* **Shannon sampling theorem**: théorème de Shannon, *théorème de l'échantillonnage.*

shape – forme *f.* **shape anisotropy**: anisotropie de texture. **shape factor**: facteur de forme. **shape-memory alloy**: alliage à mémoire de forme. **shape**

of cableway: profil d'un téléphérique. **shape rolling mill**: laminoir à profilés *(métal)*.

shaped – façonné. **shaped charge**: charge à effet dirigé ; charge creuse. **shaped-charge perforating**: perforation par charge creuse. **shaped-charge perforator**: perforateur à charges creuses. **shaped iron**: fer profilé.

shaper – étau-limeur.

shaping – mise en forme ; modelage *m.* **shaping deconvolution**: déconvolution de mise en forme. **shaping groove**: cannelure ébaucheuse. **shaping pass**: cannelure profilée.

shard – fragment *m.*

share – action *f, en bourse (fin)* ; part *f.* **share capital**: capital actions. **share list**: cours de la bourse. **share retention agreement**: accord de rétention d'actions.

shareholder – actionnaire *m.* **shareholders' equity**: capitaux propres, *somme du capital social, des réserves et des provisions à caractère de réserves.*

sharing – partage *m* ; participation *f.* **sharing agreement**: contrat d'association.

shark – requin *m.* **antishark cage**: cage antirequins.

sharp – aigu ; net ; pointu ; précis ; tranchant. **sharp bit**: trépan pointu. **sharp-edged**: à arêtes vives. **sharp image**: image nette. **sharp sensitivity**: grande sensibilité, *d'un appareil.*

sharpen (to) – affiler ; aiguiser.

sharpening – affûtage *m.* **sharpening stone**: pierre à aiguiser.

sharpness – acuité *f*; finesse *f*; netteté *f (opt)*. **sharpness of picture**: netteté de l'image. **sharpness ratio**: indice d'aigu, *indice de cristallinité de l'illite.*

shatter – fragment *m* ; morceau *m.* **shatter belt**: *voir shatter zone.* **shatter breccia**: brèche de dislocation *(géol)* ; brèche de friction. **shatter test**: essai de résistance au choc. **shatter zone**: zone de broyage *(géol)*.

shattered – brisé. **shattered rock**: roche broyée.

shattering – brisant ; brisement *m* ; broyage *m* ; éclatement *m.* **shattering charge**: charge brisante. **shattering explosive**: explosif brisant.

shatterproof – incassable. **shatterproof glass**: glace de sécurité ; verre de sécurité.

shaven – rasé. **shaven thread**: filetage usé.

shaving – copeau *m* ; rectification *f.* **shaving process**: procédé de rectification, *des dentures d'engrenage.* **shaving scrubber**: tour à copeaux, *lavage du gaz.*

sheaf – gerbe *f.* **sheaflike structure**: structure en gerbes *(pétro)*.

shear – cisaillement *m, voir aussi shearing.* **shear angle**: angle de cisaillement. **shear compliance**: complaisance de cisaillement. **shear crack**: fissure due aux contraintes de cisaillement. **shear deformation**: déformation de glissement. **shear degradation of viscosity**: dégradation de la viscosité au cisaillement. **shear failure**: rupture par cisaillement. **shear fault**: faille de cisaillement. **shear fold**: pli de cisaillement. **shear folding**: plissement cisaillant. **shear force**: force de cisaillement. **shear fracture**: fracture de cisaillement. **shear joint**: diaclase de cisaillement ; joint de cisaillement *(géol)*. **shear key**: collerette de cisaillement ; fer d'ancrage, *pieu foré-cimenté.* **shear legs**: bigue *f*; chèvre *f.* **shear load**: charge de cisaillement. **shear modulus**: module de cisaillement ; module de glissement ; module de rigidité. **shear pin**: goupille de cisaillement, *boulon fixant le trépan et le sifflet déviateur* ; goupille de sécurité. **shear plane**: surface de cisaillement. **shear ram**: mâchoire coupante ; mâchoire de sécurité à cisaillement, *obturateur de puits.* **shear-ram type BOP**: BOP à fermeture totale. **shear rate**: taux de cisaillement, *la vitesse de glissement de deux surfaces en mouvement l'une par rapport à l'autre et la distance qui les sépare* ; vitesse de déformation. **shear-relief valve**: vanne de sécurité à cisaillement, *pompe à boue.* **shear resistance**: résistance au cisaillement. **shear ring**: anneau de cisaillement. **shear stability**: stabilité au cisaillement. **shear strain**: déformation en cisaillement ; déformation tangentielle ; effort tranchant ; glissement unitaire. **shear strain rate**: vitesse de distorsion. **shear strength**: résistance au cisaillement. **shear stress**: cission *f*; contrainte de cisaillement ; contrainte tangentielle ; tension de cisaillement, *film d'huile.* **shear structure**: structure de cisaillement. **shear surface**: plan de cisaillement. **shear test**: essai de cisaillement. **shear thickening**: rhéoépaississement *m.* **shear-thickening fluid**: fluide rhéoépaississant, *fluide qui s'épaissit avec le cisaillement.* **shear thinning**: fluidification *f, dans un écoulement, la fluidification peut être stable, progressive ou dégressive suivant que la durée augmentant, la viscosité apparente reste invariable, décroît ou croît* ; rhéofluidification *f.* **shear thrust**: charriage de cisaillement. **shear vibration**: vibration de cisaillement. **shear viscosity**: viscosité de cisaillement. **shear wave**: onde de cisaillement, *onde S* ; onde de torsion. **shear zone**: zone de cisaillement ; zone de dislocation des glaces.

shear (to) – cisailler ; couper.

shearing – cisaillement *m, voir aussi shear.* **shearing cut**: plan de cisaillement. **shearing displacement**: mouvement cisaillant *(géol)*. **shearing machine**: machine à cisailler. **shearing modulus**: module de cisaillement. **shearing rate**: vitesse de cisaillement. **shearing stress**: effort de cisaillement, *voir shear stress.* **shearing washer**: rondelle de cisaillement.

shears – cisailles *f*; ciseaux *m.*

sheath – fourreau *m* ; gaine *f.*

sheath (to) – gainer.

sheathed – doublé de métal ; entouré d'une gaine ; revêtu d'une enveloppe. **sheathed cable**: câble sous enveloppe. **sheathed electrode**: électrode enrobée. **sheathed explosive**: explosif gainé. **sheathed pyrometer**: canne pyrométrique.

sheathing – gainage *m.*

sheave – poulie *f.* **sheave block**: moufle *m.* **sheave groove**: gorge de poulie.

shed – appentis *m* ; hangar *m.* **shed section**: section la plus basse d'une colonne de fractionnement, *où sont collectés les dépôts.*

sheen – éclat *m* ; irisation *f*; reflet *m.*

sheepback – moutonné *(pétro)*. **sheepback rock**: roche moutonnée, *ronde arrondie par le frottement d'un glacier.*

sheer – accore. **sheer coast**: côte accore.

sheet – banc *m* ; feuille *f*; feuillet *m* ; intercalation *f*; plaque *f*; tôle *f*. **sheet asphalt**: microbéton bitumineux, *mélange, préparé en centrale, de bitume routier et de sable et filler minéral, utilisé pour la construction des couches de roulement des routes*. **sheet bar**: larget *m (métal)*. **sheet billet**: *voir sheet bar*. **sheet copper**: cuivre en plaques ; feuille de cuivre. **sheet erosion**: érosion en nappe ; érosion par couches. **sheet flood**: écoulement en nappe ; inondation en nappe ; ruissellement en nappe. **sheet flow**: écoulement laminaire. **sheet iron**: tôle de fer. **sheet joint**: diaclase horizontale. **sheet jointing**: disjonction en bancs *(géol)*. **sheet lead**: plomb en feuilles. **sheet lightning**: éclair diffus. **sheet lobe mound**: monticule à structure aggradante. **sheet metal**: plaque *f*; tôle *f*. **sheet-metal working**: chaudronnerie *f*. **sheet mill**: laminoir à tôles. **sheet pile**: palplanche *f*. **sheet rolling**: laminage des tôles. **sheet steel**: tôle d'acier. **sheet structure**: division en plaques, *en bancs* ; structure en gros bancs ; structure lamellaire *(géol)*. **sheet zinc**: feuille de zinc.

sheeted – stratifié.

sheeting – blindage *m* ; coffrage *m* ; stratification *f (géol)* ; tôle de couverture. **sheeting plane**: plan de stratification *(géol)*.

sheetwash – ruissellement pelliculaire.

shelf – étagère *f*; plateau continental, *zone immergée comprise entre la côte et la bordure du talus continental, à une profondeur variant en général de 0 à 200 m* ; rayonnage *m*. **shelf break**: rupture de la pente continentale, *changement abrupt d'inclinaison marquant la séparation entre le plateau continental et la pente continentale*. **shelf break setting**: *voir deepwater setting*. **shelf corrosion**: corrosion en magasinage. **shelf depreciation**: usure en magasin. **shelf edge**: flexure continentale *(géol)* ; rebord de la pente continentale. **shelf life**: durée de conservation en magasin, *d'un produit ou d'un équipement* ; vie d'emmagasinage. **shelf-margin wedge**: prisme de bordure de plate-forme. **shelf-margin wedge-systems tract**: cortège de bordure de bassin, *formé par les sédiments qui se déposent lorsque le niveau marin baisse près de la bordure de la plaine côtière*. **shelf storage**: entreposage sur étagères. **shelf test**: essai de conservation.

shell – calandre *f*; chemise *f*; coque *f*; coquille *f*; cuve *f*; enveloppe *f*; paroi *f*; torpille *f*. **shell-and-coil condenser**: condenseur à calandre et serpentins. **shell-and-tube condenser**: condenseur à calandre ; condenseur à calandre multitubulaire. **shell-and-tube evaporator**: évaporateur à calandre. **shell-and-tube exchanger**: échangeur à calandre. **shell auger**: tarière à cuiller. **shell boiler**: chaudière à foyer intérieur. **shell-like**: conchoïdal. **shell-like fracture**: cassure conchoïdale *(minér)*. **shell-like structure**: structure conchoïdale. **shell marble**: marbre coquillier. **shell marl**: falun *m*. **shell of blast furnace**: enveloppe d'un haut-fourneau. **shell of compression**: enveloppe de compression de la terre. **shell of tension**: enveloppe de tension de la terre. **shell outage**: hauteur du vide, *dans un réservoir*. **shell pass**: passe-calandre *m*, *échangeur de chaleur*. **shell reamer**: alésoir creux. **shell ring**: virole de bac. **shell-type core drill**: foret alésoir à trou.

shellac – gomme laque.

shelly – coquilleux ; coquillier. **shelly facies**: faciès coquillier. **shelly ground**: terrain coquillier. **shelly limestone**: calcaire coquillier. **shelly rock**: roche coquillière. **shelly sandstone**: falun *m* ; grès coquillier.

shelter – abri *m*.

sheltered – abrité. **sheltered deep water**: eau profonde abritée.

shelving – déclivité *f*; incliné.

sherardizing – shérardisation *f*, *procédé de cémentation par le zinc, appliqué aux métaux ferreux pour les protéger de la rouille*.

Sherwood number – *voir Nusselt number*.

SHF – *abrév. de super-high frequency : hyperfréquence*.

shield – blindage *m* ; bouclier *m* ; écran protecteur ; plaque de garde. **shield arc welding**: soudage à l'arc avec une électrode enrobée. **shield support**: soutènement à bouclier *(mine)*. **shield tube**: tube de protection.

shielded – protégé. **shielded box**: enceinte blindée. **shielded electrode**: électrode enrobée. **shielded orbital**: orbitale écrantée. **shielded wire**: câble blindé ; fil blindé.

shielding – blindage *m*. **shielding gas**: gaz de protection, *soudage à l'arc*.

shift – changement *m* ; changement de vitesse ; décalage *m* ; équipe *f*, *voir aussi tour* ; migration *f (chim. org)* ; poste *m*, *travail posté* ; poste de travail ; rejet *m (géol)* ; transposition *f*. **shift boss**: chef de poste. **shift conversion**: conversion à la vapeur, *conversion catalytique, en présence de vapeur d'eau, de l'oxyde de carbone en dioxyde de carbone et en hydrogène*. **shift converter**: convertisseur à la vapeur d'eau, *pour déplacer l'équilibre thermodynamique (raf)*. **shift fault**: faille de dislocation. **shift fork**: fourchette du changement de vitesse. **shift register**: registre à décalage. **shift spanner**: clé à molette ; clé anglaise. **shift work**: travail par équipe ; travail posté. **shift worker**: personnel posté.

shift (to) – changer de place ; déplacer ; remuer. **shift (to) down**: rétrograder. **shift (to) gears**: changer de vitesse.

shiftable – déplaçable.

shifting – déplacement *m* ; désarrimage *m* ; migration des vallées. **shifting bed**: lit divagant *(hydrol)*. **shifting dune**: dune mobile. **shifting finger**: doigt de manoeuvre. **shifting of a divide**: migration de la ligne de partage des eaux.

shim – cale *f*; cale d'épaisseur.

shimmy – flottement des roues *(auto)* ; vibration anormale, *de la table de rotation*.

shine – éclat *m*.

shingle – bardeau *m* ; galets de plage. **shingle bar**: cordon de galets. **shingle beach**: grève *f*, *plage de galets*. **shingle lining**: revêtement en bardeaux. **shingle rampart**: levée de galets ; rempart de bloc.

shingled – en relais oblique. **shingled mound**: monticule à structure en relais. **shingled progradations**: progradations obliques couchées, *réflexion sismique*. **shingled turbidites**: turbidites de prisme de bas niveau.

shingling – cinglage *m (métal)* ; en écailles ; en marches d'escalier, *disposition de courts alignements sur coupes ou sismogrammes due à des sauts de phase où à une migration mal faite.* **shingling press**: presse à cingler.

shining – brillant. **shining luster**: éclat brillant.

shiny – brillant.

ship – navire *m.* **ship at berth**: navire à poste. **ship load**: cargaison *m.* **ship routing**: organisation du trafic maritime ; routage de bateaux. **ship's crane**: grue de bord. **ship's gear**: apparaux de bord. **ship's log**: journal de bord. **ship service diesel (SS)**: moteur de groupe électrogène marin. **ex ship**: à bord, *conditions de vente, la marchandise est à la disposition de l'acheteur à bord du navire.* **sister ship**: navire jumeau.

shipborne – embarqué, *de bord.* **shipborne magnetometric survey**: campagne magnétométrique marine. **shipborne radar**: radar de bord.

shipbroking – courtage maritime.

shipbuilding – construction navale.

shipment – chargement *m* ; envoi *m* ; expédition *f.*

shipowner – armateur *m.*

shipper – chargeur *m* ; expéditeur *m.*

shipping – embarquement *m* ; expédition *f*; mise à bord ; transport maritime. **shipping agent**: agent maritime, *représentant l'armateur pour toutes les formalités portuaires ou douanières.* **shipping clerk**: employé d'expédition. **shipping company**: compagnie de navigation. **shipping expenses**: frais de transport. **shipping interest**: armateur. **shipping invoice**: facture d'expédition. **shipping lane**: voie de circulation *(nav).* **shipping line**: ligne de navigation. **shipping ore**: minerai riche. **shipping port**: port d'embarquement. **shipping ton**: *voir freight ton.*

shipworm – taret *m.*

shipwreck – épave *f*; naufrage *m.*

shipyard – chantier de constructions navales ; chantier naval.

shirttail – embase de bras de l'outil ; talon de l'outil *(for).* **shirttail broken (STB)**: embase du bras cassée, *outil de forage.* **shirttail cut (STC)**: embase du bras affûtée, *outil de forage.* **shirttail wear (STW)**: usure de l'embase du bras, *outil de forage.*

shoad – fragment *m, provenant de l'affleurement d'un filon.*

shoal – banc *m* ; haut-fond *m.*

shoaling – réfraction des vagues, *sur un haut-fond.*

shock – à-coup *m* ; choc *m* ; heurt *m* ; secousse *f.* **shock absorber**: amortisseur *m* ; amortisseur de chocs, *de vibrations.* **shock-absorber oil**: huile pour amortisseurs. **shock breccia**: brèche sismique. **shock damp**: fumée de combustion ; gaz d'explosion. **shock factor**: coefficient de choc. **shock load**: charge de choc. **shock test**: essai au choc, *des huiles hypoïdes.* **shock-testing machine**: machine d'essai au choc. **shock tube**: tube à chocs. **shock wave**: onde de choc.

shockproof – antichoc.

shoe – chaussure *f*; patin *m* ; sabot *m* ; semelle *f.* **shoe-bond test**: essai de tenue au sabot, *essai de tenue en pression de la cimentation au sabot du tubage.* **shoe carrier**: support de patins. **shoe depth**: cote du sabot *(for).*

shoestring – lacet de chaussure *(géol).* **shoestring sand**: cordon sableux, *littéralement lacets de chaussures, remblaiements constitués d'anciens lits de rivières, ou d'anciens cordons littoraux par des sables.*

shoot (to) – abattre à l'explosif ; exécuter une campagne sismique ; faire sauter ; tirer ; viser *(topog).* **shoot (to) on paper**: projeter. **shoot (to) the sun**: faire un soleil *(topog).*

shooter – boutefeu *m, personne qui prépare et déclenche les tirs.*

shooting – tir *m (sism)* ; torpillage *m, méthode de stimulation de la production supplantée maintenant par la fracturation hydraulique mais encore utilisée dans les formations peu profondes.* **shooting a well**: enregistrement d'un carottage sismique. **shooting boat**: bateau boutefeu, *dans l'exploration sismique marine, bateau équipé pour le transport et la mise à feu des explosifs.* **shooting box**: boîte de tir. **shooting formation**: formation torpillée. **shooting interval**: pas de tir *(sism).* **shooting line**: ligne de tir. **shooting rate**: intervalle de tir *(sism)* ; temps de tir. **shooting station**: point de tir. **shooting system**: système de tir. **shooting truck**: camion boutefeu, *véhicule transportant les explosifs et l'eau destinée au bourrage des charges.* **shooting under**: tir par en-dessous.

shop – atelier *m.* **shop committee**: comité d'entreprise. **shop equipment**: matériel d'atelier. **shop testing**: essais en usine. **shop weld**: soudure d'atelier.

Shoran – Shoran *m, acronyme de short range navigation, système de navigation à deux balises répondeuses.* **Shoran straight-line indicator**: indicateur Shoran de ligne droite.

shore – bord *m* ; contrefiche *f*; côte *f*; entretoise *f*; étrésillon *m* ; plage *f*; rivage *m* ; rive *f*; terre *f.* **shore cliff**: falaise littorale. **shore cycle**: cycle littoral. **shore deposit**: dépôt littoral. **shore drift**: courant littoral ; dérive littorale. **shore dune**: dune littorale. **shore elevator**: monte-charge de quai. **shore gear**: apparaux de terre. **shore lead**: chenal côtier. **shore polynya**: polynie côtière, *limitée sur un de ses côtés par le rivage.* **shore profile**: profil littoral. **shore terminal**: terminal côtier.

Shore – Shore. **Shore durometer**: duromètre Shore. **Shore hardness**: dureté Shore. **Shore test**: essai Shore, *méthode de mesure de la dureté des métaux.*

shoreface – avant-côte *f.*

shoreline – côte *f*; ligne de rivage. **shoreline break**: rupture de la pente côtière, *rupture de pente en amont de laquelle le fond de la mer est très proche du niveau de base.* **shoreline cycle**: cycle d'érosion littorale. **shoreline of emergence**: côte d'émersion. **shoreline of progradation**: côte d'accumulation. **shoreline of retogradation**: côte d'abrasion. **shoreline of submergence**: côte d'immersion ; côte de submersion.

shoring – boisage *m* ; étaiement *m* ; étayage *m.*

short – court. **short-baseline system**: base courte, *système de positionnement acoustique.* **short borer**: fleuret d'amorçage *(mine).* **short chain**: chaîne courte *(chim).* **short circuit**: court-circuit *m.* **short-distance migration**: migration courte, *mi-*

gration des hydrocarbures n'excédant pas 2 km. **short-fiber grease**: graisse à fibres courtes. **short-flame coal**: charbon à courte flamme. **short-neck balloon**: ballon à col court. **short normal**: petite normale, *diagraphie électrique.* **short-path multiple**: multiple à court trajet ; multiple court *(sism)*. **short range**: à court terme. **short-range forecast**: prévision à court terme *(météo) entre 12 et 48 h.* **short-range order**: ordre à parcours réduit. **short-range order parameter**: paramètre d'ordre local. **short residue, short residuum**: résidu court ; résidu de distillation poussée. **short sea**: mer courte. **short shot**: tir de réfraction miniature, *voir weathering shot.* **short stopper**: agent d'arrêt, *d'une réaction de polymérisation* ; inhibiteur de polymérisation. **short term**: court terme. **short-thread casing**: tubage à filetage court. **short-time effect**: effet immédiat. **short ton**: tonne courte, *= 907,185 kg.* **short-trace section**: coupe-trace proche.

shortage – manque *m* ; pénurie *f.*

shortcut – raccourci *m* ; recoupement *m, du méandre.*

shortening – raccourcissement *m.*

shortfall – déficit *m, dans l'approvisionnement* ; insuffisance *f.*

shortite – shortite *f, carbonate de calcium et de silicium.*

shortwave – onde courte, *onde décamétrique.* **shortwave band**: *voir high frequency.*

shot – coup *m* ; émission sismique ; explosion *f* ; grenaille *f* ; tir *m* ; visée *f (topog)*. **shot bit**: couronne à grenailles *(for)*. **shot blasting**: décapage à la grenaille ; grenaillage *m.* **shot boring**: sondage à la grenaille. **shot bounce**: effet de choc, *sur le camion-laboratoire.* **shot box**: boîte de tir. **shot break**: instant initial ; rupture *f (sism)* ; temps zéro. **shot core drilling**: carottage à la grenaille. **shot depth**: profondeur d'enfouissement ; profondeur de tir. **shot-detector distance**: distance des sismographes au point d'explosion. **shot drilling**: forage à la grenaille, *dans ce procédé le terrain est érodé par de la grenaille d'acier qui est entraînée par la couronne.* **shot effect**: bruit de grenaille, *dans un tube électronique.* **shot instant**: instant initial. **shot interval**: pas d'avancement ; pas de tir, *désigne la distance qui sépare deux points de tir successifs.* **shot-moment line**: circuit de rupture. **shot noise**: bruit de tir, *voir aussi shot effect.* **shot pattern**: dispositif de tir *(sism)*. **shot peening**: grenaillage *m* ; martelage à la grenaille. **shot soil**: sol à fer pisolitique. **shot spacing**: pas de tir.

shotcrete – béton projeté.

shothole – point de tir ; trou de tir. **shothole drilling**: forage sismique. **shothole elevation**: altitude de la gueule du trou. **shothole fatigue**: fatigue du trou de tir. **shothole log**: rapport de forage *(sism)*. **shothole plug**: bouchon de forage sismique.

shotpoint (SP) – point d'émission ; point de tir (PT), *emplacement où l'on effectue un tir.* **shotpoint distance**: distance de tir. **shotpoint gap**: fenêtre d'enregistrement ; fenêtre de tir. **shotpoint location map**: plan de position. **shotpoint seis**: sismo de trou. **shotpoint seismometer (SPS)**: sismo de gueule de trou ; sismo de temps vertical.

shoulder – bourrelet *m* ; collerette *f* ; épaulement *m, d'une courbe* ; portée *f, outil de forage* ; saillie *f* ; talon *m.* **shoulder bushing**: douille bridée. **shoulder nipple**: raccord à épaulement. **shoulder screw**: vis avec embase.

shouldered – épaulé. **shouldered connection**: connexion épaulée *(for)*. **shouldered drill-collar connection**: connexion épaulée de masse-tige *(for)*. **shouldered joint**: joint coudé.

shove – poussée *f.* **shove moraine**: moraine de poussée.

shovel – excavateur *m* ; pelle *f.* **shovel dozer**: *voir tractor shovel.* **shovel dredge**: excavateur à godets ; pelle à godet. **shovel dredger**: drague à pelle. **shovel-type loader**: chargeuse à pelle.

shoveling – pelletage *m.*

Shover – *dénomination commerciale d'une source sismique de surface produisant des ondes S.*

show – auréole *f* ; indication *f* ; indice *m* ; trace *f* ; venue *f, d'huile ou de gaz au cours d'un forage.*

shower – averse *f* ; douche *f.* **shower-type tray**: plateau perforé sans déversoir.

SHP – *abrév. de shaft horsepower.*

shredded – réduit en morceaux.

shrink – retrait *m* ; rétrécissement *m.* **shrink fit**: emmanchement par retrait.

shrink (to) – rétrécir.

shrinkable – rétractable.

shrinkage – contraction *f* ; retrait *m.* **shrinkage cavity**: cavité de retrait ; retassure *f.* **shrinkage crack**: fente de dessiccation ; fente de retrait. **shrinkage factor**: facteur de contraction, *mesure du rapport du volume d'hydrocarbures dans les conditions de gisement à son volume dans les réservoirs de stockage.* **shrinkage hole**: *voir shrinkage cavity.* **shrinkage joint**: joint de retrait *(géol)*. **shrinkage limit**: limite de retrait, *teneur en eau en pourcent du poids de matière sèche, à partir de laquelle le volume de l'échantillon cesse de diminuer quand la teneur en eau continue à décroître.* **shrinkage of steel**: gauchissement de l'acier. **shrinkage ratio**: indice de retrait. **shrinkage stoping**: exploitation par chambres magasins *(mine)*. **shrinkage theory**: théorie de la contraction *(géol)*.

shroud – blindage *m* ; bouclier déflecteur ; emboîtement *m* ; enveloppe *f* ; hauban *m.* **shroud nozzle**: duse à épaulement.

shrouded – enveloppé. **shrouded valve**: soupape voilée.

shuga – shuga *f, accumulation de morceaux de glace blanche et spongieuse ayant quelques centimètres de largeur.*

shungite – shungite *f, bitume solide, semblable au charbon, contenant 98 % de carbone et insoluble dans les solvants organiques.*

shunt – conduit collecteur ; dérivation *f* ; shunt *m.* **shunt dynamo**: dynamo shunt. **shunt excitation**: excitation en dérivation. **shunt meter**: débitmètre à dérivation. **shunt motor**: moteur dérivation ; moteur shunt, *c'est-à-dire avec excitation en dérivation sur le circuit d'induit.* **shunt regulator**: régulateur en dérivation ; régulateur shunt. **shunt resistance**: résistance en dérivation. **shunt wound**: à enroulement en dérivation ; excité en dérivation. **shunt-wound motor**: moteur bobiné en dérivation, *voir aussi shunt motor.*

shut (to) – fermer. **shut (to) down a crew**: arrêter une équipe. **shut (to) in**: fermer les obturateurs d'un puits ; fermer un puits, *pour qu'il s'arrête de produire.* **shut (to) off**: couper ; interrompre.

shutdown – abandon *m, d'un puits épuisé* ; arrêt *m, d'une installation* ; interruption de travail ; mise hors-service. **shutdown flow**: débit à l'abandon, *d'un puits.*

shut-in – fermeture d'un puits. **shut-in bottomhole pressure**: pression statique d'un puits. **shut-in casing pressure**: pression en tête de l'espace annulaire puits fermé. **shut-in drillpipe pressure**: pression en tête de tiges puits fermé. **shut-in formation pressure**: pression statique d'un puits fermé. **shut-in period**: période de fermeture *(for)*. **shut-in pressure**: pression statique, *dans un puits.* **shut-in test**: essai de fermeture. **shut-in time**: temps de fermeture d'un puits ; temps de remontée de pression, *essai de puits.* **shut-in valve**: vanne de fermeture.

shutoff – fermeture *f* ; obturation *f* ; vanne *f.* **shutoff apparatus**: organe obturateur. **shutoff baffle**: siège du bouchon de refoulement. **shutoff cock**: robinet d'arrêt. **shutoff plug**: bouchon de refoulement. **shutoff switch**: disjoncteur *m.* **shutoff valve**: clapet *m* ; registre de vapeur ; robinet d'arrêt, *de fermeture* ; vanne d'isolement.

shutter – obturateur *m* ; vanne *f* ; volet *m.* **shutter valve**: vanne d'obturation.

shuttering – coffrage *m.*

shuttle – navette *f* ; piston *m.* **shuttle helicopter**: hélicoptère navette. **shuttle tanker**: pétrolier navette. **shuttle valve**: vanne à va-et-vient ; vanne sélectrice.

si – *abrév. de shut in.*

SI – SI, *abrév. de International System of Units : Système International d'unités.* **SI units**: unités SI, *unités du Système International d'unités.*

sial – sial *m, zone granitique de l'écorce terrestre dont les constituants sont la silice et l'alumine.*

siallitic – siallitique, *sols.*

SIBHP – *abrév. de shut-in bottomhole pressure.*

SIC – *abrév. de specific inductive capacity.*

Sicilian – Sicilien, *division stratigraphique du Quaternaire.*

sick – malade. **sick leave**: congé de maladie.

side – côté *m* ; flanc *m, d'un pli* ; latéral ; lèvre *f, d'une faille* ; paroi *f* ; pente *f.* **side bearing**: palier longitudinal. **side bend test**: essai de pliage sur le côté. **side boom**: flèche latérale, *pose-tube à flèche latérale.* **side chain**: chaîne latérale, *en série aliphatique, on appelle ainsi les ramifications de la chaîne principale des carbones ; en série benzénique, on appelle chaîne latérale les radicaux aliphatiques rattachés au cycle.* **side clearance**: dépouille latérale. **side cut**: coupe latérale. **side-door elevator**: élévateur à charnière latérale, *dispositif solidaire du crochet servant à manipuler les tiges de forage pendant les manoeuvres de descente et de remontée* ; élévateur à porte latérale. **side-dump car**: berline à décharge latérale ; wagon basculant de côté. **side dumper**: *voir side dump car.* **side echo**: écho latéral. **side elevation**: profil *m* ; vue de côté ; vue latérale. **sidehill bit**: trépan en queue de poisson, *dont la lame est coupée en biais, utilisé pour les forages déviés.* **side hole**: regard *m.* **side iron**: fer latéral. **side light**: feu de position. **side lobe**: bande latérale d'une fonction de transfert ; lobe latéral, *d'une antenne* ; lobe secondaire, *d'un diagramme de directivité.* **side-looking airborne radar (SLAR)**: radar aéroporté à antenne latérale. **side-looking radar (SLR)**: radar à antenne latérale ; radar à visée latérale (RVL). **side mill**: fraise de côté. **side moraine**: moraine latérale. **side play**: jeu latéral. **side reaction**: réaction parasite ; réaction secondaire. **side-scan sonar**: sonar à balayage latéral ; sonar latéral. **side shot**: visée latérale. **side slope**: talus *m.* **side tester**: carottier latéral. **side thrust**: poussée latérale. **side view**: vue de côté ; vue latérale.

sidereal – sidéral. **sidereal day**: jour sidéral.

siderite – sidérite *f* ; sidérose *f, carbonate naturel de fer, fer spathique.*

siderolite – sidérolite *f, sidérolithe, météorite contenant des proportions sensiblement égales de roche et d'alliage fer-nickel.*

siderophile – oxyphile ; sidérophile, *se dit d'associations caractérisant les métaux concentrés dans la phase oxyde des sédiments.* **siderophile element**: élément sidérophile.

sideslip (to) – déraper.

sidestream – coupe latérale *(distil)* ; soutirage latéral.

sideswipe – arrivée latérale *(sism)*. **sideswipe collision**: collision latérale, *d'une voiture.*

sidetracked – dévié. **sidetracked hole**: puits dévié, *effectué pour passer à côté d'un objet qu'on n'a pu repêcher* ; sondage dévié ; trou dévié *(for)*.

sidetracking – déviation sur bouchon de ciment, *opération consistant à dévier la course d'un puits à partir d'une certaine hauteur et d'en abandonner la partie inférieure.* **sidetracking tool**: outil de déviation.

sidewalk – trottoir *m.*

sidewall – flanc *m, d'un pneu* ; paroi latérale. **sidewall anchor**: ancrage latéral. **sidewall anchor packer**: packer à sabot d'ancrage dans le terrain *(for)*. **sidewall core**: carotte latérale ; échantillon de carottage latéral ; échantillon de paroi, *CLAB, familier.* **sidewall core analysis**: analyse d'échantillon de carottage latéral. **sidewall coring (SWC)**: carottage latéral, *consiste à prendre des échantillons de terrain dans la paroi d'un sondage* ; carottage latéral à balles (CLAB). **sidewall epithermal-neutron porosity log**: diagraphie de neutron épithermique de paroi. **sidewall logging**: diagraphie de paroi. **sidewall neutron porosity**: neutron épithermique de paroi. **sidewall packer**: packer latéral *(for)*. **sidewall pad**: patin latéral. **sidewall sampler**: carottier latéral ; échantillonneur latéral. **sidewall sampling**: échantillonnage latéral des fluides de la formation. **sidewall sampling gun**: carottier latéral ; carottier latéral à balles (CLAB).

siding – voie de garage.

siegburgite – siegburgite *f, résine fossile.*

Siegenian – Siégénien *m, étage du Dévonien inférieur.*

siemens – siemens *m, unité de conductance SI, conductance électrique d'un conducteur ayant une résistance électrique d'1 ohm, symbole* S.

siemens per meter: siemens par mètre, *unité SI de conductivité électrolytique* (S/m). **siemens square meter per mole**: siemens mètre carré par mole, *unité SI de conductivité molaire* ($S.m^2/mol$).

sierra – sierra *f*, *chaînes de montagnes aux pics en dents de scie dans les pays de langue espagnole.*

sieve – crible *m* ; tamis *m*. **sieve acceptance**: contrôle granulométrique. **sieve analysis**: analyse par tamisage, *analyse granulométrique*. **sieve filter**: filtre à tamis. **sieve mesh**: maille de tamis. **sieve plate**: plateau perforé à déversoir. **sieve shaker**: vibreur de filtre. **sieve test**: essai au tamis. **sieve texture**: structure en tamis. **sieve tray**: *voir sieve plate.*

sievert – sievert *m*, *unité SI d'équivalence de dose dans le domaine de la radioprotection, symbole* Sv.

sieving – criblage *m* ; tamisage *m*.

sift (to) – cribler ; tamiser.

sifting – tamisage *m*.

sight – aspect *m* ; percée *f*; regard *m* ; visée *f*; viseur *m (topog)* ; vue *f*. **sight assets**: avoir à vue. **sight deposit**: dépôt à vue. **sight distance**: distance de visibilité. **sight-feed lubricator**: graisseur à débit visible. **sight-feed oil cup**: graisseur à débit visible. **sight-feed pump**: pompe à débit visible. **sight flow indicator**: regard d'écoulement *(turbine)*. **sight gage**: viseur *m*. **sight hole**: regard *m* ; trou de regard. **sight liabilities**: engagements à vue.

sighting – visée *f*, *(topog)*. **sighting angle**: angle de mire. **sighting device**: alidade *f (topog)*. **sighting line**: ligne de visée *(topog)*.

sigma – sigma *m*. **sigma bond**: liaison sigma. **sigma hyperon**: hypéron sigma. **sigma orbital**: orbitale sigma. **sigma phase**: phase sigma.

sigmatropic – sigmatropique. **sigmatropic rearrangement**: réarrangement sigmatropique.

sigmoid – sigmoïde, *sigmoïdal*. **sigmoid configuration**: allure sigmoïde. **sigmoid progradations**: progradations sigmoïdes, *ensemble de réflexions sismiques interprété comme des strates qui sont en même temps progradantes et aggradantes.*

sign – écriteau *m* ; panneau *m* ; signal *m* ; signe *m*. **sign bit**: bit de signe. **sign-bit recording**: enregistrement des passages à zéro ; enregistrement en bit de signe.

signal – signal *m*, *en sismique, par opposition à bruit, ensemble des arrivées utilisables pour l'interprétation géologique*. **signal converter**: convertisseur de signal. **signal correction**: correction de signal. **signal enhancement**: amélioration du signal. **signal generator**: générateur de signaux. **signal lamp**: lampe de signalisation. **signal light**: feu de signalisation. **signal oil**: huile d'éclairage. **signal selector**: sélecteur de signaux. **signal theory**: théorie du signal, *comme quoi le signal est reçu avec de l'information superflue (bruit) qu'il est nécessaire d'éliminer*. **signal-to-noise ratio**: rapport signal-sur-bruit *(sism)*.

signaling – signalisation *f*. **signaling bomb**: bombe de signalisation.

signature – signature *f*, *forme du signal émis par une source sismique*. **signature analysis**: analyse de signature spectrale *(télédétection)*. **signature deconvolution**: déconvolution par la signature. **signature logging**: diagraphie de forme de signaux.

significance – importance *f* ; interprétation *f* ; précision relative ; signification *f*. **significance level**: probabilité complémentaire. **significance of test**: interprétation de l'essai. **significance probability**: seuil de probabilité.

significant – notable ; significatif. **significant figure**: chiffre significatif. **significant wave**: lame significative ; vague significative, *valeur théorique calculée à partir des moyennes d'amplitudes et périodes du tiers supérieur des vagues les mieux formées.*

SIIMS – *abrév. de secondary-ion imaging mass spectroscopy : spectroscopie de masse des ions secondaires avec image.*

silane – silane *m*, *nom générique des composés hydrogénés du silicium similaires aux hydrocarbures.*

silcrete – silcrète *f*, *quartzite superficiel résultant de la cimentation du sable et des graviers par la matière siliceuse.*

silencer – silencieux *m (auto)*.

silent – silencieux. **silent earthquake**: reptation *f (sism)*. **silent partner**: associé muet, *associé responsable mais ne prenant aucune part aux décisions de la direction de l'entreprise.*

Silesian – Silésien *m*, *partie supérieure du Carbonifère.*

silex – silex *m*.

silica – silice *f*. **silica brick**: brique réfractaire. **silica cement**: ciment siliceux. **silica gel**: gel de silice. **silica rock**: roche siliceuse. **silica sand**: sable quartzeux.

silicalite – silicalite *f*, *zéolite synthétique.*

silicate – silicate *m*. **silicate paint**: peinture au silicate. **silicate slag**: laitier siliceux.

silication – silicatation *f*.

siliceous – siliceux. **siliceous cement**: ciment siliceux. **siliceous deposit**: dépôt siliceux. **siliceous flux**: fondant siliceux *(métal)*. **siliceous limestone**: calcaire siliceux ; meulière *f*. **siliceous sandstone**: grès à ciment siliceux. **siliceous schist**: silicaschiste *m*. **siliceous shale**: schiste siliceux, *phtanite*. **siliceous sinter**: tuf siliceux. **siliceous slag**: laitier siliceux.

silicic – silicique. **silicic acid**: acide silicique.

silicide – siliciure *m*.

silicification – silicification *f*.

silicified – silicifié. **silicified rock**: roche silicifiée. **silicified wood**: bois silicifié.

silicious – *voir siliceous.*

silicoflagellate – silicoflagellé *m (microfossile)*.

silicomanganese – silicomanganèse *m*.

silicon – silicium *m*, *symbole chim. Si*. **silicon alloy**: alliage au silicium. **silicon bronze**: bronze siliceux, *bronze silicié*. **silicon carbide**: carbure de silicium. **silicon dioxide**: dioxyde de silicium, *voir silica*. **silicon solar cell**: cellule solaire en silicium ; pile solaire en silicium. **silicon steel**: acier au silicium.

silicone – silicone *f*. **silicone fluid**: fluide de silicone. **silicone grease**: graisse à base de silicone, *dont la viscosité varie peu avec la température*. **silicone lubricant**: lubrifiant siliconé. **silicone oil**:

huile de silicone. **silicone resin**: résine de silicone. **silicone rubber**: caoutchouc de silicone.

silicosis – silicose *f, maladie respiratoire.*

silky – soyeux. **silky fracture**: fracture à grains fins. **silky luster**: éclat soyeux *(minér).*

sill – filon couche, *lame de roche magmatique intrusive parallèle aux structures des roches encaissantes.* **sill depth**: profondeur de seuil, *la plus grande profondeur sur ce seuil* ; seuil *m, surélévation transversale séparant deux bassins l'un de l'autre ou de l'océan.*

sillimanite – sillimanite *f (minér).*

silo – silo *m.*

siloxane – siloxane *m, oxosilane.* **siloxane grease**: graisse au siloxane.

silt – limon *m* ; sablon *m, sable très fin* ; silt *m, terme général désignant un dépôt meuble fin : vase ; parfois aleurite.* **silt content**: teneur en éléments fins.

silting – colmatage *m* ; embouage *m, d'un port* ; ensablement *m, d'un port* ; envasement *m* ; limonage *m.* **silting up**: envasement ; sédimentation *f.*

siltstone – siltite *f, roche consolidée dérivant d'un silt, on utilise aussi aleurolite et pélite dans ce même sens.*

silty – boueux ; silteux ; vaseux. **silty bog**: sol de prairie marécageuse. **silty clay**: argile limoneuse. **silty limestone**: calcaire silteux.

Silurian – Silurien *m, période et système du Paléozoïque.*

silver – argent *m, symbole chim. Ag.* **silver alloy**: alliage d'argent. **silver-alloy bearing**: coussinet en alliage d'argent. **silver amalgam**: amalgame d'argent. **silver-ball test**: essai à la bille d'argent, *pour déterminer la vitesse de refroidissement d'une huile de trempe.* **silver bath**: bain d'argent. **silver bromide**: bromure d'argent. **silver frost**: givre *m.* **silver lead**: plomb argentifère. **silver leaf**: feuille d'argent. **silver nitrate**: nitrate d'argent. **silver nitrite**: nitrite d'argent. **silver oxide**: oxyde d'argent. **silver phosphate**: phosphate d'argent. **silver solder**: soudure à l'argent. **silver steel**: acier argent.

silverbearing – argentifère.

silylation – silylation *f, réaction chimique.*

sima – sima *m, couche basaltique dont les constituants principaux sont la silice et le magnésium.*

simetite – simétite *f, résine fossile.*

Simex – *dénomination d'un procédé d'extraction par solvant.*

similar – semblable. **similar fold**: pli semblable.

similarity – ressemblance *f* ; similitude *f.*

Simplan – *dénomination commerciale d'un procédé de traitement sismique (simulated plane waves).*

simple – simple. **simple distillation**: distillation simple, *distillation sans rectification.* **simple fold**: pli simple *(géol).* **simple multiple**: multiple simple *(sism)* ; premier multiple *(sism).* **simple pendulum**: pendule simple. **simple pore-size distribution**: répartition poreuse simple. **simple rock**: roche monominérale. **simple shear**: cisaillement simple. **simple spray nozzle**: injecteur à téton.

simplex – simplexe *m (math).* **simplex channel**: simplex *m, dispositif de transmission des signaux.* **simplex method**: méthode simplexe, *procédure utilisée en programmation linéaire.* **simplex pump**: pompe simplex, *à un seul cylindre.*

simplified – simplifié. **simplified plotter**: appareil de restitution simplifié.

SIMS – *abrév. de secondary-ion mass spectrometry : spectrométrie de masse des ions secondaires.*

simulate (to) – simuler.

simulation – simulation *f.*

simulator – simulateur *m.*

simultaneous – simultané. **simultaneous aerial photography**: prise de vue aérienne simultanée.

sine – sinus *m.* **sine galvanometer**: boussole des sinus. **sine transform**: partie impaire d'une transformée (de Fourier). **sine wave**: onde sinusoïdale.

Sinemurian – Sinémurien *m, Jurassique inférieur.*

singaround – mesure par fréquence d'échos.

singeing – flambage *m (textile).*

singing – pédalage *m, présent sur certains films de sismique marine dû à la résonance entretenue des ondes dans la mer* ; résonance *f.*

single – élément de tige *(for) voir aussi double, thribble, fourble* ; simple ; unique. **single acting**: à simple effet. **single-acting compressor**: compresseur à simple effet. **single-action pump**: pompe à simple effet. **single-anchor-leg mooring (SALM)**: amarrage à patte à ancrage simple ; amarrage sur point unique avec une seule tige d'ancre. **single-anchor-leg storage (SALS)**: stockage à jambe d'ancrage unique ; stockage par ligne d'ancrage simple. **single-buoy mooring (SBM)**: amarrage sur bouée unique. **single buoy storage (SBS)**: stockage flottant à bouée unique. **single-cell protein (SCP)**: protéine unicellulaire. **single-channel filtering**: filtrage monocanal. **single control**: commande unique. **single coverage**: couverture simple, *mise en oeuvre où chaque point de réflexion sur le miroir n'est touché qu'une seule fois (sism).* **single crystal**: monocristal *m, cristal unique.* **single-cylinder engine**: moteur monocylindrique. **single-deck screen**: crible à un plateau. **single drive**: commande individuelle. **single-drum hoist**: treuil à simple tambour. **single-ended spread**: dispositif à tir en bout *(sism)* ; dispositif en bout *(sism).* **single-entry accounting**: comptabilité en partie simple. **single flow**: circuit unique, *tous les tubes en série.* **single-flow still**: alambic à circuit unique. **single grade**: monograde. **single-grade oil**: huile monograde, *voir monograde oil.* **single-grain structure**: structure monogranulaire. **single-impulse welding**: soudage par impulsion unique. **single-inlet fan**: ventilateur à une seule ouïe. **single-joint elevator**: élévateur de manoeuvre, *pour tubages.* **single-line roll train**: laminoir simple *(métal).* **single market**: marché unique. **single-mat-supported structure**: structure sur semelle unique. **single-orifice type distributor**: distributeur à orifice unique. **single part**: pièce détachée. **single-pass catalysis**: catalyse à passe unique. **single-pass welding**: soudage en une passe. **single phase**: monophasé. **single-phase flow**: écoulement monophasique. **single-point entry technique**: fracturation par point d'entrée unique, *méthode de fracturation hydraulique, consistant à créer une seule fracture très éten-*

due et à très haute capacité en utilisant des agents de soutènement de gros diamètre. **single-point mooring (SPM)**: amarrage par point unique. **single-point-mooring pier (SPMP)**: appontement flottant à point unique. **single pump**: pompe à membrane. **single ring**: mononucléaire *(chim)*. **single-run welding**: *voir single-pass welding.* **single-shot inclinometer**: inclinomètre à orientation, *appareil pour mesurer l'inclinaison d'un forage et son azimut.* **single-shot instrument**: instrument à enregistrement unique. **single sideband (SSB)**: bande latérale unique (BLU). **single-solvent extraction**: extraction à un seul solvant. **single-stage compressor**: compresseur à un étage. **single-stage steam turbine**: turbine à vapeur à un étage. **single-thread screw**: vis à pas simple. **single track**: voie unique. **single-train refinery**: raffinerie à ligne unique. **single-tube core barrel**: tube carottier simple. **single-turn ring**: anneau hélicoïdal. **single-wing swivel-control head**: tête de contrôle à haute pression *(for)*. **single yarn**: fil simple.

singular – singulier, *se dit d'un point ou d'une courbe qui n'est ni ordinaire ni régulier.* **singular matrix**: matrice singulière, *matrice carrée dont le déterminant est égal à zéro.* **nonsingular matrix**: matrice régulière, *matrice carrée inversible, dont le déterminant est différent de zéro.*

singularity – point singulier ; pôle *m, fonction.*

singy – oscillant ; pédalant ; résonnant.

sinistral – sénestre. **sinistral fold**: pli sénestre, *déversé vers la gauche.*

sink – doline *f (géol)* ; évier *m* ; point de convergence. **sink-float separation process**: séparation par liquide de densité intermédiaire. **sink heater**: chauffe-eau *m (domestique)*.

sink (to) – s'affaisser ; couler ; s'effondrer ; s'enfoncer ; sombrer ; se tasser. **sink (to) a hole**: faire un sondage. **sink (to) a shaft**: foncer un puits.

sinker – avaleur *m* ; marteau de fonçage ; pompe de fonçage. **sinker bar**: barre de surcharge *(for)*. **sinker tipple**: chevalement de fonçage.

sinkhole – doline *f*; effondrement *m* ; embut *m, modelé karstique* ; entonnoir *m (géol)* ; puisard *m.* **sinkhole lake**: lac de doline. **sinkhole pond**: lac de doline.

sinking – affaissement *m* ; amortissement *m* ; coulage *m* ; creusage *m* ; enfoncement *m* ; fonçage *m* ; plongée d'eau ; subsidence *f.* **sinking agent**: absorbant coulant ; agent de coulage, *matériau absorbant destiné à faire couler les nappes de pétrole épandues sur l'eau.* **sinking fund**: caisse d'amortissement *(écon)* ; fonds d'amortissement.

sinter – tuffeau *m, roche cristalline.*

sintered – aggloméré ; fritté ; sintérisé. **sintered carbide**: carbure fritté. **sintered glass**: verre fritté. **sintered metal**: métal fritté. **sintered-metal-powder bearing**: palier en métal fritté. **sintered steel**: acier fritté.

sintering – frittage *m* ; sintérisation *f, agglomération des particules d'une matière par pression à froid suivi d'un traitement thermique.* **sintering furnace**: four de frittage.

sinuosity – sinuosité *f (géol)*.

sinuous – sinueux.

sinusoid – sinusoïde.

SIP – *abrév. de shut-in pressure.*

siphoclinometer – inclinomètre à siphon.

siphon – siphon *m.* **siphon box**: pot de purge. **siphon lubricator**: graisseur à siphon. **siphon oiler**: graisseur à siphon. **siphon pot**: pot de purge. **siphon spillway**: siphon de débordement.

siphon (to) – siphonner.

siren – sirène *f, d'alarme.*

sisal – sisal *m, agave du Mexique dont les feuilles fournissent des fibres textiles.* **sisal rope**: câble en sisal.

SIT – *abrév. de spontaneous ignition temperature.*

site – emplacement *m* ; implantation *f*; localisation *f*; site *m* ; situation *f.* **site coverage**: emprise au sol. **site criteria**: critères d'implantation. **site development**: travaux de VRD (voirie et réseaux divers). **site development**: aménagement du terrain ; viabilisation *f.* **site foreman**: chef de chantier. **site layout**: aménagement du chantier ; plan d'implantation. **site weld**: soudure sur chantier.

sitosterol – sitostérol *m, principal phytostérol.*

six – six. **six-line reeving**: mouflage à six brins. **six-point bit**: taillant en couronne. **six ring**: noyau hexagonal.

sixfold – d'ordre six.

size – apprêt *m* ; colle *f*; dimension *f*; format *m* ; grandeur *f*; taille *f.* **size effect**: effet d'échelle. **size grade**: classe granulométrique. **size of the hole**: diamètre du trou. **size oil**: huile de moulinage *(textile)*. **size reduction**: comminution *f*; fragmentation *f.*

sized – dimensionné.

sizing – apprêt *m* ; apprêture *f*; calibrage *m* ; classement volumétrique ; criblage *m* ; encollage *m.* **sizing process**: séparation par tamisage. **sizing screen**: crible classeur.

sizzle – crachement *m* ; crépitement *m* ; friture *f (acoust)*.

skarn – skarn *m (pétro)*.

skeletal – bioclastique ; squelettique. **skeletal code**: code paramétrable *(informat)*. **skeletal limestone**: *voir bioclastic limestone* ; calcaire à débris. **skeletal soil**: sol squelettique.

skeleton – carcasse *f*; squelette *m.* **skeleton crystal**: cristal squelettique. **skeleton of crystal**: squelette du cristal. **skeleton structure**: structure embryonnaire ; structure squelettique.

skelp – tôle pour tubes.

skerry – brisant *m* ; récif *m* ; rocher isolé.

sketch – croquis *m* ; plan *m* ; schéma *m.* **sketch map**: carte croquis ; croquis de reconnaissance. **sketch plate**: plaque de tôle sur mesure, *rivetée à l'extérieur des bacs de stockage et modelée de façon à épouser la forme du bac.*

skew – apophyse d'un filon *(géol)* ; défaut d'écriture, *d'un enregistrement magnétique* ; effet lacet, *produit un défaut d'écriture sur une bande magnétique* ; oblique, *de biais.* **skew symmetric**: antisymétrique.

skewing – déplacement oblique ; glissade *f.*

skewness – asymétrie *f*; obliquité *f.*

skid – béquille *f*; cale *f*; madrier *m* ; patin *m* ; support *m* ; traîneau *m* ; traîneau sur ponton. **skid chain**: chaîne antidérapante. **skid frame**: châssis antidérapant. **skid pan**: patin d'arrêt. **skid resistance**: résistance au dérapage. **skid rig**: tour de forage mobile, *déplaçable, montée sur pa-*

tins. **skid shoe**: cale de fer, *servant pour les camions.* **skid tool**: outil à patin.

skid (to) – patiner, riper, déraper. **skid (to) the derrick**: riper l'appareil de forage, *déplacer l'appareil, sans le démonter.*

Skiddavian – Skiddavien *m, étage de l'Ordovicien inférieur.*

skidded – dérapé. **skidded shot**: tir déplacé ; tir déporté.

skidding – dérapage *m* ; glissement *m, de l'outil à molette* ; ripage *m.* **skidding distance**: distance de freinage avec traces.

skidman – manoeuvre *m, chargé du déplacement ou ripage d'une tour de forage.*

skidproof – antidérapant.

skilled – expérimenté ; qualifié. **skilled manpower**: main-d'oeuvre qualifiée. **skilled worker**: ouvrier qualifié.

skim – écume *f.*

skim (to) – écrémer ; écumer, *en distillation, éliminer la fraction de pétrole lampant et dans certains cas une partie du gasoil.*

skimmer – écrémeur *m* ; écrémeuse *f*; écumoire *f*; godet niveleur ; pelle de retenue ; récupérateur *m.* **skimmer scoop, skimmer shovel**: pelle niveleuse. **skimmer tank**: bac écrémeur.

skimming – écrémage *m, élimination par distillation de toutes les fractions légères jusqu'au gasoil compris* ; décrassage *m* ; écumage *m.* **skimming pit**: fosse de pompage, *dans laquelle l'eau est éliminée par le fond et l'huile est écumée en surface avant d'être dirigée sur une autre cuve.* **skimming plant**: unité de distillation non poussée.

skin – croûte *f*; film *m* ; gaine *f, de câble* ; peau *f.* **skin diving**: plongée en apnée. **skin effect**: effet de peau, *d'un conducteur homogène* ; effet pariétal, *diminution de la perméabilité d'une formation due au colmatage partiel de la zone envahie* ; effet pelliculaire. **skin electric-current tracing (SECT)**: réchauffage des conduites métalliques. **skin factor**: coefficient de paroi, *écoulement d'un puits.* **skin friction**: frottement superficiel. **skin hardening**: trempe superficielle *(métal).* **skin of casting**: croûte de la fonte *(métal).* **skin patching**: réparation en surface. **skin resistance**: résistance de frottement.

skinning – formation de peau. **skinning test**: essai de coagulation des vernis.

skip – manque *m, d'information* ; saut de phase ; trou *m, portion de coupe ou de profil ou il n'y a pas de données disponibles.* **skip distance**: portée minimale. **skip hoist**: élévateur à godets. **skip logging**: diagraphie avec saut de phase. **skip mixing**: composition de traces non adjacentes ; mixage feston.

skip (to) – omettre ; sauter.

skirt – bêche *f*; jupe *f.* **skirted mill**: fraise à jupe latérale. **skirt pile**: pile additionnelle périphérique.

skirting – bas *m* ; bord *m* ; bordure *f*; plinthe *f*; socle *m.*

skunk – moufette *f.* **skunk oil**: huile de dépistage, *de contrôle, d'odeur désagréable, pour détecter les fuites de gaz.*

sky – ciel *m.* **skylight polarization**: polarisation naturelle de la lumière. **sky wave**: onde de ciel ; onde ionosphérique. **sky-wave interference**: interférence par ondes de ciel.

skyway – route aérienne.

SL – NM, *abrév. de sealevel : niveau de la mer.*

slab – chape *f*; cylindre d'axe vertical, *dont le rayon croît indéfiniment, s'utilise en gravimétrie* ; dalle *f*; panneau *m* ; plaque *f, plaque d'acier munie d'une garniture servant à renforcer une canalisation atteinte par corrosion.* **slab insulant**: isolant en plaques. **slab iron**: fer en brames. **slab jointing**: débit en dalles, en lauzes *(pétro).* **slab oil**: huile de marbre, *type d'huile blanche inodore, sans saveur, servant à enduire le marbre des patissiers et confiseurs.* **slab shears**: cisailles à brames *(métal).* **slab structure**: division en plaques *(géol).*

slabbing – rupture en plaques. **slabbing mill**: laminoir à brames.

slack – lâche, *mal tendu, sans tension* ; mou ; mou d'un câble. **slack barrel**: fût en tôle mince, *pour le transport de la paraffine.* **slack cable**: câble détendu. **slack coal**: charbon fin, *fines.* **slack loop**: boucle de dilatation *(pipeline).* **slack off**: relâchement *m, action de relâcher une partie de la colonne de production pour répartir son poids entre l'olive de suspension et le packer.* **slack periods**: heures creuses. **slack rope**: câble mou, *relâché.* **slack sea**: mer étale. **slack tub**: creuset *m, cuve utilisée pour la trempe des outils.* **slack water**: étale de courant. **slack wax**: gatsch *m, paraffine obtenue par ressuage de l'huile* ; paraffine huileuse ; paraffine non déshuilée. **slackwax deoiling**: ressuage de la paraffine.

slack (to) – choquer ; mollir, *un câble.* **slack (to) a rope**: choquer un câble. **slack (to) off**: descendre doucement la garniture de forage, *expression de chantier.* **slack (to) the rope**: donner du jeu au câble, *après vissage de deux sections de tube (pipeline)* ; donner du mou au câble.

slacken (to) – ralentir.

slackening – ralentissement *m.*

slacking – décollement *m* ; desserrage *m, écrou* ; refroidissement *m, haut fourneau.*

slag – crasse *f*; inclusion *f*; laitier *m* ; mâchefer *m* ; scorie *f.* **slag bottom**: sole de scories *(métal).* **slag cement**: ciment de laitier. **slag dump**: crassier *m.* **slag forming**: scorifiant. **slag inclusion**: inclusion non métallique, *dans un dépôt de soudure.* **slag wool**: laine de laitier.

slagging – coulée du laitier ; entartrage, *des tubes de four et de chaudière, provenant des impuretés du combustible* ; scorification *f (métal).* **slagging medium**: fondant *m (métal).*

slake (to) – éteindre la chaux.

slaked – éteint. **slaked lime**: chaux éteinte, *hydroxyde de calcium provenant de l'action de l'eau sur la chaux vive.*

Slalom – Slalom, *dénomination commerciale d'un programme de traitement de profils sinueux.*

slamming – impact *m* ; tapement *m, d'une coque dans les vagues.*

slant – inclinaison *f*; incliné ; oblique ; pendage *m* ; pente *f.* **slant chute**: cheminée diagonale *(mine).* **slant distance**: distance réelle. **slant drilling**: forage incliné ; forage oblique. **slant hole**: trou incliné *(for).* **slant mast**: mât inclinable, *pour forage directionnel.* **slant-path correction**:

correction d'obliquité. **slant range**: portée oblique. **slant rig**: appareil de forage incliné. **slant section**: portion inclinée rectiligne, *d'un forage dévié*. **slant stack**: sommation oblique, *mixage oblique*. **slant time**: temps de trajet oblique *(sism)*.

slanted – dévié ; oblique.

slapping – claquement *m*, *des pistons*. **slapping of the tool joints**: enclenchement des joints de tiges.

SLAR – *abrév. de sidelooking airborne radar*.

slash – coupes *f*, *budgétaires*. **slash-and-burn cultivation**: culture sur coupe et brûlis ; écobuage *m*.

slate – ardoise *f*; schiste *m*. **slate break**: intercalation de schiste. **slate clay**: argile schisteuse. **slate splitting**: quernage *m*.

slaty – schisteux, *texture d'une roche*. **slaty cleavage**: clivage des roches ; schistosité *f*, *voir aussi foliation*. **slaty fracture**: cassure schisteuse.

slave – asservi ; esclave *m*. **slave drum**: tambour asservi. **slave mode**: mode asservi. **slave station**: station asservie.

SLE – *abrév. de solid-liquid equilibrium : équilibre solide-liquide*.

sledge – marteau de forgeron ; masse *f*.

sledgehammer – marteau à devant ; masse à pans.

SLEEP – *abrév. de scanning-low-energy electron probe : sonde à balayage à électrons lents*.

sleeper – explosif préchargé ; poutre transversale, *support de béton et d'acier pour pipeline* ; semelle *f*; traverse *f*.

sleet – grésil *m*, *pluie congelée*.

sleeve – douille *f*; fourreau *m*; guipage *m*; manche *f*; manchette *f*; manchon *m*. **sleeve bearing**: palier à douille ; palier lisse, *servant à protéger une tige rotative, voir aussi solid bearing et bushing bearing*. **sleeve coupling**: accouplement à manchon. **Sleeve exploder**: *dénomination commerciale d'une source sismique marine*. **sleeve joint**: assemblage à manchon. **sleeve stabilizer**: stabilisateur à manchon. **sleeve-type vaporizing burner**: brûleur vaporisateur à manchons. **sleeve valve**: chemise tiroir ; clapet à boisseau *(mot)*. **sleeve-valve engine**: moteur sans soupape.

sleeving – guipage *m*, *revêtement isolant*.

slender – mince. **slender hammer**: marteau élancé.

slenderness – minceur *f*. **slenderness ratio**: élancement *m*.

slew – déviation *f*. **slew control**: contrôle de cadrage, *système Loran*. **slew rate**: vitesse de réponse ; vitesse de suite ; vitesse maximale d'alimentation, *d'un échantillonneur ou d'un multiplexeur*.

slew (to) – pivoter ; virer.

slice – écaille *f*; lame *f*; section *f*; tranche *f*.

sliced – tranché. **sliced structure**: structure finement lamellaire.

slicing – décrassage *m*, *d'un foyer de four* ; tranchage *m*, *d'une pièce de fer en une seule opération*.

slick – nappe *f*, *de mazout ou d'huile sur l'eau*. **slick joint**: joint de tube à garnissage. **slick rod**: *voir polish rod*.

slickenside – miroir de faille *(géol)* ; surface de glissement.

slide – coulisse f ; coulisseau *m* ; diapositive *f*; éboulement *m* ; glissière *f*. **slide box**: boîte à tiroir, *machine à vapeur*. **slide caliper**: calibre à coulisse ; pied à coulisse. **slide crust**: croûte glissante. **slide furrow**: couloir d'avalanche. **slide gate**: obturateur *m*, *de vanne*. **slide mound**: anomalie de glissement, *anomalies sédimentaires développées pendant des périodes géologiques de mer basse et étroitement liées au prisme de bas niveau*. **slide mount**: cadre de diapositive *(photo)*. **slide oil**: huile de glissement, *de lancement*. **slide rail**: barre de glissière ; glissière *f*; rail de glissement. **slide resistance**: résistance au glissement. **slide rest**: support à chariot, *machine fixe*. **slide rock**: cône de déjection ; lit de déjection *(géol)*. **slide rule**: règle à calcul. **slide valve**: distributeur *m* ; tiroir *m* ; valve tiroir ; vanne à tiroir ; vanne de détente. **slide-valve chest**: *voir slide box*. **slide-valve lead**: avance du tiroir. **slide-valve rod**: tige de soupape ; tige de tiroir, *machine à vapeur*. **slide-valve steam engine**: machine à vapeur à soupape à tiroir.

slider – curseur *m*. **slider bearing**: *voir journal bearing*.

sliding – coullissant ; ripage *m*. **sliding bearing**: palier à glissières. **sliding cam**: came à déplacement. **sliding collar**: bague coulissante. **sliding contact**: contact glissant *(élec)*. **sliding electrode**: électrode glissante. **sliding fit**: emboîtement libre. **sliding friction**: frottement de glissement. **sliding gear**: engrenage baladeur ; train baladeur *(auto)*. **sliding motion**: mouvement coulissant. **sliding piston**: piston distributeur, *machine à vapeur* ; piston pilote. **sliding resistance**: résistance au glissement. **sliding scale**: échelle mobile. **sliding-scale royalty**: redevance à taux variable ; redevance dégressive. **sliding-scale tariff**: tarif dégressif. **sliding sleeve**: manchon coulissant. **sliding surface**: surface de glissement. **sliding tectonics**: tectonique de glissement. **sliding-vane pump**: pompe à palette coulissante, *glissante*. **sliding velocity**: vitesse de glissement. **sliding weight**: poids curseur. **sliding window**: fenêtre glissante.

slim hole – trou en diamètre réduit *(for)*. **slim-hole casing**: tubage en diamètre réduit. **slim-hole core barrel**: carottier pour forage en diamètre réduit. **slim-hole drilling**: filiforage *m* ; forage à petit diamètre, *forage petit diamètre* ; microforage *m*. **slim-hole packer**: packer pour trou de petit diamètre *(for)*.

slime – limon *m* ; boue *f*; poussière de minerai ; vase *f*. **slime pit**: bassin à boues. **slime separator**: séparateur de boues.

slimicide – antimoisissure *m*, *produit antimoisissure*.

slimming – délardage *m*, *d'un tube*.

slimy – boueux ; limoneux ; visqueux. **slimy sapropel**: vase putride *(géol)*.

sling – boucle *f*; cravate *f*, *manutention des pipelines* ; élingue *f*. **sling chain**: chaîne de suspension. **sling line**: aussière *f*; élingue *f*. **sling-line socket**: manille d'élingue.

slinger – bague d'étanchéité, *fixée à un arbre ou à un tourillon pour éviter l'entrée de tout corps étranger dans un palier*.

slinging – élingage *m*. **slinging eye**: boucle d'élingage.

slip – crin *m* ; éboulement *m* ; feuille *f*; fiche *f*; fil *m* ; fuite *f*, *de gaz ou de pétrole par les soupapes d'une pompe de production* ; glissement *m* ; limet *m*. **slip additive**: additif de lubrification. **slip angle**: angle de dérive, *d'une roue de véhicule*. **slip band**: bande de glissement *(crist)*. **slip bed**: semelle de glissement *(géol)*. **slip cleavage**: schistosité de crénulation. **slip elevator for long strings of casing**: élévateur avec coins de serrage pour long train de tiges. **slip fault**: faille d'effondrement ; fente d'affaissement ; fente de glissement. **slip flow**: écoulement glissant. **slip fold**: pli de cisaillement. **slip folding**: plissement cisaillant. **slip formwork**: coffrage glissant. **slip grip**: bride de fixation à coins ; griffe à coins, *pour fixer un appareil sur un tube ou tuyau*. **slip holder**: support de coins. **slip joint**: articulation coulissante ; coulisse du tube conducteur *(for)* ; joint coulissant. **slip knot**: noeud coulant. **slip launcher**: support de coins à déclenchement *(for)*. **slip of a propeller**: recul d'une hélice. **slip-off slopes**: versants de glissement, *de rives convexes de fleuves à méandres*. **slip-on flange**: bride à double emboîtement. **slip plane**: plan de glissement *(géol)* ; surface de glissement. **slip planes of crystals**: surface de glissement entre deux cristaux. **slip puller**: ouvrier de plancher de forage. **slip ratio**: coefficient de recul. **slip ring**: bague collectrice ; bride de bague collectrice ; collecteur *m*. **slip-ring motor**: moteur à bague collectrice, *type à induction* ; moteur à bagues. **slip scraper**: racloir *m*. **slip sheet**: couche formée par affaissement *(géol)*. **slip socket**: souricière *f (for)*. **slip stick**: règle à calcul ; tige polie *(for)*. **slip-strain cleavage**: schistosité de crénulation. **slip surface**: surface de glissement. **slip-type elevator**: élévateur à coins pour tubes. **slip-type hanger**: dispositif de suspension à coins. **slip vein**: filon de faille *(géol)*. **slip velocity**: vitesse de glissement *(méc. fl)*.

slip (to) – glisser ; patiner.

slippage – déperdition *f*; glissement, *relatif de l'huile par rapport au gaz dans un tube de production* ; perte *f*, *par système hydraulique* ; quantité d'huile perdue, *par glissement entre le piston et le corps de la pompe* ; retard *m*, *durée pendant laquelle un compteur enregistre une valeur inférieure au volume requis*. **slippage in folding**: glissement au cours d'un plissement, *d'une couche sur une autre*. **slippage loss**: perte par glissement. **slippage phenomenon**: fuite de gaz *(dans les gisements) qui se produit quand le diamètre des capillaires est voisin du libre parcours moyen du gaz*. **slippage test**: essai de glissement.

slipper – sabot de freinage.

slippery – glissant.

slipping – patinage *m*. **slipping the line**: filage du câble, *déplacement du câble de forage pour en reporter les points d'usure (tronçons passant sur les moufles fixe et mobile) à un autre endroit*.

slips – cales *f (for)* ; coins de retenue, *destinés à maintenir le train de sonde suspendu à la table de rotation pendant le vissage de chaque longueur* ; coins grippeurs.

slit – entaille *f*; fente *f*; recoupe *f*.

slitter – machine à refendre.

slitting – fendage *m*. **slitting cutters**: cisailles circulaires multiples. **slitting mill**: machine à refendre.

sliver – paille couchée, *défaut de matériel tubulaire* ; écharde *f*; éclat *m*.

slm – *abrév. de steel line measurement, utilisée dans les rapports de forage*.

slop – rejets de fabrication, *produits pétroliers non conformes aux normes de fabrication, sont généralement redistillés, on les nomme familièrement en français horspecs*. **slop oil**: *voir slop*. **slop tank**: bac des rejets de fabrication ; citerne à résidus ; citerne de décantation ; cuve de décantation ; réservoir poubelle. **slop wax**: résidu paraffineux.

slope – déclivité *f*; inclinaison *f*; pendage *m* ; pente *f*; talus *m* ; versant *m*. **slope break**: rupture de pente *(géol)*. **slope coefficient**: indice de pente, *coefficient angulaire de la droite représentative de la variation de viscosité d'une huile avec la température*. **slope failure**: rupture de talus. **slope fan**: cône de talus, *dépôt turbiditique qui se dépose dès que la vitesse de chute relative du niveau marin commence à diminuer* ; cône sous-marin de talus. **slope front fill**: dépôt de front de talus, *dépôt sédimentaire de bas-niveau marin*. **slope incline**: plan incliné. **slope line**: ligne de plus grande pente. **slope of river**: pente d'une rivière. **slope stabilization**: stabilisation des talus, *des berges*.

sloped – en pente.

sloper – charrue spéciale ; taluteuse *f*.

sloping – pentu.

slopover – débordement par émulsion, *certains hydrocarbures lourds ont tendance à former une émulsion avec l'eau lorsqu'ils sont chauffés. Si l'on applique de la mousse sur ces hydrocarbures pour éteindre un feu de réservoir, on assiste alors à une projection d'émulsion en flamme*.

sloshing – ballottement d'un liquide.

slot – encoche *f*; évidement m, *de certaines plates-formes de forage en mer où se réalise le forage* ; fente *f*; gorge *f*; havage *m* ; rainure *f*; saignée *f*; tiroir *m*, *d'un cadre sémantique*. **slot burner**: brûleur à fente. **slot cut**: fraction intermédiaire, *entre l'huile et la paraffine*. **slot weld**: soudure en entaille. **slot welding**: soudage sur entaille. **J slot**: cannelure en J ; rainure en J *(for)*.

Slotnick – Slotnick. **Slotnick method**: méthode de Slotnick, *d'interprétation en réfraction sismique*.

slotted – à encoche ; entaillé ; à fente ; perforé. **slotted and perforated liner**: crépine à fentes et à trous. **slotted-head screw**: vis à tête fendue. **slotted liner**: colonne perdue perforée ; liner perforé ; tube crépiné à fentes. **slotted pipe**: tube crépiné ; tube rainuré. **slotted tube**: tube lanterné.

slotting – entaillage *m* ; fendage *m* ; mortaisage *m* ; rainurage *m*. **slotting machine**: mortaiseuse *f*.

slough – bourbier *m* ; fondrière *f*.

sloughing – séparation *f*, *des boues, voir aussi hole sloughing*. **sloughing formation**: formation boulante. **sloughing shale**: schiste boulant.

sloughy – bourbeux.

slow – lent. **slow-action explosive**: explosif lent. **slow burning**: combustion lente. **slow combustion**:

combustion lente. **slow cooling**: refroidissement lent. **slow curing**: durcissement lent, *ciment*. **slow-curing (SC) cutback**: cutback à séchage lent. **slow-down area**: aire de ralentissement. **slow flow**: écoulement sublaminaire. **slow hardening**: à prise lente. **slow-hardening cement**: ciment à durcissement lent. **slow-moving depression**: dépression lente *(météo)*. **slow neutron**: neutron lent. **slow-running jet**: gicleur de ralenti. **slow-running screw**: vis de ralenti. **slow-setting cement**: ciment à prise lente. **slow-speed diesel**: diesel lent. **slow steaming**: navigation à vitesse réduite ; ralentissement des pétroliers, *pour raison économique et leur exploitation à demi-vitesse pour allonger le temps de voyage et diminuer leur consommation de carburant*. **slow wave**: onde lente.

slowing – ralentissement *m*. **slowing down**: ralentissement *m*, *énergie des particules*. **slowing-down density**: densité de ralentissement. **slowing-down length**: longueur de ralentissement. **slowing of clocks**: ralentissement des horloges, *dilatation relativiste du temps*.

slowness – lenteur *f*, *en sismique, inverse de la vitesse de propagation*.

SLR – RVL, *abrév. de side-looking radar, radar à visée latérale*.

sludge – boues *f*; cambouis *m*; crasse *f*; débris *m*; mayonnaise *f*, *dans les huiles de graissage, amas hétérogène, généralement pâteux, résultant d'une altération physique ou chimique ; ces dépôts sont rangés selon leur consistance* ; poussière de sondage ; tourbe *f*; vase *f*. **sludge activation**: activation des boues. **sludge asphalt**: produit asphaltique séparé des boues acides, *obtenu dans le raffinage des distillats pétroliers par l'acide sulfurique*. **sludge cake**: boues décantées ; sédiments de filtration. **sludge cock**: robinet à boues. **sludge coking**: cokéfaction des boues. **sludge collector**: collecteur de boues. **sludge dewatering**: déshydratation des boues ; dessiccation des boues. **sludge digestion**: décomposition anaérobique. **sludge-dispersal agent**: additif antiboues, *additif empêchant la formation de dépôts boueux (mot)*. **sludge inhibitor**: inhibiteur de boues. **sludgeless oil**: huile sans boues. **sludge lye**: boue alcaline. **sludge scraper**: racleur de boues. **sludge tank**: réservoir à déchets de raffinage. **sludge test**: *voir precipitation test*.

sludger – pompe à sable, *utilisée pour évacuer les déchets*.

sludging – formation de boues épaisses. **sludging value**: indice de goudrons ; indice de sédimentation, *estimation de la tendance à la formation de boues dans un moteur*.

slug – bouchon *m*, *de fluide injecté dans le réservoir durant le déplacement miscible* ; bouchon lourd baryté. **slug bit**: *voir insert bit*. **slug catcher**: récupérateur de bouchons liquides *(prod)* ; séparateur de condensat. **slug flow**: écoulement de vagues moutonnantes ; écoulement piston ; engorgement *m*. **slug fluid**: fluide tampon.

slug (to) – cogner. **slug (to) the pipe**: injecter un bouchon de boue très lourde, *dans le train de tiges pour faire baisser le niveau du fluide de circulation et éviter des projections lors du dévissage des tiges*.

slugging – bouillonnage *m* ; fluidisation tumulteuse.

sluggish – paresseux, *mou, apathique* ; lent ; réfractaire. **sluggish ring**: segment paresseux, *qui se déplace difficilement lorsque le piston est disposé horizontalement*. **sluggish valve**: soupape paresseuse.

sluice – canal *m* ; couloir *m* ; écluse *f*; pertuis *m* ; rigole *f*. **sluice gate**: porte d'écluse.

slump – crise économique ; éboulement *m* ; figure de glissement *(géol)* ; glissement *m* ; marasme *m (écon)*. **slump fault**: faille de distension. **slump fold**: pli de glissement. **slump mound**: monticule à structure perturbée *(stratig)*. **slump structure**: structure pliée. **slump test**: essai d'affaissement pour les bétons.

slump (to) – s'effondrer ; glisser.

slumping – glissement synsédimentaire, *glissement des sédiments non encore consolidés sur la pente du bassin sédimentaire*.

slurry – boue *f*; bouillie *f*; coulis *m* ; lait *m*, *de ciment* ; laitier *m* ; mortier peu épais ; suspension épaisse, *suspension de particules solides dans un liquide pouvant s'écouler naturellement et pompable*. **slurry-bed reactor**: *voir ebullating-bed reactor*. **slurry blasting agent**: explosif en bouillie. **slurry explosive**: bouillie explosive ; coulis d'explosif ; explosif en bouillie. **slurry flush**: chasse au laitier. **slurry pipeline**: pipeline pour pulvérulent, *en suspension dans l'eau*. **slurry reactor**: réacteur à suspension. **slurry seal**: coulis bitumineux, *routes*.

slush – boue *f* ; gadoue *f*, *neige saturée et mélangée d'eau* ; neige fondue. **slush pit**: bac à boue ; bassin à boue. **slush pump**: pompe à boue *(for)*.

slusher – *voir scraper*.

slushing – remblayage par embouage. **slushing oil**: huile antirouille.

small – petit. **small bar**: barreau *m*. **small bottle**: fiole *m*. **small can**: bidonnet *m*. **small circle**: cercle mineur. **small-diameter hole**: sondage de petit diamètre ; trou de petit diamètre *(for)*. **small-diameter well completion**: complétion de puits en diamètre réduit. **small-end bearing**: palier de pied de bielle. **small floe**: petit floe, *moins de 100 m*. **small-scale aerial photography**: prise de vue aérienne à petite échelle. **small-scale photography**: photographie à petite échelle. **small slam**: petit chelem, *programme de calcul de la résistivité de la zone envahie, de la résistivité vraie, du diamètre d'invasion et de la saturation en eau à partir des données double induction et diagraphie de proximité*.

smaltite – smaltite *f*, *arséniure de cobalt*.

smart – habile. **smart card**: carte à mémoire. **smart sensor**: capteur intelligent. **smart stacking**: addition sélective.

smash (to) – écraser, *briser en morceaux*.

smasher – broyeur *m*.

smear – empâtement *m* ; mixage brouillon, *tout processus de sommation où l'on additionne des arrivées qui n'ont pas été rendues tout à fait synchrones* ; tache *f*.

smear (to) – baver ; enduire.

smearing – empâtement *m (sism)* ; usure des roulements, *caractérisée par le dépôt du métal de la cage sur les rouleaux*.

smectic – smectique. **smectic phase**: phase smectique, *cristaux liquides.*
smectite – smectite *f, argile smectique, nom donné aux argiles absorbantes et dégraissantes.*
smell – odeur *f.*
smeltable – fusible.
smelted – fondu.
smelter – four de fusion. **smelter coke**: coke de fonderie.
smelting – fonte *f*; fusion *f.* **smelting furnace**: four de fusion ; four de réduction. **smelting plant**: fonderie *f.*
smile – sourire *m, sur une coupe sismique migrée, figure à concavité tournée vers le haut.*
smithsonite – smithsonite *f, minerai de zinc.*
smog – smog *m, mélange de brouillard et de fumée.*
smoke – fumée *f.* **smoke black**: noir de fumée. **smoke box**: boîte à fumée. **smoke chest**: boîte à fumée. **smoke cloud**: nuage de fumée. **smoke detector**: détecteur de fumée. **smoke flue**: carneau de fumées. **smoke number**: indice de fumée. **smoke pipe**: conduit de fumée. **smoke point**: point de fumée, *hauteur maximale de la flamme, en millimètres, à laquelle un kérosène brûle sans formation de fumée.* **smoke screen**: écran de fumée. **smoke shade number**: indice de noircissement, *permettant d'évaluer l'opacité d'une fumée.* **smoke suppressor**: additif antifumée. **smoke test**: essai de fumée.
smokeless – sans fumée. **smokeless fuel**: combustible sans fumée, *combustible non fumigène.* **smokeless powder**: poudre sans fumée.
smokemeter – opacimètre *m, utilisé pour mesurer les émissions de fumées dans les gaz de combustion ou dans les gaz d'échappement.*
smokestack – cheminée *(d'usine)* ; cheminée d'évacuation des fumées.
smokiness – fumosité *f.*
smoky – fuligineux. **smoky exhaust**: fumée à l'échappement. **smoky quartz**: quartz enfumé.
smooth – doux ; lisse ; plan ; uni. **smooth blasting**: découpage fin *(mine)*. **smooth drilling**: forage sans vibrations. **smooth file**: lime douce. **smooth going**: fonctionnement régulier. **smooth running**: marche régulière. **smooth sea**: mer belle. **smooth turn**: chariоté fin, *travail de finissage au tour.*
smoothing – ajustement *m* ; lissage *m* ; polissage *m* ; réduction à la référence. **smoothing plane**: rabot *m.*
smothering – étouffement *m.* **smothering gas**: gaz d'étouffement *(incendie)*.
SMS – *abrév. de spark mass spectrometry : spectrométrie de masse à étincelles.*
smudge – fumée épaisse, *étouffante.* **smudge oil**: huile lourde pour chauffage des vergers.
smuggling – contrebande *f.*
smut – fumeron *m.*
S/N – *abrév. de signal-to-noise ratio.*
snag – aspérité *f*; tronc d'arbre submergé.
snakeholing – tir à pétards.
snaking – oscillation de lacet. **snaking in**: mise en fouille d'une canalisation.
snap – cassure *f*; fermoir *m* ; rupture soudaine. **snap-action control**: réglage par tout ou rien. **snap gage**: calibre de tolérance. **snap head**: bouterolle *f.* **snap hook**: mousqueton *m.* **snap ring**: anneau de fermeture automatique ; bague à ressort ; circlips *m.* **snap switch**: commutateur à ressort.
snap (to) – casser d'un coup net ; faire claquer.
snapping – déclenchement. **snapping-up line**: cordage de commande de la clé de manoeuvre.
snatch – mouvement vif. **snatch block**: douille *f*; poulie à chape ouvrante.
Snell – Snell. **Snell's laws**: lois de Snell-Descartes, *loi sur la réfraction des ondes.*
SNG – GNS, *abrév. de synthetic natural gas : gaz naturel de synthèse, ou de substitute natural gas : gaz naturel de substitution.*
sniffer – renifleur *m.*
snifter – petit verre. **snifter valve**: reniflard *m.*
snip (to) – cisailler.
snips – cisailles *f.*
snitcher – balai électrique, *voir aussi holiday detector (pipeline)*.
snooper – indicateur *m, radioactif*; mouchard *m, radioactif.*
snorkel – schnorkel *m* ; tuba *m (plongée)*.
snow – neige *f.* **snow cover**: couverture de neige. **snow cutter**: tarière à neige. **snow depth**: hauteur de neige. **snow glacier**: glacier de névé. **snow line**: limite des neiges éternelles. **snow pack**: manteau nival. **snow remover**: déneigeuse *f.* **snow sampler**: tube à neige. **snow slip**: avalanche *f.* **snow slush**: bouillie neigeuse. **snow survey**: étude d'enneigement. **snow tire**: pneu neige. **snow tube**: tube à neige.
Snowbelt states – *dénomination des Etats les plus froids des Etats-Unis, voir aussi Sunbelt.*
snowdrift – amas de neige ; congère *f*; enneigement *m.*
snowfall – chute de neige ; enneigement.
snowflake – flocon de neige.
snowmelt – fonte des neiges.
snowmobile – motoneige *f, motoski.*
snowplow – chasse-neige *m.*
snowstorm – tempête de neige.
SNP – *abrév. de sidewall neutron porosity.*
SNR – *abrév. signal-to-noise ratio.*
snub – décélération *f, freinage partiel d'un véhicule.*
snubber – amortisseur *m.*
snubbing – arrêt abrupt, *d'une aussière* ; curage sous pression ; opération au câble sous pression, *technique d'intervention sur un puits non neutralisé par introduction d'éléments tubulaires sous pression.* **snubbing equipment**: équipement d'intervention sous pression *(for)* ; équipement de forage sous pression. **snubbing line**: câble de retenue ; élingue de retenue. **snubbing post**: pieu d'amarrage.
snuffer – cloche d'extinction *(for)*. **snuffer line**: conduite d'extinction.
SNWF – SFNM, *abrév. de saturation in nonwetting fluid, saturation en fluide non mouillant.*
Snyder – Snyder. **Snyder life test**: essai d'oxydabilité de Snyder, *des huiles pour transformateur.*
so – *abrév. de show of oil.*
soak – imbibition *f*; trempe *f.*
soak (to) – imbiber ; imprégner ; mettre en condition ; tremper.

soaked – imprégné.
soaker – maturateur *m*, *voir soaking drum.*
soaking – imbibition *f* ; trempage *m*. **soaking chamber**: chambre de maturation *(raf)* ; réacteur de maturation. **soaking drum**: maturateur *m*, *dans le craquage thermique, four chargé de maintenir la charge à température de craquage pendant un certain temps de façon à achever la réaction sans relever trop la température.*
soap – savon *m*. **soap earth**: *voir soapstone.* **soap test**: essai au savon, *détergents.*
soapstone – stéatite *f (minér).*
soapsuds – mousse de savon.
socket – cloche de repêchage *(for)* ; douille *f* ; manchon *m* ; prise de courant. **socket joint**: emboîtement à tulipe. **socket spanner**: clé à douille. **socket wrench**: clé à douille ; clé à tube.
soda – soude *f*, *carbonate de sodium, hydroxyde de sodium.* **soda ash**: carbonate de sodium anhydre. **soda grease**: graisse de sodium ; graisse sodique ; savon de sodium. **soda lime**: chaux sodée. **soda-lime feldspar**: *voir sodium-calcium feldspar.* **soda lye**: lessive de soude. **soda niter**: nitratine *f*, *salpêtre du Chili (minér).* **soda orthoclase**: anorthose *f (minér).* **soda wash**: lavage à la soude.
sodalite – sodalite *f*, *aluminosilicate naturel de sodium chloré.*
sodamide – sodamide *m*, *amidure de sodium.*
sodium – sodium *m*, *symbole chim. Na.* **sodium acetate**: acétate de sodium. **sodium alum**: alun de sodium *(minér).* **sodium-base grease**: graisse au savon de sodium. **sodium bromide**: bromure de sodium. **sodium-calcium feldspar**: feldspath sodicalcique, *plagioclase.* **sodium carbonate**: carbonate de sodium, *ou carbonate de soude, utilisé pour lutter contre la contamination au chlorure de calcium.* **sodium chlorate**: chlorate de sodium. **sodium chloride**: chlorure de sodium. **sodium feldspar**: feldspath sodique. **sodium hydrate**: *voir sodium hydroxide.* **sodium hydroxide**: hydroxyde de sodium ; soude caustique. **sodium-hydroxide treatment**: traitement à la soude. **sodium hypochlorite**: hypochlorite de sodium. **sodium lactate**: lactate de sodium. **sodium lye**: lessive de soude. **sodium molybdate**: molybdate de sodium. **sodium naphthenate**: naphténate de sodium. **sodium nitrate**: nitrate de sodium. **sodium nitrite**: nitrite de sodium. **sodium perchlorate**: perchlorate de sodium. **sodium plumbite**: plombite de sodium. **sodium polyacrylate**: polyacrylate de sodium, *utilisé comme réducteur de filtrat.* **sodium pyrophosphate**: pyrophosphate de sodium. **sodium soap**: savon de sodium. **sodium-soap grease**: graisse à base de savon sodique. **sodium sulfoxylate**: sulfoxylate de sodium.
sofar – *abrév. de sound fixing and ranging, désigne l'emploi de signaux acoustiques à travers les couches profondes de l'océan comme moyen de repérage du lieu d'émission.*
soft – doux ; ductile ; malléable ; mou ; tendre. **soft acid**: acide mou. **soft cast steel**: acier coulé doux. **soft clay**: argile plastique. **soft copy**: image d'écran ; image vidéo. **soft currency**: monnaie faible. **soft detergent**: détergent biodégradable. **soft energy**: énergie douce. **soft foot**: boitement *m*. **soft formation**: formation tendre. **soft-formation cone bit**: outil à molettes pour terrains tendres. **soft-formation cutter head**: porte-lame pour formation tendre. **soft gradation**: gradation douce. **soft iron**: fer doux. **soft pasty sludge**: boues pâteuses. **soft pitch**: brai gras. **soft rock**: roche sédimentaire ; roche tendre. **soft rubber**: caoutchouc mou. **soft soap**: savon mou. **soft soil**: sol tendre. **soft solder**: soudure tendre, *soudure à l'étain.* **soft soldering**: soudage tendre. **soft steel**: acier doux. **soft water**: eau douce. **soft wax**: paraffine molle. **soft-wood plug**: pinoche *f*, *pour boucher les venues d'eau d'un navire.*
softened – adouci. **softened water**: eau permutée.
softener – adoucisseur *m*.
softening – adoucissement *m* ; amollissement *m* ; ramollissement *m*. **softening agent**: adoucissant *m* ; amollissant *m* ; émollient *m*. **softening point**: point de ramollissement, *température à laquelle un produit atteint un certain degré de ramollissement fixé par les conditions de l'essai.* **softening range**: plage de ramollissement.
softness – mollesse *f*.
software – logiciel *m*. **software design**: écriture des programmes, *ordinateur.*
sog – *abrév. de show of oil and gas.* **sog and w**: *abrév. de show of oil, gas and water.*
soil – sol *m* ; terrain *m* ; terre végétale. **soil analysis**: analyse du sol. **soil-bearing value**: indice portant du sol. **soil brightness index (SBI)**: indice de clarté des sols ; indice de luminance du sol. **soil chemistry**: chimie des sols. **soil concrete**: béton d'argile. **soil conservation**: conservation des sols. **soil contamination**: contamination du sol. **soil corrosion**: corrosion du sol ; corrosion tellurique. **soil-corrosion test**: essai de corrosion édaphique. **soil creep**: fluage du sol ; glissement de terrain. **soil erosion**: érosion du sol. **soil family**: famille de sols. **soil flow**: sol fluide ; solifluxion *f*. **soil leaching**: lessivage du sol. **soil liquefaction**: liquéfaction du sol, *réduction très importante de la résistance au cisaillement et, par suite, de la capacité portante d'un sol sous l'influences de charges.* **soil mechanics**: mécanique des sols. **soil moisture**: humidité du sol. **soil physics**: physique du sol. **soil pollutant**: polluant du sol. **soil pollution**: pollution du sol. **soil series**: série de sols. **soil stabilization**: stabilisation du sol. **soil stripe**: bande terreuse. **soil temperature**: température du sol. **soil water**: eau du sol.
soil (to) – souiller, *salir, entacher.*
sol – sol *m*, *système colloïdal.*
solar – solaire. **solar activity**: activité solaire. **solar altitude**: altitude solaire. **solar angle**: angle solaire. **solar array**: paneau solaire. **solar azimuth**: azimut du soleil. **solar battery**: batterie solaire. **solar boiler**: chaudière solaire. **solar cell**: cellule solaire ; photopile solaire ; pile solaire. **solar collector**: capteur solaire ; collecteur solaire ; héliocapteur *m*. **solar constant**: constante solaire. **solar cycle**: cycle solaire. **solar day**: jour solaire. **solar distillation**: distillation solaire. **solar energy**: énergie solaire. **solar engine**: moteur solaire. **solar evaporator**: évaporateur solaire. **solar furnace**: four solaire. **solar heating**: chauffage solaire. **solar heating and cooling of buildings**: chauffage et conditionnement solaire. **solar house**: maison solaire. **solar noise**: bruit solaire. **solar oil**: huile

solaire, *fraction d'huile légère de couleur claire.* **solar pond**: bassin solaire. **solar power**: énergie solaire. **solar power plant**: centrale héliothermique ; centrale solaire. **solar radiation**: rayonnement solaire. **solar sea power**: énergie solaire de l'océan. **solar sea-power plant**: centrale solaire marine. **solar sensor**: capteur solaire. **solar still**: distillateur solaire. **solar system**: système solaire. **solar thermal pump**: pompe thermique solaire. **solar tide**: marée solaire. **solar tower**: centrale solaire ; tour solaire. **solar wind**: vent solaire.

solarimeter – solarimètre *m, pyranomètre.*

SOLAS – SOLAS, *abrév. de Safety Of Life At Sea : sauvegarde de la vie humaine en mer, conférence internationale chargée de fixer les règles de sécurité pour les navires à passagers.*

solation – solation *f, passage de l'état de gel à l'état de sol.*

solderability – soudabilité *f.*

solderable – soudable.

soldered – soudé. **soldered joint**: joint soudé ; soudure *f.*

solderer – soudeur *m.*

soldering – brasage *m* ; soudage *m.* **soldering apparatus**: appareil de soudage. **soldering bit**: fer à souder. **soldering carbon**: charbon à souder. **soldering copper**: fer à souder ; soudoir *m.* **soldering flux**: fondant de soudage. **soldering hammer**: *voir soldering iron.* **soldering iron**: fer à souder. **soldering lamp**: lampe à souder. **soldering metal**: métal de soudure. **soldering pewter**: étain de soudure. **soldering powder**: poudre à braser. **soldering tongs**: pince à souder. **soldering tool**: fer à souder. **soldering torch**: lampe à souder.

solderless – sans soudure.

sole – base *f*; mur *m, d'une couche géologique* ; radier *m* ; semelle *f, génie civil* ; socle *m* ; substratum *m.* **sole cast**: moulage basal *(géol)*. **sole mark**: figure basale *(géol)*. **sole piece**: semelle *f*; sole *f.* **sole plate**: plaque de fondation. **sole risk clause**: clause à ses propres risques, *clause dans un contrat en association qui permet à une des parties de continuer des opérations d'exploration ou de développement à ses seuls risques quand l'autre ou les autres parties ne souhaitent plus y participer.* **sole weight**: poids mort ; tare *f.*

solenoid – solénoïde *m.* **solenoid-actuated valve**: soupape à commande par solénoïde. **solenoid-operated brake**: frein à solénoïde. **solenoid valve**: électrovanne *f*; vanne électromagnétique.

solfatara – solfatare *f, fumerolle sulfureuse.*

solid – continu, *trait* ; solide *m* ; solide ; uni, *couleur.* **solid absorbent**: absorbant solide. **solid adsorbent**: adsorbant solide. **solid alkane**: alcane solide. **solid angle**: angle solide, *l'unité SI est le stéradian.* **solid axle**: axe fixe. **solid bearing**: palier plein. **solid bed**: couche dure. **solid carbon**: charbon homogène. **solid electrolyte**: électrolyte solide. **solid fuel**: combustible solide. **solid geometry**: géométrie dans l'espace. **solid ground**: terrain ferme. **solids handling**: manutention des pulvérulents. **solid injection**: injection mécanique *(diesel)*. **solid-line curve**: courbe en trait continu. **solid lubricant**: lubrifiant solide. **solid mineral fuels**: combustibles minéraux solides (CMS). **solid ore**: minerai en place, *minerai vierge.* **solid petroleum product**: dérivé solide de pétrole. **solids pipeline**: pipeline pour solides. **solid propellant**: propergol solide. **solid residue**: résidu solide *(raf)*. **solid rock**: roche solide, *roche vive.* **solid soil**: terrain ferme. **solid solution**: solution solide. **solid state**: état solide ; à semiconducteurs. **solid waste**: déchet solide. **solid wood**: bois massif. **solids content**: teneur en solides.

solidification – solidification *f.* **solidification point**: *voir solidifying point.* **solidification range**: intervalle de solidification.

solidified – solidifié. **solidified gasoline**: essence solidifiée. **solidified kerosine**: kérosène solidifié. **solidified petroleum**: pétrole solidifié.

solidifying – solidifiant. **solidifying point**: point de solidification, *voir aussi freezing point.*

solidus – solidus *m, sur un diagramme d'équilibre, courbe des points correspondant à la température de fusion commençante ou de solidification finissante.* **solidus curve**: diagramme de solidification.

solifluction – solifluxion *f, mouvement lent affectant un matériau fin et humide ayant franchi la limite de plasticité.* **solifluction deposit**: dépôt de solifluxion. **solifluction flow**: coulée de solifluxion. **solifluction lobe**: lobe de solifluxion. **solifluction sheet**: manteau de solifluxion. **solifluction stream**: coulée de solifluxion.

solitary – solitaire. **solitary wave**: onde solitaire, *onde superficielle de gravité.*

soliton – soliton *m (phys)*.

soln – *abrév. de solution.*

solubility – solubilité *f.* **solubility coefficient**: coefficient de solubilité. **solubility curve**: courbe de solubilité. **solubility product**: produit de solubilité. **solubility test on asphalts**: essai de solubilité des produits bitumineux, *c'est le pourcentage de matière soluble dans le sulfure de carbone, le trichloro-éthylène, le tétrachlorure de carbone ou le tétrachloro-éthylène.*

soluble – soluble. **soluble anode**: anode soluble. **soluble cutting oil**: huile de coupe soluble. **soluble gum**: gomme soluble, *résidu obtenu par évaporation du carburant après oxydation et du solvant de lavage filtrés.* **soluble oil**: huile soluble, *huile émulsionnable, utilisée pour l'ensimage des textiles et le travail des métaux.*

solute – soluté *m, substance dissoute dans un solvant.*

solution – dissolution *f*; résolution *f*; solution *f, liquide contenant un corps dissous ; réponse à un problème.* **solution breccia**: brèche de remplissage. **solution cavity**: cavité de dissolution. **solution gas**: gaz dissous. **solution-gas drive**: drainage par expansion du gaz dissous ; production par expansion des gaz dissous. **solution-gas field**: gisement produisant par expansion des gaz dissous. **solution-gas/oil ratio**: porportion de gaz en solution dans l'huile ; rapport gaz dissous/huile, *exprime la quantité de gaz en solution ou dissous dans l'huile d'un réservoir saturé.* **solution mining**: dissolution en place, *méthode d'exploitation de minéraux solubles.* **solution pan**: vasque *f (géomorph)*. **solution polymerization**: polymérisation en solution. **solution porosity**: porosité de dissolution. **solution sink**: doline de dissolution. **solution sinkhole**: entonnoir de dissolution. **solution subsidence**: affaissement de dissolution ; tassement de dissolution.

solutizer – solubilisant *m*, *solvant sélectif des composés sulfurés ayant une affinité notable pour les mercaptans, il extrait ceux-ci de l'essence par simple lavage à froid.* **solutizer sweetening**: adoucissement de l'essence aux solvants sélectifs *(raf)*.

solutrope – solutrope *m*, *mélange ternaire comprennant deux phases liquides.*

Solvan – Solvien *m*, *étage du Cambrien.*

solvate – solvate *m*.

solvation – solvatation *f*, *association de molécules d'un corps dissous avec son solvant.*

solve (to) – résoudre.

solvent – dissolvant *m* ; solvant *m*. **solvent cleaning**: dégraissage au solvant. **solvent deasphalting**: désasphaltage au solvant. **solvent dewaxing**: déparaffinage au solvant. **solvent extraction**: extraction par solvant. **solvent flooding**: *voir miscible drive.* **solvent naphtha**: solvant naphta. **solvent power**: pouvoir dissolvant ; pouvoir solvant. **solvent-recovery plant**: unité de récupération du solvant. **solvent refining**: raffinage au solvant. **solvent slug**: bouchon miscible, *récupération assistée.* **solvent-slug process**: injection d'un bouchon de solvant suivi d'injection de gaz *(prod)*. **solvent treating**: raffinage par solvant. **solvent-treating plant**: unité de raffinage par solvant.

solvolysis – solvolyse *f*, *réaction chimique en solution impliquant le solvant.*

somma – somma *m*, *bord d'un ancien cratère volcanique.* **somma crater**: cratère emboîté.

sonar – sonar *m*, *abrév. de sound navigation and ranging, système qui utilise les ondes acoustiques pour la détection et les communications en milieu marin.* **sonar caliper**: diamétreur sonar.

sonde – sonde *f*, *pour diagraphie électrique.* **sonde error**: erreur de sonde.

sone – sone *m*, *unité de perception sonore.*

sonic – acoustique ; sonique. **sonic barrier**: mur du son. **sonic depth finder**: échomètre *m* ; échosondeur *m* ; sondeur acoustique. **sonic drill**: appareil de forage par vibrations, *les vibrations sont obtenues par la rotation de masselottes excentrées entraînées par une turbine à boue à grande vitesse.* **sonic log**: diagraphie sonique, *enregistrement de la vitesse du son.* **sonic speed, sonic velocity**: *voir speed of sound.* **sonic pump**: pompe à résonance ; pompe vibratoire. **sonic sonde**: sonde acoustique. **sonic thermometer**: thermomètre à résistance sonique. **sonic wave**: onde acoustique ; onde sonore.

sonobuoy – bouée acoustique ; bouée émettrice ; radiobalise acoustique, *bouée ancrée qui émet une impulsion radio lorsqu'elle reçoit une onde sonore dans l'eau, utilisée en sismique marine pour localiser une explosion en mesurant les temps à deux ou plusieurs bouées situées en des points connus.*

sonochemistry – phonochimie *f*.

sonograph – sonographe *m*, *enregistreur de sismique réflexion obtenant directement des films en densité variable, utilisé avant la mise au point de l'enregistrement sur bande magnétique pour une composition oblique sur des miroirs pentés à l'aide d'un analyseur.*

sonography – sonographie *f*.

sonoluminescence – sonoluminescence *f*.

sonometer – sonomètre *m*.

Sonoprobe – *dénomination commerciale d'un sondeur de sédiments.*

soot – suie *f*. **soot blower**: souffleur de suie.

sooty – couvert de suie. **sooty carbon**: noir de fumée.

sophisticated – complexe.

sorbic – sorbique. **sorbic acid**: acide sorbique.

sorbitol – sorbitol *m*, *glucohexitol, sorbite.*

sorosilicate – sorosilicate *m*, *famille de silicate.*

sorption – sorption *f*.

sort (to) – classer ; cribler ; séparer ; trier.

sorted – trié.

sorter – classeur *m*.

sorting – classement *m* ; triage *m*. **sorting belt**: bande de triage. **sorting coefficient**: coefficient de classement. **sorting index**: indice de triage granulométrique *(géol)*.

SOSIE – SOSIE, *acronyme de SOurce SIsmique Encodée.*

sosoloid – sosoloïde *m*, *solution solide.*

SOT – *abrév. de standard oxidation temperature.*

sound – son *m*. **sound absorption**: absorption du son. **sound analyzer**: analyseur du son. **sound barrier**: mur du son. **sound detection**: détection des sons. **sound energy flux**: flux d'énergie acoustique ; puissance acoustique. **sound field**: champ acoustique. **sound insulation**: insonorisation *f*. **sound-intensity level**: niveau d'intensité acoustique. **sound intensity**: intensité acoustique ; intensité sonore. **sound level**: niveau sonore. **sound power**: puissance acoustique. **sound-power level**: niveau de puissance acoustique. **sound pressure**: pression acoustique. **sound-pressure level**: niveau de pression acoustique. **sound reduction factor**: indice d'affaiblissement acoustique. **sound signal**: signal sonore. **sound source**: source sonore. **sound track**: piste sonore ; trace acoustique. **sound velocity**: vitesse de l'onde sonore ; vitesse du son. **sound-velocity log**: diagraphie de vitesse ; enregistrement de vitesse. **sound wave**: onde acoustique ; onde sonore.

sound – bras de mer ; détroit *m* ; goulet *m* ; pertuis *m*.

sound – sain ; solide.

sounder – sondeur *m*.

sounding – sondage *m*. **sounding balloon**: ballon sonde *(météo)*. **sounding lead**: plomb de sonde *(naut)*. **sounding line**: ligne de sondage ; ligne de sonde *(naut)* ; sonde *f*. **sounding pin**: pointe pénétromètre. **sounding tool**: pénétromètre *m*.

soundness – exactitude *f* ; solidité *f* ; validité *f*. **soundness test**: essai d'expansion, *d'un ciment.*

soundproofing – insonorisation *f* ; isolation acoustique.

sour – acide ; aigre ; corrosif, *contenant des produits soufrés.* **sour corrosion**: corrosion acide, *corrosion provoquée en présence d'hydrogène sulfuré.* **sour crude**: brut acide, *brut corrosif, ayant une teneur anormale en composés soufrés.* **sour crude oil**: *voir sour crude.* **sour distillate**: distillat corrosif. **sour environment**: milieu corrosif. **sour gas**: gaz acide ; gaz sulfureux, *gaz naturel contenant de l'hydrogène sulfuré ou des mercaptans en quantité supérieure aux spécifications.* **sour gasoline**: essence acide. **sour natural gas**: gaz naturel acide, *corrosif, non désulfuré.* **sour oil**: huile corrosive. **sour refinery gas**: gaz acide de raffinerie. **sour water**: eau acide, *eau corrosive* ; eau sulfurée.

source – source *f, appareil qui produit l'ébranlement nécessaire à la production des ondes sismiques.* **source code**: code source. **source-generated noise**: bruit d'émission *(sism).* **source noise**: bruit de tir *(sism).* **source of energy**: source d'énergie. **source of funds**: ressources *f, terme générique désignant l'ensemble des fonds mis à la disposition de l'entreprise, quelle qu'en soit l'origine.* **source pattern**: arrangement de sources sismiques ; dispositif d'émission. **source program**: programme source. **source-receiver product**: ordre de multiplicité *f (sism).* **source rock**: roche mère, *sédiment contenant la matière première organique qui s'est transformée en pétrole.*

sourness – agressivité *f, d'un fluide* ; aigreur *f.*

south – sud *m.* **south magnetic pole**: pôle sud magnétique. **south-seeking pole**: pôle sud magnétique.

southern – méridional. **southern exposure**: adret *m.*

sow – *abrév. de show of oil and water.*

SO_X – SO_X, *abrév. de sulfur oxides, utilisée dans les problèmes de pollution atmosphérique.*

soybean – soja *m.* **soybean meal**: farine de soja. **soybean oil**: huile de soja.

sp – *abrév. de specific.* **sp gr**: *abrév. de specific gravity.* **sp ht**: *abrév. de specific heat.* **sp vol**: *abrév. de specific volume.*

SP – PS, *abrév. de self potential et de spontaneous potential, polarisation spontanée* ; PT, *abrév. de shot point, point de tir.* **SP log**: *voir self-potential log.*

space – espace *m* ; intervalle *m.* **spaceborne remote sensing**: télédétection spatiale. **space capsule**: capsule spatiale. **space charge**: charge spatiale. **space coordinates**: coordonnées spatiales. **space filtering**: filtrage spatial. **space-frequency domain**: domaine des fréquences spatiales ; domaine des nombres d'onde. **space group**: groupe spatial *(crist).* **space heater**: appareil de chauffage individuel. **space heating**: chauffage des locaux. **space-heating appliance**: appareil de chauffage des locaux. **space-heating oil**: fuel-oil domestique (FOD). **space lattice**: *voir crystal lattice.* **space modulation**: modulation d'espace. **space photography**: photographie spatiale. **space probe**: sonde spatiale. **space satellite**: satellite spatial. **space shuttle**: navette spatiale. **space time**: espace temps. **space-time filter**: filtre dans le domaine spatio-temporel *(sism)* ; filtre f-k. **space velocity**: vitesse spatiale, *rapport du débit de la charge d'alimentation et le volume du réacteur, définie comme étant le volume ou le poids de la charge dans des conditions normalisées par volume du réacteur ou par masse de catalyseur.* **space wave**: onde d'espace.

spacecraft – astronef *m* ; engin spatial.

spacer – bague d'écartement ; bouchon de fluide, *voir aussi spacer fluid* ; cale *f* ; entretoise *f* ; pièce d'écartement ; rondelle *f.* **spacer fluid**: fluide tampon, *fluide qui sépare le fluide de forage du laitier de ciment.* **spacer section**: brin mort ; élément neutre, *d'une flûte marine* ; rallonge *f, flûte marine.*

spacing – écartement *m* ; espacement *m.* **spacing bush**: bague d'écartement. **spacing of wells**: espacement des puits. **spacing pattern**: espacement des puits, *rapport entre le nombre de puits sur un gisement et la surface occupée au sol.*

spade – bêche *f, fondation marine.*

spaghetti – spaghetti *m, tube de canalisation de petit diamètre.*

spall – éclat de pierre.

spallation – spallation *f (nucl).*

spalling – écaillage *m, des engrenages, usure par refoulement de métal occasionnée par des charges excessives* ; effritement *m, tendance des cristaux de roches à se fendre sous l'effet de la chaleur produite par expansion différentielle résultant de contraintes* ; épaufrure *f.*

span – enjambement *m* ; envergure *f* ; intervalle *m* ; portée *f.* **span of bridge**: travée d'un pont. **span pipeline**: canalisation suspendue. **span wire**: fil aérien ; fil tendeur ; hauban tendeur ; ligne suspendue.

spanner – clé anglaise ; clé de serrage.

spar – chevron *m* ; espar *m (nav)* ; poteau *m* ; poutre *f* ; spath *m (minér).* **spar buoy**: bouée espar. **spar varnish**: vernis imperméable.

SPAR – *abrév. de submersible pipe-alignment rig.*

spare – de rechange. **spare capital**: disponibilités. **spare machine**: machine de secours. **spare part**: pièce de rechange ; pièce détachée. **spare-parts list**: liste des pièces de rechange. **spare tire**: pneu de secours. **spare wheel**: roue de secours.

spare (to) – économiser.

sparge (to) – asperger.

sparger – tube de dispersion, *ou d'aspersion.*

sparging – barbotage *m.*

sparite – sparite *f, calcaire spathique.*

spark – étincelle *f.* **spark advance**: avance à l'allumage. **spark arrester**: pare-étincelle *m.* **spark chamber**: chambre à étincelle. **spark coil**: bobine d'allumage. **spark fuse**: amorce à étincelle. **spark gap**: distance d'éclatement ; écartement *m, des électrodes de bougie ou des contacts de rupture* ; éclateur *m.* **spark ignition**: allumage par étincelle. **spark-ignition engine**: moteur à allumage commandé ; moteur à étincelle. **spark knock**: cliquetis d'allumage. **spark plug**: bougie d'allumage. **spark-plug fouling**: encrassement des bougies. **spark-plug gap**: écartement des pointes de bougie. **spark-plug gasket**: joint de bougie. **spark-plug ignition**: allumage par bougie. **spark-plug points**: électrodes de bougie, *pointes de bougie.* **spark-plug wrench**: clé à bougies. **spark screen**: pare-étincelle *m.* **spark spectrum**: spectre d'étincelle. **spark timing**: avance à l'allumage.

sparker – étinceleur *m, appareillage de sismique marine donnant la structure des premiers niveaux du fond des mers à l'aide d'une onde de choc produite par un arc électrique.*

sparking – allumage *m.* **sparking plug**: bougie d'allumage.

sparkle (to) – étinceler.

sparkless – sans étincelle.

Sparnacian – Sparnacien *m, étage de l'Eocène.*
sparry – spathique. **sparry limestone**: calcaire spathique, *voir sparite.*
sparse – clairsemé. **sparse lubrication**: lubrification défectueuse ; lubrification insuffisante. **sparse matrix**: matrice creuse.
spastolith – spastolite *f, oolite déformée.*
spathic – spathique. **spathic limestone**: calcaire spathique.
spatial – spatial. **spatial aliasing**: aliasage spatial ; repliement spatial du spectre. **spatial distribution**: distribution dans l'espace. **spatial frequency**: fréquence spatiale ; nombre d'onde. **spatial resolution**: limite de résolution spatiale ; limite de séparation spatiale ; pouvoir de résolution spatiale.
spatter – éclaboussure *f.* **spatter loss**: perte en éclaboussement. **spatter pipe**: tube pour exploitation hydraulique des sables. **spatter rampart**: rempart de scories, *volcan.*
spatter (to) – éclabousser ; gicler ; jaillir.
spattering – éclaboussure *f*; projection *f.*
SPB – *abrév. de special boiling point.* **SPB solvent**: *abrév. de special boiling point solvent : solvant spécial.* **SPB spirit**: *abrév. de special boiling point spirit : essence spéciale.*
spd - *abrév. de spudded.*
SPE – *abrév. de Society of Petroleum Engineers.*
spear – arrache-tube *m* ; harpon *m* ; lance *f.*
spearpoint – fer de lance ; pilote *m (for).* **spearpoint head**: guide butoir *(for).*
spec – *abrév. de specification.*
special – spécial. **special boiling point (SBP) spirit**: essence spéciale. **special drawing rights (SDR)**: droits de tirage spéciaux (DTS). **special oil**: huile spéciale. **special relativity**: relativité restreinte. **special steel**: acier spécial.
specialty – spécialité *f.* **specialty polymer**: polymère spécial. **specialty steel**: acier spécial.
speciation – spéciation *f, formation d'espèces nouvelles.*
species – espèce *f, division taxinomique entre le genre et la variété.*
specific – déterminé ; propre ; spécifique. **specific acoustic impedance**: impédance acoustique caractéristique, *ou intrinsèque* ; impédance acoustique spécifique. **specific activity**: activité massique, *d'une substance radioactive.* **specific-conductance**: conductivité spécifique. **specific disintegration**: effritement spécifique. **specific dispersion**: dispersion spécifique, *le quotient de la dispersion par la densité pour une série homologue varie linéairement avec le poids moléculaire et permet la caractérisation ou l'identification approchée des fractions d'huile.* **specific energy**: énergie massique, *l'énergie interne d'une substance par unité de masse.* **specific enthalpy**: enthalpie massique. **specific entropy**: entropie massique. **specific fuel consumption (SFC)**: consommation spécifique effective (CSE). **specific fuel-oil consumption (SFOC)**: consommation spécifique en fuel. **specific gravity**: densité *f, c'est le rapport entre la masse d'un certain volume d'une substance à une certaine température et la masse du même volume d'eau à cette même température.* **specific heat**: chaleur massique, *chaleur spécifique, quantité de chaleur nécessaire pour élever la température de 1°C d'un corps de 1 kg.* **specific heat capacity**: capacité thermique massique, *voir specific heat.* **specific humidity**: humidité spécifique. **specific impulse**: impulsion spécifique. **specific inductive capacity (SIC)**: pouvoir inducteur spécifique, *syn : constante diélectrique.* **specific ionization**: ionisation spécifique. **specific name**: nom spécifique. **specific power**: puissance massique. **specific retention**: capacité de rétention, *rapport du volume maximal non mobilisable par gravité que peut contenir un volume donné de volume poreux saturé, à son volume total.* **specific risk**: risque spécifique, *risque économique propre à une entreprise.* **specific rotation**: rotation spécifique. **specific speed**: vitesse spécifique. **specific surface**: superficie massique, *quotient de la surface par la masse* ; surface spécifique. **specific viscosity**: viscosité spécifique. **specific volume**: volume massique, *le volume d'une substance par unité de masse.* **specific-volume anomaly**: anomalie stérique *(océan).* **specific weight**: poids spécifique, *souvent utilisé à tort pour masse volumique* ; poids volumique, *poids d'un corps divisé par son volume, s'exprime en newton par mètre cube.* **specific yield**: débit spécifique.
specification – caractéristique *f*; norme *f*; spécification *f.*
specifications – cahier des charges.
specificity – spécificité *f, voir aussi selectivity.*
specified – exigé ; imposé.
specimen – échantillon *m* ; spécimen *m.*
speckle – chatoiement *m* ; granularité laser, *défaut dû à une cohérence imparfaite du rayon laser.*
spectral – spectral. **spectral absorption**: absorption spectrale. **spectral albedo**: albédo spectral. **spectral analysis**: analyse spectrale. **spectral band**: bande spectrale. **spectral bandwidth**: largeur de bande spectrale. **spectral color**: couleur spectrale. **spectral concentration of radiant energy density**: énergie rayonnante spectrique volumique, *quotient de l'énergie rayonnante volumique dans un intervalle infiniment petit de longueur d'onde par l'étendue de cet intervalle, elle s'exprime en joule par mètre bicarré.* **spectral density**: densité spectrale. **spectral distribution curve of a radiometric quantity**: courbe spectrale d'une grandeur énergétique. **spectral equalization**: égalisation spectrale. **spectral factorization**: factorisation spectrale *(math).* **spectral image**: image spectrale. **spectral interval**: intervalle spectral. **spectral line**: raie spectrale. **spectral log**: diagraphie spectrale. **spectral logger**: sonde de diagraphie gamma spectrale. **spectral logging**: diagraphie spectrale. **spectral radiance**: luminance spectrale. **spectral reflectance**: réflectance spectrale. **spectral resolution**: limite de résolution spectrale ; pouvoir de résolution spectrale. **spectral sensitivity**: sensibilité spectrale. **spectral sensitivity curve**: courbe de sensibilité spectrale. **spectral signature**: caractéristique d'une cible ; caractéristique spectrale ; signature spectrale, *télédétection.* **spectral transmission factor**: transmittance spectrale. **spectral width**: largeur spectrale.

spectrochemical – spectrochimique. **spectrochemical log**: diagraphie d'analyse chimique minérale par spectrographie.
spectrofluorometer – spectrofluoromètre *m.*
spectrogram – spectrogramme *m.*
spectrograph – spectrographe *m.*
spectrography – spectrographie *f.*
spectrometer – spectromètre *m.*
spectrometry – spectrométrie *f*, *voir aussi spectroscopy.*
spectrophone – spectrophone *m.*
spectrophotometer – spectrophotomètre *m.*
spectrophotometry – spectrophotométrie *f.*
spectroscope – spectroscope *m.*
spectroscopic – spectroscopique.
spectroscopy – spectroscopie *f.*
spectrum – spectre *m*, *ensemble des composantes d'une fonction.* **spectrum analysis**: analyse spectrale. **spectrum analyzer**: analyseur de spectre.
specular – spéculaire, *se dit de minéraux composés de feuillets brillants.* **specular angle**: angle de réflexion spéculaire. **specular iron**: fer spéculaire.
speculation – spéculation *f.*
speech – langage *m*, *parole, parler.* **speech decoder**: reconstituteur *m* ; restituteur de voix. **speech processing**: traitement de la parole. **speech recognition**: reconnaissance de la parole ; reconnaissance vocale. **speech synthesizer**: synthétiseur de parole.
speed – vitesse *f.* **speed box**: boîte de vitesse. **speed change**: variation de régime, *dans le cas des moteurs thermiques* ; variation de vitesse. **speed-change gear**: changement de vitesse. **speed-change lever**: levier de vitesse. **speed governor**: régulateur de vitesse. **speed index**: degré sensitométrique ; indice de rapidité. **speed indicator**: indicateur de vitesse ; tachymètre *m.* **speed limit**: limitation de vitesse. **speed of an engine**: régime d'un moteur. **speed of combustion**: vitesse de combustion. **speed of light**: vitesse de la lumière. **speed of sound**: vitesse du son. **speed range**: gamme de vitesse. **speed reducer**: ralentisseur *m* *(auto)* ; réducteur de vitesse. **speed regulator**: régulateur de vitesse.
speed (to) – se presser. **speed (to) up**: accélérer.
speedboat – vedette rapide.
speedometer – compteur de vitesse ; indicateur de vitesse ; tachymètre *m.*
speiss – speiss *m* *(métal).*
spelean – cavernicole.
speleothem – spéléolite *f*, *concrétion souterraine.*
spending – dépense *f.* **spending time**: temps de neutralisation, *acidification.*
spent – dépensé ; épuisé ; usé. **spent catalyst**: catalyseur usé ; charge épuisée, *de catalyseur.* **spent caustic**: soude caustique épuisée. **spent fuel**: combustible utilisé. **spent oil**: huile usagée. **spent oxide**: matière épuisée, *épuration chimique des gaz.*
sperm oil – huile de spermaceti.
spermaceti – spermaceti *m*, *blanc de baleine.*
sphalerite – sphalérite *f*, *blende.*
sphene – sphène *m*, *néosilicate en cristaux.*
sphenoid – sphénoïde *m* *(crist).*
sphenolith – sphénolite *f*, *massif intrusif de roche ignée ayant la forme d'un coin, c'est-à-dire recoupant partiellement, en concordance, les formations environnantes.*
sphere – sphère *f.* **sphere of attraction**: domaine d'attraction, *entre les molécules.*
spherical – sphérique. **spherical capacitor**: condensateur sphérique. **spherical coordinates**: coordonnées sphériques. **spherical divergence**: divergence sphérique. **spherical excess**: excès sphérique. **spherical harmonic**: harmonique sphérique. **spherical safety valve**: soupape de sûreté sphérique. **spherical separator**: séparateur sphérique. **spherical tank**: réservoir sphérique. **spherical triangle**: triangle sphérique *(math)*. **spherical wave**: onde sphérique. **spherical wavefront**: front d'onde sphérique.
sphericity – sphéricité *f.*
sphericone – sphéricône *m*, *réservoir en forme de larme.*
spheroid – sphéroïde *m.* **spheroid tank**: réservoir sphéroïde.
spheroidal – sphéroïdal. **spheroidal graphite**: graphite sphéroïdal. **spheroidal-graphite cast iron**: fonte à graphite sphéroïdal. **spheroidal jointing**: débit en boules *(pétro)*. **spheroidal weathering**: décomposition en boules *(pétro)*.
spherometer – sphéromètre *m.*
spherulite – sphérolite *m*, *petits cristaux disposés en sphère à structure fibroradiée, voir aussi oolith.*
spherulitic – sphérulitique. **spherulitic structure**: structure sphérulitique.
spicule – spicule *m* *(pal)*.
spider – araignée *f*, *outil de repêchage employé pour récupérer des pièces de petite et moyenne dimensions* ; collier à coins ; croisillon *m* ; dispositif de retenue à coins *(for)* ; étoile *f* ; pomme d'arrosage ; table de manoeuvre. **spider deck**: pont en encorbellement. **spider gear**: pignon satellite. **spider slips**: *voir tubing spider.*
spigot – bout mâle ; robinet *m* ; saillie *f* ; siphon *m.* **spigot-and-faucet joint**: joint à douille ; joint à emboîture. **spigot-and-socket pipe**: tuyau à emboîtement. **spigot bearing**: partie mâle d'un assemblage à emboîtement. **spigot end of pipe**: bout mâle d'un tube. **spigot joint**: joint à emboîtement.
spike – broche *f*, *pour épissure* ; clou *m* ; crampon *m* ; dirac *m* ; impulsion *f* ; pic *m*, *d'un signal.* **spike pulse**: impulsion de pointe.
spike (to) – comprimer le signal ; contracter le signal ; pincer le signal.
spiked – barbelé. **spiked crude**: brut reconstitué, *voir spiking.* **spiked tire**: pneu clouté.
spiking – réinjection de liquides de gaz naturel dans du pétrole brut ; compression d'impulsion. **spiking deconvolution**: déconvolution blanchissante ; déconvolution contractante, *déconvolution destinée à contracter l'impulsion* ; déconvolution non prédictive.
spikogram – trace impulsionnelle *(sism)*.
spilite – spilite *f*, *basalte altéré.*
spill – coulage *m* ; déversement *m* ; fuite *f.* **spill containment**: limitation des épandages. **spill pipe**: tuyau de décharge. **spill point**: point de fermeture *(sism)*. **spill port**: lumière de décharge ; orifice de décharge.

spill (to) – se déverser ; s'écouler ; répandre. **spill (to) over**: déborder.

spillage – débordement *m* ; déversement *m*.

spilled – déversé. **spilled oil**: huile déversée.

spilling – renversant. **spilling breaker**: déferlement en déversement ; déferlement glissant. **spilling-breaking wave**: *voir spilling breaker*.

spillover – débordement *m*. **spillover exportation**: exportation de déstockage.

spillpoint – point de fuite, *d'un piège structural*.

spillway – canal de trop plein ; déversoir *m*.

spin – rotation rapide ; spin *m* ; vrille *f*. **spin density**: densité de spin. **spin echo**: écho de spin. **spin-echo method**: méthode par écho de spin *(diag)*. **spin-lattice relaxation**: relaxation spin-réseau. **spin-orbit coupling**: couplage spin-orbite. **spin-orbit multiplet**: multiplet spin-orbite. **spin quantum number**: nombre quantique de spin. **spin-spin coupling**: couplage spin-spin. **spin-spin relaxation**: relaxation spin-spin. **spin temperature**: température de spin. **spin trapping**: capture de spin ; piégeage de spin. **spin-up chain**: *voir spinning chain*. **spin wave**: onde de spin.

spindle – arbre *m* ; axe *m* ; broche *f* ; fuseau *(text)* ; fusée *f* ; pivot *m*. **spindle bearing**: palier de broche. **spindle-bolt lock pin**: goupille d'arrêt du boulon de fusée. **spindle connecting rod**: barre d'accouplement. **spindle oil**: huile à broches, *huile de faible viscosité* ; huile spindle.

spinel – spinelle *m (minér)*.

spinner – spinner *m*, *appareil à hélice destiné à déterminer la capacité d'injection des couches*. **spinner hawk**: clé automatique de vissage. **spinner survey**: diagraphie de capacité d'injection des couches.

spinning – filage *m* ; mouvement de rotation ; tournoiement *m*. **spinning cathead**: cabestan de vissage. **spinning chain**: chaîne de vissage, *utilisée pour visser les tiges de forage*. **spinning-drop method**: méthode de la goutte tournante. **spinning line**: câble de vissage ; câble du treuil de vissage *(for)*.

spinoff – retombée *f*.

spinor – spineur *m (math)*.

spiral – hélicoïdal, *spiralé* ; serpentin *m* ; spirale *f*. **spiral bevel gear**: engrenage conique à denture hélicoïdale. **spiral bit**: trépan hélicoïdal. **spiral drill collar**: masse-tige spiralée. **spiral flow tank**: bassin à mouvement rotatif. **spiral gear**: engrenage à denture hélicoïdale. **spiral grapple**: spirale agrippante, *système de prise utilisé sur une cloche de repêchage*. **spiral guide**: crochet redresseur. **spiral nebula**: nébuleuse spiralée. **spiral pressure layer**: voûte frettée. **spiral spring**: ressort à boudin ; ressort spiralé. **spiral-tube heat exchanger**: échangeur bobiné. **spiral weld**: soudure en spirale. **spiral-weld tube**: tube soudé en spirale. **spiral welding**: soudage en spirale, *procédé de fabrication des pipelines et des tubes de sondage consistant en un enroulement en hélice à spires jointives avec soudage continu des bords contigus*. **spiral-wound gasket**: joint spiralé.

spire – flèche *f* ; spirale *f* ; spire *f* ; tour *m*.

spirit – alcool *m* ; essence *f*. **spirit level**: niveau à bulle ; nivelle *f*. **spirit leveling**: nivellement *m*. **spirit thermometer**: thermomètre à alcool. **spirit varnish**: vernis à l'alcool.

spit – digue en épi ; flèche littorale.

spit (to) – cracher ; crachoter. **spit (to) back**: avoir des retours de flamme, *au carburateur*.

splash – éclaboussement *m* ; éclaboussure *f* ; projection *f*. **splash board**: garde-boue *m*. **splash feed**: alimentation en surface. **splash guard**: garde-boue *m* ; pare-gouttes *m*. **splash lubrication**: graissage par barbotage ; graissage par projection ; lubrification par barbotage ; lubrification par projection. **splash zone**: zone d'action des vagues ; zone de marnage, *zone des paquets de mer, dans une structure marine comprise entre 2 m au-dessus de la plus haute marée et 1,50 m au-dessous de la plus basse*.

splashing – éclaboussement *m*.

splice – épissure *f*. **splice plate**: éclisse *f*.

splice (to) – assembler ; épisser ; unir.

spliced – épissé. **spliced veins**: filons connexes.

splicing – assemblage *m* ; épissage *m* ; montage *m*. **splicing needle**: aiguille à épissage, *pour tordre les câbles*.

spline – cannelure *f* ; clavette *f* ; ergot *m* ; languette *f* ; pistolet *m*, *dessin* ; tenon *m*. **spline function**: fonction spline *(math)*.

splined – cannelé ; claveté. **splined shaft**: arbre cannelé.

splinter – écharde *f* ; éclat *m* ; esquille *f* ; fragment *m*. **splintery fracture**: cassure écailleuse.

split – division *f* ; fêlure *f* ; fendu ; fente *f* ; fissure *f* ; scission *f*. **split aerial photograph**: photographie jumelée par rapport à la verticale. **split bearing**: palier fendu. **split bushing**: douille en deux pièces. **split collar**: manchon en deux pièces. **split coupling**: accouplement à coquille. **split flow**: écoulement divisé. **split-flow tray**: plateau à deux passes. **split joint**: tube fendu, *dans le sens de la longueur*. **split lid**: couvercle à charnières. **split pin**: goupille fendue. **split piston**: piston à deux chambres, *d'un carottier*. **split pulley**: poulie démontable, *en deux pièces*. **split ring**: anneau fendu. **split setup**: arrangement symétrique *(sism)*. **split threaded ring**: anneau fileté fendu. **split sleeve**: manchon en deux pièces, *voir split collar*. **split spread**: dispositif à cheval, *mode d'exploitation le plus courant en méthode sismique : les sismographes sont placés sur une même droite et sont symétriques, deux à deux, par rapport au point d'explosion pris pour centre* ; dispositif avec tir au centre *(sism)*. **split-spread shooting**: tir au centre. **split tee**: té de raccordement ; té fendu.

splitter – colonne de séparation, *ne donnant qu'un distillat de tête et un produit de fond, souvent utilisée pour séparer une essence légère d'une essence lourde* ; incise-tube *m*, *voir aussi casing ripper*. **splitter bottoms**: résidus de colonne de séparation. **splitter tower**: tour de séparation.

splitting – emploi de schémas alternés, *en calcul numérique* ; effet de biréfringence, *pour les ondes S* ; déchirement *m* ; dédoublement de couche *(géol)* ; desquamation *f (pétro)* ; fendage *m* ; fission *f*, *de l'atome* ; ramification *f* ; refente *f* ; scission *f*.

SPM – *abrév. de single-point mooring*.

SPMP – *abrév. de single-point mooring pier*.

spoil – déblai, *d'excavation.* **spoil bank**: cavalier *m*, *matériau excavé excédentaire* ; terril de déchets *(mine)*.
spoil (to) – s'abîmer ; altérer ; s'endommager.
spoilage – détérioration *f*; rebuts *m*.
spoiler – déflecteur *m* ; spoiler *m (auto)*.
spoke – échelon *m*, *d'échelle* ; rai *m*, *de roue* ; rayon *m*. **spoked wheel**: roue à rayons.
sponge – éponge *f*. **sponge asphalt**: revêtement asphaltique spongieux, *utilisé comme isolant calorifique et préparé par l'action d'un courant d'air dirigé contre un courant d'asphalte fondu.* **sponge grease**: graisse spongieuse. **sponge plating**: dépôt à l'éponge.
sponging – épongeant. **sponging agent**: agent gonflant.
spongolite – spongolite *f*, *roche sédimentaire siliceuse principalement formée de spicules d'éponges.*
spongy – spongieux. **spongy structure**: texture spongieuse.
sponsor – commanditaire *m*, *entreprise industrielle, agence gouvernementale ou particulier faisant exécuter par contrat des travaux de recherche par des tiers* ; garant *m* ; maître de l'ouvrage.
spontaneous – spontané. **spontaneous capture**: capture par déversement. **spontaneous combustion**: autoallumage *m* ; autocombustion *f*; combustion spontanée ; inflammation spontanée. **spontaneous fission**: fission spontanée. **spontaneous generation**: génération spontanée. **spontaneous heating**: échauffement spontané. **spontaneous ignition**: autoallumage *m* ; auto-inflammation *f*; inflammation spontanée. **spontaneous-ignition temperature**: température d'auto-inflammation. **spontaneous magnetization**: aimantation spontanée. **spontaneous nucleation**: nucléation spontanée. **spontaneous polarization**: polarisation spontanée. **spontaneous-polarization method**: *voir spontaneous-potential method.* **spontaneous potential (SP)**: potentiel spontané. **spontaneous-potential log**: diagraphie de polarisation spontanée. **spontaneous-potential method**: méthode de la polarisation spontanée.
spool – bobine *f*; bride d'ancrage ; dévidoir *m* ; manchette à bride ; tambour *m*, *de moulinet.* **spool piece**: bride de raccordement, *pièce d'espacement des brides* ; manchette de raccordement.
spool (to) – bobiner, *enrouler un câble sur un tambour.*
spooler – enrouleur *m*.
spooling – bobinage *m* ; trancanage *m*. **spooling flange**: flasque d'un tambour.
spoon – cuiller *f*. **spoon bit**: trépan déviateur, *outil à trois lames en forme de cuillère utilisé pour dévier vers la gauche.* **spoon dredger**: drague à cuiller. **spoon fault**: *voir listric fault.*
sporadic – sporadique, *écoulement.*
spore – spore *f*.
sporinite – sporinite *f*, *macéral du groupe de l'exinite.*
sporonin – sporonine *f*, *constituant chimique dominant des sporinites.*
sporopollenin – sporopollénine *f*, *constituant principal de l'exine des pollens.*
spot – endroit *m* ; place *f*; point *m* ; tache *f*. **spot analysis**: analyse par touche ; analyse ponctuelle. **spot chartering**: affrètement au jour le jour. **spot check**: contrôle ponctuel, *vérification par sondage.* **spot correlation**: corrélation à distance ; corrélation à l'estime ; corrélation à vue ; corrélation au caractère, *sur des films sismiques isolés.* **spot height**: point coté. **spot market**: marché du disponible ; marché libre ; marché spot. **spot market price**: *voir spot price.* **spot price**: prix au jour le jour, *portant sur un tonnage réduit et donnant lieu à un contrat de durée limitée dont les conditions sont le reflet d'une situation instantanée de l'offre et de la demande* ; prix du disponible, *prix au cours du disponible* ; prix du marché libre ; prix spot. **spot rate**: taux d'affrètement au voyage, *à partir d'un taux officiel fixant le taux de location par tonne de port en lourd et par mois, on calcule le taux correspondant à un voyage déterminé.* **spot remover**: détachant *m*. **spot sample**: prélévement instantané. **spot test**: essai à la tache, *essai permettant de déterminer rapidement l'activité résiduelle des additifs dans une huile détergente usagée* ; essai ponctuel, *essai sur des échantillons prélevés sur un ensemble.* **spot weld**: soudure par points. **spot-welded**: soudé par points. **spot welding**: soudage par points. **spot-welding machine**: machine à souder par points.
spot (to) – tacher ; repérer. **spot weld (to)**: souder par points.
SPOT – SPOT, *acronyme de satellite pour l'observation de la terre.*
spotted – tacheté. **spotted slate**: schiste tacheté. **spotted structure**: structure tachetée.
spotting – positionnement d'un appareil.
spout – ajutage *m* ; bec *m* ; bec de déversement ; chenal de coulée *(métal)* ; goulotte *f*; tuyau de décharge. **spout can**: burette à bec verseur.
spouter – puits jaillissant, *(for)*, *voir aussi gusher.*
spouting – jaillissement *m*. **spouting bed**: lit jaillissant *(catal)*. **spouting hole**: soufflard *m*. **spouting horn**: trou souffleur, *voir aussi blowhole.* **spouting spring**: source jaillissante.
SPR – *abrév. de strategic petroleum reserves.*
spray – atomisation *f*; embrun *m* ; liquide pour vaporisation ; pulvérisation *f*; vaporisation *f*. **spray angle**: angle de jet. **spray arm**: bras de pulvérisation. **spray carburetor**: atomiseur *m* ; carburateur à pulvérisation. **spray coating**: étendage au jet. **spray combustion**: combustion par pulvérisation. **spray cooling**: refroidissement par aspersion. **spray-cooling tower**: tour de refroidissement à pulvérisation. **spray drier**: séchoir atomiseur. **spray drying**: séchage par atomisation, *mise en contact du produit à sécher, sous forme pulvérulente, avec de l'air ou du gaz chaud.* **spray flow**: écoulement avec pulvérisation ; écoulement en brouillard. **spray gun**: pistolet, *pour peinture.* **spray lubrication**: lubrification par brouillard d'huile. **spray nozzle**: buse de pulvérisation ; diffuseur *m* ; gicleur de pulvérisation ; injecteur *m* ; pulvérisateur *m*. **spray oil**: huile pour pulvérisateurs. **spray orifice**: orifice d'injection. **spray painting**: peinture au pistolet. **spray pond**: bassin d'arrosage. **spray pump**: vaporisateur

m. **spray quenching**: ébullition larvée *(métal)*. **spray test**: essai au brouillard. **spray tower**: tour de ruissellement. **spray-type evaporator**: évaporateur à aspersion interne. **spray washer**: laveur à pulvérisation.

spray (to) – atomiser ; pulvériser ; vaporiser.

sprayed – atomisé. **sprayed concrete**: béton projeté.

sprayer – atomiseur *m* ; pulvérisateur *m* ; vaporisateur *m*.

spraying – arrosage *m* ; pulvérisation *f*. **spraying equipment**: appareillage de pulvérisation de dispersants, *pollution marine*.

spread – cirque *m*, *unité de travail qui assure l'ensemble des opérations nécessaires à la pose d'une canalisation* ; dispersion *f*; dispositif de capteurs *(sism)*. **spread correction**: correction d'obliquité, *pour ramener le temps oblique point de tir-sismographe à un temps vertical sous le sismographe* ; delta-t. **spread length**: longueur de dispositif. **spread superintendent**: chef de cirque *(pipeline)*. **L spread**: dispositif en L *(sism)*. **T spread**: dispositif en T *(sism)*.

spreader – agent mouillant ; épandeuse *f*.

spreading – divergence *f*; enduisage *m* ; épandage *m* ; expansion *f*, *action d'un contrôle automatique de gain qui compense la diminution progressive d'une trace sismique lorsque le temps s'écoule* ; propagation *f*. **spreading ability**: étalement *m*. **spreading coefficient**: coefficient de diffusion. **spreading tension**: tension d'étalement.

spreadman – chef de cirque *(pipeline)*.

spreadsheet – tableur *m*.

spring – ressort *m (méc)*. **spring balance**: balance à ressort. **spring brass**: laiton de ressort. **spring center**: axe d'élasticité, *suspension d'un véhicule*. **spring clip**: frein d'arrêt ; pince à ressort. **spring dynamometer**: dynamomètre à ressort. **spring leaf**: lame de ressort. **spring line**: garde montante. **spring-loaded safety valve**: soupape de sûreté à ressort. **spring-loaded type relief valve**: soupape de détente à ressort. **spring mount**: ressort de suspension *(for)*. **spring plate**: lame de ressort. **spring pole**: perche à ressort, *voir jigging*. **spring-pole method**: méthode de forage aux tiges pleines. **spring rate**: taux d'élasticité du ressort. **spring ring**: anneau ressort. **spring shackle**: bride de ressort. **spring steel**: acier à ressort ; acier pour ressorts. **spring suspension**: suspension à ressort. **spring swivel**: émerillon à ressort. **spring valve**: soupape à ressort. **spring washer**: rondelle du ressort ; rondelle élastique.

spring – source *f (hydrol)*. **spring of salt water**: source d'eau salée. **spring of sulfur water**: source d'eau sulfureuse. **spring water**: eau de source.

spring – printemps *m (saison)*. **spring tide**: marée de vives eaux.

springing – chambrage *m (mine)*.

springs – suspension *f (auto)*.

sprinkle (to) – asperger.

sprinkler – arroseuse *f*; pulvérisateur *m* ; tête d'extinction ; tourniquet *m*. **sprinkler system**: dispositif d'arrosage, *en cas d'incendie*.

sprinkling – arrosage *m* ; aspersion *f*. **sprinkling system**: dispositif d'arrosage.

sprocket – pignon *m* ; roue dentée. **sprocket chain**: chaîne à barbotin ; chaîne galle. **sprocket drum**: tambour denté. **sprocket teeth**: dents de pignon. **sprocket wheel**: couronne à empreinte ; pignon de chaîne ; roue à cames.

sprung – suspendu par ressorts. **sprung mass**: masse suspendue. **sprung-mass vibration**: vibration de la masse suspendue. **sprung weight**: poids suspendu, *d'un véhicule*.

SPS – *abrév. de shotpoint seismometer, et de submerged production system*.

spud – injecteur d'huile, *brûleur* ; spatule *f (for)*. **spud bit**: trépan d'attaque ; trépan de battage. **spud can**: caisson d'enfichage ; caisson de support, *jambes de plates-formes*. **spud mud**: boue de démarrage, *fluide utilisé en début de forage, souvent une boue épaisse*.

spud (to) – forer par battage au câble. **spud (to) in**: démarrer le forage d'un puits.

spudder – appareil de forage par battage.

spudding – battage au câble, *procédé utilisé pour des sondages peu profonds ou pour le démarrage d'un sondage* ; forage par battage. **spudding in**: début de forage ; démarrage du forage. **spudding pulley**: poulie de forage au câble par battage. **spudding shoe**: sabot d'attaque ; sabot de battage. **spudding time**: date de démarrage, *du forage*.

spur – apophyse d'un filon ; contrefiche *f*; contrefort *m* ; éperon *m* ; ramification *f*; saillant *m* ; trace *f (sism)*. **spur fault**: ramification d'une faille. **spur gear**: engrenage à denture droite ; engrenage droit. **spur pinion**: pignon d'engrenage droit. **spur wheel**: pignon droit ; roue dentée.

spurious – accidentel ; parasite. **spurious event**: événement fictif ; événement parasite *(sism)*.

spurt – écoulement immédiat, *flux de liquide et de particules solides recueilli au début de chaque filtration avant la formation du cake (for)*. **spurt loss**: perte à l'à-coup de pression.

spurting – jaillissant. **spurting out**: jaillissement *m*.

sputter (to) – brûler en crépitant.

sputtering – crépitement *m*.

squad – équipe *f*, *d'ouvriers*.

squalane – squalane *m*, *perhydrosqualène, un hydrocarbure saturé*.

squalene – squalène *m*, *spinacène*.

squall – bourrasque *f*; coup de vent ; grain *m*, *coup de vent brusque accompagné de pluie* ; rafale *f*.

squamate – squamé.

square – carré *m* ; équerre *f*. **square, squared**: carré, *dans la composition d'une unité de mesure, square indique qu'il s'agit de surface et squared qu'il s'agit de puissance*. **square bolt**: boulon carré. **square centimeter**: centimètre carré. **square-drive bushing**: carré d'entraînement *(for)*. **square engine**: moteur carré. **square groove**: *voir square pass*. **square head**: tête carrée. **square-head bolt**: boulon à tête carrée. **square inch**: pouce carré. **square kelly**: tige carrée. **square log**: diagraphie des valeurs stationnaires apparentes ; diagraphie rectangularisée. **square measure**: mesure de superficie. **square meter**: mètre carré, *unité SI de superficie* (m^2). **square meter kelvin per watt**: mètre carré-kelvin par watt, *unité SI de coefficient d'isolation thermique et de résistance thermique de surface* ($m^2.K/W$). **square meter per kilogram**: mètre carré par kilogramme, *unité SI de superficie massique, utilisée surtout dans le domaine des revêtements* (m^2/kg). **square meter**

per mole: mètre carré par mole, *unité SI de coefficient d'absorption molaire* (m^2/mol). **square meter per second**: mètre carré par seconde, *unité SI de diffusivité thermique, de circulation d'un fluide, de potentiel de vitesse d'un fluide, de fonction de vitesse d'un fluide* (m^2/s). **square nut**: écrou carré. **square pass**: cannelure carrée *(métal)*. **square root**: racine carrée. **square thread**: filet carré. **square wave**: créneau *m (seism)* ; onde carrée ; signal carré.

squash – écrasement *m*. **squash plot**: coupe comprimée.

squash (to) – écraser.

squatting – déjaugeage *m (naut)*.

squeak – grincement *m*.

squeal – crissement *m, des pneus*.

squeegee – raclette *f*.

squeeze – compression *f*; coup de ventouse *(plongée)* ; esquiche *f*; injection forcée, *de liquides ou de laitiers de ciment sous pression dans un sondage*. **squeeze camera**: caméra anamorphotique. **squeeze cementing**: cimentation sous pression, *opération de cimentation au cours de laquelle le laitier est injecté sous pression, soit dans une formation, soit derrière une colonne* ; esquichage *m (for)*. **squeeze film**: effet d'éponge, *résistance d'un film visqueux entre deux surfaces qui s'approchent l'une de l'autre*. **squeeze-film bearing**: palier à film comprimé. **squeeze section**: coupe anamorphosée ; coupe comprimée.

squeezed – comprimé. **squeezed middle limb**: flanc médian étiré.

squeezer – écrase-tube *m* ; pince-tube hydraulique ; presse à cingler *(métal)*.

squeezing – compression *f*.

squelch – giclement *m*. **squelch circuit**: atténuateur de bruit *(sism)*.

squelch (to) – étouffer.

squib – charge d'amorçage ; torpille *f, petite charge de nitroglycérine*.

squiggle – trace galvanométrique *(sism)*. **squiggle display**: représentation galvanométrique.

squint – angle de strabisme, *d'une antenne*.

squirrel – écureuil *m*. **squirrel cage**: cage d'écureuil *(élec)*. **squirrel-cage motor**: moteur à cage d'écureuil. **squirrel-cage winding**: enroulement à cage d'écureuil.

squirt – giclée *f*. **squirt-can lubrication**: graissage à la burette. **squirt gun**: pistolet-graisseur.

squirting – *voir squirt-can lubrication*.

squish – chasse *f, moteurs* ; génération de turbulence, *dans les chambres de combustion des moteurs alternatifs, qui utilise la géométrie du piston et de la culasse pour induire des vitesses de gaz*. **squish area**: surface de chasse, *moteur*. **squish chamber**: chambre à chasse. **squish-lip piston**: piston à lèvre de chasse.

sr – sr, *symbole de stéradian*.

SR – *abrév. de steam refined et de straight run*.

SRB – *abrév. de straight-run benzene : benzène de distillation directe*.

SRC – *abrév. de solvent-refined coal*. **SRC process**: *dénomination de procédés de liquéfaction du charbon*.

SRG – *abrév. de straight-run gasoline : essence de distillation directe*.

SRK – *abrév. de Soave-Redlich-Kwong*. **SRK-equation of state**: équation d'état SRK, *de Soave-Redlich-Kwong*,.

SRN – *abrév. de straight-run naphtha : naphta de distillation directe*.

SRP – *abrév. de suggested retail price*.

SRS – *abrév. surface-reflectance spectroscopy : spectroscopie de réflectivité de surface*.

ss – *abrév. de sandstone, et de service station*.

SS – *abrév. de stainless steel*.

SSB – BLU, *abrév. de single sideband : bande latérale unique*.

SSM – MCV, *abrév. de strip-selection mirror, miroir à changement de visée*.

SSP – *abrév. de static self potential, et de static spontaneous potential*.

SSPP – *abrév. de solar sea-power plant*.

SSPS – *abrév. de satellite solar-power station*.

SST – *abrév. de step-by-step test, et de supersonic transport*.

SSTT – *abrév. de subsea test tree*.

SSU – SSU, *abrév. Saybolt Seconds Universal, secondes Saybolt universelles*.

SSV – *abrév. de semisubmersible supply vessel*.

st – *abrév. de surface tension*.

St – St, *symbole de stokes*.

stab (to) – guider, *une tige dans le raccord lorsqu'on la visse à une autre tige* ; rabouter. **stab (to) pipe**: ajouter une nouvelle longueur de tige.

stabbing – guidage *m (for)*. **stabbing board**: passerelle de tubage, *plate-forme provisoire utilisée pour guider les tubages à visser*.

stability – constance *f, d'un appareil de mesure* ; stabilité *f*. **stability constant**: constante de stabilité. **stability criterion**: critère de stabilité. **stability modulus**: module de stabilité. **stability number**: indice de stabilité, *d'un sol ou d'une pente*.

stabilization – stabilisation *f, élimination des produits légers de l'essence pour ajuster sa tension de vapeur aux spécifications*. **stabilization column**: colonne de stabilisation.

stabilized – stabilisé. **stabilized condition**: équilibre hydrostatique, *d'un puits*. **stabilized dune**: dune stabilisée. **stabilized flame**: flamme stabilisée. **stabilized gasoline**: essence stabilisée. **stabilized hydrocarbon**: hydrocarbure stabilisé.

stabilizer – appareil de stabilisation ; stabilisateur *m*. **stabilizer plant**: installation de stabilisation. **stabilizer tower**: tour de stabilisation.

stabilizing – stabilisation *f*. **stabilizing column**: colonne de stabilisation. **stabilizing treatment**: traitement de stabilisation.

stable – stable. **stable emulsion**: émulsion stable. **stable equilibrium**: équilibre stable. **stable-grade natural gasoline**: essence naturelle stable, *pratiquement débarrassée de gaz dissous*. **stable isotope**: isotope stable. **stable mineral**: minéral stable.

stack – addition *f (sism)* ; cheminée *f*; composition *f (sism)* ; empilage *m* ; pile *f*; pilier *m* ; pinacle *m (géol)* ; somme de traces *(sism)* ; tas *m*. **stack cutting**: coupage en paquet, *oxycoupage des tôles empilées*. **stack effluents**: fumées industrielles. **stack gas**: gaz brûlé ; gaz de combustion. **stack height**: hauteur de cheminée. **stack losses**: pertes à la cheminée. **stack pipe**: conduit de fumée. **stack pollutants**: polluants de cheminée. **stack valve**: clapet de cheminée.

stack (to) – empiler. **stack (to) a rig**: entreposer un appareil de forage.

stackable – gerbable.

stacked – empilé. **stacked packing**: garnissage ordonné *(raf)*. **stacked rings**: anneaux empilés *(raf)*. **stacked trace**: trace somme.

stacker – additionneur *m* ; élévateur *m* ; sauterelle *f*; sommateur *m*. **stacker truck**: chariot empileur ; gerbeur *m*.

stacking – addition *(sism)* ; empilage *m* ; piquetage *m* ; sommation *f*, *opération par laquelle on fabrique de nouvelles traces qui sont des sommes plus ou moins pondérées et filtrées des traces originelles (sism)*. **stacking a rig**: entreposage d'un derrick, *en attendant de nouveaux travaux*. **stacking chart**: diagramme d'addition *(sism)* ; diagramme de couverture multiple, *montrant les positions relatives des traces obtenues à point-milieu commun* ; plan de couverture, *multiple*. **stacking fault**: défaut d'empilement *(crist)*. **stacking of data**: compactage d'informations. **stacking velocity**: vitesse d'addition, *vitesse utilisée au cours d'un traitement pour calculer la correction dynamique (sism)* ; vitesse de sommation *(sism)*.

stadia – mire de précision ; stadia *f*. **stadia constant**: constante stadimétrique. **stadia distance**: distance stadimétrique *(topog)*. **stadia factor**: coefficient stadimétrique. **stadia hairs**: fils stadimétriques. **stadia rod**: mire parlante ; stadia *f (topog)*. **stadia tables**: tables stadimétriques, *tables de Pons*.

staff – état-major *m* ; hampe *f*; mire de précision ; personnel *m* ; tige polie, *d'une pompe*. **staff development**: perfectionnement du personnel. **staff house**: logement de fonction.

Stagarray – *dénomination commerciale d'un arrangement de canon à air.*

stage – degré *m* ; étage *m*, *en stratigraphie, division chronostratigraphique de base* ; étape *f*; phase *f*; stade *m*. **stage acidizing**: acidification par étapes *(prod)*. **stage cementing collar**: manchon de cimentation multiétagée. **stage crushing**: broyage étagé ; fragmentation étagée. **stage flotation**: flottation étagée. **stage of early maturity**: stade de début de maturité, *cycle d'érosion*. **stage of early youth**: stade de première jeunesse. **stage of full maturity**: stade de pleine maturité. **stage of late maturity**: stade de maturité avancée, *cycle d'érosion*. **stage of late youth**: stade d'adolescence *(géol)*. **stage of maturity**: stade de maturité. **stage of old age**: stade de sénilité ; stade de vieillesse, *cycle d'érosion* ; stade final. **stage of youth**: stade de jeunesse ; stade initial, *cycle d'érosion*. **stage separation**: séparation par étapes *(prod)*. **n-stage pump**: pompe centrifuge multicellulaire.

staggered – décalé, *en quinconce*. **staggered array**: dispositif échelonné *(sism)*. **staggered wells**: puits disposés en quinconce.

staggering – décalage *m*. **staggering of holidays**: étalement des vacances.

stagnant – sénile ; stagnant. **stagnant basin**: bassin sénile *(géol)*. **stagnant glacier**: glacier stagnant. **stagnant water**: eau stagnante.

stagnation – stagnation *f*. **stagnation point**: point d'arrêt.

stain – souillure *f*; tache *f*. **stain remover**: détachant *m*. **stain spot**: souillure *f*.

staining – souillure *f*; teinture *f*.

stainless – inoxydable. **stainless iron**: acier inoxydable ferritique. **stainless oil**: huile à broches spéciale. **stainless steel (SS)**: acier inoxydable ; inox *m*.

stair – escalier *m*.

stake – électrode *f*, *prospection électrique* ; pieu *m* ; piquet de jalonnement ; poteau *m*. **stake resistance**: isolement d'une électrode ; résistance de prise de terre.

stake (to) – borner, *une concession* ; piqueter.

stalactite – stalactite *f (géol)*.

stalagmite – stalagmite *f (géol)*.

stalagmometer – stalagmomètre *m*, *appareil pour mesurer la tension superficielle des liquides*.

stalking – mise bout à bout pour soudage *(pipeline)*.

stall – blocage *m*, *du moteur* ; calage *m*. **stall speed**: vitesse de calage, *d'un moteur*. **stall torque**: couple de calage.

stall (to) – caler ; s'embourber. **stall (to) an engine**: caler un moteur.

stalled – calé.

stalling – arrêt *m* ; blocage *m* ; calage *m*, *d'un moteur* ; perte de vitesse.

stamp – bocard *m* ; cachet *m* ; estampille *f*; marque *f*; pilon *m* ; tampon *m* ; timbre *m*. **revenue stamp**: timbre fiscal.

stamped – broyé ; concassé ; contrôlé ; estampé ; estampillé ; timbré. **stamped metal**: métal estampé. **stamped ore**: minerai bocardé. **stamped plate**: plaque estampée. **stamped steel**: acier estampé.

stamper – emboutisseur *m* ; estampeur *m*.

Stampian – Stampien *m*, *étage de l'Oligocène inférieur*.

stamping – bocardage *m* ; emboutissage *m* ; estampage *m* ; estampillage *m* ; timbrage *m*.

stampings – pièces embouties.

stanchion – béquille *f*; étai *m* ; montant *m*.

stand – lieu *m* ; longueur de tiges, *ensemble de plusieurs tiges de forage vissées l'une à la suite de l'autre et que l'on manoeuvre d'un seul bloc au cours des montées et descentes du trépan* ; pied *m* ; position *f*; rame f, *de tiges de forage* ; situation *f*; socle *m* ; support *m*. **stand of pipe**: longueur de longueurs de tiges, *ensemble de deux, trois ou quatre longueurs de tiges de forage vissées l'une à la suite de l'autre ; le plus classique mesure 27 mètres et se compose de trois longueurs.*

standage – puisard *m*.

stand-alone – autonome ; indépendant ; isolé. **stand-alone machine**: machine autonome.

standard – classique ; étalon *m* ; normal ; norme *f*; ordinaire ; standard *m* ; de type courant. **standard air**: air de référence. **standard atmosphere**: atmosphère normale, *unité de pression, 1 atm = 101 325 Pa* ; atmosphère type. **standard cell**: pile étalon. **standard color**: couleur de référence ; couleur standard. **standard condition**: condition normale ; condition standard. **standard coupling**: accouplement standardisé. **standard curve**: abaque *m* ; courbe type. **standard density**: masse volumique normale. **standard designation**: appellations courantes, *catalogue*. **standard deviation**: déviation ordinaire ; écart quadratique moyen ; écart type, *mesure de la dispersion d'une série de résultats autour de leur moyenne, il est égal à la racine carrée de la variance*. **standard distillation test**: essai normal de distillation. **standard electrode potential**: potentiel normal d'une électrode. **standard error**: écart type ; erreur standard ; erreur type. **standard format**: format normal ; format type. **standard line**: ligne d'échelle conservée. **standard make**: marque courante. **standard meter**: compteur étalon. **standard method**: méthode normalisée. **standard mineral**: minéral normatif, *voir normative mineral* ; minéral virtuel. **standard molar volume**: volume molaire normal. **standard of living**: niveau de vie. **standard oxidation temperature (SOT)**: température normale d'oxydation. **standard parallel**: parallèle d'échelle conservée ; parallèle de référence. **standard pipe**: tuyau normalisé. **standard polarity**: polarité normale. **standard population**: population type *(stat)*. **standard pressure**: pression normale. **standard production**: fabrication de série. **standard quality**: qualité standard. **standard reference conditions**: conditions normales de référence, *température et pression à 0°C et 101 325 Pa, pour le gaz les conditions de références sont généralement 15°C et 101 325 Pa, on dit souvent alors conditions standard*. **standard screw**: vis normalisée. **standard seawater**: *voir normal water*. **standard section**: coupe standardisée ; coupe type. **standard solution**: solution titrée ; solution type. **standard specification**: spécification officielle. **standard substance**: corps de référence. **standard temperature**: température de référence ; température normale. **standard temperature and pressure**: température et pression normales, *voir standard reference conditions*. **standard testing method**: méthode d'essai normalisée. **standard-time belt**: fuseau horaire. **standard tool**: outil de forage au câble. **standard volume**: volume normal, *volume standard*.

standardization – normalisation *f*; standardisation *f*.

standby – attente *f*, *en attente* ; en réserve. **standby combat team**: équipe d'intervention en attente. **standby equipment**: appareil auxiliaire ; appareil de secours. **standby light**: feu de secours. **standby loan**: prêt conditionnel. **standby man**: ouvrier de réserve. **standby pump**: pompe de secours. **standby vessel**: bateau de sauvegarde.

standing – fixe ; inactif. **standing block**: poulie fixe. **standing charges**: frais fixes. **standing expenses**: frais généraux. **standing fuel level**: niveau de carburant à l'arrêt. **standing idling**: ralenti permanent. **standing on end**: vertical. **standing pulley**: poulie fixe. **standing valve**: clapet d'aspiration *(for)* ; clapet fixe. **standing water**: eau stagnante. **standing wave**: houle stationnaire ; onde stationnaire. **standing-wave ratio (SWR)**: rapport d'onde stationnaire.

standoff – centreur *m* ; distance annulaire, *de l'outil de forage aux parois du trou* ; distance entre l'épaulement du joint et le calibre, *longueur de filetage mâle, qui dépasse du filetage femelle après vissage à fond, dans le calibrage du filetage des joints de tiges*.

standout – dépassement de la moyenne ; hors norme.

standpipe – colonne montante, *circuit de refoulement d'une pompe à boue* ; injecteur de catalyseur en poudre ; tube d'équilibrage de pression hydraulique ; tuyau de refoulement. **standpipe pressure**: pression de la colonne montante *(for)*.

standpoint – point de vue.

standstill – arrêt *m* ; équilibre *m* ; repos *m*.

stannate – stannate *m (chim)*.

stannic – stannique. **stannic chloride**: chlorure stannique. **stannic oxide**: oxyde stannique.

stanniferous – stannifère.

stannous – stanneux. **stannous sulfate**: sulfate stanneux.

staple – agrafe *f*; aliment de base ; coin *m* ; crampon *m* ; produit de première nécessité. **staple fiber**: fibre discontinue, *élément textile unitaire de faible diamètre et de faible longueur*.

star – astre *m* ; étoile *f*. **star bit**: trépan en croix. **star burner**: brûleur étoile. **star-connected armature**: armature étoile. **star connection**: montage en étoile. **star coupling**: couplage en étoile. **star delta**: étoile triangle *(élec)*. **star map**: projection étoilée *(cartog)*. **star post**: *voir cheater*. **star shot pattern**: dispositif de tir en étoile.

starboard – tribord *m (naut)*.

starch – amidon *m*. **starch mud**: boue à l'amidon.

start – début *m* ; démarrage *m* ; départ *m*. **start-stop button**: bouton marche-arrêt. **start time**: temps de démarrage.

start (to) – commencer ; démarrer ; faire partir ; mettre en route. **start (to) an engine**: faire démarrer un moteur. **start (to) drilling**: commencer un forage. **start (to) oil flowing**: démarrer la production.

startability – aptitude au démarrage.

starter – démarreur *m* ; lanceur *m*. **starter button**: bouton de démarrage. **starter fluid**: fluide de démarrage, *de lancement*. **starter motor**: moteur de démarrage. **starter ring**: couronne de démarreur. **starter switch**: bouton de démarrage.

starting – amorce *f*, *commencement* ; démarrage *m* ; départ *m* ; mise en route. **starting air**: air de lancement. **starting-air compressor**: compresseur d'air de lancement. **starting cartridge**: cartouche de lancement. **starting crank**: manivelle de mise en marche. **starting current**: courant de démarrage. **starting energy**: énergie de démarrage. **starting engine**: moteur de démarrage, *de lancement*. **starting handle**: manivelle de démarrage. **starting inrush current**: courant de lancement d'un moteur, *8 à 10 fois supérieur au courant normal*. **starting knock**: cliquetis au démarrage. **starting leg**: montant de départ d'un derrick, *montants d'angle partant de la base*. **starting lever**: levier de démarrage. **starting mill**: fraise d'amorce, *déviation du puits*. **starting motor**: démarreur *m*. **starting output**: puissance de démarrage. **starting panel**: tableau de démarrage. **starting rate**: régime de départ. **starting rheostat**: rhéostat de démarrage. **starting shutter**: volet de départ. **starting**

torque: couple de démarrage. **starting valve**: soupape de démarrage, *ou de mise en marche.*

start-up – démarrage *m, d'une production, etc.* ; mise en marche ; mise en route. **start-up expenses**: frais de démarrage. **start-up time**: temps de mise en route.

starved – affamé. **starved basin**: bassin sous-alimenté, *aire sédimentaire où le taux de sédimentation est inférieur au taux de subsidence.*

state – état *m.* **state corporation**: société privée, *dans la plupart des Etats américains, une société privée ne peut être constituée que si elle satisfait à certaines conditions de forme et notamment si l'Etat en a approuvé la création.* **state of strain**: état de déformation. **state of stress**: état de contrainte. **state of the art**: état de l'art, *le point sur l'état du développement d'une technique, d'un procédé, d'une science.* **state of the sea**: état de la mer. **state-owned enterprise**: entreprise publique. **state variable**: variable d'état. **state vector**: vecteur d'état.

statement – attestation *f, de sociétés de classification* ; bilan *m* ; énoncé *m* ; état *m* ; exposé *m* ; mémoire *m* ; relevé de compte.

static – parasites atmosphériques ; statique. **static bed**: lit statique. **static bottomhole pressure**: pression statique de fond. **static chain**: chaîne de mise à la terre de l'électricité statique, *dans les wagons et camions citernes.* **static correction**: correction statique, *décalage temporel qu'il faut appliquer à une trace sismique terrestre pour compenser l'effet de la couche altérée* ; statique *f, employé pour correction statique.* **static electricity**: électricité statique. **static electrode potential**: potentiel statique d'une électrode. **static friction**: frottement statique. **static head**: hauteur d'élévation *(pompage)* ; pression statique. **static holdup**: retenue liquide dans le garnissage, *après fonctionnement.* **static lift**: hauteur d'élévation *(pompage)*. **static load**: charge statique. **static measurement**: mesurage statique. **static metamorphism**: métamorphisme par préssion *(géol)* ; métamorphisme statique. **static pressure**: pression statique. **static rate**: taux de flexibilité statique ; taux de rigidité statique. **static recovery**: restauration statique. **static spontaneous potential (SSP)**: potentiel spontané statique. **static test**: essai statique. **static toe angle**: angle de pincement statique, *d'une roue.* **static water**: eau statique.

station – centrale *f* ; gare *f* ; lieu *m, de vibration* ; point d'accès, *d'un système de communication* ; poste *m* ; station *f, voir aussi service station.* **station keeping**: maintien à poste, *d'un bateau de ravitaillement.* **station spacing**: espacement entre deux stations de pompage.

stationary – fixe ; stationnaire. **stationary bed**: *voir fixed bed.* **stationary crane**: grue fixe ; grue stationnaire. **stationary diesel**: diesel fixe. **stationary engine**: moteur fixe, *stationnaire.* **stationary filter**: filtre stationnaire *(élec)*. **stationary flame**: flamme stationnaire. **stationary mass**: masse inerte ; masse stationnaire. **stationary noise**: bruit stationnaire. **stationary orbit**: orbite constante ; orbite fixe. **stationary phase**: phase fixe, *chromatographie* ; phase stationnaire. **stationary rig**: installation de forage fixe. **stationary wave**: onde stationnaire.

statistical – statistique. **statistical analysis**: analyse statistique. **statistical coefficient of variation**: coefficient statistique de variation. **statistical difference**: écart statistique. **statistical mechanics**: mécanique statistique, *branche de la physique qui a pour but d'expliquer les propriétés de la matière à partir des lois mécaniques auxquelles obéissent les particules dont elle est formée.* **statistical stacking**: addition statistique ; sommation statistique. **statistical variance**: *voir variance.* **statistical weight**: poids statistique, *degré de dégénérescence d'un système.*

statistics – statistique *f.*

stator – aubage *m* ; aube *f* ; stator *m (élec)*.

statoreactor – statoréacteur *m.*

statoscope – statoscope *m.*

statute mile – mile terrestre, *voir mile.*

statutory – réglementaire. **statutory ceiling**: limite statutaire. **statutory unit**: unité légale, *unité de mesure dont l'emploi est prescrit par un texte réglementaire.*

staurolite – staurolite *f, silicite d'aluminium et de fer.*

stay – entretoise *f* ; étai *m* ; hauban *m* ; montant *m* ; support *m.* **stay block**: semelle d'ancrage. **stay bolt**: boulon d'ancrage ; boulon tendeur ; tirant *m.* **stay wire**: fil d'arrêt.

stayed – haubané. **stayed head**: fond renforcé.

staying – étayage *m* ; haubanage *m.*

STC – *abrév. de sensitivity time control.*

steadite – stéadite *f, eutectique phosphoreux.*

steady – constant ; permanent ; régulier ; stationnaire. **steady flow**: courant tranquille ; écoulement stable. **steady fluid flow**: écoulement permanent. **steady gain**: gain fixe. **steady mass**: masse inerte. **steady-running conditions**: régime stable. **steady state**: état d'équilibre ; état de régime ; état stable ; état stationnaire ; régime établi ; régime permanent ; régime stationnaire. **steady-state diffusion**: diffusion en régime stationnaire. **steady-state vibration**: vibration entretenue.

steam – vapeur *f* ; vapeur d'eau. **steam accumulator**: accumulateur de chaleur. **steam-and-fire distillation**: distillation à feu et à la vapeur d'eau. **steam-atomizing oil burner**: brûleur à huile à pulvérisation par la vapeur. **steam bath**: bain de vapeur. **steam blanket**: écran de vapeur. **steam boiler**: chaudière à vapeur. **steam chest**: boîte à vapeur. **steam coal**: charbon de chaudière ; charbon vapeur. **steam cock**: prise de vapeur ; robinet à vapeur. **steam coil**: serpentin à vapeur. **steam-condenser vacuum pump**: pompe à vide pour condenseur, *voir aussi vacuum jet.* **steam cone**: ajutage à vapeur. **steam-cooked grease**: graisse cuite à la vapeur. **steam cracker**: four de vapocraquage ; vapocraqueur *m.* **steam cracking**: vapocraquage *m, craquage d'hydrocarbures à la vapeur d'eau.* **steam cured**: conservé dans la vapeur. **steam cushion**: matelas de vapeur, *dans le cylindre.* **steam cylinder**: cylindre à vapeur. **steam-cylinder oil**: huile pour cylindres à vapeur. **steam digger**: pelle à vapeur. **steam distillation**: distillation à la vapeur d'eau ; distillation par entraînement à la vapeur d'eau ; revaporisation à la vapeur d'eau. **steam-distilled oil**: huile distillée à la vapeur d'eau. **steam drive**: déplacement par la vapeur d'eau. **steam drum**: collecteur de vapeur. **steam ejector**: éjecteur à vapeur. **steam-emulsion number**: indice de désémulsion à la vapeur des huiles de graissage, *nombre de minutes au bout desquelles les deux phases eau et huile sont séparées dans les conditions prescrites.* **steam-emulsion test**: essai de désémulsion à la vapeur. **steam engine**: machine à vapeur ; moteur à vapeur. **steam-engine jacket**: chemise de moteur à vapeur. **steam-engine oil**: huile pour machines à vapeur. **steam entrance port**: orifice d'admission de vapeur. **steam exhaust port**: orifice d'échappement de vapeur. **steam-feed pipe**: tuyau de conduite de la vapeur. **steam flood**: *voir steam flooding.* **steam flooding**: déplacement à la vapeur d'eau ; injection de vapeur d'eau, *la vapeur injectée sous pression réchauffe l'huile en place et la déplace vers les puits de production.* **steam gage**: manomètre *m.* **steam generator**: générateur de vapeur d'eau. **steam-generator-type exchanger**: générateur de vapeur type échangeur. **steam gun**: canon à vapeur. **steam hammer**: marteau à vapeur ; marteau-pilon à vapeur. **steam header**: collecteur de vapeur. **steam heater**: barboteur *m.* **steam heating**: chauffage à la vapeur. **steam inflow**: admission de vapeur. **steam injection**: injection de vapeur d'eau. **steam injector**: injecteur de vapeur. **steam inlet**: admission de vapeur. **steam jacket**: chemise de vapeur ; manchon de vapeur. **steam-jacket valve**: vanne à enveloppe de vapeur. **steam-jet air pump**: éjecteur d'air à vapeur. **steam-jet ejector**: éjecteur à jet de vapeur. **steam line**: conduite de vapeur. **steam locomotive**: locomotive à vapeur. **steam main**: conduite de vapeur. **steam nozzle**: injecteur de vapeur ; tuyère de vapeur. **steam/oil ratio**: rapport vapeur injectée/huile produite. **steam pipe**: tuyau de vapeur. **steam-pipe supply**: tuyauterie d'arrivée de vapeur. **steam plug cock**: robinet à boisseau pour vapeur. **steam pressure**: pression de vapeur d'eau. **steam pump**: pompe à vapeur. **steam purge**: purge de vapeur. **steam refined**: raffiné à la vapeur. **steam-refined cylinder stock**: huile de graissage pour cylindre, *raffinée à la vapeur et non filtrée.* **steam reforming**: reformage à la vapeur ; vaporeformage *m.* **steam regulator**: régulateur de vapeur. **steam separator**: séparateur de vapeur. **steam soaking**: stimulation par la vapeur, *récupération par imprégnation de vapeur d'eau.* **steam stimulation**: stimulation par injection de vapeur d'eau. **steam stripping**: *voir steam distillation.* **steam-supply valve**: soupape de prise de vapeur. **steam test**: essai à la vapeur d'eau. **steam tracing**: traçage à la vapeur. **steam trap**: purgeur automatique ; purgeur de vapeur. **steam-treated asphalt**: bitume obtenu par distillation en présence de vapeur d'eau. **steam turbine**: turbine à vapeur. **steam-turbine oil**: huile pour turbines à vapeur. **steam valve**: soupape de retenue de vapeur. **steam well**: puits de vapeur.

steaming – entraînement à la vapeur d'eau ; injection de vapeur ; traitement à la vapeur.

steamship – navire à vapeur.

stearamide – stéaramide *m, utilisé comme inhibiteur de corrosion dans les puits de pétrole.*

stearate – stéarate *m.*

stearic – stéarique. **stearic acid**: acide stéarique.

stearin – stéarine *f (chim).*

stearyl – stéaryle *m, radical monovalent.* **stearyl alcohol**: alcool stéarylique.

steatite – stéatite *f, talc compact.*

Stedman – Stedman, *dénomination de garnissage à cônes ou à éléments pyramidaux.*

steel – acier *m.* **steel bloom**: loupe d'acier *(métal).* **steel caisson**: caisson en acier, *pour fondations sous l'eau.* **steel casting**: moulage d'acier, *pièce en acier coulé.* **steel faced**: aciéré. **steel framework**: ossature métallique. **steel grade**: nuance d'acier. **steel-hardening oil**: huile pour la trempe de l'acier. **steel industry**: sidérurgie *f.* **steel jacket**: chemise en acier, *chemise d'évaporateur.* **steel junk**: *dénomination familière de tout outil métallique usagé.* **steel ladle**: poche à acier. **steel mill**: aciérie *f.* **steel nosecone**: cône de gicleur en acier. **steel plant**: aciérie *f*; usine sidérurgique. **steel platform**: plate-forme en acier. **steel plating**: aciérage *m.* **steel scrap**: déchets d'acier ; limaille *f.* **steel stack**: cheminée en tôle. **steel wire**: câble d'acier. **steel work**: tôlerie *f.*

steeling – aciérage *m* ; aciération *f.*

steely – aciéreux. **steely iron**: fer aciéreux.

steep – accore ; escarpé ; raide, *en dressant.* **steep coast**: côte abrupte. **steep dip**: pendage prononcé ; pendage raide. **steep sea**: mer creuse. **steep seam**: couche en dressant, *couche fortement inclinée.* **steep slope**: forte pente ; pente escarpée ; pente raide ; pente rapide. **steep vein**: filon de fort pendage.

steer (to) – commander ; diriger une machine ; faire une sommation oblique ; orienter.

steerability – orientabilité *f.*

steerable – orientable. **steerable thruster**: propulseur à poussée orientable ; propulseur orientable. **steerable wheel**: roue directrice.

steerageway – erre nécessaire pour gouverner *(nav).*

steering – braquage *m* ; direction *f.* **steering angle**: angle de braquage, *d'un véhicule.* **steering axis**: axe de direction. **steering axle**: essieu directeur. **steering box**: boîtier de direction. **steering committee**: comité d'orientation. **steering compass**: compas de route. **steering gear**: appareil à gouverner, *ensemble des dispositifs de liaison entre la barre et le gouvernail* ; boîte de direction. **steering-gear grease**: graisse pour boîte de direction. **steering-gear lubricant**: lubrifiant pour boîte de direction. **steering lever**: levier de direction. **steering lock**: braquage de la direction. **steering response**: réponse de la direction, *d'un véhicule.* **steering sensitivity**: sensibilité au braquage, *d'un véhicule.* **steering tool**: indicateur d'orientation, *d'un forage dévié.* **steering track rod**: barre d'accouplement. **steering wheel**: volant *m, direction.*

Stefan – Stefan. **Stefan-Boltzman law**: loi de Stefan-Boltzman, *sur la densité totale de rayonnement du corps noir.*

Stefanesco – Stefanesco. **Stefanesco function**: noyau de Stefanesco, *fonction noyau.*

stellated – étoilé. **stellated structure**: structure radiée, *structure en étoile.*

stellerite – stellérite *f (minér).*

Stellite – Stellite *f, dénomination d'une série d'alliages chrome-cobalt.*

stem – queue *f*; tige *f*. **stem correction**: correction de colonne émergente.
STEM – *abrév. de scanning transmission electron microscopy : microscopie électronique par transmission à balayage.*
stenohaline – sténohalin, *se dit d'un organisme aquatique vivant dans des limites de salinité très étroite, voir aussi euryhaline.*
stenothermal – sténotherme, *se dit d'un organisme ne vivant que dans des conditions de températures très étroites, voir aussi eurythermal.*
step – étape *f*; gradin *m* ; graduation *f*; marche *f*; pas *m* ; phase *f*. **step bearing**: crapaudine *f*. **step bit**: couronne étagée ; trépan à redans. **step box**: crapaudine *f*; palier de pied. **step-by-step action**: action par échelons. **step-by-step gain control**: gain ajustable par paliers. **step cone**: cône poulie ; poulie à gradins. **step controller**: régulateur pas à pas. **step-down transformer**: transformateur réducteur. **step fault**: faille à gradins ; faille en escalier. **step fold**: flexure *f*; pli monoclinal *(géol)*. **step freezing**: congélation étagée *(mine)*. **step function**: fonction échelon ; fonction en escalier. **step-function response**: réponse à l'échelon. **step tray**: plateau à gradins. **step up**: engrenage d'accélération. **step-up transformer**: survolteur *m*. **step wedge**: coin sensitométrique.
stepback – correction d'antenne.
Stephanian – Stéphanien *m, étage du Carbonifère.*
stepout – courbure d'indicatrice, *voir aussi normal moveout*; delta-t. **stepout well**: puits d'extension, *puits foré à côté d'un puits productif, mais sur une zone non prouvée en vue d'étendre et de délimiter la formation productive.*
stepped – échelonné. **stepped bearings**: paliers échelonnés. **stepped-gain amplifier**: amplificateur à sauts de gain. **stepped gear**: engrenage échelonné. **stepped piston-ring**: segment à extrémités à recouvrement. **stepped pulley**: poulie étagée. **stepped trays**: plateaux en gradins.
stepping – échelonnement *m*. **stepping down**: démultiplication *f (méc)*. **stepping motor**: moteur pas-à-pas *(élec)*. **stepping relay**: relais pas-à-pas *(élec)*. **stepping up**: multiplication *f*.
stepwise – en gradin. **stepwise cracking (SWC)**: fissuration en gradin.
steradian – stéradian *m, unité SI d'angle solide, symbole* sr.
steradiancy – *voir radiance.*
sterane – stérane *m, hydrocarbure saturé.*
stere – stère *m, unité de volume égale au mètre cube utilisée pour le bois de chauffage.*
stereoanalysis – analyse stéréoscopique, *télédétection.*
stereoautograph – stéréoautographe *m, appareil de restitution.*
stereobase – base de prises de vues stéréoscopiques ; base stéréoscopique.
stereoblock – séquencé, *polymère.* **stereoblock polymer**: polymère séquencé.
stereochemistry – stéréochimie *f*.
stereocomparagraph – stéréocomparagraphe *m*.
stereocomparator – stéréocomparateur *m*.
stereocompilation – stéréorestitution *f*.
stereogram – stéréogramme *m*.
stereographic – stéréographique. **stereographic map projection**: projection stéréographique, *carte.*
stereoisomer – stéréo-isomère *m*.
stereoisomerism – stéréo-isomérie *f*.
stereometric – stéréométrique. **stereometric camera**: chambre stéréométrique.
stereoorthophotographic – stéréoorthophotographique.
stereopair – couple de clichés stéréoscopiques ; couple stéréoscopique.
stereophotogrammetry – stéréophotogrammétrie *f, télédétection.*
stereoplotter – appareil de stéréorestitution ; stéréorestituteur *m*.
stereoregularity – stéréorégularité *f, des polymères.*
stereoscope – stéréoscope *m*.
stereoscopic – stéréoscopique. **stereoscopic base**: base stéréoscopique. **stereoscopic camera**: appareil de prises de vues stéréoscopiques. **stereoscopic coverage**: couverture stéréoscopique. **stereoscopic image**: image plastique ; image stéréoscopique. **stereoscopic pair**: couple stéréoscopique. **stereoscopic parallax**: parallaxe stéréoscopique. **stereoscopic photography**: prise de vue stéréoscopique. **stereoscopic point setting**: pointé stéréoscopique. **stereoscopic prism**: prisme stéréoscopique. **stereoscopic rangefinder**: télémètre stéréoscopique. **stereoscopic strip**: bande de clichés stéréoscopiques. **stereoscopic triangulation**: triangulation stéréoscopique. **stereoscopic vision**: observation stéréoscopique. **stereoscopic visual acuity**: acuité visuelle stéréoscopique.
stereoscopy – stéréoscopie *f*.
stereoselective – stéréosélectif. **stereoselective reaction**: réaction stéréosélective.
stereoselectivity – stéréosélectivité *f (chim)*.
stereospecific – stéréospécifique. **stereospecific polymerization**: polymérisation stéréospécifique. **stereospecific synthesis**: synthèse stéréospécifique.
stereospecificity – stéréospécificité *f (chim)*.
stereotemplate – plaque de triangulation stéréoscopique.
stereotriangulation – aérotriangulation *f*; triangulation aérienne.
steric – stérique. **steric anomaly**: anomalie stérique *(océan)*. **steric effect**: effet stérique. **steric hindrance**: empêchement stérique ; encombrement stérique.
sterid – stéride *m (chim)*.
sterile – stérile.
sterilization – stérilisation *f*.
sterilized – stérilisé. **sterilized oil**: huile stérilisée, *huile soluble ou de coupe traitée pour éviter le développement des bactéries qui contamineraient les utilisateurs.*
stern – arrière *m, d'un navire*; poupe *f*. **stern ramp**: rampe de pose *(pipeline)*. **stern thruster**: propulseur arrière *(nav)*. **stern tube**: tube d'arbre d'hélice ; tube d'étambot. **stern-tube bearing**: palier de tube d'étambot. **stern wave**: onde de sillage.
sternpost – étambot *m*.
steroid – stéroïde *m*.

sterol – stérol *m.*
stevedore – aconier *m* ; docker *m* ; manutentionnaire *m* ; stevedore *m.*
sthène – sthène *m, unité de force, 1 sn = 1 kN.*
stibium – antimoine *m.*
stibnite – stibine *f, sulfure naturel d'antimoine.*
stick – baguette *f*; bâton *m* ; échantillon *m* ; flèche *f*; tige *f*; tronc *m.* **stick friction**: frottement saccadé. **stick plot**: planche à clous. **stick slip**: broutement *m* ; glissement saccadé, *entre les deux plans d'une faille* ; mouvement saccadé. **stick sulfur**: soufre en canon. **stick-up of a pile**: longueur libre d'un pieu.
stick (to) – coincer ; coller. **stick (to) together**: s'agglutiner.
sticker – marque refléchissante, *de bande magnétique.*
stickiness – collage *m* ; gommage *m.*
sticking – adhésif ; blocage *m, soupapes, segments, etc* ; calage *m* ; coincement *m* ; collage *m* ; collant ; gommage *m* ; grippage *m.* **sticking probability**: probabilité de collage.
stickogram – diagramme en bâtonnets ; représentation à bâtonnets.
sticky – collant. **sticky clay**: argile collante. **sticky formation**: terrain collant, *terrain dans lequel le trépan tend à se caler.* **sticky shale**: marne plastique.
stiff – consistant ; raide ; rigide.
stiffen (to) – raidir ; renforcer.
stiffened – raidi. **stiffened joint**: noeud raidi.
stiffener – contrefort *m* ; entretoise *f*; raidisseur *m* ; renfort *m.*
stiffness – raideur *f*; rigidité *f.* **stiffness coefficient**: coefficient de rigidité. **stiffness modulus**: module de rigidité.
stilb – stilb *m, unité de luminance, 1 sb = 1 cd/cm²*.
stilbene – stilbène *m, diphényléthylène.*
stilbite – stilbite *f, zéolite naturelle.*
still – alambic *m* ; appareil de distillation ; chaudière tubulaire ; distillateur *m (appareil).* **still bottoms**: résidus de distillation, *ensemble des résidus restant dans l'appareil après l'opération.* **still coke**: coke de cornue. **still gas**: gaz de distillation. **still grease**: huile de graissage paraffinique, *obtenue durant la distillation des schistes pyrobitumineux.* **still jacket**: manchon de four de distillation. **still residue**: résidu de distillation. **still wax**: cire de cornue, *voir wax tailings.*
stillage – vinasse *f.*
stilling – distillation *f.* **stilling well**: puits de jaugeage, *sur réservoir de stockage.*
stillingia oil – huile de stillingia, *huile végétale.*
stillstand – période d'équilibre statique, *zone d'équilibre statique.*
stilpomelane – stilpomélane *m (minér).*
stimulated – stimulé. **stimulated emission**: émission stimulée.
stimulation – stimulation *f.* **stimulation of production**: *voir well stimulation.*
stinger – canule *f, tube usiné pénétrant dans un logement et faisant étanchéité pour des opérations diverses* ; élinde *f, rampe flottante fixée à une barge de pose de pipeline* ; rampe de guidage, *pipeline* ; rampe de pose, *support ballastable connecté à l'arrière de la barge de pose des pipelines.*
stink – puanteur *f.* **stink oil**: huile nauséabonde, *fraction légère entraînée avec l'hydrogène sulfuré dans une unité d'hydrotraitement.*
stink (to) – empester ; puer.
stinking – puant. **stinking schist**: schiste fétide.
stinkstone – calcaire fétide, *anthraconite (pétro).*
stinkumnasty – mercaptan *m (familier).*
stir (to) – agiter ; brasser.
Stirling – Stirling. **Stirling cycle**: cycle de Stirling, *cycle thermodynamique.* **Stirling engine**: moteur Stirling.
stirred – agité. **stirred reactor**: réacteur agitateur, *unité d'alkylation.*
stirrer – agitateur *m.*
stirring – agitation *f*; brassage *m.* **stirring arm**: bras d'agitateur. **stirring device**: dispositif d'agitation. **stirring rod**: agitateur *m.* **stirring test**: essai avec agitation.
stirrup – étrier *m, étrier d'attaque (for).*
stitching – brochage *m* ; couture *f*; point apparent ; soudure en pointillée, *défauts dans la ligne de soudure.* **stitching oil**: huile pour cordonnerie.
stk – *abrév. de streak, pour rapport de sondage.*
STO – *abrév. de stock-tank oil.*
stochastic – aléatoire ; stochastique. **stochastic modeling**: modélisation stochastique. **stochastic process**: processus stochastique, *processus aléatoire.*
stock – action *f, en bourse (fin)* ; amas *m (géol)* ; charge *f (minér)* ; provision *f*; stock *m* ; tronc *m.* **stock accounting**: comptabilité des stocks. **stocks change**: variation de stocks. **stock column**: colonne des charges *(métal).* **stock corporation**: société par actions. **stock exchange**: bourse *f.* **stock feeder**: dispositif d'alimentation. **stock jobbing**: agiotage. **stock level**: niveau des stocks. **stock list**: inventaire *m.* **stock market**: bourse des valeurs. **stock replenishment**: approvisionnement des stocks. **stock shortage**: rupture de stock. **stock tank**: réservoir de stockage. **stock-tank conditions**: conditions de références de l'huile, *pression atmosphérique et 15°C (prod).* **stock-tank oil (STO)**: huile de stockage, *pétrole brut récupéré au stockage et dont le volume liquide est inférieur à celui parti du gisement.* **stock-tank oil initially in place (STOIIP)**: huile de stockage initialement en place.
stockbroker – agent de change.
stocked anchor – ancre à jas.
stockholder – actionnaire *m.*
stockpile – stocks de réserves.
stockpiling – emmagasinage *m* ; stockage *m.*
Stoddard – Stoddard. **Stoddard solvent**: solvant Stoddard, *pour nettoyage à sec.*
stoichiometric – stoechiométrique. **stoichiometric air/fuel ratio**: pouvoir comburivore. **stoichiometric combustion**: combustion stoechiométrique. **stoichiometric impurity**: impureté stoechiométrique *(crist).* **stoichiometric mixture**: mélange stoechiométrique. **stoichiometric number**: nombre stoechiométrique.
stoichiometry – stoechiométrie *f.*

STOIIP – *abrév. de stock-tank oil initially in place.*

stokes – stokes *m, unité de viscosité cinématique, symbole* St. **Stokes' law**: loi de Stokes, *sur les écoulements visqueux.*

STOL – ADAC, *abrév. de short takeoff and landing : avion de décollage et d'atterrissage courts.* **STOL aircraft**: avion de décollage et atterrissage courts (ADAC).

stone – caillou *m, voir aussi cobble* ; pierre *f.* **stone bottle**: cruchon *m.* **stone coal**: anthracite *m.* **stone desert**: désert rocheux. **stone drift**: galerie au rocher. **stone drill**: mèche à pierre. **stone dusting**: schistification *f.* **stone field**: champ de pierres ; mer de rochers. **stone-filled sheet asphalt**: microbéton bitumineux nougaté, *avec de gros éléments.* **stone lattice**: structure alvéolaire *(géol).* **stone meteorite**: météorite pierreuse. **stone net**: réseau de pierres. **stone oil**: huile de pierre, *pétrole.* **stone packing**: rose de pierre. **stone pavement**: pavage de pierre. **stone pick**: pic au rocher *(mine).* **stone pit**: *voir stone quarry.* **stone quarry**: carrière de pierres. **stone ring**: cercle de pierres. **stone river**: coulée de pierres *(géol).* **stone run**: coulée de pierres. **stone saw**: scie à pierre. **stone sawing**: sciage de pierres. **stone stripes**: bandes pierreuses. **stone wax**: cire de lignite.

stone – stone *m, unité de masse valant 6,35 kg.*

Stoneley – Stoneley. **Stoneley wave**: onde de Stoneley, *onde d'interface qui peut se propager dans certaines conditions à la limite entre deux solides ou entre liquide et solide.*

stoneware – grès cérame.

stoniness – pierrosité *f (pédol).*

stony – pierreux ; rocailleux. **stony ground**: enrochement *m* ; terrain rocailleux.

stool – tabouret *m.* **stool pigeon**: détecteur de conduite ; mouchard *m (pipeline).*

stop – arrêt *m* ; dispositif d'arrêt ; interruption *f.* **stop-and-check valve**: robinet d'arrêt. **stop-and-go driving**: conduite en ville, *arrêts et démarrages répétés (auto)* ; service de ville. **stop check valve**: robinet de non retour. **stop collar**: collier d'arrêt *(for).* **stop-end retort**: cornue avec fond. **stop gate**: circuit *m (élec)* ; vanne d'arrêt. **stop mechanism**: dispositif d'arrêt. **stop nut**: écrou de blocage. **stop plate**: plaque d'arrêt. **stop ring**: bague d'arrêt ; butée *f.* **stop screw**: vis d'arrêt, *de blocage.* **stop valve**: robinet d'arrêt ; soupape d'arrêt.

stop (to) – cesser. **stop (to) payments**: cesser les paiements. **stop (to) up**: aveugler, *une voie d'eau.*

stopcock – robinet d'arrêt ; robinet obturateur.

stopcocking – fermeture périodique, *d'un puits pour permettre la remontée de pression, et améliorer la production.*

stoppage – bouchage *m* ; obturation *f.*

stopped – bouchée. **stopped flow**: écoulement bloqué.

stopper – bouchon *m* ; obturateur *m.*

stopping – arrêt *m.* **stopping cross-section**: section efficace d'arrêt. **stopping device**: dispositif d'arrêt. **stopping distance**: distance d'arrêt ; distance de freinage. **stopping power**: pouvoir d'arrêt.

stopple – bouchon *m, appareil que l'on monte sur un branchement effectué par piquage sur une canalisation pour obturer la canalisation et permettre de travailler sur la section de ligne ainsi isolée.*

stopwatch – chronomètre *m.*

storage – accumulation *f* ; emmagasinage *m* ; entreposage *m* ; stockage *m.* **storage battery**: accumulateur *m* ; batterie d'accumulateurs. **storage cavern**: cavité de stockage. **storage cell**: accumulateur *m* ; élément secondaire. **storage charges**: frais de magasinage. **storage dam**: barrage de retenue. **storage expenses**: frais de magasinage. **storage facility**: installation de stockage ; parc de stockage ; stockage *m.* **storage factor**: coefficient de remplissage. **storage loss**: perte au stockage. **storage reservoir**: réservoir de retenue. **storage stability**: stabilité au stockage. **storage tank**: bac de réserve ; bac de stockage ; réservoir de stockage. **storage tube**: tube à mémoire *(élec).* **storage yard**: parc *m.*

store – magasin *m* ; provision *f.* **store distillate**: lampant ordinaire. **stores supply**: approvisionnement en vivres. **ex store**: départ magasin, *condition de vente.*

stored – emmagasiné. **stored energy**: énergie emmagasinée. **stored-energy welding**: soudage par accumulation d'énergie. **stored heat**: chaleur accumulée.

storekeeper – cambusier *m (navire)* ; magasinier.

storeroom – cambuse *f, d'un navire.*

storing – conservation *f* ; emmagasinage *m* ; magasinage *m.*

storm – tempête *f* ; violente tempête, *force 11 sur l'échelle Beaufort.* **storm choke**: clapet de sécurité, *fixé dans la colonne de production et fermant automatiquement le puits en cas d'incident sur la tête de production* ; vanne de sécurite de fond. **storm delta**: delta de tempête. **storm drain**: conduite des eaux pluviales. **storm load**: charge due aux tempêtes. **storm oil**: huile filante, *versée sur les flots pour arrêter le déferlement des vagues dans les tempêtes.* **storm runoff**: écoulement d'averse. **storm surge**: onde de tempête ; vague de tempête. **storm warning**: avertissement de tempête. **storm wave**: raz-de-marée *m* ; vague de tempête.

stoss – amont *m.* **stoss side**: flanc doux ; versant amont, *par rapport au déplacement d'un glacier.*

stout – robuste.

stove – cuisinière *f* ; étuve *f* ; four *m* ; fourneau *m* ; foyer *m* ; poêle *m* ; réchaud *m* ; séchoir *m.* **stove-and-furnace fuel**: combustible à usages domestiques. **stove distillate**: huile à fourneau, *utilisée pour le chauffage.* **stove drying**: séchage à l'étuve.

stovepipe – tube conducteur, *tubage riveté de grand diamètre utilisé au début du forage.*

stow (to) – arrimer ; saisir *(naut).*

stowage – arrimage *m.* **stowage factor**: coefficient d'arrimage.

stowaway – passager clandestin.

stowing – remblayage *m.*

STP – PTN, *abrév. de standard temperature and pressure : pression et température normales.*

straddle – chevauchement *m.* **straddle carrier**: *voir straddle truck.* **straddle packer**: packer d'intervalles, *composé de deux éléments réunis par un raccord perforé, une conduite met en communication les parties du trou situées au-dessus* *du packer supérieur et au-dessous du packer inférieur (for)*. **straddle-packer bypass**: tube égalisateur. **straddle shot**: tir au centre. **straddle spread**: dispositif à cheval *(sism)*. **straddle test**: essai de couche sélectif, *entre deux packers*; test sélectif. **straddle tester**: double packer, *pour essai de zones intermédiaires*. **straddle truck**: chariot à portique ; chariot cavalier.

straddle (to) – chevaucher, *être à cheval sur*.

straggling – dispersion *f.*

straight – direct ; droit ; non-mixée, *trace*. **straight bevel gear**: engrenage conique à dents droites. **straight chain**: chaîne droite *(chim)*. **straight-chain hydrocarbon**: hydrocarbure à chaîne droite. **straight-chain reaction**: réaction en chaîne droite. **straight distillation**: distillation directe. **straight dog**: butée longitudinale. **straight-flow turbine**: turbine à écoulement direct. **straight gas oil**: gasoil direct. **straight hole**: forage vertical. **straight-hole drilling**: forage vertical. **straight-hole test**: essai directionnel, *consistant à vérifier si le sondage est droit*. **straight interest**: intérêt simple, *intérêt calculé sur le nominal seul*. **straight line**: droite *f.* **straight-line depreciation**: amortissement linéaire, *la dotation est constante tout au long de la durée de vie du bien*. **straight-line drive**: entraînement direct *(mot)*. **straight-line equipment layout**: production en chaîne suivie. **straight-line depreciation**: amortissement par tranches annuelles égales. **straight-line section**: coupe *f*; section rectiligne. **straight mineral-cutting oil**: huile de coupe de distillation directe, *substitut des huiles solubles pour pressions élevées*. **straight polarity**: polarité directe. **straight reaming**: alésage droit. **straight roller bearing**: roulement à rouleaux parallèles. **straight-run distillate**: distillat de distillation directe. **straight-run distillation**: distillation continue ; distillation directe ; distillation initiale du pétrole brut ; première distillation. **straight-run gasoline**: essence de distillation directe, *essence de premier jet, essence de première distillation, fraction légère de la distillation directe du pétrole brut*. **straight-run of pipe**: alignement de plusieurs longueurs de tube. **straight-run pitch**: brai de première distillation. **straight-run processing**: traitement direct du pétrole brut. **straight-run product**: produit de distillation directe. **straight-run residue**: résidu de distillation directe. **straight-run solvent**: solvant de distillation directe *(fractionnée) souvent appelés naphtha solvent*. **straight-run stock**: *voir virgin stock*. **straight-shank drill**: mèche à queue cylindrique. **straight swivel**: émerillon *m*; tête d'injection ; tête de rotation. **straight thread**: filetage cylindrique. **straight through**: passage direct. **straight-through flow**: écoulement direct. **straight-tooth gear**: engrenage à denture droite. **straight-way valve**: vanne à passage direct. **straight well**: puits vertical, *rectiligne*.

straighten (to) – redresser, *ramener à la verticale un forage dévié*.

straightener – redresseur *m.*

straightening – rectification *f*; redressement *m.* **straightening hole**: puits de redressement. **straightening roll**: cylindre de redressage.

strain – contrainte *f*; déformation *f*; effort *m*; fatigue *f*; tension *f*; travail mécanique. **strain aging**: vieillissement après déformation à froid. **strain crack**: fissure de déformation. **strain energy**: énergie de déformation. **strain gage**: extensomètre *m*; jauge de contrainte ; jauge de déformation. **strain-gage sensor**: capteur de force, *de traction*. **strain hardening**: écrouissage *m.* **strain-hardening curve**: courbe d'écrouissage. **strain limit**: limite d'allongement. **strain rate tensor**: tenseur vitesse de déformation. **strain release**: relâchement des contraintes. **strain seismometer**: sismographe de déformation. **strain shadow**: *voir pressure shadow*. **strain-slip cleavage**: pseudoclivage *(géol)*. **strain tensor**: tenseur des déformation. **strain transducer**: capteur de contrainte. **strain wave**: onde de déformation.

strainer – crépine *f, de pompe* ; filtre *m* ; tamis *m* ; tube à crépine ; tube d'ancrage perforé. **strainer cap**: bouchon filtre. **strainer filter**: filtre à tamis, *pour purification des huiles lubrifiantes ou carburant diesel*.

straining – filtration *f*; surtension *f*; tension *f.*

strait – détroit *m.*

strake – virure *f.*

strand – brin *m* ; cordon *m, de câble* ; côte *f*; fibre *f*; rivage *m* ; toron *m.* **strand-center cable**: câble à toron d'acier. **strand flat**: plate-forme côtière *(géol)*. **strand line**: ancienne ligne de rivage. **strand plain**: plaine côtière sédimentaire ; plaine d'accumulation littorale.

stranded – câblé ; échoué ; toronné. **stranded ice**: glace d'estran. **stranded oil**: huile échouée sur les plages. **stranded-wire cable**: câble à fils multiples.

stranding – échouement *m* ; toronnage *m.* **stranding machine**: toronneuse *f.*

strange – allochtone *(géol)* ; étrange. **strange particle**: particule étrange, *particule de la classe des hadrons : kaons et hypérons*.

strangeness – étrangeté *f.* **strangeness conservation**: conservation d'étrangeté. **strangeness number**: étrangeté *f, nombre quantique attribué aux particules étranges*.

strangler – étrangleur *m* ; volet d'air.

strap – ceinture *f, métallique ou autre entourant un objet* ; courroie *f*; jarretière *f*; ruban métallique, *utilisé pour mesurer le diamètre d'un réservoir et en déterminer ainsi la capacité* ; sangle *f.* **strap of an eccentric**: collier d'excentrique.

strapped – lié avec une courroie. **strapped joint**: joint à courroie ; joint à recouvrement.

strapping – barémage *m, mesurage et calculs pour déterminer la capacité d'un réservoir et établir une table de conversion* ; enrubannage *m, emballage*.

strat test – sondage stratigraphique.

strata – *plur. de stratum.*

stratal – de strate. **stratal configuration**: géométrie sédimentaire, *configuration géométrique des strates à l'intérieur d'une unité stratigraphique*. **stratal discontinuities**: surfaces de discontinuité, *surfaces stratigraphiques physiques crées par l'érosion ou par un non dépôt*. **stratal surface**: surface de stratification, *surface stratigraphique physique séparant des niveaux sédimentaires*. **stratal termination**: géométrie de terminaison de strates, *rapports géométriques servant à définir les discordances*.

stratameter – pendagemètre *m* ; stratamètre *m*.

strategic – stratégique. **strategic petroleum reserves**: réserves de pétrole stratégiques. **strategic stockpiling**: stockage stratégique.

Stratford – *dénomination d'un procédé de traitement à l'argile des distillats de craquage.*

strath – vallée en berceau, *vallée à fond large et relativement plat, toujours remblayée de dépôts glaciaires et fluvio-glaciaires.* **strath terrace**: pénéplaine locale rajeunie ; terrasse rocheuse, *résultant de l'érosion latérale par une rivière de la couverture alluviale minée recouvrant le fond rocheux.*

stratification – stratification *f* *(géol)*. **stratification plane**: plan de stratification.

stratified – stratifié. **stratified-charge engine**: moteur à charge stratifiée. **stratified deposit**: gisement stratifié ; gîte stratifié. **stratified flow**: écoulement stratifié. **stratified fluid**: fluide stratifié. **stratified reservoir**: réservoir stratifié. **stratified rock**: roche stratifiée. **stratified sampling**: sondage stratifié. **stratified structure**: structure stratifiée. **stratified water**: eau en couches de densité variable.

stratiform – stratiforme.

stratigraphic – stratigraphique. **stratigraphic bottom edge**: bord inférieur d'une couche ; limite stratigraphique inférieure. **stratigraphic boundary**: limite stratigraphique, *limite séparant différentes lithologies, résultant de différents environnements de dépôt.* **stratigraphic break**: lacune stratigraphique. **stratigraphic column**: colonne stratigraphique. **stratigraphic correlation**: corrélation stratigraphique. **stratigraphic division**: division stratigraphique. **stratigraphic gap**: lacune stratigraphique. **stratigraphic geology**: géologie stratigraphique ; stratigraphie *f*. **stratigraphic heave**: recouvrement stratigraphique ; rejet parallèle aux couches. **stratigraphic hiatus**: *voir stratigraphic gap.* **stratigraphic horizon**: horizon stratigraphique. **stratigraphic interpretation**: interprétation sédimentologique ; interprétation stratigraphique. **stratigraphic position**: position stratigraphique, *d'une couche, d'un réservoir.* **stratigraphic range**: étendue stratigraphique, *d'un fossile.* **stratigraphic section**: coupe stratigraphique. **stratigraphic separation**: rejet stratigraphique. **stratigraphic sequence of beds**: succession stratigraphique des couches. **stratigraphic (core) test**: puits stratigraphique, *forage implanté afin de reconnaître la nature et/ou la puissance et/ou l'âge de la série sédimentaire.* **stratigraphic throw**: rejet stratigraphique. **stratigraphic top edge**: limite stratigraphique supérieure. **stratigraphic trap**: piège stratigraphique, *piège principalement dû à des phénomènes d'ordre lithologique, sédimentaire et paléogéographique.* **stratigraphic unit**: formation stratigraphique ; unité stratigraphique. **stratigraphic well**: forage stratigraphique.

stratigraphy – stratigraphie *f*.

stratopause – stratopause *f*, *couche de transition entre la stratosphère et la mésosphère.*

stratosphere – stratosphère *f*, *zone de l'atmosphère située au-dessus de la troposphère, caractérisée par une faible croissance de la température avec l'altitude.*

stratospheric – stratosphérique. **stratospheric balloon**: ballon stratosphérique. **stratospheric ozone**: ozone stratosphérique.

stratotype – stratotype *m*, *affleurement type qui sert de référence à un étage stratigraphique.*

stratovolcano – stratovolcan *m*, *volcan complexe.*

stratum – couche *f* ; filet de minerai ; lit *m* ; strate *f*, *corps sédimentaire à géométrie tabulaire, individualisé des niveaux inférieurs et supérieurs soit par des changements lithologiques, soit par des changements de conditions de dépôt. Ce terme s'utilise souvent au pluriel en anglais : strata.*

straw – paille *f*.

stray – dispersion *f* ; égaré ; errant. **stray block**: bloc erratique. **stray current**: courant vagabond. **stray-current corrosion**: corrosion par courants vagabonds. **stray heat**: chaleur perdue, *par dissipation.* **stray sand**: lentille de sable incidentelle.

streak – bande *f* ; liséré *m* ; trainée *f*.

streaked – zoné. **streaked texture**: texture des roches zonées.

streakiness – linéation *f*.

stream – circuit *m* ; coulée *f* ; courant *m* ; cours d'eau ; jet *m* ; produit en circulation. **stream bed**: lit de fleuve. **stream capacity**: capacité fluviatile. **stream capture**: capture d'un cours d'eau. **stream channel**: chenal fluviatile. **stream day**: jour de fonctionnement effectif, *d'une raffinerie par opposition à calendar day.* **stream epigenesis**: épigénie d'un cours d'eau *(géomorph)*. **stream erosion**: érosion torrentielle. **stream factor**: facteur de marche, *rapport de la durée de jours de fonctionnement au nombre de jours calendaires.* **stream-flow plant**: centrale au fil de l'eau. **stream gold**: or alluvionnaire. **stream gravity**: densité d'un distillat, *à la sortie du condenseur.* **stream load**: charge fluviatile. **stream piracy**: capture d'un cours d'eau. **stream placer**: gisement alluvial de minérai. **stream pollution**: pollution des cours d'eau. **stream terrace**: terrasse fluviatile. **stream-time efficiency**: rendement d'activité, *d'une unité d'une raffinerie.* **stream tin**: étain d'alluvion.

streamer – flûte *f*, *câble à géophones à pression incorporés, utilisé pour les enregistrements continus en sismique marine* ; flûte marine. **streamer feathering**: dérive en épi du câble. **streamer jerk**: à-coup sur le câble.

streaming – flux *m*. **streaming potential**: potentiel d'électrofiltration, *voir aussi self potential, spontaneous potential (SP)*.

streamlet – ruisseau *m*.

streamline – courant naturel d'un fluide. **streamline flow**: écoulement laminaire ; écoulement régulier, *continu* ; ligne fuselée *(auto)*.

streamline (to) – caréner ; moderniser ; perfectionner.

streamlined – aérodynamique ; caréné ; fuselé ; profilé. **streamlined body**: carène *f*, *carrosserie profilée.* **streamlined car**: voiture aérodynamique.

streamlining – carénage *m* ; fuselage *m* ; profilage *m*.

strength – concentration *f* ; force *f* ; intensité *f* ; résistance *f* ; rigidité *f* ; solidité *f* ; tension *f* ; tenue *f* ; titre *m* ; vigueur *f*. **strength index**: indice de compétence *(géol)*. **strength test**: essai de résistance.

strengthen (to) – consolider ; renforcer.

stress – contrainte f ; effort *m* ; force *f*; sollicitation *f*; tension *f*. **stress analysis**: analyse des contraintes. **stress concentration factor (SCF)**: coefficient de concentration des contraintes (CCC). **stress corrosion**: corrosion sous tension. **stress-corrosion cracking**: corrosion fissurante sous tension ; fissuration par corrosion sous tension. **stress crack**: crique de tension ; fissure de tension *(métal)*. **stress ellipsoid**: ellipsoïde des contraintes ; ellipsoïde des déformations. **stress field**: champ de contraintes. **stress groove**: rainure de détente des contraintes, *de masse-tige*. **stress joint**: joint de contrainte ; seuil de plasticité. **stress limit**: limite de fatigue. **stress relaxation**: relaxation en contrainte. **stress relief**: stabilisation *f*. **stress-relief groove**: gorge de décharge, *pour filetage de masse-tige*. **stress-relief heat treatment**: traitement thermique de détente. **stress relieving**: recuit de détensionnement ; traitement thermique de détente des tensions *(métal)*. **stress rupture**: rupture sous tension. **stress shrinking**: tension de serrage. **stress-strain curve**: courbe contrainte-déformation. **stress tensor**: tenseur des contraintes. **stress vector**: vecteur de contrainte.

stretch – allongement *m* ; étirement *m*, *des ondelettes causé par les corrections dynamiques* ; extension *f*, *allongement du train de tiges avant son décollage à la remontée* ; portée *f*. **stretch coefficient**: coefficient d'élongation. **stretch course**: assise de renforcement *(maçonnerie)*. **stretch member**: élément-amortisseur de traction, *d'une flûte*. **stretch modulus**: module d'allongement. **stretch section**: élément-amortisseur de traction.

stretch (to) – allonger.

stretched – tendu. **stretched-out middle limb**: flanc médian étiré *(géol)*.

stretcher – brancard *m* ; civière *f*; écarteur *m* ; tendeur *m* ; tenseur *m* ; tirant *m*. **stretcher pulley**: tendeur de courroie.

stretching – allongement *m* ; distension *f*; étirage *m* ; étirement *m* ; extension *f*; recontrastage *m*, *traitement d'images*.

stria – rayure *f*; strie *f*; strie de glissement *(géol)*.

striated – rayé ; strié. **striated boulder**: galet strié ; gravier strié. **striated flow**: veines inhomogènes, *MHD*. **striated ground**: sol strié. **striated pebble**: *voir striated boulder*.

striation – stries *f (géol)*.

striction – striction *f*.

strike – direction *f*, *d'une couche ou d'un plan de faille* ; orientation *f*, *d'une couche, d'une faille, d'une diaclase*. **strike-dip work**: tir au pendage *(sism)*. **strike fault**: faille directionnelle, *longitudinale*. **strike joint**: diaclase longitudinale *(géol)*. **strike line**: ligne directrice *(géol)* ; paléochaîne *f*; profil de niveau ; tracé des rives d'un fleuve. **strike of beds**: direction des couches, *par rapport à l'horizontale*. **strike ridge**: crêt *m*, *relief structural*. **strike shift**: déplacement suivant la direction *(géol)*. **strike slip**: coulissage *m* ; décrochement *m*, *composante horizontale du rejet d'une faille parallèlement au plan de celle-ci*. **strike-slip basin**: bassin d'arrachement. **strike-slip fault**: décrochement *m*, *faille séparant les compartiments qui se sont déplacés l'un par rapport à l'autre uniquement dans le sens horizontal et parallèlement à cette faille* ; faille à rejet horizontal, *à décrochement horizontal*. **strike stream**: rivière monoclinale, *subséquente*.

strike – coup *m* ; découverte d'un gisement ; raid *m*. **strike bath**: bain d'amorçage. **strike team**: équipe d'intervention.

strike – grève *f*, *interruption du travail*. **strike breaker**: briseur de grève. **flash strike**: grève éclair. **general strike**: grève générale. **hit-and-run strike**: grève tournante, *sporadique*. **protest strike**: grève de protestation. **quickie strike**: grève éclair. **sit-down strike**: grève d'occupation sur le tas. **snap strike**: grève éclair. **stay-in strike**: grève d'occupation sur le tas, *grève des bras croisés*. **sympathetic strike**: grève de solidarité. **token strike**: grève d'avertissement. **wildcat strike**: grève non autorisée ; grève sauvage.

striking – amorçage *m* ; arasement *m* ; frappe *f*. **striking fault**: faille horizontale. **striking gear**: embrayeur *m*, *de courroie* ; passe-courroie *m*.

string – couche géologique mince ; chapelet *m* ; colonne *f (for)* ; corde *f*; ficelle *f*; filet *m* ; filonnet *m* ; longueur totale, *d'un train de tiges de forage, de tubes de production, de tubage, etc.* ; rame *f*; train *m*, *de tiges de forage, de production, de pompage* ; veinule *f*. **string bead**: passe étroite *(soudage)*. **string beading**: dépôt en passes étroites *(soudage)*. **string galvanometer**: galvanomètre à corde ; galvanomètre à fil. **string hanger**: tige de suspension d'un ressort à lame. **string of casing**: colonne de tubage ; cuvelage *m (for)*. **string of charges**: chapelet de charges. **string of drilling tools**: chapelet d'outils de forage, *comportant trépan, masse-tige, coulisse de forage, douille de câble*. **string of drill-pipe**: *voir drill string*. **string of geophones**: bretelle de géophones, *groupe de géophones connectés en permanence les uns aux autres par un câble électrique et que l'on transporte ensemble*. **string of rods**: train de tiges de pompage. **string rods**: train de transmission, *pour pompage simultané de plusieurs puits par générateur unique*. **string shot**: cordon explosif. **string stabilizer**: stabilisateur de train de tiges.

string (to) – ficeler, *garnir de cordes*. **string (to) over**: mesurer la profondeur d'un puits. **string (to) up**: appareiller, *préparer les moufles et les câbles pour la descente ou la remontée des tubes (dans un puits)*.

stringent – rigoureux, *conditions*.

stringer – chapelet de minerai ; chef de chantier de pose *(pipeline)* ; filet de minerai *(géol)* ; filonnet *m* ; intercalation *f*; lentille *f*; lisse *f*; longeron *m* ; serre *f*. **stringer bead**: passe de fond *(soudage)*. **stringer of shale**: veinule de schiste.

stringiness – viscosité *f*. **stringiness agent**: agent d'adhésivité, *additif destiné à accroître la viscosité et par là, l'adhésivité d'un lubrifiant sur les surfaces métalliques*.

stringing – alignement *m*, *bout à bout des tiges de forage* ; bardage. **stringing over**: mesures de la profondeur d'un puits. **stringing pipe**: bardage des tubes, *décharge des fardiers et distribution des tubes le long du tracé (pipeline)*. **stringing**

up: mouflage *m, opération qui consiste à enfiler le câble de forage dans les poulies à gorge du moufle mobile et du moufle fixe ; le brin actif est fixé au tambour de levage et le brin mort ancré sous la plate-forme de forage.*

stringy – fibreux.

strip – bande *f* ; bande de clichés ; bande photographique ; feuillard *m* ; lanière *f* ; ruban *m*. **strip adjustment**: compensation par bande. **strip air coordinates**: coordonnées aériennes dans la bande. **strip chart**: abaque cylindrique, *pour enregistrement de variables* ; bande d'enregistrement graphique. **strip-chart instrument**: appareil enregistreur à bandes. **strip-chart recorder**: enregistreur graphique. **strip lining**: chemisage par bandes, *des réservoirs sous pression généralement effectué sur place*. **strip mill**: laminoir à feuillards *(métal)*. **strip mine**: mine à ciel ouvert. **strip mining**: exploitation à ciel ouvert ; exploitation par excavateurs. **strip of ground**: bande de terrain. **strip packing**: remblayage partiel par arêtes de remblai. **strip photography**: prise de vue en bande. **strip pit**: carrière à ciel ouvert. **strip selection mirror (SSM)**: miroir à changement de visée (MCV), *télédétection électromagnétique*. **strip steel**: feuillard d'acier.

strip (to) – chasser ; décaper ; découvrir ; démonter ; démouler *(métal)* ; distiller les fractions légères du pétrole, *jusqu'aux huiles lubrifiantes* ; enlever ; épuiser ; extraire ; rectifier, *le gaz*. **strip (to) a still**: retirer les plateaux d'une tour de distillation. **strip (to) a well**: retirer les tiges pleines et le tubage d'un puits, *simultanément*.

stripe – bande *f* ; hachure *f* ; raie *f* ; zébrure *f*.

striped – rayé. **striped ground**: sol rayé ; sol strié.

strippable – pelliculable. **strippable coating**: revêtement pelliculable.

stripped – dénudé. **stripped atom**: atome dépouillé d'électrons. **stripped gas**: gaz désessencié ; gaz rectifié. **stripped peneplain**: pénéplaine rajeunie. **stripped plain**: plaine décapée des roches tendres.

stripper – colonne de fractionnement, *généralement utilisée en liaison avec un procédé d'adsorption (raf)* ; déboiseur *m (mine)* ; déflegmateur *m* ; dégazolineur *m* ; épuiseur *m* ; excavateur *m* ; garniture d'étanchéité, *pour la manoeuvre de la colonne de production sous pression* ; pelle mécanique de découverte ; purgeur *m* ; rectificateur *m*. **stripper crane**: grue démouleuse *(métal)*. **stripper field**: champ de puits marginaux. **stripper plant**: unité de dégazolinage, *de rectification (raf)*. **stripper production**: production marginale, *dernier stade de la production d'un puits*. **stripper well**: puits marginal, *produisant moins de 500 tonnes par an et dont le débit est libre de toute limitation aux USA*.

stripping – découverture *f, enlèvement des terrains de couverture* ; démoulage *m (métal)* ; dépouillement *m* ; désessenciement *m* ; écorchage *m* ; écorché *m* ; effeuillage *m* ; enlèvement *m* ; entraînement *m* ; épuisement *m* ; extraction *f, revaporisation à la vapeur d'eau des fractions pétrolières pour réduire la teneur en produits trop volatils et ajuster le point d'inflammabilité* ; lavage *m* ; rectification *f*. **stripping analysis**: redissolution anodique. **stripping cascade**: cascade à extraction. **stripping column**: colonne à désessencier. **stripping crane**: *voir stripper crane*. **stripping drum**: colonne de rectification. **stripping job**: déblocage des tiges de pompage, *par remontée simultanée des tiges pleines et du tubage*. **stripping line**: circuit d'assèchement. **stripping machine**: engin de terrassement. **stripping pipe**: collecteur d'assèchement. **stripping plant**: unité de distillation primaire, *de rectification, de revaporisation, voir aussi skimming plant et topping plant*. **stripping pump**: pompe d'assèchement. **stripping section**: zone de rectification, *section d'une unité de distillation*. **stripping shovel**: pelle excavatrice. **stripping still**: ballon de rectification. **stripping tower**: tour de rectification.

strobe (to) – stroboscoper.

stroboscope – stroboscope *m, appareil permettant d'illuminer, par des éclairs brefs et périodiques, un phénomène rapide*.

stroke – amplitude *f* ; coup *m* ; course *f, piston, etc*. **stroke/bore ratio**: rapport course/alésage. **stroke capacity**: cylindrée *f*. **stroke counter**: totalisateur *m, compteur du nombre de coups de pompe*. **stroke of crank**: course de la manivelle. **strokes per minute**: coups par minute.

stromatactis – stromatactis *m, masse de calcite cristalline dans les roches sédimentaires*.

stromatolite – stromatolite *m, ou stromatolithe, concrétions alguaires formées en milieu aqueux trouvées dans des corps sédimentaires*.

stromatoporoid – stromatopore *m (pal)*.

strong – concentré, *solution* ; fort. **strong acid**: acide fort, *concentré*. **strong acid number**: indice d'acide fort, *quantité de base, exprimée en milligrammes de potasse, nécessaire pour neutraliser les acides forts, présents dans 1 g de matière à analyser*. **strong base**: base forte *(chim)*. **strong interaction**: interaction forte, *interaction fondamentale des particules élémentaires*. **strong line**: trait fort ; trait gras. **strong-motion accelerometer**: accéléromètre autodéclenché. **strong recommendation**: préconisation *f*. **strong rubber**: caoutchouc haut-module. **strong structure**: structure très marquée *(géol)*. **strong well**: puits à haut niveau de fluide.

strontianite – strontianite *f, carbonate de strontium*.

strontium – strontium *m, symbole chim. Sr*. **strontium-base grease**: graisse au strontium, *combinant les qualités des graisses à la chaux et à la soude, résistant aux changements de température et à l'eau*. **strontium hydroxide**: hydroxyde de strontium. **strontium isotopic stratigraphy**: stratigraphie strontium, *basée sur le rapport des isotopes de strontium présents dans l'eau de mer*.

structural – structural ; structurel. **structural adjustment**: adaptation structurale, *du relief à la structure* ; restructuration *f*. **structural advantage**: avantage structural, *possibilité pour un puits de drainer du pétrole provenant d'un autre gisement par suite d'une migration de ce dernier vers le réservoir du premier*. **structural analysis**: analyse structurale ; analyse tectonique ; calcul des constructions. **structural basin**: bassin structural ; cuvette structurale. **structural bulge**:

saillant anticlinal. **structural change**: modification structurale. **structural closure**: fermeture structurale, *distance séparant le point le plus élevé d'un réservoir de la courbe de niveau la plus basse se fermant autour de lui.* **structural composition**: composition structurelle *(chim)*. **structural concordance**: concordance tectonique. **structural condition**: condition structurale. **structural contour line**: isohypse *f, courbe de niveau.* **structural contour map**: *voir structure map.* **structural control**: contrôle structural, *se dit notamment lorsque la répartition spatiale d'un dépôt minéral est fonction des conditions structurales.* **structural core drilling**: sondage géologique peu profond, *destinés à relever la cote d'une couche pour dessiner la carte structurale.* **structural datum**: niveau de référence. **structural depression**: zone d'affaissement *(géol)*. **structural design**: calcul des constructions. **structural discontinuity**: discontinuité structurale. **structural discordance**: discordance tectonique *(géol)*. **structural elevation**: élévation structurale. **structural environment indicator**: indice de milieux structuraux *(géol)*. **structural-fault closure**: fermeture contre faille. **structural features**: allure de la structure, *formes, caractères structuraux.* **structural formula**: formule de constitution *(chim)*. **structural geology**: géologie structurale. **structural high**: culmination *f, d'un pli* ; zone de surélévation. **structural interpretation**: interprétation structurale. **structural iron**: fer profilé. **structural low**: ensellement d'un pli, *voir structural saddle.* **structural nose**: saillant anticlinal. **structural part**: élément de construction. **structural petrology**: pétrologie structurale. **structural plateau**: plate-forme structurale *(géol)*. **structural platform**: plate-forme structurale *(géol)*. **structural position**: disposition structurale, *arrangement tectonique des couches.* **structural relief**: amplitude maximale, *de culmination* ; relief structural. **structural saddle**: abaissement axial ; dépression *f*; ensellement d'origine tectonique, *désigne, lorsque l'on considère un anticlinal fermé adjacent à un synclinal fermé, la distance verticale séparant dans un horizon donné le point le plus haut en position anticlinale, du point le plus bas en position synclinale* ; zone d'ennoyage. **structural salient**: structure en saillie. **structural section**: coupe structurale. **structural shape**: profilé *m, produit métallurgique laminé en grande longueur ayant une section constante.* **structural spring**: source structurale, *formée au niveau du plan de faille.* **structural steel**: acier profilé. **structural style**: style structural *(géol)*. **structural terrace**: replat structural ; terrasse tectonique. **structural test hole**: sondage géologique, *destiné à la prospection d'un piège structural possible.* **structural transformation**: transformation structurelle. **structural trap**: piège structural, *piège où interviennent principalement des facteurs tectoniques : plis, failles et les combinaisons de ces deux éléments.* **structural unemployment**: chômage structurel. **structural unit**: unité structurale. **structural valley**: vallée structurale ; vallée tectonique. **structural viscosity**: viscosité de structure. **structural work**: gros-oeuvre *m (génie civil)*.

structure – constitution *f (chim)* ; structure *f, dans le langage pétrolier, désigne un piège quelconque résultant de la déformation des roches.* **structure-activity relationship**: relation activité-structure, *corrélation entre la structure moléculaire et l'activité chimique.* **structure contour map**: carte structurale à courbes de niveau. **structure for the accumulation of petroleum**: structure favorable à l'accumulation de pétrole. **structure hole**: sondage géologique. **structure map**: carte structurale. **structure-process stage**: stade de développement, *cycle d'érosion.* **structure well**: sondage géologique.

structured – structuré. **structured programming**: programmation structurée.

structureless – amorphe.

strum – vibration *f, câble.*

strung – ficelé. **strung up**: paré, *pour le levage (for)*.

Strunian – Strunien *m, étage de transition entre le Dévonien supérieur et le Carbonifère.*

strut – contrefiche *f*; entretoise *f*; étai *m* ; jambe de force ; renforcement *m.* **strut jack**: vérin de serrage.

strut (to) – renforcer.

strutting – contrefiche *f*; entretoisement *m* ; étrésillonnement *m.*

stub – ergot *m* ; mentonnet *m* ; souche *f, d'un registre, d'un carnet* ; talon *m, de chèque* ; tronçon *m.* **stub axle**: fusée de l'essieu avant. **stub end**: tête de bielle.

stubbing – raboutage *m, récupération des masses-tiges usées par coupe des extrémités et apport d'embouts.*

stubborn – irréductible ; persistant ; réfractaire, *émulsion, etc.*

stuck – bloqué, *se dit d'un tube de forage ou d'un tubage dont la descente ou la remontée est accidentellement arrêtée* ; coincé. **stuck bearing**: palier bloqué ; palier grippé, *bloqué, voir aussi frozen bearing, seized bearing.* **stuck casing**: tubage coincé. **stuck drillpipe**: tige de forage coincée. **stuck pipe**: tige coincée. **stuck piston**: piston coincé. **stuck ring**: segment gommé.

stud – boulon *m* ; entretoise *f*; goujon m ; montant *m* ; plot *m* ; poteau *m* ; tenon *m* ; tourillon *m.* **stud bolt**: boulon à tige entièrement filetée ; goujon fileté ; tige filetée. **stud driller**: chef d'équipe de foreurs, *chargé de veiller à l'exécution des ordres du maître-sondeur.* **stud gun**: pistolet à goujons. **stud horse bolt**: boulon de fixation, *des paliers de poulie pour courroie.* **stud-link chain**: chaîne étançonnée. **stud nut**: écrou du goujon. **stud welding**: pose de goujons par soudage.

studded – clouté, *garni de clous comme les pneus d'une automobile* ; goujonné. **studded adapter flange**: bride d'adaptation goujonnée. **studded cross**: croix goujonnée. **studded tube**: tube goujonné.

study – étude *f.*

stuff – gangue *f (minér)* ; matériau *m* ; matériel *m* ; substance *f.*

stuffing – garniture *f*; obturation *f*; rembourrage *m.* **stuffing box**: boîte à bourrage ; boîte à étoupe ; boîte presse-étoupe ; presse-étoupe *m* ; support de la tige polie. **stuffing-box bushing**: manchon de presse-étoupe. **stuffing-box gland**: garniture de

presse-étoupe. **stuffing-box packing**: garniture de presse-étoupe ; obturateur de presse-étoupe.
stump – pilier *m* ; souche *f.*
sturdy – robuste.
stylet – stylet *m.*
stylolite – stylolite *m, structure en forme de petites colonnes dans les roches calcaires.*
stylolitic – stylolitique, *ou stylolithique.* **stylolitic seam**: joint stylolitique, *figure sédimentaire en zigzag, traduisant des phénomènes de dissolution partielle du carbonate et dans laquelle sont concentrés des matériaux insolubles.*
styrene – styrène *m, styrolène, vinylbenzène ; hydrocarbure aromatique résultant de la combinaison d'éthane et de benzène.* **styrene-butadiene rubber (SBR)**: caoutchouc butadiène-styrène. **styrene oxide**: oxyde de styrolène. **styrene resin**: résine de polystyrène.
Styrian – styrien *(strat).* **Styrian orogeny**: phase styrienne, *phase tectonique de l'ère tertiaire.*
styrolene – styrolène *m, voir styrene.*
SU – *abrév. de Saybolt Universal.*
sub – *abrév. de substitute* ; raccord double femelle ; réduction *f, raccord fileté utilisé pour relier des outils ayant des connexions différentes.*
subaerial – subaérien. **subaerial accomodation**: espace disponible subaérien, *pour les sédiments fluviatiles.* **subaerial erosion**: érosion subaérienne.
subalkaline – subalcalin.
subangular – subangulaire ; subanguleux.
subaquatic – subaquatique. **subaquatic dune**: dune hydraulique.
subaqueous – immergé, *formé, existant ou s'intégrant dans un milieu aqueux.* **subaqueous sand dune**: dune hydraulique.
subassembly – bloc *m* ; élément *m* ; ensemble *m* ; organe *m* ; préassemblage *m.*
subatmospheric – sous-atmosphérique. **subatmospheric pressure**: pression sous-atmosphérique.
subatomic – subatomique. **subatomic particle**: particule subatomique.
subbase – sous-couche *f.*
subbituminous – *voir subbituminous coal.* **subbituminous coal**: lignite *m.*
subbottom – *se dit des couches situées sous le fond de la mer.* **subbottom layer**: tréfonds *m.* **subbottom profiler**: profileur sous-marin ; sondeur sismique.
subcarrier – sous-porteuse *f.*
subcategory – sous-catégorie *f (taxinomie).*
subcharter – sous-affrètement *m.*
subclass – sous-classe *fn (pal).*
subcontracting – sous-traitance *f.*
subcontractor – sous-contracteur *m, contracteur d'un entrepreneur, lui même sous-traitant* ; sous-entrepreneur *m* ; sous-traitant *m.*
subcooler – sous-refroidisseur *m.*
subcooling – sous-refroidissement *m, abaissement de température d'un fluide au-dessous de la température de condensation.*
subcritical – sous-critique. **subcritical mass**: masse sous-critique.
subcrop – affleurement en subsurface ; sous-affleurement *m.*
subdivision – subdivision *f.*
subducted – subducté. **subducted slab**: plaque subductée *(géol).*
subduction – subduction *f, enfoncement de grande ampleur d'une portion de la lithosphère sous une autre.* **subduction zone**: zone de subduction, *zone de résorption de matériel lithosphérique.*
subdued – adouci *(relief)* ; atténué ; secondaire ; subordonné ; usé. **subdued landscape**: relief adouci. **subdued light**: lumière diffuse. **subdued mountain**: montagne à croupes arrondies, *montagne à relief réduit.* **subdued relief**: relief adouci.
subface – sous-face *f.* **subface of stratum**: plan inférieur de la couche.
subfacies – sous-faciès *m (strat).*
subfamily – sous-famille *f (pal).*
subfossil – subfossile *m, peu fossilisé.*
subframe – soubassement *m.*
subglacial – infraglaciaire ; sous-glaciaire ; subglaciaire.
subgraphic – subgraphique. **subgraphic structure**: structure subgraphique.
subgroup – sous-groupe *m (pédol).*
subhedral – hypidiomorphe *(pétro).* **subhedral structure**: structure hypidiomorphe *(pétro).*
subimage – imagette *f.*
subjacent – sous-jacent ; subjacent. **subjacent bed**: couche sous-jacente. **subjacent orbital**: orbitale sous-jacente.
sublayer – *voir subjacent bed.*
sublethal – sublétal. **sublethal toxicity**: toxicité sublétale.
subletting – sous-location *f.*
sublimate – sublimat *m, produit de sublimation* ; sublimé *m.*
sublimation – sublimation *f.* **sublimation curve**: courbe de sublimation. **sublimation pressure**: tension de sublimation. **sublimation product**: produit de sublimation.
sublimed – sublimé. **sublimed sulfur**: soufre sublimé.
sublittoral – infratidal ; sublittoral. **sublittoral zone**: zone littorale profonde ; zone prélittorale.
submagma – magma secondaire *(géol).*
submarine – sous-marin, sous-marine ; sous-marin *m.* **submarine cable**: câble sous-marin. **submarine canyon**: canyon sous-marin, *vallée entaillant une marge continentale qui souvent prolonge un fleuve.* **submarine earthquake**: séisme sous-marin. **submarine fan**: cône sous-marin ; delta sous-marin. **submarine-fan-systems tract**: cortège de cônes sous-marins. **submarine levee**: bourrelet sous-marin. **submarine mine**: mine sous-marine. **submarine oil formation**: formation pétrolifère sous-marine. **submarine relief**: relief sous-marin. **submarine ridge**: dorsale sous-marine. **submarine rise**: élévation sous-marine ; haut-fond *m.* **submarine tanker**: pétrolier sous-marin. **submarine topography**: topographie sous-marine. **submarine valley**: vallée sous-marine. **submarine volcano**: volcan sous-marin. **submarine weathering**: *voir halmyrolysis.*
submerge (to) – submerger.
submerged – immergé ; submergé. **submerged arc welding**: soudage à l'arc immergé ; soudage

automatique sous flux. **submerged-combustion burner**: brûleur immergé *(gaz)*. **submerged condenser**: condenseur à immersion. **submerged-flame cracking**: craquage par flamme submergée. **submerged ice foot**: éperon de glace, *saillie sous-marine d'un iceberg ou d'un floe*. **submerged jet**: gicleur noyé. **submerged production system (SPS)**: système de production immergé. **submerged pump**: pompe immergée. **submerged reef**: récif submergé. **submerged shoreline**: côte d'immersion ; côte de submersion. **submerged specific gravity**: densité déjaugée. **submerged speed**: vitesse en plongée. **submerged storage tank**: réservoir de stockage immergé.

submergence – affaissement *m* ; submersion *f.*

submersible – submersible. **submersible decompression chamber (SDC)**: caisson de décompression submersible. **submersible drilling barge**: barge de forage submersible. **submersible drilling rig**: appareil de forage submersible, *pour eaux peu profondes*. **submersible motor**: moteur submersible. **submersible pipe-alignment rig (SPAR)**: ligneur submersible. **submersible platform**: plateforme submersible. **submersible pump**: pompe submersible.

submersible – engin sous-marin, *moyen d'intervention dans la mer ou sur le fond de la mer, habité ou pas* ; submersible *m.*

submersion – *voir submergence.*

submetallic – semimétallique. **submetallic luster**: éclat semimétallique.

submission – soumission *f.*

suborder – sous-ordre *m (pal)*.

suboxide – sous-oxyde *m.*

subpoint – lieu *m*, *position d'un élément dans un dispositif sismique.*

subrogation – subrogation *f.* **subrogation clause**: clause de subrogation.

subroutine – sous-programme *m.*

subsalt – au-dessous du sel. **subsalt drilling**: forage au-dessous du sel, *dômes de sel.*

subsample (to) – sous-échantillonner.

subsatellite – sous-satellite. **subsatellite point**: point sous-satellite.

subscriber – abonné *m.*

subscript – indice *m*, *lettre ou symbole écrit en bas et généralement à droite.*

subscription – cotisation *f.*

subsea – sous-marin. **subsea adaptor**: réduction pour tête de puits immergée. **subsea completion**: complétion sous-marine. **subsea conductor**: tube guide, *offshore*. **subsea drilling head**: tête de forage sous-marine. **subsea enclosure**: enceinte sous-marine *(prod)*. **subsea equipment**: équipement sous-marin. **subsea hose bundle**: faisceau de flexibles sous-marins, *tuyaux et câbles de commande des obturateurs et du connecteur sur tête de puits sous-marine*. **subsea pipeline**: pipeline sous-marin. **subsea production wellhead**: tête de production sous-marine. **subsea safety valve**: vanne de sécurité sous-marine. **subsea test tree (SSTT)**: tête de colonne pour essai de puits sous-marin. **subsea tree**: tête de production sous-marine. **subsea wellhead**: tête de puits sous-marine. **subsea work**: intervention sous-marine. **subsea work enclosure (SWE)**: enceinte de travail sous-marine. **subsea work habitat**: enceinte d'intervention sous-marine (EIS).

subsequence – subséquence *f*, *intervalle sédimentaire défini à l'intérieur d'un cortège de haut niveau et limité par le déplacement des centres de dépôt liés à des variations de l'apport terrigène.*

subsequent – orthoclinal, *se dit d'une pente qui s'est développée perpendiculairement au pendage des couches* ; subséquent ; ultérieur. **subsequent divide**: ligne de partage subséquente. **subsequent stream**: cours d'eau subséquent. **subsequent valley**: vallée subséquente.

subset – sous-ensemble *m.*

subshot – tir élémentaire.

subside (to) – s'affaisser.

subsidence – affaissement *m* ; effondrement *m* ; subsidence *f.* **subsidence inversion**: inversion de subsidence *(météo)*. **subsidence ratio**: rapport d'amortissement, *entre l'amplitude des oscillations.*

subsidiarity – subsidiarité *f*, *principe selon lequel les fonctions qui peuvent être accomplies à l'échelon local doivent l'être de préférence et non prises en charge par une administration centrale.*

subsidiary – accessoire ; secondaire. **subsidiary anticline**: anticlinal secondaire *(géol)*. **subsidiary road**: route secondaire.

subsidiary – filiale *f*, *d'une société.*

subsiding – s'affaissant. **subsiding area**: zone d'affaissement.

subsidy – subvention *f.*

subsilicic – *voir basic.*

subsoil – sous-sol *m.* **subsoil water**: eau souterraine.

subsonic – subsonique. **subsonic flight**: vol subsonique. **subsonic flow**: écoulement subsonique. **subsonic speed**: vitesse subsonique.

subspecies – sous-espèce *f (pal)*.

substage – sous-étage *m (strat)*.

substance – matière *f*; substance *f.*

substandard – inférieur aux normes. **substandard material**: matériau de qualité inférieure. **substandard pipe**: tube réformé. **substandard ship**: navire inférieur aux normes.

substation – sous-station *f.*

substituent – substituant *m.* **substituent group**: groupe substituant ; substituant *m.*

substitute – substitut *m*, *produit de substitution* ; succédané *m*, *produit de remplacement, voir aussi sub*. **substitute fuel**: combustible de remplacement. **substitute natural gas (SNG)**: gaz naturel de substitution (GNS), *méthane refabriqué à partir de monoxyde de carbone et d'hydrogène et utilisé comme gaz de combustion à la place du gaz naturel.*

substitution – substitution *f.* **substitution reaction**: réaction de substitution.

substrate – substrat *m* ; support *m.*

substratum – substratum *m (géol)*.

substructure – infrastructure *f*; substructure *f.* **substructure post**: poteau de soutènement.

subsurface – sous-sol *m* ; souterrain, *en profondeur, profond* ; subsurface *f.* **subsurface borehole flow profiling**: enregistrement du profil d'écoulement d'un puits, *dans le trou de sonde*. **subsurface coverage**: couverture en profondeur ; couverture miroir. **subsurface exploration**: reconnaissance du sous-sol. **subsurface geology**: géologie de subsurface. **subsurface pump**: pompe de fond. **subsurface safety valve (SSSV)**: vanne de sécurité de fond *(for)*. **subsurface shooting**: tir enterré. **subsurface-stacking chart**: diagramme de couverture en profondeur. **subsurface storage**: *voir underground storage*. **subsurface structure**: structure de profondeur, *en profondeur*. **subsurface trace**: lieu des points-miroirs ; trace en profondeur *(sism)*. **subsurface water**: eau souterraine.

subterranean – souterrain. **subterranean cable**: câble souterrain. **subterranean karst**: karst sous-jacent. **subterranean stream**: cours d'eau souterrain. **subterranean water**: eau souterraine.

subterraneous – souterrain.

subtidal – infralittoral.

subtractive – soustractif. **subtractive primary color**: couleur primaire soustractive. **subtractive process**: procédé soustractif, *d'obtention des couleurs*.

subtrusion – intrusion *f*, *du magma sous des masses d'épanchement anciennes*.

subtype – sous-type *m*.

suburb – banlieue *f*.

subvitreous – subvitreux.

subway – souterrain *m*.

subweathering velocity – vitesse de comblement ; vitesse de remplacement ; vitesse sous la couche altérée ; vitesse sous zone altérée.

subzero – au-dessous de zéro. **subzero engine oil**: huile moteur pour très basses températures, *inférieures à – 54°C (moteur d'avion)*. **subzero gear oil**: huile pour engrenages pour très basses températures, *inférieures à – 54°C (moteur d'avion)*.

succession – enfilade *f*; succession *f*; suite *f*. **succession of strata**: succession des couches.

successive – successif. **successive approximations**: approximations successives. **successive samples**: échantillons de séries successives.

succinic – succinique. **succinic acid**: acide succinique.

sucker – piston, *de pompe aspirante*. **sucker pole**: *voir sucker rod*. **sucker rod**: tige de pompage. **sucker-rod elevator**: élévateur de tiges de pompage. **sucker-rod hanger**: râtelier des tiges de pompage ; suspension de la tige de pompage. **sucker-rod hook**: crochet de tiges de pompage. **sucker-rod jack**: râtelier des tiges de pompage. **sucker-rod joint**: joint de tiges de pompage. **sucker-rod line**: câble pour les tiges de pompage *(for)*. **sucker-rod pump**: pompe à tiges. **sucker-rod spear**: taraud pour tiges de pompage *(for)*. **sucker-rod steel**: acier pour tiges de pompage. **sucker-rod sub**: raccord pour tiges de pompage. **sucker-rod wax**: dépôt de paraffine, *se fixant sur les tiges de pompes*.

sucking – succion *f*. **sucking filter**: entonnoir filtrant. **sucking machine**: essoreuse à vide. **sucking pump**: pompe aspirante.

suction – aspiration *f*. **suction anchor**: ancre à succion. **suction-and-pressure valve**: vanne aspirante et foulante. **suction companion flange**: contrebride d'aspiration. **suction cup**: ventouse *f*. **suction dampener**: amortisseur d'aspiration, *pompe à boue*. **suction dredge**: drague aspirante ; drague suceuse. **suction fan**: ventilateur aspirant. **suction filter**: entonnoir filtrant ; filtre aspirant. **suction-flow equalizer**: régulateur d'aspiration. **suction gage**: manomètre d'aspiration. **suction gas**: gaz pauvre d'aspiration. **suction head**: hauteur d'aspiration. **suction height**: hauteur d'aspiration. **suction hood**: hotte d'aspiration. **suction hose**: flexible d'aspiration ; tuyau d'aspiration. **suction lift**: hauteur d'aspiration. **suction limit**: limite d'aspiration. **suction line**: conduite d'aspiration ; tuyau d'aspiration. **suction main**: tuyau d'aspiration. **suction mixing**: mélange par aspiration, *des essences*. **suction pipe**: tuyau d'aspiration. **suction pit**: bac d'aspiration ; bassin d'aspiration, *boue de forage*. **suction pressure**: pression d'aspiration. **suction pump**: pompe aspirante. **suction screen**: crépine d'aspiration ; filtre d'aspiration. **suction skimmer**: écrémeur à succion, *écrémeur à tête suceuse* ; récupérateur à succion. **suction strainer**: crépine d'aspiration. **suction stroke**: course d'admission *(auto)* ; temps d'aspiration. **suction valve**: soupape d'admission ; soupape d'aspiration. **suction ventilation**: aérage aspirant. **suction ventilator**: ventilateur aspirant.

sudden – brusque ; brutal.

suds – solution savonneuse. **suds booster**: agent améliorant de mousse ; renforçateur de mousse.

SUE – *abrév. de seismic underwater exploder, dénomination d'un exploseur à gaz*.

suet – suif *m*. **suet oil**: huile de suif.

suffosion – suffosion *f*, *perte de substance d'un relief par soutirage de matériaux fins, accompagné d'un affaissement*.

sugary – sucré. **sugary grained**: saccharoïde.

suggested – suggéré. **suggested retail price (SRP)**: prix de détail recommandé.

suint – suint *m*. **suint oil**: *voir degras*.

suit – combinaison *f*, *habit* ; costume *m* ; vêtement *m*.

suitable – adéquat ; approprié ; convenable.

suite – série *f (géol)*.

sulfate – sulfate *m*. **sulfate-reducing bacteria**: bactéries sulfatoréductrices.

sulfated – sulfaté. **sulfated battery**: batterie sulfatée. **sulfated oil**: huile sulfatée.

sulfating – sulfatation *f*.

sulfation – sulfatation *f*.

sulfide – sulfure *m*. **sulfide mineral**: minéral sulfuré.

Sulfining – *dénomination d'un procédé d'extraction à l'acide sulfurique des composés sulfurés des distillats pétroliers*.

Sulfinol – *dénomination d'un solvant d'adoucissement du gaz*. **Sulfinol process**: *dénomination d'un procédé d'adoucissement du gaz au Sulfinol*.

sulfite – sulfite *m*.

sulfoborite – sulfoborite *f (minér)*.

sulfochlorination – sulfochloration *f*.

sulfohalite – sulfohalite *f (minér)*.

sulfolane – sulfolane *m*, *solvant sélectif utilisé pour l'extraction des aromatiques*.

sulfolene – sulfolène *m*, *composé d'addition cyclique d'acide sulfureux et de butadiène*.

sulfonate – sulfonate *m.*
sulfonated – sulfoné. **sulfonated castor oil**: huile de ricin sulfonée. **sulfonated oil**: huile sulfonée. **sulfonated rape oil**: huile de colza sulfonée.
sulfonation – sulfonation *f (chim).*
sulfonic – sulfonique. **sulfonic acid**: acide sulfonique.
sulfosalicylic – sulfosalicylique. **sulfosalicylic acid**: acide sulfosalicylique.
sulfoxidation – sulfoxydation *f.*
sulfoxide – sulfoxyde *m.*
sulfoxylate – sulfoxylate *m.*
Sulfreen – *dénomination d'un procédé de traitement des gaz de queue de Claus.*
sulfur – soufre *m, symbole chim. S.* **sulfur bacteria**: bactéries du soufre. **sulfur base oil**: huile de base sulfurée. **sulfur compound**: composé soufré. **sulfur-containing**: soufré ; sulfuré. **sulfur content**: teneur en soufre. **sulfur determination**: détermination du soufre. **sulfur dioxide**: acide sulfureux ; anhydride sulfureux ; dioxyde de soufre, *anhydride de soufre, produit par la combustion de combustibles contenant du soufre, polluant atmosphérique.* **sulfur-dioxide refining**: raffinage à l'acide sulfureux. **sulfur flower**: fleur de soufre. **sulfur fumes**: vapeurs sulfureuses. **sulfur gasoline**: essence sulfurée. **sulfur mine**: soufrière *f.* **sulfur mud**: boue sulfureuse. **sulfur number**: indice de soufre, *exprimé en milligrammes de soufre pour 100 ml d'échantillon.* **sulfur ore**: minerai de soufre, *pyrite.* **sulfur oxide**: oxyde de soufre. **sulfur oxides (SO_X)**: oxydes de soufre (SO_X), *oxydes provenant principalement de la combustion de combustibles fossiles contenant du soufre.* **sulfur pit**: soufrière *f, mine de soufre.* **sulfur pockmarks**: pustules sulfureuses. **sulfur refinery**: raffinerie de soufre. **sulfur spring**: source sulfureuse. **sulfur test**: essai pour la recherche du soufre. **sulfur trioxide**: anhydride sulfurique. **sulfur water**: eau sulfureuse.
sulfuric – sulfurique. **sulfuric acid**: acide sulfurique. **sulfuric-acid alkylation**: alkylation à l'acide sulfurique. **sulfuric-acid treating**: traitement à l'acide sulfurique. **sulfuric ester**: ester sulfurique.
sulfurization – sulfuration *f.*
sulfurized – sulfurisé. **sulfurized asphalt**: asphalte sulfuré artificiellement, *produit obtenu par chauffage des huiles résiduelles ou des résidus asphaltiques, à haute température en présence de soufre.* **sulfurized cutting oil**: huile de coupe sulfurée, *huile minérale ou compound contenant jusqu'à 5 % de soufre actif.* **sulfurized oil**: huile sulfurisée, *lubrifiant extrême pression utilisé comme huile de coupe.*
sulfurous – sulfureux. **sulfurous acid**: acide sulfureux. **sulfurous water**: eau sulfureuse.
sullage – limon *m* ; vase *f.*
sulpho- – *voir sulfo-.*
sulphur – *voir sulfur.*
sum – addition *f*; somme *f.*
sum (to) – additionner. **sum (to) up**: résumer.
summary – résumé *m.* **summary account**: compte récapitulatif. **summary statement**: état récapitulatif.
summation – sommation *f.* **summation check**: contrôle de sommation.
summer – été *m.* **summer load line**: franc-bord d'été. **summer oil**: huile d'été, *huile dont la viscosité est définie à 100 °C.* **summer tank**: réservoir d'expansion, *navire pétrolier.*
summit – crête *f*; haut *m*; sommet *m.* **summit plane**: niveau de crêtes *(géomorph).*
sump – bac de vidange ; bassin à boue ; collecteur *m* ; fond de carter ; puisard *m* ; siphon *m.* **sump drain plug**: bouchon de vidange d'huile du carter. **sump hole**: *voir slush pit.* **sump oil**: huile pour carter, *huile de vidange de carter.* **sump pit**: puisard de vidange ; vide-vite *m.* **sump pump**: pompe d'assèchement ; pompe submergée. **sump tank**: réservoir collecteur ; réservoir de dépôts. **sump wall**: paroi du bloc-carter.
sun – soleil *m.* **sun-bleached oil**: huile blanchie au soleil. **sun crack**: fissure de dessiccation ; fissure de retrait. **sun elevation**: hauteur du soleil. **sun gear**: pignon soleil. **sun shot**: soleil *m, en topographie on dit : faire un soleil, c'est déterminer un azimut par mesure de la distance zénithale du soleil* ; visée sur le soleil. **sun-synchronous orbit**: orbite héliosynchrone. **sun test**: essai de stabilité au soleil, *de la couleur d'une huile.* **sun wheel**: planétaire *m.*
Sunbelt states – *dénominations des Etats les plus chauds des Etats-Unis, voir aussi Snowbelt states.*
sunflower – tournesol *m.* **sunflower oil**: huile de tournesol.
sunk – coulé. **sunk cost**: investissement à fonds perdus.
sunken – abaissé ; affaissé ; noyé. **sunken block**: massif affaisé.
sunrise – lever de soleil.
sunshine – ensoleillement *m* ; insolation *f.*
sunspot – tache solaire.
superacid – superacide *m.*
superactivity – suractivité *f.*
superaerodynamics – superaérodynamique *f.*
superalloy – superalliage *m.*
supercage – supercage *f, élément structural des zéolites.*
supercharge – de suralimentation. **supercharge octane number**: indice d'octane sur moteur suralimenté, *essence d'aviation.*
supercharge (to) – surcompresser.
supercharged – suralimenté. **supercharged diesel engine**: moteur diesel suralimenté. **supercharged engine**: moteur suralimenté.
supercharger – compresseur de suralimentation ; soufflante de suralimentation ; turbocompresseur *m.*
supercharging – suralimentation *f*; surcharge *f, dans une zone perméable le fluide de forage filtre dans la formation, cette filtration provoque une surpression au voisinage du puits.* **supercharging pump**: pompe de suralimentation.
superchilling – superréfrigération *f.*
supercomputer – supercalculateur *m* ; superordinateur *m.*
superconductivity – supraconduction *f*; supraconductivité *f.*
superconductor – supraconducteur *m.* **superconductor transition temperature**: température de transition supraconductrice.

supercooled – sous-refroidi. **supercooled liquid**: liquide en surfusion ; liquide surfondu.
supercooling – surfusion *f.*
supercritical – supercritique. **supercritical flow rate**: débit supercritique. **supercritical fluid**: fluide supercritique. **supercritical fluid chromatography (SFC)**: chromatographie à fluide supercritique (CFS). **supercritical-fluid drive**: déplacement par fluide supercritique. **supercritical-fluid extraction**: extraction au fluide supercritique. **supercritical solvent**: solvant supercritique.
supercycle – supercycle *m, voir eustatic supercycle.*
superdeep – superprofond. **superdeep water**: eau superprofonde.
superexchange – superéchange *m.*
superface – surface supérieure ; toit *m, surface supérieure d'une couche.*
superficial – superficiel. **superficial deposit**: *voir surficial deposit.* **superficial layer**: couche superficielle. **superficial water**: eau superficielle.
superfluid – superfluide *m.*
superfluidity – superfluidité *f.*
superfractionation – superfractionnement *m.*
superglacial – supraglacial.
supergravity – supergravité *f.*
superhardening – trempe excessive *(métal).*
superheat – excès de chaleur ; surchauffe *f.*
superheated – surchauffé. **superheated steam**: vapeur surchauffée.
superheater – purgeur *m, pour vapeur surchauffée* ; surchauffeur *m.*
superheating – surchauffe *f.*
superheavy – superlourd. **superheavy-duty oil**: huile pour services les plus sévères, *huile spécialement utilisée pour moteurs diesel fonctionnant avec des gasoils à haute teneur en soufre* ; huile superdétergente. **superheavy nuclide**: nuclide superlourd.
superhet – superhétérodyne *m, réception des ondes radioélectriques.*
superimposed – épigénétique ; surimposé. **superimposed mode**: rejeu composite. **superimposed stratum**: couche épigénétique ; couche surimposée. **superimposed stream**: cours d'eau surimposé *(géomorph).* **superimposed structure**: structure superposée.
superimposition – surimposition *f, épigénie.*
superincumbent – superposé. **superincumbent bed**: couche du toit ; couche supérieure. **superincumbent stratum**: couche surplombante ; toit du réservoir.
superinsulation – superisolation *f.*
superintendent – chef d'exploitation ; chef de service ; conducteur de travaux ; ingénieur en chef des fabrications.
superjacent – *voir superincumbent.*
superlattice – surstructure *f (cristal).*
supernatent – surnageant.
supernormal – au-dessus de la normale. **supernormal pressure**: surpression *f.*
superorthicon – superorthicon *m, tube à photoémission.*
superphosphate – superphosphate *m, engrais minéral.*
superplasticity – superplasticité *f.*
superport – superport *m.*
superposition – superposition *f, voir law of superposition.*
superpremium – *voir superpremium gasoline.* **superpremium gasoline**: super supercarburant.
superpressure – *voir overpressure.*
supersaline – supersalin.
supersaturated – sursaturé. **supersaturated vapor**: vapeur sursaturée.
supersaturation – sursaturation *f.*
superscript – exposant *m (math).*
supersequence – superséquence *f, ensemble sédimentaire déposé pendant un supercycle eustatique.*
supersonic – supersonique. **supersonic echo recorder**: sondeur à ultrasons. **supersonic transport (SST)**: transport supersonique.
superstratum – couche supérieure *f.*
superstructure – château *m, d'un navire* ; superstructure *f.*
supertanker – superpétrolier *m.*
supertension – surtension *f.*
superthermal – superthermique.
supervised – supervisé. **supervised classification**: classification dirigée ; classification supervisée.
supervision – supervision *f* ; surveillance *f.*
supervisor – superviseur *m.*
supervisory – de surveillance. **supervisory control**: surveillance et contrôle. **supervisory ministry**: ministère de tutelle. **supervisory personnel**: personnel d'encadrement ; personnel de maîtrise. **supervisory staff**: cadre *m, personnel d'encadrement.*
supervoltage – très haute tension.
superwet – sursaturée. **superwet combustion**: combustion sursaturée, *combustion à cocourant combinée à l'injection d'eau.*
supplement – complément *m.*
supplementary – supplémentaire.
supplier – fournisseur *m.*
supplies – *voir supply.* **supplies and services**: fournitures et services.
supply – alimentation *f* ; approvisionnement *m* ; arrivée *f* ; charge *f* ; fourniture *f* ; ravitaillement *m.* **supply-and-service base**: base côtière ; base de soutien *(for).* **supply base**: point d'appui, *d'une plate-forme marine.* **supply boat**: bateau ravitailleur ; navire de service, *voir supply ship.* **supply circuit**: secteur *m (élec)* ; secteur électrique. **supply connection**: raccord d'alimentation. **supply contract**: contrat de fourniture. **supply line**: tuyau d'alimentation. **supply main**: conduite d'approvisionnement. **supply of water**: distribution d'eau. **supply pipe**: conduite d'alimentation ; conduite d'arrivée. **supply pressure**: pression d'alimentation. **supply reel**: bobine d'alimentation. **supply ship**: navire de ravitaillement ; navire de service ; navire de soutien ; ravitailleur *m.* **supply vessel**: *voir supply ship* ; réservoir *m.* **supply voltage**: tension d'alimentation.
supply (to) – alimenter ; charger ; fournir ; garnir ; munir.
supplying – avitaillement *m, navire.*
support – appui *m* ; soutènement *m* ; support *m.* **support energy**: énergie d'appoint. **support frame**: élément support *(for).* **support ring**: anneau de soutènement. **support vessel**: navire d'assistance.

supported – supporté. **supported homogeneous catalysis**: catalyse homogène supportée.

supporting – soutènement *m*. **supporting beam**: solive de support.

suppressed – antiparasité. **suppressed spark plug**: bougie antiparasite.

suppression – suppression *f*.

suppressor – amortisseur *m* ; antiparasite *m*, *dispositif contre les parasites*.

supralittoral – supralittoral, *supratidal*.

supratidal – *voir supralittoral*.

surf – déferlement *m* ; ressac *m*. **surf beat**: battements du déferlement. **surf port**: port à ressac. **surf zone**: zone des brisants.

surface – aire *f*; superficie *f*; surface *f*. **surface acoustic wave**: onde acoustique de surface. **surface-active**: tensioactif. **surface-active agent**: agent de surface ; agent tensioactif. **surface-active compound**: composé tensioactif. **surface activity**: activité de surface. **surface anomaly**: anomalie de surface ; anomalie superficielle. **surface area**: superficie *f*; surface *f*, *mesure de la valeur de la surface*. **surface bearing**: appui simple. **surface bed**: couche superficielle. **surface carburetor**: carburateur à léchage. **surface casing**: colonne de surface ; tubage de surface. **surface cement job**: cimentation de surface. **surface change**: altération superficielle. **surface chemistry**: chimie des surfaces. **surface choke**: duse de surface. **surface coating**: *voir surface dressing*. **surface coefficient of heat transfer**: coefficient de transmission thermique de surface. **surface combustion**: combustion de surface, *l'ignition ayant lieu au contact d'une surface solide chaude, dans une zone définie, l'air et le combustible étant injectés ensemble*. **surface condenser**: condenseur à surface. **surface consistent**: *se dit de corrections statiques qui sont attachées à des points de la surface*. **surface-consistent correction**: correction compatible en surface. **surface-consistent model**: modèle cohérent en surface. **surface-controlled subsurface safety valve (SCSSV)**: vanne de sécurité de fond à commande en surface, *vanne de fond de puits à gradient de pression se fermant automatiquement dès que la pression tombe en surface*. **surface cooler**: réfrigérant par surface. **surface cooling**: rafraîchissement superficiel. **surface correction**: correction de surface. **surface crack**: crevasse superficielle *(métal)*. **surface damage**: dégâts de passage. **surface-damage clause**: clause de dégâts de surface, *clause d'indemnisation des dommages en surface*. **surface density**: densité de surface ; densité électrique ; densité superficielle ; masse surfacique. **surface density charge**: charge surfacique *(élec)*. **surface dressing**: enduisage de surface ; enduit d'usure ; traitement superficiel. **surface element**: facette *f*, *élément de surface infiniment petit considéré comme appartenant à une matière qu'il limite*. **surface energy**: énergie de surface. **surface equipment**: équipement de surface. **surface fitting**: ajustement d'une surface. **surface gage**: manomètre à amortissement ; trusquin *m*. **surface geology**: géologie de surface. **surface hardening**: trempe superficielle. **surface hardness**: dureté superficielle. **surface ignition**: autoallumage par points chauds. **surface-ignition-control additive**: additif limitant l'autoallumage par points chauds. **surface installations**: installations de surface. **surface layer**: couche superficielle. **surface lease**: concession du sol, *concession agricole*. **surface-line heat losses**: pertes thermiques dans les lignes de surface, *récupération thermique*. **surface mapping**: cartographie de surface. **surface method**: méthode de surface. **surface mining**: exploitation à ciel ouvert. **surface moraine**: moraine superficielle. **surface noise**: bruit de surface. **surface of unconformity**: surface de discordance *(géol)*. **surface orientation**: orientation superficielle. **surface outcropping**: affleurement *m* *(géol)*. **surface oxidation**: oxydation superficielle. **surface passivation**: passivation superficielle. **surface power density**: puissance surfacique. **surface pressure**: pression superficielle. **surface reaction**: réaction superficielle. **surface recombination velocity**: vitesse de recombinaison superficielle. **surface resistivity**: résistivité superficielle. **surface rheology**: rhéologie superficielle. **surface right**: droit de surface, *droit d'utiliser la surface des terrains d'une concession*. **surface roughness**: rugosité d'une paroi, *état de surface*. **surface runoff**: ruissellement *m*. **surface sample**: échantillon de surface. **surface shear modulus**: module de cisaillement superficiel. **surface shear viscosity**: viscosité superficielle de cisaillement. **surface shooting**: tir en surface. **surface source**: source de surface. **surface-stacking chart**: diagramme d'exploitation en surface *(sism)* ; plan de couverture. **surface string**: section supérieure de la garniture, *voir aussi surface casing (for)*. **surface structure**: structure superficielle. **surface tension**: tension superficielle. **surface termination**: affleurement *m* *(géol)*. **surface tie-in**: raccordement en surface *(pipeline)*. **surface-to-surface refraction**: réfraction avec tir en surface. **surface treatment**: traitement de surface. **surface tree**: tête de production en surface. **surface velocity profiling**: tir de vitesse, *dispositif de sismique réflexion permettant de calculer la vitesse jusqu'aux horizons sismiques grâce à la courbure des indicatrices*. **surface wash**: ruissellement en nappe. **surface water**: eau du jour ; eau superficielle. **surface wave**: onde de surface, *onde guidée par la surface du sol (onde de Rayleigh) ou par une couche proche de cette surface (onde de Love)* ; onde superficielle *(sism)*. **surface wear**: usure superficielle.

surfacing – recharge par apport de métal, *outils de forage* ; revêtement *m* ; surfaçage *m* ; traitement de surface.

surfactant – agent tensioactif ; surfactant *m*. **surfactant adsorption layer**: couche d'adsorption d'agents tensioactifs. **surfactant flooding**: injection d'une solution de tensioactif. **surfactant mud**: boue aux surfactants, *aux agents de surface*. **surfactant waterflooding**: injection d'une solution de tensioactif, *méthode de récupération par incorporation de produits tensioactifs à l'eau d'injection pour en abaisser la tension interfaciale*.

surficial – superficiel *(géol)*. **surficial deposit**: formation superficielle *(géol)*.

surge – à-coup *m* ; cavalement *m* ; coup de fouet ; courant transitoire anormal *(élec)* ; débattement longitudinal, *aux vagues* ; houle *f* ; lame *f* ; saute de pression, *d'intensité* ; surtension *f*. **surge capacity**: capacité tampon. **surge chamber**: amortisseur de pulsations ; chambre antibélier ; chambre d'équilibre ; chambre de tranquillisation. **surge channel**: chenal de houle. **surge damper**: amortisseur des sautes de pression ; régulateur de pression. **surge-damping valve**: soupape alternatrice ; soupape antibélier. **surge drum**: ballon tampon ; réservoir-tampon. **surge loss**: perte à l'à-coup de pression. **surge pressure**: surpression *f*. **surge pump**: pompe à membrane. **surge tank**: réservoir amortisseur ; réservoir d'expansion ; réservoir intermédiaire ; réservoir-tampon *m*. **surge test**: essai de surpression, *après perforation (for)*. **surge vessel**: bac de trop-plein.

surge (to) – subir des à-coups. **surge (to) a rope**: choquer un câble.

surgical – chirurgical. **surgical muting**: mutage chirurgical *(sism)*.

surging – pompage *m* ; régime pulsatoire. **surging breaker**: déferlement à gonflement ; déferlement frontal. **surging-breaking wave**: déferlement frontal. **surging well**: puits à régime pulsatif.

surplus – boni *m (fin)* ; excédent *m* ; surplus *m*. **surplus capacity**: surplus de capacité *(raf)*.

surrender – rendu *m*, *partie d'un permis que le contractant doit restituer à l'Etat au terme d'une exploration.*

surrounded – entouré ; environné.

surrounding – adjacent ; ambiant ; encaissant. **surrounding bed**: formation adjacente.

surroundings – entourage *m* ; environs *m*.

survey – campagne *f* ; contrôle *m* ; enquête *f* ; étude *f* ; examen *m* ; levé *m* ; prospection *f* ; reconnaissance *f* ; relevé *m* ; surveillance *f*. **survey instrument**: instrument d'arpentage, *de contrôle*. **survey mission**: mission d'étude. **survey net**: canevas topographique. **survey of heights**: nivellement *m*.

survey (to) – étudier ; lever *(topog)* ; prospecter.

surveying – étude *f* ; nivellement *m*, *arpentage* ; prospection *f*. **surveying camera**: chambre métrique. **surveying instrument**: instrument d'arpentage. **surveying rod**: jalon *m*. **surveying with chain**: arpentage *m*.

surveyor – arpenteur *m* ; topographe *m*. **surveyor's chain**: chaine d'arpenteur. **surveyor's compass**: boussole topographique. **surveyor's level**: niveau à lunette. **surveyor's measure**: mesure d'arpentage. **surveyor's rod**: mire *f*. **surveyor's stake**: jalon *m*.

survival – survie *f*. **survival at sea**: survie en mer. **survival capsule**: capsule de sauvetage. **survival compartment**: compartiment de survie. **survival draft**: tirant d'eau de survie, *plate-forme de forage.*

susceptance – susceptance *f*, *partie imaginaire de l'admittance.*

susceptibility – sensibilité *f* ; susceptibilité *f* ; tendance *f*. **susceptibility log**: diagraphie de susceptibilité magnétique. **susceptibility meter**: sonde de susceptibilité magnétique. **susceptibility of gasoline**: susceptibilité d'une essence, *au plomb tétraéthyle.*

susceptible – sensible.

suspended – flottant ; suspendu, *en suspension.* **suspended and capable well**: puits abandonné provisoirement. **suspended basin**: bassin perché. **suspended-deck tank**: bac de stockage à pont suspendu. **suspended-level viscometer**: viscosimètre à écoulement inversé par aspiration. **suspended load**: charge en suspension, *matières en suspension dans un cours d'eau.* **suspended matter**: matière en suspension. **suspended particulates**: particules polluantes en suspension, *dans les émissions de gaz et les fumées.* **suspended solids**: solides en suspension. **suspended wall**: mur suspendu. **suspended water**: eaux de la zone d'aération. **suspended well**: puits provisoirement fermé.

suspending – de suspension. **suspending agent**: agent de suspension, *(prod)*. **suspending power**: pouvoir suspensif.

suspense – en suspens. **suspense account**: compte d'attente.

suspension – suspension *f*. **suspension cable**: câble de suspension ; câble porteur. **suspension hook**: crochet de suspension. **suspension point**: point de suspension. **suspension polymerization**: polymérisation en suspension. **suspension spring**: ressort de suspension. **suspension stabilizer**: stabilisateur de suspension.

suspensoid – suspensoïde *m*, *colloïde dont la phase dispersée est solide.*

sustainability – permanence *f*.

sustained – soutenu. **sustained growth**: croissance durable. **sustained oscillation**: oscillation entretenue. **sustained reaction**: réaction entretenue.

SUV – *abrév. de Saybolt Universal viscosity.*

Sv – Sv, *symbole de sievert.*

SV – SV, *vibration verticale de l'onde S.*

SW – *abrév. de sediment and water et de salt water.*

swab – hérisson *m (pipeline)* ; piston *m*, *pour pistonnage (prod)*. **swab cup**: coupelle de pistonnage. **swab valve**: valve de sas, *complétion* ; vanne de sas, *complétion* ; vanne de tête *(for)*.

swab (to) – pistonner, *un puits.*

swabbed – pistonné. **swabbed show**: venue par pistonnage.

swabbing – pistonnage *m*, *opération consistant à alléger la pression dans le tube de production.* **swabbing line**: câble de curage. **swabbing production**: production par pistonnage.

swage – entonnoir *m*, *destiné à faciliter la rentrée du perforateur dans les tiges de forage à la remontée* ; fer à contourner. **swage nipple**: raccord double mâle, *de dimensions différentes d'un côté et de l'autre.*

swaged – embouti ; rétreint. **swaged vessel**: réservoir en tôle emboutie.

swaging – étampage *m*.

swale – dépression marécageuse.

swallow – gorge *f*. **swallow hole**: abîme *m* ; aven *m* ; gouffre *m* ; perte *f*, *d'un fleuve* ; puits naturel.

swamp – marais *m* ; marécage boisé ; terrain vaseux. **swamp barge**: barge des marais, *barge de forage pour zones marécageuses.* **swamp buggy**: voiture amphibie. **swamp ore**: fer des marais, *limonite (minér)*. **swamp shooting**: sismique de marais.

swap – échange *m* ; troc *m*.

swarm – essaim *m.* **earthquake swarm**: série de secousses d'un seisme.

swash – jet de rive. **swash mark**: ligne du jet de rive. **swash plate**: plateau oscillant. **swash-plate pump**: pompe à plateau oscillant. **swash plates**: *plaques verticales de séparation dans les réservoirs de transport.*

SWAT – *abrév. de Southwestern Approaches Transects, programme géophysique (GB).*

swath – andain *m, profil large, sismique 3D* ; couloir exploré. **swath width**: largeur de couloir.

sway – balancement *m* ; débattement transversal, *aux vagues* ; embardée *f*; mouvement de va-et-vient ; oscillation *f*; roulis *m.* **sway brace**: cornière de renforcement ; entretoise de contreventement.

swb – *abrév. de swabbing.*

SWC – CLAB, *abrév. de sidewall coring, carottage latéral à balles.*

SWE – *abrév. de subsea work enclosure.*

sweat (to) – ressuer, *paraffines* ; transsuder.

sweating – exsudation *f*; fuite *f*; liquation *f*; ressuage *m* ; sudation *f.* **sweating chamber**: chambre de ressuage. **sweating tray**: plateau de ressuage, *paraffine.* **sweating tunnel**: tunnel de ressuage pour fabrication des cires, *voir aussi sweating chamber.*

sweep – balayage *m* ; émission de vibrosismique. **sweep-area efficiency**: efficacité géométrique de balayage, *(prod).* **sweep efficiency**: efficacité de balayage, *fraction de l'aire totale du gisement effectivement drainée.* **sweep generator**: générateur de balayage. **sweep rate**: vitesse de balayage.

sweep (to) – balayer.

sweeping – balayage *m* ; crasse *f*; déchet *m* ; déplacement des méandres. **sweeping machine**: balayeuse *f.*

sweepings – balayures *f.*

sweet – doux, *non corrosif, non sulfuré.* **sweet corrosion**: corrosion douce, *corrosion provoquée par le gaz carbonique sans la présence d'hydrogène sulfuré.* **sweet crude**: pétrole brut peu sulfuré, *non corrosif.* **sweet distillate**: distillat adouci ; distillat sans soufre. **sweet gas**: gaz non corrosif. **sweet gasoline**: essence adoucie ; essence douce, *exempte de mercaptans.* **sweet natural gas**: gaz naturel non corrosif, *peu soufré.* **sweet water**: eau douce.

sweetener – édulcorant *m.*

sweetening – adoucissement *m, procédé de traitement des produits pétroliers blancs destiné à en éliminer les composés indésirables par leur corrosivité et leur odeur.* **sweetening inhibitor**: inhibiteur de corrosion. **sweetening process**: procédé d'adoucissement *(raf).* **sweetening treatment**: traitement adoucissant.

swell – bombement *m* ; élévation *f*; foisonnement *m* ; houle *f*; ondulation de terrain ; remous *m* ; renflement *m.*

swell (to) – gonfler.

swelling – foisonnement *m, augmentation du volume d'un sol due à une grande absorption d'eau* ; gonflement *m* ; renflement *m.* **swelling agent**: agent gonflant. **swelling clay**: argile gonflante. **swelling ground**: roche gonflante. **swelling index**: *voir swelling number.* **swelling number**: indice de gonflement, *des houilles.* **swelling up**: soufflage *m.*

swept – balayé. **swept volume**: cylindrée *f*; volume balayé ; volume cyclique.

swerve (to) – faire une embardée.

SWG – *abrév. de Standard Wire Gage : jauge normale pour les fils.*

SWH – EIS, *abrév. de subsea work habitat, enceinte d'intervention habitée.*

swing – angle de déversement ; balancement *m* ; oscillation *f*; renvoi de tiges ; rotation *f.* **swing angle**: angle de rotation, *d'une pelle excavatrice.* **swing axle**: essieu oscillant. **swing check valve**: clapet à battant ; clapet à charnière ; clapet de retenue à battant ; vanne à clapet basculant. **swing crane**: grue à rotation totale. **swing fuel**: combustible de bouclage, *pour boucler le bilan énergétique.* **swing joint**: genouillère *f, joint articulé placé sur le train de sonde pour permettre la déviation d'un forage.* **swing line**: câble de manoeuvre. **swing pipe**: tube à genouillère, *sur un réservoir.* **swing producer**: producteur de bouclage, *producteur permettant de satisfaire une demande excédentaire, pour le pétrole, l'Arabie Saoudite joue souvent ce rôle.* **swing reactor**: réacteur utilisé en alternance. **swing shift**: poste du soir, *de 16 h à minuit.* **swing sieve**: tamis oscillant. **swing valve**: clapet basculant ; vanne à clapet de va-et-vient.

swinging – évitage *m (nav)* ; oscillation *f.* **swinging agitator**: agitateur pendulaire. **swinging of meander belt**: déplacement latéral du lit des méandres, *d'un côté à l'autre de la vallée.* **swinging radius**: rayon d'évitage, *d'un navire.* **swinging sieve**: crible oscillant.

swirl – tourbillon *m* ; turbulence *f.* **swirl chamber**: chambre à turbulence. **swirl injector**: injecteur à turbulence. **swirl vane**: aube de turbulence. **swirl velocity**: vitesse de turbulence.

swirl (to) – brasser, *par tourbillonnage* ; tourbillonner.

swirling – brassage rotatif, *dans un plan horizontal* ; tourbillonnage *m.* **swirling-flow burner**: brûleur à courants tourbillonnaires ; brûleur à turbulence.

switch – accord triangulaire, *A achète à B et vend à C. C payera B directement, soit en devises, soit par la fourniture de produits* ; autocommutateur *m* ; commutateur *m* ; contacteur *m* ; couteau d'interrupteur ; disjoncteur *m* ; interrupteur *m.* **switch box**: coffret d'interrupteur. **switch clock**: minuterie *f.* **switch gas oil**: huile pour interrupteurs et disjoncteurs. **switch gear**: dispositif de commutation ; poste de coupure. **switch grease**: graisse de commutateur. **switch oil**: huile de commutateur. **switch-plug box**: douille pour prise de courant. **switch position**: position du contacteur.

switch (to) – commuter. **switch (to) off**: couper le courant. **switch (to) on**: enclencher ; mettre en circuit ; mettre le contact ; ouvrir le circuit. **switch (to) off the light**: éteindre la lumière. **switch (to) on**: brancher.

switchboard – panneau de commande ; standard téléphonique ; tableau de distribution.

switching – déclenchement *m* ; manoeuvre *f.* **switching device**: appareil de connexion.

swivel – émerillon *m* ; pivot *m* ; tête d'injection ; tête de rotation *(for)*. **swivel bail**: anse de la tête d'injection. **swivel-bail adapter**: adaptateur d'anse de tête d'injection. **swivel-bail pin**: axe de support de l'anse de tête d'injection. **swivel bearing**: palier à rotule. **swivel block**: poulie à émerillon. **swivel body**: corps de la tête d'injection. **swivel head**: tête tournante. **swivel hook**: crochet de la tête d'injection ; crochet tournant. **swivel joint**: joint articulé. **swivel neck**: collet tournant. **swivel pin**: axe de pivotement. **swivel socket**: tourillon *m*. **swivel wrench**: fourche à émerillon.
SWR – *abrév. de standing-wave ratio.*
SWU – UTS, *abrév. de separative work unit, unité de travail de séparation.*
SXAPS – *abrév. de soft X-ray appearance-potential spectroscopy : spectroscopie de potential d'apparition de RX mous.*
SXES – *abrév. de soft X-ray emission spectroscopy : spectroscopie d'émission des RX mous.*
syenite – syénite *f, roche éruptive.*
Syledis – *dénomination commerciale d'un système de radionavigation.*
sylvanite – sylvanite *f, tellure naturel d'or et d'argent.*
sylvinite – sylvinite *f, mélange naturel de chlorures de sodium et de potassium.*
sylvite – sylvite *f, chlorure de potassium.*
sym- – *abrév. de symmetrical, utilisée en chimie pour les dérivés organiques.*
symbiosis – symbiose *f.*
symbol – symbole *m.*
symmetrical – symétrique. **symmetrical anticline**: anticlinal symétrique *(géol)*. **symmetrical fold**: pli symétrique.
symmetry – symétrie *f.* **symmetry element**: élément de symétrie *(crist)*. **symmetry group**: groupe de symétrie. **symmetry number**: nombre de symétrie.
symplectic – symplectique. **symplectic intergrowth**: association symplectique *(pétro)*. **symplectic texture**: texture symplectique *(pétro)*.
symposium – colloque *m.*
synantectic – synantectique *(minér)*. **synantectic mineral**: minéral synantectique.
synchro – synchro.
synchrocyclotron – synchrocyclotron *m, accélérateur de particules afin d'atteindre des énergies plus élevées pour les protons.*
synchromesh – synchronisation *f.* **synchromesh gear**: vitesse synchronisée. **synchromesh mechanism**: mécanisme de synchronisation. **synchromesh transmission**: boîte de vitesses synchronisée.
synchronism – synchronisme *m.*
synchronize (to) – synchroniser.
synchronoscope – synchronoscope *m.*
synchronous – synchrone. **synchronous clock**: horloge synchrone. **synchronous deposit**: dépôt contemporain *(géol)* ; dépôt synchrone. **synchronous high**: relief synchrone, *relief contemporain de la sédimentation.* **synchronous initiation**: temporisation synchrone *(soudage)*. **synchronous motor**: moteur synchrone. **synchronous satellite**: satellite géosynchrone.
synchrophasotron – synchrophasotron *m.*
synchrotron – synchrotron *m.*
synclinal – synclinal. **synclinal axis**: axe synclinal. **synclinal bend**: charnière synclinale. **synclinal closure**: bassin structural ; cuvette synclinale ; fermeture d'un synclinal. **synclinal trough**: dépression synclinale. **synclinal fold**: pli synclinal. **synclinal lake**: lac de synclinal. **synclinal limb**: flanc synclinal. **synclinal ridge**: synclinal perché. **synclinal structure**: structure synclinale. **synclinal turn**: charnière synclinale ; fond de synclinal. **synclinal valley**: vallée synclinale.
syncline – pli synclinal ; synclinal *m.*
synclinorium – synclinorium *m (géol)*.
syncrude – brut de synthèse, *obtenu à partir du charbon ou de schistes bitumineux.*
syndets – *abrév. de synthetic detergents.*
syndicate – syndicat *m.*
sysndicate (to) – former un consortium *(fin)* ; syndiquer.
syndiotactic – syndiotactique. **syndiotactic polymer**: polymère syndiotactique, *dans lequel les radicaux caractéristiques du monomère et extérieurs à la chaîne principale sont disposés alternativement de part et d'autre du plan de cette chaîne.*
syndrome – syndrome *m.*
syneclise – synéclise *f, vaste portion de plateforme dont le soubassement au centre affaissé est recouvert de sédiments épais.*
synecology – synécologie *f, étude des communautés prises dans leur ensemble.*
syneresis – synérèse *f, séparation de l'huile des graisses en cours de stockage.*
synergetic – synergique.
synergism – synergie *f, une action où l'effet cumulatif de deux composants d'un mélange est plus important que la somme des effets individuels des composants.*
synergistic – synergétique. **synergistic effect**: effet synergique.
synformal – synforme. **synformal anticline**: faux synclinal.
synfuel – carburant synthétique, *produit à partir du charbon ou d'autres sources que le pétrole et le gaz naturel.*
syngas – *abrév. de synthetic gas.*
syngenesis – syngenèse *f (géol)*.
syngenetic – syngénétique. **syngenetic river**: rivière syngénétique.
synlube – lubrifiant de synthèse, *développé pour des conditions de température extrême.*
synopsis – résumé *m* ; sommaire *m* ; synopsis *m.*
synorogenic – synorogénique ; syntectonique.
synsedimentary – synsédimentaire, *qui se produit pendant la sédimentation.* **synsedimentary diagenesis**: diagenèse synsédimentaire. **synsedimentary fault**: faille de croissance ; faille synsédimentaire.
syntactic – syntactique *(polymère)* ; syntaxique, *relatif à la syntaxe.* **syntactic analysis**: analyse syntaxique. **syntactic foam**: mousse syntactique.
syntax – syntaxe *f, d'un langage de progammation.* **syntax checking**: contrôle de syntaxe *(ordinateur)*. **syntax error**: erreur de syntaxe.
syntectic – syntectique *m (géol)*.
syntectonic – syntectonique.
syntexis – syntexis *f, assimilation magmatique.*

Synthane – *dénomination d'un procédé de gazéification du charbon.*

synthems – intervalles discordants, *intervalles sédimentaires limités entre deux discordances.*

synthesis – synthèse *f.* **synthesis gas**: gaz de synthèse, *mélange de monoxyde de carbone et d'hydrogène utilisé comme matière première en pétrochimie.*

synthesizer – synthétiseur *m.*

synthetic – synthétique. **synthetic acoustic-impedance log**: diagraphie de pseudo-impédance acoustique. **synthetic antenna**: antenne synthétique. **synthetic aperture**: ouverture synthétique. **synthetic-aperture radar (SAR)**: radar à antenne synthétique (RAAS) ; radar à ouverture synthétique ; radar à synthèse d'ouverture (RSO). **synthetic crude oil**: pétrole synthétique. **synthetic detergent**: détergent de synthèse. **synthetic elastomer**: élastomère synthétique. **synthetic fault**: faille synthétique. **synthetic fiber**: fibre synthétique. **synthetic fuel**: carburant de synthèse. **synthetic gas**:-gaz de synthèse ; gaz synthétique. **synthetic gasoline**: essence de synthèse ; essence synthétique. **synthetic grease**: graisse synthétique. **synthetic lubricant**: lubrifiant synthétique. **synthetic membrane**: membrane synthétique. **synthetic oil**: *voir synthetic crude oil.* **synthetic record**: film synthétique *(sism)*. **synthetic resin**: résine synthétique, *obtenue par la polymérisation cationique de coupes oléfiniques de vapocraquage.* **synthetic rubber**: caoutchouc synthétique. **synthetic seismogram**: film synthétique ; sismogramme synthétique, *sismogramme obtenu par le calcul ou par modèle réduit à partir de données sur les vitesses.* **synthetic seismograph**: sismographe synthétique. **synthetic sonic log**: diagraphie acoustique synthétique. **synthetic trace**: trace synthétique *(sism)*. **synthetic wax**: cire synthétique. **synthetic zeolite**: zéolite synthétique.

Synthoil – *dénomination d'un procédé de liquéfaction du charbon.*

Synthol – *dénomination d'un procédé de fabrication d'hydrocarbures de synthèse à partir du gaz naturel.*

syntype – cotype *m (pal)* ; syntype *m (pal)*.

synusia – synusie *f, communauté de très petite taille.*

syringe – seringue *f.*

Syslap – *dénomination commerciale d'une technique de camouflet (sism).*

system – système *m, en stratigraphie, division chronostratigraphique formée de plusieurs séries et au-dessous de l'érathème.* **systems analysis**: analyse fonctionnelle de systèmes. **system control**: circuit de réglage. **systems design**: conception de systèmes. **systems engineer**: ingénieur système ; ingénieur technico-commercial. **system of faults**: système de failles *(géol)*. **system of loads**: sollicitation mécanique, *ensemble de forces extérieures donnant naissance à des contraintes.* **system programming**: programmation générale. **systems tract**: cortège sédimentaire, *assemblage latéral de systèmes de dépôts contemporains. Chaque cortège sédimentaire est associé à un segment de la courbe eustatique par des critères visibles sur les affleurements, les lignes sismiques et les diagraphies électriques.*

systematic – systématique ; constant. **systematic error**: erreur systématique. **systematic noise**: bruit systématique. **systematic risk**: risque systématique.

systemic – systémique.

syzygy – syzygie *f (astron)*.

szaibelyite – szajbélyite *f, borate hydraté naturel de magnésium.*

szmikite – szmikite *f, sulfate hydraté de manganèse monoclinique.*

T

t – t, *symbole de tonne.*

T – T, *symbole de tera et de tesla ; abrév. de time.* **T-D curve**: dromochronique *f, courbe temps profondeur, voir aussi time-distance curve.* **T-delta-T analysis**: analyse T-delta-T *(sism).* **T-X curve**: *voir time-distance curve : dromochronique.*

T2 – *dénomination d'un type de navire pétrolier construit en grande série durant la deuxième guerre mondiale.*

TA – *abrév. de temporarily abandoned, utilisée dans les rapports de forage, et de technology assessment.*

tab – cavalier *m.*

Tabianian – Tabianien *m, étage de l'ère tertiaire.*

table – massif tabulaire ; planche *f*; plateau *m* ; table *f, numérique* ; tableau *m* ; tablier *m.* **table bushing**: coussinet de la table de rotation *(for).* **table mountain**: butte à sommet plat ; montagne tabulaire. **table of contents**: table des matières. **table reef**: banc corallien ; plature *f, édifice corallien.* **table slate**: schiste ardoisier. **table speed**: vitesse de la table de rotation *(for).*

tableland – plateau *m* ; plate-forme *f (géol).*

tablemount – guyot *m, mont sous-marin en forme de cône tronqué.*

tablet – tablette *f.*

tableting – agglomération *f, de catalyseurs.*

tabling – concentration sur tables, *des minéraux.*

tabular – aplati ; tabulaire. **tabular berg**: iceberg tabulaire, *iceberg de surface plate, laissant apparaître des couches horizontales de névé.* **tabular jointing**: débit en plaques, *en bancs (pétro).* **tabular spar**: wollastonite *f (minér).*

tabulator – tabulateur *m.*

tachometer – compte-tours *m* ; tachymètre *m, compteur de tours.*

tachygenesis – tachygenèse *f (géol).*

tachylyte – tachylite *f, verre basaltique.*

tachymeter – tachéomètre *m, instrument de topométrie pour la mesure des distances.*

tachymetric – tachéométrique. **tachymetric leveling**: levé au tachéomètre ; tachéométrie *f.* **tachymetric survey**: levé tachéométrique.

tachyon – tachyon *m, particule hypothétique.*

tack – aptitude à l'adhésivité ; attache *f*; boucle *f*; fermoir *m* ; point de soudure ; semence *f, petit clou.* **tack bolt**: boulon d'assemblage. **tack coat**: enduit d'accrochage, *pellicule asphaltique adhésive servant d'apprêt pour le goudronnage d'une route.* **tack weld**: soudure de pointage ; soudure par pointage. **tack welding**: soudage par points.

tackifier – agent d'adhésivité.

tackiness – adhésivité *f.* **tackiness agent**: additif d'adhésivité.

tackle – moufle *m* ; palan *m* ; poulie *f*; treuil *m.* **tackle assembly**: appareil de levage *(for).* **tackle block**: poulie de palan *(for).*

tacky – collant ; gluant. **tacky grease**: graisse filante.

Taconic – taconique *(strat).* **Taconic orogeny**: phase taconique, *période d'intense plissement, qui affecta une partie de l'Amérique du Nord à la fin de l'Ordovicien.*

tactic – tactique. **tactic polymer**: polymère tactique.

tacticity – tacticité *f, ordonnancement de la succession des motifs configurationnels dans une macromolécule.*

tactite – tactite *f (pétro).*

tadpole – têtard *m.* **tadpole plot**: diagramme de fléchettes ; représentation par clous *(diag).*

tafone – taffoni *m (géomorph).*

tag – attache *f*; bout *m* ; étiquette *f.* **tag bus**: bus auxiliaire.

Tag – *abrév. de Tagliabue, frabricant d'appareils d'essais.* **Tag closed-cup tester**: appareil en vase clos de Tagliabue, *servant à déterminer le point d'éclair des liquides dans une gamme allant jusqu'à 80°C.* **Tag-Robinson colorimeter**: colorimètre Tag-Robinson, *pour déterminer la couleur des huiles de pétrole en fonction d'une échelle de couleurs particulière.*

tag (to) – marquer, *par radioéléments* ; poser, *toucher le fond pendant la descente d'une garniture de forage dans le puits.*

tagged – étiqueté ; marqué. **tagged atom**: atome marqué ; atome traceur. **tagged compound**: composé marqué ; composé traceur. **tagged molecule**: molécule marquée.

tagging – marquage *m, d'une pollution pétrolière.*

Tagliabue – Tagliabue, *voir Tag.*

TAI – IAT, *abrév. de thermal alteration index, indice d'altération thermique.*

tail – queue *f.* **tail buoy**: bouée de queue, *d'une flûte marine.* **tail chain**: chaîne avec crochet, *servant à la manipulation du tube nu.* **tail end**: arrière *m* ; queue *f, de distillation, d'une ligne sismique.* **tail-end spread**: dispositif arrière. **tail gas**: gaz d'échappement ; gaz de queue. **tail house**: collecteur *f, dans une raffinerie, les produits y sont contrôlés avant d'être dirigés vers d'autres unités de raffinage ou vers des centres de conditionnement* ; salle de recette. **tail mute**: équeutage *m* ; mute externe *(sism).* **tail post**: support de l'arbre du treuil de puisage *(for).* **tail pulley**: poulie de queue ; poulie de retour. **tail rod**: tige de piston secondaire, *faisant saillie en avant* *de la culasse et servant de support au piston sur les gros moteurs.* **tail section**: queue de stabilisation, *flûte sismique.* **tail shaft**: bout d'arbre ; porte-hélice *m (navires).* **tail shoes**: glissières pour la tige de piston secondaire, *moteurs lourds.* **tail slurry**: laitier de queue, *pompé en dernier.*

tail (to) – équeuter. **tail (to) out rods**: équeuter les tiges de pompage, *enlever les extrémités de ces tiges au démontage.*

tailing – allongement arrière ; queutage *m.* **tailing-in work**: finissage d'un puits, *derniers préparatifs pour la mise en production.* **tailing out**: amincissement en coin *(géol)* ; biseautage *m.*

tailings – résidus *m* ; produits de queue *(raf).* **tailings settling tank**: bac de décantation des résidus.

tailpipe – tube de queue, *de serpentin de condenseur (raf)* ; tube queue, *servant de béquille au moment d'un test dans un puits* ; tuyau d'échappement, *d'un moteur* ; tuyau de sortie. **tailpipe flame**: flamme du tuyau d'échappement, *visible de nuit et indiquant une très haute température à l'échappement due à une alimentation excessive ou à un retard à l'allumage.* **tailpipe gas**: *voir exhaust gas.*

tailrace – conduite de décharge ; goulotte *f.*

tails – queues de distillation.

tailstock – poupée mobile.

take – prise *f, quantité de pétrole provenant du gisement ou achetée sur place.* **take-or-pay clause**: clause de prise ferme, *clause par laquelle l'acheteur s'engage à payer, qu'il se fasse livrer ou non, la somme correspondant à la livraison d'une quantité minimale de gaz spécifiée dans le contrat.* **take-up reel**: bobine réceptrice. **take-up screw**: vis pour câble d'acier.

take (to) – prendre. **take (to) a core**: prélever une carotte. **take (to) a hitch on**: soulever au bout d'un crochet, *ou autre engin de levage.* **take (to) a picture**: prendre une empreinte, *d'un poisson bloqué en fond de puits lorsqu'aucun des outils de repêchage courants ne convient.* **take (to) a strain on**: amorcer une traction sur une charge. **take (to) down**: démonter. **take (to) fire**: s'enflammer. **take (to) off**: éliminer ; enlever. **take (to) up**: absorber ; démonter ; enlever ; fixer *(chim).* **take (to) up strain on a pipe**: rattraper le jeu d'un tube.

takedown – démontage *m.*

takeoff – branchement latéral, *d'un pipeline* ; décollage *m, d'un avion* ; démarrage *m.* **takeoff connection**: raccord de prélèvement *(for).* **takeoff post**: bras de balancier. **takeoff power**: puissance au décollage *(aviat).* **takeoff tray**: plateau d'évacuation, *tour de distillation* ; plateau de déversement ; plateau de prise.

takeout – prise *f* ; sortie *f.*

takeover – prise de possession. **takeover bid**: offre publique d'achat (OPA).

taker – acheteur *m.*

takeup – tendeur *m.*

taking – prise *f.* **taking off**: débourrage *m.*

talbyite – talbyite *f, variété d'asphalte solide trouvée dans l'Utah.*

talc – talc *m, silicate hydraté naturel de magnésium.* **talc schist**: talcschiste *m, schiste riche en talc.*

talcky – talqueux. **talcky limestone**: calcaire talqueux.

talcose – talqueux. **talcose shale**: schiste talqueux.

talik – talik *m (pédol).*

tall-oil – tallöl *m, extrait de résine de pin, émulsifiant pour boue de forage.*

tallow – suif *m.* **tallow oil**: huile de suif.

tallowy – graisseux.

tally – longueur d'une garniture. **tally book**: cahier de garniture *(for)* ; carnet de pointage.

tally (to) – compter ; contrôler ; pointer ; étiqueter, *des marchandises.*

TALM – *abrév. de taut-anchor-leg mooring : dénomination d'un amarrage funiculaire à câbles tendus.*

talus – lit de déjection ; pente d'éboulis ; talus *m.* **talus accumulation**: *voir talus fan.* **talus fan**: cône d'alluvions *(géol)* ; cône d'éboulis *(géol)* ; cône de déjection.

talweg – *voir thalweg.*

TAME – TAME, *abrév. de tert-amyl methyl ether : tertioamylméthyl éther.*

tamp (to) – bourrer ; damer ; fouler ; pilonner.

tamper – bourroir *m (mine)* ; dame *f* ; fouloir *m* ; réflecteur *m* ; retardateur *m.*

tampering – falsification *f.*

tamping – bourrage *f* ; compactage *m, action de recouvrir de matériaux (terre, eau) la charge d'explosif afin d'en augmenter le rendement énergétique* ; damage *m* ; pilonnage *m.* **tamping bar**: *voir tamping stick.* **tamping stick**: bourroir *m (mine).*

TAN – *abrév. de total acid number.*

tangent – tangent. **tangent friction force**: force tangentielle de frottement. **tangent modulus**: module d'élasticité tangent. **tangent point**: point de tangente. **tangent projection**: projection tangente. **tangent scale**: échelle des tangentes.

tangent – tangente *f.*

tangential – tangentiel. **tangential burner**: brûleur tangentiel. **tangential casting**: coulée centrifuge *(métal).* **tangential stress**: contrainte tangentielle. **tangential thrust**: charriage tangentiel *(géol).* **tangential velocity**: vitesse tangentielle. **tangential wave**: onde transversale.

tangible – tangible ; amortissable, *dépense.* **tangible assets**: actifs corporels *(fin).* **tangible drilling-and-development costs**: investissements corporels de forage et de developpement, *éléments ayant une valeur vénale : équipement de forage et de production.*

tangue – tangue *f, sédiment de zone littorale marine, de couleur grise, composé d'éléments fins.*

tank – citerne *f* ; cuve *f* ; réservoir *m.* **tank barge**: chaland citerne. **tank battery**: batterie de réservoirs. **tank bottom**: fond du réservoir. **tank bottoms**: résidus de stockage. **tank capacity**: contenance d'un réservoir. **tank car**: wagon citerne ; wagon réservoir. **tank-car price**: prix en wagon-citerne. **tank cession price**: prix de cession en réservoir. **tank container**: conteneur citerne. **tank cooling**: refroidissement de réservoir. **tank-dome hatch**: dôme de réservoir. **tank farm**: dépôt d'hydrocarbures ; parc à réservoirs ; parc de stockage. **tank float valve**: vanne à flotteur pour réservoir. **tank gage**: jauge de niveau, *d'un réservoir.* **tank heater**:

réchauffeur de réservoir de stockage. **tank ship**: *voir tanker*. **tank sludge**: boues de réservoir ; fonds de réservoir. **tank station**: station de stockage. **tank test**: essai en bassin. **tank trailer**: remorque citerne. **tank truck**: camion citerne. **tank-truck driver**: citernier *m*. **tank-truck price**: prix en camion-citerne. **tank vent valve**: *voir vent valve*. **tank wagon**: wagon citerne. **tank washings**: eaux de lavage des citernes. **tank washings discharge**: rejet des eaux de lavage des citernes *(pol)*.

tankage – contenance d'un réservoir ; frais de stockage en réservoir ; mise en réservoir ; opération de stockage.

tanker – navire citerne, *peut parfois désigner aussi un wagon-citerne* ; pétrolier *m (navire)*. **tanker charter**: affrètement pétrolier. **tanker scrappage**: démolition des pétroliers. **tanker tonnage**: armement pétrolier.

tannin – tanin *m*, *ou tannin, utilisé comme réducteur de viscosité dans les boues de forage*.

tanning – tannage *m*.

tantalum – tantale *m*, *symbole chim. Ta*. **tantalum carbide**: carbure de tantale. **tantalum chloride**: chlorure de tantale. **tantalum oxide**: oxyde de tantale. **tantalum steel**: acier au tantale.

tap – piquage *m* ; robinet *m* ; taraud *m*. **tap bolt**: boulon taraudé. **tap cinder**: scorie chaude ; scorie de puddlage ; scorie pauvre. **tap drill**: mèche *f*. **tap funnel**: entonnoir à robinet. **tap test**: essai au (coup de) pied, *essai de fonctionnement par coup de pied léger à un sismo*. **tap thread**: taraud *m*. **tap water**: eau de robinet. **tap wrench**: clé pour robinet à boisseau ; tourne-à-gauche *m*.

tap (to) – soutirer ; tarauder. **tap (to) a line**: faire un piquage sur une ligne.

tape – bande *f* ; ruban *m*. **tape controller**: contrôleur de bande. **tape deck**: dérouleur de bande. **tape drive**: unité de bande magnétique. **tape-guide pins**: galet-guide de bande. **tape library**: bandothèque *f*. **tape line**: *voir tape measure*. **tape mark**: marque *f*, *sur une bande magnétique*. **tape measure**: mètre à ruban. **tape reader**: lecteur de bandes, *ordinateur*. **tape recorder**: magnétophone *m*. **tape speed**: vitesse de défilement ; vitesse de déroulement. **tape transport**: dérouleur de bande. **tape unit**: dérouleur de bande.

taper – cône *m* ; conicité *f* ; conique ; rétrécissement *m (construction)*. **taper bearing**: palier conique. **taper file**: lime pointue. **taper gage**: calibre de conicité. **taper mixing**: mixage dégressif ; mixage pondéré. **taper of the thread**: conicité du filetage. **taper pipe**: pièce de réduction ; raccord conique. **taper plug cock**: robinet à boisseau ; robinet tournant. **taper-roller bearing**: palier à rouleaux coniques. **taper tap**: taraud conique ; taraud fileté, *repêchage*. **taper thread**: filetage conique.

taper (to) – effiler. **taper (to) out**: se terminer en coin.

tapered – conique ; ébrasé ; effilé ; pondéré, *en fuseau* ; rétreint. **tapered array**: dispositif pondéré *(sism)*. **tapered hermetic ring**: anneau conique d'étanchéité. **tapered mill**: fraise conique *(for)*. **tapered string of drillpipe**: train de tiges de forage de plusieurs diamètres. **tapered thread**: filetage conique. **tapered window**: fenêtre à bords arrondis *(sism)*.

tapering – conique ; effilement *m* ; effilement progressif.

taphocoenosis – *voir thanatocoenosis*.

taphole – trou de coulée *(métal)*. **taphole gun**: machine à obturer le trou de coulée.

taphonomy – taphonomie *f*, *branche de la paléontologie concernant les processus qui interviennent après la mort d'un organisme*.

taphrogeny – taphrogenèse *f*, *tectonique consistant en failles normales produisant des fossés d'effondrement*.

taphrogeosyncline – taphrogéosynclinal *m*.

tapped – connecté ; taraudé.

tapper – taraudeuse *f*.

tappet – came *f* ; poussoir *m* ; taquet *m*. **tappet block**: guide de poussoir. **tappet clearance**: jeu des poussoirs ; jeu entre poussoir et soupape. **tappet cover**: cache-soupape *m*. **tappet guide**: coulisseur *m*.

tapping – branchement *m (pipeline)* ; piquage *m* ; soutirage *m*. **tapping machine**: machine à forer des tubes en charge ; taraudeuse *f*. **tapping nipple**: bague de piquage.

TAPS – *abrév. de Trans-Alaska Pipeline System*.

tar – brai *m* ; goudron *m*. **tar acid**: huile acide de goudron. **tar board**: carton goudronné. **tar brush**: brosse à goudron. **tar concrete**: béton goudronneux, *mélange d'agrégat minéral et de goudron*. **tar-cooler box**: bac de réfrigération de goudron. **tar distillate**: distillat de goudron. **tar emulsion**: émulsion de goudron. **tar extractor**: dégoudronneur *m* ; séparateur de goudron. **tar-grouted surfacing**: empierrement au goudron ; revêtement par pénétration du goudron. **tar lump**: aggloméra de goudron. **tar oil**: huile de goudron. **tar paper**: papier goudronné. **tar pitch**: brai de goudron. **tar pool**: lac de bitume. **tar sand**: sable asphaltique, *sable contenant du bitume ou d'autres produits pétroliers à viscosité très élevée*. **tar-sand oil**: huile de sable bitumineux. **tar separator**: séparateur de goudron. **tar-soil mix**: mélange sol-goudron. **tar still**: cornue à goudron. **tar test**: essai de détection du goudron dans les huiles, *consiste à précipiter 5 % de l'échantillon avec 95 % d'éther de pétrole*.

TAR – *abrév. de true amplitude recovery*.

tarball – boule de goudron, *aggloméra insoluble formé dans l'eau par des résidus de pétrole, et qui pollue les plages*.

tare – poids à vide. **tare weight**: tare *f*.

target – cible *f* ; mirette *f (topog)* ; objectif *m*. **target date**: date d'achèvement des travaux. **target-impact burner**: brûleur à surface d'impact. **target price**: prix objectif. **target rod**: mire à voyant *(topog)*.

tariff – tarif *m*. **tariff barrier**: obstacle tarifaire. **tariff cut**: réduction tarifaire. **tariff increase**: majoration tarifaire. **tariff line**: ligne tarifaire. **tariff negotiation**: négociation tarifaire. **tariff quota**: contingent tarifaire. **tariff rebate**: diminution tarifaire.

taring – tarage *m*.

tarless – exempt de goudron.

tarmac – tarmac *m*, *aire d'envol des avions en tarmacadam*.

tarmacadam – tarmacadam *m*, *matériau enrobé de goudron utilisé pour la surface des chaussées*.

tarn – lac de cirque *(géol)*.
tarnish – ternissure *f.*
tarnishing – ternissement *m.*
tarp – *voir tarpaulin.*
tarpaulin – bâche *f*; prélart *m* ; toile cirée.
tarred – goudronné.
tarring – goudronnage *m.*
tarry – goudronneux. **tarry smelling**: empyreumatique, *odeur.*
tartaric – tartrique. **tartaric acid**: acide tartrique.
task – tâche *f.* **task force**: groupe de travail.
Tatarian – Tatarien *m, étage du Permien supérieur.*
tau – tau, *lettre de l'alphabet grec, indique la durée, le temps de relaxation.* **tau p**: tau p, *désigne une transformation linéaire utilisée pour changer d'espace.* **tau-p mapping**: représentation tau-p *(sism)*. **tau-p transform**: transformation en tau-p *(sism)*.
taut – bandé, *cordage, fil* ; raide ; tendu. **taut-mooring system**: système d'amarrage sous tension. **taut wire**: fil tendu. **taut-wire inclinometer**: inclinomètre à câble tendu ; inclinomètre à fil tendu.
tautomer – tautomère *m (chim)*.
tautomerism – tautomérie *f (chim)*.
tautomerization – tautomérisation *f, isomérisation par laquelle des tautomères se transforment l'un en l'autre.*
tax – droit *m* ; impôt *m* ; redevance *f (minière)* ; taxe *f.* **tax allowance**: déduction fiscale. **tax assessment**: assiette fiscale, *assiette de l'impôt*; imposition *f.* **tax audit**: contrôle fiscal. **tax avoidance**: évasion fiscale. **tax base**: base d'imposition ; matière imposable. **tax bracket**: catégorie d'imposition ; tranche d'imposition, *barème fiscal.* **tax-bracket progression**: progressivité de l'impôt par tranches. **tax consolidation**: consolidation fiscale, *système permettant de faire la somme algébrique des résultats imposables de diverses activités ou sociétés (ex : consolidation interpermis, à terre/en mer, etc.)*. **tax credit**: avoir fiscal ; crédit d'impôt. **tax deferral**: report d'impôt. **tax evasion**: fraude fiscale. **tax exemption**: exonération d'impôts. **tax free**: exonéré d'impôts. **tax incentive**: incitation fiscale. **tax map**: plan cadastral. **tax-paid cost (TPC)**: coût après imposition, *du pétrole brut.* **tax rate**: taux d'imposition. **tax rebate**: dégrèvement *m.* **tax-reference price**: prix de référence fiscale. **tax surcharge**: surtaxe *f.* **tax system**: régime fiscal. **before tax**: hors taxe.
taxable – imposable. **taxable income**: revenu imposable.
taxation – fiscalité *f, ensemble des impôts et taxes, et des mesures les réglementant.* **taxation schedule**: tarif de l'impôt.
taxon – taxon *m, désigne toute unité taxinomique : famille, genre, espèce.* **taxon range zone**: zone d'extension d'un taxon.
taxonomy – taxinomie *f, science de la classification, notamment des animaux et des plantes.*
taxpayer – contribuable *m.*
TB – *abrév. de time break.*
TBA – *abrév. de tires batteries accessories et de tert-butyl alcohol.*
tbg – *abrév. de tubing.*
TBN – *abrév. de total basic number : indice de basicité totale.*
TBP – *abrév. de true boiling point.*
TBPC – *abrév. de true-boiling-point curve.*
TBS – *abrév. de true-boiling still.*
TC – *abrév. de temperature controller, de total carbon et de time constant.*
TCC – *abrév. de Thermofor Catalytic Cracking et de Tag closed cup.*
tce – tec, *abrév. de tons coal equivalent : tonnes équivalent charbon.*
TCE – TCE, *abrév. de trichloroethane.*
TCP – *abrév. de tricresyl phosphate.*
TD – *abrév. de total depth.*
TDC – PMH, *abrév. de top dead center : point mort haut.*
TDS – *abrév. de total dissolved solids.*
TDT – *abrév. de thermal decay time : taux de décroissance des neutrons thermiques.*
TE – *abrév. de thermionic emission : émission thermoionique.*
TEA – TEA, *abrév. de triethanolamine.*
teaching – enseignement *m.*
team – équipe *f.*
tear – déchirement *m.* **tear fault**: faille de décrochement ; faille transversale de décrochement. **tear resistance**: *voir tear strength.* **tear strength**: résistance à la déchirure. **tear test**: essai d'arrachement.
tearing – déchirant. **tearing down**: démontage *m, de l'appareil de forage.*
tearproof – indéchirable.
teaser – puits facétieux, *donnant un peu d'huile mais ne méritant pas une exploitation commerciale.*
teat – téton *m.* **teat end**: embout cannelé.
technetium – technétium *m, symbole chim. Tc.*
technical – technique. **technical assistance**: assistance technique. **technical assistant**: agent technique. **technical atmosphere**: atmosphère technique, *unité de pression, 1 at = 98 066,5 Pa.* **technical background**: connaissances techniques ; formation technique. **technical cost**: coût technique, *somme des amortissements et charges financières des investissements d'exploration et du développement du pétrole brut ainsi que les charges de production et d'exploitation.* **technical data sheet**: fiche technique. **technical progress**: progrès technique. **technical service**: service technique. **technical standard**: norme technique.
technique – technique *f.*
technological – technologique. **technological barrier**: barrière technologique. **technological breakthrough**: percée technologique. **technological disaster**: catastrophe technologique. **technological forecasting**: prévision technologique. **technological gap**: écart technologique.
technology – technologie *f.* **technology assessment**: évaluation technologique. **technology transfer**: transfert de technologie.
tectofacies – tectofaciès *m, interprétation tectonique d'un lithofaciès.*
tectogenesis – tectogenèse *f, formation des structures de l'écorce terrestre.*
tectomorphic – tectomorphe, *deutéromorphe (pétro)*.

tectonic – tectonique. **tectonic breccia**: brèche tectonique. **tectonic contact**: contact mécanique *(géol)*. **tectonic discontinuity**: discontinuité tectonique. **tectonic facies**: faciès tectonique. **tectonic hinge point**: charnière *f*, *point de subsidence zéro du substratum sédimentaire*. **tectonic lake**: lac tectonique. **tectonic landform**: relief tectonique. **tectonic lens**: lentille tectonique. **tectonic map**: carte tectonique. **tectonic plate**: plaque tectonique. **tectonic profile**: profil tectonique, *coupe tectonique*. **tectonic style**: style tectonique, *ensemble des caractères tectoniques d'une structure, d'une région*. **tectonic subsidence**: subsidence tectonique. **tectonic termination**: terminaison tectonique *(géol)*.

tectonics – tectonique *f*, *partie de la géologie qui étudie la déformation des roches, de l'échelle de la lame mince (microtectonique) jusqu'aux chaînes de montagnes et au globe tout entier (géotectonique)*.

tectonite – tectonite *f*, *roche ayant acquis une structure particulière*.

tectonophysics – tectonophysique *f*.

tectonosphere – tectonosphère *f*, *zone de la Terre affectée par des mouvements tectoniques*.

tectosilicate – tectosilicate *m*, *famille de silicate*.

tee – té *m*, *raccord en T*, *raccord de tuyauterie*. **tee joint**: té de dérivation. **tee piece**: pièce en T. **tee slot**: rainure en T. **tee welding**: soudure en T.

teem (to) – couler ; déverser *(métal)* ; verser.

teeming – coulée *f*.

teeth – dents *f*; denture *f*, *voir aussi sing. tooth*.

Teflon – Téflon *m*, *dénomination de polytétrafluoroéthylène*.

TEG – *abrév. de tetraethylene glycol et de triethylene glycol*.

tektite – tectite *f*, *roche siliceuse vitreuse, généralement en forme de goutte*.

TEL – PTE, *abrév. de tetraethyllead : plomb tétraéthyle*.

teleclinometer – téléclinomètre *m (for)*.

telecommunication – télécommunication *f*. **telecommunications network**: réseau de télécommunications.

telegraphy – télégraphie *f*.

telelogging – télédiagraphie *f*.

telemeter – télémètre *m*.

telemetering – télémesure *f*.

telemetry – télémesure *f*, *mesure de grandeurs en un point éloigné et transmission à distance des résultats par des procédés acoustiques, optiques ou radioélectriques ; le français télémétrie signifie mesure des distances*.

teleoperator – télémanipulateur *m*.

teleost – téléostéen *m*, *poissons à ossification complète (pal)*.

telephone – téléphone *m*. **telephone receiver**: récepteur téléphonique.

telephony – téléphonie *f*.

teleprinter – téléimprimeur *m*.

teleprocessing – télétraitement *m*.

telescope – lunette *f*; télescope *m*. **telescope feed**: avancement télescopique. **telescope pole**: mât télescopique.

telescoped – télescopé *(géol)*. **telescoped vein**: veine télescopée *(géol)*.

telescopic – télescopique. **telescopic derrick**: derrick télescopique. **telescopic leg**: jambe télescopique. **telescopic mast**: mât télescopique. **telescopic oiler**: graisseur télescopique.

teleseism – téléséisme *m*, *tremblement de terre très éloigné de la station d'enregistrement*.

telesubstitution – télésubstitution *f (chim)*.

telethermal – téléthermal.

telethermometer – téléthermomètre *m*.

television – télévision *f*. **television camera**: caméra de télévision.

telex – télex *m*.

telinite – télinite *f*, *vitrinite à structure de tissu végétal*.

telltale – compteur *m* ; contrôleur de niveau ; indicateur *m* ; jauge *f*. **telltale hole**: trou d'observation ; trou témoin. **telltale lamp**: lampe avertisseuse ; lampe témoin.

telluric – tellurique. **telluric acid**: acide tellurique. **telluric current**: courant tellurique. **telluric water**: eau tellurique.

telluride – tellurure *m (chim)*.

tellurium – tellure *m*, *symbole chim. Te*.

tellurometer – telluromètre *m*.

telomer – télomère *m (chim)*.

telomerization – télomérisation *f*, *polymérisation par addition*.

telpher – téléphérique *m*.

TELSEIS – TELSEIS, *dénomination commerciale d'une méthode sismique*.

TEM – MET, *abrév. de transmission electron microscopy : microscopie électronique à transmission*.

TEMA – *abrév. de Tubular Exchanger Manufacturers Association*.

temper – trempe *f*, *coefficient de dureté de l'acier*. **temper brittleness**: fragilité de revenu. **temper carbon**: carbone de recuit. **temper graphite**: *voir temper carbon*. **temper hardening**: durcissement par revenu. **temper screw**: vis d'avancement *(for)* ; vis de rallonge. **temper time**: phase de revenu.

temper (to) – adoucir ; faire revenir ; modérer ; tremper.

temperate – tempéré. **temperate climate**: climat tempéré. **temperate zone**: zone tempérée.

temperature – température *f*. **temperature coefficient**: coefficient de température. **temperature control**: contrôle de température. **temperature controller**: dispositif de réglage de température. **temperature correction**: correction thermométrique. **temperature difference**: différence de température. **temperature drop**: chute de température. **temperature effect**: influence de température. **temperature fluctuation**: fluctuation de température. **temperature gradient**: gradient de température ; gradient thermique. **temperature indicator**: indicateur de température. **temperature inversion**: inversion de température *(météo)*. **temperature log**: enregistrement de température. **temperature of the Earth**: température de l'écorce terrestre. **temperature pinch**: pincement de température. **temperature range**: intervalle de température. **temperature recorder**: enregistreur de température. **temperature rise**: échauffement *m* ; élévation de température. **temperature stress**: contrainte thermique. **temperature-swing adsorption (TSA)**: adsorption avec variations de température. **temperature well logging**: diagraphie de température ; thermométrie *f (for)*.

tempered – revenu. **tempered steel**: acier revenu.

tempering – durcissement *m* ; revenu *m* ; trempe *f*. **tempering bath**: bain de revenu *(métal)*. **tempering furnace**: four à tremper. **tempering oil**: huile de revenu. **tempering resistance**: résistance au revenu. **tempering temperature**: température de revenu.

tempestite – tempestite *f*, *dépôt sableux, formé dans des eaux peu profondes, à la suite de tempêtes.*

template – calibre *m* ; calque de pointé, *utilisé pour suivre les miroirs sismiques* ; châssis de guidage, *d'une plate-forme marine* ; gabarit *m* ; modèle *m* ; plaque de base *(for)* ; plaque de triangulation *(photogram)*. **template method**: méthode de triangulation radiale *(photogram)*. **template molding**: moulage en gabarits. **template scan**: filtrage par corrélation.

templet – *voir template.*

temporal – temporel. **temporal coherence**: cohérence temporelle. **temporal frequency**: fréquence temporelle.

temporary – provisoire ; temporaire. **temporary allowable**: contingent provisoire, *de production attribué aux puits d'un gisement nouveau avant la fixation du contingent autorisé pour l'ensemble du gisement.* **temporary asset**: actif temporaire. **temporary error**: erreur intermittente. **temporary gel**: colmatant temporaire, *(prod)* ; gel temporaire. **temporary guide base (TGB)**: plaque de base temporaire *(for)*. **temporary hardness**: dureté temporaire, *de l'eau.* **temporary layoff**: chomage technique. **temporary plugging agent**: agent de bouchage temporaire *(prod)* ; colmatant temporaire. **temporary shear-stability index (TSSI)**: indice de stabilité au cisaillement temporaire, *viscosité.* **temporary staff**: personnel temporaire. **temporary water**: eau saisonnière ; eau temporaire.

temporization – temporisation *f*.

tenacious – tenace.

tenacity – ténacité *f*, *résistance offerte par un corps à la rupture.*

tenant – locataire *m*.

tendency – tendance *f*.

tender – annexe *f*, *bateau annexe utilisé pour le transport et le stockage d'équipement et de matériel dans les forages sous-marins* ; bateau annexe ; navette *f (nav)* ; tender *m*, *barge d'assistance.* **tender-assisted platform**: plate-forme assistée d'une annexe. **tender-assisted rig**: appareil de forage avec barge d'assistance.

tender – offre *f*; soumission *f*. **tender allowance**: tolérance de pertes par transport, *généralement 1 % de la quantité portée sur la soumission.* **tender bond**: garantie de soumission. **tender documents**: dossier d'appel d'offres. **tender invitation**: appel d'offres. **tender specifications**: cahier des charges.

tendon – élément d'armure métallique, *dans les flexibles* ; ligne d'ancrage, *d'une plate-forme à lignes tendues, qui relie la plate-forme aux fondations sous-marines.*

tenon – tenon *m*.

tensile – ductile ; extensible. **tensile bar**: éprouvette de traction. **tensile force**: force de traction. **tensile modulus**: module de traction. **tensile properties**: résistance à la traction. **tensile requirement**: exigence pour la résistance à la traction. **tensile strain**: déformation due à la traction. **tensile strength**: charge de rupture ; effort de traction ; limite de rupture ; résistance à la traction, *contrainte correspondant à la force de traction qui, appliquée dans les conditions normalisées selon l'axe longitudinal d'une éprouvette normalisée, conduit à la rupture de celle-ci.* **tensile strength at break**: contrainte de rupture. **tensile stress**: contrainte de traction ; effort à la traction ; force de tension. **tensile stress at yield**: contrainte au seuil. **tensile test**: essai de traction. **tensile zone**: zone de traction.

tensility – extensibilité *f*.

tensimeter – tensimètre *m*, *appareil utilisé pour mesurer les différences des tensions de vapeur de deux liquides.*

tensiometer – tensiomètre *m*, *appareil utilisé pour déterminer la tension superficielle d'un liquide, ou la déformation d'un solide.*

tension – tension *f*; traction *f*; voltage *m*. **tension bar**: éprouvette de tension, *de traction.* **tension car**: chariot contrepoids. **tension crack**: crique de tension ; fissure d'extension. **tension failure**: rupture par traction. **tension fault**: faille d'extension *(géol)*. **tension jack**: cric de tension. **tension joint**: fente d'extension *(géol)*. **tension layer**: armure *f*, *câble.* **tension-leg platform (TLP)**: plate-forme à lignes tendus (PLT). **tension packer**: packer en tension *(for)*. **tension post**: poteau d'amarrage *(for)*. **tension pulley**: poulie de tension. **tension regulator**: régulateur de tension. **tension screw**: vis de tension. **tension shackle**: tendeur *m*. **tension split**: fente de tension. **tension spring**: ressort de tension ; ressort de traction. **tension test**: essai de rupture ; essai de tension, *de traction.*

tensional – de tension. **tensional joint**: joint de tension *(géol)*.

tensioner – tendeur *m* ; tensionneur *m*.

tensioning – de tension. **tensioning system**: tensionneur *m*.

tensor – tenseur *m (math)*. **tensor analysis**: analyse tensorielle. **tensor calculus**: calcul tensoriel.

tentaculitid – tentaculite *m (pal)*.

tentative – provisoire. **tentative conclusion**: conclusion provisoire, *sujette à révision.* **tentative draft**: avant-projet *m*. **tentative standard**: norme provisoire.

tentpoling – effet de saut de cycle, *en mât de tente (sism)*.

tephra – tephra *m*, *ensembles des matières pyroclastiques d'un volcan.*

tephrite – téphrite *f*, *roche magmatique effusive.*

tephrochronology – téphrochronologie *f*, *datation basée sur la superposition des cendres volcaniques.*

tera – téra, *préfixe représentant* 10^{12}, *soit* 1 000 000 000 000, *symbole* T.

teratogen – agent tératogène.

teratogenic – tératogène.

teratology – tératologie *f*.

terbium – terbium *m*, *symbole chim. Tb.*

terebratuloid – térébratule *f*, *brachiopode.*

teredo – taret *m, mollusque marin qui creuse des galeries dans le bois des bateaux et des pilotis, voir aussi shipworm.* **teredo attack**: attaque de tarets.

terephthalate – téréphtalate *m.*

terephthalic – téréphtalique. **terephthalic acid**: acide téréphtalique.

Tergal – Tergal, *dénomination commerciale d'une fibre de polyester.*

term – terme *m, voir aussi short, medium, long term.* **term cash**: payable au comptant. **term clause**: clause fixant le terme d'un droit. **term deposit**: dépôt à terme. **term financing**: financement à terme.

terminal – borne *f (élec)* ; terminal *m, point d'aboutissement de conduites pétrolières et, par extension, appontements, poste de chargement, entrepôts et installations contiguës.* **terminal box**: boîte de connexion *(élec)*. **terminal clamp**: collier raccord. **terminal line**: canalisation terminale. **terminal of a computer**: terminal d'ordinateur. **terminal platform**: plate-forme terminal *(prod)*. **terminal pressure**: pression terminale. **terminal velocity**: vitesse limite. **terminal voltage**: tension aux bornes.

termination – extinction *f*; licenciement *m* ; résiliation *f*; terminaison *f.*

ternary – ternaire. **ternary alloy**: alliage ternaire. **ternary diagram**: diagramme triangulaire, *triangle sur lequel on peut figurer par un point toute combinaison de trois quantités.* **ternary system**: système ternaire.

terneplate – tôle plombée.

terpane – terpane *m, hexahydrocymène.*

terpene – terpène *m.* **terpene alcohol**: alcool terpénique. **terpene resin**: résine terpénique.

terpenite – terpénite *f, variété d'exinite.*

terpenoid – terpénoïde *m.*

terpolymer – terpolymère *m, polymère contenant trois monomères distincts.*

terra-cotta – terre cuite.

terra-rossa – sol rouge ; terra-rossa *f (pétro)*.

terrace – terrasse *f.* **terrace scarp**: talus de terrasse.

terracette – terrassette *f (géomorph)*.

terrain – terrain *m.* **terrain analysis**: analyse de terrain. **terrain correction**: correction d'effet de compaction ; correction d'effet de surface ; correction de terrain, *correction topographique.* **terrain effect**: effet de terrain.

terrane – formation rocheuse, *dont l'histoire géologique diffère de celle des formations environnantes* ; terrain *m.*

terreplein – terre-plein *m.*

terrestrial – continental ; terrestre. **terrestrial facies**: faciès continental. **terrestrial magnetism**: magnétisme terrestre. **terrestrial photogrammetry**: photogrammétrie terrestre. **terrestrial photograph**: photographie au sol. **terrestrial plane**: plan au sol. **terrestrial radiation**: rayonnement terrestre. **terrestrial sediment**: sédiment terrestre, *continental.* **terrestrial-vegetation theory**: théorie végétale, *théorie selon laquelle la formation du pétrole résulterait de la distillation sous pression de matières charbonneuses et ligniteuses.*

terrigenous – terrigène, *constitué à partir d'éléments arrachés à une terre émergée.* **terrigenous deposit**: apport terrigène ; dépôt terrigène *(géol)*.

territorial – territorial. **territorial sea**: mer territoriale. **territorial waters**: eaux territoriales, *espace maritime soumis à la souveraineté de l'Etat côtier, généralement de 12 milles nautiques.*

territory – territoire *m.*

tertiary – tertiaire. **tertiary alcohol**: alcool tertiaire. **tertiary amine**: amine tertiaire. **tertiary lipid**: lipide ternaire. **tertiary oil recovery**: récupération tertiaire du pétrole, *toute technique venant après une technique de récupération secondaire.*

Tertiary – Tertiaire *m, ère géologique, première période du Cénozoïque.*

tervalent – trivalent.

Terylene – Térylène *m, dénomination d'une fibre synthétique de polyester obtenue par condensation de l'acide téréphtalique.*

tesla – tesla *m, unité SI d'induction magnétique, symbole* T.

test – contrôle *m* ; épreuve *f*; essai *m* ; test *m.* **test apparatus**: appareil d'essai. **test atmosphere**: atmosphère d'essai. **test bar**: barreau d'essai ; éprouvette mécanique. **test basin**: bassin d'essais *(nav)*. **test bead**: globule *m, essai au chalumeau.* **test bench**: banc d'essai. **test board**: panneau de contrôle. **test burner**: brûleur d'essai, *brûleur contrôleur.* **test condition**: condition d'essai. **test engine**: moteur d'essai. **test flame**: flamme d'essai. **test flange**: bride d'essai. **test for water and sediments**: détermination de l'eau et des sédiments, *dans le pétrole brut.* **test fuel**: combustible d'essai. **test holder**: gazomètre de contrôle. **test jar**: fiole d'essai. **test meter**: compteur contrôleur. **test method**: méthode d'essai. **test paper**: papier réactif. **test particle**: particule témoin. **test piece**: *voir test bar.* **test plant**: installation d'essai ; station d'essai. **test port**: orifice d'essai, *orifice permettant des contrôles d'étanchéité sur une tête de tubage, dans les essais de production.* **test pressure**: pression d'épreuve ; pression d'essai. **test probe**: sonde d'essai. **test proof**: essai échantillon. **test report**: procès-verbal d'essai. **test run**: marche témoin, *d'une unité.* **test sample**: échantillon d'essai. **test specimen**: *voir test bar.* **test strip**: bande d'essai. **test tank**: réservoir de jaugeage. **test tape**: bande de contrôle. **test target**: cible d'essai. **test tube**: éprouvette *f, tube à essai* ; tube à essais. **test well**: puits d'essai, *d'exploration.* **L-test (CRC)**: essai de lubrifiants CRC, *sur moteur ou suivant un autre dispositif faisant l'objet d'une désignation du Coordinating Research Council.* **under test**: en essai.

test – test *m, enveloppe rigide qui protège certains invertébrés.*

test (to) – essayer. **test (to) for leaks**: vérifier l'étanchéité.

tester – appareil d'essai ; tester *m.*

testing – essai *m.* **testing bench**: banc d'essai. **testing pressure**: pression d'essai. **testing stand**: banc d'essai. **testing station**: station d'essai. **testing tool**: instrument d'essai.

tether – amarre *f, câble qui assure les matériels sous-marins des risques de dérive* ; laisse *f, un câble servant à retenir les engins sous-marins* ; longe *f*; orin *m.* **tether cable**: *voir tether.* **tether noise**: bruit de traction, *sismique marine.*

tethered – attaché ; filoguidé. **tethered balloon**: ballon captif. **tethered diving**: plongée au narguilé. **tethered platform**: plate-forme à câbles tendus *(for)*. **tethered production platform (TPP)**: plate-forme de production à câbles tendus. **tethered remotely-operated vehicle (TROV)**: engin filoguidé ; véhicule télécommandé lié. **tethered underwater remotely-controlled vehicle**: engin sous-marin télécommandé lié. **tethered unmanned remotely-controlled vehicle**: engin non habité télécommandé lié. **tethered vehicle**: véhicule filoguidé.

Tethys – Téthys *f, nom donné à l'espace marin qui, lors de l'évolution des masses continentales, s'intercalait entre la Laurasia et le Gondwana.*

tetrachloride – tétrachlorure *m.*

tetrachloroethane – tétrachloréthane *m, tétrachlorure d'acétylène.*

tetrachloroethylene – tétrachloréthylène *m, tétrachloro-éthylène, perchloréthylène.*

tetrachloromethane – tétrachlorométhane *m, tétrachlorure de carbone.*

tetracosane – tétracosane *m, catégorie de carbures saturés.*

tetradecane – tétradécane *m, catégorie de carbures saturés.*

tetraethyl – tétraéthyle.

tetraethyllead – plomb tétraéthyle (PTE).

tetragonal – tétragonal. **tetragonal system**: système tétragonal *(crist) ou quadratique.*

tetrahedral – tétraédrique.

tetrahedrite – tétraédrite *f (minér).*

tetrahedron – tétraèdre *m (crist).*

tetrahexahedron – cube pyramidé *(crist)* ; hexatétraèdre *m* ; tétrahexaèdre *m.*

tetrahydrofuran – tétrahydrofuranne *m, ou tétrahydrofurane, oxyde de tétraméthylène.*

tetrahydronaphthalene – tétrahydronaphtalène *m, solvant.*

tetrahydropyran – tétrahydropyranne *m, oxyde de pentaméthylène.*

tetramer – tétramère *m, polymère résultant de l'union de quatre monomères identiques.*

tetramethyl – tétraméthyl.

tetramethylbenzene – tétraméthylbenzène *m, durène, isodurène, prehnite.*

tetramethylene – tétraméthylène *m.*

tetramethyllead – plomb tétraméthyle (PTM).

tetrapropylene – tétrapropylène *m, dodécène.*

tetravalent – tétravalent.

tetraoxide – tétraoxyde *m.*

tetrode – tétrode *f (électron).*

tex – tex *m, unité de masse linéique.*

Texas Railroad Commission – *dénomination de la commission chargée de fixer le montant de production des puits de pétrole du Texas.*

Texfining – *dénomination d'un procédé d'hydrocraquage.*

textile – textile *m.* **textile oil**: huile pour textiles. **textile soap**: savon pour textiles.

textinite – textinite *f, variété d'huminite.*

textural – textural. **textural analysis**: analyse texturale.

texture – texture *f (pétro).*

TF – *abrév. de technological forecasting.*

TFL – *abrév. de through flowline : train d'outils pompés.* **TFL work**: travail appelé *(for).*

TGA – ATG, *abrév. de thermogravimetric analysis : analyse thermogravimétrique.*

TGB – *abrév. de temporary guide base.*

thalassocratic – thalassocratique, *s'applique aux périodes où la plus grande partie des plateaux continentaux est immergée.* **thalassocratic motion**: mouvement thalassocratique *(géol).*

thallium – thallium *m, symbole chim. Tl.*

thalweg – talweg *m, fond de vallée.*

thanatocoenosis – thanatocénose *f, ensemble d'organismes fossiles du même biotope transporté après leur mort dans le même lieu de dépôt.*

Thanetian – Thanétien *m, étage du Paléocène.*

thaw – dégel *m.* **thaw depression**: dépression thermokarstique. **thaw hole**: trou de glace. **thaw lake**: lac thermokarstique.

thaw (to) – dégeler ; fondre.

thawing – décongélant ; dégèlement *m.* **thawing agent**: agent de décongélation, *produit utilisé pour faire fondre la glace.* **thawing salt**: sel de déneigement. **thawing time**: durée de décongélation.

theca – thèque *f, enveloppe calcaire de certains invertébrés.*

thecamoebian – thécamoebien *m (pal).*

thematic – thématique. **thematic map**: carte thématique.

theodolite – théodolite *m.*

theogram – sismogramme synthétique.

theorem – théorème *m.*

theoretical – théorique. **theoretical air**: air théorique, *volume exact d'air nécessaire à la combustion complète d'une quantité donnée de combustible.* **theoretical draft**: tirant théorique d'un four. **theoretical flame temperature**: température théorique de la flamme, *rapport de la quantité de chaleur du mélange carburant initial à la capacité calorifique des produits de la combustion.* **theoretical mechanical advantage**: avantage mécanique théorique. **theoretical model**: modèle théorique. **theoretical plate**: plateau théorique, *plateau d'une colonne de fractionnement produisant une distillation parfaite.* **theoretical seismogram**: sismogramme synthétique, *sismogramme obtenu au moyen d'une simulation par calcul de la propagation des ondes.* **theoretical stage**: étage théorique, *en extraction.* **theoretical yield**: rendement théorique.

theory – théorie *f.* **theory of aggregates**: théorie des ensembles *(math).* **theory of sets**: théorie des ensembles.

theralite – théralite *f, roche magmatique.*

thereafter – par la suite. **thereafter clause**: clause de prolongation, *clause de contrats pétroliers prévoyant la prolongation des droits du concessionnaire après expiration de la période initiale.*

therm – therm *m, unité calorifique valant 100 000 Btu.*

thermal – thermal ; thermique. **thermal aging**: vieillissement thermique. **thermal agitation**: agitation thermique. **thermal alkylation**: alkylation thermique. **thermal alteration index (TAI)**: indice d'altération thermique (IAT), *indicateur de rang* *fondé sur l'opacification des spores et pollens.* **thermal analysis**: analyse thermique. **thermal anisotropy**: anisotropie thermique. **thermal anomaly**: anomalie thermique. **thermal balance**: bilan thermique. **thermal band**: bande thermique. **thermal black**: noir thermique. **thermal capacity**: capacité thermique. **thermal coefficient of linear expansion**: coefficient thermique d'allongement linéaire. **thermal conductance**: conductance thermique, *quotient de la densité de flux thermique par la différence de température, l'unité SI est le watt par kelvin.* **thermal conductivity**: conductivité thermique. **thermal conductivity detector**: *voir katharometer.* **thermal contrast**: contraste thermique. **thermal convection**: convection thermique, *transfert de chaleur d'une zone chaude vers une zone froide accompagnant le déplacement de matériaux à densité suffisamment faible.* **thermal cracking**: craquage thermique. **thermal cutting**: découpage thermique. **thermal decay time (TDT)**: taux de décroissance des neutrons thermiques ; temps de relaxation neutronique. **Thermal Decay Time Log**: *dénomination d'une diagraphie de formation par neutrons pulsés.* **thermal decomposition**: décomposition thermique. **thermal deformation**: déformation thermique. **thermal degradation**: dégradation thermique. **thermal diffusion**: diffusion thermique ; thermodiffusion *f.* **thermal diffusion coefficient**: coefficient de diffusion thermique. **thermal diffusion factor**: facteur de diffusion thermique. **thermal diffusivity**: diffusivité thermique. **thermal dispersion**: dispersion de la chaleur. **thermal drilling**: forage thermique. **thermal drive**: drainage thermique, *récupération assistée du pétrole.* **thermal drop-feed oiler**: graisseur goutte à goutte à régulation thermique. **thermal efficiency**: rendement thermique, *d'une chaudière, d'un moteur, d'un carburant, etc.* **thermal electric system**: système de chauffage électrique, *destiné au maintien de la température du pétrole dans les canalisations.* **thermal emissivity**: *voir emissivity.* **thermal energy**: énergie thermique. **thermal engine**: moteur thermique. **thermal enhanced recovery**: *voir thermal recovery.* **thermal equilibrium**: équilibre thermique. **thermal expansion**: dilatation thermique. **thermal flooding**: injection de fluides chauds ; récupération thermique. **thermal gradient**: degré thermique ; gradient de température ; gradient thermique. **thermal grease cup**: godet graisseur par fusion. **thermal hysteresis**: hystérésis thermique. **thermal image**: image thermique. **thermal inertia**: inertie thermique. **thermal infrared**: infrarouge thermique (IRT). **thermal instability**: instabilité thermique. **thermal insulation**: calorifugeage *m* ; coefficient d'isolation thermique ; isolation thermique ; protection calorifique. **thermal jet engine**: moteur à réaction directe, *dont l'air ambiant est accéléré thermiquement.* **thermal loss**: déperdition de chaleur. **thermal metamorphism**: métamorphisme thermique, *essentiellement dû à une élévation de température.* **thermal neutron**: neutron thermique. **thermal noise**: bruit thermique. **thermal oil recovery**: récupération thermique du pétrole, *par injection d'air qui favorise la combustion d'une partie de l'huile, voir aussi in-situ combustion.* **thermal output**: puissance appelée. **thermal photography**: thermographie *f.* **thermal plume**: panache thermique. **thermal pollution**: pollution thermique. **thermal polymerization**: polymérisation thermique. **thermal power plant**: centrale thermique. **thermal process**: procédé thermique. **thermal radiation**: rayonnement thermique. **thermal reactor**: réacteur thermique. **thermal recovery**: récupération thermique, *technique d'amélioration de la production d'un gisement par des méthodes utilisant la chaleur.* **thermal reforming**: reformage thermique. **thermal relaxation**: relaxation thermique. **thermal-relaxation time**: temps de relaxation thermique. **thermal requirement**: besoin calorifique. **thermal resistance**: résistance thermique, *quotient de la différence de température par le flux thermique, l'unité SI est le kelvin par watt.* **thermal resolution**: limite de résolution thermique ; pouvoir de résolution thermique. **thermal separator**: séparateur thermique. **thermal shield**: bouclier thermique. **thermal shock**: choc thermique. **thermal shrinkage**: retrait par refroidissement. **thermal spalling** éclatement thermique. **thermal spring**: source thermale. **thermal stability**: stabilité thermique. **thermal-stability test**: essai de stabilité thermique. **thermal stress**: contrainte thermique. **thermal stress cracking**: fissuration sous tension thermique. **thermal transmission**: transmission thermique. **thermal treatment**: traitement thermique. **thermal upset**: bouleversement thermique, *renversement thermique, perturbation thermique.* **thermal value**: *voir calorific value.* **thermal water**: eau thermale. **thermal weathering**: thermoclastie *f, fragmentation des roches par suite de variations de température.* **thermal well**: puits thermique. **thermal yield**: rendement thermique.

thermic – thermique.

thermie – thermie *f, ancienne unité d'énergie, 1 th = 4,1855 MJ.*

thermion – thermion *m, particule chargée négative ou positive émise par un corps en cours d'émission thermo-ionique.*

thermionic – thermionique. **thermionic converter**: convertisseur thermionique. **thermionic emission**: émission thermionique.

thermistor – thermistance *f, résistance à coefficient de température négatif.*

thermit – *voir thermite.* **thermit welding**: soudage aluminothermique.

thermite – thermite *f, mélange de poudre d'aluminium et d'oxyde métallique, sert du soudage des grosses pièces moulées.*

thermobalance – thermobalance *f.*

thermochemical – thermochimique.

thermochemistry – thermochimie *f.*

thermocline – thermocline *f, gradient thermique vertical dans la distribution des températures des couches d'eaux marines et lacustres.* **thermocline discontinuity layer**: couche de saut ; métalimnion *m.*

thermocompressor – thermocompresseur *m, pompe de chaleur, appareil conçu pour recevoir de la vapeur à deux pressions différentes de façon à en produire lui-même à une pression intermédiaire avec le maximum d'économie.*

thermocouple – couple thermoélectrique ; thermocouple *m.* **thermocouple thermometer**: thermomètre à thermocouple, *thermomètre différentiel pour enregistrement de hautes températures.*

thermodynamic – thermodynamique. **thermodynamic concentration**: concentration thermodynamique. **thermodynamic equation of state**: équation thermodynamique d'état. **thermodynamic equilibrium**: équilibre thermodynamique. **thermodynamic function of state**: fonction thermodynamique caractéristique. **thermodynamic metamorphism**: métamorphisme thermodynamique *(géol)*. **thermodynamic potential**: potentiel thermodynamique. **thermodynamic probability**: probabilité thermodynamique. **thermodynamic temperature**: température thermodynamique. **thermodynamic trap**: purgeur thermodynamique.

thermodynamical – *voir thermodynamic.*

thermodynamics – thermodynamique *f.*

thermoelasticity – thermoélasticité *f.*

thermoelectric – thermoélectrique. **thermoelectric conversion**: conversion thermoélectrique. **thermoelectric cooling**: refroidissement thermoélectrique. **thermoelectric generator**: générateur thermoélectrique. **thermoelectric heating**: chauffage thermoélectrique. **thermoelectric pyrometer**: pyromètre thermoélectrique.

thermoelectricity – thermoélectricité *f.*

Thermofor – *dénomination d'un procédé de craquage catalytique.*

thermoforming – thermoformage *m.*

thermography – thermographie *f.*

thermogravimetric – thermogravimétrique. **thermogravimetric analysis**: thermogravimétrie *f.*

thermogravimetry – thermogravimétrie *f.*

thermohaline – thermohalin. **thermohaline circulation**: circulation thermohaline, *convection thermohaline.*

thermohydrometer – thermoaréomètre *m.*

thermojunction – *voir thermocouple.*

thermokarst – thermokarst *m.*

thermolabile – thermolabile.

thermoluminescence – thermoluminescence *f.* **thermoluminescence detector**: détecteur à thermoluminescence.

thermolysis – thermolyse *f.*

thermomagnetic – thermomagnétique. **thermomagnetic effect**: effet thermomagnétique.

thermometallurgy – thermométallurgie *f.*

thermometamorphism – thermométamorphisme *m, voir thermal metamorphism.*

thermometer – thermomètre *m.* **thermometer bulb**: cuvette de thermomètre ; poche thermométrique. **thermometer calibration**: étalonnage du thermomètre. **thermometer error**: erreur thermométrique. **thermometer fluid**: fluide pour thermomètre. **thermometer probe**: sonde pyrométrique. **thermometer stem**: tige du thermomètre. **thermometer tube**: tube pyrométrique. **thermometer well**: gaine de thermomètre ; puits thermométrique.

thermometric – thermométrique. **thermometric correction**: correction thermométrique. **thermometric leveling**: nivellement hypsométrique.

thermometry – thermométrie *f.*

thermonuclear – thermonucléaire. **thermonuclear energy**: énergie thermonucléaire. **thermonuclear fusion**: fusion thermonucléaire. **thermonuclear reaction**: réaction thermonucléaire.

thermophiles – bactéries thermophiles, *qui se développent au-dessus de 50 °C.*

thermopile – pile thermoélectrique ; thermopile *f.*

thermoplastic – thermoplaste *m, matière plastique qui ramollit sous l'action de la chaleur* ; thermoplastique. **thermoplastic elastomer (TPE)**: élastomère thermoplastique. **thermoplastic material**: matière thermoplastique. **thermoplastic resin**: résine thermoplastique ; thermoplaste *m, matériau thermoplastique.*

thermoplasticity – thermoplasticité *f.*

thermoprotective – thermoprotecteur. **thermoprotective suit**: combinaison thermoprotectrice *(plongée)*.

thermoregulation – thermorégulation *f.*

thermoregulator – thermorégulateur *m.*

thermoremanent – thermorémanent. **thermoremanent magnetization**: aimantation thermorémanente ; thermorémanence *f, paléomagnétisme.*

thermosetting – thermodurcissable. **thermosetting plastic**: matière plastique thermodurcissable. **thermosetting resin**: résine thermodurcissable.

thermosiphon – thermosiphon *m.* **thermosiphon cooling**: refroidissement par thermosiphon.

thermosphere – thermosphère *f, zone de l'atmosphère située au-dessus de la mésosphère et caractérisée par une forte croissance de la température avec l'altitude.*

thermostable – thermostable, *résistant à la chaleur.*

thermostat – thermostat *m.*

thermostatic – thermostatique. **thermostatic control**: contrôle thermostatique. **thermostatic expansion valve**: détendeur thermostatique. **thermostatic radiator control**: thermorégulation de l'eau de refroidissement du radiateur. **thermostatic siphon valve**: soupape thermostatique. **thermostatic throttle valve**: robinet d'étranglement thermostatique. **thermostatic trap**: purgeur thermostatique.

thermoswitch – thermocontact *m.*

thermoviscosity – thermoviscosité *f.*

thermowell – puits thermométrique, *dans un récipient ou un réservoir de stockage.*

THF – THF, *abrév. de tetrahydrofuran : tétrahydrofuranne.*

thiazole – thiazole *m, utilisé comme accélérateur de vulcanisation.*

thick – épais. **thick bed**: couche puissante. **thick deposit**: dépôt épais. **thick-film lubrication**: graissage par film épais ; lubrification par film épais, *l'épaisseur du film du lubrifiant est nettement plus grande que celle nécessaire pour recouvrir les aspérités de surface.* **thick-film rust preventive**: antirouille visqueux. **thick grease**: graisse consistante. **thick oil**: huile épaissie, *par une substance non pétrolière.* **thick seam**: *voir thick bed.* **thick walled**: à parois épaisses. **thick-walled core barrel**: carottier à paroi épaisse. **thick water**: eau boueuse ; eau chargée. **thick well**: puits foré à un point où l'horizon productif est épais.

thicken (to) – concentrer ; épaissir.

thickened – épaissi. **thickened oil**: huile épaissie.

thickener – épaississant *m* ; épaississeur *m.*

thickening – épaississement *m, augmentation de l'épaisseur.* **thickening agent**: agent épaississant. **thickening time**: temps de pompabilité, *ciment.*

thickening-time test: essai de pompabilité, *qui a pour objet de déterminer le temps pendant lequel un laitier de ciment donné demeure suffisamment fluide pour permettre une mise en place par pompage.*

thicket – épinier *m* ; fourré *m* ; hallier *m* ; taillis *m*.

thickness – épaisseur *f*; puissance *f (géol)*. **thickness gage**: calibre d'épaisseur ; jauge d'épaisseur. **thickness of a pay zone**: hauteur utile d'une zone productrice. **thickness of overburden**: épaisseur de la couverture. **thickness of the weathered layer**: épaisseur de la couche altérée.

thief – échantillonneur *m* ; pipette d'échantillonnage ; sonde *f*, *instrument servant au dosage de l'eau dans le pétrole avant son envoi par canalisation.* **thief formation**: formation de perte de circulation, *formation voleuse, formation fissurée poreuse provoquant d'importantes pertes de fluide de forage.* **thief hatch**: trou d'échantillonneur, *sur un réservoir de stockage.* **thief hole**: trou de prise d'échantillon. **thief oil**: échantillon de dosage, *prélevé dans les réservoirs de stockage.* **thief rod**: tige voleuse, *pipette de prise d'échantillon dans un réservoir.* **thief sand**: sable de capture, *formation poreuse absorbant le fluide de forage pendant sa circulation.* **thief test**: essai de détermination de la teneur en eau et sédiments, *d'un pétrole stocké avant son envoi dans les canalisations de transport.* **thief tube**: échantillonneur *m*. **thief zone in a well**: zone de perte de circulation dans un sondage. **thief-zone location**: détection des zones de perte de circulation.

thiefing – *voir thieving.*

thieving – prise d'échantillons, *de pétrole à différents niveaux.*

thigmotactic – thigmotactique. **thigmotactic bacteria**: bactéries thigmotactiques, *ayant la propriété de provoquer l'évacuation du pétrole des pores des roches.*

thimble – cartouche *f*; cosse *f*; godet *m* ; oeillet de câble.

thin – clair ; mince. **thin bedded**: finement stratifié. **thin film**: couche mince ; film mince. **thin-film lubrication**: graissage par film mince, *lubrification où l'épaisseur du film lubrifiant est du même ordre de grandeur que les aspérités des surfaces* ; lubrification par film mince. **thin-film rust preventive**: antirouille en couche mince. **thin-film solar cell**: capteur solaire à couche mince. **thin-layer chromatography**: chromatographie en couche mince. **thin lens**: lentille mince. **thin line**: trait fin. **thin plate**: plaque mince *(pétro)*. **thin reflector**: miroir mince ; réflecteur mince. **thin scale**: faible oxydation. **thin seam**: couche mince. **thin section**: lame mince, *de minéraux ou de roches* ; plaque mince. **thin shell**: voile mince *(bâtiment)*. **thin-wall bearing**: coussinet mince. **thin walled**: à parois minces.

thin (to) – amincir ; diluer. **thin (to) down**: diluer, *réduire la viscosité d'un fluide de forage.* **thin (to) out**: s'effiler.

think (to) – penser. **think (to) out**: concevoir ; méditer.

thinner – amincissant *m*, *pour peintures et vernis provenant de coupes essence ou kérosène* ; fluidifiant *m*, *pour boue de forage.*

thinning – amincissement *m (géol)*. **thinning agent**: fluidifiant *m*. **thinning limit**: limite de dilution, *d'une huile pour moteur diluée par le carburant.*

thio – thio, *préfixe caractérisant un composé contenant un atome de soufre, le soufre remplaçant souvent un atome d'oxygène.*

thioacetamide – thioacétamide *m*.

thioacetic – thioacétique. **thioacetic acid**: acide thioacétique.

thioalcohol – *voir thiol.*

thiocarbamide – thiocarbamide *m*, *voir thiourea.*

thioether – thioéther *m*.

thiofuran – thiofuranne *m*, *voir thiophene.*

thioglycolic – thioglycolique, *mercaptoacétique.* **thioglycolic acid**: acide thioglycolique, *acide mercaptoacétique.*

Thiokols – *dénomination de thermoplastiques résistant à l'essence et aux solvants.*

thiol – thiol *m*, *désinence des alcools et phénols sulfurés.*

thiomalic – thiomalique *(chim)*. **thiomalic acid**: acide thiomalique.

thiophene – thiophène *m*, *ou thiofène, thiofuranne, composé hétérocyclique monosulfuré.*

thiourea – thio-urée *f*, *thiocarbamide.*

third – troisième. **third crop**: *voir tertiary oil recovery.* **third-order cycle**: cycle eustatique de troisième ordre, *voir eustatic cycle.* **third-order reaction**: réaction du troisième ordre. **third party access**: accès des tiers au réseau, *restriction limitant l'accès du réseau à certaines catégories d'utilisateurs.* **third-party insurance**: assurance aux tiers.

thixotropic – thixotrope. **thixotropic fluid**: fluide thixotrope, *fluide dont la viscosité diminue avec le temps de cisaillement et qui au repos reprend progressivement sa viscosité initiale.*

thixotropy – thixotropie *f*, *perte de consistance après un certain temps de malaxage.*

tholeiite – tholéiite *f*, *variété de basalte.*

tholeiitic – tholéiitique. **tholeiitic basalt**: basalte tholéiitique, *ou tholéite.*

Thomas – Thomas. **Thomas converter**: convertisseur Thomas *(métal)*. **Thomas steel**: acier Thomas.

Thompson – Thompson. **Thompson machine**: machine Thompson, *pour la détermination du pouvoir lubrifiant d'une huile et le calcul de son coefficient de frottement.*

Thomson – Thomson. **Thomson coefficient**: coefficient de Thomson, *rapport de la force électromotrice dans un métal à la différence des températures.* **Thomson effect**: effet Thomson, *gradient de potentiel le long d'un conducteur à température homogène.*

thomsonite – thomsonite *f*, *zéolite naturelle.*

thorium – thorium *m*, *symbole chim. Th.* **thorium dioxide**: bioxyde de thorium. **thorium fluoride**: fluorure de thorium.

Thornburgh – Thornburgh. **Thornburgh's method**: méthode de Thornburgh, *méthode d'interprétation de réfraction de Thornburgh ou des fronts d'onde.*

thoron – thoron *m*, *isotope du radon, symbole Tn.*

thread – fil *m* ; filet *m* ; filetage *m* ; veinule *f*. **thread-base fatigue**: fatigue au niveau de la dernière spire. **thread brush**: brosse de filetage. **thread caliper gage**: calibre-mâchoire à molette. **thread chaser**: peigne à fileter. **thread compound**: dégrippant *m* ; graisse pour filetage. **thread-contour microscope**: microscope de mesure des profils de filetage. **thread cutting**: filetage *m* ; taraudage *m*. **thread-cutting oil**: huile pour filetage ou taraudage. **thread depth**: profondeur de filet. **thread dimensions**: cotes d'un filet ; dimensions d'un filet. **thread gage**: calibre de filetage ; calibre fileté. **thread galling**: éraillure du filetage. **thread-like**: filiforme. **thread lubricant**: lubrifiant pour filetage. **thread micrometer**: palmer à filetage. **thread pitch**: pas de vis. **thread profile**: profil de filetage. **thread-profile shoulder**: épaulement du profil de filetage, *défaut de soudure dans un filetage*. **thread-protecting cap**: *voir thread protector*. **thread protector**: protecteur de filetage *(for)*. **thread root**: base de filetage ; racine de filet.

thread (to) – fileter. **thread (to) up**: visser.

threaded – fileté. **threaded adapter flange**: bride d'adaptation filetée. **threaded connection**: raccord fileté. **threaded disk**: disque fileté. **threaded end**: extrémité filetée. **threaded flange**: bride filetée. **threaded joint**: joint fileté. **threaded-plug header**: boîte de retour à bouchon fileté. **threaded reducing flange**: manchon de réduction fileté. **threaded sleeve**: manchon fileté.

threading – filetage *m* ; filière *f*. **threading die**: mâchoire de filière ; mère de pas de vis. **threading tap**: taraud *m*.

threat – menace *f*. **threat phase**: phase de danger.

three – trois. **three-axis gyrometer assembly**: bloc gyrométrique triaxial. **three colored**: trichrome. **three-D (3D) seismic method**: sismique 3D (trois dimensions). **three-D (3D) shooting**: sismique 3D (trois dimensions). **three-D (3D) survey**: étude 3D ; étude à trois dimensions. **Three-D log**: *dénomination commerciale d'une diagraphie acoustique à trois dimensions*. **three dimensional**: à trois dimensions ; tridimensionnel. **three-dimensional dip**: pendage réel ; pendage vrai. **three-high mill**: laminoir trio *(métal)*. **three legged**: tripode. **three-legged jackup**: plate-forme autoélévatrice tripode. **three-legged lattice design**: tripode en treillis métallique. **three-necked flask**: ballon à trois tubulures. **three-phase current**: courant triphasé. **three-phase flow**: écoulement triphasique. **three-phase motor**: moteur triphasé. **three-point method**: méthode de relèvement ; méthode par intersection. **three-point operator**: opérateur à trois termes. **three-point problem**: problème des trois points *(topog)* ; problème du relèvement. **three pole**: tripolaire. **three-pole derrick**: appareil de forage triangulaire ; derrick triangulaire. **three-port slide valve**: tiroir à coquille, *machine à vapeur* ; tiroir à trois ouvertures. **three-position valve**: vanne à trois positions. **three-square file**: lime tiers-point. **three stage**: à trois étages. **three-way bit**: trépan à trois lames. **three-way catalyst**: catalyseur à trois voies, *utilisé dans les pots catalytiques pour réduire les hydrocarbures, l'oxyde de carbone et les oxydes d'azote des gaz d'échappement*. **three-way cock valve**: robinet à boisseau à trois voies. **three-way tap**: robinet à trois voies. **three-way valve**: vanne à trois voies. **three wheeler**: véhicule à trois roues. **three-wire system**: distribution trois fils *(élec)*.

threefold – ternaire ; triple.

threonine – thréonine *f*, *acide aminé*.

threshold – limite inférieure ; pas *m* ; seuil *m*. **threshold detector**: détecteur à seuil. **threshold dose**: dose seuil. **threshold light**: feu de seuil *(nav)*. **threshold limit value (TLV)**: concentration maximale admissible (CMA). **threshold of audibility**: seuil d'audibilité ; seuil d'audition. **threshold of hearing**: seuil d'audition. **threshold reaction temperature**: seuil thermique. **threshold treatment**: traitement limite. **threshold voltage**: tension de seuil.

thribble – rame triple, *ensemble de trois tiges (de forage ou de tubage) vissées et manoeuvrées ensemble (voir aussi fourble et double)*. **thribble board**: plate-forme d'accrochage, *située à la hauteur d'une longueur composée de trois tiges*.

throat – col de cygne ; gorge *f* ; gueulard *m (métal)* ; gueule *f*. **throat flame**: flamme de gueulard. **throat sheet**: étranglement de chaudière.

throttle – accélérateur *m* ; champignon *m* ; diaphragme *m* ; obturateur *m* ; papillon des gaz ; régulateur *m* ; soupape *f*. **throttle blade**: papillon *m*. **throttle control**: commande des gaz ; commande par étranglement. **throttle opening**: ouverture de diaphragme, *de papillon*. **throttle spindle**: axe du papillon. **throttle test**: essai au ralenti. **throttle valve**: boisseau étrangleur ; prise de vapeur ; registre de réglage ; registre de vapeur ; régulateur de vapeur ; vanne d'étranglement.

throttle (to) – étrangler, *action de freiner un courant d'air ou de liquide*. **throttle (to) down**: étrangler ; ralentir.

throttling – étranglement *m* ; laminage *m* ; obturation *f* ; ralenti *m*. **throttling control**: réglage par tout ou peu. **throttling valve**: robinet de réglage ; vanne de laminage.

through – traversant. **through bar**: entretoise *f*. **through bolt**: boulon traversant. **through-conduit valve**: vanne à passage direct. **through flowline (TFL)**: intervention d'outils pompés, *intervention dans les puits sous-marins au moyen d'outils manoeuvrés par pompage et non par câble* ; train d'outils pompés. **through rate**: taux forfaitiare. **through retort**: cornue sans fond, *à deux têtes*. **through-tubing bridge plug**: bouchon-pose sous la colonne de production.

throughput – capacité *f* ; capacité en matières premières, *charge en tonnes par unité de temps* ; consommation *f* ; débit *m* ; quantité passée. **throughput capacity**: capacité totale d'aspiration d'une pompe centrifuge. **throughput method**: méthode d'amortissement par années de production, *d'un réseau de canalisations ou d'une usine*. **throughput of a gas**: flux gazeux, *s'exprime en SI en pascal mètre cube par seconde*.

throw – course *f* ; déviation *f* ; écart *m* ; projection de roche *(mine)* ; rejet *m* ; rejet vertical *(géol)*. **throw of a pump**: hauteur de refoulement d'une pompe. **throw of an eccentric**: rayon d'excentricité. **throw of fault**: rejet de faille *(géol)*.

throw (to) – jeter. **throw (to) into gear**: embrayer ; passer une vitesse. **throw (to) off**: désenclencher, *le tambour de forage*. **throw (to) out of gear**:

débrayer ; désembrayer ; désengrener. **throw (to) the hole off**: excentrer un puits, *se dit à propos d'une formation ou d'un terrain dont la structure chaotique rend difficile le forage de puits rectilignes.*

throwing – lancement *m.* **throwing the chain**: lancement de la chaîne, *enroulée autour d'une extrémité de tube en vue d'un vissage, on fait tourner le tube en tirant sur la chaîne (for).*

throwoff – disjoncteur des tiges de transmission, *sur un dispositif de pompage central (prod).* **throwoff hook**: crochet de débrayage.

throwout – débrayage *m.* **throwout lever**: levier de débrayage.

thrust – butée *f*; charriage *m (géol)* ; charrié ; poussée *f.* **thrust ball bearing**: butée à billes. **thrust bearing**: butée *f*; butée tournante ; coussinet juste ; palier de butée ; palier juste *(moteur)* ; roulement de butée. **thrust-bearing assembly**: pivoterie *f.* **thrust block**: massif de butée. **thrust borer**: pousse-tube *m.* **thrust collar**: anneau de poussée, *de butée*; collet de butée. **thrust face**: face d'appui. **thrust fault**: faille chevauchante ; faille de compression, *faille inverse.* **thrust fold**: pli chevauchant. **thrust load**: effort axial ; poussée *f.* **thrust nappe**: nappe de charriage *(géol).* **thrust outlier**: lambeaux de recouvrement *(géol).* **thrust pad**: patin de butée. **thrust pin**: axe formant butée. **thrust piston**: piston de butée, *servant à absorber la poussée longitudinale exercée sur un arbre.* **thrust plane**: surface de charriage *(géol).* **thrust plate**: plaque d'ancrage ; plaque de butée. **thrust ring**: anneau de butée. **thrust sheet**: nappe de charriage. **thrust side**: côté poussé *(géol)* ; côté réaction de bielle. **thrust slice**: copeau de charriage *(géol).* **thrust washer**: rondelle de butée. **thrust wedge**: copeau de charriage, *(géol).*

thruster – propulseur m, *hélice placée dans un tunnel permettant de maintenir, à la verticale du puits, un navire de forage à positionnement dynamique.*

thrusting – charriage *m* ; poussée *f.*

thud – bruit sourd.

thulium – thulium *m, symbole chim. Tm.*

thumbscrew – vis papillon.

thumbtack – punaise *f.*

thump – battement *m* ; cognement *m* ; coup sourd.

thumper – camion chute de poids, *désigne aussi le procédé de sismique réflexion par chute de poids.*

thumping – cognement *m* ; pilonnement *m.*

thunder – tonnerre *m.*

thunderstorm – orage *m.*

Thuringian – Thuringien *m, étage du Permien.*

thyratron – thyratron *m, diode à gaz.*

thyristor – thyristor *m.*

TI – *abrév. de transverse isotropy.*

ticket – fiche *f, de jaugeage (rapport officiel du jaugeur), de forage.*

tickler – titillateur *m, de carburateur.*

tidal – de marée ; tidal, *relatif à la marée.* **tidal anomaly**: anomalie de marée terrestre, *en gravimétrie, attraction de la lune et du soleil.* **tidal basin**: bassin à flot ; bassin de marée ; darse *f.* **tidal bore**: mascaret *m (océan).* **tidal bundle**: faisceau de marée. **tidal channel**: chenal de marée ; étier *m.* **tidal correction**: correction lunisolaire, *gravimétrie.* **tidal delta**: delta de marée. **tidal deposit**: dépôt tidal. **tidal energy**: énergie marémotrice. **tidal flat**: replat de marée ; slikke *f*; vasière *f.* **tidal gravity**: marée gravimétrique, *due à l'influence attractive de la lune et du soleil en tout point de l'écorce terrestre. En prospection gravimétrique on tient compte de cette attraction en apportant aux mesures une correction lunisolaire.* **tidal influence**: influence de la marée. **tidal inlet**: goulet de marée. **tidal lagoon**: lagune à marée. **tidal marsh**: marais littoral. **tidal power plant**: centrale marémotrice ; usine marémotrice. **tidal range**: hauteur de marée. **tidal rise and fall**: marnage *m, différence entre la hauteur d'une pleine mer et celle de la basse mer qui la précède ou la suit immédiatement.* **tidal river**: estuaire *m* ; rivière à marée. **tidal stand**: étale *m, intervalle de temps où la marée reste stationnaire.* **tidal tank**: compartiment marnant. **tidal wave**: raz-de-marée *m.*

tidalite – tidalite *f, sédiment déposé dans la zone de battement des marées.*

tide – marée *f.* **tide crack**: crevasse de marée, *ligne de jonction entre la banquette côtière immobile et la zone de banquise côtière participant aux mouvements de marée*; fente de marée. **tide gage**: échelle de marée ; indicateur de marées ; marégraphe *m.* **tide tables**: annuaire des marées.

tideland – terre inondée à marée haute, *zone couverte d'eau à marée haute et découverte à marée basse.* **tideland area**: région inondable.

tie – attache *f*; calage *m, opération qui consiste à amener des événements sismiques de même provenance, mais enregistrés de façon différente, à être synchrones* ; embrayage *m (géoph)* ; lien *m*; tirant *m*; traverse *f.* **tie-back sleeve**: chemise de raccordement, *pour un tubage.* **tie-back string**: colonne de raccordement *(for).* **tie bar**: tirant *m.* **tie bolt**: boulon d'assemblage ; boulon de fondation. **tie down**: point de fixation au sol. **tie-down sheave**: réa *m (for).* **tie in**: aboutage *m* ; adjonction *f, d'une nouvelle section de tube à une ligne en construction ; désigne aussi le montage d'un nouvel élément sur un ensemble* ; liaison *f, de deux tronçons de canalisation de transport*; rattachement *m.* **tie-in base**: base de raccordement *(pipeline).* **tie-in on the seabed**: raccordement au fond *(pipeline).* **tie-in technique**: technique de raccordement *(pipeline).* **tie-in weld**: soudure de raccordement. **tie line**: droite de conjugaison *(courbes)* ; droite de raccordement ; ligne d'équilibre ; ligne privée *(télécom)* ; profil de raccordement. **tie point**: point d'embrayage. **tie rod**: barre d'accouplement ; barre de liaison ; tige d'ancrage.

tie (to) – corréler ; embrayer ; fermer ; joindre ; rattacher. **tie (to) in**: joindre deux sections de canalisation.

tied – assujetti. **tied investment**: investissement conditionnel. **tied loan**: emprunt à emploi spécifié. **tied resource**: ressource à emploi spécifique.

tier – rangée *f*; niveau *m* ; tranche *f, terme employé aux USA lors de la réglementation des prix du pétrole, fixant des niveau de prix différents selon la provenance du pétrole.* **tier 1 oil**: *lower tier oil ou old oil, tout pétrole n'entrant pas dans la catégorie 2 ou 3.* **tier 2 oil**: *second tier* *oil, upper tier oil, pétrole provenant des puits marginaux.* **tier 3 oil**: *pétrole nouvellement découvert, huile lourde, huile de récupération tertiaire.*

tiered – étagé.

tiff – calcite *f (miner)*.

Tiffanian – Tiffanien *m, Paléocène inférieur.*

TIG – *abrév. de tungsten inert gas.* **TIG welding**: soudage TIG, *soudage à l'arc sous atmosphère de gaz inerte avec une électrode réfractaire en tungstène.*

tight – secret ; bien ajusté ; bloqué *(écrou)* ; compact ; étanche ; fixe ; hermétique ; imperméable ; serré ; solide ; tendu. **tight coupling**: accouplement serré. **tight fit**: ajustage serré ; calage serré ; emmanchement à force. **tight formation**: formation difficilement acidifiable, *peu perméable.* **tight gas**: gaz de réservoir étanche. **tight hole**: puits confidentiel, *puits au secret, puits dont les informations sont tenues secrètes* ; trou resserré, *trou dont le diamètre s'est réduit involontairement, sondage foré avec un trépan usagé* ; trou rétréci. **tight-ion pair**: paire d'ions intimes, *paire d'ions de contact.* **tight joint**: joint étanche. **tight money**: austérité monétaire. **tight sand**: sable colmaté ; sable compact ; sable peu perméable. **tight sandstone**: grès colmaté, *compact peu poreux.* **tight seat**: ajustement avec serrage. **tight seat for the casing shoe**: ajustement par serrage du sabot de tubage. **tight side**: brin conducteur d'une courroie. **tight spot**: étranglement *m.* **tight well**: puits au secret, *puits dont les résultats préliminaires sont gardés secrets.*

tighten (to) – ajuster par serrage ; corréler ; fixer ; rendre étanche ; resserrer ; serrer ; visser à fond.

tightener – tendeur *m.*

tightening – blocage *m* ; resserrement *f*; serrage *m.* **tightening connection**: joint étanche. **tightening of credit**: resserrement du crédit.

tightly – étroitement. **tightly-cemented sandstone**: grès fortement cimenté.

tightness – étanchéité *f.* **tightness test**: essai d'étanchéité.

Tiglian – Tiglien *m, Pléistocène inférieur.*

tile – brique *f*; carreau *m* ; poterie *f*; tuile *f.* **tile clay**: argile téguline. **tile jacket**: revêtement en poterie.

till – argile à blocaux, *formation argileuse contenant des cailloux* ; moraine de fond ; plancher glaciaire ; till *m, dépôt morainique non consolidé.*

tillable – labourable. **tillable earth**: terre arable.

tillite – tillite *f, roche sédimentaire formée par compaction de dêpots morainiques.*

tilt – basculement *m* ; gîte *f*; inclinaison *f*; redressement *m.* **tilt error**: erreur d'inclinaison. **tilt meter**: clinomètre *m.* **tilt-up/jackup platform**: plate-forme autoélévatrice basculante. **y tilt**: angle de site.

tiltdozer – bouteur à dévers ; bouteur inclinable.

tilted – basculé. **tilted block**: bloc basculé. **tilted-plate separator**: séparateur à plaques inclinées. **tilted stratum**: couche basculée.

tilter – culbuteur *m.*

tilting – basculage *m* ; basculement *m* ; culbutage *m* ; inclinaison *f, de la croûte terrestre.* **tilting burner**: brûleur inclinable. **tilting furnace**: four basculant. **tilting of interface**: inclinaison de l'interface, *huile-eau dans un réservoir.* **tilting of strata**: basculement des couches *(géol)*.

tiltmeter – inclinomètre *m* ; indicateur de pente.

timber – bois de charpente ; bois de construction. **timber fender**: bois d'accostage ; défense en bois. **timber prop**: étai en bois. **timber set**: cadre *m.* **timber support**: soutènement en bois. **timber trestle**: cadre en bois ; échafaudage en bois ; support en bois.

timbered – boisé.

timbering – boisage *m.*

timberline – limite de la végétation arborescente ; lisière *f*; orée *f, de la forêt.*

timberwork – charpente en bois.

timbre – timbre *m, d'un son.*

time – durée *f*; temps *m.* **time at shotpoint**: *voir uphole point.* **time-average equation**: équation de Wyllie ; équation du temps moyen. **time belt**: fuseau horaire. **time branch**: branche de caustique, *coupe-temps.* **time break**: instant d'explosion, *instant où le boutefeu déclenche l'explosion ; il est enregistré automatiquement sur le film sismique par rupture d'un circuit électrique* ; instant de tir ; instant initial ; instant zéro ; rupture de temps ; temps initial. **time charter**: affrètement à temps ; affrètement de longue durée. **time-clock switch**: interrupteur à minuterie ; interrupteur à temps. **time constant**: constante de temps. **time correction**: correction de temps. **time correlation**: corrélation temporelle, *stratigraphie* ; corrélation temps, *embrayage de deux réflexions correspondant à des temps voisins sur deux films consécutifs d'un même profil.* **time-deformation curve**: courbe de déformation en fonction du temps. **time delay**: délai *m, réfraction* ; retard *m.* **time deposit**: dépôt à terme. **time-depth chart**: abaque de restitution ; diagramme temps-profondeur. **time-depth curve**: courbe temps-profondeur. **time-distance curve**: courbe dromochronique ; dromochronique *f, en sismique réfraction, graphique sur lequel on porte en abscisse les distances des sismographes au point d'explosion et en ordonnée les temps d'arrivée de la première onde à chaque sismographe* ; hodochrone *f, graphique temps-distance* ; indicatrice *f, dromochronique de réflexion, graphe des variations du temps de réflexion sur un miroir en fonction du déport des capteurs.* **time-division multiplexing (TDM)**: multiplexage par division de temps. **time domain**: domaine des temps ; domaine temporel ; domaine temps. **time-domain filter**: filtre à retard *(sism)*. **time drift**: dérive instrumentale. **time factor**: facteur temps. **time-frequency filtering**: filtrage en fréquence temporelle. **time-integral of voltage curve**: courbe de tension intégrée en fonction du temps. **time interval**: intervalle de temps. **time invariant**: invariant dans le temps ; statique *f.* **time-invariant system**: système invariant avec le temps. **time lag**: retard *m* ; temporisation *f.* **time lead**: avance *f*; décalage du temps de propagation. **time limit**: délai *m.* **time line**: ligne de comptage-temps ; limite chronostratigraphique *(géol)* ; marquage temps, *sur un sismogramme ou sur une coupe temps.* **time mark**: demi-interruption *f*; repère temporel. **time marker**: marqueur de temps. **time-marking clock**: horloge à contact. **time of closest approach**: culmination *f, d'un satellite.* **time-of-day tariff**: tarif horaire. **time of expiration**: terme d'échéance. **time of firing**: instant d'allumage ; instant de l'explosion ; instant de tir. **time of incidence of the shock wave**: instant d'arrivée de l'onde de choc. **time of occurrence**: temps d'origine à l'épicentre *(sism)*. **time of running in**: temps de mise en place des tiges de forage *(for)*. **time of transit**: temps de propagation *(sism)*. **time overrun**: retard par rapport au calendrier. **time pattern**: chronologie *f.* **time rate**: régime *m.* **time-rock stratigraphy**: chronostratigraphie *f.* **time sag**: déformation vers le bas ; dépression apparente. **time section**: coupe temps *f.* **time-sequential analysis**: analyse chronoséquentielle. **time series**: chronoséquence *f*; série chronologique ; séries temporelles. **time setting**: réglage *m.* **time sharing**: temps partagé. **time signal**: signal horaire. **time slice**: section à temps constant *(sism)*. **time-slice section**: coupe isochrone *(sism)*. **time-stratigraphic unit**: *voir chronostratigraphic unit.* **time stratigraphy**: *voir chronostratigraphy.* **time surface**: surface chronostratigraphique. **time-temperature index (TTI)**: indice temps-température, *application graphique pour la mesure de la transformation thermique de la matière organique.* **time tie**: embrayage en temps *(sism)*. **time-to-depth conversion**: conversion temps-profondeur ; passage du temps à la profondeur. **time transgressive**: diachrone *(géol)*. **time transgressive boundary**: limite transgressive, *limite diachronique reliant des unités sédimentaires de plus en plus jeunes.* **time underrun**: avance par rapport au calendrier. **time-variable (TV)**: variant dans le temps. **time-variable filtering**: filtrage en fonction du temps *(sism)*. **time-variable gain (TVG)**: gain variant avec le temps. **time variant**: variant dans le temps. **time-variant filter**: filtre variable dans le temps *(élec)*. **time-variant filtering**: filtrage variable avec le temps. **time-varying playback filter**: filtre-lecture fonction du temps *(sism)*. **time window**: fenêtre de temps. **time zone**: fuseau horaire.

time (to) – caler, *un moteur*; chronométrer ; fixer l'heure ; régler, *l'allumage.*

timer – chronométreur *m*; chronoscope *m*; commutateur d'allumage ; compteur de temps ; dateur *m*; minuterie *f*; rupteur *m.* **timer line**: ligne de temps *(sism)*.

timesaver – sauveur de temps, *désigne tous les instruments destinés à réduire la durée des opérations.*

timetable – indicateur *m*; table des durées de parcours ; tableau horaire.

timing – calage *m, de l'allumage, des soupapes, dans les moteurs* ; calendrier *m* ; chronométrage *m* ; échéancier *m* ; horaire *m* ; inscription d'une date ; marquage de temps ; réglage *m.* **timing chain**: chaîne de distribution. **timing device**: dispositif d'avance, *de l'allumage.* **timing gear**: déclenchement à temps ; engrenage de distribution ; relais à temps. **timing lamp**: lampe de roue phonique. **timing legend**: disque de réglage de l'allumage. **timing line**: ligne de comptage temps *(sism)* ; ligne de marquage-temps. **timing of primary injection**: calage de l'injection primaire *(mot)*. **timing wheel**: roue phonique. **timing word**: mot de synchro.

Timken – Timken. **Timken film strength**: résistance du film d'huile Timken. **Timken lubricant tester**: machine Timken, *pour les essais d'huiles extrême pression.* **Timken wear test**: essai d'usure Timken.

tin – boîte en fer blanc ; étain *m, symbole chim. Sn* ; fer blanc. **tin-base babbitt**: métal antifriction à base d'étain. **tin bronze**: bronze à l'étain. **tin chloride**: *voir stannic chloride.* **tin deposit**: gisement d'étain. **tin mine**: mine d'étain. **tin placer**: alluvion d'étain. **tin plating**: étamage *m.* **tin pyrite**: stannine *f (minér)*. **tin soap**: savon d'étain. **tin solder**: soudure à l'étain ; soudure tendre.

tinfoil – feuille d'étain ; papier d'aluminium ; papier d'étain.

tinned – étamé. **tinned iron**: fer étamé. **tinned steel**: acier étamé.

tinning – étamage *m.*

tintometer – colorimètre *m* ; tintomètre *m.*

tip – bout rapporté ; convergence *f (photogram)* ; décharge *f, petit coup* ; extrémité *f*; pastille *f, outil de forage.* **tip bucket**: benne basculante. **tip-up seat**: siège basculant. **tip wagon**: benne basculante.

tip (to) – culbuter, *faire basculer* ; emboutir ; renverser ; verser.

tipcart – tombereau *m.*

tipline – ligne de rejet nul, *d'un chevauchement.*

tipper – benne *f*; culbuteur *m.*

tipping – basculant. **tipping bucket**: auget basculant ; benne basculante. **tipping car**: berline basculante ; wagonnet basculant. **tipping converter**: convertisseur basculant. **tipping furnace**: four basculant. **tipping stage**: pont de décharge.

tipple – culbuteur recette supérieure.

TIR – IRT, *abrév. de thermal infrared : infrarouge thermique.*

tire – bandage *m* ; pneu *m.* **tires-batteries-accessories (TBA)**: pneus batteries et accessoires, *d'automobile.* **tire bead**: talon du pneu. **tire brake**: frein sur pneu. **tire casing**: carcasse de pneu ; toile de pneumatique. **tire cord**: cordée de pneu. **tire endurance**: durabilité du pneu. **tire gage**: manomètre de gonflage. **tire-inflation pressure**: pression de gonflement d'un pneu. **tire inflator**: gonfle-pneus *m.* **tire iron**: démonte-pneu *m.* **tire lever**: levier démonte-pneu. **tire life**: durée d'un pneu. **tire pressure**: pression de gonflage. **tire pump**: gonfleur *m.* **tire rate**: taux d'élasticité du pneu. **tire rating (TR)**: nombre de nappes, *pneu.* **tire sidewall**: flanc d'un pneu. **tire tread**: bande de roulement. **tire valve**: valve de gonflement.

tissue – tissu *m.*

titanate – titanate *m.*

titaniferous – titanifère.

titanite – titanite *f, sphène.*

titanium – titane *m, symbole chim. Ti.* **titanium boride**: borure de titane. **titanium hydride**: hydrure de titane. **titanium iron**: ferrotitane. **titanium nitride**: nitrure de titane. **titanium steel**: acier au titane.

titanomagnetite – titanomagnétite *f (minér)*.

titanous – titaneux.

titer – titrage *m* ; titre *m.* **titer test**: essai de titrage.

Tithonian – Tithonique *m, faciès du Portlandien.*

title – droit de propriété ; titre *m.*
titrate (to) – doser ; titrer.
titration – dosage *m* ; titrage *m.* **titration-grade toluene**: toluène qualité titrage. **titration stand**: dispositif de dosage.
titrimetry – titrimétrie *f.*
TJ – *abrév. de tool-joint.*
TL – TL, *abrév. de thermoluminescence.*
TLC – CCM, *abrév. de thin-layer chromatography : chromatographie sur couche mince.*
TLP – PLT, *abrév. de tension-leg platform : plateforme à lignes tendues.*
TLV – CMA, *abrév. de threshold limit value : concentration maximale admissible.*
TMD – *abrév. de total measured depth.*
TML – PTM, *abrév. de tetramethyllead : plomb tétraméthyle.*
TMS – *abrév. de transmission measuring set.*
TNT – TNT, *abrév. de trinitrotoluene : trinitrotoluène.*
Toarcian – Toarcien *m, étage du Jurassique.*
tobermorite – tobermorite *f, silicate de fer.*
toboggan – toboggan *m.*
TOC – COT, *abrév. de total organic carbon, carbone organique total.*
TOD – *abrév. de total oxygen demand.*
todorokite – todorokite *f, minéral de fer.*
toe – base *f* ; bout *m* ; orteil *m* ; pointe *f.* **toe change**: modification du parallélisme des roues *(auto).* **toe crack**: fissure à la jonction *(soudure).* **toe in**: convergence *f, des roues avant* ; pincement *m, des roues avant.* **toe of weld**: bord d'une soudure. **toe out**: divergence *f, des roues avant.* **toe plate**: plaque semelle. **toe structure**: front de glissement. **toe wall**: mur de talus.
toe – tep, *abrév. de tons oil equivalent : tonnes équivalent pétrole.*
Toeplitz – Toeplitz. **Toeplitz property**: caractère de Toeplitz, *quand tous les éléments d'une diagonale donnée d'une matrice sont identiques.*
toggle – articulation *f* ; genouillère *f* ; rotule *f.* **toggle bolt**: boulon à tête articulée. **toggle brake**: frein à mâchoires articulées. **toggle joint**: joint à genouillère ; rotule *f.* **toggle switch**: interrupteur à bras articulé.
token – témoignage *m* ; jeton *m.* **token payment**: paiement symbolique.
tolane – tolane *m, diphénylacétylène.*
tolerance – écart admissible ; tolérance *f.*
toll – droit de passage ; péage *m.* **toll bridge**: pont à péage. **toll call**: appel interurbain. **toll road**: route à péage.
toluene – toluène *m, méthylbenzène.*
toluic – toluique. **toluic acid**: acide toluique, *se dit de trois alhdéhydes isomères : ortho, méta, para.*
toluol – toluol *m.*
tombolo – flèche isthme ; tombolo *m, cordon littoral sableux construit par la mer entre une île et la côte.*
tomography – tomographie *f, reconstruction des objets géologiques à partir d'un jeu d'observation qui représente les intégrales de certaines grandeurs le long de rayons traversant le milieu.*
ton – tonne *f.* **tons coal equivalent (tce)**: tonnes équivalent charbon (tec). **tons oil equivalent (toe)**: tonnes équivalent pétrole (tep), voir aussi tonne.
tonality – tonalité *f.*
tone – nuance *f* ; ton *m.*
tong – clé *f.* **tong die**: peigne à clé ; peigne de clé de sonde. **tong-torque indicator**: indicateur de couple de vissage *(for).*
tonging – opération de serrage *(for).*
Tongrian – Tongrien *m, étage de l'Oligocène.*
tongs – clés à tiges ; pince *f* ; tenailles *f.*
tongue – apophyse *f* ; coulisseau *m* ; langue *f, saillie dans la lisière des glaces, provoquée par le vent ou les courants et pouvant atteindre une longueur de plusieurs kilomètres* ; languette *f* ; pointe d'aiguille. **tongue-and-groove joint**: emboîtement mâle et femelle. **tongue-like basin**: bassin terminal *(géol).* **tongue of ground**: langue de terre. **tongue washer**: rondelle de sûreté.
tonnage – jauge *f (naut)* ; tonnage *m.* **tonnage measurement**: jaugeage d'un navire.
tonne – tonne *f, unité de masse égale à 1000 kg, symbole* t.
tonstein – tonstein *m, roche sédimentaire argileuse.*
tool – outil *m.* **tool bit**: foret *m.* **tool calibration**: étalonnage de l'outil. **tool cast**: moulage d'outil, *sur le fond sous-marin.* **tool chest**: armoire aux outils. **tool dresser**: outilleur *m.* **tool extractor**: grappin de repêchage. **tool face**: position de l'outil, *forage dirigé.* **tool grab**: grappin de repêchage. **tool grinder**: affûteuse *f.* **tool holder**: porte-outil *m.* **tool jack**: vérin de serrage d'outil. **tool joint**: joint de tige ; raccord de tige. **tool-joint box**: filetage femelle d'un raccord de tiges. **tool-joint drift diameter**: diamètre de tampon de passage pour raccords. **tool-joint locator**: détecteur de joints *(for).* **tool-joint pin**: filetage mâle d'un raccord de tiges. **tool-joint wobble**: flottement des joints de tige, *voir aussi wheel wobble.* **tool mark**: *voir tool cast* ; rayure *f* ; rayure d'outil. **tool rack**: râtelier à outils. **tool steel**: acier à outils. **tool trap**: habitacle pour outil *(for).* **tool wrench**: clé à outils.
toolbox – boîte à outils ; caisse d'outillage.
tooling – usinage *m.* **tooling allowance**: surépaisseur pour usinage.
toolkit – trousse à outils.
toolpusher – chef de chantier de forage ; maître sondeur.
tools – outillage *m.*
tooth – dent *f, voir aussi le pluriel teeth.* **tooth addendum**: saillie de dent. **tooth crest**: crête de la dent *(for).* **tooth pattern**: profil de dent *(for).* **tooth root**: base de la dent, *d'un outil de forage.* **tooth space**: entredent *m.*
toothed – denté. **toothed bit**: outil dentelé. **toothed cutter head**: porte-lame denté.
toothing – denture *f.*
top – capote *f, cabriolet* ; cime *f* ; faîte *m* ; haut *m* ; point le plus haut, *d'un piège* ; sommet *m.* **top basin-floor fan surface**: limite supérieure des cônes sous-marins de bassin. **top cementing plug**: bouchon supérieur de cimentation. **top condenser**: condenseur de tête. **top crust**: croûte supérieure. **top dead center (TDC)**: point mort haut

(PMH). **top flange**: bride supérieure. **top gas**: gaz de gueulard. **top hanger**: ancrage supérieur *(for)*. **top landing**: accrochage supérieur *(for)* ; recette du jour *(mine)*. **top loading**: chargement en dôme, *d'un camion-citerne* ; remplissage par le haut, *d'un réservoir*. **top of a bed**: toit d'une couche. **top of a formation**: toit d'une formation. **top of a structure**: sommet d'une structure. **top of the line**: haut de gamme, *équipement ou produit*. **top plug**: bouchon supérieur *(for)*. **top pressure**: pression du toit. **top quality**: qualité supérieure. **top ring**: segment de feu. **top roll**: cylindre supérieur. **top slope-fan surface**: limite supérieure des cônes sous-marins de talus. **top steam**: coussin de vapeur, *régularisateur dans un appareil de distillation* ; vapeur de tête, *de couverture*. **top sub**: réduction supérieure *(for)*. **top tray**: plateau supérieur. **top view**: vue d'en haut ; vue en plan. **top water**: eau du toit ; eau susjacente.

top (to) – décanter, *étêter*, *prélever dans un mélange de produits pétroliers non miscibles la fraction légère qui surnage sur d'autres parties plus lourdes*. **top (to) a tank**: remplir un réservoir. **top (to) off**: prélever les fractions supérieures, *distillation*. **top (to) up**: faire un appoint, *rétablir le niveau*.

toplap – biseau sommital, *rapport géométrique soulignant la terminaison des strates contre les surfaces sus-jacentes. Cette géométrie est due à un non-dépôt ou une érosion* ; couches inclinées sous discordance.

topochemical – topochimique. **topochemical reaction**: réaction topochimique.

topographic – topographique. **topographic anomaly**: anomalie topographique. **topographic correction**: correction d'effet de surcharge ; correction topographique, *correction de terrain*. **topographic landmark**: élément topographique ; repère *m*, *élément topographique d'une carte*. **topographic-loading effect**: effet de surcharge, *de surface*. **topographic map**: carte topographique. **topographic profile**: profil topographique, *représentation de la coupe d'une surface topographique par un plan vertical*. **topographic sheet**: planchette topographique. **topographic survey**: levé topographique. **topographic unconformity**: discordance topographique. **topographic wave**: onde topographique, *de période longue (plusieurs jours) due au relief sous-marin, et jouant un rôle important dans les variations à long terme du niveau de la mer*.

topographical – topographique. **topographical effect**: influence topographique.

topography – topographie *f*.

topoisostatic – topo-isostatique. **topoisostatic reduction**: correction topo-isostatique.

toposequence – toposéquence *f (pédol)*.

topotype – topotype *m (écol)*.

topped – étêté *(raf)*. **topped crude**: brut étêté ; brut semiraffiné ; résidu de première distillation.

topping – distillation atmosphérique ; étêtage *m*, *distillation primaire* ; séparation des produits de tête, *fractionnée*. **topping furnace**: four de distillation atmosphérique. **topping gasoline**: essence d'étêtage, *obtenue par distillation atmosphérique des bruts* ; essence de tête. **topping plant**: unité de fractionnement. **topping steam turbine**: turbine à extraction de vapeur, *à soutirage*. **topping still**: four de fractionnement. **topping tower**: colonne de fractionnement. **topping unit**: unité de fractionnement.

toppings – produits de tête *(raf)*.

topple (to) – s'écrouler ; culbuter ; tomber.

tops – produits de tête.

topset – *voir topset bed*. **topset bed**: couche sommitale ; dépôt deltaïque, *voir aussi foreset bed, bottomset bed* ; feuillet sommital *(géol)*.

topsides – hauts d'une plate-forme, *ou d'un navire* ; oeuvres mortes, *hauts d'un navire ou d'une structure marine*. **topside personnel**: personnel de surface *(plongée)*.

topsoil – couche arable ; terre noire *f*; terre végétale.

tor – tor *m*, *forme de déchaussement constituée par un empilement de blocs*.

Toran – Toran, *dénomination commerciale d'un système de positionnement radioélectrique*.

torbanite – torbanite *f*, *variété de schiste ou charbon bitumineux*.

torch – chalumeau *m* ; lampe à souder ; torche *f*. **torch brazing**: brasage au chalumeau. **torch cutting**: découpage au chalumeau. **torch hardening**: trempe au chalumeau. **torch oil**: huile pour torche. **torch operator**: soudeur au chalumeau.

torn – déchiré. **torn thread**: filetage arraché.

tornado – cyclone *m* ; tornade *f*.

toroid – tore *m (géom)*.

toroidal – toroïdal.

torpedo – torpille *f*. **torpedo man**: *voir well shooter*. **torpedo sand**: sable à gros grain.

torpedoing – torpillage *m*.

torque – couple *m* ; moment de torsion. **torque arm**: jambe de force. **torque converter**: convertisseur de couple. **torque gage**: manomètre du couple moteur. **torque motor**: moteur à couple constant. **torque recorder**: enregistreur de couple. **torque-speed chart**: diagramme couple-vitesse. **torque tube**: tube d'arbre de transmission ; tube de réaction. **torque wrench**: clé dynamométrique.

torquemeter – couplemètre *m* ; indicateur de couple.

torr – torr *m*, *unité de pression, 1 torr = 133,32 Pa*.

torrent – torrent *m*.

torrential – torrentiel. **torrential deposit**: dépôt torrentiel *(géol)*.

torsade – torsade *f*.

torsiometer – torsiomètre *m*, *appareil utilisé pour étudier les déformations en torsion des métaux*.

torsion – torsion *f*. **torsion balance**: balance de torsion *(géoph)*. **torsion bar**: barre de torsion. **torsion coefficient**: coefficient de torsion. **torsion constant**: constante de torsion. **torsion fault**: faille verticale de décrochement. **torsion joint**: fente de torsion. **torsion pendulum**: pendule de torsion. **torsion ring**: segment de torsion. **torsion seismometer**: sismomètre à torsion. **torsion shaft**: arbre de torsion. **torsion shear test**: essai de cisaillement par torsion. **torsion spring**: ressort de torsion. **torsion viscometer**: viscosimètre à torsion. **torsion wire**: fil de torsion.

torsional – de torsion. **torsional fatigue**: fatigue de torsion. **torsional strength**: effort de torsion ; résistance à la torsion. **torsional stress**: effort de torsion ; travail de torsion. **torsional vibration**: vibration de torsion.

Tortonian – Tortonien *m, étage du Miocène.*

tortuosity – tortuosité *f.*

torus – tore *m.*

TOSCA – *abrév. de Toxic Substances Control Act.*

tossing – ballottement *m, d'un navire.*

TOST – *abrév. de turbine-oil stability test.*

total – total. **total acid number (TAN)**: indice d'acide total, *quantité totale de base, exprimée en milligrammes de potasse, nécessaire pour neutraliser les constituants acides présents dans 1 g de la matière à analyser.* **total calorific value**: pouvoir calorifique total. **total carbon (TC)**: carbone total *(métal).* **total connected load**: puissance raccordée totale, *quantité totale de courant nécessaire à l'alimentation réelle ou virtuelle d'une installation électrique.* **total depth (TD)**: profondeur finale, *d'un puits.* **total displacement**: rejet net *(géol).* **total dissolved solids (TDS)**: quantité totale de matières dissoutes. **total energy**: énergie totale, *caractérise un système qui utilise la chaleur perdue dans un processus comme source d'énergie dans un autre.* **total-energy system**: système à énergie totale ; système énergétique intégré. **total feed**: charge totale de traitement, *comprenant la charge initiale en brut et les produits de recyclage (raf).* **total head**: chute totale *(hydrol).* **total head loss**: perte de charge totale. **total-immersion test**: essai par immersion complète. **total linear stopping power**: pouvoir d'arrêt linéique total. **total mass stopping power**: pouvoir d'arrêt massique total. **total measured depth (TMD)**: profondeur mesurée, *ou forée.* **total opening**: ouverture totale. **total organic carbon (TOC)**: carbone organique total. **total output**: production totale. **total oxygen demand (TOD)**: demande totale en oxygène. **total percent of ash**: teneur totale en cendre. **total porosity**: porosité totale. **total pressure**: pression totale, *somme de la pression statique et de la pression d'un fluide en mouvement.* **total production**: production totale. **total-radiation pyrometer**: pyromètre à radiation totale, *ou à rayonnement total.* **total recovery**: récupération totale, *quantité totale de pétrole extraite d'un puits.* **total reflection**: réflexion totale, *la réflexion est totale lorsque l'angle d'incidence est plus grand que l'angle critique.* **total reflux**: reflux total, *la vapeur qui sort en tête de colonne est condensée et renvoyée intégralement en reflux.* **total solids**: résidus totaux, *teneur totale en solides.* **total stress**: contrainte totale. **total subsidence**: subsidence totale. **total sulfur**: soufre total. **total throw**: amplitude du rejet. **total volume factor**: facteur volumétrique total, *volume d'huile et de gaz occupé dans les conditions de gisement par le volume-unité d'huile de stockage.*

totally – totalement. **totally-enclosed motor-propelled survival craft (TEMPSC)**: bateau de sauvetage motorisé totalement fermé.

Totco – *dénomination de l'inclinomètre le plus employé par les foreurs.*

touch – contact *m.* **touch control**: commande électronique par effleurement. **touch spark**: étincelle à rupture. **touch-spark ignition**: allumage à rupture.

touchdown – contact sur le fond.

touching – touchant. **touching up**: retouche *f (peinture).*

tough – dur ; résistant ; tenace. **tough copper**: cuivre laminé à froid. **tough iron**: fer tenace. **tough steel**: acier dur.

toughen (to) – durcir. **toughen (to) the metal**: rendre un métal tenace, *durcir un métal.*

toughness – dureté *f*; résistance aux chocs ; solidité *f*; ténacité *f.*

tour – équipe *f*; poste *m, groupe d'ouvriers travaillant sur un chantier une fraction de la journée de travail ; fraction de la journée pendant laquelle une même équipe d'ouvriers travaille en continu, soit 8 h, soit 12 h, voir aussi shift.* **morning tour**: poste du matin, *de 8 h à 16 h.* **day tour**: poste de jour, *de 8 h à 20 h.* **daylight tour**: poste du matin, *de 8 h à 16 h.* **evening tour**: poste du soir, *de 16 h à minuit.* **graveyard tour**: poste de nuit, *de minuit à 8 h.* **night tour**: poste de nuit, *de 20 h à 8 h.*

tourmaline – tourmaline *f (minér).*

Tournaisian – Tournaisien *m, étage du Carbonifère inférieur.*

TOVALOP – TOVALOP, *abrév. de Tanker Owner Voluntary Agreement concerning Liability for Oil Pollution, plan mis en oeuvre à partir de 1969 par les compagnies pétrolières et ouvert aux armateurs de flottes pétrolières pour le partage des dépenses de dépollution.*

tow – étoupe *f*; filasse *f*; remorque *f.* **tow cable**: câble de traction. **tow noise**: bruit de remorquage, *en sismique marine.* **tow tractor**: tracteur de remorquage.

tow (to) – remorquer.

towage – halage *m* ; poussage *m* ; remorquage *m* ; touage *m.*

towbar – barre de remorquage.

towboat – pousseur *m* ; remorqueur *m.*

tower – tour *f, pour le raffinage voir aussi column.* **tower bottoms**: résidus de distillation, *de fond de tour de distillation.* **tower crane**: grue à pylône. **tower drier**: tour de séchage. **tower hand**: ouvrier de derrick, *chargé des travaux sur les plates-formes.* **tower man**: *voir tower hand.* **tower scrubber**: épurateur de gaz ; tour de lavage du gaz. **tower still**: four de distillation ; tour tubulaire.

towing – remorquage *m.* **towing bridle**: centreur de remorquage. **towing rope**: *voir towline.* **towing speed**: vitesse de remorquage. **towing tank**: *voir model tank, test tank.* **towing-tie-in-tension**: remorquage-aboutage-tension (RAT), *pose de pipeline en mer.*

towline – câble de halage ; câble de remorquage.

town – ville *f.* **town dues**: droit d'octroi. **town gas**: gaz de ville ; gaz manufacturé.

township – township *m, unité cadastrale de superficie de 36 miles terrestres carrés.*

towpath – chemin de halage.

toxic – toxique. **toxic cloud**: nuage toxique. **toxic effect**: effet toxique. **toxic emission**: émission toxique. **toxic gas**: gaz toxique. **toxic release**: dégagement toxique. **toxic smoke**: fumée toxique. **toxic waste**: déchet toxique.

toxicant – produit toxique.

toxicity – toxicité *f.* **toxicity test**: essai de toxicité. **toxicity threshold**: seuil de toxicité.

toxin – toxine *f.*

TP – *abrév. de tubing pressure.*

TPA – *abrév. de terephthalic acid.*

TPC – *abrév. de tax-paid cost.*

TPD – *abrév. de temperature-programmed desorption.*

TPE – *abrév. de thermoplastic elastomer.*

TPI – *abrév. de threads per inch : filets au pouce.*

TPP – *abrév. de tethered production platform.*

TPRC – *abrév. de Texas Petroleum Research Committee.*

TR – *abrév. de temperature rise et de temperature recorder.*

trace – trace *f*, *courbe des variations du signal sismique capté en un point donné à la suite d'un tir.* **trace analysis**: analyse de la trace *(sism)*. **trace chemistry**: microchimie *f.* **trace element**: élément trace ; oligoélément *m.* **trace equalization**: égalisation des traces. **trace fossil**: ichnofossile *m*, *trace fossile.* **trace gather**: regroupement de traces, *représentation simultanée d'un certain nombre de traces ayant en commun un de leurs paramètres d'acquisition.* **trace integration**: composition de traces ; mixage de traces. **trace intensity**: intensité minimale, *de cognement.* **trace interval**: intervalle de trace. **trace inversion**: inversion de trace. **trace knock**: cognement limite minimal. **trace-minus knock**: cognement d'intensité inférieure au seuil acoustique. **traces of oil**: traces d'huile, *voir aussi showings.* **trace sequential**: enregistrement démultiplexé ; séquence de traces. **trace slip**: projection du rejet net sur une parallèle aux bancs, *dans le plan de faille.* **trace spacing**: intertrace *m.* **trace-zero knock**: cognement d'intensité égale au seuil acoustique.

traceability – traçabilité *f*, *propriété d'un résultat de mesure consistant à pouvoir le relier à des étalons appropriés par l'intermédiaire d'une chaîne ininterrompue de comparaisons.*

tracer – indicateur *m* ; traceur *m.* **tracer element**: élément marqué. **tracer gas**: gaz traceur. **tracer-injector logging**: diagraphie par injection de traceur. **tracer logging**: diagraphie par injection de traceur.

trachyandesite – trachyandésite *f*, *roche magmatique effusive.*

trachybasalt – trachybasalte *m (pétro)*.

trachyte – trachyte *m*, *roche magmatique effusive.*

trachytic – trachytique.

tracing – calquage *m* ; calque *m* ; plan *m* ; traçage *m* ; tracé *m* ; transparent *m.* **tracing cloth**: toile à calque. **tracing paper**: papier à calquer.

track – chemin de roulement ; chenille *f*; guidage *m* ; piste *f*; poursuite *f*; voie ferrée. **track beacon**: radiophare d'alignement. **track bolt**: boulon d'éclisse. **track cable**: câble porteur. **track chamber**: chambre à trace. **track gage**: écartement de voie. **track haulage**: traction sur rails. **track laying**: pose de voie ferrée. **track-limit switch**: interrupteur de fin de course. **track plotter**: table traçante, *du parcours d'un navire et des équipements qui y sont reliés* ; traceur de route. **track rod**: barre d'accouplement. **track roller**: galet de chenille. **track scales**: pont bascule, *chemin de fer.*

trackball – boule guide ; souris *f.*

tracked – à chenilles. **tracked vehicle**: véhicule à chenille.

tracking – localisation *f*; piste *f*; poursuite *f.* **tracking error**: erreur de poursuite, *erreur occasionnée par le retard de réponse d'un instrument de mesure.* **tracking filter**: filtre à poursuite *(élec)*.

traction – traction *f.* **traction bar**: éprouvette de traction. **traction motor**: moteur de traction. **traction rope**: câble de traction. **traction test**: essai de traction.

tractionite – tractionnite *f*, *dépôt détritique composé de particules sableuses entraînées par le courant.*

tractive – tractif. **tractive effort**: effort de traction. **tractive force**: force de traction. **tractive power**: *voir tensile force.*

tractor – tracteur *m.* **tractor fuel**: carburant pour tracteur. **tractor gasoline**: essence pour tracteur. **tractor loader**: chariot pelleteur ; pelleteuse chargeuse. **tractor shovel**: pelleteuse chargeuse ; tractopelle *f.* **tractor vaporizing oil (TVO)**: carburant pour tracteur agricole, *carburant vaporisable pour tracteur.*

trade – commerce *m* ; échange *m.* **trade balance**: balance commerciale. **trade deficit**: déficit commercial. **trade liberalization**: libération des échanges. **trade name**: nom commercial. **trade returns**: statistiques douanières. **trade wind**: vent alizé. **trade-wind belt**: zone des alizés.

trademark – marque déposée, *marque de fabrique.*

tradeoff – compromis *m.*

trader – négociant *m*, *qui achète et vend, sur les marchés, des cargaisons de bruts ou de produits pétroliers qui peuvent être réelles ou fictives et dont il n'est ni utilisateur, ni distributeur.*

trading – commerce *m.* **trading company**: société de négoce. **trading currency**: monnaie d'échange. **trading partner**: partenaire commercial. **trading profit**: bénéfice commercial. **trading ticket**: ordre d'achat et de vente.

traditional – traditionnel. **traditional anchoring**: ancrage funiculaire. **traditional energy**: énergie traditionnelle, *souvent une énergie non commerciale.*

traffic – circulation *f*; trafic *m.* **traffic count**: comptage routier, *comptage de la circulation.* **traffic flow**: flux de circulation. **traffic jam**: embouteillage, *de la circulation automobile.* **traffic lane**: voie de circulation. **traffic lights**: appareil de signalisation ; feux de circulation. **traffic noise**: bruit du trafic. **traffic regulations**: code de la route. **traffic ticket**: contravention *f.* **traffic vibrations**: vibrations dues à la circulation, *des véhicules.*

trafficability – résistance à la circulation, *la capacité d'un sol à supporter la circulation de véhicules.*

trail – chasse de roue ; piste *f*; trace *f*; traînée *f*; voie *f.*

trailer – bout opposé à l'amorce ; remorque *f*; roulotte *f.* **trailer caisson**: caisson-remorque. **trailer rig**: installation de forage mobile, *sur remorque.* **trailer truck**: camion à remorque.

trailers – phase finale, *d'un tremblement de terre.*

trailing – traînant. **trailing axle**: essieu porteur. **trailing edge**: bord de fuite. **trailing flank**: bord de fuite, *de l'outil de forage.*
train – cortège *m* ; file *f*; suite *f*; train *m*. **train oil**: huile de baleine, *ou de mammifères marins.*
trainee – stagiaire *n.*
training – formation *f.* **training area**: polygone d'essais. **training leave**: congé formation. **training period**: stage *m.*
trajectory – trajectoire *f, courbe dans l'espace représentant l'axe d'un puits au cours d'un sondage.*
tram – benne *f*; berline *f*; tramway *m.*
trammel – compas à verge ; compas d'ellipse.
tramway – voie de tramway.
trans – trans *(chim)*. **trans effect**: effet trans.
transaction – affaire *f*; transaction *f.*
transalkylation – transalkylation *f.*
transalkylidenation – transalkylidénation *f, métathèse des oléfines.*
transamination – transamination *f (chim)*.
transaxle – boîte de vitesse et pont arrière combiné, *contraction de transmission rear axle.* **transaxle fluid (TAF)**: huile pour boîte de vitesse et pont arrière combiné.
transboundary – transfrontière. **transboundary pollution**: pollution transfrontière.
transceiver – émetteur récepteur.
transcoder – transcodeur *m.*
transcrystalline – transcristallin. **transcrystalline corrosion**: corrosion transcristalline. **transcrystalline crack**: fissure intracristalline ; fissure transcristalline.
transcurrent – transversal. **transcurrent fault**: faille à décrochement horizontal.
transducer – transducteur *m.* **transducer gain**: gain transductique. **transducer loss**: affaiblissement transductique.
transduction – transduction *f (biol)*. **transduction factor**: sensibilité *f, rapport sortie-entrée d'un transducteur.*
transect – coupe de peuplement écologique.
transesterification – transestérification *f.*
transfer – décalque *m* ; migration *f*; report *m* ; transfert *m* ; virement *m (fin)*. **transfer assembly**: *voir transfer case.* **transfer car**: chariot transbordeur. **transfer case**: boîte de transfert. **transfer chamber**: chambre de transfert, *pour le chauffage des matières plastiques avant le moulage.* **transfer characteristics**: fonction de transfert. **transfer fee**: droit de mutation. **transfer function**: fonction de transfert, *opération qui permet de passer d'un signal d'entrée d'un sismographe au signal de sortie.* **transfer impedance**: impédance de transfert. **transfer line**: canal auxiliaire de transfert ; conduite de transfert ; ligne de transfert, *ensemble de conduites reliant la sortie d'un four de raffinerie aux unités de traitement.* **transfer-line temperature**: température maximale de transfert, *à laquelle le pétrole peut passer du four de distillation à la tour de fractionnement.* **transfer of technology**: transfert de technologie. **transfer of vibration**: transfert de vibration. **transfer point**: point de transfert. **transfer port**: orifice de transfert. **transfer price**: prix de cession intérieur ; prix de transfert. **transfer reaction**: réaction de transfert. **transfer table**: plate-forme de transbordement. **transfer unit**: unité de transfert.
transferable – cessible. **transferable share**: action au porteur.
transference – transfèrement *m.* **transference number**: nombre de transport des ions.
transferring – transfert *m.*
transfluence – transfluence *f (glacier)*.
transform – transformée *f.* **transform fault**: faille transformante, *frontière entre deux plaques lithosphériques, avec déplacement latéral des deux plaques.* **transform pair**: couple de transformées. **z transform**: transformée en z *(sism)*.
transformation – transformation *f.*
transformed – transformé. **transformed ratio**: rapport de transformation. **transformed wave**: onde convertie.
transformer – transformateur *m.* **transformerless input**: entrée sans transformateur. **transformer oil**: huile pour transformateur.
transformism – transformisme *m, théorie d'évolution (géol)*.
transfrontier – transfrontière. **transfrontier pollution**: pollution transfrontière.
transgranular – transgranulaire. **transgranular corrosion**: corrosion transgranulaire.
transgression – transgression *f, envahissement par la mer d'une terre jusqu'alors émergée.*
transgressive – transgressif. **transgressive overlap**: *voir onlap.* **transgressive sediment**: dépôt transgressif. **transgressive surface**: surface de transgression. **transgressive systems tract**: cortège transgressif, *cortège sédimentaire déposé lors de la remontée du niveau eustatique.*
transient – transitoire. **transient conditions**: régime transitoire. **transient flow**: écoulement transitoire, *des fluides.* **transient motion**: mouvement transitoire. **transient response**: réponse transitoire. **transient state**: régime transitoire. **transient vibration**: vibration transitoire.
transistor – transistor *m.* **transistor amplifier**: amplificateur à transistors. **transistor/transistor logic (TTL)**: logique transistor/transistor.
transit – passage *m, d'un satellite ou d'un navire* ; tachéomètre *m* ; transit *m* ; voyage *m.* **transit-and-chain surveying**: arpentage *m.* **transit draft**: tirant d'eau de transit. **transit duty**: droit de transit. **transit expenses**: frais de transbordement. **transit line**: ligne de visée. **transit telescope**: lunette méridienne *(topog)*. **transit theodolite**: tachéomètre. **transit time**: temps de parcours, *vitesse du son dans les roches, voir aussi traveltime* ; temps de trajet.
transition – passage *m* ; transition *f.* **transition bed**: couche de passage ; couche de transition. **transition belt**: zone de transition *(géol)*. **transition element**: élément de transition *(chim)*. **transition era**: ère de transition *(géol)*. **transition frequency**: fréquence de transition. **transition function**: fonction de transition. **transition lattice**: réseau de transition *(métal)*. **transition metal**: métal de transition. **transition moment**: moment de transition. **transition point**: point de transition, *température de transition.* **transition probability**: probabilité de transition. **transition type**: type de

passage *(pal)* ; type de transition. **transition zone**: zone de passage ; zone de transition.

transitron – transitron *m, dispositif électronique utilisant une portion à résistance négative de la caractéristique courant/tension de la grille d'arrêt d'une pentode.* **transitron oscillator**: oscillateur à transitron.

translation – traduction *f*; translation *f.* **translation motion**: mouvement de translation *(méc)*. **translation movement**: mouvement de translation *(géol)*.

transloading – transbordement *m.*

translocation – translocation *f.* **translocation method**: méthode par translocation ; méthode transposée, *radioposition.*

translucency – translucidité *f.*

translucent – translucide. **translucent attritus**: houille semibrillante.

transmission – transmission *f.* **transmission brake**: frein sur la transmission. **transmission coefficient**: coefficient de transmission. **transmission constant**: coefficient de perméabilité. **transmission curve**: courbe de transmission. **transmission electron microscope**: microscope électronique à transmission. **transmission factor**: indice de transparence, *flux lumineux.* **transmission fluid**: fluide de transmission. **transmission gear**: boîte de vitesse. **transmission grease**: graisse pour transmission *(auto)*. **transmission identification number (TIN)**: numéro d'identification de la boîte de vitesse. **transmission lag**: délai de transmission, *intervalle séparant la mesure immédiate d'une variable de l'instant où le compteur l'enregistre.* **transmission line**: ligne de transmission ; ligne de transport, *électricité, produits.* **transmission loss**: perte de transmission. **transmission lubricant**: lubrifiant pour transmissions. **transmission main**: canalisation de transport ; conduite de transport. **transmission measuring set**: hypsographe *m.* **transmission network**: réseau de transport. **transmission of power**: transport d'énergie. **transmission oil**: huile pour transmissions. **transmission plane**: plan de transmission. **transmission shaft**: arbre de transmission. **transmission speed**: vitesse de transmission. **transmission time**: temps de propagation.

transmissivity – coefficient de transmission ; transmissivité *f, facteur de transmission interne d'une couche.*

transmissometer – transmissomètre *m, appareil utilisé pour mesurer le coefficient d'absorption de l'atmosphère.*

transmit (to) – émettre ; transmettre.

transmittance – facteur de transmission, *électromagnétisme* ; transmittance *f, fonction de transfert.*

transmitted – transmis. **transmitted light**: lumière transmise. **transmitted wave**: onde descendante ; onde transmise.

transmitter – émetteur *m (radio, pipeline)* ; microphone *m* ; transmetteur *m, élément mis en mouvement par des variations de nature physique et transmettant un signal approprié.* **transmitter receiver**: émetteur récepteur.

transmutation – transmutation *f, transformation d'un noyau en un autre ; transformation nucléaire.* **transmutation theory**: théorie de transmutation *(géol)*.

transonic – transsonique. **transonic flight**: vol transsonique. **transonic flow**: écoulement transsonique. **transonic range**: domaine transsonique. **transonic speed**: vitesse transsonique.

transparency – discrétion *f, aptitude d'un instrument de mesure à ne pas modifier la valeur de la grandeur mesurée* ; transparence *f.*

transparent – transparent. **transparent cutting oil**: huile de coupe transparente, *ayant pour but de permettre à l'opérateur de surveiller l'outil de coupe et la pièce pendant l'opération.* **transparent zone**: zone sans réflexion ; zone transparente.

transpiration – transpiration *f.*

Transploder – Transploder, *dénomination commerciale d'une source sismique.*

transponder – balise répondeur ; répondeur *m* ; transpondeur *m, transmetteur-récepteur électronique qui transmet les signaux après avoir été interrogé de façon appropriée.*

transport – transport *m.*

transportation – transport *m.* **transportation cost**: coût du transport. **transportation of dangerous goods**: transport des marchandises dangereuses.

transporter – transporteur *m.*

transposed – transposé. **transposed recording**: enregistrement en méthode transposée, *où l'on a utilisé, contrairement à l'habitude, peu de stations d'observation des ondes sismiques et un grand nombre d'emplacements de tir* ; enregistrement transposé.

transposition – transposition *f.*

transpression – transpression *f, dans la déformation de l'écorce, stade intermédiaire entre la compression et le décrochement qui se produit dans les zones de compression oblique.*

transshipment – transbordement *m.* **transshipment terminal**: terminal de transbordement.

transtension – transtension *f.*

transuranic – transuranien, *utilisé pour des éléments chimiques qui, dans la classification périodique, se placent après l'uranium et ont donc un numéro atomique supérieur à 92.* **transuranic element**: élément transuranien.

transverse – transversal. **transverse coast**: côte transversale. **transverse dune**: dune transversale. **transverse fault**: faille transversale. **transverse feed**: *voir crossfeed.* **transverse fissure**: fissure excentrique. **transverse fracture**: fracture transversale. **transverse isotropy**: isotropie plane ; isotropie transverse. **transverse Mercator projection**: projection Mercator transverse. **transverse projection**: projection transverse. **transverse thrust**: décrochement transversal. **transverse valley**: vallée transversale. **transverse wave**: onde transversale, *onde de volume telle que le mouvement des particules se fait, en chaque point du milieu, dans un plan tangent en ce point à la surface d'onde.*

transversely – transversalement. **transversely isotropic**: isotrope dans le plan.

trap – clapet *m* ; collecteur *m* ; déroutement *m, exécution d'une procédure à la suite de la réception d'un signal* ; dislocation *f*; filtre *m* ; guide d'ondes *(phys)* ; interruption *f, informa-*

tique ; piège *m, configuration de couches géologiques aptes à retenir les hydrocarbures* ; purgeur *m* ; récepteur *m* ; séparateur *m* ; siphon *m* ; trappe *f.* **trap indicator**: indice de pièges *(géol)*. **trap pressure**: pression du séparateur.
trapdoor – porte d'aérage ; porte rabattante. **trapdoor structure**: piège en coin.
trapezohedron – isocitétraèdre *m (crist)* ; trapézoèdre *m.*
trapp – trapp *m, empilement de coulées de lave en marche d'escalier.*
trapped – piégé. **trapped oil**: huile piégée. **trapped piping**: tuyauterie piégée, *pour séparation des liquides condensés.* **trapped wave**: onde piégée.
trapping – piégeage *m.*
trash – déchet *m* ; détritus *m* ; ordures *f*; rebut *m.*
trass – trass *m, (pétro)*.
travel – avance *f*; course *f*; parcours *m.* **travel allowance**: indemnité de déplacement. **travel of the piston**: course du piston. **travel path**: trajectoire *f*; trajet extrémal. **travel speed**: vitesse de propagation.
traveled – erratique *(géol)*.
traveler – clé de serrage, *des outils* ; curseur *m* ; grue roulante ; pont roulant.
traveling – mobile. **traveling apron**: bande transporteuse ; courroie transporteuse. **traveling block**: baladeur *m (for)* ; guignol *m* ; moufle mobile *(for)* ; navette *f*; palan mobile. **traveling-block bumper**: amortisseur de moufle mobile. **traveling bridge**: pont roulant. **traveling crane**: grue roulante. **traveling expenses**: frais de déplacement. **traveling gantry crane**: grue roulante à portique. **traveling hoist**: treuil roulant. **traveling ladle**: poche roulante *(métal)*. **traveling rope**: câble d'entraînement du tambour *(for)*. **traveling valve**: clapet de refoulement, *d'une pompe de fond, porté par le piston.* **traveling wave**: onde progressive.
traveller – *voir traveler.*
travelling – *voir traveling.*
traveltime – durée de trajet *(sism)* ; temps de parcours *(sism)* ; temps de propagation. **traveltime curve**: courbe temps-distance ; hodochrone *f, courbe de propagation (sism)*.
traverse – bretelle *f, profil sismique* ; chariotage *m* ; cheminement *m* ; parcours du terrain ; polygonale *f (topog)* ; poutre transversale ; tracé polygonal ; translation *f*; traverse *f.* **traverse valley**: vallée transversale.
traversing – cheminement *m.*
travertine – travertin *m, roche sédimentaire calcaire, plus ou moins vacuolaire, résultant de la précipitation du carbonate de calcium de certaines sources* ; tuf calcaire.
trawler – chalutier *m.*
tray – auge *f*; bac *m* ; batée *f*; cuve *f, à développement*; cuvette *f*; plateau *m* ; plateau de colonne, *voir aussi plate* ; tiroir *m.* **tray cap**: calotte de plateau ; coupelle de plateau. **tray downspout**: déversoir *m* ; goulotte *f, voir aussi downcomer, downflow.* **tray efficiency**: *voir plate efficiency.* **tray ring**: cornière de plateau. **tray riser**: cheminée de plateau. **tray spacing**: espacement des plateaux. **tray tower**: tour à plateaux, *colonne à plateaux.* **tray weir**: déversoir de plateau.
treacle – mélasse *f.*
tread – bande de roulement, *d'un pneu* ; chape *f, d'un pneu* ; écartement des roues ; voie *f.* **tread depth**: profondeur de la sculpture, *d'un pneu.* **tread wear**: usure de roulement, *d'un pneu.*
treadle – pédale *f.* **treadle drive**: commande à pédale. **treadle lathe**: tour à pédale.
treater – épurateur *m* ; purificateur *m, appareil servant à l'élimination des mercaptans, de l'hydrogène sulfuré, de l'eau, du sel et autres substances indésirables contenues dans le gaz et le pétrole* ; traiteur *m.* **treater heater**: traiteur réchauffeur.
treating – épuration *f, purification des produits pétroliers en vue d'améliorer leur qualité.* **treating cost**: coût de traitement. **treating plant**: unité de traitement, *du pétrole brut sur le chantier servant à éliminer les sédiments et l'eau.* **treating process**: procédé de raffinage ; procédé de traitement. **treating tower**: tour de contact, *dans une unité de traitement au solvant.*
treatment – *voir treating* ; traitement *m.*
treble – triple, *voir aussi thribble (for)*.
tree – tête de production, *abrév. de Christmas tree* ; arbre *m.* **tree pollen**: pollen silvatique. **tree structure**: structure arborescente.
trellis – treillage *m.* **trellis drainage pattern**: réseau orthogonal.
Tremadocian – Trémadocien *m, étage de l'Ordovicien.*
trembling – tremblant. **trembling sieve**: tamis vibrant.
tremolite – trémolite *f, amphibole calcique.*
tremor – événement mineur, *sismique.*
trench – fosse océanique ; fossé *m* ; fouille *f*; ravin abyssal, *dépression longue et étroite ayant des bords relativement raides* ; ravin sous-marin ; tranchée *f.* **trench compactor**: engin de serrage pour tranchée. **trench digger**: excavateur de tranchées. **trench digging**: creusement de tranchées. **trench excavation**: excavation de tranchées. **trench excavator**: excavatrice *f.* **trench hoe**: pelle rétrocaveuse. **trench shore**: étrésillon de tranchée. **trench work**: travail dans les tranchées.
trencher – excavatrice *f*; trancheuse *f.*
trenching – creusement des tranchées ; excavation de tranchées ; terrassement *m.* **trenching machine**: *voir trencher.*
trend – axe préférentiel, *suivant lesquel s'alignent les gisements* ; composante lissée, *d'une fonction* ; direction préférentielle ; orientation des plis, *direction générale de l'axe d'un anticlinal ou d'une chaîne de montagnes, voir aussi strike* ; style *m* ; tendance *f.* **trend analysis**: analyse de tendance ; filtrage spatio-fréquentiel. **trend line**: droite de tendance. **trend of a fault**: orientation d'une faille. **trend of strata**: orientation des couches. **trend rate**: taux tendanciel. **trend surface analysis**: carte polynomiale *(gravim)*.
Trentonian – Trentonien *m, étage de l'Ordovicien moyen.*
treptomorphism – *voir isochemical metamorphism.*
trestle – berceau *m, en bois, support de tubes* ; cadre du puits *(mine)* ; chevalet *m* ; portique *m* ; socle *m* ; support *m* ; tréteau *m.*
triacetate – triacétate *m.*

triacetin – triacétate de glycérol, *triacétine.*
triad – axe ternaire *(crist)* ; triade *f, réseau de radionavigation à 3 stations asservies.*
trial – concours *m* ; épreuve *f*; essai *m.* **trial-and-error method**: méthode par approximations successives. **trial period**: période d'essai. **trial plot**: parcelle d'essais. **trial run**: marche d'essai. **trial trip**: parcours de garantie, *d'un véhicule* ; voyage d'essai, *d'un navire.* **trial well**: puits d'essai.
triangle – triangle *m.* **triangle of error**: chapeau d'erreur *(topog).* **triangle of forces**: triangle de forces.
triangular – triangulaire. **triangular arrangement**: dispositif en triangle, *des puits de forage.* **triangular diagram**: diagramme triangulaire *(géol).* **triangular file**: tiers-point *m.* **triangular oil groove**: patte d'araignée triangulaire. **triangular-thread screw**: vis à filet triangulaire.
triangulation – triangulation *f (topog).* **triangulation point**: point de triangulation ; point géodésique. **triangulation station**: station de triangulation. **triangulation template**: gabarit de triangulation.
Trias – *voir Triassic.*
Triassic – Trias *m, première période de l'ère secondaire.*
triaxial – triaxial. **triaxial compression test**: essai de compression triaxial. **triaxial diagram**: diagramme triangulaire. **triaxial shear test**: essai de compression triaxial. **triaxial test**: essai triaxial.
triazole – triazole *m.*
tribasic – tribasique.
trible – *voir thribble.*
triboelectricity – triboélectricité *f.*
tribology – tribologie *f, étude du frottement entre ces surfaces solides.*
triboluminescence – triboluminescence *f.*
tributary – tributaire. **tributary area**: zone tributaire, *région qui du point de vue frais de transport ne peut être approvisionnée que par un point de distribution.* **tributary stream**: affluent *m.* **tributary valley**: vallée affluente.
trichloroacetic – trichloracétique, *trichloroacétique.* **trichloroacetic acid**: acide trichloracétique.
trichlorobenzene – trichlorobenzène *m.*
trichloroethane – trichloréthane *m, ou trichloroéthane, nom de deux dérivés halogénés isomères.*
trichloroethylene – trichloréthylène *m.*
trichlorofluoromethane – trichlorofluorométhane *m, solvant.*
trickle – filet *m, d'un liquide.* **trickle bed**: lit garni à cocourant descendant, *parcouru par du liquide ruisselant et une phase gazeuse continue.* **trickle-bed flow**: écoulement cocourant descendant. **trickle flow**: écoulement ruisselant. **trickle phase**: phase ruisselante.
trickle (to) – couler goutte à goutte ; ruisseler ; suinter.
Trickle Hydrodesulfurization – *dénomination d'un procédé d'hydrodésulfuration.*
trickler – goutteur *m.*
trickling – dégouttement *m* ; écoulement goutte à goutte ; ruissellement *m.* **trickling filter**: filtre bactérien. **trickling tower**: tour d'arrosage. **trickling water**: eau d'exsudation ; eau suintante.
triclinic – triclinique *(crist).* **triclinic system**: système triclinique, *système asymétrique (crist).*
Tricone – *tricone rock bit, dénomination des premiers trépans à molettes.*
tricosane – tricosane *m, carbure d'hydrogène.*
tricresylphosphate – phosphate de tricrésyle.
tridecane – tridécane *m, carbure saturé.*
tridymite – tridymite *f, tectosilicate.*
triethanolamine – triéthanolamine *f, TEA.*
triethylamine – triéthylamine *f.*
triethylene – triéthylène *m.* **triethylene glycol**: triéthylèneglycol *m.*
trifilar – trifilaire, *dans certains gravimètres, suspension d'un disque par un ressort et trois fils équidistants.* **trifilar gravimeter**: gravimètre trifilaire.
trifluoride – trifluorure *m.*
trifluoroacetic – trifluoroacétique. **trifluoroacetic acid**: acide trifluoroacétique.
trig – *abrév. de trigonometric : trigonométrique.* **trig point**: point trigonométrique.
trigatron – trigatron *m, commutateur électronique comportant un éclateur dont la décharge dans le gaz s'amorce par l'application d'une tension entre une pointe et un hémisphère.*
trigger – détente *f*; gâchette *f*; poussoir à ressort. **trigger bit**: carottier à cliquet, *qui casse la carotte au fur et à mesure qu'elle se forme.* **trigger circuit**: bascule *f, circuit.* **trigger effect**: effet de déclenchement. **trigger level**: niveau de déclenchement. **trigger switch**: interrupteur à bascule.
triggered – déclenché. **triggered spark gap**: éclateur déclenché *(élec).*
triggering – déclenchement *m.*
triglyceride – triglycéride *m, nom générique des esters du glycérol.*
trigonal – équilatéral ; trigonal *(crist).* **trigonal system**: système rhomboédrique *(crist).*
trigonometric – trigonométrique. **trigonometric function**: fonction trigonométrique. **trigonometric identity**: identité trigonométrique. **trigonometric leveling**: levé trigonométrique *(topog)* ; nivellement trigonométrique.
trigonometry – trigonométrie *f.*
triisobutylene – triisobutylène *m.*
trilateration – trilatération *f, localisation.*
trilling – cristal triple *(crist).*
trillion – trillion *m, = 1 million de billions =* 10^{18} *dans les systèmes de notation SI ; aux USA = 1 million de millions =* 10^{12}.
trilobite – trilobite *m (pal).*
trim – *voir trimming* ; assiette *f (naut)* ; compensation *f*; correction par indicatrice ; équilibrage *m* ; garniture d'une vanne. **trim condenser**: condenseur de réglage. **trim disk**: disque enjoliveur, *d'une roue.*
trim (to) – ébavurer. **trim (to) the tanks**: équilibrer les réservoirs, *d'eau et de pétrole sur un navire, de façon à faciliter la manutention ou à augmenter la vitesse.*
trimer – trimère *m (chim).*
trimethylamine – triméthylamine *f.*
trimethylbenzene – triméthylbenzène *m, nom de trois isomères, l'hémimellitène, le mésitylène et le pseudocumène.*
trimetrogon – trimétrogon *m, système de trois appareils photographiques utilisé dans la cartographie aérienne.* **trimetrogon camera**: chambre

trimétrogon. **trimetrogon photography**: prise de vue trimétrogon.
trimming – accessoire *m* ; arrangement *m* ; ébarbage *m (métal)* ; garnissage *m*. **trimming die**: matrice d'ébarbage. **trimming machine**: ébarbeuse *f*. **trimming pump**: pompe d'assiette *(naut)* ; pompe d'équilibrage *(naut)*. **trimming tank**: caisse d'assiette *(naut)*.
trimmings – garniture *f*; robinetterie *f*.
trinitrocellulose – trinitrocellulose *f*.
trinitrotoluene – trinitrotoluène *m, TNT, tolite.*
triode – triode *f*.
trioxane – trioxane *m, trioxyméthylène.*
trioxide – trioxyde *m*.
trip – dispositif de déclenchement ; manoeuvre *f, remontée et redescente de trépan dans le trou, aller-retour du trépan* ; voyage *m*. **trip casing spear**: arrache-tube *m, repêchage.* **trip charter**: affrètement au voyage. **trip coil**: bobine de déclenchement. **trip for bit change**: manoeuvre pour changement d'outil. **trip gas**: gaz échappé lors d'une manoeuvre *(for)*. **trip hammer**: marteau à bascule. **trip lever**: levier à déclic. **trip mandrel**: manchon coulissant. **trip odometer**: compteur journalier. **trip show**: venue en cours de manoeuvre *(for)*. **trip spear**: *voir trip casing spear.* **trip tank**: bac de manoeuvre, *permettant le remplissage du puits en continu pendant la remontée des tiges de forage.* **trip time**: temps de descente et de remontée du trépan *(for)* ; temps de manoeuvre. **trip valve**: soupape de sûreté, *tester de puits* ; valve d'ouverture.
trip (to) – basculer ; culbuter ; déclencher ; décliqueter ; effectuer une manoeuvre *(for)* ; mettre en route. **trip (to) in**: embrayer. **trip (to) off**: débrayer. **trip (to) the current**: couper le courant.
triphenylene – triphénylène *m, benzophénanthrène-9-10.*
triphenylmethane – triphénylméthane *m, tritane.*
triphenylphosphine – triphénylphosphine *f*.
triphosphate – triphosphate *m*.
triple – triple, *voir aussi thribble.* **triple board**: *voir thribble board.* **triple bond**: liaison triple ; triple liaison. **triple-expansion engine**: machine à triple expansion. **triple junction**: jonction triple. **triple-lead cable**: câble électrique à trois brins. **triple point**: point triple, *point d'équilibre des phases solide, liquide et gazeuse.* **triple-purpose oil**: huile à triple usage, *huile de coupe, fluide hydraulique et huile pour machine.* **triple-string valve**: vanne pour complétion triple *(prod)*.
triplet – triplet *m*.
tripod – trépied *m* ; tripode *m*. **tripod platform**: plate-forme tripode.
tripping – basculement *m* ; déclenchement *m*. **tripping line**: orin *m, filin servant au mouillage d'un objet (bouée, ancre) ou d'une embarcation.*
triptane – triptane *m, carburant présentant une très haute résistance à la détonation.*
trisoctahedron – octaèdre tronqué *(crist)*.
trisulfide – trisulfure *m*.
triterpene – triterpène *m (chim)*.
tritium – tritium *m, isotope radioactif de l'hydrogène.*
trituration – trituration *f, comminution.*
TRM – ATR, *abrév. de thermoremanent magnetization, aimantation thermorémanente.*
troilite – troïlite *f, sulfure de fer.*
trolley – chariot *m* ; diable *m* ; fardier *m*. **trolley crane**: chariot de grue. **trolley locomotive**: locomotive à trolley.
trommel – crible rotatif ; trommel *m*. **trommel screen**: *voir trommel.*
trona – trona *m, hydrocarbonate de sodium.*
tropical – tropical. **tropical climate**: climat tropical. **tropical year**: année tropique.
tropicalization – tropicalisation *f, préparation du matériel pour le rendre apte à résister à l'action du climat tropical.*
tropopause – tropopause *f, limite supérieure de la troposphère.*
troposcatter – *voir tropospheric scatter.*
troposphere – troposphère *f, zone la plus basse de l'atmosphère.*
tropospheric – troposphérique. **tropospheric correction**: correction troposphérique. **tropospheric scatter**: diffusion troposphérique.
trouble – dérangement *m* ; dislocation *f*; panne *f*. **trouble-free operation**: fonctionnement normal ; fonctionnement sans incident, *bon fonctionnement* ; fonctionnement sûr, *sans heurt.*
troubleproof – indéréglable.
troubleshoot (to) – dépanner ; dépister.
troubleshooter – dépanneur *m*.
troubleshooting – dépannage *m, recherche de la cause d'une panne* ; intevention *f*.
trough – arche négative, *d'un signal* ; auge *f*; bac *m* ; creux *m, forme d'onde* ; cuve *f*; dépression *f*; fossé tectonique ; gouttière *f*; noeud *m, d'un mouvement vibratoire* ; pli synclinal ; synclinal *m* ; synclinal creux, *film sismique.* **trough axis**: axe synclinal *(géol)*. **trough bench**: épaulement de l'auge, *glaciaire.* **trough bend**: charnière synclinale *(géol)*. **trough conveyor**: transporteur à auges. **trough core**: noyau synclinal *(géol)*. **trough crossbedding**: litage oblique en auge. **trough fault**: massif effondré. **trough grease**: lubrifiant pour pétrin de boulanger, *à base de pétrolatum.* **trough headwall**: fin d'auge, *terminaison semicirculaire d'une vallée glaciaire.* **trough-in-trough valley**: auges emboîtées. **trough launder**: auge transversale, *servant à collecter l'huile.* **trough limb**: flanc normal inférieur, *d'une nappe.* **trough line**: aile inférieure *(géol)* ; arête synclinale. **trough mixer**: malaxeur à auges. **trough of low pressure**: creux barométrique *(météo)*. **trough vein**: gîte de charnière synclinale.
TROV – *abrév. de tethered remotely-operated vehicle.*
trowel – taloche *f*; truelle *f*.
troy – troy *m, nom d'un système de mesure anglais employé surtout pour les métaux précieux.* **troy units**: unités troy, *unités de masse, 1 troy pound = 12 ounces, 1 ounce = 20 pennyweights, 1 pennyweight = 24 grains.*
truck – camion *m* ; chariot *m*. **truck capacity**: charge utile de camion. **truck cart**: benne *f, wagonnet servant à transporter les déblais, ainsi que tout le matériel employé dans la mine* ; berline *f*. **truck crane**: grue sur camion. **truck driver**: chauffeur de camion ; conducteur de camion. **truck mixer**: camion bétonnière. **truck tractor**: tracteur pour semiremorque. **truck trailer**: remorque de camion.

truckage, trucking – camionnage *m.*

truckload – plein wagon ; tombereau *m.*

true – pur ; réel ; véritable. **true-amplitude recovery (TAR)**: restitution des amplitudes réelles ; restitution en amplitude préservée. **true bearing**: azimut astronomique. **true boiling point (TBP)**: point d'ébullition réel. **true-boiling-point curve (TBPC)**: courbe des points d'ébullition réels, *ou vrais.* **true bore**: calibré. **true diesel**: moteur diesel, *à allumage par compression.* **true dip**: pendage réel ; pendage vrai. **true emulsion**: émulsion vraie. **true folding**: plissement véritable. **true formation resistivity**: résistivité réelle de la roche. **true horizon**: horizon vrai. **true north**: nord géographique, nord vrai, *direction du pôle Nord terrestre.* **true resin**: résine naturelle. **true resistivity**: résistivité vraie. **true solar time**: temps solaire vrai (TSV). **true solution**: solution vraie. **true stratigraphic superposition**: succession stratigraphique normale. **true to scale**: à l'échelle 1/1 ; grandeur nature. **true value of a quantity**: valeur vraie d'une grandeur. **true velocity**: vitesse effective ; vitesse réelle. **true vertical depth (TVD)**: profondeur ramenée à la verticale, *profondeur verticale réelle, distance séparant le niveau de référence des profondeurs de la projection d'un point considéré du sondage sur la verticale passant par la table de rotation.* **true vertical thickness**: épaisseur verticale réelle.

trueness – exactitude *f.*

trumpet – trompette *f.* **trumpet log**: *voir Microlaterolog, surnommé ainsi à cause de la forme en pavillon des lignes de courant dans la formation.*

truncated – arasé ; émoussé ; tronqué. **truncated block**: bloc arasé. **truncated-cone-shaped**: tronconique. **truncated cylinder**: cylindre tronqué. **truncated fold**: pli tronqué. **truncated mound**: monticule à structure tronquée. **truncated soil**: sol tronqué *(pédol)*. **truncated spur**: éperon tronqué *(géol)*. **truncated upland**: massif arasé *(géol)* ; pénéplaine rajeunie.

truncation – arasement *m* ; troncature *f.* **truncation error**: erreur d'écrêtage ; erreur de troncation.

trunk – coffre *m* ; tronc *m.* **trunk buoy**: coffre d'amarrage *(naut)*. **trunk main**: canalisation de transport. **trunk pipeline**: canalisation principale, *conduite à laquelle viennent se raccorder d'autres canalisations.* **trunk piston**: piston fourreau. **trunk-piston engine**: moteur à piston fourreau.

trunkline – conduite principale.

trunnion – tourillon *m.* **trunnion bearing**: palier à pivot.

truss – armature *f* ; bâti *m* ; contrefiche *f* ; support *m* ; traverse *f.*

trustee – mandataire *m.*

truth – vérité *f.* **truth table**: table de vérité *(math)*. **truth value**: valeur de vérité *(math)*.

try – essai *m.* **try cock**: robinet de jauge, *robinet de jauge de niveau.*

TS – *abrév. de test solution et de tensile strength.*

TSA – *abrév. de temperature swing adsorption.*

TSD – *abrév. de temporarily shut down : provisoirement fermé (for).*

TSP – *abrév. de total suspended particulates, de time at the shotpoint, et de thermostable polycrystalline.* **TSP diamond**: diamant polycristallin thermostable.

TSSI – *abrév. de temporary shear stability index.*

tstg – *abrév. de testing.*

tsunami – tsunami *m, onde solitaire déclenchée par un tremblement de terre et qui provoque un raz de marée en abordant les côtes.*

tub – bac *m* ; baquet *m* ; benne *f* ; berline *f* ; cuffat *m* ; cuve *f.*

tube – tube *m* ; tuyau *m.* **tube boiler**: chaudière tubulaire. **tube brush**: écouvillon *m.* **tube bundle**: faisceau de tubes ; faisceau tubulaire. **tube clamp**: serre-tube *m.* **tube cutter**: coupe-tube *m (for)*. **tube expander**: dudgeon *m* ; mandrin pour tubes. **tube extractor**: extracteur de tubes *(for)*. **tube fitting**: raccord de tuyauterie. **tube hanger**: support de tube. **tube header**: *voir tube plate.* **tube-in-shell reactor**: réacteur tubulaire. **tube-in-tube condenser**: condenseur à double tube. **tube joint**: raccord de tuyau. **tubeless tire**: pneu sans chambre à air. **tube mill**: tube broyeur. **tube packing**: bague d'étanchéité, *en étoupe ou en caoutchouc obstruant l'espace entre tube de production et paroi du puits.* **tube pass**: passe-tube *m.* **tube plate**: plaque tubulaire, *d'un échangeur de chaleur.* **tube pulling**: détubage m *(for)*. **tube rolling**: laminage des tubes. **tube sheet**: *voir tube plate.* **tube steel**: acier pour tubes. **tube still**: *voir pipe still.* **tube support**: support de tube. **tube turn**: coude de canalisation. **tube wave**: onde de tube, *onde guidée par un puits.* **tube wrench**: clé à tubes. **U tube**: tube en U. **U-tube manometer**: manomètre à tube en U.

tubing – tube *m* ; tube de production, *tube de petit diamètre placé à l'intérieur d'un sondage producteur et servant soit de conduite de refoulement à la pompe de fond, soit de conduite d'éruption.* **tubing anchor**: ancre de fixation de la colonne de production. **tubing bleeder**: purgeur de tube de production. **tubing block**: treuil de la colonne de production. **tubing catcher**: appareil de repêchage de tubes *(for)* ; mâchoires de suspension, *dispositif d'accrochage de la base du tube, fonctionnant par inertie lors de la rupture de celui-ci.* **tubing centralizer**: centreur de tube de production. **tubing elevator**: élévateur pour tubes de production. **tubing-end locator**: indicateur de sabot de tube de production. **tubing-guide shoe**: guide de tube de production ; sabot-guide de tube de production. **tubing hanger**: olive de suspension de la colonne de production ; suspension des tubes de production. **tubing head**: tête de colonne de production. **tubing-head pressure**: pression en tête de colonne de production. **tubing-head sampler**: échantillonneur de surface. **tubing-head spool**: raccord double bride pour tubes de production, *pièce comportant deux brides destinées à la suspension d'une colonne de production* ; tête de colonne de production. **tubing job**: remontée pour réparation, *de la colonne de production.* **tubing packer**: garniture d'étanchéité pour colonne de production ; packer de tube de production *(for)*. **tubing pressure**: *voir shut-in pressure.* **tubing pump**: pompe à tiges pour tubes de production. **tubing ring**: *voir tubing spider.* **tubing spear**: arrache-tube *m.* **tubing spider**: support de tige à coins ; table articulée pour colonne de production. **tubing stop**: butée amovible de tube de production, *arrêtant tout objet accidentellement lâché dans la colonne de production.* **tubing tongs**: clés de serrage pour tube de production.

tubingless – sans tube de production, *ou sans colonne de production.* **tubingless completion**: complétion sans colonne de production. **tubingless well**: puits sans colonne de production ; puits sans tube de production.

tubular – tubulaire. **tubular boiler**: chaudière tubulaire. **tubular condenser**: condenseur tubulaire. **tubular cooler**: réfrigérant tubulaire. **tubular goods**: matériel tubulaire. **tubular heat exchanger**: échangeur de chaleur tubulaire. **tubular heater**: réchauffeur tubulaire. **tubular joint**: noeud d'assemblage des tubes. **tubular shaft**: arbre creux. **tubular spring**: source karstique *(géol)*. **tubular telescoping mast**: mât de forage à éléments coulissants. **tubular weight**: poids de la colonne de tubage *(for)*.

tubulars – matériel tubulaire ; tubulaires *m.*

tubulated – *voir tubular.*

tufa – tuf *m* ; tuf calcaire, *type de travertin.*

tufaceous – tufacé, *calcaire.*

tuff – tuf volcanique, *accumulation de projections volcaniques consolidées par les eaux d'infiltration.* **tuff ring**: rempart de tufs.

tuffite – tuffite *f, roche volcano-sédimentaire.*

tug – remorqueur *m* ; saccade *f*; traction *f.* **tug pulley**: *voir tug rim.* **tug rim**: poulie d'entraînement à gorge *(for)*.

tug (to) – haler ; remorquer.

tugboat – remorqueur *m.*

tumble – chute *f*; culbute *f.*

tumble (to) – s'ébouler, *s'écrouler.*

tumbler – culbuteur *m.* **tumbler switch**: interrupteur à bascule.

tumulus – dôme de lave ; tumulus *m.*

tundra – toundra *f.*

tune (to) – accorder. **tune (to) up**: mettre au point ; régler.

tuned – accordé. **tuned antenna**: antenne accordée. **tuned array**: dispositif accordé, *groupe de canons à air accordés afin de diminuer l'effet-bulle global.* **tuned circuit**: circuit accordé.

tungsten – tungstène *m, symbole chim. W.* **tungsten boride**: borure de tungstène. **tungsten carbide**: carbure de tungstène. **tungsten-copper alloy**: alliage cuivre tungstène, *pour fixation des diamants sur trépans.* **tungsten electrode**: électrode de tungstène *(soudure)*. **tungsten hexachloride**: hexachlorure de tungstène. **tungsten metal**: tungstène métallique. **tungsten ore**: minerai de tungstène. **tungsten steel**: acier au tungstène.

tungstic – tungstique. **tungstic acid**: acide tungstique. **tungstic oxide**: trioxyde de tungstène, *anhydride tungstique.*

tuning – accord *m (élec)* ; ajustement *m* ; réglage *m (radio)*. **tuning fork**: diapason *m, comptage de temps en sismique.* **tuning range**: plage d'accord *(élec)*.

tunnel – tunnel *m.* **tunnel-bearing grease**: graisse pour le tunnel de l'arbre d'hélice, *des navires.* **tunnel borer**: tunnelier *m.* **tunnel burner**: brûleur tunnel. **tunnel cap**: calotte de barbotage rectangulaire. **tunnel diode**: diode à tunnel. **tunnel drier**: séchoir tunnel. **tunnel driving**: percement de tunnel. **tunnel effect**: effet tunnel. **tunnel furnace**: four tunnel. **tunnel kiln**: *voir tunnel furnace.* **tunnel opening**: orifice de tunnel. **tunnel thruster**: propulseur en tunnel.

tunnel (to) – creuser un tunnel ; percer un tunnel.

tunneling – percement de tunnel.

turbid – dense ; épais ; trouble.

turbidimeter – opacimètre *m* ; turbidimètre *m.*

turbidimetric – turbidimétrique. **turbidimetric analysis**: analyse turbidimétrique. **turbidimetric titration**: dosage turbidimétrique.

turbidimetry – turbidimétrie *f.*

turbidite – turbidite *f, couche sédimentaire détritique produite par un courant de turbidité.*

turbidity – impuretés *f, qui rendent l'eau trouble* ; opacité *f*; turbidité *f.* **turbidity coefficient**: coefficient de trouble. **turbidity current**: courant de densité ; courant de turbidité. **turbidity index**: indice de turbidité.

turbine – turbine *f.* **turbine blade**: aube de turbine. **turbine casing**: enveloppe de turbine. **turbine drive**: entraînement par turbine. **turbine-drive pump**: pompe à commande par turbine. **turbine driven**: entraîné par turbine. **turbine engine**: turbomoteur *m.* **turbine fuel**: turbocombustible *m.* **turbine gear**: réducteur de vitesse pour turbine. **turbine generator**: turbogénératrice *f.* **turbine meter**: débit ; mètre à turbine. **turbine oil**: huile pour turbine. **turbine-oil conditioner**: régénérateur d'huile de turbine. **turbine-oil stability test (TOST)**: essai de stabilité de l'huile pour turbine, *essai d'oxydation des huiles inhibées destinées aux turbines à vapeur.* **turbine pump**: turbopompe *f.* **turbine runner**: aubage mobile. **turbine stator**: aubage fixe de turbine. **turbine ventilation**: ventilateur à turbine.

turbining – nettoyage *m, à l'aide d'un racleur à turbine.*

turboalternator – turboalternateur *m (élec)*.

turboblower – turbosoufflante *f.*

turbocharged – suralimenté.

turbocharger – turbine de suralimentation ; turbosoufflante *f.*

turbocharging – suralimentation par turbine.

turbocompressor – turbocompresseur *m.*

turbocoring – turbocarottage *m.*

turbodrill – turboforeuse *f.*

turbodrilling – turboforage *m, l'entraînement du trépan se fait par une turbine placée au-dessus et actionnée par la circulation de boue, le train de tiges restant fixe.*

turbofan – turbosoufflante *f.*

turbogenerator – turboalternateur *m.*

turbojet – turboréacteur *m.*

turboprop – turbopropulsé. **turboprop aircraft**: appareil turbopropulsé. **turboprop engine**: turbopropulseur *m.*

turbosphere – turbopause *f, zone de l'atmosphère entre l'homosphère et l'hétérosphère.*

turbosupercharger – turbocompresseur de suralimentation.

turbulence – turbulence *f, fluides.* **turbulence sky**: ciel de turbulence *(météo)*.

turbulent – turbulent. **turbulent boundary layer**: couche limite turbulente. **turbulent burner**: brûleur à turbulence. **turbulent flow**: écoulement turbulent. **turbulent fluidized bed**: lit fluidisé turbulent.

turf – gazon *m* ; pelouse *f*; tourbe *f*. **turf moor**: tourbière *f*. **turf pit**: tourbière exploitée.

turgescence – gonflement *m* ; turgescence *f*.

turkey – dinde *f*. **turkey shoot**: tir au pigeon, *comparaison entre résultats sismiques.*

turn – révolution *f*; spire *f*; tour *m* ; virage *m*, *(outil)*.

turn (to) – devenir ; convertir ; tourner ; virer. **turn (to) into the line**: mettre en route la distribution, *du pétrole d'un puits.* **turn (to) off**: arrêter ; couper, *vapeur, gaz.*

turnaround – délai de traitement, *entre l'entrée des données dans l'ordinateur et la sortie des résultats* ; révision complète, *d'une unité industrielle* ; rotation *f*, *aller-retour pour les camions-citernes, les navires, etc.* **turnaround speed**: vitesse de chargement et de déchargement.

turnbuckle – ridoir *m* ; tendeur *m*, *tendeur à vis, pour haubans.*

turndown – débit moyen, *rapport entre le débit maximum et le débit minimum d'un robinet de régulation.*

turned – charioté.

turning – tournage *m*. **turning basin**: bassin d'évitage, *dans un port.* **turning circle**: cercle de giration. **turning point**: point d'inflexion ; point de retour ; station mire tournante *(topog)* ; tournant *m* ; virage *m*. **turning radius**: rayon de braquage.

turnkey – clé en main. **turnkey bid**: offre clé en main ; soumission clé en main. **turnkey construction**: usine livrée clé en main. **turnkey contract**: contrat clé en main, *contrat portant sur le forage des puits, par lequel l'entrepreneur s'engage à effectuer la totalité du travail prévu pour une somme donnée sans que le client ait à intervenir.* **turnkey job**: ouvrage livré clé en main, *opération de service dans laquelle le soumissionnaire n'intervient sur aucun plan, l'entrepreneur se chargeant de l'entière exécution des travaux y compris la vérification des factures* ; travail livré clé en main. **turnkey project**: projet clé en main.

turnover – chiffre d'affaires (CA) ; culbute *f*; renouvellement *m (biol)* ; renversement *m* ; rotation du personnel. **turnover job**: *voir turnaround.* **turnover number per number of catalytic sites**: activité spécifique par nombre de sites catalytiques. **turnover of stocks**: rotation des stocks. **turnover ratio**: taux de rotation du capital.

turnplate – plaque tournante.

turnsheet – *voir turnplate.*

turntable – plaque tournante *f*; table de rotation *(for)*, *voir aussi rotary table* ; table tournante.

Turolian – Turolien *m*, *étage du Miocène supérieur.*

Turonian – Turonien *m*, *étage du Crétacé.*

turpentine – térébenthine *f*, *solvant pour peinture.* **turpentine oil**: essence de térébenthine.

turps – *voir turpentine oil.*

turrelite – turrélite *f*, *roche asphaltique du Texas.*

turret – tourelle *f*. **turret lathe**: tour à tourelle revolver.

turtleback – carapace de tortue, *type de joint de tige de forage* ; casque métallique, *des foreurs.* **turtleback structure**: structure en carapace de tortue.

tuyere – tuyère *f*.

TV – *abrév. de time variable : variant avec le temps* ; TV, *abrév. de television : télévision.*

TVA – *abrév. de Tennessee Valley Authority.*

TVD – *abrév. de true vertical depth.*

TVF – *abrév. de time variant filter.*

TVG – *abrév. de time-variable gain.*

TVO – *abrév. de tractor vaporizing oil : essence tracteur à base de kérosène.*

Twaddell – Twaddell, *ou Twaddle.* **Twaddell hydrometer**: densimètre de Twaddell, *pour mesurer les liquides de densité supérieure à l'eau.* **Twadell scale**: échelle Twaddell, *échelle de densité des solutions, s'exprime en degré Twaddell.*

TWC – *abrév. de three-way catalyst.*

tweendeck – entrepont *m*.

tweezers – brucelles *f*, *pince de labo* ; pinces brucelles.

twin – conjugué ; hémitrope ; jumeau *m* ; jumelé ; macle *f*. **twin cable**: câble à deux conducteurs. **twin camera**: chambres couplées. **twin-carbon arc brazing**: brasage à l'arc à deux charbons. **twin-carbon arc welding**: soudage à l'arc à deux charbons. **twin crystal**: cristal maclé ; macle *f*, *édifice cristallin composé de plusieurs monocristaux de même espèce.* **twin cylinders**: cylindres jumelés. **twin drills**: forets jumeaux. **twin engine**: moteur à deux cylindres. **twin engined**: bimoteur ; à deux moteurs. **twin generators**: générateurs jumelés, *carburateur et générateur d'une ligne de gaz à l'eau carburée convertis pour la production de gaz de pétrole.* **twin horsts**: horsts jumeaux. **twin-hull unit**: catamaran *m*. **twin instruments**: instruments jumelés. **twin-lead cable**: câble à deux brins. **twin-spool engine**: moteur à deux rotors. **twin steam engine**: machine à vapeur à cylindres jumelés. **twin well**: puits jumelé, *foré en face d'un puits de la concession adjacente* ; puits produisant à partir de deux horizons différents.

twine – ficelle *f*.

twinned – maclé *(crist)*. **twinned crystal**: cristal maclé.

twinning – formation de macle *(crist)* ; maclage *m*. **twinning lamella**: lamelle de macle *(crist)*. **twinning plane**: plan de macle.

twirling – tournoiement *m*.

twist – torsion *f*. **twist drill**: foret américain ; foret hélicoïdal, *mèche hélicoïdale, outil de repêchage* ; mèche en spirale.

twisted – tordu ; torsadé. **twisted jute packing**: garniture d'étoupe torse, *pour colmatage des raccords vissés.* **twisted rope**: câble tors. **twisted twine**: ficelle retordue.

twister – tornade *f*.

twisting – rotation *f*; torsion *f*. **twisting fatigue**: fatigue de torsion, *due à la torsion.* **twisting moment**: couple de torsion.

twistoff – cassure par torsion ; rupture par torsion, *rupture de tige de forage par torsion excessive, terme utilisé à tort en anglais pour désigner d'autres types de ruptures.*

twistor – torseur *m*.

two – deux. **two-body problem**: problème à deux corps. **two-coil flow**: circuit à deux serpentins. **two-component mixture**: mélange binaire. **two-constituent mixture**: mélange binaire. **two-cycle engine**: moteur à deux temps. **two-dimensional**: bidimensionnel ; à deux dimensions. **two-dimensional filtering**: filtrage à 2D ; filtrage bidimensionnel. **two-fluid cell**: pile à deux liquides. **two-layer reservoir**: réservoir bicouche. **two-liquid centrifuge**: centrifugeuse à deux liquides. **two-necked bottle**: flacon à deux tubulures. **two-part bearing**: *voir split bearing*. **two-part tariff**: tarif binôme. **two phase**: biphasé ; diphasique, *en deux phases*. **two-phase current**: courant diphasé. **two-phase flow**: écoulement diphasique. **two pole**: bipolaire. **two-position valve**: vanne à deux positions. **two's complement**: complément à deux. **two sided**: bilatéral. **two-stage compressor**: compresseur à deux étages. **two-stage filter**: filtre à deux étages. **two step**: en deux temps. **two-stroke cycle**: cycle à deux temps. **two-stroke engine**: moteur à deux temps. **two-stroke fuel**: carburant deux temps. **two walled**: à double paroi. **two-way**: à deux voies. **two-way circulating valve**: vanne de circulation inverse. **two-way cock**: robinet à deux voies. **two-way control**: tirs direct et inverse. **two-way table**: tableau statistique à double entrée. **two-way tap**: robinet à deux voies. **two-way time (TWT)**: temps double (TD), *temps d'arrivée correspondant à la durée des trajets aller et retour qui joignent la source aux miroirs, puis les miroirs aux capteurs*. **two-way transmission coefficient**: coefficient de transmission aller-retour. **two-way valve**: vanne à deux voies. **two-wheel trailer**: remorque deux roues.

twofold – binaire ; double.

TWP – *abrév. de township.*

TWT – TD, *abrév. de two-way time : temps double.*

T-X curve – *voir time distance curve.*

type – modèle *m* ; type *m*. **type fossil**: *voir index fossil*. **type locality**: localité type *(géol)* ; localité repère. **type material**: collection-type, *ensemble des spécimens décrivant une nouvelle espèce*. **type specimen**: spécimen type, *type représentatif de l'espèce.*

typewriter – machine à écrire. **typewriter keyboard**: clavier dactyolographique.

typhoon – typhon *m*.

typical – typique.

typomorphic – typomorphique *(pétro)*. **typomorphic mineral**: minéral typomorphique.

tyre – *voir tire.*

Tyrrhenian – Tyrrhénien *m*, *division stratigraphique du Quaternaire.*

tyuyamunite – tyuyamunite *f*, *vanadate hydraté natural de calcium et d'uranyle.*

U

u – u, *symbole d'unité de masse atomique.*

Ubbelohde – Ubbelohde. **Ubbelohde viscometer**: viscosimètre de Ubbelohde, *viscosimètre dynamique à capillaire.*

UCG – GSC, *abrév. de underground coal gasification : gazéification souterraine du charbon.*

UDC – PMH, *abrév. de upper dead center : point mort haut.*

Udex – *dénomination d'un procédé d'extraction des aromatiques à l'aide d'un mélange d'éthylène glycol et d'eau.*

udometer – udomètre *m, jauge de pluie.*

UEL – *abrév. de upper explosive limit.*

UFL – *abrév. de upper flammable limit.*

U-Gas – *dénomination d'un procédé de gazéification du charbon.*

UH – *abrév. de uphole.* **UH phone**: *abrév. uphole geophone : sismo placé près du trou, donnant le temps vertical.*

UHF – UHF, *abrév. de ultrahigh frequency, ultrahaute fréquence.*

uintahite – uintahite *f, gilsonite.*

UJT – *abrév. de unijunction transistor.*

UKOOA – *abrév. de United Kingdom Offshore Operators Association.*

ULCC – UGPB, *abrév. de ultralarge crude carrier : ultragros porteur de brut, au-delà de 400 000 tonnes de port en lourd.*

ullage – creux d'un réservoir, *hauteur libre dans un réservoir partiellement rempli de liquide.* **ullage hole**: trou de jaugeage, *sur un réservoir de stockage.* **ullage measurement**: mesure par le creux. **ullage space**: ciel gazeux, *espace entre la surface du liquide et le haut d'un réservoir de stockage.*

ullmannite – ullmannite *f.*

ulmic – ulmique. **ulmic acid**: acide ulmique.

ulmification – paludification *f (pédol).*

ulmin – humine *f, constitue l'essentiel de la matière organique du sol* ; ulmine *f, produit de la décomposition de matières végétales trouvé dans les charbons, les tourbes, les lignites.*

ulminite – ulminite *f, variété d'huminite.*

ULSEL – *abrév. de ultralong-spaced electric log, dénomination d'une diagraphie électrique à très longs espacements.*

Ulsterian – Ulstérien *m, étage du Dévonien inférieur.*

ultimate – final ; ultime. **ultimate analysis**: analyse élémentaire. **ultimate elongation**: allongement à la rupture. **ultimate load**: charge limite ; limite de charge. **ultimate oil recovery**: récupération finale de l'huile. **ultimate oxygen demand (UOD)**: demande ultime en oxygène. **ultimate petroleum resources**: ressources ultimes en pétrole, *quantité d'hydrocarbures que l'on pense exister et pouvoir découvrir un jour ; il s'agit là d'une notion purement géologique qui ne tient compte ni des contraintes techniques ou économiques ni des délais.* **ultimate production**: production totale. **ultimate resistance**: résistance limite. **ultimate strength**: charge de rupture, *des tiges.* **ultimate stress**: tension de rupture. **ultimate tensile strength**: charge limite de rupture.

ultrabasic – ultrabasique. **ultrabasic rock**: roche ultrabasique *(pétro).*

ultracentrifuge – ultracentrifugeuse *f.*

ultracentrifuging – ultracentrifugation *f.*

Ultracracking – *dénomination d'un procédé de conversion d'une large gamme de charges d'hydrocarbures.*

ultradeep – ultraprofond. **ultradeep drilling**: forage ultraprofond, *forage au-delà de 7 000 m.* **ultradeep well**: puits ultraprofond.

ultradominant – prédominant.

ultrafilter – ultrafiltre *m.*

ultrafiltration – ultrafiltration *f.*

Ultrafining – *dénomination d'un procédé de raffinage pour l'élimination du soufre, de l'azote et des oléfines de charges allant des naphtas aux charges de recyclage lourdes.*

Ultraforming – *dénomination d'un procédé de reformage catalytique pour la conversion de naphtas de bas indice d'octane en essence pour mélanges de haut indice.*

ultraheavy – ultralourd. **ultraheavy rig**: appareil de forage super-lourd.

ultrahigh – ultrahaut. **ultrahigh frequency (UHF)**: ondes décimétriques ; ultrahaute fréquence (UHF). **ultrahigh vacuum**: ultravide *m.*

ultralarge – ultragros. **ultralarge crude carrier (ULCC)**: ultragros porteur de brut (UGPB), *ou hyperpétrolier, de plus de 400 000 t.*

ultralight – ultraléger. **ultralight alloy**: alliage ultraléger.

ultralong – ultralong. **ultralong-spacing electric log (ULSEL)**: diagraphie électrique à très longs espacements.

ultramarine – outremer *m, couleur.*

ultrametamorphism – ultramétamorphisme *m (géol).*

ultramicrometer – ultramicromètre *m.*

ultramicroscope – ultramicroscope *m.*

ultrashort – ultracourt. **ultrashort baseline system**: base acoustique ultracourte, *positionnement dynamique.* **ultrashort waves**: ondes ultracourtes.

ultrasonic – ultrasonique. **ultrasonic cleaning**: nettoyage par ultrasons. **ultrasonic coagulation**: coagulation par ondes ultrasonores. **ultrasonic detector**: détecteur à ultrasons. **ultrasonic drill**: foreuse ultrasonique. **ultrasonic drilling**: forage aux ultrasons ; forage ultrasonique. **ultrasonic generator**: générateur d'ultrasons. **ultrasonic inspection**: inspection ultrasonique. **ultrasonic leak detector**: détecteur ultrasonique de fuite. **ultrasonic telephone**: téléphone à ultrasons. **ultrasonic testing**: contrôle par ultrasons ; essai par les ultrasons. **ultrasonic transducer**: transducteur ultrasonique. **ultrasonic velocity**: vitesse ultrasonique. **ultrasonic wave**: onde ultrasonore ; ultrason *m.* **ultrasonic welding**: soudage par ultrasons.

ultrasonics – ultracoustique *f, technique des ultrasons.*

ultrasound – ultrason *m.*

ultrastability – ultrastabilité *f.*

ultraviolet – ultraviolet ; ultraviolet *m.* **ultraviolet absorber**: *voir ultraviolet inhibitor.* **ultraviolet analyzer**: analyseur à rayons ultraviolets. **ultraviolet band**: bande ultraviolette. **ultraviolet inhibitor**: inhibiteur d'ultraviolet. **ultraviolet luminescence**: luminescence en UV. **ultraviolet photography**: prise de vue en ultraviolet. **ultraviolet radiation**: rayonnement ultraviolet. **ultraviolet ray**: rayon ultraviolet. **ultraviolet spectroscopy**: spectroscopie dans l'ultraviolet ; spectroscopie ultraviolette ; spectroscopie UV. **ultraviolet spectrum**: spectre ultraviolet.

umber – ombre *f, lignite terreux* ; terre d'ombre.

umbilical – câble ombilical, *connexion marine d'un instrument ou appareil* ; ombilical *m.*

umpirage – arbitrage *m.*

umpire – arbitre *m.* **umpire assay**: analyse d'arbitrage.

UMR – *abrév. de unsulfonatable mineral residue.*

unaccounted – non-comptabilisé. **unaccounted for**: inexpliqué, *phénomène.* **unaccounted-for gas**: gaz non commercialisé.

unaccrued – non-cumulé ; non-échu. **unaccrued royalty**: redevance non échue, *à percevoir, traitée comme biens immeubles.*

unaided – sans assistance. **unaided eye**: oeil nu.

unalterability – inaltérabilité *f.*

unamalgamated – non-amalgamé. **unamalgamated turbidites**: turbidites non amalgamées.

unastatized – non-astatisé. **unastatized gravimeter**: gravimètre non astatisé, *ou gravimètre peson.*

unattached – non-attaché. **unattached spillage**: déversement non attribuable *(pol).*

unattackable – inattaquable.

unavailability – indisponibilité *f.* **unavailability time**: temps d'indisponibilité.

unavailable – indisponible.

unbalance – balourd *m* ; déséquilibre *m.*

unbalanced – déséquilibré, *en déséquilibre, instable.* **unbalanced drill collar**: masse-tige déséquilibrée. **unbalanced load**: charge non équilibrée.

unballast (to) – délester.

unballasting – délestage *m.*

unbedded – non-stratifié. **unbedded deposit**: dépôt non stratifié.

unbiased – sans biais. **unbiased estimator**: estimateur sans biais, *absolument correct.*

unbranded – sans marque. **unbranded fuels**: carburants sans marque.

unbreakable – incassable.

unbroken – continu ; ininterrompu, *en trait plein (courbe).* **unbroken shell**: coquille entière, *dans un fossile.*

unburnable – incombustible.

unburned – imbrûlé. **unburned hydrocarbon**: hydrocarbure imbrûlé.

uncap (to) – déboucher.

uncarbureted – non-carburé. **uncarbureted blue gas**: gaz à l'eau ; gaz bleu non carburé.

uncased – non-tubé *(for).* **uncased drilling**: forage à découvert. **uncased hole**: découvert *m, puits* ; trou non tubé. **uncased well**: puits non tubé.

uncertain – incertain.

uncertainty – incertitude *f*; indétermination *f.* **uncertainty of measurement**: incertitude d'une mesure. **uncertainty principle**: principe d'incertitude ; principe d'indétermination.

unchanged – inaltéré ; inchangé ; intact.

unclogging – décolmatage *m.*

uncoated – non-revêtu. **uncoated wire rope**: câble en acier clair, *non revêtu.*

uncoil (to) – dérouler, *se dérouler.*

uncoiling – déroulage *m.*

uncolored – incolore.

uncompacted – non-compacté.

uncompensated – non-compensé. **uncompensated drainage**: drainage en pure perte, *drainage naturel qui se produit au détriment d'un propriétaire du terrain, qui ne peut y remédier sans violer les règlements de proration ou d'espacement* ; drainage non compensé.

unconfined – libre, *non confiné.* **unconfined compression**: compression simple. **unconfined groundwater**: eau phréatique, *nappe libre.* **unconfined vapor-cloud explosion**: explosion de vapeur non confinée.

unconformable – discordant *(géol).* **unconformable bed**: couche discordante. **unconformable fault**: faille contraire, *le plan de faille est incliné en sens contraire du pendage des couches.* **unconformable stratification**: stratification discordante *(géol).*

unconformity – discordance *f*; discordance stratigraphique ; inconformité *f, surface géologique représentant l'intervalle de temps d'exposition subaérienne et son équivalence subaquatique. Elle est caractérisée par une troncature d'érosion et/ou par un important hiatus* ; lacune *f, manque de continuité entre les couches en contact (géol).* **unconformity trap**: piège par discordance ; piège sous discordance.

unconsolidated – meuble, *non consolidé, dont les éléments ne sont pas liés entre eux.* **unconsolidated deposit**: dépôt non consolidé. **unconsolidated drained test**: essai non consolidé drainé ; essai non consolidé lent, *des sols.* **unconsolidated formation**: formation meuble ; formation non consolidée. **unconsolidated rock**: roche meuble ; roche non cimentée. **unconsolidated sand**: sable boulant ; sable non consolidé, *meuble.* **unconsolidated undrained test**: essai non consolidé non drainé ; essai non consolidé rapide, *NCR (des sols).*

uncontaminated – non-contaminé. **uncontaminated zone**: zone non contaminée.

unconventional – non-classique ; non-conventionnel. **unconventional gas**: nouveaux gaz, *gaz naturels qui se trouvent dans des conditions souterraines inhabituelles : formations compactes, gisements d'hydrates, gaz dissous ou gaz provenant de la gazéification souterraine du charbon.* **unconventional oil**: nouveaux pétroles, *désignent le pétrole marin profond, des zones arctiques et de récupération assistée, l'huile extralourde, les sables asphaltiques, les schistes bitumineux et les carburants de synthèse.*

uncork (to) – déboucher.

uncorrected – brut ; sans correction. **uncorrected result**: résultat brut, *d'un mesurage.*

uncoupling – décrochage *m.*

uncovered – découvert ; dénudé.

uncrystalline – amorphe.

unctuous – onctueux. **unctuous clay**: argile grasse.

unctuousness – onctuosité *f.*

undamaged – intact.

undamped – non-amorti. **undamped natural frequency**: fréquence propre non amortie. **undamped wave**: onde entretenue.

undecane – undécane *m, hydrocarbure paraffinique.*

undependable – problématique, *peu sûr.*

under – sous. **under control**: sous contrôle. **under part throttle**: au ralenti partiel. **under separate cover**: sous pli séparé. **under steam**: sous pression, *en pression (vapeur).*

underbed – couche du mur ; couche sous-jacente.

underclay – mur argileux, *couche argileuse située au mur d'une couche de charbon.*

undercoating – sous-couche *f.*

undercompacted – sous-compacté. **undercompacted shale**: argile sous-compactée, *ou sous-consolidée.*

underconsolidation – sous-compaction *f (géol).*

undercooling – surfusion *f.*

undercrossing – passage en dessous ; passage inférieur.

undercure – sous-vulcanisation *f.*

undercurrent – sous-courant *m, courant situé sous un courant de surface (océan).*

undercut – caniveau *m, défaut de soudure* ; dépouille *f, d'un outil de forage.* **undercut etching**: affouillement *m* ; morsure par en-dessous. **undercut slope**: côte surplombante ; versant raide, *de rives concaves de fleuves.*

undercut (to) – sous-caver ; sous-sectionner.

undercutting – excavation *f*; havage au mur *(mine)* ; sapement *m* ; sous-cavage *m.*

underdamped – à amortissement sous-critique ; sous-amorti.

underdetermined – sous-déterminé, *se dit d'un système à beaucoup d'inconnues.*

underdevelopment – sous-développement *m (écon).*

underestimation – sous-estimation *f.*

underfit – *voir misfit.*

underflow – inféroflux *m* ; sous-écoulement *m.*

underfold – pli secondaire *(géol).*

undergage – sous-dimensionné. **undergage bit**: outil ayant perdu sur le diamètre ; outil sous-dimensionné *(for).*

undergo (to) – subir, *un traitement, des changements.*

underground – sous-terre ; souterrain. **underground cable**: câble souterrain. **underground coal gasification**: gazéification souterraine du charbon. **underground corrosion**: corrosion souterraine. **underground crossing**: passage souterrain. **underground drainage**: drainage souterrain. **underground fire**: feu souterrain. **underground lake**: lac souterrain. **underground line**: ligne enterrée ; ligne souterraine. **underground-line locator**: détecteur de canalisations en place ; localisateur de canalisations en place. **underground petroleum work**: exploitation du pétrole par méthode minière, *consistant à forer des puits de mine pour extraire le pétrole par galeries souterraines.* **underground river**: rivière souterraine. **underground road**: artère souterraine. **underground storage**: stockage souterrain, *stockage à l'intérieur de cavités souterraines ou dans des couches poreuses et perméables.* **underground stream**: cours d'eau souterrain. **underground survey**: levé souterrain. **underground tank**: réservoir enterré. **underground tapping**: dérivation souterraine. **underground water**: eau souterraine. **underground working**: exploitation souterraine.

undergrowth – broussaille *f.*

underlay – inclinaison *f.* **underlay shaft**: puits incliné au mur *(mine).*

underlimb – flanc inférieur, *d'un pli couché.*

underline (to) – souligner.

underloaded – sous-chargé ; sous-occupé.

underlying – sous-jacent. **underlying cost**: coût impliqué. **underlying inflation**: inflation tendancielle. **underlying karst**: karst sous-jacent. **underlying policy**: police de base, *assurance* ; police de première ligne. **underlying rock**: soubassement *m (géol).* **underlying stratum**: couche sous-jacente. **underlying unconformity**: discordance sous-jacente.

undermanned – sous-armé, *navire.*

undermine (to) – affouiller ; décoller ; miner ; saper ; soulever ; sous-caver.

undermining – affouillement *m* ; entaillement *m* ; sapement *m* ; sous-cavage *m.*

underpin (to) – étayer ; rechausser, *constructions* ; reprendre en sous-oeuvre.

underpinning – sous-oeuvre *m.*

underprediction – sous-estimation *f.*

underpressured – sous-pressurisé. **underpressured reservoir**: réservoir sous-pressurisé.

underproduction – production déficitaire ; sous-production *f.*

underream (to) – élargir sous un tubage.

underreamer – élargisseur *m (for).*

underreaming – élargissement *m.*

undersample (to) – sous-échantillonner.

undersaturated – sous-saturé. **undersaturated fluid**: fluide sous-saturé. **undersaturated oil**: huile sous-saturée. **undersaturated reservoir**: réservoir sous-saturé. **undersaturated rock**: roche sous-saturée.

undersaturation – sous-saturation *f.*

undershooting – tir par-dessous.

underside – face inférieure ; mur *m (géol)*. **underside of piston**: fond du piston.
undersize – déclassé ; passant, *se dit du matériau qui est passé entre les mailles d'un tamis* ; tamisat *m*.
understandability – intelligibilité *f*.
understanding – accord *m*, *des parties* ; compréhension *f* ; entente *f*.
understeering – sous-virage *m*.
understressing – sous-charge *f*.
undertaking – entreprise *f*, *commerciale*.
underthrust – avancée en profondeur *(géol)* ; sous-charriage *m*, *chevauchement par enfoncement du substratum sous des terrains allochtones*.
undertitration – titrage par défaut.
undertow – courant de retour, *retour de l'eau vers le large par le fond* ; flot de fond.
undertreating – traitement insuffisant.
underwashing – affouillement *m*.
underwater – immergé ; sous l'eau ; sous-marin ; subaquatique. **underwater bubble barrier**: barrière pneumatique à bulle d'air *(pol.)*. **underwater completion (UWC)**: complétion sous-marine. **underwater concrete**: béton coulé sous l'eau. **underwater concreting**: bétonnage sous l'eau. **underwater gathering line**: ligne de collecte immergée. **underwater habitat**: habitat immergé ; habitat sous-marin ; maison sous la mer. **underwater hammer**: marteau de battage sous-marin. **underwater hull**: carène *f*. **underwater mining**: exploitation de mines sous l'eau. **underwater pipeline**: pipeline immergé. **underwater storage facility**: installation de stockage immergée. **underwater television**: télévision sous-marine. **underwater welding**: soudage sous l'eau. **underwater welding habitat (UWH)**: chambre de soudure sous-marine. **underwater wellhead**: tête de puits immergée.
underweight – sous-caraté ; sous-caratté, *outil de forage à diamants*.
underwriter – assureur maritime.
underwriters – syndicat de garantie, *droit maritime*.
underwriting – garantie *f*. **underwriting agreement**: police d'assurance. **underwriting share**: police d'assurance maritime.
undetected – indétecté. **undetected layer**: couche indétectée.
undeveloped – non-développé. **undeveloped land**: terrain inexploité. **undeveloped proven reserves**: réserves non développées, *réserves dont l'existence est certaine étant donné les conditions géologiques du réservoir mais dont l'existence n'a pas été vérifiée par un forage*.
undiluted – non-dilué.
undiscovered – caché. **undiscovered recoverable resource**: ressource récupérable non encore découverte.
undistributed – non-distribué. **undistributed profit**: bénéfice non distribué.
undisturbed – non-disloqué *(géol)* ; non-perturbé.
undivided – non-divisé. **undivided farmout agreement**: accord d'affermage non divisé, *accord dans lequel le demandeur reçoit la moitié des droits à la production sur l'ensemble du terrain*.
undrained – non-drainé. **undrained shear strength**: résistance au cisaillement non drainé, *argile*.
undulation – accident de terrain ; ondulation *f*.
undulatory – ondulatoire. **undulatory extinction**: extinction ondulée *(pétro)*.
unduly – exagérément ; indûment. **unduly prolonged**: prolongé outre-mesure.
unearned – immérité. **unearned income**: rentes *f*. **unearned increment**: plus-value *f*.
unearth (to) – déterrer.
unemployment – chômage *m*.
uneven – impair ; inégal ; irrégulier. **uneven fracture**: cassure irrégulière.
unevenness – imparité *f* ; inégalité *f* ; irrégularité *f*, *d'une surface plane*.
unexplored – inexploré ; vierge. **unexplored area**: zone inexplorée.
unfasten (to) – desserrer ; détacher.
unfavorable – défavorable, *non favorable*. **unfavorable current**: courant contraire. **unfavorable wind**: vent contraire.
unfired – non soumis à la flamme. **unfired pressure vessel**: récipient sous pression non soumis à l'action des flammes.
unfocused – non-focalisé.
ungraded – tout venant. **ungraded coke**: coke tout-venant. **ungraded material**: tout-venant *m*.
unguent – onguent *m*.
ungulate – ongulé *m (pal)*.
unguligrade – onguligrade *m (pal)*.
unguyed – non-haubané. **unguyed portable mast**: mât portatif non haubané.
unhook (to) – décrocher.
uniaxial – uniaxe, *(minér)*. **uniaxial crystal**: cristal uniaxe.
Uniboom – Uniboom, *dénomination commerciale d'une source sismique marine*.
unicellular – unicellulaire.
Unicor – *dénomination d'un inhibiteur de corrosion utilisé en raffinage et pétrochimie*.
Unicracking – *dénomination d'un procédé de production d'essence de haut indice d'octane par hydrocraquage catalytique à partir de distillats bruts ou de craquage*.
unidentified – non-identifié. **unidentified formation**: formation non identifiée *(géol)*.
UNIDO – ONUDI, *abrév. de United Nations Industrial Development Organization, Organisation des Nations-Unies pour le développement industriel*.
uniflow – à simple courant. **uniflow engine**: moteur à simple courant. **uniflow scavenging**: balayage équicourant ; balayage unilatéral. **uniflow-type compressor**: compresseur à équicourant ; compresseur à flux continu.
uniform – uniforme. **uniform distribution**: répartition uniforme. **uniform field**: champ uniforme. **uniform grade**: pente uniforme. **uniform grain size**: granulométrie uniforme. **uniform load**: charge uniforme. **uniform velocity**: vitesse uniforme. **uniform wall thickness**: épaisseur de paroi uniforme, *des tubes*. **uniform waveguide**: guide d'ondes uniforme.
uniformitarianism – uniformitarisme *m*, *théorie géologique selon laquelle les causes passées des phénomènes sont identiques aux causes ac-*

tuelles en intensité et en régularité ; voir aussi actualism.

uniformity – uniformité *f.*

unijunction – unijonction *f.* **unijunction transistor (UJT)**: transistor unijonction.

unilateral – unilatéral. **unilateral gear**: engrenage unilatéral. **unilateral transducer**: transducteur non réversible.

unindurated – non-consolidé. **unindurated aggregate**: agglomérat non consolidé.

uninvaded – non-envahi. **uninvaded zone**: zone non envahie *(diag)* ; zone vierge *(prod)*.

union – liaison *f (chim)* ; raccord union, *type de raccord en trois pièces* ; syndicat *m* ; union *f, logique.* **union joint**: manchon de raccord ; raccord *m* ; union *f.*

Unionfining – *dénomination d'un procédé d'hydrodésulfuration et d'élimination de l'azote et autres contaminants de charges pétrochimiques.*

Uniontown – Uniontown, *voir Uniontown method.* **Uniontown method**: méthode Uniontown, *méthode de calcul de l'indice d'octane route des essences.*

Unipol – *dénomination d'un procédé de polymérisation.*

unipole – antenne isotrope.

Unipulse – Unipulse, *dénomination commerciale d'une source sismique marine.*

uniqueness – unicité *f.*

Unisar – *dénomination d'un procédé de désaromatisation des hydrocarbures.*

Unisol – *dénomination d'un procédé d'extraction des composés sulfureux à l'aide d'une solution de méthanol caustique.*

Unisulf – *dénomination d'un procédé de récupération du soufre.*

unit – appareil *m* ; élément *m* ; installation *f* ; superficie d'un puits de pétrole ; unité *f, de mesure, de fabrication.* **unit accounting agreement**: accord de répartition, *des bénéfices et redevances entre les diverses parties à un accord d'union (voir unitization).* **unit agreement**: accord pour l'exploitation en commun, *d'un terrain pétrolifère réparti entre plusieurs propriétaires.* **unit area**: surface unitaire, *expression utilisée dans un contrat pour désigner la portion de terrain sur laquelle porte le contrat.* **unit-area capacitance**: capacitance par surface unitaire. **unit charge tank**: bac de reprise. **unit circle**: cercle unité. **unit control**: contrôle unique, *signifiant que tous les puits d'un même champ sont sous contrôle unique et que chaque propriétaire doit extraire une quantité d'huile correspondant au nombre de puits qu'il possède.* **unit cost**: coût unitaire. **unit elongation**: allongement spécifique. **unit expense**: dépense unitaire, *dépenses d'organisation et de gestion se rapportant à une portion de terrain couverte par un contrat.* **unit impulse**: dirac *m* ; impulsion unité. **unit-impulse synthetic seismogram**: film synthétique impulsionnel (FSI). **unit lease**: concession unitaire, *gisement de pétrole ayant plusieurs propriétaires groupés par un accord d'union en vue d'une exploitation commune.* **unit load**: charge unitaire. **unit of account (UA)**: unité de compte (UC). **unit of length**: unité de longueur. **unit of measurement**: unité de mesure. **unit of output**: unité de production. **unit operation**: opération unitaire, *exploration et développement d'une zone couverte par un accord d'union* ; opération unitaire fondamentale, *de nature physique : filtration, évaporation, transfert de chaleur, etc.* **unit process**: procédé unitaire, *caractérisé par une réaction chimique fondamentale et un type d'appareillage caractéristique.* **unit step**: échelon unitaire ; échelon unité. **unit weight**: poids volumique, *d'une structure.*

unitary – unitaire. **unitary mass density**: masse volumique unitaire.

unite (to) – se combiner ; relier ; unir *(par valence)*.

unitization – exploitation concertée ; exploitation en commun ; unitisation *f, terme souvent employé dans le sens de pooling mais signifiant en réalité l'exploitation en commun ratifiée ou imposée par voie légale, de tout ou partie d'un gisement de pétrole.* **unitization agreement**: accord de regroupement, *stipulant l'exploitation et la gestion en commun de plusieurs concessions d'un même reservoir.*

unitized – en bloc-éléments. **unitized body**: carrosserie à châssis intégré ; carrosserie autoporteuse. **unitized cargo**: cargaison modulaire. **unitized field**: gisement en exploitation concertée. **unitized load**: charge arrangée en bloc-éléments ; charge modulaire.

univalent – monovalent.

univalve – univalve *(pal)*.

universal – universel. **universal chuck**: mandrin universel. **universal grease**: graisse universelle. **universal joint**: articulation à la cardan ; cardan *m* ; joint à cardan ; joint à rotule ; joint universel. **universal-joint type connector**: articulation à la cardan *(for)*. **universal motor**: moteur électrique universel. **universal plotter**: appareil de restitution universel. **Universal Polar Stereographic (UPS) projection**: projection stéréographique polaire. **universal spanner**: clé universelle. **universal time (UT)**: temps universel (TU). **universal time coordinated (UTC)**: temps universel coordonné, *base du temps civil dont l'usage est légal dans la plupart des pays.*

universe – population *f (stat)* ; univers *m.*

unkilled – non-calmé *(métal)*.

unknown – inconnue *f (math)*. **unknown thickness**: épaisseur inconnue.

unlawful – *voir illegal.* **unlawful competition**: concurrence illicite.

unleaded – sans plomb. **unleaded gasoline**: essence sans plomb.

unlike – différent ; dissemblable. **unlike ions**: ions de signes contraires.

unlined – sans garnissage ; sans revêtement.

unload (to) – décharger.

unloaded – déchargé. **unloaded vehicle weight**: poids à vide du véhicule.

unloader – déchargeur *m* ; décompresseur *m.* **unloader valve**: détendeur de surpression ; soupape de décharge ; vanne de déchargement, *pour pompe.*

unloading – déchargement *m.* **unloading arm**: bras de déchargement. **unloading conveyor**: convoyeur déchargeur. **unloading device**: dispositif de déchargement. **unloading modulus**: module de déchargement. **unloading rack**: porte de déchargement. **unloading time**: durée de déchargement.

unlubricated – non-lubrifié.

unmanned – automatique ; non habité. **unmanned light**: feu non gardé. **unmanned submersible**: engin non habité *(océan)* ; submersible non habité. **unmanned vehicle**: véhicule non habité *(océan)*.

unmatched – désassorti ; inégalé, *non égalé.*

unmigrated – non migré. **unmigrated large-offset data**: traces à déport long non migrées. **unmigrated section**: section non migrée *(sism)*. **unmigrated seismic map**: carte sismique non migrée.

unmodulated – non-modulé. **unmodulated record**: enregistrement non modulé. **unmodulated wave**: onde non modulée, *onde entretenue.*

unmooring – désamarrage *m.*

unpack (to) – déballer.

unpenetrated – impénétré. **unpenetrated bed**: couche non perforée, *dans un pli diapir.*

unpickable – impointable *(géophys)*.

unpredictable – imprévisible. **unpredictable heat resistance**: instabilité thermique.

unpriming – désamorçage *m, d'une pompe.*

unprocessed – brut. **unprocessed natural gas**: gaz naturel brut ; gaz naturel non traité.

unproductive – improductif. **unproductive boring**: sondage improductif.

unprofitable – non-rentable, *par suite inexploitable.*

unproven – improuvé. **unproven area**: zone non prouvée, *zone dont le caractère pétrolifère n'a pas encore été établi.*

unracking – dégerbage *m, des tiges de forage.*

unreactive – inerte ; non-réactif.

unrecoverable – non-récupérable. **unrecoverable oil**: huile non récupérable, *saturation résiduelle en huile.*

unrefined – non-raffiné.

unrelated – séparé. **unrelated set**: ensemble indépendant.

unreliability – infiabilité *f.*

unreliable – douteux ; incertain ; peu sûr.

unrequited – non-récompensé. **unrequited payment**: versement sans contrepartie.

unrigging – décapelage *m (naut)*.

unroasted – non-grillé. **unroasted ore**: minerai non grillé.

unsaponifiable – insaponifiable. **unsaponifiable matter**: matière insaponifiable.

unsaturate – produit non saturé.

unsaturated – insaturé ; non-saturé. **unsaturated chain**: chaîne non saturée *(chim)*. **unsaturated compound**: composé non saturé. **unsaturated hydrocarbon**: hydrocarbure insaturé ; hydrocarbure non saturé. **unsaturated standard cell**: pile étalon non saturée. **unsaturated vapor**: vapeur non saturée.

unsaturation – insaturation *f.*

unscheduled – imprévu. **unscheduled inspection**: inspection inopinée. **unscheduled maintenance**: entretien curatif.

unscreened – non-classé.

unscrew (to) – dévisser.

unsealed – non-étanche. **unsealed reservoir**: horizon-réservoir non clos.

unseaworthiness – innavigabilité *f, état d'un navire qui n'est pas dans les conditions juridiques exigées pour naviguer.*

unseaworthy – innavigable.

unserviceable – inutilisable.

unsettled – trouble ; troublé. **unsettled weather**: temps incertain *(météo)*.

unsintered – non-fritté ; pulvérisé.

unskilled – inexpérimenté. **unskilled manpower**: main-d'oeuvre non qualifiée. **unskilled worker**: manutentionnaire *m.*

unslaked – non-éteint. **unslaked lime**: chaux vive, *oxyde de calcium.*

unsmeltable – infusable.

unsolvable – insoluble, *qu'on ne peut résoudre.*

unsolved – non-résolu ; sans solution.

unsorted – non-trié. **unsorted coal**: charbon tout-venant.

unsound – erroné ; peu solide.

unstabilized – non-stabilisé.

unstable – instable. **unstable compound**: composé instable. **unstable equilibrium**: équilibre instable. **unstable formation**: formation instable. **unstable-grade natural gasoline**: essence naturelle non stabilisée, *renfermant des gaz dissous.* **unstable hydrocarbon**: hydrocarbure instable. **unstable isotope**: isotope instable. **unstable particle**: particule instable.

unsteady – inconstant. **unsteady flow**: courant torrentiel. **unsteady state**: régime transitoire. **unsteady-state flow**: écoulement en régime irrégulier.

unsticking – décoinçage *m, décoincement.*

unstiffened – non-raidi. **unstiffened joint**: noeud non raidi.

unstratified – non-stratifié. **unstratified rock**: roche non stratifiée. **unstratified structure**: structure non stratifiée.

unstring (to) – enlever les ficelles. **unstring (to) the block**: détacher le train de tiges, *à la fin d'une manoeuvre.*

unstuck – décoincé.

unsuitable – impropre.

unsulfonated – non-sulfoné. **unsulfonated residue (UR)**: résidu non sulfonable, *pourcentage d'une huile non attaquée par l'acide sulfurique.*

unsupervised – non-surveillé. **unsupervised classification**: classification non dirigée ; classification non supervisée.

unsupported – sans support *(catal)*. **unsupported catalyst**: catalyseur massique ; catalyseur non supporté.

unsymmetric – *voir unsymmetrical.*

unsymmetrical – asymétrique ; dissymétrique. **unsymmetrical fold**: pli dissymétrique *(géol)*.

untested – inéprouvé ; inessayé ; non-exploré.

untied – dénoué. **untied aid**: aide non liée. **untied investment**: investissement inconditionnel.

unusable – inutilisable.

unused – inutilisé, *qui n'a pas encore servi.*

unwashed – non-lavé. **unwashed gum**: gomme non lavée, *résidu obtenu par évaporation de l'es-*

sence automobile constitué par les gommes actuelles et les composés additifs non volatils.

unweathered – inaltéré ; non-altéré ; non-évolué *(géol)*.

unweightable – impondérable.

unweldable – non-soudable.

unwelded – dessoudé. **unwelded joint**: joint non soudé.

unwholesome – insalubre, *climat*.

unwieldy – lourd ; peu maniable.

unwind (to) – dérouler. **unwind (to) a cable**: dérouler un câble.

unwinding – déroulage *m*.

unworkable – inexploitable. **unworkable deposit**: gisement inexploitable.

unworked – non-étudié ; non-exploité ; non-malaxé, *graisse*. **unworked grease**: graisse non malaxée. **unworked penetration**: pénétrabilité non travaillée, *d'une graisse, mesure de pénétration d'une graisse consistante sans malaxage préalable*.

unwrapping – représentation continue de la phase *(sism)*.

unwrought – brut ; inexploité ; non-façonné.

UOD – *abrév. de ultimate oxygen demand : demande ultime en oxygène.*

UOP – UOP, *abrév. de Universal Oil Products, entre dans la dénomination de plusieurs procédés UOP.* **UOP characterization factor**: facteur de caractérisation UOP des produits pétroliers, *variant de 12,5 à 9,5, indiquant la nature chimique des produits : K = 12 paraffines, 11,2 à 12 intermédiaires, K = 11,2 naphta, de 10 à 11, charge de craquage, résidu de craquage, charge de recyclage.*

up – vers le haut. **up-and-down stroke**: aller-retour du piston, *va-et-vient* ; course double. **up structure**: structure en haut. **up the dip**: amont-pendage *m*.

up (to) – augmenter, *faire monter (en particulier la production)*.

uparching – voussure *f*.

upbuilding – exhaussement *m* ; remblai *m* ; remblaiement *m*.

upburst – éruption *f*.

upcast – soulevé, *se dit d'une lèvre de faille, voir aussi upthrow.*

update – mise à jour.

updating – mise à jour.

updip – amont-pendage *m*. **updip apparent velocity**: vitesse apparente en amont-pendage. **updip shooting**: tir en amont-pendage. **updip velocity**: vitesse amont.

updraft – tirage vertical. **updraft carburetor**: carburateur vertical, *placé sous le collecteur d'admission de façon que l'air circule vers le haut.*

upfold – pli anticlinal normal ; selle *f (géol)* ; voûte *f (géol)*.

upgoing – montant. **upgoing wave**: onde montante.

upgrade – montée *f* ; pente ascendante ; rampe *f* ; rampe montante.

upgrade (to) – améliorer ; augmenter ; surcoter ; valoriser.

upgrading – valorisation *f*. **upgrading of waste**: valorisation des déchets.

upheaval – soulèvement *m* ; surrection *f*, *voir uplift.*

upheaved – soulevé. **upheaved island**: île d'émersion.

uphill – amont *m*. **uphill welding**: soudage en remontant.

uphole – gueule de trou. **uphole geophone**: géophone de temps vertical ; géophone de tête de puits ; sismo de gueule-de-trou. **uphole method**: méthode de Meissner ; méthode des courbes en S. **uphole shooting**: carottage sismique ; sismosondage *m* ; tir d'étalonnage ; tir en zone altérée *(sism)* ; tir WZ vertical. **uphole stack**: addition de tirs à profondeurs différentes, *en remontant.* **uphole survey**: carottage sismique ; reconnaissance en zone altérée *(sism)* ; sismosondage *m*, *opération de mesure des temps de propagation entre la surface et les différentes cotes d'un puits.* **uphole time**: temps à la gueule du trou ; temps vertical, *du haut de la charge à la surface du sol, voir aussi vertical time (sism).* **uphole zone**: zone superficielle, *tête de puits.*

upkeep – entretien *m*. **upkeep cost**: coût d'entretien ; frais d'entretien.

uplift – augmentation fictive, *contractuelle d'une valeur (fin)* ; exhaussement *m* ; redressement *m*, *des couches* ; relèvement *m (géol)* ; soulèvement *m* ; surrection *f (géol)*.

uplifted – soulevé. **uplifted fault block**: bloc failllé soulevé. **uplifted island**: île d'émersion. **uplifted peneplain**: pénéplaine surélevée. **uplifted side**: compartiment soulevé.

upper – supérieur, *avec le nom d'une division stratigraphique signifie qu'elle s'y situe à la fin, voir aussi lower.* **upper apex of fold**: crête anticlinale *(géol)*. **upper-arch bearing**: demi-palier supérieur. **upper atmosphere**: haute atmosphère. **upper bed**: couche du toit ; couche supérieure. **upper bend**: charnière anticlinale *(géol)* ; charnière supérieure. **upper bound**: majorant *m (math)*. **upper case**: haut de casse. **upper course**: cours supérieur, *d'un fleuve.* **upper critical-field strength**: intensité du champ critique supérieur. **upper-cylinder lubricant**: lubrifiant pour hauts de cylindres. **upper-cylinder lubrication**: graissage des hauts de cylindres. **upper dead center (UDC)**: point mort haut (PMH) *(auto)*. **upper deck**: pont supérieur. **upper explosive limit (UEL)**: limite d'explosivité supérieure. **upper guide bearing**: palier-guide supérieur. **upper guide bushing**: guide de queue de clapet. **upper layer**: couche de couverture *(géol)*. **upper leaf**: partie supérieure de la couche. **upper limit of flammability**: limite supérieure d'inflammabilité. **upper mantle**: manteau supérieur. **upper moraine**: moraine supérieure. **upper pond level**: retenue amont *(hydrol)*. **upper reach**: bief supérieur. **upper shoe**: sabot supérieur de guidage. **upper valve**: clapet supérieur, *des pompes de fond* ; vanne supérieure. **upper wall**: lèvre supérieure *(géol)*. **upper water**: eau supérieure, *voir top water.*

upright – debout ; droit ; montant ; vertical. **upright condenser**: condenseur ascendant. **upright fold**: pli droit ; pli normal *(géol)*. **upright of salt**: pointement de sel *(géol)*.

upriver – amont *m*.

uprush – jet de rive *(géol)*.

UPS – *abrév. de ultraviolet photoemission spectroscopy : spectroscopie des photoélectrons en UV.*

upset – bouleversement *m* ; bourrelet *m* ; refoulement *m*, *renflement sur la tige de forage ou le matériel tubulaire* ; renflement *m*, *servant notamment à l'emboîtement de tiges creuses.* **upset drillpipe**: tige à refoulement ; tige de forage refoulée. **upset end**: bout refoulé, *par soudage.* **upset-end joint**: joint d'extrémité refoulée. **upset pipe**: tige à extrémités refoulées, *renforcées* ; tube à extrémités refoulées. **upset underfill**: manque de métal, *défaut dans la surface d'un refoulement de tube.* **upset welding**: soudage par refoulement. **upset wrinkles**: ondes de forgeage, *irrégularités de refoulement à l'extrémité des tiges.*

upset (to) – aplatir ; écraser ; élargir, *le diamètre d'un trépan en le limant* ; refouler ; renverser.

upsetting – refoulement *m* ; renversement *m*. **upsetting die**: calibre à refouler. **upsetting force**: effort de refoulement. **upsetting machine**: machine à refouler. **upsetting test**: essai de refoulement. **upsetting time**: temps de refoulement.

upstairs – au numérateur.

upstream – amont *m*, *dans l'industrie pétrolière, couvre les opérations d'exploration et de production ; voir aussi downstream.*

upstroke – course montante, *d'un piston.* **upstroke hydraulic press**: presse hydraulique à course motrice ascendante.

upstructure – sommet de structure.

upsweep – balayage ascendant ; balayage vers l'aigu.

upswelling – bombement *m* ; gonflement *m* ; renflement *m*.

upswing – hausse *f*.

uptake – chargement *m* ; colonne montante ; montée *f* ; tuyau ascendant.

upthrow – côté relevé *(géol)* ; lèvre soulevée, *d'une faille* ; masse chevauchée ; rejet vers le haut, *d'une faille.* **upthrow fault**: chevauchement *m (géol)*.

upthrown – remonté ; soulevé. **upthrown block**: bloc soulevé ; compartiment soulevé, *partie de la faille s'étant déplacée vers le haut.* **upthrown fault block**: bloc faillé soulevé. **upthrown side**: lèvre supérieure, *d'une faille.*

upthrust – soulèvement *m (géol)*.

upturned – incliné ; redressé. **upturned stratum**: couche redressée.

upward – ascendant. **upward borehole**: sondage ascendant, *foré vers le haut dans une galerie de mine.* **upward drag**: rebroussement en haut. **upward-pointing hole**: *voir upward borehole.* **upward stroke**: course ascendante, *du piston.*

upwarp – bombement *m*, *résultat.*

upwarping – bombement *m*, *processus.*

upwave – onde montante.

upwelling – courant ascendant *(océan)* ; remontée d'eau, *courant d'eau océanique remontant à la surface.*

UR – *abrév. de unsulfonated residues.*

Uralian – Ouralien *m*, *étage du Carbonifère supérieur.*

uralitization – ouralitisation *f*, *transformation des pyroxènes en amphibole.*

uranate – uranate *m*.

uraniferous – uranifère.

uraninite – uraninite *f (minér)*.

uranium – uranium *m*, *symbole chim. U.* **uranium hexafluoride**: hexafluorure d'uranium. **uranium lead**: plomb d'uranium. **uranium ore**: minerai d'uranium. **uranium reactor**: réacteur à uranium. **uranium series**: famille de l'uranium.

uranyl – uranyle *m*. **uranyl acetate**: acétate d'uranyle. **uranyl sulfate**: sulfate d'uranyle.

urban – urbain. **urban transportation**: transport urbain. **urban waste**: déchets urbains.

Urcasol – *dénomination commerciale d'un solvant d'adoucissement du gaz.*

urea – urée *f*. **urea dewaxing**: déparaffinage à l'urée. **urea-formaldehyde resin**: résine urée et formaldéhyde. **urea peroxide**: peroxyde d'urée.

urethane – uréthanne *m*, *ou uréthane ; carbamate d'éthyle.*

Urgonian – Urgonien *m*, *faciès de Crétacé inférieur dont l'âge peut aller du Barrémien inférieur à l'Aptien inférieur.*

uridine – uridine *f (chim)*.

usable – utilisable.

USBM – *abrév. de U.S. Bureau of Mines.*

USCG – *abrév. de U.S. Coast Guard.*

use – emploi *m* ; usage *m* ; utilisation *f*. **use of funds**: emploi des fonds, *utilisation des fonds par l'entreprise.*

use (to) – consommer ; employer ; user ; utiliser. **use (to) up**: épuiser.

used – usagé ; usé. **used crankcase-oil acidity**: acidité des huiles moteur usées. **used crankcase-oil heavy solids**: dépôts solides des huiles moteur usées. **used crankcase-oil testing**: analyse des huiles moteur usées. **used drillpipe**: tige de forage usagée. **used lubricating oil**: huile usagée. **used oil**: huile usagée.

useful – utile. **useful capture**: capture utile. **useful elastic limit**: limite élastique utile. **useful energy**: énergie utile. **useful heat**: chaleur utile. **useful life**: vie utile, *d'un appareil.* **useful load**: charge utile, *voir load capacity.* **useful mineral**: minéral utile. **useful neutron**: neutron utile. **useful power**: puissance utile.

user – utilisateur *m*. **user friendly**: convivial, *se dit d'un équipement facile à utiliser.* **user-friendly system**: système convivial.

USGS – *abrév. de U.S. Geological Survey.*

USMC – *abrév. de United States Maritime Commission.* **USMC rate**: barème USMC, *barème de fret calculé de façon à couvrir toutes les dépenses de fonctionnement normal d'un pétrolier moyen.*

USP – *abrév. de United States Pharmacopeia qui établit les spécifications de pureté des produits utilisés en médecine.*

USS – *abrév. de United States Standard : normes américaines.* **USS thread gage**: *abrév. de United States Standard thread gage : jauge américaine standard pour les fils.*

usual – usuel. **usual standard**: pratique courante.

UTC – *abrév. de Universal Time Coordinated.*

utilities – commodités *f* ; services généraux ; utilités *f*, *auxiliaires d'une installation (vapeur,* *eau, électricité, eau de réfrigération, air comprimé, etc.)*. **utilities department**: services généraux.

utility – utilité *f.* **utility routine**: programme utilitaire. **utility truck**: camion atelier, *pipeline.* **utility unit**: unité auxiliaire. **utility vessel**: navire d'intervention.

utilization – utilisation *f.* **utilization factor**: facteur d'utilisation. **utilization of sewage**: utilisation des eaux usées.

UTM – *abrév. de Uniontown (modified) method*; MTU, *projection cartographique Universal Transverse Mercator, Mercator Transverse Universel.*

UV – UV, *abrév. de ultraviolet.* **UV vis**: UV vis, *abrév. de ultraviolet-visible.*

uvanite – uvanite *f (minér).*

UVCE – *abrév. de unconfined vapor-cloud explosion : explosion de vapeur non confinée.*

uviol – uviol, *forme raccourcie d'ultraviolet.* **uviol glass**: verre uviol, *transparent aux rayons ultraviolets.*

UWC – *abrév. de underwater completion.*

UWH – *abrév. de underwater welding habitat.*

V

V – *abrév. de velocity, de vacuum, de volume, et de voltage* ; V, *symbole de volt.* **V asphalt**: asphalte de distillation sous vide.

VA – AV, *abrév. de variable area : aire variable* ; VA, *symbole de volt ampère.*

VABP – *abrév. de volume average boiling point.*

vac – *abrév. de vacuum.*

vacancy – faute d'empilement, *dans le réseau cristallin des solides* ; lacune *f* ; terrain disponible, *n'ayant jamais fait l'objet de transactions pétrolières* ; trou *m.*

vacant – inoccupé ; libre, *espace, etc.*

vacuum – vide *m.* **vacuum bell jar**: cloche à vide. **vacuum booster**: multiplicateur de dépression. **vacuum-bottle flask**: bouteille thermos. **vacuum brake**: frein à dépression ; frein à vide. **vacuum-breaking valve**: soupape casse-vide. **vacuum cleaner**: aspirateur à poussière. **vacuum condenser**: condenseur sous vide. **vacuum control**: commande par dépression. **vacuum cooling**: refroidissement par le vide. **vacuum cooling equipment**: dispositif de refroidissement par le vide. **vacuum crystallizer**: cristallisoir à vide. **vacuum degasser**: dégazeur à dépression ; dégazeur sous vide. **vacuum distillate**: distillat sous vide. **vacuum distillation**: distillation sous vide. **vacuum drier**: étuve à vide ; séchoir à vide. **vacuum evaporator**: évaporateur sous vide. **vacuum fan**: ventilateur aspirant. **vacuum filter**: filtre à vide ; filtre sous vide. **vacuum fitting**: joint à vide. **vacuum flashing**: vaporisation instantanée sous vide. **vacuum freeze drier**: lyophilisateur à vide. **vacuum gage**: indicateur de vide ; manomètre à vide, *utilisé pour enregistrer les caractéristiques de fonctionnement d'un moteur de forage* ; vacuomètre *m, indicateur de vide.* **vacuum gas oil (VGO)**: gasoil sous vide (GOSV). **vacuum heating system**: système de chauffage sous pression réduite. **vacuum indicator**: indicateur de vide, *voir vacuum gage.* **vacuum jacket**: manchon à vide. **vacuum jet**: éjecteur *m, distillation.* **vacuum line**: canalisation à vide. **vacuum metallizing**: métallisation sous vide. **vacuum packing**: emballage sous vide. **vacuum polarization**: polarisation du vide. **vacuum pump**: pompe à vide. **vacuum-pump lift**: hauteur d'aspiration d'une pompe à vide. **vacuum receiver**: séparateur sous vide. **vacuum-refined asphalt**: asphalte concentré sous vide. **vacuum regulator**: régulateur de vide, *souvent utilisé sur les conduites de collecte du gaz de tête de sonde.* **vacuum-relief valve**: soupape casse-vide. **vacuum rerun**: redistillation sous vide. **vacuum rerun distillate unit**: unité de redistillation sous vide. **vacuum residue (VR)**: résidu sous vide (RSV), *produit de la distillation sous vide du pétrole brut.* **vacuum-rupture disk**: casse-vide *m* ; disque de rupture. **vacuum sintering**: frittage sous vide. **vacuum spark control**: avance automatique à dépression ; commande d'allumage à dépression. **vacuum still**: appareil de distillation sous vide ; ballon de distillation sous vide. **vacuum tank**: réservoir à dépression. **vacuum test**: essai sous vide. **vacuum thermobalance**: thermobalance à vide. **vacuum tight**: étanche au vide. **vacuum topping**: distillation sous vide, *voir aussi vacuum distillation.* **vacuum tower**: tour sous vide. **vacuum trap**: piège à vide ; sac à vide. **vacuum truck**: camion citerne sous vide, *monté sur une barge et utilisé pour aspirer des nappes de pétrole flottantes.* **vacuum tube**: lampe à vide ; tube à vide. **vacuum-tube amplifier**: amplificateur à lampes, *à tubes.* **vacuum-tube voltmeter**: voltmètre à lampe ; voltmètre à tube à vide.

vacuumproof – étanche au vide.

vadose – vadose, *se dit de la zone tour à tour sèche ou mouillée selon les variations du niveau de la nappe phréatique.* **vadose water**: eau vadose, *eau d'infiltration, eau d'origine externe par opposition à l'eau juvénile provenant de l'intérieur du globe et apparaissant pour la première fois à la surface.* **vadose zone**: zone vadose.

vagile – vagile, *libre de se déplacer.*

Valanginian – Valanginien *m, étage du Crétacé inférieur.*

Valdonnian – Valdonnien *m, étage du Crétacé supérieur.*

valence – valence *f (chim).* **valence bond**: liaison de valence. **valence electron**: électron de valence. **valence number**: nombre de valence. **valence shell**: couche de valence.

Valentian – Valentien *m, étage du Silurien inférieur.*

valeric – valérique. **valeric acid**: acide valérique, *acide pentanoïque.*

validation – validation *f.*

validity – validité *f.* **validity check**: contrôle de validité. **validity date**: date de vigueur.

Vallesian – Vallésien *m, division stratigraphique dans le Miocène supérieur.*

valley – point bas, *d'une trace sismique* ; vallée *f.* **valley floor**: fond plat d'une vallée ; plaine alluviale d'une vallée. **valley glacier**: glacier de vallée. **valley meander**: méandre de vallée. **valley outcrop**:

affleurement de vallée. **valley sink**: couloir karstique. **valley spring**: source de talweg. **valley train**: dépôt fluvio-glaciaire *(géol)*. **valley wall**: versant d'une vallée.

valuation – appréciation *f*; estimation *f*; évaluation *f*; valorisation *f*. **valuation survey**: enquête foncière.

value – indice *m*; taux *m*; valeur *f*. **value-added tax (VAT)**: taxe sur la valeur ajoutée (TVA). **value engineering**: analyse de la valeur. **value in ground**: valeur marchande des réserves en place, *réserves de pétrole prouvées*. **value in real terms**: valeur réelle, *valeur exprimée en monnaie constante*. **value of a quantity**: valeur d'une grandeur. **value of curvature**: degré de courbure, *balance de torsion*. **K value**: coefficient d'équilibre, *dans le cas d'un équilibre liquide-vapeur, constante d'équilibre, pour de nombreux autres phénomènes*. **Q value**: énergie Q, *dégagée ou absorbée par une réaction nucléaire*.

valued – évalué. **valued at cost**: évalué au prix coûtant.

valvate – valvaire *(pal)*.

valve – clapet *m*; robinet *m*; soupape *f*; valve *f*; vanne *f*, *dans l'industrie pétrolière le mot valve a généralement le sens de vanne, ordinairement traduit par le mot anglais gate valve*. **valve action**: action de soupape. **valve-actuating mechanism**: attaque des soupapes; commande des soupapes. **valve actuator**: commande de vanne, *pour vanne automatique*. **valve adjustment**: réglage de soupape. **valve amplifier**: amplificateur à lampes. **valve area**: section de passage. **valve ball**: bille de soupape; boulet de soupape. **valve body**: corps de clapet, *de robinet, de vanne*. **valve bonnet**: chapeau de vanne. **valve box**: boîte à clapet; boîtier de clapet à soupape; carter de robinet. **valve cage**: boîte de soupape; cage de clapet; corbeille de soupape. **valve cap**: bouchon de valve, *de visite des soupapes (auto)*; couvercle de la boîte à clapet. **valve casing**: boîte à tiroir. **valve chamber**: boîte de soupape; chapelle de soupape; compartiment des soupapes. **valve chest**: boîte à clapet; boîte à soupapes. **valve clapper**: volet de soupape. **valve clearance**: jeu des soupapes. **valve cock**: robinet de soupape; robinet valve. **valve control**: commande des soupapes. **valve cover**: cache-soupape *m*; couvercle de clapet. **valve cover plate**: couvercle de chambre à soupape. **valve cup**: cuvette de soupape. **valve cutoff**: clapet de vanne. **valve cutter**: rectifieuse de soupapes. **valve disk**: tête de soupape. **valve eccentric**: excentrique du tiroir. **valve extractor**: démonte-soupapes *m*. **valve face**: portée de soupape. **valve failure**: blocage de soupape, *mauvais fonctionnement des soupapes*; rupture de soupape. **valve flapper**: clapet de vanne, *de soupape*. **valve gage**: robinet de jauge à soupape. **valve gate**: opercule de vanne, *pétroliers*; passage direct de vanne. **valve gear**: commande des soupapes; distribution par soupapes. **valve-gear housing**: cache-soupape *m*. **valve gland**: presse-étoupe *m*. **valve grating**: grille de distribution. **valve grease**: graisse de soupapes. **valve grid**: grille de distribution. **valve grinder**: rectifieuse de soupapes. **valve grinding**: rodage de soupapes *(mot)*. **valve-grinding compound**: graisse pour rodage des soupapes. **valve guard**: butée de clapet, *de soupape*. **valve guide**: guide de soupape. **valve handle**: manette de soupape. **valve head**: tête de soupape. **valve hood**: bouchon de valve. **valve housing**: boîtier de vanne, *de clapet*; compartiment des soupapes. **valve in-head**: soupape en tête *(mot)*. **valve-in-head engine**: moteur à soupapes en tête. **valve insert**: corbeille de soupape. **valve inside**: âme de soupape; intérieur de soupape. **valve lag**: retard de soupape *(mot)*. **valve lever**: basculeur *m*; culbuteur de soupape; levier de commande du clapet hydraulique; levier de distribution, *vapeur*; linguet de soupape. **valve lift**: levée de soupape. **valve lifter**: lève-soupape *m*; poussoir de soupape. **valve-lifter roller**: galet de poussoir de soupape. **valve motion**: *voir valve gear*. **valve needle**: aiguille de pointeau. **valve oil**: huile de soupapes. **valve oil can**: burette à valve. **valve overlap**: croisement des soupapes, *d'admission et d'échappement dans les moteurs thermiques*. **valve period**: temps de soupape, *d'ouverture ou de fermeture*. **valve pit**: puits de vannes. **valve plate**: plaque porte-soupape; plateau de soupape. **valve plug**: opercule de vanne; pointeau *m*. **valve plunger**: *voir valve tappet*. **valve positioner**: positionneur *m*, *dispositif de réglage automatique de la position des soupapes*. **valve pot**: boîte à clapet. **valve regulator**: régulateur à soupape. **valve rocker**: culbuteur de soupape; linguet de soupape. **valve rod**: bielle du tiroir; queue de soupape, *de robinet, de clapet*; tige de manoeuvre; tige de soupape. **valve rotator**: rotateur de soupape. **valve seat**: siège de soupape, *place de distribution du cylindre*. **valve-seat bushing**: coussinet du siège de soupape. **valve-seat insert**: siège de soupape rapporté. **valve-seat ring**: *voir valve seat insert*. **valve seating**: *voir valve seat*. **valve spear**: *voir valve rod*. **valve spindle**: *voir valve rod*. **valve spring**: ressort de soupape. **valve stem**: *voir valve rod*. **valve-stem guide**: guide de tige de soupape; guide du tiroir. **valve-stem rest**: siège de la tige du tiroir. **valve tap**: robinet. **valve tappet**: poussoir de soupape. **valve timing**: calage de la distribution; diagramme de distribution, *huile ou essence*; réglage de distribution. **valve tip**: extrémité de la queue d'une soupape. **valve train**: commande des soupapes. **valve travel**: course du tiroir. **valve tray**: plateau à clapets; plateau à soupapes. **valve trim**: garnitures *f*, *accessoires de soupapes*. **valve wedge**: coin de vanne; obturateur de vanne. **Y valve**: robinet en Y.

valveless – sans soupape. **valveless engine**: moteur sans soupape.

VAM – *abrév. de vinyl acetate monomer : monomère d'acétate de vinyle.*

van – camionnette *f*; fourgon *m*; pelle à vanner; van *m*.

vanadium – vanadium *m*, *symbole chim. V*. **vanadium carbide**: carbure de vanadium, *alliage pour machine-outils*. **vanadium ethylate**: éthylate de vanadium, *catalyseur de polymérisation*. **vanadium iron**: ferrovanadium *m*. **vanadium oxytrichloride**: oxytrichlorure de vanadium, *catalyseur de polymérisation*. **vanadium pentoxide**: pentoxyde de vanadium, *applications catalytiques diverses*. **vanadium steel**: acier au vanadium. **vana-**

dium tetrachloride: tétrachlorure de vanadium, *catalyseur.* **vanadium tetraoxide**: tétraoxyde de vanadium, *catalyseur.* **vanadium trioxide**: trioxyde de vanadium, *catalyseur.*

vanadyl – vanadyle *m (chim).* **vanadyl sulfate**: sulfate de vanadyle.

vane – ailette *f, de turbine* ; aube *f*; palette *f.* **vane anemometer**: anémomètre à moulinet. **vane blower**: rotor de soufflage à ailettes. **vane borer**: *voir vane probe.* **vane impeller**: turbine à ailettes. **vane oil pump**: pompe à huile à ailettes. **vane probe**: scissomètre *m.* **vane pump**: pompe à ailettes ; pompe à excentrique. **vane test**: essai au scissomètre. **vane wheel**: rotor *m.*

vanish – disparition *f.* **vanish point**: fin de filetage ; point de fuite.

vanish (to) – disparaître.

vanishing – disparition *f.* **vanishing line**: ligne de fuite. **vanishing point**: *voir vanish point.* **vanishing point of the vertical lines**: point de fuite des verticales.

vapor – vapeur *f.* **vapor barrier**: écran pare-vapeur, *écran d'étanchéité à la vapeur.* **vapor-corrosion inhibitor (VCI)**: *voir vapor-phase inhibitor.* **vapor degreasing**: dégraissage à la vapeur. **vapor density**: densité de vapeur ; densité gazeuse. **vapor dome**: calotte gonflable, *membrane gonflable pour réduire les pertes de vapeur dans les réservoirs à toit conique.* **vapor-dome tank**: réservoir à calotte gonflable. **vapor heating system**: dispositif de chauffage à la vapeur. **vapor holdup**: retenue de vapeur. **vapor line**: conduite de vapeur. **vapor-liquid equilibrium**: équilibre liquide-vapeur. **vapor lock**: bouchon de vapeur, *accumulation excessive de vapeur dans le circuit d'un moteur, perturbant le fonctionnement de la pompe ou du carburateur* ; tampon de vapeur. **vapor outlet**: sortie de vapeur. **vapor permeability**: perméabilité à la vapeur. **vapor phase**: phase vapeur. **vapor-phase cracking**: craquage en phase vapeur. **vapor-phase inhibitor (VPI)**: inhibiteur de corrosion en phase gazeuse. **vapor-phase polymerization**: polymérisation en phase vapeur. **vapor-phase reactor**: réacteur à phase vapeur. **vapor-phase refining**: raffinage en phase vapeur. **vapor pressure**: pression de vapeur, *souvent appelée improprement tension de vapeur.* **vapor-pressure bath**: bain thermostatique. **vapor-pressure bomb**: bombe pour la mesure de la tension de vapeur, *des produits pétroliers volatils.* **vapor-pressure lamp**: lampe à pression de vapeur, *et non à mèche.* **vapor-pressure test**: essai de la tension de vapeur des hydrocarbures volatiles, *méthode de Reid.* **vapor-pressure thermometer**: thermomètre à tension de vapeur. **vapor-recovery unit**: unité de récupération de la phase gazeuse, *dans le traitement préliminaire d'une charge mixte de gaz et d'essence.* **vapor-return system**: système de remplissage à récupération de vapeur. **vapor separator**: récipient à pression, *pour l'élimination des vapeurs après le pompage et avant le comptage.* **vapor stop**: fermeture de vapeur. **vapor tension**: *voir vapor pressure.* **vapor-tension test**: mesure de la tension de vapeur. **vapor-testing apparatus**: détecteur de vapeur inflammable. **vapor tight**: étanche à la vapeur. **vapor transfer**: migration de la vapeur. **vapor transmission**: passage de la vapeur, *d'eau.*

Vaporchoc – Vaporchoc, *dénomination commerciale d'une source sismique marine.*

vaporimeter – vaporimètre *m, appareil de mesure de la tension de vapeur.*

vaporizability – pouvoir vaporisant.

vaporizable – vaporisable.

vaporization – évaporation *f*; vaporisation *f.* **vaporization cooling**: refroidissement par vaporisation. **vaporization dish**: capsule d'évaporation. **vaporization heat**: chaleur de vaporisation. **vaporization temperature**: température de vaporisation.

vaporizer – atomiseur *m* ; diffuseur *m, moteur à allumage commandé* ; pulvérisateur *m* ; réchauffeur *m* ; vaporisateur *m* ; vaporiseur *m.*

vaporizing – vaporisation *f.* **vaporizing chamber**: chambre de mélange ; chambre de vaporisation. **vaporizing gas drive**: injection de gaz sec à haute pression. **vaporizing oil burner**: brûleur vaporisateur.

vaporproof – étanche à la vapeur. **vaporproof seal**: joint d'étanchéité à la vapeur.

vapour – *voir vapor.*

var – var *m, abrév. de volt ampère réactif, nom spécial donné au watt dans le mesurage de la puissance électrique réactive.*

varactor – varicap *m, diode à capacité variable.*

variable – variable ; variant. **variable-amplitude display**: représentation galva. **variable-amplitude recording**: enregistrement galva. **variable area (VA)**: aire variable (AV), *mode de représentation de la trace sismique.* **variable-area recording**: enregistrement en aire variable. **variable cam**: came réglable. **variable density**: densité variable, *mode de représentation des signaux sismiques, dans lequel les amplitudes sont converties en densités de noircissement allant du blanc ou du gris pâle au gris foncé ou au noir.* **variable-density log**: diagraphie en densité variable. **variable-density recording**: enregistrement en densité variable. **variable-displacement pump**: pompe à débit variable. **variable load**: charge variable, *charge d'une plate-forme ou d'un navire de forage, variant tous les jours, suivant le matériel et les consommables stockés.* **variable pitch**: pas variable. **variable-pitch propeller (VPP)**: hélice à pas variable. **variable quantity**: grandeur variable. **variable-ratio transformer**: transformateur à rapport de transformation réglable. **variable-reluctance geophone**: géophone à réluctance variable. **variable-reluctance hydrophone**: hydrophone à réluctance variable. **variable-reluctance seismometer**: sismomètre à réluctance variable. **variable resistor**: *voir rheostat.* **variable royalty**: redevance variable. **variable speed**: vitesse variable. **variable-speed drive**: variateur *m.* **variable-speed gear**: changement de vitesse. **variable-speed motor**: moteur à régime variable *(élec).* **variable-speed pulley**: poulie à vitesse variable ; poulie d'entraînement à régime variable. **variable-throat combustion chamber**: chambre de combustion à géométrie variable. **variable valve timing**: distribution à programme variable *(moteur).* **variable vapor-space tank**: réservoir à toit mobile. **variable word length**: longueur de mot variable.

variance – carré de l'écart-type ; variance *f, moyenne arithmétique des carrés des écarts à la moyenne.* **variance analysis**: analyse de variance. **variance-ratio distribution**: distribution du rapport des variances *(stat)*. **variance-ratio test**: test du rapport des variances, *test F (stat)*.

variant – variant.

variate – variable aléatoire *(stat)*.

variation – déclinaison *f, magnétique* ; variante *f* ; variation *f.* **variation of current density**: oscillation du courant. **variation recording**: enregistrement des variations, *magnétiques.*

variegated – bariolé ; bigarré. **variegated copper ore**: cuivre panaché, *bornite (minér)*. **variegated sandstone**: grès bigarré. **variegated shale**: schiste bigarré.

varifocal – à distance variable – *voir varifocal lens.* **varifocal lens**: objectif à distance focale variable.

variocoupler – *voir variometer.*

variogram – variogramme *m, fonction représentant la différence moyenne des valeurs d'une variable en deux points distants d'une longueur h.*

variole – variole *f, sphérolite.*

variolite – variolite *f, variété de lave.*

variolitic – variolitique. **variolitic structure**: structure variolitique *(pétro)*.

variometer – magnétomètre *m* ; variomètre *m, appareil servant à mesurer des petites variations magnétiques.* **variometer compass**: variomètre boussole, *horizontal ou vertical.*

Variscan – varisque. **Variscan orogeny**: cycle varisque, *orogenèse hercynienne, cycle orogénique du Paléozoïque supérieur.*

varistor – varistance *f, élément semiconducteur.*

varmeter – varmètre *m, sert à mesurer la puissance réactive.*

varnish – laque *f, produit de l'oxydation du combustible et du lubrifiant (voir aussi engine gum)* ; vernis *m.* **varnish-makers' and painters' naphtha (VM&P naphtha)**: solvant naphta VPM, *solvant employé pour la fabrication des vernis et en peinture.* **varnish remover**: solvant pour vernis. **varnish test**: essai de comportement d'une huile à l'altération.

varve – varve *f, dépôt lacustre se présentant sous forme de feuillets clairs ou foncés selon l'origine des dépôts liés à l'alternance des saisons.* **varved clay**: argile à varves.

vast – vaste.

vat – bac *m* ; cuve *f.*

VAT – TVA, *abrév. de value-added tax : taxe sur la valeur ajoutée.*

vaterite – vatérite *f, carbonate de calcium.*

vault – bouche à clé ; carter de robinet ; voûte *f.*

vaulted – arqué.

VCH – VCH, *abrév. de vinylcyclohexane.*

VCI – *abrév. de vapor corrosion inhibitor.*

VCM – *abrév. de vinylchloride monomer.*

VCR – *abrév. de video-cassette recorder : magnétoscope à cassettes.*

VD – *abrév. de vapor density.*

VDL – *abrév. de variable-density log.*

VDT – *abrév. de video display terminal.*

VDU – *abrév. de visual display unit.*

vector – vecteur *m.* **vector analysis**: analyse vectorielle. **vector field**: champ vectoriel. **vector function**: fonction vectorielle. **vector graphics**: graphique vectorielle ; représentation vectorielle. **vector power**: puissance vectorielle. **vector processor**: processeur vectoriel. **vector product**: produit vectoriel. **vector space, vector state**: espace vectoriel, espace linéaire.

veer (to) – tourner, *pour un vent.*

vegetable – végétal. **vegetable acid**: acide végétal. **vegetable black**: noir végétal. **vegetable blanket**: tapis végétal. **vegetable drying oil**: huile siccative végétale. **vegetable dye**: colorant végétal. **vegetable fat**: graisse végétale. **vegetable fiber**: fibre végétale. **vegetable glue**: colle végétale. **vegetable kingdom**: règne végétal. **vegetable oil**: huile végétale. **vegetable soil**: terre végétale. **vegetable wax**: cire végétale.

vegetal – végétal. **vegetal cover**: tapis végétal. **vegetal remains**: restes fossiles de végétaux.

vegetation – végétation *f.* **vegetation index**: indice de végétation. **vegetation management**: gestion de la végétation.

vehicle – véhicule *m* ; voiture *f.* **vehicle identification number (VIN)**: numéro d'identification du véhicule. **vehicle-lifting jack**: cric *m (auto)*. **vehicle make**: marque du véhicule. **vehicle operability limit**: température limite d'opérabilité (TLO), *température ambiante au-dessous de laquelle des incidents commencent à se produire sur un moteur diesel, liés à la tenue au froid du carburant.* **vehicle with service body**: véhicule à arrière commercial.

vehicular – de voitures ; mobile. **vehicular hazard warning signal flasher**: clignotant des signaux de détresse, *d'un véhicule.* **vehicular telephony**: téléphonie mobile.

vein – filon *m* ; veine *f.* **vein breccia**: brèche filonienne *(géol)*. **vein filling**: remplissage du filon *(géol)*. **vein graphite**: graphite brut extrait d'un filon. **vein matter**: *voir vein filling.* **vein mineral**: minéral filonien. **vein ore**: minerai filonien. **vein pinchout**: rétrécissement d'un filon. **vein quartz**: quartz filonien. **vein rock**: roche filonienne. **vein structure**: structure filonienne.

veined – veiné. **veined gneiss**: gneiss veiné. **veined marble**: marbre veiné *(pétro)*. **veined texture**: texture veinée.

veinlet – veinule *f.*

veinstone – gangue *f.*

veiny – marbré ; veiné.

velocimeter – célérimètre *m* ; vélocimètre *m, appareil servant à mesurer la vitesse du son dans l'eau.*

velocity – célérité *f* ; vitesse *f.* **velocity analysis**: analyse de vitesses, *en sismique, estimation des vitesses de propagation qui fournissent la meilleure couverture multiple* ; détermination de vitesse. **velocity anomaly**: anomalie de vitesse. **velocity burner**: brûleur vitesse. **velocity change**: variation de vitesse. **velocity correction**: correction de vitesse. **velocity curve**: abaque vitesse-profondeur ; courbe de vitesse ; courbe vitesse-profondeur ; diagramme des vitesses. **velocity depth function**: loi de vitesse en fonction de la profondeur *(sism)*. **velocity-depth relationship**: loi de vitesse-profondeur. **velocity determination**: calcul de la vitesse dans le sol, *par mesures sismiques.* **velocity discontinuity**: discontinuité de vitesse. **velocity filter**: filtre en vitesse *(sism)* ; filtre en vitesse apparente *(sism)*. **velocity filtering**: filtrage en vitesse apparente *(sism)*. **velocity focusing**: focalisation due à la vitesse. **velocity function**: loi de vitesse *(sism)*. **velocity gradient**: gradient de vitesse. **velocity gradient tensor**: tenseur gradient de vitesse. **velocity head**: charge de vitesse, *énergie communiquée à un fluide par sa vitesse, exprimée en unité de poids*; pression dynamique, *en hauteur de fluide.* **velocity hole**: trou pour sismosondage. **velocity inversion**: inversion de vitesse. **velocity law**: loi de vitesse, *répartition, en fonction du temps ou de la profondeur, de la vitesse de propagation.* **velocity layering**: étagement des vitesses ; stratification des vitesses ; vitesse par tranches *(sism)*. **velocity log**: diagraphie de vitesse. **velocity map**: carte de vitesse, *pour un horizon donné.* **velocity meter**: tachymètre *m.* **velocity modulation**: modulation de vitesse. **velocity of discharge**: vitesse de refoulement, *d'évacuation* ; vitesse du débit. **velocity of flow**: vitesse d'écoulement, *débit.* **velocity of propagation**: vitesse de propagation. **velocity of propagation of electromagnetic waves in a vacuum**: vitesse de propagation des ondes magnétiques dans le vide. **velocity of seismic waves**: vitesse des ondes sismiques. **velocity overlay**: abaque transparent d'indicatrice. **velocity panel**: spectre de vitesse ; tableau d'analyse de vitesse. **velocity pickup**: capteur de vitesse. **velocity pressure**: pression due à la vitesse d'écoulement, *d'un fluide.* **velocity profile**: tir de vitesse. **velocity ratio**: rapport de vitesses. **velocity sag**: dépression apparente, *due à une anomalie de vitesse.* **velocity scan**: balayage de vitesse ; éventail de vitesse *(sism)*. **velocity shooting**: tir de vitesse *(sism)*. **velocity spectrum**: spectre de vitesse. **velocity survey**: étude de vitesse ; sismosondage *m* ; tir de vitesse. **velocity wavelet**: ondelette de vitesse.

Velog – Velog, *dénomination commerciale d'une pseudodiagraphie acoustique.*

Vendian – Vendien *m, étage du Précambrian supérieur.*

veneer – feuille de placage ; placage *m (géol)* ; plaque *f.* **veneer wood**: bois de placage.

vent – cheminée *f, de volcan* ; dégagement *m* ; évent *m* ; ouverture *f* ; prise d'air ; torchère *f* ; ventilation *f, orifice de ventilation.* **vent cock**: robinet de dégagement. **vent hole**: évent *m* ; orifice de dégagement. **vent pipe**: canal d'aérage ; tuyauterie d'aération. **vent valve**: soupape de respiration, *d'un réservoir* ; valve d'évent.

vented – évacué. **vented-gas column**: panache de bulles de gaz. **vented production**: production envoyée dans l'atmosphère, *gaz naturel.*

ventifact – caillou éolisé, *caillou façonné par l'action du vent* ; roche éolisée ; ventifact *m, fragment rocheux éolisé.*

ventilating – aérant ; aérateur. **ventilating duct**: canal d'aérage. **ventilating fan**: ventilateur *m.* **ventilating pipe**: tuyau d'aérage. **ventilating pressure**: pression de ventilation. **ventilating shaft**: puits d'aérage.

ventilation – aérage *m* ; ventilation *f.* **ventilation borehole**: trou d'aérage. **ventilation circuit**: circuit d'aération. **ventilation door**: porte de ventilation. **ventilation for tanks**: prise d'air pour réservoirs. **ventilation tubing**: tuyauterie d'aérage.

ventilator – déflecteur *m (auto)* ; ventilateur *m.* **ventilator duct**: canal de ventilateur.

venting – aération *f.* **venting system**: circuit d'aération, *de ventilation.* **venting valve**: vanne d'aération, *de ventilation.*

vents – ouies *f, ouvertures permettant la respiration d'un réservoir.*

venture – aventure *f* ; spéculation *f.* **venture capital**: capital risque ; capitaux spéculatifs.

venturi – tube de Venturi ; venturi *m, tube comportant un retrécissement, utilisé pour mesurer les débits de fluides.* **venturi governor**: régulateur à venturi. **venturi meter**: compteur venturi ; indicateur de débit par tube venturi. **venturi scrubber**: laveur à venturi. **venturi tube**: tube venturi. **venturi-type gas burner**: brûleur à gaz type venturi.

venule – veinule *f (géol)*.

Verdet – Verdet. **Verdet constant**: constante de Verdet, *pouvoir rotatoire magnétique.*

vergence – vergence *f, sens vers lequel se font les chevauchements (plis, failles, nappes)*.

verifier – carottier latéral, *en forage profond, outil servant à remonter en surface des portions de la paroi du sondage.*

vermicular – vermiculaire. **vermicular quartz**: quartz vermiculaire *(pétro)*.

vermiculated – *voir vermicular.*

vermiculite – vermiculite *f, utilisée après chauffage pour la fabrication de plâtre, béton et briques isolantes.*

vernacular – vernaculaire, *se dit du nom usuel d'un animal ou d'une plante dans son pays d'origine, par opposition à ceux qui suivent les règles de la nomenclature scientifique.* **vernacular name**: nom vernaculaire, *nom vulgaire.*

vernal – vernal. **vernal equinox**: équinoxe vernal. **vernal point**: point gamma ; point vernal.

vernier – vernier *m, mesure.* **vernier engine**: moteur vernier. **vernier height gage**: pied de hauteur avec vernier. **vernier scale**: échelle de vernier.

Versilian – Versilien *m, étage marquant la fin du Quaternaire.*

versine – sinus verse.

versus – contre ; en fonction de.

vertebrate – vertébré *m.*

vertex – sommet d'une courbe.

vertical – vertical. **vertical aerial photography**: prise de vue aérienne à axe vertical. **vertical and horizontal stacking**: additions verticales et horizontales. **vertical angle**: angle vertical. **vertical bed**: couche perpendiculaire. **vertical boiler**: chaudière verticale. **vertical check valve**: clapet de retenue verticale ; soupape de retenue verticale. **vertical circle**: cercle vertical, *grand cercle de la sphère céleste passant par la verticale d'un lieu (astron)*. **vertical closure**: fermeture structurale ; fermeture verticale ; flèche d'une structure. **vertical component**: composante verticale. **vertical-component Schmidt balance**: balance verticale de Schmidt. **vertical control**: canevas altimétrique. **vertical depth**: profondeur verticale. **vertical dip**: pendage vertical. **vertical displacement**: rejet vertical *(géol)*. **vertical erosion**: érosion verticale. **vertical exaggeration**: exagération verticale, *inter-*

prétation sismique. **vertical fault**: faille verticale. **vertical interval**: différence de hauteur. **vertical load**: charge verticale. **vertical magnetic intensity**: intensité magnétique verticale. **vertical magnetometer**: magnétomètre vertical. **vertical migration**: migration verticale, *perpendiculaire aux couches.* **vertical milling machine**: fraiseuse verticale. **vertical-moored platform (VMP)**: plate-forme amarrée verticalement. **vertical-parity check**: contrôle de parité verticale. **vertical pendulum**: pendule vertical. **vertical permeability**: perméabilité verticale, *correspondant à un écoulement perpendiculaire au litage.* **vertical photograph**: photographie à axe vertical ; photographie verticale. **vertical photography**: prise de vue aérienne ; prise de vue verticale. **vertical polarization**: polarisation verticale. **vertical position**: position verticale. **vertical profiling**: profil de puits ; profil vertical. **vertical-ray interpretation**: interprétation du trajet vertical. **vertical reference unit**: écartomètre *m, positionnement dynamique.* **vertical resolution**: définition verticale, *diagraphie.* **vertical retort**: cornue verticale. **vertical-retort gas**: gaz de cornue verticale. **vertical scale**: échelle verticale, *échelle des profondeurs ou des hauteurs (stratigr).* **vertical section**: coupe verticale. **vertical seismic profiling (VSP)**: profil sismique vertical (PSV), *ensemble de traces obtenues avec réception dans un puits et émission à la gueule du puits.* **vertical seismograph**: sismographe vertical. **vertical separator**: séparateur vertical. **vertical shooting**: tir vertical. **vertical stack**: composition de traces brutes, *de tirs différents* ; somme des traces au même point de tir *(sism) la traduction addition verticale est impropre.* **vertical steady state**: régime permanent vertical. **vertical storage tank**: réservoir de stockage cylindrique vertical. **vertical-strip photography**: prise de vue verticale par bande. **vertical support members (VSM)**: supports verticaux, *supports spéciaux de surélévation de l'oléoduc de l'Alaska, ils sont généralement dotés d'un dispositif d'autoréfrigération pour éviter le dégel du sol.* **vertical sweep efficiency**: efficacité verticale de balayage, *efficacité d'invasion, définie comme le rapport de l'aire balayée sur l'aire totale, pour une tranche verticale.* **vertical takeoff and landing (VTOL)**: décollage et atterrissage verticaux, *ADAV.* **vertical throw**: rejet vertical *(géol).* **vertical time (VT)**: temps à la gueule du trou ; temps vertical. **vertical time propagation**: temps de propagation verticale. **vertical traveltime curve**: courbe du temps de parcours vertical. **vertical-tube evaporator (VTE)**: évaporateur à tubes verticaux. **vertical-tube sweating stove**: four de ressuage à tubes verticaux. **vertical-turbine pump**: pompe à turbine verticale pour l'eau. **vertical vein**: filon vertical. **vertical-velocity gradient**: gradient de vitesse verticale. **vertical well**: puits vertical.

verticality – verticalité *f.* **verticality survey**: vérification de verticalité, *d'un sondage.*

very – très. **very-high frequency (VHF)**: très haute fréquence. **very high sea**: mer très grosse. **very large crude carrier (VLCC)**: très gros transporteur de brut (TGTB), *entre 100 000 et 200 000 tonnes de port en lourd.* **very large-scale integration (VLSI)**: intégration à très grande échelle, *électronique.* **very-low frequency (VLF)**: ondes myriamétriques ; très basse fréquence. **very open pack ice**: pack très lâche, *glaces couvrant seulement 1/8 à 1/4 de la surface de la mer.* **very rough sea**: mer très forte.

vesicle – vacuole *f* ; vésicule *f.*

vesicular – vacuolaire ; vésiculaire. **vesicular structure**: structure bulleuse *(pétro).*

vessel – bâtiment *m, nom générique pour les constructions navales flottantes aménagées pour la navigation* ; chaudière *f* ; navire *m* ; récipient *m* ; réservoir *m* ; vase *m.*

vest – gilet *m.*

vested – intéressé. **vested interest**: droit acquis.

VGC – *abrév. de viscosity gravity constant.*

VGO – GOSV, *abrév. de vacuum gas oil : gasoil sous vide.*

VHF – *abrév. de very-high frequency.* **VHF radio telephony**: système radiotéléphonique à très haute fréquence.

VHO – *abrév. de very heavy oil : huile extra-lourde.*

VHSI – *abrév. de very-high-speed integration, ensemble de techniques de pointe permettant la fabrication de circuits à très haute intégration dotés d'une vitesse de fonctionnement supérieure, mais avec des circuits d'une taille supérieure.*

VI – IV, *abrév. de viscosity index, indice de viscosité.* **VI improver**: additif pour l'amélioration de l'indice de viscosité.

viability – viabilité *f.*

vial – fiole *f.*

vib – vibro *m, familier pour vibrateur ou vibreur.*

vibrated – vibré. **vibrated concrete**: béton vibré. **vibrated point (VP)**: point vibré (PV), *centre géométrique de la configuration des vibrateurs utilisés sur le terrain au cours d'un enregistrement pour émettre un train d'ondes élastiques ;* point de vibration. **vibrated-reed instrument**: instrument à lames vibrantes.

vibrating – vibrant. **vibrating desander**: dessableur vibrant. **vibrating feeder**: alimentateur vibratoire ; distributeur vibrant. **vibrating mudscreen**: tamis vibrant, *pour boue de forage.* **vibrating-reed dynamometer**: dynamomètre à corde vibrante. **vibrating-reed electrometer**: électromètre à lame vibrante *(sism).* **vibrating screen**: tamis vibrant, *vibrateur pour éliminer le sable et les déblais de la boue de forage à la sortie du puits.* **vibrating-screen classifier**: vibroclasseur *m.*

vibration – vibration *f, en forage, désigne une technique acoustique appliquée pour juger de la longueur libre d'un tube bloqué.* **vibration damper**: amortisseur de vibrations. **vibration detector**: détecteur de vibrations. **vibration drilling**: forage par vibrations. **vibration fatigue**: fatigue par vibrations. **vibration insulation**: protection antivibratoire. **vibration monitor**: moniteur de vibration. **vibration relay**: régulateur de courant ; régulateur de tension. **vibration severity**: intensité vibratoire. **vibration testing**: essai de vibrations.

vibrational – vibratoire. **vibrational energy**: énergie de vibration. **vibrational frequency**: fréquence vibratoire. **vibrational spectrum**: spectre de vibration.

vibrator – vibrateur *m* ; vibreur *m*, *source pour la vibrosismique.*
vibratory – vibratoire. **vibratory centrifuge**: centrifugeuse vibratoire. **vibratory plough**: *voir vibratory plow.* **vibratory plow**: charrue vibrante. **vibratory pump**: pompe vibratoire.
vibroclassifier – vibroclasseur *m.*
vibrocorer – vibrocarottier *m.*
vibrodriver – vibrofonceuse *f.*
vibrodriving – vibrofonçage *m*, *piles.*
vibrograph – vibrographe *m.*
vibrojetting – vibrolançage *m*, *piles.*
vibrometer – vibromètre *m*, *appareil servant à mesurer l'amplitude d'une vibration.*
vibropercussion – vibropercussion *f.* **vibropercussion driver**: vibropercuteur *m.*
Vibroseis – Vibroseis, *dénomination d'un procédé de sismique réflexion utilisant l'envoi d'une onde entretenue à l'aide d'un vibrateur.*
vibroseismic – vibrosismique. **vibroseismic method**: vibrosismique *f*, *méthode sismique dont la source est un vibreur.* **vibroseismic prospecting**: vibrosismique *f.*
Vicat – Vicat. **Vicat needle**: aiguille de Vicat, *servant à mesurer la consistance du ciment et autres substances à l'état pâteux.* **Vicat setting-time test**: essai de prise Vicat, *mesuré à l'aiguille de Vicat.*
vicinal – vicinal. **vicinal faces**: plans vicinaux *(crist).*
vicinity – voisinage *m.*
Vickers – Vickers. **Vickers hardness test**: test de Vickers, *test de dureté des métaux lourds.*
Victamide – *dénomination d'un agent défloculant pour boues de forage.*
video – vidéo. **video-cassette recorder (VCR)**: magnétoscope *m.* **video display**: affichage vidéo. **video display terminal (VDT)**: terminal à écran de visualisation. **video monitor**: moniteur vidéo. **video-tape recorder**: magnétoscope *m.*
vidicon – vidicon *m*, *tube à photoconduction.*
view – vue *f.*
viewing – visée *f* ; vision *f.* **viewing angle**: angle de prise de vue ; angle de vision ; angle de vue. **viewing configuration**: configuration de prise de vues, *des angles de prise de vues.* **viewing tube**: tube de visée.
viewpoint – angle de vue.
viewport – hublot *m.*
vignette – vignette *f*, *interférence, due à la monture de l'objectif qui a pour effet de perturber le rôle du diaphragme.*
vignetting – vignettisation *f*, *dégradation d'une image photographique produite par la vignette qui est surtout sensible sur les bords des clichés.* **vignetting effect**: effet de lucarne *(opt).* **vignetting filter**: *voir antivignetting filter.*
vigor – vigueur *f.*
Villafranchian – Villafranchien *m*, *étage du Pliocène supérieur et du Pléistocène inférieur.*
Vindobonian – Vindobonien *m*, *étage du Miocène moyen.*
vinyl – vinyle *m.* **vinyl acetate**: acétate de vinyle, *ester polymérisable.* **vinyl acetate monomer (VAM)**: monomère d'acétate de vinyle. **vinyl alcohol**: alcool vinylique. **vinyl chloride**: chlorure de vinyle. **vinyl ether**: éther allyl-vinylique. **vinyl ethyl ether**: éther éthyl-vinylique. **vinyl plastic**: plastique vinylique.
vinylation – vinylation *f.*
vinylbenzene – vinylbenzène *m*, *voir styrene.*
vinylcyclohexane – vinylcyclohexane *m.*
vinylcyclohexene – vinylcyclohexène *m.*
vinylidene – vinylidène *m.* **vinylidene chloride**: chlorure de vinylidène.
vinylpyridine – vinylpyridine *m.*
vinyltoluene – vinyltoluène *m*, *parfois appelé méthylstyrène.*
violation – infraction *f.*
virgation – virgation *f*, *faisceau de plis demeurant parallèles sur une certaine distance mais dont les extrémités divergent.*
virgin – natif ; pur ; vierge. **virgin forest**: forêt vierge, *brousse.* **virgin gas oil**: gasoil de première distillation. **virgin land**: terre vierge. **virgin metal**: métal vierge. **virgin naphtha**: naphta de première distillation. **virgin neutron**: neutron vierge. **virgin pressure**: pression originelle. **virgin stock**: huile de distillation directe ; huile vierge. **virgin zone**: zone non envahie *(diag)* ; zone vierge.
Virglorian – Virglorien *m*, *étage du Trias moyen inférieur.*
Virgulian – Virgulien *m*, *Kimméridgien supérieur, sous-étage du Jurassique supérieur.*
virial – viriel *m*, *demi-somme des produits des composantes de la force sur chacun de trois axes des coordonnées rectangulaires par les coordonnées correspondantes du point où la force est appliquée.* **virial coefficient**: coefficient du viriel. **virial theorem**: théorème du viriel, *le viriel est égal à l'énergie cinétique moyenne de translation de la masse de gaz.*
virtual – effectif ; virtuel ; vrai. **virtual cathode**: cathode virtuelle. **virtual circuit**: circuit virtuel. **virtual displacement**: déplacement virtuel *(méc).* **virtual memory**: mémoire virtuelle. **virtual object**: objet virtuel. **virtual particle**: particule virtuelle. **virtual source**: source virtuelle. **virtual state**: état virtuel. **virtual work**: travail virtuel *(méc).*
virus – virus *m*, *dans un programme d'ordinateur, partie qui peut migrer vers d'autres programmes et les détruire progressivement.*
vis – *abrév. de viscosity.*
visbreaker – viscoréducteur *m.*
visbreaking – viscoréduction *f*, *voir viscosity breaking.*
visbroken – viscoréduit. **visbroken product**: produit viscoréduit, *distillats et résidus dont la viscosité a été abaissée.*
viscid – visqueux.
viscoelastic – viscoélastique. **viscoelastic fluid**: fluide viscoélastique.
viscoelasticity – viscoélasticité *f.*
viscometer – viscosimètre *m.* **viscometer bulb**: capacité sphérique de viscosimètre. **viscometer cup**: coupelle de viscosimètre ; tube jaugeur de viscosimètre.
viscometry – viscosimétrie *f.*
viscoplastic – viscoplastique. **viscoplastic fluid**: fluide viscoplastique.
viscoplasticity – viscoplasticité *f.*
viscose – viscose *f*, *solution de xanthate de cellulose, utilisée pour fabriquer des fibres textiles comme la rayonne.*

viscosimeter – *voir viscometer.*

viscosity – viscosité *f, propriété d'une substance liquide ou pâteuse qui caractérise sa résistance à l'écoulement.* **viscosity-blending chart**: table de calcul de la viscosité des mélanges, *pour le mélange d'huiles lubrifiantes.* **viscosity breaker**: viscoréducteur *m.* **viscosity breaking**: viscoréduction *f, opération de diminution de la viscosité de certains résidus paraffineux et des fuels lourds en général par un craquage à basse température.* **viscosity chart**: abaque de viscosité. **viscosity coefficient**: coefficient de viscosité, *voir dynamic viscosity.* **viscosity conversion chart**: table de conversion de viscosité. **viscosity curve**: courbe de viscosité, *d'une huile, généralement en fonction de la température.* **viscosity gage**: jauge de viscosité. **viscosity-gravity chart**: abaque viscosité-densité. **viscosity-gravity constant**: constante viscosité-densité. **viscosity index (VI)**: indice de viscosité (IV), *indique la variation de la viscosité avec la température.* **viscosity index improver**: additif améliorant l'indice de viscosité, *conduisant à une augmentation de viscosité plus importante à haute qu'à basse température* ; améliorant d'indice de viscosité. **viscosity loss**: chute de viscosité. **viscosity meter**: viscosimètre *m.* **viscosity-pressure effect**: influence de la pression sur la viscosité des huiles. **viscosity range**: ordre de viscosité. **viscosity-reducing agent**: additif abaisseur de point d'écoulement. **viscosity-shear relation**: relation viscosité-cisaillement. **viscosity-temperature chart**: abaque viscosité-température. **viscosity-temperature coefficient**: coefficient de viscosité-température.

Viscotone – *dénomination d'un additif pour boue de forage.*

viscous – visqueux. **viscous crude oil**: pétrole brut visqueux. **viscous damping**: amortissement visqueux. **viscous distillate**: distillat visqueux, *lourd.* **viscous fingering**: digitation visqueuse, *dans la récupération du pétrole par déplacement à l'aide d'un fluide moins visqueux.* **viscous flow**: écoulement visqueux ; régime laminaire. **viscous friction**: frottement visqueux. **viscous lubrication**: lubrification visqueuse. **viscous neutral**: neutre visqueux. **viscous neutral oil**: huile neutre visqueuse. **viscous-oil recovery**: récupération de brut visqueux. **viscous remanent magnetization (VRM)**: aimantation rémanente visqueuse (ARV).

vise – étau *m.* **vise jaws**: mâchoires d'étau.

Visean – Viséen *m, étage du Carbonifère inférieur.*

visibility – visibilité *f, voir scale of visibility.*

visible – visible. **visible band**: bande visible. **visible horizon**: horizon apparent. **visible luminescence**: luminescence visible. **visible spectrophotometry**: spectrophotométrie visible. **visible spectrum**: spectre visible. **visible ultraviolet**: ultraviolet visible.

vision – vision *f.* **vision panel**: panneau de visite.

visor – visière *f.*

Vistanex – *dénomination du polyisobutylène.*

visual – visuel. **visual acuity**: acuité visuelle ; pouvoir séparateur de l'oeil. **visual display**: visualisation *f.* **visual display unit (VDU)**: écran de visualisation. **visual examination**: étude à l'oeil nu ; examen visuel. **visual inspection**: inspection visuelle. **visual interpretation**: interprétation visuelle.

visualize (to) – visualiser, *présenter des informations sur un écran.*

vitamin – vitamine *f.*

vitrain – vitrain *m, composant des charbons, noir et brillant, tachant peu, à ciment abondant chargé en très fins débris.*

vitreous – vitreux. **vitreous fracture**: cassure vitreuse. **vitreous luster**: éclat vitreux. **vitreous structure**: structure vitreuse.

vitric – vitrique.

vitrification – vitrification *f.*

vitrinite – vitrinite *f, groupe des macéraux du charbon caractéristique par son pouvoir réflecteur moyen. Il comprend la télinite, la collinite et la vitrodétrinite.* **vitrinite A**: télécollinite *f, appelée aussi vitrinite A.* **vitrinite reflectance**: pouvoir réflecteur de la vitrinite (PRV), *indicateur de rang de la matière organique.*

vitriol – vitriol *m.* **vitriol ore**: minerai vitriolique.

vitriolic – vitriolique.

vitrite – vitrite *f, microlithotype constitué d'au moins 95 % de vitrinite.*

Vitrollian – Vitrollien *m, étage du Paléocène.*

vivianite – vivianite *f, phosphate de fer hydraté.*

vivid – éclatant, *couleur.*

viviparous – vivipare.

VLCC – TGTB, *abrév. de very large crude carrier : très grand transporteur de brut, pétrolier ayant plus de 200 000 tonnes de port en lourd.*

VLC/PC – *abrév. de very large crude/products carrier : très gros porteur de brut et produits.*

VLE – *abrév. de vapor-liquid equilibrium.*

VLF – TBF, *abrév. de very low frequency : très basses fréquences.*

VLSI – *abrév. de very-large-scale integration, ensemble des techniques de pointe permettant la fabrication de circuits d'électronique solide à très haute intégration, impliquant une résolution inférieure au micron.*

VM – MV, *abrév. de volatile matter, matière volatile.*

VM&P naphtha – *abrév. de varnish makers' and painters' naphtha.*

VMP – *abrév. de vertical-moored platform : plateforme amarrée verticalement.*

VOC – COV, *abrév. de volatile organic compounds, composés organiques volatils.*

vocational – professionnel. **vocational training**: formation professionnelle.

voice – voix *f.* **voice recognition**: reconnaissance de la voix. **voice synthesizer**: synthétiseur de voix.

void – interstice *m* ; pore *m* ; vide *m.* **void fraction**: taux de vide. **void ratio**: taux de porosité. **void space**: espace interstitiel ; volume des pores (VP).

voidage – désaturation *f, voir aussi porosity.* **voidage rate**: taux de désaturation du réservoir.

Voigt – Voigt. **Voigt solid**: solide de Voigt. **Voigt wave**: onde de Voigt, *ondes P dans un solide viscoélastique.*

volatile – volatil. **volatile acid**: acide volatil. **volatile corrosion inhibitor (VCI)**: inhibiteur de corrosion en phase gazeuse, *voir aussi vapor-phase inhibitor (VPI).* **volatile distillate**: distillat volatil, *fraction légère de pétrole.* **volatile matter**: matière volatile. **volatile-matter ratio**: taux de matière volatile, *perte de poids par élévation à 950°C d'une matière organique sans combustion.* **volatile organic compounds (VOC)**: composés organiques volatils (COV), *terme plus général qu'hydrocarbures pour désigner des polluants atmosphériques.*

volatility – volatilité *f.* **volatility product**: produit de volatilité. **volatility test**: essai de volatilité, *essai de distillation fractionnée servant à déterminer le point d'ébullition initial et final.*

volatilization – volatilisation *f.*

volcanic – volcanique. **volcanic ash**: cendre volcanique. **volcanic bomb**: bombe volcanique. **volcanic breccia**: brèche volcanique. **volcanic chimney**: cheminée volcanique. **volcanic cone**: cône volcanique. **volcanic dust**: cendre volcanique ; poussière volcanique. **volcanic earthquake**: tremblement de terre volcanique. **volcanic eruption**: éruption volcanique. **volcanic flow**: coulée de lave. **volcanic foam**: ponce *f.* **volcanic gas**: gaz volcanique. **volcanic glass**: obsidienne *f*; verre volcanique. **volcanic island**: île volcanique. **volcanic neck**: bouchon volcanique. **volcanic plug**: bouchon volcanique. **volcanic rock**: roche volcanique. **volcanic stream**: coulée volcanique.

volcanism – volcanisme *m.*

volcano – volcan *m.* **volcano mud**: boue volcanique.

volcanology – volcanologie *f.*

Volgian – Volgien *m, étage du Jurassique supérieur.*

volt – volt *m, unité SI de force électromotrice et de différence de potentiel, symbole* V. **volt ampere**: volt-ampère (VA), *nom spécial du watt utilisé comme unité de puissance apparente.* **volt efficiency**: rendement d'accumulateur. **volt per meter**: volt par mètre, *unité SI d'intensité de champ électrique* (V/m). **volt rise**: surtension *f.*

voltage – tension *f (élec)* ; tension électrique, *différence de potentiel* ; voltage *m.* **voltage divider**: diviseur de tension. **voltage drop**: chute de tension. **voltage efficiency of an electrochemical process**: rendement d'un procédé électrochimique, *rapport entre tension obtenue et tension théorique.* **voltage jump**: saut de tension. **voltage level**: niveau de tension. **voltage regulation**: régulation de la tension électrique. **voltage regulator**: régulateur de tension *(élec)* ; stabilisateur de tension *(élec)*. **voltage-regulator coil**: régulateur de tension à enroulement.

voltaic – voltaïque. **voltaic cell**: pile voltaïque. **voltaic couple**: couple voltaïque.

voltmeter – voltmètre *m.* **voltmeter switch**: commutateur de voltmètre.

volume – volume *m.* **volume average boiling point**: température moyenne d'ébullition volumétrique. **volume control**: commande de volume ; réglage de gain *(sism)*. **volume-control circuit**: circuit de réglage de gain, *(sism)*. **volume density of charge**: charge volumique, *quotient de la charge par le volume, s'exprime en coulomb par mètre cube.* **volume expansion coefficient**: *voir cubic expansion coefficient.* **volume factor**: facteur volumétrique, *voir formation volume factor.* **volume flow rate**: débit volume ; débit volumique ; flux de vitesse acoustique. **volume fraction**: fraction volumique, *d'un constituant.* **volume heat capacity**: capacité thermique volumique. **volume increase**: accroissement de volume. **volume lifetime**: *vie moyenne volumique.* **volume loss**: perte de volume. **volume percent**: pourcent en volume. **volume percent conversion**: pourcentage volumétrique de conversion. **volume resistance**: résistance transversale, *(élec)*. **volume resistivity**: résistivité transversale *(élec)*. **volume reverberation**: diffusion en volume. **volume tank**: réservoir respirant, *épurateur de gaz.*

volumeter – volumètre *m, sorte de picnomètre servant à la mesure du volume global d'un échantillon.*

volumetric – volumétrique. **volumetric analysis**: analyse volumétrique, *des constituants d'une substance.* **volumetric boiling point**: point d'ébullition volumétrique. **volumetric efficiency**: rendement volumétrique, *d'une pompe, d'un compresseur.* **volumetric filler**: bac à remplissage volumétrique, *pour comptage des fluides supplanté par le compteur volumétrique.* **volumetric flask**: fiole jaugée. **volumetric gage**: jauge volumétrique. **volumetric gas analysis**: analyse volumétrique des gaz. **volumetric method of estimating reserves**: méthode volumétrique d'évaluation des réserves. **volumetric strain**: dilatation volumique relative, *changement de volume par unité de volume.* **volumetric sweep efficiency**: efficacité volumétrique de balayage *(prod)*.

voluntary – volontaire. **voluntary pollution**: pollution délibérée.

volute – diffuseur *m* ; volute *f, partie en forme spirale du corps d'une pompe centrifuge.* **volute gear**: engrenage spiralé. **volute pump**: pompe à spirale ; pompe à volute.

vortex – tourbillon *m, tourbillon rectiligne* ; vortex *m, tourbillon creux.* **vortex breaker**: déflecteur antitourbillon. **vortex line**: ligne de tourbillon. **vortex sheet**: nappe tourbillonnaire.

vorticity – vecteur de tourbillonnement ; vorticité *f (méc.fl)*. **vorticity equation**: équation de variation du rotationnel.

voucher – bon *m* ; justificatif *m, pièce justificative.*

voyage – voyage *m.* **voyage charter**: affrètement au voyage ; charte-partie au voyage.

VP – *abrév. de vapor pressure* ; PV, *abrév. de vibrated point, point vibré.*

VPC – CPV, *abrév. de vapor-phase chromatography : chromatographie en phase vapeur.*

VR – RSV, *abrév. de vacuum residue, résidu sous vide.*

Vraconian – Vraconien *m, étage du Crétacé inférieur.*

VRM – ARV, *abrév. de viscous remanent magnetization, aimantation rémanente visqueuse.*

vs – *abrév. de versus : en fonction de.*

VSM – *abrév. de vertical support members : supports spéciaux de surélévation.*

VSP – PSP, *abrév. vertical seismic profile, profil sismique de puits* ; PSV, *abrév. de vertical seismic profiling, profil sismique vertical.*

VTE – *abrév. de vertical tube evaparator.*

VTOL – ADAV, *abrév. de vertical takeoff and landing : avion à décollage et atterrissage vertical.*

VTR – *abrév. de video tape recording.*

vug – vacuole *f.*

vuggy – caverneux ; vacuolaire. **vuggy formation**: formation vacuolaire. **vuggy limestone**: calcaire vacuolaire. **vuggy porosity**: porosité vacuolaire, *porosité secondaire.*

vugular – *voir vuggy.*

Vulcanian – vulcanien, *qualifie un type d'éruption explosive.*

vulcanization – vulcanisation *f, réaction de réticulation des élastomères qui en modifie les propriétés et en empêche les déformations permanentes.*

vulcanize (to) – vulcaniser.

vulcanized – vulcanisé. **vulcanized fiber**: fibre vulcanisée. **vulcanized paper**: papier vulcanisé.

vulcanizing agent – vulcanisant *m* ; agent de vulcanisation.

W

W – W, *symbole de watt.*

Waalian – Waalien *m, étage du Pléistocène inférieur.*

WABP – *abrév. de weight average boiling point.*

WAC – *abrév. de Wright Aeronautical Corporation.* **WAC bearing test**: essai WAC de la solidité du film des huiles aviation. **WAC oxidation test**: essai WAC de résistance à l'oxydation, *des huiles aviation.*

wacke – wacke *f, grès argileux tendre et friable.*

Wacker – Wacker. **Wacker process**: procédé Wacker, *oxydation de l'éthylène par l'air pour la fabrication de l'acétaldéhyde.*

wad – bourre *f*; tampon *m*; wad *m, oxydes naturels hydratés de manganèse.*

wadden – wadden *m, vasière intertidale.*

wadding – bourre *f*; étoupe *f*; ouate *f.*

wadi – oued *m, cours d'eau temporaire des régions arides.*

wafer – galette *f (élec).* **wafer membrane**: membrane gaufrée.

WAG – *voir water-alternating-gas process.*

wage – salaire *m.* **wage bill**: masse salariale. **wage bracket**: fourchette des salaires. **wage claim**: revendication salariale. **wage curve**: courbe de salaire. **wage drift**: dérapage des salaires. **wage freeze**: blocage des salaires. **wage lag**: décalage des salaires par rapport aux prix. **wage pattern**: grille de salaires. **wage-price indexing**: indexation des salaires sur les prix.

wagon – chariot *m*; fourgon *m*; wagon *m.* **wagon cession price**: prix de cession sur wagon.

waiting – attente *f.* **waiting line**: file d'attente. **waiting on cement (WOC)**: attente après cimentation *(for)*; attente de prise. **waiting on decision (WOD)**: attente de décision. **waiting on orders (WOO)**: attente d'ordres. **waiting on weather (WOW)**: attente intempéries, *signifie qu'un travail est interrompu en raison des mauvaises conditions météorologiques.*

waive (to) – abandonner ; déroger, *à un principe*; renoncer, *à un droit.*

waiver – dérogation *f*; désistement *m.* **waiver clause**: clause d'abandon. **waiver of a claim**: abandon d'une revendication. **waiver of a right**: abandon d'un droit.

wake – houache *f, sillage d'un navire*; sillage *m.*

walkaround – passerelle extérieure.

walkaway – à déport croissant, *tir-vitesse ou PSP.*

walking – marche *f.* **walking beam**: balancier *m*; levier de battage, *poutre pivotante communicant aux outils de forage leur mouvement alternatif.* **walking-beam counterweight**: contrepoids du balancier, *pompage des puits.* **walking-beam pump**: pompe à balancier. **walking-beam saddle**: selle de balancier. **walking-beam stirrup**: joints à étriers, *reliant le balancier à la bielle.*

walkout – débrayage *m*; grève surprise.

walkway – passage *m*; passerelle *f, sur un réservoir de stockage*; passerelle de manutention, *passerelle posée sur le sol dans le prolongement du plan incliné d'un appareil de forage et sur laquelle est posé le matériel qui monte et descend du plan incliné.*

wall – éponte *f, chacune des surfaces limitant un filon, l'éponte sur le filon est le toit, celle sous le filon est le mur*; fond de taille *(mine)*; mur *m*; paroi *f*; salbande *f, d'un filon.* **wall bearing**: palier console. **wall box**: niche murale. **wall building**: colmatage *m.* **wall-building properties of the mud**: propriété colmatante de la boue. **wall cake**: cake de parois. **wall cleaner**: nettoyeur de parois *(for).* **wall coil**: serpentin mural. **wall effect**: effet de paroi. **wall face**: front de taille *(mine).* **wall friction**: frottement de paroi. **wall hook**: caracole *f*; crochet redresseur ; crochet tubulaire ; sifflet de repêchage. **wall-hook packer**: *voir sidewall anchor packer.* **wall loss**: perte aux parois, *perte de chaleur ou de froid par les parois.* **wall map**: carte murale. **wall packer**: *voir hook wall packer.* **wall plug**: prise de courant murale. **wall rock**: roche encaissante *(géol).* **wall sample**: carotte latérale *(for).* **wall sampler**: carottier latéral. **wall scraper**: élargisseur rotatif. **wall scratcher**: racleur de parois. **wall sticking**: collage contre la paroi du puits. **wall strength**: tenue à découvert, *des parois du trou.* **wall-supported drill collar**: masse-tige à appui sur paroi. **wall thickness**: épaisseur de paroi. **wall-thickness tolerance**: tolérance d'épaisseur des parois de tubes *(for).*

walled-up – colmaté ; façonné, *voir aussi mud off, silting.*

walnut – noix *f, fruit du noyer.* **walnut oil**: huile de noix. **walnut shell**: coquille de noix, *colmatant pour boue de forage ou agent de soutènement.*

wandering – migration *f, de lit de rivière.* **wandering dune**: dune mouvante. **wandering mark**: index de pointé stéréoscopique. **wandering sequence**: soudure échelonnée.

Wankel – Wankel. **Wankel engine**: moteur Wankel, *moteur rotatif.*

wantage – manque *m.* **wantage rod**: tige de jaugeage par le creux, *voir outage.*

war – guerre *f.* **war clause**: clause de guerre. **war damage**: dommages de guerre. **war risk insurance**: assurance risque de guerre.

WAR – *abrév. de water/air ratio.*
wardite – wardite *f (minér).*
ware – marchandise *f*; produit *m.*
warehouse – entrepôt *m* ; magasin *m.* **ex warehouse**: départ entrepôt, *se dit d'une marchandise livrée à l'entrepôt.*
warehousing – entreposage *m* ; magasinage *m.*
warm – chaud. **warm-air heating**: chauffage par air chaud ; chauffage par air pulsé. **warm up**: montée de température. **warm-up time**: temps de mise en température, *de mise en train.*
warm (to) – chauffer ; faire tiédir. **warm (to) up**: échauffer, *mettre en température.*
warming – chauffage *m.* **warming up**: mise en température ; réchauffement *m, température.*
warmth – chaleur *f.*
warning – avertissement *m.* **warning agent**: *voir odorant.* **warning device**: avertisseur *m.* **warning light**: lampe de signalisation ; lampe témoin ; voyant lumineux. **warning message**: message d'avertissement. **warning sign**: panneau d'avertissement. **warning time**: délai d'avertissement.
warp – amarre *f*; aussière *f*; chaîne *f, d'un tissu* ; courbage *m, d'un tuyau* ; dépôts vaseux alluvionnaires ; gauchissement *m.*
warp (to) – se déformer ; déjeter ; se déjeter ; gauchir, *se gauchir* ; se voiler.
warpage – *voir warping.*
warped – gauchi ; ondulé ; faiblement plissé. **warped surface**: surface gauchie. **warped wheel**: roue voilée.
warping – colmatage *m, d'une mare* ; déjettement *m, d'un pli* ; gauchissement *m* ; gondolement *m* ; ploiement *m* ; voilage *m.* **warping down of stratum**: tassement d'une couche. **warping up of stratum**: bombement d'une couche.
warrant – mandat *m* ; warrant *m, billet à ordre servant de gage, sans dépossession, des marchandises qu'il représente.*
warrant (to) – assurer ; garantir ; justifier.
warranty – attestation de titre, *droit pétrolier* ; garantie de qualité. **warranty condition**: condition de garantie.
warrenite – warrenite *f, variété de pétrole riche en paraffine.*
Wasatchian – Wasatchien *m, étage de l'Eocène inférieur.*
wash – badigeonnage *m* ; lavage *m* ; limon *m, alluvions grossières* ; purification *f, des liquides, des gaz* ; remous *m* ; ressac *m.* **wash boring**: forage à injection. **wash-boring rig**: appareil de forage à injection. **wash bottle**: flacon laveur ; pissette *f.* **wash dirt**: gravier aurifère. **wash oil**: huile d'absorption ; huile de rinçage. **wash primer**: sous-couche anticorrosion. **wash tank**: bac de lavage ; réservoir de dessalage, *du pétrole brut* ; réservoir de lavage. **wash tower**: tour d'épuration ; tour de lavage. **wash water**: eau de lavage.
wash (to) – laver. **wash (to) a well**: laver un puits. **wash (to) away**: affouiller. **wash (to) out**: épuiser ; extraire par lavage ; inonder.
washability – lavabilité *f.*
washaround – cycle de la boue dans le puits.
washbowl – évier *m.*
washbox – laveur *m.*
washdown – lavage *m.* **washdown pump**: pompe de lavage. **washdown spear**: lance d'arrosage.
washed – délavé *(géol)* ; lavé. **washed sulfur**: soufre lavé.
washer – bague de fond du presse-étoupe *(for)* ; décanteur *m* ; installation de lavage ; laveur *m* ; rondelle *f.* **washer cooler**: laveur refroidisseur.
washing – affouillement *m (géol)* ; lavage *m, souvent lavage à la soude.* **washing bath**: bain de lavage. **washing of tanks**: lavage des citernes. **washing oil**: *voir wash oil.* **washing out**: enlèvement des dépôts solubles, *turbines* ; épuisement *m* ; lavage intérieur à la vapeur. **washing power**: pouvoir détergent. **washing soda**: carbonate de sodium. **washing table**: table d'épuration ; table de lavage. **washing tower**: tour de lavage. **washing trommel**: trommel débourbeur.
Washitan – Washita *m, étage du Crétacé.*
washlands – terres inondables.
washout – fuite sur garniture de forage, *tige percée* ; lavage par la pluie, *élimination des gaz ou des particules contenus dans l'atmosphère par suite de leur dissolution par les gouttes de pluie, voir aussi rain out* ; lessivage de l'atmosphère *(pol)* ; lessivage du trou, *agrandissement excessif du trou par l'action du fluide de forage* ; poche de dissolution *(géol)* ; ravinement *m, rainure creusée par l'eau dans une formation rocheuse et ultérieurement comblée par du grès ou du schiste.* **washout-resistance test**: essai de résistance au lavage, *d'une graisse pour roulement à billes.*
washover – surforage *m, opération qui consiste à dégager des tiges de forage coincées.* **washover back-off connector tool**: dispositif de repêchage des tiges de forage. **washover pipe**: tube de surforage ; tube laveur *(for).* **washover shoe**: couronne de surforage ; sabot de fraisage ; sabot de surface. **washover string**: arbre de surforage ; colonne de surforage ; garniture de surforage. **washover tool-joint**: joint de tube de surforage. **washover tube**: tube de surforage.
washover (to) – surforer.
washpipe – tube d'usure, *de la tête d'injection* ; tube de surforage. **washpipe packing**: joint en V renversé, *associé au tube d'usure de la tête d'injection.*
WASSP – WASSP, *dénomination commerciale d'une source sismique.*
wastage – freinte *f*; gaspillage *m.*
waste – déchet *m* ; étoupe *f*; perte *f*; purge *f*; remblai *m* ; résidu *m.* **waste bin**: caisse à résidus, *d'un laboratoire.* **waste cock**: robinet de purge, *de vidange.* **waste derived fuel**: *voir refuse derived fuel.* **waste disposal**: décharge *f, d'ordures* ; dépôt d'ordures ; dépotoir *m* ; élimination des déchets ; évacuation des déchets ; fosse pour déchets. **waste-disposal system**: installation d'évacuation des déchets. **waste-gas flue**: conduit d'échappement des gaz brûlés. **waste heat**: chaleur perdue. **waste-heat boiler**: chaudière de récupération des chaleurs perdues. **waste-heat recovery**: récupération des chaleurs perdues. **waste-heat utilization**: utilisation des chaleurs perdues. **waste iron**: déchet de fer ; limaille de fer. **waste liquid**: liquide résiduel, *de chantier de forage.* **waste management**: gestion des déchets.

waste mantle: couverture détritique superficielle. **waste material**: déchet *m* ; rebut *m*. **waste metal**: déchet de métal. **waste-pack lubrication**: graissage par étoupe, *procédé de graissage par capillarité*. **waste-pack oil cup**: graisseur à étoupe, *graisseur conçu sur le même principe que le graisseur à mèche, mais utilisant un bourrage de fibres de laine, de coton et de crin végétal*. **waste paper**: vieux papiers. **waste pipe**: tuyau de décharge ; tuyau de dégorgement. **waste processing**: traitement des déchets. **waste product**: *voir waste material*. **waste recovery**: récupération des déchets. **waste rock**: stérile *m*, *déchets de roche (mine)*. **waste water**: eau d'égout ; eau résiduelle ; eau usée. **waste-water clarification**: clarification des eaux usées. **waste-water scrubbing**: épuration des eaux usées. **waste water treatment**: traitement des eaux usées.

wasting – dévastation *f* ; gaspillage *m*.

watch – montre *f*, *horloge* ; observation *f* ; surveillance *f* ; veille *f*. **watch oil**: huile d'horlogerie.

water – eau *f*. **water/air ratio (WAR)**: rapport eau/air, *rapport de l'eau et de l'air injectés dans la combustion humide (prod)*. **water-alternating-gas process**: injection alternative d'eau et de gaz, *méthode de récupération assistée*. **water analysis**: analyse de l'eau. **water and sediments**: eau et sédiments. **water-base mud**: boue à base d'eau. **water bath**: bain-marie *m*. **water-bearing bed**: lit aquifère. **water-bearing formation**: formation aquifère. **water-bearing sand**: sable aquifère. **water block**: blocage des pores par le filtrat, *dans les roches peu perméables l'eau provenant du filtrat de la boue forme un bouchon imperméable à l'huile*. **water blocking**: colmatage par l'eau, *des pores d'une zone productive*. **water blooming**: coloration de la mer, *sous une poussée planctonique*. **water-break detector**: détecteur de l'arrivée directe, *en marine*. **water budget**: bilan hydraulique. **water calorimeter**: calorimètre à eau. **water catchment area**: zone de captage des eaux. **water cement**: ciment hydraulique. **water/cement ratio**: proportion eau/ciment. **water circulation**: circulation d'eau. **water column**: colonne d'eau. **water concentration**: concentration par évaporation. **water-conditioning unit**: unité de conditionnement d'eau. **water cone**: cône d'eau. **water coning**: formation d'un cône d'eau, *même phénomène que le gas-coning, se produisant (en sens inverse) avec les nappes d'eaux sous-jacentes*. **water conservation**: conservation de l'eau. **water content**: teneur en eau. **water cooled**: refroidi à l'eau. **water-cooled condenser**: condenseur à eau. **water cooler**: refroidisseur d'eau ; réfrigérant *m*. **water cooling**: refroidissement par eau. **water cushion**: matelas d'eau. **water cycle**: cycle de l'eau. **water demineralizing**: déminéralisation de l'eau. **water depth**: profondeur d'eau ; tranche d'eau. **water disengaging drum**: ballon auxiliaire de décantation, *des hydrocarbures légers de l'eau de refroidissement*. **water disposal**: fosse à eau. **water divide**: ligne de partage des eaux. **water drive**: déplacement par expansion d'aquifère ; déplacement par poussée d'eau, *mode de production où l'huile est déplacée par de l'eau provenant de l'expansion d'un aquifère situé soit sous le gisement lui-même ou sur le flanc du gisement* ; drainage par expansion d'aquifère. **water-drive field**: gisement produisant par poussée d'eau. **water encroachment**: envahissement par l'eau ; invasion par l'eau, *de l'aquifère jusqu'aux perforations du tube de production* ; venue d'eau. **water entry**: entrée d'eau. **water equivalent**: équivalent en eau ; masse en eau, *en calorimétrie*. **water exclusion**: étanchement *m*, *(prod)*. **water filter**: filtre à eau. **water fireflooding**: combustion in-situ sursaturée, *voir superwet combustion*. **water flooding**: *voir waterflooding*. **water free**: anhydre. **water gage**: colonne d'eau ; jauge d'eau ; niveau d'eau ; robinet jauge ; tube indicateur de niveau, *ou de pression hydraulique*. **water gap**: cluse active ; cluse vive ; percée *f*, *vallée transversale (géol)*. **water gas**: gaz à l'eau. **water-gas drive**: entraînement hydraulique, *entraînement par le gaz*. **water-gas reaction**: réaction par gaz à l'eau. **water-gas shift**: conversion du gaz à l'eau. **water-gas tar**: goudron de gaz à l'eau. **water glass**: indicateur de niveau d'eau visible. **water hammer**: coup de bélier. **water hardening**: trempe à l'eau. **water hardness**: dureté de l'eau, *concentration en cations métalliques* ; titre hydrotimétrique (TH). **water heater**: chauffe-eau *m*. **water hole**: puits d'eau, *et pour les pétroliers, puits sec*. **water horizon**: horizon aquifère. **water hose**: tuyau à eau. **water-in-oil emulsion**: émulsion eau dans l'huile, *émulsion inverse*. **water-in-oil emulsion mud**: boue émulsionnée inverse, *eau dans l'huile*. **water-in-oil sludge**: boues eau dans l'huile. **water inflow**: venue d'eau. **water influx**: entrée d'eau. **water injection**: injection d'eau. **water-injection well**: puits d'injection d'eau. **water inlet**: arrivée d'eau. **water-input well**: puits d'injection d'eau. **water insoluble**: insoluble dans l'eau. **water jacket**: chemise d'eau ; enveloppe à circulation d'eau. **water-jacket cooler**: réfrigérant à chemise d'eau. **water-jacketed carburetor**: carburateur à chemise d'eau. **water knock-out**: séparateur d'eau. **water laid**: subaquatique *(géol)*. **water layer**: couche d'eau ; zone aqueuse. **water leg**: cuissard *m*, *de chaudière* ; culotte de bouilleur. **water level**: hauteur d'eau ; niveau d'eau ; plan d'eau. **water lime**: chaux hydraulique. **water line**: canalisation d'eau ; conduite d'eau. **water loss**: perte d'eau. **water-loss quality of muds**: caractéristique de filtration des boues. **water main**: canalisation d'eau. **water management**: gestion de l'eau. **water manometer**: manomètre à eau. **water mass**: masse d'eau. **water meter**: compteur d'eau. **water monitor**: contrôleur de la pureté de l'eau. **water of compaction**: eau de compression. **water of condensation**: eau de condensation. **water of constitution**: eau de constitution, *eau entrant dans la composition chimique d'un minéral*. **water of crystallization**: eau de cristallisation. **water of hydration**: eau d'hydratation. **water of imbibition**: eau d'imbibition ; eau d'imprégnation. **water-oil contact**: contact eau-huile *(prod)*. **water-oil contact line**: ligne de contact eau-huile. **water/oil ratio (WOR)**: rapport eau/huile. **water outbreak**: coup d'eau. **water parting**: ligne de partage des eaux. **water pipe**: canalisation d'eau ; tuyau à eau. **water piping**: conduite d'eau. **water plug cock**: robinet à boisseau pour eau. **water pocket**: poche d'eau. **water pollution**: pollution de l'eau. **water pump**: pompe à eau ; trompe à eau, *trompe à vide.* **water-pump grease**: graisse pour pompe à eau. **water purification**: épuration d'eau. **water ram**: bélier hydraulique. **water-reducing valve**: détendeur d'eau. **water repellent**: hydrofuge. **water-repellent grease**: graisse hydrofuge. **water requirement**: besoin en eau. **water reverberation**: résonance dans la couche d'eau. **water ring**: gargouille *f.* **water sample**: échantillon d'eau. **water saturation**: saturation en eau. **water scrubber**: épurateur à eau, *pour éliminer les dernières traces d'ammoniaque contenues dans le gaz.* **water seal**: joint d'eau ; joint hydraulique ; siphon isolateur. **water-separation index**: indice de séparation de l'eau, *évaluation numérique indiquant la facilité de séparation de l'eau du carburéacteur par coalescence.* **water separation index modified (WSIM)**: *méthode pour mesurer l'aptitude du carburéacteur à relâcher de l'eau en passant à travers un milieu coalescent.* **water separator**: séparateur d'eau. **water service pipe**: canalisation d'eau. **water shooting**: tir dans l'eau. **water shutoff**: aveuglement des venues d'eau *(for)* ; fermeture des eaux *(for)*. **water-shutoff test**: essai de fermeture des eaux. **water sky**: ciel d'eau, *traînées de couleur sombre dans le ciel, indiquant la présence d'eau dans le voisinage de la glace de mer.* **water softener**: adoucisseur d'eau. **water softening**: adoucissement de l'eau. **water soluble**: soluble dans l'eau. **water-soluble grease**: graisse soluble à l'eau. **water-soluble oil**: huile soluble à l'eau. **water spray, water spraying**: pulvérisation de l'eau. **water string**: colonne de fermeture des eaux *(for)*. **water supply**: alimentation en eau ; approvisionnement en eau ; arrivée d'eau. **water-supply line**: conduite d'alimentation en eau. **water surplus**: excès d'eau. **water swivel**: tête d'injection *(for)*. **water table**: nappe libre *(géol)* ; nappe phréatique ; plan d'eau ; plate-forme du sommet de derrick ; surface d'une nappe, *surface de la zone saturée d'un aquifère libre, ou toit d'un aquifère captif* ; table d'eau *(hydrol)*. **water tank**: caisse à eau ; réservoir d'eau. **water tower**: château d'eau. **water trap**: séchoir de vapeur. **water treating plant**: station d'épuration. **water treatment**: épuration de l'eau ; traitement de l'eau. **water tube**: tube d'eau, *d'une chaudière.* **water-tube boiler**: chaudière à tubes d'eau ; chaudière aquatubulaire ; chaudière tubulaire. **water-tube condenser**: condenseur tubulaire. **water turbine**: turbine hydraulique. **water-turbine oil**: huile pour turbines hydrauliques. **water vapor**: vapeur d'eau. **water vein**: fissure aquifère. **water wall**: écran d'eau. **water-washout characteristics of lubricating greases**: résistance à l'eau des graisses lubrifiantes. **water wave**: vague *f.* **water-weed cutter**: faucardeuse *f.* **water well**: puits d'eau. **water wet**: mouillable à l'eau ; mouillé par l'eau. **water-wetting agent**: agent améliorant la mouillabilité à l'eau. **water wheel**: roue à eau. **water-wheel generator**: génératrice à roue hydraulique. **water white**: *dénomination d'une nuance de couleur pour les huiles, définie par +21 sur l'échelle du chromomètre Saybolt.* **water-white oil**: huile extra-blanche. **water witch**: détecteur d'eau, *appareil de localisation des venues d'eau dans un puits.* **water-worn pebble**: caillou roulé. **water-worn pebbles**: galets roulés. **water year**: année hydrologique. **water zone**: aquifère *m.*

waterbearing – aquifère.

waterbreak – onde d'arrivée directe dans l'eau, *arrivée au sismographe de l'onde directement transmise par l'eau.*

watercourse – buse f, *de tricône* ; duse de tricône, *ouverture par laquelle est acheminée la boue.*

watered – arrosé. **watered out**: envahi par l'eau, *(prod)*.

waterfall – chute d'eau.

waterflood – *voir waterflooding.*

waterflooding – injection d'eau *f, méthode de récupération de quantités additionnelles d'huile par injection d'eau dans la formation par des puits forés à cet effet. L'eau pousse devant elle une partie de l'huile en place.*

Waterfrac – *dénomination d'un fluide de fracturation hydraulique, contenant un produit épaississant.*

watering – arrosage *m.* **watering off**: *voir water block.*

waterline – flottaison *f, d'un navire* ; laisse *f, ligne jalonnée de débris laissés par la mer* ; ligne de flottaison.

waterpower – énergie hydraulique.

waterproof – imperméable à l'eau. **waterproof cement**: ciment hydrofuge. **waterproof cloth**: toile imperméable. **waterproof felt**: feutre imperméable à l'eau. **waterproof grease**: graisse hydrofuge.

waterproof (to) – imperméabiliser.

waterproofing – agent hydrofuge, *produit d'étanchéité* ; imperméabilisation *f.* **waterproofing asphalt**: asphalte pour imperméabilisation. **waterproofing oil**: huile d'imperméabilisation.

watershed – bassin hydrographique ; ligne de partage des eaux.

waterspout – gargouille *f* ; gouttière *f.*

watertight – étanche à l'eau. **watertight bulkhead**: cloison étanche. **watertight door**: porte étanche.

waterway – fuite d'eau ; gouttière *f* ; voie d'eau ; voie navigable.

watery – aqueux.

Watson – Watson. **Watson factor**: facteur de Watson, *voir aussi characterization factor.*

watt – watt *m, unité de puissance SI, puissance d'un système énergétique dans lequel est transférée uniformément une énergie de 1 joule pendant 1 seconde, symbole* W. **watt per ampere squared**: watt par ampère carré, *voir ohm.* **watt per cubic meter**: watt par mètre cube, *unité SI de fonction de dissipation de chaleur* (W/m^3). **watt per kelvin**: watt par kelvin, *unité SI de conductance thermique* (W/K). **watt per meter kelvin**: watt par mètre-kelvin, *unité SI de conductivité thermique* (W/m.K). **watt per square meter**: watt par mètre carré, *unité SI de densité de flux thermique, d'intensité acoustique, d'éclairement énergétique, d'exitance énergétique* (W/m^2). **watt per square meter kelvin**: watt par mètre carré-kelvin, *unité SI de coefficient de rayonnement thermique et de transmission thermique* ($W/m^2.K$). **watt per steradian**: watt par stéradian, *unité SI d'intensité énergétique* (W/sr). **watt per steradian square meter**: watt par stéradian mètre carré, *unité SI de luminance énergétique* ($W/sr.m^2$). **watt second**: watt seconde, *voir joule.*

watt-hour – wattheure *m, utilisé dans le domaine de la consommation d'énergie électrique, 1 Wh*

= *3600 J.* **watt-hour capacity**: capacité en watt-heures, *d'une batterie.* **watt-hour meter**: compteur d'énergie active.

wattmeter – wattmètre *m.*

Waucoban – Waucobien, *étage du Cambrien inférieur.*

wave – onde *f*; vague *f (océan) parfois lame.* **wave amplitude**: amplitude de l'onde. **wave attenuation**: amortissement de l'onde ; atténuation d'une onde, *diminution de l'amplitude au fur et à mesure de la propagation de l'onde.* **wave base**: niveau d'action des vagues, *profondeur maximale au-dessous de laquelle les sédiments ne sont plus remis en mouvement par l'action de la houle.* **wave camber**: cambrure de la houle, *rapport du creux à la longueur d'onde d'une houle ou d'une vague.* **wave conductor**: marqueur *m, réfraction.* **wave conversion**: conversion d'onde. **wave crest**: crête de houle, *crête de vague, niveau supérieur de la vague ou de la houle.* **wave-cut bench**: trottoir *m, banquette taillée par l'érosion au pied d'une falaise.* **wave-cut platform**: plate-forme d'érosion marine *(géol).* **wave decay**: amortissement de la houle. **wave delta**: delta de tempête. **wave depth**: niveau de base des vagues, *profondeur d'action des vagues.* **wave diffraction**: diffraction de la houle. **wave energy**: énergie de la houle ; énergie des vagues. **wave equation**: équation d'ondes, *équation de propagation des ondes.* **wave-equation deconvolution**: déconvolution par l'équation de propagation. **wave-equation migration**: migration par l'équation de propagation *(sism).* **wave erosion**: érosion des vagues. **wave filter**: filtre d'onde. **wave force**: force de la houle. **wave forecasting**: prévision de la houle. **wave function**: fonction d'onde. **wave group**: groupe d'ondes. **wave groups**: train de houle. **wave height**: hauteur de houle, *distance de la crête au creux* ; hauteur des vagues. **wave impedance**: impédance d'onde. **wave intensity**: intensité d'onde. **wave mechanics**: mécanique ondulatoire, *fondée sur l'équation de Schrödinger.* **wave motion**: houle *f.* **wave notation**: nomenclature des ondes. **wave of translation**: vague avec translation, *accompagnée d'un transport de masse d'eau mise en mouvement.* **wave optics**: optique ondulatoire. **wave packet**: paquet d'ondes. **wave period**: période de la houle, *écart de temps entre deux passages successifs du profil au niveau moyen.* **wave polarization**: polarisation des ondes. **wave power**: *voir wave energy.* **wave propagation**: propagation des ondes. **wave recorder**: houlographe *m.* **wave reflection**: réflexion de la houle. **wave refraction**: réfraction de la houle, *renvoi de la houle par un obstacle suivant une approximation analogue à l'optique géométrique.* **wave ripple**: ride d'oscillation. **wave ripples**: rides de houle. **wave-slant correction**: correction d'obliquité. **wave-slant path**: obliquité *f*; trajet oblique. **wave slowness**: lenteur d'onde. **wave spectrum**: spectre de la houle, *gamme des longueurs d'onde du système de vagues qui constituent la houle.* **wave splitting**: dédoublement d'impulsion, *dédoublement d'impulsions S dû à la biréfringence.* **wave spreading**: divergence *f*; expansion du front d'onde. **wave surface**: surface d'onde, *lieu des points de l'espace où la vibration a une phase donnée.* **wave test**: tir de bruit. **wave tilt**: inclinaison de l'onde au sol. **wave trough**: creux de houle, *creux de vague, point le plus bas entre deux crêtes.* **wave vector**: vecteur d'onde. **wave-vector filtering**: filtrage en nombre d'onde. **wave velocity**: vitesse de propagation. **L wave**: onde de surface. **P wave**: onde P, *type d'onde sismique qui se propage longitudinalement par rapport à la direction du mouvement local de masse ; elles sont les plus rapides (primary wave), voir aussi S wave (secondary wave).* **P-wave delay**: retard d'arrivée P. **R wave**: *voir Rayleigh wave.* **S wave**: onde S, *ondes dont la propagation, par rapport à la direction du mouvement local de la masse, est transversale, appelées ondes secondaires parce qu'elles arrivent après les primaires, ondes de distorsion, de cisaillement, ondes transversales.* **SH wave**: onde SH, *onde S polarisée horizontalement.* **SV wave**: onde SV, *onde S avec une composante verticale.* **T wave**: onde T, *onde tertiaire, onde guidée dans l'océan.*

wavefield – champ d'onde *(sism).*

waveform – forme d'onde. **waveform analysis**: analyse de forme d'onde.

wavefront – front d'onde ; surface d'onde. **wavefront chart**: diagramme de front d'onde. **wavefront curvature**: courbure du front d'onde. **wavefront healing**: cicatrisation d'un front d'onde. **wavefront method**: méthode des fronts d'onde.

waveguide – guide d'ondes. **waveguide filter**: filtre de guide d'ondes *(sism).*

wavelength – longueur d'onde. **wavelength shifter**: convertisseur de longueur d'onde.

wavelet – impulsion sismique, *signal court émis par une source sismique* ; ondelette *f.* **wavelet equalization**: égalisation d'ondelette. **wavelet extraction**: extraction de l'ondelette ; extraction du signal. **wavelet processing**: traitement du signal ; traitement par le signal.

wavellite – wavellite *f, phosphate basique d'aluminium.*

wavemeter – ondemètre *m.*

wavenumber – nombre d'onde, *inverse de la longueur d'onde.* **wavenumber filtering**: filtrage en fréquence spatiale ; filtrage en nombre d'onde. **wavenumber-time domain**: domaine temps-nombre d'onde.

wavepath – rayon *m, d'onde.*

waveshape – *voir waveform* ; forme d'onde. **waveshape kit**: dispositif d'amortissement de la bulle ; régulateur de sortie d'air, *dispositif antibulles pour canon à air.* **waveshape stabilization**: égalisation de la forme d'onde.

wavetrain – train d'ondes ; train de vagues.

wavy – ondulé. **wavy bedding**: stratification onduleuse. **wavy extinction**: extinction ondulée *(pétro).* **wavy flow**: écoulement avec vagues. **wavy vein**: filon en chapelet.

wax – cire *f, cire de pétrole, cire minérale* ; paraffine *f.* **wax chiller**: déparaffineur *m.* **wax deposit**: dépôt paraffineux. **wax distillate**: distillat paraffineux. **wax emulsion**: émulsion paraffineuse. **wax filter**: filtre à paraffine. **wax flake**: flocon de cire ; paillette de cire. **wax fractionation**: déshuilage de la paraffine au solvant. **wax-free oil**: huile sans paraffine. **wax load**: teneur en paraffine. **wax oil**:

huile paraffineuse. **wax plant**: unité de déparaffinage. **wax precipitation index (WPI)**: indice de précipitation des paraffines, *opérabilité à froid des carburants diesel*. **wax press**: presse de déparaffinage. **wax shale**: *voir oil shale*. **wax tailings**: résidu paraffineux.

waxed – paraffiné. **waxed paper**: papier paraffiné. **waxed paperboard**: carton paraffiné.

waxing – paraffinage *m*.

waxy – cireux. **waxy crude**: *voir paraffin-base crude*. **waxy fracture**: cassure cireuse.

way – erre *f*, *vitesse résiduelle d'un navire sur lequel n'agit plus le propulseur*; voie *f*. **ways and means**: voies et moyens. **way in**: en cours de forage. **way out**: après forage, *voir aussi way in*.

waybill – feuille de route.

Wb – Wb, *symbole de weber*.

WC – *abrév. de wildcat, de water cushion, et de water cooled*.

WD – *abrév. de water depth*.

weak – dilué ; faible ; lâche ; pauvre. **weak acid**: acide faible, *peu dissocié*. **weak color**: couleur pâle. **weak electrolyte**: électrolyte faible. **weak interaction**: interaction faible. **weak-mixture knock rating**: indice d'octane en mélange pauvre. **weak point**: point faible. **weak solution**: solution étendue.

weaken (to) – affaiblir.

Wealden – Wealdien *m*, *faciès du Crétacé inférieur*.

wear – usure *f*. **wear and tear**: usure *f*. **wear bushing**: chemise d'usure amovible ; chemise de protection, *de tête de puits* ; fourrure de protection. **wear plate**: plaque de frottement. **wear resistance**: résistance à l'usure. **wear test**: essai d'usure.

wear (to) – user, *ou s'user*. **wear (to) out**: s'user, *entièrement*.

wearing – usure *f*. **wearing course**: couche de roulement. **wearing part**: pièce d'usure. **wearing parts**: parties soumises à l'usure. **wearing plate**: plaque d usure ; tôle d'usure. **wearing resistance**: résistance à l'usure. **wearing ring**: bague d'usure. **wearing surface**: surface d'usure.

weather – intempéries *f*; météorologie *f*; temps *m*. **weather chart**: carte du temps ; carte météorologique. **weather conditions**: conditions atmosphériques ; conditions météorologiques. **weather forecast**: ambiance météo ; bulletin météorologique ; prévisions météorologiques. **weather glass**: baromètre *m*. **weather map**: *voir weather chart*. **weather satellite**: satellite météorologique. **weather station**: station météorologique. **weather strip**: bourrelet d'étanchéité. **weather watch**: veille météorologique. **weather window**: fenêtre météorologique, *estimation du nombre de jours où le temps sera assez beau pour permettre les opérations prévues*.

weatherability – résistance aux intempéries.

weathered – altéré ; désagrégé ; exposé à l'action de l'air. **weathered crude**: brut altéré. **weathered distillate**: distillat altéré. **weathered ice**: glace usée. **weathered layer**: couche altérée ; WZ *f*; zone altérée *(sism)*. **weathered-layer correction**: correction de zone altérée. **weathered ore**: minerai désagrégé.

weathering – altération superficielle ; désagrégation *f*, *due aux agents atmosphériques* ; météorisation *f*, *altération des terrains sous l'action des agents atmosphériques*; modification par exposition à l'air. **weathering correction**: correction de zone altérée *(sism)*. **weathering deposit**: dépôt éluvial. **weathering layer**: couche soumise aux intempéries. **weathering map**: carte de zone altérée. **weathering residue**: dépôt éluvial, *ou dépôts éluviaux*; éluvion *f*. **weathering shooting**: petite réfraction ; sismique légère, *sismique de faible pénétration et de grande résolution*. **weathering shot**: tir de petite réfraction ; tir de zone altérée, *tir avec un dispositif d'un sismographe par trace permettant de calculer, grâce à la dromochronique obtenue, la profondeur de la zone altérée (sism)* ; tir WZ. **weathering surface**: surface d'altération ; surface diagénétique *(géol)*. **weathering test**: essai de détermination de l'altération à l'air, *des GPL pour déterminer par évaporation leurs composants les plus lourds* ; essai de résistance à l'action des intempéries. **weathering velocity**: vitesse d'altération ; vitesse dans la couche altérée *(sism)*.

weatherproof – résistant aux intempéries.

weathertight – étanche aux intempéries.

weathervane – girouette *f*.

weathervaning – évitage *m*, *changement de direction du cap d'un bâtiment à l'ancre sous l'action du vent ou de la marée*.

weave – tissage *m*. **weave bead**: passe large *(soudage)*.

web – âme *f*, *d'une poutre*; flasque *m (méc)* ; nervure *f*; tissu *m* ; toile *f*.

weber – weber *m*, *unité SI de flux d'induction magnétique, symbole* Wb. **weber meter**: weber mètre, *unité SI de moment de dipôle magnétique* (Wb.m). **Weber number**: nombre de Weber, *grandeur sans dimension dans la propagation des ondes superficielles*. **weber per ampere**: weber par ampère, *voir henry*. **weber per meter**: weber par mètre, *unité SI de potentiel vecteur magnétique* (Wb/m). **weber per square meter**: weber par mètre carré, *voir tesla*.

weddellite – weddellite *f*, *oxalate de calcium*.

wedge – biseau *m*; cale *f*; coin *m*; picot *m*; pointerolle *f*. **wedge bolt**: boulon de calage. **wedge cover**: couvercle à fermeture par coins. **wedge key**: clé de serrage. **wedge lock**: obturateur de ligne de sécurité. **wedge out**: biseau *m*; pincement *m*. **wedge-out trap**: piège par pincement. **wedge parallax**: coin de parallaxe. **wedge ring**: collier à coins *(for)*. **wedge-type valve**: vanne à coin. **wedge valve**: vanne à coin.

wedge (to) – assujettir ; caler ; coincer. **wedge (to) out**: se biseauter *(géol)* ; se coincer.

wedged – calé ; coincé.

wedging – calage *m*; coinçage *m*; coincement *m*. **wedging out**: amincissement en coin ; biseautage *m (géol)*.

weed-killer – herbicide.

weep – pleurs *m*. **weep hole**: barbacane *f*; trou de purge.

weep (to) – fuir, *tubes, joints*.

weeping – fuite *f*. **weeping core**: carotte suintante *(for)*.

Weichsel – Weichsel *m*, *glaciation de la Vistule* , *Pléistocène récent*.

weigh (to) – charger ; peser. **weigh (to) mud**: peser la boue.

weighed – pesé ; taré.

weighing – pesage *m* ; pesée *f*, *dans les opérations de numérisation des traces sismiques, quantification des amplitudes des échantillons.* **weighing machine**: bascule *f*, *de pesage.* **weighing tube**: tube à tare.

weight – charge *f* ; poids *m*, *parfois utilisé improprement pour masse.* **weight average boiling point**: température moyenne d'ébullition pondérale. **weight average molecular weight**: masse moléculaire en poids. **weight clamps**: passe de lestage *(pipeline)*. **weight drop**: chute de poids. **weight dropping**: chute de poids, *méthode de prospection sismique utilisant la chute d'un poids pour générer des ondes sismiques.* **weight hourly space velocity (WHSV)**: poids par poids par heure (PPH), *débit pondéral de la charge d'alimentation rapporté à la masse du lit de catalyseur dans un réacteur.* **weight indicator**: peson *m*, *appareil indiquant le poids au crochet d'un appareil de forage.* **weight loss**: perte de poids, *du matériel par suite de corrosion.* **weight on bit (WOB)**: poids sur l'outil *(for) s'exprime en newton.* **weight percent**: pourcent en poids. **weight/power ratio**: puissance massique ; rapport puissance/poids, *d'un moteur.* **weight thermometer**: thermomètre à poids.

weight (to) – lester. **weight (to) up**: alourdir, *la boue de forage.*

weighted – lesté ; pondéré. **weighted array**: arrangement pondéré ; dispositif pondéré. **weighted average**: moyenne pondérée. **weighted bottle**: bouteille tarée. **weighted cement**: ciment alourdi. **weighted clear completion fluid**: saumure dense utilisée comme fluide de complétion. **weighted mean**: moyenne pondérée. **weighted regression**: régression pondérée *(stat)*. **weighted rotor**: rotor à balourd. **weighted safety valve**: soupape de sûreté à contrepoids. **weighted source**: source pondérée *(sism)*.

weighting – lestage *m* ; pondération *f*. **weighting function**: fonction de pondération. **weighting material**: alourdissant *m*.

weightlessness – apesanteur *f*.

weighty – très lourd. **weighty goods**: pondéreux *m*, *matériau dense, justiciable de transport de masse à faible vitesse.*

weir – barrage *m* ; déversoir *m*. **weir box**: boîte de soutirage ; tiroir de soutirage. **weir-dam plate**: plaque frontale de déversoir. **weir skimmer**: récupérateur à déversoir. **weir tray**: déversoir du plateau. **weir type skimmer**: écrémeur à déversoir. **weir valve**: vanne niveleuse.

weld – soudure *f*. **weld-area crack**: fissure dans la soudure. **weld bead**: cordon de soudure. **weld crack**: crevasse de soudure ; fissure de soudure ; soufflure de soudure. **weld decay**: corrosion intergranulaire de la soudure. **weld gage**: calibre de soudure. **weld groove**: soudure en bout. **weld interval**: intervalle de soudage. **weld metal**: métal d'apport. **weld-on type tool-joint**: joint de tige soudé. **weld seam**: cordon de soudure. **weld-sequence timer**: temporisateur de soudage. **weld time**: phase de soudage. **weld zone**: zone de soudure.

weld (to) – souder. **weld (to) on**: souder sur.

weldability – soudabilité *f*.

weldable – soudable. **weldable steel**: acier soudable.

welded – soudé. **welded dike**: dyke soudé, *couplé.* **welded joint**: joint soudé ; ligne de soudure ; soudure *f*. **welded pipe**: tube soudé. **welded tuff**: tuf soudé, *formation composée de fragments de roches pyroclastiques déposés à chaud et soudés par cristallisation.* **all welded**: entièrement soudé. **as welded**: brut de soudage.

welder – soudeur *m*. **welder diver**: plongeur soudeur.

welding – corroyage *m* ; soudage *m*. **welding apparatus**: appareil de soudage. **welding arc**: arc de soudage. **welding bead**: perle de soudure. **welding bench**: table de soudage. **welding blowpipe**: *voir welding burner.* **welding burner**: chalumeau à souder. **welding chamber**: chambre de soudage. **welding clamp**: bride de soudage. **welding current**: courant de soudage. **welding cycle**: cycle de soudage. **welding electrode**: électrode de soudage. **welding ends**: extrémités à souder. **welding flame**: flamme de soudage. **welding furnace**: four à souder. **welding generator**: génératrice de soudage ; poste de soudage. **welding goggles**: lunettes de soudage. **welding habitat**: chambre de soudage ; enceinte de soudage. **welding head**: tête de soudage. **welding hood**: masque de soudeur. **welding lead**: câble d'alimentation pour circuit de soudage. **welding load**: charge de soudure. **welding machine**: machine à souder. **welding-neck flange**: bride à souder pour soudure en bout. **welding operator**: conducteur de machine à souder. **welding outlet**: selle de piquage, *pipeline.* **welding pipe**: chalumeau soudeur. **welding powder**: poudre à souder. **welding process**: procédé de soudage. **welding rod**: baguette d'apport de soudure. **welding saddle**: selle de renforcement, *à l'embranchement d'une canalisation.* **welding sand**: sable à souder. **welding sequence**: séquence de soudage. **welding set**: poste de soudage. **welding shield**: bouclier de soudage. **welding shop**: atelier de soudage. **welding tongs**: pinces à souder. **welding torch**: chalumeau à souder ; lampe à souder. **welding transformer**: transformateur de soudage. **welding wire**: fil pour soudure.

weldless – sans soudure, *voir seamless.* **weldless steel tube**: tube d'acier sans soudure. **weldless tube**: tube étiré sans soudure.

weldment – assemblage soudé.

well – puits m, *ouvrage réalisé à partir d'un point unique du sol terrestre ou marin en vue de recueillir des informations sur les formations sous-jacentes et/ou de leur faire produire des fluides.* **well borer**: foreur *m*. **well boring**: sondage *m*. **well casing**: revêtement de puits ; tubage de puits. **well cementing**: cimentation des puits. **well-cleaning tool**: outil de curage. **well cluster**: emplacement multipuits, *grappe de puits déviés à partir d'une même plate-forme.* **well completion**: achèvement d'un puits ; complétion d'un puits ; conditionnement d'un puits, *ensemble des opérations faites sur une couche productrice déterminée, qui commencent au forage et se terminent avec sa mise en production définitive.* **well-completion method**: méthode de complétion des puits. **well control**: contrôle du puits, *méthodes et techniques utilisées pour éviter de mettre le puits en éruption.* **well-core analysis**: analyse des carottes *(for)*. **well density**: densité des puits, *rapport du nombre de puits forés à la surface du gisement.* **well depth**: profondeur du puits. **well-gas back-pressure test**: essai des puits à gaz à débit constant. **wells in cluster**: puits en grappe. **well injectivity**: injectivité du puits. **well interference**: interférence entre puits. **well killing**: arrêt d'une éruption. **well location**: emplacement du forage. **well log**: diagraphie de puits, *diagramme résumant les connaissances qu'on a d'un puits ou les diagrammes géologiques de subsurface par opposition à la coupe géologique de terrain.* **well logging**: diagraphie *f, méthodes de mesure de certains paramètres physiques des formations traversées par le sondage, se traduit parfois mais improprement par carottage, qui doit être réservé aux opérations de prélèvement d'échantillons.* **well pattern**: géométrie des puits ; schéma d'implantation des puits. **well performance**: performance du puits. **well permit**: permis de forage. **well pressure**: pression de formation. **well receiver array**: flûte de puits. **well rig**: tour de forage. **well sample**: échantillon de puits. **well sampling**: prise des échantillons de puits. **well servicing**: entretien et réparation d'un puits, *travaux effectués pour maintenir le puits en production.* **well shooting**: carottage sismique ; sismosondage *m, mesure des vitesses dans un puits obtenue en descendant un sismographe dont les arrivées donnent la loi temps-profondeur du sondage.* **well site**: emplacement du puits ; implantation du puits. **well spacing**: espacement réglementaire des puits. **well stimulation**: stimulation des puits, *ensemble des méthodes permettant d'augmenter la production des puits, en particulier l'acidification, la fracturation et le torpillage.* **well streamer**: flûte de puits. **well survey**: sismique de puits. **well test**: essai du puits. **well tester**: appareil d'essai de puits ; tester pour puits. **well testing**: essais de puits. **well tie**: calage au puits. **well-velocity logging**: diagraphie acoustique. **well-velocity survey**: carottage sismique ; sismosondage *m.* **well-vicinity profiling (WVP)**: sismique au voisinage du puits (SVP). **well wall**: paroi d'un puits. **well water**: eau de puits. **well workover**: reconditionnement des puits.

wellbore – puits de forage. **wellbore heat losses**: pertes thermiques dans les puits. **wellbore hydraulics**: hydraulique du puits. **wellbore radius**: rayon du puits.

wellhead – tête de puits. **wellhead adaptor**: réduction pour tête de puits. **wellhead assembly**: arbre de production ; tête de mise en production. **wellhead body**: tête de tubage. **wellhead cellar**: enceinte de tête de puits ; enceinte permanente au fond, *tête de puits.* **wellhead cluster**: têtes de puits groupées. **wellhead gas**: gaz de tête de puits. **wellhead pressure**: pression en tête de puits. **wellhead price**: prix à la tête de puits, *du pétrole brut, voir aussi posted price.* **wellhead servicing**: intervention sur tête de puits.

welt – bombement *m.*

Wemmelian – Wemmélien *m, étage de l'Eocène moyen.*

Wenlockian – Wenlockien *m, étage du Silurien moyen.*

Wenner – Wenner. **Wenner configuration**: configuration de Wenner, *en prospection électrique, quatre électrodes sont placées en ligne droite, les deux extérieures étant des électrodes d'énergie et les deux intérieures des électrodes potentielles.*

Werfenian – Werfénien *m, étage du Trias inférieur.*

westing – longitude ouest, *voir easting.*

Weston – Weston. **Weston standard cell**: pile étalon Weston, *pile à combustibles, étalon de force électromotrice.*

Westphalian – Westphalien *m, étage du Carbonifère moyen.*

wet – humide, *dans les opérations marines, qualifie celles qui sont effectuées en pleine eau, par opposition à celles qui sont effectuées à sec, généralement sous enceinte.* **wet-air pump**: pompe de condenseur. **wet analysis**: analyse par voie humide. **wet barrel**: baril mouillé, *marché à terme, cargaison dont la date de livraison approche et qu'il va falloir fournir.* **wet-bulb temperature**: température de bulbe humide. **wet-bulb thermometer**: thermomètre humide. **wet cell**: pile à liquide ; pile humide. **wet chamber**: caisson humide *(plongée)*. **wet chemistry**: chimie par voie humide. **wet combustion**: *voir wet underground combustion* ; combustion combinée avec injection d'eau *(prod)*. **wet compression**: marche en régime humide. **wet concentration**: préparation par voie humide. **wet-cooling tower**: réfrigérant humide. **wet crushing**: broyage à l'eau. **wet diving suit**: *voir wet suit.* **wet dock**: bassin à flot. **wet filter**: filtre humide. **wet gas**: gaz humide ; gaz naturel humide, *gaz qui contient des homologues supérieurs du méthane ; il fournit par refroidissement une phase liquide* ; gaz riche. **wet meter**: compteur humide ; compteur hydraulique. **wet moor**: tourbière *f.* **wet natural gas**: *voir wet gas.* **wet oil**: pétrole brut à forte teneur en eau, *ce qui le rend incommercialisable sans traitement de déshydratation.* **wet pot**: chambre de plongée humide. **wet preparation**: préparation par voie humide. **wet process**: procédé par voie humide ; voie humide. **wet scrubber**: dépoussiéreur humide. **wet steam**: vapeur humide. **wet-steam deposit**: gisement de vapeur humide, *gisement où l'eau chaude est sous une très haute pression.* **wet strength**: résistance en conditions mouillées. **wet submarine**: sous-marin humide. **wet suit**: combinaison de plongée. **wet sump**: carter à bain d'huile, *carter d'un moteur en même temps réservoir d'huile.* **wet test**: essai par voie humide. **wet tree**: tête d'éruption en pleine eau *(for)* ; tête de production en pleine eau ; tête de production mouillée. **wet underground combustion**: combustion humide, *combustion où on injecte à la fois de l'eau et de l'air, une partie de l'eau se vaporise et assure un déplacement rapide de la zone chaude.* **wet-weather rill**: rigole de ruissellement. **wet welding**: soudage en pleine eau. **wet wellhead**: tête de puits en pleine eau ; tête de puits mouillée.

wetness – humidité *f.*
wettability – mouillabilité *f.*
wettable – mouillable.
wetted – mouillé. **wetted perimeter**: périmètre mouillé *(hydrol)*. **wetted surface**: surface mouillée, *d'un navire.* **wetted-wall column**: colonne à parois mouillées *(raf)*. **wetted-wall tower**: *voir wetted-wall column.*
wetting – arrosage *m* ; humidification *f*; mouillage *m.* **wetting agent**: agent mouillant. **wetting angle**: angle de mouillage. **wetting effect**: mouillance *f.* **wetting fluid**: fluide mouillant. **wetting phase**: phase mouillante. **wetting power**: pouvoir mouillant. **wetting tension**: tension de mouillage.
WG – *abrév. de worn out of gage.*
whacker – dame *f, utilisée comme source sismique.*
wharf – appontement *m* ; embarcadère ; quai *m.*
wharfage – droit de quai ; quayage *m.*
wharfinger – gardien de quai.
Wheatstone – Wheatstone. **Wheatstone bridge**: pont de Wheatstone, *pont électrique.*
wheel – roue *f*; roulette *f.* **wheel balance**: équilibrage des roues. **wheel base**: empattement *m, distance séparant les axes des essieux d'un véhicule.* **wheel bearing**: roulement de fusée, *de roue d'automobile.* **wheel-bearing grease**: graisse pour fusée *(auto)*. **wheel ditcher**: trancheuse à roue. **wheel flange**: jante de roue. **wheel flutter**: flottement des roues. **wheel fork**: fourche de roue. **wheel hop**: débattement de la roue. **wheel hub**: moyeu de roue. **wheel jack**: cric *m* ; lève-roues *m.* **wheel load**: charge supportée sur une roue. **wheel rim**: jante de roue. **wheel spoke**: rayon d'une roue. **wheel track**: distance entre roues ; écartement des roues ; largeur de voie. **wheel-type tractor**: tracteur sur pneus, *sur roues.* **wheel wobble**: flottement des roues ; voilage des roues.
wheelbarrow – brouette *f.*
wheeled – à roues. **wheeled crane**: grue sur roues. **wheeled vehicle**: véhicule sur roues.
wheelwork – engrenage *m* ; rouage *m.*
whetstone – pierre à aiguiser.
whetstones – batterie de tests, *pour ordinateur.*
whip – fouet *m.* **whip antenna**: antenne fouet.
whipping – fouettement *m.* **whipping crane**: potence de transbordement.
whipstock – sifflet déviateur, *instrument permettant de dévier un puits.*
whirler – *voir whirler shoe.* **whirler shoe**: sabot tourbillonnaire de cimentation.
whirling – tourbillonnant. **whirling coating**: étendage à la tournette.
whirlpool – remous *m* ; tourbillon d'eau.
whirlwind – tourbillon de vent ; trombe *f.* **whirlwind of dust**: tourbillon de poussière. **whirlwind-pillar of dust**: colonne de poussière.
whiskers – trichites *f, fibres à hautes performances, formées de filaments monocristallins obtenus à partir d'une phase gazeuse.*
whistle – sifflet *m.* **whistle buoy**: bouée à sifflet. **whistle valve**: vanne à sifflet d'alarme.
whistling – sifflant. **whistling buoy**: bouée sifflante.
white – blanc. **white annealing**: recuit blanc *(métal)*. **white bearing metal**: métal blanc antifriction. **white-collar job**: travail de bureau, *ou autre non manuel.* **white cone**: panache de chalumeau. **white copperas**: goslarite *f, sulfate de zinc.* **white damp**: oxyde de carbone, *dégagment toxique dans les mines.* **white glowing**: chauffé à blanc. **white heat**: chaleur blanche. **white horse**: mouton *m, vague crêtée d'écume.* **white hot**: chauffé à blanc. **white iron**: fonte blanche. **white Jura**: Jura blanc, *Malm, Jurassique supérieur.* **white kerosine**: kérosène ordinaire. **white lead**: blanc de céruse, *carbonate de plomb.* **white light**: lumière blanche. **white metal**: métal antifriction ; métal blanc. **white mica**: mica blanc, *muscovite.* **white nickel brass**: laiton au nickel, *alliage composé de 25 % de nickel, 5 % de plomb, 70 % de laiton.* **white noise**: bruit blanc. **white-noise level**: niveau de bruit blanc. **white oil**: huile blanche. **white oils**: *voir white products.* **white petrolatum**: pétrolatum blanc. **white petroleum jelly**: vaseline pure. **white pig iron**: fonte blanche. **white products**: produits blancs, *produits pétroliers incolores comme l'essence et les distillats légers.* **white rust**: rouille blanche. **white scale**: *voir paraffin scale.*
whitecap – *voir white horse.*
whiten (to) – blanchir, *le spectre.*
whiteness – blancheur *f.*
whitening – blanchissant ; blanchiment *m.* **whitening agent**: agent blanchissant. **whitening of the barrel**: allègement du baril, *ou blanchiment du baril, opération consistant à produire plus de produits légers (produits blancs) à partir d'un baril de pétrole brut.*
whiteware – porcelaine *f.*
whitewash – badigeon *m* ; chaulage *m* ; lait de chaux.
Whitneyan – Whitneyen *m, étage de l'Oligocène supérieur.*
Whitworth – Whitworth. **Whitworth thread**: filetage de Whitworth ; pas Whitworth.
whizzer – séparateur d'eau.
WHO – OMS, *abrév. de World Health Organization, Organisation mondiale de la santé.*
whole – entier. **whole-core analysis**: analyse sur carottes entières. **whole gale**: tempête *f, échelle de Beaufort, force 10.*
wholesale – en gros. **wholesale price**: prix de gros. **wholesale trade**: commerce de gros.
wholesaler – grossiste *m.*
WHSV – PPH, *abrév. de weight hourly space velocity : poids par poids par heure.*
wick – mèche *f.* **wick carburetor**: carburateur à mèche. **wick feed**: alimentation par mèche. **wick-feed lubrication**: graissage par mèche. **wick-feed oiler**: graisseur à mèche. **wick-feed system**: système de graissage par mèche. **wick-feed test**: essai de capillarité par mèche. **wick lubricator**: graisseur à mèche. **wick oiler**: graisseur à mèche.
wide – large. **wide angle**: à grand angle. **wide-angle lens**: objectif grand angulaire. **super-wide-angle lens**: objectif super grand angulaire. **wide-angle reflection**: réflexion grand angle. **wide lens**: objectif grand angulaire. **wide-line profiling**: profil large, *méthode d'interprétation sismique permettant la connaissance continue des pendages latéraux* ; sismique profil large. **wide meshed**: à grosse maille. **wide open**: grand ouvert. **wide-open throttle (WOT)**: à pleine charge.

wideband – bande large. **wideband filter**: filtre à large bande *(élec)*. **wideband stack**: addition en bande large.

widening – élargissement *m* ; renflement *m*.

widowmaker – *dénomination de tout outil ou dispositif dangereux.*

width – largeur *f.*

Wien – Wien. **Wien's displacement law**: loi du déplacement de Wien, *sur la densité spectrale d'énergie rayonnante d'un corps noir.*

Wiener – Wiener. **Wiener filter**: filtre de Wiener, *filtre permettant de passer d'un signal à un autre en miminisant l'écart entre l'objectif et le résultat.* **Wiener-Hopf equations**: équations de Wiener-Hopf *(math)*. **Wiener-Levinson algorithm**: algorithme de Wiener-Levinson *(sism)*.

Wiese – Wiese. **Wiese formula**: formule de Wiese, *formule empirique pour exprimer la valeur antidétonante d'un carburant au-dessus de 100 en relation avec l'indice de performance.*

wiggle – agitation *f.* **wiggle display**: représentation galvanométrique. **wiggle line**: *voir wiggle trace.* **wiggle record**: enregistrement galvanométrique *(sism)*. **wiggle stick**: *voir walking beam* ; baguette de sourcier. **wiggle trace**: trace agitée *(sism)* ; trace galvanométrique.

wiggle (to) – agiter d'un mouvement de va-et-vient.

WIH – *abrév. de water in hole: eau dans le puits.*

wild – violent ; désordonné ; sauvage. **wild flowing**: éruption non contrôlée d'un sondage *(for)*. **wild gasoline**: essence de tête ; essence non stabilisée ; essence sauvage. **wild ping**: claquement *m, d'un moteur* ; cliquetis *m, par allumage occasionnel sur points chauds* ; cognement irrégulier. **wild steel**: acier sauvage. **wild trace**: trace folle *(sism)* ; trace non stabilisée *(sism)*. **wild well**: puits en éruption non contrôlée ; puits fou, *dont l'éruption n'a pu être maîtrisée.*

wildcat – forage de recherche ; forage de reconnaissance, *premier forage effectué sur une structure ou dans une région inconnue* ; puits de reconnaissance. **wildcat drilling**: forage d'un puits de recherche.

wildcatter – foreur d'exploration.

wildflysch – wildflysch *m, type particulier de flysch, masse schisto-argilo-marneuse dans laquelle sont intercalés des blocs et des paquets de roches de toutes dimensions.*

willful – intentionnel. **willful misconduct**: faute intentionnelle.

winch – treuil *m.* **winch barrel**: tambour de treuil. **winch brake**: frein de treuil. **winch drum**: tambour de treuil. **winch reel**: tambour de treuil.

winching – treuillage *m.*

wind – vent *m.* **wind abrasion**: abrasion éolienne ; corrasion *f.* **wind action**: action éolienne *(géol)*. **wind-carved pebble**: caillou à facettes. **wind carving**: *voir wind abrasion.* **wind chart**: carte des vents. **wind-chill index**: indice de froideur du vent, *effet de refroidissement dû à la combinaison de la température et la vitesse du vent.* **wind current**: courant de vent. **wind deposit**: dépôt éolien *(géol)*. **wind dial**: anémomètre *m.* **wind-driven sea**: mer du vent. **wind drying**: séchage par courant d'air. **wind erosion**: corrasion *f* ; érosion éolienne. **wind-faceted stone**: caillou à facettes. **wind force**: force du vent. **wind funnel**: *voir wind tunnel.* **wind gage**: anémomètre *m.* **wind gap**: cluse morte *(géol)* ; cluse sèche *(géol)* ; tronçon de vallée. **wind-generated sea**: mer du vent. **wind girder**: *voir wind ring.* **wind gust**: coup de vent ; grain *m* ; rafale de vent. **wind guy line**: hauban de retenue au vent. **wind load**: charge due au vent. **wind loading**: charge au vent. **wind loading rating**: capacité de résistance au vent, *d'une installation de forage.* **wind noise**: bruit de fond ; bruit éolien. **wind power**: énergie éolienne. **wind power plant**: centrale éolienne. **wind pressure**: pression du vent. **wind pump**: pompe à aéromoteur. **wind ring**: virole renforcée, *en haut de réservoir.* **wind ripple**: ride éolienne. **wind scale**: échelle anémométrique. **wind scour**: érosion éolienne. **wind-shadow drift**: dune d'abri, *langue de sable se formant à l'avant ou à l'arrière d'un obstacle jouant le rôle de brise-vent.* **wind shear**: cisaillement du vent. **wind tunnel**: soufflerie *f* ; tunnel aérodynamique. **wind-tunnel test**: essai en soufflerie. **wind vane**: girouette *f.* **wind velocity**: vitesse du vent, *s'exprime en mètres par seconde.* **wind wave**: mer du vent. **wind way**: voie d'aérage.

windborne – éolien. **windborne sediment**: dépôt éolien.

windbreak – brise-vent *m.*

windfall – aubaine *f.* **windfall profits**: bénéfices exceptionnels ; profits imprévus ; superprofits *m.* **Windfall Profit Tax (WPT)**: *taxe sur les bénéfices exceptionnels.*

winding – bobinage *m* ; enroulement *m.* **winding drum**: tambour d'enroulement. **winding factor**: facteur de bobinage. **winding oil**: huile de bobinage. **winding reel**: bobine d'extraction.

windlass – cabestan *m* ; guindeau *m* ; treuil *m.*

windmill – éolienne *f* ; moulin à vent.

window – fenêtre *f, ouverture faite dans la colonne de tubage pour permettre le forage d'une déviation* ; guichet *m.* **window carpentry**: bord de fenêtre *(sism)*. **window mill**: fraise d'élargissement, *d'une fenêtre dans un forage dévié.* **window pair**: couple fenêtre-transformée.

windscreen – *voir windshield.*

windshield – pare-brise *m.* **windshield defroster**: dégivreur de pare-brise. **windshield washer**: lave-glace *m, de pare-brise.* **windshield wiper**: essuie-glace *m.*

windworn – façonné par le vent, *par l'usure du vent.* **windworn pebble**: caillou à facettes.

wing – aile *f.* **wing bolt**: boulon à ailettes. **wing nut**: écrou à oreilles. **wing photograph**: photographie aérienne latérale. **wing pump**: pompe à ailettes. **wing valve**: vanne latérale.

wink – clin d'oeil. **wink technique**: comparaison en animation *(sism)*.

winning – abattage *m* ; exploitation *f (mine)* ; extraction *f.*

winnowed – vanné. **winnowed sand**: sable vanné. **winnowed turbidites**: turbidites tronquées.

winnowing – vannage *m.*

winter – hiver *m.* **winter fast ice**: glace côtière de l'année. **winter-grade gasoline**: essence d'hiver. **winter ice**: glace de l'année. **winter oil**: huile d'hiver, *huile dont la viscosité est définie pour des températures de – 5 à – 30°C, dans la classi-*

fication SAE le numéro de grade de ces huiles est suivi de W.

wintering – hivernage *m.*

winterization – hivérisation *f, préparation de l'équipement et du matériel pour fonctionner dans des conditions hivernales à basses températures, neige, glace, et vents violents.*

wipe – coup d'éponge. **wipe-out zone**: zone sourde ; zone transparente. **wipe test**: essai de frottement.

wiped – essuyé. **wiped bearing**: palier érodé.

wiper – anneau d'essuyage des tiges, *à la sortie du trou* ; balai *m* ; came *f*; essuyeur *m* ; racleur *m.* **wiper blade**: balai d'essuie-glace. **wiper lubrication**: graissage par frotteur. **wiper plug**: bouchon de cimentation ; bouchon obturateur à dents. **wiper ring**: bague lécheuse, *d'huile* ; lécheur *m.* **wiper shaft**: arbre à cames.

wiping – essuyage *m.* **wiping contact**: contact de passage.

wire – câble *m* ; fil métallique. **wire brush**: brosse métallique. **wire bundle**: botte de fil. **wire clamp**: collier de fil de fer. **wire cloth**: toile métallique. **wire coiling**: bobinage *m.* **wire cutter**: pince coupante ; tenailles coupe-fils. **wire drawing**: tréfilage *m.* **wire drawn**: tréfilé. **wire fence**: treillage métallique. **wire gage**: calibre pour fils ; jauge pour fils métalliques. **wire glass**: verre armé. **wire joint**: raccord de fil. **wire lattice**: grillage métallique. **wire mill**: laminoir à fil ; train à fil. **wire model**: modèle réduit en fil de fer. **wire-rod milling**: tréfilage *m.* **wire rope**: câble en acier ; câble métallique ; fil d'acier. **wire-rope center**: *voir wire-rope core.* **wire-rope chopper**: arrache-câble *m, fourche élastique pour repêchage d'un câble.* **wire-rope clip**: serre-câble *m, pièce en U boulonnée servant à assembler deux brins de câble.* **wire-rope compound**: graisse pour câbles métalliques. **wire-rope core**: âme d'un câble métallique. **wire-rope cutter**: *voir wire-rope knife.* **wire-rope grease**: *voir wire-rope compound.* **wire-rope knife**: coupe-câble *m (for).* **wire-rope lubricant**: graisse pour câbles. **wire strand**: câble de hauban ; toron à fils métalliques ; toron métallique. **wire wrapped**: entouré d'une torsade métallique. **wire-wrapped hooped pipe**: tube fretté avec enroulements de fils méplats.

wire (to) – installer des câbles ; câbler.

wired – câblé.

wireless – sans fil. **wireless beam**: faisceau hertzien.

wireline – câble métallique. **wireline clamp**: serre-câble, *voir aussi wire-rope clip.* **wireline core barrel**: carottier à câble, *carottier remontable par l'intérieur des tiges.* **wireline coring**: carottage par les tiges, *prélèvement au cours du forage normal d'une carotte de petites dimensions sans remonter l'outil de forage, les manoeuvres de descente et de remontée du carottier étant effectuées à travers les tiges à l'aide d'un câble.* **wireline cutter**: coupe-câble *m.* **wireline formation tester**: tester de formation au câble, *tester descendu sur câble.* **wireline grapple**: grappin pour câbles. **wireline guide**: guidage du câble. **wireline logging**: diagraphie au câble ; diagraphie différée. **wireline socket**: raccord d'accrochage du câble *(for).* **wireline vane probe**: scissomètre au câble. **wireline wiper**: essuie-câble *m.* **wireline work**: intervention au câble ; travail au câble ; travail au filin d'acier.

wireworks – tréfilerie *f.*

wiring – câblage *m* ; connexions électriques ; montage *m.* **wiring diagram**: plan de câblage ; schéma des connexions électriques.

Wisconsinan – Wisconsien *m, étage du Pléistocène supérieur.*

withdraw (to) – s'effacer ; extraire ; retirer ; soutirer.

withdrawal – dédit *m, d'une commande* ; mise hors-service ; retrait *m* ; soutirage *m.* **withdrawal of casing**: extraction des tubes *(for).* **withdrawal of the sea**: recul de la mer ; retrait de la mer. **withdrawal plate**: plateau collecteur *(raf).* **withdrawal tube**: tube d'extraction *(chim).*

withdrawn – retiré. **withdrawn standard**: norme annulée.

witherite – withérite *f, carbonate de baryum.*

withholding – rétention *f.* **withholding tax**: retenue à la source, *de l'impôt.*

withstand (to) – résister, *résister à* ; supporter.

witness – témoignage *m.* **witness marker**: repère témoin.

Wittig – Wittig. **Wittig reaction**: réaction de Wittig, *préparation des oléfines à partir de composés carbonylés.*

WLP – *abrév. de wide-line profiling : sismique profil large.*

WMO – OMM, *abrév. de World Meteorological Organization : Organisation météorologique mondiale.*

WO – *abrév. de workover et water in oil.* **WO emulsion**: *abrév. de water-in-oil emulsion.*

WOB – *abrév. de weight on bit.*

Wobbe – Wobbe. **Wobbe index**: indice de Wobbe, *mesure de la quantité de chaleur émise par un brûleur à gaz et égale au pouvoir calorifique supérieur du gaz, divisé par la racine carrée de sa densité.*

wobble – flottement *m* ; tremblement *m.*

wobbling – vacillant. **wobbling log**: *voir walking beam.*

WOC – *abrév. de waiting on cement.*

Wolfcampian – Wolfcampien *m, étage du Permien inférieur.*

Wolff – Wolff. **Wolff-Kishner reaction**: réaction de Wolff-Kishner, *réduction des groupes carbonyles en méthylènes.*

wolfram – wolfram *m, voir aussi tungsten et wolframite.*

wolframite – wolframite *f, un des principaux minerais de tungstène.*

wollastonite – wollastonite *f, métasilicate de calcium.*

WOO – *abrév. de waiting on orders : attente d'ordres.*

wood – bois *m.* **wood alcohol**: alcool de bois, *voir aussi methanol.* **wood chip**: copeau de bois. **wood coal**: charbon de bois. **wood copper**: olivénite *f (minér).* **wood depot**: parc de bois. **wood dust**: sciure *f.* **wood gas**: gaz de bois ; gaz des forêts. **wood naphtha**: *voir methanol.* **wood oil**: huile de bois de Chine. **wood opal**: bois opalisé, *opale xyloïde.* **wood pitch**: brai de goudron de bois. **wood pulp**: pâte de bois, *utilisée comme filtre.*

wood resin: résine naturelle. **wood screw**: vis à bois. **wood tar**: goudron de bois. **wood tin**: étain de bois *(minér)*. **wood wool**: laine de bois.

Wood – Wood. **Wood's glass**: verre de Wood, *pour l'ultraviolet*. **Wood's metal**: alliage de Wood, *alliage fusible de bismuth, de cadmium, de plomb et d'étain.*

wooded – boisé.

wooden – en bois. **wooden barrel**: fût en bois. **wooden prop**: étai en bois. **wooden ramp**: rampe de bois. **wooden tank**: réservoir en bois.

woodpecker – pic *m.* **woodpecker hole**: trou de l'attache-câble *(for)*.

woodstone – bois pétrifié, *bois minéralisé par la silice, en gardant sa forme originale.*

woodwork – charpente *f.*

wool – laine *f.* **wool fat**: suintine *f*, *graisse de laine.* **wool grease**: dégras *m.* **wool oil**: huile d'ensimage ; suint *m.* **wool stock**: huile neutre blanchie, *au soleil émulsionnée avec de l'huile de lard, servant à la coupe.* **wool wax**: cire de suint. **wool-yarn grease**: graisse renfermant des filaments de laine, *graisse dans laquelle ont été incorporées des fibres textiles dont le rôle est de donner plus de consistance à la graisse en fusion.*

WOR – *abrév. de water/oil ratio.*

word – parole *f*; mot *m*, *groupe de bits constituant un ensemble indissociable.* **word processing**: traitement de texte. **word processor**: machine à traitement de texte.

work – ouvrage *m* ; travail *m.* **work assignment**: affectation à un poste ; mission *f.* **work barge**: barge de travail. **work commitment**: engagement de travaux. **work-factor test**: détermination du coefficient de résistance, *d'une huile à la détérioration par circulation répétée dans un palier.* **work function**: travail d'extraction, *l'énergie requise pour enlever un électron d'un métal.* **work hardening**: écrouissage *m.* **work head**: poupée, *de tour.* **work lead**: câble de masse, *câble électrique reliant la source de courant de soudage à la pièce à souder.* **work manager**: directeur de travaux. **work obligation**: obligations de travaux, *minimum de sismique, forages, etc. à effectuer par le contractant pour une période d'exploration donnée.* **work progress**: avancement des travaux. **work stoppage**: arrêt de travail, *voir aussi strike.*

work (to) – fonctionner ; marcher ; traiter ; travailler. **work (to) loose**: prendre du jeu. **work (to) ahead**: forer. **work (to) on**: continuer à travailler. **work (to) out**: mettre au point.

workability – aptitude au façonnage ; exploitabilité *f*; usinabilité *f.*

workbench – établi *m.*

workboat – bateau de service.

worked – malaxé. **worked grease**: graisse malaxée. **worked out**: épuisé ; exécuté ; réalisé. **worked penetration**: pénétrabilité travaillée, *d'une graisse, pénétrabilité mesurée après avoir fait subir à cette graisse un traitement dans un malaxeur spécial.*

worker – malaxeur *m* ; travailleur *m.*

working – abattage *m* ; exploitation *f*; fonctionnement *m* ; malaxage *m* ; marche *f*; traitement *m*; travail *m*; travaux *m.* **working account**: compte d'exploitation. **working barrel**: corps de pompe de fond ; cylindre *m* ; tube extérieur, *carottage.* **working beam**: balancier, *voir aussi walking beam.* **working capital**: fonds de roulement. **working characteristics of piping**: condition d'utilisation des canalisations. **working conditions**: conditions de service. **working curve**: courbe expérimentale. **working day**: jour ouvrable. **working-depth capacity**: profondeur limite de travail, *d'un trépan.* **working distance**: distance de travail. **working face**: front d'attaque ; front de taille *(mine)*. **working fluid**: fluide moteur, *d'une turbine.* **working fund**: fonds de roulement. **working hypothesis**: hypothèse de travail. **working interest**: intérêt économique direct ; participation du concessionnaire, *droit d'entreprendre tous les travaux de recherche puis d'exploitation en cas de découverte.* **working jacket**: gilet de travail. **working life**: durée d'usage ; durée de service. **working load**: charge d'utilisation ; charge de service. **working mean**: moyenne provisoire *(stat)*. **working memory**: mémoire de travail. **working method**: méthode de travail. **working order**: état de marche ; ordre de marche. **working out**: établissement *m* ; mise au point. **working part**: pièce mobile. **working platform**: plate-forme de la tour de forage *(for)*. **working pressure (WP)**: pression d'exploitation ; pression de marche ; pression de régime ; pression de service. **working rate**: cadence de travail. **working speed**: vitesse de régime. **working stress**: taux de travail, *de l'acier.* **working stroke**: course motrice ; temps moteur. **working tank**: réservoir d'exploitation, *en service* ; réservoir de charge d'une installation ; réservoir tampon, *distinct des réservoirs de stockage.* **working temperature**: température de travail. **working tongs**: clés de vissage *(for)*. **working up**: traitement *m.* **working valve**: clapet de refoulement ; robinet à soupape de manoeuvre, *(sens général)*. **working voltage**: tension en circuit fermé. **working volume**: volume utile. **working winch**: treuil de manoeuvre.

workload – charge de travail.

workman – ouvrier *m.*

workover – reconditionnement *m*, *d'un puits, toute opération pratiquée sur un puits après son achèvement pour améliorer ou rétablir sa production* ; reprise de puits ; travaux de reprise *(for)*. **workover barge**: barge de reconditionnement. **workover fluid**: fluide de reconditionnement. **workover rig**: appareil de reconditionnement. **workover well**: puits reconditionné ; puits remis en production.

works – fabrique *f*; oeuvres *f*; usine *f.* **works committee**: comité d'entreprise. **at works**: pris à la fabrique. **ex works**: départ usine, *départ mine, départ entrepôt, conditions de vente signifiant que la marchandise est prise en charge au départ de son lieu de production ou d'entreposage.*

workshop – atelier *m.*

worksite – chantier *m* ; chantier de travail.

workstation – poste de travail, *informatique.*

world – monde *m* ; univers *m.* **World Meteorological Organization (WMO)**: Organisation météorologique mondiale (OMM).

Worldscale – Worldscale, *contraction de Worlwide Tanker Nominal Freight Scale, liste des taux* *de fret applicables aux navires pétroliers transportant du pétrole brut en vrac.*

worldwide – mondial. **worldwide profit**: bénéfice mondial, *somme algébrique des résultats en France et à l'étranger de la maison-mère et de toutes ses succursales (régime français).*

worm – filet de vis ; serpentin *m* ; vis sans fin. **worm axle**: pont à vis. **worm block**: palan à vis. **worm drive**: commande par vis sans fin ; transmission par vis sans fin. **worm gear**: engrenage à vis sans fin. **worm-gear oil**: huile pour engrenages à vis sans fin. **worm-gear operated**: commande par engrenage. **worm screw**: vis sans fin. **worm wheel**: roue à vis sans fin ; roue tangente.

worm (to) – fileter.

wormhole – piqûre de ver.

worn – usé. **worn bit**: trépan usé. **worn-off particles**: produits d'usure. **worn out**: complètement usé. **worn out of gage (WG)**: perte de diamètre, *de l'outil de forage.* **worn-out tire**: pneu usé.

Worthite – *dénomination d'acier austénitique résistant à la corrosion.*

worthlessness – non-valeur *f (écon).*

WOSR – *abrév. de waiting-on-service rig : appareil de forage en attente.*

WOT – *abrév. de wide-open throttle : à plein gaz.*

wound – bobiné ; enroulé ; excité.

woven – tissé.

wow – pleurage *m, variations lentes de vitesse bande/disque.*

WOW – *abrév. de waiting on weather.*

WP – *abrév. de working pressure.*

WPI – *abrév. de Wax Precipition Index.*

WPT – *abrév. de Windfall Profit Tax.*

wrap – enveloppe *f.* **wrap test**: essai d'enroulement.

wrap (to) – emballer ; enrober ; envelopper ; revêtir, *le tube.*

wraparound – repliement *m (sism).* **wraparound bumper**: pare-chocs enveloppant. **wraparound evaporator**: évaporateur enveloppant. **wraparound hanger**: olive de suspension à garniture d'étanchéité, *pour tube de production.* **wraparound windshield**: pare-brise enveloppant.

wrapped – enrobé ; enveloppé. **wrapped connection**: connexion enroulée. **wrapped pipe**: tube enrobé.

wrapper – bande de recouvrement ; couvre-joint *m* ; enveloppe *f.*

wrapping – enrobage *m* ; enroulement de phase ; revêtement *m.* **wrapping machine**: enrobeuse *f, machine à revêtir les tubes.* **wrapping material**: matériau d'enrobage. **wrapping paper**: papier d'emballage. **wrapping tape**: bande de revêtement.

wreck – épave *f.* **wreck buoy**: bouée d'épave.

wreckage – groupe d'épaves ; naufrage *m.*

wrecker – camion de dépannage.

wrecking – démolition *f.* **wrecking ball**: boulet de démolition. **wrecking bar**: pied de biche. **wrecking crane**: grue de levage. **wrecking truck**: camion de dépannage.

wrench – clé *f, outil* ; clé à écrous. **wrench fault**: faille verticale de décrochement. **wrench operated**: commandé par clé.

wrench (to) – arracher ; tordre.

wring – torsion *f.* **wring bolt**: serre-joint *m.*

wringing – essorage *m.*

wrinkle – ride *f.* **wrinkle paint**: peinture vermiculée.

wrinkle (to) – plisser ; rider.

wrinkled – ondulé ; plissé ; ridé. **wrinkled bend**: coude *m, fait à la flamme par plissage du tube.*

wrinkling – gauchissement *m* ; plissement *m.*

wrist – tourillon *m, de tête de piston.* **wrist pin**: axe de pied de bielle ; axe de piston. **wrist-pin bearing**: coussinet d'axe de piston. **wrist-pin bushing**: douille d'axe de piston.

write (to) – écrire. **write (to) off**: amortir ; déprécier.

writing – écriture *f.* **writing down**: amortissement partiel. **writing off**: amortissement total.

WROCS – *abrév. de Weather Reporting Oil Companies System.*

wrong – faux. **wrong connection**: fausse communication ; fausse connexion.

wrought – façonné ; forgé. **wrought alloy**: alliage corroyé. **wrought iron**: fer forgé, *fer battu, fer martelé.* **wrought steel**: acier corroyé ; acier forgé. **wrought washer**: rondelle brute.

WSIM – *abrév. de water separation index modified.*

WSO – *abrév. de water shutoff.*

WT – *abrév. de wall thickness.*

WTI – WTI, *abrév. de West Texas Intermediate, brut de référence sur la côte du Golfe du Mexique (40°API).*

Wulff – Wulff. **Wulff process**: procédé Wulff, *procédé de synthèse thermique de l'acétylène à partir de méthane.*

Würm – Würm *m, quatrième et dernière glaciation du Quaternaire.*

Wurtz – Wurtz. **Wurtz reaction**: réaction de Wurtz, *réaction de synthèse d'hydrocarbures saturés.*

wurtzilite – wurtzilite *f, bitume durci.*

WVP – SVP, *abrév. de well-vicinity profiling, sismique au voisinage du puits.*

WWW – VMM, *abrév. de World Weather Watch : Veille météorologique mondiale.*

wye – raccord à 45°. **wye connection**: branchement en étoile ; montage en étoile. **wye rectifier**: redresseur triphasé.

Wyllie – Wyllie. **Wyllie relationship**: formule de Wyllie, *équation du temps moyen.*

Wyrobek – Wyrobek. **Wyrobek method**: méthode de Wyrobek, *méthode d'interprétation en sismique réfraction.*

X

XANES – *abrév. de X-ray absorption near-edge structure, spectroscopie d'absorption des RX au voisinage du seuil (d'absorption).*

Xanflood – *dénomination d'un biopolymère xanthanique, utilisé dans l'injection de polymère en récupération assistée.*

xanthan – xanthane *m, polysaccharide utilisé dans l'injection de polymères.* **xanthan gum**: gomme de xanthane, *biopolymère synthétique obtenu par fermentation d'hydrates de carbone, utilisé dans les fluides de forage et en récupération assistée.*

xanthate – xanthate *m* ; xanthogénate *m.*

xanthene – xanthène *m.*

xanthogenic – xanthogénique. **xanthogenic acid**: acide xanthogénique, *acide xanthique.*

xanthophyll – xanthophylle *f, pigment caroténoïde.*

xanthophyllite – xanthophyllite *f, voir clintonite.*

X-EDS – *abrév. de X-ray energy-dispersive spectroscopy : spectroscopie X à dispersion d'énergie.*

XEM – *abrév. de exoelectron microscopy : microscopie des exoélectrons.*

xenoblast – xénoblaste *m (pétro).*

xenoblastic – xénoblastique.

xenocryst – xénocristal *m.*

xenolith – xénolite *m, enclave énallogène dans une roche éruptive.*

xenomorphic – xénomorphe *(pétro).* **xenomorphic texture**: structure xénomorphe.

xenon – xénon *m, symbole chim. Xe.* **xenon fluoride**: fluorure de xénon. **xenon override**: suractivité antixénon *(nucl).* **xenon oxytetrafluoride**: oxyfluorure de xénon. **xenon poisoning**: empoisonnement xénon *(nucl).* **xenon trioxide**: trioxyde de xénon.

xenothermal – xénothermique.

xerogel – xérogel *m.*

xerography – xérographie *f, méthode de photographie ou de photocopie à sec.*

XES – *abrév. de exoelectron spectroscopy : spectroscopie des exoélectrons.*

XH – *abrév. de extra hole.* **XH tool-joint**: *abrév. de extra hole tool-joint.*

x-hole – méthode puits-à-puits.

xln – *abrév. de crystalline.*

Xmas – *abrév. de Christmas.* **Xmas tree**: *abrév. de Christmas tree.*

xmit (to) – émettre ; transmettre.

Xover – *abrév. de crossover.* **Xover sub**: *voir crossover sub.*

XPLE – *abrév. de crosslinked polyethylene.*

XPS – *abrév. de X-ray photoemission spectroscopy : spectroscopie des photoélectrons en RX.*

X ray – rayon X. **X-ray analysis**: analyse par rayons X. **X-ray diffraction (XRD)**: diffraction X. **X-ray energy-dispersive spectroscopy (X-EDS)**: spectroscopie de rayons X à dispersion d'énergie. **X-ray examination**: examen aux rayons X. **X-ray fluorescence (XRF)**: fluorescence X. **X-ray fluorescence spectroscopy**: spectroscopie de fluorescence X. **X-ray investigation**: étude par rayons X. **X-ray powder diffraction**: diffraction X de poudres. **X-ray powder diffractogram**: diffractogramme X de poudres. **X-ray spectrograph**: spectrographe à rayons X. **X-ray spectrometry**: spectrométrie de rayons X. **X-ray spectroscopy**: spectroscopie de rayons X ; spectroscopie RX. **X-ray tube**: tube à rayons X.

XRD – *abrév. de X-ray diffraction (glancing incidence) : diffraction des RX (incidence rasante).*

XRF – *abrév. de X-ray fluorescence : fluorescence X.*

Xs – brouillage *m, voir atmospheric interference.*

X-shaped – en croix. **X-shaped twin**: macle en croix.

x-spread – dispositif en croix, *abréviation de cross-spread.*

x-tilt – inclinaison transversale.

xylanthite – xylanthite *f, variété de résine fossile.*

xylene – xylène *m, il y a trois xylènes isomères : ortho (o-xylène), méta (m-xylène) et para (p-xylène).*

xylenol – xylénol *m, nom de six phénols qui dérivent des xylènes.*

xylidine – xylidine *f, nom donné aux six diaminoxylènes isomères.*

xylitol – xylitol *m, édulcorant à base d'écorce de bouleau.*

xyloretinite – xylorétinite *f, hydrocarbure blanc semblable à la hartite trouvée dans le bois fossile.*

xylovitrain – xylain *m* ; xylovitrain *m, un des constituants du charbon.*

Y

y – y, *symbole de yocto.*
Y – Y, *symbole de yotta* ; Y, *voir aussi wye.*
yank – secousse *f.*
yard – chantier *m* ; dépôt *m* ; entrepôt *m* ; parc *m.*
yard – yard *m, unité de longueur, 1 yd = 0,914 m.*
yardang – yardang *m, crêtes sculptées par corrasion dans des sédiments tendres.*
yardstick – critère *m.*
Yarmouthian – Yarmouth *m, étage du Pléistocène.*
yarn – fil *m.*
yaw – embardée *f*; lacet *m, mouvement oscillatoire.* **yaw amplitude**: amplitude de lacet. **yaw axis**: axe de lacet. **yaw damper**: amortisseur de lacet. **yaw simulator**: simulateur de lacet. **yaw velocity**: vitesse d'embardée, *d'un véhicule.*
year – année *f, ou an, unité de temps, symbole* a.
yearbook – annuaire *m.*
yearly – annuel. **yearly capacity**: production annuelle. **yearly output**: production annuelle.
yeast – levure *f.*
yellow – jaune. **yellow cake**: concentré d'uranium, *concentré uranifère, oxyde jaune d'uranium concentré après traitement industriel.* **yellow dog**: lampe tempête. **yellow earth**: ocre jaune. **yellow flame**: flamme blanche, *flamme de diffusion.* **yellow-flame burner**: brûleur à flamme blanche ; brûleur à flamme de diffusion. **yellow ocher**: ocre jaune. **yellow wax**: cire jaune, *cire d'abeilles.*
Yeovilian – Yéovilien *m, étage du Jurassique inférieur.*
yield – débit *m* ; élasticité *f*; fléchissement *m* ; production *f*; produit *m* ; rendement *m.* **yield curve**: courbe des propriétés en fonction du rendement ; courbe propriété/rendement *(prod).* **yield limit**: limite élastique. **yield per barrel**: rendement au baril. **yield per pass**: rendement par passe. **yield point**: seuil d'écoulement plastique, *pour un corps solide, valeur de la sollicitation à partir de laquelle apparaissent des déformations permanentes* ; seuil de cisaillement, *boue de forage.* **yield rate**: taux de rendement. **yield strain**: déformation à la limite d'élasticité. **yield strength**: limite d'élasticité ; limite élastique. **yield stress**: contrainte d'écoulement ; limite élastique ; seuil de plasticité. **yield testing**: essai à la limite d'étanchéité. **yield to maturity**: rendement à l'échéance. **yield value**: *voir yield point.*
yield (to) – céder ; débiter ; fléchir ; produire ; rapporter. **yield (to) water**: siphonner.
yielding – déformation permanente ; mou ; plastique, *en ce qui concerne les roches* ; rendement *m.* **yielding arch**: cintre déformable. **yielding coupling**: manchon d'accouplement élastique. **yielding point**: *voir yield point.*
ylem – plasma primitif ; ylem *m.*
ylide – ylure *m, espèce chimique.*
yocto – yocto, *préfixe représentant 10^{-24}, symbole* y.
yoke – bâti *m, dynamo, etc* ; bras horizontal ; carcasse *f*; collier de raccordement ; culasse *f, transformateur, électroaimant, relais* ; étrier *m* ; joug *m.* **yoke assembly**: bloc de bobinage *(élec).* **yoke pin**: axe de chape.
yoldia – yoldia *f, bivalve connu pour avoir peuplé une mer du Quaternaire.* **Yoldia Sea**: mer à Yoldia, *formation de l'Holocène.*
yotta – yotta, *préfixe représentant 10^{24}, symbole* Y.
young – jeune ; juvénile. **young ice**: jeune glace. **young marine clay**: argile maritime d'âge récent. **young relief**: relief jeune. **young volcanic rock**: roche volcanique récente. **young volcano**: volcan jeune.
Young – Young. **Young's modulus**: module de Young, *module d'élasticité.*
youthful – jeune. **youthful stage**: stade de jeunesse, *cycle d'érosion.*
yo-yo – yo-yo *m, technique de tir en sismique marine.*
YP – *abrév. de yield point.*
Ypresian – Yprésien *m, étage de l'Eocène inférieur.*
YS – *abrév. de yield strength : limite élastique.*
ytterbium – ytterbium *m, symbole chim. Yb.* **ytterbium oxide**: oxyde d'ytterbium.
yttria – yttria *m, oxyde naturel d'yttrium.*
yttrium – yttrium *m, symbole chim. Y.* **yttrium acetate**: acétate d'yttrium. **yttrium chloride**: chlorure d'yttrium. **yttrium oxide**: oxyde d'yttrium. **yttrium sulfate**: sulfate d'yttrium.
yttrotantalite – yttrotantalite *f.*
yugawaralite – yugawaralite *f, zéolite naturelle.*

Z

z – z, *symbole de zepto.*
Z – Z, *symbole de zetta.*
Zahn – Zahn. **Zahn viscometer**: viscosimètre de Zahn, *appareil utilisé pour mesurer la viscosité des peintures.*
Zanclean – Zancléen *m, étage de l'ère tertiaire.*
ZDP – *abrév. de zinc dithiophosphate.*
Zechstein – Zechstein *m, formation du Permien supérieur.*
Zeeman – Zeeman. **Zeeman effect**: effet Zeeman, *décomposition de raies optiques sous l'action d'un champ magnétique.*
zein – zéine *f, protéine.*
Zener – Zener. **Zener diode**: diode de Zener, *diode à semiconducteur.*
zenith – zénith *m.* **zenith camera**: chambre zénithale, *chambre photographique dont l'axe optique peut être pointé avec précision sur le zénith.* **zenith distance**: distance zénithale. **zenith telescope**: lunette zénithale.
zeolite – zéolite *f, initialement aluminosilicates de sodium ou de calcium naturels, également obtenus par synthèse ; elles sont utilisées comme absorbants sélectifs, tamis moléculaires et catalyseurs.* **zeolite catalyst**: catalyseur zéolitique. **zeolite facies**: faciès zéolitique.
zeolitic – zéolitique *(minér).*
zeolitization – zéolitisation *f (géol).*
zeotrope – mélange zéotropique, *mélange zéotrope, ne présentant pas le phénomène d'azéotropie.*
zepto – zepto, *préfixe représentant* 10^{-21}, *symbole* z.
zero – zéro *m.* **zero adjustment**: réglage à zéro. **zero alignment**: ligne de foi *(app).* **zero-and-span control**: vérification du zéro et de l'intervalle de mesures. **zero bias**: polarisation nulle. **zero crossing**: passage à zéro. **zero discharge**: niveau de rejet nul *(pol).* **zero energy growth**: croissance-énergie zéro. **zero error**: erreur à zéro, *d'un instrument de mesure.* **zero frequency**: fréquence nulle. **zero-frequency component**: composante continue *(sism).* **zero gravity**: apesanteur *f.* **zero growth**: croissance zéro. **zero head level**: niveau de pression zéro. **zero indicator**: indicateur zéro. **zero isopach**: zéro isopaque. **zero-lag correlation**: corrélation au temps de coïncidence *(sism).* **zero level**: niveau zéro. **zero line**: ligne zéro ; trait zéro. **zero load**: charge nulle. **zero meridian**: méridien zéro. **zero method**: méthode du zéro. **zero-offset**: profil sismique vertical (PSV). **zero oil**: huile gelant à 0°F, *−17,8°C.* **zero-order reaction**: réaction d'ordre zéro. **zero phase**: à phase nulle *(sism).* **zero-phase filter**: filtre à phase nulle *(sism).* **zero-phase signal**: signal à phase nulle. **zero point**: point zéro. **zero-point correction**: remise à zéro, *correction de dérive.* **zero-point energy**: énergie au zéro absolu. **zero-point entropy**: entropie au point zéro. **zero reference**: ajustement du point zéro *(diag).* **zero reset**: remise à zéro, *d'un compteur.* **zero setting**: mise à zéro d'un appareil. **zero shift**: dérive du zéro ; variation du zéro. **zero source-receiver (ZSR)**: déport nul *(sism).* **zero source-receiver (ZSR) distance**: distance au tir nulle *(sism).* **zero time**: temps initial. **zero timing line**: ligne de temps zéro *(sism).*
zero (to) – annuler, *une trace.*
zeta – zêta *m, lettre de l'alphabet grec.* **zeta potential**: potentiel zêta, *potentiel électrocinétique.*
zetta – zetta, *préfixe représentant* 10^{21}, *symbole* Z.
Ziegler – Ziegler. **Ziegler catalyst**: catalyseur Ziegler, *catalyseur stéréospécifique.* **Ziegler process**: procédé Ziegler, *de fabrication de polyéthylène linéaire par polymérisation de l'éthylène et du propylène.*
zigzag – zigzag *m.* **zigzag connection**: montage en zigzag. **zigzag fold**: pli en chevron.
zinc – zinc *m, symbole chim. Zn.* **zinc acetate**: acétate de zinc. **zinc alloy**: alliage de zinc. **zinc bearing**: zincifère. **zinc bloom**: fleur de zinc, *hydrozincite.* **zinc chloride**: chlorure de zinc. **zinc coated**: zingué. **zinc dithiophosphate (ZDP)**: dithiophosphate de zinc, *additif antioxydant.* **zinc dust**: poudre de zinc. **zinc naphthenate**: naphténate de zinc. **zinc oxide**: oxyde de zinc. **zinc spar**: smithsonite *f.* **zinc spinel**: spinelle zincifère, *gahnite.* **zinc stearate**: stéarate de zinc. **zinc sulfate**: sulfate de zinc. **zinc sulfide**: sulfure de zinc. **zinc white**: blanc de zinc ; oxyde de zinc.
zinciferous – zincifère.
zincification – zingage *m.*
zincing – étamage *m* ; galvanisation *f.*
zinckenite – *voir zinkenite.*
zincking – *voir zincing.*
zinkenite – zinkénite *f, antimoniosulfure de zinc.*
zip – fermeture éclair. **zip code**: code postal.
Zircaloy – *dénomination d'un alliage de zirconium et d'un faible pourcentage d'étain, fer, chrome et nickel, particulièrement résistant.*
zircon – silicate de zirconium ; zircon *m.*
zirconia – zircone *f, oxyde de zirconium.*
zirconium – zirconium *m, symbole chim. Zr.* **zirconium boride**: borure de zirconium. **zirconium chloride**: chlorure de zirconium. **zirconium hydride**: hydrure de zirconium, *utilisé dans les mélanges*

combustibles et comme catalyseur d'hydrogénation. **zirconium oxide**: oxyde de zirconium. **zirconium phosphate**: phosphate de zirconium. **zirconium steel**: acier au zirconium.

zodiacal – zodiacal. **zodiacal light**: lumière zodiacale.

zoecium – zoécie *f, loge squelettique d'un individu d'une colonie de bryozoaires.*

Zoeppritz – Zoeppritz. **Zoeppritz's equation**: équation de Zoeppritz *(sism)*.

zonal – zonal ; zoné. **zonal aberration**: aberration géométrique d'ouverture. **zonal axis**: axe zonal. **zonal guide fossil**: repère fossile local. **zonal structure**: structure zonée ; zonalité de croissance *(minér)*.

zonary – zonaire. **zonary structure**: *voir zonal structure.*

zonation – zonation *f.* **zonation of a reservoir**: zonation d'un réservoir.

zone – plage *f*; région *f*; zone *f.* **zone fossil**: fossile de zone. **zone melting**: fusion en zones. **zone of aeration**: zone d'aération *(géol)*. **zone of brecciation**: zone de brèche *(géol)*. **zone of capillarity**: zone de capillarité. **zone of combustion**: zone de combustion. **zone of compensation**: zone de compensation. **zone of flow**: zone d'écoulement. **zone of folding**: zone de plissement *(géol)*. **zone of fracture**: zone de fracture *(géol)*. **zone of fusion**: zone de fusion *(métal)*. **zone of invasion**: zone d'invasion. **zone of jointing**: zone de diaclases. **zone of lost returns**: zone de perte de circulation *(for)*. **zone of oxidation**: zone d'oxydation. **zone of petroleum accumulation**: zone d'accumulation pétrolière. **zone of pressure**: zone de pression *(minér)*. **zone of reduction**: zone de réduction ; zone réductrice. **zone of saturation**: zone de saturation. **zone of weathering**: zone d'altération. **zone purification**: purification par zones, *procédés de séparation et de purification, basés sur la cristallisation fractionnée.* **zone refining**: raffinage en zones. **zone-refining process**: raffinage par fusion de zones.

zoning – structure zonée *(minér)* ; zonage *m, aménagement de terrain* ; zonalité *f (sédim)* ; zonation *f.* **zoning map**: plan d'occupation des sols (POS).

zoogenic – zoogène, *se dit des roches sédimentaires édifiées par des animaux.* **zoogenic rock**: roche zoogène *(pétro)*.

zoogloea – zooglée *f, masse gélatineuse de bactéries sur un fluide riche en matière organique.*

zooid – zoïde *m (biol)*.

zoology – zoologie *f.*

zoom – changement rapide de plan. **zoom lens**: objectif à distance focale variable.

zooplankton – zooplancton *m.*

ZPA – *abrév. de zone of petroleum accumulation.*

ZSM – *dénomination commerciale d'une série de zéolites.*

ZSR – *abrév. de zero source-receiver : déport nul.*

zwitterion – zwitterion *m, molécule doublement ionisée.*

zymase – zymase *f, une enzyme présente dans la levure et provoquant la transformation du glucose en alcool et en gaz carbonique.*

zymogen – zymogène *m, précurseur d'une enzyme, se dit aussi proenzyme.*

zymotic – zymotique, *relatif à la fermentation.*

Annexes

Pages

Règles d'écriture des grands nombres II
Table de conversion en unités SI ou assimilées IV
Équivalences énergétiques VII
Mesures de production VIII
Table de conversion litres/100 km, miles/US gallon VIII
Facteurs de conversion pour le pétrole brut IX
Liste alphabétique des éléments avec leur symbole X
Multiples et sous-multiples XII
Table de conversion de température XIII
Échelle Beaufort XVIII
Symboles des puits pour les cartes XXI
Alphabet grec XXIII

Appendixes

Page

Rules for writing large numbers II
Conversion table to SI or assimilated units IV
Energy equivalences VII
Production measurements VIII
Conversion table for liters/100 km and miles/US gallon VIII
Crude-oil conversion factors IX
Alphabetic list of elements and symbols X
Multiples and submultiples XII
Temperature conversion chart XIII
Beaufort scale XVIII
Well-mapping symbols XXI
Greek alphabet XXIII

RÈGLES D'ÉCRITURE DES GRANDS NOMBRES
RULES FOR WRITING LARGE NUMBERS

Système International

Pour énoncer les puissances de 10 à partir de 10^{12}, on applique la règle exprimée par la formule 10^{6N} = (*N*)illion.

Exemple : 10^{12} = billion, 10^{18} = trillion (1 000 000 billions), 10^{24} = quatrillon (1 000 000 trillions).

International System

To write tenth powers starting with 10^{12}, the rule to be used is expressed by the formula 10^{6N} = (N)illion.

For example, 10^{12} = billion, 10^{18} = trillion (1,000,000 billions) and 10^{24} = quadrillion (1,000,000 trillions).

Nom *Name*	**Valeur en puissances de dix** ***Value in powers of ten***
milliard	10^{9}
billion	10^{12}
trillion	10^{18}
quatrillion/quadrillion	10^{24}
quintillion	10^{30}
sextillion	10^{36}
septillion	10^{42}
octillion	10^{48}
nonillion	10^{54}
decillion	10^{60}
undecillion	10^{66}
duodecillion	10^{72}
tredecillion	10^{78}
quattuordecillion	10^{84}
quindecillion	10^{90}
sexdecillion	10^{96}
septendecillion	10^{102}
octodecillion	10^{108}
novemdecillion	10^{114}
vigintillion	10^{120}
centillion	10^{600}

Système Américain

La formule appliquée est : 10^{3n} = (*n*-1)illion, 10^9 = billion, 10^{12} = trillion (1 000 billions), 10^{15} = quadrillion (1 000 trillions).

American System

The formula to be used is 10^{3n} = (n-1)illion. For example, 10^9 = billion, 10^{12} = trillion (1,000 billions) and 10^{15} = quadrillion (1,000 trillions).

Nom ***Name***	**Valeur en puissances de dix** ***Value in powers of ten***
billion	10^9
trillion	10^{12}
quadrillion	10^{15}
quintillion	10^{18}
sextillion	10^{21}
septillion	10^{24}
octillion	10^{27}
nonillion	10^{30}
decillion	10^{33}
undecillion	10^{36}
duodecillion	10^{39}
tredecillion	10^{42}
quattuordecillion	10^{45}
quindecillion	10^{48}
sexdecillion	10^{51}
septendecillion	10^{54}
octodecillion	10^{57}
novemdecillion	10^{60}
vigintillion	10^{63}
centillion	10^{303}

TABLE DE CONVERSION EN UNITÉS SI OU ASSIMILÉES
CONVERSION TABLE TO SI OR ASSIMILATED UNITS

Pour convertir de *To convert from*	En *To*	Multiplier par *Multiply by*
acre	m^2	4.047×10^3
acre	ha	0.4047
acre-foot	m^3	1.233×10^3
angstrom	m	1.0×10^{-10}
are	m^2	1.0×10^2
atmosphere	Pa	1.013×10^5
bar	Pa	1.0×10^5
barrel (42 gallons)	m^3	0.159
barrel per foot	m^2 (m^3/m)	5.216×10^{-1}
barrel per inch	m^2 (m^3/m)	6.259
barrel per long ton	m^3/kg	1.565×10^{-4}
barrel per short ton	m^3/kg	1.752×10^{-4}
Btu (International Table)	J	1.055×10^3
Btu (IT)	kWh	2.930×10^{-4}
Btu (mean)	J	1.056×10^3
Btu (thermochemical)	J	1.054×10^3
Btu (IT) per barrel	J/m^3	6.636×10^3
Btu (IT) per gallon	J/m^3	2.321×10^5
Btu (IT) per gallon (US)	J/m^3	2.787×10^5
Btu (IT) per hour	W	2.931×10^{-1}
Btu (IT) per minute	W	1.758×10^1
Btu (IT) per second	W	1.055×10^3
bushel	m^3	3.52×10^{-2}
calorie (International Table)	J	4.187
calorie (IT)	kWh	$1,163 \times 10^{-6}$
calorie (mean)	J	4.190
calorie (thermochemical)	J	4.184
calorie (IT) per pound	J/kg	9.230
centimeter of mercury	Pa	1.33×10^3
centimeter of water	Pa	98.06
degree (angle)	rad	1.745×10^{-2}
denier (international)	kg/m	1.0×10^{-7}
dram (avoirdupois)	kg	1.772×10^{-3}
dram (troy)	kg	3.888×10^{-3}
dram (US fluid)	m^3	3.697×10^{-6}
dyne	N	1.0×10^{-5}
electron volt	J	1.60×10^{-19}
erg	J	1.0×10^{-7}
fathom	m	1.829
fluid ounce (US)	m^3	2.96×10^{-5}
foot	m	0.305
square foot	m^2	9.29×10^{-2}
cubic foot	m^3	2.832×10^{-2}
cubic foot per barrel	m^3/m^3	0.178
cubic foot per pound	m^3/kg	6.243×10^{-2}

Pour convertir de *To convert from*	**En** *To*	**Multiplier par** *Multiply by*
foot pound	J	1.356
foot pound	kWh	3.766×10^{-7}
frigorie (negative kilocalorie)	J	4.187×10^{3}
furlong	m	2.01×10^{2}
gallon (imp)	m^3	4.546×10^{-3}
gallon (US dry)	m^3	4.404×10^{-3}
gallon (US liquid)	m^3	3.785×10^{-3}
gallon (US liquid) per minute	m^3/h	0.227
gauss	T	10^{-4}
gill (US)	m^3	1.183×10^{-4}
grain	kg	6.48×10^{-5}
gram	kg	1.0×10^{-3}
horsepower	W	7.457×10^{2}
horsepower (boiler)	W	9.81×10^{3}
horsepower (electric)	W	7.46×10^{2}
horsepower (hydraulic)	W	7.46×10^{2}
horsepower (metric)	W	7.355×10^{2}
horsepower hour	J	2.685×10^{6}
inch	m	2.54×10^{-2}
inch mercury	Pa	3.386×10^{3}
inch water	Pa	2.49×10^{2}
inch pound force	N/m	1.130×10^{-1}
kilocalorie	kWh	1.163×10^{-3}
kilogram force	N	9.806
kilowatt-hour	J	3.8×10^{6}
kilogrammeter	J	9.806
kip	N	4.45×10^{3}
kip per square foot	Pa	4.788×10^{4}
knot (international)	m/s	0.5144
league (British nautical)	m	5.559×10^{3}
league (statute)	m	4.83×10^{3}
light year	m	9.46×10^{15}
link	m	2.012×10^{-1}
mho	S	1
micron	m	1.0×10^{-6}
mil	m	2.54×10^{-5}
mile (US nautical)	m	1.852×10^{3}
mile (US statute)	m	1.609×10^{3}
mile (US statute) per hour	m/s	4.470×10^{-1}
square mile	m^2	2.590×10^{6}
millibar	Pa	100.0
millimeter of mercury	Pa	1.333×10^{2}
oersted	A/m	79.58
ounce (US fluid)	m^3	2.96×10^{-5}
ounce force (avoirdupois)	N	0.278
ounce mass (avoirdupois)	kg	2.835×10^{-2}
ounce mass (troy)	kg	3.11×10^{-2}
peck (US)	m^3	8.81×10^{-3}
pennyweight	kg	1.555×10^{-3}
perch (rod, pole)	m	5.029

Pour convertir de *To convert from*	En *To*	Multiplier par *Multiply by*
pint (US dry)	m^3	5.506×10^{-4}
pint (US liquid)	m^3	4.732×10^{-4}
pound force (avoirdupois)	N	4.448
pound force per square foot	Pa	4.788×10^{1}
pound force per square inch (psi)	Pa	6.895×10^{3}
pound mass (avoirdupois)	kg	0.4536
pound mass (troy)	kg/m^3	0.373
pound mass (avoirdupois) per barrel	kg/m^3	2.853
pound mass (avoirdupois) per cubic foot	kg	1.602×10^{1}
psi per foot	Pa/m	2.262×10^{4}
poundal	N	0.138
quart (US dry)	m^3	1.10×10^{-3}
quart (US liquid)	m^3	9.46×10^{-4}
quarter section (160 acres)	m^2	6.475×10^{5} (approx. 65 ha)
rod	m	5.03
roentgen	C/kg	2.579×10^{-4}
second (angle)	rad	4.85×10^{-6}
section (640 acres)	m^2	2.59×10^{6} (approx. 260 ha)
slug	kg	14.59
span	m	0.229
stokes	m^2/s	1.0×10^{-4}
thermie	kWh	1.163
thermie	J	4.186×10^{6}
ton (long)	kg	1.016×10^{3}
ton (short 2000 pounds)	kg	9.072×10^{2}
torr	Pa	1.333×10^{2}
yard	m	0.914
square yard	m^2	8.361×10^{-1}
cubic yard	m^3	7.645×10^{-1}

ÉQUIVALENCES ÉNERGÉTIQUES
ENERGY EQUIVALENCES

	tep *toe*	**tec** *tce*	
Combustibles minéraux solides (1 tonne)	0.66	1	Solid mineral fuels (1 metric ton)
Pétrole brut (1 tonne)	1	1.5	Crude oil (1 metric ton)
Gaz naturel (1 000 m^3)	0.9	1.35	Natural gas (1 000 m^3)
Électricité (1 000 kWh)	0.222	0.333	Electricity (1 000 kWh)

tep: tonne équivalent pétrole.
tec: tonne équivalent charbon.

toe = ton(s) oil equivalent.
tce = ton(s) coal equivalent.

39 MJ — 1 m^3 de gaz naturel

1 m^3 of natural gas — 10 kWh

1 tep — 1 100 m^3 de gaz naturel

1 toe — 1 100 m^3 of natural gas

1 million de tonnes de pétrole brut dans une centrale thermique moderne — produit 4,5 TWh

1 million metric tons of crude oil in a modern thermal power plant — produces 4.5 TWh

1 tonne d'uranium naturel

- dans centrales classiques: 10 000 tep, 45 millions kWh
- dans surrégénérateurs: 600 000 tep, 2,7 milliards kWh

1 metric ton of natural uranium

- in conventional power plants: 10 000 toe, 45 million kWh
- in breeder reactors: 600 000 toe, 2.7 billion kWh

MESURES DE PRODUCTION
(Conversions approchées)

PRODUCTION MEASUREMENTS
(Approximate conversions)

1 million de barils/jour de pétrole brut	50 millions de tonnes/an	1 million barrels/day of crude oil	50 million metric tons/year
1 million de tonnes/an de pétrole brut	20 000 barils/jour	1 million metric tons/year of crude oil	20,000 barrels/day
1 tonne métrique de pétrole brut	7 barils (US barrels)	1 metric ton of crude oil	7 US barrels
1 baril de pétrole brut (US barrel)	0,14 tonne métrique	1 US barrel of crude oil	0.14 metric ton
1 million de pieds cubes/jour	10 millions de m^3/an	1 million cubic feet/day	10 million m^3/year
1 m^3 de gaz naturel liquéfié (GNL)	596 m^3 de gaz naturel	1 m^3 of liquefied natural gas (LNG)	596 m^3 of natural gas
1 tonne de gaz naturel liquéfié (GNL)	1 350 m^3 de gaz naturel	1 metric ton of liquefied natural gas (LNG)	1 350 m^3 of natural gas

CONSOMMATION EN ESSENCE DES AUTOMOBILES
Table de conversion litres/100 km, miles/US gallon

AUTOMOTIVE GASOLINE CONSUMPTION
Conversion table for liters/100 km and miles/US gallon

liter/100 km	mile/US gallon	mile/US gallon	liter/100 km
5	47	10	23.524
8	29 1/3	15	15.683
10	23 1/2	20	11.762
12	19 1/2	25	9.410
15	15 2/3	30	7.841
20	11 3/4	50	4.705

Le facteur de conversion entre N (l/100 km) et M (mile/US gallon) est 235,24 ou N × M = 235,24.

The conversion factor between N (l/100 km) and M (mile/US gallon) is 235.24 or N × M = 235.24.

FACTEURS DE CONVERSION POUR LE PÉTROLE BRUT

(tonne par baril, baril par tonne)

CRUDE-OIL CONVERSION FACTORS

(ton per US barrel, US barrel per ton)

Densité *Specific gravity* **(15 °C)**	**Densité** *API gravity* **(15 °C)**	**t/bbl**	**bbl/t**
1.000	10	0.15866	6 302
0.9930	11	0.15755	6 346
0.9861	12	0.15645	6 390
0.9792	13	0.15536	6 435
0.9725	14	0.15429	6 480
0.9659	15	0.15324	6 524
0.9593	16	0.15220	6 570
0.9529	17	0.15117	6 615
0.9465	18	0.15016	6 660
0.9402	19	0.14916	6 714
0.9340	20	0.14818	6 759
0.9279	21	0,14720	6 793
0,9218	22	0.14624	6 838
0.9159	23	0.14529	6 882
0.9100	24	0.14436	6 927
0.9042	25	0.14344	6 971
0.8984	26	0.14252	7 016
0,8927	27	0,14162	7 061
0.8871	28	0.14073	7 106
0,8816	29	0,13986	7 150
0.8762	30	0.13899	7 194
0.8708	31	0.13813	7 239
0.8654	32	0.13729	7 284
0.8602	33	0.13645	7 328
0,8550	34	0.13562	7 373
0.8498	35	0.13481	7 418
0.8448	36	0.13400	7 462
0.8398	37	0.13321	7 507
0.8348	38	0.13242	7 552
0.8299	39	0.13164	7 596
0.8251	40	0.13087	7 641
0.8203	41	0.13011	7 686
0.8155	42	0.12936	7 730
0.8109	43	0.12862	7 774
0.8063	44	0.12789	7 819
0.8017	45	0.12716	7 864
0.7972	46	0.12644	7 908
0.7927	47	0.12573	7 953
7.7883	48	0.12503	7 997
0.7839	49	0.12434	8 042
0.7796	50	0.12365	8 057

LISTE ALPHABÉTIQUE DES ÉLÉMENTS AVEC LEUR SYMBOLE
ALPHABETIC LIST OF ELEMENTS AND SYMBOLS

Élément *Element*	Symbole *Symbol*	Numéro atomique *Atomic number*
actinium	Ac	89
aluminium/aluminum	Al	13
americium/américium	Am	95
antimoine/antimony	Sb	51
argent/silver	Ag	47
argon	Ar	18
arsenic	As	33
astate/astatine	At	85
azote/nitrogen	N	7
barium/baryum	Ba	56
berkelium/berkélium	Bk	97
beryllium/béryllium	Be	4
bismuth	Bi	83
bore/boron	B	5
brome/bromine	Br	35
cadmium	Cd	48
calcium	Ca	20
californium	Cf	98
carbon/carbone	C	6
cerium/cérium	Ce	58
cesium/césium	Cs	55
chlore/chlorine	Cl	17
chrome/chromium	Cr	24
cobalt	Co	27
copper/cuivre	Cu	29
curium	Cm	96
dysprosium	Dy	66
einsteinium	Es	99
erbium	Er	68
étain/tin	Sn	50
europium	Eu	63
fer/iron	Fe	26
fermium	Fm	100
fluor/fluorine	F	9
francium	Fr	87
gadolinium	Gd	64
gallium	Ga	31
germanium	Ge	32
gold/or	Au	79
hafnium	Hf	72
helium/hélium	He	2
holmium	Ho	67
hydrogen/hydrogène	H	1
indium	In	49
iode/iodine	I	53
iridium	Ir	77

Élément *Element*	Symbole *Symbol*	Numéro atomique *Atomic number*
iron/fer	Fe	26
krypton	Kr	36
lanthane/lanthanum	La	57
lawrencium	Lr	103
lead/plomb	Pb	82
lithium	Li	3
lutetium/lutétium	Lu	71
magnesium/magnésium	Mg	12
manganese/mangenèse	Mn	25
mendelevium/mendélévium	Md	101
mercure/mercury	Hg	80
molybdène/molybdenum	Mo	42
néodyme/neodymium	Nd	60
neon/néon	Ne	10
neptunium	Np	93
nickel	Ni	28
niobium	Nb	41
nitrogen/azote	N	7
nobelium/nobélium	No	102
or/gold	Au	79
osmium	Os	76
oxygen/oxygène	O	8
palladium	Pd	46
phosphore/phosphorus	P	15
platine/platinum	Pt	78
plomb/lead	Pb	82
plutonium	Pu	94
polonium	Po	84
potassium	K	19
praséodyme/praseodymium	Pr	59
promethium/prométhium	Pm	61
protactinium	Pa	91
radium	Ra	88
radon	Rn	86
rhenium/rhénium	Re	75
rhodium	Rh	45
rubidium	Rb	37
ruthenium/ruthénium	Ru	44
samarium	Sm	62
scandium	Sc	21
selenium/selénium	Se	34
silicium/silicon	Si	14
silver/argent	Ag	47
sodium	Na	11
soufre/sulfur/sulphur	S	16
strontium	Sr	38
sulfur/sulphur/soufre	S	16
tantale/tantalum	Ta	73
technetium/technétium	Tc	43
tellure/tellurium	Te	52
terbium	Tb	65
thallium	Tl	81

Élément *Element*	**Symbole** *Symbol*	**Numéro atomique** *Atomic number*
thorium	Th	90
thulium	Tm	69
tin/étain	Sn	50
titane/titanium	Ti	22
tungsten/tungstène/wolfram	W	74
uranium	U	92
vanadium	V	23
wolfram/tungsten/tungstène	W	74
xenon/xénon	Xe	54
ytterbium	Yb	70
yttrium	Y	39
zinc	Zn	30
zirconium	Zr	40

MULTIPLES ET SOUS-MULTIPLES
MULTIPLES AND SUBMULTIPLES

FACTEUR **par lequel est multipliée l'unité** ***FACTOR*** ***by which the unit is multiplied***	***PREFIX*** ***to put before the name of the unit***	**SYMBOLE** **à mettre avant celui de l'unité** ***SYMBOL*** ***to put before that of the unit***	**PRÉFIXE** **à mettre avant le nom de l'unité**
10^{24}	yotta	Y	yotta
10^{21}	zetta	Z	zetta
10^{18}	exa	E	exa
10^{15}	peta	P	peta
10^{12}	tera	T	téra
10^{9}	giga	G	giga
10^{6}	mega	M	méga
10^{3}	kilo	k	kilo
10^{2}	hecto	h	hecto
10	deca	da	déca
10^{-1}	deci	d	déci
10^{-2}	centi	c	centi
10^{-3}	milli	m	milli
10^{-6}	micro	μ	micro
10^{-9}	nano	n	nano
10^{-12}	pico	p	pico
10^{-15}	femto	f	femto
10^{-18}	atto	a	atto
10^{-21}	zepto	z	zepto
10^{-24}	yocto	y	yocto

TABLE DE CONVERSION DE TEMPÉRATURE
TEMPERATURE CONVERSION CHART
Fahrenheit - Celsius

de – 168 °C à + 1 648.9 °C *from* – 168 °C to + 1 648.9 °C
de – 454 °F à + 5 432.0 °F *from* – 454 °F to + 5 432.0 °F

Celsius: $°C = \frac{5}{9}(°F - 32°)$

Fahreinheit: $°F = (\frac{9}{5}°C) + 32°$

°C	T	°F	°C	T	°F	°C	T	°F
– 168	– 270	– 454	– 42.2	– 44	– 47.2	– 26.7	– 16	3.2
– 162	– 260	– 436	– 41.7	– 43	– 45.4	– 26.1	– 15	5.0
– 157	– 250	– 418	– 41.1	– 42	– 43.6	– 25.6	– 14	6.8
– 151	– 240	– 400	– 40.6	– 41	– 41.8	– 25.0	– 13	8.6
– 146	– 230	– 382				– 24.4	– 12	10.4
– 140	– 220	– 364	– 40.0	– 40	– 40.0	– 23.9	– 11	12.2
– 134	– 210	– 346	– 39,4	– 39	– 38,2			
			– 38,9	– 38	– 36,4	– 23.3	– 10	14.0
– 129	– 200	– 328	– 38,3	– 37	– 34,6	– 22.8	– 9	15.8
– 123	– 190	– 310	– 37,8	– 36	– 32,8	– 22.2	– 8	17.6
– 118	– 180	– 292	– 37,2	– 35	– 31,0	– 21.7	– 7	19.4
– 112	– 170	– 274	– 36,7	– 34	– 29,2	– 21.1	– 6	21.2
– 107	– 160	– 256	– 36,1	– 33	– 27,4	– 20.6	– 5	23.0
– 101	– 150	– 238	– 35,6	– 32	– 25,6	– 20.0	– 4	24.8
– 96	– 140	– 220	– 35,0	– 31	– 23,8	– 19.4	– 3	26.6
– 90	– 130	– 202				– 18.9	– 2	28.4
– 84	– 120	– 184	– 34,4	– 30	– 22.0	– 18.3	– 1	30.2
– 79	– 110	– 166	– 33.9	– 29	– 20.2			
			– 33.3	– 28	– 18.4	– 17.8	0	32.0
– 73	– 100	– 148	– 32.8	– 27	– 16.6	– 17.2	1	33.8
– 68	– 90	– 130	– 32.2	– 26	– 14.8	– 16.7	2	35.6
– 62	– 80	– 112	– 31.7	– 25	– 13.0	– 16.1	3	37.4
– 57	– 70	– 94	– 31.1	– 24	– 11.2	– 15.6	4	39.2
– 51	– 60	– 76	– 30.6	– 23	– 9.4	– 15.0	5	41.0
			– 30.0	– 22	– 7.6	– 14.4	6	42.8
– 45.6	– 50	– 58.0	– 29.4	– 21	– 5.8	– 13.9	7	44.6
– 45.0	– 49	– 56.2				– 13.3	8	46.4
– 44.4	– 48	– 54.4	– 28.9	– 20	– 4.0	– 12.8	9	48.2
– 43.9	– 47	– 52.6	– 28.3	– 19	– 2.2			
– 43.3	– 46	– 50.8	– 27.8	– 18	– 0.4	– 12.2	10	50.0
– 42.8	– 45	– 49.0	– 27.2	– 17	1.4	– 11.7	11	51.8

Table de conversion de température . Temperature conversion chart

°C	T	°F	°C	T	°F	°C	T	°F
−11.1	12	53.6				42.2	108	226.4
−10.6	13	55.4	15.6	60	140.0	42.8	109	228.2
−10.0	14	57.2	16.1	61	141.8			
−9.4	15	59.0	16.7	62	143.6	43.3	110	230.0
−8.9	16	60.8	17.2	63	145.4	43.9	111	231.8
−8.3	17	62.6	17.8	64	147.2	44.4	112	233.6
−7.8	18	64.4				45.0	113	235.4
−7.2	19	66.2	18.3	65	149.0	45.6	114	237.2
			18.9	66	150.8	46.1	115	239.0
−6.7	20	68.0	19.4	67	152.6	46.7	116	240.8
−6.1	21	69.8	20.0	68	154.4	47.2	117	242.6
−5.6	22	71.6	20.6	69	156.2	47.8	118	244.4
−5.0	23	73.4	21.1	70	158.0	48.3	119	246.2
−4.4	24	75.2	21.7	71	159.8			
−3.9	25	77.0	22.2	72	161.6	48.9	120	248.0
−3.3	26	78.8	22.8	73	163.4	49.4	121	249.8
−2.8	27	80.6	23.3	74	165.2	50.0	122	251.6
−2.2	28	82.4	23.9	75	167.0	50.6	123	253.4
−1.7	29	84.2	24.4	76	168.8	51.1	124	255.2
			25.0	77	170.6	51.7	125	257.0
−1.1	30	86.0	25.6	78	172.4	52.2	126	258.8
−0.6	31	87.8	26.1	79	174.2	52.8	127	260.6
						53.3	128	262.4
0	32	89.6	26.7	80	176.0	53.9	129	264.2
0.6	33	91.4	27.2	81	177.8			
1.1	34	93.2	27.8	82	179.6	54.4	130	266.0
1.7	35	95.0	28.3	83	181.4	55.0	131	267.8
2.2	36	96.8	28.9	84	183.2	55.6	132	269.6
2.8	37	98.6	29.4	85	185.0	56.1	133	271.4
3.3	38	100.4	30.0	86	186.8	56.7	134	273.2
3.9	39	102.2	30.6	87	188.6	57.2	135	275.0
			31.1	88	190.4	57.8	136	276.8
4.4	40	104.0	31.7	89	192.2	58.3	137	278.6
5.0	41	105.8				58.9	138	280.4
5.6	42	107.6	32.2	90	194.0	59.4	139	282.2
6.1	43	109.4	32.8	91	195.8			
6.7	44	111.2	33.3	92	197.6	60.0	140	284.0
7.2	45	113.0	33.9	93	199.4	60.6	141	285.8
7.8	46	114.8	34.4	94	201.2	61.1	142	287.6
8.3	47	116.6	35.0	95	203.0	61.7	143	289.4
8.9	48	118.4	35.6	96	204.8	62.2	144	291.2
9.4	49	120.2	36.1	97	206.6	62.8	145	293.0
			36.7	98	208.4	63.3	146	294.8
10.0	50	122.0	37.2	99	210.2	63.9	147	296.6
10.6	51	123.8				64.4	148	298.4
11.1	52	125.6	37.8	100	212.0	65.0	149	300.2
11.7	53	127.4	38.3	101	213.8			
12.2	54	129.2	38.9	102	215.6	65.6	150	302.0
12.8	55	131.0	39.4	103	217.4	66.1	151	303.8
13.3	56	132.8	40.0	104	219.2	66.7	152	305.6
13.9	57	134.6	40.6	105	221.0	67.2	153	307.4
14.4	58	136.4	41.1	106	222.8	67.8	154	309.2
15.0	59	138.2	41.7	107	224.6	68.3	155	311.0

Table de conversion de température . Temperature conversion chart

°C	T	°F
68.9	156	312.8
69.4	157	314.6
70.0	158	316.4
70.6	159	318.2
71.1	160	320.0
71.7	161	321.8
72.2	162	323.6
72.8	163	325.4
73.3	164	327.2
73.9	165	329.0
74.4	166	330.8
75.0	167	332.6
75.6	168	334.4
76.1	169	336.2
76.7	170	338.0
77.2	171	339.8
77.8	172	341.6
78.3	173	343.4
78.9	174	345.2
79.4	175	347.0
80.0	176	348.8
80.6	177	350.6
81.1	178	352.4
81.7	179	354.2
82.2	180	356.0
82.8	181	357.8
83.3	182	359.6
83.9	183	361.4
84.4	184	363.2
85.0	185	365.0
85.6	186	366.8
86.1	187	368.6
86.7	188	370.4
87.2	189	372.2
87.8	190	374.0
88.3	191	375.8
88.9	192	377.6
89.4	193	379.4
90.0	194	381.2
90.6	195	383.0
91.1	196	384.8
91.7	197	386.6
92.2	198	388.4
92.8	199	390.2
93.3	200	392.0
93.9	201	393.8
94.4	202	395.6

°C	T	°F
95.0	203	397.4
95.6	204	399.2
96.1	205	401.0
96.7	206	402.8
97.2	207	404.6
97.8	208	406.4
98.3	209	408.2
98.9	210	410.0
99.4	211	411.8
100.0	212	413.6
100.6	213	415.4
101.1	214	417.2
101.7	215	419.0
102.2	216	420.8
102.8	217	422.6
103.3	218	424.4
103.9	219	426.2
104.4	220	428.0
105.0	221	429.8
105.6	222	431.6
106.1	223	433.4
106.7	224	435.2
107.2	225	437.0
107.8	226	438.8
108.3	227	440.6
108.9	228	442.4
109.4	229	444.2
110.0	230	446.0
110.6	231	447.8
111.1	232	449.6
111.7	233	451.4
112.2	234	453.2
112.8	235	455.0
113.3	236	456.8
113.9	237	458.6
114.4	238	460.4
115.0	239	462.2
115.6	240	464.0
116.1	241	465.8
116.7	242	467.6
117.2	243	469.4
117.8	244	471.2
118.3	245	473.0
118.9	246	474.8
119.4	247	476.6
120.0	248	478.4
120.6	249	480.2

°C	T	°F
121.1	250	482.0
126.7	260	500.0
132.2	270	518.0
137.8	280	536.0
143.3	290	554.0
148.9	300	572.0
154.4	310	590.0
160.0	320	608.0
165.6	330	626.0
171.1	340	644.0
176.7	350	662.0
182.2	360	680.0
187.8	370	698.0
193.3	380	716.0
198.9	390	734.0
204.4	400	752.0
210.0	410	770.0
215.6	420	788.0
221.1	430	806.0
226.7	440	824.6
232.2	450	842.0
237.8	460	860.0
243.3	470	878.0
248.9	480	896.0
254.4	490	914.0
260.0	500	932.0
265.6	510	950.0
271.1	520	968.0
276.7	530	986.0
282.2	540	1 004.0
287.8	550	1 022.0
293.3	560	1 040.0
298.9	570	1 058.0
304.4	580	1 076.0
310.0	590	1 094.0
315.6	600	1 112.0
321.1	610	1 130.0
326.7	620	1 148.0
332.2	630	1 166.0
337.8	640	1 184.0
343.3	650	1 202.0
348.9	660	1 220.0
354.4	670	1 238.0
360.0	680	1 256.0
365.6	690	1 274.0
371.1	700	1 292.0
376.7	710	1 310.0

Table de conversion de température . Temperature conversion chart

°C	T	°F	°C	T	°F	°C	T	°F
382.2	720	1 328.0				910.0	1 670	3 038.0
387.8	730	1 346.0	648.9	1 200	2 192.0	915.6	1 680	3 056.0
393.3	740	1 364.0	654.4	1 210	2 210.0	921.1	1 690	3 074.0
398.9	750	1 382.0	660.0	1 220	2 228.0			
404.4	760	1 400.0	665.6	1 230	2 246.0	926.7	1 700	3 092.0
410.0	770	1 418.0	671.1	1 240	2 264.0	932.2	1 710	3 110.0
415.6	780	1 436.0	676.7	1 250	2 282.0	937.8	1 720	3 128.0
421.1	790	1 454.0	682.2	1 260	2 300.0	943.3	1 730	3 146.0
			687.8	1 270	2 318.0	948.9	1 740	3 164.0
426.7	800	1 472.0	693.3	1 280	2 336.0	954.4	1 750	3 182.0
432.2	810	1 490.0	698.9	1 290	2 354.0	960.0	1 760	3 200.0
437.8	820	1 508.0				965.6	1 770	3 218.0
443.3	830	1 526.0	704.4	1 300	2 372.0	971.1	1 780	3 236.0
448.9	840	1 544.0	710.0	1 310	2 390.0	976.7	1 790	3 254.0
454.4	850	1 562.0	715.6	1 320	2 408.0			
460.0	860	1 580.0	721.1	1 330	2 426.0	982.2	1 800	3 272.0
465.6	870	1 598.0	726.7	1 340	2 444.0	987.8	1 810	3 290.0
471.1	880	1 616.0	732.2	1 350	2 462.0	993.3	1 820	3 308.0
476.7	890	1 634.0	737.8	1 360	2 480.0	998.9	1 830	3 326.0
			743.3	1 370	2 498.0	1 004.4	1 840	3 344.0
482.2	900	1 652.0	748.9	1 380	2 516.0	1 010.0	1 850	3 362.0
487.8	910	1 670.0	754.4	1 390	2 534.0	1 015.6	1 860	3 380.0
493.3	920	1 688.0				1 021.1	1 870	3 398.0
498.9	930	1 706.0	760.0	1 400	2 552.0	1 026.7	1 880	3 416.0
504.4	940	1 724.0	765.6	1 410	2 570.0	1 032.2	1 890	3 434.0
510.0	950	1 742.0	771.1	1 420	2 588.0			
515.6	960	1 760.0	776.7	1 430	2 606.0	1 037.8	1 900	3 452.0
521.1	970	1 778.0	782.2	1 440	2 624.0	1 043.3	1 910	3 470.0
526.7	980	1 796.0	787.8	1 450	2 642.0	1 048.9	1 920	3 488.0
532.2	990	1 814.0	793.3	1 460	2 660.0	1 054.4	1 930	3 506.0
			798.9	1 470	2 678.0	1 060.0	1 940	3 524.0
537.8	1 000	1 832.0	804.4	1 480	2 696.0	1 065.6	1 950	3 542.0
543.3	1 010	1 850.0	810.0	1 490	2 714.0	1 071.1	1 960	3 560.0
548.9	1 020	1 868.0				1 076.7	1 970	3 578.0
554.4	1 030	1 886.0	815.6	1 500	2 732.0	1 082.2	1 980	3 596.0
560.0	1 040	1 904.0	821.1	1 510	2 750.0	1 087.8	1 990	3 614.0
565.6	1 050	1 922.0	826.7	1 520	2 768.0			
571.1	1 060	1 940.0	832.2	1 530	2 786.0	1 093.3	2 000	3 632.0
576.7	1 070	1 958.0	837.8	1 540	2 804.0	1 098.9	2 010	3 650.0
582.2	1 080	1 976.0	843.3	1 550	2 822.0	1 104.4	2 020	3 668.0
587.8	1 090	1 994.0	848.9	1 560	2 840.0	1 110.0	2 030	3 686.0
			854.4	1 570	2 858.0	1 115.6	2 040	3 704.0
593.3	1 100	2 012.0	860.0	1 580	2 876.0	1 121.1	2 050	3 722.0
598.9	1 110	2 030.0	865.6	1 590	2 894.0	1 126.7	2 060	3 740.0
604.4	1 120	2 048.0				1 132.2	2 070	3 758.0
610.0	1 130	2 066.0	871.1	1 600	2 912.0	1 137.8	2 080	3 776.0
615.6	1 140	2 084.0	876.7	1 610	2 930.0	1 143.3	2 090	3 794.0
621.1	1 150	2 102.0	882.2	1 620	2 948.0			
626.7	1 160	2 120.0	887.8	1 630	2 966.0	1 148.9	2 100	3 812.0
632.2	1 170	2 138.0	893.3	1 640	2 984.0	1 154.4	2 110	3 830.0
637.8	1 180	2 156.0	898.9	1 650	3 002.0	1 160.0	2 120	3 848.0
643.3	1 190	2 174.0	904.4	1 660	3 020.0	1 165.5	2 130	3 866.0

°C	T	°F	°C	T	°F	°C	T	°F
1 171.1	2 140	3 884.0	1 243.3	2 270	4 118.0			
1 176.7	2 150	3 902.0	1 248.9	2 280	4 136.0	1 343.3	2 450	4 442.0
1 182.2	2 160	3 920.0	1 254.4	2 290	4 154.0	1 371.1	2 500	4 532.0
1 187.8	2 170	3 938.0				1 398.9	2 550	4 622.0
1 193.3	2 180	3 956.0	1 260.0	2 300	4 172.0	1 426.7	2 600	4 712.0
1 198.9	2 190	3 974.0	1 265.6	2 310	4 190.0	1 454.4	2 650	4 802.0
			1 271.1	2 320	4 208.0	1 482.2	2 700	4 892.0
1 204.4	2 200	3 992.0	1 276.7	2 330	4 226.0	1 510.0	2 750	4 982.0
1 210.0	2 210	4 010.0	1 282.2	2 340	4 244.0	1 537.8	2 800	5 072.0
1 215.6	2 220	4 028.0	1 287.8	2 350	4 262.0	1 565.1	2 850	5 162.0
1 221.1	2 230	4 046.0	1 293.3	2 360	4 280.0	1 793.3	2 900	5 252.0
1 226.7	2 240	4 064.0	1 298.9	2 370	4 298.0	1 621.1	2 950	5 342.0
1 232.0	2 250	4 082.0	1 304.4	2 380	4 316.0	1 648.9	3 000	5 432.0
1 237.8	2 260	4 100.0	1 310.0	2 390	4 334.0			

ÉCHELLE BEAUFORT*
*BEAUFORT SCALE**

N° *No.*	Nœuds *Knots*	m/s *m/s*	km/h *km/h*	Nom *Name*	Description *Description*
0	< 1	0/0,2	< 1	Calme *Calm*	La mer est comme un miroir. *Sea like a mirror.*
1	1/3	0,3/1,5	1/5	Très légère brise *Light air*	Il se forme des rides à l'aspect d'écailles, mais sans crêtes d'écume. *Ripples with the appearance of scales are formed but without foam crests.*
2	4/6	1,6/3,3	6/11	Légère brise *Light breeze*	Petites vaguelettes encore courtes, mais plus prononcées. Les crêtes ont un aspect vitreux, mais ne se brisent pas. *Small wavelets, still short but more pronounced; crests have a glassy appearance but do not break.*
3	7/10	3,4/5,4	12/19	Petite brise *Gentle breeze*	Grandes vaguelettes. Les crêtes commencent à briser. Écume d'aspect vitreux. Peut-être quelques moutons épars. *Large wavelets, crests begin to break. Foam of glassy appearance Perhaps scattered white horses.*
4	11/16	5,5/7,9	20/28	Jolie brise *Moderate breeze*	Les vagues courtes s'allongent. Les moutons sont assez fréquents. *Small waves becoming larger, fairly frequent white horses.*
5	17/21	8,0/10,7	29/38	Bonne brise *Fresh breeze*	Vagues modérées, prenant une forme plus prononcée. De nombreux moutons se forment. Possibilité d'embruns. *Moderate waves, taking a more pronounced long form; many white horses are formed (some spray).*

6	22/27	10,8/13,8	39/49	Vent frais *Strong breeze*	De grandes vagues commencent à se former. Les crêtes d'écume blanche se forment partout. Probabilité d'embruns. *Large waves begin to form, white foam crests are more extensive everywhere. Probably some spray.*
7	28/33	13,9/17,1	50/61	Grand frais *Moderate gale*	La mer grossit et l'écume blanche, provenant des vagues brisant, commence à s'envoler en traînées. *Sea heaps up and white foam from breaking waves begins to be blown in streaks in the direction of the wind (spindrift begins to be seen).*
8	34/40	17,2/20,7	62/74	Coup de vent *Fresh gale*	Vagues hautes, de plus grande longueur. Les crêtes commencent à se pulvériser en embruns. L'écume s'envole en traînées bien marquées. *Moderately high waves of greater length, edges of crests break into spindrift. The foam is blown in well-marked streaks in the direction of the wind.*
9	41/47	20,8/24,4	75/88	Fort coup de vent *Strong gale*	Hautes vagues. Denses traînées d'écume. La crête des vagues commence à chavirer et à déferler. Les embruns peuvent gêner la visibilité. *High waves. Dense streaks of foam in the direction of the wind. Sea begins to roll. Visibility affected.*
10	48/55	24,5/28,4	89/102	Tempête *Whole gale*	Très hautes vagues déferlant violemment. Pans d'écume emportés en traînées très denses. Surface de l'eau toute blanche. Visibilité très faible. *Very high waves with long overhanging crests. Resulting foam is in great patches and white streaks. The surface of the sea takes on a white appearance. Visibility is affected.*

11	56/63	28,5/32,6	103/117	Violente tempête *Storm*	Vagues exceptionnellement hautes (les bateaux de petite et de moyenne taille disparaissent longtemps derrière les vagues). La mer est complètement couverte de grands pans d'écume blanche entraînés par le vent. Les bords de crêtes des vagues sont transformés en écume. La visiblité est très faible. *Exceptionally high waves (small and medium ships might for a long time be lost from view behind waves). Sea is completely covered with long white patches of foam in the direction of the wind. Edges of the wave crests are blown into froth. Visibility affected.*
12	64/71	32,7/36,9	118/133	Ouragan *Hurricane*	Air rempli d'écume et d'embrun. La mer est complètement blanche de traînées d'écumes emportées par le vent. Presqu'aucune visibilité. *Air filled with foam and spray. Sea completely white with driving spray ; visibility very seriously affected.*

* L'échelle Beaufort étant surtout prise en compte dans les techniques marines, la description ici se borne aux seuls effets en mer.

* *Since the Beaufort scale is mainly used for marine technology, the description here concerns only offshore effects.*

SYMBOLES DES PUITS POUR LES CARTES

WELL-MAPPING SYMBOLS

Puits		*Location*
Puits sec		*Dry hole*
Producteur d'huile		*Oil well*
Producteur de gaz		*Gas well*
Producteur d'huile et gaz		*Oil and gas well*
Producteur de gaz à condensats		*Gas condensate well*
Producteur d'eau		*Water well*
Eau (salinité 30 g/l de sel)	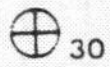	*Water well with 30 g of salt per liter*
Producteur huile et eau		*Producing oil and water well*
Salinité = 70 g/l de sel		*Producing oil and water well with 70 g of salt per liter*
Producteur d'huile fermé		*Shut-in oil well*
Producteur de gaz fermé		*Shut-in gas well*
Producteur d'huile et de gaz fermé		*Shut-in oil and gas well*
Producteur de gaz à condensats fermé		*Shut-in gas condensate well*
Producteur d'huile et eau fermé		*Shut-in oil and gas well*
Producteur d'eau fermé		*Shut-in water well*
Producteur d'huile bouché et abandonné		*Plugged and abandoned oil well*
Producteur de gaz bouché et fermé		*Plugged and abandoned gas well*
Producteur d'huile et gaz abandonné		*Abandoned oil and gas well*
Producteur de gaz à condensats abandonné		*Abandoned gas condensate well*
Producteur d'huile et eau abandonné		*Abandoned oil and water well*
Producteur d'eau abandonné		*Abandoned water well*
Puits d'injection d'eau		*Water injection well*

Symbole des puits pour les cartes . Well-mapping symbols

Puis d'injection d'eau fermé		*Shut-in water injection well*
Puits d'injection d'eau abandonné		*Abandoned water injection well*
Puis d'injection de gaz		*Gas injection well*
Puits d'injection de gaz fermé		*Shut-in gas injection well*
Puits d'injection de gaz abandonné		*Abandoned gas injection well*

ALPHABET GREC
GREEK ALPHABET

Α	α	alpha/*alpha*
Β	σ, β	bêta/*beta*
Γ	γ	gamma/*gamma*
Δ	δ	delta/*delta*
Ε	ε	epsilon/*epsilon*
Ζ	ζ	dzéta/*zeta*
Η	η	éta/*eta*
Θ	θ	thêta/*theta*
Ι	ι	iota/*iota*
Κ	κ	kappa/*kappa*
Λ	λ	lambda/*lambda*
Μ	μ	mu/*mu*
Ν	ν	nu/*nu*
Ξ	ξ	xi ou ksi/*xi*
Ο	ο	omicron/*omicron*
Π	π	pi/*pi*
Ρ	ρ	rhô/*rho*
Σ	σ, ς	sigma/*sigma*
Τ	τ	tau/*tau*
Υ	υ	upsilon/*upsilon*
Φ	φ	phi/*phi*
Χ	χ	khi/*chi*
Ψ	ψ	psi/*psi*
Ω	ω	oméga/*omega*

FRENCH – ENGLISH

A

a – a, *symbol for an, année (annum), are, atto.*
A – A, *symbol for ampère.*
Aalénien *m* – Aalenian, *Middle Jurassic stage.*
abaca *m* – abaca, *Manila hemp.*
abaissé – depressed; sunken.
abaissement *m* – lowering. **abaissement axial** : structural saddle. **abaissement du point de rosée** : dew-point depression. **abaissement rapide de température** : quenching *(cracking).*
abaisser – depreciate (to); depress (to); lower (to).
abaisseur *m* – depressant.
abandon *m* – abandonment; shutdown, *of a depleted well.* **abandon d'un droit** : waiver of a right. **abandon d'une revendication** : waiver of a claim.
abandonné – abandoned; derelict.
abandonner – abandon (to); waive (to). **abandonner un forage** : lose (to) a hole. **abandonner un puits** : abandon (to) a well, *to cease producing oil and gas from a well when it becomes unprofitable.* **abandonner une concession** : abandon (to) a claim *(geol).* **abandonner une revendication** : abandon (to) a claim, *patent.*
abaque *f* – calculation chart; chart; nomogram, *nomograph*; standard curve. **abaque à points alignés** : alignment chart. **abaque ASTM de relation viscosité-température** : ASTM viscosity-temperature chart. **abaque cylindrique** : strip chart. **abaque de correction** : departure curve. **abaque de diffraction** : diffraction overlay. **abaque de filtrage** : filter-response curve. **abaque de restitution** : time-depth chart. **abaque de viscosité** : viscosity chart. **abaque transparent d'indicatrice** : velocity overlay. **abaque viscosité-densité** : viscosity-gravity chart. **abaque viscosité-température** : viscosity-temperature chart. **abaque vitesse-profondeur** : velocity curve.
abattage *m* – breaking *(mine)*; felling, *trees*; winning; working. **abattage de la roche** : breaking ground. **abattage de minerai** : ore breaking. **abattage en chambre** : chamber blasting *(mine).* **abattage hydraulique** : hydraulicking *(mine).*
abattre – break (to) off. **abattre à l'explosif** : blast (to); shoot (to).
Abbe – Abbe, *see réfractomètre d'Abbe, théorie d'Abbe.*
Abel – Abel, *see appareil Abel.*
abélien – Abelian *(math).*
aber *m* – *see ria.*
aberrance *f* – aberrancy *(stat).*
aberrant – conflicting; deviant.
aberration *f* – aberration. **aberration chromatique** : chromatic aberration; color aberration. **aberration géométrique** : geometrical aberration. **aberration géométrique d'ouverture** : zonal aberration. **aberration optique** : optical aberration.
abîme *m* – abyss; chasm; swallow hole.
abîmer – impair (to). **s'abîmer** : spoil (to).
abiogène – abiogenic.
abiogenèse *f* – abiogenesis.
abiotique – abiotic.
ablation *f* – ablation; denudation. **ablation d'électron** : electron detachment.
Abney – Abney, *see niveau d'Abney.*
abondance *f* – abundance, *the number of individuals of a particular taxon in a certain area or volume of sediments (ecol).* **abondance isotopique** : isotopic abundance.
abonné *m* – subscriber, *consumer.*
abordage *m* – boarding; collision. **abordage en mer** : collision at sea. **abordage fautif** : negligent collision. **abordage fortuit** : accidental collision.
aborder – ram (to).
about *m* – butt.
aboutage *m* – tie-in.
abouté – butt welded.
aboutement *m* – abutment; butt.
abouter – scarf (to), *in manufacturing pipes.*
aboutissement *m* – end.
abrasif *m* – abradant; abrasive.
abrasijet *m* – abrasijet *(drill)*; abrasive jetting, *perforating casing by means of an abrasive-containing fluid.*
abrasion *f* – abrasion. **abrasion éolienne** : wind abrasion. **abrasion marine** : marine abrasion.
abrasivité *f* – abrasiveness.
abri *m* – cab; housing, *of a mechanical part*; shelter. **abri à boue** : mud house. **abri de chantier** : doghouse, *a small shelter on the rig floor used as an office for the driller or as a storeroom for small objects.* **abri en plastique gonflable** : air house. **abri pour plongeur** : diver shelter. **abri sous roche** : rock shelter.
abrité – sheltered.
abrupt *m* – bluff *(geol)*; scarp. **abrupt de faille** : fault scarp. **abrupt de lagon** : lagoon cliff; lagoon scarp; lagoon slope.
abrupt – abrupt.
ABS – ABS, *abbr. acrylonitrile-butadiène-styrène.*
abscisse *f* – abscissa; x-axis. **abscisse du point de brisure** : crossover distance.
absence *f* – absence; lack. **absence de couleurs** : colorlessness.
absolu – absolute.

absorbance *f* – absorbance, *the logarithm of the reciprocal of the transmittance of a pure solvent.*
absorbant *m* – absorbent. **absorbant coulant** : sinking agent, *water pollution.* **absorbant neutre** : neutral absorbent. **absorbant solide** : solid absorbent.
absorbé – absorbed.
absorber – occlude (to); take (to) up.
absorbeur *m* – absorber.
absorptance *f* – absorptance, *the ratio of total unabsorbed radiation to total incident radiation.*
absorptif – absorptive.
absorptiomètre *m* – absorptiometer.
absorption *f* – absorption. **absorption atmosphérique** : atmospheric absorption. **absorption de chaleur** : heat absorption (HA). **absorption des gaz** : gas absorption. **absorption diélectrique** : dielectric absorption. **absorption du son** : sound absorption. **absorption sélective** : selective absorption. **absorption spectrale** : spectral absorption.
absorptivité *f* – absorptivity.
abyssal – abyssal.
abysse *m* – abyss; depth.
Acadien *m* – Acadian, *Middle Cambrian stage.*
acajou *m* – mahogany.
acaricide *m* – miticide.
accastillage *m* – fittings *(nav)*.
accélérateur *m* – accelerating agent; accelerator; booster, *auxiliary motor used to help a rocket take off*; foot throttle; throttle. **accélérateur à induction** : induction accelerator, *betatron.* **accélérateur d'inflammation** : ignition accelerator, *an additive to improve diesel fuel ignition*; ignition promoter. **accélérateur de particules** : particle accelerator. **accélérateur de particules atomiques** : atomic accelerator. **accélérateur de prise** : cement-setting accelerator. **accélérateur de teinture** : dyeing accelerant. **accélérateur de vulcanisation** : rubber accelerator. **accélérateur linéaire** : linear accelerator. **accélérateur linéaire d'électrons** : linear electron accelerator.
accélération *f* – acceleration. **accélération angulaire** : angular acceleration. **accélération centrifuge** : centrifugal acceleration. **accélération de Coriolis** : Coriolis acceleration. **accélération de la pesanteur** : acceleration of free fall; acceleration of gravity; apparent gravity; gravitational acceleration *(g)*, *at the Earth's surface has an international standard value of 9.80665* m/s^2. **accélération de pointe** : peak acceleration. **accélération linéaire** : linear acceleration. **accélération locale en chute libre** : local acceleration of free fall. **accélération normale** : normal acceleration, *of a vehicle.*
accéléré – accelerated.
accélérer – speed (to) up.
accéléromètre *m* – accelerometer. **accéléromètre autodéclenché** : strong-motion accelerometer.
accentuation *f* – enhancement. **accentuation d'image** : image enhancement. **accentuation de contrastes** : contrast enhancement. **accentuation des contours** : edge enhancement. **accentuation des couleurs** : color enhancement.
acceptable – acceptable.
acceptation *f* – acceptance.
accepteur *m* – acceptor, *acceptor impurity.* **accepteur d'électron** : electron acceptor.
accès *m* – access; admittance. **accès à l'huile** : access to oil, *amount of oil freely marketable by each partner, equal to export rights for the foreign company.* **accès aléatoire** : random access. **accès au crédit** : credit availability. **accès des tiers au réseau** : third party access, *see accès pour le compte de tiers.* **accès direct** : direct access; random access. **accès direct en mémoire** : direct memory access. **accès multiple** : multiple access, *computer.* **accès pour le compte de tiers** : common carrier, *status indicating that a means of transportation, pipeline or electric mains can be used by outside users.*
accessibilité *f* – accessibility. **accessibilité partielle** : limited availability *(telephone)*. **accessibilité totale** : full availability *(telephone)*.
accessoire – accessory; ancillary; appendage; attachment; fitting; subsidiary; trimming.
accessoires *m* – appurtenances. **accessoires pour chaudières** : boiler fittings.
accident *m* – accident; crash; jump; mishap. **accident de terrain** : ground feature; undulation. **accident du travail** : occupational accident. **accident entraînant une perte de temps** : lost-time accident. **accident fatal** : fatal accident.
accidenté – damaged, *platform*; hilly; rough; rugged.
accidentel – accidental, *fem. accidentelle*; adventitious; incidental; spurious.
accise *f* – excise, *internal tax levied on the manufacture, sale or consumption of various products such as oil.*
acclimatation *f* – acclimatization, *or acclimatation.*
acclivité *f* – acclivity.
accommodation *f* – accommodation *(opt)*.
accompte *m* – down payment *(fin)*.
acconage *m* – *see aconage.*
acconier *m* – *see aconier.*
accord *m* – accordance; agreement; tuning *(elec)*; understanding, *among partners.* **accord amiable** : private agreement. **accords commerciaux** : commodity credits. **accord compensatoire** : offset agreement. **accord d'affermage** : farmout agreement. **accord d'affermage divisé** : divided farmout agreement, *in which production concerns various lots forming a checkerboard pattern in the vicinity of the wildcat well.* **accord d'affermage non divisé** : undivided farmout agreement. **accord d'amodiation** : farmout agreement, *a lease owner agrees to assign the lease or some portion of it to another operator for the purpose of drilling in return for a royalty or production payment.* **accord d'association** : joint operating agreement (JOA); partnership. **accord d'exploitation commune** : joint operating agreement (JOA). **accord d'opération** : operating agreement, *among concurrent owners, owners of interests in adjacent properties or parties to a pooling or unitization agreement, designating the operator and setting provisions concerning the drilling of wells and the sharing of expenses.* **accord d'opération commune** : joint operating agreement (JOA). **accord de compensation** : clearing agreement; coun-

terpurchase, *to sell a product or piece of equipment, the contractor agrees to purchase from among the supplies proposed by the contractee.* **accords de crédit** : credit arrangements. **accord de gré à gré** : mutual agreement. **accord de licence** : licensing agreement. **accord de partage de production** : production-sharing agreement, *a contract in which the producing country calls for technical and/or financial assistance by private contractors who receive payment in the form of a share of the production.* **accord de prêt** : loan agreement. **accord de prêt-bail** : lend-lease agreement. **accord de prolongation** : extension agreement, *of a lease.* **accord de proration** : proration agreement. **accord de puits sec** : dry-hole agreement, *an agreement in which holders of neighboring permits promise to participate in the cost of drilling, but creating an obligation to be performed upon the drilling of a dry hole.* **accord de rabais sur la quantité** : quantity discount agreement (QDA). **accord de regroupement** : unitization agreement, *for the operation of separately owned interests as a unit.* **accord de réméré** : repurchase agreement. **accord de répartition** : unit accounting agreement, *providing for the apportioning of benefits from the working and/or royalty interest among the owners of unitized working and/or royalty interests.* **accord de rétention d'actions** : share retention agreement. **accord de troc** : barter deal. **accord de vente** : sales agreement. **accord en association** : operating agreement. **accord pour l'exploitation en commun** : unit agreement, *oil and gas are recovered as a single consolidated unit without regard to separate ownerships and for the allocation of costs and benefits on a basis defined in the agreement.* **accord triangulaire** : switch, *a triangular agreement in which A buys from B and sells to C, while C pays B directly either in cash or kind.* **accord verbal** : parol agreement. **en dehors des accords** : out of agreement. **en accord avec** : in accordance with.

accordance *f* – conformity *(geol)*. **accordance de stratification** : sedimentation conformity.

accorder – fit (to); tune (to).

accore – sheer; steep.

accostage *m* – berthing; coming alongside.

accouplement *m* – clutch; coupling; interlocking; joint. **accouplement à baïonnette** : bayonet coupling. **accouplement à broches multiples** : multiple-pin clutch. **accouplement à coquille** : split coupling. **accouplement à griffes** : dog clutch. **accouplement à manchon** : sleeve coupling. **accouplement à plateau** : plate coupling. **accouplement de tiges** : pipe coupling. **accouplement de tubage** : casing coupling. **accouplement débrayable** : disengaging coupling. **accouplement en série** : cascade connection; series connection. **accouplement flexible** : flexible coupling. **accouplement hydraulique** : fluid coupling; hydraulic coupling. **accouplement lâche** : loose coupling. **accouplement par friction** : clutch coupling box. **accouplement serré** : close coupling; tight coupling. **accouplement standardisé** : standard coupling.

accoutumance *f* – habituation.

accréditation *f* – accreditation.

accrétion *f* – accretion, *accumulation of sediments by deposition or increase in the size of an inorganic body by addition of particles to its surfaces.* **accrétion continentale** : continental accretion *(geol)*.

accrochage *m* – grabbing; grappling; hanging; hooking; hooking on; latching; scaffold *(metal)*; shaft landing *(mining)*. **accrochage supérieur** : top landing *(drill)*.

accroche-coulisse *m* – boom jack; boot socket.

accrochement *m* – engagement.

accrocher – engage (to); hang (to); hitch (to); hook (to) up. **s'accrocher** : cling (to); latch (to). **accrocher une tige sur les élévateurs** : latch (to) on *(drill)*.

accroche-tube *m* – casing grab; pipe grab.

accrocheur *m* – boardman; car coupler; derrickman, *crew member working on a rotary drilling rig and assisting with the supervision of the drilling crew*; grab; grab iron; latch jack, *a fishing tool used in cable drilling.* **accrocheur à la chaîne** : chain runner.

accroissement *m* – enlargement; increase; increment; promotion. **accroissement de la déviation** : buildup, *increase in the deviation of a well being drilled.* **accroissement de volume** : volume increase. **accroissement par alluvionnement** : accretion. **accroissement soudain d'amplitude** : burst out *(seis)*.

accroître – enhance (to). **s'accroître** : grow (to).

accumulateur *m* – accumulator; accumulator tank; hopper; storage battery; storage cell. **accumulateur alcalin** : alkaline storage battery. **accumulateur au ferronickel** : nickel-iron battery. **accumulateur au nickel-cadmium** : nickel-cadmium battery. **accumulateur au plomb** : lead accumulator; lead-acid battery. **accumulateur de chaleur** : heat accumulator; steam accumulator. **accumulateur de pointe de charge** : peaking-power battery. **accumulateur électrique** : electric accumulator.

accumulation *f* – accumulation; assemblage; buildup, *of pressure, etc.*; congestion; hoarding; storage. **accumulation d'hydrocarbures** : hydrocarbon accumulation. **accumulation dans la chaîne alimentaire** : food-chain accumulation. **accumulation de boue** : accumulation of mud. **accumulation de déblais** : accumulation of cuttings. **accumulation de dépôts** : fouling. **accumulation de pétrole** : accumulation of petroleum, *a subsurface accumulation of petroleum that will yield crude oil in economic quantities*; petroleum accumulation. **accumulation de pierres par déflation** : lag deposit. **accumulation des erreurs** : accumulated divergence.

accumuler – accumulate (to). **s'accumuler** : accrue (to) from.

acétaldéhyde *m* – acetaldehyde, *ethanal, acetic aldehyde, ethyl aldehyde.*

acétate *m* – acetate, *a salt or an ester of acetic acid.* **acétate d'amyle** : amyl acetate; pear oil. **acétate d'éthyle** : ethyl acetate, *acetic ether.* **acétate d'isobutyle** : isobutyl acetate. **acétate d'uranyle** : uranyl acetate. **acétate d'yttrium** : yttrium acetate. **acétate de lanthane** : lanthanum acetate. **acétate de manganèse** : manganese acetate. **acétate de méthyle** : methyl acetate. **acétate de nickel** : nickel acetate. **acétate de plomb** : lead acetate.

acétate de polyvinyle : polyvinyl acetate. **acétate de potassium** : potassium acetate. **acétate de sodium** : sodium acetate. **acétate de tertiobutyle (ATB)** : tert-butyl acetate (TBA), *octane improver for fuels.* **acétate de vinyle** : vinyl acetate, *a raw material for polyvinyl resins.* **acétate de zinc** : zinc acetate.

acétique – acetic.

acétolyse *f* – acetolysis.

acétone *f* – acetone, *dimethylketone.*

acétonitrile *m* – acetonitrile, *solvent used in hydrocarbon extraction processes, particularly for butadiene.*

acétophénone *f* – acetophenone, *phenyl methyl ketone, hypnone, acetylbenzene.*

acétoxycarbonylation *f* – acetoxycarbonylation.

acétoxylation *f* – acetoxylation.

acétylation *f* – acetylation.

acétyle *m* – acetyl.

acétylène *m* – acetylene, *ethyne.*

acétylénique – acetylenic.

achat *m* – purchase; purchasing. **achat de contrepartie** : counterpurchase. **achat direct dans le commerce** : off-the-shelf purchase. **achat en retour** : buy-back, *a compensation agreement whereby the contractor promises the contracting party to buy the product manufactured by the plant it is building.*

acheminement *m* – dispatching; flow; forwarding; routing. **acheminement intérieur** : inland haulage. **acheminement par le chargeur** : merchant haulage. **acheminement par le transporteur maritime** : carrier haulage, *(naut).*

Acheson – Acheson, *see graphite Acheson.*

acheteur *m* – buyer; purchaser; taker.

Acheuléen *m* – Acheulean, *Lower Paleolithic stage.*

achevé – completed.

achèvement *m* – completion; finishing. **achèvement d'un puits** : well completion.

achever – end (to).

achondrite *f* – achondrite, *meteorite.*

achromat *m* – achromatic lens.

achromatique – achromatic.

achromatisme *m* – achromatism.

achrome – achromatic.

aciculaire – acicular; needle shaped.

aciculite *f* – needle ore.

acide *m* – acid. **acide à boue** : mud acid, *a chemical used to scour the walls of a borehole.* **acide acajou** : mahogany acid, *sulfonic acid soluble in crude oil.* **acide acétique** : acetic acid. **acide acétique cristallisable** : dry acid, *nonaqueous acetic acid used for acid jobs in oil wells.* **acide acétique glacial** : glacial acetic acid. **acide alginique** : alginic acid. **acide aminé** : amino-acid. **acide aspartique** : aspartic acid, *naturally occurring amino-acid.* **acide azotique** : nitric acid. **acide benzoïque** : benzoic acid. **acide borique** : boric acid, *boracic acid.* **acide borofluorhydrique** : fluoroboric acid, *hydrogen tetrafluoroborate.* **acide bromhydrique** : hydrobromic acid; hydrogen bromide. **acide brun** : brown acid, *petroleum sulfonates that are soluble in oil and are found in acid sludge.* **acide butyrique** : butyric acid. **acide carbolique** : carbolic acid, *phenol.* **acide carbonique** : carbonic acid. **acide carbonique agressif** : aggressive carbon dioxide, *used as a measure of corrosivity and scaling properties of water.* **acide carboxylique** : carboxylic acid. **acide cétonique** : ketonic acid. **acide chlorendique** : chlorendic acid, *fine white crystals used in fire-resistant polyester resins and as an intermediate for dyes, fungicides and insecticides*; HET acid. **acide chlorhydrique** : hydrochloric acid, *acidizing treatment for reservoirs*; hydrogen chloride. **acide chloroplatinique** : chloroplatinic acid. **acide chromique** : chromic acid. **acide citrique** : citric acid. **acide concentré** : concentrated acid. **acide conjugué** : conjugate acid. **acide cyanhydrique** : hydrocyanic acid, *prussic acid, hydrogen cyanide, formonitrile.* **acide cyanique** : cyanic acid. **acide de Brønsted** : Brønsted acid, *a molecular entity capable of donating a proton to a base.* **acide de décapage** : pickling acid. **acide de Koch** : Koch acid. **acide de Lewis** : Lewis acid. **acide désoxyribonucléique (ADN)** : deoxyribonucleic acid (DNA). **acide dithioglycolique** : dithioglycolic acid. **acide dur** : hard acid. **acide en excès** : excess acid. **acide éthylènediamine-tétraacétique** : ethylenediaminetetraacetic acid (EDTA), *an organic chelating agent.* **acide faible** : weak acid. **acide fluorhydrique** : hydrofluoric acid, *HF acid*; hydrogen fluoride. **acide fluorhydrique anhydre** : anhydrous hydrogen fluoride. **acide formique** : formic acid. **acide fort** : strong acid, *highly concentrated.* **acide fumant** : fuming nitric acid. **acide fumarique** : fumaric acid, *trans-butenedioic acid.* **acide gallique** : gallic acid. **acide gluconique** : gluconic acid, *alkaline deruster and sequestrant.* **acide glutamique** : glutamic acid. **acide glutarique** : glutaric acid, *pentanedioic acid.* **acide gras** : fatty acid. **acide gras libre** : free fatty acid. **acide humique** : humic acid, *black acidic organic matter extracted from soils.* **acide hydrosulfurique** : *see hydrogène sulfuré.* **acide inhibé** : inhibited acid. **acide isobutyrique** : isobutyric acid. **acide isophtalique** : isophthalic acid. **acide itaconique** : itaconic acid. **acide lactique** : lactic acid. **acide laurique** : lauric acid, *dodecanoic acid.* **acide libre** : free acid. **acide linoléïque** : linoleic acid, *linolic acid, polyunsaturated fatty acid (2 double bonds).* **acide linolénique** : linolenic acid, *a polyunsaturated fatty acid (3 double bonds) used in medicine and for drying oils.* **acide maléïque** : maleic acid. **acide malique** : malic acid. **acide méthacrylique** : methacrylic acid. **acide minéral** : inorganic acid; mineral acid. **acide monobasique** : monobasic acid. **acide mort** : dead acid. **acide mou** : soft acid. **acide muriatique** : muriatic acid, *old term for hydrochloric acid.* **acide myristique** : myristic acid. **acide naphténique** : naphthenic acid, *any organic acid occurring in crude oil, generally with a monocyclic structure.* **acide naphtionique** : naphthionic acid. **acide naphtoïque** : naphthoic acid. **acide naphtoxyacétique** : naphthoxyacetic acid. **acide nitrilotriacétique** : nitrilotriacetic acid (NTA), *used as a chelating or eluting agent.* **acide nitrique** : nitric acid. **acides noirs** : black acids, *sulfonate found in acid sludge and soluble in water but insoluble in carbon tetrachloride and benzene.* **acide nonoïque** : nonoic acid. **acide nucléique** : nucleic acid. **acide octanoïque** : octanoic acid, *cap-*

rylic acid. **acide oléique** : oleic acid. **acide organique** : organic acid; petroleum acid. **acide organique naturel** : natural acid. **acide orthophosphorique** : orthophosphoric acid, *phosphoric acid.* **acide oxalique** : oxalic acid. **acide palmitique** : palmitic acid. **acide paraffinique** : paraffin acid. **acide peracétique** : peracetic acid. **acide perchlorique** : perchloric acid. **acide phosphoreux** : phosphorous acid. **acide phosphorique** : phosphoric acid. **acide phtalique** : phthalic acid. **acide picolique** : picolinic acid. **acide picrique** : picric acid. **acide polyacrylique** : polyacrylic acid. **acide pour accumulateur** : battery acid, *sulfuric acid containing no arsenic, antimony, copper and other impurities.* **acide pour batterie** : electrolyte acid. **acide propionique** : propionic acid. **acide protonique** : protonic acid, *see Brønsted acid.* **acide pyromellique** : pyromellitic acid. **acide pyrophosphorique** : pyrophosphoric acid. **acide pyruvique** : pyruvic acid, *acetylformic acid, pyroracemic acid.* **acide racémique** : racemic acid. **acide récupéré** : recovered acid, *sulfuric acid recovered after removal of acid sludge.* **acide retardé** : retarded acid, *the reaction rate of the acid is retarded to provide deeper penetration of active acid into the formation.* **acide ribonucléique (ARN)** : ribonucleic acid (RNA). **acide salicylique** : salicylic acid. **acide sébacique** : sebacic acid, *decanedioic acid.* **acide sélénique** : selenic acid. **acide silicique** : silicic acid. **acide sorbique** : sorbic acid. **acide stéarique** : stearic acid. **acide succinique** : succinic acid. **acide sulfhydrique** : *see hydrogène sulfuré.* **acide sulfonique** : sulfonic acid. **acide sulfosalicylique** : sulfosalicylic acid. **acide sulfureux** : sulfur dioxide; sulfurous acid. **acide sulfurique** : sulfuric acid. **acide sulfurique de contact** : contact acid, *sulfuric acid made by the contact process.* **acide sulfurique fumant** : fuming sulfuric acid; oleum. **acide tartrique** : tartaric acid. **acide tellurique** : telluric acid. **acide téréphtalique** : terephthalic acid. **acide thioacétique** : thioacetic acid. **acide thioglycolique** : thioglycolic acid, *mercaptoacetic acid.* **acide thiomalique** : thiomalic acid. **acide toluique** : toluic acid, *with three isomers: ortho, meta, para.* **acide trichloracétique** : trichloroacetic acid. **acide trifluoroacétique** : trifluoroacetic acid. **acide tungstique** : tungstic acid. **acide ulmique** : ulmic acid. **acide valérique** : valeric acid, *pentanoic acid.* **acide végétal** : vegetable acid. **acide vert** : green acid, *a water-soluble petroleum sulfonic acid.* **acide volatil** : volatile acid. **acide xanthogénique** : xanthogenic acid. **sans acide** : acid-free.

acidifiant *m* – acidizer.

acidification *f* – acidification; acidizing. **acidification artificielle** : artificial acidification. **acidification des puits** : acid well treatment, *to enlarge the pore space through which the reservoir fluids flow.* **acidification naturelle** : natural acidification. **acidification par étapes** : stage acidizing *(prod)*. **acidification sélective** : selective acidizing. **service d'acidification** : acidizing service.

acidifier – acidify (to); acidize (to).

acidité *f* – acidity. **acidité de Lewis** : Lewis acidity. **acidité des huiles moteur usées** : used crankcase-oil acidity. **acidité organique** : organic acidity.

acidogène – acidogenic.

acidophile – acidophilic, *concerning a substance or organism having an affinity for an acid environment.*

acier *m* – steel. **acier à basse teneur en carbone** : low-carbon steel. **acier à coupe rapide** : high-speed steel. **acier à fleurets** : drill steel; rock-drill steel. **acier à haute résistance à la rupture** : high-tensile steel. **acier à haute teneur en carbone** : high-carbon steel; high steel. **acier à haute teneur en manganèse** : high-manganese steel. **acier à l'aluminium** : aluminum steel. **acier à outils** : tool steel. **acier à ressort** : spring steel. **acier à soufflures** : blister steel. **acier acide** : acid steel. **acier allié** : alloy steel. **acier amagnétique** : nonmagnetic steel. **acier argent** : silver steel. **acier au bore** : boron steel. **acier au carbone** : carbon steel (CS). **acier au carbone-manganèse** : carbon-manganese steel. **acier au carbone-molybdène** : carbon-molybdenum steel. **acier au carbone moyen** : medium-carbon steel. **acier au charbon de bois** : charcoal steel. **acier au chrome** : chromium steel, *chrome steel.* **acier au cobalt** : cobalt steel. **acier au creuset** : crucible steel; pot steel. **acier au cuivre** : copper steel. **acier au four électrique** : electric-furnace steel. **acier au manganèse** : manganese steel. **acier au molybdène** : molybdenum steel. **acier au nickel** : nickel steel. **acier au nickel-chrome** : nickel-chromium steel. **acier au silicium** : silicon steel. **acier au tantale** : tantalum steel. **acier au titane** : titanium steel. **acier au tungstène** : tungsten steel. **acier au vanadium** : vanadium steel. **acier au zirconium** : zirconium steel. **acier austénitique** : austenitic steel. **acier austénitique-ferritique** : austenitic-ferritic steel. **acier austéno-ferritique** : austenitic-ferritic steel. **acier Bessemer** : Bessemer steel. **acier Bessemer acide** : acid Bessemer steel. **acier brûlé** : burnt steel; overblown steel. **acier brut** : furnace steel; raw steel. **acier calmé** : dead steel; killed steel; quick steel. **acier carbonitruré** : carbonitrided steel. **acier cémenté** : blister steel; case-hardened steel; cement steel. **acier commercial** : commercial steel. **acier complètement calmé** : fully-killed steel. **acier composé** : compound steel. **acier corroyé** : wrought steel. **acier coulé doux** : soft cast steel. **acier coulé en coquille** : chilled steel. **acier coulé laminé** : rolled cast-steel. **acier cuivré** : coppered steel. **acier de cémentation** : carburizing steel; cement steel. **acier de décolletage** : free cutting steel. **acier de haute qualité** : high-grade steel; plow steel (PS), *with a tensile strength of between 1570 and 1760 MPa for wire ropes.* **acier de moulage** : casting steel. **acier diamant** : dead hard steel. **acier doux** : dead steel; mild steel; soft steel. **acier dur** : hard steel; tough steel. **acier écroui** : cold-hammered steel. **acier effervescent** : rimmed steel, *partially deoxidized low-carbon steel.* **acier électrique** : electrical steel, *electric steel.* **acier estampé** : stamped steel. **acier étamé** : tinned steel. **acier étiré à froid** : cold-drawn steel. **acier eutectoïde** : eutectoid steel. **acier extradoux** : dead-soft steel. **acier extradur** : extra-hard steel. **acier façonné à froid** : cold-hammered steel. **acier faiblement allié** : low-alloy steel. **acier fin** : fine steel; refined steel. **acier fondu** : fluid steel. **acier fondu au creuset** : crucible cast steel. **acier fondu forgé** : forged cast steel. **acier forgé** : forged steel;

wrought steel. **acier forgé au pilon** : hammered steel. **acier fortement allié** : high-alloy steel. **acier fritté** : sintered steel. **acier inoxydable** : stainless steel (SS). **acier inoxydable ferritique** : stainless iron. **acier laminé** : rolled steel. **acier laminé à chaud** : hot-rolled steel. **acier laminé à froid** : cold-rolled steel. **acier magnétique** : magnet steel. **acier malléable** : malleable steel. **acier martensitique** : martensitic steel. **acier Martin** : Martin steel. **acier mi-dur** : medium steel; semihard steel. **acier moulé** : cast steel. **acier naturel** : furnace steel; natural steel. **acier nitruré** : nitrided steel. **acier non allié** : carbon steel; nonalloy steel. **acier non calmé** : rimmed steel, *unkilled steel, rimming steel, effervescing steel.* **acier plaqué** : clad steel; plated steel. **acier pour basse température** : low-temperature steel. **acier pour constructions mécaniques** : machine steel. **acier pour matrice** : die steel. **acier pour ressorts** : spring steel. **acier pour rivets** : rivet steel. **acier pour tiges de pompage** : sucker-rod steel. **acier pour tubes** : tube steel. **acier profilé** : structural steel. **acier rapide** : rapid steel. **acier recuit** : annealed steel. **acier refondu** : remelted steel. **acier réfractaire** : heat-resisting steel; nonburning steel. **acier résistant aux acides** : acidproof steel. **acier revenu** : tempered steel. **acier rond** : round steel. **acier sauvage** : wild steel. **acier semicalmé** : semikilled steel. **acier soudable** : weldable steel. **acier spécial** : alloy steel; special steel; specialty steel. **acier surchauffé** : overheated steel. **acier Thomas** : basic Bessemer steel, *basic steel*; Thomas steel. **acier traité de haute qualité** : improved plow steel (IPS), *with a tensile strength of between 1770 and 1960 MPa.* **acier trempant** : hardening steel. **acier trempé** : hardened steel; quench-hardened steel. **acier trempé à l'eau** : quenched steel. **acier trempé à l'huile** : oil-treated steel.

aciérage *m* – steel plating; steeling.

aciération *f* – steeling.

aciéré – steel faced.

aciérer – face harden (to).

aciéreux – steely.

aciérie *f* – cast-steel works; steel mill; steel plant. **aciérie électrique** : electric steel plant.

aclinal – aclinal *(geol)*; aclinic.

acmé *m* – acme.

acompte *m* – installment; partial payment.

acon *m* – lighter, *ship.*

aconage *m* – lighterage, *loading or unloading of ships by means of a lighter.*

aconier *m* – lighterman; stevedore.

à-coup *m* – glitch *(seis)*; shock; surge. **à-coup de pression** : kick; pressure surge. **à-coup du câble** : cable strum. **à-coup sur le câble** : streamer jerk.

acoustique *f* – acoustics, *science of the production, transmission and effects of sound.*

acoustique – acoustic; acoustical; sonic.

acquisition *f* – acquisition; purchase. **acquisition de données** : data acquisition.

acquit *m* – discharge. **acquit à caution** : customs permit. **acquit de douane** : clearance paper.

acquittement *m* – clearing.

acre *m* – acre, *unit of area, 1 acre = 4046,856* m^2. **acre pied** : acre-foot, *unit of volume equivalent to one acre of productive formation one foot thick.*

âcre – acrid.

acritarche *m* – acritarch, *microfossil.*

acroléine *f* – acrolein, *acrylaldehyde, propenal.*

acrylamide *m* – acrylamide.

acrylate *m* – acrylate. **acrylate d'éthyle** : ethyl acrylate. **acrylate de butyle** : butyl acrylate. **acrylate de calcium** : calcium acrylate. **acrylate de méthyle** : methyl acrylate.

acrylique – acrylic.

acrylonitrile *m* – acrylonitrile.

acte *m* – act; action. **acte de concession** : claim license *(mine)*. **acte de francisation** : certificate of registry as a French ship. **acte législatif** : statute. **actes d'un congrès** : proceedings.

actif *m* – assets, *in accounting.* **actifs corporels** : tangible assets *(fin)*. **actif flottant** : floating assets *(fin)*. **actifs nets** : net worth. **actif réalisable** : current assets. **actif social** : corporate assets. **actif temporaire** : temporary asset.

actif – active, *fem. active.*

actinide *m* – actinide, *any element in a series of radioactive elements starting with actinium, atomic number 89 and ending with 103.*

actinique – actinic.

actinium *m* – actinium, *symbol Ac.*

actinographe *m* – actinograph.

actinomètre *m* – actinometer.

actinométrie *f* – actinometry, *measurement of radiant energy, particularly that of the sun.*

actinote *f* – actinolite, *a mineral of the amphibolic group.*

action *f* – action; effect; process; share, *any of the equal portions into which property or invested capital is divided*; stock, *ordinary share (fin)*. **action au porteur** : transferable share. **action catalytique** : catalytic action. **action chimique** : chemical action. **action corrective** : corrective action. **actions d'entreprises industrielles** : industrial shares. **action d'érosion** : jetting action. **action de maintien** : holding action. **action de préférence** : preferred stock *(fin)*. **action de soupape** : valve action. **action dérivée** : rate action, *derivative action.* **action des vagues** : *see niveau d'action des vagues.* **action détergente** : detergent action. **action différée** : deferred share. **à action directe** : direct acting. **action éolienne** : wind action *(geol)*. **action frauduleuse** : rigging. **action glaciaire** : glacial action. **action intégrale** : integral action, *of a control system.* **action minière** : mining claim. **action nominative** : personal share *(fin)*; registered share *(fin)*. **action ordinaire** : common stock *(fin)*. **action par échelons** : step-by-step action. **action par intégration** : integral action. **à action rapide** : quick acting *(catalyst)*. **à action réciproque** : interworking. **action réductrice** : reduction process.

actionnaire *m* – shareholder; stockholder.

actionné – operated; actuated. **actionné à la main** : hand-operated. **actionné par gravité** : gravity actuated. **actionné par l'air** : air driven.

actionner – engage (to); operate (to).

actionneur *m* – actuator. **actionneur hydraulique** : hydraulic actuator.

activateur *m* – activator. **activateur d'allumage** : combustion improver. **activateur de catalyseur** : catalyst promoter. **activateur de flottation** : flotation activator.

activation *f* – activation. **activation des boues** : sludge activation. **activation des terres décolorantes** : clay activation. **activation neutronique** : neutron activation.

activé – activated.

activer – energize (to); promote (to), *a catalyst.*

activité *f* – activity. **activité à saturation** : saturation activity. **activité biologique** : biological activity. **activité chimique** : chemical activity. **activité de forage** : drilling activity. **activité de surface** : surface activity. **activité du catalyseur** : catalyst activity, *the ratio of the space velocity of a catalyst being tested to the space velocity required for a standard catalyst to produce the same conversion as the catalyst being tested.* **activité effusive** : effusive activity. **activité électrochimique** : electrochemical activity. **activité enzymatique** : enzymic activity. **activité ionique** : ion activity. **activité massique** : specific activity, *of a radioactive substance.* **activité microbienne** : microbial activity. **activité optique** : optical activity. **activité solaire** : solar activity. **activité spécifique par nombre de sites catalytiques** : turnover number per number of catalytic sites.

actualisation *f* – discounting, *comparing future monetary value with current monetary value.*

actualisé – discounted.

actualisme *m* – actualism, *theory stating that past geologic processes should be able to be inferred from evidence of such processes observed at the present.*

actuateur *m* – actuator.

actuel – present.

acuité *f* – sharpness. **acuité visuelle** : visual acuity. **acuité visuelle binoculaire** : binocular visual acuity. **acuité visuelle stéréoscopique** : stereoscopic visual acuity.

acutance *f* – acutance, *an objective measurement of the ability of a photographic system to show a sharp edge between contiguous areas of low and high illumination.*

acyclique – acyclic, *see also aliphatique.*

Ada – Ada, *a computer language.*

ADAC – STOL, *abbr. avion de décollage et d'atterrissage courts : short takeoff and landing.*

adamantane *m* – adamantane, *acyclic hydrocarbon.*

adaptabilité *f* – adaptability.

adaptateur *m* – adapter. **adaptateur d'anse de tête d'injection** : swivel-bail adapter. **adaptateur de tête de puits** : drilling-spool adapter.

adaptatif – adaptive.

adaptation *f* – fit; fitting. **adaptation d'impédance** : impedance matching. **adaptation de dynamique** : dynamic-range enhancement; dynamic-range stretching. **adaptation structurale** : structural adjustment, *rearrangement of the drainage pattern of an area to conform to the geologic structure.*

adapter – fashion (to); fit (to).

adaptivité *f* – adaptivity, *adaptiveness.*

ADAV – VTOL, *abbr. for avion à décollage et atterrissage vertical : vertical takeoff and landing.*

addendum *m* – addendum.

additif *m* – addition agent; additive; dope, *see also agent.* **additif à usages multiples** : multipurpose additive. **additif abaisseur de point d'écoulement** : pour-point depressant; viscosity-reducing agent. **additif améliorant l'indice d'octane** : octane improver. **additif améliorant l'indice de viscosité** : viscosity index improver, *resulting in a greater increase in viscosity at high temperature than at low temperature.* **additif antiacide** : antiacid additive. **additif antiboues** : sludge-dispersal agent *(engine)*. **additif anticalamine** : combustion-deposit modifier. **additif anticliquetis** : knock suppressor. **additif anticorrosif** : anticorrosive additive. **additif anticorrosion** : anticorrosion additive. **additif antidécomposition** : antidecomposition additive. **additif antidépôt** : antisludge additive, *to prevent deposits from forming.* **additif antifumée** : antismoke additive; smoke suppressor. **additif antigivre** : antiicing additive. **additif antigrincement** : antisquawk additive. **additif antigrippant** : antiseize additive; antisticking additive. **additif antimousse** : antifoaming agent; defoamer. **additif antioxydant** : antioxidant additive; oil oxidation stabilizer; oxidation inhibitor. **additif antiozone** : antiozonant, *additive that protects rubber parts against ozone.* **additif antiperoxyde** : antiperoxide additive. **additif antiradiation** : antiradiation additive. **additif antirouille** : rust inhibitor. **additif antistatique** : antistatic additive. **additif antiusure** : antiwear additive. **additif antivieillissement** : antiaging additive. **additif d'accrochage** : antistripping additive; bonding additive; nonstripping agent. **additif d'adhésivité** : antistripping additive; bonding additive; nonstripping agent; tackiness agent. **additif d'extrême pression** : load-carrying additive. **additif d'onctuosité** : lubricity improver; oiliness additive. **additif de filtrabilité** : flow improver, *used to lower the cold filter-plugging point and the pour point of fuels.* **additif de lubrification** : slip additive. **additif de perte de circulation** : fluid-loss additive. **additif de préallumage** : preignition preventer, *to prevent the fouling of spark plugs.* **additif détergent** : detergent additive. **additif détergent et dispersant** : detergent and dispersant additive. **additif dispersant** : dispersant; dispersing agent; dispersion additive. **additif extrême-pression** : extreme-pressure additive, EP additive. **additif limitant l'autoallumage par points chauds** : surface-ignition-control additive. **additif minéral** : mineral additive. **additif minéral pour graisse** : grease mineral additive. **additif modificateur de frottement** : drag-reducing agent. **additif multifonctionnel** : multifunctional additive; multipurpose additive. **additif multiusage** : multifunctional additive. **additif pour boue de forage** : mud additive, *any material added to a drilling fluid to achieve a particular purpose.* **additif pour combustible** : fuel dope. **additif pour essence** : gasoline additive; gasoline dope. **additif pour huile de coupe** : cutting-oil additive. **additif pour huile lubrifiante** : lube-oil additive; lubricating-oil dope. **additif pour l'amélioration de l'indice de viscosité** : VI improver. **additif pour lubrifiants** : lubricant additive. **additif pro-cétane** : cetane number improver. **additif réducteur de filtrat** : low-water-loss additive. **additif stabilisateur** : antidecomposition additive.

addition *f* – addition; admixture; stack *(seis)*; stacking *(seis)*; sum. **addition basique** : basic addition *(metal)*. **addition de tirs à profondeurs différentes** : uphole stack. **addition en bande large** : wideband stack. **addition en diversité** : diversity stack; diversity stacking. **addition horizontale** : horizontal stacking. **addition sans correction** : horizontal stacking. **addition sélective** : selective stacking; smart stacking. **addition statistique** : statistical stacking. **addition verticale** : vertical stack, *see somme des traces au même point de tir.* **additions verticales et horizontales** : vertical and horizontal stacking.

additionné – doped.

additionnel – additional.

additionner – add (to) up.

additionneur *m* – adder; stacker.

additivé – additive containing; doped.

adduit *m* – adduct *(chem)*.

adénosine *f* – adenosine *(biochem)*.

adéquat – pertinent; suitable.

adéquation *f* – matching, *engines/fuels, for example.*

adhérence *f* – adherence; adhesion; adhesive power.

adhérer – cling (to).

adhéromètre *m* – adherometer.

adhésif – adhesive; sticking.

adhésion *f* – adhesion, *see also adhérence.* **adhésion moléculaire** : molecular adhesion. **adhésion par congélation** : adfreezing.

adhésivité *f* – adhesiveness; clinginess. **adhésivité du ciment** : cement-bond quality *(drill)*.

adiabatique – adiabatic.

adinole *f* – adinole, *an argillaceous sediment that has undergone albitization from contact metamorphism at the margin of a mafic intrusion.*

adipocérite *f* – adipocerite; hatchettine, *hatchettite, a mineral paraffin wax.*

adipocire *f* – adipocere, *fatty acids formed by the postmortem conversion of body fats.*

adiponitrile *m* – adiponitrile.

adjacent – adjacent; adjoining; bordering; surrounding.

adjoint *m* – adjunct; assistant.

adjonction *f* – tie-in, *adding a new section of pipe to a flowline under construction.*

adjudication *f* – auction; award, *of a contract.* **adjudication forcée** : compulsory sale. **adjudication publique** : public invitation to tender.

adjuvant *m* – adjuvant; quality booster. **adjuvant de blanchiment** : bleaching assistant. **adjuvant de carbonisation** : carbonizing assistant. **adjuvant de foulage** : fulling assistant. **adjuvant pour filtrage** : filter aid.

administrateur *m* – manager.

administration *f* – administration. **administration portuaire** : port authority. **administration publique** : civil service.

admissibilité *f* – admissibility.

admissible – allowable; permissible.

admission *f* – acceptance; admission; entrance; feed inlet; feed line; induction *(eng)*; ingress; inlet; input; intake. **admission d'air principale** : main air inlet. **admission de vapeur** : steam inflow; steam inlet.

admittance *f* – admittance, *the reciprocal of impedance.* **admittance acoustique** : acoustic admittance.

ADN – DNA, *abbr. acide déoxyribonucléique : deoxyribonucleic acid.*

adobe *m* – adobe, *clayey and silty deposits found in southwestern U.S.A. and Mexico and used for making air-dried bricks.*

adouci – softened; subdued *(relief)*.

adoucir – temper (to).

adoucissant *m* – softening agent.

adoucissement *m* – softening; sweetening, *conversion of sulfur compounds into disulfides by doctor treating or removing them with alkalies or other sweetening agents to improve the color and odor of petroleum products.* **adoucissement à l'air** : air sweetening, *using air or oxygen to oxidize mercaptans.* **adoucissement à l'hypochlorite** : hypochlorite sweetening, *by oxidation of mercaptans into disulfides.* **adoucissement au chlorure de cuivre** : copper sweetening, *by the oxidation of mercaptans into disulfides in the presence of cupric chloride.* **adoucissement de l'eau** : water softening. **adoucissement de l'essence aux solvants sélectifs** : solutizer sweetening. **adoucissement par inhibiteur** : inhibitor sweetening. **adoucissement postérieur** : back sweetening, *adding mercaptans to petroleum stock to reduce free sulfur by forming a disulfide.*

adoucisseur *m* – softener. **adoucisseur d'eau** : water softener.

adressage *m* – addressing.

adresse *f* – address, *a set of characters that specifically identifies a particular location or destination in a data system*; craft, *skill or dexterity.* **adresse calculée** : generated address. **adresse d'instruction** : instruction address. **adresse de rangement** : home address. **adresse indirecte** : indirect address. **adresse translatable** : relocatable address.

adret *m* – southern exposure.

adsorbant *m* – adsorbent. **adsorbant solide** : solid adsorbent.

adsorbant – adsorptive, *fem. adsorbante.*

adsorbat *m* – adsorbate.

adsorber – adsorb (to).

adsorbeur *m* – adsorber.

adsorption *f* – adsorption; occlusion. **adsorption avec régénération par variation de pression** : pressure-swing adsorption (PSA). **adsorption avec variations de température** : temperature-swing adsorption (TSA). **adsorption chimique** : *see chemisorption.* **adsorption chromatographique** : chromatographic adsorption. **adsorption de contact** : contact adsorption. **adsorption en présence d'indicateurs fluorescents** : fluorescent-indicator adsorption (FIA), *for determining hydrocarbon groups in liquid petroleum products.* **adsorption sélective** : selective adsorption.

adultérant *m* – adulterant.

adultération *f* – adulteration.

adultérer – doctor (to).

advection *f* – advection *(meteo)*.

adventif – adventive, *fem. adventive.*

adverse – adverse, *hostile, unfavorable.*

aeon *m* – aeon, *see éon.*

aérage *m* – ventilation. **aérage aspirant** : exhaust ventilation *(mine)*; suction ventilation. **aérage de mine** : mine ventilation.
aérant – ventilating.
aérateur *m* – aerator; breather valve; ventilating.
aération *f* – aeration; venting. **aération différentielle** : differential aeration.
aéré – aerated.
aérer – aerate (to); air (to).
aérien – aerial; overhead.
aérobie – aerobic.
aérocondenseur *m* – air condenser.
aérodrome *m* – landing field.
aérodynamique *f* – aerodynamics, *science dealing with the motion of air and other gaseous fluids and with forces acting on bodies moving through such fluids.*
aérodynamique – aerodynamic; streamlined.
aéroélasticité *f* – aeroelasticity.
aéroembolisme *m* – aeroembolism, *presence of nitrogen bubbles in the blood and body tissues of divers, resulting from a drop in atmospheric pressure.*
aérofrein – air brake.
aérogel *m* – aerogel.
aérogénérateur *m* – aerogenerator.
aéroglisseur *m* – air-cushion vehicle; Hovercraft.
aérolite *m* – aerolite, *stony meteorite.*
aéromagnétique – aeromagnetic.
aéromagnétométrie *f* – aeromagnetic surveying.
aérométéorographe *m* – aerometeorograph.
aérométhode *f* – aerosystem.
aéromoteur *m* – aeroengine, *air-actuated engine*; air engine.
aéronautique – aeronautic; aeronautical.
aéronef *m* – aircraft.
aéronomie *f* – aeronomy.
aéropause *f* – aeropause, *the top of the upper atmosphere.*
aéroport *m* – airport.
aéroporté – airborne.
aéroréfrigérant *m* – air-cooled exchanger.
aérosol *m* – aerosol. **aérosol acide** : acid aerosol. **aérosol atmosphérique** : atmospheric aerosol.
aérospatial – aerospace.
aérostat *m* – aerostat; balloon.
aérothermochimie *f* – aerothermochemistry.
aérotrain *m* – aerotrain.
aérotriangulation *f* – aerial triangulation; aerotriangulation; stereotriangulation. **aérotriangulation analogique** : phototriangulation.
affaiblir – demote (to); impair (to); weaken (to).
affaiblissement *m* – attenuation, *reduction in the level of a quantity*; decay; fading. **affaiblissement (anormal) d'amplitude** : dim spot, *local decrease in the amplitude of a seismic event.* **affaiblissement des couleurs** : fading of colors. **affaiblissement linéique** : attenuation coefficient *(phys)*. **affaiblissement transductique** : transducer loss.
affaiblisseur *m* – attenuator, *(elec)*.
affaire *f* – concern; deal; matter; transaction.
affaissé – collapsed; sunken.
affaissement *m* – collapse; land subsidence; sag; sagging, *downwarping and bending of the top of a formation*; sinking; submergence; subsidence. **affaissement de dissolution** : solution subsidence. **affaissement du socle** : downwarping. **affaissement du toit** : roof subsidence. **affaissement en cuvette** : basining. **affaissement isostatique** : isostatic settling *(geol)*. **affaissement normal** : normal downthrow. **affaissement par compaction** : settling.
s'affaisser – collapse (to); sink (to); subside (to).
affectation *f* – assignment; dedication. **affectation à un poste** : work assignment. **affectation de fréquence** : frequency assignment. **affectation de réserves** : dedication of reserves, *the assurance of an adequate supply of natural gas to a pipeline company by a gas purchase contract between a natural gas producer and the pipeline company.*
affecté – affected; dedicated.
affecter – affect (to); allocate (to); assign (to); designate (to).
affermage *m* – demise; leasing; renting.
affermé – leased.
affermer – farm-in (to); farmout (to).
affichage *m* – display; posting, *publication of the prices of crude oil, natural gas and petroleum products (formerly posted on a bulletin board at the entrance to the worksite)*. **affichage de données** : data display. **affichage en couleur** : color display. **affichage numérique** : digital display. **affichage vidéo** : video display.
affiché – posted.
afficher – display (to) *(computer)*.
affiler – grind (to); sharpen (to). **affiler le trépan** : dress (to) the bit.
affinage *m* – fining. **affinage au creuset** : crucible refining. **affinage des métaux** : metal refining. **affinage du cuivre** : copper refining. **affinage électrolytique** : electrolytic refining. **affinage sur sole** : hearth refining.
affiner – fine (to).
affinité *f* – affinity. **affinité chimique** : chemical affinity, *the force keeping atoms closely bonded.*
affirmation *f* – dictum.
affleurant – flush.
affleurement *m* – blow *(geol)*; crop; cropping; day stone *(geol)*; exposure *(geol)*; outcrop, *the part of a rock formation or stratum that is visible on the surface of the ground*; outcropping; rock exposure *(geol)*; surface outcropping *(geol)*; surface termination. **affleurement altéré** : bloom, *oxidized or decomposed outcrop of a vein or coal bed, also called blossom (geol)*. **affleurement de faille** : fault outcrop. **affleurement de vallée** : valley outcrop. **affleurement en subsurface** : subcrop. **affleurement masqué** : buried outcrop; concealed outcrop. **affleurement oxydé** : blossom. **sans affleurement** : blind.
affleurer – expose (to); dip (to); jut (to).
affluence *f* – rush.
affluent *m* – affluent; feeder, *of a river*; inflow stream; influent; tributary stream.
afflux *m* – afflux.
affouillé – eroded; scored, *barrel of a gun.*
affouillement *m* – erosion; scour; scouring; undercut etching; undermining; underwashing; washing *(geol)*.
affouiller – scour (to); undermine (to); wash (to) away.

affrété – chartered.
affrètement *m* – charter; fixture. **affrètement à forfait** : lump-sum charter. **affrètement à temps** : time charter. **affrètement au jour le jour** : spot chartering. **affrètement au voyage** : trip charter; voyage charter. **affrètement coque nue** : bareboat charter, *chartering of a ship without crew, fuel or stores*; demise charter. **affrètement de longue durée** : time charter. **affrètement en bloc** : lump-sum charter. **affrètement pétrolier** : tanker charter.
affréter – freight (to).
affréteur *m* – charterer; freighter.
affronter – face (to).
affûtage *m* – sharpening. **affûtage des mèches** : drill sharpening.
affûter – hone (to).
affûteuse *f* – grinder; tool grinder.
AFNOR – AFNOR, *abbr. Association française de normalisation.*
AFRA – AFRA, *Average Freight Rate Assessment : assessment of the level of freight rate paid for commercially chartered oil vessels.*
AFTP – *abbr. Association française des techniciens du pétrole.*
agalmatolite *f* – agalmatolite; figure stone *(miner)*.
agar *m* – agar, *agar-agar, a polysaccharide obtained by extraction from red seaweed.*
agate *f* – agate.
âge *m* – age. **âge absolu** : absolute age, *the geologic age of sediments determined by their natural radioactivity.* **âge des ammonites** : age of ammonites, *Mesozoic.* **âge des couches géologiques** : age of the beds. **age des eaux** : age of water. **âge du fer** : Iron Age. **âge géologique** : geologic age. **âge radiométrique** : radiometric age. **âge relatif** : relative age, *the geologic age of an organism, feature or event in relation to other features or events.*
agence *f* – agency. **agence en douane** : customs agency. **Agence internationale de l'énergie (AIE)** : International Energy Agency (IEA).
agencement *m* – layout.
agencements *m* – fittings.
agencer – fit (to) up.
agent *m* – agent, *see also additif*; factor. **agent améliorant de mousse** : suds booster. **agent antibactérien** : antibacterial agent. **agent anticalage** : antistalling agent, *a gasoline additive intended to prevent carburetor icing.* **agent antidétonant** : knock suppressor. **agent antifluorescent** : deblooming agent. **agent antigel** : antifreezing agent. **agent antiredéposition** : antiredeposition agent. **agent antirouille** : antirust agent. **agent atmosphérique** : atmospheric agent. **agent azéotropique** : azeotropic agent. **agent blanchissant** : whitening agent. **agent catalytique** : catalytic agent. **agent chélatant** : chelating agent. **agent chimique** : chemical agent. **agent complexant** : complexing agent. **agent corrosif** : corrodant. **agent d'activation** : activator; propping agent *(chem)*. **agent d'addition** : addition agent, *see additif.* **agent d'adhésivité** : adhesion promoter; stringiness agent, *agents designed to increase viscosity and thus the capacity of a lubricant to adhere to metal surfaces*; tackifier. **agent d'affaires** : lease broker, *person specializing in mining rights.* **agent d'allumage** : ignition-control compound. **agent d'arrêt** : short stopper, *in a polymerization reaction.* **agent d'avivage** : brightening agent. **agent d'entraînement** : carrying agent. **agent d'épuration** : scavenger. **agent d'érosion** : erosion agent. **agent d'étanchéité** : sealant; sealing agent. **agent d'oxydation** : oxidizing agent. **agent de balayage** : scavenger, *diesel engine*; scavenging agent. **agent de blanchiment** : deblooming agent. **agent de blanchiment chimique** : chemical bleaching agent. **agent de bouchage temporaire** : temporary plugging agent. **agent de brillantage** : brightener. **agent de change** : stockbroker. **agent de condensation** : condensing agent. **agent de conservation** : preservative agent. **agent de contrôle du fer** : iron-control agent, *a sequestering agent used in reservoirs to form soluble combinations by complexing ferrous or ferric ions.* **agent de coulage** : sinking agent, *absorbent material used to sink oil slicks spread out on water.* **agent de couplage** : coupling agent, *used to protect glass-fiber laminates against effects of water absorption.* **agent de décoinçage** : pipe-freeing agent. **agent de décongélation** : thawing agent, *used for melting ice.* **agent de dégrossissage** : deblooming agent *(metal)*. **agent de démoulage** : release agent, *a lubricant used to coat a mold cavity so that the molded piece will not stick when it is removed.* **agent de dispersion** : dispersing agent; dispersion agent. **agent de fixation** : fixative. **agent de flottation** : flotation agent. **agent de fusion** : fusing agent. **agent de lixiviation** : leaching agent. **agent de masquage** : masking agent *(chem)*. **agent de matage** : caulking agent. **agent de matité** : flatting agent, *for paints or varnishes.* **agent de modification** : modifying agent. **agent de nettoyage de la boue** : mud-cleanout agent (MCA). **agent de neutralisation** : neutralizing agent, *in refining with sulfuric acid.* **agent de permittage** : permit man, *member of a seismograph crew who secures the permission of landowners to shoot on their land.* **agent de prise** : curing agent. **agent de protection contre le vieillissement** : age resistor. **agent de quart** : operator on duty, *control room.* **agent de réduction** : reducing agent. **agent de renforcement** : reinforcing agent. **agent de réserve** : resist. **agent de rupture de chaîne** : chain breaker. **agent de sapidité** : flavoring agent. **agent de saponification** : saponifying agent. **agent de soutènement** : propping agent, *any material used to keep open the crevices formed in underground formations after hydraulic fracturing and when injection pressure has been reduced.* **agent de support** : bridging agent, *to plug up large cracks in a borehole wall.* **agent de surface** : surface-active agent. **agent de suspension** : suspending agent. **agent de trempe** : hardening agent. **agent de vulcanisation** : curing agent; vulcanizing agent. **agent décolorant** : decolorizing agent. **agent désémulsionneur** : demulsifying agent. **agent déshydratant** : dehydrating agent; drying agent. **agent écumant** : flotation frother; frother; frothing agent. **agent émulsionnant** : emulsifying agent. **agent épaississant** : thickening agent. **agent filant** : nondrip additive, *a product that increases the adhesivity of a lubricant and reduces its drip and spattering tendencies*; nonspatter additive. **agent fixant** : fixing agent. **agent floculant** : floccu-

lating agent. **agent foncier** : landman, *an oil-company employee responsible for managing the company's relations with its landowners, including the securing of oil and gas leases and keeping track of the titles.* **agent gonflant** : blowing agent; sponging agent; swelling agent. **agent maritime** : shipping agent, *representing the owner of a ship in all port formalities and customs clearance.* **agent mélangeur** : blending agent. **agent minéralisateur** : mineralizer. **agent mouillant** : spreader; wetting agent. **agent moussant** : flotation frother; foaming agent; frother; frothing agent. **agent pénétrant** : penetrant. **agent peptisant** : peptizator; peptizer; peptizing agent. **agent porogène** : blowing agent, *that generates inert gases on heating, causing plastics and rubber to assume a cellular structure.* **agent protecteur** : protective agent. **agent réducteur** : reducing agent. **agent relargant** : salting-out agent. **agent retardateur** : retarder. **agent technique** : technical assistant. **agent tensioactif** : detergent; surface-active agent; surfactant. **agent tensioactif biodégradable** : biodegradable surfactant. **agent tératogène** : teratogen.

agglomérable – briquettable.

agglomérant *m* – binder. **agglomérant bitumineux** : bituminous binder.

aggloméral *m* – agglomerate; bond; gravel; rubble. **aggloméral de goudron** : tar lump. **agglomérat non consolidé** : unindurated aggregate.

agglomération *f* – agglomeration; aggregation; pelletization; tableting, *compaction of catalysts.*

aggloméré *m* – agglomerate. **aggloméré de charbon** : hard-coal briquette.

s'agglomérer – ball (to); cake (to).

agglutinant *m* – agglutinant; agglutinating.

agglutination *f* – binding; caking.

agglutiner – agglutinate (to). **s'agglutiner** : cake (to); stick (to) together.

aggradation – accretion; aggradation *(geol)*. **aggradation côtière** : coastal aggradation, *vertical component of coastal onlap.*

agiotage – stock jobbing. **agiotage sur les prix** : rigging.

agitateur *m* – agitator; glass rod; stirrer; stirring rod. **agitateur à palettes** : paddle agitator; paddle stirrer. **agitateur de bassin à boue** : mud-tank agitator. **agitateur de Dorr** : Dorr agitator, *used for the batch washing of precipitates.* **agitateur discontinu** : batch agitator. **agitateur électrique** : electric agitator. **agitateur magnétique** : magnetic agitator. **agitateur mécanique** : mechanical agitator. **agitateur pendulaire** : swinging agitator.

agitation *f* – agitating; agitation; shaking; stirring; wiggle. **agitation microsismique** : microseism, *small motions in the ground unrelated to an earthquake, and caused by industrial activity and atmospheric events.* **agitation par balancement** : rocking. **agitation sismique** : seismic disturbance. **agitation thermique** : thermal agitation. **agitation violente** : convulsion.

agiter – agitate (to); churn (to); shake (to); stir (to). **agiter d'un mouvement de va-et-vient** : wiggle (to).

agmatite *f* – agmatite, *migmatite.*

agpaïtique – agpaitic *(miner)*.

agrafage *m* – buckling; clamping.

agrafe *f* – buckle; clasp; fastener; staple. **agrafe à clavette** : cotter joint. **agrafe de courroie** : belt clamp.

agrandir – blow (to) up; enlarge (to).

agrandissement *m* – blowup *(photo)*; enlargement; magnification.

agréé – permissible.

agrégat *m* – aggregate; lump. **agrégat à haute densité** : dense-graded aggregate, *graded aggregate containing a high proportion of very fine particles thus reducing the void spaces to a minimum.* **agrégat grossier** : coarse aggregate, *an aggregate in which the largest particles are more than 4.76 mm (0.25 in) in diameter.* **agrégat grossier très poreux** : open-graded aggregate. **agrégat type macadam** : macadam aggregate, *used to form a road surface.*

agrégation *f* – aggregation.

agréger – aggregate (to).

agrément *m* – official acceptance; recognition.

agressif – aggressive.

agression *f* – aggression; attack. **agression acide** : acid stress.

agressivité *f* – sourness, *of a fluid.*

agricole – agricultural.

agripper – clutch (to). **agripper un outil** : clutch (to) a tool, *dropped in a borehole.*

agropharmaceutique – agropharmaceutical.

ahermatypique – ahermatypic, *non-reef-building, as of coral.*

aide *f* – aid; assistant. **aide à la navigation** : navigational aid. **aide financière** : financial assistance. **aide non liée** : untied aid.

AIE – IEA, *abbr. of Agence internationale de l'énergie : International Energy Agency.*

aigre – sour.

aigreur *f* – sourness. **aigreur du fer** : cold shortness.

aigu – sharp.

aiguillage *m* – diverter; diverter valve.

aiguille *f* – hand, *clock*; needle; point, *peak.* **aiguille à épissage** : splicing needle, *for ropes and cables.* **aiguille aimantée** : deflecting magnet; magnetic needle. **aiguille d'inclinaison** : dip needle; dipping needle. **aiguille d'injecteur** : injection pintle valve; injector needle; injector spindle. **aiguille de combustible** : fuel pin *(nucl)*. **aiguille de compas** : compass needle. **aiguille de croisement** : diamond switch. **aiguille de glace** : ice needle; mush frost. **aiguille de pointeau** : valve needle. **aiguille de Vicat** : Vicat needle, *an instrument used to measure the consistency and setting time of cement by the penetration depth of a special needle.* **aiguille glaciaire** : glacial horn.

aiguillé – acicular.

aiguillon *m* – prod.

aiguiser – sharpen (to).

aikinite *f* – aikinite *(miner)*; needle ore *(miner)*.

aile *f* – fender, *of a car*, wing. **aile arrière** : back wing. **aile avant** : front wing. **aile de cornière** : leg of angle. **ailes de mouettes** : gull wings, *used to refer to the wavy geometry of overflow deposits associated with talus fans.* **aile inférieure** : trough line *(geol)*.

ailette *f* – fin; gill; paddle; vane, *of a turbine.* **ailette de refroidissement** : cooling fin; cooling flange; cooling rib. **ailette de ventilateur** : fan blade. **à aillettes** : finned; gilled.

aimant *m* – magnet. **aimant amortisseur** : damping magnet. **aimant de repêchage** : fishing magnet; helraser, *hell raiser, a magnetic fishing tool.* **aimant de repêchage à carottier** : core fishing magnet. **aimant en fer à cheval** : horseshoe magnet. **aimant naturel** : lodestone; natural magnet. **aimant permanent** : permanent magnet.

aimantation *f* – magnetization. **aimantation inversée** : reversed magnetization. **aimantation latente** : latent magnetization, *the capacity of some weakly magnetic substances to form highly magnetic compounds.* **aimantation rémanente** : remanent magnetization. **aimantation rémanente chimique (ARC)** : chemical remanent magnetization (CRM). **aimantation rémanente détritique (ARD)** : detrital remanent magnetization (DRM). **aimantation rémanente isotherme (ARI)** : isothermal remanent magnetization (IRM). **aimantation rémanente naturelle (ARN)** : natural remanent magnetization (NRM). **aimantation rémanente par dépôt (ARD)** : depositional remanent magnetization (DRM). **aimantation rémanente visqueuse (ARV)** : viscous remanent magnetization (VRM). **aimantation spontanée** : spontaneous magnetization. **aimantation thermorémanente** : thermoremanent magnetization.

air *m* – air. **air ambiant** : ambient air. **air aspiré** : intake air. **air butané** : butane/air mixture. **air carburé** : carbureted air. **air comburant** : combustion air. **air comprimé** : compressed air. **à air conditionné** : air conditioned. **air d'admission** : intake air. **air de balayage** : scavenging air. **air de combustion** : furnace air. **air de lancement** : starting air. **air de référence** : standard air. **air de refoulement** : discharge air. **air entraîné** : entrained air. **air frais** : fresh air. **air humide** : damp air. **air liquide** : liquid air. **air lourd** : dead air. **air marin** : maritime air. **air nécessaire** : air requirement, *fireflood.* **air primaire** : primary air, *combustion.* **air propané** : propane/air mixture. **air pur** : fresh air. **air recyclé** : recirculated air. **air régulé** : instrument air, *a compressed-air circuit for supplying control instruments.* **air saturé** : saturated air, *steam.* **air secondaire** : secondary air, *combustion.* **air théorique** : theoretical air, *the exact amount of air required for the complete combustion of a given amount of fuel.* **air vicié** : blackdamp; foul air. **sans air** : airless.

aire *f* – area; surface. **aire continentale** : continental area; land area. **aire contractuelle** : contract area. **aire d'absorption** : absorption area. **aire d'alimentation** : *see aire de drainage.* **aire d'aplanissement** : area of truncation. **aire d'effondrement** : rift zone. **aire d'évacuation de l'eau salée** : salt-water-disposal district. **aire de défournement** : coking wharf. **aire de diffusion** : diffusion area. **aire de drainage** : catchment area; drainage area; gathering ground. **aire de lancement** : launching pad. **aire de levage** : jackup house, *for jacking up the legs of a drilling platform.* **aire de migration** : migration area. **aire de ralentissement** : slowdown area. **aire de stockage** : setback, *for drillpipe in the derrick or mast of a rig.* **aire de stockage des tiges** : catwalk, *elongated platform adjacent to the rig where pipe is laid out and lifted into the derrick.* **aire de subsidence** : area of subsidence. **aire de triage** : marshaling area, *marshaling yard.* **aire de vent** : rhumb. **aire effectivement balayée** : breakthrough sweep efficiency, *area effectively swept by flooding fluids by the time they arrive at the production well.* **aire variable (AV)** : variable area (VA), *seismic display method in which the width of a blacked-in area is roughly proportional to the signal strength.*

Airy – Airy, *see disque, fonction and phase d'Airy.*

ajournement *m* – deferment.

ajouter – add (to). **ajouter un nouveau raccord** : add (to) a new joint, *to the drillpipe.* **ajouter une nouvelle longueur de tige** : stab (to) pipe, *to add on a new length of drill pipe.* **ajouter une nouvelle section au train de tiges** : make (to) a connection.

ajustage *m* – adjustment; dressing; fit; fitting. **ajustage à la main** : hand fitting. **ajustage juste** : exact fit. **ajustage serré** : tight fit.

ajusté – set. **bien ajusté** : tight.

ajustement *m* – balancing; fit; smoothing; tuning. **ajustement avec serrage** : tight seat. **ajustement d'une surface** : surface fitting. **ajustement de la production en fonction de la demande** : market demand proration. **ajustement du point zéro** : zero reference *(logging).* **ajustement libre** : loose fit. **ajustement par moindres carrés** : least-squares fit. **ajustement par serrage du sabot de tubage** : tight seat for the casing shoe. **ajustement saisonnier** : seasonal balancing, *of a motor fuel.*

ajuster – fit (to); frame (to); regulate (to). **ajuster par serrage** : tighten (to).

ajusteur *m* – filer; fitter.

ajutage *m* – adjutage, *tube for regulating liquid outflow*; nipple; nozzle; spout. **ajutage à vapeur** : steam cone.

alambic *m* – retort; still. **alambic à circuit unique** : single-flow still.

alarme *f* – alarm. **alarme pour fuites de gaz** : gas-leak alarm. **alarme pour niveau** : level alarm. **alarme pour pression** : pressure alarm.

albâtre *m* – alabaster, *a variety of gypsum.*

albédo *m* – albedo, *the fraction of incident light that is reflected by a surface or a celestial body.* **albédo spectral** : spectral albedo.

albédomètre *m* – albedometer.

albertite *f* – albertite, *a brilliant and brittle bitumen with a conchoidal fracture, often found in mines in Alberta, Canada.*

Albien *m* – Albian, *uppermost Lower Cretaceous stage.*

albite *f* – albite, *plagioclase.*

albitisation *f* – albitization *(petro).*

albitophyre *m* – albitite, *albitophyre, albite porphyrite.*

alcali *m* – alkali. **alcali caustique** : caustic alkali. **alcali libre** : free alkali. **alcali terreux** : earth alkali.

alcalimètre *m* – alkalimeter.

alcalimétrie *f* – alkalimetry.

alcalin – alkaline; alkalinous; alkalous.

alcaliniser – alkalize (to).

alcalinité *f* – alkalinity.

alcalisation *f* – alkalization.

alcaliser – alkalize (to).

alcaloïde *m* – alkaloid.

alcane *m* – alkane, *the general term for paraffins, a saturated aliphatic hydrocarbon.* **alcane ramifié** : branched alkane. **alcane solide** : solid alkane.

alcène *m* – alkene, *an unsaturated aliphatic hydrocarbon containing one double bond, e.g. ethylene.*

alcool *m* – alcohol; spirit. **alcool à brûler** : denatured alcohol. **alcool absolu** : absolute alcohol; pure alcohol. **alcool allylique** : allyl alcohol, *intermediate for organic chemicals.* **alcool amylique** : amyl alcohol. **alcool aromatique** : aromatic alcohol. **alcool butylique** : butyl alcohol, *butanol.* **alcool butylique secondaire** : sec-butyl alcohol (SBA), *2-butanol, methylethylcarbinol.* **alcool butylique tertiaire** : tert-butyl alcohol (TBA), *used as an octane improver in unleaded gasoline.* **alcool carburant** : alcohol fuel. **alcool cétylique** : cetyl alcohol. **alcool de bois** : wood alcohol, *see also méthanol.* **alcool décylique** : decyl alcohol, *decanol.* **alcool dénaturé** : denatured alcohol; industrial alcohol. **alcool dodécylique** : dodecyl alcohol, *lauryl alcohol, n-dodecanol.* **alcool éthylique** : ethyl alcohol, *ethanol.* **alcool éthylique anhydre** : absolute alcohol. **alcool gras** : fatty alcohol. **alcool hexylique** : hexyl alcohol, *1-hexanol, amyl carbinol.* **alcool heptylique** : heptyl alcohol, *heptanol.* **alcool isobutylique** : isobutyl alcohol, *isobutanol.* **alcool isopropylique** : isopropyl alcohol (IPA), *isopropanol.* **alcool laurique** : lauryl alcohol, *dodecyl alcohol, dodecanol.* **alcool méthylique** : methyl alcohol, *methanol.* **alcool nonylique** : nonyl alcohol, *an intermediate product from detergent manufacturing.* **alcool octylique** : octyl alcohol, *octanol.* **alcool polyvalent** : polyhydric alcohol, *polyol.* **alcool polyvinylique** : polyvinyl alcohol. **alcool primaire** : primary alcohol. **alcool propylique** : propyl alcohol. **alcool secondaire** : secondary alcohol. **alcool stéarylique** : stearyl alcohol. **alcool supérieur** : higher alcohol. **alcool terpénique** : terpene alcohol. **alcool tertiaire** : tertiary alcohol. **alcool vinylique** : vinyl alcohol.

alcoolate *m* – alkoxide; alkyloxide.

alcoolique – alcoholic.

alcoolomètre *m* – alcoholometer.

alcoolyse *f* – alcoholysis.

alcoylation *f* – *see alkylation.*

alcoyle *m* – *see alkyle.*

alcyne *m* – alkyne, *acetylene hydrocarbon.*

aldéhyde *m* – aldehyde. **aldéhyde benzoïque** : benzaldehyde.

aldol *m* – aldol, *a condensation product of acetaldehyde, used as an age resister for rubber, solvents, etc.*

aldolisation *f* – aldol condensation, *the polymerization of an aldehyde in the presence of dilute acid or alkali.*

aléatoire – contingent; random; stochastic.

alésage *m* – bore; broaching; cylinder bore; enlargement; reaming. **alésage coulissant** : bore running fit. **alésage de gicleur** : jet bore. **alésage droit** : straight reaming. **alésage glissant** : bore slide fit.

aléser – bore (to); enlarge (to); ream (to).

aléseur *m* – drill reamer *(drill)*; reamer. **aléseur à rouleaux** : rotary reamer. **aléseur de trou de serrure** : keyseat reamer, *when a keyseat is being formed in a borehole, a reamer is inserted at the proper depth in the drill-collar string.* **aléseur pour tube** : pipe reamer.

aléseuse *f* – *see aléseur.*

alésoir *m* – finishing bit; lap bit. **alésoir creux** : shell reamer.

aleurite *f* – aleurite, *an unconsolidated deposit intermediate in texture between sand and clay.*

aleurolite *f* – aleurolite, *a consolidated aleurite.*

algaire – algal.

algarite *f* – algarite, *a general term for bitumen derived from algae.*

algèbre *f* – algebra. **algèbre booléenne** : Boolean algebra. **algèbre de Boole** : Boolean algebra. **algèbre linéaire** : linear algebra.

algébrique – algebraic.

algicide *m* – algicide, *a chemical used to kill algae.*

algine *f* – algin, *a soluble salt of alginic acid used as a stabilizer or emulsifier in drilling mud and gasoline storage.*

alginique – alginic.

alginite *f* – alginite, *see exinite.*

Algonkien *m* – Algonkian, *Proterozoic era.*

algorithme *m* – algorithm. **algorithme de Levinson** : Levinson algorithm, *used to solve normal equations for a Wiener optimum filter (seis).* **algorithme de Wiener-Levinson** : Wiener-Levinson algorithm *(seis).* **algorithme d'Euclide** : Euclidean algorithm.

algue *f* – alga; seaweed. **algues bleues** : blue-green algae. **algues rouges** : red algae, *see also rhodophycée.* **algues vertes** : green algae, *common name for a marine plant division (Chlorophyta).*

alias *m* – alias, *frequency ambiguity resulting from the sampling system in seismic recording.*

aliasage *m* – aliasing. **aliasage spatial** : spatial aliasing.

aliaser – alias (to).

alicyclique – alicyclic, *refers to a group of organic compounds having carbon atoms arranged in closed ring structures, including cycloparaffins, cycloolefins and cycloacetylenes, as opposed to aromatic compounds.*

alidade *f* – alidade; sighting device.

alignement *m* – aligning; alignment; leading line, *ships*; line-up; range; stringing, *placing stands of drillpipe end-to-end.* **alignement de la réflexion** : line-up of the reflection *(seis).* **alignement de plusieurs longueurs de tube** : straight-run of pipe. **alignement et pointage** : line and tack *(pipeline).*

aliment *m* – food. **aliment de base** : staple.

alimentaire – nutritional.

alimentateur *m* – feeder. **alimentateur à bande articulée** : apron feeder. **alimentateur mécanique** : power feeder. **alimentateur oscillant** : rocking feeder. **alimentateur vibratoire** : vibrating feeder.

alimentation *f* – feed, *of machinery*; feed point; feeding; fueling; input; intake; supply. **alimentation à flotteur** : float feed. **alimentation à main** : hand feeding. **alimentation automatique** : automatic feed; self feed. **à alimentation automatique** : self feeding. **alimentation des chaudières** : boiler feeding. **alimentation électrique** : electric power supply (EPS); power supply. **alimentation en combustible** : fuel feed. **alimentation en eau** : water supply. **alimentation en huile** : oil feed. **alimentation en surface** : splash feed. **alimentation forcée** :

forced induction. **alimentation mécanique** : mechanical feed. **alimentation par gouttière** : chute feed. **alimentation par gravité** : gravity feed. **alimentation par mèche** : wick feed. **alimentation par pesanteur** : gravity feed. **alimentation secteur** : mains power supply. **alimentation sous pression** : pressure feed; pressure supply.

alimenté – fed. **alimenté par pompe** : pump fed.

alimenter – supply (to).

alios *m* – alio. **alios ferrugineux** : ironpan, *a hardpan in a soil with iron oxides.*

aliphatique – aliphatic, *refers to a group of organic compounds having carbon atoms arranged in straight or branched chains, including paraffins, olefins and acetylenes.*

alkyde *m* – alkyd resin.

alkylat *m* – alkylate.

alkylation *f* – alkylation. **alkylation à l'acide** : acid alkylation. **alkylation à l'acide fluorhydrique** : hydrofluoric-acid alkylation. **alkylation à l'acide sulfurique** : sulfuric-acid alkylation. **alkylation au chlorure d'aluminium** : aluminum-chloride alkylation. **alkylation catalytique** : catalytic alkylation. **alkylation destructive** : destructive alkylation. **alkylation en phase liquide** : liquid-phase alkylation. **alkylation thermique** : thermal alkylation.

alkylbenzène *m* – alkylbenzene. **alkylbenzènesulfonate linéaire** : linear alkylbenzenesulfonate.

alkyle *m* – alkyl. **alkyle de plomb** : lead alkyl, *antiknock additive for aviation gasoline.*

alkylène *m* – alkylene.

alkylidène *m* – alkylidene.

alkylsulfonate *m* – alkyl sulfonate. **alkylsulfonate linéaire** : linear alkyl sulfonate (LAS), *biodegradable anionic surfactant.*

allée *f* – passageway.

allège *f* – lighter, *a smaller craft used to unload larger vessels*; lightering vessel.

allègement *m* – lightening; lightering. **allègement à l'air** : air lift, *injecting air or gas into a reservoir via a neighboring borehole to raise gas pressure so as to drive petroleum upward via the production well.* **allègement du baril** : lightening of the barrel; whitening of the barrel, *producing lighter oil products from a barrel of crude oil.* **allègement en mer** : lightering at sea, *offloading part of a ship's cargo to decrease its draft.*

alléger – lighten (to).

allène *m* – allene, *propadiene, dimethylmethane.*

allergène *m* – allergen.

aller-retour *m* – *see manoeuvre, rotation.* **aller-retour du piston** : up-and-down stroke.

allevardite *f* – rectorite, *a white clay mineral with equal proportions of regularly interstratified smectite and mica.*

alliacé – alliaceous.

alliage *m* – alloy; alloyage; composition metal. **alliage à bas coefficient de dilatation** : low-expansion alloy. **alliage à bas point de fusion** : low-melting-point alloy. **alliage à base de nickel** : nickel-base alloy. **alliage à faible teneur** : low-percentage alloy. **alliage à haute teneur** : high alloy. **alliage à mémoire de forme** : shape-memory alloy. **alliage antifriction** : antifriction alloy. **alliage anticorrosion** : corrosion-resisting alloy. **alliage au cadmium** : cadmium alloy. **alliage au magnésium** : magnesium alloy, *an ultralight alloy.* **alliage au plomb** : leaded alloy. **alliage au silicium** : silicon alloy. **alliage autofondant** : self-fluxing alloy. **alliage corroyé** : wrought alloy. **alliage coulé sous pression** : die-cast alloy. **alliage cuivre tungstène** : tungsten-copper alloy, *for fixing diamond inserts on drill bits.* **alliage d'aluminium** : aluminum alloy. **alliage d'argent** : silver alloy. **alliage de cuivre** : copper alloy. **alliage de manganèse** : manganese alloy. **alliage de nickel** : nickel alloy. **alliage de nickel et de cuivre** : nickel-copper alloy. **alliage de plomb** : lead alloy. **alliage de Rose** : Rose's metal, *an alloy made of bismuth, lead and tin.* **alliage de Wood** : Wood's metal, *a fusible alloy containing bismuth, lead, tin and cadmium.* **alliage de zinc** : zinc alloy. **alliage ferreux** : ferrous alloy; iron alloy. **alliage fusible** : fusible alloy; low-melting-point alloy. **alliage inoxydable** : nonoxidizing alloy. **alliage léger** : light alloy. **alliage magnétique** : magnetic alloy. **alliage mère** : master alloy, *foundry alloy.* **alliage métallique** : metal alloy. **alliage non ferreux** : nonferrous alloy. **alliage plomb-cuivre** : copper-lead alloy. **alliage pour coussinet** : bearing alloy. **alliage pyrophorique** : pyrophoric alloy. **alliage quaternaire** : quaternary alloy. **alliage réfractaire** : heat-resisting alloy. **alliage résistant aux acides** : acidproof alloy. **alliage ternaire** : ternary alloy. **alliage ultraléger** : ultralight alloy.

allier – alloy (to); combine (to).

allocation *f* – allocation, *amount of oil or petroleum product authorized to be consumed or produced*; allowance; benefit. **allocation de fréquence** : frequency allocation. **allocations familiales** : family allowances.

allochème *m* – allochem, *the dominant constituent of limestones including fossils, ooliths, intraclasts and pellets.*

allochimique – allochemical, *see métamorphisme allochimique.*

allochromatique – allochromatic.

allochtone *m* – allochthon, *a rock mass transported away from its place of origin by a tectonic process.*

allochtone – allochthonous, *that which is not formed in situ (geol)*; strange *(geol)*.

allodapique – allodapic, *see calcaire allodapique.*

allogène – allogenic.

allomorphe – allomorphic, *allomorphous, polymorphic.*

allonge *f* – adapter; cheater, *piece of tube used to increase the leverage of a wrench*; coupling rod; nipple. **allonge d'une traite** : rider. **allonge de tige** : extension rod *(drill)*.

allongé – elongated.

allongement *m* – elongation; extension; lengthening; stretch; stretching. **allongement à la rupture** : ultimate elongation. **allongement arrière** : tailing. **allongement différentiel** : differential stretch. **allongement spécifique** : unit elongation. **allongement visqueux** : creep *(metal)*.

allonger – draw (to) out; expand (to) *(seis)*; lengthen (to); stretch (to).

allophane *f* – allophane, *an amorphous clay mineral.*

allothigène – allogenic; allothigenic.

allotriomorphe – allotriomorphic, *xenomorphic (crist)*.
allotropie *f* – allotropy.
allotropique – allotropic.
allouer – allocate (to).
allumage *m* – firing; igniting; ignition; lighting. **allumage à avance fixe** : fixed ignition. **allumage à rupture** : touch-spark ignition. **allumage à tube chaud** : hot-tube ignition. **allumage asservi à la combustion** : combustion-controlled ignition. **allumage automatique** : automatic ignition. **allumage avec cliquetis sur surface chaude** : knocking surface ignition. **allumage centrifuge** : centrifugal ignition. **allumage électronique** : electronic ignition. **allumage en plusieurs points** : multipoint ignition. **allumage imparfait** : imperfect spark. **allumage magnétique** : magneto ignition. **allumage par bobine** : coil ignition. **allumage par bougie** : spark-plug ignition. **allumage par boule chaude** : hot-bulb ignition. **allumage par compression** : compression ignition; ignition by compression. **allumage par étincelle** : spark ignition. **allumage par flamme** : flame ignition. **allumage par rupteur** : make-and-break ignition. **allumage prématuré** : preignition. **allumage retardé** : delayed ignition; retarded ignition. **allumage sans cliquetis sur surface chaude** : no-knocking surface ignition. **allumage spontané** : autoignition. **allumage sur surface chaude à avance croissante** : runaway surface ignition.
allumer – ignite (to); kindle (to); light (to). **allumer la mèche** : ignite (to) the fuse.
allumeur *m* – distributor; ignition distributor. **allumeur électrique** : electric igniter.
allure *f* – configuration; rate; running. **allure de la structure** : structural features. **allure de marche** : rating. **allure en chevron** : herringbone pattern, *automatic plotting*. **allure oblique** : oblique configuration. **allure sigmoïde** : sigmoid configuration.
alluvial – alluvial *(geol)*.
alluvion *f* – alluvial deposit; alluvium. **alluvion côtière** : coastal deposit. **alluvion d'étain** : tin placer. **alluvion glaciaire** : glacial till.
alluvionnement *m* – aggradation; alluviation.
alluvionner – aggrade (to).
allylique – allylic.
alourdir – weight (to) up, *drilling fluid*.
alourdissant *m* – weighting material. **alourdissant pour boue de forage** : mud-weighting material *(drill)*.
Alpco – Alpco, *trademark for a series of high-melting waxes and resins*.
alpha – alpha, *letter in the Greek alphabet used as a symbol for : 1) the 1 position in naphthalene ring compounds, 2) relative volatility in distillation, 3) optical rotation, 4) form of radiation consisting of helium nuclei, 5) major allotropic form of a substance*. **alpha-méthylnaphtalène** : alpha-methylnaphthalene, *used as a reference fuel for the cetane number of diesel fuels*. **alpha-oléfine** : alpha-olefin.
alpin – alpine ; Alpine, *said of relatively young mountain-forming events in southern Europe and Asia occurring mainly during the Tertiary era*.
alpinotype *m* – alpinotype tectonics.
alsifilm *m* – alsifilm, *a bentonite gel used mainly for electrical insulation*.
altérable – alterable.
altération *f* – alteration; distortion. **altération chimique** : chemical weathering. **altération de la couleur** : color reversion. **altération due au sel** : salt weathering. **altération potassique** : potassic alteration. **altération superficielle** : surface change; weathering.
altéré – affected; weathered.
altérer – adulterate (to); corrupt (to), *data*; deteriorate (to); distort (to), *a product*; spoil (to).
altérite *f* – alterite, *any residual rock coming from the alteration of a preexisting rock*.
alternance *f* – alternance. **alternance des couches** : alternating of beds; interbedding.
alternateur *m* – alternating-current generator; alternator. **alternateur de secours** : emergency alternator.
alternatif – alternate; alternating; alternative; reciprocating, *fem. alternative*.
alternative *f* – alternative, *a choice between two possibilities*.
alterné – alternate; alternating; alternative.
altimètre *m* – altimeter; height gage. **altimètre laser** : laser altimeter. **altimètre radar** : radar altimeter.
altimétrie *f* – altimetry. **altimétrie radar** : radar altimetry.
altitude *f* – altitude; elevation. **altitude absolue** : absolute altitude, *measured from a zero point which is usually sealevel*. **altitude de la gueule du trou** : shothole elevation. **altitude de vol** : flight altitude. **altitude du plan de référence** : datum elevation. **altitude relative** : relative altitude, *difference in altitude between neighboring high and low points*. **altitude solaire** : solar altitude.
aluminate *m* – aluminate.
alumine *f* – alumina, *aluminum oxide*. **alumine activée** : activated alumina. **alumine hydratée** : alumina trihydrate, *aluminum hydroxide, aluminum hydrate, hydrated alumina, a hydrated aluminum oxide*.
aluminer – aluminize (to).
alumineux – aluminous.
aluminifère – aluminiferous.
aluminite *f* – aluminite *(miner)*.
aluminium *m* – aluminum, *also spelled aluminium, symbol Al*. **aluminium de fonte** : cast aluminum. **aluminium électrolytique** : electrolytic aluminum. **aluminium pur** : pure aluminum.
aluminosilicate *m* – aluminosilicate.
aluminothermie *f* – aluminothermy.
aluminothermique – aluminothermic.
alun *m* – alum. **alun ammoniacal** : ammonia alum. **alun de sodium** : sodium alum *(miner)*.
Alundum – Alundum, *trademark for a series of refractory and abrasive products*.
alunite *f* – alunite, *a naturally occurring aluminum sulfate*.
alunitisation *f* – alunitization *(geol)*.
alunitisé – alunitized.
alunogène *m* – alunogen, *hair salt, feather alum*.
alvéolaire – alveolar; cavernous; cell-like; cellular.
alvéole *f* – cell; interstice.
alvéoline *f* – alveolinid, *foraminifer*.

amagnétique – nonmagnetic.
amalgameur *m* – amalgamator.
amalgamation *f* – amalgamating; amalgamation.
amalgame *m* – amalgam. **amalgame d'argent** : silver amalgam. **amalgame de plomb** : lead amalgam. **amalgame natif** : native amalgam.
amalgamé – amalgamated.
amalgamer – amalgamate (to); fuse (to), *to join by fusion.*
amarrage *m* – berthing; hitch; lashing; mooring. **amarrage à bras rigide** : rigid-arm mooring. **amarrage à chaîne caténaire** : catenary anchor-leg mooring (CALM). **amarrage à patte à ancrage simple** : single-anchor-leg mooring (SALM). **amarrage articulé à flottabilité positive** : articulated positive-buoyancy mooring. **amarrage caténaire** : catenary mooring. **amarrage d'un câble** : capping. **amarrage funiculaire** : mooring system. **amarrage par point unique** : single-point mooring (SPM). **amarrage sur bouée unique** : single-buoy mooring (SBM). **amarrage sur bouée unique en site non abrité** : exposed-location single-buoy mooring (ELSBM). **amarrage sur bouées multiples** : multiple-buoy mooring (MBM). **amarrage sur caténaire avec une seule tige d'ancre** : catenary-anchor-leg mooring (CALM). **amarrage sur point unique avec une seule tige d'ancre** : single-anchor-leg mooring (SALM).
amarre *f* – hawser; mooring line; tether, *a cable preventing subsea equipment from breaking loose*; warp. **amarres de pointe** : bow ropes, *head rope and stern rope.* **amarres de travers** : breast ropes.
amarrer – fasten (to); hitch (to); lash (to); moor (to). **amarrer à couple** : moor (to) alongside.
amas *m* – cluster; pile; pocket; stock *(geol)*. **amas de blocs** : block cluster. **amas de déblais stériles** : heap. **amas de neige** : snowdrift. **amas de cristaux** : colony.
amassage *m* – hoarding.
amateur *m* – amateur, *see also radioamateur.*
amateurisme *m* – amateurism.
amatol *m* – amatol, *explosive mixture of ammonium nitrate and TNT.*
ambiance *f* – ambience. **ambiance météo** : weather forecast. **ambiance vibratoire** : ambient vibration.
ambiant – ambient; surrounding.
ambiguïté *f* – ambiguity. **ambiguïté de distance** : range ambiguity.
ambre *m* – amber, *fossil resin derived from coniferous trees.*
ambrite *f* – ambrite, *a fossil resin from New Zealand.*
âme *f* – core, *of a cable*; web, *of a beam.* **âme d'un câble** : central strand. **âme d'un câble métallique** : wire-rope core. **âme d'un cordage** : filling. **âme de chanvre** : hemp core. **âme de soupape** : valve inside. **âme en acier indépendante** : independent wire-rope core (IWRC). **âme en textile** : central fiber core.
améliorant *m* – improver.
amélioration *m* – enhancement; improvement; promotion. **amélioration d'image** : image enhancement. **amélioration de cohérence** : coherence enhancement. **amélioration du signal** : signal enhancement.
amélioré – enhanced; improved.
améliorer – dope (to); improve (to); reclaim (to); upgrade (to). **améliorer les qualités colloïdales de la boue de forage** : mud (to) up.
aménagement *m* – development; installations; rigging up, *the drill rig.* **aménagement côtier** : coastal engineering. **aménagement de l'emplacement et des accès** : preparation of drilling site and access road *(drill)*. **aménagement des ports** : development of ports. **aménagement du chantier** : site layout. **aménagement du terrain** : site development. **aménagement du territoire** : regional planning. **aménagement forestier** : forest management.
aménagements *m* – facilities.
aménager – harness (to).
amende *f* – fine, *penalty.* **passible d'amende** : finable.
amendement *m* – amendment.
amender – emend (to); reclaim (to).
amenée *f* – delivery; mobilization, *drilling rig.* **amenée et repli** : mobilization-demobilization (MOB-DEMOB), *setting up and dismantling of a drilling rig or of a seismic crew.*
amener – lead (to).
amer *m* – landmark; seamark.
américium *m* – americium, *symbol Am.*
amérissage *m* – landing, *on sea.* **amerrissage forcé** : ditching.
améthyste *f* – amethyst.
ameublissement *m* – loosening, *of ground.*
amiante *m* – asbestos; mountain cork. **amiante ciment** : asbestos cement.
amidation *f* – amidation.
amide *m* – amide.
amidon *m* – starch.
amination *f* – amination.
amincir – thin (to).
amincissant *m* – thinner, *for paint and varnish, and produced from gasoline or kerosine cuts.* **amincissant pour boues de forage** : mud thinner *(drill)*.
amincissement *m* – thinning *(geol)*. **amincissement en coin** : pinch; pinching; pinchout; play out *(geol)*; tailing out *(geol)*; wedging out.
amine *f* – amine. **amine aliphatique** : aliphatic amine. **amine aromatique** : aromatic amine. **amine grasse** : fatty amine. **amine primaire** : primary amine. **amine secondaire** : secondary amine. **amine tertiaire** : tertiary amine.
aminoacide *m* – amino acid.
aminobenzène *m* – aminobenzene, *see aniline.*
aminophénol *m* – aminophenol, *aromatic compound containing one of three possible isomers : meta, ortho or para.*
aminoplaste *m* – aminoplast resin, *class of thermosetting resins resulting from the reaction of an amine with an aldehyde.*
amirauté *f* – admiralty, *see laiton amirauté.*
ammonal *m* – ammonal, *mixture of ammonium nitrate, TNT and aluminum used as an explosive.*
ammoniac *m* – ammonia. **ammoniac anhydre** : anhydrous ammonia.
ammoniaque *f* – ammonium hydroxide; aqua-ammonia.
ammonification *f* – ammonification, *adding ammonia or ammonia compounds to soils.*

ammoniolyse *f* – ammonolysis.
ammonite *f* – ammonite *(pal)*.
ammonium *m* – ammonium, *chemical radical.*
ammonoïde *m* – ammonoid *(pal)*.
ammonoxydation *f* – *see ammoxydation.*
ammoxydation *f* – ammoxidation, *ammonoxidation, oxyamination; catalytic conversion of propylene, ammonia and oxygen mixtures into acrylonitrile.*
amodiataire *m* – lessee.
amodiateur *m* – lessor.
amodiation *f* – farm-in, *the person to whom a farmout agreement or transfer has been made, and also the agreement itself;* farmout.
amodier – farmout (to).
amoindrir – lessen (to).
amoindrissement *m* – lessening, *diminishing, weakening, reduction.* **amoindrissement de crédit** : contraction of credit.
amollissant *m* – softening agent.
amollissement *m* – softening.
amonceler – bank (to). **s'amonceler** : bank (to) up, *of clouds or snow.*
amoncellement *m* – accumulation; heap; pile.
amont *m* – stoss; uphill; upriver; upstream, *in the petroleum industry, operations up to and including production; see also aval.*
amont-pendage *m* – up the dip; updip.
amorçage *m* – crimping; initiation; priming, *of a pump;* striking.
amorce *f* – blasting cap; bootstrap; cap; igniter; initiator; leader; starting. **amorce à étincelle** : spark fuse. **amorce à percussion** : percussion fuse. **amorce à retard** : delay fuse. **amorce de cassure** : incipient crack. **amorce de chute** : drop-off point, *where the drift angle is decreasing, returning to vertical.* **amorce de la déviation** : kickoff point (KOP) *(drill)*. **amorce fulminante** : fulminating cap. **amorce sèche** : fuse.
amorcer – boot (to), *a seismic program;* initiate (to); prime (to); promote (to); scarf (to). **amorcer une charge** : make (to) up, *assembling an explosive.* **amorcer une traction sur une charge** : take (to) a strain on.
amorceur *m* – inducer; initiator; priming cock.
amorphe – amorphous; noncrystalline; structureless; uncrystalline.
amorti – amortized *(fin)*; damped; quenched.
amortir – amortize (to); damp (to); depreciate (to); write (to) off.
amortissable – tangible.
amortissement *m* – amortization; attenuation; damping; decay; depreciation *(fin)*; payout *(fin)*; sinking. **amortissement accéléré** : accelerated depreciation. **amortissement critique** : critical damping. **amortissement de l'onde** : wave attenuation. **amortissement de la houle** : wave decay. **amortissement dégressif** : declining-balance depreciation *(fin)*; declining-balance method *(fin)*; reducing balance; reducing-charge method, *depreciation decreases in time.* **amortissement dégressif à un taux double du taux linéaire** : double declining-balance depreciation. **amortissement économique** : economic depreciation. **amortissement exponentiel** : exponential decay. **amortissement limite** : critical damping. **amortissement linéaire** : straight-line depreciation, *the capital endowment remains constant during the entire lifetime of the property.* **amortissement par tranches annuelles égales** : straight-line depreciation. **amortissement partiel** : writing down, *a sum.* **à amortissement sous-critique** : underdamped. **amortissement total** : writing off, *a sum.* **amortissement visqueux** : viscous damping.
amortisseur *m* – buffer; bumper; cushion; cushioning; dampener; damping device; dashpot; energy disperser; fender; shock absorber; snubber; suppressor. **amortisseur à air** : air cushion. **amortisseur d'aspiration** : suction dampener, *mud pump.* **amortisseur de chocs** : shock absorber. **amortisseur de lacet** : yaw damper. **amortisseur de moufle fixe** : crown-block bumper. **amortisseur de moufle mobile** : traveling-block bumper. **amortisseur de pilonnement** : *see compensateur de pilonnement.* **amortisseur de pulsations** : desurger; pulsation dampener; surge chamber. **amortisseur de vibrations** : vibration damper. **amortisseur des sautes de pression** : surge damper. **amortisseur inférieur** : bottomhole bumper *(drill)*. **amortisseur oléopneumatique** : oleo strut. **amortisseur pneumatique** : air cushioning; pneumatic absorber.
amovible – detachable; loose; removable.
ampélite *f* – ampelite; black shale.
ampérage *m* – amperage, *intensity of a current.*
ampère *m* – ampere, *SI unit of intensity of an electric current, symbol* A. **ampère-mètre carré** : ampere meter squared, *SI unit of electromagnetic moment* ($A.m^2$); ampere square meter, *SI unit of magnetic moment of a particle* ($A.m^2$). **ampère par mètre carré** : ampere per square meter, *SI unit of current density* (A/m^2). **ampère par volt** : ampere per volt, *see siemens.* **ampère seconde** : ampere second, *see coulomb.*
ampère-heure *m* – ampere-hour, *a unit used as a measure of battery capacity.*
ampèremètre *m* – ammeter. **ampèremètre électrodynamique** : electrodynamic ammeter. **ampèremètre électromagnétique** : moving-iron ammeter. **ampèremètre thermique** : hot-wire ammeter, *thermal ammeter.*
ampère-tour *m* – ampere-turn, *obsolete unit of magnetomotive force.*
amphibie – amphibious.
amphibole *f* – amphibole *(miner)*.
amphibolique – amphibolic *(miner)*.
amphibolite *f* – amphibolite, *a crystalloblastic rock consisting mainly of amphiboles.*
amphiboloschiste *m* – hornblende schist; hornschist.
amphidromique – amphidromic, *see point amphidromique.*
amphigène *m* – leucite *(miner)*.
amphiphile – amphiphile, *a molecule that has a polar head attached to a hydrophobic tail.*
amphiprotique – amphiprotic; amphoteric.
amphithéâtre *m* – amphitheater.
ampholyte *f* – ampholyte, *an electrolyte having both acidic and basic characteristics.*
amphotère – amphoteric.
amplificateur *m* – amplifier. **amplificateur à gain binaire** : binary-gain (BG) amplifier. **amplificateur à gain quaternaire** : quaternary-gain amplifier. **amplificateur à hacheur** : chopper amplifier. **ampli-**

ficateur à lampes : vacuum-tube amplifier; valve amplifier. **amplificateur à paroi ondulée** : rippled-wall amplifier. **amplificateur à sauts de gain** : stepped-gain amplifier. **amplificateur à transistors** : transistor amplifier. **amplificateur à variation binaire de gain** : binary-gain (BG) amplifier. **amplificateur à virgule flottante instantanée** : instantaneous floating-point amplifier. **amplificateur de lecture** : sense amplifier. **amplificateur de luminance** : image intensifier. **amplificateur en cascade** : cascade amplifier. **amplificateur intégrateur** : amplifier integrator. **amplificateur magnétique** : magnetic amplifier. **amplificateur opérationnel** : operational amplifier. **amplificateur sans décalage** : drift-free amplifier. **amplificateur sans dérive** : drift-free amplifier. **amplificateur séparateur** : isolation amplifier.

amplification *f* – amplification; gain; magnification.

amplifier – amplify (to); expand (to) *(elec)*.

amplitude *f* – amplitude, *maximum departure of a wave from the average value*; extent; range; stroke. **amplitude analytique** : reflection strength. **amplitude au-dessus du seuil d'écrêtage** : overshoot. **amplitude de crête** : crest amplitude; peak amplitude. **amplitude de l'enveloppe** : reflection strength. **amplitude de l'onde** : wave amplitude. **amplitude de l'enveloppe** : envelope amplitude, *complex-trace analysis*. **amplitude de lacet** : yaw amplitude. **amplitude de réflexion** : reflection strength. **amplitude du rejet** : total throw. **amplitude maximale** : structural relief, *the difference in elevation between the highest and lowest points of a bed or stratigraphic horizon*.

ampoule *f* – ampule; blister; bulb; glass envelope; lamp bulb; phial. **ampoule à décanter** : separating funnel. **ampoule de cokéfaction** : coking bulb. **ampoule électrique** : electric bulb.

amygdaloïde – amygdaloid, *amygdaloidal (geol)*.

amyle *m* – amyl, *a five-carbon aliphatic group*.

amylène *m* – amylene, *pentene, propylethylene*.

A/N – A/D, *abbr. d'analogique à numérique: analog-to-digital*.

anabatique – anabatic, *see vent anabatique*.

anabolique – anabolic *(biochem)*.

anaclinal – anaclinal, *said of a valley or stream running or flowing in the direction opposite to the dip of the strata*.

anaérobie – anaerobic.

anagenèse *f* – anagenesis, *a progressive linear evolutionary change*; progressive development *(geol)*.

anaglaciaire – anaglacial, *early glacial*.

anaglyphe *m* – anaglyph, *stereogram in which two views are superimposed in complementary colors*.

analcime *f* – analcime, *analcite, isometric zeolite*.

analogique – analog. **d'analogique à numérique** : analog-to-digital (A/D).

analogue – counterpart.

analyse *f* – analysis. **analyse à la flamme** : blowpipe analysis. **analyse approximative** : rough analysis. **analyse au tamis** : mesh analysis, *grain-size analysis*. **analyse cepstrale** : cepstrum analysis, cepstral analysis. **analyse chimique** : chemical analysis. **analyse chromatique** : color analysis. **analyse chronoséquentielle** : time-sequential analysis. **analyse classique sur petits échantillons** : conventional core analysis. **analyse combinatoire** : combinatorial analysis, *determining the number of possible outcomes in games of chance by using formulas for computing numbers of combinations and permutations*. **analyse corrélative** : correlation analysis. **analyse coulométrique** : coulometric analysis. **analyse d'arbitrage** : umpire assay. **analyse d'échantillon de carottage latéral** : sidewall core analysis. **analyse d'image** : image analysis. **analyse d'indicatrice hyperbolique** : hyperbolic search. **analyse de contrôle** : check analysis. **analyse de coulée** : ladle analysis, *tubes*. **analyse de coût-avantage** : cost benefit analysis. **analyse de coût-utilité** : cost benefit analysis. **analyse de filtrage** : filter panel. **analyse de forme d'onde** : waveform analysis. **analyse de Fourier** : Fourier analysis. **analyse de grappe** : cluster analysis. **analyse de groupes** : cluster analysis. **analyse de l'eau** : water analysis. **analyse de l'huile brute** : crude-oil analysis. **analyse de la trace** : trace analysis *(seis)*. **analyse de la trace complexe** : complex-trace analysis. **analyse de la valeur** : value engineering, *value analysis, value control*. **analyse de pétrole brut** : crude-oil analysis; crude work-up. **analyse de poste de travail** : job analysis. **analyse de régression** : regression analysis. **analyse de réseau** : network analysis. **analyse de risque** : risk analysis, *probabilistic analysis of the combination of circumstances necessary and sufficient for the occurrence of undesired events, coupled with the study of the scope of the effects of such events if they should occur*. **analyse de signature spectrale** : signature analysis *(remote sensing)*. **analyse de tendance** : trend analysis. **analyse de terrain** : terrain analysis. **analyse de variance** : variance analysis. **analyse de vitesse** : moveout scan. **analyse de vitesses** : velocity analysis *(seis)*. **analyse densimétrique** : float-and-sink analysis. **analyse des carottes** : core analysis, *systematic in-depth examination of core samples*; sample examination *(drill)*; well-core analysis. **analyse des contraintes** : stress analysis. **analyse des coûts** : cost analysis. **analyse des données** : data analysis. **analyse des effluents gazeux** : effluent-gas analysis (EGA). **analyse des huiles moteur usées** : used crankcase-oil testing. **analyse des multiples** : multiples analysis *(seis)*. **analyse des produits de combustion** : combustion analysis. **analyse des sismofaciès** : seismic facies analysis, *the description and geologic interpretation of seismic reflection parameters within systems tracts, including configuration, continuity, amplitude, frequency and interval velocity*. **analyse destructive** : destructive analysis. **analyse diachronique** : diachronic analysis. **analyse dimensionnelle** : dimensional analysis. **analyse discriminante** : discriminant analysis *(math)*. **analyse du bruit** : noise analysis. **analyse du caractère d'une réflexion** : reflection-character analysis. **analyse du marché** : market analysis. **analyse du moindre coût** : least-cost analysis. **analyse du sol** : soil analysis. **analyse électrolytique** : electrolytic analysis. **analyse électrothermique** : electrothermal analysis. **analyse élémentaire** : elemental analysis; elementary analysis; ultimate analysis. **analyse en circuit continu** : onstream analysis. **analyse en composantes principales** : principal-components analysis. **analyse énergétique** : energy audit, *for identifying and accounting for the flows of energy.* **analyse f-k** : f-k analysis, *of frequency and wavenumber.* **analyse factorielle** : factor analysis. **analyse fonctionnelle de systèmes** : systems analysis. **analyse fractionnée** : fractional analysis. **analyse frontale** : frontal analysis. **analyse géochimique** : geochemical analysis. **analyse granulométrique** : particle-size analysis; screen analysis. **analyse granulométrique par sédimentation** : sedimentation analysis, *Stokes' law.* **analyse gravimétrique** : gravimetric analysis. **analyse harmonique** : Fourier analysis; harmonic analysis. **analyse macroscopique** : macroscopic analysis. **analyse microchimique** : microchemical analysis. **analyse microscopique** : microscopic analysis. **analyse multivariée** : multivariate analysis. **analyse numérique** : numerical analysis *(math)*. **analyse par rayons X** : X-ray analysis. **analyse par spectroscopie d'émission** : emission spectral analysis. **analyse par tamisage** : screen analysis; sieve analysis. **analyse par touche** : spot analysis. **analyse par voie humide** : wet analysis. **analyse polarographique** : polarographic analysis, *also called polarography.* **analyse PONA** : PONA analysis, *analysis of paraffins, olefins, naphthenes and aromatics in gasoline.* **analyse ponctuelle** : spot analysis. **analyse qualitative** : qualitative analysis. **analyse quantitative** : quantitative analysis, *the analysis of a gas, liquid or solid sample or mixture to determine its exact composition percentage in terms of elements, radicals or compounds.* **analyse quantitative approximative** : proximate analysis. **analyse quantitative des minerais** : ore assay. **analyse séquentielle** : sequence analysis; sequential analysis. **analyse spectrale** : spectral analysis; spectrum analysis. **analyse statistique** : statistical analysis. **analyse stéréoscopique** : stereoanalysis, *remote sensing.* **analyse structurale** : structural analysis. **analyse sur carottes entières** : whole-core analysis. **analyse sur petits échantillons** : plug-type analysis. **analyse syntaxique** : parsing; syntactic analysis. **analyse T-delta-T** : T-delta-T analysis *(seis)*. **analyse tectonique** : structural analysis. **analyse tensorielle** : tensor analysis. **analyse texturale** : textural analysis. **analyse thermique** : thermal analysis. **analyse thermique différentielle (ATD)** : differential thermal analysis (DTA). **analyse turbidimétrique** : turbidimetric analysis. **analyse vectorielle** : vector analysis. **analyse volumétrique** : volumetric analysis, *of the constituents of a substance.* **analyse volumétrique des gaz** : volumetric gas analysis.

analyser – analyze (to); assay (to).

analyseur *m* – analyzer. **analyseur à rayons ultraviolets** : ultraviolet analyzer. **analyseur d'image** : image dissector. **analyseur de gaz** : gas analyzer. **analyseur de spectre** : spectrum analyzer. **analyseur du son** : sound analyzer. **analyseur électrique** : electric analyzer, *analog model for studying practical problems of hydrocarbon flow in porous media.* **analyseur électrique à réponse rapide** : high-speed electric reservoir analyzer, *for measuring the pressure drop of reservoirs as a function of their production history.* **analyseur en continu** : continuous analyzer. **analyseur harmonique** : harmonic analyzer. **analyseur infrarouge** : infrared analyzer. **analyseur infrarouge non diffuseur** : nondispersive infrared (NDIR) analyzer, *exhaust gas.*

analytique – analytic; analytical.

anamorphisme *m* – anamorphism *(petro)*.

anamorphose *f* – anamorphosis, *optical production of a distorted image.*

anaphorèse *f* – anaphoresis.

anastigmat *m* – anastigmatic lens.

anastigmatique – anastigmatic.

anastomose *f* – braided stream, *anastomosing stream, multiple channel stream divided because the alluvial material it carries exceeds the capacity of the water carrying it.*

anastomosé – braided.

anatase *f* – anatase *(miner)*.

anatexie *f* – anatexis, *melting of preexisting rocks.*

anatexite *f* – anatexite, *rock formed by anatexis.*

anche *f* – reed *(acoust)*.

anchimétamorphisme *m* – anchimetamorphism, *changes in the mineral contents of rocks under the temperature and pressure conditions prevailing in the region between the Earth's surface and the zone of true metamorphism.*

ancien – ancient, *fem. ancienne.* **ancienne ligne de rivage** : ancient coastline; strand line. **ancienne plaine côtière** : ancient coastal plain.

ancienneté *f* – seniority *(personnel)*.

ancrage *m* – anchorage; anchoring; fastening. **ancrage de charge** : charge anchor *(seis)*. **ancrage de la pompe** : insert-pump anchor *(drill)*. **ancrage du brin mort** : deadline anchor *(drill)*. **ancrage du haubanage d'un derrick** : guy anchor. **ancrage dynamique** : dynamic anchoring, *see positionnement dynamique.* **ancrage funiculaire** : traditional anchoring. **ancrage hydraulique** : hydraulic holddown anchor *(drill)*. **ancrage latéral** : sidewall anchor. **ancrage pour terrain rocheux** : rock anchor. **ancrage supérieur** : top hanger *(drill)*.

ancre *f* – anchor. **ancre à empenneler** : kedge anchor. **ancre à jas** : stocked anchor. **ancre à jet** : kedge. **ancre à succion** : suction anchor. **ancre articulée à jas** : articulated stock anchor. **ancre d'empennelage** : piggyback anchor. **ancre de bossoir** : bower, *bower anchor.* **ancre de corps-mort** : mooring anchor. **ancre de démarrage** : hold-back anchor. **ancre de fixation de la colonne de production** : tubing anchor. **ancre de terre** : earth anchor, *used to anchor guy wires for drill rigs and pipelines in marshy ground.* **ancre de touée** : kedge anchor. **ancre flottante** : drogue, *sea anchor.* **ancre pour charge d'explosif** : charge anchor *(seis)*.

ancré – anchored. **bien ancré** : safely anchored.

ancrer – anchor (to); moor (to).

andain *m* – swath, *3D surveying.*

andalousite *f* – andalusite, *orthorhombic mineral;* chiastolite.

andésite *f* – andesite *(petro)*.

andosol *m* – andosol, *or ando soil, formed from volcanic material.*

anéchoïque – anechoic.

anédrique – anhedral *(cryst)*.

anélasticité *f* – anelasticity.

anémomètre *m* – air-flow meter; anemometer; wind dial; wind gage. **anémomètre à fil chaud** :

hot-wire anemometer. **anémomètre à moulinet** : vane anemometer.

anémométrie *f* – anemometry *(meteo)*.

anergie *f* – anergy.

anéroïde – aneroid.

ange *m* – angel echo, *a radar echo with no visible target.*

angle *m* – angle; corner. **angle à droite** : angle right, *measured clockwise.* **angle adjacent** : contiguous angle. **angle complémentaire** : complementary angle. **angle critique** : critical angle. **angle critique de conversion** : second critical angle. **angle d'analyse** : analysis angle. **angle d'approche** : angle of approach. **angle d'attaque d'un câble** : fleet angle, *in hoisting gear, the angle between the sheave and the extreme paying off position on the winding drum.* **angle d'avance** : lead angle. **angle d'écartement** : angle of deflection. **angle d'éclairage** : illumination angle. **angle d'éclairement** : illumination angle. **angle d'élévation** : angle of elevation. **angle d'émergence** : angle of emergence. **angle d'enroulement** : angle of wrap, *of a brake band.* **angle d'équerrage** : beveling. **angle d'équilibre d'un palier lisse** : attitude angle of a journal bearing. **angle d'extinction** : extinction angle. **angle d'incidence** : angle of incidence, *acute angle made by a raypath with the perpendicular to an interface*; bottom rake, *of a bit*; clearance angle; incidence angle. **angle d'incidence rasante** : grazing angle. **angle d'inclinaison** : angle of dip; angle of hade, *the angle of inclination of a vein measured from the vertical*; angle of inclination; angle of tilt. **angle d'intersection** : angle of intersection. **angle d'irradiation** : illumination angle. **angle d'orientation** : angle of orientation *(radar)*. **angle d'ouverture du faisceau radar** : radar look angle. **angle de braquage** : angle of lock; lock angle; steering angle, *of a vehicle.* **angle de Brewster** : Brewster's angle, *polarizing angle.* **angle de calage de la manivelle** : crank angle. **angle de cap** : heading *(nav)*. **angle de carrossage** : camber angle. **angle de champ** : angle of field. **angle de champ de l'objectif photographique** : field of view (FOV). **angle de champ normal** : normal angle of coverage. **angle de chanfrein** : bevel angle *(weld)*. **angle de chasse** : caster angle *(autom)*. **angle de cisaillement** : shear angle. **angle de contact** : angle of contact; contact angle. **angle de contingence** : angle of contact; angle of contingence. **angle de convergence** : lateral tilt. **angle de coupe** : cutting angle. **angle de creux** : dedendum angle. **angle de déclivité** : angle of gradient. **angle de déflexion** : angle of deflection. **angle de dégagement** : rake angle. **angle de dépouille** : relief angle. **angle de dépression** : depression angle, *the angle in the vertical plane between the horizontal and a descending line*; dip angle, *at the horizon.* **angle de dépression à l'horizon** : angle of depression. **angle de dérive** : angle of drift; slip angle, *of a wheel on a vehicle.* **angle de déversement** : swing. **angle de déviation** : angle of deviation; deflection angle; deviation angle *(drill)*. **angle de direction** : angle of strike. **angle de discordance** : angle of unconformity. **angle de faisceau** : beam angle. **angle de filetage** : pitch of thread. **angle de frottement** : angle of friction; friction angle. **angle de gisement** : azimuth angle. **angle de hauteur** : angle of elevation. **angle de jet** : spray angle. **angle de mire** : sighting angle. **angle de mouillage** : wetting angle. **angle de pendage** : angle of dip; angle of slope; dip angle, *the angle that a plane surface or bedding makes with the horizontal.* **angle de pente naturelle** : natural angle of slope. **angle de pertes** : loss angle, *power loss in an inductor or capacitor.* **angle de phase** : phase angle. **angle de pincement statique** : static toe angle, *of a wheel.* **angle de polarisation** : angle of polarization; polarizing angle. **angle de prise de vue** : viewing angle. **angle de réflexion** : angle of reflection. **angle de réflexion spéculaire** : specular angle. **angle de réfraction** : angle of refraction. **angle de repos** : natural angle of slope. **angle de retard** : angle of lag; delay angle; lag angle. **angle de rotation** : angle of rotation; swing angle, *of a stripping shovel.* **angle de roulis** : angle of bank. **angle de site** : elevation angle *(navig)*; longitudinal tilt; y tilt. **angle de strabisme** : squint, *angle of an antenna.* **angle de stratification** : angle of bedding; bedding angle. **angle de talus naturel** : angle of repose, *the maximum angle with respect to the horizontal plane that the surface of a pile of loose material will assume.* **angle de visée** : angle of view, *remote sensing.* **angle de visée du détecteur** : detector look angle. **angle de vision** : viewing angle. **angle de vue** : viewing angle; viewpoint. **angle des faces** : interfacial angle *(cryst)*. **angle droit** : right angle. **angle du plan de faille avec la verticale** : hade of fault. **angle horaire** : hour angle. **angle intérieur** : interior angle. **angle interne** : interior angle. **angle limite** : critical angle; limit angle. **angle mort** : dead angle. **angle mort d'un radar** : radar shadow. **angle normal** : normal angle. **angle oblique** : bevel. **angle optique** : optic angle. **angle plan** : plane angle, *the SI unit is the radian.* **angle rentrant** : reentrant angle *(cryst)*. **angle solaire** : solar angle. **angle solaire minimal** : minimum sun angle. **angle solide** : solid angle. **angle vertical** : vertical angle. **angles d'Euler** : Euler angles *(mech)*.

angström *m* – angström, *a unit of wavelength of light, symbol* Å.

anguille *f* – eel, *streamer.*

angulaire – angular.

angularité *f* – angularity.

anhydre – anhydrous; water-free.

anhydride *m* – anhydride. **anhydride acétique** : acetic anhydride, *acetic oxide, acetyl oxide.* **anhydride carbonique** : carbon dioxide. **anhydride maléique** : maleic anhydride, *2,5-furandione.* **anhydride phosphorique** : phosphoric anhydride. **anhydride phtalique** : phthalic anhydride, *orthophthalic acid, ortho-benzene dicarboxylic acid.* **anhydride propionique** : propionic anhydride. **anhydride sulfureux** : sulfur dioxide, *sulfurous acid anhydride.* **anhydride sulfurique** : sulfur trioxide, *sulfuric anhydride.*

anhydrite *f* – anhydrite, *anhydrous calcium sulfate.*

anhydritique – anhydritic.

anhystérétique – anhysteretic.

anicroche *f* – hitch.

aniline *f* – aniline, *aminobenzene, phenylamine.* **aniline impure** : aniline oil.

anion *m* – anion, *a negatively charged ion.*

anionique – anionic.
Anisien *m* – Anisian, *Middle Triassic stage.*
anisole *m* – anisole, *methyl-phenyl ether.*
anisométrique – anisometric *(miner).*
anisomyaire – anisomyarian, *mollusk.*
anisotrope – anisotropic.
anisotropie *f* – anisotropy, *variation of a physical property depending on the direction in which it is measured.* **anisotropie de texture** : shape anisotropy. **anisotropie élastique** : elastic anisotropy. **anisotropie électrique** : electric anisotropy. **anisotropie horizontale** : horizontal anisotropy. **anisotropie macroscopique** : macroscopic anisotropy. **anisotropie microscopique** : microscopic anisotropy, *well logging.* **anisotropie optique** : optical anisotropy. **anisotropie thermique** : thermal anisotropy.
anisotropique – anisotropic, *aeolotropic.*
anisotropisme *m* – anisotropism.
antiretour – nonreturn.
ankaramite *f* – ankaramite, *olivine-bearing basalt.*
ankérite *f* – ankerite *(miner).*
anneau *m* – bow; eye; ring. **anneau à bille à remplissage permanent** : flexiflow fill-up collar *(drill).* **anneau à soupape** : cement float collar *(drill).* **anneau amovible** : dismantling flange. **anneau conique d'étanchéité** : tapered hermetic ring. **anneau d'amarrage** : mooring ring. **anneau d'essuyage des tiges** : wiper, *for drillpipe coming out of the borehole.* **anneau d'étanchéité** : seal ring. **anneau d'étanchéité du tubage** : casing-seal assembly. **anneau de boue** : mud ring, *a solid ring on well walls opposite a porous formation that has absorbed water from the mud ; the part of a boiler where scale, alkali and sediment collect.* **anneau de butée** : thrust ring. **anneau de cimentation** : float collar (FC), *for preventing backflow of cement during a cementing operation.* **anneau de cisaillement** : shear ring. **anneau de dilatation** : expansion ring. **anneau de Fenske** : Fenske ring, *column packing.* **anneau de fermeture** : lock ring, *an inside-groove flange fitted with four rings controlled from the outside, and used to fasten a sealing plug (pipeline).* **anneau de fermeture automatique** : snap ring. **anneau de fixation** : holding ring. **anneau de fond** : collar step. **anneau de haubanage** : guy ring. **anneau de lanterne** : landing ring, *pump.* **anneau de poussée** : thrust collar. **anneau de protection** : chill ring, *to protect welded joints inside the casing.* **anneaux de Raschig** : Raschig rings, *packing for distillation towers.* **anneau de réglage** : adjusting ring. **anneau de relevage** : pickup ring. **anneau de remplissage** : packing *(ref).* **anneau de renforcement** : compensating ring. **anneau de retenue** : baffle plate; casing clamp *(drill)*; hold-down ring. **anneau de retenue à remplissage différentiel** : differential fill-up collar. **anneau de retenue pour carotte** : core catcher. **anneau de scellage** : seal ring. **anneau de soutènement** : support ring. **anneau de soutien** : backing ring. **anneau de verrouillage** : locking ring. **anneau du gicleur** : nozzle ring. **anneaux empilés** : stacked rings *(ref).* **anneau factoriel** : factor ring, *quotient ring (math).* **anneau fendu** : split ring. **anneau fileté fendu** : split threaded ring. **anneau graisseur** : oil ring. **anneau hélicoïdal** : single-turn ring. **anneau Pall** : Pall ring, *column packing (ref).* **anneau quotient** : quotient ring. **anneau récifal** : reef ring, *see récif and atoll.* **anneau ressort** : spring ring. **anneau serpentin** : multiple-turn ring. **anneau torique** : annulus, *formation water in oil and gas reservoirs traversed by a mud-filled borehole.* **muni d'un anneau** : ringed, *equipped with a reinforcement ring.*
année *f* – year, *a unit of time, symbol a.* **année bissextile** : leap year. **année budgétaire** : fiscal year. **année civile** : calendar year. **année hydrologique** : water year. **année lumière** : light year. **année tropique** : tropical year.
annélide *m* – annelid, *a wormlike invertebrate.*
annexe *f* – annex; appendix, *of a document*; tender, *the boat used for transporting and storing equipment and supplies for offshore drilling operations.* **annexe confirmative** : covering letter.
annonce *f* – advertisement; advice.
annotateur *m* – annotator; editor.
annoter – edit (to).
annuaire *m* – directory; yearbook. **annuaire des marées** : tide tables.
annuel – annual; yearly.
annuité *f* – annuity.
annulaire – annular, *sometimes used as a noun for annulus, a short form of annular space*; ring shaped.
annulation *f* – cancellation; invalidation; muting. **annulation d'essais** : invalidation of test. **annulation d'une concession** : cancellation of a lease.
annuler – cancel (to); correct (to); disaffirm (to); inhibit (to), *an effect*; mute (to), *a trace*; reject (to), *a test*; zero (to), *a trace.* **s'annuler** : cancel (to) out, *two magnitudes.*
anode *f* – anode, *positive electrode.* **anode d'excitation** : excitation anode. **anode insoluble** : insoluble anode. **anode sacrificielle** : sacrificial anode. **anode soluble** : sacrificial anode; soluble anode.
anodique – anodic.
anodisation *f* – anodizing.
anolyte *m* – anolyte, *part of electrolyte near the anode.*
anomalie *f* – anomaly, *deviation from uniformity in physical properties, such as a portion of a geophysical survey that is different in appearance from the survey in general*; jump. **anomalie à l'air libre** : free-air anomaly. **anomalie d'amplitude** : amplitude anomaly. **anomalie d'amplitude forte** : bright spot, *see point brillant.* **anomalie de Bouguer** : Bouguer anomaly, *gravity anomaly calculated after corrections have been made for latitude, elevation and terrain.* **anomalie de glissement** : slide mound, *sedimentary anomaly occurring during geologic periods of low sea-level and closely linked to a lowstand prograding wedge.* **anomalie de la pesanteur** : gravity anomaly. **anomalie de latitude** : latitude anomaly. **anomalie de marée terrestre** : tidal anomaly, *in gravimetry, attraction by the moon and sun.* **anomalie de potentiel spontané** : self-potential anomaly. **anomalie de radioactivité** : radioactivity anomaly. **anomalie de résistivité** : resistivity anomaly. **anomalie de surface** : surface anomaly. **anomalie de vitesse** : velocity anomaly. **anomalie électrique** : electric anomaly. **anomalie électromagnétique** : electromagnetic anomaly. **anomalie**

géochimique : geochemical anomaly. **anomalie géothermique** : geothermal anomaly. **anomalie gravimétrique** : gravity anomaly. **anomalie isostatique** : isostatic anomaly. **anomalie isostatique locale** : local isostatic anomaly. **anomalie locale** : local anomaly. **anomalie magnétique** : abnormal variation; magnetic anomaly. **anomalie optique** : optical anomaly. **anomalie photogéologique** : photogeologic anomaly. **anomalie régionale** : regional anomaly. **anomalie résiduelle** : residual anomaly. **anomalie stérique** : specific-volume anomaly *(ocean)*; steric anomaly *(ocean)*. **anomalie superficielle** : surface anomaly. **anomalie thermique** : thermal anomaly. **anomalie topographique** : topographic anomaly.

anomère *m* – anomer, *stereoisomer of sugar.*

anormal – abnormal; anomalous; freak.

anorogénique – anorogenic.

anorthite *f* – anorthite; calciclase; lime feldspar.

anorthose *f* – anorthoclase, *an alkali feldspar*; soda orthoclase *(miner)*.

anorthosite *f* – anorthosite, *a plutonic rock.*

anoxie *f* – anoxia *(biol)*.

anoxique – anoxic, *see also anaérobie.*

anse *f* – bail; bight; cove; creek; ear; handle. **anse de crochet** : hook line *(drill)*. **anse de la tête d'injection** : swivel bail.

antagoniste – antagonistic.

antécédent – antecedent, *see cours d'eau antécédent.*

antéclise *f* – anteclise, *an uplifted structure on the continental platform.*

antéglaciaire – *see préglaciaire.*

antenne *f* – aerial; antenna; array, *of a seismic source or receiver*; boom; branch line *(pipeline)*; pattern. **antenne à faisceau filiforme** : pencil-beam antenna. **antenne à large bande** : broadband antenna. **antenne accordée** : tuned antenna. **antenne anisotropique** : anisotropic antenna. **antenne apériodique** : aperiodic antenna. **antenne de réception** : receiving antenna. **antenne directive** : directional antenna. **antenne fictive** : artificial antenna; dummy antenna. **antenne fouet** : whip antenna. **antenne hélicoidale** : helical antenna. **antenne isotrope** : isotropic antenna; unipole. **antenne omnidirectionnelle** : omnidirectional antenna. **antenne parabolique** : parabolic antenna. **antenne prismatique** : cage aerial. **antenne radar** : radar antenna. **antenne réelle** : real aperture. **antenne synthétique** : synthetic antenna.

antérieur – front.

antériorité *f* – priority, *patent.*

anthracène *m* – anthracene.

anthracite *m* – anthracite, *coal of the highest rank*; hard coal; stone coal.

Anthracolithique *m* – *system covering the entire Carboniferous and Permian.*

anthraxolite *f* – anthraxolite, *variety of asphaltoid.*

anthropique – anthrogenic, *relating to the impact of man on nature.*

anthropogénique – *see anthropique.*

anthropozoïque – anthropozoic *(geol)*.

antiacide – antiacid.

antibactérien – antibacterial.

antibélier *m* – desurger.

antibiotique *m* – antibiotic.

antibrouillage *m* – antijamming.

antibruit – antinoise.

antibuée – antifogging; mist preventive.

antibulle – bubble tight.

anticatalyse *f* – *see inhibition.*

anticathode *f* – anticathode.

antichoc – antishock; shockproof.

anticipation *f* – anticipation.

anticlinal *m* – anticline, *see also pli.* **anticlinal affleurant** : exposed anticline. **anticlinal allongé** : elongated anticline. **anticlinal asymétrique** : asymmetric anticline. **anticlinal chauve** : bald-headed anticline, *an upfold whose crest has been deeply eroded prior to later deposition.* **anticlinal complexe** : anticlinorium. **anticlinal de compensation** : rollover anticline. **anticlinal de fond** : arch. **anticlinal de tassement** : draping anticline. **anticlinal déversé** : overturned anticline. **anticlinal faillé** : faulted anticline. **anticlinal fermé** : closed anticline. **anticlinal incliné** : inclined anticline. **anticlinal ouvert** : open anticline. **anticlinal plongeant** : plunging anticline. **anticlinal régional** : regional anticline. **anticlinal renversé** : recumbent anticline. **anticlinal secondaire** : secondary anticline; subsidiary anticline *(geol)*. **anticlinal symétrique** : symmetrical anticline *(geol)*.

anticlinal – anticlinal, *fem. anticlinale.*

anticlinorium *m* – anticlinorium; composite anticline *(geol)*. **anticlinorium normal** : normal anticlinorium, *in which the axial planes of the secondary folds converge toward the bottom.*

anticliquetis *m* – antichatter.

anticoagulant *m* – anticoagulant.

anticoïncidence *f* – anticoincidence.

anticollision *f* – anticollision.

anticongélateur – antifreezing.

anticorrosif – anticorrosive, *fem. anticorrosive.*

anticorrosion – anticorrosion.

anticyclone *m* – anticyclone.

antidécomposition *f* – antidecompostion.

antidéflagrant – explosionproof; flameproof.

antidérapant – antiskid; nonskid; skidproof.

antidétonant *m* – octane-number improver.

antidétonant – antiknock, *fem. antidétonante.*

antidune *f* – antidune, *a transient sand wave migrating upcurrent on a stream bed.*

antiécume – antifroth.

antiépicentre *m* – anticenter *(seis)*.

antifatigue – antifatigue.

antiferromagnétisme *m* – antiferromagnetism.

antifloculant *m* – dispersing agent.

antiforme *f* – antiform, *a fold in which the beds dip in opposite directions from the crest.*

antifriction – antifriction; frictionproof. **garni d'antifriction** : babbitt-lined.

antifrictionné – babbitt lined.

antifumée – antismoke.

antigel *m* – antifreeze; antifreezing. **antigel à base d'alcool** : alcohol-type antifreeze.

antigélif *m* – freeze resisting agent, *for concrete.*

antigiratoire – nonspinning.

antigorite *f* – antigorite, *lamellar serpentine.*

antigrincement – antisquawk.

antigrippant – antiseize; antisticking.

antihalo *m* – antihalation.
antiliant – antibonding.
antimagnétique – antimagnetic, *constructed so as to avoid the influence of magnetic fields.*
antimigration *f* – reverse migration *(seis)*.
antimoine *m* – antimony, *symbol Sb*; stibium.
antimoisissure *m* – slimicide.
antimoniure *m* – antimonide.
antimousse *m* – antifoaming agent; defoaming agent; foam breaker; foam inhibitor.
antimoyenne *f* – antiaverage.
antinodal – antinodal.
antioxydant *m* – antioxidant. **antioxydant aminé** : amine antioxidant.
antioxygène *m* – *see antioxydant.*
antiparasitage *m* – interference reduction; interference suppression.
antiparasite *m* – suppressor, *used to eliminate noise or signals interfering with a communications system.*
antiparasité – suppressed.
antiparticule *f* – antiparticle.
antiperoxyde – antiperoxide, *see additif antiperoxyde.*
antipétrole – antipetroleum, *see produit antipétrole.*
antipilonnement – antiheave.
antipodal – antipodal *(geog)*.
antipodes *m* – antipodes *(geog)*.
antiradiation – antiradiation.
antiredéposition *f* – antiredeposition, *action of maintaining insoluble particles in suspension.*
antirefroidisseur – anticooling.
antirésonance *f* – antiresonance.
antiretour – one way.
antironflette *f* – humbucking.
antirouille *m* – rust preventive. **antirouille en couche mince** : thin-film rust preventive. **antirouille visqueux** : thick-film rust preventive.
antirouille – antirust; rustproof.
antiroulis – antiroll.
antisalissure – antifouling, *intended to prevent fouling of underwater structures (hulls, bottoms of ships, buoys, pilings)*.
antiseptique *m* – germicide.
antisignal *m* – inverse filter; inverse signal.
antisolvant *m* – antisolvent.
antistatique – antistatic.
antisymétrique – skew symmetric.
antithétique – antithetic, *occurring in direct opposition, such as a fault dipping in the direction opposite to the dip of the displaced rock.*
antithixotropie *f* – antithixotropy, *when the apparent viscosity of a fluidifying body increasingly depends on the duration of flow and when the body returns to its initial state after a relatively long time at rest.*
antiusure – antiwear.
antivibration – antivibration.
antivieillisseur *m* – antiager.
apatite *f* – apatite *(miner)*.
aperçu *m* – outline.
apériodique – aperiodic; dead beat.
apériteur *m* – leading insurer; leading underwriter.
apesanteur *f* – weightlessness; zero gravity, *see also impesanteur.*
aphanitique – aphanitic, *referring to the texture of igneous rocks having crystalline components that cannot be distinguished by the unaided eye.*
aphélie *m* – aphelion *(astron)*.
aphotique – aphotic, *see zone aphotique, zone disphotique, zone euphotique.*
aphytal – *see zone aphytale.*
aplanat *m* – aplanat *(phot)*.
aplanétique – aplanatic *(opt)*.
aplani – flattened.
aplanir – even (to); flatten (to); level (to).
aplanissement *m* – leveling; planation. **aplanissement karstique** : karstic degradation *(pedol)*.
aplati – flattened; oblate; platy; tabular.
aplatir – clinch (to), *to clench*; flatten (to); upset (to).
aplatissement *m* – clinching, *clenching, of rivets*; flatness; flattening; jumping; jumping-up, *upsetting of rivets*; oblateness, *of an ellipsoid.* **aplatissement d'une ellipse** : ellipticity, *degree of flattening of an ellipse.*
aplite *f* – aplite, *a fine-grained igneous rock.*
aplitique – aplitic, *see texture aplitique.*
aplomb *m* – equilibrium.
apnée *f* – apnea.
apochromatique – apochromatic.
apodisation *f* – apodization; apodizing.
apogée *m* – apogee.
apolaire – apolar.
apomagmatique – apomagmatic.
apophyse *f* – apophysis *(geol)*; offshoot; tongue. **apophyse d'un filon** : skew *(geol)*; spur.
appalachien – Appalachian, *see orogénèse appalachienne, relief appalachien.*
apparaux *m* – apparel, *equipment of a ship for mooring, towing or hoisting operations*; gear. **apparaux de bord** : ship's gear. **apparaux de terre** : shore gear.
appareil *m* – apparatus; appliance; gear; unit. **appareil à dessiner** : drafting machine. **appareil à enregistrements multiples** : multiple-shot survey instrument, *to determine the profile of a well.* **appareil à gouverner** : steering gear. **appareil Abel** : Abel closed tester, *for the closed-cup determining of the flash point of kerosine and other volatile oils.* **appareil agrandisseur** : enlarger. **appareil auxiliaire** : standby equipment. **appareil Cleveland à vase ouvert** : Cleveland open-cup tester, *used for determining the flash and fire points of all petroleum products except for fuel oils.* **appareil d'éclairage** : lighting fixture. **appareil d'essai** : test apparatus; tester. **appareil d'essai à contre-poids** : deadweight tester. **appareil d'essai à vase ouvert** : open-cup tester. **appareil d'essai de dureté** : hardness tester. **appareil d'essai de dureté Rockwell** : Rockwell hardness tester. **appareil d'essai de puits** : well tester. **appareil d'intervention sur puits en production** : servicing rig. **appareil d'Orsat** : Orsat analyzer, *an instrument for analyzing flue and combustion gases.* **appareil de battage** : pile driver. **appareil de chauffage des locaux** : space-heating appliance. **appareil de chauffage individuel** : space heater. **appareil de chauffage par convection** : convector. **appareil de classement** : classifier. **appareil de classement**

Dorr : Dorr classifier, *a flow classifier with outlets for sand and slime.* **appareil de connexion** : switching device. **appareil de contrôle** : control apparatus; control device. **appareil de contrôle automatique** : controller. **appareil de contrôle des tubages** : casing-failure elimination tool. **appareil de contrôle différentiel** : differential controller. **appareil de détection de défauts** : flaw detector. **appareil de distillation** : distillation apparatus; still. **appareil de distillation continue** : continuous still, *as opposed to a batch still.* **appareil de distillation des huiles lubrifiantes** : lubricating-oil still. **appareil de distillation discontinue** : batch still, *operating with limited feed batches.* **appareil de distillation moléculaire centrifuge** : centrifugal molecular still. **appareil de distillation sous vide** : vacuum still. **appareil de forage** : drill rig; drilling rig; rig. **appareil de forage à architecture modulaire** : modular rig. **appareil de forage à injection** : washboring rig. **appareil de forage à terre** : land rig. **appareil de forage appartenant aux compagnies pétrolières** : company-owned rig. **appareil de forage appartenant aux entrepreneurs de forage** : contractor-owned rig. **appareil de forage au câble** : cable rig. **appareil de forage aux tiges pleines** : pole drill, *a churn drill in which the drillstem is rigidly connected to the reciprocating beam.* **appareil de forage avec barge d'assistance** : tender-assisted rig. **appareil de forage brise-glace** : ice-cutting rig; rotary ice-paring rig. **appareil de forage canadien** : Canadian rig. **appareil de forage désarmé** : idle rig. **appareil de forage diesel-électrique** : diesel-electric drilling rig. **appareil de forage électrique** : electric rig. **appareil de forage en mer** : offshore drilling rig. **appareil de forage héliporté** : helirig. **appareil de forage incliné** : slant rig. **appareil de forage multipuits** : multiwell rig. **appareil de forage par battage** : percussion rig; spudder. **appareil de forage par vibrations** : sonic drill, *vibrations are produced by the rotation of oscillator weights driven by a high-speed mud turbine.* **appareil de forage repliable** : jackknife rig, *a drill rig with a foldable mast.* **appareil de forage robotisé** : robotic rig. **appareil de forage submersible** : submersible drilling rig, *for shallow water.* **appareil de forage super-lourd** : ultraheavy rig. **appareil de forage terrestre** : land rig. **appareil de forage triangulaire** : three-pole derrick. **appareil de Hess** : Hess tester, *for determining the aromatic carbon content of an oil.* **appareil de laboratoire** : laboratory apparatus. **appareil de levage** : hoisting gear; lifting device; lifting gear; pulling unit *(drill)*; tackle assembly *(drill)*. **appareil de manoeuvre** : racker, *for drillpipe.* **appareil de mesure** : measuring device. **appareil de mesure à affichage digital** : digital measuring instrument. **appareil de mesure de l'isolement** : insulation testing set. **appareil de mesure de niveau** : gage equipment. **appareil de mesure des distances** : distance meter. **appareil de mesure du délai d'allumage** : ignition-delay meter. **appareil de mesure du point de rosée** : dew-point meter. **appareil de mesure enregistreur** : recording-measuring instrument. **appareil de mesure indicateur** : indicating-measuring instrument. **appareil de mesure intégrateur** : integrating-measuring instrument. **appareil de nettoyage** : cleaner. **appareil de plongée** : diving apparatus. **appareil de pose** : setting tool *(drill)*. **appareil de prise de vues à plaques** : plate camera. **appareil de prises de vues stéréoscopiques** : stereoscopic camera. **appareil de protection** : guard. **appareil de quotation** : rating apparatus. **appareil de réanimation** : resuscitation apparatus; resuscitator, *safety equipment.* **appareil de reconditionnement** : workover rig. **appareil de reconditionnement des puits** : servicing unit. **appareil de redressement** : rectifier. **appareil de réglage** : control element. **appareil de repêchage de tubes** : tubing catcher *(drill)*. **appareil de reproduction** : copy camera. **appareil de restitution** : plotter. **appareil de restitution de photographies obliques** : oblique plotting instrument. **appareil de restitution photogrammétrique** : plotting machine. **appareil de restitution simplifié** : simplified plotter. **appareil de restitution universel** : universal plotter. **appareil de retrait du moufle et du crochet** : block-and-hook retractor. **appareil de sauvetage** : rescue apparatus. **appareil de secours** : standby equipment. **appareil de sécurité** : safety apparatus. **appareil de signalisation** : traffic lights. **appareil de sondage** : boring rig. **appareil de soudage** : soldering apparatus; welding apparatus. **appareil de stabilisation** : stabilizer. **appareil de stéréorestitution** : stereoplotter. **appareil de surveillance** : monitor. **appareil de vérification** : prover. **appareil de vissage des tiges** : drillpipe spinner. **appareil Dean et Stark** : Dean and Stark apparatus, *laboratory equipment for measuring the amount of water present in an oil.* **appareil diesel-électrique** : diesel-electric rig, *a drilling rig powered by diesel engines driving electric generators.* **appareil électroménager** : home appliance; household appliance. **appareil en vase clos de Tagliabue** : Tag closed-cup tester, *used in the laboratory to determine the flash point of petroleum liquids in the range up to 80°C (see Tag)*. **appareil enregistreur** : recorder; recording instrument. **appareil enregistreur à bandes** : strip-chart instrument. **appareil enregistreur de pression** : pressure recorder. **appareil fixe** : fixture. **appareil Gray** : Gray's tester, *used for determining the flash point of heavy oils with a closed-cup method.* **appareil moteur** : prime mover. **appareil Pensky-Martens à creuset fermé** : Pensky-Martens closed tester, *used for determining the flash point.* **appareil photographique** : camera. **appareil rafraîchisseur** : cooler. **appareil respiratoire** : breathing apparatus. **appareil respiratoire autonome** : self-contained breathing apparatus. **appareil sismique** : seismic apparatus; seismic instrument. **appareil turbopropulsé** : turboprop aircraft. **appareil vendu en pièces détachées** : kit.

appareillage *m* – casting off, getting under way *(naut)*; assembly; device; equipment; instrumentation; instruments. **appareillage d'entrée** : input equipment. **appareillage de craquage** : cracking still, *the furnace, reaction chamber and fractionator.* **appareillage de pulvérisation de dispersants** : spraying equipment, *offshore pollution.* **appareillage de saisie de données aéroporté** : airborne data-acquisition system (ADAS).

appareiller – cast (to) off; pair (to); rig (to); string (to) up, *preparing blocks and cables for tripping tubulars into or out of a well.*

apparence *f* – appearance; look.

apparent – apparent.
apparié – paired.
appariement *m* – matching. **appariement de formes** : pattern matching.
apparition *f* – appearance.
appauvri – impoverished.
appauvrissement *m* – impoverishment.
appel *m* – call; calling. **appel d'air** : indraft. **appel d'offres** : call for bids; call for tenders; invitation to bid; tender invitation. **appel téléphonique** : phone call. **indicatif d'appel** : call letter.
appellation *f* – designation. **appellations courantes** : standard designation, *catalog*. **appellations des huiles pour moteurs** : designations for automotive oils.
appentis *m* – lean-to; shed.
applicabilité *f* – applicability.
application *f* – application; coat; coating; laying on. **application d'un revêtement protecteur** : coating and wrapping, *pipe*. **application d'une théorie** : application of a theory.
appliqué – applied.
appliquer – apply (to).
appoint *m* – makeup.
appontement *m* – landing dock; wharf. **appontement flottant à point unique** : single-point-mooring pier (SPMP). **appontement pétrolier** : oil wharf.
apport *m* – deposit *(geol)*; feeder; input; intake. **apport calorifique** : heat input; input heat *(engine)*. **apport d'air** : air supply. **apport de capitaux** : capital inflow *(fin)*. **apport de catalyseur frais** : fresh catalyst makeup. **apport de chaleur** : heat supply; heat uptake. **apport de fleuves** : river drift; river load. **apport en nature** : investment in kind. **apport terrigène** : sediment supply; terrigenous deposit.
apports *m* – drift *(hydrol)*.
appréciable – appreciable.
appréciation *f* – assessment; estimate; valuation. **appréciation des risques pour la santé** : health risk assessment.
apprécier – appreciate (to); assess (to); estimate (to).
apprentissage *m* – learning. **apprentissage automatique** : machine learning. **apprentissage inductif** : inductive learning.
apprêt *m* – dressing; finishing; size; sizing.
apprêter – dress (to).
apprêture *f* – sizing.
approbation *f* – approval.
approché – approximate; proximate; rounded off.
approfondi – elaborate.
approfondir – deepen (to). **approfondir le trou** : make (to) hole.
approfondissement *m* – deepening.
approprié – pertinent; suitable.
approvisionnement *m* – laying in; procurement; supply. **approvisionnement des stocks** : stock replenishment. **approvisionnement du pétrole brut** : crude-oil supply. **approvisionnement en combustible** : fueling. **approvisionnement en eau** : water supply. **approvisionnement en vivres** : stores supply. **approvisionnement intérieur** : domestic supply.
approvisionner – cater (to).
approximation *f* – approximation. **approximation de Born** : Born approximation, *method for computing cross-sections in scattering problems in quantum mechanics*. **approximation de Tchebychev** : Chebyshev approximation, *min-max technique (math)*. **approximations successives** : iteration; successive approximations.
appui *m* – counterfort; support. **appui simple** : surface bearing.
appuyer – ground (to).
âpre – pungent.
après – after. **après forage** : way out *(drill) see also en cours de forage*. **après sommation** : post-stack.
aprotique – aprotic *(chem)*.
Aptien *m* – Aptian, *Lower Cretaceous stage*.
aptitude *f* – ability. **aptitude à l'adhésivité** : tack. **aptitude à l'inflammation** : ignition quality, *of a fuel*. **aptitude à la coloration** : colorability. **aptitude à la gélification** : jellying ability. **aptitude à la trempe** : hardening capacity. **aptitude au clivage** : cleavability. **aptitude au craquage** : crackability. **aptitude au démarrage** : startability. **aptitude au façonnage** : workability. **aptitude au fonçage** : drivability, *for piles*. **aptitude d'un carburant au démarrage** : fuel starting ability.
aquaculture *f* – aquiculture, *or aquaculture*.
Aquaflex – Aquaflex, *tradename for an offshore seismic-energy source*.
Aquapulse – Aquapulse, *tradename for an offshore seismic-energy source*.
aquation *f* – aquation *(chem)*.
aqueduc *m* – aqueduct; culvert.
aqueux – aqueous; watery.
aquifère *m* – aquifer; water zone. **aquifère à nappe semicaptive** : leaky aquifer. **aquifère actif** : water drive. **aquifère infini** : infinite aquifer. **aquifère perché** : perched aquifer.
aquifère – aquiferous; waterbearing.
ARA – ARA, *Amsterdam-Rotterdam-Antwerp market area*.
arabe léger – Arabian light, *benchmark crude oil from Saudi Arabia*.
arable – arable.
arachide *f* – groundnut; peanut. **huile d'arachide** : peanut oil, *earth-nut oil, groundnut oil*.
aragonite *f* – aragonite *(miner)*.
araignée *f* – poor boy, *fishing tool*; spider, *a fishing tool for recovering small and medium-size pieces*.
aralkyle *m* – aralkyl, *an aryl radical in which a hydrogen atom has been replaced by an alkyl radical*.
aramide *m* – aramid, *a class of highly aromatic polyamide fibers having flame-retardant properties*.
arasé – truncated.
arasement *m* – striking; truncation. **arasement du sol** : grading.
arbitrage *m* – arbitration; umpirage.
arbitre *m* – arbitrator; referee.
arborescence *f* – arborescence.
arborescent – arborescent; dendritic.
arbre *m* – arbor; axle; shaft; spindle; tree. **arbre à cames** : camshaft; wiper shaft. **arbre à cames en tête** : overhead camshaft. **arbre à cannelure** : fluted shaft. **arbre à excentrique** : eccentric shaft. **arbre à grande vitesse** : high-speed shaft. **arbre à**

la cardan : Cardan shaft. **arbre cannelé** : grooved shaft; splined shaft. **arbre conduit** : driven shaft. **arbre creux** : hollow shaft; tubular shaft. **arbre d'allumeur** : distributor shaft. **arbre d'attaque** : high-speed shaft. **arbre d'équilibrage** : equilibrium shaft. **arbre d'essieu** : axle shaft. **arbre d'induit** : armature shaft. **arbre de cabestan** : catshaft. **arbre de cause** : *see arbre de défaillances.* **arbre de commande** : drive shaft; driving shaft; feed shaft *(drill)*. **arbre de décision** : decision tree, *see also arbre de défaillances.* **arbre de défaillances** : fault tree. **arbre de distributeur** : distributor shaft. **arbre de distribution** : distributor shaft. **arbre de distribution d'allumage** : ignition camshaft. **arbre de force** : power-takeoff shaft. **arbre de l'hélice** : propeller shaft. **arbre de levée** : cog shaft. **arbre de Noël** : Christmas-tree, *all the wellhead valves for controlling the flow rate of a well.* **arbre de Noël monté et testé** : rigged-up and tested Xmas tree. **arbre de pivotement** : hinge shaft. **arbre de prise de mouvement** : power-takeoff shaft *(engine)*; PTO shaft. **arbre de production** : wellhead assembly. **arbre de renvoi** : countershaft; idler shaft; jack shaft. **arbre de roue motrice** : axle shaft. **arbre de surforage** : washover string. **arbre de torsion** : torsion shaft. **arbre de transmission** : connecting shaft; drive shaft; gear shaft; transmission shaft. **arbre du harnais d'engrenages** : gear shaft. **arbre entraîné** : driven shaft. **arbre fou** : loose axle. **arbre incliné** : rocker shaft. **arbre intermédiaire** : countershaft; lay shaft. **arbre intermédiaire arrière** : jack shaft. **arbre menant** : drive shaft *(drill)*. **arbre mené** : output shaft. **arbre moteur** : drive shaft; driving shaft; engine shaft; main shaft. **arbre plein** : one-piece axle. **arbre primaire** : clutch shaft. **arbre principal** : line shaft; main shaft. **arbre principal du treuil de forage** : main drive shaft. **arbre profilé** : fluted shaft. **arbre tournant à demivitesse** : half-speed shaft. **arbre transversal de frein** : brake cross shaft.

arc *m* – arc; arch; bow; hog, *condition of a keel due to loading so that a concave arc results.* **arc au charbon** : carbon arc, *(elec)*. **arc de plissement** : arc of folding *(geol)*. **arc de soudage** : welding arc. **arc électrique** : electric arc. **arc insulaire** : island arc, *a group of islands with a curving archlike pattern*; island chain.

ARC – CRM, *abbr. aimantation rémanente chimique : chemical remanent magnetization.*

arc-boutant *m* – abutment.

arc-bouter – buttress (to).

arceau *m* – bow.

arc-en-ciel *m* – rainbow, *iridescent patches made by oil on the surface of water.*

Arcer – Arcer, *tradename for a high-powered sparker.*

archaeocyathidé *m* – archaeocyathid *(pal)*.

arche *f* – arch. **arche du glacier** : glacier cave. **arche marine** : marine arch. **arche naturelle** : rock arch. **arche négative** : trough, *of a signal.* **arche positive** : peak.

Archéen *m* – Archean, *early Precambrian.*

Archéozoïque *m* – Archeozoic, *early Precambrian time or Archean.*

Archie – Archie, *see formule d'Archie.*

Archimède – *see principe and vis d'Archimède.*

archipel *m* – archipelago.

architecture *f* – architecture; configuration. **architecture à la Janus** : Janus configuration, *an arrangement of transducers.* **architecture de réseau** : network architecture, *computer.* **architecture navale** : naval architecture.

archives *f* – files; record.

arctique – arctic.

ARD – DRM, *abbr. of aimantation rémanente dépositionnelle, depositional remanent magnetization ; and of aimantation rémanente détritique, detrital remanent magnetization.*

ardoise *f* – slate. **ardoise de couverture** : roof slate; roofing slate.

are *m* – are, *a unit of area, used for agrarian measurement, 1 a = 100 m².*

aréisme *m* – arheism, *absence of runoff or surface drainage.*

arénacé – arenaceous *(geol)*.

arène *m* – arene, *aromatic hydrocarbon.*

arène *f* – grit, *a coarse sand.* **arène granitique** : quartz sand.

arénisation *f* – arenaceous disintegration.

arénite *f* – arenite *(petro)*.

arénolutite *f* – arenolutite *(petro)*.

arénorudite *f* – arenorudite *(petro)*.

aréomètre *m* – hydrometer, *for determining the specific gravity or density of liquids.* **aréomètre à poids constant** : constant-weight hydrometer. **aréomètre à volume constant** : constant-volume hydrometer.

arête *f* – cant; chine; crest; edge; edge side; ridge. **arête anticlinale** : anticlinal crest. **arête de faîte** : dividing crest. **arête en biseau** : feather edge. **arête médiane** : dividing edge. **arête synclinale** : trough line. **à arêtes vives** : sharp-edged.

argent *m* – fund; money; silver, *symbol Ag.* **argent comptant** : cash. **argent métallique** : metallic silver. **argent natif** : native silver.

argentifère – argentiferous; silver-bearing.

argile *f* – clay; shale. **argile à anhydrite** : anhydritic clay. **argile à blocaux** : boulder clay; till. **argile à briques** : brick clay. **argile à faible rendement** : low-yield clay *(drill)*. **argile à poterie** : argil; potter's clay. **argile à racines** : root clay. **argile à silex** : flint clay. **argile à varves** : varved clay. **argile adsorbante** : adsorbent clay. **argile anhydritique** : anhydritic shale. **argile bigarrée** : mottled clay. **argile calcaire** : calcareous shale. **argile collante** : sticky clay. **argile colloïdale** : colloidal clay. **argiles d'abandon** : abandonment shales, *deposited in turbidity channels on basin floor fans when such fans become inactive.* **argile de faille** : fault gouge. **argile à haut rendement** : high-yield drilling clay. **argile de frottement** : gouge. **argile dolomitique** : dolomitic shale. **argile ferrugineuse** : iron clay. **argile filtrante** : filtering clay. **argile gonflante** : swelling clay. **argile grasse** : fat clay; rich clay; unctuous clay. **argile gypsifère** : anhydritic shale; gypsiferous clay. **argile indurée** : claystone. **argile limoneuse** : clay loam; silty clay. **argile litée** : bedded clay. **argile maritime d'âge récent** : young marine clay. **argile marneuse** : marl clay. **argile native** : native clay. **argile noduleuse** : nodular shale. **argile ocreuse** : ocherous clay. **argile plastique** : ball clay; fat clay; fatty clay; long clay; plastic clay; soft clay. **argile pour boue salée** : salt-resistant clay. **argile rapide** : quick clay. **argile réfractaire** :

fireclay; firestone; refractory clay. **argile résiduaire** : residual loam. **argile rubanée** : banded clay. **argile sableuse** : sandy clay; sandy shale. **argile salifère** : saliferous clay; saliferous shale. **argile schisteuse** : clunch; slate clay. **argile schisteuse compacte** : dense shale. **argile sous-compactée** : undercompacted shale. **argile stratifiée** : laminated shale. **argile téguline** : tile clay.

argileux – argillaceous; clayey; clayish; dirty, *indicating sand with a high clay content*; shaly.

argilière *f* – clay pit.

argilisation *f* – argillization.

argilite *f* – argillite, *compact rock formed from claystone, siltstone or shale, but with a greater degree of induration than its components*; rock clay.

argilocinèse *f* – shale diapirism.

argilosité *f* – shaliness.

argon *m* – argon, *symbol Ar.*

Argos – Argos, *offshore locating system.*

Argovien *m* – Argovian, *Upper Jurassic stage.*

argument *m* – argument *(math)*.

ARI – IRM, *abbr. aimantation rémanente isotherme, isothermal remanent magnetization.*

aride – arid; barren; dry.

aridité *f* – dryness.

arithmétique *f* – arithmetic, *a branch of mathematics.*

arithmétique – arithmetic, arithmetical.

arkose *f* – arkose, *a feldspar-rich sandstone*; granite wash, *material eroded from granite outcrops and redeposited to form a rock having much the same mineral constituents as the original granite.*

arkosique – arkosic.

armateur *m* – shipowner; shipping interest.

armature *f* – grating; truss. **armature de tuyau** : hose insert. **armature étoile** : star-connected armature.

armé – armored.

armement *m* – commissioning, *of a ship*; equipping, *offshore platform*; fitting out, *offshore platform.* **armement pétrolier** : tanker tonnage.

armer – commission (to), *a ship*; equip (to), *a ship*; fit (to) up.

armoire *f* – chest. **armoire à boue** : mud box, *to protect drillers from being spattered by mud*; mud saver. **armoire à glace** : mother hubbard, *slang for armoire à boue.* **armoire aux outils** : tool chest.

armure *f* – armoring; reinforcement; tension layer, *cable.* **armure articulée** : armored diving suit. **armure de câble** : cable armor.

ARN – NRM, *abbr. for aimantation rémanente naturelle : natural remanent magnetization*; RNA, *abbr. of acide ribonucléique : ribonucleic acid.*

aromaticité *f* – aromaticity.

aromatique – aromatic.

aromatiques *f* – aromatics, *unsaturated cyclic hydrocarbons.* **sans aromatiques** : aromatics-free.

aromatisant *m* – flavoring agent.

aromatisation *f* – aromatization.

arpent *m* – arpent, *old land measure, approximately one acre.*

arpentage *m* – land measuring; land surveying; surveying with chain; transit-and-chain surveying.

arpenteur *m* – land surveyor; surveyor.

arqué – bent; cambered; vaulted.

arrache-câble *m* – wire-rope chopper, *an elastic fork for fishing out a wireline.*

arrache-carotte *m* – core breaker; core catcher, *a spring designed to trap a core sample inside a core barrel*; core extractor; core lifter.

arrache-chemise *m* – liner puller.

arrache-clavette *m* – cotter puller.

arrache-coulisse *m* – jar socket, *jar-tongue socket (drill)*.

arrachement *m* – plucking.

arrache-moyeu *m* – hub puller.

arracher – wrench (to).

arrache-tige *m* – drill-collar spear.

arrache-tube *m* – bell socket, *fishing tool for cylindrical downhole drilling equipment*; casing dog; drill-collar spear; spear; trip casing spear; tubing spear. **arrache-tube décrochable** : releasing spear, *a fishing tool.* **arrache-tube indécrochable** : bulldog spear, *fishing tool.*

arrache-tuyau *m* – pipe dog.

arracheur *m* – puller.

arraisonnement *m* – hailing, *a ship.*

arrangement *m* – arrangement; array; configuration, *of geophones*; dressing; pattern; trimming. **arrangement de géophones** : array of geophones; geophone array; geophone pattern; nest of geophones. **arrangement de sources sismiques** : source pattern. **arrangement pondéré** : weighted array. **arrangement symétrique** : split setup *(seis)*.

arranger – dispose (to) of.

arrérages *m* – back interest.

arrêt *m* – arrest; catch; retainer; shutdown, *of an installation*; stalling; standstill; stop; stopping. **arrêt abrupt** : snubbing, *of a hawser.* **arrêt d'une éruption** : well killing. **arrêt d'urgence** : emergency shutdown, *of a plant.* **arrêt en catastrophe** : crash stop. **arrêt momentané** : damping; damping down. **à l'arrêt** : down.

arrêté *m* – decision; decree *(jur)*; order. **arrêté de compte** : settlement of account.

arrête-flamme *m* – flame arrester, *may also be spelled arrestor.*

arrêter – break (to) down; close (to); hinder (to); inhibit (to); turn (to) off. **arrêter le pompage d'un puits** : hang (to) a well off. **arrêter une équipe** : shut (to) down a crew. **arrêter une fabrication** : close (to) down production.

Arrhenius – Arrhenius, *see équation d'Arrhenius.*

arrhes *f* – retainer.

arrière *m* – back; stern, *of a ship*; tail end.

arrière – after; abaft; hind; rear. **à l'arrière** : aft, *on a ship.* **en arrière** : back; backward. **vers l'arrière** : astern, *to the rear of a vehicule or vessel.*

arrière-arc *m* – back arc.

arrière-côte *f* – backbeach; backshore.

arrière-fosse *f* – backdeep, *an epieugeosynclinal basin, i.e. an ocean trench on the concave side of an island arc (geol)*.

arrière-pays *m* – backland; hinterland.

arrière-plage *f* – backbeach.

arrière-plan *m* – background.

arrière-port *m* – inner harbor.

arrière-récif *m* – back reef, *the landward side of a reef including the area and deposits between the reef and the shore.*
arrimage *m* – stowage. **arrimage défectueux** : improper stowage.
arrimer – stow (to).
arrivages *m* – receipts, *in a plant.*
arrivée *f* – advent; arrival, *coherent lineup of seismic energy indicating the arrival of a new wavetrain*; break, *arrival of seismic energy, especially the first arrivals*; coming; event *(seis)*; incoming; inflow; inlet; onset *(seis)*; receiving; supply. **arrivée au fond** : downhole landing *(drill)*. **arrivée d'air** : air inlet. **arrivée d'air de balayage** : scavenging air inlet *(engines)*. **arrivée d'eau** : water inlet; water supply. **arrivée d'essence** : gasoline inlet. **arrivée du courant** : input current. **arrivée latérale** : sideswipe *(seis)*. **arrivée première** : first arrival, *the first signal recorded by the seismograph*; first break. **arrivée seconde** : second arrival, *seismic refraction.* **arrivée ultérieure** : later arrival *(seis)*.
arriver – occur (to).
arrondi *m* – rounding *(math)*; roundness *(geol)*.
arrondi – rounded.
arrosage *m* – spraying; sprinkling; watering; wetting.
arrosé – watered.
arroser – irrigate (to).
arroseuse *f* – sprinkler.
arséniate *m* – arsenate.
arsenic *m* – arsenic, *symbol As.*
arsenical – arsenical.
arsénifère – arseniferous.
arséniure *m* – arsenide.
arsénopyrite *f* – arsenopyrite, *an orthorhombic mineral making up the chief ore of arsenic.*
artefact *m* – artifact, *any object marked by human use or manufacture.*
artère *f* – feeder. **artère souterraine** : underground road.
artésien – artesian.
article *m* – article; clause; item.
articulation *f* – articulation; hinge; joint; knuckle; link; toggle. **articulation à la cardan** : universal joint; universal-joint type connector *(drill)*. **articulation coulissante** : slip joint. **articulation de frein** : brake wedge.
articulé – articulated; flexible; hinged; linked.
artifice *m* – craft.
artificiel – artificial; man-made.
Artinskien *m* – Artinskian, *Lower Permian stage.*
artisan *m* – craftsman.
Arundel – Arundel, *see méthode d'Arundel.*
ARV – VRM, *abbr. aimantation rémanente visqueuse, viscous remanent magnetization.*
arylation *f* – arylation *(chem)*.
aryle *m* – aryl *(chem)*.
aryne *m* – aryne *(chem)*.
asbeste *f* – asbestos *(miner)*.
ascendance *f* – ascent.
ascendant – ascending; climbing; upward.
ascenseur *m* – elevator; lift.
ascension *f* – climb; rising. **ascension artificielle dans les puits** : artificial lift. **ascension capillaire** : capillary rise; creeping. **ascension de panache** : plume rise, *air pollution.* **ascension droite** : right ascension.
aschiste – aschistic *(petro)*.
ASCII – ASCII, *abbr. American Standard Code for Information Interchange, used for general interchange of information among information processing systems.*
Ashgillien *m* – Ashgillian, *Upper Ordovician stage.*
asismique – aseismic.
askarel *m* – askarel, *a generic descriptive name for synthetic electric insulating material, mainly chlorinated aromatics derivatives.*
aspartique – aspartic *(chem)*.
aspect *m* – appearance; figure; look; sight.
asperger – sparge (to); sprinkle (to).
aspérité *f* – asperity; excrescence; snag. **aspérité de terrain** : land roughness.
aspersion *f* – sprinkling.
asphalte *m* – asphalt, *liquid or low-melting solid bitumen consisting almost entirely of carbon and hydrogen and soluble in carbon disulfide of either natural or artificial origin*; asphaltum; mineral pitch; petroleum pitch. **asphalte à froid** : cold asphalt. **asphalte à prise rapide** : rapid-curing asphalt. **asphalte comprimé** : compressed asphalt, *powdered natural asphalt that is heated and pounded after the possible addition of asphaltic bitumen.* **asphalte concentré sous vide** : vacuum-refined asphalt. **asphalte coulé** : mastic asphalt, *composed of suitable graded mineral matter and asphaltic cement to form a coherent voidless impermeable solid or semisolid mass that can be heated to become sufficiently fluid for spreading.* **asphalte de distillation sous vide** : V asphalt, *made by vacuum distillation.* **asphalte de lac** : lake asphalt. **asphalte de pétrole fluxé** : cut asphalt; cutback asphalt. **asphalte en pain** : asphalt cake, *asphalt putty molded into geometric shapes and liquefied again before being used.* **asphalte en poudre** : powdered asphalt, *asphalt treated by crushing or grinding, and generally used after being mixed with a fluxing oil.* **asphalte gras** : fat asphalt, *mixture containing excess asphalt cement.* **asphalte naturel** : native asphalt, *formed by the weathering of oil by natural processes*; natural asphalt; natural rock asphalt. **asphalte pour étanchéité** : roofing asphalt. **asphalte pour imperméabilisation** : waterproofing asphalt. **asphalte projeté** : gunned asphalt, *asphalt powder and mineral filler hot sprayed onto a surface previously treated so that a dense impermeable and seamless surface will be formed.* **asphalte pur** : pure asphalt. **asphalte résiduel** : residual asphalt. **asphalte soufflé** : blown asphalt; condensed asphalt. **asphalte soufflé à l'air** : air-blown asphalt. **asphalte sulfuré artificiellement** : sulfurized asphalt, *obtained by heating residual oil or asphaltic residue to a high temperature in the presence of sulfur.*
asphaltène *m* – asphaltene, *solid component of crude oil and bitumen, which is soluble in carbon disulfide but insoluble in paraffin naphthas.*
asphaltier *m* – asphalt tanker.
asphaltique – asphaltic.

asphaltisation *f* – inspissation, *alteration of an oil deposit.*

asphaltite *f* – asphaltite, *dark-colored naturally-occurring bitumen with a melting point above 110°C and soluble in chloroform or carbon disulfide*; glance pitch.

asphaltoïde *m* – asphaltoid, *black substance with a chemical composition similar to that of naphthabitumens, but infusible and insoluble in conventional solvents (chloroform, carbon disulfide).*

asphyxiant – asphyxiating.

asphyxie *f* – asphyxia; asphyxiation.

asphyxier – asphyxiate (to).

aspirail *m* – air vent.

aspirateur *m* – aspirator. **aspirateur à poussière** : vacuum cleaner. **aspirateur de poussière** : dust exhauster. **aspirateur électrique** : electric cleaner.

aspiration *f* – exhaustion; suction. **aspiration d'une pompe** : input of a pump, *or inlet of a pump.* **aspiration suralimentée** : charged suction.

aspirer – draw (to), *a pump*; exhaust (to).

assainissement *m* – sanitation, *see also eaux et assainissements.* **assainissement de l'air** : air purification.

assèchement *m* – dewatering; draining; pumping; pumping out, *tanker tanks*; pump-out; reclamation.

assécher – dewater (to).

assemblage *m* – assemblage; assembly; connection; coupling; erection, *of a machine or building*; joint; jointing; splicing. **assemblage à boulons** : bolted joint. **assemblage à clin** : lap joint. **assemblage à emboîtement** : faucet joint. **assemblage à manchon** : sleeve joint. **assemblage à mi-bois** : scarf; scarfing. **assemblage à rotule** : ball-and-socket coupling. **assemblage à tenon et mortaise** : mortise and tenon. **assemblage avec couvre-joint** : joint with butt strap, *see assemblage à boulons.* **assemblage bout à bout** : butt joint. **assemblage de chambres multiples** : multiple-camera assembly. **assemblage de fond** : bottomhole assembly (BHA). **assemblage de masses-tiges** : bottomhole assembly (BHA). **assemblage en about** : abutting joint. **assemblage en bout** : joining on butt. **assemblage en sifflet** : scarfing joint. **assemblage isotrope** : isotropic fabric *(miner).* **assemblage par articulation** : hinged connection. **assemblage par tenon et mortaise** : mortise-and-tenon joint. **assemblage soudé** : weldment.

assembler – assemble (to); hook (to) up; join (to); splice (to). **assembler à mi-bois** : scarf (to). **assembler à queue d'aronde** : dovetail (to).

asservi – driven; pilot operated; controlled, *by an outside energy source*; slave.

asservissement *m* – control system; feedback. **asservissement électronique** : electronic control, *of a machine or process.* **asservissement sur le fond** : bottom lock, *Doppler sonar.*

assiette *f* – trim *(naut).* **assiette d'une chaussée** : roadbed. **assiette de prime** : premium basis. **assiette fiscale** : basis for taxation; tax assessment.

assignation *f* – assignment.

assimilation *f* – assimilation, *the incorporation and digestion of rocks in magma.* **assimilation magmatique** : magmatic assimilation, *see assimilation.*

assise *f* – assize; base; bed; course; foundation; groundwork; horizon. **assise arénacée** : sand stratum. **assise de renforcement** : stretch course *(masonry).* **assise tendre** : incompetent bed *(geol).* **assises moléculaires** : epilamen.

assistance *f* – attendance. **assistance à la mer** : assistance at sea. **assistance de plongeur** : diver assistance. **assistance technique** : technical assistance. **sans l'assistance de plongeurs** : diverless assistance. **sans assistance** : unaided.

assistant *m* – assistant; helper.

association *f* – combination; connecting, *of cells (elec)*; partnership. **association de minéraux** : mineral association. **association en participation** : joint operating agreement (JOA). **association micropegmatique** : micrographic intergrowth *(petro).* **association moléculaire** : molecular association. **association qualifiée** : qualified partnership, *an operating agreement among the owners of undivided leasehold interests for the management of the leasehold by a designated operator.* **association symplectique** : symplectic intergrowth *(petro).*

associé *m* – partner. **associé muet** : silent partner, *a partner known to the public but having no voice in the conduct of the firm's business.*

associé – associated; connected; linked.

assombrissement *m* – darkening.

assoupi – dormant.

assujetissement *m* – liability.

assujettir – wedge (to).

assurance *f* – insurance. **assurance au premier feu** : first-loss fire insurance. **assurance aux tiers** : third-party insurance. **assurance collective** : group insurance. **assurance contre les accidents** : accident insurance; casualty insurance. **assurance contre les mauvaises créances** : credit insurance. **assurance couvrant le matériel perdu dans le trou** : lost-in-hole insurance, *for measurements while drilling.* **assurance de garanties complémentaires** : protection-and-indemnity clause. **assurance qualité** : quality assurance, *the probability that a system, subsystem, or component will perform its intended function when tested.* **assurance fret** : freight-rate insurance. **assurance immobilière** : property insurance. **assurance incendie** : fire insurance. **assurance invalidité** : disablement insurance. **assurance machines** : equipment insurance. **assurance maladie** : health insurance. **assurance maritime** : marine insurance. **assurance multirisque** : comprehensive insurance. **assurance obligatoire** : compulsory insurance. **assurance responsabilité civile générale** : comprehensive general liability insurance. **assurance risque de guerre** : war risk insurance. **assurance sur corps** : hull insurance, *ship.* **assurance sur facultés** : cargo insurance, *ship.* **assurance sur fret** : freight insurance. **assurance sur la vie** : life insurance. **assurance tous risques** : all-risk insurance.

assuré *m* – assured; policyholder, *the assured person in an insurance policy: l'assuré.*

assurer – warrant (to). **s'assurer de** : secure (to).

assureur *m* – insurer, *sometimes: insuror.* **assureur maritime** : marine underwriter; underwriter.

assyntique – Assyntian, *see phase assyntique.*

astate *m* – astatine, *heaviest member of the halogen family, and a radioactive chemical element, symbol At.*

astatique – astatic *(phys)*.

astérisme *m* – asterism.

asthénolite *m* – asthenolith, *a body of magma formed by melting as the result of radioactive heat.*

asthénosphère *f* – asthenosphere, *part of the Earth's upper mantle beneath the lithosphere.*

Astien *m* – Astian, *Lower Pliocene stage.*

astigmatisme *m* – astigmatism.

astre *m* – celestial body; star.

astroblème *m* – astrobleme, *fossil meteorite crater.*

astronautique *f* – astronautics.

astronef *m* – spacecraft.

astronomie *f* – astronomy. **astronomie de position** : positional astronomy.

astronomique – astronomical.

asturien – Asturian, *see phase asturienne.*

ASV – ILS, *abbr. atterrissage sans visibilité : instrument landing system.*

asymétrie *f* – asymmetry; skewness.

asymétrique – asymmetric; unsymmetrical.

asymptote *f* – asymptote.

asynchrone – asynchronous.

atacticité *f* – atacticity.

atactique – atactic, *polymer configuration.*

ataxique – ataxic, *concerning an unstratified mineral deposit.*

ATD – DTA, *abbr. analyse thermique différentielle : differential thermal analysis.*

atelier *m* – shop; workshop. **atelier d'ajustage** : adjusting shop; fitting shop. **atelier d'usinage** : machine shop. **atelier de fabrication** : production shop. **atelier de mécanique** : machine shop. **atelier de montage** : erecting shop. **atelier de moulage** : molding shop. **atelier de nettoyage** : cleaning room. **atelier de réparation** : repair shop. **atelier de soudage** : welding shop. **atelier de trempe** : hardening plant. **atelier travaillant à la commande** : job shop.

ATG – TGA, *abbr. analyse thermogravimétrique: thermogravimetric analysis.*

Athabasca – Athabasca, *see sables asphaltiques d'Athabasca.*

atlantique – Atlantic.

atlas *m* – atlas.

atmoclastique – atmoclastic, *see roche atmoclastique.*

atmogénique – atmogenic, *see roche atmogénique.*

atmophile – atmophile, *see élément atmophile.*

atmosphère *f* – atmosphere. **atmosphère artificielle** : artificial atmosphere. **atmosphère contrôlée** : controlled atmosphere. **atmosphère d'essai** : test atmosphere. **atmosphère efficace** : effective atmosphere. **atmosphère explosive** : explosive atmosphere. **atmosphère grisouteuse** : fiery atmosphere. **atmosphère inerte** : inert atmosphere. **atmosphère inflammable** : flammable atmosphere. **atmosphère neutre** : neutral atmosphere, *i.e. neither oxidizing nor reducing.* **atmosphère normale** : standard atmosphere, *unit of pressure, 1 atm = 101 325 Pa.* **atmosphère oxydante** : oxidizing atmosphere. **atmosphère protectrice** : protective atmosphere. **atmosphère réductrice** : reducing atmosphere. **atmosphère standard** : *see atmosphère normale.* **atmosphère technique** : technical atmosphere, *a unit of pressure, 1 at = 98 066.5 Pa.* **atmosphère type** : standard atmosphere.

atmosphérique – atmospheric.

atoll *m* – atoll, *coral island*; lagoon reef.

atome *m* – atom. **atome d'hydrogène secondaire** : secondary hydrogen atom. **atome de carbone secondaire** : secondary carbon atom. **atome dépouillé d'électrons** : stripped atom, *having fewer electrons than protons in its nucleus.* **atome gramme** : gram atom. **atome interstitiel** : interstitial atom *(cryst)*. **atome ionisé** : ionized atom. **atome marqué** : labeled atom; tagged atom. **atome mésique** : mesic atom, *mesonic atom.* **atome père** : parent atom. **atome traceur** : tagged atom.

atomicité *f* – atomicity.

atomique – atomic.

atomisation *f* – atomization; spray. **atomisation à disque tournant** : centrifugal-disk atomization.

atomisé – atomized.

atomiser – atomize (to); spray (to).

atomiseur *m* – atomizer; spray carburetor; sprayer; vaporizer.

ATR – TRM, *abbr. aimantation thermorémanente, thermoremanent magnetization.*

ATRS – ATRS, *abbr. American Tanker Rate Schedule.*

attache *f* – attachment; binding; clip; fastener; fastening; lock; tack; tag; tie. **attache de brin mort** : dead wireline anchor; deadline anchor *(drill)*. **attache de la tige polie** : polished-rod clamp. **attache pour courroie** : belt fastener.

attaché – attached; fast; tethered.

attache-câble *m* – rope socket.

attacher – attach (to); bind (to); fasten (to); secure (to).

attapulgite *f* – attapulgite, *a chain-lattice clay mineral.*

attaque *f* – attack, *see also agression*; attacking. **attaque à l'acide** : etching. **attaque chimique** : etching. **attaque de tarets** : teredo attack. **attaque des soupapes** : valve-actuating mechanism.

attaqué – affected.

attaquer – bite (to); corrode (to). **attaquer à l'acide** : etch (to).

atteindre – overtake (to).

atteler – harness (to); hitch (to) up.

attenant – abutting.

attendu – expected.

attente *f* – expectation; standby; waiting. **attente après cimentation** : waiting on cement (WOC) *(drill)*. **attente d'ordres** : waiting on orders (WOO). **attente de décision** : waiting on decision (WOD). **attente de prise** : waiting on cement (WOC) *(drill)*. **attente intempéries** : waiting on weather (WOW), *indicating that work has been interrupted because of bad weather.* **en attente** : pending.

attention *f* – caution.

atténuateur *m* – attenuator; losser, *circuit.* **atténuateur d'induction de lignes à haute tension** : highline eliminator. **atténuateur de bruit** : noise suppressor; squelch circuit *(seis)*.

atténuation *f* – attenuation; lowering; roll off, *attenuation performed by a filter.* **atténuation atmosphérique** : atmospheric attenuation. **atténuation atmosphérique du rayonnement** : atmospheric radiation attenuation. **atténuation d'une onde** : wave attenuation, *decrease in amplitude as a function of the distance from the source.* **atténuation de rayonnement** : radiation attenuation. **atténuation des dégâts** : damage mitigation.

atténué – subdued.

atténuer – attenuate (to); mitigate (to); reduce (to).

Atterberg – Atterberg, *see échelle d'Atterberg, limites d'Atterberg.*

atterrage *m* – landing, *pipeline reaches the shore.*

atterrir – land (to).

atterrissage *m* – landfall; landing. **atterrissage sans visibilité (ASV)** : blind landing; instrument landing system (ILS).

atterrissement *m* – accretion, *see also accrétion*; aggradation.

attestation *f* – bill; statement, *by classification society.* **attestation assermentée** : affidavit. **attestation de conformité** : certificate of compliance; certificate of conformance. **attestation de titre** : warranty, *the covenant of title in oil and gas leases.*

attiédissant – cooling.

attiédissement *m* – cooling.

attique – Attic, *see phase attique.*

attitude *f* – attitude. **attitude d'une plate-forme d'observation** : platform orientation *(remote sensing).*

atto – atto, *prefix representing* 10^{-18}, *symbol* a.

attractif – gravitational.

attraction *f* – attraction. **attraction capillaire** : capillary attraction. **attraction chimique** : affinity. **attraction magnétique** : magnetic attraction. **attraction moléculaire** : cohesive force.

attrape-tout *m* – catchall, *tool for removing debris from wells.*

attrapeur *m* – catcher.

attribuer – allocate (to), *a concession.*

attribution *f* – allocation; assignment.

attrition *f* – attrition, *wear by friction or rubbing, scouring.*

Aturien *m* – Aturian, *Upper Cretaceous stage.*

aubage *m* – stator. **aubage d'entrée** : inducer, *of a centrifugal compressor.* **aubage de sortie** : exducer. **aubage fixe de turbine** : turbine stator. **aubage mobile** : turbine runner.

aube *f* – blade, *of a turbine*; stator; vane. **aube de turbine** : turbine blade. **aube de turbulence** : swirl vane.

audibilité *f* – audibility.

audible – audible.

auditif – aural.

audition *f* – hearing.

auge *f* – launder; tray; trough. **auges emboîtées** : trough-in-trough valley, *a steep-sided inner trough lying within a wider trough with a flatter bottom.* **auge glaciaire** : glacial-carved valley; glacial trough. **auge transversale** : trough launder, *for gathering oil.*

Auger – Auger, *see effet Auger, microscopie Auger, spectroscopie Auger and spectroscopie de potentiels d'apparition par effet Auger.*

auget *m* – bucket. **auget basculant** : tipping bucket. **auget de noria** : elevator bucket.

augmentation *f* – boost; growth; increase; increment; raise, *wages.* **augmentation d'amplitude** : amplitude standout. **augmentation de la vitesse d'avancement** : drilling break, *before a blowout.*

augmenter – boost (to); enhance (to); up (to); upgrade (to). **augmenter le débit d'un puits** : bean (to) up.

aulacogène *m* – aulacogen, *a narrow elongated basin.*

auréole *f* – aureole; halo; show. **auréole d'huile** : oil rim, *a ring-shaped accumulation of oil topped off by a large gas cap.* **auréole de contact** : contact aureole; contact zone. **auréole de lampe de sûreté** : blue cap, *the blue halo around a safety lamp when firedamp is present in a mine.* **auréole kélyphitique** : kelyphytic rim, *kelyphytic border, microcrystalline aggregate border of pyroxene or amphibole around olivine or garnet in some igneous rocks.* **auréole métamorphique** : metamorphic aureole.

aurifère – gold-bearing.

aurore *f* – aurora. **aurore australe** : aurora australis. **aurore boréale** : aurora borealis.

aussière *f* – hawser; sling line; warp. **aussière d'amarrage** : mooring hawser; mooring line.

austénite *f* – austenite *(metal).*

austénitique – austenitic.

austérité *f* – austerity. **austérité monétaire** : tight money.

autel *m* – fire bridge.

authentique – genuine.

authigène – authigenic *(petro).*

authigenèse *f* – authigenesis, *formation of minerals in a sedimentary rock after its deposition (petro).*

autoadhérent – self-bonding.

autoallumage *m* – afterrunning; autofire, *of a seismic source*; autoignition; dieseling, *diesel engine*; self-ignition; spontaneous combustion; spontaneous ignition. **autoallumage par points chauds** : surface ignition. **autoallumage permanent** : run on, *the engine continues to run with the ignition turned off.*

autoamorçage *m* – autofire.

autoassurance *f* – self-insurance.

autobus *m* – bus. **autobus interurbain** : intercity bus.

autocapture – self-capture, *by cutting across meanders or by underground penetration (hydrol).*

autocar *m* – coach.

autocatalyse *f* – autocatalysis.

autochtone – autochthonous; autochthon *(geol).*

autocicatrisation *f* – reclosing *(geol).*

autoclave *m* – autoclave; bomb apparatus; pressure cooker.

autocollimation *f* – autocollimation *(optics)*; normal incidence.

autocombustion *f* – spontaneous combustion.

autocommutateur *m* – switch.

autoconsommation *f* – autoconsumption.

autoconvolution *f* – autoconvolution.

autocorrélation *f* – autocorrelation; crosscorrelation.
autocorrélogramme *m* – autocorrelogram.
autocovariance *f* – autocovariance.
autocuiseur *m* – pressure cooker.
autodémarreur *m* – self-starter.
autodiffusion *f* – self-diffusion.
autoélévateur – jackup, *fem. autoélévatrice (drill)*.
autoentretenu – self-sustaining.
autoexcitation *f* – self-excitation.
autoextinguible – self-extinguishing.
autofinancement *m* – self-financing.
autofondant – self-fluxing.
autogène – autogenous.
autogéosynclinal *m* – autogeosyncline.
autograissage *m* – self-lubrication.
autograisseur – self-lubricating.
autoguidé – homing, *like a rocket.*
auto-inductance *f* – self-inductance.
auto-induction *f* – self-induction.
auto-inflammation *f* – autoignition; self-ignition; spontaneous ignition.
autolite *m* – autolith, *endogenous inclusion*; cognate inclusion.
autolubrifiant – self-lubricating.
automate *m* – automaton. **automate programmable**: programmable controller; progrommable control device.
automation *f* – automation.
automatique – automatic; direct acting; self; unmanned.
automatisation *f* – automation.
automatisé – automated.
autométamorphique – paulopost.
autométamorphisme *m* – autometamorphism *(petro)*.
automobile *f* – automobile; car. **automobile vorace** : gas guzzler, gas-guzzling automobile.
automorphe – automorphic; euhedral *(petro)*.
automoteur *m* – self-propelled barge.
automoteur – automotive; self-propelled.
automotrice *f* – electric engine.
autonettoyage *m* – self-cleaning.
autonettoyant – self-cleaning.
autonome – self; self-contained; stand-alone.
autonomie *f* – autonomy. **autonomie pétrolière** : *see indépendance pétrolière.* **autonomie respiratoire** : life support.
auto-oxydation *f* – autooxidation.
autopneumatolyse *f* – autopneumatolysis *(geol)*.
autopolymérisation *f* – autopolymerization.
autopositif *m* – autopositive.
autorefroidissement *m* – autorefrigeration, *of a gas resulting from the reduction of its pressure.*
autoréglable – self-adjustable.
autorégressif – autoregressive.
autorégulation *f* – self-regulating.
autorisation *f* – leave; license; licensing. **autorisation d'importation** : import permit. **autorisation de feu** : fire permit. **autorisation de passage** : permit. **autorisation de raffinage** : refining license. **autorisation de travail à chaud** : hot-work permit.
autorisé – allowable; permissible; permitted.
autoroute *f* – expressway; parkway.
autorupteur *m* – make-and-break.
autosuffisance *f* – self-sufficiency.
Autotape – Autotape, *tradename for a short-range radio-positioning system.*
autotherme – autothermal.
autothermique – autothermal.
autotracteur *m* – agrimotor.
autotrempant – self-hardening *(metal)*.
autotrophe – autotrophic, *capable of using inorganic material to synthesize organic matter.*
Autunien *m* – Autunian, *Lower Permean stage.*
autunite *f* – autunite, *lime uranite.*
auvent *m* – canopy.
Auversien *m* – Auversian, *the lower part of the Upper Eocene in the Paris Basin.*
auxiliaire *m* – adjunct; assistant. **auxiliaire automatique de commande** : pilot switch.
auxiliaire – additional; auxiliary; secondary.
AV – VA, *abbr. aire variable : variable area.*
AVA – AVA, *abbr. amplitude versus azimuth, see variation de l'amplitude avec l'azimuth.*
aval *m* – downhill side; downstream, *in the petroleum industry, upstream operations are the ones up to production, including exploration, drilling and reservoir engineering ; while downstream operations come after production, including transportation, refining, processing and products*; downstream side. **en aval** : downhill; downwards; forward.
aval *m* – endorsement, *approval (fin)*.
avalaison *f* – freshet, *sudden rise in a mountain stream caused by melting snow or heavy rain.*
avalanche *f* – avalanche, *1) mass of snow, ice, soil and/or rock being precipitated downhill by the force of gravity. 2) a cascade in which an electron or charged particle is accelerated by a strong electronic field and collides with gas molecules, creating new collisions.* **avalanche boueuse** : lahar. **avalanche chaude** : hot avalanche. **avalanche de fond** : ground avalanche. **avalanche de glace** : ice avalanche. **avalanche de neige** : snow slide. **avalanche de sable** : sand avalanche. **avalanche poudreuse** : drift avalanche; powdery avalanche.
avaleur *m* – sinker.
avaliser – endorse (to); guarantee (to).
aval-pendage *m* – downdip.
avance *f* – feed, *of a cutting tool*; lead; lead time; time lead; travel. **avance à l'allumage** : advanced ignition; advanced timing; ignition advance; ignition timing; spark advance; spark timing. **avance à l'échappement** : exhaust lead. **avance angulaire** : angle of advance. **avance automatique** : automatic feed. **avance automatique à dépression** : vacuum spark control. **avance automatique à l'allumage** : automatic spark advance. **avance d'un outil à main** : hand feed. **avance de fonds** : loan. **avance de l'outil** : bit penetration; feed off *(drill)*. **avance de phase** : lead; leading; phase lead. **avance du tiroir** : slide-valve lead. **avance due au sel** : salt lead. **avance par rapport au calendrier** : time underrun. **avance transversale** : crossfeed.
avancé – advanced.
avancée *f* – advance; buttress. **avancée en profondeur** : underthrust *(geol)*.
avancement *m* – advance; driving; feeding; forwarding; penetration; progress, *drilling*; pro-

motion. **avancement des travaux** : work progress. **avancement du forage** : drilling rate. **avancement du forage en pieds** : footage. **avancement hydraulique** : hydraulic feed. **avancement nul** : no further progress *(drill)*. **avancement par cycle de travail** : footage per round *(drill)*. **avancement télescopique** : telescope feed.

avancer – drive (to); jut (to); proceed (to).

avant – fore; front; head. **en avant** : forward.

avantage *m* – advantage. **avantage mécanique théorique** : theoretical mechanical advantage. **avantage structural** : structural advantage, *the possibility for a well to drain oil coming from another field as the result of the migration of this oil toward the reservoir the well is drilled into.*

avant-arc *m* – forearc.

avant-broyage *m* – preliminary breaking.

avant-butte *f* – outlier *(geol)*.

avant-clou *m* – gimlet.

avant-côte *f* – shoreface, *coastal zone between mean low tide and the limit of breakers.*

avant-creuset *m* – forehearth *(metal)*.

avant-dune *f* – foredune.

avant-fosse *f* – foredeep *(geol)*; foretrough.

avant-foyer *m* – forehearth.

avant-pays *m* – foreland.

avant-plage *f* – foreshore.

avant-plis *m* – forefolds.

avant-port *m* – outer harbor; outer port.

avant-poste *m* – outpost.

avant-projet *m* – preliminary design; preliminary plan; preliminary work; tentative draft.

avant-puits *m* – derrick cellar *(drill)*; foreshaft.

avant-récif *m* – forereef, *the seaward side of a reef, in the form of either a steep slope or a vertical wall*; off reef.

avant-trou *m* – pilot hole *(drill)*; rathole.

avarie *f* – average; damage. **avarie commune** : general average. **avarie de machine** : breakdown. **avarie de moteur** : engine trouble. **avarie frais** : salvage expenses, *general average.* **avarie grosse** : general average. **avarie particulière** : particular average. **avarie simple** : particular average. **commissaire d'avaries** : claim agent, *insurance.*

avarié – faulted.

aven *m* – swallow hole.

avenant *m* – additional clause, *of a contract*; amendment. **avenant d'un document** : rider.

averse *f* – downpour; rainfall; shower.

avertissement *m* – warning. **avertissement de tempête** : storm warning.

avertisseur *m* – alarm; call bell; hooter; horn; warning device. **avertisseur d'incendie** : fire alarm. **avertisseur de haute température** : high-temperature alarm. **avertisseur de niveau d'eau** : high-and-low water alarm. **avertisseur de perte de circulation** : lost-circulation alarm *(drill)*. **avertisseur pour niveau haut** : high-level alarm. **avertisseur sonore** : klaxon.

aveugle – blind.

aveuglement *m* – blindness. **aveuglement des venues d'eau** : water shutoff *(drill)*.

aveugler – blind (to); stop (to) up, *a water inrush.*

aviation *f* – aviation.

avion *m* – airplane. **avion de décollage et atterrissage courts (ADAC)** : STOL aircraft. **avion de ligne** : air liner. **avion photographe** : photographic airplane.

avis *m* – advice. **avis consultatif** : advisory opinion. **avis de coup de vent** : gale warning. **avis de tempête** : gale warning.

avitaillement *m* – bunkering; supplying, *a ship.*

avitailler – fuel (to).

avitailleur *m* – fueler.

avivage *m* – brightening. **avivage à l'acide** : acid etching.

AVO – AVO, *abbr. amplitude versus obliquité: amplitude versus offset, see variation de l'amplitude avec le déport.*

Avogadro – Avogadro, *see constante d'Avogadro, loi d'Avogadro, nombre d'Avogadro.*

avoir *m* – credit note. **avoir à vue** : sight assets. **avoirs en caisse** : cash holdings. **avoir fiscal** : tax credit. **avoirs rapidement réalisables** : quick assets.

avoirdupois – avoirdupois, *see système avoirdupois.*

axe *m* – arbor; axis; centerline; fulcrum; shaft; spindle. **axe anticlinal** : anticlinal axis; anticlinal line; saddle axis *(geol)*. **axe central** : central axis. **axe cristallographique** : crystallographic axis. **axe d'articulation** : hinge pin. **axe d'élasticité** : spring center, *in the suspension of a vehicle.* **axe d'homologie** : axis of homology. **axe d'inclinaison** : axis of tilt. **axe d'un cristal** : axis of a crystal. **axe d'un pli** : fold axis. **axe d'une chambre de prise de vue** : camera axis. **axe de balayage** : scanning axis. **axe de chape** : yoke pin. **axe de culbuteur** : rocker shaft. **axe de direction** : steering axis. **axe de filon** : axis of a lode. **axe de frein** : brake fulcrum pin. **axe de lacet** : yaw axis. **axe de perspective** : axis of perspective. **axe de pied de bielle** : gudgeon pin; piston pin; wrist pin. **axe de piston** : piston pin; piston wrist pin; wrist pin. **axe de pivotement** : kingpin; swivel pin. **axe de prise de vue** : camera axis. **axe de révolution** : axis of revolution. **axe de rotation** : axis of rotation; fulcrum pin; rotation axis *(cryst)*. **axe de rotation-inversion** : rotation-inversion axis *(cryst)*. **axe de rotation-réflexion** : rotation-reflection axis *(cryst)*. **axe de roulis** : roll axis. **axe de scannage** : scanning axis. **axe de support de l'anse de tête d'injection** : swivel-bail pin. **axe de symétrie** : axis of symmetry. **axe de tangage** : pitch axis. **axe du cliché** : fiducial axis. **axe du papillon** : throttle spindle. **axe du piston** : gudgeon pin. **axe fixe** : brake anchor pin; solid axle. **axe formant butée** : thrust pin. **axe hélicoïdal** : screw axis *(crystal)*. **axe imaginaire** : imaginary axis *(math)*. **axe longitudinal** : longitudinal axis. **axe méridien de la photographie** : photograph meridian. **axe optique** : optic axis *(miner)*; optical axis. **axe pédalier** : crank axle. **axe plongeant** : pitching axis; plunging axis. **axe polaire** : polar axis. **axe préférentiel** : trend, *axis along which formations are aligned.* **axe principal** : principal axis. **axe réel** : real axis *(math)*. **axe synclinal** : synclinal axis; trough axis *(geol)*. **axe ternaire** : triad *(cryst)*. **axe transversal** : lateral axis. **axe vertical** : y axis *(cryst)*. **axe zonal** : zonal axis.

axial – axial.

axinite *f* – axinite, *a mineral that commonly forms glassy triclinic crystals, also called glass shorl.*

axiolite *f* – axiolite *(petro)*.
axiome *m* – axiom. **axiome du choix** : axiom of choice, *plays an important role in the theory of sets.*
axonométrique – axonometric.
ayant-droit *m* – entitled party; interested party.
azéotrope *m* – azeotrope, *mixture of liquids distilling at constant temperature without any change of composition.* **azéotrope négatif** : negative azeotrope.
azéotropique – azeotropic.
azimut *m* – azimuth. **azimut astronomique** : true bearing. **azimut de polarisation** : azimuth of the plane of polarization, *angle formed by the plane of polarization with the plane of incidence.* **azimut du réseau** : net axis *(remote sensing)*. **azimut du soleil** : solar azimuth. **azimut magnétique** : magnetic azimuth.
azimutal – azimuthal.
azoate *m* – *see nitrate.*
azobé *m* – red ironwood, *ekki, very hard wood used for docks, bridges and pilings.*
azobenzène *m* – azobenzene, *nitrogen benzide.*
azoïque – azoic, *referring to a sedimentary rock that is devoid of life or fossil remains.*
azotate *m* – nitrate.
azotation *f* – nitrogenation.
azote *m* – nitrogen, *symbol N.* **azote actif** : active nitrogen. **azote ammoniacal** : ammonia nitrogen. **azote atmosphérique** : atmospheric nitrogen.
azoté – nitrogenated; nitrogenous.
azoteux – nitrous.
azotique – nitric.
azotite *m* – nitrite.
azurite *f* – azurite, *chessylite, blue copper ore ; an ore of copper.*

B

b – b, *symbol for barn.*

B – B, *symbol for bel.*

BAB – FIO, *abbr. bord à bord, free in and out.*

Babo – Babo, *see loi de Babo.*

bâbord *m* – port *(naut)*.

bac *m* – jar; pit; tray; trough; tub; vat. **bac à boue** : mud pit; mud tank; slush pit. **bac à boue en circulation** : active mud tank. **bac à boue sous vibrateurs** : shaker pit, *shaker tank.* **bac à double paroi** : dual-wall tank. **bac à remplissage volumétrique** : volumetric filler, *for metering fluids, but has been replaced by the positive-displacement meter.* **bac à sable** : sandbox, *enclosure with movable walls used to simulate the deformations undergone by geologic formations for the purpose of modeling their tectonic history.* **bac à toit flottant** : floating-roof tank. **bac collecteur** : collecting vat. **bac d'aspiration** : suction pit. **bac d'aspiration de la boue** : mud suction tank. **bac d'avitaillement** : refueling tank. **bac de décantation** : decantation tank; pumping pit, *for receiving crude oil coming directly from a well;* settling pan; settling tank; settling vat. **bac de décantation des résidus** : tailings settling tank. **bac de dégagement** : disengaging drum, *recipient used for quick gas-liquid or liquid-liquid separation, differs from a decantation tank by the length of the operation.* **bac de développement** : developing tank *(photo)*. **bac de filtration** : filtration vat. **bac de lavage** : wash tank. **bac de lavage d'échantillons** : sample bucket, *for core samples;* sample washer. **bac de manoeuvre** : possum-belly tank; trip tank, *a small mud tank used exclusively to ascertain the amount of mud necessary to keep the wellbore full with the exact amount of mud that is displaced by drillpipe.* **bac de réception** : *see bac de recette.* **bac de recette** : receiving drum. **bac de recette des échantillons** : sample box, *above the mud pit.* **bac de reflux** : reflux drum. **bac de réfrigération de goudron** : tar-cooler box. **bac de refroidissement** : cooling pond. **bac de reprise** : unit charge tank. **bac de réserve** : storage tank. **bac de retenue des échantillons** : sample catcher. **bac de stockage** : storage tank. **bac de stockage à pont suspendu** : suspended-deck tank. **bac de trop-plein** : surge vessel. **bac de vidange** : sump. **bac des rejets de fabrication** : slop tank. **bac écrémeur** : skimmer tank. **bac jaugeur** : gaging tank. **bac pulsateur** : pulsator jig.

bac *m* – ferryboat.

bâche *f* – cistern; cover; feed tank; tarpaulin. **bâche à eau** : cooling box. **bâche d'alimentation** : feed tank. **bâche de condenseur** : condenser box. **bâche de réfrigération** : cooler box.

bacille *m* – bacillus.

Backus – Backus, *see filtre de Backus.*

bactéricide *m* – bactericide.

bactérie *f* – bacterium, *see plural bactéries.*

bactéries *f* – bacteria. **bactéries aérobies** : aerobic bacteria. **bactéries anaérobies** : anaerobic bacteria. **bactéries du soufre** : sulfur bacteria. **bactéries mésophiles** : mesophiles, *bacteria growing at moderate temperature, between 25 and 37°C.* **bactéries méthanooxydantes** : methane-oxidizing bacteria. **bactéries sulfatoréductrices** : sulfate-reducing bacteria. **bactéries thermophiles** : thermophiles, *bacteria thriving at high temperature, above 50°C.* **bactéries thigmotactiques** : thigmotactic bacteria, *having the property of evacuating oil from the pores in rocks.*

bactériologie *f* – bacteriology.

bactériolyse *f* – bacteriolysis.

bactériophage *m* – bacteriophage.

bactériostase *f* – bacteriostasis.

bacula *m* – lagging, *slats coated with pitch to protect the normal coating of a pipeline when it crosses a river.*

baculite *f* – baculite, *crystallites looking like dark rods (geol)*.

badigeon *m* – whitewash.

badigeonnage *m* – wash.

baffle *m* – baffle, *sonar.*

bagage *m* – luggage.

bagasse *f* – bagasse, *refuse frome cane sugar.*

bague *f* – bush; bushing; collar; ferrule; ring. **bague à cames** : cam wheel. **bague à ressort** : snap ring. **bague collectrice** : collector ring; slip ring. **bague compensatrice** : equilibrium ring *(mech)*. **bague coulissante** : sliding collar. **bague d'accouplement** : coupling ring. **bague d'ajustage** : adjusting ring. **bague d'arrêt** : stop ring. **bague d'écartement** : spacer; spacing bush. **bague d'étanchéité** : gland ring; seal ring; slinger, *a device for centrifugally throwing oil into a bearing and for preventing dirt from entering;* tube packing, *a flaxseed or rubber sealing ring blocking off the space between the production tubing and the well wall.* **bague d'objectif** : lens adaptor. **bague d'usure** : wearing ring. **bague de couverture** : end ring. **bague de fond du presse-étoupe** : washer *(drill)*. **bague de graissage** : lubricating ring; oil ring. **bague de piquage** : tapping nipple. **bague de presse-étoupe** : rod-packing gland. **bague de protection** : chafing ring; protector. **bague de siège** : seat ring. **bague de suspension** : cable ring. **bague entière** : full ring.

bague étalon : gage ring. **bague lécheuse** : wiper ring, *for oil.* **bague métallique** : packing ring.

baguette *f* – molding; rod; stick. **baguette d'apport de soudure** : welding rod. **baguette de charbon** : carbon rod; carbon stick. **baguette de sourcier** : doodlebug; dowsing rod; wiggle stick. **baguette jauge** : push pole.

baie *f* – bay; bight; embayment *(geol)*. **baie d'écrans** : screen rows, *screens set up side by side.* **baie interdistributaire** : interdistributary bay. **en forme de baie** : embayed.

bail *m* – lease. **bail à jouissance commune** : joint lease. **bail à reconduction** : no-term lease, *one that can be extended indefinitely by payment of delay rentals, even without exploiting the concession.* **tenu à bail** : leasehold.

bailleur *m* – lessor. **bailleur de licence** : licensor.

bain *m* – bath. **bain à température constante** : constant-temperature bath. **bain acide** : acid bath. **bain alcalin** : alkaline bath. **bain caustique** : caustic dip. **bain d'amalgamation** : amalgam solution. **bain d'amorçage** : strike bath. **bain d'argent** : silver bath. **bain d'huile** : oil bath. **bain d'immersion** : dip. **bain de carbonisation** : carbonizing bath. **bain de décapage** : pickling solution. **bain de dégraissage** : cleaning solution. **bain de fixation** : fixing bath. **bain de galvanisation** : galvanizing bath. **bain de lavage** : washing bath. **bain de plomb** : lead bath. **bain de revenu** : tempering bath *(metal)*. **bain de sel** : salt bath *(metal)*. **bain de trempe** : quench bath; quenching bath. **bain de vapeur** : steam bath. **bain décapant** : pickling bath; pickling solution. **bain électrolytique** : electrolytic bath. **bain métallique** : metal bath. **bain réfrigérant** : cooling bath; freezing bath. **bain thermostatique** : constant-temperature bath; vapor-pressure bath.

bainite *f* – bainite *(metal)*.

bain-marie *m* – laboratory bath; water bath.

baïonnette *f* – bayonet.

baisse *f* – decline; sagging. **baisse de pression** : pressure decline. **baisse de prix** : decrease in price. **baisse générale des prix** : rollback, *price decrease imposed by government decree.*

baisser – depreciate (to); dip (to); ebb (to); fall (to); lower (to). **baisser un mât de forage** : let (to) down the mast.

Bajocien *m* – Bajocian, *Middle Jurassic stage.*

Bakélite *f* – Bakelite, *trademark for thermosetting plastic made from phenol and formaldehyde.*

baladeur *m* – traveling block *(drill)*.

baladeuse *f* – hand lamp.

balafre *f* – gash *(geol)*.

balai *m* – brush, *(elec)*; wiper. **balai d'essuie-glace** : wiper blade. **balai de charbon** : carbon brush *(elec)*; carbon rod. **balai électrique** : holiday detector, *an electric device for detecting defects in pipe coating*; jeep; snitcher. **balai graisseur** : oil brush.

balance *f* – balance; scales. **balance à boue** : mud balance, *a beam-type balance used in determining drilling-fluid density*; mud-weight balance. **balance à ciment** : cement weigher. **balance à fléau** : beam balance; beam scales. **balance à gaz** : gas balance. **balance à ressort** : spring balance. **balance commerciale** : trade balance. **balance d'essai** : assay balance. **balance d'induction** : induction balance. **balance de densité gazeuse** : gas-density balance (GDB). **balance de Jolly** : Jolly balance, *a spring balance used to determine the specific gravity of rock by weighing it in air and water.* **balance de matériel** : *improperly used for bilan matière.* **balance de précision** : analytical balance. **balance de Schmidt** : Schmidt field balance. **balance de sédimentation** : sedimentation balance, *analytical chemistry.* **balance de torsion** : torsion balance *(geophys)*. **balance de torsion à double bras** : double-beam torsion balance. **balance de torsion à fléau en Z** : Z-beam torsion balance. **balance de torsion d'Eötvös** : Eötvös torsion balance. **balance des paiements** : balance of payments. **balance des paiements courants** : current account, *balance of payments.* **balance gravimétrique** : gravity balance. **balance horizontale de Schmidt** : horizontal-component Schmidt balance. **balance hydrostatique** : hydrostatic balance. **balance magnétique** : magnetic balance. **balance manométrique** : deadweight gage. **balance Roberval** : counterscale. **balance verticale de Schmidt** : vertical-component Schmidt balance.

balancement *m* – rocking; sway; swing.

balancer – balance (to).

balancier *m* – beam; bob; equalizer; lever; pendulum; pumping beam; rocker; walking beam; working beam. **balancier à contrepoids** : balance bob. **balancier à vis** : fly press; screw press. **balancier d'une pompe de puits** : mule head. **balancier de renvoi** : rocker shaft, *of valves.* **balancier transversal** : crossbeam.

balancine *f* – compensator.

balayage *m* – flushing, *natural movement of formation water pushing oil ahead of it and taking its place*; scan; scanning, *radio detection*; scavenge; scavenging; sweep; sweeping. **balayage ascendant** : upsweep. **balayage circulaire** : circular scanning. **balayage conique** : conical scanning. **balayage de fréquence** : frequency excursion. **balayage de vitesse** : velocity scan. **balayage descendant** : downsweep. **balayage directionnel** : directional scanning. **balayage du moteur** : engine scavenging. **balayage en pendage** : dip scan. **balayage équicourant** : uniflow scavenging. **balayage fréquentiel** : frequency scan; frequency sweep. **balayage linéaire** : linear sweep. **balayage longitudinal** : longitudinal scanning. **balayage non linéaire** : colored sweep *(seis)*. **balayage récurrent** : raster scan. **balayage unilatéral** : uniflow scavenging. **balayage vers l'aigu** : upsweep. **balayage vers les graves** : downsweep.

balayer – scavenge (to); sweep (to). **balayer rapidement** : flush (to) out.

balayeur *m* – scavenger.

balayeuse *f* – sweeping machine.

balayures *f* – sweepings.

balcon *m* – gallery. **balcon de la plate-forme** : run-around *(drill)*.

balisage *m* – beaconage; buoyage; marking.

balise *f* – beacon; leveling pole. **balise acoustique** : acoustic beacon. **balise active** : active beacon. **balise Consol** : Consol beacon, *for radionavigation.* **balise flottante** : floating beacon. **balise passive** : radar reflector. **balise radar** : radar beacon. **balise répondeur** : pinger; responder beacon; transponder.

balliser – beacon (to).
balliseur *m* – buoy tender.
balistique *f* – ballistics.
balistique – ballistic.
ballast *m* – ballast; ballast tank. **ballast pollué** : contaminated ballast. **ballast propre** : clean ballast. **ballast sale** : dirty ballast. **ballast séparé** : segregated ballast.
ballastage *m* – ballasting.
balle *f* – ball; bullet; puddle. **balle creuse** : hollow bullet. **balle d'obturation** : ball sealer, *rubber, metal or plastic balls used to plug up perforations in a well bore opposite permeable zones until such time as more compact zones are perforated*; sealing ball. **balle de perforation** : perforating bullet, *see charge de perforation.*
ballon *m* – balloon; bulb; drum. **ballon à col court** : short-neck balloon. **ballon à distiller** : distillation flask. **ballon à gaz** : gas bag. **ballon à long col** : long-neck balloon. **ballon à réaction** : reaction flask. **ballon à trois tubulures** : three-necked flask. **ballon auxiliaire de décantation** : water disengaging drum, *removing light hydrocarbons from cooling water.* **ballon captif** : tethered balloon. **ballon d'essai** : feeler. **ballon d'oxygène** : oxygen bottle. **ballon de détente** : flash drum. **ballon de distillation sous vide** : vacuum still. **ballon de Hempel** : Hempel flask. **ballon de purge** : blowdown drum, *for receiving solids, liquids and vapors from a process vessel.* **ballon de rectification** : stripping still. **ballon de reflux** : reflux drum. **ballon de torche** : flare drum. **ballon météorologique** : meteorological balloon. **ballon pour distillation Engler** : Engler distillation flask, Engler distillator, *flask with a long neck and lateral tubing for distilling petroleum derivatives.* **ballon sonde** : pilot balloon *(meteo)*; sounding balloon *(meteo)*. **ballon stratosphérique** : stratospheric balloon. **ballon surpressurisé à volume constant** : constant-volume superpressure balloon. **ballon tampon** : knockout drum; surge drum.
ballottement *m* – tossing, *of ship.* **ballottement d'un liquide** : liquid sloshing; sloshing.
Balmer – Balmer, *see raies de Balmer, séries de Balmer.*
balourd *m* – imbalance; unbalance. **balourd dynamique** : dynamic unbalance.
banc *m* – bank; bar *(geol)*; bed; bench; seat; sheet; shoal. **banc à rouleaux** : chassis dynamometer *(auto)*. **banc corallien** : bank reef; coral bank; platform reef; table reef. **banc d'équilibrage** : balancing stand. **banc d'essai** : test bench; testing bench; testing stand. **banc d'étirage** : drawing frame. **banc d'optique** : optical bench. **banc d'une machine-outil** : bed of a machine tool. **banc de glace dérivante** : patch of drifting ice, *less than 10 km wide.* **banc de gravier** : bank of gravel; gravel bank. **banc de rochers** : ledge. **banc de sable** : cusp; hurst, *a sandbank in or along a river*, sandbank; shallows. **banc de solvant** : rich-gas bank *(prod)*. **banc de têtes** : head bank. **banc fossilifère** : fossil-bearing bed. **banc induré** : hard ground. **banc miscible** : miscible bank *(prod)*.
bandage *m* – binding; tire.
bande *f* – band; belt; fillet; streak; strip; stripe; tape. **bande boueuse** : dirt band, *glaciers.* **bande corrigée** : corrected tape. **bande d'absorption** : absorption band. **bande d'aérotriangulation** : aerotriangulation strip. **bande d'écartement** : distance terminal *(elec)*. **bande d'enregistrement** : log strip. **bande d'enregistrement graphique** : strip chart. **bande d'essai** : test strip. **bande de clichés** : strip, *of photos.* **bande de clichés stéréoscopiques** : stereoscopic strip. **bande de contrôle** : test tape. **bande de fond de jante** : rim band, *tire.* **bande de fréquence** : frequency band. **bande de glissement** : slip band *(cryst)*. **bande de papier** : paper strip. **bande de recouvrement** : junction plate; wrapper. **bande de rejet** : reject region. **bande de revêtement** : wrapping tape. **bande de roulement** : tire tread; tread, *of a tire.* **bande de signalisation** : road stripe. **bande de sortie** : output tape. **bande de soutien** : backing strip. **bande de terrain** : strip of ground. **bande de transmission** : filter passband *(seis)*. **bande de triage** : sorting belt. **bande de uns** : all-ones tape. **bande hyperfréquence** : microwave band. **bande infrarouge** : infrared band. **bande K** : K band, *radar frequencies between 10.9 and 36.0 GHz.* **bande L** : L band, *radar frequencies between 390 and 1550 MHz.* **bande large** : wideband. **bande large optimale** : optimum wideband. **bande latérale indépendante (BLI)** : independent sideband (ISB). **bande latérale unique (BLU)** : single sideband (SSB). **bande magnétique** : magnetic tape. **bande magnétique compatible avec l'ordinateur (BCO)** : computer-compatible tape (CCT). **bande magnétique de base** : master tape. **bande microonde** : microwave band. **bande P** : P band, *radar frequencies between 225 and 390 MHz.* **bande passante** : bandwidth; pass region; passband. **bande perforée** : punch paper tape; punch tape. **bande photographique** : strip, *of photos.* **bandes pierreuses** : stone stripes. **bande proche infrarouge** : near-infrared band. **bande Q** : Q band, *radar frequencies between 36 and 46 GHz.* **bande S** : S band, *radar frequencies between 1550 and 5200 MHz.* **bande spectrale** : spectral band. **bande spectrale primaire** : original band. **bande terrain** : field tape *(seis)*. **bande terreuse** : soil stripe. **bande thermique** : thermal band. **bande transporteuse** : conveyor belt; traveling apron. **bande ultraviolette** : ultraviolet band. **bande V** : V band, *radar frequencies between 46 and 56 GHz.* **bande visible** : visible band. **bande X** : X band, *radar frequencies between 5200 and 11 000 MHz.*
bandé – taut, *rope, wire.*
bandothèque *f* – tape library.
bang *m* – bang, *a sudden loud noise.*
banlieue *f* – outskirts; suburb.
banque *f* – bank. **banque d'affaires** : merchant bank. **banque de données** : databank. **banque offshore** : offshore bank, *bank situated abroad and not subject to national jurisdiction.*
banquette *f* – bank; bench *(geol)*. **banquette côtière** : ice foot. **banquette de tempête** : high-water platform.
banquise *f* – pack ice, *see also pack.* **banquise côtière** : fast ice, *sea ice forming along and remaining attached to the coast, extending from a few meters to several hundred kilometers from the coast.* **banquise polaire** : polar pack.
baquet *m* – bucket; tub.

bar *m* – bar, *unit of pressure equal to 100 kPa.* **bar mètre** : bar meter, *unit used to characterize the amplitude of the signal emitted by a marine seismic source.*

baraboo *m* – baraboo, *a monadnock buried by a series of strata and subsequently reexposed by the erosion of these younger strata.*

baraque *f* – hut. **baraque à boue** : mud house *(drill)*.

baraquement *m* – hutment.

baraterie *f* – barratry, *maritime fraud.*

barbacane *f* – weep hole.

Barbade – Barbados, *see huile de la Barbade.*

barbelé – barbed.

barberite *f* – barberite, *a nonferrous alloy.*

barbotage *m* – bubbling; sparging. **barbotage d'air** : air bubbling. **barbotage d'azote** : nitrogen bubbling.

barboter – bubble (to). **barboter dans l'huile** : dip (to) in oil.

barboteur *m* – bubble column; steam heater. **barboteur à gaz** : gas cleaner; gas scrubber.

bardage – stringing. **bardage des tubes** : stringing pipe, *unloading pipe trolleys and laying pipeline sections along the route where it is to be installed.*

bardeau *m* – shingle. **bardeau enduit d'asphalte** : asphalt shingle.

barémage *m* – strapping, *measuring and calculating to determine the capacity of a tank and to compile a strapping table.* **barémage d'un réservoir** : calibration of a tank.

barème *m* – assize; calculator; scale. **barème d'indemnisation** : compensation rate. **barème de jaugeage** : gage table; loading table; measuring grid. **barème de prix** : price list. **barème dégressif** : degressive scale. **barème des taux de frets moyens** : average freight assessment (AFRA), *weighted average of all rates practiced in world maritime traffic.* **barème USMC** : USMC rate, *United States Maritime Commission freight rate calculated to cover all the normal operating expenditures of an average tanker.*

barge *f* – barge; scow. **barge autoélévatrice** : jackup barge. **barge d'ensouillage** : burying barge, *bury barge.* **barge de forage** : drill barge. **barge de forage submersible** : submersible drilling barge. **barge de haute mer** : deepsea barge. **barge de lancement** : launching barge. **barge de pose** : lay barge; pipe-lay barge; pipelaying barge. **barge de reconditionnement** : workover barge. **barge de travail** : derrick barge, *with a crane for erecting platforms and laying pipelines*; work barge. **barge des marais** : swamp barge, *used for drilling in swampy or marshy areas.* **barge fluviale** : inland barge. **barge grue** : crane barge. **barge maritime** : seagoing barge. **barge pétrolière** : oil barge. **barge-soutien de plongée** : diving barge.

baril *m* – barrel, *unit of volume for petroleum products, 1 bbl = 0.158984 m^3, 158 liters or 42 U.S. gallons*; cask. **baril équivalent pétrole (bep)** : barrel oil equivalent (boe). **baril mouillé** : wet barrel, *in the futures market, a shipment nearing delivery date and that will have to be made available.* **baril papier** : paper barrel, *futures sale of an oil shipment.* **baril par jour** : barrels per day, *a measure of flow rate of a well, or the rate at which the petroleum is produced at the refinery, approximately equal to 50 t/y.* **baril par jour calendaire** : barrels per calendar day (BPCD). **baril par jour de fonctionnement** : barrels per stream day (BPSD). **baril par jour équivalent pétrole** : barrels per day oil equivalent (bbl/doe). **baril par mile** : barrel mile, *transportation of the equivalent of a barrel of oil a distance of one mile.*

barillet *m* – keg.

bariolé – variegated.

barkhane *f* – barchan, *a crescent-shaped dune.*

Barkhausen – Barkhausen, *see effet Barkhausen, oscillations de Barkhausen.*

barn *m* – barn, *a unit of area equal to 10^{-28} m^2, used to characterize nuclear cross-sections, symbol* b.

barocline – baroclinic *(meteo)*.

baromètre *m* – barometer; weather glass. **baromètre à cuvette** : bulb barometer. **baromètre à mercure** : mercury barometer. **baromètre anéroïde** : aneroid barometer. **baromètre de poche** : pocket barometer. **baromètre enregistreur** : barograph, *a recording barometer, on a rotating drum*; barometrograph.

barométrique – barometric.

barophile – barophilic.

barotolérance *f* – barotolerance, *ability to withstand high pressure.*

barotraumatisme *m* – barotrauma, *lesion in air-containing organs caused by inside and outside pressure difference (diving)*.

barotrope – barotropic.

barrage *m* – barrier; boom; dam; embankment; seal *(mining)*; weir. **barrage à dôme** : dome dam. **barrage de retenue** : retention dam; storage dam. **barrage déversoir** : overflow dam. **barrage en enrochement** : rock-fill dam. **barrage en terre** : earth dam. **barrage flottant** : floating boom *(pol)*. **barrage flottant librement** : free-floating boom. **barrage poids** : gravity dam. **barrage voûte** : arch dam.

barre *f* – bank; bar; clunch; eagre, *a tidal bore.* **barre à haute adhérence** : deformed bar *(concrete)*. **barre à mine** : crowbar; jumper; jumper bar. **barre côtière** : sandbar. **barre d'accouplement** : spindle connecting rod; steering track rod; tie rod; track rod. **barre d'accrétion** : accretion bar. **barre d'accrétion latérale** : lateral accretion bar. **barre d'attelage ou de traction** : drawbar. **barre d'étrier** : holding-down bar. **barre d'orientation** : aligning bar. **barre de chenal** : channel bar. **barre de connexion** : connecting rod. **barre de glace** : ice bar, *floes compacted by wind, sea and swell.* **barre de glissière** : slide rail. **barre de gouvernail** : rudder bar. **barre de liaison** : tie rod. **barre de méandre** : meander bar; point bar. **barre de parallaxe** : parallax bar. **barre de protection** : guard bar. **barre de remorquage** : towbar. **barre de retenue** : bushing retainer; hold-down bar. **barre de sable** : beach reef; sandbar. **barre de support** : bearing bar; carrying bar. **barre de surcharge** : sinker bar *(drill)*. **barre de torsion** : torsion bar. **barre distale** : distal bar. **barre étirée** : drawn bar. **barre omnibus** : busbar, *electric power supply.* **barre omnibus en cuivre** : copper bus *(elec)*. **barre sableuse** : sand wave.

barreau *m* – small bar. **barreau aimanté** : bar magnet. **barreau d'échelle** : ladder rung. **barreau d'essai** : test bar. **barreau de grille** : grate bar. **barreau de laser** : laser rod. **barreau dormant** : bearer.

Barrémien *m* – Barremian, *Lower Cretaceous stage.*

barrière *f* – barrier; fence; hurdle. **barrière antipollution** : boom. **barrière automatique** : self-closing gate. **barrière chimique** : chemical barrier. **barrière de confinement** : boom; oil boom; oil-retention boom *(pol)*. **barrière de glace** : ice barrier. **barrière de perméabilité** : fluid barrier; permeability barrier. **barrière de potentiel** : potential barrier; potential hill. **barrière de puits** : shaft gate *(mining)*. **barrière fiscale** : ring fence, *a fiscal procedure separating taxable profits from oil and gas production from other corporate activities that might lead to losses that could otherwise be offset by these taxable profits.* **barrière flexible** : flexible boom. **barrière flottante** : floating boom. **barrière magnétique** : magnetic barrier. **barrière mécanique** : mechanical barrier. **barrière pneumatique à bulle d'air** : underwater bubble barrier *(pol)*. **barrière semiflexible** : semiflexible boom. **barrière technologique** : technological barrier.

barrique *f* – hogshead.

barroir *m* – comb bit.

barrot *m* – hatch beam.

barrowien – Barrovian, *see série métamorphique de type barrowien, zone métamorphique barrowienne.*

Bartonien *m* – Bartonian, *Middle Eocene stage.*

barycentre *m* – barycenter; center of mass.

barye *f* – barye, *unit of pressure in the cgs system equal to 10 Pa.*

barysphère *f* – barysphere, *the interior of the Earth below the lithosphere, including the mantle and core.*

baryte *f* – barite, *improperly used by French drillers instead of barytine*; barium hydroxide.

barytine *f* – barite, *barium sulfate, used as a weighting material to increase mud weight, also know as baryte, barytine, cawk, heavy spar.*

baryum *m* – barium, *symbol Ba.*

bas *m* – bottom; skirting. **bas d'une colonne** : bottom, *distillation.* **bas de casse** : lower case *(print)*. **bas de gamme** : bottom of the line, *equipment or product.* **bas de garniture** : bottomhole assembly (BHA). **bas de pente** : foot of slope.

bas – low, *fem. basse.* **basses eaux** : low water. **basse fréquence** : low frequency. **basse marée** : ebb tide. **bas niveau** : lowstand, *interval of time between one or more cycles of relative sealevel change when sealevel is below the depositional shoreline break.* **à bas point de fusion** : low-melting point. **basse pression** : low pressure. **à basse température** : low temperature. **à basse teneur** : low grade. **à basse teneur en soufre (BTS)** : low sulfur. **basse tension** : low tension; low voltage. **basses terres désertiques** : lowland desert. **vers le bas** : downhill; downwards.

basal – basal; bottomset.

basalte *m* – basalt, *dark colored mafic igneous rock.* **basalte à népheline** : nepheline basalt. **basalte à olivine** : olivine basalt. **basalte alcalin** : alkali basalt. **basalte des plateaux** : flood basalt; plateau basalt, *a product of fissure eruptions.* **basalte lité** : basalt slate. **basalte prismatique** : columnar basalt. **basalte tholéiitique** : tholeiitic basalt, *tholeiite.*

basaltiforme – basaltiform.

basaltique – basaltic.

basaltoïde – basaltiform.

basanite *f* – basanite, *touchstone.*

basculage *m* – tilting.

basculant – tipping.

bascule *f* – flip-flop, *bistable electronic circuit*; pumping beam; trigger circuit; weighing machine.

basculé – tilted.

basculement *m* – flip; tilt; tilting; tripping. **basculement de couche** : rollover, *occurring when LNG is added to a storage tank partially filled with LNG having a different composition, and which causes a violent release of vapor.* **basculement des couches** : tilting of strata *(geol)*.

basculer – cant (to); dump (to); overturn (to); trip (to).

basculeur *m* – valve lever.

base *f* – base, *as opposed to acid ; the primary constituent of a crude oil ; foundation or station*; base line (BL) *(topog)*; foot; footing; legal ground; sole; toe. **base à l'échelle des photographies** : photo base. **base acoustique ultracourte** : ultrashort baseline system, *dynamic positioning.* **base aromatique** : aromatic base. **base conjuguée** : conjugate base. **base côtière** : supply-and-service base. **base courte** : short-baseline system, *acoustic positioning system.* **base d'hélicoptères** : helicopter base. **base d'imposition** : tax base. **base d'observation** : photo base. **base d'un pétrole brut** : crude-oil base, *a category of crude oil classified by the chemical structure of its main constituents ; the most common crude oils are naphthenic base, paraffinic base and intermediate or mixed base.* **base de connaissances** : knowledge base. **base de connaissances déterministe** : if-then knowledge base. **base de données** : database. **base de données relationnelle** : relational database. **base de filetage** : thread root. **base de la couche altérée** : base of the low-velocity layer, *LVL*; base of weathering. **base de la dent** : root of tooth, *bit*; tooth root, *of a drill bit.* **base de la soudure** : root of weld. **base de Lewis** : Lewis base. **base de numération** : radix, *base of a number system.* **base de prise de vues** : air base, *the length of an imaginary line connecting the points in space at which successive photos in a flight strip are taken.* **base de prises de vues stéréoscopiques** : stereobase. **base de raccordement** : tie-in base *(pipeline)*. **base de règles** : rule base, *artificial intelligence.* **base de soutien** : supply-and-service base *(drill)*. **base de soutien flottante** : floating supply base. **base du joint** : root of joint *(geol)*. **bases échangeables** : cation-exchange capacity (CEC) *(geoch)*; exchangeable bases, *exchangeable ions adsorbed by colloids from the ground.* **base essence** : gasoline stock. **base flottante** : quarters boat. **base forte** : strong base *(chem)*. **base intermédiaire** : intermediate base. **base longue** : long-baseline system, *acoustic positioning.* **base minérale** : inorganic base. **base mixte** : intermediate base, *classification of a* *crude oil.* **base naphténique** : naphthene base. **base organique** : organic base. **base quinoléinique** : quinoline base. **base stéréoscopique** : stereobase; stereoscopic base. **de base** : basal; basic.

baser – ground (to).

bas-fond *m* – flat; hollow; low country; shallows.

Bashkirien *m* – Bashkirian, *Middle Carboniferous stage.*

basicité *f* – basicity. **basicité de Lewis** : Lewis basicity.

basique – basic.

bas-pays *m* – lowland, *monoclinal depression.*

basse – *see masc. bas.*

bassin *m* – basin; bowl; coffer; dock; kettle; pan; pit; pond. **bassin à boue** : mud pit; mud store; slush pit; sump. **bassin à boues** : slime pit. **bassin à chaux** : lime pit. **bassin à flot** : tidal basin; wet dock. **bassin à mouvement rotatif** : spiral flow tank. **bassin artésien** : artesian basin. **bassin avec bordure faillée** : growth-fault setting. **bassin avec bordure marquée** : deep-water setting, *shelf-break setting.* **bassin collecteur** : catch basin; collection basin. **bassin d'arrachement** : strike-slip basin. **bassin d'arrière-arc** : back-arc basin. **bassin d'arrosage** : spray pond. **bassin d'aspiration** : suction pit, *drilling mud.* **bassin d'avant-arc** : forearc basin *(geol)*. **bassin d'effondrement** : fault basin *(geol)*. **bassin d'entremont** : intermontane basin *(geol)*. **bassin d'essais** : model tank, *model basin, a large tank or basin of water for testing scale models of ships or platform structures;* test basin *(ship)*. **bassin d'essais de carènes** : *see bassin d'essais.* **bassin d'évitage** : turning basin, *in a port.* **bassin d'immersion** : dipping tank. **bassin de carènes** : *see bassin d'essais.* **bassin de chasse** : scouring basin. **bassin de clarification** : clarifying basin; settling basin. **bassin de décantation** : decanting basin; decanting pond; sedimentation tank; settling basin; settling pond. **bassin de dépôt** : depositional basin *(geol)*; sedimentation tank. **bassin de drainage** : *see bassin versant.* **bassin de filtration** : filtering basin. **bassin de marée** : tidal basin. **bassin de névé** : névé basin. **bassin de radoub** : dry dock; graving dock. **bassin de réception** : catchment area; drainage basin; headwater basin. **bassin de sédimentation** : basin of deposition *(geol)*. **bassin de surcreusement** : rock basin *(geol)*. **bassin de vallée glaciaire** : glacial basin. **bassin fermé** : closed basin. **bassin filtrant** : filter bed. **bassin fluvial** : river basin. **bassin houiller** : coalfield. **bassin hydrogéologique** : groundwater basin. **bassin hydrographique** : catchment area; drainage basin; river basin; watershed. **bassin lacustre** : lake basin. **bassin limnique** : limnic basin, *containing coal formed in a freshwater environment.* **bassin océanique** : sea basin. **bassin perché** : suspended basin. **bassin pétrolifère** : oil basin; petroleum basin. **bassin sans bordure marquée** : ramp setting, *very gradual transition between the coastal plain and the continental slope.* **bassin sans plate-forme continentale** : no-shelf basin. **bassin sédimentaire** : sedimentary basin. **bassin sénile** : stagnant basin *(geol)*. **bassin solaire** : solar pond. **bassin sous-alimenté** : starved basin, *a sedimentary basin in which subsidence is faster than the rate of sedimentation, so that sediments are thicker around the edges than they are in the middle.* **bassin structural** : basin folds *(geol)*; structural basin; synclinal closure. **bassin terminal** : tongue-like basin *(geol)*. **bassin transporté** : piggyback basin *(geol)*. **bassin versant** : river basin *(hydrol)*.

bastaing *m* – plank.

bâtard – bastard, *said of any tool not of standard shape or size.*

batardeau *m* – cofferdam; dam.

bateau *m* – boat, *see also navire, bâtiment, vaisseau.* **bateau à moteur** : motorboat. **bateau allégeur** : lightering vessel. **bateau annexe** : tender. **bateau balise** : buoy boat. **bateau boutefeu** : shooting boat, *a boat used to carry and set off explosives in offshore seismic exploration.* **bateau-citerne à faible tirant d'eau** : shallow-draft tanker. **bateau de relève** : crew boat. **bateau de sauvegarde** : standby vessel. **bateau de sauvetage** : salvage vessel. **bateau de sauvetage motorisé totalement fermé** : totally-enclosed motor-propelled survival craft (TEMPSC). **bateau de service** : workboat. **bateau de service manipulateur d'ancre** : anchor-handling supply boat. **bateau dragueur** : dredge boat. **bateau feu** : lightboat; lightship. **bateau logement** : quarters boat. **bateau pilote** : pilot ship. **bateau pompe** : fireboat. **bateau ravitailleur** : supply boat.

batée *f* – batea *(mine)*; tray.

batellerie *f* – inland navigation.

batholite *m* – batholith *(geol)*.

bathomètre *m* – bathometer, *for measuring depths in water.*

Bathonien *m* – Bathonian, *Middle Jurassic stage.*

bathosphère *f* – bathosphere.

bathroclase *f* – horizontal joint.

bathyal – bathyal, *pertaining to the ocean environment or depth zone between 200 and 2000 meters.* **bathyal inférieur** : lower bathyal, *water depth between 1000 and 2000 m.* **bathyal moyen** : middle bathyal, *water depth between 500 and 1000 m.* **bathyal supérieur** : upper bathyal, *water depth between 200 and 500 m.*

bathymétrie *f* – bathymetry.

bathymétrique – bathymetric.

bathypélagique – bathypelagic.

bathyscaphe *m* – bathyscaph, *a crewed free-diving craft for exploring ocean depths.*

bathysphère *f* – bathysphere, *a tethered sphere in which a crew is lowered to study ocean depths.*

bathythermographe *m* – bathythermograph.

bâti *m* – bedplate; cradle; frame; framework; truss; yoke, *of a dynamo, etc.* **bâti d'un moteur** : frame of an engine. **bâti de machine à balancier** : gallows frame. **bâti de montage** : assembly jig. **bâti de moteur** : engine frame.

bâtiment *m* – building; fabric; vessel, *general term for floating craft equipped for navigation.* **bâtiment d'extraction** : shaft house *(mining)*. **bâtiment de charge** : cargo ship. **bâtiment de soutien semisubmersible** : semisubmersible supply vessel (SSV). **bâtiment de stockage et de traitement** : offshore storage-and-treating vessel (OST).

bâton *m* – stick.

battage *m* – beating; hammering; jarring, *tightening or loosening tools in a well by means of bumper subs.* **battage au câble** : spudding, *drill-*

ing through the upper soil to start a well or to drill a shallow well. **battage des piles** : pile driving. **battage hydraulique des piles** : hydraulic pile driving. **battage rapide** : quick blow.

battement *m* – beat; jar; thump. **battements du déferlement** : surf beat.

batterie *f* – bank, *of furnaces or stills*; battery, *a group of processing equipment operated as a single unit, or an electricity storage device.* **batterie à plat** : rundown battery. **batterie au plomb** : lead-acid battery. **batterie d'accumulateurs** : accumulator battery; storage battery. **batterie d'allumage** : ignition battery. **batterie d'excitation** : control battery. **batterie de chauffage** : filament battery. **batterie de four à coke** : coke-oven battery. **batterie de fours** : oven battery. **batterie de piles électriques** : primary battery. **batterie de réservoirs** : tank battery. **batterie de réservoirs à commande automatique** : automatic tank battery. **batterie de tests** : whetstones. **batterie déchargée** : rundown battery. **batterie réfrigérante** : refrigerating battery. **batterie solaire** : solar battery. **batterie sulfatée** : sulfated battery. **batterie tampon** : buffer battery. **batterie terminale** : end cell. **batterie transportable** : portable battery.

batteur *m* – beater.

battitures *f* – forge scale; hammer slag; mill scale. **battitures de fer** : scab.

battre – beat (to). **battre à froid** : cool hammer (to) *(metal)*. **battre un pavillon** : fly (to) a flag. **battre un pieu** : drive (to) a pile.

battu – buffeted, *by wind or waves.*

baud *m* – baud, *unit of telegraphic speed.*

baume *m* – balsam; salve. **baume du Canada** : Canada balsam, *used as an adhesive for optical lenses.*

Baumé – Baumé, *see degré Baumé, densité Baumé, échelle Baumé.*

bauxite *f* – bauxite, *a mixture of hydrous aluminum oxides.*

baver – smear (to).

bavure *f* – burr *(metal)*; overlap *(weld)*. **bavure de fonte** : fin.

Bayes – Bayes, *see théorème de Bayes.*

Bé – Bé, *abbr. for Baumé.*

béant – gaping.

Beaufort – Beaufort, *see échelle Beaufort.*

bec *m* – beak; bill, *of the fluke of an anchor*; burner; end; lip; mouthpiece; spout. **bec à deux trous** : fishtail burner. **bec à gaz** : gas jet. **bec à l'acétylène** : acetylene burner. **bec Bunsen** : Bunsen burner. **bec d'un convertisseur** : neck *(metal)*. **bec de cornue** : converter mouth, converter nose *(metal)*. **bec de descente** : downspout. **bec de déversement** : spout. **bec de gaz en éventail** : fantail. **bec ouvert** : naked burner. **bec papillon** : fishtail burner. **bec verseur** : pouring lip; pouring spout. **bec verseur de bidon à carburant** : fuel-can nozzle.

bêche *f* – skirt; spade, *marine foundation.* **bêche d'ancre** : anchor fluke; fluke.

becher *m* – beaker. **becher à bec** : lipped beaker.

Beckmann – Beckmann, *see thermomètre de Beckmann, transposition de Beckmann.*

becquerel *m* – becquerel, *SI unit of activity of radionuclides, symbol* Bq. **becquerel par kilogramme** : becquerel per kilogram, *SI unit of specific activity* (Bq/kg).

bédane *m* – cape chisel.

beidellite *f* – beidellite, *a clay mineral.*

Beilby – Beilby, *see couche de Beilby.*

bel *m* – bel, *unit of sound power, symbol* B.

bélemnite *f* – belemnite, *(pal)*.

bélier *m* – ram. **bélier hydraulique** : hydraulic ram; water ram.

bellite *f* – bellite, *explosive.*

bélonite *f* – belonite *(petro)*.

Bender – Bender, *see procédé d'adoucissement Bender.*

bénéfice *m* – profit. **bénéfice actualisé** : discounted cash flow (DCF); discounted return. **bénéfice avant impôt** : pretax profit. **bénéfice brut** : gross profit. **bénéfice brut par tonne** : gross profit per ton. **bénéfice commercial** : trading profit. **bénéfice comptable** : paper profit. **bénéfices consolidés** : consolidated profits. **bénéfice en huile** : profit oil, *in a production-sharing contract, the share of production that goes to the contractor for the risk taken.* **bénéfices exceptionnels** : windfall profits. **bénéfice fiscal** : operating profit, *before taxes.* **bénéfice mondial** : worldwide profit, *algebraic sum of results in France and abroad by the parent company and all its branches (French law)*. **bénéfice net** : net income, *after taxes*; net profit. **bénéfices nets** : net earnings. **bénéfice non distribué** : earned surplus; undistributed profit. **bénéfices non distribués** : retained earnings.

Benioff – Benioff, *see plan de Benioff.*

benne *f* – basket; bucket; tipper; tram; truck cart; tub. **benne à demicoquilles** : clamshell bucket. **benne à traction** : dragline bucket. **benne basculante** : dump body; tip bucket; tip wagon; tipping bucket. **benne d'extraction** : shaft cage. **benne de chargement** : charging car. **benne de transporteur aérien** : cableway car; ropeway bucket. **benne drague** : earth grab. **benne piocheuse** : clamshell bucket; excavating bucket. **benne preneuse** : clamshell; clamshell bucket; grab bucket; grab dredger. **benne racleuse** : scraper.

benthique – benthic, *pertaining to the ocean bottom*; demersal.

benthos *m* – benthos, *all forms of marine life that are bottom-dwelling.*

bentonite *f* – bentonite, *a clayey rock composed mainly of beidellite and montmorillonite.*

benzaldéhyde *m* – benzaldehyde.

benzène *m* – benzene, *aromatic hydrocarbon.* **benzène pour nitration** : nitration-grade benzene.

benzidine *f* – benzidine, *an aromatic amine used in manufacturing dyes.*

benzine *f* – benzine, *archaic term replaced by benzène.*

benzoate *m* – benzoate, *a salt or ester of benzoic acid.*

benzoïque – benzoic.

benzol *m* – *name for a distillation fraction of coaltar, formed mainly of benzene.* **benzol carburant** : motor benzol.

benzopyrène *m* – benzopyrene, *a polynuclear aromatic hydrocarbon.*

benzoyle *m* – benzoyl, *a chemical radical.*

benzyl-para-aminophénol *m* – benzyl-para-aminophenol (BAP), *gum inhibitor used with gasoline.*
benzyle *m* – benzyl, *chemical radical.*
benzyne *m* – benzyne, *unsaturated cyclic hydrocarbon.*
bep – boe, *abbr. barils équivalent pétrole: barrels oil equivalent.*
béquille *f* – prop; skid; stanchion.
berceau *m* – cradle; rocker; trestle, *for pipes.* **berceau de chaudière** : boiler bearer. **berceau de cuve amovible** : movable-tank support. **berceau de moteur** : bearer plates of the engine. **berceau de sertissage** : crimp anvil.
bérengélite *f* – berengelite, *a resinous asphaltlike mineral.*
berge *f* – bank, *of a river.*
Bergius – Bergius, *see procédé Bergius.*
berkélium *m* – berkelium, *symbol Bk.*
Berl – Berl, *see selle de Berl.*
berline *f* – cart; tram; truck cart; tub. **berline à décharge latérale** : side-dump car. **berline basculante** : tipping car.
berme *f* – berm *(geomorph).*
Bernoulli – *see équation de Bernoulli, théorème de Bernoulli.*
Berriasien *m* – Berriasian, *Lower Cretaceous stage.*
berthiérite *f* – berthierite *(miner).*
béryllium *m* – beryllium, *symbol Be.*
besogne *f* – job.
besoin *m* – requirement. **besoin calorifique** : thermal requirement. **besoin de froid** : refrigeration load. **besoin en eau** : water requirement. **besoins énergétiques** : power requirements. **besoin net de trésorerie** : net cash requirement.
Bessemer – Bessemer, *see acier, convertisseur et fonte Bessemer.*
BET – BET, *abbr. Brunauer-Emmett-Teller, see équation BET.*
bêta – beta, *letter in the Greek alphabet used as a symbol for: 1) the position of a subsituent atom or radical in a component; the second position in a naphthalene ring; 2) a secondary allotropic modification of a metal or compound, 3) a type of radioactive decay.*
bétafite *f* – betafite, *ellsworthite (miner).*
bétain *m* – concretionary sand *(pedol).*
bêtatron *m* – betatron, *for accelerating electrons.*
béton *m* – concrete. **béton aéré** : aerated concrete. **béton antidérapant** : nonskid concrete. **béton armé** : armored concrete; reinforced concrete. **béton asphaltique** : asphaltic concrete, *mixture of mineral aggregate and asphalt or asphalt filler.* **béton bitumineux** : bituminous concrete. **béton cellulaire** : cellular concrete. **béton coulé** : cast concrete. **béton coulé sous l'eau** : underwater concrete. **béton cyclopéen** : cyclopean concrete. **béton d'argile** : soil concrete. **béton de laitier** : cinder concrete. **béton de masse** : mass concrete. **béton frais** : fresh concrete; green concrete. **béton gaz** : gas concrete, *cellular concrete.* **béton goudronneux** : tar concrete, *mixture of mineral aggregate and tar.* **béton isolant** : insulating concrete. **béton lourd** : loaded concrete. **béton moulé** : cast concrete. **béton mousse** : foam concrete. **béton pompé** : pumped concrete. **béton précontraint** : prestressed concrete. **béton préfabriqué** : precast concrete. **béton prêt à l'emploi** : ready-mixed concrete. **béton projeté** : shotcrete; sprayed concrete. **béton réfractaire** : refractory concrete. **béton sans fines** : no-fines concrete. **béton vibré** : vibrated concrete.
bétonnage *m* – concreting. **bétonnage sous l'eau** : underwater concreting.
bétonneuse *f* – *see bétonnière.*
bétonnière *f* – cement mixer; concrete mixer. **bétonnière routière** : concrete road paver.
beurre *m* – butter. **beurre de paraffine** : paraffin butter, *a variety of soft paraffin.*
Bévatron *m* – Bevatron, *name of the 6-GeV proton synchrotron at the University of California at Berkeley.*
biais *m* – bias *(stat).* **biais d'échantillonnage** : sampling skew. **de biais** : askant; aslant. **sans biais** : unbiased.
biaisé – biased.
biaxe – biaxial.
bibasique – bibasic.
bibliographie *f* – bibliography.
bibliothèque *f* – library, *see also filmothèque, programmathèque.*
bicarbonate *m* – bicarbonate. **bicarbonate de sodium** : baking soda.
bichlorure *m* – dichloride, *an inorganic salt or organic compound having two chloride atoms in its molecule.* **bichlorure de propylène** : propylene dichloride.
bichromate *m* – dichromate, *salt of dichromic acid.* **bichromate de potassium** : potassium dichromate, *used as an oxidizing agent, analytical reagent.*
bicolore – bicolored.
biconcave – concavo-concave.
bidimensionnel – two-dimensional.
bidon *m* – can. **bidon à huile** : oil holder. **bidon d'huile** : oil can. **bidon souple** : jerribag. **en bidon** : canned.
bidonnet *m* – small can.
bief *m* – level; reach. **bief inférieur** : lower reach. **bief supérieur** : upper reach.
bielle *f* – connecting rod; piston rod; pull rod. **bielle d'accouplement** : coupling rod; link block. **bielle de commande à excentrique** : eccentric rod. **bielle de pompe** : pitman, *the arm that connects the crank to the walking beam on a pumping unit.* **bielle de poussée** : push rod. **bielle du tiroir** : valve rod.
biellette *f* – link.
bien *m* – asset; property. **biens d'équipement** : capital goods. **bien de famille** : homestead. **biens de production** : production goods. **biens standards** : off-the-shelf goods. **biens collectifs** : public goods. **biens de consommation** : consumer goods. **biens en rentes** : funded property. **biens fonciers** : real estate. **biens immobiliers** : real estate.
bifilaire – bifilar.
bifocal – bifocal.
bifonctionnel – bifunctional.
bifurcation *f* – branch circuit; derivation; fork, *in a road*; forking. **bifurcation des eaux** : partition process.

bigarré – variegated.
bigorne *f* – beakiron, *of an anvil*; bickern. **bigorne de pliage** : creasing stake.
bigrille *f* – bigrid.
bigue *f* – shear legs.
bijection *f* – bijection, *bijective mapping*.
bilame *f* – bimetallic strip.
bilan *m* – account; balance; balance sheet; statement. **bilan actualisé** : net present worth. **bilan azoté** : nitrogen balance. **bilan calorifique** : heat balance. **bilan chimique** : chemical balance. **bilan consolidé** : consolidated balance sheet. **bilan de l'eau souterraine** : groundwater balance. **bilan de porosité** : porosity balance, *method used to check water saturations calculated from electric logs*. **bilan des accidents de travail** : safety record. **bilan énergétique** : energy balance, *in a reaction, the amount of energy set free or absorbed*. **bilan gazeux** : gas balance. **bilan glaciaire** : glacial balance. **bilan hydraulique** : hydrologic accounting, *an evaluation of the hydrologic balance (inflow, outflow, storage) of an area*; water budget. **bilan hydrique** : *see bilan hydraulique*. **bilan isotopique** : isotope balance. **bilan massique** : mass balance. **bilan matière** : material balance. **bilan radiatif** : radiation balance. **bilan thermique** : calorific balance; heat balance; heat budget, *amount of heat required to raise the temperature of a body of water from winter temperature to maximum summer temperature*; thermal balance.
bilanmètre *m* – balancemeter.
bilatéral – bilateral; two sided.
bilinéaire – bilinear.
billage *m* – ball hardness test; dropping-ball penetration test.
bille *f* – ball; chock; marble. **bille de bois équarri** : cant. **bille de soupape** : valve ball. **bille de verre** : glass bead; glass marble. **bille de verrouillage** : lock ball. **bille inerte** : inert ball, *placed on a catalyst bed to prevent it from moving*. **bille sphéroïde** : prill.
billette *f* – billet. **billette pour forge** : forging billet.
billion *m* – trillion, *in the U.S. system of numbers*; billion, *in the SI system : one million million* = 10^{12}.
bilogarithmique *m* – log log.
bimétallique – bimetallic.
bimodal – bimodal *(stat)*.
bimoléculaire – bimolecular.
bimoteur – twin engined.
binaire – binary, *in chemistry, compound having only two elements*; twofold.
Bingham – Bingham, *see corps plastique de Bingham, écoulement de Bingham, essai au pycnomètre de Bingham*.
binoculaire – binocular.
binôme *m* – binomial.
binomial – binomial.
bioaccumulation *f* – bioaccumulation.
biocarburant *m* – biofuel.
biocatalyseur *m* – biocatalyst.
biocénose *f* – biocoenosis, *a group of organisms that live closely together and form a natural ecologic unit*.
biochimie *f* – biochemistry.
biochimique – biochemical.
biocide *m* – biocide.
bioclaste *m* – bioclast, *a single fossil fragment*.
bioclastique – bioclastic, *said of rocks made of fragmental organic remains*; skeletal.
bioclimatologie *f* – bioclimatology.
biocombustible *m* – biofuel.
bioconstruit – bioconstructed, *see calcaire, sable bioconstruit*.
bioconversion *f* – bioconversion, *conversion of organic materials into an energy source, e.g. waste into methane*.
biodégradabilité *f* – biodegradability.
biodégradable – biodegradable.
biodégradation *f* – bacterial degradation; biodegradation.
biodétérioration *f* – biodeterioration.
biodétritique – *see bioclastique*.
bioénergie *f* – bioenergy.
bioéthanol *m* – bioethanol, *ethanol produced from biomass*.
biofaciès *m* – biofacies; biologic facies.
biogaz *m* – biogas, *methane produced from manure*.
biogène – *see biogénétique*.
biogenèse *f* – biogenesis.
biogénétique – biogenic, *produced by living organisms*.
biogéochimie *f* – biogeochemistry.
biogéochimique – biogeochemical.
biogéographie *f* – biogeography, *the science that deals with the distribution of all living organisms*.
bioherme *m* – bioherm, *an organic reef or mound built exclusively or mainly of sedimentary organisms such as corals, stomatoporoids, algae, gastropods, etc*.
biohorizon *m* – biohorizon, *a surface corresponding to a biostratigraphic change or having a distinctive biostratigraphic character*.
biologie *f* – biology.
biologique – biologic; biological.
bioluminescence *f* – bioluminescence.
biolyse *f* – biolysis, *decomposition of organic materials by living organisms*.
biomasse *f* – biomass, *total mass of living matter per unit area or volume per unit time*.
biomatériau *m* – biomaterial.
biome *m* – biome, *a complex biotic community covering a large geographic area*.
biomembrane *f* – biomembrane.
biométhanisation *f* – biomethanation, *generation of methane by a biological process*.
biométrie *f* – biometrics; biometry.
bionique *f* – bionics, *use of data concering the functioning of biological systems for electronic applications*.
bionomie *f* – bionomics, *the science of the relationships between organisms and their environment*.
biophile – biophilic, *said of those elements that are the most typical in living organisms and organic materials*.
biophysique *f* – biophysics.
biopolymère *m* – biopolymer, *a biological macromolecule often used as an additive in drilling mud*.

biorhexistasie *f* – biorhexistasy, *a theory explaining sediment production in relation to variations in vegetational surface cover.*
biorythme *m* – biological rhythmic process.
biosphère *f* – biosphere, *area of the Earth occupied by or favorable for occupation by living organisms.*
biostasie *f* – biostasy, *biological stabilization period for soils.*
biostéréométrie *f* – biostereometry.
biostratigraphique – biostratigraphic.
biostratigraphie *f* – biostratigraphy.
biostrome *m* – biostrome, *a bedded structure built mainly of sedentary organisms but remaining flat and not moundlike.*
biosynthèse *f* – biosynthesis.
biot *m* – biot, *a unit of electric current, 1 biot = 10 A.*
biota *m* – biota, *flora and fauna characterizing a given region.*
biotechnologie *f* – biotechnology.
biotique – biotic.
biotite *f* – biotite, *black mica.*
biotope *m* – biotope, *an area of uniform ecological conditions.*
bioturbation *f* – bioturbation, *the churning, burrowing and stirring of a sediment by organisms.*
biotype *m* – biotype, *genotype.*
bioxyde *m* – dioxide, *see also dioxyde.* **bioxyde de manganèse** : manganese dioxide. **bioxyde de sélénium** : selenium dioxide. **bioxyde de thorium** : thorium dioxide.
biozone *f* – biozone, *basic unit in biostratigraphic classification.*
bipasse *m* – *see by-pass.*
biphasé – two phase.
biphényle *m* – biphenyl, *phenylbenzene.*
biphénylène *m* – biphenylene.
bipolaire – bipolar; two pole.
biradical *m* – biradical *(chem)*.
biréflectance *f* – bireflectance.
biréfringence *f* – birefringence; double refraction. **biréfringence circulaire** : circular birefringence. **biréfringence magnétique** : magnetic double refraction.
biréfringent – birefringent; double refracting.
bischofite *f* – bischofite, *hydrous magnesium chloride.*
biseau *m* – bevel; cant; edge; pinchout, *termination of a bed or stratum by progressive narrowing or thinning until it disappears*; wedge; wedge out. **biseau d'aggradation** : onlap, *a base-discordant relation in which initially horizontal strata terminate progressively against an initially inclined surface, or in which initially inclined strata terminate progressively updip against a surface of greater initial inclination.* **biseau d'aggradation côtière** : coastal onlap. **biseau d'aggradation distale** : distal onlap, *onlap in the direction away from the source of clastic supply.* **biseau d'aggradation marine** : marine onlap, *onlap of marine strata.* **biseau d'aggradation maximale** : point of greatest onlap (POGO) *(geol)*. **biseau d'aggradation proximale** : proximal onlap, *onlap in the direction of the source of clastic supply.* **biseau de perméabilité** : permeability pinchout, *a trap for oil or gas formed by lateral variation of permeability.* **biseau de progradation** : downlap. **biseau sableux discordant** : buttress sand, *sands that pinch out against an underlying unconformity.* **biseau sommital** : toplap, *termination of strata against an overlying surface mainly as a result of nondeposition.* **biseaux sommitaux à pendage croissant** : rising toplaps, *termination of ascending strata against an overlying surface, usually in a landward direction.* **biseaux sommitaux ascendants** : climbing toplap.
biseautage *m* – beveling; pinching out; tailing out; wedging out *(geol)*.
biseauté – beveled.
biseauter – bevel (to); cant (to); pinch (to) out. **se biseauter** : wedge (to) out *(geol)*.
bismuth *m* – bismuth, *symbol Bi.*
bisphénol *m* – bisphenol, *bisphenol A, an intermediate used in manufacturing phenolic and epoxy resins.*
bissection *f* – bisection.
bissectrice *f* – bisectrix.
bistable – bistable.
bistoquet *m* – nail cutter.
bisulfure *m* – disulfide. **bisulfure de molybdène** : molybdenum disulfide, *molybdic sulfide, lubricant and hydrogenation catalyst.*
bit *m* – bit, *contraction of binary digit, used as a unit of storage capacity with a binary-base coding system.* **bit de parité** : check bit; parity bit. **bit de poids le plus faible** : least-significant bit (LSB). **bit de poids le plus fort** : most-significant bit (MSB). **bit de redondance** : redundancy bit. **bit de signe** : sign bit.
BIT – ILO, *abbr. of Bureau international du travail: International Labour Office.*
bitoduc *m* – bus.
bitte *f* – bitt, *for mooring.*
bittern *m* – bittern, *bitter mother liquor remaining in saltworks after sodium chloride has been crystallized out of seawater or brine.*
bitumacadam *m* – asphalt macadam.
bitumage *m* – asphalting.
bitumastic *m* – bituminous mastic.
bitume *m* – asphalt; asphaltum; bitumen, *natural or artificial mixture of hydrocarbons and their oxygen and sulfur derivatives, soluble in carbon disulfide.* **bitume asphaltique** : asphaltic bitumen, *natural or artificial bitumen.* **bitume de Judée** : bitumen of Judea, *a type of asphalt originally found in the Dead Sea region and used for medicinal applications*; Judean pitch. **bitume de pétrole** : petroleum asphalt, *an asphalt refined directly from petroleum, e.g. road asphalt.* **bitume dur** : hard asphalt, *having a penetration of less than 10.* **bitume émulsionnable** : emulsifiable bitumen. **bitume en poudre** : powdered asphalt. **bitume fétide** : pisselaeum. **bitume fillerisé** : mineral-filled asphalt, *road asphalt containing 10 to 50% finely divided mineral matter.* **bitume fluide** : liquid asphalt, *very soft asphalt having a consistency that cannot be measured by a standard penetration test*; liquid bitumen. **bitume fluidisé** : cutback, *bitumen softened by a solvent.* **bitume fluxé** : cutback;

cutback asphalt; fluxed bitumen; road oil. **bitume lacustre** : lake asphalt. **bitume naturel** : natural bitumen, *native mineral pitch, tar or asphalt.* **bitume obtenu par distillation en présence de vapeur d'eau** : steam-treated asphalt. **bitume oxydé** : oxidized asphalt, *or air-blown asphalt.* **bitume pour agglomérés** : briquetting asphalt. **bitume pour couche d'impression** : asphalt primer, *liquid asphaltic material absorbed by a nonbituminous surface and serving as waterproofing.* **bitume pour imperméabilisation** : insulating asphalt. **bitume pour isolement** : insulating asphalt. **bitume raffiné** : refined asphalt, *natural asphalt from which water and coarse minerals have been separated by heat treatment*; refined bitumen. **bitume routier** : asphalt cement, *fluxed or unfluxed asphalt used for making bituminous pavements*; road asphalt. **bitume soufflé** : air-blown asphalt; blown asphalt, *produced by reacting residual oil from petroleum distillation with air at 204-316°C*; blown bitumen.

bitumé – bituminized.

bituménite *f* – bitumenite, *torbanite.*

bitumineux – bituminous.

bituminifère – bituminiferous.

bituminisation *f* – bituminization, *a process for transforming natural substances into bitumen.*

biunivoque – one to one.

biuret *m* – biuret, *allophanamide, carbamylurea.*

bivalence *f* – *see divalence.*

bivalent – bivalent; divalent.

bizarre – odd.

blanc *m* – blank; gap, *on a magnetic tape*; white. **blanc de céruse** : white lead, *lead carbonate.* **blanc de fin de fichier** : end-of-file gap. **blanc de zinc** : zinc white. **blanc optique** : colorless dye.

blancheur *f* – whiteness. **blancheur éblouissante** : candescence.

blanchi – bleached; leached.

blanchiment *m* – bleaching, *of an oil*; whitening. **blanchiment à la terre** : clay bleaching. **blanchiment du baril** : *see allègement du baril.*

blanchir – bleach (to); whiten (to). **blanchir les huiles** : debloom (to), *removing the fluorescence from oils by exposing them to the sun.*

blanchisserie *f* – laundry.

blastoïde *m* – blastoid, *fossil echinoderm.*

blastogranitique – blastogranitic *(petro).*

blende *f* – blende, *zinc ore, sphalerite, false galena.* **blende concrétionnée** : botryoidal blende. **blende de roche** : jack *(geol).* **blende obscure** : blackjack, *interbedding of coal between slate layers.*

bleu *m* – blue; blueprint. **bleu alcalin** : alkali blue. **bleu de cobalt** : cobalt blue. **bleu de méthylène** : methylene blue. **bleu de Prusse** : Prussian blue, *ferric ferrocyanide, a color indicator often used to delimit the contact between two surfaces, one of which is mobile (bearings).*

bleu-de-travail *m* – overalls.

BLEVE *m* – BLEVE, *abbr. boiling liquid expanding vapor explosion, see explosion de gaz en expansion.*

BLI – ISB, *abbr. bande latérale indépendante: independent sideband.*

blindage *m* – armor; armoring; plating; screening; sheeting; shield; shielding; shroud. **blindage de fourneau** : furnace jacket; furnace shell. **blindage du creuset** : hearth casing.

blindé – metal clad; screened.

blinder – case (to); encase (to).

bloc *m* – block, *1) the division of the ocean into areas of exploration ; in the U.K. there are 30 blocks to one quadrant ; 2) a group of information units*; boulder, *a rock mass larger than a cobble*; clump; field stone; subassembly. **bloc arasé** : truncated block. **bloc basculé** : tilted block. **bloc charrié** : overthrust block *(geol).* **bloc continental** : continental block. **bloc-couronne à cinq poulies** : scatter sheave crown *(drill).* **bloc d'aérotriangulation** : aerotriangulation block. **bloc d'empreinte** : impression block, *for fishing jobs.* **bloc d'obturation de puits (BOP)** : blowout preventer (BOP), *a device for quickly closing off a wellhead if an inrush of gas occurs*; BOP stack. **bloc de bandes** : block of strips. **bloc de bobinage** : yoke assembly *(elec).* **bloc de clichés** : block of photographs. **bloc de dévissage** : breakout block, *a steel block shaped to fit the square part of a drill bit to hold it with the rotary table while breaking a joint.* **bloc de frein** : scotch. **bloc de glace** : ice boulder. **bloc des données** : data block. **bloc erratique** : erratic block *(geol)*; stray block. **bloc faillé** : fault block. **bloc faillé soulevé** : uplifted fault block; upthrown fault block. **bloc gyrométrique triaxial** : three-axis gyrometer assembly. **bloc obturateur de puits (BOP)** : blowout preventer (BOP). **bloc perché** : perched block, *perched boulder, perched rock, balanced rock, pedestal rock.* **bloc soulevé** : upthrown block. **bloc strié** : scratched boulder *(geol).*

blocage *m* – block; blocking; clamping; jam; locking; rubble, *rough broken quarry stone or brick used in coarse masonry or as filler for construction or road foundations*; stall, *engine*; stalling; sticking, *valves, rings, etc.*; tightening. **blocage de sécurité** : safety lock. **blocage de soupape** : valve failure. **blocage des pores par le filtrat** : water block, *in low-permeability rocks, water coming from the mud filtrate tends to block the movement of formation fluids toward the borehole.* **blocage des prix** : price freeze. **blocage des salaires** : wage freeze. **blocage rapide** : quick lock.

blocaille *f* – rubble.

bloc-cylindre *m* – cylinder block.

bloc-diagramme *m* – block diagram.

bloc-moteur *m* – engine block.

bloc-polymère *m* – block polymer, *a copolymer whose chain is composed of alternating sequences of identical monomers.*

blocus *m* – blockade.

bloqué – blocked; locked; overtight; stuck, *said of drillpipe or casing for which tripping in or out has been accidentally stopped*; tight, *for a nut.* **bloqué par les glaces** : icebound.

bloquer – clog (to); jam (to); lock (to); make (to) up, *drillpipe.*

BLU – SSB, *abbr. bande latérale unique: single sideband.*

BNPé – *abbr. Bureau de normalisation du pétrole.*

bobinage *m* – reeling; spooling; winding; wire coiling. **bobinage d'induit** : armature winding. **bobinage imbriqué** : lap winding.

bobine *f* – bobbin *(elec)*; cable drum; coil; quill; reel; spool. **bobine d'alimentation** : supply reel. **bobine d'allumage** : distributor coil; ignition coil; spark coil. **bobine d'extraction** : winding reel. **bobine d'impédance** : choke coil. **bobine d'inductance** : inductance coil. **bobine d'induction** : choke coil; induction coil. **bobine de champ** : field coil, *field winding.* **bobine de concentration** : concentrating coil. **bobine de déclenchement** : trip coil. **bobine de filtrage** : filter choke. **bobine de focalisation** : concentrating coil; concentrator. **bobines de Helmholtz** : Helmholtz coils *(electromag)*. **bobine de pellicules** : film cartridge. **bobine de réactance** : reactor, *used in arc welding.* **bobine de sonde** : search coil. **bobine en nid d'abeille** : honeycomb coil. **bobine exploratrice** : search coil. **bobine folle** : loose reel. **bobine magnétique** : magnet coil. **bobine mobile** : moving coil. **bobine réceptrice** : receiver coil; take-up reel.

bobiné – wound.

bobiner – reel (to); spool (to), *to wind a cable around a drum.*

bocal *m* – jar.

bocard *m* – stamp.

bocardage *m* – crushing; stamping. **bocardage à sec** : dry stamping.

bocca *m* – bocca, *aperture on a volcano from which magma or gas escapes.*

boehmite *f* – boehmite, *hydrated aluminum oxide.*

boghead *m* – boghead coal, *coal containing a high proportion of algal remains and volatile matter ; may be a source of liquid or gaseous hydrocarbons.*

bogie *m* – bogie.

bogue *f* – bug, *a defect in a program code.*

bois *m* – wood. **bois contreplaqué** : laminated wood; plywood. **bois d'accostage** : timber fender. **bois de charpente** : lumber; timber. **bois de construction** : construction timber; lumber; timber. **bois de feu** : firewood; fuelwood. **bois de garnissage** : backlath. **bois de placage** : veneer wood. **bois dur** : hardwood. **bois feuillu** : hardwood. **bois flottant** : driftwood. **bois fossile** : fossil wood. **bois massif** : solid wood. **bois opalisé** : wood opal, *a common variety of opal filling cavities and replacing organic matter in wood and often preserving the original features of the wood.* **bois pétrifié** : woodstone; petrified wood. **bois rond** : round lumber. **bois silicifié** : silicified wood. **en bois** : wooden.

boisage *m* – bracing; lagging; shoring; timbering. **boisage de chambres** : room timbering. **boisage du puits** : shaft timbering *(mining)*.

boisé – timbered; wooded.

boisement *m* – afforestation.

boiser – prop (to) up.

boisseau *m* – adapter, *of a valve*; bushel, *a unit of volume*; faucet pipe. **boisseau de robinet** : body of cock. **boisseau étrangleur** : throttle valve.

boîte *f* – box; case; chest; enclosure. **boîte à air** : air box. **boîte à boue** : mud box. **boîte à bourrage** : stuffing box. **boîte à clapet** : valve box; valve chest; valve pot. **boîte à clapets** : feed check valve. **boîte à étoupe** : stuffing box. **boîte à feu** : firebox. **boîte à fromage** : cheesebox, *one of the first types of still used for distilling kerosine.* **boîte à fumée** : smoke box; smoke chest. **boîte à fusibles** : fuse box. **boîte à gants** : glove box. **boîte à garniture** : packing gland. **boîte à graisse** : grease box; housing box. **boîte à huile** : oil box. **boîte à onglets** : miter box. **boîte à outils** : toolbox. **boîte à quatre vitesses** : four-speed gearbox. **boîte à soupapes** : valve chest. **boîte à tiroir** : slide box, *on a steam engine*; valve casing. **boîte à vapeur** : steam chest. **boîte à vent** : blast box *(metal)*. **boîte d'alimentation** : feed box. **boîte d'engrenage** : gear case. **boîte d'essieu** : housing box; journal box, *the metal housing of a journal bearing.* **boîte de connexion** : plug box; terminal box *(elec)*. **boîte de conserve** : can; tin. **boîte de contact** : plug box. **boîte de décharge pour écran à boues** : discharge box for the mud screen. **boîte de dérivation** : branching box *(elec)*; conduit box; distribution box. **boîte de direction** : steering gear. **boîte de jonction** : cable box; junction box. **boîte de logement** : housing box. **boîte de mélange de mousse** : foam mixing chamber. **boîte de Petri** : petri dish *(microbiol)*. **boîte de raccordement** : connecting box. **boîte de raccordement de fils électriques** : junction box. **boîte de retour** : header box; return bend. **boîte de retour à bouchon fileté** : threaded-plug header. **boîte de retour à étriers** : compounding-plug header. **boîte de soupape** : valve cage; valve chamber. **boîte de soutirage** : weir box. **boîte de tir** : blaster; blasting box; shooting box; shot box. **boîte de transfert** : transfer case. **boîte de vitesse** : gearbox; gearshift; speed box; transmission gear. **boîte de vitesse et pont arrière combiné** : transaxle. **boîte de vitesse toujours en prise** : constant-mesh countershaft transmission. **boîte de vitesses synchronisée** : synchromesh transmission. **boîte en fer blanc** : tin. **boîte noire** : black box. **boîte presse-étoupe** : stuffing box.

boitement *m* – peglegging, *the irregular striking of a cable bit*; soft foot, *when a piece of machinery is not sitting firmly on all four feet and shims have to be used to make the machinery level.*

boîtier *m* – housing; casing. **boîtier de clapet à soupape** : valve box. **boîtier de direction** : steering box. **boîtier de manivelle** : crank guard. **boîtier de vanne** : valve housing. **boîtier du distributeur** : pod *(drill)*.

bolide *m* – bolide, *exploding meteor resembling a detonating fireball.*

bollard *m* – bollard, *a mooring post.*

bolomètre *m* – bolometer, *instrument used to measure the energy of electromagnetic radiation by the variation in the resistance of a thin conductor.*

Boltzmann – Boltzmann, *see constante de Boltzmann, statistique de Boltzmann.*

bombe *f* – bomb. **bombe à combustion** : combustion bomb. **bombe calorimétrique** : bomb calorimeter; calorimetric bomb, *used to measure the heat of combustion or thermal value of a fuel.* **bombe de signalisation** : signaling bomb. **bombe pour la mesure de la tension de vapeur** : vapor-pressure bomb, *for volatile petroleum products.* **bombe pour l'essai d'oxydation** : oxidation bomb. **bombe volcanique** : clot; volcanic bomb.

bombé – dished; dome shaped; domed.

bombement *m* – belly *(geol)*; blow; bulge; camber; cupping; swell; upswelling; upwarp; upwarping;

welt. **bombement anticlinal** : anticlinal bulge; anticlinal high. **bombement apparent** : pull up, *an apparent uplift produced by a local shallower high-velocity region.* **bombement d'une couche** : warping up of stratum.

bôme *f* – boom.

bon *m* – order; voucher. **bon d'enlèvement** : delivery order. **bon de commande** : order form; purchase order. **bon de livraison** : delivery order. **bon de paiement** : payment order.

bon – good, *fem. bonne.* **bon conducteur** : good conductor. **bon état de navigabilité** : seaworthiness. **bon fossile** : index fossil, *with a large population and a short time span.* **bon marché** : cheap; cutrate. **bon ordre de marche** : good running order. **de bonne qualité** : high grade. **bonne rupture** : clean time break *(seis)*. **bon sol** : bedrock.

bonanza *f* – bonanza.

bonbonne *f* – carboy. **bonbonne à gaz** : gas bottle.

bonde *f* – bung. **bonde de fond** : floor plug.

bongossi *m* – *see azobé.*

boni *m* – surplus *(fin)*, *gain in inventories.*

bonification *f* – rebate. **bonification d'investissement** : cash grants for investments.

bonne – *see masc. bon.*

bonus *m* – bonus, *cash paid to the landowner for the execution of a mineral lease*; lease bonus.

booléen – Boolean *(math)*.

BOP – BOP, *abbr. of bloc obturateur de puits: blowout preventer.* **BOP à fermeture totale** : shear-ram type BOP. **BOP à mâchoires** : ram-type BOP. **BOP à membrane** : bag-type BOP.

boracite *f* – boracite *(miner)*.

borane *m* – borane.

borate *m* – borate, *salt or ester of boric acid.* **borate de manganèse** : manganese borate.

borax *m* – borax, *sodium tetraborate.*

bord *m* – border; brim; curb; edge; outskirts; rim; shore; skirting. **bord coupant** : cutting edge. **bord d'attaque** : leading edge, *of a propeller or impeller*; leading flank, *of the teeth of a drill bit.* **bord d'une soudure** : toe of weld. **bord de fenêtre** : window carpentry *(seis)*. **bord de fuite** : trailing edge; trailing flank, *of a drill bit.* **bord de mer** : seaboard. **bord du cratère** : crater lip, crater rim *(geol)*. **bord du récif** : reef edge. **bord du trottoir** : curbstone. **bord inférieur d'une couche** : stratigraphic bottom edge. **bord rabattu** : flange. **à bord** : aboard; ex ship, *the goods are available to the buyer on board the ship.* **de bord à bord (BAB)** : free in and out (FIO).

bordé – plated; rimmed. **bordé extérieur** : outside plating.

bordereau *m* – consignment note; form; schedule. **bordereau d'avaries** : damage report. **bordereau d'expédition** : bill of lading. **bordereau de colisage** : packing list. **bordereau de débarquement** : outturn report. **bordereau de données** : data sheet. **bordereau de fret** : booking note. **bordereau de livraison** : delivery ticket. **bordereau de prix** : priced bill of quantities.

bordure *f* – border; fringe; skirting. **bordure continentale** : continental borderland. **bordure de récifs** : ledge. **bordure réactionnelle** : reaction rim *(petro)*. **bordure refroidie** : chilled margin *(geol)*. **de bordure** : fringing *(geol)*.

bore *m* – boron, *symbol B.*

borique – boric.

Born – Born, *see approximation de Born.*

borne *f* – boundary; boundary stone; corner post; landmark; milestone; monument; terminal *(elec)*. **borne à vis** : binding screw. **borne d'amarrage** : bollard. **borne d'incendie** : fire hydrant; fire plug. **borne d'un appareil électrique** : binding post. **borne de délimitation** : corner mark. **borne négative** : negative terminal. **borne positive** : positive terminal *(elec)*. **borne repère** : benchmark.

borné – finite.

borner – stake (to), *a lease.*

borofluorhydrique – fluoboric; fluoroboric.

bort *m* – bort, *bortz, boort, boart, imperfect crystallized diamond used as an abrasive.*

boruration *f* – boriding.

borure *m* – boride. **borure de titane** : titanium boride. **borure de tungstène** : tungsten boride. **borure de zirconium** : zirconium boride.

bosse *f* – boss; foothill; hump; mound. **bosse de terrain** : knob.

bosselé – embossed.

bossellement *m* – denting.

bosselure *f* – dent.

bossoir *m* – davit. **bossoir d'ancre** : anchor davit.

botanique *f* – botany.

botryoïde – botryoidal, *shaped like a bunch of grapes (miner)*.

botte *f* – boot; bundle. **botte de fil** : wire bundle.

bouchage *m* – clogging; damping; obstruction; plugging; stoppage. **bouchage au sable** : sand packing.

bouchain *m* – bilge.

boucharde *f* – bush hammer.

bouche *f* – door, *of a furnace*; mouth. **bouche à clé** : vault. **bouche d'eau** : hydrant. **bouche d'égout** : sewer opening. **bouche d'incendie** : fire hydrant; fire plug. **bouche de cheminée** : chute mouth.

bouché – clogged, *used especially for the pores in a formation or perforations in a tube blocked up by solid or pasty deposits*; plugged. **bouché et abandonné** : plugged and abandoned (P&A), *dry hole.*

bouche-à-bouche *m* – mouth-to-mouth resuscitation.

boucher – blind (to); clog (to); foul (to); occlude (to). **se boucher** : plug (to). **boucher un forage** : junk (to), *to abandon a well that would not be profitable to produce.*

bouchon *m* – bung; cap; cork; kick; pill; plug; slug, *a quantity of fluid injected into a reservoir during enhanced oil recovery*; stopper; stopple, *a device mounted on a branch connection by tapping a pipeline to plug it up so that work can be done on the section thus isolated.* **bouchon à deux trous** : double-bored cork. **bouchon bombe** : bomb-type plug. **bouchon cylindrique de sécurité** : ball plug. **bouchon d'essai à coupelles** : cup-type test plug. **bouchon d'obturation** : dry-hole plug, *used to plug up an unproductive well.* **bouchon de boue** : mud plug. **bouchon de caoutchouc** : rubber cork. **bouchon de ciment** : cement plug. **bouchon de cimentation** : cementing plug; wiper plug. **bouchon de cimentation inférieur** : bottom cementing plug. **bouchon de colonne perdue** :

liner-wiper plug *(drill)*. **bouchon de dalot** : scupper plug. **bouchon de fluide** : spacer. **bouchon de forage sismique** : shothole plug, *for plugging up a seismic shothole.* **bouchon de gaz d'ajout de tige** : connection gas, *the relatively small amount of gas that enters a well when the mud pump is stopped so that a connection can be made.* **bouchon de grosse dimension** : bull plug, *large plug used to close off unfinished or unused pipelines to keep dirt and animals out.* **bouchon de nettoyage** : cleanout plug. **bouchon de purge** : drain plug. **bouchon de queue** : overflush, *fluid containing no sand injected into a formation after sand-carrying fluid, or a weak-concentration acid solution, injected after acid stimulation*; pump-down plug. **bouchon de refoulement** : shutoff plug. **bouchon de remplissage** : filler cap; filler plug. **bouchon de retenue** : retaining plug. **bouchon de soupape d'admission** : inlet-valve cap. **bouchon de soupape d'échappement** : exhaust-valve cap. **bouchon de soutènement** : heaving plug, *set in the bottom of a borehole to prevent sand from caving in.* **bouchon de support** : bridge plug, *set in casing to isolate a lower zone while an upper section is being tested or cemented.* **bouchon de tête** : preflush, *a slug of hydrochloric acid used in an acid job when carbonates are present in the pay zone.* **bouchon de tête de tubage** : bradenhead cap for the casing. **bouchon de valve** : valve cap; valve hood. **bouchon de vapeur** : vapor lock, *the formation of vapor or gas bubbles in a fuel-feed system interrupting the proper flow of fuel in a gasoline engine.* **bouchon de vidange** : drain plug. **bouchon de vidange d'huile du carter** : sump drain plug. **bouchon en amiante** : asbestos stopper. **bouchon en caoutchouc** : rubber stopper. **bouchon filtre** : strainer cap. **bouchon flottant** : float plug. **bouchon fusible** : fuse plug; fusible plug. **bouchon lourd baryté** : slug. **bouchon miscible** : solvent slug, *enhanced recovery.* **bouchon obturateur** : plug *(drill)*. **bouchon obturateur à dents** : wiper plug. **bouchon plein** : blind plug. **bouchon-pose sous la colonne de production** : through-tubing bridge plug. **bouchon racleur de tige type ballon** : ball-type tubing-wiper plug *(drill)*. **bouchon reforable** : drillable plug. **bouchon supérieur** : top plug *(drill)*. **bouchon supérieur de cimentation** : top cementing plug. **bouchon suspendu** : float plug. **bouchon temporaire** : night cap, *a steel plate or fitting placed over the end of a section of a pipeline to prevent animals, water or dirt from entering at night or whenever no work is being done.* **bouchon vissé** : screwed cap. **bouchon volcanique** : volcanic neck; volcanic plug.

boucle *f* – bight; buckle; loop; ring circuit *(elec)*; sling; tack. **boucle d'asservissement** : feedback loop. **boucle d'élasticité** : expansion loop. **boucle d'élingage** : slinging eye. **boucle d'étalonnage** : meter prover. **boucle de dilatation** : slack loop *(pipeline)*. **boucle de la chaîne d'ancrage** : shackle. **boucle de réacteur** : reactor loop. **boucle de réaction** : feedback loop. **boucle de régulation** : feedback loop. **boucle fermée** : closed loop, *control system.* **boucle ouverte** : open loop, *control system.*

bouclier *m* – shield. **bouclier biologique** : biological shield. **bouclier continental** : continental shield *(geol)*. **bouclier de l'outil de forage** : bit shroud. **bouclier de lave** : lava shield. **bouclier de soudage** : welding shield. **bouclier déflecteur** : shroud. **bouclier thermique** : thermal shield.

boudin *m* – boudin, *any sausage-shaped tectonic inclusion.* **boudin d'explosif** : sausage powder. **à boudin** : flanged.

boudinage *m* – boudinage, *a sausage structure in which a continuous competent layer has been stretched, thinned and broken between less competent layers.*

boue *f* – mud; ooze; slime; sludge, *any semisolid waste from a chemical process*; slurry; slush. **boue à base d'eau** : water-base mud. **boue à base d'huile** : oil-base mud. **boue à basse teneur en chaux** : low-lime mud. **boue à diatomées** : diatom ooze. **boue à faible teneur en solides** : low-solids mud. **boue à faible toxicité** : low toxicity mud. **boue à l'amidon** : starch mud. **boue à l'argile** : clay-base mud. **boue à l'eau de mer** : seawater mud. **boue à l'eau douce** : freshwater mud. **boue à l'eau salée** : saltwater mud. **boue à la chaux** : lime-treated mud. **boue à la chaux à faible alcalinité** : low-lime-content mud. **boue à teneur de solides élevée** : high-solids mud. **boue abyssale** : abyssal ooze. **boues acides** : acid sludge. **boues activées** : activated sludge, *semiliquid mass removed from liquid sewage and subjected to aeration and aerobic microbial action.* **boue aérée** : aerated mud. **boue alcaline** : sludge lye. **boue allégée** : aerated mud. **boue anodique** : anode mud. **boue au chlorure de calcium** : calcium-chloride mud. **boue au gypse** : gypsum-base mud. **boue au sulfate de calcium** : calcium-sulfate treated mud. **boue aux surfactants** : surfactant mud. **boue bullée** : gas-cut mud (GCM) *(drill)*. **boue calcique** : calcium-treated mud. **boue carbonatée** : carbonate mud; lime mud. **boue carbonatée à l'amidon** : lime-base starch mud. **boue colloïdale** : colloidal mud. **boue contaminée** : contaminated mud. **boue contaminée par l'huile** : oil-cut mud. **boue d'injection** : mud fluid. **boues de carter** : crankcase sludge; engine sludge, *insoluble products from the degradation of lubricants and fuels.* **boue de complétion** : packer mud. **boue de démarrage** : spud mud, *fluid used at the start of drilling, often a thick bentonite-lime slurry.* **boues de fond** : bottom sludge. **boue de forage** : drilling mud. **boue de forage à l'eau douce** : freshwater drilling mud. **boues de raffinage** : refinery sludge. **boue de réserve** : reserve mud. **boues de réservoir** : tank sludge. **boue de sortie** : mud return. **boues décantées** : sludge cake. **boues des eaux d'égout** : sewage sludge. **boue douce** : freshwater mud. **boues dures** : hard lumpy sludge. **boues eau dans l'huile** : water-in-oil sludge. **boue électrolytique** : electrolytic slime. **boue émulsionnée** : emulsion mud. **boue émulsionnée de gaz** : gas-cut mud (GCM), *drilling mud containing dissolved gas coming from the formation.* **boue émulsionnée inverse** : inverted-emulsion mud; water-in-oil emulsion mud. **boue gazée** : gas-cut mud (GCM). **boue glaciaire** : boulder mud; glacial mud; glacial silt. **boues granuleuses** : grainy sludge. **boue inhibée** : inhibited mud. **boue inverse à base d'huile** : inverted oil-emulsion mud. **boue lourde** : heavy mud; high-weight mud; kill mud, *heavy mud used to stop a blowout.* **boue naturelle** : natural mud, *made up mainly of formation solids pulverized by the bit and dispersed in water.* **boue normale** : regular mud. **boue ordinaire** : conventional mud, *drilling fluid made of clay and water.* **boue organique** : organic slime. **boues pâteuses** : soft pasty sludge. **boue pélagique** : deep-sea ooze. **boue pour forage rotary** : rotary mud. **boue réfractaire** : ganister mud. **boue rouge** : red mud, *a clayey water-base drilling fluid containing a sufficient amount of caustic soda and tannates to give it a pronounced red appearance.* **boue salée** : saltwater mud. **boue salée saturée** : saturated saltwater mud. **boue sèche** : dry mud, *barite or other mineral products mixed with water to form drilling mud.* **boue stérile** : dirt. **boue sulfureuse** : sulfur mud. **boue verte** : green mud, *a deepsea terrigenous deposit.* **boue volcanique** : volcano mud.

bouée *f* – buoy. **bouée à bras rigide** : rigid-arm mooring. **bouée à carillon** : gong buoy. **bouée à cloche** : bell buoy. **bouée à flottabilité positive** : buoyancy chamber. **bouée à sifflet** : whistle buoy. **bouée acoustique** : sonobuoy. **bouée coffre** : mooring buoy. **bouée conique** : nun-buoy. **bouée cylindrique** : can-buoy. **bouée d'amarrage** : mooring buoy. **bouée d'épave** : wreck buoy. **bouée d'orin** : anchor buoy, *or cable buoy*; pennant buoy. **bouée de calage** : calibration buoy. **bouée de chargement** : loading buoy. **bouée de mouillage** : anchorage buoy. **bouée de queue** : tail buoy, *on a marine streamer.* **bouée de rappel** : recall buoy. **bouée de repère** : marker buoy. **bouée de sauvetage** : life buoy; life preserver. **bouée émettrice** : sonobuoy. **bouée espar** : spar buoy. **bouée lumineuse** : lighted buoy. **bouée respirante** : breathing buoy. **bouée sifflante** : whistling buoy.

boueux *m* – hoghead, *slang for a mud engineer.*

boueux – muddy, *fem.* *boueuse*; silty; slimy.

bougie *f* – candle; plug *(auto)*. **bougie antiparasite** : suppressed spark plug. **bougie d'allumage** : igniter; ignition plug; spark plug; sparking plug. **bougie de haute tension** : high-tension spark plug. **bougie de réchauffage** : glow plug; heat plug. **bougie filtrante** : filtering candle. **bougie Hefner** : Hefner-candle, *obsolete unit of luminous intensity, equal to 0.903 cd.* **bougie internationale** : international candle, *obsolete unit of luminous intensity, 1 IC = 1.02 cd.* **bougie luisante** : glow plug, *diesel engine.* **bougie nouvelle** : *name of a unit of luminous intensity changed to candela.* **bougie pied** : footcandle (ftc), *unit of illumination.*

Bouguer – Bouguer, *see anomalie de Bouguer, correction de Bouguer, loi de Bouguer, réduction de Bouguer.*

bouilleur *m* – boiler; boiler drum; fire tube.

bouillie *f* – slurry. **bouillie explosive** : slurry explosive. **bouillie neigeuse** : snow slush.

bouillir – boil (to); seethe (to).

bouilloire *f* – kettle; pot.

bouillonnage *m* – slugging.

bouillonnant – ebullating.

bouillonnement *m* – bubbling.

bouillonner – bubble (to); seethe (to).

boulant – quick, *sand.*

boule *f* – ball. **boule de feu** : fire ball. **boule de goudron** : tarball, *water-insoluble buoyant agglomerate formed in water from weathered crude.* **boule de lave** : lava ball. **boule guide** : trackball.

boulet *m* – ball. **boulet de démolition** : wrecking ball. **boulet de soupape** : valve ball.

boulette *f* – pellet.

bouleversement *m* – convulsion; upheaval; upset. **bouleversement thermique** : thermal upset.

boulon *m* – bolt; pin; stud. **boulon à ailettes** : wing bolt. **boulon à bout percé** : eyebolt. **boulon à clavette** : cotter bolt. **boulon à écrou** : bolt with nut. **boulon à haute résistance** : high-strength bolt. **boulon à oeil** : eyebolt. **boulon à tête articulée** : toggle bolt. **boulon à tête carrée** : square-head bolt. **boulon à tête fraisée** : countersunk-head bolt. **boulon à tige entièrement filetée** : stud bolt. **boulon carré** : square bolt. **boulon d'ancrage** : anchor bolt; anchor rod; stay bolt. **boulon d'arrêt** : check bolt. **boulon d'articulation** : joint pin. **boulon d'assemblage** : tack bolt; tie bolt. **boulon d'écartement** : distance bolt. **boulon d'éclisse** : track bolt. **boulon de bloquage** : clamping bolt. **boulon de calage** : jack bolt; wedge bolt. **boulon de chaîne** : chain bolt. **boulon de courroie** : belt bolt. **boulon de culasse** : cylinder-head bolt; cylinder-head stud. **boulon de fixation** : holding-down bolt; stud horse bolt, *for belt pulley bearings.* **boulon de fondation** : anchor bolt; foundation bolt; tie bolt. **boulon de manille** : shackle bolt. **boulon de réglage** : adjusting bolt; jack bolt. **boulon de retenue** : hold-down bolt; retainer bolt. **boulon de scellement** : expansion bolt; holding-down bolt; rag bolt. **boulon de scellement à crans** : jag bolt, *anchor bolt with barbs.* **boulon de serrage** : clamping bolt; packing bolt. **boulon de support** : clamp bolt. **boulon en T** : T bolt. **boulon explosif** : explosive bolt. **boulon fileté de presse-étoupe** : packing bolt of the stuffing box. **boulon porteur** : bearing bolt. **boulon taraudé** : tap bolt. **boulon tendeur** : stay bolt. **boulon traversant** : through bolt.

boulonné – bolted.

boulonnerie *f* – bolting.

Bouma – Bouma, *see séquence de Bouma.*

bourbeux – sloughy.

bourbier *m* – cienaga; mud pit *(drill)*; puddle; reserve pit *(drill)*; slough. **bourbier de production** : burn pit.

Bourdon – Bourdon, *see manomètre de Bourdon, tube de Bourdon.*

bourguignon *m* – growler, *a relatively small piece of ice emerging less than one meter and measuring about 20 m^2, usually a fragment of an iceberg.*

bourrage *m* – balling; balling-up, *phenomenon that occurs when cuttings cannot be evacuated fast enough from a borehole*; jamming, *of film inside cameras*; pack; packing; tamping. **bourrage d'un trou de mine** : bulling *(mine)*.

bourrasque *f* – squall.

bourre *f* – wad; wadding.

bourrelet *m* – rim; shoulder; upset. **bourrelet alluvial** : levee. **bourrelet d'étanchéité** : weather strip. **bourrelet naturel** : natural levee. **bourrelet sous-marin** : submarine levee. **à bourrelet** : flanged.

bourrer – pack (to); tamp (to).

bourroir *m* – beater *(mine)*; loading pole; tamper *(mining)*; tamping stick.

bourse *f* – grant; stock exchange. **bourse des matières premières** : commodity exchange. **bourse des valeurs** : stock market.

boursouflement *m* – heave. **boursouflement du sol** : creep; creeping.

boussole *f* – compass; magnetic dial. **boussole azimutale** : azimuth compass. **boussole d'inclinaison** : dip circle; dipping compass. **boussole de poche** : compass dial; pocket compass. **boussole des sinus** : sine galvanometer. **boussole géologique** : geologic compass. **boussole topographique** : surveyor's compass.

boussolier *m* – compass man.

bout *m* – end; tag; toe. **bout à bout** : end to end. **bout à refoulement externe** : external-upset end (EUE). **bout d'arbre** : tail shaft. **bout lisse** : plain end. **bout mâle** : spigot. **bout mâle d'un tube** : spigot end of pipe. **bout opposé à l'amorce** : trailer. **bout rapporté** : tip. **bout refoulé** : upset end, *by welding*. **en bout** : end on, *shot (seis)*.

bout-du-monde *m* – blind valley, *cul-de-sac*.

boutefeu *m* – blaster; fireman; powderman, *person licensed to handle and set off explosives*; shooter, *the person who prepares and sets off shots*.

bouteille *f* – bottle; cylinder, *for pressurized gas*. **bouteille à gaz** : gas bottle; gas cylinder. **bouteille d'acétylène** : acetylene cylinder. **bouteille d'air** : air tank. **bouteille d'air comprimé** : gas cylinder. **bouteille d'oxygène** : oxygen cylinder. **bouteille de prélèvement** : bottle sampler; sampling bottle. **bouteille de purge** : bottle sampler. **bouteille pour acides** : acid bottle. **bouteille tarée** : weighted bottle. **bouteille thermos** : vacuum-bottle flask. **en bouteille** : bottled.

bouterolle *f* – punch; rivet set; rivet snap; snap head.

bouteur *m* – bulldozer. **bouteur à dévers** : tiltdozer. **bouteur biais** : angledozer. **bouteur inclinable** : tiltdozer.

bouton *m* – button; knob. **bouton d'allumage** : ignition switch. **bouton d'appel** : call button. **bouton d'essai** : assay button. **bouton de déclic** : catch button. **bouton de démarrage** : starter button; starter switch. **bouton de réglage** : attendance button; control knob. **bouton de remise en position** : reset knob. **bouton marche-arrêt** : start-stop button. **bouton poussoir** : press button; push button.

bouveter – groove (to).

boyau *m* – gut, *of a large pipeline to heat up the fluid*. **boyau de chat** : catgut.

Boyle – Boyle, *see loi de Boyle, température de Boyle*.

BP – LP, *abbr. of basse pression: low pressure*.

Bq – Bq, *symbol for becquerel*.

brachiopode *m* – brachiopod.

brachistochrone *f* – brachistochrone *(seis)*; least-time path.

brachyanticlinal *m* – brachyanticline, *a short broad anticline*.

brachydôme *m* – brachydome *(geol)*.

brachysynclinal *m* – brachysyncline, *a short broad syncline*.

bradygenèse *f* – bradytely, *bradygenesis, evolutionary change that is either arrested or is taking place very slowly during long geologic periods*.

bradyséisme *m* – bradyseism, *extremely slow vertical instability of the Earth's crust that is very long but continuous*.

Bragg – Bragg, *see loi de Bragg*.

brai *m* – pitch; tar. **brai aggloméré** : briquetting pitch. **brai de goudron** : tar pitch. **brai de goudron d'asphalte** : asphalt-tar pitch, *obtained by the distillation of asphalt tar*. **brai de goudron d'os** : bone coal-tar pitch. **brai de goudron de bois** : wood pitch. **brai de goudron de lignite et de schiste** : brown coal-tar pitch. **brai de houille** : coal-tar pitch. **brai de pétrole** : petroleum pitch; petroleum tar. **brai de première distillation** : straight-run pitch. **brai demisec** : medium-soft pitch. **brai dur** : hard pitch. **brai gras** : soft pitch. **brai vert** : green tar, *tar from Barbados*.

braise *f* – ember.

brancard *m* – stretcher.

branche *f* – branch; leg; offshoot. **branche arrière** : backward branch, *diffraction*. **branche de caustique** : time branch *(seis)*. **branche inverse** : reverse branch. **branches multiples** : multiple branches, *more than one reflection from a reflector in a buried focus situation*. **branche rétrograde** : reverse branch.

branché – branched.

branchement *m* – branch *(comp. sci.)*; branch circuit; connection; hookup; jump, *computer instruction*; junction; tapping *(pipeline)*. **branchement en étoile** : wye connection. **branchement latéral** : takeoff, *of a pipeline*.

brancher – plug (to) in; switch (to) on.

branchie *f* – branchia *(pal)*; gill.

branchite *f* – branchite, *a variety of hydrocarbon found in lignite ; identical to hartite*.

braquage *m* – pointing; steering. **braquage de la direction** : steering lock. **braquage induit par le roulis** : roll steer.

bras *m* – arm; crank; jib. **bras d'agitateur** : stirring arm. **bras d'élévateur** : elevator link *(drill)*. **bras d'un delta** : distributary. **bras d'un treuil de levage** : calf-wheel arms. **bras d'une rivière** : distributary. **bras de balancier** : takeoff post. **bras de chargement** : loading arm. **bras de commande de came** : cam lever; cam-operating lever. **bras de décentrement** : eccentric arm, *of a logging tool*. **bras de déchargement** : unloading arm. **bras de guidage** : guide arm; guide frame. **bras de l'outil de forage** : bit leg. **bras de levier** : lever arm. **bras de manivelle** : crank arm. **bras de manutention** : pipe-racker arms *(drill)*. **bras de mer** : arm of the sea; sound. **bras de pulvérisation** : spray arm. **bras du delta** : delta distributary. **bras élévateur** : lifting arm. **bras horizontal** : yoke. **bras manipulateur** : manipulator arm. **bras mort** : cutoff; oxbow, *abandoned channel*. **bras pincés** : bent legs (BL), *rock bits*.

brasage *m* – brazing; soldering. **brasage à l'arc** : arc brazing. **brasage à l'arc à deux charbons** : twin-carbon arc brazing. **brasage à l'hydrogène** : hydrogen brazing. **brasage à la poche** : flow brazing. **brasage au bain** : dip brazing. **brasage au chalumeau** : gas brazing; torch brazing. **brasage au fer**

à souder : block brazing. **brasage par induction** : induction brazing. **brasage par résistance** : resistance brazing.

brassage *m* – stirring. **brassage rotatif** : swirling, *in a horizontal plane.*

brasse *f* – fathom, *unit of depth in the ocean equal to 6 feet (1.829 m).*

brasser – churn (to); puddle (to); stir (to); swirl (to).

brassière *f* – *see brassière de sauvetage.* **brassière de sauvetage** : life jacket.

brasure *f* – brazed joint. **brasure électrique** : electric soldering. **brasure forte** : hard solder.

brèche *f* – breccia, *a coarse-grained clastic rock, composed of angular broken rock fragments held together by a mineral cement.* **brèche à ossements** : osseous breccia. **brèche de dessiccation** : desiccation breccia. **brèche de dislocation** : crush breccia; fault breccia; friction breccia; rock rubble; shatter breccia *(geol).* **brèche de faille** : dislocation breccia; fault breccia; rock rubble; ruttles *(geol).* **brèche de friction** : crush breccia; fault breccia; friction breccia; friction gouge; ruttles; shatter breccia. **brèche de pente** : avalanche breccia. **brèche de remplissage** : solution breccia. **brèche détritique** : scree breccia. **brèche endolithique** : endolithic breccia. **brèche éruptive** : eruptive breccia. **brèche ferrugineuse** : canga, *laterite iron ore.* **brèche filonienne** : vein breccia *(geol).* **brèche glaciaire** : drift breccia. **brèche intraformationnelle** : intraformational breccia. **brèche intrusive** : intrusive breccia. **brèche minéralisée** : drag ore. **brèche monogénique** : monogenic breccia. **brèche ossifère** : bone bed. **brèche polygénique** : polygenetic breccia. **brèche récifale** : reef breccia. **brèche salifère** : saliferous breccia. **brèche sédimentaire** : sedimentary breccia. **brèche sismique** : shock breccia. **brèche tectonique** : cataclastic breccia; dynamic breccia; tectonic breccia. **brèche volcanique** : pyroclastic breccia; volcanic breccia.

brèche *f* – breach *(geol)*; gap, *a notch or sharp break in a mountain ridge or a short pass through a mountain range*; hack.

bréchification *f* – brecciation.

bréchiforme – brecciated.

bréchoïde – brecciated.

bremsstralhung *m* – bremsstralhung, *radiation emitted by an electron in its collision with the nucleus of an atom.*

Brent – Brent, *benchmark crude oil for the North Sea.*

bretelle *f* – flyer, *a number of geophones connected at intervals along a short cable*; jumper; traverse, *seismic profiling.* **bretelle de géophones, bretelle de sismos** : geophone string; string of geophones, *several geophones permanently connected together and moved as a unit.* **bretelle flexible** : jumper hose, *system for transmitting fluid flow between the top of risers to a platform-mounted manifold.*

brevet *m* – patent. **brevet de base** : basic patent. **brevet déchu** : abandoned patent.

brevetabilité *f* – patentability.

brevatable – patentable.

breveté – patented.

breveter – patent (to).

Brewster – Brewster, *see angle de Brewster.*

BRGM – *abbr. Bureau de recherches géologiques et minières.*

bricolage *m* – mickey-mouse.

bridage *m* – nippling-up operation, *pipelines.*

bride *f* – band; bridle; clamp; flange; flange angle; saddle, *for sealing off a leak.* **bride à cornière** : collar flange. **bride à double emboîtement** : slip-on flange. **bride à orifice** : orifice flange. **bride à rebord** : neck flange. **bride à souder pour soudure en bout** : welding-neck flange. **bride aveugle** : blank flange. **bride d'accouplement** : coupling flange; mating flange. **bride d'adaptation** : adapter flange. **bride d'adaptation filetée** : threaded adapter flange. **bride d'adaptation goujonnée** : studded adapter flange. **bride d'admission** : inlet flange. **bride d'ancrage** : spool. **bride d'ancrage pour tubage** : casing spool, *a calf wheel used to wind up the casing line.* **bride d'espacement** : filler piece. **bride d'essai** : test flange. **bride d'étanchéité** : packing assembly. **bride d'obturation** : blank flange; dummy flange. **bride d'obturation filetée pour canalisation** : saddle flange. **bride de bague collectrice** : slip ring. **bride de carburateur** : carburetor flange. **bride de fermeture** : cover band. **bride de fixation** : mounting flange; mounting pad. **bride de fixation à coins** : slip grip. **bride de montage** : mounting flange. **bride de raccordement** : connecting flange; spool piece, *flange spacer.* **bride de réduction** : reducing flange. **bride de refoulement** : discharge flange. **bride de ressort** : spring shackle. **bride de serrage** : pipe clamp. **bride de soudage** : welding clamp. **bride de support** : hanger. **bride de suspension** : hanger flange. **bride de tube** : pipe joint. **bride de tuyau** : pipe flange. **bride double pour barre omnibus** : busbar clamp. **bride en acier forgé** : forged-steel flange. **bride filetée** : threaded flange. **bride intégrale** : integral flange. **bride intermédiaire** : crossover flange. **bride isolante** : insulating flange. **bride mobile** : movable flange. **bride pleine** : blank flange; blind flange. **bride supérieure** : top flange. **bride supérieure amovible** : removable flange head. **bride taraudée** : *see bride filetée.* **bride tournante** : lapped flange. **à bride** : flanged.

bridé – flanged.

brider – flange (to).

bright-stock *m* – bright-stock, *refined high-viscosity lubricating oil.*

brillance *f* – brightness.

brillant – bright; glossy; shining; shiny.

brillantage *m* – brightening.

brin *m* – line; section, *of a streamer*; strand. **brin abaisseur** : depressor section. **brin actif** : active section; fastline, *the end of the drilling line that is attached to the drum of the drawworks and travels with the greatest velocity*; live section, *streamer.* **brin conducteur d'une courroie** : tight side. **brin de tête** : lead-in section, *streamer.* **brin libre d'une corde** : free end of a rope. **brin mort** : dead section; deadline, *the part of a block-and-tackle cable running from the traveling block to the deadline anchor (drill)*; spacer section, *streamer.*

Brinell – Brinell, *see dureté Brinell, essai Brinell.*

bringuebale *f* – pump brake.

brique *f* – brick; tile. **brique antiacide** : acid-resisting brick; acidproof brick. **brique avec quart de rond** : bull-nose brick. **brique basique** : basic brick. **brique creuse** : air brick. **brique de magnésie** : magnesia brick. **brique de magnésite** : magnesite brick. **brique de revêtement** : facing brick; lining brick. **brique isolante** : insulating brick. **brique ordinaire** : conventional brick. **brique réfractaire** : combustion block; firebrick; refractory brick; silica brick.

briquet *m* – lighter.

briquettage *m* – briquetting.

briquette *f* – briquette, *or briquet, compressed coal dust, sawdust or any other substance used as a fuel.* **briquette combustible** : fuel briquette, *a block of compressed coal dust used as fuel.* **briquette de charbon** : binder briquette, *made of coal dust combined by a combustible binder*; cake of carbon; coal briquette. **briquette de houille** : hard-coal briquette. **briquette de lignite** : brown-coal briquette (BCB). **briquette de tourbe** : peat brick.

bris *m* – breakage.

brisance *f* – brisance, *explosives.*

brisant *m* – breaker; scum breaker; skerry.

brisant – destructive, *explosive*; rending; shattering.

brise *f* – breeze, *wind.* **brise de mer** : sea breeze. **brise de terre** : land breeze. **très légère brise** : light air, *force 1 in the Beaufort scale.* **légère brise** : light breeze, *force 2 in the Beaufort scale.* **petite brise** : gentle breeze, *force 3 in the Beaufort scale.* **jolie brise** : moderate breeze, *force 4 in the Beaufort scale.* **bonne brise** : fresh breeze, *force 5 in the Beaufort scale.*

brisé – broken; shattered.

brise-glace *m* – icebreaker. **brise-glace d'assistance** : icebreaking support vessel.

brise-lames *m* – breakwater. **brise-lames à mur Jarlan** : Jarlan breakwater wall.

brise-manchon *m* – collar buster, *a fishing tool used to sever casing above the point where it is frozen in the hole.*

brisement *m* – shattering.

brise-roche *m* – rock breaker.

briseur *m* – breaker. **briseur de grève** : scab; strike breaker.

brise-vent *m* – windbreak.

brisure *f* – *see point de brisure.*

broc *m* – jug.

brochage *m* – broaching; drifting; stitching, *bookbinding.*

broche *f* – hinge pin; joining pin; pin; pintle; plug; punch; spike, *for splicing*; spindle. **broche d'assemblage** : aligning punch; drift pin.

brochure *f* – booklet; brochure; leaflet; pamphlet.

broiement *f* – crushing; grinding; pounding.

brome *m* – bromine, *symbol Br.*

bromhydratation *f* – hydrobromination.

bromobenzène *m* – bromobenzene, *phenyl bromide.*

bromoéthane *m* – bromoethane, *ethyl bromide.*

bromométhane *m* – bromomethane, *methyl bromide.*

bromuration *f* – bromination.

bromure *m* – bromide. **bromure d'argent** : silver bromide. **bromure d'éthyle** : ethyl bromide, *bromoethane.* **bromure d'éthylène** : ethylene dibromide, *ethylene bromide, 1,2-dibromoethane.* **bromure d'hydrogène** : hydrogen bromide. **bromure de cyanogène** : cyanogen bromide. **bromure de lauryle** : lauryl bromide. **bromure de lithium** : lithium bromide. **bromure de méthyle** : methyl bromide, *bromomethane.* **bromure de méthylène** : methylene bromide. **bromure de potassium** : potassium bromide. **bromure de sodium** : sodium bromide.

Brönsted – Brönsted, *see acide de Brönsted.*

bronzage *m* – bronzing.

bronze *m* – bronze. **bronze à canon** : gunmetal. **bronze à l'étain** : tin bronze. **bronze au manganèse** : manganese bronze. **bronze au nickel** : nickel bronze. **bronze d'aluminium** : aluminum bronze. **bronze de nickel et aluminium** : nickel-aluminum bronze. **bronze de rodage** : break-in bronze. **bronze dur** : gun bronze. **bronze pour robinetterie** : cock brass; cock metal. **bronze siliceux** : silicon bronze.

brookite *f* – brookite, *titanium dioxide.*

brosse *f* – brush. **brosse à goudron** : tar brush. **brosse de filetage** : thread brush. **brosse métallique** : wire brush.

brosseuse-vernisseuse *f* – cleaning-and-priming machine, *used to clean the outside of pipelines and to apply the primer coating.*

brouette *f* – barrow; wheelbarrow.

brouillage *m* – blur; interference; jamming, *radio*; Xs, *radio interference.* **brouillage isotopique** : isotopic scrambling.

brouillant – scrambling.

brouillard *m* – fog. **brouillard acide** : acid fog. **brouillard atmosphérique** : atmospheric haze. **brouillard d'advection** : advection fog. **brouillard métallique** : metal fog.

brouiller – jam (to), *radio.*

brouilleur *m* – scrambler *(elec).*

broussaille *f* – brushwood; undergrowth.

brousse *f* – brush; bush, *uncultivated and bushy region.*

broutage *m* – *see broutement.*

broutement *m* – judder; stick slip. **broutement d'un outil** : jarring. **broutement du frein** : brake hop.

brouter – chatter (to).

brownien – Brownian, *see mouvement brownien.*

broyabilité *f* – grindability.

broyage *m* – breaking; crushing; grinding; milling; pounding; shattering. **broyage à l'eau** : wet crushing. **broyage à sec** : dry crushing; dry grinding. **broyage autogène** : autogenous grinding. **broyage étagé** : stage crushing. **broyage excessif** : overgrinding. **broyage fin** : fine crushing; fine grinding. **broyage primaire** : precrushing. **broyage secondaire** : regrinding. **installation de broyage** : crushing plant.

broyé – crushed; ground; stamped.

broyer – clastate (to); comminute (to); grind (to). **broyer finement** : comminute (to).

broyeur *m* – crusher; crusher roll; disintegrator; grinder; mill; smasher. **broyeur à barres** : rod mill. **broyeur à ciment** : cement mill. **broyeur à coke** : coke breaker; coke cutter. **broyeur à cylindres** : roll crusher. **broyeur à galets** : pebble mill. **broyeur à marteaux** : hammer crusher; hammer mill.

broyeur à meules verticales : edge mill. **broyeur à pierres** : rock breaker. **broyeur à plateau** : disk crusher. **broyeur centrifuge** : centrifugal crusher. **broyeur secondaire** : recrusher.

broyeuse *f* – roller press.

brucelles *f* – tweezers.

brucite *f* – brucite, *magnesium hydroxide.*

bruine *f* – drizzle.

bruit *m* – noise. **bruit acoustique** : acoustic noise. **bruit aléatoire** : incoherent noise; random noise *(spectrophotometry)*. **bruit ambiant** : ambient noise. **bruit anthropogénique** : cultural noise. **bruit atmosphérique** : atmospheric noise. **bruit blanc** : white noise. **bruit cohérent** : coherent noise. **bruit cosmique** : cosmic noise. **bruit d'agitation thermique** : *see bruit thermique.* **bruit d'appareillage** : instrument noise. **bruit d'émission** : source-generated noise *(seis)*. **bruit de banquise** : ice noise. **bruit de bulle** : bubble effect, *see effet bulle.* **bruit de câble** : cable noise, *transmitted to a geophone by a drilling wireline during velocity measurements in wells.* **bruit de fond** : background noise *(elec)*; ground noise; random noise; wind noise. **bruit de fond radioactif** : background count. **bruit de frissonnement** : flicker effect, *electron tube.* **bruit de gel** : frost break, *produced by ice fracturing when shooting in permafrost.* **bruit de glace** : ice noise. **bruit de grenaille** : shot effect, *shot noise in a thermionic tube.* **bruit de Johnson** : Johnson noise, *thermal noise, resistance noise.* **bruit de ligne** : circuit noise; line noise. **bruit de remorquage** : tow noise, *marine seismic survey.* **bruit de scintillation** : flicker noise. **bruit de sillage** : quenching. **bruit de surface** : ground roll; surface noise. **bruit de tir** : shot noise *(seis)*; source noise *(seis)*. **bruit de traction** : tether noise, *marine seismic surveying.* **bruit de trou** : hole blow *(seis)*; hole noise. **bruit du trafic** : traffic noise. **bruit électronique** : electronic noise. **bruit en phase** : coherent noise *(seis)*. **bruit éolien** : wind noise. **bruit erratique** : random noise. **bruit galactique** : galactic noise. **bruit induit** : induced noise. **bruit naturel** : ambient noise; ground unrest. **bruit organisé** : coherent noise, *noise wavetrains having a systematic phase relation (coherence) between adjacent traces.* **bruit parasite** : background noise; parasitic noise. **bruit ramené à l'entrée** : input noise. **bruit rose** : pink noise *(acoust)*. **bruit sec** : click. **bruit sismique** : seismic noise. **bruit solaire** : solar noise. **bruit sourd** : thud. **bruit stationnaire** : stationary noise. **bruit superficiel** : random noise. **bruit systématique** : systematic noise. **bruit thermique** : thermal noise.

brûlage *m* – burning; scorching. **brûlage à la torche** : flaring. **brûlage des gaz** : popping, *flaring off unused gas from a field.*

brûlant – burning. **brûlant sans résidu** : clean burning.

brûlé – burned; burnt.

brûler – burn (to). **brûler en crépitant** : sputter (to). **brûler en dedans** : backfire (to). **brûler entièrement** : burn (to) down; burn (to) off; burn (to) up. **brûler sans flammes** : glow (to).

brûleur *m* – burner. **brûleur à air induit** : natural-draft burner. **brûleur à air soufflé** : forced-air burner. **brûleur à air total** : gun burner. **brûleur à choc** : impact burner. **brûleur à combustible liquide** : oil burner. **brûleur à combustible pulverisé** : powdered-fuel burner. **brûleur à courants tourbillonnaires** : swirling-flow burner. **brûleur à fente** : slot burner. **brûleur à flamme blanche** : neat-flame burner; yellow-flame burner. **brûleur à flamme de diffusion** : diffusion-flame burner; yellow-flame burner. **brûleur à flamme filiforme** : pinhole burner. **brûleur à flamme laminaire** : laminar-flow burner. **brûleur à flamme pilote** : pilot-flame burner. **brûleur à gaz** : gas burner. **brûleur à gaz type venturi** : venturi-type gas burner. **brûleur à huile à pulvérisation par la vapeur** : steam-atomizing oil burner. **brûleur à huile à pulvérisation par le gaz** : gas-atomizing oil burner. **brûleur à huile de pulvérisation mécanique** : gas mechanical atomizing oil burner. **brûleur à longue flamme** : long-flame burner. **brûleur à manchon** : mantle burner. **brûleur à mélange préalable** : premix burner. **brûleur à mélange surpressé** : power burner; pressure burner. **brûleur à postcombustion** : afterburner. **brûleur à surface d'impact** : target-impact burner. **brûleur à turbulence** : swirling-flow burner; turbulent burner. **brûleur annulaire** : ring burner. **brûleur atomiseur** : atomizing burner. **brûleur catalytique** : catalytic burner. **brûleur couronne** : ring burner. **brûleur d'essai** : test burner. **brûleur de substitution** : conversion burner. **brûleur étoile** : star burner. **brûleur immergé** : immersion burner; submerged-combustion burner *(gas)*. **brûleur inclinable** : tilting burner. **brûleur jet** : jet burner, *formed by several Bunsen burners each equipped with a primary air supply.* **brûleur mixte** : combined-fuel burner. **brûleur oxyacétylénique** : oxyacetylene burner. **brûleur radiant** : radiant burner. **brûleur rectiligne** : pipe burner. **brûleur ruban** : ribbon burner. **brûleur sans mélange préalable** : nozzle-mixing burner, *in which air and gas do not make contact until fed into the combustion chamber.* **brûleur scellé** : sealed-in burner, *to prevent any secondary air from entering.* **brûleur tangentiel** : tangential burner. **brûleur tous gaz** : all-gas burner. **brûleur tunnel** : tunnel burner. **brûleur vaporisateur** : vaporizing oil burner. **brûleur vaporisateur à manchons** : sleeve-type vaporizing burner. **brûleur vitesse** : velocity burner.

brûlis *m* – ash farming; burning.

brûlure *f* – burn; scald. **brûlures d'arc** : arc burns, *in steel pipes.*

brume *f* – fog; haze; mist. **brume cosmique** : cosmic fog. **brume d'évaporation** : frost smoke, *a fog made up of ice particles instead of water droplets, formed by the contact of cold air with warmer water.* **brume sèche** : haze.

brumeux – hazy.

brumisage *m* – fogging, *creating a fog by finely atomizing a liquid.*

brunissage *m* – burnishing *(wear)*. **brunissage à la main** : hand burnishing.

brunissement *m* – darkening.

brunissoir *m* – polishing file.

brusque – sudden.

brut *m* – crude, *abbr. pétrole brut.* **brut à base mixte** : mixed-base crude oil; polybase crude. **brut à forte densité** : high-gravity crude. **brut à teneur élevée en soufre** : high-sulfur crude. **brut acide** :

sour crude, *with an abnormally high amount of sulfur compounds.* **brut altéré** : weathered crude. **brut de concession** : concession crude; equity crude, equity oil, *share of production allotted to the operating company after nationalization.* **brut de participation** : buy-back crude. **brut de référence** : marker crude. **brut de reprise** : phase-in crude, *crude oil that is temporarily marketed by oil companies until such time as producing countries can be equipped and trained to do their own marketing.* **brut de synthèse** : syncrude, *derived from coal or shale oil.* **brut dessalé** : desalted crude. **brut du Mid-Continent** : mid-continent crude, *crude oil produced in the area betweem the Rocky Mountains and the Mississippi River.* **brut étêté** : reduced crude oil; topped crude. **brut hybride** : hybrid-base crude, *fourth type of base for the classification of crude oils, qualifying a naphthenic-base oil containing a small amount of paraffin, also called mixed-base crude.* **brut léger** : light crude, *crude oil having a high proportion of low-molecular-weight hydrocarbons.* **brut lourd** : heavy crude. **brut reconstitué** : reconstituted crude, *a blend of crude oils to meet the specifications required by the buyer.* **brut réduit** : reduced crude oil, *residue from atmospheric distillation.* **brut relais** : bridging crude, *share of production belonging to a state but provisionally marketed by the operating company to fulfill its engagements prior to participation by the state.* **brut semiraffiné** : topped crude. **brut toppé** : *see brut étêté.*

brut – crude; gross; raw; rough; uncorrected; unprocessed; unwrought. **brut de coulée** : roughcast. **brut de fonte** : roughcast. **brut de soudage** : as welded.

brutal – sudden.

Bruxellien *m* – Bruxellian, *Middle Eocene stage.*

bruyance *f* – noisiness.

bruyant – noisy.

bryozoaire *m* – bryozoan.

BTS – *abbr. basse teneur en soufre.*

Btu – Btu, *British thermal unit, 1 Btu = 1054.2 J.*

BTX – BTX, *abbr. of benzène-toluène-xylène.*

buanderie *f* – laundry.

bucaramangite *f* – bucaramangite, *an amber-colored resin which is insoluble in alcohol and does not yield any succinic acid.*

bûche *f* – log.

budget *m* – budget. **budget d'exploitation** : operating budget. **budget de fonctionnement** : current budget. **budget prévisionnel** : budget estimate.

budgétaire – budgetary.

buée *f* – mist.

bulbe *m* – bulb; bulb bow. **bulbe d'étrave** : bulbous bow.

bulbeux – nodular.

bullage *m* – bubbling, *fluidization.* **bullage à l'air** : air cutting, *the inadvertent incorporation of air into a drilling fluid.* **bullage de la boue** : mud gas cutting, *from an unexpected influx of gas.* **bullage des gaz** : gas-bubble storage.

bulle *f* – bleb; bubble. **bulle d'air** : air bubble.

bulletin *m* – bulletin; form. **bulletin d'inscription** : registration form. **bulletin de sortie** : clearing certificate. **bulletin météorologique** : weather forecast.

bulleux – blistered.

Bunsen – Bunsen, *see bec Bunsen, calorimètre à glace de Bunsen.*

Buntsandstein *m* – Buntsandstein, *part of the German Lower Trassic with variegated sandstone.*

Burdigalien *m* – Burdigalian, *Miocene stage.*

bureau *m* – desk; office. **bureau d'études** : engineering design department; research department. **bureau de classification** : classification society. **bureau de la douane** : customhouse. **bureau de représentation** : representative office. **bureau des renseignements** : information desk. **cbureau exécutif** : executive council. **Bureau international du travail (BIT)** : International Labour Office (ILO). **bureau principal** : headquarters. **Bureau Veritas** : *French certification authority.*

bureautique *f* – office automation.

burette *f* – buret; oil can; oil flask. **burette à bec verseur** : spout can. **burette à explosion** : explosion buret. **burette à pression** : push-button oiler, *for manual lubricating.* **burette à valve** : valve oil can. **burette de graissage** : lubricating can. **burette de Hempel** : Hempel gas buret, *used for measuring gas volume.* **burette graduée** : buret.

burin *m* – cape chisel; chipper; chisel; cold chisel. **burin à diamant** : diamond-head chisel, *used for cleaning welds.*

burinage *m* – chipping; etching figure.

buriner – chip (to).

burmite *f* – burmite, *amber found in Burma.*

bus *m* – bus *(computer).* **bus auxiliaire** : tag bus. **bus commun** : common bus. **bus d'adresse** : address bus. **bus de contrôle** : control bus. **bus de terrain** : Fieldbus, *provides, within a manufacturing facility, bidirectional communications between programmable control devices and sensors.*

bus *m* – bus, *motor vehicle.*

buse *f* – choke, *on a carburetor,* culvert; flume; muzzle; nozzle, *see also duse*; watercourse, *rock bit.* **buse à jet de sable** : sand-blowing nozzle. **buse d'aérage** : air hole; air pipe. **buse d'injecteur** : injector spray tip. **buse de pulvérisateur** : atomizer quill. **buse de pulvérisation** : spray nozzle. **buse du carburateur** : carburetor choke.

butadiène *m* – butadiene.

butane *m* – butane. **butane normal** : normal butane.

butanediol *m* – butanediol, *1,3-butylene glycol ; 1,4-butylene glycol, tetramethylene glycol ; 2,3-butylene glycol.*

butanier *m* – butane carrier.

butanol *m* – butanol, *butyl alcohol.* **butanol secondaire** : *see alcool butylique secondaire.* **butanol tertiaire** : *see alcool butylique tertiaire.*

butanone *f* – butanone, *methylethylketone, MEK.*

butée *f* – abutment; dog; land; pan; stop ring; thrust; thrust bearing. **butée à billes** : ball thrust; thrust ball bearing. **butée à rouleaux** : roller thrust. **butée amovible de tube de production** : tubing stop, *stopping any object accidentally falling into the production tubing.* **butée d'ancrage de fond** : bottom hold-down. **butée d'embrayage** : clutch-release bearing. **butée de chemise** : liner clamp. **butée de clapet** : valve guard. **butée de débrayage** : clutch thrust bearing. **butée de sûreté** : safety dog. **butée longitudinale** :

straight dog. **butée réglable** : adjustable stop. **butée tournante** : thrust bearing.

butene *m* – butene, *butylene, a liquefied petroleum gas: butene-1, cis-butene-2, trans-butene-2 and isobutene.*

buteir *m* – bumper.

butte *f* – butte; hillock; prop; punch. **butte à sommet plat** : table mountain.

butte-témoin *f* – haystack hill; island hill *(geol)*; monadnock, *an isolated mountain of circumdenudation*; outlier *(geol)*; residual mountain.

Butterworth – Butterworth, *see filtre Butterworth, système Butterworth.*

butyle *m* – butyl.

butylène *m* – butylene, *butene.*

butyllithium *m* – butyllithium.

butyrique – butyric.

BV – LUMO, *abbr. plus Basse orbitale moléculaire Vacante, lowest-energy unoccupied molecular orbital.*

byérite *f* – byerite, *a type of bituminous coal.*

by-pass *m* – bypass.

bysmalite *m* – bysmalith, *rough vertical igneous intrusion (geol)*; plutonic plug.

byte *m* – byte, *a sequence of adjacent binary digits operated on as a unit in a computer.*

bytownite *f* – bytownite, *plagioclase feldspar.*

C

c – c, *symbol for centi.*

C – C, *symbol for coulomb.*

C – C, *abbr. coût.* **C et F** : C and F, *abbr. coût et fret: cost and freight.*

CA – AC, *abbr. courant alternatif, alternating current.*

cabane *f* – cabin; hut.

cabestan *m* – capstan; cathead *(drill)*; windlass. **cabestan à chevaux** : horse gin. **cabestan automatique** : automatic cathead. **cabestan de dévissage** : breakout cathead. **cabestan de vissage** : spinning cathead.

cabine *f* – cab; cubicle. **cabine d'enregistrement sismique** : seismic recording cab. **cabine de commande** : cab. **cabine labo** : doghouse, *a laboratory truck.* **cabine téléphonique** : call box; phone booth.

câblage *m* – cabling; lay; wiring. **câblage à droite** : right lay. **câblage à gauche** : left lay.

câble *m* – cable; cord; lead; rope; wire. **câble à coulisse** : dogleg jar, *used with fishing tools.* **câble à deux brins** : twin-lead cable. **câble à deux conducteurs** : twin cable. **câble à fibre optique** : optical-fiber cable. **câble à fils multiples** : stranded-wire cable. **câble à haute pression d'huile** : high-pressure oil-filled (HPOF) cable. **câble à haute tension** : high-tension cable. **câble à la masse** : grounded wire. **câble à la terre** : ground lead. **câble à quartes en étoiles** : quadded cable. **câble à secousses** : jerk line, *automatic cathead cable.* **câble à toron d'acier** : strand-center cable. **câble à torons ronds** : round-strand rope. **câble aérien** : aerial ropeway; cableway; overhead cable. **câble antitorsion** : nonspinning wire rope. **câble armé** : armored cable; reinforced cable. **câble blindé** : screened cable; shielded wire. **câble chargé** : live wire. **câble clos** : closed rope. **câble coaxial** : coaxial cable, *having one conductor centered inside and insulated from the outer conductor*; concentric cable. **câble cryorésistant** : cryoresistive cable. **câble d'acier** : steel wire. **câble d'alimentation** : feeder cable. **câble d'alimentation pour circuit de soudage** : welding lead. **câble d'allumage** : high-tension cable. **câble d'aloès** : aloe cable, aloe rope *(drill)*. **câble d'ancre** : anchor line. **câble d'entraînement du tambour** : traveling rope *(drill)*. **câble d'évacuation** : escape line. **câble de basculement** : dump cable. **câble de battage** : cable-tool line. **câble de cabestan** : catline. **câble de chanvre** : cracker, *manila cable placed between drilling tools and the wire cable to increase overall elasticity.* **câble de clé** : *see câble de la clé de blocage.* **câble de connexion** : linking cable. **câble de curage** : bailing line, *bailing rope*; sandline, *a wireline used to lower and raise a bailer or sand pump to remove cuttings from a borehole*; swabbing line. **câble de descente** : running-in line. **câble de distribution** : main. **câble de fermeture d'un circuit** : jumper. **câble de forage** : drill rope; drilling cable; drilling line; drilling rope. **câble de frein** : brake cable. **câble de garde** : overhead earth wire, *lightning rod.* **câble de géophone** : geophone cable. **câble de guidage** : guideline. **câble de halage** : towline. **câble de hauban** : wire strand. **câble de la clé de blocage** : backup line, *for drillpipe.* **câble de levage** : casing line; hoist cable; hoist rope. **câble de manoeuvre** : calf line, *casing-handling line*; rotary line *(drill)*; swing line. **câble de manutention de charges lourdes** : heavy-duty winch line. **câble de masse** : work lead, *an electric wire connecting the power supply for welding to the part to be welded.* **câble de mise à la terre** : ground cable. **câble de pompage** : pumping line. **câble de pontage** : jumper cable. **câble de raccord** : connecting cable. **câble de relevage de mât** : mast-raising line. **câble de remorquage** : towline. **câble de retenue** : hold-back rope; snubbing line. **câble de rotation** : rotary cable. **câble de signalisation** : bell-line rope. **câble de sondage** : bull rope, *heavy rope or cable used for cable drilling.* **câble de soudage** : electrode lead. **câble de suspension** : hang line; suspension cable. **câble de tête** : main rope. **câble de tir** : firing line. **câble de tirage** : pull-in cable. **câble de traction** : carriage rope; tow cable; traction rope. **câble de transmission** : power cable. **câble de vissage** : spinning line. **câble détendu** : slack cable. **câble distributeur de courant** : power cable. **câble dormant** : bay cable. **câble du treuil de vissage** : spinning line *(drill)*. **câble électrique** : electric cable. **câble électrique à trois brins** : triple-lead cable. **câble en acier** : wire rope. **câble en acier clair** : uncoated wire rope. **câble en acier galvanisé** : galvanized wire rope. **câble en acier tréfilé sur galvanisation** : drawn-galvanized wire rope. **câble en chanvre de Manille** : manila rope. **câble en sisal** : sisal rope. **câble flottant** : overhead endless rope. **câble guide** : guide rope. **câble intérieur** : inside cable. **câble isolé** : insulated cable. **câble isolé au gaz comprimé** : compressed-gas insulated cable (CGI). **câble métallique** : wire rope; wireline. **câble métallique à verrouillage** : locked wire rope. **câble mou** : loose rope; slack rope, *not taut.* **câble moufleur** : hoist cable. **câble nu** : bare cable; bare wire. **câble ombilical** : umbilical, *a cable connecting a remote-operated device to the mother ship.* **câble porteur** : bearing rope; carrier rope; carrying rope; suspension cable; track cable. **câble pour les tiges de pompage** : sucker-rod line *(drill)*. **câble préformé** : nonspinning wire rope; preformed wire rope. **câble pyrométrique** : pyrometer lead. **câble qui ne vrille pas** : nonspinning wire rope. **câble rond** : round cable. **câble sans fin** : endless rope. **câble sans torsion** : nonspinning wire rope. **câble sismique** : seismic cable, *see also flûte*. **câble sous enveloppe** : sheathed cable. **câble sous-marin** : submarine cable. **câble sous plomb** : lead-covered cable; leaded cable. **câble souterrain** : buried cable; subterranean cable; underground cable. **câble tensionneur de ligne guide** : guideline-tensioner line. **câble tensionneur de tube prolongateur** : riser-tensioner line. **câble toronné à gauche** : left-lay cable. **câble toronné à droite** : right-lay cable. **câble tors** : twisted rope. **câble tracteur** : pulling rope. **câble traîné sur le fond** : drag-bottom cable. **câble tressé** : braided cable.

câblé – stranded; wired.

câbler – wire (to).

câblier *m* – cable ship.

câblière *f* – cable truck; reel truck.

cabotage *m* – coastal navigation; coasting, *coasting trade.*

caboteur *m* – coaster; coasting vessel. **caboteur citerne** : coastal tanker.

cabriolet *m* – convertible *(auto)*.

cache *m* – mask.

caché – concealed; hidden; latent; undiscovered.

cache-culbuteur *m* – rocker-arm cover plate.

cacher – hide (to).

cache-soupape *m* – tappet cover; valve cover; valve-gear housing.

cachet *m* – seal, *seals are used to prevent unauthorized withdrawal of oil from tanks*; stamp. **cachet de contrôle** : hallmark. **cachet de vérification** : inspection stamp.

cadastral – cadastral.

cadastre *m* – cadastre; land register.

cadence *f* – off time *(weld)*; run. **cadence de chargement** : load rate. **cadence de tir** : firing rate *(seis)*. **cadence de travail** : working rate.

cadmifère – cadmiferous.

cadmium *m* – cadmium, *symbol Cd.*

cadomien – Cadomian, *see cycle cadomien.*

cadran *m* – chart scale; dial; panel. **cadran à aiguille** : needle dial. **cadran circulaire** : circular dial. **cadran d'indicateur** : indicator dial. **cadran de numérotation d'appel** : calling dial. **cadran lumineux** : luminous dial.

cadre *m* – ambit; frame; framework; setting; supervisory staff; timber set. **cadre de diapositive** : slide mount *(photo)*. **cadre de puits** : shaft set *(mining)*; trestle *(mining)*. **cadre en bois** : timber trestle. **cadre moyen** : middle management. **cadre porteur** : bearer. **cadre provisoire** : false set *(mine)*. **cadre sémantique** : frame, *a knowledge-representation method that associates a collection of attributes with a specific object. Each attribute is stored in a slot along with its associated value(s) or procedure used to determine its value.* **cadre supérieur** : executive; senior staff.

caducité *f* – lapse, *the termination of a right within some limit of time.*

caesium *m* – caesium, *see césium.*

CAF – CIF, *abbr. of coût-assurance-fret: cost-insurance-freight.*

CAG – AGC, *abbr. commande automatique de gain: automatic gain control.*

cage *f* – cage; housing. **cage à billes** : ball cage. **cage antirequins** : antishark cage. **cage d'ascenseur** : elevator cage. **cage d'écureuil** : squirrel cage *(elec)*. **cage d'extraction** : cage box. **cage de clapet** : valve cage. **cage de Faraday** : Faraday shield, *Faraday cage, Faraday screen.* **cage de laminoir** : roll stand *(metal)*. **cage de roulement à billes** : ball-bearing cage. **cage de sable** : sand cage. **cage de sécurité d'un derrick** : derrick safety cage. **en cage** : caged, *chemical structure.*

cageot *m* – crate.

cahier *m* – exercise book. **cahier de garniture** : tally book *(drill)*. **cahier des charges** : conditions of contract; contractual conditions; specifications; tender specifications.

cahot *m* – bounce; jog; jolt; kick; lurch.

cahotement *m* – bumping; jolting.

caillebotis *m* – grating.

caillebotté – curdy.

cailler – coagulate (to); congeal (to).

caillot *m* – clot.

caillou *m* – cobble, *cobblestone, rock fragment larger than a pebble and smaller than a boulder, with a diameter ranging from 64 to 256 mm*; pebble; stone. **caillou à facettes** : faceted pebble; wind-carved pebble; wind-faceted stone; windworn pebble. **caillou éolisé** : ventifact, *wind-shaped stone.* **caillou façonné** : sandblasted pebble. **caillou roulé** : pebblestone; rubble stone; water-worn pebble.

cailloutage *m* – ballast, *with crushed stone.*

caillouteux – flinty; pebbled; pebbly.

cailloutis *m* – broken stone; crushed stone; pebble gravel; scree.

cairn *m* – cairn, *pile of stones used as a marker.*

caisse *f* – box; case; cistern; fund. **caisse à claire-voie** : crate. **caisse à eau** : water tank. **caisse à résidus** : waste bin. **caisse à vent** : air box. **caisse d'amortissement** : sinking fund *(econ)*. **caisse d'assiette** : equalizing tank, *(naut)*; peak tank *(naut)*; trimming tank. **caisse d'emballage** : crate. **caisse d'épargne** : savings bank. **caisse d'outillage** : toolbox. **caisse de criblage** : screening box. **caisse de flottabilité** : buoyancy tank. **caisse de poulie** : pulley shell. **caisse de stockage des carottes** : core-storage box. **caisse de transport** : coffin, *for transporting radioactive products.*

caisson *m* – caisson; chest; coffer. **caisson à air** : buoyancy tank. **caisson d'aérage** : air box. **caisson d'air** : air tank. **caisson d'enfichage** : spud can. **caisson de décompression** : decompression chamber. **caisson de décompression de pont** : deck decompression chamber (DDC). **caisson de décompression submersible** : submersible decompression chamber (SDC). **caisson de pont** : deck chamber. **caisson de réfrigération** : cooling box. **caisson de renflouage** : float case. **caisson de support** : spud can. **caisson de vie** : living chamber, *(diving)*. **caisson en acier** : steel caisson, *for subsea foundations.* **caisson flottant** : buoyant box. **caisson humide** : wet chamber *(diving)*. **caisson hydraulique** : cofferdam. **caisson hyperbare** : hyperbaric chamber. **caisson réfrigérant** : cooling box. **caisson-remorque** : trailer caisson.

cake *m* – cake, *solidified drilling sludge adhering to the walls of a borehole, or the solid residue left on a filter after filtration.* **cake de boue** : mud cake. **cake de filtration** : filter cake. **cake de parois** : wall cake.

cal – cal, *abbr. of calorie.*

Calabrien *m* – Calabrian, *Lower Pleistocene stage.*

calage *m* – calibration; clamping; fit; freezing; keying; stall; stalling, *of an engine*; sticking; tie, *observations repeated at previously observed points for the purpose of establishing the relationship of two seismic data sets or to check for error*; timing, *of the ignition and valves in an engine*; wedging. **calage au puits** : well tie. **calage d'injection** : fuel-injection timing *(engine)*. **calage de l'injection primaire** : timing of primary injection. **calage de la distribution** : valve timing. **calage des hyperboles** : hyperbolic fix *(nav)*. **calage des outils** : jamming, *of tools.* **calage juste** : exact fit. **calage par moindres carrés** : least-squares fit. **calage serré** : tight fit. **calage sur une surface de référence** : datuming, *arbitrary flattening and straightening of a particular reflection for use as a reference on a cross-section.*

calaison *f* – draft.

calamine *f* – calamine, *hemimorphite or used for oxidized ores of zinc*; carbon deposit *(eng)*; scale. **calamine pulvérulente** : dry scale.

calamité *f* – disaster. **calamité naturelle** : act of God.

calandre *f* – calender; shell.

calcaire *m* – limestone. **calcaire à algues** : algal reef. **calcaire à ciment** : cement stone. **calcaire à crinoïdes** : crinoidal limestone. **calcaire à débris** : skeletal limestone. **calcaire à encrines** : *see calcaire à entroques.* **calcaire à entroques** : encrinal limestone. **calcaire à gryphées** : gryphite limestone. **calcaire à nummulites** : nummulite limestone. **calcaire à polypiers** : coral limestone. **calcaire à silex** : cherty limestone. **calcaire allodapique** : allodapic limestone, *deposited by turbidity currents.* **calcaire alvéolaire** : cavernous limestone. **calcaire argileux** : argillaceous limestone; clayey limestone. **calcaire asphaltique** : asphaltic limestone. **calcaire bioclastique** : bioclastic limestone. **calcaire bioconstruit** : bioconstructed limestone. **calcaire bitumineux** : bituminous limestone. **calcaire carboné** : carbonaceous limestone. **calcaire carbonifère** : carboniferous limestone. **calcaire caverneux** : cavernous limestone. **calcaire compact** : compact limestone. **calcaire concrétionné** : ballstone. **calcaire construit** : reef limestone. **calcaire coquillier** : coquina; shelly limestone. **calcaire corallien** : coral-reef limestone; coralline limestone. **calcaire crayeux** : chalky limestone. **calcaire cristallin** : crystalline limestone. **calcaire cryptocristallin** : cryptocrystalline limestone. **calcaire d'eau douce** : freshwater limestone. **calcaire détritique** : detrital lime. **calcaire dolomitique** : dolomitic limestone. **calcaire farineux** : mealy limestone. **calcaire fétide** : stinkstone *(petro)*. **calcaire fossilifère** : fossiliferous limestone. **calcaire friable** : crumbly limestone. **calcaire glauconieux** : glauconitic limestone. **calcaire graveleux** : pelleted limestone. **calcaire grumeleux** : crumbly limestone. **calcaire kérabitumineux** : bituminous limestone. **calcaire lacustre** : lacustrine limestone. **calcaire lithographique** : lithographic limestone. **calcaire lumachellique** : coquinoid limestone. **calcaire magnésien** : magnesian limestone. **calcaire marneux** : marly limestone. **calcaire micritique** : micritic limestone. **calcaire microcristallin** : microcrystalline limestone. **calcaire noduleux** : nodular limestone. **calcaire oolithique** : oolite. **calcaire oolitique** : eggstone; oolitic limestone. **calcaire pélagique** : pelagic limestone. **calcaire phosphaté** : phosphatic limestone. **calcaire pisolitique** : pisolitic limestone. **calcaire poreux** : porous limestone. **calcaire productif** : pay lime. **calcaire psammitique** : psammitic limestone. **calcaire pulvérulent** : crumbly limestone. **calcaire récifal** : limestone reef; reef limestone. **calcaire rubané** : banded limestone. **calcaire sableux** : arenaceous limestone; sandy limestone. **calcaire siliceux** : siliceous limestone. **calcaire silteux** : silty limestone. **calcaire spathique** : sparry limestone, *see sparite*; spathic limestone. **calcaire talqueux** : talcky limestone. **calcaire vacuolaire** : vuggy limestone.

calcaire – calcareous; limy.

calcarénite *f* – calcarenite, *a calcareous sandstone.*

calcareux – calcariferous.

calcédoine *f* – chalcedony, *a variety of quartz.*

calcifère – calciferous; limy.

calcification *f* – calcification.

calcifier – calcify (to).

calcilutite *f* – calcilutite, *a consolidated mud consisting of detrital calcite particles.*

calcimètre *m* – calcimeter, *device for measuring the calcium carbonate in soils.*

calcination *f* – burning; calcination; calcining; roasting.

calciner – bake (to); cinder (to); roast (to).

calcique – calcic; limy.

calcirudite *f* – calcirudite, *limestone consisting predominantly of detrital particles larger than sand size.*

calcite *f* – calcite, *calcspar, a rock-forming mineral that is the principal constituent of limestone.*

calcium *m* – calcium, *symbol Ca.*

calco-alcalin – calc-alkalic, *igneous rocks.*

calcrète *f* – calcrete *(pedol) see also caliche.*

calcschiste *m* – calc-schist, *a metamorphosed argillaceous limestone.*

calcul *m* – calculation; calculus; computation; computing, *with a computer*; count. **calcul algébrique** : algebraic calculus. **calcul approché** : approximate calculation. **calcul arithmétique** : arithmetic calculus. **calcul d'une installation industrielle** : process engineering. **calcul de la porosité des carottes** : porosity determination of cores. **calcul de la vitesse dans le sol** : velocity determination, *by seismic measurements.* **calcul des constructions** : structural analysis; structural design. **calcul des coûts** : cost calculation. **calcul des procédés** : process engineering. **calcul des variations** : calculus of variations *(math)*. **calcul différentiel** : differential calculus. **calcul du pendage vrai** : dip resolution. **calcul économique** : cost calculation; economic choice. **calcul infinitésimal** : infinitesimal calculus. **calcul intégral** : integral calculus. **calcul inverse** : back substitution *(math)*. **calcul matriciel** : matrix algebra. **calcul opérationnel** : operational calculus. **calcul tensoriel** : tensor calculus.

calculateur *m* – calculator; computer; computing machine. **calculateur analogique** : analog computer. **calculateur électronique** : electronic computer. **calculateur hybride** : hybrid computer. **calculateur incrémentiel** : incremental computer. **calculateur numérique** : digital computer. **calculateur sismique** : seismic computer.

calculé – calculated; rated.

calculer – calculate (to); figure (to). **calculer l'anomalie résiduelle** : residualize (to). **calculer la route** : preplot (to) *(navig)*.

caldeira *f* – caldera. **caldeira d'effondrement** : collapse caldera.

cale *f* – chock; filler piece; shim; skid; slips *(drill)*; spacer; wedge. **cales automatiques** : power slips, *pneumatically or hydropneumatically controlled.* **cale d'arbre** : shaft key. **cale d'épaisseur** : shim. **cale de bois** : lid. **cale de cylindre** : cylinder shim. **cale de fer** : skid shoe, *a chock to prevent trucks from moving.* **cale de réglage** : adjusting shim. **cale de support** : pad. **cale mince pour palier** : bearing shim.

cale *f* – hold, *of a ship.* **cale de construction navale** : building slip, *shipbuilding ways.* **cale frigorifique** : refrigerated hold. **cale sèche** : dry dock.

calé – keyed; stalled; wedged.

calédonien – Caledonian, *see cycle calédonien.*

calédonite *f* – caledonite.

caléfaction *f* – calefaction.

calendrier *m* – calendar; schedule; timing.

caler – calibrate (to); conk (to) out; fasten (to); fix (to); seize (to) up; stall (to); time (to), *an engine*; wedge (to). **se caler** : jam (to). **caler un moteur** : kill (to) an engine; stall (to) an engine. **caler une soupape** : jam (to) a valve.

calfat *m* – lute.

calfatage *m* – caulking.

calfaté – caulked.

calfater – caulk (to).

calfeutrage *m* – caulking.

calibrage *m* – calibration; gaging; normalizing; sizing. **calibrage au tamis** : screen sizing, *of formation samples.* **calibrage de gain** : gain ranging.

calibre *m* – bore; caliber; caliper, *instrument*; gage cutter, *maintenance tool for production tubing*; jig; pattern; rabbit, *a device that is put through casing or tubing before it is run to make certain it is the proper size inside and outside*; template. **calibre à bague** : ring gage. **calibre à coulisse** : slide caliper. **calibre à mâchoire** : shaft caliper. **calibre à refouler** : upsetting die. **calibre à tampon cylindrique** : internal cylindrical gage. **calibre à vis** : caliper rule; screw gage. **calibre d'alésage** : drift mandrel. **calibre d'ensemble** : master caliper. **calibre d'épaisseur** : feeler; thickness gage. **calibre de conicité** : taper gage. **calibre de cylindre de laminoir** : roll groove *(metal)*. **calibre de dégagement** : run-out gage, *threading.* **calibre de filetage** : thread gage. **calibre de hauteur** : end gage. **calibre de mesure du pas** : lead gage, *threading.* **calibre de profondeur** : depth gage, *an instrument for the accurate measurement of depressions or recesses.* **calibre de soudure** : weld gage. **calibre de tolérance** : limit gage; snap gage. **calibre étalon** : reference gage. **calibre fileté** : thread gage. **calibre fileté API** : API thread gage. **calibre intérieur** : inside caliper. **calibre-mâchoire à molette** : thread caliper gage. **calibre mâle** : plug gage. **calibre mère** : master caliper. **calibre pour coulisses de forage** : jar tester, *a device for controlling drilling jars.* **calibre pour fils** : wire gage. **calibre pour tôles** : plate gage. **calibre rond** : round pass *(metal)*.

calibré – calibrated; true bore.

calibrer – calibrate (to); gage (to).

caliche *m* – caliche, *gravel, sand or desert debris cemented by calcium carbonate ; calcareous crust.*

californium *m* – californium, *symbol Cf.*

caliorne *m* – purchase tackle.

Callovien *m* – Callovian, *Upper Jurassic stage.*

calme *m* – calm. **calme plat** : flat calm, *sea state.*

calmé – killed; quenched.

caloduc *m* – heat pipe.

calomel *m* – calomel, *horn mercury, horn quicksilver, calomelite.*

caloporteur *m* – heat carrier.

calorescence *f* – calorescence, *the same as thermoluminescence, or glowing under the effect of infrared radiation.*

calorie *f* – calorie, *an obsolete unit of heat energy, 1 cal = 4.184 J.*

calorifère *m* – cylinder stove.

calorifique – calorific.

calorifuge – heat insulating; heat insulator.

calorifugeage *m* – lagging; thermal insulation.

calorifuger – insulate (to); lag (to).

calorimètre *m* – calorimeter. **calorimètre à eau** : water calorimeter. **calorimètre à glace de Bunsen** : Bunsen ice calorimeter. **calorimètre différentiel de vapeur** : differential steam calorimeter.

calorimétrie *f* – calorimetry. **calorimétrie différentielle** : differential calorimetry.

calorimétrique – calorimetric.

calorisation *f* – calorizing, *process for case hardening iron and steel by an aluminum coating.*

calotte *f* – cap; cylinder head; dome; head; hood. **calotte de barbotage** : bubble cap, *a metal cap covering a hole in a plate in a distillation column.* **calotte de barbotage rectangulaire** : tunnel cap. **calotte de convertisseur** : converter belly. **calotte de gaz libre** : gas cap. **calotte de piston** : piston undercrown. **calotte de plateau** : bell cap; tray cap. **calotte glaciaire** : ice cap; inland ice. **calotte glaciaire continentale** : continental glacier. **calotte gonflable** : vapor dome, *an inflatable membrane to reduce vapor losses from conical-roof tanks.*

calovecteur *m* – heat carrier.

calquage *m* – tracing.

calque *m* – overlay; tracing. **calque de pointé** : template, *a transparent overlay for calculating gravity or magnetic effect for use in terrain correction, isostatic correction or residualizing.*

cambouis *m* – cart grease; goo; gunk; sludge.

Cambrien *m* – Cambrian, *the earliest period of the Paleozoic era.*

cambrite *f* – cambrite, *explosive.*

cambrure *f* – camber. **cambrure de la houle** : wave camber, *ratio of the trough to the wavelength of a water wave.*

cambuse *f* – provision room, *ship*; storeroom.
cambusier *m* – storekeeper *(ship)*.
came *f* – cam; tappet; wiper. **came à déplacement** : sliding cam. **came à disque** : disk cam. **came à profil brusque** : quick-action cam. **came clavetée sur** : cam keyed on. **came d'admission** : admission cam; inlet cam. **came d'échappement** : exhaust cam; outlet cam. **came de commande** : actuating cam. **came de déclenchement** : deflecting cam. **came de poussée** : actuating cam. **came de rupteur** : breaker cam. **came intégrale** : integral cam. **came plate** : plate cam. **came réglable** : variable cam.
camembert *m* – pie graph; roll-along switch, *connecting geophones*.
caméra *f* – camera. **caméra anamorphotique** : squeeze camera. **caméra de télévision** : television camera. **caméra électrostatique** : electrostatic camera. **caméra pour photographie aérienne** : air-survey camera. **caméra vidicon à retour de faisceau** : return-beam vidicon camera (RBV).
camion *m* – truck, *lorry*. **camion à bascule** : dump truck; dumper. **camion à benne basculante** : *see camion basculant*. **camion à chenilles** : caterpillar truck. **camion à plate-forme** : flatbed truck. **camion à remorque** : trailer truck. **camion atelier** : maintenance vehicle; utility truck, *pipeline*. **camion basculant** : dump truck. **camion bétonnière** : truck mixer. **camion boutefeu** : shooting truck, *a vehicle used to carry explosives and water for tamping charges*. **camion câble** : reel truck. **camion chute de poids** : thumper, *a weight-drop truck and a weight-drop seismic reflection process*. **camion citerne** : road tanker; tank truck. **camion citerne sous vide** : vacuum truck, *placed aboard a barge and used to pump up floating oil slicks*. **camion d'enregistrement** : recording truck. **camion de dépannage** : wrecker; wrecking truck. **camion dépanneur** : recovery vehicle. **camion frigorifique** : refrigerated truck. **camion grue** : crane truck; gin-pole truck, *a truck equipped with a winch and two articulated hoisting booms*. **camion isotherme** : insulated truck. **camion labo** : recording truck. **camion laboratoire** : recording truck, *a vehicle containing amplifiers and recording equipment for making a seismic record in the field*. **camion malaxeur** : agitating truck, *concrete*. **camion mât** : mast truck. **camion porte-conteneurs** : container truck. **camion sur chenilles** : crawler truck. **camion tous terrains** : off-highway truck.
camionnage *m* – cartage; haulage; truckage, *trucking*. **camionnage terminal** : truck delivery to service-stations.
camionnette *f* – light truck; van. **camionnette de livraison** : delivery truck; delivery van.
camp *m* – camp.
campagne *f* – leg, *of a geophysical survey or drilling operation*; operating time; run; survey. **campagne de sismique-réflexion** : reflection survey. **campagne de sismique-réfraction** : refraction survey. **campagne géophysique** : geophysical survey. **campagne magnétométrique aéroportée** : airborne magnetometric survey. **campagne magnétométrique marine** : shipborne magnetometric survey. **campagne magnétométrique terrestre** : ground magnetometric survey.
Campanien *m* – Campanian, *Upper Cretaceous stage*.
campement *m* – camp.
CAN – A/D converter, *abbr. convertisseur analogique-numérique: analog-to-digital converter*.
canal *m* – canal; channel; conduit; culvert; ditch; duct; flue; gut; race; sluice. **canal auxiliaire de transfert** : transfer line. **canal d'admission** : inlet port. **canal d'aérage** : vent pipe; ventilating duct. **canal d'amenée** : flume; lead; penstock. **canal d'écoulement** : drain. **canal d'irrigation** : catch feeder. **canal de tête** : head flume. **canal de transfert** : passageway. **canal de trop plein** : spillway. **canal de ventilateur** : ventilator duct.
canalisation *f* – conduit; duct; flume; main; pipeline. **canalisation à huile** : oil gallery. **canalisation à vide** : vacuum line. **canalisation aérienne** : overhead crossing. **canalisation d'alimentation** : charging line. **canalisation d'amenée** : feeder. **canalisation d'eau** : water line; water main; water pipe; water service pipe. **canalisation d'huile** : oil duct; oil line. **canalisation de combustible** : fuel line. **canalisation de graissage** : lubrication pipe. **canalisation de recette** : rundown line, *linking the manufacturing unit to the rundown drum*. **canalisation de retour** : runback. **canalisation de sortie** : effluent drain, *in a sewer system*. **canalisation de transport** : feeder; transmission main; trunk main. **canalisation en matière plastique** : plastic pipeline. **canalisation enterrée** : ground pipe. **canalisation flexible** : jumper line. **canalisation pétrolière** : oil line. **canalisation principale** : main line; trunk pipeline, *to which branch lines are connected*. **canalisation suspendue** : span pipeline. **canalisation terminale** : terminal line.
canaliser – pipeline (to).
cancérigène *m* – carcinogen.
cancrinite *f* – cancrinite, *a group of feldspathoid minerals*.
candela *f* – candela, *SI unit of luminous intensity, symbol* cd. **candela par mètre carré** : candela per square meter, *SI unit of luminance* (cd/m^2).
candidature *f* – bidding, *for a job*.
canette *f* – oil flask; oil sampler.
canevas *m* – control, *remote sensing*; framework, *of a survey*; raster. **canevas altimétrique** : vertical control. **canevas de base** : control points, *geologic map*. **canevas des puits** : drilling pattern. **canevas planimétrique** : horizontal control. **canevas topographique** : survey net.
caniveau *m* – channel stone; ditch; gutter; launder; undercut, *welding defect*. **caniveau d'écoulement** : catch drain. **caniveau de drainage** : catch drain.
canne *f* – cane, stick. **canne pyrométrique** : sheathed pyrometer.
cannel-coal *m* – cannel-coal, *a compact sapropelic coal containing spores with a greasy luster and conchoidal fractures*.
cannelé – fluted; grooved; ribbed; serrated; splined.
canneler – groove (to).
cannelle *f* – cinnamon.
cannelure *f* – corrugation; flute; furrow; groove; pass, *rolling mills*; serration; spline. **cannelure à vide** : blind pass *(metal)*; false pass *(metal)*. **cannelure carrée** : square pass *(metal)*. **cannelure ébaucheuse** : shaping groove. **cannelure en J** : J

slot *(drill)*. **cannelure fermée** : closed pass *(metal)*. **cannelure profilée** : shaping pass. **cannelure quadrangulaire** : diamond pass.

canon *m* – gun, *marine seismic-energy source.* **canon à air** : air gun. **canon à boue** : *see mitrailleuse à boue.* **canon à électrons** : electron gun. **canon à gaz** : gas exploder, *a seismic energy source giving the top levels of the seabed by a shock wave produced by the explosion of a mixture of propane or butane with oxygen or air*; gas gun. **canon à gaz à chambre ouverte** : open-chamber exploder. **canon à mousse** : foam gun. **canon à plasma** : plasma gun. **canon à vapeur** : steam gun. **canon électronique** : electron gun. **canon ionique** : ion gun.

canonique – canonical.

canot *m* – cutter; dinghy. **canot automobile** : motor craft. **canot de sauvetage** : lifeboat. **canot de secours** : rescue boat.

canule *f* – stinger, *a cylindrical or tubular projection, relatively small in diameter, that extends below a downhole tool and helps to guide the tool to a designated spot.*

canyon *m* – canyon. **canyon sous-marin** : submarine canyon, *valley carved into the continental shelf or slope, often prolonging a river flowing into the sea.*

CAO – CAD, *abbr. of conception assistée par ordinateur: computer-aided design.*

caoutchouc *m* – rubber. **caoutchouc butadiène-styrène** : styrene-butadiene rubber (SBR). **caoutchouc butyle** : butyl rubber, *synthetic rubber.* **caoutchouc chloré** : chlorinated rubber. **caoutchouc cyclisé** : cyclized rubber. **caoutchouc de silicone** : silicone rubber. **caoutchouc factice** : factice, *vulcanized oil.* **caoutchouc froid** : cold rubber. **caoutchouc haut-module** : strong rubber. **caoutchouc méthylique** : methyl rubber. **caoutchouc microcellulaire** : microcellular rubber. **caoutchouc minéral** : mineral rubber, *elaterite.* **caoutchouc mou** : soft rubber. **caoutchouc mousse** : foam rubber. **caoutchouc naturel** : natural rubber. **caoutchouc nitrile** : nitrile rubber. **caoutchouc nitrile aux silicones** : nitrile silicone rubber (NSR). **caoutchouc plombé** : lead rubber. **caoutchouc polymérisé à froid** : cold rubber. **caoutchouc régénéré** : reclaimed rubber. **caoutchouc spongieux** : rubber sponge, *cellular rubber, foam rubber.* **caoutchouc synthétique** : synthetic rubber.

caoutchouté – rubberized.

cap *m* – cape; headland; promontory *(geomorph)*.

cap *m* – heading, *direction.*

capacimètre *m* – capacitance meter.

capacitance *f* – capacitance, *ratio of the electric charge to the voltage.* **capacitance par surface unitaire** : unit-area capacitance.

capacité *f* – capacity, *of production, processing, maximum yield that can be reached, see also volume*; throughput. **capacité au champ** : field capacity, *the quantity of water held by a soil or rock against the pull of gravity.* **capacité calorifique** : heat-capacity rate. **capacité d'échange** : exchange capacity *(geol)*. **capacité d'échange d'anions** : anion-exchange capacity (AEC). **capacité d'échange de cations** : cation-exchange capacity (CEC) *(well log)*. **capacité d'enlèvement** : carrying power, *of an airplane.* **capacité d'injection** : injectivity. **capacité d'un accumulateur** : capacity, *amount of electricity in ampere-hours that an accumulator can supply.* **capacité d'une ancre** : anchor holding power. **capacité de chaleur molaire** : molal heat capacity. **capacité de charge** : load-carrying ability. **capacité de craquage** : cracking capacity. **capacité de débit** : delivery output. **capacité de forage d'un appareil** : hole making capability of a rig. **capacité de gerbage** : racking capacity, *the number of stands of drillpipe a rig can hold.* **capacité de mémoire** : memory capacity, *computer.* **capacité de production** : production capacity; productive capacity. **capacité de raffinage** : refining capacity. **capacité de reflux** : reflux duty. **capacité de résistance au vent** : wind loading rating, *of a drill rig.* **capacité de rétention** : *see capacité au champ (pedol)*; holding capacity; specific retention, *the ratio of the maximum volume of water that a given volume of porous medium will hold back against the pull of gravity on the volume of the body itself.* **capacité de retenue** : holdup *(ref)*. **capacité de service** : service capacity. **capacité de sole** : hearth capacity. **capacité de surcharge** : overload capacity. **capacité de transport** : carrying capacity. **capacité électrique** : capacitance. **capacité en eau** : moisture capacity. **capacité en matières premières** : throughput, *measured in tons per unit of time.* **capacité en watt-heures** : watt-hour capacity, *of a battery.* **capacité fluviatile** : stream capacity. **capacité installée** : onstream capacity. **capacité journalière** : daily capacity. **capacité maximale** : maximum capacity. **capacité nominale** : nominal capacity; rated capacity. **capacité nominale des batteries d'accumulateurs** : rating of storage batteries. **capacité portante** : bearing capacity. **capacité portante d'une pile** : pile bearing capacity. **capacité sphérique de viscosimètre** : viscometer bulb. **capacité tampon** : surge capacity. **capacité théorique** : design capacity. **capacité thermique** : heat capacity, *amount of heat required to raise the temperature of a body by one degree ; in SI it is expressed in joule per kelvin*; thermal capacity. **capacité thermique massique** : specific heat capacity, *see chaleur massique.* **capacité thermique molaire** : molar heat capacity. **capacité thermique volumique** : volume heat capacity. **capacité utile** : effective capacity, *of a storage tank.*

capacitif – capacitive.

capelage *m* – rigging.

capillaire – capillary.

capillarité *f* – capillarity, *elevation or depression of a liquid surface in contact with a solid because of the relative attraction of the molecules of the liquid for each other and for those of the solid*; capillary action.

capitaine *m* – master, *of a ship.* **capitaine du port** : harbormaster.

capital *m* – assets; capital, *see also plural: capitaux.* **capital à risque** : *see capital risques.* **capital actions** : share capital. **capital d'apport** : initial capital. **capital d'emprunt** : loan capital. **capital fixe** : fixed assets; permanent assets. **capital flottant** : floating capital. **capital immobilisé** : fixed capital. **capital risques** : risk capital; venture capital. **capital social** : capital stock; equity capital; joint stock. **capital souscrit** : obligated capital.

capitalisé – capitalized.
capitalistique – capital intensive.
capitaux *m* – funds, *see also singular: capital.* **capitaux gelés** : frozen assets. **capitaux investis** : funded capital. **capitaux mobiles** : floating capital. **capitaux permanents** : invested capital, *including long-term debts.* **capitaux propres** : shareholders' equity, *the capital stock and surplus in a proprietorship or partnership that are the claim or stake of the owners.* **capitaux spéculatifs** : venture capital.
capot *m* – bonnet; cowl; cowling; enclosure; hood. **capot de moteur** : engine hood.
capotage *m* – overturning, *of a vehicle.*
capote *f* – top, *convertible.*
caprolactame *m* – caprolactam, *aminocaproic lactam, 2-oxohexamethyleneimine, used for making synthetic fiber.*
caprolactone *m* – caprolactone, *an intermediate used in making synthetic fibers, plastics, films, coatings and plasticizers.*
caprylamide *m* – caprylamide.
capsule *f* – boat; cap; capsule. **capsule d'amiante** : asbestos dish. **capsule d'évaporation** : evaporation cell; vaporization dish. **capsule d'intervention** : service capsule. **capsule de protection** : port plug, *well completion.* **capsule de sauvetage** : survival capsule. **capsule de transfert de l'équipe** : personnel transfer capsule (PTC). **capsule spatiale** : space capsule.
captage *m* – catchment; impounding, *of water.*
capter – harness (to).
capteur *m* – collector; detector; pickup; receiver; sensor. **capteur à fibres optiques** : fiber-optic sensor; optical fiber sensor. **capteur à lentille** : lens collector. **capteur à magnétostriction** : magnetostrictive (MS) pickup. **capteur actif** : active sensor. **capteur d'impulsions faibles** : pulse chamber. **capteur d'onde aérienne** : blastphone *(seis).* **capteur de contrainte** : strain transducer. **capteur de déplacement** : displacement pickup. **capteur de force** : strain-gage sensor. **capteur de luminescence** : Fraunhofer line discriminator (FLD), *a remote-sensing device.* **capteur de pression** : pressure detector. **capteur de vitesse** : velocity pickup. **capteur en peigne** : push-broom sensor. **capteur HCM** : heat-capacity mapping sensor, *remote sensing.* **capteur HRV** : heat-resolution-in-the-visible sensor, *remote sensing.* **capteur imageur** : imaging sensor. **capteur intelligent** : smart sensor. **capteur non imageur** : nonimaging sensor. **capteur passif** : passive sensor. **capteur piézoélectrique** : piezoelectric pressure gage. **capteur plat** : plate collector. **capteur sismique** : seismic pickup. **capteur solaire** : solar collector; solar sensor. **capteur solaire à couche mince** : thin-film solar cell. **capteur solaire à tubes sous vide** : evacuated-tube solar collector.
capture *f* – capture. **capture d'un cours d'eau** : stream capture; stream piracy. **capture de résonance** : resonance capture. **capture de spin** : spin trapping. **capture électronique** : electron capture. **capture K** : K capture *(nucl).* **capture L** : L capture, *L electron capture.* **capture par déversement** : spontaneous capture. **capture stérile** : nonfission capture. **capture utile** : useful capture.
capuchon *m* – bonnet; cowl. **capuchon de robinet** : boot cap, *screwed onto the valve of a tank.* **capuchon protecteur** : hood.
caracole *f* – crow's foot, *fishing tool;* fishing hook; wall hook. **caracole à trépan** : bit hook, *tool for straightening a lost bit in the hole.*
caractère *m* – attribute, *measurement based on seismic data, such as envelope amplitude, instantaneous phase, instantaneous frequency, polarity, velocity, dip, dip azimuth, etc;* character; feature; nature. **caractère de Toeplitz** : Toeplitz property, *property when all the elements on a given diagonal of a matrix are identical.* **caractère dominant** : prevailing feature. **caractère gras** : boldface *(typog)*; fat-faced type *(typog).* **caractère lithologique** : rock character. **caractère morphologique** : morphological feature. **caractère optique** : optical character. **caractères par pouce** : characters per inch (CPI), *bit packing density on a magnetic tape.*
caractérisation *f* – characterization, *see facteur de caractérisation.*
caractéristique *f* – characteristic, *the part of the logarithm of a number making up the whole number to the left of the decimal point (math)*; feature; rating, *for a machine, apparatus or device;* specification. **caractéristique à vide** : no-load characteristic. **caractéristiques critiques** : critical data. **caractéristiques d'oxydation** : oxidation characteristics. **caractéristique d'une cible** : spectral signature. **caractéristique de filtration des boues** : water-loss quality of muds. **caractéristique de phase** : phase characteristics. **caractéristique de transfert** : response characteristic, *the relationship between a stimulus and the corresponding response.* **caractéristique dynamique** : dynamic characteristic. **caractéristique spectrale** : spectral signature.
Caradocien *m* – Caradocian, *Middle and Upper Ordovician stage.*
carapace *f* – carapace; hardpan *(geol).* **carapace de tortue** : turtleback, *a type of tool-joint for drilling.* **carapace en béton** : concrete shield.
carat *m* – carat, *a unit of weight of diamonds and gemstones equal to 200 milligrams ; also used for measuring the purity of gold.*
caratage – carat weight *(drill).*
carbamate *m* – carbamate. **carbamate d'ammonium** : ammonium carbamate, *fertilizer.*
carbamide *m* – carbamide.
carbanion *m* – carbanion, *a negatively charged organic ion having one more electron than the corresponding free radical.*
carbazole *m* – carbazole, *dibenzopyrrole.*
carbène *m* – carbene, *component of bitumen found in petroleum, petroleum products, malthas, asphalt cements and solid native bitumen, which is soluble in carbon disulfide but insoluble in cold carbon tetrachloride.*
carbinol *m* – carbinol, *methyl alcohol.*
carbocation *m* – carbocation; carbonium ion. **carbocation ponté** : bridged carbocation.
carbocyclique – carbocyclic, *refers to organic compounds having a skeleton in the form of a closed ring of carbon atoms.*
carboduc *m* – coal pipeline.
carboglace *f* – carbon-dioxide ice.

carboïde *m* – carboid, *pyrobitumens insoluble in carbon disulfide.*

carbolique – carbolic.

carbonacé – carbonaceous.

carbonado *m* – carbonado, *black diamond, carbon diamond.*

carbonatation *f* – carbonatation, *introduction of a CO_2 group into a molecule*; carbonation, *a chemical weathering process in which minerals containing soda, lime, potash or basic oxides are changed to carbonates by the carbonic acid in water or air.*

carbonate *m* – carbonate. **carbonate à géométrie oblique** : keep-up carbonate, *carbonate deposit in the highstand systems tract with an oblique sedimentation profile.* **carbonate à géométrie sigmoïdale** : catch-up carbonate, *carbonate deposit in the upper sedimentary series with a sigmoidal sedimentation profile.* **carbonate d'ammonium** : ammonium carbonate, *crystal ammonia, hartshorn.* **carbonate de calcium** : calcium carbonate, *used as a weighting material in specialized drilling fluids.* **carbonate de fer** : iron carbonate. **carbonate de lithium** : lithium carbonate. **carbonate de magnésium** : magnesium carbonate. **carbonate de manganèse** : manganese carbonate. **carbonate de potassium** : potassium carbonate. **carbonate de propylène** : propylene carbonate. **carbonate de sodium** : sodium carbonate, *commonly called soda ash, used for treating-out various types of calcium contamination*; washing soda. **carbonate de sodium anhydre** : ash; soda ash.

carbonaté – carbonate.

carbonatite *f* – carbonatite, *intrusive igneous rock.*

carbone *m* – carbon, *symbol C.* **carbone 14** : carbon 14, *a radioactive isotope of carbon having an atomic weight of 14, which is useful in determining the age of carbonaceous material less than 30,000 years old.* **carbone catalytique** : catalytic carbon, *in catalytic cracking, carbon coming from the cracking reaction ; the amount varies with the operating conditions.* **carbone combiné** : combined carbon. **carbone Conradson** : Conradson carbon, *see also résidu Conradson.* **carbone de cémentation** : carburizing carbon; cementation carbon. **carbone de recuit** : temper carbon. **carbone de trempe** : hardening carbon. **carbone fixe** : fixed carbon, *for coal, coke and bituminous materials, the solid residue other than ash obtained by destructive distillation.* **carbone graphitique** : graphitic carbon. **carbone libre** : free carbon. **carbone organique total** : total organic carbon (TOC). **carbone résiduel** : carbon residue. **carbone total** : total carbon (TC) *(metal).*

carboné – carbonaceous.

Carbonifère *m* – Carboniferous, *the Mississippian and Pennsylvanian periods, also known as the age of amphibians or the age of coal.*

carbonifère – carboniferous; coal-bearing.

carbonique – carbonic.

carbonisable – carbonizable.

carbonisat *m* – carbonizate.

carbonisation *f* – burning; carbonization, *transformation of organic matter into coal*; carbonizing; charring; coking. **carbonisation à basse température** : low-temperature carbonization. **carbonisation à haute température** : high-temperature carbonization. **carbonisation de la houille** : coal carbonization.

carbonisé – charred.

carboniser – cinder (to).

carbonite *f* – carbonite, *natural coke.*

carbonitruration *f* – carbonitriding, *surface hardening of a ferrous alloy by the introduction of carbon and nitrogen in a gaseous atmosphere.*

carbonitruré – carbonitrided.

carbonylation *f* – carbonylation, *chemical reaction.*

carbonyle *m* – carbonyl, *divalent radical.*

carborane *m* – carborane, *crystallized compound containing boron, carbon and hydrogen.*

Carborundum *m* – Carborundum, *trademark of a silicon carbide used as abrasive and refractory materials.*

carboxamide *m* – carboxamide.

carboxyalkylation *f* – carboxyalkylation, *chemical reaction.*

carboxylation *f* – carboxylation, *chemical reaction.*

carboxyle *m* – carboxyl, *the organic radical characteristic of organic acid.*

carboxylique – carboxylic.

carboxyméthylcellulose *f* – carboxymethylcellulose, *CMC, sodium carboxymethylcellulose, CM cellulose.* **carboxyméthylhydroxyéthyl cellulose (CMHEC)** : carboxymethylhydroxyethyl cellulose (CMHEC), *used as an additive in cement (drill).*

carburant *m* – fuel; motor fuel. **carburant à base de charbon** : coal fuel; coal-powered fuel. **carburant alcoolisé** : alcohol fuel. **carburant anti-impact** : gelled fuel. **carburant auto** : motor spirit. **carburant aviation** : aviation fuel. **carburant binaire** : binary fuel. **carburant composite** : blended fuel, *blend of different types of fuels.* **carburant de référence** : reference fuel, *used to determine octane numbers or cetane numbers, see also carburant primaire de référence.* **carburant de synthèse** : synthetic fuel. **carburant deux temps** : two-stroke fuel. **carburant gelifié** : gelled fuel. **carburant liquéfié d'aviation** : aviation liquid fuel (ALF). **carburants nationaux** : home-produced fuels. **carburants oxygénés** : oxygenated fuels. **carburants plombés** : leaded fuels. **carburant pour moteur à réaction** : jet propellant. **carburant pour moteurs** : engine fuel. **carburant pour tracteur** : tractor fuel. **carburant pour tracteur agricole** : tractor vaporizing oil (TVO). **carburant primaire de référence** : primary reference fuel (PRF), *mixture of isooctane and n-heptane used in the ASTM test engine to determine the octane rating of gasoline.* **carburant propre** : clean fuel. **carburants reformulés** : reformulated fuels, *having a composition governed by new pollution-control standards and by the market demand.* **carburant sale** : contaminated fuel. **carburants sans marque** : unbranded fuels. **carburant secondaire de référence** : secondary reference fuel. **carburant synthétique** : synfuel, *fuels produced from coal or sources other than natural gas and crude oil.* **à deux carburants** : dual fuel.

carburateur *m* – carburetor, *also spelled carburettor.* **carburateur à chemise d'eau** : water-jacketed carburetor. **carburateur à léchage** : surface carburetor. **carburateur à mèche** : wick carburetor. **carburateur à niveau constant** : constant-level carburetor. **carburateur à pulvérisation** : spray carburetor. **carburateur à tirage en bas** : downdraft carburetor. **carburateur alimenté sous pression** : pressure-fed carburetor. **carburateur gicleur** : atomizing carburetor. **carburateur inversé** : downdraft carburetor. **carburateur jumelé** : duplex carburetor. **carburateur réchauffé par les gaz d'échappement** : exhaust-jacketed carburetor. **carburateur vertical** : updraft carburetor, *a fuel-air mixing device for a gasoline engine, with both the fluid jet and the airflow moving upward.*

carburation *f* – carbonizing; carburetion.

carbure *m* – carbide. **carbure d'aluminium** : aluminum carbide. **carbure de bore** : boron carbide. **carbure de calcium** : calcium carbide. **carbure de fer** : iron carbide. **carbure de niobium** : niobium carbide. **carbure de silicium** : silicon carbide. **carbure de tantale** : tantalum carbide. **carbure de tungstène** : tungsten carbide. **carbure de vanadium** : vanadium carbide, *machine-tool alloy.* **carbure fritté** : sintered carbide.

carburé – carbureted.

carburéacteur *m* – aviation-turbine fuel; jet fuel; jet-propulsion fuel.

carburer – carburet (to).

carburol *m* – gasohol, *a fuel mixture made of 90 % gasoline and 10 % ethanol.*

carcasse *f* – carcass; skeleton; yoke. **carcasse de moteur électrique** : electric-motor casing. **carcasse de navire** : hulk. **carcasse de pneu** : tire casing, *tire carcass.*

cardan *m* – Cardan joint, *Hooke's joint*; U joint; universal joint. **cardan à croisillon** : cross pin.

carénage *m* – cowling; drydocking, *ship*; fairing, *smoothing or streamlining a cable to reduce its drag in water*; streamlining.

carence *f* – lack. **carence alimentaire** : nutritional deficiency.

carène *f* – bottom, *ship*; carina, *anatomical structure*; streamlined body; underwater hull.

caréné – streamlined.

caréner – careen (to), *a ship*; streamline (to).

cargaison *f* – batch, *pipeline*; cargo; ship load. **cargaison complète** : full cargo. **cargaison en vrac** : bulk cargo.

cargneule *f* – cargneule, *a porous or cavernous carbonate sedimentary rock*; cellular dolomite.

cargo *m* – cargo ship; freighter. **cargo à polyvalence** : general-purpose vessel (GPV). **cargo de ligne** : cargo liner. **cargo roulier** : *see roulier.*

carnallite *f* – carnallite, *an orthorhombic mineral used as an ore of potassium.*

carneau *m* – flue, *vertical tube used as a chimney.* **carneau d'un four** : furnace flue. **carneau de chaudière** : boiler flue. **carneau de cheminée** : chimney flue. **carneau de fumées** : smoke flue.

carnet *m* – notebook. **carnet de commandes** : order book. **carnet de passage en douane** : international customs pass. **carnet de pointage** : tally book. **carnet de terrain** : field book *(geol)*; field log; field notes.

Carnien *m* – Carnian, *Upper Triassic stage.*

Carnot – Carnot, *see cycle de Carnot, principe de Carnot.*

carnotite *f* – carnotite, *an ore of uranium and vanadium, and a source of radium.*

caroténoïde *m* – carotenoid, *a class of pigments, including carotenes and xanthophylls.*

carottage *m* – core drilling, *taking a rock sample during drilling*; coring. **carottage à la grenaille** : shot core drilling. **carottage au câble** : cable-tool coring. **carottage au diamant** : diamond core drilling; diamond coring. **carottage classique** : conventional coring. **carottage continu** : continuous coring. **carottage continu de vitesse (CCV)** : continuous velocity log (CVL). **carottage électrique** : *obsolete term for diagraphie.* **carottage latéral** : sidewall coring (SWC), *the taking of formation samples from the wall of a borehole.* **carottage latéral à balles (CLAB)** : sidewall coring (SWC). **carottage orienté** : oriented coring. **carottage par les tiges** : wireline coring, *taking a small-size sample during normal drilling without tripping out the bit ; the core drill is run in and pulled out by a wireline.* **carottage sismique** : uphole shooting; uphole survey, *see sismosondage*; well shooting; well-velocity survey. **carottage sous pression** : pressure coring.

carotte *f* – boring sample *(drill)*; core, *a cylindrical rock sample taken from a borehole with a special core drill*; core sample *(drill)*; drill core; drilling core; rock sample *(drill)*. **carotte imprégnée** : saturated core *(drill)*. **carotte latérale** : lateral core; sidewall core; wall sample *(drill)*. **carotte plein diamètre** : full-size core. **carotte suintante** : bleeding core; weeping core *(drill)*.

carotter – core (to) *(drill)*. **carotter avec un outil au diamant** : diamond core (to).

carottier *m* – core barrel; core bit; corer; coring tool; sampler. **carottier à câble** : wireline core barrel. **carottier à chaussette** : rubber-sleeve barrel. **carottier à chemise intérieure en caoutchouc** : rubber-sleeve barrel. **carottier à chute libre** : free-fall corer. **carottier à cliquet** : trigger bit, *a core bit that breaks the core sample as it enters the core barrel.* **carottier à gravité** : dropper corer; gravity corer. **carottier à paroi épaisse** : thick-walled core barrel. **carottier à piston** : piston core sampler; piston corer. **carottier au diamant** : diamond core drill. **carottier battu** : hammer sampler. **carottier de repêchage** : junk catcher. **carottier double** : double core barrel. **carottier latéral** : side tester; sidewall sampler; sidewall sampling gun; verifier, *used to bring up sidewall samples from a borehole during deep drilling*; wall sampler. **carottier latéral à balles (CLAB)** : sidewall-sampling gun. **carottier pour forage au câble** : cable-tool core barrel. **carottier pour forage en diamètre réduit** : slim-hole core barrel. **carottier retirable** : removable core bit, *a core barrel that can be separated from the bit and tripped up inside the drill string by cable while the core bit remains on the hole bottom.* **carottier rotatif** : rotary corer. **carottier type marine** : marine-type core barrel. **carottier vériné** : push sampler.

carpathite *f* – karpatite; pendletonite, *a solid hydrocarbon mineral.*

carragheen *m* – carrageen, *cartilaginous red algae.*

carraghénane *f* – carrageenan, *polysaccharide mucilage.*

carré *m* – square. **carré d'entraînement** : square-drive bushing *(drill)*. **carré d'entraînement à broches** : pin-drive kelly bushing *(drill)*. **carré d'entraînement à disques** : rotating-disk kelly-drive bushing *(drill)*. **carré de l'écart-type** : variance.

carré – square, squared, *for area units use the modifier square placed before the unit name, for powers use the modifier squared placed after the unit name.*

carreau *m* – tile. **carreau d'asphalte** : asphalt paving block, *floated or molded asphalt blocks used for paving*; asphalt tile. **carreau d'une mine** : aboveground *(mine)*; bank head; pithead. **carreau de verre** : pane. **sur le carreau de la mine** : at grass the pit's mouth.

carrière *f* – open cut; pit; quarry. **carrière à ciel ouvert** : open quarry; strip pit. **carrière d'argile** : clay pit. **carrière de calcaire** : limestone pit. **carrière de granite** : granite quarry. **carrière de gravier** : gravel pit. **carrière de grès** : sandstone quarry. **carrière de pierres** : stone quarry.

carrosserie *f* – body; car body. **carrosserie spéciale** : custom body.

carroyage *m* – checkerboard pattern, *for hydrocarbon search permits*; grid.

carte *f* – card; chart; map. **carte à circuit imprimé** : printed-circuit board. **carte à mémoire** : smart card. **carte administrative** : plat. **carte aéromagnétique** : aeromagnetic map. **carte aéronautique** : aeronautical chart; aviation map. **carte automatique** : automatic map. **carte bathymétrique** : bathymetric chart. **carte cadastrale** : cadastral map. **carte croquis** : sketch map. **carte d'atterrissage** : landing chart. **carte d'erreurs** : mistie map. **carte d'état-major** : ordnance survey map. **carte d'isobathes** : isobath map. **carte d'isochores** : isochore map. **carte d'isopaques** : isopach map. **carte d'occupation du sol** : land-use map. **carte de base** : base map, *very accurate map used as the basis for geologic measurements.* **carte de faciès** : facies map. **carte de formation** : formation map. **carte de pendage** : dip map. **carte de pointage** : clock card. **carte de position** : location map. **carte de reconnaissance** : reconnaissance map. **carte de répartition** : distribution map. **carte de surface** : areal map. **carte de vitesse** : velocity map, *of a given horizon.* **carte de zone altérée** : weathering map. **carte dépliante** : folding map. **carte des déclinaisons magnétiques** : magnetic chart. **carte des vents** : wind chart. **carte du relief** : relief map. **carte du temps** : weather chart. **carte en courbe de niveau** : contour map. **carte en relief** : dimensional map. **carte entoilée** : map mounted on cloth. **carte foncière** : assessment map. **carte géologique** : geologic map. **carte géologique de surface** : areal geology map. **carte gravimétrique** : gravimetric map. **carte gravimétrique locale** : local-gravity map. **carte gravimétrique régionale** : regional-gravity map. **carte gravimétrique résiduelle** : residual-gravity map. **carte grise** : car registration, *certificate of registration of a vehicle in France.* **carte hydrographique** : hydrographic chart; hydrographic map. **carte hypsométrique** : contour map; hypsometric map, *a chart showing topographic relief in reference to a datum.* **carte infographique** : computer map; computerized map. **carte isobarique** : isobaric map. **carte isoclinale** : isoclinal chart. **carte isopotentielle** : isopotential map, *showing the production potential of wells.* **carte lithologique** : lithologic map. **carte marine** : chart. **carte métallogénique** : metallogenic map. **carte météorologique** : meteorological chart; weather chart. **carte murale** : wall map. **carte nautique** : nautical chart. **carte orographique** : relief map. **carte orohydrographique** : orohydrographic map. **carte orthophotographique** : orthophotomap. **carte paléogéographique** : paleogeographic map. **carte paléogéologique** : paleogeologic map. **carte paléotectonique** : paleotectonic map. **carte paléotopographique** : paleotopographic map. **carte palinspastique** : palinspastic map. **carte perforée** : punch card. **carte photogéologique** : photogeologic map. **carte photographique** : photomap. **carte planimétique** : planimetric map. **carte pluviométrique** : precipitation chart; rain chart. **carte polynomiale** : trend surface analysis *(gravim)*. **carte potentiométrique** : potentiometric map. **carte profondeur** : depth map. **carte radargraphique** : radar map. **carte reproduite par contact** : contact map. **carte routière** : highway map; road map. **carte schématique** : dip-arrow map, *used in drilling and showing the approximate position of structures.* **carte sismique** : seismic map. **carte sismique non migrée** : unmigrated seismic map. **carte structurale** : structure map. **carte structurale à courbes de niveau** : structure contour map. **carte tectonique** : tectonic map. **carte thématique** : thematic map. **carte topographique** : topographic map. **carte-tracé** : alignment map, *for the construction of pipelines.*

cartel *m* – cartel *(econ)*; combine.

carter *m* – casing; crankcase, *of an engine*; housing; housing box. **carter à bain d'huile** : wet sump, *a crankcase doubling as an oil container.* **carter à huile** : oil pan. **carter compresseur** : compressor housing. **carter couvre-chaîne** : chain case; chain guard. **carter d'embrayage** : clutch guard; clutch housing. **carter d'engrenage** : gear case. **carter d'huile** : oil sump. **carter de chaîne** : chain cover; chain guard. **carter de cylindre de frein** : brake-cylinder block; brake-cylinder casing. **carter de frein** : brake guard. **carter de la pompe** : pump housing. **carter de moteur** : engine case. **carter de pompe** : pump casing. **carter de robinet** : valve box; vault. **carter de ventilateur** : fan case, *fan casing*; fan housing. **carter du différentiel** : differential-gear housing. **carter sec** : dry sump.

carthame *m* – safflower.

cartographie *f* – cartography; mapmaking; mapping. **cartographie aérienne** : aerial mapping; airplane mapping. **cartographie assistée par ordinateur** : computer-assisted mapping. **cartographie automatisée** : automated cartography. **cartographie de surface** : surface mapping. **cartographie photogrammétrique** : photogrammetric mapping. **cartographie radar** : radar imagery.

cartographier – map (to).

cartographique – cartographic, *cartographical.*

cartomètre *m* – curvometer.

carton *m* – cardboard; inset, *mapmaking*; paperboard. **carton d'emballage ondulé** : corrugated cardboard. **carton goudronné** : tar board. **carton goudronné pour toiture** : roofing felt. **carton paraffiné** : paraffined cardboard; waxed paperboard.

cartouche *f* – cartridge; igniter; label, *for identifying a data record*; thimble. **cartouche à blanc** : blank cartridge. **cartouche amorce** : primer *(mining)*. **cartouche d'extraction** : extraction thimble, *used for determining the sediment content of combustible oils*. **cartouche d'un enregistrement sismique** : record label *(seis)*. **cartouche de dynamite** : dynamite cartridge. **cartouche de lancement** : starting cartridge. **cartouche de sûreté** : safety cartridge. **cartouche filtrante** : canister; filter cartridge.

cas *m* – case. **cas concret** : case history. **cas de force majeure** : act of God; case of force majeure; cause beyond control. **cas limite** : borderline case. **en cas de danger** : in an emergency.

cascade *f* – cascade. **cascade à extraction** : stripping cascade. **cascade de glacier** : glacier fall.

case *f* – bin, *a discrete area in a 3D seismic survey into which data are sorted according to midpoint locations (unmigrated data) or reflecting points (migrated data)*; box.

caséiforme – cheesy, *a term used to indicate the soft texture of a coating*.

casemate *f* – hot cave, *leakproof and shielded compartment for the storage of highly radioactive products*.

caserne *f* – barracks. **caserne de pompiers** : fire station.

casier *m* – bin; rack. **casier à bouchons** : plug-protector pan *(drill)*.

casque *m* – helmet. **casque de plongée** : diving helmet. **casque de protection** : helmet. **casque de sécurité** : hard hat; protective hat; safety hat. **casque de soudeur** : hood. **casque métallique** : turtleback, *the hard hat worn by drillers*. **casque protecteur** : crash helmet. **casque téléphonique** : headphone; headset.

cassant – brittle; cracky; fragile; short. **cassant à chaud** : hot short; red short. **cassant à froid** : cold brittle; cold short.

casse *f* – breakage; case, *typography*.

cassé – broken.

casser – break (to); disaffirm (to), *a judgment*; fracture (to). **casser d'un coup net** : snap (to). **casser le train de tiges** : break (to) the string.

cassette *f* – cassette; receiver magazine.

casse-vide *m* – vacuum-rupture disk.

cassitérite *f* – cassiterite, *tin ore*, *tin spar*.

cassure *f* – break; crack; cut; fracture; snap. **cassure cireuse** : waxy fracture. **cassure conchoïdale** : conchoidal fracture, *type of mineral or rock fracture giving a smoothly curved surface*; flinty fracture; shell-like fracture *(miner)*. **cassure diagonale** : diagonal joint. **cassure écailleuse** : splintery fracture. **cassure fibreuse** : fibrous fracture. **cassure grenue** : granular fracture. **cassure hachée** : hackly fracture. **cassure irrégulière** : bastard break; uneven fracture. **cassure nette** : clean fracture; nick break. **cassure par torsion** : twistoff, *the breaking off of the drill string by excessive torsional stress*. **cassure plane** : even fracture. **cassure schisteuse** : slaty fracture. **cassure terne** : dull fracture. **cassure vitreuse** : vitreous fracture.

catabolisme *m* – catabolism *(biochem)*.

catacaustique – caustic by reflection *(seis)*.

cataclase *f* – cataclasis, *rock deformation by fracture and rotation of aggregates or mineral grains*.

cataclastique – cataclastic, *said of metamorphic rock in which brittle minerals have been broken and flattened in a direction perpendicular to the pressure stress*.

cataclinal – cataclinal, *said of a stream or a valley that descends in the same direction as that of the general dip of the strata*.

cataclysme *m* – cataclysm; convulsion.

catadioptre *m* – cat's eye; retroreflector.

catagenèse *f* – catagenesis.

catalogue *m* – catalog. **catalogue des couleurs** : color album. **catalogue sur fiches** : card catalog; card index.

catalyse *f* – catalysis. **catalyse à passe unique** : single-pass catalysis. **catalyse basique** : base catalysis. **catalyse d'inhibition** : negative catalysis. **catalyse de contact** : contact catalysis. **catalyse de coordination** : coordination catalysis. **catalyse enzymatique** : enzymic catalysis. **catalyse hétérogène** : heterogeneous catalysis, *the reaction occurs at a phase boundary, usually in a gaseous environment, in the presence of a solid catalyst*. **catalyse homogène** : homogeneous catalysis, *the chemical reaction takes place in a single phase, usually gas or liquid*. **catalyse homogène supportée** : supported homogeneous catalysis. **catalyse intramoléculaire** : intramolecular catalysis. **catalyse micellaire** : micellar catalysis. **catalyse négative** : negative catalysis. **catalyse par rayonnement** : radiation catalysis. **catalyse par transfert de phase** : phase-transfer catalysis.

catalyser – catalyze (to).

catalyseur *m* – catalyst; contact substance. **catalyseur à lit entraîné** : entrained-bed catalyst. **catalyseur à trois voies** : three-way catalyst, *used in catalytic mufflers to reduce unburned hydrocarbons, carbon monoxide and nitrogen oxides in exhaust gas*. **catalyseur actif** : active catalyst. **catalyseur au cobalt** : cobalt catalyst. **catalyseur au quartz** : quartz catalyst. **catalyseur bifonctionnel** : bifunctional catalyst; dual-function catalyst. **catalyseur bimétallique** : bimetallic catalyst. **catalyseur d'hydrogénation sélective** : selective-hydrogenation catalyst. **catalyseur de craquage** : cracking catalyst. **catalyseur de craquage microsphéroïdal** : microspheroidal cracking catalyst. **catalyseur de déshydrogénation** : dehydrogenation catalyst. **catalyseur de déshydrogénation sélective** : selective-dehydrogenation catalyst. **catalyseur de désulfuration** : desulfurization catalyst. **catalyseur de reformage** : reforming catalyst. **catalyseur du type éclat de quartz** : quartz-chip-type catalyst. **catalyseur Fischer-Tropsch** : Fischer-Tropsch catalyst. **catalyseur fluidisé** : fluidized catalyst. **catalyseur gel-oxyde de chrome** : chromic oxide-gel catalyst. **catalyseur massique** : bulk catalyst; unsupported catalyst. **catalyseur négatif** : negative catalyst, *one that slows down the rate of reaction*. **catalyseur non supporté** : unsupported catalyst. **catalyseur pour tamis moléculaire** : molecular-sieve catalyst. **catalyseur Raney** : Raney catalyst. **catalyseur régénéré** : regenerated catalyst. **catalyseur usé** : spent catalyst. **catalyseur zéolitique** : zeolite catalyst. **catalyseur Ziegler** : Ziegler catalyst, *for the production of stereospecific polymers.*

catalytique – catalytic.

catamaran *m* – catamaran *(naut)*; twin-hull unit.

catamorphique – katamorphic.

catamorphisme *m* – katamorphism, *destructive metamorphism.*

cataphorèse *f* – cataphoresis, *electrophoresis.*

cataphote *m* – *see catadioptre.*

catapulte *f* – catapult.

catastrophe *f* – catastrophe; disaster. **catastrophe naturelle** : natural catastrophe, *earthquake, storm, flood*; natural disaster. **catastrophe technologique** : technological disaster.

catastrophisme *m* – catastrophism, *a theory holding that changes occurring on Earth were the result of catastrophes.*

catathermal – catathermal.

catazone *f* – katazone, *zone of highest metamorphism due to pressure and temperature conditions.*

catéchine *f* – catechol, *pyrocatechol, catechin, condensed tannin.*

catégorie *f* – category. **catégorie d'imposition** : tax bracket. **catégorie professionnelle** : occupational category.

caténaire – catenary.

catgut *m* – catgut.

catharomètre *m* – katharometer, *an instrument for measuring small amounts of gas in air from the change in thermal conductivity of the air.*

cathode *f* – cathode, *negative electrode.* **cathode chaude** : hot cathode, *thermoionic cathode.* **cathode creuse** : hollow cathode. **cathode d'épuration** : dummy cathode. **cathode froide** : cold cathode. **cathode liquide** : pool cathode. **cathode virtuelle** : virtual cathode.

cathodique – cathodic.

cathodoluminescence *f* – cathodoluminescence.

cathodophosphorescence *f* – cathodophosphorescence.

catholyte *m* – catholyte.

cation *m* – cation, *positively charged ion.*

catogène – catogene, *for sedimentary rocks, signifying that they were formed by deposition from above.*

causal – causal, *not existing before some finite starting time and having a finite total energy (seis).*

causalité *f* – causality.

cause *f* – cause. **principe des causes actuelles (ou réelles) et des causes anciennes** : *see actualisme.*

causticité *f* – causticity.

caustique *f* – bow tie *(seis)*; caustic; caustic curve, *curve or surface tangent to the rays of an initially parallel beam after reflection or refraction.* **caustique par réflexion** : caustic by reflection.

caustique *m* – mordant.

caustique – caustic.

caustobiolite *f* – caustobiolith, *a combustible organic rock.*

caution *f* – guarantee; security.

cautionnement *m* – guarantee.

cautionner – guarantee (to).

CAV – AVC, *abbr. commande automatique de volume: automatic volume control.*

cavalement *m* – surge.

cavalier *m* – horse, *a displaced rock mass caught between the walls of a fault*; pipe bracket; spoil bank, *excess excavation material*; tab.

cave *f* – cellar. **cave avant-puits** : cellar, *an excavation at the top of a borehole for wellhead equipment.*

caverne *f* – cave; cavern. **caverne de sel** : salt cavern. **caverne marine** : sea cave.

caverneux – cavernous; vuggy.

cavernicole – spelean.

cavitation *f* – cavitation, *in a liquid, formation of cavities (bubbles) filled with gas or liquid under the effect of mechanical forces ; pitting of solid surfaces, i.e. a type of corrosion.* **cavitation de l'hélice** : propeller cavitation.

cavité *f* – blowhole *(metal)*; cavity; excavation; hole; hollow; pipe hole *(metal)*; pit; recess. **cavité au pied d'une falaise** : notch. **cavité d'attaque** : etching pit. **cavité de dissolution** : solution cavity. **cavité de druse** : bughole, *vug.* **cavité de retrait** : shrinkage cavity. **cavité de stockage** : storage cavern. **cavité ouverte** : open cavity. **cavité résonnante** : cavity resonator *(phys)*.

caye *f* – cay, *coral reef.*

CCC – SCF, *abbr. coefficient de concentration de contraintes: stress concentration factor.*

CCF – FCC, *abbr. craquage catalytique fluide: fluid catalytic cracking.*

CCM – TLC, *abbr. chromatographie sur couche mince: thin-layer chromatography.*

CCMC – CCMAC, *abbr. Comité des Constructeurs du Marché Commun: Committee of Common Market Automobile Constructors.*

CCV – CVL, *abbr. carottage continu de vitesse, continuous velocity logging.*

cd – cd, *symbol for candela.*

CDA – *abbr. couche de demiatténuation.*

céder – give (to) way, *under pressure*; yield (to).

Cedex – *acronym for Courrier d'Entreprise à Distribution EXceptionnelle, a commercial mailbox system.*

CEE – EEC, *abbr. Communauté économique européenne, European Economic Community.*

CEI – *abbr. chauffage électrique intégré.*

ceinture *f* – belt; loop; strap. **ceinture de boue** : mud belt, *belt of marine deposits mainly composed of clastic clay, situated between the coarser terrigenous sediments of the continent and the deep organic oozes of the seabed.* **ceinture de chevauchement** : overthrust belt, *main line of abnormal contact of highly folded formations from Montana to Arizona.* **ceinture de récifs** : reef belt. **ceinture de sauvetage** : life belt. **ceinture de sécurité** : safety belt; seat belt, *vehicle.* **ceinture désertique** : desert belt. **ceinture glaciaire** : ice belt, *long strip of floating ice, from several kilometers to more than 100 km wide.* **ceinture mobile** : mobile belt *(geol)*. **ceinture morainique** : moraine belt *(geol)*. **ceinture orogénique** : orogenic belt. **ceinture plissée** : fold belt; orogenic belt *(geol)*.

célérimètre *m* – velocimeter.

célérité *f* – celerity, *phase velocity*; velocity. **célérité de propagation** : propagation velocity. **célérité radiale** : radial velocity, *line-of-sight velocity*.

céleste – celestial.

célestine *f* – celestite *(miner)*.

cellophane *f* – cellophane, *regenerated cellulose*.

cellulaire – cellular; porous.

cellule *f* – cell. **cellule au mercure** : mercury cell. **cellule chaude** : hot cell, *a heavily shielded compartment in which radioactive substances can be handled, usually by remote control*. **cellule détectrice** : detector. **cellule électrolytique** : electrolytic cell. **cellule élémentaire** : lattice cell. **cellule photoconductrice** : photoconductive cell, *photoresistive cell, photoresistor*. **cellule photoélectrique** : exposure meter; photocell; photoelectric cell. **cellule photoémissive** : photoemissive cell. **cellule photovoltaïque** : photovoltaic cell. **cellule solaire** : solar cell. **cellule solaire au sulfure de cadmium** : cadmium-sulfide solar cell. **cellule solaire en silicium** : silicon solar cell.

cellulose *f* – cellulose. **acétobutyrate de cellulose** : cellulose acetate butyrate. **acétopropionate de cellulose** : cellulose acetate propionate.

Celsius – Celsius, *see degré Celsius, échelle Celsius, température Celsius*.

celtium *m* – *see hafnium*.

cément *m* – cement.

cémentation *f* – carbonizing; carburizing; case hardening; cementation, *coating steel or iron with another metal by immersion in a powder and heating to the melting point*. **cémentation à l'azote** : nitrogen case hardening. **cémentation en caisse** : pack carburizing. **cémentation gazeuse** : gas case hardening.

cémenté – case hardened; face hardened.

cémenter – face (to) harden.

cémentite *f* – cementite, *iron carbide*.

CEN – ECS, *abbr. Comité Européen de Normalisation: European Committee of Standardization*.

cendre *f* – ash; cinder; ember. **cendre d'os** : bone ash. **cendre noire** : black ash. **cendre résiduelle** : residual ash. **cendre volante** : fly ash. **cendre volcanique** : volcanic ash; volcanic dust. **sans cendres** : ashless.

cendré – ash colored.

cendrer – cinder (to).

cendrier *m* – ash pit; ash tray; cinder pit.

Cénomanien *m* – Cenomanian, *Cretaceous stage*.

cénosphère *f* – cenosphere, *hollow spherical carbon shells produced during the combustion of fuel oils or similar fuels*.

Cénozoïque *m* – Cenozoic, *era of geologic time, from the beginning of the Tertiary period to the present*.

cénozone *f* – assemblage zone, *a biozone characterized by the association of three or more taxa*.

centenaire, centennal – hundred-year.

centésimal – centesimal, *for temperature use Celsius*.

centi – centi, *prefix reprensenting* 10^{-2}, *i.e. 0.01, symbol* c.

centigrade – centigrade, *for temperature use Celsius*.

centimètre *m* – centimeter, *1 cm = 0.393704 inch*. **centimètre carré** : square centimeter. **centimètre cube** : cubic centimeter, *symbol* cm^3, *cc should not be used*.

centimètre-gramme-seconde – centimeter-gram-second (cgs), *basic units of the cgs system*.

centipoise *m* – centipoise (cP), *the millipascal-second is used in SI*.

centistokes *m* – centistokes (cSt), *the square millimeter per second is used in SI*.

centrage *m* – alignment. **centrage automatique** : self centering.

central – central; middle.

centrale *f* – central station; plant; power plant; station. **centrale à béton** : concrete batching and mixing plant. **centrale à cycle combiné** : combined-cycle power plant. **centrale à mousse** : foam tower, *fixed or mobile, to hold foam for firefighting*. **centrale à production combinée** : combined heat-and-power plant. **centrale au fil de l'eau** : run-of-river plant; stream-flow plant. **centrale d'éclusée** : pondage power plant. **centrale d'énergie électrique** : power plant. **centrale de pointe** : peak-shaving plant. **centrale de pompage** : pumped-storage plant. **centrale électrique** : electric power plant; electricity works; generating station; power-control room (PCR), *offshore drilling*; power plant. **centrale énergétique** : power station. **centrale éolienne** : wind power plant. **centrale géothermique** : geothermal power plant. **centrale héliothermique** : solar power plant. **centrale hydroélectrique** : hydroelectric plant. **centrale industrielle** : industrial power plant. **centrale marémotrice** : tidal power plant. **centrale nucléaire** : nuclear power plant. **centrale nucléaire flottante** : floating nuclear power plant. **centrale solaire** : solar power plant; solar tower. **centrale solaire marine** : solar sea-power plant. **centrale solaire orbitale** : satellite solar-power station (SSPS). **centrale thermique** : thermal power plant.

centre *m* – center, *also spelled centre*; focus; heart; midpoint. **centre actif** : active site, *catalyst*. **centre amovible** : retrievable plug, *in a core barrel*. **centre d'éruption** : eruption point. **centre d'inertie** : center of inertia, *center of mass*. **centre de calcul** : computer center; electronic data-processing center. **centre de carène** : center of buoyancy. **centre de charge** : load center. **centre de communication** : communications center. **centre de configuration** : center of configuration, *point of symmetry in an electrode*. **centre de courbe** : center of curvature. **centre de courbure de la crête** : arch center for crest. **centre de flottaison** : center of flotation. **centre de gravité** : center of gravity. **centre de la photographie** : fiducial center. **centre de ligne** : line center. **centre de masse** : center of mass, *center of inertia, barycenter*. **centre de mise en bouteille de GPL** : LPG packaging center. **centre de perspective** : perspective center. **centre de poussée** : center of buoyancy. **centre de production et de comptage automatiques** : automatic custody-transfer installation *(prod)*. **centre de répartition** : dispatch center, *pipeline*. **centre de roulis** : roll center. **centre de scène** : center point. **centre de surface** : center of area, *center of mass* *of a plane figure.* **centre du cliché** : photograph center. **centre galactique** : galactic center. **centre giratoire** : center of gyration. **centre optique** : optical center. **centre trace** : geophone station.

centreur *m* – centralizer; standoff. **centreur de colonne de tubage** : casing centralizer *(drill)*. **centreur de remorquage** : towing bridle. **centreur de tube de production** : tubing centralizer.

centrifuge – centrifugal.

centrifugeuse *f* – centrifuge; grindout machine, *for determining the water and sediments in oil.* **centrifugeuse à assiettes** : disk centrifuge. **centrifugeuse à contre-courant** : countercurrent centrifuge. **centrifugeuse à deux liquides** : two-liquid centrifuge. **centrifugeuse d'huile** : lube-oil purifier. **centifugeuse de clarification** : clarifying centrifuge. **centrifugeuse vibratoire** : vibratory centrifuge.

centripète – centripetal.

centroïde *m* – centroid, *center of area, of mass, of volume.*

CEP – CEP, *abbr. Car Efficiency Parameter, used to express the relation between the compression ratio and the octane requirement and between the compression ratio and the efficiency of an automotive engine.*

céphalon *m* – cephalon, *head of a trilobite.*

céphalopode *m* – cephalopod *(pal)*.

cepstre *m* – cepstrum, *the Fourier transform of the logarithm of a speech power spectrum ; anagram of spectre.*

céramique *f* – ceramic.

cératite *m* – ceratite, *a fossil of the ammonite genus (pal)*.

cercle *m* – circle; hoop. **cercle arctique** : arctic circle. **cercle d'erreur** : rms positional error. **cercle d'étoupe** : junk ring. **cercle de base** : base circle. **cercle de couronne** : addendum circle. **cercle de diffusion tolérée** : circle of confusion. **cercle de giration** : turning circle. **cercle de Mohr** : Mohr's circle, *graphic construction for determining stresses in a cross-section.* **cercle de pied** : dedendum circle; root circle, *gear.* **cercle de pierres** : stone ring. **cercle de qualité** : quality-control team. **cercle de relèvement** : azimuth circle. **cercle gradué** : graduated circle. **cercle horaire** : circle of declination; hour circle. **cercle mineur** : small circle. **cercle primitif** : pitch circle, *of gears*; pitch line, *of gears.* **cercle primitif de la came** : cam circle. **cercle unité** : unit circle. **cercle vertical** : vertical circle, *a great circle passing through the zenith and nadir of the celestial sphere (astron)*.

cerclé – hooped.

Cerenkov – Cerenkov, *see compteur de Cerenkov, rayonnement de Cerenkov.*

cérésine *f* – ceresin, *a hydrocarbon wax refined from ozocerite.*

cérium *m* – cerium, *symbol Ce.*

cermet *m* – cermet, *a composite material made by mixing, pressing and sintering metal with ceramic.*

certificat *m* – certificate. **certificat d'assurance** : certificate of insurance. **certificat d'expédition** : certificate of clearance, *a permit to transport and deliver oil, gas or petroleum products.* **certificat d'expertise** : certificate of survey. **certificat d'immatriculation** : certificate of registry, *indicating the nationality of a ship.* **certificat d'inspection** : certificate of inspection. **certificat d'origine** : certificate of origin. **certificat de capacité** : certificate of competency. **certificat de chargement** : cargo intake certificate; certificate of receipt. **certificat de conformité** : certificate of compliance; certificate of fitness. **certificat de constructeur** : builder's certificate. **certificat de déchargement** : cargo outtake certificate. **certificat de dégazage** : gas-free certificate. **certificat de dépôt** : certificate of deposit. **certificat de jaugeage ou de tonnage** : certificate of tonnage. **certificat de navigabilité** : seaworthiness certificate. **certificat de provenance** : certificate of origin. **certificat de réception** : certificate of receipt. **certificat de visite** : certificate of survey. **certificat médical** : health certificate. **avec certificat d'étalonnage** : calibrated with official certificate.

certification *f* – certification.

certifié – certified.

certitude *f* – certainty.

céruse *f* – lead carbonate.

cérusite *f* – cerussite, *natural lead carbonate.*

cerveau *m* – brain. **cerveau électronique** : electronic brain. **exode des cerveaux** : brain drain.

césium *m* – cesium, *or caesium, symbol Cs.*

cesser – cease (to); stop (to). **cesser de produire** : go (to) dead *(prod)*. **cesser le travail** : down (to) tools. **cesser les paiements** : stop (to) payments.

cession *f* – assignment. **cession à bail** : demise. **cession bail** : lease back. **cession d'intérêts** : *see amodiation.* **cession d'une licence** : licensing. **cession de permis** : assignment of permit.

cessionnaire *m* – assignee.

cétane *m* – cetane, *hexadecane, a pure paraffinic hydrocarbon.*

cétène *m* – cetene, *1-hexadecene, an ethylene fuel produced by the dehydration of cetyl alcohol;* ketene, *carbomethene, ethenone ; the simplest ketone.*

cétolyse *f* – ketolysis.

cétone *f* – ketone. **cétone aromatique** : aromatic ketone.

cétonique – ketonic.

cétose *f* – ketose.

cétoxime *f* – ketone oxime.

CFC – CFC, *abbr. chlorofluorocarbone.*

CFE – CFE, *abbr. chlorotrifluoroéthylène.*

CFR – CFR, *abbr. Coordinating Fuel Research.*

CFS – SFC, *abbr. chromatographie à fluide supercritique, supercritical fluid chromatography.*

CGPM – CGPM, *abbr. Conférence générale des poids et mesures: General Conference on Weights and Measures.*

cgs – cgs, *abbr. centimètre-gramme-seconde: centimeter-gram-second, a system of units.*

ch – *symbol for cheval-vapeur.*

chabasite *f* – chabazite, *natural zeolite.*

chaille *f* – chert, *a micro- or cryptocrystalline sedimentary rock composed mainly of interlocking quartz crystals, and mainly occurring as nodules or concretionary segregations in limestones and dolomites.*

chaînage *m* – chaining *(chem)*. **chaînage arrière** : backward chaining, *artificial intelligence.* **chaî-**

nage avant : forward chaining, *artificial intelligence.*

chaîne *f* – chain; ridge; warp, *of cloth.* **chaîne à barbotin** : sprocket chain. **chaîne à galets** : roller chain. **chaîne à godets** : bucket chain; conveyor chain; pan conveyor; scoop chain. **chaîne à raclettes** : scraper chain. **chaîne à rouleaux** : roller chain. **chaîne à roulement** : block chain. **chaîne alimentaire** : food chain. **chaîne anticlinale** : anticlinal range. **chaîne antidérapante** : skid chain. **chaîne avec crochet** : tail chain, *used for handling bare pipes.* **chaîne calibrée** : pitch chain. **chaîne carbonée** : carbon chain *(chem).* **chaîne courte** : short chain *(chem).* **chaîne cyclique** : ring chain *(chem).* **chaîne d'action** : forward path, *control systems.* **chaîne d'ancre** : anchor cable. **chaîne d'arpenteur** : land chain; measuring chain; surveyor's chain. **chaîne d'entraînement de la table** : rotary-drive chain *(drill).* **chaîne de bossoir** : bower cable. **chaîne de commande** : driving chain. **chaîne de désintégration** : decay chain. **chaîne de distribution** : timing chain. **chaîne de fission** : fission chain. **chaîne de Gunter** : Gunter's chain, *a surveyor's chain 66 feet (20.1168 m) long.* **chaîne de la série lourde** : heavy-series chain *(drill).* **chaîne de levage** : lifting chain. **chaîne de liaison** : binding chain. **chaîne de mesure** : measuring chain. **chaîne de mise à la terre de l'électricité statique** : static chain, *hanging from tank trucks and tank cars to ground static electricity.* **chaîne de montage** : assembly conveyor; assembly line; erecting track; production line. **chaîne de montagnes** : mountain chain; mountain range; range of mountains. **chaîne de montagnes sous-marines** : seamount chain. **chaîne de mouillage** : mooring chain. **chaîne de production** : flowline; production line. **chaîne de sécurité du flexible** : rotary-hose safety chain. **chaîne de sûreté** : safety chain, *particularly the one hanging from tank trucks and touching the ground to ground static electricity caused by friction.* **chaîne de suspension** : sling chain. **chaîne de télédétection** : remote-sensing system. **chaîne de traction** : pull chain. **chaîne de transmission** : detachable link. **chaîne de vissage** : spinning chain, *used to make up a drill string.* **chaîne droite** : straight chain *(chem).* **chaîne énergétique** : energy chain. **chaîne étançonnée** : stud-link chain. **chaîne galle** : sprocket chain. **chaîne latérale** : side chain, *in an aliphatic series, branchings of the main carbon chain ; in a benzene series, the aliphatic radicals attached to the cycle.* **chaîne légère** : light-weight chain *(drill).* **chaîne longue** : long chain *(chem).* **à chaîne longue** : long chained. **chaîne non saturée** : unsaturated chain *(chem).* **chaîne normale** : normal chain. **chaîne ouverte** : open chain *(chem).* **chaîne ramifiée** : branched chain *(chem).* **chaîne sans fin** : chain belt; creeper, *or creeper chain (mine)*; endless chain. **chaîne sans rouleaux** : rollerless bushing chain *(drill).* **chaîne saturée** : saturated chain.

chaînette *f* – catenary, *curve.*

chaînon *m* – link.

chaise *f* – chair; seat. **chaise de palier** : pedestal bearing.

chaland *m* – barge; lighter. **chaland à charbon** : coal barge. **chaland à déblais** : scow. **chaland automoteur** : motor barge. **chaland citerne** : tank barge. **chaland de mer** : seafaring barge.

chalcocite *f* – chalcocite *(miner).*

chalcogène *m* – chalcogen, *elements in group VI of the periodic table, including oxygen, sulfur, selenium, tellurium and polonium.*

chalcogénure *m* – chalcogenide.

chalcographie *f* – chalcography.

chalcophile – chalcophile, *having an affinity for sulfur.*

chalcopyrite *f* – chalcopyrite, *copper pyrite, yellow copper ore.*

chalcosine *f* – chalcocite, *vitreous copper.*

chaleur *f* – heat; warmth. **chaleur accumulée** : stored heat. **chaleur blanche** : white heat. **chaleur d'absorption** : heat of absorption. **chaleur d'adsorption** : heat of adsorption. **chaleur d'inflammation** : ignition heat. **chaleur de combustion** : combustion heat; heat of combustion; heat value. **chaleur de compression** : heat of compression. **chaleur de condensation** : heat of condensation. **chaleur de décomposition** : heat of decomposition. **chaleur de dissociation** : heat of dissociation. **chaleur de dissolution** : heat of solution. **chaleur de formation** : heat of formation. **chaleur de fusion** : fusion heat; heat of fusion; melting heat. **chaleur de réaction** : heat of reaction. **chaleur de sublimation** : heat of sublimation. **chaleur de transformation** : heat of transformation. **chaleur de trempe** : hardening heat. **chaleur de vaporisation** : heat of evaporation; heat of vaporization; vaporization heat. **chaleur gratuite** : free heat; incidental heat gain, *in a building, an external heat source that is not part of the heating system.* **chaleur introduite** : input heat. **chaleur latente** : latent heat, *the amount of heat absorbed or emitted during a change of state of a unit mass of a substance at constant temperature and pressure.* **chaleur latente de cristallisation** : latent heat of crystallization. **chaleur latente de fusion** : latent heat of fusion. **chaleur latente de sublimation** : latent heat of sublimation. **chaleur latente de vaporisation** : latent heat of vaporization. **chaleur massique** : specific heat, *the amount of heat required to raise the temperature of a body weighing 1 kg by 1°C.* **chaleur massique moyenne** : average specific heat. **chaleur moléculaire** : molecular heat. **chaleur perdue** : stray heat; waste heat. **chaleur rayonnante** : radiant heat. **chaleur récupérable** : recuperative heat. **chaleur résiduelle** : afterheat; residual heat. **chaleur rouge** : red heat. **chaleur sensible** : sensible heat. **chaleur spécifique** : *see chaleur massique.* **chaleur utile** : useful heat. **chaleur volumique** : *see capacité thermique volumique.*

chalumeau *m* – blast burner; blowpipe; blowtorch; torch. **chalumeau à couper** : cutting torch. **chalumeau à plasma** : plasma torch. **chalumeau à souder** : welding burner; welding torch. **chalumeau de forage** : jet-piercing blowpipe. **chalumeau oxhydrique** : oxyhydrogen torch. **chalumeau oxyacétylénique** : oxyacetylene blowpipe; oxyacetylene torch. **chalumeau oxycoupeur** : cutting torch. **chalumeau soudeur** : gas torch; welding pipe.

chalutier *m* – trawler.

chambrage *m* – springing *(mining)*.
chambranle *m* – jamb.
chambre *f* – cavity; chamber, *used for a great many pieces of equipment made up of enclosures or cavities containing various devices*; room. **chambre à air** : inner tube. **chambre à brouillard** : cloud chamber. **chambre à bulles** : bubble chamber. **chambre à chasse** : squish chamber. **chambre à compensation de filé** : continuous-strip camera. **chambre à défilement continu** : continuous-strip camera. **chambre à étincelle** : spark chamber. **chambre à objectifs multiples** : multiple-lens camera. **chambre à tourbillons** : eddy chamber, *an aerodynamic chamber for studying eddies*. **chambre à trace** : track chamber. **chambre à turbulence** : swirl chamber. **chambre anéchoïque** : anechoic room, *anechoic chamber*. **chambre anti-bélier** : surge chamber. **chambre balistique** : ballistic camera. **chambre cartographique** : mapping camera; metric camera. **chambre catalytique** : catalyst chamber. **chambre claire** : camera lucida. **chambres couplées** : twin camera. **chambre d'arbitrage** : arbitration board. **chambre d'échantillonnage pour fluide** : fluid-sample container. **chambre d'équilibre** : surge chamber. **chambre d'explosion** : combustion chamber; explosion chamber. **chambre d'horizon** : horizon camera, *device for determining the slant of an airphoto camera by photographing the horizon when pictures are being taken*. **chambre d'ionisation** : ionization chamber. **chambre d'ionisation à impulsion** : pulse ionization chamber. **chambre de barre omnibus** : busbar chamber. **chambre de carbonisation** : carbonizing chamber. **chambre de cokéfaction** : coking chamber; coking drum. **chambre de combustion** : combustion chamber; firebox; flame chamber. **chambre de combustion à géométrie variable** : variable-throat combustion chamber. **chambre de compression** : compression chamber. **chambre de contre-pression** : compression chamber. **chambre de craquage** : cracking chamber. **chambre de décharge** : discharge chamber. **chambre de détente** : cloud chamber; flash chamber. **chambre de diffraction** : diffraction camera. **chambre de diffusion** : diffusion chamber. **chambre de filtration** : baghouse. **chambre de four** : oven chamber. **chambre de grillage** : roasting chamber. **chambre de maturation** : soaking chamber *(ref)*. **chambre de mélange** : mixing chamber; vaporizing chamber. **chambre de plongée** : diving chamber. **chambre de plongée humide** : wet pot. **chambre de plongée hyperbare** : hyperbaric chamber. **chambre de précombustion** : precombustion chamber. **chambre de prise de vues** : camera. **chambre de prise de vues aériennes** : aerial camera; air camera. **chambre de réaction** : cracking chamber; reaction chamber. **chambre de réchauffage** : jacket space. **chambre de recompression** : decompression chamber *(diving)*. **chambre de réfrigération** : chilling room; cooling pan. **chambre de refroidissement** : cooling chamber. **chambre de ressuage** : sweating chamber. **chambre de restitution** : plotting camera. **chambre de rotation** : rotation camera *(cryst)*. **chambre de soudage** : welding chamber; welding habitat. **chambre de soudure sous-marine** : underwater welding habitat (UWH). **chambre de surpression** : plenum chamber. **chambre de tranquillisation** : surge chamber. **chambre de transfert** : transfer chamber, *a vessel for softening thermosetting plastics before molding*. **chambre de turbulence** : air cell. **chambre de vaporisation** : vaporizing chamber. **chambre de Wilson** : cloud chamber. **chambre des machines** : engine room. **chambre frigorifique** : freezing compartment. **chambre froide** : cold room. **chambre humide sous haute pression** : high-pressure water chamber. **chambre magmatique** : magma chamber. **chambre métrique** : mapping camera; metric camera; precision camera; surveying camera. **chambre multibande** : multiband camera. **chambre multiobjectifs** : multiple-lens camera. **chambres multiples** : multiple camera. **chambre noire** : darkroom. **chambre panoramique** : panoramic camera. **chambre photographique** : camera. **chambre propre** : clean room. **chambre stéréométrique** : stereometric camera. **chambre trimétrogon** : trimetrogon camera. **chambre zénithale** : zenith camera, *having an optical axis that can be aimed with precision at the zenith*.
chambré – chambered.
chamosite *f* – *see berthiérite*.
champ *m* – field. **champ à horizons producteurs multiples** : multipay field. **champ acoustique** : sound field. **champ atomique** : atomic field. **champ aurifère** : gold field. **champ coercitif** : coercive force, *magnetic field required to demagnetize a ferromagnetic substance*. **champ contigu** : adjacent field. **champ critique** : critical field. **champ d'applications** : scope. **champ d'épandage** : dissipating area *(hydro)*. **champ d'épandage des eaux d'égout** : sewage field. **champ d'excitation** : excitation field. **champ d'onde** : wavefield *(seis)*. **champ de contraintes** : stress field. **champ de débris** : debris plain. **champ de déviation** : deflecting field. **champ de dispersion** : leakage field. **champ de dispersion magnétique** : magnetic stray field. **champ de dune** : dune field. **champ de force** : force field. **champ de forces conservatif** : conservative force field. **champ de gaz naturel** : gas field. **champ de glace** : ice field. **champ de gravitation** : gravitational field. **champ de la pesanteur** : gravity field. **champ de névé sur une pente** : névé slope. **champ de pétrole** : oil field, *a series of pools linked to a single geologic, structural and stratigraphic entity*. **champ de pierres** : block field *(geol)*; stone field. **champ de puits marginaux** : stripper field. **champ de rayonnement** : radiation field. **champ de visée instantané** : instantaneous field of view (IFOV). **champ de vision** : field of view (FOV). **champ démagnétisant** : demagnetizing field. **champ dipôle** : dipole field. **champ électrique** : electric field. **champ électromagnétique** : electromagnetic field. **champ électrostatique** : electrostatic field. **champ harmonique** : harmonic field. **champ irrotationnel** : irrotational field, *a vector field with zero curl*. **champ lointain** : far field. **champ magnétique** : magnetic field. **champ magnétique terrestre** : Earth's magnetic field; geomagnetic field. **champ mésique** : meson field. **champ multipolaire** : multipolar field. **champ oscillant** : oscillating field. **champ primaire** : primary field, *electromagnetic field that would be generated if the source were in free space*. **champ proche** : near field. **champ secondaire** : secondary field,

electromagnetic field resulting from the induction of currents in a medium by a primary field. **champ tournant** : rotating field *(elec)*. **champ uniforme** : uniform field. **champ vectoriel** : vector field.

champignon *m* – dome; mushroom; throttle. **en forme de champignon** : mushroom shaped.

chanfrein *m* – bevel; cant; chamfer.

chanfreinage *m* – beveling. **chanfreinage des extrémités** : end chamfer.

chanfreiné – beveled.

chanfreiner – countersink (to).

change *m* – exchange; foreign exchange *(fin)*.

changement *m* – change; reversing; shift. **changement adiabatique** : adiabatic change. **changement climatique** : climatic change. **changement d'état** : change of state. **changement de cap** : change of course. **changement de course** : change of stroke. **changement de format** : reformatting. **changement de mâchoires sur obturateur** : ram change. **changement de pas** : pitch change. **changement de pavillon** : deflagging, *a ship*. **changement de pendage** : reversal of dip. **changement de phase** : phase change. **changement de polarité** : phase inversion; phase reversal. **changement de surface de référence** : redatuming *(seis)*. **changement de vitesse** : gear change; gearshift; shift; speed-change gear; variable-speed gear. **changement de vitesse automatique** : automatic shift. **changement magnétique diurne** : diurnal magnetic change. **changement rapide de plan** : zoom. **changement relatif du niveau marin** : relative change of sealevel, *apparent rise or fall of sealevel with respect to land surface.*

changer – alter (to); change (to). **changer d'origine** : page (to) back. **changer de place** : shift (to). **changer de vitesse** : change (to) gear; shift (to) gears.

chantier *m* – job site; worksite; yard. **chantier abandonné** : abandoned workings. **chantier de constructions navales** : shipyard, *dockyard.* **chantier de dépôt** : dumping ground. **chantier de forage** : drilling site. **chantier de moulage** : molding floor. **chantier de travail** : worksite. **chantier improductif** : dead work, *work that is not directly productive.* **chantier naval** : shipyard. **sur le chantier** : onsites, *installations inside the battery limits of a working unit.*

chanvre *m* – hemp.

chaos *m* – chaos, *a mass of large and small rocks in a state of semidisorder.* **chaos de blocs** : block field. **chaos de glace** : hummocked ice. **chaos déterministe** : deterministic chaos, *appearing in the temporal behavior of dynamic systems.*

chaotique – chaotic.

chapapote *f* – chapapate, *a kind of asphalt or bitumen, also called Mexican asphalt (Cuba)*.

chape *f* – jaw; slab; tread, *tire.* **chape d'étanchéité** : roofing.

chapeau *m* – bonnet; cap, *overburden*; cap rock, *see roche-couverture*; crown; hat; headgear; hood. **chapeau anticorrosion** : corrosion cap. **chapeau d'allumeur** : distributor cap. **chapeau d'erreur** : triangle of error *(topog)*. **chapeau de cabestan** : capstan drumhead. **chapeau de cheminée** : funnel bonnet. **chapeau de distributeur** : distributor cap. **chapeau de fer** : gossan, *weatherd iron-bearing area overlying a sulfide deposit*; iron hat *(geol)*. **chapeau de gaz** : gas cap, *in a reservoir, gas already separated from the oil and usually gathered near the top of the structure.* **chapeau de moyeu** : hubcap. **chapeau de palier** : bearing cap. **chapeau de palier de vilebrequin** : crankshaft-bearing cap. **chapeau de pivot** : center cap. **chapeau de presse-étoupe** : gland nut; rod-packing gland. **chapeau de vanne** : valve bonnet. **chapeau vissé** : screwed bonnet.

chapelet *m* – string. **chapelet d'outils de forage** : string of drilling tools, *including the bit, drill collar, rotary jar, cable socket, etc.* **chapelet de charges** : string of charges. **chapelet de minerai** : stringer, *ore deposit.*

chapelle *f* – chamber; chest. **chapelle d'admission** : inlet pipe. **chapelle de soupape** : valve chamber.

chaperon *m* – flashing *(building)*.

Characées *f* – Characeae *(pal)*.

charbon *m* – coal. **charbon à basse teneur en soufre** : low-sulfur coal. **charbon à coke** : coking coal. **charbon à courte flamme** : short-flame coal. **charbon à gaz** : gas coal. **charbon à haute teneur en soufre** : high-sulfur coal. **charbon à longue flamme** : long-flame coal. **charbon à souder** : soldering carbon. **charbon actif** : activated charcoal. **charbon activé** : activated carbon. **charbon agglutinant** : caking coal, *bituminous or binding coal.* **charbon animal** : animal charcoal. **charbon asphaltique** : asphaltic coal, *first name of albertite.* **charbon bitumineux** : bituminous coal, *see also houille.* **charbon brillant** : bright coal. **charbon brut** : raw coal, *unwashed.* **charbon clair** : resonant coal. **charbon cokéfiable** : close-burning coal. **charbon cokéfiant** : coking coal. **charbon collant** : binding coal. **charbon criblé** : screened coal. **charbon d'algues** : algal coal; boghead. **charbon d'os** : bone coal. **charbon de bois** : charcoal; wood coal. **charbon de chaudière** : steam coal. **charbon de cornue** : gas carbon; retort carbon. **charbon de forge** : forge coal. **charbon de spores** : cannel-coal. **charbon de terre** : earth coal, *variety of lignite*; mineral coal. **charbon demigras** : low-volatile bituminous coal. **charbon domestique** : domestic coal. **charbon en poudre** : powdered carbon. **charbon épuré** : clean coal. **charbon fin** : slack coal, *fines.* **charbon flambant** : flame coal; flaming coal; high-volatile bituminous coal. **charbon gras** : bituminous coal; fat coal. **charbon homogène** : solid carbon. **charbon humique** : humic coal; humolite. **charbon lité** : banded coal. **charbon maigre** : dry coal; hard-ash coal; nongaseous coal. **charbon pauvre** : fault coal; poor coal. **charbon pauvre en gaz** : nongaseous coal. **charbon poussiéreux** : culm. **charbon pulvérisé** : pulverized coal. **charbon pyriteux** : grizzle. **charbon riche en cendres** : ash coal. **charbon scorifère** : clinkering coal. **charbon sec** : blind coal. **charbon tout-venant** : mine run coal; run-of-mine coal; unsorted coal. **charbon vapeur** : steam coal.

charbonnage *m* – coal mine; coal mining; coaling, *the loading of coal.*

charbonneux – carbonaceous.

charge *f* – bulk; burden; charge, *the amount of electricity in a storage battery ; the amount of feedstock periodically fed to a unit ; the combustible mixture fed to an engine cylinder ;*

the amount and type of explosive used for a seismic shot; charging stock, *a product introduced into a still*; fill; filler, *added to a grease*; freight; input; load; stock *(miner)*; supply; weight. **charge à courant constant** : constant-current charge. **charge à effet dirigé** : shaped charge. **charge à tension constante** : constant-voltage charge. **charge à tension constante modifiée** : modified constant-voltage charge. **charge admise** : carrying capacity. **charge admissible** : allowable load; safe load. **charge allongée** : elongated charge. **charge appliquée** : applied load. **charge artésienne** : artesian head. **charge au crochet** : hook load, *the weight of the drill stem*. **charge au vent** : wind loading. **charge axiale** : axial load. **charge brisante** : shattering charge. **charge brute** : raw charge. **charge catalytique** : catalytic load. **charge chaude** : hot charge. **charge concentrée** : concentrated load. **charge connectée** : connected load. **charge creuse** : hollow bullet; shaped charge. **charge d'alimentation** : feedstock. **charge d'alimentation fraîche** : fresh feedstock. **charge d'allumage** : bed charge; bed fuel. **charge d'amorçage** : squib. **charge d'arrachement** : pullout load. **charge d'eau** : head of water. **charge d'égalisation** : equalizing charge. **charge d'épreuve** : proof load. **charge d'un distillat léger** : light distillate feedstock (LDF). **charge d'une fraction pétrolière légère** : light petroleum feedstock (LPF). **charge d'utilisation** : working load. **charge de base** : base load. **charge de choc** : impact loading; shock load. **charge de cisaillement** : shear load. **charge de compression** : compression load. **charge de couverture** : overburden load. **charge de craquage** : cracking feed. **charge de décollage** : getaway gun. **charge de départ** : feedstock. **charge de dynamite** : dynamite charge. **charge de fourneau** : furnace charge. **charge de friction** : friction head. **charge de haut-fourneau** : blast-furnace charge. **charge de l'électron** : electron charge, *in SI it is expressed in coulombs*. **charge de la preuve** : burden of proof *(jur)*. **charge de perforation** : perforating gun. **charge de pointe** : peak load. **charge de poudre** : powder charge. **charge de recyclage** : cycle stock; recycle stock. **charge de régime d'un moteur** : rated load of an engine. **charge de rupture** : breaking load; breaking point, *under traction*; breaking weight; rupture load; tensile strength; ultimate strength, *of drillpipe*. **charge de sécurité** : safe load. **charge de service** : working load. **charge de soudure** : welding load. **charge de travail** : workload. **charge de vitesse** : velocity head, *a pressure equal to the kinetic energy of a fluid per unit volume, calculated by the square of the speed of flow divided by twice the acceleration of gravity*. **charge décentrée** : eccentric load. **charge directionnelle** : directional charge. **charge discontinue** : batch. **charge du moteur** : load of the engine. **charge due au vent** : wind load. **charge due aux tempêtes** : storm load. **charge dynamique** : dynamic head; live load. **charge électrique** : electric charge. **charge électrique positive** : nuclear charge. **charge élémentaire** : elementary charge *(elec)*; surface density charge *(elec)*. **charge en suspension** : suspended load, *matter in suspension in a stream*. **charge épuisée** : spent catalyst. **charge équilibrée** : balanced load. **charge explosive** : blasting charge; explosive charge. **charge fluviatile** : stream load. **charge fraîche** : fresh feed. **charge frigorifique** : cooling load. **charge géostatique** : geostatic load. **charge horizontale** : horizontal load. **charge hydraulique** : head. **charge hydrostatique** : hydrostatic head, *the pressure exerted by a column of fluid*; hydrostatic load; liquid head. **charge industrielle** : industrial feedstock. **charge interruptible** : interruptible load *(elec)*. **charge limite** : ultimate load. **charge limite de rupture** : ultimate tensile strength. **charge lithologique** : lithologic load. **charge longue en hélice** : broomstick charge *(seis)*. **charge mal placée** : floating charge *(seis)*. **charge maximale** : maximum demand; maximum load; peak load. **charge maximale de non détérioration** : highest nonfail load, *of oils*. **charge maximale par essieu** : maximum axle weight capacity. **charge micellaire** : micellar charge. **charge minérale** : mineral filler. **charge minimale** : base load, *of an electric generator*. **charge mobile** : live load. **charge modulable** : controllable load. **charge nominale** : load rating, *tire*; rated load. **charge non équilibrée** : unbalanced load. **charge nucléaire** : nuclear charge. **charge nulle** : zero load. **charge par essieu** : axle load. **charge partielle** : partial load. **charge permanente** : permanent load. **charge piézométrique** : pressure head. **charge positive** : positive charge. **charge pour préparation des routes** : road-making filler. **charge propulsive** : propellant charge. **charge réelle** : actual payload. **charge relais** : booster, *explosive*. **charge remontée** : floating charge *(seis)*. **charge répartie** : distributed load. **charge résiduelle** : residual charge. **charge saturante** : saturation concentration. **charge solide** : sediment load, *of a stream*. **charge spatiale** : space charge. **charge spécifique** : explosive factor; powder factor, *the ratio between the weight of an explosive charge and the mass or volume of rock this charge can fragment*. **charge stabilisée** : natural load, *amount of sediments carried by a stabilized stream*. **charge statique** : dead load; static load. **charge supportée sur une roue** : wheel load. **charge thermique** : heating load. **charge totale de traitement** : total feed, *including the initial crude-oil feed and recycled products (ref)*. **charge uniforme** : uniform load. **charge unitaire** : unit load. **charge utile** : carrying capacity; disposable load; effective load; live weight; load capacity; payload *(aviat)*; useful load. **charge utile de camion** : truck capacity. **charge variable** : variable load, *of an offshore platform*. **charge verticale** : vertical load. **charge volumique** : charge density; volume density of charge, *the charge per unit of volume, expressed in coulomb per cubic meter*.

charge *f* – incumbency, *duty*, *obligation*. **charges financières** : capital charges. **charges indirectes** : indirect expenses.

chargé – charged; laden; loaded. **chargé et ballasté** : laden and in ballast, *ship*.

chargement *m* – bulk; charging; freight; lading; loading; shipment; uptake. **chargement à la main** : hand loading. **chargement complet de conteneur** : full container load (FCL). **chargements cycliques** : cyclic loading. **chargement de retour** : homeward cargo. **chargement de wagon-citerne** : carload. **chargement en dôme** : top loading, *of a* *tank truck.* **chargement en source** : bottom loading, *of a tank truck.* **chargement en vrac** : loading in bulk. **chargement gras** : excessive loading, *of a tank truck.* **chargement mécanique** : mechanical loading. **chargement partiel** : part cargo loading, *loading a tanker to less than its normal capacity.* **chargement sur résidus** : load-on-top (LOT), *a method of cleaning tanker tanks without discharging oil slops overboard.*

charger – charge (to); fill (to); freight (to); lade (to); supply (to); weigh (to).

chargeur *m* – charger *(elec)*; loader; shipper *(nav)*. **chargeur de batterie** : battery charger.

chargeuse *f* – loader. **chargeuse à godets** : bucket loader. **chargeuse à godets à déversement latéral** : lateral-discharge bucket loader. **chargeuse à godets de déversement direct** : direct-discharge bucket loader. **chargeuse à pelle** : shovel-type loader. **chargeuse continue** : continuous loader. **chargeuse mécanique** : loading machine; power loader; rocker shovel. **chargeuse pelleteuse** : backhoe loader; scraper-loader. **chargeuse sur chenilles** : crawler loader.

chariot *m* – baseboard, *of a piece of equipment*; carriage; donkey; trolley; truck; wagon. **chariot à fourche** : fork truck. **chariot à grande levée** : high-lift truck. **chariot à petite levée** : low-lift truck. **chariot à portique** : straddle truck. **chariot à tubes** : casing wagon *(drill)*; dolly. **chariot cavalier** : straddle truck. **chariot contrepoids** : tension car. **chariot de coulée** : casting car. **chariot de grue** : trolley crane. **chariot de lançage** : jetting sled, *to bury pipelines.* **chariot de manutention à bras** : hand truck. **chariot de mine** : mine car. **chariot de nettoyage** : cleaning wagon. **chariot de pont roulant** : crab; crane crab. **chariot de suspension** : aerial carrier. **chariot élévateur** : lift truck. **chariot élévateur à fourche** : fork-lift truck. **chariot élévateur à plate-forme** : platform lift truck. **chariot empileur** : stacker truck. **chariot pelleteur** : tractor loader. **chariot porte-tubes** : pipe buggy. **chariot transbordeur** : transfer car.

chariotage *m* – traverse.

charioté – turned, *on a lathe.* **charioté fin** : smooth turn, *finishing on a lathe.* **charioté gros** : rough turn.

charme *m* – charm, *a quantum number.*

Charmouthien *m* – Charmouthian, *Lower Jurassic stage.*

charnière *f* – hinge; hinge pin; hinge point, *the point of maximum curvature on a fold cross-section*; tectonic hinge point. **charnière anticlinale** : anticlinal apex; arch bend; saddle bend; upper bend *(geol)*. **charnière d'un pli** : fold bend. **charnière inférieure** : lower bend. **charnière radicale** : root hinge. **charnière supérieure** : upper bend. **charnière synclinale** : synclinal bend; synclinal turn; trough bend *(geol)*. **à charnière** : hinged.

charnockite *f* – charnockite *(petro)*.

charophyte *m* – charophyte, *a group of green algae of the Charales order and including stoneworts.*

charpente *f* – carcass; frame; framework; woodwork. **charpente du chevalement** : shafthead frame *(mining)*. **charpente en bois** : timberwork. **charpente intérieure fixe** : crown support.

charpie *f* – lint.

charrette *f* – cart.

charriage *m* – carriage; driftage; drifting; overthrust *(geol)*; thrust *(geol)*; thrusting. **charriage cisaillant** : block overthrust. **charriage de cisaillement** : shear thrust. **charriage de fond** : bed load *(hydrol)*. **charriage tangentiel** : tangential thrust *(geol)*.

charrié – thrust.

charrue *f* – plow, *also spelled plough.* **charrue à disques** : disk plow. **charrue défonceuse** : rooter plow. **charrue vibrante** : vibratory plow.

charte *f* – charter. **charte des couleurs** : color index. **charte partie** : charter party. **charte-partie au voyage** : voyage charter.

chas *m* – eye, *of a needle.*

chasse *f* – blowdown; caster, *the inclination of the kingpin or its equivalent in automotive steering*; displacement, *during cementing*; flush, *of water or mud*; set hammer; squish, *engines.* **chasse au laitier** : slurry flush. **chasse de roue** : trail, *wheel.*

chasse-neige *m* – snowplow.

chasser – dispel (to); drag (to), *an anchor*; drive (to) away; eject (to); extrude (to); strip (to). **chasser par ébullition** : boil (to) off. **chasser par évaporation** : evaporate (to) off.

châssis *m* – base frame, *of a machine*; bedplate; box; case; chassis; film holder *(photo)*; frame; jamb. **châssis antidérapant** : skid frame. **châssis d'automobile** : automobile chassis. **châssis de fondation** : foundation raft. **châssis de guidage** : template, *a guide or pattern for the foundation of an offshore platform.* **châssis de locomotive** : engine frame. **châssis de moulage** : molding box *(metal)*. **châssis différentiel** : differential chassis. **châssis dynamométrique** : chassis dynamometer. **châssis surbaissé** : dropped frame.

château *m* – superstructure, *of a ship.* **château d'eau** : water tower.

chatoiement *m* – speckle.

chatterton *m* – friction tape; insulating tape.

Chattien *m* – Chattian, *uppermost Oligocene stage.*

chaud – hot; warm.

chaudière *f* – boiler; cauldron; furnace; kettle; pot; vessel. **chaudière à bouilleurs** : cross-tube boiler. **chaudière à charbon** : coal-fired boiler. **chaudière à circulation** : circulating boiler. **chaudière à circulation forcée** : forced-circulation boiler. **chaudière à flamme nue alimentée au mazout** : direct-fired oil heater. **chaudière à flamme directe** : direct-fired boiler. **chaudière à foyer intérieur** : fire-tube boiler; shell boiler. **chaudière à gaz** : gas-fired boiler; gas furnace. **chaudière à lit fluidisé** : fluidized-bed boiler. **chaudière à récupération** : closed heater, *steam.* **chaudière à tube de flamme** : fire-tube boiler. **chaudière à tubes cintrés** : bent-tube boiler. **chaudière à tubes d'eau** : water-tube boiler. **chaudière à vapeur** : steam boiler. **chaudière à vaporisation instantanée** : flash boiler. **chaudière aquatubulaire** : water-tube boiler. **chaudière auxiliaire** : donkey boiler. **chaudière de détente** : flash boiler. **chaudière de distillation** : cylinder still; fire still, *in direct contact with the flame, formerly used for distilling oil*; retort. **chaudière de récupération des chaleurs perdues** : waste-heat boiler. **chaudière horizontale** : horizontal boiler. **chaudière marine** : marine boiler. **chaudière mixte** : dual-purpose boiler. **chaudière non polluante** : low-emission boiler. **chaudière sectionnelle** : cross-drum boiler, *in which the axis of the horizontal drum is perpendicular to the axis of the main bank of tubes*; sectional boiler. **chaudière solaire** : solar boiler. **chaudière tubulaire** : pipe furnace; still; tube boiler; tubular boiler; water tube boiler. **chaudière verticale** : vertical boiler.

chaudron *m* – boiler; cauldron; kettle.

chaudronnerie *f* – boilermaking; sheet-metal working. **chaudronnerie lourde** : heavy welded steel construction.

chauffage *m* – heating; heating up. **chauffage à double fin** : double-end heater. **chauffage à la vapeur** : steam heating. **chauffage additionnel** : concurrent heating. **chauffage au charbon** : coal firing. **chauffage au coke** : coke firing. **chauffage au fuel-oil** : oil heating. **chauffage au gaz** : gas firing. **chauffage central** : central heating. **chauffage des locaux** : space heating. **chauffage domestique** : domestic heating; home heating. **chauffage électrique** : electric heating. **chauffage électrique intégré (CEI)** : electric space heating. **chauffage et conditionnement solaire** : solar heating and cooling of buildings. **chauffage indépendant** : independent heating. **chauffage infrarouge** : infrared heating. **chauffage interne** : internal heating. **chauffage par air chaud** : warm-air heating. **chauffage par air pulsé** : warm-air heating. **chauffage par induction** : induction heating. **chauffage par rayonnement** : radiant heating. **chauffage par rayonnement infrarouge** : infrared heating. **chauffage par récupération** : regenerative heating. **chauffage par résistance** : resistance heating. **chauffage solaire** : solar heating. **chauffage thermoélectrique** : thermoelectric heating. **chauffage urbain** : district heating.

chauffe *f* – firing; heating. **chauffe à blanc** : candescence. **chauffe au charbon** : coal firing. **chauffe au mazout** : oil firing.

chauffé – fired; heated. **chauffé à blanc** : white glowing; white hot. **chauffé au gaz** : gas-fired. **chauffé au mazout** : oil fired. **chauffé au pétrole** : oil fired. **chauffé au rouge** : red hot.

chauffe-bain *m* – bath heater.

chauffe-eau *m* – sink heater, *for home use*; water heater.

chauffer – apply (to) heat; heat (to); warm (to).

chaufferie *f* – boiler plant; boiler room; boiler-house.

chauffeur *m* – driver. **chauffeur de camion** : truck driver.

chaulage *m* – whitewash.

chaumard *m* – chock; fairlead.

chaussée *f* – carriageway; pavement; paving; roadway. **chaussée au bitume** : bituminous pavement. **chaussée bombée** : cambered road; convex road. **chaussée des géants** : giant's causeway. **chaussée en pavés d'asphalte** : asphalt-block pavement. **chaussée sur remblai** : causeway.

chausse-trape *f* – crow's foot, *a clawlike fishing tool used to withdraw broken rods from a borehole.*

chaussure *f* – shoe. **chaussures de sécurité** : hard shoes; safety shoes.

chaux *f* – lime. **chaux carbonatée** : bitter spar. **chaux éteinte** : dead lime; killed lime; slaked lime, *calcium hydroxide from the action of water on quicklime.* **chaux grasse** : fat lime; rich lime. **chaux hydratée** : hydrated lime, *calcium hydroxide.* **chaux hydraulique** : hydraulic lime; water lime. **chaux sodée** : soda lime. **chaux vive** : burnt lime; quicklime; unslaked lime, *calcium oxide.*

chavirage *m* – overturning.

chavirer – capsize (to).

cheddite *f* – cheddite, *explosive.*

chef *m* – chief; head. **chef d'atelier** : department chief. **chef d'équipe** : foreman; leadman. **chef d'équipe de foreurs** : stud driller, *head of the drilling crew and responsible for seeing that the tool pusher's orders are carried out.* **chef d'exploitation** : superintendent. **chef d'une équipe** : gang boss. **chef de chantier** : rig manager *(drill)*; site foreman. **chef de chantier de forage** : toolpusher. **chef de chantier de pose** : stringer *(pipeline)*. **chef de cirque** : spread superintendent *(pipeline)*; spreadman *(pipeline)*. **chef de département** : department head. **chef de division** : department manager. **chef de file** : file leader; lead manager. **chef de groupe** : group leader. **chef de mission** : party chief. **chef de poste** : driller *(drill)*; shift boss. **chef de service** : department superintendent; superintendent. **chef de sonde** : driller. **chef de terrain** : party manager *(geol)*. **chef du bureau d'études** : chief designer. **chef opérateur** : chief operator.

chef-lieu *m* – chief town.

chélatant – chelating.

chélate *m* – chelate, *coordination compound.*

chélateur *m* – sequestering agent.

chélation *f* – chelation.

chélogenèse *f* – chelogenesis, *forming of large shields in the past (geol)*.

chélotrope – chelotropic, *or cheletropic, chelotropic is etymologically more correct (chem)*.

chéluviation *f* – cheluviation *(geochem)*.

chemin *m* – path; road. **chemin de fer** : railroad; railway. **chemin de fer à crémaillère** : cog railway. **chemin de fer aérien** : overhead railway. **chemin de halage** : towpath. **chemin de roulement** : ball race; race; track. **chemin de service** : service road. **chemin de traverse** : crossroad. **chemin en terre battue** : dirt road. **chemin optique** : optical path. **chemin privé** : occupation road; private road. **chemin rural** : lane. **à mi-chemin** : midway.

cheminée *f* – chimney; chute; feeding vent; fireplace; funnel; rise; smokestack; stack; vent, *of a volcano.* **cheminée autostable** : self-supporting stack. **cheminée d'éruption** : chimney. **cheminée d'évacuation des fumées** : smokestack. **cheminée d'usine** : chimney stack. **cheminée de fées** : earth pillar *(geol)*; hoodoo, *a fantastic rock column, pinnacle or pillar produced by weathering or erosion in a region of sporadic heavy rainfall.* **cheminée de geyser** : geyser pipe. **cheminée de minerai** : ore pipe. **cheminée de plateau** : tray riser. **cheminée de remontage** : chute raise. **cheminée de tirage** : draft stack. **cheminée de ventilation à champignon** : mushroom-type vent. **cheminée de**

ventilation électrique : electric-ventilation stack. **cheminée diagonale** : slant chute *(mining)*. **cheminée en briques** : brick stack. **cheminée en maçonnerie** : masonry stack. **cheminée en tôle** : steel stack. **cheminée haubanée** : guyed stack. **cheminée sans haubanage** : self-supporting stack. **cheminée volcanique** : channel of ascent; volcanic chimney.

cheminement *m* – traverse; traversing. **cheminement au hasard** : random walk *(math)*, *a succession of movements along line segments where the direction and perhaps the length of each move is determined randomly.* **cheminement des eaux souterraines** : groundwater flow. **cheminements préférentiels** : channeling, *during cementing operations, the slurry passes through the mud without displacing it.*

cheminot *m* – railwayman.

chemisage *m* – lining. **chemisage par bandes** : strip lining, *of tanks under pressure, generally installed on the spot.*

chemise *f* – casing; jacket; liner; lining; shell. **chemise d'eau** : water jacket. **chemise d'une chaudière** : casing of a boiler. **chemise d'une pompe** : liner of a pump. **chemise d'usure amovible** : wear bushing. **chemise de cylindre** : cylinder jacket; cylinder liner. **chemise de la cuve** : shaft wall *(metal)*. **chemise de moteur à vapeur** : steam-engine jacket. **chemise de pompe** : pump liner. **chemise de protection** : seat protector; wear bushing, *on a wellhead.* **chemise de raccordement** : tie-back sleeve, *for a casing.* **chemise de refroidissement** : cooling jacket. **chemise de régulation de température** : compensating jacket. **chemise de vapeur** : steam jacket. **chemise en acier** : steel jacket, *of an evaporator.* **chemise en fonte** : cast-iron liner. **chemise extérieure** : mantle. **chemise intérieure** : inner lining. **chemise tiroir** : sleeve valve.

chemisé – jacketed.

chemiser – case (to).

chemocline *f* – chemocline, *boundary between water masses of a lake.*

chenal *m* – channel; fairway; lane; lane lead. **chenal côtier** : shore lead. **chenal d'accès** : entrance channel. **chenal d'eau de fonte** : glacier spillway. **chenal d'écoulement** : drainage channel. **chenal d'embarcation** : boat channel, *a narrow and shallow channel separating a reef from the shore.* **chenal d'étiage** : low-water channel. **chenal de coulée** : runner; spout *(metal)*. **chenal de coulée en chute directe** : drop runner *(metal)*. **chenal de distributaire** : distributary channel. **chenal de houle** : surge channel. **chenal de marée** : tidal channel. **chenal de méandre** : meander channel. **chenal du lagon** : lagoon channel. **chenal fluviatile** : stream channel. **chenal navigable** : lead. **chenal sous-marin** : deep-sea channel.

chènevis *m* – hempseed.

chenille *f* – caterpillar; crawler; crawler track; track.

chercheur *m* – researcher; searcher.

chernozem *m* – *see tchernoziom.*

chert *m* – chert.

chessylite *f* – chessylite, *azurite.*

cheval *m* – horse, *plur. chevaux.* **chevaux au frein** : brake horsepower (bhp). **cheval indiqué** : indicated horsepower (IHP). **cheval-vapeur** : horsepower, *unit of power, symbol* hp *for horsepower,* ch *for cheval vapeur; 1 hp = 745.7 W; 1 ch = 735 W.* **chevaux vapeur à l'arbre** : shaft horsepower (SHP), *see also CV.*

chevalement *m* – gallows frame *(mine)*; headframe; headgear; hoist frame; shaft tower *(mining)*. **chevalement de fonçage** : sinker tipple. **chevalement porte-outil** : headstock.

chevalet *m* – frame; trestle. **chevalet de forage** : bore frame; drilling frame. **chevalet de manivelle** : jack post. **chevalet de palier** : bearing bracket. **chevalet de pompage** : pump jack, *in remote pumping, a device that transmits power to an oilwell pump.*

chevauchement *m* – erosion thrust, *a thrust fault where the hanging wall moved across an erosion surface*; lap; nappe *(geol)*; overlap; overlapping; overthrust *(geol)*; straddle; upthrow fault *(geol)*. **chevauchement brisant** : break thrust. **chevauchement des courbes de distillation** : overlap of distillation curves *(ref)*. **chevauchement en retour** : backthrusting *(geol)*. **chevauchement fracture** : fracture thrust *(geol)*. **chevauchement par perte de volume** : layer-shortening thrust *(geol)*. **chevauchement par plissement** : fold thrust *(geol)*.

chevaucher – straddle (to).

chevaux – *see sing. cheval.*

chevelu *m* – *see chevelu hydrographique.* **chevelu hydrographique** : drainage pattern.

chevillage *m* – pegging, *the market.*

cheville *f* – bolt; dowel; hinge pin; peg; pin. **cheville de contact** : contact pin; contact plug, *(elec)*. **cheville de positionnement** : alignment pin.

cheviller – peg (to).

chèvre *f* – crab, *a device for hoisting and moving heavy weights*; gin; shear legs. **chèvre de forage** : breast derrick.

chevron *m* – chevron; joist; rafter; spar. **en chevrons** : herringbone. **en forme de chevrons** : herringbone shaped.

chiastolite *f* – chiastolite, *a variety of andalusite.*

chicanage *m* – baffling.

chicane *f* – baffle; deflector. **chicane annulaire** : doughnut ring *(ref)*. **chicane de contact** : impingement baffle. **chicane de répartition** : baffle plate. **chicane transversale** : cross baffle. **chicane en fer cornière** : angle-iron baffles.

chiffon *m* – cloth; rag. **chiffon sans peluche** : lint-free cloth.

chiffonner – crinkle (to).

chiffre *m* – cipher; figure; digit *(math)*. **chiffre d'affaires (CA)** : turnover *(econ)*. **chiffre de référence** : designation number, *for a standardized method.* **chiffre prévisionnel** : estimate. **chiffre secret** : code letter. **chiffre significatif** : significant figure, *significant digit.*

chiffré – priced.

chignole *f* – breast drill; hand drill.

chimico-physique – chemicophysical.

chimie *f* – chemistry. **chimie agricole** : agricultural chemistry. **chimie analytique** : analytical chemistry. **chimie appliquée** : applied chemistry. **chimie atmosphérique** : atmospheric chemistry. **chimie avancée** : advanced chemistry. **chimie colloïdale** : colloid chemistry. **chimie de coordination** : coordination chemistry. **chimie des sols** : soil chemistry. **chimie des surfaces** : surface chemistry. **chimie expérimentale** : experimental chemistry. **chimie fine** : fine chemicals. **chimie générale** : general chemistry. **chimie industrielle** : industrial chemistry. **chimie légale** : forensic chemistry; legal chemistry. **chimie lourde** : bulk chemicals; heavy chemicals. **chimie minérale** : inorganic chemistry. **chimie nucléaire** : nuclear chemistry. **chimie organique** : organic chemistry. **chimie par voie humide** : wet chemistry. **chimie pharmaceutique** : pharmaceutical chemistry. **chimie physique** : physical chemistry. **chimie quantique** : quantum chemistry. **chimie sous rayonnement** : radiation chemistry.

chimiluminescence *f* – chemiluminescence.

chimiosélectivité *f* – chemoselectivity.

chimiosmose *f* – chemiosmosis, *chemosmosis.*

chimiosynthèse *f* – chemosynthesis.

chimiotaxie *f* – chemotaxis, *attraction or repulsion of cells by chemical substances.*

chimique – chemical.

chimiquement – chemically. **chimiquement neutre** : chemically neutral. **chimiquement pur** : chemically pure.

chimisorption *f* – chemisorption.

chimiste *m* – chemist, *also fem..*

chimiurgie *f* – chemurgy.

chiral – chiral *(chem).*

chiralité *f* – chirality, *the characteristic of an object that cannot be superimposed upon its mirror image.*

chitine *f* – chitin, *a resistant organic compound that is commonly found in invertebrate skeletons.*

chitinozoaire *m* – chitinozoan, *marine microfossil.*

chitosamine *f* – chitosamin.

chloracné *m* – chloracne, *an acnelike eruption caused by chlorinated hydrocarbons.*

chloral *m* – chloral, *trichloroacetaldehyde.*

chloramphénicol *m* – chloramphenicol, *antibiotic and antifungal agent.*

chlorate *m* – chlorate. **chlorate de baryum** : barium chlorate. **chlorate de calcium** : calcium chlorate. **chlorate de potassium** : potassium chlorate. **chlorate de sodium** : sodium chlorate.

chloration *f* – chlorination.

chlordane *m* – chlordane, *an insecticide.*

chlore *m* – chlorine, *symbol Cl.* **chlore électrolytique** : electrolytic chlorine.

chloré – chlorinated.

chlorendique – chlorendic.

chlorer – chlorinate (to).

chlorhydratation *f* – hydrochlorination.

chlorhydrate *m* – hydrochloride. **chlorhydrate de semicarbazide** : semicarbazide hydrochloride.

chlorhydrique – hydrochloric.

chlorinité *f* – chlorinity, *mass of chlorides and halogens contained in seawater, measured in grams.*

chlorite *f* – chlorite *(miner).*

chloriteux – chloritic.

chloritisation *f* – chloritization *(petro).*

chloritoïde *m* – chloritoid, *a micaceous mineral.*

chloritoschiste *m* – chlorite schist.

chloroalkylation *f* – chloroalkylation.

chlorobenzène *m* – chlorobenzene.

chlorobutadiène *m* – chlorobutadiene, *chloroprene, a monomer used in manufacturing synthetic rubber.*

chlorocalcite *f* – chlorocalcite, *hydrophilite (miner).*

chlorofluorocarbones – chlorofluorocarbons *(CFCs), a group of carbon and halogens with the tradename Freon.*

chloroforme *m* – chloroform, *trichloromethane.*

chlorohydrine *f* – chlorohydrin, *used as a solvent.*

chlorométhane *m* – chloromethane, *methyl chloride.*

chloromètre *m* – chlorometer.

chlorophane *f* – chlorophane *(miner).*

chlorophycée *f* – *see algues vertes.*

chlorophylle *f* – chlorophyll.

chlorophyllite *f* – chlorophyllite *(miner).*

Chlorophyte *m* – Chlorophyta, *a green alga.*

chloropicrine *f* – chloropicrin, *nitrotrichloromethane.*

chloroplatinique – chloroplatinic.

chloroprène *m* – chloroprene, *chlorobutadiene.*

chlorosité *f* – chlorosity, *chlorine and bromine content of one liter of seawater.*

chloruration *f* – chlorination. **chloruration des minerais** : chlorination of ore. **chloruration en phase liquide** : liquid-phase chlorination. **chloruration sèche** : dry chlorination. **unité de chloruration** : chlorination plant.

chlorure *m* – chloride. **chlorure alcalino-terreux** : alkaline-earth chloride. **chlorure d'acide** : acid chloride. **chlorure d'aluminium** : aluminum chloride, *catalyst.* **chlorure d'aluminium anhydre** : anhydrous aluminum chloride. **chlorure d'ammonium** : salammoniac, *native ammonium chloride.* **chlorure d'éthyle** : ethyl chloride, *chloroethane.* **chlorure d'éthylène** : ethylene dichloride, *1-1-dichloroethane.* **chlorure d'hydrogène anhydre** : anhydrous hydrogen chloride. **chlorure d'yttrium** : yttrium chloride. **chlorure de baryum** : barium chloride. **chlorure de calcium** : calcium chloride. **chlorure de chaux** : bleaching powder; chloride of lime, *used as a bleaching agent.* **chlorure de cyanogène** : cyanogen chloride. **chlorure de lanthane** : lanthanum chloride. **chlorure de lauryle** : lauryl chloride. **chlorure de lithium** : lithium chloride. **chlorure de magnésium** : magnesium chloride. **chlorure de méthyle** : chloromethane; methyl chloride, *used as a coolant.* **chlorure de méthylène** : methylene chloride. **chlorure de palladium** : palladium chloride. **chlorure de platine** : platinum chloride. **chlorure de polyvinyle** : polyvinyl chloride. **chlorure de polyvinylidène** : polyvinylidene chloride. **chlorure de potassium** : potassium chloride. **chlorure de rhodium** : rhodium chloride. **chlorure de rubidium** : rubidium chloride. **chlorure de ruthénium** : ruthenium chloride. **chlorure de sodium** : sodium chloride. **chlorure de tantale** : tantalum chloride. **chlorure de vinyle** : vinyl chloride. **chlorure de vinylidène** : vinylidene chloride. **chlorure de zinc** : zinc chloride. **chlorure de zirconium** : zirconium chloride. **chlorure stannique** : stannic chloride, *tin chloride, tin tetrachloride, tin perchloride.*

chlorurer – chlorinate (to).

choc *m* – clink; concussion; impact; jar; knock; pounding; shock. **choc de flamme** : impingement of flame. **choc en retour** : back shock; return shock. **choc pétrolier** : oil shock. **choc thermique** : thermal shock.

chômage *m* – layoff; unemployment. **chômage structurel** : structural unemployment. **chomage technique** : temporary layoff.

chondrite *f* – chondrite, *type of meteorite.*

choquer – slack (to). **choquer un câble** : slack (to) a rope; surge (to) a rope.

chouleur *m* – front-end loader.

chromage *m* – chrome plating, *chromium coating, chromium plating.* **chromage dur** : hard chromium.

chromate *m* – chromate.

chromaticité *f* – chromaticity.

chromatique – chromatic.

chromatisme *m* – chromatic aberration.

chromatogramme *m* – chromatogram.

chromatographe *m* – chromatograph.

chromatographie *f* – chromatography, *a chromatographic-absorption method for separating and identifying chemical compounds in complex mixtures, based on the flow of a mobile phase (gas or liquid) over a stationary phase (solid or liquid).* **chromatographie à fluide supercritique (CFS)** : supercritical fluid chromatography (SFC). **chromatographie ascendante** : ascending chromatography. **chromatographie circulaire** : circular chromatography, *ring chromatography.* **chromatographie d'adsorption** : adsorption chromatography, *chromatography in which the stationary phase is an adsorbent.* **chromatographie d'adsorption en phase gazeuse** : *see chromatographie gaz-solide.* **chromatographie d'affinité** : affinity chromatography. **chromatographie d'exclusion** : exclusion chromatography. **chromatographie de déplacement** : displacement chromatography. **chromatographie de partage** : partition chromatography, *an analytical method with a stationary phase consisting of a high-boiling liquid spread as a thin film on an inert support and a mobile phase consisting of a vaporous mixture of the components to be separated in an inert carrier gas.* **chromatographie de partage en phase liquide** : liquid-liquid chromatography (LLC). **chromatographie de perméation sur gel (CPG)** : gel-permeation chromatography (GPC), *in which the stationary phase consists of porous polymeric beads and the moving phase is a liquid.* **chromatographie descendante** : descending chromatography. **chromatographie en couche mince** : thin-layer chromatography. **chromatographie en couche mince préparative** : preparative thin-layer chromatography. **chromatographie en phase gazeuse (CPG)** : gas chromatography (GC). **chromatographie en phase gazeuse sur colonne capillaire** : capillary gas chromatography. **chromatographie en phase inverse** : reversed-phase chromatography. **chromatographie en phase liquide (CPL)** : liquid chromatography, *all chromatographic methods in which the mobile phase is liquid.* **chromatographie gaz-liquide** : gas-liquid chromatography (GLC). **chromatographie gaz-solide** : gas-solid chromatography. **chromatographie industrielle** : process chromatography. **chromatographie liquide à haute performance (CLHP)** : high-performance liquid chromatography (HPLC). **chromatographie liquide-liquide (CLL)** : liquid-liquid chromatography (LLC), *partition chromatography systems employing both a liquid mobile phase and a liquid stationary phase.* **chromatographie liquide-solide (CLS)** : liquid-solid chromatography (LSC), *all chromatographic systems involving the passage of a mobile liquid phase over a solid adsorbent.* **chromatographie par échange d'ions** : ion-exchange chromatography. **chromatographie par élution** : elution chromatography. **chromatographie par exclusion d'ions** : ion-exclusion chromatography. **chromatographie préparative** : preparative chromatography. **chromatographie sur colonne** : column chromatography. **chromatographie sur papier** : paper chromatography. **chromatographie sur phase greffée** : bonded-phase chromatography.

chromatographique – chromatographic.

chrome *m* – chrome, *a chromium pigment or something plated with an alloy of chromium;* chromium, *metallic chemical element, symbol Cr.*

chromé – chromium plated.

chromifère – chromiferous.

chrominance *f* – chrominance *(opt).*

chromique – chromic.

chromite *f* – chromite, *chrome iron ore.*

chromodynamique *f* – chromodynamics. **chromodynamique quantique** : quantum chromodynamics, *quantum theory of strong interactions among quarks by the intermediary of gluons.*

chromogène – chromogenic.

chromomètre *m* – chromometer. **chromomètre Saybolt** : Saybolt chromometer, *used to measure the color of undyed gasoline and light petroleum products.*

chromophore – color bearing, *said of an arrangement of atoms that gives color to a molecule.*

chromosphère *f* – chromosphere, *lower part of the sun's atmosphere made up chiefly of hydrogen gas.*

chrone *m* – chron, *the time span of a chronozone.*

chronodéclencheur *m* – intervalometer.

chronogenèse *f* – chronogenesis, *time sequence for the appearance of organisms in stratified rocks.*

chronographe *m* – chronograph.

chronologie *f* – chronology; time pattern. **chronologie géologique** : geochronology.

chronométrage *m* – timing.

chronomètre *m* – chronometer; stopwatch.

chronométrer – clock (to); time (to).

chronométreur *m* – timer.

chronoscope *m* – timer.

chronoséquence *f* – time series.

chronostratigraphie *f* – chronostratigraphy, *stratigraphy dealing with the age of strata and their time relations;* time-rock stratigraphy.

chronostratigraphique – chronostratigraphic.

chronotron *m* – chronotron *(elec).*

chronozone *f* – chronozone, *a chronostratigraphic unit smaller than a stage.*

chrysène *m* – chrysene, *a tetracyclic hydrocarbon component of coal tar.*

chrysotile *m* – chrysotile, *serpentine, one type of asbestos*; fibrous serpentine *(miner)*.

chute *f* – chute; crash; downfall; drop *(drill)*; dropping; fall; falling; scrap; tumble. **chute d'eau** : waterfall. **chute d'intensité** : fading *(elec)*. **chute d'outils de forage** : dropping of tools. **chute de cendres** : ash fall. **chute de débris** : debris fall. **chute de glacier** : ice fall. **chute de la déviation** : drop-off, *straightening out of a deviation during the drilling of a borehole*. **chute de montagne** : landslide. **chute de neige** : snowfall. **chute de pierres** : falling stones. **chute de pluie** : rainfall. **chute de pluie de poussière** : dust fall. **chute de poids** : weight drop; weight dropping, *a seismic-prospecting method using weight dropping to generate seismic waves*. **chute de poids en continu** : drop along, *multiple coverage by weight dropping*. **chute de potentiel** : potential drop. **chute de pression** : drop-in pressure; drop of pressure; lost pressure; pressure drop; pressure falloff; pressure loss. **chute de température** : temperature drop. **chute de tension** : drop of potential; drop of voltage; electrode drop; loss in voltage; voltage drop. **chute de viscosité** : viscosity loss. **chute effective** : effective head. **chute libre** : free fall. **chute réelle** : effective head. **chute totale** : total head *(hydrol)*.

cible *f* – target. **cible d'essai** : test target. **cible nucléaire** : nuclear target.

cicatrice *f* – scar, *see also zone radicale*.

cicatrisation *f* – cicatrization. **cicatrisation d'un front d'onde** : wavefront healing. **cicatrisation du sol** : setup, *soil behavior during pile driving*.

ciel *m* – sky. **ciel clair** : clear sky. **ciel d'eau** : water sky, *dark streaks or patches in the sky near the horizon or on the underside of low clouds, indicating the small amount of light reflected from water features in the vicinity of sea ice*. **ciel de four** : crown sheet, *plate forming the top of a furnace in a steam boiler*. **ciel de traîne** : rear sky *(meteo)*. **ciel de turbulence** : turbulence sky *(meteo)*. **ciel gazeux** : gas overhead, *in a chemical reactor*; ullage space, *the space between the liquid surface and the top of the tank or compartment containing the liquid*. **à ciel ouvert** : aboveground.

cime *f* – peak; top.

ciment *m* – binder, *the material that produces consolidation in loosely aggregate sediments*; cement. **ciment à base d'amiante** : asbestos cement. **ciment à durcissement lent** : slow-hardening cement. **ciment à durcissement rapide** : quick-hardening cement, *made mainly of lime and alumina with very little silica*; rapid-hardening cement. **ciment à faible perte en eau** : low-water-loss cement. **ciment à prise lente** : slow-setting cement. **ciment à prise rapide** : quick-setting cement. **ciment à résistance forte aux sulfates** : high-sulfate-resistant (HSR) cement. **ciment à résistance initiale élevée** : high-early-strength cement, *HES cement*. **ciment à résistance moyenne aux sulfates** : moderate-sulfate-resistant (MSR) cement. **ciment alourdi** : weighted cement. **ciment argileux** : clay cement. **ciment asphaltique** : asphalt cement. **ciment au gypse** : gypsum cement. **ciment calcaire** : calcareous cement. **ciment de base** : basic well cement. **ciment de laitier** : slag cement. **ciment diesel** : diesel-oil cement (DOC), *mixture of cement and diesel oil, generally injected into a borehole under pressure to reduce water influxes*. **ciment en vrac** : bulk cement. **ciment expansif** : expanding cement. **ciment ferrugineux** : ferruginous cement *(petro)*. **ciment gonflant** : expanding cement. **ciment hydraulique** : hydraulic cement; water cement. **ciment hydrofuge** : waterproof cement. **ciment latéritique** : lateritic cement *(petro)*. **ciment latex** : latex cement. **ciment métallurgique** : metallurgical cement. **ciment modifié** : modified cement, *a gel to which calcium lignosulfonate has been added*. **ciment non broyé** : clinker. **ciment ordinaire** : regular cement. **ciment plastique** : plastic cement. **ciment portland** : Portland cement. **ciment pour joints** : gasket cement. **ciment pour puits** : oilwell cement. **ciment pouzzolanique** : pozzolanic cement. **ciment pur** : neat cement, *a slurry consisting of Portland cement and water*. **ciment réfractaire** : refractory cement. **ciment retardé** : retarded cement. **ciment siliceux** : silica cement; siliceous cement.

cimentation *f* – cementation; cementing, *for an oil well, refers to any cementing operation in a borehole, especially to solidify casing and prevent any inflow of water*. **cimentation à plusieurs étages** : multistage cementing. **cimentation à un étage** : one-stage cementing. **cimentation d'un puits de pétrole** : oilwell cementing. **cimentation de surface** : surface cement job. **cimentation des puits** : well cementing. **cimentation du fonds du puits** : bottomhole cementation. **cimentation du tubage** : casing cementing. **cimentation étagée** : multiple-stage cementing. **cimentation primaire** : primary cementing. **cimentation secondaire** : secondary cementing. **cimentation sous pression** : squeeze cementing, *pumping cement in back of the casing under high pressure to block off or recement channeled areas*.

cimenté – grouted; plugged.

cimmérien – Cimmerian, *see phases cimmériennes*.

cinabre *m* – cinnabar, *cinnabarite, natural mercuric sulfide*.

cindynique – cindynic, *said of the branches of science associated with the concept of danger*.

cinémathèque *f* – film library.

cinématique *f* – kinematics. **cinématique des gaz** : gas kinematics. **cinématique des liquides** : hydrokinematics. **cinématique du point** : motion of points. **cinématique du solide rigide** : motion of rigid figures.

cinématique – kinematic.

cinémomètre *m* – kinemometer.

cinérite *f* – cinerite, *volcanic cinders*.

cinéritique – cinereous.

cinésubstitution *f* – cinesubstitution *(chem)*.

cinétique *f* – kinetics. **cinétique chimique** : chemical kinetics. **cinétique des liquides** : hydrokinetics. **cinétique des réactions** : reaction kinetics.

cinétique – kinetic.

cinétogenèse *f* – kinetogenesis *(geol)*.

cinglage *m* – shingling *(metal)*.

cinnamique – cinnamic.

cinquante-cinquante – fifty-fifty, *rule for sharing profits from oil production 50/50 between the* *owner of the property and the operating company.*

cintrage *m* – arch bend; bending.

cintre *m* – arc; arch; bow; centering. **cintre déformable** : yielding arch.

cintré – curved.

cintreuse *f* – bender. **cintreuse à rails** : rail bender. **cintreuse à tube** : pipe bender. **cintreuse de tubes** : pipe-bending machine.

cipolin *m* – cipolin *(petro)*.

CIPW – CIPW, *initials of Cross, Iddings, Pirsson and Washington, see norme CIPW.*

circadien – circadian, *biorhythms approximately 24 hours in length, or events occurring at roughly 24-hour intervals.*

circlips *m* – snap ring.

circonférence *f* – circumference; girth.

circonférentiel – circumferential.

circonscrire – encircle (to), *a slick of spilled oil.*

circuit *m* – circuit; lead; stop gate *(elec)*; stream. **circuit à deux serpentins** : two-coil flow. **circuit à trois tubes en parallèle** : parallel circuit in three tubes. **circuit accordé** : tuned circuit. **circuit bistable** : bistable circuit. **circuit coupeur** : quenching circuit. **circuit d'aération** : ventilation circuit; venting system. **circuit d'allumage** : ignition circuit. **circuit d'anticoïncidence** : anticoincidence circuit. **circuit d'aspiration** : input circuit, *mud circulation.* **circuit d'assèchement** : stripping line. **circuit d'épuration du gaz** : purifier-box rotation. **circuit d'excitation** : field circuit. **circuit d'impulsion** : impulse circuit. **circuit de boue** : mud circuit; mud manifold. **circuit de commande** : control circuit. **circuit de comptage** : scaling circuit. **circuit de courant** : series circuit. **circuit de drainage** : drainage path, *seabed.* **circuit de graissage** : lubricating system. **circuit de masse** : ground loop. **circuit de non-équivalence** : *see circuit d'anticoïncidence.* **circuit de refoulement** : output circuit, *drilling fluid*; pressure line, *mud pump.* **circuit de réglage** : control system; system control. **circuit de réglage de gain** : volume-control circuit *(seis)*. **circuit de réglage silencieux** : muting circuit. **circuit de rupture** : shot-moment line. **circuit de terre** : ground loop. **circuit démultiplicateur** : scaling circuit. **circuit dérivé** : branch circuit; derived circuit. **circuit écrêteur** : peaking circuit. **circuit électrique** : electric circuit. **circuit électronique bistable** : bistable multivibrator. **circuit en boucle** : loop line. **circuit fermé** : closed circuit. **circuit gravé** : etched circuit. **circuit imprimé** : printed circuit. **circuit intégré** : integrated circuit. **circuit interrompu** : disconnected circuit. **circuit logique câblé** : hardwired logic. **circuit magnétique** : magnetic circuit. **circuit mis à la terre** : grounded circuit. **circuit ouvert** : open circuit. **circuit parallèle** : parallel circuit, *shunted.* **circuit ponté** : bridge circuit. **circuit principal** : main circuit. **circuit retard** : delay circuit. **circuit série** : series circuit. **circuit unique** : single flow, *all tubes in series.* **circuit virtuel** : virtual circuit.

circulaire – circular.

circulation *f* – circulating; circulation; traffic. **circulation d'eau** : water circulation. **circulation d'électrolyte** : circulation of electrolyte. **circulation dans l'annulaire** : annular circulation. **circulation de données** : data flow. **circulation de la boue de forage** : mud circulation; circulation of mud. **circulation des fluides de forage** : drilling-fluid circulation. **circulation directe** : direct circulation. **circulation du reflux latéral** : circulating side reflux. **circulation en augmentant la densité** : circulating and increasing mud weight. **circulation forcée** : forced circulation; pressure flow. **circulation interurbaine** : intercity traffic. **circulation inverse** : counterflush. **circulation libre** : loose circulation. **circulation perdue** : lost returns, *see perte de circulation.* **circulation routière** : road traffic. **circulation thermohaline** : thermohaline circulation; thermohaline convection, *sea-water movement with decreasing temperature or increasing salinity.*

circuler – circulate (to).

cire *f* – wax, *petroleum wax, mineral wax.* **cire à cacheter** : sealing wax. **cire animale** : animal wax. **cire brute** : crude wax. **cire commerciale** : commercial wax. **cire cristalline** : crystalline wax. **cire cuticulaire** : cuticular wax. **cire d'abeille** : beeswax. **cire de cornue** : still wax. **cire de lignite** : lignite wax; stone wax. **cire de paraffine** : paraffin wax. **cire de pétrole** : petroleum wax. **cire de pétrole raffinée** : refined paraffin wax. **cire de polyéthylène** : polyethylene wax. **cire de suint** : wool wax. **cire détersive** : detergent wax. **cire Fischer-Tropsch** : Fischer-Tropsch wax. **cire fossile** : fossil wax, *ozocerite.* **cire isolante** : insulating wax. **cire jaune** : yellow wax, *beeswax.* **cire macrocristalline** : macrocrystalline wax. **cire marine** : sea wax, *wax found on the shore and often taken wrongly to be an oil show.* **cire médicinale** : medicinal wax. **cire microcristalline** : microcrystalline wax. **cire microcristalline oxydée** : oxidized microcrystalline wax. **cire minérale** : earth wax; mineral wax, *a fossil wax*; native paraffin. **cire montan** : montan wax, *a solid mineral wax from lignite or brown coal.* **cire pour carton** : cardboard wax. **cire pour gravure** : engraving wax. **cire raffinée** : refined wax. **cire soufflée** : blower wax, *variety of ozocerite squeezed out of veins by pressure and spreading over surrounding rocks.* **cire synthétique** : synthetic wax. **cire végétale** : vegetable wax.

cireux – waxy.

cirque *m* – cirque *(geol)*; spread, *work unit for all operations involved in pipeline laying.* **cirques étagés** : cirque stairway. **cirque glaciaire** : corrie *(geol)*; glacial cirque; glacier cirque; kettle.

cis- – cis-, *a prefix used in designating geometrical isomers in which there is a double bond between two carbon atoms.*

cisaillement *m* – shear; shearing. **cisaillement du vent** : wind shear. **cisaillement effectif** : effective shear. **cisaillement pur** : pure shear. **cisaillement rapide** : quick shear. **cisaillement simple** : simple shear.

cisailler – shear (to); snip (to).

cisailles *f* – cutting machine; shears; snips. **cisailles à billettes** : billet shears. **cisailles à brames** : slab shears *(metal)*. **cisailles à double coup antibavures** : double cutting shears. **cisailles à guillotine** : crocodile shears; guillotine shears. **cisailles à levier** : lever shears. **cisailles chanfreineuses** : beveling shearing machine. **cisailles circulaires**

multiples : slitting cutters. **cisailles d'angle** : bevel shears.
ciseau *m* – chisel. **ciseau à froid** : cold chisel. **ciseau en biseau** : cant chisel.
ciseaux *m* – scissors; shears.
ciselage *m* – chipping.
ciselure *f* – chiseling.
cission *f* – shear stress.
citation *f* – quotation.
citerne *f* – cistern; tank. **citerne à ballast propre** : clean-ballast tank. **citerne à ballast séparé** : separated-ballast tank (SBT). **citerne à résidus** : slop tank. **citerne bâtarde** : bastard car, *a tank car having different capacity tanks.* **citerne centrale** : center tank. **citerne de cargaison** : cargo tank. **citerne de condensateur** : hot well of condenser. **citerne de décantation** : slop tank.
citernier *m* – tank-truck driver.
citrin – citrine, *greenish lemon in color.*
citrine *f* – citrine, *false topaz.*
citrique – citric.
civière *f* – stretcher.
civil – civil, *see génie civil, temps civil.*
CL – CL, *abbr. cathodoluminescence*; LC, *abbr. concentration létale, lethal concentration ; and crystal liquide, liquid crystal.*
CLAB – SWC, *abbr. carottage latéral à balles, sidewall coring.*
clade *m* – clade, *a monophyletic higher taxon.*
cladogenèse *f* – cladogenesis, *progressive evolutionary specialization.*
claie *f* – grizzly; hurdle; screen.
clair – clear; light; thin.
clairière *f* – clearing; glade, *forest.*
clapet *m* – clack; clapper; clapper valve; dart, *a clapper valve on a bailer*; flap; lid; shutoff valve; trap; valve. **clapet à battant** : swing check valve. **clapet à bille** : ball check valve; globe valve. **clapet à boisseau** : sleeve valve *(engine)*. **clapet à charnière** : clack valve; swing check valve. **clapet à crépine** : foot valve. **clapet à disque** : disk valve. **clapet à flotteur** : float valve. **clapet à pied** : foot valve. **clapet à piston plongeur** : plunger valve. **clapet antiretour** : nonreturn valve, *check valve.* **clapet basculant** : swing valve. **clapet d'alimentation** : release valve *(auto)*. **clapet d'aspiration** : standing valve *(drill)*. **clapet d'égalisation** : equalizing standing valve. **clapet de cheminée** : stack valve. **clapet de débit** : flow valve. **clapet de décharge** : outlet relief valve; outlet valve; relief fitting. **clapet de double alimentation** : double-feed valve. **clapet de purge** : blowoff valve. **clapet de refoulement** : discharge valve, *of a pump or compressor*; traveling valve, *on a downhole pump, carried by the piston*; working valve. **clapet de remplissage** : charging door. **clapet de retenue** : check flap; check valve; drop-in check valve. **clapet de retenue à battant** : swing check valve. **clapet de retenue d'équerre** : angle check valve. **clapet de retenue horizontal** : horizontal check valve. **clapet de retenue verticale** : vertical check valve. **clapet de sécurité** : storm choke, *attached to the production string and closing the well automatically if anything goes wrong on the production head.* **clapet de sûreté** : escape valve; relief valve. **clapet de vanne** : valve cutoff; valve flapper. **clapet fixe** : standing valve. **clapet rabattant** : flap valve. **clapet sphérique** : ball valve. **clapet supérieur** : upper valve.
clapier *m* – scree.
clapoteux – choppy.
clapotis *m* – chop *(ocean)*.
claquage *m* – breakdown; puncture.
claquement *m* – chattering; rattling; slapping, *of pistons*; wild ping, *of an engine due to irregular hot-spot ignition.* **claquement de piston** : piston slap.
clarain *m* – clarain, *a coal lithotype characterized by silky luster and irregular fracture.*
clarifiant *m* – clarifying agent.
clarificateur *m* – clarifier.
clarification *f* – clarification; clarifying; fining; settling. **clarification centrifuge** : centrifugal clarification. **clarification des eaux usées** : waste-water clarification.
clarifié – clarified.
clarinette *f* – manifold *(prod)*.
clarke *m* – clarke, *the average abundance of an element in the crust of the Earth.*
clarté *f* – glare.
clasolite *f* – clasolite, *a rock composed of fragments of other rocks.*
classe *f* – class, *taxonomic category of plants and animals above the order and below the phylum or division.* **classe granulométrique** : size grade.
classé – graded.
classement *m* – classifying; docketing; filing; grading; ranking; screening; sorting. **classement au mérite** : rating *(staff)*. **classement des postes** : ranking method, *a system of job evaluation.* **classement selon l'ancienneté** : rating by seniority, *or seniority rating (staff)*. **classement volumétrique** : sizing.
classer – class (to); classify (to); file (to); grade (to); rate (to); sort (to).
classeur *m* – classifier; file; filing cabinet; grader; index book; sorter. **classeur à raclettes** : drag classifier *(prep)*. **classeur conique** : cone classifier *(prep)*.
classification *f* – certification, *ships, offshore platforms*; classification. **classification automatique** : automatic classification. **classification des échantillons** : classification of samples. **classification des emplois** : job evaluation. **classification des graisses** : grease classification. **classification des roches** : classification of rocks. **classification dirigée** : supervised classification. **classification IADC des outils tricônes** : IADC bit classification, *composed of three figures and one letter, indicating the composition of the bit teeth, the hardness of the formation drilled through, the type of bearing and protection of the cutting structure, and other details concerning specific bit types.* **classification NLGI** : NLGI classification, *of the consistency range of lubricating greases as the result of an ASTM cone penetration test.* **classification non dirigée** : unsupervised classification. **classification non paramétrique** : nonparametric classification. **classification non supervisée** : unsupervised classification. **classification paramétrique** : parametric classification. **classification SAE** : SAE classification, *one of the best known SAE classifications is the one for lube oils for engines according to their viscosity.*

classification supervisée : supervised classification.
classificatoire – classifying.
classifier – class (to); classify (to); rate (to).
classique – conventional; standard.
claste *m* – clast, *an individual constituent, grain, or fragment of a sediment or rock.*
clastique – clastic *(petro)*.
clastocristallin – clastocrystalline *(petro)*.
clastomorphique – clastomorphic *(petro)*.
clathrate *m* – clathrate, *an inclusion compound in which molecules of one substance are enclosed inside those of another substance ; a texture found chiefly in leucite rocks.*
clathration *f* – clathration, *manufacturing-clathrates by crystallization of complexes containing guests (encaged molecules)*.
Claude – Claude, *see procédé Claude.*
Claus – Claus, *see effluent d'unité Claus, procédé de Claus, queue de Claus, réaction de Claus, unité de Claus.*
clause *f* – clause; provision. **clause à ses propres risques** : sole risk clause, *a clause in some joint venture agreements permitting one party to-proceed with exploration or development operations at its sole risk when another party or parties elect not to participate.* **clause additionnelle** : rider, *of a bill.* **clause arbitrale** : arbitration clause. **clause compromissoire** : arbitration clause. **clause d'abandon** : waiver clause. **clause d'assignation** : assignment clause, *allowing free transfer of lessor's or lessee's interest.* **clause d'intégralité** : entirety clause. **clause d'usage** : customary clause. **clause de changement de propriété** : change-of-ownership clause, *a clause in concession contracts specifying the procedures for changing the ownership of a permit area (oil law)*. **clause de chert** : chert clause, *stipulating in a drilling contract that, when chert is encountered, footage rates are no longer applicable and daywork rates become effective.* **clause de déchéance** : forfeiture clause. **clause de dégâts de surface** : surface-damage clause, *covering indemnity for surface damage.* **clause de faute commune en cas d'abordage** : both-to-blame collision clause. **clause de forage** : drilling-operations clause, *a savings clause to keep a lease alive after the primary term has expired despite failure to obtain production if drilling operations are still going on.* **clause de forage de puits limites** : offset clause. **clause de force majeure** : force-majeure clause. **clause de guerre** : war clause. **clause de la nation la plus favorisée** : most-favored-nation (MFN) clause. **clause de livraison** : delivery clause. **clause de notification** : notice-and-demand clause, *often included in oil and gas leases so that notice will be given of a breach of an express or implied duty under the terms of the lease and the making of a demand for performance as a prerequisite to any legal action for the breach.* **clause de préservation d'une concession** : savings clause, *a lease clause enabling a lessee to keep a lease alive under certain circumstances without making the production normally required.* **clause de prise ferme** : take-or-pay clause, *in a gas purchase contract, the purchaser must take the volume of gas that the producer-seller has available for delivery, or if he does not take this volume he has to pay for the minimum annual volume he has contracted for.* **clause de prix** : pricing provision. **clause de prolongation** : thereafter clause, *a lease clause providing for the continued validity of the lessee's interest after the expiration of the primary term so long as there is production in commercial quantities or so long as drilling continues.* **clause de rachat** : buy-back clause, *an agreement between host countries and producing companies, by which some portion of oil accrues to the government and then is sold back to the producing oil company.* **clause de redevance sur les produits** : products royalty clause, *stipulating that the lessor will receive a specific fraction of the net proceeds from the sale of gasoline or other products manufactured from natural gas from the lease.* **clause de réduction proportionnelle** : proportionate reduction clause, *royalties and rentals are to be paid to a lessor only in proportion to the share he holds of the whole and undivided fee, i.e. a pro rata clause.* **clause de regroupement** : pooling clause, *a lease clause authorizing the operator to join the leased premises with other leases or parcels to create a tract large enough to obtain a well permit under applicable spacing regulations.* **clause de rendu** : relinquishment clause, *a clause providing for the relinquishment of a portion of the concession at some future time.* **clause de résiliation** : canceling clause. **clause de rétrocession** : relinquishment clause. **clause de révision des prix** : price adjustment clause. **clause de sauvegarde** : escape clause; jeopardy clause. **clause de subrogation** : subrogation clause. **clause du gaz de pétrole** : casinghead-gas clause, *in a concession contract, a royalty for the gas produced by an oil well and recovered.* **clause fixant le terme d'un droit** : term clause. **clause pénale** : penalty clause.
Clausius – Clausius, *see formule de Clapeyron-Clausius, équation de Clausius, de Clausius-Morotti, inégalité de Clausius.*
claveté – splined.
claveter – cotterpin (to); key (to).
clavette *f* – cotter; feather; key; peg; spline. **clavette d'arbre** : shaft key. **clavette d'essieu** : axle pin. **clavette de pignon** : pinion key. **clavette et contre-clavette** : gib and key.
claviature *f* – manifold; pipe manifold. **claviature de contrôle de pression** : pressure-control manifold.
clavier *m* – keyboard.
clé *f* – crown; key, *used for opening a lock, or for understanding something;* wrench, *a tool for holding, twisting or turning an object.* **clé à bougies** : spark-plug wrench. **clé à chaîne** : chain tongs *(drill)*; chain wrench. **clé à douille** : box spanner; box wrench; socket spanner; socket wrench. **clé à écrous** : nut wrench; wrench. **clé à fourche** : fork wrench. **clé à glissière** : knuckle buster. **clé à molette** : adjustable spanner; adjustable wrench; monkey wrench; shift spanner. **clé à outils** : tool wrench. **clé à rochet** : ratchet wrench. **clés à tiges** : handdog, *a wrench used on boring rods at the surface;* pipe tongs; pipe

wrench; tongs, *for drillpipe.* **clé à tire-fonds** : box spanner. **clé à tube** : pipe dog; pipe key; socket wrench. **clé à tubes** : pipe wrench; tube wrench. **clé anglaise** : monkey spanner; monkey wrench; shift spanner; spanner. **clé automatique de vissage** : spinner hawk. **clé coudée** : bent spanner. **clé crocodile** : alligator-grip wrench. **clé d'équerre** : elbow wrench. **clé d'interprétation** : interpretation key. **clés de blocage des tiges** : backup tongs, *for drillpipe.* **clé de contact** : ignition key. **clés de dévissage** : backup tongs; breakout tongs, *a heavy pipe wrench used to connect and disconnect drillpipe, also called makeup tongs or lay tongs.* **clé de photo-interprétation** : photointerpretation key. **clés de plancher** : makeup tongs, *for coupling lengths of drillpipe or casing.* **clé de retenue** : catch wrench; lie key; nipping fork *(drill)*. **clé de robinet** : cock key. **clé de serrage** : spanner; traveler, *for tools*; wedge key. **clés de serrage ou de déblocage** : lead tongs *(drill)*. **clés de serrage pour tube de production** : tubing tongs. **clés de tubage** : casing tongs. **clés de vissage** : working tongs *(drill)*. **clés de vissage automatique** : power tongs. **clés de vissage et dévissage** : lay tongs, *for drillpipe.* **clé dynamométrique** : torque wrench. **clé plate** : open-end wrench. **clé pour robinet à boisseau** : tap wrench. **clé universelle** : monkey wrench; universal spanner.

clearing *m* – clearing *(econ)*.

clef *f* – *see clé.*

clenche *f* – latch.

clepsydre *f* – meter prover, *a water clock for checking positive-displacement meters.*

Cleveland – Cleveland, *see appareil de Cleveland à vase ouvert.*

CLHP – HPLC, *abbr. chromatographie liquide à haute performance, high-performance liquid chromatography.*

cliché *m* – photograph.

client *m* – customer. **client interruptible** : interruptible consumer, *see also usage interruptible.* **client potentiel** : prospective customer.

cliftonite *f* – cliftonite, *a crystalline carbon found in meteorites.*

clignotant *m* – blinker; direction indicator; flasher; occulting light. **clignotant des signaux de détresse** : vehicular hazard warning signal flasher.

clignotement *m* – blink; blinking.

climat *m* – climate. **climat continental** : continental climate. **climat désertique** : desert climate. **climat périglaciaire** : periglacial climate. **climat tempéré** : temperate climate. **climat tropical** : tropical climate.

climatique – climatic; climatogenic.

climatisation *f* – air conditioning; heating-ventilating-air conditioning (HVAC).

climatiseur *m* – air conditioner.

climatologie *f* – climatology. **climatologie descriptive** : descriptive climatology.

climatologique – climatological.

clinker *m* – clinker, *resulting from the baking of a mixture of clay and limestone.* **clinker asphalt** : clinker asphalt, *asphaltic mixture in which mineral aggregate is mainly made up of half-vitrified slag or ash.*

clinkérisation *f* – clinkering.

clinochlore *m* – clinochlore, *a monoclinic mineral of the chlorite group.*

clinographe *m* – clinograph, *slope gage.* **clinographe magnétique** : magnetic clinograph.

clinomètre *m* – clinometer, *instrument used for measuring vertical angles*; tilt meter. **clinomètre à bulle** : bead clinometer.

clinopinacoïde *m* – clinopinacoid, *a monoclinic crystal having faces parallel to the inclined and vertical axes.*

clinoprisme *m* – clinoprism *(cryst)*.

clinoptilolite *f* – clinoptilolite, *zeolite mineral.*

clinopyroxène *m* – clinopyroxene, *a group name for monoclinic pyroxenes.*

clinorhombique – clinorhombic.

clinoscope *m* – inclinometer.

clinozoïsite *f* – clinozoisite, *a monoclinic mineral of the epidote group.*

clinquant *m* – foil, *thin sheet of metal.*

clintonite *f* – clintonite, *a brittle mica.*

cliquet *m* – catch; click; detent; dog; pawl; ratchet. **cliquet à percer** : ratchet drill. **cliquet d'arrêt** : dog stop. **cliquet de blocage de la flèche** : boom stop.

cliqueter – chatter (to).

cliquetis *m* – chatter; clink; engine knock; knock; knocking; wild ping, *caused by occasional ignition on hot spots.* **cliquetis au démarrage** : starting knock. **cliquetis d'allumage** : spark knock. **cliquetis par préallumage** : preignition knock.

clivabilité *f* – cleavability.

clivage *m* – cleat; cleavage. **clivage cubique** : cubic cleavage. **clivage de cristallisation** : crystallization cleavage. **clivage des roches** : slaty cleavage. **clivage distinct** : distinct cleavage. **clivage faible** : poor cleavage *(geol)*. **clivage imparfait** : imperfect cleavage; indistinct cleavage. **clivage linéaire** : linear cleavage. **clivage octaédrique** : octahedral cleavage *(miner)*. **clivage parfait** : perfect cleavage. **clivage principal** : basal cleavage. **clivage prismatique** : prismatic cleavage. **clivage rhomboédrique** : rhombohedral cleavage *(crystal)*.

CLL – LLC, *abbr. chromatographie liquide-liquide, liquid-liquid chromatography.*

cloche *f* – bell; cap *(ref)*; hood. **cloche à circulation** : circulating overshot, *designed to let mud pass through (drill)*. **cloche à emboîtement** : bell socket, *fishing tool.* **cloche à fraiser** : drill mill. **cloche à gaz** : gas holder. **cloche à tubulures** : column adaptor. **cloche à vide** : bell jar; vacuum bell jar. **cloche d'extinction** : snuffer *(drill)*. **cloche de barbotage** : bubbling hood, *see also calotte de barbotage.* **cloche de cabestan** : capstan head. **cloche de guidage** : bell guide *(drill)*; bowl, *a tubular element used to guide a fishing tool in a borehole.* **cloche de haut fourneau** : furnace-top bell. **cloche de laboratoire** : bell jar. **cloche de plateau** : bell cap. **cloche de plongée** : diving bell. **cloche de repêchage** : female tap; screw bell; socket, *fishing tool.* **cloche de repêchage à coins** : casing bowl, *fishing tool*; overshot. **cloche de repêchage à demitour** : half-turn socket, *a fishing tool.* **cloche de repêchage à relaxation** : release socket. **cloche de repêchage ovale** : oval socket. **cloche de verre** : bell jar. **cloche guide** : overshot guide. **cloche libérable** : releasing overshot. **cloche taraudée** : bell tap, *fishing tool*; box bill, *fishing tool*; box tap; die collar, *fishing tool.*

cloison *f* – bulkhead; diaphragm; division plate; septum *(pal)*. **cloison d'abordage** : collision bulkhead. **cloison d'aérage** : brattice. **cloison de choc** : collision bulkhead. **cloison de pression** : pressure bulkhead. **cloison de protection** : bulkhead, *in a tanker or other ship*. **cloison de séparation** : partition. **cloison étanche** : watertight bulkhead. **cloison longitudinale** : fore-and-aft bulkhead; longitudinal bulkhead. **cloison pare-feu** : fire screen; fire wall. **cloison transversale** : athwartship bulkhead.
cloisonné – chambered.
cloisonnement *m* – separation.
clonage *m* – cloning. **clonage des gènes** : gene cloning.
clone *m* – clone *(biol)*.
cloquage *m* – blistering. **cloquage par l'hydrogène** : hydrogen blistering.
cloqué – blistered.
clore – close (to).
clos – closed.
clostérite *f* – closterite, *dense laminated algal coal from the Irkutsk River basin in Siberia.*
clôture *f* – barrier; closure; fence; fencing; hurdle. **clôture en planche** : hoarding.
clou *m* – nail; spike. **clou à crochet** : dog nail. **clou à large tête** : dog nail. **clou à vis** : screw nail.
cloustonite *f* – cloustonite, *a mineral related to asphalt and soluble in benzol.*
clouté – studded, *equipped with studs like a snow tire.*
CLS – LSC, *abbr. chromatographie liquide-solide, liquid-solid chromatography.*
Clunien *m* – Clunian, *Gotlandian stage.*
cluse *f* – cross valley. **cluse active** : water gap. **cluse morte** : wind gap *(geol)*. **cluse sèche** : wind gap *(geol)*. **cluse vive** : water gap.
cluster – cluster.
cm – cm, *symbol for centimètre.*
CMA – MAC, *abbr. concentration maximale admissible, maximum allowable concentration*; TLV, *threshold limit value.*
CMC – CMC, *abbr. carboxyméthylcellulose.*
CMHEC – CMHEC, *abbr. carboxyméthylhydroéthyl cellulose.*
CMS – *abbr. combustible minéral solide.*
cnidaire *m* – cnidarian *(pal)*.
coacervat *m* – coacervate, *an aggregate of colloidal droplets bound together by the force of electrostatic attraction.*
coacervation *f* – coacervation, *separation of a colloidal suspension into two immiscible liquid phases having different concentrations.*
coacervé – coacervate.
coagulant *m* – coagulant.
coagulation *f* – clotting; coagulation. **coagulation en goutte** : oil drop, *catalyst preparation*. **coagulation par ondes ultrasonores** : ultrasonic coagulation.
coaguler – coagulate (to); congeal (to); curdle (to).
coalescence *f* – coalescence.
coalesceur *m* – coalescer.
Coanda – Coanda, *see effet Coanda.*
coaxial – coaxial, *sharing the same axis.*
cobalt *m* – cobalt, *symbol Co*. **cobalt d'outremer** : cobalt blue. **cobalt gris** : cobalt glance.
cobaltage *m* – cobalt plating.
cobaltifère – cobaltiferous.
cobaltine *f* – cobaltite, *cobalt glance, an important ore of cobalt.*
Coblencien *m* – Coblenzian, *Lower Devonian stage.*
cocarde *f* – cockade.
cocatalyseur *m* – cocatalyst.
coccolite *f* – coccolite *(miner)*.
coccolithe *m* – coccolith *(pal)*.
coccolithophoracée *f* – coccolithophore, *a minute planktonic biflagellate alga.*
cochonnet *m* – pig *(pipeline)*.
cockpit *m* – cockpit.
cocon *m* – cocoon. **sous cocon** : mothballed.
cocourant – cocurrent.
codage *m* – coding. **codage de phase** : phase encoding, *data processing*. **codage des usures d'outils** : dull bit code *(drill)*. **codage en couleurs** : color coding. **codage numérique** : digital coding.
code *m* – code. **code à barres** : bar code. **code carte** : card code. **code civil** : common law. **code d'intervention** : action code. **code de classification SBI** : SBI rating code, *for steam boilers*. **code de la route** : traffic regulations. **code génétique** : genetic code. **code international** : continental code, *telegraph communication*. **code minier** : mining code. **code mnémonique** : mnemonic code. **code MODU** : MODU Code, *a series of rules concerning the construction and equipping of mobile offshore drilling units (MODU)*. **code paramétrable** : skeletal code *(computer)*. **code postal** : zip code. **code source** : source code.
codéclinaison *f* – codeclination.
codeur *m* – encoder. **codeur numérique** : digital coder.
codification *f* – codification. **codification des données** : data coding. **codification numérique** : numeric coding.
codimère *m* – codimer, *a copolymer produced by the polymerization of dissimilar olefin molecules.*
codimérisation *f* – codimerization.
codon *m* – codon, *three consecutive nucleotides in a nucleic acid molecule.*
coefficient *m* – coefficient. **coefficient aérodynamique** : aerodynamic coefficient, *any nondimensional coefficient relating to aerodynamic forces or moments*. **coefficient catalytique** : catalytic coefficient. **coefficient d'absorption** : absorption coefficient, *for a gas in a solvent, it is the volume of gas absorbed by the unit volume of the solvent*. **coefficient d'absorption atomique** : atomic absorption coefficient. **coefficient d'absorption d'énergie massique** : mass energy absorption coefficient. **coefficient d'absorption linéique** : linear absorption coefficient. **coefficient d'absorption massique** : mass absorption coefficient. **coefficient d'absorption molaire** : molar absorption coefficient. **coefficient d'accroissement** : growth coefficient. **coefficient d'activité** : activity coefficient, *a fractional number that is multiplied by the molar concentration of a substance in solution to give the chemical activity in relation to its ideal thermodynamic behavior*. **coefficient d'ac-**

tualisation : deferment factor; discount factor. **coefficient d'adhésion** : adhesion coefficient. **coefficient d'aimantation** : coefficient of induced magnetization, *the specific magnetization quotient of a substance by the value of the magnetizing field vector.* **coefficient d'amortissement** : damping factor. **coefficient d'anisotropie** : anisotropy coefficient. **coefficient d'arrimage** : stowage factor. **coefficient d'atténuation** : attenuation coefficient. **coefficient d'atténuation linéique** : linear attenuation coefficient. **coefficient d'atténuation massique** : mass attenuation coefficient. **coefficient d'écoulement** : drainage ratio. **coefficient d'écoulement total** : runoff coefficient. **coefficient d'efficacité** : efficiency coefficient. **coefficient d'efficience** : efficiency coefficient. **coefficient d'élasticité** : elastic coefficient. **coefficient d'élongation** : elongation coefficient; stretch coefficient. **coefficient d'encrassement** : fouling factor, *heat exchanger.* **coefficient d'équilibre** : K value, *the equilibrium constant for liquid-vapor equilibrium and for many other phenomena.* **coefficients d'équivalence** : equivalence coefficients, *measurement.* **coefficient d'exploitation** : operating ratio; operation ratio. **coefficient d'extinction** : absorptivity *(spectrom)*; extinction coefficient. **coefficient d'isolation thermique** : coefficient of thermal insulation; thermal insulation. **coefficient d'occupation des sols (COS)** : land-use ratio. **coefficient d'utilisation** : diagram factor, *steam engine*; occupation efficiency; service factor. **coefficient de capitalisation des résultats** : price-earning ratio. **coefficient de chaleur sensible** : sensible-heat ratio. **coefficient de charge** : load factor. **coefficient de choc** : coefficient of restitution, *mechanical*; shock factor. **coefficient de classement** : sorting coefficient. **coefficient de compressibilité** : compressibility coefficient. **coefficient de concentration des contraintes (CCC)** : stress concentration factor (SCF). **coefficient de conductibilité thermique** : heat-transmission coefficient. **coefficient de contraction** : contraction coefficient. **coefficient de convection thermique** : *see coefficient de transmission thermique.* **coefficient de corrélation** : correlation coefficient, *a measure of the interdependence between two random variables.* **coefficient de corrélation canonique** : canonical correlation. **coefficient de décharge** : discharge coefficient. **coefficient de déplacement** : displacement factor. **coefficient de dépôt** : deposition rate. **coefficient de diffusion** : diffusion coefficient; scattering coefficient; spreading coefficient. **coefficient de diffusion thermique** : thermal diffusion coefficient. **coefficient de dilatation** : coefficient of expansion; dilatation coefficient; expansion coefficient. **coefficient de dilatation linéique** : linear expansion coefficient. **coefficient de dilatation volumique** : cubic expansion coefficient. **coefficient de dispersion** : *see coefficient de variation.* **coefficient de dissipation** : dissipation coefficient. **coefficient de dureté** : degree of hardness. **coefficient de fatigue** : fatigue allowance. **coefficient de film** : convection coefficient; film coefficient *(thermo)*. **coefficient de filtre** : filter coefficient. **coefficient de flambage** : buckling coefficient. **coefficient de frottement** : coefficient of friction; drag coefficient; friction coefficient; friction factor. **coefficient de frottement cinétique** : kinetic coefficient of friction, *as opposed to friction coefficient of rest.* **coefficient de fugacité** : fugacity coefficient. **coefficient de Hall** : Hall coefficient, *Hall constant, electric field.* **coefficient de Lamé** : Lamé constant, *in an isotropic elastic material.* **coefficient de liquidité** : liquidity ratio. **coefficient de marée** : coefficient of tide, *variations in height of tidal rise and fall, mainly used in reference to French coastlines.* **coefficient de modulation** : modulation factor. **coefficient de moment** : moment coefficient. **coefficient de monotropie** : monotropy coefficient *(fl. mech)*. **coefficient de paroi** : skin factor, *flow in a well.* **coefficient de partage** : partition coefficient, *in the liquid-vapor equilibrium distribution of a dissolved substance, the distribution ratio of the concentration in the upper phase to the concentration in the lower phase, also called distribution ratio.* **coefficient de performance** : coefficient of performance (COP), *for a heat-pump plant, ratio of the rate of useful heat output to the total power input required*; performance coefficient. **coefficient de perméabilité** : permeability coefficient, *the rate of flow through a cross-section under a unit hydraulic gradient*; transmission constant. **coefficient de pertes** : loss factor. **coefficient de phénol** : phenol coefficient, *a number scale for comparing the effectiveness of antiseptics using the efficacy of phenol as the basic unit.* **coefficient de Poisson** : Poisson's ratio. **coefficient de polarisation** : polarizability, *of a molecule.* **coefficient de poussée du sol au repos** : coefficient of earth pressure at rest. **coefficient de pression** : pressure coefficient. **coefficient de recombinaison** : recombination coefficient. **coefficient de recul** : slip ratio. **coefficient de récupération du capital** : capital recovery factor (CRF). **coefficient de réduction** : reduction factor, *the PSP/SSP ratio in well logging.* **coefficient de réflexion** : reflection coefficient, *seismic reflectivity*; reflectivity, *ratio of the amplitude of displacement of a reflected wave to that of the incident wave.* **coefficient de réflexion en énergie** : energy reflectivity. **coefficient de remplissage** : block coefficient *(naut)*; filling factor, *passengers*; load factor; storage factor. **coefficient de résistance** : drag coefficient *(fl. mech)*; resistance coefficient. **coefficient de résistance du tubage** : casing strength factor. **coefficient de restitution** : coefficient of restitution. **coefficient de rétrodiffusion** : backscattering coefficient. **coefficient de rigidité** : stiffness coefficient. **coefficient de ruissellement** : runoff coefficient, *percentage of precipitation appearing as runoff.* **coefficient de sécurité** : safety coefficient; safety factor; security ratio. **coefficient de sélectivité** : selectivity coefficient. **coefficient de simultanéité** : coincidence factor, *maximum energy demand.* **coefficient de solubilité** : solubility coefficient. **coefficient de sous-sol** : foundation coefficient. **coefficient de sûreté** : safety factor. **coefficient de tassement** : packing fraction. **coefficient de température** : temperature coefficient. **coefficient de Thomson** : Thomson coefficient, *ratio of the voltage between two points in a metallic conductor to the temperature difference of the same two points.* **coefficient de torsion** : torsion coefficient. **coefficient de traînée** : drag coefficient. **coefficient de transfert de chaleur** : coefficient of heat transfer.

coefficient de transfert par convection : convection heat-transfer coefficient. **coefficient de transmission** : transmission coefficient; transmissivity. **coefficient de transmission aller-retour** : two-way transmission coefficient. **coefficient de transmission thermique** : heat-transfer coefficient, *the heat passing in a unit time through a unit area when the temperature difference between the boundaries of the system or medium is 1 degree.* **coefficient de transmission thermique de surface** : surface coefficient of heat transfer. **coefficient de trouble** : turbidity coefficient. **coefficient de variation** : coefficient of variation (COV), *the ratio of the standard deviation of a distribution to its arithmetic mean.* **coefficient de viscosité** : viscosity coefficient, *see viscosité dynamique.* **coefficient de viscosité-température** : viscosity-temperature coefficient. **coefficient du viriel** : virial coefficient. **coefficient hydraulique** : fluid factor, *drilling fluid.* **coefficient relatif de pression** : relative pressure coefficient. **coefficient stadimétrique** : stadia factor. **coefficient statistique de variation** : statistical coefficient of variation. **coefficient thermique d'allongement linéaire** : thermal coefficient of linear expansion.

coelentéré *m* – coelenterate *(pal)*.

coenozone *f* – *see cénozone.*

coentreprise *f* – joint venture.

coenzyme *m* – coenzyme.

coercitif – coercive.

coercitivité *f* – coercivity; retentivity.

coeur *m* – core; heart. **coeur d'un anticlinal** : anticlinal core; core of an anticline. **coeur d'un synclinal** : core of a syncline.

cofferdam *m* – cofferdam, *void between two bulkheads separating adjacent liquid-containing compartments.*

coffrage *m* – coffer; form; formwork, *for concrete*; framework, *for concrete*; lagging; sheeting; shuttering. **coffrage à tuyau perforé** : perforated-pipe casing. **coffrage glissant** : slip formwork. **coffrage métallique** : form steel.

coffre *m* – chest; coffer; trunk. **coffre d'amarrage** : trunk buoy *(naut)*.

coffré – boarded, *said of a derrick covered by blank panels.*

coffret *m* – cabinet; case; enclosure. **coffret d'interrupteur** : switch box. **coffret de sécurité** : safety panel. **coffret démarreur** : line-start switch, *small engines.*

cogénération *f* – cogeneration, *the simultaneous generation of electricity and heat by the same plant*; combined heat and power (CHP).

cogérance *f* – coadministration; joint mangement.

cognement *m* – carbon knock, *premature ignition causing knocking or pinging in an internal combustion engine when carbon deposits cause overheating in the cylinders*; knock; knocking; ping; pounding; thump; thumping. **cognement d'intensité égale au seuil acoustique** : trace-zero knock. **cognement d'intensité inférieure au seuil acoustique** : trace-minus knock. **cognement diesel** : diesel knock. **cognement irrégulier** : wild ping. **cognement limite minimal** : trace knock.

cogner – chatter (to); slug (to).

cohérence *f* – coherence, *property of two wavetrains having a well-defined phase relationship*; consistency. **cohérence de phase** : phase coherence. **cohérence temporelle** : temporal coherence.

cohérent – coherent; consistent.

cohésif – cohesive.

cohésion *f* – coherence; cohesion. **cohésion interne** : internal strength.

cohésivité *f* – cohesiveness.

coiffage *m* – capping, *placing and closing a valve on a well that is blowing.*

coin *m* – chock; corner; patch; staple; wedge. **coin agrippeur** : basket grapple, *fishing tool.* **coins automatiques** : power slips, *pneumatically or hydropneumatically controlled.* **coins d'entraînement** : kelly drive bushing *(drill)*; rotary bushing. **coins d'entraînement à roulement à rouleaux** : roller kelly bushing. **coin d'huile** : oil wedge, *an oil film in a bearing generates a pressure equal to the load on the bearing, and this pressure raises the moving shaft from the bearing by a wedgelike action.* **coin de glace** : ice wedge *(geomorph)*. **coin de parallaxe** : wedge parallax. **coins de retenue** : rolling dogs *(drill)*; slips, *circular steel wedges used to hang the drill string from the rotary table as each length is made up or broken down.* **coins de retenue automatique** : automatic slips *(drill)*. **coins de retenue pour tubage** : casing slips *(drill)*. **coin de suspension** : casing hanger *(drill)*. **coins de tige de forage** : drillpipe slips *(drill)*. **coins de tubage à charnières** : hinged casing slips *(drill)*. **coin de vanne** : valve wedge. **coins dentelés** : serrated slips *(drill)*. **coins en griffes** : casing hanger. **coin en spirale** : grapple. **coins grippeurs** : slips. **coin hydraulique** : hydraulic wedge. **coin optique** : optical wedge. **coin sensitométrique** : step wedge.

coinçage *m* – jamming; keying *(mech)*; wedging, *coinçage is the action, see also coincement which is the state.*

coincé – frozen; stuck; wedged.

coincement *m* – binding; sticking; wedging, *coincement is the state, see also coinçage which is the action.* **coincement dans un trou de serrure** : keyseating, *when the circular cross-section of a borehole takes on the shape of a keyhole as the result of a deviation in drilling.* **coincement de l'arbre** : canting of the shaft. **coincement de l'outil** : bit sticking. **coincement de la flamme** : quenching, *flame extinction by confining elements.* **coincement des freins** : jamming of brakes. **coincement par pression différentielle** : differential-pressure sticking, *which occurs because part of the drill string becomes embedded in the filter cake resulting in a nonuniform distribution of pressure around the drillpipe.*

coincer – die (to) out; jam (to); pinch (to) out; seize (to); stick (to); wedge (to). **se coincer** : wedge (to) out.

coïncidence *f* – coincidence.

coir *m* – coir, *coconut fiber.*

cokage *m* – coking, *undesirable formation of coke or carbon deposits on the walls of a device.*

coke *m* – charred coal; coke. **coke à électrode** : electrode coke. **coke brut** : raw coke. **coke concassé** : crushed coke. **coke d'allumage** : heating coke. **coke de brai** : pitch coke. **coke de charbon** : *see coke naturel.* **coke de cornue** : still coke. **coke de fonderie** : foundry coke; smelter coke. **coke de gaz** : gas coke. **coke de hauts-fourneaux** : blast-furnace coke; furnace coke. **coke de pétrole** : oil coke; petroleum coke. **coke des charges** : charge coke. **coke domestique** : domestic coke. **coke en aiguilles** : needle coke. **coke maigre** : lean coke. **coke menu** : coke dross. **coke métallurgique** : foundry coke; furnace coke; metallurgical coke. **coke naturel** : coke coal; natural coke, *carbonite, cokeite, native coke, finger coal, blind coal, cinder coal.* **coke tout-venant** : ungraded coke.

cokéfaction *f* – charring; coking. **cokéfaction à basse température** : low-temperature carbonization. **cokéfaction des boues** : sludge coking. **cokéfaction différée** : delayed coking. **cokéfaction retardée** : delayed cokefaction; delayed coking.

cokéite *f* – cokeite, *natural coke (miner).*

cokerie *f* – coal carbonizing plant; coke-oven plant; coking plant.

col *m* – col *(geol)*; neck; pass, *mountain*; saddle point *(topog)*. **col d'une cornue** : beak of retort. **col d'une montagne** : gap *(geomorph)*. **col de cygne** : gooseneck; throat. **col de l'outil** : bit neck. **col du mélangeur du brûleur** : burner throat; mixer throat. **à long col** : long necked.

colatitude *f* – colatitude, *complement of the geographic latitude of a site.*

colcotar *m* – colcothar, *red ferric oxide used for polishing glass and as a pigment.*

colinéaire – collinear.

colis *m* – parcel.

collaborateur *m* – coworker, *fem. collaboratrice.*

collage *m* – pasting; stickiness; sticking. **collage contre la paroi du puits** : wall sticking. **collage des pistons** : ring sticking. **collage des segments** : ring sticking. **collage par pression différentielle** : differential-pressure (wall) sticking, *which occurs because part of the drill string becomes embedded in the filter cake resulting in a nonuniform distribution of pressure around the pipe.*

collagène *m* – collagen.

collant – clinging; sticking; sticky; tacky.

collationner – check (to) off; collate (to).

colle *f* – glue; paste; size. **colle animale** : animal glue. **colle de poisson** : fish glue. **colle pour caoutchouc** : rubber cement. **colle végétale** : vegetable glue.

collecte *f* – gathering. **collecte de données** : data collection. **collecte des effluents** : gathering of effluents.

collecter – gather (to).

collecteur *m* – collector; commutator; header; manifold; pipe manifold; pump-out drum, *for liquids pumped out of an operating unit*; slip ring; sump; tail house, *in a refinery, products are checked there before being passed along to other refining units or to packaging stations*; trap. **collecteur d'admission** : inlet manifold. **collecteur d'alimentation d'huile** : piston-cooling supply oil header. **collecteur d'aspiration du moteur** : engine induction manifold. **collecteur d'assèchement** : stripping pipe. **collecteur d'échappement** : exhaust manifold. **collecteur d'exhaure** : pump-out drum. **collecteur d'huile** : drain-oil header; oil catcher. **collecteur de balayage** : scavenger housing; scavenging manifold. **collecteur de boues** : sludge collector. **collecteur de cargaison** : cargo pipe. **collecteur de chaudière** : boiler header. **collecteur de flottation** : flotation collector. **collecteur de fractions** : collection trap; fraction collector *(chromat)*. **collecteur de gaz** : foul main, *carrying gas to a scrubber.* **collecteur de poussière** : catcher; dust arrester; dust catcher; dust collector. **collecteur de refoulement** : discharge piping. **collecteur de vapeur** : steam drum; steam header. **collecteur plat** : flat-plate collector; plate collector. **collecteur solaire** : solar collector. **collecteur solaire plan** : flat-plate solar collector.

collectif – collective.

collection *f* – collection. **collection d'échantillons** : collection of samples. **collection de points et de miroirs communs** : common-offset gather. **collection-type** : hypodigm; type material, *the collection of all the specimens on which the description of a new species is based.*

coller – cling (to); clot (to); glue (to); stick (to). **faire coller** : fit (to). **se coller** : cake (to); seize (to).

collerette *f* – collar; flange; shoulder. **collerette de chemise** : liner collar. **collerette de cisaillement** : shear key, *drilled-and-grouted pile.* **collerette de jonction** : coupling flange.

collet *m* – flange; neck. **collet d'ancre** : anchor crown. **collet de butée** : thrust collar. **collet de tuyau** : pipe flange. **collet tournant** : swivel neck.

collier *m* – clamp; collar; cradle. **collier à coins** : spider; wedge ring *(drill)*. **collier d'arrêt** : stop collar *(drill)*. **collier d'assemblage** : connector clamp. **colliers d'assemblage pour tubes** : pipe-clamp fittings. **collier d'excentrique** : eccentric strap; strap of an eccentric. **collier d'obturation** : band clamp. **collier d'orientation** : orienting clamp. **collier de dérivation** : pipe saddle. **collier de fil de fer** : wire clamp. **collier de frein** : brake band. **collier de prise** : saddle. **collier de prise en charge** : saddle tee. **collier de raccordement** : yoke. **collier de repêchage à lames** : junk catcher. **collier de retenue** : casing clamp. **collier de retenue du flexible** : hose clamp. **collier de retenue pour conduite** : pipeline clamp. **collier de retenue pour tubes** : pipe clamp *(drill)*. **collier de sécurité** : safety clamp. **collier de serrage** : clamp. **collier de suspension** : hanger. **collier positionneur extérieur** : external clamp. **collier positionneur intérieur** : internal clamp, *a device consisting of two rings, which operates by extension to hold tubes in line when a sonde is run through them.* **collier raccord** : terminal clamp.

colligatif – colligative, *see propriété colligative.*

colligation *f* – colligation, *the formation of a covalent bond by the combination of two radicals.*

colliger – colligate (to), *to create a normal covalent bond, or to coordinate isolated effects.*

collimateur *m* – collimator.

collimateur – collimating, *fem. collimatrice.*

collimation *f* – collimation.

colline *f* – foothill; hill; hillock; hummock; mound. **colline sous-marine** : seaknoll, *isolated relief shape no higher than 1000 meters above the sea floor.*

collinite *f* – collinite, *a maceral of coal within the vitrinite group.*

collision *f* – collision; crash; impingement. **collision inélastique** : inelastic collision. **collision latérale** : sideswipe collision, *of a car.* **collision lointaine** : distant collision. **collision proche** : close collision.

collodion *m* – collodion, *a cellulose nitrate solution in a mixture of alcohol and ether, used to make fibers and films for dialysis.*

colloïdal – colloidal, *the colloidal nature of a substance is expressed by its properties of thixotropy, gelation, plasticity, ductility and water absorption.*

colloïde *m* – colloid, *colloidal matter.* **colloïde hydrophile** : hydrophilic colloid. **colloïde hydrophobe** : hydrophobic colloid.

collophanite *f* – collophane, *collophanite, a cryptocrystalline variety of apatite.*

colloque *m* – symposium.

colluvial – colluvial *(geol)*.

colluvion *f* – colluvium, *loose deposits at the foot of a slope, placed there mainly by gravity.*

colmatage *m* – choking; clogging; filling; patching; plugging; silting; wall building; warping, *the filling up of hollows or channels with warp.* **colmatage d'une formation** : formation plugging. **colmatage par l'eau** : water blocking, *of the pores of a productive zone.*

colmatant *m* – lost-circulation material (LCM) *(drill)*. **colmatant fibreux** : fibrous material, *used in drilling to prevent circulation losses in porous formations.* **colmatant granuleux** : granular material *(drill)*. **colmatant sélectif** : diverting agent, *a viscous gel or suspension of graded solids used during acidizing to temporarily block off the most permeable sections of the pay zone to force the acid into less permeable sections.* **colmatant temporaire** : diverting agent; temporary gel; temporary plugging agent.

colmaté – filled; plugged; walled-up.

colmater – clog (to).

cologarithme *m* – cologarithm.

colombite *f* – columbite, *the principal ore of niobium.*

colombium *m* – columbium, *alternate nonofficial name for niobium.*

colonie *f* – colony.

colonnaire – columnar.

colonne *f* – column, *for distillation*; string *(drill)*. **colonne à chicanes** : baffle column. **colonne à cloches** : bulb fractionating column. **colonne à désessencier** : stripping column. **colonne à garnissage** : packed column, *a fractionating or absorber column designed to cause intimate contact between rising vapor and falling liquid.* **colonne à parois mouillées** : wetted-wall column *(ref)*. **colonne à plateaux** : plate column, *a series of separate contact stages among which two phases circulate separately.* **colonne à plateaux de barbotage** : bubble-tray column. **colonne à plateux perforés** : perforated-plate column. **colonne à pulsations** : pulse column. **colonne articulée** : articulated platform. **colonne atmosphérique** : atmospheric column. **colonne capillaire** : capillary column, *open tubular column, Golay column.* **colonne capillaire à couche poreuse** : porous-layer open tubular column. **colonne chromatographique** : chromatographic column. **colonne coiffée** : earth pillar; sand pinnacle *(geol)*. **colonne d'absorption** : absorber; absorption column, *absorption tower.* **colonne d'eau** : water column; water gage. **colonne d'équeutage** : heavy-ends column. **colonne d'extraction** : extraction column. **colonne d'extraction à plaques tournantes** : reciprocating-plate extraction column. **colonne d'extraction Jantzen à garnissage rotatif** : Jantzen's spinning-rod extraction column. **colonne d'huile** : column of oil, *height between the oil/water interface and the top of a structure impregnated with oil.* **colonne de basalte** : basaltic column. **colonne de boue** : column of mud; mud column. **colonne de boue flottante** : floating-mud column. **colonne de chargement articulée** : articulated loading tower. **colonne de cimentation** : cementing string. **colonne de contact** : contact column. **colonne de cuvelage** : casing string. **colonne de distillation** : distillation column. **colonne de faible retenue liquide** : low-holdup column. **colonne de fermeture des eaux** : water string *(drill)*. **colonne de fluide** : column of fluid. **colonne de fractionnement** : fractionating column; fractionator; stripper, *generally used in connection with an adsorption process (ref)*; topping tower. **colonne de guidage** : guide post. **colonne de liquide** : column of liquid. **colonne de manoeuvre** : floor stand. **colonne de minerai** : chimney; pipe; pipe of ore; pipe vein *(geol)*. **colonne de partage** : partition column. **colonne de Pear** : Pear column, *a column without any packing (ref)*. **colonne de poussière** : whirlwind-pillar of dust. **colonne de production** : flow string; oil string; production casing; production string, *see also tube de production.* **colonne de protection** : intermediate casing. **colonne de raccordement** : tie-back string *(drill)*. **colonne de rectification** : rectifying column *(ref)*; stripping drum. **colonne de séparation** : separation column; splitter, *a fractionating tower producing only an overhead and bottoms stream, often used to separate light gasoline from heavy gasoline.* **colonne de séparation du brut** : crude splitter. **colonne de stabilisation** : stabilization column; stabilizing column. **colonne de surface** : surface casing. **colonne de surforage** : washover string. **colonne de tubage** : casing string; drive pipe; string of casing. **colonne des charges** : stock column *(metal)*. **colonne des tiges de pompage** : rod string. **colonne engorgée** : flooded column. **colonne garnie** : packed column. **colonne initiale d'un sondage** : conductor pipe. **colonne Jantzen** : Jantzen column, *for acids and bases.* **colonne magmatique** : magmatic column. **colonne montante** : pipe riser; riser, *for evacuating oil*; riser pipe; rising pipe; standpipe, *the discharge circuit of a mud pump*; uptake. **colonne montante de boue** : rising mud column. **colonne perdue** : blank liner; liner; liner string *(drill)*. **colonne perdue à gravillonnage incorporé** : gravel-packed liner. **colonne perdue perforée** : slotted liner. **colonne pulsée** : pulse column *(ref)*. **colonne stratigraphique** : geologic column; lithologic log; stratigraphic column. **colonne-support de perforatrice** : drill post. **colonne technique** : intermediate casing; intermediate-casing string; protection casing *(drill)*. **colonne vertébrale** : backbone.

colophane *f* – rosin; colophony, *a resin from turpentine.*

colorant *m* – colorant; coloring agent; dye. **colorant à mordant** : mordant dye. **colorant acide** : acid dye. **colorant à l'aniline** : aniline dye. **colorant alimentaire** : food color, *certified color, FD&C color ; a colorant permissible for use in foods, drugs or cosmetics.* **colorant azoïque** : azoic dye. **colorant basique** : basic dye. **colorant d'aniline** : coal-tar dyestuff. **colorant fluorescent** : fluorescent dye. **colorant réactif** : reactive dye. **colorant végétal** : vegetable dye.

coloration *f* – coloration. **coloration de la flamme** : flame coloration. **coloration de la mer** : water blooming, *discoloration caused by aquatic growth of algae.*

coloré – colored.

colorimètre *m* – chromometer; colorimeter; tintometer. **colorimètre Saybolt** : Saybolt colorimeter, *for determining the color of light oils.* **colorimètre Tag-Robinson** : Tag-Robinson colorimeter, *used in the laboratory to determine the color shades of lubricating and other oils by comparison with a specific color table.* **colorimètre Union ASTM** : ASTM Union colorimeter.

colorimétrie *f* – colorimetry.

colorimétrique – colorimetric.

columnaire – columnar.

colza *m* – colza *(bot)*; rape.

comagmatique – comagmatic.

combe *f* – anticlinal valley; combe, *coomb, small deep valley.*

combinaison *f* – combination, *action*; suit, *clothing.* **combinaison de plongée** : diving suit; wet suit. **combinaison de protection** : protective clothing. **combinaison émulsion-filtre** : film-filter combination. **combinaison linéaire d'orbitales atomiques** : linear combination of atomic orbitals (LCAO). **combinaison thermoprotectrice** : thermoprotective suit *(diving)*.

combinatoire – combinatorial.

combiné – combined; joint.

combiner – combine (to); hook (to) up. **se combiner** : coalesce (to); combine (to); couple (to); unite (to).

comblement *m* – plugging.

combler – aggrade (to).

comburable – combustible.

comburant *m* – oxidizer.

combustibilité *f* – combustibility.

combustible *m* – fuel, *material capable of being burned to produce usable heat.* **combustible à bas pouvoir calorifique** : low-grade fuel. **combustible à haute teneur en soufre** : high-sulfur fuel. **combustible à usages domestiques** : stove-and-furnace fuel. **combustible antidétonant** : antiknock fuel. **combustible céramique** : ceramic fuel, *a combustible substance such as uranium oxide or carbide.* **combustible complexe** : composite fuel. **combustible d'essai** : test fuel. **combustible de bouclage** : swing fuel, *used to round out the energy balance.* **combustible de remplacement, combustible de substitution** : alternate fuel; alternative fuel; replacement fuel; substitute fuel. **combustible dérivé des déchets** : refuse derived fuel (RDF). **combustible diesel** : diesel fuel. **combustible domestique** : domestic fuel. **combustible en briquettes** : brick fuel. **combustible enrichi** : enriched fuel. **combustible fissile** : fissile fuel. **combustible fossile** : fossil fuel, *carbon-rich substances such as oil, natural gas, coal, oil shale and tar sands, produced by biological processes in time, and which release energy as heat or power upon combustion, but which cannot be replenished and so are called nonrenewable.* **combustible gazeux** : gaseous fuel. **combustible liquide** : liquid fuel. **combustible liquide pour chauffage domestique** : domestic heating oil. **combustibles minéraux solides (CMS)** : solid mineral fuels. **combustible nucléaire** : nuclear fuel. **combustible nucléaire appauvri** : depleted nuclear fuel. **combustible pour diesel** : diesel oil. **combustible pour fusée** : missile fuel; rocket fuel. **combustible pour moteur diesel** : diesel fuel. **combustible pour pile** : fuel-cell fuel. **combustible propre** : clean fuel. **combustible pulvérisé** : pulverized fuel. **combustible résiduel** : residual fuel. **combustible sans fumée** : smokeless fuel. **combustible solide** : solid fuel. **combustible utilisé** : spent fuel.

combustible – combustible, *capable of combustion.*

combustion *f* – burning; combustion. **combustion à cocourant** : forward combustion, *in which ignition takes place at the injection well and moves toward the production well.* **combustion à cocourant avec injection d'eau** : combination of forward combustion and waterflooding, *COFCAW, (prod)*. **combustion à contre-courant** : backward burning; backward combustion; reverse combustion, *in which the combustion front moves in the opposite direction from that of fluid flow (prod)*. **combustion à l'air libre** : combustion in free air. **combustion à lit fluidisé** : fluidized-bed combustion. **combustion à pression constante** : constant-pressure combustion. **combustion à volume constant** : constant-volume combustion. **combustion anormale** : abnormal combustion. **combustion avec cliquetis** : knocking combustion. **combustion combinée avec injection d'eau** : wet combustion *(prod)*. **combustion complète** : complete combustion. **combustion de surface** : surface combustion, *ignition occurs upon contact with a hot solid surface in a given zone, with air and fuel being injected together.* **combustion détonante** : detonating combustion; knocking combustion. **combustion en mélange pauvre** : lean-burn combustion. **combustion externe au cylindre** : external combustion. **combustion humide** : wet underground combustion, *both air and water are injected and part of the water turns to steam and causes faster and more efficient displacement of the hot zone.* **combustion in-situ** : in-situ combustion, *a thermal recovery method in which air is injected to maintain a hot zone by the combustion of an air/oil mixture to push oil toward production wells.* **combustion in-situ partiellement éteinte** : partially-quenched in-situ combustion. **combustion in-situ sursaturée** : water fireflooding, *see combustion sursaturée.* **combustion incomplète** : in complete combustion. **combustion interne** : internal combustion. **combustion inverse** : reverse combustion. **combustion lente** : glow; slow burning; slow combustion. **combustion nucléaire massique** : burnup, *nuclear-reactor fuel* *consumption measured by amount of energy produced per unit weight of fuel fissioned.* **combustion neutre** : neutral combustion. **combustion normale** : normal combustion. **combustion par pulvérisation** : spray combustion. **combustion parfaite** : perfect combustion. **combustion partielle** : partial combustion. **combustion sans flamme** : flameless combustion. **combustion sèche** : dry combustion, *by air injection and forward combustion (prod)*. **combustion sèche à cocourant** : dry forward combustion *(prod)*. **combustion spontanée** : spontaneous combustion. **combustion stoechiométrique** : neutral combustion; stoichiometric combustion. **combustion sursaturée** : superwet combustion, *forward combustion combined with water injection.* **combustion vive** : conflagration.

comestible – edible.

comité *m* – board; committee. **comité d'entreprise** : shop committee; works committee. **comité d'orientation** : steering committee. **comité de bienfaisance** : care committee. **comité directeur** : executive committee.

commande *f* – control; drive, *servomotor, etc.*; order, *goods.* **commande à air comprimé** : pneumatic control. **commande à asservissement** : closed-loop control. **commande à boucle fermée** : closed-loop control. **commande à distance** : distant control; remote control; remote drive. **commande à main** : manual control. **à commande à main** : hand operated. **commande à pédale** : treadle drive. **commande altimétrique** : altitude control. **commande asservie** : servocontrol. **à commande au pied** : foot operated. **commande automatique** : automatic control. **commande automatique de gain, commande automatique de sensibilité** : automatic gain control (AGC). **commande automatique de volume** : automatic volume control (AVC), *see also commande automatique de gain.* **commande binaire du gain** : binary gain control. **commande d'allumage** : ignition control. **commande d'allumage à dépression** : vacuum spark control. **commande d'avance** : ignition control. **commande d'avance à l'allumage** : octane selector, *a device sometimes fitted on cars so that they can use low-octane gasoline without any risk of knocking.* **commandes d'un appareil** : controls, *for equipment or a device.* **commande de frein** : brake gear. **commande de gain** : gain control. **commande de gain à virgule flottante instantanée** : instantaneous floating-point control. **commande de gain multitrace** : ganged automatic gain control (GAGC). **commande de marchandises** : indent *(U.K.)*. **commande de phase** : phase control. **commande de pompe** : pump drive. **commande de poussée** : drive, *of a vibrator.* **commande de ralenti** : idle control. **commande de vanne** : valve actuator, *for an automatic valve.* **commande de volume** : volume control. **commande des gaz** : throttle control. **commande des soupapes** : valve-actuating mechanism; valve control; valve gear; valve train. **commande directe** : direct drive. **commande du carburateur** : carburetor control. **commande du régulateur** : governor drive. **commande du starter** : choke control *(auto)*. **commande élastique** : flexible drive. **commande électrique** : electric drive; electrical control. **à commande électrique** : electric-motor operated. **commande électronique** : electronic control. **commande électronique par effleurement** : touch control. **commande en chaîne ouverte** : open-loop control. **commande et contrôle à distance** : remote monitoring and control (RMC). **commande ferme** : actual order. **commande hydraulique** : hydraulic control; hydraulic drive. **commande individuelle** : individual drive; single drive. **commande manuelle** : hand drive; manual drive. **commande mécanique** : mechanical drive. **à commande mécanique** : power-driven. **commande numérique** : digital control; numerical control. **commande par balancier** : beam drive. **commande par câble** : cable drive; rope drive. **commande par came** : cam gear. **commande par chaîne** : chain drive; drive chain. **commande par chaîne à fuseau** : pintle-chain drive. **commande par courroie** : belt drive. **commande par dépression** : vacuum control. **commande par engrenage** : gear drive; geared power; worm-gear operated. **à commande par engrenage** : geared. **commande par étranglement** : throttle control. **commande par excentrique** : eccentric action. **commande par levier à rotule** : ball gearshift lever. **commande par manège** : capstan drive. **commande par pignon** : pinion gear. **commande par pignon d'angle** : bevel gearing. **commande par pignon et crémaillère** : rack-and-pinion drive. **commande par vis sans fin** : worm drive. **commande pneumatique** : pneumatic control. **à commande pneumatique** : air operated. **commande positive** : positive control. **commande programmée du gain** : programmed gain control (PGC). **à commande rapide** : quick operating. **commande unique** : single control. **à commande unique** : ganged.

commandé – controlled; driven. **commandé à la main** : hand-controlled. **commandé par clé** : wrench operated. **commandé par moteur** : engine driven; motor driven.

commandement *m* – bidding; leading. **commandement d'un relief** : height of a landform *(geomorph)*.

commander – control (to); order (to); steer (to).

commanditaire *m* – sponsor, *an industrial firm, government agency or private individual contracting for research projects to be done by third parties.*

commencement *m* – beginning; onset. **commencement d'éruption** : incipient blowout.

commencer – come (to) in *(drill)*; initiate (to); start (to). **commencer un forage** : start (to) drilling.

commensalisme *m* – commensalism *(ecol)*.

commerce *m* – business; trade; trading. **commerce caboteur** : coastwise trade. **commerce d'importation** : import trade. **commerce de gros** : wholesale trade. **commerce de troc** : barter trade. **commerce extérieur** : foreign trade. **commerce intérieur** : domestic trade; home trade; inland trade. **commerce par opérations compensées** : barter trade.

commercial – commercial.

commercialisable – marketable; merchantable.

commercialisation *f* – marketing.

commercialisé – marketed.

commettage *m* – lay, *of rope.*

commettant *m* – *see courtier.*

comminution *f* – comminution, *pulverization*; size reduction.

commission *f* – commission; committee; factorage; panel.

commissionnaire *m* – commission agent. **commissionnaire de transport** : forwarding agent. **commissionnaire en douane** : customs agent.

commissionner – commission (to).

commode – convenient; handy.

commodité *f* – convenience.

commodités *f* – utilities.

commotion *f* – electric shock.

commun – common; joint.

communauté *f* – community; pool. **communauté biotique** : biotic community, *biocoenosis*. **communauté d'intérêts** : amalgamation of interests.

communication *f* – communications; paper, *for presentation at meetings*. **communication cartographique** : cartographic communication.

commutateur *m* – change relay; changeover switch; commutator; roll-along switch; switch. **commutateur à balais** : brush collector. **commutateur à discordance** : discrepancy switch. **commutateur à ressort** : snap switch. **commutateur d'allumage** : ignition switch; timer. **commutateur d'éclairage** : light switch. **commutateur de charge** : charge switch. **commutateur de réglage silencieux** : muting switch. **commutateur de rotary** : rotary switch. **commutateur de voltmètre** : voltmeter switch. **commutateur sélecteur** : selector switch.

commutativité *f* – commutativity *(math)*.

commutatrice *f* – rotary converter.

commuter – commutate (to).

compacité *f* – compactness, *degree of compression of particles in a material mass*; consistence; packing density *(sedim)*.

compact – compact; dense; firm; tight.

compactage *m* – compaction, *reduction of pore space in a body of sediments, thus reducing its bulk volume or thickness*; packing; tamping, *covering an explosive charge with earth or water to increase its energy yield*. **compactage d'informations** : stacking of data.

compacté – compacted.

compactibilité *f* – compactibility.

compaction *f* – compaction. **compaction des marnes** : shale compaction. **compaction différentielle** : differential compaction.

compagnie *f* – company. **compagnie de navigation** : shipping company. **compagnie de service** : service company. **compagnie intégrée** : integrated company. **compagnie pétrolière** : oil company.

comparaison *f* – comparison; matching. **comparaison à un abaque** : curve matching. **comparaison de phase** : phase comparison. **comparaison en animation** : wink technique *(seis)*.

comparateur *m* – comparator. **comparateur à cadran** : dial comparator. **comparateur de couleurs** : color comparator.

comparatif – comparative.

comparé – comparative.

comparer – collate (to).

compartiment *m* – block, *of a fault*; cabinet; compartment. **compartiment abaissé** : downthrown block, *of a fault*. **compartiment chevauchant** : hanging wall, *the rock mass located above the fault surface and bearing upon it*. **compartiment chevauché** : footwall, *the underlying side of the fault*. **compartiment de survie** : survival compartment. **compartiment de ventilation** : air compartment *(mine)*. **compartiment des soupapes** : valve chamber; valve housing. **compartiment marnant** : rising-and-falling compartment; tidal tank. **compartiment soulevé** : uplifted side; upthrown block, *of a fault*.

compartimentage *m* – partitioning, *ship*.

compas *m* – compass. **compas à charnière** : firm-joint caliper. **compas à coulisse** : beam caliper. **compas à trusquin** : beam compass. **compas à verge** : beam compass; trammel. **compas d'ellipse** : trammel. **compas d'épaisseur** : caliper; firm-joint caliper; outside caliper. **compas d'extérieur** : outside caliper. **compas d'intérieur** : inside caliper. **compas de route** : steering compass. **compas gyromagnétique** : gyromagnetic compass. **compas gyroscopique** : gyroscopic compass. **compas gyrostatique** : gyrocompass. **compas magnétique** : magnetic compass. **compas pour mesurer la conicité des filetages intérieurs** : internal thread-taper caliper.

compatible – compatible; consistent.

compensateur *m* – compensator; equalizer. **compensateur acoustique** : acoustic compensator. **compensateur antipilonnement** : heave compensator. **compensateur de filé** : image-motion compensator. **compensateur de houle** : motion compensator. **compensateur de mouvement** : motion compensator. **compensateur de pilonnement** : drill-string compensator (DSC); heave compensator.

compensateur – compensating, *fem. compensatrice.*

compensation *f* – balancing; clearance; clearing; compensation; countertrade; offset; trim. **compensation de contraste** : dodging, *shading a portion of photographic paper to modify the tones of some portions of the print*. **compensation de pilonnement** : heave compensation *(ocean)*. **compensation isostatique** : isostatic compensation. **compensation isostatique des masses** : isostatic mass compensation. **compensation isostatique des pressions** : isostatic pressure compensation. **compensation isostatique locale** : local isostatic compensation. **compensation par bande** : strip adjustment. **compensation par bloc** : block adjustment.

compensatoire – compensatory.

compensé – compensated. **compensé d'effet de trou** : borehole compensated (BHC). **compensé pour le trou de sonde** : borehole compensated (BHC), *acoustic logging.*

compenser – balance (to) a survey *(topog)*.

compétence *f* – competence, *the ability of a current of water or wind to transport detritus*. **compétence d'une roche** : rock competence, *the ability of a rock to withstand stress.*

compétent – competent, *referring to a layer having more nearly parallel folds then in adjacent layers where the folds are more nearly similar.*

compilateur *m* – compiler.

compiler – compile (to).

complaisance *f* – compliance *(mech)*. **complaisance de cisaillement** : shear compliance, *rheology*. **complaisance élastique** : elastic compliance.

complément *m* – complement; supplement. **complément à deux** : two's complement. **complément à un** : one's complement.

complémentaire – complementary.

complémentarité *f* – complementarity.

complet – complete; full.

complètement *m* – completion. **complètement photogrammétrique** : field inspection.

compléter – complete (to). **compléter un puits** : complete (to) a well.

complétion *f* – completion. **complétion à outils pompés** : pumpdown completion. **complétion au mur** : liner completion. **complétion d'un puits** : well completion. **complétion d'un puits tubé** : cased-hole completion. **complétion de puits en diamètre réduit** : small-diameter well completion. **complétion double** : dual completion, *production from two superposed layers via two parallel tubings or concentrically via the annular space in the borehole.* **complétion en découvert** : barefoot completion; open-hole completion. **complétion marine** : marine completion. **complétion multiple** : multiple completion, *said of a well that produces from more than one productive layer via different tubings inside the casing string.* **complétion non tubée** : barefoot completion; open-hole completion. **complétion par colonnes perdues** : liner completion. **complétion permanente** : permanent completion. **complétion permanente des puits** : permanent well completion. **complétion sans colonne de production** : tubingless completion. **complétion sous-marine** : subsea completion; underwater completion (UWC).

complexant *m* – chelating agent; sequestering agent.

complexation *f* – complex formation *(chem)*; complexing.

complexe *m* – complex compound; coordination compound. **complexe activé** : activated complex. **complexe anticlinal** : anticlinal composite. **complexe d'inclusion** : inclusion complex. **complexe d'insertion** : inclusion complex, *a crystalline structure containing foreign ions.* **complexe de base** : basement complex *(geol)*, *see socle.* **complexe de collision** : encounter complex. **complexe de couches** : group of strata; sedimentary complex; series of strata *(geol)*. **complexe de transfert de charge** : charge-transfer complex. **complexe faillé** : fault complex. **complexe récifal** : reef complex. **complexe sédimentaire** : sedimentary complex *(geol)*.

complexe – complex; sophisticated.

complexeur *m* – phasor, *rotating line representing a sinusoidally varying quantity ; a quantity that is a complex number; low-energy excitation of the conduction electrons in a metal.*

comportement *m* – behavior; performance, *of an oil during testing.* **comportement au point de fusion** : melting-point behavior. **comportement de phases** : phase behavior. **comportement éclair** : flash liberation. **comportement thermodynamique des hydrocarbures** : hydrocarbon-phase behavior.

composant *m* – component; constituent. **composant à haut indice d'octane** : octane booster, *motor gasoline.* **composant clé** : key component, *an intermediate component used as a marker for designing distillation columns, usually a paraffinic hydrocarbon.* **composant électronique** : electronic component. **à n-composants** : n-component.

composante *f* – component. **composante continue** : zero-frequency component *(seis)*. **composante de l'angle** : dip throw, *measured parallel to the dip of the vein.* **composante de la marée** : harmonic tidal constituent. **composante des prix** : price component. **composante en quadrature** : quadrature component. **composante horizontale** : horizontal component. **composante lissée** : trend. **composante normée** : normalized component. **composante verticale** : vertical component.

composé *m* – compound. **composé acyclique** : acyclic compound, *open-chain compound.* **composé aliphatique** : aliphatic compound, *open-chain compound.* **composé alkylé sulfuré** : alkyl-sulfur compound. **composé antidétonant** : antiknock compound. **composé antirouille** : antirust compound. **composé aromatique** : aromatic compound. **composé asphaltique** : asphaltic compound. **composé au sélénium** : selenium compound. **composé binaire** : binary compound. **composé cage** : cage compound. **composé carbocyclique** : carbocyclic compound. **composé cationique** : cationic, *a positively charged ion.* **composé chimique** : chemical compound. **composé couronne** : crown compound. **composé cyclique** : closed-chain compound; cyclic compound; ring compound. **composé d'addition** : addition compound. **composé d'étanchéité** : sealing compound. **composé d'inclusion** : inclusion compound. **composé d'insertion** : clathrate compound. **composé de coordination** : coordination compound. **composé détartrant pour chaudières** : boiler compound. **composé deutéré** : deuterocompound. **composé en cage** : clathrate compound, *an inclusion compound in cage form.* **composé en chaîne** : chain compound *(chem)*. **composé en chaîne fermée** : closed-chain compound. **composé extrême-pression** : extreme-pressure compound. **composé hétérocyclique** : heterocyclic compound, *having a closed-ring structure and containing atoms of elements other than carbon.* **composé homocyclique** : homocyclic compound. **composé instable** : unstable compound. **composé intermétallique** : intermetallic compound, *alloy of two metals with a progressive change in composition accompanied by a progression of phases with different crystal structures.* **composé marqué** : labeled compound; tagged compound. **composé minéral** : inorganic compound. **composé moléculaire** : molecular compound. **composé non cyclique** : open-chain compound. **composé non ionique** : nonionic. **composé non saturé** : unsaturated compound. **composé organique** : organic compound. **composés organiques volatils (COV)** : volatile organic compounds (VOC), *a more general term than hydrocarbons used for air pollutants.* **composé pétrolier pur** : pure petroleum compound, *having a narrow boiling range.*

composé polaire : polar compound. **composé saturé** : saturated compound. **composé soufré** : sulfur compound. **composé tensioactif** : surface-active compound. **composé traceur** : tagged compound.

composé – composite.

composite – composite, *also used as a noun for matériau composite.* **composite verre-résine (CVR)** : glass-fiber-reinforced plastic (GRP); glass-reinforced plastic (GRP).

composition *f* – compositing; composition. **composition au point de rosée** : dew-point composition. **composition chimique** : chemical composition. **composition colorée** : color composite. **composition de garniture de forage** : setup, *drill string.* **composition de la cargaison** : cargo mix. **composition de traces** : mixing, *mixing the response of a seismograph with a given percentage of the response of nearby seismographs*; stack *(seis)*; trace integration. **composition de traces brutes** : vertical stack, *of different shots.* **composition de traces non adjacentes** : skip mixing. **composition du mélange** : mixture ratio. **composition granulométrique** : grading, *grain size.* **composition isolante** : insulating compound. **composition structurelle** : structural composition *(chem).* **composition volumique des gaz** : gas volume composition.

compost *m* – compost, *mixture of decaying organic matter used for fertilizing soil.*

compostage *m* – composting, *biological process for creating compost to be used as fertilizer.*

compound *m* – compound.

compoundage *m* – compounding.

compréhension *f* – understanding.

comprendre – understand (to); grasp (to); include (to); incorporate (to). **comprendre dans** : intercept (to) *(curves).*

compresseur *m* – compressor. **compresseur à ammoniac** : ammonia compressor. **compresseur à contre-courant** : return-flow compressor. **compresseur à cylindres opposés** : opposed-cylinder compressor. **compresseur à deux étages** : two-stage compressor. **compresseur à double effet** : double-acting compressor. **compresseur à équicourant** : uniflow-type compressor. **compresseur à flux continu** : uniflow-type compressor. **compresseur à gaz** : gas compressor. **compresseur à jet** : jet booster; jet compressor. **compresseur à palettes** : rotary compressor. **compresseur à piston** : piston compressor; reciprocating compressor. **compresseur à plusieurs étages** : *see compresseur multiétagé.* **compresseur à simple effet** : single-acting compressor. **compresseur à un étage** : single-stage compressor. **compresseur à vis** : screw compressor. **compresseur alternatif** : reciprocating compressor. **compresseur axial** : axial compressor. **compresseur biétagé** : compound compressor. **compresseur centrifuge** : centrifugal compressor. **compresseur compound** : compound compressor. **compresseur d'air** : air compressor. **compresseur d'air de balayage** : scavenging air pump, *in a two-stroke engine.* **compresseur d'air de lancement** : starting-air compressor. **compresseur d'alimentation** : feed compressor. **compresseur de dégazolinage** : refinery compressor. **compresseur de gaz** : gas compressor. **compresseur de réfrigération** : refrigeration compressor. **compresseur de suralimentation** : supercharger. **compresseur en V** : V compressor. **compresseur mobile** : portable compressor. **compresseur multiétagé** : multistage compressor. **compresseur rotatif** : rotary compressor. **compresseur semihermétique** : semihermetic compressor. **compresseur volumétrique** : positive-displacement compressor.

compressibilité *f* – compressibility, *bulk compressibility, the reciprocal of bulk modulus, change of volume with pressure.* **compressibilité effective des roches réservoir** : effective reservoir-rock compressibility.

compressif – compressive.

compression *f* – compression; squeeze; squeezing. **compression à plusieurs étages** : multistage compression. **compression adiabatique** : adiabatic compression. **compressions budgétaires** : budget cuts *(fin).* **compression d'impulsion** : spiking. **compression dans le carter** : crankcase compression, *two-stroke engine.* **compression de données** : data compression. **compression du gaz de craquage** : cracked-gas compression. **compression isostatique à chaud** : hot isostatic pressing (HIP), *a forming process by the sintering of titanium alloy elements.* **compression isotherme** : isothermal compression, *in which air or gas is maintained at constant temperature.* **compression normale polytropique** : normal polytropic compression, *between isothermal compression and adiabatic compression.* **compression polytropique** : polytropic compression. **compression simple** : unconfined compression. **installation de compression** : compression plant.

comprimé – compressed; pressed.

comprimer – compress (to). **comprimer le signal** : spike (to).

compromis *m* – commitment, *purchase*; compromise; tradeoff. **compromis d'avarie** : average bond.

comptabilité *f* – accounting; bookkeeping. **comptabilité analytique** : cost accounting. **comptabilité des prix de revient** : cost accounting. **comptabilité des stocks** : stock accounting. **comptabilité en partie double** : double-entry accounting; double-entry bookkeeping. **comptabilité en partie simple** : single-entry accounting. **comptabilité énergétique** : energy accounting. **comptabilité industrielle** : cost accounting.

comptage *m* – count; counting; metering. **comptage de particules** : particle counting. **comptage électronique de pulsation** : scaling. **comptage massique** : mass-flow rate. **comptage routier** : traffic count. **comptage-temps de terrain** : field timing.

comptant *m* – cash payment. **comptant à la commande** : cash on order. **comptant avec escompte** : cash less discount.

compte *m* – account; count. **compte à rebours** : countdown. **compte d'attente** : suspense account. **compte d'avances** : advance account. **compte d'exploitation** : operating account; working account. **compte de capital** : capital account. **compte de crédit** : credit account. **compte de crédit d'achats** : charge account. **compte des profits et pertes** : profit-and-loss account. **compte détaillé** : itemized account. **compte du revenu national** : national income account. **compte en banque** : bank account.

comptes fournisseurs : accounts payable. **compte joint** : joint account. **compte récapitulatif** : summary account. **compte renouvelable** : revolving account.

compte-gouttes *m* – drop bottle; dropper; eyedropper; pipet.

compte-pas *m* – pedometer.

compter – account (to); count (to); number (to).

compte-rendu *m* – account; minutes; proceedings; report. **compte-rendu de mise en oeuvre** : final operation report.

compte-tours *m* – revolution counter; tachometer.

compteur *m* – counter; delivery meter; meter; telltale. **compteur à gaz** : *see compteur de gaz.* **compteur à huile** : oil meter. **compteur à moulinet** : mass flowmeter; screw flowmeter. **compteur à orifice calibré** : orifice meter. **compteur à piston rotatif** : rotary displacement meter. **compteur à scintillation** : scintillation counter. **compteur avec remise à zéro** : set-back counter. **compteur contrôleur** : test meter. **compteur d'eau** : water meter. **compteur d'énergie active** : watt-hour meter. **compteur d'huile** : oil meter. **compteur d'impulsions** : impulse meter. **compteur de Cerenkov** : Cerenkov counter, *used to detect high-energy charged particles.* **compteur de courant** : current meter. **compteur de dépassement** : excess energy meter. **compteur de détonation** : detonation meter, *detection and electronic amplification system to increase the accuracy of the measurement of the detonation capacity of a fuel.* **compteur de gamma** : gamma counter. **compteur de gaz** : gas meter. **compteur de précision** : precision meter. **compteur de quantité** : quantity meter. **compteur de scintillation aéroporté** : airborne scintillation counter. **compteur de temps** : timer. **compteur de vitesse** : speedometer. **compteur électrique** : electric meter. **compteur étalon** : standard meter. **compteur Geiger** : Geiger counter, *Geiger-Müller counter.* **compteur général** : master meter. **compteur humide** : wet meter. **compteur hydraulique** : wet meter. **compteur journalier** : trip odometer. **compteur kilométrique** : cyclometer; distance indicator; odometer. **compteur proportionnel** : proportional counter, *used for radioactive prospecting when a Geiger-Müller counter cannot pick up the voltage to be recorded.* **compteur sec** : dry meter. **compteur venturi** : venturi meter. **compteur volumétrique** : positive-displacement meter, *for measuring the volume of fluid or gas passing through a pipe during the interval required for one revolution of its mechanism.* **compteur volumétrique à piston** : piston-displacement meter.

Compton – Compton, *see diffusion Compton, longueur d'onde de Compton.*

concassage *m* – crushing. **concassage de minerai** : ore breaking.

concassé – cracked; crushed; stamped.

concasseur *m* – breaker; crusher; crushing machine; disintegrator. **concasseur à cylindres** : crushing mill; crushing rolls. **concasseur à mâchoires** : jaw crusher; jaw breaker, *for breaking rocks between two steel jaws.* **concasseur à marteaux** : hammer mill; beater mill. **concasseur giratoire** : gyrator, *gyratory crusher;* rotary breaker. **concasseur rotatif** : rotary breaker.

concaténation *f* – concatenation.

concave – concave.

concavité *f* – concavity.

concavo-convexe – concavo-convex.

concavo-concave – concavo-concave.

CONCAWE – CONCAWE, *acronym of Oil Companies International Study Group for Conservation of Clean Air and Water.*

concédant *m* – grantor.

concentrateur *m* – concentrator. **concentrateur magnétique** : magnetic concentrator.

concentration *f* – concentrating; concentration; pooling; strength. **concentration au niveau du sol** : ground-level concentration, *amount of solid, liquid or gas per unit volume of air, generally measured at a specific height.* **concentration au sol** : ground-level concentration. **concentration de vapeur de mercure** : mercury-vapor concentration. **concentration des sédiments** : sediment concentration. **concentration efficace** : effective concentration. **concentration en ions hydrogène (pH)** : hydrogen-ion concentration (pH), *the logarithm of the reciprocal of the hydrogen-ion concentration of a solution.* **concentration ionique** : ion concentration. **concentration létale (CL)** : lethal concentration (LC), *the concentration of a toxicant expressed in percent of the population killed.* **concentration létale médiane (CL50)** : median lethal concentration (LC50), *the concentration of a toxicant lethal to one half of a test population.* **concentration magmatique** : magmatic concentration. **concentration magnétique** : magnetic concentration. **concentration maximale admissible (CMA)** : maximum allowable concentration (MAC); maximum permissible concentration (MPC); threshold limit value (TLV). **concentration micellaire critique (CMC)** : critical micelle concentration (CMC). **concentration moléculaire** : molecular concentration. **concentration par évaporation** : water concentration. **concentration par gravité** : gravity concentration. **concentration sur tables** : tabling, *concentration of minerals.* **concentration thermodynamique** : thermodynamic concentration.

concentré *m* – concentrate; heads *(mining).* **concentré d'uranium** : yellow cake, *the final precipitate from the milling of uranium ore.* **concentré de cuivre** : copper concentrate. **concentré de flottation** : flotation concentrate. **concentré de minerai** : ore concentrate. **concentré de protéine de poisson** : fish-protein concentrate (FPC).

concentré – concentrated; strong, *solution.*

concentrer – evaporate (to) down; thicken (to). **concentrer par ébullition** : boil (to) down.

concentrique – concentric.

concept *m* – concept.

concepteur *m* – designer.

conception *f* – design. **conception assistée par ordinateur (CAO)** : computer-aided design (CAD). **conception de procédé** : process design. **conception de systèmes** : systems design. **conception du projet** : project design. **conception fonctionnelle** : functional design, *of machinery.*

concesseur *m* – licensor.

concessible – concessible.

concession *f* – concession; grant; granting; lease, *the legal document between lessor and a lessee that grants the right to exploit the premises for minerals or other products ; the area where production wells and the production equipment are located*; license, *an agreement, usually from a government, permitting a foreign company to prospect for and produce oil in the area covered by the agreement.* **concession à jouissance commune** : joint lease, *may even include concurrent mineral owners.* **concession au large des côtes** : offshore lease. **concession commune** : community lease, *covering lots belonging to different owners.* **concession contiguë** : adjoining concession. **concession d'exploration et d'exploitation** : concession for exploration and exploitation. **concession de lit de cours d'eau** : bed claim. **concession du sol** : surface lease, *for agricultural purposes.* **concession fédérale** : departmental lease, *not competitive.* **concession inexploitée** : nonproducing property. **concession marine** : offshore lease. **concession minière** : claim; mineral claim; mining claim; mining concession; mining lease. **concession non compétitive** : noncompetitive lease, *a lease on federal land not subject to bidding.* **concession pétrolière** : oil concession; oil lease. **concession située à la lisière du gisement** : edge lease, *beyond the line separating the oil zone from the water zone.* **concession sous-marine** : offshore lease. **concession sur une terre fédérale** : federal lease. **concession unitaire** : unit lease, *a lease subject to a unitization agreement ; also a community lease.*

concessionnaire *m* – claimholder; concessionaire; grantee; holder; licensee.

concevoir – design (to); think (to) out.

conchoïdal – conchoidal; shell like.

conciliation *f* – conciliation.

conclusion *f* – close; conclusion. **conclusion provisoire** : tentative conclusion, *subject to revision.*

concordance *f* – concordance, *parallelism of strata with sequence boundaries*; conformability *(geol)*; conformity *(geol)*. **concordance de phases** : phase coincidence *(elec)*. **concordance stratigraphique** : conformity, *a surface that separates younger strata from older rocks, but along which there is no physical evidence of erosion or nondeposition and no signifiant hiatus.* **concordance tectonique** : structural concordance. **en concordance** : concordantly *(geol)*.

concordant – concordant; conformable *(geol)*; repeatable, *test results.*

concourant – intersecting.

concours *m* – concurrence; contest; trial.

concréter – cake (to), *powder.*

concrétion *f* – concretion *(geol)*. **concrétions de pyrite dans la houille** : brances.

concrétionnaire – concretionary.

concrétionné – concretionary.

concurrence *f* – competition. **concurrence acharnée** : fierce competition. **concurrence illicite** : unlawful competition.

concurrent – concurrent.

condamner – sentence (to) *(jur)*. **condamner un puits** : plug (to) a well.

condensabilité *f* – condensability.

condensable – condensable.

condensant – condensing.

condensat *m* – condensate, *a mixture of hydrocarbons that may pass into the liquid phase by isothermal expansion*; gas condensate. **condensat d'eau huileuse** : oily steam condensate.

condensateur *m* – capacitor, *(elec)*; condenser. **condensateur au papier** : paper capacitor. **condensateur d'arrêt** : block capacitor. **condensateur de blocage** : blocking capacitor. **condensateur de puissance** : power capacitor. **condensateur électrique** : electric condenser. **condensateur électrolytique** : electrolytic capacitor. **condensateur électrolytique polarisé** : polarized electrolytic capacitor. **condensateur sphérique** : spherical capacitor.

condensation *f* – condensation. **condensation atmosphérique** : atmospheric condensation. **condensation capillaire** : capillary condensation. **condensation d'humidité** : moisture condensation. **condensation des données** : data compression. **condensation fractionnée** : fractional condensation. **condensation partielle** : dephlegmation *(distil)*; partial condensation. **condensation rétrograde** : retrograde condensation, *condensation by a decrease of pressure, or at constant pressure by an increase in temperature.*

condensats *m* – drips.

condensé – condensed.

condenser – incrassate (to); occlude (to).

condenseur *m* – condenser. **condenseur à air** : air condenser. **condenseur à boules** : bulb condenser. **condenseur à calandre** : shell-and-tube condenser. **condenseur à calandre et serpentins** : shell-and-coil condenser. **condenseur à calandre multitubulaire** : shell-and-tube condenser. **condenseur à calandres multiples** : multishell condenser. **condenseur à convection forcée** : forced-draft condenser. **condenseur à double tube** : double-pipe condenser; tube-in-tube condenser. **condenseur à eau** : water-cooled condenser. **condenseur à évaporation forcée** : evaporative condenser. **condenseur à immersion** : submerged condenser. **condenseur à injection** : jet condenser, *in which the steam to be condensed comes into direct contact with a jet of cooling water.* **condenseur à plaques** : plate condenser. **condenseur à plateaux** : plate condenser. **condenseur à reflux** : backflow condenser; reflux condenser. **condenseur à soutirage** : bleeder-type condenser. **condenseur à surface** : surface condenser. **condenseur ascendant** : upright condenser. **condenseur atmosphérique** : atmospheric condenser. **condenseur atmosphérique de vapeur** : atmospheric vapor condenser. **condenseur barométrique** : barometric condenser, *in vacuum distillation units, it is used to condense overhead vapors by cold-water spraying.* **condenseur de Liebig** : Liebig condenser, *formed by two glass tubes between which cold water circulates.* **condenseur de réglage** : trim condenser. **condenseur de tête** : top condenser. **condenseur descendant** : downward condenser. **condenseur direct** : scrubber cooler. **condenseur intermédiaire** : intercondenser. **condenseur inversé** : reverse condenser. **condenseur optique** : optic condenser. **condenseur partiel** : partial condenser, *an exchanger located in or at the top of a tower to condense part of the* *overhead vapors so they can be refluxed.* **condenseur primaire** : primary condenser. **condenseur sous vide** : vacuum condenser. **condenseur tubulaire** : tubular condenser; water-tube-condenser.

condition *f* – clause; condition. **conditions assignées de fonctionnement** : rated operating conditions. **conditions atmosphériques** : weather conditions. **condition aux limites** : boundary condition. **conditions climatiques** : climatic conditions. **condition d'équilibre** : equilibrium condition. **condition d'essai** : test condition. **condition d'utilisation des canalisations** : working characteristics of piping. **conditions de base** : base conditions, *standard conditions of 14.65 psia (101.325 Pa) pressure and 60°F (15.6°C) temperature used to calculate the amount of gas in oil from a well (gas/oil ratio)*. **condition de garantie** : warranty condition. **conditions de gisement** : reservoir conditions. **condition de marche** : operating condition. **conditions de référence** : reference conditions, *conditions of use prescribed for performance testing.* **conditions de références de l'huile de stockage** : stock-tank conditions, *atmospheric pressure and 15°C (prod)*. **conditions de service** : working conditions. **conditions de vie** : housekeeping, *in living quarters.* **condition frontière** : boundary condition. **condition initiale** : initial condition. **conditions météorologiques** : weather conditions. **condition nécessaire et suffisante** : necessary and sufficient condition (NSC). **conditions nécessaires** : required conditions. **condition normale** : standard condition, *normal condition.* **conditions normales de référence** : standard reference conditions, *standard temperature and pressure conditions are 0°C, 101.325 Pa, the conditions to which the gas volume is usually referred are 15°C, 101.325 Pa.* **condition opératoire** : operating condition. **conditions opératoires** : operative conditions. **conditions requises** : required conditions. **condition standard** : standard condition. **condition structurale** : structural condition.

conditionné – canned; conditioned; packed.

conditionnement *m* – completion; conditioning; packaging. **conditionnement d'un puits** : well completion, *indicates all the operations performed on a specific producing stratum beginning with drilling and ending with definitive production.* **conditionnement de l'air** : air conditioning.

conditionneur *m* – conditioner. **conditionneur d'air** : air conditioner.

conductance *f* – conductance, *the real part of the admittance of a circuit, SI unit: siemens* (S). **conductance équivalente** : equivalent conductance. **conductance molaire** : molar conductance. **conductance thermique** : thermal conductance, *amount of heat transmitted by a material divided by the temperature difference of the surfaces of the material.*

conducteur *m* – conductor *(elec)*; driver, *vehicles*; electronic conductor; leader. **conducteur de camion** : truck driver. **conducteur de machine à souder** : welding operator. **conducteur de terre** : earth lead *(elec)*. **conducteur de travaux** : superintendent. **conducteur neutre** : neutral wire, *i.e. not receiving any current ; it is generally grounded.* **conducteur nu** : bare conductor. **conducteur principal** : main lead. **conducteur souple** : cord.

conducteur – conducting; conductive, *fem. conductrice.*

conductibilité *f* – *see conductivité thermique.*

conductimétrie *f* – conductimetry. **conductimétrie à haute fréquence** : oscillometric titration.

conductimétrique – conductometric.

conduction *f* – conduction. **conduction gazeuse** : gas discharge. **conduction thermique** : heat conduction.

conductivité *f* – conductance; conduction; conductivity. **conductivité calorifique** : *see conductivité thermique.* **conductivité capillaire** : capillary conductivity. **conductivité de lacune** : defect conduction, *semiconductor.* **conductivité des roches** : conductivity of rocks. **conductivité électrique** : electrical conductivity. **conductivité électrolytique** : electrolytic conductivity. **conductivité inversée** : reciprocated conductivity. **conductivité molaire** : molar conductivity. **conductivité spécifique** : specific conductance. **conductivité thermique** : heat conductivity; thermal conductivity.

conduire – carry (to) on; drive (to); lead (to).

conduisabilité *f* – drivability.

conduit *m* – conduit; duct; flue. **conduit aéraulique** : air duct. **conduit collecteur** : shunt. **conduit d'échappement des gaz brûlés** : waste-gas flue. **conduit de chaleur** : heating pipe. **conduit de fumée** : chimney flue; fume duct; smoke pipe; stack pipe. **conduit souterrain** : culvert.

conduite *f* – drive; duct; guiding; lead; leading; line; pipe; piping. **conduite à double réduction** : double-reduction drive. **conduite à écoulement naturel** : gravity line, *a flowline in which fluid flow is caused by the natural slope of the ground.* **conduite à froid** : cold working. **conduite à gauche** : left-hand drive. **conduite à haute-pression** : high-pressure line. **conduite à la terre** : ground line. **conduites couplées** : coupled pipes. **conduite d'alimentation** : delivery pipe; feed line; feed pipe; supply pipe. **conduite d'alimentation en eau** : water-supply line. **conduite d'amenée** : delivery pipe; feed pipe; feeder; gathering line; head pipe; lead line; lead pipe. **conduite d'approvisionnement** : supply main. **conduite d'arrivée** : supply pipe. **conduite d'aspiration** : suction line. **conduite d'eau** : water line; water piping. **conduite d'échappement** : exhaust pipe. **conduite d'écoulement** : flowline, *carrying oil from a well to a storage tank.* **conduite d'écoulement du bac à boue** : mud flowline. **conduite d'évacuation** : blowing line, *in air drilling*; flowline. **conduite d'évacuation d'air** : air exhaust line. **conduite d'exhaure** : main line. **conduite d'extinction** : snuffer line. **conduite d'hydrocarbures** : pipeline. **conduite d'injection** : kill line. **conduite d'un liquide** : conduction. **conduite de boue** : mud line. **conduite de branchement** : service pipe, *house branch line, for gas.* **conduite de collecte** : flowline; gathering line. **conduite de décharge** : delivery pipe; tailrace. **conduite de dérivation** : bypass line. **conduite de distribution** : distribution main. **conduite de gaz** : gas line. **conduite de méthane** : methane pipeline. **conduite de refoulement** : delivery pipe. **conduite de réinjection** : repressure line, *for gas.* **conduite de remplissage** : filling line. **conduite de transfert** : transfer line.

conduite de transport : feeder, *for gas, electricity, steam, etc.*; transmission main. **conduite de vapeur** : steam line; steam main; vapor line. **conduite des eaux pluviales** : storm drain, *storm sewer.* **conduite des flammes** : flame baffling. **conduite en charge** : charge main; live main; live pipe. **conduite en ville** : stop-and-go driving; urban driving, *effect on fuel consumption.* **conduite forcée** : force pipe; penstock; pressure pipe. **conduite marine** : sea line, *a pipe leading to an onshore outlet so that tankers can be loaded and unloaded without having to dock.* **conduite montante** : flow pipe. **conduite nue** : bare pipe. **conduite principale** : trunkline. **conduite principale de gaz** : gas main. **conduite sous-fluviale** : river crossing. **conduite sous pression** : pressure pipe.

cône *m* – bell; cone; fan *(sedim)*; taper. **cône à axe divergent** : offset cone, *drill bit.* **cône à friction** : friction cone. **cône adventif** : adventive cone, *volcano*; parasitic cone. **cône alluvial** : alluvial cone; alluvial fan. **cône autonettoyant** : self-cleaning cone, *drill bit.* **cône composé** : composite cone. **cône d'accouplement** : clutch bevel. **cône d'alluvions** : fan structure; talus fan *(geol)*. **cône d'eau** : water cone. **cône d'éboulis** : alluvial fan; mound of breakdown; talus fan *(geol)*. **cône d'embrayage** : clutch cone; clutch taper. **cône d'entraînement** : gearing cone. **cône d'explosion** : explosion cone. **cône de boue** : mud cone. **cône de cendres** : ash cone. **cône de débris** : cinder cone; eruption cone. **cône de déjection** : alluvial cone; cone delta; cone of dejection; debris cone; slide rock; talus fan *(geol)*. **cône de fond** : bottom coning *(prod)*. **cône de gicleur en acier** : steel nosecone. **cône de Mach** : Mach cone, *cone-shaped shock wave created by a pointed body moving at very high speed.* **cône de pied** : dedendum cone. **cône de réduction** : reducer. **cône de réglage** : adjusting cone. **cône de révolution** : cone of revolution. **cône de scories** : cinder cone; scoria cone. **cône de Seger** : Seger cone, *pyrometric cone.* **cône de talus** : slope fan *(geol)*. **cône déflecteur** : deflecting cone; deflector cone. **cônes emboîtés** : ring crater, *nested rings surrounding an explosion crater.* **cône extensible** : expanding cone. **cône femelle** : female cone. **cône latéral** : edge coning *(prod)*. **cône mâle** : male cone. **cône parasitaire** : adventive cone. **cône poulie** : step cone. **cône pyrométrique** : pyrometric cone, *used for measuring temperatures of furnaces.* **cône sous-marin** : submarine fan. **cône sous-marin de bassin** : basin-floor fan. **cône sous-marin de talus** : slope fan. **cône torrentiel** : alluvial cone. **cône turbiditique de bassin** : basin-floor fan. **cône volcanique** : volcanic cone.

conférence *f* – conference; lecture.

confiance *f* – confidence. **digne de confiance** : reliable.

confidentiel – classified.

configuration *f* – configuration, *see also conformation*; external shape, *of a seismic sequence*; lay; pattern. **configuration d'écoulement** : flow pattern. **configuration d'injection** : injection pattern, *number of injection wells versus production wells.* **configuration de géophones** : seismic pattern. **configuration de la scène** : pattern of the scene, *remote sensing.* **configuration de Lee** : Lee configuration, *in resistivity surveying, a variation of the Wenner configuration with an additional electrode midway between the potential electrodes.* **configuration de prise de vues** : viewing configuration, *of viewing angles.* **configuration de Wenner** : Wenner configuration, *in resistivity surveying, four equally-spaced collinear electrodes are used, with the outer two acting as current sources and the inner two as potential-measuring points.* **configuration des réseaux** : network configuration. **configuration mamelonnée** : hummocky configuration. **configuration moutonnée** : mounded configuration. **configuration progradante** : progradational configuration. **configuration sismique** : seismic pattern. **configuration transparente** : free configuration, *geometry of seismic reflectors.*

confiné – confined.

confinement *m* – confinement; confining; containment. **confinement des déversements de pétrole** : oil-spill containment. **confinement magnétique** : magnetic confinement.

confins *m* – border; confines.

confirmer – bear (to) out.

confisquer – confiscate (to); impound (to).

conflagration *f* – conflagration.

conflit *m* – conflict, *see résolution de conflit*; dispute.

confluence *f* – confluence.

confluent *m* – confluent. **confluent discordant** : discordant hanging junction. **confluent en crochet** : barbed junction, *a river network with tributaries joining the main stream at sharp downhill angles.* **confluent entraîné vers l'aval** : deferred junction.

confondre – merge (to). **confondre les couches** : jump (to) beds *(geol)*.

conformation *f* – conformation, *see also configuration.*

conforme – conformable, *referring to stratification having layers one above the other in parallel order resulting from steady uninterrupted deposition*; conformal.

conformité *f* – accordance; agreement; compliance; conformance; conformity.

confronter – face (to).

congé *m* – clearance, *of a vessel*; leave. **congé d'entrée** : bill of entry. **congé de maladie** : sick leave. **congé en douane** : clearance outwards. **congé formation** : training leave. **congé sabbatique** : sabbatical leave. **congé sans solde** : leave without pay.

congédiement *m* – discharge.

congédier – discharge (to); dismiss (to); lay (to) off.

congélation *f* – congealing; congelation; freezing; icing. **congélation étagée** : step freezing *(mining)*.

congelé – frozen.

congeler – congeal (to). **se congeler** : freeze (to).

congère *f* – snowdrift.

conglomérat *m* – conglomerate. **conglomérat de base** : basal conglomerate *(geol)*. **conglomérat interformationnel** : interformational conglomerate, *existing within a formation but having a source outside of the formation.* **conglomérat intraformationnel** : infraformational conglomerate, *edgewise conglomerate occurring in the midst of a geologic formation having clasts essentially contemporaneous with the original matrix but perhaps external to the formation.* **conglomérat monogénique** : monogenetic conglomerate. **conglomérat phosphaté** : phosphatic conglomerate. **conglomérat polygénique** : polygenetic conglomerate.

conglomération *f* – conglomeration.

congloméré – conglomerated, *conglomerate.*

congrès *m* – conference; congress; convention.

congruence *f* – congruence *(math)*.

congruent – congruent, *see fusion congruente.*

Coniacien *m* – Coniacian, *Upper Cretaceous stage.*

conicité *f* – taper. **conicité du filetage** : taper of the thread.

conimètre *m* – konimeter, *a device used to measure dust in air, with the dust particles being counted with a microscope.*

conique – conic; conical; taper; tapered; tapering.

conjecture *f* – guess.

conjoint – joint.

conjoncteur *m* – circuit closer. **conjoncteur-disjoncteur** : line breaker; make-and-break.

conjonction *f* – conjunction.

conjoncture *f* – conjuncture. **conjoncture économique** : economic situation.

conjugaison *f* – conjugation.

conjugué – combined; conjugate; conjugated; twin.

connaissance *f* – knowledge. **connaissance pratique** : know-how. **connaissances techniques** : technical background.

connaissement *m* – bill of lading.

connecté – connected; tapped.

connecter – bond (to); plug (to) in. **connecter en parallèle** : bridle (to), *different amplifiers on the same signal (seis)*. **connecter et déconnecter** : make (to) and break, *a connection.*

connecteur *m* – connector, *riser device used to latch and unlatch risers to subsea equipment;* coupler. **connecteur à détrompeur** : polarized connector. **connecteur à rotule** : ball-and-socket connector. **connecteur d'extrémité** : end connector. **connecteur de ligne principale** : flowline connector. **connecteur du tube prolongateur** : riser connector. **connecteur hydraulique** : hydraulic connector. **connecteur mécanique** : mechanical connector; mechanical coupling, *pipe.*

connectivité *f* – connectivity.

connexe – akin; related.

connexion *f* – bonding; connecting; connection; hookup. **connexion continentale** : continental connection. **connexions croisées** : crossconnection. **connexion d'éléments** : cell connector. **connexions électriques** : wiring *(elec)*. **connexion en parallèle** : bridle. **connexion en tire-bouchon** : pigtail connection. **connexion enroulée** : wrapped connection. **connexion épaulée** : shouldered connection *(drill)*. **connexion épaulée de masse-tige** : shouldered drill-collar connection *(drill)*. **connexion femelle** : box connection *(drill)*. **connexion interchangeable** : interchangeable connection *(drill)*. **connexion mâle** : pin connection *(drill)*. **connexion par halage interne** : haul-in connection. **connexion sertie** : crimp connection. **connexion volante** : jumper *(elec)*.

conodonte *m* – conodont *(pal)*.

conoscope *m* – conoscope, *wide-angle microscope used in optical mineralogy.*

conque *f* – conch *(pal)*.

Conrad – Conrad, *see discontinuité de Conrad.*

Conradson – Conradson, *see carbone Conradson, résidu Conradson.*

conseil *m* – advice; board. **conseil d'administration** : board of directors; board of trustees. **conseil de direction** : board of directors.

conseiller – advise (to).

conséquence *f* – consequence; effect.

conséquent – consequent, *cataclinal, said of a stream, valley or drainage running or flowing in the same direction as the dip of strata;* consistent.

conservatif – conservative, *fem. conservative.*

conservation *f* – conservation; curing; keeping; maintenance; preservation; storing. **conservation d'étrangeté** : strangeness conservation. **conservation de l'eau** : water conservation. **conservation de l'énergie** : conservation of energy; energy conservation. **conservation de l'impulsion** : conservation of momentum. **conservation de la masse** : conservation of mass. **conservation de la matière** : conservation of matter. **conservation de la parité** : parity conservation. **conservation des sols** : soil conservation. **conservation par le froid** : cold storage.

conservé – preserved. **conservé à l'air** : air cured. **conservé à l'air humide** : fog cured; moist cured. **conservé dans la vapeur** : steam cured.

consignataire *m* – consignee *(naut)*.

consignateur *m* – freighter *(naut)*.

consigne *f* – cloakroom; instruction. **consignes d'urgence** : emergency orders. **consignes de forage** : drilling instructions.

consistance *f* – body; consistence; consistency. **consistance de l'asphalte** : consistency of asphalt. **consistance des graisses** : grease consistency.

consistant – consistent; firm; stiff.

consistomètre *m* – consistometer.

console *f* – bracket; console. **console de visualisation** : display unit. **console de visualisation interactive** : online-display unit.

consolidation *f* – consolidation. **consolidation d'une dette** : funding of a debt, *transformation of a debt from short to long term.* **consolidation des sables** : sand consolidation. **consolidation fiscale** : tax consolidation, *a system for determining the algebraic sum of the taxable results of various activities or companies (interlease consolidation, onshore/offshore, etc.)*.

consolidé – consolidated.

consolider – consolidate (to); ruggedize (to); strengthen (to).

consommable – expendable.

consommables *m* – consumables.

consommateur *m* – consumer.

consommation *f* – consumption; throughput. **consommation brute** : gross consumption. **consommation d'énergie** : power consumption. **consommation de combustible** : fuel consumption. **consommation de pointe** : peak-load consumption. **consommation en heures creuses** : low-load consumption. **consommation en heures pleines** :

full-load consumption. **consommation en ruban** : base-load consumption, *consumption of energy with virtually no fluctuation over a prolonged period.* **consommation finale** : final consumption. **consommation intérieure** : domestic consumption; home consumption, *products destined for the domestic market rather than for export.* **consommation réelle** : actual consumption. **consommation saisonnière** : seasonal consumption. **consommation spécifique effective (CSE)** : specific fuel consumption (SFC), *brake effective fuel consumption.* **consommation spécifique en fuel** : specific fuel-oil consumption (SFOC). **consommation spécifique indiquée (CSI)** : indicated specific consumption.

consommer – consume (to); use (to). **consommer autrement** : divert (to).

consortium *m* – consortium *(econ)*; horizontal combine.

constance *f* – stability, *of a measuring instrument.*

constant – constant; steady; systematic.

constantan *m* – constantan, *a highly resistive copper-nickel alloy used in thermocouples and special heat-measuring devices.*

constante *f* – constant. **constante capillaire** : capillary constant, *surface tension.* **constante critique** : critical constant. **constante cryoscopique** : cryoscopic constant. **constante d'affaiblissement** : attenuation constant. **constante d'affinité** : affinity constant. **constante d'Avogadro** : Avogadro constant, *number of molecules per gram-molecular weight of a substance.* **constante d'effet d'écran** : screening constant. **constante d'élasticité** : elastic constant. **constante d'équilibre** : equilibrium constant. **constante d'inertie** : inertia constant. **constante d'un élément** : cell constant. **constante de Boltzmann** : Boltzmann constant, *the ratio of the universal gas constant to the Avogadro number.* **constante de Curie** : Curie constant *(electromagnet)*. **constante de désintégration** : decay constant. **constante de dilution** : dilution constant. **constante de Faraday** : Faraday constant, *expressed in coulomb per mole.* **constante de gravitation** : gravitational constant. **constante de masse atomique** : atomic-mass constant. **constante de phase** : phase constant, *phase-change coefficient, wavelength constant.* **constante de Planck** : Planck's constant, *elementary quantum of action.* **constante de propagation** : propagation constant. **constante de réseau** : lattice constant *(cryst)*. **constante de rotation** : rotational constant, *S-wave.* **constante de Rydberg** : Rydberg constant, *an atomic constant.* **constante de stabilité** : stability constant. **constante de temps** : decay constant; time constant. **constante de temps d'expansion d'une CAG** : AGC time constant *(elec)*. **constante de temps de compression** : attack time *(seis)*. **constante de torsion** : torsion constant. **constante de Verdet** : Verdet constant, *a specific magnetic rotatory power, used to designate the optical properties of hydrocarbons.* **constante des gaz** : gas constant. **constante diélectrique** : dielectric constant, *the ratio of the capacitance of a capacitor filled with a given dielectric to that of the same capacitor having only a vacuum as dielectric.* **constante magnétique** : magnetic constant. **constante molaire des gaz** : molar gas constant. **constante réticulaire** : lattice constant. **constante solaire** : solar constant. **constante stadimétrique** : stadia constant. **constante viscosité-densité** : viscosity-gravity constant.

constantes *f* – characteristics.

constituant *m* – component; constituent. **constituants d'un combustible** : combustible constituents. **constituants de base** : base constituents *(of a lubricating oil), including organic and inorganic base stocks, weak acid salts (soaps), polyacid-base basic salts, heavy metal salts and additive agents (inhibitors and detergents).* **constituant des roches** : rock constituent; rock-forming mineral. **constituant fondamental** : major constituent. **constituant secondaire** : minor constituent.

constitué – corporate.

constituer – constitute (to). **constituer en société commerciale** : incorporate (to).

constitutif – constitutive.

constitution *f* – composition; constitution; structure *(chem)*. **constitution chimique** : chemical constitution.

constitutionnel – constitutional.

constriction *f* – closure, *the relative narrowing of a stope due to ground movement.*

constringence *f* – constringence, *nu value, the reciprocal of the dispersive power of a medium.*

constructeur *m* – builder; manufacturer. **constructeur automobile** : automotive manufacturer.

constructif – constructive, *fem. constructive.*

construction *f* – building; construction; fabric; make. **construction antisismique** : earthquake-proof construction. **construction automobile** : automotive manufacturing. **construction mécanique** : mechanical engineering. **constructions métalliques** : metal works. **construction modulaire** : modular construction. **construction navale** : shipbuilding. **construction récifale** : reef buiding. **construction tout acier** : all-steel construction.

construire – erect (to); raise (to).

consultant *m* – consultant.

consultatif – advisory.

contact *m* – contact; ignition switch; touch. **contact abrupt** : abrupt contact. **contact anormal** : abnormal contact. **contact de passage** : wiping contact. **contact de rupteur** : interrupter contact. **contact de rupture** : breaker point; distributor contact. **contact direct** : direct contact. **contact eau-huile** : water-oil contact *(prod)*. **contact élastique** : resilient contact. **contact érosionnel** : erosional contact. **contact gaz-eau** : gas-water contact (GWC). **contact gaz-huile** : gas-oil contact. **contact glissant** : sliding contact *(elec)*. **contact graduel** : gradual contact. **contact huile-eau** : oil-water contact. **contact huile-eau incliné** : inclined oil-water contact. **contact mécanique** : tectonic contact *(geol)*. **contact normal** : normal contact. **contact optique** : optical contact. **contact sur le fond** : touchdown. **agissant par contact** : contacting.

contacteur *m* – contact maker, *(elec)*; contactor, *(elec)*; switch. **contacteur manométrique** : pressure-operated cutoff switch. **contacteur rotatif** : roll-along switch. **contacteur rotatif à disques** : rotating-disk contactor (RDC), *for aromatics extraction.*

contaminamètre *m* – contamination meter *(nucl).*

contaminant *m* – contaminant.

contamination *f* – contamination. **contamination du sol** : soil contamination. **contamination radioactive** : radioactive contamination.

contaminé – contaminated.

contaminer – contaminate (to).

contemporain – contemporaneous.

contenance *f* – capacity; content. **contenance d'un navire** : burden of a ship. **contenance d'un récipient** : capacity, *volume of liquid, gas or powdery solid that a container can hold.* **contenance d'un réservoir** : tank capacity; tankage.

contenant *m* – container.

conteneur *m* – container. **conteneur à bouchons** : plug container, *at the cementing head.* **conteneur citerne** : tank container. **conteneur frigorifique** : refrigerated container.

conteneurisation *f* – containerization.

contenir – embody (to); hold (to).

contentieux *m* – legal department.

contenu *m* – content. **contenu énergétique** : energy content; energy requirement; sequestered energy. **contenu énergétique brut (CEB)** : gross energy requirement (GER). **contenu énergétique net (CEN)** : net energy requirement (NER). **contenu énergétique opératoire (CEO)** : process energy requirement (PER).

contexture *f* – contexture.

contigu – adjoining; bordering; conterminous; contiguous.

continent *m* – mainland.

continental – continental; terrestrial.

contingence *f* – contingency.

contingent *m* – contingent; quota. **contingent d'importation** : import quota. **contingent de production** : allowable production. **contingent de production autorisée** : field allowable. **contingent provisoire** : temporary allowable, *allowable production granted to wells in a newly discovered field prior to the issuing of the final proration allotment for the field.* **contingent tarifaire** : tariff quota.

contingentement *m* – proration. **contingentement par l'acheteur** : purchaser prorationing, *pipelining prorationing when the allowable production for a given period is greater than the amount of oil that the purchaser wants to take because of market conditions or lack of storage facilities.*

continu – continuous; solid, *line*; unbroken.

continuer – carry (to) on. **continuer à travailler** : work (to) on. **continuer les opérations de forage** : drill (to) ahead.

continuité *f* – continuity. **continuité d'une couche** : continuity of a bed. **continuité du service** : continuity of supply.

continuum *m* – continuum.

contour *m* – contour; girth.

contourite *f* – contourite, *fine sand or coarse silt deposited on the continental rise by contour-following bottom currents.*

contournement *m* – jumpover, *of a spark.*

contractant *m* – contracting party, *generally referring to the foreign oil company in an exploration or production contract*; contractor.

contracter – contract (to). **contracter le signal** : spike (to).

contracteur *m* – contractor, *what an oil company is called for production-sharing or service contracts ; a party that contracts all or any part of oil and gas well drilling or servicing.*

contraction *f* – contraction; shrinkage. **contraction adiabatique** : adiabatic contraction. **contraction de lanthanides** : lanthanide contraction, *occurring in rare-earth elements, when the radii of the atoms of the members of the series decrease slightly as the atomic numbers increase.*

contractuel – contractual.

contradictoire – contradictory, *see instructions contradictoires.*

contraint – enforced; forced.

contrainte *f* – constraint; force; strain; stress. **contrainte admissible** : allowable stress; permissible stress. **contrainte anormale** : abnormal stress. **contrainte au seuil** : tensile stress at yield. **contrainte axiale** : axial stress. **contrainte d'écoulement** : yield stress. **contrainte de cisaillement** : shear stress, *shearing stress.* **contrainte de compression** : compressive stress. **contrainte de confinement** : confining stress. **contrainte de fatigue destructive** : destructive fatigue stress. **contrainte de fluage** : creep stress. **contrainte de rupture** : breaking stress; fracture stress, *fracture strength*; tensile strength at break. **contraintes de sécurité** : safety regulations. **contrainte de traction** : tensile stress. **contrainte de trempe** : quenching stress. **contrainte holonome** : holonomic constraint *(mech).* **contrainte interne** : internal stress, *residual stress.* **contrainte moyenne** : mean stress. **contrainte normale** : normal stress. **contrainte plane** : plane stress. **contrainte résiduelle** : residual stress. **contrainte tangentielle** : shear stress; tangential stress. **contrainte thermique** : temperature stress; thermal stress. **contrainte totale** : total stress.

contraste *m* – contrast. **contraste de phase** : phase contrast. **contraste en radar** : radar contrast. **contraste photographique** : photographic contrast. **contraste thermique** : thermal contrast.

contrat *m* – agreement; contract; covenant. **contrat à forfait** : lump-sum contract. **contrat à l'avancement** : footage contract, *a drilling contract calling for payment per foot drilled.* **contrat à marges bénéficiaires garanties** : cost-plus-fee contract. **contrat au métré** : footage contract *(drill).* **contrat avec paiement seulement en cas de réussite** : no-cure no-pay contract. **contrat bilatéral** : indenture. **contrat clé en main** : turnkey contract, *in which an independent contractor undertakes to supply, for a fixed price, all materials and labor and to do all the work to complete a project such as drilling a well or building a plant.* **contrat d'affrètement** : charter party. **contrat d'affrètement au forfait** : lump-sum charter. **contrat d'agence** : agency contract, *the host state does not bear the cost and risk of initial exploration but has a vested right in the installations and the oil produced.* **contrat d'association** : sharing agreement. **contrat de fidélité** :

loyalty contract. **contrat de fond de trou** : bottom-hole contract, *a contract calling for a payment or any other gratification upon completion of a well at a specific depth.* **contrat de forage** : drilling contract. **contrat de forage couvrant une zone étendue** : blanket lease. **contrat de fourniture** : supply contract. **contrat de géophysique** : geophysical survey contrat. **accord de gré à gré** : private contract. **contrat de partage de la production** : production-sharing agrement (PSA); production sharing contrat (PSC). **contrat de redevance** : royalty deed. **contrat de sauvetage** : salvage contrat. **contrat de service à risques** : risk service contract, *a service contract that places the burden of making financial investments and taking risks on the contractor.* **contrat de services** : service contract, *involving payment in money or in kind but not in oil or gas.* **contrat de vente** : bill of sale. **contrat en régie** : cost-plus contract. **contrat forfaitaire** : lump-sum contract. **contrat global** : package deal. **contrat synallagmatique** : indenture.

contravention *f* – traffic ticket.

contre-alésage *m* – counterbore.

contrebalancer – equilibrate (to); equipoise (to).

contrebalancier *m* – balance bob.

contrebande *f* – contraband; smuggling.

contrebiseau *m* – onlap, *an overlap with the progressive pinching out of the overlying layer.*

contrebride *f* – companion flange; counterflange; flange. **contrebride d'aspiration** : suction companion flange. **contrebride d'étanchéité** : leak clamp. **contrebride de tête** : ring clamp.

contre-clavette *f* – gib.

contrecoup *m* – backlash, *of an explosion.*

contre-courant *m* – countercurrent; counterflow.

contrée *f* – country.

contre-écrou *m* – check nut; counternut; jam nut; locknut; pinch nut.

contre-épreuve *m* – check test.

contre-essai *m* – retest; revision of test.

contre-expertise *f* – countervaluation.

contrefaçon *f* – counterfeiting; fabrication. **contrefaçon de brevet** : patent infringement.

contrefiche *f* – abutment; brace, *a stiffening member at an angle to the vertical plane*; corner joint; shore; spur; strut; strutting; truss.

contrefort *m* – abutment; buttress; counterfort; foothill; spur; stiffener.

contre-ion *m* – counterion.

contremaître *m* – foreman; head; leadman.

contre-offre *f* – counteroffer.

contre-ordre *m* – cancellation of an order.

contrepartie *f* – counterpart.

contre-pendage *m* – reversal of dip.

contre-pente *f* – backslope; counterslope; reverse slope; reversed gradient.

contreplaqué *m* – plywood.

contrepoids *m* – balance weight; counterbalance; counterpoise; counterweight. **contrepoids du balancier** : walking-beam counterweight, *for pumping in wells.* **contrepoids placé sur la roue d'entraînement** : band-wheel counterweight.

contre-pression *f* – back pressure.

contre-projet *m* – counterproject.

contre-réaction *f* – counterreaction.

contre-torsion *f* – back twist, *a turn given a drilling cable by a special wrench to counteract its tendency to twist in the same direction as its lay.*

contretype *m* – countersample; duplicate.

contre-vapeur *f* – back steam.

contreventement *m* – bracing.

contre-visite *f* – inspection check.

contribuable *m* – taxpayer.

contrôlable – controllable.

contrôle *m* – check; checking; control; monitoring; rating; survey; test. **contrôle automatique** : *de gain, de volume, see commande automatique de gain, de volume.* **contrôle biologique** : biological monitoring. **contrôle budgétaire** : budgetary control. **contrôle d'alimentation** : feed control. **contrôle d'une faible déviation** : close-deviation control; closed-deviation control. **contrôle d'usage final** : end-use control, *prohibition or regulation of the use of natural gas for specific purposes in the U.S.A.*. **contrôle de cadrage** : slew control, *Loran system.* **contrôle de l'avancement du forage** : drilling control. **contrôle de la couche limite** : boundary-layer control (BLC) *(fl. mech)*. **contrôle de la pression** : pressure control. **contrôle de la qualité** : quality control. **contrôle de ligne** : continuity test. **contrôle de matériel** : inspection of material. **contrôle de modulation** : modulating control. **contrôle de parité** : parity check. **contrôle de parité longitudinale** : longitudinal-parity check (LPC); longitudinal-redundancy check (LRC). **contrôle de parité verticale** : vertical-parity check. **contrôle de redondance** : redundancy check. **contrôle de redondance de cycle (CRC)** : cycle-redundancy check (CRC), *cyclic redundancy check.* **contrôle de sommation** : summation check. **contrôle de syntaxe** : syntax checking *(computer)*. **contrôle de température** : temperature control. **contrôle de tête de puits** : casinghead control. **contrôle de trajectoire** : course control. **contrôle de validité** : validity check. **contrôle des changes** : exchange control *(fin)*. **contrôle des gaz d'échappement** : automotive-emission control. **contrôle des produits chimiques toxiques** : toxic-chemicals control. **contrôle destructif** : destructive examination. **contrôle du mélange carburant en altitude** : altitude mixture control. **contrôle du puits** : well control, *methods and techniques used to prevent a blowout in a well.* **contrôle du sable** : sand control, *in oil and gas wells.* **contrôle du traitement des eaux usées** : monitoring of wastewater treatment. **contrôle en circuit fermé** : closed-loop control. **contrôle en service** : onstream inspection, *using nondestructive methods such as X rays.* **contrôle financier** : controlling interest. **contrôle fiscal** : tax audit. **contrôle granulométrique** : sieve acceptance. **contrôle magnétoscopique** : magnetic crack detection; magnetic-particle test, *magnetic crack inspection.* **contrôle non destructif** : nondestructive testing. **contrôle numérique direct** : direct digital control (DDC). **contrôle par ressuage** : liquid-penetrant test. **contrôle par ultrasons** : ultrasonic testing. **contrôle ponctuel** : spot check. **contrôle précis de la température** : close temperature control. **contrôle sanitaire** : sanitary inspection. **contrôle semidestructif** : semidestructive examination. **contrôle structural** : structural control, *in particular when the spatial distribution of a mineral deposit depends on the structural conditions.* **contrôle sur le terrain** : field inspection. **contrôle thermostatique** : thermostatic control. **contrôle unique** : unit control, *meaning that all wells on the same field are under single control and that each owner must produce the amount of oil corresponding to the number of wells owned.*

contrôlé – checked; controlled; stamped.

contrôler – check (to); control (to); monitor (to).

contrôleur *m* – controller; monitor. **contrôleur à diaphragme** : diaphragm controller. **contrôleur d'entrepreneur** : bird dog, *the representative of the company who hires a geophysical crew.* **contrôleur de bande** : tape controller. **contrôleur de décharge** : discharge controller. **contrôleur de disque** : disk controller, *disk control unit (computer)*. **contrôleur de fréquence** : frequency monitor. **contrôleur de la pureté de l'eau** : water monitor. **contrôleur de laboratoire** : laboratory inspector. **contrôleur de ligne** : line tester. **contrôleur de mission** : bird dog, *the one who follows up a job until it is finished.* **contrôleur de niveau** : telltale. **contrôleur de profil** : line tester.

conulaire *f* – conulariid *(pal)*.

conurbation *f* – conurbation.

convecteur *m* – convector.

convection *f* – convection. **convection atmosphérique** : atmospheric convection, *atmospheric motions that are dominantly vertical.* **convection forcée** : forced convection. **convection libre** : free convection. **convection naturelle** : natural convection. **convection thermique** : heat convection; thermal convection, *predominantly vertical atmospheric currents caused by the solar heating of the ground.*

convenable – suitable.

convention *f* – agreement; contract; covenant. **convention collective** : collective bargaining; collective wage agreement; labor agreement. **convention de polarité** : polarity convention.

conventionnel – conventional, *improperly used in French for classique.*

convergence *f* – convergence; tip *(photogram)*; toe in, *of front wheels.* **convergence binoculaire** : optical convergence.

convergent – convergent; converging.

conversationnel – conversational.

conversion *f* – conversion. **conversion à la vapeur** : shift conversion, *used to adjust the ratio of hydrogen to carbon monoxide in gas streams via a catalytic reaction.* **conversion d'énergie photovoltaïque** : photovoltaic power conversion. **conversion d'onde** : wave conversion. **conversion de l'énergie** : energy conversion. **conversion de l'énergie thermique des océans** : ocean thermal energy conversion (OTEC). **conversion de numérique en analogique** : digital-to-analog conversion. **conversion de type d'onde** : mode conversion. **conversion des déchets animaux** : animal-waste conversion. **conversion des gaz** : gas conversion, *into gasoline.* **conversion directe** : once-through conversion. **conversion directe de l'énergie** : direct energy conversion. **conversion du charbon** : coal conversion. **conversion du gaz à l'eau** : water-gas shift. **conversion par passe** : crack per pass. **conversion photovoltaïque** : photovoltaic conversion. **conversion profonde** : deep conversion, *crude-oil refining schemes to produce lighter products, to produce smaller amounts of fuel oil and to reduce the amount of bottom-of-the barrel residues.* **conversion temps-profondeur** : time-to-depth conversion. **conversion thermoélectrique** : thermoelectric conversion.

converti – converted.

convertir – convert (to); turn (to).

convertisseur *m* – converter, *device used for digital-to-analog conversion or vice versa.* **convertisseur à la vapeur d'eau** : shift converter, *used to shift thermodynamic equilibrium in refining.* **convertisseur amplitude-temps** : amplitude-to-time converter. **convertisseur analogique-numérique (CAN)** : analog-to-digital converter. **convertisseur basculant** : tipping converter. **convertisseur basique** : basic converter. **convertisseur Bessemer** : Bessemer converter *(metal)*. **convertisseur de couple** : torque converter. **convertisseur de couple hydraulique** : hydraulic torque converter. **convertisseur de fréquence** : frequency converter. **convertisseur de longueur d'onde** : wavelength shifter. **convertisseur de phase** : phase converter. **convertisseur de signal** : signal converter. **convertisseur différentiel** : differential converter. **convertisseur électronique** : electronic converter. **convertisseur numérique-analogique** : digital-to-analog converter. **convertisseur thermionique** : thermionic converter, *thermionic generator.* **convertisseur Thomas** : Thomas converter *(metal)*.

convexe – convex.

convexité *f* – convexity. **convexité maximale** : maximum convexity.

convexo-concave – convexo-concave.

convivial – user friendly.

convoi *m* – convoy. **convoi poussé** : pusher convoy. **convoi poussé intégré** : integrated pusher towboat convoy.

convolueur *m* – array processor (AP); convolver; digital filter box.

convoluté – convolute.

convolution *f* – convolution *(seis and geol)*; faltung; folding.

convolutionnel – convolutional, *see modèle convolutionnel.*

convoyeur *m* – conveyor. **convoyeur à bande** : belt conveyor. **convoyeur à bandes** : band conveyor. **convoyeur à câble** : rope conveyor. **convoyeur à godets** : bucket conveyor; pan conveyor. **convoyeur à raclettes** : scraper-chain conveyor. **convoyeur à secousses** : jigger conveyor; shaker conveyor. **convoyeur autochargeur** : self-loading conveyor. **convoyeur déchargeur** : unloading conveyor. **convoyeur sans fin pour argile** : charging jitney *(ref)*.

convulsion *f* – convulsion.

conylène *m* – conylene, *diethylene hydrocarbon.*

Cooley – Cooley, *see méthode de Cooley-Tukey.*

coopératif – cooperative.

coopération *f* – concurrence; cooperation. **coopération industrielle** : industrial cooperation, *activity of providing services usually accompanied by technology transfer.*

coordinat *m* – ligand *(chem)*.

coordination *f* – coordination.
coordinatographe *m* – coordinatograph.
coordinatomètre *m* – coordinatometer.
coordinence *f* – coordination number.
coordonné – coordinated; joint.
coordonnées *f* – coordinates. **coordonnées aériennes** : air coordinates. **coordonnées aériennes dans la bande** : strip air coordinates. **coordonnées appareil** : model coordinates. **coordonnées cliché** : photograph coordonates. **coordonnées écran** : screen coordinates. **coordonnées eulériennes** : Eulerian coordinates *(math)*. **coordonnées géocentriques** : geocentric coordinates. **coordonnées géographiques** : geographic data. **coordonnées homogènes** : homogeneous coordinates. **coordonnées image** : image coordinates. **coordonnées modèle** : model coordinates. **coordonnées photogrammétriques** : photogrammetric coordinates. **coordonnées planimétriques** : plane coordinates. **coordonnées polaires** : polar coordinates. **coordonnées rectangulaires d'une carte** : grid coordinates. **coordonnées spatiales** : space coordinates. **coordonnées sphériques** : spherical coordinates. **coordonnées terrain** : ground coordinates. **coordonnées trichromatique** : chromaticity coordinates.
coorongite *f* – coorongite, *a bituminous substance derived from algae and possibly representing a stage in the formation of boghead coal.*
copal *m* – copal, *a general name for various natural resins.*
copaline *f* – copaline, *fossil resin.*
copeau *m* – chip; shaving. **copeau d'argile sec enroulé** : clay gall, *clay curls, flakes or chips resulting from the drying and cracking of mud, often incorporated into sand and buried.* **copeau de bois** : wood chip. **copeau de charriage** : thrust slice *(geol)*; thrust wedge.
copie *f* – carbon copy; copy. **copie certifiée** : attested copy. **copie conforme** : certified copy. **copie d'écran** : hard copy. **copie exacte de l'original** : diplomatic copy.
copolymère *m* – copolymer. **copolymère alterné** : alternating copolymer. **copolymère greffé** : graft copolymer. **copolymère linéaire** : linear copolymer. **copolymère oléfinique** : olefin copolymer. **copolymère réticulé** : crosslinked copolymer. **copolymère séquencé** : block copolymer. **copolymère statistique** : random copolymer.
copolymérisation *f* – copolymerization. **copolymérisation en masse** : mass copolymerization. **copolymérisation radicalaire** : radical copolymerization. **copolymérisation greffée** : graft copolymerization.
coprécipitation *f* – coprecipitation.
coprocollinite *f* – coprocollinite, *a variety of vitrinite.*
coproduit *m* – coproduct.
coprolite *m* – coprolite, *fossilized excrement*; fecal pellet.
copropriétaire *m* – joint owner.
coque *f* – kink, *of a rope*; shell. **coque d'un navire** : hull *(ship)*. **coque épaisse** : pressure hull. **coque modulaire** : modular hull. **coque porteuse** : carrier hull, *of an LNG carrier.* **coque résistante** : pressure hull, *submarine.*
coqueron *m* – peak. **coqueron arrière** : afterpeak *(nav)*.
coquille *f* – case, *geophone*; cast-iron mold; chill mold *(metal)*; clam; conch; cone shell, *drilling bit*; shell. **coquille d'un anémomètre** : cup of a wind gage. **coquille de noix** : walnut shell, *used as a plugging or propping agent in drilling mud.* **coquille de palier** : bearing shell. **coquille entière** : unbroken shell, *fossil.*
coquilleux – shelly.
coquillier – shelly.
corail *m* – coral. **corail ahermatypique** : ahermatypic coral, *a non-reef-building coral.* **corail hermatypique** : hermatypic coral, *a reef-building coral.* **corail simple** : cup coral, *solitary coral as opposed to colonial coral.*
corallien – coralline.
corallite *f* – corallite, *skeleton of a test in a coral colony.*
coraux – *plural of corail*; coral; sea coral.
corbeille *f* – basket. **corbeille de soupape** : valve cage; valve insert.
cordage *m* – cordage, *ropes and cords, especially those used in rigging a ship or moving equipment.* **cordage de commande de la clé de manoeuvre** : snapping-up line. **cordage en chanvre** : rope hemp. **cordage en coco** : coir rope.
corde *f* – chord, *a line segment intersecting a curve or surface at the endpoints of the segment*; cord; rope; string. **corde à piano** : piano wire, *high-tensile-strength carbon-steel wire.* **corde en chanvre** : rag line, *used in cable drilling.* **corde en cuir** : hide rope.
cordé – ropy.
cordeau *m* – cord; fuse. **cordeau détonant** : detonating cord; detonating fuse; explosive cord; explosive rope.
cordée *f* – cord. **cordée de pneu** : tire cord.
cordiérite *f* – cordierite, *an orthorhombic mineral, iolite, dichroite.*
cordillère *f* – cordillera.
cordite *f* – cordite, *explosive.*
cordon *m* – band; bar; bead, *of a weld*; strand, *of a cable.* **cordon d'angle** : fillet weld. **cordon d'embouchure** : mouth bar. **cordon de dune** : dune range. **cordon de galets** : shingle bar. **cordon de glace** : ice string, *a long narrow strip of pack ice at least 1 km long*; ice strip. **cordon de piston** : piston land. **cordon de raccordement** : connection flex. **cordon de sable** : chenier. **cordon de soudure** : fillet; weld bead; weld seam. **cordon explosif** : string shot. **cordon littoral** : barrier beach; longshore bar; offshore bar, *a sandbar built by waves and running parallel to the shore and acting as a breakwater.* **cordon littoral en pointe de flèche** : cuspate bar. **cordon sableux** : shoestring sand, *a long strip of sand usually buried in mud or shale, in the form of a sandbar or channel fill.*
cordons *m* – lands, *of a piston.*
corindon *m* – corundum, *mineral with a hardness slightly less than that of diamond*; diamond spar.
Coriolis – Coriolis, *see accélération de Coriolis, effet Coriolis, force de Coriolis, débitmètre massique.*
corne *f* – horn. **corne de brume** : foghorn.

cornéenne *f* – hornfels, *metamorphic rock.*

corniche *f* – cornice. **corniche de derrick** : derrick cornice.

cornière *f* – angle bar; flange angle. **cornière bride** : flange angle. **cornière de base** : base ring. **cornière de jonction** : gusset. **cornière de pied d'un réservoir cylindrique** : apron ring, *of a storage tank.* **cornière de plateau** : tray ring. **cornière de renforcement** : sway brace.

cornue *f* – converter; retort. **cornue à gaz** : gas retort. **cornue à goudron** : tar still. **cornue avec fond** : stop-end retort. **cornue horizontale** : horizontal retort. **cornue pour la distillation d'amalgame** : amalgam pot retort, amalgam retort. **cornue sans fond** : through retort, *with two heads.* **cornue verticale** : vertical retort.

corps *m* – body; head. **corps chimiquement pur** : chemically pure substance. **corps composé** : compound body. **corps conducteur** : conductive body. **corps cylindrique** : barrel. **corps cylindrique de chaudière** : boiler shell. **corps de bielle** : connecting-rod body; connecting-rod shank. **corps de chaudière** : boiler drum. **corps de clapet** : valve body. **corps de cylindre** : cylinder barrel. **corps de l'outil** : bit body. **corps de la soupape de compression** : cage of delivery valve. **corps de la tête d'injection** : swivel body. **corps de pompe** : pump barrel; pump casing; pump shell. **corps de pompe de fond** : working barrel. **corps de référence** : standard substance. **corps de révolution** : body of revolution *(math)*. **corps de sonde** : drilling shaft. **corps de soufflante** : blower casing. **corps du carburateur** : carburetor body. **corps du palier** : bearing box. **corps en chute** : falling body. **corps étranger** : foreign matter. **corps extrusif** : extrusive body. **corps gras** : fat; fatty matter. **corps gris** : graybody, *an energy radiator.* **corps igné discordant** : discordant igneous body. **corps intrusif** : injected body; intrusive body. **corps minéralisé** : orebody. **corps mort** : deadman, *anchor system to handle guy-wires to steady the derrick*; kentledge. **corps noir** : blackbody *(phys)*. **corps plastique** : plastic body. **corps plastique de Bingham** : Bingham plastic, *a substance that will not flow until its yield stress is attained, after which it flows normally.* **corps pur** : pure substance. **corps simple** : element, *chemical element*; elementary body.

corrasion *f* – corrasion, *erosion caused by the abrasive action of mechanical agents (geol)*; mechanical erosion; wind abrasion; wind erosion.

correcteur *m* – editor. **correcteur phonique** : helium speech decoder. **correcteur thermomanométrique de volume** : base volume index, *conversion factor for correcting gas volumes measured under operational temperature and pressure conditions.*

correction *f* – correction; adjustment. **correction à l'air libre** : elevation correction; free-air correction. **correction alti** : elevation correction. **correction altimétrique** : datum correction; elevation correction. **correction capillaire** : capillary correction. **correction compatible en surface** : surface-consistent correction. **correction d'altitude** : elevation correction; free-air correction. **correction d'angularité** : angularity correction. **correction d'antenne** : antenna offset, *offshore seismic prospecting*; stepback. **correction d'atmosphère** : atmospheric correction. **correction d'effet de compaction** : terrain correction. **correction d'effet de surcharge** : topographic correction. **correction d'effet de surface** : terrain correction. **correction d'élévation** : elevation correction. **correction d'image** : image correction. **correction d'indicatrice** : normal-moveout correction. **correction d'obliquité** : dynamic correction; normal-moveout correction, *time correction applied to reflection times because of normal moveout*; slant-path correction; spread correction, *correction applied to refraction data to plot reduced travel-time curves*; wave-slant correction. **correction de Bouguer** : Bouguer correction, *Bouguer reduction.* **correction de colonne émergente** : stem correction. **correction de Coriolis** : Coriolis correction. **correction de courbure** : curvature correction; moveout correction. **correction de décalage** : drift correction. **correction de dérive** : drift correction. **correction de deuxième ordre** : second-order correction. **correction de dispositif** : normal-moveout correction. **correction de données** : data correction. **correction de filtre** : filter correction. **correction de gain** : gain correction. **correction de Klinkenberg** : Klinkenberg correction, *mathematical conversion of permeability measurements.* **correction de la parallaxe** : parallax correction. **correction de latitude** : latitude correction. **correction de phase** : phase correction. **correction de réfraction atmosphérique** : atmospheric correction. **correction de remplacement** : excess time. **correction de signal** : signal correction. **correction de surface** : low-velocity-layer correction; near-surface corrections; surface correction. **correction de temps** : time correction. **correction de terrain** : terrain correction, *topographic correction.* **correction de vitesse** : velocity correction. **correction de zone altérée** : weathered-layer correction; weathering correction *(seis)*. **correction des instruments** : adjustment of instruments. **correction dynamique** : dynamic correction; normal-moveout correction. **correction géométrique** : geometric correction. **correction lunisolaire** : tidal correction, *gravimetry.* **correction monétaire** : monetary correction. **correction normale** : latitude correction, *gravimetry.* **correction par indicatrice** : trim. **correction pour le temps mort** : coincidence correction; coincidence loss. **correction radiométrique** : radiometric range. **correction relative de zone altérée** : differential weathering correction. **correction statique** : peel-off time *(seis)*; static correction, *applied to seismic data to compensate for the effects of variations in elevation, weathering thickness, weathering velocity or reference to a datum.* **correction thermométrique** : temperature correction; thermometric correction. **correction topo-isostatique** : topoisostatic reduction. **correction topographique** : topographic correction, *terrain correction.* **correction troposphérique** : tropospheric correction. **sans correction** : uncorrected.

corrélateur *m* – correlator. **corrélateur d'image** : image correlator.

corrélatif – correlated.

corrélation *f* – correlation, *in seismic interpretation, determining that a phase of a seismic* *trace is the same is the phase on another trace, thus showing that the events are reflections from the same stratigraphic sequence or refractions from the same marker*; crosscorrelation. **corrélation à distance, corrélation à l'estime** : jump correlation; spot correlation. **corrélation à vue, corrélation au caractère** : spot correlation, *on individual seismic films*. **corrélation au temps de coïncidence** : zero-lag correlation *(seis)*. **corrélation automatique** : automatic correlation. **corrélation d'images** : image correlation. **corrélation des diagraphies** : correlation of well logs. **corrélation numérique** : digital correlation. **corrélation optique** : optical correlation. **corrélation stratigraphique** : stratigraphic correlation. **corrélation sur profil discontinu** : jump correlation. **corrélation temporelle** : time correlation, *stratigraphy*. **corrélation temps** : time correlation, *tying of two reflections corresponding to similar times on two consecutive films of the same profile*.

corréler – correlate (to); tie (to); tighten (to).

corrélogramme *m* – correlogram, *sectional correlogram*.

corrensite *f* – corrensite, *interstratification of trioctahedral chlorite and either trioctahedral smectite or vermiculite (geol)*.

correspondant – pertinent.

corridor *m* – passageway.

corrigé – corrected. **corrigé de la dérive** : corrected for drift. **corrigé de la distorsion** : distortion free. **corrigé des variations saisonnières** : seasonally adjusted.

corriger – correct (to); emend (to); rectify (to).

corroborer – bear (to) out, *a theory, etc.*

corrodabilité *f* – corrodibility.

corrodé – corroded; etched; pitted.

corroder – bite (to); canker (to); corrode (to); etch (to); fret (to).

corrompre – contaminate (to).

corrosif – caustic; corrosive; sour, *containing sulfur products*.

corrosion *f* – attacking; corrosion; fretting. **corrosion à l'hydrogène sulfuré** : hydrogen-sulfide corrosion. **corrosion à la lame de cuivre** : copper-strip corrosion. **corrosion acide** : sour corrosion, *corrosion occurring in the presence of hydrogen sulfide*. **corrosion anodique** : anode corrosion. **corrosion atmosphérique** : atmospheric corrosion. **corrosion bactérienne** : bacterial corrosion. **corrosion cathodique** : cathodic corrosion. **corrosion chimique** : chemical corrosion. **corrosion dans les pipelines** : pipeline corrosion. **corrosion des bornes de batterie** : battery-terminal corrosion. **corrosion douce** : sweet corrosion, *corrosion when no hydrogen sulfide is present*. **corrosion du sol** : soil corrosion. **corrosion électrochimique** : electrochemical corrosion. **corrosion électrolytique** : electrolytic corrosion. **corrosion en magasinage** : shelf corrosion. **corrosion en service** : service corrosion. **corrosion en strates** : layer corrosion. **corrosion érosion** : impingement attack, *corrosive attack of metals by moving liquid, usually resulting from erosion of a protective surface layer*. **corrosion existante** : existing corrosion, *already caused by elements present in oil*. **corrosion feuilletante** : layer corrosion. **corrosion filiforme** : filiform corrosion. **corrosion fissurante** : cracking corrosion; crevice corrosion. **corrosion fissurante par l'hydrogène** : hydrogen-evolution type of corrosion. **corrosion fissurante sous tension** : stress-corrosion cracking. **corrosion galvanique** : galvanic corrosion, *bimetallic corrosion*. **corrosion graphitique** : graphitic corrosion. **corrosion intercristalline** : intercrystalline corrosion; intergranular corrosion. **corrosion intergranulaire** : intergranular corrosion. **corrosion intergranulaire de la soudure** : weld decay. **corrosion par cloquage** : blistering corrosion. **corrosion par cloques d'hydrogène** : hydrogen-blistering corrosion. **corrosion par courants vagabonds** : stray-current corrosion. **corrosion par frottement** : chafing corrosion. **corrosion par les acides** : acid corrosion. **corrosion par soufflures d'hydrogène** : hydrogen-blistering corrosion. **corrosion par trépidation** : fretting corrosion. **corrosion potentielle** : potential corrosion, *corrosion that might occur*. **corrosion sélective** : selective corrosion. **corrosion sous tension** : stress corrosion. **corrosion souterraine** : underground corrosion. **corrosion tellurique** : soil corrosion. **corrosion transcristalline** : transcrystalline corrosion. **corrosion transgranulaire** : transgranular corrosion.

corrosivité *f* – corrosivity. **corrosivité du pétrole brut** : crude-oil corrosivity.

corroyage *m* – lining, *pit*; puddling; welding.

cortège *m* – train. **cortège de bas niveau** : lowstand systems tract, *with either a fairly abrupt slope between the continental shelf and the basin or else a gradual slope*. **cortège de bordure de bassin** : shelf-margin wedge-systems tract. **cortège de cônes sous-marins** : submarine-fan systems tract. **cortège de haut niveau** : highstand systems tract, *deposited when the eustatic level is high and is characterized by its prograding configuration*. **cortège ophiolitique** : ophiolitic suite, *association of ultramafic rocks, gabbro, diabase, volcanic rocks and radiolarian chert characteristically occurring in eugeosynclinal sequences*. **cortège sédimentaire** : systems tract, *a linkage of contemporaneous depositional systems. Each is defined objectively by stratal geometries at bounding surfaces, position within the sequence, and internal parasequence stacking patterns*. **cortège transgressif** : transgressive systems tract, *deposited during a rise in the sealevel*.

COS – *abbr. coefficient d'occupation des sols: land-use ratio*.

cosécante *f* – cosecant *(math)*.

cosinus *m* – cosine.

cosinusoïde *f* – cosine curve.

cosismal – homoseismal, *coseismal*.

cosmique – cosmic.

cosmochimie *f* – cosmochemistry.

cosmogonie *f* – cosmogony.

cosmographie *f* – cosmography.

cosmonautique *f* – *see astronautique*.

cosmos *m* – cosmos.

cosolvant *m* – cosolvent.

cosse *f* – lug; thimble. **cosse de câble** : cable shoe.

cosurfactant *m* – cosurfactant.

COT – TOC, *abbr. carbone organique total, total organic carbon*.

cotangente *f* – cotangent.

cotation *f* – grading; quotation. **cotation de fret** : freight quotation. **cotation du marché** : market quotation.

cote *f* – depth; depth point *(seis)*; dimension; mark; quotation. **cote à laquelle l'outil est descendu** : depth in *(drill)*. **cote à laquelle l'outil est remonté** : depth out *(drill)*. **cotes d'encombrement** : overall dimensions. **cote d'un document** : file number. **cotes d'un filet** : thread dimensions. **cote de fin de contrat** : contract depth. **cote de l'orifice de sondage** : elevation of the well. **cote définitive d'un tubage** : casing point *(drill)*. **cote du sabot** : shoe depth *(drill)*. **cote du sondage** : elevation of the well *(drill)*. **cote géopotentielle** : geopotential number. **cote spécifiée** : dimensional requirement.

côte *f* – climb; coast; cuesta; shore; shoreline; strand. **côte à côte** : abreast. **côte à rias** : ria coast; ria shoreline. **côte abrupte** : steep coast. **côte accore** : sheer coast. **côte affaissée** : depressed shoreline. **côte basse** : low coast. **côtes contiguës** : adjoining coasts. **côte d'abrasion** : shoreline of retogradation. **côte d'accumulation** : accretion beach; accretion coast; shoreline of progradation. **côte d'affaissement** : depressed shoreline. **côte d'émersion** : coast of emergence; emerged shoreline *(geol)*; shoreline of emergence. **côte d'immersion** : shoreline of submergence; submerged shoreline. **côte de faille** : fault coast; fault shoreline. **côte de la mer** : seacoast. **côte de ligne de faille** : fault-line coast. **côte de soulèvement** : raised shoreline. **côte de submersion** : coast of submergence; shoreline of submergence; submerged shoreline. **côte découpée** : embayed coast; embayed shore. **côte deltaïque** : delta shoreline. **côte jeune** : primary shoreline. **côte longitudinale** : longitudinal coast. **côte montagneuse** : mountain coast. **côte mûre** : mature shoreline; secondary shoreline. **côte oblique** : diagonal coast. **côte plate** : flat coast; low coast. **côte primaire** : primary shoreline. **côte rectiligne** : graded shoreline. **côte rocheuse** : rocky coast. **côte secondaire** : secondary shoreline. **côte soulevée** : raised coast; raised shoreline. **côte surplombante** : undercut slope. **côte transversale** : transverse coast. **vers la côte** : coastward.

côté *m* – side. **côté relevé** : upthrow *(geol)*. **côté poussé** : thrust side *(geol)*. **côté réaction de bielle** : thrust side. **côté sous le vent** : lee; lee side.

coter – figure (to); quote (to).

coticule *m* – coticule, *a metasedimentary rock mainly consisting of quartz and garnet.*

cotidal – cotidal.

côtier – beachy; coastal; coastwise.

cotisation *f* – dues; subscription. **cotisation d'admission** : entrance fee.

coton *m* – cotton. **coton poudre** : guncotton; nitrocotton.

côtoyer – coast (to), *skirt the coast.*

Cottrel – Cottrel, *see dépoussiéreur Cottrel, phénomène de Cottrel.*

cotype *m* – cotype *(pal)*; syntype *(pal)*.

cou *m* – neck.

couche *f* – bed, *the smallest lithostratigraphic unit*; bedding; blanket; coat; coating; course; layer; ledge; ply; seam; stratum. **couche à faible vitesse** : low-velocity layer (LVL) *(seis)*. **couche à fort pendage** : highly-inclined seam. **couche à involutions** : involution layer. **couche active** : active layer, *see also mollisol.* **couche altérée** : weathered layer. **couches alternées** : alternating beds. **couche anodique** : anode layer. **couche antihalo** : antihalation coating. **couche aquifère** : aquifer. **couche arable** : topsoil. **couches associées** : associated sheets *(geol)*. **couche avoisinante** : adjacent rock. **couche basale** : bottomset bed, *layers of sediment deposited in front of the advancing foreset beds in front of a delta.* **couche basaltique** : basaltic layer *(geol)*. **couche basculée** : tilted stratum. **couche cathodique** : cathode layer. **couche cémentée** : hardened case. **couche compétente** : competent bed, *a stratum capable of withstanding folding pressures without flowing or changing its original thickness.* **couches concordantes** : concordant strata; conformable beds; conformable strata. **couche conductrice** : conductive layer. **couches contemporaines** : contemporaneous beds. **couche continue** : continuous bed. **couche d'accrochage au bitume** : asphalt tack coat. **couche d'adsorption** : adsorption layer. **couche d'adsorption d'agents tensioactifs** : surfactant adsorption layer. **couche d'amortissement** : damping layer. **couche d'argile** : clay layer. **couche d'arrêt** : barrier layer; blocking layer. **couche d'eau** : water layer. **couche d'imprégnation** : priming. **couche d'impression** : ground coat; priming, *paint.* **couche d'impression au bitume** : asphalt prime coat, *first coat of fluid asphalt on an absorbent surface to enhance the adhesion between this surface and the eventual paving.* **couche d'inversion** : inversion layer. **couche d'ozone** : ozone layer. **couche de Beilby** : Beilby layer, *an amorphous surface layer that forms on metal subjected to abrasive friction.* **couche de cémentation** : hardened case. **couche de charbon** : coal seam. **couche de cobalt** : cobalt plating. **couche de coke** : coke bed. **couche de couverture** : upper layer *(geol)*. **couche de demiatténuation (CDA)** : half-value thickness, *thickness of a sheet of material that absorbs 50% of the incident gamma rays passing through it.* **couche de faible pendage** : low-dipping stratum. **couche de finition** : final coat. **couche de fond** : asphalt tack coat, *spreading a bituminous product on a surface to act as a good binder for a new pavement laid over the old pavement.* **couche de fondation** : asphalt-base course, *having a basis of bitumen and mineral aggregates, for road construction.* **couche de galets** : pebble bed. **couche de gravier** : channel bed, *of fluviatile origin.* **couche de Heaviside** : Heaviside layer, *a layer of atmospheric ionized air.* **couche de houille** : coal bed. **couche de liage** : bonding layer. **couche de liaison** : binder course, *for pavement construction.* **couche de liaison à base de bitume** : asphalt binder course, *intermediate layer between a foundation layer and a paved road surface.* **couche de minerai** : ore bed. **couche de passage** : passage bed *(geol)*; transition bed. **couche de poussière** : dust layer. **couche de référence** : marker bed, *geologic formation that can be followed for great distances in the field and on electric logs.* **couche de roulement** : wearing course. **couche de roulement à base de bitume** : asphalt surface course. **couche de sable** : sand bed. **couche de saut** : thermocline discontinuity layer. **couche de scellement au bitume** : asphalt seal coat. **couche de teinte** : final coat. **couche de transition** : transition bed, *see also couche de passage.* **couche de valence** : valence shell. **couche déchirée** : disrupted stratum. **couche diffusante peu profonde** : shallow scattering layer. **couche diffusante profonde** : deep scattering layer (DSL), *a stratified population of organisms in the open ocean, which scatter sound waves from an echo sounder.* **couche discordante** : unconformable bed. **couche double** : double layer, *electric double layer, solid-liquid interface.* **couche du mur** : underbed. **couche du toit** : superincumbent bed; upper bed. **couche dure** : rough sheet *(geol)*; solid bed. **couche dure argileuse du sous-sol** : clay pan. **couche en dressant** : highly-inclined seam; steep seam. **couche encaissante** : confining bed. **couches encaissantes** : enclosing beds. **couche épigénétique** : superimposed stratum. **couche filtrante** : filter layer. **couche formée par affaissement** : slip sheet *(geol)*. **couche fossilifère** : fossiliferous layer. **couche frontale** : foreset bed, *one of the inclined internal and systematically arranged layers of a crossbedded unit such as the outer margin of a delta or the lee side of a dune*; frontal layer. **couche granitique** : granitic layer. **couche granoclassée** : graded bed. **couche graveleuse** : gravelly layer, *solifluction material covering periglacial zones (geol).* **couche grisouteuse** : fiery seam. **couche horizontale** : horizontal stratum; level seam; rock blanket. **couche imperméable** : aquiclude, *a body of relatively impermeable rocks*; impermeable layer; impervious layer. **couche inclinée** : dipping stratum; inclined seam; inclined stratum; pitching seam. **couches inclinées sous discordance** : toplap. **couches inclinées sur discordance** : downlap. **couche incompétente** : incompetent bed. **couche indétectable** : hidden layer. **couche indétectée** : undetected layer. **couche intermédiaire** : binder course. **couche interrompue** : disrupted bed. **couche interstratifiée** : intercalated bed; interstratified bed. **couche invisible** : hidden layer, *seismic refraction*; masking layer, *in seismic refraction.* **couche ionisée** : ionized layer. **couche ionosphérique** : ionospheric layer. **couche isolante** : insulating layer. **couche lacustre** : lake bed. **couche lente** : low-velocity layer (LVL), *weathered layer.* **couche limite** : boundary layer. **couche limite atmosphérique** : atmospheric boundary layer. **couche limite de phases** : phase boundary. **couche limite laminaire** : laminar boundary layer. **couche limite turbulente** : turbulent boundary layer. **couche longitudinale** : longitudinal seam. **couche luminescente** : scintillation layer. **couche masquée** : hidden layer, *seismic refraction*; masked layer. **couche mince** : thin film; thin seam. **couche mince d'huile** : oil film. **couche monomoléculaire** : monomolecular layer. **couche néphéloïde** : nepheloid layer, *a layer of water in a deep ocean basin with significant amounts of suspended sediment.* **couche non perforée** : unpenetrated bed, *in a diapir fold.* **couche oblique** : crossbed. **couche oxydée** : scale. **couche pénétrée** : penetrated bed *(drill)*. **couche perforée à racines** : rootlet bed *(geol)*. **couche perméable** : permeable bed; permeable stratum. **couche perpendiculaire** : vertical bed. **couche pétrolifère** : oil-bearing stratum; petroliferous bed; petroliferous stratum. **couches pétrolifères** : oil measures. **couche photosensible** : light-sensitive layer. **couche phréatique** : phreatic layer. **couche plate** : level seam. **couche primaire d'accrochage** : priming coat. **couche productrice** : pay zone; productive series. **couche protectrice** : protective layer. **couche puissante** : heavy layer; thick bed. **couche rapide** : high-speed layer; high-velocity layer. **couches rapprochées** : contiguous beds; contiguous seams. **couche redressée** : upturned stratum. **couche repère** : key bed; marker bed. **couche réservoir** : reservoir bed; reservoir stratum. **couches rouges** : red beds, *term used for red sedimentary rocks.* **couche rugueuse** : rough sheet *(geol)*. **couche semiperméable** : aquitard, *a confining bed that retards fluids passing through it.* **couche sensible** : sensitive layer. **couche simple** : monolayer. **couche simple d'agents de soutènement** : monolayer of propping agents, *for hydraulic fracturing.* **couche sommitale** : topset bed. **couche soumise aux intempéries** : weathering layer. **couche sous-jacente** : subjacent bed; underbed; underlying stratum. **couche superficielle** : superficial layer; surface bed; surface layer. **couche supérieure** : superincumbent bed; superstratum; upper bed. **couche surimposée** : superimposed stratum. **couche surplombante** : superincumbent stratum. **couche sus-jacente** : overlying stratum. **couche tampon** : buffer layer. **à deux couches** : double coated. **en couche** : layered.

couché – recumbent.

coucher – lay (to).

couches *f* – formation, *see sing. couche.*

coude *m* – bend; elbow; elbow pipe; knee; wrinkled bend, *by torching the pipe.* **coude de canalisation** : tube turn. **coude de capture** : elbow of capture *(hydrol)*. **coude de réduction** : reducing elbow. **coude de renvoi** : offset. **coude de tête d'injection** : gooseneck. **coude double** : return bend. **coude du tube vers le bas** : sag bend, *pipeline.* **coude en U** : U bend; equal U. **coude en U avec tubulure arrière** : equal-U bottom outlet. **coude en Y** : Y piece.

couder – bend (to).

Couette – Couette, *see écoulement de Couette, viscosimètre de Couette.*

coulage *m* – casting; leakage; leaking; sinking; spill. **coulage au sable** : sand-sinking method. **coulage des nappes de pétrole** : oil-slick sinking.

coulant – running, *ground.*

coulé – cast. **coulé dans la fosse de coulée** : pit cast. **coulé dans le sable** : sand cast *(metal)*. **coulé en coquille** : die cast *(metal)*. **coulé en moule** : cast in mold.

coulée *f* – cast; casting; coulee *(geol)*; founding; melt; pour *(metal)*; pouring; run; stream; teeming. **coulée boueuse** : debris flow, *see also coulée de boue.* **coulée centrifuge** : centrifugal casting; tangential casting *(metal)*. **coulée continue** : continuous casting. **coulée de blocs** : boulder stream; rock glacier *(geol)*. **coulée de boue** : lahar; mudflow. **coulée de boue soudaine** : mud spate. **coulée de lave** : lava flow; lava stream; volcanic flow. **coulée de pierres** : block stream; rock flow; stone river *(geol)*; stone run. **coulée de première fusion** : direct casting. **coulée de solifluxion** : solifluction flow; solifluction stream. **coulée de terrain** : creep *(geol)*. **coulée du laitier** :

slagging. **coulée en sable sec** : dry-sand casting *(metal)*. **coulée en source** : rising pouring *(metal)*. **coulée sableuse** : sand flow. **coulée volcanique** : volcanic stream.

couler – cast (to); course (to); flow (to); flow (to) off; founder (to), *ships*; pour (to); run (to); run (to) off *(metal)*; sink (to); teem (to). **couler goutte à goutte** : trickle (to).

couleur *m* – caster, *metallurgical worker*; color, *also spelled colour*. **couleur ASTM** : ASTM-color number, *measured by the ASTM Union colorimeter*. **couleur complémentaire** : complementary color. **couleur d'une huile** : cast of an oil. **couleur de référence** : standard color. **couleur foncée** : dark color. **couleur primaire** : primary color, *the colors which in combinaison give any other color*. **couleurs interférentielles** : interference colors. **couleur naturelle** : natural color. **couleur pâle** : weak color. **couleur primaire additive** : additive primary color. **couleur primaire soustractive** : subtractive primary color. **couleur pure** : pure color. **couleur saturée** : saturated color. **couleur Saybolt** : Saybolt color, *a color scale for petroleum products determined with a Saybolt chromometer*. **couleur spectrale** : spectral color. **couleur standard** : standard color.

coulis *m* – grout; slurry. **coulis bitumineux** : slurry seal, *for roads*. **coulis d'explosif** : slurry explosive. **coulis d'injection** : injection grout. **coulis de ciment** : cement grout; cement slurry. **coulis de scellement** : grout seal.

coulissage *m* – strike slip *(geol)*.

coulissant – sliding.

coulisse *f* – clutch; jar; link block; slide. **coulisse d'accélération** : jar accelerator, *in cable drilling*. **coulisse d'amortissement** : bumper jar *(drill)*. **coulisse de battage** : backoff tool *(drill)*; bumper sub, *a sort of tube for freeing stuck bits in cable-tool drilling, and in particular the jars*. **coulisse de forage** : drilling jar; jar; rotary jar. **coulisse de repêchage** : fishing jar. **coulisse du tube conducteur** : slip joint *(drill)*. **coulisse hydraulique** : hydraulic jar, *fishing tool*. **coulisse-joint de sécurité** : bumper safety joint. **coulisse mécanique** : mechanical jar.

coulisseau *m* – crosshead; runner; slide; tongue.

coulisseur *m* – tappet guide.

couloir *m* – chute; clough *(geol)*; corridor; cutter; lane, *radionavigation*; passageway; sluice. **couloir aveugle** : interstice coverage. **couloir couvert** : scan swath. **couloir d'attaque** : driving trough *(mine)*. **couloir d'avalanche** : avalanche track; slide furrow. **couloir d'éboulis** : landslide. **couloir d'ensellement** : saddleback channel. **couloir exploré** : scan swath; swath. **couloir karstique** : valley sink. **couloir oscillant** : shaker conveyor *(mining)*. **couloir oscillant à galets** : roller-shaker conveyor.

coulomb *m* – coulomb, *SI unit of electric charge, symbol* C. **coulomb mètre** : coulomb meter, *SI unit of electric dipole moment* (C.m). **coulomb-mètre carré par volt** : coulomb meter squared per volt, *SI unit of polarizability of molecules* ($C.m^2/V$). **coulomb par kilogramme** : coulomb per kilogram, *SI unit of exposure* (C/kg). **coulomb par kilogramme seconde** : coulomb per kilogram second, *SI unit of exposure rate* (C/kg.s). **coulomb par mètre carré** : coulomb per square meter, *SI unit of surface density of charge, electric flux density and electric polarization* (C/m^2). **coulomb par mètre cube** : coulomb per cubic meter, *SI unit of volume density charge* (C/m^3). **coulomb par mole** : coulomb per mole, *SI unit of Faraday constant (C/mol)*.

coulométrie *f* – coulometry.

coulométrique – coulometric.

coumarine *f* – coumarin, *benzopyrone*.

coumarone *f* – coumarone, *benzofuran*.

coup *m* – blow; burst; hit; shot; stroke. **coup au but dans un répondeur** : reply hits in a transponder. **coup d'air** : rush of air. **coup d'eau** : inrush of water; water outbreak. **coup de bélier** : pressure surge; water hammer. **coup de bélier dans une canalisation** : hammer in a line. **coup de charge** : bump, *dull sound produced by mining operations*. **coup de fouet** : surge. **coup de fouet électrique** : hot shot. **coup de mer** : breaker. **coup de pointeau** : center mark; punch mark. **coup de poussières** : dust explosion. **coup de vent** : fresh gale, *Beaufort scale, force 8*; gale; squall; wind gust. **fort coup de vent** : strong gale, *Beaufort scale, force 9*. **coup de ventouse** : squeeze *(diving)*. **coups par minute** : counts per minute; strokes per minute. **coup sourd** : thump.

coupage *m* – cutting; quenching. **coupage à l'arc au charbon** : carbon-arc cutting. **coupage au chalumeau** : flame cutting. **coupage en paquet** : stack cutting, *oxy-gas cutting of a stack of sheet-metal plates*.

coupe *f* – cross profile; cut; cutting; gap; profile; section, *preferably used for vertical representations*; slash, *in a budget*; straight-line section. **coupe à déport constant** : offset section. **coupe anamorphosée** : compressed section; squeeze section. **coupe après compression** : compressed section *(seis)*. **coupe chimique** : chemical cutoff, *of steel pipe in a well by jets of a corrosive solution*. **coupe compensée** : balanced cross-section. **coupe composée** : composite section. **coupe comprimée** : compressed section; squash plot; squeeze section. **coupe d'après échantillonnage** : sample section. **coupe d'ébauche** : roughing cut. **coupe d'impédance** : impedance section. **coupe d'impédance acoustique** : acoustic-impedance section. **coupe d'un sondage** : drill log. **coupe d'une soupape de sûreté** : cross-section of safety valve. **coupe de coefficients de réflexion** : reflectivity section. **coupe de distillation** : distillation cut. **coupe de naphta** : naphtha cut. **coupe de naphta brute de distillation** : crude naphtha. **coupe de peuplement écologique** : transect. **coupe de queue** : bottom cut. **coupe de traces proches** : near-trace section. **coupe des métaux** : metal cutting. **coupe des temps à l'origine** : reduced refraction section. **coupe élaborée** : processed section. **coupe en couverture simple** : hundred-percent section *(seis)*. **coupe en travers** : crosscut. **coupe équilibrée** : balanced section, *structural seismic section accounting for conservation of mass and bed length during structural deformation*. **coupe étroite** : close cut; narrow cut *(ref)*. **coupe extra-claire** : raw water-white, *oil cut with a specific gravity of 30 to 46 degrees API*. **coupe généralisée** : generalized section. **coupe géologique** : geologic column; geologic section; log, *geologic profile.* **coupe horizontale** : horizontal section. **coupe horizontalisée** : datumized section; flattened section. **coupe idéalisée** : ideal section. **coupe intermédiaire** : intermediate cut *(ref)*. **coupe isochrone** : time-slice section *(seis)*. **coupe latérale** : side cut; sidestream *(distill)*. **coupe légère** : light cut. **coupe lithologique** : lithologic log. **coupe longitudinale** : axial section; lengthwise section; longitudinal section. **coupe longitudinale du sondage** : profile drawing of the hole. **coupe lourde** : heavy cut *(ref)*. **coupe migrée** : migrated section. **coupe oblique** : oblique section. **coupe palinspastique** : palinspastic section. **coupe pétrolière** : petroleum cut. **coupe pétrolière recyclée** : cycle stock, *recharged at an earlier stage in the refining process.* **coupe préliminaire** : preliminary section. **coupe profondeur** : depth section. **coupe-profondeur migrée** : migrated depth section. **coupe recalée sur un horizon** : datumized section; flattened section. **coupe réduite à une référence** : datumized section; flattened section. **coupe restaurée** : balanced cross-section. **coupe restituée** : plotted section. **coupe rétrotectonique** : palinspastic section. **coupe schématique** : generalized section; ideal section; schematic section. **coupe sériée** : serial section. **coupe sismique** : record section; seismic section, *plot of seismic data along a line.* **coupe standardisée** : standard section. **coupe stratigraphique** : stratigraphic section. **coupe structurale** : structural section. **coupe-temps** : cross-section *(seis)*; time section. **coupe-temps classique** : conventional time section *(seis)*. **coupe théorique** : ideal section. **coupe-trace proche** : short-trace section. **coupe traitée** : processed section. **coupe transversale** : crosscut; cross-section; cutting diameter. **coupe type** : standard section. **coupe verticale** : vertical section. **coupe viscosimétrique** : flow cup. **en coupe** : cross-sectional.

coupe-air *m* – dip trap.

coupe-boulons *m* – bolt cutter.

coupe-câble *m* – wire-rope knife *(drill)*; wireline cutter.

coupe-circuit *m* – circuit breaker; cutout; fuse. **coupe-circuit d'allumage** : ignition lock. **coupe-circuit de distribution** : distributing fuse *(elec)*.

coupe-feu *m* – firebreak.

coupe-film *f* – section film; seismic section.

coupe-flamme *m* – flame arrester.

coupellation *f* – cupellation.

coupelle *f* – bell-cap, *used with distillation-column trays*; boat *(chem)*; bucket; cup; cupel; dish. **coupelle à combustion** : crucible. **coupelle à huile** : oil cup. **coupelle de pistonnage** : swab cup. **coupelle de plateau** : tray cap. **coupelle de viscosimètre** : viscometer cup.

couper – break (to); cut (to); disconnect (to); shear (to); shut (to) off; turn (to) off, *steam, gas.* **couper le courant** : switch (to) off; trip (to) the current. **couper par mélange** : adulterate (to).

couperet *m* – cutter. **couperet de câble** : rope chopper.

coupe-tige *m* – cutter, *fishing tool*; drillpipe cutter; pipe cutter. **coupe-tige à charge creuse circulaire** : bottomhole jet cutter *(drill)*. **coupe-tige extérieur** : external pipe cutter; outside pipe cutter. **coupe-tige hydraulique** : hydraulic pipe cutter. **coupe-tige intérieur** : inside pipe cutter.

coupe-tube *m* – casing cutter; casing knife, *fishing tool used to cut stuck pipe and casing*; inside cutter; knife casing mill, *for cutting casing in a well*; pipe cutter, *fishing tool used to cut stuck pipe*; tube cutter *(drill)*. **coupe-tube à explosif à charge creuse** : explosive shaped-charge cutter. **coupe-tube à rochet** : ratchet pipe cutter.

couplage *m* – coupling; interlock; plant, *the coupling of a geophone to the ground.* **couplage à inductance mutuelle** : mutual inductance coupling. **couplage au sol** : ground coupling, *mechanical connection of a geophone or vibrator to the ground.* **couplage d'impédance** : impedance matching. **couplage en cascade** : cascade connection. **couplage en étoile** : star coupling. **couplage en parallèle** : parallel connection. **couplage en série** : series connection. **couplage galvanique** : galvanic coupling. **couplage hydraulique** : hydraulic coupling. **couplage par condensateur** : capacitor coupling. **couplage par résistance** : resistance coupling. **couplage semipolaire** : semipolar bonding. **couplage spin-orbite** : spin-orbit coupling. **couplage spin-spin** : spin-spin coupling.

couple *m* – couple; pair; torque, *see also moment de flexion.* **couple à basse température** : low-temperature torque. **couple constant** : constant torque. **couple d'accrochage** : pull-in torque, *of an engine.* **couple d'autoalignement** : aligning torque *(auto)*. **couple de calage** : stall torque. **couple de clichés stéréoscopiques** : stereopair. **couple de décrochage** : pullout torque, *of an engine.* **couple de démarrage** : electric torque; starting torque. **couple de freinage** : braking torque. **couple de frottement** : friction torque. **couple de serrage** : makeup torque, *torque used to screw tubulars together.* **couple de torsion** : twisting moment. **couple de transformées** : transform pair. **couple de vissage** : makeup torque, *for screwing drillpipe together.* **couple fenêtre-transformée** : window pair. **couple moteur** : driving torque; engine torque. **couple réactif** : reactive torque. **couple retardateur** : retarding torque. **couple stéréoscopique** : stereopair; stereoscopic pair. **couple thermoélectrique** : thermocouple. **couple voltaïque** : voltaic couple.

couplé – connected; coupled.

couplemètre *m* – torquemeter.

coupler – couple (to).

coupleur *m* – coupler. **coupleur acoustique** : acoustic coupler.

coupoir *m* – set hammer.

coupole *f* – cupola; dome.

coupon *m* – coupon, *corrosion test bar*; dividend *(fin)*; ticket.

coupure *f* – breaking *(elec)*; cleavage; cutoff; gash; map sheet; outage. **coupure de courant** : outage. **coupure de liaison** : bond cleavage. **coupure de méandre** : meander cutoff. **coupure de presse** : clipping; press clipping. **coupure stratigraphique** : stratigraphic break. **coupure transversale** : cross valley, *metal strip.*

courant *m* – crosscut, *of a meander*; current, *movement of a fluid*; current flow; flow; flux; stream. **courant à faible voltage** : low-voltage current. **courant à haute fréquence** : high-frequency current. **courant à vide** : no-load current. **courant admissible** : current-carrying capacity, *load capacity of an electric cable.* **courant alternatif** : alternating current (AC). **courant ascendant** : upwelling. **courant continu** : direct current (DC). **courant contraire** : unfavorable current. **courant d'air** : draft. **courant d'arrachement** : rip current, *a fast seaward-flowing current of water piled up on the shore by waves*; undertow. **courant d'entraînement** : inshore current. **courant d'induction** : induction current. **courant de charge** : charging current. **courant de chauffage** : filament current. **courant de conduction** : conduction current. **courant de contour** : contour current. **courant de convection** : convection current. **courant de crête** : alternating peak current. **courant de décharge** : overflow current. **courant de déchirure** : rip current. **courant de défaut** : fault current. **courant de démarrage** : starting current. **courant de densité** : density current, *difference in density caused by temperature, salinity and amount of suspended particles, causing one current to flow over, through or under another current.* **courant de déplacement** : displacement current. **courant de dérive** : drift current. **courant de flot** : flood current. **courant de Foucault** : eddy current; Foucault current. **courant de fuite** : dielectric current; leakage current. **courant de jusant** : ebb current. **courant de l'induit** : armature current. **courant de lancement d'un moteur** : starting inrush current, *8 to 10 times higher than normal current.* **courant de ligne** : line current. **courant de retour** : back-jet current; backflow; undertow, *the subsurface seaward return flow of water carried up on a sloping beach by wave action.* **courant de saturation** : saturation current. **courant de secteur** : mains current. **courant de soudage** : welding current. **courant de turbidité** : turbidity current. **courant de vent** : wind current. **courant débité** : current drain; delivered current; drain current. **courant descendant** : downdraft, *air pollution*; downflow. **courant déwatté** : idle current, *reactive current.* **courant diphasé** : two-phase current. **courant direct** : forward current *(elec)*. **courant dominant** : prevailing current *(ocean)*. **courant électrique** : current; electric current; electrode current. **courant faradique** : faradic current. **courant fluctuant** : fluctuating current. **courant force** : mains current; power current. **courant galvanique** : galvanic current. **courant géostrophique** : geostrophic current. **courant imposé** : impressed current, *cathodic protection.* **courant inducteur** : field current. **courant induit** : induced current; induction current. **courant inverse** : reverse current. **courant jet** : jet stream. **courant laminaire** : laminar flow. **courant littoral** : littoral current; longshore current; shore drift. **courant naturel d'un fluide** : streamline. **courant naturel tellurique** : natural earth current. **courant nominal** : rated current. **courant océanique** : ocean current. **courant parallèle** : parallel flow. **courant parasite** : eddy current. **courant polarisant** : polarizing current. **courant porteur** : carrier current. **courant primaire** : primary current. **courant provoqué** : artificial current. **courant sagittal** : rip current. **courant tellurique** : natural current; telluric current. **courant terrestre** : earth current. **courant torrentiel** : unsteady flow. **courant totalisé** : current linkage *(elec)*. **courant tranquille** : steady flow. **courant transitoire anormal** : surge *(elec)*. **courant triphasé** : three-phase current. **courant vagabond** : eddy current; stray current.

courantomètre *m* – current meter.

courbage *m* – bending; warp, *of a pipe.*

courbe *f* – bend; bow; camber; curve; diagram; graph. **courbe à vide** : no-load curve. **courbe bathymétrique** : depth curve. **courbe caractéristique** : characteristic curve. **courbe contrainte-déformation** : stress-strain curve. **courbe d'absorption** : absorption curve. **courbe d'aggradation côtière** : coastal-onlap curve, *chronostratigraphic curve of progressive coastal pinching out.* **courbe d'amortissement** : decay curve. **courbe d'apprentissage** : learning curve. **courbe d'avancement** : footage *(drill)*. **courbe d'écart de résistivité** : resistivity-departure curve, *giving the relationship between true resistivity and apparent resistivity.* **courbe d'écrouissage** : strain-hardening curve. **courbe d'élution** : elution curve. **courbe d'émission** : glow curve, *as a function of temperature.* **courbe d'équilibre des phases** : phase diagram. **courbe d'étalonnage** : calibration curve. **courbe d'évaluation des bruts** : curve for crude evaluation. **courbe de bulle** : bubble-point curve. **courbe de charge** : load curve; load diagram; output curve, *of a pipeline.* **courbe de chute de pression** : falloff curve *(prod)*. **courbe de convexité maximale** : curve of maximal convexity. **courbe de correction** : departure curve. **courbe de croissance** : growth curve. **courbe de cuvette** : depression contour. **courbe de déclin** : decline curve, *a graph showing the pressure drop of a producing field.* **courbe de déclin de la production** : output-decline curve; production-decline curve. **courbe de déclin de pression en débit** : pressure-drawdown curve. **courbe de décroissance** : decay curve, *a curve showing the variation in activity of a radioactive substance with time.* **courbe de déformation en fonction du temps** : time-deformation curve. **courbe de détente** : expansion line. **courbe de diffraction** : diffraction curve. **courbe de dispersion** : dispersion curve. **courbe de distillation** : distillation curve. **courbes de distillation chevauchantes** : overlapping distillation curves. **courbe de distorsion** : distortion curve. **courbe de distribution** : distribution curve, *the graph of the distribution function of a random variable.* **courbe de distribution des fréquences** : *see courbe des fréquences.* **courbe de famille** : family curve, *average curve of the yields from different wells in the same area.* **courbe de flash** : flash curve, *for any mixture, the graph of the percentages vaporized at constant temperature and pressure.* **courbe de fréquences** : distribution curve; frequency curve. **courbe de fuite** : leakage curve. **courbe de gain** : gain curve. **courbe de Gauss** : Gaussian curve, *bell-shaped curve.* **courbe de Milankovitch** : Milankovitch curve, *representing the amount of solar energy received by a given latitude during a given length of geologic time.* **courbe de niveau** : contour; contour line. **courbe de niveau de dépression** : depression contour. **courbe de niveau de structures profondes** : contour of subsurface structures. **courbe de niveau fermée** : closing structural contour. **courbe de niveau**

intercalaire : intermediate contour. **courbe de perméabilité** : permeability curve. **courbe de pertes** : loss curve. **courbe de phase** : phase curve. **courbe de porosité** : porosity curve. **courbe de pression** : pressure curve. **courbe de pression capillaire** : capillary pressure curve. **courbe de production** : production curve. **courbe de puissance** : output curve *(mech)*. **courbe de rayons gamma** : gamma-ray curve. **courbe de régression** : curve fitting; regression curve. **courbe de remontée de pression** : buildup curve *(prod)*. **courbe de rendement** : efficiency curve; output curve, *for an installation*. **courbe de répartition** : distribution curve. **courbe de réponse** : response curve. **courbe de réponse à l'acide** : acid response curve, *acidizing of wells*. **courbe de réponse du mélange** : mixture response curve. **courbe de réponse en fréquence** : frequency-response curve. **courbe de résistivité** : resistivity curve. **courbe de résistivité conventionnelle** : conventional resistivity curve. **courbe de rosée** : dew-point curve, *the line on a PVT diagram separating the two-phase (gas-liquid) region from the single-phase (gas) region, and indicating the temperature or pressure where the first dew or liquid phase occurs*. **courbe de rupture** : breakthrough curve. **courbe de salaire** : wage curve. **courbe de sensibilité spectrale** : spectral sensitivity curve. **courbe de solubilité** : solubility curve. **courbe de sublimation** : sublimation curve. **courbes de subsidence** : geohistory diagram, *plotted by the depth projecting of a geologic horizon*. **courbe de tarissement** : depletion curve *(hydrol)*. **courbe de tension intégrée en fonction du temps** : time-integral of voltage curve. **courbe de transition** : breakthrough curve, *in adsorption, the variation diagram of the effluent with time*. **courbe de transmission** : transmission curve. **courbe de vaporisation** : flash curve. **courbe de viscosité** : viscosity curve, *for an oil, generally versus temperature*. **courbe de vitesse** : velocity curve. **courbe des débits** : discharge hydrograph. **courbe des distances** : distance curve. **courbe des fréquences** : frequency curve, *graphic representation of a continuous frequency distribution, with the abscissa being the value of the variable and the ordinate the frequency*. **courbe des fréquences cumulées** : cumulative frequency curve *(stat)*. **courbe des moments** : moment curve. **courbe des ordonnées à l'origine** : intercept curve. **courbe des points d'ébullition réels** : true-boiling-point curve (TBPC). **courbe des propriétés des fractions élémentaires** : mid-percent curve. **courbe des propriétés en fonction du rendement** : yield curve. **courbe des propriétés instantanées** : mid-percent curve. **courbe dromochronique** : time-distance curve. **courbe du temps de parcours vertical** : vertical traveltime curve. **courbe en pointillé** : dotted curve. **courbe en trait continu** : solid-line curve. **courbe eustatique** : eustatic sealevel curve, *reflecting relative variations in sealevel*. **courbe expérimentale** : working curve. **courbe exponentielle** : exponential curve. **courbe frontière de détonation** : borderline-knock curve. **courbe granulométrique** : grading curve. **courbe hypsographique** : hypsographic curve. **courbe hypsométrique** : contour line; hypsometric curve. **courbe indicatrice** : deliverability curve, *indicating flow from a well*. **courbe isopropriété** : contour chart; isocurve. **courbe latérale** : lateral curve. **courbe logarithmique** : logarithmic curve. **courbe logistique** : logistic curve. **courbe opérationnelle** : operating line. **courbe profondeur-temps** : depth-time curve. **courbe propriété/rendement** : yield curve *(prod)*. **courbe relative** : intercept curve. **courbe sensitométrique** : sensitometric curve. **courbe spectrale d'une grandeur énergétique** : spectral distribution curve of a radiometric quantity. **courbe temps-distance** : traveltime curve. **courbe temps-profondeur** : time-depth curve. **courbe type** : standard curve. **courbe vitesse-profondeur** : velocity curve.

courbé – bent; crooked; curved.

courber – bend (to); curve (to).

courbure *f* – bending; bow; bulge; camber; curvature; curve; flexion; flexure; moveout *(seis)*. **courbure d'indicatrice** : moveout; stepout. **courbure de champ** : curvature of field. **courbure de la terre** : earth curvature. **courbure de la trajectoire** : raypath curvature. **courbure du front d'onde** : wavefront curvature. **courbure du rayon** : raypath curvature. **courbure du réflecteur** : reflector curvature. **courbure maximale** : maximum convexity. **courbure normale** : normal moveout (NMO), *the increase in the traveltime from a source to a reflector and back to a geophone because of the shotpoint-to-geophone distance ; seismic data must be corrected for this effect*.

couronne *f* – blank bit *(drill)*; corona; crown; ring; ring gear *(mach)*. **couronne à diamants** : diamond rock-drill crown. **couronne à empreinte** : sprocket wheel. **couronne à grenailles** : shot bit *(drill)*. **couronne à mollette** : core bit. **couronne d'embrayage** : clutch friction ring. **couronne d'entraînement** : ring gear. **couronne d'un piston** : area above the ring. **couronne de carottage** : core bit. **couronne de carottier** : core-cutter head. **couronne de démarreur** : starter ring. **couronne de derrick** : derrick crown. **couronne de piston** : piston junk ring. **couronne de surforage** : washover shoe. **couronne dentée** : sawtooth bit *(drill)*. **couronne étagée** : step bit. **couronne mobile** : impeller. **couronne réactionnelle** : reaction rim, *reaction of a core mineral with surrounding magma to form a different mineral acting as a shield*; reaction border.

courrier *m* – mail. **courrier électronique** : electronic mail.

courroie *f* – band; band belt; belt; flap; strap. **courroie articulée** : chain belt; link belt. **courroie d'arrêt** : breeching strap. **courroie d'entraînement** : driving strap. **courroie de commande** : driving belt. **courroie de protection** : belt guard. **courroie de retenue** : lifeline. **courroie de transmission** : driving belt; endless belt. **courroie de transport** : conveyor. **courroie de ventilateur** : fan belt. **courroie double** : double belt. **courroie en cuir** : leather belt. **courroie oléophile-hydrophobe** : hydrophobic-oleophilic belt, *for recovering oil spills*. **courroie sans fin** : endless belt. **courroie transporteuse** : traveling apron. **courroie trapézoïdale** : V-belt.

courroies *f* – belting.

cours *m* – course; crosscut; jobbing; quotation; race; run. **cours d'eau** : stream. **cours d'eau à méandres** : meandering stream. **cours d'eau antécédent** : antecedent stream, *a stream that has retained its early course in spite of tectonic* *changes.* **cours d'eau capteur** : captor. **cours d'eau dérivé** : effluent drain, *of a lake or river.* **cours d'eau inadapté** : misfit stream, *having meanders not proportional to the size of the valley, or a stream that is too large (overfit) or too small (underfit) to have eroded the valley through which it flows.* **cours d'eau obséquent** : obsequent stream. **cours d'eau permanent** : perennial stream. **cours d'eau souterrain** : subterranean stream; underground stream. **cours d'eau subséquent** : subsequent stream. **cours d'eau surchargé** : overloaded stream. **cours d'eau surimposé** : superimposed stream *(geomorph)*. **cours d'un fleuve** : course. **cours de la bourse** : share list. **cours du marché** : market quotations; prevailing market rate. **cours inférieur** : lower course, *of a river.* **cours moyen** : middle course, *of a river.* **cours supérieur** : upper course, *of a river.* **cours vendeur** : selling rate. **en cours** : ongoing; pending.

course *f* – race; run; stroke, *piston, etc.*; throw; travel. **course arrière** : backstroke. **course ascendante** : upward stroke, *of a piston.* **course d'admission** : suction stroke *(auto)*. **course d'aspiration** : induction stroke. **course d'échappement** : exhaust stroke; scavenging stroke. **course d'explosion** : power stroke. **course d'expulsion** : exhaust stroke. **course d'injection** : injection stroke, *pump.* **course d'une pompe** : pumping stroke. **course de balayage** : scavenger stroke. **course de débattement** : ride clearance, *suspension of wheels on a vehicle.* **course de détente** : expansion stroke. **course de la manivelle** : stroke of crank. **course de retour** : return stroke. **course descendante** : downstroke. **course double** : up-and-down stroke. **course du piston** : piston stroke; plunger stroke, *pump*; travel of the piston. **course du tiroir** : valve travel. **course en retour** : backstroke, *of a piston.* **course montante** : upstroke, *of a piston.* **course motrice** : power stroke; working stroke.

coursive *f* – catwalk.

court – short. **à court terme** : short range; short term.

courtage *m* – factorage; jobbing. **courtage maritime** : shipbroking.

court-circuit *m* – short circuit.

courtier *m* – broker. **courtier d'assurance** : insurance broker. **courtier en douane** : customhouse broker.

coussin *m* – cushion. **coussin d'air** : air cushion. **coussin de gaz** : gas cushion. **coussin de sel** : salt pillow. **coussin de vapeur** : top steam, *for controlling a distillation unit.*

coussinet *m* – bearing; bolster; bush; bushing; die; pillow. **coussinet à billes** : ball bearing. **coussinet à gorge** : grooved bearing. **coussinet antifriction** : antifriction bearing. **coussinet attaqué** : etched bearing. **coussinet autolubrifiant** : self-lubricated bearing. **coussinet corrodé** : etched bearing. **coussinet d'arbre à cames** : camshaft bearing. **coussinet d'axe de piston** : wrist-pin bearing. **coussinet de bielle** : connecting-rod bearing. **coussinet de la table de rotation** : table bushing *(drill)*. **coussinet de palier** : bearing shell; journal bearing. **coussinet de pied de bielle, coussinet du pied de bielle** : crankpin bearing; piston-pin bushing. **coussinet de tête de bielle** : big end bearing. **coussinet du siège de soupape** : valve-seat bushing. **coussinet écaillé** : flaked bearing. **coussinet en alliage d'aluminium** : aluminum-alloy bearing. **coussinet en alliage d'argent** : silver-alloy bearing. **coussinet en caoutchouc** : rubber bearing. **coussinet en fibre** : fiber bearing. **coussinet en laiton** : brass bearing. **coussinet en métal fritté** : porous bearing. **coussinet fêlé** : cracked bearing, *due to fatigue causing the antifriction alloy to become separated from its support.* **coussinet grippé** : seized bearing. **coussinet juste** : thrust bearing. **coussinet mince** : thin-wall bearing. **coussinet mince interchangeable** : precision-insert type bearing. **coussinet piqué** : pitted bearing. **coussinet pour tige d'entraînement** : drive bushing *(drill)*.

coût *m* – cost. **coût actualisé** : discounted cost. **coût après imposition** : tax-paid cost (TPC), *for crude oil.* **coût assurance et fret (CAF)** : cost-insurance-freight (CIF). **coût capitalisé** : capitalized cost. **coût d'entretien** : upkeep cost. **coût d'innovation** : innovation cost. **coût d'installation** : installation cost; mobilization costs. **coût d'investissement** : investment cost. **coût d'opportunité** : opportunity cost. **coût d'un projet** : project cost. **coût de distribution** : distribution cost. **coût de fabrication** : manufacturing cost. **coût de fabrication à l'étranger** : offshore cost. **coût de la découverte** : finding cost. **coûts de main d'oeuvre** : labor costs. **coût de manutention** : handling charge. **coût de port à port** : port-to-port cost. **coût de production** : factory cost; producing cost; production cost. **coûts de recherche et de développement** : research and development costs. **coût de traitement** : treating cost. **coût direct** : direct cost. **coût du transport** : transportation cost. **coût en ressources intérieures** : domestic resources cost (DRC). **coût et fret (C&F)** : cost and freight (C&F), *conditions of sale.* **coût fixe** : fixed cost. **coût impliqué** : underlying cost. **coût indirect** : indirect cost. **coût initial** : front-end cost. **coût marginal** : incremental cost; marginal cost. **coût marginal à long terme** : long-run marginal cost. **coût marginal d'exploitation** : cash cost *(prod)*. **coût opératoire** : running cost. **coûts opératoires** : operating costs, *costs (for personnel, consumables, etc.) required for operating properly.* **coût réel** : actual cost; real cost. **coût technique** : technical cost, *total payout and financial charges of investments in crude-oil exploration and development as well as production and operating charges.* **coût unitaire** : unit cost.

couteau *m* – knife. **couteau à câble** : rope knife. **couteau à mastiquer** : putty knife. **couteau à paraffine** : paraffin knife. **couteau d'air** : air knife. **couteau d'interrupteur** : switch. **couteau de balance** : knife edge, *a sharp edge used as the fulcrum for a lever arm in a balance.* **couteau de poche** : jackknife. **couteau remplaçable** : replaceable cutter.

couture *f* – sewing; stitching.

couvercle *m* – cap; cover; cover hood; deck; lid. **couvercle à charnières** : split lid. **couvercle à fermeture par coins** : wedge cover. **couvercle articulé** : hinged lid. **couvercle boulonné** : bolted cover. **couvercle d'extrémité mobile** : floating end cover, *for a heat exchanger.* **couvercle de boîte de circulation** : channel cover. **couvercle de carter** : casing cover. **couvercle de chambre à soupape** : valve cover plate. **couvercle de clapet** : valve cover. **couvercle de la boîte à clapet** : valve cap. **couvercle de plaque tubulaire mobile** : floating-tube sheet cover. **couvercle de poussoir** : push-rod cover plate. **couvercle de protection** : completion cap. **couvercle du carburateur** : carburetor lid. **couvercle plein** : blank cover.

couvert – boarded; coated, *covered.*

couverture *f* – blanket; blanketing; cover; coverage, *area covered by photos, maps, etc*; covering; deck; hedging, *buying or selling commodity futures as a protection against price fluctuation*; overburden *(geol)*; overlying bed *(geol)*; roofing; seal. **couverture de gaz inerte** : blanketing gas. **couverture de glace** : ice cap. **couverture de l'émission monétaire** : monetary cover. **couverture de neige** : snow cover. **couverture détritique superficielle** : waste mantle. **couverture en profondeur** : subsurface coverage. **couverture forestière** : forest cover. **couverture glaciaire** : glacial sheet. **couverture miroir** : subsurface coverage. **couverture multiple** : common-depth-point shooting *(seis)*; horizontal stack *(seis)*; multiple coverage, *a seismic arrangement in which the same portion of the subsurface is involved in several records, such as with common-midpoint shooting.* **couverture nuageuse sur l'image** : cloud cover. **couverture photographique** : photographic coverage. **couverture radar** : radar coverage. **couverture simple** : single coverage, *each reflection point on a seismic reflector is hit only once.* **couverture sous angle prédéterminé** : fixed-angle coverage. **couverture stéréoscopique** : stereoscopic coverage. **couverture végétale** : plant cover.

Couvinien *m* – Couvinian, *or Eifelian, a Middle Devonian stage.*

couvre-joint *m* – butt plate; butt strap; joint plate; wrapper.

couvrir – cloud (to); cover (to).

COV – VOC, *abbr. composés organiques volatils, volatile organic compounds.*

covalence *f* – covalence.

covalent – covalent.

covariance *f* – covariance *(stat)*.

covellite *f* – covellite, *or covelline (miner)*.

Cox – Cox, *see diagramme de Cox.*

cP – cP, *symbol for centipoise.*

CPG – GC, *abbr. chromatographie en phase gazeuse: gas chromatography*; GPC, *abbr. chromatographie de perméation sur gel, gel-permeation chromatography.*

CPL – *abbr. chromatographie en phase liquide.*

cps – cps, *abbr. cycles par seconde, cycles per second, see hertz.*

CPV – VPC, *abbr. chromatographie en phase vapeur, vapor-phase chromatography.*

CQ – QC, *abbr. contrôle de la qualité: quality control.*

CR – COD, *abbr. contre remboursement, cash on delivery.*

crachement *m* – fizz; sizzle.

crache-plongeur *m* – lockout bell.

cracher – fizz (to); spit (to).

crachin *m* – fine drizzle; mizzle, *a mixture of mist and drizzle.*

crachoter – spit (to).

craie *f* – chalk, *a fine-textured white limestone of marine origin.* **craie de Meudon** : French chalk. **craie lacustre** : Characeae chalk. **craie magnésienne** : magnesian chalk. **craie marneuse** : chalk marl; marly chalk. **craie noduleuse** : nodular chalk. **craie noire** : black chalk. **craie phosphatée** : phosphatic chalk.

Cramer – Cramer, *see règle de Cramer.*

crampon *m* – brace; clam; dog; dog iron; holdfast; spike; staple. **crampon pour tubes** : pipe hook.

cramponner – clamp (to). **se cramponner** : cling (to).

cran *m* – catch; cog; notch. **cran d'arrêt** : safety catch. **cran de mire** : foresight *(topog)*. **à crans** : cogged.

cranté – serrated.

crapaud *m* – mooring clump, *a concrete or cast-iron mooring weight with a heavy iron eye, used as ground tackle and for buoys.* **crapaud d'amarrage** : mushroom anchor.

crapaudine *f* – bottom bearing; collar-step bearing; pivot bearing; step bearing; step box. **crapaudine à billes** : ball-thrust bearing.

craquage *m* – cracking, *under the effect of heat, with or without pressure, the transformation of hydrocarbons into lower-boiling-point hydrocarbons suitable for motor fuels.* **craquage avec formation de coke** : coking cracking. **craquage catalytique** : catalytic cracking. **craquage catalytique à lit fixe** : fixed-bed catalytic cracking. **craquage catalytique à lit mobile** : moving-bed catalytic cracking. **craquage catalytique en lit entraîné** : riser cracking. **craquage catalytique fluide** : fluid catalytic cracking (FCC). **craquage combiné** : combination cracking. **craquage des huiles** : cracking of oil. **craquage du pétrole brut** : crude-oil cracking. **craquage en phase liquide** : liquid-phase cracking. **craquage en phase vapeur** : vapor-phase cracking. **craquage par flamme submergée** : submerged-flame cracking. **craquage sans résidus** : nonresidue cracking, *leaving only coke in the reactor.* **craquage sélectif** : selective cracking. **craquage thermique** : thermal cracking, *see also pyrolyse.* **craquage thermique de naphta** : naphtha pyrolysis. **craquage très poussé** : drastic cracking. **de craquage** : cracked, *the opposite of straight-run.*

craquat *m* – crackate.

craqué – cracked.

craquèlement *m* – chip.

craquelure *f* – crack. **craquelure de gel** : frost crack.

craqueur *m* – cracker. **craqueur catalytique** : cat cracker; catalytic converter; catalytic cracker. **craqueur catalytique à débit axial** : axial-flow catalyst converter.

crasse *f* – dirt; dross; engine gum; scoria; scum; slag; sludge; sweeping.

crassier *m* – cinder dump; refuse dump; slag dump.

cratère *m* – crater, *a bowl-shaped topographic depression, sometimes created by an uncontrolled blowout.* **cratère à bouches multiples** : nested crater. **cratère actif** : active crater. **cratère adventif** : adventive crater; lateral crater; parasitic crater. **cratère d'explosion** : explosion crater *(geol)*. **cratère de boue** : mud crater. **cratère emboîté** : somma crater. **cratère météoritique** : meteorite crater.

cratériforme – crateriform.
craticulage *m* – method of squares.
cratogène *m* – *see craton.*
craton *m* – craton, *a large portion of continents, which has attained stability and has been little deformed for a prolonged period.*
cravache *f* – jockey stick, *a rod extending from the headache post to the wireline drilling clamps to prevent these latter from turning during drilling.*
cravate *f* – sling, *pipeline handling.*
crayeux – chalky.
crayon *m* – carbon rod; carbon stick; pencil.
CRC – CRC, *abbr. Coordinating Research Council, see mesure CRC.*
créance *f* – claim.
créancier – creditor.
création *f* – creation. **création d'une nouvelle société** : merger by consolidation, *of several companies.* **création de paires** : pair production *(phys).*
créativité *f* – creativity.
crédit *m* – credit. **crédit à découvert** : blank credit. **crédit à l'exportation** : exportation credit. **crédit à la consommation** : consumer credit. **crédit à vue** : money at call. **crédit bail** : leasing. **crédit d'impôt** : tax credit. **crédit documentaire** : documentary credit. **crédit relais** : bridging facility. **crédit renouvelable** : revolving credit; rollover credit.
crémaillère *f* – cog rail; rack. **crémaillère d'avance** : feed rack. **crémaillère de commande d'injecteur** : injector control rack, *for controlling the flow rate.* **crémaillère de réglage** : adjusting rack.
créneau *m* – boxcar; niche; square wave *(seis).* **créneau écologique** : ecological niche.
crénelé – castellated; comblike.
crénulation *f* – crenulation, *small-scale folding superimposed on larger-scale folding.*
créosote *f* – creosote, *liquid pitch oil.*
crêpe *f* – pancake.
crépi *m* – roughcast; rough coat.
crépine *f* – dry pipe; junk pusher, *situated on the production packer for cleaning the casing when it is run in ; the mud flowing through the slits carries solid particles with it;* liner; perforated tube; screened pipe; strainer, *of a pump.* **crépine à bouts lisses** : plain-end liner. **crépine à fentes et à trous** : slotted and perforated liner. **crépine d'aspiration** : foot valve; suction screen; suction strainer. **crépine lisse** : plain-end liner *(drill).* **crépine perforée** : perforated liner *(drill).* **crépine préfabriquée** : prepacked liner. **crépine reforable** : drillable liner.
crépitement *m* – crackle; sizzle; sputtering.
crésol *m* – cresol, *ortho-, meta- and para-.*
crêt *m* – strike ridge. **crêt monoclinal** : hogback.
Crétacé *m* – Cretaceous, *final period of the Mesozoic era.*
crête *f* – chine; crest, *highest point on a curve;* crown; peak; ridge; summit. **crête anticlinale** : crown; upper apex of fold *(geol).* **crête barométrique** : ridge of high pressure *(meteo).* **crête d'un anticlinal** : anticlinal crest; anticlinal ridge. **crête de houle** : wave crest, *the highest part of a wave.* **crête de la dent** : tooth crest *(drill).* **crête de pression** : pressure ridge, *a mound of broken ice uplifted by pressure.*
creusage *m* – sinking.
creusé – hollowed.
creusement *m* – digging; excavating; scour. **creusement des puits** : shaft sinking. **creusement des tranchées** : trench digging; trenching. **creusement des voies** : road driving. **creusement et remblayage** : scour and fill, *alternate excavation and refilling of a channel by a tide or stream.*
creuser – bore (to); deepen (to); dig (to); dip (to) up; excavate (to); hole (to); hollow (to); hollow (to) out. **creuser un tunnel** : tunnel (to).
creuset *m* – crucible; dish; hearth; melting pot; pot; slack tub, *a vat used for tempering tools.* **creuset à fusion** : melting crucible. **creuset d'essai** : assay crucible. **creuset de fonderie** : melting kettle. **creuset de Gooch** : Gooch crucible, *a ceramic crucible with a perforated bottom used as a filter.* **creuset en platine** : platinum crucible. **creuset en porcelaine** : porcelain crucible. **creuset fermé** : closed cup, *test.* **creuset ouvert** : open cup.
creux *m* – cavity; corrie; dedendum, *the difference between the radius of the root circle of a gear and the radius of its pitch circle;* dell *(geol);* dent; depth; dip; downwarping; hollow; trough, *waveform.* **creux barométrique** : trough of low pressure *(meteo).* **creux d'épaule** : dimple, *in a drill bit.* **creux d'un réservoir** : ullage, *tank volume not filled with liquid.* **creux de déflation** : blowout, *small depression formed by wind erosion;* deflation hole *(geol).* **creux de houle** : wave trough, *the lowest area between two wave crests.* **creux formé par effondrement** : collapse sink.
crevaison *f* – puncture, *tire.*
crevasse *f* – chasm; cleft; crack; crevasse; crevice; fissure; rift. **crevasse de gel** : frost crack. **crevasse de marée** : tide crack, *junction line between an ice foot and fast ice resulting from tidal movements.* **crevasse de soudure** : weld crack. **crevasse marginale** : marginal crevasse, *glacier.* **crevasse superficielle** : surface crack *(metal).*
crevassé – cracked; fissured; fractured; jointed *(geol).*
criblage *m* – jigging, *a gravity method of separating heavier liquid or solid fractions from lighter ones;* screening; sieving; sizing. **criblage à sec** : dry screening; dry scrubbing. **criblage par dépôt** : jigger work.
crible *m* – riddle; screen; sieve. **crible à barres** : grizzly. **crible à charbon** : coal screen. **crible à grille filtrante** : filter screen. **crible à secousses** : jigging screen; oscillating screen; shaker; shaking screen. **crible à tambour** : drum separator. **crible à un plateau** : single-deck screen. **crible classeur** : classifying screen; sizing screen. **crible classeur à rouleaux** : roller screen. **crible laveur** : cradle; rocker. **crible laveur à secousses** : jolting machine. **crible mécanique** : screening machine. **crible oscillant** : jigger; oscillating screen; shaking screen; swinging sieve. **crible rotatif** : riddle drum; rotary screen; trommel. **crible vibrant** : jig table.
criblé – screened.
cribler – peen (to); screen (to) out; sift (to); sort (to).
cric *m* – carriage jack; hoisting crab; jack; lifting jack; vehicle-lifting jack; wheel jack. **cric à main** : hand jack. **cric à rochet** : ratchet jack. **cric à vis** : jackscrew. **cric de tension** : tension jack. **cric hy-**

draulique : hydraulic jack. **cric pour poids lourds** : heavy-duty jack. **cric sur crémaillère circulaire** : jack and circle, *used to tighten or loosen joints in a string of drill tools.*

cricondenbar *f* – cricondenbar, *maximum pressure at which two phases (e.g. liquid and vapor) can coexist.*

cricondentherme *f* – cricondentherm, *maximum temperature at which two phases (e.g. liquid and vapor) can coexist.*

crin *m* – horsehair; slip.

crinoïde *m* – crinoid, *echinoderm.*

crinoline *f* – safety loop, *on a ladder.*

crique *f* – cove *(geol)*; crack *(metal)*; creek. **crique de tension** : stress crack; tension crack. **crique de trempe** : quench crack. **criques saisonnières** : season cracking, *caused by stress corrosion in metal.*

crise *f* – crisis; recession. **crise économique** : economic crisis; slump.

crissement *m* – squeal, *tire noise.*

cristal *m* – crystal. **cristal à réseau** : lattice crystal. **cristal allochromatique** : allochromatic crystal. **cristal anisotrope** : anisotropic crystal. **cristal biaxe** : biaxial crystal. **cristal covalent** : covalent crystal. **cristaux de glace** : frazil crystals. **cristal de roche** : quartz crystal; rock crystal *(miner)*. **cristal dextrogyre** : right-handed crystal. **cristal embryonnaire** : immature crystal; nucleus of crystal. **cristal hémimorphe** : hemimorphic crystal, *having no transverse plane of symmetry and no center of symmetry.* **cristal ionique** : ionic crystal. **cristal lévogyre** : left-handed crystal. **cristal liquide** : liquid crystal. **cristal maclé** : twin crystal; twinned crystal. **cristal méroédrique** : merohedral crystal. **cristal mimétique** : mimetic crystal. **cristal mixte** : mixed crystal. **cristal moléculaire** : molecular crystal. **cristal négatif** : negative crystal. **cristal optique** : optical crystal. **cristal orthogonal** : orthogonal crystal. **cristal rhomboédrique** : rhombohedral crystal. **cristal squelettique** : skeleton crystal. **cristal triple** : trilling; threeling. **cristal uniaxe** : uniaxial crystal.

CRISTAL – CRISTAL, *abbr. of Contract Regarding an Interim Supplement to Tanker Liability for oil pollution, a supplement to TOVALOP.*

cristallin – crystalline.

cristallinité *f* – crystallinity, *the degree to which a rock is crystalline.*

cristallisable – crystallizable.

cristallisant – crystallizing.

cristallisation *f* – crystallization; crystallizing. **cristallisation fractionnée** : fractional crystallization. **cristallisation homogène** : homogeneous crystallization. **cristallisation primaire** : primary crystallization. **cristallisation secondaire** : secondary crystallization. **cristallisation sélective** : selective crystallization.

cristalliser – crystallize (to). **se cristalliser** : segregate (to).

cristalliseur *m* – see cristallisoir.

cristallisoir *m* – chiller; crystallizer. **cristallisoir à racloirs** : scraped-surface chiller. **cristallisoir à vide** : vacuum crystallizer. **cristallisoir Gray** : Gray chiller, *used for dewaxing.* **cristallisoir refroidi à la saumure** : brine-cooled chiller.

cristallite *f* – crystallite, *minute body with an unknown mineralogic composition or crystal form representing the initial stage of crystallization of a magma or glass.*

cristalloblastique – crystalloblastic.

cristallogenèse *f* – crystallogeny.

cristallographie *f* – crystallography. **cristallographie chimique** : chemical crystallography.

cristallographique – crystallographic.

cristalloïde *m* – crystalloid.

cristallophyllien – schistose.

cristaux *m* – *plural of cristal.*

cristobalite *f* – cristobalite *(miner)*.

critère *m* – criterion; yardstick. **critères d'implantation** : site criteria. **critère de Nyquist** : Nyquist stability theorem, *or Nyquist stability criterion.* **critères de sélection** : screening criteria. **critère de stabilité** : stability criterion. **critère espérance variance** : mean-variance criterion, *investment.*

criticité *f* – criticality *(nucl)*.

critique – critical. **critique différé** : delayed critical, *critical because of delayed neutrons.* **critique instantané** : prompt critical, *capable of sustaining a chain reaction without the aid of delayed neutrons.*

croc *m* – hook. **croc à feu** : rake. **croc de câble** : chain hook. **croc de charge** : cargo hook.

crochet *m* – claw; holdfast; hook; pickup; pipe hook, *a fishing tool that is attached to an overshot*; rake. **crochet à ressort** : clevis. **crochet à tubage** : casing hook, *a heavy hook attached to the traveling block and engaged in the links of the casing elevator (drill).* **crochet d'assemblage** : dog iron. **crochet d'élément calorifuge** : insulation clip. **crochet de balancier** : beam hook. **crochet de chaîne** : chain hook. **crochet de débrayage** : disconnecting hook; throwoff hook. **crochet de forage** : pipe hook. **crochet de grue** : crane hook. **crochet de la tête d'injection** : swivel hook. **crochet de levage** : hoisting hook; lift hook; lifting hook; rotary hook. **crochet de montage** : drill hook. **crochet de repêchage** : crow's foot; fishing hook. **crochet de sauvetage** : catch hook *(drill)*. **crochet de sûreté** : clevis. **crochet de suspension** : hanger; suspension hook. **crochet de tiges de pompage** : sucker-rod hook. **crochet de traction** : draw hook. **crochet intégré** : hook block *(drill)*. **crochet pélican** : pelican hook. **crochet redresseur** : spiral guide; wall hook. **crochet tournant** : swivel hook. **crochet tubulaire** : wall hook.

crochon *m* – drag, *of a fault*; drag fold.

crocodile *m* – crocodile.

croisé – crossed.

croisement *m* – crossover; crossroad; intersection; overlap, *of valves.* **croisement de courbes** : crossover, *the intersection of two curves.* **croisement des soupapes** : valve overlap, *for intake and exhaust in thermal engines.* **croisement double** : diamond switch.

croiser – cross (to).

croisillon *m* – brace; crossarm; crossbrace; crosswire; spider. **croisillon de derrick** : derrick brace.

croisillons *m* – diagonal bracing.

croissance *f* – expansion; growth. **croissance des cristaux** : crystal growth. **croissance du récif** : reef growth. **croissance durable** : sustained growth. **croissance-énergie zéro** : zero energy growth.

croissance exponentielle : exponential growth. **croissance zéro** : zero growth.
croissant *m* – crescent; cusp. **croissant de plage** : beach cusp.
croître – grow (to).
croix *f* – cross; four-way tee. **croix de circulation** : drilling spool; mud cross, *a wellhead connection equipped with lateral mud outlets*; mud spool. **croix égales** : equal crosses. **croix goujonnée** : studded cross. **en croix** : crosswise.
Croixien *m* – Croixian, *Upper Cambrian series.*
Cromérien *m* – Cromerian, *Middle Pleistocene climostratigraphic and floral stage.*
croquis *m* – draft; drawing; sketch. **croquis à l'échelle** : plot. **croquis de reconnaissance** : sketch-map.
crosse *f* – crosshead.
crossite *f* – crossite *(miner)*.
croupe *f* – ridge.
croûte *f* – caking; crust; skin. **croûte concrétionnée** : duricrust; hardpan. **croûte continentale** : continental crust. **croûte de glace** : ice rind. **croûte de la fonte** : casting skin; skin of casting *(metal)*. **croûte glissante** : slide crust. **croûte océanique** : oceanic crust. **croûte supérieure** : top crust. **croûte terrestre** : crust of the Earth; earth shell, *the outermost layer of the Earth.*
cru – raw.
cruche *f* – jug.
cruchon *m* – stone bottle.
crue *f* – flood; rise. **crue de glacier** : glacial advance. **crue de plage** : beach accretion. **crue éclair** : flash flood.
crustal – crustal *(geol)*.
cryocâble *m* – cryocable; cryogenic cable.
cryoclastie *f* – congelifraction.
cryodessiccation *f* – lyophilization.
cryogène *m* – cryogen, *a refrigerant made of water and a soluble salt.*
cryogénie *f* – cryogenics.
cryogénique – cryogenic.
cryohydrate *m* – cryohydrate.
cryohydratique – cryohydric.
cryolite *f* – cryolite, *Greenland spar, ice stone.*
cryologie *f* – cryology.
cryoluminescence *f* – cryoluminescence.
cryomagnétisme *m* – cryomagnetism.
cryomètre *m* – cryometer.
cryométrie *f* – cryometry.
cryopédologie *f* – cryopedology.
cryophile – cryophilous, *or cryophilic, having a preference for low temperatures.*
cryoplanation *f* – cryoplanation *(geol)*.
cryopompe *f* – cryopump.
cryopropergol *m* – cryogenic propellant; cryopropellant.
cryorésistant – cryoresistive.
cryoscopie *f* – cryoscopy.
cryoscopique – cryoscopic.
cryosphère *f* – cryosphere, *part of the Earth's surface that is permanently frozen.*
cryostat *m* – cryostat.
cryotempérature *f* – cryogenic temperature.
cryotransformateur *m* – cryogenic transformer; cryotransformer.
cryoturbation *f* – congeliturbation, *modifications and all other disturbances of soil, resulting from frost action*; cryoturbation, *of soil.*
cryptand *m* – cryptand, *molecular entity.*
cryptate *m* – cryptate, *see cryptand.*
cryptocristallin – cryptocrystalline; microaphanitic *(petro)*.
crypton *m* – *see krypton.*
CSE – SFC, *abbr. consommation spécifique effective: specific fuel consumption.*
cSt – cSt, *symbol for centistokes.*
cubage *m* – cubic content.
cubature *f* – cubature, *determining the cube having a volume equal to the volume considered.*
cube *m* – cube. **cube parfait** : perfect cube. **cube pyramidé** : tetrahexahedron *(cryst)*.
cube – cubic, cubed, *for volume units use the modifier cubic placed before the unit name, for powers use the modifier cubed placed after the unit name.*
cuber – cube (to). **cuber la production d'un puits** : gage (to) the production of a well.
cubilot *m* – cupola *(metal)*.
cubique – cubic.
cuesta *f* – cuesta, *an asymmetric ridge with one steep slope and one gentle slope.*
cuffat *m* – bowl *(mine)*; bucket; tub. **cuffat à fond mobile** : drop-bottom bucket.
cuiller *f* – auger; bailer; basket; oil scoop; spoon. **cuiller à boue** : mud barrel. **cuiller à clapet** : mud socket *(drill)*. **cuiller à piston** : sand pump, *sucking up deposits as it rises inside a borehole.* **cuiller à sédiments** : sand bucket. **cuiller d'excavation** : earth grab. **cuiller d'huile** : oil dipper, *of the big end of a connecting rod.* **cuiller de cimentation** : dump bailer *(drill)*. **cuiller de curage** : cleanout bailer. **cuiller de curage à clapet** : dart bailer. **cuiller de drague** : dredging scoop. **cuiller de nettoyage à jet** : cleanout jet auger. **cuiller de projection d'huile** : oil dipper. **cuiller hydrostatique à sédiments** : junk snatcher. **cuiller pour mise en place de l'acide** : acid dump bailer *(drill)*. **cuiller pour mise en place du ciment** : cement dump bailer.
cuillerage *m* – bailing.
cuillère *f* – *see cuiller.*
cuir *m* – hide; leather. **cuir chamoisé** : oiled leather.
cuirasse *f* – armor; crust *(pedol)*; duricrust *(geol)*; hardpan *(pedol)*; metal-clad. **cuirasse ferrugineuse** : ironpan *(pedol)*.
cuire – bake (to).
cuiseur *m* – cooker, *a lead tank for recovering acid from sludge produced by treating acid from lubricating oil.*
Cuisien *m* – Cuisian, *Lower Eocene stage.*
cuisinière *f* – range, *gas-fired or electric*; stove. **cuisinière à gaz** : gas cooker; gas range.
cuissard *m* – breeching, *boiler.*
cuisson *f* – baking; calcination; cooking. **cuisson à fond** : dead roasting. **cuisson à mort** : dead burning.
cuit – burned; burnt. **cuit à mort** : dead burned.
cuivrage *m* – copper plating; coppering.
cuivre *m* – copper, *symbol Cu.* **cuivre ampoulé** : blister copper. **cuivre anodique** : anode copper. **cuivre brut** : black copper; raw copper. **cuivre de**

cémentation : cement copper. **cuivre électrolytique** : electrolytic copper. **cuivre en plaques** : sheet copper. **cuivre fin** : refined copper. **cuivre gris** : gray copper. **cuivre laminé** : rolled copper. **cuivre laminé à froid** : tough copper, *cold-rolled copper.* **cuivre natif** : native copper. **cuivre noir** : black copper. **cuivre panaché** : horseflesh ore; variegated copper ore, *bornite (miner)*. **cuivre raffiné** : refined copper.

cuivré – coppered.

cuivreux – coppery; cuprous.

cuivrique – cupric.

culasse *f* – cylinder head; head; yoke, *transformer, electromagnet, relay.* **culasse de moteur sans soupape** : junk head. **culasse rapportée** : detachable cylinder head.

culbutage *m* – dumping; tilting.

culbute *f* – tumble; turnover.

culbuter – overturn (to); tip (to); topple (to); trip (to).

culbuteur *m* – dump cradle; rocker; rocker arm; tilter; tipper; tumbler. **culbuteur circulaire** : rotary tipper. **culbuteur d'injecteur** : injector rocker arm. **culbuteur de soupape** : valve lever; valve rocker. **culbuteur recette supérieure** : tipple. **culbuteur rotatif** : rotary dump.

cul-de-sac *m* – blind valley.

culée *f* – abutment.

culm *m* – culm, *anthracite.*

culmination *f* – culmination; structural high; time of closest approach, *satellite.*

culot *m* – base *(elec US)*; boss; cap *(elec)*; dead hole. **culot à baïonnette** : bayonet base, *bayonet cap.* **culot à vis** : screw base, *screw cap.* **culot de glace** : kettle. **culot volcanique** : plug.

culotte de bouilleur – breeching, *of a flue*; water leg, *the vertical area of a vessel for the collecting of water.*

culture *f* – cultivation; culture *(microbio)*. **culture de plantes de couverture** : cover crop, *to prevent erosion.* **culture sur coupe et brûlis** : slash-and-burn cultivation. **culture vivace** : perennial crop. **culture vivrière** : food crop.

cumène *m* – cumene, *isopropylbenzene.*

cumulat *m* – cumulate *(petro)*.

cumulatif – cumulative.

cumulovolcan *m* – cumulo-volcano, *volcanic dome*; plug dome.

cunette *f* – river-crossing ditch.

cuprate *m* – cuprate.

cuprifère – copper bearing; cupriferous.

cuprique – cupric.

cuprite *f* – cuprite, *red copper ore.*

curage *m* – bailing *(drill)*. **curage à l'aide de tubes télescopiques** : sand washing. **curage d'une rivière** : cleaning out a river. **curage sous pression** : snubbing, *running tubular equipment into a borehole under pressure.*

curer – flush (to); scour (to).

curette *f* – scraper.

curie *m* – curie, *a unit of radioactivity, 1 Ci = 37 GBq, see also température de Curie.*

curium *m* – curium, *a synthetic radioactive element, symbol Cm.*

curseur *m* – cursor; index; runner; slider; traveler.

curure *f* – dirt; muck.

curvigraphe *m* – cyclograph.

curvimètre *m* – curvometer.

cutback *m* – cutback; cutback asphalt, *road asphalt softened or liquefied by being blended with a volatile liquid such as naphtha or kerosine.* **cutback à séchage lent** : slow-curing (SC) cutback. **cutback à séchage moyen** : medium-curing (MC) cutback. **cutback à séchage rapide** : rapid-curing (RC) cutback.

cuticulaire – cuticular.

cuticule *f* – cuticle. **cuticule de poussière** : dust skin.

cutine *f* – cutin, *fatty material of the cuticle covering the external wall of some plants.*

cutinite *f* – cutinite, *see exinite.*

cuve *f* – basin; bowl *(geol)*; cistern; pan; shell; tank; tray; trough; tub; vat. **cuve à eau** : cooling tank. **cuve à huile** : oil pan. **cuve à lessiver** : lixiviation tank. **cuve à membrane** : membrane tank. **cuve à mercure** : mercury trough. **cuve à niveau constant** : constant-level tank; float chamber. **cuve autoporteuse** : self-supporting tank. **cuve d'agitation** : agitating tank. **cuve d'épuration** : purifier box, *an industrial gas purifier based on hydrogen-sulfide extraction by passing the gas over wood chips and iron oxide.* **cuve d'un haut fourneau** : chamber of a blast-furnace; shaft of a blast-furnace *(metal)*. **cuve de curage** : bailing tank; bailing tub. **cuve de décantation** : dewatering tank; slop tank. **cuve de dépôt total** : liberator tank. **cuve de déshydratation** : dewatering tank. **cuve de fermentation** : fermenting tank. **cuve de filtration** : leaching tank. **cuve du flotteur** : float chamber, *of a carburetor.* **cuve enterrée** : buried tank. **cuve intégrée** : integrated tank. **cuve libératrice** : liberator tank.

cuvelage *m* – casing, *see also tubage*; cofferdam; string of casing *(drill)*.

cuvette *f* – basin; bowl *(geol)*; cistern; cove; cup; dish; pan; pothole; tray. **cuvette à sel** : salt pan. **cuvette d'embrayage** : clutch plate. **cuvettes d'érosion éolienne** : honeycomb structure *(geol)*. **cuvette d'étanchéité d'huile** : oil retainer cup. **cuvette de failles** : fault pit. **cuvette de filtre de pompe à essence** : pump bowl. **cuvette de refroidissement** : cooling tank. **cuvette de rétention** : retention pond. **cuvette de roulement à billes** : ball-bearing cup. **cuvette de soupape** : valve cup. **cuvette de thermomètre** : thermometer bulb. **cuvette glaciaire** : glacial pothole. **cuvette structurale** : structural basin. **cuvette synclinale** : basin folds; synclinal closure. **en cuvette** : dished.

CV – *symbol for cheval-vapeur fiscal, rated horsepower based on the cylinder capacity of an engine and on the transmission ratio, used for classifying automotive vehicles in different categories for taxation purposes.*

CVR – GRP, *abbr. composite verre-résine, glass-reinforced plastics.*

cyanamide *m* – cyanamide, *cyanogenamide, carbodiimide.* **cyanamide calcique** : calcium cyanamide, *lime nitrogen, calcium carbimide.*

cyanhydrique – hydrocyanic.

cyanique – cyanic.

cyanite *f* – kyanite, *or cyanite, disthene.*

cyanoéthylation *f* – cyanoethylation *(chem)*.

cyanogène *m* – cyanogen, *toxic gas.*

cyanophycée *f* – cyanobacteria, *blue-green algae.*

cyanoxydation *f* – oxycyanation.
cyanuration *f* – cyaniding, *thermochemical surface treatment of ferrous alloys.* **unité de cyanuration** : cyanide plant.
cyanure *m* – cyanide. **cyanure de potassium** : potassium cyanide. **cyanure libre** : free cyanide.
cybernétique *f* – cybernetics.
cyclane *m* – cycloparaffin, *cycloalkane.*
cyclanique – *see alicyclique.*
cycle *m* – cycle; leg; ring *(chem).* **cycle à absorption** : absorption cycle, *refrigeration.* **cycle à cascade** : cascade cycle. **cycle à deux temps** : two-stroke cycle. **cycle à quatre temps** : four-stroke cycle. **cycle actif** : duty cycle, *see cycle de service.* **cycle adiabatique** : adiabatic cycle. **cycle aromatique** : benzene ring. **cycle alpin** : Alpine orogeny. **cycle biogéochimique** : biogeochemical cycle, *interactions between the atmosphere, hydrosphere, lithosphere and biosphere.* **cycle cadomien** : Cadomian orogeny, *occurring at the end of the Precambrian.* **cycle calédonien** : Caledonian orogeny, *early Paleozoic deformation.* **cycle condensé** : fused ring *(chem).* **cycle d'aimantation** : hysteresis loop. **cycle d'échappement** : exhaust cycle. **cycle d'érosion** : cycle of erosion, *the cycle is usually subdivided into youthful, mature and old-age stages*; erosion cycle. **cycle d'érosion littorale** : shoreline cycle. **cycle d'évolution** : life cycle. **cycle d'hystérésis** : hysteresis loop. **cycle d'opération** : cycle of operation. **cycle d'Otto** : Otto cycle, *an operating cycle in a four-stroke internal-combustion engine.* **cycle d'un procédé** : process stream. **cycle de base** : cycle time. **cycle de Carnot** : Carnot cycle, *ideal heat engine cycle in which the working substance goes through four successive operations: isothermal expansion to a desired point, adiabatic expansion to a desired point, isothermal compression, adiabatic compression back to its initial state.* **cycle de craquage** : cracking cycle. **cycle de fabrication** : process stream. **cycle de l'azote** : nitrogen cycle. **cycle de l'eau** : hydrologic cycle; water cycle. **cycle de la boue dans le puits** : washaround. **cycle de marche** : run *(ref).* **cycles de Milankovitch** : Milankovitch cycles, *cycles based on variations in the Earth's orbit, causing changes in climate, volume of ice on the continents and sealevels. These orbital cycles have characteristic periods of 19, 23, 41 and 100 ka.* **cycle de Rankine** : Rankine cycle, *ideal thermodynamic cycle for the performance of a heat-engine or heat-pump installation operating with a condensable fluid (steam) as the working fluid.* **cycle de service** : duty cycle, *the operating time and conditions for equipment, devices, components and electric current.* **cycle de soudage** : welding cycle. **cycle de Stirling** : Stirling cycle, *thermodynamic cycle.* **cycle des produits** : products cycle, *the order in which different products are sent through a pipeline.* **cycle du carbone** : carbon cycle, *continuous exchange and reactions of carbon via living matter in the biosphere, atmosphere and hydrosphere.* **cycle eustatique** : eustatic cycle, *third-order cycle, or fundamental cycle in that it represents only one rise and fall whereas first- and second-order cycles are composites of more than one third-order cycle.* **cycles eustatiques** : eustatic cycles, *periods of geologic time during which mean sealevel rises and drops.* **cycle eustatique de deuxième ordre** : second-order cycle, *see supercycle eustatique.* **cycle eustatique de premier ordre** : first-order cycle, *see mégacycle eustatique.* **cycle eustatique de troisième ordre** : third-order cycle, *see cycle eustatique.* **cycle frigorifique** : refrigeration cycle. **cycle géochimique** : geochemical cycle. **cycle hercynien** : Hercynian orogeny. **cycle littoral** : shore cycle. **cycles manqués** : cycle skipping, *a sharp deflection of the transit time when the first arrival at the farther receiver is not strong enough to trigger it (logging).* **cycle moyen** : average cycle. **cycle orogénique** : orogenic cycle, *interval of time during which a moutain range is formed, and then eradicated.* **cycles par seconde** : cycles per second, *see hertz.* **cycle réversible** : reversible cycle. **cycle sédimentaire** : sedimentary cycle. **cycle solaire** : solar cycle. **cycle varisque** : Variscan orogeny, *the Hercynian orogeny in the late Paleozoic in Europe, extending through the Carboniferous and Permian.*
cyclène *m* – cycloalkene, *a cyclic form of alkene.*
cyclique – cyclic.
cyclisation *f* – closing; cyclization; ring closure *(chem)*; ring formation *(chem).*
cyclisé – cyclized.
cycloaddition *f* – cycloaddition.
cycloalcane *m* – cycloalkane, *a cyclic form of alkane.*
cycloalkylation *f* – cycloalkylation.
cyclobutane *m* – cyclobutane, *teramethylene.*
cyclobutène *m* – cyclobutene.
cycloconvertisseur *m* – cycloconverter *(elec).*
cyclodécatriène *m* – cyclodecatriene *(CDT).*
cyclododécane *m* – cyclododecane.
cyclododécanol *m* – cyclododecanol, *hydroxycyclodecane.*
cycloélimination *f* – cycloelimination; cycloreversion.
cyclohexane *m* – cyclohexane, *hexamethylene, hexahydrobenzne, an alicyclic hydrocarbon.*
cyclohexanol *m* – cyclohexanol, *hexahydrophenol, a monoalcohol derived from cyclohexane.*
cyclohexanone *f* – cyclohexanone, *pimelic ketone, ketohexamethylene, a ketone derived from cyclohexane.*
cyclohexène *m* – cyclohexene, *tetrahydrobenzene.*
cyclohexylamine *f* – cyclohexylamine, *aminocyclohexane, hexahydroaniline.*
cycloïdal – cycloidal.
cyclomoteur *m* – motorcycle.
cyclone *m* – cyclone, *meteorological phenomenon, or a device for the separation of various particles held in a fluid*; tornado.
cyclonite *f* – cyclonite, *a very powerful explosive, also called cyclotrimethylenetrinitramine.*
cyclooctane *m* – cyclooctane.
cyclooléfine *f* – cycloolefin, *an alicyclic hydrocarbon with two or more double bonds, such as cyclopentadiene, cyclohexadiene and cyclooctatetraene.*
cycloparaffine *f* – cycloparaffin, *alicyclic hydrocarbon such as cyclopropane, cyclobutane, cyclopentane and cyclohexane.*

cyclopentadiène *m* – cyclopentadiene, *cycloparaffin.*
cyclopentane *m* – cyclopentane, *pentamethylene.*
cyclosilicate *m* – cyclosilicate, *a class of silicate.*
cyclostome *m* – cyclostome *(pal).*
cyclothème *m* – cyclothem, *a series of deposits in the same sedimentary cycle indicating an unstable coastal environment where marine submergence and emergence occurred.*
cyclotron *m* – cyclotron, *particle accelerator.*
Cycloversion – Cycloversion, *a fixed-bed catalytic reforming process using bauxite as the catalyst.*
cylinder-stock *m* – cylinder stock, *still residuum or compounded or straight oils used for making steam-cylinder lubricants.*
cylindre *m* – cylinder; roll; roller; working barrel. **cylindre à ailettes** : ribbed cylinder. **cylindre à air comprimé** : compressed-air cylinder. **cylindre à haute pression** : high-pressure cylinder. **cylindre à tôles** : plate-mill roller. **cylindre à vapeur** : steam cylinder. **cylindre broyeur** : crusher roll. **cylindre cannelé** : grooved roll. **cylindres couplés** : paired cylinders. **cylindre d'axe vertical** : slab, *a vertical-axis cylinder with an indefinitely increasing radius, used in gravimetry.* **cylindre d'écrasement** : crushing roller. **cylindre d'enregistreur** : indicator cylinder. **cylindre d'équilibrage à mercure arrière** : aft mercury trim. **cylindre d'équilibrage à mercure avant** : forward mercury trim. **cylindre d'expansion** : expansion drum. **cylindre d'injecteur** : injector barrel. **cylindre de broyeur** : crushing roll. **cylindre de cintrage** : bending roll. **cylindre de Faraday** : Faraday cylinder *(elec).* **cylindre de frein** : brake cylinder. **cylindre de frein à dépression** : brake vacuum booster cylinder. **cylindre de laminoir** : cold roll. **cylindre de laminoir à fils** : rod pass. **cylindre de pompe** : pump barrel. **cylindre de redressage** : straightening roll. **cylindre dégrossisseur** : roughing pass. **cylindre ébaucheur** : muck roll; roughing pass. **cylindre enregistreur** : recording cylinder. **cylindre étireur** : drawing pass *(metal).* **cylindre finisseur** : final pass *(metal)*; finishing roll. **cylindres jumelés** : twin cylinders. **cylindre lisse** : plain roll. **cylindre malaxeur** : mixing cylinder. **cylindre métallique** : drum. **cylindre moteur** : master cylinder. **cylindre pneumatique** : pneumatic cylinder. **cylindre preneur** : pinch roll. **cylindre principal de frein** : master brake cylinder. **cylindre supérieur** : top roll. **cylindre tronqué** : truncated cylinder.
cylindré – rolled.
cylindrée *f* – cylinder capacity; engine displacement; piston displacement, *volume created by displacement of a piston*; stroke capacity; swept volume. **cylindrée en centimètres cubes** : cubic cylinder capacity.
cylindreur *m* – roller.
cylindrique – cylindrical.
cymène *m* – cymene, *cymol, isopropyltoluene.*
cystamine *f* – cystamine, *hexamethylene tetramine.*
cystéine *f* – cysteine, *an amino acid.*
cystidé *m* – cystoid, *cystid, fossil echinoderm.*
cystine *f* – cystine, *an amino acid.*
cytochrome *m* – cytochrome.
cytologie *f* – cytology *(biol).*
cytoplasme *m* – cytoplasm.
cytotoxicité *f* – cytotoxicity, *action of an agent to exert a toxic effect on cells.*
cytotoxique – cytotoxic.

D

d – d, *symbol for déci and jour (dies).*
D – D, *symbol for darcy.*
da – da, *symbol for déca.*
dacite *f* – dacite, *type of andesite.*
dacitoïde *m* – dacitoid *(miner).*
Dacron – Dacron, *trademark for a polyester fiber made from polyethylene terephthalate.*
dallage *m* – pavement.
dalle *f* – flag; slab. **dalle d'asphalte** : asphalt tile, *floor tile made of asbestos fibers, coloring and fillers.* **dalle de toiture** : roofing slab. **dalle flottante** : raft foundation *(build).* **dalle orthotrope** : orthotropic deck, *a bridge deck.* **en dalles** : flaggy.
dalot *m* – scupper.
dalton *m* – dalton, *name sometimes used for atomic mass unit, see also loi de Dalton.*
damage *m* – ramming; tamping.
dame *f* – backfill tamper; beetle; impactor; tamper. **dame de nage** : rowlock. **dame mécanique** : power tamper.
dame-jeanne *f* – carboy; demijohn, *a bottle holding from 1 to 10 gallons.*
damer – ram (to); tamp (to).
damier *m* – checkerboard.
Damköhler – Damköhler, *see nombres de Damköhler.*
dammar *m* – dammar, *a type of oleoresin obtained from trees.*
damourite *f* – damourite, *variety of muscovite.*
danger *m* – danger; hazard, *a physical situation with a potential for human injury, damage to property, damage to the environment, or some combination of these;* jeopardy. **danger d'incendie** : fire hazard. **danger de calage** : danger of jamming, *of the drill bit.* **danger de mort** : life hazard. **sans danger** : innocuous; nonhazardous; safe.
dangereux – dangerous; harmful; hazardous; insecure; noxious, *fem. dangereuse.*
dangerosité *f* – dangerousness.
Daniell – Daniell, *see hygromètre, pile de Daniell.*
Danien *m* – Danian, *lowermost Paleocene or uppermost Cretaceous stage.*
darcy *m* – darcy (D) *a unit of permeability equal to the passage of 1 cubic centimeter of a liquid having the viscosity of water at 20°C, under a pressure of 1 atmosphere, through a porous medium having a cross-sectional area of 1 cm^2 and a length of 1 cm; the darcy is almost equal to the square micrometer.*
darse *f* – tidal basin.
dasymètre *m* – dasymeter, *for measuring the density of gas.*
datation *f* – dating. **datation au fluor** : fluorine dating. **datation par la méthode rubidium-strontium** : rubidium-strontium dating *(geol).* **datation par traces de fission** : fission-track dating. **datation potassium-argon** : K-A dating; potassium-argon dating. **datation radiométrique** : radiometric dating, *determining the age in years for geologic materials by measuring the nuclear decay of naturally occurring radioactive elements.* **datation thorium-plomb** : thorium-lead age dating. **datation uranium-plomb** : uranium-lead age method.
date *f* – date. **date butoir** : cutoff date. **date d'achèvement des travaux** : target date. **date de clôture** : closing date. **date de début de contrat** : commencement date. **date de démarrage** : spudding time, *of the hole (drill).* **date de règlement** : settlement date. **date de vigueur** : validity date. **date du commencement des travaux** : starting date. **date limite** : deadline.
dateur *m* – date marker; timer.
davier *m* – davit.
davisien – Davisian *(geomorph).*
dawsonite *f* – dawsonite, *basic carbonate of aluminum and sodium.*
dB – dB, *symbol for décibel.*
DBO – BOD, *abbr. of demande biologique en oxygène or of demande biochimique en oxygène: biological oxygen demand or biochemical oxygen demand.*
DCB – BCD, *abbr. décimal codé en binaire: binary coded decimal.*
DCI – *abbr. défense contre l'incendie.*
DCO – COD, *abbr. demande chimique en oxygène: chemical oxygen demand.*
DDT – DDT, *abbr. dichlorodiphényltrichloroéthane, insecticide.*
DEA – DEA, *abbr. diéthanolamine: diethanolamine.*
Dean – Dean, *see appareil Dean et Stark;* indice de viscosité de Dean-Davis.
débâcle *f* – breakup; ice drift; ice fall. **débâcle glaciaire** : glacier burst; glacier flood.
déballastage *m* – deballasting.
déballer – unpack (to).
débarcadère *m* – landing.
débardeur *m* – heaver; longshoreman.
débarqué – landed.
débarquement *m* – landing.
débarquer – land (to).
débarrassé – free, *of.*

débarrasser – clear (to) away. **se débarrasser de** : dispose (to) of.

débattement *m* – deflection. **débattement de la roue** : wheel hop. **débattement longitudinal** : surge, *back-and-forth lengthwise movement of a hull in water*. **débattement transversal** : sway.

débaucher – lay (to) off.

débit *m* – delivery; discharge; flow; flow rate; load; output; rate of flow; runoff; throughput; yield. **débit à l'abandon** : shutdown flow, *production of a well at shutdown*. **débit à ouverture totale** : open-flow capacity, *for gas*. **débit artésien** : artesian flow. **débit critique** : critical-flow rate. **débit d'éruption** : blowout flow. **débit d'exposition** : exposure rate. **débit d'injection** : rate of inflow. **débit d'un fleuve** : discharge of a river. **débit d'une pompe** : duty of a pump; pump output. **débit de chaleur** : heat input. **débit de déposition de l'électrode** : deposition efficiency. **débit de dose absorbée** : absorbed dose rate. **débit de fluence des particules** : particle fluence rate. **débit de fluence énergétique** : energy fluence rate, *expressed in watt per square meter*. **débit de fond** : bottomhole flow rate. **débit de fuite** : leak rate. **débit de gaz** : flow of gas. **débit de la boue en circulation** : mud circulation rate. **débit du pipeline** : pipeline flow efficiency. **débit en écoulement naturel** : open-flow capacity, *for gas*. **débit global** : efficient production rate. **débit horaire** : hourly flow. **débit induit** : induced flow, *a flow produced by secondary recovery methods*. **débit initial** : initial flow. **débit initial du puits** : initial rating of a well. **débit intermittent** : intermittent flow. **débit inverse** : reverse flow. **débit journalier** : daily flow. **débit masse** : mass flow rate. **débit massique** : mass flow rate. **débit maximal d'un puits** : open-flow potential. **débit minimal de liquide de mouillage (DMLM)** : minimum effective liquid rate (MELR). **débit molaire** : molar flow rate. **débit moyen** : turndown, *ratio of the maximum to the minimum flow rate of a control valve*. **débit nominal d'une pompe** : nominal delivery of a pump. **débit périodique intermittent** : periodic flowing. **débit potentiel absolu** : absolute open-flow potential, *of a well*. **débit pulsé** : pulsed capacity, *pump*. **débit solide** : sediment charge, *of a stream*; sediment discharge; sediment-transport rate. **débit soutirable** : deliverability, *gas flow rate that can be withdrawn from an underground storage facility*. **débit spécifique** : specific yield. **débit stabilisé** : settled production rate. **débit supercritique** : supercritical flow rate. **débit volume** : volume flow rate. **débit volumique** : volume flow rate.

débit *m* – jointing, *in a rock*. **débit en boules** : spheroidal jointing; spheroidal parting. **débit en dalles, débit en lauzes** : slab jointing. **débit en prismes** : columnar jointing; prismatic jointing, *parallel prismatic columns formed in basaltic rocks*.

débitance *f* – conveyance *(hydrol)*.

débiter – dispense (to); yield (to).

débitmètre *m* – bellows meter; flow indicator; flowmeter. **débitmètre à boue** : mud-flow indicator. **débitmètre à bulle de gaz** : bubble gage. **débitmètre à dérivation** : shunt meter. **débitmètre à diaphragme** : orifice meter. **débitmètre à flotteur** : rotameter. **débitmètre à plaque** : orifice meter. **débitmètre à turbine** : turbine meter. **débitmètre de fond** : bottomhole flowmeter. **débitmètre enregistreur** : flow recorder; recording flowmeter. **débitmètre massique** : mass flowmeter. **débitmètre massique à effet Coriolis** : Coriolis mass flowmeter. **débitmètre volumique** : positive-displacement flowmeter.

débituminisation *f* – debitumenization.

déblai – spoil, *mining*.

déblaiement *m* – clearing.

déblais *m* – cuttings; debris; dirt; muck; refuse. **déblais de forage** : cuttings, *small pieces of formation that are the result of the action of the bit*; drill cuttings. **déblais et remblais** : cuts and fills, *public works*.

déblayer – clear (to) away.

déblocage *m* – breakout, *the process whereby one section of drillpipe is unscrewed from another*; debottlenecking; loosening. **déblocage de couche pétrolière** : deblocking. **déblocage des tiges de pompage** : stripping job, *by simultaneously lifting up the full drill string and the casing*.

débloquer – break (to).

débloqueur *m* – bit breaker, *a heavy metal plate used to hold the drill bit while it is being unscrewed from the drill collar*.

déboguer – debug (to).

déboisement *m* – deforestation.

déboiser – denude (to), *a forest*.

déboiseur *m* – stripper *(mining)*.

débordant – flush.

débordement *m* – boiling over; gusher; overflow; overflowing; spillage. **débordement d'une tour de distillation** : puking, *the foaming and rising of liquid in a distillation column so that part of it is driven out of the vessel via the vapor line*. **débordement des couches** : overlap *(geol)*. **débordement par bouillonnement** : boilover, *caused by the sudden boiling of water contained in a product*. **débordement par émulsion** : slopover, *some heavy hydrocarbons tend to form an emulsion with water when they are heated ; if foam is sprayed on them to put out a tank fire, the flaming emulsion tends to spill over*.

déborder – onlap (to); overrun (to); spill (to) over.

débouché *m* – outlet.

déboucher – clean (to) out; uncap (to); uncork (to).

débourber – flush (to); scour (to).

débourrage *m* – blowout; hole blow; taking off.

débourrer – drill (to) out.

débours *m* – outgoings.

debout – upright.

débranchement *m* – disconnection.

débrancher – break (to) down. **débrancher un appareil** : disconnect (to).

débrayage *m* – clutch; disconnection; disengaging; throwout; walkout. **à débrayage automatique** : self releasing.

débrayé – out of gear.

débrayer – disconnect (to); disengage (to); release (to); throw (to) out of gear; trip (to) off.

débris *m* – debris; fragment; sludge.

débullage *m* – degassing, *mud*.

début *m* – commencement; initiation; start. **début de forage** : spudding in. **début de prise du ciment** : initial set of cement.
débutanisation *f* – debutanization.
débutanisé – debutanized.
débutaniseur *m* – debutanizer, *a fractionating column for removing butane and lighter components.*
déca – deca, *prefix meaning 10, symbol* da.
décadaire – *every ten days.*
décadence *f* – downfall.
décahydronaphtalène *m* – decahydronaphthalene, *decalin.*
décalage *m* – displacement; drift; offset, *for a drill bit, the offset of the axes of the cones in relation to the axis of the bit, for the purpose of self-cleaning by the intermeshing of the teeth or cone ridges as the bit rotates*; offsetting; shift; staggering. **décalage binaire** : bit shift. **décalage de phase** : phase displacement; phase lag; phase shift. **décalage des couches** : offsetting of strata, *by faulting.* **décalage des salaires par rapport aux prix** : wage lag. **décalage Doppler** : Doppler shift. **décalage du temps de propagation** : time lead. **décalage fréquentiel** : offset frequency. **décalage horaire** : jet lag, *effect caused by long flights through several time zones.* **décalage temporel** : lag. **sans décalage** : drift free.
décalaminage *m* – descaling. **décalaminage à la flamme** : flame scaling.
décalaminer – clean (to); descale (to); decarbonize (to).
décalcification *f* – decalcification. **décalcification de l'émail** : enamel decalcification.
décalcination *f* – decrepitation.
décalé – off center; staggered.
décaler – offset (to).
décaline *f* – *see décahydronaphtalène.*
décalque *m* – transfer.
décane *m* – decane, *a saturated aliphatic hydrocarbon with 10 carbon atoms.*
décanol *m* – decanol, *decyl alcohol.*
décantation *f* – decantation; decanting; elutriation; settling.
décanté – decanted.
décanter – elutriate (to); pour (to) off; top (to), *for immiscible petroleum products, removing the supernatant light fractions and leaving the heavier parts.*
décanteur *m* – decanter; sandbox, *a container with baffles for separating water and sand from the oil produced by a well*; settler; settling tank; washer. **décanteur centrifuge** : centrifugal settler.
décapage *m* – descaling; dipping; etching; fettling; pickling; scour, *wind erosion.* **décapage à l'acide** : acid etching. **décapage à la flamme** : flame descaling. **décapage à la grenaille** : shot blasting. **décapage anodique** : anode pickling. **décapage au chalumeau** : flame descaling. **décapage au sable** : grit blasting; sandblasting. **décapage cathodique** : cathode pickling. **décapage chimique** : chemical pickling. **décapage électrolytique** : electrolytic pickling.
décapant *m* – etching reagent; flux; pickle, *pickling bath.* **décapant pour peinture** : paint remover.
décapelage *m* – unrigging *(naut).*
décaper – dip (to); etch (to); pickle (to); scour (to); strip (to).
décapeuse *f* – scraper; scraping tool.
décapitation *f* – decapitation, *of rivers.*
décapotable *f* – convertible *(auto).*
décarbonatation *f* – decarbonation.
décarbonation *f* – decarbonization.
décarboner – decarbonize (to).
décarbonylation *f* – decarbonylation.
décarboxylation *f* – decarboxylation.
décarburation *f* – decarburization *(metal)*; decarburizing.
décati – damped.
Decca – Decca, *a radionavigation system.*
décelable – detectable; noticeable.
décélération *f* – deceleration; snub, *checking the descent of a mine car.*
décéléromètre *m* – decelerometer.
décène *m* – decene, *an unsaturated olefinic hydrocarbon with 10 carbon atoms.*
décentralisation *f* – decentralization. **décentralisation administrative** : devolution.
décentrement *m* – eccentricity; offset; setting over.
décentrer – offset (to).
décharge *f* – delivery; discharge; drain; dump; eduction; fill; issue; landfill, *disposal of solid waste*; outlet; tip, *small shot*; waste disposal. **décharge contrôlée** : sanitary landfill, *a controlled method of disposing of garbage.* **décharge d'un tir** : discharge of a shot. **décharge des boues d'épuration** : sewage-sludge disposal. **décharge disruptive** : disruptive discharge. **décharge électrique** : electric discharge. **décharge en aigrette** : brush discharge *(elec).* **décharge intermittente** : intermittent discharge. **décharge luminescente** : glow discharge. **décharge sans réserve** : clean signature. **décharge sans signature** : clean receipt. **décharge sauvage** : dumping, *wastes.* **décharge spontanée** : self discharge.
déchargé – discharged; dumped; rundown; unloaded.
déchargement *m* – discharge; discharging; offloading; unloading. **déchargement en vrac** : dumping. **déchargement par allèges** : lighterage. **déchargement par le fond** : bottom discharge.
décharger – vent (to), *a well, after a BOP failure*; crane (to); deliver (to); discharge (to); dump (to); land (to); unload (to).
déchargeur *m* – bleeder, *valve situated at a low place in a line for bleeding off condensed water or other liquid*; heaver; unloader. **déchargeur à charge directe** : deadweight-type relief valve. **déchargeur de cheminée** : chute drawer.
déchéance *f* – forfeiture; lapse. **déchéance d'une concession** : forfeiture of lease.
déchet *m* – cull; junk; rubbish; scrap; sweeping; trash; waste; waste material. **déchets agricoles** : agricultural wastes. **déchet anodique** : anode scrap. **déchets d'acier** : steel scrap. **déchet de carrière** : quarry spall. **déchets de criblage** : screenings. **déchet de fer** : waste iron. **déchets de forge** : forge scale. **déchet de métal** : waste metal. **déchet industriel** : industrial waste. **déchet liquide** : liquid waste. **déchets métalliques** : scrap metal. **déchets organiques** : organic waste. **déchets radioactifs** : radioactive waste. **déchet réutilisable** : reusable

waste. **déchet solide** : solid waste. **déchet toxique** : hazardous waste; toxic waste. **déchets urbains** : urban waste.
déchiqueté – serrate.
déchirement *m* – splitting; tear.
déchirure *f* – foldover *(TV)*; rent; rip.
déchloration *f* – dechlorination.
déchloruration *f* – dechlorination.
déci – deci, *prefix denoting* 10^{-1}, *i.e. 0.1, symbol* d.
décibel *m* – decibel, *a unit of sound intensity, symbol* dB. **décibel audible** : audible decibel. **décibel par octave** : decibel per octave, *dB/octave*.
décideur *m* – decision maker.
décidu – deciduous.
décimal – decimal.
décimalisation *f* – decimalization. **décimalisation instantanée** : floating point.
décision *f* – decision. **décision à la majorité** : majority vote.
déclaration *f* – declaration. **déclaration d'avaries** : protest, *for ships*. **déclaration d'entrée** : bill of entry. **déclaration en douane** : bill of entry; customs declaration.
déclassé – downrated; undersize.
déclassement *m* – disrating; downgrading; retirement; scrapping.
déclenchement *m* – deflecting; initiation; switching; triggering; tripping. **déclenchement à temps** : timing gear. **déclenchement erratique** : random triggering, *transponder*.
déclencher – release (to); trip (to).
déclencheur *m* – release. **déclencheur automatique** : cable release. **déclencheur de survitesse** : overspeed trip, *a tripping mechanism*. **déclencheur instantané** : instantaneous release.
déclic *m* – click.
déclin *m* – decay; decline; falloff. **déclin de pression** : pressure decline. **déclin harmonique** : harmonic decline, *production-decline curve*. **déclin hyperbolique** : hyperbolic decline, *production-decline curve*.
déclinaison *f* – declination; variation, *magnetic*. **déclinaison de l'aiguille du côté Nord-Est** : east variation. **déclinaison magnétique** : magnetic declination; magnetic variation.
déclinomètre *m* – declinometer.
décliqueter – trip (to).
déclivité *f* – ascent; declivity; downgrade; gradient; shelving; slope.
décodage *m* – decoding.
décodeur *m* – decoder.
décoffrage *m* – form removal, *concrete*.
décoiffement *m* – collapse structure *(geol)*.
décoinçage *m* – unsticking.
décoincé – free; unstuck.
décokage *m* – decoking. **décokage hydraulique** : hydraulic decoking, *in which oil coke is removed from the apparatus by strong currents of water*.
décollage *m* – takeoff, *aircraft*. **décollage et atterrissage verticaux** : vertical takeoff and landing (VTOL).
décollement *m* – decollement *(geol)*; detachment *(geol)*; parting; slacking. **décollement de la couche limite** : boundary-layer separation.
décoller – detach (to); undermine (to).
décolmatage *m* – declogging; unclogging.
décolorant *m* – bleaching agent; decolorizer.
décoloration *f* – decolorizing; discoloring. **décoloration à la terre** : clay bleaching; clay decolorizing. **décoloration par contact à la terre** : contact clay decolorization.
décoloré – leached.
décolorer – discolor (to). **se décolorer** : bleach (to).
décombres *m* – rubbish.
décomposer – decompose (to). **se décomposer** : break (to) down; disintegrate (to).
décomposeur *m* – decomposer *(ecol)*.
décomposition *f* – decay; decomposition; degradation; resolution. **décomposition alvéolaire** : honeycomb weathering *(geol)*. **décomposition anaérobique** : anaerobic digestion; sludge digestion. **décomposition de Fourier** : Fourier analysis. **décomposition des roches** : rock decay. **décomposition en boules** : spheroidal weathering. **décomposition pyrogénique** : pyrogenic decomposition. **décomposition thermique** : thermal decomposition.
décompresseur *m* – compression release; decompressor; relief cock; unloader.
décompression *f* – decompression; pressure drawdown. **décompression du gaz** : gas release.
décompte *m* – itemized account.
décongélation *f* – unfreezing; defrosting.
déconnecter – break (to).
déconnexion *f* – disconnecting; disconnection. **déconnexion d'urgence** : emergency release.
décontamination *f* – decontamination.
décontrôle *m* – deregulation.
déconvolution *f* – deconvolution, *process of undoing the effects of a filter by an inverse filter (seis)*. **déconvolution à entropie maximale** : maximum-entropy deconvolution. **déconvolution à minimum d'entropie** : minimum-entropy deconvolution (MED) *(seis)*. **déconvolution adaptative** : adaptive deconvolution. **déconvolution après sommation** : deconvolution after stack (DAS). **déconvolution autorégressive** : autoregressive deconvolution. **déconvolution avant sommation** : deconvolution before stack (DBS). **déconvolution blanchissante** : spiking deconvolution, *whitening deconvolution*. **déconvolution contractante** : spiking deconvolution. **déconvolution de mise en forme** : shaping deconvolution. **déconvolution déterministe** : deterministic deconvolution. **déconvolution économe** : parsimonious deconvolution. **déconvolution homomorphe** : homomorphic deconvolution. **déconvolution non prédictive** : spiking deconvolution. **déconvolution par l'équation de propagation** : wave-equation deconvolution. **déconvolution par la signature** : signature deconvolution. **déconvolution parcimonieuse** : parsimonious deconvolution. **déconvolution prédictive** : gapped deconvolution, *done with a gapped operator*; predictive deconvolution.
découler – derive (to), *from*.
découpage *m* – cutting; dissection. **découpage à l'acétylène** : acetylene cutting. **découpage à l'arc** : arc cutting. **découpage au chalumeau** : gas cutting; oxyacetylene cutting; torch cutting. **découpage autogène** : autogenous cutting. **découpage fin** :

smooth blasting *(mine)*. **découpage thermique** : thermal cutting.
découpé – jagged.
découplage *m* – decoupling *(elec)*.
découvert *m* – open-hole section, *the uncased section in a borehole*; uncased hole.
découvert – discovered; uncovered.
découverte *f* – discovery; find, *of a new oil field*; finding. **découverte d'un gisement** : strike. **découverte de pétrole** : discovery of petroleum; oil discovery.
découverture *f* – stripping, *removing the overburden*.
découvrir – develop (to); dip (to) up; find (to); strip (to).
décrassage *m* – cleaning; scrubbing, *the removal of undesired or sticky material*; slicing, *cleaning out the hearth of a furnace*.
décrasser – deslag (to).
décrément *m* – damping factor; decrement. **décrément logarithmique** : logarithmic decrement. **décrément logarithmique moyen de l'énergie** : average logarithmic energy decrement.
décrépitation *f* – decrepitation.
décret *m* – decree *(jur)*; edict; enactment; order. **décret d'annulation d'une concession** : cancellation decree.
décriquage *m* – scarfing.
décrire – depict (to), *a piece of equipment*.
décrochable – releasing.
décrochage *m* – dipping; uncoupling.
décrochement *m* – jog; strike slip, *in a fault, the component of the movement that is parallel to the strike of the fault*; strike-slip fault, *a fault in which the movement is parallel to the fault's strike*. **décrochement dextre** : right-lateral strike-slip fault. **décrochement senestre** : left-lateral strike-slip fault. **décrochement transversal** : transverse thrust.
décrocher – release (to); unhook (to).
décroissance *f* – decrease. **décroissance radioactive** : radioactive decay.
décrue *f* – fall.
décuvelage *m* – pulling casing.
décyclisation *f* – decyclization; ring cleavage; ring opening.
décyle *m* – decyl, *decyl radical*.
dédié – dedicated.
dédit *m* – forfeit, *penalty for breaking a contract*; withdrawal, *of an order*.
dédolomitisation *f* – dedolomitization *(petro)*.
dédommagement *m* – compensation; indemnification; indemnity; offset.
dédouanement *m* – clearance; customs clearance.
dédouaner – clear (to), *through customs*.
dédoublement *m* – phasing; resolution. **dédoublement d'impulsion** : wave splitting *(seis)*. **dédoublement de couche** : splitting *(geol)*. **dédoublement de phase** : phase splitting. **dédoublement des raies** : line splitting.
dédoublure *f* – lamination, *a defect in steel pipes*.
déduction *f* – deduction, *inference, conclusion*. **déduction erronée** : false conclusion. **déduction fiscale** : tax allowance. **déduction non faite** : gross off.
déduire – derive (to) from.
dééthanisation – *see déséthanisation*.
défaillance *f* – breakdown; failure; malfunction.
défantômage *m* – deghosting *(seis)*.
défantômer – deghost (to) *(seis)*.
défaut *m* – default; defect; failure; fault; flaw. **défaut cristallin** : crystal defect, *lattice defect*. **défaut d'alignement** : misalignment. **défaut d'écriture** : skew, *in a magnetic recording*. **défaut d'empilement** : stacking fault *(cryst)*. **défaut d'enrobage** : holiday, *defect in the coating of a pipe*. **défaut d'isolement** : insulation fault. **défaut de masse** : mass defect. **défaut de paiement** : failure to pay, *nonpayment*. **défaut de soudure** : crack; pinhole. **défaut de trempe** : quenching defect. **défaut préjudiciable** : injurious defect. **défaut quantique** : quantum defect.
défavorable – unfavorable.
défectueux – defective; faulty.
défense *f* – defense; fender, *prevents boats from chafing*; interdiction. **défense contre l'incendie (DCI)** : fire fighting. **défense contre les inondations** : flood control. **défense en bois** : timber fender.
déferlement *m* – breaker; surf. **déferlement à gonflement** : surging breaker. **déferlement en déversement** : spilling breaker. **déferlement en volute** : plunging breaker. **déferlement frontal** : surging breaker; surging-breaking wave. **déferlement glissant** : spilling breaker. **déferlement plongeant** : plunging breaker.
déficit *m* – deficiency; deficit; shortfall, *in supplies*. **déficit budgétaire** : budget deficit; budgetary gap. **déficit commercial** : trade deficit. **déficit d'exploitation** : operating deficit. **déficit de financement** : funding gap. **déficit de trésorerie** : cash shortage. **déficit énergétique** : energy gap.
défilé *m* – narrow pass.
défilement *m* – scrolling, *screen*.
défini – defined.
définition *f* – definition. **défintion de l'indice d'octane** : octane rating determination. **définition du projet** : project identification. **définition verticale** : vertical resolution, *minimum thickness measurable in well logging*.
déflagrant – deflagrating.
déflagration *f* – blast; deflagration.
déflateur *m* – deflator, *adjustment index for oil prices*.
déflation *f* – deflation, *removal of loose material from the surface of the ground by the wind ; a contraction in the volume of available money*.
déflecteur *m* – baffle; baffle plate; deflector; diverter; oil guard; spoiler; ventilator *(auto)*. **déflecteur antitourbillon** : vortex breaker.
déflectomètre *m* – deflectometer.
déflegmateur *m* – dephlegmator, *fractionating column for eliminating unwanted heavy liquid impurities*; stripper.
déflegmation *f* – dephlegmation; reextraction.
déflexion *f* – deflection; excursion; kick.
défloculant *m* – deflocculant, *deflocculating agent*.
défloculation *f* – deflocculation, *a state of colloidal suspension in which particles are separated from one another*.
défloculé – deflocculated.
défluent *m* – distributary, *streams*.
défluoration *f* – defluorination.

défluorescent – deblooming.
défoliant *m* – defoliant.
défoliation *f* – defoliation, *trees.*
défonceuse *f* – ripper; rooter, *machine for removing stumps and roots*; rooter plow.
déformation *f* – buckling; collapse; deformation; distortion; set; strain. **déformation à la limite d'élasticité** : yield strain. **déformation à la rupture** : elongation at break. **déformation au seuil** : elongation at break. **déformation clastique** : clastic deformation. **déformation continue** : continuous deformation. **déformation de glissement** : shear deformation. **déformation de l'aquifère** : encroachment of the aquifer *(prod)*. **déformation de l'image** : model deformation. **déformation de la croûte terrestre** : crustal warping. **déformation discontinue** : clastic deformation; discontinuous deformation. **déformation du film** : film deformation. **déformation du modèle** : model deformation. **déformation due à la compression** : compressive strain. **déformation due à la traction** : tensile strain. **déformation élastique** : elastic deformation. **déformation élastique retardée** : elastic aftereffect. **déformation en cisaillement** : shear strain, *shearing strain.* **déformation non élastique** : inelastic deformation. **déformation normale** : normal strain. **déformation par compression** : compressive strain. **déformation permanente** : elastic failure; permanent deformation; permanent set; permanent strain; yielding. **déformation plane** : plane strain. **déformation plastique** : plastic deformation; plastic strain. **déformation résiduelle** : residual set; residual strain. **déformation tangentielle** : shear strain. **déformation thermique** : thermal deformation. **déformation vers le bas** : time sag.
déformé – deformed; distorted.
déformer – distort (to). **se déformer** : warp (to).
défrichement *m* – clearing.
DEG – DEG, *abbr. diéthylène glycol.*
dégagé – discharged; evolved.
dégagement *m* – delivery; disengagement; disengaging; effluence; efflux; emission; escape; evolution; extrusion; offtake, *of a gas*; release; relief; vent. **dégagement de chaleur** : evolution of heat; heat release. **dégagement des gaz** : liberation of gas. **dégagement du gaz d'une solution** : evolution of gas from solution. **dégagement gazeux** : gas escape; gas seep, *gas seepage*; gassing. **dégagement instantané** : inrush. **dégagement toxique** : toxic release.
dégager – back (to) off; break (to); break (to) off; evolve (to); give (to) off. **se dégager** : disengage (to); effervesce (to).
dégainage *m* – decladding.
dégarnissage *m* – clearing.
dégât *m* – damage. **dégâts de manutention** : handling damage. **dégâts de passage** : surface damage.
dégauchir – face (to).
dégazage *m* – degassing; gas freeing. **dégazage de la boue** : mud degassing. **dégazage du brut** : crude degassing. **dégazage du pétrole brut** : oil-and-gas separation.
dégazé – degassed.
dégazéification *f* – degasification.
dégazeur *m* – degasser *(drill)*. **dégazeur à dépression** : vacuum degasser. **dégazeur atmosphérique** : poor-boy degasser. **dégazeur sous vide** : vacuum degasser.
dégazolinage *m* – gasoline extraction; gasoline recovery; hydrocarbon-liquids removal; recovery of gasoline. **dégazolinage de l'huile** : oil stripping.
dégazolineur *m* – absorption tower; stripper.
dégel *m* – thaw.
dégèlement *m* – thawing. **dégèlement de la dynamite** : dynamite thawing.
dégeler – thaw (to).
dégénéré – degenerate.
dégénérescence *f* – degeneracy *(phys)*; degeneration; devolution *(biol)*. **dégénérescence d'échange** : exchange degeneracy *(partic. phys)*.
dégerbage *m* – coming out of hole; laying down, laying out; unracking, *drillpipes.*
dégivrage *m* – defrosting; deicing.
dégivreur *m* – antiicing; defroster; deicer. **dégivreur de lunette arrière** : backlight defroster. **dégivreur de pare-brise** : windshield defroster.
déglacement *m* – break-up season.
dégonflage *m* – deflation, *tire.*
dégorgement *m* – outfall. **dégorgement du puits** : clearing, *the well during workover.*
dégorgeoir *m* – fuller *(metal)*.
dégoudronnage *m* – detarring.
dégoudronneur *m* – detarrer; tar extractor.
dégoulottage *m* – debottlenecking.
dégourdissage *m* – preheating, *of a pipe prior to welding.*
dégouttement *m* – trickling.
dégradation *f* – decay; degradation. **dégradation bactérienne** : bacterial degradation. **dégradation de l'énergie** : degradation of energy *(thermo)*. **dégradation de l'image** : image degradation. **dégradation de la viscosité au cisaillement** : shear degradation of viscosity. **dégradation du signal** : quenching, *caused by a ship's wake.* **dégradation due à l'homme** : human-induced degradation. **dégradation thermique** : thermal degradation.
dégraissage *m* – cleaning; degreasing. **dégraissage à la vapeur** : vapor degreasing. **dégraissage anodique** : anodic cleaning, *anodic pickling, reverse-current cleaning.* **dégraissage anodique à courant inverse** : reverse-current cleaning. **dégraissage au solvant** : solvent cleaning. **dégraissage cathodique** : cathode cleaning. **dégraissage électrolytique** : electrolytic cleaning.
dégraisser – clean (to).
dégraisseur *m* – cleaner. **dégraisseur pour laine brute** : scouring agent, *for raw wool.*
dégras *m* – degras, *grease obtained from scouring wool, used to increase the viscosity of lubricants and in belt dressing*; wool grease.
degré *m* – degree; extent, *of importance*; grade; stage. **degré alcoolométrique** : alcoholic strength. **degré API** : API degree *for crude oil (see also densité API), ranging from 0 (equal to a specific gravity of 1.076) to 100 (equal to a specific gravity of 0.6112).* **degré Baumé** : degree Baumé, *see échelle Baumé.* **degré Celsius** : Celsius degree, *SI unit of temperature (replaces old terminology such as degree centigrade), symbol* °C. **degré centigrade** : centigrade degree, *the correct SI term is Celsius degree.* **degré d'angle d'inclinaison du champ magnétique ter-**

restre : angle of inclination of the Earth's magnetic field. **degré d'aplatissement** : kurtosis, *the peakedness or flatness of the graphic representation of a statistical distribution*. **degré d'élasticité** : elastic recovery. **degré d'oxydation** : oxidation level. **degré de biodégradation** : degree of biodegradation. **degré de carbonification** : *see rang*. **degré de courbure** : value of curvature, *of a torsion balance*. **degré de dissociation** : degree of dissociation, *dissociation fraction*; see rang. **degré de latitude** : degree of latitude. **degré de liberté** : degree of freedom. **degré de longitude** : degree of longitude. **degré de métamorphisme** : metamorphic grade; metamorphic rank. **degré de polymérisation** : degree of polymerization. **degré de précision** : degree of accuracy; degree of precision. **degré de saturation** : degree of saturation. **degré Engler** : Engler degree, *a measure of viscosity by the ratio of the time of flow of 200 cm^3 of the liquid tested through an Engler viscometer to the time required for the flow of 200 cm^3 of distilled water at 20°C*. **degré Fahrenheit** : Fahrenheit degree *(°F − 32) × 5/9 = °C*. **degré géothermique** : geothermal degree, *penetration distance into the Earth equivalent to an increase of 1°C*. **degré hydrotimétrique** : hardness of water. **degré hygrométrique** : relative humidity (RH). **degré hygrométrique d'équilibre** : equilibrium relative humidity (ERH). **degré sensitométrique** : speed index. **degré thermique** : thermal gradient.

degré-jour *m* – degree-day, *a measurement of the departure of the mean daily temperature above or below a given standard, used in heating and air conditioning*.

dégressif – declining; degressive, *fem. dégressive*.

dégrèvement *m* – tax rebate, *tax refund*.

dégrippant *m* – antiseize thread compound; penetrating oil; rust penetrant; thread compound.

dégrossir – boast (to), *shaping stone roughly*.

dégrossissage *m* – roughing. **dégrossissage à la machine** : rough machining. **dégrossissage à la meule** : rough grinding.

dégrossisseuse *f* – rougher.

déhaler – kedge (to), *a ship*.

déjaugeage – lifting; squatting *(naut)*.

déjections *f* – ejecta *(geol)*.

déjeté – awry; buckled *(of metal)*; crooked; lopsided.

déjeter – warp (to). **se déjeter** : warp (to).

déjettement *m* – warping, *of a fold*.

DEL – LED, *abbr. diode électroluminescente, light-emitting diode*; LEED, *abbr. diffraction des électrons lents, low-energy electron diffraction*.

délai *m* – additional time; delay; delay time, *in seismic refraction, the additional time required to traverse a raypath over the time required to traverse the horizontal component at the highest velocity in the raypath (synonym of intercept time)*; lag; time delay, *seismic refraction*; time limit. **délai contractuel** : contractual time limit. **délai d'allumage** : delay period, *lapse of time between injection and ignition*; ignition delay; ignition lag. **délai d'approvisionnement** : procurement time. **délai d'avertissement** : warning time. **délai d'inflammation** : combustion lag. **délai d'intervention** : deployment time. **délai de démarrage** : lead time. **délai de livraison** : delivery time. **délai de mise en oeuvre** : lead time. **délai de réalisation** : lead time. **délai de récupération** : payout time. **délai de traitement** : turnaround, *the period of time between submission of the data for computer processing and receipt of results*. **délai de transmission** : transmission lag, *the interval separating the immediate measurement of a variable from the instant it is recorded by a meter*.

délaissé – abandoned.

délaissement *m* – abandonment. **délaissement d'un navire** : abandonment of a ship.

délaminage *m* – delamination, *separation of a laminate into its constituent layers*.

délardage *m* – slimming, *pipe diameter*.

délavé – washed *(geol)*.

délestage *m* – load shedding, *electric-power network*; unballasting. **délestage de puissance** : power cutback.

délester – unballast (to). **se délester** : jettison (to), *to throw part of the cargo overboard*.

délétère – deleterious.

délibéré – deliberate.

délimiter – delimit (to); peg (to) out, *a lease*. **délimiter une concession** : locate (to).

délinéation *f* – delineation.

déliquescence *f* – deliquescence, *the liquefaction of a solid substance by absorption of moisture from the air*.

délit *m* – cleavage plane, *surface along which rocks tend to split*.

délit *m* – offense, *offence*. **délit contraventionnel** : misdemeanor.

délitage *m* – cleavage, *tendency of a sedimentary rock to split along its stratification planes*. **délitage des marnes** : shale sloughing *(drill)*.

délitement *m* – crumbling.

délitescence *f* – efflorescence.

délivrance *f* – grant, *of a patent*; issuance, *of a patent, of a permit*.

délivrer – deliver (to).

délocalisation *f* – delocalization *(electron)*; flagging out.

délocalisé – delocalized.

Delphi – Delphi, *method or technique, inquiry applied to a well-defined prediction problem based on a multiple-choice questionnaire answered by a select number of experts*.

Delseis – Delseis, *tradename for a data-acquisition system*.

delta *m* – delta, *alluvial deposit at the mouth or outlet of a stream or river, usually triangular in shape ; the fourth letter of the Greek alphabet indicating a Laplacian operator (maj) or a Dirac delta function (min)*. **delta continental** : continental delta. **delta de flot** : flow delta. **delta de jusant** : ebb delta. **delta de marée** : tidal delta. **delta de tempête** : storm delta; wave delta. **delta digité, delta en patte d'oie** : bird-foot delta. **delta en pointe de flèche** : cuspate delta. **delta intérieur** : interior delta. **delta lobé** : lobate delta. **delta proglaciaire** : proglacial delta. **Delta R** : Delta R, *the difference between the RON of a fuel and that of its most volatile fractions collected during ASTM distillation*. **delta sous-marin** : deep-sea fan; delta fan; submarine fan. **delta t** : delta t, *the time difference between arrival times at different geophone groups*; moveout, *difference in arrival time at different geophone positions as the result of different source-to-geophone distances and because of reflector dip and elevation and weathering variations*; spread correction; stepout. **delta-t d'obliquité** : normal moveout (NMO). **delta-t dû au pendage** : dip moveout (DMO), *change in the arrival time of a reflection because of the dip of the reflector.* **delta-t résiduel** : residual normal moveout.

deltaïque – deltaic.

déluge *m* – cloudburst; flood; pour. **déluge de laves** : lava flood.

délustreur *m* – delustrant; flatting agent, *for paints and varnishes.*

démagnétisation *f* – degaussing; demagnetization; demagnetizing.

demande *f* – application; demand. **demande biochimique en oxygène (DBO)** : biochemical oxygen demand (BOD). **demande biologique en oxygène (DBO)** : biological oxygen demand (BOD). **demande chimique en oxygène (DCO)** : chemical oxygen demand (COD). **demande d'achat** : purchase requisition. **demande de brevet** : application for a patent. **demande de concession** : application for a concession. **demande de froid** : refrigeration load. **demande de renseignement** : information call. **demande en chlore des eaux** : chlorine demand, *the amount of chlorine consumed by substances in waste water when an excess of chlorine is maintained in contact with the water for ten minutes.* **demande maximale pour une heure** : hourly peak. **demande nationale** : domestic demand. **demande reconventionnelle** : counterclaim. **demande récurrente** : recurring demand. **demande totale en oxygène** : total oxygen demand (TOD). **demande ultime en oxygène** : ultimate oxygen demand (UOD).

demandeur *m* – claimant, *for a patent.*

démantelé – decommissioned.

démantèlement *m* – decommissioning, *of offshore structures*; destruction; dismantling; divestiture.

démanteler – dismantle (to).

démantoïde *f* – demantoid *(miner)*.

démaquillant *m* – cleanser.

démarcation *f* – demarcation.

démarrage *m* – cranking; getaway; initiation; start; starting; start-up, *of production, etc*; takeoff. **démarrage à chaud** : hot start-up. **démarrage à froid** : cold start-up; cold starting. **démarrage automatique** : automatic starting; self starting. **démarrage du forage** : spudding in. **démarrage par cartouche** : cartridge starting. **démarrage sur les chapeaux de roues** : jackrabbit start.

démarrer – start (to). **démarrer la production** : start (to) oil flowing. **démarrer le forage d'un puits** : spud (to) in.

démarreur *m* – starter; starting motor. **démarreur à bouton-poussoir** : push-button starter. **démarreur à distance** : push-button starter. **démarreur à pied** : kick starter. **démarreur automatique** : self starter. **démarreur télécommandé** : push-button starter.

dème *m* – deme *(ecol)*.

démembré – disrupted.

démembrement *m* – divestiture.

déménagement *m* – moving, *drilling rig*; removal. **déménagement de... à...** : moving from... to....

déménager – move (to); move (to) out, *dismantling drilling equipment when the well has been completed.*

démérite *m* – demerit.

démétallation *f* – demetallation *(catal)*.

démétallisation *f* – demetallization.

déméthanisation *f* – demethanization, *the process by which methane is separated from heavier components by distillation or absorption.*

déméthaniseur *m* – demethanizer.

déméthylation *f* – demethylation.

demi – half. **à demi charge** : at half load. **à demi rempli** : half filled.

demi-alternance *f* – half wave.

demicoussinet *m* – half bearing. **demicoussinet de tête de bielle** : big-end half bearing.

demidur – half hard.

demi-élément *m* – half cell.

demi-espace *m* – half space.

demi-interruption *f* – time mark.

demijournée *f* – half day, *half time.*

déminéralisation *f* – demineralization. **déminéralisation de l'eau** : water demineralizing.

demi-onde *f* – half wave.

demiplace *f* – half fare.

demiplein – half full.

demiproduit *m* – intermediate product.

demirond – half round.

demisolde *f* – half pay.

demivie *f* – *see période radioactive.*

demivitesse *f* – half speed.

démixtion *f* – demixing.

démodulateur *m* – demodulator, *detector.*

démodulation *f* – demodulation.

demoiselle *f* – earth pillar; erosion column; sand pinnacle *(geol)*.

démolition *f* – demolition; wrecking. **démolition des pétroliers** : tanker scrappage.

démonstration *f* – derivation *(math)*.

démontable – collapsible; detachable; knockdown.

démontage *m* – disassembly; dismantling; takedown; tearing down, *a drill rig.* **démontage avant déménagement** : dismantling to move (DTM) *(drill)*. **démontage d'un appareil de forage** : rig dismantling. **démontage du camp** : camp dismantling. **démontage, transport et montage (DTM)** : rig-up and rig-down moving *(drill)*.

démonté – dismounted.

démonte-pneu *m* – tire iron.

démonter – detach (to); disassemble (to); dismantle (to), *a piece of equipment*; dismount (to); lift (to) off; strip (to), *to strip down*; take (to) down; take (to) up. **démonter un appareil de forage** : rig (to) down. **démonter une tour de forage** : pull (to) a well in.

démonte-soupapes *m* – valve extractor.

démoulage *m* – stripping *(metal)*.

démouler – draw (to) *(metal)*; strip (to) *(metal)*.

démoussage *m* – defoaming.

démultiplexage *m* – demultiplexing, *separating the individual component channels that have been multiplexed.*

démultiplexer – demultiplex (to).
démultiplexeur *m* – demultiplexer.
démultiplicateur *m* – reduction gear. **démultiplicateur pour balancier de pompe** : pumping gear.
démultiplication *f* – stepping down *(mech)*.
démultiplié – geared down; low geared.
dénaturant *m* – denaturant, *toxic or noxious materials added to a product to make it unfit for use.*
dénaturation *f* – denaturation.
dénaturé – denatured.
dénaturer – adulterate (to).
dendrite *f* – dendrite, *a crystallized arborescent form.*
dendritique – arborescent; dendritic.
dendrochronologie *f* – dendrochronology, *dating by the growth rings of trees.*
dendroclimatologie *f* – dendroclimatology, *the study of past climate by analysis of the annual growth rings of trees.*
dendroïde – dendroid *(pal)*.
déneigeuse *f* – snow remover.
dénitrification *f* – denitrification, *or denitration.*
dénitrogénation *f* – denitrogenation.
dénivellement *m* – high low, *improper alignment of tubes during welding.*
dénombrable – denumerable.
dénombrement *m* – count; enumeration.
dénoncer – disaffirm (to), *to cancel a contract.*
dénonciation – denunciation, *contract.*
dénoyage *m* – dewatering *(mine)*.
denrée *f* – commodity.
dense – dense; heavy; turbid.
densification *f* – densification.
densimètre *m* – densimeter, *an instrument which measures the specific gravity of liquids*; hydrometer. **densimètre de Twaddell** : Twaddell hydrometer, *used to measure the specific gravity of liquids heavier than water.*
densité *f* – density; gravity; specific gravity, *the ratio of the density of a material to the density of some standard material, such as water at a specific temperature.* **densité absolue** : absolute density. **densité API** : API gravity, *a scale used to calculate the specific gravity of liquid petroleum products and calculated by the formula: Deg API = (141.5/sp gr at 60°F) – 131.5.* **densité apparente** : apparent density; bulk density; bulk specific gravity; natural density, *of a porous rock or sediment containing interstitial water.* **densité Baumé** : Baumé gravity, *specific gravity of liquids expressed in degrees Baumé.* **densité critique** : critical density. **densité d'électrons** : electron density. **densité d'énergie** : energy density. **densité d'énergie de cohésion** : cohesive-energy density. **densité d'enregistrement** : packing density, *the amount of information per unit of storage medium.* **densité d'information** : bit density, *on magnetic tape.* **densité d'un distillat** : stream gravity, *at the outlet of a condenser.* **densité de charge** : charge density, *electric charge per unit of area on a surface or per unit of volume in space.* **densité de correction** : correction density, *gravimetry.* **densité de courant** : current density. **densité de flux magnétique** : magnetic flux density, *magnetic induction.* **densité de flux thermique** : density of heat flow rate, *expressed in watt per square meter.* **densité de fuite** : dielectric density. **densité de grain** : grain density, *packing density.* **densité de l'huile brute** : crude-oil gravity test. **densité de l'image** : image density. **densité de la boue** : mud density. **densité de matrice** : matrix density, *well logging*; packing density. **densité de probabilité** : probability density function. **densité de puissance d'une onde électromagnétique** : field intensity. **densité de ralentissement** : slowing-down density. **densité de remplissage** : filling density, *liquefied petroleum gas*; packing density *(catal)*. **densité de séparation** : parting density. **densité de spin** : spin density. **densité de surface** : surface density. **densité de vapeur** : vapor density. **densité de vapeur relative** : relative vapor density, *or specific density of a body in relation to a reference gas such as air or hydrogen.* **densité déjaugée** : submerged specific gravity. **densité des consommateurs** : customer density, *number of customers in a given area or for a given length of pipeline.* **densité des puits** : well density, *ratio of the number of wells to the surface area of the field.* **densité du réseau** : drainage texture. **densité électrique** : surface density. **densité en vrac** : bulk density, *mass per unit volume of powdered or granulated material.* **densité gazeuse** : vapor density. **densité globale** : bulk density. **densité in-situ** : bulk density, *well logging.* **densité linéique de courant** : linear current density. **densité linéique de perte** : heat loss along the segment, *surface-line heat losses in thermal recovery.* **densité neutre** : neutral density. **densité optique** : optical density; photographic density. **densité photographique** : optical density. **densité relative** : relative density. **densité réticulaire** : reticular density. **densité spectrale** : spectral density. **densité spectrale d'énergie** : energy spectral density. **densité superficielle** : surface density. **densité variable** : intensity-modulated time, *an acoustic wavetrain display form*; variable density, *seismic display method in which photographic density is proportional to signal amplitude.*
densitomètre *m* – densitometer, *an instrument used to measure photographic density.*
densitométrie *f* – densitometry.
dent *f* – clutch; cog; jag; knob; prong; tooth. **dents cassées** : broken teeth, *rock bit.* **dent d'engrenage** : gear tooth. **dent d'ensouilleuse** : claw. **dent de fraise** : drill edge. **dents de pignon** : sprocket teeth. **dent de scie** : dog's tooth; sawtooth. **dents de talon arrondies** : rounded gage (RG), *rock bit.* **dent fortement déportée** : high-addendum tooth. **dents rapportées** : inserted teeth. **en dents de scie** : sawtoothed.
dentelé – comblike; hackly; jagged; serrate; serrated.
dentelure *f* – indentation; serration.
denture *f* – teeth; toothing.
dénudé – bare; denuded; uncovered.
dénuder – denude (to), *a wire.*
dénudeur *m* – denuder.
dépannage *m* – emergency repair; troubleshooting, *searching for the cause of a breakdown.*
dépanner – repair (to); troubleshoot (to).
dépanneur *m* – troubleshooter.

dépanneuse *f* – recovery vehicle.
déparaffinage *m* – dewaxing. **déparaffinage à l'essence lourde** : naphtha dewaxing. **déparaffinage à l'urée** : urea dewaxing. **déparaffinage à la méthyléthylcétone** : MEK process, *solvent dewaxing.* **déparaffinage à la presse** : pressing. **déparaffinage au propane** : propane dewaxing, *a process for extracting paraffin from distillates by using propane as a solvent, diluent, refrigerant and precipitant.* **déparaffinage au solvant** : solvent dewaxing. **déparaffinage mécanique** : mechanical dewaxing. **déparaffinage par centrifugation** : centrifugal dewaxing. **déparaffinage par filtration** : filter dewaxing. **déparaffinage par précipitation** : precipitation dewaxing.
déparaffinat *m* – dewaxed oil (DWO).
déparaffiné – dewaxed.
déparaffiner – dewax (to).
déparaffineur *m* – wax chiller. **déparaffineur de raffinerie** : refinery chiller.
dépareillé – odd.
départ *m* – departure; initiation; leaving; offtake; start; starting. **départ à froid** : cold starting. **départ entrepôt** : ex warehouse. **départ magasin** : ex store. **départ mine** : ex mine. **départ usine** : ex works, *ex warehouse, ex store, ex mine, conditions of sale signifying that the goods are available at the seller's premises.*
département *m* – department.
dépassé – obsolete, *for equipment, product, process.*
dépassement *m* – excess; overrun *(econ)*; overshoot. **dépassement de capacité** : overflow *(computer)*. **dépassement de la moyenne** : standout. **dépassement de mémoire** : overflow, *storage capacity.*
dépasser – jut (to); overrun (to); overtake (to); protrude (to).
dépavillonnement *m* – flagging out, *of a ship.*
dépendance *f* – dependency. **dépendance énergétique** : energy dependency. **dépendances d'un bâtiment** : outbuildings.
dépense *f* – efflux; expenditure; expenses. **dépenses avant production** : preproduction expenditures. **dépenses d'équipage** : crew costs. **dépenses d'exploitation** : operating charges. **dépenses d'exploration** : exploration expenses. **dépenses d'investissement** : capital outlay. **dépenses de production** : producing expenses. **dépenses de réparation** : repair expenses. **dépenses en capital** : capital expenses. **dépenses faites** : incurred expenses. **dépenses imprévues** : contingent expenses; incident expenses. **dépenses obligatoires** : outgoings. **dépenses renouvelables** : recurrent expenditures. **dépense unitaire** : unit expense, *organization and management expenses involved in a tract of land covered by a contract.*
dépensé – spent.
dépentanisation *f* – dependanization.
dépentaniseur *m* – depentanizer, *a fractionating column to remove pentane from hydrocarbons.*
déperdition *f* – slippage. **déperdition de chaleur** : heat waste; thermal loss.
déphasage *m* – dephasing; lagging; phase angle; phase displacement; phase lag; phase shift. **déphasage minimal** : minimum phase-shift. **à déphasage mixte** : mixed phase.
déphasé – out of phase.
déphaseur *m* – phase shifter.
déphlegmation *f* – *see déflegmation.*
dépistage *m* – early diagnosis.
dépister – troubleshoot (to).
déplaçable – movable; shiftable.
déplacé – displaced.
déplacement *m* – displacement; drive *(prod)*; shifting. **déplacement à la vapeur d'eau** : steam flooding. **déplacement à vide** : light displacement, *of a ship or an offshore platform.* **déplacement apparent** : apparent displacement. **déplacement capillaire** : imbibition. **déplacement de l'appareil de forage** : rig shift. **déplacement de l'huile en milieu poreux** : displacement of oil in porous media. **déplacement de l'image d'une dénivelée** : relief displacement. **déplacement de relief** : relief displacement. **déplacement des côtes** : coastal shifting. **déplacement des méandres** : sweeping. **déplacement du pétrole** : oil drive. **déplacement du piston** : piston displacement. **déplacement en charge** : load displacement, *of a ship or a platform.* **déplacement frontal** : frontal drive *(prod)*. **déplacement horizontal** : horizontal displacement, *the component of the slip of a fault parallel to its strike.* **déplacement isotopique** : isotopic shift. **déplacement latéral** : lateral displacement. **déplacement latéral du lit des méandres** : swinging of meander belt, *from one side of the valley to the other.* **déplacement lège** : light displacement, *of a ship or an offshore platform.* **déplacement libre** : lost motion. **déplacement miscible** : miscible displacement, *an oil-recovery process using miscible fluids to eliminate capillary pressure and displace the oil in place ; also called miscible drive.* **déplacement non miscible** : immiscible displacement, *recovery by immiscible-fluid flooding.* **déplacement normal** : normal displacement, *dip-slip.* **déplacement oblique** : skewing. **déplacement par combustion** : fire drive. **déplacement par expansion d'aquifère** : water drive. **déplacement par fluide supercritique** : supercritical-fluid drive. **déplacement par front continu** : line drive, *a waterflooding method in which oil is displaced by water along a continuous front moving through the entire reservoir from the bottom of the pay zone toward its upper parts.* **déplacement par gravité** : gravity drive. **déplacement par injection de gaz carbonique** : carbon-dioxide miscible displacement. **déplacement par injection de gaz riche** : enriched-gas drive *(prod)*. **déplacement par injection de mousse** : foam drive *(prod)*. **déplacement par la vapeur d'eau** : steam drive. **déplacement par phase miscible** : *see déplacement miscible.* **déplacement par poussée d'eau** : water drive, *any process whereby the displacing agent for oil production is the pressure of water in the formation.* **déplacement par poussée d'eau de fond** : bottom-water drive, *from an aquifer located underneath the oil-bearing formation.* **déplacement par poussée d'eau marginale** : edge-water drive, *from an aquifer located beside the oil-bearing formation.* **déplacement par poussée de gaz** : gas drive *(prod)*. **déplacement par un bouchon d'alcool** : alcohol-slug process, *an enhanced recovery process consisting in injecting an alcohol slug (usually isopropylic) that is mis-*

cible with the oil in place, then another alcohol slug miscible with both the previous slug and with water, and then water. **déplacement par un gaz à haute pression** : high-pressure gas drive *(prod)*. **déplacement parallèle** : parallel displacement, *the projection of throw onto the layer in the fault plane.* **déplacement perpendiculaire** : perpendicular displacement, *projection of the throw perpendicular to the bed in a fault plane.* **déplacement suivant la direction** : strike shift *(geol)*. **déplacement sur une faille** : displacement on a fault. **déplacement vers le bassin** : downward shift, *a downslope seaward shift used to recognize relative drops in sealevel.* **déplacement virtuel** : virtual displacement *(mech)*.

déplacer – move (to); shift (to).

déplétion *f* – depletion.

dépocentre *m* – *see dépôt-centre.*

dépolarisant *m* – depolarizer.

dépolarisation *f* – depolarization.

dépoli – frosted, *glass.* **dépoli au jet de sable** : sandblasted.

dépolissage – frosting, *glass.*

dépollution *f* – depollution.

dépolymérisation *f* – depolymerization.

déport *m* – departure, *directional drilling*; offset; separation. **à déport croissant** : walkaway. **déport des axes des molettes** : cone offset *(drill)*. **déport en ligne** : in-line offset; online offset. **déport horizontal** : offset, *in seismic reflection, the horizontal distance from the shotpoint to the impact point of the beam reflected back on itself; in seismic refraction, horizontal distance from the shotpoint to the impact point of the boundary beam relating to the marker.* **déport latéral** : perpendicular offset. **avec déport latéral** : broadside *(seis)*. **déport longitudinal** : incline offset; inline offset. **déport nul** : zero source-receiver (ZSR) *(seis)*. **déport oblique** : eccentricity. **déport perpendiculaire** : perpendicular offset. **déport vertical** : rise *(seis)*.

déporté – off center; offset. **déporté latéralement** : offline.

dépose *f* – removal, taking out; overhaul, *engine.* **dépose d'un pipeline** : recovery of a pipeline.

déposé – deposited; laid down.

déposer – lay (to). **se déposer** : segregate (to); settle (to). **déposer de l'argent en banque** : bank (to). **déposer le bilan** : file (to) for bankrupcy. **déposer un brevet** : patent (to).

dépossession *f* – divestiture, *of companies.*

dépôt *m* – bed; deposit; deposition; depot; dump; scaffold *(metal)*; sediment; setting; settlement; settling; yard. **dépôt à l'éponge** : sponge plating. **dépôt à terme** : term deposit; time deposit. **dépôt à vue** : demand deposit *(fin)*; sight deposit. **dépôts abyssaux** : abyssal deposits. **dépôt acide** : acid deposition, *acid fallout.* **dépôt actif** : active deposit. **dépôt allochtone** : allochthonous deposit. **dépôt alluvial** : alluvial deposit. **dépôt alluvial de minéraux** : placer deposit, *as opposed to a vein or seam.* **dépôt alluvionnaire** : aggradational deposit. **dépôt asphaltisé** : inspissated deposit. **dépôt au plombite** : doctor settling, *a brown deposit found in plumbite treatment.* **dépôt au trempé** : dip plating. **dépôt bathyal** : bathyal deposit. **dépôt brûlé** : burnt deposit. **dépôt calcaire** : scale. **dépôt colluvial** : colluvial deposit. **dépôt composite** : composite plate. **dépôt contemporain** : synchronous deposit *(geol)*. **dépôt continental** : continental deposit; land sediment. **dépôt côtier** : beach deposit; littoral deposit. **dépôt d'argile** : clay deposit. **dépôt d'eau douce** : freshwater deposit. **dépôt d'emplissage en conditionné** : barreling station. **dépôt d'estuaire** : estuarine deposit *(geol)*. **dépôt d'explosifs** : explosive magazine. **dépôt d'hydrocarbures** : tank farm. **dépôt d'ordures** : waste disposal. **dépôt d'origine chimique** : chemical deposit. **dépôt d'un cordon de soudure** : beading. **dépôt dans les moteurs** : engine deposit. **dépôt de bas niveau** : lowstand deposit, *sediments deposited when the sealevel is low.* **dépôt de boue** : mud cake. **dépôt de carbone** : carbon deposit. **dépôt de coke** : coke lay; coke laydown. **dépôt de cône alluvial** : fanglomerate, *alluvial-fan deposit cemented later on.* **dépôt de crevasse** : crevasse splay *(sedim)*. **dépôts de débordement** : overbank deposits, *generally fine sediments deposited after being in suspension in an overflow current flowing outside of the main channel.* **dépôts de fond** : bottoms *(ref)*; bottom sediments; bottom settling (BS); cave deposit. **dépôt de front de talus** : slope front fill, *lowstand sedimentary deposit.* **dépôt de gomme** : gum deposit. **dépôts de haut niveau** : highstand deposits, *sediments deposited on the continental shelf or the coastal plain when sealevel is above the rim of the basin and the point of equilibrium and the bayline are uphill from the coastal slope break.* **dépôt de la chambre de combustion** : combustion-chamber deposit. **dépôt de lagune** : lagoon deposit. **dépôt de laque** : lacquer deposit. **dépôt de lavage de moraine** : moraine-outwash deposit. **dépôt de mer profonde** : deep-sea deposit. **dépôt de paraffine** : sucker-rod wax, *adhering to sucker rods.* **dépôt de plage** : beach rock. **dépôt de plaine d'inondation** : floodplain deposit. **dépôt de sable alluvionnaire** : blanket sand. **dépôt de solifluxion** : solifluction deposit. **dépôt de stockage** : bulk-storage plant. **dépôt deltaïque** : deltaic deposit; topset bed. **dépôt des déblais** : dumping ground. **dépôt des sédiments** : deposition of sediments. **dépôt détritique** : detrital deposit. **dépôt dû à la condensation dans les moteurs** : condensed engine deposit, *varnish, etc.* **dépôt dur de carbone** : hard carbon black. **dépôt électrolytique** : electrolytic deposit. **dépôt éluvial** : eluvial deposit *(geol)*; weathering deposit; weathering residue. **dépôt en eau peu profonde** : shallow-water deposit. **dépôt en passes étroites** : string beading *(weld)*. **dépôt éolien** : eolian deposit; wind deposit *(geol)*; windborne sediment. **dépôt épais** : thick deposit. **dépôt fluviatile** : fluviatile deposit. **dépôt fluvio-glaciaire** : valley train. **dépôt galvanoplastique** : electrodeposit. **dépôt galvanoplastique rugueux** : rough electrodeposit. **dépôt glaciaire** : drift bed; drift deposit; glacial deposit; glacial deposition; outwash. **dépôt hémipélagique** : hemipelagic deposit, *see hémipélagite.* **dépôt hétéropique** : heteropic deposit, *synchronous deposits having different facies.* **dépôt hétérotaxique** : heterotaxial deposit, *said of more or less widely separated strata that are not equivalent as to their relative positions in the geologic series.* **dépôt hétérotopique** : heterotopic deposit, *synchronous deposits belonging* *to different geologic regions.* **dépôt homotaxique** : homotaxial deposit *(geol)*. **dépôt houiller** : carbonaceous deposit; coal deposit. **dépôt hydrothermal** : hydrothermal deposit. **dépôt isopique** : isopic deposit, *referring to sedimentary rocks having the same lithology or facies although they may have been formed at different times and/or in different areas.* **dépôt lacustre** : lacustrine deposit; lake deposit. **dépôt laminique** : laminar deposit *(geol)*. **dépôt littoral** : littoral deposit; shore deposit. **dépôt marginal** : marginal deposit. **dépôt marin** : marine deposit. **dépôt marin littoral** : near-shore marine deposit. **dépôt non consolidé** : unconsolidated deposit. **dépôt non stratifié** : unbedded deposit. **dépôt organique** : organic deposit. **dépôt par immersion** : immersion plating. **dépôts paraffineux** : rod wax, *deposits forming around sucker rods*; wax deposit. **dépôt paraffinique** : paraffin dirt, *a paraffinic substance considered as an oil show.* **dépôt pélagique** : deep-sea deposit; pelagic deposit *(geol)*. **dépôt potamogène** : potamogenic deposit, *of fluviatile origin.* **dépôt salin** : saline deposit. **dépôt sédimentaire** : sedimentary deposit *(geol)*. **dépôt siliceux** : siliceous deposit. **dépôt simultané** : codeposition. **dépôts solides des huiles moteur usées** : used crankcase-oil heavy solids. **dépôt synchrone** : synchronous deposit. **dépôt terrigène** : terrigenous deposit *(geol)*. **dépôt tidal** : tidal deposit. **dépôt torrentiel** : torrential deposit *(geol)*. **dépôt transgressif** : transgressive sediment. **dépôts vaseux alluvionnaires** : warp. **de dépôt** : depositional *(geol)*.

dépotage *m* – cargo transfer; decanting; discharge; emptying, *action of transferring or removing the liquid or the gaseous content from a vessel or tanker.*

dépôt-centre *m* – depocenter, *an area of maximum sedimentary deposition.*

dépoter – empty (to).

dépotoir *m* – dumping ground; waste disposal.

dépouille *f* – backing off; clearance; relief; undercut, *a groove or cavity in a drill bit.* **dépouille d'un modèle** : draft. **dépouille latérale** : side clearance.

dépouillement *m* – count; stripping.

dépouiller – analyze (to); back (to) off; count (to).

dépourvu – destitute.

dépoussiérage – dedusting; dust removal. **dépoussiérage le plus fin** : highest grade cleaning. **dépoussiérage pneumatique** : pneumatic dedusting.

dépoussiérer – dedust (to).

dépoussiéreur *m* – dust collector; dust separator. **dépoussiéreur à chicane** : baffle collector. **dépoussiéreur à tissu filtrant** : fabric filter. **dépoussiéreur Cottrel** : Cottrel precipitator, *for removing dust and mist from gases.* **dépoussiéreur cyclone** : cyclone; cyclone separator. **dépoussiéreur électrique** : electrostatic precipitator (ESP). **dépoussiéreur humide** : wet scrubber. **dépoussiéreur mécanique** : mechanical collector.

dépréciation *f* – depreciation. **dépréciation de la monnaie** : currency depreciation.

déprécier – depreciate (to); write (to) off.

dépresseur *m* – depressant; depressor *(chem)*.

dépression *f* – depression; draft; low; lowland *(geol)*; negative pressure; structural saddle; trough. **dépression apparente** : push down, *opposite of pull up, result of a local shallower low-velocity region*; time sag; velocity sag. **dépression capillaire** : capillary depression. **dépression de l'horizon** : dip in a curve. **dépression fermée** : bolson *(geol)*. **dépression lente** : slow-moving depression *(meteo)*. **dépression marécageuse** : swale. **dépression périclinale** : rim syncline. **dépression rapide** : fast-moving depression *(meteo)*. **dépression synclinale** : synclinal trough. **dépression thermokarstique** : thaw depression.

déprimer – depress (to).

déprimogène *m* – flow element.

déprimomètre *m* – draft gage.

dépropanisation *f* – depropanization, *removal of propane.*

dépropaniseur *m* – depropanizer, *a fractionating column for removal of propane from petroleum fractions.*

DEPS – LIFO, *abbr. dernier entré, premier sorti: last in, first out.*

dépyrophorisation *f* – depyrophorization.

dérangé – disturbed.

dérangement *m* – trouble. **dérangement de l'inclinaison par retroussement** : drag dip *(geol)*.

dérapage *m* – skidding. **dérapage d'un outil** : offset skewness. **dérapage de l'électrode** : electrode skid. **dérapage des salaires** : wage drift.

déraper – sideslip (to).

déréglage *m* – disadjustment.

déréglementation *f* – deregulation.

dérégulation *f* – deregulation.

dérésinage *m* – deresining, *removal of resins.*

déréticulation *f* – link splitting.

déréverbération *f* – dereverberation; deringing *(seis)*.

dérivation *f* – branch circuit; derivation; differentiation; diversion; junction; shunt. **dérivation de la boue** : circulation bypass. **dérivation souterraine** : underground tapping. **dérivation sur le compresseur** : compressor bleed.

dérive *f* – bias, *signal processing*; centerboard, *ship*; crab; drift; leeway; offset, *floating rigs.* **dérive d'une garniture de déviation** : roll off, *correction in the facing of the deflection tool, which must be taken into consideration in order to give the proper facing to the tool.* **dérive d'une plate-forme** : drift of a platform *(drill)*. **dérive des continents** : continental displacement; continental drift. **dérive Doppler** : Doppler shift. **dérive du zéro** : zero shift. **dérive en épi** : feathering, *of a streamer.* **dérive en épi du câble** : streamer feathering. **dérive instrumentale** : time drift. **dérive littorale** : beach drift; beach drifting; shore drift. **à la dérive** : adrift, *may happen to a rig during towing.* **sans dérive** : drift free.

dérivé *m* – derivate; derivative. **dérivé aromatique** : aromatic derivative. **dérivé du pétrole** : petroleum derivative; petroleum product.

dérivé – shunted; bypassed; derived.

dérivée *f* – derivative *(math)*; differential coefficient. **dérivée partielle** : partial derivative. **dérivée seconde** : second vertical derivative, *magnetometry.*

dériver – derive (to) from; drift (to).

dériveur *m* – diverter.
dérivomètre *m* – drift indicator, *indicating the deviation of a well*; drift meter.
dermatite *f* – dermatitis.
dermatose *f* – dermatosis. **dermatose professionnelle** : occupational dermatosis.
derme *m* – dermis.
dermite *f* – dermatitis.
dernier – last, *fem. dernière*. **dernier entré, premier sorti (DEPS)** : last in, first out (LIFO). **dernier prix** : bedrock price. **dernière spire** : last engaged thread.
dérocheuse *f* – rock breaker.
dérogation *f* – waiver.
déroger – waive (to), *a principle*.
dérouillant *m* – rust remover.
déroulage *m* – unwinding. **déroulage d'un câble sismique** : line layout, *the positioning of a marine seismic streamer and the strings of geophones*.
déroulement *m* – evolution; procedure; uncoiling.
dérouler – lay (to) out; uncoil (to); unwind (to). **dérouler un câble** : unwind (to) a cable.
dérouleur *m* – jug hustler, *a member of a seismic crew who operates the geophones*; juggie *(colloq)*. **dérouleur de bande** : magnetic-tape transport; tape deck; tape transport; tape unit.
dérouleuse *f* – reel.
déroutement *m* – deviation, *of a vessel during voyage*; diversion, *of a ship*; trap, *a CPU-initiated interrupt*.
dérouter – divert (to).
derrick *m* – derrick. **derrick gainé** : enclosed derrick. **derrick haubané** : guyed derrick. **derrick renforcé** : heavy-duty derrick. **derrick télescopique** : telescopic derrick. **derrick triangulaire** : three-pole derrick.
désaccord *m* – discrepancy.
désacétoxylation *f* – deacetoxylation.
désacidification *f* – deacidizing.
désacidifié – deacidified.
désactivant *m* – deactivator.
désactivateur *m* – deactivator. **désactivateur de métaux** : metal deactivator.
désactivation *f* – deactivation.
désaérateur *m* – deaerator.
désaération *f* – deaeration.
désagrégation *f* – crumbling; decomposition; disintegration; disaggregation; weathering. **désagrégation des roches** : rock breaking *(geol)*. **désagrégation en blocs** : block disintegration *(geol)*. **désagrégation sélective** : differential weathering *(geol)*.
désagrégé – broken; disintegrated; weathered. **se désagréger** : disintegrate (to).
désaimantation *f* – demagnetization.
désaisonnalisé – seasonally adjusted.
désalignement *m* – disalignment; misalignment.
désalkylation *f* – dealkylation. **désalkylation à la vapeur** : steam dealkylation.
désalkylé – dealkylated.
désalumination *f* – dealuminization.
désamarrage *m* – unmooring.
désamination *f* – deamination.
désamorçage *m* – unpriming, *of a pump*.
désancrage *m* – loosening.
désargentage *m* – desilvering, *desilverization, desilverizing*.
désarmé – decommissioned.
désarmement *m* – decommissioning, *of a ship*; dismantling; laying up, *a ship*.
désarmer – disarm (to); lay (to) up, *a ship*. **désarmer un appareil de forage** : put (to) a rig on standby.
désaromatisation *f* – dearomatization.
désarrimage *m* – shifting.
désasphaltage *m* – deasphalting. **désasphaltage au propane** : propane deasphalting, *an extraction process in which desirable oil is dissolved in a propane solvent and undesirable heavy matter is precipitated and separated as asphalt*. **désasphaltage au solvant** : solvent deasphalting.
désasphalté – deasphalted.
désassembler – disassemble (to).
désassorti – unmatched.
désastre *m* – disaster, *see also catastrophe*.
désaturation *f* – desaturation; voidage.
désaxage *m* – eccentricity; offset; setting over.
désaxé – off center; offset.
désaxer – offset (to).
désazotation *f* – denitrogenation.
descendant *m* – daughter *(nucl)*; decay product *(nucl)*.
descendant – descending; downward.
descenderie *f* – incline *(mine)*; shaft *(mining)*.
descendre – fall (to); hade (to); lower (to), *an instrument or tool*. **descendu dans le puits** : run-in-hole (RIH) *(drill)*.
descente *f* – dive; fall; falling; lowering; running in, *of drill bits, casing strings, etc.* **descente de la plate-forme autoélévatrice** : jacking down *(drill)*. **descente des tiges de forage dans un sondage** : going in hole *(drill)*. **descente du train de tiges** : pull down *(drill)*. **descente du tubage** : lowering the casing. **à la descente** : downhole.
descriptif – descriptive, *fem. descriptive*.
description *f* – description, *for a search permit, it pecifies the boundaries of the permit and the existing reserves*. **description de brevet** : patent specification. **description de poste** : job description.
déséchouement *m* – refloating.
désembrayer – throw (to) out of gear.
désembuage *m* – demisting.
désembueur *m* – demister.
désémulsibilité *f* – demulsibility.
désémulsifiant *m* – demulsifier.
désémulsificateur *m* – demulsifier.
désémulsification *f* – demulsification, *prevention or breaking of liquid-liquid emulsions by chemical, electrical or mechanical means*; demulsifying.
désémulsion *f* – demulsification.
désémulsionneur *m* – demulsifier.
désenclencher – throw (to) off, *the rope*.
désencrasser – decarbonize (to).
désengrenage *m* – disengaging.
désengrener – throw (to) out of gear.
désensablement *m* – desanding; sand removal.
désensabler – desand (to).

désenvasement *m* – see dévasement.
désenvaser – clean (to) out.
déséquilibre *m* – disequilibrium; unbalance.
déséquilibré – out of balance; unbalanced.
désert *m* – desert. **désert caillouteux** : gravel desert. **désert de sel** : salt desert. **désert rocheux** : stone desert. **désert salé** : salt desert.
déserté – deserted.
désertification *f* – desertification.
désessenciement *m* – gasoline recovery; stripping.
désetamage *m* – detinning.
déséthanisation *f* – deethanization, *deethanation.*
déséthaniseur *m* – deethanizer, *a fractionating unit for separating ethane from heavier hydrocarbons.*
déshalogénation *f* – dehalogenation.
désherbant *m* – herbicide.
déshexaniseur *m* – dehexanizer *(ref).*
déshuilage *m* – deoiling. **déshuilage de l'eau** : oil-and-water separation. **déshuilage de la paraffine au solvant** : wax fractionation.
déshuileur *m* – deoiler; interceptor; oil separator. **déshuileur à plaques ondulées** : corrugated-plate interceptor, *pollution.* **déshuileur à plaques planes parallèles** : parallel-plate interceptor *(pol).*
déshumidification *f* – dehumidification.
déshydrase *f* – dehydrase.
déshydratant *m* – dehydrating agent.
déshydratation *f* – dehumidification; dehydration; dewatering, *removal of water from solid materials or from an enclosure or structure by pumping, drainage, evaporation, centrifuging or filtering.* **déshydratation des boues** : sludge dewatering. **déshydratation du brut** : crude dehydration.
déshydraté – dehydrated; desiccated.
déshydrater – dewater (to).
déshydrateur *m* – dehydrator. **déshydrateur centrifuge** : centrifugal dehydrator. **déshydrateur d'huile** : oil dehydrator. **déshydrateur de gaz** : gas dehydrator. **déshydrateur électrique** : electric dehydrator.
déshydrobromation *f* – dehydrobromination.
déshydrochloration *f* – dehydrochlorination.
déshydrocyanuration *f* – dehydrocyanidation.
déshydrocyclisation *f* – dehydrocyclization, *catalytic reforming process.*
déshydrogénation *f* – dehydrogenation. **déshydrogénation catalytique** : catalytic dehydrogenation. **déshydrogénation de butane** : butane dehydrogenation. **désydrogénation discontinue** : cyclic dehydrogenation. **déshydrogénation sélective** : selective dehydrogenation.
déshydrohalogénation *f* – dehydrohalogenation.
déshydro-isomérisation *f* – dehydroisomerization.
déshydroxylation *f* – dehydroxylation.
désignation *f* – appointment; designation; label; nomination.
désilication *f* – desilication *(pedol).*
désincrustant *m* – disincrustant.
désindustrialisation *f* – deindustrialization.
désinfectant *m* – disinfectant.
désintégrateur *m* – disintegrator *(mech).*
désintégration *f* – decay; disintegration; disruption. **désintégration d'une carotte de forage** : disintegration of a drill core. **désintégration nucléaire** : nuclear disintegration. **désintégration nucléaire artificielle** : artificial nuclear disintegration.
désintégré – disintegrated.
désintégrer – disintegrate (to).
désintoxication *f* – detoxication.
désinvestissement *m* – disinvestment.
désionisation *f* – deionization.
désionisé – deionized.
désisobutaniseur *m* – deisobutanizer.
désistement *m* – disclaimer; waiver.
déodorant *m* – deodorant.
désodorisation *f* – deodorization.
désodorisé – deodorized.
désorption *f* – desorption. **désorption en phase liquide** : liquid-phase desorption.
désoxydant *m* – deoxidizer, *deoxidant.*
désoxydation *f* – deoxidation, *the process of deoxidizing*; killing *(metal).*
désoxydé – deoxidized.
désoxygénant *m* – oxygen scavenger.
désoxyribonucléique – deoxyribonucleic, *see acide désoxyribonucléique, ADN.*
desquamation *f* – desquamation; peeling; scaling; splitting *(petro).* **desquamation en écailles** : exfoliation *(geol).*
dessabler – desand (to).
déssableur *m* – desander. **dessableur vibrant** : vibrating desander.
dessaisissement *m* – relinquishment *(jur).*
dessalage *m* – desalting, *eliminating salts from crude oil.* **dessalage chimique** : chemical desalting. **dessalage du brut** : crude desalting. **dessalage électrostatique** : electrostatic desalting.
dessalé – desalted.
dessalement *m* – desalination, *removal of salt from water.* **dessalement par congélation** : freeze desalination.
desséchant *m* – desiccant.
desséché – desiccated; dried.
dessèchement *m* – desiccation. **dessèchement du sol** : exsiccation *(pedol).*
desserrage *m* – loosening; slacking, *a nut.*
desserré – loose.
desserrer – ease (to); unfasten (to).
dessiccateur *m* – desiccator; drier; exsiccator.
dessiccation *f* – desiccation. **dessiccation des boues** : sludge drying.
dessiltage *m* – desilting. **dessilteur** *m* : desilter.
dessin *m* – design; draft; drafting; drawing; figure; pattern; plan. **dessin à l'échelle** : scale drawing. **dessin industriel** : draftsmanship.
dessinateur *m* – designer; draftsman; planner; plotter, *mapmaker.*
dessiner – design (to); draw (to); map (to); plot (to).
dessouchage *m* – grubbing.
dessoudure *f* – loose joint.
dessous-de-table *m* – kickback.
destinataire *m* – consignee.
déstocker – draw (to) on stocks.
destructeur – destructive, *fem. destructrice.*
destructif – destructive, *fem. destructive.*

destruction *f* – destruction; disruption; kill.
désulfuration *f* – desulfurization. **désulfuration au phosphate** : phosphate desulfurization. **désulfuration au plombite** : doctor sweetening, *using sodium plumbite.* **désulfuration catalytique** : catalytic desulfurization. **désulfuration des gaz** : desulfurization of gases. **désulfuration des gaz de carneau** : flue-gas desulfurization (FGD).
désulfuré – desulfurized.
désurchauffeur *m* – attemperator; desuperheater, *a system for the controlled cooling of superheated steam by injecting liquid to regulate the final steam temperature.*
désynthétisation *f* – deconvolution.
détachant *m* – spot remover; stain remover.
détacher – detach (to); unfasten (to). **détacher le train de tiges** : unstring (to) the block, *after the drill string has been tripped out.*
détail *m* – detail; item. **détail de terrain** : ground feature. **détails du bilan** : balance-sheet items. **au détail** : retail.
détaillant *m* – retailer.
détaillé – detailed.
détalonnage *m* – gudgeon-pin recess *(GB)*; piston-pin recess *(US)*.
détartrage *m* – deliming; descaling; scaling.
détartrant *m* – scale remover, *for radiators.*
détartrer – scale (to). **détartrer une chaudière** : scale (to) a boiler.
détectabilité *f* – readability.
détecter – detect (to).
détecteur *m* – detector; pickup. **détecteur à argon** : argon detector, *argon ionization detector.* **détecteur à capture d'électrons** : electron capture detector (ECD). **détecteur à émission de flamme** : flame emission detector (FED). **détecteur à fil chaud** : hot-wire analyzer, *a well-logging device for detecting gas influxes.* **détecteur à gaz automatique** : automatic-recording gas detector. **détecteur à impulsion** : pulse detector. **détecteur à ionisation** : ionization detector. **détecteur à ionisation de flamme** : flame ionization detector. **détecteur à photométrie de flamme** : flame photometric detector (FPD). **détecteur à scintillation** : scintillation detector. **détecteur à section de capture** : cross-section detector. **détecteur à seuil** : threshold detector. **détecteur à thermoluminescence** : thermoluminescence detector. **détecteur à ultrasons** : ultrasonic detector. **détecteur acoustique de bruit** : acoustic noise detector. **détecteur automatique de gaz dans la boue** : automatic mud detector. **détecteur d'eau** : water witch, *for detecting water influxes into a well.* **détecteur d'incendie** : fire detector. **détecteur d'infrarouge** : infrared detector. **détecteur d'oxyde de carbone** : carbon-monoxide detector. **détecteur de canalisations** : electronic pipe locator. **détecteur de canalisations en place** : underground-line locator. **détecteur de chaleur** : heat detector. **détecteur de combustion** : combustion pick-up, *makes up part of the system called Ignition Delay Meter.* **détecteur de conduite** : pipe locator; stool pigeon. **détecteur de fissure électromagnétique** : electromagnetic crack detector. **détecteur de flamme** : flame detector. **détecteur de flux rayonné** : *see détecteur de radiation.* **détecteur de fuite** : fault detector, *indicating electrical losses to the ground*; leak detector. **détecteur de fumée** : smoke detector. **détecteur de gaz** : gas detector. **détecteur de gaz à fil chaud** : hot-wire gas detector. **détecteur de grisou** : firedamp detector; methane detector. **détecteur de joints** : tool-joint locator *(drill)*. **détecteur de joints de tubage** : casing-collar locator. **détecteur de l'arrivée directe** : water-break detector. **détecteur de métal** : metal detector. **détecteur de perte des câbles** : cable fault tester. **détecteur de point de coincement** : *see indicateur de coincement.* **détecteur de proximité** : proximity detector. **détecteur de radiation** : radiation detector, *particle detector.* **détecteur de rayonnement** : radiation detector. **détecteur de vapeur inflammable** : vapor-testing apparatus. **détecteur de vibrations** : vibration detector. **détecteur non linéaire** : nonlinear detector. **détecteur piézoélectrique** : piezoelectric detector. **détecteur semiconducteur à jonction diffuse** : diffused-junction semiconductor detector. **détecteur ultrasonique de fuite** : ultrasonic leak detector.
détection *f* – detection; sensing. **détection acoustique** : acoustic detection. **détection aérienne** : aerial sensing. **détection aéroportée** : airborne detection. **détection des erreurs** : error checking. **détection des sons** : sound detection. **détection des zones de perte de circulation** : thief-zone location. **détection directe des hydrocarbures** : direct hydrocarbon detection, *see also indice direct de présence d'hydrocarbure.*
détectivité *f* – detectivity, *sensitivity of a dectector.*
dételer – detach (to).
détendeur *m* – escape valve, *for pressure*; expansion valve; reducing valve; regulator. **détendeur à action directe** : direct-action pressure reducer. **détendeur à commande par pilote** : pilot-controlled pressure reducer. **détendeur d'eau** : water-reducing valve. **détendeur de gaz** : gas-reducing valve. **détendeur de pression** : pressure reducer. **détendeur de surpression** : unloader valve. **détendeur thermostatique** : thermostatic expansion valve.
détendre – slacken (to), loosen (to). **se détendre** : expand (to).
détente *f* – detent; expansion; explosion stroke; flash; letdown; recoil, *of a spring*; trigger. **détente adiabatique** : adiabatic expansion. **détente différentielle** : differential liberation. **détente éclair** : flash liberation; flash process, *a liquid-vapor system in which the composition remains constant, although the proportion of gas and liquid phases varies with the pressure or temperature.* **détente étagée** : multistage expansion. **à détentes étagées** : multiflash.
détenteur *m* – holder, *fem. détentrice.* **détenteur d'un permis** : license holder. **détenteur d'une licence** : license holder. **détenteur de concession pétrolière** : lessee.
détergence *f* – detergency.
détergent *m* – detergent, *detersive.* **détergent amphotère** : amphoteric detergent, *a detergent that is cationic in acid solutions and anionic in basic solutions.* **détergent anionique** : anionic detergent. **détergent aux enzymes** : enzyme detergent. **détergent biodégradable** : biodegradable detergent; soft detergent. **détergent cationique** : cationic detergent. **détergent de synthèse** : synthetic detergent. **détergent non biodégradable** : hard

detergent. **détergent non ionique** : nonionic detergent. **détergent pour gros travaux** : heavy-duty detergent.

détérioration *f* – deterioration; failure; spoilage.

détériorer – deteriorate (to); impair (to).

détermination *f* – determination; estimate; locating. **détermination de l'âge** : age determination. **détermination de l'eau et des sédiments** : test for water and sediments, *in crude oil.* **détermination de l'humidité** : moisture determination. **détermination de l'indice d'octane** : octane rating. **détermination de la couleur** : color test, *of a substance.* **détermination de la teneur** : assay. **détermination de la valeur en douane** : customs valuation. **détermination de vitesse** : velocity analysis. **détermination des cendres** : ash determination. **détermination des distances** : ranging. **détermination du coefficient de résistance** : work-factor test, *to determine the susceptibility of an oil to deterioration by being repeatedly circulated through a bearing.* **détermination du couple de cassure d'une graisse** : grease-torque breakdown test. **détermination du soufre** : sulfur determination. **détermination du taux de résidus** : residue test, *of a light distillate after evaporation at room temperature during a given time period.*

déterminé – specific.

déterminer – determine (to).

déterministe – deterministic.

déterrer – unearth (to).

détersif *m* – detergent; detersive.

déto *m* – cap, *short form for détonateur (seis).*

détonabilité *f* – detonability.

détonant – detonating; explosible; explosive.

détonateur *m* – blaster; blasting cap; cap; detonator; fuse. **détonateur à retard** : delay blasting cap; delay cap. **détonateur à sympathie** : impact blaster; impulse blaster. **détonateur électrique** : electric detonator; electric exploder. **détonateur par impulsion** : impulse blaster.

détonation *f* – blast; detonation; knock; knocking; ping.

détoner – detonate (to).

détonomètre – detonation meter.

détournement *m* – diversion; diverting. **détournement de fonds** : embezzlement *(fin).*

détourner – divert (to).

détoxication *f* – detoxication.

détrempe *f* – distemper.

détresse *f* – distress, *see signal de détresse.*

détritique – clastic; detrital, *formed from mineral and/or sedimentary detritus*; fragmental.

détritus *m* – detritus; junk; muck; rubbish; trash.

détroit *m* – neck; sound; strait.

détruire – demolish (to), pull (to) down. **se détruire** : disintegrate (to).

dette *f* – debt. **dette amortie** : retired debt. **dette consolidée** : funded debt. **dette privilégiée** : senior debt. **dette publique** : public debt. **rapport dettes/fonds propres** : debt/equity ratio.

détubage *m* – pulling; tube pulling *(drill).*

détuber – pull (to).

deutérique – deuteric, *applied to the alterations undergone by igneous rocks in the later stages and resulting directly from the consolidation of the magma*; paulopost *(petro).*

deutérium *m* – deuterium, *heavy hydrogen.*

deutéron *m* – deuteron, *nucleus of the deuterium atom.*

deutérure *m* – deuteride.

deutogène – deuterogenic *(petro).*

deuton *m* – *see deutéron.*

dévalorisation *f* – depreciation.

dévasement *m* – desilting.

dévastation *f* – wasting.

développé – developed; expanded.

développée *f* – evolute *(math).*

développement *m* – developing; development; evolution. **développement à sec** : dry process *(photo).* **développement d'un procédé** : process development. **développement progressif** : progressive development. **développement régressif** : regressive development *(geol).*

développer – develop (to); evolve (to); expand (to) *(math).*

déverminage *m* – debugging, *computer programs.*

déverminer – debug (to).

dévers *m* – cant.

déversé – dumped; lopsided.

déversement *m* – discharge; dumping; outflow; spill; spillage. **déversement accidentel** : accidental discharge; accidental spill. **déversement de pétrole** : oil spill. **déversement délibéré** : deliberate discharge. **déversement non attribuable** : unattached spillage *(pol).*

déverser – discharge (to); dump (to); teem (to) *(metal).* **se déverser** : spill (to).

déversoir *m* – downcomer, *a method for conveying liquid from one tray to the next one below it in a bubble-tray column*; downspout; overfall; overflow; spillway; tray downspout; weir. **déversoir de plateau** : tray weir. **déversoir du plateau** : weir tray. **déversoir en dents de scie** : notch weir *(ref).* **déversoir en V** : V-notch weir. **déversoir mobile** : movable sprayer.

déviation *f* – bypass; deflecting; deflection; departure; deviate *(stat)*; deviation; elongation; kickoff, *start of deviation of a well*; slew; throw. **déviation absolue** : absolute deviation. **déviation d'évitement** : nudging, *steering one well away from adjacent wells to avoid collisions.* **déviation de la norme** : departure from standard. **déviation de la verticale** : deflection of the vertical. **déviation des sondages** : deflection of boreholes. **déviation dirigée des sondages** : directional borehole deviation. **déviation du trou** : hole deviation. **déviation en patte de chien** : dogleg, *change in the direction of a borehole.* **déviation locale** : local attraction. **déviation magnétique** : magnetic deflection. **déviation ordinaire** : standard deviation. **déviation par jet de boue** : jet deflection, *deviating a borehole in the desired direction by a jet of mud.* **déviation sur bouchon de ciment** : sidetracking, *deviating the profile of a borehole to bypass a lost piece of drill-string equipment.*

dévidage *m* – reeling.

dévider – lay (to) out; reel (to).

dévidoir *m* – cable drum; spool. **dévidoir à prise centrale** : hose-reel unwinding from center. **dévidoir de câble** : cable reel.

dévié – deflected; deviated; sidetracked; slanted.

dévier – deflect (to); deviate (to); divert (to); drift (to) *(drill)*. **dévier un puits** : deflect (to) a well.

dévirer – heave (to) back *(navig)*.

devis *m* – estimate. **devis de poids** : bill of quantities, *of a submersible*. **devis de tracé** : offsets, *in naval architecture*.

devise *f* – foreign currency. **devise forte** : hard currency.

dévissage *m* – backoff. **dévissage à l'explosif** : backoff shooting, *a process for freeing stuck drilling tools in a borehole by setting off small explosive charges*. **dévissage des tiges** : breaking down, *unscrewing the drill stem into single joints, see also déblocage*.

dévisser – back (to) off; break (to); break (to) off, *drillpipe or part of a pipeline*; unscrew (to). **dévisser le train de tiges** : lay (to) down. **dévisser les tiges de forage** : break (to) the pipes down.

dévitrification *f* – devitrification.

devoir *m* – duty. **devoir de justice du concédant** : duty of utmost fair dealing, *the obligation of the executive with regard to the power to lease, where exclusive leasing power in land is separated from an interest in oil and gas such as for nonparticipating royalty and nonexecutive mineral interests*.

dévolution *f* – devolution.

Dévonien *m* – Devonian, *third period of the Paleozoic*.

dextrane *m* – dextran, *polysaccharide*.

dextrogyre – dextrorotatory, *rotating clockwise (opt)*.

dézingage *m* – dezincification.

DGA – DGA, *abbr. diglycolamine*.

diabase *f* – diabase *(petro)*.

diablastique – diablastic, *a texture in metamorphic rocks*.

diable *m* – hand truck; trolley.

diabolo *m* – dolly; pipe dolly, *used for moving pipeline sections or drillpipe or collars*; portable dolly.

diachrone – diachronous, *diachronic*; time transgressive *(geol)*.

diachronique – diachronic.

diachronisme *m* – diachronism, *transgression of a rock unit across time planes or biozones*.

diaclase *f* – diaclase *(geol)*; joint *(geol)*. **diaclase de cisaillement** : shear joint. **diaclase horizontale** : bottom joint *(geol)*; horizontal joint *(geol)*; sheet joint. **diaclase longitudinale** : strike joint *(geol)*. **diaclase principale** : major joint. **diaclase transversale** : cutter; joint dip, *parallel to the trend of the fold axis (geol)*.

diaclasé – jointed.

diaclinal – diaclinal, *said of a stream crossing a fold perpendicularly to the strike of the underlying strata*.

diadique – dyadic.

diagenèse *f* – diagenesis, *the process of converting sediment to rock*. **diagenèse organique** : organic diagenesis. **diagenèse précoce** : early diagenesis. **diagenèse synsédimentaire** : synsedimentary diagenesis. **diagenèse tardive** : late diagenesis.

diagénétique – diagenetic.

diagnose *f* – diagnosis, *characterization of a taxon*; diagnostic check; diagnostic routine, *computer*.

diagnostic *m* – diagnosis.

diagnostique – diagnostic.

diagonal – diagonal.

diagonale *f* – brace. **en diagonale** : cornerwise.

diagramme *m* – chart; diagram; graph; log; pattern. **diagramme chronostratigraphique** : chronostratigraphic chart, *a stratigraphic summary chart on which geologic time is plotted as the vertical scale, and the distance across the area of interest as the horizontal scale*. **diagramme couple-vitesse** : torque-speed chart. **diagramme d'addition** : stacking chart *(seis)*. **diagramme d'aggradation côtière** : coastal onlap diagram. **diagramme d'écoulement** : flow pattern. **diagramme d'exploitation en surface** : surface-stacking chart *(seis)*. **diagramme d'indicateur** : indicator diagram. **diagramme de capacité de production** : open-flow-potential diagram. **diagramme de couverture multiple** : stacking chart, *indicating interrelationships among traces from common-midpoint surveying*. **diagramme de couverture en profondeur** : subsurface-stacking chart. **diagramme de couverture multiple** : layout chart. **diagramme de Cox** : Cox chart, *a graph of vapor pressure versus temperature, used for hydrocarbons*. **diagramme de débit** : flow chart. **diagramme de directivité** : directivity graph. **diagramme de dispersion** : scatter diagram, *scattergram, scatterplot*. **diagramme de distribution** : valve timing, *for oil or gasoline distribution*. **diagramme de fléchettes** : arrow plot; tadpole plot. **diagramme de front d'onde** : wavefront chart. **diagramme de fusion** : melting diagram. **diagramme de Hood** : Hood method, *diagram permitting prediction of LOM values using only effective time and maximum paleotemperature, see échelle LOM*. **diagramme de microdiamétrage** : microcaliper log. **diagramme de Mollier** : Mollier diagram, Mollier chart, *graph of enthalpy versus entropy of a vapor*. **diagramme de pendage** : pigtail chart. **diagramme de phase** : phase diagram. **diagramme de solidification** : solidus curve. **diagramme des cycles eustatiques** : global cycle chart. **diagramme des débits** : flowchart. **diagramme des phases** : constitution diagram. **diagramme des vitesses** : velocity curve. **diagramme en bâtonnets** : stickogram. **diagramme en panier à oeufs** : fence diagram. **diagramme en toile d'araignée** : cobweb diagram, *giving the results of sensitivity analyses*. **diagramme enthalpique** : enthalpy chart; enthalpy diagram. **diagramme entropique** : entropy chart; entropy diagram. **diagramme eustatique** : global cycle chart, *showing the synchronism of drops in relative sealevel in widely separated geologic basins*. **diagramme géothermique** : geothermal log. **diagramme lithologique** : lithologic log. **diagramme polaire** : phasor diagram; polar diagram; pole diagram; rose, *a polar diagram*. **diagramme pollinique** : pollen diagram. **diagramme pression débit** : pressure flow-rate diagram. **diagramme schématique** : schematic diagram, *illustrating how each part operates in relation to the whole*. **diagramme structurologique** : fabric diagram, *(geol)*. **diagramme temps-profondeur** : time-depth chart. **diagramme théorique** : ideal diagram, *corresponding to an ideal thermodynamic cycle and not to a real cycle.* **diagramme triangulaire** : ternary diagram; triangular diagram *(geol)*; triaxial diagram.

diagraphie *f* – log, *the profile recorded during a logging operation ; the French word diagraphie means both the log recorded and the logging operation*; logging; well logging, *methods of measuring various physical parameters of the formations crossed through by a borehole ; not to be confused with coring, which refers to the obtaining of physical samples.* **diagraphie à deux courbes d'induction** : dual-induction log. **diagraphie acoustique** : acoustic log; acoustic logging; acoustic survey; acoustic well logging; seismic log; well-velocity logging. **diagraphie acoustique à grand écartement** : long-spaced sonic log. **diagraphie acoustique de cimentation** : acoustic cement-bond logging, *for analyzing the cementing of casing in a borehole.* **diagraphie acoustique en champ total** : full-wave acoustic logging. **diagraphie acoustique synthétique** : synthetic sonic log. **diagraphie au câble** : wireline logging. **diagraphie avec électrode de garde** : guard-electrode logging, *focused logging.* **diagraphie avec saut de phase** : skip logging, *cycle skip.* **diagraphie carbone/oxygène** : carbon/oxygen log. **diagraphie compensée** : compensated log. **diagraphie compensée pour le trou de forage** : borehole-compensated (BHC) sonic log. **diagraphie d'activation** : activation logging. **diagraphie d'adhésivité du ciment** : cement-bond log (CBL), *for analyzing the quality of cement adherence to casing.* **diagraphie d'amplitude** : amplitude log, *amplitude logging.* **diagraphie d'amplitude acoustique** : acoustic-amplitude log. **diagraphie d'analyse chimique minérale par spectrographie** : spectrochemical log. **diagraphie d'analyse des boues** : mud-analysis log, *recording of degassing results and of hydrocarbon detection in drilling mud.* **diagraphie d'analyse des formations** : formation-analysis log (FAL). **diagraphie d'échantillonnage** : sample log. **diagraphie d'impédance acoustique** : acoustic-impedance log. **diagraphie d'indice d'hydrogène** : hydrogen-index log. **diagraphie d'indice de productivité** : producibility-index log. **diagraphie d'induction** : induction log, *electric conductivity/resistivity well log based on the electromagnetic induction of concentric eddy currents into the rocks surrounding the borehole to plot a curve giving a continuous record of conductivity with depth*; induction logging. **diagraphie de boue** : mud log, *detection of various parameters such as gas content of mud, crude-oil detection by fluorescence, chromatography and recording the rate of penetration.* **diagraphie de boue de forage** : mud-analysis logging. **diagraphie de bruit** : noise log; noise logging. **diagraphie de capacité d'injection des couches** : spinner survey. **diagraphie de champ magnétique** : magnetic-field logging. **diagraphie de chantier** : graphic log. **diagraphie de chlore** : chlorine log, *for estimating the salinity of formation waters*; chlorine logging, *gamma-ray spectrometer measurement to determine the chlorine content of formations surrounding a borehole.* **diagraphie de contact** : contact log; microsurvey. **diagraphie de contrôle des profondeurs** : depth-control log. **diagraphie de densité** : densilog, *an instrument for the direct measurement of the density of formations in boreholes*; density log. **diagraphie de densité compensée** : density logging. **diagraphie de densité des formations** : formation-density log (FDL). **diagraphie de diamétrage** : caliper log. **diagraphie de durée de vie du neutron** : neutron-lifetime logging. **diagraphie de facteur de formation** : formation-factor log. **diagraphie de fluorescence** : fluorolog, *for detecting crude oil by fluorescence.* **diagraphie de fluorescence par résonance nucléaire** : nuclear-resonance-fluorescence logging. **diagraphie de forme de signaux** : signature logging. **diagraphie de fracturation** : fracture log. **diagraphie de gravimétrie** : gravity logging. **diagraphie de joints de tubage** : casing-collar log (CCL). **diagraphie de microrésistivité** : microresistivity log. **diagraphie de neutron compensée** : compensated neutron log (CNL). **diagraphie de neutron épithermique de paroi** : sidewall epithermal-neutron porosity log. **diagraphie de neutrons** : neutron logging. **diagraphie de neutrons pulsés** : pulsed-neutron log. **diagraphie de paroi** : sidewall logging. **diagraphie de pénétration** : penetration logging. **diagraphie de perméabilité** : permeability log. **diagraphie de photons** : photon logging. **diagraphie de points** : dot log, *borehole seismic surveying.* **diagraphie de polarisation induite** : induced-polarization logging. **diagraphie de polarisation spontanée** : self-potential log; spontaneous-potential log. **diagraphie de potentiel du tubage** : casing-potential profile log. **diagraphie de production** : production log. **diagraphie de proximité** : proximity logging. **diagraphie de pseudo-impédance acoustique** : synthetic acoustic-impedance log. **diagraphie de puits** : well log, *the log summing up what is known about a well, or subsurface geologic logs as opposed to the geologic field section.* **diagraphie de puits en débit** : flowing-well log. **diagraphie de puits ouvert** : open-hole logging. **diagraphie de rayons gamma** : gamma-ray log. **diagraphie de relaxation neutronique** : neutron-lifetime logging. **diagraphie de résistivité** : contact log; resistivity log. **diagraphie de salinité** : salinity log. **diagraphie de susceptibilité magnétique** : susceptibility log. **diagraphie de température** : temperature well logging. **diagraphie de vitesse** : acoustic-velocity log (AVL); continuous-velocity log (CVL); sound-velocity log; velocity log. **diagraphie de vitesse d'avancement** : drilling-time log, *giving the drilling time for the unit length of penetration chosen.* **diagraphie des hydrocarbures déplaçables** : movable-oil plot. **diagraphie des valeurs stationnaires apparentes** : square log. **diagraphie différée** : wireline logging, *any well log run after the tripping out of the drill bit, as opposed to mud logging of measurements while drilling.* **diagraphie du foreur** : driller's log, *giving drilling parameters and incidents.* **diagraphie électrique** : electric log, *recording of formation resistivities or conductivities and of sponaneous potentials occurring in boreholes*; electric logging. **diagraphie électrique à très longs espacements** : ultralong-spacing electric log (ULSEL). **diagraphie électrique de porosité** : porosity log. **diagraphie en cours de sondage** : logging while drilling. **diagraphie en densité variable** : variable-density log. **diagraphie en trace galva** : full-waveform log. **diagraphie en trace galvanométrique** : full-waveform log. **diagraphie en trou tubé** : cased-hole logging. **diagraphie focalisée** : focused log. **diagraphie gamma-gamma** : gamma-gamma log, *for measuring formation density.* **diagraphie géochimique** : geochemical well logging. **diagraphie géophysique** : geophysical log. **diagraphie géothermique** : geothermal well logging. **diagraphie habillée** : composite log. **diagraphie immédiate** : *see diagraphie instantanée.* **diagraphie instantanée** : mud logging, *the recording of information derived from the examination and analysis of drill cuttings brought up with mud during drilling, as opposed to wireline logging done during a round trip when drilling is stopped.* **diagraphie neutron** : neutron log, *measurement of the effects of formation bombardment by neutrons.* **diagraphie neutron-neutron** : neutron-neutron log, *measurement of radiation induced into formations after they have been bombarded by fast neutrons.* **diagraphie nucléaire** : nuclear log, *making use of the radioactive properties of rocks*; radioactive log; radioactive well logging. **diagraphie par activation neutronique** : neutron-activation logging. **diagraphie par déplacement différentiel** : displacement logging, *of oil and water to examine the invaded zone.* **diagraphie par induction** : induction log. **diagraphie par injection de traceur** : tracer-injector logging; tracer logging. **diagraphie par radiation** : radiation logging. **diagraphie par rayons gamma** : gamma-ray well logging, *measurement of the natural radioactivity of rocks.* **diagraphie par résonance magnétique nucléaire** : nuclear-magnetism logging. **diagraphie porosité-profondeur** : porosity log, *porosity measurement curve obtained by electrical logging.* **diagraphie rectangularisée** : square log. **diagraphie sismique** : seismic log. **diagraphie sonique** : acoustic logging; sonic log, *recording the speed of sound.* **diagraphie spectrale** : spectral log; spectral logging. **diagraphie spectrale de rayons gammas induits** : induced spectral gamma-ray log.

dialysat *m* – dialyzate.

dialyse *f* – dialysis.

diamagnétique – diamagnetic.

diamagnétisme *m* – diamagnetism.

diamant *m* – diamond. **diamant brut** : rough diamond. **diamant industriel** : industrial diamond. **diamant naturel** : natural diamond. **diamant non taillé** : rough diamond. **diamant polycristallin** : polycrystalline diamond (PCD). **diamant polycristallin thermostable** : TSP diamond.

diamétrage *m* – caliper logging, *determining the diameter of a borehole or the inside diameter of a casing, drillpipe or production tubing.* **diamétrage du puits** : caliper measurement of hole size.

diamètre *m* – diameter. **diamètre à refoulement extérieur et intérieur** : internal-external upset (IEU). **diamètre d'un pore** : pore cross-section. **diamètre de l'embouchure** : diameter of the mouth. **diamètre de l'outil** : bit size. **diamètre de la jante** : rim diameter, *of a tire.* **diamètre de passage du mandrin** : drift diameter *(drill)*. **diamètre de perçage** : diameter of borehole circle. **diamètre de tampon de passage pour raccords** : tool-joint drift diameter. **diamètre des particules** : diameter of the grains. **diamètre du bord** : rim diameter. **diamètre du calibre** : drift, *a device that is put through casing or tubing before it is run to make certain it is the proper size inside and outside.* **diamètre du trou** : diameter of the hole; hole radius; hole size; size of the hole. **diamètre extérieur** : outside diameter (OD). **diamètre externe** : major diameter. **diamètre intérieur** : inside diameter (ID). **diamètre intérieur sans rétreint** : internal flush (IF). **diamètre maximal** : peak diameter. **diamètre nominal** : full gage *(drill)*; nominal diameter. **diamètre nominal du trou** : nominal diameter of the hole. **diamètre nominal du tube** : nominal diameter of pipe. **diamètre primitif** : pitch diameter, *of gears.* **diamètre réduit** : reduced diameter *(drill)*.

diamétreur *m* – inside caliper. **diamétreur sonar** : sonar caliper.

diapason *m* – fork *(seis)*; tuning fork, *used as a frequency standard in seismic surveying.*

diaphonie *f* – crossfeed; crosstalk, *interference caused by one channel picking up information or noise from another channel.*

diaphragme *m* – diaphragm; orifice plate; restriction; throttle. **cellule électrolytique à diaphragme** : diaphragm cell.

diaphtorèse *f* – diaphthoresis, *retrograde metamorphism.*

diapir *m* – diapir, *an anticlinal fold in which the overlying rocks have been ruptured*; piercement dome. **diapir d'argile** : mudlump, *delta formation.*

diapirique – diapiric.

diapirisme *m* – diapirism, *the formation mechanism of shale diapirs or salt domes, by the upward flow of plastic core material piercing the overlying rocks.*

diapositive *f* – diapositive *(photo)*; slide.

diaschistique – diaschistic *(petro)*.

diasphaltène *m* – diasphaltene.

diaspore *m* – diaspore *(miner)*.

diastème *m* – diastem, *a relatively short interval in sedimentation.*

diastrophique – diastrophic.

diastrophisme *m* – diastrophism, *all movements of the Earth's crust caused by tectonic processes.*

diathermane – diathermanous, *diathermic.*

diatomée *f* – diatom, *a single-cell plant.*

diatomique – biatomic.

diatomite *f* – diatomite, *diatomaceous earth, fossil flour, kieselguhr, a sedimentary rock consisting chiefly of diatoms.*

diatrème *f* – diatreme, *a circular volcanic vent formed by gaseous explosion.*

diazométhane *m* – diazomethane, *azimethylene.*

diazotation *f* – diazotization, *reaction between primary aromatic amines and nitrous acid to produce a diazo compound.*

dibasique – dibasic.

dibenzopyrrole *m* – dibenzopyrrole, *carbazole.*

dichloréthane *m* – dichloroethane, *ethylene dichloride and ethylidene chloride.*

dichloréthylène *m* – dichloroethylene, *acetylene dichloride, exists as cis and trans isomers.*

dichlorobenzène *m* – dichlorobenzene, *ortho, meta, para isomers.*

dichlorométhane *m* – dichloromethane, *methylene chloride.*

dichroïsme *m* – dichroism *(opt).* **dichroïsme circulaire** : circular dichroism.

dickite *f* – dickite, *a kaolin mineral.*

dicyclopentadiène *m* – dicyclopentadiene.

didyme *m* – didymium, *a mixture of neodymium and praseodymium.*

dieldrine *f* – dieldrin, *insecticide.*

diélectrique *m* – dielectric, *a material that is an electric insulator.* **diélectrique parfait** : ideal dielectric, *perfect dielectric.*

diélectrique – dielectric.

diélectrolyse *f* – dielectrolysis.

Diels – Diels, *see réaction de Diels-Alder.*

diène *m* – diene, *diolefin.* **diène conjugué** : conjugated diene.

diénophile *m* – dienophile, *partner of a conjugated diene in a diene synthesis (Diels-Alder reaction).*

diesel *m* – diesel, *diesel engine or diesel-engine vehicle.* **diesel à injection directe** : direct-injected diesel. **diesel à vitesse moyenne** : medium-speed diesel. **diesel de secours** : emergency diesel engine. **diesel en circuit fermé** : closed-circuit diesel. **diesel fixe** : stationary diesel. **diesel lent** : slow-speed diesel. **diesel marin** : marine diesel. **diesel pour automobile** : automotive diesel.

diésélisation *f* – dieselization, *the tendency to have more numerous diesel-engine vehicles.*

diéthanolamine *f* – diethanolamine, *DEA, di(2-hydroxyethyl)-amine.*

diéthyle *m* – diethyl.

diéthylène *m* – diethylene. **diéthylène glycol** : diethylene glycol.

différé – deferred; delayed.

différence *f* – difference; discrepancy; disparity. **différence de hauteur** : vertical interval. **différence de phase** : phase difference. **différence de potentiel (DDP)** : potential difference (PD). **différence de température** : temperature difference. **différence de température logarithmique moyenne (DTLM)** : log mean temperature difference (LMTD). **différence de température moyenne** : mean temperature difference (MTD). **différence géométrique** : difference of two vectors. **différence moyenne** : mean difference *(stat).*

différenciation *f* – differentiation, *the process of developing rocks with different chemical or mineralogical types, from the same magma.* **différenciation magmatique** : magmatic differentiation. **différenciation métamorphique** : metamorphic differentiation. **différenciation pneumatolytique** : pneumatolytic differentiation. **différenciation sédimentaire** : sedimentary differentiation.

différencié – differentiated *(petro).*

différend *m* – dispute.

différent – unlike.

différentiation *f* – differentiation *(math).*

différentiel *m* – differential, *higher or lower value assigned to the price of a product;* differential gear. **différentiel conique** : bevel differential. **différentiel de delta-t** : differential normal moveout (DNMO). **différentiel de fret** : freight differential, *for prices.* **différentiel de qualité** : quality differential, *for prices.* **différentiel Doppler** : refraction count, *satellite navigation.*

différentielle *f* – differential, *of a real-valued function.*

diffluence *f* – diffluence, *a lateral breaching or flowing apart of a glacier in its ablation area.*

diffracté – diffracted.

diffraction *f* – diffraction; scatter; scattering. **diffraction d'électrons** : electron diffraction. **diffraction d'électrons de haute énergie** : high-energy electron diffraction (HEED). **diffraction de Fraunhofer** : Fraunhofer diffraction. **diffraction de Fresnel** : Fresnel diffraction *(optics).* **diffraction de la houle** : wave diffraction. **diffraction des électrons lents (DEL)** : low-energy electron diffraction (LEED). **diffraction fantôme** : phantom diffraction. **diffraction X** : X-ray diffraction (XRD). **diffraction X de poudres** : X-ray powder diffraction.

diffractogramme *m* – diffractogram. **diffractogramme X de poudres** : X-ray powder diffractogram.

diffractométrie *m* – diffractometry, *mineral analysis.*

diffus – diffuse.

diffusé – diffused.

diffuser – disseminate (to).

diffuseur *m* – choke tube; diffuser; effuser; spray nozzle; vaporizer, *in a spark-ignition engine;* volute.

diffusibilité *f* – diffusiveness.

diffusiomètre *m* – diffusiometer.

diffusion *f* – diffusion; dissemination; distribution; scattering, *irregular and diffuse dispersion of seismic energy due to inhomogeneities in the medium through which the energy is traveling.* **diffusion arrière** : backscattering. **diffusion atmosphérique** : atmospheric dispersion. **diffusion cohérente** : coherent scattering. **diffusion Compton** : Compton scattering. **diffusion de l'énergie** : scattering of energy. **diffusion de la lumière** : light scattering (LS). **diffusion de Mie** : Mie scattering, *light.* **diffusion de surface de faisceaux moléculaires** : molecular-beam surface scattering (MBSS). **diffusion élastique** : elastic scattering. **diffusion en régime stationnaire** : steady-state diffusion. **diffusion en volume** : volume reverberation. **diffusion gazeuse** : gaseous diffusion. **diffusion incohérente** : incoherent scattering. **diffusion inélastique** : inelastic scattering. **diffusion inélastique des neutrons (DIN)** : inelastic neutron scattering (INS). **diffusion ionosphérique** : ionospheric scatter. **diffusion moléculaire** : molecular scattering. **diffusion réactive de faisceaux moléculaires** : molecular-beam surface reactive scattering (MBSRS). **diffusion thermique** : thermal diffusion. **diffusion troposphérique** : tropospheric scatter.

diffusivité *f* – diffusivity. **diffusivité thermique** : thermal diffusivity.

digesteur *m* – digester.

digestion *f* – digestion, *sewage treatment.* **digestion aérobie** : aerobic digestion.

digital – dactylitic *(petro).*

digitalisation *f* – digitizing.

digitation *f* – fingering, *the movement of fluids along a nonuniform front, especially during* *the displacement of one fluid by another.* **digitation visqueuse** : viscous fingering, *occurring during oil recovery by a drive by a less viscous fluid.*

digitiseur *m* – *see numériseur.*

diglycol *m* – *see diéthylène glycol.*

diglycolamine *f* – diglycolamine *(DGA) a gas sweetening solvent.*

digue *f* – bund; dam; dike; dike mole; embankment; levee; mole. **digue à déversoir** : overfall. **digue au large** : seaward breakwater. **digue de protection** : bundwall, *safety wall around storage tanks*; safety earth wall, *an earthen wall surrounding oil tanks to prevent any leaks resulting from overflows.* **digue en épi** : spit.

diisocyanate *m* – diisocyanate, *used in producing polyurethane foams, resins and rubber.*

diisopropanolamine *f* – diisopropanolamine *(DIPA) a gas sweetening solvent.*

diisopropylbenzène *m* – diisopropylbenzene.

dilatabilité *f* – dilatability.

dilatable – expansible.

dilatance *f* – dilatancy, *the property of granular masses to expand in bulk with change of shape under the effect of shearing deformations.*

dilatation *f* – dilatation; direct expansion; expansion. **dilatation absolue** : absolute expansion, *true expansion of a liquid with temperature, as opposed to apparent expansion.* **dilatation d'un métal à la chaleur** : metal creep. **dilatation linéique relative** : linear strain. **dilatation thermique** : thermal expansion.

dilaté – expanded.

dilater – dilate (to). **se dilater** : expand (to).

dilatomètre *m* – dilatometer.

dilatométrie *f* – dilatometry.

diluant *m* – diluent. **diluant pour laque** : lacquer diluent; lacquer thinner. **diluant pour peinture** : paint thinner.

dilué – dilute; diluted; weak.

diluer – dilute (to); thin (to); thin (to) down, *reduce the viscosity of a drilling fluid.*

dilution *f* – dilution. **dilution de l'huile** : oil dilution. **dilution de l'huile dans le carter** : cracked-fuel dilution, *in an engine, by the cracking products of the fuel in the cylinder.* **dilution de l'huile moteur** : dilution of motor oil, *with unburned fuel coming from the combustion chamber.* **dilution des huiles carter** : dilution of crankcase oils. **dilution fractionnée** : incremental dilution.

diluvien – diluvial *(geol).*

diluvium *m* – diluvium, *archaic term (geol).*

dimension *f* – dimension; grade size; size. **dimensions critiques** : critical size. **dimension d'encombrement** : overall external dimension. **dimensions d'un filet** : thread dimensions. **dimension fractale** : fractal dimensionality *(math).* **dimensions hors tout** : overall measurements. **dimension nominale** : nominal size. **dimension réelle** : effective size. **à deux dimensions** : areal; two dimensional. **à trois dimensions** : three dimensional. **sans dimension** : dimensionless.

dimensionné – dimensioned; sized.

dimensionnel – dimensional.

dimensionnement *m* – dimensioning.

dimère *m* – dimer *(polymer).*

dimérisation *f* – dimerization *(chem).*

Dimersol – Dimersol, *tradename for a process of dimerization of propylene.*

diméthylacétamide *m* – dimethylacetamide, *solvent used in extractive distillation.*

diméthylamine *f* – dimethylamine (DMA).

diméthylaminoéthanol *m* – dimethylaminoethanol, *dimethylethanolamine.*

diméthylbutane *m* – dimethylbutane.

diméthyle *m* – dimethyl.

diméthyléther *m* – dimethyl ether, *methyl oxide.* **diméthyléther de glycol** : glycol dimethyl ether (GDME), *ethylene glycol dimethyl ether.*

diméthylformamide *m* – dimethylformamide (DMF).

diméthylsulfoxyde *m* – dimethyl-sulfoxide (DMSO), *methyl sulfoxide.*

diminué – depressed.

diminuer – demote (to); dwindle (to); lessen (to). **diminuer de valeur** : deteriorate (to).

diminution *f* – abatement; curtailment; decline; decrease; dwindling. **diminution du bruit** : noise abatement. **diminution tarifaire** : tariff rebate.

dimorphe – dimorphous.

dimorphisme *m* – dimorphism.

DIN – INS, *abbr. diffusion inélastique des neutrons: inelastic neutron scattering.*

Dinantien *m* – Dinantian, *Lower Carboniferous stage.*

dinitrotoluène *m* – dinitrotoluene.

dinoflagellé *m* – dinoflagellate, *microfossil.*

diode *f* – diode. **diode à plasma** : plasma diode. **diode à semiconducteur** : crystal diode; semiconductor diode. **diode à tunnel** : tunnel diode. **diode de Zener** : Zener diode, *a semiconductor breakdown diode.* **diode électroluminescente (DEL)** : light-emitting diode (LED). **diode laser** : laser diode, *semiconductor laser.*

dioléfine *f* – diolefin, *diene, alkadiene, an aliphatic compound containing two double bonds.*

dioptre *m* – interface, *the common surface separating two different media in contact (seis).*

dioptrie *f* – diopter, *a measure of the refractive power of lenses.*

diorite *f* – diorite, *a plutonic rock.* **diorite orbiculaire** : orbicular diorite, *corsite, napoleonite.* **diorite quartzique** : quartz diorite, *quartz-bearing diorite.*

dioxane *m* – dioxane, *diethylene dioxide, glycol ethylene ether.*

dioxine *f* – dioxin, *tetrachlorodibenzo-dioxin, TCDD, a highly toxic and persistant chlorinated hydrocarbon.*

dioxyde *m* – dioxide. **dioxyde de carbone** : carbon dioxide, *see gaz carbonique.* **dioxyde de chlore** : chlorine dioxide. **dioxyde de silicium** : silicon dioxide. **dioxyde de soufre** : sulfur dioxide, *an air pollutant produced by the combustion of sulfur-containing fuels.*

DIPA – DIPA, *abbr diisopropanolamine.*

dipentène *m* – dipentene.

diphasique – two phase.

diphényl – diphenyl, *prefix indicating the presence of two phenyl radicals in a molecule.*

diphénylacétylène *m* – diphenylacetylene, *tolane, dibenzyl.*

diphénylamine *f* – diphenylamine, *phenylaniline.*
diphényle polychloré *m* – polychlorinated biphenyl (PCB).
diphényléthylène *m* – diphenylethylene, *stilbene.*
diphénylméthane *m* – diphenylmethane, *benzylbenzene.*
diploèdre *m* – diploid *(cryst).*
diplômé *m* – graduate.
dipolaire – dipolar.
dipôle *m* – dipole.
dipropényle *m* – dipropenyl, *2,4-hexadiene.*
dipropylène *m* – dipropylene, *see dipropényle.* **dipropylène glycol** : dipropylene glycol.
dipropyloctane *m* – dipropyloctane.
dipyre *m* – dipyre, *a variety of scapolite (miner).*
dirac *m* – delta function; Dirac; Dirac function; impulse; spike; unit impulse, *see also equation de Dirac, matrice de Dirac.*
direct – direct; once through, *refers to a continuous process with no recycling*; straight.
directeur *m* – executive; manager. **directeur de bureau d'étude** : project manager. **directeur de travaux** : work manager.
directeur – managing, *fem. directrice.*
direction *f* – bearing; course; direction; guidance; management; range; run, *vein*; steering; strike, *the direction or trend taken by a structural surface.* **direction à crémaillère** : rack-and-pinion steering. **direction à vis et galet** : cam-and-roller steering. **direction assistée** : power steering *(auto).* **direction d'un filon** : bearing of a lode. **direction de l'affleurement** : course of outcrop. **direction de l'axe des gisements** : direction of the trend. **direction de propagation** : direction of propagation. **direction des couches** : direction of strata; strike of beds, *in relation to the horizontal.* **direction du filon** : line of lode; run of a lode. **direction du pendage** : direction of dip; line of dip. **direction générale** : general management, *of an organization.* **direction générale des couches** : general trend *(geol).* **direction magnétique** : magnetic bearing. **direction moyenne** : average trend. **direction orientable** : orientable steering. **direction par objectifs (DPO)** : management by objectives (MBO). **direction préférentielle** : prevailing strike; trend. **direction prévue** : intended course *(drill).* **à deux directions** : double throw.
directionnel – directional; homing.
directive *f* – direction; guidance.
directivité *f* – directivity, *the relative intensity versus direction of an outgoing seismic wave.* **directivité du dispositif** : array directivity *(seis).* **recherche de directivité** : beam steering.
directrice *f* – directrix *(geom).*
dirigé – directional.
diriger – control (to). **diriger une machine** : steer (to).
discoïde – discoid, *disk shaped.*
discontinu – discontinuous. **en discontinu** : batchwise, *in small batches, portions or amounts.*
discontinuité *f* – discontinuity; jump. **discontinuité clastique** : clastic discontinuity. **discontinuité de Conrad** : Conrad discontinuity, *within the Earth's crust, equivalent to the boundary between the sial and the sima.* **discontinuité de Gutenberg** : Gutenberg discontinuity, *the seismic-velocity discontinuity marking the mantle-core boundary.* **discontinuité de Mohorovičić** : Mohorovičić discontinuity, *the sharp seismic-velocity discontinuity separating the Earth's crust from the subjacent mantle.* **discontinuité de vitesse** : velocity discontinuity. **discontinuité du gisement** : reservoir discontinuity. **discontinuité sédimentaire** : sedimentary discontinuity. **discontinuité sismique** : seismic discontinuity. **discontinuité structurale** : structural discontinuity. **discontinuité tectonique** : tectonic discontinuity.
discordance *f* – discordance *(geol)*; unconformity. **discordance angulaire** : angular unconformity; angular discordance; enhanced unconformity, *a eustatic unconformity locally reinforced by tectonics.* **discordance d'érosion** : disconformity, *as opposed to unconformity*; erosional unconformity *(geol).* **discordance de ravinement** : disconformity. **discordance de stratification** : discordant bedding. **discordance globale** : global unconformity, *found on a global scale.* **discordance locale** : local unconformity *(geol).* **discordance orogénique** : orogenic unconformity. **discordance parallèle** : parallel unconformity. **discordance plate** : nonangular unconformity. **discordance régionale** : regional unconformity. **discordance sous-jacente** : underlying unconformity. **discordance stratigraphique** : unconformity. **discordance tectonique** : structural discordance *(geol).* **discordance topographique** : topographic unconformity.
discordant – conflicting; discordant; nonconformable *(geol)*; unconformable *(geol).*
discrépance *f* – discrepancy.
discret – discrete.
discrétion *f* – transparency, *the capacity of a measuring instrument not to change the value of the magnitude measured.*
discrétisation *f* – discretization, *see also numérisation.*
discrétisé – discretized.
discriminant *m* – discriminant *(math).*
discriminateur *m* – discriminator *(elec).*
discrimination *f* – discrimination.
discussion *f* – discussion. **discussion concertée** : panel discussion, *carried on by a group of specialists expressing their different viewpoints.*
disharmonie *f* – disharmonic folding. **disharmonie de plissement** : disharmonic folding, *with an abrupt change in profile when going from one folded surface or layer to another, often occurring in rock layers having significant contrasts in viscosity, and generally associated with décollement structures.*
disharmonique – disharmonic.
disjoncteur *m* – break switch; circuit breaker; circuit-breaker switch; cutout; disconnecting switch; disconnector; shutoff switch; switch. **disjoncteur bipolaire** : double-throw switch. **disjoncteur dans l'huile** : oil circuit-breaker. **disjoncteur de sûreté** : safety-break switch *(engines).* **disjoncteur des tiges de transmission** : throwoff, *switch for a central pumping system.*
disjonction *f* – disconnection; disjunction; severance; severing. **disjonction en bancs** : sheet jointing *(geol).*

dislocation *f* – dislocation *(crystal)*; displacement; disturbance; fault; leap; trap; trouble. **dislocation en coins** : edge dislocation *(crystal)*. **dislocation en vis** : screw dislocation *(cryst)*.
disloqué – dislocated; disrupted; disturbed; faulted *(geol)*.
dismigration *f* – *see dysmigration.*
dismutation *f* – disproportionation, *an oxidation-reduction reaction in which a single compound serves as both oxidizing and reducing agent.*
dispache *f* – adjustment, *insurance.*
disparaître – die (to) out; vanish (to). **disparaître en coin** : peter (to) out.
dispersance *f* – detergency.
dispersant *m* – detergent; dispersant; dispersing agent; distributing agent; oil dispersant.
dispersé – disperse; dispersed; scattered.
dispersibilité *f* – dispersibility.
dispersif – dispersing; dispersive.
dispersion *f* – dispersal; dispersion, *variation of propagation velocity as a function of frequency*; jitter; leak; leakage; scatter; scattering; spread; straggling; stray. **dispersion chromatique** : chromatic dispersion. **dispersion colloïdale** : colloidal dispersion. **dispersion croisée** : crossed dispersion *(cryst)*. **dispersion de l'énergie** : dispersion of energy. **dispersion de la chaleur** : thermal dispersion. **dispersion horizontale** : horizontal dispersion *(cryst)*. **dispersion inclinée** : inclined dispersion *(cryst)*. **dispersion intrinsèque** : intrinsic dispersion. **dispersion inverse** : inverse dispersion. **dispersion linéaire** : linear dispersion. **dispersion magnétique** : magnetic leakage. **dispersion normale** : normal dispersion. **dispersion optique** : optical dispersion. **dispersion rotatoire** : rotary dispersion. **dispersion sismique** : seismic dispersion. **dispersion spécifique** : specific dispersion, *the quotient of dispersion times specific gravity for a homologous series varies linearly with the molecular weight and can be used to characterize or approximately identify oil fractions.*
disphotique – disphotic, *see zone disphotique, zone aphotique, zone euphotique.*
disponibilité *f* – availability. **en disponibilité** : off duty.
disponibilités *f* – liquid assets; spare capital. **disponibilités monétaires** : money supply.
disponible – available; disposable; in hand.
disposer – dispose (to).
dispositif *m* – appliance; array, *of seismic geophones or sources*; device; gear; pattern; setup. **dispositif à cheval** : split spread, *the most commonly used seismic reflection shooting method, in which the source point is at (or perpendicularly offset from) the center of the geophone spread*; straddle spread. **dispositif à déport croissant** : expander *(seis)*; expanding spread. **dispositif à déport en ligne** : in-line spread. **dispositif à déport latéral** : broadside spread *(seis)*. **dispositif à étalement progressif** : expanding spread. **dispositif à tir en bout** : single-ended spread *(seis)*. **dispositif accordé** : tuned array, *group of marine seismic sources of different strengths designed to suppress bubble pulses linked to the initial pulse.* **dispositif allongé** : extended spread. **dispositif antibrouillard** : demister. **dispositif anticollision** : anticollision device. **dispositif antiexplosion** : explosion head, *in a gas distribution network.* **dispositif antivibration** : antivibration device. **dispositif antivol** : burglar alarm, *antitheft device.* **dispositif arrière** : tail-end spread. **dispositif avant** : front-end spread. **dispositif avec tir au centre** : split spread *(seis)*. **dispositif d'admission** : induction system. **dispositif d'agitation** : stirring device. **dispositif d'alimentation** : feeder; feeding device; stock feeder. **dispositif d'alimentation en combustible** : fuel system, *in engines.* **dispositif d'allumage** : ignition system. **dispositif d'amortissement** : damping device. **dispositif d'amortissement de la bulle** : waveshape kit, *air gun.* **dispositif d'ancrage** : anchor latch, *of the production tubing.* **dispositif d'arrêt** : stop; stop mechanism; stopping device. **dispositif d'arrosage** : sprinkler system, *for firefighting*; sprinkling system. **dispositif d'attelage** : jockey. **dispositif d'avance** : timing device, *ignition system.* **dispositif d'écoute** : monitoring device. **dispositif d'émission** : source pattern. **dispositif d'entraînement** : driving gear. **dispositif d'équilibrage d'un câble** : cable balancing network. **dispositif d'étanchéité** : packoff, *a device with an elastomer packing element that depends on pressure below the packing to effect a seal in the annulus.* **dispositif d'évacuation** : evacuation gear. **dispositif d'immobilisation** : retainer assembly. **dispositif de blocage** : knock-off block, *used to disconnect sucker rods in a pump in a well*; locking device. **dispositif de capteurs** : spread *(seis)*. **dispositif de chargement** : charging device. **dispositif de chauffage à la vapeur** : vapor heating system. **dispositif de commande** : actuator. **dispositif de commutation** : switch gear. **dispositif de contrôle** : control device. **dispositif de déchargement** : unloading device. **dispositif de déclenchement** : trip. **dispositif de dosage** : titration stand. **dispositif de fermeture** : locking device. **dispositif de géophones** : geophone array; geophone pattern. **dispositif de graissage par tampon** : pad lubricator. **dispositif de guidage** : mule-shoe assembly, *directional drilling.* **dispositif de levage** : lifter; lifting apparatus. **dispositif de mise à la terre** : grounding device. **dispositif de pompage à balancier** : pumping jack. **dispositif de pompage multiple** : shackle-rod system. **dispositif de purgeage** : pump-out, *during accidents or shutdown for maintenance.* **dispositif de refroidissement par le vide** : vacuum cooling equipment. **dispositif de réglage de température** : temperature controller. **dispositif de réglage du frein** : brake adjuster. **dispositif de réglage du tirage** : draft control. **dispositif de régulation de débit** : packoff assembly, *in a well.* **dispositif de repêchage des tiges de forage** : washover back-off connector tool, *fishing tool.* **dispositif de retenue à coins** : spider *(drill)*. **dispositif de rupture** : rupture member. **dispositif de sécurité** : guard; safeguard; safety appliance; safety device. **dispositif de serrage** : clamping device. **dispositif de soutirage et de réinjection** : pumparound, *a process vessel used in a distillation tower for withdrawing liquid from a plate followed by the cooling and returning of the liquid to another plate to induce vapor condensation.* **dispositif de suspension** : liner hanger, *for lost casing string.* **dispo-**

dispositif de suspension à coins : slip-type hanger. **dispositif de suspension à étanchéité pour colonne perdue** : liner packer. **dispositif de synchronisation** : interlock. **dispositif de tir** : shot pattern *(seis)*. **dispositif de tir en étoile** : star shot pattern. **dispositif de tir en hexagone** : hexagonal shot pattern. **dispositif de tir en ligne** : linear shooting pattern *(seis)*. **dispositif de verrouillage** : interlocking device; locking device. **dispositif de vissage** : kelly spinner. **dispositif déporté longitudinalement** : extended spread. **dispositif échelonné** : staggered array *(seis)*. **dispositif en arc** : arc spread *(seis)*. **dispositif en bout** : continuous profiling in line; end-on spread; single-ended spread *(seis)*. **dispositif en carré diagonal** : diamond array *(seis)*. **dispositif en croix** : cross-array *(seis)*; cross-spread, *used in seismic surveying to obtain the dip of reflectors along two perpendicular directions and thus restore these reflectors in space*; x-spread *(seis)*. **dispositif en éventail** : fan spread *(seis)*. **dispositif en L** : L spread *(seis)*. **dispositif en ligne** : front-view arrangement; in-line array; in-line spread *(seis)*. **dispositif en ligne déporté** : in-line offset spread *(seis)*. **dispositif en T** : T spread *(seis)*. **dispositif en triangle** : triangular arrangement, *of boreholes*. **dispositif enregistreur** : recording device. **dispositif indicateur** : indicating device. **dispositif offset** : offset continuous profiling *(seis)*. **dispositif photoélectrique** : photoelectric device. **dispositif pondéré** : tapered array *(seis)*; weighted array. **dispositif pondéré à la Tchebychev** : Chebyshev array. **dispositif pondéré en distance** : hybrid spread. **dispositif sismique** : seismic spread. **dispositif sismographique** : seismometer spread. **dispositif tiré aux deux bouts** : end-to-end spread *(seis)*. **dispositif transversal** : cross-spread.

disposition *f* – arrangement; disposition; lay; layout, *of a piece of equipment, a laboratory, etc.*; pattern. **disposition des passes** : buildup sequence *(weld)*. **disposition en dents de scie** : sawtooth pattern. **disposition en épi** : feather pattern. **disposition en zigzag** : sawtooth pattern. **disposition structurale** : structural position, *tectonic arrangement of strata*. **disposition zonale de minerais** : mineral zoning.

disproportionnation *f* – *see dismutation.*

disque *m* – disk. **disque à calculs sismiques** : seismic circular slide rule. **disque à polir** : buffing wheel. **disque abrasif** : abrasive disk. **disque d'Airy** : Airy disk *(optics)*. **disque d'embrayage** : clutch disk; clutch plate; friction plate. **disque de friction** : friction disk. **disque de polissage** : polishing wheel. **disque de Rayleigh** : Rayleigh disk, *an acoustic radiometer used to measure particle velocity*. **disque de réglage de l'allumage** : timing legend. **disque de rupture** : burst disk; rupture disk; vacuum-rupture disk. **disque de tôle** : plain washer. **disque dur** : hard disk, *a high-capacity storage device*. **disque enjoliveur** : trim disk, *wheel*. **disque et anneau** : disk and-doughnut, *a baffle device consisting of alternating disks and plates in a fractionating tower*. **disque fileté** : threaded disk. **disque magnétique** : magnetic disk. **disque optique** : optical disk. **disque optique numérique (DON)** : optical-digital disk. **disque souple** : diskette; floppy disk, *computer*.

disquette *f* – diskette; floppy disk.

disruptif – disruptive.

dissection *f* – dissection.

dissemblable – unlike.

dissémination *f* – dissemination.

disséminé – disseminated.

disséminer – disseminate (to).

dissimulé – concealed.

dissimuler – hide (to).

dissipation *f* – dissipation, *(elec)*. **dissipation de l'énergie** : dissipation of energy.

dissiper – clear (to) up; dispel (to).

dissociation *f* – dissociation. **dissociation électrolytique** : electrolytic dissociation.

dissoluble – dissoluble.

dissolution *f* – dissolution; solution. **dissolution anodique** : anodic solution. **dissolution en place** : solution mining, *injection of a leaching solution to dissolve the water-soluble mineral components of an ore deposit followed by the controlled removal of mineral-bearing solutions*. **dissolution sous pression** : pressure solution, *in a sedimentary rock*.

dissolvant *m* – dissolvent; solvent.

dissous – dissolved.

dissymétrique – unsymmetrical.

distal – distal, *remote from the point of attachment.*

distance *f* – distance; length; offset; separation. **distance angulaire** : angular distance. **distance annulaire** : standoff, *distance between a drill bit and the borehole walls*. **distance au tir nulle** : zero source-receiver (ZSR) distance *(seis)*. **distance cartographique** : cartographic distance. **distance critique** : critical distance. **distance d'arrêt** : stopping distance. **distance d'éclatement** : spark gap. **distance de coincement** : quenching distance, *minimum distance between two parallel compartments required for flame extinction*. **distance de freinage** : braking distance; stopping distance. **distance de freinage avec traces** : skidding distance. **distance de prédétonation** : predetonation distance, *distance covered by the flame between the ignition point and the point where it becomes a detonation*. **distance de prédiction** : deconvolution gap. **distance de sécurité** : clearing distance; safety distance. **distance de tir** : safety distance; shotpoint distance. **distance de transport** : haul; run. **distance de travail** : working distance. **distance de visibilité** : sight distance. **distance des faces** : lateral separation, *of a fault*. **distance des sismographes au point d'explosion** : shot-detector distance. **distance entre géophones** : geophone interval; geophone spacing. **distance entre l'épaulement du joint et le calibre** : standoff, *in the calibration of tool joints, standoff is the length of the pin threading depassing the box threading when the joint has been entirely made up*. **distance entre roues** : wheel track. **distance entre sismomètres** : seismometer spacing. **distance entre traces** : group interval. **distance épicentrale** : epicentral distance, *of an earthquake*. **distance extrême** : extreme distance. **distance focale** : focal distance; focal length. **distance horizontale des affleurements** : normal horizontal separation, *offset of a fault, i.e. the horizontal component of displacement measured perpen-*

dicular to the disrupted horizon; offset *(geol)*. **distance hyperfocale** : hyperfocal distance. **distance inclinée** : inclined distance. **distance point de brisure-point de tir** : crossover distance. **distance polaire** : codeclination. **distance réelle** : slant distance. **distance source-trace** : geophone offset. **distance stadimétrique** : stadia distance *(topog)*. **distance zénithale** : zenith distance. **à distance** : remote.

distension *f* – stretching.

disthène *m* – disthene *(miner)*.

distillabilité *f* – distillability.

distillat *m* – distillate. **distillat adouci** : sweet distillate. **distillat altéré** : weathered distillate. **distillat brut** : raw distillate. **distillat combustible** : distillate fuel. **distillat corrosif** : sour distillate. **distillat de craquage** : cracked distillate; pressure distillate (PD). **distillat de distillation directe** : once-through distillate; straight-run distillate. **distillat de goudron** : tar distillate. **distillat de tête** : head product; overhead; overhead product. **distillat désulfuré** : desulfurized distillate. **distillat léger** : engine distillate; light distillate. **distillat lourd de pétrole** : opal oil. **distillat lourd obtenu par distillation sous vide** : deep vacuum distillate. **distillat moyen** : middle distillate; middle oil distillate. **distillat moyen désulfuré** : desulfurized middle distillate. **distillat naphta** : naphtha distillate. **distillat non visqueux** : nonviscous distillate. **distillat paraffineux** : paraffin distillate; wax distillate. **distillat pour chaudière** : furnace distillate. **distillat refroidi** : chilled distillate. **distillat sans soufre** : sweet distillate. **distillat sous vide** : vacuum distillate. **distillat visqueux** : viscous distillate, *heavy*. **distillat volatil** : volatile distillate, *a light oil fraction*.

distillateur *m* – still. **distillateur solaire** : solar still.

distillation *f* – distillation; distilling. **distillation à basse température** : low-temperature distillation. **distillation à contre-courant** : countercurrent distillation. **distillation à feu et à la vapeur d'eau** : steam-and-fire distillation. **distillation à la cornue** : retort coking; retorting. **distillation à la vapeur d'eau** : steam distillation. **distillation à sec** : dry distillation. **distillation ASTM** : ASTM distillation. **distillation atmosphérique** : atmospheric distillation; atmospheric topping; topping. **distillation azéotropique** : azeotropic distillation. **distillation continue** : straight-run distillation. **distillation de l'huile jusqu'aux résidus solides** : rundown distillation. **distillation de Rayleigh** : Rayleigh distillation. **distillation destructive** : destructive distillation. **distillation directe** : conservative distillation; straight distillation; straight-run distillation. **distillation directe simplifiée** : hydroskimming, *a sort of topping operation to eliminate light fractions*. **distillation discontinue** : batch distillation; intermittent distillation. **distillation du brut** : crude distillation. **distillation du pétrole** : petroleum distillation. **distillation en continu** : continuous distillation. **distillation Engler** : Engler distillation. **distillation extractive** : extractive distillation, *a distillation process using a relatively high-boiling solvent to separate components from eutectic mixtures*. **distillation fractionnée** : fractional distillation. **distillation Hempel** : Hempel distillation, *fractionated distillation of crude oil*. **distillation initiale du pétrole brut** : straight-run distillation. **distillation lente du charbon** : carbonization of coal. **distillation moléculaire** : molecular distillation. **distillation multicomposant** : multicomponent distillation, *of a single feedstock containing three or more components, and producing a single overhead product and a single bottoms product*. **distillation par détente** : equilibrium distillation, *using only one liquid-vapor equilibrium*; flash distillation. **distillation par détentes étagées** : multistage-flash distillation, *distillation by instantaneous vaporization with successive flashing*. **distillation par entraînement à la vapeur d'eau** : steam distillation. **distillation par évaporation instantanée** : multiflash desalination. **distillation pyrogénique** : pyrogenic distillation, *high-temperature cracking*. **distillation sèche** : destructive distillation; dry distillation. **distillation simple** : simple distillation, *without rectification*. **distillation solaire** : solar distillation. **distillation sous pression** : pressure distillation. **distillation sous pression réduite** : reduced-pressure distillation, *vacuum distillation*. **distillation sous vide** : vacuum distillation; vacuum topping.

distillé – distilled. **distillé à fond** : distilled to dryness.

distiller – distill (to). **distiller jusqu'au coke** : run (to) on coke. **distiller les fractions légères du pétrole** : strip (to), *all the way to lube oils*.

distillerie *f* – distillery.

distinct – distinct.

distorsion *f* – bias; biased error; distortion. **distorsion angulaire** : angular distortion. **distorsion chromatique** : chromatic distortion. **distorsion d'amplitude** : amplitude distortion. **distorsion de phase** : phase distortion. **distorsion de phase linéaire** : intercept distortion. **distorsion de quantification** : quantization distortion. **distorsion en creux** : sag distortion. **distorsion harmonique** : harmonic distortion, *nonlinear distortion characterized by input-frequency harmonics*. **distorsion linéaire** : linear distortion.

distribué – distributed.

distribuer – distribute (to); deliver (to); dispense (to).

distributaire *m* – distributary *(hydrol)*.

distributeur *m* – dealer; distributor; feeder; header; slide valve. **distributeur à courroie** : belt feeder. **distributeur à orifice unique** : single-orifice type distributor. **distributeur à plateaux perforés** : perforated-plate distributor. **distributeur à rupteur** : breaker-type distributor. **distributeur à vis** : screw feeder. **distributeur automatique** : coin-op machine, *coin-operated machine*; dispenser. **distributeur d'allumage** : ignition distributor. **distributeur vibrant** : vibrating feeder.

distribution *f* – delivery; distribution; marketing; valve gear. **distribution à cames** : cam gear. **distribution à programme variable** : variable valve timing *(engine)*. **distribution bêta** : beta distribution *(stat)*, *a probability distribution*. **distribution binomiale** : binomial distribution. **distribution d'eau** : supply of water. **distribution d'énergie** : power supply. **distribution dans l'espace** : spatial distribution. **distribution de force** : power distribution. **distribution de gaz à basse pression** : low-pressure gas distribution. **distribution delta** :

delta function; Dirac function. **distribution des fréquences** : frequency distribution *(stat)*. **distribution des pores** : pore-size distribution. **distribution des produits** : distribution of goods, *intermediate activities between production of goods and their consumption or use.* **distribution des temps de séjour** : residence-time distribution. **distribution du champ** : field distribution, *(elec)*. **distribution du mélange** : mixture distribution. **distribution du rapport des variances** : variance-ratio distribution *(stat)*. **distribution échantillonnée** : sampling distribution. **distribution exponentielle** : exponential distribution. **distribution granulométrique** : particle-size distribution. **distribution log normale** : lognormal distribution *(stat)*. **distribution par coulisse** : link-type valve gear. **distribution polynomiale** : multinomial distribution. **distribution principale** : main distribution. **distribution trois fils** : three-wire system *(elec)*. **de distribution** : distributing.

district *m* – district. **district houiller** : coalfield.

disulfure *m* – disulfide.

diterpène *m* – diterpene.

ditertiobutylperoxyde – di-tert-butyl peroxide (DTBP), *a product capable of having a procetane effect.*

dithioglycolique – dithioglycolic.

dithiophosphate *m* – dithiophosphate. **dithiophosphate de zinc** : zinc dithiophosphate (ZDP), *an antioxidant additive.*

ditroïte *f* – ditroite, *nepheline syenite.*

diurne – diurnal.

divalent – divalent.

divergence *f* – discrepancy; divergence; divergency; spreading; toe out, *of front wheels*; wave spreading. **divergence cylindrique** : cylindrical divergence. **divergence géométrique** : geometric spreading. **divergence sphérique** : spherical divergence.

divergent *m* – diffuser, *in a burner.*

divergent – deviating, *result*; divergent; pull-apart *(geol)*.

diverger – blow (to) up; diverge (to).

diversification *f* – diversification.

diversité *f* – diversity.

dividende *m* – dividend. **dividende fictif** : sham dividend.

divinylacétylène *m* – divinylacetylene.

divinylbenzène *m* – divinylbenzene (DVB), *vinylstyrene.*

diviser – divide (to).

diviseur *m* – divider; dividing head; divisor *(math)*; factor. **diviseur de tension** : voltage divider.

divisibilité *f* – divisibility.

division *f* – division; parting; scale unit; severance; split. **division chronostratigraphique** : chronostratigraphic unit. **division columnaire** : columnar jointing *(geol)*. **division en boules** : spheroidal structure *(geol)*. **division en écailles** : concentric jointing *(geol)*. **division en plaques** : sheet structure; slab jointing; slab structure; table structure; tabular jointing *(geol)*. **division en plaquettes** : platy parting *(geol)*. **division lithostratigraphique** : lithostratigraphic unit, *based on the nature of terranes, with a distinction being made between layer, member, formation and group.* **division prismatique** : basaltic jointing; prismatic jointing, *of columnar basalt.* **division stratigraphique** : stratigraphic division.

Dix – Dix, *see formule de Dix.*

DL – LD, *abbr. dose létale, lethal dose.* **DL 50** : LD 50, *abbr. dose létale 50, lethal dose 50.*

DMA – DMA, *abbr. diméthylamine: dimethylamine.*

DMF – DMF, *abbr. diméthylformamide: dimethylformamide.*

DMLM – MELR, *abbr. débit miminal de liquide de mouillage, minimum effective liquid rate.*

DMSO – DMSO, *abbr. diméthylsulfoxyde: dimethyl sulfoxide.*

DNV – DNV, *abbr. Det Norske Veritas.*

docimasie *f* – assaying *(chem)*.

dock *m* – dock. **dock flottant** : floating dock.

docker *m* – longshoreman; stevedore.

docosane *m* – docosane, *a saturated hydrocarbon.*

docristallin – docrystalline *(petro)*.

document *m* – document; record.

documentaire – documentary.

documentation *f* – documentation.

dodécadiène *m* – dodecadiene.

dodécaèdre *m* – dodecahedron *(cryst)*. **dodécaèdre pentagonal** : hemitetrahexahedron; pentagonal dodecahedron *(cryst)*. **dodécaèdre rhomboïdal** : rhombic dodecahedron *(crystal)*.

dodécane *m* – dodecane, *saturated paraffin compound.*

dodécatylène *m* – dodecatylene, *a hydrocarbon in the benzene group.*

dodécylamine *f* – dodecylamine.

dodécylbenzène *m* – dodecylbenzene, *detergent alkylate.*

dodécyle *m* – dodecyl, *lauryl.*

dodécylmercaptan *m* – dodecyl mercaptan (DDM), *many isomers are possible.*

Dogger *m* – Dogger, *Middle Jurassic series.*

doigt *m* – finger. **doigts d'accrochage** : racking fingers. **doigt d'égalisation** : prong *(drill)*. **doigt de manoeuvre** : shifting finger. **doigts du râtelier de stockage des tiges** : pipe-racking fingers.

dolérine *f* – dolerine, *variety of talc schist.*

dolérite *f* – diabase; dolerite *(petro)*.

Dolgellien *m* – Dolgellian, *Upper Cambrian stage.*

doline *f* – cockpit; doline, *funnel-shaped depression in surface limestone*; lime sink; sink *(geol)*; sinkhole. **doline d'effondrement** : collapse sink. **doline de dissolution** : funnel sink; solution sink. **doline karstique** : cockpit.

doloire *f* – chip axe.

dolomicrite *f* – dolomicrite, *a sedimentary rock.*

dolomie *f* – dolomite, *a carbonate sedimentary rock*; dolomite rock. **dolomie argileuse** : argillaceous dolomite. **dolomie calcaire** : calcareous dolomite. **dolomie caverneuse** : cellular dolomite. **dolomie métamorphique** : metadolomite. **dolomie primaire** : primary dolomite, *precipitated dolomite.* **dolomie sableuse** : sandy dolomite.

dolomite *f* – dolomite, *bitter spar, magnesian spar (miner)*.

dolomitique – dolomitic.

dolomitisation *f* – dolomitization, *transformation of a limestone into dolomite rock.*

domaine *m* – area; domain; field; range; scope. **domaine asismique** : aseismic district. **domaine d'attraction** : sphere of attraction, *between molecules.* **domaine d'utilisation d'un compresseur** : compressor flow range. **domaine de fonctionnement** : operating range. **domaine de fractionnement** : fractionation range, *gel chromatography.* **domaine de fréquence** : frequency domain, *in seismic recording.* **domaine des déports** : offset space *(seis)*. **domaine des fréquences spatiales** : space-frequency domain. **domaine des nombres d'onde** : space-frequency domain. **domaine des temps** : time domain. **domaine f-k** : f-k space; f-k domain *(seis)*. **domaine fréquence-nombre d'onde** : frequency-wavenumber domain. **domaine fréquentiel** : frequency domain. **domaine harmonique** : frequency domain. **domaine limite de rosée** : dew-point boundary. **domaine log-fréquentiel** : quefrency domain, *Fourier transform of the log function in the frequency domain.* **domaine minier** : permit area. **domaines nationaux** : public lands, *land owned by a state or the federal government in the U.S.A.*. **domaine néritique** : neritic zone *(ocean)*. **domaine public** : public domain; public property. **domaine public maritime (DPM)** : maritime public property. **domaine temporel** : time domain. **domaine temps** : time domain. **domaine temps-nombre d'onde** : wavenumber-time domain. **domaine transsonique** : transonic range.

dôme *m* – canopy; cupola; dome; dome structure *(geol)*; puy. **dôme de lave** : intumescence of lava; lava dome; tumulus. **dôme de réservoir** : tank-dome hatch. **dôme de sable** : sand dome. **dôme de sel** : salt dome, *a diapiric or piercement structure with a central salt plug that has risen through enclosing sediments and is often associated with traps where oil and gas may accumulate.* **dôme de sel profond** : deep-seated salt dome. **dôme éruptif** : plug dome. **dôme exogène** : exogenous dome. **dôme intrusif** : intrusive dome. **dôme volcanique** : plug dome.

dominant – dominant; prevailing.

domino *m* – *see effet domino.*

dômite *f* – domite *(petro)*.

dommage *m* – damage. **dommage corporel** : bodily injury, *insurance.* **dommages de guerre** : war damage. **dommages et intérêts** : damages. **dommage indirect** : remote damage. **dommage mécanique** : mechanical damage, *handling damage or galling.*

DON – *abbr. disque optique numérique.*

Donald – Donald, *see effet Donald Duck.*

donation *f* – donation.

Donau *m* – Donau, *Donau glaciation, a Pleistocene glacial time unit.*

données *f* – data. **données analogiques** : analog data. **données brutes** : raw data. **données climatologiques** : climatological data. **données d'entrée** : input data. **données de base** : background. **données échantillonnées** : sampled data. **données sur la combustion** : combustion data.

donner – give (to). **donner à ferme** : farmout (to). **donner de la bande** : careen (to) *(naut)*. **donner du jeu à une pièce** : ease (to). **donner du jeu au câble** : slack (to) the rope, *after two sections of pipeline have been screwed together.* **donner du mou au câble** : slack (to) the rope. **donner le courant** : apply (to) current.

donneur *m* – donor, *an atom that furnishes a pair of electrons to form a covalent bond with another atom;* donor impurity, *an impurity added to a semiconductor material to increase the number of free electrons.*

dope *m* – dope, *see also additif.*

dopé – doped.

doper – dope (to).

Doppler – Doppler, *see décalage Doppler, dérive Doppler, effet Doppler, fréquence Doppler, navigation par Doppler, radar à effet Doppler.*

dopplérite *f* – dopplerite, *an amorphous gelatinous substance found in bog deposits.*

dorer – gild (to).

Dorr – Dorr, *see agitateur de Dorr, appareil de classement Dorr.*

dorsale *f* – ridge, *a rise that is longer than it is wide and with steep slopes.* **dorsale asismique** : aseismic ridge *(ocean)*. **dorsale médio-océanique** : mid-oceanic ridge. **dorsale océanique** : oceanic ridge, *mid-oceanic ridge considered to be the source of new crustal material.* **dorsale sous-marine** : submarine ridge.

dorure *f* – gilding.

dos *m* – back. **dos d'âne** : hogback; horseback, *an intrusion of foreign matter in a coal seam.*

dosage *m* – determination; proportion; proportion of mixture; titration. **dosage de la richesse du mélange** : proportioning *(engines)*. **dosage des cendres** : ash test. **dosage des gommes par la méthode ASTM** : ASTM gum test. **dosage des insolubles dans l'huile usagée** : crankcase-oil total solids test. **dosage du carbone** : carbon test. **dosage du phosphore dans les huiles lubrifiantes** : lubricating-oil phosphorous test. **dosage du soufre à la bombe** : bomb sulfur test. **dosage par précipitation** : precipitation titration. **dosage potentiométrique** : potentiometric titration. **dosage turbidimétrique** : turbidimetric titration.

dose *f* – dose. **dose absorbée** : absorbed dose. **dose létale (DL)** : lethal dose (LD). **dose létale 50 (DL 50)** : lethal dose 50 (LD 50). **dose létale médiane (DL50)** : median lethal dose (LD50), *dose of a toxic substance fatal to 50% of the test population involved.* **dose maximale admissible (DMA)** : maximum permissible dose (MPD), *permissible dose.* **dose minimale létale** : minimum lethal dose (MLD). **dose seuil** : threshold dose.

doser – determine (to); titrate (to).

dosimètre *m* – dosimeter.

dosse *f* – plank.

dossier *m* – file; record. **dossier d'appel d'offres** : bidding documents; tender documents. **dossier d'impact sur l'environnement** : environmental-impact statement. **dossier de présélection** : prequalification documents. **dossier technique** : engineering design.

dotation *f* – input. **dotation en capital** : capital endowment; equity grant.

douane – custom; customhouse; customs.

doublage *m* – coppering; double jointing, *welding tubes for making up a pipeline two by two before they are transported to the lay site;* outside plating.

double – double; dual; twofold. **à double biseau** : double edged. **double bride** : double flange. **double cambrure dans un tuyau** : dogleg. **double cheminement** : double coverage. **double commande** : dual control. **double concave** : concavo-concave. **double contrôle** : duplication check. **double couche** : double course. **double couche électrique** : electric double layer (EDL). **double courant divisé** : double split flow. **double creux** : phasing through *(seis)*. **double dispositif** : fold back. **à double effet** : double acting. **à double enveloppe** : double walled. **double extra-fort** : double extra heavy, *used for pipes.* **double fond** : double bottom; false bottom. **double imposition** : double taxation. **double liaison** : double bond. **à double liaison** : double-linking. **double packer** : straddle tester, *for tests in intermediate zones.* **double paroi** : double casing. **à double paroi** : double walled; two walled. **double pesée** : double weighing. **double réduction** : double reduction. **double résonance paraélectronique** : electron nuclear double resonance (ENDOR). **double tambour** : double drum. **double vitrage** : double glazing.

double *m* – carbon copy; counterpart; double, *two pieces of drillpipe left fastened together when tripping in and out, as compared to single, thribble and fourble.*

doublé – lined; plated. **doublé de métal** : sheathed. **doublé en cuivre** : copper bottomed.

doublement *m* – loop, *pipeline*; loop line.

doubler – back (to) up; overtake (to).

doublet *m* – doublet. **doublet de puits** : paired wells. **doublet impulsionnel** : doublet impulse.

doubleur *m* – doubler.

Douglas – Douglas, *see échelle de Douglas.*

douille *f* – bearing bushing; bush; bushing; faucet; sleeve; snatch block; socket. **douille à baïonnette** : bayonet holder; bayonet socket. **douille à collet** : collar socket. **douille bridée** : shoulder bushing. **douille d'arbre à cames** : camshaft bushing. **douille d'axe de piston** : wrist-pin bushing. **douille d'embrayage** : clutch casing. **douille de câble** : rope socket, *a drop-forged steel socket with a tapered hole, attached to the end of a wireline or rope so a load can be picked up.* **douille de lampe** : lamp socket. **douille de palier** : bearing liner. **douille de serrage** : collet; collet sleeve. **douille en deux pièces** : split bushing. **douille flottante** : floating bushing. **douille palier** : bearing gland. **douille pour prise de courant** : switch-plug box. **douille voleuse** : current tap.

douteux – unreliable.

doux – mild; smooth; soft; sweet, *noncorrosive, not sulfur-containing.*

Downtonien *m* – Downtonian, *Lower Devonian stage.*

DPO – MBO, *abbr. of direction par objectifs: management by objectives.*

draconien – drastic.

dragage *m* – dredge working; dredging; scooping. **dragage de cours d'eau** : river dredging.

dragéification *f* – bowl granulation.

drageoir *m* – bowl granulator.

dragline *f* – dragline; dragline excavator.

Dragonien *m* – Dragonian, *Lower Paleocene stage.*

drague *f* – drag; dredge; dredger; dredging machine. **drague à cuiller** : spoon dredger. **drague à échelle** : ladder dredge. **drague à godets** : bucket-chain dredger; chain dredger; elevator dredge; scoop dredger. **drague à mâchoires** : clamshell-bucket dredging machine. **drague à pelle** : shovel dredger. **drague à sable** : sand dredge. **drague aspirante** : suction dredge. **drague flottante** : floating dredger. **drague hydraulique** : hydraulic dredge. **drague pompe** : pump dredge. **drague suceuse** : pump dredge; suction dredge.

dragueur *m* – dredge. **dragueur de mines** : minesweeper.

drain *m* – drain hole *(prod)*. **drain horizontal** : horizontal well, *used to improve drainage from pay zones.*

drainage *m* – drain; drainage; draining. **drainage thermique** : thermal drive, *enhanced oil recovery.* **drainage dendritique** : dendritic drainage. **drainage effectif** : net drainage, *after deducting unrecoverable oil because of proration rules and well spacing*; net uncompensated drainage. **drainage en pure perte** : uncompensated drainage, *local migration of oil or gas which cannot be prevented by the landowner from being drained because of proration and/or spacing rules.* **drainage endoréique** : endorheic drainage. **drainage exoréique** : exorheic drainage. **drainage forcé** : pressure drive. **drainage multiple** : combination drive *(prod)*. **drainage naturel** : natural drive. **drainage non compensé** : uncompensated drainage. **drainage optimum** : optimum sweep efficiency. **drainage par expansion** : depletion drive, *oil is produced from the reservoir by energy furnished by internally expanding solution gas.* **drainage par expansion d'aquifère** : water drive, *the reservoir drive mechanism in which oil is produced by expansion of the underlying water.* **drainage par expansion du gaz dissous** : dissolved-gas drive; solution-gas drive. **drainage par expansion du gaz libre** : gas-cap drive, *oil is produced by the energy from the expanding gas in a gas cap.* **drainage par gravité** : gravity drainage; segregation drive. **drainage par séparation** : segregation drive. **drainage sous pression** : pressure drive. **drainage souterrain** : underground drainage.

drainance *f* – leakage *(hydrol)*.

drainé – drained.

drainer – deplete (to); drain (to); drive (to) back.

drapage *m* – draping *(geol)*. **drapage argileux** : mud drape.

dreikanter *m* – dreikanter, *a ventifact or wind-worn sandstone having three curved faces intersecting in three sharp edges, resembling a triangular-base pyramid.*

dressage *m* – dressing; erection, *of a pole or mast.*

dressant *m* – edge seam; elbow *(miner)*.

dresser – compile (to). **dresser la carte de** : map (to) out. **dresser le plan de** : plot (to). **dresser le trépan** : dress (to) the bit.

drisse *f* – halyard *(naut)*.

droit *m* – claim; custom; due; duty; entitlement; fee; law; right, *prerogative*; tax. **droits à l'huile** : entitlement to oil; rights to oil, *amount of oil each party has the right to market under the terms of a contract.* **droit acquis** : vested interest. **droits afférents aux terrains** : property interests, *in a lease.* **droit applicable** : governing law. **droit**

commun : ordinary law. **droit coutumier** : common law. **droits d'allège** : lighterage. **droit d'auteur** : copyright. **droit d'enregistrement** : registration fee. **droit d'entrée** : bonus, *paid by the beneficiary of a search permit to the owner of the land, generally in proportion to the area involved*; entrance fee; import duty. **droit d'examen** : examination fee, *patent*. **droit d'exploitation d'un gisement** : operating interest. **droit d'exploitation de brevet** : licensing agreement. **droit d'exportation** : export duty. **droits d'extraction du pétrole** : oil rights. **droit d'inscription** : entrance fee. **droit d'octroi** : town dues. **droit d'usage** : customary right; easement. **droits de bassin** : dock dues; dockage. **droits de chaland** : lighterage. **droit de concession exclusif** : exclusive leasing power. **droits de dock** : dock dues. **droits de douane** : customs duties, *customs dues*. **soumis aux droits de douane** : customable. **droit de gage** : lien. **droit de grève** : right to strike. **droits de grue** : cranage. **droit de jouissance** : beneficial interest. **droit de la mer** : law of the sea. **droits de mouillage** : groundage. **droit de mutation** : transfer fee. **droit de passage** : easement; ferriage; right-of-way; toll. **droits de port** : groundage; harbor dues; port dues. **droit de propriété** : ownership; title. **droit de quai** : quayage; wharfage. **droit de redevance** : royalty interest, *property interest after a severance by royalty, with the absence of operating rights, but involving a share of production without obliging the payment of production costs*. **droit de retour** : possibility of reverter, *a lease returns to the original owner upon expiration of the primary term when there has been no production or upon cessation of production after the primary term*. **droit de surface** : surface right, *the right of a mineral owner or an oil and gas lessee to use as much of the surface of the land as is required to carry out operations*. **droits de tirage spéciaux (DTS)** : special drawing rights (SDR). **droit de transit** : transit duty. **droit du travail** : labor law. **droit en vigueur** : existing law. **droits exclusifs** : proprietary rights. **droit maritime** : maritime law. **droit minier** : mineral interest; mineral right, *the ownership of any mineral that may exist in the strata beneath a particular area*; mining law. **droits miniers non grevés de frais d'exploitation** : nonoperating mineral interest, *one that does not bear a share of operating expenses, i.e. a royalty, an overriding royalty or an oil payment, as defined in the U.S. tax code*. **droit pétrolier** : petroleum law.

droit – right, *fem. droite*; straight; upright.

droite *f* – right, *opposite of left*; straight line. **droite de conjugaison** : tie line, *a line on a phase diagram*. **droite de hauteur** : line of position (LOP). **droite de raccordement** : tie line. **droite de régression** : regression line. **droite de tendance** : trend line.

dromochronique *f* – first-break plot; head wave; T-D curve; time-distance curve, *in seismic refraction, the plot of the arrival time versus the shotpoint-to-geophone distance*. **dromochronique composite** : composite time-distance curve.

drumlin *m* – drumlin, *a gently-rounded oval-shaped hill made of glacial drift*.

druse *f* – druse, *a cavity in a rock lined with small crystals*.

DSV – *abbr. distillation sous vide*.

DTLM – LMTD, *abbr. différence de température logarithmique moyenne, logarithmic mean temperature difference*.

DTM – *abbr. démontage, transport et montage*.

DTS – SDR, *abbr. of droits de tirage spéciaux: special drawing rights*.

duc-d'Albe – mooring post; pile dolphin.

ductile – soft; tensile.

ductilité *f* – ductility, *the ductility of asphalts is expressed as the maximum number of centimeters which a test specimen will stretch before breaking*.

ductilomètre *m* – ductilometer, *for determining the ductility of a metal*.

dudgeon *m* – tube expander.

dulçaquicole – freshwater, *living exclusively in fresh water*.

dumping *m* – dumping, *selling a product in another country for less than on the home market to gain a competitive advantage over other foreign suppliers*.

dune *f* – dune. **dune arquée** : bow-shaped dune. **dune d'abri** : wind-shadow drift, *tongue of sand formed in front of or behind an obstacle and acting as a windbreaker*. **dune d'estran** : beach dune. **dune d'obstacle** : lee dune; obstruction dune. **dune de sable** : sand dune. **dune déchaussée** : blowout dune. **dune en fer à cheval** : horseshoe dune. **dune en râteau** : rake-like dune. **dune fixée** : fixed dune. **dune hydraulique** : subaquatic dune; subaqueous sand dune. **dune littorale** : coastal dune; shore dune. **dune mobile** : shifting dune. **dune mouvante** : wandering dune. **dune stabilisée** : stabilized dune. **dune transversale** : transverse dune. **dune vive** : active dune.

dunette *f* – poop, *deck of a ship*.

dunite *f* – dunite *(petro)*; olivine rock.

dunnite *f* – dunnite, *explosive made of ammonium picrate*.

duplex – duplex.

duplicata *m* – counterpart; duplicate.

duplicateur *m* – copying machine. **duplicateur électrique** : doubler.

duplication *f* – duplication.

duplicature *f* – duplicature, *a doubling of a fold*.

dupliquer – replicate (to).

dur – drastic; firm; hard; harsh; tough.

durabilité *f* – durability. **durabilité du pneu** : tire endurance.

durable – lasting; permanent.

durain *m* – durain, *a coal lithotype*.

Duralumin *m* – Duralumin, *tradename for an aluminum alloy*.

durci – hardened.

durcir – consolidate (to); harden (to); toughen (to).

durcissant *m* – hardener.

durcissement *m* – curing; hardening; induration; tempering. **durcissement à l'air** : air chill. **durcissement des graisses** : fat hardening. **durcissement lent** : slow curing. **durcissement moyen** : medium curing. **durcissement par précipitation** : precipitation hardening, *age hardening*. **durcissement par**

revenu : temper hardening. **durcissement rapide** : rapid curing. **durcissement secondaire** : secondary hardening. **durcissement structural** : age hardening, *relatively low-temperature heat treatment to increase the hardness of an alloy.* **durcissement superficiel** : hard surfacing.

durcisseur *m* – hardener.

durée *f* – duration; life; run; time. **durée brute de sejour** : door-to-door time. **durée d'enregistrement** : recording time. **durée d'impulsion** : pulse duration; pulse length; pulse width. **durée d'un pneu** : tire life. **durée d'une séquence** : sechron, *maximum interval of geologic time occupied by a depositional sequence.* **durée d'usage** : working life. **durée de carbonisation du coke** : coking time. **durée de cémentation** : carbon period *(metal).* **durée de conservation en magasin** : shelf life, *product or equipment storage life.* **durée de déchargement** : unloading time. **durée de décongélation** : thawing time. **durée de distillation** : carbonizing period; distillation time. **durée de fermeture** : closing time. **durée de fonctionnement** : operational time. **durée de fonctionnement de l'outil** : bit life *(drill).* **durée de l'éruption** : flowing life *(prod).* **durée de remboursement** : payout time, *time required to make profits from an investment plus the amortization.* **durée de retour** : *see intervalle de récurrence.* **durée de réverbération** : reverberation time, *time in seconds for the average sound-energy density to decrease by 60 dB.* **durée de service** : fatigue life; service life; working life. **durée de trajet** : traveltime *(seis).* **durée de trajet acoustique** : acoustic traveltime *(seis).* **durée de trajet réduite** : reduced traveltime. **durée de vie** : life span, *chemical installations, catalysts, etc*; lifetime. **durée de vie contractuelle** : design life, *maximum anticipated operational years of service for a platform.* **durée de vie d'un puits** : life of a well, *the number of years during which a well continues to produce.* **durée de vie en pot** : pot life, *time during which a ready-to-use resin remains usable.* **durée mécanique** : mechanical life. **durée utile** : service life.

durène *m* – durene, *tetramethylbenzene.*

dureté *f* – hardness; toughness. **dureté Brinell** : Brinell hardness. **dureté calcaire** : calcium hardness. **dureté d'un joint** : joint strength. **dureté de l'eau** : hardness of water; water hardness, *the amount of calcium carbonate dissolved in water.* **dureté Rockwell** : Rockwell hardness. **dureté sclérométrique** : scratch hardness. **dureté Shore** : Shore hardness. **dureté superficielle** : surface hardness. **dureté temporaire** : temporary hardness, *of water.*

Durit *f* – radiator hose, *engine cooling system, a trademark.*

durite *f* – durite, *a coal microlithotype that contains a combination of inertinite and exinite.*

duromètre *m* – durometer. **duromètre Shore** : Shore durometer.

dusage *m* – flow regulation.

duse *f* – bean *(prod)*; choke, *calibrated orifice for controlling the flow rate of a well (prod)*; flow bean; nozzle, *on jet blade bits.* **duse à épaulement** : shroud nozzle. **duse bouchée** : plugged nozzle (PN), *drill bit.* **duse calibrée** : choke nipple, *allowing a given oil or gas flow rate for a given terminal pressure (prod).* **duse d'obturation** : blank flow bean. **duse d'outil à jet** : jet nozzle. **duse de circulation** : circulating choke. **duse de fond** : bottomhole choke. **duse de fond à clapet** : flow nipple, *on the bottom end of a tubing string or underneath perforations.* **duse de surface** : surface choke. **duse de tricône** : watercourse, *a port in the center of a rock bit through which the mud is discharged.* **duse fixe** : positive choke. **duse inversée** : reverse nozzle *(drill).* **duse réglable** : adjustable choke, *a needle valve that can be set in a given position (prod)*; adjustable flow bean.

dyadique – dyadic.

dyke *m* – dike, *a tabular igneous intrusion cutting across the bedding or foliation of country rock.* **dyke composé** : composite dike *(geol).* **dyke de basalte** : basalt dike. **dyke de grès** : sandstone dike. **dyke différencié** : differentiated dike *(geol).* **dyke sédimentaire** : sedimentary dike. **dyke soudé** : welded dike.

dynamique *f* – dynamics. **dynamique d'appareillage** : dynamic range, *maximum signal recordable without data overflow.* **dynamique d'appareillage instantanée** : instantaneous dynamic range. **dynamique d'entrée** : input dynamic range. **dynamique des fluides** : fluid dynamics. **dynamique du gisement** : reservoir dynamics. **dynamique du réseau** : lattice dynamics.

dynamique – dynamic.

dynamiquement – dynamically.

dynamitage *m* – dynamiting.

dynamite *f* – dynamite. **dynamite gélatinée** : gelatin dynamite. **dynamite gomme** : blasting gelatin; gelatin dynamite, *explosive*; gum dynamite; nitrogelatin.

dynamitière *f* – dynamite magazine.

dynamo *f* – dynamo; generator. **dynamo à double courant** : double-current dynamo. **dynamo compound** : compound dynamo. **dynamo dimorphique** : double-current dynamo. **dynamo série** : series dynamo. **dynamo shunt** : shunt dynamo. **dynamo tachymétrique** : impulse tachometer.

dynamoélectrique – dynamoelectric.

dynamométamorphisme *m* – dynamic metamorphism; dynamometamorphism.

dynamomètre *m* – dynamometer. **dynamomètre à corde vibrante** : vibrating-reed dynamometer. **dynamomètre à écrasement** : crusher gage. **dynamomètre à pendule** : pendulum dynamometer. **dynamomètre à ressort** : spring dynamometer. **dynamomètre à torsion** : drill-torque indicator. **dynamomètre piézoélectrique** : piezoelectric dynamometer.

dynamométrie *f* – dynamometry.

dynamométrique – dynamometric.

dynamoteur *m* – dynamotor, *rotary converter.*

Dynasource – Dynasource, *tradename for a seismic-energy source.*

dyne *f* – dyne, *obsolete unit of force.*

dynode *f* – dynode, *electron mirror.*

dypsnée *f* – dypsnea, *difficult breathing.*

dysbarique – dysbaric.

dysbarisme *m* – dysbarism, *pathological condition caused by a pressure differential between* *ambient pressure and the pressure of dissolved and free gases inside the body of a diver.*

dysfonctionnement *m* – dysfunctioning.

dysharmonie – *see disharmonie.*

dysharmonique – *see disharmonique.*

dysmigration *f* – dysmigration, *movement of oil and gas from deep layers to the surface of the ground where they take on the form of surface shows ; see also migration*; seepage.

dysodile *f* – dysodile, *or diatom-saprocol, a greenish hydrocarbon from certain lignite deposits.*

dysprosium *m* – dysprosium, *symbol D, rare-earth element.*

dystrophique – dystrophic, *pertaining to an environment characterized by a deficiency in nutrient matter.*

dysyntribite *f* – dysyntribite, *aluminosilicate of sodium and potassium.*

E

E – E, *symbol for exa.*

E&P – E&P, *abbr. exploration et production.*

eau *f* – water. **eau acide** : sour water. **eau agressive** : aggressive water. **eau alcaline** : alkaline water. **eau ammoniacale** : ammonium water. **eau artésienne** : artesian water. **eau atmosphérique** : atmospheric water, *rainwater.* **eau basse** : shallow water. **eau boueuse** : thick water. **eau brute** : raw water, *unprocessed.* **eau capillaire** : capillary ground water; capillary water. **eau captive** : confined ground water. **eau chargée** : thick water. **eau chaude** : hot water. **eau chlorée** : chlorine water. **eau circulante** : circulating water. **eau connée** : connate water, *water entrapped in the interstices of a sedimentary rock at the time of its deposition*; native water. **eau connexe** : attached water. **eaux côtières** : coastal waters. **eau courante** : circulating water; running water. **eau d'alimentation** : feed water. **eau d'amont** : headwater. **eau d'appoint** : makeup water. **eau d'égout** : waste water. **eau d'exsudation** : trickling water. **eau d'hydratation** : water of hydration. **eau d'imbibition** : water of imbibition. **eau d'imprégnation** : water of imbibition. **eau d'infiltration** : leakage water; percolation water; seep water. **eau d'origine** : native water. **eau de ballast** : ballast water. **eau de bordure** : edge water, *formation water located outside of the boundary of an oil and gas field.* **eau de cale** : bilge water. **eau de chaux** : lime water. **eau de compression** : water of compaction. **eau de condensation** : water of condensation. **eau de constitution** : water of constitution, *included in the chemical composition of a mineral.* **eau de cristallisation** : water of crystallization. **eaux de décharge** : sewage. **eau de déshydratation** : dehydration water. **eau de diaclase** : crevice water. **eau de fond** : bottom water; groundwater. **eau de fond de cale** : pump-room bilge. **eau de fonte** : meltwater. **eau de formation** : formation water. **eau de gâchage** : mixing water. **eau de gisement** : formation water; oil water. **eau de gravité** : gravity water. **eaux de la zone d'aération** : suspended water. **eau de lavage** : wash water. **eaux de lavage des citernes** : tank washings. **eau de mer** : seawater. **eau de pluie** : rainwater. **eau de profondeur** : internal water, *in the interior of the Earth.* **eau de puits** : well water. **eau de refroidissement** : cooling water; quench water. **eau de réinjection** : return water, *produced water reinjected as part of a waterflooding process.* **eau de remous** : backwater. **eau de rétention** : bound water; retained water. **eau de rinçage** : flush water. **eau de rivière** : river water. **eau de robinet** : tap water. **eau de ruissellement** : runoff. **eau de source** : spring water. **eau de zone de transition** : intermediate water. **eau des chaudières** : boiler feed water. **eau diagénétique** : diagenetic water, *water that has changed chemically and physically, before, during and after sediment consolidation.* **eau dissimulée** : concealed water. **eau distillée** : distilled water. **eau douce** : fresh water; soft water; sweet water. **d'eau douce** : freshwater. **eau du jour** : surface water. **eau du mur** : bottom water, *water lying underneath oil or gas in production formations.* **eau du sol** : soil water. **eau du toit** : top water. **eau dure** : earthy water, *rich in calcium carbonate*; hard water. **eau émulsionnée** : emulsified water. **eau en couches de densité variable** : stratified water. **eaux et assainissements** : sewerage and drainage. **eau et sédiments** : basic sediments and water (BS&W), *the water and other extraneous material present in crude oil*; sediments and water; water and sediments. **eau ferrugineuse** : ferruginous water. **eau filtrée** : filtered water. **eau forte** : aqua-fortis, *nitric acid.* **eau fossile** : connate water; fossil water. **eau funiculaire** : funicular water. **eau gravitaire** : gravity water. **eau hygroscopique** : hygroscopic water. **eau incluse** : native water. **eau industrielle** : industrial water. **eau interstitielle** : connate water; infiltration water; interstitial water; pore water. **eau irréductible** : irreducible water. **eau juvénile** : juvenile water; primitive water. **eau libre** : free water; open water, *a large area of freely navigable water in an ice-infested zone.* **eau liée** : bound water. **eau lourde** : heavy water. **eau magmatique** : juvenile water; magmatic water. **eau magnésifère** : bitter water. **eaux ménagères** : graywater, *discharge of effluents from kitchen sinks, dish washers, washing machines and bathtubs but not from toilets.* **eau mère** : bitter water; mother liquor. **eau métamorphique** : metamorphic water. **eau météorique** : meteoric water, *of recent atmospheric origin.* **eau minérale** : mineral water. **eau morte** : dead water. **eau motrice** : driving water. **eau naturelle** : natural water. **eau normale** : normal water, *a standardized seawater, its chlorinity is between 19.30 and 19.50 parts per thousand.* **eau océnique** : oceanic water. **eau oxygénée** : hydrogen peroxide. **eau pelliculaire** : pellicular water. **eau pendulaire** : pendular water. **eau permutée** : deionized water; softened water. **eau peu profonde** : shallow water. **eau phréatique** : groundwater; phreatic water; unconfined groundwater. **eau plutonique** : plutonic water, *juvenile water in magma at considerable depth.* **eau pluviale** : rainwater. **eau polluée** : polluted water. **eau potable** : drinkable water; potable water. **eau primaire** : primary water. **eau profonde** : deep water. **eau profonde abritée** : sheltered deep water. **eau régale** : aqua-regia. **eau remise en circulation** : rejuvenated water. **eaux résiduaires** : process water; sewage. **eau résiduelle** : residual water; waste water. **eau saisonnière** : temporary water. **eau salée** : salt water. **eau salée naturelle** : natural brine. **eau saline** : saline water. **eau saumâtre** : brackish water. **eau sous-jacente** : bottom water. **eau souterraine** : groundwater; subsoil water; subsurface water; subterranean water; underground water. **eau stagnante** : stagnant water; standing water. **eau statique** : static water. **eau suintante** : trickling water. **eau sulfurée** : sour water. **eau sulfureuse** : sulfur water; sulfurous water. **eau superficielle** : superficial water; surface water. **eau supérieure** : perched water; upper water. **eau superprofonde** : superdeep water. **eau susjacente** : top water. **eau tellurique** : telluric water. **eau temporaire** : temporary water. **eaux territoriales** : territorial waters, *maritime area subject to the sovereignty of the coastal State, generally fixed at 12 nautical miles.* **eau thermale** : thermal water. **eau usée** : waste water. **eaux usées** : sewage. **eau utile** : available water, *soil water available to plants.* **eau vadose** : vadose water, *infiltration water in the aerated zone above the water table, as opposed to juvenile water coming from from inside the Earth and appearing at the surface for the first time.* **eau vive** : running water.

ébarbage *m* – deburring; fettling; trimming *(metal)*. **ébarbage à froid** : cold trimming.

ébarber – chip (to).

ébarbeuse *f* – fettling machine *(metal)*; trimming machine.

ébarboir *m* – fettling machine *(metal)*.

ébarbure *f* – burr; paring.

ébauchage *m* – roughing. **ébauchage du tour** : rough turn.

ébauche *f* – blank.

ébavurage *m* – fettling. **ébavurage incomplet de la soudure** : inadequate flash trim.

ébavurer – trim (to).

éblouissant – dazzling.

éblouissement *m* – glare.

ébonite *f* – ebonite; hard rubber.

éboulant – cavy.

éboulé – caved.

éboulement *m* – cave; caving, *of the walls of a borehole*; collapse; collapsing; creep; downfall; earth fall; fall; fall of ground; falling; landfall; landslide; rockslide; run; slide; slip; slump. **éboulement de la partie supérieure du sondage** : caving from the upper portion of the hole. **éboulement de montagne** : rockfall. **éboulement des parois d'un puits** : caving in of the walls of a borehole; hole sloughing, *the partial or complete collapse of the walls of a hole.* **éboulement du terrain** : run of ground. **éboulement du toit** : rush *(mine)*.

ébouler – loosen (to). **s'ébouler** : cave (to) in; collapse (to); devolve (to); fall (to) in; tumble (to).

ébouleux – crumbly.

éboulis *m* – rockfall talus; scree. **éboulis de lessivage** : leaching residue.

ébranlement *m* – disturbance; jog.

ébrasé – tapered.

ébréché – jagged.

ébulliomètre *m* – ebulliometer.

ébulliométrie *f* – boiling-point method, *a process for determining molecular weights*; ebulliometry.

ébullioscope *m* – ebullioscope.

ébullition *f* – boil; boiling; ebullition. **ébullition germinée** : nucleate boiling. **ébullition larvée** : spray quenching *(metal)*. **ébullition nucléée** : nucleate boiling. **ébullition prolongée** : boiling up.

écaillage *m* – peeling; scaling; spalling, *wear of gears by surface cracking and flaking off as the result of overloading.* **écaillage à haute température** : high-temperature scaling.

écaille *f* – flake; peel; scab; scale; slice. **écaille de laminage** : roll scale *(metal)*; rolling scale *(metal)*. **écaille de mica** : mica flake. **écaille de paraffine** : paraffin scale. **écaille imbriquée** : imbricate slice, *rock formation between two imbricated faults.* **écaille tectonique** : imbricate structure. **en écailles** : shingling. **en écailles** : flaked.

écaillement *m* – chippage *(drill)*; crumbling.

écailler – scale (to).

écailleux – flaky; scaly.

écart *m* – departure; deviation; discrepancy; disparity; gap; offset, *dynamic positioning*; scarfing; separation; throw. **écart absolu** : absolute deviation. **écart admissible** : tolerance. **écart d'indicatrice** : differential normal moveout (DNMO) *(seis)*. **écart de correction de zone altérée** : differential weathering correction *(seis)*. **écart de la verticale** : hade. **écart moyen** : mean deviation. **écart moyen de température** : mean temperature difference. **écart quadratique** : rms deviation. **écart quadratique moyen** : mean square deviation; standard deviation. **écart statistique** : statistical difference. **écart technologique** : technological gap. **écart type** : one sigma, *for a Rayleigh distribution*; rms error; standard deviation, *the positive square root of the corrected value of the square of the difference between a random variable and its mean*; standard error.

écartement *m* – distance; gap *(mech)*; pitch, *of the teeth of a pinion*; spacing; spark gap, *between the electrodes of a spark plug or between breaker points.* **écartement de voie** : track gage. **écartement des contacts de rupteur** : breaker-point gap. **écartement des électrodes** : electrode spacing; gap width, *spark plugs.* **écartement des pointes d'une bougie** : plug gap. **écartement des pointes de bougie** : spark-plug gap. **écartement des roues** : tread; wheel track.

écarter – seperate (to). **s'écarter** : depart (to) from, *a value*; deviate (to), *from a value.*

écarteur *m* – stretcher.

écartomètre *m* – vertical reference unit.

écartométrie *f* – angular deviation measurement.

écarver – scarf (to).

échafaudage *m* – falsework; scaffold. **échafaudage en bois** : timber trestle.

échancrure *f* – notch; opening.

échange *m* – barter; exchange; swap; trade. **échange d'énergie** : equalizing of energy. **échange d'ions** : ion exchange. **échange de base** : base exchange, *the replacement of cations associated with clay by those of another species.* **échange**

de cations : cation exchange. **échange de chaleur** : heat exchange. **échange isotopique** : isotope exchange. **échange thermique** : heat exchange.

échangeable – exchangeable.

échangeur *m* – exchanger; interchanger. **échangeur à ailettes** : fin-tube heat exchanger. **échangeur à calandre** : shell-and-tube exchanger. **échangeur à tête mobile** : floating-head heat exchanger, *making expansion possible while preventing any tension in the outside casing.* **échangeur bobiné** : spiral-tube heat exchanger. **échangeur d'anions** : anion exchanger. **échangeur d'ions** : ion exchanger. **échangeur de chaleur** : heat exchanger. **échangeur de chaleur à double tube** : double-pipe heat exchanger. **échangeur de chaleur à plaques** : plate heat exchanger. **échangeur de chaleur atmosphérique** : atmospheric heat exchanger. **échangeur de chaleur tubulaire** : tubular heat exchanger. **échangeur de reflux** : reflux exchanger. **échangeur liquide-liquide** : liquid-to-liquid exchanger. **échangeur routier** : cloverleaf, *highway intersection.* **échangeur thermique à ailettes** : finned-tube heat exchanger.

échantillon *m* – batch; pattern; point, *for a filtering operator*; prill; sample; specimen; stick. **échantillon aléatoire** : random sample. **échantillon carotté** : core sample. **échantillon composé** : composite sample. **échantillon contaminé** : contaminated sample. **échantillon d'eau** : water sample. **échantillon d'essai** : test sample. **échantillon d'huile pris dans une centrifugeuse** : shakeout, *to determine the water and sediment content of an oil sample in a centrifuge.* **échantillons de carottage au diamant** : diamond core-drill samples. **échantillon de carottage latéral** : sidewall core. **échantillon de dosage** : thief oil, *a sample taken from storage tanks.* **échantillon de fluide** : fluid sample *(prod)*. **échantillon de fond** : bottomhole sample *(drill)*. **échantillon de forage** : boring sample. **échantillon de formation** : formation sample. **échantillon de gisement** : reservoir sample. **échantillon de paroi** : sidewall core. **échantillon de puits** : well sample. **échantillon de roche** : rock sample. **échantillons de series successives** : successive samples. **échantillon de surface** : surface sample. **échantillon gratuit** : free sample. **échantillon moyen** : all-levels sample; average sample; composite sample. **échantillon par prélèvement continu** : continuous sample. **échantillon témoin** : check sample; reference sample.

échantillonnage *m* – sampling; scantlings, *the dimensions of all the structural parts used in building a vessel.* **échantillonnage au hasard** : random sampling. **échantillonnage instantané** : grab sampling. **échantillonnage latéral des fluides de la formation** : sidewall sampling *(prod)*. **échantillonnage ponctuel** : grab sampling. **échantillonnage progressif** : sequential sampling. **échantillonnage répété** : resampling.

échantillonneur *m* – sample catcher; sampler; thief; thief tube. **échantillonneur à fluides** : formation-interval tester (FIT); formation-test tool (FTT) *(prod)*. **échantillonneur automatique** : automatic sampler. **échantillonneur bloqueur** : sample-and-hold circuit, *in magnetic recording, the instrument that maintains the value of the sample unchanged during sample digitizing.* **échantillonneur de bruts** : sample jerker, *for storage tanks or tank trucks.* **échantillonneur de fluide** : fluid sampler *(prod)*. **échantillonneur de fond** : bottomhole sample taker. **échantillonneur de sable** : sand trap. **échantillonneur de surface** : tubing-head sampler. **échantillonneur latéral** : sidewall sampler. **échantillonneur répétitif** : repeat formation tester (RFT).

échappement *m* – escape; exhaust; outlet. **échappement du moteur** : engine exhaust. **échappement libre** : free exhaust.

écharde *f* – splinter.

échauder – parboil (to).

échauffement *m* – eduction; heating; temperature rise. **échauffement anormal** : overheating. **échauffement critique** : departure from nucleate boiling. **échauffement spontané** : self heating; spontaneous heating.

échauffer – warm (to) up.

échéance *f* – due date, *courte, moyenne, longue échéance, see: court, moyen, long terme*; deadline; maturity. **venir à échéance** : fall (to) due.

échéancier *m* – schedule, *of investments, repayments, etc*; timing.

échec *m* – failure.

échelle *f* – chart scale; ladder; map scale; range; scale, *of a map.* **à l'échelle** : full scale. **à l'échelle 1/1** : true to scale. **échelle à coulisse** : extension ladder. **échelle à incendie** : fire ladder. **échelle anémométrique** : wind scale. **échelle Baumé** : Baumé scale, *for measuring the specific gravity of liquids. It was replaced by the API scale in the U.S.A. in 1921 for measuring hydrocarbons but is still used for all other liquids.* **échelle Celsius** : Celsius temperature scale, *in which the melting point of water is 0 and its boiling point is 100 at normal atmospheric pressure ; formerly called the centigrade scale.* **échelle centigrade** : centigrade scale, *see échelle Celsius.* **échelle d'Atterberg** : Atterberg scale, *for classification of particles in sediments.* **échelle d'intensité** : intensity scale. **échelle de Beaufort** : Beaufort scale, *for measuring wind velocity.* **échelle de charge** : deadweight scale. **échelle de coupée** : gangway ladder. **échelle de Douglas** : Douglas scale, *state of the sea.* **échelle de dureté** : hardness scale; scale of hardness. **échelle de dureté Mohs** : Mohs scale of hardness, *minerals ranging from 1 (talc) to 10 (diamond), with each mineral being able to scratch the preceding ones but not the succeeding ones (gypsum, calcite, fluorite, apatite, orthoclase, quartz, topaz, corundum).* **échelle de magnitude** : magnitude scale. **échelle de marée** : tide gage. **échelle de pente** : gradienter. **échelle de profondeur** : depth scale. **échelle de repérage** : reference value, *of a quantity or property.* **échelle de restitution** : plotting scale. **échelle de Richter** : Richter scale, *a scale of numerical values of earthquake magnitude ranging from 1 to 9.* **échelle de sauvetage** : safety ladder. **échelle de sécurité** : safety ladder. **échelle de température Rankine** : Rankine temperature scale, *a temperature scale starting at absolute zero (0°R), with degrees having the same value as degrees Fahrenheit.* **échelle de vernier** : vernier scale. **échelle de visibilité** : scale of visibility, *from 0 (dense fog) to 9 (excellent visibility).* **échelle**

déformée : distorted scale. **échelle des couleurs** : color scale. **échelle des hauteurs** : scale of height. **échelle des indices d'octane** : octane scale. **échelle des longueurs** : scale of length. **échelle des tangentes** : tangent scale. **échelle Engler** : Engler scale, *an empirical scale of dynamic viscosity used for fuel oils and lubricants.* **échelle Fahrenheit** : Fahrenheit scale, *temperature scale in which the melting point of ice is 32° and the boiling point of water is 212°.* **échelle géologique** : geologic column. **échelle graduée** : drawing scale; graduated scale. **échelle grandeur naturelle** : full size. **échelle graphique** : graphic scale. **échelle indicatrice** : indicating scale. **échelle Kelvin** : Kelvin scale, *thermodynamic temperature scale, with the kelvin being 1/273.16th of the temperature of the triple point of water.* **échelle laboratoire** : laboratory scale. **échelle linéaire** : linear scale. **échelle LOM** : LOM scale, *20 unit scale based on the rank of coal and used as a standard indicator of the thermal maturation of organic matter (level of organic metamorphism).* **échelle Mercalli** : Mercalli scale, *arbitrary scale of earthquake intensity.* **échelle mobile** : sliding scale. **échelle modifiée Mercalli** : modified Mercalli scale (MM scale), *for measuring the intensity of an earthquake.* **échelle naturelle** : natural scale. **échelle pliante** : folding ladder. **échelle Réaumur** : Reaumur scale, *temperature scale in which water freezes at 0°R and boils at 80°R.* **échelle Twaddell** : Twadell scale, *a scale for specific gravity of solutions.* **échelle verticale** : vertical scale, *scale of depths or heights (strat).*

échelon *m* – echelon; rung; spoke, *of a scale.* **échelon unitaire** : unit step. **échelon unité** : unit step. **échelon unité de Heaviside** : Heaviside unit function *(math).* **en échelons** : en echelon *(geol).*

échelonné – stepped.

échelonnement *m* – gradation; stepping.

échine *f* – hogback.

échinidé *m* – echinoid, sea urchin.

échinoderme *m* – echinoderm *(pal).*

écho *m* – echo. **écho de fond** : bottom echo. **écho de pluie** : rain clutter. **écho de spin** : spin echo. **écho de vagues** : sea clutter. **écho latéral** : side echo. **échos multiples** : *see réverbération.* **écho-parasite de sol** : ground clutter. **échos parasites** : clutter, *radar.* **fouillis d'échos** : clutter, *radar.*

échogramme. *m* – echogram.

échoir – accrue (to); lapse (to).

écholocalisation *f* – *see écholocation.*

écholocation *m* – echo location; echo ranging.

échomètre *m* – echometer; sonic depth finder.

échosondage *m* – echo sounding.

échosondeur *m* – echo-ranging sonar; echo sounder; pinger; sonic depth finder. **échosondeur de pénétration** : bottom sounder; pinger probe.

échouage *m* – grounding.

échoué – stranded. **échoué en sécurité** : safe aground.

échouement *m* – stranding, *accidentally running a vessel aground.*

échouer – fall (to) through.

éclaboussement *m* – splash; splashing.

éclabousser – spatter (to).

éclaboussure *f* – spatter; spattering; splash. **sans éclaboussures** : nonspatter.

éclair *m* – flash; lightning. **éclair diffus** : sheet lightning.

éclairage *m* – illuminating; illumination; lighting. **éclairage à feu nu** : open-light lighting. **éclairage à feux croisés** : cross lighting. **éclairage à l'acétylène** : acetylene lighting. **éclairage au gaz** : gas lighting. **éclairage code** : low beams *(autom).* **éclairage de route** : road illumination *(autom).* **éclairage de secours** : emergency lighting. **éclairage diffus** : diffused lighting. **éclairage électrique** : electric lighting. **éclairage fluorescent** : fluorescent lighting. **éclairage indirect** : indirect lighting. **éclairage naturel** : daylighting. **éclairage par incandescence** : incandescent lighting. **éclairage route** : high beams *(auto).*

éclairant – luminous.

éclaircie *f* – glade *(forest).*

éclaircir – clear (to). **éclaircir une affaire** : clear (to) up a matter.

éclairement *m* – illuminating; illumination. **éclairement blanc** : ice blink, *a whitish glare on low clouds above an accumulation of distant ice.* **éclairement lumineux** : illuminance, *luminous-flux density, the SI unit is the lux.*

éclairer – illuminate (to); light (to).

éclaireur *m* – feeler.

éclat *m* – brightness; burst; chip; glare; gloss; luster; sheen; shine; splinter. **éclat brillant** : shining luster. **éclat de pierre** : spall. **éclat de quartz** : quartz cutting. **éclat mat** : dull luster; earthy luster. **éclat métallique** : metallic luster. **éclat résineux** : resinous luster. **éclat semimétallique** : submetallic luster. **éclat soyeux** : silky luster *(miner).* **éclat terreux** : earthy luster. **éclat vitreux** : vitreous luster. **sans éclat** : lusterless.

éclatant – vivid, *color.*

éclaté – exploded.

éclatement *m* – burst; bursting; chippage; shattering. **éclatement d'un pneu** : blowout of a tire. **éclatement du ciment de consolidation** : cement shattering, *in a well.* **éclatement par le froid** : frost bursting, *frost riving, frost shattering, frost splitting, frost weathering, frost wedging, see gélifraction.* **éclatement thermique** : thermal spall ing.

éclater – blow (to) up; break (to) off.

éclateur *m* – spark gap. **éclateur déclenché** : triggered spark gap *(elec).* **éclateur micrométrique** : micrometer gap.

éclimètre *m* – clinometer.

écliptique *m* – ecliptic, *the intersection of the plane of the Earth's orbit with the celestial sphere.*

éclissage *m* – fishing *(drill).*

éclisse *f* – splice plate.

éclogite *f* – eclogite *(petro).*

écluse *f* – canal lock; lock; sluice. **écluse de mer** : sea lock.

écluser – lock (to), *passing a boat through a lock on a canal or river.*

éclusier – lock keeper.

écobuage *m* – slash-and-burn cultivation.

écologie *f* – ecology, *study of the interrelationships between living organisms and the environment in which they live.*

écologique – ecological.
écologiste *m* – ecologist.
économe – economical; parsimonious.
économétrie *f* – econometrics.
économie *f* – economics, *social science dealing with the production, distribution and consumption of goods and services*; economy, *an economic system in a country or region*; saving, *economizing*. **économie d'échelle** : economy of scale; scale saving. **économies d'énergie** : energy conservation; energy saving. **économie de combustible** : saving of fuel. **économie de l'énergie** : energy economics. **économie de marché** : market economy. **économie dirigée** : controlled economy. **économie politique** : economics.
économique – economic.
économiseur *m* – economizer. **économiseur d'électrode** : electrode economizer. **économiseur de chaleur** : heat economizer. **économiseur de décapage** : pickling inhibitor.
éconostat *m* – economizer, *for enriching the fuel fed to a carburetor.*
écope *f* – bailer, *a long cylindrical vessel with a bail at the top and a flap valve at the bottom, used to remove water, sand and cuttings from a borehole*; oil scoop.
écoper – dip (to) up.
écorce *f* – bark, *tree*; crust. **écorce de graine de coton** : cottonseed hull, *a plugging agent for drilling mud.* **écorce de manglier** : mangrove bark, *used as an additive for drilling mud.* **écorce terrestre** : crust of the Earth; Earth shell.
écorchage *m* – stripping.
écorché *m* – cutaway view; stripping.
ECORS – ECORS, *acronym: Etude Continentale et Océanique par Réflexion et Réfraction Sismique.*
écosphère *f* – *see biosphère.*
écosystème *m* – ecological system; ecosystem, *the combined effect of a living community and the physicochemical environment in which it lives.* **écosystème dulçaquicole** : freshwater ecosystem. **écosystème marin** : marine ecosystem.
écotoxicité *f* – ecotoxicity.
écotoxicologie *f* – ecotoxicology, *the study of toxic effects of chemical and physical agents in living organisms with defined ecosystems.*
écotype *m* – ecotype, *a taxonomic subspecies that has adapted to local environmental conditions.*
écoulement *m* – discharge; downflow; efflux; flow; flowage, *of rocks, of a glacier*; flowing; issue; leakage; outflow; running; runoff, *the portion of precipitation that runs off into a stream.* **écoulement à contre-courant** : countercurrent flow. **écoulement à perte** : dumping. **écoulement adiabatique** : adiabatic flow. **écoulement annulaire** : annular flow. **écoulement avec bulles** : bubble flow. **écoulement avec effet-bouchon** : plug flow, *flow of a substance in a pipe in such a way as to create a plug effect.* **écoulement avec pulvérisation** : spray flow. **écoulement avec vagues** : wavy flow. **écoulement bloqué** : stopped flow. **écoulement bouillonnant** : churn flow. **écoulement centripète** : centripetal flow. **écoulement cocourant** : cocurrent flow. **écoulement cocourant descendant** : trickle-bed flow. **écoulement complexe** : pattern flow, *a flooding system involving injection via several wells.* **écoulement continu** : continuous flow. **écoulement critique** : critical flow. **écoulement d'averse** : storm runoff. **écoulement d'un fluide** : fluid flow. **écoulement d'un fluide parfait** : inviscid flow. **écoulement de Bingham** : Bingham flow. **écoulement de Couette** : Couette flow. **écoulement de retour** : backflow. **écoulement de vagues moutonnantes** : slug flow. **écoulement des eaux d'égout** : sewerage. **écoulement des roches** : rock flowage. **écoulement diphasique** : two-phase flow. **écoulement direct** : straight-through flow. **écoulement divisé** : split flow. **écoulement en brouillard** : mist flow; spray flow. **écoulement en chenaux** : channel lift. **écoulement en nappe** : sheet flood. **écoulement en phase multiple** : multiple-phase flow. **écoulement en régime irrégulier** : unsteady-state flow. **écoulement glissant** : slip flow. **écoulement goutte à goutte** : trickling. **écoulement gravitationnel** : gravitational sliding *(tect)*. **écoulement hypersonique** : hypersonic flow. **écoulement immédiat** : spurt, *flow of liquid and solid particles at the start of each filtration before the cake forms (drill)*. **écoulement incompressible** : incompressible flow. **écoulement irrotationel** : irrotational flow. **écoulement isentropique** : isentropic flow. **écoulement laminaire** : lamellar flow; laminar flow; sheet flow; streamline flow. **écoulement libre** : gravitational flow. **écoulement massique** : mass flow. **écoulement moléculaire** : molecular flow. **écoulement monophasique** : single-phase flow. **écoulement naturel** : natural flow. **écoulement newtonien** : Newtonian flow. **écoulement par gravité** : gravitational flow; gravity flow; gravity gliding. **écoulement parallèle** : parallel flow. **écoulement permanent** : steady fluid flow. **écoulement permanent radial** : radial steady-state flow. **écoulement piston** : piston flow; slug flow. **écoulement plastique** : plastic flow. **écoulement polyphasique** : multiphase flow; multiple-phase flow. **écoulement pulastoire** : pulsating flow. **écoulement radial** : radial flow. **écoulement régulier** : streamline flow, *continuous.* **écoulement ruisselant** : trickle flow. **écoulement semipermanent** : pseudosteady-state flow. **écoulement souterrain** : groundwater runoff. **écoulement stable** : steady flow. **écoulement stratifié** : stratified flow. **écoulement sublaminaire** : plug flow; slow flow. **écoulement subsonique** : subsonic flow. **écoulement transitoire** : transient flow, *fluids.* **écoulement transsonique** : transonic flow. **écoulement transversal** : crosscurrent; crossflow. **écoulement triphasique** : three-phase flow. **écoulement turbulent** : turbulent flow. **écoulement unidimensionnel** : one-dimensional flow. **écoulement visqueux** : plastic flow; viscous flow.
écouler – sell (to). **s'écouler** – s'écouler : flow (to) away; flow (to) out; lapse (to); run (to); spill (to). **écouler à perte** : dump (to).
écoute *f* – listening. **écoute passive** : passive seismic.
écouteur *m* – earphone.
écoutille *f* – hatch.
écouvillon *m* – bottle brush; flue brush; tube brush.
écran *m* – back; baffle; concealer; screen. **écran à gaz** : gas-fire front. **écran antibruit** : antinoise screen. **écran biologique** : biological screen. **écran cathodique** : cathode-ray screen. **écran coloré** : col-

or filter. **écran d'eau** : water wall. **écran de cimentation** : basket, *conical-shaped cloth device used in cementing a drill column through perforations and preventing the cement from falling any lower.* **écran de fumée** : smoke screen. **écran de plomb** : lead screen. **écran de projection** : hand shield *(weld)*. **écran de vapeur** : steam blanket. **écran de visualisation** : visual display unit (VDU). **écran électrostatique** : electrostatic shield. **écran filtre** : filter screen *(opt)*. **écran fluorescent** : fluorescent screen. **écran magnétique** : magnetic shield, *magnetostatic shield.* **écran pare-vapeur** : vapor barrier, *a vaporproof barrier.* **écran plastique flottant** : floating plastic blanket, *for storage tanks*; plastic blanket, *on a storage tank.* **écran protecteur** : protective screen; shield. **écran radar** : radarscope. **écran témoin** : monitor.

écrasage *m* – crushing.

écrasé – crushed.

écrasement *m* – collapse; crumpling; crush; crushing; jumping. **écrasement du tubage** : collapse of the casing. **écrasement grain par grain (EGG)** : average crushing strength, *catalyst*; individual particle crushing strength.

écraser – mash (to); quash (to); smash (to); squash (to); upset (to).

écrase-tube *m* – pipe squeezer; squeezer.

écraseur *m* – crusher.

écrémage *m* – skimming.

écrémer – skim (to).

écrémeur *m* – skimmer. **écrémeur à déversoir** : weir type skimmer. **écrémeur à succion** : suction skimmer.

écrémeuse *f* – skimmer, *see écrémeur.*

écrêtage *m* – chopping; clipping; flat-topping; peaking. **écrêtage numérique** : digital clipping.

écrêté – clipped.

écrêtement *m* – lowering the crest, *of hills.* **écrêtement des pointes** : peak shaving, *the practice of introducing additional supplies of gas or electricity during peak demand periods.*

écrêteur *m* – limiter.

écriteau *m* – sign.

écriture *f* – writing. **écriture des programmes** : software design, *computer.*

écrou *m* – nut. **écrou à chape** : cap nut. **écrou à collet** : collar nut. **écrou à mâchoires** : clasp nut. **écrou à oreilles** : butterfly nut; fly nut; wing nut. **écrou à piston** : piston nut. **écrou à six pans** : hexagonal nut. **écrou autofreiné** : locknut, *self-locking nut.* **écrou carré** : square nut. **écrou crénelé** : castellated nut. **écrou creux à chapeau** : screw cap. **écrou de blocage** : stop nut. **écrou de fermeture** : securing nut. **écrou de fixage** : adjusting nut. **écrou de la vis de réglage** : adjusting-screw nut. **écrou de réglage** : adjusting nut. **écrou de retenue du pignon** : camshaft gear locknut. **écrou de sécurité** : securing nut. **écrou de serrage** : hold-down nut. **écrou de sûreté** : check nut. **écrou de verrouillage** : locknut. **écrou du boulon de réglage** : adjusting-bolt nut. **écrou du goujon** : stud nut. **écrou indesserrable** : fast-on nut; locknut. **écrou indévissable** : self-locking nut. **écrou moleté** : knurled nut. **écrou six-pans** : hexagonal nut.

écroui – cold drawn.

écrouissage *m* – cold drawing; cold rolling; hammer hardening; strain hardening; work hardening.

écroulement *m* – collapse. **écroulement du toit** : roof collapse.

ECSP – *abbr. essence commerciale sans plomb, commercial unleaded gasoline.*

écubier *m* – hawsehole, *or hawsepipe.*

écumage *m* – skimming.

écumant – foaming; frothing.

écume *f* – foam; froth; scum; skim. **écume de graphite** : kish, *free graphite in a casting furnace.* **écume de manganèse** : bog manganese.

écumer – scum (to); skim (to), *in distillation, to eliminate the kerosine fraction and sometimes part of the gas oil.* **écumer quelque chose** : scum (to) off.

écumeur *m* – paddle.

écumeux – frothy.

écumoire *f* – skimmer.

édaphique – edaphic, *referring to ecological formations or effects resulting from or influenced by local soil conditions.*

édaphon *m* – edaphon, *flora and fauna living in the soil.*

Edeleanu – Edeleanu, *see procédé Edeleanu.*

EDF – *abbr. Electricité de France.*

édifice *m* – building; fabric.

éditeur *m* – editor, *publisher.*

édition *f* – edition; publishing. **édition de liens** : linkage *(computer)*.

EDMA – MPDE, *abbr. équivalent de dose maximale admissible: maximum permissible dose equivalent.*

EDTA – EDTA, *abbr. acide éthylènediamine-tétraacétique, ethylenediaminetetraacetic acid.*

éducatif – educational.

éducation *f* – education.

éducteur *m* – jet mixer, *a type of flow mixer or line mixer.*

éduction *f* – jet mixing, *of oils.*

édulcorant *m* – sweetener.

Eemien *m* – Eemian, *Upper Pleistocene stage.*

effacement *m* – degaussing, *magnetic tape*, erasing.

effacer – erase (to). **s'effacer** : withdraw (to).

effectif – actual; effective; virtual.

effectuer – carry (to) on; carry (to) out; perform (to). **effectuer une manoeuvre** : trip (to) *(drill)*.

effervescence *f* – effervescence; fizz.

effet *m* – action; effect. **effet à long terme** : long-term effect. **effet antagoniste** : antagonistic effect, *interaction of two or more factors in such a way that the overall effect is less than what would result from adding the independent effects of the same factors.* **effet Auger** : Auger effect, *autoionization of an atom.* **effet Barkhausen** : Barkhausen effect, *when a ferromagnetic substance is subjected to a gradually increasing or decreasing magnetic field, the resulting magnetization occurs as a succession of abrupt changes.* **effet bénéfique** : beneficial effect. **effet bouchon** : plug effect, *for a plastic substance flowing in a tube, there is a block displacement phenomenon of the central zone where shear is zero, and so this part moves like a solid with* *maximum velocity inside the tube.* **effet brisant** : rending effect. **effet bulle** : bubble effect, *a pulsation attributable to the bubble produced by a seismic charge fired in deep water. The bubble pulsates several times with a period proportional to the cube root of the charge ; each oscillation produces an identical seismic effect.* **effet Coanda** : Coanda effect, *fluidic tendency of a gas or liquid emerging from a jet at high pressure to travel close to wall contours.* **effet couronne** : corona effect. **effet cristallin** : crystal effect. **effet cumulatif** : cumulative effect. **effet d'anode** : anode effect. **effet d'antenne** : antenna effect. **effet d'échelle** : size effect. **effet d'écran** : screening; screening effect; shadowing. **effet d'entaille** : notch effect *(metal)*. **effet d'entraînement** : carrying effect, *adding light hydrocarbons to oil to be distilled to facilitate vaporization.* **effet d'éponge** : squeeze film, *resistance by a viscous film between two surfaces being brought together.* **effet d'étranglement** : partial penetration effect, *decrease in the productivity of a well.* **effet de bord** : edge effect. **effet de bordure** : edge effect, *distortion at the edge of a domain in the form of artifacts of the implicit assumptions of a numerical algorithm.* **effet de bouchon de glace** : ice-bridge effect. **effet de cheminée** : chimney effect, *upward movement of a localized mass of air or other gases caused by temperature differences.* **effet de choc** : shot bounce, *on the lab truck.* **effet de compressibilité** : compressibility effect. **effet de Coriolis** : Coriolis effect, *Coriolis deflection, a force deflecting an object moving horizontally to the right in the Northern Hemisphere and to the left in the Southern Hemisphere.* **effet de courbure d'un miroir** : reflector-curvature effect. **effet de déclenchement** : trigger effect. **effet de focalisation** : buried focus effect. **effet de gel** : frost effect. **effet de grille** : grid effect. **effet de Jamin** : Jamin effect, *in a capillary tube, resistance to alternating liquid and bubble flow even with an appreciable pressure difference between the ends of the tube.* **effet de levier** : leverage, *mechanism whereby the profitability for the shareholder increases when a bank participates in the financing (if the rate of return is higher than the interest rate on the capital)*. **effet de longue durée** : long-time effect. **effet de lucarne** : vignetting effect *(opt)*. **effet de masque** : masking effect *(seis)*. **effet de masse** : mass effect *(nucl.phys)*. **effet de paroi** : wall effect. **effet de peau** : skin effect, *conductor skin effect, Kelvin skin effect.* **effet de perforation** : perforation effect, *decrease in the productivity of a well.* **effet de pincement** : pinch effect *(elec)*. **effet de proximité** : proximity effect *(elec)*. **effet de puits** : borehole effect. **effet de récif** : reef effect, *enrichment of fish population by an offshore structure providing a favorable ecological environment for marine life.* **effet de saut de cycle** : tentpoling, *sudden deflections of a sonic log resulting from cycle skip or tool sticking.* **effet de scintillation** : flicker effect. **effet de serre** : greenhouse effect, *the Earth's atmosphere acts like a greenhouse by absorbing solar radiation and transforming it into heat.* **effet de souffle** : blast effect. **effet de striction** : pinch effect. **effet de striction radiale** : pinch effect. **effet de surcharge** : topographic-loading effect. **effet de terrain** : terrain effect. **effet de trou** : borehole effect. **effet détergent** : detergent effect. **effet domino** : domino effect, *a chain reaction resulting in a whole series of disasters.* **effet Donald Duck** : Donald Duck effect, *voice distortion by divers, with speech becoming unintelligible below 140 m depth.* **effet Doppler** : Doppler effect, *the change in the observed frequency of a wave due to the relative motion of source and observer.* **effet électrophorétique** : electrophoretic effect. **effet extincteur** : quenching effect. **effet Faraday** : Faraday effect, *magnetic rotation of a plane of polarization.* **effet galvanomagnétique** : galvanomagnetic effect, *an electrical or thermal phenomenon occurring when a current-carrying conductor or semiconductor is placed in a magnetic field.* **effet gyromagnétique** : gyromagnetic effect. **effet Hall** : Hall effect, *appearance of an electric current between the lateral faces of a conducting material placed in a magnetic field and through which a current runs lengthwise.* **effet immédiat** : short-time effect. **effet indésirable** : adverse effect. **effet isotopique** : isotope effect, *effect of the difference of mass between isotopes of the same element on nonnuclear physical and chemical properties.* **effet jet** : jet effect. **effet Josephson** : Josephson effect, *tunneling of electron pairs between superconductors.* **effet Joule** : Joule effect, *the heat given off by the flow of electric current through a resistance.* **effet Kerr** : Kerr effect, *phenomenon of optical birefringence induced by an electric field.* **effet lacet** : skew, *writing defect on a magnetic tape.* **effet lointain** : long-time effect. **effet magnétocalorique** : magnetocaloric effect. **effet mécanique** : mechanical effect. **effet Mössbauer** : Mössbauer effect. **effet multiplicateur** : multiplier effect. **effet Nernst** : Nernst effect, *when a heat flow crosses a magnetic field, it creates an electric field perpendicular to both the temperature gradient and the magnetic field.* **effet nivelant** : leveling effect, *solvent.* **effet pariétal, effet pelliculaire** : skin effect, *drop of pressure in the formation near the borehole.* **effet pendulaire** : pendulum effect. **effet pervers** : adverse effect. **effet photoélectrique** : photoelectric effect; photoemission. **effet photovoltaïque** : photovoltaic effect. **effet Raman** : Raman effect. **effet Seebeck** : Seebeck effect, *thermoelectric effect.* **effet sismoélectrique** : seismic-electric effect. **effet stérique** : steric effect. **effets sur l'environnement** : environmental effects. **effet synergique** : synergistic effect. **effet thermomagnétique** : thermomagnetic effect. **effet Thomson** : Thomson effect, *the thermoelectric effect in which an electric current causes a transport of heat in homogeneous material.* **effet toxique** : toxic effect. **effet trans** : trans effect. **effet tunnel** : tunnel effect. **effet Zeeman** : Zeeman effect, *splitting of spectral lines in radiation from a static magnetic field.*

effeuillage *m* – exfoliation; stripping.

efficace – competent; effective; efficient.

efficacité *f* – effectiveness; efficacy; efficiency, *for an engine, the ratio of the usable energy produced to the energy supplied to it*; life. **efficacité d'invasion** : invasion efficiency, *see efficacité ver-*

ticale de balayage. **efficacité de balayage** : sweep efficiency, *portion of the total area of a reservoir that is effectively drained.* **efficacité de déplacement** : displacement efficiency, *the ratio of the oil and gas effectively swept out of pores in a reservoir to the volume initially in place in the pay zone considered.* **efficacité de freinage** : braking efficiency. **efficacité de surface** : *see efficacité superficielle de balayage.* **efficacité du plateau** : plate efficiency. **efficacité énergétique** : fuel efficiency. **efficacité géométrique de balayage** : sweep-area efficiency. **efficacité horizontale de balayage** : horizontal sweep efficiency, *see also efficacité superficielle de balayage.* **efficacité lumineuse** : luminous efficacy, *ratio of the total luminous flux to the total radiant flux, expressed in watt;* luminous efficiency. **efficacité superficielle de balayage** : areal sweep efficiency, *percentage of the total reservoir or pore volume that is within the swept area.* **efficacité surfacique de balayage** : *see efficacité superficielle de balayage.* **efficacité verticale de balayage** : vertical sweep efficiency, *invasion efficiency, i.e. the hydrocarbon pore space invaded by the injected gas divided by the hydrocarbon pore space enclosed by the projection of the leading edge of the dry-gas front.* **efficacité volumétrique de balayage** : volumetric sweep efficiency *(prod).*

efficience *f* – efficiency. **efficience de la compression** : compression efficiency.

efficient – efficient.

effilé – tapered.

effilement *m* – tapering. **effilement progressif** : tapering.

effiler – taper (to). **s'effiler** : thin (to) out.

effleurement du fond *m* – fanning the bottom, *drilling with little weight on the bit so as not to cause a deviation.*

effleurir – effloresce (to).

efflorescence *f* – bloom; efflorescence. **efflorescence saline** : salt efflorescence.

effluence *f* – effluence.

effluent *m* – effluent, *a liquid, solid or gaseous residue produced by industrial processing.* **effluent d'unité de Claus** : Claus-plant tail gas. **effluent gazeux** : gaseous effluent. **effluent liquide** : liquid effluent.

effluve *m* – dissipation; emanation.

effondré – caved.

effondrement *m* – collapse; landslide; rock failure; sinkhole; subsidence. **effondrement circulaire** : cauldron; fault pit. **effondrement normal** : normal downthrow.

effondrer – collapse (to). **s'effondrer** : cave (to) in; collapse (to); founder (to); sink (to); slump (to).

effort *m* – effort; heft; load; pull; strain; stress. **effort à la traction** : tensile stress. **effort axial** : thrust load. **effort circonférentiel** : hoop stress. **effort d'expansion** : expanding stress. **effort de cisaillement** : shearing stress. **effort de compression** : compressive stress; positive stress. **effort de compression axial** : collapsible load. **effort de flambage** : buckling stress. **effort de flexion** : bending stress. **effort de freinage** : braking pull. **effort de refoulement** : upsetting force. **effort de tension** : tensive strain. **effort de torsion** : torsional strength; torsional stress. **effort de traction** : hauling capacity, *maximum load that the hook can handle in a derrick;* tensile strength; tractive effort. **effort nominal** : nominal stress. **effort sur l'électrode** : electrode force. **effort sur le plateau** : platen force *(weld).* **effort terrain** : multiplicity *(seis).* **effort tranchant** : cutting action; shear strain, *shearing strain.*

effritement *m* – crumbling; moldering; spalling, *chipping, fracturing or fragmentation and the upward and outward heaving of rock caused by the interaction of a shock wave on a free surface.* **effritement des roches** : reduction of rocks. **effritement spécifique** : specific disintegration.

effusif – effusive; extrusive.

effusiomètre *m* – effusiometer, *used to measure the gas effusion rate through a reduced orifice under standardized conditions.*

effusion *f* – effusion. **effusion moléculaire** : molecular effusion *(fl.mech).*

égal – coordinate; equal. **égal à zéro** : null.

égalisation *f* – equalization; equalizing. **égalisation d'amplitude** : amplitude equalization. **égalisation d'ondelette** : wavelet equalization. **égalisation de la forme d'onde** : waveshape stabilization. **égalisation des traces** : trace equalization. **égalisation multicanale** : cross equalization. **égalisation spectrale** : spectral equalization. **égalisation statique** : base leveling; scaling. **égalisation trace entière** : base leveling *(seis).*

égaliser – even (to); level (to); normalize (to).

égaliseur *m* – equalizer, *equalizing circuit.*

égalité *f* – equality; equivalence; par.

égaré – stray.

EGG – *abbr. écrasement grain par grain.*

égoïne *f* – compass saw; handsaw.

égout *m* – cesspool; sewer.

égouttage *m* – draining out, *storage tank.*

égouttement *m* – drip.

égoutter – drain (to). **s'égoutter** : drip (to); drop (to).

égouttoir *m* – drainer.

EHD – EHD, *abbr. élastohydrodynamique : elastohydrodynamics.*

eicosane *m* – eicosane, *a mixture of saturated hydrocarbons.*

Eifélien *m* – Eifelian, *Middle Devonian stage.*

einsteinium *m* – einsteinium, *symbol Es.*

EIS – SWH, *abbr. enceinte d'intervention habitée, subsea work habitat.*

éjecter – eject (to).

éjecteur *m* – eductor; ejector; jet pump; nozzle; vacuum jet, *distillation.* **éjecteur à jet** : jet ejector *(generally for steam) used to evacuate, in liquid form, the steam produced by distillation, so as to maintain the vacuum.* **éjecteur à jet de vapeur** : steam-jet ejector. **éjecteur à vapeur** : steam ejector. **éjecteur d'air** : air ejector. **éjecteur d'air à vapeur** : steam-jet air pump. **éjecteur d'un brûleur** : nipple. **éjecteur pour boues de forage** : jet gun, *powered by compressed air or natural gas, and used to empty mud or other tanks.*

éjection *f* – expulsion.

élaborer – develop (to).

élagage *m* – pruning.

élancement *m* – slenderness ratio.
élargir – expand (to); ream (to); upset (to), *the diameter of a drill bit by filing it.* **élargir sous un tubage** : underream (to).
élargissage *m* – opening hole.
élargissement *m* – blow, *of a vein*; bulge; extension; underreaming; widening. **élargissement de la bande** : band broadening *(chromat)*. **élargissement du capital** : capital widening.
élargisseur *m* – hole opener; underreamer *(drill)*. **élargisseur avec guide d'outil** : pilot reamer bit. **élargisseur creux** : hollow reamer. **élargisseur rotatif** : wall scraper.
élasticité *f* – compliance; elasticity; yield. **élasticité des prix** : price elasticity.
élastifiant *m* – elasticator.
élastique – elastic.
élastohydrodynamique – elastohydrodynamic (EHD).
élastomère *m* – elastomer, *a general term for high polymers that are stretchable and have elastic recovery properties.* **élastomère synthétique** : synthetic elastomer. **élastomère thermoplastique** : thermoplastic elastomer (TPE).
élastomètre *m* – elastometer, *an instrument used to determine the elasticity of a substance.*
élastoplasticité *f* – elastoplaticity.
élastoviscosimétrie *f* – elastoviscometry.
élatérite *f* – elaterite, *elastic bitumen, mineral caoutchouc, a type of asphaltic pyrobitumen.*
électret *m* – electret *(elec)*.
électrification *f* – electrification.
électricité *f* – electricity. **électricité atmosphérique** : atmospheric electricity. **électricité dynamique** : electricity in motion. **électricité statique** : static electricity.
électrique – electric; electrical.
électrisation *f* – electrification, *the process of establishing a charge in an object.* **électrisation par influence** : charging by induction, by influence.
électroacoustique *f* – electroacoustics.
électroaimant *m* – electromagnet. **électroaimant de champ** : field magnet. **électroaimant de levage** : lifting magnet.
électroanalyse *f* – electroanalysis.
électrocapillarité *f* – electrocapillarity.
électrocarottier *m* – electrocorer.
électrochimie *f* – electrochemistry.
électrochimique – electrochemical.
électrocinétique *f* – electrokinetics, *the science and laws concerning electric charges and electrified particles in motion in electric circuits and magnetic fields.*
électrocinétique – electrokinetic.
électrocraquage *m* – electrocracking.
électrocuivrage *m* – electrocoppering.
électrode *f* – electrode; stake, *electrical prospecting.* **électrode à gaz** : gas electrode, *an electrode containing an entrapped gas.* **électrode à goutte** : dropping electrode. **électrode à hydrogène** : hydrogen electrode. **électrode à la quinhydrone** : quinhydrone electrode, *for determining the pH.* **électrode à sachet de carbone** : carbon-bag electrode. **électrode au calomel** : calomel electrode. **électrode bipolaire** : bipolar electrode. **électrode composite** : composite electrode. **électrode continue** : continuous electrode. **électrode d'accélération** : accelerating electrode. **électrode d'entretien** : keep-alive electrode. **électrode d'un four** : furnace electrode. **électrodes de bougie** : spark-plug points. **électrode de charbon** : carbon electrode. **électrode de concentration** : focusing electrode. **électrode de contact** : contact electrode. **électrode de fer** : iron electrode. **électrode de focalisation** : concentration electrode; concentrator. **électrode de garde** : guard electrode. **électrode de modulation** : modulating electrode. **électrode de platine tournante** : rotating plantinum electrode (RPE), *amperometric titration.* **électrode de postaccélération** : intensifier electrode; postaccelerating electrode. **électrode de potentiel** : potential electrode, *in electrical prospection, one of the two electrodes in the sonde used to measure the difference in potential.* **électrode de référence** : reference electrode. **électrode de soudage** : welding electrode. **électrode de soudage par résistance** : resistance-welding electrode. **électrode de tungstène** : tungsten electrode *(weld)*. **électrode en graphite** : graphite electrode. **électrode enrobée** : coated electrode; sheathed electrode; shielded electrode. **électrode gardée** : guard electrode. **électrode glissante** : sliding electrode. **électrode linéaire** : linear electrode. **électrode négative** : negative electrode. **électrode non continue** : noncontinuous electrode. **électrode nue** : bare electrode. **électrode positive** : positive electrode. **électrode réversible** : reversible electrode.
électrodéposition *f* – electrodeposition. **électrodéposition complètement automatique** : full automatic plating. **électrodéposition limitée** : parcel plating. **électrodéposition mécanique** : mechanical plating. **électrodéposition semiautomatique** : semiautomatic plating.
électrodépôt *m* – electrodeposit.
électrodialyse *f* – electrodialysis.
électrodissolution *f* – electrodissolution.
électrodynanique *f* – electrodynamics. **électrodynamique quantique** : quantum electrodynamics.
électrodynamique – electrodynamic.
électrodynamomètre *m* – electrodynamometer.
électrofiltration *f* – electrofiltration.
électrofiltre *m* – electrostatic precipitator (ESP).
électrofocalisation *f* – electrofocusing; isoelectric focusing.
électroforage *m* – electric bottomhole drilling; electric drilling; electrodrilling.
électroforeuse *f* – electrodrill. **électroforeuse de fond** : downhole electrodrill.
électroformage *m* – electroforming.
électrofuge – electrofuge.
électrogène – *see groupe électrogène.*
électroluminescence *f* – electroluminescence.
électrolyse *f* – electrolysis; electrolyzing. **électrolyse du zinc** : electrolytic-zinc process.
électrolyser – electrolyze (to).
électrolyseur *m* – coulometer, *an electrolytic cell for precise measurement of electrical quantities.*
électrolyte *m* – electrolyte. **électrolyte faible** : weak electrolyte. **électrolyte fondu** : fused electrolyte. **électrolyte impropre** : foul electrolyte. **électrolyte solide** : solid electrolyte.

électrolytique – electrolytic.
électromagnétique *f* – electromagnetics. **électromagnétique héliportée** : helicopter electromagnetics (HEM).
électromagnétique – electromagnetic.
électromagnétisme *m* – electromagnetism.
électromécanique *f* – electromechanics.
électrométallurgie *f* – electrometallurgy.
électromètre *m* – electrometer. **électromètre à condensateur** : condenser meter. **électromètre à lame vibrante** : vibrating-reed electrometer *(seis)*. **électromètre à quadrants** : quadrant electrometer. **électromètre capillaire** : capillary electrometer.
électromoteur *m* – electric motor.
électromoteur – electromotive, *fem. électromotrice.*
électron *m* – electron. **électron antiliant** : antibonding electron. **électrons appariés** : electron pair. **électron de conduction** : conduction electron. **électron de fuite** : runaway electron. **électron de recul** : recoil electron. **électron de vacance** : defect electron. **électron de valence** : valence electron. **électron délocalisé** : delocalized electron. **électrons équivalents** : equivalent electrons. **électron germe** : initiating electron. **électron K** : K electron. **électron liant** : bonding electron. **électron libre** : free electron. **électron lié** : bound electron. **électron négatif** : negatron. **électron secondaire** : secondary electron.
électronégatif – electronegative.
électroneutralité *f* – electroneutrality.
électronique *f* – electronics. **électronique quantique** : quantum electronics.
électronique – electronic.
électronvolt *m* – electronvolt, *unit of kinetic energy, symbol* eV.
électrooptique *f* – electrooptics, *optoelectronics.*
électroosmose *f* – electroosmosis.
électrophile – electrophilic.
électrophorèse *f* – cataphoresis; electrophoresis. **électrophorèse par surfaces limites mobiles** : moving-boundary electrophoresis.
électrophorétique – electrophoretic.
électroplacage *m* – electroplating.
électropolarisation *f* – electropolarization.
électropompe *f* – electric pump.
électroraffinage *m* – electrorefining.
électroscope *m* – electroscope. **électroscope à dispersion** : dispersion electroscope.
électrostatique *f* – electrostatics.
électrostatique – electrostatic.
électrosténolyse *f* – electrostenolysis.
électrostrictif – electrostrictive.
électrostriction *f* – electrostriction.
électrotechnique *f* – electrical engineering.
électrothermie *f* – electrothermics.
électrothermique – electrothermal.
électrovalence *f* – electrovalence.
électrovalent – electrovalent.
électrovanne *f* – solenoid valve.
élément *m* – element; section, *of a streamer*; subassembly; unit. **élément à deux liquides** : concentration cell, *an electrolytic cell in which there is a difference in the electrolyte concentrations at the anode and the cathode.* **élément accessoire** : accessory element. **élément actif** : active section, *of an offshore streamer, part containing the hydrophones.* **élément-amortisseur de traction** : stretch member, *of a streamer*, stretch section. **élément atmophile** : atmophile element, *the most typical elements of the atmosphere.* **élément biaxe** : biaxial element. **élément binaire** : binary digit. **élément capté** : guest element *(geochem)*. **élément chauffant** : heater. **élément chimique** : chemical element. **élément d'accumulateur** : accumulator cell. **élément d'armure métallique** : tendon, *flexible hose.* **élément d'obturation gonflable** : inflatable-packer element. **élément de chauffage** : heating element. **élément de chauffage par immersion** : immersion heater. **élément de construction** : structural part. **élément de secours** : emergency cell. **élément de symétrie** : symmetry element *(cryst)*. **élément de terres rares** : rare-earth element. **élément de tige** : single, *a single length of drillpipe.* **élément de transition** : transition element *(chem)*. **élément dispersé** : dispersed element *(geochem)*. **élément électrolytique** : electrolytic cell. **élément figuré** : elementary constituent. **élément filtrant** : filter element. **élément filtrant non réutilisable** : disposable filter element. **élément fini** : finite element. **élément galvanique** : galvanic cell. **élément lithophile** : lithophile element. **éléments majeurs** : major elements *(geochem)*. **élément marqué** : tracer element. **élément métallique** : metallic element. **élément métallogénique** : metallogenic element. **élément neutre** : spacer section, *streamer.* **élément nutritif** : nutrient. **élément pilote** : pilot cell. **élément primaire** : primary cell. **élément radioactif** : radioactive element. **élément secondaire** : storage cell. **élément séparateur** : separative element. **élément sidérophile** : siderophile element. **élément support** : support frame. **élément témoin** : control cell. **élément topographique** : topographic landmark. **élément trace** : guest element, *minor element*; trace element. **élément transuranien** : transuranic element. **élément tubulaire** : joint.
élémentaire – elemental; elementary.
élévateur *m* – elevator; hoist; rathole elevator, *for removing drillpipe from the rathole*; stacker. **élévateur à charnière latérale** : side-door elevator, *attached to the hook used for handling drillpipe during tripping in and out.* **élévateur à coins pour tubes** : slip-type elevator. **élévateur à godets** : bucket elevator; skip hoist. **élévateur à ouverture centrale** : center-latch elevator. **élévateur à porte latérale** : side-door elevator. **élévateur à vis** : screw elevator. **élévateur avec coins de serrage pour long train de tiges** : slip elevator for long strings of casing. **élévateur de catalyseur** : catalyst riser. **élévateur de manoeuvre** : single-joint elevator, *for casing.* **élévateur de tige** : rod elevator. **élévateur de tige de forage** : drillpipe elevator. **élévateur de tige polie** : polished-rod elevator. **élévateur de tiges de pompage** : sucker-rod elevator. **élévateur de tubage** : casing elevator, *two semicircular clamps hinged together at one end, fitted with two long chain links, used to raise and lower collared casing or pipe.* **élévateur hydraulique** : hydraulic elevator. **élévateur pour tubes de production** : tubing elevator.

élévation *f* – acclivity; elevation; elevation angle; elevation drawing, *of a building, seen from the front, rear and side*; front view; increase; lift; lifting; rise; swell. **élévation de la plate-forme autoélévatrice** : jacking up. **élévation de température** : temperature rise. **élévation du carré d'entraînement** : kelly bushing elevation, *elevation of a well above sealevel, as measured on the kelly bushing*. **élévation sous-marine** : submarine rise. **élévation structurale** : structural elevation.

élevé – elevated; high.

élever – erect (to); raise (to). **élever un nombre au carré** : square (to). **élever un nombre au cube** : cube (to).

élimination *f* – abstraction; disposal; elimination; removal, *of an undesirable product*. **élimination chélotrope** : chelotropic elimination. **élimination de brouillard** : demisting. **élimination de Gauss** : Gaussian elimination *(math)*. **élimination des boues** : desludging, *in an engine*. **élimination des cendres** : deashing. **élimination des déchets** : disposal of waste; waste disposal. **élimination des impuretés d'un catalyseur** : detoxication. **élimination du phénol** : phenol removal, *removal of phenolic impurities or pollutants*. **élimination du sable des puits** : sand-exclusion method *(drill)*.

éliminé – discharged.

éliminer – dispose (to) of; drop (to); eliminate (to); take (to) off. **éliminer par combustion** : burn (to) away; burn (to) off.

élinde *f* – stinger, *floating ramp on a pipeline lay barge*.

élingage *m* – slinging.

élingue *f* – sling; sling line. **élingue de retenue** : snubbing line. **élingue plate** : belt sling, *for handling pipe lengths without damaging the coating*.

elkerite *f* – elkerite, *type of bitumen formed by the slow oxidation of petroleum (from Elk Hills, CA)*.

ellipse *f* – ellipse. **ellipse de polarisation** : polarization ellipse.

ellipsoïdal – ellipsoidal.

ellipsoïde *m* – ellipsoid. **ellipsoïde d'anisotropie** : ellipsoid of anisotropy. **ellipsoïde des contraintes** : stress ellipsoid. **ellipsoïde des déformations** : deformation ellipsoid; strain ellipsoid. **ellipsoïde des indices** : index ellipsoid, *the indicatrix of an anisotropic crystal*.

elliptique – elliptical.

éloigné – distal; distant; remote.

élongation *f* – elongation.

elpidite *f* – elpidite *(miner)*.

Elster *m* – Elster, *Elster glaciation, second glacial stage of the Pleistocene*.

éluant *m* – eluent, *liquid used to extract one substance from another, such as in chromatography*.

éluat *m* – eluate, *solution resulting from an elution*.

éluer – elutriate (to).

élution *f* – elution. **élution graduée** : gradient elution.

élutriation *f* – elutriation.

éluvial – eluvial.

éluviation *f* – eluviation, *of soils*.

éluvion *f* – eluvial deposit; eluvium; weathering residue.

éluvium *m* – eluvium, *see éluvion*.

EM – EM, *abbr. électromagnétique: electromagnetic*.

émail *m* – enamel; glaze. **émail appliqué à chaud** : hot dope, *applied on pipes*. **émail asphaltique** : asphalt enamel. **émail vitrifié** : porcelain enamel.

émanation *f* – effluence; efflux; emanation. **émanation de radium** : radium emanation.

émanomètre *m* – emanometer, *an instrument for measuring the radon content of the water or soil, used in geochemical prospection*.

embâcle *m* – ice jam, *accumulation of river ice in a narrow channel, or broken fields of lake or sea ice blown against the shore*; jam.

emballage *m* – package; packing. **emballage sous vide** : vacuum packing.

emballement *m* – runaway. **emballement de réaction** : reaction runaway.

emballer – case (to); crate (to); pack (to); wrap (to). **s'emballer** : race (to), *engine*.

embarcadère *m* – loading dock; wharf.

embarcation *f* – craft.

embardée *f* – lurch; sway; yaw.

embargo *m* – embargo.

embarqué – on board; shipborne.

embarquement *m* – entrainment; lading; shipping.

embarquer – entrain (to).

embase *f* – baseplate; bedplate. **embase de bras de l'outil** : shirttail. **embase du bras affûtée** : shirttail cut (STC), *drill bit*. **embase du bras cassée** : shirttail broken (STB), *drill bit*.

embauchage *m* – hiring.

embaucher – hire (to).

embidonnage *m* – barreling; canning.

embiellage *m* – connecting-rod bearing.

emboîtage *m* – boxing; nesting; nippling-up.

emboîté – nested.

emboîtement *m* – fit; interlock; jointing; nesting, *programming technique*; shroud. **emboîtement à force** : driving fit. **emboîtement à tulipe** : socket joint. **emboîtement libre** : sliding fit. **emboîtement mâle et femelle** : tongue-and-groove joint. **emboîtement tournant** : running fit.

emboîter – fit (to) in.

embouage *m* – silting, *of a port*.

embouchure *f* – embouchure, *embouchment*; estuary; mouth; outlet. **embouchure de fleuve** : river mouth.

embouer – mud (to) off, *to plug up a liquid influx in a borehole with drilling mud*.

embourbage *m* – balling, *caking of cuttings in the drill bit*.

embourbement *m* – mudding off, *invasion of permeable formations by mud*.

embourber – bog (to) down. **s'embourber** : stall (to).

embout *m* – ferrule; mouthpiece; piping end. **embout cannelé** : teat end. **embout fileté** : shank. **embout protecteur** : end seal.

embouteillage *m* – jam; traffic jam.

embouti – embossed; swaged.

emboutir – beat (to); hollow (to) out; tip (to).

emboutissage *m* – beating; drawing; embossing; pressing; stamping. **emboutissage d'un fond** : dishing. **emboutissage profond** : deep drawing *(metal)*.

emboutisseur *m* – stamper.
embranchement *m* – branching; division, *primary taxonomic division of the plant kingdom*; phylum, *primary taxonomic division of the animal kingdom*.
embraser – fire (to); kindle (to).
embrayage *m* – clutch; connecting gear; engaging; gearing; tie *(seis)*. **embrayage à air comprimé** : air clutch. **embrayage à cônes** : cone clutch. **embrayage à crabots** : jaw clutch, *a positive clutch with toothed jaws for interlocking two shafts*. **embrayage à dents** : clutch box; dog-and-spline clutch; dog clutch. **embrayage à disques** : disk clutch; plate clutch. **embrayage à fluide magnétique** : magnetic-fluid clutch. **embrayage à friction** : friction clutch; friction gearing. **embrayage à griffes** : claw clutch; claw coupling. **embrayage à mâchoires** : jaw clutch. **embrayage à plateaux** : clutch disk; disk clutch; plate clutch. **embrayage à roue libre** : one-way clutch. **embrayage à ruban** : band clutch. **embrayage à spirale** : coil clutch. **embrayage automatique** : automatic throw-in clutch. **embrayage centrifuge** : centrifugal clutch. **embrayage conique** : cone clutch. **embrayage de prise directe** : high-gear clutch. **embrayage en temps** : time tie *(seis)*. **embrayage hydraulique** : fluid coupling; hydraulic clutch. **embrayage magnétique** : magnetic clutch. **embrayage pneumatique** : air clutch. **embrayage positif** : positive clutch, *as opposed to a friction clutch*. **embrayage principal** : master clutch.
embrayé – geared.
embrayer – clutch (to); couple (to); engage (to) a clutch; gear (to); lock (to), *seismic films*; throw (to) into gear; tie (to); trip (to) in.
embrayeur *m* – striking gear.
embréchite *f* – embrechite, *migmatite*.
embrochable – plug in; pluggable.
embrouillé – confused.
embrumé – hazy.
embrun *m* – mist; spray.
embryonnaire – immature.
embuer – cloud (to).
embut *m* – sinkhole, *circular depression in a karst area*.
émergé – emerged.
émergence *f* – emergence.
émeri *m* – emery, *mixture of corundum and iron oxides used as a polishing and grinding powder*. **émeri grossier** : coarse emery.
émerillon *m* – straight swivel; swivel. **émerillon à ressort** : spring swivel.
émersion *f* – emergence *(geol)*; emersion.
émetteur *m* – sender; transmitter *(radio, pipeline)*. **émetteur acoustique** : pinger. **émetteur d'ultrasons** : pinger, *submerged with subsea measuring devices to indicate the depth under the surface and the height of these devices above the sea floor*. **émetteur mobile** : mobile transmitter. **émetteur récepteur** : transceiver; transmitter receiver. **émetteur sismique** : seismic source.
émettre – eject (to); exhale (to); give (to) off; radiate (to); transmit (to); xmit (to), *abbreviation of to transmit*.
émiettement *m* – crumbling. **émiettement des roches** : reduction of rocks.
émission *f* – emission; issue. **émission de fumerons** : acid-smut emission. **émission de gaz** : gas send-out, *the total gas produced, puchased or withdrawn from underground strorage within a specified time interval*. **émission de polluants** : emissions, *a measure of the extent to which a given source discharges pollutants*. **émission de vibrosismique** : sweep, *a vibroseis source input*. **émission électronique** : electronic emission. **émission par champ électrique** : field emission. **émission radioactive** : radioactive emission. **émission secondaire** : secondary emission. **émission sismique** : bang *(seis)*; firing; pulse; shot. **émission stimulée** : stimulated emission. **émission thermionique** : thermionic emission. **émission toxique** : toxic emission.
émissivité *f* – emissivity, *the ratio of the radiation emitted by a surface to the radiation emitted by a perfect blackbody radiator at the same temperature*.
émittance *f* – emittance, *see exitance, exitance énergétique, exitance lumineuse*. **émittance énergétique** : luminous emittance.
emmagasinage *m* – laying in; stockpiling; storage; storing.
emmanché – fitted. **emmanché à chaud** : hard driving. **emmanché à force** : press fitted.
emmanchement *m* – driving fit; fit. **emmanchement à force** : forced fit; tight fit. **emmanchement de tiges** : rod coupling. **emmanchement femelle d'un tube** : collar. **emmanchement par retrait** : shrink fit.
emménager – move (to) in, *to bring drilling equipment to a new site*.
émollient *m* – softening agent.
émoluements *m* – fees.
émoulage *m* – reeling.
émoussé – blunt; dull; rounded; truncated.
émousser – cant (to).
empaquetage *m* – package.
empaqueter – pack (to).
empâtage *m* – pasting, *for hydrogenation*. **empâtage de graisse** : saponification of fat, *alkaline hydrolysis of fat or oil*.
empâtement *m* – smear; smearing *(seis)*.
empattement *m* – footing, *of a wall*; wheel base.
empêchement *m* – hindrance; preventer. **empêchement stérique** : steric hindrance.
empêcher – clog (to); hinder (to).
empennelage *m* – backing, *anchors*.
empester – stink (to).
empiègement *m* – entrapment. **empiègement différentiel** : selective trapping.
empierrement *m* – ballast; graveling. **empierrement asphaltique** : asphalt-grouted surfacing; asphalt macadam, *pavement made with an asphalt binder rather than tar*. **empierrement au brai** : pitch-grouted surfacing. **empierrement au goudron** : tar-grouted surfacing.
empiétement *m* – encroachment; impingement. **empiétement côtier** : coastal encroachment, *horizontal component of coastal onlap*.
empilage *m* – piling; stack; stacking.
empilement *m* – *see empilage*.
empiler – push (to) down.
empirique – empirical.
emplacement *m* – location, *of a well*; site. **emplacement d'un itinéraire** : route location *(pipeline)*.

emplacement du forage : drilling site; well location. **emplacement du géophone** : seismic observation point. **emplacement du puits** : well site. **emplacement multipuits** : multiwell cluster; well cluster.
emplâtre *m* – patch.
emplir – fill (to). **emplir à ras bord** : flood (to).
emploi *m* – employment; job; use.
employé *m* – clerk; employee. **employé au classement** : filing clerk. **employé au courrier** : mail clerk. **employé d'expédition** : shipping clerk. **employé de bureau** : clerk.
employer – use (to).
employeur *m* – employer.
empoigner – grasp (to).
empoisonnement *m* – poisoning. **empoisonnement à l'oxygène** : oxygen poisoning. **empoisonnement du catalyseur** : catalyst poisoning. **empoisonnement du catalyseur par l'azote** : nitrogen poisoning of catalysts, *especially by nitrogen from heavy fractions.* **empoisonnement xénon** : xenon poisoning *(nucl).*
emporte-pièces *m* – punch.
empreindre – impress (to).
empreinte *f* – fingerprint, *of a crude oil*; imprint; pit, *a defect in tubular equipment*; print. **empreinte de feuilles** : leaf print. **empreinte de goutte de pluie** : rain print; raindrop imprint, *raindrop impression.* **empreinte de pas** : footprint. **empreinte en forme de ride** : flute cast. **empreinte fossile** : fossil imprint.
emprise *f* – right-of-way. **emprise au sol** : site coverage.
emprisonné – entrapped.
emprunt *m* – loan; loan capital. **emprunt à emploi spécifié** : tied loan. **emprunt amorti** : amortized loan.
empyreumatique – empyreumatic, *referring to any odorous substance formed by the destructive distillation of vegetable or animal matter*; tarry smelling.
Emschérien *m* – Emscherian, *Coniacian-Santonian stage.*
Emsien *m* – Emsian, *Lower Devonian stage.*
émulation *f* – emulation.
émulseur *m* – emulsifier.
émulsibilité *f* – emulsibility.
émulsif *m* – emulsive.
émulsifiant *m* – emulsifier; emulsifying agent.
émulsifiant – emulsifying.
émulsification *f* – emulsification. **émulsification chimique** : chemical emulsification.
émulsifier – emulsify (to).
émulsion *f* – emulsion. **émulsion anionique** : anionic emulsion. **émulsion aqueuse** : aqueous emulsion. **émulsion bitumineuse** : asphalt emulsion; bitumen emulsion; bituminous emulsion; emulsified asphalt. **émulsion cationique** : cationic emulsion. **émulsion d'huile** : oil emulsion. **émulsion d'huile brute** : crude-oil emulsion. **émulsion de carter** : crankcase mayonnaise, *sludge formed at low temperature in the form of oil and acid-water emulsion.* **émulsion de coupe** : cutting-oil emulsion, *oil-in-water fluid emulsion used as a coolant and cutting oil in metal working.* **émulsion de goudron** : tar emulsion. **émulsion eau dans l'huile** : water-in-oil emulsion, *reverse emulsion.* **émulsion huile dans l'eau** : oil-in-water emulsion, *direct emulsion.* **émulsion inverse** : reverse emulsion. **émulsion naturelle de pétrole brut et d'eau** : roily oil. **émulsion paraffineuse** : wax emulsion. **émulsion photographique nucléaire** : photographic nuclear emulsion, *used to detect ionizing radiations in radioactive geophysical methods.* **émulsion sensible** : sensitive emulsion. **émulsion stable** : stable emulsion. **émulsion vraie** : true emulsion.
émulsionnable – emulsifiable.
émulsionnant – emulsifying.
émulsionné – emulsified.
émulsionner – emulsify (to).
émulsionneur *m* – emulsifier.
énantiomère *m* – enantiomer, *see énantiomorphe.*
énantiomorphe *m* – enantiomorph, *optical isomer.*
énantiotropie *f* – enantiotropy *(cryst).*
encâblure *f* – cable length, *one tenth of a nautical mile.*
encadrer – frame (to).
encaissant – surrounding.
encaissé – embanked; encased; enclosed; incised *(geomorph)*; ingrown.
encaissement *m* – embankment *(geomorph)*; collection, *of money or bills.*
encapsuler – encapsulate (to).
encapuchonnement *m* – involution *(geol).*
encastré – built in; embedded; entrapped; flush; inserted; sealed in.
encastrement *m* – embedding; recess; scarfing.
encastrer – countersink (to); fit (to) into; insert (to); recess (to).
enceinte *f* – enclosure; fencing. **enceinte à pression atmosphérique** : one-atmosphere chamber *(prod).* **enceinte blindée** : shielded box. **enceinte d'intervention sous-marine (EIS)** : subsea work habitat. **enceinte de confinement** : containment vessel. **enceinte de soudage** : welding habitat. **enceinte de tête de puits** : wellhead cellar. **enceinte de travail habitée** : manned work enclosure (MWE). **enceinte de travail sous-marine** : subsea work enclosure (SWE). **enceinte permanente au fond** : wellhead cellar. **enceinte sous-marine** : subsea enclosure *(prod).*
encercler – enring (to).
enchaînement *m* – chaining; sequence.
enchères *f* – bidding. **enchères sous plis fermés** : blind auction; sealed-bid auction.
enchevêtré – interlocked.
enclave *f* – enclosure; inclusion. **enclave énallogène** : exogenous inclusion, *xenolith.* **enclave endogène** : cognate inclusion; endogenous inclusion, *autolith.* **enclave exogène** : exogenetic inclusion. **enclave homéogène** : cognate inclusion. **enclave pneumatogène** : pneumatogenic inclusion.
enclavement *m* – nipping, *closing of ice around a vessel.*
enclenche *f* – gab.
enclenchement *m* – interlock; interlocking; latching. **enclenchement des joints de tiges** : slapping of the tool joints.
enclencher – engage (to); gear (to); switch (to) on.

enclos *m* – enclosure.
enclouage *m* – pinning. **enclouage par piles** : pin piling.
enclume *f* – anvil.
encoche *f* – chase; gab; gap; nick; notch; slot. **à encoche** : slotted.
encoché – gapped.
encodeur *m* – encoder.
encollage *m* – gluing; sizing.
encombrant – bulky; cumbersome.
encombrement *m* – floor space; jam. **encombrement du marché** : glutting. **encombrement en mémoire** : address space. **encombrement stérique** : steric hindrance. **encombrement vertical** : headroom.
encombrer – encumber (to); obstruct (to).
encorbellement *m* – cantilever; corbeling.
encouru – incurred.
encrage *m* – inking.
encrassé – clogged; dirty; fouled.
encrassement *m* – carbon deposit; clogging; fouling. **encrassement des bougies** : spark-plug fouling. **encrassement du gicleur** : nozzle coking.
encrasser – foul (to); gum (to) up. **s'encrasser** : clog (to).
encre *f* – ink. **encre d'impression** : printing ink.
encrinite *f* – encrinite, *crinoidal limestone.*
encroûtement *m* – encrustation *(pedol)*.
endémique – endemic.
enderbite *f* – enderbite, *alkali charnockite, a plagioclase-rich rock.*
endiguement *m* – dike; embankment.
endiguer – bank (to) up.
endofaune *f* – infauna, *aquatic animals living within rather than on bottom sediments.*
endogène – endogenous.
endolithique – endolithic, *living in corals, shells or reef rock.*
endommagé – damaged.
endommagement *m* – damage. **endommagement de la formation** : formation damage, *damage to the productivity of a well resulting from invasion by drilling fluids.* **endommagement par fatigue** : fatigue damage. **endommagement par radiation** : radiation damage.
endommager – damage (to). **s'endommager** : spoil (to).
endomorphe *m* – endomorph.
endomorphisme *m* – endomorphism *(petro)*.
endoréique – endorheic, *said of a basin or region with internal drainage that does not flow into the ocean.*
endoréisme *m* – endorheism, *internal drainage.*
endos *m* – endorsement.
endosmose *f* – endosmosis.
endossement *m* – endorsement.
endothermique – endothermic.
endroit *m* – spot.
enduction *f* – coating.
enduire – smear (to).
enduisage *m* – coating; doping; spreading. **enduisage de surface** : surface dressing.
enduit *m* – coat; coating; dope; primer, *a prefinishing coat applied cold to the outside of a pipe before the final coat is applied hot.* **enduit armé** : reinforced coating. **enduit asphaltique** : asphalt coating. **enduit bitumineux** : bituminous grout. **enduit bitumineux coloré** : asphalt color coat. **enduit d'accrochage** : tack coat, *a thin layer of adhesive asphalt acting as a primer for road tarring.* **enduit d'impression** : primer. **enduit d'usure** : surface dressing. **enduit de ciment** : cement coating. **enduit de glissement** : leather coat *(geol)*. **enduit gélifié** : gel coat. **enduit superficiel au bitume** : asphalt surface treament. **enduit très léger au bitume** : asphalt-fog coat, *without any gravel.*
enduit – coated. **enduit de bitume** : bituminized.
endurance *f* – endurance.
endurcissement *m* – induration.
énergie *f* – energy; power. **énergie acoustique** : air wave. **énergie animale** : animal power. **énergie atomique** : atomic energy. **énergie au zéro absolu** : zero-point energy. **énergie calorifique** : heat energy. **énergie chimique** : chemical energy. **énergie cinétique** : active energy; kinetic energy, *energy resulting from movement, and equal to one-half a body's mass times the square of its velocity*; motive energy. **énergie classique** : conventional energy. **énergie commerciale** : commercial energy. **énergie conventionnelle** : *see énergie classique.* **énergie d'activation** : activation energy. **énergie d'appoint** : backup energy; support energy. **énergie d'excitation** : excitation energy. **énergie d'impact** : impact energy. **énergie d'ionisation** : ionization energy. **énergie de déformation** : deformation energy; strain energy. **énergie de déformation élastique** : elastic-strain energy. **énergie de délocalisation** : delocalization energy. **énergie de démarrage** : starting energy. **énergie de désintégration** : disintegration energy. **énergie de Fermi** : Fermi energy, *the average energy of electrons in a metal.* **énergie de fission** : fission energy. **énergie de fusion** : fusion energy. **énergie de la houle** : wave energy. **énergie de liaison** : binding energy; bond energy. **énergie de liaison nucléaire** : nuclear binding energy. **énergie de mouvement** : energy of motion. **énergie de remplacement** : *see énergie de substitution.* **énergie de réseau** : network energy. **énergie de résonance** : resonance energy. **énergie de rotation** : rotational energy. **énergie de séparation** : breaking energy; separation energy. **énergie de substitution** : alternative energy. **énergie de surface** : surface energy. **énergie de vibration** : vibrational energy. **énergie dérivée** : derived energy. **énergie des vagues** : wave energy. **énergie diffusée** : scattered energy. **énergie douce** : soft energy. **énergie dure** : hard energy. **énergie électrique** : electric power. **énergie électrostatique** : electrostatic energy. **énergie emmagasinée** : stored energy. **énergie éolienne** : wind power. **énergie finale** : final energy. **énergie géothermique** : geothermal power. **énergie hydraulique** : waterpower. **énergie interfaciale** : interfacial energy, *surface energy.* **énergie interfaciale libre** : free interfacial energy. **énergie interne** : intrinsic energy *(thermo)*. **énergie interne massique** : *see énergie massique.* **énergie latente** : latent energy. **énergie libre** : free energy. **énergie libre de Gibbs** : *see enthalpie libre.* **énergie libre de mouillage** : free wetting energy. **énergie magnétique** : magnetic energy. **énergie marchande** : commercial energy. **énergie marémotrice** : tidal

energy. **énergie massique** : energy per weight; specific energy, *the internal energy of a substance per unit mass.* **énergie mécanique** : mechanical energy. **énergie molaire** : molar internal energy, *quotient of the internal energy times the amount of matter, expressed in joule per mole.* **énergie moléculaire** : molecular energy. **énergie non commercialisable** : noncommercial energy. **énergie non renouvelable** : nonrenewable energy. **énergie nouvelle** : new energy. **énergie nucléaire** : nuclear energy; nuclear power. **énergie potentielle** : potential energy. **énergie primaire** : primary energy. **énergie propre** : clean power, *nonpolluting*; self energy, *of a particle.* **énergie rayonnante** : radiant energy. **énergie rayonnante volumique** : radiant energy density. **énergie rayonnante spectrique volumique** : spectral concentration of radiant energy density, *expressed in joule per meter to the fourth power, also called spectral radiant energy density.* **énergie renouvelable** : renewable energy. **énergie saisonnière** : seasonal energy; seasonal power. **énergie secondaire** : secondary energy. **énergie solaire** : solar energy; solar power. **énergie solaire de l'océan** : solar sea power. **énergie superficielle libre** : free surface energy. **énergie thermique** : thermal energy. **énergie thermique des mers** : sea thermal power. **énergie thermique fournie** : heat input. **énergie thermonucléaire** : thermonuclear energy. **énergie tirée des déchets urbains** : garbage power. **énergie totale** : total energy, *said of a system that uses the heat lost in a process as an energy source in another process.* **énergie traditionnelle** : traditional energy, *often a noncommercial energy.* **énergie transformée** : *see énergie secondaire.* **énergie utile** : useful energy. **énergie volumique** : *see énergie rayonnante volumique.*

énergivore – energy intensive.

enfermé – housed.

enfermer – confine (to).

enfilade *f* – succession.

enflammer – ignite (to); kindle (to). **s'enflammer** : fire (to); take (to) fire.

enfoncé – embedded.

enfoncement *m* – dent, *in a steel pipe, a local change in surface contour caused by mechanical impact*; plunging; recess; sinking.

enfoncer – beat (to) in; drive (to) in; recess (to). **s'enfoncer** : sink (to).

enfoui – entombed.

enfouissement *m* – burial; burying; rate of burial.

enfourneuse *f* – charger *(metal)*; charging machine.

enfûtage *m* – barreling.

engagement *m* – commitment; exposure *(fin)*; liabilities *(fin)*. **engagements à vue** : sight liabilities. **engagement conditionel** : contingent commitment. **engagement de fret** : booking note. **engagement de prêt** : loan commitment. **engagement de puits limite** : offset-well covenant, *a contractual duty expressed or implied in an oil and gas lease to take care to protect the leasehold from drainage, whereby the lessee must drill an offset well.* **engagement de travaux** : work commitment. **engagements intérieurs** : domestic liabilities.

engager – choke (to); engage (to).

engendrer – develop (to). **engendrer une impulsion** : initiate (to) a pulse.

engin *m* – craft; device; engine. **engin de forage** : rig. **engin de serrage pour tranchée** : trench compactor. **engin de terrassement** : earthmover, *earthmoving equipment*; stripping machine. **engin de transport** : hauling unit. **engin filoguidé** : tethered remotely-operated vehicle (TROV). **engin habité** : manned submersible. **engin non habité** : unmanned submersible *(ocean)*. **engin non habité commandé par câble** : cable-controlled unmanned vehicle. **engin non habité lié** : cable-controlled unmanned vehicle. **engin non habité télécommandé lié** : tethered unmanned remotely-controlled vehicle. **engin robot sous-marin** : robot submarine. **engin sous-marin** : submersible, *a manned or unmanned craft used for performing subsea jobs and assignments.* **engin sous-marin télécommandé lié** : tethered underwater remotely-controlled vehicle. **engin spatial** : spacecraft. **engin submersible porte-plongeurs** : diver-lockout submersible. **engin télécommandé** : remotely operated vehicle (ROV).

Engler – Engler, *see degré, distillation, échelle, viscosimètre, viscosité Engler.*

engommer – gum (to).

engorgé – clogged.

engorgement *m* – choking; congestion; flooding; obstruction; slug flow.

engrais *m* – fertilizer. **engrais azoté** : nitrogenous fertilizer. **engrais chimique** : artificial fertilizer; chemical fertilizer; chemical manure. **engrais composé** : compound fertilizer; mixed fertilizer. **engrais enrobé** : controlled-release fertilizer. **engrais naturel** : natural fertilizer. **engrais phosphaté** : phosphate fertilizer. **engrais potassique** : potassium fertilizer. **engrais vert** : green manure.

engraissement *m* – accretion.

engrenage *m* – catching; gear; gearing; mesh; wheelwork. **engrenage à arbre creux** : quill gear. **engrenage à chevrons** : herringbone gear. **engrenage à crémaillère** : rack-and-pinion gear. **engrenage à dents intérieures** : annular gear. **engrenage à denture droite** : spur gear; straight-tooth gear. **engrenage à denture hélicoïdale** : spiral gear. **engrenage à développante** : involute gear. **engrenage à double réduction** : double-reduction gear. **engrenage à onglet** : miter gear, *with bevels having a 1-to-1 ratio.* **engrenage à pignons coniques** : bevel gear. **engrenage à roue plate** : crown gear. **engrenage à roues coniques** : bevel gear; bevel spur gear. **engrenage à roues d'angle** : bevel gear. **engrenage à vis sans fin** : worm gear. **engrenage baladeur** : sliding gear. **engrenage conique** : conical gearing. **engrenage conique à dents droites** : straight bevel gear. **engrenage conique à denture hélicoïdale** : spiral bevel gear. **engrenage d'accélération** : step up. **engrenage de changement de vitesse** : change-speed gear. **engrenage de commande** : master gear. **engrenage de distribution** : timing gear. **engrenage de réduction** : reduction gear. **engrenage différentiel** : differential gear; equalizing gear. **engrenage droit** : spur gear. **engrenage échelonné** : stepped gear. **engrenage épicycloïdal** : epicyclic gear. **engrenage hélicoïdal** : helical gear. **engrenage hélicoïdal double** : herringbone gear. **engrenage hypoïde** : hypoid gear. **en-**

grenage intérieur : internal gear. **engrenage menant** : drive gear; driving gear. **engrenage mené** : driven gear. **engrenage planétaire** : planetary gear. **engrenage spiralé** : volute gear. **engrenage unilatéral** : unilateral gear. **à engrenage** : geared. **sans engrenage** : gearless.

engrènement *m* – engagement; interlocking.

engrener – intermesh (to).

engrenure *f* – catching.

enjambement *m* – phase jump; span.

enlèvement *m* – liftings, *removal of crude oil or a finished product from a storage facility*; pulling; removal; stripping. **enlèvement des dépôts solubles** : washing out, *turbines*. **enlèvements de pétrole brut** : crude-oil liftings.

enlever – carry (to) off; clean (to) up; clear (to); lift (to) off; strip (to); take (to) off; take (to) up. **enlever à la pelle** : scoop (to). **enlever du brut** : lift (to) crude.

enneigement *m* – snowdrift; snowfall.

ennoyage *m* – burial *(geol)*.

s'ennoyer – plunge (to).

énol *m* – enol, *organic compound containing a hydroxyl group (OH) next to a double bond (ene)*.

énoncé *m* – statement.

enquête *f* – inquiry; survey. **enquête foncière** : valuation survey. **enquête par sondage** : sample inquiry *(statistics)*. **enquête préliminaire** : reconnaissance survey.

enquêteur *m* – scout, *usually a geologist responsible for gathering all useful information on the petroleum possibilities of an area concerning exploration activities, ongoing drilling and transactions of mineral rights*.

enraciné – deep seated.

enracinement *m* – rooting; seating *(geol)*.

enrayage *m* – blocking; jamming; locking.

enregistré – recorded; registered.

enregistrement *m* – log; profiling *(seis)*; record; recording; registration. **enregistrement à déport constant** : constant-offset profiling. **enregistrement analogique** : analog recording. **enregistrement avec tension de polarisation** : bias recording. **enregistrement codé par groupe** : group-coded recording. **enregistrement continu de la stratification** : continuous stratification profiles. **enregistrement d'un carottage sismique** : shooting a well. **enregistrement de carottage** : core record, *giving the number and characteristics of core samples taken*. **enregistrement de température** : temperature log. **enregistrement de vitesse** : acoustic-velocity log (AVL); sound-velocity log. **enregistrement démultiplexé** : trace sequential. **enregistrement des passages à zéro** : sign-bit recording. **enregistrement des variations** : variation recording, *magnetic*. **enregistrement direct** : direct recording. **enregistrement du pendage** : dip log. **enregistrement du profil d'écoulement d'un puits** : subsurface borehole flow profiling. **enregistrement en aire variable** : variable-area recording. **enregistrement en bit de signe** : sign-bit recording. **enregistrement en densité variable** : variable-density recording. **enregistrement en méthode transposée** : transposed recording, *seismic field recording with a single large geophone group recording energy generated at a succession of source positions*. **enregistrement en parallèle** : bridle; dual recording; parallel record. **enregistrement galva** : variable-amplitude recording. **enregistrement galvanométrique** : wiggle record *(seis)*. **enregistrement magnétique** : magnetic recording. **enregistrement multipistes** : multitrack recording. **enregistrement non modulé** : unmodulated record. **enregistrement numérique** : digital recording. **enregistrement reproductible** : reproducible recording. **enregistrement sismique** : seismic record; seismic recording. **enregistrement transposé** : transposed recording.

enregistrer – record (to).

enregistreur *m* – recorder. **enregistreur-contrôleur de pression** : pressure recorder-controller (PRC). **enregistreur d'avancement** : penetration recorder *(drill)*. **enregistreur d'échos** : echo-sounding recorder. **enregistreur d'impulsions** : impulse recorder. **enregistreur de boue** : mud-weight recorder. **enregistreur de combustion** : combustion recorder. **enregistreur de couple** : torque recorder. **enregistreur de débit** : flow recorder. **enregistreur de l'avancement** : drill-time recorder. **enregistreur de pression de fond** : downhole pressure recorder. **enregistreur de pression de fond de puits** : bottom-hole pressure recorder. **enregistreur de profils** : profile recorder. **enregistreur de température** : temperature recorder. **enregistreur du point de rosée** : dew-point recorder. **enregistreur graphique** : graphic recorder; strip-chart recorder. **enregistreur magnétique** : magnetic recorder. **enregistreur sur disque** : disk recorder.

enrichi – enriched.

enrichir – enrich (to).

enrichissement *m* – beneficiation, *improving the chemical or physical properties of ores*; enriching; enrichment. **enrichissement des minerais** : mineral dressing; ore beneficiation. **enrichissement en capital** : return on investment (ROI), *ratio of the net present value of a project to the discounted investment*. **enrichissement relatif en capital** : index of profitability, *of an investment*; profitability index *(fin)*. **enrichissement résiduel** : residual enrichment *(geol)*. **enrichissement secondaire** : downward enrichment.

enrichisseur *m* – enriching device. **enrichisseur de pleine charge** : full-throttle enriching device, *carburetor*.

enrobage *m* – covering; rolling; wrapping. **enrobage bitumineux** : asphalt coating. **enrobage des canalisation** : pipe wrapping.

enrobé – coated; embedded; wrapped. **enrobé bitumineux** : road asphalt.

enrober – embed (to); wrap (to).

enrobeuse *f* – coating-and-wrapping machine; dope machine, *for the hot application of a bituminous coating on a pipeline*; pipe-wrapping machine; wrapping machine, *for coatings on pipes*. **enrobeuse vernisseuse** : cleaning-and-priming machine, *pipelines*.

enrochement *m* – riprap; stony ground. **enrochement en vrac** : dumped rock fill.

enroulage *m* – *see enroulement*.

enroulé – coiled; wound.

enroulement *m* – coil; winding. **enroulement à cage d'écureuil** : squirrel-cage winding. **enroulement auxiliaire** : auxiliary winding. **enroulement bipo-**

laire : bipolar winding. **enroulement correcteur** : compensating coil. **enroulement d'induit** : armature winding. **enroulement d'un câble** : kinking of a rope. **enroulement de commande** : control winding. **enroulement de phase** : wrapping. **enroulement de rotor** : rotor winding. **enroulement déflecteur d'orbite** : orbit-shift coil. **à enroulement en dérivation** : shunt wound. **enroulement filamentaire** : filament winding. **enroulement imbriqué** : lap winding. **enroulement primaire** : primary winding. **enroulement secondaire** : secondary winding. **enroulement série** : series winding.

enrouler – lap (to); pick (to) up. **s'enrouler** : kink (to).

enrouleur *m* – spooler.

enrubannage *m* – strapping.

ensablé – sanded-up.

ensablement *m* – sanding up, *filling up with sand*; silting, *port, see also envasement.*

ensabler – sand (to) up, silt (to) up. **s'ensabler** : make (to) sand, *for a well.*

ensachage *m* – bagging.

enseignement *m* – teaching. **enseignement assisté par ordinateur (EAO)** : computer assisted instruction (CAI).

ensellement *m* – notch; saddle, *of an anticlinal fold.* **ensellement d'origine tectonique** : structural saddle, *for a closed anticline adjacent to a closed syncline, it is the vertical distance in a given horizon separating the highest point in the anticline from the lowest point in the syncline.* **ensellement d'un pli** : structural low.

ensemble *m* – aggregate; set; subassembly. **ensemble canonique** : canonical ensemble *(stat. mech)*. **ensemble dénombrable** : density set. **ensemble fini** : finite set *(math)*. **ensemble grand canonique** : grand canonical ensemble *(stat. mech)*. **ensemble indépendant** : unrelated set. **ensemble microcanonique** : microcanonical ensemble *(stat. mech)*. **ensemble oxycoupeur** : cutting outfit. **ensemble quotient** : quotient set *(math)*. **ensemble statistique** : population. **ensemble fermé** : closed set *(math)*.

enseveli – entombed.

ensimage *m* – oiling, *textile.*

ensoleillement *m* – insolation; sunshine.

ensouillage *m* – burial; embedding. **ensouillage des pipelines** : pipeline burial. **ensouillage par fluidisation** : burial by fluidization.

ensouillé – embedded.

ensouilleuse *f* – burying machine.

entablement *m* – entablature. **entablement basaltique** : blanket basalt.

entaché d'erreurs – *see erreur.*

entaillage *m* – notching; slotting.

entaille *f* – furrow *(mine)*; gash; hack; hole; indentation; kerf; nick; notch; slit. **entaille pyramidale** : pyramid cut. **entailles sur le filetage** : scored places on threads.

entaillé – cutaway; notched; slotted.

entaillement *m* – undermining.

entailler – curve (to) *(mine)*; hole (to); nick (to).

entartrage *m* – deposit of scale; incrustation; scale formation; scaling; slagging, *coating of furnace and boiler tubes by impurities from the fuel.*

entartré – furred; scale coated.

entassé – piled.

entasser – bank (to). **s'entasser** : bank (to) up.

entente *f* – understanding. **entente industrielle** : combine.

enter – scarf (to).

enterré – buried; grounded; inground. **enterré profondément** : deeply buried.

enthalpie *f* – enthalpy, *the total heat content of a hydrocarbon or petroleum fraction whose thermodynamic state is defined by pressure and temperature*; heat content; heat function. **enthalpie libre** : free enthalpy; Gibbs free-energy, *Gibbs function.* **enthalpie libre d'excès** : excess Gibbs energy. **enthalpie massique** : specific enthalpy. **enthalpie molaire** : molar enthalpy.

entoilé – fabric covered.

entonnoir *m* – bowl; corrie; funnel; sinkhole *(geol)*; swage, *a tool for straightening damaged or collapsed tubing in a well.* **entonnoir à filtre** : filter funnel. **entonnoir à robinet** : dropping funnel; tap funnel. **entonnoir à trémie** : mixing hopper. **entonnoir de dissolution** : solution sinkhole. **entonnoir de guidage** : guide funnel. **entonnoir de mixage** : mixing hopper. **entonnoir de séparation** : separatory funnel. **entonnoir filtrant** : sucking filter; suction filter. **entonnoir séparateur** : separating funnel. **en forme d'entonnoir** : funnel-shaped.

s'entortiller – kink (to).

entourage *m* – surroundings.

entourant – enclosing.

entouré – surrounded. **entouré d'une gaine** : sheathed. **entouré d'une torsade métallique** : wire wrapped. **entouré de tranchées** : entrenched.

entourer – embed (to); enring (to).

entraîné – driven; entrained. **entraîné par courroie** : belt driven. **entraîné par moteur** : motor driven. **entraîné par turbine** : turbine driven.

entraînement *m* – carry-over, *relatively nonvolatile contaminating material which is carried over by the overhead effluent from a fractionating column, absorber or reaction vessel*; crossfeed *(seis)*; drive; entrainment; instrument kick *(electron)*; pickup, *reception disturbance as from an electric power line*; scavenging; stripping. **entraînement à la vapeur** : carrying effect; steaming. **entraînement de la tige d'entraînement** : kelly spinner *(drill)*. **entraînement direct** : straight-line drive *(engine)*. **entraînement hydraulique** : water-gas drive. **entraînement liquide** : puking. **entraînement mécanique** : mechanical drive. **entraînement par courroie trapézoïdale** : V-belt drive. **entraînement par friction** : friction drive. **entraînement par frottement** : friction gearing. **entraînement par la pluie** : rain-out, *elimination of small particles from the atmosphere by the formation of rain.* **entraînement par turbine** : turbine drive.

entraîner – carry (to); carry (to) along; carry (to) over; drive (to); entrain (to); lead (to) away; move (to). **entraîner par précipitation** : carry (to) down.

entraîneur *m* – carrier.

entraver – encumber (to); hinder (to).

entrecouper – intersect (to).

entrecroisé – crisscross; interlocked; intersecting.

entrecroiser – intersect (to).

entredent *m* – tooth space.

entrée *f* – adit; entrance; entry; incoming; inflow; ingress; inlet; input. **entrée d'air** : air inlet; air intake; indraft. **entrée d'air chaud** : hot-air intake. **entrée d'eau** : water entry; water influx. **entrée d'huile** : oil inlet. **entrée de la baie** : baymouth. **entrée de mine** : pithead. **entrées de pétrole brut en raffinerie** : runs. **entrée digitale** : digital input. **entrée en douane** : clearance inwards. **entrée en vigueur d'un accord** : effectiveness of an agreement. **entrée équilibrée** : balanced input. **entrée numérique** : digital input. **entrée sans transformateur** : transformerless input. **entrée/sortie** : input/output (I/O). **entrée/sortie asynchrone** : asynchronous I/O.

entrefer *m* – air gap.

entrelacement *m* – interlacing.

entremont *m* – intermontane.

entrepont *m* – tweendeck.

entreposage *m* – storage; warehousing. **entreposage d'un derrick** : stacking a rig, *when it is not active*. **entreposage sur étagères** : shelf storage.

entreposé – bonded.

entreposer – store (to), warehouse (to). **entreposer un appareil de forage** : stack (to) a rig.

entrepôt *m* – bonded warehouse; depot; warehouse; yard. **entrepôt frigorifique** : cold storage; cold store. **entrepôt maritime** : seaport bulk station.

entrepreneur *m* – contractor. **entrepreneur de forage** : boring contractor; drilling contractor. **entrepreneur de transport** : forwarding agent; freighter.

entreprise *f* – corporation; enterprise; firm; undertaking, *business*. **entreprise artisanale** : handicraft. **entreprise commerciale** : business venture. **entreprise nationalisée** : nationalized company. **entreprise publique** : state-owned enterprise.

entrer – engage (to); read (to) *(computer)*. **entrer en production** : come (to) in.

entretien *m* – keeping; maintenance; upkeep. **entretien courant** : routine maintenance. **entretien curatif** : unscheduled maintenance. **entretien de l'équipement** : equipment maintenance. **entretien et réparation** : servicing. **entretien et réparation d'un puits** : well servicing, *maintenance and repair work performed on an oil or gas well to improve or maintain its production*. **entretien opérationnel** : operational maintenance. **entretien périodique** : scheduled maintenance. **entretien préventif** : preventive maintenance.

entretoise *f* – brace; cross member; crossbar; crosspiece; distance piece; girder; girt, *horizontal brace running between the legs of a drilling tripod or derrick*; joist; rib; shore; spacer; stay; stiffener; strut; stud; through bar. **entretoise de contreventement** : sway brace. **entretoise de derrick** : derrick girt. **entretoises du support de balancier** : samson-post braces, *in cable drilling*.

entretoisement *m* – bracing; strutting. **entretoisement en équerre** : knee brace.

entropie *f* – entropy, *a thermodynamic function associated with the state of a system*. **entropie au point zéro** : zero-point entropy. **entropie de mélange** : entropy of mixing *(gas)*. **entropie massique** : specific entropy. **entropie molaire** : molar entropy.

enture *f* – scarf joint.

envahi – gone to water, *said of an oil well invaded by formation water*. **envahi par l'eau** : watered out.

envahissement *m* – encroachment. **envahissement par l'eau** : water encroachment.

envasement *m* – mudding; silting; silting up.

enveloppe *f* – casing; clothing; covering; enclosure; envelope, *of a signal*; housing; jacket; shell; shroud; wrap; wrapper. **enveloppe à circulation d'eau** : water jacket. **enveloppe calorifuge** : insulating lagging. **enveloppe chauffante** : heating jacket. **enveloppe d'un haut-fourneau** : shell of blast furnace. **enveloppe d'une soufflante** : blower casing. **enveloppe de câble** : cable sheath. **enveloppe de carotte** : core shell. **enveloppe de compression de la terre** : shell of compression. **enveloppe de sécurité** : reactor containment. **enveloppe de tension de la terre** : shell of tension. **enveloppe de turbine** : turbine casing. **enveloppe du cylindre** : cylinder jacket. **enveloppe isolante d'une chaudière** : boiler lagging. **à enveloppes multiples** : multishell. **enveloppe pélagique** : drape, *sedimentary envelope deposited between systems tracts*. **enveloppe réfrigérante** : cooling jacket. **enveloppe Soleau** : Soleau envelope, *patent rights*.

enveloppé – shrouded; wrapped.

envelopper – case (to); wrap (to).

envergure *f* – span. **envergure d'un derrick rétractable** : pole scope.

environné – surrounded. **environné de terre** : landlocked.

environnement *m* – environment. **environnement abiotique** : abiotic environment. **environnement aérospatial** : aerospace environment. **environnement hostile** : hostile environment.

environnemental – environmental.

environs *m* – neighborhood, *or neighbourhood*; surroundings.

envisager – plan (to).

envoi *m* – consignment; shipment.

enzymatique – enzymatic; enzymic.

enzyme *m (or f)* – enzyme, *an organic catalyst*. **enzyme hydrolytique** : hydrolytic enzyme. **enzyme immobilisé** : immobilized enzyme.

enzymologie *f* – enzymology.

Eocambrien *m* – Eocambrian, *or Infracambrian, the most recent area of Precambrian approximately equivalent to the Riphean*.

Eocène *m* – Eocene, *an epoch of the Tertiary period*.

éolianite *f* – eolianite, *consolidated clastic sedimentary rock deposited by the wind*.

éolien – eolian.

éolienne *f* – aerogenerator; windmill, *any of various mechanisms operated by the force of wind against vanes*.

éon *m* – eon, *the longest geologic time unit*.

éonothème *m* – eonothem, *chronostratigraphic unit of highest rank, corresponding to an eon*.

éosine *f* – eosin, *a red fluorescent dye made of water-insoluble triclinic crystals*.

eötvös *m* – eötvös, *a unit of horizontal gradient of gravitational acceleration ; see also balance de torsion and relation d'Eötvös*.

EP – EP, *abbr. extrême-pression: extreme pressure*.

épais – thick; turbid.
épaisseur *f* – density; thickness. **épaisseur apparente** : apparent thickness. **épaisseur d'oxydation** : embedded scale. **épaisseur de gisement** : reservoir thickness. **épaisseur de la couche** : bed thickness. **épaisseur de la couche altérée** : thickness of the weathered layer. **épaisseur de la couverture** : thickness of overburden. **épaisseur de la formation** : formation thickness. **épaisseur de la glace** : ice thickness. **épaisseur de la zone envahie** : depth of invasion. **épaisseur de paroi** : wall thickness. **épaisseur de paroi uniforme** : uniform wall thickness, *of tubulars*. **épaisseur du cake** : cake thickness. **épaisseur inconnue** : unknown thickness. **épaisseur minimale admissible pour les parois** : minimum allowable wall thickness, *of drillpipe, furnaces, etc.* **épaisseur moyenne** : average thickness. **épaisseur optique** : optical thickness. **épaisseur réduite** : reduced width. **épaisseur réelle** : actual thickness. **épaisseur verticale réelle** : true vertical thickness, *TVT.*
épaissi – inspissated.
épaissir – incrassate (to); thicken (to).
épaississant *m* – thickener. **épaississant de nature inorganique** : nonsoap thickener, *for industrial grease.* **épaississant pour boue** : mud thickener.
épaississement *m* – thickening. **épaississement des boues** : mud thickening.
épaississeur *m* – thickener, *see épaississant.*
épanchement *m* – effusion; extrusion.
épancher – outgush (to). **s'épancher** : extrude (to) *(geol).*
épandage *m* – spreading. **épandage aérien** : aerial spraying.
épandeuse *f* – spreader. **épandeuse de béton** : concrete spreader. **épandeuse de bitume** : asphalt distributor.
épanouissement *m* – blooming. **épanouissement polaire** : pole shoe, *portion of a field pole facing the armature of a machine.*
épargne *f* – saving.
éparpillement *m* – dissipation; scatter.
épars – disconnected; scattered.
épaufrure *f* – spalling.
épaule *f* – rib, *of a drill bit.*
épaulement *m* – counterbore; land; shoulder, *of a curve.* **épaulement de l'auge** : trough bench *(glaciol).* **épaulement du profil de filetage** : thread-profile shoulder, *thread imperfection.* **épaulement femelle** : box shoulder. **épaulement réduit d'un filetage** : low torque shoulder.
épave *f* – derelict; shipwreck; wreck. **épaves flottantes** : flotsam. **épaves rejetées** : jetsam.
épeirogenèse *f* – *see épirogenèse.*
éperon *m* – beak; buttress; nose; spur. **éperon de glace** : submerged ice foot, *of an iceberg or floe.* **éperon de montagne** : mountain spur. **éperon tronqué** : truncated spur *(geol).*
éphéméride *f* – ephemeris. **éphémérides astronomiques** : astronomical tables. **éphémérides nautiques** : nautical almanac.
épibole *f* – epibole, *acme zone of taxon development.*
épicadmium *m* – epicadmium *(nucl).*
épicentral – epicentral.
épicentre *m* – epicenter; seismic origin.
épicentrique – *see épicentral.*
épichlorhydrine *f* – epichlorhydrin, *chloropropylene oxide, major raw material for expoxy and phenoxy resins.*
épiclastique – epiclastic *(geol).*
épicontinental – epeiric; epicontinental.
épicycle *m* – epicycle, *subdivision of a cycle of erosion.*
épicycloïdal – epicyclic.
épidémiologie *f* – epidemiology.
épidiagenèse *f* – epidiagenesis, *the final emergent phase of diagenesis.*
épidiorite *f* – epidiorite *(petro).*
épidote *f* – epidote *(miner).*
épieugéosynclinal *m* – epieugeosyncline *(tect).*
épigénétique – epigenetic *(biol)*; superimposed.
épigénie *f* – epigenesis, *changes in the mineral content of sedimentary rocks after their compaction, e.g. postdepositional dolomitization.* **épigénie d'un cours d'eau** : stream epigenesis *(geomorph).*
épigénique – epigene *(geol).*
épilamen *m* – boundary film; epilamen, *thin lubricating film.*
épilimnion *m* – epilimnion, *the upper zone in fresh (stagnant) water where the temperature is higher and mixing takes place as the result of wind action and convection currents.*
épimère *m* – epimer, *an isomer differing only by the orientation of atoms.*
épimétamorphisme *m* – *see épizone.*
épingle *f* – pin. **épingle à cheveux** : hairpin. **en épingle à cheveux** : hairpin shaped, *such as tubes in a condenser.* **épingle à géophones** : geophone hanger. **épingle de ramassage** : geophone hanger. **épingle de signalisation** : map pin.
épinier *m* – thicket.
épiroche *f* – epirock *(geol).*
épirogenèse *f* – epeirogeny, *slow movements of the Earth's crust.*
épirogénique – epeirogenic, *epeirogenetic.*
épisode *m* – episode; interval *(geol).* **épisode de pollution atmosphérique** : air-pollution episode, *period when several factors combine to cause an abnormal concentration of air pollution.*
épisodicité *f* – episodicity, *capacity of some phenomena to reoccur at more or less regular intervals.*
épisodique – episodic.
épissage *m* – splicing.
épisser – splice (to).
épissoir *m* – marlinespike.
épissure *f* – rope splice; splice. **épissure de câble** : cable splice.
épitaxie *f* – epitaxy, *crystal growth on the surface of another crystal, with the overgrowth having the same orientation of its lattice structure as the substrate.* **épitaxie par jets moléculaires** : molecular beam epitaxy (MBE).
épithermique – epithermal.
épizone *f* – epizone, *the uppermost depth zone of metamorphism.*
épluchure *f* – peel.
éponge *f* – sponge; poriferan *(pal).* **éponge de fer** : iron sponge.

éponte *f* – wall, *the portion of the country rock bounding the ore lode, the rock above the ore is the hanging wall, the rock below is the footwall.* **épontes** : surrounding formations.

époque *f* – epoch, *a geochronologic unit longer than an age and shorter than a period.* **époque glaciaire** : glacial epoch; ice age. **époque magnétique** : polarity epoch. **époque récente** : present system *(geol)*; recent epoch *(geol)*.

époxy – epoxy, *a prefix indicating the presence of an epoxide group in a molecule.*

époxydation *f* – epoxidation.

époxyde *m* – epoxide, *organic compound.*

époxyline *f* – epoxy resin.

épreuve *f* – hard copy *(graph)*; proof; proving; test; trial. **épreuve de choc** : impact test. **épreuve hydrostatique** : hydrostatic test. **épreuve photographique** : copy, *(photo)*. **épreuve sous pression** : pressure testing. **à l'épreuve des explosions** : explosionproof.

éprouvette *f* – coupon, *polished metal strip of specific size and weight used to test the corrosive action of liquid or gas products or to assess the effectiveness of corrosion-inhibitor additives*; cylinder; sample; test tube. **éprouvette d'oxydation** : oxidation cell. **éprouvette de mélange** : mixing cylinder, *a graduated test tube used for mixing oil in the laboratory.* **éprouvette de résilience** : impact-test specimen. **éprouvette de tension** : tension bar. **éprouvette de traction** : tensile bar; traction bar. **éprouvette élastique** : lever test bar. **éprouvette en boucle** : loop test bar. **éprouvette en fourche** : fork test bar. **éprouvette graduée** : buret, *burette*; graduated cylinder. **éprouvette mécanique** : test bar.

epsomite *f* – bitter salt, *magnesium sulfate, epsomite.*

épuisé – depleted; drawn; exhausted; out of print, *publishing*; spent; worked out.

épuisement *m* – depletion; dewatering; drainage; dwindling; exhausting; exhaustion; pumping; pump-out; stripping; washing out. **épuisement des réserves** : reserves depletion.

épuiser – deplete (to), *an oil or gas field*; drain (to); dwindle (to) away; exhaust (to); scoop (to); strip (to); use (to) up; wash (to) out. **épuiser temporairement un puits** : pump (to) off, *pumping fast so that the oil level in a well drops below the pump intake.* **épuiser un puits** : deplete (to) a well.

épuiseur *m* – stripper.

épurateur *m* – cleaner; purger; purifier; scrubber; separator; treater. **épurateur à eau** : water scrubber, *to remove the last traces of ammonia from gas.* **épurateur au coke** : coke scrubber. **épurateur centrifuge d'huile** : centrifugal oil cleaner. **épurateur d'air** : air cleaner; air scrubber. **épurateur de boue** : mud cleaner, *cuttings cleaning system.* **épurateur de gaz** : gas purger; gas purifier; gas separator; tower scrubber. **épurateur de liquide** : liquid scrubber. **épurateur de moteur à gaz** : gas-engine scrubber.

épuration *f* – cleaning; purification; reclamation; scrubbing; treating, *purification of petroleum products to improve their quality.* **épuration à la soude caustique** : caustic scrubbing. **épuration à sec** : dry purification. **épuration d'eau** : water purification. **épuration de gaz** : gas cleaning. **épuration de l'eau** : water treatment. **épuration de l'huile** : oil scrubbing. **épuration des eaux usées** : waste-water scrubbing. **épuration du charbon** : coal cleaning. **épuration du gaz naturel** : gas scrubbing. **épuration par expulsion des gaz** : refinery off-gas scrubbing.

épuré – scrubbed.

épurer – scrub (to); purify (to). **épurer par lavage et filtrage** : elutriate (to).

équateur *m* – equator. **équateur céleste** : celestial equator; equinoctial circle. **équateur magnétique** : magnetic equator.

équation *f* – equation. **équation aux dérivées partielles** : partial differential equation. **équation aux perturbations** : perturbation equation. **équation aux valeurs propres** : eigenvalue equation. **équation BET** : BET equation, *used in the study of sorption for determining solid surface area by computing the monolayer area.* **équations canoniques** : canonical equations of motion, *Hamilton's equations of motion describing the motion of a classical dynamic system.* **équation caractéristique** : characteristic equation. **équation d'Arrhenius** : Arrhenius equation, *relationship between the specific reaction rate and the heat of activation.* **équation d'état** : equation of state (EOS). **équation d'état SRK** : SRK-equation of state *(Soave-Redlich-Kwong)*. **équation d'Euler** : Euler equation *(mech)*; Eulerian equation, *mathematical representation of fluid motions in a coordinate system.* **équation d'observation** : observation equation. **équation d'onde pour propagation unidirectionnelle** : one-way wave equation. **équation d'ondes** : wave equation, *for wave propagation.* **équation de Bernoulli** : Bernoulli equation, *describing the flow of a perfect incompressible fluid under the effect of gravity.* **équation de Clausius** : Clausius equation *(thermo)*. **équation de Clausius-Mosotti** : Clausius-Mosotti equation, *polarizability of an individual molecule.* **équation de continuité** : continuity equation, *or equation of continuity.* **équation de couleurs** : color equation. **équation de diffusion** : diffusion equation. **équation de Dirac** : Dirac equation. **équation de Fenske** : Fenske equation, *distillation column calculations.* **équation de Helmholtz** : Helmholtz equation. **équation de Klein-Gordon** : Klein-Gordon equation, *differential equation.* **équation de l'acoustique** : scalar-wave equation. **équation de l'eikonal** : eikonal equation, *differential equation of geometric optics.* **équation de l'imagerie** : eikonal equation. **équation de Lagrange** : Lagrange equation, *for the motion of a mechanical system.* **équation de Laplace** : Laplace's equation *(acoust)*. **équations de Maxwell** : Maxwell equations, *four basic differential equations relating the electric and magnetic fields to electric charges and currents and their effects.* **équation de Nermot** : Nermot equation, *electrochemistry.* **équation de probabilité** : error equation. **équation de Schiltuis** : Schiltuis equation, *material balance equation (prod)*. **équation de Schrödinger** : Schrödinger equation, *partial differential equation governing the wave function of a system of nonrelativistic particles.* **équation de variation du rotationnel** : vorticity equation. **équations de Wie-**

ner-Hopf : Wiener-Hopf equations *(math)*. **équation de Wyllie** : time-average equation. **équation de Zoeppritz** : Zoeppritz's equation *(seis)*. **équation différentielle** : differential equation. **équation du second degré** : quadratic equation. **équation du temps moyen** : time-average equation. **équation du troisième degré** : cubic equation. **équation exponentielle** : exponential equation. **équation homogène** : homogeneous equation. **équation intégrale** : integral equation. **équation linéaire** : linear equation. **équation Navier-Stokes** : Navier-Stokes equation *(fl. mech)*. **équation non linéaire** : nonlinear equation. **équation normale** : normal equation. **équation personnelle** : personal equation, *the lapse of time between the perception of a phenomenon and the corresponding reaction of the operator.* **équation réduite** : reduced equation of state. **équation scalaire de propagation** : scalar-wave equation, *propagation in fluids.* **équation thermodynamique d'état** : thermodynamic equation of state.

équatorial – equatorial.

équarrage *m* – alignment.

équerre *f* – square. **équerre cylindrique** : circular cross. **équerre en fer** : corner plate. **équerre optique** : optical square.

équeutage *m* – tail mute.

équeuter – tail (to). **équeuter les tiges de pompage** : tail (to) out rods, *removing the ends of rods when they are dismantled.*

équidensité *f* – isodensity, *an equal-darkness line on a photographic image.*

équidistance *f* – equidistance. **équidistance entre courbes** : contour interval (CI). **équidistance logarithmique entre isolignes** : logarithmic contour interval.

équidistant – equidistant.

équilatéral – equilateral; trigonal.

équilibrage *m* – balancing; trim. **équilibrage d'un moteur** : engine balance. **équilibrage des roues** : wheel balance. **équilibrage dynamique** : dynamic balance.

équilibre *m* – balance; equilibrium; standstill. **équilibre chimique** : chemical equilibrium. **équilibre de particules chargées** : charged-particle equilibrium (CPE). **équilibre de phase** : phase equilibrium. **équilibre de sédimentation** : sedimentation equilibrium. **équilibre financier** : financial equilibrium. **équilibre géochimique** : geochemical balance. **équilibre géostrophique** : geostrophic equilibrium. **équilibre homogène** : homogeneous equilibrium. **équilibre hydrostatique** : hydrostatic equilibrium; hydrostatic-pressure balance; stabilized condition, *of a well.* **équilibre indifférent** : neutral stability. **équilibre instable** : unstable equilibrium. **équilibre isostatique** : isostatic equilibrium. **équilibre liquide-vapeur** : liquid-vapor equilibrium; vapor-liquid equilibrium.**équilibre radioactif** : radioactive equilibrium. **équilibre radioactif séculaire** : secondary equilibrium.**équilibre stable** : stable equilibrium. **équilibre thermique** : thermal equilibrium. **équilibre thermodynamique** : thermodynamic equilibrium. **en équilibre** : balanced; in counterpoise.

équilibré – balanced.

équilibrer – balance (to); equilibrate (to); equipoise (to). **équilibrer la pression** : equalize (to) the pressure. **équilibrer les réservoirs** : trim (to) the tanks, *of water and oil on a ship so as to make handling easier and to increase speed.* **équilibrer une coupe** : balance (to) a section, *the gain from a section (seis).*

équinoxe *m* – equinox. **équinoxe d'automne** : autumnal equinox. **équinoxe de printemps** : vernal equinox. **équinoxe vernal** : vernal equinox.

équinoxial – equinoctial.

équipage *m* – crew.

équipartition *f* – equal share; equipartition; equitable partition.

équipe *f* – crew; gang; shift; squad; team; tour. **équipe à contrat sans lendemain** : bobtail crew *(seis)*. **équipe d'alerte** : emergency team. **équipe d'avancement** : pipe gang. **équipe d'entretien** : maintenance crew. **équipe d'exploration** : exploration crew. **équipe d'intervention** : strike team. **équipe d'intervention en attente** : standby combat team. **équipe de débroussaillement** : brush gang, *crew that clears the ground for the passage of a pipeline.* **équipe de forage** : drilling crew; drilling gang; rig crew. **équipe de jour** : day shift, day tour. **équipe de mise en fouille** : lowering gang, *pipeline.* **équipe de mise en ligne** : line-up crew, *for pipe lengths for welding.* **équipe de montage** : erection gang. **équipe de nuit** : night shift, night tour; graveyard shift, graveyard tour. **équipe de préparation** : input group, *for seismic processing.* **équipe de production** : production crew. **équipe de réflexion terrestre** : land seismic crew. **équipe de revêtement** : dope gang, *pipeline.* **équipe de sauvetage** : salvage crew. **équipe de secours** : rescue squad. **équipe de service** : attendance crew. **équipe de sismique marine** : marine seismic crew. **équipe de surveillance** : monitoring team. **équipe de terrain** : field crew; party. **équipe géologique** : geologic crew. **équipe géophysique** : geophysical crew. **équipe gravimétrique** : gravimetric crew. **équipe sismique** : seismic crew. **équipe supplémentaire** : pool, *the crew in a refinery responsible for monitoring during the time required for the changing of shifts.*

équipé – equipped, *ready for use*; fitted.

équipement *m* – equipment; outfit. **équipement complet de pompage** : pumping rig, *on a well.* **équipement d'intervention sous pression** : snubbing equipment *(drill)*. **équipement de cimentation** : cementing outfit. **équipement de complétion permanente des puits** : permanent well-completion equipment. **équipement de forage** : drilling equipment. **équipement de forage au diamant** : diamond drilling outfit. **équipement de forage sous pression** : snubbing equipment. **équipement de levage** : hoisting equipment. **équipement de lutte contre l'incendie** : fire-fighting equipment. **équipement de plongée** : diving gear. **équipement de pompage** : pumping equipment. **équipement de protection** : safeguarding equipment. **équipement de surface** : surface equipment. **équipement de traitement à l'acide** : acid-treating equipment. **équipement flottant** : floating equipment, *drilling equipment consisting of the shoe of the string and the float collar.* **équipement géophysique** : geophysical equipment. **équipement homologué** : approved equipment. **équipement périphérique** : peripheral equipment. **équipement principal** : major equipment. **équipement respiratoire de secours** : emergency breathing equipment. **équipement sous-marin** : subsea equipment.

équipementier *m* – equipment manufacturer, equipment supplier.

équiper – fit (to) out; outfit (to).

équiplanation *f* – equiplanation *(geomorph)*.

équipollence *f* – equipollence, *two systems of forces having the same vector sum and the same total torque around an arbitrary point.*

équipollent – equipollent.

équipotentiel – equipotential.

équitable – equitable; fair.

équité *f* – equity.

équitombant – equal-falling.

équivalence *f* – equipollence; equivalence. **équivalence cinétique** : kinetic equivalence.

équivalent *m* – equivalent. **équivalent chimique** : chemical equivalent, *the atomic weight of an element divided by its valence.* **équivalent de dose** : dose equivalent. **équivalent de dose maximale admissible (EDMA)** : maximum permissible dose equivalent (MPDE). **équivalent électrochimique** : electrochemical equivalent. **équivalent en eau** : water equivalent. **équivalent fuel-oil** : fuel-oil equivalent (FOE). **équivalent gramme** : gram equivalent. **équivalent mécanique de la chaleur** : mechanical equivalent of heat, *a factor used to convert measurements of heat quantities into work measurements.*

éraflé – scuffed.

éraflure *f* – scuff.

éraillure *f* – galling, *surface damage on mating moving metal parts caused by defective lubrication.* **éraillure du filetage** : thread galling. **éraillure légère** : mild galling. **éraillure légère et localisée** : scuffing, *surface wear or deterioration that is neither gradual nor uniform but is characterized by deep scratches and surface roughness (e.g. gears)*. **éraillures légères** : scoring. **éraillure profonde** : advanced galling.

érathème *m* – erathem, *the formal chronostratigraphic unit next lower than eonothem and higher than system, corresponding to an era.*

erbium *m* – erbium, *trivalent metallic rare-earth element, symbol Er.*

ère *f* – era, *the geochronologic unit next in order of magnitude below an eon.* **ère de la motorisation** : oil age. **ère de transition** : transition era *(geol)*. **ère primaire** : *see Paléozoïque.* **ère secondaire** : *see Mesozoïque.* **ère tertiaire** : *see Tertiaire and Cénozoïque.*

érection *f* – erection. **érection de l'appareil de forage** : rigging up.

erg *m* – erg, *1) unit of work equal to the displacement of one dyne per centimeter. 2) a tract of sandy desert occupied by dune complexes.*

ergeron *m* – ergeron, *fine argillaceous sand or loess.*

ergol *m* – propellant.

ergon *m* – ergon, *a quantum of energy.*

ergonomie *f* – ergonomics, *study of human capability and psychology in relation to the work environment.*

ergot *m* – dowel; feather *(mech)*; spline; stub.

Erié *m* – Erian, *Middle Devonian series in North America.*

ériger – erect (to).

erlenmeyer *m* – extraction flask.; Erlenmeyer flask, *a conical laboratory flask with a narrow neck, used for experiments and testing, see also fiole d'Erlenmeyer, synthèse d'Erlenmeyer.*

érodabilité *f* – erodibility, *or erosibility (pedol)*.

érodable – erodible.

érodé – eroded.

éroder – erode (to); eat (to) away.

érosif – erosive.

érosion *f* – erosion *(geol)*. **érosion alvéolaire** : alveolar weathering; honeycomb weathering. **érosion cachée** : concealed erosion. **érosion chimique** : chemical erosion. **érosion de la crête d'un anticlinal** : denudation of the crest of an anticline. **érosion de surface** : areal erosion. **érosion des roches** : rock weathering. **érosion des vagues** : wave erosion. **érosion différentielle** : differential erosion. **érosion du sol** : soil erosion. **érosion en nappe** : sheet erosion. **érosion en rigoles** : rill erosion *(pedol)*. **érosion éolienne** : wind erosion; wind scour. **érosion fluviale** : fluvial denudation; fluviatile erosion; river erosion. **érosion glaciaire** : glacial erosion. **érosion latérale** : lateral erosion. **érosion marine** : marine denudation; marine erosion. **érosion mécanique** : mechanical erosion. **érosion occulte** : concealed erosion. **érosion par cavitation** : cavitation erosion. **érosion par couches** : sheet erosion. **érosion par éclatement** : plucking, *glaciers.* **érosion par ravinement** : gully erosion. **érosion régressive** : backward erosion *(geol)*; retrogressive erosion. **érosion remontante** : headward erosion; retrogressive erosion. **érosion rétrograde** : backward erosion. **érosion sous le choc des gouttes de pluie** : raindrop impact. **érosion subaérienne** : subaerial erosion. **érosion torrentielle** : stream erosion. **érosion verticale** : downcutting; vertical erosion.

errant – stray.

erratique – erratic *(geol)*; traveled *(geol)*.

erre *f* – way, *residual momentum of a ship when its power has been shut off.* **erre en avant** : headway, *of a ship.* **erre nécessaire pour gouverner** : steerageway, *the slowest possible speed at which a vessel can be steered.*

erreur *f* – bug *(computer)*; error; lapse; mistake. **erreur absolue** : absolute error. **erreur aléatoire** : accidental error; random error. **erreur constante** : constant error. **erreur cumulée** : cumulative error. **erreur d'approximation** : approximation error; rounding error *(math)*. **erreur d'arrondi** : round-off error; rounding error. **erreur d'échantillonnage** : sampling error. **erreur d'écrêtage** : truncation error. **erreur d'embrayage** : mistie. **erreur d'inclinaison** : tilt error. **erreur d'inertie** : lag error, *of an instrument.* **erreur de calage** : mistie. **erreur de calcul** : miscalculation. **erreur de cap** : pointing error. **erreur de carburant** : misfueling, *use of leaded gasoline in a vehicle equipped with a catalytic muffler.* **erreur de collimation** : collimation error. **erreur de conversion** : digitizing error; quantizing error. **erreur de diode** : diode error, *an unwanted portion of the total electrical conductivity signal sent to the surface from downhole induction logging instruments.* **erreur de discrétisation** : discretization error. **erreur de fermeture** : bust *(seis)*; closing error; error of closure, *amount by which a quantity obtained by a series of related measurements differs from the true or theoretical measurements or from previously measured values ; also called misclosure and mistie.* **erreur de fidélité** : repeatability error, *of a measuring instrument.* **erreur de justesse** : bias error, *the systematic component of the error of a measuring instrument.* **erreur de parallaxe** : parallax error. **erreur de parité** : parity error. **erreur de poursuite** : tracking error, *of a measuring instrument.* **erreur de prédiction** : prediction error. **erreur de sonde** : sonde error. **erreur de syntaxe** : syntax error. **erreur de troncation** : truncation error. **erreur à zéro** : zero error, *of a measuring instrument.* **erreur en cours d'exécution** : run-time error. **erreur fatale** : fatal error. **erreur fortuite** : accidental error. **erreur grossière** : gross error. **erreur humaine** : human error. **erreur inhérente** : inherited error. **erreur instrumentale** : index error. **erreur intermittente** : temporary error. **erreur ionosphérique** : ionospheric error. **erreur moyenne** : average error; mean error. **erreur opératoire** : operational error. **erreur permanente** : permanent error. **erreur probable** : probable error. **erreur quadratique** : rms error. **erreur quadratique moyenne** : mean square error (MSE). **erreur relative** : relative error. **erreur standard** : standard error. **erreur systématique** : bias; systematic error. **erreur thermométrique** : thermometer error. **erreur type** : standard error. **entaché d'erreurs** : containing errors *(math)*.

erroné – unsound.

éruptif – eruptive.

éruption *f* – blowout, *a sudden violent escape of oil, gas and/or water from a well*; eruption; gusher; upburst. **éruption de gaz** : gas blowout. **éruption latérale** : flank eruption. **éruption libre** : open flow. **éruption magmatique** : magmatic eruption. **éruption naissante** : incipient blowout. **éruption non contrôlée d'un sondage** : wild flowing *(drill)*. **éruption phréatique** : phreatic eruption. **éruption volcanique** : volcanic eruption.

érythrite *f* – cobalt bloom, *erythrite.*

Erzgebirge *m* – Erzgebirgian, *see phase de l'Erzgebirge.*

E/S – I/O, *abbr. entrée/sortie, input/output.*

escale *f* – call, *at a port*; stopover.

escalier *m* – stair, *staircase, stairway.* **escaliers de cirque** : cirque stairway. **escalier de secours** : fire escape.

escarbilles *f* – fly ash.

escarpe *f* – batter *(civ. eng)*; scarp.

escarpé – scarped; steep.

escarpement *m* – escarpment; scarp. **escarpement à pic** : cliff. **escarpement de faille** : fault cliff; fault escarpment; fault ledge. **escarpement de ligne de faille** : fault-line scarp. **escarpement obséquent de ligne de faille** : obsequent fault-line scarp. **escarpement sous-marin** : seascarp, *a very sharp and linear slope break in the sea floor.*

esclave *m* – slave.

escompte *m* – rebate.

escompter – discount (to).

escorte *f* – convoy; escort.

esker *m* – esker, *a sinuous ridge of irregularly stratified sand and gravel generally deposited by subglacial streams, also written eskar, escar.*

espace *m* – domain; gap; lapse; room; space. **espace aérien** : airspace. **espace annulaire** : annular space; annulus, *the space between the casing and the well wall or between the drill pipe and the casing*; flow annulus, *in an oil well.* **espace clos** : enclosed space. **espace de contraction** : material well, *plastics.* **espace des phases** : phase space. **espace disponible** : accommodation, *space available for potential sediment accumulation.* **espace disponible subaérien** : subaerial accomodation, *for fluviatile sediments.* **espace dual** : dual space *(math)*. **espace euclidien** : Euclidean space *(math)*. **espace de Hilbert** : Hilbert space *(math)*. **espace interplanétaire** : outer space. **espace interstitiel** : void space. **espace libre** : clearance. **espace mort** : clearance volume; dead space. **espace mort du cylindre** : piston clearance. **espace objet** : object space *(opt)*. **espace poral** : pore space *(pedol)*. **espace pour manoeuvrer** : sea room, *for maneuvering without risk of colliding or running aground.* **espace temps** : space time, *space-time continuum.* **espace vectoriel** : vector space; vector state. **espace vide** : opening.

espacement *m* – spacing. **espacement d'antenne** : antenna spacing. **espacement des plateaux** : tray spacing. **espacement des puits** : drilling pattern; spacing of wells; spacing pattern, *the density of development drilling on a reservoir expressed in acres per producing well.* **espacement entre deux stations de pompage** : station spacing. **espacement entre impulsions** : pulse spacing. **espacement réglementaire des puits** : well spacing.

espacer – space (to) out; lead (to), *letters.*

espar *m* – spar *(nav)*.

espèce *f* – species, *a taxonomic division below genus.* **espèce atomique** : nuclear species, *nuclide.* **espèce caractéristique** : indicator species, *biological indicator of pollution, ecological indicator, a living organism used to detect or measure pollution.* **espèce chimique** : chemical species, *a set of chemically identical atomic or molecular structural units.* **espèces chimiques en fluxions** : fluxional chemical species. **espèces numéraires** : cash. **en espèces** : in cash.

espérance *f* – expectation. **espérance de vie** : life expectancy. **espérance mathématique** : expected value; mathematical expectation. **espérance mathématique de gain** : expected gain.

esplanade *f* – esplanade.

esquichage *m* – squeeze cementing *(drill)*.

esquiche *f* – squeeze.

esquille *f* – splinter. **esquille de roche** : chip of rock.

esquisse *f* – draft.

essai *m* – assay; attempt; run; test; testing; trial; try. **essai à blanc** : blank; blank test. **essai à cinq billes** : five-ball test. **essai à l'acétate de plomb** : lead-acetate test, *a method for detecting the presence of hydrogen sulfide in a sample by the discoloring of lead acetate.* **essai à la bille** : ball test, *hardness test.* **essai à la bille d'argent** : silver-ball test, *to determine the cooling rate of a quenching oil.* **essai à la bombe** : bomb test. **essai à la flamme** : flame test. **essai à la lame de cuivre** : copper-strip test, *a qualitative method of determining the corrosivity of a product by observ-*

ing its effect on a copper strip placed in the product. **essai à la limite d'étanchéité** : yield testing. **essai à la perle** : bead test, *blowtorch test.* **essai à la puissance maximale** : full run. **essai à la soude caustique** : alkali test. **essai à la tache** : spot test, *for quickly determining the residual additives in a spent detergent oil.* **essai à la tache d'huile** : oil-spot test. **essai à la vapeur d'eau** : steam test. **essai à plein débit** : open-flow test, *well.* **essai à température élevée** : fire assay. **essai à vide** : no-load test. **essai accéléré de formation des dépôts** : accelerated sludge test. **essai antirouille** : rust-prevention test, *for turbine oils.* **essai antirouille des graisses lubrifiantes** : protection test, *for lubricating grease.* **essai ASTM** : ASTM test. **essai au banc** : bench test, *laboratory scale.* **essai au brouillard** : spray test. **essai au brouillard salin** : salt-spray test, *for determining the corrosion resistance of coated or uncoated metal specimens.* **essai au charbon de bois** : charcoal test, *a standardized test for determining the natural gasoline content of natural gas.* **essai au chlorure de baryum** : barium-chloride test, *test of oils to detect sulfuric acid or sulfate.* **essai au choc** : impact test; shock test, *for hypoid oils.* **essai au (coup de) pied** : tap test, *giving a geophone a slight kick to test its response.* **essai au flotteur** : float test, *used to determine the consistency of bituminous materials.* **essai au froid** : cold test, *to determine the temperature at which the first clouding is visible in a sample of oil.* **essai au marteau** : hammer test, *an impact test to determine the weak points of steel material.* **essai au plombite de sodium** : doctor test, *used to detect compounds reacting with sodium plumbite in light petroleum distillates.* **essai au pycnomètre de Bingham** : Bingham pycnometer test, *density of liquid petroleum products.* **essai au ralenti** : throttle test. **essai au savon** : soap test, *for detergents.* **essai au scissomètre** : vane test. **essai au tamis** : sieve test. **essai aux acides** : acid test. **essai aux tiges** : drillstem test (DST), *to find out whether or not oil or gas in commercial quantities is present in the well.* **essai avec agitation** : stirring test. **essai biologique** : bioassay. **essai Brinell** : Brinell test, *for measuring the hardness of metals by forcing in a hard steel or carbide ball of specified diameter and under specified load, and then by measuring the size of the impression made.* **essai calorimétrique** : calorimetric test. **essai consolidé drainé** : consolidated drained test, *slow consolidated test of soil.* **essai consolidé non drainé** : consolidated undrained test, *fast consolidated test.* **essai contradictoire** : control assay *(metal)*. **essai courant** : routine test. **essai d'absorption de l'oxygène** : oxygen absorption test. **essai d'adhérence** : bond test. **essai d'adsorption de l'humidité des graisses** : grease-moisture adsorption test. **essai d'affaissement pour les bétons** : slump test. **essai d'amortissement** : damping test. **essai d'aplatissement** : flattening test, *tubes.* **essai d'arbitrage** : referee test; reference test. **essai d'arrachement** : tear test. **essai d'avancement** : drilling-time test. **essai d'écaillage** : scaling test. **essai d'échauffement sulfurique** : acid heat test. **essai d'éclatement** : burst test. **essai d'écoulement** : flow test. **essai d'élasticité des graisses** : grease-elasticity test. **essai d'élutriation** : elutriation test, *to determine the fineness of a sand or a fine asphalt filler from the amount entrained by a liquid current.* **essai d'émulsification** : emulsification test, *for oils.* **essai d'émulsion** : emulsion test. **essai d'endurance** : fatigue test. **essai d'enroulement** : wrap test. **essai d'éraillure** : scratching test. **essai d'étanchéité** : tightness test. **essai d'évaporation** : evaporation test. **essai d'expansion** : soundness test, *of cement.* **essai d'extensibilité** : elasticity test. **essai d'extension** : extension test. **essai d'homologation** : acceptance test; purchase-specification test. **essai d'indice portant californien** : California bearing ratio test. **essai d'injectivité** : injectivity test. **essai d'interférence** : interference test, *between wells.* **essai d'odeur** : odor test, *to determine whether an oil is sweet or sour, i.e. how much sulfur it contains ; also a test of a mineral by heating, breathing upon, rubbing or striking it.* **essai d'oxydabilité de Snyder** : Snyder life test, *for determining the oxidation resistance of transformer oil.* **essai d'oxydabilité des graisses** : grease-oxidation test. **essai d'oxydation** : oxidation test. **essai d'oxydation des graisses à la bombe** : grease-oxygen bomb test. **essai d'usure** : wear test. **essai d'usure Timken** : Timken wear test. **essai d'utilisation** : field test, *road test.* **essai dans les conditions d'utilisation** : full-scale test. **essai de batterie** : battery test. **essai de billage** : ball test. **essai de brûlage** : lamp-burning test, *test for illuminating oils in which the oil is burned in a standard lamp under given conditions.* **essai de brûlage à la lampe** : burning test. **essai de capillarité par mèche** : wick-feed test. **essai de carottage** : core test. **essai de cavitation** : channel test, *for detecting the cavitation tendency of thick gear oils.* **essai de centrage** : alignment test. **essai de centrifugation** : grindout, *a test for determining the water and sediments in crude oil.* **essai de charge** : load test. **essai de cisaillement** : shear test. **essai de cisaillement par torsion** : torsion shear test. **essai de coagulation des vernis** : skinning test. **essai de cohésion** : bond test. **essai de cokéfaction** : coke test, *indicates the Conradson and Ramsbottom tests.* **essai de combustible** : fuel test. **essai de combustion** : burning test. **essai de comparaison** : comparison test. **essai de comportement d'une huile à l'altération** : varnish test. **essai de compression triaxial** : triaxial compression test; triaxial shear test. **essai de congélation** : freezing test. **essai de conservation** : shelf test. **essai de consistance** : consistency test. **essai de consommation** : consumption test. **essai de contrôle** : check test. **essai de corrosion** : corrosion test. **essai de corrosion édaphique** : soil-corrosion test. **essai de corrosion en début de distillation** : corrosion at initial boiling point (IBP). **essai de couche à haute pression** : kickoff test. **essai de couche sélectif** : straddle test, *selective testing of an interval by the use of two packers.* **essai de crépitement** : crackle test, *for the fast detection of water in oil.* **essai de criblage** : screen test. **essai de désémulsification** : demulsification test. **essai de désémulsion** : demulsibility test. **essai de désémulsion à la vapeur** : steam-emulsion test. **essai de détection du goudron dans les huiles** : tar test, *consists in precipiting 5% of the sample with 95% of* *petroleum ether.* **essai de détermination de l'altération à l'air** : weathering test, *to determine the heaviest components of LPG by evaporation.* **essai de détermination de la teneur en eau et sédiments** : thief test, *to determine the water content in stock-tank oil before it is pipelined.* **essai de détonation de l'essence** : knock test of gasoline. **essai de diffusivité** : diffusivity test, *observations of pressures in wells at different times during testing at constant or variable flow rate.* **essai de diffusivité à débit constant** : drawdown pressure test. **essai de diffusivité à débit variable** : back-pressure test, *method of determining the production capacity of wells by relating flow rates and their corresponding stabilized downhole pressures.* **essai de dilution** : dilution test, *to determine the percentage of diluent contained in an oil sample.* **essai de dilution des huiles** : oil-dilution test, *by gasoline.* **essai de dilution des huiles de carter** : fuel-dilution test. **essai de distillation** : distillation test. **essai de dosage des halogènes dans les huiles de graissage** : chlorine-in-lubricating oil test. **essai de ductilité** : ductility test, *of asphalts.* **essai de durée** : delayed test. **essai de durée de vie** : life test, *an oxidation test to determine the stability of inhibited steam-turbine oils ; a test to estimate the service life of devices.* **essai de dureté** : hardness test. **essai de dureté Brinell** : ball hardness test. **essai de fatigue** : fatigue test. **essai de fermeture** : falloff test *(prod)*; shut-in test. **essai de fermeture des eaux** : water-shutoff test. **essai de finesse** : fineness test, *grain-size test to determine the degree of grinding of a cement.* **essai de Fischer** : Fischer assay, *a standardized retorting procedure used to evaluate the quantity of shale oil that can be produced from a particular oil shale.* **essai de fissilité à chaud** : hot crack test. **essai de flexion** : flexure test. **essai de floculation** : floc test. **essai de flottation** : flotation test. **essai de fluage** : creep test. **essai de fonctionnement** : functional test. **essai de forabilité** : drill-off test. **essai de forage au frein bloqué** : drill-off test, *penetration test performed by applying a given weight on the bit and then putting on the brake.* **essai de frottement** : friction test; wipe test. **essai de fuite** : leakage test. **essai de fumée** : smoke test. **essai de glissement** : slippage test. **essai de gomme** : gum test, *determining the amount of existent gum in gasoline.* **essai de la tension de vapeur des hydrocarbures volatiles** : vapor-pressure test, *Reid method.* **essai de la viscosité des bitumes** : float-viscosity test. **essai de laboratoire** : laboratory test. **essai de lubrifiants CRC** : L-test (CRC), *on an engine or other device recommended by the Coordinating Research Council.* **essai de mandrinage** : drift test. **essai de marche à vide** : no-load test. **essai de mélange** : mixture test. **essai de microactivité** : microactivity test (MAT). **essai de moussage** : foaming test, *determining the foaming tendency of an oil.* **essai de mousse des huiles moteur** : crankcase-oil foaming test. **essai de neutralisation** : neutralization test, *to determine the neutralization number.* **essai de pelage** : peel test. **essai de pénétrabilité** : penetration test, *determining the consistency of grease, wax and asphalt or other bituminous materials.* **essai de pénétration au microcône** : microcone penetration test, *to evaluate the consistency of grease.* **essai de pénétration des bitumes** : asphalt penetration test, *measurement of the tenths of a millimeter which a weighted needle penetrates into asphalt under standardized temperature, time and load conditions.* **essai de pénétration des graisses** : cone penetration test; grease-penetration test. **essai de piquage** : scaling test. **essai de pliabilité** : pliability test. **essai de pliage** : bend test; bending test. **essai de pliage à l'endroit** : face bend test; normal bend test. **essai de pliage à l'envers** : reverse bend test. **essai de pliage dirigé** : guided bend test. **essai de pliage libre** : free bend test. **essai de pliage sur cordon entaillé** : notched bend test *(metal)*. **essai de pliage sur le côté** : side bend test. **essai de pompabilité** : thickening-time test, *to determine the time during which a given cement slurry remains sufficiently fluid to be set in place by pumping.* **essai de pompage** : pulling test. **essai de potentiel** : potential test, *a flow test to determine the potential of a well, used especially for calculating the authorized daily production volume.* **essai de précipitation** : precipitation test. **essai de préévaluation** : prevaluation test. **essai de présélection** : screening test. **essai de pression au fond du puits** : bottomhole pressure test. **essai de pression dans le découvert d'un puits** : leak-off test, *underneath the casing shoe in the uncased part of the well, the pressure buildup is stopped when it causes formation fracturing.* **essai de pression hydrostatique** : hydrostatic-pressure test. **essai de prise Vicat** : Vicat setting-time test, *measured with a Vicat needle.* **essai de production** : production test; production testing. **essai de production à la pompe** : pumping test. **essai de productivité** : deliverability test; productivity test. **essais de puits** : well testing. **essai de qualification** : performance test; qualification test. **essai de ramollissement de l'asphalte** : asphalt softening-point test. **essai de rayage** : scoring test. **essai de réaction** : reaction test. **essai de réception** : acceptance test; reception test *(radio)*. **essai de réchauffage** : heater test. **essai de refoulement** : upsetting test. **essai de relaxation** : relaxation test. **essai de remontée de pression** : buildup test; pressure buildup test. **essai de résilience** : impact test; pounding test. **essai de résilience sur éprouvette entaillée** : notch value. **essai de résistance** : strength test. **essai de résistance à l'action des intempéries** : weathering test. **essai de résistance à la compression** : compression test. **essai de résistance au choc** : shatter test. **essai de résistance au frottement** : scuff-resistance test, *for cardboard and paper coated with paraffin wax.* **essai de résistance au lavage** : washout-resistance test, *for ball-bearing grease.* **essai de résistance aux laques** : lacquer test, *to determine the resistance of an oil to the formation of lacquer deposits in an engine.* **essai de ressuage** : bleeding test. **essai de rupture** : breaking test; rupture test; tension test. **essai de saponification** : saponification test. **essai de saturation** : saturation test. **essai de sédimentation** : sedimentation test. **essai de service** : service test. **essai de solubilité des produits bitumineux** : solubility test on asphalts, *to determine the percentage of material that is soluble in carbon disulfide, trichloroethylene, carbon* *tetrachloride or petroleum ether.* **essai de stabilité à l'oxydation** : oxidation stability test, *to determine potential gums in gasoline.* **essai de stabilité à l'oxydation de l'essence** : gasoline oxidation-stability test. **essai de stabilité à la couleur** : color hold test. **essai de stabilité au soleil** : sun test, *for the color stability of an oil.* **essai de stabilité de l'huile pour turbine** : turbine-oil stability test (TOST), *determination of oxidation characteristics of inhibited steam-turbine oils.* **essai de stabilité thermique** : heat test, *for lubricating oils*; thermal-stability test. **essai de surpression** : surge test *(drill)*. **essai de ténacité à la fracture** : fracture toughness test. **essai de tension** : tension test. **essai de tenue au sabot** : shoe-bond test *(drill)*. **essai de titrage** : titer test. **essai de toxicité** : toxicity test. **essai de traction** : pulling test; tensile test; traction test. **essai de trempabilité** : hardening test. **essai de trouble** : cloud test, *see point de trouble.* **essai de vibrations** : vibration testing. **essai de vieillissement** : aging test. **essai de vieillissement accéléré** : accelerated aging test. **essai de viscosité Saybolt** : Saybolt viscosity test. **essai de volatilité** : volatility test, *a fractional-distillation test to determine the initial and final boiling points.* **essai densimétrique** : float-and-sink analysis. **essai des couches** : formation testing *(prod)*. **essai des puits à gaz à débit constant** : well-gas back-pressure test. **essai destructeur** : destructive test, *a test that assesses the maximum load or strength of materials by extending them to the point of destruction.* **essai diélectrique** : dielectric test. **essai différé** : delayed test. **essai directionnel** : straight-hole test, *to ascertain whether the borehole is straight.* **essai du buvard** : bleeding test. **essai du point de feu** : fire test. **essai du point de goutte** : dropping-point test. **essai du puits** : well test. **essai dynamique** : dynamic test. **essai échantillon** : test proof. **essai éliminatoire** : screening test. **essai en bassin** : tank test. **essais en cours de forage** : drillstem testing. **essai en débit** : pressure-drawdown test, *test to determine how pressure varies at one or several successive flow rates.* **essai en service courant** : fleet test. **essai en service des graisses pour châssis** : chassis-grease service test. **essai en soufflerie** : wind-tunnel test. **essai en tube fermé** : closed-tube test. **essais en usine** : shop testing. **essai en vase clos** : closed-chamber experiment. **essai granulométrique** : fineness test. **essai Hillman** : Hillman test, *for predetermining the color stability of kerosine during storage.* **essai hydraulique** : hydraulic test. **essai hydrostatique** : hydrostatic test. **essai hydrostatique sous pression** : hydrostatic squeeze test, *to detect leaks in a gas pipeline.* **essai initial** : initial test. **essai intermittent** : intermittent test. **essai mécanique** : mechanical test. **essai non consolidé drainé** : unconsolidated drained test. **essai non consolidé lent** : unconsolidated drained test, *of soils.* **essai non consolidé non drainé** : unconsolidated undrained test. **essai non consolidé rapide** : unconsolidated undrained test, *of soils.* **essai non destructif** : nondestructive test. **essai normal de distillation** : standard distillation test. **essai par fusion de mercure** : mercury-freezing test, *to determine the percent of hydrocarbon residue that remains when commercial propane is weathered at the melting point of mercury.* **essai par immersion complète** : total-immersion test. **essai par les ultrasons** : ultrasonic testing. **essai par tout ou peu** : high-low test. **essai par voie humide** : wet test, *wet assay.* **essai par voie sèche** : dry assay; dry test. **essai périodique** : periodic test *(prod)*. **essai ponctuel** : spot test, *made with samples taken from the whole.* **essai pour la recherche du soufre** : sulfur test. **essai prolongé** : long run. **essai qualitatif** : qualitative test, *concerning the nature of a compound or mixture or the identity of its constituents.* **essai quantitatif** : quantitative test. **essai Ramsbottom** : Ramsbottom coke test, *for determining the carbon residue in petroleum products.* **essai semi-destructif** : semidestructive test. **essai Shore** : Shore test, *for measuring the hardness of metals.* **essai sous vide** : vacuum test. **essai statique** : static test. **essai sur chantier** : field testing. **essai sur dispositif redoublé** : fold-back test. **essai sur le champ** : field test. **essai sur le chantier** : field test. **essai sur moteur Lauson** : Lauson engine test, *a screening test for lubricating oils using a single-cylinder test engine.* **essai sur moteur Petter** : Petter engine test, *a lube-oil test in a single-cylinder AV1 diesel engine and in a W1 gasoline engine.* **essai sur route** : road test. **essai triaxial** : triaxial test. **essai WAC de la solidité du film des huiles aviation** : WAC bearing test, *to determine the solidity of a film of aviation oil.* **essai WAC de résistance à l'oxydation** : WAC oxidation test, *for aviation oils.* **en essai** : under test. **installation d'essai** : test plant.

essaim *m* – swarm. **essaim de dykes** : dike swarm.

essayer – assay (to); fit (to) on; test (to). **essayer un amplificateur** : make (to) a bridle *(seis)*.

esse *f* – axle pin.

essence *f* – gasoline, *US*; petrol, *UK.*; spirit. **essence à briquet** : lighter fluid. **essence à faible indice d'octane** : low-octane gasoline. **essence à faible teneur en plomb** : low-lead gasoline. **essence à haut indice d'octane** : antiknock gasoline; high-octane gasoline. **essence à haute sensitivité** : high-jump gasoline. **essence acide** : sour gasoline. **essence adaptée à la saison** : climatic gasoline, *to meet the needs of a given season (winter, summer, etc.)*. **essence adoucie** : sweet gasoline. **essence antidétonante** : antiknock gasoline. **essence au plomb** : leaded gasoline. **essence automobile** : automotive gasoline. **essence aviation d'alkylation** : alkylate aviation gasoline. **essence brute** : raw gasoline. **essence condensée** : compression gasoline, *natural gasoline obtained by compression.* **essence d'absorption** : absorption gasoline, *natural gasoline produced by absorption.* **essence d'adsorption** : adsorption gasoline, *natural gasoline produced by adsorption.* **essence d'aviation** : aviation gasoline; aviation spirit; avgas. **essence d'étêtage** : topping gasoline, *produced by the atmospheric distillation of crude oil.* **essence d'hiver** : winter-grade gasoline. **essence de cannelle** : cinnamon oil. **essence de cornue** : retort gasoline. **essence de craquage** : cracked gasoline. **essence de distillation directe** : straight-run gasoline, *produced by the primary distillation of crude oil.* **essence de gaz naturel** : drip gasoline; natural gasoline. **essence de mau-**

vaise qualité : dump gas. **essence de mélange** : blended gasoline. **essence de moutarde** : mustard oil. **essence de pétrole** : petroleum benzin, *used as an extractive solvent.* **essence de pin** : pine oil. **essence de polymérisation** : polymer gasoline. **essence de polymérisation catalytique** : catalytic polymer gasoline. **essence de précipitation** : precipitation naphtha, *a solvent specified by ASTM for use in determining the precipitation number of an oil.* **essence de pyrolyse** : pyrolysis gasoline. **essence de récupération** : conservation gasoline, *extracted from gas recovered from distillation, cracking and storage.* **essence de reformage** : reformed gasoline. **essence de sassafras** : sassafras oil. **essence de synthèse** : synthetic gasoline. **essence de térébenthine** : turpentine oil. **essence de tête** : topping gasoline; wild gasoline. **essence désulfurée** : desulfurized gasoline. **essence douce** : sweet gasoline, *not containing mercaptans.* **essence équilibrée** : balanced gasoline, *having a regular distillation curve.* **essence éthylée** : ethyl gasoline, *containing a solution of tetraethyl lead.* **essence légère** : light gasoline. **essence lourde** : heavy naphtha; petroleum naphtha, *see naphta.* **essence lourde de craquage** : pressure naphtha. **essence lourde de gaz naturel** : gas naphtha. **essence lourde désulfurée** : desulfurized heavy naphtha. **essence minérale** : mineral spirit, *a solvent.* **essence moteur** : motor spirit. **essence moteur d'alkylation** : alkylation gasoline. **essence naturelle** : casinghead gasoline; drip gasoline; natural gasoline. **essence naturelle non stabilisée** : unstable-grade natural gasoline, *containing dissolved gas.* **essence naturelle stable** : stable-grade natural gasoline, *containing almost no dissolved gas.* **essence non éthylée** : clear gasoline. **essence non stabilisée** : wild gasoline. **essence normale** : laboratory naphtha. **essence obtenue par compression** : compression gasoline. **essence ordinaire** : nonpremium-grade gasoline; regular gasoline; regular-grade gasoline. **essence plombée** : leaded gasoline. **essence pour haute altitude** : altitude-grade gasoline. **essence pour moteurs** : motor gasoline. **essence pour nettoyage à sec** : dry-cleaning gasoline. **essence pour tracteur** : tractor gasoline. **essence reformulée** : reformulated gasoline, *new unleaded gasoline or green gasoline meeting environmental recommendations.* **essence sans plomb** : unleaded gasoline. **essence sauvage** : wild gasoline. **essence solidifiée** : solidified gasoline. **essence spéciale** : industrial spirit; special boiling point (SBP) spirit. **essence stabilisée** : stabilized gasoline. **essence sulfurée** : sulfur gasoline. **essence synthétique** : synthetic gasoline. **essence traitée au plombite** : doctor-treated gasoline. **essence verte** : green gasoline, *see essence reformulée.*

essentiel – essential, *fem. essentielle.*

essexite *f* – essexite *(petro).*

essieu *m* – axle. **essieu arrière** : rear axle. **essieu avant** : front axle. **essieu coudé** : crank axle; dropped axle. **essieu d'entraînement** : clutch shaft. **essieu directeur** : steering axle. **essieu fixe** : fixed axle. **essieu flottant** : floating axle. **essieu moteur** : drive axle; live axle; power axle. **essieu oscillant** : swing axle. **essieu porteur** : bearing axle; trailing axle. **essieu semiflottant** : semifloating axle.

essonite *f* – essonite; cinnamon stone.

essorage *m* – drying, *spin drying*; wringing. **essorage de la mousse** : foam drainage.

essoreuse *f* – hydroextractor. **essoreuse à vide** : sucking machine. **essoreuse centrifuge** : centrifugal drier.

essuie-câble *m* – wireline wiper.

essuie-glace *m* – windshield wiper, *windscreen wiper.*

essuie-tige *m* – pipe wiper, *a rubber disk covering the annular space when the drill string is tripped out so as to prevent junk from falling into the borehole.* **essuie-tige de la tige d'entraînement** : kelly wiper.

essuyage *m* – wiping.

essuyeur *m* – wiper.

estacade *f* – pier on piles.

estampage *m* – drop forging; stamping.

estampé – stamped.

estampeur *m* – stamper.

estampillage *m* – stamping.

estampille *f* – approval seal; stamp.

estampillé – stamped.

estarie *f* – *see jour de planche.*

ester *m* – ester. **ester carbonique** : carbonic ester. **ester cellulosique** : cellulose ester. **ester de glycérine** : glyceride. **ester de méthacrylate** : methacrylate ester. **ester gras** : fatty ester. **ester halogéné** : halogenated ester. **ester neutre** : neutral ester. **ester nitrique** : nitric ester. **ester phosphorique** : phosphoric ester. **ester sulfurique** : sulfuric ester.

estérification *f* – esterification, *chemical reaction.*

estimateur *m* – estimator *(stat).* **estimateur avec erreur systématique** : biased estimator. **estimateur biaisé** : biased estimator. **estimateur sans biais** : unbiased estimator, *absolutely correct.*

estimation *f* – appraisal; computation; estimation; guesswork; rating; valuation. **estimation des coûts de forage** : estimated cost of drilling. **estimation des dégâts** : damage assessment. **estimation des réserves** : estimation of reserves. **estimation du risque** : risk assessment. **estimation grossière** : guestimate. **estimation spectrale à entropie maximale** : maximum-entropy spectral estimation.

estime *f* – dead reckoning, *navigation*; reckoning.

estimé – rated.

estimer – appraise (to); estimate (to); rate (to).

estran *m* – foreshore, *the zone regularly covered and uncovered by the rise and fall of the tide.* **estran sableux** : tidal flat. **estran vaseux** : mud flat.

estuaire *m* – estuary; tidal river.

estuarien – estuarine.

établi *m* – bench; workbench.

établi – settled.

établir – compile (to); correlate (to); quote (to); settle (to). **établir à un niveau constant** : level (to) off.

établissement *m* – laying; plant; settlement; working out. **établissement d'un programme** : programming. **établissement d'un programme d'ordonnancement** : planning, *analysis of the jobs involved in a project and determining the sequence in which they are to be performed.* **établissement du programme de marche** : scheduling, *of a manufacturing process.* **établissements scolaires** : education facilities.

étage *m* – floor, *of a building*; level; stage, *a chronostratigraphic unit of smaller scope and rank than a series*; tier. **étage du fond** : bottom level *(mine)*. **étage théorique** : theoretical stage, *for extraction*. **à deux étages** : double staged. **à trois étages** : three stage.

étagement *m* – staging, *arrangement in tiers*. **étagement des vitesses** : velocity layering.

étagère *f* – shelf.

étai *m* – prop; stanchion; stay; strut. **étai en bois** : timber prop; wooden prop.

étaiement *m* – falsework; propping; shoring.

étain *m* – pewter; tin, *symbol Sn*. **étain d'alluvion** : stream tin. **étain de bois** : wood tin *(miner)*. **étain de soudure** : soldering pewter. **étain électrolytique** : electrolytic tin. **étain en saumon** : block tin.

étalage *m* – display.

étale *m* – tidal stand, *interval at high or low tide when there is no appreciable variation in the height of the tide*. **étale de courant** : slack water.

étalement *m* – spreading ability. **étalement des vacances** : staggering of holidays.

étalon *m* – caliber; standard. **étalon de couleur** : color standard. **étalon de référence** : reference standard. **étalon international** : international standard. **étalon national** : national standard. **étalon or** : gold standard.

étalonnage *m* – calibrating; calibration. **étalonnage de l'outil** : tool calibration. **étalonnage du thermomètre** : thermometer calibration.

étalonné – calibrated.

étalonner – calibrate (to); gage (to); rate (to).

étamage *m* – tin plating; tinning; zincing. **étamage à chaud** : hot tinning.

étambot *m* – sternpost.

étamé – tinned. **étamé à chaud** : hot tinned.

étampage *m* – swaging.

étampe *f* – die; forging die; punch.

étanche – closed; impermeable; leakfree; leakproof; sealed; tight. **étanche à l'air** : airproof; airtight. **étanche à l'eau** : damp proof; watertight. **étanche à l'huile** : oil tight. **étanche à l'humidité** : moisture proof. **étanche à la poussière** : dustproof; dusttight. **étanche à la vapeur** : vapor tight; vaporproof. **étanche au gaz** : gas tight; gasproof. **étanche au vide** : vacuum tight; vacuumproof. **étanche aux intempéries** : weathertight. **non étanche** : nonsealed. **rendu étanche à** : sealed against.

étanchéité *f* – imperviousness; seal; tightness, *property*. **étanchéité d'annulaire** : seal assembly.

étanchement *m* – water exclusion.

étancher – caulk (to).

étançon *m* – prop. **étançon extensible** : expanding prop. **étançon métallique** : metal prop. **étançon métallique flexible** : adjustable prop. **étançon téléscopique** : collapsible prop.

étançonner – buttress (to).

étang *m* – pond.

étape *f* – stage; step. **étape de réaction** : reaction step. **étape limitative** : controlling step *(chem)*. **étape limitative de la vitesse** : rate-controlling step *(chem)*; rate-limiting step. **étape réactionnelle** : reaction step.

état *m* – condition; state; statement. **état colloïdal** : colloidal state. **états correspondants** : corresponding states, *when two or more physical systems are at the same reduced pressures, tempera tures and volumes*. **état côtier limitrophe** : adjoining coastal state. **état critique** : critical state. **état d'équilibre** : steady state. **état d'usure des dents** : cone-teeth conditions, *drill bit*. **état d'usure des picots** : insert conditions, *drill bit*. **état de contrainte** : state of stress. **état de déformation** : state of strain. **état de la mer** : sea state; state of the sea. **état de marche** : working order. **état de navigabilité** : seaworthiness. **état de régime** : steady state. **état dégénéré** : degenerate state. **état excité** : excited state. **état fondamental** : ground state, *stationary lowest-energy state of a system of particles*. **état gazeux** : gaseous state. **état hygrométrique** : hygroscopic moisture. **état liquide** : liquid state. **état naissant** : nascent state, *the chemical state of a radical or element at the moment it becomes separated from a chemical combination at which its activity may be greater than in its normal state*. **état récapitulatif** : summary statement. **état solide** : solid state. **état stable** : steady state. **état stationnaire** : steady state. **état virtuel** : virtual state.

état-major *m* – staff.

étau *m* – vise. **étau à mors parallèles** : parallel vise. **étau à tubes** : pipe vise. **étau-limeur** : shaper. **étau parallèle** : parallel vise.

étayage *m* – propping; shoring; staying.

étayé – propped.

étayer – buttress (to); prop (to); underpin (to).

ETBE – ETBE, *abbr. éthyl tertio-butyl éther: ethyl tert-butyl ether*.

éteindre – extinguish (to); kill (to); quench (to). **éteindre de la chaux** : slake (to). **éteindre la lumière** : switch (to) off the light.

éteint – extinct; killed; quenched.

étendage *m* – coating. **étendage à la tournette** : whirling coating. **étendage au jet** : spray coating. **étendage au rouleau** : roller coating. **étendage en continu** : continuous coating.

étendre – dilute (to), *to make a liquid less concentrated*; enlarge (to); lay (to).

étendu – extended.

étendue *f* – extent; field; range; scale; scope. **étendue stratigraphique** : stratigraphic range, *of a fossil*.

éternel – perennial.

étêtage *m* – topping, *primary distillation*.

étêté – topped *(ref)*.

éthanal *m* – ethanal, *acetaldehyde*.

éthane *m* – ethane, *methylmethane, dimethyl, ethylhydride*.

éthanol *m* – ethanol, *ethyl alcohol*.

éthanolamine *f* – ethanolamine, *MEA, monoethanolamine*.

éthène *m* – ethene, *ethylene, olefiant gas*.

éther *m* – ether. **éther allyl-vinylique** : vinyl ether. **éther cellulosique** : cellulose ether. **éther cétylique** : cetyl ether. **éther de laboratoire** : ether for laboratory use. **éther de pétrole** : petroleum ether. **éther éthyl-vinylique** : vinyl ethyl ether. **éther isobutylvinylique** : isobutyl-vinyl ether. **éther méthylique** : methyl ether. **éther méthyltributylique** : *see méthyl tertio butyl éther (MTBE)*. **éther monométhylique du propylène glycol** : propylene glycol monomethyl ether, *hydraulic brake fluid*. **éther**

phénylique : phenyl ether, *diphenyl ether, diphenyl oxide.* **éther servant au démarrage des moteurs** : ether for engine starting purposes. **éther vinylique de cétyle** : cetyl vinyl ether.

éthérification *f* – etherification, *chemical reaction.*

éther-sel *m* – ester.

éthine *m* – ethine, *acetylene.*

éthoxylation *f* – ethoxylation *(chem).*

éthoxylénation *f* – *see éthoxylation.*

éthyl – ethyl, *prefix denoting the presence of an ethyl radical in a molecule.* **éthyl tertio butyl éther (ETBE)** : ethyl tert-butyl ether (ETBE).

éthylacétylène *m* – ethylacetylene, *1-butyne.*

éthylate *m* – ethylate. **éthylate de vanadium** : vanadium ethylate, *polymerization catalyst.*

éthylation *f* – ethylation *(chem).*

éthylbenzène *m* – ethylbenzene, *phenylethane.*

éthylcellulose *f* – ethylcellulose.

éthyle *m* – ethyl, *hydrocarbon radical.*

éthylène *m* – ethylene, *ethene, olefiant gas.* **éthylène glycol** : ethylene glycol. **éthylène glycol monobutyle éther (EGMBE)** : ethyleneglycolmonobutyl ether (EGMBE), *water-wetting agent, demulsifier and interfacial-tension reducer.*

éthylènediamine *f* – ethylenediamine.

éthylthioéthanol *m* – ethyl thioethanol.

éthyne *m* – ethyne, *acetylene.*

éthynylation *f* – ethynylation, *condensation of acetylene with a reagent.*

étiage *m* – mean lower low water.

étier *m* – tidal channel.

étinceler – sparkle (to).

étinceleur *m* – sparker, *a seismic source using an electric discharge in water as the energy source.* **étinceleur à fil** : exploding wire.

étincelle *f* – spark. **étincelle à impulsion** : quenched spark. **étincelle à rupture** : touch spark. **étincelle d'allumage** : ignition spark. **étincelle de décharge** : discharge spark. **étincelle de rupture** : break spark. **étincelle disruptive** : disruptive spark. **étincelle électrique** : electric spark. **étincelle étouffée** : quenched spark. **étincelle nourrie** : fat spark, *automotive.* **étincelle retardée** : retarded spark. **sans étincelle** : sparkless.

étiologie *f* – etiology, *science dealing with the causes of phenomena and diseases.*

étiqueté – labeled; tagged.

étiquette *f* – docket; header, *first section of a message;* label; tag. **étiquette d'un enregistrement sismique** : record label *(seis).*

étirabilité *f* – drawability.

étirage *m* – drafting; draw; drawing; stretching. **étirage à froid** : cold drawing. **étirage des métaux** : metal drawing.

étiré – drawn. **étiré à chaud** : hot drawn. **étiré à froid** : cold drawn; hard drawn.

étirement *m* – stretch, *change in seismic wavelet shape caused by applying a normal-moveout correction;* stretching. **étirement du signal** : pulse stretching.

étirer – draw (to); draw (to) out; forge (to); lengthen (to). **étirer sous le marteau** : forge (to) out.

étoffe *f* – cloth.

étoile *f* – spider; star. **étoile polaire** : North Star. **étoile triangle** : star delta *(elec).*

étouffement *m* – smothering.

étouffer – damp (to); quash (to).

étoupe *f* – junk; oakum; tow; wadding; waste.

étrange – strange.

étranger – extraneous; foreign.

étrangeté *f* – strangeness; strangeness number, *a quantum number.*

étranglement *m* – choke; constriction; pinching; restriction; throttling; tight spot. **étranglement calibré** : calibrated choke. **étranglement de chaudière** : throat sheet.

étrangler – choke (to); throttle (to), *slowing down a flow of air or liquid;* throttle (to) down.

étrangleur *m* – strangler.

étrave *f* – bow. **étrave à bulbe** : bulbous bow.

étreinte *f* – hold; pinch; pinching.

étrésillon *m* – shore. **étrésillon de tranchée** : trench shore.

étrésillonnement *m* – bracing; strutting.

étrier *m* – hanger; saddle; stirrup *(drill);* yoke. **étrier d'échafaudage** : cradle iron. **étrier de levage** : link. **étrier de serrage** : clip. **étrier de suspension d'une canalisation** : pipe hanger. **étrier de suspension de la tige polie de la pompe** : rod hanger. **étrier fileté** : U-bolt.

étriqué – cramped.

étroit – narrow.

ettringite *f* – ettringite *(miner).*

étude *f* – analysis; design; examination; layout; research; study; survey; surveying. **étude 3D** : three-D (3D) survey. **étude à l'oeil nu** : visual examination. **étude à trois dimensions** : three-D (3D) survey. **étude d'enneigement** : snow survey. **étude d'impact** : impact study, *study of the environmental impact of a planned industrial installation.* **étude d'impact sur l'environnement** : environmental impact statement. **études de bassin** : basin synthesis. **étude de cas** : case history. **études de développement** : process development. **étude de faisabilité** : feasibility study. **étude de gisements** : reservoir engineering. **étude de la séquence sismique** : seismic-sequence analysis. **étude de marché** : market research; market survey. **étude de projet** : project engineering. **étude de reconnaissance** : reconnaissance survey. **étude de sensibilité** : sensitivity analysis, *using variations in the explanatory variables in a model to examine the effect they have on the variable explained.* **étude de vitesse** : velocity survey. **étude du bruit ambiant** : ground-noise survey. **étude du bruit naturel** : noise survey. **étude du marché** : marketing report. **étude du terrain** : field survey. **étude et application des méthodes** : methods engineering; production engineering. **étude et mise au point** : research and development (R&D). **étude géochimique** : geochemical survey. **étude géologique** : geological survey. **étude géophysique** : geophysical survey. **étude gravimétrique** : gravimetric survey. **étude par arbre de défaillances** : fault-tree analysis (FTA), *methodology used for predicting the risk of failure of systems.* **étude par rayons X** : X-ray investigation. **étude préalable** : feasibility study. **étude préliminaire** : preliminary survey. **étude probabiliste** : probabilistic study, *a distribution corresponding to the probability of occurrence is defined for each variable.* **études suivies** : continuous studies.

étudier – survey (to).
étuve – baking oven; drying oven; stove. **étuve à noyaux** : core oven. **étuve à vide** : vacuum drier. **étuve de séchage** : exsiccator.
eucaryote *m* – eukaryote *(biol)*.
euclidien – euclidean, *see algorithme d'Euclide, espace euclidien, géométrie euclidienne.*
eudiomètre *m* – detonating tube; eudiometer, *used for measuring changes in volume during the combustion of gases.*
eugéosynclinal *m* – eugeosyncline *(tecton)*.
Euler – Euler, *see angles d'Euler, équation d'Euler.*
eulérien – Eulerian *(math)*.
euosmite *f* – euosmite, *pleasant-smelling fossil resin.*
euphotique – euphotic, *see zone euphotique.*
euristique *f* – *see heuristique.*
euritique – euritic, *microgranular (petro)*.
europium *m* – europium, *symbol Eu.*
Eurosuper – Eurosuper, *unleaded gasoline meeting European specifications with a minimum RON of 95 and MON of 85.*
euryhalin – euryhaline.
eurytherme – eurythermal.
eustasie *f* – *see eustatisme.*
eustatique – eustatic *(geol)*.
eustatisme *m* – eustasy, *the worldwide sealevel regime and its fluctuations.*
eutaxitique – eutaxitic, *referring to the banded structure of some extrusive rocks.*
eutectique – eutectic, *referring to a system made up of two or more solid phases and a liquid phase whose composition can be expressed in terms of positive quantities of the solid phases, all coexisting at an invariant point (eutectic point)*.
eutectoïde *m* – eutectoid.
eutrophe – eutrophic.
eutrophie *f* – eutrophy *(biol)*.
eutrophisation *f* – eutrophication, *accumulation of organic nutrients in a body of water as the result of human activity, causing vegetal proliferation accompanied by a decrease in oxygen required for animal life.*
euxinique – euxinic, *characterizing a closed marine environment with restricted circulation and stagnant or anaerobic conditions.*
eV – eV, *abbr. of electron volt.*
évacuation *f* – discharge; disposal; eduction; evacuation; exhaust; pump-out; scavenging, *particularly of exhaust via the cylinders of an engine.* **évacuation d'urgence** : emergency evacuation. **évacuation de l'eau salée** : salt-water disposal, *taken from an oil well.* **évacuation de la chaleur** : heat elimination. **évacuation des déblais** : cuttings removal. **évacuation des déchets** : waste disposal. **évacuation des eaux usées** : sewage disposal. **installation d'évacuation des déchets** : waste-disposal system.
évacué – discharged.
évacuer – carry (to) off; evacuate (to); scavenge (to).
évaluation *f* – appraisal; assessment; estimate; estimation; evaluation; rating; valuation. **évaluation d'une découverte** : evaluation of a discovery. **évaluation de performance** : evaluation of performance. **évaluation des coûts** : costing. **évaluation des dangers** : hazard assessment. **évaluation des risques** : hazard assessment. **évaluation du potentiel du gisement** : formation evaluation. **évaluation du risque** : risk assessment. **évaluation économique des terrains pétrolifères** : oil-property valuation. **évaluation probabiliste des risques** : probabilistic risk assessment (PRA). **évaluation quantitative** : quantitative estimate. **évaluation technologique** : technology assessment.
évalué – estimated. **évalué au prix coûtant** : valued at cost.
évaluer – appraise (to); appreciate (to); estimate (to); evaluate (to). **évaluer la qualité de** : grade (to).
évanouissement *m* – fading, *(elec)*. **évanouissement des freins** : fading of brakes, *temporary reduction of brake effectiveness.*
évaporable – evaporable.
évaporateur *m* – evaporator. **évaporateur à aspersion interne** : spray-type evaporator. **évaporateur à calandre** : shell-and-tube evaporator. **évaporateur à film descendant** : falling-film evaporator. **évaporateur à film tombant** : falling-film evaporator. **évaporateur à injection directe** : direct-feed evaporator. **évaporateur à longs tubes verticaux** : long-tube vertical evaporator (LTVE). **évaporateur à plaques** : plate-type evaporator. **évaporateur à tubes verticaux** : vertical-tube evaporator (VTE). **évaporateur de sel** : salt grainer. **évaporateur enveloppant** : wraparound evaporator. **évaporateur noyé** : flooded evaporator. **évaporateur solaire** : solar evaporator. **évaporateur sous vide** : vacuum evaporator.
évaporation *f* – evaporation; vaporization. **à évaporation, par évaporation** : evaporative. **évaporation à effet multiple** : multiple-effect evaporation, *with several stages.* **évaporation discontinue** : batch evaporation. **évaporation par jet d'air** : air-jet evaporation test, *gum measurement test for gasoline and aircraft fuels.* **évaporation sélective** : selective evaporation.
évaporer – evaporate (to).
évaporimètre *m* – atmometer; evaporimeter.
évaporite *f* – evaporite, *nonclastic sedimentary rock mainly composed of minerals from a saline solution after evaporation of the solvent.*
évapotranspiration *f* – evapotranspiration, *discharge of water by a land area via transpiration of plants and evaporation from the ground and surface-water bodies.*
évasé – cupped.
évasement *m* – cupping; flare.
évasion *f* – escape. **évasion fiscale** : tax avoidance.
événement *m* – event. **événement anormal** : abnormal event, *coherent events that are not reflections, e.g. refractions.* **événement capital** : high spot. **événement endogène** : endogenous event *(geol)*. **événement fictif** : spurious event. **événement indésiré** : adverse event. **événement magnétique** : polarity event. **événement majeur** : master event. **événement mineur** : tremor. **événement parasite** : spurious event *(seis)*. **événement sismique** : seismic event.
évent *m* – air hole; air pipe; air vent; breather plug; channel of ascent; chimney; feeding vent;

hole bleed; port, *of an air gun*; relief pipe; riser *(metal)*; vent; vent hole. **évent calibré pour trépan** : jet nozzle.
éventail *m* – fan, *in seismic surveying, a type of frequency filtering and wavenumber*; fanlight. **éventail de vitesse** : velocity scan *(seis)*. **éventail sous-marin** : deep-sea fan. **en éventail** : fan shaped.
éventuel – contingent.
évidé – chambered; cored.
évidement *m* – recess; slot, *offshore drilling platform*. **évidement de maneton de vilebrequin** : crank-pin hollow.
évident – obvious.
évider – hollow (to) out; recess (to).
évier *m* – sink; washbowl.
évitage *m* – swinging; weathervaning, *the turning of a vessel at anchor from one direction to another under the influence of wind or currents.*
évitement *m* – bypass.
évoluer – evolve (to).
évolution *f* – evolution. **évolution géochimique** : geochemical evolution.
évorsion *f* – evorsion, *pothole formation in river-beds by the erosional action of vortices and eddies.*
exa – exa, *prefix indicating* 10^{18}, *i.e. one quintillion (US), one trillion (SI), symbol* E.
exact – accurate.
exactitude *f* – accuracy, *discrepancy between the true value and the result obtained by measurement ; ability of a measuring instrument to give indications approaching the true value of a magnitude being measured*; correctness; soundness; trueness.
exagération *f* – exaggeration. **exagération verticale** : vertical exaggeration.
exalter – enhance (to).
examen *m* – examination; survey. **examen aux rayons X** : X-ray examination. **examen microscopique** : microscopic examination. **examen non destructif** : nondestructive examination (NDE). **examen visuel** : visual examination.
excavateur *m* – digger; excavator; shovel; stripper. **excavateur à benne preneuse** : clamshell excavator. **excavateur à godets** : bucket excavator; ladder ditcher; mechanical shovel; scoop dredger; shovel dredge. **excavateur de tranchées** : pipeline shovel; trench digger. **excavateur hydraulique** : hydraulic excavator.
excavation *f* – digging; excavating; excavation; hole; undercutting. **excavation de tranchées** : trench excavation; trenching.
excavatrice *f* – ditching machine; trench excavator; trencher.
excaver – excavate (to); hollow (to) out.
excédent *m* – excess; surplus. **excédent budgétaire** : budget surplus *(fin)*. **excédent de poids** : excess weight.
excentration *f* – eccentricity, *defect in tubulars.*
excentré – eccentric.
excentrer – offset (to). **excentrer un puits** : throw (to) the hole off, *said of a formation having a chaotic structure that makes the drilling of straight wells difficult.*
excentricité *f* – eccentricity.
excentrique *m* – eccentric. **excentrique à cadre** : cam and yoke. **excentrique à galets** : cam and followers. **excentrique d'une pompe** : crank arm, *of a pump*. **excentrique du tiroir** : valve eccentric.
excentrique – off center.
exceptionnel – anomalous; exceptional.
excès *m* – excess. **excès d'air** : excess air. **excès d'eau** : water surplus. **excès de chaleur** : super heat. **excès de charge** : excess load. **excès de masse** : excess of mass. **excès de traitement** : over-treating. **excès de vapeur** : overflash, *in feedstock.* **excès sphérique** : spherical excess.
excessif – excessive.
excimère *m* – excimer, *excited-state dimer.*
exciplexe *m* – exciplex, *excited-state complex.*
excitation *f* – excitation. **excitation en dérivation** : shunt excitation.
excitatrice *f* – exciter.
excité – excited; wound. **excité en dérivation** : shunt wound. **excité en série** : series wound.
exciter – energize (to).
exciton *m* – exciton *(phys)*.
excitron *m* – excitron, *a single-anode mercury-pool tube.*
exclusif – exclusive.
exclusion *f* – exclusion. **exclusion d'ions** : ion exclusion.
excoriation *f* – excoriation.
excroissance *f* – excrescence.
exécuté – worked out.
exécuter – carry (to) out; perform (to). **exécuter une campagne sismique** : shoot (to). **exécuter une carte** : map (to) out.
exécution *f* – performance. **exécution d'un puits en montant** : shaft raising *(mining)*. **exécution des tranchées** : ditching.
exemplaire *m* – copy. **exemplaire d'archive** : file copy.
exemple *m* – example. **exemple type** : case history.
exempt – exempt; free. **exempt d'acide** : acid free. **exempt d'air** : air free. **exempt de distorsion** : distortion free. **exempt de droits** : duty free. **exempt de goudron** : tarless. **exempt de particules abrasives** : grit free. **exempt de rouille** : rust free.
exemption *f* – exemption.
exercer – display (to), *an action.*
exercice *m* – financial year; drill, *perfecting activity and skill by regular practice*; exercise. **exercice budgétaire** : fiscal period, *fiscal year.* **exercice comptable** : accounting period, *the time (usually a fiscal year) between the closing of accounts.* **exercice d'évacuation** : safety drill, *at sea.*
exergie *f* – exergy, *maximum effective work that can be obtained from a thermodynamic system.*
exfoliation *f* – exfoliation; scaling.
exhalaison *f* – fume.
exhalation *f* – exhalation.
exhaler – exhale (to).
exhaure *f* – dewatering; pumping.
exhaussement *m* – rise; upbuilding; uplift.
exhumé – exhumed; resurrected *(geol)*.
exigé – required; specified.
exigence *f* – requirement. **exigence en octane** : octane-number requirement (ONR). **augmentation de l'exigence en octane** : octane-requirement in-

crease (ORI), *of an aging engine.* **exigences fonctionnelles** : performance requirements *(contract).* **exigence pour la résistance à la traction** : tensile requirement.

exiger – claim (to).

exigibilités – current liabilities.

exine *f* – exine, *the outer layer of spores and pollens.*

exinite *f* – exinite, *a coal maceral group including sporinite, cutinite, alginite, resinite and liptodetrinite. They are relatively rich in hydrogen.*

existant – existing.

exitance *f* – exitance, *emittance, emittive power, radiating power, the power radiated per unit area of a radiating surface.* **exitance énergétique** : radiant exitance, *SI unit: watt per square meter.* **exitance lumineuse** : luminous exitance, *formely luminous emittance, SI unit: lumen per square meter.*

exocyclique – exocyclic *(chem).*

exoénergétique – exoergic, *exothermic.*

exogène – exogenetic; exogenic; exogenous.

exogéosynclinal *m* – exogeosyncline.

exomorphique – exomorphic.

exomorphisme *m* – exomorphism.

exondation *f* – emergence, *a change in the level of water such that areas formerly under water are exposed.*

exonération *f* – exemption; exoneration; remission. **exonération d'impôts** : tax exemption.

exonéré – exonerated. **exonéré d'impôts** : tax free. **exonéré de l'impôt sur le revenu** : free of income tax.

exoréique – exorheic, *said of a region with external drainage reaching the ocean.*

exoréisme *m* – exorheism.

exosmose *f* – exosmosis.

exosphère *f* – exosphere, *the outermost layer of the Earth's atmosphere.*

exothermique – exothermic.

exotique – exotic, *that has been removed from its place by one of various processes.*

expansé – expanded.

expansibilité *f* – dilatability; extensibility.

expansible – expansible.

expansion *f* – expansion; extension; spreading, *spherical divergence (body waves) or cylindrical divergence (surface waves) ; loss of amplitude due to geometric spreading.* **expansion d'aquifère** : *see drainage par expansion d'aquifère.* **expansion de l'eau** : *see drainage par expansion d'aquifère.* **expansion des fonds océaniques** : ocean-floor spreading; sea-floor spreading. **expansion des gaz** : expansion of gas, *increase in gas volume as the result of a change in temperature or pressure.* **expansion directe** : direct expansion. **expansion du front d'onde** : wave spreading. **expansion linéaire** : linear expansion. **expansion océanique** : *see expansion des fonds océaniques.* **expansion par gaz dissous** : dissolved-gas drive *(prod).* **à expansion à froid** : cold expanded. **sans expansion** : nonexpanded.

expédier – dispatch (to); forward (to).

expéditeur *m* – consignor; shipper.

expédition *f* – clearing; consignment; dispatch; forwarding; shipment; shipping. **expédition en douane** : clearance outwards.

expéditionnaire *m* – forwarder.

expérience *f* – background, *experience gained;* experiment; know-how; *see also retour d'expérience.* **expérience factorielle** : factorial experiment, *complex experiment (math).*

expérimental – experimental.

expert-comptable *m* – chartered accountant.

expiration *f* – lapse.

expirer – lapse (to).

exploitabilité *f* – workability.

exploitable – payable.

exploitant *m* – operator.

exploitation *f* – exploitation; operation; winning *(mining)*; working. **exploitation à ciel ouvert** : open cut; placer mining; strip mining; surface mining. **exploitation à circuit fermé** : closed-circuit working. **exploitation à flanc de coteau** : adit-cut mining. **exploitation à la tarière** : auger mining. **exploitation aurifère** : gold digging. **exploitation concertée** : unitization. **exploitation continue** : roll along *(seis).* **exploitation d'un champ de pétrole** : oilfield development. **exploitation d'un profil sismique** : profiling *(seis).* **exploitation de charbon à ciel ouvert** : open-pit coal mining. **exploitation de cuivre** : copper mining. **exploitation de la houille** : coal mining. **exploitation de minerai** : ore mining. **exploitation de mines sous l'eau** : underwater mining. **exploitation des alluvions par canaux** : ground sluicing. **exploitation des gisements** : bed mining *(coal)*; oilfield development and production. **exploitation des mines** : mining. **exploitation des mines de sel** : salt mining. **exploitation des mines métalliques** : ore mining. **exploitation du pétrole par méthode minière** : oil mining; underground petroleum work, *drilling mine shafts to recover oil via underground galleries.* **exploitation en commun** : unitization. **exploitation en couverture multiple** : roll along. **exploitation par chambres et piliers** : barrier system *(mining)*; chamber-and-pillar mining; room-and-pillar technique *(mining).* **exploitation par chambres magasins** : shrinkage stoping *(mining).* **exploitation par descenderie** : drift mining. **exploitation par excavateurs** : strip mining. **exploitation par gradins** : bench stoping. **exploitation par jaillissement intermittent** : breathing, *water and oil are left to accumulate until enough gas pressure has been reached to make the liquid flow out.* **exploitation par longue taille** : longwall mining. **exploitation par piliers** : chute-and-pillar system. **exploitation par poche et pilier** : breast and pillar *(mining).* **exploitation par tranche ascendante** : ascending horizontal slicing *(mining).* **exploitation rabattante** : retreat mining. **exploitation rurale** : homestead. **exploitation souterraine** : underground working.

exploité – drawn; on.

exploiter – run (to), *a plant.*

exploration *f* – exploration; field work; prospecting; prospection; reconnaissance; scouting. **exploration de l'antenne du radar** : scan of a radar antenna. **exploration géochimique** : geochemical exploration. **exploration pétrolière** : oil exploration. **exploration sismique** : seismic exploration.

explorer – prospect (to).

explosant – exploding.

exploser – explode (to).

exploseur *m* – exploder *(mine)*. **exploseur à gaz** : gas exploder, *seismic source*. **exploseur à retardement** : delayed-action exploder.

explosible – explosible.

explosif *m* – explosive; powder. **explosif à l'oxygène liquide** : liquid-oxygen explosive. **explosif agréé** : permissible explosive. **explosif au perchlorate** : perchlorate explosive. **explosif autorisé** : permitted explosive. **explosif brisant** : detonating explosive; high explosive; high-strength explosive; shattering explosive. **explosif chloraté** : chlorate explosive. **explosif d'amorçage** : initiating explosive; primary explosive. **explosif de sûreté** : flameless explosive; safety explosive. **explosif déflagrant** : deflagrating explosive. **explosif détonant** : detonating explosive. **explosif en bouillie** : slurry blasting agent; slurry explosive. **explosif faible** : low-strength explosive. **explosif gainé** : sheathed explosive. **explosif lent** : low explosive; slow-action explosive. **explosif préchargé** : sleeper. **explosif primaire** : primary explosive; primer. **explosif puissant** : high-strength explosive. **explosif roche** : rock explosive. **explosif secondaire** : secondary explosive.

explosimètre *m* – explosimeter, *an instrument used to detect flammable gases.*

explosion *f* – blast; blowing up; blowup; burst; detonation, *in an engine*; explosion; shot. **explosion accidentelle dans le carter** : crankcase explosion, *due to an accumulation of fuel vapors.* **explosion de gaz en expansion** : boiling-liquid expanding-vapor explosion, *BLEVE*. **explosion de grisou** : firedamp explosion *(mine)*. **coup de poussière** : dust explosion. **explosion de vapeur non confinée** : unconfined vapor-cloud explosion. **explosion retardée** : delayed explosion. **explosion sous-marine** : hydroexplosion.

explosivité *f* – explosiveness; explosivity.

exponentiel – exponential.

exportation *f* – export.

exportateur *m* – exporter.

exportation *f* – exportation. **exportation de déstockage** : spillover exportation.

exposant *m* – exponent *(math)*; index; superscript *(math)*. **exposant adiabatique** : adiabatic index. **exposant critique** : critical exponent. **exposant isentropique** : isentropic exponent.

exposé *m* – statement. **exposé verbal** : briefing.

exposé – exposed. **exposé à l'action de l'air** : weathered.

exposition *f* – display; exhibition; exposure. **exposition au bruit** : noise exposure. **exposition des personnes** : human exposure. **exposition énergétique** : radiant exposure, *SI unit: joule per square meter.* **exposition financière** : financial exposure. **exposition lumineuse** : light exposure, *quantity of illumination, expressed in lux second but also in lux hour.*

exprimable – expressible.

expropriation *f* – expropriation.

expulser – carry (to) out; eject (to).

expulsion *f* – ejection; expulsion; extrusion.

exsolution *f* – exsolution, *separation of an initially homogeneous solid solution into two or more distinct crystalline phases without any change in bulk composition.*

exsudation *f* – exudation; sweating. **exsudation de pétrole** : oil exudation.

exsurgence *f* – exsurgence, *karst spring.*

extensibilité *f* – extensibility; tensility.

extensible – expandable; expanding; tensile.

extensif – extensive.

extension *f* – development; enlargement; extension; promotion; stretch, *of a drill string before it is lifted off the bottomhole*; stretching.

extensomètre *m* – extensometer, *1) an instrument for measuring small deformations, deflections or displacements ; 2) an instrument for measuring changes caused by stress in a linear dimension of a body*; strain gage.

extérieur – exterior; outdoor; outer; outside.

externe – external; outer.

externides *f* – externides, *outer part of an orogenic belt nearest to the craton or foreland.*

extincteur *m* – extinguisher. **extincteur à liquide** : liquid extinguisher. **extincteur à mousse** : foam extinguisher. **extincteur au gaz carbonique** : carbon-dioxide fire extinguisher. **extincteur d'incendie** : fire extinguisher. **extincteur portatif** : portable extinguisher.

extincteur – extinguishing, *fem. extinctrice.*

extinction *f* – extinction; killing; quenching *(metal)*; termination. **extinction du coke** : coke quenching; damping down of the coke. **extinction ondulée** : undulatory extinction *(petro)*; wavy extinction *(petro)*. **extinction radioélectrique** : radio blackout, *polar blackout, arctic blackout.*

extraclaste *m* – extraclast, *fragment of calcareous sedimentary material.*

extracteur *m* – drill extractor, *tool used to remove bits from the drill string*; extractor; finger grip, *for drilling tools.* **extracteur à plateaux perforés** : perforated-plate extractor. **extracteur à plusieurs étages** : multistage extractor. **extracteur d'huile** : oil extractor. **extracteur de brouillard** : mist extractor. **extracteur de carottes** : core extractor; core lifter. **extracteur de chemise** : packing puller. **extracteur de solides** : mud desilter. **extracteur de tubes** : tube extractor *(drill)*.

extractible – extractable.

extractif – extractive, *fem. extractive.*

extraction *f* – drawing; drawing out; extraction; hauling; hoisting; output; pulling; raising; removal, *of a product sought after*; stripping, *steam evaporation of petroleum fractions to reduce the amount of overly volatile products they contain and to adjust the inflammation point*; winning. **extraction à contacts multiples** : crosscurrent extraction. **extraction à contre-courant** : countercurrent extraction. **extraction à contrepoids** : counterweight hoisting *(mine)*. **extraction à courants croisés** : crosscurrent extraction, *batchwise liquid-liquid extraction.* **extraction à un seul solvant** : single-solvent extraction. **extraction au fluide supercritique** : supercritical-fluid extraction. **extraction au furfural** : furfural extraction. **extraction au phénol** : phenol extraction, *using phenol as the solvent to remove aromatic, unsaturated and naphthenic constituents from lube-oil stocks.* **extraction au propane** : propane extraction. **extraction au toluène** : extraction with toluene, *used for the determination of sediments in crude petroleum and* *fuel oils.* **extraction cryogénique** : cryogenic extraction. **extraction d'huile de schiste** : shale-oil extraction. **extraction de l'ondelette** : wavelet extraction. **extraction des tubes** : withdrawal of casing *(drill)*. **extraction du signal** : wavelet extraction. **extraction électrochimique** : electroextraction. **extraction électrolytique** : electrowinning, *of metals.* **extraction liquide-liquide** : liquid-liquid extraction, *removal of a component from a liquid mixture by contact with a second liquid that is immiscible with the first liquid; the separating agent is a solvent.* **extraction liquide-solide** : liquid-solid extraction. **extraction par absorption** : absorption extraction. **extraction par double solvant** : double-solvent extraction. **extraction par fluide supercritique** : destraction, *extraction by low molecular weight solvent at temperatures and pressures above the critical point for the solvent.* **extraction par solvant** : liquid-liquid extraction; solvent extraction. **extraction par solvant sélectif** : selective-solvent extraction. **extraction sélective** : selective extraction. **unité d'extraction** : extraction plant, *of liquid constituents from wet gas.*

extraire – dig (to); draw (to) out; pull (to); strip (to); withdraw (to). **extraire par ébullition** : boil (to) off. **extraire par lavage** : wash (to) out.

extrait *m* – docket; essence; extract, *in solvent refining processes, that portion of the oil which is dissolved in and removed by the selective solvent used.* **extrait à sec** : dry extract. **extrait d'écorce de sapin du Canada** : hemlock-bark extract, *used as a thinner for drilling mud.*

extralourd – extraheavy.

extramagmatique – extramagmatic.

extrapolation *f* – extrapolation; scale up.

extrapolé – extrapolated.

extrapoler – scale (to) up.

extrême – extreme. **extrême précision** : pinpoint accuracy. **extrême pression (EP)** : extreme pressure (EP).

extrémité *f* – edge side; end; tip. **extrémité à brides** : flanged end. **extrémité à refoulement extérieur et intérieur** : internal-external upset (IEU) end. **extrémité à refoulement externe** : external-upset end (EUE). **extrémité de la queue d'une soupape** : valve tip. **extrémité de tube dépourvu de filetage** : open end. **extrémité du tube** : pipe end. **extrémité filetée** : threaded end. **extrémité lisse** : plain end. **extrémité mâle** : pin, *tool-joint.* **extrémités à souder** : welding ends.

extrinsèque – extrinsic, *extraneous, not forming part of or belonging to something ; originating from the outside.*

extrudabilité *f* – extrudability.

extrudé – extruded.

extruder – extrude (to).

extrudeuse *f* – extruder.

extrusif – extrusive *(geol)*.

extrusion *f* – extrusion. **extrusion à froid** : cold extrusion.

exutoire *m* – outflow; outlet, *a narrow opening of a body of water through which water is discharged.*

F

f – f, *symbol for femto.*
F – F, *symbol for farad.*
FAB – FOB, *abbr. franco à bord: free on board.*
fabricant *m* – maker.
fabrication *f* – fabrication; manufacture; manufacturing. **fabrication assistée par ordinateur (FAO)** : computer aided manufacturing (CAM). **fabrication de série** : standard production. **fabrication en série** : mass production.
fabrique *f* – fabric, *the complete spatial and geometric configurations of all components making up a rock*; factory; works. **pris à la fabrique** : at works.
fabriqué – made.
fabriquer – manufacture (to).
FAC – ACF, *abbr. fonction d'autocorrélation: autocorrelation function.*
façade *f* – facade; facework *(const)*. **façade maritime** : coastline.
face *f* – face; pane, *of a part, of a nut.* **face aval** : lee side. **face cristalline** : crystal face. **face d'appui** : thrust face. **face inférieure** : underside. **face proximale** : near face. **face surélevée** : raised face. **de face par l'avant** : bow on *(naut)*.
facette *f* – face *(crystal)*; facet; surface element, *an infinitely small surface considered as belonging to the material that bounds it on one side.*
faciès *m* – facies, *the aspect and characteristics of a rock reflecting the conditions of its origin ; the character of a group of seismic reflections involving the general amplitude, abundance, continuity and configuration of reflections.* **faciès columnaire** : columnar habitus *(miner)*. **faciès continental** : continental facies; terrestrial facies. **faciès coquillier** : shelly facies. **faciès corallien** : coralline facies. **faciès côtier** : coastal facies. **faciès cristallin** : crystal habit. **faciès d'estuaire** : estuarine facies *(geol)*. **faciès de cristal** : crystal habit. **faciès des amphibolites** : amphibolite facies, *metamorphic mineral assemblages.* **faciès des éclogites** : eclogite facies, *metamorphic mineral assemblage containing omphacitic pyroxene and almandine-pyrope garnet.* **faciès des granulites** : granulite facies, *metamorphic mineral assemblages containing diopside, hypersthene, plagioclase and small amounts of amphibole.* **faciès des sanidinites** : sanidinite facies, *metamorphic mineral assemblage containing tridymite, mullite, monticellite, larnite and sandine.* **faciès des schistes à glaucophanes** : glaucophane-schist facies, *blueschist facies.* **faciès des schistes bleux** : blueschist facies. **faciès des schistes verts** : greenschist facies, *metamorphic mineral facies.* **faciès géochimique** : geochemical facies. **faciès granulitique** : granulite facies. **faciès lacustre** : lacustrine facies. **faciès limnique** : limnic facies. **faciès littoral** : coastal facies. **faciès marginal** : marginal facies. **faciès marin** : marine facies. **faciès métamorphique** : metamorphic facies. **faciès minéral** : mineral facies, *includes all rocks formed under such similar temperature and pressure conditions that their chemical composition has resulted in the same mineral structure regardless of their crystallization mode.* **faciès miogéosynclinal** : miogeosyncline facies. **faciès néritique** : neritic facies. **faciès normal** : normal habitus. **faciès nummulitique** : nummulite facies. **faciès orogénique** : orogenic facies. **faciès pétrographique** : petrographic facies. **faciès récifal** : reef facies. **faciès sableux** : sandy facies. **faciès sédimentaire** : sedimentary facies. **faciès sédimentogénétique** : sedimentogenetic facies. **faciès tectonique** : tectonic facies. **faciès zéolitique** : zeolite facies.
facilité *f* – easiness. **facilité d'entretien** : serviceability. **facilité de conduite** : drivability. **facilités de crédit** : credit facilities. **facilités de paiement** : payment facilities.
faciliter – promote (to).
façon *f* – make.
façonnage *m* – processing, *contractual processing of crude oil by a refinery for a company which receives the end products.*
façonné – shaped; walled-up; wrought. **façonné par le vent** : windworn. **façonné par marteau de chute** : drop forged.
façonner – fashion (to); figure (to); machine (to).
facsimilé *m* – facsimile.
facteur *m* – factor. **facteur climatique** : climatic factor. **facteur d'absorption** : absorption factor. **facteur d'activité cinétique** : kinetic activity factor. **facteur d'amélioration** : improver. **facteur d'amortissement** : damping factor. **facteur d'atténuation** : attenuation factor. **facteur d'échelle** : scale factor; scaler. **facteur d'élimination** : elimination factor, *in a cracking process.* **facteur d'émission** : *see émissivité.* **facteur d'évaporation** : factor of evaporation. **facteur d'excès d'air** : excess-air factor. **facteur d'extrapolation** : scaling factor. **facteur d'instabilité** : instability factor. **facteur d'obliquité** : obliquity factor *(seis)*. **facteur d'occupation** : passenger load factor. **facteur d'oubli** : omission factor. **facteur d'utilisation** : load factor; occupation efficiency; service factor; utilization factor. **facteur de bobinage** : winding factor. **facteur de bruit** : noise factor. **facteur de caractérisation** : characterization factor, *an expression for variations in*

specific gravity and boiling point with change in character of a petroleum stock from paraffinic to aromatic. **facteur de caractérisation UOP des produits pétroliers** : UOP characterization factor, *varying from 12.5 to 9.5, indicating the chemical nature of products: K = 12 paraffins, 11.2 to 12 intermediates, K = 11.2 naphtha, from 10 to 11, cracking feedstock, cracking residue, recycle feed.* **facteur de cémentation** : cementation factor. **facteur de charge** : load factor; service factor. **facteur de cimentation** : cementation factor. **facteur de compressibilité** : compressibility factor. **facteur de concentration** : bulk factor. **facteur de contraction** : shrinkage factor, *the factor used to convert one barrel of oil in the reservoir into an equivalent amount of gas-free oil in a surface stock tank.* **facteur de conversion** : conversion factor. **facteur de conversion de poids atomique** : atomic-weight conversion factor. **facteur de conversion interne** : internal conversion factor. **facteur de correction** : correction factor. **facteur de couplage** : coupling coefficient. **facteur de croissance** : growth factor. **facteur de décontamination** : decontamination factor. **facteur de demande** : demand factor *(elec)*. **facteur de dépolarisation** : depolarization factor. **facteur de diffusion** : diffusion factor. **facteur de diffusion atomique** : atomic-scattering factor. **facteur de diffusion thermique** : thermal diffusion factor. **facteur de dispersion** : leakage coefficient. **facteur de dissipation** : dissipation factor. **facteur de dissipation diélectrique** : dielectric dissipation factor, *for an insulating material.* **facteur de diversité** : diversity factor, *ratio of total consumption to the capacity of a network.* **facteur de flottabilité** : buoyancy factor. **facteur de formation** : formation factor; formation resistivity factor, *the resistivity of a given formation volume entirely electrolyte-saturated divided by the resistivity of this electrolyte.* **facteur de formation apparent** : apparent formation resistivity factor, *the resistivity of any formation volume saturated with a hydrocarbon and electrolyte mixture divided by the resistivity of a single electrolyte.* **facteur de formation effectif** : effective formation-resistivity factor, *the resistivity of an argillaceous formation volume saturated with electrolyte divided by the resistivity of this electrolyte.* **facteur de forme** : form factor, *(elec)*; shape factor. **facteur de fréquences** : frequency factor. **facteur de frottement** : friction factor, *coefficient of friction.* **facteur de lessivage** : leaching factor. **facteur de liaison** : binding factor. **facteur de libération** : releasing factor *(biol)*. **facteur de marche** : stream factor, *ratio of stream days to calendar days.* **facteur de multiplication** : multiplication factor. **facteur de percolation** : leaching factor. **facteur de pointe** : crest factor *(phys)*. **facteur de production** : production factor. **facteur de puissance** : load factor; power factor (pf). **facteur de qualité** : quality factor. **facteur de rayonnement** : radiation factor. **facteur de récupération** : recovery factor, *the amount of crude oil that may be recovered from the total oil in a reservoir.* **facteur de réservoir** : reservoir volume factor, *see facteur volumétrique de fond.* **facteur de rugosité** : roughness factor, *of machined parts.* **facteur de saturation** : saturation factor, *the fraction of pore volume saturated with oil.* **facteur de sécurité** : safety factor, *factor of safety.* **facteur de séparation** : separation factor. **facteur de service** : service factor. **facteur de sévérité** : severity factor, *a measurement of the severity or intensity of overall reaction conditions in a chemical process such as cracking or reforming.* **facteur de structure** : conformance factor, *heterogeneities in a reservoir (prod).* **facteur de tassement** : packing fraction. **facteur de transfert de chaleur** : heat-transfer factor. **facteur de transfert en puissance** : power-transfer function. **facteur de transmission** : transmittance, *electromagnetism.* **facteur de volume** : *see facteur volumétrique.* **facteur de volume liquide** : formation volume factor (FVF). **facteur de Watson** : characterization factor; Watson factor, *see also facteur de caractérisation.* **facteur géométrique** : geometric factor. **facteur humain** : human factor. **facteur intégrant** : integrating factor. **facteur limitatif** : controlling factor. **facteur pseudogéométrique** : pseudogeometric factor, *a coefficient used to estimate the response of a resistivity measurement at different invasion depths (log.)*. **facteur Q** : Q factor, *quality factor.* **facteur saisonnier** : seasonal factor. **facteur temps** : time factor. **facteur volumétrique** : volume factor. **facteur volumétrique de fond** : formation volume factor (FVF), *the volume of oil or gas under reservoir conditions required to produce one unit volume (barrel, metric ton, m^3) of oil or gas at the surface.* **facteur volumétrique total** : total volume factor, *volume of oil and gas occupied under reservoir conditions per unit volume of stock-tank oil.*

factice *m* – factice.

factoriel – factorial.

factorielle *f* – factorial *(math)*.

factorisation *f* – factorization *(math)*. **factorisation spectrale** : spectral factorization *(math)*.

facturation *f* – invoicing. **facturation interne** : chargeback.

facture *f* – bill; invoice. **facture d'expédition** : shipping invoice. **facture pétrolière** : oil bill, *net charge for oil imports by a country.*

facultatif – optional.

fading *m* – fading, *radio.*

Fafnir – Fafnir, *tradename for a friction oxidation tester used to evaluate the fretting wear protection provided by lubricating greases.*

fagot *m* – fagot.

fagottage *m* – fagoting.

fahlbande *f* – fahlband, *term from German used to designate schistose rocks containing sulfides, but not always rich enough to mine.*

Fahrenheit – Fahrenheit, *see degré Fahrenheit.*

faible – dim, *light*; low; minute; weak. **faible indice de viscosité** : low viscocity index. **faible oxydation** : thin scale. **faible pendage** : low-angle dip. **faible poids moléculaire** : low molecular weight. **à faible teneur** : low grade. **faible teneur en solides (FTS)** : low solids. **à faible vitesse** : low speed. **à faible volatilité** : low volatile.

faïence *f* – earthenware.

faille *f* – fault, *displacement of rocks along a shear surface, with one side having moved in relation to the other ; a dip-slip fault moves predominately up and down ; a strike-slip fault moves predominately horizontally.* **faille à char-**

nière : hinge fault; pivotal fault. **faille à décrochement horizontal** : transcurrent fault. **faille à faible pendage** : low-angle fault. **faille à fort pendage** : high-angle fault, *having a dip greater than 45°.* **faille à gradins** : step fault. **faille à rejet horizontal** : strike-slip fault. **faille accompagnée d'un mouvement de rotation** : rotational fault. **faille active** : active fault. **faille affaissée** : downthrow fault. **faille anormale** : *see faille inverse.* **faille antithétique** : antithetic fault. **faille barrière** : sealing fault. **faille béante** : gaping fault. **faille bordière** : boundary fault. **faille chevauchante** : thrust fault. **faille circulaire** : circular fault. **faille composée** : composite fault; compound fault. **faille concentrique** : concentric fault. **faille conforme** : conformable fault; dip fault. **failles conjuguées** : conjugate faults. **faille contraire** : unconformable fault. **faille d'affaissement** : downthrow fault. **faille d'effondrement** : dip-slip fault; downthrow fault; slip fault. **faille d'étanchéité** : sealing fault. **faille d'extension** : extension fault; tension fault. **faille dans le plan des couches** : bedding fault. **faille de chevauchement** : overlap fault, *causing a doubling of layers*; overthrust fault. **faille de cisaillement** : shear fault. **faille de compensation** : adjustment fault. **faille de compression** : compression fault; thrust fault. **faille de croissance** : contemporaneous fault; depositional fault; growth fault, *a fault in a sedimentary rock that is formed contemporaneously and continuously with deposition*; synsedimentary fault. **faille de décrochement** : tear fault. **faille de dislocation** : shift fault. **faille de distension** : slump fault. **faille de gravité** : gravity fault. **faille dextre** : right-lateral fault. **faille diagonale** : diagonal fault; oblique fault. **faille directe** : gravity fault; normal dip-slip fault; normal fault. **faille directionnelle** : strike fault, *lengthwise.* **faille en ciseaux** : scissors fault. **faille en échelons** : en-echelon fault. **faille en escalier** : step fault. **faille en retour** : antithetic fault. **faille enterrée** : buried fault. **faille fermée** : closed fault. **faille horizontale** : striking fault. **faille imbriquée** : imbricate fault. **faille inclinée** : dipping fault; inclined fault. **faille inverse** : reverse fault, *a fault along which the hanging wall appears to have moved upward relative to the footwall*; reversed fault. **faille latérale** : lateral fault. **faille liminaire** : preliminary fault. **faille limite** : border fault; boundary fault. **faille listrique** : listric fault, *a curved downward-flattening fault, generally concave upward.* **faille locale** : local fault. **faille longitudinale** : longitudinal fault. **faille marginale** : boundary fault; marginal fault. **faille masquée** : concealed fault. **faille mineure** : minor fault. **faille multiple** : multiple fault. **faille normale** : downfault; gravity fault; normal fault, *in which the hanging wall appears to have moved downward in relation to the footwall.* **faille oblique** : oblique fault. **faille ouverte** : open fault. **faille parallèle** : parallel fault. **faille parallèle au plan de stratification** : bedding fault. **faille périphérique** : peripheral fault. **faille perpendiculaire** : cross fault. **faille plate** : low-angle fault. **faille pli** : folded fault, *a warped fault.* **faille principale** : dominant fault; main fault. **faille probable** : probable fault. **faille radiale** : radial fault. **faille rajeunie** : activated fault. **faille rotatoire** : rotary fault, *exhibiting a rotational movement.* **faille secondaire** : auxiliary fault; branch fault. **faille sénestre** : left-lateral fault. **faille serrée** : collapse fault. **faille synsédimentaire** : synsedimentary fault. **faille synthétique** : synthetic fault. **faille transformante** : transform fault. **faille transversale** : cross fault; dip fault; transverse fault. **faille transversale de décrochement** : tear fault. **faille verticale** : vertical fault. **faille verticale de décrochement** : torsion fault; wrench fault.

faillé – faulted.

faire – make (to). **faire bouillir** : boil (to). **faire circuler** : circulate (to). **faire claquer** : snap (to). **faire démarrer** : pull (to) the pin. **faire démarrer un moteur** : start (to) an engine. **faire des bulles** : bubble (to). **faire des sommations obliques** : Rieberize (to) *(seis)*. **faire détoner** : detonate (to). **faire effervescence** : effervesce (to). **faire exploser** : detonate (to). **faire explosion** : explode (to). **faire fonctionner une équipe** : operate (to) a crew. **faire la première passe** : run (to) the stringer bead *(weld)*. **faire le plein** : fill (to) up. **faire le plein de carburant** : refuel (to). **faire le relevé de** : plot (to). **faire le vide** : evacuate (to); exhaust (to). **faire monter la production** : boost (to) production. **faire partir** : fire (to) off; start (to). **faire passer** : run (to), *a pipe or wire.* **faire passer à travers** : draw (to) through. **faire passer dans** : draw (to) through. **faire passer du courant dans un circuit** : energize (to). **faire payer** : charge (to). **faire produire un puits au maximum de sa capacité** : flow (to) a well hard. **faire réagir** : react (to). **faire revenir** : temper (to). **faire revivre** : revive (to). **faire sauter** : blast (to); blow (to); blow (to) up; shoot (to). **faire suivre** : forward (to). **faire tiédir** : warm (to). **faire tournoyer** : shake (to) out, *spinning an oil sample at high speed to determine its water and sediment content.* **faire un aller-retour du trépan** : make (to) a trip. **faire un appoint** : top (to) up. **faire un calcul** : complete (to) a calculation. **faire un escompte** : discount (to). **faire un essai** : run (to) a test. **faire un piquage sur une ligne** : tap (to) a line. **faire un sondage** : sink (to) a hole. **faire une boue** : puddle (to), *to make a mud with a clay-and-water base for various plugging jobs.* **faire une embardée** : swerve (to). **faire une erreur de lecture** : misread (to). **faire une sommation oblique** : steer (to). **faire une soudure** : run (to) a weld.

fairfieldite *f* – fairfieldite *(miner)*.

faisabilité *f* – feasibility.

faisable – feasible.

faisceau *m* – bank, *of a heat exchanger or furnace*; beam; bundle; fagot. **faisceau de failles** : fault bundle. **faisceau de feuillets obliques** : set of cross strata. **faisceau de flexibles sous-marins** : subsea hose bundle, *for controlling blowout preventers and the connector on subsea wellheads.* **faisceau de marée** : tidal bundle. **faisceau de plis** : fold bundle, *fold belt.* **faisceau de plis en forme de gerbe** : fold sheaf. **faisceau de rayonnement gamma** : gamma radiation beam. **faisceau de ressorts** : cluster of springs. **faisceau de tubes** : nest of tubes; tube bundle. **faisceau divergent** : divergent beam. **faisceau électronique** : electron beam; electronic beam. **faisceau filiforme** : pencil beam. **faisceau hertzien** : microwave link, *microwave relay, microwave repeater*, wireless beam. **faisceau**

ionique : ion beam. **faisceau laser** : laser beam. **faisceau principal** : main beam. **faisceau tubulaire** : nested tube; tube bundle.
faîte *m* – apex; crest; top.
falaise *f* – cliff; escarpment. **falaise crayeuse** : chalk cliff. **falaise de glace** : ice barrier; ice cliff; ice front. **falaise littorale** : shore cliff. **falaise morte** : abandoned cliff. **falaise plongeante** : plunging cliff.
falsification *f* – adulteration; tampering.
falsifier – adulterate (to); doctor (to). **falsifier les spécifications** : salting, *altering crude oil or petroleum products to promote their sale.*
falun *m* – falun; shell marl; shelly sandstone.
Famennien *m* – Famennian, *uppermost Devonian stage.*
famille *f* – family, *a taxonomic division between order and genus.* **famille de l'uranium** : uranium series. **famille de sols** : soil family.
fanglomérat *m* – fanglomerate, *a sedimentary rock consisting of heterogenous fragments of all sizes originally deposited in an alluvial fan.*
fanion *m* – flag.
fantôme *m* – ghost, *a ghost reflection or ghost horizon*; phantom. **fantôme de corrélation** : correlation ghost.
FAO – CAM, *abbr. fabrication assistée par ordinateur, computer aided manufacturing.*
FAP – FPA, *abbr. franc d'avaries particulières, free of particular average.*
farad *m* – farad, *SI unit of electrical capacitance, symbol* F. **farad par mètre** : farad per meter, *SI unit of permittivity* (F/m).
faraday *m* – faraday, *the quantity of electricity that can liberate 1 gram-equivalent of a substance by electrolysis ; see also cage, constante, cylindre and effet Faraday.*
faradique – faradic.
fardage *m* – dunnage, *loose wood or other material placed in a ship's hold to protect the cargo from moisture and from shifting.*
fardier *m* – pipe trolley; trolley.
farine *f* – flour; meal. **farine de poisson** : fish meal. **farine de soja** : soybean meal. **farine fossile** : fossil flour, *diatomaceous earth.* **farine glaciaire** : rock flour, *glacial flour.* **farine minérale** : mineral filler.
farineux – mealy.
farringtonite *f* – farringtonite, *a meteoric magnesium phosphate.*
fascicule *m* – issue.
fascine *f* – fascine *(civ. eng.)*.
fastidieux – tedious; tiresome; cumbersome.
fatal – fatal; inevitable.
fathogramme *m* – fathogram, *continuous profile of the sea floor obtained by echo soundings.*
fathomètre *m* – fathometer, *a type of echo sounder.*
fatigue *f* – fatigue; strain. **fatigue au niveau de la dernière spire** : thread-base fatigue. **fatigue de flexion** : bending fatigue. **fatigue de torsion** : torsional fatigue; twisting fatigue. **fatigue de trou** : hole fatigue, *in the shothole.* **fatigue du trou de tir** : shothole fatigue. **fatigue due à la corrosion** : corrosion fatigue. **fatigue par corrosion** : corrosion fatigue. **fatigue par frottement** : chafing fatigue. **fatigue par vibrations** : vibration fatigue.
faucardeuse *f* – water-weed cutter.
fauchage *m* – outcrop curvature; settling, *sag in outcrops of layered strata caused by rock creep.*
faujasite *f* – faujasite, *zeolite mineral.*
faune *f* – fauna.
faunistique – faunal, *see province faunistique.*
faunizone *f* – faunizone, faunal zone, *a biostratigraphic unit characterized by fossils of a particular assemblage of fauna.*
fausse – *see masc. faux.*
fausser – derange (to); falsify (to); impair (to). **fausser le filetage** : crossthread (to).
faute *f* – lack; lapse; mistake. **faute d'empilement** : vacancy, *a defect in the form of an unoccupied lattice position in a crystal.* **faute intentionnelle** : willful misconduct. **faute lourde** : gross negligence; major offence, *grave error.* **faute professionnelle** : occupational error.
faux – erratic; fake; false; sham, *fem. fausse.* **faux anticlinal** : antiformal syncline; pseudoanticline. **fausse brèche** : pseudobreccia. **fausse charge** : bed charge. **faux clivage** : false cleavage, *slip cleavage.* **fausse communication** : wrong connection. **fausse connexion** : wrong connection. **fausse couleur** : false color, *color deliberately shifted to represent another color in aerial or satellite photos to make infrared differences evident.* **faux écho** : false echo. **faux fret** : dead freight. **faux jour** : cross light. **fausse manoeuvre** : false movement; mishandling. **faux pendage** : false dip. **faux plissement** : false folding. **faux pont** : orlop. **fausse réflexion** : fake reflection. **fausse schistosité** : close foliation *(geol)*. **faux socle** : false bottom. **fausse stratification** : false bedding *(geol)*. **faux synclinal** : pseudosyncline; synformal anticline.
faux-frais *m* – contingencies; incident expenses.
Faville – Faville, *Faville-Levally tester, an apparatus for the EP testing of oils to determine their rupture load.*
favoriser – promote (to).
fax *m* – fax, *telephotography, abbr. of facsimile.*
fcem – cemf, *abbr. force contre-électromotrice: counterelectromotive force.*
feeder *m* – feeder.
feldspath *m* – feldspar, *feldspath, a group of rock-forming minerals.* **feldspath alcalin** : alkali feldspar. **feldspath calcosodique** : *see feldspath sodicalcique.* **feldspath potassique** : potassium feldspar. **feldspath sodicalcique** : sodium-calcium feldspar, *plagioclase.* **feldspath sodique** : sodium feldspar.
feldspathique – feldspathic *(petro)*.
feldspathisation *f* – feldspathization *(geol)*.
feldspathoïde *m* – feldspathoid *(miner)*.
fêlé – cracked.
felsique – felsic, *containing feldspar and silica.*
felsite *f* – felsite *(miner)*.
felsitique – euritic *(petro)*; felsitic.
fêlure *f* – crack; split. **fêlure par fatigue** : fatigue crack.
fem – emf, *abbr. of force électromotrice: electromotive force.*
fémique – femic, *a contraction of Fe (iron) and M (magnesium) and used for minerals made of these elements.*
femto – femto, *prefix denoting* 10^{-15}, *symbol* f.

fendage *m* – slitting; slotting; splitting.

fendillement *m* – hair crack.

fendu – cracked; split.

fendue *f* – adit; mine adit.

fenestra *f* – bird's eye, *a spot, bleb, tube or irregular patch of sparry calcite often found in limestones and dolomites*; fenestra.

fenêtre *f* – aperture, *processing*; gap; gate; inlier *(geol)*; window, *a section cut out of a casing string to allow a sidetrack to be drilled.* **fenêtre à bords arrondis** : tapered window *(seis)*. **fenêtre à huile** : oil window, *the vertical location of a zone in which oil has reached the phase of maturation, corresponding to the formation of oil in source rocks ; this zone is all the deeper and has more vertical extent as the geothermal gradient is lower.* **fenêtre d'enregistrement** : shotpoint gap. **fenêtre de calcul** : design gate. **fenêtre de Hanning** : Hanning window *(seis)*. **fenêtre de temps** : time window. **fenêtre de tir** : shotpoint gap. **fenêtre gaussienne** : Gaussian window *(math)*. **fenêtre glissante** : sliding window. **fenêtre météorologique** : weather window, *an estimate of the number of days when the weather will be good enough to undertake planned operations, especially offshore.* **fenêtre mobile** : running window. **fenêtre tectonique** : geologic window; nappe inlier.

Fenske – Fenske, *see anneau de Fenske, équation de Fenske.*

fente *f* – chink; crack; cranny; crevice; fissure; flaw; gap; notch; rent; slit; slot; split. **fente abyssale** : abyssal fissure. **fente d'affaissement** : slip fault. **fente d'extension** : tension joint *(geol)*. **fente de compression** : compression joint *(geol)*. **fente de dessiccation** : desiccation crack; mud crack; shrinkage crack. **fente de faillage** : fault fissure. **fente de froid** : frost crack. **fente de glissement** : slip fault. **fente de marée** : tide crack. **fente de retrait** : shrinkage crack. **fente de tension** : tension split. **fente de torsion** : torsion joint. **à fente** : slotted.

fer *m* – iron, *symbol Fe.* **fer à béton** : reinforcing bar, *for concrete.* **fer à cheval** : horseshoe. **fer à contourner** : swage. **fer à poutres** : girder iron. **fer à souder** : copper bit; soldering bit; soldering copper; soldering iron; soldering tool. **fer aciéreux** : steely iron. **fer affiné** : charcoal iron. **fer alpha** : alpha iron. **fer argileux** : clay iron. **fer au bois** : charcoal iron. **fer blanc** : latten; tin. **fer brut** : muck bar. **fer carbonyle** : iron carbonyl, *an antiknock agent.* **fer cassant** : brittle iron. **fer cassant à chaud** : hot-short iron; red-short iron. **fer cassant à froid** : cold-short iron. **fer chromé** : chromite. **fer cornière** : angle iron. **fer d'ancrage** : shear key, *drilled-and-grouted pile.* **fer de lance** : spearpoint. **fer des marais** : swamp ore, *bog iron ore, or a type of limonite occurring in wet ground.* **fer doux** : mild iron; soft iron. **fer ductile** : ductile iron, *nodular cast iron.* **fer ébauché** : muck bar. **fer en barre** : bar iron. **fer en brames** : slab iron. **fer en double T** : I iron. **fer en T** : T bar; T iron. **fer en U** : channel iron; U iron. **fer en Z** : Z bar. **fer étamé** : tinned iron. **fer feuilleté** : laminated iron. **fer forgé** : wrought iron, *forged iron, hammered iron.* **fer galvanisé** : galvanized iron. **fer gamma** : gamma iron. **fers horizontaux** : horizontal bracing, *of a derrick.* **fer laminé** : laminated iron; rolled iron. **fer latéral** : side iron. **fer magnétique** : magnetic iron, *magnetite (miner).* **fer malléable** : malleable iron, *white cast iron.* **fer météorique** : iron meteorite; meteoric iron. **fer micacé** : micaceous iron ore, *a variety of hematite.* **fer natif** : native iron, *pure iron.* **fer nerveux** : fibrous iron. **fer oxydé** : burnt iron. **fer pentacarbonyle** : iron pentacarbonyl, *catalyst.* **fer perlitique** : pearlitic steel. **fer plat** : flat iron. **fer profilé** : profile iron; section iron; sectional iron; shaped iron; structural iron. **fer puddlé** : forge pig. **fer pur** : pure iron. **fer rond** : round bar iron; round iron. **fer spathique** : iron spar, *siderite.* **fer spéculaire** : specular iron. **fer tenace** : tough iron.

Fermat – Fermat, *see trajet de Fermat, principe de Fermat.*

fermé – closed; enclosed; locked; off. **bien fermé** : close shut.

ferment *m* – ferment.

fermentation *f* – fermentation. **fermentation acétono-butylique** : butyl-acetone fermentation. **fermentation butyrique** : butyric fermentation. **fermentation éthylique** : ethyl fermentation.

fermenteur *m* – fermenter.

fermer – close (to); cover (to) over; occlude (to); seal (to) off; shut (to); tie (to). **fermer à clé** : lock (to). **fermer les obturateurs d'un puits** : shut (to) in. **fermer un cheminement** : balance (to) a survey *(topog)*. **fermer un puits** : close (to) a well; pull (to) a well, *to abandon a well after the casing and pumping equipment have been recovered*; shut (to) in, *closing the valves on a well to stop production.* **fermer une maille** : close (to) a loop *(seis)*.

fermeture *f* – clasp; closing; closure; door; fastener; make, *a circuit (elec)*; shutoff. **fermeture à baïonnette** : bayonet catch. **fermeture automatique** : automatic shutdown. **à fermeture automatique** : self closing; self locking. **fermeture contre faille** : structural-fault closure *(geol)*. **fermeture d'un anticlinal** : anticlinal closure, *the vertical distance between the top and the bottom*; closure of an anticline. **fermeture d'un puits** : capping, *the process of sealing a well to prevent oil or gas from leaking out.* **fermeture d'un synclinal** : synclinal closure. **fermeture d'une soupape** : closure of a valve. **fermeture de vapeur** : vapor stop. **fermeture des ateliers** : lockout. **fermeture des eaux** : water shutoff *(drill)*. **fermeture du courant** : closure of the current. **fermeture du gisement** : reservoir shutoff. **fermeture effective** : effective closure, *of a trap.* **fermeture hermétique** : hermetic seal. **fermeture magnétique** : magnetic lock. **fermeture périodique** : stopcocking, *periodic shutdown of a well to raise the pressure and improve production.* **à fermeture rapide** : quick closing. **fermeture structurale** : structural closure, *distance separating the highest point of a reservoir from the lowest contour line closing around it*; vertical closure. **fermeture sur faille** : fault closure. **fermeture verticale** : vertical closure.

fermi *m* – fermi, *unit of length used for nuclear distances, equal to femtometer ; see also énergie de Fermi, résonance de Fermi, surface de Fermi, température de Fermi, statistiques de Fermi-Dirac.*

fermion *m* – fermion, *particle.*
fermium *m* – fermium, *symbol Fm.*
fermoir *m* – snap; tack. **fermoir de sûreté** : safety catch.
ferraillage *m* – pounding *(mach).*
ferraille *f* – broken iron; fagot iron; junk; scrap; scrap iron. **bon pour la ferraille** : good for the junkyard.
ferrallite *f* – ferralite, *also spelled farrallite, a type of laterite soil.*
ferrallitisation *f* – ferralitization *(pedol).*
ferrate *m* – ferrate *(chem).*
ferreux – ferrous.
ferricyanhydrique – ferricyanic.
ferrifère – ferriferous.
ferrimagnétique – ferrimagnetic.
ferrimagnétisme *m* – ferrimagnetism.
ferrique – ferric.
ferrite *f* – ferrite, *iron that is not combined with carbon in pig iron, cast iron and steels.*
ferrite *m* – ferrite, *any iron-oxide base ferrimagnetic material.*
ferritique – ferritic.
ferro-alliage *m* – ferroalloy.
ferro-aluminium *m* – aluminum iron.
ferrobore *m* – boron iron; ferroboron.
ferrocène *m* – ferrocene, *dicyclopentadienyliron.*
ferrochrome *m* – ferrochrome; ferrochromium.
ferrociment *m* – ferroconcrete.
ferrocobalt *m* – ferrocobalt.
ferro-électricité *f* – ferroelectricity.
ferro-électrique – ferroelectric.
ferrofluide *m* – ferrofluid, *an ultrastable colloidal suspension of single-domain ferromagnetic particles in a liquid carrier, remaining liquid while it reacts with an external magnetic field.*
ferrographie *f* – ferrography, *magnetic method for determining the size distribution of wear particles in a lubricating oil.*
ferrolite *f* – ferrolite *(petro).*
ferromagnésien – ferromagnesian.
ferromagnétique – ferromagnetic.
ferromagnétisme *m* – ferromagnetism.
ferromanganèse *m* – ferromanganese.
ferromolybdène *m* – ferromolybdenum.
ferronickel *m* – ferronickel; nickel iron.
ferropallidite *f* – ferropallidite *(miner).*
ferroroutage *m* – piggyback, *carrying motor vehicles by train.*
ferrosilicium *m* – ferrosilicon.
ferrotitane *m* – ferrotitanium; titanium iron.
ferrotungstène *m* – ferrotungsten.
ferrovanadium *m* – ferrovanadium; vanadium iron.
ferrugineux – chalybeate; ferruginous.
ferrure *f* – metal fitting. **ferrure d'assemblage** : fish plate.
fertile – fertile.
fertilisation *f* – fertilization. **fertilisation croisée** : cross-fertilization.
feston *m* – festoon. **feston de plage** : *see croissant de plage.*
festonné – scalloped.
fetch *m* – fetch, *the distance of open water where waves are generated by a constant wind.*
feu *m* – fire; light. **feu à éclats** : flashing light. **feu à occultations** : occulting light. **feu clignotant** : blinker; flasher light. **feu coloré** : colored-light signal. **feu continu** : direct fire. **feu d'alignement** : leading light. **feu d'atterrissage** : landfall light. **feu d'horizon** : all-round light; omnidirectonal light. **feu de chenal** : channel light. **feux de circulation** : traffic lights. **feux de détresse** : emergency flashing lights. **feux de direction** : flasher light; leading light. **feux de navigation** : navigation lights. **feu de position** : side light. **feux de route** : navigation lights. **feu de secours** : standby light. **feu de seuil** :threshold light *(naut).* **feu de signalisation** : signal light. **feu de stationnement** : parking light. **feux éternels** : everlasting fires, *gas seepage.* **feu fixe** : fixed light. **feu follet** : fen fire; ignis-fatuus, *from spontaneous methane combustion.* **feu gardé** : manned light. **feu grégeois** : Greek fire, *a mixture of substances, probably sulfur, naphtha and quick lime, which caught fire when wetted, used as a weapon by Byzantine Greeks.* **feu non gardé** : unmanned light. **feu qui couve** : breeding fire *(mine).* **feu roulant** : drum fire. **feu scintillant** : quick-flashing light. **feu souterrain** : underground fire. **sans feu** : fireless.
feuil *m* – film; interfacial film.
feuillard *m* – iron sheet; strip. **feuillard agrafé** : interlocked steel tape. **feuillard d'acier** : strip steel.
feuille *f* – foil; lamina; leaf; sheet; slip. **feuille d'aluminium** : aluminum foil. **feuille d'amiante** : asbestos sheet. **feuille d'argent** : silver leaf. **feuille d'étain** : tinfoil. **feuille d'expédition** : dispatch sheet. **feuille de cuivre** : sheet copper. **feuille de données** : data sheet. **feuille de jauge** : gaging sheet. **feuille de paye** : pay slip. **feuille de placage** : veneer. **feuille de présence** : attendance record. **feuille de quartz** : quartz cutting. **feuille de route** : waybill. **feuille de zinc** : sheet zinc.
feuillet *m* – sheet. **feuillet basal** : bottomset bed *(geol).* **feuillets des schistes** : folia. **feuillet drapant** : draping stratum *(geol).* **feuillet frontal** : foreset bed *(geol).* **feuillet oblique** : cross stratum *(geol).* **feuillet sommital** : topset bed *(geol).*
feuilletage *m* – lamination.
feuilleté – lamellate, *lamellated*; laminated.
feuillogène – film forming, *property of some chemical compounds such as amines, forming a monomolecular layer on the surface of metals to protect them against corrosion.*
feuillure *f* – groove; rabbet.
feutre *m* – felt. **feutre d'amiante** : asbestos felt. **feutre de verre** : glass floss. **feutre imperméable à l'eau** : waterproof felt. **feutre pour milieu filtrant** : filtering-medium felt.
fiabilité *f* – reliability, *capacity of equipment or a system to perform satisfactorily under specified circumstances.*
fiable – reliable.
Fibranne *f* – *tradename for a cellulosic staple.*
fibre *f* – fiber; strand. **fibre acrylique** : acrylic fiber. **fibre aiguilletée** : interlocked fiber. **fibre animale** : animal fiber. **fibre aramide** : aramid fiber. **fibre artificielle** : *see fibre synthétique.* **fibre autofocalisante** : self-focusing fiber. **fibre céramique** : ceramic fiber. **fibre d'amiante** : asbestos fiber. **fibre d'écorce** : bark fiber, *plugging agent for drilling*

mud. **fibre de bore** : boron fiber. **fibre de carbone** : carbon fiber. **fibre de coco** : coir. **fibre de verre** : glass fiber. **fibre discontinue** : staple fiber, *a relatively short-length textile fiber.* **fibre minérale** : inorganic fiber; mineral fiber. **fibre naturelle** : natural fiber. **fibre non tissée** : nonwoven fiber. **fibre optique** : optical fiber. **fibre polyacrylique** : polyacrylic fiber. **fibre polyester** : polyester fiber. **fibre synthétique** : man-made fiber; synthetic fiber. **fibre textile** : fabric fiber. **fibre végétale** : vegetable fiber.

fibreux – fibrous; stringy.

fibrillation *f* – fibrillation, *fiber forming.*

Fibrociment *m* – *tradename for an asbestos cement.*

ficeler – string (to), *to equip with ropes.*

ficelle *f* – string; twine. **ficelle retordue** : twisted twine.

fiche *f* – card; ticket, *an entry in the official gaging report during drilling.* **fiche de calibrage** : calibration sheet. **fiche de classeur** : file card. **fiche de données** : data sheet. **fiche de projet** : project brief. **fiche de renseignement** : inquiry ticket. **fiche guide** : guide card. **fiche imprimée** : printed card. **fiche technique** : data sheet; technical data sheet. **fiche technique d'échantillon** : sample log.

fiche *f* – holdfast; peg; plug; slip. **fiche d'un pieu** : embedded length of a pile. **fiche de raccordement** : connection plug.

fichier *m* – card index; file; filing box. **fichier d'archives** : archive file. **fichier de sortie** : output file. **fichier de travail** : scratch file, *on a computer.* **fichier permanent** : permanent file.

fichtélite *f* – fichtelite, *a brilliant translucid odorless hydrocarbon that is soluble in ether but not in alcohol and can be distilled without decomposing.*

fidélité *f* – loyalty; precision, *of a testing method;* repeatability, *ability of a measuring instrument to give closely similar responses for repeated applications of the same stimulus.*

fiduciel – fiducial.

figeage *m* – coagulation; congealing.

figer – clot (to); coagulate (to). **se figer** : curdle (to).

figure *f* – diagram; figure. **figure basale** : sole mark *(geol)*. **figure d'attaque** : etching figure. **figure de charge** : load structure. **figures de courant** : casts, *current marks on the seabed.* **figure de glissement** : slump *(geol)*. **figure de proue** : figurehead.

figuré *m* – lithologic representation *(geol)*.

figurer – figure (to).

fil *m* – clue; edge; rift; slip; thread; yarn. **fil à plomb** : plumb; plumb line; plummet. **fil aérien** : aerial line; span wire. **fil barbelé** : barbwire, *barbed wire.* **fil blindé** : shielded wire. **fil compteur** : meter wire. **fil conducteur** : conducting wire; conductor wire; lead; lead wire. **fil continu** : filament yarn. **fil d'acier** : wire rope. **fil d'allumage** : ignition cable. **fil d'amenée** : feed wire *(elec)*. **fil d'amiante** : asbestos yarn. **fil d'amorce** : cartridge wire. **fil d'antenne** : aerial wire. **fil d'arrêt** : stay wire. **fil de connexion** : connecting wire. **fil de cuivre** : conducting wire. **fil de fer barbelé** : barbed wire. **fil de laiton** : latten wire. **fil de ligne** : line wire. **fil de mise à la terre** : earthing wire. **fil de raccord** : connecting cord. **fil (métallique) de remplissage** : filler wire. **fil de résistance** : electric-resistance wire. **fil de sûreté ou de freinage** : lock wire. **fil de terre** : ground wire. **fil de torsion** : torsion wire. **fil électrifié** : live wire. **fil étiré** : drawn wire. **fil isolé** : insulated wire. **fil métallique** : wire. **fil neutre** : neutral wire. **fil nu** : bare wire. **fil pour câble** : rope wire. **fil pour goupille** : cotter wire. **fil pour soudure** : welding wire. **fil recuit** : annealed wire. **fil secteur** : line wire. **fil simple** : single yarn. **fil sous tension** : live wire. **fils stadimétriques** : stadia hairs. **fil tendeur** : span wire. **fil tendu** : taut wire. **fil tréfilé** : drawn wire. **sans fil** : wireless.

filage *m* – spinning. **filage de l'huile** : pouring of oil, *on water.* **filage des métaux** : drawing of metal. **filage du câble** : slipping the line, *moving the drill rope along to spot points of wear (sections running over the crown and traveling blocks) so that they are in another place.* **filage par voie fondue** : melt spinning.

filament *m* – filament. **filament incandescent** : incandescent filament.

filasse *f* – oakum; tow.

file *f* – file; train. **file d'attente** : queue; waiting line.

filet *m* – fillet; mesh; net; string; thread, *see also filetage;* trickle, *of a liquid.* **filet carré** : square thread. **filet de départ interrompu** : interrupted starting thread, *the absence of a portion of the true starting thread groove.* **filet de débarquement** : scrambling net, *offshore platform.* **filet de minerai** : stratum; stringer, *a veinlet of ore.* **filet de sécurité** : safety net. **filet de vis** : worm. **filet extérieur** : external thread. **filet fin** : fine-pitch thread. **filet rond** : round thread.

filetage *m* – thread; thread cutting; threading. **filetage à droite** : right-hand thread. **filetage arraché** : torn thread. **filetage bâtard** : bastard thread. **filetage conique** : taper thread; tapered thread. **filetage cylindrique** : straight thread. **filetage de l'outil** : bit shank *(drill)*. **filetage de la vis** : screw thread. **filetage de Whitworth** : Whitworth thread. **filetage des tubes** : pipe thread, *outside and inside.* **filetage extérieur** : external thread. **filetage femelle** : box thread. **filetage femelle d'un raccord de tiges** : tool-joint box. **filetage femelle et mâle** : box and pin *(drill)*. **filetage fin** : fine pitch. **filetage Hydril** : Hydril thread *(drill)*. **filetage mâle** : pin thread. **filetage mâle d'un raccord de tiges** : tool-joint pin. **filetage mâle en bas** : pin down. **filetage mâle en haut** : pin up. **filetage pas à gauche** : left-hand thread. **filetage SAE** : SAE thread. **filetage usé** : shaven thread.

fileté – threaded.

fileter – cut (to) threads; thread (to); worm (to).

filiale *f* – subsidiary, *of a company.*

filière *f* – die; drawing frame; threading, *a tool or a mold.*

filière *f* – channel; industrial sector, *a line of action.* **filière de réacteur** : reactor system. **filière énergétique** : energy system. **filière nucléaire** : reactor system *(nucl)*.

filiforage *m* – slim-hole drilling.

filiforme – filiform; threadlike.

filin *m* – piano wire.

film *m* – blushing; film; pellicle; record *(seis)*; skin. **film d'huile** : film of oil; lubricant film; oil film. **film fausses couleurs** : false-color film. **film interfacial** : interfacial film. **film lubrifiant** : lubricant film. **film mince** : thin film. **film nu** : field tape, *coming from the geophysics lab.* **film soufflé** : blown film. **film synthétique** : synthetic record *(seis)*; synthetic seismogram. **film synthétique impulsionnel (FSI)** : unit-impulse synthetic seismogram.

filmogène – film-forming.

filmothèque *f* – film library.

filoguidé – tethered.

filon *m* – course; dike; lode *(geol)*; seam *(geol)*; vein. **filon à géodes** : hollow lode. **filon à pendage fort** : rake vein. **filon annulaire** : ring dike *(geol)*. **filon bréchiforme** : brecciated vein. **filon caverneux** : cavernous vein. **filon clastique** : clastic dike *(geol)*. **filon columnaire** : neck. **filon composé** : composite vein; compound vein. **filon conjugué** : conjugate vein *(geol)*. **filons connexes** : spliced veins. **filon couche** : bedded vein; blanket vein; intraformational sheet; intrusive sheet; sill, *a tabular igneous intrusion that is oriented parallel to the planar structure of surrounding rock.* **filon-couche horizontal** : blanket. **filon croiseur** : counterlode *(geol)*; cross lode, *cross vein, cross course*; rake vein. **filon d'imprégnation** : impregnation vein. **filon d'injection** : injection dike *(geol)*. **filon de contact** : contact lode, *contact vein.* **filon de faille** : slip vein *(geol)*. **filon de fort pendage** : steep vein. **filon de glace** : *see coin de glace.* **filon de quartz** : quartz reef. **filon de remplissage secondaire** : reopened vein *(geol)*. **filon de ségrégation isolé** : segregated vein *(geol)*. **filon de substitution** : replacement lode, *replacement vein.* **filon en chapelet** : beaded vein *(geol)*; wavy vein. **filon en échelons** : ladder vein, *ladder lode.* **filon en forme de chambres** : chambered vein. **filon en gradins** : ladder vein, *ladder lode.* **filon houiller** : coal bed; coal seam. **filon hypothermal** : hypothermal vein. **filon lenticulaire** : lenticular vein. **filons lits** : lit-par-lit injection, *bed by bed (geol)*. **filon mère** : mother lode. **filon mésothermal** : mesothermal vein. **filon métallifère** : metallic vein; metalliferous vein; ore vein. **filon métasomatique** : metasomatic vein. **filon minéral** : mineral vein. **filon minéralisé** : fissure vein. **filon neptunien** : neptunian dike. **filon nourricier** : feeder; mother lode. **filon plombifère** : lead vein. **filon pourri** : rotten lode *(geol)*. **filon principal** : main lode; master lode; mother lode. **filon productif** : quick vein. **filon ramifié** : branch vein *(geol)*. **filon réticulé** : reticulated vein *(geol)*. **filon sans affleurement** : blind lode *(mine)*. **filon sédimentaire** : sedimentary dike *(geol)*. **filon stérile** : barren lode. **filon vertical** : rake vein; vertical vein. **riche filon** : bonanza *(geol)*.

filonnet *m* – string; stringer.

filtrabilité *f* – filterability, *see also température limite de filtrabilité.*

filtrage *m* – filtering; screening. **filtrage à 2D** : two-dimensional filtering. **filtrage à entropie maximale** : maximum-entropy filtering. **filtrage adaptatif** : adaptative filtering. **filtrage améliorant la cohérence** : coherence filtering. **filtrage bidimensionnel** : two-dimensional filtering. **filtrage de déconvolution** : deconvolution filtering. **filtrage de fréquence avant traitement** : preemphasis. **filtrage en cohérence** : coherence filtering. **filtrage en delta-t** : moveout filtering. **filtrage en éventail** : pie-slice filtering. **filtrage en fonction du temps** : time-variable filtering. **filtrage en fréquence** : frequency filtering. **filtrage en fréquence spatiale** : wavenumber filtering. **filtrage en fréquence temporelle** : time-frequency filtering. **filtrage en nombre d'onde** : wave-vector filtering; wavenumber filtering. **filtrage en vitesse apparente** : apparent-velocity filtering; beam pointing; dip filtering, *seismic velocity filtering*; moveout filtering; velocity filtering. **filtrage homomorphe** : homomorphic filtering. **filtrage inverse** : inverse filtering. **filtrage linéaire** : linear filtering. **filtrage monocanal** : single-channel filtering. **filtrage multicanal** : multichannel filtering *(seis)*. **filtrage numérique** : digital filtering. **filtrage optique** : optical filtering. **filtrage par corrélation** : template scan. **filtrage par méthode des moindres carrés** : least-squares filtering *(seis)*. **filtrage par polarisation** : polarization filtering; quadrature filtering. **filtrage passe-haut** : high-pass filtering. **filtrage récurrent** : recursive filtering. **filtrage récursif** : feedback filtering. **filtrage spatial** : space filtering. **filtrage spatio-fréquentiel** : trend analysis. **filtrage variable avec le temps** : time-variant filtering.

filtrat *m* – filtrate; fluid loss. **filtrat de la boue** : mud filtrate.

filtration *f* – filtering; filtration, *removal of suspended matter from a liquid by passing it through a porous medium, or the removal of coloring substances from oil by percolation through clay*; leaching; percolation; straining. **filtration à froid** : cold pressing, *separation by filtration of a solid petroleum product on a filter press, e.g. paraffin from a petroleum distillate.* **filtration à la terre** : clay filtration. **filtration par contact** : contact filtration. **filtration sous pression** : pressure filtration.

filtre *m* – filter, *device or algorithm discriminating against some of the information entering a system*; full-flow-type filter, *for thermal engines*; screen; strainer; trap. **filtre à air** : air cleaner; air filter. **filtre à bain d'huile** : oil-bath filter, *an air cleaner with an oil sump for removing all solid particles.* **filtre à bande étroite** : narrow-band filter *(elec)*. **filtre à bande passante** : band-pass filter *(elec)*. **filtre à carburant** : fuel filter. **filtre à cartouches** : cartridge filter. **filtre à cellulose** : cellulose filter. **filtre à charbon** : carbon filter. **filtre à charbon de bois** : charcoal filter. **filtre à combustible** : fuel filter. **filtre à couches multiples** : multiple-bed filter. **filtre à déphasage minimal** : minimum-phase filter *(elec)*. **filtre à deux étages** : two-stage filter. **filtre à disque** : disk filter. **filtre à eau** : water filter. **filtre à écoulement par gravité** : gravity filter. **filtre à élimination de bande** : band-elimination filter *(elec)*; band-reject filter; band-stop filter. **filtre à foin** : hay filter, *for separating water via a fiber cartridge.* **filtre à gaz** : gas filter. **filtre à gravier** : gravel-bed filter; gravel packing, *a gravel filter placed between the wall of the producing formation and a perforated liner.* **filtre à haut rendement** : high-rate filter. **filtre à haute résolution** : high-resolution filter *(elec)*; optimized filter *(elec)*. **filtre à huile** : oil filter; oil screen. **filtre à l'enregistrement** : field filter *(seis)*. **filtre à large bande** : wideband filter *(elec)*. **filtre à lits granuleux** : granular-media filter. **filtre à manches** : bag filter. **filtre à maximisation d'éner-**

gie : maximum-energy-sum filter *(seis)*; output-energy filter. **filtre à minimum d'entropie** : minimum-entropy filter *(seis)*. **filtre à paraffine** : wax filter. **filtre à phase nulle** : zero-phase filter *(seis)*. **filtre à poursuite** : tracking filter *(elec)*. **filtre à poussière** : dust filter. **filtre à précouche** : precoat filter. **filtre à pression** : pressure filter. **filtre à quartz** : crystal filter. **filtre à retard** : delay filter *(elec)*; time-domain filter *(seis)*. **filtre à retard minimal** : minimum-delay filter. **filtre à rétroaction** : feedback filter *(elec)*. **filtre à sable** : sand filter. **filtre à tambour** : drum filter. **filtre à tamis** : sieve filter; strainer filter, *for purifying lube oils or diesel fuel*. **filtre à vide** : vacuum filter. **filtre accordé** : matched filter *(elec)*. **filtre acoustique** : acoustic filter. **filtre actif** : active filter *(elec)*. **filtre adapté** : correlation filter *(elec)*; matched filter. **filtre analogique** : analog filter *(elec)*. **filtre anti-alias** : alias filter *(seis)*. **filtre antiparasite** : noise filter *(elec)*. **filtre antiparasites** : interference filter, *interference eliminator*. **filtre antirepliement** : alias filter, *used before sampling a seismic recording to remove undesired frequencies that would otherwise be aliased by the sampling procedure*. **filtre argileux** : clay filter. **filtre aspirant** : suction filter. **filtre autoadaptatif** : adaptive filter *(seis)*. **filtre bactérien** : bacterial filter; trickling filter. **filtre biologique** : biological filter. **filtre Butterworth** : Butterworth filter *(elec)*. **filtre centrifuge** : centrifugal filter. **filtre coloré** : color filter. **filtre compensateur** : compensation filter. **filtre-compensateur de déphasage** : phase-correction filter *(elec)*. **filtre compensateur de déphasage-labo** : instrument-phase compensation filter (IPCF) *(elec)*. **filtre coupe-bas** : low-cut filter *(elec)*. **filtre coupe-haut** : high-cut filter *(elec)*. **filtre d'absorption** : absorption filter *(elec)*. **filtre d'aspiration** : suction screen. **filtre d'enregistrement** : record filter *(seis)*. **filtre d'entrée** : input filter *(seis)*. **filtre d'impulsion** : impulse corrector *(elec)*. **filtre d'intercorrélation** : crosscorrelation filter *(seis)*. **filtre d'onde** : wave filter. **filtre d'ondulations** : ripple filter. **filtre dans le domaine spatio-temporel** : space-time filter *(seis)*. **filtre de Backus** : Backus filter, *an inverse filter*. **filtre de clarification** : clarifying filter. **filtre de corrélation** : correlation filter *(elec)*; crosscorrelation filter. **filtre de déphasage** : correlation filter; dispersive filter. **filtre de fréquence** : band filter; frequency filter. **filtre de guide d'ondes** : waveguide filter *(seis)*. **filtre de Hilbert** : Hilbert filter *(seis)*. **filtre de Kalman** : Kalman filter *(seis)*. **filtre de lissage** : ripple filter *(seis)*. **filtre de polarisation** : polarizing filter *(elec)*. **filtre de pompe à huile** : oil-pump screen. **filtre de réjection** : notch filter, *a band-rejection filter used to prevent possible interference with the sound carrier of the next lower channel*. **filtre de rejeu** : playback filter *(seis)*. **filtre de vignettisation** : anti-vignetting filter *(photo)*. **filtre de Wiener** : Wiener filter, *causal filter for transforming an input into a desired output as closely as possible*. **filtre écrêteur** : peak notch filter *(elec)*. **filtre éjecteur** : reject filter *(elec)*. **filtre électrique** : electric filter. **filtre en dérivation** : bypass filter; partial-flow filter. **filtre en éventail** : fan filter *(seis)*. **filtre en gravier préfabriqué** : prepacked-gravel liner, *made up of a double liner inside of which sand is packed*. **filtre en papillon** : butterfly filter. **filtre en peigne** : comb filter *(elec)*. **filtre en pendage** : dip filter *(elec)*. **filtre en plein débit** : full-flow-type filter. **filtre en vitesse** : velocity filter *(seis)*. **filtre en vitesse apparente** : velocity filter. **filtre encoche** : notch filter *(seis)*. **filtre entaille** : notch filter *(elec)*. **filtre f-k** : f-k filter, *velocity filter*; space-time filter. **filtre humide** : wet filter. **filtre interférentiel** : interference filter. **filtre inverse** : antifilter, *for deconvolution*; inverse filter *(elec)*. **filtre lamellaire** : edge-type filter. **filtre-lecture fonction du temps** : time-varying playback filter *(seis)*. **filtre linéaire en phase** : linear-phase filter. **filtre liquide** : liquid filter. **filtre magnétostrictif** : magnetostrictive filter. **filtre mécanique** : mechanical filter. **filtre métallique à huile** : oil strainer. **filtre minéral** : mineral filter. **filtre neutre** : neutral filter. **filtre numérique** : digital filter. **filtre optimal** : optimum filter. **filtre optique** : optical filter. **filtre par moindres carrés** : least-squares filter. **filtre passe-bande** : band-pass filter *(elec)*. **filtres passe-bande adjacents** : frequency slices *(seis)*. **filtre passe-bande très étroit** : exclusive filter. **filtre passe-bas** : high-cut filter, *(elec)*; low-pass filter. **filtre passe-haut** : high-pass filter; low-cut filter, *(elec)*. **filtre passif** : passive filter *(elec)*. **filtre piézoélectrique** : crystal filter. **filtre plissé** : fluted filter; folded filter. **filtre préliminaire** : preliminary filter. **filtre réalisable** : realizable filter *(seis)*. **filtre récurrent** : recursive filter *(seis)*. **filtre récursif** : feedback filter. **filtre réjecteur** : notch filter *(elec)*. **filtre rephaseur** : phase-correction filter *(elec)*. **filtre rotatif** : rotary filter. **filtre rotatif à disques** : rotary-disk filter. **filtre rotatif à tambour** : rotary-drum filter. **filtre sensitométrique** : sensitometric filter. **filtre sismique** : seismic filter. **filtre sous pression** : pressure filter. **filtre sous vide** : vacuum filter. **filtre stationnaire** : stationary filter *(elec)*. **filtre très sélectif** : exclusive filter *(elec)*. **filtre variable dans le temps** : time-variant filter *(elec)*.

filtré – filtered.

filtre-presse *m* – filter press. **filtre-presse à chambres** : chamber filter press.

filtrer – filter (to); leach (to); ooze (to); pass (to) through; percolate (to); seep (to).

fimbriae *m* – fimbria, *tiny hairs on the surface of some bacteria*.

fimmenite *f* – fimmenite, *a variety of peat containing a high proportion of spores*.

fin *f* – end; end point, *of a reaction*. **fin d'auge** : trough headwall, *the semicircular end of a glacial valley*. **fin d'enregistrement** : end of record (EOR). **fin d'une réaction** : consummation. **fin de bande** : end of tape (EOT). **fin de fichier** : end of file (EOF), *on a magnetic recording*. **fin de filetage** : vanish point, *where the thread tool mark runs out on the pipe surface*. **fin du dispositif** : end of spread *(seis)*. **sans fin** : endless.

fin – fine, *fem. fine*. **à fine cristallisation** : close grained. **à fines mailles** : close meshed.

final – closing; concluding; final; ultimate.

financement *m* – financing, *obtaining funds (from any source) for a project*; funding. **financement à terme** : term financing. **financement complémentaire** : complementary financing; follow-up financing. **financement conjoint** : joint financing.

financement non gagé : non recourse financing. **financement relais** : repeat financing.
financier – financial.
finerie *f* – iron refinery.
fines *f* – fines, *fragments of fine material passing through a screen while the coarser fragments are held back.* **fines de charbon** : carbon granules; dross; fine coal.
finesse *f* – fineness; sharpness. **finesse de mouture** : fineness of grinding.
fini – finished; finite.
finissage *m* – finish, *see also finition.* **finissage d'un puits** : tailing-in work, *final preparations before the start of production.*
finisseuse *f* – finishing machine.
finition *f* – finishing; finishing work.
fiole *f* – phial; small bottle; vial. **fiole à vide** : filter flask; filtering jar. **fiole conique** : filter flask. **fiole d'Engler** : Engler flask, *calibrated for the Engler viscometer.* **fiole d'Erlenmeyer** : Erlenmeyer flask. **fiole d'essai** : test jar. **fiole jaugée** : volumetric flask.
fioul *m – see fuel-oil.*
firme *f* – corporation. **firme multinationale (FMN)** : multinational corporation (MNC).
FISA – *abbr. Fédération Internationale du Sport Automobile.*
fiscal – fiscal.
fiscalité *f* – taxation, *including taxes and regulatory measures.* **fiscalité pétrolière** : oil taxation.
Fischer – Fischer, *see essai de Fischer, catalyseur, cire and synthèse Fischer-Tropsch.*
fissile – fissile.
fissilité *f* – fissility.
fission *f* – cleavage; fission; splitting. **fission binaire** : binary fission. **fission nucléaire** : atomic fission; nuclear fission. **fission spontanée** : spontaneous fission.
fissuration *f* – crevassing; jointing *(geol)*. **fissuration en étoile** : honeycomb cracking. **fissuration en gradin** : stepwise cracking (SWC). **fissuration par l'hydrogène** : hydrogen-induced cracking (HIC). **fissuration par corrosion sous tension** : stress-corrosion cracking. **fissuration sous tension thermique** : thermal stress cracking.
fissure *f* – chink; cleft; crack; crevice; fissure; flaw; notch; rift; rupture; seam; split. **fissure à la base** : root crack *(weld)*. **fissure à la jonction** : toe crack *(weld)*. **fissure aquifère** : water vein. **fissure capillaire** : hair crack. **fissure concentrique** : concentric rift. **fissure d'angle** : edge crack. **fissure d'exfoliation** : exfoliation joint. **fissure d'extension** : open-gash fracture; tension crack. **fissure dans la soudure** : weld-area crack. **fissure de déformation** : strain crack. **fissure de dessiccation** : sun crack. **fissure de fatigue** : fatigue crack. **fissure de flanc** : flank fissure. **fissure de refroidissement** : cooling fissure. **fissure de retrait** : contraction fissure; fissure of retreat; mud crack; sun crack. **fissure de soudure** : weld crack. **fissure de tension** : stress crack *(metal)*. **fissure de vieillissement** : aging crack. **fissure due à la chaleur** : heat crack. **fissure due aux contraintes de cisaillement** : shear crack. **fissure excentrique** : transverse fissure. **fissure filonienne** : fissure vein. **fissure horizontale** : cross joint. **fissure intercristalline** : intercrystalline crack. **fissure intracristalline** : transcrystalline crack. **fissure longitudinale** : check. **fissure métallifère profonde** : ore channel. **fissure minéralisée** : fissure vein. **fissure superficielle** : shallow fissure. **fissure transcristalline** : transcrystalline crack.
fissuré – cracked; cracky; fractured; jointy.
fissurité *f* – fracturing.
fixage *m* – fixing. **fixage du colorant** : dye fixing.
fixatif *m* – fixative, *fixing agent.*
fixation *f* – attachment; branching; capture; clamp; fastening; fixation; fixture; holdfast. **fixation d'électron** : electron attachment; electron capture. **fixation de l'azote** : nitrogen fixation. **fixation des prix** : price fixing. **fixation par piles** : pin piling.
fixe – fast; sessile, *said of an organism permanently attached to a support*; settled; standing; stationary; tight.
fixé – fixed.
fixer – attach (to); bind (to); fasten (to); fit (to); hitch (to); hold (to); settle (to); take (to) up *(chem)*; tighten (to). **fixer l'emplacement d'un puits** : make (to) location. **fixer l'heure** : time (to).
fjord *m* – fjord, *a drowned coastal glacial valley with steep sides.*
f-k – f-k, *frequency and wavenumber.*
flacon *m* – bottle; phial. **flacon à deux tubulures** : two-necked bottle. **flacon compte-gouttes** : dropping bottle. **flacon de garde** : safety bottle. **flacon dose** : drop bottle. **flacon laveur** : wash bottle.
flagelle *m* – flagellum, *threadlike portion of many motile microbial cells that is the primary organ of their motility.*
flagellé *m* – flagellate, *microorganism.*
flambage *m* – buckling; sag; singeing *(textile)*.
flambant – flaming.
flambée *f* – blaze.
flambement *m – see flambage.*
flamboyant – flaming.
flamme *f* – flame. **flamme blanche** : yellow flame, *diffusion flame.* **flamme coupante** : cutting flame. **flamme d'essai** : test flame. **flamme de carbonisation** : carbonizing flame. **flamme de cémentation** : carburizing flame. **flamme de diffusion** : diffusion flame. **flamme de gueulard** : throat flame. **flamme de prémélange** : premixed flame. **flamme de soudage** : welding flame. **flamme du tuyau d'échappement** : tailpipe flame, *visible at night and indicating very high exhaust temperature due to excessive fuel supply or delayed ignition.* **flamme éclairante** : luminous flame. **flamme froide** : cool flame. **flamme laminaire de prémélange** : premixed laminar flame. **flamme neutre** : neutral flame, *coming from complete combustion, hence neither oxidizing nor reducing.* **flamme non éclairante** : nonluminous flame. **flamme nue** : naked light. **flamme oxydante** : oxidizing flame. **flamme oxyhydrique** : oxyhydrogen flame. **flamme réductrice** : reducing flame; reduction flame. **flamme stabilisée** : stabilized flame. **flamme stationnaire** : stationary flame. **flamme turbulente de prémélange** : premixed turbulent flame. **à l'épreuve des flammes** : flameproof. **sans flamme** : flameless.
flamme *f* – pennant, *flag, banner.*
flanc *m* – flank; hillside; limb, *of an anticline*; side, *of a fold*; sidewall, *of a tire.* **flanc anticlinal** : anticlinal limb. **flanc d'un anticlinal** : anticlinal

flank. **flanc d'un pli** : shank. **flanc d'un pneu** : tire sidewall. **flanc doux** : stoss side. **flanc étiré** : drawn-out limb *(geol)*. **flanc inférieur** : lower limb *(geol)*; underlimb, *of a recumbent fold.* **flanc inférieur d'un pli couché** : floor limb. **flanc inverse** : reversed limb. **flanc médian** : common limb *(geol)*; middle limb; septum *(geol)*. **flanc médian étiré** : reduced middle limb *(geol)*; squeezed middle limb; stretched-out middle limb *(geol)*. **flanc normal** : normal limb. **flanc normal inférieur** : trough limb, *of a nappe.* **flanc raide** : lee side. **flanc renversé** : reversed limb. **flanc supérieur** : arch limb; roof limb, *of a recumbant fold.* **flanc synclinal** : synclinal limb.

Flandrien *m* – Flandrian, *climatostratigraphic Holocene stage.*

flaque *f* – pool, *small area of open water,* puddle.

flaser *m* – flaser *(geol)*.

flash *m* – flash.

flasque *m* – flange; web *(mech)*. **flasque d'un tambour** : spooling flange. **flasque de frein** : brake flange. **flasque de vilebrequin** : crank web. **flasque du manchon** : flange of sleeve.

flat-twin *m* – flat-twin, *horizontally-opposed twin-cylinder engine.*

FLB – FAS, *abbr. franco long du bord, free alongside ship.*

fléau *m* – beam, *balance beam, scales beam.*

flèche *f* – arrow; bar; boom; dip in a curve; jib; rise of span; sag; spire; stick. **flèche d'une structure** : vertical closure. **flèche de grue** : crane boom; gibbet. **flèche de grue à rochet** : boom dog; boom ratchet. **flèche de jonction** : *see tombolo.* **flèche de levage** : gin pole, *a pole or bar at the top of a drilling derrick to which a tackle is fastened for use in hoisting and positioning the crown block.* **flèche de pendage** : dip vector. **flèche de recouvrement** : fold overlap. **flèche de sable** : sand spit. **flèche isthme** : tombolo, *connecting bar.* **flèche latérale** : side boom, *e.g. on a pipe-laying machine.* **flèche littorale** : baymouth bar; spit. **flèche relicte** : flying bar. **flèche témoin** : flying bar *(geol)*.

fléchir – deflect (to); yield (to).

fléchissement *m* – sagging; yield.

fleur *f* – bloom; blossom; flower. **fleur de cobalt** : cobalt bloom, *erythrite.* **fleur de soufre** : sulfur flower. **fleur de zinc** : zinc bloom, *hydrozincite.*

fleuret *m* – borebit *(mine)*; borer; jumper bar. **fleuret d'amorçage** : jumper; short borer *(mining)*.

fleuve *m* – river, *the French word fleuve refers to a stream that runs into the sea.*

flexibilité *f* – elasticity.

flexible *m* – flexible pipe; hose. **flexible armé** : armored hose. **flexible d'aspiration** : suction hose. **flexible d'injection** : kelly hose; mud hose *(drill)*; rotary hose, *flexible pressure hose connecting the drill pump to the water or mud swivel.* **flexible d'injection de boue** : mud-injection hose. **flexible de cimentation** : cementing hose. **flexible haute pression** : high-pressure hose. **flexible pour boue de forage** : mud hose.

flexible – elastic; flex; flexible.

Flexichoc *m* – Flexichoc, *tradename for an offshore seismic source of the implosion type using the impact between two plates.*

flexion *f* – bending; buckling; flexion; sag.

flexocarottage *m* – flexocoring.

Flexoforage *m* – Flexodrilling, *tradename for a drilling process using a flexible drill string.*

Flexoforeuse *f* – Flexodrill.

Flexotir *m* – Flexotir, *tradename for an offshore seismic source consisting in exploding a small charge of dynamite in a perforated thick-walled sphere.*

flexure *f* – downbending; flexure; hinge; step fold. **flexure continentale** : continental flexure; shelf edge *(geol)*. **flexure monoclinale** : monoclinal flexure.

flint *m* – flint; flint glass, *high-quality glass containing lead oxide.*

flipot *m* – dutchman.

flocon *m* – clot; flake; floc. **flocon de cire** : wax flake. **flocon de graphite** : graphite flake. **flocon de neige** : snowflake.

floconneux – flocculent.

floculant *m* – flocculant, *flocculating agent.*

floculateur *m* – flocculator.

floculation *f* – coagulation; flocculation, *aggregation in flocs of micelles in a colloidal suspension.*

floculer – clot (to); curdle (to).

floe *m* – floe, *any relatively flat piece of sea ice.*

flore *f* – flora.

florizone *f* – florizone, floral zone, *a biostratigraphic unit characterized by fossils of a particular assemblage of flora.*

flot *m* – flood tide; rising tide. **flot de fond** : undertow. **flot de retour** : backwash.

flotel *m* – floatel; hotel platform.

flottabilité *f* – buoyancy; floatability. **flottabilité du tube prolongateur** : riser buoyancy. **flottabilité négative** : negative buoyancy. **à flottabilité nulle** : neutrally buoyant.

flottable – buoyant.

flottage *m* – floating. **flottage d'un tubage** : casing floating.

flottaison *f* – waterline, *of a ship.* **flottaison en charge** : load waterline.

flottant – floating; suspended.

flottateur *m* – flotation chemical, *flotation agent.*

flottation *f* – flotation, *a process for separating solids with different masses by making them float on a liquid with an intermediate mass.* **flottation à l'huile** : oil flotation. **flottation collective** : bulk flotation *(mine)*. **flottation différentielle** : differential flotation. **flottation étagée** : stage flotation. **flottation par moussage** : froth flotation. **flottation sélective** : selective flotation.

flotte *f* – fleet. **flotte automobile** : automotive fleet; fleet of vehicles.

flottement *m* – floating; flutter; hunting; wobble. **flottement des joints de tige** : tool-joint wobble. **flottement des roues** : shimmy *(auto)*; wheel flutter; wheel wobble.

flotter – float (to).

flotteur *m* – float; pontoon. **flotteur à tube** : casing float. **flotteur auxiliaire** : auxiliary float. **flotteur basculant** : rocking float, *for producing energy by wave action.* **flotteur d'embase** : base float. **flotteur du carburateur** : carburetor float. **flotteur principal** : main float, *offshore platform.*

flou – fuzzy.

fluage *m* – creep; flow. **fluage à froid** : cold flow. **fluage du sol** : soil creep.

fluctuant – fluctuating.

fluctuation *f* – fluctuation; flutter. **fluctuation de température** : temperature fluctuation. **fluctuation de vitesse** : eddy velocity. **fluctuation des prix** : price swing.

fluctuer – fluctuate (to).

fluence *f* – fluence, *a measure of time-integrated particle flux.* **fluence des particules** : particle fluence. **fluence énergétique** : energy fluence, *SI unit: joule per square meter.*

fluidal – fluidal *(geol)*.

fluide *m* – fluid, *general term for liquid and gaseous bodies.* **fluide boueux** : mud fluid. **fluide caloporteur** : coolant; heat carrier; heat-transfer fluid. **fluide chargé de boue** : mud-laden fluid. **fluide cryogénique** : cryogenic fluid. **fluide d'acidification** : acidizing fluid. **fluide d'annulaire** : annular fluid. **fluide d'embrayage** : clutch fluid. **fluide d'entraînement** : power fluid, *in a hydraulic production pump.* **fluide d'injection** : injection fluid. **fluide de complétion** : completion fluid. **fluide de coupe** : cutting fluid. **fluide de démarrage** : starter fluid. **fluide de forage** : drilling fluid. **fluide de forage à base d'eau salée** : salt-water-base drilling fluid. **fluide de forage à base d'huile** : oil-base drilling fluid. **fluide de forage à pH élevé** : high-pH drilling fluid. **fluide de forage aéré** : aerated drilling fluid. **fluide de forage allégé** : aerated drilling fluid. **fluide de forage en contrôle permanent** : drilling-in fluid. **fluide de forage pour forage de la couche** : drilling-in fluid. **fluide de formation** : formation fluid. **fluide de fracturation** : frac fluid; fracturing fluid. **fluide de gisement** : reservoir fluid. **fluide de packer** : packer fluid. **fluide de puissance** : power fluid. **fluide de reconditionnement** : workover fluid. **fluide de refroidissement** : coolant. **fluide de rinçage** : cleaning fluid. **fluide de rupture** : breakdown fluid *(prod)*. **fluide de silicone** : silicone fluid. **fluide de transmission** : transmission fluid. **fluide difficilement inflammable** : fire-resistant fluid, *or fire-resisting fluid.* **fluide en équation de puissance** : power-law fluid. **fluide entraîné** : entrained fluid. **fluide frigorigène** : coolant; refrigerant. **fluide hétérogène** : heterogeneous fluid. **fluide hydraulique** : hydraulic fluid; hydraulic medium. **fluide hydraulique pour frein** : brake fluid. **fluide incompressible** : incompressible fluid. **fluide interstitiel** : interstitial fluid. **fluide isotrope** : isotropic fluid. **fluide magnétique** : magnetic fluid. **fluide miscible** : miscible fluid. **fluide moteur** : working fluid, *in a turbine.* **fluide mouillant** : wetting fluid. **fluide newtonien** : Newtonian fluid, *in which the viscosity conforms to Newton's law, i.e. is independent of the velocity gradient.* **fluide non miscible** : immiscible fluid. **fluide non mouillant** : nonwetting fluid. **fluide non newtonien** : non-Newtonian fluid. **fluide obturateur** : seal fluid. **fluide parfait** : inviscid fluid; perfect fluid, *ideal nonviscous fluid.* **fluide porteur** : carrier fluid. **fluide pour forage rotary** : rotary fluid. **fluide pour thermomètre** : thermometer fluid. **fluide pseudoplastique** : pseudoplastic fluid, *whose apparent viscosity decreases instantaneously with an increase in the shear rate.* **fluide rhéoépaississant** : shear-thickening fluid. **fluide rhéopectique** : rheopectic fluid, *in which the consistency increases constantly with shearing ; the reverse of thixotropy.* **fluide sous-saturé** : undersaturated fluid, *capable of holding additional gaseous or liquid components in solution at the specified rate.* **fluide stratifié** : stratified fluid. **fluide supercritique** : supercritical fluid. **fluide tampon** : slug fluid; spacer fluid, *a fluid designed to separate drilling fluid from cement in a wellbore.* **fluide thixotrope** : thixotropic fluid, *in which viscosity decreases with shear time and which, when at rest, gradually resumes its original viscosity.* **fluide viscoélastique** : viscoelastic fluid. **fluide viscoplastique** : viscoplastic fluid.

fluide – fluid; fluidal.

fluidifiant *m* – thinner, *for drilling mud*; thinning agent.

fluidification *f* – fluxing; shear thinning, *is said to be stable, progressive or regressive in a flow if, when the time is increased, the apparent viscosity remains unaltered, decreases or increases.*

fluidifié – fluidized.

fluidifier – liquefy (to).

fluidimètre *m* – fluidimeter, *for measuring the fluidity of oils.*

fluidique *f* – fluidics, *a control technology using gaseous or liquid fluids in place of moving mechanical parts.*

fluidisation *f* – fluidization, *a process in which a finely divided solid is made to behave like a fluid by being placed in suspension in a moving gas or liquid stream.* **fluidisation agglomérante** : aggregative fluidization. **fluidisation particulaire** : particulate fluidization. **fluidisation tumulteuse** : slugging.

fluidisé – fluidized.

fluidité *f* – fluidity, *the reverse of viscosity, characterized by flow velocity.* **fluidité à basse température** : low-temperature fluidity. **fluidité à froid** : *see fluidité à basse température.*

fluoborique – fluoboric.

fluocérite *f* – fluocerite, *cerium fluoride.*

fluor *m* – fluorine, *symbol F.*

fluoranthène *m* – fluoranthene, *idryl, a tetracyclic hydrocarbon.*

fluoration *f* – fluorination.

fluorène *m* – fluorene, *diphenylenemethane.*

fluorer – fluorinate (to).

fluorescéine *f* – fluorescein, *a tracer used to detect underground water, seawater currents or the dispersion of stack gas.*

fluorescence *f* – bloom, *fluorescence in lubricating oils*; cast; fluorescence. **fluorescence du pétrole** : petroleum bloom. **fluorescence retardée** : delayed fluorescence. **fluorescence X** : X-ray fluorescence (XRF).

fluorescent – fluorescent.

fluorhydratation *f* – hydrofluorination.

fluorimètre *m* – fluorometer.

fluorine *f* – fluorite, *fluorspar.*

fluorobenzène *m* – fluorobenzene, *phenyl fluoride.*

fluorocarbure *m* – fluorocarbon.

fluoroscope *m* – fluoroscope.

fluorure *m* – fluoride. **fluorure d'aluminium** : aluminum fluoride. **fluorure d'hydrogène** : hydrogen fluoride. **fluorure de bore** : boron fluoride. **fluorure de lithium** : lithium fluoride. **fluorure de magnésium** : magnesium fluoride. **fluorure de perchloryle** : perchloryl fluoride. **fluorure de polyvinylidène** : polyvinylidene fluoride. **fluorure de thorium** : thorium fluoride. **fluorure de xénon** : xenon fluoride.

fluosilicate *m* – fluosilicate, *a salt derived from fluosilicic acid.* **fluosilicate de magnésium** : magnesium fluosilicate.

fluotournage *m* – hydrospinning.

flûte *f* – seismic cable; streamer, *incorporated-pressure geophone cable used for continuous offshore seismic recordings.* **flûte de fond** : bay cable. **flûte de puits** : well receiver array; well streamer. **flûte marine** : streamer.

fluvial – fluvial.

fluviatile – fluviatile.

fluvioglaciaire – fluvioglacial.

fluviolacustre – fluviolacustrine.

fluviomarin – fluviomarine.

flux *m* – efflux; flow; flux; outflow; rising tide. **flux axial** : axial flow. **flux chimique** : chemical flux. **flux d'énergie acoustique** : sound energy flux. **flux d'induction magnétique** : *see flux magnétique.* **flux de capitaux** : capital flow, *capital movement.* **flux de chaleur** : heat flow. **flux de circulation** : traffic flow. **flux de courant** : current flow. **flux de déplacement** : *see flux électrique.* **flux de fonds propres** : equity cash-flow *(fin)*. **flux de fuite** : leakage flux. **flux de molécules** : molecular flow rate. **flux de protection** : *see gaz de protection.* **flux de rayon gamma** : gamma-ray influx. **flux de trésorerie** : cash flow. **flux de vitesse acoustique** : volume flow rate, *volume flow rate due to a sound wave.* **flux électrique** : electric flux; flux of displacement. **flux énergétique** : radiant power, *radiant energy flux.* **flux et reflux** : ebb and flow. **flux gazeux** : throughput of a gas, *SI unit = pascal per cubic meter per second.* **flux lumineux** : luminous flux, *the SI unit is the lumen.* **flux magnétique** : magnetic flux, *component of magnetic induction perpendicular to a surface, measured in webers.* **flux radial** : radial flow. **flux thermique** : heat flow; heat flow rate.

fluxage *m* – fluxing.

fluxé – fluxed.

fluxer – flux (to).

fluxion *f* – fluxion. **en fluxion** : fluxional.

fluxmètre *m* – fluxmeter.

fluxoturbidite *f* – fluxoturbidite *(geol)*.

flysch *m* – flysch *(geol)*.

FMN – MNC, *abbr. firme multinationale, multinational corporation.*

focalisation *f* – focusing. **focalisation due à la vitesse** : velocity focusing. **focalisation enterrée** : buried-focus effect.

focalisé – focused.

FOD – *abbr. fuel-oil domestique.*

foène *f* – alligator grab, *fishing.* **foène de repêchage** : fishing grab.

foi *f* – credit.

foisonnement *m* – dilatancy; swell; swelling, *increase in volume of soil or rock due to the absorption of water.*

foliacé – foliaceous; foliated; leaflike.

foliation *f* – foliation; schistosity.

fonçage *m* – shaft working *(mining)*; sinking. **fonçage de gaine** : driving sheath, *of pipeline into ground under a road.* **fonçage de puits** : shaft boxing *(mining)*; shaft sinking *(mining)*. **fonçage de puits par cimentation** : shaft-sinking cementation process *(mining)*. **fonçage de puits par congélation** : shaft sinking by freezing *(mining)*. **fonçage des pieux par la méthode de cimentation** : grouting process, *for cementing piles.*

foncé – dark.

fonction *f* – function. **fonction à bande limitée** : band-limited function. **fonction aléatoire** : random function; random process *(math)*. **fonction analytique** : analytic function. **fonction booléenne** : Boolean function. **fonction causale** : one-sided function. **fonction chimique** : chemical function. **fonction cinétique de sévérité** : kinetic severity function (KSF), *the integral between the furnace inlet and outlet for n-pentane decomposition.* **fonction circulaire** : circular function *(math)*; circular line *(math)*. **fonction conjuguée** : conjugate function *(math)*. **fonction créneau** : boxcar function. **fonction d'acidité** : acidity function. **fonction d'Airy** : Airy function *(math)*. **fonction d'anticipation** : anticipation function. **fonction d'apodisation** : apodizing function. **fonction d'autocorrélation** : autocorrelation function. **fonction d'erreur** : error function, *or error equation (math)*. **fonction d'intercorrélation** : crosscorrelation function. **fonction d'onde** : wave function. **fonction de blocage** : hindrance function. **fonction de corrélation** : correlation function; crosscorrelation function. **fonction de corrélation normée** : normalized-crosscorrelation function. **fonction de dissipation** : dissipation function. **fonction de distribution** : distribution function. **fonction de Gibbs** : *see enthalpie libre.* **fonction de Hamming** : Hamming function *(seis)*. **fonction de Hanning** : Hanning function *(seis)*. **fonction de Helmholtz** : Helmholtz function, *free energy.* **fonction de partition** : partition function. **fonction de pondération** : weighting function. **fonction de probabilité** : density function. **fonction de relaxation** : relaxation function. **fonction de répartition** : probability distribution function. **fonction de séparation** : partition function. **fonction de temps réduit** : dimensionless time function. **fonction de transfert** : transfer characteristics; transfer function, *in seismic prospecting, the complex function used to change cosinusoidal inputs into outputs.* **fonction de transition** : transition function. **fonction de vraisemblance** : likelihood function. **fonction discriminante** : discriminant function *(math)*. **fonction échelon** : step function. **fonction en escalier** : step function. **fonction exponentielle** : exponential function. **fonction harmonique** : harmonic function. **fonction homogène** : homogeneous function *(math)*. **fonction hyperbolique** : hyperbolic function. **fonction hypergéométrique** : hypergeometric function. **fonction impulsion** : Dirac function. **fonction linéaire** : linear function, *linear transformation.* **fonction noyau** : kernel function, *a mathematical function of resistivity and depth, which can be calculated from unprocessed resistivity data so as to deduce the* *stratification of the resistivity (well log)*. **fonction objectif** : objective function. **fonction paire** : even function. **fonction périodique** : periodic function. **fonction potentielle** : potential function. **fonction propre** : eigenfunction. **fonction spline** : spline function *(math)*. **fonction thermodynamique caractéristique** : thermodynamic function of state. **fonction trigonométrique** : trigonometric function. **fonction unilatérale** : one-sided function. **fonction vectorielle** : vector function.

fonctionnaire *m* – civil servant.

fonctionnel – functional.

fonctionnement *m* – actual working; operation; run; running; service; working. **fonctionnement à bas niveau** : low-level operation, *cracking*. **fonctionnement à charge réduite** : part-load operation. **fonctionnement à distance** : remote operation. **fonctionnement à main** : hand operation. **fonctionnement à pleine charge** : full-load running. **fonctionnement à vide** : no load. **fonctionnement automatique** : push-button operation. **fonctionnement conforme** : design operation. **fonctionnement continu** : continuous operation; continuous running. **fonctionnement normal** : trouble-free operation. **fonctionnement régulier** : smooth going. **fonctionnement sans incident** : trouble-free operation. **fonctionnement silencieux** : low-level noise running. **fonctionnement spécifique** : functional performance. **fonctionnement sûr** : trouble-free operation. **en fonctionnement** : onstream, *production, refinery, etc.*; operating.

fonctionner – run (to); work (to).

fond *m* – background; bottom; ground; groundwork. **fonds abyssaux** : abyssal floor. **fond amovible** : loose bottom. **fond bombé** : dished bottom, *storage tank*. **fond d'un sondage** : borehole bottom. **fond de cale** : bilge. **fond de carte** : base map. **fond de carter** : sump. **fond de chaudière, fond de la chaudière** : boiler end; boiler head. **fond de convertisseur** : converter bottom. **fond de creuset** : hearth bottom. **fond de fouille** : ditch bottom. **fond de gaz** : gas background. **fond de gorge de piston** : piston-groove bottom. **fond de la baie** : bayhead. **fond de rayonnement** : background radiation, *ambient ionizing radiation caused by sources other than those of interest in a measurement*. **fond de réservoir** : head; heel. **fond de synclinal** : synclinal turn. **fond de taille** : wall *(mining)*. **de fond de trou** : downhole. **fond des mers** : seabed. **fond du baril** : bottom of the barrel. **fond du creuset** : hearth block; hearth level; oven sole. **fond du piston** : underside of piston. **fond du réservoir** : bottom sediments; tank bottom; tank sludge. **fond du sondage** : bottomhole. **fond du trou** : hole bottom. **fond durci** : hard ground *(geol)*. **fond embouti** : dished bottom; dished head, *convex or concave, used for tanks*. **fond induré** : hard ground. **fond marin** : sea bottom. **fond océanique** : ocean bottom; ocean floor; sea floor. **fond plat d'une vallée** : valley floor. **fond renforcé** : stayed head. **fond salant** : salt pan, *a depression in which water accumulates and evaporates leaving a salt deposit*. **au fond** : belowground; downhole.

fondamental – basal; basic; fundamental.

fondant *m* – flux; fluxing agent *(metal)*; slagging medium *(metal)*. **fondant de soudage** : soldering flux. **fondant siliceux** : siliceous flux.

fondant – melting.

fondateur *m* – founder.

fondation *f* – footing; foundation. **fondation superficielle** : shallow foundation. **fondation sur caissons** : caisson foundation. **fondation sur piles** : pile foundation. **fondation sur radier** : mat foundation.

fondement *m* – basis; groundwork.

fonder – found (to); ground (to).

fonderie *f* – foundry; smelting plant.

fondoir *m* – dope pot; kettle, *vessel in which tar and bitumen are heated so as to become liquefied*.

fondre – smelt (to) *(metal)*; found (to); cast (to); fuse (to); liquefy (to); melt (to); melt (to) down; thaw (to). **se fondre** : coalesce (to). **fondre complètement** : melt (to) away. **fondre en coquille** : chill (to).

fondrière *f* – slough.

fonds *m* – capital; fund. **fonds commun** : pool, *joint funding*. **fonds d'amortissement** : sinking fund. **fonds de commerce** : business; concern. **fonds de premier établissement** : initial capital. **fonds de réserve** : reserve fund. **fonds de roulement** : revolving fund; working capital; working fund. **fonds documentaire** : documentary holdings. **fonds propres** : equity *(fin)*.

fondu *m* – fading; fused; melted; molten; smelted. **fondu en coquille** : chill cast.

fongible – fungible.

fongicide *m* – fungicide.

fontaine *f* – fountain. **fontaine de boue** : mud spring. **fontaine de lave** : fire fountain.

fonte *f* – cast iron. **fonte à graphite sphéroïdal** : nodular cast iron; spheroidal-graphite cast iron. **fonte à graphite vermiculaire** : compacted graphite iron. **fonte aciérée** : semisteel. **fonte alliée** : alloy casting. **fonte au molybdène** : molybdenum cast iron. **fonte au nickel** : nickel cast iron. **fonte austénitique** : austenitic cast iron. **fonte Bessemer** : Bessemer iron, *Bessemer pig iron*. **fonte blanche** : white iron; white pig iron. **fonte brute** : pig iron. **fonte en coquille** : chill casting, *chilled casting*. **fonte en gueuses** : pig iron. **fonte grise** : gray iron, *gray cast iron, gray pig iron*. **fonte malléable** : crucible steel iron; malleable pig iron, *malleable cast iron*. **fonte métisse** : cinder pig iron. **fonte perlitique** : pearlitic iron. **fonte raffinée** : refined cast iron. **fonte résistant aux acides** : acidproof casting. **fonte truitée** : mottled iron.

fonte *f* – casting; founding; melting; smelting. **fonte des neiges** : snowmelt.

forabilité *f* – drillability, *ease with which a rock can be drilled through*.

forable – drillable.

forage *m* – boring; drill; drilling; hole. **forage à abrasion** : pellet drilling. **forage à air comprimé** : compressed-air drilling. **forage à bras** : hand-drilled well. **forage à chute libre** : free-fall boring. **forage à découvert** : uncased drilling. **forage à érosion** : jet drilling. **forage à grande profondeur** : deep drilling. **forage à injection** : hydraulic circulation system, *with continuous bailing*; wash boring. **forage à l'air** : air drilling, *using air as the drilling fluid*. **forage à la corde** : rope drilling.

forage à la grenaille : pellet-impact drilling, *using projected steel shot*; shot drilling, *in this core-drilling process the formation is eroded by steel shot issuing from the core bit.* **forage à la mousse** : foam drilling. **forage à la tarière** : auger drilling. **forage à percussion** : percussion drilling. **forage à petit diamètre** : slim-hole drilling. **forage à sec** : dry drilling. **forage au brouillard** : mist drilling, *whereby water and/or oil dispersed in air and/or gas is used as the drilling fluid.* **forage au câble** : cable drilling; jump drilling. **forage au-dessous du sel** : subsalt drilling, *underneath salt domes.* **forage au diamant** : diamond drilling. **forage au jet** : jet drilling. **forage au large des côtes** : offshore drilling. **forage au trépan à jet** : jet-bit drilling. **forage aux tiges pleines** : pole drilling. **forage aux ultrasons** : ultrasonic drilling. **forage aveugle** : blind drilling. **forage aveugle en circulation perdue** : drilling blind without returns, *without being able to analyze mud returns and cuttings.* **forage canadien** : Canadian drilling, *a percussion drilling system in which wooden rods are screwed together and used in place of rope*; pole drilling. **forage classique** : conventional drilling, *refers to the rotary drilling process.* **forage d'évaluation** : appraisal drilling, *drilling carried out to determine the physical extent of reserves and the potential production rate of oil or gas of a field*; assessment drilling. **forage d'exploitation** : exploitation drilling. **forage d'exploration** : exploratory drilling. **forage d'extension** : development drilling. **forage d'obligation** : obligatory drilling. **forage d'un avant-trou** : ratholing. **forage d'un puits de pétrole** : oilwell drilling. **forage d'un puits de recherche** : wildcat drilling. **forage de délinéation** : delineation drilling. **forage de développement** : development drilling; proven-area drilling. **forage de fondation** : foundation drilling. **forage de la couche** : drilling in, *penetration of the bit into the pay zone.* **forage de recherche** : wildcat. **forage de reconnaissance** : wildcat, *the first exploration well drilled into a structure or in an unknown region.* **forage de roches** : rock drilling. **forage dévié** : deflected well; sidetracked hole, *drilled to bypass an object that could not be fished out.* **forage dévié non orienté** : blind sidetrack. **forage directionnel** : *see forage dirigé.* **forage dirigé** : directional drilling, *controlled changing of the direction of a borehole from the true vertical, or drilling multiple boreholes from a single surface cluster.* **forage dirigé contrôlé** : controlled directional drilling. **forage double** : dual system. **forage du trou de rat** : ratholing. **forage en cours** : drilling ahead. **forage en eau profonde** : deep-water drilling. **forage en grand diamètre** : big hole *(drill)*. **forage en mer** : offshore drilling. **forage en mer profonde** : deep-sea drilling. **forage en montant** : raise drilling, *drilling to join a lower gallery with a gallery higher up.* **forage en pertes totales** : blind drilling. **forage en terrain dur** : hard digging. **forage horizontal** : horizontal drilling, *an oil-production technique in which the portion of the wellbore penetrating the reservoir is horizontal so as to maximize the contact area between the wellbore and the formation in order to improve overall drainage from the surrounding matrix.* **forage incliné** : inclination drilling; slant drilling. **forage intercalaire** : infill drilling. **forage latéral** : lateral drilling. **forage marin** : offshore drilling. **forages multiples** : multiple drilling. **forage oblique** : slant drilling. **forage par abrasion** : abrasion drilling. **forage par battage** : spudding. **forage par percussion** : cable drilling; percussion drilling. **forage par percussion-rotation** : rotary-percussion rock drilling. **forage par vibrations** : drilling by vibrations; vibration drilling. **forage peu profond** : shallow drilling. **forage pneumatique** : pneumatic drilling, *using air or gas as the drilling fluid.* **forage profond** : deep drilling; deep hole; rock well, *as opposed to a forage superficiel.* **forage rotary** : rotary drilling, *a hydraulic drilling process in which a bit attached to the bottom of a string of drillpipe is rotated by rotating the entire string, with a drilling fluid being circulated down through the string and back up outside it in the annular space.* **forage sans vibrations** : smooth drilling. **forage sismique** : shothole drilling. **forage sous-marin** : offshore drilling. **forage sous pression** : pressure drilling. **forage stratigraphique** : stratigraphic well. **forage sur contrat** : contract drilling. **forage thermique** : jet piercing; thermal drilling. **forage ultraprofond** : ultradeep drilling, *deeper than 7000 m.* **forage ultrasonique** : ultrasonic drilling. **forage vertical** : straight hole; straight-hole drilling. **en cours de forage** : way in *(drill)*.

foramen *m* – foramen, *a small anatomical opening or orifice.*

foraminifère *m* – foraminifer, *microfossil.* **foraminifère arénacé** : arenaceous foraminifer *(pal)*. **foraminifère benthique** : benthic foraminifer. **foraminifère planctonique** : planktonic foraminifer.

foration *f* – drilling.

force *f* – force; power; strength; stress. **force aérodynamique** : aerodynamic force. **force antagoniste** : controlling force; countercheck. **force centrale** : central force. **force centrifuge** : centrifugal force. **force centripète** : centripetal force. **force cohésive** : cohesive force. **force conservative** : conservative force. **force contre-électromotrice (fcem)** : back-electromotive force; counterelectromotive force (cemf). **force d'adhérence** : force of adhesion. **force d'adhésion** : adhesive strength. **force d'alcalinité** : alkali strength. **force d'attraction de la pesanteur** : gravity attraction. **force d'échange** : exchange force. **force d'écoulement** : seepage force. **force d'inertie** : inertia force; inertial force. **force d'un jet artésien** : artesian uplift pressure. **force de cisaillement** : shear force. **force de compression** : compression stress. **force de contact** : contact force. **force de Coriolis** : Coriolis force. **force de dispersion** : dispersion force, *between molecules.* **force de gravitation** : gravitational force. **force de gravité** : gravity force. **force de la houle** : wave force. **force de levage** : lifting capacity. **force de liaison** : bond strength. **force de Lorentz** : Lorentz force *(electromagnetism)*. **force de pénétration** : penetration power. **force de propulsion** : propelling force. **forces de renversement** : overturning moment. **force de résistance au roulement** : rolling resistance force, *tire.* **force de rupture** : breaking strength. **force de tension** : tensile stress. **force de traction** : propulsive force;

tensile force; tractive force. **force du courant** : current force. **force du gel** : gel strength, *capacity or measurement of the capacity of colloids to form gels.* **force du son** : loudness. **force du vent** : wind force. **force électromotrice (fem)** : electromotive force (emf). **force électrostatique** : electrostatic force. **force exécutoire** : legal authority *(jur)*. **force géostrophique** : geostrophic force, *Coriolis force.* **force hydraulique** : hydraulic power. **force intermoléculaire** : intermolecular force. **forces internes** : endogenous energy. **force ionique** : ionic strength. **force magnétique** : magnetic force. **force magnétomotrice** : magnetic potential; magnetomotive force. **force majeure** : force majeure. **force mécanique** : purchase. **force moléculaire** : molecular force. **force motrice** : driving force, *of a chemical reaction*; motive power; power; prime mover; propelling force. **force motrice des appareils de sondage** : rig power. **force nucléaire** : nuclear force. **force opposée** : countercheck. **force portante** : carrying capacity; lifting capacity; lifting power, *of cement.* **force portative** : bearing power. **force propulsive** : propulsive force. **force réticulaire** : lattice force. **force tangentielle de frottement** : tangent friction force. **force transmise** : effective pull. **force vive** : momentum.

forcé – enforced; forced.

forcer – force (to); bind (to); compel (to).

forclusion *f* – foreclosure *(jur)*.

foré – drilled.

forer – bore (to); cut (to) hole; drill (to); make (to) hole, *to drill ahead*; rotate (to); work (to) ahead. **forer au-dessous d'un horizon productif** : pass (to) production, *drilling deeper than the pay zone.* **forer dans une formation dure** : cut (to) rock. **forer en aveugle** : drill (to) blind. **forer par battage au câble** : spud (to). **forer sans retour de boue** : drill (to) blind. **forer trop vite** : burn (to) a bit. **forer un puits sec** : draw (to) a blank.

foret *m* – drill; gimlet; tool bit. **foret à fraiser** : countersinker. **foret alésoir à trou** : shell-type core drill. **foret américain** : twist drill. **foret au diamant** : diamond drill. **foret centré** : center bit. **foret conique** : countersink. **foret hélicoïdal** : twist drill, *a tool having one or more helical grooves for ejecting cuttings and admitting a coolant.* **forets jumeaux** : twin drills.

forêt *f* – forest. **forêt galerie** : galleria forest. **forêt ombrophile** : rainforest. **forêt pluviale** : rainforest. **forêt vierge** : virgin forest.

foreur *m* – borer; derrick skinner, *slang*; digger, *obsolete term*; drill man; drill runner; driller; well borer. **foreur automatique** : automatic driller, *device that controls the weight on the bit allowing the driller to be free of the brake.* **foreur d'exploration** : wildcatter. **foreur novice** : boll-weevil *(colloquial)*.

foreuse *f* – drilling machine. **foreuse ultrasonique** : ultrasonic drill.

forfait *m* – lump sum. **forfait d'amenée** : mobilization fee, *of a rig.*

forge *f* – forge; forge shop. **forge portative** : portable forge.

forgé – forged; wrought.

forgeabilité *f* – forgeability.

forgeable – forgeable.

forgeage *m* – blacksmithing; forge work; forging. **forgeage à chaud** : hot forging. **forgeage à froid** : cold forging. **forgeage à main** : hand forging.

forger – draw (to) out; forge (to); malleate (to).

formage *m* – forming. **formage de l'impulsion** : pulse shaping.

formaldéhyde *m* – formaldehyde, *oxymethylene, formic aldehyde, methanal.*

formamide *m* – formamide, *methaneamide.*

format *m* – format, *the arrangement of data (as on a magnetic tape)*; size. **format de bande analogique** : analog tape format. **format de multiplexage** : multiplexed format. **en format libre** : free field, *arrangement of data.* **format normal** : standard format. **format type** : standard format.

formatage *m* – formatting.

formater – format (to).

formation *f* – formation, *a body of rock identified by lithic characteristics, it is the fundamental unit in lithostratigraphic classification.* **formation adjacente** : surrounding bed. **formation aquifère** : water-bearing formation. **formation argileuse** : dirty formation, *well log*; shaly formation. **formation boulante** : sloughing formation. **formation calcaire** : limestone formation. **formation caractéristique** : guide formation. **formation consolidée** : consolidated formation. **formation de perte de circulation** : thief formation, *causing large losses of drilling fluid.* **formation difficilement acidifiable** : tight formation, *with low permeability.* **formation dure** : hard formation. **formation dure abrasive** : hard abrasive formation. **formation dure semiabrasive** : hard semiabrasive formation. **formation éboulante** : caving formation. **formation épuisée** : depleted formation. **formation instable** : unstable formation. **formation intermédiaire** : intermediate formation, *moderately consolidated.* **formation marine** : marine deposit. **formation meuble** : unconsolidated formation. **formation moyennement dure** : medium-hard formation. **formation moyennement tendre** : medium-soft formation. **formation non consolidée** : unconsolidated formation. **formation non identifiée** : unidentified formation *(geol)*. **formation pétrolifère sous-marine** : submarine oil formation. **formation productrice** : producing formation. **formation productrice de pétrole** : oil-producing formation. **formation productrice profonde** : deep pay. **formation propre** : clean formation, *in well logging, a formation containing no appreciable amount of clay or shale.* **formation récente** : recent formation. **formation récifale** : reef. **formation salifère** : saline formation. **formation sédimentaire** : sedimentary formation. **formation stratigraphique** : stratigraphic unit. **formation superficielle** : surficial deposit, *or superficial deposit.* **formation tectonisée** : disturbed formation; faulted formation; fractured formation. **formation tendre** : soft formation. **formation torpillée** : shooting formation. **formation transgressive** : overstep, *regular truncation of older units of a complete overlapping sedimentary sequence by one or more later units of the sequence.* **formation très dure** : extremely hard formation. **formation vacuolaire** : vuggy formation.

formation *f* – formation, *act of giving a shape or a form, process, development.* **formation d'amide** : amide formation. **formation d'hydrate** : hydrate formation. **formation d'un cône d'eau** : water coning, *the upward intrusion of bottom water, sometimes occurring when a well is overproduced or when there is insufficient back pressure.* **formation d'un cône de gaz** : gas coning, *the gas layer is formed near the well bore and takes on the shape of a cone having the borehole as its axis and with its peak progressively penetrating into the pay zone.* **formation d'un cratère autour d'un sondage** : cratering, *by a crude-oil blowout.* **formation de boues épaisses** : sludging. **formation de brèche** : brecciation. **formation de complexe** : complex formation *(chem)*; complexing. **formation de dômes** : doming *(geol)*. **formation de fissures** : fracturing. **formation de gomme** : gum formation. **formation de macle** : twinning *(cryst)*. **formation de mousse** : foaming. **formation de peau** : skinning. **formation de roches organogènes** : organogenic-rock formation. **formation de soufflures par l'hydrogène** : hydrogen blistering. **formation de terreau** : moldering. **formation des cirques** : cirque cutting. **formation des failles** : faulting.

formation *f* – training. **formation continue** : continuing education. **formation professionnelle** : vocational training. **formation sur le tas** : on-the-job training. **formation technique** : technical background.

forme *f* – form; shape. **forme canonique** : canonical form. **forme chaise** : chair form, *a particular conformation of a cyclic molecule such as cyclohexane.* **forme d'érosion** : erosional form. **forme d'onde** : waveform; waveshape, *pictorial representation.* **en forme de cylindre** : cylinder shaped. **forme de radoub** : dry dock. **forme globulaire** : globular form. **forme maîtresse** : master form. **forme relique** : relict feature *(geomorph)*. **forme remaniée** : remodeled form. **forme résiduelle** : residual feature *(geomorph)*.

formène *m – see méthane.*

former – form (to); fashion (to); frame (to). **former une croûte** : cake (to). **former une efflorescence** : effloresce (to).

formiate *m* – formate, *salts or esters of formic acid, also spelled formiate.* **formiate de méthyle** : methyl formate.

formique – formic.

formol *m* – formol, *see formaldéhyde.*

formulaire *m* – formulary; handbook.

formulation *f* – formulation, *the particular mixture of base chemicals and additives required for a product.*

formule *f* – formula. **formule brute** : empirical formula. **formule chimique** : chemical formula. **formule chimique structurale** : chemical structural formula. **formule d'Archie** : Archie's formula, *empirical formula for oil/water resistivity, porosity and saturation (well logging).* **formule de Clapeyron-Clausius** : Clausius-Clapeyron equation, *on latent heat related to a change of state.* **formule de constitution** : graphic formula; structural formula *(chem)*. **formule de Dix** : Dix formula, *used in seismic reflection surveying to calculate reflections from a sequence of flat parallel layers and small offsets.* **formule de Gassmann** : Gassmann equation, *seismic P-wave velocity.* **formule de Geertsma** : Geertsma formula, *used for predicting P-wave velocity in a porous fluid-filled rock.* **formule de Hartley** : Hartley formula, *relationship describing that the frequency spectrum becomes broader when the time function is made narrower.* **formule de proration** : proration formula, *used in calculating the allowable production allocated to wells on a field.* **formules de Rydberg** : Rydberg series formula, *for the wave numbers of various lines of spectral series such as alkali metals.* **formule de Shannon** : Shannon formula, *on the mathematical study of information.* **formule de Wiese** : Wiese formula, *an empirical relationship for motor-fuel antiknock values above 100 in relation to performance numbers.* **formule de Wyllie** : Wyllie relationship, *time-average equation.* **formule massique** : mass formula *(nucl.phys)*. **formule mathématique** : mathematical formula. **formule pour déterminer le point de rosée** : dew-point formula.

fort – high; strong. **forte cote** : long price. **forte mer** : rough sea. **forte oxydation** : heavy scale. **fort pendage** : dip at high angles. **forte pente** : steep slope. **à forte teneur** : high grade. **à forte teneur en cendre** : high ash.

forte – *see masc. fort.*

FORTRAN – FORTRAN, *a computer programming language formed as a contraction of FORmula TRANslation.*

fortuit – adventitious; casual; incidental.

fortune *f* – fortune; net worth. **de fortune** : make-shift, *tool.* **fortune de mer** : peril of the sea.

fosse *f* – deep, *ocean-bottom depression usually more than 6000 meters deep, abyss*; excavation; pit. **fosse à boue** : canal ditch, *used for drilling fluid.* **fosse à chaux** : lime pit. **fosse à déchets** : disposal. **fosse à eau** : water disposal. **fosse à huile** : oil pit. **fosse d'examen** : inspection pit, *for vehicles.* **fosse de brûlage** : burn pit, *pit dug in the ground in which spent oil and other wastes are burned*; flare pit. **fosse de claviature** : manifold pit. **fosse de coulée** : casting pit; pit *(metal)*. **fosse de décantation** : settling pit. **fosse de décharge** : counterdrain. **fosse de déchargement** : receiving hopper. **fosse de pompage** : skimming pit, *in which water is drained off from underneath and oil is skimmed off the surface and fed to another tank.* **fosse de réparation** : repair pit. **fosse de réserve** : reserve pit. **fosse maçonnée** : concrete-lined pit, *to hold storage tanks in service stations.* **fosse marginale** : marginal deep, *idiogeosyncline.* **fosse océanique** : trench. **fosse pour déchets** : waste disposal. **fosse septique** : cesspool; septic tank. **fosse sous-marine** : *see fosse.* **fosse tectonique** : fault trough.

fossé *m* – dike; ditch; fosse; trench. **fossé collecteur** : collector ditch. **fossé d'écoulement** : flow ditch. **fossé d'effondrement** : fault trough; graben; rift valley. **fossé de drainage** : drainage ditch. **fossé océanique** : oceanic trench. **fossé rhénan** : Rhine-graben. **fossé tectonique** : graben; trough *(geol)*.

fossile *m* – fossil. **fossile caractéristique** : characteristic fossil, *indicating a specific stratigraphic unit or time unit in which it is particularly abundant*; index fossil. **fossile de faciès** : facies fossil. **fossile de zone** : zone fossil. **fossile guide** : guide fossil; index fossil; key fossil. **fossile persis-**

tant : persistent fossil, *surviving for a long time.* **fossile remanié** : derived fossil; displaced fossil; reworked fossil. **fossile stratigraphique** : *see fossile caractéristique.* **fossile vivant** : living fossil.

fossile – fossil.

fossilifère – fossil bearing; fossiliferous.

fossilisation *f* – fossilization.

fossiliser – fossilate (to); fossilize (to).

Foucault – Foucault, *see courant de Foucault, pendule de Foucault.*

foudre *f* – lightning.

foudre *m* – hogshead, *a large barrel containing from 63 to 140 gallons.*

foudroyage *m* – cave; caving.

foudroyé – caved.

foudroyer – cave (to) in.

fouet *m* – whip.

fouettement *m* – lashing, *of drill pipe in a borehole*; whipping. **fouettement du film d'huile** : oil whip, oil whipping, *e.g. in a bearing.*

fougère *f* – fern.

fouille *f* – digging; excavation; opening; trench. **fouille en porte à faux** : false ditch, *pipeline.*

fouillé – detailed; elaborate.

fouiller – dig (to); excavate (to).

fouissage *m* – burrowing.

fouissement *m* – burrow, *see also terrier.*

foulage *m* – fulling; pressing.

fouler – tamp (to).

fouloir *m* – tamper.

four *m* – furnace; oven; stove. **four à arc** : arc furnace. **four à arc direct** : direct-arc furnace. **four à arc électrique** : electric-arc furnace. **four à arc indirect** : indirect-arc furnace. **four à calciner** : calcining furnace; roaster. **four à carbure** : carbide furnace. **four à charge discontinue** : batch furnace. **four à chaux** : lime kiln. **four à cintrer** : bending furnace. **four à circulation d'huile noire** : black-oil circulation furnace. **four à circulation d'huile propre** : clean-oil circulation furnace. **four à coke** : coke oven. **four à cornue** : retort furnace. **four à creuset** : crucible furnace; pot furnace; pot still. **four à cuve** : shaft furnace *(metal)*. **four à électrodes** : electrode furnace. **four à galets** : pebble heater. **four à gaz** : gas furnace; gas oven. **four à induction** : induction furnace. **four à microondes** : microwave oven. **four à moufle** : muffle furnace. **four à pétrole** : petroleum furnace. **four à pyrite** : pyrite oven. **four à recuire** : annealing furnace. **four à réduction** : reduction furnace. **four à refondre** : remelting furnace. **four à résistance** : resistance furnace. **four à réverbère** : reverberatory furnace *(metal)*. **four à ruche** : beehive oven. **four à sécher** : baking oven. **four à sole** : hearth furnace. **four à sole mobile** : moving-hearth furnace. **four à souder** : welding furnace. **four à traitement thermique** : heat-treating furnace. **four à tremper** : hardening furnace; tempering furnace. **four à tube** : fired coil. **four à vent chaud** : hot-blast furnace. **four avec recirculation des gaz de carneau** : furnace with recirculated flue gas. **four basculant** : tilting furnace; tipping furnace. **four basse-fréquence** : low-frequency furnace. **four chauffé au mazout** : oil-fired furnace. **four continu** : continuous furnace. **four cylindrique** : cylinder furnace. **four d'oxydation** : oxidation oven, *for testing.* **four de carbonisation** : carbonizing furnace. **four de craquage** : cracking furnace; cracking still. **four de distillation** : tower still. **four de distillation atmosphérique** : atmospheric pipe still; topping furnace. **four de distillation continue** : continuous still; petroleum still; pipe still. **four de fractionnement** : topping still. **four de frittage** : sintering furnace. **four de fusion** : melting furnace; smelter; smelting furnace. **four de grillage** : calcining kiln; roasting furnace. **four de grillage à moufle** : muffle roaster. **four de nitruration** : nitriding furnace. **four de préchauffage** : preheat furnace. **four de raffinerie** : refinery heater. **four de raffinerie sous pression** : pressure still. **four de recuit** : annealing furnace. **four de redistillation** : finishing still. **four de réduction** : reducing still; smelting furnace. **four de régénération** : kiln, *for regenerating a catalytic-cracking catalyst.* **four de régénération des terres** : clay furnace *(ref)*; clay kiln. **four de ressuage à tubes verticaux** : vertical-tube sweating stove. **four de séchage** : drying furnace. **four de vapocraquage** : steam cracker. **four dormant** : batch-type furnace. **four électrique de fusion** : electric melting furnace *(metal)*. **four industriel** : industrial furnace. **four Martin** : open-hearth furnace. **four métallurgique** : metallurgical furnace. **four rotatif** : rotary furnace. **four solaire** : solar furnace. **four tournant** : rotary furnace *(metal)*. **four tubulaire** : pipe still. **four tunnel** : tunnel furnace. **four type convection** : convection-type furnace.

fourche *f* – fork. **fourche à cliquet** : bootjack, *fishing device.* **fourche à émerillon** : swivel wrench. **fourche de manoeuvre des courroies** : belt fork. **fourche de retenue** : lie key; rod elevator fork, *for a sucker rod.* **fourche de roue** : wheel fork.

fourchette *f* – fork; range. **fourchette de commande de changement de vitesse** : gear-change selector fork. **fourchette de débrayage** : clutch-release fork. **fourchette de prix** : price range. **fourchette des salaires** : wage bracket. **fourchette du changement de vitesse** : shift fork.

fourchon *m* – prong.

fourgon *m* – cart; luggage van; van; wagon. **fourgon de déménagement** : moving van.

Fourier – Fourier, *see analyse, décomposition, intégrale, série, synthèse, transformée de Fourier.*

fourneau *m* – oven; stove. **fourneau à coupelle** : assay furnace. **fourneau à cuve** : shaft kiln *(metal)*. **fourneau de fonderie** : cast furnace.

fournée *f* – batch; charge.

fourni – delivered.

fournir – dispense (to); furnish (to); supply (to).

fournisseur *m* – supplier.

fourniture *f* – delivery; supply. **fourniture exclusive** : exclusive dealing. **fournitures et services** : supplies and services. **fournitures médicales** : health supplies.

fourré *m* – thicket.

fourreau *m* – casing; pipe sleeve *(pipeline)*; quill; sheath; sleeve. **fourreau d'enregistreur** : recorder carrier. **fourreau démontable** : removable liner.

fourrure *f* – bushing, *a part used to take up the play between mechanical parts*; lining. **fourrure d'entraînement** : rotary drill bushing, *a part that attaches the kelly bushing to the rotary table during drilling.* **fourrure d'entraînement à broches** : pin-drive kelly bushing. **fourrure d'en-**

traînement à disques : rotating-disk kelly-drive bushing. **fourrure d'entraînement** : drive bushing; kelly bushing (KB). **fourrure de la table de rotation** : rotary kelly bushing (RKB), *the top of this bushing is often used as a reference for measuring the depth drilled.* **fourrure de la tête** : drive-pipe ring, *or head.* **fourrure de protection** : wear bushing. **fourrure de table** : driving kelly bushing *(drill)*; rotary bushing *(drill)*. **fourrure intermédiaire** : adapter bushing *(drill)*. **fourrure principale de la table de rotation** : master bushing.

foyer *m* – firebox, *in a furnace*; fireplace; focus, *point of convergence of rays from a point source after passing through a lens or after being reflected by a mirror ; the hypocenter of an earthquake and the origin of its elastic waves inside the Earth*; furnace; hearth; home; stove. **foyer à gaz** : gas firing. **foyer central** : central hearth. **foyer de chaudière** : boiler furnace. **foyer de chauffage** : heating hearth. **foyer de diffraction** : diffraction knot. **foyer enterré** : buried focus *(seis)*. **foyer magmatique** : magmatic hearth *(geol)*. **foyer sismique** : seismic origin.

fractal – fractal, *refers to irregular, self-similar geometric shapes.*

fractale *f* – fractal, *a complex geometric shape having a structure that, when magnified by a given factor, reproduces the original object.*

fraction *f* – fraction. **fraction à bas point d'ébullition** : low-boiling fraction. **fraction B-B** : B-B fraction, *butane and butene mixture distilled from light hydrocarbons.* **fractions clés pour la classification des bruts** : key fractions for classifying crudes, *according to the Bureau of Mines method, fraction No. 1 distills between 250 and 275°C at atmospheric pressure, and fraction No. 2 distills between 275 and 300°C.* **fraction d'alimentation** : process stock. **fraction de coeur** : heart cut *(ref)*. **fraction de distillation** : running. **fraction de pétrole** : cut fraction. **fraction de pétrole brut** : cut. **fraction de queue** : bottom fraction; end cut. **fraction débutanisée** : debutanized fraction. **fraction des huiles lubrifiantes** : lube cut, *the distilled fraction of crude oil from which lubricating oils are taken.* **fraction échantillonnée** : sampling fraction. **fraction étroite** : close-cut fraction. **fraction finale** : end fraction. **fraction hydrophile des surfactants** : hydrophile moiety of surfactants. **fraction intermédiaire** : intermediate fraction *(ref)*; slot cut, *fraction between oil and paraffin.* **fraction la plus lourde** : bottom draw *(ref)*. **fraction légère** : light end; light fraction. **fraction légère d'essence** : gasoline front end. **fraction lourde** : heavy fraction. **fractions lourdes** : heavy ends, *of a distillate.* **fraction massique** : mass fraction, *of a substance.* **fraction molaire** : mole fraction. **fraction moléculaire** : mole fraction. **fraction périodique** : circulating fraction. **fraction pétrolière** : crude-oil fraction; petroleum fraction. **fraction volumique** : volume fraction, *of a substance.*

fractionné – fractional.

fractionnement *m* – fractionating; fractionation. **fractionnement à plusieurs étages** : multistage fractionation. **fractionnement au propane** : propane fractionation. **fractionnement cryogénique** : cryogenic fractionation. **fractionnement du brut** : crude fractionation. **fractionnement par coupe étroite** : close fractionation.

fractographie *f* – fractography, *microscopic examination of fractured metal surfaces.*

fracturation *f* – fracturation; fracturing, *process of pumping a fluid into a fluid-bearing formation to increase near-well permeability by opening up cracks and bedding planes and keeping them open by propping agents.* **fracturation à l'acide** : acid fracturing. **fracturation à la mousse** : foam fracturing. **fracturation au sable** : sand fracturing, *hydraulic fracturing using crude oil as the fracturing fluid and sand as the propping agent for the fracture created.* **fracturation hydraulique** : hydraulic fracturing, *the fracturing of rock in an oil or gas reservoir by pumping a fluid under high pressure into the well.* **fracturation massive** : massive frac; massive hydraulic fracturing (MHF), *a fracturing method used to create very long fractures for oil production.* **fracturation par le froid** : frost breaking. **fracturation par point d'entrée unique** : single-point entry technique, *a hydraulic fracturing method consisting in creating a single large and high-capacity fracture by using large-diameter propping agents.* **fracturation sélective** : selective fracturing.

fracture *f* – fracture. **fracture à grains fins** : silky fracture. **fracture concave** : concave fracture. **fracture conjuguée** : conjugate fracture *(geol)*. **fracture de cisaillement** : shear fracture. **fracture de la formation** : formation fracture. **fracture fermée** : closed fracture. **fracture induite** : induced fracture. **fracture irrégulière** : bastard break. **fracture ouverte** : open fracture. **fracture provoquée par la pression** : piezoclase, *a fracture caused by pressure (geol)*. **fracture transversale** : transverse fracture.

fracturé – fractured.

fracturer – fracture (to).

fragile – brittle; cracky; fragile.

fragilisation *f* – embrittlement. **fragilisation par l'hydrogène** : acid brittleness; hydrogen embrittlement.

fragilité *f* – brittleness; fragility. **fragilité à chaud** : hot brittleness; hot short; hot shortness; red hardness. **fragilité à froid** : cold shortness. **fragilité caustique** : caustic embrittlement, *caustic cracking.* **fragilité de décapage** : embrittlement caused by pickling. **fragilité de revenu** : temper brittleness. **fragilité rhéotropique** : rheotropic brittleness.

fragment *m* – bit; chip; fragment; lump; scrap; shard; shatter; shoad, *fragment of vein mineral oucropping on the surface*; splinter. **fragment d'iceberg** : bergy bit, *piece of floating ice generally emerging by 1 to 5 m and usually having an area of 100 to 200 m^2.* **fragment de roche** : rock fragment. **fragment de savoir** : chunk, *a collection of facts that are stored and retrieved as a unit.*

fragmentation *f* – chippage; comminution; fragmentation; size reduction. **fragmentation étagée** : stage crushing.

fragmenter – clastate (to).

fraîche – *see masc. frais.*

frais *m* – cost; expenses. **frais d'administration** : administrative cost; management cost. **frais d'al-**

lège : lighterage. **frais d'encaissement** : collection charges. **frais d'enquête préliminaire** : scouting costs, *for prospection.* **frais d'entretien** : maintenance cost; maintenance expenses; upkeep cost. **frais d'exploitation** : operating costs; operation costs; producing expenses; running cost. **frais d'extraction de l'huile** : lifting costs. **frais d'ingénierie** : engineering fees. **frais d'installation** : initial expenditure; prime cost. **frais d'obturation** : plug-back costs, *brought on by the unproductive deepening of a borehole producing from superficial levels.* **frais de camionnage** : cartage expenses. **frais de canal** : canal tolls. **frais de chaland** : lighterage. **frais de démarrage** : start-up expenses. **frais de déplacement** : traveling expenses. **frais de fabrication** : factory overheads; manufacturing overhead; production costs. **frais de grue** : cranage. **frais de magasinage** : storage charges; storage expenses. **frais de manutention** : handling charges. **frais de port** : portage. **frais de premier établissement** : initial investment cost; primary capital costs. **frais de production** : production costs. **frais de recouvrement** : collection charges. **frais de stockage en réservoir** : tankage. **frais de transbordement** : transit expenses. **frais de transport** : carriage charges, carriage expenses; haulage; shipping expenses. **frais de vente** : marketing expense. **frais financiers** : financial costs, *costs resulting from relations with lenders, especially interest on loans (but not the principal paid back).* **frais fixes** : standing charges. **frais généraux** : charges; fixed charges; general expenses; overhead; overhead charges; overhead cost; standing expenses. **frais immobilisés** : capitalized expenses. **frais imprévus** : casual expenses. **frais intangibles de forage et de développement** : intangible drilling and development costs (IDC), *deductible from taxable income.* **frais opératoires** : operating costs. **sans frais** : costless; free of charge (FOC).

frais – cool; fresh. **de fraîche date** : recent.

fraisage *m* – milling.

fraise *f* – countersink; cutter; mill. **fraise à couper un tubage** : section mill. **fraise à ferraille** : junk mill. **fraise à jupe latérale** : skirted mill. **fraise à profiler** : profile cutter. **fraise conique** : tapered mill *(drill).* **fraise conique mâle** : pipe reamer. **fraise d'amorce** : starting mill, *used in sidetracking.* **fraise d'angle** : bevel cutter. **fraise d'élargissement** : window mill, *for cutting out a window in a deviated borehole.* **fraise de côté** : side mill. **fraise de meulage** : milling tool, *used in fishing operations.* **fraise de nettoyage** : cleanout mill. **fraise en bout** : end mill. **fraise pleine** : full-gage reamer. **fraise pour engrenages coniques** : bevel-gear cutter. **fraise pour formations dures** : hard-formation cutting head. **fraise pour perceuses** : countersinker.

fraisé – countersunk.

fraiser – countersink (to).

fraiseuse *f* – milling machine. **fraiseuse verticale** : vertical milling machine.

fraisil *m* – breeze; culm.

franc – free from *(trade).* **franc d'avarie particulière** : free of particular average.

franc-bord *m* – freeboard. **franc-bord d'été** : summer load line.

franchise *f* – exemption. **en franchise** : duty-free.

franchissement *m* – crossing, *a river, a road.*

francisation *f* – registration as a French ship.

francium *m* – francium, *symbol Fr.*

franco – free delivery, *without charge for delivery.* **franco à bord (FAB)** : free on board (FOB). **franco d'avarie** : free of all average (FAA), *insurance solely against total loss.* **franco de port** : carriage free; post free. **franco gare** : free on railway (FOR); free on station (FOS). **franco long du bord (FLB)** : free alongside ship (FAS). **franco quai** : free alongside ship (FAS). **franco sur camion** : free on truck. **franco sur voie** : free on rail. **franco transporteur** : free on carrier, *condition of sale.* **franco wagon** : free on railway (FOR); free on train (FOT).

frange *f* – fringe. **frange capillaire** : capillary fringe *(geol).* **frange d'érosion** : belt of weathering. **franges d'interférences** : interference fringes *(opt).*

franklin *m* – franklin, *a unit of electric charge and electric flux.*

frappe *f* – striking. **frappe double** : double stroke.

frapper – beat (to); hit (to); knock (to). **frapper un câble** : bend (to).

Frasch – Frasch, *see procédé Frasch.*

frasil *m* – frazil, *frazil ice, ice crystals formed in supercooled turbulent water.*

Frasnien *m* – Frasnian, *Upper Devonian stage.*

fraude *f* – fraud. **fraude fiscale** : tax evasion.

Fraunhofer – Fraunhofer, *see diffraction de Fraunhofer, spectre de Fraunhofer.*

frein *m* – brake. **frein à air** : air brake. **frein à bande** : band brake, *frictional.* **frein à courant de Foucault** : eddy-current brake. **frein à dépression** : vacuum brake. **frein à disque** : disk brake. **frein à friction** : friction brake. **frein à lames** : compressor. **frein à levier** : lever brake. **frein à mâchoire** : brake caliper. **frein à mâchoires articulées** : toggle brake. **frein à main** : hand brake; parking brake *(autom).* **frein à pied** : foot brake. **frein à roue** : hub brake. **frein à solénoïde** : solenoid-operated brake. **frein à vide** : vacuum brake. **frein auxiliaire** : auxiliary brake. **frein cantilever** : cantilever brake. **frein centrifuge** : centrifugal brake. **frein d'arrêt** : spring clip. **frein d'écrou** : nut lock. **frein d'embrayage** : clutch stop. **frein d'inertie** : inertia brake, *rotary table.* **frein de débrayage** : clutch stop. **frein de Prony** : Prony brake, *an absorption dynamometer.* **frein de secours** : emergency brake. **frein de sécurité** : safety brake. **frein de stationnement** : parking brake. **frein de treuil** : winch brake. **frein électrodynamique** : electrodynamic brake, *magnetic brake.* **frein hydraulique** : hydraulic brake. **frein hydrodynamique** : hydrodynamic brake. **frein intérieur** : inside brake. **frein Johnson** : Johnson bar, *attached to the platform of the derrick, named after its inventor.* **frein magnétique** : eddy-current brake; magnetic brake. **frein mécanique** : mechanical brake. **frein pour treuil de levage** : calf-wheel brake. **frein sur l'embrayage** : clutch brake. **frein sur la transmission** : transmission brake. **frein sur moyeu** : hub brake. **frein sur pneu** : tire brake.

freinage *m* – braking; damping. **freinage de sécurité** : emergency braking. **freinage par récupération** : regenerative braking. **freinage rhéostatique** : rheostatic braking.

freiner – apply (to) the brake; brake (to).
freinte *f* – wastage. **freinte de route** : loss in transit, *by handling and evaporation.*
frelater – adulterate (to).
Fréon *m* – Freon, *trademark for a series of fluorocarbons used in refrigeration and air-conditioning equipment.*
fréquence *f* – frequency. **fréquence acoustique** : acoustic frequency; audio-frequency. **fréquence angulaire** : angular frequency. **fréquence atomique** : atomic frequency. **fréquence audible** : audio-frequency. **fréquence coin** : corner frequency. **fréquence complexe** : complex frequency. **fréquence critique** : critical frequency. **fréquence critique de papillotement** : critical flicker frequency (CFF). **fréquence d'échantillonnage** : sampling frequency; sampling rate. **fréquence d'occultation** : blanketing frequency *(radiocomm)*. **fréquences dans la partie la plus basse de l'audible** : bass, *lowest frequencies in audible sound.* **fréquence de coupure** : cutoff frequency; roll off. **fréquence de coupure en puissance** : half-power point *(elec)*. **fréquence de groupe** : group frequency. **fréquence de l'onde porteuse** : carrier frequency. **fréquence de Larmor** : Larmor frequency, *angular frequency of the Larmor precession.* **fréquence de modulation** : modulating frequency. **fréquence de Nyquist** : Nyquist frequency. **fréquence de répétition des impulsions** : pulse-repetition frequency (PRF). **fréquence de repliement** : folding frequency, *Nyquist frequency.* **fréquence de résonance** : resonant frequency. **fréquence de rotation** : rotational frequency, *number of rotations times the time required to do them, expressed in SI in reciprocal second.* **fréquence de secteur** : mains frequency. **fréquence de transition** : transition frequency. **fréquence des chocs** : collision frequency. **fréquence Doppler** : Doppler frequency. **fréquence instantanée** : instantaneous frequency. **fréquence laser** : laser frequency. **fréquence limite** : corner frequency. **fréquence minimale d'utilisation** : lowest useful high frequency (LUHF). **fréquence négative** : negative frequency. **fréquence nulle** : zero frequency. **fréquence prépondérante** : dominant frequency. **fréquence propre** : eigenfrequency; natural frequency; resonant frequency. **fréquence propre amortie** : damped natural frequency. **fréquence propre non amortie** : undamped natural frequency. **fréquence radio** : radio frequency. **fréquence repliée** : alias, *seismic recording.* **fréquences repliées principales** : principal alias. **fréquence spatiale** : spatial frequency. **fréquence temporelle** : temporal frequency. **fréquence vibratoire** : vibrational frequency. **très basse fréquence** : extremely low frequency (ELF).
fréquencemètre *m* – frequency meter.
fresnel *m* – fresnel, *a unit of frequency, equal to 10^{12} hertz ; see also diffraction and zones de Fresnel.*
fret *m* – carriage; freight. **fret aérien** : air freight. **fret brut** : gross freight. **fret de retour** : homeward freight; return freight. **fret payé** : freight prepaid. **fret roulant** : rolling cargo. **fret sur le vide** : dead freight.
fréter – freight (to).
frettage *m* – banding; hooping.
frette *f* – collar; ferrule; hoop.
fretté – hooped.
Freundlich – Freundlich, *see isotherme de Freundlich.*
friabilité *f* – brittleness; friability; grindability.
friable – crumbly; friable.
friche *f* – fallow land. **en friche** : fallow.
friction *f* – friction; rubbing.
frictionnel – frictional.
Friedel – Friedel, *see réaction de Friedel et Crafts.*
frigoporteur *m* – cooling medium.
frigorie *f* – frigorie, *negative kilocalorie.*
frigorification *f* – refrigerating; refrigeration.
frigorifique – refrigerating.
frigorigène *m* – cold-producing substance; refrigerant. **frigorigène primaire** : primary refrigerant. **frigorigène secondaire** : secondary refrigerant.
frisure *f* – crimp.
frittage *m* – calcination; fritting; sintering. **frittage activé** : activated sintering. **frittage sous vide** : vacuum sintering.
fritté – fritted; sintered.
friture *f* – sizzle *(acoust)*.
froid – cold; frigid.
froissement *m* – crumpling.
froisser – crumple (to); crinkle (to).
froncement *m* – puckering.
front *m* – crown; front; front slope. **front d'attaque** : breast; working face. **front d'onde** : pulse front; wavefront. **front d'onde sphérique** : spherical wavefront. **front d'une nappe de charriage** : brow. **front de charriage** : front of a thrust *(geol)*. **front de delta** : delta front. **front de flamme** : flame front. **front de glissement** : toe structure. **front de mer** : seafront. **front de taille** : breast; face; heading; mine face; wall face *(mining)*; working face *(mining)*. **front de taille du trépan** : bit-gage surface. **front diffus** : diffuse front *(meteo)*. **front quasi-stationnaire** : quasi-stationary front *(meteo)*.
frontal *m* – front-end processor (FEP).
frontal – front end, *computer*; frontal.
frontière *f* – border; boundary; frontier. **frontière granulaire** : grain boundary.
frontogenèse *f* – frontogenesis *(meteo)*.
frontolyse *f* – frontolysis *(meteo)*.
frottement *m* – chafing; friction; rubbing. **frottement de freinage** : braking friction. **frottement de glissement** : sliding friction. **frottement de paroi** : wall friction. **frottement de roulement** : rolling friction. **frottement du tourillon** : journal friction. **frottement saccadé** : stick friction. **frottement statique** : static friction. **frottement superficiel** : skin friction. **frottement visqueux** : viscous friction.
frotter – rub (to).
Froude – Froude, *see nombre de Froude.*
FSI – *abbr. film synthétique impulsionnel: unit-impulse synthetic seismogram.*
FTS – *abbr. faible teneur en solide, for drilling mud (low solids mud).*
fucoïde *m* – fucoid, *a trail-like or tunnel-like sedimentary structure identified as a trace fossil.*
fuel *m* – fuel oil, *abridged form.*
fuel-oil *m* – fuel oil, *a liquid fuel burned to generate heat, includes heating oils, stove oils, furnace oils and bunker fuel oils.* **fuel-oil domes-**

tique (FOD) : furnace fuel oil; home-heating oil, *differing from diesel fuel only by a lower cetane number*; space-heating oil. **fuel-oil léger** : light fuel oil. **fuel-oil lourd** : heavy fuel oil. **fuel-oil marin** : marine fuel oil. **fuel-oil résiduel** : residual fuel oil. **fuel-oil visqueux de chauffe** : fuel-and-road oil.

fugacité *f* – fugacity, *measurement of the tendency of molecules to escape or disappear from the phase in which they are present.* **fugacité relative** : relative fugacity.

fugitif – evanescent.

fuir – weep (to), *tubes, joints.*

fuite *f* – bleeding; escape; leak; leakage; slip, *of gas or oil via the valves of a production pump*; spill; sweating; weeping. **fuite d'eau** : waterway. **fuite de gaz** : gas leak; slippage phenomenon, *occurring in reservoirs when the diameter of capillaries is close to the average free path of gas.* **fuite de joint** : joint leakage. **fuite sur garniture de forage** : washout, *a fluid-cut opening caused by fluid leakage.* **à fuites** : leaky.

fulgurite *f* – fulgurite, *a glassy rodlike structure caused by lightning in sandy soil.*

fuligineux – murky; smoky.

fullerène *m* – fullerene, *a cagelike molecule (buckyball) that constitues the third form of pure carbon, after diamond and graphite.*

fulmicoton *m* – guncotton.

fulminate *m* – fulminate. **fulminate de mercure** : fulminate of mercury; mercury fulminate.

fulmination *f* – fulmination.

fumée *f* – fumes; smoke. **fumée à l'échappement** : smoky exhaust. **fumée d'échappement** : exhaust fumes. **fumée de combustion** : shock damp. **fumée de mer arctique** : arctic sea smoke *(meteo)*. **fumée épaisse** : smudge. **fumées industrielles** : stack effluents. **fumée noire** : black smoke. **fumée rousse** : brown smoke. **fumée toxique** : toxic smoke. **sans fumée** : smokeless.

fumerolle *f* – fumarole, *vent emitting gases and vapors before, during and after a volcanic eruption.*

fumeron *m* – smut.

fumicoton *m* – nitrocotton.

fumier *m* – dung; manure; muck. **fumier de ferme** : farmyard manure.

fumigant *m* – fumigant.

fumigation *f* – fumigation, *an atmospheric phenomenon in which pollution retained by an inversion layer is forced quickly down to ground level when the inversion breaks up.*

fumimètre *m* – smoke meter.

fumosité *f* – smokiness.

fumure *f* – fertilization.

funiculaire – funicular.

furanne *m* – furan, *furfuran, furol, a heterocyclic compound.*

furet *m* – rabbit, *a device for cleaning out clogged pipelines*; rabbit shuttle *(nucl)*.

furfural *m* – furfural, *furfuraldehyde.*

furlong *m* – furlong, *unit of length = 660 feet or 201.167 m.*

fusain *m* – fusain, *a coal lithotype characterized by its silky luster, fibrous structure, friability and black color.*

fuseau – spindle. **fuseau horaire** : standard-time belt; time belt; time zone.

fusée *f* – fuse; missile; rocket; spindle. **fusée creuse** : carrying sleeve. **fusée d'essieu** : axle spindle; journal. **fusée de l'essieu avant** : stub axle. **fusée de proximité** : proximity fuse. **fusée électrique** : electric rocket. **fusée lumineuse** : flare. **fusée météorologique** : meteorological rocket. **fusée nucléaire** : atomic rocket; nuclear rocket. **fusée radar** : proximity fuse. **fusée sonde** : probe rocket, *meteorological rocket.*

fusel *m* – fusel oil.

fuselage *m* – streamlining.

fuselé – streamlined.

fuser – fizz (to).

fusibilité *f* – fusibility; meltableness. **fusibilité des cendres** : ash fusibility.

fusible *m* – cutout; fuse; fuse wire; lead cutout. **fusible à cartouche** : cartridge fuse. **fusible avertisseur** : alarm fuse. **fusible de sécurité** : safety fuse. **fusible fondu** : blown fuse.

fusible – fusible; meltable; smeltable.

fusiforme – fusiform.

fusil *m* – gun; rifle.

fusinite *f* – fusinite, *see inertinite.*

fusion *f* – ablation, *glacier*; coalescence; fusing; fusion; melt; melting; merge; refusion; smelting. **fusion au creuset** : crucible fusion. **fusion complète** : complete fusion *(metal)*. **fusion congruente** : congruent melting, *of a substance to form a liquid having the same composition as the original solid.* **fusion de la fonte** : iron smelting. **fusion de sociétés** : merger. **fusion électrique** : electric smelting. **fusion en zones** : zone melting. **fusion froide** : cold fusion, *nuclear fusion.* **fusion incomplète** : incomplete fusion, *lack of complete coalescence of some portion of the metal in a weld joint.* **fusion incongruente** : incongruent melting, *of a substance, giving a liquid different in composition from the original solid.* **fusion laser** : laser fusion, *laser-induced fusion.* **fusion nucléaire** : nuclear fusion. **fusion oxydante** : oxidizing fusion; oxidizing melting. **fusion par absorption** : merger by amalgamation, *incorporation of one company by another.* **fusion pyriteuse** : pyritic smelting. **fusion sélective** : selective fusion. **fusion thermonucléaire** : thermonuclear fusion.

fusionné – amalgamated.

fusionner – blend (to); coalesce (to); combine (to).

fusuline *f* – fusulinid, *or fusiline, a foraminifer.*

fût *m* – barrel; cask; hogshead, *52 1/2 imperial gallons = 240 liters.* **fût à bonde** : closed-head drum. **fût à ouverture totale** : open-head drum. **fût en bois** : wooden barrel. **fût en tôle mince** : slack barrel, *for carrying paraffin.* **fût perdu** : nonreturnable drum.

futurologie *f* – futurology.

Fuvélien *m* – Fuvelian, *Upper Cretaceous stage.*

fuyage *m* – blowby, *engine.*

FVF – FVF, *abbr. facteur volumétrique de fond, formation volume factor.*

G

g – g *symbol for gramme.*
G – G, *symbol for giga and for gauss.*
gabare *f* – scow.
gabarit *m* – caliper; copy; jig, *a device used to position and hold parts for boring, machining and welding operations and to guide the tool used;* pattern; template, *also spelled templet.* **gabarit d'étalonnage** : calibration template. **gabarit de chargement** : loading gage. **gabarit de triangulation** : triangulation template.
gabbro *m* – gabbro, *an intrusive igneous rock.* **gabbro quartzique** : quartz gabbro.
gabbroïque – gabbroid.
gabie *f* – crosspiece.
gabion *m* – gabion, *kind of basket.*
gâchette *f* – trigger.
gadolinite *f* – gadolinite *(miner).*
gadolinium *m* – gadolinium, *symbol Gd, a rare-earth element.*
gadoue *f* – slush, *snow saturated with water on land or ice surfaces.*
gage *m* – mortgage.
gagné – earned.
gaïacol *m* – guaiacol, *a liquid or crystalline solid produced from guaiacum wood or wood-tar creosote.*
gaillard *m* – forecastle. **gaillard d'arrière** : quarter deck. **gaillard d'avant** : forecastle *(nav).*
gailleterie *f* – round coal.
gaillette *f* – lump coal, *the largest size of marketable coal left over from screening.*
gain *m* – gain, *ratio of signal amplitude from an amplifier to the input voltage, expressed in decibels.* **gain à base quatre** : quaternary gain. **gain ajustable par paliers** : step-by-step gain control. **gain binaire** : binary gain (BG). **gain binaire (commande de)** : binary-gain control. **gain dans le bassin** : mud-pit gain, *increased amount of fluid in the mud pit, indicating that a blowout is impending.* **gain de chaleur** : heat gain; heat uptake. **gain de rejeu** : playback gain. **gain en circuit ouvert** : open-loop gain. **gain en puissance** : power gain. **gain fixe** : steady gain. **gain initial** : initial gain. **gain net** : net earning. **gain programmé** : programmed gain. **gain quaternaire** : quaternary gain. **gain relatif en valeur actualisée (GRVA)** : percentage of discounted profit. **gain transductique** : transducer gain. **gain variant avec le temps** : time-variable gain (TVG).
gainage *m* – cladding; sheathing. **gainage de protection** : casing.
gaine *f* – boot; sheath; skin, *of a cable.* **gaine chauffante** : heating jacket. **gaine d'aération** : *see gaine de ventilation.* **gaine d'air** : air duct. **gaine de câble** : cable sheath. **gaine de plomb** : lead sheath, *lead sheathing.* **sous gaine de plomb** : lead encased. **gaine de thermomètre** : thermometer well. **gaine de ventilation** : air duct. **gaine de verre** : glass envelope. **gaine flexible** : flexible housing; flexible sheath. **gaine technique** : raceway, *for a network of wires or cables;* service duct, *for wires or cables.* **gaine tubulaire** : quill.
gainer – boot (to); sheath (to).
gaize *f* – gaize, *a sedimentary siliceous rock.*
gal *m* – gal, *unit of acceleration of one centimeter per second per second.*
galactique – galactic.
galaxie *f* – galaxy.
gale *f* – scab, *defect in tubular equipment.*
galène *f* – galena, *used for increasing the density of drilling fluids.*
galerie *f* – cornice; gallery; passageway. **galerie à ciel ouvert** : adit. **galerie à traction mécanique** : motor-haulage level. **galerie au rocher** : stone drift. **galerie d'écoulement** : adit. **galerie d'exhaure** : blind level *(mine);* drainage gallery. **galerie de mine** : mine road. **galerie de transport** : gangway. **galerie en cul-de-sac** : blind drift. **galerie inclinée** : brow *(mine).* **galerie pilote** : pilot drift. **galerie principale** : carrying gate.
galet *m* – cobble, *rock fragment larger than a pebble but smaller than a boulder, having a diameter of between 64 and 256 mm;* pebble; pebblestone; ratchet; roller. **galet de chenille** : track roller. **galet de guidage** : guide roller; jockey pulley. **galet de la came** : cam follower; cam roller. **galet de poussoir de soupape** : valve-lifter roller. **galet de tension** : jockey pulley. **galet du culbuteur** : cam roller; rocker-arm roller. **galet façonné** : faceted pebble. **galet guide** : belt idler. **galet-guide de bande** : tape-guide pins. **galet mou** : mud ball. **galet strié** : striated boulder. **galets de houille** : coal apples. **galets de plage** : shingle. **galets roulés** : rounded pebbles; water-worn pebbles.
gallique – gallic, *refers to trivalent gallium compounds.*
gallium *m* – gallium, *symbol Ga.*
gallon *m* – gallon, *US or UK unit of capacity (volume).* **gallon américain** : US gallon, *= 3.785 liters.* **gallon impérial** : UK gallon, *= 4.54609 liters.* **gallon (UK) par mile** : UK gallon per mile, *UK unit of fuel consumption, = 2.8248 liters/km.* **gallon (US) par mile** : US gallon per mile, *US unit of fuel consumption, = 2.352 liters/km.*

galop *m* – galloping, *said of an engine running irregularly because of too rich a fuel/air mixture.*
galvanique – galvanic.
galvanisation *f* – electroplating; galvanizing; plating; zincing. **installation de galvanisation** : electroplating plant.
galvanisé – galvanized. **galvanisé à chaud** : hot galvanized.
galvaniser – electroplate (to).
galvanomagnétique – galvanomagnetic.
galvanomètre *m* – galvanometer. **galvanomètre à corde, galvanomètre à fil** : string galvanometer. **galvanomètre à miroir** : mirror galvanometer. **galvanomètre apériodique** : aperiodic galvanometer. **galvanomètre astatique** : astatic galvanometer. **galvanomètre balistique** : ballistic galvanometer. **galvanomètre différentiel** : differential galvanometer.
galvanométrique – galvanometric.
galvanoplastie *f* – electrodeposition; electroplating.
galvanoscope *m* – galvanoscope.
gamma *m* – gamma, *a unit of magnetic field intensity, the SI unit is the tesla.* **gamma instantané** : prompt gamma.
gammagraphie *f* – gamma-ray log.
gamme *f* – range; scale. **gamme de fréquences** : frequency range. **gamme de gris** : gray scale. **gamme de luminance** : brightness range. **gamme de possibilités** : scope. **gamme de produits** : product line. **gamme de profondeur** : depth range, *of a rig.* **gamme de rosée** : dew-point spread. **gamme de vitesse** : speed range.
gangue *f* – gangue, *valueless rock or mineral aggregates in an ore*; matrix *(geol)*; rocky matrix; rubbish; stuff *(miner)*; veinstone. **gangue de minerai** : brood.
ganister *m* – ganister, *a heatproof mixture made of quartz and fireclay.*
ganoïde – ganoid, *pertaining to rhomboid-shaped fish scales.*
gant *m* – glove. **gant de caoutchouc** : rubber glove. **gant de protection** : protective glove. **gants d'amiante** : asbestos gloves. **gants de sécurité** : safety gloves. **gants protecteurs en toile** : canvas gloves.
garage *m* – garage. **garage de racleurs** : *see gare à racleurs.*
garant *m* – sponsor.
garanti – secured.
garantie *f* – guarantee; security. **garantie conditionnelle** : qualified guarantee. **garantie de bonne fin** : performance guarantee. **garantie de qualité** : warranty. **garantie de soumission** : bid bond; tender bond.
garantir – guarantee (to); preserve (to); secure (to); warrant (to).
garde *f* – custody; fence wall, *of a machine tool*; keeping. **garde à l'air** : air gap, *in platform design, place between platform deck and highest theoretical wave.* **garde au sol** : ground clearance, *of a vehicle.* **garde montante** : spring line *(naut)*.
garde *m* – guard; keeper. **garde maritime** : coast guard.
garde-boue *m* – fender; mudguard; splash board; splash guard.
garde-corps *m* – guardrail; handrail; lifeline.
garde-fou *m* – guardrail; handrail; railing.
garder – guard (to).
gardien *m* – guard; guardian. **gardien de quai** : wharfinger.
gare *f* – depot; station. **gare à racleurs,** *see gare de piston-racleur.* **gare de marchandises** : goods station. **gare de piston-racleur** : pig trap scraper trap, *a short tube at the end of a pipeline for inserting or recovering pigs or scrapers used to clean inside surfaces.* **gare de triage** : marshaling yard. **gare maritime** : harbor station.
garé – housed.
Gargasien *m* – Gargasian, *Upper Aptian substage.*
gargouille *f* – water ring; waterspout.
garnir – furnish (to); lag (to); supply (to).
garnissage *m* – covering; lagging; lining; packing *(ref)*; trimming. **garnissage à huile** : oil lagging. **garnissage acide** : acid lining. **garnissage basique** : basic lining *(metal)*. **garnissage d'un four** : basque. **garnissage de colonne** : column packing. **garnissage de convertisseur** : converter lining *(metal)*. **garnissage de la sole** : hearth lining. **garnissage désordonné** : random packing *(ref)*. **garnissage en grille** : grid packing. **garnissage en toile métallique** : gauze packing, *for a refining column.* **garnissage ordonné** : stacked packing *(ref)*. **garnissage réfractaire** : refractory lining. **à garnissage** : packed. **à garnissage réfractaire** : refractory lined. **sans garnissage** : unlined.
garniture *f* – facing; gasket; liner; lining; pack; packing; stuffing; trimmings. **garniture à labyrinthe** : labyrinth packing. **garniture coincée** : frozen string *(drill)*. **garniture composée** : combination string, *said of any string made up by the assembly of different-size lengths.* **garniture d'amiante** : asbestos gasket. **garniture d'embrayage** : clutch lining; facing ring. **garniture d'étanchéité** : bushing, *for maintaining the seal while joining different caliber tubes*; gland packing; packer; pressure seal; shaft packing *(drill)*; stripper, *for tripping tubing under pressure.* **garniture d'étanchéité à l'huile** : oil seal. **garniture d'étanchéité du presse-étoupe** : packing ring. **garniture d'étanchéité pour colonne de production** : tubing packer. **garniture d'étoupe torse** : twisted jute packing, *for sealing made-up tool joints.* **garniture d'une vanne** : trim, *of a valve.* **garniture de bride** : flange gasket. **garniture de chanvre** : hemp packing. **garniture de chaudière** : boiler packing. **garniture de cuir** : leather packing. **garniture de fond pendulaire** : packed pendulum assembly. **garniture de fond stabilisée** : follow-up bottomhole assembly, *directional drilling.* **garniture de fond très rigide** : packed hole assembly. **garniture de forage** : drill string, *all the tubulars making up the drill column*; drillstem, *voir drill string.* **garniture de forage libre** : drill string free. **garniture de frein** : brake lining. **garniture de piston** : piston packing. **garniture de pompe** : pump gear. **garniture de presse-étoupe** : gland packing; stuffing-box gland; stuffing-box packing. **garniture de repêchage** : fishing string. **garniture de sabot de frein** : brake-shoe lining. **garniture de surforage** : washover string. **garniture de tige** : rod packing. **garniture du presse-étoupe** : packing of the stuffing box. **garniture en amiante** : asbestos

packing. **garniture en caoutchouc** : rubber packing. **garniture métallique** : metallic packing. **garniture pendulaire** : free-hanging drill string. **garniture pour joints de tuyauterie** : pipe-joint compound.

garnitures *f* – fittings; valve trim, *valve trimmings.*

gasoil *m* – gas oil, *a petroleum distillate, after kerosine*; diesel fuel. **gasoil de craquage** : cracked gas oil. **gasoil de première distillation** : virgin gas oil. **gasoil de recyclage** : cycle gas oil. **gasoil désulfuré** : desulfurized gas oil. **gasoil direct** : straight gas oil. **gasoil grand froid** : *diesel fuel with a cloud point lower or equal to −8°C, a pour point lower or equal to −21°C, a cold-filter-plugging temperature lower or equal to −18°C.* **gasoil léger de craquage catalytique** : light cycle oil (LCO). **gasoil lourd de craquage catalytique** : heavy cycle oil (HCO), *heavy aromatic fraction obtained by the catalytic cracking of petroleum.* **gasoil moteur** : DERV fuel. **gasoil moteur (GOM), gasoil routier** : automotive gas oil (AGO). **gasoil sous vide (GOSV)** : vacuum gas oil (VGO). **gasoil sous vide désulfuré** : desulfurized vacuum gas oil.

gaspillage *m* – dissipation; wastage; wasting. **gaspillage de l'énergie** : energy wastage.

Gassmann – Gassmann, *see formule de Gassmann.*

GASSP – GASSP, *tradename for a gas gun.*

gastéropode *m* – gastropod.

gâteau *m* – cake, *of wax.* **gâteau de boue** : mud cake, *deposit left by mud on the walls of a borehole.* **gâteau de filtration** : filter cake, *the concentrated solid or semisolid material that is separated from a liquid and remains on a filter after pressure filtration ; solid mud particles deposited on well walls or the bottom of a borehole by drilling fluid.* **gâteau de paraffine** : paraffin cheese. **gâteau de scories** : clinker cake. **gâteau de sédiments** : filter cake.

gatsch *m* – slack wax, *the soft oily crude wax obtained from the pressing of paraffin distillate or wax distillate.*

gauche *f* – left. **à gauche** : left hand.

gauchi – warped.

gauchir – warp (to).

gauchissement *m* – buckle; buckling; warp; warping; wrinkling. **gauchissement de l'acier** : shrinkage of steel.

gaufrage *m* – corrugation; crimp; forming; goffering.

gaufrer – corrugate (to).

Gault *m* – Gault, *equivalent of the Albian and Aptian.*

gauss *m* – gauss, *a unit of magnetic induction, symbol G or Gs, the SI unit is the tesla.*

gaussien – Gaussian *(stat).*

gaz *m* – gas. **gaz à condensat** : condensate gas. **gaz à l'air** : air gas. **gaz à l'eau** : blue-water gas; uncarbureted blue gas; water gas. **gaz à l'eau carburé** : carbureted water gas. **gaz acide** : acid gas; sour gas. **gaz acide de raffinerie** : sour refinery gas. **gaz asphyxiant** : asphyxiating gas. **gaz associé** : associated gas, *natural gas associated with crude oil in a producing reservoir.* **gaz biogénétique** : biogenic gas, *gas generated by anaerobic decomposition of organic material.* **gaz bleu** : blue gas, *water gas, formed by the action of steam upon hot coke.* **gaz bleu non carburé** : uncarbureted blue gas. **gaz brûlé** : stack gas. **gaz brut** : crude gas; raw gas, *unpurified*; rough gas. **gaz carbonique** : carbon dioxide. **gaz carburant** : power gas. **gaz combustible** : combustible gas; fuel gas. **gaz condensable** : condensable gas, *by being run through a coolant.* **gaz conventionnel** : *see gaz naturel classique.* **gaz coussin** : cushion gas, *underground storage.* **gaz d'appoint** : makeup gas, *gas taken from another reservoir during gas-flooding operations in a field.* **gaz d'eaux résiduaires** : sewage gas. **gaz d'échappement** : escape gas; exhaust gas; off gas; tail gas. **gaz d'échappement des voitures** : automotive emission; automotive exhaust. **gaz d'éclairage** : coal gas; illuminating gas; lighting gas. **gaz d'égout** : sewer gas. **gaz d'électrons** : electron gas. **gaz d'étouffement** : smothering gas. **gaz d'explosion** : shock damp. **gaz d'origine** : native gas. **gaz d'usine** : gas-works gas. **gaz de base** : base-load gas. **gaz de bois** : wood gas. **gaz de carbonisation à basse température** : low-temperature gas. **gaz de carneau** : flue gas. **gaz de chaudière** : furnace gas. **gaz de chauffage** : fuel gas. **gaz de chauffe** : heating gas. **gaz de cokerie** : coke-oven gas; oven gas. **gaz de combustion** : combustion gas; stack gas. **gaz de cornue** : retort gas. **gaz de cornue verticale** : vertical-retort gas. **gaz de coupe** : cutting gas, *propane, acetylene, etc. used in metal cutting.* **gaz de couverture** : gas-cap gas. **gaz de craquage** : cracked gas. **gaz de dégagement** : off gas. **gaz de distillation** : still gas. **gaz de dôme** : dome gas. **gaz de faible pression** : low-pressure gas. **gaz de fermentation** : fermentation gas. **gaz de four** : oven gas. **gaz de four à coke** : by-product gas; coke-oven gas. **gaz de fumier** : farmyard gas; manure gas. **gaz de gadoues** : sewage gas. **gaz de gazogène** : gasogene, *a fuel gas formed by incomplete combustion of charcoal, used as a substitute for gasoline in vehicles* ; generator gas; producer gas, *a fuel gas with a high carbon-monoxide and hydrogen content, obtained by the partial combustion of coal or coke in air.* **gaz de gueulard** : top gas. **gaz de houille** : coal gas. **gaz de lignite** : brown-coal gas. **gaz de naphta** : naphtha gas. **gaz de pétrole** : casinghead gas; oilwell gas; petroleum gas. **gaz de pétrole liquéfiés (GPL)** : liquefied petroleum gas (LP gas, LPG). **gaz de pétrole liquéfié dilué** : diluted LP-gas, *a blend made up mostly of butane and propane mixed with air.* **gaz de plongée** : diving gas. **gaz de protection** : shielding gas, *arc welding.* **gaz de puits de pétrole** : bradenhead gas, *gas enclosed or confined by the bradenhead, including all gas above the oil-bearing formation.* **gaz de queue** : tail gas. **gaz de raffinerie** : refinery gas. **gaz de raffinerie liquéfiés (GRL)** : liquefied refinery gas (LR gas, LRG). **gaz de recyclage** : cycle gas; recycle gas. **gaz de reformage** : reformed gas. **gaz de remblais** : gob gas. **gaz de réservoir étanche** : tight gas. **gaz de synthèse** : synthesis gas, *a mixture of carbon monoxide and hydrogen, prepared as feedstock for a chemical reaction*; synthetic gas. **gaz de tête de puits** : wellhead gas. **gaz de torche** : flare gas. **gaz de traitement** : process gas. **gaz de ville** : city gas, *also includes the natural gas distributed by a city as well as cylinders of liquefied gas*; manufactured gas; town gas. **gaz**

dégagé : evolved gas. **gaz délétère** : afterdamp. **gaz des forêts** : wood gas. **gaz des marais** : firedamp, *methane*; marsh gas, *methane*. **gaz désessencié** : stripped gas. **gaz désulfuré** : desulfurized gas. **gaz diluant** : diluent gas. **gaz dissous** : dissolved gas; solution gas. **gaz du gueulard** : blast-furnace gas. **gaz électronégatif** : electronegative gas. **gaz électronique dégénéré** : degenerate electron gas *(phys)*. **gaz emprisonné** : entrapped gas. **gaz en bouteille** : bottled gas, *liquefied petroleum gas contained in cylinders*; bugas, *bottled gas*. **gaz en explosion** : exploding gas. **gaz épuré** : cleaned gas. **gaz étranger** : extraneous gas, *due to an influx*. **gaz explosif** : exploding gas. **gaz extincteur** : fire-extinguishing gas. **gaz fatal** : associated gas, *natural gas ineluctably produced in association with crude oil and for which there is no possibility of use*. **gaz frontière** : frontier gas, *gas produced under extreme technical or economic conditions*. **gaz humide** : combination gas; fat gas, *natural gas containing gasoline*; gas distillate, *natural gas containing a high proportion of natural gasoline*; rich gas; wet gas. **gaz idéal** : ideal gas. **gaz inerte** : inert gas. **gaz injecté** : injected gas; input gas. **gaz ionisé** : ionized gas. **gaz irritant** : choking gas. **gaz juvénile** : juvenile gas. **gaz libéré** : released gas. **gaz libre** : free gas. **gaz liquéfié** : liquefied gas; liquid gas. **gaz liquéfié pour temps froid** : cold-weather LP gas. **gaz manufacturé** : manufactured gas; town gas. **gaz marchand** : marketable gas. **gaz mixte** : mixed gas. **gaz mixte de gazogène** : semiwater gas. **gaz monoatomique** : monatomic gas. **gaz natif** : native gas. **gaz naturel** : natural gas. **gaz naturel à condensat** : condensate natural gas. **gaz naturel acide** : sour natural gas. **gaz naturel brut** : raw natural gas; unprocessed natural gas. **gaz naturel classique** : conventional gas, *a natural gas occurring in a normal reservoir rock and which can be produced by normal production practices*. **gaz naturel comprimé (GNC)** : compressed natural gas (CNG), *natural gas stored under pressure in cylinders and used as fuel for automotive engines, and sometimes also called: gaz naturel carburant (GNC)*. **gaz naturel de substitution (GNS)** : substitute natural gas (SNG), *gaseous fuel manufactured from carbon monoxide and hydrogen and interchangeable with natural gas*. **gaz naturel de synthèse** : *see gaz naturel de substitution*. **gaz naturel désulfuré** : desulfurized natural gas. **gaz naturel dissous** : dissolved natural gas, *natural gas in solution with crude oil in a reservoir*. **gaz naturel humide** : wet gas, *gas containing higher homologous series of methane ; when cooled it contains a liquid phase*. **gaz naturel liquéfié (GNL)** : liquefied natural gas (LNG). **gaz naturel non associé** : nonassociated natural gas, *natural gas found in reservoirs not containing significant amounts of crude oil*. **gaz naturel non corrosif** : sweet natural gas, *low sulfur content*. **gaz naturel non traité** : unprocessed natural gas. **gaz naturel purifié** : scrubbed gas. **gaz naturel sec** : dry natural gas. **gaz non commercialisé** : unaccounted-for gas. **gaz non condensable** : noncondensable gas. **gaz non corrosif** : sweet gas. **gaz non purifié** : foul gas. **gaz non traité** : nonprocessed gas, *as it is when it issues from a well*. **gaz occlus** : entrapped gas; occluded gas. **gaz oléfiant** : olefiant gas, *old term for ethylene*. **gaz parfait** : ideal gas; perfect gas. **gaz pauvre** : generator gas, *producer gas*; lean gas; poor gas. **gaz pauvre d'aspiration** : suction gas. **gaz pauvre de haut-fourneau** : blast-furnace gas. **gaz permanent** : permanent gas, *gas at a temperature far from its state of liquefaction*. **gaz porteur** : carrier gas. **gaz pour briquet** : lighter gas. **gaz préchauffé** : preheated gas. **gaz rare** : noble gas; rare gas. **gaz rectifié** : stripped gas. **gaz réel** : real gas. **gaz résiduaire** : residue gas. **gaz résiduels** : off gas; residual gas. **gaz respiratoire** : breathing gas. **gaz résurgent** : resurgent gas. **gaz riche** : rich gas, *rich in higher hydrocarbons*; wet gas. **gaz riche en condensat** : combination gas. **gaz sec** : dry gas, *gas containing almost nothing but methane and ethane, i.e. no or few condensable products*. **gaz sec naturel** : natural dry gas, *as compared to dry refinery gas*. **gaz sulfureux** : sour gas, *natural gas containing hydrogen sulfide or mercaptans above a specified concentration level*. **gaz synthétique** : synthetic gas. **gaz tampon** : blanketing gas. **gaz toxique** : poison gas, *toxic or irritant gas*. **gaz traceur** : tracer gas. **gaz vecteur** : carrier gas. **gaz volcanique** : volcanic gas. **sans gaz** : gas free.

gazage *m* – gassing.

gaze *f* – gauze.

gazéifère – gas-bearing.

gazéification *f* – gas generation; gasification; gasifying. **gazéification à la cornue** : retort gasification. **gazéification du charbon** : coal gasification. **gazéification en courants parallèles** : concurrent-flow gasification. **gazéification souterraine du charbon** : underground coal gasification.

gazéifier – gasify (to); aerate (to).

gazeux – aeriform; gaseous; gassy.

gazoduc *m* – gas pipeline. **gazoduc de collecte** : gas gathering line.

gazogène *m* – gas generator; gas producer, *a device for transforming a solid fuel into gas by incomplete oxidation*.

gazole *m* – gas oil, *see gasoil*.

gazoline *f* – natural gasoline.

gazomètre *m* – gas holder; gasometer. **gazomètre à cuve enterrée** : pit holder. **gazomètre de contrôle** : test holder. **gazomètre hydraulique à cloche** : bell-type gas holder. **gazomètre sec** : dry gas holder. **gazomètre tampon** : relief holder.

gazon *m* – turf.

gazosiphon *m* – air lift.

Gb – Gb, *symbol for gilbert*.

GDF – *abbr. Gaz de France*.

géanticlinal *m* – geanticline.

Gédinnien *m* – Gedinnian, *Lower Devonian stage*.

Geertsma – Geertsma, *see formule de Geertsma*.

Geiger – Geiger, *see compteur Geiger, sonde Geiger*.

gel *m* – freeze; frost, *icing see also gelée*; gel, *a colloidal system*. **gel acide** : acid gel, *an acid solution thickened by adding colloid particles*. **gel ciment** : gel cement, *mixture of cement and bentonite*. **gel coat** : gel coat, *resin applied to the surface of a mold before the plastic material is placed in the mold, and becoming an integral part of the finished laminate*. **gel d'oxyde de**

chrome et d'alumine : chromia-alumina gel, *catalyst.* **gel de dextrane** : dextran gel, *formed by crosslinking dextran chains with glycerol ether groups for use in chromatography.* **gel de polyacrylamide** : polyacrylamide gel. **gel de silice** : silica gel. **gel temporaire** : temporary gel. **gel zéro** : initial gel strength, *drilling mud.*

gélatine *f* – gelatin, *or gelatine.*

gélatineux – gelatinous; jelloid; jellylike.

gelé – frozen.

gelée *f* – freeze; frost; jelly. **gelée blanche** : hoarfrost. **gelée d'asphalte** : asphalt jelly, *mixture of asphalt and coal tar hot treated by caustic soda and with an emulsifying additive.*

geler – freeze (to).

gélif – frost riven, *fem. gélive.*

gélifiant *m* – gelling agent.

gélifiant – gelling; jellying.

gélification *f* – gelation, *formation of a gel.*

gélifié – gelled.

gélifier – gel (to).

gélifluxion *f* – gelifluction, *soils.*

gélifraction *f* – congelifraction, *frost shattering or disintegration of rocks as the result of the freezing and expansion of the water they contain*; frost cracking; frost prying; frost rending.

gélignite *f* – gelignite, *an explosive.*

gélisol *m* – frozen ground; gelisol.

géliturbation *f* – *see cryoturbation.*

gélivation *f* – *see gélifraction.*

gélivité *f* – gelivity, *sensitivity of rocks to congelifraction.*

géminé – geminate.

gemme *f* – gem, *precious stone.*

gène *m* – gene *(biol)*.

gêne *f* – hindrance.

gêner – hinder (to).

générateur *m* – generator, *see also génératrice*; producer. **générateur à arc** : arc generator. **générateur à double courant** : double-current generator. **générateur à grille tournante** : rotary-grate generator. **générateur à mousse** : foam generator. **générateur d'acétylène** : acetylene generator. **générateur d'électricité** : electric generator. **générateur d'impulsion** : pulse generator. **générateur d'impulsions** : impulse generator. **générateur d'ultrasons** : ultrasonic generator. **générateur de balayage** : sweep generator. **générateur de bruit** : noise generator. **générateur de courant** : current generator. **générateur de courant continu** : direct-current generator. **générateur de fonction** : function generator *(elec)*. **générateur de gaz** : gas generator. **générateur de plasma** : plasma generator. **générateur de signaux** : signal generator. **générateur de vapeur** : boiler. **générateur de vapeur d'eau** : steam generator. **générateur de vapeur type échangeur** : steam-generator-type exchanger. **générateur électrique** : electric generator. **générateur hydroélectrique** : hydroelectric generator. **générateurs jumelés** : twin generators, *the carburetor and generator of a carbureted water-gas line converted to produce petroleum gas ; see also génératrice.* **générateur thermoélectrique** : thermoelectric generator.

génération *f* – generation. **génération de turbulence** : squish, *the effect in the combustion chambers of reciprocating engines using the geometry of the piston and cylinder head to cause the gas rate to speed up.* **génération spontanée** : spontaneous generation.

génératrice *f* – element, *of a curve*; generator, *see also générateur.* **génératrice à roue hydraulique** : water-wheel generator. **génératrice de soudage** : welding generator.

générique – generic.

genèse *f* – genesis. **genèse des hydrocarbures** : origin of hydrocarbons.

génétique – genetic.

génie *m* – engineering. **génie agricole** : agricultural engineering. **génie atomique** : nuclear engineering. **génie automobile** : automotive engineering. **génie chimique** : chemical engineering. **génie civil** : civil engineering. **génie frigorifique** : refrigeration engineering. **génie génétique** : genetic engineering. **génie maritime** : marine engineering; naval architecture. **génie parasismique** : engineering seismology. **génie rural** : agricultural engineering.

génoholotype *m* – genoholotype *(pal)*.

génoparatype *m* – genoparatype *(pal)*.

génotype *m* – genotype *(pal)*.

génotypique – genotypical, *concerning the genetic makeup of an organism.*

genou *m* – elbow pipe; knee. **genou de cardan** : cardan joint. **genou de reduction** : reducing elbow.

genouillère *f* – knuckle joint, *a hinge joint between two rods or shafts (see also joint de cardan)*; swing joint, *a hinged drilling tool that can be deflected at an angle for directional drilling*; toggle.

genre *m* – genus, *a taxonomic division between family and species.*

géobios *m* – geobios, *part of the Earth occupied by terrestrial animals and plants.*

géocentrique – geocentric.

géocérite *f* – geocerite, *a waxy hydrocarbon occurring in brown coal and soluble in alcohol.*

géochimie *f* – geochemistry. **géochimie organique** : organic geochemistry.

géochimique – geochemical.

géochronologie *f* – geochronology; geologic chronology. **géochronologie absolue** : absolute chronology, *geochronology using radiometric dating for age determination.* **géochronologie relative** : relative chronology, *based on stratigraphy and fossil content.*

géochronométrie *f* – geochronometry, *use of geochronologic methods to measure geologic time.*

géocodage *m* – geocoding.

géocratique – epeirocratic; geocratic, *referring to a period of low sealevel uncovering a large part of the continental shelf in the past.*

géode *f* – druse; geode.

géodépression *f* – geodepression.

géodésie *f* – geodesy; land surveying. **géodésie gravimétrique** : gravimetric geodesy.

géodésique *f* – geodesic, *a line of shortest distance between any two points on a mathematically defined surface.*

géodésique – geodetic.

géodimètre *m* – geodimeter.

géodynamique *f* – geodynamics, *geodetic distance meter using the velocity of light.*

géodynamique – geodynamic.
géographie *f* – geography. **géographie physique** : physical geography.
géographique – geographic.
géohistoire *f* – geohistory, *geologic history.*
géohydrologie *f* – geohydrology.
géoïde *m* – geoid, *the Earth's surface considered as an extension of sealevel over the entire world.*
géologie *f* – geology. **géologie aérienne** : aerogeology. **géologie appliquée** : applied geology; engineering geology. **géologie de subsurface** : subsurface geology. **géologie de surface** : areal geology; surface geology. **géologie de terrain** : field geology. **géologie du pétrole** : oil geology; petroleum geology. **géologie dynamique** : dynamic geology. **géologie économique** : economic geology. **géologie générale** : general geology. **géologie historique** : geohistory. **géologie minière** : mining geology. **géologie pétrolière** : petroleum geology. **géologie physique** : physical geology. **géologie stratigraphique** : stratigraphic geology. **géologie structurale** : structural geology.
géologique – geologic; geological.
géologue *m* – geologist *(or f)*. **géologue en chef** : chief geologist. **géologue pétrolier** : petroleum geologist.
géomagnétique – geomagnetic.
géomagnétisme *m* – geomagnetism.
géomathématique *f* – geomathematics.
géomécanique *f* – rock mechanics.
géomembrane *f* – *see géotextile.*
géométrie *f* – geometry. **géométrie analytique** : analytic geometry, *cartesian geometry.* **géométrie dans l'espace** : solid geometry. **géométrie de gisement** : reservoir geometry. **géométrie de l'image** : image geometry. **géométrie de terminaison de strates** : stratal termination, *geometric relations between strata used to define unconformities.* **géométrie des puits** : well pattern. **géométrie des réflecteurs** : reflection configuration, *geometric relations of seismic reflections interpreted to represent the configuration of the strata generating the reflections.* **géométrie descriptive** : descriptive geometry. **géométrie différentielle** : differential geometry. **géométrie du joint** : joint geometry, *before being welded.* **géométrie euclidienne** : Euclidean geometry. **géométrie sédimentaire** : stratal configuration, *the geometric patterns and relations of strata within a stratigraphic unit.*
géométrique – geometric; geometrical.
géomorphique – geomorphic.
géomorphogenèse *f* – *see morphogenèse.*
géomorphologie *f* – geomorphology; morphological geology. **géomorphologie quantitative** : quantitative geomorphology.
géopète – *see géotrope.*
géophone *m* – geophone, *device designed to transform seismic energy into an electric voltage*; pickup; receptor; seismograph. **géophone à bobine mobile** : moving-coil geophone. **géophone à réluctance variable** : variable-reluctance geophone. **géophone de temps vertical** : uphole geophone. **géophone de tête de puits** : uphole geophone. **géophone électrodynamique** : electrodynamic geophone. **géophones en grappes** : bunched geophones. **géophones groupés** : bunched geophones. **géophones multiples** : multiple geophones.
géophysicien *m* – doodlebugger *(colloq)*; geophysicist.
géophysique *f* – geophysics, *discipline involving applications of quantitative physical methods to the study of the Earth.* **géophysique appliquée** : exploration geophysics. **géophysique combinée** : integrated geophysics. **géophysique de génie civil** : engineering geophysics. **géophysique de gisement** : development geophysics.
géophysique – geophysical.
géopolitique *f* – geopolitics.
géopotentiel – geopotential.
géopression *f* – geopressure, *abnormally high pressure of downhole fluids.*
géostationnaire – geostationary.
géostatique – geostatic.
géostatistique *f* – geostatistics, *application of statistical techniques to all geologic problems.*
géostrophique – geostrophic.
géosuture *f* – geosuture, *place where two continents have come together.*
géosychrone – geosynchronous.
géosynclinal *m* – geosyncline. **géosynclinal secondaire** : merosyncline.
géotechnique *f* – geotechnics, *analysis of soil and rock mechanics together with the engineering aspects of geology and hydrology and knowledge of the Earth's crust for help in solving civil-engineering problems.*
géotectonique – geotectonic.
géotextile *m* – geotextile, *nonwoven fabric made of synthetic fibers and used as a continuous membrane between soil and aggregate in the ground.*
géothermie *f* – geothermal energy; geothermics. **géothermie à roche sèche** : dry-hot-rock geothermal system.
géothermique – geothermal.
géothermomètre *m* – geothermometer, *a mineral giving information about the temperature range within which it was formed.*
géothermométrie *f* – geothermometry.
géotrope – geopetal, *a rock feature indicating the top-to-bottom relations at the time of formation.*
gérance *f* – management. **gérance d'exploitation** : facilities management.
gérant *m* – manager.
gerbable – stackable.
gerbage *m* – racking, *drill pipe.* **installation de gerbage** : pipe rack *(for)*.
gerbe *f* – sheaf. **gerbe de particules** : cosmic-ray shower. **gerbe de rayons** : bundle of rays. **gerbe en cascade** : cascade shower, *a cosmic-ray shower.*
gerbeur *m* – stacker truck.
gerçure *f* – crack.
germanium *m* – germanium, *symbol Ge.*
germe *m* – nucleus; seed. **germe cristallin, germe de cristallisation** : seed crystal; nucleus crystal.
germicide *m* – germicide.
germination *f* – nucleation, *the formation of new crystal nuclei in supersatured solutions.*
germanotype *m* – germanotype tectonics, *a tectonic style.*

gestion *f* – management. **gestion comptable** : accounting control. **gestion de base de données** : database management. **gestion de données** : data management. **gestion de file d'attente** : queuing *(computer)*. **gestion de l'eau** : water management. **gestion de la production** : production control. **gestion de la végétation** : vegetation management. **gestion de trésorerie** : cash management. **gestion des déchets** : waste management. **gestion des liquidités** : liquidity management. **gestion des stocks** : inventory control. **gestion du passif** : liability management. **gestion et aménagement de l'habitat** : habitat management. **gestion par objectifs** : management by objectives. **gestion prévisionnelle** : management planning.

getter *m* – getter, *an absorbent substance such as thallium, which fixes the ultimate traces of gas in a vacuum tube.*

GeV – BeV, *abbr. gigaélectronvolt, billion electron volts (in USA)*.

geyser *m* – geyser; gusher. **geyser à acide carbonique** : carbonate geyser.

geysérite *f* – geyserite.

Gibbs – Gibbs, *see enthalpie libre, fonction, paradoxe, phénomène de Gibbs.*

gibbsite *f* – gibbsite, *the monoclinic hydroxide of aluminum material and one of the principal constituents of many bauxites.*

giclée *f* – squirt.

gicler – spatter (to).

gicleur *m* – jet; nozzle. **gicleur d'échantillonnage** : sampling nozzle. **gicleur d'économie** : economizer jet. **gicleur d'huile** : oil nozzle. **gicleur de pulvérisation** : spray nozzle. **gicleur de ralenti** : idler nozzle; idling jet; slow-running jet. **gicleur du carburateur** : carburetor nozzle. **gicleur noyé** : submerged jet. **gicleur pilote** : pilot jet. **gicleur pour nettoyage des réservoirs** : nozzle for tank sprinkling. **gicleur principal** : main jet.

giffard *m* – jet gun, *used to produce foam, fire prevention on storage tanks.*

gifard *m* – *misspelling of giffard.*

giga – giga, *prefix representing* 10^9 *or one billion (US) or one milliard (SI)*, *symbol* G.

gigajoule *m* – gigajoule, *the SI unit used for sales of natural gas instead of million Btu.*

gilbert *m* – gilbert, *a unit of magnetomotive force,* $1\ Gb = 0.8\ A$ *approx.*

gilet *m* – vest. **gilet de sauvetage** : life jacket. **gilet de travail** : working jacket.

gill *m* – gill, *a unit of volume equal to a quarter of a pint.*

gilsonite *f* – gilsonite, *a variety of asphalt.*

giobertite *f* – giobertite, *magnesite, a magnesium carbonate.*

giration *f* – gyration.

giratoire – gyratory.

Girondien *m* – Girondian, *Lower Miocene stage including the Burdigalian and Aquitanian.*

girouette *f* – weathervane; wind vane.

gisement *m* – bearing, *the horizontal direction of one point with respect to another, usually measured as a clockwise angle*; deposit; field; occurrence; pay; pool, *a commercial underground accumulation of oil and/or gas in porous and permeable rock forming an independent reservoir having its own pressure pattern.* **gisement à condensat** : distillate pool. **gisement alluvial** : alluvial deposit. **gisement alluvial de minérai** : stream placer. **gisement asphaltique** : asphalt deposit. **gisement aurifère** : gold field. **gisement commercial** : commercial accumulation, *large enough in volume to be profitably exploited.* **gisement d'étain** : tin deposit. **gisement d'hydrocarbures** : deposit of hydrocarbons. **gisement d'imprégnation** : impregnation deposit. **gisement de charbon** : coalfield. **gisement de fer** : iron deposit. **gisement de gaz à condensat** : gas-condensate pool. **gisement de gaz à condensat rétrograde** : retrograde gas-condensate pool. **gisement de gaz naturel** : gas pool; natural-gas deposit. **gisement de géopression** : geopressured deposit, *a geothermal deposit located at great depth.* **gisement de graphite** : graphite deposit. **gisement de pétrole** : deposit of petroleum; oil accumulation; oil deposit; oil pool; petroleum deposit. **gisement de pétrole exploité par mine** : oil mine. **gisement de vapeur humide** : wet-steam deposit, *in which hot water is under very high pressure.* **gisement de vapeur sèche** : dry-steam deposit, *in which steam is predominant.* **gisement éluvial de minerai** : eluvial ore deposit. **gisement éluvionnaire** : eluvial placer. **gisement en couche** : bedded deposit. **gisement en cours d'inondation** : field going to water. **gisement en exploitation concertée** : unitized field. **gisements en filon** : lode deposits. **gisement en surface** : grassroots deposit. **gisement faillé** : faulted deposit. **gisement géant** : giant field, *refers to a field containing at least 500 million barrels (75 Mt) of recoverable oil or the equivalent in natural gas; starting at 5 billion barrels it becomes a supergiant field. In the U.S.A. a giant field starts at 100 million barrels, as opposed to the rest of the world where it is qualified as a major field (large field is 50 to 100, medium field is 25 to 50)*. **gisement géothermique** : geothermal deposit; geothermal field. **gisement hydrothermique** : hydrothermal deposit *(geol)*. **gisement inexploitable** : unworkable deposit. **gisement infini** : infinite reservoir, *having an infinite extent.* **gisement magmatique** : magmatic deposit. **gisement marginal** : marginal field. **gisement métallifère** : ore deposit. **gisement minier** : mining field. **gisement producteur** : productive pool, *pay zone.* **gisement produisant par expansion des gaz dissous** : solution-gas field. **gisement produisant par poussée d'eau** : water-drive field. **gisement prouvé** : proven field. **gisement rentable** : commercial deposit, *sufficient amount of oil or gas to justify production*; commercial field. **gisement résiduel de minerai** : residual ore deposit. **gisement stratifié** : stratified deposit. **gisement vierge** : initial-state reservoir; maiden field.

gîte *m* – bed *(geol)*; deposit. **gîte apomagmatique** : apomagmatic deposit. **gîte de charnière synclinale** : trough vein. **gîte de contact** : contact-mineral deposit. **gîte de houille** : coal bed. **gîte de minerai de fer** : iron-ore deposit. **gîte de minerai des prés** : bog body. **gîte de substitution** : replacement deposit *(geol)*. **gîte disséminé** : disseminated deposit. **gîte en forme de chambres** : chamber deposit. **gîte en forme de traînées** : channel deposit. **gîte en selle** : saddle reef, *a mineral deposit* *associated with the crest of an anticlinal fold.* **gîte fossilifère** : fossil site. **gîte leptothermal** : leptothermal deposit. **gîte mésothermal** : mesothermal deposit. **gîte métallifère** : ore deposit. **gîte minéral** : mineral deposit. **gîte périmagmatique** : perimagmatic deposit. **gîte pétrolifère** : oil-bearing strata. **gîte porphyrique** : disseminated deposit. **gîte résiduel** : residual deposit *(geol)*. **gîte stratifié** : stratified deposit.

gîte *f* – list *(naut)*; tilt.

gîtologie *f* – gitology, *the study of ore-deposit genesis.*

Givétien *m* – Givetian, *Middle Devonian stage.*

givrage *m* – frosting; icing. **givrage du carburateur** : carburetor icing. **givrage par pulvérisation marine** : icing from sea spray, *offshore platform.*

givre *m* – hoarfrost; rime; silver frost, *silver thaw.*

givré – frosted; glazed.

GJ – GJ, *symbol for gigajoule.*

glabelle *f* – glabella, *the raised axial part of the cephalon of a trilobite.*

glaçage *m* – glaze; hard facing; icing.

glace *f* – ice. **glace agglomérée** : conglomerated ice. **glace asséchée** : dried ice, *sea ice from which the meltwater has disappeared.* **glace carbonique** : dry ice. **glace côtière** : field ice; land ice. **glace côtière de l'année** : winter fast ice. **glace d'échouage** : grounded ice. **glace d'estran** : stranded ice. **glace de banquise** : field ice. **glace de fond** : anchor ice, *spongy underwater ice formed on a submerged object or attached to the bottom.* **glace de l'année** : winter ice. **glace de mer** : sea ice. **glace de pression** : pressure ice; screw ice. **glace de terre** : glacier ice. **glace du glacier** : glacier ice. **glace échouée** : grounded ice, *floating ice having run aground in shallow water.* **glace empilée** : rafted ice. **glace en aiguille** : candle ice. **glace en crêpe** : pancake ice. **glace enfouie** : buried ice. **glace entassée** : rafted ice. **glace flottante** : drift ice; floating ice; floe ice. **glace fondante** : ice line, *indicating temperature on curves.* **glace fossile** : fossil ice. **glace hummockée** : hummocked ice, *sea ice having a rugged uneven surface due to the formation of hummocks.* **glace inondée** : flooded ice. **jeune glace** : young ice. **glace morte** : dead ice. **glace nouvelle** : new ice. **glace pilée** : cracked ice. **glace polaire** : polar ice. **glace polaire fixe** : polar fast ice. **glace pourrie** : rotten ice. **glace unie** : level ice, *sea ice that is unaffected by deformation.* **glace usée** : weathered ice. **glace vitrée** : ice rind.

glace *f* – glass. **glace d'appui** : focal-plane glass. **glace de sécurité** : safety glass; shatterproof glass.

glacé – frigid; frozen.

glacer – chill (to); curdle (to); freeze (to).

glacial, glaciaire – glacial.

glacialisme *m* – glacialism, *glacier theory.*

glaciation *f* – glaciation, *a glacial epoch*; ice flood.

glaciel – glacial.

glacier *m* – glacier. **glacier composé** : composite glacier. **glacier d'inlandsis** : continental glacier. **glacier de cirque** : cirque glacier. **glacier de montagne** : mountain glacier. **glacier de névé** : névé glacier; snow glacier. **glacier de piémont** : piedmont glacier. **glacier de plateau** : plateau glacier. **glacier de vallée** : valley glacier. **glacier polaire** : high polar glacier. **glacier régénéré** : regenerated glacier. **glacier rocheux** : rock glacier. **glacier stagnant** : stagnant glacier. **glacier suspendu** : glacieret; hanging glacier.

glacière *f* – ice cave, *remaining year round.*

glaciologie *f* – glaciology.

glacis *m* – glacis. **glacis continental** : continental apron; continental rise, *part of the continental margin between the shoreline and the continental slope, forming a gentle incline with a generally smooth topography, although it may have submarine canyons.* **glacis d'ablation** : pediment. **glacis d'accumulation** : alluvial apron; bajada. **glacis d'érosion** : *see glacis d'ablation.* **glacis récifal** : reef flat. **glacis rocheux désertique** : desert pediment; pediment; rock pediment.

glaçon *m* – floe; ice cake.

glaisage *m* – claying.

glaise *f* – *see terre glaise.*

glaiseux – clayish.

glassivation *f* – glassivation, *semiconductor.*

glauconie *f* – glauconite, *a name used for various green minerals consisting of hydrous silicates of potassium and iron.*

glauconieux – glauconitic.

glauconite *f* – glauconite, *a dull-green argillaceous mineral of the mica group, often regarded as the iron-rich analog of illite.*

glauconitisation *f* – glauconitization, *chemical transformation of an aluminosilicate and phyllitic mineral resulting in the formation of glauconite.*

glaucophane *f* – glaucophane, *a blue mineral of the amphibole group.*

glint *m* – glint, *a steep cliff or escarpment.*

glissade *f* – skewing.

glissant – slippery.

glissement *m* – creep; displacement; downcreep *(geol)*; glide; gliding; skidding, *of a rock bit*; slip; slump. **glissement à sec** : dry sliding. **glissement au cours d'un plissement** : slippage in folding, *of one stratum on another one.* **glissement de débris** : debris slide. **glissement de terrain** : landslide; rockslide; soil creep. **glissement gravitationnel** : gravitational gliding. **glissement lubrifié** : lubricated sliding. **glissement par pesanteur** : gravitational gliding; gravity gliding. **glissement relatif de l'huile** : slippage, *of oil in relation to gas in a production tubing.* **glissement saccadé** : stick slip, *between two fault planes.* **glissement synsédimentaire** : slumping, *the sliding down of a mass of sediments shortly after its deposition.* **glissement unitaire** : shear strain.

glisser – slip (to); slump (to).

glisseur *m* – glider.

glissière *f* – slide; slide rail. **glissière d'évacuation** : escape slide system. **glissière de forage** : drilling jar. **glissière guide** : guide bar. **glissières pour la tige de piston secondaire** : tail shoes, *slides for the secondary piston rod in heavy engines.*

global – global, *a global event in geology involves the entire surface of the Earth*; gross; overall.

globe *m* – globe. **globe terrestre** : the Earth.

globigérine *f* – globigerinid *(pal)*.

globulaire – globular.

globule *m* – globule; test bead, *blowtorch test.*

gloussement *m* – cluck, *sometimes said of a noise made by a well.*

gluant – gummy; tacky.
glucane *f* – glucan, *carbohydrate polymer formed from glucose.*
glucide *m* – carbohydrate.
glucine *f* – beryllia, *beryllium oxide.*
glucinium *m* – glucinium, *former name of beryllium.*
gluconique – gluconic.
glucosamine *f* – chitosamin.
glucose *m* – glucose, *dextrose, grape sugar, corn sugar.*
gluon *m* – gluon, *particle.*
glutamique – glutamic.
glutarique – glutaric.
glycéride *m* – glyceride, *an ester of glycerol and fatty acids.*
glycérine *f* – glycerin, *see glycérol.*
glycérol *m* – glycerol, *glycerin, glycyl alcohol, 1,2,3-propanetriol.*
glycogène *m* – glycogen, *a glucose polysaccharide.*
glycol *m* – glycol, *ethylene glycol used as an antifreeze.*
glyoxal *m* – glyoxal, *oxaldehyde.*
glyptogenèse *f* – earth sculpture *(geol).*
GNC – CNG, *abbr. gaz naturel carburant, gaz naturel comprimé : compressed natural gas.*
gneiss *m* – gneiss, *foliated metamorphic rock.* **gneiss à hornblende** : hornblende gneiss. **gneiss d'injection** : composite gneiss. **gneiss du socle** : fundamental gneiss. **gneiss fondamental** : primary gneiss. **gneiss granitoïde** : granite gneiss. **gneiss oeillé** : augen gneiss. **gneiss primaire** : primary gneiss. **gneiss veiné** : veined gneiss.
gneissique – gneissic.
GNL – LNG, *abbr. of gaz naturel liquéfié: liquefied natural gas.*
gnomonique – gnomonic, *see projection gnomonique.*
GNS – SNG, *abbr. gaz naturel de synthèse: synthetic natural gas, or of gaz naturel de substitution: substitute natural gas.*
godet *m* – basket; bucket; scoop; thimble. **godet d'élévateur** : elevator bucket; elevator scoop. **godet de convoyeur** : conveyor bucket. **godet de drague** : dredge bucket. **godet de pelle mécanique** : dipper. **godet graisseur** : grease cup; lubricating cup; oil cup. **godet graisseur par fusion** : thermal grease cup. **godet niveleur** : skimmer. **godet pour graissage forcé** : pressure grease cup.
goethite *f* – goethite *(miner)*; needle ironstone.
golfe *m* – gulf *(geomorph).* **golfe de corrosion** : etching pit.
GOM – AGO, *abbr. gasoil moteur, automotive gas oil.*
gommage *m* – jamming, *engine*; stickiness; sticking. **gommage des segments** : piston-ring sticking; ring sticking.
gomme *f* – eraser; gum, *solid deposit resulting from the oxidation of oil or gasoline.* **gomme accélérée** : accelerated gum. **gomme actuelle** : gasoline existent gum, *gum in solution in gasoline and remaining as a residue when the gasoline is evaporated.* **gomme arabique** : gum arabic, *or arabic gum.* **gomme d'essence** : gasoline gum. **gomme dans les moteurs** : engine gum. **gomme de xanthane** : xanthan gum, *a synthetic biopolymer produced by the fermentation of glucose and used in drilling fluids and enhanced recovery.* **gomme laque** : shellac, *lac, gum lac, garnet lac, stick lac.* **gomme non lavée** : unwashed gum, *the evaporation residue of motor gasoline consisting of existent gum and nonvolatile additive components.* **gomme potentielle** : potential gum, *sum of soluble and insoluble gum of a motor fuel.* **gomme résine** : gum resin, *a group of oleoresinous substances obtained from plants.* **gomme soluble** : soluble gum, *deterioration product present at the end of a specific aging period of motor fuels.*
gommé – gummed.
gommer – gum (to); gum (to) up; jam (to).
gommeux – gummy.
gon *m* – gon, *unit of plane angle, syn. of grade.*
gond *m* – hinge.
gondolé – buckled.
gondolement *m* – buckling; warping.
Gondwana *m* – Gondwana, *the late Paleozoic continent of the Southern Hemisphere.*
gonflable – inflatable.
gonflage *m* – inflation.
gonflant *m* – inflater, *product added to mixtures to produce sponge rubber.*
gonflement *m* – creep; growth; heave, *of the floor or ground*; heaving, *the swelling of the walls of a hole and their resulting partial or complete collapse*; swelling, *swelling up*; turgescence; upswelling.
gonfle-pneus *m* – tire inflator.
gonfler – swell (to).
gonfleur *m* – inflator; tire pump.
goniatite *m* – goniatite *(pal).*
goniomètre *m* – goniometer.
Gooch – Gooch, *see creuset de Gooch.*
Goodloe – Goodloe, *a special packing for refining columns, made of metal or nylon buffers.*
gorge *f* – chine; clough; cove; flume; gap; gorge; groove; gulch; ravine; slot; throat. **gorge d'étanchéité** : seal groove. **gorge d'une poulie** : groove of a pulley. **gorge de décharge** : stress-relief groove, *for drill-collar connections.* **gorge de dégagement** : relief groove. **gorge de graissage** : oil groove. **gorge de poulie** : sheave groove. **gorge de roulement** : ball-bearing race. **gorge de torrent** : gully. **gorge due à l'érosion marine** : notch. **gorge pour garniture** : gasket groove. **à gorge** : lipped.
goslarite *f* – white copperas, *zinc sulfate.*
GOSV – VGO, *abbr. of gasoil sous vide: vacuum gas oil.*
Gothlandien *m* – Gotlandian, *the late Silurian.*
goudron *m* – tar. **goudron à froid** : cold tar. **goudron acide** : acid tar. **goudron bitumineux** : bituminous tar, *bituminous-tar mixture.* **goudron d'asphalte** : asphalt tar, *obtained by the destructive distillation of natural bituminous rocks.* **goudron d'usine à gaz** : gas-works tar. **goudron de bois** : wood tar. **goudron de coke** : coke-oven tar, *byproduct of coke produced in coke manufacturing from bituminous coal.* **goudron de gaz à l'eau** : water-gas tar. **goudron de gaz de houille** : gas tar. **goudron de houille** : coal tar. **goudron de lignite** : bituminous pitch. **goudron de pétrole** : oil

tar. **goudron de pin** : pine tar. **goudron de tourbe** : peat tar. **goudron désacidifié** : deacidified tar. **goudron déshydraté** : dehydrated tar. **goudron préparé** : refined tar. **goudron raffiné** : refined tar. **goudron routier** : road tar.

goudronnage *m* – asphalting; tarring. **goudronnage à chaud** : hot tarring. **goudronnage à froid** : cold tarring.

goudronné – tarred.

goudronneux – tarry.

gouffre *m* – abyss; cauldron; chasm; swallow hole.

gouge *f* – beadtool; gouge *(mech)*.

goujon *m* – dowel; dowel pin; gudgeon; hinge pin; stud. **goujon de capuchon** : bonnet stud. **goujon fileté** : stud bolt.

goujonné – studded.

goulet *m* – channel; sound. **goulet d'étranglement** : *see goulot d'étranglement.* **goulet de marée** : tidal inlet.

goulot *m* – neck. **goulot d'étranglement** : bottleneck.

goulotte *f* – chute; flowline; gutter; mud flowline; mud-return line; spout; tailrace; tray downspout. **goulotte à boue** : mud ditch *(drill)*. **goulotte d'alimentation** : feed chute. **goulotte de retour de boue** : bell nipple; mud-return line.

Goupillaud – Goupillaud, *see modèle de Goupillaud.*

goupille *f* – cotter; pin. **goupille d'arrêt du boulon de fusée** : spindle-bolt lock pin. **goupille de cisaillement** : shear pin, *a soft-metal pin connecting two parts, e.g. the drill bit and a whipstock, and designed to break by shearing if too much stress is exerted on the parts, thus acting as a safety device.* **goupille de retenue** : retainer pin. **goupille de sécurité** : shear pin. **goupille fendue** : cotter pin; split pin.

goupiller – cotterpin (to).

goupillon *m* – bottle brush.

gour *m* – rimstone pool.

gousset *m* – gusset plate, *a plate used to strengthen truss joints.*

goutte *f* – drip; drop. **goutte à goutte** : dropwise. **goutte de pluie** : raindrop. **goutte posée** : sessile drop.

gouttelette *f* – droplet; globule.

goutteur *m* – trickler.

gouttière *f* – channel; chute; downfold *(geol)*; gutter; trough; waterspout; waterway.

gouvernail *m* – elevator; rudder. **gouvernail actif** : rudder propeller.

gouverneur *m* – governor, *automatic control device.*

GPL – LPG, *abbr. of gaz de pétrole liquéfiés: liquefied petroleum gas.*

graben *m* – fault trough; graben, *an elongate block of the Earth's crust that has dropped in relation to the blocks on either side and that is bounded by faults along its sides.*

gradateur *m* – dimmer, *type of light switch for controlling the brightness.*

gradation *f* – gradation. **gradation ascendante** : climax. **gradation douce** : soft gradation.

grade *m* – grade, *1) classification of an ore or other material ; 2) a unit of plane angle.* **grade NLGI des graisses** : NLGI grade of grease, *a number developed by the National Lubricating Grease Institute for the classification of the consistency of lubricating greases, ranging from 000 for very fluid grease to 6 for extra-hard grease.* **grade SAE** : SAE number, *used to indicate viscosities for motor oils.*

gradient *m* – gradient; lapse rate, *the variation of an atmospheric variable, with the variable being temperature unless otherwise stated.* **gradient alterné** : alternating gradient *(electromag)*. **gradient d'accroissement de déviation** : angle build-up *(drill)*. **gradient d'élution** : elution gradient, *chromatography.* **gradient d'inclinaison** : buildup *(drill)*; dogleg, *change in the direction of a borehole*; drift angle, *the angle the wellbore makes with the vertical plane*; rate of buildup *(drill)*. **gradient de bord** : edge gradient *(photo)*. **gradient de concentration** : concentration gradient. **gradient de décroissance de déviation** : angle drop-off. **gradient de la gravité** : gradient of gravity. **gradient de la pesanteur** : gravity gradient. **gradient de potentiel** : potential gradient. **gradient de pression** : pressure gradient. **gradient de salinité** : salinity gradient. **gradient de température** : lapse rate *(meteo)*; temperature gradient; thermal gradient. **gradient de vitesse** : acceleration factor; velocity gradient. **gradient de vitesse verticale** : vertical-velocity gradient. **gradient diélectrique** : dielectric gradient. **gradient géothermique** : geothermal gradient, *increase in the temperature of the Earth with depth.* **gradient hydraulique** : hydraulic gradient. **gradient réel** : actual gradient. **gradient thermique** : temperature gradient; thermal gradient.

gradin *m* – bench; scarp; step. **gradin de confluence** : confluence step. **gradin de diffluence** : diffluence step. **gradin de faille** : fault bench; kernbut *(geol)*. **gradin de plage** : berm, *backshore terrace.* **gradin structural** : rock step.

gradiomanomètre *m* – gradiomanometer, *device used to measure the specific gravity profile of fluids in a borehole.*

gradiomètre *m* – gradiometer. **gradiomètre magnétique** : magnetic gradiometer.

graduation *f* – chart scale; graduating; graduation; scale; step.

gradué – calibrated; graded; graduated.

graduer – calibrate (to); grade (to). **graduer une réflexion** : grade (to) a reflection *(seis)*.

grahamite *f* – grahamite, *a variety of asphaltite.*

grain *m* – bead; grain, *discrete particle making up a rock or sediment.* **à grains** : granular. **grain de pollen** : pollen grain. **grain de quartz** : quartz grain. **grain fin** : fine grain. **à grain fin** : close grained. **à grain régulier** : even grained. **à grain serré** : close grained.

grain *m* – grain, *unit of mass = 64 mg.* **grains par gallon** : grains per gallon, *a unit of concentration, 1 gr/gal = 17.1 mg/l.*

grain *m* – squall; wind gust.

graine *f* – seed; inner core, *of the Earth*; siderosphere. **graine de lin** : linseed.

grainer – corn (to).

graissage *m* – greasing, *see also: lubrification*; lubrication; oiling. **graissage à bague** : ring lubrication. **graissage à basse pression** : circulating-and-splash system. **graissage à carter sec** : dry-sump lubrication, *two pumps are used, one for* *constantly draining the engine and pumping the oil into a tank, and the other for taking this oil from the tank and pumping it back into the engine.* **graissage à l'huile perdue** : once-through lubrication. **graissage à la burette** : squirt-can lubrication. **graissage à la main** : hand lubrication. **graissage centralisé** : central lubrication; centralized lubrication. **graissage des hauts de cylindre** : upper-cylinder lubrication. **graissage du moteur** : engine lubrication. **graissage élastohydrodynamique** : elastohydrodynamic lubrication (EHL). **graissage forcé** : force-feed lubrication; forced lubrication. **graissage goutte à goutte** : drop-feed lubrication. **graissage hydrodynamique** : hydrodynamic lubrication. **graissage hydrostatique** : hydrostatic lubrication. **graissage limite** : boundary lubrication. **graissage manuel** : manual lubrication. **graissage mécanique sous pression** : mechanical force-feed lubrication. **graissage onctueux** : boundary lubrication, *a combination of solid-to-solid surface contact and liquid-film shear.* **graissage par bague et par chaîne** : ring oiler-and-chain lubrication. **graissage par bain d'huile** : oil-bath lubrication. **graissage par barbotage** : bath lubrication; force-and-splash lubrication; splash lubrication. **graissage par brouillard, graissage par brouillard d'huile** : oil-mist lubrication; fog lubrication; mist lubrication; oil-fog lubrication. **graissage par chaîne** : chain lubrication. **graissage par circulation** : circulating-system lubrication; circulation oiling. **graissage par circulation d'huile** : circulating-system lubrication. **graissage par étoupe** : waste-pack lubrication, *by capillarity.* **graissage par film épais** : thick-film lubrication, *with the thickness of the lubricating film being considerably greater than the height of the roughness of the surfaces to be lubricated.* **graissage par film mince** : thin-film lubrication, *with the thickness of the lubricating film being about the same as the height of the roughness on the surfaces to be lubricated.* **graissage par frotteur** : wiper lubrication. **graissage par gravité** : gravity-system lubrication. **graissage par huile neuve** : fresh-oil lubrication. **graissage par mèche** : wick-feed lubrication. **graissage par pompe** : pump-system lubrication. **graissage par projection** : splash lubrication. **graissage par pulvérisation** : atomized lubrication. **graissage par unité mobile** : mobile lubrication. **graissage parfait** : perfect lubrication. **graissage perdu** : all-loss lubrication. **graissage semi-automatique** : bottle-oiler lubrication. **graissage sous pression** : pressure lubrication; push-button lubrication. **graissage sous pression hydrostatique** : hydrostatic-feed lubrication. **graissage visqueux** : full-fluid-film lubrication.

graisse *f* – fat; grease, *a lubricant with a butter-like consistency, made from animal fat, petroleum cuts and/or soap.* **graisse à bas point de congélation** : cold-setting grease. **graisse à base d'aluminium** : aluminum-base grease; aluminum grease. **graisse à base de calcium** : calcium-base grease. **graisse à base de caoutchouc** : rubber grease. **graisse à base de résine végétale** : rosin grease. **graisse à base de savon de calcium** : lime-base grease. **graisse à base de savon de lithium** : lithium-base grease. **graisse à base de savon de plomb** : lead-base grease. **graisse à base de savon sodique** : sodium-soap grease. **graisse à base de silicone** : silicone grease, *with a viscosity varying little with temperature.* **graisse à base mixte** : mixed-base grease. **graisse à fibres courtes** : short-fiber grease. **graisse à godet** : cup grease, *a semisolid lubricating grease.* **graisse à haut point de fusion** : high-melting-point grease. **graisse à longues fibres** : long-fiber grease. **graisse à roulements** : antifriction-bearing grease. **graisse animale** : animal fat. **graisse antirouille** : antirust grease; rust grease. **graisse au baryum** : barium-soap grease. **graisse au calcium** : calcium grease. **graisse au lithium** : lithium grease. **graisse au savon d'aluminium** : aluminum-soap grease. **graisse au savon de lithium** : lithium-soap grease. **graisse au savon de plomb** : lead-soap grease. **graisse au savon de sodium** : sodium-base grease. **graisse au siloxane** : siloxane grease. **graisse au strontium** : strontium-base grease, *combining the qualities of lime grease and soda grease, resistant to temperature changes and water.* **graisse calcique** : calcium grease; lime grease. **graisse compoundée** : compounding grease. **graisse consistante** : cup grease; heavy grease; thick grease. **graisse courante n° 1** : low grease, *marine specification.* **graisse cuite à la vapeur** : steam-cooked grease. **graisse d'armes** : gun grease. **graisse d'imprégnation des câbles** : cable compound. **graisse d'os** : bone fat. **graisse de base** : base grease. **graisse de commutateur** : switch grease. **graisse de double décomposition** : double-decomposition grease. **graisse de garniture** : gland grease. **graisse de pétrole** : petroleum grease. **graisse de sodium** : soda grease. **graisse de soupapes** : valve grease. **graisse dure** : hard grease, *a lubricating grease that flows at a temperature of about 90°C.* **graisse élaborée à froid** : cold-set grease, cold-settled grease, *e.g. axle grease.* **graisse en pains** : block grease, *high melting-point grease in blocks for use in journal bearings.* **graisse extrême-pression** : extreme-pressure grease. **graisse fabriquée à base d'acides gras** : fatty-acid grease. **graisse fabriquée sans chauffage** : cold-set grease, cold-settled grease. **graisse fibreuse** : fiber grease, *made from sodium soap*; fibrous grease. **graisse filante** : tacky grease. **graisse fixe** : fixed grease. **graisse fluide** : liquid grease. **graisse graphitée** : graphite grease. **graisse homogénéisée** : homogenized grease. **graisse hydratée** : hydrated grease. **graisse hydrofuge** : water-repellent grease; waterproof grease. **graisse industrielle** : industrial grease. **graisse lubrifiante** : lubricating grease. **graisse malaxée** : worked grease. **graisse microfibreuse** : microfiber grease. **graisse mixte** : mixed-soap grease. **graisse noire** : black grease, *a byproduct from the refining of cottonseed oil.* **graisse non malaxée** : unworked grease. **graisse organique** : organic grease. **graisse pour automobiles** : automotive grease. **graisse pour boîte d'essieu** : axle-box grease. **graisse pour boîte de direction** : steering-gear grease. **graisse pour câbles** : cable grease; rope grease; wire-rope lubricant. **graisse pour câbles de frein** : brake-cable lubricant. **graisse pour câbles métalliques** : wire-rope compound. **graisse pour calandre** : calender grease. **graisse pour châssis** : chassis grease. **graisse pour chemin de fer** : railway grease.

graisse pour culbuteurs : rocker-arm grease. **graisse pour engrenages** : gear grease. **graisse pour essieu** : axle grease. **graisse pour filetage** : thread compound. **graisse pour filetage à haute pression** : high-pressure thread compound. **graisse pour fusée** : wheel-bearing grease *(auto)*. **graisse pour graissage forcé** : pressure-gun grease. **graisse pour haute pression** : high-pressure grease. **graisse pour joints** : joint grease. **graisse pour laminage à froid** : cold-roll neck grease. **graisse pour laminage à chaud** : hot-roll neck grease. **graisse pour lancement** : launching grease. **graisse pour le graissage des câbles** : calcium-rosin soap. **graisse pour le tunnel de l'arbre d'hélice** : tunnel-bearing grease, *for ships.* **graisse pour organes de chaudière** : kettle grease. **graisse pour paliers à rouleaux** : roller-bearing grease. **graisse pour pignons** : pinion grease. **graisse pour pompe à eau** : water-pump grease. **graisse pour rodage des soupapes** : valve-grinding compound. **graisse pour roulements à billes** : ball-bearing grease. **graisse pour tourillon** : rod-cup grease. **graisse pour tourillons chauds** : hot-neck grease. **graisse pour tourillons froids** : cold-neck grease. **graisse pour transmission** : transmission grease *(auto)*. **graisse pour usage général** : general-purpose grease (GP grease). **graisse pour usages multiples** : multipurpose grease. **graisse pour voiture** : carriage grease; cart grease. **graisse renfermant des filaments de laine** : wool-yarn grease, *grease containing textile fibers so that the molten grease will have greater consistency.* **graisse résiduaire** : residuum grease. **graisse résineuse** : resin grease. **graisse résistant à la chaleur** : fire-proof grease. **graisse sans savon** : nonsoap grease, *a substance having the same aspect and consistency as industrial grease, but whose gelling constituent is of a mineral nature (e.g. silica gel)*. **graisse semifluide** : pudding grease, *coming from oil converted into a gel.* **graisse sodique** : soda grease. **graisse solide** : brick grease. **graisse soluble à l'eau** : water-soluble grease. **graisse spongieuse** : sponge grease. **graisse stabilisée** : fixed grease. **graisse synthétique** : synthetic grease. **graisse tous usages** : all-purpose grease. **graisse universelle** : universal grease. **graisse végétale** : vegetable fat.

graissé – oiled. **graissé par bague** : ring oiled.

graisser – grease (to); lubricate (to); oil (to).

graisseur – grease cup; lubricator; oiler, *a general term for manual, semi- or entirely automatic lubricating equipment.* **graisseur à aiguille** : needle lubricator. **graisseur à bague** : ring oiler. **graisseur à chapeau** : cap lubricator. **graisseur à clapet** : flap lubricator. **graisseur à commande hydraulique** : hydraulic-controlled lubricator. **graisseur à commande pneumatique** : air-controlled lubricator. **graisseur à compte-gouttes** : drop-feed oiler. **graisseur à condensation** : condensing lubricator. **graisseur à coup de poing** : hand-pump lubricator. **graisseur à débit visible** : sight-feed lubricator; sight-feed oil cup. **graisseur à étoupe** : waste-pack oil cup, *following the same principle as wick lubrication, but using packing made of cloth waste or yarn.* **graisseur à mèche** : wick-feed oiler; wick lubricator; wick oiler. **graisseur à niveau constant** : constant-level lubricator. **graisseur à oscillation** : oscillation lubricator. **graisseur à pompe à piston** : force-feed lubricator. **graisseur à siphon** : siphon lubricator; siphon oiler. **graisseur à voyant** : drop sight-feed lubricator, *for controlling the lubrication of ball bearings.* **graisseur automatique** : self-acting lubricator; self oiler. **graisseur automatique à l'air** : air-line lubricator. **graisseur centrifuge** : centrifugal oiler. **graisseur compte-gouttes** : drop-feed lubricator. **graisseur excentrique** : eccentric oiler. **graisseur goutte à goutte à régulation thermique** : thermal drop-feed oiler. **graisseur mécanique** : mechanical lubricator; power lubricator. **graisseur mécanique pour graissage sous pression** : mechanical force-feed lubricator. **graisseur par pompe à main** : hand-pump lubricator. **graisseur pour graissage forcé** : pressure grease gun. **graisseur rotatif** : rotary oiler. **graisseur semi-automatique** : bottle oiler. **graisseur sous pression** : force-feed lubricator. **graisseur sous pression hydrostatique** : hydrostatic oiler. **graisseur télescopique** : telescopic oiler. **graisseur thermique** : oil thermal lubricator, *based on the use of the pressure of air heated in stages to vaporize the lubricant.*

graisseux – greasy; tallowy.

gramme *m* – gram, *unit of mass with the symbol g, 1 g = 0.001 kg ; multiples and submultiples of the SI unit for mass are formed by adding decimal prefixes to the word gram.*

gramnégatif – gram-negative, *staining reaction of bacteria.*

grampositif – gram-positive, *staining reaction of bacteria.*

grand – big; grand; large, *fem. grande.* **à grand angle** : wide angle. **grand chelem** : grand slam, *a computing procedure based on data from a dual-induction laterolog and a proximity log or microlaterolog to calculate the depth of invasion and the resistivity of both the invaded and uncontaminated zones.* **à grande échelle** : large-scale. **de grande envergure** : large-scale. **grand floe** : big floe, *more than 1000 m long.* **grand frais** : moderate gale, *strong wind, Beaufort scale, force 7.* **grande ligne** : main line. **grand livre** : ledger. **grande normale** : long normal, *a resistivity well log.* **grand ouvert** : wide open. **grande réfraction** : deep refraction *(seis)*. **grande sensibilité** : sharp sensitivity, *of an instrument.* **grande série** : long run. **grand teint** : color-fast. **à grande teneur** : high grade. **à grande vitesse** : high speed.

grande – *see masc. grand.*

grandeur *f* – magnitude; quantity; size. **grandeur d'état** : quantity of state. **grandeur de base** : base quantity. **grandeur dérivée** : derived quantity. **grandeur extensive** : extensive property. **grandeur indépendante** : independent variable. **grandeur nature** : true to scale. **grandeur périodique** : periodic quantity *(phys)*. **grandeur physique** : physical quantity. **grandeur réelle** : actual size; full scale. **grandeur réglée** : controlled variable. **grandeur sans dimension** : dimensionless group; dimensionless quantity. **grandeur variable** : variable quantity.

grandissement *m* – magnification. **grandissement linéaire** : linear magnification.

granit *m* – commercial granite, *granite, gneiss, gneissic granite and other hard rock species that can be polished and used for decorative purposes.*
granite *m* – granite, *a crystalline plutonic rock with a granular texture.* **granite à biotite** : normal granite. **granite à deux micas** : binary granite. **granite à hornblende** : hornblende granite. **granite désagrégé** : disintegrated granite. **granite graphique** : graphic granite. **granite recristallisé** : recomposed granite.
granitique – granitic.
granitisation *f* – granitization.
granitoïde *m* – granitoid.
granoblastique – granoblastic.
granoclassement *m* – graded bedding, *sedimentation produced by the cyclic deposition of clastic elements.*
granodiorite *f* – granodiorite, *plutonic rock.*
granophyre *m* – granophyre.
granophyrique – granophyric.
granulaire – granular.
granularité *f* – granularity. **granularité laser** : speckle, *defect due to imperfect coherence of a laser beam.*
granulat *m* – aggregate, *concrete.*
granulateur *m* – granulator.
granulation *f* – coarseness of grain; graininess; granularity; granulation.
granule *m* – granule; pellet.
granulé *m* – pellet; prill, *pellets of ammonium nitrate used as a shothole explosive.*
granulé – grained; granulated.
granuler – corn (to).
granuleux – acinose; grained; grainy; granulose; granulous.
granulite *f* – granulite, *a metamorphic rock.*
granulitique – granulitic.
granuloïde – pelletoid, *pelletoidal.*
granulométrie *f* – grain size; grain-size analysis; grain-size distribution; granulometry. **granulométrie uniforme** : uniform grain size.
granulométrique – granulometric.
granulosité *f* – coarseness.
graphe *m* – graph.
graphique *m* – graph. **graphique de comparaison** : crossplot, *a graph used for determining the relationship between two different measurements, usually between logging results.* **graphique d'exécution** : progress chart.
graphique vectorielle *f* – vector graphics.
graphique – graphic.
graphite *m* – graphite. **graphite Acheson** : Acheson graphite, *tradename for a deflocculated graphite used as a lubricant.* **graphite amorphe** : amorphous graphite, *in a cryptocrystalline form used as a solid fuel or as an additive in lubricating oils.* **graphite artificiel** : artificial graphite. **graphite brut extrait d'un filon** : vein graphite. **graphite colloïdal** : colloidal graphite. **graphite de graissage** : lubricating graphite. **graphite défloculé** : deflocculated graphite. **graphite en paillettes** : flake graphite. **graphite naturel** : natural graphite, *containing abrasive matter and organic substances that must be eliminated before it can be used as a lubricant.* **graphite plombagine** : black lead. **graphite pyrolytique** : pyrolytic graphite. **graphite sphéroïdal** : spheroidal graphite.
graphiteux – kishy *(metal).*
graphitique – graphitic.
graphitisation *f* – graphitization.
grappe *f* – cluster. **grappe d'ions** : ion cluster. **grappe de géophones** : geophone bunch; geophone cluster; geophone group; nest of geophones.
grappin *m* – cant hook; grab; grapple; hook. **grappin de repêchage** : tool extractor; tool grab. **grappin pour câbles** : rope grab; wireline grapple.
graptolite *m* – graptolite, *marine fossil.*
gras – fat; fatty, *fem. grasse.*
graticulage *m* – *see craticulage.*
graticule *m* – graticule, *framework of squares.*
gratification *f* – gratuity.
gratis – costless; free of charge.
grattage *m* – scraping.
gratte-paroi *m* – scratcher.
gratter – scrape (to).
gratteur *m* – scraper. **gratteur à mouvement vertical** : reciprocating scratcher *(drill).* **gratteur de terrain** : scratcher. **gratteur rotatif** : rotating scratcher, *for walls.*
grattoir *m* – eraser; scraper.
gratuit – free.
grauwacke *m* – graywacke, *greywacke, a sandstone or fine-grained conglomerate rock containing fragments of feldspars and detrital fragments.*
gravats *m* – rubbish; rubble.
grave *f* – sand-gravel mixture, *for road construction.* **grave bitume** : gravel bitumen, *dense bituminous road base.* **grave émulsion** : emulsion-stabilized gravel.
gravé – etched.
gravelage *m* – graveling.
graveleux – gravelly; gritty; pelleted.
gravelle *f* – gravel.
graver – etch (to).
gravier *m* – gravel; gravel stone. **gravier alluvionnaire** : run gravel. **gravier aurifère** : wash dirt. **gravier d'empierrement** : binding gravel, *for roads.* **gravier de plage** : beach gravel. **gravier de quartz** : quartz gravel. **gravier de rivage** : beach gravel. **gravier de rivière** : river gravel. **gravier de terrasse** : bench gravel. **gravier filtre** : gravel packing. **gravier fin** : granule gravel; granule roundstone. **gravier sableux** : hoggin, *fine gravel used in roads or as a filter bed.* **gravier strié** : striated boulder.
gravillon *m* – fine gravel; grit; pea gravel.
gravillonnage *m* – fine graveling. **gravillonnage des crépines** : gravel-pack method.
gravillonner – gravel (to). **gravillonner une chaussée** : blind (to).
gravillonneuse *f* – grit spreader.
gravimètre *m* – gravimeter. **gravimètre astatique** : astatic gravimeter. **gravimètre bifilaire** : bifilar gravimeter. **gravimètre de fond** : borehole gravimeter. **gravimètre enregistreur** : recording gravimeter. **gravimètre non astatisé** : unastatized gravimeter. **gravimètre trifilaire** : trifilar gravimeter.

gravimétrie *f* – gravimetry, *the measurement of gravity or gravitation acceleration to determine the underground distribution of different formations characterized by their specific gravities.* **gravimétrie de puits** : borehole gravity, *measurements of gravity at specific points inside a borehole*; downhole gravity.

gravimétrique – gravimetric, *gravimetrical.*

gravitation *f* – gravitation; gravitational pull.

gravitationnel – gravitational.

gravité *f* – gravity, *see also pesanteur.*

gravure *f* – engraving; etching; etching figure.

gray *m* – gray, *SI unit for absorbed dose of ionizing rays, symbol* Gy. **gray par seconde** : gray per second, *SI unit of absorbed dose rate* (Gy/s).

Gray – Gray, *see appareil Gray, cristallisoir Gray, procédé Gray.*

gréement *m* – rigging *(naut)*. **gréement d'une pompe** : pump gear. **gréement du derrick** : rigging up.

greenockite *f* – greenockite, *cadmium blende.*

gréer – rig (to), *a boat.*

greffe *f* – graft.

greisen *m* – greisen, *an altered granitic rock.*

grêle *f* – hail.

grelin *m* – hawser. **en grelin** : cable laid.

grêlon *m* – hailstone.

grenaillage *m* – shot blasting; shot peening.

grenaille *f* – shot. **grenaille de cuivre** : copper stone. **grenaille de plomb** : lead shot.

grenailler – comminute (to).

grenat *m* – garnet *(miner)*. **grenat alumino-calcique** : calcium-aluminum garnet. **grenat calcique** : calcium garnet. **grenat commun** : common garnet. **grenat jaune** : cinnamon stone.

grenatifère – garnetiferous *(miner)*.

grener – corn (to).

grenu – grained; granular.

grès *m* – sandstone. **grès à ciment calcaire** : calcareous cemented sandstone. **grès à ciment d'anhydrite** : anhydritic cemented sandstone. **grès à ciment dolomitique** : dolomitic-cemented sandstone. **grès à ciment siliceux** : siliceous sandstone. **grès à grain fin** : post stone. **grès anhydritique** : anhydritic sandstone. **grès argileux** : argillaceous sandstone. **grès arkosique** : arkosic sandstone. **grès asphaltique** : asphaltic sandstone, *natural*; bituminous sandstone. **grès bigarré** : variegated sandstone. **grès brillant** : glossy sandstone. **grès calcaire** : calcareous sandstone. **grès carbonifère** : carboniferous sandstone. **grès cérame** : stoneware. **grès colmaté** : tight sandstone, *compact and with low porosity.* **grès compact** : compact sandstone. **grès coquillier** : fossiliferous sandstone; shelly sandstone. **grès de plage** : beach rock. **grès dolomitique** : dolomitic sandstone. **grès du Keuper** : Keuper sandstone. **grès feldspathique** : arkosic sandstone. **grès ferrugineux** : brownstone; ferruginous sandstone; iron sandstone. **grès fin** : fine-grained sandstone; fine sandstone. **grès fortement cimenté** : tightly-cemented sandstone. **grès glauconieux** : glauconitic sandstone. **grès grossier** : coarse-grained sandstone; grit; gritstone; rough sandstone; sandstone grit. **grès gypsifère** : gypsiferous sandstone. **grès lithique** : lithic sandstone. **grès lumachellique** : coquina pure-quartz sandstone. **grès micacé** : micaceous sandstone. **grès moyen** : medium-grained sandstone. **grès phosphaté** : phosphatic sandstone. **grès quartzeux** : quartzose sandstone. **grès salifère** : saliferous sandstone.

gréseux – gritty.

grésil *m* – sleet, *ice pellet.*

grève *f* – strike, *work stoppage.* **grève d'avertissement** : token strike. **grève d'occupation sur le tas** : sitdown strike; stay-in strike. **grève de protestation** : protest strike. **grève de solidarité** : sympathetic strike. **grève éclair** : flash strike; quickie strike; snap strike. **grève générale** : general strike. **grève non autorisée** : wildcat strike. **grève sauvage** : wildcat strike. **grève surprise** : walkout. **grève tournante** : hit-and-run strike.

grève *f* – cobble beach; shingle beach *(geomorph)*.

griffe *f* – claw; clutch; prong. **griffe à coins** : slip grip, *for attaching a device to a tube or pipe.* **griffes de monteur** : climbers. **griffe de serrage** : dog hook.

griffures *f* – scratching, *occurring during wear in gears.*

grillage *m* – calcination, *of ores*; roasting. **grillage définitif** : finishing roasting. **installation de grillage** : calcining plant; roasting plant.

grillage *m* – grating, *wire netting*; grillwork. **grillage métallique** : wire lattice, *wire netting.*

grille *f* – grate; grid; rack. **grille à analyse** : combustion furnace. **grille à registre** : register. **grille à secousses** : shaking grate. **grille d'accrochage** : racking fingers *(drill)*. **grille de commande** : control grid, *electron tube.* **grille de coordonnées** : grid coordinates. **grille de distribution** : valve grating; valve grid. **grille de localisation** : point-designation grid. **grille de perspective** : perspective net. **grille de salaires** : wage pattern, *wage schedule.* **grille écran** : screen grid. **grille réseau** : réseau grid.

grillé – roasted.

griller – roast (to).

grincement *m* – creak; grating; squeak.

grincer – creak (to).

grippage *m* – binding; seizing; seizure; sticking. **grippage d'injecteur** : injector seizure. **grippage naissant** : scuffing *(engines)*.

grippé – seized.

gripper – gum (to) up; jam (to); seize (to).

grisé *m* – gray level.

grisou – firedamp, *a highly explosive coal-mine gas, mainly methane*; gob gas; mine gas; pit gas.

grisoumètre *m* – indicating methane detector; methane indicator; methanometer.

grisouteux – fiery, *flammable*; gassy *(mine)*.

GRL – LRG, *abbr. gaz de raffinerie liquéfiés, liquefied refinery gas.*

grondement *m* – rumble, *engine noise lasting for a few seconds during running.*

gros – coarse, *fem. grosse.* **gros caillou** : field stone. **gros charbon** : round coal. **gros consommateur d'énergie** : energy intensive, *equipment, industry.* **gros grain** : coarse grain. **à gros grains** : coarse grained, *see also phanéritique.* **gros gravier** : chippings. **grosse lime** : coarse file. **à grosse maille** : wide meshed. **grosse mer** : heavy sea;

rough sea. **gros plan** : close up. **gros porteur** : jumbo; large-range tanker. **gros temps** : nasty weather. **grosse toile** : canvas. **en gros** : in bulk; wholesale.

gros-oeuvre *m* – structural work *(build)*.

grosse – *see masc. gros.*

grosseur *f* – grade size.

grossier – coarse; rough.

grossissant – magnifying.

grossissement *m* – magnification.

grossiste *m* – jobber; wholesaler.

grotte *f* – cave; grotto, *a small cave.*

groupage *m* – clustering.

groupe *m* – aggregate; bank; cluster; group, *the lithostratigraphic unit above formation, for chemistry see also groupement*; panel; set. **groupe abélien** : Abelian group *(math)*. **groupe accumulateur** : circulation system. **groupe capteur** : sensor system, *remote sensing.* **groupe convertisseur** : converter; motor generator set. **groupe d'épaves** : wreckage. **groupe d'ondes** : wave group. **groupe d'opérateurs** : party. **groupe de capteurs** : group of sensors. **groupe de cimentation** : cementing unit. **groupe de cimentation sur semiremorque** : bulk-cement trailer. **groupe de cristaux** : cluster of crystals. **groupe de discussion** : panel. **groupe de géophones** : geophone group; multiple geophones. **groupe de macéraux** : maceral group, *subdivision of the microscopic elements of coal depending on whether or not their vegetal structures can be recognized and according to their reflectance.* **groupe de monts sous-marins** : seamount group. **groupe de moteurs** : motor set. **groupe de recharge** : charging set, *for storage batteries.* **groupe de secours** : backup generator *(elec)*. **groupe de sources** : multiple sources *(seis)*. **groupe de symétrie** : symmetry group. **groupe de travail** : task force; working group. **groupe diesel** : diesel generator. **groupe électrogène** : electric generating set; generating set, *generating unit*; generator drive. **groupe électrogène à diesel** : diesel-driven generating set. **groupe entrant** : entering group, *in a chemical reaction.* **groupe générateur** : generating set. **groupe industriel** : industrial group. **groupe moteur** : power plant; power unit. **groupe moteur générateur** : motor generator set. **groupe motocompresseur** : compressor set. **groupe motopropulseur** : engine set. **groupe partant** : leaving group, *chemical reaction.* **groupe ponctuel** : point group, *symmetry elements of crystals.* **groupe propulseur** : power plant. **groupe quotient** : quotient group. **groupe spatial** : space group *(cryst)*. **groupe substituant** : substituent group.

groupé – bunched; grouped.

groupement *m* – clustering; group *(chem)*; grouping; pool. **groupement fonctionnel** : functional group, *the part of a molecule that may be chemically reactive.* **groupement terminal** : end grouping *(chem)*.

grue *f* – boom derrick; crane; hoisting crane. **grue à benne** : grab crane. **grue à câble** : cableway excavator. **grue à contrepoids** : balance crane. **grue à crochet magnétique** : magnet crane. **grue à flèche** : jib crane. **grue à portique** : bridge crane; gantry crane; portal crane. **grue à potence** : pillar crane. **grue à pylône** : tower crane. **grue à rotation totale** : swing crane. **grue à volée variable** : derrick crane, *for handling drill bits.* **grue automotrice** : self-propelled crane. **grue de bord** : ship's crane. **grue de chargement** : loading crane. **grue de fonderie** : casting crane; foundry crane. **grue de levage** : wrecking crane. **grue de montage** : erection crane. **grue de pont** : deck crane. **grue de quai** : quay crane. **grue de transbordement** : discharging crane. **grue démouleuse** : stripper crane *(metal)*. **grue derrick** : derrick-type crane. **grue fixe** : stationary crane. **grue flottante** : floating crane. **grue mobile** : mobile crane. **grue pivotante** : revolving crane; rotary crane. **grue pivotante à colonne** : column jib crane. **grue rotative sur fût** : pedestal crane. **grue roulante** : traveler; traveling crane. **grue roulante à portique** : traveling gantry crane. **grue stationnaire** : stationary crane. **grue sur camion** : truck crane. **grue sur chenilles** : crawler crane. **grue sur roues** : wheeled crane.

grugeage *m* – coping.

grugeoir *m* – notcher.

grumeau *m* – clod *(pedol)*; lump.

grumeleux – lumpy.

grutage *m* – cranage, *hoisting.*

grutier *m* – crane operator.

gryphée *f* – gryphite, *mollusk.*

GSC – UCG, *abbr. gazéification souterraine du charbon, underground coal gasification.*

Guadalupien *m* – Guadalupian, *Lower and Upper Permian series.*

guanine *f* – guanine *(biochem)*.

guano *m* – guano, *a phosphate or nitrate deposit from bird or bat excrement.*

guanosine *f* – guanosine *(biochem)*.

guanyle *m* – guanyl, *monovalent radical.*

guar *m* – guar; guar gum, *a mucilage used as a thickening agent (prod)*.

guayaquillite *f* – guayaquilite, *a soft pale-yellow amorphous fossil resin, soluble in alcohol, coming from Guayaquil, Ecuador.*

guayule *m* – guayule, *a variety of natural rubber obtained from a Mexican plant, also a commercial variety.*

gué *m* – ford; riffle, *in a river.*

guérison *f* – curing; healing; recovery.

guérite *f* – cab.

guerre *f* – warfare; war. **guerre chimique** : chemical warfare.

gueulard *m* – charging hole; furnace mouth; shaft top *(metal)*; throat *(metal)*. **gueulard de haut fourneau** : furnace throat.

gueule *f* – throat. **gueule de crocodile** : alligator grab, *fishing tool.* **gueule de trou** : uphole.

gueuse *f* – clump weight.

guichet *m* – window.

guidage *m* – guidance; guiding; stabbing *(drill)*; track. **guidage automatique** : automatic tracking. **guidage du câble** : wireline guide. **guidage inertiel** : inertial guidance.

guide *m* – clue; guide. **guide butoir** : spearpoint head *(drill)*. **guide d'entrée** : entry guide. **guide d'ondes** : channel; conducting guide; trap *(phys)*; waveguide. **guide d'ondes uniforme** : uniform waveguide. **guide d'outil** : bit pilot. **guide de lumière** : light guide, *optical fiber.* **guide de poussoir** : tappet block. **guide de queue de clapet** :

upper guide bushing. **guide de soupape** : valve guide. **guide de tête** : bull nose. **guide de tige de soupape** : valve-stem guide. **guide de tube de production** : tubing-guide shoe. **guide du tiroir** : valve-stem guide.
guidé – guided.
guidon *m* – handlebar.
guigne *f* – hoodoo, *bringing bad luck.*
guignol *m* – traveling block.
guillemet *m* – quotation mark *(typog)*; quote.
guillocher – checker (to).
guindeau *m* – windlass.
guingois *m* – skew. **de guingois** : lopsided.
guipage *m* – sleeve; sleeving. **guipage à deux couches de coton** : double cotton covered (DCC). **guipage isolant** : insulating sleeving.
gumbo *m* – gumbo, *a sticky clay.*
gunite *f* – gunite, *pneumatically applied mortar.*
Gunter – Gunter, *see chaîne de Gunter.*
Günz *m* – Günz, *a glacial stage of the Pleistocene.*
GUS-BUS – GUS-BUS, *tradename for a telemetering system.*
Gutenberg – Gutenberg, *see discontinuité de Gutenberg.*
gutta-percha *f* – gutta-percha.
guyot *m* – guyot, *a flat-topped seamount*; tablemount, *a guyot or seamount with a platform top.*
GW – GW, *symbol for gigawatt.*
Gy – Gy, *symbol for gray.*
gymnosperme *f* – gymnosperm, *seed plant.*
gypse *m* – gypsum, *a hydrous calcium sulfate, gypsite, gyp, plaster stone.*
gypseux – gypseous.
gypsifère – gypsiferous.
gypsification *f* – gypsification, *hydration of anhydrite into gypsum.*
gypsomètre *m* – gypsometer.
gyrocompas *m* – gyrocompass.
gyrofréquence *f* – cyclotron frequency; gyrofrequency.
gyromagnétique – gyromagnetic.
gyromètre *m* – gyrometer; rotameter. **gyromètre à laser** : laser gyro.
gyroscope *m* – gyroscope.
gyroscopique – gyroscopic.
gyrostabilisé – gyrostabilized, *stabilized by a gyroscope.*
gyrotron *m* – gyrotron, *a type of microwave tube.*
gyttja *f* – gyttja, *black mud found in eutrophic or oligotrophic lakes.*
Gzelien *m* – Gzhelian, *Upper Carboniferous stage.*

H

h – h, *symbol for hecto and heure.*
H – H, *symbol for henry.*
ha – ha, *symbol for hectare.*
haar *m* – haar, *a wet sea fog or fine drizzle (Scotland).*
Haber – Haber, *see procédé Haber.*
habileté *f* – craft.
habiliter – entitle (to); enable (to).
habillage *m* – covering, preparation. **habillage d une coupe** : presentation of a section, *information contained in the header and margins of a seismic section.* **habillage de la colonne de tubage** : casing-cementing aids. **habillage lithologique** : lithologic profile.
habillement *m* – clothing.
habitacle *m* – cockpit; crew compartment. **habitacle pour outil** : tool trap *(drill).*
habitat *m* – habitat, *ecology.* **habitat à pression de fond** : pressure habitat. **habitat des hydrocarbures** : habitat of oil, *spatial distribution of fields in a basin or province.* **habitat immergé** : underwater habitat. **habitat sous-marin** : underwater habitat.
habitation *f* – house; quartering.
habité – manned, *used for a craft designed to sustain life support for operators in a hostile environment.* **non habité** : unmanned.
habituel – customary, *fem. habituelle.*
habitus *m* – habit, *the characteristic crystal form of a mineral.*
haché – hackly.
hachette *f* – hatchet.
hacheur *m* – chopper *(elec).*
hachure *f* – hachure; hatching; stripe.
hadal – hadal, *referring to great ocean depths of more than 6500 m.*
hadron *m* – hadron, *elementary particle.*
hafnium *m* – hafnium, *symbol Hf.*
Hagedoorn – Hagedoorn, *see méthode de Hagedoorn.*
halage *m* – haulage; towage. **halage de la conduite de collecte** : flowline pull-in.
halde *f* – dump pit; heap; refuse dump.
haler – haul (to); tug (to).
halite *f* – halite, *rock salt, common salt.*
hall *m* – bay, *in a plant.*
Hall – Hall, *see coefficient de Hall, effet Hall, procédé Hall.*
hallier *m* – thicket.
halloysite *f* – halloysite, *a clay mineral.*
halmyrolyse *f* – halmyrolysis, *geochemical reaction of seawater and sediments in an area of little or no sedimentation.*
halo *m* – corona *(meteo)*; fog; halation; halo. **halo glaciaire** : ice blink. **halo pléochroïque** : pleochroic halo.
haloalcane *m* – haloalkane, *halogenated alkane.*
halocarbone *m* – halocarbon, *halogenated hydrocarbon.*
halocinèse *f* – halokinesis; salt tectonics.
halocline *f* – halocline, *a layer of seawater with a strong vertical gradient of salinity.*
haloforme *m* – haloform.
halogénation *f* – halogenation, *the introduction of a halogen into a substance.*
halogène *m* – halogen, *name given to the family consisting of fluorine, chlorine, bromine, iodine and astatine.*
halogéné – halogenated.
halogénure *m* – halide. **halogénure de méthyle** : methyl halide.
haloïde – haloid.
halolyse *f* – halolysis, *the reaction of an ionic halide on an organic ester.*
halométhane *m* – halomethane.
halomorphe – halomorphic *(pedol).*
Halon *m* – Halon, *tradename for tetrafluoroethylene polymer.*
halophile – halophilic, *growing in a high-salt environment.*
halophyte *f* – halophyte, *a plant that grows well in soils having a high salt content.*
hamada *f* – hammada, *a desert made up of a bedrock plateau.*
Hamming – Hamming, *see fonction de Hamming.*
hampe *f* – pole; shaft; staff. **hampe de drapeau** : flagstaff.
hangar *m* – hangar; shed. **hangar de marchandises** : goods depot.
Hanning – Hanning, *see fenêtre de Hanning, fonction de Hanning.*
HAP – PAH, *abbr. hydrocarbure aromatique polynucléaire, polynuclear aromatic hydrocarbon.*
harbolite *f* – harbolite, *variety of hard asphalt used as a fuel.*
Hardgrove – Hardgrove, *see indice de broyabilité Hardgrove.*
harmonique *m* – harmonic, *a frequency that is a simple multiple of a fundamental frequency*; harmonic component. **harmonique sphérique** : spherical harmonic.
harmonique – harmonic.
harnachement *m* – harness.
harnacher – harness (to).

harnais *m* – elevator *(drill)*; harness. **harnais de sécurité** : safety harness.
harpon *m* – fishing hook; grapple. **harpon à câble** : rope spear *(drill)*. **harpon de repêchage** : fishing spear; spear.
hartite *f* – hartite, *a fossil resin found in lignite.*
hartley *m* – hartley, *a decimal unit of information content equal to the decision content of a set of ten mutually exclusive events expressed by the logarithm with the base ten ; see also formule de Hartley and oscillateur de Hartley.*
hartleyite *f* – hartleyite, *a type of oil shale.*
hasard *m* – chance; hazard. **au hasard** : hit or-miss.
hatchettite *f* – hatchettite, *hatchettine, mineral tallow, adipocerite.*
hauban *m* – guy; guy cable; guy wire; guyline; shroud; stay. **hauban de retenue au vent** : wind guy line. **hauban tendeur** : span wire.
haubanage *m* – guying; staying.
haubané – guyed; stayed.
haubaner – guy (to).
hausse *f* – increase; rise; upswing. **hausse de prix** : increase in price.
haussière *f* – *see aussière.*
haut – high, *fem. haute.* **haute atmosphère** : upper atmosphere. **haut de gamme** : top of the line, *for equipment or product.* **haute direction** : senior staff. **hautes eaux** : high water. **haute fidélité** : high fidelity. **haute fréquence** : high frequency; radio frequency. **haut indice d'octane** : high octane. **haute mer** : deep sea; high seas. **haut niveau** : highstand, *interval of geologic time in a eustatic cycle when the sealevel is above the shelf edge in a specific local area.* **haut niveau inférieur** : early highstand, *systems tract.* **haute plaine** : high plain. **haut poids moléculaire** : high molecular weight. **à haut point de fusion** : high melting. **haut polymère** : high polymer. **à haut pouvoir séparateur** : high resolution (HR). **haute pression** : heavy pressure; high pressure (HP). **de haute qualité** : high grade. **à haute résistance** : high strength. **à haute résolution** : high resolution (HR). **à haute résolvance** : high resolution (HR). **à haute séparation** : high resolution (HR). **haute technicité** : high tech. **haute teneur** : high grade. **haute tension** : high tension; high voltage. **le plus haut** : highest.
haut *m* – summit; top. **hauts d'une plate-forme** : topsides, *of an offshore platform.* **haut de casse** : upper case. **haut du mât** : masthead.
haute – *see masc. haut.*
Hauterivien *m* – Hauterivian, *Lower Cretaceous stage.*
hauteur *f* – elevation; eminence *(topog)*; height. **hauteur au dessus du niveau de la mer** : elevation above sealevel. **hauteur carottée** : cored interval. **hauteur d'appareil** : height of instrument (HI). **hauteur d'aspiration** : suction head; suction height; suction lift. **hauteur d'aspiration d'une pompe** : pump lift. **hauteur d'aspiration d'une pompe à vide** : vacuum-pump lift. **hauteur d'eau** : water level. **hauteur d'eau précipitable** : precipitable water. **hauteur d'élévation** : discharge head, *vertical distance between the intake and discharge of a pump* head; lift; static head *(pumping)*; static lift *(pumping)*. **hauteur d'huile** : oil column, *in a reservoir.* **hauteur d'un son** : pitch of a sound. **hauteur de charge** : hydraulic head. **hauteur de cheminée** : stack height. **hauteur de cheminée efficace** : effective chimney height, *height used to calculate stack gas emissions, and differing from the true chimney height.* **hauteur de chute** : head; head of water. **hauteur de creux** : outage gage, *distance from the reference point to the surface of the liquid in a storage tank.* **hauteur de houle** : wave height, *the vertical distance between a wave crest and the adjacent wave trough.* **hauteur de l'instrument en station** : height of instrument (HI). **hauteur de levage** : hoisting height; lifting height. **hauteur de marée** : tidal range. **hauteur de neige** : snow depth. **hauteur de passage** : headroom. **hauteur de plafond** : headroom. **hauteur de plein** : innage gage, *depth of liquid in a tank, from the surface of the liquid to the tank bottom or to a fixed datum plane.* **hauteur de précipitation** : amount of precipitation; rainfall amount. **hauteur de refoulement** : delivery head; discharge head; head; hydraulic head, *pressure exerted by a fluid column*; pressure head *(pumps)*. **hauteur de refoulement d'une pompe** : lift of a pump; throw of a pump. **hauteur de vol** : flight height. **hauteur de voûte** : headroom. **hauteur des vagues** : wave height. **hauteur du châssis au-dessus du sol** : ground clearance *(auto)*. **hauteur du soleil** : sun elevation. **hauteur du vide** : shell outage, *in a tank.* **hauteur équivalente à un étage théorique** : height equivalent to a theoretical stage (HETS) *(ref)*. **hauteur équivalente à un plateau théorique** : height equivalent to a theoretical plate (HETP) *(ref)*. **hauteur équivalente à une unité de transfert** : height of transfer unit (HTU). **hauteur imprégnée** : closure; impregnated closure, impregnated thickness. **hauteur incorrecte du filet** : improper thread height, *distorting the contour of the thread.* **hauteur piézométrique** : hydraulic head. **hauteur pluviométrique** : rainfall. **hauteur pratique d'aspiration** : net positive suction head (NPSH), *for a pump.* **hauteur totale** : overall height. **hauteur totale témoin (HTT)** : reference depth, *distance between the reference point at the top of the tank and the bottom of the tank, used for gaging the depth of a tank.* **hauteur utile d'un réservoir** : height of tank. **hauteur utile d'une zone productrice** : thickness of a pay zone.
haut-fond *m* – riffle; shoal; submarine rise, *plural hauts-fonds: shallows.* **haut-fond récifal** : lagoon shelf.
haut-fourneau *m* – blast furnace. **haut-fourneau au charbon de bois** : charcoal blast furnace. **haut-fourneau au coke** : coke blast furnace.
haut-parleur *m* – loudspeaker.
hauturier – offshore.
havage *m* – bossing; cutting; slot. **havage au mur** : undercutting *(mining)*.
havée *f* – kerf.
haveuse *f* – coal cutter; cutter; cutting machine.
havrits *m* – bug dust, *fine coal or rock from dry drilling or the use of cutting machines (mine)*.
hayon *m* – hatchback *(auto)*.
haystellite *f* – haystellite, *tungsten carbide.*
HAZOP – *see méthode HAZOP.* **méthode HAZOP** : HAZOP study, *hazard and operability study, a systematic and critical examination of the process flow scheme in a whole plant or section of*

it, in order to discover potentially dangerous deviations for design intention.

HC – HC, *abbbr. hydrocarbure: hydrocarbon ; and hydrocraquage: hydrocracking.*

HDA – HDA, *abbr. hydrodésalkylation.*

HDM – HDM, *abbr. hydrodémétallisation.*

HDS – HDS, *abbr. hydrodésulfuration.*

Heaviside – Heaviside, *see couche de Heaviside, échelon-unité de Heaviside.*

hectare *m* – hectare, *unit of area used for agrarian measurements, 1 ha = 2.471 acres.*

hecto – hecto, *prefix representing 100, symbol* h.

hectopascal *m* – hectopascal, *SI unit of pressure, equal to one millibar.*

hectorite *f* – hectorite, *a clay mineral of the montmorillonite group.*

Hehner – Hehner, *see indice de Hehner.*

hélénite *f* – helenite, *a variety of ozocerite.*

hélibase *f* – helicopter base.

hélice *f* – air screw; helix; propeller. **hélice à pas réversible** : reversible-pitch propeller. **hélice à pas variable** : adjustable propeller; controllable-pitch propeller; variable-pitch propeller (VPP). **hélice carénée** : ducted propeller. **hélice de garnissage** : packing helix *(ref)*. **en hélice** : helical.

hélicité *f* – helicity, *the component of the spin of a particle along its momentum.*

hélicitique – helicitic, *said of a metamorphic-rock texture consisting of bands of relict inclusions indicating the original schistosity or bedding of the parent rock.*

hélico *m* – chopper, *colloquial*; copter, *abbr. hélicoptère.*

hélicoïdal – helical; spiral.

hélicoptère *m* – helicopter. **hélicoptère navette** : shuttle helicopter.

héligmite *f* – heligmite, *a stalagmite showing one or more changes in its axis of growth.*

hélimagnétisme *m* – helimagnetism, *atomic magnetic moments arranged in ferromagnetic planes, at low enough temperatures, in some metals, alloys and salts of transition elements or rare earths.*

héliocapteur *m* – solar collector.

héliographe *m* – heliograph.

héliographique – heliographic.

héliomètre *m* – heliometer.

hélion *m* – helium nucleus.

héliostat *m* – heliostat, *a mobile array of mirrors used to reflect a beam of sunlight in a fixed direction as the sun moves across the sky.*

héliox *m* – heliox, *a breathing mixture of helium and oxygen used by divers.*

hélipont *m* – helideck.

héliport *m* – heliport.

héliportable – heliborne.

héliporté – heliborne; heliported.

hélisurface *f* – helipad, *landing and lauching area for helicopters.*

hélitreuillage *m* – helihoisting.

hélium *m* – helium, *symbol He.*

Helmholtz – Helmholtz, *see bobines, équation, fonction, résonateur de Helmholtz.*

Helvétien *m* – Helvetian, *Miocene stage.*

hématite *f* – hematite, *a common iron mineral.*

hématologie *f* – hematology.

héméra *f* – hemera, *in paleontology, the time period during which a taxon is at the acme of its evolution ; in stratigraphy, a subdivision characterized by a particular fossil species.*

hémicellulose *f* – hemicellulose.

hémicolloïde *m* – hemicolloid.

hémièdre – hemihedral, *said of a crystal having only half the elements of symmetry possible in the crystal system to which it belongs.*

hémiédrie *f* – hemihedrism *(cryst)*.

hémihexatétraèdre *m* – hemitetrahexahedron.

hémimorphe – hemimorphic.

hémimorphite *f* – hemimorphite, *calamine (miner)*.

hémine *f* – hemin, *microcrystals contained in blood.*

hémipélagique – hemipelagic.

hémipélagite *f* – hemipelagite, *sediment formed by the slow accumulation of biogenic and fine terrigenous particles on the seafloor.*

hémisphère *m* – hemisphere.

hémisphérique – dome shaped; semispherical.

hémisphéroïde – hemispheroid.

hémitrope – hemitropic; twin.

hémitropie *f* – hemitropism, *twin crystallization.*

Hempel – Hempel, *see ballon, burette, distillation de Hempel.*

henry *m* – henry, *SI unit of measurement for electrical inductance, symbol* H. **henry à la puissance moins un** : reciprocal henry, *SI unit of reluctance* (H^{-1}). **henry par mètre** : henry per meter, *SI unit of permeability* (H/m).

heptadécane *m* – heptadecane.

heptadécanol *m* – heptadecanol.

heptagone *m* – heptagon.

heptane *m* – heptane, *dipropylmethane.* **heptane normal** : normal heptane, *n-heptane, used as a reference fuel for determining the octane number of gasoline.*

heptanol *m* – heptanol, *heptyl alcohol.*

heptène *m* – heptene, *mixture of isomers.*

heptode *m* – heptode, *a pentagrid or seven-electrode electron tube.*

heptyle *m* – heptyl, *the radical from heptane.*

hérapathite *f* – herapathite, *quinine iodosulfate.*

herbacé – herbaceous.

herbe *f* – grass. **herbe marine** : seaweed.

herbicide *m* – herbicide; weed-killer.

herbu *m* – salt marsh.

hercynien – Hercynian, *used for the orogenic era extending, during the late Paleozoic era, through the Carboniferous and Permian, synonymous with Variscan orogeny.*

hérisson *m* – pipe brush; scratcher, *a scraping device installed on the casing to remove the mud cake from the wall of a hole so that cement will adhere properly*; swab *(pipeline)*.

hérité – inherited *(geol)*.

hermatypique – hermatypic.

hermétique – airproof; airtight; close-shut; hermetic, *hermetical*; tight.

hermitien – Hermitian *(math)*.

Herschel – Herschel, *see indice de désémulsibilité Herschel.*

hertz *m* – hertz, *the SI unit of frequency for a periodic phenomenon having a period of 1 second, symbol* Hz.
hertzien – Hertzian.
Hess – Hess, *see appareil, loi de Hess.*
hétéroatome *m* – heteroatom, *other than a carbon atom, e.g. nitrogen, oxygen and sulfur atoms.*
hétéroblastique – heteroblastic *(petro).*
hétérochrome – heterochromous, *photometry.*
hétérochrone – heterochronous, *said of lateral developments of a similar lithofacies in successively younger stages.*
hétérocycle *m* – heterocyclic structure.
hétérocyclique – heterocyclic.
hétérodynamique – heterodynamic.
hétérodyne *f* – heterodyne.
hétérogène – heterogeneous; heterogenetic.
hétérogénéité *f* – heterogeneity; inhomogeneity. **hétérogénéité de réservoir** : reservoir heterogeneity, *lack of uniformity in reservoir properties.*
hétérojonction *f* – heterojunction, *semiconductor.*
hétérolytique – heterolytic.
hétéromorphe – heteromorphic, *having diversity of form.*
hétéropique – heteropic, *referring to sedimentary rocks having different facies.*
hétéropolyacide *m* – heteropolyacid, *complex acid of metal.*
hétérosphère *f* – heterosphere, *upper portion of the atmosphere.*
hétérostatique – heterostatic.
hétérotaxique – heterotaxial; heterotaxic.
hétérotopique – heterotopic *(chem).*
hétérotrophe *m* – heterotroph, *microorganism using organic compounds for its energy and carbon requirements.*
Hettangien *m* – Hettangian, *lowermost Lower Jurassic stage.*
heulandite *f* – heulandite, *a zeolite mineral.*
heumite *f* – heumite, *a hypabyssal rock.*
heure *f* – hour. **heure courante** : running hour. **heures creuses** : off-peak time; slack periods. **heures d'ouverture** : business hours; office hours. **heure de fermeture** : closing time. **heure de pointe** : peak hour; peak time. **heures de travail** : business hours. **heure initiale** : focal time; origin time. **heure légale** : legal time. **heures supplémentaires** : overtime.
heuristique – heuristic, *said of problem-solving methods.*
heurt *m* – bump; impingement; shock.
heurté – choppy, *sea*; hackly.
heurtement *m* – bumping; jar.
hévéa *m* – rubber tree.
hexachloréthane *m* – hexachloroethane.
hexachlorobenzène *m* – hexachlorobenzene, *perchlorobenzene.*
hexachlorobutadiène *m* – hexachlorobutadiene.
hexachloroyclohexane *m* – hexachlorocyclohexane *(HCH), benzene hexachloride (BHC), see also lindane.*
hexachlorure *m* – hexachloride. **hexachlorure de benzène** : benzene hexachloride, *see also lindane.* **hexachlorure de tungstène** : tungsten hexachloride.
hexacontane *m* – hexacontane, *high molecular-weight hydrocarbon.*
hexacoralliaire *m* – hexacoral; scleractinian.
hexacosène *m* – hexacosene.
hexadécane *m* – hexadecane, *normal hexadecane, cetane.*
hexadécanol *m* – hexadecanol, *cetyl alcohol.*
hexadiène *m* – hexadiene.
hexaèdre *m* – hexahedron.
hexaédrique – hexahedral.
hexagonal – hexagonal.
hexagone *m* – hexagon.
hexahydrobenzène *m* – hexahydrobenzene, *cyclohexane, hexamethylene.*
hexamétapol *m* – hexametapol, *HMPA, hexamethylphosphoric triamide, hempa, a solvent.*
hexaméthylbenzène *m* – hexamethylbenzene.
hexaméthylène *m* – hexamethylene, *cyclohexane, hexahydrobenezene.* **hexaméthylène tétramine (HMTA)** : hexamethylenetetramine (HMTA), *methenamine, aminoform, hexamine.*
hexaméthylphosphoramide *m* – hexamethylphosphoramide, *hexamethylphosphoric triamide, voir hexamétapol.*
hexanaphtène *m* – hexanaphthene, *cyclohexane.*
hexane *m* – hexane. **hexane normal** : normal hexane, *or n-hexane.*
hexanol *m* – hexanol, *1-hexanol, hexyl alcohol.*
hexatétraèdre *m* – tetrahexahedron.
hexène *m* – hexene, *general name for ethylene carbides.*
hexylène *m* – hexylene, *1-hexene.*
hexyne *m* – hexyne, *butyl acetylene.*
HF – HF, *abbr. for haute fréquence: high frequency.*
hiatus *m* – gap, *in the continuity of a geologic record*; hiatus *(geol)*; omission surface, *temporary halt in deposition with little or no erosion ;* discontinuity surface. **hiatus d'érosion** : erosional hiatus, *refers to the geologic-time range of the strata that were removed by erosion.* **hiatus de non dépôt** : nondepositional hiatus *(geol).*
hie *f* – impactor.
hiérarchie *f* – hierarchy.
hiéroglyphe *m* – hieroglyph, *any sedimentary mark or structure found on a bedding plane.*
Hilbert – Hilbert, *see espace de Hilbert, filtre de Hilbert, transformée de Hilbert.*
Hillman – Hillman, *see essai Hillman.*
Hilt – Hilt, *see loi de Hilt.*
hircine *f* – hircine, *a fossil resin.*
hissage *m* – hoisting.
hisser – crane (to); hoist (to).
histogramme *m* – bar graph, *bar chart, bar diagram*; histogram, *a graph of rectangles representing a distribution function.* **histogramme des pendages** : dip spectrum.
historique *m* – case history. **historique de production** : production data, production record.
hivérisation *f* – winterization, *preparing equipment to operate under winter weather conditions, e.g. cold, snow, ice and strong winds.*
hivernage *m* – wintering.
HMGC – *abbr. hydrologie, mines, génie civil;* engineering geophysics.

HMTA – HMTA, *abbr. hexaméthylène tétramine: hexamethylenetetramine.*

HO – HOMO, *abbr. plus Haute orbitale moléculaire Occupée, highest-energy occupied molecular orbital.*

hodochrone *f* – hodochrone; time-distance curve; traveltime curve, *seismic-propagation curve.* **hodochrone normale** : normal-traveltime curve.

hodographe *m* – hodograph, *the curve traced out by the tip of a vector.*

hofmannite *f* – hofmannite, *a white crystalline fossilized resin found in lignites.*

holmium *m* – holmium, *symbol Ho, a rare-earth element.*

holoaxe – holoaxial *(cryst)*.

Holocène *m* – Holocene, *the period from the end of the Pleistocene to the present.*

holocristallin – holocrystalline, *referring to the texture of igneous rocks composed entirely of crystals.*

holoèdre *m* – holohedron, *crystal.*

holoédrique – holohedral *(cryst)*.

hologramme *m* – hologram. **hologramme acoustique** : acoustic hologram.

holographie *f* – holography. **holographie acoustique** : acoustical holography. **holographie optique** : optical holography.

holohyalin – holohyaline, *referring to an entirely glass rock.*

hololeucocrate – hololeucocratic *(petro)*.

holomélanocrate – holomelanocratic *(petro)*.

holomorphe – holomorphic.

holonome – holonomic *(mech)*.

holoplancton *m* – holoplankton.

holothurie *f* – holothuroid, *any cylindroid echinozoan, e.g. the sea cucumber.*

holotype *m* – holotype, *the nomenclature type used to describe a new species.*

Holsteinien *m* – Holsteinian, *Middle Pleistocene stage.*

homéoblastique – homeoblastic.

homéomorphe – homeomorphic.

homéomorphisme *m* – homeomorphism.

homéostasie *f* – homeostasis, *the maintaining of an equilibrium in a biological system.*

homme *m* – man. **homme à la mer** : man overboard. **homme de paille** : figurehead. **homme de plancher** : roughneck *(drill)*. **homme de surface** : roustabout *(drill)*. **homme grenouille** : frogman. **homme jour** : man-day.

homocentrique – concentric.

homoclinal *m* – homocline.

homocyclique – homocyclic.

homogène – homogeneous.

homogénéisation *f* – homogenization.

homogénéisé – homogenized.

homogénéiser – homogenize (to). **homogénéiser une coupe** : balance (to) a section *(seis)*.

homogénéité *f* – homogeneity.

homogénéisateur *m* – homogenizer.

homologuer – homologate (to).

homologation *f* – approval; homologation, *chemical reaction*; qualification.

homologie *f* – homology *(chem)*.

homologué – approved; homologous.

homologuer – certify (to); homolguer; confirm (to); endorse (to). **homologuer un réservoir par apposition d'un cachet** : seal (to) off a tank.

homolyse *f* – homolysis.

homolytique – homolytic.

homométrique – homometric.

homomorphe – homomorphic.

homomorphisme *m* – homomorphism.

homopolaire – homopolar.

homopolymère *m* – homopolymer.

homosphère *f* – homosphere, *Earth's relatively homogeneous atmosphere up to an altitude of 80 to 100 km.*

homosporie *f* – isospory.

homotaxique – homotaxial.

honoraires *m* – dues; fees.

Hood – Hood, *see diagramme de Hood.*

Hooke – Hooke, *see loi de Hooke.*

hopane *m* – hopane, *a molecule with 30 carbon atoms, characterized by its carbon skeleton made of four hexagonal rings and one pentagonal ring.*

hopanoïde *m* – hopanoid, *biomarker.*

horaire *m* – office hours; timing. **horaire variable** : flextime.

horaire – hourly.

horizon *m* – horizon, *surface separating two different rock layers identified on a seismic section by an alignment of reflected signals.* **horizon acoustique** : acoustic horizon. **horizon apparent** : apparent horizon; local horizon; sea horizon *(naut)*; visible horizon. **horizon aquifère** : water horizon. **horizon argileux compact** : clay pan. **horizon astronomique** : celestial horizon *(nav)*; rational horizon. **horizon d'apport** : illuvial horizon. **horizon durci** : pan *(pedol)*. **horizon éluvial** : eluvial horizon. **horizon fantôme** : phantom horizon. **horizon gazéifère** : gas horizon. **horizon géologique** : geologic horizon, *an interface indicating a specific position in a stratigraphic sequence*; layer. **horizon illuvial** : illuvial horizon. **horizon induré** : hardpan. **horizon natrique** : natric horizon. **horizon optique** : line of sight (LOS). **horizon pétrolifère** : oil horizon. **horizon peu profond** : shallow horizon. **horizon plat** : flat spot, *a horizontal seismic reflection not conformable with other reflections and attributed to an interface between two fluids such as oil and water or gas and oil.* **horizon producteur** : pay zone, *the formation in which oil and gas are found in exploitable quantities*; producing horizon, *a reservoir or set of interconnected reservoirs inside a basic stratigraphic unit or the same facies, from which oil or gas can be obtained*; productive horizon. **horizons producteurs multiples** : multipay *(prod)*. **horizon radioélectrique** : radio horizon. **horizon réfractant** : refractor. **horizon repère** : key horizon; marker bed; marker horizon. **horizon réservoir** : reservoir. **horizon-réservoir non clos** : unsealed reservoir. **horizon sismique** : marker, *in seismic refraction.* **horizon stratigraphique** : stratigraphic horizon. **horizon sur l'image** : image horizon. **horizon visible** : sensible horizon. **horizon vrai** : true horizon.

horizontal – horizontal.

horizontalisation *f* – flattening *(seis)*.

horizontaliser – flatten (to).

horloge *f* – clock. **horloge à contact** : contact clock; time-marking clock. **horloge atomique** : atomic clock. **horloge synchrone** : synchronous clock.

hornblende *f* – hornblende, *a mineral in the amphibole group.*

hornito *m* – blowing cone *(geol)*; hornito, *a gas-emitting vent on a lava flow forming a spatter mound.*

hors – out. **hors alignement** : offline. **hors bénéfice** : exclusive of profits. **hors bord** : outboard. **hors circuit** : off stream, *said of an installation that is not operating.* **mis hors circuit** : disconnected. **hors de la structure** : off structure. **hors de service** : out of use. **hors ligne** : offline. **hors norme** : standout. **hors pointe** : off peak. **hors production** : off production, *said of a well that is temporarily shut down or incapable of producing.* **hors série** : custom built. **hors service** : off; off duty. **hors taxe** : duty free; before tax.

horst *m* – horst, *an uplifted block of the Earth's crust.* **horsts jumeaux** : twin horsts.

hôte *m* – host, *molecular entity that forms complexes with organic or inorganic guests.*

hotte *f* – fume cupboard; hood. **hotte d'aspiration** : suction hood. **hotte de cheminée** : chimney breeching.

houache *f* – wake, *of a ship.*

Houdry – Houdry, *see procédé Houdry.*

houille *f* – coal, *see also charbon.* **houille blanche** : *see énergie hydraulique.* **houille bleue** : blue coal, *used for wind power.* **houille carton** : paper coal. **houille demigrasse** : low-volatile bituminous coal. **houille flambante** : high-volatile bituminous coal. **houille grasse** : bituminous coal; fat coal; gas coal; medium-volatile bituminous coal; rich coal. **houille grasse à longue flamme** : cherry coal. **houille maigre** : lean coal, *coal with low volatile matter.* **houille non collante à longue flamme** : free-burning coal. **houille riche en cendre** : high-ash coal. **houille schisteuse** : foliated coal. **houille sèche** : dry coal. **houille semibrillante** : translucent attritus.

houiller – carboniferous; coal bearing.

Houiller *m* – Coal Measures, *a stratigraphic term used for the Upper Carboniferous, providing the main coal basins in Great Britain ; see also Silésien.*

houillère *f* – coal mine.

houillification *f* – coalification, *transformation of plant materials into coal.*

houle *f* – surge; swell; wave motion. **houle aléatoire** : random waves. **houle centennale** : hundred-year wave, *having a probability of occurring once per century.* **houle croisée** : cross swell. **houle de fond** : ground swell. **houle diagonale** : quartering sea. **houle gaufrée** : cross swell. **houle irrotationnelle** : irrotational waves. **houle oscillatoire** : oscillatory waves. **houle progressive** : progressive wave. **houle réelle** : random waves. **houle rotationnelle** : rotational waves *(ocean)*. **houle stationnaire** : standing wave.

houlographe *m* – wave recorder.

hourdis *m* – hollow brick wall.

HR – HR, *abbr. haute résolution: high resolution.*

HTS – *abbr. haute teneur en soufre.*

Hübl – Hübl, *see indice de Hübl.*

hublot *m* – porthole; viewport.

Hugoniot – Hugoniot, *see relation de Hugoniot.*

huilage *m* – oiling.

huile *f* – oil, *referring to crude oil, lubricating oil, oil used as a fuel and vegetable oil.* **huile à broches** : needle oil, *antirust and antifriction oil that is easy to spot-remove from cloth and does not turn rancid*; spindle oil, *a low-viscosity well-refined oil for light high-speed machinery.* **huile à broches spéciale** : stainless oil. **huile à cylindres** : cylinder oil, *a viscous oil compounded with lard oil or other oil for the cylinders of steam engines.* **huile à double usage** : dual-purpose oil. **huile à fourneau** : stove distillate, *used for heating.* **huile à haute adhésivité** : nondrip oil. **huile à indice de viscosité élevé** : HVI oil. **huile à lanternes** : headlight oil. **huile à mouler** : core binder, *oil mixed with sand used as a binder in foundry work*; core oil. **huile à mouvement** : gudgeon oil. **huile à percer** : bore oil. **huile à triple usage** : triple-purpose oil, *cutting oil, hydraulic fluid and machine oil.* **huile abandonnée** : abandoned oil, *left in the field.* **huile acide de goudron** : tar acid. **huile additivée** : additive oil. **huile alcaline à phase unique** : monophase oil, *for large diesel-engine cylinders.* **huile alimentaire** : edible oil. **huile animale** : animal oil. **huile anthracénique** : anthracene oil. **huile antipoussière** : dust-laying oil, *heavy residual oil used to settle dust on roads.* **huile antirouille** : rustproof oil; slushing oil. **huile aromatique asphaltique** : asphaltic aromatic oil, *containing less than 25% naphthenes, and generally rich in sulfur.* **huile aromatique naphténique** : naphthenic aromatic oil, *containing more than 25% naphthenes and less than 1% sulfur.* **huile blanche** : white oil. **huile blanchie au soleil** : sun-bleached oil. **huile bleue** : blue oil, *special gas oil.* **huile brûlée** : burnt oil, *oil improperly treated with sulfuric acid and having turned brown or bluish, after which it has to be retreated.* **huile brute** : crude oil; live oil, *containing its original gases in solution.* **huile cambouisée** : gunk. **huile camphrée** : camphor oil. **huile carbolique** : carbolic oil, *the fraction obtained from distillation of coal tar, containing naphthalene, phenol and cresols, and having a boiling range of 190-250°C.* **huile chimiquement neutre** : chemically-neutral oil, *containing no corrosion element.* **huile chlorée** : chlorinated oil, *an extreme-pressure lubricant used as a cutting oil.* **huile claire et exempte d'humidité** : bright oil. **huile clarifiée** : clarified oil, *heavy oil taken from the bottom of a fractionator in a catalytic cracking process, and from which the residual catalyst particles have been removed by centrifuging*; decanted oil. **huile combustible** : fuel oil; oil fuel. **huile combustible de chauffe** : furnace fuel oil; furnace oil. **huile comestible** : edible oil, *vegetable or animal oil.* **huile compoundée** : compound oil, *mineral oil mixed with animal or vegetable oils to increase viscosity or adhesion.* **huile comprimée** : pressurized oil. **huile conditionnée** : packed oil. **huile corrosive** : sour oil. **huile d'absorption** : absorber oil; absorption oil; lean oil; scrubbing oil; wash oil. **huile d'absorption naphténique** : naphthenic absorbent oil. **huile d'adsorption** : adsorbent oil; rich oil, *containing dissolved fractions of natural gaso-*

line or natural gas. **huile d'amont-pendage** : attic oil, *oil trapped at the very top of the reservoir, above the highest perforations in the casing.* **huile d'aniline** : aniline oil. **huile d'aval-pendage** : cellar oil, *oil trapped at the very bottom of a reservoir, below the lowest perforations in the casing.* **huile d'aveline** : hazelnut oil. **huile d'ébauchage** : roughing-cut oil. **huile d'éclairage** : illuminating oil, *kerosine*; lamp oil; refined oil; signal oil. **huile d'éclairage minérale** : mineral burning oil. **huile d'ensimage** : batch oil, *lubricant for textile fibers during drawing, combing or carding*; cloth oil; wool oil. **huile d'été** : summer oil. **huile d'étirage** : drawing oil. **huile d'hiver** : winter oil, *in the SAE classification, the grade number of this type of oil is followed by W.* **huile d'horlogerie** : watch oil. **huile d'imperméabilisation** : waterproofing oil. **huile d'olive** : olive oil. **huile d'os** : bone oil, *animal oil, Dippel's oil*; hartshorn oil, *a type of bone oil.* **huile de baleine** : whale oil, *blubber oil*; train oil, *oil from whales or other marine mammals.* **huile de bancoul** : candlenut oil, *lumbang oil.* **huile de base** : base stock, *as supplied by the refiner without any additive and unblended*; lubricant stock. **huile de base paraffinique** : paraffinic base oil. **huile de base sulfurée** : sulfur base oil. **huile de bobinage** : winding oil. **huile de bois de Chine** : wood oil. **huile de carthame** : safflower oil. **huile de chauffage pour les vergers** : orchard-heating oil. **huile de chauffe** : heat oil; heating oil. **huile de chènevis** : hempseed oil. **huile de colza** : colza oil; rape oil, *rapeseed oil.* **huile de colza minérale** : mineral colza oil, *an old name for kerosine oil.* **huile de colza sulfonée** : sulfonated rape oil. **huile de commutateur** : switch oil. **huile de conversion** : conversion oil, *feedstock for carbon black.* **huile de coton** : cotton oil, *cottonseed oil.* **huile de coupe** : coolant; cutting oil; metal-cutting oil. **huile de coupe chlorée** : chlorinated cutting oil. **huile de coupe de distillation directe** : straight mineral-cutting oil, *a replacement for solubles for high pressures.* **huile de coupe émulsifiée** : emulsified cutting oil. **huile de coupe grasse** : fixed cutting oil, *animal or vegetable.* **huile de coupe minérale** : mineral cutting oil. **huile de coupe soluble** : soluble cutting oil. **huile de coupe sulfurée** : sulfurized cutting oil, *mineral oil or compounded oil containing up to 5% of active sulfur.* **huile de coupe transparente** : transparent cutting oil, *so that the operator can monitor the cutting tool and the part being cut.* **huile de créosote** : creosote oil. **huile de décoffrage** : concrete form oil. **huile de démoulage** : concrete form oil, *neutral mineral oil used for removing set concrete from wooden or metal forms*; concrete oil; form oil. **huile de dépistage** : skunk oil, *strong-smelling oil for detecting gas leaks.* **huile de distillation directe** : virgin stock. **huile de dormance** : dormant spray, *fungicide spray used on trees in winter.* **huile de fluxage** : asphalt flux, *an oil used to reduce the consistency or viscosity of hard asphalt to the point required for its use.* **huile de fluxage** : flux oil, *for bitumen.* **huile de fraisage** : milling oil. **huile de fusel** : fusel oil, *a volatile and poisonous oil produced by the alcoholic fermentation of vegetal matter.* **huile de glissement** : slide oil. **huile de goudron** : tar oil. **huile de goudron de houille** : coal-tar oil. **huile de goudron de lignite** : lignite-tar oil. **huile de graine d'hévéa** : rubber-seed oil. **huile de graissage** : lubricating oil. **huile de graissage des axes et coussinets** : machine castor oil, *aluminum soap solution in a paraffinic or slightly neutral oil.* **huile de graissage fluide** : light lubricating oil. **huile de graissage par circulation** : circulating oil. **huile de graissage paraffinique** : still grease, *obtained from the distillation of pyrobituminous shales.* **huile de graissage pour cylindre** : steam-refined cylinder stock, *steam refined and unfiltered.* **huile de hareng** : herring oil. **huile de jojoba** : jojoba oil. **huile de kapok** : kapok oil. **huile de la Barbade** : Barbados tar, *dark green or black petroleum from Barbados formerly used in medicine.* **huile de laminage** : roll oil, *rolling oil.* **huile de lard** : lard oil. **huile de lignite** : lignite oil. **huile de lin** : flaxseed oil; linseed oil. **huile de longue durée** : longlife oil. **huile de maïs** : corn oil, *Indian-corn oil, maize oil.* **huile de marbre** : slab oil, *a white odorless oil used to oil the surface on which pastry or candy is worked.* **huile de marque** : brand oil. **huile de meulage** : grinding oil. **huile de moulage** : molder's oil. **huile de moulinage** : size oil *(textile).* **huile de mouvement** : machine oil. **huile de naphtalène** : naphthalene oil, *a liquid aromatic hydrocarbon coming from the distillation of tar and containing nearly 40% solid naphthalene.* **huile de noisette** : hazelnut oil. **huile de noix** : nut oil; walnut oil. **huile de palme** : palm oil. **huile de palmiste** : palm-nut oil. **huile de paraffine** : liquid paraffin; paraffin oil. **huile de paraffine chlorée** : chlorocosane, *chlorinated paraffin.* **huile de peinture** : paint oil. **huile de perilla** : perilla oil, *a drying oil used in the manufacture of varnish and artificial leather.* **huile de pierre** : earth oil, *former term for oil*; stone oil, *petroleum.* **huile de pin** : pine-tar oil. **huile de poisson** : fish oil. **huile de polissage** : polishing oil. **huile de pont** : axle oil. **huile de presse** : pressed distillate, *lubricant.* **huile de presse-étoupe** : gland oil. **huile de récupération** : reclaimed oil. **huile de refroidissement** : quenching oil, *used in quenching baths to remove heat from steel more slowly and uniformly than water.* **huile de refroidissement des pistons** : piston-cooling oil. **huile de résine** : rosin oil. **huile de ressuage** : foot's oil, *oil sweated out of slack wax.* **huile de revenu** : tempering oil. **huile de ricin** : castor oil. **huile de ricin sulfonée** : sulfonated castor oil. **huile de rinçage** : flushing oil; wash oil. **huile de riz** : rice oil. **huile de roche** : earth oil. **huile de rodage** : running-in oil. **huile de sable bitumineux** : tar-sand oil. **huile de schiste** : shale oil, *a crude oil obtained from oil shale by subjecting it to destructive distillation.* **huile de schiste brute** : crude shale oil. **huile de sésame** : sesame oil. **huile de silicone** : silicone oil. **huile de soja** : soybean oil. **huile de soupapes** : valve oil. **huile de spermaceti** : sperm oil. **huile de stillingia** : stillingia oil, *a vegetable oil, also called tallow-seed oil.* **huile de stockage** : stock-tank oil (STO), *the hydrocarbon liquid (oil or condensate) that is collected in a surface storage tank at atmospheric pressure.* **huile de stockage initialement en place** : stock-tank oil initially in place (STOIIP). **huile de suif** : oleo oil; suet oil; tallow oil. **huile de térébenthine** : oil of turpentine. **huile**

de tourillon : journal oil. **huile de tournesol** : sunflower oil. **huile de transmission de chaleur** : heat-transmission oil. **huile de trempe** : quenching oil, *for the cooling of metals.* **huile de vaseline** : liquid petrolatum. **huile de vidange** : drain oil. **huile décolorée** : bleached oil. **huile dégrippante** : penetrating oil. **huile déparaffinée** : dewaxed oil (DWO); press drip. **huile désasphaltée** : deasphalted oil. **huile déshydratée** : dehydrated oil. **huile désodorisée** : deodorized oil, *by hydrogenation or another process, and made clean for consumption.* **huile détergente** : detergent oil. **huile déversée** : spilled oil. **huile diélectrique** : electrical oil; insulating oil. **huile diesel** : diesel oil. **huile distillée** : distilled oil. **huile distillée à la vapeur d'eau** : steam-distilled oil. **huile disulfurée** : disulfide oil, *obtained by oxidizing mercaptans into disulfides.* **huile dopée** : additive oil. **huile échouée sur les plages** : stranded oil. **huile émulsifiable** : emulsifying oil. **huile émulsionnable** : emulsifiable oil, *in water, used as an insecticide.* **huile en place** : oil in place (OIP); original oil in place (OOIP), *crude oil that is estimated to exist in a reservoir but has not been produced.* **huile épaissie** : thick oil, *thickened by a nonpetroleum substance*; thickened oil. **huile essentielle** : essential oil, *a volatile oil of plant origin and carrying the odor or the flavor of the plant*; fragrant oil; perfume oil. **huile exempte de gaz** : degassed oil. **huile extra-blanche** : water-white oil. **huile filante** : storm oil, *poured on the sea to stop waves from breaking during storms.* **huile fixe** : fixed oil, *a nonvolatile fatty oil of animal or vegetable origin.* **huile fossile** : fossil oil. **huile gelant à 0°F** : zero oil, *oil freezing at -17.8°C.* **huile graphitée** : graphite oil. **huile grasse** : fat oil, *of animal or vegetable origin*; fatty oil. **huile hydraulique** : hydraulic oil; seal oil. **huile hydrogénée** : hardened oil; hydrogenated oil. **huile hypoïde** : hypoid oil, *lubricant for hypoid gears.* **huile imperméable à l'eau** : concrete waterproofing oil. **huile inhibée** : inhibited oil. **huile intermédiaire** : intermediate oil, *distillation product from shale oil.* **huile isolante** : electrical oil; insulating oil. **huile légère** : light oil, *having low viscosity.* **huile légère de houille** : coal-tar naphtha. **huile lourde** : heavy oil, *crude oil having a specific gravity above 0.9 (API gravity lower than 25°) but less than 1 (API gravity higher than 10°).* **huile lourde de houille** : coal oil, *produced by the destructive distillation of bituminous coal*; dead oil, *distilled from tar and having greater density than water.* **huile lourde pour chauffage des vergers** : smudge oil, *used to prevent frost damage in orchards and vineyards.* **huile lubrifiante** : lubricating oil. **huile lubrifiante déparaffinée** : dewaxed lubricating oil. **huile lubrifiante épaisse** : heavy lubricating oil. **huile lubrifiante mélangée** : blended lubricating oil, *produced by blending two or several different base stocks.* **huile lubrifiante semifluide** : medium lubricating oil. **huile marine** : marine oil. **huile médicinale** : medicinal oil; salve oil. **huile minérale** : mineral oil, *any petroleum product having the viscosity of an oil.* **huile minérale brute** : crude mineral oil. **huile monograde** : monograde oil, *a lubricating oil having a single SAE grade*; single-grade oil, *see also huile multigrade.* **huile morte** : dead oil, *oil from which gas has been removed and no longer moves in the reservoir except as the result of gravity.* **huile moteur** : engine oil; motor oil. **huile moteur diluée** : crankcase dilution oil. **huile moteur ordinaire détergente** : regular motor oil. **huile moteur pour très basses températures** : subzero engine oil, *for temperatures lower than −54°C (airplanes).* **huile moteur super** : premium motor oil. **huile moteur tous usages** : all-purpose engine oil. **huile mousseuse** : lather oil. **huile moyenne de goudron** : middle tar oil. **huile moyennement visqueuse** : medium oil. **huile multifonctionnelle** : multipurpose oil. **huile multigrade** : multigrade oil, *a multiviscosity additive-containing oil capable of meeting SAE requirements for motor oils.* **huile nauséabonde** : stink oil, *a light fraction entrained with hydrogen sulfide during hydrotreating.* **huile neutre** : neutral oil, *a lubricating oil of medium or low viscosity from dewaxed petroleum used for blending to adjust the viscosity of motor oils, or as a cutting oil.* **huile neutre visqueuse** : viscous neutral oil. **huile neuve** : fresh oil, *nonspent lube oil.* **huile noire** : black oil, *low-grade black petroleum oil.* **huile noire émulsionnée** : blackstrap, *a black heavy oil used as drill-rod dope or mine-car-wheel lubricant.* **huile non détergente** : nondetergent oil. **huile non additivée** : nonadditive oil. **huile non comestible** : inedible oil. **huile non dopée** : nonadditive oil. **huile non fluide** : nonfluid oil. **huile non moussante** : nonfoaming oil. **huile non récupérable** : lost oil; nonrecoverable oil; unrecoverable oil, *residual oil saturation.* **huile non siccative** : nondrying oil. **huile obtenue par pression à froid** : cold-drawn oil. **huile oxydée** : oxygenated oil. **huile pâle** : pale oil, *a lubricating or process oil refined until its color is straw to pale yellow when seen by transmitted light.* **huile paraffineuse** : wax oil. **huile pauvre** : lean oil. **huile pénétrante** : penetrating oil, *used for lubricating the leaves of springs.* **huile perdue** : lost oil, *unrecoverable.* **huile piégée** : trapped oil. **huile pompable** : pumping oil, *having suitable temperature and density so that it can be pumped from a storage tank to the processing unit.* **huile pour amortisseurs** : shock-absorber oil. **huile pour armes** : gun oil; recoil oil. **huile pour boîte de vitesse** : gear-case oil. **huile pour boîte de vitesse et pont arrière combiné** : transaxle fluid (TAF). **huile pour boîtes essieux de wagons** : railroad oil. **huile pour broyeur** : crusher oil. **huile pour câbles électriques** : cable oil, *for filling electric cables.* **huile pour carter** : sump oil. **huile pour compresseurs** : compressor oil, *oil compounded with fixed oil, lard, rape oil or castor oil.* **huile pour compteur** : counter oil; meter oil. **huile pour condensateur** : capacitor oil; condenser oil. **huile pour cordage** : cordage oil. **huile pour cordonnerie** : stitching oil. **huile pour cuir** : leather oil. **huile pour cylindres à vapeur** : steam-cylinder oil. **huile pour encre d'imprimerie** : printing-ink oil. **huile pour engrenages** : gear oil. **huile pour engrenages à vis sans fin** : worm-gear oil. **huile pour engrenages avec effet extrême-pression modéré** : mild-type extreme-pressure gear oil. **huile pour engrenages pour très basses températures** : subzero gear oil, *for temperatures lower than −54°C (airplanes).* **huile pour essieux de wagons** : railroad oil. **huile pour filetage** : screw-cutting oil. **huile pour filetage ou taraudage** : thread-cutting oil. **huile pour filtre à air** : air-filter oil. **huile pour harnais** : harness oil, *cylinder stock containing 5% neatsfoot oil.* **huile pour instruments** : instrument oil, *a perfectly stable oil used to lubricate instruments and other delicate mechanisms.* **huile pour interrupteurs et disjoncteurs** : switch gas oil. **huile pour l'étirage des métaux** : metal-drawing oil. **huile pour l'industrie métallurgique** : metallurgical oil. **huile pour la trempe de l'acier** : steel-hardening oil. **huile pour lampes de phare** : lighthouse oil. **huile pour le graissage des boulons** : bolt oil. **huile pour le travail des métaux** : metalworking oil. **huile pour les instruments de précision** : precision-instrument oil. **huile pour machines** : machine oil. **huile pour machines à coudre** : sewing-machine oil. **huile pour machines à papier** : paper-machine oil. **huile pour machines à vapeur** : steam-engine oil. **huile pour machines automatiques** : automatic oil. **huile pour machines frigorifiques** : ice-machine oil; refrigeration oil. **huile pour machines offset** : offset oil, *printing.* **huile pour marteau-pilon** : hammer oil. **huile pour mastic** : putty oil. **huile pour métier à tisser** : loom oil. **huile pour moteurs** : *see huile moteur.* **huile pour moteurs automobiles** : automotive-engine oil. **huile pour moteurs d'avions** : aircraft-engine oil; airplane oil. **huile pour moteurs diesel** : diesel lubricating oil. **huile pour moteurs électriques** : electric-motor oil. **huile pour moteurs marins** : marine-engine oil. **huile pour outils pneumatiques** : pneumatic-tool oil. **huile pour paliers lisses** : journal oil. **huile pour papeterie** : papermill oil. **huile pour parquets** : floor saturant. **huile pour pivots** : gudgeon oil. **huile pour polissage** : oil polish; rubbing oil. **huile pour presse hydraulique** : hydraulic-press oil, *neutral nonviscous oil.* **huile pour pulvérisateurs** : spray oil. **huile pour rouage d'horlogerie** : clock oil. **huile pour roulements à billes** : ball-bearing oil. **huile pour service sévère** : heavy-duty oil (HD oil), *oil having oxidation stability, corrosion-prevention properties and dispersant-detergent characteristics, used in high-speed gasoline and diesel engines.* **huile pour services les plus sévères** : superheavy-duty oil, *oil used specially for diesel engines operating with high-sulfur gas oil.* **huile pour textiles** : textile oil. **huile pour torche** : torch oil. **huile pour transformateur** : transformer oil. **huile pour transmissions** : transmission oil. **huile pour turbines** : reduction-gear turbine oil; turbine oil. **huile pour turbines à gaz** : gas-turbine oil. **huile pour turbines à vapeur** : steam-turbine oil. **huile pour turbines hydrauliques** : water-turbine oil. **huile pour usage domestique** : domestic oil. **huile pour usages électriques** : circuit-breaker oil. **huile pour vis** : screw oil. **huile pure** : clean pure oil; pure oil. **huile récupérable** : recoverable oil. **huile récupérée** : recovery oil. **huile recyclée** : rerun oil. **huile régénérée** : reclaimed oil; recovered oil. **huile reraffinée** : rerefined oil. **huile résiduaire** : residue oil. **huile résiduelle** : residual oil, *the liquid that remains in an oil reservoir at depletion.* **huile résiduelle asphaltique** : asphaltic residual oil, *liquid residue from oil distillation, containing few volatile components but from which asphalt can be produced by high-temperature evaporation.* **huile restant en place** : remaining oil in place, *in the reservoir.* **huile riche** : fat oil, *enriched oil drawn from the absorber column and containing the heaviest fractions taken from wet gas*; rich oil. **huile rouge pour moteur** : red engine oil. **huile routière** : road oil. **huile routière bitumineuse** : asphaltic road oil, *fluid asphalt containing low-consistency oils, but with low volatility, and obtained by direct distillation or fluxing.* **huile routière non bitumineuse** : nonasphaltic road oil. **huile sans boues** : sludgeless oil. **huile sans fluorescence** : bloomless oil. **huile sans paraffine** : wax-free oil. **huile sans reflet** : bloomless oil. **huile saponifiée** : saponified oil. **huile sèche** : dry oil, *free of any humidity.* **huile semisiccative** : semidrying oil. **huiles séparées** : segregated oils. **huile siccative** : drying oil; quick-drying oil. **huile siccative végétale** : vegetable drying oil. **huile solaire** : solar oil, *light pale-colored gas oil obtained from crude oil from the Gulf or mid-continent field.* **huile soluble** : soluble oil, *emulsifiable oil used for textile oiling and greasing and for metal working.* **huile soluble à l'eau** : water-soluble oil. **huile soufflée** : blown oil, *thickened by insufflation of air*; condensed oil. **huile sous pression** : pressurized oil. **huile sous-saturée** : undersaturated oil. **huile spéciale** : special oil. **huile spindle** : spindle oil. **huile stable** : noncarbon oil, *oil containing little or no free carbon and unstable hydrocarbons that might become decomposed and form deposits.* **huile stérilisée** : sterilized oil, *soluble or cutting oil processed to prevent the proliferation of bacteria that would contaminate users.* **huile sulfatée** : sulfated oil. **huile sulfonée** : sulfonated oil. **huile sulfurisée** : sulfurized oil, *an extreme-pressure lubricant used as a cutting oil.* **huile superdétergente** : superheavy-duty oil. **huile usagée** : spent oil; used lubricating oil; used oil. **huile usée** : *see huile usagée.* **huile végétale** : vegetable oil. **huile vierge** : virgin stock. **huile visqueuse** : heavy oil. **sans huile** : oilless.

huilé – oiled.

huiler – oil (to).

huileux – oily.

humate *m* – humate, *a salt or ester of humic acid.*

humectant *m* – humectant.

humide – damp; humid; moist; wet, *offshore operations done in the water as opposed to those done dry, generally inside a habitat.*

humidificateur *m* – humidifier.

humidification *f* – dampening; humidification; wetting.

humidifier – dampen (to); moisten (to).

humidimètre *m* – moisture meter.

humidistat *m* – humidistat, *device for controlling humidity.*

humidité *f* – dampness; humidity; moistness; moisture; wetness. **humidité absolue** : absolute humidity, *ratio of the mass of water in an air sample to the volume of the sample.* **humidité ambiante** : hygroscopic moisture. **humidité atmosphérique** : humidity of the air. **humidité brute** : free moisture. **humidité critique** : critical moisture content. **humidité de l'air** : air moisture content. **humidité du sol** : soil moisture, *soil water.* **humidité équivalente** : moisture equivalent. **humidité relative** : rel-

ative humidity (RH). **humidité spécifique** : specific humidity.
humification *f* – humification, *the process of development of humic acids essentially by slow oxidation.*
humine *f* – ulmin, *carbohumin from decaying vegetable matter.*
huminite *f* – huminite, *a group of macerals of brown coal ; a precursor of vitrinite.*
humique – humic.
humite *f* – humite, *humic coal.*
humodite *f* – humodite, *a type of humic coal.*
humogélite *f* – humogelite, *a collective name for humic gels.*
humosite *f* – humosite, *a constituent of torbanite.*
humus *m* – humus. **humus brut** : forest peat, *raw humus.*
huntite *f* – huntite, *a mineral consisting of calcium and magnesium carbonate.*
Huronien *m* – Huronian, *a Proterozoic division of the Canadian Shield.*
HUT – HTU, *abbr. hauteur équivalente à une unité de transfer: height of transfer unit.*
Huygens – Huygens, *see principe de Huygens.*
HVR – HVB, *abbr. hydroviscoréduction: hydrovisbreaking.*
hyalin – hyaline, *glassy.*
hyalite *f* – hyalite, *a variety of common opal.*
hyaloclastite *f* – hyaloclastite, *aquagene tuff, formed by lava or magma flowing or intruding into water, ice or water-saturated sediments.*
hyalocristallin – hyalocrystalline.
hyalophane *f* – hyalophane, *monoclinic mineral of the feldspar group.*
hyalosidérite *f* – hyalosiderite, *olivine.*
hybridation *f* – hybridization. **hybridation magmatique** : hybridization, *magmatic assimilation of rocks.*
hybride – hybrid.
hydatogène – hydatogenic, *said of a rock formed by an aqueous agent.*
hydatogenèse *f* – hydatogenesis *(geol).*
hydracide *m* – hydracid, *an acid without any oxygen atoms.*
hydralkylation *f* – hydroalkylation.
hydratation *f* – hydration.
hydrate *m* – hydrate. **hydrate de carbone** : carbohydrate. **hydrate de gaz** : gas hydrate, *crystallized compounds formed under pressure from natural gas and liquid water.*
hydraté – hydrated; hydrous.
hydraulique *f* – hydraulics. **hydraulique de l'outil de forage** : bit hydraulics. **hydraulique du puits** : wellbore hydraulics.
hydraulique – fluid actuated; hydraulic.
hydravion *m* – seaplane.
hydrazine *f* – hydrazine.
hydrazone *f* – hydrazone.
Hydril – Hydril, *tradename for an annular blowout preventer, see also filetage Hydril.*
hydrique – hydric.
hydrobiologie *f* – hydrobiology.
hydrobios *m* – hydrobios, *the part of the Earth occupied by aquatic animals and plants, see also geobios.*
hydrobiotite *f* – hydrobiotite, *a clay mineral with mixed layers of biotite and vermiculite.*
hydroboration *f* – hydroboration.
hydrocarboduc *m* – coal slurry pipeline.
hydrocarboné – hydrocarbon containing.
hydrocarbure *m* – hydrocarbon. **hydrocarbure à chaîne droite** : straight-chain hydrocarbon. **hydrocarbure à chaîne ouverte** : open-chain hydrocarbon. **hydrocarbure à chaîne ramifiée** : branched-chain hydrocarbon. **hydrocarbure à double liaison** : double-bonded hydrocarbon. **hydrocarbure acétylénique** : acetylene hydrocarbon, *alkyne.* **hydrocarbure alicyclique** : alicyclic hydrocarbon, *having properties of both aliphatic and cyclic saturated compounds.* **hydrocarbure aliphatique** : aliphatic hydrocarbon, *having an open chain and composed of three subgroups: paraffins (alkanes), olefins (alkenes or alkadienes), and acetylenes (alkynes).* **hydrocarbure aromatique** : aromatic hydrocarbon, *containing a benzene ring.* **hydrocarbure aromatique polycyclique** : polycyclic aromatic hydrocarbon, *see hydrocarbure aromatique polynucléaire.* **hydrocarbure aromatique polynucléaire (HAP)** : polynuclear aromatic (PNA); polynuclear aromatic hydrocarbon (PAH), *a series of complex compounds produced in small amounts during combustion in internal-combustion engines, and some of which are considered to be carcinogenic.* **hydrocarbure ayant un ou plusieurs noyaux cycliques** : closed-ring hydrocarbon. **hydrocarbure benzénique** : benzene hydrocarbon. **hydrocarbure bromé** : bromohydrocarbon. **hydrocarbure chloré** : chlorinated hydrocarbon; chlorohydrocarbon. **hydrocarbure chlorofluoré** : chlorofluorocarbon. **hydrocarbure cyclanique** : alicyclic hydrocarbon. **hydrocarbure cyclique** : cyclic hydrocarbon; ring hydrocarbon. **hydrocarbure dioléfinique** : diolefin hydrocarbon. **hydrocarbures éthyléniques** : ethylene series, *olefins, ethene series, alkenes.* **hydrocarbure gazeux** : gaseous hydrocarbon. **hydrocarbure halogéné** : halogenated hydrocarbon. **hydrocarbure imbrûlé** : unburned hydrocarbon. **hydrocarbure insaturé** : unsaturated hydrocarbon. **hydrocarbure instable** : unstable hydrocarbon. **hydrocarbure liquide** : liquid hydrocarbon. **hydrocarbure naphténique** : naphthenic hydrocarbon. **hydrocarbure naturel** : natural hydrocarbon. **hydrocarbure non saturé** : unsaturated hydrocarbon. **hydrocarbure oléfinique** : olefinic hydrocarbon, *they react much more readily than paraffins or naphthenes and combine easily with hydrogen, chlorine and bromine or with each other.* **hydrocarbure paraffinique** : paraffin hydrocarbon. **hydrocarbure paraffinique normal** : normal paraffin. **hydrocarbure persistant** : persistent oil, *may be a crude oil, lubricating oil, a liquid fuel or a heavy diesel oil and remains as a pollutant in the environment.* **hydrocarbure polymérique** : polymeric hydrocarbon. **hydrocarbure saturé** : saturated hydrocarbon. **hydrocarbure stabilisé** : stabilized hydrocarbon. **hydrocarbures supérieurs** : higher hydrocarbons.
hydrocellulose *f* – hydrocellulose, *hydrated cellulose.*
hydroclastique – hydroclastic.

hydrocodimère *m* – hydrocodimer, *a saturated blending agent with a high octane number, produced by the hydrogenation of codimers.*
hydrocolloïde *m* – hydrocolloid.
hydroconnecteur *m* – hydraulic connector.
hydroconnexion *f* – hydraulic connection.
hydrocraquage *m* – hydrocracking, *cracking under substantial hydrogen pressure.*
hydrocraquat *m* – hydrocrackate.
hydrocraqueur *m* – hydrocracker.
hydrocyanuration *f* – hydrocyanation.
hydrocyclone *m* – hydrocyclone.
hydrodécyclisation *f* – hydrodecyclization.
hydrodédiénisation *f* – selective hydrogenation of diolefins.
hydrodémétallisation *f* – hydrodemetallization.
hydrodénitrogénation *f* – hydrodenitrogenation.
hydrodéparaffinage *m* – hydrodewaxing.
hydrodésalkylation *f* – hydrodealkylation.
hydrodésasphaltage *m* – hydrodeasphalting.
hydrodésazotation *f* – hydrodenitrogenation.
hydrodésulfuration *f* – hydrodesulfurization, *hydrodesulfurizing.*
hydrodimérisation *f* – hydrodimerization.
hydrodynamique *f* – hydrodynamics.
hydrodynamique – hydrodynamic, *hydrodynamical.*
hydroélectricité *f* – hydroelectricity.
hydroélectrique – hydroelectric.
hydroexplosion *f* – hydroexplosion.
hydrofinissage *m* – hydrofinishing.
hydroformat *m* – hydroformate, *product obtained by a Hydroforming process.*
hydroformylation *f* – hydroformylation, *an oxosynthesis process.*
hydrofuge – damp proof; water repellent. **agent hydrofuge** : waterproofing; waterproofing agent.
hydrogazéification *f* – hydrogasification.
hydrogel *m* – hydrogel, *result of the flocculation of a hydrosol.*
hydrogénation *f* – hydrogenation, *the chemical addition of hydrogen to unsaturated compounds.* **hydrogénation catalytique** : catalytic hydrogenation. **hydrogénation catalytique non destructive** : catalytic conservative hydrogenation. **hydrogénation destructive** : destructive hydrogenation, *hydrocracking.* **hydrogénation en phase liquide** : liquid-phase hydrogenation. **hydrogénation sélective** : selective hydrogenation. **unité d'hydrogénation** : hydrogenation plant.
hydrogène *m* – hydrogen, *symbol H.* **hydrogène actif** : active hydrogen. **hydrogène atomique** : atomic hydrogen. **hydrogène carburé** : carbureted hydrogen, *methane.* **hydrogène naissant** : active hydrogen. **hydrogène sulfuré** : hydrogen sulfide.
hydrogéné – hydrogenated.
hydrogénique – hydrogenic *(pedol).*
hydrogénoduc *m* – hydrogen pipeline.
hydrogénolyse *f* – hydrogenolysis.
hydrogéologie *f* – hydrogeology.
hydroglisseur *m* – hydroplane.
hydrographe *m* – hydrograph.
hydrographie *f* – hydrography.
hydrographique – hydrographic.
hydrohalogénation *f* – hydrohalogenation.
hydro-isomérisation *f* – hydroisomerization.
hydrolaccolite *m* – hydrolaccolith, *a frost mound having a core of ice and resembling a laccolith.*
hydrolase *f* – hydrolase, *an enzyme that catalyzes the removal of water from a substrate.*
hydroliquéfaction *f* – hydroliquefaction, *a coal liquefaction process.*
hydrolithe *f* – hydrolith, *a chemically precipitated aqueous rock such as rock salt.*
hydrologie *f* – hydrology. **hydrologie des eaux souterraines** : groundwater hydrology.
hydrologique – hydrologic.
hydrolube *f* – hydrolube, *water-glycol base noncombustible hydraulic fluid.*
hydrolysat *m* – hydrolyzate.
hydrolyse *f* – hydrolysis.
hydrolytique – hydrolytic.
hydromagnésite *f* – hydromagnesite, *a variety of magnesium.*
hydromagnétisme *m* – *see magnétohydrodynamique.*
hydromatique – hydromatic.
hydromécanique *f* – hydromechanics.
hydrométallurgie *f* – hydrometallurgy.
hydrométamorphisme *m* – hydrometamorphism.
hydromètre *m* – hydrometer.
hydrométrie *f* – hydrometry.
hydromorphe – hydromorphic, *having developed in the presence of excess moisture tending to suppress the aerobic factors in soil-building.*
hydroperoxyde *m* – hydroperoxide. **hydroperoxyde d'éthylbenzène** : ethylbenzene hydroperoxide, *1-phenylethyl hydroperoxide.* **hydroperoxyde de cumène** : cumene hydroperoxide. **hydroperoxyde de tertiobutyle** : tert-butyl hydroperoxide (TBHP).
hydrophile *m* – hydrophile.
hydrophile – hydrophilic.
hydrophobe – hydrophobic.
hydrophone *m* – hydrophone, *a marine detector that is sensitive to pressure variations, as opposed to a geophone that is sensitive to particle motion*; pressure detector. **hydrophone à céramique tubulaire** : cylindrical hydrophone. **hydrophone à disques** : disk hydrophone. **hydrophone à flexion** : bender. **hydrophone à pastilles** : disk hydrophone. **hydrophone à réluctance variable** : variable-reluctance hydrophone. **hydrophone piézoélectrique** : piezoelectric hydrophone.
hydropolymère *m* – hydropolymer.
hydroptère *m* – hydrofoil, *a marine craft whose hull is borne above water by means of fins acting like airplane wings in the water.*
hydropyrolyse *f* – hydropyrolysis, *a thermal cracking process for hydrocarbons in the presence of hydrogen to obtain olefins.*
hydroquinone *f* – hydroquinone, *hydroquinol, p-dihydroxybenzene.*
hydroraffinage *m* – hydrorefining.
hydroscope *m* – dowser; hydroscope.
hydroscopie *f* – dowsing.
hydroscopique – hydroscopic.
hydroséparateur *m* – hydroseparator.
hydrosilylation *f* – hydrosilylation *(chem).*
hydrosol *m* – hydrosol, *a colloidal solution in water.*

hydrosphère *f* – hydrosphere, *the surface waters of the Earth in liquid or solid form.*
hydrosphérique – hydrospheric.
hydrostatique *f* – hydrostatics.
hydrostatique – hydrostatic.
hydrothermal – hydrothermal.
hydrothermique – hydrothermal.
hydrotraitement *m* – hydrotreating, *catalytic process in which hydrogen is placed in contact with petroleum fractions to remove impurities, such as oxygen, sulfur, nitrogen or unsaturated hydrocarbons.*
hydrotrope *m* – hydrotrope, *compound having the ability to increase the solubilities of various organic compounds.*
hydrotropie *f* – hydrotropy, *increasing the solubility of a substance that is only slightly soluble in water by the addition of a third substance.*
hydroviscoréduction *f* – hydrovisbreaking, *thermal cracking of bitumen in the presence of hydrogen.*
hydrox *m* – hydrox, *a breathing mixture consisting of hydrogen and oxygen.*
hydroxyde *m* – hydroxide. **hydroxyde d'aluminium** : aluminum hydroxide. **hydroxyde d'ammonium quaternaire** : quaternary ammonium hydroxide. **hydroxyde de baryum** : barium hydroxide. **hydroxyde de calcium** : calcium hydroxide, *calcium hydrate, hydrated lime, caustic lime, slaked lime.* **hydroxyde de lithium** : lithium hydroxide. **hydroxyde de magnésium** : magnesium hydroxide. **hydroxyde de sodium** : sodium hydroxide. **hydroxyde de strontium** : strontium hydroxide.
hydroxyéthycellulose *f* – hydroxyethylcellulose *(HEC), nonionic water-soluble cellulose ether, used in drilling muds as a suspension agent.*
hydroxylamine *f* – hydroxylamine, *oxammonium.*
hydroxylase *f* – hydroxylase, *a monooxygenase enzyme that catalyzes the transfer of one of the two oxygen atoms.*
hydroxylation *f* – hydroxylation *(chem).*
hydroxyle *m* – hydroxyl.
hydrozoaire *m* – hydrozoan.
hydrure *m* – hydride. **hydrure de calcium** : calcium hydride. **hydrure de lithium** : lithium hydride. **hydrure de lithium et d'aluminium** : lithium-aluminum hydride. **hydrure de titane** : titanium hydride. **hydrure de zirconium** : zirconium hydride, *used in combustible mixtures as a hydrogenation catalyst.*
hygiène *f* – hygiene; sanitation. **hygiène du travail** : occupational health; occupational hygiene. **hygiène et sécurité du travail** : occupational safety and health.
hygiénique – sanitary.
hygromètre *m* – hygrometer; moistograph; moisture meter. **hygromètre à cheveu** : hair hygrometer. **hygromètre Daniell** : Daniell hygrometer. **hygromètre du point de rosée** : dew-point hygrometer.
hygrométrie *f* – hygrometry.
hygroscopique – hygroscopic.
hylotropie *f* – hylotropy, *having a constant melting and boiling point.*
hylotropique – hylotropic.
hypabyssal – hypabyssal *(geol).*
hyperbare – hyperbaric, *having a pressure greater than atmospheric pressure.*
hyperbarie *f* – hyperbary *(diving).*
hyperbole *f* – hyperbola.
hyperbolique – hyperbolic.
hypercapnie *f* – hypercapnia, *increase in the carbon-dioxide partial pressure in a diver's body.*
hypercharge *f* – hypercharge *(phys).*
hyperconjugaison *f* – hyperconjugation.
hypercube *m* – hypercube.
hyperfiltration *f* – hyperfiltration, *reverse osmosis of a solvent produced by applying pressure.*
hyperfocal – hyperfocal.
hyperfréquence *f* – hyperfrequency, *microwave region.*
hypergéométrique – hypergeometric.
hypergol *m* – hypergol; hypergolic propellant.
hypergolique – hypergolic.
hypérite *f* – hyperite *(geol).*
hypernoyau *m* – hypernucleus.
hypéron *m* – hyperon, *a nuclear particle with a mass between a proton and a neutron.* **hypéron sigma** : sigma hyperon.
hyperoxie *f* – hyperoxia, *increase in the oxygen partial pressure in the body of a diver.*
hyperpétrolier *m* – *see ultragros porteur de brut.*
hyperplan *m* – hyperplane *(math).*
hypersensibilité *f* – hypersensitivity *(allergy).*
hypersonique – hypersonic.
hypersorbeur *m* – hypersorption column.
hypersorption *f* – hypersorption, *a process for the recovery of the low-molecular-weight gases from methane by an activated-carbon absorbent.*
hyperstéréoscopie *f* – hyperstereoscopy.
hypersthène *m* – hypersthene *(miner).*
hypertrempe *f* – rapid quenching *(metal).*
hyperventilation *f* – hyperventilation *(diving).*
hypidiomorphe – hypidiomorphic *(petro)*; subhedral *(petro).*
hypocapnie *f* – hypocapnia, *reduction in the carbon-dioxide partial pressure in the body of a diver.*
hypocentre *m* – hypocenter.
hypochlorite *f* – hypochlorite. **hypochlorite de sodium** : sodium hypochlorite.
hypocristallin – hypocrystalline.
hypogénique – hypogene, *concerning geologic processes occurring within or blow the Earth's crust.*
hypoïde – hypoid, *said of a conical gear with nonparallel nonintersecting shafts.*
hypolimnion *m* – hypolimnion, *the lower level of cooler water in a thermally stratified lake.*
hypophosphoreux – hypophosphorous.
hypothèque *f* – encumbrance; mortgage. **hypothèque générale** : blanket mortgage.
hypothermal – hypothermal *(hydrol).*
hypothermie *f* – hypothermia *(physiol).*
hypothèse *f* – assumption; guess; hypothesis. **hypothèse de Pratt** : Pratt hypothesis, *a concept of the mechanism of isostasy.* **hypothèse de travail** : working hypothesis. **hypothèse nébulaire** : nebular hypothesis, *concerning the way stars and planets are formed.* **hypothèse nulle** : null hypothesis *(stat).*

hypothétique – hypothetical.
hypotype *m* – hypotype *(pal)*.
hypoventilation *f* – hypoventilation *(diving)*.
hypsographe *m* – hypsograph; transmission measuring set.
hypsographique – hypsographic.
hypsomètre *m* – hypsometer.
hypsométrie *f* – hypsometry, *the measuring of elevation with reference to sealevel.*
hypsométrique – hypsometric.
hystérésis *f* – hysteresis, *a lag of the effect compared to the cause, particularly in elastic and magnetic behavior,* retentivity. **hystérésis d'aimantation** : magnetic hysteresis. **hystérésis électrique** : ferroelectric hysteresis, *dielectric hysteresis.* **hystérésis magnétique** : magnetic hysteresis. **hystérésis mécanique** : mechanical hysteresis. **hystérésis thermique** : thermal hysteresis.
hystérogène – hysterogenous *(miner)*.
hystricosphère *f* – hystrichosphaerid, *microfossil.*
Hz – Hz, *symbol for hertz.*

I

IA – AI, *abbr. intelligence artificielle, artificial intelligence.*

IAT – TAI, *abbr. indice d'altération thermique, thermal alteration index.*

iceberg *m* – iceberg, *a large massive piece of floating or stranded glacier ice extending more than 5 m above sealevel, calved from a glacier or ice barrier.* **iceberg de glacier** : glacier berg, *irregularly shaped, calved from a coastal glacier, typical of the Arctic.* **iceberg tabulaire** : barrier berg; tabular berg, *straight-sided and flat-topped iceberg showing horizontal banding.*

ichnocénose *f* – ichnocoenosis, *an association of trace fossils.*

ichnofossile *m* – ichnofossil *(pal)*; trace fossil *(pal)*.

icône *f* – icon, *pictorial representation of a computer function on an electronic display.*

iconique – iconic.

iddingsite *f* – iddingsite *(miner)*.

idéal – ideal.

identification *f* – identification. **identification d'un brut** : fingerprinting, *an analysis method used to determine the source of a crude oil.* **identification des couches** : identification of seams.

identité *f* – identity. **identité trigonométrique** : trigonometric identity.

idioblaste *m* – idioblast *(petro)*.

idiochromatique – idiochromatic.

idiogène – idiogenous, *synonym of syngenetic, i.e. formed contemporaneously.*

idiogéosynclinal *m* – idiogeosyncline, *a type of late-cycle geosyncline between stable and mobile areas of the crust.*

idiomorphe – idiomorphic *(petro)*.

idrialène, idrialite *f* – idrialene; idrialite, *a hydrocarbon from asphalt.*

IE – EFI, *abbr. injection électronique, electronic fuel injection.*

IFP – *abbr. Institut français du pétrole.*

IFREMER – *abbr. Institut français de recherche pour l'exploitation de la mer.*

IGN – *abbr. Institut géographique national.*

igné – igneous; pyrogenous.

ignifugation *f* – fireproofing.

ignifuge – fire resisting; fireproof; flameproof; heat resisting.

ignimbrite *f* – ignimbrite, *rock formed by the deposition and consolidation of ash flows and nuées ardentes.*

ignitron *m* – ignitron *(elec)*.

île *f* – island. **île artificielle** : artificial island; man-made island. **île corallienne** : coral island. **île d'émersion** : upheaved island; uplifted island. **île de cordon libre** : barrier island. **île de forage** : drilling island, *built artificially.* **île de glace** : ice island, *a large tabular iceberg broken off from an ice shelf, with a thickness of between 15 and 50 m and an area between a few thousand square meters and 500 square km or more.* **île de glace artificielle** : artificial ice island. **île rattachée** : attached island. **île rattachée à la terre** : land-tied island. **île volcanique** : volcanic island.

illégal – illegal.

illicite – illicit, *unlawful.*

illite *f* – illite, *a general term for the clay-mineral constituents of argillaceous sediments in the mica group.*

illuminé – lighted.

illuminer – illuminate (to); light (to).

illuvial – illuvial.

illuviation *f* – illuviation *(pedol)*.

ilménite *f* – ilmenite, *titanic iron ore.*

îlot *m* – islet. **îlot de boue** : mudlump, *a mound of clayey material rising to the surface of the ground as the result of weight exerted by recent deposits.* **îlot de sable corallien** : sand key. **îlot de pompes de station-service** : pump island, *service station.*

îlotage – isolation *(elec)*. **îlotage d'une tranche** : isolation of a unit *(elec)*.

image *f* – image; picture. **image améliorée** : enhanced image. **image basse-fréquence** : low-frequency image. **image composite** : composite color image. **image corrigée** : rectified image. **image d'écran** : soft copy. **image de basse fréquence** : low-frequency image. **image de haute fréquence** : high-frequency image. **image diachronique** : multidate image, *multitemporal image.* **image en couleur composée** : color-composite image. **image en couleur naturelle** : natural-color image. **image fantôme** : foldover. **image filtrée passe-bas** : low-pass image. **image filtrée passe-haut** : high-pass image. **image latente** : latent image. **image multidate** : multidate image. **image négative** : negative. **image nette** : sharp image. **image non photographique** : nonphotographic image. **image numérique** : digital image. **image numérisée** : digitized image. **image optique** : optical image. **image panchromatique** : panchromatic image. **image passe-bas** : low-pass image. **image passe-haut** : high-pass image. **image photographique** : picture. **image plastique** : stereoscopic image. **image plurielle par radar** : radar multilook image. **image positive** : positive. **image radar** : radar image. **image radar plurielle** : radar multilook image. **image réelle** :

real image. **image satellite** : satellite image. **image secondaire** : ghost image. **image simple radar** : radar single-look image. **image spectrale** : spectral image. **image stéréoscopique** : stereoscopic image. **image-temps d'un synclinal pincé** : bow tie. **image thermique** : thermal image. **image vidéo** : soft copy.

imagerie *f* – imagery, *the products of image-forming instruments.* **imagerie à fibres optiques** : optic-fiber imagery. **imagerie radar** : radar imagery. **imagerie satellitaire** : satellite imagery.

imagette *f* – subimage.

imageur *m* – image recorder. **imageur en couleur** : color-image recorder. **non imageur** : nonimaging.

imaginaire – imaginary.

imbiber – imbibe (to); soak (to).

imbibition *f* – imbibition; soak; soaking.

imbrication *f* – imbrication; interbedding; interfingering.

imbriqué – crisscross; imbricate; imbricated; schuppen.

imbrûlé – unburned, *also spelled unburnt.*

imide *m* – imide, *a nitrogen-containing acid having two double bonds.*

imine *f* – imine, *a nitrogen-containing organic substance having a carbon-to-nitrogen double bond.*

immatriculation *f* – registration. **libre immatriculation** : open registry, *of a ship.*

immergé – subaqueous, *formed, existing or placed in an aqueous environment*; submerged; underwater.

immerger – immerse (to).

immérité – unearned.

immersible – immersible.

immersion *f* – dipping; immersion; plunging. **immersion dans l'huile** : oil immersion.

immiscible – immiscible.

immission *f* – immission.

immobilisation *f* – immobilization. **temps d'immobilisation** : downtime. **immobilisation de capitaux** : locking of capital.

immobilisations *f* – capital expenditures; fixed assets; permanent assets *(accounting)*.

immobilisé – immobilized.

impact *m* – impact; slamming. **impact écologique** : ecological impact. **impact économique** : economic impact.

impacteur *m* – impactor; impinger, *a device for removing material suspended in a gas stream.*

impactite *f* – impactite, *rock resulting from heat of impact by a meteor.*

impair – odd; uneven.

impalpable – impalpable.

imparité *f* – unevenness.

impédance *f* – impedance. **impédance acoustique** : acoustic impedance. **impédance acoustique caractéristique, impédance acoustique spécifique** : specific acoustic impedance, *surge impedance.* **impédance bloquée** : blocked impedance. **impédance cinétique** : motional impedance. **impédance d'électrode** : electrode impedance. **impédance d'entrée** : input impedance. **impédance d'onde** : wave impedance. **impédance de charge** : load impedance. **impédance de sortie** : output impedance. **impédance de transfert** : transfer impedance. **impédance élastique** : elastic impedance. **impédance électrique** : electrical impedance. **impédance fictive** : dummy load. **impédance itérative** : iterative impedance. **impédance mécanique** : mechanical impedance. **impédance motionnelle** : motional impedance.

impédancemètre *m* – impedance meter, *electrical-impedance meter.*

impénétrabilité *f* – impenetrability.

impératif – imperative; mandatory.

imprescriptible – indefeasible *(jur)*.

imperfection *f* – fault; imperfection. **imperfection cristalline** : *see défaut cristallin.*

imperméabilisant *m* – sealant polymer, *drilling mud additive.*

imperméabilisation *f* – waterproofing.

imperméabiliser – caulk (to); waterproof (to).

imperméabilité *f* – impermeability; imperviousness.

imperméable – impermeable; impervious; tight. **imperméable à l'air** : airtight. **imperméable à l'eau** : waterproof.

impesanteur *f* – *see apesanteur.*

impétus *m* – impulse; kick; onset.

implantation *f* – planting; positioning; site. **implantation du puits** : well site.

implanté – entrapped; installed.

implicite – implied.

imploseur *m* – imploder, *marine seismic source.*

implosion *f* – implosion.

impluvium *m* – river basin.

impointable – unpickable *(seis)*.

impondérable – unweightable.

importance *f* – ponderosity; significance.

important – appreciable; large.

importation *f* – import.

imposable – taxable.

imposé – specified.

imposition *f* – tax assessment.

impôt *m* – tax. **impôt cédulaire** : schedular tax. **impôt dégressif** : degressive taxation. **impôt foncier** : acreage rent; land tax; property tax. **impôt indirect** : excise tax. **impôt sur le revenu** : income tax. **impôt sur les plus-values** : capital-gains tax. **impôt sur les sociétés** : corporate income tax; corporation tax, *taxable portion of profits.* **avant impôt** : pretax. **progressivité de l'impôt par tranches** : tax-bracket progression.

imprécis – inaccurate.

imprécision *f* – inaccuracy.

imprégnant *m* – penetrant.

imprégnation *f* – impregnation; permeation. **imprégnation saline** : salinization.

imprégné – impregnated; soaked. **imprégné d'huile** : oil impregnated; oil saturated; oil wet. **imprégné de pétrole** : oil stained.

imprégner – moisten (to); permeate (to); soak (to).

impression *f* – impression; print; printing; rolled-in slugs, *in a steel pipe, foreign metal bodies rolled into the surface of the metal.*

impressionner – impress (to).

imprévisible – unpredictable.

imprévus *m* – contingencies.

imprimante *f* – printer. **imprimante électrostatique** : electrostatic printer. **imprimante laser** : laser printer.
imprimé *m* – form.
imprimé – printed.
imprimer – print (to); impress (to).
imprimerie *f* – printing plant.
improductif – unproductive.
impropre – unsuitable.
impsonite *f* – impsonite, *a variety of asphaltic pyrobitumen.*
impulseur *m* – impeller.
impulsion *f* – impetus; impulse; jitter; pulsation; pulse; spike. **impulsion d'attaque** : drive impulse *(seis)*. **impulsion d'autocorrélation** : autocorrelation pulse. **impulsion de départ** : original pulse *(seis)*. **impulsion de pointe** : spike pulse. **impulsion de remise** : reset pulse. **impulsion électromagnétique** : electromagnetic pulse. **impulsions par minute** : counts per minute. **impulsion satellite** : satellite pulse. **impulsion sismique** : wavelet. **impulsion spécifique** : specific impulse. **impulsion unité** : unit impulse.
impulsionnel – impulsive.
impureté *f* – contaminant; contamination; impurity. **impureté stoechiométrique** : stoichiometric impurity *(cryst)*. **impuretés** : dirt; turbidity, *making water turbid.*
inaccessible – concealed, *of a lode, oil or gas*; inaccessible.
inactif – idle; inactive; standing.
inactivité *f* – idleness. **inactivité chimique** : inertness.
inadapté – misfit.
inadéquat – inadequate; unsuitable.
inaltérabilité *f* – unalterability, *unalterableness.* **inaltérabilité de la couleur** : color fastness.
inaltérable – nonaging; noncorrosive, *noncorrodible.*
inaltéré – unchanged; unweathered.
inaptitude *f* – inability; unsuitability.
inattaquable – unattackable. **inattaquable par les acides** : acidproof.
inauguration *f* – initiation; opening.
incandescence *f* – candescence; glow; glowing heat; incandescence. **incandescence résiduelle** : afterglow.
incandescent – candescent; glowing; incandescent.
incapacité *f* – incapability, *lack of legal qualification*; incapacity. **incapacité de travail** : disability, *due to an accident.*
incassable – shatterproof; unbreakable.
incendie *m* – fire. **incendie de forêt** : forest fire. **incendie majeur** : major fire.
incendier – fire (to).
incertae-sedis – incertae-sedis, *applied to a fossil whose classification is regarded as uncertain.*
incertain – uncertain; unreliable.
incertitude *f* – uncertainty. **incertitude d'une mesure** : uncertainty of measurement.
inchangé – unchanged.
incidence *f* – incidence. **incidence brewstérienne** : angle of polarization. **incidence normale** : normal incidence. **incidence rasante** : grazing incidence.
incident *m* – incident; mishap. **incident opératoire** : operating trouble.
incident – incident; incidental.
incinérateur *m* – destructor; incinerator.
incinération *f* – incineration. **incinération catalytique** : catalytic incineration. **incinération des déchets** : incineration of waste.
inciser – indent (to).
incise-tube *m* – casing ripper; casing splitter; splitter.
incitation *f* – incentive. **incitation à l'investissement** : investment incentive. **incitation fiscale** : tax incentive.
inclinaison *f* – cant; canting; declivity; dip; dipping; hade, *angle of inclination of a fault or vein measured from the vertical*; hang; inclination; incline; pitch; plunge; rake; slant; slope; tilt; tilting, *of the Earth's crust*; underlay. **inclinaison constante** : constant tilt. **inclinaison de faille** : fault dip. **inclinaison de l'interface** : tilting of interface, *oil-water in a reservoir.* **inclinaison de l'onde au sol** : wave tilt. **inclinaison de l'orbite** : orbital inclination. **inclinaison de la base** : base tilt. **inclinaison du pendage** : dip slope. **inclinaison longitudinale** : pitch angle. **inclinaison magnétique** : dip of the needle; magnetic dip, *angle at which a magnetic field dips from the horizontal*; magnetic inclination. **inclinaison moyenne** : average hade, *angle of the fault plane with the vertical plane.* **inclinaison primaire** : primary dip. **inclinaison relative** : relative tilt. **inclinaison transversale** : x-tilt.
incliné – dipping; inclined; pitching; shelving; slant; upturned. **incliné vers** : dipping toward.
incliner – cant (to). **s'incliner** : dip (to); hade (to), *to incline from the vertical.*
inclinomètre *m* – drift indicator; inclinometer, *indicating the deviation of a well*; tiltmeter. **inclinomètre à câble tendu** : taut-wire inclinometer. **inclinomètre à fil tendu** : taut-wire inclinometer. **inclinomètre à induction** : earth inductor; induction inclinometer. **inclinomètre à orientation** : single-shot inclinometer, *a device used to measure the slant and azimuth of a borehole.* **inclinomètre à pendule** : pendulum inclinometer. **inclinomètre à siphon** : siphoclinometer. **inclinomètre de fond** : bottomhole inclinometer.
inclinométrie *f* – borehole-profile log.
inclure – include (to).
inclusif – inclusive.
inclusion *f* – enclosure; inclusion, *a fragment of older rock within an igneous rock ; defect occurring in electric flash-welds*; slag. **inclusion de fluide** : fluid inclusion. **inclusion de stérile** : rider. **inclusion gazeuse** : gaseous enclosure. **inclusion ignée** : igneous intrusion. **inclusion minérale** : mineral spot. **inclusion non métallique** : nonmetallic inclusion; slag inclusion, *in a weld deposit.*
incohérent – incoherent.
incolore – colorless; uncolored.
incombustibilité *f* – incombustibility.
incombustible – fireproof; incombustible; noncombustible; unburnable.
incommensurable – incommensurable.
incommode – cumbersome.
incompatibilité *f* – incompatibility.
incompétent – incompetent, *refers to rocks that have been deformed in a ductile manner compared to more-brittle adjacent rocks.*
incomplet – inadequate; incomplete.
incompressibilité *f* – incompressibility.

incompressible – incompressible.
incondensable – noncondensable.
inconformité *f* – unconformity, *a surface separating younger and older strata, along which there is evidence of subaerial erosional truncation or subaerial exposure, with a significant interruption in the continuity of the depositional sequence, see also lacune.*
incongelable – frostproof.
incongruent – incongruent, *see fusion incongruente.*
inconnue *f* – unknown *(math).*
inconstant – unsteady.
inconvénient *m* – drawback.
incorporation *f* – intake.
incorporé – built in; inbuilt; incorporated.
incorporel – incorporeal *(jur).*
incorporer – embed (to); embody (to); incorporate (to).
incorrect – improper.
Incoterms – Incoterms, *International Commercial Terms.*
incrément *m* – increment. **incrément de déformation** : incremental strain, *every small increase in strain causes a given degree of further deformation.*
incrémentation *f* – increment.
incrémentiel – incremental.
increvabilité *f* – puncture resistance, *tire.*
incrustation *f* – encrustation; incrustation; scale; scale crust. **incrustation de chaudière** : boiler scale. **incrustation de la fibre** : fiber incrustation.
incrusté – ingrained; scale coated.
incruster – embed (to); incrust (to).
incubation *f* – incubation.
incurvation *f* – distortion.
incurver – deflect (to).
indane *m* – indan, *hydrindene.*
indéchirable – tearproof.
indélébile – indelible.
indemnisation *f* – compensatory damages.
indemnité *f* – allowance; benefit; compensation; gratuity; indemnity. **indemnité d'expatriation** : overseas allowance. **indemnité de déplacement** : travel allowance. **indemnité de licenciement** : redundancy payment; severance pay. **indemnité de vie chère** : cost-of-living bonus. **indemnité journalière** : per-diem.
indène *m* – indene, *a polynuclear hydrocarbon.*
indentation *f* – indentation; reentrant.
indépendance *f* – independence. **indépendance énergétique** : energy independence. **indépendance pétrolière** : oil independence.
indépendant – independent; self contained; standalone.
indépendant *m* – independent, *as opposed to the major integrated production companies, there are thousands of independents in the U.S.A..*
indéréglable – foolproof; troubleproof.
indétermination *f* – uncertainty.
indétonant – antiknock.
indétraquable – foolproof.
index *m* – index. **index ajustable** : adjustable index, *with zero set.* **index colorimétrique** : color index. **index de pointé stéréoscopique** : floating mark; wandering mark. **index de viscosité** : *see indice de viscosité.* **index spatial** : index mark.
indexation *f* – indexing. **indexation des salaires sur les prix** : wage-price indexing.
indicateur *m* – detector; indicator; marker; snooper, *radioactive*; telltale; timetable; tracer. **indicateur à cadran** : dial indicator. **indicateur chimique** : chemical indicator. **indicateur coloré** : color indicator. **indicateur d'angle et d'orientation du tube prolongateur** : riser-angle indicator. **indicateur d'orientation** : steering tool, *directional drilling.* **indicateur d'oxydoréduction** : oxidation-reduction indicator. **indicateur de charge** : drillometer; load indicator. **indicateur de chemin de fer** : railroad schedule. **indicateur de cliquetis** : knockmeter, *a fuel-testing device used in ASTM knock-testing methods.* **indicateur de coincement** : free-point indicator, *a tool for measuring the amount of stretch in a string of stuck drillpipe and to indicate the deepest point at which the pipe is free.* **indicateur de combustion** : combustion indicator, *used to be used in the CRF-diesel engine (cetane method) , but has been replaced by combustion pick-up.* **indicateur de couple** : torquemeter. **indicateur de couple de vissage** : tong-torque indicator *(drill).* **indicateur de court-circuit** : growler. **indicateur de débit** : flow indicator; flowmeter. **indicateur de débit par tube venturi** : venturi meter. **indicateur de déformation** : deflectometer. **indicateur de dérive, indicateur de déviation** : drift indicator. **indicateur de fluorescence** : fluorescent indicator. **indicateur de fréquence** : frequency indicator. **indicateur de fuite** : leakage indicator. **indicateur de gaz combustible** : combustible-gas indicator. **indicateur de gisement panoramique** : plan-position indicator (PPI), *remote sensing.* **indicateur de marées** : tide gage. **indicateur de niveau** : height indicator; level gage; level indicator. **indicateur de niveau d'eau visible** : water glass. **indicateur de niveau d'huile** : oil-level gage. **indicateur de niveau de boue** : pit-level indicator. **indicateur de niveau magnétique** : magnetic level indicator. **indicateur de pente** : tiltmeter. **indicateur de pertes** : loss meter. **indicateur de poids** : load indicator. **indicateur de point libre** : free-point indicator *(drill).* **indicateur de position** : bug. **indicateur de pression** : pressure gage; pressure indicator, *for steam.* **indicateur de pression d'huile** : oil-pressure gage. **indicateur de pression de vent** : blast meter. **indicateur de profondeur** : depth indicator. **indicateur de remplissage** : full-level indicator. **indicateur de sabot de tube de production** : tubing-end locator. **indicateur de surpression** : boost gage. **indicateur de température** : temperature indicator. **indicateur de tirage** : blast gage; draft gage. **indicateur de vide** : vacuum gage; vacuum indicator. **indicateur de vitesse** : speed indicator; speedometer. **indicateur du niveau de boue dans les bassins** : mud-pit level indicator. **indicateur électronique de position** : electronic position indicator (EPI), *radionavigation system.* **indicateur énergétique** : energy indicator. **indicateur littéral** : code letter. **indicateur lumineux** : light indicator. **indicateur Shoran de ligne droite** : Shoran straight-line indicator. **indicateur zéro** : zero indicator.

indication *f* – clue; direction; guidance; pointer; show. **indication en marge** : marginal information.

indicatrice *f* – time-distance curve, *seismic reflection.*

indice *m* – clue; index; index number; indicator; number, *a numerical quantity indicating the magnitude of some physical effect, such as the viscosity index or the octane number*; show, *the detectable presence of a mineral, oil or gas in a borehole, usually determined from examining a core sample or cuttings*; subscript, *a letter or symbol written below, and usually to the right*; value. **indice antidétonant** : antiknock value. **indice d'acétyle** : acetyl number, *number of milligrams of potassium hydroxide required for neutralizing acetic acid obtained by saponifying one gram of acetylated fat or oil sample.* **indice d'acide** : acid number, *see indice d'acide fort and indice d'acide total*; acid value. **indice d'acide fort** : strong acid number, *the quantity of base, expressed in milligrams of potassium hydroxide, that is required to titrate the strong acid constituents present in 1 g of sample.* **indice d'acide total** : total acid number (TAN), *the quantity of base, expressed in milligrams of potassium hydroxide, that is required to neutralize all acidic constituents present in 1 g of sample.* **indice d'affaiblissement acoustique** : sound reduction factor. **indice d'aigu** : sharpness ratio, *measurement of the crystallinity of illite.* **indice d'altération thermique (IAT)** : thermal alteration index (TAI), *estimated as the light transmitted by sporopollenin.* **indice d'aplatissement** : flatness, *used to express the shape of a pebble.* **indice d'asphaltène** : asphaltene number. **indice d'écoulement** : flow index. **indice d'émulsion** : emulsion number, *number of seconds required for an oil to be separated after having been emulsified and processed under given conditions.* **indice d'émulsion à la vapeur** : ASTM steam-emulsion number. **indice d'ester** : ester number, *the number of milligrams of potassium hydroxide for the saponification of glycerides in 1 g of oil or grease.* **indice d'exposition aérien** : aerial exposure index (AEI), *sensitivity of an emulsion for airphotos.* **indice d'extinction** : *see coefficient d'extinction.* **indice d'huile** : oil seepage; oil showings, *traces of oil seen on an outcrop.* **indice d'hydroxyle** : hydroxyl number, *for fatty acids, the number of milligrams of potassium hydroxide equivalent to the hydroxyl content of 1 gram of the sample.* **indice d'injectivité** : injectivity index. **indice d'iode** : iodine number, *the percentage of iodine absorbed by a chemically unsaturated substance in a given time under arbitrary conditions so as to measure the degree of unsaturation.* **indice d'octane (IO)** : octane number (ON), *an arbitrary scale numerically characterizing the antiknock properties of a gasoline, representing the percent of isooctane in an n-heptane/isooctane mixture having the same behavior as the gasoline in question.* **indice d'octane CFR** : CFR octane number, *obtained with the CFR-ASTM engine.* **indice d'octane chimique** : chemical octane number. **indice d'octane clair** : clear octane number, *without any antiknock addiitive.* **indice d'octane de mélange** : blending value. **indice d'octane distribution (IOD)** : distribution octane number (DON). **indice d'octane en mélange pauvre** : weak-mixture knock rating. **indice d'octane moteur** : motor octane number (MON), *indicates the antiknock rating of a fuel at high engine speed (freeway driving).* **indice d'octane recherche** : research octane number (RON), *indicates the antiknock rating of a fuel at low engine speed and mild operating conditions, generally runs about ten point higher than the motor octane number.* **indice d'octane réel** : octane mechanical number, *determined for an engine.* **indice d'octane route** : road octane number. **indice d'octane sur moteur suralimenté** : supercharge octane number, *aviation gasoline.* **indice d'oxhydryle** : hydroxyl number, *hydroxyl value.* **indice d'oxydation** : oxidation number; oxidation value. **indice de base** : base number, *the quantity of acid, expressed in terms of the equivalent number of milligrams of potassium hydroxide, that is required to titrate the strong base constituents present in 1 g of the sample.* **indice de brome** : bromine number, *the number of grams of bromine absorbed by 100 g of oil, indicating the percentage of double bonds in the substance ; the olefin content can then be calculated if the type and molecular weight of the olefins are known.* **indice de broyabilité Hardgrove** : Hardgrove grindability index (HGI), *used for determination of the grindability of petroleum coke.* **indice de carbonisation** : carbonization index. **indice de cétane** : cetane number, *scale used to express the autoignition capacity of diesel fuel.* **indice de cétane calculé** : calculated cetane index (CCI), *calculated by a formula using both the specific gravity of the fuel and the midpoint of the ASTM distillation curve.* **indice de cétène** : cetene number, *once used in place of the cétane number ; both numbers are almost identical, with pure cetene having a cetane number of 96.* **indice de cimentation** : bond index. **indice de clarté des sols** : soil brightness index (SBI). **indice de cokéfaction** : coke number. **indice de coloration** : color index, *the percentage of dark-colored (mafic) minerals used for the classification of igneous rocks.* **indice de compétence** : strength index *(geol)*. **indice de coordination** : coordination number; coordinence. **indice de couleur** : color index, *the difference between the photographic magnitude and the visual magnitude of a star (astr).* **indice de cristallinité** : crystallinity index, *of microcrystalline waxes.* **indice de cuivre** : copper number, *the number of milligrams of mercaptan sulfur present in 100 ml of a petroleum product ; an ammoniacal copper-sulfate solution is used to titrate the mercaptans.* **indice de désémulsibilité Herschel** : Herschel demulsibility number, *indicating the ability of an oil to separate from water under certain specific conditions.* **indice de désémulsion** : demulsification number. **indice de désémulsion à la vapeur des huiles de graissage** : steam-emulsion number, *for lube oils, the number of minutes after which the water and oil phases are separated under prescribed conditions.* **indice de diène** : diene number, *measure of corrugated double bonds in a mixture.* **indice de dureté** : hardness number.

indice de fluide libre : free-fluid index (FFI), *well logging*. **indice de fluidité** : flow-behavior index *(prod)*. **indice de froideur du vent** : wind-chill index, *the cooling effect of any combination of temperature and wind speed*. **indice de gaz** : gas show. **indice de gonflement** : swelling number, *a numerical expression for the relative swelling properties of a coal sample heated under standard conditions*. **indice de goudrons** : sludging value. **indice de Hehner** : Hehner number, *weight percent of water-insoluble fatty acids in an oil or grease*. **indice de Hübl** : Hübl number, *measurement of the iodine number*. **indice de luminance du sol** : soil brightness index (SBI). **indice de luminométrie** : luminometer index, *of aviation fuels*. **indice de maturation** : maturation index, *for the thermal evolution of organic matter*; maturity index *(geochem)*. **indice de mélange** : blending index, *gasoline*. **indice de milieux structuraux** : structural environment indicator *(geol)*. **indice de minéralisation** : mineralization index. **indice de naphtène** : naphthene index, *total weight percent of carbon atoms made of naphthenic nuclei in a crude oil*. **indice de neutralisation** : neutralization number, *the weight in milligrams of potassium hydroxide needed to neutralize the acid in 1 g of oil*. **indice de noircissement** : smoke shade number, *used for assessing the opacity of smoke*. **indice de pente** : slope coefficient, *angular coefficient of the straight line representing the viscosity variation of an oil with temperature*. **indice de performance** : performance number, *used to rate fuels, mainly aviation fuels, with octane numbers higher than 100*. **indice de peroxyde** : peroxide number, *a measurement of rancidity by measuring the millimoles of peroxide taken up by 1000 g of fat or oil*. **indice de pertes diélectriques** : dielectric loss factor. **indice de pétrole** : oil indication; oil show. **indice de pièges** : trap indicator. **indice de plasticité** : plasticity index, *the difference between the liquid and plastic limits of a soil*. **indice de porosité secondaire** : secondary porosity index (SPI). **indice de pose** : exposure index. **indice de précipitation** : precipitation number, *the number of milliliters of precipitate formed when 10 ml of lubricating oil is mixed with 90 ml of a specific-quality petroleum naphtha and centrifuged under specific conditions*. **indice de précipitation des paraffines** : wax precipitation index (WPI), *for measuring the cold-running capacity of diesel fuel*. **indice de précision** : precision index. **indice de pression de base** : base-pressure index. **indice de prix** : price index. **indice de production probable** : producible-oil index (POI). **indice de productivité (IP)** : productivity index (PI), *the number of barrels of oil produced per day per unit of decrease of downhole pressure*. **indice de rapidité** : speed index. **indice de réactivité** : reactivity index. **indice de réfraction** : index of refraction; refractive index. **indice de résistivité** : resistivity index. **indice de rétention** : retention index, *a linear relation between the logarithm of the retention volume and the number of carbon atoms of the solute in gas chromatography*. **indices de rétention de Kovats** : Kovats retention indices, *for identifying compounds in gas chromatography*. **indice de retrait** : shrinkage ratio. **indice de saponification** : saponification number, *the number of milligrams of potassium hydroxide required to neutralize the free acids contained in one gram of oil and to saponify the esters*. **indice de sédimentation** : sludging value, *estimate of the sludge-forming tendency of an engine*. **indice de séparation de l'eau** : water-separation index, *a numerical rating indicating the ease with which water can be separated from jet fuel by coalescence*. **indice de soufre** : sulfur number, *expressed in milligrams of sulfur per 100 ml of sample*. **indice de stabilité** : stability number, *of soil or of a slope*. **indice de stabilité au cisaillement temporaire** : temporary shear-stability index (TSSI), *viscosity*. **indice de surface** : seepage. **indice de transparence** : transmission factor, *luminous flux*. **indice de triage granulométrique** : sorting index *(geol)*. **indice de turbidité** : turbidity index. **indice de végétation** : vegetation index. **indice de verdure** : green vegetation index (GVI); greenness index. **indice de viscosité (IV)** : viscosity index (VI), *an arbitrary number indicating the effect of change of temperature on the kinematic viscosity of an oil*. **indice de viscosité de Dean-Davis** : Dean-and-Davis viscosity index. **indice de viscosité élevé** : high viscosity index (HVI). **améliorant d'indice de viscosité** : viscosity-index improver. **indice de viscosité moyenne** : medium viscosity index (MVI). **indice de Wobbe** : Wobbe index, *a measurement of the amount of heat released by a gas burner with a constant orifice, equal to the gross calorific value of the gas divided by the square root of the specific gravity of the gas*. **indice des phases** : phase index. **indice des prix à niveau de vie constant** : price compensation index. **indice diesel** : diesel index, *for diesel fuels, a correlation of the aniline point and API gravity with the cetane number*. **indice direct de présence d'hydrocarbure** : direct hydrocarbon indicator (DHI), *any measurement indicating the presence or absence of a hydrocarbon accumulation (bright spot, dim spot, phasing, flat spot, shadow zone, velocity sag or AVO)*. **indice global pondéré des salaires** : overall weighted wage index. **indice kauri-butanol** : kauri-butanol value, *a measurement of the solvent properties of lacquers by using kauri resin in butyl alcohol*. **indice natif** : native occurrence. **indice NLGI** : NLGI number, *on a scale for classifying the consistency range of lubricating greases, based on the ASTM cone penetration number*. **indice normalisé** : normalized difference (ND). **indice portant californien** : California bearing ratio (CBR). **indice portant du sol** : soil-bearing value. **indice potentiel de surface (IPS)** : potential surface show (PSS). **indice temps-température** : time-temperature index (TTI), *a graphic method for measuring the thermal transformation of organic matter*.

indices *m* – seepage, *of oil or bitumen in cracks in outcrops or in mine galleries*. **indices d'hydrocarbures** : hydrocarbon seepage.

indiquer – quote (to), *a price or a rate to somebody*.

indiscernable – indistinguishable.

indisponibilité *f* – unavailability.

indisponible – nonavailable; unavailable.
indissolubilité *f* – indissolubility.
indissoluble – indissoluble.
indium *m* – indium, *symbol In.*
indole *m* – indole, *benzopyrrole.*
inductance *f* – electrical inertia; inductance. **inductance mutuelle** : mutual inductance. **inductance propre** : self inductance.
inducteur *m* – inductor. **inducteur de champ** : field magnet. **inducteur de terre** : earth inductor, *an inclinometer used to measure the dip angle of the Earth's magnetic field.*
inductible – inductible.
inductif – inductive.
induction *f* – induction, *the time interval between initiation and the reaction itself.* **induction électrique** : electric flux density. **induction électromagnétique** : electromagnetic induction. **induction électrostatique** : electrostatic induction. **induction intrinsèque** : magnetic polarization. **induction inversée** : reciprocated induction. **induction magnétique** : magnetic induction, *magnetic flux induction.* **induction magnétique résiduelle** : residual flux density, *residual magnetic induction.* **induction mutuelle** : mutual induction. **induction nucléaire** : nuclear induction. **induction par lignes électriques** : highline pickup.
induit *m* – armature, *(elec)*; rotor.
induit – induced.
induration *f* – induration, *natural hardening of sediments.*
industrialisation *f* – industrialization.
industrie *f* – industry. **industrie aéronautique** : aeronautical engineering. **industrie agro-alimentaire** : agribusiness. **industrie automobile** : automotive industry; car industry. **industrie de transformation** : processing industry. **industrie en déclin** : depressed industry. **industrie ferroviaire** : railroad industry. **industrie minière** : mining industry. **industrie non polluante** : nonpolluting industry. **industrie parachimique** : chemistry-based industry. **industrie parapétrolière** : *see parapétrolier.* **industrie pétrochimique** : petrochemical industry. **industrie pétrolière** : petroleum industry.
industriel – industrial.
ineffaçable – indelible.
inefficace – ineffective; inefficient.
inégal – uneven.
inégalé – unmatched.
inégalité *f* – unevenness. **inégalité de Clausius** : Clausius inequality *(thermo)*. **inégalité de Tchebychev** : Chebychev's inequality *(math)*.
inélastique – inelastic.
inéprouvé – untested.
inépuisable – inexhaustible.
inertage *m* – inerting, *replacing flammable vapors from petroleum products remaining in a tank by an inert gas.*
inertance *f* – *see masse acoustique.*
inerte – inert; unreactive.
inertie *f* – inertia; passivity. **inertie thermique** : thermal inertia.
inertiel – inertial.
inertinite *f* – inertinite, *a coal maceral group including macrinite, micrinite, fusinite, sclerotinite. They are relatively inert during the carbonization process.*
inessayé – untested.
inexact – faulty.
inexactitude *f* – inaccuracy.
inexécution *f* – nonperformance.
inexpérimenté – inexperienced; unskilled.
inexpliqué – unaccounted for, *phenomenon.*
inexploitable – inexploitable; unworkable.
inexploité – unwrought.
inexploré – unexplored.
inférence *f* – inference.
inférieur – lower, *applied to the name of a chronostratigraphic unit, means the earliest epoch; see also upper and middle.* **inférieur aux normes** : substandard.
inféroflux *m* – underflow.
infiabilité *f* – unreliability.
infiltration *f* – infiltration; percolation. **infiltration d'eau** : infiltration water, *in an oil-bearing formation.* **infiltration dans la nappe phréatique** : groundwater seepage.
infiltrer – infiltrate (to).
infini – infinite.
infinitésimal – infinitesimal.
inflammabilité *f* – flammability; ignitability.
inflammable – flammable.
inflammateur *m* – igniter.
inflammation *f* – ignition; inflammation. **inflammation instantanée** : flash fire, *not causing very much excess pressure.* **inflammation retardée** : delayed ignition. **inflammation spontanée** : self ignition; spontaneous combustion; spontaneous ignition.
inflation *f* – inflation. **inflation galopante** : runaway inflation. **inflation larvée** : creeping inflation. **inflation rampante** : creeping inflation. **inflation tendancielle** : underlying inflation.
inflexion *f* – curvature; inflection. **inflexion dans une courbe** : dip in a curve.
influence *f* – effect; influence. **influence de la marée** : tidal influence. **influence de la pression sur la viscosité des huiles** : viscosity-pressure effect. **influence de température** : temperature effect. **influence topographique** : topographical effect.
infoduc *m* – bus.
infographie *f* – computer graphics.
information *f* – information. **information confidentielle** : classified information.
informatique *f* – computer science; electronic data processing (EDP). **informatique graphique** : computer graphics. **informatique répartie** : distributed processing system *(computer)*.
informatisé – computerized.
Infracambrien *m* – Infracambrian, *the most recent Precambrian.*
infraction *f* – breach *(jur)*; violation.
infraglaciaire – subglacial.
infragranitique – infragranitic, *formed underneath granite.*
infrahoule *f* – infragravity wave.
infralittoral – infralittoral; subtidal.
infrapélagique – mesopelagic *(ocean)*.
infrarouge – infrared. **infrarouge couleur (IRC)** : color infrared (CIR). **infrarouge lointain** : far infrared. **infrarouge moyen** : middle infrared. **infrarouge proche** : near infrared. **infrarouge thermique (IRT)** : thermal infrared.

infrason *m* – infrasound.
infrastructure *f* – infrastructure; substructure.
infratidal – sublittoral.
infundibuliforme – funnel-shaped.
infusable – unsmeltable.
infusibilité *f* – infusibility.
infusible – infusible.
infusion *f* – infusion.
infusoires *f* – infusoria, *infusorial earth, see diatomite.*
ingénierie *f* – engineering.
ingénieur *m* – engineer. **ingénieur chimiste** : chemical engineer. **ingénieur civil** : civil engineer. **ingénieur commercial** : sales engineer. **ingénieur d'études** : research engineer. **ingénieur d'exploitation** : managing engineer; operating engineer, *as opposed to a research engineer.* **ingénieur de bureau d'étude** : plant designer; project engineer. **ingénieur de génie chimique** : chemical engineer. **ingénieur de mise au point** : development engineer. **ingénieur de recherches** : research engineer. **ingénieur des boues** : mud engineer; mud smeller, *slang.* **ingénieur des mines** : mining engineer. **ingénieur en chef** : chief engineer. **ingénieur en chef des fabrications** : superintendent. **ingénieur géologue** : geologic engineer. **ingénieur mécanicien** : mechanical engineer. **ingénieur principal** : chief engineer. **ingénieur système** : systems engineer. **ingénieur technico-commercial** : systems engineer.
ingraissabilité *f* – grease resistance.
ingrédient *m* – ingredient.
ingression *f* – ingression, *the entering of the sea at a given place.*
inhalation *f* – inhalation.
inhérent – inherent, *see sécurité inhérente.*
inhibé – inhibited.
inhiber – inhibit (to).
inhibiteur *m* – deterrent; inhibitor; protective agent. **inhibiteur cathodique** : cathodic inhibitor. **inhibiteur chimique** : chemical inhibitor. **inhibiteur d'entartrage** : scale inhibitor. **inhibiteur d'entraînement** : hold-back agent. **inhibiteur d'hydrate** : hydrate inhibitor. **inhibiteur d'oxydation** : oxidation inhibitor. **inhibiteur d'ultraviolet** : ultraviolet inhibitor. **inhibiteur de boues** : sludge inhibitor. **inhibiteur de catalyse métallique** : metal deactivator. **inhibiteur de coagulation** : coagulation inhibitor. **inhibiteur de corrosion** : corrosion inhibitor; corrosion preventive; sweetening inhibitor. **inhibiteur de corrosion acide** : acid inhibitor. **inhibiteur de corrosion en phase gazeuse** : vapor-phase inhibitor (VPI); volatile corrosion inhibitor (VCI). **inhibiteur de décapage** : pickling inhibitor. **inhibiteur de décomposition** : decomposition inhibitor. **inhibiteur de détonation** : detonation inhibitor. **inhibiteur de figeage** : pour depressant; pour-point depressant; pour-point inhibitor. **inhibiteur de flottation** : flotation depressor. **inhibiteur de gommage** : gum inhibitor, *inhibiting gum formation.* **inhibiteur de paraffine** : paraffin inhibitor, *a chemical injected into the wellbore to prevent or minimize paraffin deposition.* **inhibiteur de polymérisation** : polymerization inhibitor; short stopper.
ininflammable – flame resistant; flameproof.
ininterrompu – back to-back; unbroken, *such as a line or curve.*

initial – initial.
initialiser – initialize (to).
initiateur *m* – initiator.
initiation *f* – initiation.
injecté – injected.
injecter – inject (to). **injecter un bouchon de boue très lourde** : slug (to) the pipe, *injecting a very heavy mud slug into the drill stem to lower the level of fluid circulation and to prevent spattering during the breaking down of the drill stem.*
injecteur *m* – engine injector; fuel-injection nozzle; fuel nozzle; injection nozzle; injector; orifice; spray nozzle. **injecteur à boucle** : bypass injector. **injecteur à jet annulaire** : pintle-type fuel injector. **injecteur à téton** : pintle injector; pintle nozzle; pintle-type fuel injector; simple spray nozzle. **injecteur à turbulence** : swirl injector. **injecteur d'eau d'alimentation** : feed-water injector. **injecteur d'huile** : oil injector; spud, *burner.* **injecteur de catalyseur en poudre** : standpipe. **injecteur de ciment** : cement injector. **injecteur de combustible** : fuel injector; nozzle fuel injection. **injecteur de combustible pour moteur diesel** : diesel-fuel injector. **injecteur de pompe** : pump nozzle. **injecteur de vapeur** : steam injector; steam nozzle. **injecteur multijet** : multiple-jet nozzle. **injecteur multiple** : multiple-jet nozzle. **injecteur réglable** : adjustable orifice.
injection *f* – flood; flooding, *injection of fluid into a reservoir to increase production*; injection; jet. **injection à l'air** : air injection *(mot)*. **injection alcaline** : alkaline flooding, *enhanced oil recovery with an alkaline solution.* **injection alternative d'eau et de gaz** : water-alternating-gas process, *water is injected alternately with the drive gas (prod)*. **injection alternée** : rocking, *in and around production tubing to prime a gas lift.* **injection chimique** : chemical flooding; chemical grouting. **injection cyclique de vapeur** : huff-and-puff injection, *cyclic steam injection.* **injection cyclique de vapeur d'eau** : cyclic steam injection. **injection d'acide** : acid flooding *(prod)*; acid injection. **injection d'air** : air drive, *secondary recovery process by injecting compressed air*; air flooding *(prod)*. **injection d'eau** : water injection; waterflooding, *a secondary recovery method operating by injecting water into wells drilled especially for this purpose, and having the injection water drive part of the oil in place into production wells.* **injection d'eau alcaline** : alkaline flooding *(prod)*; alkaline waterflooding. **injection d'eau améliorée par bactéries** : microbial-enhanced waterflooding. **injection d'eau chaude** : hot-water injection *(prod)*; hot waterflooding. **injection d'eau contenant des additifs chimiques** : chemical flooding. **injection d'émulsion** : emulsion flooding *(prod)*. **injection d'un bouchon d'alcool** : alcohol-slug injection *(prod)*. **injection d'un bouchon de GPL** : LPG-slug injection *(prod)*. **injection d'un bouchon de solvant** : miscible-slug flooding *(prod)*. **injection d'un bouchon de solvant suivi d'injection de gaz** : solvent-slug process *(prod)*. **injection d'une solution de tensioactif** : surfactant flooding; surfactant waterflooding, *a recovery method by incorporating surfactants in injection water to reduce interfacial tension.* **injection de boue** : mud grouting; mud injection. **injection**

de chaleur : fireflood. **injection de ciment** : cement grouting. **injection de coulis** : grouting. **injection de fluide** : fluid injection *(prod)*. **injection de fluides chauds** : thermal flooding. **injection de fluides miscibles** : miscible flooding. **injection de gaz** : gas flooding; gas injection *(prod)*. **injection de gaz carbonique** : carbon-dioxide injection *(prod)*. **injection de gaz répartie** : dispersed gas injection *(prod)*. **injection de gaz riche** : condensing-gas drive *(prod)*; enriched-gas drive; enriched-gas injection. **injection de gaz sec à haute pression** : high-pressure gas injection; vaporizing gas drive *(prod)*. **injection de microémulsion** : micellar flooding; microemulsion flooding, *a recovery process consisting of the injection of a microemulsion slug followed by a polymer-solution slug.* **injection de mousse** : foam flooding, *the high apparent viscosity of foams makes them useful as reduced-mobility flooding fluids to increase sweep and displacement efficiency.* **injection de polymère** : polymer flooding *(prod)*. **injection de polymères micellaires** : micellar-polymer flooding, *detergent, surfactant, low-tension soluble oil, microemulsion and chemical flooding.* **injection de solution de polymères** : polymer waterflooding. **injection de solutions micellaires** : micellar-solution flooding. **injection de vapeur** : steaming. **injection de vapeur d'eau** : steam flooding, *steam is injected under pressure into a reservoir to heat the oil in place and drive it toward production wells*; steam injection. **injection directe** : direct injection. **injection du carburant** : fuel injection, *internal-combustion engine.* **injection électronique** : electronic fuel injection (EFI), *engine.* **injection en amont-pendage** : crestal injection *(prod)*. **injection en aval-pendage** : downdip injection *(prod)*. **injection en ligne** : line-drive injection *(prod)*. **injection forcée** : squeeze, *forced injection of liquids or cement slurries into a borehole.* **injection groupée** : grouped flood. **injection hydraulique** : hydraulic injection. **injection inverse** : reverse circulation, *from the annulus into the production tubing.* **injection lit-par-lit** : lit-par-lit injection *(geol)*. **injection mécanique** : airless injection; mechanical injection *(diesel)*; solid injection *(diesel)*. **injection micellaire** : micellar injection *(prod)*. **injection pilote** : pilot flood, *a trial waterflood operation to assess the possibility of large-scale flooding.* **injection pneumatique** : air-blast injection. **injection répartie** : dispersed flood. **injection sous pression** : forced injection.

injectivité *f* – injectivity. **injectivité du puits** : well injectivity.

inlandsis *m* – inland ice, *a continental glacier or large ice sheet.*

innavigabilité *f* – unseaworthiness, *state of a vessel when it is not in a proper state of maintenance, loading, equipment, crew, repair, etc. to meet legal requirements for navigation.*

innavigable – unseaworthy.

inné – connate.

innocuité *f* – harmlessness.

innovation *f* – innovation. **innovation économique** : economic innovation. **innovation technique** : technical innovation.

inoccupé – vacant.

inodore – odorless; scentless.

inoffensif – harmless; innocuous.

inondation *f* – flood; flooding; inundation. **inondation en nappe** : sheet flood. **inondation fluviale** : flood flow of a river. **inondation surprise** : flash flood.

inondé – flooded; gone to water.

inonder – deluge (to); flood (to); wash (to) out.

inorganique – inorganic, *see also minéral.*

inosilicate *m* – inosilicate, *a class of silicate.*

inox – *abbr. acier inoxydable*; stainless steel.

inoxydable – nonoxidizable; nonrusting; rust free; rustproof; stainless.

INPI – *abbr. Institut national de la propriété indsutrielle.*

interdire – forbid (to).

insaisissable – indistinguishable.

insalubre – insalubrious; unwholesome, *climate.*

insaponifiable – unsaponifiable.

insaturation *f* – unsaturation.

insaturé – unsaturated.

inscription *f* – enrollment; entry; registration. **inscription d'une date** : timing. **inscription de valeurs** : posting.

insecte *m* – insect. **insecte nuisible** : harmful insect.

insecticide *m* – insecticide.

insectifuge *m* – insect repellent.

inselberg *m* – inselberg, *an isolated residual knob or mountain of circumdenudation with steep sides.*

insérer – insert (to).

insertion *f* – insertion.

in-situ – in-place; in-situ.

insolation *f* – insolation; sunshine.

insolubilité *f* – insolubility.

insoluble – insoluble, *incapable of being dissolved in another material*; insolvable, *admitting no solution.* **insoluble dans l'eau** : water insoluble. **insoluble dans l'huile** : oil insoluble.

insonorisation *f* – acoustic isolation; damping; sound insulation; soundproofing.

inspection *f* – inspection. **inspection des coques de navires par robots** : remote inspection of ships' hulls. **inspection des segments par les lumières de balayage** : inspection of the rings through the scavenging ports *(eng)*. **inspection électromagnétique** : electromagnetic inspection. **inspection en usine par l'acheteur** : mill inspection by purchaser. **inspection inopinée** : unscheduled inspection. **inspection sanitaire** : sanitary inspection. **inspection ultrasonique** : ultrasonic inspection. **inspection visuelle** : visual inspection.

instabilité *f* – instability; jitter; lability. **instabilité à coques** : kink instability, *sausage instability, ionized gas.* **instabilité de phase** : jitter. **instabilité du point d'écoulement** : pour reversion, *the difference between the original ASTM pour point and the higher pour point in the field because of the thermal past of the lubricating oil.* **instabilité du puits** : hole instability, *referring to borehole walls.* **instabilité oscillatoire** : oscillatory instability, *of a vehicle.* **instabilité thermique** : thermal instability; unpredictable heat resistance.

instable – labile; nonequilibrium, *of a reaction*; unstable.

installation *f* – facility; installation; laying on; plant; setting; unit. **installation annexe** : auxiliary plant. **installations annexes** : offsites. **installation dangereuse** : hazardous installation. **installation de cémentation** : carbonizing plant. **installation de chauffage à l'air chaud** : fan-heating installation. **installations de déchargement** : offloading facilities. **installation de déchargement de navires** : cargo-discharging plant. **installation de distribution** : distribution plant. **installation de filtration** : filter plant. **installation de forage combinée** : combination rig, *an installation including a rotary drill rig and a cable-drilling rig.* **installation de forage fixe** : stationary rig. **installation de forage mobile** : trailer rig. **installation de forage rotary** : rotary-drilling rig; rotary rig. **installation de nettoyage** : cleanout rig. **installation de préparation** : dressing plant. **installations de production anticipée** : early production facilities (EPF). **installation de recyclage** : recycling plant. **installation de stockage immergée** : underwater storage facility. **installation de stockage** : storage facility. **installations de stockage de pétrole** : oil-storage facilities. **installation de stockage en surface** : aboveground storage facility. **installation de stockage en vrac** : bulk plant, *a wholesale distributing unit for petroleum products.* **installations de surface** : surface installations. **installations de traitement** : process facilities. **installation frigorifique** : cold-storage plant; cooling plant. **installations générales et stockage** : offplot; offsites, *installations situated outside the perimeter of a plant.* **installation industrielle** : industrial plant. **installations industrielles** : facilities. **installation mobile** : loose plant; movable installation. **installation nouvelle** : grassroots plant, *a complete plant erected on a virgin site.* **installations portuaires** : harbor facilities; port facilities. **installation principale de pompage** : central jack plant, *on a drilling site.*

installé – installed.

instant *m* – instant; moment. **instant d'allumage** : time of firing. **instant d'arrivée de l'onde de choc** : time of incidence of the shock wave. **instant d'arrivée première** : breakthrough, *the moment when the displaced oil front arrives in the production well.* **instant d'explosion** : time break, *the mark on a seismic record indicating the instant at which the seismic wave was generated.* **instant de l'explosion** : time of firing. **instant de tir** : time break; time of firing. **instant initial** : shot break; shot instant; time break. **instant zéro** : time break.

instantané – instantaneous.

instauration *f* – initiation.

instaurer – initiate (to).

instituer – initiate (to).

instruction *f* – instruction, *order*; educational background.

instructions *f* – briefing; directions. **instructions contradictoires** : contradictory instructions. **instructions de service** : attendance regulations. **instructions nautiques** : coast pilot.

instrument *m* – apparatus; instrument. **instrument à enregistrement unique** : single-shot instrument. **instrument à enregistrements multiples** : multishot instrument. **instrument à haut pouvoir de résolution dans le visible** : high-resolution visible instrument. **instrument à lames vibrantes** : vibrated-reed instrument. **instrument à pression différentielle** : differential-pressure instrument. **instrument d'arpentage** : survey instrument; surveying instrument. **instrument d'essai** : testing tool. **instrument de contrôle** : control instrument. **instrument de dessin** : drafting instrument. **instrument de géodésie** : geodetic instrument. **instrument de mesure** : measuring instrument. **instrument de navigation** : navigational aid. **instrument de nivellement** : leveling instrument. **instruments jumelés** : twin instruments.

instrumentation *f* – fishing; fishing job, *see also repêchage*; instrumentation.

insuccès *m* – failure.

insuffisance *f* – deficiency; shortfall.

insuffisant – inadequate.

insulaire – insular.

intact – unchanged; undamaged.

Intalox – Intalox, *see selle Intalox.*

intarissable – inexhaustible.

Intascale – Intascale, *abbr. of inter tanker nominal freight scale, a term replaced by Worldscale in 1969.*

intégrale *f* – integral *(math)*. **intégrale de Fourier** : Fourier integral. **intégrale de Kirchhoff** : Kirchhoff equation, *used to calculate the wavefield at depth from the values it assumes at the surface of the ground.* **intégrale double** : double integral. **intégrale impropre** : improper integral *(math)*.

intégralité *f* – entirety.

intégrateur *m* – integrator. **intégrateur à limite** : limited integrator *(elec)*.

intégration *f* – integration. **intégration à grande échelle** : large-scale integration (LSI), *integrated circuit.* **intégration à moyenne échelle** : medium-scale integration (MSI), *integrated circuit.* **intégration à très grande échelle** : very large-scale integration (VLSI). **intégration en aval** : forward integration. **intégration par parties** : integration by parts.

intégré – integrated.

intelligence *f* – intelligence. **intelligence artificielle (IA)** : artificial intelligence (AI).

intelligibilité *f* – understandability.

intempéries *f* – weather, *bad weather.*

intensificateur *m* – intensifier, *hydrofluoric acid added to hydrochloric acid for oil well acidizing.* **intensificateur d'image** : image intensifier.

intensimètre *m* – dose-rate meter *(nucl)*.

intensité *f* – density; depth, *of a hue*; fullness; intensity; rating; strength. **intensité acoustique** : acoustic intensity; loudness; sound intensity. **intensité d'onde** : wave intensity. **intensité d'un séisme** : earthquake intensity, *see also échelle d'intensité.* **intensité du champ critique inférieur** : lower critical-field strength. **intensité de cliquetis** : knock intensity; knock rating. **intensité de courant** : current flow. **intensité de craquage** : cracking intensity. **intensité de détonation** : knock intensity. **intensité de rayonnement** : radiant intensity; radiation rate. **intensité du champ critique supérieur** : upper critical-field strength. **intensité du champ magnétique** : intensity of magnetic field; magnetic-field strength. **intensité du courant** : intensity of current. **intensité énergétique** : radiant intensity, *generally expressed in watts per steradian.*

intensité lumineuse : luminous intensity, *Si unit: candela*. **intensité magnétique verticale** : vertical magnetic intensity. **intensité minimale** : trace intensity, *of knock*. **intensité sonore** : sound intensity. **intensité vibratoire** : vibration severity.

interactif – interactive.

interaction *f* – interaction. **interaction faible** : weak interaction. **interaction fondamentale** : fundamental interaction, *elementary particles*. **interaction forte** : strong interaction, *fundamental interaction of elementary particles*.

interbloc *m* – interrecord; interrecord gap (IRG), *record gap*.

intercalaire – intercalary.

intercalation *f* – intercalated bed; intercalation; interlayer; interstratification; interstratified bed; sheet; stringer. **intercalation d'argile** : clay gouge; clay parting. **intercalation de grès** : sandstone band. **intercalation de roches** : band *(geol)*. **intercalation de sable** : crossbedded sand. **intercalation de schiste** : dividing slate, *in a coal seam*; slate break. **intercalation fine** : lamina. **intercalation gazéifère** : gas streak. **intercalation imperméable** : impervious break. **intercalation lenticulaire** : lenticular intercalation. **intercalation stérile** : dirt band; dirt bed.

intercalé – embedded; interbedded; intercalated; interposed.

intercaler – intercalate (to).

intercept *m* – intercept time, *obtained by extrapolating refraction alignment on a refraction time-distance plot back to zero offset*.

intercepter – intercept (to).

interchangeabilité *f* – interchangeability.

interchangeable – interchangeable.

intercommunication *f* – intercommunication.

interconnecté – connected up; interconnected.

interconnexion *f* – interconnection *(elec)*.

intercorrélation *f* – crosscorrelation.

intercotidal – *see intertidal*.

intercristallin – intercrystalline.

intercutané – intercalated *(geol)*.

interdiction *f* – interdiction; prohibition. **interdiction d'opérer** : interlock, *a mechanism that prevents operation if some condition is not satisfied*.

interdigitation *f* – interdigitation; interfingering; intertonguing.

interdire – forbid (to); prohibit (to). **interdire l'accès** : seal (to) off.

interdisciplinaire – interdisciplinary.

interdit – prohibited.

intéressement *m* – profit sharing.

intérêt *m* – interest. **intérêt commun** : joint interest. **intérêt composé** : compound interest, *the interest when due is added to the principal and thereafter earns interest*. **intérêt économique direct** : working interest, *giving the owner the exclusive right to exploit the minerals on the land if a discovery is made*. **intérêt fantôme, intérêts seulement déductibles** : shadow interest *(fin)*. **intérêt simple** : straight interest, *calculated on the nominal capital alone*.

interface *f* – contact; interface. **interface homme-machine** : man-machine interface (MMI). **interface naturelle** : natural interface.

interfacial – interfacial.

interférence *f* – interference; phasing. **interférence constructive** : constructive interference *(opt)*. **interférences de Lloyd** : Lloyd mirror effect *(seis)*. **interférence destructive** : destructive interference. **interférence entre puits** : well interference. **interférence par ondes de ciel** : sky-wave interference.

interféromètre *m* – interferometer. **interféromètre de Jamin** : Jamin refractometer, *for measuring the index of refraction of a gas*.

interférométrie *f* – interferometry. **interférométrie d'absorption saturée** : saturated interference spectroscopy.

interfluve *m* – interfluve, *the area between rivers*.

interformationnel – interformational, *existing between one formation and another*.

interglaciaire – interglacial.

intergranulaire – intergranular.

intégrité *f* – integrity, *of data*.

intérieur *m* – home; interior. **intérieur d'un pays** : inland. **intérieur de soupape** : valve inside.

intérieur – domestic; inner; inside; inward.

interlaminaire – interlaminar.

interligner – lead (to).

intermédiaire *m* – intermediate, *a precusor to a desired product*. **grands intermédiaires** : building-block chemicals, *hydrocarbons used to produce more complex chemical compounds, including such hydrocarbons as ethylene, propylene, butenes, butadiene, benzene, toluene, xylenes, etc*. **intermédiaire réactionnel** : reaction intermediate.

intermédiaire – intermediary; intermediate; interstage; medial; medium.

intermétallique – intermetallic.

intermittent – discontinuous; erratic; intermittent.

intermodulation *f* – crosstalk; intermodulation.

intermoléculaire – intermolecular.

interne – inner; internal.

internides *f* – internides, *internal part of an orogenic belt*.

interparticulaire – interparticle.

interpénétrant – intermeshing; interpenetrant; interpenetrating.

interpénétration *f* – interpenetration; plication *(geol)*.

interpolation *f* – interpolation.

interprétation *f* – interpretation, *a sequence of operations and reasoning used to derive a simple plausible geologic model that is compatible with observed data*; significance. **interprétation assistée par ordinateur** : computer-assisted interpretation. **interprétation de l'essai** : significance of test. **interprétation de l'image** : image interpretation. **interprétation des données** : data interpretation. **interprétation du trajet vertical** : vertical-ray interpretation. **interprétation itérative** : iterative interpretation. **interprétation sédimentologique** : stratigraphic interpretation. **interprétation sismique** : seismic interpretation. **interprétation stratigraphique** : stratigraphic interpretation. **interprétation structurale** : structural interpretation. **interprétation visuelle** : visual interpretation.

interprète *m* – interpreter.

interpréteur *m* – interpreter, *EDP software or EDP machine*. **interpréteur microprogrammé** : firmware interpreter *(computer)*.

interrogation *f* – interrogation. **interrogation sélective** : polling, *opinion survey.*
interrompre – break (to); disconnect (to); shut (to) off.
interrompu – interrupted.
interrogation *f* – inquiry.
interrupteur *m* – break switch; breaker; circuit breaker; contact breaker; cutout; interrupter; knife switch, *an electric switch with contact blades*; switch. **interrupteur à bascule** : trigger switch; tumbler switch. **interrupteur à bras articulé** : toggle switch. **interrupteur à flotteur** : float switch; float-type switch. **interrupteur à mercure** : mercury switch. **interrupteur à minuterie** : time-clock switch. **interrupteur à poussoir** : push-button switch. **interrupteur à temps** : time-clock switch. **interrupteur automatique** : contactor. **interrupteur bipolaire** : double-pole switch. **interrupteur dans l'huile** : oil switch. **interrupteur de fin de course** : track-limit switch. **interrupteur de sectionnement** : isolating switch *(elec)*. **interrupteur de télécommande** : remote-control switch. **interrupteur instantané** : quick-break switch. **interrupteur principal** : master switch. **interrupteur unipolaire** : one-pole switch.
interruptible – interruptible.
interruption *f* – break; interruption; outage; stop; trap, *computer.* **interruption de circuit** : circuit interruption. **interruption de travail** : shutdown.
intersection *f* – intersection.
intersertal – intersertal *(geol)*.
interspectre – cross-spectrum.
interstade *m* – interstade, *a warmer substage of a glacial stage.*
interstice *m* – cleft; interstice; void. **interstice capillaire** : capillary interstice.
interstitiel – interstitial.
interstratification *f* – interbed; interbedding; interstratification.
interstratifié – interbedded; interposed *(geol)*; interstratified.
intertidal – intertidal.
intertrace *m* – group interval, *horizontal distance between the centers of adjacent geophone groups*; trace spacing.
interurbain – intercity.
intervalle *m* – clearance; gap, *in the distillation curve of the lightest fraction and the start point of the curve of the heaviest fraction, if this difference is positive, there is an overlap*; interval; range; space; span. **intervalle condensé** : condensed section. **intervalle d'ébullition** : boiling range, *of a distillation of oil, from the start until evaporation is completed.* **intervalle d'air** : air gap. **intervalle de confiance** : confidence interval *(stat)*. **intervalle de congélation** : freezing interval, *the temperature range separating the change from the liquid state to the solid state.* **intervalle de distillation** : distillation range. **intervalle de fréquence** : frequency interval. **intervalle de perméabilité** : permeability range. **intervalle de prévision** : prediction interval, *upper and lower limits attached to a predicted value.* **intervalle de prise de vue** : exposure interval *(photo)*. **intervalle de récurrence** : return period, *the interval of time taken for an event to return.* **intervalle de récurrence des crues** : return period of flooding, *in a river.* **intervalle de solidification** : solidification range. **intervalle de soudage** : weld interval. **intervalle de température** : range of temperature; temperature range. **intervalle de temps** : time interval. **intervalle de tir** : shooting rate *(seis)*. **intervalle de trace** : trace interval. **intervalles discordants** : synthems, *allostratigraphic units.* **intervalle entre géophones** : geophone interval. **intervalle spectral** : spectral interval.
intervallomètre *m* – intervalometer, *chronometer.*
intervention *f* – intervention; servicing; troubleshooting. **intervention au câble** : wireline work. **intervention d'outils pompés** : through flowline (TFL), *a technique of pumping tools into offshore wells instead of maneuvering them by wireline.* **intervention sous-marine** : subsea work. **intervention sur tête de puits** : wellhead servicing.
intervertir – invert (to).
intoxication *f* – intoxication, *poisoning.*
intraclaste *m* – intraclast, *a torn-up and reworked fragment of a penecontemporaneous limestone sediment that has been eroded within the basin and redeposited there to form a new sediment.*
intrafolial – intrafolial.
intraformationnel – intraformational, *occurring during the deposition of a formation.*
intraglaciaire – englacial.
intramoléculaire – intramolecular.
intratellurique – intratelluric *(geol)*.
intrazonal – intrazonal.
intrinsèque – intrinsic.
introduction *f* – introduction. **introduction d'air** : air admission.
introduire – charge (to), *a load*; insert (to); lead (to) in.
intrusif – intruded; intrusive.
intrusion *f* – intrusion; subtrusion, *of magma underneath former extrusion masses.* **intrusion concordante** : concordant injection; concordant intrusion. **intrusion discordante** : discordant injection. **intrusion rubanée** : ribbon injection *(geol)*. **intrusion saline** : salt intrusion.
intumescence *f* – intumescence, *property of a material to swell when heated.*
intumescent – intumescent.
inutilisable – unserviceable; unusable.
inutilisé – unused.
invahi – invaded.
invalidation *f* – invalidation, *legal.*
invalidité *f* – disability; disablement.
invariable – settled.
invariance *f* – invariance, *invariant property.* **invariance de jauge** : gauge invariance, *electric and magnetic fields.*
invariant *m* – invariant. **invariant adiabatique** : adiabatic invariant. **invariant dans le temps** : time invariant.
invasion *f* – invasion. **invasion de la carotte** : core flushing, *during core drilling, mud or filtrate may invade the formation and the core sample taken, thus pushing ahead part of the fluids saturating the rock, resulting in a change of the water and oil saturation of the rock.* **invasion par l'eau** : water encroachment, *the movement of bottom water or edge water into a petroleum reservoir as the oil and gas is removed.*

inventaire *m* – bill of materials; inventory; stock list.
inventeur *m* – discoverer; finder.
invention *f* – fabrication; invention.
inventorier – check (to) off; inventory (to).
inverse – inverse; reciprocal; reverse; reversed.
inversé – inverted.
inversement *m* – inversion.
inverser – commutate (to); reverse (to).
inverseur *m* – changeover; changeover switch; inverter; inverter gate. **inverseur de marche, inverseur de polarité** : reversing switch.
inversion *f* – inverse modeling, *using field data to derive a model describing the subsurface that is consistent with the data*; inversion; reversal; reversing. **inversion atmosphérique** : atmospheric inversion. **inversion combinée** : joint inversion; mutual inversion. **inversion d'émulsion** : emulsion inversion. **inversion de pendage** : rollover. **inversion de phase** : phase inversion. **inversion de subsidence** : subsidence inversion *(meteo)*. **inversion de température** : temperature inversion *(meteo)*. **inversion de trace** : trace inversion. **inversion de vitesse** : velocity inversion. **inversion du champ magnétique terrestre** : geomagnetic (polarity) reversal. **inversion du relief** : inversion of relief. **inversion météorologique** : meteorological inversion. **inversion thermique** : *see inversion de température.*
invertébré *m* – invertebrate.
investi – invested.
investigation *f* – inquiry; research; scan.
investissement *m* – investment. **investissement à fonds perdus** : sunk cost. **investissement conditionnel** : tied investment. **investissement de base** : basic investment. **investissement en nature** : investment in kind. **investissement inconditionnel** : untied investment. **investissements corporels de forage et de developpement** : tangible drilling-and-development costs, *goods having a market value such as drilling and production equipment.* **investissements incorporels de forage et de développement** : intangible drilling and development costs (IDC), *unrecoverable costs such as wages, fuel, consumables, etc. deductible from taxable income.*
investisseur *m* – investor. **investisseur institutionnel** : institutional investor.
invité *m* – guest, *molecular structure.*
involute – involute, *coiled and rolled inward such as a foraminifer test or a gastropod.*
involution *f* – involution; plication.
IO – ON, *abbr. indice d'octane: octane number.*
IOD – DON, *abbr. indice d'octane distribution, distribution octane number.*
iode *m* – iodine, *symbol I.*
iodométhane *m* – iodomethane, *methyl iodide.*
ioduration *f* – iodination.
iodure *m* – iodide. **iodure d'hydrogène** : hydrogen iodide. **iodure de méthyle** : methyl iodide, *iodomethane.* **iodure de méthylène** : methylene iodide.
IOM – MON, *abbr. indice d'octane moteur, motor octane number, see also NOM.*
ion *m* – ion. **ion carbonium** : carbonium ion, *a positively-charged organic ion having one less electron than the corresponding free radical.* **ion complexe** : complex ion. **ions de signes contraires** : unlike ions. **ion dipolaire** : dipolar ion, *see also zwitterion.* **ion hydrogénoïde** : hydrogenic ion, *an atom from which all but one electron have been removed.* **ion métastable** : metastable ion. **ion négatif** : negative ion, *anion.*
ionique – ionic.
ionisant – ionizing.
ionisation *f* – ionization. **ionisation atmosphérique** : atmospheric ionization. **ionisation par rayonnement** : radiation ionization. **ionisation spécifique** : specific ionization.
ionisé – ionized.
ionite *f* – ionite, *a resinous fossil hydrocarbon found in Ione Valley, California.*
ionomère *m* – ionomer, *polymer with covalent bonds between the elements of the chain, and ionic bonds between the chains.*
ionosphère *f* – ionosphere, *part of the upper atmosphere.*
ionosphérique – ionospheric.
IOR – RON, *abbr. indice d'octane recherche: research octane number.*
IR – IR, *abbr. of infrarouge: infrared.*
IRC – CIR, *abbr. infrarouge couleur: color infrared.*
iridium *m* – iridium, *symbol Ir.*
irisation *f* – sheen.
irisé – irised.
irradiance *f* – irradiance.
irradiation *f* – exposure *(nucl)*; irradiation. **irradiation accidentelle** : accidental exposure.
irradier – illuminate (to); radiate (to).
irréductible – irreducible; stubborn, *emulsion, etc.*
irrégularité *f* – irregularity; rugosity, *borehole wall*; unevenness, *of a flat surface.*
irrégulier – anomalous; erratic; uneven.
irréversible – irreversible.
irrigation *f* – irrigation. **irrigation au goutte à goutte** : drip irrigation.
irriguer – irrigate (to).
irrotationnel – irrotational.
irruption *f* – inrush; invasion; irruption, *a strong but temporary increase in a natural population (ecol).*
IRT – TIR, *abbr. infrarouge thermique: thermal infrared.*
isallobare *f* – isallobar, *a line of equal change in atmospheric pressure.*
isanomale *f* – isanomal, *isonomalous line (meteo).*
isarithme *m* – isarithm, *syn. of isopleth.*
ISBN – ISBN, *abbr. international standard book number, used to identify books.*
isenthalpique – isenthalpic.
isentropique – isentropic, *having constant entropy.*
ISO – ISO, *acronym for Organisation internationale de normalisation: International Organization for Standardization*; OSI, *abbr. interconnexion des systèmes ouverts: open systems interconnection, standardized procedures for the interconnection of data-processing systems in networks.*
isoamylènes *m* – isoamylenes, *2-methyl-1-butene, 2-methyl-2-butene, 3-methyl-1-butene.*

isoanomalie *f* – isoanomaly, *a line connecting points having the same geophysical anomaly.*
isobare *f* – isobar, *line connecting all points having the same atmospheric pressure.* **isobare d'adsorption** : adsorption isobar.
isobarique – isobaric.
isobase *f* – isobase, *line connecting the points in a geologic stratum having the same elevation.*
isobathe *f* – depth contour; isobath, *line connecting points having the same water depth on a chart.*
isobestique – isobestic, *refers to the wavelength at which the extinction coefficients of two substances are equal.*
isobutane *m* – isobutane, *2-methylpropane, trimethylmethane.*
isobutanol *m* – isobutanol, *isobutyl alcohol.*
isobutène *m* – isobutene, *2-methylpropene, isobutylene.*
isobutyle *m* – isobutyl, *monovalent radical.*
isobutylène *m* – isobutylene, *2-methylpropene, isobutene.*
isobutyraldéhyde *m* – isobutyraldehyde, *isobutyl aldehyde.*
isobutyrique – isobutyric.
isocarbe *f* – isocarb, *line connecting points having the same fixed-carbon content.*
isocentre *m* – isocenter.
isochimique – isochemical.
isochore *f* – isochore, *in a phase diagram, a line connecting points of constant volume ; on a map, a line connecting points of equal interval between two stratigraphic units.*
isochromatique – isochromatic.
isochrone *f* – isochrone, *line connecting points having the same traveltime (seis).*
isochrone – isochronous, *isochronic, isochronal.*
isochronisme *m* – isochroneity, *isochronism.*
isocitétraèdre *m* – isocitetrahedron *(cryst).*
isoclinal – isoclinal, *said of folds whose limbs are parallel.*
isocline *f* – isoclinic line, *a line connecting points having the same magnetic inclination.*
isocyanate *m* – isocyanate.
isodynamique – isodynamic.
isodélai *f* – isochrone, *seismic refraction.*
isodensité *f* – isodensity.
isodensitographe *m* – isodensitracer.
isodensitométrie *f* – density slicing.
isodiaphère *m* – isodiaphere, *one of several nuclides having the same difference between the number of protons and neutrons.*
isodynamique *f* – isodynamic line, *line connecting points having equal horizontal magnetic intensity.*
isoélectrique – isoelectric.
isoélectronique – isoelectronic.
isogal *f* – isogal, *a contour line showing equal gravity values, used in gravity prospecting.*
isogamme *f* – isogam, *a contour line showing equal magnetic values, used in magnetic prospecting.*
isogéotherme *f* – isogeotherm, *a line beneath the Earth's surface connecting points having the same mean temperature.*
isogéothermique – isogeothermal.
isogone *f* – isogon, *isogonic line, a line connecting points on the Earth's surface having the same magnetic declination.*
isograde *f* – isograd, *a line on a map connecting points showing rocks having the same metamorphic facies.* **isograde d'anatexie** : migmatite isograd, *a line on a map joining the front of migmatites.*
isohaline *f* – isohaline, *a line on a chart connecting points of equal salinity in an ocean.*
isohexane *m* – isohexane.
isohyète *f* – isohyet, *a line connecting points having the same amount of precipitation.*
isohypse *f* – isohypse, *contour line*; structural contour line.
isolant *m* – insulant, *an insulating material.* **isolant en plaques** : slab insulant.
isolant – insulating; isolating.
isolateur *m* – insulator; isolator. **isolateur à cloche** : bell-shaped insulator. **isolateur en porcelaine** : porcelain insulator.
isolation *f* – insulation, *act of insulating.* **isolation acoustique** : acoustic insulation; soundproofing. **isolation phonique** : *see isolation acoustique.* **isolation sonore** : *see isolation acoustique.* **isolation thermique** : heat insulation; thermal insulation.
isolé – disconnected; insulated; stand-alone.
isolement *m* – insulation *(elec)*; isolation, *state of being isolated or insulated.* **isolement acoustique** : *see indice d'affaiblissement acoustique.* **isolement d'une électrode** : stake resistance. **isolement d'une substance chimique** : isolation of a chemical substance.
isoler – insulate (to); lag (to).
isoligne *f* – contour; isoline.
isomagnétique – isomagnetic.
isomère *m* – isomer, *a substance made up of the same elements but having different properties because of structural variations.* **isomère de conformation** : conformational isomer. **isomère de constitution** : constitutional isomer. **isomère de position** : positional isomer. **isomère géométrique** : geometric isomer, *stereoisomer.*
isomérie *f* – isomerism. **isomérie cis-trans** : cis-trans isomerism. **isomérie en chaîne** : chain isomerism. **isomérie optique** : optical isomerism.
isomérique – isomeric.
isomérisation *f* – isomeric change; isomerization, *a process for converting a hydrocarbon or other organic compound into an isomer.* **isomérisation à température moyenne** : medium-temperature isomerization. **isomérisation catalytique** : catalytic isomerization. **isomérisation de butane en phase vapeur** : butane vapor-phase isomerization.
isométrie *f* – isometry.
isométrique – isometric, *said of crystals having the same size.*
isomorphe – isomorphous, *isomorphic.*
isomorphisme *m* – isomorphism *(miner).*
isomultiplet *m* – *see multiplet d'isospin.*
isonèphe *f* – isoneph, *line of equal cloudiness on a map.*
isooctane *m* – isooctane, *a branched-chain hydrocarbon used as a reference for the antiknock properties of fuels, with an octane number of 100 by definition.*

isopaque *f* – isopach, *isopachous line, a line drawn through points of equal thickness in a stratum.* **isopaque temps** : isotime.
isoparaffine *f* – isoparaffin.
isopentane *m* – isopentane.
isophorone *f* – isophorone, *solvent.*
isophtalique – isophthalic.
isopique – isopic, *said of rocks having the same sedimentary facies.*
isoplèthe *f* – isopleth, *a line connecting points having the same size or frequency, used to show variations in mean grain size, sphericity, etc.*
isopollen *f* – isopoll, *isopollen, a line showing equal frequency of pollen of a given kind during equivalent periods.*
isopore *f* – isopor, *a line connecting points having the same annual change in magnetic declination.*
isopotentiel – isopotential.
isoprène *m* – isoprene, *methylbutadiene, the molecular unit of natural rubber.*
isoprénoïde *m* – isoprenoid, *a compound based on isoprene or branched chain structure, including many naturally occurring materials, such as terpenes, rubber and steroids.*
isopropanol *m* – isopropanol, *isopropyl alcohol.*
isopropyl – isopropyl, *prefix denoting a radical from isopropane.*
isopropylbenzène *m* – isopropylbenzene, *cumene.*
isoquinoléine *f* – isoquinoline *(chem).*
isorade *f* – isorad, *a line showing equal radioactivity.*
isoretard *f* – isochrone, *seismic refraction.*
isosafrole *m* – isosafrole *(chem).*
isoséiste *f* – isoseism, *isoseismal line, a line connecting points on the Earth's surface at which the earthquake intensity is the same.*
isospin *m* – isospin; isotopic spin.
isosporie *f* – isospory *(bot).*
isostasie *f* – isostasy, *a theory of the condition of approximate equilibrium in the outer part of the Earth.*
isostatique – isostatic, *isostatical.*
isostère – isosteric, *said of chemical components with similar electronic arrangements.*
isostérie *f* – isosterism.
isotactique – isotactic, *said of a polymer structure in which substituents in the asymmetric carbon atoms have the same configuration in relation to the main chain.*
isoteneur *f* – *see isograde.*
isotherme *f* – isogeothermal line; isothermal line; isotherm, *a line showing equal mean temperature ; see isogéotherme.* **isotherme d'adsorption** : adsorption isotherm. **isotherme de Freundlich** : Freundlich isotherm, *adsorption isotherm.*
isothermique – isothermal.
isotone *m* – isotone, *one of several nuclides having the same number of neutrons in their nuclei but differing in the number of protons.*
isotonique – isotonic, *see solution isotonique.*
isotope *m* – isotope. **isotope instable** : unstable isotope, *radioisotope.* **isotope radioactif** : radioactive isotope, *radioisotope.* **isotope radiogénique** : radiogenic isotope, *an isotope produced by the decay of a radioactive isotope.* **isotope stable** : stable isotope.
isotopique – isotopic.
isotron *m* – isotron, *a device for sorting isotopes according to their velocities.*
isotrope – isotropic, *identical in all directions.* **isotrope dans le plan** : transversely isotropic.
isotropie *f* – isotropy. **isotropie plane** : transverse isotropy. **isotropie transverse** : transverse isotropy.
isotype – isotypic.
isovitesse *f* – isovelocity.
isovole *f* – isovol, *a line connecting points of equal volatile content in coal.*
isozyme *m or f* – isozyme; isoenzyme.
ISSN – ISSN, *abbr. international standard series number, used to identify periodicals.*
issue *f* – exit; outfall; solution.
isthme *m* – isthmus; neck.
itaconique – itaconic *(chem).*
itératif – iterative.
itération *f* – iteration; iterative method.
itinéraire *m* – route.
itinérant – itinerant.
IV – VI, *abbr. indice de viscosité, viscosity index.*
ivresse *f* – drunkenness. **ivresse des profondeurs** : deep-water drunkenness; rapture of the deep.

J

J – J, *symbol for joule.*

jachère *f* – fallow *(agr)*. **jachère forestière** : forest fallow.

Jacksonien *m* – Jacksonian, *an Eocene stage in North America.*

jacobien *m* – Jacobian *(math)*.

jadéite *f* – jadeite, *a clinopyroxene mineral.*

jaillir – leap (to); spatter (to). **jaillir par intermittence** : flow (to) by heads; puke (to).

jaillissement *m* – flowing; gush; gusher; spouting; spurting out.

jais *m* – jet coal, *black amber, a variety of hard lignite.*

jalon *m* – flag; peg; picket; pole; range rod, *range pole*; surveying rod; surveyor's stake. **jalon d'arpentage** : leveling pole.

jalonner – milestone (to); peg (to) out.

jalonneur *m* – picket man.

jambage *m* – jamb.

jambe *f* – jamb; leg; shank. **jambe de force** : radius arm; strut; torque arm. **jambe de levage** : raising leg *(drill)*. **jambe télescopique** : telescopic leg.

Jamin – Jamin, *see effet de Jamin, interféromètre de Jamin.*

jante *f* – rim, *of a pulley.* **jante de roue** : wheel flange; wheel rim.

Jantzen – Jantzen, *see colonne Jantzen, colonne d'extraction Jantzen.*

Janus – Janus, *see architecture à la Janus.*

jaquette *f* – jacket.

Jarlan – Jarlan, *see brise-lame à mur Jarlan.*

jarosite *f* – jarosite *(miner)*.

jarretière *f* – strap. **jarretière de géophones** : geophone connector.

jas *m* – anchor stock.

jaspe *m* – jasper, *a variety of chert.*

jauge *f* – dipstick; gage; gauge *(electromag)*; telltale; tonnage *(naut)*. **jauge à cadran** : dial gage. **jauge à combustible** : fuel gage. **jauge à coulisse** : caliper gage. **jauge à flotteur** : float gage. **jauge à ionisation** : ion gage; ionization gage. **jauge à pression** : pressure gage. **jauge à pression différentielle** : differential-pressure gage. **jauge à trépan** : bit gage, *inside and/or outside diameter of a bit, also the tool used to measure this diameter.* **jauge au mercure** : mercury gage. **jauge automatique** : automatic gage. **jauge brute** : gross register tonnage (GRT) *(ship)*; gross tonnage. **jauge d'eau** : water gage. **jauge d'écoulement** : flow gage. **jauge d'épaisseur** : thickness gage. **jauge d'essence** : fuel gage. **jauge d'évaporation** : evaporation gage. **jauge d'huile** : oil gage. **jauge de carter** : oil-sump gage. **jauge de consistance** : consistency gage. **jauge de contrainte** : strain gage. **jauge de contrainte piézoélectrique** : piezoelectric strain gage. **jauge de déformation** : strain gage. **jauge de McLeod** : McLeod gage, *for measuring vacuum.* **jauge de niveau** : tank gage. **jauge de pas de vis** : screw-pitch gage. **jauge de précision** : depth micrometer; precision gage. **jauge de pression** : pressure gage. **jauge de profondeur** : depth gage. **jauge de viscosité** : viscosity gage. **jauge enregistreuse** : recording gage. **jauge étalon** : reference gage. **jauge hydraulique** : hydraulic gage. **jauge hydrostatique** : hydrostatic gage. **jauge métallique** : metal gage. **jauge micrométrique** : depth micrometer. **jauge nette** : net register tonnage *(ship)*; net tonnage. **jauge officielle** : register tonnage. **jauge pour fils métalliques** : wire gage. **jauge volumétrique** : volumetric gage.

jaugeage *m* – dipping, *measuring the height of oil in a tank by means of a steel strip or a dipstick*; gaging. **jaugeage d'un navire** : tonnage measurement. **jaugeage par le creux** : outage, *the difference between the full-rated capacity of a tank or barrel and its actual content.* **jaugeage par le plein** : innage, *the volume or measured height of liquid introduced into a tank or barrel, as measured from the bottom of the tank.*

jauger – calibrate (to); gage (to).

jaune – yellow.

javelliser – chlorinate (to).

jayet *m* – *see jais.*

jeep *f* – jeep, *a cross-country vehicle used for rough pioneering work.*

jerricane *m* – jerrican, *jerrycan.*

jet *m* – cast; ejection, *of flames*; feeding head; jet; runner *(metal)*; stream. **jet à la mer** : jettison, *the act of throwing goods overboard to lighten a ship in cases of necessity or emergency.* **jet d'air** : blast. **jet de fonte** : flow of metal. **jet de lave** : blowing cone *(geol)*; hornito. **jet de plasma** : plasma jet, *for plasma-arc cutting and welding.* **jet de rive** : swash; uprush *(geol)*. **jet de sable** : sandblast *(metal)*. **jet descendant** : downjet, *vertical injection nozzle for primary air above the fuel bed.* **jet moléculaire** : molecular beam. **jet violent de liquide** : gush.

jetée *f* – jetty; pier.

jeter – cast (to); dispose (to) of; throw (to). **jeter dehors** : outgush (to). **jeter l'ancre** : drop (to) anchor.

jeton *m* – token. **jeton de présence** : attendance fee.

jeu *m* – action; clearance; game; gap; play; set. **jeu à la coupe d'un segment** : ring-gap clearance, *on a piston*; ring-butt clearance. **jeu axial** : end play.

jeu d'instructions : instruction set, *data processing.* **jeu de clés** : set of wrenches. **jeu de données** : data set. **jeu de l'outil** : bit clearance. **jeu de palier** : bearing clearance. **jeu de piston** : clearance of piston. **jeu de recul** : backlash, *in gears.* **jeu de soupape** : play of valve. **jeu des poussoirs** : tappet clearance. **jeu des soupapes** : valve clearance. **jeu des tiges dans le trou** : clearance of rods in the hole. **jeu du coussinet** : bearing clearance. **jeu du cylindre** : cylinder clearance. **jeu du piston** : piston clearance. **jeu en bout** : end play. **jeu en hauteur de segment** : ring-end clearance. **jeu entre poussoir et soupape** : tappet clearance. **jeu entre segment et fond de gorge** : ring-back clearance, *of a piston.* **jeu latéral** : side play. **jeu libre** : running clearance. **jeu relatif** : clearance ratio, *of a bearing.*

Johnson – Johnson, *see bruit de Johnson, frein Johnson.*

joindre – add (to); join (to); tie (to). **joindre des sections de tube** : joint (to) up, *to connect sections of a pipeline.* **joindre deux sections de canalisation** : tie (to) in.

joint *m* – bond; gasket; joint; rift; seal. **joint à arête bridée** : flanged-edge joint. **joint à bague** : ring-type joint. **joint à baïonnette** : bayonet joint. **joint à bride** : flanged joint. **joint à cardan** : universal joint. **joint à collerette** : flanged joint. **joint à courroie** : strapped joint. **joint à douille** : faucet joint; spigot-and-faucet joint. **joint à emboîtement** : spigot joint. **joint à emboîture** : spigot-and-faucet joint. **joints à étriers** : walking-beam stirrup, *attaching the walking beam to the piston rod.* **joint à filetage irrégulier** : bastard connection. **joint à francs bords** : flush joint. **joint à genou** : ball-and-socket joint. **joint à genouillère** : toggle joint. **joint à l'amiante** : asbestos gasket. **joint à labyrinthe** : labyrinth joint, *labyrinth seal.* **joint à lèvre** : lip seal. **joint à passage total** : full-hole tool-joint, *API standard.* **joint à queue d'aronde** : dovetail joint. **joint à recouvrement** : lap joint; strapped joint. **joint à rotule** : ball-and-socket joint; ball joint; cup-and-ball joint; globe joint; knuckle joint; universal joint. **joint à soufflet** : bellows joint. **joint à vide** : vacuum fitting. **joint à vis** : screw joint. **joint annulaire** : circumferential joint; ring-type joint. **joint antiexplosion** : explosion seam, *for a storage tank.* **joint articulé** : articulated joint; swivel joint. **joint au plomb** : lead joint. **joint bitumineux prémoulé** : preformed-asphalt joint. **joint bitumineux préparé** : bituminous expansion joint, *made of road asphalt mixed with fine mineral substances, with fibrous products, with cork, with sawdust, etc., and manufactured in sizes designed to be inserted in joints.* **joint bout à bout** : butt joint. **joint calfaté** : caulked joint. **joint circulaire** : circular seam; circumferential joint; ring gasket; ring joint. **joint conducteur** : collector plate. **joint coudé** : shouldered joint. **joint coulé** : bell-and-spigot joint, *standard joint in a cast-iron pipe.* **joint coulissant** : slip joint. **joint d'amiante** : asbestos gasket; asbestos joint. **joint d'eau** : water seal. **joint d'écrou** : nut union. **joint d'étanchéité à anneau liquide** : liquid-mounted seal. **joint d'étanchéité à la vapeur** : vaporproof seal. **joint d'expansion** : expansion joint. **joint d'extrémité refoulée** : upset-end joint. **joint d'huile** : oil seal. **joint d'huile de soufflante** : blower oil seal. **joint de bougie** : spark-plug gasket. **joint de Cardan** : *see cardan.* **joint de chaîne** : chain joint. **joint de chanvre** : hemp jointing. **joint de chaudière** : boiler ring. **joint de circulation** : circulating joint. **joint de cisaillement** : shear joint *(geol).* **joint de contrainte** : stress joint. **joint de culasse** : cylinder-head gasket; gasket; head gasket. **joint de dessiccation** : desiccation joint. **joint de dévissage** : back-off joint. **joint de dilatation** : expansion joint. **joint de feutre** : felt joint. **joint de grain** : grain boundary. **joint de mercure** : mercury-seated joint. **joint de raccordement à brides** : flange coupling. **joint de retrait** : contraction joint; joint of retreat *(geol)*; shrinkage joint *(geol).* **joint de sécurité** : safety joint. **joint de stratification** : bedding joint. **joint de sûreté** : explosion seam. **joint de tension** : tensional joint *(geol).* **joint de tige** : tool joint. **joint de tige à refoulement intérieur** : internal-flush tool-joint, *with the same diameter as the drillpipe.* **joint de tige soudé** : weld-on type tool-joint. **joint de tiges de pompage** : sucker-rod joint. **joint de tubage** : casing collar. **joint de tubage à haute résistance** : high-strength casing joint. **joint de tube à garnissage** : slick joint. **joint de tube court** : pup-joint. **joint de tube de surforage** : washover tool-joint. **joint de tuyauterie** : pipe joint. **joint du pivot de l'anneau de réglage** : adjusting-ring pin gasket. **joint élastique** : resilient joint. **joint émeri** : emery joint. **joint emmanché à force** : forced-in joint. **joint en caoutchouc** : rubber facing; rubber packing; rubber seal. **joint en chicane** : break joint. **joint en croix** : cross joint. **joint en cuir** : leather facing. **joint en T** : T joint. **joint en V renversé** : washpipe packing, *on the swivel.* **joint encastré** : flanged-edge joint. **joint entre deux couches** : cross joint. **joint étanche** : close joint; leakproof joint; tight joint; tightening connection. **joint étanche à l'air** : air seal. **joint expansé** : expanded joint. **joint fileté** : threaded joint. **joint flexible** : flex joint, *between the riser pipe and the subsea BOP*; flexible joint. **joint homocinétique** : constant-velocity universal joint. **joint horizontal** : bedjoint, *cracks or fissures parallel to the stratification (geol).* **joint hydraulique** : hydraulic seal; liquid seal; water seal. **joint intergranulaire** : grain boundary. **joint isolant** : insulating joint. **joint jaquette** : jacketed gasket. **joint lisse** : flush joint. **joint longitudinal** : longitudinal seam. **joint mâle** : male joint. **joint maté** : caulked joint. **joint métallo-plastique** : metallic-asbestos gasket. **joint non soudé** : unwelded joint. **joint plan** : mechanical seal. **joint plat** : flat gasket. **joint plein** : blind flange. **joint plein pour tuyauteries** : blind-flanged joint. **joint pour tige de sondage** : boring-rod joint. **joint réglable** : expansion adapter. **joint rodé** : emery joint; ground joint; lapped surface. **joint sans lut, joint sec** : luteless joint; self-sealing joint. **joint soudé** : soldered joint; welded joint. **joint sphérique** : ball joint. **joint spiralé** : spiral-wound gasket. **joint stylolitique** : stylolitic seam, *a surface or contact in homogeneous carbonate rocks, with an irregular and interlocking penetration of both sides ; the columns, pits, and teeth-like projections on one side fit into their counterparts on the other side, with insoluble concentrations.* **joint sur bord** : edge joint. **joint thermique** : heat seal. **joint torique** : doughnut ring; O ring. **joint tournant** : gas swivel, *for high-pres-*

sure gas; rotor seal. **joint universel** : knuckle joint; universal joint. **joint virtuel** : blind joint. **joint vissé** : screwed joint *(drill)*.

joint – concerted; linked.

jointement *m* – jointing. **jointement au mortier liquide** : grouting.

jointif – contiguous.

jointure *f* – joint.

jojoba *m* – jojoba, *plant used to make an oil having the same composition as sperm oil.*

Jolly – Jolly, *see balance de Jolly.*

jonction *f* – bonding; confluent; joining; junction; juncture. **jonction diffuse** : diffused junction *(elec)*. **jonction du tube prolongateur** : riser tie-in. **jonction hybride** : hybrid junction, *waveguide.* **jonction triple** : triple junction.

jonctionnement *m* – end-to-end coupling.

Jorissen – Jorissen, *see méthode Jorissen.*

Josephson – Josephson, *see effet Josephson.*

joue *f* – cheek; flange. **joue d'un tambour** : drum flange. **joue de vilebrequin** : crank web; crankshaft flange.

joug *m* – yoke.

joule *m* – joule, *the SI unit of work or energy equal to the work done by 1 newton when the point where the force is applied is displaced 1 meter in the direction of the force, symbol* J. **joule par kelvin** : joule per kelvin, *SI unit of heat capacity and entropy* (J/K). **joule par kilogramme** : joule per kilogram, *SI unit of specific energy and specific enthalpy* (J/kg). **joule par kilogramme-kelvin** : joule per kilogram kelvin, *SI unit of specific heat capacity and specific entropy* (J/kg.K). **joule par mètre** : joule per meter, *SI unit of linear energy transfer* (J/m). **joule par mètre bicarré** : joule per meter to the fourth power, *SI unit of spectral concentration of radiant energy density, in terms of wavelength* (J/m^4). **joule par mètre carré** : joule per square meter, *Si unit of energy fluence and radiant exposure* (J/m^2). **joule par mètre cube** : joule per cubic meter, *SI unit of energy density* (J/m^3). **joule par mètre cube kelvin** : joule per cubic meter kelvin, *SI unit of volume heat capacity* ($J/m^3.K$). **joule par mole** : joule per mole, *SI unit of molar internal energy* (J/mol). **joule par mole-kelvin** : joule per mole kelvin, *SI unit of molar heat capacity and molar entropy* (J/(mol.K)). **joule par seconde** : joule per second, *see watt.*

jour *m* – day, *unit of time, symbol* d; daylight *(mine)*. **jour calendaire** : calendar day. **jour courant** : running day. **jour de chauffe** : heating day, *day during which the mean outdoor temperature falls below a fixed reference temperature (base temperature)*. **jour de fonctionnement effectif** : stream day, *24 hours of actual operating time by a refinery by contrast with a calendar day.* **jours de planche** : lay days, *days allowed for loading and/or unloading a ship.* **jours de starie** : lay days. **jour férié** : holiday. **jour franc** : clear day. **jour ouvrable** : working day. **jour sidéral** : sidereal day. **jour solaire** : solar day. **jour solaire moyen** : mean solar day.

journal *m* – newspaper. **journal d'entreprise** : house organ. **journal de bord** : ship's log. **journal de sonde** : logbook. **journal fondamental** : logbook.

journalier – daily.

judiciaire – forensic.

jumboïsation *f* – jumboization, *jumboizing, enlarging a tanker by cutting it in two and adding on a central section.*

jumeau *m* – twin.

jumelable – combinable.

jumelé – twin.

jumelles *f* – binoculars.

jupe *f* – skirt. **jupe d'ancrage à dents** : dagger skirt. **jupe de fondation** : foundation skirt. **jupe de piston** : piston skirt.

Jura *m* – Jura. **Jura blanc** : white Jura, *Malm, Upper Jurassic series.*

Jurassique *m* – Jurassic, *the second period of the Mesozoic era, after the Triassic and before the Cretaceous; divided into three series: Lower Jurassic (Lias), Middle Jurassic (Dogger) and Upper Jurassic (Malm)*. **Jurassique noir** : black Jura, *Lias.*

juridiction *f* – jurisdiction. **juridiction nationale** : domestic jurisdiction.

juridique – legal.

Jurin – Jurin, *see loi de Jurin.*

jurisprudence *f* – case law; jurisprudence; ruling.

jury *m* – board of examiners; panel.

jus *m* – juice.

jusant *m* – ebb tide. **jusant de vives eaux** : ebb of spring tide.

juste – fair; accurate; right.

juste-à-temps – just-in-time, *method of stockpile management by maintaining a strict minimum.*

justesse *f* – accuracy, *see also exactitude*; correctness.

justificatif *m* – voucher.

justifier – bear (to) out; warrant (to).

juvénile – juvenile; young.

juxtaposition *f* – juxtaposition.

K

k – k, *symbol for kilo.*
K – K, *symbol for Kelvin and for potassium.*
kaïnite *f* – kainite, *a natural salt containing potassium and magnesium, used as a fertilizer.*
Kalman – Kalman, *see filtre de Kalman.*
kamé *m* – kame, *a sand and gravel hill left by a melting glacier.*
kanji *m* – kanji, *Japanese ideographic word symbols.*
kansasite *f* – kansasite, *a variety of fossil resin.*
Kansien *m* – Kansan, *the second glacial stage of the Pleistocene.*
kaolin *m* – kaolin, *white clay, porcelain clay, china clay, used in ceramics and also used as a catalyst carrier in catalysis.*
kaolinisation *f* – kaolinization, *the formation of kaolin by the weathering of aluminum silicate materials or by the decomposition of hard feldspars.*
kaolinite *f* – kaolinite, *a clay mineral made of hydrous aluminum silicate, and the main constituent of kaolin.*
kaon *m* – kaon; K meson.
kapok *m* – kapok.
karélianite *f* – karelianite, *vanadium oxide.*
karst *m* – karst. **karst complet** : deep karst. **karst incomplet** : shallow karst. **karst nu** : naked karst. **karst profond** : deep karst. **karst sous-jacent** : subterranean karst; underlying karst. **karst superficiel** : shallow karst.
karsténite *f* – *see anhydrite.*
karstification *f* – karstification, *all the weathering and dissolution phenomena resulting in the creation of a karst morphology in limestone formations.*
karstique – karstic.
kataphorite *f* – kataphorite, *a mineral of the amphibole group.*
katmaïen – Katmaian, *a type of volcanic eruption.*
kauri *m* – kauri, *kauri gum, kauri resin, a resin exuded from the kauri tree.*
Kazanien *m* – Kazanian, *Upper Permian stage.*
Keewatin *m* – Keewatin, *Keewatinian, a division of Archeozoic rocks of the Canadian Shield.*
kelp *m* – kelp, *a type of seaweed.*
kelvin *m* – kelvin, *SI unit of thermodynamic temperature, symbol* K. **kelvin à la puissance moins un** : reciprocal kelvin, *SI unit of linear expansion coefficient* (K^{-1}). **kelvin par mètre** : kelvin per meter, *SI unit of temperature gradient* (K/m). **kelvin par watt** : kelvin per watt, *SI unit of thermal resistance* (K/W).
kélyphite *f* – corona *(miner).*
kélyphytique – kelyphytic.
kérabitume *m* – kerabitumen, *insoluble noncoaly organic matter in oil shales, oil source rocks and recent sediments.*
kératophyre *m* – keratophyre, *an albitic trachyte characterized by the presence of minerals such as chlorite, epidote and calcite.*
kériothèque *f* – keriotheca *(pal).*
kerma *m* – kerma, *abbr. kinetic energy released in matter, kinetic energy imparted to charged particles by uncharged particles, expressed in grays.*
kérogène *m* – kerogen, *a complex organic material found in sedimentary rocks, usually shales, converted to petroleum products by distillation.*
kérosène *m* – kerosine, *a petroleum distillate used as an illuminating oil, as a fuel for heating and cooking and as a jet fuel; sometimes called paraffin or liquid paraffin in Great Britain; also spelled kerosene.* **kérosène ordinaire** : white kerosine. **kérosène solidifié** : solidified kerosine.
kérotène *m* – kerotene, *the portion of bitumen that is insoluble in carbon disulfide.*
Kerr – Kerr, *see effet Kerr.*
kersantite *f* – kersantite, *a lamprophyre.*
Keuper *m* – Keuper, *Upper Triassic stage.*
Kevlar *m* – Kevlar, *trademark for a synthetic fiber having extremely high tensile strength and greater resistance to stretching than steel, with uses including belted radial tires and seismic arrays.*
Keweenawanien *m* – Keweenawan, *a series in the early Proterozoic.*
kg – kg, *symbol for kilogram.*
kick *m* – kick starter, *for starting a motorcycle.*
kieselguhr *m* – kieselguhr, *diatomaceous earth, diatomite.*
kiesérite *f* – kieserite *(miner).*
kilo – kilo (k), *prefix denoting* 10^3 *or 1000.*
kilocalorie *f* – kilocalorie, *an obsolete unit of heat, large calorie = 4.186 MJ.* **kilocalorie négative** : negative kilocalorie, *an obsolete practical unit of heat extraction.*
kilogramme *m* – kilogram, *SI unit of mass, symbol* kg. **kilogramme-mètre carré par seconde** : kilogram meter squared per second, *SI unit of moment of momentum* ($kg.m^2/s$). **kilogramme-mètre carré** : kilogram meter squared, *SI unit of moment of inertia* ($kg.m^2$). **kilogramme mètre par seconde carrée** : kilogram meter per second squared, *see newton.* **kilogramme par mètre** : kilogram per me-

ter, *SI unit of linear density* (kg/m). **kilogramme par mètre carré** : kilogram per square meter, *SI unit of surface density* (kg/m^2). **kilogramme par mètre cube** : kilogram per cubic meter, *SI unit of (mass) density* (kg/m^3). **kilogramme par mole** : kilogram per mole, *SI unit of molar mass* (kg/mol). **kilogramme par seconde** : kilogram per second, *SI unit of mass flow rate* (kg/s).

kilométrage *m* – mileage, *after conversion of kilometers to miles.*

kilomètre *m* – kilometer, *a unit of length* (km). **kilomètre à l'heure** : kilometer per hour, *a unit of velocity, 1 km/h = 0.621371 mile/h.*

kilotonne *f* – kiloton, *a unit used to measure explosive power, equal to the explosive power of 1000 tons of TNT* (kt).

kilowattheure *m* – kilowatthour, *a unit of energy widely used as a measure of electric energy* (kWh).

kimberlite *f* – kimberlite, *a periodite containing olivine phenocrysts.*

Kimmeridgien *m* – Kimmeridgian, *Upper Jurassic stage.*

Kinderhookien *m* – Kinderhookian, *lowermost Mississippian series.*

Kingsbury – Kingsbury, *see palier de butée Kingsbury.*

kinzigite *f* – kinzigite, *a coarse-grained metamorphic rock.*

kiosque *m* – kiosk. **kiosque d'un sous-marin** : conning tower.

kip – kip, *unit of force = 453.6 N.*

Kirchhoff – Kirchhoff, *see intégrale de Kirchhoff, lois de Kirchhoff.*

kirwanite *f* – kirwanite, *a variety of anthracite.*

Kjeldahl – Kjeldahl, *see méthode de Kjeldahl.*

Klein – Klein, *see équation de Klein-Gordon, réactif de Klein.*

Klinkenberg – Klinkenberg, *see correction de Klinkenberg.*

klippe *f* – klippe, *an erosional remnant forming an isolated rock unit.*

klystron *m* – klystron, *an electron-beam tube used as an amplifier or as an oscillator.*

knick *m* – knickpoint, *the sharp junction angle between a gently inclined pediment and the adjacent mountain slope, also called knick.*

Knudsen – Knudsen, *see manomètre de Knudsen, nombre de Knudsen.*

Koch – Koch, *see acide de Koch.*

kochenite *f* – kochenite, *a fossil resin.*

konlite *f* – konlite, *a natural hydrocarbon found in brown coal.*

Koungourien *m* – Kungurian, *Lower or Middle Permian stage.*

Kovats – Kovats, *see indice de rétention de Kovats.*

kramérite *f* – kramerite, *probertite (miner).*

krantzite *f* – krantzite, *a fossil resin.*

krigeage *m* – kriging, *a geostatistical interpolation method using irregularly-spaced measured data mainly for mining, geologic, oceanographic and meteorological applications ; a kriging operator is a minimum-variance estimator for random data.*

krill *m* – krill, *planktonic crustaceans.*

krypton *m* – krypton, *symbol Kr.*

kuckersite *f* – kukersite, *an organic-rich sediment found in Estonia.*

Kulm – *see Culm.*

kurtosis *m* – kurtosis, *the degree to which a frequency distribution is concentrated around the average or shows a peak.*

kW – kW, *symbol for kilowatt.*

kWh – kWh, *symbol for kilowattheure.*

kyanisation *f* – kyanizing, *protecting wood from decay by fungi by saturating it with mercuric chloride.*

kyanite *f* – kyanite, *cyanite, sappare, disthene.*

L

l – l *or L, symbol for litre.*
labile – labile.
labilité *f* – lability.
labo *m* – doghouse, *see cabine laboratoire*; lab, *abbr. laboratoire: laboratory.*
laboratoire *m* – laboratory. **laboratoire d'enregistrement** : recording instruments. **laboratoire de recherches** : research laboratory. **laboratoire orbital habité** : manned orbiting laboratory (MOL).
labourable – tillable.
labourage *m* – plowing. **labourage glaciaire** : glacial plowing.
labrador *m* – labradorite, *a mineral of the plagioclase felsdpar group.*
labradorite *f* – labradorite, *a light-colored labradorite-rich basalt.*
labyrinthe *m* – labyrinth.
lac *m* – lake. **lac artificiel** : artificial lake. **lac croissant** : oxbow lake, *a river meander cut off as a lake.* **lac d'asphalte** : pitch lake. **lac d'effondrement** : cave-in lake. **lac de barrage** : barrier lake. **lac de barrage morainique** : morainal lake. **lac de bitume** : tar pool. **lac de cirque** : cirque lake; tarn *(geol)*. **lac de cratère** : crater lake. **lac de cuvette éolienne** : deflation lake. **lac de dégel** : glacier lake. **lac de delta** : delta lake. **lac de doline** : sinkhole lake; sinkhole pond. **lac de lave** : lava lake; lava pool. **lac de plaine** : lowland lake. **lac de synclinal** : synclinal lake. **lac dystrophique** : dystrophic lake, *a lake characterized by a deficiency in nutrient matter.* **lac glaciaire** : glacial lake; glacier lake. **lac karstique** : karst lake. **lac littoral** : coastal lake. **lac natroné** : alkali lake *(geol)*. **lac résiduel** : relict lake. **lac salé** : bitter lake; salina; salt lake. **lac salifère** : salina. **lac souterrain** : underground lake. **lac tectonique** : tectonic lake. **lac temporaire** : dry lake. **lac thermokarstique** : thaw lake.
laccolite *m* – laccolith, *a concordant igneous intrusion.*
laccolitique – laccolithic.
lacet *m* – yaw, *oscillatory movement.* **lacet de chaussure** : shoestring *(geol)*. **lacet pour courroie** : belt lace.
lâche – loose; slack, *not taut*; weak.
lacis *m* – network. **lacis de failles** : fault network.
lacrymogène – eye irritant.
lactaire – lacteous.
lactate *m* – lactate *(chem)*. **lactate de sodium** : sodium lactate.
lactique – lactic.
lactone *f* – lactone, *monocarboxylic ester.*
lacune *f* – gap; lacuna; unconformity, *lack of continuity between layers in contact with one another (geol)*; vacancy. **lacune d'érosion** : erosional gap. **lacune d'ion négatif** : negative-ion vacancy. **lacune dans la série géologique** : gap in the geological record. **lacune de sédimentation** : diastem; hiatus; nondepositional gap; sedimentary break; sedimentary gap. **lacune sismique** : seismic gap. **lacune stratigraphique** : break in the succession *(geol)*; hiatus; range of lost strata; stratigraphic break; stratigraphic gap. **lacune stratigraphique apparente** : apparent stratigraphic gap.
lacustre – lacustrine.
Ladinien *m* – Ladinian, *Middle Triassic stage.*
lagon *m* – lagoon, *a shallow body of water enclosed within an atoll.* **lagon annulaire** : lagoon moat.
Lagrange – Lagrange, *see équation de Lagrange, multiplicateurs de Lagrange.*
lagunage *m* – lagooning; oxidation pond.
lagunaire – lagoonal, *lagunar.*
lagune *f* – lagoon. **lagune à marée** : tidal lagoon.
lahar *m* – lahar, *a mudflow of volcaniclastic materials.*
laine *f* – wool. **laine de bois** : excelsior, *a fibrous packing material*; wood wool. **laine de laitier** : rock wool; slag wool. **laine de plomb** : lead wool. **laine de scorie** : rock wool. **laine de verre** : glass wool. **laine minérale** : mineral wool.
laisse *f* – tether, *a cable used to keep subsea equipment and robots from drifting or escaping*; waterline, *water mark on the shore.* **laisse de basse mer** : low-water mark. **laisse de crue** : flood mark. **laisse de haute mer** : high-water mark.
laisser – let (to). **laisser filer** : pay (to) out, *a rope or cable.*
lait *m* – milk; slurry, *cement.* **lait de chaux** : lime milk; lime water; milk of lime; whitewash. **lait de ciment** : grout. **lait de glacier** : glacier milk.
laiteux – lacteous; milky.
laitier *m* – cinder; clinker; dross; scoria; slag; slurry. **laitier acide** : acid slag. **laitier basique** : basic slag. **laitier blanc** : carbide slag. **laitier de ciment** : cement slurry. **laitier de queue** : tail slurry, *pumped in last.* **laitier de tête** : lead slurry, *pumped in first.* **laitier neutre** : neutral slag. **laitier siliceux** : silicate slag; siliceous slag.
laiton *m* – brass; latten. **laiton amirauté** : admiralty brass, *alloy containing 70-73% copper, 0.75-1.20% tin and the rest zinc.* **laiton au nickel** : white nickel brass, *an alloy composed of 25% nickel, 5% lead and 70% brass.* **laiton d'aluminium** : aluminum brass. **laiton de fonte** : cast brass.

laiton de ressort : spring brass. **laiton ordinaire** : common brass. **laiton rouge** : red brass, *a copper and zinc alloy.*

laitonnage *m* – brass plating; brassing.

lamanage *m* – boatage, *service and charge against a ship for taking mooring lines ashore by dinghy during berthing*; inshore pilotage.

Lamb – Lamb, *see problème de Lamb, onde de Lamb.*

lambda *m* – lambda, *letter in the Greek alphabet used as a symbol for thermal conductivity, see also point lambda.*

lambeau *m* – rag. **lambeau de charriage** : nappe outlier. **lambeaux de recouvrement** : thrust outlier *(geol)*. **lambeau témoin** : roof pendant, *country rock projecting downward into an igneous intrusion.*

lambert *m* – lambert, *a unit of luminance, see also projection conique conforme de Lambert.*

lame *f* – blade; cutter; foil; plate; slice. **lame bimétallique** : bimetallic strip. **lame de bulldozer** : dozer blade. **lame de collecteur** : commutator bar. **lame de couteau** : knife-edge, *a sharp edge at the end of a pipe caused by an excessively small chamfer diameter.* **lame de cuivre** : copper strip. **lame de l'outil** : bit blade. **lame de ressort** : spring leaf; spring plate. **lame de scie** : saw blade. **lame dichroïque** : beam splitter. **lame mince** : thin section, *of rocks or minerals.* **lame positive** : positive plate. **lame rapportée** : inserted blade.

lame *f* – wave *(ocean)*; surge. **lame d'étrave** : bow wave. **lame de fond** : ground swell, *bottom surge.* **lame déferlante** : comber. **lame significative** : significant wave, *theoretical wave for which the properties (height, period) are determined by the mean amplitudes and periods of the top one-third of the best-formed waves.*

Lamé – Lamé, *see coefficient de Lamé.*

lamellaire – flaky; foliated; lamellar; laminar.

lamelle *f* – lamella; lamina. **lamelle couvre-objets** : cover glass. **lamelle de macle** : twinning lamella *(cryst)*.

lamellé – flaky; lamellate.

lamellibranche *m* – lamellibranch; pelecypod, *benthic aquatic mollusk.*

lamelliforme – flaky.

lamifié *m* – laminate, *composite.*

laminabilité *f* – rollability.

laminable – rollable.

laminage *m* – lamination; milling; rolling; throttling. **laminage à chaud** : hot rolling. **laminage à froid** : cold rolling. **laminage des tôles** : plate rolling; sheet rolling. **laminage des tubes** : tube rolling. **laminage diagonal** : diagonal rolling *(metal)*.

laminaire – laminar.

lamination *f* – lamination, *arrangement of the components of a sediment in fine laminae.* **lamination saisonnière** : seasonal lamination, *due to alternating seasons.*

lamine *f* – lamina, *the thinnest recognizable unit layer of original deposition in a sediment.*

laminé – laminated; milled; rolled. **laminé à froid** : cold rolled.

laminer – flatten (to); roll (to).

lamineur *m* – roller *(metal)*.

laminite *f* – laminite, *a finely laminated detrital rock of the flysch lithofacies.* **laminite algaire** : algal mat.

laminoir *m* – calender; roll mill; rolling machine; rolling mill. **laminoir à aluminium** : aluminum-rolling mill. **laminoir à billettes** : billet-roll mill *(metal)*. **laminoir à brames** : slabbing mill. **laminoir à cylindres annulaires** : ring rolling mill. **laminoir à feuillards** : strip mill *(metal)*. **laminoir à fil** : rod mill; wire mill. **laminoir à froid** : cold mill. **laminoir à profilés** : section mill *(metal)*; shape rolling mill *(metal)*. **laminoir à rails** : rail mill; rail-rolling mill. **laminoir à tôles** : sheet mill. **laminoir à tubes** : pipe rolling mill; rolling-mill tube. **laminoir finisseur** : finishing rolling mill. **laminoir réversible** : reversing mill *(metal)*. **laminoir simple** : single-line roll train *(metal)*. **laminoir trio** : three-high mill *(metal)*.

lampant *m* – lamp oil. **lampant ordinaire** : store distillate.

lampe *f* – bulb; lamp. **lampe à accumulateur** : accumulator lamp. **lampe à acétylène** : acetylene lamp. **lampe à arc** : arc lamp. **lampe à carbure** : carbide lamp. **lampe à décharge** : discharge lamp. **lampe à huile** : oil lamp. **lampe à incandescence** : incandescent lamp. **lampe à pentane** : pentane lamp. **lampe à pétrole** : oil-burning lamp. **lampe à pression de vapeur** : vapor-pressure lamp, *wickless.* **lampe à souder** : blow lamp; blowtorch; soldering lamp; soldering torch; torch; welding torch. **lampe à vapeur de mercure** : mercury-vapor lamp. **lampe à vide** : vacuum tube. **lampe avertisseuse** : telltale lamp. **lampe baladeuse** : inspection lamp; portable lamp. **lampe d'inspection** : inspection lamp. **lampe de chapeau** : cap lamp. **lampe de mine** : driver's lamp; hand lamp. **lampe de roue phonique** : timing lamp. **lampe de signalisation** : delay lamp; indicating lamp; signal lamp; warning light. **lampe de signalisation d'enclenchement** : closing indicating lamp. **lampe de sûreté** : safety lamp. **lampe électrique** : electric lamp; flashlight. **lampe électropneumatique** : pneumatic-electric lamp. **lampe fluorescente** : fluorescent lamp. **lampe-lumière du jour** : daylight lamp. **lampe luminescente** : glow lamp. **lampe Saybolt** : Saybolt lamp, *a standard test method for the combustibility of kerosine.* **lampe témoin** : control light; indicator lamp; pilot lamp; pilot light; telltale lamp; warning light. **lampe tempête** : yellow dog.

lampitude *f* – lampitude, *the cepstrum-domain equivalent of amplitude.*

lamprophyre *m* – lamprophyre, *a group of dark-colored porphyritic igneous rocks.*

lançage *m* – jetting, *for digging a burial trench for an offshore pipeline.*

lance *f* – spear. **lance d'arrosage** : washdown spear. **lance d'incendie** : fire nozzle.

lance-amarre *m* – heaving line.

lance-dévidoir *m* – reel lance.

lancement *m* – emission; launching; promotion; throwing. **lancement à air comprimé** : compressed-air starting. **lancement de la chaîne** : throwing the chain, *the drillpipe is rotated by pulling on the chain wound around its end for the purpose of making up a drill string.* **lancement du moteur à la manivelle** : cranking the engine. **lancement par inertie** : inertia starting.

lancer *m* – throw. **lancer de rayons** : ray tracing *(seis)*.
lanceur *m* – launcher; starter. **lanceur spatial** : launcher.
lande *f* – moor. **lande marécageuse d'eau douce** : freshwater moor.
Landénien *m* – Landenian, *Upper Paleocene stage.*
Landsat – Landsat, *name of a series of remote-sensing satellites.*
langage *m* – language; speech, *as opposed to writing.* **langage à bas niveau** : low-level language, *programming language very close to machine language.* **langage de commande** : command language, *computer.* **langage de haut niveau** : high-level language, *programming language close to natural language.* **langage informatique** : computer language. **langage machine** : machine language.
langbeinite *f* – langbeinite, *a natural sulfate of potassium and magnesium.*
Langhien *m* – Langhian, *Middle Miocene stage.*
langue *f* – tongue, *a projection of the ice edge up to several km in length caused by wind and current.* **langue de glacier** : glacier tongue, *generally floating extension of a glacier into the sea.* **langue de terre** : neck of land; tongue of ground. **langue glaciaire** : glacier tongue.
languette *f* – ear; spline; tongue.
lanière *f* – strip.
lanoline *f* – lanolin, *derived from the preparation of raw wool and used in antirust oils and as an emollient base.*
lanterne *f* – cage, *(metal)*; lantern. **lanterne de cheminée** : chimney cap. **lanterne de guidage** : rod guide, *for sucker rods.*
lanthane *m* – lanthanum, *symbol La, a rare-earth element.*
lanthanide *m* – lanthanide, *general term for rare-earth elements*; lanthanide series, *the rare-earth series of elements.*
lapidification *f* – *see lithification.*
lapidifier – lapidify (to).
lapiez *m* – lapiaz, *karren, or solution grooves in karst topography.*
lapilli *m* – lapillus *(pl. lapilli), a pyroclastic fragment projected by a volcano*; lava pellet.
lapis-lazuli *m* – lapis lazuli *(petro)*.
Laplace – Laplace, *see équation de Laplace, transformée de Laplace.*
laplacien *m* – buckling *(nucl) geometric buckling or material buckling*; Laplacian, *linear operator defined on differentiable functions.* **laplacien géométrique** : geometric buckling *(nucl)*. **laplacien matière** : material buckling *(nucl)*.
laps *m* – lapse.
laque *f* – lacquer; varnish, *produced by the oxidation of fuel and lubricant in an engine.* **laque cellulosique** : cellulose lacquer. **laque pour cheveux** : hair spray.
laquer – dope (to).
laquet *m* – lakelet.
laramien – Laramide, *see phase laramienne.*
lardé – interbedded *(geol)*.
largable – droppable; jettisonable.
large – broad; wide. **au large des côtes** : offshore.
larget *m* – sheet bar *(metal)*.
largeur *f* – breadth; width. **largeur à mi-hauteur** : full-width at half maximum, *spectral line.* **largeur d'impulsion** : pulse width. **largeur d'ouverture** : aperture width. **largeur de bande** : bandwidth. **largeur de bande spectrale** : spectral bandwidth. **largeur de couloir** : swath width. **largeur de voie** : wheel track. **largeur du faisceau radar** : radar-beam width. **largeur hors tout** : overall width. **largeur spectrale** : spectral width.
larguer – let (to) go.
Larmor – Larmor, *see fréquence de Larmor, précession de Larmor.*
larvicide *m* – larvicide.
LASA – LASA, *abbr. Large Aperture Seismic Array, a geophone array to detect nuclear explosions.*
laser *m* – laser, *a device for producing a narrow and intense beam of coherent or monochromatic light by photon-simulated emission ; the term is formed from the first letters of: light amplification by stimulated emission of radiation.* **laser à colorant** : dye laser. **laser à électron libre** : free-electron laser. **laser à gaz** : gas laser. **laser à gaz carbonique** : carbon-dioxide gas laser. **laser à impulsion** : pulsed laser. **laser à modes bloqués** : mode-locked laser. **laser à rubis** : ruby laser. **laser à semiconducteur** : semiconductor laser. **laser à vapeur métallique** : metal-vapor laser. **laser chimique** : chemical laser. **laser excimère** : excimer laser.
latent – latent.
latéral – broadside; lateral; side.
latérite *f* – laterite *(pedol)*. **latérite gravillonnaire** : concretionary laterite.
latéritique – lateritic.
latéritisation *f* – laterization, *the process that converts a soil to laterite.*
latex *m* – latex.
laticifère – laticiferous, *latiferous, containing or secreting latex.*
latite *f* – latite, *trachyandesite.*
latitude *f* – latitude. **latitude céleste** : celestial latitude. **latitude d'exposition** : exposure latitude. **latitude de polarisation** : pitch, *angle between the major axis of polarization and the horizontal.* **latitude de pose** : exposure latitude. **latitude galactique** : galactic latitude. **latitude géodésique** : geodetic latitude. **latitude géographique** : geographic latitude. **latitude paramétrique** : isometric latitude.
latitudinal – latitudinal.
latte *f* – lag, *covering a cylindrical object*; lath.
lattis *m* – lattice.
Lattorfien *m* – Lattorfian, *Lower Oligocene stage.*
laumontite *f* – laumontite, *a white zeolite mineral.*
Laurasia *f* – Laurasia, *a protocontinent in the Northern Hemisphere that included North America, Greenland and most of Eurasia but not India.*
Laurentien *m* – Laurentian, *referring to Precambrian granites in the Canadian Shield.*
laurique – lauric.
laurylactame *m* – lauryl lactam.
lauryle *m* – lauryl, *chemical radical.*
Lauson – Lauson, *see essai sur moteur Lauson.*
lavabilité *f* – washability.

lavage *m* – scrubbing, *purifying a gas or liquid by washing it in a tower or stirrer*; stripping; wash; washdown; washing, *often caustic washing*. **lavage à l'acide** : acid washing. **lavage à la soude** : alkali wash; soda wash. **lavage à la soude caustique** : caustic washing. **lavage à la terre** : clay wash, *stirring oil with fuller's earth or another clay to eliminate the odor and improve the color of the oil*. **lavage à sec** : dry washing. **lavage alcalin** : alkaline wash. **lavage au crible** : jigger work. **lavage aux amines** : amine washing, *gas treating*. **lavage de gaz à contre-courant** : countercurrent gas scrubbing. **lavage de la carotte** : core flushing, *change in fluid saturation of cores caused by mud filtrate which invades the formation*. **lavage de minerai** : buddling. **lavage des citernes** : washing of tanks. **lavage des citernes au pétrole brut** : crude-oil washing (COW). **lavage intérieur à la vapeur** : washing out. **lavage par inversion de courant** : backwashing. **lavage par la pluie** : washout, *removal of gas or particulates from the atmosphere by their being dissolved by raindrops*. **lavage sur crible à secousses** : jigging. **lavage sur tables oscillantes** : rocking. **installation de lavage** : washer.

lave *f* – lava. **lave acide** : acid lava. **lave basaltique** : basaltic lava. **lave boueuse** : cellular lava; mud lava. **lave cordée** : pillow lava; ropy lava *(geol)*. **lave en coussins** : pillow lava. **lave scoriacée** : cinder. **lave torrentielle** : mudflow.

lavé – flushed; washed.

lave-glace *m* – windshield washer.

laveur *m* – cleaner; scrubber, *a device for removing solids and liquids from gas*; washbox; washer. **laveur à barbotage** : bubble scrubber, *for gas*; bubble washer. **laveur à coke** : coke scrubber, *used in gas purification*. **laveur à gaz** : gas cleaner; gas washer. **laveur à pulvérisation** : spray washer. **laveur à venturi** : venturi scrubber. **laveur d'air** : air scrubber. **laveur de gaz** : gas purifier; gas scrubber. **laveur de perforations** : perforation washer *(drill)*. **laveur refroidisseur** : washer cooler. **laveur rotatif** : drum washer; rotary washer.

lawrencium *m* – lawrencium, *symbol Lr*.

lawsonite *f* – lawsonite, *an orthorhombic mineral*.

layonner – clear (to) lines.

lazurite *f* – lazurite, *a feldspathoid forming the principal constituent of lapis lazuli*.

lécheur *m* – wiper ring.

lécithine *f* – lecithin *(chem)*.

lecteur *m* – reader. **lecteur de bandes** : tape reader, *computer*. **lecteur de cartes** : card reader *(computer)*. **lecteur de courbes** : curve reader.

lectotype *m* – lectotype *(pal)*.

lecture *f* – read. **lecture à distance** : remote reading. **à lecture automatique** : self reading. **à lecture directe** : direct reading.

lédéburite *f* – ledeburite, *eutectic mixture of austenite and cementite*.

Lédien *m* – Ledian, *Middle Eocene stage*.

Lee – Lee, *see configuration de Lee*.

légal – legal.

légende *f* – caption; legend. **légende explicative** : key, *of a map*.

Legendre – Legendre, *see polynômes de Legendre, transformation de Legendre*.

léger – light; light duty.

législation *f* – legislation. **législation du travail** : labor legislation. **législation industrielle** : industrial legislation. **législation ouvrière** : *see législation du travail*. **législation pétrolière** : petroleum legislation.

lemme *m* – lemma *(math)*.

lent – slow; sluggish.

lenteur *f* – interval transit-time; slowness, *reciprocal of the phase velocity in seismic surveying*. **lenteur apparente** : raypath parameter. **lenteur d'onde** : wave slowness.

lenticulaire – lenticular, *lenslike, lens-shaped*.

lenticularité *f* – lenticularity.

lentille *f* – dimple *(geol)*; disk; lens *(opt)*; stringer. **lentille achromatique** : achromatic lens. **lentille allongée de minerai** : pod. **lentille aplanétique** : aplanatic lens. **lentille collimatrice** : collimating lens. **lentille de grès** : sandstone lens. **lentille de pendule** : pendulum bob. **lentille de sable** : sand lens. **lentille de sable de pétrole** : oil lens. **lentille de sable incidentelle** : stray sand. **lentille dioptrique** : magnifying lens. **lentille divergente** : divergent lens. **lentille magnétique** : magnetic lens. **lentille mince** : thin lens. **lentille oculaire** : eyepiece, *ocular*. **lentille optique** : optical lens. **lentille prismatique de Fresnel** : corrugated lens. **lentille tectonique** : tectonic lens.

Léonardien *m* – Leonardian, *Lower Permian series in North America*.

léonardite *f* – leonardite, *a natural oxidized lignite*.

léonhardite *f* – leonhardite, *a natural zeolite*.

lépidoblastique – lepidoblastic, *texture of metamorphic rocks*.

lépidocrocite *f* – lepidocrocite, *hydrated iron oxide*.

lépidolite *f* – lepidolite, *lithium mica*.

lépidomélane *m* – lepidomelane, *iron mica*.

leptomètre *m* – leptometer, *an instrument for simultaneously comparing the viscosity of two oils*.

lepton *m* – lepton, *subatomic elementary particle*.

leptothermal – leptothermal.

leptynite *f* – leptynite, *metamorphic rock of the gneiss type*.

leptynolite *f* – leptynolite, *a variety of hornfels resulting from the contact metamorphism of granite, and containing mica, quartz and feldspar*.

lessivage *m* – leaching; lixiviation. **lessivage de l'atmosphère** : rainout; washout *(pol)*. **lessivage du sol** : soil leaching. **lessivage du trou** : washout, *excessive borehole enlargement by solvent or erosional action of the drilling fluid*.

lessive *f* – liquor; lye. **lessive à la potasse** : potash lye. **lessive caustique** : caustic lye. **lessive de soude** : soda lye; sodium lye.

lessivé – leached.

lessiver – leach (to); lixiviate (to).

lest *m* – ballast. **lest de pige** : gaging bob. **lest largable** : jettisonable ballast weight. **sur lest** : in ballast.

lestage *m* – weighting.

lesté – weighted. **lesté de plomb** : lead weighted.

lester – weight (to).

létal – lethal, *see concentration and dose*.

lettre *f* – letter. **lettre d'engagement** : donation letter, *agreement by which a person agrees to contribute to the financing of the drilling of a well by somebody else.* **lettre d'intention** : letter of intent. **lettre d'introduction** : covering letter. **lettre de change** : bill of exchange. **lettres de créance** : credentials. **lettre de crédit** : bill of credit; letter of credit. **lettre de mer** : clearance certificate. **lettre de réserves** : letter of reservations, *transportation.*

leucite *f* – leucite, *feldspathoid.*

leucitite *f* – leucitite, *igneous rock.*

leucocrate – leucocratic, *light-colored igneous rocks.*

leucoxène *m* – leucoxene, *a granular variety of sphene coming from the alteration of ilmenite.*

levage *m* – hoisting; raising. **levage au cric** : jacking. **installation de levage** : elevation plant.

levé *m* – plotting; survey. **levé à la boussole** : compass survey. **levé à la planchette** : plane survey; plane-table survey. **levé aérien** : aerial mapping; aerial survey; air survey. **levé aéromagnétique** : aeromagnetic survey. **levé au tachéomètre** : tachymetric leveling. **levé cadastral** : cadastral survey. **levé de reconnaissance** : exploratory survey *(topog)*. **levés directs au sol** : field surveying. **levé gravimétrique** : gravity survey. **levé hydrographique** : hydrographic survey. **levé magnétique** : magnetic survey. **levé minier** : mine surveying. **levé par cheminement** : meander survey *(topog)*. **levé photoaérien** : aerial survey. **levé photogrammétrique** : aerial survey. **levé souterrain** : underground survey. **levé tachéométrique** : tachymetric survey. **levé terrestre** : ground survey. **levé topographique** : land survey; topographic survey. **levé trigonométrique** : trigonometric leveling *(topog)*.

levée *f* – levee; lift. **levée de blocs** : boulder wall. **levée de galets** : boulder rampart; gravel rampart; shingle rampart. **levée de la lame** : heave *(ocean)*. **levée de soupape** : valve lift. **levée de terre** : bank; levee; mound. **levée maximale** : full lift. **levée naturelle** : natural levee, *delta.* **levée pare-feu** : fire bank, *enclosure built around a storage tank to stop any leaks if a fire should break out.*

lever *m* – raising; rise, *see also levé*; rise. **lever de doute** : sense finding. **lever de soleil** : sunrise.

lever – crane (to); heave (to); lift (to); survey (to) *(topog)*.

lève-roues *m* – carriage jack; wheel jack.

lève-soupape *m* – valve lifter.

levier *m* – gear *(fin)*; handle, *machinery*; lever. **levier à cames** : cam lever. **levier à cliquet** : pawl lever. **levier à contrepoids** : balance lever. **levier à déclic** : trip lever. **levier à main** : hand lever. **levier articulé** : hinged lever. **levier d'embrayage** : clutch lever; coupling lever. **levier d'engagement** : engaging lever. **levier de battage** : walking beam, *used to impart a reciprocating movement to the drilling column in percussive drilling.* **levier de came** : cam lever. **levier de changement de vitesse** : gear-change lever; gear lever. **levier de commande** : control column; control lever. **levier de commande de ralenti** : idler lever. **levier de commande du clapet hydraulique** : valve lever. **levier de débrayage** : disengaging lever; releasing lever; throwout lever. **levier de déclenchement** : disengaging lever. **levier de démarrage** : starting lever. **levier de direction** : steering lever. **levier de distribution** : valve lever, *for steam.* **levier de frein** : brake lever. **levier de frein à main** : hand-brake lever. **levier de manoeuvre** : operating lever. **levier de manoeuvre de cric** : jack handle. **levier de mise en marche** : distributing lever. **levier de pompe** : pump brake; pump handle. **levier de renvoi coudé** : bell-crank lever. **levier de rupture** : contact breaker. **levier de vitesse** : gearshift lever; speed-change lever. **levier démonte-pneu** : tire lever. **levier du tambour de curage** : sand-reel lever. **levier financier** : gearing. **levier optique** : optical lever. **levier relais** : idler lever.

lévigation *f* – levigation, *the elution of powders.*

Levinson – Levinson, *see algorithme de Levinson.*

lévitation *f* – levitation.

lévogyre – levorotary.

lèvre *f* – limb, *of a fault*; lip; rim; side, *of a fault.* **lèvre affaissée** : downthrow, *downthrown side of a fault.* **lèvre abaissée** : *see lèvre affaissée.* **lèvre relevée** : *see lèvre soulevée.* **lèvre soulevée** : upthrow, *upthrown side of a fault.* **lèvre supérieure** : upper wall *(geol)*; upthrown side, *of a fault.* **lèvre surélevée** : *see lèvre soulevée.* **à lèvres** : lipped.

levure *f* – yeast.

lévynite *f* – levynite, *zeolite mineral.*

Lewis – Lewis, *see acide, acidité, base, basicité de Lewis.*

Lewisien *m* – Lewisian, *Precambrian gneisses in Scotland.*

lézarde *f* – chink; crack; cranny; crevice. **lézarde de tassement** : settling crack.

LFC – FCL, *abbr. lignosulphonate de ferrochrome: ferrochrome lignosulfonate.*

LGN – NGL, *abbr. for liquides de gaz naturel: natural-gas liquids.*

lherzolite *f* – lherzolite, *a plutonic rock.*

liaison *f* – attachment; binding; bond; bonding; fastening; hookup; joining; link; linkage *(chem)*; linking; tie-in, *of two lengths of pipeline*; union *(chem)*. **liaison adhésive** : adhesive bond. **liaison atomique** : atomic bond. **liaison carbonée** : carbon bond. **liaison chimique** : chemical bond. **liaison covalente** : covalent bond, *homopolar bond.* **liaison de coordinence** : coordination link. **liaison de transmission de données** : data link. **liaison de valence** : valence bond. **liaison dipolaire** : dipolar bond. **liaison directe** : direct connection. **liaison disulfure** : disulfide bond. **liaison double** : double bond. **liaison double conjuguée** : conjugated double bond. **liaison électrostatique** : electrostatic bond. **liaison hertzienne** : radio link. **liaison hétéropolaire** : electrovalent bond, *ionic bond.* **liaison homopolaire** : homopolar bond, *covalent bond.* **liaison hydrogène** : hydrogen bond; hydrogen bonding. **liaison ionique** : electrovalent bond; ionic bond, *chemical bond.* **liaison métallique** : metallic bond, *a type of chemical bond.* **liaison moléculaire** : molecular bond. **liaison multiple** : multiple bond. **liaison point-à-point** : point-to-point link. **liaison polaire** : polar bond. **liaison pontée** : bridging bond. **liaison semipolaire** : semipolar bond. **liaison sigma** : sigma bond. **liaison**

terminale : end bond. **liaison transversale** : cross-linking. **liaison triple** : triple bond.
liant *m* – agglutinant; binder; binding agent; jointing material. **liant bitumineux** : bituminous binder. **liant hydraulique** : hydraulic binder. **liant hydrocarboné** : bituminous binder. **liant pour ciment** : cement binder.
Lias *m* – Lias, *Lower Jurassic series in Europe.*
liasique – Lias; Liassic.
liasse *f* – file, *paper.*
libérable – releasable.
libération *f* – clearance; liberation. **libération des échanges** : trade liberalization. **libération différentielle** : *see vaporisation différentielle or détente différentielle.* **libération du capital** : drawdown of equity, *company.* **libération éclair** : *see vaporisation éclair or détente éclair.* **libération forcée** : forced release.
libérer – release (to).
libration *f* – libration, *an oscillatory rotational motion.*
libre – free; loose; off duty; open; unconfined; vacant. **libre accès** : open access, *for electricity and gas networks, the obligation to transport for third parties without discrimination concerning access and rates of payment.* **libre accès aux réseaux** : *see accès pour le compte de tiers.* **libre de glace** : ice free. **libre échange** : free trade. **libre parcours moyen** : mean free path. **libre service** : self service.
licence *f* – license. **licence croisée** : cross licensing. **licence d'exportation** : export license. **licence d'investissement** : investment permit. **licence de distribution** : distribution license. **licence de raffinage** : refining license.
licenciement *m* – lay-off; dismissal; termination.
lichen *m* – lichen.
lidar *m* – lidar, *laser infrared radar for atmospheric control ; abbr. of light detection and ranging.*
lié – bonded; bound; concerted; linked.
Liebig – Liebig, *see condenseur de Liebig.*
liège *m* – cork. **liège aggloméré** : cork board. **liège de montagnes** : mountain cork, *very light asbestos.*
lien *m* – bond; link; tie.
lier – bind (to); fasten (to); lash (to).
lieu *m* – locality; locus *(geom)*; seat; stand; station; subpoint, *the location of one of the elements in a seismic array.* **lieu de détérioration** : point of failure. **lieu de la catastrophe** : disaster site. **lieu de phase** : phase locus. **lieu de positionnement** : line of position (LOP). **lieu des points-miroirs** : subsurface trace. **lieu des pôles** : root locus. **lieu hyperbolique** : hyperbolic line of position.
lieue *f* – league, *a unit of length equal to three miles or 4828.032 m.*
liftrage *m* – liftering, *the cepstrum-domain equivalent of filtering.*
ligand *m* – ligand, *an atom or group of molecules bound by coordination.*
ligature *f* – lashing; ligature.
ligaturer – lash (to).
Ligérien *m* – Ligerian, *Upper Cretaceous stage.*
ligne *f* – lead line; line; profile. **ligne à haute tension** : high-voltage line; highline *(elec)*. **ligne à retard** : delay line *(seis)*. **ligne à vol d'oiseau** : beeline. **ligne aclinique** : aclinic line, *magnetic equator.* **ligne aérienne** : aerial line; overhead line. **ligne anticlinale** : anticlinal axis. **ligne coaxiale** : coaxial cable. **ligne conductrice** : conducting line. **ligne continue** : full line. **ligne côtière de la terre ferme** : continental coastline. **ligne d'affleurement** : line of outcrop; outcrop line. **ligne d'ancrage** : tendon, *a system of components forming a link between a floating platform and its subsea foundation.* **ligne d'ancre** : pendant. **ligne d'échelle conservée** : standard line. **ligne d'égale fluorescence** : isofluor, *line of equal fluorescence.* **ligne d'engrenage** : pitch line. **ligne d'équilibre** : tie line. **ligne d'évacuation** : choke line. **ligne d'évitement** : loop line. **ligne d'exploration** : scanning line. **ligne d'horizon** : horizon line; horizon plane; horizon trace. **ligne d'influence** : influence line *(mech)*. **ligne d'intersection** : line of intersection. **ligne de baie** : bayline *(stratig)*. **ligne de balayage** : scan line. **ligne de base** : base line (BL). **ligne de base des argiles** : shale base line. **ligne de boue** : mud line, *boundaries of the mud belt (sedim)*. **ligne de changement de date** : date line. **ligne de charge** : load line. **ligne de charnière** : hinge line. **ligne de chevauchement** : overthrust line. **ligne de collecte** : gathering line, *small-diameter flowline used to carry oil from the wellhead to the main pipeline.* **ligne de collecte immergée** : underwater gathering line. **ligne de comptage-temps** : time line; timing line *(seis)*. **ligne de contact** : line of contact. **ligne de contact eau-huile** : water-oil contact line. **ligne de contact gaz-huile** : gas-oil contact line, *in the reservoir rock.* **ligne de côte** : coastline. **ligne de couronne** : addendum line. **ligne de crête** : crest line. **ligne de décharge** : discharge line. **ligne de démarcation** : dividing line; line of demarcation. **ligne de distribution** : distribution line. **ligne de duse** : choke line; kill-and-choke line. **ligne de faille** : fault line; fault trace. **ligne de faille dominante** : dominant fault line. **ligne de faîte** : crest line. **ligne de flottaison** : waterline. **ligne de flux** : flowline. **ligne de foi** : crosshairs; fiducial line; lubber's line, *on a compass*; zero alignment *(equip)*. **ligne de force** : line of force; magnetic line of force. **ligne de force magnétique** : line of magnetic force. **ligne de fracture** : fracture line. **ligne de fuite** : vanishing line. **ligne de gaz à haute pression** : high-pressure gas line; highline, *hiline.* **ligne de guidage** : guideline. **ligne de jauge** : mark; pitch line, *threading.* **ligne de jaugeage** : gage line. **ligne de jonction** : branch line, *intersection between two break thrusts*; seam. **ligne de l'image** : image line. **ligne de lançage** : jetline, *a high-pressure line for digging trenches for subsea flowlines.* **ligne de Mach** : Mach wave, *Mach line.* **ligne de marquage-temps** : timing line. **ligne de mouillage** : mooring gear. **ligne de navigation** : shipping line. **ligne de névé** : firn line. **ligne de niveau** : contour; datum line; line of level. **ligne de nivellement** : level line. **ligne de partage** : divide *(geol)*. **ligne de partage conséquente** : consequent divide *(geol)*. **ligne de partage des eaux** : divide (streams), *drainage divide*; water divide; water parting; watershed. **ligne de partage des eaux souterraines** : divide (ground-water). **ligne de partage subséquente** : subsequent divide. **ligne de pente** : line of dip. **ligne de plus grande pente** :

drainage line; slope line. **ligne de position** : line of position (LOP); position line. **ligne de produits** : product line. **ligne de rapides** : fall line, *of a river.* **ligne de référence** : datum line. **ligne de référence des argiles** : shale baseline. **ligne de rejet nul** : tipline *(seis)*. **ligne de remplissage** : fill connection; kill line *(drill)*. **ligne de rivage** : shoreline. **ligne de scannage** : scan line. **ligne de sécurité** : kill line, *a line attached to any point on the blowout preventer and used to pump drilling fluid into the borehole to reduce the pressure.* **ligne de séparation des eaux** : *see ligne de partage des eaux.* **ligne de sondage** : sounding line. **ligne de sonde** : plumb line; sounding line *(naut)*. **ligne de soudure** : seam; welded joint. **ligne de temps** : timer line *(seis)*. **ligne de temps zéro** : zero timing line *(seis)*. **ligne de terre** : ground line. **ligne de tir** : firing line; shooting line. **ligne de tourbillon** : vortex line. **ligne de transfert** : transfer line, *all pipes connecting the outlet of a refining furnace to processing units.* **ligne de transmission** : transmission line. **ligne de transport** : transmission line, *electricity and products.* **ligne de transport à longues distances** : long transmission line. **ligne de visée** : boresight *(opt)*; line of sight (LOS); sighting line *(topog)*; transit line. **ligne dédiée** : dedicated line. **ligne des centres** : center line. **ligne directrice** : guideline; line of strike *(geol)*; strike line *(geol)*. **ligne du jet de rive** : swash mark. **ligne du quadrillage** : grid line *(carto)*. **ligne électrique** : electric main. **ligne électrique aérienne** : overhead power line. **ligne en pointillé** : dotted line. **ligne enterrée** : underground line. **ligne équipotentielle** : equipotential line. **ligne faite au cordeau** : chalk line. **ligne fuselée** : streamline flow *(auto)*. **ligne géodésique** : geodetic line. **ligne homoséiste** : homoseismal line. **ligne image** : image line. **ligne isomagnétique** : isomagnetic line, *a line connecting points on the Earth's surface having the same magnetic intensity.* **ligne louée** : dedicated line. **ligne privée** : tie line *(telecom)*. **ligne radiale** : radial line. **ligne sismique** : seismic line. **lignes sismiques en écoute longue** : deep seismic profiling. **ligne souterraine** : underground line. **ligne spécialisée** : dedicated line. **ligne suspendue** : span wire. **ligne tarifaire** : tariff line. **ligne transversale** : crossline. **ligne zéro** : zero line. **en ligne** : in-line; online.

lignée *f* – lineage.

ligneur *m* – alignment frame; line-up clamp, *pipe*; pipe alignment tool. **ligneur submersible** : submersible pipe-alignment rig (SPAR) *(pipeline)*.

lignine *f* – lignin, *an amorphous polymeric substance that, together with cellulose, forms the woody cell walls of plants ; sometimes used as an additive for drilling mud.*

lignite *m* – brown coal; lignite, *an intermediate stage of development between peat and subbituminous coal*; subbituminous coal. **lignite luisant** : gloss coal. **lignite noir** : black lignite.

lignocellulose *f* – lignocellulose.

lignosulfonate *m* – lignosulfonate, *organic drilling-fluid additives, used as deflocculants, and sometimes for fluid-loss control and shale inhibition.* **lignosulfonate de ferrochrome (LFC)** : ferrochrome lignosulfonate (FCL).

ligroïne *f* – ligroin, *petroleum ether.*

limaille *f* – filing; steel scrap. **limaille de fer** : iron filings; waste iron.

lime *f* – file. **lime à arrondir** : cabinet file. **lime à couteau** : knife file. **lime bâtarde** : bastard file. **lime d'ajusteur** : adjusting file. **lime d'Allemagne** : rough file. **lime demironde** : half-round file. **lime double demironde** : cross file. **lime douce** : smooth file. **lime grosse** : rough file. **lime pointue** : taper file. **lime ronde** : round file. **lime tiers-point** : three-square file.

limer – file (to).

limet *m* – slip.

limitation *f* – abatement; restriction. **limitation de vitesse** : speed limit. **limitation des épandages** : spill containment. **limitations des dégâts** : damage control.

limite *f* – borderline; boundary; limit; outskirts. **limite chronostratigraphique** : time line *(geol)*. **limite d'allongement** : strain limit. **limite d'aspiration** : suction limit. **limites d'Atterberg** : Atterberg limits, *boundaries to the four states in which soil may exist, i.e. between the liquid and plastic states, between the plastic and semisolid state, and between the semisolid and solid state.* **limite d'élasticité** : elastic limit; elastic strength; lower yield point; yield strength. **limite d'endurance** : endurance limit. **limite d'estérification** : esterification limit. **limite d'exploitabilité** : pay line. **limite d'explosion** : explosive limit. **limite d'explosivité** : explosive limit. **limite d'explosivité inférieure** : lower explosive limit (LEL). **limite d'explosivité supérieure** : upper explosive limit (UEL). **limites d'inflammabilité** : flammability limits. **limites d'unité** : battery limits, *the portion of a plant where actual processing is done, excluding storage facilities, offices and other subordinate structures called offsites.* **limite de charge** : loading point; maximum load; ultimate load. **limite de détectabilité** : detectable limit. **limite de détection** : limit of detection (LOT). **limite de détonabilité** : limit of detonability. **limite de dilution** : thinning limit, *for a motor oil diluted by fuel.* **limite de ductilité** : ductility limit. **limite de faciès** : facies line. **limite de faille** : fault boundary. **limite de fatigue** : fatigue limit; stress limit. **limite de fluage** : creep limit; ductility limit. **limite de l'argile** : shale baseline. **limite de la formation** : formation boundary. **limite de la marée** : head of the tide. **limite de la végétation arborescente** : timberline. **limite de liquidité** : liquid limit, *the moisture content making a soil pass from a plastic to a liquid state.* **limite de plasticité** : plastic limit, *the water-content limit of a sediment, liquid limit.* **limite de poids d'essieu** : axle weight limit. **limite de porosité** : exclusion limit, *in gel-permeation chromatography.* **limites de rebut** : rejection limits. **limite de résistance à la pression** : internal yield-pressure strength, *inside drill strings.* **limite de résolution au sol** : ground resolution. **limite de résolution radiométrique** : radiometric resolution. **limite de résolution spatiale** : spatial resolution. **limite de résolution spectrale** : spectral resolution. **limite de résolution thermique** : thermal resolution. **limite de retrait** : shrinkage limit, *water content of a soil in percent weight of dry matter, below which a decrease in moisture content will cause a decrease in volume but* *above which an increase in moisture will cause an increase in volume.* **limite de rupture** : breaking strength; tensile strength. **limite de séparation oculaire** : ocular-partition limit. **limite de séparation spatiale** : spatial resolution. **limite de séquence** : sequence boundary *(strat)*. **limite de tolérance** : limit of tolerance. **limite des glaces** : ice boundary; ice limit. **limite des neiges éternelles** : snow line. **limite du gisement** : reservoir boundary. **limite du projet** : project boundary. **limite du sable** : sand line. **limite eau-pétrole** : edgewater line. **limite élastique** : proof stress; yield limit; yield strength; yield stress. **limite élastique utile** : useful elastic limit. **limite extrapolée** : extrapolated boundary. **limite inférieure** : lower limit; threshold. **limite statutaire** : statutory ceiling. **limite stratigraphique** : stratigraphic boundary. **limite stratigraphique inférieure** : stratigraphic bottom edge. **limite stratigraphique supérieure** : stratigraphic top edge. **limite supérieure d'inflammabilité** : upper limit of flammability. **limite supérieure des cônes sous-marins de bassin** : top basin-floor fan surface. **limite supérieure des cônes sous-marins de talus** : top slope-fan surface. **limite transgressive** : time transgressive boundary, *diachronous boundary linking younger and younger sedimentary units.*

limité – finite; limited.

limiter – confine (to). **limiter ou régler le débit d'un puits** : run (to) on choke.

limiteur *m* – limiter. **limiteur de couple à friction** : overload clutch. **limiteur de vitesse** : overspeed preventer.

limitrophe – bordering; conterminous.

limnimètre *m* – limnimeter, *for measuring variations in the level of lakes.*

limnique – limnic, *or limnetic (geol)*.

limnologie *f* – limnology, *science of life in lakes, ponds and wetlands.*

limon *m* – loam; silt; wash, *coarse alluvium.* **limon des plateaux** : loess. **limon pélagique** : deep-sea ooze.

limonage *m* – silting.

limoneux – slimy.

limonite *f* – limonite, *hydrous ferric oxide.*

limpidité *f* – clearness; limpidity.

lin *m* – flax.

lindane *m* – lindane, *legal name for gamma-benzene hexachloride.*

linéaire – chainlike; linear.

linéament *m* – lineament, *linear topographic feature.*

linéarisation *f* – linearization *(math)*.

linéarité *f* – linearity.

linéation *f* – lineation, *linear structure in a rock*; streakiness. **linéation d'affouillement** : scour lineation.

liner *m* – liner, *a perforated tube of varying diameter between the casing shoe and the bottom of the reservoir to prevent sand from entering the borehole.* **liner perforé** : slotted liner.

lingot *m* – bar; billet; casting block; ingot. **lingot d'acier** : ingot steel. **lingot d'or** : bullion, *bars or ingots of gold or silver.* **lingot dégrossi** : cogged bloom.

linguet *m* – pawl. **linguet de soupape** : valve lever; valve rocker.

linoléique – linoleic.

linolénique – linolenic.

linoléum *m* – linoleum.

linteau *m* – lintel.

liparite *f* – liparite, *rhyolite.*

lipase *m* – lipase.

lipide *m* – lipid; lipide, *a generic term for fats and fat-derived materials: fatty acids, fatty oils, fatty alcohols, waxes, sterols, essential oils.* **lipide complexe** : complex lipid. **lipide ternaire** : tertiary lipid.

lipoïde *m* – lipoid, *a group of nitrogenous fats.*

lipolytique – lipoclastic; lipolytic.

lipopalingenèse *f* – lipopalingenesis *(geol)*.

lipophile – lipophile; lipophilic.

lipophobe – lipophobic.

lipoprotéine *f* – lipoprotein.

liposoluble – liposoluble.

lipoxydase *f* – lipoxidase.

liptinite *f* – liptinite, *see exinite.*

liptodétrinite *f* – liptodetrinite, *a maceral of coal within the exinite group.*

liquation *f* – eliquation; liquation *(metal)*; sweating.

liquéfacteur *m* – liquefier. **liquéfacteur en cascade** : cascade liquefier, *device used to liquefy air, oxygen, etc.*

liquéfaction *f* – liquefaction. **liquéfaction du charbon** : coal liquefaction. **liquéfaction du gaz** : liquefaction of gas. **liquéfaction du sol** : soil liquefaction, *in cohesionless soil, the transformation from a solid to a liquid state as a result of increased pore pressure and reduced effective stress.* **liquéfaction en cascade** : cascade liquefaction, *a method of liquefying natural gas.*

liquéfiable – liquefiable.

liquéfié – liquefied.

liquéfier – liquefy (to).

liquescence *f* – liquescence.

liqueur *f* – liquor. **liqueur ammoniacale** : ammonium liquor. **liqueurs corrosives** : dips. **liqueur cuproammoniacale** : cuprammonium, *Schweitzer's reagent.* **liqueur noire** : black liquor, *a by-product of papermaking by the sulfate or soda process.*

liquidation *f* – liquidation; settlement, *stock market.*

liquide *m* – liquid. **liquide corrosif** : etching liquid. **liquide d'étanchéité** : sealing liquid. **liquides de gaz naturel (LGN)** : natural-gas liquids (NGL), *portions of reservoir gas that are liquefied at the surface in lease separators, field facilities or gas processing plants. NGL include, but are not limited to, ethane, propane, butanes, pentanes, natural gasoline and condensates.* **liquide de meulage** : grinding fluid. **liquide de refroidissement** : cutting compound. **liquide de trempe** : hardening liquid; hardening medium. **liquide dense** : heavy liquid. **liquide en surfusion** : supercooled liquid. **liquide exempt d'eau** : neat fluid. **liquide extrait du gaz naturel** : gas liquid. **liquide inflammable** : flammable liquid. **liquide lourd** : heavy liquid. **liquide newtonien** : Newtonian liquid, *see fluide newtonien.* **liquide non miscible** : immiscible liquid. **liquide obturateur** : sealing liquid.

liquide pour transmissions hydrauliques : hydraulic fluid. **liquide pour vaporisation** : spray. **liquide résiduel** : waste liquid, *from a drilling site*. **liquide surfondu** : supercooled liquid. **liquide trouble** : cloudy liquid.
liquide – liquid.
liquider – clear (to).
liquidité *f* – liquidity.
liquidités *f* – liquid assets; quick assets *(fin)*.
liquidus *m* – liquidus, *in a temperature-concentration diagram, the curve relating to the liquid phase for liquid solutions whose concentrations differ.*
liseré *m* – bias, *of a wiggle trace*; streak.
lisibilité *f* – readability, *radio.*
lisier *m* – liquid manure.
lisière *f* – border; timberline. **lisière des glaces** : ice border; ice edge, *line separating the open sea from either fixed or floating pack ice at a given moment.*
LISP – LISP, *language used for data processing in the form of lists or symbolic strings of recursive data.*
lissage *m* – smoothing. **lissage des données** : data smoothing. **lissage exponentiel** : exponential smoothing.
lisse – even; plain; smooth.
listage *m* – listing.
liste *f* – list. **liste de contrôle** : check list. **liste de vérifications** : check list. **liste des pièces de rechange** : spare-parts list. **liste noire** : blacklist.
listrique – listric, *see faille listrique.*
lit *m* – bed, *catalyst, river*; embedding, *materials*; layer; runway, *channel of a stream*; stratum. **lit à garnissage** : packed bed *(catal)*. **lit à ossements** : bone bed, *bed or stratum containing abundant fossil bones, scales, teeth, coprolites and other organic remains.* **lit à particules solides fluidisées** : dense-phase bed *(catal)*. **lit alterné** : alternating bed. **lit aquifère** : water-bearing bed. **lit autoalternant** : alternating bed. **lit bactérien** : bacteria bed. **lit basal** : bottomset bed *(geol)*. **lit biseauté** : bed pinchout *(geol)*. **lit bouillonnant** : ebullating bed, *a fixed bed through which a gas is bubbling.* **lit continu** : continuous bed. **lit d'argile** : bed of clay; clay bed. **lit de coke** : coke bed. **lit de coulée** : casting bed. **lit de déjection** : slide rock; talus. **lit de fleuve** : riverbed; stream bed. **lit de fusion** : burden *(metal)*; fusion bed. **lit de grillage** : roasting bed. **lit de hautes-eaux** : river flat. **lit de pose** : pipe bed. **lit de rivière** : riverbed. **lit de saletés** : dirt bed. **lit de séchage** : drying bed. **lit divagant** : shifting bed *(hydrol)*. **lit entraîné** : entrained bed. **lit filtrant** : clarification bed; filter bed; filtering bed. **lit fixe** : fixed bed *(catal)*. **lit flottant** : floating bed *(catal)*. **lit fluide** : fluid bed. **lit fluidisé** : fluidized bed. **lit fluidisé au repos** : quiescent fluidized bed. **lit fluidisé turbulent** : turbulent fluidized bed. **lit frontal** : foreset; foreset bed *(geol)*. **lit garni à cocourant descendant** : trickle bed, *over which a liquid trickles together with a continuous gas phase.* **lit imperméable** : impervious bed. **lit incliné** : dipping bed. **lit jaillissant** : spouting bed *(catal)*. **lit majeur** : river flat. **lit mobile** : moving bed *(catal)*. **lit par lit** : lit-par-lit *(geol)*. **lit statique** : static bed.
litage *m* – bedding; layering *(geol)*. **litage oblique tabulaire** : planar crossbedding; trough crossbedding. **litage schisteux** : shaly bedding.
lité – bedded; layered.
litharge *f* – litharge, *lead monoxide.*
lithification *f* – lithification, *the conversion of an unconsolidated sediment into a coherent solid rock.*
lithique – lithic, *pertaining to stone or containing rock fragments.*
lithium *m* – lithium, *symbol Li.*
lithoclase *f* – lithoclase, *a rock fracture.*
lithoclaste *m* – lithoclast, *fragment of a carbonate rock derived from a lithified limestone or dolomite.*
lithofaciès *m* – lithofacies, *a lithological subdivision of a specific stratigraphic unit.*
lithogène – lithogenous *(geol)*.
lithogenèse *f* – lithogenesis, *the origin and formation of rocks*; rock formation.
lithographique – lithographic.
lithologie *f* – lithology, *the physical character of a rock.* **lithologie sismique** : seismic lithology.
lithologique – lithologic.
lithomarge *f* – lithomarge *(pedol)*.
lithophage – lithophagous.
lithophile – lithophile, *pertaining to elements concentrated in the Earth's stony or slag crust in the form of oxides and silicates.*
lithophyse *f* – lithophysa, *stone bubble, a spherulitic bubble or hollow occurring in silicic volcanic rocks.*
lithopone *m* – lithopone, *white pigment.*
lithorelique *f* – lithorelic *(pedol)*.
lithosol *m* – lithosol, *skeletal soil.*
lithosphère *f* – lithosphere, *the solid portion of the Earth's crust and upper mantle.*
lithostatique – lithostatic.
lithostratigraphie *f* – lithostratigraphy, *stratigraphy dealing with the lithology of strata and their organization into units*; rock stratigraphy.
lithostratigraphique – lithostratigraphic.
lithotope *m* – lithotope *(sedim)*.
litige *m* – dispute; litigation.
litre *m* – liter, *unit of capacity equal to a cubic decimeter, symbol* l *or* L; litre, *the correct spelling for the unit, but liter is accepted and is much more widely used.* **litre aux 100 kilomètres** : liter per 100 kilometers, *unit of fuel consumption.*
littoral *m* – coast; coastline; littoral; longshore; seaboard; seacoast.
littoral – littoral.
livraison *f* – delivery. **livraison à terme** : future delivery. **livraison journalière moyenne** : daily average sendout, *gas.*
livre *m* – book. **livre d'adresses** : directory. **livre de bord d'un forage** : driller's log. **livre de caisse** : cash book. **livre de procédé** : process data book, *a working document compiled by the licensor to explain the process to licensees.* **livre des charges** : charge book.
livre *f* – pound, *unit of mass, symbol* lb. **livre avoirdupois** : avoirdupois pound, *1 pound avdp = 0.4536 kg.* **livre par pouce carré** : pound per square inch (psi), *unit of pressure, 1 psi =*

6.895 kPa. **livre pied** : pound-foot, foot-pound, *measurement of work.* **livre poids** : pound weight, *unit of force.* **livre troy** : pound troy, *equal to 0.37324 kg.*

livré – delivered. **livré à domicile** : at customer's door.

livrer – deliver (to); furnish (to). **livrer en droiture** : deliver (to) directly, *from refinery to a big customer.*

livret *m* – booklet. **livret d'instruction** : instruction book.

livreur *m* – delivery man.

lixiviable – leachable.

lixiviation *f* – leaching, *extraction of a soluble component from a solid mixture by washing or percolation;* lixiviation. **lixiviation des minerais** : ore leaching. **installation de lixiviation** : leaching plant.

lixivier – leach (to); lixiviate (to).

lizardite *f* – lizardite, *a variety of serpentine.*

Llandeilien *m* – Llandeilian, *Middle Ordovician stage.*

Llandovérien *m* – Llandoverian, *Lower Silurian stage, synonymous with Valentian.*

Llanvirnien *m* – Llanvirnian, *Middle Ordovician stage.*

Lloyd – Lloyd, *see also interférence de Lloyd.* **Lloyd's Register of Shipping** : Lloyd's Register of Shipping, *a shipping classification society made up of shipowners, underwriters and shipbuilders, officially established in 1834 but having origins dating back to 1760.*

lm – lm, *symbol for lumen.*

lobe *m* – beam; lobe. **lobe d'antenne** : antenna lobe. **lobe de méandre** : meander lobe. **lobe de solifluxion** : solifluction lobe. **lobe glaciaire** : glacial lobe. **lobe latéral** : side lobe, *of an antenna.* **lobe principal** : main lobe, *of an antenna;* major lobe. **lobe-reflet principal** : principal-alias lobe *(seis).* **lobe secondaire** : minor lobe, *of an antenna;* secondary lobe; side lobe.

local *m – see plur. locaux.*

localisateur *m* – locator. **localisateur de canalisations en place** : underground-line locator. **localisateur de joints** : collar locator, *a logging device.*

localisation *f* – concentration; habitat; location; positioning; site; tracking. **localisation par méthode des chapeaux** : resection *(seis).* **localisation ponctuelle** : pinpoint locating.

localiser – locate (to).

localité *f* – locality; location. **localité-repère, localité-type** : type locality, *the locality in which a geologic feature was first described or named.*

locataire *m* – tenant. **locataire à bail** : lessee.

location *f* – hire; rent. **location à bail** : leasing. **location vente** : hire purchase.

locaux *m* – physical facilities; premises. **locaux publics** : open premises.

loch *m* – log, *a shipboard navigating instrument.*

locomoteur – locomotive, *fem. locomotrice.*

locomotive *f* – locomotive. **locomotive à air comprimé** : pneumatic locomotive. **locomotive à trolley** : trolley locomotive. **locomotive à vapeur** : steam locomotive. **locomotive de déblaiement** : clearing locomotive. **locomotive diesel** : diesel locomotive. **locomotive diesel-électrique** : diesel-electric locomotive. **locomotive électrique** : electric locomotive.

loess *m* – loess, *unstratified calcareous silt.*

log – log, *abbr. of logarithme, logarithmique: logarithm, logarithmic.*

logarithme *m* – logarithm. **logarithme népérien** : Napierian logarithm.

logarithmique – logarithmic.

loge *f* – lodge. **loge de moraine** : moraine lodge *(geol).*

logé – housed.

logement *m* – house; housing; housing unit. **logement de clavette** : keyway. **logement de fonction** : staff house. **logement social** : public housing, *social housing.*

log-fréquentiel – quefrency.

logiciel *m* – software. **logiciel portable** : portable software. **logiciel sismique** : seismic software.

logique *f* – logic. **logique floue** : fuzzy logic. **logique transistor/transistor** : transistor/transistor logic (TTL).

logistique *f* – logistics. **logistique vitale** : life-support system.

logistique – logistic.

log-normale *f* – lognormal.

log-phase *f* – log phase.

logspectre *m* – cepstrum.

loi *f* – bill; law. **loi bleu ciel** : Blue-Sky law, *a U.S. law regulating and supervising investment companies.* **loi d'Avogadro** : Avogadro's law. **loi d'Henry sur les gaz parfaits** : Henry's law, *in a given liquid at a given temperature, a gas is dissolved proportionally to the pressure.* **loi de Babo** : Babo's law, *the lowering of the vapor pressure of a solvent by a solute is the same at all temperatures.* **loi de Bouguer-Lambert** : Bouguer-Lambert law, *radiation absorption.* **loi de Bragg** : Bragg's law, *or Bragg's equation, conditions for a crystal to reflect a beam of X rays with maximum intensity.* **loi de Charles** : Charles' law, *the volume of a given mass of gas at constant pressure varies with the absolute temperature.* **loi de comportement** : constitutive equation, *stress-deformation equation for a given material.* **loi de Coulomb** : Coulomb's law, *electrostatic attraction.* **loi de Dalton** : Dalton's law, *the pressure of a gas is equal to the sum of the partial pressures of the gases composing it.* **loi de Darcy** : Darcy's law, *the rate at which fluids flow through porous media due to pressure differential is proportional to the pressure gradient in the direction of flow.* **loi de Descartes** : *see loi de Snell-Descartes.* **loi de dilution d'Ostwald** : Ostwald dilution law, *degree of dissociation of an electrolyte.* **loi de distribution** : distribution law. **loi de Hess** : Hess's law, *law of constant heat summation.* **loi de Hilt** : Hilt's law, *the generalization that coal rank increases with depth.* **loi de Hooke** : Hooke's law, *in an elastic medium and for small deformations, stress is directly proportional to strain.* **lois de Joule** : Joule's laws *(thermo).* **loi de Jurin** : Jurin rule, *giving the height to which a liquid rises in a capillary tube.* **lois de Kirchhoff** : Kirchhoff's laws, *1st law: the sum of currents meeting at a point is zero, also called Kirchoff's current law ; 2nd law: the algebraic sum of voltages in a closed* *loop is zero, also called Kirchoff's voltage law.* **loi de Mariotte** : Boyle's law, *or Mariotte's law, the product of the volume of a gas multiplied by its pressure is a constant at fixed temperature.* **loi de Planck** : Planck's law, *quantum-theory law holding that energy associated with electromagnetic radiation is emitted or absorbed in discrete amounts that are proportional to the frequency of radiation.* **loi de Poiseuille** : Poiseuille's law, *law governing fluid circulation through circular and capillary tubes; concerning the flow of an incompressible fluid inside a circular tube.* **loi de Poisson** : Poisson's law, *a law of probability.* **loi de réciprocité** : reciprocity law. **loi de réflexion** : reflection law. **loi de réfraction** : law of refraction, *see also Snell's law.* **lois de Snell-Descartes** : Snell's laws, *laws of wave refraction.* **loi de Stefan-Boltzman** : Stefan-Boltzman law, *the total energy radiated from a blackbody.* **loi de Stokes** : Stokes' law, *for viscous flows.* **loi de superposition** : law of superposition. **loi de vitesse** : velocity function *(seis)*; velocity law, *distribution of the velocity propagation as a function of time or depth.* **loi de vitesse en fonction de la profondeur** : velocity depth function *(seis)*. **loi de vitesse-profondeur** : velocity-depth relationship. **loi des gaz parfaits** : gas law. **loi des probabilités** : law of probability. **loi du déplacement de Wien** : Wien's displacement law, *a formula for the spectral distribution of radiation emitted by a blackbody.* **loi du rayonnement du corps noir** : radiation law. **loi en 1/r²** : inverse-square law. **loi exponentielle** : exponential law. **loi fondamentale** : basic law. **loi minière** : mining act. **lois pondérales des combinaisons chimiques** : laws of chemical combinations, *Lavoisier's law, Proust's law, law of multiple proportions or Dalton's law, law of proportional numbers or Richter's law.* **loi sur les sociétés** : company law.

lointain – far, *see also distal.*

LOM – LOM, *abbr. level of organic metamorphism, see échelle LOM.*

London – London, *see profondeur de pénétration de London.* **London Tanker Brokers Panel** : London Tanker Brokers Panel, *for setting freight rates for tankers ; see Intascale, Worldscale.*

long – long, *fem. longue.* **long courrier** : oceangoing. **à longue course** : long stroke, *piston, etc.* **de longue durée** : lasting. **longue période** : long run. **longue portée** : extended range. **longue taille** : longwall *(mining)*. **à long terme** : long range; long term.

longe *f* – tether. **longe de sécurité** : lifeline.

longeron *m* – girder; stringer.

longévité *f* – life, *operating life.*

long-feu *m* – misfire *(seis)*.

longitude *f* – longitude. **longitude céleste** : celestial longitude. **longitude est** : easting, *difference in longitude measured eastward from the previous point of reckoning, e.g. a linear distance east of the N-S grid line passing through the origin of a grid system, as opposed to westing.* **longitude ouest** : westing, *see longitude est.*

longitudinal – fore-and-aft; lengthwise; longitudinal.

longue – *see masc. long.*

longueur *f* – length. **longueur curviligne** : length of path. **longueur d'atténuation** : attenuation length, *the reciprocal of the attenuation coefficient.* **longueur d'enregistrement** : record length. **longueur d'onde** : wavelength. **longueur d'onde apparente** : apparent wavelength. **longueur d'onde de Compton** : Compton wavelength. **longueur d'onde limite** : minimum wavelength. **longueur d'onde naturelle** : natural wavelength, *natural frequency of an antenna or circuit.* **longueur d'onde prépondérante** : dominant wavelength. **longueur d'opérateur** : operator length. **longueur d'une garniture** : tally, *the overall length of the pipe and the connections ; this dimension is commonly used when purchasing casing and tubing.* **longueur de cohérence** : coherence length. **longueur de course du piston** : length of piston-stroke. **longueur de diffusion** : diffusion length. **longueur de dispositif** : spread length. **longueur de longueurs de tiges** : stand of pipe, *one, two, three or sometimes four lengths of pipe screwed together ; the usual stand is 90 feet or 27 meters long, which is three lengths of pipe or a thribble.* **longueur de migration** : migration length. **longueur de mot variable** : variable word length. **longueur de prédiction** : prediction lag. **longueur de ralentissement** : slowing-down length. **longueur de référence** : gage length. **longueur de tiges** : stand, *a stand of two or three drillpipe elements so that the distance between the ends of the stand is the same as that between the floor and the monkey board, with the stand being raised or lowered as a single unit length*; length of drillpipe. **longueur du dispositif** : array length. **longueur entre perpendiculaires** : length between perpendiculars, *(naut)*. **longueur hors tout** : length overall, *of ships*; overall length. **longueur libre d'un pieu** : stick-up of a pile. **longueur montée** : laid length, *of pipes for a pipeline.* **longueur normale de recouvrement** : normal thread engagement, *in a drilling tool-joint.* **longueur simple** : joint, *generally 30 feet or 9 m long, of drillpipe, drill collar, casing or tubing with threaded connections at both ends to be screwed together.* **longueur totale** : overall length; string, *of drillpipe, production tubing, casing, etc.* **longueur utile de la soudure** : effective length of weld.

lophine *f* – lophine, *fluorescence indicator (chem)*.

lopin *m* – patch, *of ground.*

lopolite *m* – lopolith, *a large intrusive igneous intrusion.*

loquet *m* – detent; latch. **loquet à ressort** : jack latch.

Lorac – Lorac, *tradename for a medium-range radio-wave surveying system ; an acronym for long-range accuracy.*

loran *m* – loran, *a family of long-range electronic positioning systems ; an acronym for long-range navigation.*

Lorentz – Lorentz, *see force de Lorentz, transformation de Lorentz.*

losange *m* – diamond. **en losange** : diamond shaped.

lot *m* – batch; lot; package; parcel. **lot de fabrication** : batch; lot. **lot de terrain** : lot.

Lotharingien *m* – Lotharingian, *uppermost lower Lower Jurassic stage.*
louage *m* – hiring.
loué – leased.
louer – hire (to); let (to); rent (to).
loupe *f* – dimple, *a shallow velocity anomaly*; eye lens; hand lens; lens *(geol)*; magnifying glass; puddle *(metal)*. **loupe d'acier** : steel bloom. **loupe de boue** : mudlump. **loupe de glissement** : bulge *(geol)*.
lourd – heavy; unwieldy.
lourdeur *f* – heaviness; ponderosity.
Love – Love, *see onde de Love.*
Lovibond – Lovibond, *see tintomètre de Lovibond.*
loxodromie *f* – loxodrome; rhumb line *(nav)*.
loyer *m* – hire; rent; rental.
lubrifiant *m* – lube; lubricant; lubricating fluid. **lubrifiant colloïdal** : colloidal lubricant. **lubrifiant de coupe** : cutting lubricant. **lubrifiant de haute viscosité pour boîte de raccordement** : junction-box compound. **lubrifiant de synthèse** : synlube, *for use under extreme temperature conditions.* **lubrifiant extrême-pression** : extreme-pressure lubricant. **lubrifiant hypoïde** : hypoid lubricant, *oil for hypoid gears.* **lubrifiant métallique** : metal lubricant, *containing powdered metal.* **lubrifiant non oléagineux** : nonoleaginous lubricant, *such as sulfuric acid and dilute glycerine.* **lubrifiant non pétrolier** : nonpetroleum lubricant. **lubrifiant parfait** : perfect lubricant. **lubrifiant pâteux** : pasty lubricant. **lubrifiant pour automobile** : automobile oil. **lubrifiant pour boîte de direction** : steering-gear lubricant. **lubrifiant pour filetage** : thread lubricant. **lubrifiant pour hauts de cylindres** : upper-cylinder lubricant. **lubrifiant pour le laminage des métaux** : metal-rolling lubricant. **lubrifiant pour moteur diesel** : diesel-engine oil. **lubrifiant pour petrin de boulanger** : trough grease, *with a petrolatum base.* **lubrifiant pour tourillon** : journal compound, *for the driving axle of a locomotive, made of soap and cylinder oil.* **lubrifiant pour transmissions** : transmission lubricant. **lubrifiant siliconé** : silicone lubricant. **lubrifiant solide** : solid lubricant. **lubrifiant synthétique** : synthetic lubricant. **lubrifiant visqueux pour joints** : joint compound.
lubrifiant – lubricant; lubricating.
lubrificateur *m* – lubricator.
lubrification *f* – lubrication, *see also graissage*; oiling. **lubrification à carter sec** : dry-sump lubrication. **lubrification de chantier** : portable lubrication, *covers all portable or mobile lubrication equipment from grease guns all the way to the most complex mobile units.* **lubrification défectueuse** : sparse lubrication. **lubrification élastohydrodynamique** : elastohydrodynamic lubrication (EHL). **lubrification fluide** : fluid lubrication, *by a liquid.* **lubrification gazeuse** : gas-film lubrication. **lubrification hydrodynamique** : hydrodynamic lubrication. **lubrification insuffisante** : sparse lubrication. **lubrification limite** : boundary lubrication. **lubrification par barbotage** : splash lubrication. **lubrification par brouillard d'huile** : spray lubrication. **lubrification par film épais** : thick-film lubrication. **lubrification par film mince** : thin-film lubrication, *see graissage par film mince.* **lubrification par jet** : flood lubrication. **lubrification par projection** : splash lubrication. **lubrification par pulvérisation d'huile** : oil-spray lubrication. **lubrification semiautomatique** : semiautomatic lubrication. **lubrification visqueuse** : viscous lubrication.
lubrifié – lubricated.
lubrifier – lubricate (to).
Ludien *m* – Ludian, *uppermost Eocene stage.*
ludlamite *f* – ludlamite, *iron phosphate.*
Ludlovien *m* – Ludlovian, *Upper Silurian stage.*
ludwigite *f* – ludwigite, *iron borate.*
luire – glimmer (to).
luisance *f* – gloss.
luisant – lustrous.
lumachelle *f* – coquina, *shelly limestone.*
lumachellique – coquinoid.
lumen *m* – lumen, *SI unit of luminous flux, symbol* lm. **lumen par mètre carré** : lumen per square meter, *SI unit of luminous exitance* (lm/m^2). **lumen par watt** : lumen per watt, *SI unit of luminous efficacy* (lm/W). **lumen seconde** : lumen second, *SI unit of quantity of light* (lm/s).
lumière *f* – light; port; porthole, *through which an object can be observed.* **lumière actinique** : actinic light. **lumière ambiante** : ambient light. **lumière blanche** : white light. **lumière cathodique** : negative glow. **lumière cendrée** : earthlight; earthshine. **lumière cohérente** : coherent light. **lumière crue** : glare. **lumière d'admission** : inlet port; intake port. **lumière d'admission d'air** : inlet air port. **lumière de balayage** : scavenging port. **lumière de décharge** : discharge port; spill port. **lumière de graissage** : oil hole. **lumière de refoulement** : discharge port. **lumière diffuse** : subdued light. **lumière du jour** : daylight. **lumière froide** : cold light. **lumière incidente** : incident light. **lumière incohérente** : incoherent light. **lumière invisible** : black light; invisible light. **lumière monochromatique** : monochromatic light. **lumière négative** : *see lumière cathodique.* **lumière noire** : black light. **lumière polarisée** : polarized light. **lumière réfléchie** : reflected light. **lumière transmise** : transmitted light. **lumière zodiacale** : zodiacal light.
luminance *f* – brightness; luminance. **luminance énergétique** : radiance, *SI unit: watt per steradian square meter, symbol* $W/(sr.m^2)$. **luminance lumineuse** : luminance. **luminance spectrale** : spectral radiance. **luminance visuelle** : luminance.
lumination *f* – exposure.
luminescence *f* – luminescence. **luminescence en UV** : ultraviolet luminescence. **luminescence visible** : visible luminescence.
lumineux – bright; luminous.
luminol *m* – luminol *(chem)*.
luminomètre *m* – luminometer.
luminophore *m* – luminophor, *a luminescent material.*
luminosité *f* – brightness; luminosity.
lunaire – lunar.
lunette *f* – telescope. **lunette arrière** : back window *(autom)*; backlight *(autom)*. **lunette de four** : eyepiece. **lunette méridienne** : transit telescope *(topog)*. **lunette zénithale** : zenith telescope.
lunettes *f* – eyeglasses. **lunettes de protection** : protective goggles. **lunettes de sécurité** : safety goggles. **lunettes de soudage** : welding goggles.
Lusitanien *m* – Lusitanian, *Upper Jurassic stage.*

lustrage *m* – glazing.
lustre *m* – gloss; luster; polish.
lustré – glossy; lustrous.
lut *m* – lute, *a substance that can be hardened by desiccation, used for packing a joint or for coating a porous surface to make it impervious to liquid or gas.*
Lutétien *m* – Lutetian, *Eocene stage.*
lutétium *m* – lutetium, *in the rare-earth group.*
lutite *f* – lutite, *a consolidated rock composed of silt or clay.*
lutte *f* – control; fight. **lutte antiparasite biologique** : biological pest control. **lutte biologique contre le déversement du pétrole** : biological oil-spill control. **lutte contre l'incendie** : fire fighting. **lutte contre la corrosion** : corrosion control. **lutte contre la pollution** : pollution control. **lutte contre la pollution atmosphérique** : air-pollution control. **lutte contre les gaz d'échappement** : automotive-emission control. **lutte phytosanitaire** : pest and disease control.
lux *m* – lux, *an SI unit for the uniformly distributed illumination of one square meter by a luminous flux of one lumen, symbol* lx. **lux seconde** : lux second, *SI unit of light exposure* (lx.s).
luxmètre *m* – luxmeter.
lx – lx, *symbol for lux.*
lyddite *f* – lyddite, *explosive.*
lydienne *f* – lydite, *lyddite, Lydian stone, a variety of jasper.*
lyogel *m* – lyogel.
lyophile – lyophilic, *characterizing a substance that will readily go into colloidal suspension in a liquid ; synonym for hydrophilic in the case of water and for oleophilic in the case of oil.*
lyophilisateur *m* – freeze drier. **lyophilisateur à vide** : vacuum freeze drier.
lyophilisation *f* – freeze drying; lyophilization.
lyophobe – lyophobic.
lyre *f* – quadrant *(mach. tool)*. **lyre de dilatation** : expansion bend; expansion loop; expansion ring. **lyre de raffinerie** : expansion joint.
lysimètre *m* – lysimeter, *for measuring water percolating through soils and used by plants.*
lysine *f* – lysine, *basic amino acid.*
lysocline *f* – lysocline, *the ocean depth at which the rate of solution of calcium carbonate exceeds its rate of deposition.*
lysogène – lysogenic, *bacteria.*
lyxose *m* – lyxose, *crystalline aldose sugar.*

M

m – m, *symbol for mètre and for milli.*
M – M, *symbol for méga.*
Ma – Ma, *symbol for million d'années, a unit of geologic time.*
MA – AM, *abbr. modulation d'amplitude, amplitude modulation.*
maar *m* – maar, *volcanic crater possibly filled with water.*
Maestrichtien *m* – Maestrichtian, *Upper Cretaceous stage.*
macadam *m* – macadam.
macaroni *m* – little pipe *(drill)*; macaroni, *any small-diameter pipe, e.g. production tubing.*
macéral *m* – maceral, *microscopic organic constituents of coal.*
Mach – Mach, *see cône de Mach, ligne de Mach, nombre de Mach.*
mâchefer *m* – clinker; slag.
machine *f* – engine; machine. **machine à agglomérer** : roaster. **machine à air chaud** : calorific engine. **machine à balancier** : lever engine. **machine à border** : beading machine; curling machine. **machine à calculer** : calculator; computing machine. **machine à chanfreiner** : beveling machine. **machine à cisailler** : shearing machine. **machine à coudre** : sewing machine. **machine à détente** : expansion engine. **machine à diviser** : dividing machine. **machine à double effet** : double-acting engine. **machine à écrire** : typewriter. **machine à fabriquer les boulettes** : pelletizer. **machine à faire des granules** : bead machine. **machine à fileter les tiges de boulons** : bolt-threading machine. **machine à fileter les tubes** : pipe machine. **machine à forer des tubes en charge** : tapping machine. **machine à limer** : filing machine. **machine à mouler** : molding machine. **machine à mouler à secousses** : jolter. **machine à noyauter** : core molding. **machine à obturer le trou de coulée** : taphole gun. **machine à percer les roches** : rock-boring machine. **machine à poser les câbles** : cable layer. **machine à profiler** : profiling machine, *cutting tool.* **machine à quatre billes** : four-ball tester, *for testing extreme-pressure oils.* **machine à rainer** : jointer. **machine à rectifier** : grinding machine. **machine à rectifier les cames** : cam grinder. **machine à refendre** : slitter; slitting mill. **machine à refouler** : upsetting machine. **machine à refroidir** : chilling machine. **machine à restituer les pendages** : dip-plotting machine. **machine à roder** : lapping machine. **machine à rouler** : bender. **machine à souder** : welding machine. **machine à souder bout à bout** : butt-welding machine. **machine à souder par points** : spot-welding machine. **machine à tailler les engrenages** : gear shaper. **machine à tamiser** : screening machine. **machine à traitement de texte** : word processor. **machine à triple expansion** : triple-expansion engine. **machine à vapeur** : steam engine. **machine à vapeur à balancier** : beam steam engine. **machine à vapeur à cylindres jumelés** : twin steam engine. **machine à vapeur à distribution par tiroir** : piston-valve steam engine. **machine à vapeur à double effet** : double-acting steam engine. **machine à vapeur à soupape à tiroir** : slide-valve steam engine. **machine à vérifier l'usure par abrasion** : abrasion-testing machine. **machine autonome** : stand-alone machine. **machine auxiliaire** : auxiliary engine; donkey. **machine auxiliaire d'alimentation** : feed engine. **machine compound** : compound engine. **machine d'ensouillage** : burying machine. **machine d'épuisement** : pumping equipment. **machine d'équilibrage** : balancing machine. **machine d'essai au choc** : shock-testing machine. **machine d'essai SAE des lubrifiants extrême pression** : SAE EP-lubricant tester. **machine d'extraction** : hoisting engine. **machine de boulonnerie** : bolt maker. **machine de cimentation** : grouting machine. **machine de flottation** : flotation machine. **machine de levage** : hoisting engine. **machine de moulage à secousses** : jar molding machine *(metal)*; jolting molding machine. **machine de rembourrage** : padding machine, *for rocky ground for pipelines.* **machine de renfort** : assistant engine; jack engine. **machine de secours** : spare machine. **machine de thermoforage** : jet-piercing machine. **machine de traçage** : road header *(mining)*. **machine dynamoélectrique** : dynamoelectric machine. **machine frigorifique** : ice machine. **machine massivement parallèle** : massive parallel computer. **machine motrice** : driving engine. **machine pour cabestan** : capstan engine. **machine pour l'étude du comportement cinétique des huiles** : kinetic oiliness testing machine (KOTM). **machine remise à neuf** : rebuilt machine. **machine robuste** : heavy-duty machine. **machine Thompson** : Thompson machine, *used for determining the lubricating power of an oil and for calculating its friction coefficient.* **machine Timken** : Timken lubricant tester, *for testing extreme-pressure oils.*
machine-outil *f* – machine tool. **machine-outil à découper** : cutting machine.
machinerie *f* – engine house; machinery.
mâchoire *f* – grip, *of a vise*; jaw; ram. **mâchoire à fermeture totale** : blind ram *(drill)*. **mâchoire coupante** : shear ram. **mâchoires d'étau** : vise jaws. **mâchoire d'obturateur** : pipe ram. **mâchoire de BOP** : BOP ram. **mâchoire de fermeture sur tige** :

pipe ram. **mâchoire de filière** : threading die. **mâchoire de frein** : brake shoe. **mâchoire de sécurité à cisaillement** : shear ram, *part of a BOP.* **mâchoires de suspension** : tubing catcher, *a device for catching the bottom of tubing, operating by inertia when the tubing breaks.* **mâchoire pour serrer les tubes** : pipe grip.
macigno *m* – macigno, *a flysch facies.*
mackensite *f* – mackensite, *iron silicate.*
mackinawite *f* – mackinawite, *a tetragonal mineral produced by corrosion of iron pipes.*
maclage *m* – twinning. **maclage cyclique** : cyclic twinning *(cryst)*.
macle *f* – macle, *a twinned crystal*; twin; twin crystal, *compound crystal in which one or more parts has a lattice structure that is the mirror image of the other parts of the crystal.* **macle d'interpénétration** : interpenetration twin. **macle de contact** : contact twin, *juxtaposition twin.* **macle de rotation** : rotation twin. **macle mécanique** : mechanical twin . **macle par accolement** : juxtaposition twin. **macle par pénétration** : penetration twin. **macle par réflexion** : reflection twin, *crystal with symmetry that is apparently a mirror image across a plane.* **macle polysynthétique** : polysynthetic twin.
maclé – hemitropic; macled; twinned *(cryst)*.
MacMichael – MacMichael, *see viscosimètre de MacMichael.*
maçonnage *m* – masonry.
maçonnerie *f* – masonry. **maçonnerie en moellons** : rubble masonry.
macrinite *f* – macrinite, *see inertinite.*
macroanalyse *f* – macroanalysis.
macroclastique – macroclastic.
macrocristallin – macrocrystalline.
macrocycle *m* – macrocycle.
macrodôme *m* – macrodome *(cryst)*.
macroéconomie *f* – macroeconomics.
macrofossile *m* – macrofossil; megafossil.
macrographie *f* – macrography.
macroméritique – macromeritic.
macromoléculaire – macromolecular.
macromolécule *f* – macromolecule.
macropinacoïde *m* – macropinacoid *(cryst)*.
macroplancton *m* – macroplankton, *from 5 cm to 5 mm in size.*
macropolymérisation *f* – macropolymerization.
macropore *m* – macropore.
macroprisme *m* – macroprism *(cryst)*.
macroscopie *f* – macroscopy.
macroscopique – macroscopic.
macrospore *f* – macrospore.
macrostructure *f* – macrostructure.
madrépore *m* – madrepore, *coral.*
madrier *m* – joist; plank; skid. **madrier pour plancher** : deal.
maërl *m* – maerl, *sandy calcareous-algae sediment.*
mafique – mafic, *said of an igneous rock that contains calcium-rich ferromagnesian silicates and feldspar.*
magallanite *f* – magallanite, *a variety of hard asphalt.*
magasin *m* – magazine, *a holder of film*; receiver magazine; store; warehouse. **magasins à succursales multiples** : chain of shops; chain stores. **magasin pour produits à boue** : mud storage, *on a drillship.*
magasinage *m* – storing; warehousing.
magasinier – storekeeper.
Magdalénien *m* – Magdalenian, *Upper Paleolithic stage.*
maghémite *f* – maghemite, *an iron spinel.*
magma *m* – magma, *molten mass forming rocks when solidified.* **magma palingénétique** : neomagma. **magma partiel** : partial magma. **magma primaire** : parent magma. **magma résiduel** : residual liquor. **magma secondaire** : submagma.
magmatique – magmatic.
magmatisme *m* – magmatism, *development, movement and solidification of magma to form igneous rock.*
magmatite *f* – *see roche magmatique.*
magnésie *f* – bitter earth; magnesia.
magnésien – magnesian.
magnésite *f* – magnesite, *giobertite, a magnesium carbonate.*
magnésium *m* – magnesium, *symbol Mg.*
magnétique – magnetic.
magnétisation *f* – magnetization, *see aimantation.*
magnétisme *m* – magnetism. **magnétisme rémanent** : remanent magnetism. **magnétisme terrestre** : geomagnetism, *magnetism of the Earth*; terrestrial magnetism.
magnétite *f* – lodestone; magnetite, *an iron spinel (miner)*.
magnéto *f* – magneto. **magnéto à avance automatique** : automatic-lead magneto. **magnéto à avance fixe** : fixed-lead magneto. **magnéto à avance variable** : adjustable-lead magneto. **magnéto d'allumage** : ignition magneto.
magnétoaérodynamique *f* – magnetoaerodynamics.
magnétocalorique – magnetocaloric.
magnétochimie *f* – magnetochemistry.
magnétoélectrique – magnetoelectric.
magnétographe *m* – magnetograph.
magnétohydrodynamique *f* – magnetohydrodynamics, *magnetofluid dynamics.*
magnétomécanique – magnetomechanical.
magnétomètre *m* – magnetic variometer; magnetometer; variometer. **magnétomètre à déviation** : deflection magnetometer. **magnétomètre à faisceau électronique** : electron-beam magnetometer. **magnétomètre à fibre optique** : fiber-optic magnetometer. **magnétomètre à jet de mercure** : mercury-jet magnetometer. **magnétomètre à noyau saturable** : saturable-core magnetometer. **magnétomètre à oscillation** : oscillation magnetometer. **magnétomètre à passage de flux** : flux-gate magnetometer. **magnétomètre à pompage optique** : optically-pumped magnetometer. **magnétomètre à protons** : proton magnetometer. **magnétomètre à quartz** : quartz horizontal magnetometer (QHM). **magnétomètre aéroporté** : aerial magnetometer; airborne magnetometer. **magnétomètre astatique** : astatic magnetometer. **magnétomètre balistique** : ballistic magnetometer. **magnétomètre de précision** : precision magnetometer. **magnétomètre terrestre** : ground magnetometer. **magnétomètre vertical** : vertical magnetometer.

magnétométrie *f* – magnetic survey.
magnétométrique – magnetometric.
magnétomoteur – magnetomotive.
magnéton *m* – magneton, *unit of magnetic moment.*
magnétooptique *f* – magnetooptics.
magnétopause *f* – magnetopause, *boundary between the Earth's magnetosphere and interplanetary space.*
magnétophone *m* – tape recorder.
magnétorésistance *f* – magnetoresistance.
magnétoscope *m* – video-cassette recorder (VCR); video-tape recorder.
magnétoscopie *f* – magnetic particle inspection, *a method of checking parts made of ferromagnetic metal alloys, by means of magnetic powder; the parts are placed in a magnetic field, and the magnetic powder accumulates on each defect.*
magnétosphère *f* – magnetosphere, *the region of the Earth in which the geomagnetic field plays a dominant role.*
magnétostatique *f* – magnetostatics, *static magnetism.*
magnétostratigraphie *f* – magnetostratigraphy, *stratigraphy based on paleomagnetic signatures.*
magnétostrictif – magnetostrictive.
magnétostriction *f* – magnetostriction.
magnétotellurique – magnetotelluric.
magnétron *m* – magnetron, *microwave tube.*
magnitude *f* – magnitude. **magnitude d'un séisme** : earthquake magnitude; magnitude of an earthquake, *a measure of the amount of energy released by an earthquake, see also échelle de Richter.*
magnon *m* – magnon, *quantized spin wave in a magnetic crystal.*
maillage *m* – grid pattern, *grid spacing*; gridding; mesh pattern. **maillage sismique** : seismic grid.
maille *f* – cell *(cryst)*; grid; grid cell; link; loop; mesh, *a measure of fineness of a woven material, screen or sieve.* **maille à cinq puits** : five-spot pattern *(prod)*. **maille d'échantillonnage** : sampling grid. **maille de tamis** : sieve mesh. **maille fermée** : closed loop *(seis)*. **maille primitive** : primitive cell *(cryst)*.
maillé – meshed; reticular.
maillet *m* – beetle; mallet.
maillon *m* – link. **maillon d'une chaîne** : chain link.
main *f* – hand. **main courante** : handrail; railing. **à main** : hand-operated. **en main** : in hand.
main-d'oeuvre *f* – labor force; manpower. **main-d'oeuvre et matériel** : labor and material. **main-d'oeuvre indigène** : native labor. **main-d'oeuvre indirecte** : indirect labor. **main-d'oeuvre non qualifiée** : unskilled manpower. **main-d'oeuvre qualifiée** : skilled manpower.
maintenabilité *f* – maintainability, *the probability that a system can be put back in working condition within a specified period of time provided that proper maintenance is performed.*
maintenance *f* – maintenance. **maintenance corrective** : corrective maintenance. **maintenance prédictive** : predictive maintenance.
maintien *m* – holding. **maintien à poste** : station keeping, *of a supply boat.* **maintien de pression** : pressure maintenance.
maïs *m* – maize; corn *(bot)*.
maison *f* – house. **maison-mère** : parent company, *the original company controlling or creating branches and subsidiaries.* **maison solaire** : solar house. **maison sous la mer** : underwater habitat.
maître *m* – master. **maître-cylindre de frein** : brake master cylinder. **maître d'oeuvre** : prime contractor; project manager. **maître de l'ouvrage** : contracting authority; developer; sponsor. **maître filon** : mother lode. **maître fondeur** : head melter. **maître oscillateur** : master oscillator. **maître sondeur** : drilling foreman; toolpusher.
maîtresse-tige *f* – auger stem, *cable drilling.*
maîtrise *f* – control. **maîtrise de l'énergie** : energy conservation. **maîtrise des coûts** : cost control. **maîtrise des risques** : risk management, *any techniques used either to minimize the probability of an accident or to mitigate its consequence.*
majorant *m* – upper bound *(math)*.
majoration *f* – increase. **majoration des prix** : markup. **majoration tarifaire** : tariff increase.
mal *m* – disease, *see maladie.* **mal des caissons** : caisson disease *(diving)*.
malachite *f* – malachite, *an ore of copper.*
maladie *f* – disease. **maladie par carence** : deficiency disease. **maladie professionnelle** : industrial disease; occupational disease.
malaise *f* – discomfort. **malaise de décompression** : decompression sickness *(diving)*.
malajustement *m* – disadjustment.
malathion *m* – malathion, *insecticide.*
malaxage *m* – kneading; mixing; working. **malaxage des boues** : mud mixing, *the preparation of drilling muds.* **malaxage des graisses** : grease working.
malaxé – worked.
malaxer – blunge (to); knead (to); mix (to).
malaxeur *m* – churn; kneading mill; mixer; mixing machine; worker. **malaxeur à auges** : trough mixer. **malaxeur à axe horizontal** : rotating-drum mixer. **malaxeur à boue éjecteur** : mud-mixing hopper. **malaxeur de béton** : concrete mixer. **malaxeur de boue** : mud mixer *(drill)*. **malaxeur de sable** : sand mixer. **malaxeur pour graisse** : grease worker.
malaxeuse *f* – mixer, *see malaxeur.*
maléique – maleic.
malique – malic.
malléabilité *f* – malleability.
malléable – ductile; malleable; soft.
Malm *m* – Malm, *Upper Jurassic series.*
malthe *m* – maltha, *a natural-gas tar halfway between petroleum and asphalt, resulting from the oxidation and drying of petroleum.*
malthène *m* – malthene, *a constituent of asphalt, containing oily parts and resins.*
malveillance *f* – mischief.
mamelon *m* – hillock *(geol)*; mamelon *(geol)*; nipple. **mamelon allongé** : pipe nipple. **mamelon central** : meander core. **mamelon d'étanchéité** : seal nipple. **mamelon de joint de tube** : pipe-union nipple. **mamelon de réduction** : reducing nipple. **mamelon de suspension de la vanne de sécurité** : safety-valve nipple.

mamelonné – hummocky, *reflection configuration*; mammillary.
mammifère *m* – mammal.
management *m* – management.
manager *m* – manager.
manandonite *f* – manandonite, *chlorite*.
manche *f* – sleeve. **manche à air** : air feeder; air funnel. **manche à incendie** : fire hose. **manche d'une pompe** : hose. **manche de remplissage** : filling sleeve. **manche en toile** : canvas hose.
manche *m* – haft; handle. **manche à balai** : broomstick; control column; joystick. **manche de manoeuvre** : brace head *(drill)*.
manchette *f* – sleeve. **manchette à bride** : spool. **manchette à bride d'adaptation** : adapter spool. **manchette de raccordement** : spool piece. **manchette tubulaire** : jumpover, *connecting several pipes or two parts of a lathe*.
manchon *m* – bush; collar; coupling; jacket; liner; mantle; nipple; pipe coupling; pipe nipple; sleeve; socket. **manchon à air** : air jacket. **manchon à ferraille** : junk sleeve. **manchon à friction** : friction coupling. **manchon à incandescence** : incandescent mantle. **manchon à soupape** : float collar (FC). **manchon à vide** : vacuum jacket. **manchon biconique** : coupling with plain ends. **manchon biconique à encoches** : coupling with recessed ends. **manchon coulissant** : sliding sleeve; trip mandrel. **manchon d'accouplement** : box coupling; clutch coupling box; coupling box; coupling sleeve. **manchon d'accouplement d'arbre** : coupling shaft. **manchon d'accouplement élastique** : yielding coupling. **manchon d'aération** : aeration cap. **manchon d'entraînement** : kelly bushing (KB). **manchon d'étanchéité** : packoff nipple. **manchon de battage** : drive head. **manchon de cimentation** : cementer; cementing collar; cementing nipple. **manchon de cimentation à chicanes** : baffle collar *(drill)*. **manchon de cimentation à clapet antiretour** : cement float collar. **manchon de cimentation étagée** : dual-stage cementer. **manchon de cimentation multiétagée** : stage cementing collar. **manchon de fermeture rapide** : fast shutoff coupling. **manchon de four de distillation** : still jacket. **manchon de pose** : landing collar; setting sleeve. **manchon de presse-étoupe** : stuffing-box bushing. **manchon de protection** : blast nipple, *a tubing coating opposite perforations to protect the tubing from destruction by abrasion during sand influxes in a borehole*. **manchon de raccord** : union joint. **manchon de raccordement** : connecting sleeve; seating nipple. **manchon de raccordement à brides** : flange coupling. **manchon de réduction** : reducer; reducing coupling, *tapped*. **manchon de réduction fileté** : threaded reducing flange. **manchon de réparation pour canalisation** : pipe repair clamp. **manchon de retenue pour bouchons** : float collar (FC) *(drill)*. **manchon de sécurité des masses-tiges** : horse collar. **manchon de tubage** : casing coupling. **manchon de tubage à soupape** : casing float collar. **manchon de vapeur** : steam jacket. **manchon double** : box both ends *(drill)*. **manchon droit et gauche** : right-and-left coupling. **manchon en deux pièces** : split collar; split sleeve. **manchon fileté** : threaded sleeve. **manchon incandescent** : gas mantle. **manchon mâle-femelle** : bushing. **manchon mobile** : disengaging clutch. **manchon protecteur** : pipe-thread protector; protector sleeve.
mandat *m* – mandate; warrant. **mandat poste** : money order.
mandataire *m* – agent; trustee.
mandrin *m* – beader; chuck; mandrel. **mandrin de cylindrage** : casing roller, *for restoring buckled, collapsed or dented casing to its normal diameter and roundness*. **mandrin de repêchage** : mandrel socket *(drill)*. **mandrin porte-foret** : collet for drills. **mandrin porte-outil** : boring spindle. **mandrin pour tubes** : tube expander. **mandrin universel** : universal chuck.
mandrinage *m* – broaching; drift.
mandriner – drift (to); expand (to), *boiler tube*.
maneton *m* – crankpin bearing. **maneton du vilebrequin** : crankpin.
manette *f* – finger; hand lever; handle; lever. **manette de soupape** : valve handle. **manette des gaz** : gas lever.
manganèse *m* – manganese, *symbol Mg*.
manganite *f* – manganite, *an ore mineral of manganese*.
manglier *m* – mangrove.
mangrove *f* – mangrove swamp.
maniabilité *f* – controllability; handiness; maneuverability.
maniable – handy.
maniement *m* – handling.
manier – handle (to).
manifestation *f* – occurrence. **manifestation de pétrole** : oil occurrence. **manifestations ultimes** : concluding stage.
manifeste *m* – manifest, *a detailed statement of a vessel's cargo*. **manifeste d'entrée** : inward manifest *(transp)*. **manifeste de cargaison** : cargo manifest. **manifeste de douane** : customs manifest. **manifeste de fret** : freight manifest. **manifeste de sortie** : outward manifest.
manifester – display (to), *a property*.
manifold *m* – header; manifold. **manifold de duses** : choke manifold.
manille *f* – chain joint; shackle. **manille d'assemblage** : clevis. **manille d'élingue** : sling-line socket.
manioc *m* – cassava.
manip *f* – run, *colloquial form of manipulation, mainly used for experiments*.
manipulateur *m* – manipulator.
manipulation *f* – handling; keying. **manipulation d'amplitude** : amplitude keying. **manipulation par déplacement de fréquence** : *see modulation par déplacement de fréquence*. **manipulation par déplacement de phase** : *see modulation par déplacement de phase*. **manipulation par tout ou rien** : on-off keying.
manipuler – handle (to). **manipuler avec soin** : handle (to) with care.
manivelle *f* – crank; jack handle. **manivelle à disque** : disk crank. **manivelle de démarrage** : starting handle. **manivelle de mise en marche** : starting crank.
manjak *m* – manjak, *a high grade of asphalt used widely in paints and varnishes*.
manocryomètre *m* – manocryometer, *for measuring the change in the melting point of a substance with change in pressure*.

manodétendeur *m* – pressure-reducing valve.

manoeuvre *f* – operating; switching; trip, *a round trip of the bit into and out of the borehole.* **manoeuvre complète du train de tige** : round trip, *pulling the drill string from the borehole, performing some operation on it such as changing the bit, and then running the drill string back into the borehole.* **manoeuvre de remontée et descente** : round-trip operation *(drill)*. **manoeuvre pour changement d'outil** : trip for bit change.

manoeuvre *m* – helper; roustabout; skidman, *in charge of skidding a derrick from one site to another.* **manoeuvre de sonde** : rotary helper.

manomètre *m* – gage; manometer; pressure gage; steam gage. **manomètre à air** : air gage; air-pressure gage. **manomètre à amortissement** : membrane gage; surface gage. **manomètre à boue** : mud-pressure gage. **manomètre à cadran** : dial manometer. **manomètre à contact électrique** : electric-contact pressure gage. **manomètre à diaphragme** : diaphragm pressure gage. **manomètre à eau** : water manometer. **manomètre à flotteur** : float-type pressure gage. **manomètre à huile** : oil-pressure gage. **manomètre à ionisation** : ionization gage. **manomètre à membrane** : diaphragm-type pressure gage. **manomètre à mercure** : mercury gage. **manomètre à plaque** : diaphragm pressure gage. **manomètre à quartz** : quartz pressure gage. **manomètre à tube en U** : U-tube manometer. **manomètre à vide** : vacuum gage, *used to record the operating characteristics of a drilling motor.* **manomètre d'aspiration** : suction gage. **manomètre de Bourdon** : Bourdon pressure gage. **manomètre de fond** : bottomhole pressure gage. **manomètre de gonflage** : tire gage. **manomètre de Knudsen** : Knudsen vacuum gage. **manomètre de pression de boue** : mud gage. **manomètre de refoulement** : delivery gage; discharge gage. **manomètre de réservoir avec lecteur à distance** : remote tank-reading gage. **manomètre différentiel** : differential manometer. **manomètre du couple moteur** : torque gage. **manomètre enregistreur** : manograph. **manomètre indicateur de pression** : indicating pressure gage. **manomètre métallique** : metal gage. **manomètre piézoélectrique** : piezoelectric manometer.

manométrique – manometric.

manostat *m* – manostat.

manque *m* – failure; lack; shortage; skip, *of data.* **manque de fusion** : lack of fusion *(metal)*. **manque de métal** : upset underfill, *defect on the surface of a tubular upset.* **manque de pénétration** : lack of penetration. **manque de signal** : dropout. **manque de surépaisseur** : lack of reinforcement *(metal)*.

manteau *m* – coat; mantle. **manteau autochtone** : autochthonous mantle. **manteau de solifluxion** : solifluction sheet. **manteau inférieur** : lower mantle, *mesosphere.* **manteau nival** : snow pack. **manteau sédimentaire** : sedimentary mantle. **manteau supérieur** : upper mantle. **manteau terrestre** : mantle, *the zone of the Earth below the crust and above the core.*

mantisse *f* – fixed-point part; mantissa, *fixed-point number composed of the most significant digits of a given floating-point number.*

manuel *m* – manual. **manuel d'entretien** : instruction book; maintenance manual. **manuel d'utilisation** : operator's handbook, operator's manual. **manuel de mise en service** : commissioning manual. **manuel élémentaire** : primer.

manufacture *f* – firm.

manufacturé – manufactured.

manuscrit *m* – copy; manuscript.

manutention *f* – handling. **manutention des pulvérulents** : solids handling.

manutentionnaire *m* – stevedore; unskilled worker; warehouseman.

maquette *f* – layout; mockup; scale model.

maquettiste *m* – designer, *model maker.*

marais *m* – fen; marsh; swamp. **marais barométrique** : shallow depression *(meteo)*. **marais d'eau douce** : fresh marsh. **marais doux** : freshwater marsh. **marais littoral** : tidal marsh. **marais maritime** : sea marsh. **marais salant** : brine pond; salt marsh; salt swamp.

marasme *m* – slump *(econ)*.

marbre *m* – marble, *a metamorphic rock composed of recrystallized calcite and dolomite; any limestone capable of taking a polish and being used as ornamental stone.* **marbre coquillier** : shell marble. **marbre veiné** : veined marble *(petro)*.

marbré – marbled; veiny.

marbrière *f* – marble quarry.

marbrures *f* – mottling *(petro)*.

marcasite *f* – marcasite, *white iron pyrite.*

marchand *m* – dealer; merchant.

marchand – marketable.

marchandage *m* – bargaining.

marchandisage *m* – merchandizing, *market planning of a product including buying, pricing, advertising, timing and services such as repairs, credit, delivery and exchange.*

marchandise *f* – commodity; goods; ware. **marchandises dangereuses** : dangerous goods. **marchandises en solde** : job lot. **marchandise exportée** : export.

marchavant *m* – forepoling, *a system of timbering for a weak gallery roof which moves forward as the gallery advances.*

marche *f* – operation; run *(mach)*; running; working. **marche à pleine puissance** : full-load running. **marche à suivre** : procedure. **marche à vide** : backlash; idling; no-load running. **marche-arrêt** : on-off. **marche au ralenti** : idle running; idling. **marche avant** : ahead running. **marche continue** : continuous operation. **marche d'essai** : trial run. **marche d'un appareil** : running. **marche en régime humide** : wet compression. **marche oscillante** : hunting. **marche régulière** : smooth running. **marche témoin** : test run, *of a plant or unit.* **en marche** : onstream; operating.

marche *f* – step. **en marches d'escalier** : shingling, *an echelon pattern on refraction recordings indicating loss of visibility of early cycles with increasing range.*

marché *m* – contract; market. **marché à la baisse** : falling market. **marché à terme** : futures market. **marché baissier** : bear market. **marché d'option** : forward market *(fin)*. **marché du disponible** : spot market. **marché du travail** : labor market. **marché favorable à l'acheteur** : buyer's market. **marché favorable au vendeur** : seller's market. **marché for-**

faitaire : contract purchase. **marché haussier** : bull market. **marché hors-cote** : curbstone market. **marché hors-frontière** : offshore market. **marché instable** : sensitive market. **marché intérieur** : domestic market. **marché libre** : spot market. **marché monétaire** : money market. **marché national** : domestic market. **marché spot** : spot market. **marché unique** : single market.

marcher – run (to); work (to). **faire marcher** : run (to). **marcher au ralenti** : run (to) idle. **marcher en roue libre** : coast (to).

mare *f* – pond. **mare artificielle** : dew pond, *at the top of a hill and filled by dew.* **mare d'eau de fonte** : meltwater pool.

marécage *m* – bog; fen; quagmire. **marécage boisé** : swamp. **marécage tourbeux** : peat marsh.

marécageux – boggy; fenny; marshy; moory.

marée *f* – tide. **marée basse** : low tide; low water; neaps. **marée de morte eau** : neap tide. **marée de vives eaux** : spring tide. **marée descendante** : ebb tide. **marée diurne** : diurnal tide. **marée gravimétrique** : gravity tide; tidal gravity, *caused by the moon and the sun at all points on the Earth's crust ; this attraction is taken into consideration in gravimetric prospecting by making a moon-sun correction in the measurements made at the different stations.* **marée haute** : high tide. **marée lunaire** : lunar tide. **marée montante** : flux; incoming tide; rising tide. **marée noire** : black tide, *arrival of an oil spill at the coast.* **marée rouge** : red tide, *a reddish discoloration of water that is caused by dinoflagellates.* **marée solaire** : solar tide. **marée solide** : earth tide. **marée terrestre** : earth tide. **de marée** : tidal.

marégramme *m* – marigram, *graphic record produced by a marigraph.*

marégraphe *m* – marigraph, *gage recording tide heights*; tide gage.

margarite *f* – margarite, *a brittle mica.*

marge *f* – border; margin. **marge active** : active margin; convergent plate boundary, *the leading edge of an advancing continental margin (plate tectonics).* **marge bénéficiaire** : profit margin. **marge brute d'autofinancement (MBA)** : cash flow. **marge continentale** : continental margin, *subsea area on the edge of a continent, including the continental shelf, the continental slope and continental rise.* **marge de puissance** : margin of strength. **marge de sécurité** : margin of safety; safety allowance; safety margin. **marge passive** : divergent plate boundary *(plate tectonics).*

margelle *f* – curbstone, *of a well.*

marginal – fringing; marginal.

marigot *m* – backwater.

marin – marine; offshore; seafaring.

marinisation *f* – marine adaptation, *of equipment.*

Mariotte – *see loi de Mariotte.*

maritime – maritime.

marmite *f* – pot. **marmite de géant** : giant's kettle, *giant's cauldron, glacial pothole.*

marnage *m* – tidal rise and fall, *difference in height between consecutive high and low tides.*

marne *f* – marl; marlstone, *impure argillaceous limestone.* **marne à silex** : cherty marl. **marne argileuse** : clay marl; clayey marl. **marne calcaire** : calcareous marl. **marne dolomitique** : dolomitic marl. **marne gonflante** : heaving shale. **marne phosphatée** : phosphatic shale. **marne plastique** : sticky shale. **marne sableuse** : sandy marl.

marneux – marlaceous; marly.

marnière *f* – marl pit.

MARPOL – MARPOL, *the IMO convention on discharges of oil at sea by tankers.*

marquage *m* – marking; tagging, *of oil pollution.* **marquage actif** : active tagging. **marquage de temps** : timing. **marquage par transfert à chaud** : hot stamping. **marquage passif** : passive tagging. **marquage temps** : time line *(seis).*

marque *f* – make, *of a product*; mark; print; stamp; tape mark. **marque courante** : standard make. **marque de chocs** : percussion mark. **marque de fabrique** : brand; house brand. **marque de fin de fichier** : end-of-file mark. **marque de laminage** : roll mark, *defect in a tubular.* **marque de matriçage** : die mark. **marque de repérage** : registration mark. **marque déposée** : registered trademark; trademark. **marque du véhicule** : vehicle make. **marque en croissant** : crescent mark. **marque en fer à cheval** : crescent mark. **marque glaciaire** : glacial scratching. **marque refléchissante** : sticker, *on a magnetic tape.* **marque repère** : fiducial mark. **sans marque** : unbranded.

marqué – labeled; tagged.

marquer – tag (to), *by radioelements.*

marqueur *m* – layer, *seismic reflection*; marker, *horizon that stands out in seismic-refraction surveying*; wave conductor, *seismic refraction.* **marqueur de début de bande (MDB)** : load-point marker. **marqueur de fin de bande (MFB)** : end-of-tape marker. **marqueur de distance** : distance marker; range marker. **marqueur de réfraction** : refractor *(seis).* **marqueur de temps** : time marker. **marqueur radioactif** : radioactive marker. **marqueur réfraction** : refraction marker.

Marsh – Marsh, *see viscosimètre de Marsh.*

marsouinage *m* – porpoising, *the tendency of smalls hulls to jump clear of the water's surface when traveling at high speed.*

marteau *m* – hammer. **marteau à bascule** : trip hammer. **marteau à boucharder** : bush hammer. **marteau à devant** : sledgehammer. **marteau à ébarber** : fettling hammer *(metal).* **marteau à forger** : forging hammer. **marteau à main** : hand hammer. **marteau à panne** : peen hammer. **marteau à panne bombée** : ball-peen hammer. **marteau à panne fendue** : claw hammer. **marteau à vapeur** : steam hammer. **marteau burineur** : chipping hammer. **marteau compresseur** : jackhammer. **marteau de battage sous-marin** : underwater hammer. **marteau de carrossier** : bumping hammer. **marteau de fonçage** : sinker. **marteau de forgeron** : sledge. **marteau de géologue** : geologic hammer. **marteau de prospecteur** : prospecting hammer. **marteau diesel** : diesel hammer. **marteau élancé** : slender hammer. **marteau hydraulique** : hydraulic hammer. **marteau perforateur** : drill hammer; hammer drill; jackhammer; rock-hammer drill. **marteau perforateur à air comprimé** : pneumatic drill. **marteau pilon** : drop hammer; power hammer; ram. **marteau-pilon à vapeur** : steam hammer. **marteau piqueur** : jackhammer; paving breaker; pick; pneumatic drill; road breaker. **marteau pneumatique** : air hammer; jackhammer; paving breaker;

pneumatic drill; pneumatic hammer. **marteau postillon** : bumping hammer. **marteau pour le battage des piles** : pile hammer. **marteau riveur** : riveting hammer.

martelage *m* – hammer forging; hammering; peening. **martelage à froid** : hammer hardening. **martelage à la grenaille** : shot peening.

martelé – hammered.

marteler – draw (to) out; forge (to); malleate (to).

martellement *m* – pounding *(engine)*.

martensite *f* – martensite *(metal)*.

martensitique – martensitic.

Martin – Martin, *see acier Martin, four Martin.* **Martin Decker** : Martin Decker, *see indicateur de poids.*

mascaret *m* – eagre; tidal bore.

maser *m* – maser, *a device for the amplification or emission of waves at hyperfrequencies; formed as an acronym for microwave amplification by stimulated emission of radiation.*

masquage *m* – masking. **masquage des signaux acoustiques** : audio-masking *(acous)*; aural masking *(acous)*.

masque *m* – mask. **masque à cartouche filtrante** : cartridge mask. **masque à gaz** : gas mask. **masque à oxygène** : oxygen mask. **masque de soudeur** : welding hood.

masqué – concealed; obscured.

masquer – hide (to).

masse *f* – bulk; clump; ground *(elec)*; mass; sledge. **masse à pans** : sledgehammer. **masse acoustique** : acoustic mass. **masse atomique** : atomic mass. **masse atomique relative** : relative atomic mass, *the relative mass of an atom based on a scale in which a specific carbon atom is assigned a mass value of 12.* **masse au repos** : rest mass *(phys)*. **masse charriée** : displaced mass; overthrust block; overthrust mass *(geol)*. **masse chevauchée** : upthrow. **masse compensatrice** : compensation mass. **masse critique** : critical mass. **masse d'air** : air mass *(meteo)*. **masse d'eau** : water mass. **masse d'équilibrage** : counterpoise. **masse de remplissage bitumineuse** : asphalt filler, *bituminous product used to plug cracks and seams in pavements.* **masse effective** : effective mass. **masse en eau** : water equivalent, *in calorimetry.* **masse frappante** : ram. **masse inerte** : stationary mass; steady mass. **masse linéique** : linear density. **masse mécanique** : mechanical mass. **masse molaire** : molar mass. **masse moléculaire** : molecular mass; molecular weight. **masse moléculaire en nombre** : number average molecular weight. **masse moléculaire en poids** : weight average molecular weight. **masse moléculaire relative** : relative molecular mass. **masse monétaire** : money supply. **masse pâteuse** : dough. **masse réduite** : reduced mass *(mech)*. **masse rocheuse** : rock mass. **masse salariale** : payroll; wage bill. **masse sous-critique** : subcritical mass. **masse stationnaire** : stationary mass. **masse surfacique** : surface density. **masse suspendue** : sprung mass. **masse volumique** : density. **masse volumique apparente** : apparent density. **masse volumique d'un pseudoliquide** : pseudoliquid density, *the calculated value of a pseudodensity for reservoir liquid at atmospheric conditions followed by adjustment to reservoir pressure and temperature to obtain an approximate value for actual liquid density in the reservoir.* **masse volumique de la boue** : mud weight. **masse volumique normale** : standard density. **masse volumique unitaire** : unitary mass density.

masse-tige *f* – drill collar, *a very heavy drill rod connected to the end of the drill string to put weight on the bit and take up the compression stresses.* **masse-tige à appui sur paroi** : wall-supported drill collar. **masse-tige à six pans** : hexagonal kelly. **masse-tige à valve** : mud collar, *enabling the mud to circulate while keeping the top end of the bit clean.* **masse-tige amagnétique** : nonmagnetic drill collar. **masse-tige déséquilibrée** : unbalanced drill collar. **masse-tige hydraulique à ancrage** : hydraulic wall-anchored drill collar. **masse-tige spiralée** : spiral drill collar.

masselotte *f* – feeding head *(metal)*. **masselotte de l'oscillateur** : oscillator weight.

massette *f* – hammer.

massif *m* – block *(geol)*; clump; massif. **massif affaisé** : sunken block. **massif ancien** : oldland. **massif arasé** : truncated upland *(geol)*. **massif autochtone** : autochthonous massif. **massif corallien** : coral head. **massif de butée** : thrust block. **massif de minerai** : metal ridge. **massif de protection de puits** : shaft pillar *(mining)*. **massif effondré** : trough fault. **massif faillé** : fault block. **massif intermédiaire** : intermediary massif. **massif intrusif** : boss, *igneous intrusion (geol)*. **massif sous-marin** : rise, *elevation of the ocean floor.* **massif tabulaire** : table.

massif – massive.

massique – mass.

mastic *m* – filler; lute; mastic, *a resinous exudation of the mastic tree*; patching cement; putty. **mastic à spatule** : filling-up putty. **mastic d'amiante** : asbestos putty. **mastic d'asphalte** : asphalt putty, *plastic bituminous cement that is easily workable.*

mastication *f* – mastication, *a preliminary physical and chemical breakdown of rubber.*

mât *m* – mast *(for drilling); as opposed to derricks, masts do not usually have to be assembled but are erected directly on the drilling site*; pole. **mât de charge** : boom; cargo boom. **mât de drapeau** : flagstaff. **mât de forage à éléments coulissants** : tubular telescoping mast. **mât de forage avec visibilité totale** : full-view mast. **mât de forage cantilever** : cantilever drilling mast. **mât de levage** : erection mast; erection pole; hoisting mast. **mât démontable haubané** : guyed portable mast. **mât du derrick** : derrick king-post. **mât en treillis** : lattice mast. **mât haubané** : guyed mast. **mât inclinable** : slant mast, *for directional drilling.* **mât non-haubané** : free-standing mast. **mât mobile de forage** : portable mast. **mât portatif non haubané** : unguyed portable mast. **mât repliable** : folding mast, *a drilling mast that can be folded in three parts by a hydraulic jack.* **mât télescopique** : telescope pole; telescopic mast.

mat – dull; matte.

matage *m* – bradding, *dulling of the teeth of a drill bit*; caulking.

matelas *m* – mattress; padding, *insulation.* **matelas à air** : air mattress. **matelas d'eau** : water cushion. **matelas de vapeur** : steam cushion, *in a cylinder.*

matelassage *m* – padding. **matelassage de feutre** : felt padding, *pipes.*

matériau *m* – material; stuff. **matériau acoustique** : acoustical material. **matériau antibruit** : acoustical material. **matériau asphaltique** : asphaltic material. **matériau bitumineux** : bituminous material. **matériau composite** : composite, *structural material composed of combinations of metal alloys or plastics, usually also with strengthening agents.* **matériau composite hybride** : hybrid composite. **matériau d'agrégation pour macadam à l'eau** : binder for waterbound macadam. **matériau d'enrobage** : wrapping material. **matériaux d'enrochement** : rock fill, *in a port.* **matériau d'origine** : parent material. **matériau de colmatage** : bridging material *(drill).* **matériaux de construction** : building materials; construction materials. **matériaux de coulage** : oil-sinking materials. **matériau de qualité inférieure** : substandard material. **matériau de référence** : reference material. **matériau détritique** : land waste *(geol).* **matériaux échoués** : driftage, *drifted material.* **matériau fibreux** : fibrous material, *used in drilling to prevent circulation losses in porous formations.* **matériau intumescent** : intumescent material, *that swells and snuffs out a fire when it is heated.* **matériau isolant** : insulating material; insulation material. **matériau meuble** : loose material. **matériau parental** : parent material *(petro).* **matériaux pour la construction des chaussées** : road-making material. **matériaux triturés** : rock flour, *powdered rock formed when stones embedded in a glacier abrade underlying rocks.*

matériel *m* – appliance; equipment; hardware, *equipment used for data processing*; material; plant; stuff. **matériel agricole** : farm equipment. **matériel banalisé** : bulk material, *that can be taken from a stockpile and used for a variety of applications, including equipment such as nuts and bolts, valves, ball bearings, etc.* **matériel d'atelier** : shop equipment. **matériel d'entretien** : maintenance equipment. **matériel d'étanchéité** : roofing material. **matériel de bureau** : office appliances. **matériel de chantier de forage** : oilfield equipment. **matériel de sauvetage** : salvage equipment. **matériel de traitement numérique** : digital hardware. **matériel défectueux** : faulty material. **matériel détritique** : detritus *(geol).* **matériel en location** : rental equipment. **matériel fertile** : fertile material. **matériel pour puits de pétrole** : oilwell appliances. **matériel prévu en secours** : backup, *a piece of equipment held in reserve in case another piece fails.* **matériel roulant** : rolling stock. **matériel tous-terrains** : off-the-road equipment. **matériel tubulaire** : tubular goods; tubulars. **matériel tubulaire pétrolier** : oil country tubular goods (OCTG), *oilwell casing, tubing and drillpipe.*

mathématique *f* – mathematics. **mathématique appliquée** : applied mathematics. **mathématique numérique** : numerical mathematics. **mathématique pure** : pure mathematics, *abstract mathematics.*

matière *f* – material; matter; substance. **matière active** : active matter. **matière carbonisable** : carbonizable substance, *in paraffin wax.* **matière charbonneuse** : carbonaceous matter. **matière colorante** : coloring matter; dyestuff. **matières consommables** : consumables. **matière dangereuse** : hazardous material. **matière de base** : base stock. **matière de protection** : resist. **matière dégénérée** : degenerate matter *(phys).* **matière disséminée** : dissemination. **matière dissoute** : dissolved material. **matière en suspension** : suspended matter. **matière épuisée** : spent oxide, *chemical scrubbing of gas.* **matières étrangères** : foreign matter, *fuel, soot or carbon in used crankcase oil.* **matière ferrugineuse** : ferruginous material. **matière filtrante** : filter material. **matière imposable** : tax base. **matière inerte** : filling substance; inert material. **matière inflammable** : flammable material. **matière insaponifiable** : unsaponifiable matter. **matière interstitielle** : interstitial material. **matière organique** : organic matter. **matière organique polycondensée** : polycondensed organic matter *(POM).* **matière particulaire** : particulate matter. **matière plastique alvéolaire** : cellular plastic. **matière plastique halogénée** : halocarbon plastic. **matière plastique thermodurcissable** : thermosetting plastic. **matières plastiques** : plastics. **matière première** : charging stock; feedstock *(ref)*; primary product; raw material. **matière première de craquage** : cracking stock. **matière réfractaire** : refractory material. **matières réfractaires** : refractories. **matière résineuse** : resinous substance. **matière thermoplastique** : thermoplastic material. **matière volatile** : volatile matter.

matité *f* – dullness; matte finish.

matoir *m* – chisel. **matoir à tubes** : beading hand tool.

matriçage *m* – coining; die stamping.

matrice *f* – die; die cast; groundmass *(petro)*; matrix; mold. **matrice colonne** : column matrix. **matrice congruente** : congruent matrix. **matrice creuse** : sparse matrix. **matrice d'ébarbage** : trimming die. **matrice d'impédance** : impedance matrix. **matrice d'incidence** : incidence matrix *(math).* **matrice de confusion** : confusion matrix, *pattern recognition.* **matrice de Dirac, matrice de diracs** : Dirac matrix; sampling function. **matrice de diracs pondérés** : bed of nails. **matrice de la roche** : rock matrix, *fine-grained material enclosing or filling the interstices between larger grains or particles of a sedimentary rock and usually acting as a binder.* **matrice de trépan** : bit mold. **matrice hermitienne** : Hermitian matrix *(math).* **matrice inverse** : inverse matrix. **matrice ligne** : row matrix. **matrice négative** : negative matrix. **matrice positive** : positive matrix. **matrice régulière** : nonsingular matrix, *invertible matrix, its determinant is not zero.* **matrice singulière** : singular matrix, *a matrix that has no inverse, its determinant is zero.*

matte *f* – matte *(metal).* **matte de nickel** : nickel matte.

matteur *m* – flatting agent.

maturateur *m* – soaker; soaking drum, *a high-pressure processing vessel used with thermal-cracking coils to provide the residence time required to complete the cracking reaction.*

maturation *f* – maturation, *thermal evolution of organic matter.*

maturité *f* – maturity, *second stage of the erosion cycle.* **maturité avancée** : late mature, *in the erosion cycle.* **maturité commençante** : incipient maturity. **maturité précoce** : early maturity. **maturité tardive** : late maturity.

mauvais – bad; low; poor. **mauvais conducteur** : bad conductor; badly-conducting; poor conductor. **en mauvais état** : out of condition. **mauvais isolement** : low insulation; poor insulation. **de mauvaise qualité** : low grade.

maxi – max, *abbr. maximal and maximum.*

maximal – maximum.

maximum *m* – hump, *of a curve*; maximum; peak. **maximum d'intensité et minimum de tension** : overload and undervoltage. **maximum de vraisemblance** : maximum likehood.

Maxipulse – Maxipulse, *tradename for a seismic-energy source.*

maxwell *m* – maxwell, *unit of magnetic flux, symbol* Mx, *the SI unit is the weber ; see also équations, relations and tenseur de Maxwell.*

mayonnaise *f* – mayonnaise, *see crankcase mayonnaise*; sludge, *a heterogeneous and generally pasty state of lubricating oils resulting from a physical or chemical alteration, with such deposits being graded according to their consistancy.*

mazout *m* – fuel oil; heating oil.

mazoutage *m* – bunkering; refueling; oiling, *an oil-spill coating on coastal areas and fauna, especially birds.*

MBA – *abbr. marge brute d'autofinancement.*

MBAE – *abbr. mélange butanol acétone éthanol.*

McCollum – McCollum, *tradename for a seismic-energy source.*

McLeod – McLeod, *see jauge de McLeod.*

MCV – SSM, *abbr. miroir à changement de visée, strip selection mirror.*

mD – mD, *symbol for millidarcy.*

MDB – BOT-marker, *abbr. marqueur de début de bande: beginning of tape marker.*

MDEA – MDEA, *abbr. méthyldiéthanolamine: methyldiethanolamine.*

MEA – MEA, *abbr. monoéthanolamine: monoethanolamine.*

méandre *m* – meander. **méandre abandonné** : deserted loop. **méandre de vallée** : valley meander. **méandre encaissé** : entrenched meander; ingrown meander. **méandre recoupé** : cutoff meander, *an abandoned meander forming a crescent-shaped lake.*

MEB – SEM, *abbr. microscope électronique à balayage: scanning electron microscope.*

mécanique *f* – mechanics. **mécanique analytique** : analytic mechanics. **mécanique céleste** : celestial mechanics. **mécanique des fluides** : fluid mechanics. **mécanique des gaz** : gas mechanics. **mécanique des matrices** : matrix mechanics. **mécanique des roches** : rock mechanics. **mécanique des sols** : soil mechanics. **mécanique du continu** : continuum mechanics. **mécanique matricielle** : *see mécanique des matrices.* **mécanique newtonienne** : Newtonian mechanics. **mécanique ondulatoire** : wave mechanics, *Schrödinger's wave mechanics.* **mécanique quantique** : quantum mechanics. **mécanique statistique** : statistical mechanics, *statistical thermodynamics ; branch of physics that attempts to explain and predict the macroscopic properties and behavior of a system from the known characteristics and interactions of its microscopic constituents.*

mécanique – mechanical.

mécanisation *f* – mechanization.

mécanisme *m* – gear; mechanism. **mécanisme à déclenchement rapide** : quick-release mechanism. **mécanisme au foyer** : focal mechanism. **mécanisme d'autoentretien** : feedback, *combustion.* **mécanisme d'avance pneumatique** : pneumatic feed. **mécanisme d'horlogerie** : clockwork. **mécanisme de balayage du gisement** : reservoir drive mechanism. **mécanisme de coupure** : paring action *(chem)*. **mécanisme de détente** : release. **mécanisme de drainage** : drive mechanism. **mécanisme de synchronisation** : synchromesh mechanism. **mécanisme radicalaire** : free-radical mechanism.

mécanochimie *f* – mechanochemistry.

mèche *f* – bit; blasting fuse; borebit; borer; drill; edge; fuse; tap drill; wick. **mèche à huile** : oil wick. **mèche à pierre** : stone drill. **mèche à quatre torons** : four-ply wick. **mèche à queue cylindrique** : straight-shank drill. **mèche cuiller** : gouge bit. **mèche en spirale** : twist drill.

médecine *f* – medicine. **médecine du travail** : occupational medicine. **médecine hyperbare** : hyperbaric medicine. **médecine préventive** : preventive medicine.

médian – medial.

médiane *f* – median.

médicinal – medicinal.

méditer – think (to) out.

méga – mega, *a prefix for decimal multiples indicating one million* (10^6), *symbol* M.

mégacristal *m* – megacryst *(geol)*.

mégacycle *m* – megacycle. **mégacycle eustatique** : eustatic megacycle, *first-order cycle lasting between 200 and 1500 Ma.*

mégaride *f* – megaripple, *a large sand wave.*

mégaséquence *f* – megasequence, *sedimentary formation deposited during a eustatic megacycle.*

mégaspore *f* – macrospore.

mégatonne *f* – megaton, *energy released by the explosion of one million metric tons of TNT.*

méiobenthos *m* – meiobenthos.

méiofaune *f* – meiofauna, *organisms ranging in size from 1 to 0.1 mm, especially benthos.*

méionite *f* – meionite *(miner)*.

mélamine *f* – melamine, *cyclic trimer of cyanamide.*

mélange *m* – admixture; blend; blending; commingling, *blending the production from several fields via single-flowline passage to storage tanks*; compound; mix; mixing; mixture. **mélange air-combustible** : air-fuel mixture. **mélange antigel** : antifreeze mixture. **mélange au jet** : jet mixing, *a method of gasoline blending in which several jets having different slants penetrate into the mixing tank and create a swirl in the liquid.* **mélange azéotropique** : azeotropic mixture; constant-boiling mixture. **mélange binaire** : binary mixture; two-component mixture; two-constituent mixture. **mélange caoutchouc-bitume** : rubber asphalt. **mélange carburé, mélange combustible** : fuel mixture. **mélange conforme** :

congruent mixture. **mélange d'huile lubrifiante** : lube-oil blending. **mélange de charbons** : blending of coals. **mélange de fuel et charbon** : colloidal fuel-oil/coal mixture. **mélange détonant** : explosive mixture. **mélange deux temps** : petroil, *a mixture of lubricating oil and gasoline used in two-stroke engines (U.K.)*. **mélange en canalisation** : line blending. **mélange en ligne** : in-line blending, *the products making up a blend are fed simultaneously into the same pipe in strictly controlled amounts*. **mélange en retour** : backmixing. **mélange eutectique** : eutectic mixture. **mélange gazeux** : gaseous mixture. **mélange goutte à goutte** : dribble blending, *a drop-by-drop oil blending system at a given temperature*. **mélange hypergolique** : hypergolic propellant. **mélange inflammable** : flammable mixture. **mélange magnésien** : magnesia mixture. **mélange par aspiration** : suction mixing, *of gasoline*. **mélange pauvre** : lean fuel mixture; lean mixture *(eng)*. **mélange posé à chaud** : hot-laid mixture, *for road surfacing*. **mélange posé à froid** : cold-laid mixture, *for pavements*. **mélange pour moteur deux temps** : lubricated gasoline. **mélange réfrigérant** : freezing mixture. **mélange respiratoire** : breathing mixture. **mélange riche** : rich mixture. **mélange saturé** : saturated mixture. **mélange sol-goudron** : tar-soil mix. **mélange stoechiométrique** : stoichiometric mixture. **mélange trop riche** : overrich mixture, *engine*. **mélange zéotropique** : zeotrope, *zeotropic mixture, a nonazeotropic liquid mixture*.

mélangé – blended; commingled; mixed. **mélangé à froid** : cold-mixed.

mélanger – blend (to); flux (to); mash (to); mingle (to); mix (to).

mélangeur *m* – blender; mixer; mixing machine; OR gate. **mélangeur à boue** : mud gun. **mélangeur à jet** : jet mixer, *a device for introducing small amounts of additive products into an oil, or for incorporating dry products in drilling mud*. **mélangeur à palettes** : blade mixer. **mélangeur de boue** : mud mixer. **mélangeur de boue à jet tourbillonnaire** : rolling jet. **mélangeur de sable** : sand mixer. **mélangeur décanteur** : mixer settler. **mélangeur hydraulique** : hydraulic mixer. **mélangeur pour ciment** : cement mixer. **mélangeur séparateur** : mixer settler.

mélanocrate – melanocratic, *dark-colored, such as igneous rocks rich in mafic materials*.

mélantérite *f* – copperas, *iron sulfate*.

mélasse *f* – molasses; treacle.

mélilite *f* – melilite, *a tetragonal-chain silicate*.

membrane *f* – diaphragm; membrane; pellicle. **membrane polymérique** : polymeric membrane. **membrane à perméation sélective** : permselective membrane. **membrane anisotropique** : anisotropic membrane. **membrane conique** : cone diaphragm. **membrane gaufrée** : wafer membrane. **membrane liquide** : liquid membrane. **membrane perméable** : permeable membrane. **membrane semiperméable** : semipermeable membrane. **membrane synthétique** : synthetic membrane.

membre *m* – frame; member, *a lithostratigraphic unit, several of which go to make up a formation*. **membre articulé** : limb. **membre intermédiaire** : connecting link.

membrure *f* – chord; frame; rib. **membrures intérieures d'un réservoir** : deadwood, *material inside a tank or other vessel, such as pipes, supports and construction members, which reduce the true volume of the tank by displacing some of the liquid content*.

mémoire *f* – memory; statement. **mémoire à accès aléatoire** : random-access memory (RAM). **mémoire à accès direct** : random-access memory (RAM). **mémoire à bulle** : bubble memory, *magnetic-bubble memory*. **mémoire à bulles magnétiques** : magnetic-bubble memory. **mémoire à disque** : disk storage. **mémoire à lecture écriture** : read/write memory (RWM). **mémoire à semiconducteurs** : semiconductor memory. **mémoire auxiliaire** : external memory. **mémoire centrale** : core memory; core storage, *of a computer*; real memory. **mémoire de forme** : shape memory. **mémoire de travail** : working memory. **mémoire fixe** : read-only memory (ROM). **mémoire magnétique** : magnetic memory; magnetic storage. **mémoire morte** : read-only memory (ROM). **mémoire morte reprogrammable** : programmable read-only memory; PROM. **mémoire principale** : main storage, *main memory*. **mémoire réelle** : real memory. **mémoire tampon** : buffer memory, *computer*, scratch-pad memory. **mémoire virtuelle** : virtual memory. **mémoire vive** : read/write memory (RWM).

mémoire *m* – bill of costs.

ménager – household, *fem. ménagère*.

mendélévium *m* – mendelevium, *symbol Md*.

mené – driven.

meneau *m* – mullion, *columnar structure in folded sedimentary and metamorphic rocks, see also boudinage*.

mener – carry (to). **mener à bonne fin** : carry (to) through.

Menevien *m* – Menevian, *Middle Cambrian stage*.

ménisque *m* – meniscus.

mensualités *f* – monthly installments.

mensuration *f* – measuring.

mentonnet *m* – latch pin; stub. **mentonnet lubrificateur** : oil dipper.

menu *m* – culm; menu.

Méotien *m* – Meotian, *Upper Miocene stage, equivalent to the Pannonian*.

méplat *m* – milled slot, *drillpipe*; flat surface.

mer *f* – sea. **mer à contre-vent** : countersea. **mer à Yoldia** : Yoldia Sea, *Upper Pleistocene formation*. **mer agitée** : moderate sea. **mer belle** : smooth sea. **mer bordière** : epicontinental sea; marginal sea. **mer calme** : glassy sea; rippled sea. **mer clapoteuse** : choppy sea. **mer complètement formée** : fully-arisen sea. **mer courte** : choppy sea; short sea. **mer creuse** : steep sea. **mer croisée** : confused sea. **mer de rochers** : stone field. **mer démontée** : raging sea. **mer diagonale** : quartering sea. **mer du vent** : wind-driven sea; wind-generated sea; wind wave. **mer énorme** : phenomenal sea. **mer épicontinentale** : epeiric sea; epicontinental sea. **mer étale** : slack sea. **mer fermée** : closed sea. **mer formée** : fully-developed sea; arisen sea. **mer forte** : rough sea. **mer grosse** : high sea. **mer intérieure** : enclosed sea; epicontinental sea; inland sea; landlocked sea. **mer libre** : open sea. **mer marginale** : marginal sea. **mer ouverte** : open sea.

mer patrimoniale : patrimonial sea. **mer peu agitée** : slight sea. **mer territoriale** : territorial sea. **mer très forte** : very rough sea. **mer très grosse** : very high sea. **de mer** : seafaring. **de haute mer** : seagoing. **en mer** : offshore.

Mercalli – Mercalli, *see échelle Mercalli, échelle modifiée Mercalli.*

mercaptan *m* – mercaptan, *sulfur compounds with a nauseous odor ; they can be removed from gasoline by a doctor treatment*; stinkum-nasty.

mercaptide *m* – mercaptide.

mercatique *f* – marketing.

Mercator – Mercator, *see projection de Mercator.*

mercuration *f* – mercuration.

mercure *m* – mercury, *symbol Hg*; quicksilver. **mercure distillé** : distilled mercury.

mercureux – mercurous.

mercuriale *f* – market pricelist; posted values; price bulletin; quotations, *price list.*

mercuriel – mercurial.

mercurique – mercuric.

mère *f* – mother. **mère de pas de vis** : threading die.

méridien *m* – meridian. **méridien magnétique** : magnetic meridian. **méridien origine** : prime meridian. **méridien zéro** : zero meridian.

méridional – meridional; southern.

merlin *m* – marline, *a tarred hemp about 3 mm in diameter.*

merlon *m* – fire wall.

méroédrique – merohedral, *merosymmetric.*

méromictique – meromictic *(hydrol)*.

mérostome *m* – merostome *(pal)*.

mesa *f* – mesa, *see also montagne tabulaire.*

mésalignement *m* – misalignment.

mésique – mesic.

mésitylène *m* – mesitylene, *trimethylbenzene.*

méso – meso, *a prefix denoting rocks belonging to the middle zone of metamorphism.*

mésocrate – mesocratic, *applied to igneous rocks composed of both light and dark constituents.*

Mésogée *f* – *see Téthys.*

mésolite *f* – mesolite, *zeolite mineral.*

Mésolithique *m* – Mesolithic, *transition between the Paleolithic and the Neolithic, Middle Stone Age.*

mésomérie *f* – conjugative resonance, *representation of the wave function of a molecule by a linear combination of wave functions corresponding to different configurations for its valence electrons*; mesomerism.

méson *m* – meson, *elementary particle.* **méson K** : kaon; K meson.

mésopause *f* – mesopause, *transition zone between the mesosphere and the thermosphere.*

mésophile – *see bactérie mésophile.*

mésosphère *f* – mesosphere, *the layer of the Earth's atmosphere between 45 and 95 km altitude ; the layer of the Earth's mantle between about 250 and 2600 km depth.*

mésostase *f* – interstitial material; mesostasis, *glassy or aphanitic interstitial material of igneous rocks.*

mésothermal – mesothermal.

mésotype *m* – mesotype *(miner)*.

Mésozoïque *m* – Mesozoic, *geologic era including the Triassic, Jurassic and Cretaceous (formerly the Secondary era)*.

mésozone *f* – mesozone, *zone corresponding to the middle degree of metamorphism.*

message *m* – message. **message d'avertissement** : warning message. **message d'erreur** : error message. **message privilégié** : dedicated message.

messager *m* – messenger, *a metal cylinder sliding along the cable of an oceanographic device and creating a jolt that turns on or shuts off the operating of the device.*

Messinien *m* – Messinian, *uppermost Miocene stage.*

mesurage *m* – measurement; measuring. **mesurage dynamique** : dynamic measurement. **mesurage statique** : static measurement.

mesurande *m* – measurand, *a quantity subjected to measurement.*

mesure *f* – determination; gage; measure; measurement; measuring; metering. **mesure à ruban** : measuring tape. **mesure à sondage ouvert** : open-flow test, *measurement of the flow rate with all valves open.* **mesure acoustique** : acoustic measurement. **mesure conservatoire** : provisional measure. **mesure CRC de l'indice d'octane d'un mélange pauvre** : CRC lean-mixture test. **mesure CRC de l'indice d'octane d'un mélange riche** : CRC rich-mixture test method. **mesure CRC de l'indice de cétane** : CRC cetane test. **mesure d'arpentage** : surveyor's measure. **mesure d'indice d'octane** : knock rating. **mesure de contrôle** : check measurement. **mesure de déviation** : directional survey. **mesure de la densité de la fumée** : capnometry. **mesure de la déviation** : deviation survey. **mesure de la pesanteur** : gravity measurement. **mesure de la porosité des roches** : grain-volume determination. **mesure de la pression des fluides** : fluid-pressure measurement *(prod)*. **mesures de la profondeur d'un puits** : stringing over. **mesure de la température différentielle** : differential-temperature survey. **mesure de la tension de vapeur** : vapor-tension test. **mesure de la variation angulaire du profil d'un puits** : dogleg severity, *a mesurement of the amount of change in the slant and/or the direction of a borehole.* **mesure de longueur** : long measure. **mesure de potentiel** : potential measurement, *for calculating the degree of external corrosion of tubes used in boreholes.* **mesure de sécurité** : safeguard. **mesure de superficie** : square measure. **mesure du bruit** : noise measurement. **mesure du point d'écoulement** : pour-point test. **mesure électronique de distance** : electronic distance measurement (EDM). **mesures en cours de forage** : measuring while drilling (MWD). **mesure en puits** : downhole method. **mesures et contrôles dans les sondages** : borehole survey. **mesure graduée** : graduated measure. **mesure linéaire** : linear measure; long measure. **mesure par fréquence d'échos** : singaround. **mesure par le creux** : ullage measurement. **mesure par le plein** : outage measurement, *storage tank.* **mesures préventives de sécurité** : safety precautions. **mesures sur carottes** : core analysis.

mesuré – measured.

mesurer – bear (to); estimate (to). **mesurer la profondeur d'un puits** : string (to) over.

mesureur *m* – measurer, *man or machine.* **mesureur de débit critique** : critical-flow prover. **mesureur de puissance** : power meter *(elec)*.

MET – TEM, *abbr. microscopie électronique à transmission: transmission electron microscopy.*

méta- – meta-, *prefix indicating that a sedimentary or igneous rock has undergone metamorphism ; prefix indicating the 1,3-position on the benzene ring.*

métabasite *f* – metabasite *(geol)*.

métabitumite *f* – metabitumite, *a hard black lustrous hydrocarbon found in the vicinity of igneous intrusions.*

métabolisme *m* – metabolism.

métabolite *m* – metabolite *(biochem)*.

métacellulose *f* – metacellulose, *a cellulose isomer coming from lichens.*

métacentre *m* – metacenter.

métacolloïde *m* – metacolloid.

métacrylate *m* – *see méthacrylate.*

métahalloysite *f* – metahalloysite, *nonhydrated form of halloysite.*

métal *m* – metal. **métal alcalino-terreux** : alkaline-earth metal. **métal amalgamé** : amalgamated metal. **métal antifriction** : antifriction metal; babbitt metal; white metal. **métal antifriction à base d'étain** : tin-base babbitt. **métal antifriction à base de plomb** : lead-base babbitt. **métal babbitt** : babbitt metal, *a white metal alloy used for bearings, composed mainly of tin or lead and smaller amounts of copper and antimony.* **métal blanc** : antifriction metal; bearing metal; white metal. **métal blanc antifriction** : white bearing metal. **métal colloïdal** : colloidal metal. **métal commun** : base metal, *any metal near the lower end of the electrochemical series.* **métal coulé** : cast metal. **métal d'apport** : filler metal; weld metal, *see also métal déposé.* **métal de base** : parent metal. **métal de coulée** : founding metal. **métal de soudure** : soldering metal. **métal de soupape électrochimique** : electrochemical valve metal. **métal de transition** : transition metal. **métal déployé** : expanded metal. **métal déposé** : deposited metal, *welding, see also métal d'apport.* **métal dur** : hard metal, *e.g. sintered carbide used on high-speed cutting tools.* **métal en fusion** : molten metal. **métal en grenailles** : granulated metal. **métal estampé** : stamped metal. **métal ferreux** : ferrous metal. **métal fin** : fine metal. **métal fritté** : fritted hard metal; powdered metal; sintered metal. **métal laminé** : rolled metal. **métal léger** : light metal. **métal lourd** : heavy metal. **métal malléable** : malleable metal. **métal natif** : native metal. **métal noble** : noble metal. **métal non ferreux** : nonferrous metal. **métal passif** : passive metal. **métal pour coussinets** : bearing metal. **métal précieux** : precious metal. **métal sacrificiel** : sacrificial metal. **métal terreux** : earth metal. **métal vierge** : native metal; virgin metal.

métaldéhyde *m* – metaldehyde, *a white mass that ignites without becoming liquefied, used as a pesticide or fuel.*

métalimnion *m* – metalimnion; thermocline discontinuity layer.

métallation *f* – metalation, *incorporation of a metal in an organic molecule.*

métallifère – metalliferous; ore bearing.

métallique – metal; metallic.

métallisage *m* – metallizing.

métallisation *f* – metal spraying; metallization; metallizing. **métallisation sous vide** : vacuum metallizing.

métallocène *m* – metallocene, *an organometallic coordination compound.*

métallogénie *f* – metallogeny, *study of the genesis of mineral deposits.*

métallogénique – metallogenic.

métallographie *f* – metallography.

métallographique – metallographic.

métalloïde *m* – metalloid; nonmetal.

métallurgie *f* – metallurgy. **métallurgie chimique** : chemical metallurgy. **métallurgie des métaux non ferreux** : nonferrous metallurgy. **métallurgie des poudres** : powder metallurgy. **métallurgie par voie ignée** : igneous metallurgy; pyrometallurgy.

métallurgique – metallurgical.

métamagnétisme *m* – metamagnetism.

métamathématique *f* – metamathematics.

métamère *m* – metamer *(chem)*.

métamérie *f* – metamerism *(zool)*.

métamicte – metamict, *said of a radioactive mineral in which the lattice has been disrupted by radiation damage, but retaining the original external morphology.*

métamorphique – metamorphic.

métamorphisme *m* – metamorphism, *mineralogical, chemical and structural alterations in the mineral composition of solid rocks subjected to different temperature and pressure conditions from the ones under which they were formed.* **métamorphisme allochimique** : allochemical metamorphism, *metamorphism accompanied by addition or removal of material so that the bulk chemical composition of the rock is changed.* **métamorphisme cataclastique** : cataclastic metamorphism. **métamorphisme caustique** : caustic metamorphism. **métamorphisme d'impact** : impact metamorphism, *a type of shock metamorphism caused by falling meteorites.* **métamorphisme d'injection** : injection metamorphism. **métamorphisme de choc** : shock metamorphism. **métamorphisme de contact** : contact metamorphism. **métamorphisme de dislocation** : dislocation metamorphism. **métamorphisme de pression** : pressure metamorphism. **métamorphisme de profondeur** : load metamorphism, *geothermal metamorphism.* **métamorphisme dynamique** : dynamic metamorphism, *all the transformations undergone by rocks under the effect of mechanical stresses and of low temperature.* **métamorphisme géothermique** : geothermal metamorphism. **métamorphisme hydrothermal** : hydrothermal metamorphism, *caused by percolations of hot solutions or gases through fractures, causing mineralogic changes in rocks.* **métamorphisme isochimique** : isochemical metamorphism, *involving no change in bulk chemical composition of rocks.* **métamorphisme libre** : free metamorphism. **métamorphisme multiple** : multiple metamorphism. **métamorphisme optalique** : optalic metamorphism, *caustic metamorphism, baking.* **métamorphisme par pression** : load metamorphism; static metamorphism *(geol)*. **méta-**

morphisme pneumatolytique : pneumatolytic metamorphism, *contact metamorphism accompanied by strong metasomatism.* **métamorphisme prograde, métamorphisme progressif** : prograde metamorphism; progressive metamorphism. **métamorphisme régional** : regional metamorphism. **métamorphisme régressif, métamorphisme rétrograde** : diaphthoresis; retrogressive metamorphism; retrograde metamorphism. **métamorphisme sélectif** : selective metamorphism. **métamorphisme statique** : static metamorphism. **métamorphisme thermique** : thermal metamorphism, *mainly caused by a rise in temperature.* **métamorphisme thermodynamique** : thermodynamic metamorphism. **métamorphisme topochimique** : *see métamorphisme isochimique.*

métamorphose *f* – metamorphosis.

métasilicate *m* – metasilicate.

métasomatique – metasomatic *(geol)*.

métasomatisme *f* – *see métasomatose.*

métasomatose *f* – metasomatism, *the replacement of a mineral by another one having a different chemical composition inside the body of a mineral or mineral aggregate.* **métasomatose moléculaire** : molecular replacement.

métasome *m* – guest mineral, *introduced into and usually replacing a preexisting mineral or rock*; metasome.

métastabilité *f* – metastability.

métastable – labile; metastable.

métatexie *f* – metatexis, *partial or differential melting of rock components with low melting points.*

métathèse *f* – metathesis, *a chemical reaction without any change of valence.*

métatype *m* – metatype *(pal)*.

métaux *m* – *plural of métal.*

météore *m* – bolide; meteor.

météorique – meteoric.

météorisation *f* – weathering, *destructive process in which earth and rock materials are exposed to atmospheric agents causing changes in their color, texture, composition, etc.*

météorite *f* – meteorite. **météorite pierreuse** : stone meteorite.

météoritique – meteoritic, *see also météorique.*

météorologie *f* – meteorology; weather.

météorologique – meteorological.

Meteosat – Meteosat, *name of a weather satellite.*

méthacroléine *f* – methacrolein, *methacrylaldehyde.*

methacrylamide *m* – methacrylamide, *monomer for acrylic resins.*

méthacrylate *m* – methacrylate, *salt or ester of methacrylic acid.* **méthacrylate de lauryle** : lauryl methacrylate. **méthacrylate de méthyle** : methyl methacrylate. **polyméthacrylate de méthyl** : polymethylmethacrylate.

méthacrylique – methacrylic.

méthacrylonitrile *m* – methacrylonitrile, *MAN, isopropenylnitrile.*

méthanateur *m* – methanator.

méthanation *f* – methanation.

méthane *m* – methane, *first member of the paraffin hydrocarbon series, methyl hydride, marsh gas.*

méthanier *m* – LNG carrier; LNG tanker; methane carrier.

méthanogenèse *f* – methanogenesis.

méthanol *m* – methanol, *methyl alcohol.*

méthanolyse *f* – methanolysis.

méthode *f* – method; procedure; process. **méthode à boucle horizontale** : horizontal-loop method, *induction prospecting.* **méthode à chemin critique** : critical-path method. **méthode à cylindre rotatif** : rotating-cylinder method, *viscosity measurement of a fluid.* **méthode à la bombe** : bomb method *(chem)*. **méthode à point-milieu fixe** : expanding-spread profile (ESP). **méthode acoustique** : acoustic method. **méthode acoustique de mesure de profondeur** : acoustic echo sounding. **méthode AFMAG de prospection électromagnétique** : AFMAG method, *seismic method using natural electromagnetic noise in the audiofrequency range (1-8000 Hz) to study lateral changes in the Earth's resistivity.* **méthode au bromure de cobalt** : cobalt-bromide test, *for detecting moisture in propane.* **méthode d'essai bille et anneau** : ring-and-ball test, *used to determine the melting and softening temperatures of asphalts, waxes and paraffins.* **méthode centrifuge** : centrifuge method. **méthode d'actualisation des flux financiers** : discounted-cash-flow (DCF) method. **méthode d'adsorption** : adsorption method. **méthode d'amortissement par années de production** : throughput method, *payout of a pipeline network or plant.* **méthode d'analyse n-d M** : n-d M method of analysis, *for determining the chemical composition of a petroleum cut from physical data ; in which n is the index of refraction, d is the specific gravity, and M is the molecular weight.* **méthode d'Arundel** : Arundel method *(topog)*. **méthode d'échantillonnage** : method of sample taking. **méthode d'essai** : method of testing; test method. **méthode d'essai d'octane de l'essence d'aviation** : aviation octane method. **méthode d'essai normalisée** : standard testing method. **méthode d'évaluation de l'indice de cétane** : cetane test method, *for determining the cetane number of a diesel fuel using a CFR engine and comparing it to a mixture of cetane (value of 100) and alpha-methylnaphthalene (value of 0)*. **méthode de canalisation sur passerelle** : pipe-bridge method. **méthode de chauffage** : heating method. **méthode de compensation** : compensation method. **méthode de complétion des puits** : well-completion method. **méthode de Cooley-Tukey** : Cooley-Tukey method, *Fourier transform.* **méthode de couverture** : patchwork surveying method. **méthode de couverture ramasse-miettes** : sequential method of sampling. **méthode de flottation** : flotation method. **méthode de fonctionnement** : method of operation. **méthode de forage aux tiges pleines** : spring-pole method. **méthode de forage par percussion** : rope-and-drop pull method *(drill)*. **méthode de Hagedoorn** : Hagedoorn method, *plus-minus method of refraction interpretation.* **méthode de Jaeger-Steinwher** : Jaeger-Steinwher method, *for determining the mechanical equivalent of heat.* **méthode de Kjeldahl** : Kjeldahl method, *for determining the nitrogen content in organic compounds.* **méthode de l'électrode ponctuelle** : point-electrode method. **méthode de l'ordonnée à l'origine** : intercept method. **méthode de la goutte pendante** : pendant-drop method, *hanging-drop method.* **méthode de la goutte posée, méthode de la goutte sessile** : sessile-drop method, *used for measuring the surface or interfacial tension of liquids.* **méthode de la goutte tombante** : falling-drop method, *for measuring liquid density.* **méthode de la goutte tournante** : spinning-drop method. **méthode de la grille perspective** : perspective-grid method. **méthode de la mise à la masse** : applied potential method. **méthode de la polarisation spontanée** : spontaneous-potential method. **méthode de la valeur marchande** : sales-value method, *a method of allocating joint exploration and production costs between gas and liquids in proportion to the profits realized from selling them.* **méthode de Meissner** : uphole method. **méthode de mesure** : method of measurement. **méthode de mesure du volume** : grain-volume method, *taking the solid phase of samples to determine the effective porosity of reservoir rocks.* **méthode de migration de Kirchhoff** : Kirchhoff's method of migration. **méthode de minéralisation par voie humide** : combustion method. **méthode de Parr** : Parr method, *the destructive oxidation of an organic compound by sodium peroxide to determine the amounts of halogens and sulfur.* **méthode de polarisation induite** : induced-polarization method, *IP method.* **méthode de pose des pipelines** : pipelaying method. **méthode de prospection** : method of prospecting. **méthode de puits** : downhole method. **méthode de raffinage** : refining method. **méthode de régénération des terres** : clay revivifying system. **méthode de relèvement** : three-point method. **méthode de Slotnick** : Slotnick method, *seismic refraction interpretation.* **méthode de surface** : surface method. **méthode de Thornburgh** : Thornburgh's method, *a refraction interpretation method constructing reciprocal shotpoints from the arrival times observed at the surface.* **méthode de traction sur le fond** : bottom-pulling method *(pipeline)*; bottom-tow method, *for pipeline laying.* **méthode de travail** : method of operation; working method. **méthode de triangulation radiale** : template method *(photogram)*. **méthode de Wyrobek** : Wyrobek method, *a refraction interpretation method.* **méthode de zéro** : null method. **méthode des caractéristiques** : method of characteristics. **méthode des courbes en S** : uphole method, *with seismic sources located at several depths.* **méthode des courbes frontières** : borderline method, *for determining the antiknock rating of a gasoline in vehicles.* **méthode des différences finies** : finite-difference method. **méthode des éléments finis** : finite-element method. **méthode des états restaurés** : restored-state method, *capillary-pressure curve.* **méthode des fronts d'onde** : wavefront method. **méthode des images** : method of images, *for calculating interference between reservoirs.* **méthode des moindres carrés** : least-squares method; method of least squares. **méthode des plus-minus** : plus-minus method. **méthode des traces de fission** : fission-track method. **méthode des traînées** : moving-source method. **méthode du cliquetis naissant modifiée** : modified knock-intensity method, *used for determing the road octane number (RON).* **méthode du cristal rotatif** : rotating-crystal method, *for analyzing crystalline structures.* **méthode du moindre coût** : least-cost analysis. **méthode du pincement** : pinch technology. **méthode du quadrillage** : grid method, *for righting oblique photos by means of a grid for photogeology.* **méthode du rapport des potentiels en courant alternatif** : alternating-current potential ratio method *(seis)*. **méthode du retour inverse** : reciprocal method. **méthode du zéro** : zero method. **méthode électromagnétique** : electromagnetic method. **méthode gravimétrique** : gravimetric method; gravity method. **méthode heuristique** : heuristic method, *an empirical problem-solving method.* **méthode itérative** : iterative method. **méthode Jorissen** : Jorissen method, *for detecting the presence of formol in resins.* **méthode KLSA** : KLSA method, *used to determine the road octane number.* **méthode magnétique** : magnetic method, *of prospecting.* **méthode magnétotellurique** : magnetotelluric method. **méthode moteur** : motor method, *to determine the octane number of gasoline.* **méthode normalisée** : standard method. **méthode par approximations sucessives** : trial-and-error method. **méthode par corrélation** : correlation method. **méthode par écho de spin** : spin-echo method *(log)*. **méthode par expansion de gaz** : gas-expansion method, *measurement of the effective porosity of a core sample by injecting gas under pressure.* **méthode par intersection** : three-point method. **méthode par pesée des gouttes** : drop-weight method. **méthode par repérage des directions** : direction-finding method *(seis)*. **méthode par report des volumes soutirés** : pressure-volume drawdown method, *for assessing reserves as a function of pressure drop (prod)*. **méthode par saturation de fluide** : fluid saturation method, *for measuring the effective porosity of a core sample by saturating a dry sample with kerosine.* **méthode par translocation** : translocation method. **méthode puits-à-puits** : crosshole method, *technique for resistivity or electromagnetic measurements between boreholes used in cavity detection*; x-hole, *abbreviation of crosshole method.* **méthode radioactive** : radioactive method. **méthode ramasse-miettes** : patchwork surveying method. **méthode schlieren** : schlieren method, *an optical technique for visualizing or photographing density gradients in a fluid flow.* **méthode séquentielle d'échantillonnage** : sequential method of sampling. **méthode simplexe** : simplex method, *for solving a linear-programming problem.* **méthode transposée** : translocation method, *radiopositioning.* **méthode Uniontown** : Uniontown method, *for calculating the road octane number of gasoline.* **méthode volumétrique d'évaluation des réserves** : volumetric method of estimating reserves.

méthyl – methyl, *prefix indicating the presence of a methyl radical.* **méthyl pyrrolidone (N-)** : methyl pyrrolidone (N-), *selective solvent.* **méthyl tertio butyl éther (MTBE)** : methyl tert-butyl ether (MTBE), *octane booster for unleaded gasoline.*

méthylamine *f* – methylamine.

méthylation *f* – methylation.

méthylbutène *m* – methyl butene.

méthylbutylcétone *f* – methyl butyl ketone, *propylacetone, 2-hexanone, used as a solvent.*
méthylcellulose *f* – methylcellulose, *cellulose methyl ether.*
méthylcyclohexane *m* – methylcyclohexane, *hexahydrotoluene.*
méthylcyclopentane *m* – methylcyclopentane.
méthyldiéthanolamine *f* – methyldiethanolamine *(MDEA) a gas sweetening solvent.*
méthyle *m* – methyl, *chemical radical.*
méthylène *m* – methylene, *wood spirit.*
méthylethylcétone *f* – methyl ethyl ketone (MEK), *butanone, ethyl methyl ketone, an extraction solvent.*
méthylnaphtalène *m* – methylnaphthalene, *see also alpha-méthylnaphtalène.*
méthylpentane *m* – methylpentane.
méthylpropane *m* – methylpropane, *isopropane.*
métier *m* – craft.
métrage *m* – measuring; meterage.
mètre *m* – metre, *the correct SI spelling, but meter is accepted and much more widely used*; meter, *SI unit of length, symbol* m. **mètre à la puissance moins trois** : reciprocal cubic meter, *SI unit of number density of molecules or particles and molecular concentration* (m^{-3}). **mètre à la puissance moins un** : reciprocal meter, *SI unit of wavenumber* (m^{-1}). **mètre à ruban** : measuring tape; tape measure. **mètre bicarré** : meter to the fourth power, *SI unit of second moment of area* (m^4). **mètre carré** : square meter, *SI unit of area* (m^2). **mètre carré-kelvin par watt** : square meter kelvin per watt, *SI unit of thermal insulance* ($m^2.K/W$). **mètre carré par kilogramme** : square meter per kilogram, *SI unit of mass attenuation coefficient, mass energy transfer coefficient, mass absorption coefficient, mass energy absorption coefficient and specific surface area* (m^2/kg). **mètre carré par mole** : square meter per mole, *SI unit of molar absorption coefficient and molar attenuation coefficient* (m^2/mol). **mètre carré par seconde** : meter squared per second, *SI unit of kinematic viscosity* (m^2/s); square meter per second, *SI unit of diffusion coefficient, thermal diffusion coefficient and thermal diffusivity* (m^2/s). **mètre cube** : cubic meter, *SI unit of volume* (m^3); meter cubed, *SI unit of section modulus.* **mètre cube par kilogramme** : cubic meter per kilogram, *SI unit of specific volume* (m^3/kg). **mètre en bois** : meter stick. **mètre kelvin par watt** : meter kelvin per watt, *SI unit of thermal resistivity* (m.K/W). **mètre par seconde** : meter per second, *SI unit of velocity* (m/s). **mètre par seconde carrée** : meter per second squared, *SI unit of acceleration* (m/s^2).
métré *m* – quantity survey, *usually with cost estimation.*
métrification *f* – metrication, *conversion to the metric system.*
métrique – metric.
métrologie *f* – metrology.
mettre – set (to). **mettre à l'amende** : fine (to). **mettre à la casse** : scrap (to). **mettre à la ferraille** : scrap (to). **mettre à la masse** : ground (to). **mettre à la terre** : earth (to); ground (to). **mettre à zéro** : blank (to). **mettre au point** : develop (to); focus (to) *(opt)*; tune (to) up; work (to) out. **mettre au rebut** : discard (to), *a machine*; reject (to); scrap (to). **mettre au repos** : lay (to) off. **mettre en action** : actuate (to). **mettre en circuit** : switch (to) on. **mettre en commun** : pool (to). **mettre en communication** : engage (to). **mettre en condition** : soak (to). **mettre en forme** : edit (to), *to prepare text or data for processing.* **se mettre en grève** : down (to) tools. **mettre en marche** : actuate (to); pull (to) the pin. **mettre en marche productive** : bring (to) onstream. **mettre en place par traction** : pull (to) in, *pipeline.* **mettre en prise** : engage (to). **mettre en régime** : bring (to) onstream. **mettre en route** : start (to); trip (to). **mettre en route la distribution** : turn (to) into the line, *oil coming from a well.* **mettre en service** : commission (to). **mettre en stock** : accumulate (to). **mettre en valeur** : enhance (to); reclaim (to) *(pedol)*. **mettre en veilleuse** : bank (to) up fires. **mettre fin aux activités** : disestablish (to). **mettre hors circuit** : disconnect (to). **mettre hors de service** : disable (to). **mettre le contact** : switch (to) on. **mettre le feu** : fire (to). **mettre le tube en fouille** : cradle (to). **mettre les gaz** : boost (to). **mettre sous tension** : energize (to). **mettre un puits en production** : bring (to) in a well, *operations by which a well is made to produce.*
meuble – loose, *lacking in cohesion*; unconsolidated *(petro)*.
meulage *m* – grinding. **meulage de précision** : precision grinding.
meule *f* – grinding wheel. **meule à aiguiser** : grindstone. **meule à polir** : polishing wheel. **meule abrasive** : abrasive wheel. **meule d'émeri** : emery wheel. **meule supérieure d'un moulin** : runner.
meulé – ground.
meuler – grind (to).
meuleuse *f* – grinder.
meulière *f* – millstone; siliceous limestone.
meurtriat *m* – dry walling.
MeV – MeV, *symbol for mégaélectronvolt.*
MF – FM, *abbr. of modulation de fréquence: frequency modulation.*
MFB – *abbr. marque de fin de bande.*
MHD – MHD, *abbr. of magnétohydrodynamique: magnetohydrodynamics.*
mho *m* – mho, *a unit of electrical conductance ; the SI unit is the siemens.*
MIC – PCM, *abbr. modulation par impulsion codée: pulse-code modulation.*
mica *m* – mica, *phyllosilicate.* **mica blanc** : white mica, *muscovite.* **mica cassant, mica dur** : brittle mica, *having less elastic cleavage flakes than true mica and containing calcium instead of potassium.* **mica noir** : black mica, *biotite, iron mica, magnesia mica.* **mica potassique** : potassium-rich mica, *muscovite.*
micacé – micaceous.
micaschiste *m* – mica schist, *a metamorphic rock featuring a parallel arrangement of mica flakes.*
micellaire – micellar.
micelle *f* – micelle, *a structured unit built up from polymeric molecules or ions, or a molecular aggregate making up a colloidal particle.* **micelle inverse** : inverse micelle; inverted micelle.
micellisation *f* – micellization.

micrinite *f* – micrinite, *see inertinite.*
micrite *f* – micrite, *semiopaque microcrystalline matrix of limestones.*
micritique – micritic *(petro).*
micritisation *f* – micritization, *grain diminution (petro).*
micro – micro, *prefix of decimal submultiple representing* 10^{-6}, *symbol the greek letter mu* (μ).
microactivité *f* – microactivity.
microampèremètre *m* – microammeter.
microanalyse *f* – microanalysis.
microbalance *f* – microbalance.
microbe *m* – microbe.
microbéton *m* – *see microbéton bitumineux.* **microbéton bitumineux** : sheet asphalt, *a wearing course made of asphalt, cement and sand, with or without fine material.* **microbéton bitumineux nougaté** : stone-filled sheet asphalt.
microbicide *m* – microbicide.
microbien – microbial.
microbilles *f* – microballoons, *phenolic resin microspheres used to cover the surface of liquids in storage tanks so as to prevent losses by evaporation.*
microbiologie *f* – microbiology.
microbrèche *f* – microbreccia.
microcanonique – microcanonical.
microcapsule *f* – microcapsule.
microcellulaire – microcellular.
microchimie *f* – microchemistry; trace chemistry.
microchimique – microchemical.
microclastique – microclastic.
microclimat *m* – microclimate.
microcline *m* – microcline, *triclinic potassium-rich feldspar.*
microcode *m* – microcode.
microcône *m* – microcone.
microconglomérat *m* – microconglomerate.
microcontact *m* – microswitch.
microcristallin – dyscrystalline *(petro)*; microcrystalline.
microcryptocristallin – microcryptocrystalline.
microdensitomètre *m* – microdensitometer.
microdiagraphie *f* – micrologging.
microdiamétrage *m* – microcaliper log.
microdiamétreur *m* – microcaliper.
microdispositif *m* – microdevice; microspread.
microdureté *f* – microhardness.
microélectronique *f* – microelectronics.
microémulsion *f* – microemulsion.
microexplosion *f* – microexplosion.
microfaciès *m* – microfacies, *aspects of sedimentary rocks identifiable only under a microscope.*
microfaille *f* – microfault.
microfibre *f* – microfiber.
microfiltration *f* – microfiltration.
microfissure *f* – microcrack; microfissure.
microfluidal – microfluidal.
microforage *m* – slim-hole drilling.
microfossile *m* – microfossil.
micrographie *f* – micrograph, *graphic record of the image formed by a microscope*; micrographics, *science and technique of reproducing documents at such a small scale that enlargement is required to make them legible (microfilm, microfiches, etc.).* **micrographie électronique** : electron micrograph.
micrographique – micrographic.
microgravimétrie *f* – microgravimetry.
microgrenu – microgranular.
microinverse *f* – microinverse.
microlatérale *f* – microinverse, *recording during a Microlaterolog.*
Microlaterolog *m* – Microlaterolog, *a well log for determining resistivity.*
microlite *m* – microlite, *microlith, a microscopic crystal which polarizes light.*
microlitique – microlitic.
Microlog *m* – Microlog, *a well log for determining resistivity.*
micromagnétomètre *m* – micromagnetometer.
micromanipulateur *m* – micromanipulator.
microméritique – micromeritic *(petro).*
micromètre *m* – micrometer, *an instrument for measuring small distances or angles, or a caliper for making precise measurements ; a unit of length equal to one millionth of a meter, also known as a micron.*
micrométrie *f* – micrometry.
micrométrique – micrometric.
micron *m* – micron, *see micromètre.*
micronormale *f* – micronormal, *one of the recordings obtained by a microresistivity well log.*
micro-onde *f* – microwave.
micro-ordinateur *m* – microcomputer.
micro-organisme *m* – microorganism.
micropaléontologie *f* – micropaleontology.
microphone *m* – microphone; transmitter. **microphone à charbon** : carbon microphone.
microphotographie *f* – photomicrography.
microphyrique – microphyric *(petro).*
microplancton *m* – microplankton.
microplaquette *f* – chip, *semiconductor device.*
micropore *m* – micropore.
microporosité *f* – microporosity.
microporphyrique – miniphyric.
microprocesseur *m* – microprocessing unit (MPU); microprocessor.
microprogramme *m* – microcode; microprogram.
microradiographie *f* – microradiography.
microrelief *m* – microrelief.
microrésistivité *f* – microresistivity.
microréversibilité *f* – detailed balance *(phys), see réversibilité microscopique.*
microrupteur *m* – microswitch.
microscope *m* – microscope. **microscope à clignotement** : blink microscope. **microscope à contraste de phase** : phase-contrast microscope. **microscope à effet tunnel** : scanning tunneling microscope. **microscope à émission de champ** : field-emission microscope. **microscope à fluorescence** : fluorescence microscope. **microscope à haute résolution** : high-resolution microscope. **microscope à immersion** : dipping microscope. **microscope binoculaire** : binocular microscope. **microscope de mesure des profils de filetage** : thread-contour microscope. **microscope électronique** : electron microscope. **microscope électronique à balayage**

(MEB) : scanning electron microscope (SEM). **microscope électronique à transmission** : transmission electron microscope. **microscope électronique par transmission à balayage** : scanning transmission electron microscope (STEM). **microscope interférentiel** : interference microscope. **microscope pétrographique** : petrographic microscope. **microscope polarisant** : phase-contrast microscope; polarizing microscope. **microscope protonique** : proton microscope. **microscope protonique à balayage** : scanning proton microscope.

microscopie *f* – microscopy. **microscopie Auger** : Auger-electron microscopy (AEM). **microscopie chimique** : chemical microscopy.

microscopique – microscopic, *microscopical.*

microséisme *m* – microseism, *seismic noise in the Earth not related to an earthquake.*

microsonde *f* – microprobe. **microsonde électronique** : electron microprobe; microanalyzer.

microsphère *f* – microsphere.

microsphéroïdal – microspheroidal.

microspore *f* – microspore.

microstructure *f* – fine structure; microstructure.

microtectonique *f* – microtectonics, *structural petrology.*

microtexture *f* – microtexture.

microthermie *f* – gram calorie.

microtraitement *m* – microprocessing.

microtremblement *m* – microearthquake.

mi-dur – semihard.

Mie – Mie, *see diffusion de Mie.*

migmatisation *f* – migmatization, *formation of a migmatite.*

migmatite *f* – composite gneiss; migmatite *(petro)*.

migration *f* – imaging *(seis)*; migration, *any underground movement of oil, gas or water through porous formations ; in seismic prospecting, the plotting of dipping reflections in their true spatial positions rather than directly underneath the midpoint between the shotpoint and array center*; shift *(org. chem.)*; transfer; wandering, *of a river bed.* **migration automatique** : automatic migration. **migration avant sommation** : prestack imaging, *migration before stacking*; prestack migration *(seis)*. **migration courte** : short-distance migration, *not more than one mile.* **migration de la ligne de partage des eaux** : shifting of a divide. **migration de la vapeur** : vapor transfer. **migration de liaison** : bond migration. **migration des ions** : ion migration; migration of ions. **migration des pôles** : polar migration; polar wandering. **migration des vallées** : shifting. **migration en domaine fréquentiel** : frequency-domain migration *(seis)*. **migration f-k** : f-k migration *(seis)*; frequency-domain migration. **migration hybride** : hybrid migration *(seis)*. **migration latérale** : lateral migration. **migration NIH** : NIH shift, *intramolecular hydrogen migration leading to the enzymatic hydroxylation of aromatic rings.* **migration par capillarité** : capillary migration. **migration par l'équation de propagation** : wave-equation migration *(seis)*. **migration par méthode de Kirchhoff** : diffraction stack *(seis)*. **migration parallèle** : parallel migration, *oil and gas moving through permeable zones parallel to the plane of stratification.* **migration partielle avant sommation** : partial migration *(seis)*. **migration primaire** : primary migration, *the movement of hydrocarbons from the source rock where they are formed to the nearest reservoir rock.* **migration profondeur** : depth migration *(seis)*. **migration régionale** : regional migration. **migration secondaire** : secondary migration, *movement of hydrocarbons resulting in their being trapped and in the formation of pools.* **migration suivant les diffractions** : diffraction stack *(seis)*. **migration verticale** : vertical migration, *perpendicular to horizons.*

migré – migrated. **non migré** : unmigrated.

migrer – migrate (to), *for liquid and gaseous hydrocarbons, the movement from the source rock to the reservoir rock ; in seismic surveying, the rearrangment of seismic information elements so that reflections and refractions are plotted at their true location.*

mil *m* – mil, *one thousandth of an inch.* **mil circulaire** : circular mil, *a unit equal to the area of a circle having a diameter of 1 mil (0.001 inch = 0.0005067 mm^2), used for specifying the cross-sectional areas of circular conductors or wires.*

Milankovitch – Milankovitch, *see courbe, cycles and théorie de Milankovitch.*

Milazzien *m* – Milazzian, *Upper Pleistocene stage.*

mile *m* – mile, *unit of length equal to 1609.344 m, see also mille marin.* **mile de radar** : radar mile, *the time for a radar pulse to travel from the radar to a target 1 mile distant and return, equal to 10.75 microseconds.* **mile par gallon** : mile per gallon (MPG), *unit of reciprocal fuel consumption, see litre par 100 kilomètres ; the conversion factor into N (l/100 km) and M (mile/gal) is 235.215 for U.S. gal and 282.481 for U.K. gal.* **mile terrestre** : statute mile.

milieu *m* – environment; medium; middle; midpoint. **milieu abyssal** : abyssal environment. **milieu acide** : acid medium. **milieu adsorbant filtrant** : adsorbent filtering medium. **en milieu alcalin** : under alkaline conditions. **milieu basique** : alkaline medium. **milieu bathyal** : bathyal environment *(geol)*. **milieu biotique** : biotic environment. **milieu bioturbé** : *see bioturbation.* **milieu conducteur** : conducting medium. **milieu corrosif** : sour environment. **milieu de basse énergie** : low-energy environment, *aqueous sedimentary environment characterized by a low energy level and general lack of wave or current action.* **milieu de culture** : culture medium *(biol)*. **milieu de dépôt à haute énergie** : high-energy depositional environment, *high-turbulence, high-oxidation conditions.* **milieu de dépôt** : depositional environment. **milieu de dépôt à basse énergie** : low-energy environment. **milieu de dépôt agité** : *see milieu de dépôt à haute énergie.* **milieu de dépôt calme** : *see milieu de dépôt à basse énergie.* **milieu de diffusion marin** : deep scattering layer (DSL). **milieu de gamme** : middle of the line, *equipment or product.* **milieu de haute énergie** : high-energy environment, *see milieu de dépôt à haute énergie.* **milieu de trempe** : hardening medium. **milieu désertique** : desert environment. **milieu dispersant** : dispersion medium. **milieu dispersif** : dispersive medium, *a medium in* *which the phase velocity depends on frequency.* **milieu éolien** : eolian environment. **milieu filtrant** : filter medium; filtering medium. **milieu fluviatile** : fluviatile environment. **milieu glaciaire** : glacial environment. **milieu hétérogène** : heterogeneous medium. **milieu homogène** : homogeneous medium. **milieu hostile** : harsh environment; hostile environment. **milieu lacustre** : lacustrine environment. **milieu marin** : marine environment. **milieu néritique** : neritic environment. **milieu oxydant** : oxidizing environment. **milieu paralique** : paralic environment. **milieu pélagique** : pelagic environment. **milieu poreux** : porous medium. **milieu réducteur** : reducing environment. **milieu réfrigérant** : cooling medium. **milieu sédimentaire** : sedimentary environment.

milieux *m* – media, *plural of medium.*

miliole *f* – miliolid, *a foraminifer.*

mille *m* – mile, *nautical or air mile.* **mille aéronautique** : aeronautical mile, *air mile, equal to a nautical mile.* **mille marin** : nautical mile, *unit of length equal to 1852 m.* **mille nautique** : *see mille marin.*

millérite *f* – millerite; capillary pyrites.

milli – milli, *prefix of decimal submultiples representing* 10^{-3} *or 0.001, symbol* m.

milliard *m* – billion, *one thousand millions in the American system for numbers*; milliard, *one thousand millions in the SI system.*

millibar *m* – millibar, *a unit of pressure equal to one hectopascal.*

millidarcy *m* – millidarcy, *symbol* mD, *see darcy.*

milligramme *m* – milligram, *symbol* mg.

millilitre *m* – milliliter, *a unit of volume equal to one cubic centimeter.*

millimètre *m* – millimeter, *symbol* mm. **millimètre d'eau** : millimeter of water, *unit of pressure,* $1\ mm\ H_2O = 9.80665\ Pa$. **millimètre de mercure** : millimeter of mercury, *unit of pressure,* $1\ mm\ Hg = 1.33322 \times 10^2\ Pa$.

million *m* – million, *a thousand thousand.*

milliseconde *f* – millisecond, *principal unit of time used in seismic surveying, symbol* ms.

mimétique – mimetic.

mimétisme *m* – mimetism.

min – min, *symbol for minute (unit of time).*

mince – thin.

minceur *f* – slenderness.

Mindel *m* – Mindel, *second glacial stage of the Pleistocene.*

mine *f* – mine; pit. **mine à ciel ouvert** : open pit; strip mine. **mine chambrée** : chambered hole. **mine d'empiétage** : bursting shot. **mine d'étain** : tin mine. **mine d'or** : quartz mine. **mine de charbon** : coal mine. **mine de cuivre** : copper mine. **mine de mercure** : mercury mine. **mine de sel** : salt mine. **mine du platine** : platinum metals, *used for a group of six metals, i.e. platinum, palladium, rhodium, ruthenium, osmium and iridium.* **mine épuisée** : exhausted mine. **mine grisouteuse** : fiery mine. **mine métallique** : metal mine; metalliferous mine; ore mine. **mine sous-marine** : submarine mine.

miner – undermine (to).

minerai *m* – ore. **minerai à faible teneur** : low-grade ore. **minerai à haute teneur** : high-grade ore. **minerai abattu** : broken ore *(mine).* **minerai autofondant** : self-fluxing ore. **minerai bocardé** : stamped ore. **minerai broyé** : drag ore. **minerai brut** : crude ore; raw ore. **minerai classé** : screened ore. **minerai complexe** : complex ore. **minerai d'aluminium** : aluminum ore. **minerai d'imprégnation** : impregnation ore. **minerai d'uranium** : uranium ore. **minerai de broyage** : milling ore. **minerai de cobalt** : cobalt ore. **minerai de cuivre** : copper ore. **minerai de cuivre porphyrique** : porphyry-copper deposit. **minerai de fer** : iron ore; ironstone. **minerai de fer argileux** : band clay; clay iron ore; clay ironstone; gubbin. **minerai de fer calcareux** : calcareous iron ore. **minerai de fer charbonneux** : blackband. **minerai de fer des marais** : bog iron. **minerai de fer phosphoreux** : phosphatic iron ore. **minerai de manganèse** : manganese ore. **minerai de mercure** : mercury ore; quick ore. **minerai de nickel** : nickel ore. **minerai de plomb** : lead ore. **minerai de radium** : radium ore. **minerai de soufre** : sulfur ore, *pyrite.* **minerai de tungstène** : tungsten ore. **minerai des prairies** : marsh ore. **minerai désagrégé** : weathered ore. **minerai disséminé** : disseminated ore. **minerai en cocarde** : cockade ore; ring ore. **minerai en place** : solid ore. **minerai en roche** : rock ore. **minerai en rognons** : nodular ore. **minerai exploitable** : pay ore. **minerai filonien** : lode ore; vein ore. **minerai fin** : fine-grained ore; fine ore. **minerai grillé** : roasted ore. **minerai homogénéisé** : bedding, *mixing of ore in layers to homogenize it.* **minerai lacustre** : lake ore. **minerai lustré** : glance. **minerai maigre** : lean ore. **minerai marchand** : marketable ore. **minerai mélangé** : mixed ore. **minerai non grillé** : unroasted ore. **minerai oxydé** : blossom rock; oxide ore; oxidized ore. **minerai pauvre** : base ore; lean ore; poor rock. **minerai payant** : pay rock. **minerai pisiforme** : pea ore. **minerai porphyrique** : porphyry ore. **minerai possible** : possible ore. **minerai primitif** : protore. **minerai probable** : probable ore. **minerai prouvé** : proved ore. **minerai réfractaire** : refractory ore. **minerai rémunérateur** : pay ore. **minerai riche** : shipping ore. **minerai rubané** : banded ore. **minerai vitriolique** : vitriol ore.

minéral *m* – mineral, *plur. minéraux.* **minéral accessoire** : accessory mineral; minor mineral. **minéral argileux** : clay mineral, *the most common clay minerals belong to the koalin, montmorillonite and illite group ; this term is usually used in the plural.* **minéral associé** : associated mineral. **minéral authigène** : authigenic mineral. **minéral caractéristique** : index mineral. **minéral cardinal** : rock-forming mineral. **minéral de contact** : contact mineral. **minéral de gangue** : gangue mineral. **minéral de mer profonde** : deep-sea mineral. **minéral de nickel** : nickel mineral. **minéral essentiel** : essential mineral. **minéral felsique** : felsic mineral. **minéral fémique, minéral ferromagnésien** : ferromagnesian mineral, *mafic minerals, mainly mica, amphibole, pyroxene and peridote.* **minéral filonien** : vein mineral. **minéral guide** : guide mineral. **minéral léger** : light mineral, *having a specific gravity lower than standard (2.87).* **minéral lourd** : heavy mineral, *mafic mineral.* **minéral métallique** : metallic mineral; metalliferous mineral; ore mineral. **minéral métasomatique** : guest mineral. **minéral néoformé** : neogenic mineral. **minéral normatif** : normative mineral; standard mineral. **minéral occulte** : occult mineral. **minéral original** : original mineral. **minéral pneumatolytique** : pneumatolytic mineral. **minéral prédominant** : dominant mineral. **minéral primaire** : original mineral. **minéral pyrogène** : pyrogenetic mineral. **minéral relique** : relict mineral. **minéral riche** : rich ore. **minéral stable** : stable mineral. **minéral sulfuré** : sulfide mineral. **minéral symptomatique** : diagnostic mineral; symptomatic mineral. **minéral synantectique** : synantectic mineral. **minéral synthétique** : manufactured mineral. **minéral typomorphique** : typomorphic mineral. **minéral utile** : useful mineral. **minéral virtuel** : standard mineral.

minéral – mineral; inorganic.

minéralier *m* – ore carrier, *ship.* **minéralier pétrolier** : *see pétrolier-minéralier.* **minéralier vraquier pétrolier** : OBO ship.

minéralisateur *m* – mineralizer, *gas or fluid that dissolves, transports and precipitates ore minerals.*

minéralisation *f* – mineralization.

minéralisé – mineralized; ore bearing.

minéralogie *f* – mineralogy.

minéralogique – mineralogic; mineralogical.

minéralographie *f* – mineralography.

minéraux – *plural of minéral.*

minérogénétique – minerogenetic.

mineur *m* – miner; digger.

mineur – minor, *smaller, inferior.*

miniature *f* – miniature, *small-scale.*

miniaturisation *f* – miniaturization.

minier – mining.

minimal – minimum.

minimum *m* – minimum.

miniordinateur *m* – minicomputer.

Miniranger – Miniranger, *tradename for an ultra-high-frequency radio-positioning system.*

Mini-Sosie – Mini-Sosie, *tradename for a seismic-reflection method.*

ministère *m* – department; ministry. **ministère de tutelle** : supervisory ministry.

minisupport *m* – minisemi, *a very small-size semisubmersible platform.*

minium *m* – minium, *oxide of lead used as anti-rust paint.*

minivraquier *m* – minibulker.

Mintrop – Mintrop, *see onde de Mintrop.*

minute *f* – draft, *of a contract.* **minute cartographique** : draft map; map drawing.

minute *f* – minute, *unit of time, symbol* min; *unit of plane angle, symbol* '.

minuterie *f* – clockwork; switch clock; timer.

Miocène *m* – Miocene, *a late Tertiary epoch.*

miogéosynclinal *m* – miogeosyncline *(tecton).*

MIPS – MIPS, *abbr. million d'instructions par seconde : millions of instructions per second, for a computer.*

mirabilite *f* – mirabilite, *a residue from lakes, playas and springs ; Glauber's salt.*

mirage *m* – mirage *(opt).*

mire *f* – level rod; pole; range pole; surveyor's rod. **mire à voyant** : target rod *(topog).* **mire de nivellement** : hub; leveling pole. **mire de précision** : stadia; staff. **mire graduée** : leveling rule. **mire parlante** : stadia rod.

mirette *f* – target *(topog).*

miroir *m* – mirror, *a surface that reflects seismic waves*; reflecting horizon *(seis)*; reflector. **miroir à changement de visée (MCV)** : strip selection mirror (SSM), *electromagnetic remote sensing.* **miroir cannelé** : corrugated mirror. **miroir de faille** : fault polish; slickenside, *a polished and smoothly striated surface resulting from friction along a fault plane.* **miroir de glissement** : fault polish. **miroir dichroïque** : dichroic mirror. **miroir magnétique** : magnetic mirror. **miroir mince** : thin reflector. **miroir repère** : key bed. **miroir source** : exploding reflector *(seis).*

miroitement *m* – blaze.

mischmétal *m* – mischmetal, *an alloy of rare-earth metals.*

miscibilité *f* – miscibility. **miscibilité dynamique** : dynamic miscibility. **miscibilité mutuelle** : mutual miscibility.

miscible – consolute; miscible; mixable.

mise *f* – setting. **mise à bord** : shipping. **mise à feu** : firing; igniting. **mise à jour** : update; updating. **mise à l'eau** : launching. **mise à l'échelle** : scaling. **mise à la casse** : scrapping. **mise à la ferraille** : scrapping, *tankers.* **mise à la terre** : earthing; grounding. **mise à la terre de protection** : protective grounding. **mise à nu** : denudation. **mise à pied** : cutback. **mise à terre** : landing. **mise à zéro d'un appareil** : zero setting. **mise au point** : adjusting; development; focusing; working out. **mise au point de procédé** : process development. **mise au point des instruments** : adjustment of instruments. **mise au tombeau** : entombment, *nuclear-facility decommissioning.* **mise au zéro** : setting to zero. **mise bout à bout pour soudage** : stalking, *placing lengths of pipeline end-to-end for welding.* **mise de fonds** : capital outlay. **mise en campagne** : blocked-flow operation *(ref).* **mise en circuit** : connecting up *(elec).* **mise en commun** : pooling. **mise en commun des risques** : risk pooling. **mise en commun obligatoire** : compulsory pooling, *bringing together several small tracts to form a large enough area to apply for a drilling permit under the terms of existing spacing rules, so as to avoid drilling unnecessary wells.* **mise en correspondance** : matching. **mise en culture** : cropping. **mise en demeure** : enforcement *(jur).* **mise en douane** : clearance inwards. **mise en exploitation** : development. **mise en fabrication** : production run. **mise en forme** : forming; shaping. **mise en forme de l'impulsion** : pulse shaping, *wavelet processing.* **mise en forme des données** : data reduction *(seis).* **mise en forme du signal** : pulse shaping. **mise en fouille** : cradling, *of pipes*; lowering in; plowing in *(pipeline).* **mise en fouille d'une canalisation** : snaking in. **mise en ligne** : line-up, *pipeline.* **mise en lit** : bedding. **mise en marche** : start-up. **mise en marche d'un moteur** : motor starting. **mise en oeuvre** : implementation. **mise en oeuvre des bruts** : crude-oil evaluation. **mise en page** : paging. **mise en phase** : line-up *(seis)*; phasing. **mise en place d'un bouchon de ciment** : setting cement. **mise en place du pétrole** : accumulation of petroleum. **mise en production** : bringing in, *completing an oil well and making it start production.* **mise en rang** : line up. **mise en réservoir** : tankage. **mise en route** :

starting; start-up. **mise en sac** : bagging. **mise en service** : commissioning. **mise en température** : warming up. **mise en valeur** : development; enhancement. **mise financière** : exposure. **mise hors-service** : decommissioning, *of a nuclear installation*; shutdown; withdrawal. **mise sous cocon** : mothballing, *of an installation, equipment, ship.*

mispickel *m* – mispickel, *arsenopyrite.*

missile *m* – missile. **missile guidé** : guided missile.

mission *f* – party; work assignment. **mission d'étude** : exploratory mission; survey mission. **mission d'évaluation** : appraisal mission. **mission de conciliation** : goodwill mission. **mission de reconnaissance pétrolière** : petroleum-reconnaissance assignment.

Mississippien *m* – Mississippian, *a period in the Paleozoic era.*

Missourien *m* – Missourian, *an Upper Pennsylvanian series.*

mitrailleuse *f* – gun. **mitrailleuse à boue** : mud gun. **mitrailleuse à ciment** : cement gun.

mixage *m* – compositing *(seis)*; interlocking seismic recording; mixing, *stacking of signals coming from different channels, with no time shifting before the data are combined*; overlapping, *adding pairs of adjacent traces and recording the sum as a single trace (seis)*. **mixage brouillon** : smear, *mixing of data not in complete register ; averaging seismic data coming from different sources or differently situated geophones ; stacking of common-midpoint traces for a dipping reflector.* **mixage d'appareillage** : instrument mixing. **mixage de terrain** : ground mixing. **mixage de traces** : trace integration. **mixage dégressif** : taper mixing. **mixage feston** : skip mixing. **mixage horizontal** : horizontal mixing. **mixage pondéré** : taper mixing. **mixage terrain** : ground mix, *array or pattern of sources or geophones, sometimes overlapping, distributed over a sizable surface area*; horizontal mixing, *3D seismic surveying.*

mixte – composite; mixed.

mnémonique – mnemonic.

mnémotechnique *f* – mnemonics.

MNT – DTM, *abbr. modèle numérique de terrain: digital terrain model.*

MO – OM, *abbr. matière organique, organic matter.*

mobile – mobile; movable; moving; traveling; vehicular.

mobilisat *m* – mobilizate, *mobile phase existing during migmatization.*

mobilisme *f* – displacement theory, *theory of continental drift, Wegener hypothesis.*

mobilité *f* – discrimination, *of a measuring instrument*; mobility. **mobilité relative** : relative mobility.

mobylette *f* – moped.

modalité *f* – clause.

mode *m* – mode. **mode à amplification différentielle** : common-mode rejection. **mode à perte** : leaking mode. **mode asservi** : slave mode. **à mode commun** : common mode. **mode conversationnel** : dialog mode; online mode. **mode d'asservissement au fond** : bottom mode. **mode d'émulation** : emulation mode, *computer.* **mode d'enregistrement analogique** : analog tape format. **mode de contrôle par dérivation** : derivative mode, *automatic control.* **mode de fonctionnement** : method of operation. **mode de gisement** : mode of occurrence. **mode de liaison** : bonding. **mode de propagation** : mode of propagation. **mode de transmission des données** : payload mode, *data transmission.* **mode de vibration** : mode of vibration, *mode of oscillation.* **mode dialogué** : conversational mode; dialog mode; interactive mode. **mode fondamental d'un guide d'ondes** : fundamental mode, *of a waveguide.* **mode interactif** : dialog mode; online mode. **mode opératoire** : method of operation; procedure. **mode opératoire de mesure** : measurement procedure. **mode P (panchromatique)** : panchromatic mode *(photo)*. **mode PVD (prise de vue directe)** : real-time acquisition *(photo)*. **mode PVE (prise de vue enregistrée)** : recording mode *(photo)*.

modelage *m* – shaping.

modèle *m* – copy; model, *schematic representation of a phenomenon or process*; pattern; pilot; template; type. **modèle à cinq mailles** : five-spot model *(prod)*. **modèle à l'échelle** : scale model. **modèle cohérent en surface** : surface-consistent model. **modèle convolutionnel** : convolutional model *(seis)*. **modèle de fonderie** : casting pattern. **modèle de Goupillaud** : Goupillaud layering, *used in computing synthetic seismograms.* **modèle de la goutte liquide** : liquid-drop model. **modèle de pénétration de marché** : market penetration model. **modèle de Terre stratifiée** : layered Earth. **modèle déposé** : register design. **modèle économique** : economic model. **modèle électrique** : electric model. **modèle en relief** : relief model. **modèle global** : aggregate model. **modèle hydraulique** : hydraulic model. **modèle mathématique** : mathematical model. **modèle numérique** : numerical model. **modèle numérique de terrain (MNT)** : digital terrain model (DTM). **modèle potentiométrique** : potentiometric model. **modèle réduit en fil de fer** : wire model. **modèle rhéoélectrique** : potentiometric model, *for measuring the effectiveness of drive by injected fluids in producing wells.* **modèle théorique** : theoretical model.

modelé *m* – pattern *(topog)*. **modelé d'un relief** : landform; relief feature. **à modelé glaciaire** : glaciated. **modelé karstique** : karst features.

modeler – frame (to).

modélique *f* – computer modeling; modeling; modeling theory. **modélique analogique** : analog modeling.

modélisation *f* – modeling, *using a mathematical model for the computerized simulation of a system or process.* **modélisation analogique** : analog modeling; scale modeling. **modélisation de champs de pétrole** : oilfield modeling. **modélisation directe** : direct modeling. **modélisation informatique** : computer modeling. **modélisation moléculaire** : molecular modeling. **modélisation numérique** : numerical modeling. **modélisation physique** : physical modeling; scale modeling. **modélisation stochastique** : stochastic modeling.

modem *m* – modem, *derived from modulateur-démodulateur.*

modérateur *m* – damper; moderator. **modérateur organique** : organic moderator, *of a hydrocar-*

bon-base nuclear reactor. **modérateur pour compresseur d'air** : air-compressor governor. **modérateur refroidisseur** : moderator coolant.

modéré – mild; moderate.

modérément – moderately. **modérément porphyrique** : mediophyric, *a porphyritic rock containing phenocrysts varying in size between 5 and 1 mm.* **modérément siliceux** : mediosilicic, *refers to igneous rocks containing between 52 and 66% silica.*

modérer – mitigate (to); temper (to).

modernisation *f* – modernization; rehabilitation; revamping.

moderniser – remodel (to); revamp (to); streamline (to).

modificateur *m* – modifier. **modificateur de plomb** : lead scavenger, *making lead salts more volatile.*

modification *f* – modification. **modifications atmosphériques** : atmospheric changes. **modification chimique** : chemical change. **modification du parallélisme des roues** : toe change *(auto).* **modification par exposition à l'air** : weathering. **modification structurale** : structural change.

modifié – modified.

MODU – MODU, *see code MODU.*

modulaire – modular.

modulateur *m* – modulator. **modulateur de puissance** : regulator.

modulation *f* – modulation. **modulation d'amplitude** : amplitude modulation (AM). **modulation d'espace** : space modulation. **modulation d'impulsion en amplitude** : pulse-amplitude modulation (PAM). **modulation d'impulsion en codage** : pulse-code modulation (PCM). **modulation d'impulsion en fréquence** : pulse-frequency modulation (PFM). **modulation d'impulsion en position** : pulse-position modulation (PPM). **modulation d'impulsions en durée** : pulse-time modulation (PTM). **modulation de fréquence (MF)** : frequency modulation (FM). **modulation de phase** : phase modulation. **modulation de vitesse** : velocity modulation. **modulation en largeur d'impulsion** : pulse-width modulation; ratio modulation. **modulation en temps d'impulsion** : pulse-time modulation (PTM). **modulation par déplacement de fréquence** : frequency-shift keying (FSK). **modulation par déplacement de phase** : phase-shift keying (PSK). **modulation par impulsions** : impulse modulation.

module *m* – amplitude, *of the spectrum;* module, *a self-contained unit that can be combined with other similar units to make up an overall structure, such as in plants or on offshore platforms;* modulus, *absolute value, or a number or other mathematical entity in a congruence dividing the difference of two congruent members without leaving a remainder.* **module d'allongement** : stretch modulus. **module d'écrouissage par déformation** : modulus of strain hardening, *rate of strain hardening.* **module d'élasticité** : elastic modulus, *ratio of the increment of some specific form of stress to the increment of some specific form of strain;* elastic stiffness; modulus of elasticity, *Young's modulus.* **module d'élasticité sécant** : secant modulus *(rock mech.).* **module d'élasticité tangent** : tangent modulus. **module d'inertie** : section modulus, *also called modulus of section, expressed in meter cubed.* **module de cisaillement** : modulus of shearing; shear modulus; shearing modulus. **module de cisaillement superficiel** : surface shear modulus. **module de compressibilité** : bulk modulus, *the elasticity coefficient applied to the volume of a body subjected to stress;* incompressibility modulus. **module de compression** : modulus of compression. **module de continuité** : modulus of continuity. **module de déchargement** : unloading modulus. **module de déformation** : modulus of deformation. **module de finesse** : fineness modulus, *characteristic size resulting from a sieving operation.* **module de flexion** : bending modulus. **module de glissement** : shear modulus. **module de l'admittance** : modulus of admittance, *also called admittance.* **module de l'impédance** : modulus of impedance, *also called impedance.* **module de plasticité** : modulus of plasticity. **module de rigidité** : modulus of rigidity; shear modulus; stiffness modulus. **module de rupture** : modulus of rupture, *in bending or in torsion.* **module de stabilité** : stability modulus. **module de traction** : tensile modulus. **module de Young** : Young's modulus, *the ratio of a simple tension stress applied to a material to the resulting strain parallel to the tension.*

modulé – modulated.

modulomètre *m* – modulation meter.

moellon *m* – ashlar; building stone; cobble; quarry stone.

mofette *f* – afterdamp; mofette, *exhalation of carbon dioxide during late-stage volcanic activity ; also the small opening from which the gas escapes.*

Moho *m* – Moho, *abbr. of discontinuité de Mohorovičić: Mohorovičić discontinuity.*

Mohole – Mohole, *former project to drill through the Earth's crust and to sample the mantle, i.e. the Mohorovičić discontinuity.*

Mohorovičić – Mohorovičić, *see discontinuité de Mohorovičić.*

Mohr – Mohr, *see cercle de Mohr.*

Mohs – Mohs, *see échelle de dureté Mohs.*

moindre – least; lesser; lower; poorer.

moins-value *f* – depreciation, *loss in value.*

moirage *m* – interference pattern.

moisi – moldy.

moisissure *f* – mold. **à l'abri des moisissures** : fungusproof.

moitié *f* – half. **à moitié plein** : half filled.

mol – mol, *symbol for mole.*

molaire – molal; molar.

molalité *f* – molality, *concentration of a solution expressed in moles of solute per kilogram of solvent.*

molarité *f* – molarity, *concentration of a solution expressed in moles of solute per cubic meter or per liter of solvent.* **molarité efficace** : effective molarity.

molasse *f* – molasse, *a thick clastic sedimentary facies.*

mole *f* – mole, *the SI unit for amount of matter, symbol* mol. **mole à la puissance moins un** : reciprocal mole, *SI unit of Avogadro constant* (mol^{-1}). **mole par kilogramme** : mole per kilogram, *SI unit of molality and ionic strength* (mol/kg). **mole par mètre cube** : mole per cubic meter, *SI unit of concentration* (mol/m^3). **mole par se-**

conde : mole per second, *SI unit of molar flow rate* (mol/s).
môle *m* – mole; pier. **môle de cale** : berth mole.
moléculaire – molecular.
molécularité *f* – molecularity.
molécule *f* – molecule. **molécule binaire** : binary molecule. **molécule chirale** : chiral molecule. **molécule en chaîne** : chain molecule. **molécule gramme** : gram molecule, *obsolete unit of mass of a compound.* **molécule linéaire** : linear molecule. **molécule marquée** : labeled molecule; tagged molecule. **molécule polaire** : polar molecule.
moletage *m* – knurling.
moleté – knurled; milled.
molette *f* – cone, *rock bit*; headwheel; knurling wheel. **molette bloquée** : cone locked, *bit.*
mollesse *f* – softness.
Mollier – Mollier, *see diagramme de Mollier.*
mollique – mollic *(pedol)*.
mollir – slack (to), *a rope.*
mollisol *m* – mollisol, *active layer, i.e. the surficial ground layer that unfreezes and freezes each year on top of permafrost.*
mollusque *m* – mollusk.
molybdate *m* – molybdate. **molybdate d'ammonium** : ammonium molybdate. **molybdate de lithium** : lithium molybdate. **molybdate de plomb** : lead molybdate. **molybdate de potassium** : potassium molybdate. **molybdate de sodium** : sodium molybdate.
molybdène *m* – molybdenum, *symbol Mo.*
molybdénite *f* – molybdenite, *chief ore of molybdenum.*
moment *m* – moment. **moment aérodynamique** : aerodynamic moment. **moment angulaire** : angular momentum. **moment cinétique** : moment of momentum, *also called angular momentum, expressed in kilogram meter squared per second.* **moment cinétique orbital** : orbital angular momentum. **moment d'inertie** : moment of inertia. **moment d'une force** : moment of force. **moment de dipôle électrique** : electric dipole moment, *of molecule.* **moment de dipôle magnétique** : magnetic dipole moment. **moment de flexion** : bending moment; moment of flexure. **moment de quantité de mouvement** : *see moment cinétique.* **moment de renversement** : overturning moment. **moment de résistance** : moment of resistance. **moment de résistance au roulement** : rolling resistance moment, *tire.* **moment de tangage** : pitching moment. **moment de torsion** : moment of torsion; torque. **moment de transition** : transition moment. **moment dipolaire** : dipole moment. **moment fléchissant** : bending moment. **moment magnétique** : magnetic moment. **moment quadratique axial d'une aire plane** : second axial moment of area. **moment résistant** : moment of resistance.
monadnock *m* – monadnock, *remnant hill of resistant rock rising above a peneplain level.*
monazite *f* – monazite, *a rare-earth phosphate mineral.*
mondial – worldwide.
Monel *m* – Monel, *a corrosion-resistant alloy containing mainly nickel and copper.*
monergol *m* – monopropellant.
monétaire – monetary.
moniteur *m* – monitor, *a record made as a check during a seismic shot or immediately afterward.* **moniteur couleur** : color monitor. **moniteur d'image** : image monitor. **moniteur de vibration** : vibration monitor. **moniteur vidéo** : video monitor.
monitor *m* – hydraulic monitor, *a high-pressure nozzle for directing a jet of water in hydraulicking.*
monitorage *m* – monitoring.
monnaie *f* – coin; currency; money. **monnaie constante** : constant money, *value of money for a reference year.* **monnaie courante** : current money, *value of money for a given year.* **monnaie d'échange** : trading currency. **monnaie de compte** : accounting money. **monnaie dirigée** : controlled currency. **monnaie en cours légal** : legal tender. **monnaie externe** : outside money. **monnaie faible** : soft currency. **monnaie forte** : hard currency. **monnaie scripturale** : bank money.
monoacide *m* – monoacid.
monoamine *f* – monoamine.
monoatomique – monatomic.
monobasique – monobasic.
monochromatique – monochromatic.
monochrome – monochrome.
monoclinal *m* – monocline, *unicline ; local steepening in an otherwise uniform gentle dip.*
monoclinal – monoclinal *(geomorph)*.
monoclinique – clinorhombic; monoclinic *(cryst)*.
monocomparateur *m* – monocomparator.
monocouche *f* – monolayer, *monomolecular film.*
monocristal *m* – single crystal.
monodispersé – monodisperse.
monoénergétique – monoenergetic.
monoéthanolamine *f* – monoethanolamine *(MEA), ethanolamine, 2-aminoethanol.*
monogénique – monogenic, *monogenetic, said of rock resulting from a single formation process or source, whether sedimentary or volcanic.*
monogéosynclinal *m* – monogeosyncline.
monograde – monograde, *see huile monograde*; single grade.
monogramme API – API monogram, *sign placed on a piece of equipment, indicating that it was manufactured according to API specifications.*
monolithe *m* – monolith *(catal)*.
monomère *m* – monomer. **monomère d'acétate de vinyle** : vinyl acetate monomer (VAM).
monométallique – monometallic.
monominéral – monomineralic *(petro)*.
monomoléculaire – monomolecular.
mononucléaire – single ring *(chem)*.
mono-oléfinique – monoolefinic.
monophasé, monophasique – single phase.
monopode – monopod.
monopole *m* – monopoly *(econ)*. **monopole de vente** : selling monopoly. **monopole public** : public monoply.
monopôle *m* – monopole, *magnetic hypothetical particle.*
Mono-pulser – Mono-pulser, *tradename for a source for high-resolution seisic profiling.*
monorail *m* – monorail.
monotropie *f* – monotropy *(phys)*.
monovalence *f* – monovalency, *monovalence.*
monovalent – monovalent; univalent.

monoxyde *m* – monoxide. **monoxyde de carbone** : carbon monoxide.

mont *m* – mount, *see also montagne*. **mont sous-marin** : seamount.

montage *m* – assemblage; assembly; connecting up; erecting; erection; fitting; fixture; hanging; mount; mounting; raise, *mining*; raising; setting; setting up; setup; splicing; wiring. **montage à la chaîne** : production line-up. **montage antironflement** : humbucking *(seis)*. **montage d'une installation** : hookup. **montage des blocs d'obturation** : nippling-up. **montage des équipements en tête de puits** : nippling-up. **montage du carter** : crankshaft build-up. **montage du dispositif de pompage** : pump-stage assembly. **montage en dérivation** : bridge, *(elec)*. **montage en étoile** : Y connection; Y grouping; star connection; wye connection. **montage en parallèle** : parallel connection, *shunted*. **montage en pont** : bridge connection. **montage en série** : cascade connection; series connection. **montage en séries parallèles** : multiple-series connection. **montage en triangle** : delta connection. **montage en Y** : Y grouping. **montage en zigzag** : zigzag connection. **montage encastré** : flush mounting. **montage et assemblage des tuyauteries** : pipefitting. **montage financier** : financial package. **montage sur colonne** : column mounting.

montagne *f* – mountain. **montagne à croupes arrondies** : subdued mountain, *with a reduced relief*. **montagne de dislocation** : dislocation mountain. **montagne littorale** : coastal mountain. **montagne pelée** : denuded mountain. **montagne plissée** : folded mountain. **montagne sous-marine** : seamount, *an isolated or relatively isolated relief form rising at least 1000 m up from the seabed*. **montagne tabulaire** : table mountain.

montagneux – hilly; mountainous.

montant *m* – jamb; leg; post; stanchion; stay; stud. **montant de départ d'un derrick** : starting leg, *corner legs starting from the bottom*. **montant de derrick** : derrick leg *(drill)*; derrick post.

montant – acclivous; rising; upgoing; upright.

monté – mounted. **monté en direct** : direct coupled.

Monte-Carlo – Monte-Carlo, *method using statistical sampling techniques to solve a problem by obtaining a probabilistic approximation*.

monte-charge *m* – elevator; freight elevator; lift. **monte-charge de quai** : shore elevator.

monte-courroie *m* – belt mounter, *hook for holding belts*.

montée *f* – acclivity; ascent; buildup; climb; hill; rise; rising; rising ground; upgrade; uptake. **montée de température** : warm up. **montée des sels** : creeping. **montée en angle** : buildup. **montée en couverture** : roll in. **montée en production** : production buildup.

monte-jus *m* – blowcase.

monter – climb (to) up; equip (to), *a plant*; erect (to); fit (to); fit (to) on; fit (to) up; hinge (to); raise (to); set (to). **monter un appareil de forage** : rig (to) up. **monter un câble** : reeve (to) a line. **monter un derrick** : run (to) a derrick.

monticule *m* – hillock; hummock; knoll; monticule; mound. **monticule à structure aggradante** : sheet lobe mound. **monticule à structure chaotique** : chaotic mound. **monticule à structure complexe** : complex mound *(stratig)*. **monticule à structure en relais** : shingled mound. **monticule à structure inclinée** : climbing toplap mound. **monticule à structure perturbée** : slump mound *(stratig)*. **monticule à structure progradante** : offlap mound. **monticule à structure tronquée** : truncated mound. **monticule boisé** : hurst, *a wooded knoll*. **monticule de boue** : mud mound. **monticule monticulaire** : periglacial mound. **monticule sédimentaire** : mound.

Montien *m* – Montian, *Paleocene stage*.

montinsule *f* – *see inselberg*.

montmorillonite *f* – montmorillonite, *a group of clay minerals*.

montre *f* – watch. **montre de Seger** : Seger cone.

monture *f* – mount.

monument *m* – monument, *a bench mark*.

monzonite *f* – monzonite, *plutonic rock*. **monzonite quartzifère** : quartz monzonite.

mor *m* – mor, *a raw type of humus*.

moraine *f* – moraine *(geol)*. **moraine d'ablation** : ablation moraine. **moraine de fond** : ground moraine; till. **moraine de lave** : scoria moraine. **moraine de poussée** : push moraine; shove moraine. **moraine de retrait** : recessional moraine. **moraine déposée** : deposited drift; deposited moraine. **moraine frontale** : end moraine; frontal moraine. **moraine glaciaire** : glacial moraine. **moraine interne** : englacial moraine. **moraine latérale** : border moraine; lateral moraine; side moraine. **moraine longitudinale** : longitudinal moraine. **moraine marginale** : marginal moraine. **moraine médiane** : interlobate moraine; medial moraine. **moraine mouvante** : moving moraine. **moraine périphérique** : peripheral moraine. **moraine rempart** : dumped moraine *(geol)*. **moraine riveraine** : flank moraine, *a lateral moraine*. **moraine superficielle** : surface moraine. **moraine supérieure** : upper moraine.

morainique – morainal.

morbidité *f* – morbidity.

morceau *m* – bit; clump; cob; knob, *of coal*; lump; patch; scrap; shatter. **morceau rapporté** : dutchman, *a device for hiding or counteracting structural defects*. **en morceaux** : lumpy.

morceler – comminute (to).

mordant *m* – mordant.

mordénite *f* – mordenite, *a fibrous zeolite mineral*.

mordre – bite (to).

morinite *f* – morinite *(petro)*.

morphogenèse *f* – morphogenesis, *origin and development of landforms*.

morphogénique – morphogenetic, *pertaining to the origin of morphological features*.

morpholine *f* – morpholine, *heterocyclic amine*.

morphologie *f* – morphology. **morphologie de bassin** : basin setting *(geol)*. **morphologie des pores** : pore-size distribution.

morphologique – morphological.

morphométrie *f* – morphometry, *measurement and mathematical analysis of the Earth's surface configurations and landforms*.

morphotectonique *f* – morphotectonics.

morphotropisme *m* – morphotropism.

morphotype *m* – morphotype.

Morse – Morse, *Morse code*.

morsure *f* – bite. **morsure de gelée** : frostbite. **morsure par en-dessous** : undercut etching.

mort – dead, *fem. morte.* **morte eau** : neap tide. **morts terrains** : barren rock; burden *(geol)*; cover; dead ground; overburden; overburden strata. **morts-terrains de recouvrement** : muck, *mining.*

mortaisage *m* – slotting.

mortaise *f* – faucet hole; mortise.

mortaiseuse *f* – slotting machine.

mortalité *f* – mortality.

morte – *see masc. mort.*

mortel – lethal.

mortier *m* – cement; mortar. **mortier bitumineux cylindré** : rolled asphalt, *a road surface made of asphalt mixed with coarse aggregate, laid hot and rolled until solid.* **mortier d'argile** : clay mortar. **mortier de chaux** : lime mortar. **mortier de ciment** : cement mortar. **mortier et pilon** : mortar and pestle. **mortier hydraulique** : hydraulic mortar. **mortier liquide** : grout. **mortier peu épais** : slurry.

MOS – MOS, *abbr. métal-oxyde-silicium: metal-oxide semiconductor.*

mosaïquage *m* – mosaicking.

mosaïque *f* – mosaic, *the image obtained by juxtaposing vertical overlapping airphotos representing different parts of the same surface area.* **mosaïque de glace** : ice breccia.

Moscovien *m* – Moscovian, *middle Upper Carboniferous stage.*

moskeg *m* – muskeg, *acid marshy ground.*

Mössbauer – Mössbauer, *see effet, spectroscopie and spectre Mössbauer.*

mot *m* – word, *a character string or bit string considered as an entity.* **mot clé** : keyword. **mot de passe** : password. **mot de synchro** : timing word. **mot souche** : catchword.

moteur *m* – engine; motor. **moteur à air** : air engine. **moteur à air chaud** : calorific engine; hot-air engine. **moteur à allumage commandé** : spark-ignition engine. **moteur à allumage par compression** : compression-ignition engine. **moteur à bague collectrice** : slip-ring motor, *induction type.* **moteur à bagues** : slip-ring motor. **moteur à boue** : mud motor *(drill)*. **moteur à cage d'écureuil** : squirrel-cage motor. **moteur à came** : cam engine, *in which a cam-and-roller mechanism converts reciprocating motion to rotary motion.* **moteur à chambre de précombustion** : precombustion-chamber engine. **moteur à charge stratifiée** : stratified-charge engine. **moteur à charge stratifiée à injection directe** : direct-injection stratified-charge (DISC) engine. **moteur à combustion externe** : external-combustion engine. **moteur à combustion interne** : combustion engine; internal-combustion engine. **moteur à couple constant** : torque motor. **moteur à courant continu** : direct-current motor. **moteur à deux cylindres** : double-cylinder engine; twin engine. **moteur à deux rotors** : twin-spool engine. **moteur à deux temps** : two-cycle engine; two-stroke engine. **moteur à disque** : disk engine. **moteur à essence** : gasoline engine. **moteur à étincelle** : spark-ignition engine. **moteur à explosion** : combustion engine; explosion engine. **moteur à fort glissement** : high-slip motor. **moteur à gaz** : gas engine. **moteur à gaz pauvre** : lean-burn engine. **moteur à huile lourde** : oil engine. **moteur à injection** : injection engine. **moteur à kérosène** : kerosine engine. **moteur à mélange pauvre** : lean-burn engine. **moteur à pétrole** : petroleum-oil engine, *using kerosine.* **moteur à piston** : piston engine. **moteur à piston fourreau** : trunk-piston engine. **moteur à piston libre** : free-piston engine. **moteur à pistons** : reciprocating engine. **moteur à pistons opposés** : opposed-piston engine. **moteur à pression constante** : constant-pressure engine. **moteur à prise directe** : gearless motor. **à moteur à propulsion arrière** : rear engined. **moteur à quatre cylindres** : four-cylinder engine. **moteur à quatre temps** : four-cycle engine; four-stroke-cycle engine; four-stroke engine. **moteur à réaction** : jet engine; reaction engine. **moteur à réaction directe** : thermal jet engine, *in which the ambient air is speeded up by heat.* **moteur à réduction** : gear motor. **moteur à refroidissement par ailettes** : flange-cooled engine. **moteur à refroidissement par air** : air-cooled engine; air-cooled motor. **moteur à refroidissement par récupération** : regenerative engine. **moteur à régime variable** : variable-speed motor *(elec)*. **moteur à réluctance** : reluctance motor. **moteur à simple courant** : uniflow engine. **moteur à soupapes en tête** : I-head engine; valve-in-head engine. **moteur à soupapes latérales** : L-head engine. **moteur à soupapes latérales opposées** : T-head engine. **moteur à têtes chaudes** : hot-bulb engine. **moteur à un seul cylindre** : one-lung engine. **moteur à vapeur** : steam engine. **moteur à vapeur à deux cylindres** : double-cylinder steam engine. **moteur à vitesse constante** : constant-speed motor. **moteur à vitesse réglable** : adjustable-speed motor. **moteur alternatif** : reciprocating engine. **moteur antidéflagrant** : explosionproof motor. **moteur arrière** : rear engine. **moteur asservi** : *see servomoteur.* **moteur ASTM-CFR** : ASTM-CFR engine, *a special engine used to determine the knock tendency of fuels (octane number)*. **moteur asynchrone** : asynchronous motor; induction motor. **moteur automobile** : automobile engine; automotive engine. **moteur auxiliaire** : auxiliary engine; auxiliary motor. **moteur auxiliaire (petit)** : donkey engine. **moteur bicylindrique à plat** : flat-twin engine, *a horizontally opposed twin-cylinder engine.* **moteur blindé** : enclosed engine; sealed motor. **moteur bobiné en dérivation** : shunt-wound motor. **moteur carré** : square engine. **moteur CFR** : CFR engine, *a special engine used to determine the knock tendency of fuels (octane number)*. **moteur compound** : compound motor. **moteur comprimé** : high-compression engine. **moteur d'essai** : test engine. **moteur d'induction** : induction motor. **moteur d'inférence** : inference engine. **moteur de commande** : driving engine; driving motor. **moteur de convoyeur** : conveyor engine. **moteur de démarrage** : starter motor; starting engine. **moteur de fond** : downhole motor, *for driving the bit without rotating the drill string from the surface.* **moteur de forage** : drilling engine. **moteur de fusée** : rocket engine; rocket motor. **moteur de fusée hybride** : hybrid rocket engine. **moteur de groupe électrogène marin** : ship service diesel (SS). **moteur de lancement** : cranking motor. **moteur de levage** : hoist motor. **moteur de pompe** : pumping equipment. **moteur de traction** : traction motor. **moteur démultiplié** : geared motor. **moteur dérivation** : shunt motor. **moteur diesel** : diesel engine; true diesel, *with compression ignition.* **moteur**

diesel à régime rapide : high-speed diesel engine. **moteur diesel-électrique** : diesel-electric engine. **moteur diesel en circuit fermé** : closed-cycle diesel system. **moteur diesel lent** : low-speed diesel engine. **moteur diesel pour voiture particulière** : passenger-car diesel engine. **moteur diesel semirapide** : medium-speed diesel engine. **moteur diesel suralimenté** : supercharged diesel engine. **moteur électrique** : electric motor. **moteur électrique universel** : universal motor. **moteur en ligne** : in-line motor, *usually an electric motor placed inside a pipeline along with the machinery it drives.* **moteur en étoile** : radial engine. **moteur fixe** : stationary engine. **moteur flat-twin** : flat-twin engine. **moteur flottant** : floating engine. **moteur horizontal** : horizontal engine. **moteur hors-bord** : outboard motor. **moteur ionique** : ion engine. **moteur lent** : low-speed engine; medium-speed engine. **moteur linéaire** : linear motor. **moteur monocylindrique** : single-cylinder engine. **moteur Otto** : Otto engine. **moteur pas à pas** : stepping motor *(elec)*. **moteur plat** : pancake engine. **moteur polycarburant** : dual-fuel engine; multifuel engine; polycycle engine. **moteur pour essais de détonation** : knock motor. **moteur poussé** : heavy-duty engine; high-efficiency engine. **moteur principal** : main engine. **moteur propre** : clean engine. **moteur radial double** : double radial engine. **moteur rapide** : high-speed engine. **moteur réversible** : reversible motor. **moteur rotatif** : rotary engine. **moteur sans engrenage** : gearless motor. **moteur sans soupape** : sleeve-valve engine. valveless engine. **moteur série** : series motor, *having its armature and field windings in series, as opposed to a shunt motor*; series-wound motor. **moteur shunt** : shunt motor, *direct current motor having its field and armature circuits connected in parallel.* **moteur solaire** : solar engine. **moteur Stirling** : Stirling engine. **moteur submersible** : submersible motor. **moteur suralimenté** : supercharged engine. **moteur synchrone** : synchronous motor. **moteur tétrapolaire** : four-pole motor. **moteur thermique** : heat engine; thermal engine. **moteur thermique à vapeurs combinées** : binary heat engine. **moteur triphasé** : three-phase motor. **moteur vernier** : vernier engine. **moteur volumétrique de fond** : positive-displacement motor (PDM), *a drilling tool located near the bit and used to rotate it.* **moteur Wankel** : Wankel engine, *an internal-combustion engine with the rotor and the eccentric shaft as the only two moving parts.* **à moteur** : engined. **à deux moteurs** : twin-engined. **mû par moteur** : motor-driven.

moteur – motive, *fem. motrice.*

motif *m* – ground *(jur)*; legal ground.

motionnel – motional.

motocompresseur *m* – compressor unit.

motocyclette *f* – motorcycle.

motoneige *f* – snowmobile.

motopompe *f* – motor-driven pump; motor pump.

motorisation *f* – motorization. **motorisation hybride** : hybrid propulsion, *the combined effect of a heat engine and an electric motor.*

motoriste – driver; motorman.

motrice *f* – locomotive.

motte *f* – clod; clump; lump.

mou – loose; slack; soft; yielding. **mou d'un cable** : sag; slack.

mouchard *m* – snooper, *radioactive*; stool pigeon *(pipeline)*.

moucheté – mottled.

moudre – grind (to); pestle (to).

mouflage *m* – block line; reeving; stringing up, *reeving the drilling cable through the traveling block and crown blocks, while the active line is attached to the calf wheel and the dead line is anchored underneath the derrick.* **mouflage à huit brins** : eight-line reeving. **mouflage à quatre brins** : four-line reeving. **mouflage à six brins** : six-line reeving.

moufle *m* – block; block pulley; muffle; pulley block; purchase; sheave block; tackle. **moufle à quatre poulies** : four-sheave block. **moufle crochet** : hook block *(drill)*. **moufle de plancher** : floor block *(drill)*. **moufle double** : double block. **moufle fixe** : crown block, *a pulley or set of sheaves at the top of a drilling rig over which the drilling line runs.* **moufle inférieur** : lower block. **moufle mobile** : hoist block; hoisting block; traveling block *(drill)*.

moufler – reeve (to), *a line.*

mouillabilité *f* – wettability. **agent améliorant la mouillabilité à l'eau** : water-wetting agent. **mouillabilité fractionnaire** : fractional wettability.

mouillable – wettable. **mouillable à l'eau** : water wet. **mouillable à l'huile** : oil wet.

mouillage *m* – anchorage; berth; berthing; dampening; roadstead; wetting.

mouillance *f* – wetting effect.

mouillant *m* – penetrant.

mouillé – wetted. **mouillé par l'eau** : water wet. **mouillé par l'huile** : oil wet.

mouiller – drop (to) anchor; moisten (to); moor (to).

mouilleur *m* – dampener.

moulage *m* – cast, *mark*; casting; forming; founding; mold; molding. **moulage à découvert** : floor work; hearth molding; open sand casting *(metal)*. **moulage à l'autoclave** : autoclave molding. **moulage à la cire perdue** : lost-wax process. **moulage à la machine** : mechanical molding. **moulage à la presse à froid** : cold-press molding. **moulage au jet** : jet molding, *a molding process by the injection of thermosetting resins.* **moulage basal** : sole cast *(geol)*. **moulage d'acier** : steel casting. **moulage d'affouillement** : scour cast, *cast of a scour mark ; flute cast.* **moulage d'impact** : impact cast, *see also moulage de choc.* **moulage d'outil** : tool cast, *current mark on the seabed.* **moulage de boue** : load cast, *sole mark consisting of a slight bulge extending downward to finer-grained, softer and originally hydroplastic underlying material.* **moulage de cannelures** : groove cast, *drag mark or proglyph on the underside of a sandstone bed.* **moulage de choc** : prod mark, *short tool mark indicating slip direction on a slickensided fault ; impact mark.* **moulage de rebond** : bounce mark, *shallow tool mark parallel to the current.* **moulage de traînage** : drag cast, *drag mark ; groove or striation made by a body dragged over a soft sedimentary surface.* **moulage en flûte** : flute cast, *spatulate or lingulate sole mark on the underside of a siltstone or* *sandstone bed.* **moulage en gabarits** : template molding. **moulage en plongée** : plunge grinding. **moulage en sable** : sand molding *(metal)*. **moulage sous-pression** : injection molding; pressure die casting.

moule *m* – casting form; mold; print. **moule à fonte** : chill mold. **moule à sable** : sand mold. **moule externe** : external mold. **moule interne** : internal mold. **moule ouvert** : hearth mold.

moulé – molded. **moulé à main** : hand molded. **moulé en coquille** : chill hardened.

mouler – cast (to).

mouleur *m* – molder.

moulin *m* – mill. **moulin à boulets** : globe mill. **moulin à disques** : disk mill. **moulin à mortier** : mortar mill. **moulin à vent** : windmill. **moulin colloïdal** : homogenizer. **moulin glaciaire** : glacier mill; moulin *(geomorph)*.

moulu – ground; milled.

moulure *f* – molding.

mousqueton *m* – snap hook.

moussage *m* – foaming; frothing; priming. **moussage dans une chaudière** : boiler foaming. **moussage de l'huile** : oil foaming.

mousse *f* – mousse *(cooking)*; foam; froth; moss. **mousse au chocolat** : chocolate mousse, *a viscous seawater-in-oil emulsion resulting from oil spills, pollutes shorelines and makes it difficult to clean them.* **mousse de latex microporeuse** : microfoam rubber. **mousse de platine** : platinum sponge. **mousse de polyuréthanne** : polyurethane foam. **mousse de savon** : lather; soapsuds. **mousse expansée** : expanded plastic; plastic foam. **mousse extinctrice** : fire-extinguishing foam. **mousse microporeuse** : microfoam. **mousse soufflée** : blown foam. **mousse syntactique** : syntactic foam.

mousser – effervesce (to).

mousseux – foamy.

Moustérien *m* – Mousterian, *Upper Paleolithic stage.*

moutarde *f* – mustard.

mouton *m* – pile driver; rash, *subcutaneous swelling occurring as part of diver decompression discomfort*; white horse, *a short breaking wave, also called whitecap.*

moutonné – mounded, *reflection configuration*; sheepback, *said of a rock: moutonnée.*

moutonnement *m* – foaming.

mouture *f* – frame.

mouvement *m* – motion; movement. **mouvement accéléré** : accelerated motion. **mouvement alternatif** : reciprocating motion. **mouvement angulaire** : angular motion. **mouvement brownien** : Brownian movement, *random movement of particles in suspension in a fluid.* **mouvement circulaire** : circular motion. **mouvement cisaillant** : shearing displacement *(geol)*. **mouvement coulissant** : sliding motion. **mouvement d'entraînement** : feed motion. **mouvement d'horlogerie** : clock movement. **mouvement de capitaux** : capital flow. **mouvement de la terre** : earth movement. **mouvement de rotation** : spinning. **mouvement de terrain** : ground movement; movement of the ground. **mouvement de translation** : translation motion *(mech)*; translation movement *(geol)*. **mouvement de va-et-vient** : sway. **mouvement des stocks** : *see variation des stocks.* **mouvement disharmonique** : disharmonic movement. **mouvement en masse** : mass movement. **mouvements épirogéniques** : epeirogenic movements. **mouvement orogénique** : orogenic movement. **mouvement perpétuel** : perpetual motion. **mouvement propre** : background *(phys)*. **mouvement rétrograde** : backward. **mouvement saccadé** : stick slip. **mouvements saisonniers** : seasonal movements. **mouvement séculaire** : secular movement. **mouvement thalassocratique** : thalassocratic motion *(geol)*. **mouvement transitoire** : transient motion. **mouvement transitoire de pression** : pressure transient.

moyen *m* – device; mean. **moyens d'évacuation** : means of escape. **moyen de transport** : conveyance. **moyen graphique** : display device.

moyen – average; mean; medium; mid; middle, *when applied to the name of a chronostratigraphic unit, indicates that its position is in the middle, between lower and upper.* **moyenne fréquence** : medium frequency, *frequency higher than 60 Hz and lower than or equal to 10 kHz.* **à moyen terme** : medium range; medium term.

moyenne *f* – averaging; mean value. **moyenne arithmétique** : arithmetic mean; mean, *mean value.* **moyenne générale** : general average. **moyenne géométrique** : geometric mean. **moyenne harmonique** : harmonic mean *(math)*. **moyenne horaire** : hourly average. **moyenne logarithmique** : logarithmic mean. **moyenne mobile** : moving average. **moyenne pondérée** : weighted average; weighted mean. **moyenne provisoire** : working mean *(stat)*. **moyenne quadratique** : rms value.

moyenne – *see masc. moyen.*

moyens *m* – facilities; means. **moyens de production** : means of production, *see also voies et moyens.*

moyeu *m* – boss; center boss; hub. **moyeu d'une roue à aube** : center boss of paddle wheel. **moyeu de roue** : wheel hub. **moyeu porte-cames** : cam-bearer hub.

MTBE – MTBE, *abbr. méthyl tertio-butyl éther: methyl tert-butyl ether.*

MTS – *abbr. moyenne teneur en soufre ; abbr. for the system of units mètre, tonne, seconde.*

MTU – UTM, *map projection Mercator Transverse Unisersel, Universal Transverse Mercator.*

mucilage *m* – mucilage.

muck *m* – muck soil, *containing at least 50% decomposed organic matter.*

mudstone *m* – mudstone, *in Dunham's classification of carbonate rocks, it is a mud-supported carbonate rock containing less than 10% grains.*

muet – mute *(seis)*.

mull *m* – mull, *a forest-type humus incorporated with underlying mineral matter.*

mullite *f* – mullite, *porcelainite, used for refractory materials.*

multibande – multiband; multispectral.

multicanal – multichannel.

multicomposant *m* – multicomponent.

multicouche – multilayer.

multicylindre – multicylinder.

multidate – multidate.

multidisciplinaire – multidisciplnary; multifield.

multiétagé – multistage.

multifonctionnel – multifunctional; multipurpose.
multigrade – multigrade, *see huile multigrade.*
multinational – multinational.
multinationale *f* – *see firme multinationale.*
multioléfinique – multiolefinic.
multipiste – multitrack.
multiple *m* – multiple. **multiple à court trajet** : short-path multiple. **multiple à long parcours** : long-path multiple. **multiple court** : short-path multiple *(seis).* **multiple en baïonnette** : dogleg multiple; pegleg multiple, *successive reflections between different interfaces to form a multiple reflection having a nonsymmetric travel path.* **multiple en patte de chien** : pegleg multiple. **multiple interne** : interbed multiple. **multiple long** : long-path multiple *(seis).* **multiple simple** : simple multiple *(seis).*
multiplet *m* – multiplet, *set of quite closely spaced energy levels or spectral lines resulting from the splitting of a single energy level by a relatively weak interaction.* **multiplet d'isospin** : isospin multiplet. **multiplet spin-orbite** : spin-orbit multiplet.
multiplexage *m* – multiplex; multiplexing, *feeding different input channels in sequence at regular intervals into a single output channel (seis).* **multiplexage à bas niveau** : low-level multiplexing. **multiplexage par division de temps** : frequency-division multiplexing (FDM), *frequency multiplexing*; time-division multiplexing (TDM), *time multiplexing.*
multiplexé – multiplexed.
multiplexer – commutate (to); multiplex (to).
multiplexeur *m* – multiplexer, *in digital seismic recording, the device that samples different input channels in sequence at regular intervals and feeds them into a single output channel.*
multiplicateur *m* – multiplicator, *multiplicator effect*; multiplier. **multiplicateur de dépression** : vacuum booster. **multiplicateurs de Lagrange** : Lagrange multipliers, *method of determining potential extrema of functions with several variables.*
multiplicateur – multiplying, *fem. multiplicatrice.*
multiplicatif – multiplicative.
multiplication *f* – multiplication; stepping up *(mech).*
multiplicité *f* – multiplicity, *number of common-midpoint traces essentially sampling the same portion of a reflector but with different offsets*; source-receiver product, *the number of separate raypaths mixed together.*
multipoint *m* – multidrop, *link*; multipoint.
multipolaire – multipolar.
multiprocesseur *m* – multiprocessor.
multiprogrammation *f* – multiprogramming.
multipuits – multiwell.
multitâche – multipurpose; multiservice.
multitrace – multichannel *(seis).*
multitraitement *m* – multiprocessing.
multivalve *f* – multivalve.
multivarié – multivariate.
multivibrateur *m* – multivibrator *(elec).*
munir – furnish (to); supply (to). **munir d'une enveloppe** : encase (to).
mur *m* – bottom wall *(mine)*; floor, *bottom of a geologic layer or of an excavation*; foot; footwall, *mass of rocks underlying a discontinuity surface*; sole, *of a geologic formation*; underside *(geol)*; wall. **mur affaissé** : lower wall, *of a fault.* **mur argileux** : underclay, *a layer of clastic material lying at the bottom of a coal seam.* **mur brise-lames** : breakwater wall. **mur coupe-feu** : bund wall, *earthen or cement wall built around storage tanks*; fire wall. **mur d'une couche** : floor of a seam. **mur de briques réfractaires** : firebrick wall. **mur de clôture** : enclosing wall; fence-wall. **mur de four** : oven wall. **mur de pied** : footwall. **mur de pierres sèches** : dry wall. **mur de protection** : bund wall. **mur de rimaye** : headwall, *the rock cliff at the back of a cirque.* **mur de soutènement** : bearing wall; retaining wall. **mur de talus** : toe wall. **mur du son** : sonic barrier; sound barrier. **mur rideau** : curtain wall. **mur suspendu** : suspended wall.
mûr – mature; ripe.
muraillement *m* – masonry.
Muschelkalk *m* – Muschelkalk, *Middle Triassic stage.*
muscovite *f* – muscovite, *a mineral of the mica group, also called muscovy glass or mirror stone.*
musoir *m* – pierhead.
mutage *m* – muting *(seis).* **mutage chirurgical** : surgical muting *(seis).* **mutage initial** : initial blanking *(seis).*
mutagène *m* – mutagen *(biol)*; mutagenic agent.
mutagène – mutagenic.
mutagenèse *f* – mutagenesis, *occurrence or induction of mutation.*
mutant *m* – mutant, *organism.*
mutarotation *f* – mutarotation *(chem).*
mutation *f* – hade *(mech)*; mutation.
mute *m* – mute, *seismic trace.* **mute externe** : tail mute *(seis).* **mute initial** : initial blanking *(seis).*
muter – fade (to); mute (to), *changing the relative contribution of components of a stack with record time.*
mutuel – mutual.
MV – VM, *abbr. matière volatile, volatile matter.*
mycologie *f* – mycology.
mylonite *f* – mylonite, *a compact chertlike rock without cleavage but with a streaky or banded texture, which has undergone mechanical deformation and granulation but has remained chemically unaltered.*
mylonitisation *f* – mylonitization, *mylonization.*
myriapode *m* – myriapod *(pal).*
Myriaseis – Myriaseis, *tradename for a data-acquisition system.*
myristique – myristic; tetradecanoic.
myrmékite *f* – myrmekite, *intergrowth of plagioclase feldspar and vermicular quartz in an igneous rock.*
mytilidé *m* – mytilid *(pal).*

N

n – n, *symbol for nano ; chemical prefix for normal for hydrocarbon compounds.*

N – N, *symbol for newton.*

N/A – D/A, *numérique à analogique, digital-to-analog.*

nabla *m* – del operator, *the vector-gradient operator*; nabla *(math)*.

nacelle *f* – combustion boat *(chem)*; pod. **nacelle de manutention** : cherry picker. **nacelle de tubage** : casing stabbing basket.

nacre *f* – mother-of-pearl.

nacrite *f* – nacrite, *a variety of kaolin.*

nadir *m* – nadir. **nadir du cliché** : photograph nadir, *the point at which a vertical line through the perspective center of a camera lens pierces the plane of the photograph.* **nadir du satellite** : satellite nadir. **nadir photographique** : nadir point; photograph nadir. **nadir sur la carte** : map nadir. **nadir sur le terrain** : ground nadir, *ground nadir point.*

nahcolite *f* – nahcolite, *a white sodium bicarbonate.*

nain – nano, *see also nano.*

naissant – incipient; nascent.

Namurien *m* – Namurian, *Lower and Upper Carboniferous stage.*

nannofossile *m* – nannofossil.

nannoplancton *m* – nannoplankton.

nano – nano, *a submultiple decimal prefix indicating* 10^{-9}, *symbol* n. *In constructing terms, the spelling nano is used in physics and medicine, and nanno is used in micropaleontology.*

nantissement *m* – lien *(jur)*; mortgage.

napalm *m* – napalm, *an aluminum soap; mixed with gasoline it forms a sticky gel used in bombs or flamethrowers.*

naphta *m* – naphtha, *a distillation product between gasoline and refined oil, often used as a feedstock for catalytic reforming, also called petroleum naphtha.* **naphta catalytique** : catalytic naphtha. **naphta de coupage** : blending naphtha. **naphta de craquage** : cracked naphtha. **naphta de distillation directe** : light straight-run (LSR) naphtha. **naphta de première distillation** : virgin naphtha. **naphta désodorisé** : deodorized naphtha, *used as a spot-remover liquid.* **naphta désulfuré** : desulfurized naphtha.

naphtabitume *m* – naphthabitumen, *a term proposed to designate natural gas, petroleum, ozocerite, natural asphalt and asphaltite.*

naphtacène *m* – naphthacene, *tetracene, rubene.*

naphtalène *m* – naphthalene, *a solid aromatic hydrocarbon.*

naphtalique – naphthalic.

naphte *m* – naphtha, *an archaic term for liquid petroleum.* **naphte de schistes** : shale naphtha.

naphtéine *f* – naphthine, *a mineral wax identical to hatchettite.*

naphténate *m* – naphthenate. **naphténate d'aluminium** : aluminum naphthenate. **naphténate de calcium** : calcium naphthenate. **naphténate de mercure** : mercury naphthenate. **naphténate de nickel** : nickel naphthenate. **naphténate de plomb** : lead naphthenate, *a lead soap of naphthenic acid used as an additive for lubricating oils to give them high film strength.* **naphténate de sodium** : sodium naphthenate. **naphténate de zinc** : zinc naphthenate.

naphtène *m* – naphthene, *see cycloparaffine.*

naphténique – naphthenic.

naphtionique – naphthionic.

naphtoïque – naphthoic.

naphtol *m* – naphthol, *hydronaphthalene.*

naphtoquinone *f* – naphthoquinone.

naphtoxyacétique – naphthoxyacetic.

naphtylamine *f* – naphthylamine.

naphtylènediamine *f* – naphthylenediamine.

nappe *f* – *see nappe de charriage*; blanket; nappe; pattern, *array*; slick, *an oil spill on water.* **nappe alluviale** : alluvial sheet. **nappe artésienne** : artesian aquifer. **nappe captive** : confined aquifer. **nappe chevauchante** : overlappping nappe. **nappe de charriage** : nappe, *a rock mass of large dimensions that has been displaced on a predominantly horizontal surface*; thrust nappe *(geol)*; thrust sheet. **nappe de chevauchement, nappe de couverture** : overthrust block; overthrust nappe, *the rock forming the hanging wall of a large-scale overthrust*; overthrust sheet *(geol)*. **nappe de lave** : extrusive sheet; lava sheet. **nappe de pétrole** : oil slick, *water pollution.* **nappe de recouvrement** : *see nappe de charriage.* **nappe de sismos** : patch, *of geophones.* **nappe de tir** : multiple-shot pattern. **nappe intrusive** : intrusive sheet. **nappe libre** : water table *(geol)*. **nappe perchée** : perched ground water, *aquifer.* **nappe pétrolifère** : oil layer. **nappe phréatique** : groundwater table; phreatic surface sheet; water table. **nappe suspendue** : perched water table. **nappe tourbillonnaire** : vortex sheet.

narcissique – narcissistic.

narcose *f* – narcosis. **narcose à l'azote** : nitrogen narcosis. **narcose aux gaz inertes** : inert-gas narcosis.

natif – native, *fem. native*; virgin.

national – domestic; national.

nationalisé – nationalized.
natrique – natric *(pedol)*.
natroalunite *f* – natroalunite, *a variety of alunite in which sodium partly replaces potassium.*
natrolite *f* – natrolite, *a zeolite formed of hydrous silicate of sodium and aluminum.*
natron *m* – natron, *complex salt found in dry lake beds or saline residues.*
naufrage *m* – shipwreck; wreckage.
nauséabond – nauseous.
nautile *m* – nautiloid *(pal)*.
nautique – nautical.
navette *f* – shuttle; tender *(ship)*; traveling block. **navette spatiale** : space shuttle.
Navier – Navier, *see équation de Navier-Stokes.*
navigabilité *f* – seaworthiness.
navigateur *m* – navigator. **navigateur inertiel** : inertial navigator.
navigation *f* – navigation. **navigation à vitesse réduite** : slow steaming. **navigation à voile** : sailing. **navigation astronomique** : celestial navigation. **navigation au long-cours** : ocean navigation. **navigation aux instruments** : instrument navigation. **navigation aux satellites** : satnav. **navigation côtiere** : coastal navigation. **navigation hauturière** : ocean navigation. **navigation inertielle** : *see navigation par intertie.* **navigation par Doppler** : Doppler navigation. **navigation par inertie** : inertial navigation. **navigation par satellite** : satellite navigation.
navire *m* – boat; ship; vessel. **navire à chargement ponté** : lift-on/lift-off ship. **navire à citernes séparées** : parcel tanker, *having a number of separate tanks for transporting different chemicals.* **navire à passagers** : passenger ship. **navire à positionnement dynamique** : dynamically-positioned ship. **navire à poste** : ship at berth. **navire à produits blancs** : clean-oil vessel. **navire à produits noirs** : dirty-oil vessel. **navire à vapeur** : steamer; steamship, *S/S.* **navire allégeur** : lighter. **navire charbonnier** : collier. **navire chauffé au mazout** : oiler. **navire citerne** : tanker. **navire collecteur** : feeder ship. **navire cryogénique** : cryogenic ship; cryogenic tanker. **navire d'assistance** : support vessel. **navire d'intervention** : utility vessel. **navire de charge** : cargo ship. **navire de forage** : drillship. **navire de forage à positionnement dynamique** : dynamically-positioned drillship (DPDS). **navire de haute mer** : seagoing vessel. **navire de même série** : *see navire jumeau.* **navire de ravitaillement** : supply ship. **navire de service** : supply boat; supply ship. **navire de servitude** : service ship. **navire de soutien** : support vessel, *see also navire soutien.* **navire dépollueur** : oil-recovery vessel. **navire désarmé** : decommissioned ship; laid up ship. **navire frigorifique** : reefer. **navire incinérateur** : incinerator ship. **navire inférieur aux normes** : substandard ship. **navire jumeau** : sister ship. **navire kangourou** : barge carrier. **navire long-courrier** : oceangoing ship. **navire marchand** : merchant vessel. **navire méthanier** : LNG tanker. **navire multitâche** : multipurpose vessel; multiservice vessel (MSV). **navire porte-barges** : barge carrying vessel; float-on/float-off ship; lighter aboard ship (LAS). **navire porte-chaland** : *see navire porte-barges.* **navire porte-conteneurs** : container ship. **navire porte-conteneurs cellulaire** : lift-on/lift-off ship. **navire roulier** : *see roulier.* **navire-soutien de plongée** : diving workboat. **navire support** : mother ship.
Navstar – Navstar, *tradename for a global positioning system.*
Navtrak – Navtrak, *tradename for an acoustic positioning system.*
NC – NC, *abbr. nitrocellulose.*
Nebraskien *m* – Nebraskan, *early Pleistocene stage.*
nébulaire – nebular.
nébuleuse *f* – nebula. **nébuleuse spiralée** : spiral nebula.
nébulisation *f* – nebulization.
nébulite *f* – nebulite, *chorismite (migmatite) with indistinct inclusions.*
nébulosité *f* – cloud cover; cloudiness.
nécessaire – required.
neck *m* – neck, *a vertical chimneylike intrusion representing a former volcanic vent.*
necton *m* – nekton, *any free-swimming aquatic organism.*
nectonique – nektonic.
négatif *m* – negative *(photo)*. **négatif dense** : dense negative. **négatif en couleur** : color negative. **négatif surexposé** : dense negative.
négatron *m* – negatron *(electron)*.
négligence *f* – negligence, *lack of maintenance.*
négliger – discount (to); disregard (to); overlook (to).
négociant *m* – dealer; merchant; trader.
négociation *f* – negotiation. **négociation tarifaire** : tariff negotiation. **négociations collectives** : collective bargaining.
neige *f* – snow. **neige acide** : acid snow. **neige carbonique** : dry ice. **neige fondue** : slush. **neige poudreuse** : powder snow. **neige pulvérulente** : powdery snow.
nématique – nematic, *crystalline phase.*
nématoblastique – nematoblastic, *texture of metamorphic rocks.*
nématocide *m* – nematocide, *a chemical used to kill nematodes (plant parasites) in agriculture.*
néoautochtone *m* – neoautochthon, *stable basement or autochthon formed where a nappe has ceased movement and become defunct.*
Néocène *m* – Neocene, *a former synonym of Neogene.*
Néocomien *m* – Neocomian, *Lower Cretaceous stage.*
néodyme *m* – neodymium, *symbol Nd.*
néoformation *f* – *see néogenèse.*
néoformé – neogenic *(geol)*.
Néogène *m* – Neogene, *the Miocene and Pliocene in the late Tertiary period.*
néogenèse *f* – neogenesis, *formation of new minerals.*
néohexane *m* – neohexane, *2,2-dimethylbutane, a colorless volatile flammable liquid with a very high octane number.*
Néolithique *m* – Neolithic, *the last division of the Stone Age in the Holocene.*
néomorphique – neomorphic.
néon *m* – neon, *symbol Ne.*

néopentane *m* – neopentane, *tetramethylmethane.*
néopentylglycol *m* – neopentylglycol.
néoprène *m* – neoprene, *a type of elastomer obtained by polymerization of chloroprene.*
néosome *m* – neosome, *fraction of a mineral or rock that appears to be younger than the original material.*
néospirifère *m* – neospirifer, *a type of brachiopod found in the Carboniferous and Permian.*
néotectonique *f* – neotectonics, *study of post-Miocene structures and the structural history of the Earth's crust.*
néoténie *f* – neoteny *(pal).*
néotype *m* – neotype *(pal).*
néovolcanique – neovolcanic.
néper *m* – neper, *or napier, unit used to express the ratio of two currents, voltages or analogous quantities, with the number of nepers being the natural logarithm of this ratio.*
népérien – Napierian.
néphéline *f* – nepheline *(miner).*
néphélinite *f* – nephelinite, *an igneous rock consisting mainly of nepheline and pyroxene.*
néphéloïde – nepheloid, *see couche néphéloïde.*
néphélomètre *m* – nephelometer, *an instrument for measuring the turbidity of a liquid by measuring the amount of light emitted at right angles to the direction of the original beam.*
néphélométrie *f* – nephelometry, *the study of suspensoids using light-scattering techniques.*
néphrite *f* – nephrite *(petro).*
neptunien – neptunian, *or neptunic.*
neptunium *m* – neptunium, *symbol Np.*
nerf *m* – fiber; rider *(mining).*
néritique – neritic, *used to characterize coastal water zones with ocean depths between 0 and 200 m.*
Nermot – Nermot, *see équation de Nermot.*
Nernst – Nernst, *see effet Nernst, potentiel de Nernst.*
nerveux – fibrous.
nervure *f* – feather; rib; web.
nervuré – ribbed.
nésosilicate *m* – nesosilicate, *a class of silicate.*
Nessler – Nessler, *see réactif de Nessler, tubes de Nessler.*
net – accurate; clean; neat; net; sharp.
netteté *f* – resolution; sharpness *(opt).* **netteté de l'image** : sharpness of picture.
nettoyage *m* – cleaning; cleanout; purging; scrubbing; turbining, *cleaning with a turbine scraper.* **nettoyage à sec** : dry cleaning. **nettoyage au chalumeau** : flame priming, *of steel surfaces before they are painted.* **nettoyage au jet** : jet cleaning, *cleaning tubes by a jet of water, detergent or hydrocarbons*; jetting out. **nettoyage au jet de sable** : sandblasting *(metal).* **nettoyage chimique** : chemical cleaning, *as opposed to mechanical cleaning, using solvents and chemicals to dissolve deposits on the surface of refinery equipment.* **nettoyage du front de taille** : bottomhole cleaning. **nettoyage mécanique** : mechanical cleaning. **nettoyage par ultrasons** : ultrasonic cleaning.
nettoyant *m* – cleanser.
nettoyé – scrubbed.
nettoyer – clean (to); clean (to) up; dip (to); scavenge (to). **nettoyer un puits de production** : pull (to).
nettoyeur *m* – cleaner. **nettoyeur de parois** : wall cleaner *(drill).*
neuf – new, *fem. neuve.*
neural – neural.
neutralisation *f* – neutralization, *adding a base to an acidic solution or an acid to a basic solution to make pH = 7.*
neutraliser – correct (to); neutralize (to).
neutralisation *f* – neutralizing.
neutre – neutral, *said of an oil that is neither acid nor basic.* **neutre non visqueux** : nonviscous neutral. **neutre visqueux** : viscous neutral.
neutrino *m* – neutrino.
neutron *m* – neutron. **neutron de fission** : fission neutron. **neutron de résonance** : resonance neutron. **neutron différé** : delayed neutron. **neutron épicadmique** : epicadmium neutron. **neutron épithermique** : epithermal neutron. **neutron épithermique de paroi** : sidewall neutron porosity. **neutron froid** : cold neutron. **neutron instantané** : prompt neutron. **neutron intermédiaire** : intermediate neutron. **neutron lent** : slow neutron. **neutron prompt** : prompt neutron. **neutron pulsé** : pulsed neutron. **neutron rapide** : fast neutron. **neutron retardé** : delayed neutron. **neutron thermique** : thermal neutron. **neutron utile** : useful neutron. **neutron vierge** : virgin neutron.
névadien – Nevadan, *see phase névadienne.*
névé *m* – firn; névé, *a firn field or hardened snow at the head of a glacier.*
newton *m* – newton, *SI unit of force that will impart an acceleration of 1 meter per square second to a mass of 1 kilogram, symbol* N. **newton mètre** : newton meter, *SI unit of moment of force and torque* (N.m). **newton mètre carré par kilogramme carré** : newton square meter per kilogram squared, *SI unit of gravitational constant* ($N.m^2/kg^2$). **newton par mètre** : newton per meter, *SI unit of surface tension* (N/m). **newton par mètre carré** : newton per square meter, *see pascal.* **newton-seconde par mètre** : newton second per meter, *SI unit of mechanical impedance* (N.s/m).
newtonien – Newtonian.
nez *m* – nose. **nez d'injecteur** : injector nozzle. **nez de l'outil** : bit nose. **nez de molette** : cutter nose, *on a drill bit.*
Niagarien *m* – Niagaran, *Middle Silurian series.*
niche *f* – bell hole, *excavation for repairing the joints of buried pipelines*; cove, *carved out by wave action*; cranny. **niche de rangement glaciaire** : ice-scour notch. **niche murale** : wall box.
nickel *m* – nickel, *symbol Ni.* **nickel carbonyle** : nickel carbonyl. **nickel de Raney** : Raney nickel, *a nickel powder made from an alloy of nickel and aluminum and used as a catalyst.* **nickel électrolytique** : electrolytic nickel.
nickelage *m* – nickel plating.
nickeler – nickel (to).
nicol *m* – Nicol prism, *device for producing plane-polarized light.* **nicols croisés** : crossed Nicols. **nicols parallèles** : parallel Nicols.

nid *m* – nest; pocket. **nid d'abeille** : honeycomb. **nid de pie** : crow's nest. **nid de poule** : pothole. **nid de soufflures** : coarse porosity, *weld.*

nifé *m* – *see barysphère.*

nigrite *f* – nigrite, *a variety of asphalt ; an insulating substance made from impure residuum from paraffin distillation.*

nilas *m* – nilas, *the thin elastic dull-colored sheet of ice undulating as the result of wave action and, under pressure, forming interlaced fingering advances (overlapping with imbrication).* **nilas clair** : light nilas, *more than 5 cm thick.* **nilas sombre** : dark nilas, *less than 5 cm thick.*

nimbus *m* – nimbus.

niobate *m* – niobate.

niobium *m* – niobium, *symbol Nb.*

nit *m* – nit, *a unit of luminance equal to one candela per square meter.*

nitrate *m* – nitrate. **nitrate d'ammonium** : ammonium nitrate, *explosive.* **nitrate d'argent** : silver nitrate. **nitrate de calcium** : calcium nitrate. **nitrate de cellulose** : cellulose nitrate. **nitrate de lanthane** : lanthanum nitrate. **nitrate de péroxyacétyle (NPA)** : peroxyacetyl nitrate (PAN), *a pollutant created by the action of sunlight on hydrocarbons and nitrogen oxides, identified as a component of smog.* **nitrate de potassium** : potassium nitrate. **nitrate de sodium** : sodium nitrate.

nitratine *f* – soda niter *(miner).*

nitration *f* – nitration, *the introduction of a nitro group into an organic molecule.*

nitre *m* – niter, *a natural potassium nitrate.*

nitrène *m* – nitrene *(chem).*

nitreux – nitrous.

nitrification *f* – nitrification, *oxidation of nitrogen in ammonia to form nitrous and nitric acids and salts.*

nitrile *m* – nitrile, *an organic cyanide.*

nitrilotriacétique – nitrilotriacetic.

nitrique – nitric.

nitrite *m* – nitrite. **nitrite d'argent** : silver nitrite. **nitrite de sodium** : sodium nitrite.

nitroalcane *m* – nitroalkane, *see nitroparaffine.*

nitrobactérie *f* – nitrobacteria, *soil bacteria that oxidize ammonia to nitrites or nitrates.*

nitrobenzène *m* – nitrobenzene, *a derivative of benzene and nitric acid used as a solvent in lube-oil refining.*

nitrocellulose *f* – collodion cotton; nitrocellulose, *nitric-acid esters of cellulose, usually obtained from cotton, used as an explosive and propellant, such as guncotton, also called cellulose nitrate.*

nitroéthane *m* – nitroethane, *a nitroparaffin.*

nitroglycérine *f* – nitroglycerin.

nitroguanidine *f* – nitroguanidine.

nitrométhane *m* – nitromethane.

nitromètre *m* – nitrometer.

nitronaphtalène *m* – nitronaphthalene.

nitronium *m* – nitronium *(chem).*

nitroparaffine *f* – nitroalkane, *any organic compound in which one or more hydrogen atoms of a paraffinic hydrocarbon are replaced by a nitro group, used as a solvent and raw material for synthesis*; nitroparaffin.

nitrophénol *m* – nitrophenol, *name of three isomers: ortho, meta, para.*

nitropropane *m* – nitropropane, *a nitroparaffin with two isomers.*

nitrosation *f* – nitrosation, *the replacement of a hydrogen atom by the nitroso group.*

nitroso – nitroso, *said of a monovalent radical.*

nitrosubstitution *f* – nitrosubstitution, *introducing a nitryl radical in place of hydrogen atoms, such as in manufacturing some explosives.*

nitrotoluène *m* – nitrotoluene, *a name for three isomers: ortho, meta, para.*

nitro-urée *f* – nitrourea *(chem).*

nitroxylène *m* – nitroxylene.

nitruration *f* – nitriding, *surface hardening of steel*; nitrogen case-hardening *(metal).* **nitruration ionique** : ion nitriding.

nitrure *m* – nitride. **nitrure de bore** : boron nitride. **nitrure de phosphore** : phosphorus nitride. **nitrure de titane** : titanium nitride.

nitruré – nitrided.

nithryle *m* – nithryl.

nivation *f* – nivation, *effects of snow and ice beyond the limits of glacier action.*

niveau – *see also bas niveau and dépôts de bas niveau*; level; leveling instrument; tier. **niveau à bulle** : air level; bubble level; spirit level. **niveau à lunette** : surveyor's level. **niveau à lunette fixe** : dumpy level, *with a fixed telescope.* **niveau à main** : hand level *(topog).* **niveau à main binoculaire** : binocular hand level. **niveau charbonneux** : coal rake. **niveau constant** : constant level. **niveau d'Abney** : Abney level, *clinometer.* **niveau d'abrasion** : abrasion level. **niveau d'action des vagues** : wave base, *the depth at which wave action no longer stirs the sediments.* **niveau d'eau** : water gage; water level. **niveau d'énergie** : energy level. **niveau d'érosion** : erosion level. **niveau d'érosion des vagues par mer calme** : fair-weather wave base. **niveau d'excitation** : excited level. **niveau d'huile** : oil level. **niveau d'hydrate** : gas hydrate layer. **niveau d'intensité acoustique** : sound-intensity level. **niveau d'isolement** : insulation level *(elec).* **niveau d'isosonie** : loudness level. **niveau de base** : baselevel, *lowest theoretical level to which a stream can erode its bed*; datum line. **niveau de base d'érosion** : erosion baselevel. **niveau de base des vagues** : wave depth, *depth of wave action.* **niveau de base général** : grand baselevel, *sealevel.* **niveau de boue** : pit level *(drill).* **niveau de bruit** : noise level. **niveau de bruit blanc** : white-noise level. **niveau de carburant à l'arrêt** : standing fuel level. **niveau de carburant en marche** : running fuel level. **niveau de compensation** : compensation level. **niveau de compensation des carbonates** : carbonate compensation depth (CCD), *oceanic level below which the rate of solution of calcium carbonate exceeds its rate of deposition.* **niveau de confiance** : confidence level. **niveau de crêtes** : peak plain; summit plane *(geomorph).* **niveau de déclenchement** : trigger level. **niveau de fiabilité acceptable** : acceptable reliability level. **niveau de fond** : background level *(pol)*; bottom level. **niveau de la mer (NM)** : sealevel. **niveau de précision** : precise level *(topog).* **niveau de pression acoustique** : sound-pressure level. **niveau de pression zéro** : zero head level. **niveau de prétraitement** : preprocessing level. **niveau de puissance acoustique** : sound-power level. **niveau de qualité acceptable** : acceptable quality level. **niveau de reconnaissance** : reconnaissance level. **niveau de référence** : level of reference; structural datum. **niveau de rejet nul** : zero discharge *(pol)*. **niveau de repère** : datum horizon *(geol)*. **niveau de résilience** : impact value *(metal)*. **niveau de risque acceptable** : acceptable risk level. **niveau de saturation** : saturation level, *of water*. **niveau de tension** : voltage level. **niveau de vie** : standard of living. **niveau de vol** : flight level. **niveau des basses eaux** : low-water datum. **niveau des stocks** : stock level. **niveau du fluide** : fluid level, *level of oil in a borehole*. **niveau du liquide** : liquid head. **niveau du plan d'eau** : level of the water table. **niveau du sol** : groundlevel. **niveau eau-huile d'un gisement** : oil-water level. **niveau énergétique** : energy level. **niveau eustatique** : eustatic sealevel; global sealevel. **niveau gaz-huile** : gas-oil level, *the interfacial level between gas and oil in a reservoir*. **niveau hydrostatique** : hydrostatic level. **niveau inférieur** : bottom. **niveau initial** : initial level. **niveau interfacial** : interface level. **niveau intermédiaire** : blind level *(mine)*; intermediate level. **niveau marin relatif** : relative sealevel. **niveau maximum de l'eau (NME)** : high high water (HHW), *highest wave at highest storm tide*. **niveau minéralisé** : ore horizon. **niveau moyen** : mean level. **niveau moyen de la mer** : mean sealevel (MSL). **niveau moyen des basses eaux** : mean low water. **niveau moyen des hautes eaux** : mean high water. **niveau pétrolifère** : oil horizon. **niveau phréatique** : groundwater level. **niveau piézométrique** : groundwater level; piezometric level. **niveau principal** : main level. **niveau repère** : key bed; marker; marker bed. **niveau rubéfié** : duricrust; hardground, *a seabed area made of lithified sediment to form a hard surface that is often encrusted, discolored, case-hardened and solution-ridden*. **niveau sonore** : sound level. **niveau zéro** : zero level. **à niveau** : at grade.

niveler – even (to); grade (to); level (to).

nivelette *f* – bone board.

niveleuse *f* – blade grader; leveler; road grader. **niveleuse automotrice** : motorgrader.

nivelle *f* – *see niveau à bulle*.

nivellement *m* – grading; land leveling; leveling; leveling survey; spirit leveling; survey of heights; surveying. **nivellement barométrique** : barometric leveling. **nivellement direct** : direct leveling. **nivellement hypsométrique** : thermometric leveling. **nivellement indirect** : heighting; indirect leveling. **nivellement trigonométrique** : trigonometric leveling.

NM – SL, *abbr. niveau de la mer: sealevel.*

NME – HHW, *abbr. niveau maximum de l'eau: high high water.*

nobélium *m* – nobelium, *symbol No.*

noble – noble; precious.

nocif – harmful; injurious; noxious.

nodal – nodal.

nodule *m* – nodule; pyrite nodule. **nodule de charbon** : coal balls, *nodules of coal containing petrified plant and sometimes animal remains*. **nodule de manganèse** : manganese nodule, *polymetallic nodules found on ocean bottoms*. **nodule phosphaté** : phosphatic nodule.

noduleux – nodular.

nodulisation *f* – pelletization.

nodulisé – pelletized.

noeud *m* – bight; bow; hitch; kink; knot, *interlaced attachment of flexible bodies such as rope, wire, string, etc.*; knot (kn), *a speed unit of 1 nautical mile (1.852 km) per hour*; node, *waves*; trough, *of a vibrational movement*. **noeud ascendant** : ascending node, *satellite*. **noeud coulant** : noose; running knot; slip knot. **noeud d'assemblage des tubes** : tubular joint. **noeud de cabestan** : bowline. **noeud de canalisations** : mains junction. **noeud de chaise** : bowline. **noeud de diffraction** : diffraction knot. **noeud de grille** : grid node. **noeud descendant** : descending node, *of a satellite*. **noeud lâche** : loose knot. **noeud non raidi** : unstiffened joint. **noeud raidi** : stiffened joint.

noir *m* – black. **noir animal** : animal black, *made by calcination of animal bones or ivory*. **noir d'acétylène** : acetylene black. **noir d'os** : bone black, *see also noir animal*. **noir de carbone** : carbon black, *carbon produced commercially by the incomplete combustion or thermal decomposition of natural gas and liquid hydrocarbons, see also noir de fumée*; channel black, *carbon black with the smallest particle size*. **noir de carbone de faible densité** : loose black. **noir de fer** : iron black. **noir de fumée** : flame black; lampblack; smoke black; sooty carbon. **noir de fumée d'hydrocarbure** : hydrocarbon black. **noir de gaz** : gas black. **noir de jais** : jet black. **noir de lampe** : lampblack. **noir de pétrole** : furnace black; petroleum black, *powdery carbon obtained from oil*. **noir de platine** : platinum black. **noir et blanc** : black and white *(photo)*. **noir minéral** : mineral black. **noir thermique** : thermal black. **noir végétal** : vegetable black.

noir – dirty, *used in the transportation of petroleum products leaving a black residue, e.g. crude oil, fuel oil, asphalt, etc.*

noircissement *m* – darkening. **noircissement de l'image** : image density.

noisette *f* – hazelnut.

noix *f* – nut; walnut. **noix de support** : boss *(chem)*.

noliser – *see affréter*.

nom *m* – name. **ancien nom** : former name. **nom commercial** : trade name. **nom générique** : generic name *(pal)*. **nom spécifique** : specific name. **nom vernaculaire** : vernacular name, *popular name*.

NOM – MON, *abbr. nombre d'octane moteur: motor octane number.*

nombre *m* – number. **nombre atomique** : atomic number, *the number of protons in an atomic nucleus*. **nombre caractéristique** : characteristic number. **nombre complexe** : complex number. **nombre d'Avogadro** : Avogadro's number, *the number of molecules* (6.022×10^{23}) *in one gram-molecular weight of a substance*. **nombre d'effet d'écran** : screening number. **nombre d'octane** : *see indice d'octane*. **nombre d'onde** : spatial frequency; wavenumber, *number of waves per unit distance perpendicular to a wavefront, i.e. the reciprocal of wavelength*. **nombre d'onde apparent** : apparent wavenumber. **nombre d'or** : gold number, *of a protective colloid*. **nombre d'unités**

de transfert (NUT) : number of transfer units (NTU). **nombre de collisions** : number of collisions, *of a molecule.* **nombre de coordination** : coordination number. **nombre de coups** : number of strokes. **nombre de coups de pompe** : pump stroke rate. **nombres de Damköhler** : Damköhler numbers. **nombre de Froude** : Froude number, *a dimensionless number expressing the ratio of inertia forces to gravity forces in the dynamics of heavy fluids.* **nombre de Knudsen** : Knudsen number, *a characteristic ratio in the dynamics of fluids, used for the flow of low-density gases.* **nombre de Mach** : Mach number, *ratio of the speed of a body to the surrounding air or fluid, or ratio of the speed of a fluid to the speed of sound in the medium.* **nombre de masse** : mass number. **nombre de modes** : mode number. **nombre de nappes** : tire rating (TR), *index of tire strength.* **nombre de Nusselt** : Nusselt number, *a dimensionless number used in the study of mass transfer.* **nombre de Peclet** : Peclet number, *giving the overall influence of heat conduction and convection and of the forces of inertia and viscosity, used for scaling up from a pilot plant to a commercial unit.* **nombre de plateaux** : plate number, *of a rectifying column.* **nombre de Prandtl** : Prandtl number, *a dimensionless number given by the specific heat at constant pressure multiplied by dynamic viscosity and divided by the thermal conductivity of a fluid.* **nombre de protons** : proton number. **nombre de Rayleigh** : Rayleigh number, *a dimensionless number used for heat transfer.* **nombre de Reynolds** : Reynolds number, *a dimensionless number used in fluid-flow calculations through a cylindrical tube.* **nombre de Schmidt** : Schmidt number, *a characteristic number used for two-phase flows.* **nombre de symétrie** : symmetry number. **nombre de tours** : number of revolutions, *of a motor or engine.* **nombre de tours par minute à plein régime** : number of rotations per minute at full load. **nombre de transport des ions** : transference number. **nombre de valence** : valence number. **nombre de Weber** : Weber number, *a dimensionless number used in the study of surface tension waves.* **nombre entier** : integer *(math)*; whole number. **nombre fractionnaire** : mixed number. **nombre imaginaire** : imaginary number. **nombres magiques** : magic numbers. **nombre pair** : even number. **à nombre pair d'électron** : even electron. **nombre premier** : prime number. **nombre quantique** : quantum number. **nombre quantique de rotation** : rotational quantum number. **nombre quantique de spin** : spin quantum number. **nombre quantique principal** : principal quantum number. **nombre réel** : real number. **nombre SAE** : SAE number. **nombre sans dimension** : dimensionless number. **nombre stoechiométrique** : stoichiometric number. **nombre volumique** : density number, *of molecules or particles.*

nomenclature *f* – nomenclature. **nomenclature binominale** : binomial nomenclature, *naming plants and animals with a Latin term made of two words, with the first designating the genus and the second the particular species.* **nomenclature des ondes** : wave notation.

nominal – indicated; nominal; rated.

nomogramme – alignment chart; nomogram.

non – not; no. **non en service** : off duty. **non retour à zéro (NRZ)** : non-return to zero. **non soumis à la flamme** : unfired.

non-additivé – nonadditive.

nonadécane *m* – nonadecane.

non-allié – nonalloy.

non-altéré – unweathered.

non-amalgamé – unamalgamated.

non-amorti – undamped.

nonane *m* – nonane, *nonyl hydride.*

non-angulaire – nonangular.

nonaromatique *m* – nonaromatics.

non-associé – nonassociated.

non-astatisé – unastatized.

non-attaché – unattached.

non-azéotrope – nonazeotropic.

non-bitumineux – nonasphaltic.

non-calmé – unkilled *(metal)*.

non-carboné – noncarbon.

non-carburé – uncarbureted.

non-classique – unconventional.

non-combustible – nonburning.

non-comestible – inedible.

non-commercial – noncommercial.

non-communiquant – noncommunicating.

non-compacté – uncompacted.

non-compensé – uncompensated.

non-compétitif – noncompetitive.

non-comptabilisé – unaccounted.

non-conformité *f* – nonconformity, *in geology, an unconformity developed between sedimentary rocks and unstratified older rocks (plutonic rocks)*.

non-consentement *m* – nonconsent.

non-consolidé – unconsolidated; unindurated.

non-consommable – inconsumable; nonconsumable; nonexpendable.

non-contaminé – uncontaminated.

non-continu – noncontinuous.

non-conventionnel – unconventional.

non-cristallin – noncrystalline.

non-cumulé – unaccrued.

non-dépôt – nondepositional.

non-destructif – nondestructive.

non-détergent – nondetergent.

non-développé – undeveloped.

non-diffuseur – nondispersive.

non-dilué – undiluted.

non-discrimination *f* – nondiscrimination.

non-disloqué – undisturbed *(geol)*.

non-distribué – undistributed.

non-divisé – undivided.

non-drainé – undrained.

non-échu – unaccrued.

non-énergétique – nonenergy.

non-éruptif – nonflowing, *well.*

non-étanche – leaking.

non-étudié – unworked.

non-exécution *f* – nonfulfillment, *of the clause of a contract*; nonperformance.

non-exploitant – nonoperating.

non-exploité – unworked.

non-façonné – unwrought.
non-ferreux – nonferrous.
non-fissile – nonfission.
non-fluide – nonfluid.
non-focalisé – unfocused.
non-fritté – unsintered.
non-gazeux – nongaseous.
non-habilité – ineligible.
non-haubané – unguyed.
non-homogène – inhomogeneous.
non-identifié – unidentified.
non-envahi – uninvaded.
non-linéaire – nonlinear.
non-linéarité *f* – nonlinearity, *of a control function.*
non-lubrifié – unlubricated.
non-malaxé – unworked, *grease.*
non-métal *m* – nonmetal, *any nonmetallic chemical element ; 25 elements are classified as nonmetals.*
non-métallique – nonmetallic.
non-miscible – immiscible.
non-mixée – straight.
non-modulé – unmodulated.
non-mouillant – nonwetting.
non-moussant – nonfoaming.
nonne *f* – earth pillar; sand pinnacle *(geol).*
non-newtonien – non-Newtonian.
nonoïque – nonoic *(chem).*
non-oléagineux – nonoleaginous.
non-opérateur *m* – nonoperator, *an individual or group owner of a lease having delegated his or its rights to manage drilling and/or production operations to another party for their mutual benefit.*
non-oxydant – nonoxidizing.
non-paraffinique – nonwaxy.
non-paramétrique – nonparametric.
non-participant – nonparticipating.
non-peluchant – lint free, *cloth.*
non-perforé – imperforate.
non-perturbé – undisturbed.
non-pétrolier – nonpetroleum.
non-polaire – nonpolar *(chem).*
non-polluant – nonpolluting.
non-producteur – nonproducing.
non-propriété *f* – nonownership.
non-raffinable – nonrefinable, *used for some types of very heavy crudes or fuel oils.*
non-raffiné – raw; unrefined.
non-raidi – unstiffened.
non-réactif – unreactive.
non-récupérable – expendable; fully expendable, *fully-expendable equipment*; nonrecoverable; unrecoverable.
non-renouvelable – nonrenewable.
non-rentable – unprofitable.
non-résolu – unsolved.
non-respect *m* – disregard, *transgression.*
non-revêtu – uncoated.
non-saturé – unsaturated.
non-siccatif – nondrying.
non-silvatique – nontree.
non-soudable – unweldable.
non-stabilisé – unstabilized.
non-stratifié – nonbedded; unbedded; unstratified.
non-substituable – nonsubstitutable.
non-syndiqué – nonunion.
non-tiré – not-shot, *or NS (seis).*
non-tissé *m* – nonwoven fabric.
non-traité – nonprocessed.
non-trié – unsorted.
nontronite *f* – nontronite, *an iron-rich clay mineral of the montmorillonite group.*
non-tubé – uncased *(drill).*
non-valeur *f* – worthlessness *(econ).*
nonyle *m* – nonyl, *univalent radical.*
nonylphénol *m* – nonylphenol.
NOR – RON, *abbr. nombre d'octane recherche: research octane number, and nombre d'octane route: road octane number.*
norbornadiène *m* – norbornadiene, *2,5-norbornadiene or bicyclo (2,2,1) hepta-2,5-diene.*
nord *m* – north. **nord géographique, nord vrai** : true north, *the direction of the north geographic pole.* **nord magnétique** : compass north; magnetic north, *the northerly direction in the Earth's magnetic field indicated by the needle of a magnetic compass.*
nordenskioldine *f* – nordenskioldine *(miner).*
nordstrandite *f* – nordstrandite *(miner).*
noria *f* – bucket chain; bucket elevator; chain pump; conveyor; elevator; scoop chain.
Norien *m* – Norian, *Upper Triassic stage.*
norite *f* – norite, *a coarse-grained igneous rock consisting mainly of plagioclase and orthopyroxene.*
normal – normal, *used for hydrocarbon compounds containing a straight-carbon chain*; standard. **normal au clivage** : on plane *(geol).*
normale *f* – normal, *average value of a meteorological element calculated over a uniform and relatively long period covering at least three consecutive ten-year periods.* **normales climatologiques** : climatologic normals (CLINO) *(meteo).* **normales saisonnières** : seasonal normals *(meteo).* **au-dessus de la normale** : supernormal.
normalisation *f* – normalization; standardization.
normalité *f* – normality, *measure of the number of gram-equivalent weights of a compound per liter of solution.*
normatif – normative.
norme *f* – norm; norm of a rock, *theoretical mineral composition of a rock*; specification; standard. **norme AFNOR** : AFNOR standard. **norme américaine** : American standard. **norme annulée** : withdrawn standard. **normes API** : API standards. **normes ASA** : ASA standards. **norme CIPW** : CIPW norm, *a system of classifying igneous rocks in which the content of a mineral represents its weight percentage, with all minerals being anhydrous minerals with a simplified composition.* **norme d'un vecteur** : norm of a vector. **norme de construction** : design standard. **norme de polarité** : polarity standard. **norme provisoire** : tentative standard. **norme technique** : technical standard.

normé – normalized.
northupite *f* – northupite *(miner)*.
notable – appreciable; significant.
notation *f* – notation. **notation chimique** : chemical notation. **notation du personnel** : personnel evaluation. **notation polonaise inverse** : reverse Polish notation (RPN) *(computer)*.
note *f* – bill. **note explicative** : schedule.
notice *f* – instruction book; leaflet; notice. **notice de documentation** : data sheet. **notice de fonctionnement** : operating instructions. **notice de mise à disposition** : notice of readiness (NOR), *to load or unload*. **notice de réglage** : attendance regulations.
notification *f* – notice.
nouer – lash (to).
nourrice *f* – auxiliary tank; feeding head; header tank.
nourriture *f* – food.
nouveau – fresh; new. **nouveaux gaz** : unconventional gas, *natural gas found in unusual underground conditions*. **nouveaux pétroles** : unconventional oil, *deep offshore oil, arctic oil, oil produced by enhanced recovery, extraheavy oil, tar sands, oil shales and synthetic fuel*.
Nouveaux-grès-rouges – New Red Sandstone, *Permian and Triassic systems in NW England*.
novaculite *f* – novaculite, *a cryptocrystalline siliceous sedimentary rock often used as a whetstone*.
novolaque *f* – novolak, *novolac, a thermoplastic phenol-formaldehyde resin used in varnishes*.
NO_x – NO_x, *abbr. oxydes d'azote : nitrogen oxides*.
noyage *m* – drowning, *flooding of a producing well by water*; flooding.
noyau *m* – core; kernel; kernel function; nucleus; nugget *(miner)*; ring *(chem)*. **noyau anticlinal** : anticlinal core; core of an anticline. **noyau aromatique** : aromatic nucleus; aromatic ring. **noyau atomique** : atomic nucleus. **noyau benzénique** : benzene nucleus. **noyau composé** : compound nucleus. **noyau d'un anticlinal érodé** : anticlinal gap. **noyau de condensation** : condensation nucleus. **noyau de fer** : iron core. **noyau de glace** : ice core. **noyau de sel** : salt plug, *of a salt dome*. **noyau de Stefanesco** : Stefanesco function, *kernel function*. **noyau de support** : carrying ring. **noyau du pli** : arch core. **noyau du récif** : reef core. **noyau fermé** : closed core. **noyau fissile** : fissile nucleus. **noyau hexagonal** : six ring. **noyau magnétique** : magnetic core. **noyau rocheux** : rock core. **noyau salé d'un dôme de sel** : salt core of a salt dome. **noyau synclinal** : trough core *(geol)*. **noyau terrestre** : core of the Earth. **pourvu d'un noyau** : cored.
noyautage *m* – coring.
noyé – concealed; drowned; sunken. **noyé dans** : embedded.
noyer – flood (to); flush (to); insert (to).
NPA – PAN, *abbr. nitrate de peroxyacétyle, peroxyacetyl nitrate*.
nu – bare.
nuage *m* – cloud. **nuage de base** : base surge *(nucl)*. **nuage de fumée** : smoke cloud. **nuage de points** : cluster; scatter diagram *(stat)*. **nuage électronique** : electronic cloud. **nuage toxique** : toxic cloud.
nuageux – cloudy.
nuance *f* – grade; hue; tone. **nuance d'acier** : grade of steel; steel grade.
nucléaire – nuclear.
nucléation *f* – nucleation, *the formation of new crystal nuclei in supersaturated solutions*. **nucléation spontanée** : spontaneous nucleation.
nucléé – nucleate.
nucléide *m* – *see nuclide*.
nucléique – nucleic.
nucléofuge – nucleofuge, *referring to the departure of charged or uncharged atoms during a substitution or replacement reaction*.
nucléon *m* – nucleon.
nucléophile – nucleophile; nucleophilic.
nucléophilie *f* – nucleophilicity.
nuclide *m* – nuclide. **nuclide fertile** : fertile nuclide. **nuclide fissile** : fissile nuclide. **nuclide superlourd** : superheavy nuclide.
nuée *f* – cloud. **nuée ardente** : glowing cloud *(geol)*; hot cloud. **nuée péléenne** : hot cloud. **nuée volcanique** : eruption cloud.
nuisance *f* – harmful effect. **nuisance acoustique** : noise pollution.
nuisible – detrimental; noxious.
nul – null.
numérateur *m* – numerator. **au numérateur** : upstairs.
numération *f* – numeration. **numération binaire** : binary number system, *representation for numbers using only the digits 0 and 1*.
numérique – digital; numeric; numerical.
numérisation *f* – A/D conversion, *analog to digital conversion*; digitizing. **numérisation d'image** : image digitizing.
numérisé – digitized.
numériser – digitize (to); quantize (to).
numériseur *m* – counter; digitizer. **numériseur d'image** : image digitizer.
numéro *m* – issue, *of a periodical*; number. **numéro atomique** : atomic number. **numéro d'identification de la boîte de vitesse** : transmission identification number (TIN). **numéro d'identification du véhicule** : vehicle identification number (VIN). **numéro d'immatriculation** : registration number. **numéro d'ordre** : file number; serial number. **numéro de bloc** : block number, *number assigned to a particular license block of the continental shelf*. **numéro de référence dans le code des couleurs** : color index number. **numéro de série** : serial number. **numéro matricule** : serial number.
nummulite *f* – nummulite *(pal)*.
nummulitique – nummulitic.
Nummulitique *m* – Nummulitic, *a synonym of Paleogene*.
nunatak *m* – nunatak, *a rock peak projecting above a glacier or an ice cap*.
Nusselt – Nusselt, *see nombre de Nusselt*.
NUT – NTU, *abbr. nombre d'unités de transfert, number of transfer units*.
nutation *f* – nutation.
nutriment *m* – nutrient, *an organic or inorganic compound used to sustain plant and animal life*.

nutritif – nutritive.

nutrition *f* – nutrition.

nycthéméral – diurnal.

nylon *m* – nylon, *former trademark that has become a generic term for long-chain polymeric amide molecules, used to make fibers, fabrics and extruded materials.*

NYMEX – NYMEX, *New York Mercantile Exchange.*

Nyquist – Nyquist, *see critère de Nyquist, fréquence de Nyquist.*

O

OAS – SAW, *abbr. onde acoustique de surface, surface acoustic wave.*

obduction *f* – obduction, *the overthrusting of oceanic crust onto the continental lithospheric plates.*

objectif *m* – lens; objective; play, *of oil and gas prospecting*; target. **objectif à angle normal** : normal-angle lens. **objectif à distance focale variable** : varifocal lens; zoom lens. **objectif à immersion** : immersion lens. **objectif à immersion d'huile** : oil-immersion objective. **objectif à revêtement antiréfléchissant** : coated lens. **objectif achromatique** : color-corrected lens. **objectif anastigmatique** : anastigmatic lens. **objectif apochromatique** : apochromatic lens. **objectif convergent** : converging lens; positive lens. **objectif grand angulaire** : wide-angle lens; wide lens. **objectif super grand angulaire** : super-wide-angle lens. **objectif traité** : coated lens.

objectivité *f* – material frame indifference; objectivity, *when behavior laws are independent of the movement of the reference axes used.*

objet *m* – object; scope. **objet préfabriqué** : prefab. **objet virtuel** : virtual object.

obligation *f* – bond *(econ)*; debenture; obligation. **obligation au porteur** : bearer bond. **obligation contractuelle** : contractual obligation. **obligation de transport pour le compte de tiers** : mandatory contract carriage. **obligation nominative** : registered bond. **obligations de travaux** : minimum of work; work obligation, *minimum seismic surveying, drilling and other such operations that the contracting party must do during a given exploration period.* **obligations financières** : financial commitments, *minimum expenditures that the contracting party must put up during each exploration period*; minimum of expenditures.

obligatoire – compulsory; mandatory; obligatory.

oblique – oblique; skew; slant; slanted. **oblique basse** : low oblique. **oblique latérale** : lateral-oblique photograph. **oblique panoramique** : high oblique.

obliquement – aslant.

obliquité *f* – angularity; obliquity; skewness; wave-slant path. **obliquité de l'arête d'un outil de forage** : drill rake. **obliquité de la migration** : migration offset *(seis)*; offset migration *(seis)*.

oblitération *f* – cancellation; obliteration.

oblitérer – obliterate (to); cancel (to).

obscurité *f* – cloudiness.

obséquent – obsequent, *anaclinal.*

observateur *m* – observer *(seis)*.

observation *f* – keeping; observation; watch. **observation anaglyphique** : anaglyphic viewing, *remote sensing.* **observation astronomique** : astronomical observation. **observation binoculaire** : binocular vision. **observation due au hasard** : chance observation. **observation indirecte** : indirect observation. **observation orthoscopique** : orthoscopic viewing. **observation pseudoscopique** : pseudoscopic viewing. **observation stéréoscopique** : stereoscopic vision. **observations sur le terrain** : field observations *(geol)*.

obsidienne *f* – obsidian, *dark-colored volcanic glass.*

obsolescence *f* – obsolescence.

obsolète – obsolete.

obstacle *m* – drawback; hindrance; preventer. **obstacle tarifaire** : tariff barrier.

obstruction *f* – clogging; obstruction.

obstrué – blocked. **obstrué par le sable** : sanded up.

obstruer – block (to); choke (to); obstruct (to); occlude (to). **s'obstruer** : clog (to).

obturateur *m* – baffle plate; bung; control head; preventer *(drill)*; seal; shutter; slide gate, *of a valve*; stopper; throttle. **obturateur à fermeture sur tiges** : pipe-ram preventer. **obturateur à fermeture totale** : blind-ram preventer. **obturateur à gaz** : gas stopper. **obturateur à mâchoires** : ram blowout preventer. **obturateur à rideau** : curtain shutter. **obturateur annulaire** : annular blowout preventer *(drill)*; annular preventer, *a large BOP valve that forms a seal in the annular space between the wellbore and the drill pipe.* **obturateur au mercure** : mercury cutoff, *isolation device (for gas) using mercury.* **obturateur de cimentation** : cement retainer. **obturateur de fond** : downhole blowout preventer (DHBOP) *(drill)*. **obturateur de ligne** : line blind. **obturateur de ligne de sécurité** : wedge lock. **obturateur de presse-étoupe** : stuffing-box packing. **obturateur de sécurité avec sorties latérales** : diverter, *used to control well blowout at shallow depths and to direct the flow away from the rig.* **obturateur de vanne** : valve wedge. **obturateur focal** : focal-plane shutter.

obturation *f* – plugging; seal; shutoff; stoppage; stuffing; throttling. **obturation d'un puits à la boue** : seal-off, *the penetration of a drilling fluid into a productive formation, restricting or preventing it from production.* **obturation de fond** : downhole sealing. **obturation glaciaire** : ice dam, *ice barrier.* **obturation par billes** : ball-sealer process, *injection of rubber, plastic or metal balls with the fracturing fluid to plug up bottomhole perforations.*

obturé – blanked off, *by a blank flange.*
obturer – seal (to); seal (to) off, *a stratum.* **obturer l'arrivée d'eau** : block (to) off, *by mud or cement (drill).* **obturer un aquifère** : seal (to) off a water-bearing formation. **obturer un puits à la boue** : seal (to) the hole off with mud. **obturer un trou de forage** : seal (to) a hole.
obtus – obtuse.
occasion *f* – opportunity. **d'occasion** : second hand.
occlure – occlude (to).
occlus – occluded.
occlusion *f* – occlusion. **occlusion de gaz** : gas occlusion.
occultation *f* – occultation; eclipse; occulting.
occulte – occult.
occupation *f* – occupation.
occurrence *f* – occurrence. **occurrence non transformée** : native occurrence. **occurrence vierge** : native occurrence.
OCDE – OECD, *abbr. for Organisation de Coopération et de Développement Economique: Organization for Economic Co-operation and Development.*
océan *m* – ocean.
océanique – oceanic.
océanisation *f* – oceanization, *conversion of continental crust into oceanic crust.*
océanite *f* – oceanite *(geol).*
océanographie *f* – oceanography. **océanographie biologique** : biological oceanography. **océanographie géologique** : geological oceanography. **océanographie physique** : physical oceanography.
océanologie *f* – oceanology.
ocellaire – ocellar, *referring to the texture of an igneous rock having crystalline aggregates of phenocrysts.*
ocelle *m* – ocellus, *plur. ocelli, a phenocryst in an ocellar rock.*
ocre *f* – ocher, *a pulverulent iron oxide used as a pigment.* **ocre de nickel** : nickel ocher. **ocre jaune** : yellow earth; yellow ocher.
ocré – ocherous.
ocreux – ocherous.
octacosane *m* – octacosane.
octadécane *m* – octadecane.
octaèdre *m* – octahedron *(cryst).* **octaèdre tronqué** : trisoctahedron *(cryst).*
octaédrique – octahedral.
octal – octal *(math).*
octane *m* – octane, *the eighth in the series of saturated paraffinic hydrocarbons ; see also indice d'octane.* **octane normal** : normal octane.
octanoïque – octanoic.
octanol *m* – octanol, *octyl alcohol.*
octave *m* – octave.
octène *m* – octene, *octylene.*
octet *m* – octet.
octogonal – octagonal.
octogone *m* – octagon.
octroi *m* – grant. **octroi d'un titre** : granting.
octyle *m* – octyl.
octylène *m* – octylene, *octene.*
octyne *m* – octyne.
oculaire *m* – eyepiece.
oculaire – ocular.
odeur *f* – fragrance; odor, *usually unpleasant;* scent; smell. **odeur piquante** : pungency.
odographe *m* – odograph.
odomètre *m* – cyclometer; odometer.
odorant – odorous.
odoriférant – fragrant.
odorimètre *m* – odorimeter.
odorisant *m* – odorant.
odorisation *f* – odorization; odorizing.
odoriseur *m* – odorizer.
OE – CW, *abbr. onde entretenue: continuous wave.*
oedomètre *m* – consolidometer, *used to measure the compression of a ground sample under a vertical load;* oedometer.
oedométrique – oedometric.
oeil *m* – eye. **oeil de chat** : cat's eye, *a variety of chrysoberyl (miner).* **oeil neuf** : fresh view. **oeil nu** : unaided eye.
oeillé – augen *(petro).*
oeillet *m* – eye; eyelet. **oeillet de câble** : thimble. **oeillet fileté** : eyebolt.
oenanthol *m* – *see heptanal.*
oersted *m* – oersted, *a unit of magnetic field strength.*
oeuvres *f* – works. **oeuvres mortes** : deadworks; topsides, *the deck of a ship or offshore structure, or the aboveground part of a drill rig.* **oeuvres vives** : quickwork, *of a ship.*
office *m* – office. **office de compensation** : clearing office.
officiel – official.
offre *f* – bid; offer; tender. **offre chiffrée** : priced offer. **offre clé en main** : turnkey bid. **offre excédentaire** : oversupply. **offre ferme** : firm offer. **offre publique d'achat (OPA)** : takeover bid. **offre réelle** : cash offer. **offres sous plis fermés** : sealed bidding.
offrétite *f* – offretite, *a natural zeolite.*
offset *m* – offset, *printing.*
offshore *m* – *term used in French as a noun to designate offshore petroleum activities.*
ogive *f* – nosecone, *of a rocket.*
OHI – IHO, *abbr. Organisation hydrographique internationale, International Hydrographic Organization.*
ohm *m* – ohm, *SI unit of electrical resistance, symbol the Greek letter omega* (Ω). **ohm mètre** : ohm meter, *SI unit of resistivity.* **ohm seconde** : ohm second, *see henry.*
ohmmètre *m* – ohmmeter, *for measuring electrical resistance.*
oiseau *m* – bird, *an airborne sensor, such as a magnetometer, for making geophysical measurements.* **oiseau mazouté** : oiled bird *(pol).*
oléagineux – oily; oleaginous.
oléate *m* – oleate, *salts produced by the action of oleic acid on various metals or alkaloid and used in soaps and paints.* **oléate d'aluminium** : aluminum oleate. **oléate de magnésium** : magnesium oleate. **oléate de plomb** : lead oleate.
oléfiant – olefiant.
oléfine *f* – olefin, *alkene, a class of unsaturated aliphatic hydrocarbons having one or more double bonds, produced by cracking naphtha or other petroleum fractions at high temperatures.*

oléfinique – olefinic.
oléine *f* – olein, *triglyceride of oleic acid.*
oléique – oleic, *relating to, extracted from or present in oil.*
oléoduc *m* – oil pipeline; petroleum pipeline.
oléomètre *m* – oilometer; oleometer, *an aerometer for oils.*
oléophile – oleophilic, *absorbing oil easily.*
oléophobe – oleophobic.
oléoréseau *m* – hydrant refueling system *(aviat).*
oléorésine *f* – gum resin; oleoresin, *a mixture of resin and essential oil.*
oléosoluble – liposoluble.
oleum *m* – oleum.
olfaction *f* – olfaction.
oligiste *f* – oligist iron, *hematite.*
Oligocène *m* – Oligocene, *an early Tertiary epoch.*
oligoclase *m* – oligoclase, *sodium-calcium feldspar, plagioclase.*
oligoélément *m* – minor element; trace element.
oligomère *m* – oligomer. **oligomère oléfinique** : olefin oligomer, *widely used as automotive lubricants.*
oligomérisation *f* – oligomerization.
oligopole *m* – oligopoly *(econ).*
oligotrophe – oligotrophic.
olistolite *m* – olistolith *(petro).*
olistostrome *m* – olistostrome, *a subsea sedimentary deposit caused by gravity sliding or slumping.*
olive *f* – olive. **olive de suspension** : hanger. **olive de suspension automatique de tubage** : automatic casing hanger. **olive de suspension de la colonne de production** : tubing hanger.
olivénite *f* – wood copper *(miner).*
olivine *f* – olivine *(miner).*
ombilical *m* – umbilical, *marine connection.*
ombragé – shaded.
ombre *f* – shade; shadow; umber, *a naturally occurring brown earth used as a pigment for paint.* **ombre basse-fréquence** : low-frequency shadow. **ombres de pression** : pressure shadow *(petro).* **ombre de radar** : radar shadow. **ombre portée** : geometric shadow.
ombrée *f* – northern exposure; shaded slope.
ombrelle *f* – basket. **ombrelle de cimentation** : cementing basket. **ombrelle métallique** : metal-petal basket *(drill).*
OMCI – IMCO, *abbr. Organisation intergouvernementale de la navigation maritime: Intergovernmental Maritime Consultative Organization, changed to IMO in 1982.*
Oméga – Omega, *a worldwide radio-navigation system.*
omégatron *m* – omegatron, *mass spectrograph.*
omettre – overlook (to); skip (to).
OMF – *abbr. ordre de mise à feu.*
OMI – IMO, *abbr. Organisation maritime internationale, International Maritime Organization (see OMCI).*
omission *f* – omission; omission error.
OMM – WMO, *abbr. Organisation météorologique mondiale: World Meteorological Organization.*
omnidirectionnel – omnidirectional.
OMS – WHO, *abbr. Organisation mondiale de la santé, World Health Organization.*
once *f* – ounce, *avoirdupois ounce, 1 oz = 28.350 g.* **once d'apothicaire** : apothecaries' ounce, *1 oz ap = 31.103 g.* **once troy** : troy ounce, *equal to an apothecaries' ounce.*
oncogène – oncogenic, *carcinogenic.*
oncoïde *m* – oncoid, *limestone concretion.*
oncolite *m* – oncolite, *calcareous sedimentary structure resembling an oolith.*
onctueux – oleaginous; unctuous.
onctuosité *f* – lubricity, *the capacity of a lubricant to diminish the friction coefficient between two surfaces in relative movement ; this property is different from viscosity*; oiliness; unctuousness.
onde *f* – wave. **onde acoustique** : acoustic wave; sonic wave; sound wave. **onde acoustique de surface** : acoustic surface wave (ASW); surface acoustic wave. **onde aérienne** : air wave. **onde amortie** : damped wave. **onde atmosphérique** : air wave. **onde calorifique** : heat wave *(phys).* **onde canalisée** : channel wave. **onde capillaire** : capillary wave. **onde carrée** : square wave. **ondes centimétriques** : medium frequency (MF). **onde conique** : conical wave; head wave; refraction wave. **onde convertie** : converted wave; transformed wave. **onde couplée** : coupled wave. **onde courte** : shortwave. **onde cylindrique** : cylindrical wave. **onde d'arrivée directe dans l'eau** : waterbreak, *arrival of seismic energy traveling directly through the water from the source or shot unit.* **onde d'espace** : space wave. **onde d'interface** : boundary wave; interface wave. **onde de boue** : *see onde de tube*; fluid wave. **onde de câble** : cablebreak, *a wave caused by the cable from which a geophone is suspended in a well.* **onde de choc** : shock wave. **onde de ciel** : sky wave. **onde de cisaillement** : shear wave, *S-wave.* **onde de compression** : compressional wave, *P-wave.* **onde de condensation** : irrotational wave, *P-wave.* **onde de contre-manipulation** : back wave. **onde de conversion** : converted wave. **onde de déformation** : strain wave. **onde de dérive** : drift wave, *plasma.* **onde de détente** : expansion wave. **onde de détonation** : detonation wave. **onde de dilatation** : dilatational wave, *P-wave.* **onde de distorsion** : distortional wave, *S-wave.* **onde de fluide** : fluid wave. **ondes de forgeage** : upset wrinkles, *at the ends of pipes.* **onde de gravitation** : gravitational wave. **onde de gravité** : gravity wave. **onde de Lamb** : Lamb wave, *an electromagnetic wave propagated over the surface of a solid having a thickness comparable to the wavelength of the wave.* **onde de Love** : Love wave, *a horizontal dispersive surface wave.* **onde de Mintrop** : Mintrop wave, *conical wave, seismic refraction.* **onde de pression, onde de propagation** : pressure wave, *P-wave.* **onde de quasi-cisaillement** : quasi-shear wave. **onde de quasi-compression** : quasi-compressional wave. **onde de Rayleigh** : Rayleigh wave, *seismic wave propagated along the free surface of a semiinfinite medium.* **onde de sillage** : stern wave. **onde de sol** : ground wave. **onde de spin** : spin wave. **onde de Stoneley** : Stoneley wave, *seismic wave propagated along an interface, or a surface wave in a borehole.* **onde de surface** : ground roll, *surface-wave energy traveling near the surface of the ground as the result of a shot or vibration*; long wave; surface

wave; L wave. **onde de tempête** : storm surge. **onde de torsion** : shear wave, *S-wave.* **onde de tube** : tube wave, *a surface wave in a borehole.* **onde de Voigt** : Voigt wave, *P-waves in a viscoelastic solid.* **onde de volume** : body wave, *P- and S-waves traveling through the body of a medium, as opposed to surface waves.* **ondes décimétriques** : ultra-high frequency (UHF). **onde descendante** : downgoing wave, *seismic borehole survey*; transmitted wave. **onde diffractée** : diffracted wave. **onde diffusée** : scattered wave. **onde directe** : direct wave. **onde élastique** : elastic wave. **onde électromagnétique** : electromagnetic wave. **onde en dents de scie** : sawtooth wave. **onde entretenue** : continuous wave (CW); undamped wave. **onde évanescente** : evanescent wave. **onde explosive** : detonation wave. **onde guidée** : channel wave; guided wave. **onde harmonique** : harmonic wave. **onde hertzienne** : Hertzian wave; radio wave. **onde homogène** : homogeneous wave, *for which the amplitude is constant on each wavefront.* **onde hyperfréquence** : hyperfrequency wave. **onde inhomogène** : inhomogeneous wave, *having an amplitude that fades quickly with distance from a boundary.* **onde ionosphérique** : ionospheric wave; sky wave. **onde irrotationnelle** : irrotational wave. **onde lente** : slow wave. **onde libre** : free wave. **onde limite** : boundary wave. **onde longitudinale** : longitudinal wave, *P-wave*; push-pull wave. **onde lumineuse** : light wave. **onde magnétique** : magnetic wave. **onde mirage** : diving wave. **onde modulatrice** : modulating wave. **onde modulée** : modulated wave. **onde montante** : upgoing wave; upwave. **onde moyenne** : medium wave. **ondes myriamétriques** : very-low frequency (VLF). **onde non modulée** : unmodulated wave. **onde nucléaire** : nuclear wave. **onde ordinaire** : ordinary wave. **onde P** : P wave, *an elastic wave in which particle motion is parallel to the direction of propagation, also called primary wave, compressional wave, longitudinal wave, pressure wave, dilatational wave, rarefaction wave and irrotational wave ; see also onde S.* **ondes parasites superficielles** : ground-roll *(seis)*. **onde périodique** : periodic wave. **onde piégée** : edge wave; trapped wave. **onde pilote** : pilot signal. **onde plane** : plane wave. **onde polarisée** : polarized wave. **onde porteuse** : carrier; carrier wave, *a continuous electromagnetic wave train, with constant amplitude and frequency, produced by a radio emitter.* **onde préliminaire** : preliminary wave. **onde première** : longitudinal wave. **onde primaire** : primary wave, *P-wave.* **onde progressive** : progressive wave; traveling wave. **onde progressive libre** : free progressive wave. **onde rampante** : creeping wave. **onde rectangulaire** : rectangular wave. **onde réfléchie** : indirect wave; reflected wave *(seis)*. **onde réfléchie composite** : composite reflection. **onde réfractée** : head wave; refracted wave; refraction wave. **onde régressive** : regressive wave. **onde rotationnelle** : rotational wave, *S-wave.* **onde S** : S wave, *a shear wave or transverse wave in which particle motion is perpendicular to the direction of propagation, also called secondary wave, shear wave, transverse wave, rotational wave, distortional wave, equivoluminal wave, tangential wave.* **onde secondaire** : secondary wave, *S wave.* **onde secondaire horizontale** : SH wave. **onde SH** : SH wave, *an S wave which has only a horizontal component of motion.* **onde sinusoïdale** : sine wave. **onde sismique** : earth wave; earthquake wave; seismic wave. **ondes sismiques réfléchies** : reflection of seismic waves. **onde solitaire** : solitary wave. **onde sonore** : acoustic wave; airborne wave; sonic wave; sound wave. **onde sphérique** : spherical wave. **onde stationnaire** : standing wave; stationary wave. **onde superficielle** : boundary wave; surface wave *(seis)*. **onde SV** : SV wave, *S-wave polarized so that motion is in the vertical plane.* **onde T** : T wave, *tertiary wave, seismic waves from earthquakes guided within the oceans.* **onde topographique** : topographic wave, *having a long period (several days), caused by the subsea topography, and having great importance on the long-range variations in the sealevel.* **onde transmise** : transmitted wave. **onde transversale** : secondary wave; tangential wave; transverse wave, *S-wave, or a body wave in which particle motion is perpendicular to the direction of propagation.* **ondes ultracourtes** : ultrashort waves. **onde ultrasonore** : ultrasonic wave.

ondelette *f* – wavelet. **ondelette d'autocorrélation** : autocorrelation pulse. **ondelette de Rayleigh** : Rayleigh wavelet. **ondelette de Ricker** : Ricker wavelet, *seismic waveform resulting from the transmission of a seismic impulse through an ideal viscoelastic material with attenuation proportional to the square of the frequency.* **ondelette de vitesse** : velocity wavelet. **ondelette équivalente** : embedded wavelet.

ondemètre *m* – wavemeter.

ondulation *f* – corrugation; ripple; undulation. **ondulation de terrain** : swell. **ondulation due au gaz** : gas groove.

ondulatoire – undulatory.

ondulé – corrugated; warped; wavy; wrinkled.

onduler – corrugate (to).

onduleur *m* – inverter.

ONG – NGO, *abbr. Organisation non gouvernementale, Non-Governemental Organization.*

onglet *m* – miter.

onguent *m* – ointment; salve; unguent.

ongulé *m* – ungulate *(pal)*.

onguligrade *m* – unguligrade *(pal)*.

ontogénie *f* – ontogeny; life cycle.

ONUDI – UNIDO, *abbr. Organisation des Nations-Unies pour le développement industriel, United Nations Industrial Development Organization.*

oolite *f* – oolite, *a sedimentary rock, usually limestone, made of cemented ooliths*; oolith, *a small round or ovate accretionary body in sedimentary rock, made up of concentric layers around a nucleus.* **oolite calcaire** : calcareous oolith. **oolite déformée** : deformed oolith.

oolitique – oolitic; oolithic.

oomicrite *f* – oomicrite, *an oolithic limestone.*

oosparite *f* – oosparite, *a limestone containing at least 25% ooliths.*

oosparrudite *f* – oosparrudite, *oolithic limestone.*

OPA – *abbr. offre publique d'achat.*

opacifiant *m* – darkening agent; opacifier, *used to treat glass, enamel, rocket propellants, etc.*

opacimètre *m* – smokemeter, *an instrument for measuring the concentration of smoke in stack or exhaust gases*; turbidimeter.

opacité *f* – density, *(photo)*; opacity; turbidity. **opacité atmosphérique** : atmospheric opacity.

OPAEP – OAPEC, *abbr. of Pays Arabes Exportateurs de Pétrole: Organization of Arab Petroleum Exporting Countries.*

opale *f* – opal.

opalescence *f* – bloom, *lacquer, varnish*; opalescence, *milky or cloudy appearance of a mineral or an oil containing visible wax.* **opalescence critique** : critical opalescence.

opaque – opaque.

OPEP – OPEC, *abbr. of Organisation des Pays Exportateurs de Pétrole: Organization of Petroleum Exporting Countries.*

opérabilité *f* – operability. **opérabilité à basse température** : low-temperature operability. **opérabilité après endommagement** : failsafe behavior.

opérande *m* – operand.

opérateur *m* – observer; operator. **opérateur à fenêtres** : gapped operator, *deconvolution operator having groups of nonzero filter elements appreciably separated from each other by zeros ; used to attenuate multiples involving water-layer peglegs in deep water.* **opérateur à trois termes** : three-point operator. **opérateur booléen** : Boolean operator. **opérateur d'une vanne pneumatique** : diaphragm-motor operator. **opérateur del** : *see nabla.*

opération *f* – operation; process; run. **opération à risques communs** : joint venture. **opération alternée** : alternate operation. **opération au câble sous pression** : snubbing, *running pipe or tools into a well against pressure.* **opération blanche** : break-even, *financial transaction with neither gain nor loss.* **opération comportant un flash** : flashing. **opération conjointe** : joint venture. **opération d'enclenchement** : controlling operation. **opération de banque** : banking. **opération de centrage** : centering. **opération de couverture** : hedging, *futures market.* **opération de forage** : drilling operation; rig operations, *handling drillpipe.* **opération de fracturation hydraulique** : fracturing job. **opérations de recyclage** : rerunning operations. **opération de repêchage** : fishing job. **opération de serrage** : tonging *(drill)*. **opération de stockage** : tankage. **opération de stockage réfrigéré** : cryogenic tankage. **opération diadique** : dyadic operation, *having only two operands (math)*. **opération unitaire** : unit operation, *exploration and development of an area included within a unitization agreement.* **opération unitaire fondamentale** : unit operation, *one of the basic physical operations of chemical processing, i.e. filtration, evaporation, heat transfer, extraction, crystallization, separation, crushing and grinding, etc.*

opérationnel – operational.

opercule *m* – disk, *of a valve.* **opercule de vanne** : valve gate, *for tankers*; valve plug.

ophicalcite *f* – ophicalcite, *recrystallized metamorphic rock composed of calcite and serpentine.*

ophiolite *f* – ophiolite, *a group of basic and ultrabasic rocks.*

ophite *f* – ophite, *a diabase that has retained its ophitic structure.*

OPOL – OPOL, *abbr. of Offshore Pollution Liability Agreement, engaging various members of the U.K. Offshore Operators' Association to assume responsibility for accidental pollution in the North Sea.*

opposé – counter; opposed.

Opseis – Opseis, *tradename for a data-acquisition system.*

optimal – optimum.

optimisation *f* – optimization, *searching for a choice of parameters that satisfies a specific criterion.*

optimisé – optimized.

optimum *m* – optimum.

option *f* – alternative; option. **option d'achat** : call option. **option d'achat de pétrole** : call on oil. **option de protection** : protection acreage, *exclusive option of a lessee on a specific area so as to be protected against neighbors or future prospecting.* **option périmée** : lapsed option.

optique *f* – optics. **optique cristalline** : crystal optics. **optiques de fibres** : fiber optics. **optique géométrique** : geometric optics; geometrical optics. **optique intégrée** : integrated optics. **optique non linéaire** : nonlinear optics. **optique ondulatoire** : wave optics. **optique physique** : physical optics.

optique – optic; optical.

optoélectronique *f* – optoelectronics.

opuscule *m* – pamphlet.

or *m* – gold, *symbol Au.* **or alluvionnaire** : stream gold. **or cémentatoire** : cement gold. **or combiné** : combined gold. **or en feuille** : gold foil; gold leaf. **or natif** : native gold. **or noir** : black gold, *used for oil.* **or primaire** : primary gold. **or rouillé** : rusty gold.

orage *m* – thunderstorm. **orage magnétique** : magnetic storm.

orbiculaire – orbicular *(petro)*.

orbicule *m* – orbicule, *a more or less spherical body having components arranged in concentric layers.*

orbital – orbital.

orbitale *f* – orbital, *space-dependent part of a wave function of an electron in an atom or molecule.* **orbitale antiliante** : antibonding orbital. **orbitale atomique** : atomic orbital. **orbitale de l'électron** : electron orbital. **orbitale écrantée** : shielded orbital. **orbitale frontière** : frontier orbital, *the highest-energy occupied molecular orbital (HOMO) and the lowest-energy unoccupied molecular orbital (LUMO)*. **orbitale liante** : bonding orbital. **orbitale moléculaire** : molecular orbital, *a one-electron wave function describing an electron moving in the effective field provided by the nuclei and all other electrons of a molecular entity of more than one atom.* **orbitale sigma** : sigma orbital. **orbitale sous-jacente** : subjacent orbital.

orbite *f* – circle; orbit. **orbite constante** : stationary orbit. **orbite de satellite** : satellite orbit. **orbite équatoriale** : equatorial orbit. **orbite fixe** : stationary orbit. **orbite géosynchrone** : geosynchronous orbit. **orbite héliosynchrone** : sun-synchronous orbit. **orbites phasées** : phased orbits. **orbite polaire** :

polar orbit. **orbite rétrograde** : retrograde orbit. **orbite terrestre** : Earth orbit.

orbiteur *m* – orbiter.

orbitoïde *f* – orbitoid, *a foraminifer.*

orbitoline *f* – orbitolinid, *a foraminifer.*

ordinaire – conventional; nonpremium, *gasoline*; ordinary; plain; regular, *see also essence ordinaire*; standard.

ordinateur *m* – computer; electronic data processor (EDP). **ordinateur analogique** : analog computer. **ordinateur biologique** : biological computer. **ordinateur numérique** : digital computer.

ordonnancement *m* – scheduling.

ordonnée *f* – ordinate; y-axis. **ordonnée à l'origine** : intercept.

Ordovicien *m* – Ordovician, *the second earliest period of the Paleozoic era.*

ordre *m* – bidding; command; fold, *the multiplicity of common-midpoint data*; order, *a taxonomic division between class and family*; rank, *matrix.* **ordre à parcours réduit** : short-range order. **ordre cristalloblastique** : crystalloblastic series, *arrangement of metamorphic minerals in order of decreasing form energy.* **ordre d'achat** : indent, *U.K.* **ordre d'achat et de vente** : trading ticket. **ordre de couverture** : CDP fold order; multiplicity order *(seis)*. **ordre de cristallisation** : order of crystallization. **ordre de grandeur** : order of magnitude. **ordre de marche** : running order; working order. **ordre de mise à feu (OMF)** : fire order. **ordre de multiplicité** : effort. **ordre de réaction** : order of reaction. **ordre de réflexion** : order of reflection. **ordre de superposition** : order of superposition. **ordre de tir** : fire order *(seis)*. **ordre de viscosité** : viscosity range. **ordre du jour** : agenda. **ordre réactionnel** : order of reaction. **d'ordre six** : sixfold.

ordures *f* – garbage; trash. **ordures ménagères** : domestic waste; household waste.

orée *f* – timberline, *of the forest.*

oreille *f* – ear; lug. **oreille d'élévateur** : link ear. **oreille de chaudière** : boiler bracket. **oreille de montage** : erection lug. **oreille de mule** : screw-plug header.

organe *m* – device; subassembly. **organe de sécurité** : safety-control system. **organe obturateur** : shutoff apparatus. **organe réfrigérateur** : cooling device.

organigramme *m* – flowchart; organization chart; program flowchart.

organique – organic.

organisation *f* – organization. **organisation de la gestion des entreprises** : management engineering. **organisation de la production** : production control. **organisation des réflexions** : reflection configuration. **organisation du trafic maritime** : ship routing. **organisation du travail** : job engineering. **organisation industrielle** : industrial engineering. **Organisation météorologique mondiale (OMM)** : World Meteorological Organization (WMO).

organisme *m* – organism. **organisme anaérobie** : anaerobe. **organisme de crédit** : lending agency.

organoclastique – *see bioclastique.*

organodétritique – *see biodétritique.*

organogène – organogenic; organogenous.

organométallique – organometallic.

organophile – organophilic, *said of associations accompanying organic matter.*

orgue *m or f pl* – organ. **orgues de basalte** : columnar basalt. **orgues géologiques** : gravel pipe; sand pipe, *a natural well.*

orientabilité *f* – steerability.

orientable – orientable; steerable.

orientation *f* – aspect; attitude, *the relation of a feature to the horizontal*; bearing; direction; guidance; orientation; orienting; setting; strike, *of a stratum, fault, diaclase, etc.* **orientation absolue** : absolute orientation. **orientation d'une faille** : trend of a fault. **orientation de faille** : fault strike. **orientation de la base** : basal orientation, *of an air base.* **orientation de la demande** : demand management. **orientation des couches** : direction of dip; trend of strata. **orientation des plis** : trend, *the general direction of geologic features such as an anticline or mountain range.* **orientation externe** : exterior orientation. **orientation générale** : general trend. **orientation interne** : interior orientation. **orientation irrégulière** : random orientation. **orientation relative** : relative orientation. **orientation scolaire** : educational guidance. **orientation superficielle** : surface orientation.

orienté – directional.

orienter – orient (to); steer (to).

orifice *m* – mouth; opening; orifice; outlet; port, *in particular any opening in a device for the release of gas or vapor.* **orifice calibré** : flow bean. **orifice d'admission** : inlet; intake port. **orifice d'admission de vapeur** : steam entrance port. **orifice d'échappement** : exhaust port; nozzle; outlet port, *on some pipe scrapers.* **orifice d'échappement de vapeur** : steam exhaust port. **orifice d'émission** : eduction port. **orifice d'entrée** : inlet hole. **orifice d'essai** : test port, *an orifice for checking the leakproofness of a casinghead during a production test.* **orifice d'évacuation** : exhaust port. **orifice d'injection** : spray orifice. **orifice de balayage** : scavenging port. **orifice de coulée** : casting conduit; flow gate *(metal)*. **orifice de décharge** : spill port. **orifice de dégagement** : vent hole. **orifice de diffuseur** : atomizer passage. **orifice de formation de la flamme** : burner port; flame port. **orifice de jaugeage** : gage hole. **orifice de jaugeage et d'échantillonnage** : gaging nipple. **orifice de pige** : gaging hatch. **orifice de pulvérisation** : atomizer passage. **orifice de transfert** : transfer port. **orifice de tréfilage** : draw hole *(metal)*. **orifice de tunnel** : tunnel opening. **orifice variable** : adjustable choke.

original *m* – master image; original.

origine *f* – genesis; origin. **origine du capital** : ownership, *of a corporation.* **origine organique** : organic origin. **d'origine** : genuine.

Orimulsion *f* – Orimulsion, *tradename for a heavy fuel oil made of an aqueous emulsion of tar-sand bitumen from the Orinoco region, which can be transported by pipeline, oil tanker, rail or truck.*

orin *m* – tether; tripping line, *a line fastened to the fluke of a sea anchor.*

ornière *f* – rut.

orogène *m* – orogenic belt, *region subjected to folding and other deformations and usually becoming a mountain belt.*

orogenèse *f* – mountain building; orogeny, *formation of mountains and relief forms.* **orogenèse appalachienne** : Allegheny orogeny, *probably late Paleozoic and early Triassic mountain-building event in the central and southern Appalachians.*
orogénie *f* – *see orogenèse.*
orogénique – orogenic.
orogéosynclinal *m* – orogeosyncline.
orographie *f* – orography, *description of the relief of the Earth's surface and study of mountain building.*
orographique – orographic.
orohydrographique – orohydrographic.
orpiment *m* – orpiment, *yellow arsenic.*
Orsat – Orsat, *see appareil d'Orsat.*
Orsec – Orsec, *abbr. organisations des secours, a French plan of action that is set in motion when there is serious damage caused by disasters.*
ortstein *m* – ortstein, *a cemented soil horizon in which the cementing material consists of illuviated sesquioxides, mostly iron and organic matter.*
orthicon *m* – orthicon, *a photoemission or camera tube.*
ortho- – ortho-, *a prefix used with metamorphic rock to indicate that it was derived from an igneous rock ; in chemistry, a prefix indicating substitutions in the 1,2-position in benzenic and naphthalenic nuclei.*
orthoacide *m* – orthoacid.
orthocentre *m* – orthocenter *(math).*
orthocère *m* – orthoceratite *(pal).*
orthochème *m* – orthochem, *precipitate formed by direct chemical action within a depositional basin or sediment.*
orthochromatique – orthochromatic.
orthoclase *m* – orthoclase, *pure orthose, one of the most common rock-forming minerals.*
orthoclastique – orthoclastic.
orthoclinal – subsequent, *said of a stream or a valley that has developed independently of the original relief.*
orthodromie *f* – orthodrome *(navig).*
orthogenèse *f* – orthogenesis, *straight-line evolution.*
orthogéosynclinal *m* – orthogeosyncline, *primary geosyncline, geosynclinal couple.*
orthogonal – orthogonal; rectilinear.
orthonormé – orthonormal.
orthophosphate *m* – orthophosphate.
orthophosphorique – orthophosphoric.
orthophotocarte *f* – orthophotomap.
orthophotographie *f* – orthophotography.
orthophotoplan *m* – orthophotomosaic.
orthophotoprojecteur *m* – orthophotoprojector.
orthophyrique – orthophyric.
orthopinacoïde *m* – orthopinacoid *(cryst).*
orthopyroxène *m* – orthopyroxene.
orthoquartzite *m* – orthoquartzite, *a clastic sedimentary rock made up of quartz sand.*
orthorhombique – orthorhombic.
orthoscopique – orthoscopic.
orthose *m* – orthose, *orthoclase ; a mineral in the alkali feldspar group.*
orthosilicate *m* – orthosilicate.
orthostéréoscopie *f* – orthostereoscopy.
orthotrope – orthotropic, *having elastic properties like timber.*
orthoxylène *m* – orthoxylene, *see xylène.*
oscillant – oscillating; pendulous; ringy; singy.
oscillateur *m* – oscillator *(elec).* **oscillateur à couplage électronique** : electron-coupled oscillator (ECO). **oscillateur à cristal** : crystal oscillator. **oscillateur à relaxation** : relaxation oscillator. **oscillateur à transitron** : transitron oscillator. **oscillateurs couplés** : coupled oscillators. **oscillateur de battement** : beat-frequency oscillator. **oscillateur de Hartley** : Hartley oscillator, *a vacuum-tube oscillator with the parallel-tuned tank circuit connected between the grid and anode.* **oscillateur linéaire** : linear oscillator. **oscillateur local** : local oscillator. **oscillateur non linéaire** : nonlinear oscillator. **oscillateur paramétrique** : parametric oscillator. **oscillateur piézolélectrique** : piezoelectric oscillator. **oscillateur pilote** : master oscillator.
oscillation *f* – bounce; flutter; oscillation; sway; swing; swinging. **oscillation amortie** : damped oscillation. **oscillations de Barkhausen** : Barkhausen oscillations, *unwanted oscillations in the horizontal output tube of a television receiver.* **oscillation de relaxation** : relaxation oscillation. **oscillation de vitesse** : hunting. **oscillation du courant** : variation of current density. **oscillation entretenue** : sustained oscillation. **oscillation forcée** : forced oscillation. **oscillation harmonique** : harmonic motion. **oscillation libre** : free oscillation. **oscillation parasite** : parasitic oscillation. **oscillation propre** : free oscillation.
oscillatatoire – oscillatory.
osciller – oscillate (to).
oscillogramme *m* – cyclogram.
oscillographe *m* – cyclograph; oscillograph.
oscillométrie *f* – oscillometry.
oscillométrique – oscillometric.
oscilloscope *m* – oscilloscope. **oscilloscope à rayon cathodique** : cathode-ray oscilloscope (CRO).
osculation *f* – intercision *(geomorph).*
osmium *m* – osmium, *symbol Os.*
osmolalité *f* – osmolality, *molality of an ideal solution exerting the same osmotic pressure as the solution being considered.*
osmolarité *f* – osmolarity, *molarity of an ideal solution exerting the same osmotic pressure as the solution being considered.*
osmole *f* – osmole, *unit of osmolarity and of osmolality.*
osmomètre *m* – osmometer.
osmométrie *f* – osmometry.
osmose *f* – osmosis. **osmose inverse** : reverse osmosis.
osmotique – osmotic.
ossature *f* – carcass. **ossature métallique** : steel framework.
ostéonécrose *f* – osteonecrosis. **ostéonécrose dysbarique** : dysbaric osteonecrosis *(diving).*
ostracode *m* – ostracod *(pal).*
Ostwald – Ostwald, *see loi de la dilution d'Ostwald, viscosimètre d'Ostwald.*
Otto – Otto, *see cycle d'Otto.*

ouate *f* – cotton wool; wadding.
oued *m* – wadi, *intermittant and torrential stream in desert regions.*
OU-exclusif – exclusive OR.
ouies *f* – vents, *enabling a storage tank to breathe.*
ouragan *m* – hurricane, *force 12 in the Beaufort scale.*
Ouralien *m* – Uralian, *uppermost Carboniferous stage.*
ouralitisation *f* – uralitization, *the development of amphibole from pyroxene.*
outil *m* – bit *(drill)*; tool. **outil à border** : curling die. **outil à carbure de tungstène** : carbide bit. **outil à dents fraisées** : milled-tooth bit. **outil à dents interpénétrantes** : intermeshing-teeth bit *(drill)*. **outil à échographie acoustique** : pulse-echo tool. **outil à entailler** : notching tool, *bladed or abrasive-jet device for cutting through casing opposite pay zones.* **outil à friction** : journal-bearing bit. **outil à inserts** : insert bit *(drill)*. **outil à jet** : jet bit. **outil à jet à duse centrale** : center-nozzle jet bit. **outil à jet à duse rallongée** : extended-nozzle jet bit. **outil à jet amovible** : retrievable mud gun, *for hydraulically cleaning well walls before setting a cement plug.* **outil à jet excentré** : big-eye bit, *drill bit having one nozzle larger than the others.* **outil à lames étagées** : pineapple bit, *a special bit used to increase the slant of a well.* **outil à molettes** : rock bit; rock roller bit; roller bit. **outil à molettes pour terrains tendres** : soft-formation cone bit. **outil à palier de friction** : friction-bearing bit. **outil à pastilles** : button bit *(drill)*. **outil à patin** : skid tool. **outil à picots** : insert bit. **outil au carbure** : carbide tool. **outil au diamant** : diamond drill; diamond-point bit. **outil ayant perdu sur le diamètre** : undergage bit, *a bit whose outside diameter is worn to the point where it is smaller than it was when new.* **outil bilame** : fishtail bit *(drill)*. **outils d'acidification** : acidizing tools. **outil d'orientation** : orienting tool *(drill)*. **outil de carottage** : core bit. **outil de coupe** : cutter; cutting tool. **outil de coupe à jet** : jet bottomhole cutter. **outil de curage** : well-cleaning tool. **outil de décentrage** : kickover tool. **outil de densité** : density tool. **outil de déviation** : deflecting tool, *a piece of equipment that will change the angle and the direction of the hole*; deflection bit; sidetracking tool. **outil de dévissage à l'explosif** : rod-backoff wheel, *for stuck sucker rods.* **outil de fond** : downhole tool *(drill)*. **outil de forage** : boring tool; drill bit; drilling tool; rock bit. **outil de forage à diamant** : diamond bit. **outil de forage à percussion** : percussion drill bit. **outil de forage au câble** : cable-drilling tool; standard tool. **outil de forage dirigé** : directional-drilling tool. **outil de fortune** : boll-weevil tool, *makeshift or rugged tool that does not require an experienced operator*; poor boy, *a makeshift drill bit.* **outil de montage** : erecting tool. **outil de nettoyage au jet** : jetting tool. **outil de nettoyage avant cimentation** : precementing reamer bit, *for cleaning and scraping well walls.* **outil de pose** : running tool, *a special tool for running an instrument into a borehole*; setting tool. **outil de récupération** : retrieving tool *(drill)*. **outil de repêchage** : fishing tool; pulling tool, *hydraulic.* **outil de repêchage à coins** : casing bowl, *fishing tool.* **outil de repêchage magnétique** : magnetic fishing tool. **outil dentelé** : toothed bit. **outil diamanté** : diamond drill; diamond-point bit. **outil diamanté à fond plat** : flat diamond bit. **outil différentiel** : differential bit *(drill)*. **outil inverseur de rotation** : reversing tool, *fishing operations.* **outil jets** : *see outil à jet.* **outil libérateur** : releasing tool. **outil multicouches** : multilayer bit. **outil pilote** : pilot bit. **outil plein diamètre, outil plein trou** : full-gage bit. **outil pneumatique** : air tool. **outil pour formations dures** : hard-formation bit. **outil pour récupérer le clapet de sécurité en production** : back-pressure valve-removal tool. **outil pour retirer le trépan de la tige** : bit puller. **outil sous-dimensionné** : undergage bit. **outil usé** : dull tool.
outillage *m* – equipment; outfit; tools. **outillage à main** : hand tools. **outillage de forage au câble** : cable tool.
outilleur *m* – tool dresser.
outre-mer – overseas.
outremer *m* – ultramarine, *a color.*
ouvert – on; open.
ouverture *f* – aperture *(photo)*; gap; gate; hole; opening; piercing; porthole; vent. **ouverture angulaire** : angular aperture *(opt)*. **ouverture d'un départ latéral** : saddle, *start of a branch running from an installed flowline.* **ouverture de diaphragme** : throttle opening. **ouverture de faisceau radar** : radar width. **ouverture de nettoyage** : clean-out opening. **ouverture du cycle** : decyclization; ring cleavage *(chem)*. **ouverture du faisceau** : beamwidth. **ouverture en gisement** : azimuth angle. **ouverture en site** : elevation angle. **ouverture numérique** : numerical aperture, *microscope.* **ouverture partielle** : partial opening. **à ouverture rapide** : quick opening. **ouverture relative** : aperture ratio. **ouverture relative nominale** : nominal relative aperture. **ouverture synthétique** : synthetic aperture. **ouverture totale** : total opening. **sans ouverture** : blind.
ouvrage *m* – work. **ouvrage à la tâche** : jobbing. **ouvrage constitué par des alvéoles de béton** : cellular-concrete construction. **ouvrage d'art** : engineering structure. **ouvrage en terre** : earthworks. **ouvrage livré clé en main** : turnkey job, *an operation in which the party having launched the invitation for tenders intervenes in no way, while the contractor takes charge of the entire project including the checking of the invoices.* **ouvrage maritime** : marine structure. **ouvrage souterrain** : closed work. **ouvrages souterrains** : diggings.
ouvreau *m* – quarl, *refractory prolongation of a burner.* **ouvreau divergent** : divergent quarl.
ouvrier *m* – helper; workman. **ouvrier à la tâche** : jobber. **ouvrier de derrick** : tower hand. **ouvrier de plancher** : floorman *(drill)*. **ouvrier de plancher de forage** : slip puller. **ouvrier de réserve** : standby man. **ouvrier foreur** : backup man, *man on a rig who operates the breakout tongs*; rotary helper; roughneck. **ouvrier qualifié** : craftsman; skilled worker.
ouvrir – open (to). **ouvrir le circuit** : break (to) the circuit; switch (to) on.
ovale – oval.
ovalisation *f* – out of round. **ovalisation des cylindres** : out-of-trueness of cylinder block. **ovali-**

sation des trous de forage : borehole breakout. **ovalisation du pneu** : radial runout, *tire.*

oxalate *m* – oxalate.

oxalique – oxalic.

oxamide *m* – oxamide.

oxazole *m* – oxazole.

Oxfordien *m* – Oxfordian, *Upper Jurassic stage.*

oximation *f* – oximation.

Oxo – Oxo, *tradename of a process for the production of aldehydes and alcohols by the reaction of olefins with carbon monoxide and hydrogen.*

oxosynthèse *f* – oxosynthesis, *the production of aliphatic oxygen compounds from olefins and synthetic gas.*

oxyacétylène *m* – oxyacetylene.

oxyalkylation *f* – oxyalkylation.

oxycarbonylation *f* – oxycarbonylation.

oxycellulose *f* – oxycellulose.

oxychloration *f* – oxychlorination.

oxychlorure *m* – oxychloride. **oxychlorure de carbone** : carbon oxychloride. **oxychlorure de phosphore** : phosphorus oxychloride. **oxychlorure de plomb** : lead oxychloride.

oxycoupage *m* – oxygen cutting, *oxy-gas cutting.*

oxydabilité *f* – oxidizability.

oxydable – oxidable; oxidizable.

oxydant *m* – oxidant; oxidizer; oxidizing agent. **oxydant photochimique** : photochemical oxidant.

oxydant – oxidizing.

oxydation *f* – corrosion; oxidation. **oxydation abiogène** : abiogenic oxidation. **oxydation biologique** : biological oxidation. **oxydation des eaux usées** : sewage oxidation. **oxydation des huiles moteur** : crankcase-oil oxidation. **oxydation électrolytique** : electrolytic oxidation. **oxydation en phase liquide** : liquid-phase oxidation. **oxydation par frottement** : fretting corrosion, *also called chafing corrosion, usually in an air or corrosive environment.* **oxydation partielle** : partial oxidation. **oxydation sélective** : selective oxidation. **oxydation superficielle** : surface oxidation.

oxyde *m* – oxide. **oxyde d'aluminium** : aluminum oxide. **oxyde d'argent** : silver oxide. **oxyde d'azote** : nitric oxide; nitrogen oxide. **oxydes d'azote (NO_X)** : nitrogen oxides (NO_X), *oxides formed and discharged by all ordinary types of high-temperature combustion.* **oxyde d'éthylène** : ethylene oxide. **oxyde d'ytterbium** : ytterbium oxide, *ytterbia.* **oxyde d'yttrium** : yttrium oxide, *yttria.* **oxyde de carbone** : carbon monoxide. **oxyde de chrome** : chromic oxide, *chromia*; chromium oxide. **oxyde de diphényle** : diphenyl oxide. **oxyde de fer** : iron oxide. **oxyde de lanthane** : lanthanum oxide. **oxyde de manganèse** : manganese oxide. **oxyde de mercure** : mercuric oxide. **oxyde de nickel** : nickel oxide. **oxyde de palladium** : palladium oxide. **oxyde de phosphore** : phosphorus oxide. **oxyde de platine** : platinum oxide. **oxyde de plomb** : lead oxide. **oxyde de polyphénylène** : polyphenylene oxide, *thermoplastic.* **oxyde de propylène** : propylene oxide. **oxyde de soufre** : sulfur oxide. **oxydes de soufre (SO_X)** : sulfur oxides (SO_X), *oxides coming mainly from the combustion of fossil fuels containing sulfur.* **oxyde de styrolène** : styrene oxide. **oxyde de tantale** : tantalum oxide. **oxyde de zinc** : zinc oxide; zinc white. **oxyde de zirconium** : zirconium oxide. **oxyde ferreux** : ferrous oxide. **oxyde ferrique** : ferric oxide. **oxyde hydraté** : hydrated oxide. **oxyde nitreux** : nitrous oxide, *nitrogen monoxide.* **oxyde stannique** : stannic oxide.

oxydé – oxidized.

oxydoréductase *f* – oxidoreductase.

oxydoréduction *f* – oxidation reduction.

oxygène *m* – oxygen, *symbol O.* **oxygène actif** : available oxygen. **oxygène consommé** : oxygen consumed (OC). **oxygène dissous** : dissolved oxygen (DO).

oxygéné – oxygenated; oxygenous.

oxygéner – oxygenate (to).

oxyhalogénation *f* – oxyhalogenation.

oxyhydrique – oxyhydrogen.

oxylithe *f* – oxylith, *a mixture of sodium peroxide and bleaching powder, used to generate oxygen, for welding purposes.*

oxyphile – siderophile.

oxysulfure *m* – oxysulfide; carbon oxysulfide. **oxysulfure de carbone** : carbonyl sulfide (COS), *carbon oxysulfide.*

oxytrichlorure *m* – oxytrichloride. **oxytrichlorure de vanadium** : vanadium oxytrichloride, *polymerization catalyst.*

ozocérite *f* – earth wax; ozocerite, *also spelled ozokerite, a fossil wax.* **ozocérite fibreuse** : fibrous wax.

ozone *m* – ozone. **ozone stratosphérique** : stratospheric ozone.

ozonide *m* – ozonide *(chem).*

ozonisation *f* – ozonization.

ozonolyse *f* – ozonolysis.

ozonosphère *f* – ozonosphere, *ozone layer.*

P

p – p, *symbol for pico.*

P – P, *symbol for peta and for poise.*

Pa – Pa, *symbol for pascal.*

pacage *m* – *see pâturage.*

pachnolite *f* – pachnolite *(geol).*

pachomètre *m* – pachymeter, *for measuring the thickness of films and sheets.*

pacifique – Pacific, *see série pacifique.*

pack *m* – ice pack; pack ice, *see also banquise.* **pack lâche** : open drift ice; open pack ice, *a field of dispersed floes with numerous channels and pools, where navigation is feasible.* **pack serré** : close pack ice, *a field of compacted floes in which navigation is difficult and may require icebreakers.* **pack très lâche** : very open pack ice, *ice covering only 1/8 to 1/4 of the sea surface.*

packer *m* – packer *(drill).* **packer à ancrage hydraulique** : hydraulic-set packer. **packer à ancre** : anchor packer. **packer à ancre pour tubage** : casing anchor packer. **packer à canaux de circulation de boue** : bypass packer. **packer à coins d'ancrage** : anchor packer. **packer à coupelles** : cup packer. **packer à impression** : impression packer. **packer à sabot d'ancrage dans le terrain** : sidewall anchor packer. **packer ancré en compression** : compression packer. **packer combiné** : combination packer, *cylindrical on top, with a conical-shaped bottom.* **packer d'intervalles** : straddle packer, *made up of two parts connected by a perforated joint, with a pipe communicating with the parts of the borehole above the upper packer and below the lower packer.* **packer de cimentation** : cement packer. **packer de cimentation sous pression** : cement retainer. **packer de fond** : bottomhole packer *(drill).* **packer de formation plein diamètre** : open-hole packer. **packer de fortune** : poor-boy packer, *a makeshift packer.* **packer de production** : production packer. **packer de terrain** : open-hole packer, *a cylindrical packer.* **packer de tube de production** : tubing packer. **packer double** : dual packer, *consisting of two superposed cylindrical packers.* **packer en compression** : compression packer. **packer en tension** : tension packer. **packer gonflable** : inflatable packer. **packer latéral** : sidewall packer. **packer pour colonne** : casing packer; hook-wall packer, *for casing.* **packer pour complétion multiple** : multiple-completion packer. **packer pour complétions multiples** : multiple-string packer. **packer pour trou de petit diamètre** : slim-hole packer. **packer pour trou ouvert en plein diamètre** : open-hole packer. **packer pour trou réduit à garniture conique** : rathole packer. **packer récupérable** : retrievable packer. **packer sans coins** : anchor-isolation packer.

pacte *m* – contract; covenant; pact.

PAD – PAD, *abbr. Packet Assembler/Disassembler, a device for attaching nonpacket-mode terminals to a packet-switched network.*

pagination *f* – paging *(computer).*

pahoehoe *m* – pahoehoe, *basaltic lava flow with a smooth, billowy or ropy surface.*

paiement *m* – payment. **paiement à la livraison** : cash on delivery. **paiement comptant** : cash payment. **paiement comptant et enlèvement** : cash and carry. **paiement différé** : deferred payment. **paiements échelonnés** : progress payments. **paiement en espèces** : cash payment. **paiement pas-de-porte** : cash bonus, *paid by the lessee for the execution of an oil and gas lease by a landowner, usually on an areal basis.* **paiement pour solde** : final installment. **paiement symbolique** : token payment. **paiement trimestriel** : quarterage. **paiements échelonnés** : installments.

paillasse *f* – bench; laboratory bench.

paille *f* – flaw; seam, *defect in tubular parts*; straw. **paille couchée** : sliver, *defect in tubular equipment.* **paille de fer** : iron scale.

paillette *f* – flake; leaflet. **paillette de cire** : wax flake. **paillette de graphite** : graphite flake.

paillis *m* – mulch, *a protective organic cover spread on the ground to reduce evaporation, maintain even soil temperature, prevent erosion, control weeds and enrich the soil.*

pain *m* – cake, *of asphalt.*

pair – even; par.

paire *f* – pair. **paire d'ions** : ion pair. **paire d'ions intimes** : tight-ion pair, *intimate-ion pair, contact-ion pair.* **paire de radicaux** : radical pair. **paire géminée** : geminate pair.

palagonite *f* – palagonite, *a basaltic glass.*

palan *m* – block and tackle, *hoisting mechanism consisting of two or more blocks through which rope, cable or chain is reeved*; hoist; pulley tackle; purchase; tackle. **palan à bras** : hand hoist. **palan à chaîne** : chain hoist, *a tackle for hoisting heavy weights over short distances, consisting of an endless chain and one or two blocks.* **palan à croc** : hook tackle. **palan à vis** : worm block. **palan de charge** : garnet, *for ships.* **palan de levage** : hoist tackle; lifting tackle. **palan différentiel** : differential hoist. **palan fixe** : crown block *(drill).* **palan mobile** : traveling block.

palasome *m* – host; palasome, *a rock or mineral that is older than the rocks or minerals introduced into it or formed inside it.*

palatin – Pfalzian, *or Palatinian, see phase palatine.*

pale *f* – blade. **pale d'hélice** : fan; propeller blade. **pale de ventilateur** : fan blade. **pale orientable** : adjustable blade.

paléobiocénose *f* – paleobiocoenosis, *fossil community.*

paléobiologie *f* – paleobiology.

paléobotanique *f* – paleobotany.

Paléocène *m* – Paleocene, *early Tertiary epoch.*

paléochimie *f* – paleochemistry.

paléoclimatologie *f* – paleoclimatology.

paléocoupe *f* – paleosection *(seis)*; restored section.

paléocourant *m* – paleocurrent.

paléoécologie *f* – paleoecology.

paléoenvironnement *m* – paleoenvironment.

Paléogène *m* – Paleogene, *an interval of geologic time encompassing the Paleocene, Eocene and Oligocene during the early Tertiary.*

paléogéographie *f* – paleogeography.

paléogéographique – paleogeographic.

paléogéologie *f* – paleogeology.

paléogéologique – paleogeologic.

paléokarst *m* – paleokarst.

Paléolithique *m* – Paleolithic, *the earliest division of the Stone Age, more or less coinciding with the Pleistocene.*

paléomagnétisme *m* – paleomagnetism.

paléomorphe – paleomorphous.

paléontologie *f* – paleontology. **paléontologie végétale** : paleobotany.

paléopalynologie *f* – paleopalynology.

paléoplaine *f* – paleoplain.

paléosalinité *f* – paleosalinity.

paléosol *m* – fossil soil; paleosol.

paléosome *m* – paleosome, *relict fraction of original material in a mineral or rock, which has hardly or not been transformed.*

paléotectonique – paleotectonic.

paléotempérature *f* – paleotemperature.

paléotopographique – paleotopographic.

paléovolcanique – paleovolcanic.

Paléozoïque *m* – Paleozoic, *the Primary era from the end of the Precambrian to the beginning of the Mesozoic.*

palette *f* – blade; flapper; palette, *table of colors*; pallet, *used for moving and handling goods and materials*; vane.

palettisation *f* – palletization.

palétuvier *m* – mangrove.

palier *m* – arrest, *of a curve*; bearing; floor; head; landing, *of a stair or ladder*; plateau, *of a curve.* **palier à aiguilles** : needle roller bearing. **palier à anneau graisseur** : ring-oil bearing; ring-oiled bearing. **palier à billes** : ball bearing. **palier à cannelures** : collar bearing; collar thrust bearing. **palier à collet** : collar bearing. **palier à coussinet en bronze** : bronze-bushed bearing. **palier à coussinet flottant** : floating-ring bearing. **palier à douille** : sleeve bearing. **palier à film comprimé** : squeeze-film bearing. **palier à garniture antifriction** : babbitted bearing. **palier à gaz** : gas bearing. **palier à glissement** : friction bearing. **palier à glissières** : sliding bearing. **palier à lubrification hydrostatique** : hydrostatic bearing. **palier à pivot** : trunnion bearing. **palier à rotule** : self-aligning bearing; swivel bearing. **palier à rouleaux** : roller bearing. **palier à rouleaux coniques** : taper-roller bearing. **palier à roulements, palier antifriction** : antifriction bearing. **palier autograisseur** : self-lubricated bearing; self-lubricating bearing; self-oiled bearing. **palier autolubrifiant** : *see palier autograisseur.* **palier auxiliaire** : outer bearing. **palier bloqué** : stuck bearing. **palier conique** : cone bearing; taper bearing. **palier console** : wall bearing. **palier d'axe** : axle bearing. **palier de balancier** : saddle bearing *(drill)*. **palier de broche** : spindle bearing. **palier de butée** : thrust bearing. **palier de butée à billes** : antifriction thrust bearing; ball-thrust bearing. **palier de butée à collet** : collar thrust bearing. **palier de butée Kingsbury** : Kingsbury thrust bearing. **palier de décompression** : decompression stop, decompression stage *(diving)*. **palier de l'arbre à cames** : camshaft bearing. **palier de l'arbre de manivelle** : crankshaft bearing. **palier de largeur finie** : finite bearing. **palier de longueur infinie** : bearing of infinite length. **palier de pied** : step box. **palier de pied de bielle** : small-end bearing. **palier de tête de bielle** : crankpin bearing. **palier de tube d'étambot** : stern-tube bearing. **palier de vilebrequin** : crankshaft bearing; main bearing. **palier de volant** : flywheel bearing. **palier de wagon** : car bearing. **palier du balancier** : center irons. **paliers échelonnés** : stepped bearings. **palier en caoutchouc** : rubber bearing. **palier en métal fritté** : powdered bearing; sintered-metal-powder bearing. **palier en porte à faux** : outboard bearing. **palier érodé** : wiped bearing. **palier étanche** : sealed bearing. **palier fendu** : split bearing. **palier fluide** : fluid bearing. **palier grippé** : frozen bearing; seized bearing; stuck bearing. **palier guide** : guide bearing. **palier-guide inférieur** : lower guide bearing. **palier-guide supérieur** : upper guide bearing. **palier hydrodynamique à gaz** : hydrodynamic gas bearing. **palier juste** : thrust bearing *(engine)*. **palier lisse** : bush bearing; friction bearing; journal bearing; plain bearing; sleeve bearing, *used to protect a rotating rod.* **palier lisse étanche** : sealed friction bearing. **palier lisse étanche – avec protection** : sealed friction bearing – gage protected *(drill)*. **palier longitudinal** : side bearing. **palier ordinaire** : pillow-block bearing. **palier partiel** : partial bearing, *plain bearing in which the liner does not entirely surround the shaft.* **palier plein** : solid bearing. **palier prélubrifié** : prelubricated bearing. **palier principal** : main bearing. **palier réel** : real bearing. **palier sans graissage** : oilless bearing. **palier sous pression** : pressurized bearing. **palier strié** : scored bearing. **palier support** : bracket bearing; saddle pipe. **palier suspendu** : hanger bearing. **palier usé** : scuffed bearing, *by friction or sticking.*

palingenèse *f* – palingenesis, *see also anatexie.*

palinspastique – palinspastic, *concerning the restoration of the original geographic features before folding or thrusting.*

palissade *f* – fence; hoarding.

Pall – Pall, *see anneau de Pall.*

palladium *m* – palladium, *symbol Pd.*

pallasite *f* – pallasite *(geol)*.

pallographe *m* – pallograph, *a mechanical device used in analyzing the dynamic behavior of drilling risers in deep water.*
palme *f* – palm. **palme de natation** : flipper.
palmer *m* – micrometer caliper, *micrometer gage.* **palmer à filetage** : thread micrometer.
palmitate *m* – palmitate, *salt or ester of palmitic acid.* **palmitate d'aluminium** : aluminum palmitate, *thickening for lubricating oils.* **palimitate de potassium** : potassium palmitate.
palmitine *f* – palmitin, *tripalmitin, glyceryl tripalmitate.*
palmitique – palmitic.
palonnier *m* – equalizing yoke; rudder bar. **palonnier de frein** : brake compensator.
palpeur *m* – feeler; finger.
palplanche *f* – backlath; sheet pile.
paludéen – paludal.
paludification *f* – ulmification, *peat formation.*
palustre – paludal; palustrine, *referring to a marshy environment.*
palygorskite *f* – palygorskite, *a complex aluminosilicate, synonymous with attapulgite.*
palynofaciès *m* – palynofacies.
palynologie *f* – palynology, *the study of pollen.*
PAM – PAM, *abbr. polyacrilamide.*
pampa *f* – pampa.
pamphlet *m* – pamphlet. **pan coupé** : cant.
panabase *f* – panabase, *tetrahedrite.*
panache *m* – plume, *of turbid water or smoke.* **panache de bulles de gaz** : vented-gas column. **panache de chalumeau** : white cone. **panache thermique** : thermal plume.
panchromatique – panchromatic *(photo).*
panel *m* – panel. **panel de nez** : odor panel, *for making a sensory investigation of the odors of products or pollutants.*
Pangée *f* – Pangea, *or Pangaea, original supercontinent that is thought to have split in the Paleozoic into a northern continent (Laurasia) and a southern continent (Gondwana).*
panidiomorphique – panidiomorphic *(petro).*
panier *m* – basket; junk retriever. **panier à sédiments** : basket bit, *for gathering small samples for analysis (drill)*; basket sub; boot sub; junk sub. **panier de cimentation** : cementing basket. **panier de repêchage** : boot basket, *a fishing tool used to trap heavy cuttings during washover or milling operations*; fishing basket; junk basket, *a fishing tool for metal that has fallen in the hole or for sediments.*
panne *f* – breakdown; failure; mishap; trouble. **panne de circuit d'alimentation** : outage. **panne de moteur** : engine failure; engine trouble. **panne de secteur** : mains failure.
panne *f* – pane, *of a hammer*; peen; purlin, *of a roof.* **panne de marteau** : hammer face; hammer peen.
panneau *m* – hatch cover; panel; sign; slab. **panneau d'agglomérés** : particle board. **panneau d'amiante** : asbestos board. **panneau d'arrivée** : incoming panel. **panneau d'avertissement** : warning sign. **panneau d'éclairage** : lighting panel. **panneau d'écoutille** : hatch cover. **panneau de commande** : switchboard. **panneau de contrôle** : test board. **panneau de copeaux** : chipboard. **panneau de départ** : outgoing panel. **panneau de sécurité** : relief and gaging hatch. **panneau de visite** : vision panel. **panneau géologique** : block. **panneau graphique** : graphic panel, *table representing a processing unit with different measurements (temperature, flow rate, pressure) in the control room for the unit.* **panneau refroidissant** : panel cooler. **paneau solaire** : solar array.
Pannonien *m* – Pannonian, *Upper Miocene stage.*
panoramique – panoramic.
Panthalassa *f* – Panthalassa, *ocean surrounding Pangea.*
pantographe *m* – pantograph, *device on top of an electric vehicle to pick up electric power from overhead wires.*
pantomètre *m* – cross staff, *a forerunner of the modern sextant*; pantometer.
papeterie *f* – papermill.
papier *m* – paper. **papier à calquer** : tracing paper. **papier à dessin** : drawing paper. **papier à diagrammes** : indicator card. **papier abrasif** : abrasive paper. **papier armé** : mounted paper. **papier buvard** : filter paper. **papier carbone** : carbon paper. **papier d'aluminium** : tinfoil. **papier d'emballage** : wrapping paper. **papier d'émeri** : emery paper. **papier d'étain** : tinfoil. **papiers d'identité** : credentials. **papier de verre** : abrasive paper; glass paper; sandpaper. **papier enregistreur** : recording paper; registration paper. **papier filtre** : filter paper. **papier filtre plissé** : fan-folded filter paper. **papier gaufré** : corrugated paper. **papier glacé** : enamel paper, *having a metal coating.* **papier goudronné** : tar paper. **papier graphique** : plotting paper. **papier kraft** : kraft paper. **papier logarithmique** : logarithmic paper. **papier millimétré** : plotting-scale paper; quadrille paper; scale paper. **papier paraffiné** : waxed paper. **papier photographique** : photographic paper. **papier plissé** : corrugated paper. **papier positif** : positive paper. **papier quadrillé** : plotting paper; profile paper; sectional paper. **papier réactif** : test paper. **papier semilogarithmique** : semilog graph paper. **papier tournesol** : litmus paper.
papillon *m* – butterfly; throttle blade. **papillon des gaz** : throttle.
papillotement *m* – flicker.
papilloter – flicker (to).
paquebot *m* – liner; passenger ship.
paquet *m* – fagot *(metal)*; pack; packet; parcel; pile. **paquet d'ondes** : wave packet.
paquetage *m* – fagoting *(metal)*; package, *see progiciel.*
para- – para-, *a prefix used with a metamorphic rock to indicate that the rock is of sedimentary origin ; in chemistry, a prefix indicating the 1,4-position in benzenic and naphthenic derivatives.*
parabole *f* – parabola.
parabolique – parabolic.
parabruit *m* – acoustical panel.
parachor *m* – parachor *(phys).*
parachute *m* – parachute.
paraclase *f* – paraclase, *obsolete geologic term for fault.*
paraconformité *f* – paraconformity, *stratigraphic unconformity between two strata of different ages but whose contact surfaces are parallel.*

paracycle *m* – paracycle, *time interval.* **paracycle eustatique** : eustatic paracycle, *the interval of time occupied by one regional or global relative rise and stillstand of sealevel, followed by another relative rise, with no intervening relative fall.*
parade *f* – display.
paradoxe *m* – paradox. **paradoxe de Gibbs** : Gibbs paradox, *increase in entropy during the mixing of two separate volumes of gases of the same kind at the same temperature and pressure.*
paraffinage *m* – paraffining; waxing. **paraffinage du papier** : paper waxing.
paraffine *f* – paraffin, *alkane, a class of aliphatic hydrocarbon*; paraffin wax; paraffinum; wax. **paraffine amorphe** : amorphous wax. **paraffine brute** : crude paraffin; crude wax. **paraffine chlorée** : chlorinated paraffin. **paraffine de filtre-presse** : filter-press wax. **paraffine de schiste** : shale wax. **paraffine dure** : hard wax. **paraffine écaille** : paraffin scale; scale wax, *paraffin obtained by sweating most of the oil from slack wax.* **paraffine huileuse** : slack wax. **paraffine liquide** : paraffinum liquidum. **paraffine microcristalline** : microcrystalline wax. **paraffine microcristalline oxydée** : oxidized microcrystalline wax. **paraffine molle** : soft wax. **paraffine naturelle** : native paraffin, *ozocerite.* **paraffine non déshuilée** : crude scale wax; slack wax. **paraffine pour bougies** : candle wax. **paraffine semiraffinée** : semirefined wax.
paraffiné – paraffined; waxed.
paraffinique – paraffinic.
paraformaldéhyde *m* – paraformaldehyde, *a polymer of formaldehyde.*
parafoudre *m* – lightning arrester.
paragenèse *f* – paragenesis, *association of minerals in ore deposits indicating contemporaneous formation.*
parageosynclinal *m* – marginal geosyncline; parageosyncline.
paragneiss *m* – paragneiss *(geol)*.
paragonite *f* – paragonite, *soda mica.*
paraldéhyde *m* – paraldehyde, *a cyclic polymer of acetaldehyde.*
paraldol *m* – paraldol *(chem)*.
paraliagéosynclinal *m* – paraliageosyncline.
paralique – paralic, *characterizing deposits on the landward side of a coast.*
parallaxe *f* – parallax. **parallaxe absolue** : absolute parallax. **parallaxe angulaire** : angular parallax. **parallaxe binoculaire** : binocular parallax. **parallaxe horizontale** : horizontal parallax. **parallaxe instrumentale** : instrument parallax. **parallaxe linéaire** : linear parallax. **parallaxe oculaire** : ocular parallax. **parallaxe résiduelle** : residual parallax. **parallaxe stéréoscopique** : stereoscopic parallax. **parallaxe transversale, parallaxe verticale, parallaxe Y** : Y parallax.
parallèle *m* – parallel. **parallèle au sol** : ground parallel. **parallèle céleste** : celestial parallel. **parallèle d'échelle conservée** : standard parallel. **parallèle de référence** : standard parallel. **parallèle isométrique** : isometric parallel. **parallèle principal** : principal parallel.
paramagnétique – paramagnetic.
paramagnétisme *m* – paramagnetism.
paramétrage *m* – parameterization.
paramètre *m* – argument *(computer)*; parameter. **paramètre cristallographique** : intercept. **paramètre d'ordre à grande distance** : long-range order parameter. **paramètre d'ordre local** : short-range order parameter. **paramètre de forage** : drilling parameter. **paramètre de l'orbite** : orbital parameter. **paramètre de position** : location parameter *(stat)*. **paramètre de rayon, paramètre du rayon** : ray parameter; raypath parameter. **paramètre de traitement** : processing parameter. **paramètre orbital** : orbital parameter. **paramètre prédéfini** : preset parameter. **paramètres sismiques** : seismic parameters.
paramétrique – parametric.
paramétrisation *f* – parametrization, *see also paramétrage.*
paramorphique – paramorphic.
paramorphisme *f* – paramorphism.
parapet *m* – railing.
parapétrolier *m* – petroleum service and supply industries.
paraschiste *m* – paraschist.
paraséquence *f* – parasequence, *a relatively conformable succession of genetically related beds bounded by marine-flooding surfaces and their correlative surfaces.*
parasismique – aseismic *(protection)*.
parasite *m* – click, *communication*; glitch, *undesired voltage spike on a processed signal*; parasite *(biol)*; pest. **parasites atmosphériques** : atmospheric interference *(radio)*; static.
parasite – parasitic; spurious.
parasoleil *m* – shade tube.
paratonnerre *m* – lightning conductor; lightning rod.
paratype *m* – paratype *(pal)*.
paravane *m* – paravane, *a device designed to hold geophones in a vertical position in water.*
paraxylène *m* – paraxylene, *see xylène.*
parc *m* – storage yard; yard. **parc à combustibles** : fuel yard. **parc à réservoirs** : tank farm. **parc à tiges** : pipe rack *(drill)*; pipe yard. **parc automobile** : fleet of vehicles. **parc d'homogénéisation** : bedding plant. **parc de bois** : wood depot. **parc de stationnement** : parking lot. **parc de stockage** : storage facility; tank farm.
parcellaire *m* – parcel pattern, *ground arrangement detected by remote sensing.*
parcelle *f* – lot; parcel. **parcelle cadastrale** : land-survey plot. **parcelle d'essais** : trial plot. **parcelle de terrain** : plot.
parcimonieux – parsimonius.
parcmètre *m* – parking meter.
parcourir – run (to).
parcours *m* – haul; travel. **parcours de garantie** : trial trip, *of a vehicle.* **parcours de moindre temps** : least-time path. **parcours de temps minimum** : brachistochronic path; least-time path; minimum-time path. **parcours du terrain** : traverse. **parcours du vent** : run of wind, *distance covered by the wind.* **parcours instrumental** : field walk. **parcours maritime** : sea leg, *part of a voyage.* **parcours moyen** : mean range. **parcours moyen en masse** : mean mass range. **parcours moyen linéaire** : mean linear range.

paré – strung up, *for hoisting (drill)*.
pare-battage *m* – fender, *for a ship*.
pare-brise *m* – windshield. **pare-brise enveloppant** : wraparound windshield.
pare-chocs *m* – bumper. **pare-chocs arrière** : rear bumper. **pare-chocs avant** : front bumper. **pare-chocs enveloppant** : wraparound bumper.
pare-chute *m* – safety barrier.
pare-étincelle *m* – spark arrester; spark screen.
pare-feu *m* – firebreak, *forests*; flame arrester.
pare-flamme – flame proof.
pare-gouttes *m* – oil guard; splash guard.
parent – cognate; parent. **parent de** : akin.
parenthèse *f* – bracket *(typog)*.
parfum *m* – fragrance; perfume.
parfumé – fragrant.
paritaire – equally represented.
parité *f* – par value; parity.
paroi *f* – partition; shell; side; wall. **paroi brise-lames** : breakwater wall. **paroi d'extrémité** : end wall. **paroi d'un puits** : well wall. **paroi de tube** : pipe wall. **paroi du bloc-carter** : sump wall. **à parois épaisses** : thick walled. **paroi inférieure** : footwall. **paroi latérale** : sidewall. **à parois minces** : thin walled. **paroi semiperméable** : porous plate, *for measuring capillary pressure*. **paroi supérieure** : roof. **paroi surplombante** : overhanging side.
paroxysme *m* – paroxysm.
parpaing *m* – cinder block.
Parr – Parr, *see méthode de Parr*.
parsec *m* – parsec, *a unit of astronomical distance*.
part *f* – share. **part d'association** : partnership share. **parts de fondateurs** : founders' shares. **part de marché** : market share *(econ)*. **part en capital** : equity share *(fin)*.
partage *m* – allotment; distribution; partition; sharing. **partage de production** : production sharing, *a contractual system for dividing up hydrocarbons produced among contractors*.
partager – divide (to).
partance *f* – departure *(ship)*.
partenaire *m* – partner. **partenaire commercial** : trading partner.
partenariat *m* – partnership.
participation *f* – interest; participation; sharing. **participation aux bénéfices** : profit sharing. **participation aux frais** : cost sharing. **participation des travailleurs aux bénéfices** : industrial partnership. **participation du concessionnaire** : net profits interest; working interest, *the owner of an operating interest under an oil and gas lease has the exclusive right to exploit the minerals on the land*. **participation majoritaire** : controlling interest.
particulaire – particulate.
particule *f* – particle; particulate matter, *matter in the form of solid or liquid particles*. **particule accélérée** : accelerated particle. **particule alpha** : alpha particle. **particule argileuse** : clay particle. **particule bêta** : beta particle. **particule chargée** : charged particle. **particule colloïdale** : colloidal particle. **particule de recul** : recoil particle. **particules dispersées** : disperse particles, *in a colloidal system*. **particule élémentaire** : elementary particle, *fundamental particle*. **particule étrange** : strange particle. **particule fondamentale** : fundamental particle, *elementary particle*. **particule instable** : unstable particle. **particules polluantes en suspension** : suspended particulates, *solid and liquid particles in the air*. **particule subatomique** : subatomic particle. **particule témoin** : test particle. **particule virtuelle** : virtual particle.
particulier – individual; particular; private.
partie *f* – part; portion; section. **partie ascendante** : rise, *of a curve*. **partie d'une dent d'engrenage** : base circle. **partie effectivement productrice** : effective pay, *of an oil or gas field*. **partie imaginaire** : imaginary part, *of a complex number*. **partie imaginaire du spectre** : quadrature spectrum. **partie impaire d'une transformée (de Fourier)** : sine transform. **partie mâle d'un assemblage à emboîtement** : spigot bearing. **partie paire d'une transformée (de Fourier)** : cosine transform. **parties par million (ppm)** : parts per million (ppm). **partie riche d'une veine métallique** : pay streak. **parties soumises à l'usure** : wearing parts. **partie supérieure de la couche** : upper leaf.
pas *m* – pace; pitch, *of a screw*; step; threshold. **pas à droite** : right-hand thread. **pas à gauche** : left-hand thread. **pas acmé** : acme thread, *acme screw thread*. **pas angulaire** : angular pitch. **pas circulaire** : circular pitch, *of a gear*; circumferential pitch. **pas d'avancement** : shot interval. **pas d'échantillonnage** : sample interval, *time interval between successive readings of a digital seismic trace*; sampling interval. **pas d'un filetage** : screw pitch. **pas de chaîne** : chain pitch. **pas de filetage** : pitch of thread. **pas de l'hélice** : propeller pitch. **pas de progression** : increment. **pas de tir** : shooting interval; shot interval, *distance separating two successive shotpoints*; shot spacing *(seis)*. **pas de vis** : screw pitch; thread pitch. **pas fin** : fine pitch. **pas fixe** : fixed pitch. **pas miroir** : mirror step. **pas variable** : controllable pitch (CP); variable pitch. **pas Whitworth** : Whitworth thread.
pascal *m* – pascal, *SI unit of pressure and stress equal to a force of 1 newton acting uniformly on an area of 1* m^2, *symbol* Pa. **pascal à la puissance moins un** : reciprocal pascal, *SI unit of compressibility* (Pa^{-1}). **pascal par kelvin** : pascal per kelvin, *SI unit of pressure coefficient* (Pa/K). **pascal par mètre** : pascal per meter, *SI unit of pressure gradient* (Pa/m). **pascal seconde** : pascal second, *SI unit of dynamic viscosity* (Pa.s). **pascal-seconde par mètre** : pascal second per meter, *SI unit of characteristic impedance of a medium and specific acoustic impedance* (Pa.s/m). **pascal-seconde par mètre cube** : pascal second per meter cubed, *SI unit of acoustic impedance* ($Pa.s/m^3$).
pas-de-porte *m* – key money.
passage *m* – dog hole; fairway; gangway; gate; pass; passage; transit, *of a satellite or a ship*; transition; walkway. **passage à niveau** : grade crossing; level crossing; railroad crossing. **passage à zéro** : zero crossing. **passage clouté** : pedestrian crossing. **passage d'aérage** : back entry *(mine)*; conduit *(mine)*. **passage de fuite** : leak-by. **passage de grisou** : blow, *escape of gas through a dam or partition (mine)*. **passage de l'arbre de distribution** : camshaft drive hole. **passage de la vapeur** : vapor transmission, *steam*.

passage de satellite : satellite pass. **passage direct** : straight through. **passage direct de vanne** : valve gate. **passage du temps à la profondeur** : time-to-depth conversion. **passage en bac** : ferriage. **passage en dessous** : undercrossing. **passage en douane** : customhouse entry. **passage en L** : L port. **passage en T** : T port. **passage inférieur** : undercrossing. **passage souterrain** : underground crossing.

passager *m* – passenger, *fem. passagère.* **passager clandestin** : stowaway. **passager kilomètre** : passenger kilometer, *transporting one passenger over a distance of one kilometer (stat).*

passant – undersize, *said of the part of crushed material that passes through a screen.*

passe *f* – pass. **passe à chaud** : *see passe chaude.* **passe chaude** : hot pass *(weld).* **passe de finition** : cap pass, *capping pass (weld).* **passe de flottage** : chute, *steep passage around a dam.* **passe de fond** : root bead *(weld)*; root pass *(weld)*; stringer bead *(weld).* **passe de fraisage** : reaming run. **passe de lestage** : weight clamps *(pipeline).* **passe de remplissage** : filling pass, *filler pass (weld).* **passe de soutien** : backing pass *(weld).* **passe étroite** : string bead *(weld).* **passe large** : weave bead *(weld).* **passe sur l'envers** : back pass *(weld).* **deuxième passe** : hot pass *(weld).*

passe-bande – passband.

passe-calandre *m* – shell pass, *in a heat exchanger.*

passe-courroie *m* – striking gear.

passée *f* – band *(geol)*; seam *(mine).* **passée sableuse** : sand intercalation. **passée stérile** : dirt band.

passe-partout *m* – compass saw; master key.

passer – pass (to). **passer à la pierre** : hone (to). **passer à travers** : pass (to) through. **passer commande de** : order (to). **passer le hérisson** : run (to) the swab. **passer le racleur** : run (to) the pig. **passer une vitesse** : mesh (to) in; throw (to) into gear.

passerelle *f* – catwalk; footbridge; passageway; pathway; walkway, *on a storage tank.* **passerelle d'accrochage** : racking board; safety board *(drill).* **passerelle d'accrochage des tiges de pompage** : rod board. **passerelle de la chambre des pompes** : pump-room walkway. **passerelle de manoeuvre** : pipe walk. **passerelle de manutention** : walkway, *prolongation of the V-door of a drill rig on which tubulars being hoisted or lowered are laid.* **passerelle de service** : gangway. **passerelle de tubage** : stabbing board, *a temporary platform inside the derrick for guiding stands of casing or drillpipe so their threads will engage properly.* **passerelle du moufle fixe** : crow's nest *(drill).* **passerelle extérieure** : walkaround.

passe-tube *m* – tube pass.

passif *m* – liabilities. **passif à court terme** : current liabilities. **passif à long terme** : long-term liabilities.

passif – passive, *fem. passive.*

passivateur *m* – passivator. **passivateur de métaux** : metal deactivator, *an organic compound used as an additive for fuels and oils to suppress the catalytic action of metal compounds (e.g. copper).*

passivation *f* – passivation. **passivation superficielle** : surface passivation.

passivité *f* – passivity.

pastillage *m* – pelletization; prilling.

pastille *f* – pellet; tip, *on a drill bit.* **pastille de carbure** : carbide insert, *on a drill bit.*

patate *f* – *colloquial for a structure in petroleum exploration.*

pâte *f* – dough; groundmass *(petro)*; matrix, *fine-grained material enclosing the larger grains or particles of a sedimentary rock*; paste. **pâte à joints** : gasket seal compound. **pâte à papier** : paper pulp. **pâte à roder** : grinding compound; grinding paste; lapping compound. **pâte de bois** : wood pulp, *used as a filter.* **pâte de tréfilage** : drawing compound. **pâte matrice** : groundmass *(petro).* **pâte molle** : dough. **pâte vitreuse** : glass matrix *(petro).*

patenté *m* – license holder; licensee.

patenté – registered.

pâteux – doughy; pasty.

pathogène – pathogenic.

patin *m* – gib; pad; shoe; skid. **patin d'arrêt** : skid pan. **patin de butée** : thrust pad. **patin de frein** : brake block. **patins de support avant de moteur** : engine front mountings. **patin isolant** : insulating pad. **patin latéral** : sidewall pad.

patine *f* – patina. **patine désertique** : desert varnish.

patiner – slip (to).

patrimoine *m* – patrimony. **patrimoine commun de l'humanité** : common heritage of mankind.

patrimonial – patrimonial.

patron *m* – boss; pattern.

patte *f* – leg; lug. **patte d'ancre** : anchor fluke; fluke. **patte d'araignée** : oil tackle; oil track, *groove on the inside surface of a bearing for the distribution of the lubricant.* **patte d'araignée triangulaire** : triangular oil groove. **patte d'attache** : mounting lug. **patte d'élingue** : cant hook. **patte de chien** : dogleg, *an abrupt change in the direction of a borehole.* **patte de fixation** : mounting bracket. **patte de montage** : mounting lug. **patte de tension** : chain adjuster.

pâturage *m* – grazing; grazing land.

pause *f* – breakpoint, *in a computer program.*

pauvre – base, *low quality*; lean; poor; weak.

pavage *m* – paving. **pavage de pierre** : stone pavement. **pavage désertique** : desert pavement.

pavé *m* – bin; cobble; pavement; paving brick. **pavé d'asphalte** : asphalt paving block. **pavé désertique** : boulder pavement; lag gravel.

pavement *m* – pavement.

pavillon *m* – flag. **pavillon de compagnie** : house flag. **pavillon de complaisance** : convenience flag; flag of convenience. **pavillon de partance** : blue peter *(colloquial).* **pavillon de pilote** : pilot flag. **pavillon libre** : free flag, *flag of convenience.* **sous pavillon anglais** : in British bottoms. **sous pavillon neutre** : in neutral bottoms.

payable – payable. **payable à la commande** : cash with order. **payable à la réception de la marchandise** : payable on receipt (POR) of goods. **payable au comptant** : term cash.

paye *f* – pay.

payement *m* – *see paiement.*

pays *m* – country. **pays à économie de marché** : market-economy country. **pays à excédent de ca-**

pitaux : capital-surplus country. **pays d'accueil** : host country. **pays en développement** : developing country. **pays en voie de développement (PVD)** : developing country; less developed country (LDC). **pays enclavé** : landlocked country. **pays les moins avancés (PMA)** : least developed countries (LDC). **pays montagneux** : mountainous country. **pays riverain** : coastal country. **pays sans côtes marines** : landlocked country.

paysage *m* – landscape.

PCF – *abbr. plan de circulation des fluides.*

PCI – LHV, *abbr. of pouvoir calorifique inférieur: low heat (heating) value*; NCV, *abbr. pouvoir calorifique inférieur, net calorific value*; NHV, *abbr. pouvoir calorifique inférieur, net heating value.*

PCO – CPC, *abbr. production commandée par ordinateur: computerized production control.*

PCS – GCV, *abbr. pouvoir calorifique supérieur, gross calorific value*; GHV, *abbr. pouvoir calorifique supérieur, gross heating value.*

PCV – reverse-call charge, *for a telephone call.*

PDB – PDB, *abbr. paradichlorobenzène.*

PE – PE, *abbr. de polyéthylène.*

Pear – Pear, *see colonne de Pear.*

peau *f* – hide; peel; skin.

PEB – NEP, *abbr. puissance équivalente au bruit: noise equivalent power.*

PEBD – LDPE, *abbr. polyéthylène à basse densité, low-density polyethylene.*

pechblende *f* – pitchblende, *a variety of uraninite.*

peck *m* – peck, *a unit of capacity equal to 8.81* cm^3.

Peclet – Peclet, *see nombre de Peclet.*

pectisation *f* – pectization, *an aggregation of colloid particles producing a gel.*

pédalage *m* – reverberation *(seis)*; ringing *(seis)*; singing, *short-path multiples in a water layer producing ringing and reverberation on a seismic record.*

pédalant – leggy; singy.

pédale *f* – pedal; treadle. **pédale d'accélérateur** : accelerator pedal. **pédale d'embrayage** : clutch pedal. **pédale de débrayage** : clutch pedal. **pédale de frein** : brake pedal. **pédale de sûreté** : detector bar.

pédalfer *m* – pedalfer, *soil in humid regions containing aluminum and iron sesquioxides.*

pédiment *m* – pediment, *gently-sloping rock-floored erosion surface in an arid region at the base of an abrupt receding mountain front or plateau escarpment.* **pédiment couvert** : concealed pediment.

pédiplaine *f* – pediplain.

pédiplanation *f* – pediplanation.

pédocal *m* – pedocal, *soil of arid or semiarid regions containing an accumulation of carbonates.*

pédogenèse *f* – pedogenesis.

pédologie *f* – pedology.

pédomorphose *f* – paedomorphism; neoteny.

PEDS – FILO, *abbr. premier entré-dernier sorti: first-in last-out.*

PEG – PEG, *abbr. polyéthylène glycol.*

pegmatite *f* – pegmatite, *a coarse-grained igneous rock.* **pegmatite graphique** : graphic granite.

pegmatitique – pegmatitic.

PEHD – HDPE, *abbr. polyéthylène à haute densité, high-density polyethylene.*

PEI – PEI, *abbr. polyéthylèneimine.*

peigne *m* – comb; die; replicating function; shah *(seis)*. **peigne à clé** : tong die. **peigne à fileter** : thread chaser. **peigne de câble** : cable form. **peigne de clé de sonde** : tong die. **peigne de diracs** : Dirac comb; sampling function.

peinture *f* – paint. **peinture à la colle** : distemper. **peinture anticorrosive** : anticorrosive paint. **peinture antidérapante** : antiskid paint; nonskid paint. **peinture antirouille** : antirust paint; rust-protective paint. **peinture antisalissure** : antifouling paint. **peinture au latex** : latex paint; rubber paint. **peinture au mica** : mica paint. **peinture au pistolet** : paint spraying; spray painting. **peinture au silicate** : silicate paint. **peinture bitumineuse** : asphaltic paint, *liquid bituminous product sometimes containing mineral pigments.* **peinture fonctionnelle des locaux** : color conditioning, *choosing colors as a function of lighting.* **peinture intumescente** : intumescent paint. **peinture métallique** : metallic paint. **peinture phosphorescente** : phosphorescent paint. **peinture plastique** : plastic paint. **peinture vermiculée** : wrinkle paint.

pelage *m* – peeling.

pélagique – pelagic, *qualifies anything found in the open sea and having no relation to the seabed.*

pélagite *f* – pelagite, *manganese oxide concretions on the seabed.*

pélécypode *m* – pelecypod, *mollusk.*

pélite *f* – pelite, *a sediment or sedimentary rock composed of the finest detritus, such as mudstone.*

pélitique – pelitic.

pelle *f* – scoop; shovel. **pelle à benne preneuse** : clamshell bucket, *clamshell grab.* **pelle à benne traînante** : dragline. **pelle à godet** : mechanical shovel; shovel dredge. **pelle à vanner** : van. **pelle à vapeur** : steam digger. **pelle automatique** : grab. **pelle de retenue** : skimmer. **pelle équipée en fouille** : drag shovel. **pelle excavatrice** : stripping shovel. **pelle fouilleuse** : ditch excavator. **pelle mécanique** : dipper dredge; mechanical digger; power shovel. **pelle mécanique de découverte** : stripper. **pelle mécanique électrique** : electric shovel. **pelle niveleuse** : scoop shovel; skimmer scoop, skimmer shovel. **pelle rétrocaveuse** : back-action shovel; drag shovel; pull shovel; trench hoe. **pelle rétrocaveuse mécanique** : backhoe, *used for digging pipeline trenches.*

pellet *m* – pellet, *an organic-rich aggregate of fine-grained calcareous material not having any internal structure.*

pelletage *m* – shoveling. **pelletage à main** : hand shoveling. **pelletage mécanique** : power shoveling.

pelleteuse *f* – power shovel. **pelleteuse chargeuse** : tractor loader; tractor shovel.

pelletisation *f* – pelletization, *reducing a material to pellets.*

pelliculable – strippable.

pelliculaire – pellicular.

pellicule *f* – film; pellicle. **pellicule couleur** : color film. **pellicule de métal** : film of metal. **pellicule infrarouge** : infrared film. **pellicule infrarouge**

fausse couleur : infrared false-color film. **pellicule lubrifiante** : lubricant film; oil film. **pellicule négative couleur** : color negative film. **pellicule noir et blanc** : black-and-white film. **pellicule panchromatique** : panchromatic film. **pellicule photographique** : photographic film. **pellicule positive** : positive film. **pellicule pour photographies aériennes** : aerial film. **pellicule sensible à l'infrarouge** : infrared-sensitive film. **pellicule sensible à la couleur** : color-sensitive film. **pellicule spectrozonale** : false-color film.

pellucide – pellucid.

pelmicrite *f* – pelmicrite, *a limestone with a variable proportion of pellets.*

pelote *f* – pellet. **pelote fécale** : fecal pellet.

pelouse *f* – lawn; turf.

pelsparite *f* – pelsparite, *limestone containing three times as many pellets as fossils.*

Pelton – Pelton, *see roue de Pelton.*

pelure *f* – coat; peel.

pénalité *f* – penalty. **pénalité de non consentement** : nonconsent penalty.

pencher – incline (to). **pencher sur le côté** : careen (to) *(naut).*

pendage *m* – cohade; dip; hang; inclination; rake; slant; slope. **pendage anormal** : abnormal dip. **pendage apparent** : apparent dip. **pendage critique** : critical dip. **pendage de faille** : fault dip. **pendage divergent** : divergent dip. **pendage faible** : low dip. **pendage fort** : high dip. **pendage général d'une région** : normal dip. **pendage inverse** : reverse dip. **pendage latéral** : cross-dip; flank dip. **pendage moyen** : average dip. **pendage normal** : normal dip. **pendage original** : original dip. **pendage par tir en croix** : four-way dip. **pendage pente** : dip slope. **pendage périclinal** : periclinal dip, *dipping toward a common center as in a structural basin.* **pendage prononcé** : steep dip. **pendage raide** : edge seam; steep dip. **pendage rayonnant** : quaquaversal dip. **pendage réel** : three-dimensional dip; true dip. **pendage régional** : regional dip. **pendage renversé** : reverse dip. **pendage vertical** : vertical dip. **pendage vrai** : full dip; three-dimensional dip; true dip.

pendagemètre *m* – dipmeter; stratameter. **pendagemètre à fort pouvoir séparateur** : *see pendagemètre à haute résolution.* **pendagemètre à haute résolution** : high-resolution dipmeter. **pendagemètre à haute résolvance** : *see pendagemètre à haute-résolution.* **pendagemètre à résistivité** : resistivity dipmeter. **pendagemètre continu** : continuous dipmeter. **pendagemètre continu à potéclinomètre** : continuous poteclinometer dipmeter, *for continuously recording parameters such as inclination, orientation of this inclination, and azimuth of one of the correlation devices.*

pendagemétrie *f* – dip logging, *measurement of dip in boreholes*; dipmeter log. **pendagemétrie continue** : continuous dipmetering.

pendant – pendulous.

pendulaire – pendular.

pendule *f* – clock; pendulum. **pendule à minima** : minimum pendulum. **pendule amorti** : damped pendulum. **pendule apériodique** : aperiodic pendulum; dead-beat pendulum. **pendule astatique** : astatic pendulum. **pendule balistique** : ballistic pendulum. **pendule compensé** : compensation pendulum. **pendule composé** : compound pendulum. **pendule conique** : conical pendulum. **pendule cycloïdal** : cycloidal pendulum. **pendule de Foucault** : Foucault pendulum, *rotation of the Earth.* **pendule de gravité** : gravity pendulum. **pendule de pointage** : control clock. **pendule de torsion** : torsion pendulum. **pendule horizontal** : horizontal pendulum. **pendule inversé** : inverted pendulum. **pendule isochrone** : isochronous pendulum, *having equal oscillation periods independently of the amplitude.* **pendule mathématique** : mathematical pendulum. **pendule physique réversible** : compound reversible-type pendulum. **pendule simple** : simple pendulum. **pendule vertical** : vertical pendulum.

pénécontemporain – penecontemporaneous.

pénéplaine *f* – peneplain. **pénéplaine embryonnaire** : incipient peneplain. **pénéplaine exhumée** : exhumed peneplain; resurrected peneplain. **pénéplaine locale rajeunie** : strath terrace. **pénéplaine rajeunie** : dissected peneplain; stripped peneplain; truncated upland. **pénéplaine surélevée** : uplifted peneplain.

pénéplanation *f* – baseleveling *(geol)*; peneplanation.

pénétrabilité *f* – penetrability; penetration number, *consistency, expressed as the distance that a standard needle or cone penetrates vertically into a sample of a material under specified conditions.* **pénétrabilité à l'aiguille des cires de pétrole** : needle penetration of petroleum waxes. **pénétrabilité au cône** : cone penetration, *of a grease.* **pénétrabilité non travaillée** : unworked penetration, *penetrability of unworked grease, measured by the penetration of a consistent grease that has not first been worked.* **pénétrabilité travaillée** : worked penetration, *the penetration of a sample of lubricating grease immediately after it has been subjected to 60 strokes in a standard grease worker.*

pénétrant – penetrating.

pénétration *f* – depth of penetration *(drill)*; entrance; penetration, *greatest depth from which seismic reflections can be picked with reasonable certainty.* **pénétration travaillée (ou non travaillée)** : *see pénétrabilité travaillée (or non travaillée).*

pénétré – penetrated.

pénétrer – intrude (to); permeate (to); pervade (to). **pénétrer dans une couche pétrolière** : drill (to) in. **pénétrer une formation** : make (to) through.

pénétromètre *m* – grease penetrometer, *used to measure the consistency of grease*; penetrometer; sounding tool. **pénétromètre à microcône** : microcone penetrometer.

pénétrométrie *f* – penetrometer test.

péniche *f* – barge; lighter; pinnace. **péniche de débarquement** : landing barge.

péninsule *f* – peninsula.

Pennsylvanien *m* – Pennsylvanian, *Paleozoic stage.*

pension *f* – pension. **pension d'invalidité** : disability pension. **pension de retraite** : retirement benefits; retirement pension.

Pensky – Pensky, *see appareil de Pensky-Martens.*

pentaborane *m* – pentaborane.
pentacène *m* – pentacene, *2,3,6,7-dibenzoanthracene.*
pentachloroéthane *m* – pentachloroethane, *pentalin.*
pentachlorophénol *m* – pentachlorophenol.
pentachlorure *m* – pentachloride. **pentachlorure de molybdène** : molybdenum pentachloride. **pentachlorure de phosphore** : phosphorus pentachloride.
pentadécane *m* – pentadecane.
pentadiène *m* – pentadiene, *1,3-pentadiene, piperylene.*
pentaérythritol *m* – pentaerythritol, *tetramethylomethane.*
pentagonal – pentagonal.
pentagone *m* – pentagon.
pentaméthylbenzène *m* – pentamethylbenzene.
pentane *m* – pentane, *any of three isomeric hydrocarbons of the paraffin series.* **pentane normal** : normal pentane.
pentanol *m* – pentanol, *generic name for three amyl alcohols.*
pentanone *f* – pentanone.
pentavalent – quinquevalent.
pente *f* – declivity; dip; downgrade; drop; fall; grade; gradient; hang; hillside; incline; pitch; side; slant; slope. **pente ascendante** : upgrade. **pente continentale** : continental slope, *part of the continental margin between the continental shelf and the continental rise, having a relatively steep incline.* **pente d'éboulis** : talus. **pente d'écoulement** : gradient of flow. **pente d'un filtre** : filter slope; roll off *(seis)*. **pente d'une rivière** : slope of river. **pente de coupure** : roll-off slope. **pente descendante** : downgrade. **pente élevée** : high slope. **pente escarpée** : steep slope. **pente insulaire** : insular slope, *see pente continentale*; island slope. **pente raide, pente rapide** : steep slope. **pente uniforme** : uniform grade. **en pente** : sloped.
pentène *m* – pentene, *1-pentene, alpha-n-amylene, propylethylene ; 2-pentene, beta-n-amylene, sym-methylethylethylene.*
pentode *m* – pentode, *an electron tube with five electrodes.*
pentoxyde *m* – pentoxide. **pentoxyde de vanadium** : vanadium pentoxide, *for various catalytic uses.*
pentu – dipping; sloping.
pentyle *m* – pentyl, *see amyle.*
pénurie *f* – shortage. **pénurie d'énergie** : energy shortage. **pénurie de liquidité** : liquidity shortage. **pénurie de main d'oeuvre** : labor shortage.
pépérite *f* – peperite, *breccia-like material in marine sedimentary rock.*
pépite *f* – nugget; prill.
PEPS – FIFO, *abbr. premier entré, premier sorti: first-in, first-out.*
peptide *m* – peptide.
peptisant *m* – distributing agent.
peptisation *f* – peptization.
peracétique – peracetic.
peracide *m* – peracid.
perçage *m* – boring; drilling.
percé – holed.
perce-bouchon *m* – cork borer.
percée *f* – breach *(geol)*; breakthrough; sight; water gap, *a deep pass in a mountain ridge through which a stream flows.* **percée technologique** : technological breakthrough.
percement *m* – boring; holing; piercement; piercing. **percement de tunnel** : tunnel driving; tunneling. **percement des galeries** : drifting.
percentile *m* – percentile *(stat)*.
perception *f* – perception, *awareness.* **perception du risque** : risk perception.
percer – bore (to); cut (to); drift (to); drill (to); hole (to); intersect (to); pierce (to). **percer un tunnel** : tunnel (to).
perceuse *f* – drill; drilling machine; machine drill. **perceuse à arbres multiples** : multiple-spindle drill. **perceuse à forets multiples** : gang drill. **perceuse à main** : hand drill.
perche *f* – pole; rod, *unit of length = 5.0292 m (16.5 ft)*. **perche à crochet** : hook stick. **perche à ressort** : spring pole.
perchlorate *m* – perchlorate. **perchlorate de magnésium** : magnesium perchlorate. **perchlorate de potassium** : potassium perchlorate. **perchlorate de sodium** : sodium perchlorate.
perchloréthylène *m* – perchloroethylene, *tetrachloroethylene.*
perchlorique – perchloric.
perchloryle *m* – perchloryl.
perçoir *m* – punch. **perçoir à rochet** : ratchet drill.
percolation *f* – percolation. **percolation à la terre** : clay percolating. **percolation des eaux souterraines** : groundwater flow. **percolation filtration** : percolation filtration, *a finishing process for lubricating oils by percolating them through a clay bed.*
percoler – percolate (to).
percristallin – percrystalline, *said of particularly glassy and crystalline rocks in which the crystal-to-glass ratio is greater than 7 to 1.*
percussion *f* – percussion.
percutage *m* – crashing. **percutage au sol** : ditching, *airplane.*
perdre – lose (to). **perdre la circulation de la boue de forage** : lose (to) returns *(drill)*.
perdu – lost. **perdu corps et biens** : lost with all hands, *total loss of a ship.*
pérenne – perennial, *used for a stream that flows continuously all year round.*
perfectionné – improved.
perfectionnement *m* – improvement. **perfectionnement complémentaire** : follow-up. **perfectionnement du personnel** : staff development.
perfectionner – improve (to); streamline (to).
perforateur *m* – perforator. **perforateur à air comprimé** : air hammer. **perforateur à balles** : bullet-gun perforator; bullet perforator; gun perforator *(drill)*. **perforateur à charges creuses** : jet-gun perforator; jet-perforating gun; shaped-charge perforator. **perforateur à diamant** : diamond drill. **perforateur à jet** : jet perforator. **perforateur de puits non tubé** : open-hole perforator. **perforateur de tubage** : casing gun *(drill)*; casing perforator; perforating gun. **perforateur mécanique** : power drill. **perforateur non récupérable (destructible)** : expendable perforator *(drill)*.
perforation *f* – drilling; holing; perforating; perforation. **perforation à balles** : bullet perforating;

gun perforating, *once the well has been consolidated by the injecting of cement between the casing and the well wall, the casing and cement are then perforated by bullets or shaped charges at the depth of the producing formation so that oil can flow in.* **perforation à charge creuse** : jet perforating, *an operation similar to gun perforating but in which the casing wall is perforated, not by shooting projectiles, but by powerful and appropriately shaped explosive charges.* **perforation à la main** : hand drilling. **perforation combinée** : combination perforating, *using half bullets, half shaped charges.* **perforation du tubage** : casing perforation. **perforation hydraulique** : hydraulic drilling; hydraulic perforating. **perforation par charge creuse** : shaped-charge perforating. **perforation par jet abrasif** : abrasive-jet drilling; abrasive jetting; abrasive perforating. **perforation par jet hydraulique** : hydraulic-jet perforating, *hydraulic-jet penetration.*

perforatrice *f* – drill; hand drill; key punch, *key card punch.* **perforatrice à air comprimé** : air drill. **perforatrice à cartes** : card punch. **perforatrice à colonne** : column drill. **perforatrice à main** : hand-held drill.

perforé – drilled; holed; perforated; punched; slotted.

perforer – drill (to); pierce (to).

performance *f* – performance, *characteristic efficiency of an apparatus.* **performance de l'outil** : bit performance *(drill).* **performance des réservoirs** : reservoir performance. **performance du puits** : well performance. **performance moteur** : engine performance.

pergélisol *m* – permafrost. **pergélisol saturé** : saturated permafrost.

périclase *m* – periclase, *magnesium oxide.*

périclinal *m* – nose, *a short plunging anticline without any closure.*

périclinal – periclinal, *referring to strata and structures dipping radially outward from or inward toward a center, thus forming a dome or basin*; quaquaversal.

péricline *f* – pericline, *a variety of albite.*

péricyclique – pericyclic.

péridotite *f* – peridotite, *mainly nonfeldspathic plutonic rocks consisting largely of olivine with or without other mafic minerals.*

périgée *m* – perigee.

périglaciaire – periglacial.

péril *m* – hazard; jeopardy; peril.

perilla *m* – perilla *(bot).*

périmagmatique – perimagmatic.

périmé – obsolete.

périmer – lapse (to).

périmètre *m* – perimeter. **périmètre d'établissement** : settlement area. **périmètre de protection** : protection area. **périmètre de recherche** : exploration perimeter. **périmètre de sécurité** : safety area. **périmètre mouillé** : wetted perimeter *(hydrol).*

périmorphose *f* – perimorphism.

période *f* – cycle; period, *in geology a unit of geologic time smaller than an era and larger than an epoch.* **période alluvienne** : alluvium period. **période anorogénique** : anorogenic period. **période biologique** : biological half-life, *time required to eliminate half of the amount of an administered substance.* **période comptable** : accounting period. **période crétacée** : Chalk Period. **période d'équilibre statique** : stillstand, *a period of time during which there is little variation in the land level with respect to the sealevel, see also zone d'équilibre statique.* **période d'essai** : probationary period, *staff*; trial period. **période d'exploration** : exploratory period, *the period of time for an oil and gas lease during which the lessee can retain the lease by drilling wells or paying delay rental.* **période d'impulsion** : impulse period. **période d'induction** : breakdown time, *in the oxidation stability test for gasoline*; induction period. **période d'observation** : observation period. **période d'oscillation** : period of oscillation. **période de développement initial** : initial development period, *during which development wells are drilled to determine the boundaries of a field.* **période de fabrication** : make run. **période de fermeture** : shut-in period *(drill).* **période de grâce** : grace period, *the time during which safety is ensured without the necessity of personnel action or attendance if an incident/accident should occur.* **période de la houle** : wave period, *the time between two successive wave crests or troughs.* **période de marche effective** : onstream time. **période de maturité** : period of maturity; period of ripeness. **période de prédétonation** : predetonation period, *the time it takes to cover the predetonation distance.* **période de production** : production period. **période de réaction** : reaction period. **période de référence** : reference period. **période de remplissage** : filling period. **période de soutirage** : drawdown period *(prod).* **période géocratique** : geocratic period *(geol).* **période glaciaire** : boulder period; glacial period. **période improductive** : process hold-up time, *unproductive delay.* **période interglaciaire** : interglacial period. **période orbitale** : orbital period. **période orogénétique** : orogenic period. **période radioactive** : half life.

périodique – periodic.

périodite *f* – periodite, *sedimentary succession occurring in an environment free of tempestites and turbidites.*

périphérie *f* – circumference.

périphérique *m* – peripheral device. **périphérique d'ordinateur** : peripheral equipment.

périphérique – peripheral.

péristaltique – peristaltic.

péritectique – peritectic, *refers to an isothermal reversible reaction occurring during the cooling of a metal.*

perlasse *f* – *see cendre perlée.*

perle *f* – bead; pearl. **perle de caverne** : cave pearl, *cave pisolite.* **perle de soudure** : globule; welding bead. **perle de verre** : glass shot. **bourré de perles** : bead-packed, *with glass beads, etc.*

perlé – beaded.

perlite *f* – pearlite *(metal) a lamellar aggregate of ferrite and cementite often occurring in steels and in cast iron*; perlite, *a rhyolitic glass.*

perlitique – pearlitic; perlitic.

perm *m* – perm, *a unit indicating the degree of permeability of a porous reservoir structure.*

permafrost *m* – permafrost.
permagel *m* – permafrost.
permanence *f* – sustainability.
permanent – permanent; persistent; steady.
permanganate *m* – permanganate. **permanganate de potassium** : potassium permanganate.
perméabilité *f* – permeability, *a measure of the fluid transmissivity of a rock.* **perméabilité à l'humidité** : moisture-vapor transmission, *permeation rate of water vapor into a film or wall.* **perméabilité à la vapeur** : vapor permeability. **perméabilité absolue** : absolute permeability, *a measurement of capacity for flow of a single fluid (water, gas, or oil) through a rock formation when the formation is completely saturated with that fluid.* **perméabilité avec champ magnétique superposé** : incremental permeability *(electromag)*. **perméabilité de la matrice** : matrix permeability. **perméabilité du vide** : permeability of vacuum. **perméabilité effective** : effective permeability. **perméabilité horizontale** : horizontal permeability. **perméabilité initiale** : initial permeability. **perméabilité latérale** : lateral permeability. **perméabilité magnétique** : magnetic permeability. **perméabilité réelle** : effective permeability. **perméabilité relative** : relative permeability, *the ratio of effective permeability of a specified phase to the rock's absolute permeability.* **perméabilité secondaire** : secondary permeability. **perméabilité sélective** : selective permeability. **perméabilité verticale** : vertical permeability, *corresponding to flow perpendicular to the bedding.*
perméable – leachy, *soil*; permeable; pervious; porous.
perméamètre *m* – permeameter, *a device for measuring permeability.*
perméance *f* – permeance, *the reciprocal of magnetic reluctance.*
perméateur *m* – permeator, *a membrane device having an ion-exchange function, e.g. for desalting by a membrane water-desalting process.*
perméation *f* – permeation.
Permien *m* – Permian, *last period of the Paleozoic era.*
permis *m* – license; permit. **permis d'entrée** : bill of entry; clearance inwards. **permis d'exploitation** : exploitation permit; mining license. **permis d'exploration** : exploration license, *may or may not be exclusive in authorizing the holder to search for hydrocarbons in a general area not covered by a production license*; exploration permit; prospecting license, *an exclusive authorization for onshore prospection (U.K.).* **permis de conduire** : driving license. **permis de feu** : hot-work permit, *for work in the vicinity of an open flame.* **permis de forage** : drilling permit; well permit. **permis de navigation** : sailing permit. **permis de production** : production license, *authorization to search for and produce petroleum, both onshore and on the continental shelf (U.K.).* **permis de recherche** : prospecting license; reservation, *Canadian usage.* **permis de recherche en damiers** : checkerboard leasing. **permis de travail à froid** : cold-work permit, *permission to work with neither sparks nor any risk of fire.* **permis non exclusif d'exploration** : reconnaissance license. **permis rendu** : relinquished permit *(explor)*.
permis – allowed.
permittage *m* – permitting.
permitteur *m* – permit man, *real-estate agent negotiating permissions with landowners.*
permittivité *f* – permittivity. **permittivité absolue** : absolute permittivity, *permittivity.* **permittivité du vide** : permittivity of vacuum. **permittivité relative** : relative permittivity, *dielectric constant.*
permutation *f* – permutation.
perovskite *f* – perovskite *(miner)*.
péroxyacétyle *m* – peroxyacetyl.
peroxyde *m* – peroxide. **peroxyde d'azote** : nitrogen dioxide; nitrogen peroxide. **peroxyde d'hydrogène** : hydrogen peroxide. **peroxyde d'urée** : urea peroxide. **peroxyde de baryum** : barium peroxide, *barium dioxide.*
peroxyder – peroxidize (to).
perpendiculaire – orthogonal; perpendicular. **perpendiculaire au profil sismique** : crosstrack. **perpendiculaire photographique** : photograph perpendicular.
perpétuel – perennial; perpetual.
perré *m* – riprap.
persel *m* – persalt.
persistant – persistent.
personne *f* – person. **personne morale** : corporate body; legal entity. **personne physique** : natural person.
personnel *m* – personnel; staff. **personnel d'encadrement** : supervisory personnel. **personnel d'entretien** : maintenance staff. **personnel d'exécution** : line staff. **personnel de maîtrise** : supervisory personnel. **personnel de surface** : topside personnel *(diving)*. **personnel exécutant** : operating staff. **personnel navigant** : seagoing personnel. **personnel posté** : shift worker. **personnel temporaire** : temporary staff.
personnel – personal, *fem. personnelle.*
persorption *f* – persorption.
perspective *f* – perspective. **perspective à vol d'oiseau** : bird's-eye view. **perspective cavalière** : axonometric projection, *isometric projection.* **perspective centrale** : central perspective.
persulfate *m* – persulfate.
perte *f* – leak; leakage; loss; scrap; slippage, *by a hydraulic system*; swallow hole, *into which a river disappears*; waste. **perte à l'à-coup de pression** : spurt loss; surge loss. **pertes à la cheminée** : stack losses. **perte à la terre** : earth leakage. **perte accidentelle d'information** : dropout error, *accidental loss of data-processing information.* **pertes au chauffage** : loss on heating, *a volatility test for asphalts at high temperatures.* **perte au remplissage** : filling loss. **perte au stockage** : storage loss. **perte au stockage par vaporisation** : boiloff loss. **perte aux parois** : wall loss, *loss of heat or coldness via walls.* **perte censée totale** : constructive total loss. **perte comptable** : loss, *negative net accounting result.* **perte d'eau** : water loss. **perte d'énergie** : power loss. **perte d'exploitation** : operating loss. **perte d'humidité** : moisture loss. **perte d'insertion** : insertion loss. **perte d'un bit** : bit clipping, *loss of the first bits.* **perte de boue** : mud loss *(drill)*. **perte de chaleur** : heat loss; loss of heat. **perte de charge** : head loss;

loss of head; loss of load *(elec)*; loss of pressure; lost head; pressure drop; pressure loss. **perte de charge due au frottement** : friction head. **perte de charge quadratique** : quadratic pressure drop. **perte de charge totale** : total head loss. **perte de circulation** : loss of circulation, *the result of drilling fluid escaping into the formation by way of crevices or porous media*; lost circulation. **perte de diamètre** : gage loss, *loss of diameter by a worn drill bit*; gage wear, *of a worn drill bit*; worn out of gage (WG). **perte de distribution** : distribution loss. **perte de fluide** : fluid loss. **perte de fuite** : leak loss. **perte de l'eau de boue** : mud water loss. **perte de longueur au vissage** : joint make-up loss. **perte de masse au chauffage** : loss on heating, *of oil and asphaltic compounds*. **perte de phase** : cycle skip; phase jump *(seis)*. **perte de poids** : weight loss, *by equipment as the result of corrosion*. **perte de pompage** : pumping loss. **perte de précision** : loss of accuracy. **perte de pression** : drop in pressure. **perte de puissance** : power loss. **pertes de retour** : loss of returns, *mud circulation*. **perte de transmission** : transmission loss. **perte de viscosité par dilution** : dilution thinning. **perte de vitesse** : stalling. **perte de volume** : volume loss. **perte diélectrique** : dielectric loss. **perte en éclaboussement** : spatter loss. **pertes en ligne** : line losses. **perte invisible** : invisible loss. **perte moyenne d'énergie** : average energy loss, *per ion pair formed*. **perte par absorption** : absorption loss. **perte par distillation** : distillation loss. **perte par évaporation** : evaporation loss; loss by evaporation. **perte par filtration** : filter loss, *the amount of fluid passing through a permeable membrane over a given length of time*; filtration loss. **perte par frottement** : friction loss; loss by friction. **perte par fusion** : melting loss. **perte par glissement** : slippage loss. **perte par hystérésis** : hysteresis loss. **perte par manipulation** : handling loss. **perte par rayonnement** : radiation loss. **perte par respiration** : breathing loss. **perte par tourbillons** : eddy loss, *turbine*. **perte partielle de boue** : partial mud loss. **perte sèche** : dead loss. **perte thermique** : heat loss. **pertes thermiques dans les puits** : wellbore heat losses. **pertes thermiques dans les lignes de surface** : surface-line heat losses, *thermal recovery*. **perte totale** : gross loss; no returns, *drilling fluid*. **perte totale de boue** : mud loss with no return.

perthite *f* – perthite *(geol)*.

pertuis *m* – sluice; sound.

perturbation *f* – disturbance; perturbation *(math)*. **perturbation atmosphérique** : atmospheric interference. **perturbation de fonctionnement** : operating trouble. **perturbation électromagnétique** : electromagnetic interference (EMI), *electromagnetic disturbance*. **perturbation magnétique** : magnetic disturbance.

perturbé – disturbed.

pervaporation *f* – pervaporation.

pérylène *m* – perylene, *polycyclic aromatic hydrocarbon*.

pesage *m* – weighing.

pesanteur *f* – force of gravity; gravity; gravity force.

pesé – weighed.

pesée *f* – weighing, *in the digitizing of seismic traces, the quantizing of the amplitudes of samples*.

peser – scale (to); weigh (to). **peser la boue** : weigh (to) mud.

peson *m* – weight indicator, *giving the weight held up by the hook in a drilling rig*.

pesticide *m* – pesticide.

peta – peta, *prefix multiplying a unit by* 10^{15}, *symbol* P.

pétarade *f* – backfire.

pétarader – backfire (to).

pétardier *m* – doodlebugger, *colloquial*.

pétillement *m* – fizz.

petit – little; minute; small, *fem. petite*. **petite baie** : cove. **petit bras de mer** : inlet. **petite calorie** : gram calorie. **petite carotte** : plug, *taken from the core sample*. **petit chelem** : small slam, *a computing procedure based on data from a dual-induction laterolog and a porosity log (often sonic) to calculate the resistivity of the invaded zone, the true resistivity, the diameter of invasion and the water saturation*. **petit cheval** : donkey-engine. **petit floe** : small floe, *larger than 10 m*. **petit glacier** : glacieret. **à petites mailles** : close-meshed. **petite normale** : short normal, *well logging*. **petit personnel** : lower echelon staff. **petite quantité** : dash; pinch. **petite réfraction** : LVL shots; weathering shooting. **petit versant** : scarp. **petite vitesse** : low speed. **petite sismique** : weathering shooting, *see sismique légère*. **petite vitesse du treuil** : low drum drive.

pétrification *f* – fossilization; lithification; petrifaction.

pétrifier – fossilate (to); fossilize (to); petrify (to).

pétrir – knead (to).

pétrissage *m* – kneading.

pétrochimie *f* – petrochemistry.

pétrochimique – petrochemical.

pétrodollar *m* – petrodollar, *a dollar coming from petroleum-exporting countries*.

pétrofabrique *f* – fabric, *spatial and geometric configuration and orientation of the components making up a rock mass*; packing *(geol)*.

pétrofaciès *m* – petrofacies.

pétrogenèse *f* – petrogenesis.

pétrogénétique – petrogenetic.

pétrographie *f* – petrography. **pétrographie sédimentaire** : sedimentary petrography.

pétrographique – petrographic.

pétrolatum *m* – amorphous wax; petrolatum, *a semisolid unctuous product produced during the refining of residual stocks*; petrolatum wax; petroleum jelly. **pétrolatum blanc** : white petrolatum.

pétrole *m* – oil; petroleum; rock oil. **pétrole asphaltique** : asphaltic petroleum, *producing large amounts of asphalt by distillation*. **pétrole brut** : crude oil; crude petroleum; natural oil. **pétrole brut à base asphaltique** : asphalt-base crude oil, *naphthene-base crude*. **pétrole brut à base paraffinique** : paraffin-base crude. **pétrole brut à forte teneur en eau** : wet oil, *making it unmarketable without undergoing dehydration processing*. **pétrole brut à teneur élevée en eau** : cut oil, *also called wet oil*. **pétrole brut aromatique** : aromatic crude oil, *containing less than 50% saturated hydrocarbons and over 50% aromatics, resins and asphaltenes, often with more than 1% sul-*

fur content and frequently corresponding to degraded products, forming heavy and viscous oils. **pétrole brut classique** : conventional oil, *natural crude oil as opposed to synthetic oil, e.g. produced from coal or shale oil.* **pétrole brut exploité par des méthodes minières** : mining oil. **pétrole brut naphténique** : naphthenic crude oil, *containing less than 50% saturated hydrocarbons and over 40% naphthenic hydrocarbons, a proportion sometimes resulting from the elimination of alkanes by biodegradation of paraffinic or naphtheno-paraffinic oils.* **pétrole brut naphténo-paraffinique** : naphtheno-paraffinic crude oil, *containing more than 50% saturated hydrocarbons and less than 40% paraffinic hydrocarbons (iso- and n-paraffins) and naphthenic hydrocarbons; poor in sulfur and possibly containing 5 to 15% resins and asphaltenes and 25 to 40% aromatics.* **pétrole brut non paraffinique** : nonwaxy crude oil. **pétrole brut paraffinique** : paraffinic crude oil, *containing more than 50% saturated hydrocarbons and over 40% paraffinic hydrocarbons (iso- and n-paraffins); light crude oils with a specific gravity of about 0.85, sometimes highly viscous, containing less than 10% resins and asphaltenes and 1% sulfur.* **pétrole brut peu sulfuré** : sweet crude, *noncorrosive, not sulfur-containing.* **pétrole brut produit de façon illégale** : hot oil. **pétrole brut salin** : salt-bearing crude oil. **pétrole brut visqueux** : viscous crude oil. **pétrole commercialisable** : merchantable oil. **pétrole conventionnel** : *see pétrole brut classique.* **pétrole de contrebande** : contraband oil. **pétrole de fissures** : crevice oil, *shale oil.* **pétrole de récupération** : pickup oil, *oil having leaked out of a well or storage tank and then recovered.* **pétrole en place** : oil in place (OIP). **pétrole frontière** : frontier oil, *oil produced under extreme technical or economic conditions.* **pétrole illicite** : illegal oil, *not produced in keeping with the terms of existing regulations.* **pétrole initial en place** : original oil in place (OOIP), *estimate of crude oil in place in a reservoir rock before any production takes place.* **pétrole lampant** : burning oil; domestic kerosine, *high-quality kerosine*; kerosine distillate, *kerosine stock*; kerosine oil; lamp oil. **pétrole lampant pour phares** : lighthouse oil. **pétrole lampant spécial** : longtime-burning oil, *for longtime lighting.* **pétrole léger** : light petroleum. **pétrole licite** : legal oil, *produced from a well not in excess of the amount allowed.* **pétrole lourd** : heavy oil. **pétrole marchand** : marketable oil. **pétrole non aromatique** : aromatics-free petroleum, *not containing any aromatic compounds.* **pétrole pour pipeline** : pipeline oil, *crude oil meeting standards for water and sediment content so that it can be pipelined.* **pétrole primaire** : mother oil. **pétrole pur** : pure oil, *dehydrated.* **pétrole raffiné** : refined petroleum. **pétrole solidifié** : solidified petroleum. **pétrole sommital** : attic oil. **pétrole soufflé** : blown petroleum. **pétrole synthétique** : synthetic crude oil.

pétroléochimie *f* – *see pétrochimie.*

pétrolier *m* – oil tanker; oiler; oilman; tanker *(vessel)*. **pétrolier au long cours** : seagoing tanker. **pétrolier brise-glace** : icebreaking tanker. **pétrolier caboteur** : coastal tanker. **pétrolier minéralier** : OBO carrier; ore/oil carrier. **pétrolier mixte** : combined carrier. **pétrolier navette** : shuttle tanker. **pétrolier pour produits** : products tanker, *capable of carrying several different types of more or less refined petroleum products.* **pétrolier pour produits blancs** : clean-oil tanker. **pétrolier pour produits noirs** : dirty-oil tanker. **pétrolier sous-marin** : submarine tanker. **pétrolier vraquier** : oil/bulk carrier. **pétrolier vraquier minéralier** : oil/bulk/ore carrier.

pétrolifère – oil bearing; oil yielding; petroliferous.

pétrologie *f* – petrology. **pétrologie structurale** : fabric analysis; structural petrology.

pétrologique – petrologic.

pétrophysique *f* – petrophysics, *study of the physical properties of rocks.*

pétroprotéine *f* – petroprotein, *a synthetic protein from hydrocarbons.*

pétrosilex *m* – petrosilex, *obsolete term for felsite.*

Petter – Petter, *see essai sur moteur Petter.*

peu – few. **peu élevé** : low. **peu maniable** : unwieldy. **peu profond** : near surface; shallow. **peu solide** : unsound.

peuplement *m* – settlement.

pH – pH, *potential hydrogen, a scale used to describe the hydrogen-ion activity of a system, ranging from 0 (highly acid) to 14 (highly alkaline), with pH = 7 being neutral.*

phanéritique – phaneritic, *said of the texture of an igneous rock in which the individual components are distinguishable with the unaided eye.*

phanérogame *f* – phanerogam, *a seed-bearing and flowering plant.*

Phanérozoïque *m* – Phanerozoic, *the part of geologic time (eonothem) where there is abundant evidence of life, including the Paleozoic, Mesozoic and Cenozoic.*

phare *m* – headlamp *(auto)*; headlight *(auto)*; lighthouse *(naut)*. **phare antibrouillard** : fog lamp, fog light. **phare monobloc** : sealed-beam headlight.

pharmaceutique – pharmaceutical.

pharmacologie *f* – pharmacology.

pharmacopée *f* – pharmacopoeia, *the French pharmacopoeia is named Codex medicamentarius.*

phase *f* – phase; run; stage; step. **phase assyntique** : Assyntian orogeny, *at the end of the Precambrian.* **phase asturienne** : Asturian orogeny, *between the Westphalian and the Stephanian stages.* **phase attique** : Attic orogeny, *between the Sarmatian and Pontian stages in the Miocene.* **phases cimmériennes** : Cimmerian orogeny, *tectonic events during Phanerozoic times.* **phase coacervée** : coacervate phase *(chem)*. **phase d'admission** : admission stroke. **phase d'Airy** : Airy phase, *high-frequency wavetrain corresponding to the minimum group velocity or predominant surface-wave group.* **phase d'exploration** : exploration phase, *search for oil or gas.* **phase de danger** : threat phase. **phase de détente** : explosion stroke. **phase de développement** : development phase, *of an oil or gas field.* **phase de fabrication** : processing stage. **phases de l'éruption** : eruption cycle. **phase de l'Erzgebirge** : Erzgebirgian orogeny, *tectonic phase occurring in* *the early late Carboniferous.* **phase de production** : production phase. **phase de revenu** : temper time. **phase de soudage** : weld time. **phase diluée** : dilute phase. **phase dispersée** : disperse phase. **phase finale** : coda; concluding stage; trailers, *of an earthquake.* **phase fixe** : stationary phase *(chromat).* **phase gazeuse** : gas phase. **phase hylotropique** : hylotropic phase, *referring to a change of phase (e.g. melting) without any change in chemical composition.* **phase instantanée** : instantaneous phase. **phase laramienne** : Laramide orogeny, *a time of deformation extending from the late Cretaceous to the end of the Paleocene.* **phase liante** : binder phase. **phase liquide** : liquid phase. **à phase maximale** : maximum phase. **phase métastable** : metastable phase. **à phase minimale** : front-loaded; minimum phase. **phase mobile** : mobile phase *(chromat).* **phase mouillante** : wetting phase. **phase nématique** : nematic phase, *liquid crystals.* **phase névadienne** : Nevadan orogeny, *Jurassic and early Cretaceous deformation, metamorphism and plutonism in the North American Cordillera.* **phase non mouillante** : nonwetting phase. **à phase nulle** : zero phase *(seis).* **phase orogénique** : orogenic phase. **phase palatine** : Pfalzian orogeny, *terminal Permian tectonic phase.* **phase pyrénéenne** : Pyrenean orogeny, *tectonic phase during the late Eocene.* **phase rhodanienne** : Rhodanian orogeny, *tectonic phase at the end of the Miocene.* **phase ruisselante** : trickle phase. **phase saalienne** : Saalic orogeny, *in the Permian.* **phase sarde** : Sardic orogeny, *tectonic phase at the end of the Cambrian.* **phase save** : Savic orogeny, *tectonic phase in the late Oligocene between the Chattian and Aquitanian stages.* **phase sigma** : sigma phase. **phase smectique** : smectic phase, *liquid crystals.* **phase stationnaire** : stationary phase. **phase styrienne** : Styrian orogeny, *tectonic phase in the Miocene between the Burdigalian and the Aquitanian stages.* **phase T** : T phase, *short-period wave traveling through water with the speed of sound, sometimes identified on earthquake records.* **phase taconique** : Taconic orogeny, *a period of intense folding affecting part of North America in the latter part of the Ordovician.* **phase terminale** : concluding stage. **phase vapeur** : vapor phase. **en phase** : in-phase.

phasé – phased.

phasemètre *m* – phasemeter.

phaseur *m* – phasor *(phys).*

phénanthrène *m* – phenanthrene, *a colorless crystalline hydrocarbon used in dyestuffs and drugs.*

phénoblaste *m* – *see phénocristal.*

phénocristal *m* – inset; phenocryst *(petro).*

phénol *m* – phenol, *carbolic acid.*

phénolique – phenolic.

phénolphtaléine *f* – phenolphthalein, *an acid-base indicator for chemical titration or used as a dye.*

phénomène *m* – phenomenon. **phénomène de Cottrel** : Cottrel hardening, *solid state.* **phénomène de fauchage** : outcrop bending, *of the tops of layers.* **phénomène de Gibbs** : Gibbs phenomenon *(math).* **phénomène exogène** : exogenetic process. **phénomène géologique** : geologic event.

phénoplaste *m* – phenol-formaldehyde resin, *thermosetting resin made by reaction of phenol and formaldehyde.*

phénothiazine *f* – phenothiazine, *thiodiphenylamine.*

phénylacétylène *m* – phenylacetylene, *ethynylbenzene.*

phénylamine *f* – phenylamine, *see aniline.*

phénylation *f* – phenylation *(chem).*

phényle *m* – phenyl, *univalent radical.*

phénylènediamine *f* – phenylenediamine, *diaminobenzene o,m,p.*

phénylnaphtalène *m* – phenylnaphthalene, *name for both isomers.*

phéophycée *f* – brown alga.

phéromone *f* – pheromone, *used as an insect attractant to poison pests.*

phillipsite *f* – phillipsite, *a fibrous natural zeolite.*

philodiène *m* – *see diénophile.*

phlogopite *f* – phlogopite, *a brown magnesium mica.*

phone *m* – phon, *unit of loudness level.*

phonochimie *f* – sonochemistry.

phonolite *f* – phonolite, *extrusive rock composed of alkali feldspar, mafic minerals and feldspathoid.*

phosgénation *f* – phosgenation.

phosgène *m* – phosgene, *carbon oxychloride.*

phosphatation *f* – phosphating.

phosphate *m* – phosphate *(miner)*; phosphate rock, *sedimentary rock containing phosphatic minerals.* **phosphate d'argent** : silver phosphate. **phosphate de magnésium** : magnesium phosphate. **phosphate de tricrésyle** : tricresylphosphate, *TCP.* **phosphate de zirconium** : zirconium phosphate.

phosphaté – phosphatic.

phosphine *f* – phosphine, *hydrogen phosphide.*

phosphite *m* – phosphite.

phosphonation *f* – phosphonation.

phosphore *m* – phosphorus, *symbol P.* **phosphore rouge** : red phosphorus.

phosphorescence *f* – afterglow; phosphorescence.

phosphorescent – phosphorescent.

phosphoreux – phosphorous.

phosphorique – phosphoric.

phosphorisation *f* – phosphorization.

phosphorite *f* – phosphorite, *sedimentary rock rich in phosphates.*

phosphorylation *f* – phosphorylation.

phot *m* – phot, *unit of illuminance.*

photique – euphotic; photic, *see also zone euphotique.*

photo *f* – photo, *photograph.* **photo aérienne** : airphoto.

photoalidade *f* – photoalidade.

photoanalyse *f* – photographic analysis.

photoarchéologie *f* – photoarchaeology.

photocarte *f* – photomap.

photocatalyse *f* – photocatalysis.

photocathode *f* – photocathode.

photochimie *f* – photochemistry.

photochimique – photochemical.

photochromique – photochromic.

photoclinomètre *m* – photoclinometer, *a device for simultaneously measuring the amount and direction of deviation of a borehole.*

photocomposition *f* – phototypesetting.
photoconducteur – photoconductive, *photoresistive.*
photoconductivité *f* – photoconductivity. **photoconductivité extrinsèque** : extrinsic photoconductivity. **photoconductivité intrinsèque** : intrinsic photoconductivity.
photocopie *f* – photocopy.
photodégradation *f* – photodegradation.
photodésintégration *f* – photodisintegration, *of an atomic nucleus.*
photodétecteur *m* – photodetector *(elec).*
photodimérisation *f* – photodimerization.
photodiode *f* – photodiode, *photoconductor diode.* **photodiode à avalanche** : avalanche photodiode.
photodissociation *f* – photodissociation, *absorption of a quantum of electromagnetic energy by removal of one or more atoms from a molecule.*
photoélasticité *f* – photoelasticity.
photoélectricité *f* – photoelectricity.
photoélectrique – photoelectric.
photoélectrochimie *f* – photoelectrochemistry.
photoélectrolyse *f* – photoelectrolysis.
photoélectron *m* – photoelectron.
photoémissif – photoemissive.
photoémission *f* – photoemission, *external photoelectric effect.* **photoémission extrinsèque** : extrinsic photoemission, *direct ionization.*
photoémissivité *f* – photoemissivity.
photogéologie *f* – photogeology.
photogéologique – photogeologic.
photogoniomètre *m* – photogoniometer.
photogramme *m* – photogram.
photogrammétrie *f* – photogrammetry, *using photographic images, aerial or other, to determine the size, shape, position, color, texture and/or distribution patterns of objects and elements.* **photogrammétrie aérienne** : aerial photogrammetry. **photogrammétrie analytique** : analytical photogrammetry. **photogrammétrie terrestre** : ground photogrammetry; terrestrial photogrammetry.
photogrammétrique – photogrammetric.
photographie *f* – photograph; photography. **photographie à axe vertical** : vertical photograph. **photographie à grande échelle** : large-scale photography. **photographie à moyenne échelle** : medium-scale photography. **photographie à petite échelle** : small-scale photography. **photographie aérienne** : aerial photography; aerophotography; airphoto. **photographie aérienne infrarouge** : infrared aerial photography. **photographie aérienne infrarouge couleur** : color-infrared aerial photography. **photographie aérienne latérale** : wing photograph. **photographie aérienne oblique** : oblique aerial photograph. **photographie aérienne oblique basse** : low-oblique aerial photograph. **photographie aérienne oblique panoramique** : high-oblique aerial photograph. **photographie au sol** : ground photograph; terrestrial photograph. **photographie d'écran radar** : radarscope photograph. **photographie d'horizon** : horizon photograph. **photographie en bande continue** : continuous-strip photograph. **photographie en couleur** : color photography. **photographie équipée** : annotated photograph, *containing geologic, planimetric, hydrographic, vegetation and/or cultural information for the classification of various features.* **photographie horizontale** : horizontal photograph. **photographie infrarouge en noir et blanc** : infrared black-and-white photograph. **photographie jumelée par rapport à la verticale** : split aerial photograph. **photographie multibande** : multiband photography. **photographie multiobjectif** : multiple-lens photograph. **photographie oblique latérale** : lateral-oblique photograph. **photographie oblique quadrillée** : oblique gridded photograph. **photographie panchromatique** : panchromatic photograph. **photographie panchromatique en blanc et noir** : black-and-white panchromatic photography. **photographie par fusée** : rocket photograph. **photographie par hélicoptère** : helicopter photograph. **photographie spatiale** : space photography. **photographie verticale** : vertical photograph.
photographique – photographic.
photo-identification *f* – photoidentification.
photo-imprimante *f* – photoprinter.
photo-interprétation *f* – photographic interpretation; photointerpretation. **photo-interprétation aérienne** : aerial photointerpretation.
photo-ionisation *f* – atomic photoelectric effect; photoionization.
photolecture *f* – photographic reading.
photoluminescence *f* – photoluminescence.
photolyse *f* – photolysis.
photomètre *m* – photometer. **photomètre à papillotement** : flicker photometer.
photométrie *f* – photometry.
photomosaïque *f* – photomosaic.
photomultiplicateur *m* – photomultiplier, *multiplier phototube.*
photon *m* – photon.
photoneutron *m* – photoneutron.
photopédologie *f* – photopedology.
photophorèse *f* – photophoresis.
photopile *f* – photocell. **photopile solaire** : solar cell.
photoplan *m* – controlled mosaic; photomap.
photopolymérisation *f* – photopolymerization.
photorésist *m* – photosensitive resist.
pyrorésistant – fire resistant; photoresistive, *photoconductive.*
photosensibilisateur *m* – photosensibilizer, *an organic substance that is destroyed by the effect of the sun and produces free radicals that promote the biodegradation of oil spills.*
photosensible – photosensitive.
photostyle *m* – light pen.
photosynthèse *f* – photosynthesis.
photothéodolite *m* – phototheodolite.
phototransistor *m* – phototransistor.
phototype *m* – phototype. **phototype négatif** : negative phototype. **phototype positif** : positive phototype.
phototypie *f* – collotype *(impr).*
photovoltaïque – photovoltaic.
phréatique – phreatic.
phtalate *m* – phthalate, *salt of phthalic acid.*
phtalique – phthalic.
phtalocyanine *f* – phthalocyanine, *any of a group of benzoporphyrins with a strong pigmenting power.*
phtalonitrile *m* – phthalonitrile, *ortho-dicyanobenzene.*

phtanite *f* – phthanite, *siliceous shale.*
phyllade *m* – phyllite, *an argillaceous rock formed by metamorphism.*
phyllite *f* – phyllite, *a general term for minerals with a layered-crystal structure.*
phylliteux – phyllitic.
phyllonite *f* – phyllonite, *rock intermediary between phyllite and mylonite.*
phyllosilicate *m* – phyllosilicate, *a class of silicate.*
phylogenèse, phylogénie *f* – phylogeny, *study of the line or lines of direct descent in a given group of organisms.*
phylozone *f* – *see lineage zone.*
phylum *m* – phylum, *a taxonomic division of living or fossil animals.*
physicien *m* – physicist.
physiographie *f* – physiography.
physiographique – physiographic.
physique *f* – physics. **physique du continu** : continuum physics. **physique du globe** : *see géophysique.* **physique du sol** : soil physics. **physique nucléaire** : nuclear physics.
physique – physical.
physisorption *f* – physisorption, *physical adsorption process.*
physostigmine *f* – physostigmine, *calabarine, eserine.*
phytal – phytal, *see euphotique.*
phytochimie *f* – phytochemistry, *chemistry of plants.*
phytogène – phytogenic, *produced by plants.*
phytol *m* – phytol, *alcohol obtained by the decomposition of chlorophyll.*
phytolite *m* – phytolith, *mineral structure secreted by a living plant.*
phytopathologie *f* – plant diseases.
phytoplancton *m* – phytoplankton.
phytosanitaire – phytosanitary.
phytotoxicité *f* – phytotoxicity, *toxicity of a product for plants.*
PIANO – PIANO, *abbr. paraffines, isoparaffines, aromatiques, naphtènes, oléfines.*
PIB – GDP, *abbr. produit intérieur brut: gross domestic product.*
pic *m* – hack; peak; pick; pickax *(tool)*; spike, *of a signal.* **pic au rocher** : stone pick *(mining)*. **pic sous-marin** : seapeak, *a subsea mountain with a circular or elliptical base and a pointed top.*
PIC – HIC, *abbr. pression isostatique à chaud: hot isostatic pressure.*
pico – pico, *prefix denoting* 10^{-12}, *symbol* p.
picoline *f* – picoline, *family of liquid isomers.*
picolique – picolinic.
picot *m* – wedge. **picot d'outil** : bit insert.
picotite *f* – picotite, *chrome spinel.*
picrique – picric.
picrite *f* – picrite, *hypabyssal rock containing olivine, pyroxene and biotite.*
pièce *f* – member; patch, *mending*; piece. **pièce brute** : blank. **pièce brute de fonderie** : roughcasting. **pièce coulée** : cast; casting. **pièce d'appui** : backing piece. **pièce d'assemblage de serpentin** : coil drag. **pièce d'écartement** : distance piece; spacer. **pièce d'usure** : wearing part. **pièce de jonction** : connecting piece. **pièce de raccordement** : makeup length. **pièces de rechange** : parts; repair part; replacement parts; spare parts. **pièce de réduction** : taper pipe. **pièce démontable** : loose piece. **pièce détachée** : replacement part; single part; spare part. **pièces détachées** : parts. **en pièces détachées** : completly knocked down. **pièces embouties** : stampings. **pièce en T** : tee piece. **pièce guide** : mule-shoe key, *directional drilling.* **pièce justificative** : *see justificatif*; documentary evidence. **pièces métalliques** : rig irons, *metal pieces on a drill rig such as crankshafts, cranks, bearings, etc.* **pièce mobile** : working part. **pièce moulée pour moteur** : engine casting. **pièce polaire** : pole shoe. **pièce rapportée** : insert; patch. **pièce transversale** : crosspiece.
pied *m* – base; foot; footing; heel; stand. **pied à coulisse** : slide caliper. **à pied d'oeuvre** : onsites, *installations situated inside the battery limits of a working unit.* **pied de biche** : claw bar; wrecking bar. **pied de bielle** : crankend; crankpin; crosshead. **pied de boeuf** : lie key, *an elevator for small-diameter drillpipe.* **pied de chèvre** : claw bar. **pied de glace** : ice foot *(geol)*. **pied de hauteur avec vernier** : vernier height gage. **pied du derrick** : derrick leg.
pied *m* – foot *(ft) unit of length = 0.30480 m.* **pied cube** : cubic foot, *unit used to measure amounts of gas, 1 cu ft =* $0.0283\ m^3$. **pied cube par seconde** : cusec, *unit of flow rate equal to 1 cubic foot in 1 second.* **pied de pilote** : underkeel clearance, *navigation safety margin between the keel and the sea floor.* **pied livre** : foot pound, *unit of work.* **pied par seconde** : foot per second (fps), *unit of velocity, 1 foot per second = 0.3048 m/s.* **pieds forés** : footage.
piedmont *m* – foothill.
piège *m* – trap, *a geologic formation where hydrocarbons have accumulated during migration.* **piège à échantillons** : sample trap. **piège à gaz** : gas anchor, *a downhole gas separator used to reduce gas-in-oil froth to increase pump efficiency.* **piège à mercure** : mercury trap. **piège à sable** : sand trap, *a tubular joint placed underneath the cylinder of a production pump to prevent piston wear and improper valve closing.* **piège à vide** : vacuum trap. **piège anticlinal** : anticlinal trap. **piège chaud** : hot trap. **piège convexe** : convex-trap reservoir. **piège d'ions** : ion trap. **piège de perméabilité** : permeability trap; permeability-trap reservoir. **piège de pincement** : pinchout-trap reservoir. **piège de porosité** : porosity trap, *a trap resulting from a variation in the porosity of the reservoir.* **piège diagénétique** : diagenetic trap, *a stratigraphic trap created during the deposition or diagenesis of the reservoir rock.* **piège en coin** : trapdoor structure. **piège mixte** : combination trap, *an oil or gas trap in a reservoir rock caused by the combined effects of stratigraphic and structural factors.* **piège paléogéographique** : secondary stratigraphic trap, *resulting from tectonics or lithological changes rather than the geologic structure.* **piège par discordance** : unconformity trap. **piège par faille** : fault trap, *an oil or gas trap having a closure resulting from one or more faults.* **piège par percement** : piercement trap; piercement-trap reservoir. **piège par pincement** :

pinchout trap; wedge-out trap. **piège pétrolifère** : oil trap; reservoir trap. **piège prospectif** : prospect. **piège récifal** : reef trap. **piège renfermant du gaz** : gas trap *(geol)*. **piège sédimentaire** : sedimentary trap. **piège sous discordance** : pinch-out trap; unconformity trap. **piège stratigraphique** : stratigraphic trap, *created mainly by lithological, sedimentary and paleogeographic phenomena.* **piège stratigraphique primaire** : primary stratigraphic trap, *formed by the deposition of clastic materials or through chemical deposition without any effect of structural deformations.* **piège structural** : structural trap, *in which mainly tectonic factors are involved, i.e. folds, faults and combinations of the two phenomena.*

piégé – trapped.

piégeage *m* – entrapment; trapping. **piégeage à chaud** : hot trapping. **piégeage à froid** : cold trapping. **piégeage de spin** : spin trapping.

piémont *m* – piedmont.

pierrage *m* – honing, *a metal finishing technique using abrasive stones to obtain a desired surface finish or a precise dimensional tolerance.*

pierraille – broken stone; crushed stone.

pierre *f* – stone. **pierre à aiguiser** : hone; pulpstone; sharpening stone; whetstone. **pierre à bâtir** : building stone. **pierre à cautère** : caustic stone, *silver nitrate.* **pierre à facettes** : sandblasted pebble. **pierre à huile** : oil stone, *a whetstone.* **pierre à liards** : nummulite limestone. **pierre angulaire** : cornerstone; headstone. **pierre branlante** : rocking stone. **pierres concassées** : chippings. **pierre d'émeri** : emery stone. **pierre de bornage** : boundary stone. **pierre de cairngorm** : cairngorm. **pierre de fondation** : foundation stone. **pierre de taille** : ashlar; building stone; cut stone; freestone; quarry stone. **pierre lithographique** : lithographic stone. **pierre météorique** : meteoric stone. **pierre nue** : dry stone. **pierre ponce** : pumice. **pierre précieuse** : precious stone. **pierre sans liant, pierre sèche** : dry stone.

pierreux – stony.

pierrosité *f* – stoniness *(pedol)*.

pieu *m* – pile; post; stake. **pieu battu** : driven pile. **pieu battu cimenté** : driven-and-grouted pile. **pieu cimenté** : grouted pile. **pieu d'amarrage** : snubbing post. **pieu élargi** : belled pile. **pieu en cloche** : belled pile. **pieu foré cimenté** : drilled-and-grouted pile.

pièze *f* – pieze, *a unit of pressure, 1 pz = 1 kPa.*

piézocristallisation *f* – piezocrystallization.

piézoélectricité *f* – crystal electricity; piezoelectricity.

piézoélectrique – piezoelectric.

piézomètre *m* – piezometer.

piézométrique – piezometric.

pige *f* – gaging tape, *for storage tanks*; measuring rod. **pige de niveau d'huile** : dipstick.

pigment *m* – pigment. **pigment minéral** : mineral pigment.

pignon *m* – pinion; sprocket. **pignon à chaîne** : chain wheel. **pignons à denture hélicoïdale** : helical-toothed wheels. **pignon conducteur** : drive; driving gear. **pignon conique** : bevel pinion; bevel wheel. **pignon d'angle** : bevel pinion. **pignon d'arbre à cames** : camshaft sprocket. **pignon d'attaque conique** : bevel-drive pinion. **pignon d'engrenage conique** : bevel pinion. **pignon d'engrenage droit** : spur pinion. **pignon d'entraînement** : drive; driving gear; driving pinion. **pignon de chaîne** : sprocket wheel. **pignon de commande** : driving pinion. **pignon de distribution** : crankshaft timing gear. **pignon de grande vitesse** : high gear. **pignon de marche arrière** : reverse gear. **pignon de petite vitesse** : low gear. **pignon de prise constante** : constant-mesh gear. **pignon de renvoi** : idle gear. **pignon de vitesse moyenne** : intermediate gear. **pignon droit** : spur wheel. **pignon entraîné** : driven gear. **pignon glissant** : meshing gear. **pignon intermédiaire** : intermediate gear. **pignon satellite** : differential pinion; spider gear. **pignon soleil** : sun gear. **pignon tendeur** : jockey pulley. **pignon tendeur de chaîne** : chain tensioner.

pignonnerie *f* – gears.

pilage *m* – beating.

pile *f* – cell; battery. **pile à combustible** : fuel cell. **pile à deux liquides** : two-fluid cell. **pile à électrolyte fondu** : fused-electrolyte cell. **pile à gaz** : gas cell. **pile à liquide** : fluid cell; wet cell. **pile à soude caustique** : caustic-soda cell. **pile atomique** : nuclear reactor. **pile au charbon** : carbon-combustion cell. **pile au chlorure d'ammonium** : salammoniac cell. **pile au mercure** : mercury cell. **pile chimique** : chemical battery. **pile d'aération différentielle** : differential-aeration cell. **pile Daniell** : Daniell cell. **pile de polarisation** : bias cell. **pile de Volta** : column battery. **pile étalon** : standard cell. **pile étalon non saturée** : unsaturated standard cell. **pile étalon Weston** : Weston standard cell, *used as a very accurate voltage source for calibration purposes.* **pile galvanique** : column battery. **pile humide** : wet cell. **pile locale** : local cell. **pile photovoltaïque** : photovoltaic cell. **pile piscine** : pool reactor *(nucl)*. **pile potentiométrique** : potentiometric cell. **pile primaire** : primary cell. **pile sèche** : dry cell. **pile solaire** : solar cell. **pile solaire en silicium** : silicon solar cell. **pile thermoélectrique** : thermopile. **pile voltaïque** : voltaic cell.

pile *f* – pile ; post, *see also pieu.* **pile additionnelle interne** : insert pile. **pile additionnelle périphérique** : skirt pile. **pile cimentée** : grouted pile. **pile d'ancrage** : anchor piling. **pile de pont** : bridge pier. **pile encastrée** : insert pile.

pile *f* – pile ; stack. **pile de nappes** : pile of nappes.

pilé – cracked.

pilier *m* – barrier *(mine)*; buttress; chimney rock *(geol)*; column; post; rib; stack; stump. **pilier d'érosion** : erosion column. **piliers de guidage** : guide posts. **pilier de limite** : barrier pillar *(mine)*. **pilier de remblais** : cog.

pillage *m* – piracy.

pilon *m* – beetle; hammer; pestle; stamp.

pilonnage *m* – tamping.

pilonnement *m* – heave, *vertical movement of semisubmersible drilling platforms or drill ships*; thumping.

pilonner – tamp (to).

pilotage *m* – guidance; piloting.

pilote *m* – pilot; spearpoint *(drill)*. **pilote basse et haute pression** : low-high pilot. **pilote basse pression** : low-only pilot. **pilote côtier** : coast pilot.

pilote d'émetteur : master oscillator. **pilote d'injection** : pilot flood *(prod)*.

pilotine *f* – pilot boat.

pilotis *m* – pile; piling.

pilule *f* – pill.

pin *m* – pine; pine tree.

pinacle *m* – pinnacle, *of a reef*; stack *(geol)*. **pinacle corallien** : reef knoll.

pinacoïde *m* – pinacoid *(cryst)*.

pinasse *f* – pinnace *narrow double-ended vessel*.

pince *f* – clip; dogs; forceps; pickup; pincers; pinch cock; tongs. **pince à griffe** : pipe grip. **pince à loquet** : boom jack. **pince à ressort** : spring clip. **pince à sertir** : cap crimper. **pince à souder** : soldering tongs. **pince à tuyaux** : pipe tongs. **pince américaine** : collet. **pince cisaille** : cutting pliers. **pince coupante** : wire cutter. **pince crocodile** : alligator clip; crocodile spanner. **pince d'accrochage** : grip. **pince d'arrêt** : pinch cock *(chem)*. **pince de repêchage** : pickup grab. **pince isolante** : insulated tongs. **pince isolée** : insulated pliers. **pince Mohr** : pinch-clamp cock, *see also plural pinces*.

pinçé – pinched.

pinceau *m* – brush.

pince-tube *m* – pipe squeezer. **pince-tube hydraulique** : squeezer.

pincée *f* – pinch.

pincement *m* – nipping; toe in, *of front wheels*; wedge-out. **pincement de température** : temperature pinch.

pincer – pinch (to). **pincer le signal** : spike (to).

pinces *f* – gripper; hooks, *pipelines*; nippers; pliers. **pinces à rivet** : rivet pliers. **pinces à sceller** : sealers. **pinces à souder** : welding tongs. **pinces à zigzags** : lazy tongs, *fishing tool*. **pinces brucelles** : tweezers. **pinces coupantes** : clippers; cutting nippers; cutting pliers; hydrostatic clippers; scissors tongs. **pinces coupantes pour téléphone** : needle-nose lap-joint pliers. **pinces de repêchage** : pickups. **pinces emporte-pièces** : punch pliers. **pinces isolantes** : insulating pliers. **pinces plates** : flat-nosed pliers; flat pliers.

pingo *m* – pingo, *ice laccolith*.

pinite *f* – pinite *(miner)*.

pinnule *f* – pinnule *(pal)*.

pinoche *f* – soft-wood plug, *to plug up holes in the hull of a ship*.

pinte *f* – pint.

pioche *f* – hack; mattock; pickaxe.

pipeline *m* – pipeline. **pipeline à air comprimé** : compressed-air pipeline. **pipeline à capsules** : capsule pipeline. **pipeline immergé** : underwater pipeline. **pipeline inutilisé** : dead line. **pipeline pour charbon pulvérulent** : coal-slurry pipeline. **pipeline pour gaz** : gas pipeline. **pipeline pour pétrole brut** : crude-oil pipeline. **pipeline pour produits** : products line, *pipeline for petroleum products*. **pipeline pour pulvérulent** : slurry pipeline. **pipeline pour solides** : solids pipeline. **pipeline sous-marin** : subsea pipeline.

pipelinier *m* – pipeliner.

pipéridine *f* – piperidine, *hexahydropyridine*.

pipérylène *m* – piperylene, *1,3-pentadiene*.

pipette *f* – pipet, *pipette*; rod thief. **pipette d'échantillonnage** : thief.

piquage *m* – branch connection *(pipeline)*; chipping; pitting; scaling; tap; tapping. **piquage des engrenages** : gear pitting. **piquage des paliers** : bearing pitting. **piquage destructif** : destructive pitting. **piquage naissant** : incipient pitting. **piquage par fatigue** : fatigue pitting. **piquage progressif** : progressive pitting, *gears*. **piquage sur canalisation** : branch connection, *on a pipe to add on a branch line*. **piquage sur conduite en charge** : hot tap; hot tapping, *installation of a lateral connection on a pipe still under pressure*. **piquage sur un débit** : flow tap.

piquant – pungent.

piqué – pitted.

pique-note *m* – file.

piquet *m* – flag; hub; peg; picket. **piquet de jalonnement** : stake. **piquet de trace, piquet-trace** : geophone station.

piquetage *m* – picketing; stacking.

piqueter – stake (to). **piqueter un profil** : mark (to) off a line.

piqueteur *m* – picket man.

piqueur *m* – cutter *(mine)*.

piqûre *f* – pit *(corrosion)*. **piqûre de corrosion** : corrosion pitting; etching pit. **piqûre de ver** : wormhole. **piqûres de corrosion** : corrosive pitting.

piriforme – pear shaped.

pisé *m* – cob.

pisolite *m* – pisolith, *a small spheroidal body often found in calcareous rocks*.

pisolitique – pisolitic *(geol)*.

pissasphalte *m* – earth pitch; pissasphalt, *pissasphaltum*.

pisselaeum *m* – pisselaeum.

pissette *f* – wash bottle.

piste *f* – track; tracking; trail. **piste à piétons** : footpath. **piste cendrée** : dirt track. **piste d'atterrissage** : landing strip. **piste d'un pipeline** : right-of-way for a pipeline. **piste de décollage** : runway. **piste de profondeur** : depth track. **piste sonore** : sound track.

pistolet *m* – french curve, *used in drafting*; gun; spline, *drawing*; spray gun. **pistolet à goujons** : stud gun. **pistolet à graisse** : *see pistolet graisseur*. **pistolet graisseur** : pressure grease gun; squirt gun.

piston *m* – piston; plunger; shuttle; sucker, *piston in a suction pump*; swab, *used for production swabbing*. **piston à deux chambres** : split piston, *in a core barrel*. **piston à lèvre de chasse** : squish-lip piston. **piston à racleur rotatif** : rotational scraper. **piston alternatif** : reciprocating piston. **piston auxiliaire** : displacer, *used in some gas engines to compress the explosive mixture before it is fed into the cylinder*. **piston coincé** : stuck piston. **piston d'extraction** : pump-out plunger. **piston d'injecteur** : injector plunger. **piston de butée** : thrust piston, *used to absorb the lengthwise thrust exerted on a shaft*. **piston de pompe** : pump piston; pump plunger. **piston distributeur** : sliding piston, *steam engine*. **piston élévateur** : plunger lift, *a method of controlling flow by periodically opening and closing a well by the up-and-down movement of a piston inside the tubing, thus preventing fluids from becoming segregated inside the well*. **piston fourreau** : trunk piston. **piston gommé** : gummed up piston. **piston grippé** : seized piston. **pistons opposés** : opposed pistons. **piston pilote** : sliding piston. **piston plongeur** : plunger;

plunger piston; pump ram; ram; ram plunger. **piston racleur** : pig; pipe scraper, *used to clean out pipelines.* **piston racleur pour oléoducs** : pipeline scraper. **piston rotatif** : rotary piston. **piston sans recul** : recoilless piston, *in a core barrel.* **piston-valve d'échappement** : exhaust piston.

pistonnage *m* – swabbing, *withdrawing pipe from the hole with a viscous drilling fluid to create a suction ; operating a swab on a wireline to bring fluids to the surface when the well does not flow naturally ; upward movement of pipe in a well to lower hydrostatic pressure.*

pistonner – swab (to), *a well.*

piton *m* – pinnacle *(geol)*; seamount.

Pitot – *see tube de Pitot.*

pivot *m* – fulcrum; pintle; pivot; spindle; swivel. **pivot central** : kingpin. **pivot de l'anneau de réglage** : adjusting-ring pin.

pivoter – hinge (to); slew (to).

pivoterie *f* – bearing system; thrust-bearing assembly.

pixel *m* – pixel, *a small discrete but homogeneous areal element forming part of a recorded image.*

PL – PL, *abbr. pipeline.*

placage *m* – plating; veneer *(geol)*. **placage de laiton** : brace plate; brassing. **placage sableux** : sand patch.

place *f* – berth; seat; spot. **place à quai** : berthing. **en place** : in-place *(geol)*; in-situ.

placer *m* – placer *(geol)*. **placers d'éluvion** : dry diggings *(geol)*. **placer d'or** : gravel mine. **placer de minerai** : ore placer. **placer des côtes marines** : sea-beach placer. **placer enterré** : buried placer. **placer fluvial** : river-bar placer; river placer.

placoderme *m* – placoderm, *a class of Paleozoic fish with bony armor.*

plafond *m* – ceiling. **plafond absolu** : absolute ceiling. **plafond d'amortissement** : depreciation allowance. **plafond de crédit** : lending limit. **plafond de travail** : service ceiling. **plafond des taux d'intérêt** : interest rate cap. **plafond nuageux** : height of cloud base.

plafonnement *m* – leveling off.

plage *f* – area; beach; coast; shore; zone. **plage arrière** : quarter-deck. **plage d'accord** : tuning range *(elec)*. **plage d'atténuation** : reject region. **plage de modulation** : modulated section. **plage de ramollissement** : softening range. **plage fossile** : abandoned beach. **plage glissante** : running window. **plage hyperlumineuse** : hot spot. **plage soulevée** : elevated shoreline; raised beach. **plage surélevée** : raised beach.

plagioclase *m* – plagioclase, *sodium-calcium feldspar.*

plaine *f* – low ground; lowland; plain *(geog)*. **plaine à chenières** : chenier plain. **plaine abyssale** : abyssal plain. **plaine alluviale** : aggradation plain; alluvial apron; alluvial plain; alluvial slope. **plaine alluviale d'une vallée** : valley floor. **plaine alluviale dans une dépression fermée** : bolson plain. **plaine alluviale proglaciaire** : outwash plain. **plaine basse** : lowland. **plaine côtière** : coastal plain, *a lowland area bordering a sea or ocean and sloping gently seaward.* **plaine côtière sédimentaire** : strand plain. **plaine côtière fossile** : ancient coastal plain. **plaine d'ablation** : denudation plain. **plaine d'accumulation littorale** : beach plain; strand plain. **plaine de lavage** : outwash plain. **plaine de piémont** : piedmont plain. **plaine de sable glaciaire** : glacial sand plain. **plaine décapée des roches tendres** : stripped plain. **plaine deltaïque** : delta plain. **plaine élevée** : elevated plain. **plaine fluviale** : fluvial plain. **plaine glaciaire** : glacial plain. **plaine inondable** : flood plain. **plaine karstique** : karst plain. **plaine littorale** : coastal plain.

Plaisancien *m* – Plaisancian, *Lower Pliocene stage.*

plan *m* – design; draft; layout; map; map drawing; plan; plane; plot; scope; sketch; tracing. **plan au sol** : terrestrial plane. **plan axial** : axial plane. **plan axial d'un anticlinal** : anticlinal axial plane. **plan basal** : basal plane. **plan cadastral** : ordnance survey map; tax map. **plan d'aménagement** : development plan. **plan d'eau** : water level; water table. **plan d'eau initial** : initial water level. **plan d'ensemble** : general plan; layout plan. **plan d'implantation** : site layout. **plan d'incidence** : incidence plane, *plane of incidence.* **plan d'intervention** : contingency plan. **plan d'occupation des sols (POS)** : land-use plan; zoning map. **plan d'origine** : datum plane (DP), *a horizontal plane used as a reference for measuring heights and depths.* **plan d'un projet** : schedule, *of installation or of a construction project.* **plan d'urgence** : contingency plan. **plan de base** : base plane. **plan de Benioff** : Benioff zone, *inclined seismic zone in the Earth's lithosphere extending from the base of an ocean trench to the asthenosphere.* **plan de câblage** : wiring diagram. **plan de cassure** : joint plane *(geol)*. **plan de charriage** : overthrust fault. **plan de chevauchement** : break thrust. **plan de circulation des fluides (PCF)** : flow sheet. **plan de cisaillement** : shear surface; shearing cut. **plan de clivage** : cleavage plane; plane of cleavage. **plan de couverture** : stacking-chart; surface-stacking chart. **plan de crête** : crestal plane. **plan de diaclase** : joint plane; jointing plane. **plan de discontinuité** : plane of unconformity. **plan de disjonction** : divisional plane *(geol)*. **plan de faille** : fault plane. **plan de formation** : formation map. **plan de fracture** : fracture plane. **plan de glissement** : gliding plane; slip plane *(geol)*. **plan de l'extrémité du filetage** : plane of vanish point *(drill)*. **plan de l'image** : image plane. **plan de localisation** : location map. **plan de macle** : composition plane *(cryst)*; twinning plane. **plan de montage** : erection plan. **plan de niveau** : datum level. **plan de perspective** : perspective plane. **plan de phase** : phase plane. **plan de polarisation** : plane of polarization. **plan de position** : location map; shotpoint location map. **plan de position final** : postplot. **plan de position précalculé** : preplot. **plan de référence** : datum; datum level; datum plane (DP); reference plane. **plan de référence variable** : floating datum. **plan de régression** : regression plane. **plan de rotation** : plane of spin. **plan de séparation** : jointing plane; separation plane. **plan de séparation eau-huile** : oil-water interface. **plan de stratification** : bedding plane; formation line *(geol)*; parting plane; plane of stratification; sheeting plane *(geol)*; stratification plane. **plan de symétrie** : plane of symmetry. **plan de transmission** : transmission plane. **plan de trésorerie** : cash forecast. **plan de vol** : flight plan. **plan définitif** :

final design. **plan focal** : focal plane. **plan horizontal** : horizontal plane. **plan horizontal au sol** : ground plane. **plan image** : picture plane. **plan incliné** : brow; catwalk, *the ramp at the side of the drilling rig where pipe is laid out and lifted into the derrick*; V door *(drill)*; gradient; incline; inclined plane; pipe ramp, *for drillpipes*; rise leading; slope incline. **plan inférieur** : lower plane. **plan inférieur de la couche** : subface of stratum. **plan nodal** : nodal plane *(geoph)*. **plan octaédrique** : octahedral plane. **plan opératoire** : operating plan, *operating parameters and efficiency of a refining unit*. **plan perspectif** : perspective plane. **plan réticulaire** : lattice plane. **plan sagittal** : sagittal plane *(seis)*. **plan schématique** : outline map. **plan vertical principal** : principal plane. **plans vicinaux** : vicinal faces *(cryst)*.

plan – even; flat; plane; smooth.

planage *m* – leveling.

planaire – planar.

planche *f* – board; deal; plank; table. **planche à clous** : arrow plot; bed of nails; stick plot. **planche à dessin** : drawing board. **planche de bord** : dashboard. **planche de filtrage** : filter panel. **planche des filtrages adjacents** : frequency panel.

plancher *m* – floor; gallows. **plancher de chargement** : charging floor. **plancher de derrick** : downstairs. **plancher de forage** : rig floor. **plancher de manoeuvre, plancher de travail** : derrick floor, *main floor at the bottom of the derrick*. **plancher flottant** : floating roof. **plancher glaciaire** : till.

planchette *f* – plane table. **planchette topographique** : topographic sheet.

Planck – Planck, *see constante, loi de Planck*.

plancton *m* – plankton.

planctonique – planktonic.

planéité *f* – flatness. **planéité du champ** : flatness of the field.

planétaire *m* – planet wheel; planetary gear; sun wheel. **planétaire de différentiel** : differential bevel wheel.

planétaire – global; planetary.

planeur *m* – glider.

planeuse *f* – roller leveler.

planification *f* – planning. **planification globale** : comprehensive planning. **planification de chantier** : job planning.

planimétrage *m* – plotting, *area calculation*.

planimètre *m* – planimeter.

planimétrie *f* – planimetry.

planimétrique – planimetric.

planning *m* – planning. **planning à chemin critique** : critical-path planning and scheduling (CPPS).

planosol *m* – Planosol *(pedol)*.

plantation *m* – plant, *the manner in which a geophone is placed;* plantation. **plantation énergétique** : fuel crop.

plante *f* – plant *(bot)*. **plante à feuilles caduques** : deciduous plant. **plante à graines** : seed-bearing plant. **plante indicatrice** : indicator plant *(ecol)*. **plantes énergétiques** : energy crops.

planteur *m* – jug planter. **planteur de géophones** : geophone planter.

planteuse *f* – planter, *for geophones*.

plaque *f* – plate; sheet; sheet metal; slab, *a steel plate with a liner used to reinforce a corroded pipe*; veneer. **plaque à orifice** : orifice plate. **plaque ailette** : plate fin. **plaque annulaire** : facing ring. **plaque chauffante** : hotplate. **plaque collectrice** : collector plate. **plaque d'amiante** : asbestos plate. **plaque d'ancrage** : thrust plate. **plaque d'ancre** : anchor plate. **plaque d'arrêt** : baffle plate; stop plate. **plaque d'assise** : bedplate. **plaque d'éclatement** : safety head. **plaque d'étalonnage** : calibration plate. **plaque d'immatriculation** : license plate. **plaque d'usure** : wearing plate. **plaque de base** : bedplate; guide base; template *(drill)*. **plaque de base temporaire** : temporary guide base (TGB). **plaque de blindage** : armor plate. **plaque de butée** : thrust plate. **plaque de cuivre** : copper plate. **plaque de fondation** : bedplate; bottom plate; foundation; sole plate. **plaque de friction** : chafing plate. **plaque de frottement** : wear plate. **plaque de garde** : guard plate; shield. **plaque de garnissage** : lining plate. **plaque de jonction** : joint plate. **plaque de la sole** : bottom plate *(metal)*. **plaque de nettoyage** : door sheet. **plaque de plan focal** : focal-plane plate. **plaque de retenue** : retaining plate. **plaque de scories** : cake of cinder. **plaque de signalisation** : nameplate, *on a machine*. **plaque de terre** : ground plate. **plaque de tôle sur mesure** : sketch plate, *riveted to the outside of storage tanks and shaped to fit around the tank*. **plaque de touche** : datum plate, *of a storage tank*; gage plate, *providing a fixed contact surface for the innage bob on a storage tank*. **plaque de triangulation** : template *(photogram)*. **plaque de triangulation manuelle** : hand template. **plaque de triangulation stéréoscopique** : stereotemplate. **plaque de vissage et de dévissage** : bit plate, *for adding a bit to or removing one from a drill string*. **plaque de vissage ou de dévissage du trépan** : bit breaker, *a tool to break out or make up drilling bits*. **plaque du constructeur** : nameplate. **plaque estampée** : stamped plate. **plaque filtrante** : filter plate. **plaque frontale de déversoir** : weir-dam plate. **plaque grille** : grid plate. **plaque-guide permanente** : permanent guide base, *a structure installed with a foundation pile, to which are attached the cables running between the seabed and the drill rig*. **plaque mince** : lamina; microsection *(miner)*; thin plate *(petro)*; thin section. **plaque mince polie** : polished thin section. **plaque minéralogique** : number plate *(auto)*. **plaque négative** : negative plate. **plaque numérotée** : number plate. **plaque porte-soupape** : valve plate. **plaque positive** : positive plate. **plaque réseau** : grid plate. **plaque semelle** : toe plate. **plaque subductée** : subducted slab *(geol)*. **plaque tectonique** : tectonic plate. **plaque tournante** : turnplate; turntable. **plaque tubulaire** : tube plate, *in a heat exchanger*. **en plaques** : flaggy.

plaqué – plated.

plaquette *f* – brochure; platelet. **en plaquettes** : platy.

plasma *m* – plasma, *an ionized gas*. **plasma chaud** : hot plasma. **plasma froid** : cold plasma. **plasma primitif** : ylem, *primordial matter existing before the formation of chemical elements according to the big-bang theory*. **plasma sans collision** : collisionless plasma.

plasticité *f* – plasticity.

plastifiant *m* – plasticizer.

plastifié – plasticized.

plastigel *m* – plastigel.

plastique *m* – plastic, *a polymeric material of large molecular weight which can be shaped by flow.* **plastique dérivé du pétrole** : petroplastic. **plastique expansé** : expanded plastic; foamed plastic. **plastique moulu** : ground plastic, *plugging agent for drilling mud.* **plastique renforcé** : reinforced plastic. **plastique renforcé à la fibre de verre** : glass-reinforced plastic (GRP). **plastique stratifié** : laminated plastic. **plastique vinylique** : vinyl plastic.

plastique – plastic; yielding, *concerning rocks.*

plastisol *m* – plastisol.

plastomère *m* – plastomer.

plastomètre *m* – plastometer, *used to determine the flow properties of a thermoplastc resin.*

plastotype *m* – plastotype *(pal)*.

plat – even; flat; plane. **à plat** : rundown.

plateau *m* – bowl; chuck; disk; disk plate; elevated plain; face *(mech)*; faceplate, *of a tower*, head; plate; plateau, *in marine geology, an extensive elevation of the sea floor with little slope and fairly little relief*, platen; table; tableland; tray. **plateau à calottes** : bubble-cap tray, *a circular perforated plate having the same diameter as the fractionating tower and set at intervals to collect the different fractions produced in fractional distillation*; bubble tray. **plateau à calottes hexagonales** : hexagonal bubble-cap tray. **plateau à calottes rectangulaires** : rectangular bubble-cap tray. **plateau à calottes rondes** : round bubble-cap tray. **plateau à cascade** : cascade tray *(ref)*. **plateau à chicanes** : baffle plate. **plateau à clapets** : valve tray. **plateau à cloches** : *see plateau à calottes.* **plateau à cloches de barbotage** : bubble-cap plate. **plateau à contre-courant** : counterflow plate. **plateau à deux passes** : split-flow tray. **plateau à déversoir** : downcomer-type tray. **plateau à écoulement radial** : radial-flow tray. **plateau à gradins** : cascade tray; step tray. **plateau à jets directionnels** : jet tray, *a fractionating tray equipped with plates having strips cut out and slanting slightly in relation to the plate.* **plateau à ondulations** : ripple tray. **plateau à palier** : bearing bracket. **plateau à soupapes** : valve tray. **plateau à une passe** : crossflow tray. **plateau collecteur** : withdrawal plate *(ref)*. **plateau continental** : continental shelf, *the part of the continental margin extending between the coast and the edge of the continental slope, usually with a depth of between 0 and 200 m.* **plateau continental insulaire** : insular shelf, *the area around an island or group of islands extending from the lowest low-tide line to the point where the slope drops off sharply.* **plateau d'alimentation** : feed plate. **plateau d'embrayage** : clutch disk; clutch plate. **plateau d'épuisement** : exhausting plate, *the plate situated underneath the feed intake point in a distillation column.* **plateau d'évacuation** : takeoff tray, *in a distillation tower.* **plateau d'excentrique** : eccentric sheave. **plateau de soutirage** : draw-off tray. **plateau de balance** : balance pan; scale. **plateau de barbotage** : bubble tray, *perforated plate used to collect products in fractional distillation.* **plateau de colonne** : column plate; exchange plate *(ref)*; tray. **plateau de colonne à barbotage** : bubble-cap deck. **plateau de contact** : impingement plate. **plateau de déversement** : takeoff tray. **plateau de distillation à soupape** : float-valve tray. **plateau de fractionnement** : fractionating tray. **plateau de glace** : ice shelf. **plateau de manivelle** : crank disk. **plateau de presse** : pressure plate. **plateau de prise** : takeoff tray. **plateau de rectification** : rectifying plate, *a plate situated in the rectifying area.* **plateau de refroidissement** : chilling plate. **plateau de ressuage** : sweating tray, *for paraffin.* **plateau de retenue** : hold-down plate *(ref)*. **plateau de soupape** : valve plate. **plateau de soutirage** : draw-off pan. **plateau désertique** : desert plateau. **plateau disque et anneaux** : doughnut-disk plate. **plateau diviseur** : dividing head. **plateaux en gradins** : stepped trays. **plateau inférieur** : bottom plate. **plateau insulaire** : insular shelf; island shelf, *see plateau continental insulaire.* **plateau marécageux** : high moorland. **plateau mobile** : bolster plate, *of a machine tool.* **plateau oscillant** : swash plate, *a partial bulkhead in the tank of an oil tanker to reduce the back-and-forth surge of liquid.* **plateau parfait** : perfect plate, *a theoretical plate that would create complete equilibrium between the liquid and vapor phases.* **plateau perforé** : bubble-cap tray, *used in place of baffles*; perforated plate; perforated tray. **plateau perforé à déversoir** : sieve plate. **plateau perforé sans déversoir** : shower-type tray. **plateau porte-mandrin** : catch plate. **plateau porte-rupteur** : breaker plate. **plateau sans déversoir** : downcomerless tray. **plateau supérieur** : top tray. **plateau théorique** : height of theoretical stage, *for distillation*; theoretical plate, *a plate of a distillation column that produces a perfect distillation.*

plate-forme *f* – floor, *of a drilling rig*; platform, *(geol, drill and prod)* tableland *(geol)*. **plate-forme à câbles tendus** : tethered platform *(drill)*. **plate-forme à embase-poids** : gravity-base structure (GBS), *for which the stability is provided by the size and weight of the base, generally made of concrete and not having to be anchored on the seabed*; gravity platform. **plate-forme à inertie** : inertial platform. **plate-forme à lignes tendus (PLT)** : tension-leg platform (TLP). **plate-forme à paroi perforée en béton** : concrete perforated-wall platform. **plate-forme à tour haubanée** : guyed-tower platform. **plate-forme amarrée verticalement** : vertical-moored platform (VMP). **plate-forme articulée** : articulated platform; compliant platform; oscillating platform. **plate-forme assistée d'une annexe** : tender-assisted platform. **plate-forme au sol** : ground platform, *remote sensing.* **plate-forme autoélévatrice** : jack-up platform; self-elevating rig. **plate-forme autoélévatrice autodescendante** : jackup/jackdown platform. **plate-forme autoélévatrice basculante** : tilt-up/jackup platform. **plate-forme autoélévatrice monopode** : monopod jackup *(drill)*. **plate-forme autoélévatrice sur semelle** : mat-supported jackup. **plate-forme autoélévatrice tripode** : three-legged jackup. **plate-forme autonome** : self-contained platform. **plate-forme autopropulsée** : self-propelled platform. **plate-forme carbonatée** : carbonate platform *(geol)*. **plate-forme centrale**

de production : field-terminal platform. plate-forme continentale : continental shelf, *see plateau continental*. plate-forme côtière : strand flat *(geol)*. plate-forme d'abrasion : abrasion platform *(geol)*; rock bench *(geol)*; rock train *(geol)*. plate-forme d'accrochage : fourble board *(drill)*; hooking platform; lazy board; monkey board; racking platform *(drill)*; runaround; thribble board, *a safety platform located in the derrick at the height of a three-section stand of drill-pipe*. plate-forme d'érosion marine : wave-cut platform *(geol)*. plate-forme d'hébergement : *see plate-forme habitation*. plate-forme d'observation : observation platform, *remote sensing*. plate-forme de chargement : charging platform; loading platform. plate-forme de chargement articulée : articulated loading platform. plate-forme de collecte de données : data-collection platform (DCP), *remote sensing*. plate-forme de détection : sensing platform, *remote sensing*. plate-forme de forage : derrick platform; drilling platform. plate-forme de forage autoélévatrice : jackup drilling rig. plate-forme de forage et de production : D and P platform. plate-forme de la tour de forage : working platform *(drill)*. plate-forme de lancement : launching platform. plate-forme de logement : accommodations platform. plate-forme de production : production platform. plate-forme de production à câbles tendus : tethered production platform (TPP). plate-forme de production autoélévatrice : jackup production platform. plate-forme de quadruple passe : fourble board, *a platform located in the upper part of the derrick*. plate-forme de soutien logistique : accommodations platform; hotel platform. plate-forme de traitement : processing platform. plate-forme de transbordement : transfer table. plate-forme de travail sur un derrick : double board. plate-forme de vissage : *see passerelle de tubage*. plate-forme du sommet de derrick : water table. plate-forme en acier : steel platform. plate-forme en acier sur piles : piled steel platform. plate-forme en béton : concrete platform. plate-forme épicontinentale : epicontinental shelf *(geol)*. plate-forme fixe : fixed platform. plate-forme flottante : floating platorm. plate-forme gravitaire : gravity platform. plate-forme habitation : quarters platform. plate-forme hôtel : accommodations platform *(drill)*; hotel platform. plate-forme hybride : hybrid platform, *with concrete foundations topped off by a steel jacket*. plate-forme inertielle : inertial platform, *remote sensing*. plate-forme marine : offshore platform. plate-forme mobile : mobile platform. plate-forme multi-puits : multiwell platform, *for drilling several wells, usually by directional drilling, to form a cluster*. plate-forme oscillante : oscillating platform. plate-forme quartiers : quarters platform. plate-forme roulante : gondola car. plate-forme semisubmersible : semisubmersible platform. plate-forme souple : compliant platform. plate-forme structurale : structural plateau *(geol)*; structural platform *(geol)*. plate-forme submersible : submersible platform. plate-forme supérieure : crown platform. plate-forme support de torche : flare platform. plate-forme terminal : terminal platform *(prod)*. plate-forme tripode : tripod platform.

platelage *m* – floor plate.

platformat *m* – platformate, *reforming gasoline produced by the Platforming process*.

platier *m* – reef flat. **platier récifal** : reef plate.

platine *f* – platen *(mech)*.

platine *m* – platinum, *noble metal, symbol Pt*. **platine iridié** : platinum-irridium alloy.

platinite *f* – platinite, *an iron-and-nickel alloy*.

plat-pont *m* – flush deck.

plâtre *m* – plaster. **plâtre de finition** : finishing plaster. **plâtre de Paris** : plaster of paris, *calcined gypsum*.

plâtrière *f* – gypsum quarry.

plature *f* – table reef.

playa *f* – playa, *dry lake*.

plein *m* – fill; plenum. **plein de carter** : crankcase fill.

plein – full, *fem. pleine*. **pleine mer de vives-eaux (PMVE)** : high water of spring tides (HWST). **plein air** : open air. **pleine charge** : full load; full throttle *(engine)*. **à pleine charge** : wide-open throttle (WOT). **plein chargement** : full cargo. **plein diamètre** : full gage *(drill)*. **à plein gaz** : at full throttle. **pleine maturité** : full maturity. **pleine mer** : high water. **pleine mer inférieure** : lower high water. **pleine mer moyenne** : mean high water. **pleine mer supérieure** : higher high water. **pleine puissance** : full power. **à plein régime** : full throttle. **plein tarif** : full fare. **pleine vitesse** : full speed. **plein wagon** : truckload.

pleine – *see masc. plein*.

Pléistocène *m* – Pleistocene, *an epoch of the Quaternary period*.

pléistoséiste – meizoseismal, *pertaining to the maximum destructive force of an earthquake*.

pléochroïque – pleochroic *(cryst)*.

plésiosaure *m* – plesiosaurus *(pal)*.

plésiotype *m* – plesiotype *(pal)*.

pleurage *m* – flutter; wow, *variation in speed of a magnetic tape or a camera*.

Plexiglas – Plexiglas, *tradename for a polymethyl methacrylate type of transparent polymer used as safety glass*.

pli *m* – crease; creasing; fold *(geol)*; ply; rock bend *(geol)*. **pli à noyau perçant** : piercement dome; piercing fold, *see also diapir*. **pli allochtone** : allochthonous fold. **pli anguleux dissymétrique** : kink band. **pli anticlinal normal** : upfold. **pli chapé** : drape fold. **pli chevauchant** : thrust fold. **pli coffré** : box fold *(geol)*. **pli composé** : composite fold *(geol)*. **pli concentrique** : concentric fold. **pli conjugué** : conjugate fold. **pli couché** : recumbent fold *(geol)*. **pli cylindrique** : cylindrical fold. **pli d'entraînement** : drag fold. **pli d'étirement** : drag fold *(geol)*. **pli de cisaillement** : shear fold; slip fold. **pli de fluage** : flow fold. **pli de frottement** : drag fold, *a minor fold in an incompetent bed between more competent beds*. **pli de glissement** : slump fold. **pli décalé** : offset fold. **pli déjeté** : inclined fold. **pli dénudé** : aerial fold. **pli déversé** : overfold *(geol)*; overturned fold *(geol)*. **pli déversé avec faille** : fault overfold. **pli déversé faillé** : faulted overfold *(geol)*. **pli diapir** : diapiric fold, *see diapir*. **pli disharmonique** : disharmonic fold, *a fold in which changes of form or magnitude occur with depth*. **pli dissymétrique** : asymmetric fold; unsymmetrical fold *(geol)*. **pli droit** : upright fold. **pli en chevron** : chevron fold; kink fold; zigzag fold. **plis en coulisse** : en-echelon folds. **plis en échelons** : en-echelon folds, *folds in a steplike arrangement*; overlapping folds. **pli en éventail** : fan fold *(geol)*; fan-shaped fold. **pli en genou** : knee fold. **pli en relais** : en-echelon fold. **pli en retour** : backfold. **pli faille** : break thrust *(geol)*; broken fold *(geol)*; disrupted fold; fault fold; flexure fault. **pli-faille couché** : overthrust fold. **pli-faille inverse** : reverse fold-fault. **pli fermé** : closed fold, *isoclinal fold*. **pli intrafolial** : intrafolial fold. **pli intraformationnel** : intraformational fold. **pli isoclinal** : carinate fold; isoclinal fold. **pli marginal** : marginal fold *(geol)*. **pli monoclinal** : flexure; monoclinal fold; step fold *(geol)*. **pli normal** : normal fold; upright fold *(geol)*. **pli oblique** : inclined fold; oblique fold; plunging fold. **pli ouvert** : open fold. **pli plongeant** : dip fold *(geol)*; dipping fold; pitching fold; plunging fold. **pli principal** : main fold; major fold *(geol)*. **pli profond** : deep-seated fold. **pli ptygmatique** : ptygmatic fold. **pli renversé** : inverted fold. **pli replié** : refolded fold *(geol)*. **pli replissé** : refolded fold. **pli resserré** : closed fold. **pli secondaire** : minor fold; underfold *(geol)*. **pli semblable** : similar fold. **pli sénestre** : sinistral fold, *with a leftward offset*. **pli simple** : simple fold *(geol)*. **pli symétrique** : normal fold; symmetrical fold. **pli synclinal** : downfold; downwarping; synclinal fold; syncline; trough. **pli synclinal en forme de nacelle** : canoe fold. **pli tronqué** : truncated fold.

pliabilité *f* – pliability.

pliable, pliant – collapsible; folding.

plication *f* – plication, *an episode of intense folding taking place on a small scale*.

plié – bent; folded.

Pliensbachien *m* – Pliensbachian, *Lower Jurassic stage*.

plier – bend (to); curve (to); deflect (to). **se plier en accordéon** : concertina (to). **se plier en deux** : jackknife (to).

plieuse *f* – folding machine.

plinthe *f* – baseboard; skirting.

plinthite *f* – plinthite, *a mixture of clay and quartz in a soil*.

Pliocène *m* – Pliocene, *an epoch of the Tertiary period*.

plissage *m* – goffering.

plissé – corrugated; fluted; folded; wrinkled. **faiblement plissé** : warped.

plissement *m* – corrugation; creasing; folding; lap; wrinkling. **plissement anticlinal** : anticlinal fold. **plissement cisaillant** : shear folding; slip folding. **plissement embryonnaire** : incipient folding. **plissement en retour** : backfolding *(geol)*; backward folding. **plissement imbriqué** : imbricate folding. **plissement moulant** : draping, *structural concordance of strata overlying a limestone reef or other hard core, resulting from initial dip and/or differential compaction*. **plissement synsédimentaire** : penecontemporaneous folding. **plissement transversal** : crossfolding. **plissement véritable** : true folding.

plisser – corrugate (to); wrinkle (to).

plissoté – corrugated.

plissotement *m* – minute folding *(geol)*; puckering.

ploiement *m* – warping.

plojé *m* – interior valley, *a large flat-floored closed depression in a karst area*.

plomb *m* – fuse wire *(elec)*; lead, *symbol Pb*. **plomb antimoine** : regulus. **plomb argentifère** : silver lead. **plomb d'oeuvre** : base bullion. **plomb d'uranium** : uranium lead. **plomb de sonde** : plumb bob; sounding lead *(naut)*. **plomb de sûreté** : safety plug, *meltable*. **plomb dur** : hard lead, *a lead alloy with reduced malleability to impurities, mainly antimony*. **plomb en feuilles** : sheet lead. **plomb en saumons** : pig lead. **plomb raffiné** : refined lead. **plomb tétraéthyle (PTE)** : tetraethyllead, *(TEL) air pollutant, being discontinued as a gasoline additive*. **plomb tétraméthyle (PTM)** : tetramethyllead, *(TML) air pollutant, being discontinued as a gasoline additive*. **sans plomb** : unleaded.

plombage *m* – leading; sealing.

plombagine *f* – graphite.

plombé – leaded.

plombée *f* – plumbing, *centering with a plumb bob*.

plomber – lead (to).

plomberie *f* – plumbing.

plombier *m* – plumber.

plombifère – lead bearing; plumbiferous.

plombite *m* – plumbite, *see essai au plombite de sodium*. **plombite de sodium** : sodium plumbite.

plombs *m* – seals. **plombs de garantie** : leads.

plongeant – dipping; plunging.

plongée *f* – dive; diving. **plongée à incursion** : bounce diving. **plongée à pression atmosphérique** : atmospheric diving system (ADS). **plongée à saturation** : saturation diving. **plongée au narguilé** : tethered diving. **plongée autonome** : scuba diving. **plongée d'eau** : cascading, *downgoing marine current*; downwelling; sinking. **plongée en apnée** : skin diving. **plongée en scaphandre** : hard-hat diving. **plongée hyperbare** : hyperbaric diving. **plongée libre** : free diving, *skin diving*. **plongée profonde** : deep diving. **plongée profonde fictive** : deep simulated diving. **plongée raide** : crash dive, *of a submarine*. **plongée rapide d'intervention** : bounce diving. **habit de plongée** : diving suit.

plongement *m* – dipping; inclination; plunge; plunging; rake *(geol)*. **plongement axial du pli** : plunge of a fold axis. **plongement du corps minéralisé** : plunge of an ore body. **plongement inverse** : dip reversal. **plongement réel** : full dip *(geol)*.

plonger – dip (to); hade (to); immerse (to).

plongeur *m* – diver, *a person*; oil dipper *(mech)*; plunger *(mech)*. **plongeur de pompe** : pump plunger. **plongeur par déplacement** : displacement plunger. **plongeur pousse-carottes** : core pusher-plunger. **plongeur soudeur** : diver welder; welder diver. **sans plongeur** : diverless.

plot *m* – contact piece; plot; stud.

PLT – TLP, *abbr. for plate-forme à lignes tendues: tension-leg platform*.

pluie *f* – pour; rain. **pluie acide** : acid rain. **pluie battante** : driving rain. **pluie d'éruption, pluie d'origine volcanique** : eruption rain; volcanic rain. **pluie de cendres** : ash rain. **pluie de pollen** : pollen rain. **pluie fine** : drizzle. **pluie sableuse** : sand fall.

plume *f* – feather. **plume enregistreuse** : recorder pen. **plume traçante** : recorder pen.

plumosite *f* – fibrous jamesonite *(miner)*.

plus-value *f* – capital gain; unearned increment. **plus-value latente nette** : net unrealized gain.
pluton *m* – pluton, *an intrusive igneous body.*
plutonique – plutonic *(petro)*.
plutonium *m* – plutonium, *symbol Pu.*
pluvial – pluvial.
pluviation *f* – pluviation.
pluviomètre *m* – pluviometer; precipitation gage; rain gage. **pluviomètre enregistreur** : pluviograph.
pluviométrie *f* – pluviometry.
pluviométrique – pluviometric.
pluviosité *f* – rainfall.
polyvalent – multipurpose.
PMB – BDC, *abbr. of point mort bas: bottom dead center;* LDC, *lower dead center.*
PME – *abbr. petites et moyennes entreprises, small- and medium-size enterprises;* MEP, *abbr. pression moyenne effective, mean effective pressure.*
PMEF – BMEP, *abbr. of pression moyenne effective au frein: brake mean effective pressure.*
PMH – TDC, *abbr. point mort haut: top dead center;* UDC, *upper dead center.*
PMI – *abbr. petites et moyennes industries, small- and medium-size industries;* IMEP, *abbr. pression moyenne indiquée: indicated mean effective pressure;* MIP, *mean indicated pressure.*
PMN – NMP, *abbr. produit matériel net: net material product.*
PMVE – HWST, *abbr. pleine mer de vives-eaux, high water of spring tides.*
PNA – PAH, *abbr. polynucléaire aromatique, polynuclear aromatic hydrocarbon.*
PNB – GNP, *abbr. produit national brut: gross national product.*
PNBE – GAWR, *abbr. poids nominal brut sur l'essieu, gross axle weight rating.*
PNDIC – CIDNP, *abbr. polarisation nucléaire dynamique induite chimiquement: chemically-induced dynamic nuclear polarization.*
pneu *m* – tire. **pneu à carcasse croisée** : bias-ply tire. **pneu à carcasse radiale** : radial-ply tire. **pneu à ceinture** : belted tire. **pneu antidérapant** : nonskid tire. **pneu ballon** : balloon tire. **pneus batteries et accessoires** : tires-batteries-accessories (TBA), *for cars and trucks.* **pneu cannelé** : grooved tire. **pneu clouté** : spiked tire. **pneu de secours** : emergency tire; spare tire. **pneu lisse** : bald tire. **pneu neige** : snow tire. **pneu radial** : radial-ply tire. **pneu rechapé** : retread; retreaded tire. **pneu sans chambre à air** : tubeless tire. **pneu usé** : worn-out tire.
pneumatique – air actuated; air driven; inflatable; pneumatic.
pneumatolyse *f* – pneumatolysis, *alteration of a rock or crystallization of minerals by gaseous emanations from solidifying magma.*
pneumatolytique – pneumatogenic, *said of a rock or a mineral formed by a gaseous agent;* pneumatolytic *(petro)*.
poche *f* – pocket. **poche à acier** : steel ladle. **poche d'eau** : water pocket. **poche de coulée** : casting ladle; ladle; melting ladle. **poche de dissolution** : washout *(geol)*. **poche de gaz** : gas pocket. **poche de minerai** : nest of ore; ore pocket; pocket of ore. **poche de vidange** : drip cup. **poche roulante** : traveling ladle *(metal)*. **poche thermométrique** : thermometer bulb.
Podbielniak *m* – Podbielniak extractor, *a solvent extractor in which centrifugal action enhances liquid-liquid contact and increases separation efficiency.*
podomètre *m* – pedometer.
podzol *m* – podzol, *a widespread soil group that develops under coniferous or mixed forests and heath.*
podzolisation *f* – podzolization *(pedol)*.
poecilitique – poikilitic, *said of the texture of an igneous rock having small crystals of one mineral randomly scattered without common orientation in larger crystals of another mineral.*
poeciloblastique – poikiloblastic *(miner)*.
poêle *m* – stove, *heater.*
poids *m* – heft; load; weight. **poids à vide** : empty weight; tare. **poids à vide du véhicule** : unloaded vehicle weight. **poids atomique** : atomic weight, *obsolete, use relative atomic mass.* **poids au crochet** : hook load. **poids brut** : gross weight. **poids curseur** : sliding weight. **poids de combustible** : fuel load. **poids de la boue** : *see masse volumique de la boue.* **poids de la colonne de tubage** : tubular weight *(drill)*. **poids en ordre de marche** : curb weight, *of a vehicle.* **poids équivalent** : equivalent weight. **poids inexact** : false weight. **poids lourd** : heavy-duty vehicle. **poids maximal** : maximum weight. **poids moléculaire** : molecular weight, *obsolete for relative molecular mass.* **poids mort** : dead load; deadweight; sole weight. **poids net** : net weight. **poids nominal brut** : gross weight rating (GWR), *maximum load capacity allowed for a vehicle.* **poids nominal brut sur l'essieu (PNBE)** : gross axle weight rating (GAWR), *maximum loaded weight on a single axle system as specified by the vehicle manufacturer.* **poids par poids par heure (PPH)** : weight hourly space velocity (WHSV), *unit weight of feed per hour per unit weight of catalyst contained in the reaction zone.* **poids relatif de combinaison** : combining weight. **poids roulant** : live load; moving load. **poids spécifique** : specific weight, *SI unit: newton per cubic meter.* **poids spécifique apparent** : apparent specific weight. **poids statistique** : statistical weight *(quant. mech)*. **poids sur l'outil** : weight on bit (WOB) *(drill) expressed in newtons.* **poids suspendu** : sprung weight, *of a vehicle.* **poids total en charge (PTC)** : gross vehicle weight (GVW), *of a loaded vehicle;* loaded vehicle weight. **poids utile** : live weight. **poids volumique** : specific weight, *weight density, the weight of a body divided by its volume, expressed in newton per cubic meter;* unit weight, *of a structure.* **poids volumique déjaugé** : buoyant unit weight, *of an offshore platform.*
poignée *f* – haft; handle. **poignée de direction** : handlebar. **poignée de porte** : door handle. **poignée de tirage** : pulling handle. **poignée de traction** : pulling handle.
poinçon *m* – die; indenter; punch. **poinçon d'acier** : dog's tooth. **poinçon de contrôle** : inspection stamp. **poinçon de garantie** : hallmark.
poinçonnage *m* – die stamping; punch; punching.

poinçonnement *m – see poinçonnage.*
poing *m* – fist. **poing de pompe** : pump fist, *the lower end of the plunger case of a pump.*
point *m* – dot; point; spot. **point à l'estime** : dead reckoning. **point aberrant** : outlying point. **point amphidromique** : amphidromic point, *a no-tide or nodal point from which cotidal lines radiate.* **point antinodal** : antinodal point, *negative nodal point.* **point apparent** : stitching. **point astronomique** : astronomical point; celestial fix. **point azéotropique** : azeotropic point. **point bas** : sag, *a depression produced by downwarping;* valley, *of a seismic trace.* **point brillant** : bright spot, *increase in amplitude on a seismic section, assumed to be caused by hydrocarbon accumulation.* **point central** : center point. **point chaud** : hot spot, *a localized area inside an engine or reactor where the temperature is higher than elsewhere, possibly causing unwanted ignition ; in geology, a volcanic center 100 to 200 km across and having persisted for a few tens of millions of years.* **points colinéaires** : collinear points. **point commun en profondeur** : *see point miroir commun.* **point coté** : landmark *(carto)*; spot height. **point critique** : critical point, *temperature and pressure at which two phases in equilibrium with each other become identical and form a single phase.* **point cryohydratique** : cryohydric point. **point culminant** : climax. **point d'accès** : station, *for a communications system.* **point d'accrochage** : pickup point. **point d'alimentation** : feed point. **point d'allumage** : ignition point. **point d'ancrage** : point of anchorage. **point d'aniline** : aniline point, *lowest temperature at which equal volumes of aniline and the product being analyzed are completely miscible, indicates the aromatics content.* **point d'aniline composé** : mixed aniline point. **point d'appui** : ground-control point (GCP), *aerial photograph;* supply base, *offshore platform.* **point d'arçon** : crown point. **point d'arrêt** : stagnation point. **point d'attache** : point of linkage. **point d'attaque** : etching pit. **point d'ébullition** : boiling point (bp), *the temperature at which the transition from the liquid to the gaseous phase occurs.* **point d'ébullition à la pression atmosphérique** : atmospheric boiling point. **point d'ébullition à sec** : dry boiling point, *temperature at which the bottom of the distillation flask appears dry.* **point d'ébullition absolu** : absolute boiling point. **à point d'ébullition bas** : low boiling. **point d'ébullition final** : final boiling point (FBP). **point d'ébullition moyen** : mid-boiling point. **point d'ébullition normal** : normal boiling point. **point d'ébullition réel** : true boiling point (TBP). **point d'ébullition volumétrique** : volumetric boiling point. **point d'éclair** : flash point, *the lowest temperature at which the vapors from a petroleum product spontaneously ignite, measured by open- or closed-cup methods.* **à point d'éclair élevé** : high flash. **point d'éclair en vase clos** : flash closed cup. **point d'éclair en vase ouvert** : flash open cup. **point d'écoulement** : flow point; pour point, *the lowest temperature at which an oil or other fluid still flows when chilled without disturbance under standardized conditions.* **point d'embrayage** : tie point. **point d'émission** : shotpoint. **point d'épuisement** : exhaustion point, *in an ion-exchange process.* **point d'équilibre** : equilibrium point, *the point along a depositional profile where the rate of eustatic change equals the rate of subsidence/uplift. It separates zones of rising and falling relative sealevel.* **point d'explosion** : explosion point. **point d'inflammabilité** : inflammation point. **point d'inflammation** : ignition point. **point d'inflexion** : flex point; turning point. **point d'interruption** : break point. **point d'intersection** : crosspoint; point of intersection. **point de brisure** : crossover; crossover point, *in seismic-refraction shooting, the point on the time-distance diagram after which the refracted wave arrives first.* **point de bulle** : bubble point, *the state characterized by the coexistence of a substantial amount of liquid phase and an infinitesimal amount of gas phase in equilibrium (prod).* **point de canevas** : control point; picture control point, *remote sensing.* **point de chute** : drop point. **point de coincement** : freeze point, *of drillpipe.* **point de col** : saddle point *(math).* **point de colmatage** : clogging point. **point de condensation** : condensation point. **point de congélation** : freezing point, *the temperature at which a substance freezes.* **point de contrôle** : check point. **point de convergence** : sink. **point de coupe** : cut point, *the boiling-temperature division between cuts of a crude oil or a base stock.* **point de Curie** : Curie point, *see température de Curie.* **point de décomposition** : decomposition point. **point de déflexion** : deflection point *(seis).* **point de démixtion** : plait point, *composition conditions in which the coexisting phases of partially soluble components of a ternary-phase liquid system approach each other in composition.* **point de détérioration** : point of failure. **point de disparition des cristaux** : freezing point, *the temperature at which crystals of hydrocarbons formed upon cooling disappear when the temperature of fuel is allowed to rise.* **point de faille** : node of the fault. **point de fermeture** : spill point *(seis).* **point de feu** : fire point, *the temperature at which oil first ignites and burns at least 5 s when a small flame is passed across the surface under specified conditions.* **point de figeage** : congealing point, *the point at which a liquid changes to a semisolid or solid state.* **point de fixation** : point of linkage. **point de fixation au sol** : tie down. **point de flambage** : buckling point. **point de flexion** : flexure point. **point de floculation** : floc point. **point de fractionnement** : cut point. **point de fragilité** : brittle point *(metal).* **point de fuite** : spillpoint, *the maximum filling of a structural trap by oil or gas;* vanish point. **point de fuite des verticales** : vanishing point of the vertical lines. **point de fumée** : smoke point, *the maximum flame height, in millimeters, at which a kerosine will burn without smoking.* **point de fusion** : melting point (MP), *of petroleum wax, the temperature at which melted petroleum wax first shows a minimum rate of temperature change.* **point de fusion congruent** : congruent melting point. **point de fusion conventionnel des paraffines** : drop melting point of petroleum wax, *the temperature at which material becomes sufficiently fluid to drop from the thermometer used for measuring it.* **point de fusion des cires de paraf-**

fine : paraffin-wax melting point, *temperature at which melted paraffin wax left to cool begins to become stabilized.* **point de fusion des paraffines mesuré par la méthode ASTM** : ASTM paraffin wax melting point. **point de gélification** : gel point; gelling point, *the temperature and concentration at which semiliquids become consistent.* **point de goutte** : dropping point, *the temperature at which a grease passes from a semisolid to a liquid state.* **point de goutte américain** : American melting point, *for paraffin wax, 3°F above the ASTM melting point.* **point de graissage** : lubrication point. **point de l'image** : image point. **point de levé du terrain** : ground surveying. **point de prélèvement** : intake point. **point de ramification d'un filon** : point of the horse *(geol)*. **point de ramollissement** : softening point, *the temperature at which a substance attains a particular degree of softness under specified test conditions.* **point de ramollissement par la méthode bille et anneau** : ring-and-ball softening point. **point de rebroussement** : cusp. **points de référence** : fiducials. **point de réflexion commun à plusieurs trajets d'onde** : common depth point (CDP). **point de refoulement** : point of discharge. **point de réglage de débit** : flow set point. **point de rentabilité** : breakeven point. **point de repère** : control point; datum point; landmark; mark point; reference point; set point. **point de repère topographique** : benchmark. **point de repos** : quiescent point *(elec)*. **point de retour** : turning point. **point de rosée** : dew point, *the temperature at which vapor starts to condense.* **point de rosée rétrograde** : retrograde dew point. **point de rotation** : fulcrum. **point de rupture** : break point, *used in determining the stability of gasoline under accelerated oxidation conditions*; point of failure. **point de saturation** : saturation point. **point de solidification** : solidifying point. **point de soudure** : tack. **point de station de la chambre** : camera station; exposure station, *remote sensing.* **point de surchloration** : break point, *the overchlorination point during the chlorination of water.* **point de suspension** : point of suspension; suspension point. **point de symétrie** : point of symmetry. **point de tangence** : point of tangency. **point de tangente** : tangent point. **point de tir** : shooting station; shothole. **point de tir (PT)** : shotpoint (SP), *location where an explosive charge is detonated or where any source of seismic energy is situated.* **point de transfert** : pass point; transfer point. **point de transition** : transition point, *transition temperature.* **point de triangulation** : triangulation point. **point de trouble** : cloud point, *of petroleum oils, that temperature at which a cloud or haze of wax crystals appears at the bottom of the test jar when the oil is cooled under prescribed conditions.* **point de vaporisation** : evaporation point. **point de vente** : point of sale (POS). **point de vérification** : check point. **point de vibration** : vibrated point. **point de virage** : end point. **point de vue** : standpoint. **point diffractant** : scatterer. **point diffringent** : scatterer. **points et traits** : dots and dashes, *of the Morse-code alphabet.* **point eutectique** : eutectic point. **point faible** : weak point. **point final** : end point, *in the distillation of liquids, the maximum temperature that occurs during the test.* **point final bas** : low end point *(ref)*. **point final d'ébullition** : end boiling point. **point final de distillation** : end boiling point, *maximum temperature attained at the end of distillation.* **point final de distillation élevé** : high end point. **point fixe de clé** : backup post. **point focal** : isocenter. **point gamma** : vernal point. **point géodésique** : benchmark; geodetic point; triangulation point. **point géographique** : geographic point. **point haut** : crest line; high basement. **points homologues** : conjugate image point, *see point-image conjugué.* **point identifiable** : picture point *(photogram)*. **point image** : image point. **point-image conjugué** : conjugate image point, *image of the same ground point recorded from two different viewing stations.* **point infrarouge** : infrared point. **point initial d'ébullition** : initial boiling point (IBP). **point initial de distillation** : initial boiling point (IBP), *temperature at which the first distillation drop falls from the condenser.* **point isobestique** : isobestic point, *point of equal absorption for solutions having the same total concentration.* **point isoélectrique** : isoelectric point, *of a colloidal suspension.* **point isolé** : outlying point. **point lambda** : lambda point, *temperature below which oil becomes a supercritical fluid.* **point le plus haut** : top, *of a trap.* **point libre** : free point, *of a string of stuck pipe.* **point médian** : midpoint estimate. **point milieu** : midpoint. **point-milieu commun** : common midpoint. **point miroir** : depth point; reflection point, *point on a reflector where the angle of incidence equals the angle of reflection (seis)*. **point-miroir commun** : common-depth point (CDP); common-reflection point (CRP) *(seis)*. **point mort** : dead center; neutral point *(auto)*. **point mort bas (PMB)** : bottom dead center (BDC), *engines.* **point mort extérieur** : outer dead center. **point mort haut (PMH)** : top dead center (TDC); upper dead center (UDC) *(auto)*. **point mort inférieur (PMI)** : lower dead center (LDC). **point mort intérieur** : inner dead center. **point nadiral** : nadir point. **point neutre** : neutral point; node, *flow rate.* **point nodal** : nodal point. **point optimal d'alimentation** : optimum feed point. **point optimal de séparation** : optimum separation point, *recovery of natural gasoline.* **point où la garniture est coincée** : free point of stuck pipe *(drill)*. **point par visée** : fix. **point péritectique** : peritectic point. **point plat** : flat point. **point principal** : principal point. **point sec** : dry point, *in a distillation test, the temperature at which the last drop of petroleum fluid evaporates.* **point selle** : saddle point. *(math)* **point singulier** : singularity. **point sombre** : dim spot, *a local decrease of the amplitude of a seismic event.* **point sous-satellite** : subsatellite point. **point trigonométrique** : trig point. **point triple** : triple point, *the equilibrium point for the solid, liquid and gas phases.* **point vernal** : vernal point. **point vibré (PV)** : vibrated point (VP), *geometric center of a vibrator array used in the field during a recording for the emission of an elastic wavetrain.* **point zéro** : zero point.

pointage *m* – boresighting; picking; pointing. **pointages comparatifs** : crossplots. **pointage des réflexions** : reflection picking, *selecting reflection events on a seismic record.*

pointe *f* – beak; jag; nib; peak, *of production, of a load*; point; toe. **pointe à tracer** : scriber. **pointe d'aiguille** : tongue. **pointe d'électrode** : electrode tip. **pointe d'injecteur** : nozzle tip. **pointe de charge** : peak load. **pointe de croisement** : crosspoint. **pointe de diamant** : diamond point. **pointe de terre** : headland. **pointe horaire** : hourly peak. **pointe pénétromètre** : sounding pin.

pointé *m* – crossplot; pick, *seismic event or time on an event that has been selected*; picking *(seis)*. **pointé automatique** : automatic picking *(seis)*. **pointé sismique** : seismic picking. **pointé stéréoscopique** : stereoscopic point setting.

pointeau *m* – center punch; float needle; needle; pin valve; punch; valve plug. **pointeau de décompression** : decompression valve. **pointeau du carburateur** : carburetor needle.

pointement *m* – outcrop. **pointement d'une couche** : outcrop of a seam. **pointement de sel** : upright of salt *(geol)*.

pointer – check (to) off; pick (to).

pointerolle *f* – wedge.

pointeur *m* – pointer.

pointillé *m* – dot. **en pointillé** : dotted.

pointu – sharp.

poire *f* – pear. **poire de repêchage** : casing spear *(drill)*. **poire de repêchage à coins** : releasing spear *(drill)*.

poise *m* – poise, *obsolete unit of dynamic viscosity, 1 P = 0.1 Pa.s.*

poiseuille *m* – poiseuille, *obsolete unit of dynamic viscosity = pascal second ; see also loi de Poiseuille.*

poison *m* – poison. **poison de catalyseur** : catalyst poison.

poisseux – pitchlike.

poisson *m* – bird, *a depth controller*; fish, *in drilling, any piece of equipment that falls into or is lost in a borehole and has to be fished out.*

Poisson – Poisson, *see coefficient, loi, solide de Poisson.*

poivre *m* – pepper, *fine sludge particles produced by acid treatment, often remaining in suspension in lubricating oils.*

poix *f* – pitch, *residue from the distillation of wood or tar.* **poix d'asphalte** : bituminous pitch.

polaire – polar.

polarimètre *m* – polarimeter.

polarimétrie *f* – polarimetric analysis; polarimetry.

polarimétrique – polarimetric.

polarisabilité *f* – polarizability.

polarisant – polarizing.

polarisation *f* – polarization; polarizing. **polarisation anodique** : anodic polarization. **polarisation cathodique** : cathodic polarization. **polarisation circulaire** : circular polarization. **polarisation croisée** : crossed polarization. **polarisation de concentration** : concentration polarization. **polarisation des ondes** : wave polarization. **polarisation diélectrique** : dielectric polarization. **polarisation du vide** : vacuum polarization. **polarisation électrique** : bias. **polarisation électrolytique** : electrolytic polarization. **polarisation elliptique** : dielectric polar elliptical polarization; elliptical polarization. **polarisation horizontale** : horizontal polarization. **polarisation hyperfréquence** : hyperfrequency polarization; microwave polarization. **polarisation induite** : induced polarization (IP). **polarisation magnétique** : magnetic polarization. **polarisation naturelle de la lumière** : skylight polarization. **polarisation nucléaire dynamique induite chimiquement** : chemically-induced dynamic nuclear polarization (CIDNP). **polarisation nulle** : zero bias. **polarisation optique** : optical polarization. **polarisation parallèle** : like polarization. **polarisation plane** : plane polarization. **polarisation provoquée** : induced polarization (IP). **polarisation rotatoire magnétique** : magnetic rotation, *Faraday effect.* **polarisation rotatoire optique** : optical rotation. **polarisation spontanée (PS)** : self polarization (SP); spontaneous polarization. **polarisation verticale** : vertical polarization.

polariscope *m* – polariscope.

polarisé – biased *(elec)*; polarized.

polariser – bias (to).

polariseur *m* – polarizer.

polarisibilité *f* – polarizibility. **polarisibilité moléculaire** : molecular polarizability.

polarité *f* – polarity. **polarité apparente** : apparent polarity. **polarité de la réflexion** : reflection polarity. **polarité directe** : straight polarity. **polarité inverse** : reverse polarity, *arc welding circuit.* **polarité normale** : standard polarity. **polarité opposée** : reverse polarity, *having a polarity opposite to normal (seis)*.

polarographe *m* – polarograph.

polarographique – polarographic.

polarographie *f* – polarography, *polarographic analysis.*

polder *m* – polder, *land reclaimed and protected from invasion by the sea.*

pôle *m* – pole; singularity, *function.* **pôle de l'écliptique** : ecliptic pole. **pôle géographique** : geographic pole. **pôle géomagnétique** : geomagnetic pole. **pôle inducteur** : field pole. **pôle magnétique** : magnetic pole. **pôle négatif** : minus pole. **pôle nord magnétique** : north magnetic pole; north-seeking pole. **pôle positif** : plus pole; positive pole. **pôle sud magnétique** : south magnetic pole; south-seeking pole.

polhodie *f* – polhode *(mech)*.

poli *m* – finish; polish.

polianite *f* – polianite *(miner)*.

police *f* – policy. **police d'assurance** : insurance policy; underwriting agreement. **police d'assurance maritime** : underwriting share. **police de base** : master policy, *insurance*; underlying policy. **police de chargement** : bill of lading. **police de première ligne** : underlying policy, *insurance.* **police tiers chargeur** : open policy, *insurance.*

polir – emery (to); grind (to).

polissage *m* – buffing; grinding; polishing; rubbing; smoothing.

polisseuse *f* – buffing machine, *used to clean the end of pipes and welds.*

polissoir *m* – emery stick.

poljé *m* – polje, *interior valley.*

pollen *m* – pollen. **pollen non silvatique** : herbaceous pollen; nonarborescent pollen; nontree pollen. **pollen silvatique** : arboreal pollen; tree pollen.

polluant *m* – pollutant. **polluant atmosphérique** : air pollutant. **polluants de cheminée** : stack pollu-

tants. **polluant du sol** : soil pollutant. **polluant radioactif** : radioactive pollutant.
pollucite *f* – pollucite, *hydrous silicate of cesium, sodium and aluminum.*
pollué – polluted.
polluer – pollute (to).
pollueur *m* – polluter.
pollution *f* – contamination; pollution. **pollution à l'intérieur des locaux** : indoor pollution. **pollution accidentelle** : accidental pollution. **pollution atmosphérique** : air pollution; atmospheric pollution. **pollution de fond** : background pollution, *the pollution that would exist at a given point if it were unaffected by pollution arising from a specified source.* **pollution de l'air** : air pollution. **pollution de l'eau** : water pollution. **pollution délibérée** : voluntary pollution. **pollution des cours d'eau** : stream pollution. **pollution diffuse** : diffuse pollution. **pollution du sol** : soil pollution. **pollution radioactive** : radioactive pollution. **pollution thermique** : thermal pollution. **pollution transfrontière** : cross-frontier pollution; transboundary pollution; transfrontier pollution.
Polmar – *plan Polmar, a French program for organizing pollution-control and cleanup operations in case of accidental maritime pollution, under regional coastal authorities and maritime authorities.*
polonium *m* – polonium, *symbol Po.*
polyacide *m* – polyacid.
polyacrylamide *m* – polyacrylamide *(PAM)*, *water-soluble high polymers used in enhanced recovery.*
polyacrylate *m* – polyacrylate. **polyacrylate de sodium** : sodium polyacrylate, *used as a fluid-loss-control agent.*
polyacrylique – polyacrylic.
polyacrylonitrile *m* – polyacrylonitrile.
polyaddition *f* – addition polymerization.
polyalcool *m* – polyalcohol, *polyol.*
polyallomère *m* – polyallomer, *a copolymer that has a uniform crystal structure but a variable chemical composition.*
polyalphaoléfine *f* – alpha olefin polymer.
polyamide *m* – polyamide, *see also nylon.*
polybasique – polybasic.
polybutadiène *m* – polybutadiene.
polybutène *m* – polybutene.
polybutylène *m* – polybutylene.
polycaprolactame *m* – polycaprolactam.
polycarbonate *m* – polycarbonate, *a synthetic thermoplastic resin.*
polycarburant – multifuel.
polychloré – polychlorinated.
polychloroprène *m* – polychloroprene, *neoprene.*
polychroïsme *m* – pleochroism, *absorption of different wavelengths by a transparent crystal, thus showing different colors in different directions.*
polychromie *f* – polychromy.
polycombustible – multifuel.
polycondensat *m* – condensation polymer.
polycondensation *f* – condensation polymerization; polycondensation, *a reaction linking together the molecules of a monomer to form a polymer, with elimination of water or a similar simple substance.*
polycondensé – polycondensed.
polyconique – polyconic.
polycristal *m* – polycrystal.
polycristallin – polycrystalline.
polyculture *f* – mixed cropping *(agric)*.
polycyclique – multicycle, *said of a landform produced during more than one cycle of erosion*; polycyclic *(chem)*; polynuclear.
polycylindrique – multicylinder.
polydispersité *f* – polydispersity, *in a polymer system.*
polyèdre *m* – polyhedron *(math)*. **polyèdre de coordination** : coordination polyhedron.
polyélectrolyte *m* – polyelectrolyte.
polyester *m* – polyester.
polyestérification *f* – polyesterification.
polyétagé – multistage.
polyéther *m* – polyether.
polyéthylène *m* – polyethylene. **polyéthylène à basse densité (PEBD)** : low-density polyethylene (LDPE). **polyéthylène à haute densité (PEHD)** : high-density polyethylene (HDPE). **polyéthylène réticulé** : crosslinked polyethylene (XLPE). **polyéthylène téréphtalate** : polyethylene terephthalate.
polyéthylèneglycol *m* – polyethylene glycol.
polyéthylèneimine *m* – polyethyleneimine, *PEI.*
polyfonctionnel – polyfunctional.
polygénique – polygenetic *(geol)*; polymictic, *said of clastic sedimentary rocks composed of many different parent rocks.*
polygéosynclinal *m* – polygeosyncline.
polyglycol *m* – polyglycol.
polygonal – polygonal.
polygonale *f* – traverse *(topog)*.
polygone *m* – polygon. **polygone d'essais** : training area. **polygone de coordination** : coordination polygon. **polygone de fréquence** : frequency polygon *(stat)*. **polygone des forces** : force polygon.
polygonisation *f* – polygonization, *formation of polygonal domains during the annealing of plastically bent crystals in which the edge dislocations created by cold working are organized vertically.*
polyhalite *f* – polyhalite *(miner)*.
polyhydrique – polyhydric.
polyimide *m* – polyimide, *high polymer.*
polyinsaturé – polyunsaturated, *said of acid or fat containing two or more double bonds per molecule.*
polyisoprène *m* – polyisoprene.
polymère *m* – polymer, *a chemical compound formed by the union of two or more molecules of a simple substance, e.g. monomers.* **polymère aromatique anionique** : anionic aromatic polymer (AAP). **polymère atactique** : atactic polymer, *a type of polymer in which substituent groups are arranged randomly on the chain.* **polymère conducteur** : conducting polymer. **polymère coordonné** : coordination polymer. **polymère d'addition** : addition polymer. **polymère d'alkylat** : alkylate polymer. **polymère enchevêtré** : entangled polymer. **polymère inorganique** : inorganic polymer. **polymère isotactique** : isotactic polymer. **polymère linéaire** : linear polymer. **polymère naturel** :

natural polymer. **polymère ramifié** : branched polymer. **polymère réticulé** : network polymer. **polymère séquencé** : stereoblock polymer. **polymère spécial** : specialty polymer. **polymère syndiotactique** : syndiotactic polymer, *in which the side chains are not part of the backbone but alternate regularly above and below the plane of the backbone.* **polymère tactique** : tactic polymer. **polymère vertébré** : backboned polymer. **polymère vivant** : living polymer.

polymérique – polymeric.

polymérisabilité *f* – polymerizability.

polymérisation *f* – polymerization, *the bonding of two or more monomers to form a polymer.* **polymérisation à l'acide phosphorique** : phosphoric-acid polymerization, *with phosphoric acid being used as the catalyst to convert propylene or butylene into high-octane gasoline or petrochemical polymers.* **polymérisation anionique** : anionic polymerization. **polymérisation azéotrope** : azeotropic polymerization. **polymérisation catalytique** : catalytic polymerization. **polymérisation cationique** : cationic polymerization. **polymérisation cyclique** : cyclic polymerization. **polymérisation de précipitation** : precipitation polymerization. **polymérisation dégénérée** : degenerate polymerization. **polymérisation en bloc** : block polymerization. **polymérisation en chaîne** : chain polymerization. **polymérisation en émulsion** : emulsion polymerization. **polymérisation en masse** : bulk polymerization; mass polymerization. **polymérisation en phase vapeur** : vapor-phase polymerization. **polymérisation en solution** : solution polymerization. **polymérisation en suspension** : suspension polymerization. **polymérisation ionique** : ionic polymerization. **polymérisation par addition** : addition polymerization. **polymérisation par greffage** : graft polymerization. **polymérisation radicalaire** : free-radical polymerization; radical polymerization. **polymérisation sélective** : selective polymerization. **polymérisation stéréospécifique** : stereospecific polymerization. **polymérisation thermique** : thermal polymerization.

polymériser – polymerize (to).

polymétamorphique – polymetamorphic.

polymétamorphisme *m* – polymetamorphism, *polyphase metamorphism.*

polymolécularité – *see polydispersité.*

polymonochlorotrifluoroéthylène *m* – CFE hydrocarbon.

polymorphe – polymorph, *polymorphic.*

polymorphisme *m* – polymorphism.

polynie *f* – polynya, *any sizable water area or window surrounded by ice.* **polynie côtière** : shore polynya, *a polynya bounded on one side by the coast.* **polynie récurrente** : recurring polynya, *a polynya that opens up every year in the same place.*

polynôme *m* – polynomial. **polynômes de Legendre** : Legendre polynomial *(math)*.

polynomial – multinomial.

polynucléaire – polycyclic; polynuclear.

polyol *m* – polyol, *a polyhydric alcohol.*

polyoléfine *f* – polyolefin, *generic term for thermoplastic polymers derived from simple olefins.*

polyperoxydation *f* – polyperoxidation.

polyphasé – multiphase; polyphase.

polyphasique – multiphase.

polyphénylène *m* – polyphenylene.

polypier *m* – polypary, *colony of coral polyps.*

polypropylène *m* – polypropylene, *synthetic crystalline thermoplastic polymer made by the polymerization of propylene.* **polypropylène glycol (PPG)** : polypropylene glycol (PG).

polysaccharide *m* – polysaccharide, *a carbohydrate made up of a combination of nine or more monosaccharides linked together by glycosidic bonds.*

polysaprobie – polysaprobic, *said of a body of water subjected to rapidly decomposing organic matter and where free oxygen is either exhausted or present in very low concentrations.*

polysiloxane *m* – polysiloxane.

polystyrène *m* – polystyrene, *a thermoplastic synthetic resin.*

polysulfure *m* – polysulfide.

polysynthétique – polysynthetic.

polytétrafluoroéthylène *m* – polytetrafluroethylene, *trademark: Halon, Teflon.*

polytropique – polytropic.

polytypisme *m* – polytypism, *a form of one-dimensional polymorphism (miner).*

polyurée *f* – polyurea.

polyuréthane *m* – *see polyuréthanne.*

polyuréthanne *m* – polyurethane.

polyvalent – polyvalent.

polyvinyle *m* – polyvinyl.

polyvinylidène *m* – polyvinylidene.

polyvinylique – polyvinyl.

POM – MOR, *abbr. portée optique météorologique, meteorological optical range.*

pommade *f* – pomade; salve.

pomme *f* – apple. **pomme d'arrosage** : spider.

pompabilité *f* – pumpability.

pompage *m* – hunting, *servo-system*; pumping; surging. **pompage central** : push-and-pull pumping power. **pompage combiné** : back-crank pumping. **pompage de l'eau de cale** : bilge pumping. **pompage hydraulique** : hydraulic pumping. **pompage magnétique** : magnetic pumping. **pompage optique** : optical pumping. **pompage pneumatique** : gas lift *(prod)*. **pompage polyphasique** : multiphase pumping.

pompe *f* – pump. **pompe à acide** : acid pump. **pompe à action directe** : direct-acting pump. **pompe à aéromoteur** : wind pump. **pompe à ailettes** : vane pump; wing pump. **pompe à air** : air pump. **pompe à amorçage automatique** : self-priming pump. **pompe à anneau liquide** : liquid-ring pump. **pompe à balancier** : beam pump *(prod)*; walking-beam pump. **pompe à béton** : concrete pump. **pompe à boue** : mud hog, *slang*; mud pump; slush pump *(drill)*. **pompe à boue auxiliaire** : auxiliary mud pump. **pompe à boulet** : ball pump. **pompe à chaleur** : heat pump. **pompe à chapelet** : chain pump. **pompe à cimentation** : cementing pump. **pompe à combustible** : fuel pump. **pompe à commande** : power pump. **pompe à commande par turbine** : turbine-drive pump. **pompe à débit variable** : variable-displacement pump. **pompe à débit visible** : liquid-level-controlled pump; sight-feed pump.

pompe à diffusion : diffusion pump. **pompe à double corps** : double-case pump. **pompe à double effet** : double-acting pump. **pompe à eau** : water pump. **pompe à eau de condensation** : condensate pump; condensate-removal pump. **pompe à éjecteur** : jet pump. **pompe à engrenage** : gear pump. **pompe à essence** : gasoline pump. **pompe à excentrique** : vane pump. **pompe à garnissage hydraulique** : fluid-packed pump, *having ample clearance between the pump body and the piston.* **pompe à gaz** : gas pump. **pompe à graisse** : grease gun. **pompe à hélice** : propeller pump. **pompe à huile** : lubricating-oil pump; oil pump. **pompe à huile à ailettes** : vane oil pump. **pompe à huile à débit constant** : constant-displacement oil pump. **pompe à huile à piston et came** : cam-and-piston oil pump. **pompe à incendie** : fire engine; fire pump. **pompe à injection** : flushing pump; injection pump. **pompe à jet** : jet pump. **pompe à main** : hand pump. **pompe à main horizontale** : low-down pump. **pompe à maîtresse-tige** : bull pump, *a single-acting vertical steam pump whose cylinder directly drives the piston and pump rods so that the weight of these latter produces the down stroke (prod).* **pompe à membrane** : diaphragm pump; single pump; surge pump. **pompe à palette coulissante** : sliding-vane pump. **pompe à piston** : piston pump. **pompe à piston ajusté** : close-fitting-plunger pump. **pompe à piston plongeur** : plunger pump. **pompe à pistons rotatifs** : axial-plunger pump. **pompe à plateau oscillant** : swash-plate pump. **pompe à pression** : pressure pump. **pompe à résidus** : scavenging pump. **pompe à résonance** : sonic pump. **pompe à sable** : sand pump *(drill)*; sludger, *sand pump used to evacuate waste products.* **pompe à saccades** : jerk pump. **pompe à simple effet** : single-action pump. **pompe à spirale** : volute pump. **pompe à tambour en forme de croissant** : crescent pump. **pompe à tiges** : cup-packed pump; sucker-rod pump. **pompe à tiges pour tubes de production** : tubing pump. **pompe à turbine verticale pour l'eau** : vertical-turbine pump. **pompe à vapeur** : steam pump. **pompe à vide** : vacuum pump. **pompe à vide pour condenseur** : steam-condenser vacuum pump. **pompe à vis** : screw pump. **pompe à volant** : crank-and-flywheel pump. **pompe à volute** : volute pump. **pompe alimentaire** : feed pump. **pompe alimentaire auxiliaire** : donkey pump, *any small pumping device used for temporary operations.* **pompe alternative** : reciprocating pump. **pompe alternative à deux cylindres** : duplex pump. **pompe aspirante** : lift pump; sucking pump; suction pump. **pompe aspirante à piston** : piston-type suction pump. **pompe aspirante et foulante** : lift-and-force pump. **pompe auxiliaire** : donkey pump. **pompe centrale** : pumping power, *in a multiple pumping system.* **pompe centrale d'un pompage multiple** : push-and-pull pump. **pompe centrifuge** : centrifugal pump. **pompe centrifuge à volute** : centrifugal volute-type pump. **pompe centrifuge multicellulaire** : multistage centrifugal pump; N-stage pump. **pompe cryogénique** : cryogenic pump; cryopump. **pompe d'accélération** : accelerator pump. **pompe d'alimentation** : feed pump; fuel pump. **pompe d'alimentation de chaudière** : boiler-feed pump. **pompe d'amorçage** : priming pump. **pompe d'assèchement** : dewatering pump; stripping pump; sump pump. **pompe d'assiette** : trimming pump *(naut).* **pompe d'égout** : sewage pump. **pompe d'épuisement** : exhaust pump; pumping engine. **pompe d'équilibrage** : trimming pump *(naut).* **pompe d'exhaure** : drainage pump. **pompe d'injection** : fuel-injection pump. **pompe d'injection coup par coup** : jerk pump. **pompe d'un puits** : shaft pump *(mining).* **pompe de balayage** : flushing pump; scavenging pump. **pompe de ballastage** : ballast pump. **pompe de cale** : bilge pump. **pompe de cargaison** : cargo pump. **pompe de chaleur** : *see pompe à chaleur.* **pompe de charge** : booster pump. **pompe de circulation** : circulating pump; circulation pump. **pompe de condenseur** : wet-air pump. **pompe de débit** : delivery pump. **pompe de dragage** : dredging pump. **pompe de fonçage** : sinker. **pompe de fond** : borehole pump *(drill)*; bottomhole pump; deep-well pump, *with the cylinder being placed in the borehole at the end of a string of small-diameter tubes through which run the rods driving the piston from the surface*; subsurface pump. **pompe de gavage** : booster pump. **pompe de lavage** : washdown pump. **pompe de mine** : mining pump. **pompe de purge** : drip pump. **pompe de refoulement** : discharge pump. **pompe de refroidissement** : quench pump, *used for reducing the temperature in cracking operations.* **pompe de régulation** : governor pump. **pompe de remplissage** : charging pump; filling pump. **pompe de renfort** : booster pump. **pompe de reprise** : condensate pump. **pompe de reprise d'huile** : scavenge-oil pump; scavenging oil pump. **pompe de retour d'huile** : *see pompe de reprise d'huile.* **pompe de secours** : standby pump. **pompe de suralimentation** : booster pump; supercharging pump. **pompe de surcompression** : booster pump. **pompe doseuse** : metering pump, *a plunger-type pump for controlling small-scale fluid-flow rates*; proportioning pump. **pompe duplex** : duplex pump, *a reciprocating pump with two parallel cylinders.* **pompe électrique** : electric pump; power pump. **pompe électromagnétique** : electromagnetic pump. **pompe élévatoire** : bucket pump; lift pump. **pompe élévatrice** : *see pompe élévatoire.* **pompe encastrée** : insert pump, *a sucker-rod pump that can be placed in or removed from oil-well tubing without disturbing the tubing.* **pompe filtrante** : filter pump. **pompe fixe** : fixed pump, *for the distribution of gasoline.* **pompe foulante** : plunger pump; pressure pump. **pompe hydraulique** : hydraulic pump. **pompe immergée** : submerged pump. **pompe intégrée** : insert pump. **pompe longue course** : long-stroke pump. **pompe mobile** : portable pump, *for distributing gasoline.* **pompe moléculaire** : molecular drag pump. **pompe multicellulaire** : multistage pump. **pompe multiple** : multifuel pump, *at a service station.* **pompe nourricière** : feed pump. **pompe péristaltique** : peristaltic pump, *one that works by alternately contracting and dilating a hose.* **pompe pour eau d'alimentation** : feed-water pump. **pompe pour produits chimiques** : chemical pump. **pompe refoulante** : force pump. **pompe rotative** : rotary pump. **pompe simplex** : simplex pump, *with only one steam cylinder and one water cylinder.* **pompe submergée** : sump pump. **pompe submersible** : submersible pump. **pompe submersible**

électrique : electric submersible pump (ESP). **pompe thermique solaire** : solar thermal pump. **pompe vibratoire** : sonic pump; vibratory pump. **pompe volumétrique** : positive-displacement pump, *a pump delivering a constant volume of fluid per cycle within the pressure limits of its capacity.*

pompé – pumped.

pomper – pump (to). **pomper par à-coups** : pump (to) by heads.

pomperie *f* – pump room.

pompier *m* – firefighter; fireman.

pompiste *m* – pumpman.

PONA – PONA, *abbr. paraffines, oléfines, naphtènes et aromatiques.*

ponçage *m* – grinding.

ponce *f* – pumice; volcanic foam.

poncer – grind (to).

ponctuel – pinpoint.

pondération *f* – weighting. **pondération linéaire** : ramping *(seis).*

pondéré – tapered; weighted.

pondéreux *m* – weighty goods.

pont *m* – bridge; deck. **pont à arbres porteurs** : live axle. **pont à bascule** : counterpoise bridge. **pont à péage** : toll bridge. **pont à vis** : worm axle. **pont arrière** : back axle; rear axle. **pont bascule** : track scales, *railroad.* **pont d'impédance** : impedance bridge. **pont d'inductance** : inductance bridge. **pont de cloisonnement** : bulkhead deck. **pont de connexion** : cell connector. **pont de décharge** : tipping stage. **pont de fréquence** : frequency bridge. **pont de Wheatstone** : Wheatstone bridge, *circuit bridge.* **pont disulfure** : disulfide bridge. **pont électrique** : bridge circuit. **pont en encorbellement** : spider deck. **pont grue** : bridge crane. **pont hydrogène** : *see liaison hydrogène.* **pont inférieur** : cellar deck, *of a drill rig.* **pont levant** : lifting bridge. **pont levis** : drawbridge; lifting bridge. **pont mobile** : drawbridge; movable bridge. **pont principal** : main deck, *of a ship or offshore drilling rig.* **pont roulant** : gantry; overhead crane; overhead traveling crane; traveler; traveling bridge. **pont routier** : road bridge. **pont supérieur** : upper deck. **pont suspendu** : hanging bridge. **pont tournant** : pivot bridge.

pontage *m* – bridge, *rock fragment plugging up a borehole above its bottom*; bridging; bridging of hole, *accumulation of debris in a borehole, blocking off the bottomhole zone.*

ponté – bridged.

pontée *f* – deckload, *on-deck shipment.*

Pontien *m* – Pontian, *uppermost Miocene stage.*

pont-levis *m* – drawbridge.

ponton *m* – barge; hulk; pontoon. **ponton de forage** : drilling barge, *a support for drilling equipment for offshore or swamp operations.* **ponton grue** : pontoon crane.

pool *m* – pool. **pool carburant** : gasoline pool, *a plant-planning concept that considers various qualities of gasolines as a single group for the purpose of blending to meet end-products specifications.* **pool essence** : *see pool carburant.*

population *f* – population, *in a statistical study any collection of individuals, not necessarily a collection of living organism*; universe *(stat).* **population active** : labor force. **population type** : standard population *(stat).*

porcelaine *f* – china; porcelain; whiteware.

porcelainé – porcelaneous *(pal).*

pore *m* – pore; void.

poreux – porous.

poronécrose *f* – pore destruction *(geol).*

porosimètre *m* – porosimeter. **porosimètre à mercure** : mercury-pump porosimeter, *porosity is measured by forcing mercury under fairly high pressure into the pores of a rock.* **porosimètre de chantier** : field portable porosimeter.

porosimétrie *f* – porosimetry.

porosité *f* – pore space; porosity, *a measure of the void space in a rock, used as the essential element for calculating the volume of oil in place in a reservoir.* **porosité brute** : absolute porosity. **porosité connectée** : connected porosity. **porosité de dissolution** : moldic porosity, *porosity resulting from the removal by solution of an individual constituent of a rock*; solution porosity, *secondary reservoir-rock porosity caused by solution of minerals, such as in porous crystalline limestone and dolomite cap rock.* **porosité effective** : effective porosity, *volume of interconnected voids through which fluids can circulate.* **porosité fine** : pinpoint porosity. **porosité fissurale** : fracture porosity. **porosité intercristalline** : intercrystalline porosity. **porosité intergranulaire** : intergranular porosity, *between the grains or particles of a rock, and existing since the deposition of the formation*; interparticle porosity. **porosité limite** : cutoff porosity, *porosity above which no oil will be produced.* **porosité matricielle** : matrix porosity. **porosité primaire** : primary porosity. **porosité propre** : inherent porosity. **porosité réelle** : actual porosity. **porosité secondaire** : secondary porosity, *due to the action of water on formations after their deposition.* **porosité totale** : absolute porosity, *including not only interconnecting pores but also pores closed off by a cement*; total porosity. **porosité utile** : effective porosity, *ratio of the interconnected void space in the rock to the bulk volume of the rock*; inherent porosity. **porosité vacuolaire** : vuggy porosity, *secondary porosity.*

porphine *f* – porphin, *the basic structure of chlorophyll, hemoglobin, cytochromes and various other related substances.*

porphyre *m* – porphyry *(petro).* **porphyre quartzifère** : quartz porphyry. **porphyre rhyolitique** : rhyolite porphyry.

porphyrine *f* – porphyrin.

porphyrique – porphyritic.

porphyriser – comminute (to).

porphyrite *f* – porphyrite *(petro).*

porphyroblaste *m* – metacryst, *or metacrystal, phenoblast*; porphyroblast *(petro).*

porphyroblastique – porphyroblastic.

porphyroclastique – porphyroclastic *(petro).*

porphyroïde *m* – porphyroid, *a metamorphic rock.*

Porro – Porro, *see principe de Porro-Koppe, prisme de Porro.*

port *m* – harbor; port. **port à ressac** : surf port. **port bloqué par les glaces** : icebound port. **port charbonnier** : coal port. **port d'aéroglisseurs** : Hoverport. **port d'armement** : home port. **port d'attache** :

home port; port of registry. **port d'embarquement** : port of shipment; shipping port. **port d'escale** : port of call. **port de chargement** : loading port. **port de déchargement** : delivery port. **port de glace** : ice port, *bay in an ice cliff, temporary or not, where ships can dock and unload directly.* **port de livraison** : port of delivery. **port de relâche** : port of call. **port de soutage** : bunkering port. **port en eau profonde** : deep-water port. **port franc** : free port. **port maritime** : seaport. **port naturel** : basin. **port pétrolier** : oil harbor; oil port.

port *m* – carriage; portage. **port dû** : carriage forward. **port en lourd** : deadweight *(dw) the difference in tonnage between a ships's displacement at load draft and at light draft, i.e. the ship's total carrying capacity.* **port payé** : carriage paid. **port payé jusqu'à...** : carriage paid to..., *condition of sale.*

portabilité *f* – portability, *of a computer program.*

portage *m* – carried interest, *a fractional interest in oil and gas property, usually a lease, the holder of which has no personal obligation for operating costs, which are to be paid by the owner(s) of the remaining fraction, who reimburse themselves out of production, if any*; portage; seating, *of a valve.*

portance *f* – bearing capacity; lift. **portance aérodynamique** : aerodynamic lift, *component of the total aerodynamic force acting on a body perpendicular to the undisturbed fluid flow around the body.* **portance des sols** : bearing capacity of soils.

portatif – portable.

porte *f* – door; gate. **porte d'aérage** : trapdoor. **porte d'écluse** : lock gate; sluice gate. **porte d'explosion** : explosion door. **porte d'incendie** : fire door. **porte de chargement** : fire door. **porte de cheminée** : chute door. **porte de déchargement** : unloading rack. **porte de foyer** : fire door. **porte de remplissage** : charging door. **porte de sécurité** : explosion door. **porte de ventilation** : ventilation door. **porte de vidange** : cleaning door. **porte de visite** : cleanout doorsheet, cleanout plate; inspection door. **porte en V** : V-door, *a reverse V-shaped opening on the derrick face opposite the drawworks, through which drillpipe is fed in.* **porte ET** : AND gate *(elec)*. **porte étanche** : collision door, *(naut)*; watertight door. **porte instruments** : pallet. **porte NON ET** : NAND gate, *combination of a NO circuit and an AND circuit.* **porte NON OU** : NOR gate, *combination of a NO circuit and an OR circuit.* **porte NOU** : NOR gate. **porte OU** : OR gate *(elec)*. **porte OU exclusif** : except gate, *exclusive OR element.* **porte OU inclusif** : inclusive OR gate. **porte plombée** : lead door. **porte rabattante** : trapdoor.

porté – carried. **porté sur** : piggyback, *used for any operation in which a carrier is conveyed by a larger carrier and then takes back its autonomy when it is unloaded.*

porte-à-faux *m* – overhang. **en porte-à-faux** : overhanging.

porte-bagages *m* – luggage carrier.

porte-barges *m* – barge carrier; LASH ship, *a ship of the Lighter Aboard SHip type.*

porte-câble *m* – cable bearer; cable hanger.

porte-charbon *m* – carbon holder.

porte-conteneurs *m* – container ship.

porte-coussinet *m* – bearing.

portée *f* – carrying power; journal; range; scope; shoulder, *of a drill bit*; span; stretch. **portée de blocage** : shank shoulder. **à portée de la main** : at hand. **portée de soupape** : valve face. **portée distale** : far range, *radar.* **portée minimale** : skip distance. **portée moyenne** : mean range. **portée nominale d'un radiophare** : radio-beacon range. **portée oblique** : slant range. **portée optique** : line of sight (LOS). **portée optique météorologique (POM)** : meteorological optical range (MOR). **portée proximale** : near range, *radar.* **portée utile** : carrying capacity.

porte-électrode *m* – electrode holder; rod holder.

portefeuille *m* – portfolio *(fin)*. **portefeuille de brevets** : patent portfolio.

porte-hélice *m* – tail shaft *(ships)*.

porte-lame *m* – blade holder; cutter head. **porte-lame denté** : toothed cutter head. **porte-lame pour formation dure** : hard-formation cutter head. **porte-lame pour formation tendre** : soft-formation cutter head.

porte-mire *m* – rodman, *a surveyor's assistant.*

porte-outil *m* – mandrel, *fishing*; tool holder.

porte-palan *m* – cable crab.

porte-plongeur *m* – lockout bell.

porter – bear (to); carry (to).

porte-taillant *m* – cutter holder.

porteur – bearing; carrier. **porteur majoritaire** : majority carrier.

porte-vent *m* – blast pipe *(metal)*.

portion *f* – moiety, *a part or portion of a molecule having a characteristic chemical property*; part; portion. **portion de profil non tirée** : dropped coverage *(seis)*. **portion inclinée rectiligne** : locked-in section, *directional drilling*; slant section, *of a deviated borehole.*

portique *m* – gallows; gantry; trestle. **portique de levage** : raising leg. **portique roulant** : gantry crane.

Portland – Portland, *see ciment portland.*

Portlandien *m* – Portlandian, *uppermost Jurassic stage.*

pose *f* – exposure, *allowing light to fall on a photosensitive material, such as in photography*; lay, *pipelines*; laying. **pose d'un câble** : cable laying. **pose de bouchon** : plug setting. **pose de canalisations** : pipelaying. **pose de goujons par soudage** : stud welding. **pose de voie ferrée** : track laying. **pose des canalisations** : mains laying. **pose des pipelines** : pipelaying. **pose du tubage** : casing landing; running casing. **pose en touret** : reel-barge method, *of laying small diameter pipes.*

posé – embedded; laid. **posé à chaud** : hot laid. **posé à froid** : cold laid.

posemètre *m* – exposure meter.

poser – land (to), *a column of tubing in its definitive position*; lay (to); set (to); tag (to), *to touch an object downhole with the drill stem.* **poser des pipelines** : lay (to) pipelines. **poser le dernier raccord** : flange (to) up, *connecting the last section of a pipeline or of a drill string.* **poser un tubage à sa profondeur définitive** : set (to) casing.

positif *m* – positive *(photo)*. **positif direct** : direct positive *(photo)*.

positif – factual; positive.

position *f* – berth; location; orientation, *in a cycle*; position; stand. **position comptable** : accounting position. **position d'équilibre d'un palier lisse** : attitude of a journal bearing. **position d'extinction** : dark position *(miner)*; extinction position. **position de fermeture** : closing point. **position de l'outil** : tool face, *directional drilling*. **position de négociation** : bargaining power. **position de pré-charge** : preloading position, *of a platform*. **position de travail** : operating position. **position du contacteur** : switch position. **position géologique** : geologic position. **position inverse** : inversion; inverted order. **position inversée** : inverted order. **position normale générale** : normal position *(geol)*. **position renversée** : inverted order. **position stratigraphique** : stratigraphic position, *of a layer or reservoir*. **position verticale** : vertical position.

positionné – positioned.

positionnel – positional.

positionnement *m* – locating; positioning. **positionnement acoustique** : acoustic positioning. **positionnement d'un appareil** : spotting. **positionnement distance-distance** : rho-rho determination *(seis)*. **positionnement dynamique** : dynamic positioning, *a method of maintaining a floating drilling rig or drill ship in a fixed location by countering the force of the drift caused by the action of the elements by the coordinated action of thrusters controlled by a computer*. **positionnement rhô-rhô** : rho-rho determination *(seis)*. **positionnement rhô-théta** : rho-theta determination *(seis)*.

positionneur *m* – clamp; valve positioner, *for automatically controlling valve positioning*.

positon *m* – *see positron*.

positron *m* – positron, *a positive electron*.

possession *f* – ownership.

possibilité *f* – possibility. **possibilité pétrolière** : oil possibility.

postaccélération *f* – kickdown *(autom)*; postacceleration.

postallumage *m* – postignition.

postcombustion *f* – afterburning, *combustion of carbon-monoxide and coke particles after the maximum pressure of explosion*.

postcondenseur *m* – aftercondenser.

post-débit *m* – afterflow.

poste *m* – item; job; post; shift; station; tour, *shift of workers on a worksite; also the length of time during which the same shift is present continuously, usually 8 h long, sometimes a 12-hour tour is used, especially on offshore rigs*. **poste à quai polyvalent** : multipurpose berth. **poste d'essence** : filling station. **poste d'incendie** : fire station. **poste de chargement** : loading berth; loading facility. **poste de conduite** : cab. **poste de coupure** : switch gear. **poste de dépense** : expense item. **poste de douane** : customs station. **poste de jour** : day tour, *from 8 am to 8 pm*. **poste de nuit** : graveyard tour, *from midnight to 8 am*; night tour, *from 8 pm to 8 am*. **poste de pilotage** : cockpit. **poste de secourisme** : first-aid post. **poste de soudage** : welding generator; welding set. **poste de travail** : workstation, work station, *single-user computer system*. **poste du matin** : morning tour, daylight tour, *from 8 am to 4 pm*. **poste du soir** : swing shift; evening tour, *from 4 pm to midnight*.

postglaciaire – postglacial.

postiche – artificial; dummy.

posttectonique – posttectonic.

postulat *m* – postulate, *axiom*.

pot *m* – jar. **pot au noir** : doldrums *(meteo)*. **pot catalytique** : catalytic converter; catalytic muffler, *used to reduce the level of hydrocarbons, carbon monoxide and nitrogen oxides in the exhaust gases of gasoline-engine vehicles*. **pot d'échappement** : exhaust silencer; muffler. **pot d'évacuation** : seal pot. **pot de condensation** : gas trap; gasoline trap. **pot de décantation** : scrubber. **pot de garde** : seal pot, *a leakproof container between the pipes in a plant and the measuring instrument and containing the sealing liquid*. **pot de purge** : drip pot; drip trap; scrubber; siphon box; siphon pot.

potable – drinkable; potable.

potamogène – potamogenic, *see dépôt potamogène*.

potamologie *f* – potamology, *scientific study of rivers and streams*.

potar *m* – pot, *colloq. for potentiometer*.

potasse *f* – potash; potassium hydroxide, *caustic potash used for manufacturing soap, electrolytes for storage batteries, dyestuffs, liquid fertilizer, food additives and for neutralizing oil after the sulfuric refining of distillates*. **potasse caustique** : caustic potash.

potassique – potassic, *containing potassium*.

potassium *m* – potassium, *symbol K*.

pot-de-vin *m* – bribe; gratuity.

poteau *m* – column; pole; post; prop; spar; stake; stud. **poteau d'amarrage** : dolphin; tension post *(drill)*. **poteau de sécurité** : headache post, *a safety post placed under the walking beam when it is disconnected to prevent it from falling on members of the crew*. **poteau de soutènement** : substructure post. **poteau de suspension** : post hanger.

potéclinomètre *m* – poteclinometer, *a device used to measure borehole data (deviation slant and azimuth) and the position of the sonde (azimuth of the electrode)*.

potence *f* – bracket; gallows; jib. **potence de transbordement** : whipping crane.

potentialisation *f* – potentiation, *the effect of a chemical that does not itself have an adverse effect but enhances the toxicity of another chemical*.

potentiel *m* – potential, *production capacity of a well; after its completion an official test is run to determine its potential as well as the authorized rate of production*. **potentiel absolu** : absolute potential. **potentiel anodique** : anode potential. **potentiel chimique** : chemical potential. **potentiel d'apparition** : appearance potentiel *(nucl)*. **potentiel d'abaissement de niveau** : draw-down potential, *production potential determined by the level of the liquid and the pressure of the fluid in a series of intervals*. **potentiel d'électrode** : electrode potential. **potentiel d'électrodéposition** : deposition potential. **potentiel d'électrofiltration** : electrofiltration potential, *resulting from the filtration of mud filtrate* *through a porous body*; streaming potential, *see also potentiel spontané*. **potentiel d'électropolarisation** : electropolarization potential. **potentiel d'équilibre d'une électrode** : equilibrium electrode potential. **potentiel d'équilibre d'une réaction** : equilibrium reaction potential. **potentiel d'excitation** : excitation potential. **potentiel d'oxydation** : oxidation potential. **potentiel d'hydrocarbure** : hydrocarbon potential *(geochem)*. **potentiel d'ionisation** : ion potential; ionization potential. **potentiel d'oxydoréduction** : oxidation-reduction potential; redox potential. **potentiel de combustion** : combustion potential. **potentiel de contact** : contact potential, *Volta effet*. **potentiel de décomposition** : decomposition potential; decomposition voltage, *minimum voltage for electrolytic decomposition*. **potentiel de diffusion de jonction** : liquid-junction potential, *due to differences in the concentration among electrolytes in contact with one another (well logging)*. **potentiel de membrane** : membrane potential. **potentiel de membrane des argiles et des marnes** : shale membrane potential *(well logging)*. **potentiel de minéralisation** : mineralization potentiel. **potentiel de Nernst** : Nernst potential, *electrochemical SP or the sum of the liquid-junction potential and the shale potential*. **potentiel de polarisation** : polarization potential. **potentiel de production** : production potential; productive capacity. **potentiel de réduction** : reduction potential. **potentiel de risque** : hazard potential. **potentiel de sédimentation** : sedimentation potential, *Dorn effect*. **potentiel du sol spontané** : natural earth potential. **potentiel dynamique d'une électrode** : dynamic electrode potential. **potentiel électrique** : electric potential. **potentiel électrochimique** : electrochemical potential. **potentiel électrochimique d'une pile** : cell electrochemical potential. **potentiel électrocinétique** : electrokinetic potential, *zeta potential existing across the interface of all solids and liquids*. **potentiel électrolytique** : electrolytic potential. **potentiel géothermique** : geothermal potential. **potentiel initial** : initial potential, *of a well*. **potentiel maximal d'un puits** : open-flow potential, *for gas*. **potentiel naturel du sol** : natural earth potential. **potentiel nominal** : rated potential, *official production capacity of a well*. **potentiel normal d'une électrode** : standard electrode potential. **potentiel officiel** : official potential, *of a well*. **potentiel retardé** : retarded potentiel. **potentiel spontané** : natural potential; self-potential (SP); spontaneous potential (SP). **potentiel spontané enregistré dans un sondage** : casing potential. **potentiel spontané pseudostatique** : pseudostatic spontaneous potential (PSP). **potentiel spontané statique** : static spontaneous potential (SSP). **potentiel statique d'une électrode** : static electrode potential. **potentiel thermodynamique** : thermodynamic potential. **potentiel vecteur magnétique** : magnetic vector potential. **potentiel zêta** : zeta potential, *the electrokinetic potential existing across the interface of solids and liquids*.

potentiel – potential.

potentiomètre *m* – fader; potentiometer, *for measuring electromotive force*. **potentiomètre à polarisation** : bias potentiometer; polar potentiometer.

potentiométrie *f* – potentiometry.

potentiométrique – potentiometric.

potentiostat *m* – potentiostat.

poterie *f* – pottery; tile. **poterie d'isolation** : insulating tiles.

potin *m* – pewter, *lead-tin alloy*.

pouce *m* – inch, *unit of length, 1 in = 2.54 cm*. **pouce carré** : square inch. **pouce d'eau** : inch of water, *unit of pressure equal to 2.490 hPa*. **pouce de mercure** : inch of mercury, *unit of pressure equal to 3.386 kPa*.

poudingue *m* – conglomerate; puddingstone, *a conglomerate consisting of rounded pebbles having a color that constrasts markedly with the matrix or cement*.

poudre *f* – dust; powder, *in seismic prospecting, the term poudre is often used colloquially to mean explosive*. **poudre à braser** : soldering powder. **poudre à canon** : gunpowder. **poudre à cémenter** : cementation powder. **poudre à récurer** : cleaning powder. **poudre à roder** : grinding powder. **poudre à souder** : brazing powder; welding powder. **poudre abrasive** : abrasive powder. **poudre d'asphalte** : asphalt powder. **poudre d'or** : gold flour. **poudre de démolition** : blasting powder. **poudre de guerre** : gunpowder. **poudre de mine** : blasting powder. **poudre de zinc** : zinc dust. **poudre décapante** : pickling powder. **poudre explosive** : blasting powder. **poudre fulminante** : fulminating powder. **poudre insecticide** : insect powder. **poudre noire** : black powder, *explosive*. **poudre ponce** : pumice powder. **poudre sans fumée** : smokeless powder. **en poudre** : powdered.

poulie *f* – pulley; sheave; tackle. **poulie à câble** : rope sheave. **poulie à chaîne** : chain wheel. **poulie à chape ouvrante** : snatch block. **poulie à courroie** : band pulley; band wheel, *in cable drilling, a large flat pulley carrying the drive belt transmitting power to the crankshaft*; belt pulley. **poulie à courroie trapézoïdale** : V-belt sheave. **poulie a deux gorges** : double-sheave pulley. **poulie à émerillon** : swivel block. **poulie à friction** : friction pulley. **poulie à gorge** : grooved pulley; rope sheave; scored pulley. **poulie à gradins** : step cone. **poulie à vitesse variable** : variable-speed pulley. **poulie d'entraînement à gorge** : tug rim *(drill)*. **poulie d'entraînement à régime variable** : variable-speed pulley. **poulie de brin mort** : dead sheave *(drill)*. **poulie de câble de cabestan** : catline sheave. **poulie de câble de tubage** : casing-line pulley. **poulie de commande** : driving pulley. **poulie de curage** : sand sheave; sandline pulley, *the sheave in the crown block over which the sandline runs*. **poulie de déviation** : bottle chock, *an angle sheave for guiding a cable around a turn in the track*. **poulie de forage** : crown pulley *(drill)*; crown sheave, *see moufle fixe*. **poulie de forage au câble par battage** : spudding pulley. **poulie de palan** : tackle block *(drill)*. **poulie de queue** : tail pulley. **poulie de renvoi** : idler sheave. **poulie de retour** : end pulley; tail pulley. **poulie de sécurité** : safety slide, *enabling a superstructure worker to slide down a guyline in an emergency*. **poulie de tension** : idle roll; tension pulley. **poulie de tête** : crown pulley, *in a derrick*; head pulley. **poulie démontable** : split pulley, *made of two parts*. **poulie double** : double block. **poulie du**

câble de curage : sand pulley *(drill)*. **poulie étagée** : cone pulley; stepped pulley. **poulie fixe** : dead pulley; fast pulley; fixed pulley; standing block; standing pulley. **poulie folle** : loose pulley. **poulie guide** : belt idler; guide pulley; idle pulley. **poulie intermédiaire** : jockey pulley. **poulie libre de renvoi** : idler. **poulie magnétique** : magnetic pulley. **poulie mobile** : fall block; hoisting block. **poulie motrice** : driving pulley; main pulley. **poulie mouflée** : block pulley; pulley block. **poulie pour câble** : rope pulley. **poulie support** : bearing-up pulley; hat roller, *a hat-shaped guide for a ropeway running around a bend.* **poulie tendeur** : idler pulley. **poulie volant** : fly pulley.

poulier *m* – baymouth bar.

Poulter – Poulter, *see tir Poulter.*

poundal *m* – poundal, *unit of force.*

poupe *f* – stern.

poupée *f* – poppet; work head, *lathe.* **poupée de loess** : loess doll, *loess nodule, a concretion of calcium carbonate.* **poupée mobile** : tailstock, *on a lathe.* **poupée porte-pièce** : headstock.

pourcent *m* – percent. **pourcent en masse** : mass percent, *percent by mass.* **pourcent en poids** : weight percent, *percent by weight.* **pourcent en volume** : volume percent, *percent by volume.* **pourcent molaire** : mole percent.

pourcentage *m* – percentage. **pourcentage volumétrique de conversion** : volume percent conversion.

pourri – rotten.

pourriture *f* – putrefaction; rot.

poursuite *f* – track; tracking. **poursuite du forage** : follow-up, *after nippling on a deviation bit.*

pourtour *m* – circumference.

poussage *m* – towage.

pousse-bouton – push-button.

poussée *f* – load; pull; push; shove; thrust; thrust load; thrusting. **poussée axiale** : axial thrust; end thrust. **poussée d'Archimède** : buoyancy, *Archimedes' principle about the vertical force exerted on a body by a fluid in which it is immersed or floating.* **poussée d'eau de fond** : bottom-water drive. **poussée d'eau marginale** : edge-water drive. **poussée de denture** : gear thrust. **poussée de gaz** : gas drive, *oil production by gas driving force through a formation*; gas lift, *production process by injecting air or gas to lighten the oil column by emulsion.* **poussée de gel** : ice push, *exerted on the shore by ice covering bays, straits and lakes, caused by expansion following a rise in temperature.* **poussée de gel horizontale** : frost-shove; frostthrust. **poussée de gel verticale** : frost heaving. **poussée de l'air** : air buoyancy. **poussée de l'embrayage** : clutch thrust, *axial thrust caused by clutch springs.* **poussée des terres** : earth load; earth pressure. **poussée latérale** : side thrust. **poussée par solution de polymères micellaires** : micellar-polymer drive *(prod)*. **poussée spécifique** : *see impulsion spécifique.*

pousser – grow (to); push (to).

pousse-tube *m* – thrust borer.

pousseur *m* – push tug; towboat. **pousseur de tiges** : pipe pusher.

poussier *m* – breeze; coal dust; dust.

poussière *f* – dust. **poussière d'anthracite** : culm. **poussière d'or** : gold dust. **poussière de charbon** : breeze; coal dust. **poussière de minerai** : slime. **poussière de sondage** : sludge. **poussière météoritique** : meteoritic dust. **poussière minérale** : mineral dust. **poussière volcanique** : volcanic dust. **sans poussière** : dustless.

poussiéreux – dusty.

poussoir *m* – push-button; tappet. **poussoir à ressort** : trigger. **poussoir de soupape** : valve lifter; valve tappet.

poutre *f* – balk; baulk; beam; girder; rafter; spar. **poutre caisson** : box girder. **poutre d'assemblage** : built-up girder. **poutre en double T** : I beam. **poutre en I** : I beam. **poutre en porte-à-faux** : cantilever beam, *with one end securely fixed and the other free.* **poutre en T** : T beam. **poutre en treillis** : lattice girder. **poutre encastrée** : fixed beam. **poutre maîtresse** : main girder; main truss. **poutre transversale** : cross girder; crossbeam; sleeper, *concrete and steel support for a pipeline*; traverse. **poutre tubulaire** : box girder.

poutrelle *f* – beam; girder.

pouvoir *m* – power. **pouvoir abrasif** : abrasive power. **pouvoir adhérent** : adhesive power. **pouvoir agglutinant** : agglutinating power; bonding strength; caking capacity. **pouvoir anticalcaire** : calcium chelating power. **pouvoir antidétonant** : antiknock rating. **pouvoir blanchissant** : bleaching efficiency. **pouvoir brisant** : brisance index, *ratio of an explosive's shattering power to that of TNT.* **pouvoir calorifique** : caloricity; calorific value, *quantity of heat liberated by the complete combustion of a unit weight or unit volume of fuel*; heat capacity; heating capacity; heating power; heating value. **pouvoir calorifique inférieur (PCI)** : low heat value (LHV), *or low heating value*; net calorific value (NCV), *number of heat units measured as being liberated when a unit weight of fuel is burned, with the water vapor staying in the gaseous state*; net heating value (NHV). **pouvoir calorifique massique** : heat of combustion per unit weight. **pouvoir calorifique supérieur (PCS)** : gross calorific value (GCV), *number of heat units measured as being liberated when a unit weight of fuel is burned in oxygen saturated with water vapor under standard conditions*; gross heating value (GHV); higher heat value (HHV), *or high heating value.* **pouvoir calorifique total** : total calorific value. **pouvoir calorifique volumique** : heat of combustion per unit volume. **pouvoir collant** : caking capacity. **pouvoir comburivore** : stoichiometric air/fuel ratio. **pouvoir complexant** : complexing efficiency. **pouvoir d'absorption** : absorption factor; absorptivity. **pouvoir d'achat** : purchasing power. **pouvoir d'adhésivité** : sealing strength, *of a paraffin.* **pouvoir d'adsorption** : adsorption power. **pouvoir d'arrêt** : stopping power. **pouvoir d'arrêt linéique** : linear stopping power. **pouvoir d'arrêt linéique relatif** : relative linear stopping power. **pouvoir d'arrêt linéique total** : total linear stopping power. **pouvoir d'arrêt massique relatif** : relative mass stopping power. **pouvoir d'arrêt massique total** : total mass stopping power. **pouvoir d'éclairage** : lighting power. **pouvoir d'obturation** : sealing strength. **pouvoir de dispersion** : dispersive power *(opt)*. **pouvoir de réflexion** : reflectivity. **pouvoir de résolution** : resolving power. **pouvoir de résolution radiométrique** : radiometric resolution. **pou-**

voir de résolution spatiale : spatial resolution. pouvoir de résolution spectrale : spectral resolution. pouvoir de résolution thermique : thermal resolution. pouvoir de séparation : resolution. pouvoir de sustentation du cuvelage : casing supporting ability. pouvoir détergent : detergent power; washing power. pouvoir dispersant : dispersing power. pouvoir dispersif : dispersive power. pouvoir dissolvant : solvent power. pouvoir éclairant : illuminating power; lighting power. pouvoir émissif : emissivity; exitance. pouvoir émulsionnant : emulsifying power. pouvoir évaporant : evaporative power. pouvoir grossissant : magnifying power. pouvoir inducteur spécifique : specific inductive capacity (SIC), *syn: dielectric constant.* pouvoir isolant : insulating property. pouvoir lubrifiant : lubricating power; lubricity. pouvoir mouillant : wetting power. pouvoir nettoyant : cleaning efficiency. pouvoir productif : production capacity. pouvoir réfléchissant : reflectivity. pouvoir réflecteur (PR) : reflectance, *ratio of the energy reflected by a body to the energy incident to it.* pouvoir réflecteur de la vitrinite (PRV) : vitrinite reflectance, *indicating the rank of organic matter.* pouvoir résolvant : resolving power. pouvoir rotatoire : rotary power; rotatory power. pouvoir scorifiant : fluxing power. pouvoir séparateur : partition efficiency *(chrom)*; resolution *(seis)*; resolvable limit; separating power. pouvoir séparateur amélioré : extended resolution. pouvoir séparateur de l'oeil : visual acuity. pouvoir séparateur latéral : lateral resolution. pouvoir solvant : solvent power. pouvoir suspensif : suspending power. pouvoir tinctorial : dye strength. pouvoir vaporisant : vaporizability.

pouzzolane *f* – pozzolan, *a siliceous material that can be finely ground and combined with hydraulic cement.*

pouzzolanique – pozzolanic.

Poynting – Poynting, *see vecteur de Poynting.*

PPH – WHSV, *abbr. poids par poids par heure: weight hourly space velocity.*

ppm – ppm, *abbr. of parties par million, which should not be used because it does not conform to SI practice.*

PPP – PPP, *abbr. principe pollueur payeur: polluter pays principle.*

PR – *abbr. pouvoir réflecteur.*

Prandtl – Prandtl, *see nombre de Prandtl.*

praséodyme *m* – praseodymium, *symbol Pr.*

prasinite *f* – prasinite, *greenschist.*

praticabilité *f* – practicability.

pratique *f* – practice. pratique courante : usual standard.

pratique – handy; practical.

Pratt – Pratt, *see hypothèse de Pratt.*

PRE – *abbr. prix de revient économique: equivalent cost.*

préaccentuation *f* – preemphasis *(elec)*.

préadmission *f* – preadmission.

préallumage *m* – preignition.

préamplificateur *m* – preamplifier.

préassemblage *m* – subassembly.

préassociation *f* – preassociation.

préblanchiment *m* – prewhitening, *spectral density.*

Précambrien *m* – Precambrian, *geologic time and the corresponding rocks prior to the start of the Paleozoic and equivalent to about 90% of geologic time.*

précaution *f* – care.

précession *f* – precession *(mech)*. précession de Larmor : Larmor precession, *rotation superposed by a magnetic field on the motion of a system of charged particles.* précession libre : free precession.

préchambre *f* – antechamber.

précharge *f* – preload.

préchargement *m* – preloading, *loading the explosive charge before the shot is set off.*

préchauffage *m* – heating up; preheating.

préchauffe *f* – preheat.

préchauffé – preheated.

préchauffeur *m* – preheater. préchauffeur d'air : air preheater.

précieux – noble; precious.

précipice *m* – precipice.

précipitable – precipitable.

précipitant *m* – precipitant; precipitator *(chem)*.

précipitation *f* – deposit; precipitation; settlement. précipitation acide : acid precipitation, *rain or snow with a pH of less than 5.6.* précipitation atmosphérique : rainfall. précipitation chimique : chemical precipitation. précipitation électrique : electric precipitation. précipitation électrostatique : electrostatic precipitation. précipitation fractionnée : fractional precipitation. précipitation isoélectrique : isoelectric precipitation. précipitation radioactive primaire : close-in fallout *(nucl)*.

précipité *m* – deposit; precipitate.

précipiter – carry (to) down. se précipiter : settle (to).

précis – accurate; dependable; exact; precise; sharp.

précision *f* – accuracy; correctness; delicacy; dependability; precision, *agreement among repeated measurements of the same quantity.* précision relative : significance.

précoce – early.

précombustion *f* – precombustion.

précondenseur *m* – precondenser.

préconditionné – prepacked.

préconditionnement *m* – preconditioning.

préconisation *f* – strong recommendation.

précontinent *m* – *see marge continentale.*

précontraint – prestressed.

précontrainte *f* – prestress.

précouche *f* – precoat.

précraquage *m* – primary cracking.

précurseur *m* – forerunner; foreshock, *earthquake*; precursor. précurseur de coke : coke precursor.

prédateur – predatory.

prédéfini – preset.

prédétonation *f* – predetonation.

prédictibilité *f* – predictability.

prédictif – predictive.

prédiction *f* – prediction. prédiction arrière : backward prediction, *the use of future values to predict past values (seis)*.

prédistillation *f* – predistillation.

prédominant – ultradominant.

prééquilibre *m* – preequilibrium.
préévaluation *f* – preappraisal.
préfabrication *f* – prefabrication.
préfabriqué – prefabricated.
préférence *f* – preference. **préférence nationale** : domestic preference.
préfiltrage *m* – prefiltering *(seis)*.
préfinancement *m* – prefinancing.
préforé – predrilled.
préformé – preformed.
préfractionnateur *m* – prefractionator *(ref)*.
préfrittage *m* – presintering.
préglaciaire – preglacial.
prehnite *f* – prehnite, *orthorhombic mineral often associated with zeolites in geodes.*
préimprégnation *f* – preimpregnation.
préimprégné *m* – prepreg.
préjudice *m* – damage.
préjudiciable – detrimental.
prélart *m* – tarpaulin.
prélèvement *m* – draw off. **prélèvement à volume constant** : constant-volume sampling (CVS), *exhaust gases.* **prélévement instantané** : spot sample. **appareil de prélèvement** : sampler.
prélever – charge (to). **prélever les fractions supérieures** : top (to) off, *in distillation.* **prélever une carotte** : take (to) a core.
préliminaire – preliminary.
prélubrifié – prelubricated.
prématuré – immature; premature.
prémélange *m* – premix; premixing.
prémélangé – premixed.
prémices *f* – early beginnings. **prémices d'un séisme** : foreshock.
premier – first, *fem. première*; prime. **premières arrivées** : first arrivals. **première classe** : first rate. **premières combustions dans un essai moteur-huile** : first firing stroke. **première constante de rayonnement** : first radiation constant. **première couche** : ground coat. **première coupe** : first cut; light cut. **première distillation** : straight-run distillation. **premier entré, dernier sorti (PEDS)** : first-in last-out (FILO), *rule of priority.* **premier entré, premier sorti (PEPS)** : first-in first-out (FIFO), *rule of priority.* **de première main** : first hand. **premier multiple** : simple multiple *(seis)*. **première passe** : root bead *(weld)*. **première phase de la réflexion** : first leg of the reflection *(seis)*. **premier plan** : foreground. **premier puits producteur** : pool opener, *first producing well on a field.* **de première qualité** : high grade. **première qualité de fuel-oil** : finished distillate. **premiers secours, premiers soins** : first aid. **première tête** : die head. **première vitesse** : first gear; low gear.
première – *see masc. premier.*
prémoulé – precast.
prendre – grip (to); harden (to), *cement*; take (to). **se prendre** : cake (to). **prendre à ferme** : farm-in (to). **prendre du jeu** : work (to) loose. **se prendre en masse** : coagulate (to). **prendre feu** : ignite (to). **prendre une empreinte** : take (to) a picture, *of a fish blocked at the bottom of the well when standard fishing tools are not suitable.*
preneur *m* – catcher; leaseholder.
préparatif – preparative.
préparation *f* – dressing; first working; preparation. **préparation du bord** : edge preparation. **préparation mécanique** : mechanical preparation. **préparation mécanique des minerais** : ore dressing. **préparation par voie humide** : wet concentration; wet preparation.
préparé – dressed.
préparer – dress (to); set (to) up. **préparer un texte** : edit (to).
prépolymère *m* – prepolymer.
prépondérant – dominant.
préreconnaissance *f* – preliminary survey.
préréfrigération *f* – precooling.
prérefroidisseur *m* – precooler.
près – near. **près de la côte** : inshore. **près de la surface** : near surface. **au plus près** : closehauled, *(naut)*.
prescription *f* – prescription.
présélecteur *m* – preselector.
présélection *f* – prequalification; preselection. **présélection des soumissionnaires** : prequalification of bidders. **présélection du gain** : preset gain control.
présence *f* – occurrence. **présence de gisements pétroliers** : occurrence of oil deposits. **présence de minéraux** : occurrence of minerals. **présence de pétrole** : oil occurrence.
présent – present.
présentation *f* – presentation. **présentation graphique** : plotting.
présenter – describe (to); display (to). **se présenter** : occur (to).
préservateur *m* – preservative; preservative agent. **préservateur de boue** : mud preserver.
préservatif – preservative.
préserver – preserve (to).
présidence *f* – chairmanship.
président *m* – chairman. **président du conseil d'administration** : chairman of the board. **président en exercice** : serving president. **président par intérim** : acting president.
présommation *f* – prestack.
presqu'île *f* – peninsula.
presqu'incident *m* – near miss, *incident that might have turned into an accident but was brought under control.*
pressage *m* – pressing.
presse *f* – press, *as in English, refers to both the machine and newspapers.* **presse à agglomérer** : briquetting press. **presse à amalgame** : amalgam press. **presse à chaud** : hot press. **presse à cingler** : shingling press; squeezer *(metal)*. **presse à cintrer** : bending press. **presse à double action** : double-action press *(metal)*. **presse à emboutir** : beading press; dishing press. **presse à estamper** : forging press. **presse à forger** : forging machine. **presse à huile** : oil press. **presse à levier** : lever press. **presse à main** : hand press. **presse à mouler** : molding press. **presse à paraffine** : paraffin press. **presse à pédale** : foot press. **presse à vis** : screw press. **presse de déparaffinage** : wax press. **presse hydraulique** : hydraulic press. **presse hydraulique à course motrice ascendante** : upstroke hydraulic press. **presse hydrostatique** : hydrostatic press. **presse mécanique** : mechanical press; power press. **presse plieuse** : bending press. **presse rapide** : fly press.

pressé – pressed.
presse-bouton *m* – push button.
presse-étoupe *m* – annulus seal *(drill)*; gland; packer; packing box; stuffing box; valve gland. **presse-étoupe de cimentation** : cement retainer. **presse-étoupe de fortune** : bootleg packer, *a packer to shut off water between the lowest upper water sand and the first oil sand.* **presse-étoupe miniature** : pony packer, *a type of packer used inside production tubing.*
presse-tresse *m* – rope strand.
pressiomètre *m* – pressuremeter. **pressiomètre autoforeur marin (PAM)** : offshore self-boring pressuremeter.
pression *f* – pressure. **pression absolue** : absolute pressure, *gage pressure plus atmospheric pressure.* **pression absolue moyenne de la colonne** : mean absolute column pressure *(ref)*. **pression acoustique** : sound pressure. **pression ambiante** : ambient pressure. **pression annulaire** : annulus pressure. **pression anormale** : abnormal pressure. **pression atmosphérique** : atmospheric pressure. **pression au puits** : bottomhole pressure, *the pressure at the bottom of a borehole.* **pression barométrique** : barometric pressure. **pression capillaire** : capillary pressure. **pression cinétique** : kinetic pressure. **pression critique** : critical pressure. **pression critique de compression** : critical compression pressure (CCP). **pression d'admission** : admission pressure. **pression d'alimentation** : supply pressure. **pression d'aspiration** : suction pressure. **pression d'aspiration et de refoulement** : intake-and-delivery pressure. **pression d'eau** : head of water. **pression d'échappement** : exhaust pressure. **pression d'éclatement** : burst pressure. **pression d'écoulement** : flowing pressure; open pressure, *pressure indicated by a manometer for an open-flowing gas or oil stream.* **pression d'écoulement en fond de puits** : bottomhole flowing pressure. **pression d'écrasement** : collapse pressure; collapsing pressure, *the amount of force needed to crush the sides of pipe until it caves in on itself.* **pression d'entrée** : input pressure. **pression d'épreuve** : test pressure. **pression d'équilibrage** : balancing pressure. **pression d'équilibre** : balance pressure. **pression d'essai** : test pressure; testing pressure. **pression d'exploitation** : operating pressure; working pressure (WP). **pression d'explosion** : burst pressure, *of a vessel or a pipe.* **pression d'huile** : oil pressure. **pression d'injection** : fluid-displacement pressure; injection pressure; input pressure. **pression de base** : base pressure, *pressure chosen to determine a volume of gas.* **pression de boue** : mud pressure. **pression de calcul** : design pressure. **pression de charge** : charging pressure, *of compressed-gas cylinders.* **pression de circulation** : circulating pressure, *of drilling fluids.* **pression de compression** : compression pressure. **pression de confinement** : confining pressure, *geostatic pressure.* **pression de convergence** : convergence pressure. **pression de couche** : pore pressure. **pression de couverture** : overburden pressure. **pression de cuvelage** : casing pressure, *pressure built up between the casing and the tubing when they are closed at the top of the well.* **pression de débit** : flowing pressure, *downhole flow pressure.* **pression de décollement de la formation** : formation parting pressure *(prod)*. **pression de déplacement** : displacement pressure, *minimum pressure required to displace a rock-wetting fluid by a nonwetting fluid.* **pression de déshydrogénation** : dehydrogenation pressure. **pression de dislocation d'une formation** : formation-breakdown pressure. **pression de fermeture** : closing pressure. **pression de filtration** : seepage pressure. **pression de fluage** : creep pressure. **pression de fond** : bottomhole pressure *(prod)*. **pression de fond finale** : final shut-in pressure. **pression de fond lors de la dernière fermeture** : final shut-in pressure. **pression de formation** : formation pressure, *the pressure at the bottom of a shut-in well*; well pressure. **pression de fracturation** : breakdown pressure, *pressure required to start fracturing (prod)*; fracture pressure. **pression de fuite** : leak-off pressure, *pressure above which leaks occur.* **pression de gaz** : gas pressure. **pression de gisement** : closed pressure, *the pressure in a gas well that has been shut-in long enough to reach a maximum, with the time varying from one to several days*; field pressure; reservoir energy; rock pressure, *see also pression de réservoir, pression statique.* **pression de gisement en écoulement naturel** : open-flow pressure *(drill)*. **pression de gonflage** : inflation pressure, *of a tire*; tire pressure. **pression de gonflement d'un pneu** : tire-inflation pressure. **pression de l'alimentation** : feed pressure. **pression de l'eau interstitielle** : pore-water pressure. **pression de la colonne montante** : standpipe pressure *(drill)*. **pression de ligne** : line pressure. **pression de marche** : running pressure; working pressure. **pression de mercure** : mercury pressure. **pression de miscibilité** : miscibility pressure. **pression de point de bulle** : bubble-point pressure. **pression de pompage** : pumping pressure. **pression de pore de la formation** : formation pore pressure. **pression de rayonnement** : radiation pressure. **pression de refoulement** : delivery pressure, *pressure at which gas must be delivered (called for by the gas supply contract)*; discharge pressure. **pression de refoulement de la boue** : mud-pump pressure *(drill)*. **pression de refoulement de la pompe** : pump pressure. **pression de régime** : working pressure. **pression de régulateur** : governor pressure. **pression de réservoir** : reservoir pressure. **pression de retour** : backsurge. **pression de rivetage** : riveting pressure. **pression de rosée** : dew-point pressure. **pression de rupture** : breakdown pressure; formation-breakdown pressure. **pression de saturation** : boundary-phase pressure; saturation pressure. **pression de saturation d'un gaz** : gas saturation pressure, *pressure at which the gas dissolved in a liquid begins to escape.* **pression de saturation initiale** : original saturation pressure. **pression de service** : working pressure. **pression de service nominale** : rated working pressure, *of equipment.* **pression de sortie** : outlet pressure, *of exhaust.* **pression de suralimentation** : boost pressure. **pression de tarage** : breaking pressure *(pumps)*. **pression de tubage** : casing pressure. **pression de vapeur** : vapor pressure. **pression de vapeur d'eau** : steam pressure. **pression de vapeur initiale** : initial vapor pressure (IVP). **pression de vapeur NGAA** : NGAA vapor

pressure, *of a given volume of liquefied petroleum gas.* **pression de vapeur Reid (PVR)** : Reid vapor pressure (RVP). **pression de vapeur saturante** : saturated vapor pressure. **pression de ventilation** : ventilating pressure. **pression des terrains sus-jacents** : rock-weight pressure. **pression différentielle** : differential pressure, *the difference between two fluid pressures.* **pression différentielle de fond** : bottomhole differential pressure, *the difference between the reservoir pressure and the pressure at the bottom of a producing well.* **pression du gaz à la sortie du gazomètre** : holder pressure. **pression du séparateur** : trap pressure. **pression du toit** : top pressure. **pression du vent** : blast pressure; wind pressure. **pression due à la vitesse d'écoulement** : velocity pressure, *of fluid flow.* **pression dynamique** : dynamic head; dynamic pressure; rated pressure; velocity head, *height of a fluid.* **pression effective** : effective pressure; gage pressure. **pression effective moyenne dépensée en frottements** : friction mean-effective pressure. **pression en colonne d'eau** : hydraulic head. **pression en tête de colonne de production** : tubing-head pressure. **pression en tête de l'espace annulaire** : casinghead pressure. **pression en tête de l'espace annulaire puits fermé** : shut-in casing pressure. **pression en tête de puits** : wellhead pressure. **pression en tête de tiges puits fermé** : shut-in drillpipe pressure. **pression en tête de tubage** : casinghead pressure. **pression en tête des tiges de forage** : drillpipe pressure. **pression extérieure** : outside pressure. **pression finale** : final pressure. **pression finale d'écoulement** : final flow pressure. **pression géostatique** : geostatic pressure, *the load exerted by a column of rock;* lithostatic pressure; overburden pressure. **pression géostatique effective** : effective overburden pressure. **soumis à la pression géostatique** : geopressured. **pression hydraulique** : hydraulic pressure. **pression hydrodynamique** : hydrodynamic pressure. **pression hydrostatique** : hydrostatic pressure. **pression hydrostatique finale de la boue** : final hydrostatic mud pressure. **pression hydrostatique initiale de la boue** : initial hydrostatic mud pressure. **pression hydrostatique moyenne** : mean effective head. **pression initiale** : initial pressure. **pression initiale d'écoulement** : initial flow pressure. **pression initiale dans un gisement vierge** : closed rock pressure. **pression initiale de fond** : initial shut-in pressure. **pression initiale de réservoir** : initial reservoir pressure. **pression intérieure** : inside pressure. **pression intermédiaire** : intermediate pressure. **pression interne** : internal pressure. **pression interstitielle** : pore pressure. **pression latérale** : earth movement; lateral pressure. **pression lithostatique** : lithostatic pressure. **pression manométrique** : gage pressure. **pression maximale** : firing pressure. **pression maximale de marche** : maximum allowable working pressure (MAWP). **pression maximale de vapeur** : *see pression de vapeur saturante.* **pression minimale** : blank-off pressure. **pression minimale de miscibilité** : minimum miscibility pressure (MMP). **pression minimale de rupture** : minimum internal-yield pressure. **pression moyenne** : mean pressure; medium pressure. **pression moyenne de frottement (PMF)** : friction mean-effective pressure. **pression moyenne effective (PME)** : mean effective pressure (MEP). **pression moyenne effective sur frein** : brake mean-effective pressure (BMEP). **pression moyenne indiquée (PMI)** : indicated mean effective pressure (IMEP). **pression normale** : normal pressure, *atmospheric pressure at sealevel;* operating pressure; standard pressure. **pression opératoire** : operating pressure. **pression originelle** : virgin pressure. **pression osmotique** : osmotic pressure. **pression partielle** : partial pressure. **pression pseudocritique** : pseudocritical pressure, *specific to compounds in petroleum fractions.* **pression relative** : relative pressure. **pression résiduelle de l'eau interstitielle** : residual pore pressure. **pression sous-atmosphérique** : subatmospheric pressure. **pression sous-compactée** : abnormally-high pressure *(drill).* **pression statique** : closed-in pressure; shut-in pressure, *in a well;* static head; static pressure. **pression statique d'un puits** : shut-in bottomhole pressure. **pression statique d'un puits fermé** : shut-in formation pressure. **pression statique de fond** : static bottomhole pressure. **pression superficielle** : surface pressure. **pression terminale** : terminal pressure. **pression totale** : total pressure, *sum of static pressure and the pressure of a fluid in motion.* **pression variable** : fluctuating pressure. **pression vierge** : initial pressure; original pressure, *before drilling into a pay zone.* **sous pression** : pressure-locked.

pressostat *m* – pressure switch. **pressostat basse pression** : low-pressure controller. **pressostat haute pression** : high-pressure controller.

pressurisation *f* – pressurization.

pressurisé – pressurized.

prestation *f* – benefit; performance. **prestations en nature** : payment in kind. **prestations sociales** : welfare benefits.

présuppression *f* – initial suppression, *attenuation at the start of a seimic recording, used to reduce noise amplitude prior to the first breaks or to prevent overloading from high-amplitude first-break energy;* presuppression.

prêt *m* – lending; loan. **prêt cautionné** : secured loan. **prêt conditionnel** : standby loan. **prêt en nature** : commodity loan. **prêt garanti** : secured loan. **prêts hypothécaires** : mortgage financing.

prêt – ready. **prêt à l'emploi** : ready for use.

prête-nom *m* – figurehead.

prétension *f* – pretension, *tension applied to a tension leg of an offshore platform in its static zero-offset equilibrium position.*

prétention *f* – claim.

prêter – lend (to).

prêteur *m* – lender.

prétirage *m* – preprint.

prétraitement *m* – preprocessing; pretreating. **prétraitement de l'image** : image preprocessing, *remote sensing.*

preuve *f* – proof.

préventif – deterrent; preventive.

prévention *f* – prevention. **prévention incendie** : fire protection. **prévention routière** : highway safety; road safety.

prévision *f* – estimate; expectation; forecast; forecasting; foresight; prediction, *process of forecasting the magnitude of statistical variables at some future point of time.* **prévision à cinq jours** :

five-day forecast *(weather)*. **prévision à court terme** : short-range forecast *(weather) between 12 and 48 h.* **prévision à long terme** : long-range forecast *(weather)*. **prévision à moyen terme** : medium-range forecast *(weather) between 2 and 10 days.* **prévisions budgétaires** : budget estimates. **prévision de la houle** : wave forecasting. **prévision des dégâts** : damage forecast. **prévisions météorologiques** : weather forecast. **prévision sismique** : earthquake prediction. **prévision technologique** : technological forecasting.

PRG – DA, *abbr. provision pour reconstitution des gisements, depletion allowance.*

Priabonien *m* – Priabonian, *Upper Eocene stage.*

Primacord – Primacord, *tradename for a detonating cord.*

primage *m* – priming, *the carryover of water droplets by steam at the outlet due to faulty boiler design or defective operating conditions.*

primaire *m* – booster, *explosive primer.*

Primaire *m* – Primary, *now replaced by Paleozoic.*

primaire – primary; primitive *(geol)*; primary *(color)*.

prime *f* – bonus; gratuity; premium, *see also indemnité.* **prime à la qualité** : quality premium, *services.* **prime d'assurance** : insurance premium. **prime de célérité** : dispatch money. **prime de qualité** : quality premium, *products.* **prime de risque** : risk premium. **prime pour travaux dangereux** : hazard bonus.

primitif – primitive *(geol)*; primary *(color)*.

principal – chief; main; major; master; prime; principal. **principales couleurs du spectre** : primary colors.

principe *m* – principle. **principe d'Archimède** : Archimedean principle. **principe d'équivalence** : equivalence principle. **principe d'exclusion** : exclusion principle, *Pauli exclusion principle.* **principe d'incertitude** : uncertainty principle. **principe d'indétermination** : uncertainty principle. **principe d'invariance** : invariance principle. **principe de Carnot** : Carnot's principle, *the efficiency of an engine working in a reversible cycle is a function of the two limiting temperatures and is independent of the mechanical design or the working substance of the engine.* **principe de Fermat** : Fermat principle, *the seismic raypath between two points is the one involving the least traveltime ; least-time principle.* **principe de Huygens** : Huygens' principle. **principe de mesure** : principle of measurement. **principe de Porro-Koppe** : Porro-Koppe principle, *photogrammetry.* **principe de réciprocité** : reciprocity principle. **principe de Riecke** : Riecke's principle, *holding that the solution of a mineral tends to occur most readily at points where external pressure is greatest, and that crystallization tends to occur most readily at points where external pressure is least.* **principe de superposition** : law of superposition, *determining a relative geologic chronology by assuming that strata were deposited horizontally on top of one another, with any stratum overlying another stratum being more recent in age*; principle of superposition *(elec)*. **principe du retour inverse** : principle of reciprocity; reciprocity principle. **principe général** : outline. **principe pollueur payeur (PPP)** : polluter pays principle (PPP), *in which the party responsible for environmental pollution must take financial steps to repair the damage.*

Prins – Prins, *see réaction de Prins.*

prise *f* – connector; drawing off, *of gas*; engagement; grip; hold; intake; offtake; plug; purchase; take, *amount of oil coming from a field or purchased on the spot*; takeout. **prise constante** : constant mesh. **prise d'air** : air hole; air inlet; air intake; vent. **prise d'air chaud** : hot-air circulator. **prise d'air pour réservoirs** : ventilation for tanks. **prise d'eau** : fire plug; hydrant. **prise d'échantillon** : sample outlet. **prise d'échantillons** : sample catching; thieving, *taking oil samples from different levels in a tank.* **prise d'échantillons sur le terrain** : field sampling. **prise d'incendie** : fire hydrant. **prise de connexion** : port. **prise de courant** : plug; socket. **prise de courant murale** : wall plug. **prise de diagraphie** : logging run. **prise de force** : power takeoff (PTO). **prise de gaz** : gas catcher; gas offtake; gas plug *(a pin plug)*. **prise de masse** : ground connection. **prise de mousse** : foam connection, *firefighting.* **prise de mouvement** : power takeoff (PTO). **prise de potentiel** : potential takeout, *for the cathodic protection of pipelines.* **prise de risque** : risk taking. **prise de terre** : ground; ground clamp; ground connection; ground wire. **prise de terre rectiligne** : line electrode. **prise de vapeur** : steam cock; throttle valve. **prise de vue à angle droit** : right-angle prism. **prise de vue aérienne** : aerial photograph; vertical photography. **prise de vue aérienne à axe vertical** : vertical aerial photography. **prise de vue aérienne à basse altitude** : low-altitude aerial photography. **prise de vue aérienne à haute altitude** : high-altitude aerial photography. **prise de vue aérienne à moyenne échelle** : medium-scale aerial photography. **prise de vue aérienne à petite échelle** : small-scale aerial photography. **prise de vue aérienne à très grande échelle** : large-scale aerial photography. **prise de vue aérienne simultanée** : simultaneous aerial photography. **prise de vue directe** : real-time photography. **prise de vue en bande** : strip photography. **prise de vue en convergence** : convergent photography. **prise de vue en infrarouge** : infrared photography. **prise de vue en ultraviolet** : ultraviolet photography. **prise de vue enregistrée** : recording photography. **prise de vue multiobjectif** : multiple-lens photography. **prise de vue non photographique** : imaging. **prise de vue oblique** : oblique photography. **prise de vue photographique** : photograph. **prise de vue stéréoscopique** : stereoscopic photography. **prise de vue trimétrogon** : trimetrogon photography. **prise de vue verticale** : vertical photography. **prise de vue verticale par bande** : vertical-strip photography. **prise de vues à défilement** : continuous-strip photography. **prise des échantillons de puits** : well sampling. **prise des moyennes** : averaging process. **à prise directe** : gearless. **en prise directe** : direct coupled. **prise du ciment** : cement hardening. **prise en masse** : congealing; setting. **à prise lente** : slow hardening. **à prise rapide** : quick hardening. **prise rapide du ciment** : flash setting of cement. **en prise** : in gear; in mesh.

prismatique – prismatic.

prisme *m* – prism. **prisme à angle droit** : right-angle prism. **prisme d'accrétion** : accretion prism *(geol)*. **prisme d'objectif** : objective lens. **prisme de bas niveau** : lowstand prograding wedge, *top part of a lowstand systems tract*; lowstand wedge. **prisme de bas niveau inférieur** : lower lowstand prograding wedge. **prisme de bas niveau supérieur** : upper lowstand prograding wedge. **prisme de Bertrand Amici** : right-angle prism. **prisme de bordure de plate-forme** : shelf-margin wedge. **prisme de Nicol** : Nicol prism, *see nicol*. **prisme de Porro** : Porro prism. **prisme redresseur** : erecting prism. **prisme stéréoscopique** : stereoscopic prism.

pristane *m* – pristane, *norphytane*.

privatisation *f* – privatization *(econ)*.

privilège *m* – privilege. **privilège de pavillon** : flag discrimination.

prix *m* – price. **prix à forfait** : contract price. **prix à la pompe** : price at the pump, *gasoline*. **prix à la tête de puits** : wellhead price, *of crude oil, see also prix affiché*. **prix affiché** : posted price, *official market price at which the crude oil from a given field can be purchased (originally posted on a bulletin board at the entrance to the worksite)*. **prix au comptant** : cash price. **prix au jour le jour** : spot price, *concerning a limited amount and involving a short-time contract in which the conditions reflect a momentary situation of supply and demand*. **prix contractuel plancher** : price cap, *above which a taxation mechanism goes into effect*. **prix coté** : quotation. **prix courant** : current price; market price. **prix d'achat** : purchase price. **prix d'émission** : issue price. **prix d'usine** : dock price. **prix de base** : basic price; flat price, *of a crude oil*. **prix de catalogue** : list price. **prix de cession en réservoir** : tank cession price. **prix de cession intérieur** : transfer price. **prix de cession interne** : internal transfer rate. **prix de cession sur wagon** : wagon cession price. **prix de détail** : retail price. **prix de détail recommandé** : suggested retail price (SRP). **prix de gros** : wholesale price. **prix de l'essence à la pompe** : retail gasoline pump price. **prix de rachat** : buy-back price. **prix de récupération** : salvage value. **prix de référence** : benchmark price. **prix de référence fiscale** : tax-reference price. **prix de reprise en raffinerie** : ex refinery price. **prix de revient** : cost price; first cost; initial cost; prime cost. **prix de revient économique (PRE)** : equivalent cost, *a discounting rate equal to the actual cost*. **prix de revient plus honoraires** : cost-plus fee. **prix de transfert** : transfer price. **prix de valorisation** : netback price, *netback value, the wellhead price of oil or gas determined by deducting from a price paid downstream for the product, transportation and other costs incurred between the wellhead and the downstream outlet*. **prix de vente** : sales price; selling price. **prix de vente officiel** : government selling price (GSP). **prix de vente officiel par l'Etat producteur** : official goverment selling price (OGSP), *for crude oil, a concept taking the place of posted price*. **prix débarqué** : landed price. **prix départ usine** : cost ex works. **prix directeur** : leading price. **prix du disponible** : spot price. **prix du marché** : market quotations. **prix du marché libre** : spot price. **prix du voyage** : fare. **prix en camion-citerne** : tank-truck price. **prix en wagon-citerne** : tank-car price. **prix fictif** : nominal price; shadow price. **prix fixe** : fixed price. **prix initial** : first cost; initial cost; prime cost. **prix le plus bas** : bedrock price. **prix maximal** : outside price. **prix minimal à la tête de puits** : minimum wellhead price. **prix minime** : nominal price. **prix objectif** : target price. **prix plafond** : ceiling price. **prix plancher** : floor price. **à prix réduit** : cutrate. **prix spot** : spot price, *see prix au jour le jour*. **prix sur le tas** : on-the-spot cost. **prix uniforme** : flat price. **prix unique** : flat price. **vil prix** : distress price.

probabiliste – probabilistic.

probabilité *f* – probability. **probabilité complémentaire** : significance level. **probabilité conditionnelle** : conditional probability. **probabilité de collage** : sticking probability. **probabilité de non fuite** : nonleakage probability. **probabilité de transition** : transition probability. **probabilité thermodynamique** : thermodynamic probability.

problématique – questionable; undependable.

problème *m* – problem. **problème à deux corps** : two-body problem. **problème aux limites** : boundary-value problem. **problème de Lamb** : Lamb's problem. **problème des trois points** : three-point problem *(topog)*. **problème direct** : direct problem; forward problem; normal problem. **problème du relèvement** : three-point problem. **problème inverse** : inverse problem. **problème isolé** : one-of-a-kind problem.

procaryote *m* – prokaryote, *organism in which the primitive nucleus lacks a limiting cell*.

procaryote – prokaryotic *(cytol)*.

procédé *m* – process. **procédé à taux de transfert** : rate process. **procédé au convertisseur** : converter process. **procédé au creuset** : closed crucible, *for steel manufacturing*. **procédé au tunnel** : channel process, *for manufacturing carbon black by deposition on iron channel beams*. **procédé aux boues activées** : activated-sludge process, *sewage treatment by activated sludge acting as nutrient for aerobic bacteria, which consume the polluting organic matter*. **procédé azéotropique** : azeotropic process. **procédé catalytique** : catalytic process. **procédé centrifuge** : centrifugal process. **procédé Claude** : Claude process, *for the liquefaction of air, and for the synthesis of ammonia*. **procédé d'absorption** : absorption process. **procédé d'adoucissement** : sweetening process *(ref)*. **procédé d'adoucissement Bender** : Bender sweetening process, *treatment of petroleum liquids with lead sulfide*. **procédé d'adsorption** : adsorption process. **procédé d'alkylation** : alkylation process. **procédé d'étirage du métal à froid** : cold-drawing process. **procédé d'extraction** : extraction process. **procédé d'hydrodésulfuration** : HDS process. **procédé de Bergius** : Bergius process, *the catalytic hydrogenation of coal under high pressure*. **procédé de Claus** : Claus process, *a process to convert hydrogen sulfide into elemental sulfur by selective oxidation*. **procédé de contact** : contact process, *catalytic manufacturing of sulfuric acid from sulfur dioxide and oxygen*. **procédé de fabrication** : manufacturing process. **procédé de flottation générale** : all-flotation process. **procédé de la vague de chaleur** : heat-wave process, *thermal oil recovery.* **procédé de lavage acide du propane** : propane-acid process. **procédé de raffinage** : refining process; treating process. **procédé de rectification** : shaving process, *affecting gear teeth.* **procédé de recuit** : annealing process. **procédé de récupération** : retrieval process. **procédé de récupération chimique** : chemical recovery process. **procédé de récupération d'essence par absorption** : absorption gasoline-recovery process. **procédé de recyclage** : recycling process. **procédé de réfrigération** : refrigeration process. **procédé de Reppe** : Reppe process, *catalytic reaction of acetylene to produce butadiene, allyl alcohol, acrylonitrile, vinyl ethers and their derivatives.* **procédé de séparation** : separation process. **procédé de soudage** : welding process. **procédé de stabilisation de l'essence** : gasoline-stabilization process. **procédé de synthèse** : building-up process. **procédé de traitement** : treating process. **procédé de traitement à l'acide** : acid-treating process. **procedé de traitement à la terre par contact** : clay contact process. **procédé de trempe** : hardening process. **procédé discontinu** : batch process. **procédé Edeleanu** : Edeleanu process, *a solvent extraction process using sulfur dioxide to dissolve aromatics and ethylenics.* **procédé en continu** : continuous process. **procédé Frasch** : Frasch process, *a process for extracting sulfur by forcing superheated water into the sulfur bed, and then the molten sulfur is pumped to the surface.* **procédé Gray** : Gray process, Gray treating, *a steam-phase clay treatment to remove products generating gums in gasoline.* **procédé Haber** : Haber process, *or Haber-Bosch process, for the production of ammonia by the combination of nitrogen and hydrogen.* **procédé Hall** : Hall process, *an electrolytic recovery process.* **procédé Houdry** : Houdry process, *for fixed-bed catalytic cracking.* **procédé hydrolytique** : hydrolytic process. **procédé industriel** : industrial process. **procédé métallurgique** : metallurgical process. **procédé par détentes étagées** : multiflash process. **procédé par échange d'ions** : ion-exchange process, *for demineralizing the feed water for boilers.* **procédé par un seul coup** : one-shot process. **procédé par voie humide** : wet process. **procédé par voie sèche** : dry process. **procédé pilote** : pilot process. **procédé pression moyenne** : medium-pressure process. **procédé soustractif** : subtractive process, *for obtaining colors.* **procédé thermique** : thermal process. **procédé unitaire** : unit process, *characterized by a basic chemical reaction and a specific type of equipment.* **procédé Wacker** : Wacker process, *two-stage direct oxidation of ethylene with air for the manufacture of acetaldehyde.* **procédé Wulff** : Wulff process, *a chemical process for producing acetylene and ethylene by cracking a hydrocarbon gas with high-temperature steam in a regenerative furnace.* **procédé Ziegler** : Ziegler process, *for the low-pressure polymerization of ethylene and the stereospecific polymerization of propylene to produce high-density polymers or elastomers.*

procédure *f* – procedure. **procédure comptable** : accounting procedure. **procédure d'urgence** : emergency procedure.

processeur *m* – processor. **processeur matriciel** : array processor (AP) *(seis).* **processeur vectoriel** : vector processor.

processus *m* – procedure; process. **processus adiabatique** : adiabatic process. **processus anabolique** : anabolic process. **processus autorégressif** : autoregressive process. **processus de prise de décision** : decision-making process. **processus de séparation** : separating process. **processus externe** : epigene process. **processus géothermique** : geothermal process. **processus interne** : hypogene process. **processus réversible** : reversible process. **processus stochastique** : stochastic process, *random process.*

procès-verbal *m* – record; report, *of a test.* **procès-verbal d'essai** : test report.

proche – close; near.

prodelta *m* – prodelta *(geol).*

producteur *m* – producer. **producteur de bouclage** : swing producer, *producer capable of increasing production to make up for any possible deficit in the supply in relation to the demand.* **producteur illégal** : hot-oil operator, *producing more oil from a well than called for by his allocation.*

producteur – producing; productive.

productibilité *f* – producibility, *of a hydroelectric plant.*

productible – producible.

productif – producing; productive.

production *f* – generation; output; production; yield. **production à la chaîne** : line production. **production actualisée** : discounted production. **production annuelle** : yearly capacity; yearly output. **production annulaire** : annular production. **production anticipée** : early production, *for an offshore oil or gas field.* **production autorisée** : allowable production, *amount of oil or gas legally permitted to be produced from a well per unit of time*; permitted production. **production brûlée** : flared production, *natural gas.* **production captive** : captive production. **production commandée par ordinateur (PCO)** : computerized production control (CPC). **production commerciale** : commercial production; commercial yield. **production commercialisée** : marketed production. **production contrôlée** : controlled production. **production critique** : critical production. **production cumulée** : cumulative production. **production d'énergie** : power generation, *electricity.* **production d'huile durant une période donnée** : oil run. **production de chaleur** : development of heat; heat generation. **production de gaz naturel** : natural-gas production. **production de pétrole** : oil production. **production de pétrole brut** : crude-oil production. **production déficitaire** : underproduction. **production différée** : deferred production. **production effective** : effective output. **production en chaîne suivie** : straight-line equipment layout. **production en grande quantité** : quantity production. **production envoyée dans l'atmosphère** : vented production, *natural gas.* **production éruptive** : flush production, *uncontrolled.* **production et comptage automatiques** : lease automatic custody transfer (LACT), *a completely automatic gaging system to determine the volume, temperature, gravity and amount of foreign matter when a new batch of oil leaves a tank and enters a pipeline.*

production établie : settled production. **production excédentaire** : excessive production. **production forcée** : forced production. **production initiale** : initial flow; initial production, *from a well after it begins producing.* **production intermittente** : intermittent production. **production journalière** : daily output; daily production; day output. **production journalière initiale** : initial daily production. **production journalière moyenne** : average daily production. **production latente** : closed-in production, *temporary shutdown of a producing well.* **production marginale** : stripper production, *last phase of production by a well.* **production mélangée** : commingled production, *producing two pay zones in the same wellbore.* **production nominale** : nominal output. **production par expansion des gaz dissous** : solution-gas drive. **production par lots** : batch production. **production par pistonnage** : swabbing production. **production par pulsation d'eau de bordure** : edge-water drive. **production payante** : paying production. **production pétrolière** : petroleum production. **production potentielle** : potential production. **production réinjectée** : reinjected production, *natural gas.* **production stabilisée** : settled production. **production totale** : total output; total production; ultimate production. **production totalisée** : *see production totale.*

productivité *f* – deliverability; productivity. **productivité biologique** : biological productivity, *amount of living matter formed during a given time on a given surface area.*

produire – develop (to); display (to), *an effect*; produce (to); promote (to); yield (to). **se produire** : occur (to). **produire de l'huile** : make (to) oil.

produit *m* – commodity; product; ware; yield. **produits agrochimiques** : agrochemicals. **produit agropharmaceutique** : agropharmaceutical product. **produit ajouté** : addendum. **produit anticalcaire** : scale preventer. **produit antipétrole** : antipetroleum agent, *pollution.* **produit asphaltique séparé des boues acides** : sludge asphalt, *asphaltlike product produced by separation from acid sludge from petroleum refining.* **produits blancs** : clean cargo; clean oils; white products, *petroleum products that are water white in color.* **produit céramique** : ceramic. **produit chimique** : chemical. **produit colmatant** : plugging agent, *forming a film or plug to prevent circulation losses.* **produit conditionné** : cased product. **produit d'addition** : addition agent; adduct *(chem)*. **sans produit d'addition** : no dope. **produit d'apport** : filler. **produits d'explosion de grisou** : afterdamp. **produit d'imprégnation** : saturant, *a substance used to neutralize or saturate another substance.* **produit d'imprégnation pour toitures** : roof saturant. **produits d'usure** : worn-off particles. **produit de base** : feedstock; primary commodity; primary product. **produit de carbonisation** : char. **produits de chimie fine** : fine chemicals. **produit de combustion** : combustion product. **produit de décomposition** : educt. **produit de distillation directe** : straight-run product. **produit de filiation** : daughter *(nucl)*. **produit de graissage** : lubricating stuff. **produit de la distillation du pétrole** : petroleum distillate. **produit de la tangente** : dissipation factor. **produit de marque** : proprietary product. **produit de première nécessité** : staple. **produits de queue** : tailings *(ref)*. **produit de recyclage** : recycle stock. **produit de solubilité** : solubility product. **produit de sublimation** : sublimation product. **produits de tête** : heads *(ref)*; toppings *(ref)*; tops. **produits de tête de distillation** : bubble-tower overhead, *coming out of a distillation column*; overheads. **produit de volatilité** : volatility product. **produit dérivé** : derivate. **produit désémulsionnant** : emulsion-breaking agent. **produit détergent** : cleaning compound. **produit en circulation** : stream. **produit fertile** : fertile material *(nucl)*. **produit final** : end product. **produits financiers** : financial income, *from loans, especially in the form of interest.* **produit fini** : end product, *upon completion of manufacturing or of a reaction*; final refinery product; finished product. **produit floconneux** : flake material. **produits gazeux d'explosion** : after-gas. **produit imprégnant** : saturant. **produits industriels** : industrial goods. **produit intérieur brut (PIB)** : gross domestic product (GDP). **produit intermédiaire** : intermediate product. **produits légers** : front-end tail. **produits lourds** : heavy-end tail. **produit matériel net (PMN)** : net material product (NMP). **produit national brut (PNB)** : gross national product (GNP). **produits noirs** : black products, *black petroleum products*; dirty products. **produit non saturé** : unsaturate. **produits pétrochimiques** : petrochemicals, *chemicals derived from oil or natural gas.* **produits pétroliers** : petroleum products. **produits pétroliers en vrac** : bulk oil products. **produit pharmaceutique** : pharmaceutical product. **produit pour imprégnation** : impregnating compound. **produits réfractaires** : refractories. **produit scalaire** : dot product *(math)*; inner product; scalar product, *or inner product of a vector space.* **produit semifini** : semifinished product. **produit solide de pétrole** : solid petroleum product. **produit soluble dans l'éther** : ether soluble. **produits solubles dans l'huile** : oil solubles. **produit toxique** : toxicant. **produit vectoriel** : cross product; outer product; vector product. **produit viscoréduit** : visbroken product, *distillates and residues whose viscosity has been reduced.*

proenzyme *f or m* – proenzyme, *see zymogène.*

professionnel – occupational; professional.

profil *m* – contour; profile; section; seismic line; side elevation. **profil composite** : analog strip profile. **profil d'énergie potentielle** : potential-energy profile, *of a reaction.* **profil d'équilibre** : equilibrium profile, *the longitudinal profile of a graded stream or of one whose smooth gradient at every point is just sufficient to enable the stream to transport the load of the sediment made available to it*; profile of equilibrium, *of a stream.* **profil d'injection** : input profile. **profil d'injectivité** : injectivity profile. **profil d'un téléphérique** : shape of cableway. **profil de dent** : tooth pattern *(drill)*. **profil de faciès** : facies tract, *a system of different but genetically interconnected sedimentary facies of the same age.* **profil de filetage** : thread profile. **profil de niveau** : strike line. **profil de pente** : dip line. **profil de pression** : pressure profile. **profil de puits** : vertical profiling. **profil de raccordement** : tie-line. **profil en long** :

longitudinal profile. **profil incorrect de filetage** : improper thread form, *an excessive deviation from a normal thread profile.* **profil inverse** : reversed profile. **profil large** : wide-line profiling, *a seismic interpretation method for the continuous detection of lateral dips.* **profil littoral** : shore profile. **profil longitudinal** : longitudinal section. **profils par rayons laser** : laser-beam profiling. **profil perpendiculaire à la direction des couches** : dip line. **profil radioactif de la capacité d'injection** : oil-injectivity-profile logging, *in a producing well.* **profil réfraction** : refraction profile. **profil-réfraction en ligne** : in-line refraction profiling. **profil régularisé** : graded profile. **profil sinueux** : crooked line *(seis)*. **profil sismique** : seismic profile. **profil sismique continu** : continuous seismic profiling (CSP). **profil sismique de puits** : seismic profile. **profil sismique oblique (PSO)** : offset vertical seismic profiling, *measurements of the response of a geophone at various depths in a borehole to surface source points at an appreciable horizontal distance from the wellhead.* **profil sismique vertical (PSV)** : vertical seismic profiling (VSP), *measurements of the response of a geophone at various depths in a borehole to sources on the surface*; zero-offset. **profil stratigraphique** : columnar section. **profil tectonique** : tectonic profile. **profil topographique** : topographic profile. **profil transversal** : cross profile, *transverse profile of a valley, stream or ridge.* **profil vertical** : vertical profiling.

profilage *m* – fairing; profiling; streamlining. **profilage à froid** : cold forming. **profilage continu** : continuous profiling *(seis)*.

profilé *m* – structural shape, *of a steel piece.* **profilé en double T** : I-beam. **profilé en U** : channel section. **profilé métallique** : metal section.

profilé – streamlined.

profileur *m* – profiler, *high-frequency marine seismic-reflection system.* **profileur sous-marin** : subbottom profiler.

profileuse *f* – road grader.

profilographe *m* – profilograph.

profilomètre *m* – profilometer. **profilomètre à laser** : laser profilometer.

profit *m* – earnings; increment; profit. **profit aléatoire** : contingent profit. **profits imprévus** : windfall profits.

profitable – beneficial.

profond – deep; deep seated.

profondeur *f* – depth. **profondeur abyssale** : abyssal depth. **profondeur au foyer** : depth of focus. **profondeur d'eau** : water depth. **profondeur d'eau de dépôt** : paleowater-depth. **profondeur d'enfouissement** : depth of burial; shot depth. **profondeur d'enfouissement des conduites enterrées** : depth of burial for underground pipes. **profondeur de champ** : depth of field. **profondeur de cimentation** : cementing depth. **profondeur de compensation** : compensation depth *(ocean)*. **profondeur de compensation des carbonates** : carbonate compensation depth (CCD), *ocean depth below which the rate of solution of calcium carbonate exceeds the rate of its deposition.* **profondeur de filet** : thread depth. **profondeur de la sculpture** : tread depth, *of a tire.* **profondeur de pénétration** : depth of investigation, *depth below the surface of the ground that can be effectively explored by an exploration system*; depth of penetration. **profondeur de pénétration de la chaleur** : depth of heat penetration. **profondeur de pénétration de London** : London penetration depth, *superconductor.* **profondeur de pose** : setting depth, *casing.* **profondeur de pose du tubage** : casing setting depth. **profondeur de seuil** : sill depth, *the depth to the top of a sill causing the partial closing of a basin.* **profondeur de tir** : shot depth. **profondeur de trempe** : depth of chill *(metal)*; hardness penetration. **profondeur du contrat** : contract depth, *depth of the well to be drilled under the terms of a contact.* **profondeur du gisement** : reservoir depth. **profondeur du puits** : well depth. **profondeur du sabot de tubage** : casing depth. **profondeur finale** : total depth (TD), *of a well.* **profondeur finale du puits** : final depth of the well. **profondeur focale** : focal depth. **profondeur limite de travail** : working-depth capacity, *of a drill bit.* **profondeur mesurée** : measured depth (MD). **profondeur mesurée ou forée** : total measured depth (TMD). **profondeur moyenne** : mean depth. **profondeur ne pouvant être atteinte par un forage** : depth not attainable by the drill. **profondeur océanique** : ocean depth. **profondeur productrice** : producing depth. **profondeur ramenée à la verticale** : true vertical depth (TVD), *one of the coordinates used to plot the well profile on the vertical plane.* **profondeur verticale** : vertical depth.

progiciel *m* – package, *set of computer programs used as a whole.* **progiciel d'application** : application package.

proglaciaire – proglacial.

progradation *f* – clinoform, *subaqueous landform such as the continental slope of the ocean or the forest bed of a delta*; progradation, *the seaward buildup of a shore by the deposition of river sediments (delta) or by material brought in by wave action or longshore drifting.* **progradation aggradante** : aggradational offlap. **progradations complexes** : complex progradations. **progradation oblique** : oblique progradation, *seismic reflection.* **progradations obliques couchées** : shingled progradations, *seismic reflection.* **progradations sigmoïdes** : sigmoid progradations, *a set of seismic reflections interpreted as strata that are both prograding and aggrading.*

prograde – prograde.

programmathèque *f* – program library.

programmation *f* – programming. **programmation automatique** : automatic programming. **programmation de passage** : pass programming. **programmation dynamique** : dynamic programming. **programmation en nombres entiers** : integer programming. **programmation générale** : system programming. **programmation heuristique** : heuristic program, *heuristic routine*; heuristic programming. **programmation linéaire** : linear programming. **programmation structurée** : structured programming.

programme *m* – program; routine, *of a computer.* **programme à tronc commun** : core curriculum, *education.* **programme amorce** : bootstrap program, *loading program.* **programme d'édition** : editor. **programme d'enseignement** : curriculum.

programme d'impression : editor. **programme d'informatique** : computer program. **programme d'un calculateur électronique** : computer routine. **programme de bétonnage** : concreting program. **programme de commande pour microprocesseur** : control program for microprocessors (CP/M). **programme de contrôle de la qualité** : quality-control program, *the statistical checking of performances in a manufacturing operation.* **programme de coopération** : cooperative program. **programme de diagnostic** : diagnostic routine, *computer.* **programme de forage et de tubage** : drilling-and-casing program. **programme de fusion** : merge routine *(computer)*. **programme de production** : production schedule. **programme de production d'un puits** : flow schedule. **programme de simulation** : emulator. **programme et ordonnancement de la construction** : schedule of construction. **programme figé** : complete routine, *for a computer.* **programme objet** : object program. **programme précâblé** : firmware. **programme prioritaire** : core program. **programme relais** : rollover project. **programme source** : source program. **programme utilitaire** : utility routine.

programmé – programmed.

programmeur *m* – programmer.

progrès *m* – advance; headway; progress. **progrès technique** : technical progress.

progressif – gradual; progressive.

progression *f* – advance; gradation; progression. **progression arithmétique** : arithmetic progression. **progression géométrique** : geometric progression. **progression glaciaire** : glacial advance *(geomorph)*.

projecteur *m* – floodlight; headlamp; searchlight. **projecteur de profils** : shadowgraph. **projecteur pour reproduction photographique** : copying projector.

projectile *m* – missile.

projection *f* – ejection; projection; spattering; splash. **projection azimutale** : azimuthal map projection. **projection cartographique** : map projection. **projection cartographique cylindrique** : cylindrical map projection. **projection centrale** : central map projection; perspective projection. **projection circulaire** : circular projection. **projection conforme** : conformal map projection; conformal projection. **projection conique** : conic projection; conical map projection. **projection conique conforme de Lambert** : Lambert conformal conic map projection, *in which the surface of the Earth is conceived as being developed on a cone intersecting the sphere of two standard parallels, after which the cone is spread out to form a flat map.* **projection de convertisseur** : converter waste. **projection de Lambert** : Schmidt net *(cartog)*. **projection de Mercator** : Mercator map projection, *a conformal cylindrical map projection.* **projection de roche** : throw *(mining)*. **projection du rejet net d'une faille** : dip slip, *the component of the movement or slip of a fault parallel to the dip of the fault.* **projection du rejet net sur une parallèle aux bancs** : trace slip, *the component of the net slip of a fault, which is parallel to the trace of an index plane.* **projection du rejet net sur une perpendiculaire** : perpendicular slip, *in a fault plane.* **projection équidistante** : equidistant map projection. **projection équivalente** : equal-area map projection, *a map projection having a constant area scale*; equivalent projection. **projection étoilée** : star map *(cartog)*. **projection gnomonique** : gnomonic projection *(cryst)*. **projection horizontale** : dip view; horizontal plane; horizontal projection. **projection horizontale d'un rayon** : offset. **projection isométrique** : isometric drawing. **projection Mercator transverse** : transverse Mercator projection. **projections perspectives** : perspective map projections. **projection polyconique ordinaire** : polyconic map projection, *in which the central meridian is represented by a straight line, the other meridians are curves, and the parallels are nonconcentric arcs of circles whose centers lie on the central meridian.* **projection sécante** : secant projection. **projection stéréographique** : stereographic map projection; stereographic projection. **projection stéréographique polaire** : Universal Polar Stereographic (UPS) projection. **projection tangente** : tangent projection. **projection transverse** : transverse projection. **projection verticale du rejet** : normal throw, *measured in the fault plane.* **projections volcaniques** : ejecta.

projet *m* – design; draft; plan; project. **projet clé en main** : turnkey project. **projet d'assainissement** : sewerage project. **projet d'exploitation** : operating plan. **projets incompatibles** : exclusive projects, *mutually exclusive projects.* **projet polyvalent** : multipurpose project.

projeté – gunned; intended.

projeter – plan (to); shoot (to) on paper. **se projeter** : jut (to).

projeteur *m* – designer.

prolongement *m* – continuation; prolongation. **prolongement de la base** : base-line extension. **prolongement vers le bas** : downward continuation.

prométhéum *m* – promethium, *a radioactive rare-earth element, symbol Pm.*

prometteur – prospective.

promontoire *m* – cape; head; headland; promontory.

promoteur *m* – promoter, *an activation agent for catalysts*; real-estate developer. **promoteur de combustion** : combustion activator; combustion improver. **promoteur métallique** : metallic promoter. **promoteur organique** : organic promoter.

promotion *f* – promotion.

Prony – Prony, *see frein de Prony.*

propadiène *m* – propadiene, *allene.*

propagation *f* – propagation; spreading. **propagation anormale** : anomalous propagation. **propagation conforme** : piggyback sequence, *of an overlap (geol)*. **propagation contraire** : overstep sequence. **propagation de la flamme** : flame propagation. **propagation des ondes** : wave propagation. **propagation en mode normal** : normal-mode propagation. **propagation par trajets multiples** : multipath propagation.

propane *m* – propane, *a gaseous paraffinic hydrocarbon.* **propane sultone** : propane sultone, *1,2-oxathiolane, 2,2-dioxide.*

propanier *m* – propane tanker.

propanol *m* – propanol, *propyl alcohol.*

propanone *f* – dimethylketone, *acetone.*

propène *m* – propene, *propylene.*
propension *f* – proneness.
propergol *m* – propellant, *liquid or solid fuel for rockets and space satellites*; rocket fuel; rocket propellant. **propergol liquide** : liquid propellant. **propergol pyrophorique** : pyrophoric propellant. **propergol solide** : solid propellant.
prophylaxie *f* – prophylaxis, *the prevention of disease.*
propionaldéhyde *m* – propionaldehyde.
propionique – propionic.
propionitrile *m* – propionitrile.
proportion *f* – content; proportion. **porportion de gaz en solution dans l'huile** : solution-gas/oil ratio, *expresses the amount of gas in solution, or dissolved, in the oil.* **proportion eau/ciment** : water/cement ratio. **proportion gaz/huile** : *see rapport gaz/huile.* **proportion huile/eau** : oil/water ratio, *proportions of oil and water produced simultaneously.*
proportionnel – proportional; proportionate.
propre – clean; natural; specific.
propriétaire *m* – owner; landholder; landowner. **propriétaire foncier à perpétuité** : freeholder. **propriétaires terriens** : landed interest (the).
propriété *f* – fee, *property such as mineral land, as opposed to leased land*; property. **propriétés antidétonantes** : antiknock properties. **propriété chimique** : chemical property. **propriété colligative** : colligative property, *dependent on the number of molecules present and independent of the chemical nature of these molecules.* **propriété colmatante de la boue** : wall-building properties of the mud. **propriété critique** : critical property. **propriété d'extrême pression** : extreme-pressure property. **propriété de conservation** : conservative property. **propriété foncière** : landed property, *real property.* **propriété foncière perpétuelle** : freehold. **propriété inconditionnelle** : fee simple. **propriété industrielle** : patent rights. **propriété littéraire** : copyright. **propriété mécanique** : mechanical property. **propriété minière** : mining property. **propriété optique** : optical property. **propriété physique** : physical property. **propriété pseudocritique** : pseudocritical property. **propriété pseudoréduite** : pseudoreduced property, *the ratio of the property to the pseudocritical property.*
propulsé – propelled. **propulsé par fusée** : rocket propelled.
propulser – propel (to).
propulseur *m* – propellant; propeller; thruster, *a propeller mounted underneath a floating structure to enable it to change or maintain its position, or mounted on a workboat to enable it to navigate in tight locations.* **propulseur à aérosol** : aerosol propellant. **propulseur à poussée orientable** : steerable thruster. **propulseur arrière** : stern thruster *(naut)*. **propulseur cycloïdal** : cycloidal thruster. **propulseur d'étrave** : bow thruster. **propulseur en tunnel** : tunnel thruster. **propulseur orientable** : azimuthing thruster; controllable-pitch propeller; steerable thruster.
propulsif – propulsive.
propulsion *f* – propulsion. **propulsion à réaction** : jet propulsion. **propulsion avec utilisation de l'air ambiant** : air-breathing propulsion. **propulsion nucléaire** : nuclear propulsion. **propulsion par fusée** : rocket propulsion.
propyle *m* – propyl, *a univalent radical.*
propylène *m* – propylene, *an unsaturated gaseous hydrocarbon.* **propylène glycol** : propylene glycol, *propanediol.*
propyne *m* – propyne, *methylacetylene.*
proration *f* – proration, *proportional reduction in the production of a well or field following an agreement among either operators or states.*
pros *m* – doodlebugger, *prospector (colloq).*
prospect *m* – prospect, *possible producing zone.*
prospecter – doodlebug (to), *whether scientifically, empirically or magically (colloq)*; prospect (to); survey (to).
prospecteur *m* – prospector.
prospection *f* – prospecting; prospection; search; survey; surveying. **prospection biogéochimique** : biogeochemical prospecting. **prospection électrique** : electric survey (ES); electrical prospecting. **prospection électromagnétique** : electromagnetic prospecting. **prospection en eau peu profonde** : shallow-water survey. **prospection géochimique** : geochemical prospecting. **prospection géophysique** : applied geophysics; exploration geophysics; geophysical exploration; geophysical prospecting; geophysical surveying. **prospection géothermique** : geothermal prospecting. **prospection magnétique** : magnetic prospecting; magnetic survey. **prospection magnétique aéroportée** : aeromagnetic prospecting. **prospection magnétométrique** : magnetometric prospecting; magnetometric surveying. **prospection magnétotellurique** : magnetotelluric prospecting. **prospection pétrolière** : oil prospecting. **prospection sismique** : seismic prospecting.
prospective *f* – long-term projections; scenario projections, *for several possible futures.*
prospectus *m* – flier; handbill.
protactinium *m* – protactinium, *symbol Pa.*
protecteur *m* – guard; protector. **protecteur à boue** : mud protector. **protecteur d'arrêt** : control guard. **protecteur de filetage** : thread protector *(drill)*. **protecteur de moufle fixe** : crown-block protector. **protecteur de tiges** : drillpipe protector, *an antifriction device attached to each joint of drillpipe*; pipe protector. **protecteur de tubage** : casing protector, *a short threaded nipple screwed over the threaded end of the casing to protect the threads from dirt accumulation and damage.*
protecteur – protective.
protection *f* – conservation; curing; protection; safeguard. **protection anodique** : anodic protection. **protection antivibratoire** : vibration insulation. **protection calorifique** : thermal insulation. **protection cathodique** : cathodic protection. **protection contre l'incendie** : fire protection. **protection contre l'usure** : antiwear property. **protection contre la rouille** : rust protection. **protection contre le bruit** : noise control. **protection contre les pertes de courant** : ground protection. **protection d'accouplement** : coupling guard. **protection de fichier** : file protection *(computer)*. **protection de l'habitat** : habitat conservation. **protection électrochimique** : electrochemical protection. **protection métallique** : metal protection. **protection sacrificielle** : sacrificial protection *(corrosion)*.

protège-courroie *m* – belt housing, belt house.
protéger – guard (to); secure (to).
protéine *f* – protein. **protéine conjuguée** : conjugated protein. **protéine fibreuse** : fibrous protein. **protéine unicellulaire** : single-cell protein (SCP).
protéolyse *f* – proteolysis *(biochem)*.
protérogenèse *f* – proterogenesis, *at the embryonic stage, appearance of traits characteristic of adults in posterior generations.*
protérotype *m* – proterotype.
Protérozoïque *m* – Proterozoic, *the more recent of the two main Precambrian divisions.*
protiste *m* – protist, *a single-cell organism lacking a definite cellular arrangement, such as protozoans, bacteria, diatoms and some algae, fungi and viruses.*
proto – proto, *a prefix used in chemistry to designate the first or lowest number in a series.*
protobitume *m* – protobitumen, *the petrographic constituents from which bitumen is derived.*
protoclase *f* – protoclase, *a rock having cleavage originally developed during underwater sedimentation or cooling from magma.*
protoclastique – protoclastic.
protocole *m* – protocol. **protocole asynchrone** : asynchronous protocol. **protocole d'accord** : letter of understanding, *draft agreement.*
protogénique – protogenic, *protogenous, refers to the oldest crystalline rocks of igneous origin.*
protolyse *f* – protolysis.
protolytique – protolytic.
proton *m* – proton.
protonation *f* – protonation *(chem)*.
protonique – protonic.
protoparaffine *f* – protoparaffin.
protopétrole *m* – protopetroleum, *the primary source material of petroleum.*
protophile – protophilic, *strongly basic.*
prototype *m* – prototype.
protoxyde *m* – monoxide; protoxide. **protoxyde d'azote** : nitrogen monoxide, *nitrous oxide, laughing gas.*
protozoaire *m* – protozoan.
protrusion *f* – protrusion.
protubérance *f* – boss.
proue *f* – bow; head.
prouvé – proved; proven.
prouver – prove (to), *demonstrate the petroleum possibilities of a tract.*
provenance *f* – provenance.
provenir – derive (to) from.
province *f* – province, *any large area considered as a whole.* **province distributrice** : distributive province, *a source of sedimentary material.* **province faunistique** : faunal province. **province géologique** : geologic province. **province métallogénique** : metallogenic province. **province minérogénétique** : minerogenetic province. **province pétrographique** : petrographic province. **province pétrolière** : oil province; petroleum province.
provision *f* – provision; retainer; stock; store. **provisions d'exploitation** : operating provisions. **provision pour amortissement** : depreciation provision. **provision pour moins-value** : depreciation provision. **provision pour reconstitution des gisements (PRG)** : depletion allowance (DA).
provisionné – accrued.
provisoire – temporary; tentative.
provoqué – induced.
proximal – proximal *(geol)*.
proximité *f* – proximity.
PS – SP, *abbr. polarisation spontanée, self (spontaneous) potential.*
psammite *f* – psammite, *clastic sedimentary rock.*
psammitique – psammitic.
psammophyte – psammophyte, *thriving in a sandy environment.*
pséphite *f* – psephite *(petro)*.
pséphitique – psephitic, *coarse-grained gravelly rocks*; rudaceous *(petro)*.
pseudoanisotropie *f* – pseudoanisotropy.
pseudoanticlinal *m* – residual anticline.
pseudobrèche *f* – pseudobreccia.
pseudocatalyse *f* – pseudocatalysis.
pseudochlorite *f* – pseudochlorite.
pseudoclivage *m* – false cleavage *(geol)*; pseudocleavage *(geol)*; strain-slip cleavage *(geol)*.
pseudoconcordance *f* – parallel unconformity; paraunconformity.
pseudocristal *m* – pseudocrystal.
pseudocritique – pseudocritical.
pseudodiagraphie *f* – pseudolog. **pseudodiagraphie de vitesse** : pseudovelocity log.
pseudofossile *m* – pseudofossil.
pseudogéométrique – pseudogeometric.
pseudo-isomérie *f* – pseudoisomerism.
pseudoleucite *f* – pseudoleucite *(miner)*.
pseudoliquide *m* – pseudoliquid, *see masse volumétrique d'un pseudoliquide.*
pseudomoraine *f* – pseudomoraine; scoria moraine *(geol)*.
pseudomorphe – pseudomorphous, *said of a mineral that has taken on a crystalline shape identified with another mineral.*
pseudomorphose *f* – pseudomorphism *(miner)*.
pseudo-onde *f* – *see pseudo-onde de Rayleigh.* **pseudo-onde de Rayleigh** : pseudo Rayleigh wave.
pseudo-oolite *f* – pseudo-oolith, *amorphous crypto- or microcrystalline pellet or particle in a sedimentary rock.*
pseudoplasticité *f* – pseudoplasticity.
pseudoplastique – pseudoplastic.
pseudoréduit – pseudoreduced.
pseudoschistosité *f* – pseudoschistosity.
pseudoscopique – pseudoscopic.
pseudosolution *f* – pseudosolution.
pseudostatique – pseudostatic.
pseudostéréoscopie *f* – inverted stereo.
pseudosynclinal *m* – pseudosyncline.
pseudotemps *m* – pseudotime.
psi – psi, *abbr. pounds per square inch, 1 Pa = 0.6 psi, 1 psi = 6.9 Pa, correctly* lbf/in^2.
psilomélane *m* – psilomelane, *a natural oxide that may include calcium, nickel, cobalt, copper and often a mixture of manganese minerals.*
Psilophytales *f* – Psilophytales, *first known representatives of stemmed plants on Earth.*
PSO – offset VSP, *abbr. profil sismique oblique: offset vertical seismic profiling.*
PSP – VSP, *abbr. profil sismique de puits, vertical seismic profile.*

PSV – VSP, *abbr. profil sismique vertical, vertical seismic profiling.* **PSV réduit** : reduced vertical profile.

psychromètre *m* – psychrometer, *device used to determine the moisture content or relative humidity of air or other gases.*

PT – SP, *abbr. point de tir, shot point.*

PTC – GVW, *abbr. poids total en charge: gross vehicle weight.*

PTE – TEL, *abbr. for plomb tétraéthyle: tetraethyllead.*

ptéridophyte *m* – pteridophyte *(bot).*

ptéridospermée *f* – pteridosperm, *fossil plant.*

ptérodactyle *m* – pterodactyl *(pal).*

ptéropode *m* – pteropod, *gastropod mollusk.*

ptérosaurien *m* – pterosaur *(pal).*

PTFE – PTFE, *abbr. polytétrafluoroéthylène.*

PTM – TML, *abbr. plomb tétraméthyle: tetramethyllead.*

PTN – STP, *abbr. pression et température normales: standard temperature and pressure.*

ptygmatique – ptygmatic, *resembling disharmonic folding.*

puanteur *f* – stink.

public – public, *fem. publique.*

publicité *f* – advertisement.

puce *f* – chip *(electron).*

puces *f* – itches, *prickling of the skin included in decompression discomforts for divers.*

puddlage *m* – puddling *(metal).* **puddlage à la main** : hand puddling.

puer – stink (to).

puisage *m* – bailing.

puisard *m* – catch basin; cesspool; collecting pit; drain; drain pit; pit; sinkhole; standage; sump. **puisard de vidange** : sump pit.

puiser – dip (to) up; scoop (to); scoop (to) out.

puisoir *m* – oil catcher.

puissance *f* – bearing power; load; power; rating; thickness *(geol).* **puissance à l'arbre** : shaft capacity. **puissance à vide** : no-load power. **puissance acoustique** : sound energy flux; sound power. **puissance apparente** : apparent power. **puissance appelée** : thermal output. **puissance ascensionnelle** : lifting power. **puissance au crochet** : hook horsepower. **puissance au décollage** : takeoff power *(aviat).* **puissance au démarrage** : getaway power. **puissance au frein** : brake horsepower (bhp); brake power; effective power. **puissance calorifique** : heating power. **puissance d'attaque à vitesse maximum** : maximum input horsepower. **puissance d'un gisement** : impregnated thickness of a field. **puissance de crête** : peak force. **puissance de démarrage** : starting output. **puissance de levée** : lifting capacity. **puissance de pointe** : peak force. **puissance de séparation** : separative power. **puissance de transport** : carrying power. **puissance débitée** : output power. **puissance du moteur** : engine power. **puissance effective** : effective power. **puissance électrique** : power supply. **puissance électromécanique** : electrical horsepower. **puissance équivalente au bruit (PEB)** : noise equivalent power (NEP), *characteristic magnitude of the noise in a sensor.* **puissance fiscale** : rated horsepower, *normal maximum allowable continuous power output of an engine.* **puissance fournie** : input. **puissance frigorifique** : refrigerating capacity. **puissance indiquée** : indicated power. **puissance installée** : installed capacity *(elec)*; installed load *(elec).* **puissance instantanée** : instantaneous power *(elec).* **puissance introduite** : input power. **puissance linéique** : linear power density. **puissance massique** : specific power; weight/power ratio. **puissance maximale** : maximum capacity. **puissance nette** : net power. **puissance nominale** : design power; nominal power; rated capacity; rated output; rated power. **puissance nominale (en chevaux)** : nominal horsepower. **puissance normale** : rated output. **puissance raccordée totale** : total connected load, *total amount of current required for the actual or virtual power supplying of an electric installation.* **puissance rayonnante** : radiant power, *radiant energy flux.* **puissance réactive** : reactive power. **puissance restituée** : output power. **puissance sur l'arbre (en chevaux)** : shaft horsepower (SHP). **puissance surfacique** : surface power density. **puissance thermique** : heating power. **puissance utile** : efficiency; useful power. **puissance vectorielle** : vector power. **puissance volumique** : power density.

puits *m* – hole; pit; shaft; well, *the hole-in-the-ground drilled from the point of entry at the earth's surface to the total depth of the hole for the purpose of finding or producing crude oil or natural gas, or providing services related to production.* **puits à bras** : dug well. **puits à chaîne** : chain locker. **puits à complétion multiple** : multiple-completion well. **puits à débit intermittent** : intermitter. **puits à deux horizons productifs** : dual-zone well. **puits à écoulement naturel** : flowing well; natural-flowing well. **puits à gaz** : gas well. **puits à haut niveau de fluide** : strong well. **puits à haute pression** : high-pressure well. **puits à jaillissement intermittent** : gurgling well. **puits à la limite d'un gisement** : edge well. **puits à régime pulsatif** : surging well. **puits à terre** : onshore well. **puits à tubage au toit** : barefoot well, *in which the productive formation is not cased.* **puits abandonné** : abandoned well. **puits abandonné provisoirement** : suspended and capable well. **puits absorbant** : cesspool. **puits artésien** : artesian well. **puits au secret** : tight well, *for which the preliminary results are kept secret.* **puits bouché et provisoirement abandonné** : plugged and suspended well. **puits capricieux** : freak well. **puits central** : moonpool, *a well opening out in the center of a drill ship or platform.* **puits collecteur** : collecting pit. **puits complété** : completed well. **puits confidentiel** : tight hole, *concerning which information is restricted.* **puits creusé à main d'homme** : hand-dug well. **puits curé** : bailing well. **puits d'aérage** : bypass pit; cold pit *(mine)*; ventilating shaft. **puits d'aération** : air well. **puits d'alimentation** : key well. **puits d'appréciation** : appraisal well. **puits d'ascenseur** : elevator shaft. **puits d'assistance** : *see puits de service.* **puits d'eau** : water hole, *not containing any oil*; water well. **puits d'eau salée** : salt-water well, *an oil well that starts producing salt water, indicating that the oil is becoming depleated.* **puits d'eau saumâtre** : brine-disposal well. **puits d'essai** : test well, *wildcat*; trial well. **puits d'évaluation** : appraisal well, *a well drilled* *as part of an appraisal-drilling program.* **puits d'exploration** : exploration well; prospect well, *drilled in searching for oil and gas.* **puits d'extension** : extension well, outpost extension well; stepout well, *drilled some distance away from a producing well to try to extend the known limits of a productive formation.* **puits d'extraction de saumure** : brine well. **puits d'huile producteur** : producing oil well. **puits d'injection** : injection well; input well; intake well; pressure well. **puits d'injection d'air** : air-input well, *for restoring compression in a field.* **puits d'injection d'eau** : water-injection well; water-input well. **puits d'injection de gaz** : gas-injection well; gas-input well. **puits d'intervention** : relief well, *a deviated well drilled to meet up with an uncontrolled blowout borehole so as to stop the blowout by injecting heavy mud or thick cement slurry.* **puits d'obligation** : obligation well, *a well required to be drilled in return for an assignment of a property interest in an area covered by a drilling lease.* **puits d'observation** : checking well; observation well, *a well used to obtain information on reservoir pressure, fluid interface movements and other pool phenomena with a view to production management.* **puits de bordure** : fringe well, *on the edge of a reservoir, and so generally fed by only a small section of the productive horizon.* **puits de chaleur** : heat sink. **puits de charbon** : coal pit. **puits de circulation** : circulation shaft, *for the circulation of personnel and usually equipped with ladders (mine).* **puits de condensat** : condensate well; distillate well. **puits de confirmation** : confirmation well, *name given to the second producing well in a new field ; the first well is called the discovery well.* **puits de décantation** : clear well. **puits de découverte** : discovery well, *first well drilled in a field.* **puits de délinéation** : delineation well. **puits de développement** : development well, *drilled in a reservoir known to be productive*; outpost well. **puits de drainage** : drain hole. **puits de forage** : wellbore. **puits de gaz** : gas well; blue whistler, *colloquial term*; gasser. **puits de gaz en éruption** : roarer. **puits de gaz producteur** : producing gas well. **puits de jauge** : gaging well. **puits de jaugeage** : stilling well, *in a storage tank.* **puits de limite** : offset well, *to prevent the drainage of oil or gas to an adjoining tract of land on which a well is being drilled or is already in production.* **puits de mélange** : commingled well, *oil well producing from different formations.* **puits de pétrole** : oilwell; petroleum well. **puits de pétrole en formation sableuse** : sand well. **puits de reconnaissance** : *see puits d'évaluation*; wildcat. **puits de recyclage** : input well. **puits de redressement** : straightening hole. **puits de référence** : offset well, *well used as a reference.* **puits de refoulement** : disposal well, *well used for the storage of brines or other fluids in underground formations.* **puits de réinjection** : reinjection well. **puits de réinjection d'eau salée** : salt-water-disposal well. **puits de secours** : releif well. **puits de service** : service well, *a well drilled or completed for the purpose of supporting production in an existing field.* **puits de vannes** : valve pit. **puits de vapeur** : steam well. **puits de ventilation** : discharge air shaft. **puits dévié** : deflected hole; deviated well. **puits dirigé** : directional well. **puits disposés en quinconce** : staggered wells. **puits en éruption** : flowing well. **puits en éruption non contrôlée** : wild well. **puits en grappe** : wells in cluster. **puits en lisière de la concession** : line well. **puits en nettoyage** : pulling well, *in which maintenance is being performed.* **puits en pompage par dispositif à balancier** : jack well. **puits endommagé** : damaged wellbore. **puits enfoncé** : driven well. **puits épuisé** : depleted well; exhausted well. **puits éruptif** : blowing well, *artesian well*; flowing well; gusher, *gushing well.* **puits et galeries** : shaft and galleries, *mining.* **puits facétieux** : teaser, *producing a little oil but not enough for commercial production.* **puits fermé** : abandoned well. **puits filtrant** : filter well. **puits foré à un point où l'horizon productif est épais** : thick well. **puits foré au câble** : cable-tool well. **puits fou** : wild well, *an out-of-control blowout.* **puits horizontal** : horizontal well. **puits improductif** : duster, *a dry hole*; nonproducing well. **puits incliné** : inclined well. **puits incliné au mur** : underlay shaft *(mining).* **puits infléchi** : curved well. **puits intercalaire** : infill well. **puits intérieur** : jack-head pit. **puits jaillissant** : spouter. **puits jumelé** : twin well, *drilled opposite a well on an adjacent lease.* **puits latéral** : flank well, *situated on the edge of a known field.* **puits magnétique** : magnetic well. **puits marginal** : marginal well, *a well producing by pumping, with a daily output varying from at least 10 barrels for a well 0 to 2000 feet deep to 20 to 35 barrels for wells more than 8000 feet deep*; stripper well, *producing less than 500 tons per year and incurring no limiting legislation in the U.S.A.* **puits marin** : offshore well. **puits naturel** : swallow hole. **puits non éruptif** : nonflowing well. **puits non rentable** : noncommercial well, *for which the production cannot be profitably marketed.* **puits non tubé** : barefoot well; uncased well. **puits noyé** : drowned well. **puits oblique** : inclined well. **puits payant** : paying well. **puits perdu** : cesspool. **puits peu profond** : posthole; shallow well. **puits pompé** : pumper, *as opposed to a naturally flowing well*; pumping well. **puits producteur** : output well, *as opposed to puits d'injection: input well*; producer; producing well. **puits productif** : barreler, *always preceded by the number of barrels per day produced by the well, e.g. a 500 barreler*; oiler; production well. **puits produisant à partir de deux horizons différents** : twin well, *producing from two different horizons.* **puits produisant goutte à goutte** : dripper. **puits profond** : deep well. **puits provisoirement fermé** : suspended well. **puits reconditionné** : workover well. **puits remis en production** : workover well. **puits rentable** : commercial well, *one having a sufficient output to cover production costs, not counting initial drilling costs.* **puits salé** : salted well, *a dry well or one that is not yet productive, which the owners present to possible investors as a productive well.* **puits sans colonne de production** : tubingless well. **puits sans consentement d'une partie** : nonconsent well, *drilled in a unitized area by the operator or one of the participating parties to which one of the parties involved has not consented ; the nonconsentor is not liable for any of the costs but can share in the proceeds by paying a nonconsent penalty.* **puits sans tube**

de production : tubingless well. **puits sec** : dry hole, *improductive well*; dry well; nonproducing well. **puits stérile** : dead well. **puits stimulé** : dope well. **puits stratigraphique** : stratigraphic (core) test, *well drilled to obtain information pertaining to specific geologic conditions.* **puits témoin** : observation well. **puits thermique** : thermal well. **puits thermométrique** : thermometer well; thermowell, *in a container or storage tank.* **puits tubé** : cased well. **puits ultraprofond** : ultradeep well. **puits vertical** : straight well, *rectilinear*; vertical well. **puits voisin** : adjoining well.
pulpe *f* – pulp.
pulsar *m* – pulsar, *a celestial radio source, created as a contraction of pulsating radio sources.*
pulsateur *m* – pulsator.
pulsation *f* – angular frequency; pulsation.
pulsé – pulsed.
pulseur *m* – commutator.
pulsomètre *m* – pulsometer.
pulsoréacteur *m* – pulsejet.
pulsotest *m* – pulse test, *seismic recording.*
pultrusion *f* – pultrusion.
pulvérisateur *m* – atomizer; disintegrator; spray nozzle; sprayer; sprinkler; vaporizer.
pulvérisation *f* – atomization; comminution; spray; spraying. **pulvérisation aérienne** : aerial spraying. **pulvérisation cathodique** : cathode sputtering. **pulvérisation d'huile** : oil spray. **pulvérisation de l'eau** : water spray, water spraying.
pulvérisé – pulverized; unsintered.
pulvériser – atomize (to); comminute (to); grind (to); pulverize (to); spray (to).
pulvérulent – dusty; powdery; pulverulent.
punaise *f* – drawing pin; thumbtack.
pupitre *m* – console; panel. **pupitre de commande** : control panel.
pur – clean; fine; genuine; native; neat; pure; true; virgin.
Purbeckien *m* – Purbeckian, *uppermost Jurassic stage.*
pureté *f* – pureness; purity. **pureté colorimétrique** : colorimetric purity. **pureté d'excitation** : colorimetric purity; excitation purity.
purge *f* – bottom discharge; cleanout opening; drain; drip; purge; waste. **purge d'air** : air purge. **purge de chaudière** : boiler blowdown. **purge de vapeur** : steam purge. **purge rapide** : blowdown. **purge sur point bas** : sag drain, *pipeline.*
purgeoir *m* – filtering tank.
purger – bleed (to); blow (to) off; clear (to); drain (to); drive (to) out. **purger la pression** : bleed (to) off.
purgeur *m* – bleeder; blowoff cock; purger; separator; stripper; superheater, *for superheated steam*; trap. **purgeur à cloche** : bucket trap. **purgeur à flotteur** : float trap. **purgeur automatique** : steam trap. **purgeur d'air** : air bleed; air cock; air trap. **purgeur de tube de production** : tubing bleeder. **purgeur de vapeur** : steam trap. **purgeur thermodynamique** : thermodynamic trap. **purgeur thermostatique** : thermostatic trap.
purificateur *m* – purifier; scrubber; treater, *equipment used to remove mercaptans, hydrogen sulfide, water, salt and other undesirable substances from oil and gas.*
purification *f* – cleaning; fining; purification; scrubbing; washing, *of liquids and gases.* **purification de l'électrolyte** : purification of electrolyte. **purification des gaz** : gas purification; gas scrubbing. **purification par lavage** : elutriation. **purification par liquide** : liquid purification. **purification par zones** : zone purification, *a segregation and purification process based on fractional crystallization.*
purifier – clean (to); fine (to). **purifier par lavage** : edulcorate (to).
purin *m* – liquid manure.
purpurogalline *f* – purpurogallin, *used as an antioxidant or to retard metal contamination of hydrocarbon fuels and lubricants.*
pustule *f* – pustule. **pustule de corrosion** : corrosion tubercle. **pustule fumerollienne** : fumarole mound *(geol)*. **pustules sulfureuses** : sulfur pockmarks.
putréfaction *f* – decay; putrefaction; rot; rotting.
putride – putrid.
puy *m* – puy. **puy adventif** : adventive cone. **puy de projection** : eruption cone.
PV – VP, *abbr. point vibré, vibrated point.*
PVD – LDC, *abbr. of pays en voie de développement: less developed country.*
PVT – PVT, *abbr. for pression, volume, température: pressure, volume, temperature.*
pycnocline *f* – pycnocline, *a layer in the ocean with a rapid change of density with depth.*
pycnomètre *m* – pycnometer, *a device used to determine the density of fluids.*
pylône *m* – pylon. **pylône métallique** : lattice mast.
pyramide *f* – pyramid. **pyramide coiffée** : earth pillar; rain pillar *(geol)*; sand pinnacle. **pyramide d'érosion** : erosion column.
pyranomètre *m* – pyranometer, *used to measure the combined intensity of incoming direct solar radiation and diffuse sky radiation*; solarimeter.
pyrargyrite *f* – ruby silver *(miner)*.
pyrène *m* – pyrene, *a tetracyclic hydrocarbon obtained from coal tar.*
pyrénéen – Pyrenean, *see phase pyrénéenne.*
pyrèthre *m* – pyrethrum, *a toxic product of vegetable origin used in manufacturing insecticides with hydrocarbons or other solvents.*
Pyrex – Pyrex, *trademark for a borosilicate glass.*
pyridine *f* – pyridine.
pyrite *f* – iron pyrites; pyrite, *iron disulfide.* **pyrite cuivreuse** : copper pyrites. **pyrite magnétique** : magnetic pyrites, *pyrrhotite (miner)*.
pyriteux – pyritic.
pyritisation *f* – pyritization.
pyritoèdre *m* – pyritohedron *(cryst)*.
pyrobitume *m* – pyritobitumen; pyrobitumen. **pyrobitume asphaltique** : asphaltic pyrobitumen, *see asphaltoïde.*
pyrocatéchol *m* – pyrocatechol, *ortho-dihydroxybenzene.*
pyrochlore *m* – pyrochlore *(miner)*.
pyroclastique – pyroclastic, *produced by explosive or aerial volcanic ejection of material.*
pyroconductibilité *f* – pyroconductivity.
pyrocristallin – pyrocrystalline *(petro)*.
pyroélectricité *f* – pyroelectricity.
pyrogallol *m* – pyrogallol, *pyrogallic acid.*

pyrogénation *f* – retorting. **pyrogénation in situ** : in-situ retorting, *of oil shales.* **pyrogénation par combustion de gaz** : gas-combustion retorting.
pyrogène – pyrogenous.
pyrogénétique – pyrogenetic.
pyrogénique – pyrogenic.
pyrolusite *f* – pyrolusite, *gray manganese ore.*
pyrolysat *m* – pyrolyzate.
pyrolyse *f* – pyrolysis, *see also craquage thermique.* **pyrolyse du pétrole brut** : crude-oil pyrolysis. **pyrolyse en milieu fermé** : closed-system pyrolysis. **pyrolyse hydratée** : hydrous pyrolysis.
pyrolyseur *m* – pyrolyzer.
pyrolytique – pyrolytic.
pyromellique – pyromellitic.
pyrométamorphisme *m* – pyrometamorphism.
pyrométasomatisme *m* – pyrometasomatism, *formation of contact mineral deposits at high temperature.*
pyromètre *m* – pyrometer, *used for measuring high temperatures.* **pyromètre à disparition de filament optique** : disappearing-filament pyrometer. **pyromètre à radiation totale** : total-radiation pyrometer. **pyromètre à rayonnement** : radiation pyrometer. **pyromètre à résistance** : resistance pyrometer. **pyromètre optique** : optical pyrometer. **pyromètre photoélectrique** : photoelectric pyrometer. **pyromètre thermoélectrique** : thermoelectric pyrometer.
pyrométrie *f* – pyrometry.
pyrométrique – pyrometric.
pyromorphe – pyromorphous.
pyrophorique – pyrophoric.
pyrophosphate *m* – pyrophosphate. **pyrophosphate de sodium** : sodium pyrophosphate.
pyrophosphorique – pyrophosphoric.
pyrophyllite *f* – pyrophyllite, *a natural hydrous aluminum silicate.*
pyroschiste *m* – pyroschist.
pyrosphère *f* – pyrosphere, *zone of the Earth below the lithosphere.*
pyrostat *m* – pyrostat, *a high-temperature thermostat for automatically actuating a warning or fire-extinguishing system.*
pyrostilpnite *f* – fireblende; pyrostilpnite *(miner).*
pyrotechnique *f* – pyrotechnics.
pyroxène *m* – pyroxene, *group of ferromagnesian rock-forming minerals often found as a constituent of igneous rocks.*
pyroxénite *f* – pyroxenite *(petro).*
pyrrhotite *f* – pyrrhotite, *iron sulfide sometimes mined as nickel ore.*
pyrrole *m* – pyrrole *(chem).*
pyrrolidone *f* – pyrrolidone *(chem).*
pyrrone *f* – pyrrone, *aromatic heterocyclic polymer.*
pyruvique – pyruvic.
pz – pz, *symbol for pieze.*

Q

q – q, *symbol for quintal.*
Q – Q, *abbr. facteur de qualité: quality factor.*
quad *m* – quad, *abbr. for quadrillion Btu, a unit of energy approximately equal to 1 EJ.*
quadrant *m* – quadrant.
quadratique – quadratic. **quadratique moyen** : root-mean-square (rms).
quadrature *f* – quadrature. **en quadrature** : out of phase.
quadricône *m* – cross-roller bit *(drill)*.
quadrilatère *m* – quadrilateral.
quadrillage *m* – graticule; grid; gridding. **quadrillage de la carte** : map grid.
quadrillé – checked.
quadriller – checker (to); crossrule (to).
quadrimoléculaire – quadrimolecular.
quadripôle *m* – quadripole.
quadrivalent – quadrivalent.
quadruple *m* – fourble, *a unit of four drillpipes left coupled together.*
quadruple – fourfold.
quai *m* – jetty; pier; quay; wharf. **à quai dédouané** : ex quay duty paid, *conditions of sale.*
qualification *f* – label; qualification.
qualifié – qualified; skilled.
qualitatif – qualitative.
qualité *f* – condition; grade; quality. **qualité antidétonante** : antiknock quality; antiknock rating. **qualité d'allumage** : burning quality, *of a furnace or heater oil.* **qualité d'huile** : oil grade. **qualité de brûlage** : burning quality, *of burning oil.* **qualités de conservation** : keeping qualities. **qualité de filtration** : filtration quality, *the filtration characteristics of a drilling fluid are inversely proportional to the thickness of the filter cake deposited on the surface of a porous medium and the amount of fluid allowed to escape into or through the medium.* **qualité de l'ajustement** : goodness of fit. **qualité industrielle** : industrial grade. **qualité ordinaire** : regular quality. **qualité standard** : standard quality. **qualité supérieure** : fineness; premium grade, *gasoline*; top quality. **bonne qualité** : goodness.
quantième *m* – Julian-day.
quantification *f* – quantification, *act of giving a numerical value to a measurement or parameter*; quantization; quantizing, *determining the number of discrete amplitude levels an analog measurement belongs to.*
quantifier – quantify (to); quantize (to).
quantique – quantum.
quantitatif – quantitative.
quantité *f* – amount; lot; quantity. **quantité commerciale** : commercial quantity. **quantité d'éclairement** : *see exposition lumineuse.* **quantité d'électricité** : electric charge. **quantité d'huile perdue** : slippage, *leakage of fluid between the piston and bore of a pump piston.* **quantité de catalyseur** : catalyst holdup, *amount in a cat cracker.* **quantité de chaleur** : quantity of heat. **quantité de lumière** : quantity of light. **quantité de matière** : amount of substance, *the SI unit is the mole.* **quantité de mouvement** : momentum, *linear momentum, product of the mass and velocity.* **quantité de produits traitée** : run. **quantités égales** : equals *(math)*. **quantité estimée de pétrole récupérable** : estimated ultimate yield. **quantité minimale détectable** : lower limit of detectability, *the smallest amount of a substance that can be detected with any certainty.* **quantité passée** : throughput. **quantité totale de matières dissoutes** : total dissolved solids (TDS).
quantum *m* – quantum. **quantum de flux** : fluxoid quantum.
quaquaversal – quaquaversal, *said of strata and geologic structures dipping outward in all directions from a central point.*
quarantaine *f* – quarantine *(sanitary isolation)*.
quark *m* – quark, *a hypothetical basic particle.*
quart *m* – quart, *an Anglo-U.S. unit of volume*; quarter. **quart d'onde** : quarter wave. **quart de cercle** : quadrant. **quart de tour** : quarter turn.
quartation *f* – quartation, *sampling of a mineral.*
quartier *m* – quarter. **quartier général** : headquarters. **quartiers d'habitation** : accommodation quarters.
quartile *m* – quartile.
quartz *m* – quartz; *crystalline silica.* **quartz alpha** : alpha quartz. **quartz aurifère** : gold-bearing quartz. **quartz bipyramidal** : dipyramidal quartz. **quartz compensateur** : biquartz plate *(opt)*. **quartz filonien** : vein quartz. **quartz enfumé** : smoky cairngorm; smoky quartz. **quartz hyalin** : hyaline quartz. **quartz laiteux** : milky quartz. **quartz piézoélectrique** : piezoelectric crystal. **quartz vermiculaire** : vermicular quartz.
quartzeux – quartzose.
quartzifère – quartziferous.
quartzite *m* – quartzite, *very hard siliceous sandstone.* **quartzite sédimentaire** : sedimentary quartzite.
quartzitique – quartzitic.
quartzolite *f* – quartzolite, *silexite.*
quasar *m* – quasar, *contraction of quasi-stellar radio sources.*

quasi-accident *m* – *see presqu'incident.*
quasi-cisaillement *m* – quasi-shear.
quasi-équilibre *m* – quasi-equilibrium.
quasi-particule *f* – quasi-particle.
quasi-permanent – quasi-steady.
quasi-stationnaire – quasi-stationary; quasi-steady.
quasi-statique – quasi-static.
quaternaire – quaternary *(chem)*.
Quaternaire *m* – Quaternary, *second period of the Cenozoic era following the Tertiary, also known as the age of man.*
quaternarisation *f* – *see quaternisation.*
quaternisation *f* – quaternization, *chemical reaction.*
Quatre-coins – Four-Corners, *the general region where Utah, Colorado, New Mexico and Arizona meet, which is the only place in the United States where four states have a common corner.*
quayage *m* – wharfage.
québracho *m* – quebracho, *extracted from quebracho fiber and used as a thinner for drilling mud.*
quensélite *f* – quenselite, *lead manganate found in black monoclinic crystals.*
quernage *m* – slate splitting.
queue *f* – coda, *earthquake*; queue; stem; tail; tail end, *of distillation, of a seismic line.* **queue d'un séisme** : aftershock. **queue de chargement** : boom. **queue de cheval** : horsetail. **queue de Claus** : Claus tail gas. **queue de cochon** : pigtail *(elec)*. **queue de cristallisation** : pressure shadow, *aggregates of new grains growing in the opposite side of a porphyroblast.* **queues de distillation** : afterrunning; bottoms *(ref)*; heavy ends; last runnings; tails. **queue de distorsion** : distortion tail. **queue de poisson** : fishtail. **queue de rat** : round file. **queue de soupape** : valve rod. **queue de stabilisation** : tail section, *of a marine streamer.*
queutage *m* – tailing.
quille *f* – keel *(naut)*. **quille de roulis** : bilge keel.
quinhydrone *f* – quinhydrone, *an equimolar mixture of benzoquinone and hydroquinone.*
quinine *f* – quinine.
quinoléine *f* – quinoline, *chinoline.*
quinolinol *m* – quinolinol, *hydroxyquinoline.*
quinone *f* – quinone.
quinoxaline *f* – quinoxaline.
quintal *m* – quintal, *unit of mass equal to 100 kg, symbol* q.
quintivalent – quinquivalent.
quirat *m* – joint ownership, *of a vessel.*
quirataire *m* – joint owner, *of a vessel.*
quisquéite *f* – quisqueite, *asphalt-like substance containing much sulfur and little hydrogen.*
quittance *f* – discharge.
quota *m* – quota. **quota de production sur les puits de découverte** : discovery-well allowable.
quote-part *f* – share, quota, portion.
quotient *m* – quotient.

R

R&D – R&D, *abbr. of recherche et developpement: research and development.*

RAAS – SAR, *abbr. radar à antenne synthétique, synthetic-aperture radar.*

RAB – MEOR, *abbr. récupération assistée bactérienne, microbial enhanced oil recovery.*

rabais *m* – discount; rebate. **rabais d'impôt** : discount allowance.

rabattement *m* – drawdown *(hydrol)*. **rabattement de nappe** : groundwater lowering.

rabot *m* – plane; smoothing plane.

rabotage *m* – planation; planing.

raboté – planated *(geol)*.

raboteuse *f* – planing machine.

raboteux – rugged.

raboutage *m* – stubbing, *recovering worn drill collars by cutting off the ends and adding on tips.*

rabouter – stab (to), *to guide a stand of drillpipe or casing so that its threads will engage properly with the stand below it.*

raccommodement *m* – patching.

raccord *m* – adapter; attachment; connection; coupling; fitting pipe; joint; union joint. **raccord à 45°** : wye. **raccord à brides** : flanged adapter; flanged fitting. **raccord à épaulement** : shoulder nipple. **raccord à épaulement intérieur** : no-go nipple. **raccord à filetage femelle** : box. **raccord à portée intérieure** : landing nipple *(drill)*. **raccord à récupérer la ferraille** : basket sub *(drill)*. **raccord conique** : taper pipe. **raccord coudé** : bent sub *(drill)*. **raccord coudé d'orientation** : orienting bent sub. **raccord coudé en L** : ell, *a curved sleeve for going around corners.* **raccord d'accrochage du câble** : wireline socket *(drill)*. **raccord d'alimentation** : supply connection. **raccord d'égalisation** : equalizing sub *(drill)*. **raccord d'enveloppe** : casing fitting. **raccord d'orientation** : bottomhole orientation sub; orienting sub *(drill)*. **raccord d'usure** : kelly-saver sub, *a sub placed directly on the threads of a kelly to prevent it from being worn.* **raccord de câble** : cable socket; cable thimble; rope coupling. **raccord de canalisation** : jumper; jumper line. **raccord de châssis** : frame connection. **raccord de circulation** : circulating sub *(drill)*. **raccord de fil** : wire joint. **raccord de flexible** : hose fitting; mud-hose connection; rotary-hose connection *(drill)*. **raccord de forage à brides** : drilling spool. **raccord de graissage** : lubrication nipple. **raccord de graisseur** : lubricating nipple. **raccord de levage** : hoisting sub; lifting nipple. **raccord de montage** : hookup nipple. **raccord de niveau à billes** : ball gage cock. **raccord de pose** : landing sub. **raccord de prélèvement** : takeoff connection *(drill)*. **raccord de réduction** : conduit reducer; pipe reducer; reducing nipple; reducing sub; reducing union. **raccord de retenue à remplissage différentiel** : differential fill-up collar *(drill)*. **raccord de suspension du tubage** : casing hanger. **raccord de tête de puits** : mud cross, *a wellhead connection equipped with lateral mud outlets.* **raccord de tige** : drillpipe coupling; tool-joint. **raccord de tuyau** : tube joint. **raccord de tuyauterie** : pipe connection; pipe fittings; tube fitting. **raccords de tuyauteries** : fittings. **raccord double-bride** : connecting spool. **raccord double-bride pour tubage** : casing spool, *a calf wheel used to wind up the casing line.* **raccord double bride pour tubes de production** : tubing-head spool, *a joint having two flanges for suspending the tubing string.* **raccord double femelle** : sub. **raccord double mâle** : nipple, *a tubular pipe fitting threaded on both ends and less than 12 inches long;* pin-to-pin sub; swage nipple, *of different size from one side to the other.* **raccord droit** : nipple. **raccord en col de cygne** : gooseneck coupling. **raccord en U** : U-bend; closed-return bend. **raccord étroit** : close nipple. **raccord exponentiel** : exponential ramp. **raccord fileté** : threaded connection. **raccord flexible** : hose coupling. **raccord forgé** : forged fitting. **raccord graisseur** : grease nipple. **raccord mâle** : male connection; pin connection. **raccord mâle et femelle** : cone and socket; pin-to-box sub. **raccord manuel de suspension du tubage** : manual casing hanger. **raccord panier** : boot sub, *fishing tool.* **raccord porte-enregistreur** : bundle carrier, *drillstem test.* **raccord porte-outil** : bit sub. **raccord pour circulation inverse** : reverse-circulation sub. **raccord pour tiges de forage** : drill-rod bushing. **raccord pour tiges de pompage** : sucker-rod sub. **raccord rapide** : quick union; rapid coupling. **raccord rapide pour tuyauterie** : quick-fitting pipe union. **raccord rigide** : rigid connection. **raccord serré à la main** : hand-tight coupling. **raccord souple** : flexible coupling. **raccord union** : union, *a three-part connection.*

raccordement *m* – hookup; junction; juncture; nippling-up. **raccordement au fond** : tie-in on the seabed *(pipeline)*. **raccordement de canalisation** : pipeline connection. **raccordement de vidange** : discharge fitting. **raccordement en surface** : surface tie-in *(pipeline)*. **raccordement transversal** : crossconnection. **raccordement vissé** : screw connection.

raccorder – key (to); ramp (to) *(seis)*. **raccorder transversalement** : crossconnect (to).

raccorderie *f* – fittings.
raccourci *m* – foreshortening; shortcut.
raccourcissement *m* – shortening.
racémique *m* – racemic mixture, *equal amounts of dextrorotatory and levorotatory isomers that are optically inactive.*
racémisation *f* – racemization, *thermal or chemical transformation of an optically active compound into an optically inactive form, resulting in a mixture of equal amounts of dextrorotatory and levorotatory isomers.*
rachat *m* – redemption; repurchase.
racine *f* – radix, *base of a number system*; root; root pass *(welding)*. **racine carrée** : square root. **racines conjuguées** : conjugate roots. **racine cubique** : cube root. **racines d'un filon** : root of an ore deposit. **racine d'une nappe de charriage** : root of a fold. **racine de filet** : thread root.
raclage *m* – iceberg scouring; scraping.
raclé – ground; scraped.
racler – scrape (to).
raclette *f* – blade; doctor; squeegee.
racleur *m* – drag scraper; go-devil; scraper, *device used to remove deposits, such as scale or paraffin, from casing, tubing, rods, flowlines or pipelines, see also piston racleur*; wiper. **racleur d'huile** : oil saver. **racleur de boues** : sludge scraper. **racleur de paraffine** : paraffin scraper, *for removing paraffin from inside casing strings.* **racleur de parois** : scratcher; wall scratcher. **racleur de tubage** : casing scraper, *used to scrape the cement film off a well wall so that a packer can be inserted.* **racleur rotatif** : rotating scratcher, *for walls.*
racloir *m* – doctor; scuffle hoe, *used to clean the rig floor or to remove grass from a worksite*; slip scraper.
raclures *f* – scraping.
rad *m* – rad, *unit of absorbed dose, see gray.*
rad – rad, *symbol for radian.*
radar *m* – radar, *the use of beamed and reflected radio-frequency energy for detecting and locating objects and measuring distances ; the word comes from radio detection and ranging.* **radar à antenne latérale** : side-looking radar (SLR). **radar à antenne synthétique (RAAS)** : synthetic-aperture radar (SAR). **radar à compression d'impulsions** : chirp radar. **radar à effet Doppler** : Doppler radar. **radar à élimination des échos fixes** : moving-target indicator (MTI). **radar à émission continue** : continuous-wave radar, CW radar. **radar à haute résolution** : high-resolution radar. **radar à modulation de fréquence** : frequency-modulated radar. **radar à ouverture synthétique** : synthetic-aperture radar (SAR). **radar à synthèse d'ouverture (RSO)** : synthetic-aperture radar (SAR). **radar à visée latérale (RVL)** : side-looking radar (SLR). **radar aéroporté** : airborne radar. **radar aéroporté à antenne latérale** : side-looking airborne radar (SLAR). **radar anticollision** : anti-collision radar. **radar classique** : primary radar. **radar de bord** : shipborne radar. **radar de détection** : search radar. **radar imageur** : imaging radar. **radar panoramique** : panoramic radar. **radar par impulsion** : pulse radar, pulse-modulated radar.
radargraphie *f* – radar image.
rade *f* – roadstead. **rade fermée** : basin *(geog)*.
radeau *m* – dinghy; raft. **radeau de sauvetage** : life raft.
radial – radial.
radian *m* – radian, *SI unit of plane angle, symbol* rad. **radian par mètre** : radian per meter, *SI unit of phase coefficient, symbol* rad/m. **radian par seconde** : radian per second, *SI unit of angular velocity and circular frequency, symbol* rad/s. **radian par seconde carrée** : radian per second squared, *SI unit of angular acceleration, symbol* rad/s^2.
radiance *f* – radiance, *steradiancy.*
radiant – radiant.
radiateur *m* – heater; radiator. **radiateur à ailettes** : gilled radiator; ribbed radiator. **radiateur à nids d'abeilles** : honeycomb radiator. **radiateur alvéolaire** : honeycomb radiator. **radiateur de refroidissement** : intercooler. **radiateur électrique** : electric heater. **radiateur nid d'abeille** : honeycomb-type radiator.
radiation *f* – radiation. **radiation alpha** : alpha radiation. **radiation cosmique** : cosmic radiation. **radiation infrarouge** : infrared radiation. **radiation ionisante** : ionizing radiation. **radiation thermique** : heat radiation, *see also rayonnement.*
radical *m* – radical. **radical alkyle** : alkyl radical. **radical aryle** : aryl radical, *hydrocarbon radical of the aromatic series, formed by the removal of one hydrogen atom.* **radical éthyle** : ethyl radical. **radical libre** : free radical. **radical organique** : organic radical.
radicelle *f* – rootlet.
radier *m* – foundation raft; invert, *the floor or bottom of an excavation or conduit*; sole. **radier de fondation** : mat foundation.
radiesthésie *f* – dowsing.
radio *f* – radio.
radioactif – radioactive.
radioactivité *f* – radioactivity. **radioactivité artificielle** : artificial radioactivity. **radioactivité induite** : induced radioactivity. **radioactivité naturelle** : natural radioactivity.
radioalignement *m* – directional radio beacon.
radioaltimètre *m* – radio altimeter.
radioamateur *m* – amateur radio operator.
radiobalise *f* – marker beacon. **radiobalise acoustique** : sonobuoy, *an aircraft-dropped or anchored buoy containing an acoustic receiver and radio transmitter to pick up underwater sounds from submarines or seismic shots by measuring the times between two or more buoys situated at known locations.*
radiochimie *f* – radiation chemistry; radiochemistry.
radiochronologie *f* – radiochronology; radiometric dating, *method of dating geologic materials by measuring the presence of a short-life radioactive element or by measuring the presence of a long-life radioactive element plus its decay product.*
radiocolloïde *m* – radiocolloid, *discontinuous dialyzable aggregate in a dilute solution of vapors of radioactive salts.*
radiocommande *f* – radio command.
radiocommunication *f* – radio communication.
radiocompas *m* – automatic direction finder.

radiodiffusion *f* – broadcast.
radioécologie *f* – radioecology.
radioélément *m* – radio element, *radioactive element.*
radiogénique – radiogenic.
radiogoniomètre *m* – direction finder; radio direction finder. **radiogoniomètre à cadres croisés** : cross-coil antenna.
radiographie *f* – radiography.
radiographique – radiographic.
radioguidage *m* – radio guidance.
radio-isotope *m* – radioisotope, *radioactive isotope, unstable isotope.*
radiolaire *m* – radiolarian *(pal).*
radiolarite *f* – radiolarite, *radiolarian earth.*
radiolocalisation *f* – radiolocation.
radiologie *f* – radiology.
radiologique – radiological.
radiolyse *f* – radiolysis, *decomposition of molecules by high-energy radiation.*
radiométallographie *f* – radiometallography.
radiomètre *m* – radiometer. **radiomètre à hyperfréquences** : microwave radiometer. **radiomètre à infrarouge** : infrared radiometer.
radiométrie *f* – radiometry. **radiométrie spectrale imageante (RSI)** : imaging spectrometry.
radiométrique – radiometric.
radionavigation *f* – radio navigation.
radionucléide *m* – radionuclide.
radiophare *m* – radio beacon. **radiophare d'alignement** : track beacon.
radiophosphorescence *f* – phosphorescent decay.
radiophotographie *f* – radiophotography.
radiopositionnement *m* – radio positioning, *see also radiolocalisation and radionavigation.*
radioprospection *f* – radio prospection, *radiometric prospection.*
radioprotection *f* – health physics, *the protection of personnel from harmful effects of ionizing radiation.*
radioralliement *m* – homing.
radiorepérage *m* – radio determination; radio positioning.
radiorésistance *f* – radioresistance.
radiosensible – radiosensitive.
radiosonde *f* – radiosonde *(meteo).*
radiotélémètre *m* – distance-measuring equipment.
radiotéléphone *m* – radiotelephone. **radiotéléphone portatif** : handie-talkie.
radium *m* – radium, *symbol Ra.*
radon *m* – radon, *symbol Rn.*
radoub *m* – graving, *scraping, cleaning, painting or other work on the underwater part of a ship's hull.*
rafale *f* – gust; squall. **rafale de pluie** : cloudburst. **rafale de vent** : wind gust.
raffinage *m* – refining. **raffinage à l'acide** : acid refining. **raffinage à l'acide sulfureux** : sulfur-dioxide refining. **raffinage à la terre** : clay refining, *to neutralize and improve the color of gasoline.* **raffinage au furfural** : furfural refining, *a solvent-refining process.* **raffinage au solvant** : solvent refining. **raffinage du brut** : crude refining. **raffinage du pétrole** : oil refining; petroleum refining. **raffinage en continu** : continuous treating. **raffinage en phase liquide** : liquid-phase refining. **raffinage en phase vapeur** : vapor-phase refining. **raffinage en zones** : zone refining. **raffinage par fusion de zones** : zone-refining process. **raffinage par solvant** : solvent treating.
raffinat *m* – raffinate, *in solvent refining, the portion of oil that is not dissolved.*
raffiné – refined. **raffiné à la vapeur** : steam refined.
raffiner – refine (to).
raffinerie *f* – refinery; refining plant. **raffinerie à ligne unique** : single-train refinery. **raffinerie de pétrole** : oil refinery; petroleum refinery. **raffinerie de soufre** : sulfur refinery. **raffinerie en grappe** : refinery cluster. **raffinerie intégrée** : integrated refinery.
raffineur *m* – refiner.
rafraîchir – cool (to).
rafraîchissement *m* – cooling. **rafraîchissement superficiel** : surface cooling.
RAH – EOR, *abbr. of récupération assistée des hydrocarbures: enhanced oil recovery.*
rai *m* – ray; raypath, *characterized by its direction at the surface and everywhere perpendicular to wavefronts*; spoke, *of a wheel.*
raide – dead, *trace*; rigid; steep; stiff; taut.
raideur *f* – stiffness.
raidi – stiffened.
raidir – fade (to); kill (to), *a trace*; mute (to); stiffen (to).
raidisseur *m* – stiffener.
raie *f* – stripe. **raie d'absorption** : absorption line. **raies d'émission** : emission lines. **raies de Balmer** : Balmer lines *(spect).* **raie interdite** : forbidden line, *atomic spectra.* **raie spectrale** : spectral line. **raies telluriques vues au microscope** : atmospheric lines.
rail *m* – rail. **rail de glissement** : slide rail.
rainer – groove (to).
rainurage *m* – grooving; slotting.
rainure *f* – chase; furrow; groove; notch; oil groove, *on a bearing for the purpose of lubrication*; rabbet; serration; slot. **rainure d'étanchéité** : seal groove. **rainure de clavette** : keyway. **rainure de détente des contraintes** : stress groove, *relief for drill collars.* **rainure de repêchage** : catching groove, *of a fishing tool.* **rainure en J** : J slot *(drill).* **rainure en T** : tee slot.
raison *f* – ground. **raisons de droit** : legal grounds. **raison directe** : direct proportionality *(math).* **raison sociale** : corporate name; firm.
rajeuni – rejuvenated.
rajeunir – rejuvenate (to) *(geol)*; revive (to).
rajeunissement *m* – rejuvenation. **rajeunissement du relief** : relief rejuvenation.
ralenti *m* – idle; idle speed, *engine*; throttling. **au ralenti** : idling. **au ralenti partiel** : under part throttle. **ralenti permanent** : standing idling. **ralenti progressif** : gradual idle.
ralentir – retard (to); slacken (to); throttle (to) down.
ralentissement *m* – deceleration; lagging; slackening; slowing down, *energy of a particle.* **ralentissement des horloges** : slowing of clocks, *time dilatation effect.* **ralentissement des pétroliers** : slow steaming, *for economic reasons tankers*

are run at half speed to lengthen travel time and reduce fuel consumption.

ralentisseur *m* – moderator; retarder; speed reducer. **ralentisseur électrique** : electric retarder.

rallonge *f* – extension; extension cord; jumper; lengthening rod; patch; spacer section, *streamer.* **rallonge ajustable** : adjusting snubber *(drill)*. **rallonge d'arbre** : extension shaft. **rallonge de crosse** : piston-rod extension.

rallonger – lengthen (to).

Raman – Raman, *see effet Raman, spectroscopie Raman.*

ramassage *m* – pickup.

ramassé – compact.

rambarde *f* – handrail. **rambarde de protection pour ancres** : anchor bolster.

rame *f* – oar; ream; stand; string, *of drillpipes.* **rame de papier** : ream of paper. **rame de quatre tiges de forage** : fourble, *a unit of four drillpipes left coupled together.* **rame double** : double, *two lengths of drillpipe left screwed together when tripping in and out, as compared to single, thribble and fourble.* **rame triple** : thribble, *three sections of drillpipe or casing handled as a unit ; a three-joint stand of drillpipe.*

ramification *f* – branching; forking; splitting; spur. **ramification d'une faille** : spur fault.

ramifié – branched.

ramollissement *m* – softening. **ramollissement avant fusion** : emollescence.

ramonage *m* – *cleaning of the inside of any tube.* **ramonage de cheminée** : chimney sweeping. **ramonage des canalisations** : pigging. **ramonage des tubes de chaudière** : boiler-tube cleaning.

ramoneur *m* – go-devil, *pipeline, see also râcleur.*

rampe *f* – ascent; grade; gradient; incline; ramp, *inclined plane for hoisting stands of drillpipe into the derrick;* rise; rising ground; upgrade. **rampe d'allumage** : ignition harness. **rampe d'orientation** : mule shoe, *a shaped form used on the bottom of orienting tools to position the tool (drill)*. **rampe de bois** : wooden ramp. **rampe de chargement** : loading rack. **rampe de guidage** : stinger, *pipeline.* **rampe de lancement** : launching pad; launching ramp; launching stand. **rampe de manutention** : catwalk. **rampe de pose** : lay ramp; stern ramp; stinger, *a ballastable support attached to the stern of a pipeline lay barge; see also élinde.* **rampe de protection** : guardrail. **rampe frontale** : frontal ramp *(geol)*. **rampe latérale** : lateral ramp *(geol)*. **rampe montante** : upgrade.

rampement *m* – crawling; creeping.

Ramsbottom – Ramsbottom, *see essai Ramsbottom and résidu de carbone Ramsbottom.*

rance – rancid.

rancidité *f* – rancidity.

rancissement *m* – rancidity.

randannite *f* – randannite, *a variety of diatomaceous earth.*

Raney – Raney, *see catalyseur Raney, nickel de Raney.*

rang *m* – rank, *the degree of coalification achieved by coal from lowest-rank peat to highest-rank anthracite;* row.

rangée *f* – array, *of atoms;* range; row. **rangée de townships** : range, *any series of contiguous townships of the U.S. Public Land Survey system.* **rangée intermédiaire** : intermediate row, *bit tooth.*

ranker *m* – rankar, *soil having a humic layer lying directly on the parent rock.*

Rankine – Rankine, *see cycle, échelle de température, viscosimètre de Rankine.*

RAP – EOR, *abbr. récupération assistée du pétrole : enhanced oil recovery;* RAP *(Reflection Amplitude Preservation) tradename for a composed-amplitude processing system.*

râpe *f* – file; rasp.

rapide – fast; prompt; quick; rapid.

rapiéçage, rapiècement *m* – patching. **rapiéçage d'un tubage** : casing patching. **rapiéçage de piqûres** : pit patcher.

rappel *m* – follow-up; recall.

rapport *m* – rate; ratio, *quotient of two quantities.* **rapport acide/huile** : acid/oil ratio. **rapport air/combustible** : air/fuel ratio. **rapport air injecté/gaz produit** : air/gas ratio *(prod)*. **rapport air injecté/huile produite** : air/oil ratio. **rapport anharmonique** : cross ratio. **rapport argile/sable** : sand/shale ratio. **rapport avant/arrière** : front-to-back ratio, *seismic signature.* **rapport carbone fixe/matière volatile** : fuel ratio, *the ratio of fixed carbon to volatile matter in coal, or the carbon ratio.* **rapport catalyseur/huile** : catalyst-to-oil ratio. **rapport combustible/air** : fuel/air ratio. **rapport course/alésage** : stroke/bore ratio. **rapport d'amortissement** : damping ratio; subsidence ratio, *between the amplitude of oscillations.* **rapport d'anamorphose** : aspect ratio. **rapport d'aplatissement** : flatness ratio, *ratio of the radius of curvature of the most convex portion of the flattest face to the mean radius of a pebble.* **rapport d'arrondi** : roundness ratio *(petro)*. **rapport d'échappement** : discharge ratio. **rapport d'engrenages** : gear ratio. **rapport d'équilibre** : equilibrium ratio. **rapport d'onde stationnaire** : standing-wave ratio (SWR). **rapport d'ouverture** : opening ratio, *the well pressure required to open the blowout preventer.* **rapport de chute de potentiel** : potential-drop ratio (PDR), *a method used in electrical prospection.* **rapport de composition** : mixing ratio. **rapport de démultiplication** : gear ratio. **rapport de distribution du courant primaire** : primary-current distribution ratio. **rapport de distribution du métal** : deposition efficiency, *the ratio of the metal deposited during welding to the weight of the electrodes consumed.* **rapport de forme** : aspect ratio. **rapport de portance à la traînée** : lift/drag ratio. **rapport de pression du compresseur** : compressor/pressure ratio. **rapport de réduction de l'essieu** : axle ratio. **rapport de surrégénération** : breeding ratio *(nucl)*. **rapport de transformation** : transformed ratio. **rapport de transmission** : drive ratio; pulley ratio, *gear ratio of the pulley.* **rapport de viscosité Saybolt** : Saybolt viscosity ratio (SVR). **rapport de vitesses** : velocity ratio. **rapport de vraisemblance** : likelihood ratio. **rapport des mobilités** : mobility ratio, *ratio of the mean mobility of the driving fluid to the fluid being driven in an oil or gas reservoir.* **rapport des modules d'inertie des filetages** : bending-strength ratio. **rapport des teneurs isotopiques** : abundance ratio. **rapport détritique sur carbonates plus évapo-**

rites : clastic ratio, *thickness or percentage of clastic material to that of nonclastic material in a stratigraphic section.* **rapport eau/air** : water/air ratio (WAR), *ratio of water and air injected during wet combustion (prod).* **rapport eau/huile** : water/oil ratio (WOR). **rapport gaz dissous/huile** : solution-gas/oil ratio, *the amount of gas in solution or dissolved in the oil in a saturated reservoir.* **rapport gaz/huile** : gas/oil ratio (GOR), *ratio of the amount of gas to the amount of oil produced at the same time, generally expressed in cubic measure per volume of oil.* **rapport gaz/liquide** : gas/liquid ratio (GLR), *used in place of the gas/oil ratio when the well also produces water.* **rapport gyromagnétique** : gyromagnetic ratio. **rapport huile/gaz dissous** : *see rapport gaz dissous/huile.* **rapport huile/vapeur** : oil/steam ratio (OSR), *ratio of oil produced to amount of steam injected into the formation.* **rapport hydrophile-lipophile** : hydrophile-lipophile balance (HLB), *respective affinity of an emulsifying agent for both phases of an emulsion, e.g. for water and oil.* **rapport isotopique** : abundance ratio, *ratio of the number of atoms of one isotope to the total number of atoms in an isotopic mixture.* **rapport moléculaire** : mole ratio. **rapport précipitation-évaporation** : precipitation/evaporation ratio. **rapport primaire-bulle** : primary-to-bubble ratio, *ratio between the amplitudes of the main pulses and the strongest secondary pulses resulting from the bubble oscillations of the source.* **rapport puissance/poids** : weight/power ratio, *of an engine.* **rapport signal-sur-bruit** : signal-to-noise ratio *(seis).* **rapport vapeur injectée/huile produite** : steam/oil ratio. **rapport volumétrique de compression** : compression ratio.

rapport *m* – profit; return *(econ).*

rapport *m* – report. **rapport collectif** : joint report. **rapport de base d'un projet** : design-basis memorandum. **rapport de démontage** : dismantling report, *indicating that a piece of equipment must be dismantled and crossed off the inventory.* **rapport de forage** : driller's log; driller's report, *document giving exact day-by-day report of progress in boring*; drilling journal; drilling log; shothole log *(seis).* **rapport journalier de forage** : daily drilling report.

rapporter – yield (to).

rapporteur *m* – protractor *(math).*

rapproché – contiguous.

raréfaction *f* – rarefaction.

RAS – *abbr. rien à signaler, nothing to report.*

rasé – grazed; shaven.

rassemblement *m* – collection.

rassembler – collate (to); collect (to); compile (to); gather (to).

RAT – *abbr. remorquage, aboutage, tension.*

raté *m* – misfire, *failure of an explosive charge or fuel to ignite properly.* **raté de tir** : misfire *(seis).*

râteau *m* – rake.

râtelier *m* – rack. **râtelier à outils** : tool rack. **râtelier à tiges** : pipe fingers *(drill)*; pipeway *(drill).* **râtelier à tiges creuses** : fingerboard. **râtelier à tubage** : casing rack. **râtelier de stockage des tiges de forage** : pipe rack. **râtelier de transport** : junk rack, *a support, frame or container used for transporting completion tools and equipment.* **râtelier des tiges de pompage** : sucker-rod hanger; sucker-rod jack.

rater – miss (to).

ratification *f* – approval.

rationnement *m* – rationing.

ratissette *f* – drag hook.

ratissoir *m* – scuffle hoe.

rattachement *m* – tie-in.

rattacher – tie (to).

rattraper – overtake (to). **rattraper le jeu d'un tube** : take (to) up strain on a pipe. **rattraper le temps perdu** : make (to) up for lost time.

Rauracien *m* – Rauracian, *Upper Jurassic substage.*

ravin *m* – chine; clough; flume; gorge; gulch; ravine. **ravin abyssal** : trench, *a long narrow deep depression in the sea floor with relatively steep sides.* **ravin sous-marin** : trench.

ravinement *m* – gully erosion; gullying; ravinement; washout, *a channel created in a sedimentary deposit by the scouring of water and later filled with younger sediments.*

ravitaillement *m* – refilling; supply. **ravitaillement en combustible** : refueling.

ravitailleur *m* – supply ship.

rayage *m* – scoring. **rayage des segments** : piston-ring scuffing. **rayage léger** : scratch.

rayé – scored, *cylinder*; striated.

rayer – groove (to).

Rayleigh – Rayleigh, *see disque, distillation, nombre, onde, ondelette, pseudo-onde de Rayleigh.*

rayon *m* – beam; radius; ray; scope; spoke; wavepath. **rayon actinique** : chemical ray. **rayon alpha** : alpha ray. **rayon autocollimé** : image ray. **rayon bêta** : beta ray. **rayon canal** : canal ray. **rayon cathodique** : cathode ray, *electron stream emitted by the cathode in a vacuum tube*; cathode stream. **rayon chimique** : actinic ray; chemical ray. **rayon cosmique** : cosmic ray. **rayon courbe** : curved path; curved ray. **rayon d'action** : endurance. **rayon d'action d'un engin submersible** : footprint. **rayon d'évitage** : swinging radius, *of a ship.* **rayon d'excentricité** : throw of an eccentric. **rayon d'une roue** : arm of a wheel; wheel spoke. **rayon dangereux** : harmful ray. **rayon de braquage** : turning radius. **rayon de courbure** : bending radius. **rayon de lumière** : beam of light; ray of light. **rayon de travail** : scope of work. **rayon du puits** : wellbore radius. **rayon en autocollimation** : image ray *(seis).* **rayon gamma** : gamma ray. **rayon gamma monoénergétique** : monoenergetic gamma ray. **rayon incident** : incident ray; incident raypath. **rayon nocif** : harmful ray. **rayon ordinaire** : ordinary ray *(opt).* **rayon paraxial** : paraxial ray. **rayon primitif du cône** : pitch-cone radius. **rayon réfléchi** : reflected raypath. **rayon réfracté** : refracted raypath. **rayon sismique** : seismic ray, *seismic raypath.* **rayon ultraviolet** : ultraviolet ray. **rayon X** : X ray.

rayonnage *m* – shelf.

rayonnant – radiant.

rayonne *f* – rayon *(text).*

rayonnement *m* – radiation. **rayonnement cosmique** : cosmic radiation. **rayonnement de Cerenkov** : Cerenkov radiation. **rayonnement de la**

Terre : eradiation, *terrestrial radiation.* **rayonnement de résonance** : resonance radiation. **rayonnement diffus** : scattered radiation. **rayonnement du corps noir** : blackbody radiation, *total radiation (phys).* **rayonnement électromagnétique (REM)** : electromagnetic radiation (EMR). **rayonnement gamma** : gamma radiation. **rayonnement global** : global radiation. **rayonnement infrarouge** : infrared radiation. **rayonnement ionisant** : ionizing radiation. **rayonnement solaire** : solar radiation. **rayonnement terrestre** : terrestrial radiation. **rayonnement thermique** : thermal radiation. **rayonnement ultraviolet** : ultraviolet radiation.

rayonner – radiate (to).

rayure *f* – furrow; plug score, *defect in tubular equipment*; score; scratch; scratching; stria; tool mark. **rayure d'outil** : tool mark.

RAZ – RZ, *abbr. retour à zéro: return to zero.*

raz-de-marée *m* – eagre; storm wave; tidal wave.

RCI – ROI, *abbr. rentabilité des capitaux investis, return on investment.*

réa *m* – deadline anchor *(drill)*; tie-down sheave *(drill)*.

réactance *f* – reactance. **réactance capacitive** : capacitive reactance. **réactance inductive** : inductive reactance.

réacteur *m* – jet engine; reactor. **réacteur à eau légère** : light-water reactor (LWR). **réacteur à eau lourde** : heavy-water reactor (HWR). **reacteur à froid** : clean reactor. **réacteur à fusion** : fusion reactor. **réacteur à haute température** : high-temperature reactor. **réacteur à haute température refroidi au gaz** : high-temperature gas-cooled reactor (HTGR). **réacteur à l'eau sous pression** : pressurized-water reactor (PWR), *a nuclear reactor using either light or heavy water.* **réacteur à l'eau bouillante** : boiling-water reactor (BWR) *(nucl)*. **réacteur à lit bouillonnant** : ebullating-bed reactor; expanded-bed reactor. **réacteur à neutrons rapides** : fast-neutron reactor. **réacteur à phase vapeur** : vapor-phase reactor. **réacteur à réseau** : lattice reactor. **réacteur à suspension** : slurry reactor. **réacteur à uranium** : uranium reactor. **réacteur agitateur** : stirred reactor, *in an alkylation unit.* **réacteur autothermique** : autothermal cracker. **réacteur catalytique** : catalytic reactor. **réacteur chimique** : chemical reactor. **réacteur de craquage** : cracking reactor. **réacteur de craquage autotherme** : autothermal cracker. **réacteur de déshydrogénation** : dehydrogenation reactor. **réacteur de garde** : guard reactor. **réacteur de gazéification** : gasifier. **réacteur de maturation** : soaking drum, *for maintaining the thermal-cracking temperature of the feedstock high enough so that the reaction can take place.* **réacteur de protection** : guard reactor. **réacteur électrique** : electric reactor. **réacteur nucléaire** : nuclear reactor. **réacteur surrégénérateur** : breeder reactor. **réacteur surrégénérateur rapide** : fast breeder reactor (FBR). **réacteur surrégénérateur rapide refroidi au gaz** : gas-cooled fast-breeder reactor (GCFBR). **réacteur thermique** : thermal reactor. **réacteur tubulaire** : tube-in-shell reactor.

réactif *m* – reactant, *a molecule in a reaction*; reagent, *a substance or chemical used in the laboratory to measure or examine another substance.* **réactif cationique** : cationic reagent. **réactif chimique** : chemical reagent. **réactif d'attaque** : etching reagent. **réactif de flottation** : flotation reagent. **réactif de Klein** : Klein's reagent, *solution of borotungstate used for separating minerals by specific gravity.* **réactif de Nessler** : Nessler reagent, *used to detect traces of ammonia.* **réactif électrophile** : electrophilic reagent. **réactif métallographique** : etching reagent. **réactif nucléophile** : nucleophilic reagent. **réactif sélectif** : selective reagent.

réactif – reactive.

réaction *f* – reaction. **réaction anodique** : anodic reaction. **réaction bimoléculaire** : bimolecular reaction. **réaction à échange catalytique** : catalytic-exchange reaction. **réaction chélotrope** : chelotropic reaction, *a form of cycloaddition.* **réaction chimique** : chemical change; chemical reaction. **réaction chimique hétérogène** : heterogeneous chemical reaction. **réaction chimique réversible** : reversible chemical reaction. **réaction composée** : composite réaction. **réaction d'addition** : addition reaction. **réaction d'alkylation** : alkylation reaction. **réaction d'échange** : exchange reaction. **réaction d'élimination** : elimination reaction. **réaction d'insertion** : insertion reaction. **réaction d'ordre zéro** : zero-order reaction. **réaction d'oxydoréduction** : redox reaction. **réaction de Claus** : Claus reaction. **réaction de Diels-Alder** : Diels-Alder reaction, *cycloaddition, aromatics synthesis.* **réaction de double décomposition** : redistribution reaction. **réaction de Friedel et Crafts** : Friedel-Crafts reaction, *a substitution reaction, catalyzed by aluminum chloride.* **réaction de l'induction mutuelle** : coupled reaction. **réaction de Prins** : Prins reaction, *synthesis of 1,3-glycols and unsaturated alcohols from olefins and aliphatic aldehydes.* **réaction de ramification** : branching reaction. **réaction de Ritter** : Ritter reaction, *a procedure for preparing amides.* **réaction de substitution** : substitution reaction. **réaction de transfert** : transfer reaction. **réaction de Wittig** : Wittig reaction, *conversion of a carbonyl compound into an olefin.* **réaction de Wolff-Kishner** : Wolff-Kishner reaction, *a reduction reaction.* **réaction de Wurtz** : Wurtz reaction, *reaction of alkyl halides with a metal, giving a hydrocarbon in which two alkyl groups have combined.* **réaction du deuxième ordre** : second-order reaction. **réaction du premier ordre** : first-order reaction. **réaction du troisième ordre** : third-order reaction. **réaction électrolytique réversible** : reversible electrolytic process. **réaction élémentaire** : elementary reaction. **réaction emballée** : runaway reaction. **réaction en chaîne droite** : straight-chain reaction. **réaction en chaîne ramifiée** : branched-chain reaction. **réaction endothermique** : endothermic reaction. **réaction entretenue** : sustained reaction. **réaction équilibrée** : balanced reaction. **réaction exothermique** : exothermic reaction, *in which heat is given off.* **réaction inverse** : back reaction. **réaction narcissique** : narcissistic reaction, *in which reactants and products are mirror images with respect to a fixed plane.* **réaction oscillatoire** : oscillatory reaction. **réaction par gaz à l'eau** : water-gas reaction. **réaction parasite** : side reaction. **réaction péricyclique** : pericyclic reaction. **réaction**

photochimique : photochemical reaction. **réaction photochromique** : photochromic reaction. **réaction protolytique** : protolytic reaction. **réaction rapide** : fast reaction. **réaction réversible** : reversible process; reversible reaction. **réaction secondaire** : side reaction. **réaction sélective** : selective reaction. **réaction simultanée** : concerted reaction *(chem)*. **réaction stéréosélective** : stereoselective reaction. **réaction superficielle** : surface reaction. **réaction thermonucléaire** : thermonuclear reaction. **réaction topochimique** : topochemical reaction.

réactivation *f* – reactivation, *of a catalyst.*

réactiver – revive (to).

réactivité *f* – reactivity. **réactivité relative** : relative reactivity.

réadaptation *f* – retrofitting, *modifying equipment by means of techniques that did not exist when it was built.*

réaffutage *m* – regrinding.

réagir – react (to).

réaimantation *f* – remagnetization.

réalésé – oversize.

réaléser – rebore (to).

réalgar *m* – realgar, *arsenic sulfide, red arsenic, sandarac.*

réalignement *m* – realignment.

réalisable – achievable; feasible; realizable.

réalisation *f* – achievement; carrying out. **réalisation d'un profil** : profiling *(seis)*. **réalisation du stock** : clearance sale.

réalisé – worked out.

réaliser – carry (to) on; embody (to); perform (to).

réalité *f* – reality. **réalité de terrain** : ground truth, *results of a ground survey of properties such as temperature and land use to check observations made from satellites or aircraft.*

réallumage *m* – afterrunning, *when an engine continues to run for a varying length of time after the ignition has been shut off.*

réaménagement *m* – redevelopment.

réanimation *f* – resuscitation.

réarrangement *m* – rearrangement, *a chemical reaction in which atoms of a single compound recombine to form a new compound having the same molecular weight but different properties.* **réarrangement dégénéré** : degenerate rearrangement. **réarrangement moléculaire** : molecular rearrangement. **réarrangement sigmatropique** : sigmatropic rearrangement.

réassurance *f* – reinsurance.

Réaumur – Reaumur, *see échelle Réaumur, thermomètre Réaumur.*

reboisement *m* – reforestation.

rebond *m* – bounce; rebound.

rebondir – bounce (to); chatter (to).

rebondissement *m* – rebound.

rebord *m* – ledge; lip; rim. **rebord de la pente continentale** : depositional shelf edge; shelf edge. **rebord saillant d'une came** : camhead. **à deux rebords** : double-flanged.

rebouchage *m* – backfilling, *filling a well with solid materials, e.g. to seal off an aquifer layer.*

reboucher – plug (to) back, *filling up a borehole with solid materials.*

rebouilleur *m* – reboiler. **rebouilleurs à températures différentes** : alternating stills.

rebroussement *m* – drag, *the bending of strata of a fault caused by the friction of the moving blocks along the fault surface.* **rebroussement en bas** : downward drag. **rebroussement en haut** : upward drag.

rebroyage *m* – regrinding, *of cuttings.*

rebut *m* – cull; junk; refuse; rejection; scrap; trash; waste material. **rebut de coke** : refuse coke. **mis au rebut** : junked.

rebuts *m* – spoilage.

recalage *m* – readjustment.

recalescence *f* – recalescence, *spontaneous and temporary temperature increase on the surface of a metal or alloy during cooling.*

recarbonisation *f* – recarburization.

recarburer – recarburize (to), *iron.*

recémenter – recarburize (to).

récent – recent.

récépissé *m* – receipt. **récépissé de douane** : docket.

récepteur *m* – receiver; trap. **récepteur à noir de fumée** : carbon receiver. **récepteur acoustique** : acoustic receiver. **récepteur téléphonique** : telephone receiver.

récepteur – collecting; receiving.

réception *f* – acceptance; receiving; reception. **réception en diversité** : diversity reception. **réception multiple** : diversity reception.

récession *f* – recession. **récession économique** : economic recession. **récession glaciaire** : glacial retreat.

recette *f* – acceptance test; receiving. **recette du jour** : top landing *(mining)*. **recette inférieure du puits** : bottom *(mine)*.

recettes *f* – earnings; receipts. **recettes courantes** : current revenues. **recettes d'exploitation** : operating revenue, *business turnover.* **recettes et dépenses** : receipts and expenditures. **recettes fiscales** : fiscal revenue. **recettes occasionnelles** : occasional earnings.

recevabilité *f* – admissibility.

rechange *f* – replacement. **de rechange** : alternative; spare.

rechapage *m* – recapping, *of a tire*; retreading.

rechapé – retreaded, *tire.*

recharge *f* – hard facing, *of a metal surface by a very hard and wear-resistant alloy.* **recharge par apport de métal** : surfacing, *of drill bits.*

recharger – reload (to).

réchaud *m* – stove. **réchaud à gaz** : gas cooker.

réchauffage *m* – reheating, *heating.* **réchauffage de l'huile** : oil heating. **réchauffage des conduites métalliques** : skin electric-current tracing (SECT).

réchauffe *f* – *see postcombustion.*

réchauffement *m* – warming up.

réchauffer – reheat (to).

réchauffeur *m* – fired heater; heater; reheater; vaporizer. **réchauffeur à galets** : pebble heater. **réchauffeur à huile** : oil heater. **réchauffeur d'air** : air heater. **réchauffeur d'air à récupération** : recuperative air heater. **réchauffeur d'eau d'alimentation** : feed-water heater. **réchauffeur d'huile** : oil heater; oil-heating unit. **réchauffeur de réservoir**

de stockage : tank heater. **réchauffeur tubulaire** : tubular heater.

rechausser – underpin (to), *in construction.*

rechemiser – reline (to).

recherche *f* – inquiry; research; search. **recherche appliquée** : industrial research. **recherche coopérative** : cooperative research. **recherche d'information** : scouting, *the activities of rival prospectors or drillers.* **recherche en cours** : ongoing research. **recherche et développement (R&D)** : research and development (R&D). **recherche fondamentale** : fundamental research. **recherche minutieuse** : close investigation. **recherche opérationnelle** : operational research, operations research. **recherche pétrolière** : oil prospecting. **recherches préliminaires** : exploratory work. **recherche scientifique** : scientific research.

récif *m* – reef, *carbonate buildup usually related to the activity of organisms such as coral.* **récif à serpules** : serpulid reef. **récif barrière** : barrier reef. **récif bordure** : fringing reef. **récif corallien** : coral reef. **récif d'algues** : algal reef. **récif émergé** : emerged reef. **récif externe** : forereef. **récif frangeant** : fringing reef. **récif interne** : back reef. **récif intertidal** : intertidal reef. **récif mort** : dead reef. **récif organique** : organic reef. **récif productif** : productive reef. **récif submergé** : drowned reef; submerged reef. **récif vivant** : live reef.

récipient *m* – bin; dish; holder; receptacle; vessel. **récipient à pression** : vapor separator, *for eliminating vapor from LP gas after pumping and before metering.* **récipient en acier au carbone** : carbon-steel vessel. **récipient pour acides** : acid bottle. **récipient soudé à l'arc** : arc-welded vessel. **récipient sous pression** : high-pressure vessel; pressure vessel. **récipient sous pression non soumis à l'action des flammes** : unfired pressure vessel.

réciprocité *f* – reciprocity.

réciproque – interlocking, *trace*; reciprocal.

recirculation *f* – recirculation; recycle. **recirculation des gaz d'échappement (RGE)** : exhaust-gas recirculation (EGR), *method of reducing nitrogen-oxide emissions by recycling part of the exhaust back to the engine via the carburetor air intake.*

réclame *f* – advertisement.

réclamer – claim (to).

recoin *m* – recess.

récoler – check (to) off.

récolte *f* – collecting; crop; gathering.

recombinaison *f* – recombination. **recombinaison géminée** : geminate recombination.

recompresser – repressure (to).

recompression *f* – pressure maintenance, *the use of waterflooding or natural gas recycling to provide additional formation pressure*; recompression, *in diving technology, increasing the ambient pressure on the diver*; repressuring.

recomprimer – repressure (to).

reconditionnement *m* – workover, *remedial operations on a producing well for restoring or increasing production.* **reconditionnement des puits** : well workover.

reconditionner – recondition (to); repressure (to).

recongélation *f* – refreezing.

reconnaissance *f* – reconnaissance; scouting; survey. **reconnaissance aérienne** : aerial reconnaissance. **reconnaissance de dette** : bill of debt. **reconnaissance de la parole** : speech recognition. **reconnaissance des caractères** : character recognition. **reconnaissance des formes** : pattern recognition. **reconnaissance du sous-sol** : subsurface exploration. **reconnaissance en zone altérée** : uphole survey *(seis)*. **reconnaissance optique des caractères (ROC)** : optical character recognition (OCR). **reconnaissance photographique** : photographic reconnaissance, *surveying by making a photographic overflight.* **reconnaissance vocale** : speech recognition.

reconstitué – reconstituted.

reconstituer – restore (to).

reconstitution *f* – reconstitution. **reconstitution des ressources** : replenishment of resources. **reconstitution des stocks** : restocking. **reconstitution du gradient de pression** : gas repressuring, *oil drive in a reservoir by forcing gas in via special wells.*

reconstruction *f* – rebuilding; reconstruction.

reconstruit – rebuilt.

recontrastage *m* – stretching, *image processing.*

reconversion *f* – reconversion; redeployment.

recoupe *f* – doghole *(mine)*; slit.

recoupement *m* – intersection; resection; shortcut, *of a meander.* **recoupement d'un méandre** : meander cutoff.

recouper – intercept (to).

recours *m* – recourse, *appeal (jur)*. **recours des tiers** : third-party claim. **non recours** : no right of recourse *(jur)*.

recouvrance *f* – recovery, *the reduction in deformation after unloading.*

recouvrant *m* – scarf.

recouvrement *m* – cap rock, *see roche-couverture*; covering; doubling; lap; overfolding *(geol)*; overlap, *for adjacent fractions, the temperature interval between the initial-boiling point of the higher-boiling fractions and the end point of the lower-boiling fractions*; overlapping; overlay *(computer)*; recovery, *of investments.* **recouvrement de base sur discordance** : baselap *(geol)*. **recouvrement de l'investissement** : return of capital. **recouvrement des coûts** : cost recovery. **recouvrement du prêt** : loan recovery. **recouvrement en avancée** : onlap, *see contrebiseau.* **recouvrement en retrait** : offlap. **recouvrement horizontal** : heave, *horizontal throw.* **recouvrement horizontal apparent** : apparent heave, *of a reverse fault.* **recouvrement sédimentaire** : sedimentary overlap *(geol)*. **recouvrement stratigraphique** : stratigraphic heave.

recouvrir – cover (to) in; cover (to) over; overlay (to), *overlie (to)*.

recreusement *m* – *see rajeunissement du relief.*

recristallisation *f* – recrystallization; rejuvenation of crystals. **recristallisation antérieure à la déformation** : pretectonic recrystallization. **recristallisation postérieure à la déformation** : posttectonic recrystallization.

recristalliser – recrystallize (to).

rectangulaire – rectangular.

rectifiant – rectifying.

rectificateur *m* – stripper.

rectificatif – corrective.
rectification *f* – grinding; rectification, *separation of the components of a mixture by fractional distillation*; rectified distillation; shaving; straightening; stripping. **rectification d'image** : image rectification.
rectifié – ground; rectified.
rectifier – correct (to); rectify (to) *(chem)*; redistill (to); strip (to), *gas*.
rectifieuse *f* – grinder; grinding machine. **rectifieuse de soupapes** : valve cutter; valve grinder. **rectifieuse pour cylindre** : cylinder grinder.
rectiligne – rectilinear.
reçu *m* – certificate of delivery; receipt. **reçu de marchandises** : dock warrant, *for goods in customs*.
recueillir – collect (to).
recuire – anneal (to).
recuisson *f* – *see recuit*.
recuit *m* – annealing, *heat treating a metal, alloy or glass followed by cooling to eliminate internal stresses and make the material less brittle*. **recuit au chalumeau** : flame annealing. **recuit blanc** : white annealing *(metal)*. **recuit de détensionnement** : stress relieving. **recuit excessif** : overannealing *(metal)*. **recuit total** : full annealing.
recul *m* – kick; recoil. **recul d'une hélice** : slip of a propeller. **recul de la mer** : withdrawal of the sea. **sans recul** : recoilless.
reculée *f* – blind valley.
récupérabilité *f* – salvage value.
récupérable – nonexpendable; recoverable; retrievable.
récupérateur *m* – catcher, *junk, core*; recuperator; regenerator; skimmer, *see also écrémeuse*. **récupérateur à bande** : continuous-belt skimmer. **recupérateur à bande absorbante** : absorbent oleophilic-belt skimmer. **récupérateur à déversoir** : weir skimmer. **récupérateur à disque** : disk skimmer. **récupérateur à succion** : suction skimmer. **récupérateur à vortex** : cyclone recovery skimmer. **récupérateur d'huile** : oil scoop. **récupérateur de bouchons liquides** : slug catcher *(prod)*.
récupération *f* – collection; reclamation; recovery; recuperation; retrieval. **récupération additionnelle potentielle** : potential additional recovery, *portion of oil remaining in place in a reservoir and that will one day be recoverable through technological improvements in recovery techniques*. **récupération améliorée du pétrole** : improved oil recovery (IOR). **récupération assistée** : enhanced recovery. **récupération assistée des hydrocarbures (RAH)** : enhanced oil recovery (EOR), *oil recovery by injection of materials not normally present in the reservoir*. **récupération assistée du pétrole (RAP)** : enhanced oil recovery (EOR). **récupération assistée par bactéries (RAB)** : microbial-enhanced oil recovery (MEOR), *microbial enhancement of oil recovery*. **récupération classique** : conventional recovery, *primary or secondary recovery (prod)*. **récupération d'acide** : acid recovery. **récupération d'amplitude** : amplitude recovery. **récupération de brut visqueux** : viscous-oil recovery. **récupération de carottes** : core recovery. **récupération de chaleur** : heat recovery. **récupération de distillat** : distillate recovery. **récupération de pétrole brut** : crude-oil recovery. **récupération des chaleurs perdues** : waste-heat recovery. **récupération des déchets** : recycling of wastes; waste recovery. **récupération des fractions légères** : light-ends recovery. **récupération du tubage** : retrieving casing. **récupération finale de l'huile** : ultimate oil recovery. **installation de récupération de l'huile brute** : pickup station. **récupération par effet vortex** : free-vortex oil recovery. **récupération par expansion propre de l'huile** : expansion oil recovery. **récupération primaire** : primary recovery, *natural drainage of a reservoir resulting from the pressure differential inside the reservoir and at the bottom of the production well ; flow may either be natural (flowing well) or induced by mechanical pumping*. **récupération secondaire** : secondary recovery. **récupération secondaire du pétrole** : secondary oil recovery, *techniques, such as gas or water flooding, whose purpose is to maintain reservoir pressure*. **récupération supplémentaire d'huile** : incremental oil recovery (IOR), *polymer flooding*. **récupération tertiaire du pétrole** : tertiary oil recovery, *any technique applied after secondary recovery*. **récupération thermique** : fireflooding; thermal flooding; thermal recovery, *technique for improving oil production by methods making use of heat and/or combustion*. **récupération thermique du pétrole** : thermal oil recovery, *by air flooding to promote the combustion of part of the oil, see also combustion in situ*. **récupération totale** : total recovery, *total amount of oil recovered from a well*.
récupéré – recovered.
récupérer – reclaim (to); recover (to).
récurage *m* – scouring. **récurage d'un puits** : cleaning a well. **récurage de fond de trou** : bottomhole scavenging.
récurrence *f* – recurrence; recursion.
récurrent – recurrent; recurring; recursive.
recuveler – recase (to).
recyclage *m* – cycling; recycle; recycling; rerun; rerunning; retraining, *education*. **recyclage des capitaux** : recycling of capital. **recyclage du gaz** : cycling of gas. **recyclage des gaz d'échappement** : *see recirculation des gaz d'échappement*. **recyclage des gaz de carter** : positive crankcase ventilation (PCV). **recyclage du gaz** : gas cycling, *in a reservoir to maintain the pressure*. **de recyclage** : recirculating. **sans recyclage** : once through, *refers to a continuous process with no recycling*.
recyclé – recirculated.
recycler – pump (to) back *(ref)*; recycle (to).
redémarrage *m* – restarting.
redent *m* – dogleg.
redéploiement *m* – redeployment.
redéposer – redeposit (to) *(geol)*.
redéposition *f* – redeposition.
redescente *f* – rerun, *running a tool into the borehole a second time*. **redescente du jet de rive** : backwash.
redevance *f* – due; paid-up royalty, *an overall sum paid to a license holder, usually in proportion to the onstream production capacity*; royalty; tax, *for mining*. **redevance à taux variable** : sliding-scale royalty. **redevance avec participation aux bénéfices** : participating royalty.

redevance brute : gross royalty, *paid to the owner of the land leased.* **redevance compensatoire** : compensatory royalty, *paid if one of the wells called for in the concession agreement is not drilled.* **redevance complémentaire** : overriding royalty, *a fractional interest in gross oil and gas production under a lease in addition to the usual royalties paid to the lessor, and free of any expense for exploration, drilling, development, operating, marketing, etc.* **redevance courante** : running royalty, *a sum generally proportional to the actual production of a unit, payed in annual installments during the amortization of installations or during the time the patents remain in force.* **redevance d'ajournement** : delay rental, *payable to hold a lease while drilling is defferred.* **redevance de base** : base royalty. **redevance de puits de limite** : offset royalty, *paid by the operator of adjacent leases so as not to have to drill an offset well.* **redevance dégressive** : sliding-scale royalty. **redevance dérogatoire** : overriding royalty. **redevance en nature** : royalty in kind. **redevance en participation** : participating royalty. **redevance excédentaire** : excess royalty. **redevance exempte de charges** : nonparticipating royalty, *not sharing in the bonus or rental or in the right to execute a lease or to explore and develop.* **redevance fixe** : fixed royalty, *for a set period and independent of the production of the permit area.* **redevance nette** : net royalty, *based on the net profits from oil production.* **redevance non échue** : unaccrued royalty, *to become payable on future oil and/or gas production, treated as real estate.* **redevance pétrolière** : oil royalty. **redevance pétrolière sans participation aux dépenses** : free ride. **redevances portuaires** : port charges. **redevance reçue par le propriétaire du sol** : fee royalty, *landowner royalty.* **redevance sur la production du gaz** : gas royalty, *does not include the gas produced but reinjected into the field.* **redevance variable** : variable royalty.

rédiger – compile (to); edit (to).

redissolution *f* – resolution. **redissolution anodique** : stripping analysis.

redistillation *f* – redistillation. **redistillation atmosphérique** : atmospheric rerun. **redistillation sous vide** : vacuum rerun.

redistiller – redistill (to); rerun (to).

redondance *f* – redundancy.

Redonien *m* – Redonian, *Upper Pliocene stage.*

redoublement *m* – doubling; duplication *(geol)*.

redox – redox, *a contraction of reduction-oxidation used as an adjective.*

redressé – upturned.

redressement *m* – straightening; tilt; uplift, *of formations.*

redresser – rectify (to) *(elec)*; straighten (to), *a borehole.*

redresse-tubes *m* – casing swage *(drill) also casing swedge.*

redresseur *m* – converter *(elec)*; rectifier; straightener. **redresseur à double alternance** : full-wave rectifier. **redresseur à vapeur de mercure** : mercury-vapor rectifier. **redresseur de courant** : direct-current transformer. **redresseur de tiges** : pipe straightener *(drill)*. **redresseur électrolytique** : electrolytic rectifier. **redresseur mécanique** : mechanical rectifier. **redresseur pleine onde** : full-wave rectifier. **redresseur triphasé** : wye rectifier, *a three-phase rectifier.*

réducteur *m* – reducer. **réducteur à engrenage** : gear reducer. **réducteur de filtrat** : filtrate reducer; filtration control agent; fluid-loss additive; fluid-loss control agent. **réducteur de tubage** : casing adapter, *for connecting two casing lengths having different diameters.* **réducteur de vitesse** : speed reducer. **réducteur de vitesse à engrenage** : reduction gear. **réducteur de vitesse pour turbine** : turbine gear.

réductibilité *f* – reducibility.

réductible – reducible.

réduction *f* – abatement; adapter bushing *(drill)*; crossover sub, *to connect drill-string components that have different threads or sizes*; curtailment; cutback; reduction; sub, *a threaded adapter between two sizes of pipe.* **réduction à l'air libre** : free-air correction. **réduction à la référence** : datuming, *changing the reference plane of a wavefield*; smoothing *(sism)*. **réduction de Bouguer** : Bouguer reduction, *Bouguer correction.* **réduction de frottement** : drag reduction. **réduction de la résistance à l'avancement** : drag reduction. **réduction de la traînée hydrodynamique** : drag reduction. **réduction de tige de forage** : drill-pipe sub. **réduction de tiges** : rotary sub. **réduction de viscosité** : *see viscoréduction.* **réduction directe** : direct-reduction process, *of iron ore.* **réduction du bruit** : noise reduction (NR). **réduction électrolytique** : electrolytic reduction. **réduction femelle-femelle** : box-to-box reducer. **réduction isostatique** : isostatic reduction. **réduction mâle-mâle** : reducing nipple. **réduction par engrenage** : gear reduction. **réduction pour tête de puits** : wellhead adaptor. **réduction pour tête de puits immergée** : subsea adaptor. **réduction supérieure** : top sub *(drill)*. **réduction tarifaire** : tariff cut.

réduire – control (to); evaporate (to) down; reduce (to). **réduire à l'anomalie résiduelle** : residualize (to). **réduire la pression** : bleed (to) off, *letting gas or oil escape slowly.* **réduire le débit d'un puits** : bean (to) back.

réduit – reduced. **réduit à la référence** : datumized. **réduit en boulettes** : pelletized. **réduit en morceaux** : shredded.

Redwood – Redwood, *see seconde Redwood, viscosimètre Redwood, viscosité Redwood.*

rééchantillonner – resample (to).

réécriture *f* – rewrite.

réel – actual; effective; factual; real; true.

rééquilibrage *m* – readjustment.

rééquipement *m* – retrofitting. **rééquipement industriel à la demande** : custom retrofitting.

réétalonnage *m* – recalibration.

réévaluation *f* – revaluation.

réexpédition *f* – reforwarding.

réextraction *f* – backwashing, *solvent treatment.*

refaire – remake (to). **refaire le plein** : refill (to). **refaire le réglage** : reset (to), *to zero.*

réfection *f* – revamping.

refente *f* – splitting.

référence *f* – datum; pilot; reference. **référence supérieure** : reference point, *mark at the top of a storage tank used for gaging.*

référentiel *m* – frame of reference *(math)*. **référentiel d'inertie** : inertial reference frame *(mech)*.

réfikite *f* – refikite, *soft white resin found in lignite.*

refinancement *m* – rollover.

réfléchi – reflected.

réflectance *f* – reflectance, *reflecting power.* **réflectance spectrale** : spectral reflectance.

réflecteur *m* – mirror *(seis)*; reflecting; reflector; tamper. **réflecteur courbe** : curved reflector. **réflecteur en trièdre** : corner reflector. **réflecteur horizontal** : horizontal reflector. **réflecteur incliné** : dipping reflector. **réflecteur mince** : thin reflector. **réflecteur radar** : radar reflector.

réflectivité *f* – reflectivity. **réflectivité radar** : radar reflectivity.

reflet *m* – alias, *seismic recording*; bloom, *of an oil*; cast; sheen. **reflet d'une huile** : cast of an oil. **reflet gras** : greasy luster. **reflets principaux** : principal alias.

réflexion *f* – reflection. **réflexion à l'angle limite** : critical reflection. **réflexion de la houle** : wave reflection. **réflexion diffractée** : diffracted reflection. **réflexion diffuse** : diffuse reflection. **réflexion directe** : direct reflection. **réflexion fantôme** : ghost reflection, *caused by a multiple reflection on the surface of the ground or the bottom of the weathered layer.* **réflexion grand angle** : wide-angle reflection. **réflexion limite** : critical reflection. **réflexion méplate** : flat spot. **réflexion multiple** : multiple *(seis)*; secondary reflection, *involving more than one reflector.* **réflexions multiples** : multiple reflections. **réflexion partielle** : partial reflection *(seis)*. **réflexion primaire** : primary reflection. **réflexion réelle** : primary reflection. **réflexion simulant le fond de la mer** : bottom-simulation reflection (BSR). **réflexion totale** : full reflection; total reflection, *reflection becomes total when the angle of incidence is larger than the critical angle.*

refluer – ebb (to); flow (to) back.

reflux *m* – backflow; ebb; reflux, *in distilling operations, the portion of the distillate returned to the column to enhance separation into desired fractions*; refluxing. **reflux circulant** : circulating reflux. **reflux externe** : external reflux. **reflux froid** : cold reflux, *reflux used to adjust the overhead column temperature.* **reflux induit** : induced reflux, *liquid formed inside a fractionating tower by condensation of induced vapors.* **reflux infini** : infinite reflux. **reflux interne** : internal reflux. **reflux minimal** : minimum reflux. **reflux repompé** : pumpback reflux, *portion of the product that is cooled and pumped back into the fractionating tower.* **reflux total** : total reflux, *overhead column vapor that is cooled and integrally sent back as reflux.*

refondu – remelted.

refonte *f* – recasting *(metal)*; remelting. **refonte de roches** : remelting of rocks *(geol)*.

reforage *m* – reaming; redrilling. **reforage du ciment** : drilling out cement.

reforer – drill (to) out, *a well or cement plug*; redrill (to).

reformage *m* – reforming, *a process for converting naphtha into more volatile products with a higher octane number.* **reformage à la vapeur** : steam reforming. **reformage catalytique** : catalytic reforming. **reformage cyclique** : cyclic reforming. **reformage régénératif** : continuous reforming. **reformage semirégénératif** : semiregenerative reforming. **reformage thermique** : thermal reforming. **de reformage** : reformed.

reformat *m* – reformate. **reformat catalytique** : catalytic reformate. **reformat thermique** : thermal reformate.

reformatage *m* – reformatting, *changing the arrangement of data.*

reformation *f* – *see reformage.*

reformeur *m* – reformer *(app)*.

reformulé – reformulated, *see essence reformulée, carburants reformulés.*

refoulement *m* – back draft; backflow; discharge; jumping; jumping-up; outlet; upset, *the section at the ends of tubular goods where the outside diameter is increased to give better strength*; upsetting. **refoulement alternatif** : rocking, *of a product in the tubing and annulus to scour well walls.* **refoulement d'une pompe** : discharge end of pump; pump discharge. **refoulement externe** : external upset. **refoulement intérieur** : internal upset. **refoulement latéral** : lateral compression. **sans refoulement** : nonupset.

refouler – deliver (to), *pumps*; extrude (to); upset (to). **refouler une cheville** : jump (to) a pin.

réfractaire – fire resisting; heat resisting; heat-proof; refractory; sluggish; stubborn.

réfracteur *m* – refractor *(seis)*.

réfraction *f* – refraction. **réfraction à déport latéral** : broadside refraction *(seis)*. **réfraction astronomique** : celestial refraction. **réfraction avec tir en surface** : surface-to-surface refraction. **réfraction de la houle** : wave refraction, *wave bending caused by impingement of a wave against a shoaling bottom.* **réfraction des vagues** : shoaling, *the bottom effect influencing the height of waves moving from deep to shallow water.* **réfraction double** : double refraction. **réfraction en arc** : broadside refraction *(seis)*. **réfraction moléculaire** : molecular refraction. **réfraction réfléchie** : reflected refraction.

réfractomètre *m* – refractometer. **réfractomètre à immersion** : dipping refractometer. **réfractomètre d'Abbe** : Abbe refractometer.

réfractométrie *f* – refractometry.

réfrigérant *m* – cooler. **réfrigérant à bâche** : box-type cooler. **réfrigérant à boule** : bulb condenser. **réfrigérant à cascade** : cascade cooler. **réfrigérant à cheminée** : cooling tower. **réfrigérant à chemise d'eau** : water-jacket cooler. **réfrigérant à l'eau douce** : freshwater cooler, *heat exchanger.* **réfrigérant à l'huile** : oil cooler. **réfrigérant à râclage** : chiller, *tubes equipped with scrapers for crystallizing paraffin and separating it from oil.* **réfrigérant à reflux** : backflow condenser. **réfrigérant d'huile** : oil cooler. **réfrigérant d'huile de graissage** : lubricating-oil cooler. **réfrigérant des purges** : drain cooler. **réfrigrant humide** : wet-cooling tower. **réfrigérant intermédiaire** : intercooler. **réfrigérant par surface** : surface cooler. **réfrigérant sec** : dry-cooling tower. **réfrigérant soufflé** : forced-draft cooler. **réfrigérant tubulaire** : tubular cooler.

réfrigérant – cooling; refrigerant.

réfrigérateur *m* – cooler; refrigerator.

réfrigération *f* – chilling; cooling; refrigerating; refrigeration. **réfrigération complémentaire** : after-cooling. **réfrigération par compression** : compression refrigeration.

réfrigéré – refrigerated.

réfrigérer – chill (to); cool (to).

réfringence *f* – refractivity.

réfringent – refringent.

refroidi – chilled; cooled. **refroidi à l'air** : air cooled. **refroidi à l'eau** : water cooled. **refroidi par ventilateur** : fan cooled.

refroidir – chill (to); cool (to).

refroidissement *m* – chilling; cooling; slacking, *blast furnace*. **refroidissement à liquide** : liquid cooling. **refroidissement adiabatique** : adiabatic cooling. **refroidissement au gaz carbonique** : carbon freezing, *producing low temperature by rapid evaporation of dry ice*. **refroidissement continu** : direct refrigeration. **refroidissement de l'outil de forage** : bit cooling; cooling of the bit. **refroidissement de réservoir** : tank cooling. **refroidissement de retour** : recooling. **refroidissement du moteur** : engine cooling. **refroidissement du trépan** : *see refroidissement de l'outil de forage*. **refroidissement lent** : slow cooling. **refroidissement magnétique** : magnetic cooling. **refroidissement par air** : air cooling. **refroidissement par aspersion** : spray cooling. **refroidissement par convection naturelle** : natural-convection cooling. **refroidissement par eau** : water cooling. **refroidissement par évaporation** : evaporation cooling; evaporative cooling. **refroidissement par le vide** : vacuum cooling. **refroidissement par récupération** : regenerative cooling. **refroidissement par thermosiphon** : thermosiphon cooling. **refroidissement par vaporisation** : vaporization cooling. **refroidissement par ventilation** : fan cooling. **refroidissement rapide des carottes** : quick-freezing method, *using liquid nitrogen to freeze cores at the well site for handling purposes*. **refroidissement rapide sélectif** : selective quenching. **refroidissement thermoélectrique** : thermoelectric cooling.

refroidisseur *m* – chiller; cooler; cooling coil; cooling tower. **refroidisseur à air** : air cooler. **refroidisseur à tuyauterie double** : double-pipe chiller. **refroidisseur complémentaire** : aftercooler. **refroidisseur d'air à chaleur sensible** : sensible-heat cooler. **refroidisseur d'eau** : water cooler. **refroidisseur d'eau à manchon** : jacket water cooler. **refroidisseur intermédiaire** : interstage cooler. **refroidisseur tubulaire à double enveloppe** : double-pipe chiller.

refus *m* – refusal. **refus au tamis** : screen analysis, *clay*. **refus d'un crible** : oversize, *that part of the crushed material which has not passed through a screen*. **refus de la pile** : pile refusal.

refuser – reject (to).

reg *m* – reg, *gravel desert*.

regain *m* – second crop, *see récupération secondaire*.

régalage *m* – land leveling.

regard *m* – direction in which a geologic structure is facing, *see also vergence*; eyepiece; inspection hole; look box; peephole; side hole; sight; sight hole. **regard d'écoulement** : sight flow indicator, *on a turbine*. **regard de graissage** : oil visor. **regard de nettoyage** : cleaning peephole. **regard de visite** : inspection peephole; manhole.

regarnir – refill (to); reline (to).

régazéification *f* – regasification.

regel *m* – regelation, *alternating melting and refreezing*.

régénérateur *m* – regenerator. **régénérateur d'huile de turbine** : turbine-oil conditioner.

régénérateur – recuperative; regenerating; regenerative; *fem. régénératrice*.

régénération *f* – reclaiming; reclamation; reconditioning; recuperation; regeneration. **régénération d'électrolyte** : regeneration of electrolyte. **régénération de l'huile** : oil regeneration. **régénération de la boue** : mud reclamation *(drill)*. **régénération des huiles par centrifugation** : oil reclaiming by centrifuging. **régénération des huiles par décantation** : oil reclaiming by gravity. **régénération des huiles par filtration** : oil reclaiming by filtration. **régénération des terres** : clay recovery. **régénération du sol** : land reclamation. **installation de régénération** : reclamation plant; reconditioning plant, *a central mud reconditioning plant for several drilling sites*.

régénéré – reclaimed; regenerated.

régénérer – reclaim (to), restore (to).

régie *f* – *see travaux en régie*.

régime *m* – feed, *running-in rate of a drill bit*; load; time rate. **régime climatique** : climatic conditions. **régime d'avance des cylindres** : roller feed. **régime d'écoulement** : flow regime. **régime d'un moteur** : speed of an engine. **régime de charge** : charging load. **en régime de croisière** : at full development. **régime de décharge d'accumulateur** : discharge rate of battery. **régime de départ** : starting rate. **régime de la communauté** : community property. **régime de marche normal** : normal speed. **régime de ralenti** : idling speed. **régime de rotation** : rotating speed. **régime de rotation du moteur tournant au démarreur** : cranking speed. **régime de travail normal** : normal working conditions. **régime des changes** : exchange system. **régime des importations** : import regulation. **régime douanier** : customs regime. **régime du moteur** : engine speed. **régime dynamique** : flow system. **régime établi** : steady state. **régime fiscal** : tax system. **régime foncier** : land tenure system. **régime laminaire** : viscous flow. **régime permanent** : continuous rating; steady state. **régime permanent horizontal** : horizontal steady state. **régime permanent vertical** : vertical steady state. **régime pulsatoire** : surging. **régime semipermanent** : pseudosteady state, *fluid flow*. **régime stable** : steady-running conditions. **régime stationnaire** : steady state. **régime transitoire** : transient conditions; transient state; unsteady state. **en régime turbulent** : on eddy flow.

région *f* – area; country; district; region; zone. **région abyssale** : abyssal area. **région accidentée** : hilly country. **région agricole** : grassroots. **région aride** : arid region. **région chaude** : hot area, *area with high radioactivity in a laboratory or plant*. **région côtière** : coastal area. **région éloignée et inaccessible** : remote-and-inaccessible area. **région frontale** : foreland. **région inondable** : tideland area. **région minière** : mining district. **région pétrolière** : oil land; oil region; oildom. **région pétrolifère** : petroliferous region. **région pléistoséiste** : meizoseismal area, *area receiving* *the maximum destructive force of an earthquake.* **région prouvée** : proven acreage. **région sismique** : seismic region.

régional – regional.

régiosélectivité *f* – regioselectivity, *for a reaction in which a chemical change occurs preferentially at one of the several possible sites of a molecule.*

registre *m* – damper; ledger; register; scope. **registre à décalage** : shift register. **registre d'air** : air register, *combustion.* **registre de réclamations** : claims book. **registre de réglage** : throttle valve. **registre de réglage du vent** : blast gate. **registre de vapeur** : shutoff valve; throttle valve. **registre du personnel** : payroll. **registre papillon** : butterfly damper.

réglable – adjustable. **réglable à volonté** : adjustable at will.

réglage *m* – adjustment; attendance; calibration; control; controlling; regulation; time setting; timing; tuning *(radio)*. **réglage à zéro** : zero adjustment. **réglage au jugé** : hit-or-miss adjustment. **réglage automatique** : automatic control. **réglage automatique d'avance à l'allumage** : automatic spark control. **réglage de distribution** : valve timing. **réglage de gain** : volume control *(seis)*. **réglage de gain automatique retardé** : delayed automatic gain control. **réglage de l'avance à l'allumage** : ignition-timing adjustment. **réglage de l'avance à l'injection** : injection-timing adjustment. **réglage de luminosité** : brightness control. **réglage de phase** : phase control. **réglage de précision** : fine adjustment. **réglage de soupape** : valve adjustment. **réglage du carburateur** : carburetor adjustment. **réglage du débit** : flow control *(prod)*. **réglage du point d'allumage** : ignition control. **réglage fin** : fine adjustment. **réglage grossier** : coarse adjustment. **réglage micrométrique** : fine adjustment. **réglage par méthode intégrale** : integral control. **réglage par tout ou peu** : high-low-off control; throttling control. **réglage par tout ou rien** : on-off control; snap-action control. **réglage précis** : fine adjustment. **réglage préliminaire** : coarse adjustment.

règle *f* – rule. **règle à calcul** : slide rule; slip stick. **règle conditionnelle** : if-then rule, *reasoning rule.* **règle de Cramer** : Cramer's rule, *for the solution of linear simultaneous equations.* **règles de déroulement** : procedure. **règle de jaugeage** : gage pole, *for a storage tank.* **régle de Markovnikov** : Markovnikov rule, *addition of hydrogen halides to unsymmetrically constitued hydrocarbons.* **règle de réécriture** : rewrite rule, *applied when the information-storing state may be destroyed by reading.* **règles de sélection** : selection rules *(phys)*. **règles de service** : procedure. **règle du droit de prise** : rule of capture, *the legal rule of nonliabilty both for causing oil or gas to migrate across property lines and for producing oil or gas that was originally in place under the land of another, so long as the producing well does not trespass.* **règle graduée** : measuring rule; scale. **règle graduée en pieds** : foot scale. **règle pratique** : rule of thumb.

règlement *m* – bylaw; regulation; settlement, *of a dispute.* **règlement d'avaries** : adjustment of average *(insurance)*; damage settlement.

réglementation *f* – regulation. **réglementation des changes** : exchange control regulations. **réglementation des prix** : price regulation. **réglementation minière** : mining regulation. **réglementation sur l'environnement** : environmental regulations.

régler – adjust (to); frame (to); monitor (to); rate (to); regulate (to); settle (to); time (to), *ignition*; tune (to) up. **régler à l'avance** : preset (to).

réglette *f* – dipstick; fence-wall, *of a circular saw.* **réglette de jaugeage** : dipping rod; gaging pole. **réglette jauge** : *see réglette de jaugeage.*

règne *m* – kingdom, *highest category in the classification hierarchy of animals and plants.* **règne animal** : animal kingdom. **règne végétal** : plant kingdom; vegetable kingdom.

régolite *m* – mantle rock; regolith, *the blanket consisting of loose noncemented rock particles that commonly overlies bedrock.*

régosol *m* – regosol *(pedol)*.

regoudronnage *m* – retarring.

régressif – regressive; retrogressive.

régression *f* – offlap; regression; reliction *(geol)*. **régression linéaire** : linear regression. **régression multiple** : multiple regression. **régression non linéaire** : curvilinear regression; nonlinear regression. **régression pondérée** : weighted regression *(stat)*.

regroupement *m* – gather, *see also collection*; point sort, *gather of seismic traces*; pooling, *bringing small tracts of land together so as to obtain a large enough area for a well permit under applicable spacing regulations.* **regroupement à géophone commun** : common-geophone gather. **regroupement à point-milieu commun** : common-midpoint gather. **regroupement à point-miroir commun** : common-depth-point gather. **regroupement de même déport** : common-offset gather; common-range gather. **regroupement de traces** : gather, *of traces*; trace gather, *side-by-side display of seismic traces having some acquisition coordinate in common.*

regrouper – gather (to).

régularisation *f* – regularization. **régularisation littorale** : coastal grading.

régulateur *m* – baffler, *of oil flow in pumps*; controller; governor; idler; regulator; throttle. **régulateur à boules** : ball governor. **régulateur à force centrifuge** : ball governor. **régulateur à soupape** : valve regulator. **régulateur à venturi** : venturi governor. **régulateur ampère-volt** : ampere-volt regulator (AVR). **régulateur atmosphérique** : atmospheric regulator, *for gas.* **régulateur automatique d'accord** : automatic frequency control (AFC). **régulateur automatique de niveau** : liquid-level controller; liquid-level regulator. **régulateur centrifuge** : centrifugal governor. **régulateur d'aspiration** : suction-flow equalizer. **régulateur d'immersion** : bird; depth controller. **régulateur de contre-pression** : back-pressure regulating valve. **régulateur de courant** : vibration relay. **régulateur de croissance** : growth regulator. **régulateur de débit** : flow governor; flow regulator. **régulateur de décompression** : pressure-releasing regulator. **régulateur de pompe** : pump governor. **régulateur de pression** : pressure controller; pressure governor; pressure-regulating valve; pressure regulator;

surge damper. **régulateur de pression d'huile** : oil-pressure regulator. **régulateur de pression de gaz** : gas-pressure governor; gas-pressure regulator. **régulateur de sécurité** : overspeed governor. **régulateur de sensibilité temporisée** : anticlutter gain control; sensitivity time control (STC), *radar*. **régulateur de sortie d'air** : waveshape kit, *for an air gun*. **régulateur de tension** : tension regulator; vibration relay; voltage regulator *(elec)*. **régulateur de tension à enroulement** : voltage-regulator coil. **régulateur de tirage** : damper regulator. **régulateur de vapeur** : steam regulator; throttle valve. **régulateur de vide** : vacuum regulator, *often used on wellhead gas gathering lines*. **régulateur de vitesse** : speed governor; speed regulator. **régulateur de vitesse du moteur** : engine governor. **régulateur en dérivation** : shunt regulator. **régulateur hydraulique** : hydraulic governor; hydraulic regulator. **régulateur individuel** : house governor, *for controlling the gas flow rate*. **régulateur par tout ou rien** : on-off controller. **régulateur pas à pas** : step controller. **régulateur pour compresseur d'air** : air-compressor governor. **régulateur shunt** : shunt regulator.

régulation *f* – control; monitoring; regulation. **régulation automatique** : automatic control. **régulation continue** : continuous control. **régulation d'un procédé** : process control. **régulation de correspondance** : follow-up control; self-aligning control. **régulation de la pression** : pressure control. **régulation de la tension électrique** : voltage regulation. **régulation de maintien** : fixed command control. **régulation directe** : self-acting control. **régulation par interaction** : integral control. **régulation par laminage** : control by throttling. **régulation proportionnelle** : proportional control, *with the amount of corrective action being proportional to the amount of error*. **régulation rhéostatique** : rheostatic control.

régule *m* – babbitt metal.

régulier – regular; steady.

rehaussé – enhanced.

rehausser – enhance (to).

Reid – Reid, *see pression de vapeur Reid, tension de vapeur Reid*.

réinjection *f* – reinjection. **réinjection de gaz** : gas reinjection; reinjection of gas.

réinterprétation *f* – reinterpretation.

réinvestir – reinvest (to). **réinvestir les bénéfices** : plow (to) back profits.

réjection *f* – rejection *(elec)*. **réjection commune** : common-mode rejection *(elec)*. **réjection de mode commun** : common-mode rejection. **réjection en phase** : in-phase rejection.

rejet *m* – discharge; displacement; downthrow, *the amount of downward vertical displacement of a fault*; leap; reject; rejection; separation; shift *(geol)*; throw. **rejet accidentel** : accidental discharge *(pol)*. **rejets de fabrication** : slop, *petroleum products not meeting manufacturing standards and having to be rerun or further processed so as to be suitable for use*. **rejet de faille** : fault throw *(geol)*; throw of fault *(geol)*. **rejet de lave** : ejection of lava. **rejet délibéré** : deliberate discharge *(pol)*. **rejet des eaux de lavage des citernes** : tank washings discharge *(pol)*. **rejet en mer** : discharge at sea. **rejet en profondeur** : dip shift *(geol)*. **rejet horizontal** : fault heave; heave, *throw of a normal fault*. **rejet horizontal apparent** : apparent heave, *of a normal fault*. **rejet horizontal transversal** : horizontal throw. **rejet incliné** : dip slip, *of a fault*. **rejet incliné apparent** : apparent slip, *on a projection plane perpendicular to the bed (geol)*. **rejet net** : net slip, *the shortest distance in the fault plane measured between two formerly adjacent points*; total displacement *(geol)*. **rejet oblique** : diagonal fault *(geol)*. **rejet parallèle aux couches** : stratigraphic heave. **rejet perpendiculaire aux couches** : perpendicular separation, *the distance between two formerly adjacent points in a faulted bed*. **rejet stratigraphique** : stratigraphic separation; stratigraphic throw. **rejet vers le haut** : upthrow, *of a fault*. **rejet vertical** : perpendicular throw, *distance between two formerly adjacent points in a faulted bed as measured perpendicular to the surface*; throw *(geol)*; vertical displacement *(geol)*; vertical throw *(geol)*. **rejet vertical apparent** : apparent throw, *on a projection plane perpendicular to the bed (geol)*.

rejeter – discharge (to); discount (to); eject (to).

rejeu *m* – playback, *of a magnetic recording*; reworking *(seis)*. **rejeu composite** : superimposed mode. **rejeu de contrôle** : monitor record. **rejeu de la faille** : recurrent faulting. **rejeu en faible gain** : low-amplitude display.

rejouer – replay (to); restore (to).

réjuvénation *f* – rejuvenation *(geol)*.

relâchement *m* – loosening; release; slackening; slack off, *on a line, during drilling, to put more weight on the bit*. **relâchement des contraintes** : strain release.

relais *m* – relay. **relais à enclenchement** : latch-in relay; latching relay. **relais à maximum d'intensité** : overload relay. **relais à retour de courant** : reverse-current relay. **relais à temps** : timing gear. **relais de contrôle** : alarm relay. **relais de failles** : en-echelon faults *(geol)*. **relais de puissance** : power relay. **relais de surintensité** : overcurrent relay. **en relais oblique** : shingled. **relais pas-à-pas** : stepping relay *(elec)*. **relais polarisé** : polarized relay.

relance *f* – follow-up.

relargage *m* – salting out, *separation of a substance from its solution by adding soluble salts*.

relatif – comparative; relative, *fem. relative*.

relation *f* – connection; relation. **relation activité-structure** : structure-activity relationship, *the correlation between molecular structure and chemical activity*. **relation d'Eötvös** : Eötvös equation, *linking the surface tension of a liquid to the molecular volume and the absolute temperature T of the measurement*. **relation d'équivalence** : equivalence principle; equivalence relation. **relation de cause à effet** : cause-effect relationship. **relation de Hugoniot** : Hugoniot function, *specifying the locus of states that are possible immediately after the passage of a shock front*. **relations de Maxwell** : Maxwell relations, *optics and thermodynamics*. **relations publiques** : public relations. **relation viscosité-cisaillement** : viscosity-shear relation.

relativité *f* – relativity. **relativité restreinte** : special relativity.

relaxation *f* – relaxation. **relaxation chimique** : chemical relaxation. **relaxation en contrainte** : stress relaxation. **relaxation magnétique** : magnetic relaxation. **relaxation magnétique nucléaire** : nuclear magnetic relaxation. **relaxation nucléaire** : nuclear relaxation. **relaxation spin-réseau** : spin-lattice relaxation. **relaxation spin-spin** : spin-spin relaxation. **relaxation thermique** : thermal relaxation.

relecture *f* – rereading. **relecture immédiate** : read after write.

relevage *m* – lifting.

relevé *m* – plot; plotting; return; survey. **relevé de compte** : statement. **relevé des compteurs** : meter reading. **relevé du terrain** : plotting of ground.

relèvement *m* – resection, *three-point surveying*; uplift *(geol)*. **relèvement au compas** : compass bearing. **relèvement d'un virage** : cant. **relèvement géophysique** : geophysical surveying. **relèvements croisés** : cross-bearing.

relever – record (to). **relever un virage** : bank (to) a road.

relief *m* – relief *(geomorph)*. **relief adouci** : subdued landscape; subdued relief. **relief appalachien** : Appalachian relief, *topography that has evolved on top of folded strata of dissimilar erosional resistance, featuring homoclinal ridges and subsequent valleys reflecting the structure and differential resistance of the rocks*. **relief conforme** : conformable relief. **relief dû à une tectonique cassante** : block mountain. **relief en bosses et creux** : hummocky topography. **relief enterré** : buried hill; buried structure. **relief inversé** : inverted relief. **relief jeune** : young relief. **relief moyen** : medium relief. **relief postiche** : artificial relief. **relief primitif** : initial landform. **relief relique** : relict landform. **relief résiduel** : residual landform. **relief sous-marin** : sea high, *a subsea elevation of at least 1000 m but without having a precise enough morphology to have a specific name*; submarine relief. **relief structural** : structural relief. **relief synchrone** : synchronous high, *relief contemporary with sedimentation*. **relief tectonique** : tectonic landform. **relief virtuel** : available relief. **en relief** : embossed.

relier – join (to); key (to); unite (to).

reliquat *m* – remainder.

relique *f* – relic, *or relict*. **relique sédimentaire** : relict sediment.

relique – relict, *see also résiduel*.

reliquéfaction *f* – reliquefaction.

relocalisation *f* – relocating, *returning to the site of a subsea borehole*.

réluctance *f* – reluctance, *opposition to magnetic flux in a magnetic circuit*.

rem *m* – rem, *a unit of ionizing material (roentgen equivalent man)*.

REM – EMR, *abbr. rayonnement électromagnétique, electromagnetic radiation*.

remagnétisation *f* – remagnetization.

rémanence *f* – remanence; retentivity. **rémanence magnétique** : residual magnetism.

rémanent – remanent.

remanié – reshaped; reworked, *said of a sediment, fossil or rock displaced by natural agents from its place of origin and incorporated in a younger formation*.

remaniement *m* – reworking.

remanier – remodel (to).

remblai *m* – bank; banking; building; dirt; embankment; fill; filling; gob *(mine)*; made ground; upbuilding; waste. **remblai de sable** : sand foundation. **remblai déversé** : dumped fill. **remblai hydraulique** : hydraulic fill. **remblai sec** : dry packing *(mine)*.

remblaiement *m* – aggradation; upbuilding. **remblaiement fluviatile** : flood-plain deposit.

remblayage *m* – backfilling; banking; fill up; filling; rock fill *(mining)*; stowing. **remblayage hydraulique** : sand filling *(metal)*. **remblayage par embouage** : slushing. **remblayage partiel** : partial stowing. **remblayage partiel par arêtes de remblai** : strip packing. **remblayage pneumatique** : pneumatic stowing.

remblayer – bank (to) up; fill (to).

remblayeuse *f* – backfiller; backfilling machine; filling machine.

rembourrage *m* – bolster; padding; stuffing. **rembourrage de la fouille** : padding of ditch.

rembourré – padded.

remboursement *m* – payout, *sometimes used to mean amortization*; redemption *(fin)*; refund; refunding; repayment. **remboursement anticipé** : advance repayment. **contre remboursement** : cash on delivery (COD).

rembourser – pay (to) out.

remembrement *m* – land consolidation, *regrouping of land*.

remettre – replace (to). **remettre en état** : overhaul (to); recondition (to). **remettre en marche** : restart (to). **remettre en position** : reset (to). **remettre en solution** : pass (to) back into solution.

remise *f* – remittance. **remise à zéro** : zero-point correction, *correction for drift*; zero reset, *of a meter*. **remise de dette** : debt cancellation. **remise en état** : reconditioning; refitting; rehabilitation. **remise en état des plages** : beach restoration, *after pollution*. **remise en forme** : reformatting. **remise en marche** : restarting. **remise en pression** : repressuring, *of a decompressed reservoir by injecting gas to build up the pressure gradient*. **remise en pression par air comprimé** : air repressuring, *of an oil field*. **remise en production** : recompletion, *of a well*.

remodelage *m* – revamping.

remontage *m* – raising; rise; rising.

remonté – upthrown.

remontée *f* – ascent; buildup; climb; pulling; rise. **remontée d'eau** : upwelling. **remontée de pression** : pressure buildup. **remontée de pression initiale** : initial shut-in pressure buildup. **remontée des outils** : pulling tools *(drill)*. **remontée du puits** : pulled out of hole (POH). **remontée du train de tiges** : coming out of hole, *tripping the drill string out of the borehole and breaking it down*; pullout *(drill)*. **remontée en ballon** : blowup, *diving accident*. **remontée en participation** : increase in participating interest, *by the national oil company, generally at the start of development*. **remontée pneumatique** : air lift. **remontée pour réparation** : tubing job.

remonter – pull (to), *a drill string*; raise (to); reassemble (to); set (to) again.

remorquage *m* – towage; towing; hauling; pulling. **remorquage-aboutage-tension**: towing-tie-in-tension, *offshore pipelines.* **remorquage mécanique** : mechanical haulage.
remorque *f* – tow; trailer. **remorque citerne** : tank trailer. **remorque de camion** : truck trailer. **remorque deux roues** : two-wheel trailer. **remorque porte-échelle** : ladder trailer. **remorque surbaissée** : low-bed trailer.
remorquer – haul (to); tow (to); tug (to).
remorqueur *m* – towboat; tug; tugboat. **remorqueur de haute mer** : seagoing tug. **remorqueur de sauvetage** : salvage tug.
remous *m* – backwash; eddy; swell; wash; whirlpool.
rempart *m* – rampart. **rempart de blocs** : boulder rampart; gravel rampart; shingle rampart. **rempart de scories** : spatter rampart. **rempart de tufs** : tuff ring. **rempart morainique** : boulder wall.
remplaçable – replaceable.
remplacement *m* – replacement.
remplacer – replace (to).
rempli – full. **rempli à ras bords** : full to overflowing.
remplir – cover (to) in. **remplir à ras bord** : fill (to) up. **remplir un réservoir** : top (to) a tank.
remplissage *m* – fill up; filling; infill; infilling, *of a vein*; padding. **remplissage d'un canyon** : canyon fill, *unconsolidated material filling a canyon.* **remplissage de chenaux** : channel filling, *an alluvial deposit in a stream channel.* **remplissage du filon** : ledge matter; vein filling *(geol)*. **remplissage hydrothermal** : hydrothermal filling *(geol)*. **remplissage par le bas** : bottom loading, *of a tank.* **remplissage par le haut** : top loading, *of a tank.* **remplissage turbiditique** : onlapping fill *(geol)*.
remplisseur *m* – filler.
remuer – move (to); shift (to).
rémunération *f* – fee; payment; remuneration.
renard *m* – dog; scab.
renardage *m* – channeling, *crack in a pipe, causing a leak.*
rencontre *f* – encounter.
rendement *m* – duty; efficiency, *see also efficacité*; output; rating; recovery; return; yield; yielding. **rendement à charge réduite** : part-load efficiency *(engines)*. **rendement à l'acre** : acre-yield, *average amount of oil, gas or water produced from each acre of a reservoir.* **rendement à l'échéance** : yield to maturity. **rendement anodique** : anode efficiency. **rendement au baril** : yield per barrel. **rendement brut** : gross return. **rendement cathodique** : cathode efficiency. **rendement cumulé** : cumulative yield. **rendement d'accumulateur** : volt efficiency. **rendement d'activité** : stream-time efficiency, *of a refinery unit.* **rendement d'un procédé électrochimique** : voltage efficiency of an electrochemical process, *ratio between the voltage obtained and the theoretical voltage.* **rendement de balayage** : scavenging efficiency. **rendement de courant** : current efficiency. **rendement de la combustion** : combustion efficiency. **rendement des investissements** : return on investments. **rendement des plateaux** : plate efficiency *(ref)*. **rendement du combustible** : fuel efficiency. **rendement du four** : furnace efficiency. **rendement du moteur** : engine efficiency. **rendement du pipeline** : pipeline-flow efficiency. **rendement économique** : commercial efficiency. **rendement effectif** : operating efficiency, *of a plant or unit.* **rendement électrothermique** : electrothermal efficiency. **de rendement élevé** : efficient. **rendement en air soufflé** : fan delivery. **rendement en coke** : coke yield. **rendement en essence** : gasoline yield. **rendement en gaz** : gas yield. **rendement énergétique** : energy efficiency; energy yield; power efficiency. **à bon rendement énergétique** : energy-efficient. **rendement global** : aggregate output; overall efficiency. **rendement immédiat** : quick returns. **rendement indiqué** : indicated efficiency. **rendement industriel** : overall efficiency. **rendement initial** : initial yield. **rendement mécanique** : mechanical efficiency. **rendement moyen** : average efficiency; mean efficiency. **rendement moyen du cycle air** : air standard-cycle efficiency. **rendement par passe** : yield per pass. **rendement quantique** : quantum efficiency; quantum yield. **rendement sismique** : seismic efficiency. **rendement théorique** : theoretical yield. **rendement thermique** : heat efficiency; thermal efficiency, *of a furnace, engine, fuel, etc.*; thermal yield. **rendement thermique effectif de freinage** : brake thermal efficiency. **rendement volumétrique** : volumetric efficiency, *of a pump, compressor, etc.*
rendre – give (to) back; restore (to). **rendre à destination** : deliver (to). **rendre basique** : basify (to). **rendre capable de** : enable (to). **rendre étanche** : seal (to), *fill up a space to prevent liquid or gas from entering*; tighten (to). **rendre fragile** : embrittle (to). **rendre muet** : mute (to), *elimination of some arrivals in seismic surveying.* **rendre passif** : passivate (to). **rendre un métal tenace** : toughen (to) the metal, *hardening a metal.*
rendu *m* – surrender, *the part of a lease that the lessee must give back to the state upon completion of exploration.*
rendu – delivered. **rendu droits acquittés** : delivered duty paid, *condition of sale.* **rendu frontière** : delivered at frontier, *condition of sale.*
renfermer – contain (to); embody (to).
renflement *m* – belly; boss; bulge; push-up, *expanded section at the end of a pipe stand where the pin thread is located*; swell; swelling; upset, *an increase in the wall thickness of a tubular part over a short distance to reinforce the area in which the screw threads are cut*; upswelling; widening.
renflouage *m* – refloating.
renforçateur *m* – booster, *detergents.* **renforçateur de mousse** : foam booster; suds booster.
renforcé – heavy-duty (HD); reinforced.
renforcement *m* – backing; bracing; reinforcement; strut. **renforcement de l'image** : image enhancement, *the manipulation of image density to more easily see certain features of the image.*
renforcer – back (to) up; ruggedize (to); stiffen (to); strengthen (to); strut (to).
renfort *m* – reinforcement; stiffener. **renforts d'un derrick** : relegs, *reinforcement pieces for the legs of a derrick.*
reniflard *m* – breather; breather valve; snifter valve. **reniflard de carter** : crankcase breather.
renifleur *m* – sniffer.

réniforme – reniform.
renoncer – waive (to), *a right.*
renonciation *f* – disclaimer; renunciation. **renonciation à un droit** : quitclaim.
renormalisation *f* – renormalization, *quatum fields theory.*
renouvelabilité *f* – renewability, *of an energy source.*
renouvelable – renewable.
renouvellement *m* – rollover *(econ)*; turnover *(biol)*. **renouvellement des fonds océanique** : sea floor spreading, *hypothesis whereby the oceanic crust is increasing by convective upwelling of magma along mid-oceanic ridges or world rift systems, providing the source of dynamic thrust in the plate-tectonics hypothesis.*
rénovation *f* – reconditioning; rehabilitation.
rénover – recondition (to); revamp (to). **rénover les filets d'une tige** : rethread (to) a pipe *(drill)*.
renseigné – labeled.
renseignement *m* – information. **renseignement privé** : private information.
rentabilité *f* – cost-effectiveness; profit-earning capacity; profitability. **rentabilité des actifs** : return on assets (ROA). **rentabilité des capitaux investis (RCI)** : return on investment (ROI), *ratio of annual returns to the amortizable capital.* **rentabilité des capitaux** : capital efficiency. **rentabilité des capitaux propres** : return on equity. **rentabilité en terme constant** : real-term earning power (RTEP). **rentabilité nette des capitaux engagés** : return on investments.
rentable – cost-effective; profitable.
rente *f* – rent. **rente foncière** : ground rent. **rente minière** : income of the field, *total income from a field during production minus the expenditures made*; profit of the field. **rente viagère** : life annuity.
rentes *f* – unearned income.
rentrant *m* – indentation; recess; reentrant.
rentrée *f* – reentry, *the operation of steering a drill string back into a subsea wellhead after drilling has been interrupted and all links between the surface and the seabed have been severed.*
rentrées *f* – incomings; receipts.
renversé – inverted; overtilted *(geol)*; overturned; recumbent.
renversement *m* – reversal; reversing; turnover; upsetting.
renverser – invert (to); overturn (to); reverse (to); tip (to); upset (to). **se renverser** : fall (to) over.
renvoi *m* – cross-reference; discharge; return. **renvoi de commande** : idle gear. **renvoi de courant** : crosscurrent. **renvoi de sonnette** : bell crank. **renvoi de tiges** : swing. **renvoi en bas de page** : footnote. **renvoi massif du personnel** : lockout.
réoxydation *f* – reoxidation.
réoxyder – reoxidize (to).
répandre – outgush (to); spill (to).
réparabilité *f* – repairability.
réparation *f* – reconditioning; repair. **réparations courantes d'entretien** : current maintenance repairs. **réparation en surface** : skin patching. **réparations urgentes** : emergency repairs.
réparer – fit (to); repair (to).
réparti – distributed.
répartir – dispatch (to).
répartiteur *m* – dispatcher, *employee responsible for sending products via pipeline or for the movement of vehicle traffic.* **répartiteur de filerie** : jumper board. **répartiteur de puissance** : power divider.
répartition *f* – allotment; assessment; dispatching; distribution. **répartition de la charge** : distribution of load. **répartition de la porosité** : porosity distribution. **répartition de la rigidité au roulis** : roll-stiffness distribution. **répartitions des charges** : cost sharing. **répartition des gisements de pétrole** : distribution of oil deposits. **répartition des potentiels** : potential distribution, *of rocks.* **répartition des ressources** : allocation of resources. **répartition du diamètre des pores** : pore-size distribution. **répartition entre les champs de la production** : prorationing, *allocation by a state regulatory commission of the allowable production of fields and wells on the basis of market demand.* **répartition équitable** : equitable partition. **répartition liquide-liquide** : liquid-liquid distribution. **répartition poreuse double** : bimodal pore-size distribution. **répartition poreuse simple** : simple pore-size distribution. **répartition uniforme** : uniform distribution.
repêchage *m* – fish job; fishing, *any operation to recover objects that have fallen into or got lost in a borehole so that drilling can continue*; grappling. **repêchage du matériel noyé dans les puits** : collapse job.
repêcher – fish (to) up.
repérage *m* – locating; location; marking. **repérage des distorsions de la tige de forage** : free-point string shot method, *an electric circuit with an oscillator is used to detect any changes in the molecular structure of the drill string.* **repérage du flux** : flow logging, *determining the path followed by any given fluid in a borehole.*
repère *m* – datum point; fiducials *(seis)*; fixed datum; flag, *set at regular intervals and used to measure the length of a cable*; hub, *stakes marking the route of a pipeline*; index; landmark; lay-mark; mark; monument; plot, *on a graph*; reference; topographic landmark. **repère d'assemblage** : assembly mark. **repère d'échantillonnage** : sample mark. **repère de calage** : setting mark. **repère de nivellement** : benchmark. **repère de profondeur** : depth mark. **repère fossile local** : zonal guide fossil. **repère témoin** : witness marker. **repère temporel** : time mark.
repérer – locate (to); spot (to).
reperforation *f* – reperforation, *wellbore.*
répertoire *m* – directory.
répétabilité *f* – repeatability, *a measurement of the fidelity of a test method from the maximum difference between the results of two identical tests performed by the same operator with the same equipment.*
répétition *f* – repetition. **répétition des couches** : duplication of beds.
repeuplement *m* – recruitment *(ecol)*.
replat *m* – flat. **replat boueux** : mud flat. **replat de marée** : tidal flat. **replat sableux** : sand flat. **replat structural** : rock bench; structural terrace.

repli *m* – demobilization, *of the rig.* **repli anticlinal** : rollover *(geol)*.
réplication *f* – replication, *reproduction of daughter molecules from a parent DNA molecule ; making a thin replica of a solid for examination by electron microscopy.*
replié – folded; refolded.
repliement *m* – folding; wraparound *(seis)*. **repliement du spectre** : aliasing, *an error in the computed amplitudes of the lower frequencies due to improper analysis of the higher frequencies because of the discrete time-sampling interval.* **repliement spatial du spectre** : spatial aliasing.
réplique *f* – aftershock, *of an earthquake*; replica.
replissement *m* – refolding.
repliure *f* – lap, *defect in a tubular part.*
reploiement *m* – refolding.
répondeur *m* – responder; transponder. **répondeur de fond** : pinger. **répondeur de rentrée** : reentry beacon.
réponse *f* – blip, *radar*; reply; response. **réponse à l'échelon** : step-function response. **réponse de la direction** : steering response, *of a vehicle.* **réponse de phase** : phase response. **réponse en amplitude** : amplitude response. **réponse en fréquence** : frequency response. **réponse hachée** : chopping. **réponse harmonique** : frequency response. **réponse impulsionnelle** : impulse response; memory function. **réponse manipulée** : chopping. **réponse transitoire** : transient response.
report *m* – transfer. **report d'impôt** : tax deferral. **report de pertes** : carry-back of losses, *assigning taxation losses for a fiscal year to a previous year to decrease the amount and hence the taxes due*; carry-forward of losses. **report graphique** : plot. **report total** : complete carry *(comp. sci)*.
repos *m* – repose; rest; standstill. **au repos** : idle. **en repos** : quiescent.
repousser – drift (to); push (to) back.
repousseur *f* – herding agent, *surface-active chemicals used for concentrating oil spilled on water.*
Reppe – Reppe, *see procédé de Reppe.*
représentant *m* – representative. **représentant à la commission** : commission agent. **représentant du maître d'oeuvre** : company representative, *company man.*
représentation *f* – display. **représentation à bâtonnets** : stickogram. **représentation continue de la phase** : unwrapping *(seis)*. **représentation couleur** : color display. **représentation galva** : variable-amplitude display. **représentation galvanométrique** : squiggle display; wiggle display. **représentation graphique** : imaging. **représentation par clous** : tadpole plot *(well log)*. **représentation prismatique** : prismatic diagram. **représentation tau-p** : tau-p mapping *(seis)*. **représentation vectorielle** : vector graphics.
représenter – depict (to), *by plotting*; figure (to).
repressurer – repressure (to).
réprimer – control (to).
reprise *f* – crater, *weld*; pickup, *acceleration capacity of a vehicle*; recovery, *of economic activity, etc.* **reprise de puits** : workover, *well.* **reprise des produits de queue** : retreatment of tailings. **reprise sous contrôle** : capping, *sealing a blowout oil or gas well.*
reproductibilité *f* – replicability; reproducibility, *the measurement of the fidelity of a test method from the maximum difference between two identical tests reported by two different laboratories (using identical methods, equipment and test conditions)*.
reproductible – reproducible, *test results.*
reproduisant – replicating.
reprogrammable – programmable.
reprographie *f* – reprographics, *or reprography.*
reptation *f* – creep; creeping, *soil*; silent earthquake.
répulsif – repellent.
réputation *f* – credit.
requin *m* – shark.
reraffiné – rerefined.
réseau *m* – grating *(opt)*; grid; lattice; network; réseau, *a grid photographed by separate exposure on the same plate as images of celestial objects.* **réseau actif** : active network. **réseau anastomosé** : braided stream *(hydrol)*. **réseau collecteur** : gathering system. **réseau collecteur de gaz** : gas gathering. **réseau compensateur d'impédance** : impedance compensator. **réseau cristallin** : crystal lattice. **réseau cubique à faces centrées** : face-centered cubic lattice *(crystal)*. **réseau d'alimentation** : feeder mains; feeder system. **réseau d'antennes** : antenna array. **réseau d'égouts** : sewage system. **réseau d'équilibrage** : balancing network. **réseau de capillaires** : network of capillaries. **réseau de collecte** : collecting system; gathering lines; gathering system. **réseau de collecte et de distribution de gaz** : gas transmission system. **réseau de communication** : communications network. **réseau de coordination** : coordination lattice *(cryst)*. **réseau de dégrossissage** : secondary pattern, *radio-positioning.* **réseau de détection sismique** : phase-array stations. **réseau de diffraction** : diffraction grating. **réseau de distribution** : distributing network; distribution network; distribution system. **réseau de dykes** : dike swarm. **réseau de failles** : fault network; group of faults; network of faults. **réseau de fractures** : joint pattern. **réseau de pierres** : stone net. **réseau de surveillance** : monitoring network. **réseau de télécommunications** : telecommunications network. **réseau de terrain** : Fieldbus, *see also bus de terrain.* **réseau de transition** : transition lattice *(metal)*. **réseau de transport** : grid system; transmission network. **réseau de tuyauteries** : piping system. **réseau de veines** : network of veins. **réseau dendritique** : dendritic pattern. **réseau électrique** : electric main; power system. **réseau en échelle** : ladder network. **réseau en treillis** : lattice network. **réseau fluviatile à bras multiples** : braided fluvial network. **réseau hydrographique** : drainage pattern. **réseaux interconnectés** : interconnected networks. **réseau linéaire** : one-dimensional lattice *(cryst)*. **réseau maillé** : lattice network; ring-main system. **réseau mondial** : réseau mondial, *worldwide network of meteorological stations selected to represent global meteorology.* **réseau neuronal** : neural network. **réseau orthogonal** : trellis drainage pattern. **réseau orthorhombique** : orthorhombic lattice *(cryst)*. **réseau privé** : private network, *energy*

transportation. **réseau ramifié** : branch-line system, *pipeline*; dendritic pattern. **réseau réciproque** : reciprocal lattice *(cryst)*. **réseau rival** : matching lattice. **réseau routier** : road network.

resédimentation *f* – resedimentation, *redeposition of sedimentary material derived from a preexisting sedimentary rock.*

resédimenté – redeposited *(geol)*.

reséquent – resequent *(geol)*.

réserve *f* – provision; reserve, *see also réserves.* **réserve de puissance** : power reserve. **réserve de traction** : margin of overpull (MOP), *on a drillpipe.* **en réserve** : standby.

réserver – allocate (to), *memory space*; reserve (to).

réserves *f* – reserves, *amount of oil and/or natural gas proven to exist in a field but still unproduced.* **réserves de gaz naturel** : gas reserves; natural-gas reserves. **réserves de minerai reconnues** : positive ore. **réserves de pétrole brut** : crude-oil reserves. **réserves de pétrole stratégiques** : strategic petroleum reserves. **réserves développées** : developed proven reserves, *ascertained by the drilling of wells.* **réserves en liquides de gaz naturel** : natural-gas-liquid reserves, *in place in a reservoir.* **réserves non développées** : undeveloped proven reserves, *reserves that are known to exist for sure on account of the geological conditions of the reservoir, but whose existence has not been verified by drilling.* **réserves occultes** : hidden reserves, *not included in accounting figures.* **réserves pétrolières** : oil reserves. **réserves pétrolières marines** : offshore reserves. **réserves possibles** : possible reserves, *amount of hydrocarbons that can be hoped to be recovered from already discovered deposits, with a moderate degree of probability of their existence, but not sufficient to be classified as proven.* **réserves primaires** : primary reserves, *reserves commercially recoverable by natural energy inherent in the reservoir.* **réserves probables** : probable reserves, *amount of hydrocarbons that can be hoped to be recovered from known fields but without sufficient certainty for them to be classified in the category of proven reserves.* **réserves prouvées** : proven reserves, *amount of hydrocarbons that can be expected to be recovered almost certainly from known and explored (by drilling) fields under current technical and economic conditions.* **réserves récupérables** : recoverable reserves, *recoverable oil and natural gas in place in the formation.* **réserves secondaires** : secondary reserves, *reserves commercially recoverable by enhanced-recovery methods.*

réservoir *m* – basin; reservoir, *rocks containing voids, pore space or cracks all linked together and in which fluids can circulate and be trapped*; supply vessel; tank; vessel. **réservoir à air** : air tank. **réservoir à calotte gonflable** : vapor-dome tank. **réservoir à carburant** : fuel tank. **réservoir à déchets de raffinage** : sludge tank. **réservoir à dépression** : vacuum tank. **réservoir de vapeur** : hot well; range boiler. **réservoir à essence** : gasoline tank. **réservoir à fond concave** : dish-bottom tank, *storage.* **réservoir à gaz** : gas holder. **réservoir à mercure** : mercury tank. **réservoir à mousse** : foam chamber, *installed permanently on storage tanks.* **réservoir à produits blancs** : clean-oil vessel. **réservoir à produits noirs** : dirty-oil vessel, *storage.* **réservoir à toit bombé** : dome-roof tank, *storage.* **réservoir à toit bombé gonflable** : inflatable dome-roof tank. **réservoir à toit conique** : cone-roof tank. **réservoir à toit fixe** : fixed-roof tank. **réservoir à toit flottant** : floating-roof tank. **réservoir à toit mobile** : variable vapor-space tank. **réservoir à toit respirant** : lifter-roof tank. **réservoir à toit sphérique** : balloon-roof tank. **réservoir amortisseur** : pulsation filter; surge tank. **réservoir anticlinal** : anticlinal reservoir. **réservoir bicouche** : two-layer reservoir. **réservoir boulonné** : bolted tank. **réservoir calorifuge** : insulated tank. **réservoir carbonaté** : carbonate reservoir. **réservoir clastique** : clastic reservoir. **réservoir collecteur** : sump tank. **réservoir cylindrique** : cylindrical tank. **réservoir d'acide** : acid egg, *cast-iron container used for storing strong acids.* **réservoir d'aération** : aeration tank. **réservoir d'air** : air receiver. **réservoir d'alimentation** : feed tank. **réservoir d'eau** : water tank. **réservoir d'eau d'alimentation** : feed-water tank. **réservoir d'emmagasinage** : accumulator tank. **réservoir d'épuration du gaz** : scrubber tank, *a large pressure tank for receiving liquids extracted from natural gas.* **réservoir d'essence** : gasoline tank. **réservoir d'étalonnage** : calibrating tank. **réservoir d'expansion** : summer tank, *on a tanker*; surge tank. **réservoir d'exploitation** : working tank, *in use.* **réservoir de blanchiment** : bleacher, *tank used for bleaching and blending lubricating oils.* **réservoir de calibrage** : proving tank, *for calibrating oil meters or other instruments.* **réservoir de charge d'une installation** : working tank. **réservoir de clarification** : clarifying tank. **réservoir de compensation** : regulating reservoir. **réservoir de comptage volumétrique** : positive-volume tank. **réservoir de contrôle d'un compteur volumétrique** : meter-prover tank. **réservoir de décantation** : gunbarrel, *a small-diameter but very tall tank used for decanting oil, water or gas coming out of a well.* **réservoir de décharge** : dump tank, *old name for storage tanks in which oil was dumped while waiting for the arrival of tankers*; relief tank. **réservoir de dépôts** : sump tank. **réservoir de désactivation** : delay tank *(nucl)*. **réservoir de déshydratation** : dehydration tank, *storage.* **réservoir de dessalage** : wash tank, *for desalting crude oil.* **réservoir de détente** : letdown vessel. **réservoir de fracturation** : frac tank. **réservoir de gaz** : gas tank. **réservoir de gaz à condensat** : gas-condensate reservoir. **réservoir de gaz à condensat rétrograde** : retrograde gas-condensate reservoir. **réservoir de gaz à condensation rétrograde** : retrograde gas-condensate reservoir, *a reservoir in which the temperature lies between the critical temperature and the maximum temperature at which two phases can coexist (cricondentherm)*. **réservoirs de gaz non associés** : nonassociated gas reservoirs, *not communicating.* **réservoir de jaugeage** : gage tank; gaging tank; test tank. **réservoir de lampe à huile** : oil vessel. **réservoir de lavage** : wash tank. **réservoir de mélange** : blending tank. **réservoir de production** : lease tank. **réservoir de recette** : rundown drum; rundown tank. **réservoir de retenue** :

impounding reservoir; storage reservoir. **réservoir de schiste** : shale reservoir. **réservoir de secours** : auxiliary tank. **réservoir de stockage** : flow tank, *for oil as it comes out of a well*; stock tank; storage tank. **réservoir de stockage à toit flottant** : floater. **réservoir de stockage cylindrique vertical** : vertical storage tank. **réservoir de stockage d'huile brute** : crude-oil storage tank. **réservoir de stockage immergé** : submerged storage tank. **réservoir de stockage réfrigéré** : refrigerated storage tank. **réservoir de tête de puits** : casinghead tank. **réservoir de vide-vite** : blowdown tank. **réservoir du jour** : daytank, *storage*. **réservoir en béton** : concrete tank. **réservoir en bois** : wooden tank. **réservoir en charge** : gravity-feed tank; gravity tank. **réservoir en terre** : earthen reservoir, *a reservoir dug in the ground*. **réservoir en tôle emboutie** : swaged vessel. **réservoir enterré** : buried tank; inground tank; underground tank. **réservoir fissuré** : naturally fractured reservoir. **réservoir fracturé** : fractured reservoir. **réservoir galvanisé** : galvanized tank. **réservoir géothermique** : geothermal reservoir. **réservoir gréseux** : sandstone reservoir. **réservoir hémisphéroïde** : hemispheroid tank. **réservoir hémisphéroïde lisse** : plain hemispheroid tank. **réservoir hémisphéroïde nodal** : nodal hemispheroid tank. **réservoir hétérogène** : heterogeneous reservoir. **réservoir intermédiaire** : surge tank. **réservoir jaugeur** : measuring tank. **réservoir largable** : drop tank. **réservoir lenticulaire** : lenticular reservoir. **réservoir multicouche** : multilayer reservoir. **réservoirs non communiquants** : noncommunicating reservoirs. **réservoir nourrice** : feed tank. **réservoir poubelle** : slop tank. **réservoir produisant par expansion de gaz dissous** : dissolved-gas-drive reservoir *(prod)*. **réservoir récifal** : reef reservoir. **réservoir réfrigéré** : refrigerated tank. **réservoir respirant** : volume tank. **réservoir rivé** : riveted tank. **réservoir riveté** : riveted tank. **réservoir souple** : flexible tank. **réservoir sous pression** : drum, *storage*; pressure-feed tank; pressure holder. **réservoir sous-pressurisé** : underpressured reservoir. **réservoir sous-saturé** : undersaturated reservoir. **réservoir sphérique** : spherical tank. **réservoir sphéroïde** : spheroid tank. **réservoir stratifié** : stratified reservoir. **réservoir tampon** : floating tank; surge drum; surge tank; working tank, *as distinguished from a storage tank*.

résidu *m* – bottom; educt *(chem)*; residue; residuum; waste. **résidu asphaltique** : asphalt bottoms, *from oil distillation*; asphalt residue. **résidu atmosphérique** : atmospheric residue. **résidu bitumineux** : bitumen residue. **résidu Conradson** : Conradson-carbon residue, *residual carbon resulting from the evaporation and pyrolysis of gas oil, fuel oil and mineral lubricating oil under standardized conditions*. **résidu court** : short residue, short residuum. **résidu d'alkylation** : alkylate bottoms, *heavy alkylates*. **résidu d'évaporation** : evaporation residue. **résidu de brut** : crude bottoms, *residual sediment from the distillation of crude oil*. **résidu de carbone** : carbon residue. **résidu de carbone Ramsbottom** : Ramsbottom-carbon residue. **résidu de carrière** : quarry spall. **résidus de colonne de séparation** : splitter bottoms. **résidu de combustion** : combustion residue. **résidu de craquage** : cracked residue; cracking residuum. **résidu de déflation** : lag gravel. **résidu de distillation** : bottom cut; resid; residual oil; residuum; still bottoms, *remaining after distillation*; still residue; tower bottoms. **résidu de distillation d'essence de craquage** : PD bottoms. **résidu de distillation directe** : straight-run residue. **résidu de distillation poussée** : short residue, short residuum. **résidu de filtration** : filter residue. **résidu de goudron** : dry-run tar, *reduced to the desired consistency by simple thermal reduction without using any steam*. **résidus de la distillation d'essence lourde** : naphtha bottoms. **résidu de pétrole** : petroleum residue. **résidu de première distillation** : topped crude. **résidu de redistillation** : back end. **résidus de stockage** : tank bottoms. **résidu désulfuré** : desulfurized residue. **résidu désulfuré de distillation atmosphérique** : desulfurized atmospheric residue. **résidus gommeux** : gummy bottoms. **résidu insoluble** : insoluble residue. **résidu long** : long residuum, *from the distillation of crude oil*. **résidu lourd** : heavy residue. **résidu non sulfonable** : unsulfonated residue (UR), *percentage of an oil not attacked by sulfuric acid*. **résidu paraffineux** : slop wax; wax tailings. **résidu solide** : solid residue *(ref)*. **résidu sous vide (RSV)** : vacuum residue (VR), *a product of the vacuum distillation of crude oil*. **résidu sous vide désulfuré** : desulfurized vacuum residue. **résidus totaux** : total solids. **sans résidu** : nonresidue.

résiduaire – residual.

résiduel – palimpsest, *referring to drainage in which a recent anomalous drainage pattern is superimposed on an older one ; a metamorphic-rock structure or texture preserving remnants of a preexisting structure or texture*; residual.

résiliation *f* – cancellation; termination.

résilience *f* – impact resistance; resilience. **résilience de rebondissement** : breaking resilience; rebound resilience. **résilience de rupture** : breaking resilience.

résilient – resilient, *shock resistant*.

résine *f* – resin *(chem)*. **résine ABS** : ABS resin *(acrylonitrile, butadiene, styrene)*. **résine acrylique** : acrylic resin. **résine acrylonitrile-styrène** : acrylonitrile-styrene resin. **résine anionique** : anion-exchange resin. **résine artificielle** : *see résine synthétique*. **résine asphaltique** : asphaltic resin, *petroleum resin in the form of brown-red to brown-black solid substances, used for making natural or artificial bitumens and characterized by high adsorbability on some activated mineral products (alumina for chromatography)*. **résine cationique** : cation-exchange resin. **résine ciment** : resin cement, *cement to which resin with mixture water has been added*. **résine coumarone-indène** : coumarone-indene resin. **résine de coumarone** : coumarone resin. **résine de mélamine** : melamine resin. **résine de pétrole** : petroleum resin. **résine de polystyrène** : styrene resin. **résine de polyuréthanne** : polyurethane resin. **résine de silicone** : silicone resin. **résine échangeuse cationique** : cation-exchange resin. **résine échangeuse d'ions** : ion-exchange resin. **résine époxyde** : epoxy resin. **résine formophénolique** : phenol-formaldehyde resin. **résine fossile** : fossil resin. **résine furannique** : furan resin. **résine**

gomme : gum resin. **résine isocyanate** : isocyanate resin. **résine naturelle** : natural resin, *unmodified and coming from a natural source (tree)*. **résine oléfinique** : olefin resin. **résine phénolique** : phenolic resin. **résine phtalique** : phthalic resin. **résine polyamide** : polyamide resin. **résine polyester** : polyester resin, *thermosetting or thermoplastic resin resulting from the polycondensation of dicarboxylic acids and dihydroxy alcohols*. **résine polyimide** : polyimide resin, *with high resistance to thermal stress*. **résine polyvinylique** : polyvinyl resin. **résine synthétique** : synthetic resin, *organic semisolid or solid material produced by the polymerization of unsaturated monomers*. **résine terpénique** : terpene resin. **résine thermodurcissable** : thermosetting resin. **résine thermoplastique** : thermoplastic resin. **résine urée et formaldéhyde** : urea-formaldehyde resin. **résine urée formol** : *see résine urée et formaldéhyde*. **résine végétale** : natural resin.

résineux – resinlike; resinous.

résinite *f* – resinite, *see exinite*.

résinographie *f* – resinography, *science of the physical structure of resins, polymers, plastics, rubbers and their products*.

résinoïde *m* – resinoid.

résinol *m* – resinol, *a coal-tar fraction containing phenols*.

résistance *f* – drag; resistance; resistor *(elec)*; strength. **résistance à l'abrasion** : abrasion resistance. **résistance à l'attrition** : attrition resistance *(catal)*. **résistance à l'eau des graisses lubrifiantes** : water-washout characteristics of lubricating greases. **résistance à l'éclatement** : bursting strength. **résistance à l'écrasement** : collapse strength; compressive strength; crushing strength. **résistance à l'effet d'entaille** : notch ductility; notch toughness. **résistance à l'enfoncement** : driving resistance, *pile driving*. **résistance à l'érosion** : abrasion resistance. **résistance à l'oxydation** : oxidation stability. **résistance à l'usure** : wear resistance; wearing resistance. **résistance à la charge** : load-carrying ability. **résistance à la circulation** : trafficability, *capacity of ground to support vehicle traffic*. **résistance à la compression** : compression strength; compressive strength; crushing strength. **résistance à la corrosion** : corrosion resistance. **résistance à la déchirure** : tear strength. **résistance à la fatigue** : endurance limit; fatigue strength. **résistance à la flexion** : bending strength. **résistance à la pénétration** : penetration resistance, *soil*. **résistance à la rupture** : breaking strength. **résistance à la torsion** : torsional strength. **résistance à la traction** : tensile properties; tensile strength, *longitudinal stress (ultimate pure tensile load) required to break a representative specimen having a specified shape and cross-sectional area*. **résistance acoustique** : acoustic resistance. **résistance apparente** : apparent resistance. **résistance au battage** : driving resistance. **résistance au cisaillement** : shear resistance; shear strength. **résistance au cisaillement non drainé** : undrained shear strength, *of clay*. **résistance au délaminage** : interlaminar shear strength, *of a material composed of layers*. **résistance au dérapage** : skid resistance. **résistance au feu** : refractoriness. **résistance au flambage** : buckling strength. **résistance au glissement** : creep resistance; slide resistance; sliding resistance. **résistance au pelage** : peel strength. **résistance au poinçonnement** : punching strength. **résistance au revenu** : tempering resistance. **résistance au roulement** : rolling resistance. **résistance au vieillissement** : aging stability. **résistance autorégulatrice** : constant torque. **résistance aux actions chimiques** : chemical resistance. **résistance aux chocs** : impact fatigue; impact strength; toughness. **résistance aux intempéries** : weatherability, *capability of withstanding the weathering process*. **résistance aux températures elevées** : high-temperature strength. **résistance chauffante à fil nu** : bare-wire heater. **résistance composée** : combined strength. **résistance d'amortissement** : damping resistance. **résistance d'électrode** : electrode resistance. **résistance d'isolement** : insulation strength. **résistance de cathode** : cathode bias. **résistance de cohésion** : cohesive strength. **résistance de contact** : contact resistance. **résistance de friction** : frictional resistance. **résistance de frottement** : frictional resistance; skin resistance. **résistance de gel** : gel strength. **résistance de prise de terre** : stake resistance. **résistance de protection** : protective resistance. **résistance de rayonnement** : radiation resistance. **résistance de sécurité** : safe strength. **résistance des tubages à la pression extérieure** : collapse resistance. **résistance du ciment** : cement strength. **résistance du film d'huile Timken** : Timken film strength. **résistance du sol** : ground resistance. **résistance en conditions mouillées** : wet strength. **résistance en dérivation** : shunt resistance. **résistance équivalente** : equivalent resistance *(elec)*. **résistance finale d'un ciment** : final compressive strength. **résistance hydrostatique** : hydrostatic strength. **résistance initiale d'un ciment** : initial compressive strength. **résistance interne** : internal resistance. **résistance limite** : ultimate resistance. **résistance maximale au cisaillement** : peak shear strength. **résistance mécanique** : mechanical strength. **résistance métallique** : metallic resistance. **résistance nominale** : nominal strength. **résistance pratique** : safe strength. **résistance pyroscopique** : pyrometric-cone equivalent. **résistance thermique** : thermal resistance, *the reciprocal of thermal conductance, SI unit kelvin per watt*. **résistance thermique de surface** : *see coefficient d'isolation thermique*. **résistance transversale** : volume resistance. **résistance variable** : adjustable resistance, *(elec)*.

résistant – lasting; tough. **résistant à** : proof. **résistant à la chaleur** : heat resisting; heatproof. **résistant au gel** : frostproof. **résistant aux acides** : acid resisting; acidproof. **résistant aux intempéries** : weatherproof. **résistant aux tremblements de terre** : quakeproof.

résister – withstand (to).

résistivité *f* – resistivity. **résistivité apparente** : apparent resistivity. **résistivité apparente de l'eau de formation** : apparent formation-water resistivity. **résistivité de l'eau de gisement** : formation-water resistivity. **résistivité réelle** : actual resistivity. **résistivité réelle de la roche** : true formation resistivity. **résistivité superficielle** : surface resistivity. **résistivité thermique** : heat resistivity. **résistivité**

transversale : volume resistivity *(elec)*. **résistivité vraie** : true resistivity.
résistor *m* – electrical resistor.
résite *m* – C-stage resin, *third step in phenol-formol resin condensation*; resite.
résitol *m* – B-stage resin, *second step in phenol-formol resin condensation*; resitol.
résol *m* – A-stage resin, *an alkaline catalyzed thermosetting phenol-formaldehyde type resin consisting primarily of partially condensed phenol alcohols*; resol.
résoluble – resolvable.
résolution *f* – resolution; solution. **résolution de conflit** : conflict resolution, *decision that an interpreter must make when several rules may be involved in an expert system*. **résolution en pendage** : dip resolution.
résolvance *f* – resolution; resolvable limit.
résolvant – resolving; resolvent.
résonance *f* – resonance; ringing *(seis)*; singing. **résonance dans la couche d'eau** : water reverberation. **résonance de Fermi** : Fermi resonance, *in a polyatomic molecule*. **résonance ferrimagnétique** : ferrimagnetic resonance. **résonance ferromagnétique** : ferromagnetic resonance. **résonance magnétique** : magnetic resonance. **résonance magnétique nucléaire (RMN)** : nuclear magnetic resonance (NMR). **résonance paramagnétique électronique** : electron paramagnetic resonance (EPR); electron-spin resonance (ESR). **résonance quadripolaire nucléaire (RQN)** : nuclear quadripole resonance (NQR).
résonateur *m* – resonator, *electric oscillator*. **résonateur de Helmholtz** : Helmholtz resonator.
résonnant – resonant; ringy; singy.
résorber – resorb (to).
résorcine *f* – resorcinol, *a crystalline phenol used in dyes, pharmaceuticals, adhesives and resins*.
résorption *f* – resorption.
résoudre – solve (to).
respirateur *m* – respirator.
respiration *f* – breathing. **respiration artificielle** : artificial respiration. **respiration de réservoir** : breathing of tank.
responsabilité *f* – liability; responsibility. **responsabilité conjointe** : joint liability. **responsabilité des employeurs** : employers' liability, *for occupational accidents*. **responsabilité limitée** : limited liability. **responsabilité séparée** : several liability. **déni de responsabilité** : disclaimer.
ressac *m* – surf; wash.
ressaut *m* – ledge. **ressaut de faille** : fault scarp. **ressaut de relief** : relief nip. **ressaut hydraulique** : drainage nip; hydraulic jump.
ressemblance *f* – resemblance; similarity.
resserré – narrow.
resserrement *f* – tightening. **resserrement du crédit** : tightening of credit.
resserrer – tighten (to). **resserrer la garniture du presse-étoupe** : pull (to) up.
ressort *m* – spring. **ressort à boudin** : coil spring; screw spring; spiral spring. **ressort à friction** : friction spring. **ressort à disque** : disk spring. **ressort à lame** : plate spring. **ressort à lames** : laminated spring; leaf spring. **ressort amortisseur** : buffer spring; concussion spring; hub spring. **ressort d'articulation** : hinge spring. **ressort d'embrayage** : clutch spring. **ressort d'enclenchement** : click spring. **ressort de compression** : compression spring. **ressort de rappel** : close-spiral spring; return spring. **ressort de régulateur** : idling spring. **ressort de soupape** : valve spring. **ressort de suspension** : spring mount *(drill)*; suspension spring. **ressort de tension** : tension spring. **ressort de torsion** : torsion spring. **ressort de traction** : tension spring. **ressort en spirale** : coil spring. **ressort hélicoïdal** : helical spring. **ressort progressif** : graduating spring. **ressort spiralé** : spiral spring.
ressource *f* – resource, *a supply source that may eventually become available*. **ressource à emploi spécifique** : tied resource. **ressources hypothétiques** : hypothetical resources. **ressource minérale** : mineral resource. **ressource naturelle** : natural resource. **ressource récupérable non encore découverte** : undiscovered recoverable resource. **ressources renouvelables** : renewable resources. **ressources ultimes en pétrole** : ultimate petroleum resources, *amount of hydrocarbons that can be supposed to exist and that may one day be discovered ; this is a purely geological concept that does not take technical or economic constraints into consideration and is independent of any notion of time*.
ressources *f* – source of funds, *a general term for all the funds placed at the disposal of a company no matter where they come from*.
ressuage *m* – bleeding, *exudation of bituminous material on a pavement after construction*; eliquation; sweating. **ressuage de la paraffine** : slack-wax deoiling.
ressuer – cool (to) off; sweat (to), *paraffins*.
ressuscitateur *m* – resuscitator, *device for supplying oxygen to asphyxiation victims to make them breathe*.
ressuyé – dried *(pedol)*.
restant *m* – remainder.
restauration *f* – restoration. **restauration d'image** : image restoration. **restauration statique** : static recovery.
restauré – restored.
restaurer – restore (to).
reste *m* – remainder; residue.
restes *m* – remains; remnants. **restes fossiles d'animaux** : animal remains. **restes fossiles de végétaux** : vegetal remains.
restituer – plot (to).
restituteur *m* – *see restituteur de voix*. **restituteur de voix** : speech decoder. **restituteur de voix de l'hélium** : helium speech decoder *(diving)*.
restitution *f* – display; playback; plot; plotting; restitution. **restitution d'amplitude** : amplitude recovery. **restitution des amplitudes réelles** : true-amplitude recovery (TAR). **restitution élastique** : elastic rebound. **restitution en amplitude préservée** : true-amplitude recovery (TAR).
restricteur *m* – restrictor.
restructuration *f* – structural adjustment.
résultat *m* – effect; finding; output; outturn; result. **résultat brut** : indicated value, *of a measurement*; uncorrected result, *of a measurement*. **résultat d'exploitation avant impôt et frais financiers** : earn-

ings before interest and taxes. **résultats de la combustion** : combustion data. **résultats économiques** : economic performance. **résultat net** : net income, *for the fiscal period after taxes.* **résultats scolaires** : educational achievements.

résumé *m* – abstract; summary; synopsis.

résumer – sum (to) up.

résurchauffage *m* – reheating, *resuperheating.*

résurgence *f* – resurgence *(hydrol).* **résurgence de boue** : mud volcano *(drill).*

résurgent – resurgent.

rétablissement *m* – reestablishment. **rétablissement élastique** : creep recovery.

retard *m* – delay; lag; lagging; retarded time; slippage, *time during which a meter records a lower value than the volume required;* time delay; time lag. **retard à l'admission** : late admission. **retard à l'allumage** : ignition delay; late ignition; retarded ignition; retarded timing. **retard à la fermeture** : late cutoff. **retard à la trace-terrain** : group delay *(seis).* **retard angulaire** : angle of lag; delay angle. **retard d'arrivée P** : P-wave delay. **retard de détection** : rise-time error. **retard de phase** : phase lag. **retard de soupape** : delayed valve action, *due to the elasticity of sucker rods in deep downhole pumping;* valve lag *(engine).* **retard maximal** : maximum delay. **retard minimal** : minimum delay. **retard mixte** : mixed delay. **retard par rapport au calendrier** : time overrun. **en retard** : late.

retardateur *m* – retardant; retarder; tamper. **retardateur de flamme** : flame retardant. **retardateur de prise de ciment** : cement-setting retarder; setting retarder.

retardé – delayed; retarded.

retarder – lag (to); retard (to).

retassure *f* – pipe hole; shrinkage cavity.

rétène *m* – retene, *cyclic aromatic hydrocarbon.*

retenir – guy (to); hold (to) back.

rétention *f* – holdup; retention. **rétention à bord** : retention on-board (ROB), *keeping residues aboard a tanker instead of dumping them into the sea.*

rétentivité *f* – retentivity.

retenue *f* – retention. **retenue à la source** : withholding tax. **retenue amont** : upper pond level *(hydrol).* **retenue d'eau** : pondage. **retenue de vapeur** : vapor holdup. **retenue liquide** : holdup, *in a fractionating column;* liquid holdup. **retenue liquide dans le garnissage** : static holdup. **retenue liquide en régime** : dynamic holdup. **de retenue** : retaining.

réticulaire – networklike, *a structure;* reticular; reticulate.

réticulation *f* – crosslinking, *linear polymers;* reticulation.

réticule *m* – crosshairs; crossline; reticle.

réticulé – crosslinked, *polymer;* meshed; netted; reticulate, *also reticulated.*

rétinasphalte *m* – retinasphalt, *a variety of retinite found in lignite.*

rétinite *f* – retinite, *a light brown fossil resin found in some asphalts, brown coals and peat.*

retirer – withdraw (to). **se retirer** : lift (to) out. **retirer les plateaux d'une tour de distillation** : strip (to) a still. **retirer les tiges pleines et le tubage d'un puits** : strip (to) a well, *to remove the full drill string and casing from a well.* **retirer un trépan avant usure complète** : pull (to) in green, *removing a drill bit before it is completely worn out.* **retirer une pièce tombée au fond** : fish (to) up *(drill).*

retombée *f* – spinoff. **retombée de poussière** : dust fall. **retombée radioactive** : fallout; radioactive fallout.

retouche *f* – touching up *(paint).*

retour *m* – return. **retour à la masse** : *see retour à la terre.* **retour à la terre** : earth-grounded circuit. **retour arrière** : backtracking *(computer sci).* **retour d'allumage** : backfiring. **retour d'expérience** : past experience feedback. **retour d'huile** : oil return. **retour d'injecteur** : leak-by. **retour de flamme** : backfire; backfiring; flashback. **avoir des retours de flamme** : spit (to) back. **retour de fluide** : backflow. **retour de produits** : backflows, *petroleum products that are returned to refineries for processing or blending.* **retour du fluide de circulation** : returns. **retour en arrière** : kickback. **retour inverse** : reciprocal time *(seis).* **en retour inverse** : interlocking. **retour par la terre** : ground circuit. **retour sur l'emplacement** : relocation. **retour sur l'investissement** : return on investment (ROI). **de retour** : homeward. **en retour** : back.

rétractable – shrinkable.

retrait *m* – backwash, *the seaward return of water;* offlap *(sedim);* recess; shrink; shrinkage; withdrawal. **retrait de la mer** : withdrawal of the sea. **retrait de patente** : cancellation of a license. **retrait des métaux** : contraction of metals. **retrait du rivet se refroidissant** : contraction of cooling rivet. **retrait normal des immobilisations** : normal retirement of fixed assets. **retrait par refroidissement** : thermal shrinkage.

retraite *f* – retirement.

retraitement *m* – reprocessing; retreatment. **retraitement du combustible** : fuel reprocessing *(nucl).*

rétrécir – shrink (to).

rétrécissement *m* – contraction; narrowing; necking; shrink; taper *(construction).* **rétrécissement d'un filon** : vein pinchout.

rétreint – swaged; tapered.

rétroaction *f* – feedback, *(elec).* **rétroaction négative** : negative feedback. **rétroaction positive** : positive feedback.

rétroalimentation *f* – feedback.

rétrobalayage *m* – backflushing, *the technique of reversing the flow of carrier gas in gas chromatographic columns.*

rétrocaveuse *f* – backdigger.

rétrochargeuse *f* – backloader.

rétrocharriage *m* – backthrusting *(geol).*

rétrochevauchement *m* – backthrust *(geol).* **rétrochevauchement en coin soulevé** : pop-up backthrust.

rétrocombustion *f* – backward combustion.

rétrocorrélation *f* – retrocorrelation.

rétrocorrélogramme *m* – retrocorrelogram.

rétrodiffusion *f* – backscatter; backscattering. **rétrodiffusion d'ions de basse énergie** : ion-scattering spectroscopy (ISS).

rétrogradateur *m* – cold finger.

rétrogradation *f* – backstepping, *movement toward shore of the coastal slope break in trans-*

gressive systems tracts during relative rises of the sealevel; retrogradation.
rétrograde – retrograde.
rétrograder – downshift (to); shift (to) down.
rétrométamorphisme *m* – *see rétromorphose.*
rétromorphose *f* – retrograde metamorphism.
retroprojecteur *m* – overhead projector.
rétrotectonique – *see palinspastique.*
retroussement *m* – distortion, *see also rebroussement.*
rétrovision *f* – hindcasting, *reconstituting past statistical series so as to formulate a forecast, for example on wave height.*
retuber – recase (to) *(drill)*.
réunion *f* – aggregation; collection; conference.
réunir – aggregate (to); collect (to); combine (to); join (to). **réunir par vissage** : make (to) up.
réusiné – remachined.
réussinite *f* – reussinite, *a resinlike hydrocarbon found in coal.*
réutilisable – reusable.
revalorisation *f* – reclaiming. **revalorisation du sol** : land reclamation.
revaporisation *f* – revaporization. **revaporisation à la vapeur d'eau** : distillation in steam; steam distillation.
révélateur *m* – *see révélateur photographique.* **révélateur photographique** : developer.
révéler – develop (to).
revendeur *m* – jobber; retailer.
revendication *f* – claim, *patent.* **revendication de brevet** : patent claim. **revendication de découverte** : discovery claim. **revendication de recherche** : discovery claim. **revendication salariale** : wage claim.
revendiquer – claim (to)
revenu *m* – income. **revenu bru[illegible]** : [illegible]s earnings. **revenu d'exploitation** : operating income. **revenu de location de concession** : lease rental. **revenus de société** : company earnings; corporate earnings. **revenu disponible** : disposable income. **revenus domaniaux** : property income. **revenu du travail** : earned income. **revenu effectif** : actual income. **revenu global** : aggregate income. **revenu imposable** : taxable income. **revenus industriels et commerciaux** : business income. **revenu monétaire** : money income. **revenu national** : national income. **revenu net** : net income; net return; netback. **revenu net disponible** : net cash income.
revenu *m* – hardening temper *(metal)*; tempering. **revenu au blanc** : bright soft temper *(metal)*.
réverbération *f* – reverberation, *multiple reflection in a layer, usually the water layer.*
revers *m* – backslope; dip slope *(geomorph)*. **revers de pente radar** : radar backslope, *ground in back of what faces the wave front.*
réversibilité *f* – reversibility. **réversibilité microscopique** : detailed balance; microscopic reversibility, *in a system at equilibrium.*
réversible – balanced; reversible.
revêtement *m* – clothing; coat; coating; covering; facing; lagging; lining; revetment; surfacing; wrapping. **revêtement antiabrasif** : hard surfacing. **revêtement antidérappant** : nonskid coating. **revêtement antirouille** : rustproofing. **revêtement asphaltique spongieux** : sponge asphalt, *used as a heat insulator and prepared by an air current blowing against a current of molten asphalt.* **revêtement basique** : basic lining. **revêtement bitumineux** : bituminous coating. **revêtement d'asphalte** : asphalt pavement, *bituminous pavement made of coated mineral aggregates and agglomerated by road asphalt.* **revêtement d'un four** : basque. **revêtement d'un puits** : coffer. **revêtement de bardeaux** : clapboarding. **revêtement de cellule** : cell lining. **revêtement de magnésite** : magnesite lining. **revêtement de papier** : paper liner. **revêtement de planches à clin** : clapboarding. **revêtement de plomb** : lead lining. **revêtement de protection** : protective coating. **revêtement de puits** : shaft lining *(mining)*; well casing. **revêtement des tubes** : pipe coating. **revêtement du four** : furnace lining. **revêtement électrolytique par contact** : contact plating. **revêtement en amiante** : asbestos covering. **revêtement en bardeaux** : shingle lining. **revêtement en béton** : concrete lining. **revêtement en poterie** : tile jacket. **revêtement en usine** : mill-applied coating. **revêtement galvanoplastique** : electrodeposit coating. **revêtement intérieur** : inner lining; inwall. **revêtement isolant** : seal coat. **revêtement métallique** : cladding; plating. **revêtement par pénétration du goudron** : tar-grouted surfacing. **revêtement pelliculable** : strippable coating. **revêtement poudre** : powder coating. **revêtement pour tuyauterie en feutre** : felt pipe coating. **revêtement préservateur** : preservative coating. **revêtement résistant aux acides** : acid-proof coating; acidproof lining. **sans revêtement** : unlined.
revêtir – incrust (to); revet (to), *to cover with a revetment*; wrap (to), *a pipe.*
revêtu – coated. **revêtu d'une enveloppe** : sheathed. **revêtu de tissu** : fabric covered.
réviser – overhaul (to); review (to); revise (to).
révision *f* – overhaul; revision. **révision complète** : turnaround, *complete revamping of an industrial unit.* **révision générale** : major overhaul.
revoir – check (to); review (to).
révolution *f* – circle; gyration; revolution; turn. **révolution industrielle** : industrial revolution.
Reynolds – Reynolds, *see nombre de Reynolds.*
RGC – PCV, *abbr. recyclage des gaz de carter, positive crankcase ventilation.*
RGE – EGR, *abbr. recirculation (or recyclage) des gaz d'échappement, exhaust-gas recirculation.*
RGN – NGR, *abbr. résonance gamma nucléaire: nuclear gamma-resonance (see effet Mössbauer)*.
rH – rH, *symbol for oxidation-reduction potential.*
rhabdolite *m* – rhabdolith, *belonging to a class of protozoans or algae.*
rhegmatisme *m* – regmagenesis, *or rhegmagenesis ; orogenic processes producing global strike-slip faulting.*
rhénium *m* – rhenium, *symbol Re.* **rhénium carbonyle** : rhenium carbonyl.
rhéoépaississement *m* – shear thickening.
rhéofluidification *f* – shear thinning.
rhéologie *f* – rheology. **rhéologie superficielle** : surface rheology.
rhéopectique – rheopectic.
rhéopexie *f* – rheopexy, *accelerated gelation of a thixotropic soil.*

rhéophile – rheophile, *living in running water.*
rhéostat *m* – rheostat. **rhéostat de démarrage** : starting rheostat. **rhéostat de réglage** : regulating switch.
rhéostatique – rheostatic.
rhéotropique – rheotropic.
rhéotropisme *m* – rheotropism *(biol)*.
Rhétien *m* – Rhaetian, *uppermost Triassic stage.*
rhexistasie *f* – rhexistasy *(pedol)*.
rhizosphère *f* – rhizosphere *(pedol)*.
rhodanien – Rhodanian, *see phase rhodanienne.*
rhodium *m* – rhodium, *symbol Rh.* **rhodium carbonyle** : rhodium carbonyl.
rhodochrosite *f* – rhodochrosite, *dialogite, manganese spar.*
rhodolite *m* – rhodolith, *a nodule of red algae.*
rhodophycée *f* – rhodophyta, *red algae.*
rhombique – rhombic.
rhombochasme *m* – rhombochasm, *parallel-sided gap in the sialic crust occupied by simatic crust.*
rhomboèdre *m* – rhombohedron *(cryst)*.
rhomboédrique – rhombohedral.
rhomboïdal – rhomboidal.
rhomboïde *m* – rhomboid, *parallelogram.*
rhomboporphyre *m* – rhombporphyry *(petro)*.
rhumb *m* – rhumb, *compass points; see also aire de vent and loxodromie.*
rhyncholite *m* – rhyncholite *(pal)*.
rhynchonelle *f* – rhynchonelloid, *or rhynchonellid (pal)*.
rhyodacite *f* – rhyodacite, *extrusive porphyritic igneous rock.*
rhyolite *f* – rhyolite, *an extrusive igneous rock rich in feldspar and silica.*
ria *f* – ria, *a long narrow coastal inlet, but not a fjord.*
ribonucléique – ribonucleic.
richesse *f* – equivalence ratio, *applied to the reaction medium in an engine, defined by the fuel-to-air mass ratio.* **richesse du mélange** : air/fuel ratio; fuel/air ratio; relative mixture strength. **richesse limite inférieure** : bottom fuel/air ratio, *of a fuel mixture.*
Richter – Richter, *see échelle de Richter.*
richtérite *f* – richterite, *soda tremolite, a monoclinic mineral of the amphibole group.*
Ricker – Ricker, *see ondelette de Ricker.*
ride *f* – ripple; wrinkle. **rides chevauchantes** : climbing ripples. **ride d'oscillation** : oscillation ripple; oscillation ripple mark; wave ripple. **ride de courant** : current ripple. **rides de houle** : wave ripples. **ride de plage** : beach ridge; ripple mark; sand ripple. **ride de retour** : back-flow ripple. **ride déformée** : loaded ripple. **ride éolienne** : wind ripple. **ride losangique** : rhomboid ripple mark, *current ripple mark.* **ride médio-océanique** : *see dorsale médio-océanique.*
ridé – corrugated; wrinkled.
rider – corrugate (to); wrinkle (to).
ridoir *m* – turnbuckle.
Riecke – Riecke, *see principe de Riecke.*
rift *m* – rift, *a long narrow continental trough.*
rigide – rigid; stiff.
rigidité *f* – rigidity; rigidness; stiffness; strength. **rigidité d'un joint** : joint strength. **rigidité diélectrique** : breakdown strength; dielectric rigidity; dielectric strength. **rigidité électrique** : electric strength, *see rigidité diélectrique.* **rigidité magnétique** : magnetic rigidity.
rigole *f* – channel; dale; ditch; diversion cut; drain; gut; gutter; launder; rill; runnel; runway; sluice. **rigole à boue** : mud ditch. **rigole d'assèchement** : drainage ditch. **rigole de plage** : rill mark, *a channel formed on a beach.* **rigole de ruissellement** : gully; rain rill; wet-weather rill.
rigoureux – strict; stringent, *conditions.*
rimaye *f* – marginal crevasse, *glacier.*
rinçage *m* – flushing.
rinçant – rinsing.
rincé – flushed.
rincer – flush (to) out.
ringard *m* – clinkering tool.
Ringelmann – Ringelmann, *see table de Ringelmann.*
ripage *m* – skidding; sliding. **ripage des cônes** : cone skidding, *of a drill bit.*
ripement *m* – *see ripage.*
riper – skid (to). **riper l'appareil de forage** : skid (to) the derrick, *without dismantling it.*
Riphéen *m* – Riphean, *the most recent division of the Precambrian in Russia.*
risée *f* – cat's paw, *wind.*
riser *m* – riser, *see also tube prolongateur.*
risque *m* – hazard; risk. **risque acceptable** : acceptable risk. **risque d'incendie** : fire hazard. **risque d'insolvabilité** : credit risk. **risque de financement** : funding risk. **risque de trésorerie** : liquidity risk. **risque financier** : financial risk; market risk. **risque individuel** : individual risk. **risque industriel majeur** : industrial major accident hazard; major industrial hazard. **risque majeur** : major hazard. **risque non partagé** : sole risk. **risque ordinaire** : ordinary risk. **risque pour la santé** : health hazard; health risk. **risque professionnel** : occupational hazard. **risque sismique** : earthquake risk. **risque spécifique** : specific risk *(econ)*. **risque systématique** : systematic risk. **tous risques** : all risks.
Riss *m* – Riss, *the third glacial stage of the Pleistocene.*
ristourne *f* – kickback; rebate. **ristourne des droits de douane** : drawback.
Ritter – Ritter, *see réaction de Ritter.*
rivage *m* – coast; foreshore; shore; strand. **rivage fossile** : abandoned shoreline. **rivage régularisé** : graded shoreline.
rive *f* – bank; shore. **rive d'un fleuve** : river bank. **rive haute** : high bank.
rivé – riveted.
rivet *m* – clinch; rivet. **rivet à tête plate** : flat-head rivet. **rivet à tête ronde** : round-head rivet. **rivet fraisé** : countersunk rivet.
rivetage *m* – riveting. **rivetage à chaud** : hot riveting. **rivetage à froid** : cold riveting. **rivetage mécanique** : machine riveting.
riveté – riveted.
riveter – fasten (to) with rivets.
rivière *f* – river, *the French word rivière refers to a stream that runs into another river or into a lake.* **rivière à marée** : tidal river. **rivière monoclinale** : strike stream, *a subsequent stream that follows the strike of the underlying strata.* **ri-**

vière principale : main stream. **rivière rajeunie** : rejuvenated river. **rivière régularisée** : graded river. **rivière souterraine** : underground river. **rivière syngénétique** : syngenetic river.

rivoir *m* – riveting hammer.

RMF – FMR, *abbr. résonance ferromagnétique: ferromagnetic resonance.*

RMN – NMR, *abbr. of résonance magnétique nucléaire: nuclear magnetic resonance.* **RMN à angle magique** : MAS-NMR; magic angle spinning NMR. **RMN à pulsations** : pulsed NMR.

robinet *m* – cock; faucet; spigot; tap; valve, *in the petroleum industry, the most common type of valve used is the gate valve*; valve tap. **robinet à aiguille** : needle valve. **robinet à air** : air cock. **robinet à bec courbe** : bibcock. **robinet à boisseau** : cock valve; plug cock; plug valve; taper plug cock. **robinet à boisseau à trois voies** : three-way cock valve. **robinet à boisseau foncé** : gland cock valve. **robinet à boisseau lubrifié** : lubricated-plug cock; lubricating plug valve. **robinet à boisseau pour eau** : water plug cock. **robinet à boisseau pour vapeur** : steam plug cock. **robinet à boisseau renversé** : inverted-plug cock. **robinet à boisseau sphérique** : ball valve. **robinet à boues** : sludge cock. **robinet à cinq voies** : five-way cock. **robinet à clé creuse** : hollow-handle stopcock. **robinet à deux voies** : two-way cock; two-way tap. **robinet à diaphragme** : diaphragm valve. **robinet à flotteur** : ballcock. **robinet à membrane** : diaphragm valve. **robinet à mise sous vide** : pump-out valve. **robinet à papillon** : butterfly valve. **robinet à piston** : piston valve. **robinet à pointeau** : needle valve; pop valve. **robinet à quatre voies** : four-way cock. **robinet à soufflet** : bellows valve. **robinet à soupape** : globe valve. **robinet à soupape à siège incliné** : Y-pattern yoke valve. **robinet à soupape de manoeuvre** : working valve. **robinet à trois voies** : cross valve; three-way tap. **robinet à vapeur** : steam cock. **robinet à vis extérieure** : rising-stem valve. **robinet au fond d'une citerne** : boot. **robinet coffret** : box cock. **robinet conique** : conical plug. **robinet d'alimentation** : feed cock. **robinet d'angle** : angle valve. **robinet d'arrêt** : lock cock; lock valve; shutoff cock; shutoff valve; stop-and-check valve; stop valve; stopcock. **robinet d'arrêt à main** : hand stop valve. **robinet d'arrêt à soupape** : screw-down stop valve. **robinet d'arrêt d'injection** : injector stopcock. **robinet d'arrêt sphérique** : globe valve. **robinet d'ébouage** : mud cock. **robinet d'échantillonnage** : sample cock. **robinet d'équerre** : angle valve. **robinet d'étranglement thermostatique** : thermostatic throttle valve. **robinet d'extraction** : blow cock; blowoff cock. **robinet d'injection** : injection cock. **robinet de bout de ligne** : open-end valve. **robinet de charge** : charging valve. **robinet de décompression** : decompression valve; relief cock. **robinet de dégagement** : vent cock. **robinet de hauteur d'eau** : gage cock. **robinet de jauge** : gage cock; gage tap; try cock, *for level gaging.* **robinet de jauge à boisseau** : gage cock valve. **robinet de jauge à soupape** : valve gage. **robinet de non retour** : stop check valve. **robinet de prise d'échantillon** : bleeder; sampling cock; sampling valve. **robinet de puisage** : draw-off tap. **robinet de purge** : drain cock; drain valve; petcock; purge valve; waste cock, *for drainage.* **robinet de purge d'huile** : oil-drain valve. **robinet de refoulement** : feed cock. **robinet de réglage** : regulating valve; throttling valve. **robinet de remplissage** : feed cock. **robinet de service** : service valve. **robinet de soupape** : valve cock. **robinet de tige d'entraînement** : kelly cock, *a valve designed to prevent blowouts via the inside of the drillstem.* **robinet de trop-plein** : lever cock. **robinet de vidange** : drain cock; draining tap; emptying tap. **robinet de vidange d'huile** : oil-drain valve. **robinet détendeur** : expansion valve. **robinet droit** : globe valve. **robinet en laiton** : brass valve. **robinet en Y** : Y valve. **robinet extérieur** : service valve. **robinet général** : master valve. **robinet graisseur** : grease cock; lubricating cock. **robinet indicateur** : gage tap. **robinet injecteur** : injector stopcock. **robinet jauge** : water gage. **robinet mélangeur** : mixing cock; mixing tap. **robinet obturateur** : stopcock. **robinet pilote** : pilot valve. **robinet pour filtre-presse** : filter cock. **robinet pour hydrogénation** : hydrogenation cock. **robinet purgeur** : bleeding valve; drip cock. **robinet tournant** : taper plug cock. **robinet valve** : valve cock. **robinet vanne** : gate valve. **robinet-vanne papillon** : butterfly valve.

robinetterie *f* – cocks and fittings; trimmings.

robot *m* – robot. **robot industriel** : industrial robot. **robot intelligent** : intelligent robot.

robotique *f* – robotics.

robotique – robotic.

robuste – robust; rugged; stout; sturdy.

ROC – OCR, *abbr. reconnaissance optique de caractères: optical character recognition.*

rocailleux – cragged, *craggy*; stony.

roche *f* – rock. **roche à olivine** : olivine rock. **roche à radiolaires** : radiolarian rock. **roche à structure alvéolaire** : honeycomb rock. **roche abrasive** : abrasive rock. **roche abyssale** : abyssal rock. **roche acide** : acid rock. **roche alcaline** : alkali rock. **roche amygdaloïde** : amygdaloid rock. **roche arénacée** : sandy rock. **roche argileuse** : argillaceous rock; clay; clayey rock; clunch. **roche argileuse litée** : shale. **roche aschiste** : aschistic rock. **roche asphaltique** : natural rock asphalt; rock asphalt. **roche atmoclastique** : atmoclastic rock, *clastic rock formed with the help of atmospheric agents.* **roche atmogénique** : atmogenic rock, *rock resulting from atmospheric condensation, snow or ice.* **roche autochtone** : autochthonous rock. **roche basique** : basic rock. **roche bioclastique** : bioclastic rock. **roche biogène** : biogenic rock. **roche bitumineuse** : asphalt rock; bituminous rock, *containing natural bitumen.* **roche bordière** : adjacent rock. **roche broyée** : shattered rock. **roche carbonatée** : carbonate rock. **roche carbonée** : carbonaceous rock. **roche carbonifère** : carboniferous rock. **roche cataclastique** : cataclastic rock. **roche chaude et sèche** : hot dry rock (HDR), *potential source of geothermal energy.* **roche clastique** : clastic rock, *any consolidated sedimentary rock mainly composed of fragments from preexisting rocks or solid products from weathering of such rocks.* **roche comagmatique** : comagmatic rock. **roche concassée** : broken ground. **roches connexes** : related rocks. **roche coquillière** : shelly rock. **roche couverture** : cap rock, *a relatively impervious formation overlying a liquid or gaseous hydrocarbon-containing formation ; also* *an impervious layer of anhydrite and gypsum overlying a salt dome*; roof rock; sealing rock. **roche cristalline** : crystalline rock. **roche d'épanchement** : effusive rock. **roche d'érosion** : abrasive rock. **roche d'intrusion** : deep-seated rock. **roche d'origine** : origin rock. **roche d'origine chimique** : chemical rock. **roche de base** : basement rock, *commonly used for igneous and metamorphic rocks underlying a sedimentary formation.* **roche de faille** : fault rock, *rock fragments along a fault plane formed by crushing and grinding during a dislocation.* **roche de fond** : bedrock. **roche de profondeur** : plutonic rock. **roche de recouvrement** : overburden. **roche dépourvue de fossiles** : rock destitute of fossils. **roche désagrégée** : broken ground; disintegrated rock. **roche détritique** : detrital rock, *a sedimentary rock composed primarly of clastic material.* **roche du socle** : basement rock. **roches du toit** : roof strata. **roche dure** : hard rock. **roche effusive** : effusive rock; extrusive rock. **roche en dalles** : flagstone. **roche en encorbellement** : rock shelter. **roche en place** : rock in-situ. **roche en plaques** : flagstone. **roche encaissante** : country rock; enclosing rock; native rock; partition rock; rock wall; wall rock. **roche endogène** : endogenous rock. **roche éolienne** : atmospheric rock. **roche éolisée** : ventifact, *a wind-shaped stone by natural sandblasting.* **roche éruptive** : eruptive rock; igneous rock. **roche exogène** : exogenetic rock. **roche extrusive** : extrusive rock, *igneous rock that has erupted onto the surface of the Earth.* **roche favorable** : hot rock. **roche filonienne** : dike rock; lode rock; vein rock. **roche fluante** : creeping rock. **roche fossile** : fossil rock. **roche gazéifère** : gas rock. **roche gonflante** : swelling ground. **roche granitique** : granitic rock. **roche grenue** : grained rock; granular rock. **roche guide** : key rock. **roche hétéromorphe** : heteromorphic rock. **roche hydroclastique** : hydroclastic rock. **roche hydrothermale** : hydrothermal rock. **roche hypabyssale** : hypabyssal rock, *igneous rock that arose from great depths as magma but solidified before reaching the surface.* **roche ignée** : igneous rock. **roche imperméable** : impermeable rock; impervious rock. **roche incompétente** : incompetent rock, *rock that has been deformed in a ductile manner by comparison with adjacent more-brittle rock.* **roche indurée** : consolidated rock. **roche in-situ** : rock in-situ. **roche intrusive** : intrusive rock. **roche intrusive basique** : basic intrusive rock. **roche intrusive injectée** : injected intrusives. **roche litée** : layered rock. **roche magasin** : reservoir rock, *see also roche réservoir.* **roche magmatique** : igneous rock, *having solidified from molten or partly molten material such as a magma.* **roche massive** : massive rock. **roche matrice** : native rock. **roche mère** : mother rock; source rock, *a sediment containing the initial organic matter (kerogen) that was transformed into petroleum.* **roche métamorphique** : metamorphic rock. **roche meuble** : unconsolidated rock. **roche minéralisée** : mineral-bearing rock; pay rock. **roche monogénique** : monogenetic rock, *also monogenic rock.* **roche monominérale** : monomineralic rock; simple rock. **roche moutonnée** : glaciated knob; sheepback rock. **roche neptunique** : neptunic rock, *rock formed in the sea, one of the three subdivisions of rocks in the classification proposed by Read, including sedimentary rocks.* **roche neutre** : neutral rock. **roche non cimentée** : unconsolidated rock. **roche non stratifiée** : unstratified rock. **roche organogène** : organic rock. **roche originelle** : primary rock. **roche orthophyrique** : orthophyric rock. **roche paléovolcanique** : old volcanic rock; paleovolcanic rock, *extrusive rock of pre-Tertiary age, usually having an aphanitic and porphyritic nature.* **roche panidiomorphique** : panidiomorphic rock. **roche perméable** : permeable rock. **roche pétrolifère** : oil-bearing rock; oil rock. **roche phosphatée** : phosphate rock. **roche phytogène** : phytogenic rock. **roche plutonique** : plutonic rock, *formed at considerable depth.* **roche polymétamorphique** : polymetamorphic rock. **roche potassique** : potassic rock, *containing potassium.* **roche pourrie** : rotten rock. **roche primaire** : primary rock. **roche profonde** : deep-seated rock. **roche pyroclastique** : pyroclastic rock. **roche pyrogène** : pyrogenetic rock. **roche radioactive** : radioactive rock. **roche récifale** : reef rock. **roche recuite** : fritted rock. **roche régénérée** : regenerated rock. **roche repère** : key rock. **roche réservoir** : reservoir; reservoir rock, *porous and permeable rocks in which commercial accumulations of crude oil and natural gas are located.* **roche réservoir pétrolifère** : oil-reservoir rock. **roche saline** : salty rock. **roche sédimentaire** : sedimentary rock; soft rock. **roche sédimentaire partiellement métamorphisée** : metasediment. **roche semiclastique** : semiclastic rock. **roche siliceuse** : chert; silica rock. **roche silicifiée** : silicified rock. **roche solide** : solid rock. **roche sous-jacente** : bottom rock. **roche sous-saturée** : undersaturated rock. **roche stérile** : dead rock; rubbish. **roche stratifiée** : bedded rock; stratified rock. **roche surplombante** : rock shelter. **roche sus-jacente** : overlying rock, *rocks lying or resting upon older rocks.* **roche tachetée** : maculose rock. **roche tendre** : soft rock. **roche ultrabasique** : ultrabasic rock. **roche vitreuse** : glassy rock. **roche vitrifiée** : fritted rock. **roche voisine** : adjacent rock. **roche volcanique** : volcanic rock. **roche volcanique récente** : young volcanic rock. **roche zoogène** : zoogenic rock.

rocher *m* – bedrock, *public works*; crag; rock. **rocher branlant** : rocking stone. **rocher en forme de champignon** : mushroom rock. **rocher pointu** : jagged rock. **rocher ruiniforme** : castellated rock.

rochet *m* – pawl; ratchet.

rocheux – rocky.

rochlédérite *f* – rochlederite, *a fossil resin.*

rochosité *f* – rockiness.

Rock-Eval – Rock-Eval, *tradename for a pyrolysis device used to analyze rock samples.*

Rockwell – Rockwell, *see dureté, appareil d'essai Rockwell.*

rodage *m* – grinding; lapping, *done by hand with an oil or paste containing an abrasive in suspension*; running in. **rodage de segments** : lapping of rings. **rodage de soupapes** : valve grinding *(engine)*.

rodé – ground in, *valves, etc.*; lapped; run in *(engine)*.

roder – break (to) in, *engines*; emery (to); grind (to); grind (to) in; hone (to); lap (to); reseat (to) *(valve)*; run (to) in, *an engine.*

rodingite *f* – rodingite, *gabbroic rock containing grossular and pyroxene, formed by metasomatic alteration of a protolith.*
rodoir *m* – emery stick; grinding tool; lap bit; lap rod.
roentgen *m* – roentgen, *or röntgen, an exposure dose unit.*
rogner – emarginate (to).
rognon *m* – nodule. **rognon de silex** : chert nodule.
rognure *f* – paring.
rôle *m* – role. **rôle d'appel** : muster list, *offshore drilling units.* **rôle d'équipage** : crew list.
rompre – break (to); break (to) the circuit.
rond – round.
rondelle *f* – disk; spacer; washer. **rondelle brute** : wrought washer. **rondelle d'arrêt** : lock washer. **rondelle d'équilibrage** : equilibrium ring. **rondelle d'étanchéité** : sealing washer. **rondelle de blocage** : lock washer. **rondelle de butée** : thrust washer. **rondelle de cisaillement** : shearing washer. **rondelle de cuir** : leather washer. **rondelle de fibre** : fiber washer. **rondelle de joint** : coupling gasket. **rondelle de joint de tube** : pipe-union nipple. **rondelle de serrage** : plain washer. **rondelle de sûreté** : tongue washer. **rondelle du ressort** : spring washer. **rondelle élastique** : spring washer. **rondelle étanche** : seal. **rondelle filtrante** : filter plate. **rondelle frein** : lock washer. **rondelle-frein non desserrable** : shakeproof washer.
rondin *m* – round timber.
ronflement *m* – hum. **ronflement de secteur** : mains hum. **ronflement des engrenages** : humming of gears.
ronfler – hum (to), *engine.*
ronflette *f* – hum.
rongé – eaten.
ronger – corrode (to); eat (to) away; etch (to); fret (to).
ronronnement *m* – rumble.
roquette *f* – rocket.
rose *f* – rose *(bot)*. **rose de pierre** : stone packing. **rose des sables** : desert rose, *radially symmetric group of crystals resembling a rose.* **rose des vents** : card of a compass; compass card.
rose – pink, *see bruit rose.*
Rose – Rose, *see alliage de Rose.*
rosée *f* – dew.
rosette *f* – rosette.
rosthornite *f* – rosthornite, *type of retinite.*
rotamètre *m* – rotameter, *constant-head volume meter used for measuring the rate of flow of a fluid flowing upward through a tapered tube.*
rotary *m* – *see forage rotary.*
rotateur *m* – rotator. **rotateur de soupape** : valve rotator.
rotatif – revolving; rotary; rotating.
rotation *f* – rotation; swing; turnaround, *round trip for tank trucks, supply boats, etc.*; twisting. **rotation à angle magique** : magic angle spinning (MAS) *(optics)*. **rotation à gauche** : left-hand turn. **rotation de phase** : phase change. **rotation des stocks** : inventory turnover; turnover of stocks. **rotation du personnel** : turnover. **rotation rapide** : spin. **rotation spécifique** : specific rotation.
rotationnel – curl; rotational.
rotatoire – rotatory.
Rotliegende *m* – Rotliegende, *Lower and Middle Permian stage.*
rotor *m* – impeller; rotor; runner; vane wheel. **rotor à balourd** : weighted rotor. **rotor de compresseur** : compressor impeller. **rotor de soufflage à ailettes** : vane blower.
rotule *f* – flex joint; knuckle; toggle; toggle joint.
rouage *m* – wheelwork. **rouages administratifs** : administrative machinery.
roue *f* – wheel. **roue à aubes** : impeller; paddle wheel. **roue à augets** : bucket wheel. **roue à boudin** : flanged wheel. **roue à cames** : cam wheel; sprocket wheel. **roue à cliquet** : click wheel; dog wheel. **roue à eau** : water wheel. **roue à gorge** : grooved wheel. **roue à meuler** : grinding wheel. **roue à rayons** : spoked wheel. **roue à rochet** : crown wheel; dog wheel; ratchet wheel. **roue à vis sans fin** : worm wheel. **roue arrière** : hind wheel; rear wheel. **roue avant** : front wheel. **roue cerclée** : hooped wheel. **roue conique** : bevel gear; bevel wheel. **roue conique à développement** : involute bevel gear. **roue conjuguée** : mating gear. **roue d'angle** : bevel wheel; miter wheel. **roue d'engrenage** : cogwheel; gear wheel; pitch wheel. **roue d'entraînement** : band wheel, *a large flat pully over which runs the main drive belt transmitting power to a crankshaft or pump.* **roue de champ** : face wheel. **roue de guidage** : guide wheel. **roue de pompe** : runner. **roue de pompe centrifuge** : impeller. **roue de répartition** : perforated-ring type distributor *(ref)*. **roue de secours** : emergency wheel; spare wheel. **roue dentée** : cogwheel; gear wheel; sprocket; spur wheel. **roue désaxée** : dished wheel. **roue directrice** : steerable wheel. **roue de compresseur** : compressor impeller. **roue entraînée** : driven gear. **roue entraîneuse** : driving gear. **roue folle** : idle wheel; idler gear; loose wheel. **roue hélicoïdale** : helical gear. **roue intermédiaire** : idler gear. **roue libre** : free wheel; overrunning clutch. **roue menante** : driving gear. **roue menée** : driven gear. **roue mobile de pompe** : pump impeller; pump wheel. **roue motrice** : driving wheel; impeller. **roue octoïde** : involute bevel gear. **roue parasite** : idler gear. **roue pelle** : bucket wheel. **roue Pelton** : Pelton wheel, *a hydraulic turbine.* **roue phonique** : timing wheel. **roue pivotante** : caster wheel. **roue tangente** : worm wheel. **roue voilée** : buckled wheel; warped wheel.
rouet *m* – pump impeller. **rouet de compresseur** : compressor impeller.
rouf *m* – deckhouse.
rougeâtre – reddish.
rougir – redden (to).
rouille *f* – iron staining; rust; rusting. **rouille blanche** : white rust. **rouille de fer** : iron rust. **rouille erratique** : rust from external sources. **rouille pérégrine** : rust from external sources.
rouillé – rusty.
rouiller – rust (to).
rouillure *f* – rustiness.
roulage *m* – conveyance; haulage; hauling; rolling. **roulage de bord** : curling *(mech)*.
rouleau *m* – coil; roll; roller. **rouleau à broyer** : crusher roll. **rouleau compresseur** : pneumatic tamper; press roll; road roller. **rouleau de tension** : expanding roller. **rouleau guide** : roller guide.

rouleau tendeur : idler roller. **sans rouleaux** : rollerless.
roulement *m* – bearing; operating time; run, *blast furnace*. **roulement à aiguilles** : needle bearing; quill bearing. **roulement à billes** : ball bearing. **roulement à billes en forme de cylindres** : cylinder bearing. **roulement à double rangée de billes** : double-row ball bearing. **roulement à garniture antifriction** : babbitted bearing. **roulement à gorge profonde** : radial thrust bearing. **roulement à rouleaux autocentreurs** : self-aligning roller bearing. **roulement à rouleaux parallèles** : straight roller bearing. **roulement annulaire d'embrayage** : radial clutch bearing. **roulement autolubrifiant étanche** : sealed-lubrication bearing. **roulement d'outil à molette** : rock-bit bearing. **roulement de butée** : thrust bearing. **roulement de fusée** : wheel bearing, *for an automotive wheel*. **roulement de sol** : ground roll. **roulement douteux** : seal questionable (SQ), *drill bit*. **roulement étanche** : sealed roller bearing. **roulement neuf** : seal effective (SE), *drill bit*. **roulement non étanche** : nonsealed roller bearing, *drill bit*. **douceur de roulement** : free running.
rouler – roll (to).
roulette *f* – wheel. **roulette de la came** : cam follower. **roulette de manutention** : industrial caster.
rouleuse *f* – bender.
roulier *m* – RO/RO ship, *roll-on/roll-off ship*.
roulis *m* – roll; sway.
roulotte *f* – caravan; trailer.
routage *m* – routing. **routage de bateaux** : ship routing. **routage des plates-formes marines** : offshore platform routing.
route *f* – course, *of a vessel*; highway; road. **route à péage** : toll road. **route aérienne** : skyway. **route carrossable** : carriage road. **route d'accès** : access road. **route d'évacuation** : dispersal route. **route d'un navire** : seaway. **route de délestage** : relief road. **route de desserte** : service road. **route empierrée** : metalled road. **route en corniche** : coast road. **route macadamisée** : macadam road. **route maritime** : sea lane; sea route. **route secondaire** : subsidiary road. **route sur digue** : causeway.
routine *f* – routine. **routine généralisée** : generalized routine *(computer)*.
royalties *f* – *see redevance*.
RPE – EPR, *abbr. résonance paramagnétique électronique, electron paramagnetic resonance*.
RPS – RPS, *tradename for a radio-positioning system*.
RSV – VR, *abbr. résidu sous vide, vacuum residue*.
ruban *m* – band; ribbon; strip; tape. **ruban d'arpenteur** : measuring reel. **ruban de balisage** : flagging. **ruban de frein** : brake band. **ruban de jaugeage** : gaging tape. **ruban émerisé** : emery tape. **ruban en papier** : paper tape. **ruban isolant** : insulating tape. **ruban mesure** : measuring tape. **ruban métallique** : strap, *used to measure the diameter of a tank and thus to determine its capacity*. **ruban sableux** : sand ribbon.
rubané – banded.
rubanement *m* – banding *(geol)*.
rubéfaction *f* – rubefaction, *a phenomenon that makes a soil turn red*.
rubellite *f* – rubellite, *a variety of mineral tourmaline*.
rubidium *m* – rubidium, *symbol Rb*.
rubis *m* – ruby *(miner)*. **rubis spinelle** : ruby spinel *(miner)*.
rubrique *f* – heading; item.
rude – harsh.
rudimentaire – rudimentary.
rudiste *m* – rudistid *(pal)*.
rudite *f* – rudite, *a coarse consolidated sedimentary rock*.
rugosité *f* – corrugation; roughness, *surface state*; ruggedness; rugosity. **rugosité d'une paroi** : surface roughness.
rugueux – corrugated; rough; rugged.
ruiniforme – castellated; ruiniform.
ruisseau *m* – brook; creek; rivulet; runnel; streamlet.
ruisseler – trickle (to).
ruisselet *m* – rill.
ruissellement *m* – surface runoff; trickling. **ruissellement des eaux de pluie** : rainwash. **ruissellement en filets** : rill wash. **ruissellement en nappe** : sheet flood; surface wash. **ruissellement pelliculaire** : sheetwash.
ruminant *m* – ruminant.
Rupélien *m* – Rupelian, *Middle Oligocene stage*.
rupteur *m* – cutout; timer.
rupture *f* – break; breakdown; breaking; disconnection; disruption; fracture; rent; rupture; severance; severing; shot break *(seis)*. **rupture d'arbre** : axle breakage. **rupture d'émulsion** : breaking of emulsion, *during which the dispersed phase is more or less entirely gathered*; emulsion breaking. **rupture d'une molécule, rupture d'un cristal** : cleavage, *the dividing of an alkene molecule into two compounds at the double bond ; the breaking or separating of a crystal along specific planes*. **rupture dans la vitesse d'avancement** : drilling break. **rupture de canalisation** : pipe breakage. **rupture de charge** : breaking bulk. **rupture de contrat** : breach of contract. **rupture de fatigue** : fatigue crack. **rupture de joint** : pullout. **rupture de la pente continentale** : shelf break. **rupture de la pente côtière** : depositional coastal break; depositional shoreline break; shoreline break. **rupture de liaison** : bond cleavage. **rupture de mousse** : foam breaking. **rupture de pente** : nick; nick point, *also spelled knickpoint*; offlap break, *of a stratification surface*; slope break, *break of slope (geol)*. **rupture de soupape** : valve failure. **rupture de stock** : stock shortage. **rupture de talus** : slope failure. **rupture de temps** : time break. **rupture diélectrique** : dielectric breakdown. **rupture différée** : delayed fracture. **rupture ductile** : ductile fracture *(rock mech)*. **rupture en plaques** : slabbing. **rupture fragile** : brittle fracture *(rock mech)*. **rupture hétérolytique** : heterolytic cleavage. **rupture homolytique** : homolytic cleavage. **rupture par cisaillement** : shear failure. **rupture par entaille** : notch rupture. **rupture par fatigue** : endurance failure; fatigue break; fatigue failure. **rupture par fragilité** : brittle fracture, *steel*. **rupture par torsion** : twistoff, *the breaking off of the drill string by excessive torsional stress*. **rupture par traction** : tension failure. **rupture soudaine** : snap. **rupture sous tension** : stress rupture.
Ruscinien *m* – Ruscinian, *Lower Pliocene stage*.

Russell – Russell, *see volumètre de Russell.*
ruthénium *m* – ruthenium, *symbol Ru.* **ruthénium carbonyle** : ruthenium carbonyl.
ruthénocène *m* – ruthenocene *(chem).*
rutile *m* – rutile, *a titanium ore.*
RVL – SLR, *abbr. radar à visée latérale, side-looking radar.*
RX – *abbr. rayon X: X ray.*
Rydberg – Rydberg, *see constante de Rydberg, formule de Rydberg.*
rythme *f* – rhythm. **rythme circadien** : circadian rhythm.
rythmique – rhythmic, *said of a consistent repetition, through a sedimentary succession of regular sequences.*

S

s – s *symbol for seconde.*
S – S, *symbol for siemens.*
Saale *m* – Saale, *Pleistocene glacial stage.*
saalien – Saalian, *see phase saalienne.*
sablage *m* – sandblasting; sanding.
sable *m* – sand. **sable à gaz** : gas sand. **sable à grain fin** : fine-grained sand. **sable à grain moyen** : medium sand. **sable à gros grain** : torpedo sand. **sable à souder** : welding sand. **sable aquifère** : water-bearing sand. **sable argileux** : clayey sand; shaly sand. **sable asphaltique** : asphaltic sand; oil sand; tar sand, *sand naturally impregnated with asphalt.* **sables asphaltiques d'Athabasca** : Athabasca tar sands. **sable aurifère** : gold sand. **sable bien perméable** : open sand, *sandstone with good porosity and permeability for oil storage.* **sable bioconstruit** : bioconstructed sand. **sable bitumineux** : bituminous sand, *see sable asphaltique.* **sable boulant** : loose sand; quicksand; running sand; unconsolidated sand. **sable carbonaté** : calcareous sand. **sable colmaté** : tight sand. **sable compact** : close sand, *too tightly packed to have sufficient porosity to form a good oil reservoir,* compact sand; tight sand. **sable consolidé** : consolidated sand. **sable corallien** : coral sand. **sable de capture** : thief sand, *a porous formation absorbing drilling fluid during circulation.* **sables de débordement** : outer bend splay sands. **sable de fonderie** : foundry sand. **sable de fracturation** : fracturing sand. **sable de moulage** : facing sand; fire sand *(metal)*; molding sand. **sable de rivière** : river sand. **sable diluvien** : diluvial sand. **sable en tas** : heap sand. **sable enrobé de bitume** : sand-asphalt, *a sand and asphalt mixture hot spread as paving.* **sable éolien** : blown sand; eolian sand. **sable de filtration** : filter sand. **sable fin** : fine sand. **sable glauconieux** : glauconitic sand; greensand. **sable grossier** : coarse-grained sand; grit. **sable imprégné** : impregnated sand. **sable lacustre** : lacustrine sand. **sable lenticulaire** : lenticular sand. **sable marin** : sea sand. **sable mouvant** : quicksand; running sand. **sable moyen** : medium-grained sand. **sable noir** : black sand. **sable non consolidé** : loose sand; unconsolidated sand. **sable non mouillant** : nonwetting sand. **sable ouvert** : open sand, *see sable bien perméable.* **sable pélagique** : deep-sea sand. **sable pétrolifère** : oil-bearing sand; production sand. **sable peu perméable** : tight sand. **sable poivre et sel** : salt-and-pepper sand, *made up of a mixture of light- and dark-colored particles.* **sable poreux** : open sand. **sable producteur** : *see sable productif.* **sable productif** : pay sand, *producing a profitable amount of crude oil or into which a commercially profitable well has been drilled;* producing sand; productive sand. **sable propre** : clean sand, *without shale.* **sable quartzeux** : quartz sand; silica sand. **sable réfractaire** : refractory sand. **sables rétrogressifs** : retrogressive sandstone, *reservoir rock associated with transgressive sequences.* **sable sec** : dry sand, *improductive layer.* **sable stérile** : barren sand. **sable vanné** : winnowed sand. **sable vert** : greensand. **sable volcanique** : ash rock.
sableuse *f* – blaster *(metal)*; sand machine; sandblast apparatus *(metal)*.
sableux – arenaceous; sandy.
sablier *m* – hourglass; sand glass.
sablière *f* – sand pit.
sablon *m* – silt, *sedimentary material made up of silt-sized particles.*
sablonneux – arenaceous; sabulous.
sabord *m* – porthole.
sabordage *m* – scuttling.
sabordement *m* – *see sabordage.*
saborder – scuttle (to), *a ship.*
sabot *m* – shoe. **sabot à bille** : float shoe. **sabot à jets tourbillonnaires** : jet float shoe. **sabot à remplissage automatique** : automatic fill-up shoe, *cementing.* **sabot à remplissage différentiel** : differential fill-up shoe. **sabot à soupape** : casing float shoe; float shoe. **sabot à remplissage permanent** : flexiflow fill-up shoe *(drill)*. **sabot d'ancrage** : anchor shoe. **sabot d'attaque** : spudding shoe. **sabot de battage** : spudding shoe. **sabot de ciment** : cement shoe. **sabot de ciment à soupape** : cement float-shoe. **sabot de cimentation** : cementing shoe; set shoe. **sabot de cintrage** : bending shoe. **sabot de cloche de repêchage** : overshot guide. **sabot de cuvelage** : casing shoe. **sabot de fraisage** : burning shoe; milling shoe *(drill)*; rotary shoe; washover shoe. **sabot de frein** : brake shoe; scotch. **sabot de freinage** : slipper. **sabot de guidage** : guide shoe. **sabot de guidage de tubage** : casing-guide shoe. **sabot de surface** : washover shoe. **sabot de tubage** : casing shoe. **sabot de tubage à remplissage automatique** : automatic fill-up casing-guide shoe. **sabot de tube** : drive shoe *(prod)*. **sabot denté** : milling shoe. **sabot flottant** : float shoe. **sabot fraise** : milling shoe. **sabot guide** : foot shoe *(drill)*; guide shoe. **sabot-guide de la cloche de repêchage** : overshot guide shoe. **sabot-guide de tube de production** : tubing-guide shoe. **sabot normal** : guide shoe. **sabot pour tubage de surface** : drive shoe. **sabot supérieur de guidage** :

upper shoe. **sabot tourbillonnaire de cimentation** : whirler shoe.
sabotage *m* – sabotage.
sac *m* – bag; coffer; sack. **sac à poussière** : dustbin. **sac à vide** : vacuum trap. **sac d'huile filante** : sea drag, *a large canvas bag filled with oil that is cast overboard and used as a drag during storms.*
saccade *f* – hitch; jerk; jolt; tug.
saccharoïde – saccharoidal *(petro)*; sugary grained.
sachet *m* – bag. **sachet à échantillons** : sample bag.
sacrificiel – sacrificial.
SADO – ODAS, *abbr. for systèmes d'acquisition de données océaniques: ocean-data acquisition systems.*
SAE – SAE, *abbr. Society of Automotive Engineers, see classification, filetage, grade, machine d'essai, nombre SAE.*
safflorite *f* – safflorite, *cobalt arsenide mineral.*
safran *m* – saffron *(bot)*.
sagittal – sagittal, *arrow shaped.*
saignée *f* – channel; groove; kerf; nick; slot.
saillant *m* – spur. **saillant anticlinal** : anticlinal nose; nose; structural bulge; structural nose.
saillant – jutting; projecting; salient.
saillie *f* – jag; jut; ledge; offset; outshoot; shoulder; spigot. **saillie de dent** : tooth addendum. **saillie de roche** : rocky spur. **en saillie** : jutting.
sain – sound.
saisie *f* – seizure. **saisie d'un navire** : arrest of a ship. **saisie des données** : data acquisition.
saisir – grasp (to); grip (to); impound (to); stow (to) *(naut)*.
saison *f* – season. **selon la saison** : seasonally. **saison sèche** : dry season. **saison des pluies** : rainy season.
saisonnalité *f* – seasonality.
saisonnier – seasonal.
Sakmarien *m* – Sakmarian, *lowermost Permian stage.*
salaire *m* – earnings; wage. **salaire au rendement** : efficiency wage. **salaire aux pièces** : piece wage. **salaire d'intégration** : reservation salary. **salaire de base total** : basic wage. **salaires et allocations** : pay and allowances. **salaire minimal** : minimum wage.
salbande *f* – clay parting; salband *(geol)*; selvage; wall, *of a vein.* **salbande argileuse** : clay gouge; gouge; selvage clay.
sale – dirty. **sale temps** : nasty weather.
salé – salted.
saleté *f* – dirt.
salicylate *m* – salicylate.
salicylique – salicylic, *see acide salicylique.*
salifère – saliferous.
salification *f* – salting in *(chem)*.
salin – saline; salty.
saline *f* – brine pit; saltworks.
salinifère – saliniferous.
salinisation *f* – salinization *(pedol)*.
salinité *f* – salinity; saltiness.
salinomètre *m* – salinometer.
salique – salic, *a mnemonic term for light-colored minerals such as quartz, feldspars and feldspathoids that are rich in silica and magnesium.*
salissure *f* – dirt; foulant. **salissures marines** : marine fouling.
salle *f* – room. **salle de commande** : control room. **salle de contrôle** : control room. **salle de recette** : receiving house; tail house. **salle des machines** : engine house; engine room; machine room. **salle des pompes** : pump room.
salpêtre *m* – niter; saltpeter. **salpêtre brut** : raw salt.
saltation *f* – saltation, *the transport of sediments by a series of successive jumps.*
samarium *m* – samarium, *symbol Sm, rare-earth metal.*
SAN – SAN, *abbr. styrène acrylonitirile.*
sangle *f* – band; strap. **sangle de sûreté** : belly band, bellybuster, *safety rope or belt-height railing used on a drilling derrick.*
sanidine *f* – sanidine, *glassy feldspar, ice spar, rhyacolite, a mineral of the alkali feldspar group.*
sanidinite *f* – sanidinite, *an igneous rock.*
sanitaire – sanitary.
Sannoisien *m* – Sannoisian, *Lower Oligocene stage.*
santé *f* – health. **santé publique** : public health.
Santonien *m* – Santonian, *Upper Cretaceous stage.*
sapement *m* – undercutting; undermining.
saper – eat (to) away; undermine (to).
saphe *f* – saphe, *the cepstrum-domain equivalent of phase in the frequency domain.*
sapidité *f* – sapidity, *savoriness.*
saponacé – saponaceous.
saponifiable – saponifiable.
saponifiant *m* – saponification agent; saponifier, *any substance such as caustic alkali used to convert fats, esters or fatty acids into soaps.*
saponification *f* – saponification.
saponifié – saponified.
saponite *f* – saponite, *a hydrous magnesium-aluminum silicate.*
saprobe – saprobic, *living on decaying organic matter.*
sapropèle *m* – sapropel, *an ooze or sludge composed of plant remains.*
sapropélique – sapropelic.
sapropélite *f* – sapropelite, *sapropelic coal.*
saprophage *m* – saprophage, *organism living on decaying organic matter.*
saprophyte *m* – saprophyte, *plant living on decaying organic matter.*
saran *m* – saran, *polyvinylidene chloride.*
sarde – Sardic, *see phase sarde.*
sargasse *f* – sargasso, *a brown alga.*
Sarmatien *m* – Sarmatian, *Middle Miocene stage.*
sarrazins *m* – brash ice, *accumulation of floating fragments or bits of ice not more than 2 m across.*
sas *m* – air lock. **sas d'arrivée des racleurs** : incoming trap, *pipeline.* **sas de départ des racleurs** : launching trap, *pipeline.* **sas pour piston-racleur** : pig trap.
sassafras *m* – sassafras *(bot)*.
satellite *m* – satellite. **satellite artificiel** : artificial satellite; man-made satellite. **satellite cartographique** : cartographic satellite. **satellite d'explora-**

tion des ressources terrestres : earth-resources satellite. **satellite de navigation** : navigational satellite. **satellite de télécommunication** : communications satellite. **satellite géodésique** : geodetic satellite, *for geodetic triangulation calculations*. **satellite géostationnaire** : geostationary satellite. **satellite géosynchrone** : synchronous satellite. **satellite météorologique** : weather satellite. **satellite spatial** : space satellite.
saturable – saturable.
saturateur *m* – saturator.
saturation *f* – saturation, *the fluid saturation of a formation is the effective pore volume fraction occupied by the fluid being considered*. **saturation capillaire** : capillary saturation. **saturation critique en gaz** : critical gas saturation, *the minimum saturation at which gas starts to flow*. **saturation de la couleur** : color saturation. **saturation en eau** : water saturation. **saturation en eau irréductible** : irreducible water saturation. **saturation en eau résiduelle** : residual-water saturation. **saturation en fluide non mouillant (SFNM)** : saturation in nonwetting fluid (SNWF). **saturation en gaz** : gas saturation. **saturation en gaz libre** : free-gas saturation. **saturation en gaz résiduel** : residual-gas saturation (RGS). **saturation en huile** : oil saturation. **saturation en huile résiduelle (SHR)** : residual-oil saturation (ROS), *amount of oil remaining in a porous medium after depletion by a given recovery process*. **saturation en hydrocarbures** : hydrocarbon saturation. **saturation en hydrocarbures résiduels (SHR)** : residual-oil saturation (ROS). **saturation funiculaire** : funicular saturation *(prod)*. **saturation initiale** : initial saturation. **saturation insulaire** : insular saturation. **saturation irréductible** : irreducible saturation. **saturation magnétique** : magnetic saturation. **saturation minimale irréductible** : irreducible minimum saturation, *in a porous reservoir, the water saturation expressed in percent of pore volume below which it is impossible to go*. **saturation par points isolés** : insular saturation *(prod)*. **saturation pendulaire** : pendular saturation, *applied to rocks with very low water saturation and in which water forms thin rings around the contact points between grains*. **saturation résiduelle** : residual saturation.
saturé – saturated.
saturnisme *m* – lead poisoning.
saumâtre – brackish.
saumure *f* – brine, *a saline solution saturated with sodium chloride and other salts such as iodide, bromide and sodium associated with oil in a reservoir formation*; salt brine.
saussuritisation *f* – saussuritization, *metamorphic or deuteric replacement of plagioclase in basalts and gabbros by a fine-grained aggregate or zoisite, epidote, albite, calcite, sericite and zeolites*.
saut *m* – kick, *in the slant of a bed*; leap. **saut de phase** : cycle skip *(seis)*; phase jump; skip. **saut de tension** : voltage jump.
sautage – blast firing; blasting. **sautage par chambres et piliers** : chamber blast *(mine)*.
saute *f* – jump. **saute de pression** : surge, *in pressure intensity*.
sauter – blow (to) up; bounce (to); jump (to); skip (to).
sauterelle *f* – grasshopper, *1) name of a pumping installation ; 2) counterweight of a pump ; 3) a tool used to line up tubes for welding*; stacker.
sautillement *m* – hopping. **sautillement d'image** : jitter.
sauvage – wild.
sauvegarde *f* – backup; lifeline; safeguarding. **sauvegarde de la vie humaine en mer** : safety of life at sea, *see SOLAS*.
sauvegarder – back (to) up.
sauvetage *m* – rescue; salvage; salvaging.
savane *f* – savanna *(ecol)*.
savart *m* – savart, *a unit of pitch interval*.
save – Savic, *see phase save*.
saveur *f* – flavor.
savoir-faire *m* – know-how.
savon *m* – soap. **savon à la potasse** : potash soap. **savon acajou** : mahogany soap, *sodium salt from petroleum sulfonic acid*. **savon d'aluminium** : aluminum soap. **savon d'étain** : tin soap. **savon de chaux** : calcium soap; lime soap. **savon de fer** : iron soap. **savon de plomb** : lead soap. **savon de sodium** : soda grease; sodium soap. **savon dur** : laundry soap. **savon métallique** : metallic soap. **savon mou** : soft soap. **savon naphténique** : naphthenic soap. **savon pour textiles** : textile soap. **savon prémoulé** : preformed soap. **sans savon** : nonsoap.
savonneux – saponaceous; soapy.
Saxonien *m* – Saxonian, *Middle Permian stage*.
Saybolt – Saybolt, *see chromomètre, colorimètre, couleur, lampe, seconde, viscosimètre, viscosité Saybolt*.
scalaire – scalar.
scalant – scaling.
scalénoèdre *m* – scalenohedron *(cryst)*.
scandium *m* – scandium, *symbol Sc*.
scannage *m* – scanning.
scanneur *m* – scanner. **scanneur à infrarouge** : infrared scanner. **scanneur multibande (SMB)** : multispectral scanner (MSS), *remote sensing*.
scaphandre *m* – dry suit; hard-hat diving suit. **scaphandre à armure articulé** : armored diving suit. **scaphandre autonome** : aqualung; scuba, *self contained underwater breathing apparatus*.
scaphandrier *m* – dry-suit diver.
scaphopode *m* – scaphopod *(pal)*.
scapolite *f* – scapolite, *an aluminosilicate of calcium and sodium*; wernerite.
scapolitisation *f* – dipyrization *(geol)*.
sceau *m* – liquid seal; seal.
scellé – embedded; sealed in.
scellement *m* – seal; sealing.
scellés *m* – seals.
scénario *m* – scenario. **scénario contrasté** : alternative scenario. **scénario de croissance** : growth pattern. **scénario tendenciel** : extrapolative scenario.
scène *f* – scene, *remote sensing*.
scheelite *f* – scheelite, *an ore of tungsten*.
schéma *m* – diagram; line drawing; pattern, *of injection wells*; sketch. **schéma complet d'unité** : flowchart, *for a research or industrial unit*. **schéma d'écoulement** : flow pattern. **schéma**

d'épuisement : sequence of depletion, *of a field*. **schéma d'implantation** : plot plan. **schéma d'implantation des puits** : well pattern. **schéma de fabrication** : flowchart; flowsheet. **schéma de fonctionnement** : flow diagram; flowsheet, *of a refinery or installation*; operational flowsheet. **schéma de graissage** : lubrication diagram. **schéma de marche** : flow scheme. **schéma de montage** : connection layout; construction diagram. **schéma de principe** : flowsheet. **schéma de procédé** : process layout. **schéma des connexions électriques** : wiring diagram. **schéma directeur** : guidelines. **schéma opératoire** : operational flowsheet. **schéma réactionnel** : reaction mechanism. **schéma synoptique** : block diagram.

schématique – diagrammatic; schematic, *illustrating the operating of a part without giving its measurements or exact proportions*.

Schiltuis – Schiltuis, *see équation de Schiltuis*.

schiste *m* – laminated shale; schist; slate. **schiste à diatomées** : diatomaceous shale. **schiste à hornblende** : hornschist. **schiste alunifère** : alum shale. **schiste ardoisier** : table slate. **schiste ardoisier argileux** : clay slate. **schiste argileux** : shale. **schiste argileux en plaquettes** : plate shale. **schiste argileux et sableux** : sandy shale. **schiste argileux gris** : gray metal. **schiste bigarré** : variegated shale. **schiste bitumineux** : kerogen shale; oil shale, *a finely-layered dark-colored sedimentary rock containing a high degree of organic matter (kerogen) from which liquid or gaseous hydrocarbons can be distilled*. **schiste bitumineux à gaz** : gas shale, *oil shale producing gas during dry distillation*. **schiste bitumineux compact** : bass *(geol)*; batt. **schiste bleu** : blueschist. **schiste boulant** : sloughing shale. **schiste carburé** : *see schiste bitumineux*. **schiste carton** : paper shale, *a shale that easily separates into thin layers and is often highly carbonaceous*. **schiste charbonneux** : black stone; carbonaceous shale. **schiste chloriteux** : chlorite schist. **schiste cristallin** : crystalline schist; schist. **schiste du socle** : fundamental schist. **schiste fétide** : stinking schist. **schiste houiller** : black stone. **schiste kérobitumineux** : oil shale. **schiste micacé** : micaceous shale. **schiste noduleux** : knotted schist, *knotted slate*; spotted slate, *spotted schist*. **schiste pyrobitumineux** : pyroschist. **schiste pyrobitumineux asphaltique** : asphaltic pyrobituminous shale, *shales containing aspahltic pyrobitumens or asphaltoids*. **schiste siliceux** : siliceous shale, *phthanite*. **schiste talqueux** : talcose shale. **schiste vert** : greenschist, *a schistose metamorphic rock whose green color is due to the presence of chlorite, epidote or actinolite*.

schisteux – schistose; shaly; slaty, *texture of a rock*.

schistification *f* – shale dusting; stone dusting.

schistosité *f* – cleavage structure; foliation cleavage *(geol)*; lamination; schistosity; shaly lamination; slaty cleavage. **schistosité de crénulation** : slip cleavage, *crenulation cleavage*; slip-strain cleavage. **schistosité de fracture** : fracture cleavage. **schistosité de pression** : flow cleavage. **schistosité linéaire** : linear schistosity. **schistosité de plan axial** : bedding fissility, *primary foliation more or less parallel to the bedding planes of a sedimentary rock*.

schlieren *m* – schlieren, *irregular streaks in igneous rocks appearing as dark splotches with shaded borders; air strata having sufficiently different densities from that of their surroundings so that they may be determined by refracted anomalies in transmitted light*.

Schlumberger – Schlumberger, *part of the name of various well-logging tools*.

Schmidt – Schmidt, *see balance, nombre de Schmidt*.

schnorkel *m* – snorkel.

schorre *m* – schorre, *upper part of the beach covered only during spring tides*.

Schrödinger – Schrödinger, *see équation de Schrödinger*.

Schumann – Schumann, *see ultraviolet de Schumann*.

sciage *m* – sawing. **sciage de pierres** : stone sawing.

scie *f* – saw. **scie à chaud** : hot saw. **scie à contourner** : compass saw. **scie à main** : handsaw. **scie à métaux** : hacksaw. **scie à pierre** : stone saw. **scie de long** : ripsaw. **scie mécanique** : power saw. **scie multiple** : gangsaw. **scie passe-partout** : crosscut saw. **scie sauteuse** : jigsaw.

science *f* – science. **science de l'ingénieur** : engineering science. **sciences de la terre** : earth science. **science économique** : economics. **science naturelle** : natural science.

scientifique – scientific.

scintillateur *m* – scintillator.

scintillation *f* – scintillation.

scintillement *m* – flutter, *quick variations in the speed of a tape or disk*.

scintiller – flicker (to), *a flame*.

scintillomètre *m* – scintillometer, *scintillation counter*.

scission *f* – cleavage; split.

scissomètre *m* – vane probe. **scissomètre au câble** : wireline vane probe.

sciure *f* – sawdust, *used with drilling mud as a plugging agent*; wood dust.

scléroglucane *m* – scleroglucan, *biopolymer*.

scléromètre *m* – sclerometer, *for measuring the hardness of a material by the pressure needed to scratch or indent a surface with a diamond point*.

scléroscope *m* – scleroscope, *an instrument used to measure the hardness of materials*.

sclérotinite *f* – sclerotinite, *see inertinite*.

scolécite *f* – scolecite, *zeolite mineral*.

scolécodonte *m* – scolecodont *(pal)*.

scoriacé – scoriaceous *(geol)*.

scorie *f* – clink; clinker; dross; scoria; scum; slag. **scorie basique** : basic slag. **scorie calcaire** : lime slag. **scorie chaude** : tap cinder. **scorie de déphosphoration** : phosphatic slag. **scorie de fer** : iron slag. **scorie de forge** : forge scale. **scorie de fourneau** : furnace slag. **scorie de puddlage** : floss; tap cinder. **scorie fluide** : fluid slag. **scorie oxydante** : oxidizing slag. **scorie pauvre** : tap cinder. **scorie réductrice** : reduction slag. **scorie volcanique** : scoria.

scorifiant – slag forming.

scorification *f* – clinkering; scorification; slagging *(metal)*.

scorodite *f* – scorodite, *ferric arsenate.*
Scott – Scott, *see viscosimètre de Scott.*
scrutation *f* – scanning.
sculpture *f* – carving, *ground pattern (geol).* **sculpture en dents de scie** : sawtooth tread, *tires.*
Scythien *m* – Scythian, *Lower Triassic stage.*
seau *m* – bucket; pail.
sébacique – sebacic.
sebkra *f* – sabkha, *or sebkha, flat coastal or interior area formed under arid or semiarid conditions, where salts crystallize near or at the surface as the result of deflation and evaporation.*
sec – barren of oil; dry. **sec et abandonné** : dry and abandoned, *well.*
sécable – sectile.
sécant – secant.
sécateur *m* – clippers.
séchage *m* – dehumidification; drying. **séchage à l'étuve** : stove drying. **séchage par atomisation** : spray drying, *bringing the product to be dried in spray form into contact with hot air or gas.* **séchage par courant d'air** : wind drying. **installation de séchage** : drying plant.
séché – dried. **séché à l'air** : air dried.
sécheresse *f* – drought *(climat)*; dryness.
sécheur *m* – drier, *see also séchoir.*
sécheuse *f* – drier, *(photo).*
séchoir *m* – drier; drying chamber; exsiccator; stove. **séchoir à tambour** : drum drier. **séchoir à vide** : vacuum drier. **séchoir atomiseur** : spray drier. **séchoir de vapeur** : water trap. **séchoir rotatif** : rotary drier. **séchoir tunnel** : tunnel drier.
second *m* – assistant driller.
secondaire – secondary; subdued; subsidiary.
Secondaire *m* – Secondary, *now replaced by Mesozoic.*
seconde *f* – second, *SI unit of time, symbol* s. **seconde à la puissance moins un** : reciprocal second, *SI unit of circular (angular, rotational) frequency* (s^{-1}). **seconde d'angle** : second of angle, *unit of plane angle, symbol* ''. **seconde Engler** : *see degré Engler.* **seconde par mètre carré** : second per meter squared, *SI unit of kinematic fluidity* (s/m^2). **seconde par mètre cube** : second per cubic meter, *SI unit of fluid flow resistance* (s/m^3). **seconde Redwood** : Redwood second, *for determining viscosities of petroleum oils.* **seconde Saybolt** : Saybolt second, *empirical unit for kinematic viscosity.* **secondes Saybolt Furol (SSF)** : Saybolt Seconds Furol (SSF). **secondes Saybolt universelles (SSU)** : Saybolt Seconds Universal (SSU).
secouage *m* – jarring; jolting; shaking.
secouer – shake (to).
secoueur *m* – shaker.
secourisme *m* – first aid.
secours *m* – aid; assistance; help. **secours d'urgence** : emergency assistance; emergency relief. **de secours** : backup; emergency.
secousse *f* – concussion; hitch; jerk; jog; jolt; kick; pull; shake; shaking; shock; yank. **secousse électrique** : electric shock. **secousse faible** : microearthquake. **secousse prémonitoire** : foreshock, *earthquake.* **secousse sismique** : earth tremor. **secousse tellurique** : quake.
sécrétion *f* – secretion. **sécrétion latérale** : lateral secretion *(geol).*
secteur *m* – field; industry; district; supply circuit *(elec).* **secteur de commande de régulateur** : governor-driving rack. **secteur de l'automobile** : automotive industry. **secteur des entreprises** : corporate sector. **secteur électrique** : supply circuit. **secteur nationalisé** : nationalized industry. **secteur parapétrolier** : *see parapétrolier.* **secteur privé** : private industry.
section *f* – department; section, *preferably used for constant-time representations; in the U.S.A., one square mile or 640 acres*; slice. **section à temps constant** : time slice *(seis).* **section basale** : basal section. **section condensée** : condensed section, *a thin marine stratigraphic interval characterized by slow depositional rates (1 to 10 mm/1000 yr).* **section de carotte** : core section. **section de convection** : convection section. **section de passage** : valve area. **section de radiation** : radiant section, *in an oven.* **section de rectification** : rectifying section, *in refining, the part of the column situated above the feed section.* **section de tube** : run. **section droite** : cross-section *(geom).* **section efficace** : cross-section. **section efficace d'absorption** : absorption cross-section. **section efficace d'arrêt** : stopping cross-section. **section efficace de capture** : capture cross-section. **section efficace de diffusion** : scatter cross-section, *nuclear fuels.* **section efficace de fission** : fission cross-section. **section efficace de pile** : reactor cross-section. **section inférieure de la garniture** : minor string *(drill).* **section la plus basse d'une colonne de fractionnement** : shed section, *where deposits gather.* **section longitudinale** : longitudinal section. **section migrée** : migrated section *(seis).* **section morte** : dummy coil, *of a winding.* **section non migrée** : unmigrated section *(seis).* **section polie** : polished section. **section rectiligne** : straight-line section. **section sismique** : record section. **section supérieure de la garniture** : surface string *(drill).* **section transversale** : body plan; cross-section.
sectionnel – sectional.
sectionnement *m* – division, *into sections.* **sectionnement d'une vanne** : closing a valve.
sectionner – divide (to).
sectionneur *m* – disconnecting switch; isolator.
séculaire – secular.
sécurité *f* – dependability; safety; security. **sécurité active** : active safety. **à sécurité automatique** : fail-safe. **sécurité d'approvisionnement** : security of supply. **sécurité inhérente** : inherent safety, *elimination of hazards by the choice of material and/or design for equipment or systems.* **sécurité intrinsèque** : intrinsic safety. **sécurité passive** : passive safety.
SED – DOS, *abbr. système d'exploitation sur disques, disk operating system.*
sédatif *m* – depressant.
sédentaire – sedentary.
sédiment *m* – deposit; sediment; settling. **sédiment authigène** : authigenic sediment. **sédiments basiques** : basic sediments. **sédiment carbonaté** : carbonate deposit; carbonate sediment. **sédiment classé** : graded sediment. **sédiment clastique** : clastic sediment; detrital sediment. **sédiment**

d'origine chimique : chemical sediment. **sédiments de filtration** : sludge cake. **sédiment deltaïque** : deltaic deposit. **sédiment estuarien** : estuarine deposit. **sédiments et résidus** : bottom settlings (BS), *accompanying some crude oils.* **sédiment euxinique** : euxinic sediment. **sédiment fluviatile** : fluvial deposit. **sédiment glaciaire** : glacial deposit; glacial drift. **sédiment lacustre** : lacustrine sediment; lake sediment. **sédiment lagunaire** : lagoonal deposit. **sédiment marin** : marine sediment. **sédiment néritique** : neritic sediment. **sédiment organogène** : organogenous sediment. **sédiment orogénique** : orogenic sediment. **sédiment pyroclastique** : pyroclastic sediment. **sédiment quartzeux** : quartzose sediment. **sédiment régressif** : regressive sediment. **sédiment relique** : relict sediment. **sédiments résiduels** : residual sediments; resistates, *sediments made up of chemically resistant minerals enriched in weathering residues ; hence highly quartzose sediments usually also rich in zircon, ilmenite, rutile and sometimes cassiterite, monazite and gold.* **sédiment riche en matière organique** : organic-rich sediment. **sédiment stratifié** : bedded deposit. **sédiment terrestre** : land sediment; terrestrial sediment. **sédiment vaseux** : ooze.

sédimentaire – sedimentary.

sédimentation *f* – sedimentation; settling; silting up. **sédimentation à froid** : cold settling, *deposition of crystallized paraffin by cold decanting.* **sédimentation côtière** : *see sédimentation littorale.* **sédimentation éolienne** : eolian deposition. **sédimentation fluviatile** : fluvial deposition, *sedimentary depositing of material transported by a river and ocurring above sealevel.* **sédimentation glaciaire** : glacial deposition. **sédimentation littorale** : near-shore sedimentation. **sédimentation paralique** : paralic sedimentation. **sédimentation rythmique** : rhythmic sedimentation, *constant repetition of a regular sequence of two or more rock units showing a recurrence pattern.*

sédimentogénétique – sedimentogenetic.

sédimentologie *f* – sedimentology.

Seebeck – Seebeck, *see effet Seebeck.*

Seger – Seger, *see cône or montre de Seger.*

segment *m* – ring; segment. **segment à extrémités à recouvrement** : stepped piston-ring. **segment de collecteur** : commutator bar. **segment de compression** : compression ring. **segment de culasse** : junk ring. **segment de données** : data strip, *remote sensing.* **segment de droite** : line segment *(math).* **segment de feu** : fire ring; top ring. **segment de piston** : piston ring. **liberté des segments de pistons** : free play of piston rings. **segment de torsion** : torsion ring. **segment gommé** : frozen ring, *engines*; stuck ring. **segment libre** : free ring, *engines.* **segment paresseux** : sluggish ring, *one that has difficulty in moving when the piston is in a horizontal position.* **segment pincé** : pinched ring. **segment racleur** : oil ring; oil wiper; scraper ring *(engines).* **segment racleur d'huile** : oil control ring. **segment racleur pour tige de piston** : scraper ring for piston rod.

ségrégation *f* – segregation. **ségrégation de glace** : ice segregation. **ségrégation magmatique** : magmatic segregation. **ségrégation par gravité** : gravity segregation.

seiche *f* – seiche, *oscillation of the fluid body in a lake.*

Seiscrop – Seiscrop, *tradename for a time-slice map.*

Seislog – Seislog, *tradename for a seismic log.*

séisme *m* – earthquake; seism. **séisme artificiel** : artificial earthquake. **séisme intermédiaire** : intermediate earthquake, *60-300 km.* **séisme principal** : principal shock. **séisme profond** : deep earthquake. **séisme sous-marin** : submarine earthquake. **séisme superficiel** : shallow earthquake, *0-60 km.* **séisme terrestre** : inland earthquake.

séismologie *f* – *see sismologie.*

séjour *m* – residence.

sel *m* – salt. **sel conducteur** : conducting salt. **sel cyclique** : cyclic salt, *salt from the sea blown inland as spray and then returned to the sea by drainage.* **sel d'ammonium** : ammonium salt. **sel d'ammonium quaternaire** : quaternary ammonium salt. **sel d'aniline** : aniline salt. **sel de déneigement** : thawing salt. **sel de fixation** : fixing salt. **sel de mercure** : mercury salt. **sel de potasse** : potash salt. **sel de radium** : radium salt. **sel ferreux** : ferrous salt. **sel ferrique** : ferric salt. **sel fondu** : fused salt; molten salt. **sel gemme** : common salt; rock salt. **sel marin** : bay salt; sea salt. **sel minéral** : inorganic salt. **sel neutre** : normal salt. **sel organique** : organic salt. **sel tampon** : buffer salt.

sélecteur *m* – selector. **sélecteur de commutation** : selector switch. **sélecteur de signaux** : signal selector.

sélectif – selective.

sélection *f* – selection. **sélection naturelle** : natural selection.

sélectivité *f* – selectivity. **sélectivité du catalyseur** : catalyst selectivity, *activity ratio of two reactions occurring simultaneously on a catalyst.*

sélénite *f* – selenite *(miner).*

sélénium *m* – selenium, *symbol Se.*

selle *f* – saddle; upfold. **selle anticlinale** : anticlinal saddle. **selle de balancier** : walking-beam saddle. **selle de Berl** : Berl saddle, *ceramic packing for distillation or absorption columns.* **selle de piquage** : welding outlet, *pipeline.* **selle de raccordement** : pipe saddle, *for quickly attaching a lateral branch to an existing pipe.* **selle de renforcement** : welding saddle. **selle Intalox** : Intalox-saddle, *column packing material.*

selsyn *m* – selsyn, *self-synchronous device.*

sémaphore *m* – flag *(computer)*; semaphore.

semblance *f* – semblance, *a measure of multichannel coherence.*

semelle *f* – bedplate; die; footing; footpiece; mat; shoe; sleeper; sole, *civil engineering*; sole piece. **semelle à boue** : mudsill, *the lowest sill of a structure or derrick foundation usually embedded in soil or mud.* **semelle d'ancrage** : stay block. **semelle de glissement** : slip bed *(geol).* **semelle de renfort** : reinforcing pad. **semelle principale** : main sill, *particularly of a derrick.* **sur semelle unique** : mat supported, *the foundations for a platform.*

semence *f* – tack, *small nail.*

semi-anthracite *f* – semianthracite, *a coal ranking between bituminous coal and anthracite.*

semianticlinal *m* – nose *(geol).*

semi-aride – semiarid.

semi-automatique – semiautomatic.

semicalmé – semikilled.

semicarbazide *f* – semicarbazide.

semicarbazone *f* – semicarbazone.

semicirculaire – half round; semicircular.

semiclastique – semiclastic.

semiconducteur *m* – semiconductor. **semiconducteur extrinsèque** : extrinsic semiconductor. **semiconducteur intrinsèque** : intrinsic semiconductor. **semiconducteur liquide** : liquid semiconductor. **semiconducteur métal-oxyde (MOS)** : metal-oxide semiconductor (MOS). **à semiconducteurs** : solid state.

semicristallin – hemicrystalline; hypocrystalline; semicrystalline.

semidestructif – semidestructive.

semidiesel *m* – hot-bulb engine; semidiesel; semidiesel engine.

semiduplex – half duplex, *a system in which transmission can occur in only one direction at any time.*

semi-espace *m* – half space.

semifini – semifinished; semifinite.

semiflexible – semiflexible.

semiflottant – semifloating.

semifluide – half fluid.

semifusinite *f* – semifusinite, *see inertinite.*

semihermétique – semihermetic.

semi-infini – semi-infinite.

semilogarithmique – semilog.

semilongitudinal – semilongitudinal.

semimétallique – submetallic.

semipermanent – pseudosteady, *fluid flow.*

semiperméable – semipermeable.

semipolaire – semipolar.

semiraffiné – semirefined.

semirécupérable – semiexpendable.

semirégénératif – semiregenerative.

semiremorque *f* – semitrailer.

semisiccatif – semidrying.

semisubmersible *m* – semisubmersible. **semisubmersible autopropulsé** : self-propelled semisubmersible.

semisubmersible – semisubmersible.

semitourbeux – half bog *(pedol).*

semivrac *m* – breakbulk.

Sénécien *m* – Senecan, *lower Upper Devonian stage.*

sénescence *f* – senescence.

sénestre – sinistral.

sénévol *m* – mustard oil.

sénile – senile; stagnant.

sénilité *f* – senility, *stage of the cycle of erosion.*

Sénonien *m* – Senonian, *Upper Cretaceous stage.*

sens *m* – direction; sense. **sens de l'angle de déviation** : direction of the angle of deviation. **sens direct** : forward direction, *of a semiconductor.* **sens du courant** : direction of current; direction of groundwater flow. **sens du débit** : direction of flow. **sens rétrograde** : negative direction. **dans le sens contraire des aiguilles d'une montre** : anticlockwise; counterclockwise. **dans le sens des aiguilles d'une montre** : clockwise. **en sens inverse des aiguilles d'une montre** : *see dans le sens contraire des aiguilles d'une montre.*

sensé – sensible.

sensibilisateur *m* – sensitizer.

sensibilité *f* – delicacy; sensibility; sensitivity; susceptibility; transduction factor, *ratio of output-to-input for a transducer.* **sensibilité à l'effet d'entaille** : notch sensitivity *(metal).* **sensibilité au braquage** : steering sensitivity, *of a vehicle.* **sensibilité aux couleurs** : color sensitivity, *the sensitivity of a photographic emulsion to light of various wavelengths.* **sensibilité chromatique** : color response. **sensibilité d'un carburant** : fuel sensitivity. **sensibilité de l'essence** : gasoline sensitivity, *difference between the octane number determined by the Research method and that determined by the Motor method.* **sensibilité limite de détection** : lower limit of detectability. **sensibilité spectrale** : spectral sensitivity, *spectral response.*

sensible – noticeable; sensible; sensitive; susceptible.

sensitométrique – sensitometric.

sentence *f* – award. **sentence arbitrale** : arbitration award.

sentier *m* – footpath.

séparable – detachable.

séparateur *m* – catchpot; delimiter *(computer)*; elutriator; knockout; separator; settler; trap. **séparateur à condensats** : drip accumulator. **séparateur à cyclone** : cyclone separator. **séparateur à plaques inclinées** : tilted-plate separator. **séparateur air-huile** : air-oil separator. **séparateur centrifuge** : centrifugal settler. **séparateur centrifuge pour huiles** : centrifugal oil separator. **séparateur compteur** : metering separator. **séparateur d'air** : air separator. **séparateur d'eau** : water knockout; water separator; whizzer. **séparateur d'eau libre** : free-water knockout (FWKO). **séparateur d'huile** : oilfield separator; oil interceptor; oil separator. **séparateur d'huile de coupe** : cutting-oil separator. **séparateur d'huile/gaz de fond** : bottomhole separator. **séparateur d'huile par congélation** : oil chiller. **séparateur d'impuretés** : scale trap. **séparateur de boues** : slime separator. **séparateur de brouillard** : mist extractor. **séparateur de coke** : coke settler. **séparateur de condensat** : slug catcher. **séparateur de gaz** : gas trap. **séparateur de goudron** : tar extractor; tar separator. **séparateur de liquide** : free-liquid knockout. **séparateur de minerai** : ore separator. **séparateur de poussière** : dust separator. **séparateur de vapeur** : steam separator. **séparateur électromagnétique** : electromagnetic separator. **séparateur gaz/boue** : mud/gas separator. **séparateur gaz/huile** : cycle plant, *for removing liquid hydrocarbons from natural gas so that the gas can be reinjected into the oil reservoir to maintain pressure.* **séparateur horizontal** : horizontal separator, *for separating wellhead gas from liquid hydrocarbons.* **séparateur huile/eau** : oil/water separator. **séparateur huile/gaz** : oil/gas separator. **séparateur magnétique** : magnetic separator. **séparateur par entraînement** : entrainment separator. **séparateur pneumatique** : pneumatic separator. **séparateur**

sous vide : vacuum receiver. **séparateur sphérique** : spherical separator. **séparateur thermique** : thermal separator. **séparateur vertical** : vertical separator.

séparation *f* – break, *of oil and acid sludge (ref)*; disengagement; disjunction; division plate; parting; segregation; separating; separation; settling; severing; sloughing *(muds)*. **séparation à basse température** : low-temperature separation (LTS). **séparation à sec** : dry separation. **séparation au tamis moléculaire** : molecular-sieve separation. **séparation binaire** : binary separation. **séparation d'huile** : oil separation. **séparation des ballasts** : ballast segregation. **séparation des produits de tête** : topping, *distillation of crude oil to remove light fractions.* **séparation éclair** : flash distillation, *continuous process for separating a liquid and a vapor in equilibrium.* **séparation électrolytique** : electrolytic parting; electrolytic separation. **séparation électrostatique** : electrostatic separation. **séparation en plaquettes** : platy parting *(geol)*. **séparation granulométrique** : granulometric separation. **séparation isotopique** : isotope separation. **séparation magnétique** : magnetic separation. **séparation mécanique** : mechanical separation. **séparation par barbotage** : bubble-type separation. **séparation par centrifugation** : centrifugal separation. **séparation par étapes** : stage separation *(prod)*. **séparation par gravité** : gravity separation. **séparation par liquide de densité intermédiaire** : sink-float separation process, *a simple gravity method of separating different size or composition particles having different specific gravities, used in ore dressing.* **séparation par liquide dense** : heavy-fluid separation. **séparation par tamisage** : sizing process. **séparation par tuyère** : jet-nozzle separation. **séparation sphéroïdale** : spheroidal jointing.

séparatoire – separatory.

séparé – segregated; unrelated.

séparer – classify (to); confine (to), *gas*; detach (to); disconnect (to); sort (to). **se séparer** : segregate (to). **séparer l'huile de l'eau** : knock (to) down oil, *to separate oil from water.* **séparer par fusion** : melt (to) out.

sépiolite *f* – sepiolite, *meerschaum, sea-foam, a clay mineral.*

septaria *f* – septarium; septarian nodule.

septentrional – northern.

septique – septic.

septum *m* – septum *(pal)*.

Séquanien *m* – Sequanian, *Upper Jurassic stage.*

séquence *f* – sequence. **séquence d'appel** : calling sequence *(comp. sci)*. **séquence de Bouma** : Bouma sequence, *fixed succession of five intervals making up a characteristic turbidite sequence.* **séquence de déposition** : deposition sequence, *weld.* **séquence de dépôt** : depositional sequence, *a relatively conformable succession of genetically related strata bounded at its top and base by unconformities and their correlative conformities.* **séquence de produits** : product batching. **séquence de soudage** : welding sequence. **séquence de traces** : trace sequential. **séquence divergente de réflexions** : divergent reflections. **séquence en cascade** : cascade sequence, *in which weld beads are deposited in overlapping layers.*

séquencé – stereoblock, *polymer.*

séquentiel – sequential.

séquestrant *m* – sequestering agent, *complexing or chelating agent.*

séquestration *f* – sequestration, *complex formation.*

séquestré – sequestered.

sérac *m* – serac, *jagged pinnacle, sharp ridge or tower or irregularly shaped ice block on the surface of a glacier.*

sérendipité *f* – serendipity, *the phenomenon whereby an unsought-for discovery is more important than the expected one.*

séricite *f* – sericite, *a white mica found as small flakes in metamorphic rocks.*

série *f* – lot; range; run; scale; sequence; series, *a chronostratigraphic unit that ranks below a system and above a stage*; set; suite *(geol)*. **série aromatique** : aromatic series. **série atlantique** : Atlantic suite *(petro)*. **série autorégressive** : autoregressive series. **série benzénique** : benzene series. **série calco-alcaline** : calc-alkalic series. **série carbonifère** : carboniferous series. **série chevauchante** : hanging wall, *the wall rock above an inclined vein or fault*; overlapping series. **série chevauchée** : footwall, *the rock underlying an inclined vein or fault.* **série chronologique** : time series. **série cohérente d'essais** : connected series of assays. **série compréhensive** : extended succession, *a thick uninterrupted stratigraphic succession that was deposited rapidly.* **série condensée** : condensed succession, *a thin uninterrupted stratigraphic succession that was deposited over a considerable time duration.* **série d'échantillons** : line of samples. **série de Balmer** : Balmer series, *a series of distinct lines in the visible spectrum of the hydrogen atom.* **série de Chester** : Chesterian, *uppermost Mississippian series.* **série de Fourier** : Fourier series. **série de secousses** : earthquake swarm. **série de sols** : soil series *(pedol)*. **série dioléfinique** : diolefin series. **série divergente** : divergent series *(math)*. **série électrochimique** : electrochemical series. **série éthylénique** : ethylene series. **série géologique** : geologic series. **séries homologues** : homologous series, *a series of organic compounds in which each successive member has one more CH_2 group in its molecule than the preceding member ; contemporaneous geologic strata in separated areas having the same general lithologic character or facies.* **série homopolaire** : homopolar series. **série hypergéométrique** : hypergeometric series. **série isochimique** : isochemical series, *a series of rocks having exactly the same chemical composition.* **série méditerranéenne** : Mediterranean suite. **série métamorphique barrowienne** : Barrovian-type facies series, *rocks produced by dynamothermal metamorphism.* **série naphténique** : naphthene series. **série pacifique** : Pacific suite *(petro)*. **série paraffinique** : paraffin series. **série pétrolifère** : oil-bearing series. **séries temporelles** : time series. **en série** : serial; in series.

sérié – seriate, *arranged in series.*

seringue *f* – syringe.

serpentin *m* – coil; condenser coil; pipe coil; spiral; worm. **serpentin à vapeur** : steam coil. **serpentin d'évaporation** : evaporation coil. **serpentin de chauffage** : heating coil. **serpentin de craquage** : cracking coil, *used for cracking heavy petroleum products*. **serpentin de détente** : expansion coil. **serpentin de réception** : reception coil. **serpentin de refroidissement** : chilling coil. **serpentin évaporateur** : evaporator coil. **serpentin fermé** : closed coil. **serpentin mural** : wall coil. **serpentin plafonnier** : overhead coil. **serpentin plat** : pancake coil. **serpentin réfrigérant** : cooling coil. **serpentin refroidisseur** : cooling coil.
serpentine *f* – serpentine *(miner)*.
serpentinisation *f* – serpentinization *(petro)*.
serpentinite *f* – serpentinite *(miner)*.
serpillière *f* – floorcloth; oil mop.
serpule *f* – serpulid, *marine annelid*.
serrage *m* – clamping; grip; tightening. **serrage à la main** : hand-tight make-up *(drill)*. **serrage des manchons** : coupling make-up.
Serravallien *m* – Serravallian, *Middle Miocene stage*.
serre *f* – greenhouse; stringer *(naut)*.
serré – close; close-grained; compact; fast; firm; pressed; tight. **serré à la main** : hand tight. **trop serré** : overtight.
serre-câble *m* – bulldog grip; cable clamp; cable clip; drilling clamp; rope clip; wire-rope clip, *a bolted U-shaped piece for connecting two lengths of wire rope*; wireline clamp. **serre-câble de sécurité** : catline grips.
serre-joint *m* – drive clamps, *a collar placed on a churn drill string so that it can be used as a hammer to drive in casing pipe*; screw clamp; wring bolt.
serrement *m* – closure; dam *(mine)*.
serrer – clench (to); fasten (to); grip (to); tighten (to). **serrer le frein** : apply (to) the brake. **serrer un joint trop fort** : pull (to) in green, *to make up a joint too tight*.
serre-tube *m* – tube clamp. **serre-tube à chaîne** : chain tongs.
serrure *f* – lock. **serrure à fermeture automatique** : clasp lock. **serrure à secret** : dial lock. **serrure de sécurité** : safety lock.
sertissage *m* – crimping.
sertissure *f* – crimp.
sérum *m* – serum.
serveur *m* – host computer.
service *m* – attendance; department; duty; office; operation; service. **service central** : headquarters. **service continu** : continuous operation. **service d'achats** : purchasing department. **service d'appoint** : backup service. **service d'expédition** : dispatch department. **service de fabrication** : manufacturing department. **service de recherches** : research department. **service de ville** stop-and-go driving. **service du cadastre** : cadastral survey. **service du contentieux** : legal department. **services généraux** : utilities; utilities department. **service géologique** : geologic survey. **service minimum** : nominal service. **service permanent** : continuous duty. **pour service sévère** : heavy-duty (HD). **service technique** : engineering department; technical service. **en service** : onstream; serving.
servitude *f* – easement; encumbrance, *also spelled incumbrance*; incident; servitude. **servitude de passage** : right-of-way. **servitudes** : housekeeping, *administrative, accounting or overhead operations for a computer*; red-tape operations, *computer*. **servitudes implicites** : implied easements, *not expressly stated in a contract*.
servocommande *f* – power-operated control; servocontrol.
servodirection *f* – servosteering. **servodirection à commande hydraulique** : hydraulic servosteering.
servofrein *m* – brake booster; power brake; self-energizing brake; servobrake.
servomécanisme *m* – servomechanism, *automatic feedback control system in which the controlled quantity or output is a mechanical position (velocity, acceleration)*.
servomoteur *m* – servomotor.
servosystème *m* – *see servomécanisme*.
sésame *m* – sesame.
sesquioxyde *m* – sesquioxide. **sesquioxyde de molybdène** : molybdenum sesquioxide.
sessile – sessile, *attached at the base*.
seston *m* – seston, *all organic and inorganic material suspended in water*.
seuil *m* – sill depth, *the maximum depth of horizontal communication between an ocean basin and the open ocean*; threshold. **seuil asismique** : *see dorsale asismique*. **seuil continental** : continental sill. **seuil d'audibilité** : threshold of audibility. **seuil d'audition** : threshold of audibility; threshold of hearing. **seuil d'écoulement plastique** : yield point, *the maximum stress that a solid can withstand without undergoing permanent deformation*. **seuil de cirque** : rock step *(geol)*. **seuil de cisaillement** : yield point, *drilling mud*. **seuil de détection** : readability. **seuil de détérioration** : damage threshold. **seuil de distorsion** : distortion point. **seuil de mobilité** : discrimination threshold, *smallest change in a stimulus that produces a perceptible change in the response of a measuring instrument*. **seuil de plasticité** : stress joint; yield stress. **seuil de pore** : pore throat. **seuil de probabilité** : significance probability. **seuil de rentabilité** : break-even; break-even point; hurdle rate, *critical threshold of cost effectiveness*. **seuil de toxicité** toxicity threshold. **seuil odorant** : odor threshold, *the lowest concentration of an odorant that can be detected by a human being*. **seuil thermique** : threshold reaction temperature.
sève *f* – sap.
sévérité *f* – severity. **sévérité de trempe** : quenching intensity. **sévérité du craquage** : cracking severity. **sévérité moyenne de craquage** : medium cracking severity.
SFNM – SNWF, *abbr. saturation en fluide non mouillant, saturation in nonwetting fluid*.
SGBD – DBMS, *abbr. système de gestion de base de données, database management system*.
SH – SH, *horizontal vibration of the S wave*.
shannon *m* – shannon, *a unit of logarithmic measure of information equal to the decision content of a set of two mutually exclusive events expressed by the logarithm to base two ; see also formule de Shannon, théorème de Shannon*.

sheet-asphalt *m – see microbéton bitumineux.*
shérardisation *f* – sherardizing, *coating ferrous metals with zinc to protect them from rusting.*
SHOM – *abbr. Service hydrographique et océanographique de la marine.*
Shoran *m* – Shoran, *abbr. short range navigation.* **Shoran à longue portée** : extended-range Shoran.
Shore – Shore, *see duromètre, dureté and essai Shore.*
shortite *f* – shortite, *sodium and calcium carbonate.*
SHR – ROS, *abbr. saturation en hydrocarbures résiduels, residual oil saturation.*
shuga *f* – shuga, *accumulation of spongy lumps of white sea ice a few centimeters wide, formed from grease ice or sludge and sometimes from anchor ice rising to the surface.*
shungite *f* – shungite, *a hard black amorphous material similar to coal, containing more than 98% carbon and insoluble in organic solvents.*
shunt *m* – jumper; shunt.
SI – SI, *abbr. for Système International d'unités: International System of units.*
sial *m* – sial, *a granitic to gabbroic layer of rocks in the upper part of the Earth's crust found under all continents, mainly composed of silica and alumina.*
siallitique – siallitic, *soils.*
siccité *f* – dryness.
Sicilien – Sicilian, *Upper Pleistocene stage.*
sidéral – sidereal.
sidérite *f* – siderite, *see sidérose.*
sidérobactérie *f* – iron bacteria.
sidérolite *f* – siderolite, *stony-iron meteorite.*
sidérophile – siderophile, *used for associations characterizing metals concentrated in the oxide phase of sediments.*
sidérose *f* – siderite, *siderose, iron spar, an ore of iron.*
sidérurgie *f* – steel industry.
siegburgite *f* – siegburgite, *a fossil resin.*
siège *m* – seat, *e.g. of a valve.* **siège basculant** : tip-up seat. **siège d'outils de pose** : landing nipple, *a receptacle in a production string for latching and sealing various types of plugs and valves.* **siège de bouchon** : plug landing nipple, *a sub for setting a plug in front of a depleted zone.* **siège de la tige du tiroir** : valve-stem rest. **siège de piston** : piston seat. **siège de soupape** : valve seat. **siège de soupape démontable** : detachable valve seat. **siège de soupape rapporté** : valve-seat insert. **siège du bouchon de refoulement** : shutoff baffle. **siège du bouchon râcleur** : bypass baffle *(drill).* **siège du sabot** : casing seat. **siège social** : head office; headquarters.
Siégénien *m* – Siegenian, *Lower Devonian stage.*
siemens *m* – siemens, *SI unit of electrical conductance of a conductor having an electrical resistance of 1 ohm, symbol* S. **siemens mètre carré par mole** : siemens square meter per mole, *SI unit of molar conductivity* ($S.m^2/mol$). **siemens par mètre** : siemens per meter, *SI unit of conductivity* (S/m).
sierra *f* – sierra, *mountain range with irregular sawtooth peaks in Spanish-speaking countries.*
sievert *m* – sievert, *SI unit of radiation dose, symbol* Sv.
sifflement *m* – fizz; hiss; whistle.
siffler – fizz (to).
sifflet *m* – whistle. **sifflet avertisseur** : call whistle. **sifflet de repêchage** : wall hook, *fishing tool.* **sifflet déviateur** : whipstock, *long wedge situated in a well to deflect the drill bit from some obstruction.* **sifflet déviateur à grand diamètre** : full-gage whipstock. **sifflet déviateur à jet de fond** : bottom-jet whipstock. **sifflet déviateur récupérable** : removable whipstock.
sigma *m* – sigma.
sigmatropique – sigmatropic.
sigmoïde – sigmoid, *sigmoidal.*
signal *m* – detector; flag; pulse; sign; signal. **signal à balayage de fréquence** : chirp. **signal à phase minimale** : minimum delay. **signal à phase nulle** : zero-phase signal. **signal analogique** : analog signal. **signal analytique** : analytic signal. **signal carré** : square wave. **signal d'alarme** : alarm signal. **signal d'alarme lumineux** : hazard warning light. **signal d'entrée** : input signal. **signal d'erreur** : error signal. **signal d'incendie** : fire alarm. **signal d'interruption** : interrupt. **signal de brume** : fog signal. **signal de chrominance** : chrominance signal, chrominance carrier signal, *in a color television system.* **signal de danger** : danger signal. **signal de détresse** : distress signal. **signal de luminance** : luminance signal, *television.* **signal de référence** : pilot signal. **signal de sortie** : output signal. **signal horaire** : time signal. **signal impulsionnel** : impulse. **signal lumineux** : light signal. **signaux parasites** : clutter. **signal perturbateur** : disturbance signal. **signal pilote** : pilot signal. **signal sonore** : sound signal. **signal utile** : effective signal.
signaler – record (to).
signalisation *f* – marking; signaling.
signature *f* – character, *of a seismic source*; signature, *of a seismic source.* **signature spectrale** : spectral signature, *remote sensing.*
signaux – *see sing. signal.*
signe *m* – pulse; sign. **signe distinctif** : call sign. **signe optique** : optic sign *(miner)*; optical character, *positive or negative character of minerals.*
signification *f* – meaning; significance.
silane *m* – silane, *a class of silicon-based compounds similar to straight-chain saturated-paraffin hydrocarbons ; silicon hydride.*
silcrète *f* – silcrete, *a conglomerate of sand and gravel cemented by silica.*
silencieux *m* – muffler; silencer *(auto).* **silencieux d'admission** : intake silencer. **silencieux d'échappement** : exhaust silencer.
silencieux – silent.
Silésien *m* – Silesian, *Middle and Upper Carboniferous stage.*
silex *m* – flint; silex. **silex à feu** : firestone.
silexite *f* – bedded chert, *chert occurring in calcareous beds.*
silicalite *f* – silicalite, *synthetic zeolite.*
silicaschiste *m* – siliceous schist.
silicatation *f* – silication.
silicate *m* – silicate. **silicate d'aluminium** : aluminum silicate. **silicate de calcium** : calcium silicate. **silicate de magnésium** : magnesium silicate. **silicate de plomb** : lead silicate, *lead metasilicate.* **silicate**

de potassium : potassium silicate. **silicate de zirconium** : zircon. **silicate hydraté** : hydrous silicate.
silice *f* – earth silicon; silica. **silice impure** : chert.
siliceux – cherty; siliceous.
silicification *f* – chertification; silicification.
silicifié – silicified.
silicique – silicic.
silicium *m* – silicon, *symbol Si.*
siliciure *m* – silicide.
silicoflagellé *m* – silicoflagellate *(microfossil).*
silicomanganèse *m* – silicomanganese.
silicone *f* – silicone.
silicose *f* – silicosis, *illness caused by the inhaling of silica dust.*
sill *m* – *see filon-couche.*
sillage *m* – seaway; wake *(naut).*
sillimanite *f* – sillimanite *(miner).*
sillon *m* – furrow; rill. **sillon d'avant-côte** : offshore trough. **sillon géosynclinal** : geosynclinal trough. **sillon houiller** : coal belt. **sillon prélittoral** : offshore trough. **sillon récifal** : reef furrow. **sillon sous-marin** : deep-sea trough.
silo *m* – bin; silo. **silo à ciment** : cement bin.
siloxane *m* – siloxane, *oxosilane.*
silt *m* – silt, *a general term for a sediment made up of sand- and clay-sized particles.* **silt argileux** : argillaceous sandstone.
silteux – silty.
siltite *f* – siltstone, *rock having a composition intermediate between sandstone and shale, with at least two-thirds being material of silt size; an indurated silt or mudstone.*
Silurien *m* – Silurian, *a period of the Paleozoic following the Ordovician and preceding the Devonian.*
silvatique – arboreal.
silylation *f* – silylation, *chemical reaction.*
sima *m* – sima, *the lower basaltic layer of the Earth's crust, mainly made up of silica and magnesia.*
simétite *f* – simetite, *a natural amber with a high sulfur and oxygen content.*
similitude *f* – similarity.
simoun *m* – simoom, *sandstorm.*
SIMPHOR – *French tradename for an instrumentation and measurement system in horizontal wells: Système d'Instrumentation et de Mesure en Puits HORizontaux.*
simple – plain; simple; single. **à simple effet** : single acting. **simple tarif** : flat-rate tariff.
simplex *m* – simplex channel, *half duplex, a one-way circuit.*
simplexe *m* – simplex *(math).*
simplifié – simplified.
simulateur *m* – emulator; simulator. **simulateur de démarrage à froid** : cold-cranking simulator (CCS). **simulateur de lacet** : yaw simulator.
simulation *f* – simulation. **simulation d'onde plane** : plane-wave simulation. **simulation de dispositif** : array forming. **simulation du gisement** : reservoir simulation.
simuler – emulate (to); simulate (to).
simultané – coinstantaneous; concerted; simultaneous.
simultanéité *f* – concurrence.
Sinémurien *m* – Sinemurian, *Lower Jurassic stage.*
sinistre *m* – casualty; disaster; loss. **sinistres inconnus** : incurred but not reported losses (IBNR). **sinistre maximum prévisible (SMP)** : maximum foreseeable loss (MFL).
sintérisé – sintered.
sintérisation *f* – sintering, *heating metal powders without melting to form a coherent bonded mass.*
sinueux – sinuous.
sinuosité *f* – crookedness; sinuosity *(geol).*
sinus *m* – sine. **sinus cardinal** : diffraction function. **sinus verse** : versine.
sinusoïde *f* – harmonic curve; sinusoid.
siphon *m* – dip trap; drain trap; drip pot; drip trap; gas trap; siphon; spigot; sump; trap. **siphon à circulation** : running trap. **siphon à entrée verticale et sortie horizontale** : half-pipe fitting. **siphon de débordement** : siphon spillway. **siphon de fermeture hydraulique** : liquid seal. **siphon isolateur** : water seal. **siphon renversé** : dip pipe.
siphonner – siphon (to); yield (to) water.
sirène *f* – siren, *alarm.*
sisal *m* – sisal, *agave from Mexico with leaves that are used to produce a still yellow fiber.*
sismicien *m* – seismologist.
sismicité *f* – seismicity.
sismique *f* – seismic survey, *the term seismics does not seem to have gained acceptance among geophysicists, but the term seismic is often used as a noun.* **sismique à haute résolution** : high-resolution method. **sismique au voisinage du puits (SVP)** : well-vicinity profiling (WVP). **sismique dans les veines** : in-seam seismic survey. **sismique de gisement** : development survey. **sismique de marais** : swamp shooting. **sismique de puits** : borehole survey, *method using geophones run into one or several wells*; well survey. **sismique en couche** : in-seam seismic survey. **sismique en eau peu profonde** : shallow-water shooting. **sismique légère** : weathering shooting. **sismique marine** : marine seismic survey; marine work; offshore shooting; offshore survey. **sismique marine monotrace** : continuous seismic profiling (CSP). **sismique passive** : passive method; passive seismic. **sismique profil large** : wide-line profiling. **sismique réflexion** : reflection shooting; reflection survey; seismic reflection method. **sismique réfraction** : refraction shooting; refraction survey; seismic-refraction method. **sismique terrestre** : land shooting; land work. **sismique trois dimensions, sismique 3D** : three-D (3D) seismic method; three-D (3D) shooting.
sismique – seismic.
sismo *m* – bug; geophone; jug, *slang*; pickup; seis, *seismometer or geophone, see also sismomètre and sismographe.* **sismo à montage antironflette** : reverse-wound geophone. **sismo à pression** : pressure gage. **sismo de gueule de trou** : shotpoint seismometer (SPS); uphole geophone. **sismo de référence** : reference seismometer. **sismo de temps vertical** : shotpoint seismometer (SPS). **sismo de trou** : shotpoint seis.
sismofaciès *m* – seismic facies.
sismogramme *m* – earthquake record; profile; seismic record; seismogram, *a plot of the seismic*

traces from a single shot. **sismogramme synthétique** : synthetic seismogram, *an artificial seismic-reflection record created by assuming that some waveform travels through an assumed model*; theogram; theoretical seismogram, *artificial seismic-reflection record produced by assuming that a waveform travels through an assumed model.*

sismographe *m* – bug; doodlebug; geophone; seismograph. **sismographe à amortissement critique** : critical-damping seismograph. **sismographe à amplification** : amplification seismograph. **sismographe accéléromètre** : accelerometer-type seismometer. **sismographe de déformation** : strain seismometer. **sismographe électromagnétique** : electromagnetic seismometer. **sismographe horizontal** : horizontal seismograph. **sismographe piézoélectrique** : piezoelectric detector *(seis)*. **sismographe synthétique** : synthetic seismograph. **sismographe vertical** : vertical seismograph.

sismologie *f* – seismology, *a branch of geophysics specializing in the study of seismic waves, earthquakes or seismic exploration.*

sismomètre *m* – seismometer. **sismomètre à réluctance variable** : variable-reluctance seismometer. **sismomètre à torsion** : torsion seismometer. **sismomètres groupés** : bunched seismometers. **sismomètres multiples** : multiple seismometers. **sismomètre thermique** : hot-wire-resistance seismometer.

sismoscope *m* – seismoscope.

sismosondage *m* – check shot *(seis)*; uphole shooting; uphole survey; velocity survey; well shooting, *measuring the average velocity versus depth by lowering a geophone into a borehole and recording energy from surface shots*; well velocity survey.

sismostratigraphie *f* – seismic stratigraphy, *study of stratigraphy and depositional facies as interpreted from seismic data.*

sismotectonique – seismotectonic.

site *m* – site. **site actif** : active site, *on a catalyst.* **site catalytique** : catalytic site, *active site.* **site de liaison** : binding site. **site géothermique** : geothermal deposit. **site liant** : binding site. **en site** : lateral tilt.

sitostérol *m* – sitosterol, *a phytosterol.*

situation *f* – position; site; stand. **situation nette** : net worth, *capital stock plus reserves.*

skarn *m* – skarn, *lime-bearing silicates.*

Skiddavien *m* – Skiddavian, *Arenigian, a Lower Ordovician stage.*

Slalom – Slalom, *tradename for crooked-line processing.*

slikke *f* – mud flat; tidal flat.

Slotnick – Slotnick, *see méthode de Slotnick.*

smaltine *f* – gray cobalt.

smaltite *f* – smaltite, *nickel cobalt arsenide.*

smectique – smectic.

smectite *f* – smectite, *a name for the montmorillonite group of clay minerals.*

smiller – scabble (to), *quarry stone.*

smithsonite *f* – smithsonite, *zinc carbonate*; zinc spar.

smog *m* – smog. **smog photochimique** : photochemical smog, *chemical air pollution caused by chemical reactions involving hydrocarbons and nitrogen oxides (automotive exhaust) and sunlight.*

Snell – Snell, *see loi de Snell-Descartes.*

SNHP – HPNS, *abbr. syndrome nerveux des hautes pressions, high-pressure nervous syndrome.*

Snyder – Snyder, *see essai d'oxydabilité de Snyder.*

société *f* – company; partnership. **société à responsabilité limitée** : limited company; limited-liability partnership. **société anonyme** : corporation; incorporated company. **société commerciale en nom collectif** : general partnership. **société d'épargne et de crédit** : savings and loan association. **société de classification** : classification society. **société de distribution** : distribution company. **société de holding** : holding company, *a corporation that owns the majority of stock or shares of one or more corporations for the purpose of control rather than of investment.* **société de négoce** : trading company. **société de raffinage** : refining company. **société en commandite par actions** : joint-stock company. **société en nom collectif** : private company. **société mère** : parent company. **société minière** : mining company. **société mixte** : joint company. **société multinationale** : multinational corporation (MNC). **société par actions** : stock corporation. **société pétrolière** : oil company; petroleum company. **société publique** : public corporation.

socle *m* – base; basement, *the undifferential complex of rocks that underlies the rocks of interest in an area*; baseplate; bedplate; bedrock; bottom; foot; footing; pedestal; skirting; sole; stand; trestle. **socle acoustique** : acoustic basement; seismic basement. **socle continental** : continental terrace. **socle cristallin** : crystalline basement *(geol)*. **socle économique** : economic basement. **socle océanique** : ocean basement. **socle rond** : floor flange. **socle sismique** : acoustic basement; seismic basement. **socle sous-marin des continents** : continental terrace.

sodalite *f* – sodalite, *tectosilicate of the feldspathoid group.*

sodamide *m* – sodamide, *sodium amide.*

sodium *m* – natrium; sodium, *symbol Na.*

soigné – elaborate.

soin *m* – care.

soja *m* – soybean.

sol *m* – ground; soil, *unconsolidated materials above bedrock*; sol, *colloidal solution.* **sol à fer pisolitique** : shot soil. **sol à poches** : involution layer. **sol acide** : acid soil. **sol alcalin** : alkaline soil. **sol arable** : arable soil. **sol argileux** : clay soil; clayey soil. **sol caillouteux** : bouldery soil. **sol cohérant** : cohesive soil. **sol colluvial** : colluvial soil. **sol complexe** : complex soil. **sol de prairie marécageuse** : silty bog. **sol décapé** : *see sol tronqué.* **sol embryonnaire** : immature soil. **sol fertile** : fat soil. **sol fluide** : soil flow. **sol gelé** : frozen ground. **sol graveleux** : gravelly soil. **sol intrazonal** : intrazonal soil. **sol lessivé** : leached soil. **sol marécageux** : boggy soil. **sol mouvant** : quaking bog. **sol perméable** : leachy soil. **sol polygonal** : polygonal ground. **sol primaire** : residual soil. **sol rayé** : striped ground. **sol relique** : relict soil *(pedol)*. **sol repère** : benchmark soil. **sol résiduel** : residual soil; sedentary soil. **sol résiduel primaire** : residual primary soil, *detrital surface cover, sedentary soil.* **sol réticulé** : patterned ground. **sol riche** : rich soil. **sol rocheux** : rocky soil. **sol rouge** : terra rossa. **sol sans cohésion** : cohesionless soil. **sol secondaire de tranport** : secondary transported soil. **sol silicieux** : flinty ground. **sol squelettique** : skeletal soil. **sol stérile** : dead soil. **sol strié** : striated ground; striped ground. **sol structuré** : patterned ground. **sol tendre** : soft soil. **sol tourbeux** : boggy soil. **sol tronqué** : truncated soil *(pedol)*. **sol vierge** : new soil. **au-dessus du sol** : aboveground.

solaire – solar.

solarimètre *m* – solarimeter, *pyranometer.*

SOLAS – SOLAS, *abbr. Safety of Life at Sea: an international convention setting rules for safety for both passenger and cargo ships.*

solation *f* – solation, *change in the state of a substance from a gel to a sol.*

solde *m* – balance. **solde budgétaire** : fiscal balance. **solde de compensation** : clearing balance. **solde de trésorerie** : cash holdings.

soldes *m* – clearance sale.

sole *f* – baseplate; hearth; sole piece. **sole de four** : furnace bottom; furnace hearth; oven sole *(metal)*. **sole de scories** : slag bottom *(metal)*. **sole du creuset** : hearth bottom; hearth level.

soleil *m* – sun; sun shot. **faire un soleil** : shoot (to) the sun *(topog)*. **soleil moyen** : mean sun.

solénation *f* – current linkage, *in a closed loop.*

solénoïde *m* – solenoid.

solfatare *f* – solfatara, *sulfur spring.*

solide *m* – solid *(geom)*. **solide de Poisson** : Poisson solid. **solide de Voigt** : Voigt solid. **solides en suspension** : suspended solids.

solide – fast; rugged; solid; sound.

solidification *f* – freezing; solidification.

solidifié – solidified.

solidité *f* – ruggedness; soundness; strength; toughness. **solidité du film** : film strength, *the ability of a lubricant to maintain an unbroken film on a surface.*

solidus *m* – solidus, *in a temperature-concentration diagram, the curve relating to the solid phase for solid solutions whose concentrations differ.*

solifluxion *f* – soil flow; solifluction, *imperceptibly-slow downslope flow of water-saturated surficial material.*

solitaire – solitary.

soliton *m* – soliton *(math)*.

solive *f* – balk; joist. **solive de support** : supporting beam.

soliveau *m* – girder.

sollicitation *f* – stress. **sollicitation mécanique** : system of loads, *the system of external forces giving rise to stresses.*

solubilisant *m* – solutizer, *an aqueous alkali solution such as caustic soda, used for removing mercaptans from petroleum distillates.*

solubilité *f* – solubility. **solubilité à l'heptane** : heptane solubility. **solubilité apparente** : apparent solubility. **solubilité réciproque** : mutual solubility. **solubilité réelle** : real solubility.

soluble – soluble. **soluble dans l'eau** : water soluble.

soluté *m* – solute, *the substance dissolved in a solvent.*

solution *f* – solution, *liquid containing a dissolved body ; answer to a problem.* **solution à deux phases** : phase solution. **solution acide** : acid solution. **solution adhérente** : drag in. **solution aqueuse** : aqueous solution; quenching solution. **solution au plombite** : doctor solution, *used for sweetening petroleum distillates.* **solution boueuse** : mud solution. **solution colloïdale** : colloidal solution. **solution de biopolymères** : biopolymer solution. **solution de lessivage** : leaching solution. **solution de mouillage** : dampening solution. **solution de polymères** : polymer-emulsion fluid. **solution de polymères injectée** : polymer flood. **solution de soude caustique** : caustic-soda solution. **solution diluée** : dilute solution. **solution du problème direct** : forward solution. **solution entraînée** : drag out. **solution étendue** : weak solution. **solution idéale** : ideal solution *(chem)*. **solution incongelable** : antifreeze solution. **solution isotonique** : isotonic solution, *having the same osmotic pressure as a reference solution.* **solution molaire** : molar solution. **solution normale** : normal solution *(chem)*. **solution nutritive** : nutrient solution. **solution primitive** : original solution. **solution saturée** : saturated solution. **solution savonneuse** : suds. **solution solide** : solid solution. **solution tampon** : buffer solution. **solution titrée** : standard solution. **solution type** : standard solution. **solution vraie** : true solution. **sans solution** : unsolved.

solutrope *m* – solutrope, *ternary mixture with two liquid phases.*

solvabilité *f* – creditworthiness.

solvant *m* – solvent. **solvant aliphatique** : aliphatic solvent. **solvant aprotique** : aprotic solvent. **solvant aromatique** : aromatic solvent. **solvant de distillation directe** : straight-run solvent. **solvant de la laque** : lacquer solvent. **solvant donneur d'hydrogène** : hydrogen-donor solvent. **solvant gras** : fat solvent. **solvant inflammable** : flammable solvent. **solvant minéral** : inorganic solvent. **solvant miscible** : miscible solvent. **solvant naphta** : solvent naphtha. **solvant naphta brut** : crude light-solvent naphtha, *a light crude-oil fraction from coal tar.* **solvant naphta VMP** : varnish-makers' and painters' naphtha (VM&P naphtha). **solvant organique** : organic solvent. **solvant polaire** : polar solvent. **solvant pour caoutchouc** : rubber solvent. **solvant pour nettoyage à sec** : cleaning oil; dry-cleaning solvent, *a light hydrocarbon used for cleaning clothing.* **solvant pour peinture** : paint remover. **solvant pour vernis** : varnish remover. **solvant protogène** : protogenic solvent, *proton donor.* **solvant protophile** : protophilic solvent, *solvent accepting.* **solvant purifié** : scrubbed solvent. **solvant sélectif** : selective solvent. **solvant Stoddard** : Stoddard solvent, *used for dry cleaning.* **solvant supercritique** : supercritical solvent.

solvatation *f* – solvation, *a combination between solute and solvent.*

solvate *m* – solvate.

Solvien *m* – Solvan, *Middle Cambrian stage.*

solvolyse *f* – solvolysis, *reaction involving substances in solution, in which the solvent reacts with the solute to form a new substance.*

sombre – cloudy; dark. **trop sombre** : off-color, *usually meaning darker than what is expected.*
sombrer – founder (to); sink (to).
sommaire *m* – synopsis.
sommateur *m* – stacker.
sommation *f* – stacking, *creating a composite record by combining traces from different records, including filtering because of timing errors or waveshape differences*; summation. **sommation à point-milieu commun** : horizontal mixing; horizontal stacking. **sommation avec seuillage** : diversity stack, *excluding amplitudes that exceed some threshold.* **sommation des mantisses** : mantissa stack. **sommation discriminatoire** : diversity stack. **sommation en couverture multiple** : common-depth-point stacking. **sommation oblique** : beam steering; slant stack *(seis)*. **sommation pondérée** : diversity stacking. **sommation statistique** : statistical stacking. **avant sommation** : prestack.
somme *f* – amount; sum. **somme à point-milieu commun** : common-midpoint stack *(seis)*. **somme à point-miroir commun** : common-depth-point stack (CDPS) *(seis)*. **sommes à verser et à recevoir** : payables and receivables. **somme de traces** : stack *(seis)*. **somme de traces de même déport** : common-offset stack *(seis)*. **somme des traces au même point de tir** : vertical stack *(seis)*. **somme forfaitaire, somme globale** : lump sum. **somme pollinique** : pollen sum.
sommet *m* – apex; crest; crown; head, *of a distillation column*; peak; summit; top. **sommet d'un cône** : head of a cone. **sommet d'une courbe** : cusp; vertex. **sommet d'une structure** : top of a structure. **sommet de structure** : upstructure. **sommet des traces d'un film** : peak, *maximum upward excursion of a seismic wavelet.*
sommier *m* – bearer *(mine)*; cash book.
son *m* – sound. **son audible** : audible tone, *sound in a frequency that a human can hear.*
sonal *m* – barker word, *the distinctive word in the message from a navigation satellite indicating the beginning of the transmission cycle.*
sonar *m* – sonar, *acronym for sound navigation and ranging, a system using acoustic waves for offshore detection and communications.* **sonar à balayage latéral** : side-scan sonar. **sonar à effet Doppler** : Doppler sonar. **sonar antiéchouage** : antistranding sonar. **sonar de rentrée** : reentry sonar. **sonar latéral** : side-scan sonar.
sondage *m* – borehole, *see also forage and puits*; boring; probing; sounding; well boring. **sondage à injection inversée** : counterflush drilling. **sondage à la corde** : churn drilling. **sondage à la grenaille** : shot boring. **sondage à sec** : dry boring. **sondage ascendant** : upward borehole, *drilled upward in a mineshaft.* **sondage au cable** : rope drilling. **sondage d'exploration** : exploration borehole; exploratory hole; new-field wildcat, *in an attempt to find a new field*; pioneer well. **sondage d'exploration secondaire** : new-pool test, *in an attempt to find a new pool inside a known field.* **sondage d'injection** : intake well. **sondage de petit diamètre** : small-diameter hole. **sondage de protection** : protection hole, *obligatorily drilled into the working face of underground galleries used for oil production.* **sondage de recherche** : exploration boring; proving hole. **sondage de sédiments** : mud probing. **sondage descendant** : downward borehole. **sondage dévié** : crooked hole; deviated well; sidetracked hole. **sondage géologique** : structural test hole, *for exploring a possible structural trap*; structure hole; structure well. **sondage géologique peu profond** : core drill; structural core drilling, *shallow drilling to determine the depth of a stratum so as to compile its structural map.* **sondage improductif** : unproductive boring. **sondage infléchi** : curved well. **sondage non tubé** : open hole, *the uncased section in a borehole.* **sondage par percussion** : percussion boring. **sondage peu profond** : shallow well; shallower pool test, *during secondary exploration.* **sondage plein d'eau** : hole full of water (HFW). **sondage plein d'huile** : hole full of oil (HFO). **sondage profond** : deep boring. **sondage réflexion continu** : continuous-reflection profiling *(seis)*. **sondage réfraction** : refraction test. **sondage rotary** : rotary boring. **sondage sismique** : seismic velocity survey. **sondage sismique continu** : continuous reflection profiling; continuous seismic profiling (CSP). **sondage sismique profond** : deep seismic sounding. **sondage stérile** : barren well. **sondage stratifié** : stratified sampling. **sondage stratigraphique** : strat test. **sondage structural** : posthole.
sonde *f* – borer, *earth boring bit*; deep borer; logging tool; pickup; probe, *well logging*; sonde, *an electrical logging tool*; sounding line; thief, *an instrument used to determine the amount of water in oil before it is pipelined.* **sonde à calcaire** : limestone sonde, *a logging tool for recording the resistivity in boreholes in hard and resistant formations.* **sonde à électrode focalisée** : focused-electrode sonde. **sonde à enfoncement par chaîne** : chain pull-down rig. **sonde à fibre optique** : fiber optic probe. **sonde à immersion** : immersion cell. **sonde à induction** : induction sonde. **sonde à neutrons** : neutron probe. **sonde à palpeurs** : feeler sonde. **sonde acoustique** : sonic sonde. **sonde d'essai** : test probe. **sonde de densité compensée** : compensated-density sonde, *a double-spaced sonde with two sensors spaced differently from the source.* **sonde de diagraphie gamma spectrale** : spectral logger. **sonde de gradient de gravimétrie** : gradiometer. **sonde de gravimétrie** : borehole gravity meter. **sonde de potentiel** : potential sonde. **sonde de susceptibilité magnétique** : susceptibility meter. **sonde électronique** : electron probe. **sonde focalisée** : focusing sonde. **sonde Geiger** : Geiger probe, *Geiger-Müller probe.* **sonde inverse** : reciprocal sonde. **sonde Lambda** : Lambda probe, *exhaust-gas detection.* **sonde latérale** : lateral sonde. **sonde lunaire** : lunar probe. **sonde marine** : marine probe. **sonde normale** : normal device, *well logging*; normal sonde; potential sonde. **sonde percutante** : churn drill. **sonde piézoélectrique** : piezoelectric probe. **sonde pyrométrique** : thermometer probe. **sonde spatiale** : space probe.
sonder – sound (to); bear (to); bore (to); drill (to); fathom (to).
sondeur *m* – borer *(person)*; depth finder *(device)*; sounder. **sondeur à ultrasons** : supersonic echo recorder. **sondeur acoustique** : sonic depth

finder. **sondeur de sédiments** : bottom sounder; mud penetrator; pinger probe. **sondeur de vase** : mud penetrator. **sondeur sismique** : subbottom profiler.

sondeuse *f* – drill. **sondeuse électrique** : electrodrill.

sone *m* – sone, *unit of loudness.*

sonie *f* – loudness *(acous).*

sonique – sonic.

sonnerie *f* – bell. **sonnerie d'alarme** : alarm bell.

sonnette *f* – bell; pile driver. **sonnette d'appel** : call bell.

sonographe *m* – sonograph, *a seismic-reflection recorder for directly obtaining variable-density films, used prior to the adjustment of the recording on magnetic tape to obtain an oblique composition of slanting reflectors by means of an analyzer.*

sonographie *f* – sonography.

sonoluminescence *f* – sonoluminescence.

sonomètre *m* – sonometer.

sonorité *f* – loudness.

sorbet *m* – grease ice, *a soupy layer of new ice formed on a water surface.*

sorbitol *m* – sorbitol, *D-sorbite, D-sorbitol, hexahydric alcohol.*

sorosilicate *m* – sorosilicate, *a class of silicate.*

sorption *f* – sorption.

sortie *f* – eduction; exit; issue; outfall; outgoing; outlet; output; takeout. **sortie brusque** : rush. **sortie d'air** : air outlet. **sortie d'échappement** : egress. **sortie de couverture** : roll out. **sortie de gaz** : gas outlet; gas seep. **sortie de secours** : emergency exit. **sortie de vapeur** : vapor outlet. **sortie du fluide refroidisseur** : coolant outlet. **sortie papier** : hard copy *(computer).*

SOSIE – SOSIE, *acronym for SOurce SIsmique Encodée, seismic method.*

sosoloïde *m* – sosoloid, *solid particles dispersed in another solid.*

soubassement *m* – background *(geol)*; basement; baseplate, *of machine tools*; bedrock; bottom *(geol)*; subframe; underlying rock *(geol)*. **soubassement cristallin** : crystalline basement. **soubassement granitique** : granitic subsoil.

soubresauts *m* – bumping, *violent boiling of a liquid with uneven escaping of large bubbles.*

souche *f* – counterfoil; stub, *in a register, order book, etc*; stump.

soucoupe *f* – saucer. **soucoupe plongeante** : diving saucer.

soudabilité *f* – solderability; weldability.

soudable – solderable; weldable.

soudage *m* – soldering; welding. **soudage à clin** : lap welding. **soudage à froid** : cold welding. **soudage à gueule de loup** : cleft welding. **soudage à l'aluminium** : aluminum welding. **soudage à l'arc** : electric-arc welding; electrode welding. **soudage à l'arc à deux charbons** : twin-carbon arc welding. **soudage à l'arc au charbon** : carbon-arc welding. **soudage à l'arc au charbon sous gaz inerte** : inert-gas carbon-arc welding. **soudage à l'arc avec électrode de charbon** : carbon-electrode arc welding. **soudage à l'arc avec une électrode enrobée** : shield arc welding. **soudage à l'arc des goujons** : arc stud welding. **soudage à l'arc électrique à électrodes** : quasi-arc welding, *with the electrode being coated with asbestos fiber to prevent oxidation of the metal deposited.* **soudage à l'arc immergé** : submerged arc welding. **soudage à l'arc métallique avec électrode nue** : base-metal arc welding. **soudage à l'arc métallique sous gaz inerte** : inert-gas metal-arc welding. **soudage à la flamme** : flame welding, *as opposed to electric-arc welding.* **soudage à la forge** : forge welding. **soudage à la forge par galets** : roll welding. **soudage à la molette** : seam welding. **soudage à la poche** : flow welding. **soudage à recouvrement** : lap welding. **soudage aéro-acétylénique** : air-acetylene welding. **soudage aluminothermique** : thermit welding. **soudage au chalumeau** : blowpipe welding. **soudage au gaz** : gas welding. **soudage au gaz chaud** : hot-gas welding. **soudage au laiton** : brass soldering. **soudage au laser** : laser welding. **soudage au marteau** : hammer welding. **soudage au plasma** : plasma welding. **soudage autogène** : autogenous welding; oxyacetylene welding; oxygen welding. **soudage automatique** : automatic welding. **soudage automatique à l'arc immergé** : automatic submerged-arc welding. **soudage automatique sous flux** : submerged-arc welding. **soudage bout à bout** : butt welding, *end-to-end welding.* **soudage continu** : continuous welding; seam welding, *welds consisting of a series of overlapping weld points.* **soudage d'angle discontinu symétrique** : chain intermittent fillet welding. **soudage de montage** : erection welding; field welding. **soudage discontinu** : intermittent welding. **soudage électrique** : electric welding. **soudage électronique** : electron-beam welding. **soudage en atmosphère sèche** : dry welding. **soudage en bout** : butt welding. **soudage en caisson hyperbare** : habitat welding. **soudage en descendant** : downhill welding. **soudage en pleine eau** : wet welding. **soudage en position** : position welding. **soudage en remontant** : uphill welding. **soudage en série** : series welding. **soudage en spirale** : spiral welding, *process for manufacturing pipelines and well tubing by spiral winding of linking strips with continuous welding of the adjacent edges.* **soudage en une passe** : single-pass welding. **soudage hyperbare** : hyperbaric welding. **soudage MAG** : MAG welding, *arc welding with a fusible electrode, using a mixture of active gas such as argon or carbon dioxide.* **soudage manuel** : manual welding. **soudage manuel à l'arc métallique** : manual metal-arc welding. **soudage mécanique** : machine welding. **soudage MIG** : MIG welding, *metal inert gas welding.* **soudage oxhydrique** : oxyhydrogen welding. **soudage par accumulation d'énergie** : stored-energy welding. **soudage par bossage** : projection welding. **soudage par étincelage** : flash welding. **soudage par étincelage électrique** : electric-flash welding. **soudage par explosion** : explosion welding; explosive welding. **soudage par faisceau d'électrons** : electron-beam welding. **soudage par friction** : friction welding. **soudage par fusion** : fusion welding. **soudage par impulsion unique** : single-impulse welding. **soudage par induction** : induction welding. **soudage par martelage** : hammer welding. **soudage par moulage** : cast welding. **soudage par percussion** : percussion welding. **soudage par points** : point welding; spot welding; tack welding. **soudage par points à la molette** : roll spot welding. **soudage par pression** :

pressure welding. **soudage par recouvrement** : joint welding; overlap welding. **soudage par refoulement** : upset welding. **soudage par résistance** : resistance welding. **soudage par résistance électrique** : electric-resistance welding. **soudage par ultrasons** : ultrasonic welding. **soudage semiautomatique** : semiautomatic welding. **soudage semiautomatique à l'arc** : semiautomatic arc welding. **soudage sous gaz inerte** : inert-gas welding. **soudage sous l'eau** : underwater welding. **soudage sur chantier** : field welding. **soudage sur entaille** : slot welding. **soudage sur place des pipelines** : field welding of pipelines. **soudage tendre** : soft soldering. **soudage TIG** : TIG welding, *arc welding with a refractory tungsten electrode in an inert-gas atmosphere.*

soude *f* – soda, *sodium carbonate, sodium hydroxide.* **soude brute** : black balls. **soude carbonatée** : *see carbonate de soude.* **soude caustique** : caustic soda; sodium hydroxide. **soude caustique épuisée** : spent caustic. **soude en pastilles** : ball soda.

soudé – soldered; welded. **soudé par points** : spot-welded. **soudé par recouvrement** : lap-welded. **entièrement soudé** : all welded.

souder – weld (to). **se souder** : coalesce (to). **souder bout à bout** : butt weld (to). **souder par points** : spot weld (to). **souder sur** : weld (to) on.

soudeur *m* – dauber; rod burner, *familiar*; solderer; welder. **soudeur au chalumeau** : torch operator.

soudobrasage *m* – braze-welding.

soudoir *m* – copper bit; soldering copper.

soudure *f* – seam; soldered joint; weld; welded joint. **soudure à clin** : lap weld. **soudure à fond de niche** : bell-hole weld, *weld all around a laid pipeline.* **soudure à gueule de loup** : cleft weld. **soudure à l'acétylène** : acetylene welding. **soudure à l'arc** : arc welding. **soudure à l'argent** : silver solder. **soudure à l'envers** : backweld. **soudure à l'étain** : tin solder. **soudure à niveau** : flush weld. **soudure à recouvrement** : lap weld; scarf weld. **soudure affleurée** : flush weld. **soudure amenée en position** : positioned weld. **soudure continue** : continuous weld; seam weld. **soudure d'angle** : fillet weld; miter weld. **soudure d'arrêt de bouchon** : ball-plug weld. **soudure d'atelier** : shop weld. **soudure d'étanchéité** : seal weld. **soudure de bord** : groove weld. **soudure de contour** : girth weld. **soudure de goujons** : arc stud weld. **soudure de pointage** : tack weld. **soudure de raccordement** : tie-in weld. **soudure de raccordement interne** : inside-seam weld. **soudure de réparation** : repair weld. **soudure de soutien** : backing weld. **soudure échelonnée** : wandering sequence *(weld).* **soudure en bouchon** : plug weld. **soudure en bout** : weld groove. **soudure en entaille** : slot weld. **soudure en pointillée** : stitching, *defects in a line of welding.* **soudure en spirale** : spiral weld. **soudure en T** : tee welding. **soudure exécutée sur le chantier** : field weld (FW). **soudure forte** : hard solder. **soudure longitudinale** : longitudinal weld. **soudure oxyacétylénique** : oxyacetylene welding. **soudure par amorces** : lap welding. **soudure par étincelage** : flash weld. **soudure par pointage** : tack weld. **soudure par points** : spot weld. **soudure renforcée** : reinforced seam; reinforced weld. **soudure sans écartement des bords** : closed joint. **soudure sur chanfrein** : bevel weld. **soudure sur chantier** : site weld. **soudure sur l'envers** : backweld. **soudure tendre** : soft solder, *an alloy of lead and tin with a low melting point*; tin solder. **sans soudure** : seamless; solderless; weldless.

soufflage *m* – blowing, *stirring a liquid by feeding compressed air to the bottom of a tank or container*; swelling up. **soufflage des résidus** : residue blowing. **soufflage du bitume** : bitumen blowing. **soufflage du verre** : glassblowing. **soufflage magnétique** : magnetic blowout.

soufflante *f* – blower; blower engine; blowing machine; fan blower. **soufflante à basse pression** : low-pressure blower. **soufflante à piston** : piston blower. **soufflante d'air** : air blower. **soufflante de balayage** : scavenging air blower; scavenging blower. **soufflante de suralimentation** : supercharger.

soufflard *m* – blower *(mine)*; blowhole *(geol)*; spouting hole.

souffle *m* – blast; blow.

soufflé – blown.

souffler – blow (to), *injecting air or vapor into a product.*

soufflerie *f* – blast engine *(metal)*; blower; wind tunnel. **soufflerie à rafales** : gust tunnel. **soufflerie d'air** : air blast. **soufflerie rotative** : rotary blower.

soufflet *m* – bellows; fan. **soufflet de dilatation** : expansion bellows.

souffleur *m* – blower. **souffleur d'air chaud** : hot-air blower. **souffleur de suie** : soot blower.

soufflure *f* – blast hole *(metal)*; bleb; blister; blow *(metal)*; blowhole; gas pocket, *a gas-filled cavity in rock or metal.* **soufflure de soudure** : weld crack.

soufre *m* – sulfur, *symbol S.* **soufre actif** : corrosive sulfur. **soufre brut** : brimstone. **soufre colloïdal** : colloidal sulfur. **soufre élément** : element sulfur. **soufre en canon** : stick sulfur. **soufre lavé** : washed sulfur. **soufre libre** : free sulfur. **soufre natif** : brimstone; native sulfur. **soufre organique** : organic sulfur. **soufre sublimé** : sublimed sulfur. **soufre total** : total sulfur.

soufré – sulfur-containing.

soufrière *f* – sulfur mine; sulfur pit.

souille *f* – river-crossing ditch. **souille d'appontement** : landing-stage bed. **en souille** : buried, *pipe.*

souillé – dirty.

souiller – contaminate (to); soil (to).

souillure *f* – stain; stain spot; staining.

soulevé – upcast, *for a fault wall*; uplifted; upthrown.

soulèvement *m* – elevation; heft; lifting; upheaval; uplift; upthrust *(geol).* **soulèvement du socle** : basement uplift.

soulever – heave (to); undermine (to). **soulever au bout d'un crochet** : take (to) a hitch on.

souligner – underline (to).

soumission *f* – bid; submission; tender. **soumission cachetée** : sealed tender, *for transporting a cargo of oil.* **soumission clé en main** : turnkey bid. **soumission des tâches à distance** : remote job entry (RJE).

soumissionnaire *m* – bidder. **soumissionnaire le moins offrant** : lowest bidder. **soumissionnaire le plus offrant** : highest bidder.

soupape *f* – bailer; throttle; valve. **soupape à aiguille** : needle valve. **soupape à boulet** : clack valve; globe valve. **soupape à boulet mélangeuse** : mixing globe valve. **soupape à bride** : flanged valve. **soupape à charnière** : clack valve; hinged valve. **soupape à clapet** : clack valve; clapper valve, *fractionating tray*; flap valve; poppet valve. **soupape à cloche** : bell valve; cup valve. **soupape à comande par pression** : pressure-operated valve. **soupape à commande automatique** : automatic-control valve. **soupape à commande électrique** : electric-control valve. **soupape à commande par solénoïde** : solenoid-actuated valve. **soupape à commande pilote** : pilot-operated valve. **soupape à diaphragme** : diaphragm valve. **soupape à double plateau** : double-disk valve. **soupape à double siège** : double-seat valve, *double-seated valve*. **soupape à flotteur** : ballcock; float-operated valve; float valve. **soupape à flotteur de garniture de forage** : drillpipe float line. **soupape à gaz** : gas-filled rectifier; gas valve. **soupape à lamelle** : leaf valve. **soupape à levier** : lever valve. **soupape à manchon** : pinch valve. **soupape à ouverture rapide** : quick-release valve. **soupape à papillon** : butterfly valve. **soupape à quatre voie** : four-way valve. **soupape à ressort** : spring valve. **soupape à tige** : poppet valve. **soupape alternatrice** : surge-damping valve. **soupape annulaire** : ring valve. **soupape antibélier** : surge-damping valve. **soupape antiretour** : flap valve. **soupape automatique** : automatic valve. **soupape automatique d'échappement** : automatic exhaust valve. **soupape casse-vide** : vacuum-breaking valve; vacuum-relief valve. **soupape casse-vide de décharge** : pressure-and-vacuum relief valve. **soupape champignon** : poppet valve, *reciprocating-engine mushroom-type valve*. **soupape commandée par culbuteur** : rocker valve. **soupape commandée par moteur** : motor-operated valve (MOV). **soupape conique** : miter valve. **soupape conique guidée** : conical-wing valve. **soupape d'admission** : admission valve; induction valve; inlet valve; intake valve; suction valve. **soupape d'admission de gaz** : gas-injection valve. **soupape d'arrêt** : stop valve. **soupape d'aspiration** : suction valve. **soupape d'échappement** : escape valve; exhaust valve; outlet valve. **soupape d'égalisation** : equalizing valve, *of a tester*. **soupape d'équilibre** : equilibrium valve. **soupape d'éruption à pointeau** : flow-bean valve. **soupape d'étranglement** : choke valve. **soupape d'évacuation** : outlet valve. **soupape d'injection pilote** : pilot-operated valve. **soupape de balayage** : scavenger valve, *in a two-stroke engine*; scavenging valve. **soupape de circulation d'un tester** : circulating valve *(drill)*. **soupape de circulation inverse** : back-circulating valve *(drill)*. **soupape de commande** : control valve; governing valve; pilot valve. **soupape de compensation** : compensating valve. **soupape de contre-pression** : back-pressure valve. **soupape de contrôle du débit** : capacity control valve. **soupape de cylindre** : cylinder valve. **soupape de décharge** : discharge valve; pressure-relief valve, *designed to prevent overpressures*; release valve; relief valve; unloader valve. **soupape de décharge rapide** : quick-release valve. **soupape de décompression** : relief valve. **soupape de démarrage** : starting valve. **soupape de dérivation** : bypass valve. **soupape de détente à la pression atmosphérique** : atmospheric relief valve. **soupape de détente à ressort** : spring-loaded type relief valve. **soupape de fermeture** : closing valve. **soupape de flottation de tige de forage** : drillpipe float valve. **soupape de frein** : brake valve. **soupape de gas-lift** : gas-lift valve. **soupape de levée** : lift valve. **soupape de pompe** : pump valve. **soupape de pression et de vide** : pressure valve. **soupape de prise de vapeur** : steam-supply valve. **soupape de réduction** : reducing valve. **soupape de refoulement** : delivery valve. **soupape de refroidissement** : cold valve. **soupape de réglage** : regulating valve; regulator valve. **soupape de réglage de la contre-pression** : back-pressure control valve. **soupape de régulation** : regulator valve, *for pressure or flow rate*. **soupape de régulation de débit** : flow valve. **soupape de respiration** : breather valve; breathing valve; vent valve, *on a tank*. **soupape de respiration d'un réservoir** : mushroom vent. **soupape de retenue** : back-pressure valve; check valve; feed check valve; retaining valve. **soupape de retenue d'équerre** : angle check valve. **soupape de retenue de vapeur** : steam valve. **soupape de retenue horizontale** : horizontal check valve. **soupape de retenue pour conduite d'alimentation** : feed-line check valve. **soupape de retenue sphérique** : ball check valve. **soupape de retenue verticale** : vertical check valve. **soupape de sécurité** : *see soupape de sûreté*. **soupape de sûreté** : emergency-stop valve; overpressure valve; pressure safety valve; relief valve; safety valve, *a pressure-actuated valve allowing steam to escape from a boiler when critical pressure is reached*; trip valve, *well tester*. **soupape de sûreté à contrepoids** : weighted safety valve. **soupape de sûreté à échappement progressif** : lever-weighted safety valve. **soupape de sûreté à fermeture automatique** : automatic-stop valve. **soupape de sûreté à levier** : lever safety valve. **soupape de sûreté à ressort** : spring-loaded safety valve. **soupape de sûreté du cylindre** : cylinder-operated valve. **soupape de sûreté équilibrée** : balanced safety valve. **soupape de sûreté par évacuation** : exhaust-relief valve. **soupape de sûreté sphérique** : spherical safety valve. **soupape de surpression** : overpressure valve; pop valve. **soupape de tige** : drillpipe float valve. **soupape de trop-plein** : overflow valve; relief valve. **soupape de vidange** : backwater valve; drain valve; flush valve. **soupape détendeur** : reducing valve. **soupape distributrice à débit constant** : pressure-compensating type flow-dividing valve. **soupape du tuyau élévateur** : kickoff valve. **soupape électrique** : rectifier. **soupape électromagnétique** : magnetic valve. **soupape en champignon** : mushroom valve. **soupape en chapeau** : bell-end valve. **soupape en tête** : overhead valve (OHV); valve in-head *(engine)*. **soupape équilibrée** : balanced valve. **soupape inclinée** : inclined valve. **soupape manomètre** : pressure-gage valve. **soupape orifice** : port valve, *taking the place of a valve as the feed orifice in a two-stroke engine*. **soupape paresseuse** : sluggish valve. **soupape pilote** : pilot valve. **soupape pneumatique** : pneumatic valve. **soupape pour radiateur** : radiator valve. **soupape progressive** : graduating valve. **soupape rapportée** : insert valve. **soupape régulatrice** : governor valve. **soupape régulatrice de pression** : pressure-control valve; pressure-release valve. **soupape**

sphérique : globe valve. **soupape thermostatique** : thermostatic siphon valve. **soupape voilée** : shrouded valve. **sans soupapes** : valveless.
soupirail *m* – air vent.
souple – compliant; flexible; floppy.
souplesse *f* – compliance; elasticity.
source *f* – source, *device that releases energy (explosion, air gun) required for producing seismic waves*; spring *(hydrol)*. **source à débit constant** : constant spring. **source à implosion** : implosion source. **source artésienne** : artesian spring. **source bouillante** : boiling spring. **source d'affleurement** : outcrop spring. **source d'eau salée** : salt spring; salt-water spring; spring of salt water. **source d'eau sulfureuse** : spring of sulfur water. **source d'énergie** : power supply; source of energy. **source d'énergie de remplacement** : alternative energy source. **source d'énergie sismique** : seismic source. **source d'infiltration** : filtration spring. **source de boue** : mud pot, *mud geyser, usually sulfurous.* **source de boue bouillonnante** : paint pot *(geol)*. **source de dépression** : depression spring. **source de fleuve** : river head. **source de gravitation** : gravity spring. **source de pétrole** : oil spring. **source de surface** : surface source. **source de talweg** : valley spring. **source de trop-plein** : overflow spring. **source énergétique de remplacement** : alternative energy source. **source ferrugineuse** : chalybeate spring; ferruginous spring. **source hypogène** : hypogene spring. **source implosive** : imploder. **source impulsionnelle** : impulsive source. **source intarissable** : perennial spring. **source intermittente** : intermittent spring, *a spring that discharges only periodically.* **source jaillissante** : pulsating spring *(geol)*; spouting spring. **source juvénile** : deep spring; juvenile spring. **source karstique** : tubular spring *(geol)*. **source laser** : laser source. **source ligne** : line source. **source longue** : long source. **source mécanique** : mechanical source. **source minérale** : mineral spring. **source pérenne** : perennial spring. **source périodique** : periodic spring. **source point** : point source *(seis)*. **source ponctuelle** : point source. **source pondérée** : weighted source *(seis)*. **source salée chaude** : hot brine. **source sismique** : seismic source. **source sismique de fond** : downhole seismic source, *situated in a borehole.* **source sonore** : sound source. **source sous-marine** : drowned spring. **source structurale** : structural spring, *formed at the level of the fault plane.* **source sulfureuse** : sulfur spring. **source thermale** : hot spring; thermal spring. **source virtuelle** : virtual source.
sourcier *m* – dowser.
sourdre – ooze (to).
souricière *f* – combination socket, *fishing tool*; fishing socket; slip socket *(drill)*. **souricière à clapet** : mousetrap, *fishing tool.* **souricière à tige** : overshot.
sourire *m* – smile, *on a migrated seismic section.*
souris *f* – mouse, *console*; trackball.
sous – under. **sous contrôle** : under control. **sous l'eau** : underwater. **sous pli séparé** : under separate cover. **sous pression** : under steam, *pressurized.*
sous-affleurement *m* – subcrop.
sous-affrètement *m* – subcharter.
sous-amorti – underdamped.
sous-armé – undermanned, *vessel.*
sous-atmosphérique – subatmospheric.
sous-caraté – underweight, *diamond bit.*
sous-catégorie *f* – subcategory *(taxonomy)*.
sous-cavage *m* – bossing, *undercutting a thick seam*; cutting *(mining)*; undercutting; undermining.
sous-caver – undercut (to); undermine (to).
sous-charge *f* – understressing.
sous-chargé – underloaded.
sous-charriage *m* – underthrust, *thrust in which the active lower rock mass moves underneath the passive upper rock mass.*
sous-classe *f* – subclass, *a subcategory of class.*
sous-compacté – undercompacted.
sous-compaction *f* – underconsolidation *(geol)*.
sous-contracteur *m* – subcontractor.
sous-couche *f* – subbase; undercoating. **sous-couche anticorrosion** : wash primer.
sous-courant *m* – undercurrent, *subsurface current (ocean)*.
sous-critique – subcritical.
sous-déterminé – underdetermined, *said of a system having more unknowns than equations.*
sous-développement *m* – underdevelopment *(econ)*.
sous-dimensionné – undergage.
sous-échantillonner – subsample (to); undersample (to).
sous-écoulement *m* – underflow.
sous-ensemble *m* – subset. **sous-ensemble flou** : fuzzy set.
sous-entrepreneur *m* – subcontractor.
sous-espèce *f* – subspecies *(pal)*.
sous-estimation *f* – underestimation; underprediction.
sous-étage *m* – substage *(stratig)*.
sous-face *f* – subface.
sous-faciès *m* – subfacies.
sous-famille *f* – subfamily, *a subcategory of family.*
sous-glaciaire – subglacial.
sous-groupe *m* – subgroup *(pedol)*.
sous-jacent – subjacent; underlying.
sous-location *f* – subletting.
sous-marin *m* – submarine. **sous-marin de poche** : minisub. **sous-marin de sauvetage** : rescue submarine. **sous-marin humide** : wet submarine. **sous-marin multitâche** : multipurpose submersible vessel (MSV). **sous-marin porte-plongeurs** : lockout submarine.
sous-marin – offshore; subsea; underwater.
sous-occupé – underloaded.
sous-œuvre *m* – underpinning. **reprendre en sous-œuvre** : underpin (to).
sous-ordre *m* – suborder, *a subcategory of order.*
sous-oxyde *m* – suboxide.
sous-porteuse *f* – subcarrier.
sous-pressurisé – underpressured.
sous-production *f* – underproduction.
sous-produit *m* – by-product, *a product that is not the principal material of a manufacturing process.*
sous-programme *m* – subroutine.

sous-refroidi – supercooled.
sous-refroidissement *m* – subcooling, *lowering the temperature of a fluid below its condensation temperature.*
sous-refroidisseur *m* – subcooler.
sous-satellite – subsatellite.
sous-saturation *f* – undersaturation.
sous-saturé – undersaturated.
sous-sectionner – undercut (to).
sous-sol *m* – subsoil; subsurface.
sous-station *f* – substation.
sous-terre – underground.
soustractif – subtractive.
sous-traitance *f* – subcontracting.
sous-traitant *m* – jobber; subcontractor.
sous-type *m* – subtype.
sous-virage *m* – understeering. **sous-virage de roulis** : roll understeer.
sous-vulcanisation *f* – undercure.
soutage *m* – bunkering.
soute *f* – bin; bunker; compartment. **soute à charbon** : coal bunker. **soute à bagages** : cargo compartment. **soute à minerai** : ore bunker. **soute transversale** : cross bunker.
soutènement *m* – support; supporting. **soutènement à bouclier** : shield support, *mining.* **soutènement à plusieurs couches** : polylayer, *fracturing.* **soutènement en bois** : timber support. **soutènement mécanisé mobile** : mobile powered support. **soutènement par bourrage de la fracture** : packed fracture. **soutènement provisoire du puits** : back balance.
soutenir – back (to); back (to) up; bear (to) out; prop (to) up.
souterrain *m* – subway.
souterrain – belowground; subsurface; subterranean; subterraneous; underground.
soutes *f* – bunker oil, *bunker fuel.*
soutien *m* – backing. **soutien logistique** : logistic support.
soutirage *m* – draw off; drawdown, *difference between the static fluid level and the flowing bottomhole pressure*; tapping; withdrawal. **soutirage latéral** : sidestream.
soutirer – tap (to); withdraw (to).
SO_X – SO_X, *abbr. oxydes de soufre: sulfur oxides.*
soyeux – silky.
spaghetti *m* – spaghetti, *small-diameter tubing.*
spallation *f* – spallation *(nucl).*
sparite *f* – sparite, *sparry limestone.*
Sparnacien *m* – Sparnacian, *upper Upper Paleocene stage.*
spastolite *f* – spastolith, *a deformed oolith.*
spath *m* – spar *(miner).* **spath calcaire** : calcite, *Iceland spar.* **spath fluor** : fluorspar, *fluorite.* **spath lourd** : *see spath pesant.* **spath pesant** : heavy spar, *barite.*
spathique – sparry; spathic.
spatial – spatial.
spatule *f* – spud *(drill).*
spécialité *f* – proprietary product.
spéciation *f* – speciation, *production of new species from preexisting ones during evolution.*
spécification *f* – requirement; specification. **spécifications API** : API specifications. **spécification de base** : screening specification, *specification which petroleum products must meet in a first analysis before going on to more severe tests.* **spécification officielle** : standard specification. **spécifications saisonnières** : seasonal specifications.
spécificité *f* – specificity.
spécifique – specific.
spécimen *m* – specimen. **spécimen type** : type specimen.
spectral – spectral.
spectre *m* – spectrum, *display or plot of the components of an emission or wave separated and arranged in the order of some varying characteristic (wavelength, mass, energy) ; amplitude and phase characteristics as a function of frequency for wavetrain or wavelet components.* **spectre chimique** : chemical spectrum. **spectre continu** : continuous spectrum. **spectre croisé** : cross-spectrum. **spectre d'absorption** : absorption spectrum. **spectre d'amplitude** : amplitude spectrum. **spectre d'arc** : arc spectrum. **spectre d'émission** : emission spectrum. **spectre d'étincelle** : spark spectrum. **spectre d'impulsion** : pulse spectrum. **spectre d'intercorrélation** : cross-energy spectrum. **spectre de correction dynamique** : normal-moveout spectrum. **spectre de densité de puissance** : power-density spectrum. **spectre de diffraction** : diffraction spectrum. **spectre de flamme** : flame spectrum. **spectre de Fraunhofer** : Fraunhofer spectrum, *absorption lines in sunlight caused by the cooler outer layers of the sun's atmosphere.* **spectre de fréquences** : frequency spectrum. **spectre de la houle** : wave spectrum, *the description of wave energy with respect to frequency by mathematical function.* **spectre de la vague** : *see spectre de la houle.* **spectre de masse** : mass spectrum. **spectre de phase** : phase spectrum. **spectre de puissance** : power spectrum. **spectre de raies** : line spectrum. **spectre de réflexion** : reflection spectrum. **spectre de résonance** : resonance spectrum. **spectre de rotation** : rotation spectrum. **spectre de rotation-vibration** : rotation-vibration spectrum. **spectre de vibration** : vibrational spectrum. **spectre de vitesse** : velocity panel; velocity spectrum. **spectre en quadrature** : quadrature spectrum. **spectre facteur de puissance** : power spectrum. **spectre infrarouge** : infrared spectrum. **spectre moléculaire** : molecular spectrum. **spectre Mössbauer** : Mössbauer spectrum, *plot of the absorption, by nuclei bound in a crystal lattice, of gamma rays emitted by similar nuclei in a second crystal as a function of the relative velocity of the two crystals.* **spectre optique** : optical spectrum. **spectre pollinique** : pollen spectrum. **spectre ultraviolet** : ultraviolet spectrum. **spectre visible** : visible spectrum.
spectrochimique – spectrochemical.
spectrofluoromètre *m* – spectrofluorometer.
spectrogramme *m* – spectrogram.
spectrographe *m* – spectrograph. **spectrographe à prisme** : prism spectrograph. **spectrographe à quartz** : quartz spectrograph. **spectrographe à rayons X** : X-ray spectrograph. **spectrographe à réseau** : lattice spectrograph. **spectrographe de**

masse : mass spectrograph. **spectrographe magnétique** : magnetic spectrograph.

spectrographie *f* – spectrography. **spectrographie d'émission** : emission spectrography. **spectrographie de masse** : *see spectrométrie de masse.*

spectromètre *m* – spectrometer. **spectromètre à rayons gamma** : gamma-ray spectrometer. **spectromètre à scintillation** : scintillation spectrometer. **spectromètre de flamme** : flame spectrometer. **spectromètre de masse** : mass spectrometer. **spectromètre magnétique** : magnetic spectrometer.

spectrométrie *f* – spectrometry, *see also spectroscopie.* **spectrométrie d'absorption atomique** : atomic absorption spectrometry. **spectrométrie de flamme** : flame spectrometry. **spectrométrie de masse** : mass spectrometry. **spectrométrie de rayons X** : X-ray spectrometry. **spectrométrie infrarouge** : infrared spectrometry. **spectrométrie Raman** : Raman spectrometry.

spectrophone *m* – spectrophone.

spectrophotomètre *m* – spectrophotometer.

spectrophotométrie *f* – spectrophotometry. **spectrophotométrie de flamme** : flame spectrophotometry. **spectrophotométrie visible** : visible spectrophotometry.

spectroscope *m* – spectroscope. **spectroscope à réseau** : grating spectroscope.

spectroscopie *f* – spectroscopy. **spectroscopie à réflexion interne** : attenuated total reflectance (ATR), *internal reflectance spectroscopy.* **spectroscopie atomique** : atomic spectroscopy. **spectroscopie Auger** : Auger-electron spectroscopy (AES). **spectroscopie d'absorption** : absorption spectroscopy. **spectroscopie d'absorption saturée** : saturation spectroscopy. **spectroscopie d'émission** : emission spectroscopy. **spectroscopie d'émission moléculaire** : molecular-emission cavity analysis. **spectroscopie dans l'ultraviolet** : ultraviolet spectroscopy. **spectroscopie de fluorescence X** : X-ray fluorescence spectroscopy. **spectroscopie de masse à décharge luminescente** : glow-discharge mass spectroscopy (GDMS). **spectroscopie de neutralisation d'ions** : ion-neutralization spectroscopy (INS). **spectroscopie de polarisation** : polarization spectroscopy. **spectroscopie de potentiels d'apparition par effet Auger** : Auger-electron appearance-potential spectroscopy (AEAPS). **spectroscopie de radiation sous impact d'ions** : ion-impact radiation spectroscopy (IIRS). **spectroscopie de rayons X** : X-ray spectroscopy. **spectroscopie de rayons X à dispersion d'énergie** : X-ray energy-dispersive spectroscopy (X-EDS). **spectroscopie de rayons X induits par ions** : ion-induced X-ray spectroscopy (IIXS). **spectroscopie des microondes** : microwave spectroscopy. **spectroscopie des radiofréquences :** radiofrequency spectroscopy. **spectroscopie électronique à distribution angulaire** : angular-distribution electron spectroscopy (ADES). **spectroscopie hertzienne** : *see spectroscopie des radiofréquences.* **spectroscopie infrarouge** : infrared spectroscopy. **spectroscopie moléculaire** : molecular spectroscopy. **spectroscopie Mössbauer** : Mössbauer spectroscopy, *used for studying chemical shifts and for chemical analysis.* **spectroscopie optique à décharge luminescente** : glow-discharge optical spectroscopy (GDOS). **spectroscopie par effet tunnel inélastique** : inelastic-tunneling spectroscopy (ITS). **spectroscopie photoélectronique** : photoelectron spectroscopy. **spectroscopie Raman** : Raman spectroscopy. **spectroscopie Raman anti-Stokes cohérente** : coherent anti-Stokes Raman spectroscopy (CARS). **spectroscopie RX** : X-ray spectroscopy. **spectroscopie ultraviolette, spectroscopie UV** : ultraviolet spectroscopy.

spectroscopique – spectroscopic.

spéculaire – specular, *mirror-like, said of minerals having light-reflecting qualities.*

spéculation *f* – speculation; venture.

speiss *m* – speiss *(metal).*

spéléolite *f* – speleothem, *a secondary mineral deposit formed in a cave by the action of water.*

spermaceti *m* – spermaceti.

sphalérite *f* – sphalerite, *blende.*

sphène *m* – sphene, *crystal neosilicate found as an accessory mineral in granitic rocks.*

sphénoïde *m* – sphenoid *(cryst).*

sphénolite *f* – sphenolith, *a wedgelike igneous intrusion that is partly concordant and partly discordant with the surrounding formations.*

sphère *f* – globe; sphere. **sphère aplatie aux pôles** : oblate spheroid. **sphère céleste** : celestial sphere. **sphère métallique percée de trous** : perforated metal sphere. **sphère perforée** : cage.

sphéricité *f* – sphericity.

sphéricône *m* – sphericone, *tear-shaped tank.*

sphérique – ball shaped; globe shaped; spherical.

sphéroïdal – spheroidal.

sphéroïde *m* – spheroid.

sphérolite *m* – spherulite, *a roughly spherical body or coarsely crystalline aggregate with a radial internal structure arranged around one or more centers.*

sphéromètre *m* – spherometer.

sphérulite *f* – *see oolite.*

sphérulitique – spherulitic.

spicule *m* – spicule *(pal).*

spilite *f* – spilite, *an altered basalt.*

spin *m* – spin. **spin de l'électron** : electron spin. **spin isobarique** : isobaric spin. **spin isotopique** : isotopic spin. **spin nucléaire** : nuclear spin.

spinelle *m* – spinel *(miner).* **spinelle zincifère** : zinc spinel, *gahnite.*

spineur *m* – spinor *(math).*

spinner *m* – spinner, *a device with a propeller, for determining the injection capacity of formations.*

spirale *f* – helix; spiral; spire. **spirale agrippante** : spiral grapple, *gripping system used on a fishing tool.*

spire *f* – coil; spire; turn.

spiromètre *m* – rotameter.

spoiler *m* – spoiler *(auto).*

spongiaire *m* – poriferan, *sponge.*

spongieux – loose textured; spongy.

spongolite *f* – spongolite, *a sedimentary rock composed principally of the remains of sponges.*

spontané – spontaneous.

sporadique – sporadic, *flow.*

spore *f* – spore.

sporinite *f* – sporinite, *a maceral of coal within the exinite group.*

sporonine *f* – sporonin, *dominant chemical constituent of sporinite.*

sporopollénine *f* – sporopollenin, *principal constituent of the exine of spores and pollen.*

SPOT – SPOT, *an observation satellite: Satellite Pour l'Observation de la Terre.*

spumation *f* – frothing.

squalane *m* – squalane, *perhydrosqualene, a saturated hydrocarbon.*

squalène *m* – squalene, *spinacene.*

squamé – squamate.

squelette *m* – skeleton. **squelette carboné** : carbon skeleton. **squelette du cristal** : skeleton of crystal.

squelettique – skeletal.

sr – sr, *symbol for steradian.*

ssi – iff, *abbr. si et seulement si: if and if only.*

SSU – SSU, *abbr. secondes Saybolt universelles, Saybolt Seconds Universal.*

St – St, *symbol for stokes.*

stabilisateur *m* – stabilizer. **stabilisateur à manchon** : sleeve stabilizer. **stabilisateur de couleur** : color stabilizer. **stabilisateur de fond** : bottomhole stabilizer. **stabilisateur de mousse** : foam stabilizer. **stabilisateur de suspension** : suspension stabilizer. **stabilisateur de tension** : voltage regulator *(elec)*. **stabilisateur de train de tiges** : string stabilizer. **stabilisateur des bras d'élévateur** : link stabilizer *(drill)*. **stabilisateur porte-outil** : near-bit stabilizer *(drill)*.

stabilisation *f* – control; stabilization, *separating light gases from petroleum or gasoline to stabilize its vapor pressure for storage without any risk of change in composition*; stabilizing; stress relief. **stabilisation automatique de fréquence** : automatic frequency control (AFC). **stabilisation de l'ondelette** : pulse stabilization. **stabilisation des talus** : slope stabilization, *of river banks.* **stabilisation du marché** : pegging, *fixing the price of securities.* **stabilisation du pétrole brut** : crude-oil stabilization; crude stabilization. **stabilisation du sol** : soil stabilization. **stabilisation gyroscopique** : gyroscopic stabilization. **installation de stabilisation** : stabilizer plant.

stabilisé – stabilized.

stabilité *f* – stability. **stabilité à l'oxydation** : oxidation stability, *of petroleum products.* **stabilité à la lumière** : light stability, *of colors.* **stabilité après avarie** : damage stability. **stabilité au cisaillement** : shear stability. **stabilité au stockage** : storage stability. **stabilité au stockage à long terme** : long-term storage stability. **stabilité chimique** : chemical stability, *shows that the different elements present in oil or grease have not undergone any change.* **stabilité d'ambiance** : environmental stability. **stabilité d'émulsion** : emulsion stability. **stabilité d'une graisse à l'action mécanique d'un rouleau** : roll stability of lubricating grease. **stabilité de cap** : heading stability *(nav)*. **stabilité de la couleur** : color stability. **stabilité de la flamme** : flame stability. **stabilité de mousse** : foam persistence; foam stability. **stabilité dimensionnelle** : dimensional stability. **stabilité du point d'écoulement** : pour stability, *the ability of a lubricating oil treated by a pour depressant to maintain its original ASTM pour point at low operating temperature.* **stabilité dynamique** : dynamic stability. **stabilité eustatique** : eustatic stillstand, *a constant apparent ratio between sealevel and the deposit area.* **stabilité propre** : inherent stability. **stabilité thermique** : thermal stability.

stable – fast; permanent; stable. **stable à la chaleur** : heat stable.

stade *m* – stage. **stade clé** : key step. **stade cyclique** : cyclic stage, *see cycle d'érosion.* **stade d'adolescence** : stage of late youth *(geol)*. **stade de début de maturité** : stage of early maturity, *cycle of erosion.* **stade de développement** : development stage; structure-process stage, *cycle of erosion.* **stade de jeunesse** : stage of youth; youthful stage, *cycle of erosion.* **stade de maturité** : stage of maturity. **stade de maturité avancée** : stage of late maturity, *cycle of erosion.* **stade de pleine maturité** : stage of full maturity. **stade de première jeunesse** : stage of early youth. **stade de sénilité** : stage of old age. **stade de vieillesse** : stage of old age, *cycle of erosion.* **stade expérimental** : experimental stage. **stade explosif** : explosion point. **stade final** : stage of old age. **stade glaciaire** : glacial stage. **stade initial** : stage of youth, *cycle of erosion.* **stade pneumatolytique** : pneumatolytic stage. **stade régulateur** : controlling step.

stadia *f* – stadia; stadia rod *(topog)*.

stage *m* – training period. **stage de perfectionnement** : advanced training.

stagiaire *n* – trainee.

stagnant – stagnant.

stagnation *f* – stagnation.

stalactite *f* – dripstone; stalactite *(geol)*.

stalagmite *f* – stalagmite *(geol)*.

stalagmomètre *m* – stalagmometer, *an instrument for measuring the size of drops suspended from a capillary tube and hence the surface tension of liquids.*

Stampien *m* – Stampian, *Middle Oligocene stage.*

standard *m* – standard. **standard téléphonique** : switchboard.

standardisation *f* – standardization.

stannate *m* – stannate *(chem)*.

stanneux – stannous.

stannifère – pewtery; stanniferous.

stannine *f* – tin pyrite *(miner)*.

stannique – stannic.

staries *f* – lay days.

starter *m* – choke, *automotive*; choke valve. **starter automatique** : automatic choke.

station *f* – station. **station asservie** : drift station; slave station. **station auxiliaire** : booster station, *pipeline.* **station centrale d'enrobage** : asphalt-paving plant. **station centrale de pompage** : central pumping power. **station collectrice** : gathering station. **station composite** : array station. **station d'enfûtage** : barreling station. **station d'enregistrement** : receiver point; recording station. **station d'épuration** : water treating plant. **station d'épuration des eaux d'égout** : sewage disposal plant. **station d'essai** : test plant; testing station. **station de base** : base station. **station de chargement** : bulk station; loading station; loading terminal. **station de compression** : compressor station. **station de comptage** : meter station. **station de déchargement** : discharge terminal. **station de détente** : pressure-reducing station. **station de jaugeage** : gaging station. **station de mousse** : foam mixing station. **station de pompage** : pumping plant; pumping station. **station de réception** : gathering station, *for flowlines gathering the production from the wells on a field.* **station de recompression** : booster station; recompression station *(pipeline)*. **station de référence** : base station. **station de stockage** : tank station. **station de télémesure** : remote data unit (RDU), *remote data acquisition unit (RDAU)*; remote-telemetry unit. **station de triangulation** : triangulation station. **station directrice** : master station, *radiopositioning.* **station dirigée** : drift station. **station libre service** : self-service station. **station météorologique** : weather station. **station mire tournante** : turning point *(topog)*. **station pilote** : master station. **station pilote principale** : rate station *(seis)*. **station primaire** : master station, *radio-positioning.* **station secondaire** : drift station. **station service** : filling station; service station. **station sismique complexe** : phase-array station.

stationnaire – stationary; steady.

stationnement *m* – parking.

statique – static; static correction; time invariant.

statistique *f* – statistics. **statistiques bancaires** : bank returns. **statistique de Boltzmann** : Boltzmann statistics, *Maxwell-Boltzmann statistics, statistical mechanics.* **statistiques de Fermi-Dirac** : Fermi-Dirac statistics, *statistical mechanics.* **statistiques de sécurité** : safety record, *record of work accidents.* **statistiques douanières** : trade returns. **statistiques non paramétriques** : nonparametric statistics.

statistique – statistical.

stator *m* – stator *(elec)*.

statoréacteur *m* – ramjet; ramjet engine; statoreactor.

statoscope *m* – statoscope. **statoscope enregistreur** : recording statoscope.

statut *m* – bylaw; status.

staurolite *f* – staurolite, *an aluminum-and-iron silicate.*

stéadite *f* – steadite, *ferrite and phosphide eutectic.*

stéaramide *m* – stearamide, *used as a corrosion inhibitor in oil wells.*

stéarate *m* – stearate. **stéarate d'aluminium** : aluminum stearate. **stéarate de baryum** : barium stearate. **stéarate de lithium** : lithium stearate. **stéarate de zinc** : zinc stearate.

stéarine *f* – stearin *(chem)*.

stéarique – stearic.

stéaryle *m* – stearyl, *monovalent radical.*

stéatite *f* – soapstone; steatite, *an impure talc-rich rock.*

Stedman – Stedman, *tradename for column packing with cones or pyramid-shaped elements (ref)*.

Stefan – Stefan, *see loi de Stefan-Boltzmann.*

Stefanesco – Stefanesco, *see noyau de Stefanesco.*

stellérite *f* – stellerite, *zeolite mineral.*

Stellite *f* – Stellite, *a trademark for a series of cobalt-chromium-tungsten alloys.*

sténohalin – stenohaline, *referring to a marine organism that tolerates only a narrow range of salinity, see also euryhalin.*

sténotherme – stenothermal, *referring to a marine organism that tolerates only a narrow temperature range, see also eurytherme.*

Stéphanien *m* – Stephanian, *Upper Carboniferous stage.*

stéphanite *f* – brittle silver ore, *stephanite (miner)*.

stéradian *m* – steradian, *SI unit of measurements for solid angles, symbol* sr.

stérane *m* – sterane, *a saturated hydrocarbon.*

stère *m* – stère, *unit of volume equal to one cubic meter, and used mainly in France for measuring timber volumes.*

stéréoautographe *m* – stereoautograph, *plotter.*

stéréochimie *f* – stereochemistry.

stéréocomparagraphe *m* – stereocomparagraph.

stéréocomparateur *m* – stereocomparator.

stéréogramme *m* – stereogram.

stéréographe *m* – photographic plotter.

stéréographique – stereographic.

stéréo-isomère *m* – stereoisomer.

stéréo-isomérie *f* – stereoisomerism.

stéréométrique – stereometric.

stéréoorthophotographique – stereoorthophotographic.

stéréophotogrammétrie *f* – stereophotogrammetry.

stéréorégularité *f* – stereoregularity, *polymers.*

stéréorestituteur *m* – stereoplotter.

stéréorestitution *f* – stereocompilation.

stéréoscope *m* – stereoscope.

stéréoscopie *f* – stereoscopy.

stéréoscopique – stereoscopic.

stéréosélectif – stereoselective.

stéréosélectivité *f* – stereoselectivity *(chem)*.

stéréospécificité *f* – stereospecificity *(chem)*.

stéréospécifique – stereospecific.

stéride *m* – sterid *(chem)*.

stérile *m* – overburden *(mine)*; waste rock, *valueless rock that must be removed to gain access to ore.*

stérile – barren; dead; sterile.

stérilisation *f* – sterilization.

stérique – steric.

sternutatoire *m* – nose irritant.

stéroïde *m* – steroid.

stérol *m* – sterol.

stevedore *m* – stevedore, *see also aconier.*

sthène *m* – sthène, *a unit of force, 1 sn = 1 kN.*

stibine *f* – stibnite, *gray antimony, antimony glance.*

stilb *m* – stilb, *a unit of luminance, 1 sb = 1 cd/cm*^{2}.

stilbène *m* – stilbene, *diphenylethylene.*

stilbite *f* – stilbite, *a natural zeolite.*

stilligoutte *m* – drop bottle.

stilliréaction *f* – drop reaction.

stilpomélane *m* – stilpomelane *(miner)*.

stimulateur *m* – *see stimulateur de combustion.* **stimulateur de combustion** : burning agent, *for oil slicks.*

stimulation *f* – stimulation. **stimulation cyclique par la vapeur** : huff-and-puff injection, *cyclic steam injection (prod)*. **stimulation des puits** : well stimulation, *all methods of increasing production from wells, especially acidizing, fracturing and torpedoing.* **stimulation par injection de vapeur d'eau** : steam stimulation. **stimulation par la va-**

peur : steam soaking, *oil recovery by impregnating the reservoir with steam.*

Stirling – Stirling, *see cycle de Stirling, moteur Stirling.*

stochastique – stochastic, *random.*

stock *m* – reserve; stock. **stock de reformage** : reforming stock. **stocks de réserves** : stockpile. **stock épuisé** : depleted stock. **stock flottant** : floating stock. **stocks régulateurs** : buffer stocks.

stockage *m* – stockpiling; storage; storage facility, *see also installation de stockage.* **stockage à ciel ouvert** : open storage, *in tanks.* **stockage à jambe d'ancrage unique** : single-anchor-leg storage (SALS). **stockage cryogénique** : cryogenic storage. **stockage dans des cavernes de sel** : salt-cavern storage. **stockage dans une mine abandonnée** : abandoned-mine storage. **stockage de gaz** : gas storage; gas-storage facility. **stockage de réserve** : reserve storage. **stockage des produits pétroliers** : oil storage. **stockage en mer** : offshore storage. **stockage en terre** : ground storage, *a technique consisting in digging a ditch for the storage of liquefied gas, which is held in place by freezing the soil around the ditch.* **stockage en vrac** : bulk storage. **stockage flottant à bouée unique** : single buoy storage (SBS). **stockage intermédiaire** : intermediate storage; relay storage. **stockage par accumulation** : pumped storage. **stockage par ligne d'ancrage simple** : single-anchor-leg storage (SALS). **stockage réfrigéré** : refrigerated storage, *used for liquefied gas which is kept in refrigerated tanks at close to atmospheric pressure.* **stockage souterrain** : underground storage, *in underground cavities or in porous and permeable formations.* **stockage stratégique** : strategic stockpiling. **stockage sur le gisement** : lease storage.

Stoddard – Stoddard, *see solvant Stoddard.*

stoechiométrie *f* – stoichiometry.

stoechiométrique – stoichiometric.

stokes *m* – stokes, *unit of kinematic viscosity, symbol* St.

stone *m* – stone, *a unit of mass equal to 6.35 kg.*

Stoneley – Stoneley, *see onde de Stoneley.*

stop-chute *m* – escape line.

strapontin *m* – folding seat.

stratamètre *m* – stratameter.

strate *f* – bed; blanket; stratum, *a tabular or sheetlike stratigraphic unit such as a layer making up part of a bed.*

stratification *f* – bedding; layering; sheeting *(geol)*; stratification *(geol)*. **stratification concordante** : concordant bedding; conformable bedding. **stratification croisée** : crossbedding. **à stratification croisée** : crossbedded. **stratification croisée ou entrecroisée** : drift structure. **stratification de courant** : current bedding. **stratification deltaïque** : deltaic bedding. **stratification des vitesses** : velocity layering. **stratification diagonale** : crisscross bedding; diagonal bedding; oblique bedding. **straification discontinue** : discontinuous bedding. **stratification discordante** : discordant bedding; unconformable stratification. **stratification distincte** : distinct bedding. **stratification en alternance répétée** rhythmic bedding. **stratification entrecroisée** : crisscross bedding; cross lamination; cross stratification. **stratification finement foliacée** : close foliation. **stratification horizontale** : horizontal bedding. **stratification lenticulaire** : lenticular bedding. **stratification oblique** : crossbedding; false bedding; inclined bedding; oblique bedding. **stratification oblique accidentelle** : cross stratification. **stratification oblique déversée** : overturned folding. **stratification oblique entrecroisée** : false stratification. **stratification oblique entremêlée** : festoon crossbedding. **stratification oblique ondulée** : flow-and-plunge structure. **stratification onduleuse** : wavy bedding. **stratification parallèle** : parallel bedding. **stratification primaire** : original stratification; primary stratification. **stratification puissante** : heavy stratification. **stratification torrentielle** : current bedding.

stratifié – bedded; layered; sheeted; stratified. **finement stratifié** : thin bedded.

stratiforme – stratiform.

stratigraphie *f* – stratigraphic geology; stratigraphy. **stratigraphie cyclique** : cyclic stratigraphy; cyclostratigraphy. **stratigraphie oxygène** : oxygen isotopic stratigraphy. **stratigraphie physique** : physical stratigraphy. **stratigraphie séquentielle** : sequence stratigraphy, *the study of rock relationships within a chronostratigraphic framework wherein the succession of rocks is cyclic and is composed of genetically related stratal units.* **stratigraphie sismique** : seismic stratigraphy, *see sismostratigraphie.* **stratigraphie strontium** : strontium isotopic stratigraphy, *Sr-isotopic stratigraphy.*

stratigraphique – stratigraphic.

stratopause *f* – stratopause, *the boundary or transition zone between the stratosphere and the mesosphere.*

stratosphère *f* – stratosphere, *atmospheric shell above the troposphere and below the mesosphere, where the temperature begins to increase with altitude.*

stratotype *m* – stratotype, *the original or subsequently-designated type representative of a named stratigraphic unit.*

stratovolcan *m* – stratovolcano, *composite volcano.*

striage *m* – scratching. **striage de la lave** : lava scratch.

strict – drastic.

striction *f* – necking; pinch; reduction of area; striction.

strie *f* – chattermark, *scratch or scar on a glacier or rock caused by friction*; corrugation; furrow; scratch; stria. **strie de glissement** : stria *(geol)*. **strie de polissage** : polishing scratch. **strie due au glacier** : glacial groove. **strie glaciaire** : glacial scratching; glacial stria.

strié – banded; fluted; ribbed; scratched; serrated; striated.

strier – checker (to); corrugate (to).

stries *f* – schlieren; striation *(geol)*.

strioscopie *f* – schlieren method.

stroboscope *m* – stroboscope, *instrument for visualizing moving bodies or high-speed vibrations either by brilliant flashes of light or by an intermittent shutter between the viewer and the object.*

stroboscoper – strobe (to).

stromatactis *m* – stromatactis, *sedimentary structure having a horizontal or nearly flat bottom* *and an irregular or upwardly convex upper surface, made up of sparry-calcite cement ; reef tufa.*

stromatolite *m* – stromatolite, *or stromatolith, a calcareous algal structure found in sedimentary bodies.*

stromatopore *m* – stromatoporoid *(pal)*.

strontianite *f* – strontianite, *strontium carbonate.*

strontium *m* – strontium, *symbol Sr.*

structural – configurational; structural.

structure *f* – construction; fabric; frame; structure, *in petroleum language, a structure is any trap resulting from the deformation of rocks*; texture, *the physical appearence of a rock.* **structure à cônes emboîtés** : cone-in-cone structure, *sedimentary structure found in some thin shaly layers and coals.* **structure à écailles** : imbricate structure. **structure à embase-poids** : gravity structure, *see also plate-forme à embase-poids.* **structure à grain hétérogène** : seriate fabric *(petro)*. **structure à grain homogène** : homogeneous-grain texture *(petro)*. **structure à meneaux** : mullion structure, *a columnar structure in folded sedimentary and metamorphic rocks.* **structure alvéolaire** : honeycomb structure; stone lattice *(geol)*. **structure annulaire** : ring structure. **structure anticlinale** : anticlinal structure. **structure arborescente** : arborescent structure; tree structure. **structure botryoïde** : botryoidal structure. **structure bulleuse** : vesicular texture *(petro)*. **structure cataclastique** : cataclastic structure; crush structure; pressure texture *(petro)*. **structure cellulaire** : cellular structure. **structure chimique** : chemical structure. **structure columnaire** : columnar structure *(geol)*. **structure compacte** : closed structure. **structure complexe** : complex structure. **structure conchoïdale** : shell-like structure. **structure conforme** : conformable structure. **structure convolutée** : convolute structure *(geol)*. **structure crêtée** : comb structure *(miner)*. **structure cristalline** : crystal structure. **structure d'effondrement** : collapse structure, *rock structure resulting from removal of support and consequent sliding under the influence of gravity.* **structure d'un gel** : gel structure. **structure de cisaillement** : shear structure. **structure de clivage** : cleavage structure. **structure de coulée** : cast structure. **structure de fracturation** : fracture pattern. **structure de profondeur** : subsurface structure. **structure de résonance** : resonance structure. **structure de surcharge** : loaded mark. **structure dendritique** : arborescent structure; dendritic structure *(petro)*. **structure des emplois** : occupational structure. **structure diapirique** : diapir structure *(geol)*. **structure divergente** : divergent structure *(petro)*. **structure drusiforme** : druse structure *(geol)*. **structure écailleuse** : scaly texture. **structure écailleuse imbriquée** : schuppen structure. **structure embryonnaire** : skeleton structure. **structure en A** : A frame. **structure en amygdale** : amygdaloid structure. **structure en bas** : down structure. **structure en bilboquet** : cup-and-ball structure *(petro)*. **structure en carapace de tortue** : turtleback structure. **structure en chaîne** : chain structure. **structure en chapelet** : beaded texture *(geol)*. **structure en chevrons** : herringbone structure. **structure en cocarde** : cockade structure. **structure en coussins** : pillow structure *(geol)*. **structure en éventail** : fan structure *(geol)*. **structure en gerbes** : sheaflike structure *(petro)*. **structure en gros bancs** : sheet structure. **structure en gruau** : flake structure. **structure en haut** : up structure. **structure en mortier** : mortar structure *(petro)*. **structure en mosaïque** : mosaic texture *(petro)*. **structure en queue de cheval** : horsetail structure *(geol)*. **structure en sablier** : hourglass structure. **structure en saillie** : structural salient. **structure en tamis** : sieve texture. **structure enterrée** : buried structure. **structure entrecroisée** : crisscross texture. **structure entrelacée** : interlocking structure. **structure eutaxitique** : eutaxitic structure. **structure eutectique** : eutectic structure. **structure faillée** : faulted structure *(geol)*. **structure favorable à l'accumulation de pétrole** : structure for the accumulation of petroleum. **structure fenestrée** : lattice structure. **structure fermée** : closed structure. **structure feuilletée** : foliation structure; laminated structure; leaflike structure; micaceous structure. **structure feuilletée des roches éruptives** : igneous foliation. **structure fibreuse** : fibrous texture. **structure fibroréticulaire** : reticulate fibrous structure *(petro)*. **structure filonienne** : vein texture. **structure financière** : capital structure. **structure fine** : fine structure. **structure finement lamellaire** : closed structure; sliced structure. **structure fluidale** : flow texture; fluidal texture; fluxion texture; laminar structure; pressure fluxion *(petro)*. **structure géologique** : geologic structure. **structure globulaire** : globular texture. **structure gneissique** : gneissic structure. **structure granophyrique** : granophyric texture. **structure granulaire** : grain structure. **structure granulitique** : granulitic structure. **structure graphique** : graphic structure; graphic texture, *mineral inclusions in magmatic rocks forming a pattern similar to cuneiform characters.* **structure gravitaire** : gravity structure. **structure grenue** : granular texture. **structure grenue compacte** : close-grained texture. **structure hélicitique** : helicitic texture *(petro)*. **structure homéoblastique** : homeoblastic structure, *crystalloblastic texture of a metamorphic rock.* **structure homoclinale** : homoclinal structure. **structure homométrique** : homometric structure. **structure hybride** : hybrid structure. **structure hypidiomorphe** : hypidiomorphic structure, *a microgranitic texture*; subhedral structure *(petro)*. **structure imbriquée** : imbricate structure. **structure interne** : internal structure. **structure lamellaire** : lamellar structure; laminated structure; lamination; sheet structure *(geol)*. **structure lenticulaire** : lenticular structure; phacoidal structure. **structure lépidoblastique** : lepidoblastic texture *(petro)*. **structure linéaire** : linear structure. **structure litée** : bedded structure; layered structure. **structure macroméritique** : macromeritic structure *(petro)*. **structure maillée** : mesh texture; netted texture; reticulate texture *(petro)*. **structure marine** : offshore structure. **structure massive** : massive structure, *unstratified.* **structure microcristalline** : microcrystalline texture. **structure microlitique** : microlitic texture. **structure microporphyrique** : miniphyric texture. **structure moléculaire** : molecular structure. **structure mono-**

clinale : monoclinal structure. **structure monogranulaire** : single-grain structure. **structure mouchetée** : mottled structure, *ores*. **structure non stratifiée** : unstratified structure. **structure ocellaire** : ocellar texture *(petro)*. **structure oeillée** : augen structure; eye structure. **structure ondulée** : ropy structure *(geol)*. **structure oolitique** : oolitic texture. **structure ouverte** : open structure. **structure périclinale** : pericline, *see périclinal*. **structure pétrolière** : oil structure. **structure pétrolifère** : oil-bearing structure; petroliferous structure. **structure pliée** : slump structure. **structure poreuse** : hiatal texture *(petro)*. **structure prismatique** : basaltic structure *(geol)*; prismatic structure. **structure prismée** : columnar structure. **structure profonde** : buried structure. **structure protoclastique** : protoclastic structure *(petro)*. **structure prouvée** : proven structure. **structure ptygmatique** : ptygmatic structure. **structure radiée** : stellated structure. **structure relique** : inherited structure. **structure résiduelle** : relict structure. **structure réticulaire** : mesh texture; reticulate texture. **structure réticulée** : network texture. **structure rubanée** : banded structure; laminated structure; ribbon structure *(geol)*. **structure salifère** : salt structure, *any presence of salt in any form in nature*. **structure schisteuse** : schistose texture. **structure scoriacée** : scoriaceous structure. **structure sédimentaire** : sedimentary structure. **structure souple** : compliant system. **structure sphérulitique** : spherulitic texture. **structure spongieuse** : spongy structure. **structure squelettique** : skeleton structure. **structure stratifiée** : bedded structure; stratified structure. **structure subgraphique** : subgraphic structure. **structure superficielle** : surface structure. **structure superposée** : superimposed structure. **structure sur semelle unique** : single-mat-supported structure. **structure synclinale** : synclinal structure. **structure tabulaire** : earth layering. **structure tachetée** : maculose structure; spotted structure. **structure treillissée** : lattice structure *(geol)*. **structure très marquée** : strong structure *(geol)*. **structure variolitique** : variolitic texture *(petro)*. **structure vitreuse** : glass texture; vitreous texture. **structure xénomorphe** : xenomorphic texture. **structure zonée** : zonal structure; zoning *(miner)*.

structurel – structural.

Strunien *m* – Strunian, *transitional stage between the uppermost Devonian and the Carboniferous.*

style *m* – trend. **style structural** : structural style *(geol)*. **style tectonique** : tectonic style.

stylet *m* – stylet. **stylet d'enregistreur** : indicator pencil.

stylolite *m* – stylolite, *surface with irregular and interlocking penetration of two sides, with teeth-like projections on one side fitting into their counterparts on the other side.*

stylolitique – stylolitic.

styrène *m* – styrene, *cinnamene, styrolene, phenethylene, styrol, vinylbenzene ; a colorless oily liquid made by the dehydrogenation of ethylbenzene and used as a monomer for manufacturing plastics and synthetic rubber.*

styrien – Styrian, *see phase styrienne.*

styrolène *m* – styrolene, *see styrène.*

subaérien – subaerial.

subalcalin – subalkaline.

subangulaire, subanguleux – subangular.

subaquatique – subaquatic; underwater; water laid *(geol)*.

subatomique – subatomic.

subdivision *f* – subdivision, *in botanical classification, between division and class.*

subducté – subducted.

subduction *f* – subduction, *the process of one lithospheric plate descending beneath another.*

subfossile *m* – subfossil, *organic remains differing very little from recent forms.*

subglaciaire – subglacial.

subgraphique – subgraphic.

subir – undergo (to), *a treatment, changes.*

subjacent – subjacent.

sublétal – sublethal.

sublimat *m* – sublimate, *a sublimation product.*

sublimation *f* – sublimation.

sublimé *m* – sublimate. **sublimé corrosif** : corrosive sublimate, *mercuric chloride.*

sublimé – sublimed.

sublittoral – sublittoral.

submergé – submerged.

submerger – immerse (to); submerge (to).

submersible *m* – submersible. **submersible habité** : manned submersible *(ocean)*. **submersible non habité** : unmanned submersible. **submersible télécommandé** : remote-controlled submersible.

submersible – submersible.

submersion *f* – submergence.

subordonné – ancillary; subdued.

subrogation *f* – subrogation.

subséquence *f* – subsequence, *sedimentary unit defined inside a highstand systems tract, bounded by the displacement of depocenters linked to variations in the sedimentary influx.*

subséquent – subsequent.

subsidence *f* – sinking; subsidence. **subsidence maximale** : maximum subsidence. **subsidence tectonique** : tectonic subsidence. **subsidence totale** : total subsidence.

subsidiarité *f* – subsidiarity, *principle whereby functions that subordinate or local organizations perform effectively belong more properly to them than to a dominant central organization.*

subsonique – subsonic.

substance *f* – material; matter; stuff; substance. **substance abiotique** : abiotic substance. **substance adsorbée** : adsorbate. **substance bitumineuse** : bituminous matter; bituminous substance. **substance chimique** : chemical substance. **substance chimique neutre** : neutral chemical, *a chemical having a neutral reaction, i.e. neither acid nor basic.* **substance chimiquement neutre** : neutral substance. **substance colloïdale** : colloidal material. **substance dangereuse** : dangerous substance; hazardous substance. **substance de la même famille** : parent substance. **substance diamagnétique** : diamagnetic material. **substance**

étrangère : extraneous substance. **substance ferrimagnétique** : ferrimagnetic material. **substance ferromagnétique** : ferromagnetic material. **substance génératrice** : parent substance. **substance mère** : mother substance. **substance nutritive** : nutrient. **substance paramagnétique** : paramagnetic material.

substituant *m* – substituent; substituent group.

substitut *m* – substitute. **substitut du pétrole** : petroleum substitute.

substitution *f* – replacement; substitution. **substitution radicalaire** : radical substitution.

substrat *m* – substrate. **substrat de croissance** : growth medium *(biol)*.

substratum *m* – bottom; sole; substratum *(geol)*.

substructure *f* – substructure. **substructure de derrick** : derrick substructure.

subsurface *f* – subsurface.

subtil – concealed, *stratigraphic trap.*

subvention *f* – grant; subsidy. **subvention d'exploitation** : operating subsidy.

subvitreux – subvitreous.

succédané *m* – substitute.

succès *m* – hit, *discovery of oil or gas.*

succession *f* – sequence; succession. **succession de couches** : bed succession. **succession de paraséquences** : parasequence set. **succession des couches** : succession of strata. **succession écologique** : ecological succession. **succession stratigraphique des couches** : stratigraphic sequence of beds. **succession stratigraphique normale** : true stratigraphic superposition.

succin *m* – amber.

succinique – succinic.

succion *f* – coning, *of gas or water around the wellbore by creating a distortion in gas-liquid or oil-water isosaturation surfaces by the withdrawal of oil at an excessive rate*; sucking.

succursale *f* – branch, *a company, often located abroad, having some degree of independence in relation to the parent company*; branch office.

sudation *f* – sweating.

suffosion *f* – suffosion, *eruptions of highly mobile or water-saturated materials to form a deposit of mud, clay, sand and/or boulders on the hard dry surface of the ground accompanied by the collapsing of the ground.*

suie *f* – soot.

suif *m* – suet; tallow.

suint *m* – suint; wool oil.

suintant – dripping; oozing.

suintement *m* – exudation; leak; percolation; seep; seepage. **suintement d'asphalte** : asphalt seepage. **suintement de pétrole** : oil seepage.

suinter – exude (to); ooze (to); seep (to); trickle (to).

suintine *f* – wool fat, *wool grease.*

suite *f* – follow-up; scale; succession; train. **suite normale** : normal superposition *(geol)*. **suite réactionnelle** : reaction series, *any mineral series in which varieties formed early react with the melt to produce minerals.* **suite réactionnelle continue** : continuous reaction series, *reaction series involving the plagioclase mineral group in which reaction of early-formed crystals with water takes place continually.* **suite réactionnelle discontinue** : discontinuous reaction series, *reaction series involving olivine, pyroxene, amphibole and biotite, in which reaction of early-formed crystals with later liquid represents an abrupt phase change.*

suivi *m* – follow-up; reappraisal.

sujet *m* – matter.

sulfatation *f* – sulfating; sulfation.

sulfate *m* – sulfate. **sulfate alcalino-terreux** : alkaline-earth sulfate. **sulfate d'aluminium** : aluminum sulfate. **sulfate d'ammonium** : ammonium sulfate. **sulfate d'uranyle** : uranyl sulfate. **sulfate d'yttrium** : yttrium sulfate. **sulfate de baryum** : barium sulfate, *barite, heavy spar.* **sulfate de calcium** : calcium sulfate. **sulfate de cuivre** : copper sulfate, *cupric sulfate, blue vitriol, blue copperas.* **sulfate de lanthane** : lanthanum sulfate. **sulfate de magnésium** : magnesium sulfate. **sulfate de man ganèse** : manganese sulfate. **sulfate de nickel** : nickel sulfate. **sulfate de platine** : platinum sulfate. **sulfate de potassium** : potassium sulfate. **sulfate de vanadyle** : vanadyl sulfate. **sulfate de zinc** : zinc sulfate. **sulfate ferreux** : ferrous sulfate, *iron sulfate, green copperas.* **sulfate ferrique** : ferric sulfate. **sulfate mercureux** : mercurous sulfate. **sulfate mercurique** : mercuric sulfate. **sulfate stanneux** : stannous sulfate.

sulfaté – sulfated.

sulfite *m* – sulfite.

sulfoborite *f* – sulfoborite *(miner)*.

sulfochloration *f* – sulfochlorination.

sulfohalite *f* – sulfohalite *(miner)*.

sulfolane *m* – sulfolane, *solvent used for the extraction of aromatic hydrocarbons.*

sulfolène *m* – sulfolene, *a cyclic addition compound of butadiene and sulfur dioxide.*

sulfonate *m* – sulfonate. **sulfonate d'alkylbenzène** : alkylbenzene sulfonate (ABS), *detergent.* **sulfonate de pétrole** : petroleum sulfonate.

sulfonation *f* – sulfonation *(chem)*.

sulfoné – sulfonated.

sulfonique – sulfonic.

sulfosalicylique – sulfosalicylic.

sulfoxydation *f* – sulfoxidation.

sulfoxyde *m* – sulfoxide.

sulfoxylate *m* – sulfoxylate. **sulfoxylate de sodium** : sodium sulfoxylate.

sulfuration *f* – sulfurization.

sulfure *m* – sulfide. **sulfure de carbone** : carbon disulfide, *carbon bisulfide.* **sulfure de fer** : iron sulfide. **sulfure de mercure** : mercuric sulfide. **sulfure de polyphénylène** : polyphenylene sulfide. **sulfure de zinc** : zinc sulfide.

sulfuré – sulfur-containing.

sulfureux – sulfurous.

sulfurique – sulfuric.

sulfurisé – sulfurized.

super *m* – *see supercarburant.* **super supercarburant** : superpremium gasoline.

superacide *m* – superacid.

superaérodynamique *f* – superaerodynamics.

superalliage *m* – superalloy.

superbénéfice *m* – excess profit.

supercage *f* – supercage, *a strutural element of zeolites.*

supercalculateur *m* – supercomputer.
supercarburant *m* – premium gasoline; premium-grade gasoline.
supercritique – supercritical.
supercycle *m* – supercycle. **supercycle eustatique** : eustatic supercycle, *second-order cycle made up of a set of third-order cycles during which a cumulative rise in the sealevel is followed by a cumulative drop, and lasting for between 5 and 10 Ma.*
superdividende *m* – bonus.
superéchange *m* – superexchange.
superficie *f* – acreage; area; surface; surface area. **superficie couverte** : floor space. **superficie d'un puits de pétrole** : unit, *area of an oil well.* **superficie massique** : specific surface. **superficie prouvée** : proven acreage, *recognized as being liable to be the source of commercial production.*
superficiel – aboveground; near surface; superficial; surficial *(geol)*.
superfluide *m* – superfluid.
superfluidité *f* – superfluidity.
superfractionnement *m* – superfractionation.
supergravité *f* – supergravity.
superhétérodyne *m* – superhet, *superheterodyne receiver.*
supérieur – higher; upper, *Upper is capitalized to indicate a formal geologic subdivision (e.g. Upper Devonian), but the lower-case form is used for an informal subdivision (e.g. upper Miocene)*.
superisolation *f* – superinsulation.
superlourd – superheavy.
superorthicon *m* – superorthicon, *photoemissive tube.*
superpétrolier *m* – supertanker.
superphosphate *m* – superphosphate, *mineral fertilizer.*
superplasticité *f* – superplasticity.
superport *m* – deep-water port; superport.
superposé – superincumbent.
superposition *f* – superposition. **superposition d'origine** : original order *(geol)*. **superposition normale** : normal superposition *(geol)*.
superprofits *m* – windfall profits.
superprofond – superdeep.
superréfrigération *f* – superchilling.
supersalin – supersaline.
superséquence *f* – supersequence, *sediments deposited during a eustatic supercycle.*
supersonique – supersonic.
superstructure *f* – superstructure. **superstructure d'un derrick** : headgear.
superthermique – superthermal.
superviseur *m* – supervisor.
supervision *f* – supervision.
supplémentaire – additional; supplementary.
support *m* – bracket; carrier; holder; jack board, *a brace used as a support for a pipe jack*; mount; pedestal; prop; rack; rib; skid; stand; stay; substrate; support; trestle; truss. **support à berceau** : saddle pipe. **support à chariot** : slide rest, *for a fixed machine.* **support à entonnoir** : funnel holder. **support annulaire** : ring stand. **support barre omnibus** : busbar support. **support catalytique** : catalyst support. **support d'anneau** : rim bracket. **support de balancier** : samson post. **support de canalisation** : piping hanger. **support de catalyseur** : catalyst support. **support de ciel** : crown support, *of a tank.* **support de coins** : slip holder. **support de coins à déclenchement** : slip launcher *(drill)*. **support de l'arbre du treuil de puisage** : tail post, *support for the bailing cathead shaft.* **support de l'essieu** : journal bearing. **support de la tige polie** : stuffing box. **support de levier de battage** : samson post. **support de patins** : shoe carrier. **support de tige à coins** : tubing spider. **support de tige d'entraînement** : pull-rod carrier. **support de tige de pompage** : beam hanger, *part connecting the walking beam to the top pump rod.* **support de tubage à coins** : casing spider, *a heavy steel piece with a large cone-shaped hole fitted with slips to hold suspended casing (drill)*. **support de tube** : conduit support; tube hanger; tube support. **support en bois** : timber trestle. **support flottant** : floater, *a floating drilling support*; floating vessel. **support isolant** : insulating holder. **support réglable** : jack stand, *a laboratory support with a vertical adjustment.* **supports verticaux** : vertical support members (VSM), *special supports holding the pipeline from the Alaskan North Slope above ground, usually equipped with an autorefrigeration system so that the permafrost will not unfreeze.* **sans support** : bodyless; unsupported *(catal)*.
supporter – withstand (to).
supposition *f* – assumption; guess.
suppression *f* – suppression. **suppression de couches** : omission of beds.
supraconducteur *m* – superconductor.
supraconduction *f* – superconductivity.
supraconductivité *f* – superconductivity.
supraglacial – superglacial.
supralittoral – supralittoral; supratidal.
supratidal – *see supralittoral.*
sûr – dependable; safe. **peu sûr** : unreliable.
suracidifier – overacidify (to).
suractivité *f* – superactivity. **suractivité antixénon** : xenon override *(nucl)*.
suralésé – oversize, *cylinder.*
suralimentation *f* – pressure charging; supercharging. **suralimentation par turbine** : turbocharging.
suralimenté – pressure charged; supercharged; turbocharged.
suramortissement *m* – overdamping.
suranné – overage.
surbasé – overbased, *referring to a complex metal salt of an organic acid containing an excess of metal over that corresponding to a normal metal salt, used for buffering purposes.*
surbattage *m* – overbreak *(mine)*.
surbiseau *m* – downlap.
surcapacité *f* – overcapacity.
surcarburé – kishy *(metal)*.
surcharge *f* – overload; overstressing *(metal)*; overweight; supercharging, *in a permeable zone, the drilling fluid may filter into the formation and cause an overpressure in the near-well vicinity.* **surcharge permise** : permissible overload.
surchargé – overloaded.
surcharger – encumber (to); overcharge (to).

surchauffage *m* – overheating.
surchauffe *f* – overheating; superheat; superheating.
surchauffé – overheated; superheated.
surchauffer – overheat (to).
surchauffeur *m* – superheater.
surcompactage *m* – overcompaction.
surcompresser – supercharge (to). **surcompresser une tour de distillation** : pop (to) the still.
surcompresseur *m* – booster. **surcompresseur de gaz** : gas booster, *a compressor used to increase gas pressure in a gas circulation system.*
surcompression *f* – abnormally-high pressure.
surcomprimé – overpressured.
surconsolidation *f* – overconsolidation *(geol)*.
surcoter – upgrade (to).
surcreusement *m* – overdeepening *(geomorph)*.
surdéterminé – overdetermined.
surdimensionné – overdesigned; oversized.
suréchantillonner – reconstitute (to).
sureffectif *m* – redundancy, *manpower.*
surélever – raise (to) up.
surépaisseur *f* – oversize; reinforcement. **surépaisseur de corrosion** : corrosion allowance. **surépaisseur de la soudure** : reinforcement of weld. **surépaisseur pour ajustage** : machining allowance. **surépaisseur pour usinage** : tooling allowance.
surestaries *f* – demurrage.
surestimer – overestimate (to).
sûreté *f* – safety; security, *see also sécurité.* **de sûreté** : securing. **sûreté nucléaire** : nuclear safety.
surexploitation *f* – overexploitation. **surexploitation des eaux souterraines** : groundwater mining.
surfaçage *m* – hard facing; surfacing.
surface *f* – area; day *(mine)*; level; level of reference; surface; surface area, *measurement of the extent of the area.* **surface aplanétique** : aplanatic surface. **surface axiale** : axial plane; axial surface. **surface basale de progradation** : downlap surface *(stratig)*. **surface BET** : BET surface area. **surface chronostratigraphique** : time surface. **surface concédée** : leased acreage. **surface couverte de cavités** : scalloped surface. **surface d'altération** : weathering surface. **surface d'aplanissement** : planation surface, *erosion surface.* **surface d'appui** : bearing face; bearing surface. **surface d'érosion** : erosion surface. **surface d'inondation** : flooding surface. **surface d'inondation marine** : marine flooding surface *(geol)*. **surface d'inondation maximale** : maximum flooding surface, *separating a transgressive systems tract from a highstand prograding wedge.* **surface d'onde** : wave surface, *location in space of wavefronts coming from a point source after various amounts of traveltime ; also called wavefront.* **surface d'une nappe** : water table. **surface d'usure** : wearing surface. **surface de charriage** : overthrust plane; thrust plane *(geol)*. **surface de chasse** : squish area, *engine.* **surface de chauffe** : heating surface. **surface de cisaillement** : shear plane. **surface de contact** : contact area; contact surface; juncture plane. **surface de contact huile-eau** : oil/water contact. **surface de contact huile-eau inclinée** : inclined oil-water table. **surface de contact huile-gaz** : gas/oil contact. **surface de dépôt** : depositional surface. **surface de diffraction** : diffraction surface. **surface de discontinuité** : bounding surface; discontinuity surface; stratal discontinuities, *created by erosion or nondeposition.* **surface de discordance** : plane of unconformity; surface of unconformity *(geol)*. **surface de faille** : fault plane; fault surface. **surface de Fermi** : Fermi surface, *constant-energy surface in space for electrons in a semiconductor or metal.* **surface de forage** : drilling unit. **surface de freinage** : braking surface. **surface de frottement** : rubbing surface. **surface de glissement** : slickenside; sliding surface; slip plane; slip surface. **surface de glissement entre deux cristaux** : slip planes of crystals. **surface de grille** : grate surface. **surface de Lambert** : Lambert surface, *ideal perfectly-diffusing surface for which the intensity of reflected radiation is independent of direction.* **surface de niveau** : level surface. **surface de portée** : facing. **surface de ravinement** : ravinement surface, *shaped by marine gullying.* **surface de réactivation** : reactivation surface. **surface de référence** : datum plane (DP). **surface de refroidissement** : cooling surface. **surface de résistance au mouvement de l'air** : rubbing surface *(mining)*. **surface de roulement** : running surface. **surface de séparation** : boundary plane; interface; parting surface. **surface de séparation eau-huile** : oil-water surface. **surface de stratification** : stratal surface. **surface de transgression** : transgressive surface. **surface découpée** : scalloped surface. **surface développée** : extended surface. **surface diachronique** : diachronous surface *(stratig)*. **surface diagénétique** : weathering surface *(geol)*. **surface du banc** : bed surface. **surface du sol** : land surface. **surface équipotentielle** : equipotential surface, *a surface on which the potential is constant everywhere with regard to attractive forces.* **surface financière** : credit standing; creditworthiness. **surface gauchie** : warped surface. **surface isochrone** : isochronous surface. **surface isovitesse** : isovelocity surface. **surface libre** : free surface, *boundary between two homogeneous fluids.* **surface limite** : boundary plane. **surface louée** : leased territory. **surface mate** : dull finish. **surface métallique déposée par galvanoplastie** : electrodeposit metal surface. **surface mouillée** : wetted surface, *of a ship.* **surface piézométrique** : piezometric surface, *an imaginary surface representing the total head of ground water and defined by the level to which water will rise in a well.* **surface plane** : dead level; plane *(math)*. **surface polie** : polished surface. **surface portante** : bearing surface; carrying area; lifting surface. **surface réfléchissante** : reflecting surface. **surface rubéfiée** : hardground. **surface rugueuse** : rough surface. **surface spécifique** : specific surface. **surface structurale** : backslope *(geol)*. **surface temps** : isochronous surface *(seis)*. **surface unitaire** : unit area, *the area described in an agreement as making up the land logically subject to development under the terms of the agreement.* **à la surface** : aboveground; at grass. **de surface** : areal.
surfacer – face (to).
surfactant *m* – surfactant. **surfactant amphotère** : amphoteric surfactant. **surfactant anionique** : anionic surfactant. **surfactant cationique** : cationic

surfactant. **surfactant non ionique** : nonionic surfactant.
surfactif – film-forming, *in the field of detergents.*
surfacturation *f* – overpricing.
surforage *m* – washover, *the operation of working a pipe fitted with a cutter head over a stuck pipe to remove the obstruction from a borehole.*
surforer – washover (to).
surfreinage *m* – overbraking.
surfusion *f* – supercooling; undercooling.
surgénérateur *m* – breeder, *see surrégénérateur.*
surgénération *f* – breeding.
surhaussement *m* – elevation.
surimposé – superimposed.
surimposition *f* – superimposition, *epigenesis.*
surimpression *f* – overprint.
surintensité *f* – overcurrent.
surinvestissement *m* – overinvestment.
surmigration *f* – overmigration *(seis)*.
surmultiplicateur *m* – overdrive.
surmultiplication *f* – overdrive *(auto)*.
surnageant – supernatent.
surpeuplé – overcrowded; overpopulated.
surplomb *m* – overhang. **en surplomb** : overhanging.
surplus *m* – overage; surplus. **surplus de brut enlevé** : overlift, *the amount of crude oil taken in excess to equity as part of a joint venture.* **surplus de capacité** : surplus capacity *(ref)*.
surpresseur *m* – blower; booster. **surpresseur à pistons rotatifs** : rotary booster. **surpresseur volumogène** : positive-displacement booster.
surpression *f* – boosting; excess pressure; overpressure; pressure surge; supernormal pressure; surge pressure. **en surpression** : overpressured.
surprime *f* – extra bonus.
surproduction *f* – overproduction.
surraffiné – overrefined.
surrection *f* – upheaval; uplift *(geol)*.
surrégénérateur *m* – breeder. **surrégénérateur à sels fondus** : molten-salt breeder reactor (MSBR). **surrégénérateur rapide à métal liquide** : liquid-metal fast-breeder reactor (LMFBR).
surrégénération *f* – breeding.
surrelaxation *f* – overrelaxation.
sursaturation *f* – oversaturation; supersaturation.
sursaturé – supersaturated.
sursoufflage *m* – overblowing *(metal)*.
surstructure *f* – superlattice *(crystal)*.
surtaxe *f* – tax surcharge. **surtaxe à l'importation** : import surcharge. **surtaxe de soutage** : bunkering surcharge.
surtension *f* – excess pressure; overvoltage; straining; supertension; surge; volt rise.
surveillance *f* – monitoring; supervision; survey; watch. **surveillance active** : monitoring. **surveillance de la pollution marine** : monitoring of marine pollution. **surveillance de zone** : area monitoring. **surveillance écologique** : ecological monitoring. **surveillance et contrôle** : supervisory control.
surveillant *m* – line rider, *employee responsible for checking and monitoring pipelines.* **surveillant de conduite** : line walker.
surveiller – monitor (to); overlook (to); oversee (to).
survie *f* – survival. **survie en mer** : survival at sea.
survirage *m* – oversteering.
survissé – overtight.
survitesse *f* – overspeed.
survol *m* – overflight.
survoltage *m* – boosting. **survoltage associé à la libération d'hydrogène** : hydrogen overvoltage.
survolter – boost (to).
survolteur *m* – booster; positive booster; step-up transformer.
survulcanisation *f* – overcuring.
susceptance *f* – susceptance, *imaginary component of admittance.*
susceptibilité *f* – sensibility; susceptibility. **susceptibilité au plomb** : lead susceptibility, *of gasoline.* **susceptibilité d'une essence** : susceptibility of gasoline, *to tetraethyl lead.* **susceptibilité diélectrique** : dielectric susceptibility. **susceptibilité électrique** : electric susceptibility. **susceptibilité magnétique** : magnetic susceptibility.
sus-jacent – overlying, *see roches sus-jacentes.*
suspendre – hang (to).
suspendu – hanging; suspended, *in suspension.* **suspendu par ressorts** : sprung.
suspension *f* – hanging; springs *(auto)*; suspension. **suspension à cardan** : gimbals. **à suspension à cardan** : gimbaled. **suspension à ressort** : spring suspension. **suspension bifilaire** : bifilar suspension. **suspension caténaire** : catenary suspension. **suspension de la colonne perdue** : liner hanger. **suspension de la tige de pompage** : sucker-rod hanger. **suspension des tubes de production** : tubing hanger. **suspension épaisse** : slurry, *a suspension of solid particles in a liquid so as to be able to flow naturally and to be pumpable.* **suspension sous-marine de conduite de boue** : mudline suspension. **en suspension** : floating.
suspensoïde *m* – suspensoid, *a colloidal solution in which solid particles are suspended.*
Sv – Sv, *symbole for sievert.*
SV – SV, *vertical vibration of the S-wave.*
SVP – WVP, *abbr. sismique au voisinage du puits, well-vicinity profiling.*
syénite *f* – syenite, *an igneous rock.* **syénite à leucite** : leucite syenite.
Syledis – *trademark for a system used to help ships in berthing (SYstème LEger de mesure de DIStances)*.
sylvanite *f* – graphic tellurium *(miner)*; sylvanite, *goldschmidtite.*
sylvinite *f* – sylvinite, *a mixture of halite and sylvite and mined as a potash ore.*
sylvite *f* – sylvite, *the principal ore of potassium.*
symbiose *f* – symbiosis.
symbole *m* – symbol. **symbole chimique** : chemical symbol.
symétrie *f* – symmetry. **symétrie polaire** : polar symmetry.
symétrique – symmetrical.
symplectique – symplectic.
synantectique – synantectic *(miner)*.
synchrocyclotron *m* – synchrocyclotron, *frequency-modulated cyclotron, a circular-particle accelerator for accelerating protons, deuterons or alpha particles to attain energies at which the relativistic mass increase becomes significant.*

synchrone – synchronous.
synchroniser – bring (to) into step; synchronize (to).
synchroniseur – drift control.
synchronisme *m* – synchronism.
synchronoscope *m* – synchronoscope.
synchrophasotron *m* – synchrophasotron.
synchrotron *m* – synchrotron. **synchrotron à électrons** : electron synchrotron. **synchrotron à gradient alterné** : alternating-gradient synchrotron (AGS). **synchrotron à protons** : proton synchrotron.
synclinal *m* – low; syncline; trough *(geol)*. **synclinal accessoire** : auxiliary syncline. **synclinal bordier** : rim syncline. **synclinal creux** : trough, *on a seismic film.* **synclinal d'avant-pays** : foreland syncline. **synclinal en gouttière** : downfold syncline. **synclinal fermé** : closed syncline. **synclinal perché** : synclinal ridge.
synclinal – synclinal.
synclinorium *m* – composite syncline; synclinorium. **synclinorium normal** : normal synclinorium, *in which the axial planes of the folds converge toward the bottom.*
syndicat *m* – amalgamation of interests; syndicate; union. **syndicat de garantie** : underwriters, *maritime law.*
syndiotactique – syndiotactic.
syndiquer – syndicate (to) *(workers)*.
syndrome *m* – syndrome. **syndrome articulaire des hautes pressions (SAHP)** : hyperbaric arthragia, *(diving)*. **syndrome nerveux des hautes pressions (SNHP)** : helium barrier *(diving)*; high-pressure nervous syndrome (HPNS) *(diving)*.
synéclise *f* – syneclise, *a broad negative or depressed structure of the continental platform produced by slow crustal downwarping during several geologic periods.*
synécologie *f* – synecology, *study of relationships between communities and their environments.*
synérèse *f* – syneresis, *loss of liquid lubricant from a lubricating grease during storage.*
synergétique – synergistic.
synergie *f* – synergism, *an action where the total effect of two components in a mixture is greater than the sum of their individual effects.*
synergique – synergetic.
synforme – synformal.
syngenèse *f* – syngenesis *(geol)*.
syngénétique – syngenetic.
synopsis *m* – synopsis.
synoptique *m* – block diagram.
synorogénique – synorogenic.
synsédimentaire – synsedimentary, *occurring during sedimentation.*
syntactique – syntactic *(polymer)*.
syntaxe *f* – syntax, *set of rules in a language.*
syntaxique – syntactic.
syntectique *m* – syntectic *(geol)*.
syntectonique – synorogenic; syntectonic.
syntexis *f* – syntexis, *formation of magma by assimilation.*
synthèse *f* – synthesis. **synthèse chimique** : chemical synthesis. **synthèse d'Erlenmeyer** : Erlenmeyer synthesis *(org. chem)*. **synthèse de Fourier** : Fourier synthesis. **synthèse diénique** : *see réaction de Diels-Alder.* **synthèse Fischer-Tropsch** : Fischer-Tropsch synthesis, *a catalytic process for synthesizing liquid hydrocarbons by the controlled reaction of carbon monoxide and hydrogen.* **synthèse harmonique** : Fourier synthesis. **synthèse organique** : organic synthesis. **synthèse stéréospécifique** : stereospecific synthesis.
synthétique – synthetic.
synthétiseur *m* – synthesizer. **synthétiseur de fréquence** : frequency synthesizer. **synthétiseur de parole** : speech synthesizer.
syntype *m* – syntype *(pal)*.
synusie *f* – synusia, *subdivision of an ecologic community.*
systématique *f* – classification system. **systématique cladistique** : cladism, *theory of taxonomy in which genealogy is the sole criterion for the definition of taxa.*
système *m* – system, *a time-stratigraphic rock unit ranking above series and below erathem.* **système à base de connaissances** : *see système de connaissances.* **système à énergie totale** : total-energy system. **système à quatre électrodes** : four-electrode system. **système actuel** : present system. **système asservi** : closed-loop system; feedback control system. **système astatique** : astatic system. **système asynchrone** : asynchronous system. **système avoirdupois** : avoirdupois system, *the system of units commonly used in the United States and Great Britain.* **système Butterworth** : Butterworth system. **système canonique** : canonical system. **système coacervé** : coacervate system. **système collecteur** : collecting system. **système collectif de salaire au rendement** : group incentive plan. **système colloïdal** : colloidal system. **système colloïdal monodispersé** : monodisperse colloidal system. **système conjugué** : conjugate system. **système convivial** : user-friendly system. **système cristallin** : crystal system, *one of seven groups of crystalline symmetry: cubic, hexagonal, tetragonal, trigonal, orthorhombic, monoclinic and triclinic.* **système cubique** : regular system *(cryst)*. **système d'accès séquentiel** : batch-processing system. **système d'alarme** : alarm device. **système d'alarme par niveau bas** : low-level alarm. **système d'allumage** : ignition system. **système d'amarrage sous tension** : taut-mooring system. **système d'asservissement** : follow-up system. **système d'autonomie respiratoire** : life-support system, *a system providing atmospheric control and monitoring, such as a breathing mixture supply for submarines, diving or space, together with air purification and filtering or carbon-dioxide removal.* **système d'exploitation** : operating system (OS). **système d'exploitation sur disques (DES)** : disk-operating system (DOS) *(computer)*. **système d'injection à pompes individuelles** : individual-pump injection system *(prod)*. **système d'injection à sept puits** : seven-spot flooding system. **système de chauffage** : heating system. **système de chauffage électrique** : thermal electric system, *for maintaining the temperature of oil in pipelines.* **système de chauffage par l'eau chaude** : hot-water heating system. **système de chauffage sous pression réduite** : vacuum heating system. **système de classement des dangers** : hazard classification system. **système de**

codage : number system. **système de commande en boucle ouverte** : open-loop control system. **système de commande en boucle fermée** : closed-loop control system. **système de confinement des déversements** : oil-spill containment system. **système de connaissance** : knowledge system. **système de dépôt** : depositional system, *three-dimensional assemblage of lithofacies, genetically linked by active or inferred processes and environments.* **système de distribution** : distributing system. **système de distribution à mailles** : loop system. **système de drainage radial** : radial drainage pattern. **système de failles** : fault system; system of faults *(geol)*. **système de forage par percussion** : percussion system. **système de gerbage automatique** : automatic pipe-handling system. **système de graissage** : lubricating system. **système de graissage par gravité** : gravity oiling system. **système de graissage par mèche** : wick-feed system. **système de maille à cinq puits** : five-spot flood system, *pattern of wells in a square, with the production well in the middle and the injection wells at the corners.* **système de mailles à neuf puits** : nine-spot flood system, *a pattern of nine injection and production wells.* **système de mesure** : measuring system. **système de montagnes** : mountain system. **système de pompage central** : jack-pumping system, *nearby shallow wells operated from a central power plant.* **système de préhension** : gripper system. **système de production anticipée** : early production system, *using light temporary equipment for offshore production either definitively from a marginal field or temporarily from large fields.* **système de production immergé** : submerged production system (SPS). **système de production sous-marine sans plongeur** : diverless subsea production system (DSPS). **système de recupération de chaleur** : heat-reclaming system. **système de référence au laboratoire** : laboratory system. **système de réfrigération à absorption** : absorption-refrigeration system. **système de réfrigération par compression** : compression-refrigeration system. **système de refroidissement** : cooling system. **système de remplissage à récupération de vapeur** : vapor-return system. **système de rentrée** : reentry system. **système de retrait du moufle** : block-retractor mechanism. **système de salaire à prime** : premium bonus system. **système de serrage** : clamping device. **systeme de stockage à volant d'inertie** : flywheel energy-storage system. **système de tir** : shooting system. **système de transfert à sec à pression atmosphérique** : dry-transfer atmospheric system. **système de vaporisation des gaz liquéfiés** : LP-gas vaporizing system. **système disharmonique** : disharmonic system. **système énergétique intégré** : total energy system. **système expert (SE)** : expert system (ES), *a computer system that performs at or near the level of a human expert in a particular field of endeavor.* **système hexagonal** : hexagonal system *(cryst)*. **système holonome** : holonomic system *(mech)*. **système hydraulique** : hydraulic system. **système intégré** : integrated system. **système intégré de fourniture d'énergie** : integrated energy-supply system. **système intégré de navigation** : integrated navigation system. **Système international d'unités (SI)** : International System of Units (SI). **système invariant avec le temps** : time-invariant system. **système métrique** : metric system. **système monoclinique** : monoclinic system; oblique system *(cryst)*. **système non linéaire** : nonlinear system. **système numérique de commande centralisée** : distributed control system. **système orthorhombique** : orthorhombic system *(cryst)*; prismatic system *(cryst)*. **système pétrolier** : petroleum system, *a dynamic petroleum-generating and concentrating physicochemical system in a geologic space and time scale.* **système ponté** : bridged system. **système radiotéléphonique à très haute fréquence** : VHF radio telephony. **système réparti** : distributed system. **système rhomboédrique** : rhombohedral system, *a division of the trigonal crystal system in which the rhombohedron is the basic unit cell*; trigonal system *(cryst)*. **système rotary** : rotary system *(drill)*. **système solaire** : solar system. **système souple** : compliant system *(drill)*. **système ternaire** : ternary system. **système tétragonal** : tetragonal system *(cryst)*. **système triclinique** : triclinic system, *an asymmetrical crystalline system.* **système unitaire d'assainissement** : combined sewer system, *for both surface runoff and sewage.*

systémique – systemic.

syzygie *f* – syzygy *(astron)*.

szajbélyite *f* – szaibelyite, *borate of manganese and magnesium.*

szmikite *f* – szmikite, *monoclinic mineral composed of hydrous manganese sulfate.*

T

t – t, *symbol for tonne (metric ton).*
T – T, *symbol for téra and tesla.*
Tabianien *m* – Tabianian, *Lower Pleistocene stage.*
table *f* – chart; platen, *of a machine tool*; table, *numerical.* **table à dessin** : drawing table. **table à secousses** : concussion table; shaking table. **table articulée pour colonne de production** : tubing spider. **table d'eau** : water table. **table d'épuration** : washing table. **table d'épuration pneumatique** : pneumatic table. **table de calcul de la viscosité des mélanges** : viscosity-blending chart, *for the blending of lubricating oils.* **table de concentration** : concentrating table. **table de contrôle** : observation desk. **table de conversion** : conversion table. **table de conversion de viscosité** : viscosity conversion chart. **table de décompression** : decompression table, *diving table.* **table de dessablage** : cleaning table. **table de lavage** : washing table. **table de manoeuvre** : spider. **table de manoeuvre rotulante** : gimbaled spider. **tables de plongée** : diving tables. **table de Ringelmann** : Ringelmann chart, *used to estimate the amount of solid particulates emitted by smokestacks.* **table de rotation** : rotary table (RT), *sometimes used to indicate the reference point for measuring depths (drill)*; turntable *(drill).* **table de rotation à vissage et dévissage semiautomatiques** : make-and-break rotary table. **table de rupture** : rupture plate. **table de soudage** : welding bench. **table de vérité** : truth table, *statements concerning an event and their relative truth values (math).* **table des carrés et des cubes** : cubes and squares table. **table des durées de parcours** : timetable. **table des matières** : table of contents. **table inclinable** : canting table. **table ronde** : panel discussion. **table rotary** : *see table de rotation.* **tables stadimétriques** : stadia tables. **table tournante** : turntable. **table traçante** : plotting table; track plotter, *continuous display of a ship determined by a radio-positioning system.* **table vibrante** : shake table.
tableau *m* – panel; table. **tableau avertisseur** : caution board. **tableau d'alimentation générale** : central power-control panel. **tableau d'analyse de vitesse** : velocity panel. **tableau d'assemblage** : index map. **tableau d'éclairage** : lighting panel. **tableau de bord** : dashboard; instrument board. **tableau de branchement** : distributing board. **tableau de commande** : control board; control panel. **tableau de commande du BOP** : BOP control panel. **tabeau de contingence** : contingency table *(stat).* **tableau de contrôle** : control board; control panel; instrument board. **tableau de démarrage** : starting panel. **tableau de distribution** : switchboard. **tableau de graissage** : lubrication chart. **tableau de mesure** : control panel. **tableau des gains** : earnings sheet. **tableau enregistreur rotatif** : circular chart. **tableau horaire** : timetable. **tableau noir** : blackboard, *a database that can be accessed by several independent knowledge bases.* **tableau périodique** : periodic table, *a sequential arrangement of the elements according to their atomic number.* **tableau reproducteur de sons** : growler board. **tableau statistique à double entrée** : bivariate frequency table; two-way table.
tablette *f* – tablet. **tablette au-dessous du plancher** : derrick sill.
tableur *m* – spreadsheet, *computer program.*
tablier *m* – apron; deck, *of a floating drilling platform, of a bridge*; table.
tabouret *m* – stool. **tabouret isolant** : insulating stool.
tabulaire – platy; tabular.
tabulateur *m* – tabulator.
tache *f* – patch; smear; spot; stain. **tache bleue** : penetrator, *welding defect from lack of fusion.* **taches de cristaux** : crystal spots. **tache élémentaire** : ground-patch area, *remote sensing.* **tache solaire** : sunspot.
tâche *f* – job.
tachèle *f* – ground element; ground-patch area; groundel.
tachéomètre *m* – level theodolite *(topog)*; tachymeter *(topog)*; transit; transit theodolite.
tachéométrie *f* – tachymetric leveling.
tachéométrique – tachymetric.
tacheté – knotted, *spotted*; maculose; mottled.
tachygenèse *f* – tachygenesis *(biol).*
tachylite *f* – tachylyte, *a volcanic glass.*
tachymètre *m* – speed indicator; speedometer; tachometer, *revolution counter.*
tachyon *m* – tachyon, *a hypothetical particle.*
tacite – implied.
taconique – Taconic, *see phase taconique.*
tacticité *f* – tacticity, *the regularity in the molecular arrangement of a polymer structure.*
tactique – tactic, *a rock formed by contact metamorphism of carbonate rocks.*
tactite *f* – tactite, *a rock formed by contact metamorphism of carbonate rocks.*
taffoni *m* – tafone *(geomorph).*
Tagliabue – Tagliabue, *see appareil en vase clos de Tagliabue.*
TAI – IAT, *abbr. temps atomique international, international atomic time.*
taillant *m* – cutting edge; edge. **taillant à vis** : detachable bit, *drilling.* **taillant amovible** : jack bit.

taillant double : double-arc bit. **taillant en couronne** : six-point bit. **taillant en croix** : X bit *(mining)*.

taille *f* – breast; cutting; dressing; face. **taille du verre** : glass cutting. **taille en échelon avec remblayage** : horizontal cut-and-fill slope. **taille hélicoïdale** : helical cut.

taille *f* – size. **taille critique** : critical size. **taille des grains** : grain size. **taille des particules** : particle size. **taille des pores** : pore size. **taille nominale** : nominal size.

taillé – dressed.

tailler – chip (to); cut (to); dress (to). **tailler la pierre** : cut (to) rock.

taillis *m* – thicket.

talbyite *f* – talbyite, *a variety of solid asphalt found in Utah.*

talc *m* – talc, *a hydrated magnesium silicate mineral.*

talcschiste *m* – talc schist.

talik *m* – talik *(pédol)*.

tallöl *m* – tall-oil, *an extract from pine rosin used as an emulsifier for drilling mud and for compounding various petroleum products.*

taloche *f* – trowel.

talon *m* – counterfoil; heel; root face, *weld*; shoulder; stub, *in a checkbook.* **talon de l'outil** : shirttail *(drill)*. **talon du pneu** : tire bead.

talonnement *m* – pounding, *of ships.*

talqueux – talcky; talcose.

talus *m* – bank; batter; escarpment; side slope; slope; talus. **talus continental** : continental slope, *see pente continentale.* **talus d'éboulis** : scree. **talus de terrasse** : terrace scarp. **talus insulaire** : insular slope. **talus naturel** : natural slope. **en talus** : acclivous.

taluteuse *f* – sloper.

talweg *m* – thalweg, *line connecting the lowest points along a stream bed or valley.*

tambour *m* – cylinder; drum; reel; spool, *of a reel or small winch.* **tambour à câble** : hoisting drum. **tambour à l'extrémité d'un treuil** : niggerhead, *a snubbing post around which a winch line is fastened for help in hoisting heavy objects.* **tambour asservi** : slave drum. **tambour conique** : conical drum. **tambour d'enroulement** : hose reel; rope drum; winding drum. **tambour d'évacuation** : pump-out drum. **tambour d'extraction** : hoisting drum. **tambour de câble** : cable drum; cable reel. **tambour de condensation** : overhead drum. **tambour de curage** : bailing drum; sand reel *(drill)*. **tambour de forage au câble** : bull wheel. **tambour de frein** : brake drum. **tambour de grande vitesse** : high-speed drum. **tambour de grillage** : roasting drum. **tambour de levage** : calf wheel, *cable drilling.* **tambour de manoeuvre** : hoisting drum. **tambour de petite vitesse** : low-speed drum. **tambour de tamisage** : screening drum. **tambour de treuil** : drawworks drum; hoisting drum; reel; winch barrel; winch drum; winch reel. **tambour débourbeur** : clearing cylinder. **tambour denté** : sprocket drum. **tambour dessableur** : rumbler. **tambour enregistreur** : recording cylinder. **tambour filtrant** : filter drum. **tambour laveur** : rinsing vat. **tambour magnétique** : magnetic drum. **tambour mélangeur** : mixing drum. **tambour refroidisseur** : cooling drum. **tambour sécheur** : drying drum.

tambourinage *m* – *see grondement.*

TAME – TAME, *abbr. tertioamylméthtyl éther: tert-amyl methyl ether.*

tamis *m* – grate; grid; riddle; screen; sieve; strainer. **tamis à mailles** : mesh sieve. **tamis à sable** : sand screen; sand sieve. **tamis à secousses** : shaking sieve. **tamis à vibration magnétique** : hummer screen, *an electrically-vibrated ore screen.* **tamis contre les entraînements** : demister pad *(ref)*. **tamis d'égouttage** : dewatering screen; drainage sieve. **tamis filtrant** : filter sieve. **tamis moléculaire** : molecular sieve. **tamis oscillant** : swing sieve. **tamis vibrant** : mud screen; shale shaker, *for removing cuttings from drilling mud*; trembling sieve; vibrating mudscreen; vibrating screen, *for removing sand and cuttings from drilling mud circulating back out of a well.*

tamisage *m* – screening; sieving; sifting.

tamisat *m* – undersize, *the part of crushed material that passes through a screen.*

tamiser – screen (to); sift (to).

tampon *m* – buffer, *any substance that, when dissolved in water, minimizes the change in the hydrogen ion concentration*; bumper; dowel; pad; plug; stamp; wad. **tampon acide** : acid buffer. **tampon d'ouate** : cotton pad; cotton-wool wad. **tampon de vapeur** : vapor lock. **tampon graisseur** : pad lubricator. **tampon plutonique** : plutonic plug.

tamponné – buffered; plugged.

tamponnement *m* – collision.

tamponner – ram (to).

tangage *m* – pitch; pitching.

tangent – tangent.

tangente *f* – tangent. **tangente de l'angle de pertes** : *see facteur de dissipation diélectrique.* **tangente hyperbolique** : hyperbolic tangent.

tangentiel – tangential.

tangon *m* – boom, *used to offset marine seismic sources.*

tangue *f* – sea sand; tangue, *calcareous mud occurring in shallow bays, partly consisting of fluviolacustrine silt reworked by recent marine transgressions.*

tanin *m* – tannin, *a drilling fluid thinner.*

tannage *m* – tanning. **tannage à l'huile** : oil tanning.

tantale *m* – tantalum, *symbol Ta.*

tapement *m* – slamming, *of the hull of a boat in waves.*

taphocénose *f* – *see thanatocénose.*

taphonomie *f* – taphonomy, *branch of paleoecology concerned with all the processes occurring after the death of an organism.*

taphrogenèse *f* – taphrogeny, *formation of rift phenomena characterized by high-angle normal faulting and subsidence.*

taphrogéosynclinal *m* – taphrogeosyncline.

tapis *m* – carpet; mat. **tapis roulant** : assembly conveyor; erecting track. **tapis végétal** : vegetable blanket; vegetal cover.

tapure *f* – quench crack.

taquet *m* – cam; catch; cleat; gripper; tappet. **taquet réglable** : adjustable stop.

tarage *m* – taring.

taraud *m* – tap; tap thread; threading tap. **taraud à tubes** : pipe tap. **taraud conique** : taper tap. **taraud de repêchage** : die nipple; fishing tap; pin tap, *used to get a grip on the box threading of a pipe joint in fishing operations.* **taraud extensible** : expanding pintap, *for grabbing hold of the box thread of a tool-joint during the recovery of a drill string.* **taraud fileté** : taper tap, *fishing tool.* **taraud finisseur** : bottoming tap. **taraud mâle de repêchage** : male fishing tap. **taraud mère** : master tap. **taraud pour tiges de pompage** : sucker-rod spear *(drill)*.

taraudage *m* – internal thread; thread cutting.

taraudé – tapped.

tarauder – tap (to).

taraudeuse *f* – tapper; tapping machine.

tardif – late, *fem. tardive.*

tare *f* – sole weight; tare weight. **tare de l'exposant** : bias *(computer)*.

taré – weighed.

taret *m* – pileworm; shipworm; teredo, *sea mollusk that digs galleries in wooden boats and pilings.*

tarière *f* – auger, *hand-operated drill bit for soft surface formations, and especially for seismic shot holes*; auger bit; earth auger; earth-boring bit; gouge bit; ground auger. **tarière à argile** : claying bar. **tarière à cuiller** : shell auger. **tarière à neige** : snow cutter. **tarière à tranchant** : chisel bit.

tarif *m* – assize; fare; price list; rate; scale; tariff. **tarif à dépassement** : load-rate tariff *(elec)*. **tarif à horaire restreint** : restricted-hour tariff. **tarif à tranches** : block tariff. **tarif aérien** : air fare. **tarif aux pièces** : piece rate. **tarif binôme** : two-part tariff. **tarif commun** : joint tariff, *the same shipment rate practiced by several oil shipping companies.* **tarif d'heures creuses** : off-peak tariff. **tarif de l'impôt** : taxation schedule. **tarif de transport des marchandises** : freight rate. **tarif dégressif** : sliding-scale tariff. **tarif douanier** : customs regime; customs tariff. **tarif double** : double tariff. **tarif forfaitaire** : flat rate. **tarif horaire** : time-of-day tariff. **tarif hors pointe** : off-peak tariff. **tarif marchandises** : goods tariff. **tarif par wagon complet** : carload rate. **tarif passager** : passenger tariff. **tarif préférentiel** : protective tariff. **tarif saisonnier** : seasonal tariff.

tarification *f* – rating.

tarissement *m* – drying up *(hydrol)*.

tarmac *m* – tarmac, *a tarmacadam runway.*

tarmacadam *m* – tarmacadam, *pavement made by spraying or pouring a tar binder over layers of crushed stone ; a material of tar and aggregates mixed in a plant and spread on a roadway.*

tartre *m* – scab; scale; scale crust; scale deposit. **tartre de chaudière** : boiler scale.

tartrique – tartaric.

tas *m* – dump; heap; pile; stack.

tassé – compact; compressed; packed.

tasseau *m* – cleat.

tassement *m* – compaction; packing; shakeout, *of the market.* **tassement d'une couche** : warping down of stratum. **tassement de dissolution** : solution subsidence. **tassement différentiel** : differential compaction. **tassement du sol** : land subsidence. **tassement normal** : normal downthrow.

tasser – pack (to); ram (to). **se tasser** : settle (to); sink (to).

Tatarien *m* – Tatarian, *Upper Permian stage, Chideruan.*

tâte-ferraille *m* – junk feeler, *a fishing tool.*

tau – tau, *Greek letter, denoting the time required to reach a seismic background ; relaxation time.* **tau p** : tau p.

taud *m* – awning.

taupe *f* – mole, *a mechanical tunnel excavator.*

tautomère *m* – tautomer *(chem)*.

tautomérie *f* – tautomerism *(chem)*.

tautomérisation *f* – tautomerization, *isomerization in which the tautomers are interconverted.*

taux *m* – proportion; rate; rating; ratio; value. **taux actuariel** : effective rate *(fin)*. **taux chiffré de détérioration** : demerit. **taux critique de rentabilité** : hurdle rate. **taux d'abrasion** : reduction index, *rate of wear of a sedimentary particle due to abrasion during transport, expressed as particle weight before and after transport and the distance covered.* **taux d'accroissement** : increment percent. **taux d'actualisation** : discount rate, *a rate set by the decision maker, corresponding to the yield he intends to obtain for his capital to be willing to do without it for the time being.* **taux d'affrètement au voyage** : spot rate, *starting from the official rate for rental per deadweight ton and per month, the corresponding rate for a specific trip is calculated.* **taux d'allumage** : firing rate, *the rate at which the fuel or the air/fuel mixture reaches the burner.* **taux d'amortissement** : charge for depreciation; depreciation allowance. **taux d'augmentation de l'angle** : build-up rate (BUR), *the rate at which drift angle is increasing as the wellbore is being deviated from vertical.* **taux d'avancement** : *see vitesse d'avancement.* **taux d'échantillonnage** : sampling rate. **taux d'élasticité du pneu** : tire rate. **taux d'élasticité du ressort** : spring rate. **taux d'énergie net (TEN)** : net energy ratio (NER). **taux d'épuisement** : depletion rate. **taux d'escompte officiel** : bank rate. **taux d'expansion** : expansion ratio; release rate. **taux d'imposition** : tax rate. **taux d'injection** : injection rate. **taux d'intérêt** : interest rate. **taux d'intérêt en valeur réélle** : real interest rate. **taux d'oxydation** : rate of oxidation. **taux de charge** : loading rate. **taux de cisaillement** : shear rate, *the relative velocities in laminar flow in a Newtonian fluid system under shear force.* **taux de collision** : collision rate. **taux de combustion minimal** : minimum firing rate. **taux de compaction** : percent compaction, *soil.* **taux de compression** : compression ratio, *the ratio between the inside volume of the cylinder when the piston is at bottom dead center and the inside volume of the cylinder when the piston is at top dead center.* **taux de compression critique** : critical compression ratio. **taux de compression maximale utilisable** : highest useful compression ratio (HUCR). **taux de comptage du mouvement propre** : background counting rate. **taux de consommation d'électrode** : melting rate, *melt-off rate.* **taux de conversion** : conversion coefficient. **taux de craquage** : crack per pass, *the ratio between the amount of gasoline produced in a given length of time and the amount of product circulating in the cracking circuit during the same length of time.* **taux de croissance** : growth rate. **taux de**

rébattement : ride rate, *suspension of wheels.* **taux de décroissance des neutrons thermiques** : thermal decay time (TDT). **taux de dépendance énergétique** : energy dependence ratio, *the net amount of energy imported compared to the energy consumed.* **taux de désaturation du réservoir** : voidage rate, *of a reservoir.* **taux de désintégration** : disintegration rate. **taux de détente, taux de dilatation** : expansion ratio. **taux de dilution** : dilution ratio, *solubility test for gums and nitrocellulose in solvents.* **taux de distorsion** : percent distortion. **taux de flexibilité statique** : static rate. **taux de fret** : freight rate. **taux de fuite** : leak rate. **taux de kerma** : kerma rate, *SI unit: gray per second.* **taux de matière volatile** : volatile-matter ratio, *loss of mass by heating an organic matter to 950°C without combustion.* **taux de mortalité** : mortality rate, *death rate.* **taux de pénétration** : rate of penetration (ROP) *(drill)*. **taux de pénétration de la boue de forage** : mud penetration. **taux de porosité** : void ratio. **taux de production** : production rate; rate of production. **taux de production journalière** : daily delivery rate. **taux de production maximal** : maximum economic recovery (MER); maximum efficient rate (MER), *maximum production rate of a field that will not diminish ultimate recovery of the hydrocarbons in the reservoir.* **taux de production optimale** : optimum rate of flow. **taux de productivité** : productivity ratio. **taux de protection** : protection ratio. **taux de recirculation** : recycle ratio. **taux de récupération** : recovery ratio, *ratio of oil recovered to the amount of oil originally in place.* **taux de récupération rentable** : efficient offtake rate. **taux de recyclage** : recycle ratio, *ratio of the volume of recycled products to the volume of fresh feed.* **taux de redevance** : royalty rate. **taux de réduction** : reduction ratio. **taux de reflux** : reflux ratio, *ratio of amount of reflux to the amount of distillate removed as a product; ratio of liquid reflux to vapor at any point in a column for design purposes.* **taux de reflux minimal** : minimum-reflux ratio. **taux de reflux optimal** : optimum separation point, *most efficient operating from the standpoint of product purity and quantity and of the economics of distillation.* **taux de rejet** : cutoff rate, *for an investment.* **taux de remplissage** : filling ratio. **taux de rendement** : rate of return (ROR) *(econ)*; yield rate. **taux de rentabilité** : rate of return (ROR). **taux de rentabilité intégré** : growth rate of return *(fin)*; modified rate of return. **taux de rentabilité interne (TRI)** : discounted rate of return; internal rate of return (IRR), *value of the discounted rate such that the net present value is zero.* **taux de rentabilité relative** : internal rate of return. **taux de répétition des impulsions** : pulse-repetition rate (PRR). **taux de rigidité statique** : static rate. **taux de rotation du capital** : turnover ratio *(econ)*. **taux de salaire professionnel** : occupational rate. **taux de sédimentation** : rate of sedimentation, *thickness of sediment accumulation per unit time in an aquatic environment.* **taux de transfert** : burst rate, *accessed data-transfer rate as opposed to the effective data rate involving access time (seis)*. **taux de transmission de chaleur par rayonnement** : radiation rate. **taux de travail** : working stress, *steel.* **taux de vaporisation** : boil-off rate. **taux de vide** : void fraction. **taux du marché monétaire** : money-market rate. **taux en usage** : going rate. **taux forfaitiare** : through rate. **taux journalier** : dayrate. **taux maximal de production d'hydrocarbure permis** : maximum permissible rate (MPR), *based on the economic situation.* **taux net de reproduction (TNR)** : net reproduction rate (NRR). **taux Panel** : Panel rate, *brokers in London set a monthly freight rate called the London Tanker Brokers' Panel Monthly Award.* **taux prêteur** : lending rate. **taux surfacique d'incidence** : impingement rate. **taux tendanciel** : trend rate.

taxation *f* – assessment.

taxe *f* – assize; fee; levy; tax. **taxe à la production** : processing tax; severance tax. **taxe de chargement** : loading tax. **taxe de stationnement** : parking fee. **taxe sur la production brute** : gross production tax, *a severance tax levied per unit of production* **taxe sur la valeur ajoutée (TVA)** : value-added tax (VAT).

taxer – charge (to).

taxinomie *f* – taxonomy, *science of the classification of organisms, especially plants and animals.*

taxon *m* – taxon, *a named group of organisms of any rank, such as species, family, class.*

taxonomie *f* – *see taxinomie.*

TBF – VLF, *abbr. très basses fréquences: very low frequency.*

TCE – TCE, *abbr. trichloroéthane.*

Tchebychev – Chebyshev, *see approximation de Tchebychev, dispositif pondéré à la Tchebychev, inégalité de Tchebychev.*

tchernoziom *m* – Chernozem, *black earth; a group of dark and highly organic soils.*

TD – TWT, *abbr. of temps double: two-way time.*

TDEM – EMRS, *abbr. télédétection électromagnétique, electromagnetic remote sensing.*

té *m* – pipe connection; tee. **té à brides** : flanged tee. **té de dérivation** : tee joint. **té de raccordement** : split tee. **té de réduction** : reducing tee. **té double** : crossover tee. **tés égaux** : equal tees. **té fendu** : split tee. **té réduit** : *see té de réduction.*

TEA – TEA, *abbr. triéthanolamine.*

tec – tce, *abbr. tonne équivalent charbon: ton coal equivalent.*

technétium *m* – technetium, *symbol Tc.*

technicité *f* – expertise.

technique *f* – technique. **technique de raccordement** : tie-in technique *(pipeline)*. **technique de surrelaxation** : overrelaxation technique. **technique des communications** : communications engineering. **technique métallurgique** : metallurgical engineering. **technique minière** : mining engineering. **techniques peu polluantes et sans déchets** : low and nonwaste technologies (LNWTs). **technique sanitaire** : sanitary engineering.

technique – technical.

technologie *f* – technology. **technologie à fort coefficient de capital** : capital-intensive technology. **technologie à fort coefficient de main-d'oeuvre** : labor-intensive technology. **technologie de pointe** : frontier technology. **technologie marine** : offshore technology.

technologique – technological.

tectite *f* – tektite, *body of silicate glass usually walnut-sized.*

tectofaciès *m* – tectofacies.
tectogenèse *f* – tectogenesis, *orogeny.*
tectomorphe – tectomorphic *(petro).*
tectonique *f* – tectonics, *branch of geology dealing with the deformation of rocks, ranging in scale from thin sections (structural petrology) to the broad architecture of the outer part of the Earth (geotectonics).* **tectonique cassante** : block structure; fault tectonics. **tectonique de couverture** : fold tectonics; sedimentary-cover structures. **tectonique de failles** : fault tectonics. **tectonique de fond** : deep-seated structures. **tectonique de glissement** : sliding tectonics. **tectonique de plaques** : plate tectonics, *see tectonique globale.* **tectonique de plissement** : fold tectonics. **tectonique de socle** : *see tectonique de fond.* **tectonique globale** : global tectonics, *tracing the evolution of plates during geologic time by studying the movement of one plate and the effect such a movement has on other plates.* **tectonique par gravité** : gravity tectonics, *structural formation by downslope gliding under the influence of gravity.* **tectonique salifère** : salt tectonics, *halokinesis.* **tectonique sédimentaire** : sedimentary tectonics.
tectonique – tectonic.
tectonite *f* – tectonite, *rock having a fabric displaying coordinated geometric features reflecting the history of its formation.*
tectonophysique *f* – tectonophysics.
tectonosphère *f* – tectonosphere, *zone of the Earth in which crustal or tectonic movements originate.*
tectosilicate *m* – tectosilicate, *a class of silicate.*
Téflon *m* – Teflon, *trademark for tetrafluoroethylene.*
teinte *f* – hue. **teinte de fond** : ground color. **teinte sensible** : sensitive tint.
teinture *f* – dye; dyeing; staining.
téléclinomètre *m* – teleclinometer *(drill).* **téléclinomètre électromagnétique** : electromagnetic teleclinometer *(drill).*
télécollinite *f* – vitrinite A.
télécommande *f* – remote control. **télécommande des stations de compression** : remote control of compressor stations.
télécommandé – remote controlled.
télécommunication *f* – telecommunication. **télécommunication par satellite** : satellite communication.
télécontrôle *f* – remote checking.
télécopie *f* – facsimile.
télédétecteur *m* – remote sensor.
télédétection *f* – remote sensing, *all techniques used aboard aircraft or satellites to study the Earth's surface or the atmosphere by means of electromagnetic-wave emissions reflected or diffracted by the different bodies observed.* **télédétection aérienne** : airborne remote sensing. **télédétection aérospatiale** : aerospace remote sensing. **télédétection électromagnétique (TDEM)** : electromagnetic remote sensing (EMRS). **télédétection spatiale** : spaceborne remote sensing.
télédiagraphie *f* – telelogging.
télégraphie *f* – telegraphy.
téléguidage *m* – radio guidance.
téléimprimeur *m* – teleprinter.
télémanipulateur *m* – remote manipulator; teleoperator.
télémesure *f* – telemetering; telemetry, *remote transmission of instrument readings by acoustic, optical or radioelectric means ; the French term télémétrie means ranging or the measurement of distances.* **télémesure analogique** : analog telemetering, *converting a measurement into a signal of proportional duration.* **télémesure de fond** : measurements-while drilling (MWD), *the signals are transmitted from a downhole sensor to a surface readout instrument either by a conductor line or by mud pulse.*
télémètre *m* – rangefinder, *optical rangefinder*, telemeter. **télémètre à coïncidence** : coincidence rangefinder. **télémètre laser** : laser rangefinder. **télémètre stéréoscopique** : stereoscopic rangefinder.
télémétrie *f* – ranging, *measurement of distances ; not to be confused with telemetering, which in French means télémesure*; remote metering. **télémétrie Doppler** : doran, *a Doppler ranging system.*
téléostéen *m* – teleost, *ray-finned bony fish including the great bulk of living fishes ranging from the Upper Triassic to Recent.*
téléphérique *m* – aerial conveyor; aerial ropeway; telpher. **téléphérique à deux câbles** : double-rope tramway.
téléphone *m* – phone; telephone. **téléphone à ultrasons** : ultrasonic telephone.
téléphoner – phone (to).
téléphonie *f* – telephony. **téléphonie mobile** : vehicular telephony.
télescopable – collapsible.
télescope *m* – telescope.
télescopé – telescoped *(geol).*
télescopique – collapsible; telescopic.
téléséisme *m* – teleseism, *an earthquake occurring very far away from the recording station.*
télésubstitution *f* – telesubstitution *(chem).*
télésupervision *f* – remote monitoring.
télésurveillance *f* – remote supervision.
téléthermal – telethermal.
téléthermomètre *m* – telethermometer.
télétraitement *m* – remote job entry (RJE); remote processing; teleprocessing. **télétraitement par lots** : remote batch processing.
télévision *f* – television. **télévision à faible niveau d'éclairement** : low-light-level television (LLTV). **télévision à haute définition (TVHD)** : high-definition television (HDTV). **télévision acoustique de fond** : borehole televiewer. **télévision en circuit fermé** : closed-circuit television (CCTV), *or closed-circuit TV.* **télévision sous-marine** : underwater television.
télex *m* – telex.
télinite *f* – telinite, *a maceral of coal within the vitrinite group.*
tellure *m* – tellurium, *symbol Te.*
tellurique – telluric.
telluromètre *m* – earth tester; tellurometer.
tellurure *m* – telluride *(chem).*
télomère *m* – telomer *(chem).*
télomérisation *f* – telomerization, *a catalytic reaction for low-polymer formation.*

TELSEIS – TELSEIS, *tradename for an analog radiotelemetry system.*

témoignage *m* – witness.

témoin *m* – check; control sample; outlier, *isolated hill or butte.* **témoin de présence d'hydrocarbure** : direct hydrocarbon indicator (DHI). **témoin d'hydrocarbures** : hydrocarbon indicator. **témoin de chevauchement** : nappe outlier, *see also klippe.*

température *f* – temperature. **température à l'ombre** : shade temperature, *air temperature in the shade.* **température à la goulotte** : flowline temperature *(drill).* **température absolue** : absolute temperature, *thermodynamic temperature as measured by the Kelvin scale.* **température ambiante** : ambient temperature; room temperature. **température atmosphérique** : atmospheric temperature. **température caractéristique** : characteristic temperature. **température Celsius** : Celsius temperature, *see échelle Celsius.* **température cinétique** : kinetic temperature. **température critique** : critical temperature. **température cryogénique** : cryogenic temperature. **température d'allumage** : ignition temperature. **température d'allumage spontané** : autogenous-ignition temperature. **température d'amorçage** : light-off, *catalysis.* **température d'auto-inflammation** : autogenous-ignition temperature; autoignition temperature (AIT); spontaneous-ignition temperature. **température d'autoallumage** : self-ignition temperature (SIT). **température d'ébullition** : boiling-point temperature. **température d'ébullition initiale** : initial boiling temperature (IBT). **température d'écoulement** : pour-point temperature. **température d'inflammation** : ignition temperature. **température d'interpasse** : interpass temperature *(weld).* **température d'inversion** : inversion temperature, *of a gas.* **température de Boyle** : Boyle temperature. **température de bulbe humide** : wet-bulb temperature. **température de calcination** : calcining heat. **température de calcul** : design temperature. **température de combustion** : combustion temperature. **température de coulée** : casting temperature. **température de couleur** : color temperature, *an estimate of the temperature of an incandescent body, determined by observing the wavelength at which it emits peak intensity.* **température de craquage** : cracking temperature. **température de Curie** : Curie temperature, *temperature marking the transition between ferromagnetism and paramagnetism or between the ferroelectric phase and the paraelectric phase.* **température de décomposition** : breaking-down temperature. **température de déshydrogénation** : dehydrogenation temperature. **température de dessalage** : desalting temperature. **température de dissolution critique** : critical solution temperature. **température de distillation** : distillation temperature. **température de durcissement** : curing temperature. **température de Fermi** : Fermi temperature, *approximately* 10^4 *K.* **température de filtration** : filtering temperature. **température de fissurage** : breaking point, *of bituminous materials.* **température de flamme** : flame temperature. **température de fonctionnement** : operating temperature. **température de fond de circulation** : circulating bottom temperature *(drill).* **température de fond de trou** : bottomhole temperature (BHT) *(drill).* **température de formation** : formation temperature. **température de fusion** : fusion temperature; melting temperature. **température de fusion des cendres** : ash-softening temperature. **température de l'air sous abri** : *see température à l'ombre.* **température de l'écorce terrestre** : temperature of the Earth. **température de liquéfaction** : liquefaction temperature. **température de mélange** : consolute temperature; mixture temperature. **température de point final** : end-point temperature. **température de prise** : setting temperature. **température de prise en masse** : setting point. **température de raffinage** : refining temperature. **température de rayonnement** : radiation temperature. **température de recristallisation** : recrystallization temperature. **température de recuit** : annealing temperature. **température de référence** : standard temperature. **température de reformage** : reforming temperature. **température de refoulement** : discharge temperature. **température de revenu** : tempering temperature. **température de saturation** : saturation temperature. **température de séchage** : drying temperature. **température de sondage** : borehole temperature, *bottomhole temperature.* **température de spin** : spin temperature. **température de transition supraconductrice** : superconductor transition temperature. **température de transition vitreuse** : glass-transition temperature. **température de travail** : working temperature. **température de trempe** : hardening temperature; quenching temperature. **température de trouble** : cloud temperature, *see point de trouble.* **température de vaporisation** : vaporization temperature. **température du corps noir** : blackbody temperature, *brightness temperature.* **température du distillat de tête** : overhead temperature. **température du fond du puits** : bottomhole temperature. **température du grillage** : roasting temperature. **température du rouge cerise** : cherry-red heat *(metal).* **température du sol** : soil temperature *(pedol).* **température élevée** : high temperature. **température et pression normales** : standard temperature and pressure, *see conditions normales de référence.* **température extérieure** : outdoor temperature. **température initiale** : initial temperature. **température limite d'opérabilité (TLO)** : vehicle operability limit, *temperature below which operational difficulties arise with diesel engines because of the coldness of the fuel.* **température limite de filtrabilité (TLF)** : cold filter-plugging point (CFPP), *highest temperature at which a given volume of fuel in a limited time span stops passing through a standardized filtering device when the fuel is cooled under standardized conditions.* **température limite de pompabilité** : borderline pumping temperature, *of engine oil.* **température magnétique** : magnetic temperature. **température maximale de transfert** : transfer-line temperature, *maximum temperature at which oil can be fed to the fractionating tower for distillation.* **température moyenne** : average temperature; mean temperature. **température moyenne arithmétique** : arithmetic mean temperature. **température moyenne d'ébullition** : average boiling point. **température moyenne d'ébullition molaire** : molal average boiling point. **température moyenne d'ébullition pondérale** :

weight average boiling point. **température moyenne d'ébullition volumétrique** : volume average boiling point. **température neutre** : neutral temperature. **température normale** : operating temperature; standard temperature. **température normale d'oxydation** : standard oxidation temperature (SOT). **température normale d'un essai** : normal temperature, *usually room temperature*. **température pseudocritique** : pseudocritical temperature, *of mixtures*. **température réduite** : reduced temperature. **température réduite faible** : low reduced temperature. **température théorique de la flamme** : theoretical flame temperature, *ratio of the amount of heat in the initial fuel mixture to the heat capacity of the combustion products*. **température thermodynamique** : thermodynamic temperature.

tempéré – temperate.

tempestite *f* – tempestite, *a sandy storm deposit in a shallow-water environment*.

tempête *f* – storm; whole gale, *Beaufort scale, force 10*. **tempête de neige** : snowstorm. **tempête de poussière** : dust storm. **tempête de sable** : sandstorm. **violente tempête** : storm, *force 11 in the Beaufort scale*.

temporaire – intermittent *(hydrol)*; temporary.

temporel – temporal.

temporisateur *m* – delay timer. **temporisateur de soudage** : weld-sequence timer.

temporisation *f* – dwell, *digital control*; temporization; time lag. **temporisation synchrone** : synchronous initiation *(weld)*.

temps *m* – time; weather. **temps à l'origine** : intercept time, *of the time-distance curve (seis)*; reduced traveltime *(seis)*. **temps à la gueule du trou** : bugtime *(seis)*; uphole time; vertical time (VT). **temps absolu** : absolute time. **temps alloué** : allowed time. **temps d'allumage** : firing stroke. **temps atomique** : atomic time. **temps atomique international (TAI)** : international atomic time (IAT), *time based on atomic clocks*. **temps civil** : civil time. **temps d'accès** : access time. **temps d'admission** : intake stroke. **temps d'amorce** : cap break, *the instant when the shot was fired and when the seismic wave was generated, indicated on the seismic record by a spike in one of the traces, see also instant d'explosion*. **temps d'analyse** : action period, *data processing*. **temps d'arrivée** : arrival time *(seis)*. **temps d'aspiration** : suction stroke. **temps d'attente** : latency time. **temps d'échappement** : exhaust stroke. **temps d'écoulement** : efflux time. **temps d'écoute** : listening period. **temps d'effeuillage** : peel-off time *(seis)*. **temps d'équipement** : setup time. **temps d'escale** : lay days *(nav)*. **temps d'exécution** : run time, *computer*. **temps d'expansion** : relaxation time; release time. **temps d'exposition** : exposure time. **temps d'indisponibilité** : unavailability time. **temps d'instrumentation** : fishing time, *time spent recovering lost or broken drilling equipment*. **temps d'interrogation** : inquiry time. **temps d'intervalle** : interval time. **temps d'ionisation** : ionization time. **temps d'occupation** : action time. **temps d'origine à l'épicentre** : time of occurrence *(seis)*. **temps d'ouverture** : aperture time; on time; opening time, *BOP pipe ram*. **temps d'utilisation** : running time. **temps de carottage** : coring time. **temps de chauffage** : heat time. **temps de chauffe** : heating period; heating time. **temps de compensation** : integral action time. **temps de compression** : compression stroke. **temps de contact** : contact time. **temps de croissance** : rise time *(elec)*. **temps de cuisson** : cooking time; curing time; firing time. **temps de démarrage** : start time. **temps de désaération** : air release value, *a measure of the ability of an oil to separate entrained air*; gas-bubble separation time. **temps de descente** : decay time, *of the amplitude of a wave*. **temps de descente et de remontée du trépan** : trip time *(drill)*. **temps de disponibilité** : availability time. **temps de doublement** : doubling time, *time required for a nuclear reactor to double its inventory (breeder)*. **temps de fermeture d'un puits** : shut-in time. **temps de fonctionnement** : operating time. **temps de forage** : drilling time; rig time. **temps de forage réel** : actual drilling time. **temps de fusion** : melting time. **temps de gélification** : gel time. **temps de l'aspiration** : induction stroke. **temps de l'opération** : operational time. **temps de latence** : latency time *(rad)*. **temps de manoeuvre** : trip time. **temps de mise en place des tiges de forage** : time of running in *(drill)*. **temps de mise en route** : start-up time. **temps de mise en température** : warm-up time. **temps de montage** : rig time *(drill)*; setup time. **temps de montée** : rise time. **temps de montée d'impulsions** : pulse-rise time. **temps de neutralisation** : spending time, *acidizing*. **temps de parcours** : transit time, *velocity of sound in rocks*; traveltime *(seis)*. **temps de percée** : breakthrough time, *time required for an injected fluid front to reach a producing well*. **temps de percée précoce** : premature breakthrough, *an injected fluid front reaches the production well sooner than anticipated*. **temps de plongée** : bottom time *(diving)*. **temps de pompabilité** : thickening time, *cement*. **temps de pose** : exposure; exposure time *(photo)*. **temps de positionnement d'un disque** : rotational latency, *computer*. **temps de présence** : door-to-door time, *within a company*. **temps de prise** : curing time, *cement*; setting time. **temps de propagation** : time of transit *(seis)*; transmission time; traveltime. **temps de propagation verticale** : vertical time propagation. **temps de réaction** : aperture time, *of a gate or circuit*; reaction time. **temps de recherche** : latency, *computer*; search time. **temps de récupération** : payback period, *of an investment*. **temps de refoulement** : upsetting time. **temps de relaxation** : relaxation time. **temps de relaxation neutronique** : thermal-decay time (TDT). **temps de relaxation thermique** : thermal-relaxation time. **temps de remontée** : lag time, *time required by mud or cuttings to reach the surface*; pullout time, *for a drill string*. **temps de remontée de pression** : shut-in time, *well testing*. **temps de remontée des tiges de forage** : pulling-out time for drill pipe. **temps de remplissage** : fill-up time. **temps de réponse** : latency, *computer*; response time. **temps de repos** : off time. **temps de résidence** : residence time. **temps de retard** : lag time. **temps de rétention** : holdup time; retention time, *the time required for the emergence of the maximum peak after the injection of the sample in chromatography*. **temps de retour** : payout time, *time required to recover the original in-*

vestment from profit and depreciation. **temps de retour inverse** : reciprocal time. **temps de séjour** : residence time. **temps de séjour moyen d'un catalyseur** : catalyst residence time, *in a reactor.* **temps de soupape** : valve period, *of opening or closing.* **temps de tir** : shooting rate. **temps de traitement** : process time. **temps de trajet** : transit time. **temps de trajet inverse** : reciprocal time. **temps de trajet oblique** : slant time *(seis)*. **temps de traversée d'une couche** : interval transit-time, *unit thickness of a formation.* **temps des éphémérides** : ephemeris time (ET). **temps des trajets réciproques** : reciprocal time. **temps double (TD)** : two-way time (TWT), *surface-reflector-surface traveltime in seismic reflection.* **temps enregistré** : record time. **temps établi, temps fixé** : settled weather *(meteo)*. **temps humide** : damp weather *(meteo)*. **temps inactif** : idle time. **temps incertain** : unsettled weather *(meteo)*. **temps initial** : time break; zero time. **temps inversé** : reciprocal time. **temps local** : local time. **temps machine** : running time. **temps mort** : dead time; downtime, *for repairs, because of bad weather at sea, etc.* ; idle period; idle time. **temps moteur** : working stroke. **temps moyen de dépannage** : mean time to repair (MTTR). **temps moyen entre pannes** : mean time between failures (MTBF). **temps partagé** : time sharing. **temps propre** : *see temps local.* **temps rapporté au plan de référence** : fiducial time. **temps réduit** : reduced traveltime. **temps réel** : real time, *pertaining to a data-processing system controlling an ongoing process and delivering outputs for effective control of the process.* **temps simple (TS)** : one-way time (OWT), *half of the corrected traveltime (two-way time) of a reflection arrival, giving the reflector depth for a flat reflection and for flat velocity layering.* **temps solaire moyen (TSM)** : mean solar time (MST). **temps solaire vrai (TSV)** : apparent solar time (AST); true solar time. **temps universel (TU)** : Greenwich mean time (GMT); universal time (UT). **temps universel coordonné** : universal time coordinated (UTC), *coordinated time kept by a uniformly running clock, approximating universal time corrected for seasonal variations in the Earth's rotation, in legal use in most countries.* **temps vertical** : bugtime; uphole time, *from the top of the charge to the surface of the ground (seism)*; vertical time (VT). **temps zéro** : shot break. **en deux temps** : two step.

TEN – NER, *abbr. taux d'énergie net: net energy ratio.*

tenace – fast; tenacious; tough.

ténacité *f* – tenacity, *the tensile breaking strength of a body or material*; toughness.

tenailles *f* – dogs; nippers; pliers; tongs. **tenailles à rivets** : heating tongs. **tenailles à souder** : hawkbill. **tenailles coupe-fils** : wire cutter.

tendance *f* – proneness; propensity; susceptibility; tendency; trend. **tendance à la cavitation** : channeling *(of oils)*, *the formation of gas pockets between the oil film and the object to be lubricated.* **tendance à la formation de mousse** : foaminess. **tendance au cliquetis** : knocking tendency. **tendance au gommage** : gumminess. **tendance barométrique** : barometric tendency; pressure tendency, *variation in atmospheric pressure for a specified period of time.* **tendance générale** : general trend. **tendance moyenne** : average trend.

tender *m* – tender, *naval auxiliary ship.*

tendeur *m* – bridle iron, *flat iron bar bent to support one end of a floor timber as in a stirrup*; radius arm; stretcher; takeup; tension shackle; tensioner; tightener; turnbuckle, *a screw tensioner for guy wires and stays.* **tendeurs à chaîne** : load binders. **tendeur de chaîne** : chain adjuster; chain bolt; chain tightener. **tendeur de courroie** : belt stretcher; belt tightener; stretcher pulley.

tendre – soft.

tendu – stretched; taut; tight.

teneur *f* – assay value, *of a mineral*; content; grade; level; proportion; ratio. **teneur au sol** : ground-level concentration. **teneur de minerai** : grade of ores. **teneur du nodule** : nodule grade. **teneur en acide gras** : fat content, *of a compound oil.* **teneur en air des huiles** : oil aeration. **teneur en argile** : clay content; clayiness, *clayeyness*; shaliness. **teneur en aromatiques** : aromatics content. **teneur en asphaltes** : asphalt content. **teneur en azote** : nitrogen content. **teneur en carbonate de calcium** : calcium-carbonate content. **teneur en carbone** : carbon content. **teneur en carbone fixe** : carbon ratio, *ratio of fixed carbon in coal to the fixed carbon plus volatile hydrocarbons*; fixed-carbon ratio. **teneur en cendres** : ash content; percentage of ash. **teneur en chaux** : lime content. **teneur en chlore** : chlorine content. **teneur en eau** : water content. **teneur en eau et sédiments** : *see eau et sédiments.* **teneur en éléments fins** : silt content. **teneur en fer** : iron content. **teneur en fossiles** : content of fossils. **teneur en gaz** : gas factor. **teneur en gomme** : gum content. **teneur en humidité** : moisture content; percentage of moisture. **teneur en humidité d'un gaz** : moisture content of a gas. **teneur en mousse des huiles** : oil aeration. **teneur en paraffine** : paraffin content; paraffinicity; wax load. **teneur en plomb** : lead content. **teneur en plomb-uranium** : lead-uranium ratio, *for calculating the age of rocks.* **teneur en sable** : sand content. **teneur en sel** : salt content. **teneur en solides** : solids content. **teneur en soufre** : proportion of sulfur; sulfur content. **teneur en soufre du combustible** : fuel sulfur content. **teneur isotopique** : isotope abundance. **teneur maximale eau-ciment** : maximum water/cement ratio, *amount of water that can be mixed with cement without segregation occurring.* **teneur minimale eau-ciment** : minimum water/cement ratio, *amount of water that must be mixed with cement to form a pumpable slurry.* **teneur totale en cendre** : total percent of ash.

tenir – hold (to). **tenir à l'appui** : bear (to) out. **tenir de** : derive (to) from. **tenir la route** : hold (to) the road.

tenon *m* – hook; spline; stud; tenon.

tenseur *m* – stretcher; tensor *(math)*. **tenseur d'inertie** : inertia tensor. **tenseur de Maxwell** : Maxwell stress tensor. **tenseur des contraintes** : stress tensor. **tenseur des déformation** : strain tensor. **tenseur gradient de vitesse** : velocity gradient tensor. **tenseur isotrope** : isotropic tensor, *or spherical tensor.* **tenseur vitesse de déformation** : strain rate tensor.

tensimètre *m* – tensimeter, *used for measuring differences in vapor pressures of two liquids.*
tensioactif – surface-active.
tensiomètre *m* – tensiometer, *used for determining the surface tension of a liquid.*
tension *f* – strain; straining; strength; stress; tension; voltage *(elec)*, *see also tension électrique.* **tension à vide** : no-load voltage. **tension aux bornes** : terminal voltage. **tension chimique** : chemical voltage, *of a cell.* **tension critique d'anode** : critical anode voltage. **tension critique de grille** : critical grid voltage *(elec)*. **tension d'alimentation** : supply voltage. **tension d'amorçage** : primary voltage. **tension d'étalement** : spreading tension. **tension d'extinction** : extinction voltage, *(elec)*. **tension d'impulsion** : pulse voltage. **tension d'ondulation résiduelle** : ripple voltage. **tension de bain** : bath voltage. **tension de chauffage** : filament voltage. **tension de cisaillement** : shear stress, *in an oil film.* **tension de claquage** : breakdown voltage *(elec)*; disruptive strength. **tension de coupure** : cutoff voltage. **tension de crête** : peak voltage. **tension de décomposition** : decomposition potential; generator voltage, *voltage at the terminals of a generator.* **tension de dispersion** : leakage voltage. **tension de flexion** : bending stress. **tension de formation** : formation voltage. **tension de mouillage** : wetting tension. **tension de pointe** : crest voltage; peak voltage. **tension de polarisation** : bias. **tension de réaction** : reaction stress. **tension de rupture** : ultimate stress. **tension de saturation** : saturation voltage. **tension de serrage** : stress shrinking. **tension de service** : operating voltage. **tension de seuil** : threshold voltage. **tension de sortie** : output voltage. **tension de sublimation** : sublimation pressure. **tension de vapeur** : *see pression de vapeur.* **tension de vapeur Reid (TVR)** : Reid vapor pressure (RVP). **tension directe** : forward voltage *(elec)*. **tension disruptive** : disruptive voltage. **tension électrique** : voltage. **tension en circuit fermé** : closed-circuit voltage; working voltage. **tension en circuit ouvert** : open-circuit voltage. **tension excessive** : overstrain. **tension initiale** : initial voltage. **tension interfaciale** : interfacial tension (IFT), *force per unit length existing at the interface between two immiscible fluids.* **tension interne** : internal stress. **tension limite** : critical voltage. **tension magnétique** : magnetic-potential difference. **tension microscopique** : microscopic stress. **tension nominale** : rated voltage *(elec)*. **tension résiduelle** : residual stress. **tension superficielle** : surface tension.
tensionneur *m* – tensioner; tensioning system. **tensionneur de pose** : pipelaying tensioner. **tensionneur de tube prolongateur** : riser tensioner; riser-tensioning device.
tentaculite *m* – tentaculitid *(pal)*.
tentative *f* – attempt.
tenue – behavior; hold; holding; resistance; strength. **tenue à découvert** : wall strength, *borehole.* **tenue à la mer** : sea kindliness, *ease of motion or behavior of a vessel in heavy weather, especially concerning rolling, pitching and shipping water on deck.* **tenue au froid** : resistance to cold. **tenue d'une ancre** : anchor holding power. **tenue de route** : road holding; roadability *(auto)*. **tenue des livres** : bookkeeping. **tenue des sièges** : seat behavior. **tenue du sol** : bearing capacity of ground. **tenue en côte** : climbing ability, *of a car.* **tenue mécanique** : mechanical resistance.
tenure *f* – holding. **tenure à bail** : leasehold.
tep – toe, *abbr. of tonne équivalent pétrole: ton oil equivalent.*
tephra *m* – tephra, *generic term for all the pyroclastics of a volcano.*
téphrite *f* – tephrite, *basaltic extrusive rock.*
téphrochronologie *f* – tephrochronology, *determining a sequence of geologic events by dating different layers of volcanic ash.*
téra – tera, *prefix representing* 10^{12}, *i.e. 1,000,000,000,000, symbol* T.
tératogène – teratogenic.
tératologie *f* – teratology.
terbium *m* – terbium, *symbol Tb.*
térébenthine *f* – turpentine, *solvent for paints.*
térébratule *f* – terebratuloid, *an articulate brachiopod.*
téréphtalate *m* – terephthalate. **téréphtalate de méthyle** : dimethyl terephthalate (DMT).
téréphtalique – terephthalic.
Tergal – Tergal, *trade name for a synthetic polyester fiber.*
terme *m* – term, *see also court, moyen, long terme.* **terme croisé** : cross-product term. **terme d'échéance** : time of expiration. **terme de dérivées premières croisées** : cross partial term. **terme linéaire** : linear function *(math)*. **à terme** : forward *(fin)*.
terminaison *f* – termination. **terminaison tectonique** : tectonic termination *(geol)*.
terminal *m* – terminal, *the installation at the end of a pipeline and hence including docking facilities, loading facilities and allied installations.* **terminal à écran** : console *(computer)*. **terminal à écran de visualisation** : video display terminal (VDT). **terminal au large** : offshore terminal. **terminal côtier** : shore terminal. **terminal d'ordinateur** : terminal of a computer. **terminal de chargement** : loading terminal. **terminal de réception** : receiving terminal. **terminal de transbordement** : transshipment terminal. **terminal dédié** : dedicated terminal *(computer)*. **terminal en eau profonde** : deep-water terminal. **terminal ferroviaire** : railroad terminal. **terminal intelligent** : intelligent terminal *(computer)*. **terminal interactif** : interactive terminal *(computer)*. **terminal méthanier** : methane terminal. **terminal pétrolier** : oil terminal.
terminer – end (to). **se terminer en biseau** : peter (to) out. **se terminer en coin** : die (to) out; end (to) off *(geol)*; taper (to) out.
ternaire – ternary; threefold.
terne – dim; dull; lusterless.
ternissement *m* – tarnishing.
ternissure *f* – tarnish.
terpane *m* – terpane, *a saturated hydrocarbon.*
terpène *m* – terpene, *an unsaturated hydrocarbon.*
terpénite *f* – terpenite, *variety of exinite.*
terpénoïde *m* – terpenoid.
terpolymère *m* – terpolymer, *a polymer containing three distinct monomers.*

terra-rossa *f* – terra-rossa *(petro)*.

terrain *m* – country; field; formation; ground; land; soil; terrain; terrane. **terrain accidenté** : rough ground. **terrain allochtone** : allochthonous rock. **terrain boulant** : caving formation; floating earth; quick ground. **terrains charriés** : driftage. **terrain collant** : sticky formation, *in which the drill bit tends to get stuck.* **terrain concédé** : allotment. **terrain coquillier** : shelly ground. **terrain coulant** : running ground. **terrain d'atterrissage** : landing field. **terrains de couverture** : overburden. **terrain de recouvrement** : capping; capping mass; hanging wall. **terrain déboisé** : cutover land. **terrain découvert** : clearing. **terrain dénudé** : bare ground. **terrain disponible** : vacancy, *land never having been the subject of petroleum transactions.* **terrain ébouleux** : caving formation; loose ground. **terrain erratique** : boulder clay *(geol)*. **terrain ferme** : solid ground; solid soil. **terrain graveleux** : gravel ground. **terrain inexploité** : undeveloped land. **terrain marécageux** : moor. **terrain meuble** : loose stuff. **terrain ondulé** : rolling country. **terrain pétrolifère** : proven oil land. **terrain plat** : flat ground; level country. **terrain prouvé** : proven oil land. **terrains ravinés et arides** : badlands, *highly stream-carved topography with a fine drainage pattern and little or no vegetation.* **terrain reconnu** : proven oil land. **terrain rocailleux** : stony ground. **terrain sableux** : sandy soil. **terrain uni** : even ground. **terrain vaseux** : swamp.

terrasse *f* – bank; terrace. **terrasse alluviale** : alluvial terrace. **terrasse couplée** : matched terrace. **terrasse d'accumulation** : alluvial terrace; buildup terrace. **terrasse d'érosion** : erosion terrace. **terrasse de kamé** : kame terrace. **terrasse fluviatile** : river terrace; stream terrace. **terrasse fluvio-glaciaire** : drift terrace *(geol)*. **terrasse littorale élevée** : elevated beach. **terrasse rocheuse** : rock terrace; strath terrace, *resulting from lateral river erosion of the alluvial cover on a rocky bed.* **terrasse sous-marine** : deep-sea terrace, *bounding any sort of relief form at depths greater than 600 meters.* **terrasse tectonique** : structural terrace.

terrassement *m* – earthworks; grading; trenching.

terrasser – bank (to) up; earth (to).

terrassette *f* – terracette *(geomorph)*.

terre *f* – earth, *planet of the solar system, sometimes capitalized ; solid material of the globe distinct from air and water ; soil, an organic deposit that remains unconsololidated*; ground; land; shore. **terre à filtration** : filter clay. **terre à foulon** : fuller's earth. **terre à porcelaine** : porcelain clay; porcelain earth. **terre à remblai** : fill earth. **terre absorbante** : absorbent clay; absorbent earth. **terre activée** : activated clay. **terre activée à l'acide** : acid clay *(ref)*; acid-treated clay. **terre adsorbante** : adsorbent clay. **terre affermée** : holding, *leased land.* **terre alcaline** : alkaline earth. **terre alumineuse** : alum earth. **terre arable** : tillable earth. **terre argileuse** : argillaceous earth. **terre calcaire** : calcareous earth. **terre colloïdale** : colloidal clay. **terre cuite** : terra-cotta. **terre d'alluvions** : alluvium, *alluvial deposit*; bottomland, *low-lying land formed by alluvial deposits along a stream or around a lake basin.* **terre d'infusoires** : diatomaceous earth, *mountain meal, diatomite.* **terre d'ombre** : umber. **terre de bruyère** : peat moss. **terres de couverture** : muck. **terre de remblayage** : backfill. **terre décolorante** : bleaching clay. **terre décolorante naturelle** : natural clay. **terre ferme** : mainland. **terre filtrante** : filtering clay. **terre glaise** : loam. **terres inondables** : washlands. **terre inondée à marée haute** : tideland, *land that is under water at high tide and uncovered at low tide.* **terre marécageuse** : fen land. **terre marneuse** : marl earth. **terre noire** : black earth, *Chernozem*; muck soil, *containing at least 50% of decomposed organic matter*; topsoil. **terre rare** : rare earth. **terre végétale** : soil; topsoil; vegetable soil. **terre vierge** : virgin land. **à terre** : landed; onshore. **en terre** : earthen. **mis à terre** : grounded. **vers la terre** : landward.

terre-plein *m* – terreplein.

terrestre – onshore; terrestrial.

terreux – earthy.

terrier *m* – burrow, *a tubular hole or opening made in soft or loose sediment by a living organism, it may be straight or sinuous, horizontal or vertical.*

terrigène – terrigenous, *consisting of material eroded from the land.*

terril *m* – dump pit; heap; hillock; refuse dump. **terril de déchets** : spoil bank *(mine)*.

territoire *m* – territory.

territorial – territorial.

tertiaire – tertiary.

Tertiaire *m* – Tertiary, *first period of the Cenozoic era.* **Tertiaire récent** : late Tertiary.

tertre *m* – hillock; knoll.

Térylène *m* – Terylene, *trademark for a synthetic polyester textile fiber.*

tesla *m* – tesla, *SI unit of magnetic flux density, symbol* T.

test *m* – check; test, *see also essai.* **test de continuité** : continuity test. **test de diffusivité** : diffusivity test. **test de l'opérateur prudent** : prudent-operator standard, *a test to determine whether the lessee has breached his implied covenants.* **tests de qualité** : benchmark *(computer)*. **test de Vickers** : Vickers hardness test, *diamond-pyramid hardness test for thin hard-metal cases.* **test du rapport des variances** : variance-ratio test, *F test (stat)*. **test profond** : deep test, *in a deep exploration well.* **test saute-mouton** : leapfrog test, *a check routine that copies itself through computerized storage.* **test sélectif** : straddle test.

test *m* – test, *the hard external covering of many invertebrates.*

tester *m* – tester. **tester calibré pour essai de production** : orifice well tester. **tester de formation** : formation tester, *a device for retrieving fluid samples from an oil-bearing formation.* **tester de formation au câble** : wireline formation tester. **tester hydraulique** : hydraulic tester. **tester pour puits** : well tester. **tester pour sable productif** : sand tester, *a perforated production tubing blocked off above and below the perforations.*

tête *f* – crown; head; portal, *the entrance to or exit from a tunnel.* **tête à six pans** : hexagonal head. **tête carrée** : square head. **tête coupante** : cutting head. **tête cylindrique** : cheesehead, *a raised cylindrical head of a bolt or screw.* **tête d'agrippage** : casing-racker head. **tête d'arrachage d'un**

tubage : pulling head. **tête d'écoulement** : flow head. **tête d'effacement** : erasing head. **tête d'éruption** : Christmas tree, *see also arbre de Noël*; flow head. **tête d'éruption en pleine eau** : wet tree *(drill)*. **tête d'extinction** : sprinkler. **tête d'injecteur** : injector nipple; nozzle tip. **tête d'injection** : flushing head; straight swivel; swivel; water swivel *(drill)*. **tête d'injection de rotary** : rotary swivel *(drill)*. **tête d'injection motorisée** : power swivel, *used on a drilling rig without any rotary turntable*. **tête de colonne de production** : tubing-head spool. **tête de bielle** : big end; crank head; stub end. **tête de bielle en étrier** : box end. **tête de brûleur** : combustion head. **tête de câble** : pot head *(elec)*. **tête de cheval** : horsehead, *counterweight on a walking beam for production pumps*. **tête de cimentation** : cementing head. **tête de circulation** : circulating head, *a device attached to the casinghead so that drilling can continue even against high gas pressure and mud-circuit pressure without any danger of blowout*. **tête de clou** : nailhead. **tête de colonne de production** : tubing head. **tête de colonne pour essai de puits sous-marin** : subsea test tree (SSTT). **tête de contrôle** : control head. **tête de contrôle à haute pression** : single-wing swivel-control head *(drill)*. **tête de distillation** : first running. **tête de faille** : fault ridge, *horst*. **tête de forage sous-marine** : subsea drilling head. **tête de fraisage** : cutter head. **tête de jetée** : jetty head. **tête de lecture** : sensing head. **tête de levage** : elevator plug; lifting sub. **tête de manoeuvre des masses-tiges** : drill-collar lift nipples. **tête de mât** : masthead. **tête de mise en production** : wellhead assembly. **tête de piston** : crosshead; piston crown. **tête de pli** : head of a fold, *the upper bend of a fold*. **tête de pompe à boue** : hoghead. **tête de pose** : die head. **tête de production** : production wellhead. **tête de production au sec** : dry tree. **tête de production en pleine eau** : wet tree. **tête de production en surface** : surface tree. **tête de production mouillée** : wet tree. **tête de production sous-marine** : subsea production wellhead; subsea tree. **tête de protection** : drive cap *(drill)*. **tête de puits** : wellhead. **tête de puits au sec** : dry wellhead. **tête de puits en pleine eau** : wet wellhead. **tête de puits encapsulée** : dry wellhead. **têtes de puits groupées** : wellhead cluster. **tête de puits immergée** : underwater wellhead. **tête de puits monobloc** : compact wellhead. **tête de puits mouillée** : wet wellhead. **tête de puits sous-marine** : subsea wellhead. **tête de rivet** : rivet head. **tête de rotation** : straight swivel; swivel *(drill)*. **tête de sécurité** : safety head. **tête de sonde** : casinghead. **tête de soudage** : welding head. **tête de soupape** : valve disk; valve head. **tête de tubage** : bradenhead, *stuffing-box casinghead*; casing spool; casinghead; control head; wellhead body. **tête de tubage à doubles brides** : casinghead spool. **tête de tubage de base** : casinghead housing. **tête de tube** : drive head. **tête de vis** : screw head. **tête du cabestan** : capstan drumhead. **tête du piston** : piston head. **tête magnétique** : magnetic head. **tête magnétique mobile** : movable head. **tête multiple** : multiple head. **tête ronde** : cheesehead. **tête rotative de circulation** : rotating head, *a sealing device used in drilling operations using air, gas, foam, or any other drilling fluid whose hydrostatic pressure is less than the formation pressure*. **tête tournante** : swivel head. **vers la tête** : headward.

Téthys *f* – Tethys, *a sea situated between Laurasia and Gondwana, which developed as a result of Triassic continental rifting after an initial marine invasion*.

têtière *f* – label.

téton *m* – teat.

tétrachloréthane *m* – tetrachloroethane, *acetylene tetrachloride*.

tétrachloréthylène *m* – tetrachloroethylene, *perchloroethylene*.

tétrachlorométhane *m* – tetrachloromethane, *carbon tetrachloride*.

tétrachlorure *m* – tetrachloride. **tétrachlorure de carbone** : carbon tetrachloride. **tétrachlorure de vanadium** : vanadium tetrachloride, *catalyst*.

tétracosane *m* – tetracosane, *saturated hydrocarbon crystals insoluble in water but soluble in alcohol*.

tétradécane *m* – tetradecane, *a saturated hydrocarbon used as a solvent*.

tétraèdre *m* – tetrahedron *(cryst)*.

tétraédrique – tetrahedral.

tétraédrite *f* – fahlore *(miner)*; tetrahedrite *(miner)*.

tétrahexaèdre *m* – tetrahexahedron.

tétrahydrofuranne *m* – tetrahydrofuran *(THF)*, *tetramethylene oxide*.

tétrahydronaphtalène *m* – tetrahydronaphthalene.

tétrahydropyranne *m* – tetrahydropyran, *pentamethylene oxide*.

tétraline *f* – *see tétrahydronaphtalène*.

tétramère *m* – tetramer, *a polymer resulting from the union of four identical monomers*.

tétraméthylbenzène *m* – tetramethylbenzene, *durene, isodurene*.

tétraméthylène *m* – tetramethylene.

tétraoxyde *m* – tetraoxide. **tétraoxyde de vanadium** : vanadium tetraoxide, *catalyst*.

tétrapropylène *m* – tetrapropylene, *dodecene, propylene tetramer*.

tétravalent – quadrivalent; tetravalent.

tétrode *f* – tetrode *(electron)*.

tex *m* – tex, *a unit of linear density (mass per unit of length)*.

textile *m* – textile.

textinite *f* – textinite, *variety of huminite*.

texture *f* – contexture; fabric; grain; packing, *arrangement of particles in a matrix*; pattern *(petro)*; texture *(petro) see also structure*. **texture alvéolaire** : cell texture; honeycomb texture. **texture aplitique** : aplitic texture, *fine-grained texture*. **texture arénacée** : arenaceous texture. **texture argileuse** : argillaceous texture. **texture bréchoïde** : brecciated texture. **texture cellulaire** : cell texture. **texture concretionnée** : concretionary texture. **texture cornéenne** : hornfels texture *(petro)*. **texture déformée** : deformation texture *(petro)*. **texture dendritique** : dendritic texture. **texture des roches zonées** : streaked texture. **texture du cake de filtration** : filter-cake texture, *the physical properties of a cake measured by its consistency and elasticity*. **texture en chevrons** : herringbone texture *(petro)*. **texture en peigne** :

comb texture. **texture en rosette** : rosette texture *(geol)*. **texture engrenée** : serrate texture. **texture fenestrée** : lattice texture. **texture fibreuse** : linear foliation. **texture foliacée** : foliated texture. **texture globulaire** : globular texture. **texture glomérophyrique** : cumulophyric texture. **texture granitique** : granitic texture. **texture granoblastique** : granoblastic texture; granulose texture. **texture granulaire** : granule texture. **texture homogène** : homogeneous texture. **texture hyaline** : hyaline texture *(petro)*. **texture intercalaire** : intercalated texture. **texture intersertale** : intercalated texture; intersertal texture. **texture marginale** : marginal texture *(geol)*. **texture massive** : massive texture. **texture microfluidale** : microfluidal texture *(petro)*. **texture micrographique** : micrographic texture. **texture nématoblastique** : nematoblastic texture *(petro)*. **texture oolitique** : oolitic texture. **texture perlitique** : perlitic texture. **texture pétrosiliceuse** : felsitic texture *(petro)*. **texture porphyroblastique** : porphyroblastic texture *(petro)*. **texture pséphitique** : psephitic texture *(petro)*; rudaceous texture *(petro)*. **texture relique** : relict texture *(miner)*. **texture rubanée** : banded texture. **texture saccharoïde** : saccharoidal structure *(petro)*. **texture schisteuse** : cleavage structure. **texture symplectique** : symplectic texture *(petro)*. **texture veinée** : veined texture. **texture vitreuse** : glassy texture.

TGTB – VLCC, *abbr. of très grand transporteur de brut: very large crude carrier.*

thalassocratique – thalassocratic, *referring to a period of high sealevel in the geologic past.*

thallium *m* – thallium, *symbol Tl.*

thalweg *m* – *see talweg.*

thanatocénose *f* – thanatocoenosis, *a set of fossils of the same biotope brought together after their death by sedimentary processes rather than having originated there collectively.*

Thanétien *m* – Thanetian, *uppermost Paleocene stage.*

thécamoebien *m* – thecamoebian *(pal)*.

thème *m* – play, *a potential oil or gas region.*

théodolite *m* – theodolite.

théorème *m* – theorem. **théorème de Bayes** : Bayes theorem, *on conditional probability.* **théorème de Bernoulli** : Bernoulli's theorem, *the sum of the pressure, potential energy and kinetic energy is a constant for an incompressible fluid flowing through a tube.* **théorème de l'échantillonnage** : sampling theorem. **théorème de réciprocité** : reciprocity theorem. **théorème de Shannon** : Shannon sampling theorem. **théorème de W. Thomson** : Kelvin's circulation theorem, *of a perfect fluid.* **théorème du viriel** : virial theorem, *the virial of a system is equal to the average kinetic energy of the system.*

théorie *f* – theory. **théorie anticlinale** : anticlinal theory, *proposing that oil and gas tend to accumulate in anticlinal structures.* **théorie cataclysmique** : catastrophism *(geol)*. **théorie cinétique des gaz** : kinetic theory of gases. **théorie d'Abbe** : Abbe theory, *for a lens to produce a true image.* **théorie de jauge** : gauge theory *(phys)*. **théorie de l'expansion de la Terre** : expanding Earth, *a theory that the diameter of the Earth has grown larger during recorded geologic time.* **théorie de la contraction** : shrinkage theory *(geol)*. **théorie de la décision** : decision theory, *general concepts and techniques describing and rationalizing decision making.* **théorie de la non propriété** : nonownership theory, *according to which no person owns oil and gas until it is produced, but that the right to produce is limited to the owner(s) of the land on which a well may be drilled.* **théorie de la propriété qualifiée** : qualified ownership theory, *stating that landowners of tracts overlying a producing formation have correlative rights in the formation, a theory that is applicable in four of the leading producing states in the U.S.A.* **théorie de la teneur en carbone** : carbon-ratio theory, *the hypothesis that the specific gravity of oil varies inversely with the carbon ratio of associated coals, and as the percentage of fixed carbon in coal increases through metamorphism, the oil becomes lighter.* **théorie de Milankovitch** : Milankovitch theory, *astronomical theory of glaciation.* **théorie de transmutation** : transmutation theory *(geol)*. **théorie des cascades** : cascade theory. **théorie des déformations infiniment petites** : infinitesimal-strain theory, *in Hooke's domain.* **théorie des ensembles** : theory of aggregates *(math)*; theory of sets. **théorie des files d'attente** : queuing theory. **théorie des graphes** : graph theory *(math)*. **théorie des jeux** : game theory *(math)*. **théorie des perturbations** : perturbation theory, *a method of obtaining approximate solutions to problems by using equations that differ only very slightly from equations that cannot be solved.* **théorie des quanta** : quantum theory. **théorie du remplacement** : replacement theory, *a theory concerning the migration of crude oil, according to which the oil in place in a source rock is driven out and replaced by an equal volume of water.* **théorie du signal** : signal theory, *when a relatively pure signal is transmitted from a source through a medium and is received together with superfluous information called noise, and the problem lies in separating the signal from the noise to find the original signal.* **théorie inorganique, théorie minérale** : inorganic theory; mineral theory, *a theory holding that petroleum is of mineral origin.* **théorie monodynamique** : monodynamism *(geol)*. **théorie organique** : organic theory, *of the origin of oil.* **théorie physique** : physical theory. **théorie végétale** : terrestrial-vegetation theory, *according to which oil was formed by the pressurized distillation of coal- and lignite-containing matter.*

théorique – theoretical.

thèque *f* – theca, *echinoderm skeleton made up of calcareous plates.*

théralite *f* – theralite, *a group of mafic plutonic rocks, also any rock in that group.*

therm *m* – therm, *a unit of heat energy equal to 100,000 Btu.*

thermal – thermal.

thermicien *m* – heat engineer.

thermie *f* – thermie, *an obsolete unit of heat of energy, 1 th = 4.1855 MJ.*

thermion *m* – thermion, *negative or positive charged particle emitted by a heated body.*

thermionique – thermionic.
thermique – thermal; thermic.
thermistance *f* – thermistor, *a resistive circuit component in which resistance decreases as temperature increases.*
thermite *f* – thermite, *a mixture of powdered aluminum and ferric oxide used to soften steel or as an incendiary bomb.*
thermoaréomètre *m* – thermohydrometer.
thermobalance *f* – thermobalance. **thermobalance à vide** : vacuum thermobalance.
thermochimie *f* – thermochemistry.
thermochimique – thermochemical.
thermoclastie *f* – thermal weathering.
thermocline *f* – metalimnion; thermocline, *a vertical temperature gradient in some layer of the ocean water which is appreciably greater than the gradient above and below it.*
thermocompresseur *m* – thermocompressor, *a heat pump designed to receive steam at two different pressures so as to produce an intermediate pressure with maximum economy.*
thermocontact *m* – thermoswitch.
thermocouple *m* – thermocouple.
thermodiffusion *f* – thermal diffusion.
thermodurcissable – thermosetting.
thermodynamique *f* – thermodynamics. **thermodynamique chimique** : chemical thermodynamics.
thermodynamique – thermodynamic.
thermoélasticité *f* – thermoelasticity.
thermoélectricité *f* – thermoelectricity.
thermoélectrique – thermoelectric.
thermoforage *m* – jet piercing, *a drilling method using a special oxygen-kerosine fed blowpipe to melt very hard rocks in order to drill ahead.*
thermoformage *m* – thermoforming.
thermographie *f* – thermal photography; thermography.
thermogravimétrie *f* – thermogravimetric analysis; thermogravimetry. **thermogravimétrie différentielle** : differential thermogravimetry.
thermogravimétrique – thermogravimetric.
thermohalin – thermohaline.
thermokarst *m* – thermokarst.
thermolabile – thermolabile.
thermoluminescence *f* – thermoluminescence.
thermolyse *f* – thermolysis.
thermomagnétique – thermomagnetic.
thermométallurgie *f* – thermometallurgy.
thermométamorphisme *m* – thermometamorphism.
thermomètre *m* – thermometer. **thermomètre à alcool** : alcohol thermometer; spirit thermometer. **thermomètre à azote** : nitrogen-gas thermometer. **thermomètre à bilame** : bimetallic thermometer. **thermomètre à cadran** : dial thermometer. **thermomètre à contact électrique** : electric-contact thermometer. **thermomètre à distance** : distance-reading thermometer. **thermomètre à gaz** : gas thermometer. **thermomètre à haute résolution** : high-resolution thermometer. **thermomètre à maximum** : maximum thermometer. **thermomètre à maximum et à minimum** : maximum-and-minimum thermometer. **thermomètre à mercure** : mercury thermometer. **thermomètre à minimum** : minimum thermometer. **thermomètre à poids** : weight thermometer. **thermomètre à renversement** : reversing thermometer *(ocean)*. **thermomètre à résistance** : resistance thermometer. **thermomètre à résistance sonique** : sonic thermometer. **thermomètre à tension de vapeur** : vapor-pressure thermometer. **thermomètre à thermocouple** : thermocouple thermometer, *a differential thermometer for recording high temperatures.* **thermomètre avertisseur** : alarm thermometer. **thermomètre bimétallique** : bimetallic thermometer. **thermomètre chimique** : chemical thermometer. **thermomètre de Beckmann** : Beckmann thermometer, *sensitive thermometer for measuring small temperature differences.* **thermomètre de fond** : bottomhole thermometer. **thermomètre de Réaumur** : Reaumur thermometer. **thermomètre enregistreur** : recording thermometer. **thermomètre géologique** : geologic thermometer. **thermomètre humide** : wet-bulb thermometer. **thermomètre magnétique** : magnetic thermometer.
thermométrie *f* – temperature well logging *(drill)*; thermometry.
thermométrique – thermometric.
thermonucléaire – thermonuclear.
thermophile – *see bactéries thermophiles.*
thermopile *f* – thermopile.
thermoplaste *m* – thermoplastic, *a high polymer that softens when exposed to heat*; thermoplastic resin.
thermoplasticité *f* – thermoplasticity.
thermoplastique – thermoplastic.
thermoplongeur *m* – immersion heater.
thermoprotecteur – thermoprotective.
thermorégulateur *m* – thermoregulator.
thermorégulation *f* – thermoregulation. **thermorégulation de l'eau de refroidissement du radiateur** : thermostatic radiator control.
thermorémanence *f* – thermoremanent magnetization.
thermorémanent – thermoremanent.
thermorétractable – heat shrinkable.
thermosiphon *m* – thermosiphon.
thermosphère *f* – thermosphere, *atmospheric zone extending from the top of the mesosphere to outer space and characterized by steadily increasing temperature with altitude.*
thermostable – heat resistant; thermostable.
thermostat *m* – thermostat.
thermostatique – thermostatic.
thermoviscosité *f* – thermoviscosity.
thésaurisation *f* – hoarding.
THF – THF, *abbr. tétrahydrofuranne: tetrahydrofuran.*
thiazole *m* – thiazole, *used as an intermediate for fungicides and dyes and as a vulcanization accelerator.*
thigmotactique – thigmotactic.
thio – thio, *a prefix characterizing a compound containing 1 atom of sulfur, often in place of 1 atom of oxygen.*
thioacétamide *m* – thioacetamide.
thioacétique – thioacetic.
thiocarbamide *m* – thiocarbamide, *see thio-urée.*
thioéther *m* – thioether.
thiofuranne *m* – thiofuran, *see thiophène.*

thioglycolique – thioglycolic.
thiol *m* – thiol, *another name for mercaptan.*
thiomalique – thiomalic *(chem).*
thiophène *m* – thiophene, *thiofuran, a cyclic monosulfur.*
thio-urée *f* – thiourea, *thiocarbamide.*
thixotrope – thixotropic.
thixotropie *f* – thixotropy, *decrease in consistency of a gel as the result of shearing and its return to the gel form when at rest.*
tholéiite *f* – tholeiite, *subalkaline basalt.*
tholéiitique – tholeiitic.
Thomas – Thomas, *see acier Thomas, convertisseur Thomas.*
Thompson – Thompson, *see machine Thompson.*
Thomson – Thomson, *see coefficient de Thomson, effet Thomson.*
thomsonite *f* – thomsonite, *natural zeolite.*
thorium *m* – thorium, *symbol Th.*
Thornburgh – Thornburgh, *see méthode de Thornburgh.*
thoron *m* – thoron, *radon-220, symbol Tn.*
thréonine *f* – threonine, *alpha-amino-beta-hydroxybutyric acid.*
thulium *m* – thulium, *symbol Tm.*
Thuringien *m* – Thuringian, *Upper Permian stage.*
thyratron *m* – thyratron, *a hot-cathode gas-filled tube.*
thyristor *m* – thyristor.
tidal – tidal.
tidalite *f* – tidalite, *a sediment deposited by tidal currents.*
tiède – cool; lukewarm.
tiédir – cool (to).
tiers-point *m* – triangular file.
Tiffanien *m* – Tiffanian, *Middle Paleocene stage.*
tige *f* – pipe; shank; stem; stick. **tige à extrémités refoulées** : upset pipe, *with reinforced ends.* **tige à joints lisses** : flush-joint drillpipe. **tige à refoulement** : upset drillpipe. **tige carrée** : square kelly. **tige coincée** : stuck pipe. **tige creuse** : hollow rod. **tige d'accélération** : hurry-up stick *(drill).* **tige d'ancrage** : tie rod. **tige d'avancement** : advance rod. **tige d'entraînement** : kelly, *square, octagonal, hexagonal*; pull rod. **tige d'entraînement octogonale** : octagonal kelly. **tige de commande** : control rod; pull line, *rod linking a pump to the central pumping mechanism*; shackle line. **tige de commande de frein** : brake control rod. **tiges de commande de puits** : jack lines, *rods or cables operating several wells from a central power plant.* **tige de commande des soupapes** : digger, *internal-combustion engine.* **tige de connexion** : connecting rod. **tige de contact** : dowel. **tige de direction** : guide rod. **tige de flotteur du carburateur** : carburetor float spindle. **tige de forage** : drill rod; drillpipe. **tige de forage à filetage à gauche** : left-hand drillpipe. **tige de forage à refoulement externe** : external-upset drillpipe. **tige de forage à refoulement intérieur** : internal-upset drillpipe. **tige de forage coincée** : frozen drillpipe; stuck drillpipe. **tige de forage lourde** : heavyweight drillpipe (HWDP). **tige de forage refoulée** : upset drillpipe. **tige de forage usagée** : used drillpipe. **tige de jauge** : gage rod. **tige de jaugeage par le creux** : wantage rod. **tige de jonction** : pull rod, *the connection between pumping jacks on several wells and the central pump.* **tige de l'excentrique** : eccentric rod. **tige de lin** : flax stalk, *plugging agent for drilling mud.* **tige de maïs** : corn stover. **tige de manoeuvre** : valve rod. **tige de mise à la terre** : ground rod. **tige de piston** : piston rod. **tige de piston secondaire** : tail rod, *a false piston rod projecting through the cylinder head of a large engine to support the heavy piston.* **tige de pompage** : pumping rod; sucker rod. **tige de pompe** : pump rod; pump tree. **tige de poussée** : rod push. **tige de poussoir** : lifter rod. **tige de production** : *see tube de production.* **tige de rallonge** : adjusting rod *(drill).* **tige de sonde** : bore rod; boring bar; boring rod. **tige de soupape** : slide-valve rod; valve rod. **tige de suspension** : hanger. **tige de suspension d'un ressort à lame** : string hanger. **tige de tiroir** : slide-valve rod, *steam engine.* **tige de traction** : pull rod. **tige du flotteur** : float needle. **tige du thermomètre** : thermometer stem. **tige faussée** : bent rod. **tige filetée** : stud bolt. **tige graduée** : dividing rod. **tige hexagonale** : hexagonal kelly. **tige lisse** : flush pipe. **tige nue** : open-ended drillpipe. **tige pleine** : rod. **tige polie** : polished rod, *the topmost part of a string of a sucker-rod pump that runs through the stuffing box*; slip stick *(drill)*; staff, *of a pump.* **tige poussoir** : push rod. **tige rallongée** : extension stem. **tige sonore** : acoustic rod. **tige souple** : flexible pipe. **tige voleuse** : thief rod, *a sampling pipet used in a tank.*
Tiglien *m* – Tiglian, *Upper Pliocene stage.*
till *m* – till, *unsorted and unstratified drift deposited by and underneath a glacier without subsequent reworking by meltwater.*
tillite *f* – tillite, *a consolidated sedimentary rock formed by compaction of glacial till.*
timbrage *m* – stamping.
timbre *m* – maximum allowable working pressure (MAWP); stamp; timbre, *of a sound.* **timbre à date** : date stamp. **timbre fiscal** : revenue stamp.
timbré – stamped.
Timken – Timken, *see essai d'usure, machine, résistance du film d'huile Timken.*
timon *m* – drawbar.
timonerie *f* – steering; linkage. **timonerie de frein** : brake linkage.
tintement *m* – clink.
tintomètre *m* – tintometer. **tintomètre de Lovibond** : Lovibond tintometer, *for determining the color of petroleum products.*
tir *m* – firing; shooting *(seis)*; shot. **tir à distance** : remote firing. **tir à pétards** : snakeholing. **tir au canon à gaz** : gas-gun shooting *(seis).* **tir au centre** : split-spread shooting; straddle shot. **tir au pendage** : dip shooting; strike-dip work *(seis).* **tir au pigeon** : turkey shoot, *comparison of the result of recording with two or more sets of instruments simultaneously under the same field conditions.* **tir d'échantillonnage** : sample shot. **tir d'étalonnage** : uphole shooting. **tir dans l'eau** : water shooting. **tir dans une boule** : cage shooting, *Flexotir.* **tir de bruit** : noise analysis *(seis)*; noise test; wave test. **tir de calage** : check shot, *for acoustic logging.* **tir de corrélation** : correlation shooting *(seis).* **tir de décollage** : get-away shot, *formation testing.* **tir de détail** : detail

shooting *(seis)*. **tir de fermeture** : seal shot, *production testing.* **tir de miniréfraction** : poop shot. **tir de petite réfraction** : weathering shot. **tir de position** : position shooting. **tir de profondeur** : depth shooting *(seis)*. **tir de réflexion** : reflection shooting. **tir de réfraction** : refraction shooting. **tir de réfraction miniature** : poop shot; short shot. **tir de vitesse** : surface velocity profiling, *a seismic reflection method for calculating the velocity down to seismic horizons by the curve of the wave paths*; velocity profile; velocity shooting; velocity survey. **tir de zone altérée** : weathering shot, *the recording of seismic refraction information about shallow surface layers, i.e. the weathered layer.* **tir déplacé** : skidded shot. **tir déporté** : lateral-offset shooting; offset shooting; offset shot; skidded shot. **tir direct** : direct shot, *when recording in two opposite directions on the same seismic-refraction profile, one of the two sets of shots is said to be direct and the other reverse.* **tirs direct et inverse** : reverse control; two-way control. **tir électrique** : electric firing. **tir élémentaire** : subshot. **tir en amont-pendage** : updip shooting. **tir en arc** : arc shooting *(seis)*. **tir en bout** : end-on shooting; off-end shooting. **tir en couverture multiple** : roll-along shooting. **tir en croix** : cross-spread shooting. **tir en éventail** : fan shooting, *a seismic refraction method in which the detectors are laid out in a fan pattern around the shotpoint.* **tir en l'air** : air shooting *(seis)*. **tir en mer** : offshore shooting. **tir en nappe** : multiple shot *(seis)*; pattern shooting. **tir en profil** : profile shooting. **tir en surface** : surface shooting. **tir en zone altérée** : uphole shooting *(seis)*. **tir enterré** : subsurface shooting. **tir géométrique** : pattern shooting. **tir inverse** : reverse shot, *see tir direct.* **tir multiple** : multiple shot *(seis)*. **à tirs multiples** : multishot. **tir organisé** : pattern shooting, *firing explosive charges arranged in a specific pattern to make seismic recordings.* **tir par-dessous** : undershooting. **tir par en-dessous** : shooting under. **tir par radio** : radio firing. **tir parallèle** : parallel shot *(seis)*. **tir Poulter** : Poulter method, *air shooting.* **tir raté** : misfire, *perforating.* **tirs réciproques** : reverse control *(seis)*. **tir-réfraction radial** : radial refraction. **tir sismique** : seismic shooting. **tir sismique multiple en série** : multiple-sequential seismic shooting. **tir vertical** : vertical shooting. **tir vitesse** : *see tir de vitesse.* **tir WZ** : weathering shot. **tir WZ vertical** : uphole shooting.

tirage *m* – blasting; draft; drag; draw; firing; hard copy; printing; pull. **tirage artificiel** : forced draft. **tirage de cheminée** : chimney draft. **tirage forcé** : forced draft. **tirage induit** : induced draft, *by suction.* **tirage inférieur** : downdraft. **tirage mécanique** : mechanical draft. **tirage naturel** : natural draft. **tirage par aspiration** : exhaust draft. **tirage par contact** : contact printing *(photo)*.

tirant *m* – stay bolt; stretcher; tie; tie bar, *tie rod.* **tirant d'air** : air gap; headroom; overhead clearance. **tirant d'eau** : draft. **tirant d'eau d'échantillonnage** : scantlings draft. **tirant d'eau de survie** : survival draft, *drilling platform.* **tirant d'eau de transit** : transit draft. **tirant théorique d'un four** : theoretical draft, *of a furnace.* **tirant transversal** : crosstie.

tire-bouchon *m* – corkscrew; rope worm, *for fishing out broken wireline.*

tirefond *m* – eyebolt; lag screw.

tire-ligne *m* – drawing pen; ruling pen.

tirer – drag (to); draw (to); draw (to) out; fire (to) off; haul (to); ignite (to); pull (to); shoot (to). **tirer sur un tube coincé** : pull (to) on stuck pipe. **tirer trop court ou trop long** : overshoot (to) *(seis)*.

tireuse *f* – printer *(photo)*.

tiroir *m* – drawer; slide valve; slot, *a compoment of a frame system that acts as a residence for an attribute*; tray. **tiroir à coquille** : three-port slide valve, *steam engine.* **tiroir à déplacement parallèle** : parallel-slide gate valve. **tiroir à trois ouvertures** : three-port slide valve. **tiroir cylindrique** : piston valve. **tiroir de détente** : cutoff valve. **tiroir de soutirage** : weir box.

tissé – woven.

tissu *m* – cloth; fabric; tissue; web. **tissu d'amiante** : asbestos cloth. **tissu filtrant** : filtering cloth. **tissu non tissé** : nonwoven fabric.

titanate *m* – titanate.

titane *m* – titanium, *symbol Ti.*

titaneux – titanous.

titanifère – titaniferous.

titanite *f* – titanite, *sphene.*

titanomagnétite *f* – titanomagnetite *(miner)*.

Tithonique *m* – Tithonian, *Lower Cretaceous stage and Portlandian.*

titillateur *m* – tickler, *of a carburetor.*

titrage *m* – titer; titration. **titrage conductimétrique** : conductometric titration. **titrage coulométrique** : coulometric titration. **titrage du brut** : crude assay, *for determining the general distillation characteristics of crude oil.* **titrage en retour** : back titration. **titrage par défaut** : undertitration. **titrage par oxydoréduction** : redox titration. **titrage radiométrique** : radiometric titration.

titre *m* – assay; claim; fineness, *of a noble metal*; strength; titer, *concentration of a dissolved substance in a solution as shown by titration*; title, *of a book.* **titre abrégé** : catch title. **titre alcoométrique** : alcohol strength. **titre d'or** : fineness of gold. **titre d'une concession de terrain** : land patent. **titre de concession** : claim license *(mine)*. **titre de prêt** : loan certificate. **titre hydrotimétrique (TH)** : water hardness.

titrer – assay (to); titrate (to).

titres *m* – security, *legal document indicating right to property, such as stocks, bonds, convertibles, commodities, contracts, etc.*

titrimétrie *f* – titrimetry.

titulaire *m* – holder. **titulaire du permis** : permit holder.

TL – TL, *abbr. thermoluminescence.*

TLE – LET, *abbr. of transfert linéique d'énergie: linear energy transfer.*

TLF – CFPP, *abbr. température limite de filtrabilité: cold filter-plugging point.*

TNR – NRR, *abbr. taux net de reproduction: net reproduction rate.*

TNT – TNT, *abbr. of trinitrotoluène: trinitrotoluene.*

Toarcien *m* – Toarcian, *Lower Jurassic stage.*

tobermorite *f* – tobermorite, *a hydrated calcium silicate.*

toboggan *m* – chute; toboggan. **toboggan de secours** : escape boom.
toc *m* – dog, *of a lathe.*
todorokite *f* – todorokite, *a black spongy banded and reniform mineral aggregate.*
Toeplitz – Toeplitz, *see caractère de Toeplitz.*
toile *f* – fabric; web. **toile à bâche** : canvas. **toile à calque** : tracing cloth. **toile caoutchoutée** : friction cloth; rubberized cloth. **toile cirée** : enamel cloth; oil cloth; tarpaulin. **toile d'araignée** : spiderweb. **toile d'émeri** : emery cloth. **toile de pneumatique** : tire casing. **toile de tamis** : screen cloth. **toile de tente** : canvas. **toile émeri** : abrasive cloth. **toile filtrante** : filter cloth. **toile huilée** : oil fabric. **toile imperméable** : waterproof cloth. **toile métallique** : gauze; lattice; metal gauze; metallic cloth; wire cloth. **toile métallique amiantée** : asbestos iron wire gauze. **toile métallique filtrante** : metallic filter cloth.
toit *m* – ridge; roof; superface, *the top of a stratum.* **toit conique** : cone roof. **toit d'une couche** : top of a bed. **toit d'une formation** : top of a formation. **toit de derrick** : derrick roof. **toit de faille** : hanging wall. **toit du réservoir** : superincumbent stratum. **toit ébouleux** : loose roof *(geol)*. **toit en dents de scie** : sawtooth roof, *workshops, hangars.* **toit flottant** : floating deck; floating roof, *on a storage tank.* **toit flottant à double pont** : double-deck floating roof. **toit flottant à ponton** : pontoon-type floating roof. **toit imperméable** : confining layer. **toit respirant** : breather roof, *of a tank.*
toiture *f* – roofing.
tolane *m* – tolane, *diphenylacetylene.*
tôle *f* – plate; sheet; sheet metal. **tôle d'acier** : sheet steel. **tôle d'enveloppe** : mantle sheet iron, *of a blast furnace.* **tôle d'usure** : wearing plate. **tôle de chaudière** : boiler plate. **tôle de chicane** : baffle plate. **tôle de couverture** : sheeting. **tôle de cuivre** : copper plate. **tôle de fer** : sheet iron. **tôle emboutie** : dished plate. **tôle étirée** : drawn sheet. **tôle forte** : plate iron. **tôle galvanisée** : galvanized sheet. **tôle laminée** : rolled plate. **tôle latérale** : girth sheet, *used to make up the sides of a boiler or furnace.* **tôle ondulée** : corrugated iron; corrugated sheet iron; dished plate. **tôle plombée** : terneplate. **tôle pour tubes** : skelp. **tôle souple** : flexible plate.
tolérance *f* – allowance; tolerance. **tolérance d'épaisseur des parois de tubes** : wall-thickness tolerance *(drill)*. **tolérance d'inaction** : error tolerance, *concerning safety, the time during which human inaction or erroneous action may be tolerated.* **tolérance de pertes par transport** : tender allowance, *for transportation losses resulting from evaporation and other causes, usually equal to 1% of the tender; see also freinte de route.*
tolérant – robust *(computer)*.
toléré – permissible.
tôlerie *f* – steel work.
toluène *m* – toluene, *toluol, methylbenzene, phenylmethane.* **toluène pour nitration** : nitration-grade toluene. **toluène qualité industrielle** : industrial-grade toluene. **toluène qualité titrage** : titration-grade toluene.
toluique – toluic.
toluol *m* – toluol, *toluene.*
tombé – dropped.
tombée *f* – drop.
tomber – depress (to); fall (to); topple (to). **faire tomber** : drop (to). **tomber à la renverse** : fall (to) over. **tomber en efflorescence** : effloresce (to). **tomber en panne** : break (to) down. **tomber goutte à goutte** : dribble (to); drip (to); drop (to).
tombereau *m* – dumper; tipcart; truckload.
tombolo *m* – tombolo, *a gravel or sand bar connecting an island with another piece of land.*
tomographie *f* – tomography, *sectional radiography used to determine velocity and reflectivity distribution from a multitude of observations using combinations of source and receiver locations.* **tomographie acoustique** : acoustic tomography. **tomographie de réflexions** : reflection tomography. **tomographie laser** : laser tomography. **tomographie puits-à-puits** : crosshole tomography, *borehole-to-borehole measurements.* **tomographie sismique** : seismic tomography.
ton *m* – tone.
tonalité *f* – tonality. **tonalité chromatique** : hue.
tondeuse *f* – mower; tong.
Tongrien *m* – Tongrian, *Lower Oligocene stage.*
tonnage *m* – tonnage. **tonnage brut** : gross tonnage. **tonnage de port en lourd (tpl)** : deadweight tonnage (dwt). **tonnage désarmé** : idle shipping. **tonnage en lourd** : *see tonnage de port en lourd.* **tonnage en service** : active shipping. **tonnage net** : register tonnage.
tonne *f* – ton; tonne, *unit of mass equal to 1000 kg, symbol* t. **tonne anglaise** : long ton, *equal to 1016.047 kg.* **tonne courte** : net ton; short ton, = *907.185 kg.* **tonne d'essai** : assay ton. **tonnes équivalent charbon (tec)** : tons coal equivalent (tce). **tonnes équivalent pétrole (tep)** : tons oil equivalent (toe). **tonne forte** : gross ton; long ton, = *1016.047 kg.* **tonne métrique** : metric ton, tonne = *1000 kg.*
tonneau *m* – barrel; bowl; cask; hogshead. **tonneau d'affrêtemet** : freight ton. **tonneau d'encombrement** : freight ton, *unit of volume equal to 40* ft^3. **tonneau de déplacemnt** : displacement ton. **tonneau de jauge international** : register ton = *2.831* m^3 *or 100* ft^3.
tonnelet *m* – drum; keg.
tonnerre *m* – thunder.
tonstein *m* – tonstein, *argillaceous rock containing kaolinite.*
tonture *f* – camber.
top *m* – beep, *short tone signal.* **top d'écho** : blip *(radar)*.
topochimique – topochemical.
topographe *m* – planner; surveyor.
topographie *f* – topography. **topographie karstique** : karst topography. **topographie sous-marine** : submarine topography.
topographique – topographic; topographical.
topo-isostatique – topoisostatic.
toposéquence *f* – toposequence *(pedol)*.
topotype *m* – topotype *(ecol)*.
tor *m* – tor *(geomorph)*.
Toran – Toran, *tradename for an electrical radiopositioning system.*
torbanite *f* – torbanite, *a boghead coal.*

torchage *m* – flaring, *burning off unwanted or surplus gas*.
torche *f* – bleeder pipe; flare; flare bleeder; gas flare; torch. **torche à plasma** : plasma torch.
torchère *f* – flare, *see also torche.* **torchère articulée** : articulated flare platform.
tordre – wrench (to).
tordu – twisted.
tore *m* – doughnut; toroid *(geom)*; torus.
tornade *f* – tornado; twister.
toroïdal – toroidal.
toron *m* – ply; rope strand; strand. **toron à fils métalliques** : wire strand. **toron d'un câble** : cable strand. **toron métallique** : wire strand. **toron plat** : flattened strand.
toronnage *m* – lay; stranding. **toronnage à droite** : right lay. **toronnage à gauche** : left lay. **toronnage normal** : regular lay, *of cables.*
toronné – stranded.
toronneuse *f* – stranding machine.
torpillage *m* – shooting, *a production-stimulation method, now supplanted by hydraulic fracturing, but still used in shallow formations*; torpedoing. **torpillage à la nitroglycérine** : nitroshooting.
torpille *f* – shell; squib; torpedo.
torr *m* – torr, *a unit of pressure, 1 torr = 133.32 Pa.*
torrent *m* – mountain stream; ravine stream; torrent. **torrent glaciaire** : glacial stream.
torrentiel – torrential.
torsade *f* – torsade.
torsadé – twisted.
torseur *m* – twistor *(math)*.
torsiomètre *m* – torsiometer, *used to measure power transmitted by a rotating shaft.*
torsion *f* – torsion; twist; twisting. **de torsion** : torsional.
tortillement *m* – kink.
tortiller – twist (to).
Tortonien *m* – Tortonian, *Upper Miocene stage.*
tortuosité *f* – tortuosity.
total *m* – total. **total de contrôle** : control total. **total des engagements** : aggregate liability.
totalisateur *m* – stroke counter, *pump.*
touage *m* – towage.
touche *f* – digit; key, *on a keyboard.* **touche de collecteur** : commutator bar. **touche de fonction** : function key, *on a computer console.*
touer – kedge (to).
toundra *f* – tundra, *treeless plain of arctic regions.*
tour *f* – tower, *for refining see also colonne.* **tour à coke** : coke drum. **tour à copeaux** : shaving scrubber, *for gas scrubbing.* **tour à garnissage** : packed tower. **tour à plateaux** : tray tower, *tray column.* **tour atmosphérique** : atmospheric tower. **tour balise** : beacon tower. **tour catalytique** : catalytic tower. **tour combinée** : combination tower, *for simultaneously performing topping and fractionating operations after cracking.* **tour d'arrosage** : trickling tower. **tour d'égouttage** : drainer. **tour d'épuration** : wash tower. **tour d'évaporation** : evaporator tower. **tour d'extinction** : quenching tower, *for coke.* **tour d'extraction** : extraction tower. **tour de contact** : packing tower, *for controlling and removing gaseous pollutants by different packings*; treating tower, *in a solvent-treatment unit.* **tour de dégazage** : degassing tower. **tour de déshydratation** : dehydration tower. **tour de détente** : flash tower. **tour de forage** : derrick; rig; well rig. **tour de forage mobile** : skid rig, *skid-mounted for movement from one site to another.* **tour de forage protégée** : enclosed derrick, *to reduce noise and other harmful effects.* **tour de fractionnement** : fractionating tower. **tour de fractionnement à calottes** : bubble tower, *a fractionating tower in which vapors rise up through a series of plates or trays containing bubble caps so that the less volatile portions condense and drop down to the next lower plate and ultimately back into the reboiler.* **tour de fractionnement atmosphérique** : atmospheric fractionating tower. **tour de fractionnement secondaire** : afterfractionating tower *(ref)*. **tour de lavage** : column scrubber; scrubber tower; wash tower; washing tower. **tour de lavage à la soude caustique** : caustic-wash tower. **tour de lavage du gaz** : tower scrubber. **tour de lavage pour naphta** : naphtha scrubber. **tour de pastillage** : prilling tower. **tour de pompage** : pumping derrick, *as opposed to a drilling derrick.* **tour de rectification** : stripping tower. **tour de recyclage** : rerunning still. **tour de réfrigération** : cooling tower. **tour de réfrigération à tirage induit** : induced-draft cooling tower. **tour de réfrigération à tirage naturel** : natural-draft cooling tower. **tour de refroidissement à écoulement pelliculaire** : film-cooling tower. **tour de refroidissement à pluie d'eau** : drop-cooling tower. **tour de refroidissement à pulvérisation** : spray-cooling tower. **tour de refroidissement à tirage forcé** : forced-draft cooling tower. **tour de refroidissement atmosphérique** : atmospheric cooling tower. **tour de régénération de la soude caustique** : caustic regeneration tower. **tour de ruissellement** : scrubber tower, *a packed tower in which scrubbing liquid is sprayed while the gas to be purified flows through the tower in the opposite direction*; spray tower. **tour de séchage** : tower drier. **tour de séparation** : splitter tower. **tour de séparation du brut** : crude still. **tour de soufflage des bitumes** : blowing still. **tour de stabilisation** : stabilizer tower. **tour élévatrice à béton** : concreting tower. **tour garnie** : packed tower *(ref)*. **tour solaire** : solar tower. **tour sous vide** : vacuum tower. **tour tubulaire** : tower still.
tour *m* – lathe, *a machine tool.* **tour à banc rompu** : gap lathe. **tour à fileter** : screw-cutting lathe. **tour à meules d'émeri** : emery grinder. **tour à pédale** : treadle lathe. **tour à revolver** : capstan lathe. **tour à tourelle revolver** : turret lathe. **tour parallèle** : engine lathe, *having a headstock of the back-geared cone-driven type.*
tour *m* – revolution; spire; turn. **tour d'enchères** : round of bidding. **tours par minute (tr/min)** : revolutions per minute (rpm or r/min). **tours par seconde (tr/s)** : revolutions per second (rps or r/s).
tourbe *f* – peat; sludge; turf. **tourbe altérée** : amorphous peat, *in which degradation of cellulose matter has destroyed the original plant structures.* **tourbe calcique** : calcareous peat. **tourbe comprimée** : pressed peat. **tourbe eutrophe** : eutrophic peat. **tourbe fibreuse** : fibrous peat, *woody*

peat. **tourbe grasse** : bituminous peat. **tourbe lacustre** : limnic peat. **tourbe mésotrophe** : mesotrophic peat. **tourbe oligotrophe** : oligotrophic peat.

tourbière *f* – bog; peat bog; turf moor; wet moor. **tourbière exploitée** : turf pit. **tourbière haute** : high moorland.

tourbification *f* – peat formation.

tourbillon *m* – eddy; swirl; vortex, *a rectilinear vortex.* **tourbillon d'eau** : whirlpool. **tourbillon de poussière** : whirlwind of dust. **tourbillon de vent** : whirlwind.

tourbillonnage *m* – swirling.

tourbillonner – swirl (to).

tourelle *f* – turret. **tourelle d'amarrage** : mooring plug. **tourelle de plongée** : diving bell. **tourelle de ramassage** : pickup diving bell. **tourelle de transfert du personnel** : personnel transfer capsule (PTC), *offshore operations.*

touret *m* – cable drum; reel.

tourillon *m* – gudgeon; joint pin; journal; neck; pin; stud; swivel socket; trunnion; wrist, *on a piston head.* **tourillon à mâchoires** : jaw swivel. **tourillon d'alimentation** : screw feeder. **tourillon de cylindre** : roll neck. **tourillon du convertisseur** : converter trunnion.

tourmaline *f* – tourmaline *(miner).* **tourmaline lithinifère** : lithium tourmaline.

Tournaisien *m* – Tournaisian, *Lower Carboniferous stage.*

tournant *m* – turning point. **tournant encaissé** : blind corner.

tournant – revolving; rotating.

tourne-à-gauche *m* – brace head; tap wrench.

tourner – hinge (to); rotate (to); run (to) *(engine)*; turn (to); veer (to). **tourner au ralenti** : idle (to). **tourner rond** : run (to) steady; run (to) true.

tournesol *m* – litmus; sunflower.

tournevis *m* – screwdriver.

tourniquet *m* – sprinkler.

tournoiement *m* – eddying, *water*; spinning; twirling.

tourteau *m* – oil cake. **tourteau de coke** : coke cake. **tourteau de sésame** : sesame cake.

tout – all. **à tout faire** : general purpose. **tout ou rien** : on off. **tout temps** : all weather. **tout venant** : ungraded; ungraded material.

TOVALOP – TOVALOP, *abbr. of Tanker Owner Voluntary Agreement Concerning Liability for Oil Pollution, an agreement implemented since 1969 by oil companies and shippers to prevent or limit coastal pollution.*

township *m* – township, *a unit of area of 36 square miles.*

toxicité *f* – toxicity. **toxicité sublétale** : sublethal toxicity.

toxique – poisonous; toxic.

tpl – dwt, *abbr. tonnage de port en lourd, deadweight tonnage.*

tr – *symbol for tour.* **tr/min** : rpm, *abbr. of tours par minute: revolutions per minute.* **tr/s** : rps, *abbr. of tours par seconde: revolutions per second.*

TR – JP, *abbr. turboréaction: jet propulsion.*

traçabilité *f* – traceability, *property of a measurement result so as to be able to link suitable references via an uninterrupted chain of comparisons.*

traçage *m* – driving; tracing. **traçage à la vapeur** : steam tracing. **traçage électrique** : electric tracing.

trace *f* – geophone group *(seis)*; line of contact; rill; scan *(elec)*; show, *of oil or gas during drilling*, spur *(seis)*; trace, *term used in seismic prospecting to indicate the signal recorded by an amplification channel*; trail. **traces à déport long non migrées** : unmigrated large-offset data. **trace acoustique** : sound track. **trace agitée** : wiggle trace *(seis).* **trace complexe** : complex trace *(seis).* **traces d'huile** : traces of oil. **traces d'huile pendant le forage** : drilling shows. **traces de fission** : fission tracks, *radiation-path damage caused by nuclear particles in a mineral by the spontaneous fission of uranium-238 impurities.* **trace de gain** : gain trace *(seis).* **trace de gain logarithmique** : log-level indicator *(seis).* **trace de pétrole** : oil trace. **trace de roulage** : roll mark. **trace de séchage** : drying mark *(photo).* **traces déphasées** : phase-shifted traces *(seis).* **traces en déport proche migrées** : migrated near-offset data *(seis).* **trace en profondeur** : subsurface trace *(seis).* **trace en quadrature** : quadrature trace *(seis).* **trace en ricochet** : bounce mark. **trace flèches** : arrow plot *(well log).* **trace folle** : wild trace *(seis).* **trace galvanométrique** : squiggle, *wiggle trace (seis).* **trace impulsionnelle** : reflectivity function *(seis)*; spikogram. **trace inversée** : reversed trace *(seis).* **trace lointaine** : far trace, *trace far away from the shotpoint (seis).* **trace morte** : dead station *(seis)*; dead trace. **trace non stabilisée** : wild trace *(seis).* **trace pilote** : pilot trace *(seis).* **trace proche** : near trace, *trace in the vicinity of the shotpoint (seis).* **trace proximum** : near trace *(seis).* **trace raide** : dead trace, *having no signal.* **traces regroupées en point-miroir commun** : CDP collection *(seis)*; CDP gather. **trace sismique** : seismic trace. **trace somme** : stacked trace. **trace synthétique** : synthetic trace *(seis).* **trace terrain** : group.

tracé *m* – contour; layout; location survey *(topog)*; plot; plotting; profile; route; tracing. **tracé d'un pipeline** : pipeline route; right-of-way for a pipeline. **tracé de faille** : fault trace. **tracé des rayons** : ray tracing. **tracé des rives d'un fleuve** : strike line. **tracé polygonal** : traverse.

tracé – plotted.

tracer – develop (to); protract (to), *a map.* **tracer une courbe** : plot (to) a curve.

traceur *m* – carrier; plotter; tracer. **traceur analogique** : analog plotter. **traceur biochimique** : biological marker; biomarker, *intact or degraded molecule of biological origin, used to reconstruct the origin of organic matter.* **traceur de courbe** : data plotter. **traceur de courbes** : plotter. **traceur de route** : track plotter. **traceur électrostatique** : electrostatic plotter. **traceur isotopique** : isotopic tracer. **traceur numérique** : digital plotter. **traceur radioactif** : radioactive tracer.

trachyandésite *f* – trachyandesite, *extrusive rock between trachyte and andesite in composition.*

trachybasalte *m* – trachybasalt *(petro).*

trachyte *m* – trachyte, *an extrusive rock.*

trachytique – trachytic.

tract *m* – handbill.

tracter – pull (to). **tracter des barreaux** : pull (to) coupons, *for welding tests.*

tracteur *m* – tractor. **tracteur à chenilles** : cat wagon; caterpillar tractor; crawler tractor. **tracteur à grue latérale** : pipe layer. **tracteur chenillé à flèche latérale** : laying cat, *equipped specially for laying pipelines.* **tracteur chenillé à grue** : boom cat, *used for laying pipelines.* **tracteur de remorquage** : tow tractor. **tracteur pour semiremorque** : truck tractor. **tracteur sur pneus** : wheel-type tractor.

traction *f* – draft; haul; haulage; pull; tension; traction; tug. **traction à chenilles** : caterpillar drive. **traction à grande profondeur** : deep tow, *of a sensor in the sea.* **traction à quatre roues motrices** : four-wheel drive. **traction avant** : front-wheel drive. **traction par câble sans fin** : endless-rope haulage. **traction sur le fond** : bottom pull *(pipeline)*; bottom tow *(pipeline)*. **traction sur rails** : track haulage.

tractionnite *f* – tractionite, *clastic sediment made of sand particles deposited by moving water or wind.*

tractochargeur *m* – front-end loader.

tractopelle *f* – tractor shovel.

traditionnel – conventional; traditional.

traduction *f* – translation. **traduction assistée par ordinateur (TAO)** : computer-aided (assisted) translation (CAT).

trafic *m* – traffic. **trafic aérien** : air traffic. **trafic ferroviaire** : rail traffic. **trafic induit** : generated traffic. **trafic routier** : road traffic.

train *m* – gear; pace, speed; string, *of drillpipe, production tubing, casing, etc*; train. **train à fil** : wire mill. **train à rails** : rail-mill train. **train baladeur** : sliding gear *(auto)*. **train d'atterrissage** : landing gear. **train d'engrenages** : cluster of gear wheels; gear train. **train d'engrenages montés en série** : in-line locked-gear train. **train d'impulsions** : pulse group; pulse train. **train d'ondes** : wavetrain. **train d'outils pompés** : pumpdown tools; through flowline (TFL). **train de houle** : wave groups. **train de laminoir** : rolling train *(metal)*. **train de marchandises** : freight train. **train de quatre tiges** : quad. **train de sonde** : drilling shaft. **train de tiges** : drill string; drillpipe string. **train de tiges à filetage à gauche** : left-hand string. **train de tiges de cuvelage combiné** : combined string of casing. **train de tiges de forage de plusieurs diamètres** : tapered string of drillpipe. **train de tiges de pompage** : string of rods. **train de transmission** : string rods, *for simultaneous pumping and for several wells via a single generator.* **train de tubage** : casing string. **train de tubage gelé** : frozen string of casing. **train de vagues** : wavetrain. **train dégrossisseur** : roughing train *(metal)*. **train ébaucheur** : roughing train. **train épicycloïdal** : epicyclic train; planetary-gear train. **train intermédiaire** : intermediate rolling mill. **train planétaire** : planetary-gear train.

traînage *m* – haulage.

traînant – trailing.

traîneau *m* – cutter; skid. **traîneau à roulettes** : live skid. **traîneau de lançage** : jetting sled. **traîneau sur ponton** : skid.

traînée *f* – drag; streak; trail. **traînée d'éboulis** : rockslide. **traînée de houille** : coal belt. **traînée de profil** : profile drag.

traîner – drag (to); haul (to).

trait *m* – dash, *Morse code*; feature; line; stratum. **trait à la craie** : chalk line. **trait d'union** : connecting link. **trait de côte** : coastline. **trait de lime** : file scratch; file stroke. **trait de repère** : check mark. **trait de scie** : kerf; saw cut. **trait fin** : thin line. **trait fort** : strong line. **trait gras** : strong line. **trait mixte** : dot-and-dash line. **trait pédologique** : pedologic feature. **trait plein** : full line. **trait zéro** : zero line.

traite *f* – bill of exchange; draft *(fin)*. **escompter une traite** : discount (to) a draft. **tirer une traite** : draw (to) a draft.

traité *m* – treaty; covenant. **traité de délimitation** : boundary treaty.

traité – hardened *(metal)*; processed; treated. **traité thermiquement** : heat treated.

traitement *m* – cure; handling; processing; treatment; working; working up. **traitement à l'acide sulfurique** : sulfuric-acid treating. **traitement à l'éthanolamine** : ethanolamine treating, *used to scrub acid gases from refinery gases and liquid hydrocarbons.* **traitement à la bauxite** : bauxite treating. **traitement à la chaux** : lime treatment. **traitement à la soude** : sodium-hydroxide treatment. **traitement à la soude caustique** : caustic treatment; lye treating, *for desulfurizing petroleum fractions.* **traitement à la terre décolorante** : clay treating, clay treatment. **traitement à la vapeur** : steaming. **traitement acide** : acid treatment. **traitement adaptatif** : adaptive processing. **traitement adoucissant** : sweetening treatment. **traitement alcalin** : alkali treatment; alkaline wash. **traitement anodique** : anodizing, *depositing a corrosion-resistant anodic oxidation film on a metal surface.* **traitement antifluorescent** : deblooming, *process for removing the fluorescence from oils by exposing them to the sun.* **traitement asphaltique antidérapant** : asphaltic nonskid treatment. **traitement au chlore** : chlorine treatment. **traitement au cyanure** : cyanide treatment. **traitement au plombite** : doctor treatment, *by sodium plumbite to sweeten the odor of gasoline, petroleum solvents or kerosine.* **unité de traitement au plombite** : doctor plant, *where sodium plumbite is used to remove mercaptan sulfur from gasoline.* **traitement au tamis moléculaire** : molecular-sieve treatment. **traitement biologique** : biological treatment. **traitement chimique** : chemical treatment. **traitement contre la rouille** : rustproofing. **traitement d'image numérique** : digital image processing. **traitement de l'eau** : water treatment. **traitement de l'image** : image processing. **traitement de l'information** : data processing. **traitement de la boue** : mud conditioning. **traitement de la parole** : speech processing. **traitement de neutralisation** : neutralizing treatment, *performed in sulfuric-acid refining to remove the acid remaining in the distillate produced.* **traitement de stabilisation** : stabilizing treatment. **traitement de surface** : surface treatment; surfacing. **traitement de texte** : word processing. **traitement des déchets** : waste processing. **traitement des données** : data processing. **traitement des eaux de chaudières** : feedwater treatment. **traitement des eaux usées** : sewage treatment; waste-water treatment. **traitement des minerais** : ore dressing. **traitement direct du pétrole brut** : straight-run processing. **traitement discontinu** : batch treating. **traitement du gaz** :

gas processing. **traitement du pétrole** : petroleum processing. **traitement du pétrole brut** : crude-oil processing. **traitement du signal** : wavelet processing. **traitement en différé** : offline processing. **installation de traitement des boues acides** : acid-restoring plant. **traitement insuffisant** : undertreating. **traitement limite** : threshold treatment. **traitement multicanal** : multichannel processing. **traitement multitâche** : multiprogramming. **traitement par adsorption** : adsorption treating. **traitement par contact** : contact treatment, *of oils.* **traitement par l'hydrogène** : hydrotreating, *oil refinery process using hydrogen to remove impurities.* **traitement par le signal** : wavelet processing. **traitement par lots** : batch processing. **traitement parallèle** : multi processing. **traitement préalable du brut** : crude preparation. **traitement préliminaire du pétrole** : field processing. **traitement radial** : radial processing. **traitement réparti** : distributed processing. **traitement secondaire** : downstream processing *(ref).* **traitement superficiel** : surface dressing. **traitement sur le terrain** : field processing; processing in the field. **traitement thermique** : heat treatment, *heat treating*; thermal treatment. **traitement thermique de détente** : stress-relief heat treatment. **traitement thermique de détente des tensions** : stress relieving *(metal).* **traitement trop poussé** : overtreating.

traiter – cure (to); doctor (to), *1) workover on a well to increase its production ; 2) treatment to give or eliminate various properties (e.g. plumbite treatment for desulfurizing)*; dress (to); process (to); work (to).

traiteur *m* – treater. **traiteur d'émulsion** : emulsion treater. **traiteur réchauffeur** : treater heater.

trajectoire *f* – course, *of a vehicle in space*; trajectory, *the path of the wellbore*; travel path. **trajectoire courbe** : curved raypath. **trajectoire d'un rayon lumineux rectiligne** : raypath. **trajectoire de vol** : flight path. **trajectoire des ondes sismiques** : path of seismic waves. **trajectoire sismique** : raypath.

trajet *m* – path; run. **trajet aléatoire** : *see cheminement au hasard.* **trajet aller-retour** : loop travel, *by a seismic wave.* **trajet de Fermat** : Fermat path. **trajet de l'onde réfractée** : refraction path. **trajet de moindre durée** : least-time path. **trajet de temps minimal** : minimum-time path. **trajet extrémal** : travel path. **trajet minimal** : least-time path *(seis).* **trajets multiples** : multipath. **trajet oblique** : wave-slant path.

trame *f* – frame; mesh; pattern; raster.

tramway *m* – tram.

trancanage *m* – spooling.

tranchage *m* – slicing, *of an iron piece in a single operation.*

tranchant *m* – cutting edge; edge, *of a bit*; face. **tranchant affilé** : fine edge. **à deux tranchants** : double edged.

tranchant – cutting; sharp.

tranche *f* – interface; slice; tier. **tranche d'eau** : water depth. **tranche d'imposition** : tax bracket.

tranchée *f* – cutting; ditch; gash, *dug by water in compact limestone*; groove; trench. **tranchée coupe-feu** : firebreak. **tranchée garde-feu** : firebreak. **tranchée pour canalisation** : duct trench.

trancher – cut (to); cut (to) off.

trancheuse *f* – ditcher; ditching machine; pipeline-ditching machine; trencher. **trancheuse à roue** : wheel ditcher.

transaction *f* – transaction. **transaction ABC** : ABC-transaction, *a tripartite transaction concerning the buying and selling of petroleum production in such a way as to avoid paying certain taxes.*

transalkylation *f* – transalkylation.

transalkylidénation *f* – transalkylidenation, *olefin disproportionation.*

transamination *f* – transamination *(chem).*

transbordement *m* – transloading; transshipment.

transcodeur *m* – code converter; transcoder.

transcripteur *m* – decoder.

transcription *f* – copying.

transcristallin – transcrystalline.

transducteur *m* – transducer. **transducteur de pression** : pressure transducer. **transducteur non réversible** : unilateral transducer. **transducteur piézoélectrique** : piezoelectric transducer. **transducteur réversible** : bilateral transducer; reversible transducer. **transducteur ultrasonique** : ultrasonic transducer.

transduction *f* – transduction *(biol).*

transestérification *f* – transesterification.

transfèrement *m* – transference.

transfert *m* – assignment; transfer; transferring. **transfert d'énergie** : energy transfer. **transfert de capitaux** : capital transfer. **transfert de chaîne** : chain transfer *(chem).* **transfert de chaleur** : heat transfer. **transfert de connaissances** : know-how transfer, *in technology transfer*; knowledge transfer, *artificial intelligence.* **transfert de masse** : mass transfer. **transfert de phase** : phase transfer. **transferts de produits** : product transfers, *finished products which have been reclassified and reentered for use in a refinery without having been delivered to final consumers.* **transfert de technologie** : technology transfer; transfer of technology. **transfert de vibration** : transfer of vibration. **transfert et comptage automatiques** : automatic custody transfer (ACT). **transferts interproduits** : interproduct transfers, *result from reclassification of petroleum products either because their specification has changed or because they are blended into another product.* **transfert linéique d'énergie (TLE)** : linear energy transfer (LET).

transfluence *f* – transfluence *(glacier).*

transformateur *m* – transformer. **transformateur à rapport de transformation réglable** : variable-ratio transformer. **transformateur d'éclairage** : lighting transformer. **transformateur de courant continu** : direct-current transformer. **transformateur de fréquences** : frequency transformer. **transformateur de soudage** : welding transformer. **transformateur de tension** : potential transformer. **transformateur électrique** : electric transformer. **transformateur réducteur** : step-down transformer.

transformation *f* – change; conversion; revamping; transformation. **transformation canonique** : canonical transformation. **transformation chimique** : chemical change. **transformation conforme** : conformal transformation. **transformation de Legendre** : Legendre transformation *(math).* **transformation de Lorentz** : Lorentz transform *(math).* **transformation en tau-p** : tau-p transform *(seis).*

transformation irréversible : irreversible process, *irreversible conversion.* **transformation martensitique** : martensitic transformation, *shear transformation.* **transformation physique** : physical change. **transformation quasi-statique** : quasi-static process, *reversible process.* **transformation singulière** : singular transformation, *for which there is no inverse transformation.* **transformation structurelle** : structural transformation.

transformée *f* – transform. **transformée de Fourier** : Fourier transform, *mathematical formula used to convert a time function (waveform, seismic-record trace) into its frequency-domain representation and vice versa.* **transformée de Fourier directe** : forward Fourier transform. **transformée de Fourier inverse** : inverse Fourier transform. **transformée de Fourier rapide** : fast Fourier transform (FFT). **transformée de Hilbert** : Hilbert transform. **transformée de Laplace** : Laplace transform. **transformée en z** : z transform *(seis).*

transformer – manufacture (to), *a product.*

transformisme *m* – transformism, *a geological theory whereby the origin of granite is the result of granitization as opposed to magmatism.*

transfrontière – cross-frontier; transboundary; transfrontier.

transgranulaire – transgranular.

transgressif – transgressive.

transgression *f* – encroachment; onlap, *extension of a formation beyond the edges of the underlying formation*; transgression, *invasion of previously emerged land by the sea ; the transgressive overlap of a formation beyond the boundaries of the underlying formation.* **transgression concordante** : parallel transgression *(geol).* **transgression parallèle** : nonangular unconformity; parallel unconformity *(geol)*; paraunconformity.

transistor *m* – transistor. **transistor à effet de champ** : field-effect transistor. **transistor à jonctions** : junction transistor. **transistor MOS** : MOS transistor (MOST). **transistor unijonction** : unijunction transistor (UJT).

transit *m* – transit.

transitaire *m* – forwarding agent.

transition *f* – transition. **transition interdite** : forbidden transition *(quant. mech).* **transition isomérique** : isomeric transition. **transition optique** : optical transition. **transition permise** : allowed transition *(quant. mech).*

transitoire *m* – transient. **transitoire d'entrée en couverture** : roll-in *(seis).* **transitoire de sortie de couverture** : roll-out *(seis).*

transitron *m* – transitron, *thermionic-tube circuit acting on the negative transconductance of the suppressor grid of a pentode with respect to the screen grid.*

translatable – relocatable.

translation *f* – translation; traveling; traverse. **translation primitive** : primitive translation *(cryst).*

translocation *f* – translocation.

translucide – pellucid; translucent.

translucidité *f* – translucency.

transmetteur *m* – transmitter, *a carbon microphone that converts sound waves into audiofrequency signals and sends them out as coded signals.* **transmetteur acoustique** : acoustic transmitter.

transmettre – dispatch (to); send (to); transmit (to); xmit (to), *abbreviation of to transmit.*

transmis – transmitted.

transmission *f* – belting; conduction; drive; driving; transmission. **transmission à arbre creux** : quill drive. **transmission acoustique** : acoustic communication; acoustic transmission. **transmission automatique** : automatic transmission. **transmission continue** : continuous variable transmission (CVT). **transmission d'impulsion par la boue** : mud-pulse telemetry, *in MWD, transmitting signals from a downhole sensor to a surface readout instrument.* **transmission de chaleur** : heat transmission. **transmission de la chaleur** : conduction of heat. **transmission de propriété d'un brevet** : conveyance of a patent. **transmission de puissance** : power transmission. **transmission dirigée** : directional transmission. **transmission électrique** : generator drive. **transmission entre moteur et treuil** : compound, *a mechanism used to transmit power from the engine to the machinery on a drilling rig.* **transmission flexible** : flexible shafting. **transmission hydraulique** : fluid drive; hydraulic transmission. **transmission hydrostatique** : hydrostatic transmission. **transmission manuelle** : manual transmission. **transmission par arbre** : shaft drive. **transmission par balancier** : beam drive. **transmission par câble** : rope driving; rope gearing. **transmission par chaîne** : chain drive. **transmission par courroie** : belt drive. **transmission par paliers intermédiaires** : progressive transmission. **transmission par trajets multiples** : multipath transmission. **transmission par vis sans fin** : worm drive. **transmission planétaire** : planetary transmission. **transmission pneumatique** : pneumatic transmission. **transmission sélective** : selective transmission. **transmission thermique** : thermal transmission.

transmissivité *f* – transmissivity, *ratio of transmitted radiation to radiation arriving perpendicular to the boundary between two media.*

transmissomètre *m* – transmissometer, *used for measuring the extinction coefficient of the atmosphere.*

transmittance *f* – transmittance, *transmission.* **transmittance atmosphérique** : atmospheric transmittance. **transmittance spectrale** : spectral transmission factor.

transmutation *f* – transmutation, *transformation of a nuclide into the nuclide of a different element ;* nuclear transformation.

transpalette *f* – fork truck.

transparence *f* – transparency. **transparence acoustique** : acoustic transparency. **transparence fiscale** : fiscal transparency.

transparent *m* – overlay; tracing.

transparent – pellucid; transparent.

transpiration *f* – transpiration.

Transploder – Transploder, *tradename of a seismic-energy source.*

transpondeur *m* – transponder, *an electronic transmitter-receiver capable of being queried and automatically sending back the appropriate reply.*

transport *m* – carriage; carrying; conveyance; hauling; portage; transport; transportation. **transport aérien** : air transportation. **transport combiné** : joint movement, *shipment of oil by several shipping companies.* **transport commun** : common carriage, *see accès pour le compte de tiers.* **transport d'énergie** : power transmission; transmission of power. **transport des marchandises dangereuses** : transportation of dangerous goods. **transport des terres** : earthworks. **transport en bac** : ferrying. **transports en commun** : public means of conveyance; public transportation. **transport en masse** : mass transport. **transport en vrac** : bulk shipment. **transport ferroviaire** : railway transportation. **transport glaciaire** : glacial drift. **transport maritime** : shipping. **transport par bac** : ferriage. **transport par canalisation** : pipage; pipelining. **transport par chaîne sans fin** : chain haulage. **transport par pipeline** : pipeline transportation; pipelining. **transport par rail** : railway transportation. **transport par voie de terre** : land carriage. **transports publics** : public transportation. **transports publics interurbains** : intercity public transportation. **transport routier** : road transportation. **transport supersonique** : supersonic transport (SST). **transport urbain** : urban transportation.

transporter – carry (to); haul (to). **transporter par pipeline** : pipeline (to).

transporteur *m* – carrier; conveyor; transporter. **transporteur à auges** : trough conveyor. **transporteur à balancelle** : pendulum conveyor. **transporteur à bande** : belt conveyor. **transporteur à bande articulée** : apron conveyor *(mine)*. **transporteur à câble** : ropeway. **transporteur à chaîne** : chain conveyor. **transporteur à courroie** : belt conveyor. **transporteur à courroie mobile** : portable-belt conveyor. **transporteur à courte distance** : close-range conveyor. **transporteur à godets** : bucket conveyor. **transporteur à plan incliné** : gravity conveyor. **transporteur à raclettes** : flight drag conveyor. **transporteur à secousses** : oscillating conveyor; rocking channel. **transporteur à vis** : screw conveyor. **transporteur aérien** : aerial carrier; aerial conveyor; aerial ropeway; aerial wirerope conveyor; overhead conveyor. **transporteur aérien à voie unique** : cableway. **transporteur de brut** : crude carrier. **transporteur de gaz liquéfié** : liquid-gas carrier. **transporteur en vrac** : bulk carrier. **transporteur mixte** : combined carrier. **transporteur pour compte propre** : industrial carrier. **transporteur pour produits chimiques** : chemicals tanker.

transposition *f* – rearrangement; shift; transposition. **transposition de Beckmann** : Beckmann rearrangement, *conversion of a ketoxime to its isomeric amide by a catalytic intermolecular rearrangement.*

transpression *f* – transpression, *an intermediate stage in crustal deformation between compression and strike-slip motion, occurring in zones with oblique compression.*

transroulage *m* – roll-on/roll-off (RO/RO).

transsonique – transonic.

transsuder – sweat (to).

transtension *f* – transtension, *crustal deformation combining extension and strike-slip motion in oblique zones of ocean spreading.*

transuranien – transuranic, *used for elements having atomic numbers higher than 92.*

transversal – transverse.

trapézoèdre *m* – trapezohedron.

trapp *m* – trapp, *hypabyssal or extrusive rock having a stairstep appearance.*

trappe *f* – flap; hatch; trap. **trappe de jaugeage** : gage hatch.

trass *m* – trass, *unwelded massive ash and pumice-flow deposits, sometimes used in the production of pozzolan cement.*

travail *m* – labor; work; working, *see also plural travaux.* **travail à domicile** : homework. **travail à façon** : jobbing. **travail à forfait** : contract work. **travail à froid** : cold working. **travail à l'écrasement** : positive stress. **travail à la journée** : day work, *basis of some drilling contracts, in which the contractor is paid by day of work.* **travail à la pièce** : job work. **travail à plein temps** : full-time job. **travail appelé** : TFL work *(drill)*. **travail artisanal** : handwork. **travail au câble, travail au filin d'acier** : wireline work. **travail au forfait** : jobbing. **travail aux pièces** : piecework. **travail d'accès et de traçage** : development work. **travail d'extraction** : work function, *the energy required to remove an electron from a metal.* **travail dans les tranchées** : trench work. **travail de bureau** : white-collar job, *office or nonmanual work.* **travail de torsion** : torsional stress. **travail des métaux** : metal working. **travail en couche** : seam work *(mining)*. **travail en régie** : day work. **travail fait en collaboration** : combined work. **travail intellectuel** : head-work. **travail livré clé en main** : turnkey job. **travail manuel** : handwork; manual labor. **travail mécanique** : strain. **travail minutieux** : detailed work. **travail par équipe, travail posté** : shift work. **travail préparatoire** : opening. **travail sur chantiers de forage marins** : sea duty. **travail utile** : duty; effective power. **travail virtuel** : virtual work *(mech)*.

travailler – machine (to); run (to); work (to).

travailleur *m* – worker. **travailleur à domicile** : home-worker. **travailleur itinérant** : itinerant worker.

travaux *m* – research; working, *plural of travail.* **travaux d'exploration** : exploratory work. **travaux de découverte** : discovery work. **travaux de force** : heavy-duty service. **travaux de reprise** : workover *(drill)*. **travaux de sauvetage** : rescue work. **travaux de traçage** : first working. **travaux de VRD (voirie et réseaux divers)** : site development. **travaux en régie** : cost-plus contract. **travaux légers** : light-duty service. **travaux préparatoires** : dead work, *preparatory work before production.* **travaux publics** : public works. **travaux sous tension** : hot-line work.

travée *f* – beam. **travée d'un pont** : span of bridge.

travers *m* – fault, *failing.* **au travers** : athwart. **en travers** : crosswise. **par le travers** : athwart; broadside.

traverse *f* – cross member; crossarm; crossbar; crossbeam; crosshead; crosspiece; sleeper; tie; traverse; truss. **traverse d'appui** : headboard, *holding up the rotary drawworks in a derrick.* **traverse de compas** : compass traverse. **traverse étroite** : closed traverse.

traversée *f* – crossover. **traversée sous-fluviale** : river crossing.
traverser – cross (to); permeate (to).
travertin *m* – travertine, *concretionary limestone, calcareous sinter.*
trébuchet *m* – assay balance; coin balance.
tréfilage *m* – wire drawing; wire-rod milling.
tréfilé – wire drawn.
tréfiler – draw (to); extrude (to), *metal, plastic.*
tréfilerie *f* – drawing mill *(metal)*; wireworks.
tréfonds *m* – subbottom layer.
treillage *m* – trellis. **treillage métallique** : wire fence. **treillage métallique en losange** : diamond wire lattice.
treillis *m* – gauze; grating; grillage; jacket, *the metal envelope of a fixed platform sitting on the seabed and attached by piles*; lattice.
Trémadocien *m* – Tremadocian, *Lower Ordovician stage.*
tremblement *m* – wobble. **tremblement de terre** : earthquake; quake; seism. **tremblement de terre à relais** : relay earthquake. **tremblement de terre artificiel** : artificial earthquake. **tremblement de terre sous-marin** : seaquake. **tremblement de terre volcanique** : volcanic earthquake. **tremblement secondaire** : aftershock.
trembleur *m* – buzzer.
trémie *f* – bin; hopper; mesh. **trémie à charbon** : coal bunker. **trémie à ciment** : cement hopper. **trémie à graviers** : gravel hopper. **trémie à sable** : sand hopper. **trémie d'alimentation** : feed chute; feed hopper. **trémie d'injection** : jet hopper, *a device used to incorporate solids in the mud circuit.* **trémie de broyeur** : crusher head *(prep)*. **trémie de chargement** : loading hopper.
trémolite *f* – tremolite, *a mineral of the amphibole group.*
trempabilité *f* – hardenability.
trempage *m* – soaking.
trempe *f* – chilling; dip; dipping; hardening; quenching; soak; temper, *hardness coefficient of steel*; tempering. **trempe à chaud** : hot dip. **trempe à l'acide carbonique** : carbonic-acid hardening. **trempe à l'air** : air chill; air hardening; air quenching; normalizing, *air hardening (metal).* **trempe à l'eau** : water hardening. **trempe à l'huile** : oil hardening; oil quenching. **trempe à la potasse** : potash hardening. **trempe au bain de sel** : salt-bath case hardening. **trempe au chalumeau** : flame hardening; torch hardening. **trempe au plomb** : lead tempering, *in a bath.* **trempe brusque** : quenching hardening. **trempe excessive** : superhardening *(metal)*. **trempe extradouce** : dead-soft temper. **trempe martensitique** : martempering, *quenching an austenitized ferrous alloy such as steel.* **trempe superficielle** : case hardening; skin hardening *(metal)*; surface hardening.
trempé – hardened *(metal)*; quenched. **trempé à l'air** : air hardened. **trempé à l'huile** : oil hardened; oil quenched; quenched in oil. **trempé à la surface** : case hardened.
tremper – dip (to); harden (to); soak (to); temper (to). **tremper à l'eau** : quench (to) in water. **tremper dans un bain de plomb** : lead harden (to). **tremper en coquille** : chill (to).
Trentonien *m* – Trentonian, *Middle Ordovician stage.*
trépan *m* – bit; borebit *(drill)*; drill bit, *see also outil de forage.* **trépan à biseau** : chisel bit. **trépan à boue** : mud bit. **trépan à cônes** : cone bit, *roller bit.* **trépan à couronne** : crown bit. **trépan à couteaux amovibles** : removable-cutter bit. **trépan à deux étages** : green-head bit. **trépan à deux lames** : fishtail bit. **trépan à deux taillants croisés** : four-wing bit. **trépan à disques** : disk bit; rotary-disk bit. **trépan à doigts** : blue-demon bit. **trépan à doigts multiples** : multiple-blade bit. **trépan à effacement** : collapsible bit, *a bit that can be run in inside the drill stem on the end of a cable, and which then spreads out on the hole bottom under the weight of the drill string.* **trépan à jet hydraulique** : jet bit. **trépan à lames** : blade bit; drag bit. **trépan à lames à jet** : jet blade bit. **trépan à lames amovibles** : removable-blade bit. **trépan à molettes** : cone rock bit; crushing bit, *with carbide inserts*; rock bit; roller bit. **trépan à quatre lames** : four-way bit; four-way drag bit. **trépan à redans** : step bit. **trépan à rouleaux** : roller bit. **trépan à taillants polycristallins** : polycrystalline-diamond cutter bit. **trépan à trois lames** : three-way bit. **trépan aléseur** : horse cock; pilot reamer bit; reamer bit. **trépan benne** : hammer grab, *a tool that penetrates into a rock and collects the cuttings.* **trépan carottier** : core bit. **trépan conique** : cone rock bit. **trépan d'attaque** : spud bit. **trépan d'avant-trou** : rathole bit. **trépan de battage** : spud bit. **trépan de forage au câble** : cable-drilling bit. **trépan décentré** : eccentric bit. **trépan découpeur** : core bit. **trépan déviateur** : follow-up bit, *used to increase the deviation angle of a borehole*; spoon bit, *having three spoon-shaped blades, used for leftward deviation.* **trépan en croix** : X bit *(drill)*; cross bit; cross-roller bit; star bit. **trépan en queue de poisson** : fishtail bit; sidehill bit, *with a skewed blade for use in deviated boreholes.* **trépan excentrique** : eccentric bit. **trépan hélicoïdal** : spiral bit. **trépan mère Hubbard** : Mother Hubbard bit, *special cable bit with a constant width for its entire height, used in formations that mud-up excessively.* **trépan neuf** : fresh bit. **trépan pilote** : pilot bit, *a pointed small-diameter bit used to guide enlarging bits.* **trépan pointu** : sharp bit. **trépan pour forage rotary** : rotary bit. **trépan pour sondage au câble** : churn drill. **trépan pour sondage percutant** : borer bit. **trépan réglable** : expansion bit. **trépan tranchant** : chisel bit. **trépan usé** : worn bit.
trépidation *f* – judder, *an intense vibration of an engine or brake.*
trépied *m* – tripod.
très – very. **très basse fréquence** : very-low frequency (VLF). **très enfoui** : deep seated. **très gros transporteur de brut (TGTB)** : very large crude carrier (VLCC), *between 100,000 and 200,000 dwt.* **très haute fréquence** : very-high frequency (VHF). **très haute tension** : supervoltage.
tresse *f* – plait. **tresse d'amiante** : asbestos cord; asbestos twine. **tresse de garniture** : packing gasket. **tresse de plomb** : lead wool. **tresse de presse-étoupe** : rod packing.
tréteau *m* – trestle.
treuil *m* – capstan; crab; gin; hoist; hoisting crab; lift winch; tackle; winch; windlass. **treuil à air** : air hoist. **treuil à air comprimé** : air hoist. **treuil à bras** :

hand winch. **treuil à câble** : rope winch. **treuil à colonne** : column hoist. **treuil à deux tambours** : double-drum winch. **treuil à inversion** : reverse winch; reversing winch. **treuil à main** : hand winch. **treuil à manivelle** : crank winch. **treuil à marchandises** : cargo winch. **treuil à moufle** : capstan winch. **treuil à simple tambour** : single-drum hoist. **treuil à vapeur** : donkey winch; jack engine. **treuil auxiliaire** : catworks; pulling machine, *mobile catworks for pulling out the drill string.* **treuil chinois** : differential windlass. **treuil de curage** : bailing pulley; sand drum; sand reel *(drill)*. **treuil de forage** : drawworks. **treuil de grue** : crane winch. **treuil de la colonne de production** : tubing block. **treuil de levage** : geared winch; hoist drawworks; hoisting winch; lifting winch. **treuil de ligne d'ancrage** : anchor winch. **treuil de manoeuvre** : working winch. **treuil de retenue** : hold-back winch. **treuil électrique** : electric hoist; electric winder. **treuil manuel** : comealong *(drill)*. **treuil mécanique** : motor winch. **treuil pneumatique** : pneumatic winch. **treuil rotary** : rotary drawworks *(drill)*. **treuil roulant** : donkey; traveling hoist.

treuillage *m* – winching.

TRI – IRR, *abbr. taux de rentabilité interne: internal rate of return.*

triacétate *m* – triacetate. **triacétate de cellulose** : cellulose triacetate. **triacétate de glycérol** : triacetin, *glyceryl triacetate.*

triade *f* – triad, *three stations constituting a positioning system.*

triage *m* – dressing; grading, *by quality or size*; separating; separation; sorting. **triage à la main** : hand picking. **triage à main** : hand sorting. **installation de triage** : separating plant.

triangle *m* – triangle. **triangle de forces** : triangle of forces. **triangle sphérique** : spherical triangle *(math)*.

triangulaire – triangular.

triangulation *f* – triangulation *(topog)*. **triangulation acoustique** : acoustic triangulation. **triangulation aérienne** : stereotriangulation. **triangulation graphique** : graphic triangulation. **triangulation photographique** : phototriangulation. **triangulation radiale** : minor control plot; radial triangulation. **triangulation stéréoscopique** : stereoscopic triangulation.

Trias *m* – Triassic, *first period of the Mesozoic era.*

triaxial – triaxial.

triazole *m* – triazole.

tribasique – tribasic.

triboélectricité *f* – triboelectricity.

tribologie *f* – tribology, *the study of friction between solid surfaces.*

triboluminescence *f* – triboluminescence.

tribord *m* – starboard *(naut)*.

tributaire – tributary.

trichites *f* – whiskers, *high-performance fibers formed by monocrystalline filaments produced from a gas phase.*

trichloracétique – trichloroacetic.

trichloréthane *m* – trichloroethane *(TCE) methyl chloroform.*

trichloréthylène *m* – trichloroethylene.

trichlorobenzène *m* – trichlorobenzene.

trichlorofluorométhane *m* – trichlorofluoromethane.

trichrome – three colored.

triclinique – anorthic; triclinic *(cryst)*.

tricône *m* – rock bit; roller cone bit, *drilling bit made of three cones*; tricone bit.

tricosane *m* – tricosane, *a crystalline paraffin hydrocarbon.*

tridécane *m* – tridecane, *a saturated hydrocarbon.*

tridimensionnel – three-dimensional.

tridymite *f* – tridymite *(miner)*.

trié – sorted. **trié à la main** : handpicked.

trier – classify (to); screen (to) out; sort (to).

triéthanolamine *f* – triethanolamine, *TEA.*

triéthylamine *f* – triethylamine.

triéthylèneglycol *m* – triethylene glycol.

trieur *m* – grader.

trifilaire – trifilar, *type of suspension used in some gravity meters, where a disk is supported by a helical spring in its center and three equally-spaced wires at its circumference.*

trifluoroacétique – trifluoroacetic.

trifluorure *m* – trifluoride. **trifluorure d'azote** : nitrogen trifluoride. **trifluorure de cobalt** : cobalt trifluoride.

trigatron *m* – trigatron, *gas-filled spark-gap switch used in line-pulse modulators.*

triglycéride *m* – triglyceride, *a naturally occurring ester of normal fatty acid and glycerol.*

trigonal – trigonal *(cryst)*.

trigonométrie *f* – trigonometry.

trigonométrique – trigonometric.

triisobutylène *m* – triisobutylene.

trilatération *f* – trilateration, *establishing location.*

trillion *m* – trillion, *the number 10^{12} USA usage, others and SI 10^{18}.*

trilobite *m* – trilobite *(pal)*.

trimère *m* – trimer *(chem)*.

triméthylamine *f* – trimethylamine.

triméthylbenzène *m* – trimethylbenzene, *name for three isomers: hemimellitene, pseudocumene and mesitylene.*

trimétrogon *m* – trimetrogon, *three-camera system used in aerial mapping.*

tringlage *m* – linkage. **tringlage d'injecteur** : injector control linkage, *for controlling the flow rate.*

tringle *f* – link; rod. **tringle de commande** : control rod. **tringle de commande de frein** : brake pull rod. **tringle de commande du carburateur** : carburetor control rod. **tringle de connexion** : connecting rod. **tringle de poussée** : radius arm. **tringle de suspension** : hanging rod. **tringle de traction** : pull rod. **tringle de verrou** : catch rod.

trinitrocellulose *f* – trinitrocellulose.

trinitrotoluène *m* – trinitrotoluene, *TNT, methyltrinitrobenzene.*

triode *f* – triode.

trioxane *m* – trioxane, *a trimer of formaldehyde.*

trioxyde *m* – trioxide. **trioxyde de molybdène** : molybdenum trioxide. **trioxyde de tungstène** : tungstic oxide, *tungstic acid anhydride, tungstic anhydride, tungsten trioxide, wolframic acid.* **trioxyde de vanadium** : vanadium trioxide, *catalyst.* **trioxyde de xénon** : xenon trioxide.

triphénylène *m* – triphenylene.
triphénylméthane *m* – triphenylmethane, *tritan.*
triphénylphosphine *f* – triphenylphosphine, *triphenylphosphorus.*
triphosphate *m* – triphosphate. **triphosphate d'adénosine (ATP)** : adenosine triphosphate (ATP), *molecule associated with energy transfer in living cells.*
triple – threefold; treble; triple. **triple liaison** : triple bond.
triplet *m* – triplet.
tripode *m* – tripod. **tripode en treillis métallique** : three-legged lattice design.
tripolaire – three-pole.
triptane *m* – triptane, *a hydrocarbon compound having a very high antiknock rating.*
trisulfure *m* – trisulfide.
triterpène *m* – triterpene *(chem).*
tritium *m* – tritium, *radioactive isotope of hydrogen.*
trituration *f* – trituration, *comminution.*
triturer – pestle (to).
trivalent – tervalent.
troc *m* – barter; swap.
troïlite *f* – troilite, *a ferrous sulfide.*
trombe *f* – whirlwind. **trombe d'eau** : cloudburst. **trombe de poussière** : dust bowl.
trombone *m* – paper clip.
trommel *m* – revolving screen; riddle drum; rotary screen; separatory drum; trommel. **trommel classeur** : screening drum. **trommel de nettoyage** : cleaning drum. **trommel débourbeur** : washing trommel.
trompe *f* – horn. **trompe à eau** : water pump. **trompe à mercure** : mercury pump. **trompe à vide** : filter pump.
trompette *f* – axle tube *(auto).*
trona *m* – trona, *a monoclinic mineral used as a source for sodium compounds.*
tronc *m* – stick; stock; trunk. **tronc commun** : core curriculum, *education.* **tronc d'arbre submergé** : snag. **tronc debout** : coal pipe, *a fossil tree stump reaching from a coal bed up into the overlying rock.*
troncature *f* – truncation. **troncature apparente** : apparent truncation, *geometric ratio between the terminations of strata in a transgressive systems tract and a highstand systems tract.* **troncature d'érosion** : erosional truncation.
tronçon *m* – run; section, *of a cylindrical object or length of pipe*; stub. **tronçon de bois** : log. **tronçon de vallée** : wind gap.
tronconique – truncated-cone-shaped.
tronçonner – cut (to); cut (to) off.
tronçonneuse *f* – chainsaw; pipe-cutting machine.
tronqué – clipped; truncated.
tropical – tropical.
tropicalisation *f* – tropicalization, *preparing equipment to withstand the effects of a tropical climate.*
tropopause *f* – tropopause, *the upper limit of the troposhere.*
troposphère *f* – troposphere, *the lower part of the terrestrial atmosphere.* **troposphère océanique** : oceanic troposphere, *relatively warm surface layer in oceans.*
troposphérique – tropospheric.
trop-plein *m* – downcomer; downspout; escape head, *escape valve*; overflow.
trottoir *m* – pavement; sidewalk; wave-cut bench, *level or gently sloping surface or platform caused by wave erosion, and extending outward from above the base of a wave-cut cliff.* **trottoir d'algues** : algal ridge.
trou *m* – borehole *(drill)*; gap; hole; skip, *of data*; vacancy. **trou à l'avancement** : advance borehole; pilot borehole *(drill).* **trou à laitier** : cinder hole, cinder notch *(metal).* **trou abandonné** : junked hole *(drill).* **trou borgne** : blind hole *(mine).* **trou cavé** : overgage hole, *a hole whose diameter is larger than the diameter of the bit used to drill it.* **trou d'aérage** : ventilation borehole. **trou d'air** : bump. **trou d'échantillonneur** : thief hatch, *on a storage tank.* **trou d'égalisation de pression** : pressure passage hole. **trou d'épingle** : pinhole. **trou d'homme** : light hole; manhole; manway. **trou d'injecteur** : atomizer passage. **trou d'injection de ciment** : grout hole. **trou d'inspection** : hand hole. **trou d'observation** : telltale hole. **trou d'ozone** : ozone hole. **trou de coulée** : metal notch; taphole *(metal).* **trou de glace** : thaw hole. **trou de graissage** : oil hole. **trou de jaugeage** : ullage hole, *in a storage tank.* **trou de l'attache-câble** : woodpecker hole *(drill).* **trou de la tige d'entraînement** : kelly hole; kelly's rat hole *(drill).* **trou de laitier** : floss hole *(metal).* **trou de manoeuvre** : mousehole, *a rotary drilling substructure containing a single socket holding a single stand of drillpipe to be added to the drill string (see also trou de souris).* **trou de mine** : blast hole *(mine).* **trou de petit diamètre** : small-diameter hole *(drill).* **trou de poing** : hand hole. **trou de prise d'échantillon** : thief hole. **trou de purge** : weep hole. **trou de rat** : rathole, *a shallow auxiliary hole alongside the main borehole for storage of the kelly when not in use.* **trou de recherche de fuites** : bar hole, *dug in the ground alongside a gas pipeline to detect leaks.* **trou de regard** : sight hole. **trou de rivet** : rivet hole. **trou de rouille** : pit hole. **trou de sable** : sand hole. **trou de serrure** : keyseat, *eccentricity of a borehole in the shape of a keyhole.* **trou de souris** : mousehole *(drill).* **trou de tir** : shothole. **trous de tir multiple** : multiple-shot holes. **trou de visite** : hand hole; manhole. **trou déjeté** : crooked hole *(drill).* **trou dévié** : sidetracked hole *(drill).* **trou en cul-de-sac** : blind hole. **trou en découvert** : open hole, *the uncased section in a borehole.* **trou en diamètre réduit** : slim hole *(drill).* **trou graisseur** : oil hole. **trou incliné** : slant hole *(drill).* **trou non tubé** : open hole *(drill)*; uncased hole *(drill).* **trou ouvert** : open hole, *uncased, or without drill pipe or tubing.* **trou perdu** : lost hole *(drill).* **trou pour sismosondage** : velocity hole. **trou resserré** : tight hole, *a well with an accidentally reduced diameter due to being drilled with a worn bit.* **trou rétréci** : tight hole. **trou sec** : dry hole, *improductive, to be plugged and abandoned.* **trou souffleur** : blowhole *(geol)*; spouting horn. **trou technique** : rig service hole *(drill).* **trou témoin** : telltale hole.
trouble – cloudy, *liquid*; dim; dull; milkiness; turbid; unsettled.
troublé – disturbed; unsettled.
troubler – cloud (to).

troué – cored.

trousse *f* – kit. **trousse à outils** : toolkit. **trousse d'entretien** : maintenance kit. **trousse de réparation** : repair kit.

trousseau *m* – kit.

trouver – find (to). **se trouver** : occur (to).

troy *m* – troy, *troy system or troy weight, a system of mass units used primarily to measure gold and silver, see also unités troy.*

truelle *f* – trowel.

truité – mottled.

trusquin *m* – surface gage.

TS – OWT, *abbr. temps simple, one-way time.*

TSM – MST, *abbr. temps solaire moyen, mean solar time.*

tsuga *m* – hemlock.

tsunami *m* – seismic surge; tsunami, *a gravitational sea wave caused by a submarine earthquake or volcanic eruption and causing a tidal wave when it hits the coast.*

TU – GMT, *abbr. temps universel: Greenwich mean time.*

tuba *m* – snorkel *(diving)*.

tubage *m* – casing, *the steel pipe that is cemented into a well to prevent the wall from caving or the entry of liquid or gas into the borehole.* **tubage à emboîtement à rétreint** : collar-joint casing. **tubage à emboîtements** : casing with inserted joints; inserted-joint casing. **tubage à filetage court** : short-thread casing. **tubage à filetage long** : long-thread casing. **tubage à joint intégré** : inserted-joint casing. **tubage à joints spéciaux intégrés** : extreme-line casing. **tubage à refoulement externe** : external-upset casing. **tubage à rétreint** : casing with inserted joints, *lengths of casing with a box joint on one end and a pin joint on the other.* **tubage calé** : frozen casing. **tubage coincé** : frozen casing; stuck casing. **tubage combiné** : combination string, *said of any string made up by the assembly of different-size lengths.* **tubage de protection** : protection casing, *protecting the upper part of a borehole so that drilling can continue deeper down.* **tubage de puits** : well casing. **tubage de surface** : surface casing. **tubage en diamètre réduit** : slim-hole casing. **tubage endommagé** : damaged casing. **tubage forable** : drillable casing. **tubage intermédiaire** : intermediate casing *(drill)*. **tubage perforé** : perforated casing. **tubage rivé** : riveted casing. **tubage sans perforation** : blank casing; blank liner. **tubage sans soudure** : seamless casing. **tubage soudé électriquement** : electric-weld casing.

tube *m* – conduit; pipe; tube; tubing. **tube à absorption** : absorption tube. **tube à ailettes** : fin tube; finned tube; gilled tube. **tube à bout lisse** : plain-end line pipe. **tube à brides** : flanged pipe. **tube à chocs** : shock tube. **tube à clapet** : bailer, *a device used to remove cuttings and liquids from a borehole.* **tube à combustion** : combustion tube, *one that is capable of withstanding considerable heat*; ignition tube. **tube à crépine** : strainer. **tube à décharge** : discharge tube *(elec)*. **tube à double paroi** : double-wall pipe. **tube à entonnoir** : funnel tube. **tube à essais** : boiling tube; test tube. **tube à extrémités refoulées** : upset pipe. **tube à feu** : fire tube. **tube à genouillère** : swing pipe, *on a tank.* **tube à mémoire** : storage tube *(elec)*. **tube à neige** : snow sampler; snow tube. **tube à niveau** : gage glass. **tube à oxygène** : oxygen cylinder. **tube à point de fusion** : melting-point tube. **tube à rayon cathodique** : cathode-ray tube (CRT). **tube à rayons X** : X-ray tube. **tube à sédiments** : basket sub. **tube à tare** : weighing tube. **tube à vapeur de mercure** : mercury-vapor tube. **tube à vide** : vacuum tube. **tube bouilleur** : boiler tube. **tube broyeur** : tube mill. **tube capillaire** : capillary tube. **tube carottier** : core barrel *(drill)*. **tube carottier double** : double-tube core barrel. **tube carottier simple** : single-tube core barrel. **tube carottier extérieur** : outer core barrel. **tube cathodique** : cathode-ray tube (CRT). **tube coincé** : frozen pipe. **tube compteur** : counter tube. **tube conducteur** : conductor pipe; foundation pile; stovepipe, *large-diameter riveted-seam or spiral-weld-seam pipe used as a conductor, casing or standpipe at the beginning of drilling.* **tube coudé** : elbow pipe; knee pipe. **tube crépiné** : slotted pipe. **tube crépiné à fentes** : slotted liner. **tube d'acier sans soudure** : weldless steel tube. **tube d'admission** : inflow pipe; inlet pipe. **tube d'aération** : air pipe. **tube d'alimentation** : delivery tube. **tube d'amiante** : asbestos pipe. **tube d'ancrage perforé** : strainer. **tube d'angle** : crossover bend. **tube d'arbre d'hélice** : stern tube. **tube d'arbre de transmission** : torque tube. **tube de dispersion** : sparger. **tube d'aspiration** : draft tube. **tube d'eau** : water tube, *of a boiler.* **tube d'équilibrage de pression hydraulique** : standpipe. **tube d'étambot** : stern tube. **tube d'évacuation** : scavenging tube. **tube d'extraction** : withdrawal tube *(chem)*. **tube d'intervention enroulé** : coiled tubing, *flexible tubing wound on a drum and used for working in wells under pressure.* **tube d'usure** : washpipe, *on the swivel.* **tube de Bourdon** : Bourdon tube. **tube de canalisation** : line pipe. **tube de centrifugeuse** : centrifuge tube. **tube de chaudière** : boiler pipe. **tube de ciel** : roof tube, *of a tube still.* **tube de conduite** : line pipe. **tube de croisement** : crossover bend. **tube de cuvelage** : casing pipe. **tube de fonçage** : drive pipe *(drill)*. **tube de force** : pressure tube. **tube de four de raffinerie** : oil-still tube. **tube de fumée** : fire tube. **tube de mur de fond** : end-wall tube. **tubes de Nessler** : Nessler tubes, *for visual color comparison.* **tube de paroi d'un four** : burner-wall tube. **tube de pilotage** : drive pipe. **tube de Pitot** : Pitot tube, *impact tube, a type of flowmeter.* **tube de pont** : axle tube. **tube de prélèvement** : sample tube. **tube de production** : production tubing; tubing, *small-diameter removable pipe inside a well through which oil and gas are produced either by downhole pumping or by natural flow.* **tube de production à refoulement extérieur** : external-upset tubing. **tube de production à refoulement intérieur** : internal-upset tubing. **tube de production concentrique** : coil tubing. **tube de production sans refoulement** : non-upset tubing. **sans tube de production** : tubingless. **tube de protection** : shield tube. **tube de queue** : tailpipe, *of a condenser coil (ref)*. **tube de réaction** : torque tube. **tube de récupération** : salvage pipe. **tube de regard** : peephole tube. **tube de reniflard** : breather pipe. **tube de repêchage** : horn socket. **tube de repêchage à frottement** : friction socket *(drill)*. **tube de repêchage fendu** : cherry picker, *fishing tool.* **tube de revêtement** :

casing pipe. **tube de sole** : floor tube, *of a furnace*. **tube de sortie** : outlet tube. **tube de surforage** : washover pipe; washover tube; washpipe. **tube de Venturi** : venturi, *for measuring fluid flow rate in a piping system*. **tube de verre** : glass tube. **tube de vidange** : purge pipe. **tube de visée** : viewing tube. **tube déformé** : collapsed pipe. **tube dégorgeoir** : mud return; mud-return line. **tube dégueuloir** : mud-return line. **tube double extra-fort** : double extra-strong pipe. **tube écrasé** : collapsed pipe. **tube égalisateur** : equalizer tube, *used when testing the layer between two packers*; straddle-packer bypass. **tube électronique** : electron tube. **tube électronique à gaz** : gas-filled electron tube. **tube émetteur** : bottle. **tube en acier sans soudure** : seamless steel tube. **tube en U** : U tube. **tube enrobé** : wrapped pipe. **tube étiré** : drawn pipe. **tube étiré sans soudure** : seam-drawn tube; weldless tube. **tube expansé** : expanded pipe. **tube extérieur** : outer barrel; working barrel, *for core drilling*. **tube extra-fort** : extra-strong pipe. **tube extrudé** : extruded pipe; extruded tube. **tube fendu** : split joint, *split lengthwise*. **tube filtre** : screen pipe *(drill)*. **tube flexible** : flexible tube. **tube flexible de jonction** : connecting tube. **tube fontaine** : bell nipple *(drill)*. **tube foyer** : fire tube. **tube fretté** : hooped pipe. **tube fretté avec enroulements de fils méplats** : wire-wrapped hooped pipe. **tube galvanisé** : galvanized pipe. **tube garni de perles de verre** : bead tube. **tube goujonné** : studded tube. **tube goulotte** : riser, *for the mud circuit*. **tube guide** : casing conductor; conductor pipe; leader; riser; subsea conductor. **tube guide-fils** : raceway. **tube guide-pige** : gaging pipe. **tube hermétique de sonde** : blank pipe, *as opposed to perforated pipe (drill)*. **tube indicateur de niveau** : water gage, *indicating the water level or hydraulic pressure*. **tube intensificateur d'image** : image-intensifier tube. **tube jaugeur de viscosimètre** : viscometer cup. **tube laminé** : rolled pipe. **tube lanterné** : slotted tube. **tube laveur** : washover pipe *(drill)*. **tube macaroni** : macaroni tubing, *small-diameter production tubing*. **tube ondulé au cintrage** : buckled pipe. **tube perforé** : perforated pipe. **tube plongeur** : dip tube; sea sump, *a tube running down into the sea and used for discharging waste from a drilling platform*. **tube pour exploitation hydraulique des sables** : spatter pipe. **tube prolongateur** : pipe riser; riser, *tube running from the surface of the water to a subsea borehole*. **tube prolongateur de goulotte** : flowline riser. **tube pyrométrique** : thermometer tube. **tube queue** : tailpipe, *a pipe run in a well below a packer*. **tubes raboutés** : jointers. **tube radiant** : radiant tube. **tube rainuré** : slotted pipe. **tube récupéré** : salvage pipe. **tube redresseur à gaz** : gas-filled rectifier. **tube reformé** : junk pipe; substandard pipe. **tube renforcé** : blast joint, *production column*. **tube sans soudure** : seamless pipe. **tube scellé** : bomb tube. **tube soudé** : welded pipe. **tube soudé électriquement** : electric-weld pipe. **tube soudé en spirale** : spiral-weld tube. **tube soudé par rapprochement** : butt-welded pipe. **tube souple** : flexible pipe. **tube toroïdal** : doughnut. **tube venturi** : venturi tube.

tubé – cased, *well*.

tuber – case (to).

tubulaire – tubular.

tubulaires *m* – tubulars.

tubulure *f* – muzzle; nozzle. **tubulure d'admission** : induction manifold; inlet manifold; intake manifold. **tubulure d'embranchement** : branch pipe. **tubulure d'injection** : injection nozzle. **tubulure de jaugeage** : gaging hatch. **tubulure de purge vide-vite** : blowdown pipe. **tubulure de vidange** : blowoff pipe. **tubulure sans bride** : pipe riser.

tuer – kill (to). **tuer un puits** : kill (to) a well, *stop a blowout by injecting fluid of a mud type*.

tuf *m* – tufa, *see tuf calcaire*; tuff, *consolidated pyroclastic rocks*. **tuf basaltique** : basaltic tuff. **tuf calcaire** : calc-tufa; rimstone, *calcium deposits ringing an overflowing basin such as a hot spring*; travertine; tufa, *calcareous tufa*. **tuf d'explosion** : explosion tuff *(geol)*. **tuf détritique** : detrital tuff. **tuf interstratifié** : interstratified tuff. **tuf siliceux** : siliceous sinter. **tuf soudé** : welded tuff, *pyroclastic rock indurated by the heat retained by its particles, the weight of overlying material and hot gases*. **tuf volcanique** : cinerite; dust tuff; pyroclastic tuff.

tufacé – tufaceous, *calcareous*.

tuffeau *m* – sinter, *crystalline rock*.

tuffite *f* – tuffite.

tuile *f* – tile. **tuile réfractaire** : fire tile.

tulipe *f* – bell-and-spigot.

tumulus *m* – tumulus.

tungstène *m* – tungsten, *symbol W*; wolfram. **tungstène métallique** : tungsten metal.

tungstique – tungstic.

tunnel *m* – tunnel. **tunnel aérodynamique** : wind tunnel. **tunnel de ressuage pour fabrication des cires** : sweating tunnel. **tunnel pilote** : pioneer tunnel.

tunnelier *m* – tunnel borer.

turbidimètre *m* – turbidimeter. **turbidimètre photoélectrique** : photoelectric turbidimeter.

turbidimétrie *f* – turbidimetry.

turbidimétrique – turbidimetric.

turbidite *f* – turbidite, *any clastic sedimentary deposit produced by a turbidity current*. **turbidites amalgamées** : amalgamated turbidites. **turbidites de prisme de bas niveau** : shingled turbidites. **turbidites non amalgamées** : unamalgamated turbidites. **turbidites tronquées** : winnowed turbidites.

turbidité *f* – cloudiness; turbidity.

turbine *f* – turbine. **turbine à action** : impulse turbine. **turbine à action et réaction** : impulse-reaction turbine. **turbine à ailettes** : vane impeller. **turbine à contre-pression** : back-pressure turbine. **turbine à écoulement direct** : straight-flow turbine. **turbine à extraction de vapeur** : topping steam turbine. **turbine à gaz** : combustion turbine; gas turbine. **turbine à impulsion** : action turbine. **turbine à réaction** : jet turbine; reaction turbine. **turbine à soutirage** : pass-out turbine. **turbine à vapeur** : steam turbine. **turbine à vapeur à plusieurs étages** : multistage steam turbine. **turbine à vapeur à un étage** : single-stage steam turbine. **turbine à vapeur compound** : compound steam turbine. **turbine axiale** : axial-flow turbine. **turbine de forage à diamètre constant** : flush turbine, *running from the bit to the upper sub*. **turbine de suralimentation** : turbocharger. **turbine hélice** : propeller turbine. **turbine hydraulique** : hydraulic turbine; water turbine. **turbine multirotors** : compound turbine, *having several housings.*

turboalternateur *m* – turboalternator *(elec)*; turbogenerator.

turbocarottage *m* – turbocoring.

turbocombustible *m* – turbine fuel.

turbocompresseur *m* – supercharger; turbocompressor. **turbocompresseur de suralimentation** : turbosupercharger.

turboforage *m* – turbodrilling *(drill)*.

turboforeuse *f* – turbodrill. **turboforeuse à sections** : sectional turbodrill.

turbogénératrice *f* – turbine generator.

turbomoteur *m* – turbine engine.

turbopause *f* – turbosphere, *a region of the atmosphere between the homosphere and the heterosphere.*

turbopompe *f* – turbine pump.

turbopropulsé – turboprop.

turbopropulseur *m* – turboprop engine.

turboréacteur *m* – jet power (JP); turbojet.

turboséparateur *m* – air classifier, *a device for separating particles by size with a stream of air.*

turbosoufflante *f* – turboblower; turbocharger; turbofan.

turbulence *f* – flutter; swirl; turbulence, *of fluids.* **turbulence atmosphérique** : atmospheric turbulence.

turbulent – turbulent.

turgescence *f* – turgescence.

Turolien *m* – Turolian, *late Miocene land-mammal age.*

Turonien *m* – Turonian, *Upper Cretaceous stage.*

turrélite *f* – turrelite, *an asphaltic shale from Texas.*

tuyau *m* – conduit; pipe; tube. **tuyau à ailettes** : gilled pipe. **tuyau à brides** : flanged pipe. **tuyau à eau** : water hose; water pipe. **tuyau à emboîtement** : ball-and-socket pipe; faucet pipe; spigot-and-socket pipe. **tuyau à emboîtement et cordon** : bell-and-spigot pipe. **tuyau à gaz** : gas pipe. **tuyau armé** : armored hose. **tuyau ascendant** : uptake. **tuyau d'aérage** : ventilating pipe. **tuyau d'alimentation** : supply line. **tuyau d'alimentation en carburant** : fuel line. **tuyau d'aspiration** : suction hose; suction line; suction main; suction pipe. **tuyau d'échappement** : blowoff pipe; escape pipe; exhaust pipe; tailpipe, *a pipe use to evacuate exhaust gases from the muffler of an engine.* **tuyau d'embranchement** : branch pipe. **tuyau d'émission** : eduction pipe. **tuyau d'évacuation** : discharge pipe; downtake. **tuyau d'extension** : extension pipe. **tuyau d'incendie** : fire hose. **tuyau d'injection** : injection pipe. **tuyau de cale** : bilge pipe. **tuyau de combustible** : fuel pipe. **tuyau de conduite de la vapeur** : steam-feed pipe. **tuyau de décharge** : discharge pipe; downpipe; spill pipe; spout; waste pipe. **tuyau de dégorgement** : waste pipe. **tuyau de dérivation** : branch pipe. **tuyau de descente** : downpipe. **tuyau de distribution** : delivery hose. **tuyau de jonction** : connecting pipe. **tuyau de purge** : drip, *device for separating condensates from gas upon issuing from a well.* **tuyau de radiateur** : radiator hose. **tuyau de refoulement** : discharge line; riser main; rising main; rising pipe; run pipe; standpipe. **tuyau de remplissage** : delivery hose. **tuyau de retenue** : check pipe. **tuyau de retour au réservoir** : leakage pipe. **tuyau de sortie** : tailpipe. **tuyau de tirage** : chimney flue. **tuyau de trop-plein** : overflow pipe. **tuyau de vapeur** : steam pipe. **tuyau de vidange** : drainpipe; purge pipe. **tuyau en caoutchouc** : rubber hose. **tuyau en toile** : canvas hose. **tuyau flexible** : flexible hose; hose. **tuyau flexible d'injection** : flushing hose. **tuyau flexible en caoutchouc** : flexible rubber hose. **tuyau métallique flexible** : flexible metal hose. **tuyau normalisé** : standard pipe. **tuyau plongeur de barillet** : dip pipe. **tuyau revêtu d'un enduit** : coated pipe. **tuyau sécheur** : dry pipe.

tuyauterie *f* – pipes and fittings; piping, *a system of pipes.* **tuyauterie courbée** : curved pipe. **tuyauterie d'admission** : inflow pipe; inlet pipe. **tuyauterie d'aérage** : ventilation tubing. **tuyauterie d'aération** : vent pipe. **tuyauterie d'alimentation** : feed pipe. **tuyauterie d'arrivée de vapeur** : steam-pipe supply. **tuyauterie d'aspiration** : offtake main. **tuyauterie d'échangeur à contre-courant** : countercurrent pipe exchanger. **tuyauterie d'huile** : oil pipe. **tuyauteries de raccordement** : pipe connections. **tuyauterie extra-épaisse** : double extra-strong pipe. **tuyauterie piégée** : trapped piping, *for separating condensed liquids.*

tuyaux *m* – dope, *colloq. for information.* **tuyaux sur le forage** : doghouse dope, *colloquial for information about a well: depth, ongoing operations, mud data, incidents, etc.*

tuyère *f* – blast pipe *(metal)*; flow nozzle; jet nozzle; jet pipe; nozzle; tuyere. **tuyère d'aspiration** : combining cone, *injector.* **tuyère d'échappement** : exhaust jet. **tuyère d'injection d'huile** : oil-supply nozzle. **tuyère de vapeur** : steam nozzle.

TV – TV, *abbr. of télévision: television.*

TVA – VAT, *abbr. taxe sur la valeur ajoutée: value-added tax.*

TVHD – HDTV, *abbr. télévision à haute définition: high-definition television.*

TVR – RVP, *abbr. tension de vapeur Reid, Reid vapor pressure.*

Twaddell – Twaddell, *see densimètre, échelle Twaddell.*

type *m* – type. **de type courant** : conventional; standard. **type de passage** : transition type *(pal)*. **type de transition** : transition type.

typhon *m* – typhoon.

typique – typical.

typomorphique – typomorphic *(petro)*.

Tyrrhénien *m* – Tyrrhenian, *uppermost Pleistocene.*

tyuyamunite *f* – tyuyamunite, *calciocarnotite.*

U

u – u, *symbol for atomic mass unit.*
UAL – ALU, *abbr. unité arithmétique et logique: arithmetic-logic unit.*
ubac *m* – northern exposure; shaded slope.
Ubbelohde – Ubbelohde, *see viscosimètre de Ubbelohde.*
UC – CPU, *abbr. unité centrale: central processing unit.*
UCSIP – *abbr. Union des chambres syndicales de l'industrie du pétrole, now Union française des industries pétrolières (UFIP).*
udomètre *m* – pluviometer; udometer, *rain gage.*
udométrique – pluviometric.
UFIP – *abbr. Union française des industries pétrolières, previously Union des chambres syndicales de l'industrie du pétrole (UCSIP).*
UGPB – ULCC, *abbr. ultragros porteur de brut, ultralarge crude carrier, between 350,000 and 550,000 tons deadweight.*
UHF – UHF, *abbr. ultrahaute fréquence, ultrahigh frequency.*
UICPA – IUPAC, *abbr. Union internationale de chimie pure et appliquée, International Union of Pure and Applied Chemistry.*
uintahite *f* – uintahite, *uintaite, gilsonite.*
UISG – IUGS, *abbr. Union internationale des sciences géologiques, International Union of Geological Sciences.*
ullmannite *f* – ullmannite *(miner).*
ulmine *f* – ulmin, *vegetable-degradation material present in coal, peat and lignite in the form of a dark amorphous substance or vegetable jelly.*
ulminite *f* – ulminite, *a maceral of brown coal within the huminite group.*
ulmique – ulmic.
Ulstérien *m* – Ulsterian, *Lower Devonian series in North America.*
ultérieur – later; subsequent.
ultime – ultimate.
ultrabasique – ultrabasic.
ultracentrifugation *f* – ultracentrifuging.
ultracentrifugeuse *f* – ultracentrifuge.
ultracourt – ultrashort.
ultracoustique *f* – ultrasonics.
ultrafiltration *f* – ultrafiltration.
ultrafiltre *m* – ultrafilter.
ultragros – ultralarge. **ultragros porteur de brut (UGPB)** : ultralarge crude carrier (ULCC), *more than 400,000 t.*
ultrahaut – ultrahigh. **ultrahaute fréquence (UHF)** : ultrahigh frequency (UHF).
ultraléger – ultralight.
ultramétamorphisme *m* – ultrametamorphism *(geol).*
ultramicromètre *m* – ultramicrometer.
ultramicroscope *m* – ultramicroscope.
ultramylonite *f* – flinty crushed rock.
ultraprofond – ultradeep.
ultrargile *f* – fine clay *(pedol).*
ultrason *m* – ultrasonic wave; ultrasound.
ultrasonique – ultrasonic.
ultrastabilité *f* – ultrastability.
ultravide *m* – ultrahigh vacuum.
ultraviolet *m* – ultraviolet. **ultraviolet de Schumann** : Schumann region, *the most extreme ultraviolet portion.* **ultraviolet lointain** : far ultraviolet. **ultraviolet proche** : near ultraviolet. **ultraviolet visible** : visible ultraviolet.
uma – amu, *abbr. unité de masse atomique, atomic mass unit.*
undécane *m* – undecane, *paraffinic hydrocarbon.*
uni – even; smooth; solid, *color.*
uniaxe – uniaxial *(miner).*
Uniboom – Uniboom, *tradename of an offshore seismic-energy source.*
unicellulaire – unicellular.
unicité *f* – uniqueness.
unidimensionnel – one dimensional.
uniforme – uniform.
uniformisateur *m* – ripple filter.
uniformitarisme *m* – uniformitarianism, *a geological theory whereby the past causes of phenomena are identical in intensity and regularity to current causes ; see also actualisme.*
uniformité *f* – consistency; uniformity.
unijonction *f* – unijunction.
unilatéral – unilateral.
union *f* – union; union joint. **union douanière** : customs union.
Uniontown – Uniontown, *see méthode Uniontown.*
Unipulse – Unipulse, *tradename of an offshore seismic-energy source.*
unique – single.
unir – bond (to); join (to); splice (to); unite (to). **s'unir** : coalesce (to).
unité *f* – unit, *for measuring, for manufacturing.* **unité à lit fixe** : fixed-bed unit. **unité arithmétique et logique (UAL)** : arithmetic-logic unit (ALU). **unité auxiliaire** : utility unit. **unités avoirdupois** : avoirdupois units, *they include: ton, hundredweight, cental, quarter, stone, pound, ounce, dram, grain.* **unité centrale** : central processing unit (CPU), *of a computer;* mainframe, *of a computer.* **unités cgs** : cgs units, *units of the*

cgs system: centimeter-gram-second. **unité chronostratigraphique** : chronostratigraphic unit, *a body of rock established to serve as the material reference for all rocks formed during the same span of time.* **unité cohérente** : coherent unit, *a unit making up part of a system of units, such as the International System, and formed as products or quotients of units of the base quantities according to the algebraic relations linking these quantities.* **unité commune** : common unit, *a conversion unit for the specific units used for different forms of energy, e.g. the ton oil equivalent (toe)*. **unité composée** : compound unit, *a multiple or submultiple derived from a derived unit that has no special name (measurement)*. **unité d'absorption** : absorption plant, *plant for recovering the condensable portion of natural or refinery gas.* **unité d'alkylation** : alkyl plant. **unité d'épuration du gaz naturel** : scrubber plant. **unité d'exploitation pétrolière commune** : pooled unit, *formed by bringing together separately owned leases under the terms of pooling clauses or a special agreement.* **unité d'implantation de forage** : drilling unit, *the area prescribed by well-spacing regulations when a drilling permit is granted.* **unité d'intensité lumineuse** : light unit. **unité de bande magnétique** : tape drive. **unité de base** : base unit, *a unit of a base quantity in a system of measurement, which is independent of other units by means of a physical standard.* **unité de Claus** : Claus plant. **unité de cokéfaction** : coker; coking still. **unité de commande du BOP** : BOP control unit. **unité de compte (UC)** : unit of account (UA). **unité de conditionnement d'eau** : water-conditioning unit. **unité de craquage** : cracker; cracking plant; cracking unit. **unité de craquage catalytique** : cat cracker; catalytic converter; catalytic cracker. **unité de dégazage** : degassing station. **unité de dégazolinage** : casinghead-gasoline plant; combination plant, *a system for recovering liquid hydrocarbons from natural gas, especially from casinghead gas*; gasoline plant; gasoline recovery plant; natural-gasoline plant; stripper plant, *for rectified distillation.* **unité de déparaffinage** : wax plant. **unité de déshydratation** : dehydration plant. **unité de déshydratation de l'huile** : oil-dehydrating plant. **unité de déshydratation du gaz** : gas-dehydration plant. **unité de dessalage** : desalting plant. **unité de désulfuration** : Claus plant; desulfurization unit. **unité de disque** : disk drive *(computer)*. **unité de distillation** : distillation plant; distillation unit. **unité de distillation du brut** : crude distillation plant. **unité de distillation non poussée** : skimming plant. **unité de distillation primaire** : stripping plant, *for rectification and reextraction.* **unité de fabrication** : process unit. **unité de forage mobile** : portable drilling machine; portable rig. **unité de fractionnement** : topping plant; topping unit. **unité de longueur** : unit of length. **unité de masse atomique** : atomic-mass unit, *equal to 1/12 the mass of the carbon atom, having as nucleus the isotope with mass number 12*; physical-mass unit. **unité de mesure** : unit of measurement. **unité d'embidonnage** : canning plant. **unité de polymérisation** : polyplant. **unité de pompage** : pumping plant; pumping unit, *for a single well.* **unité de pompage à balancier** : beam pumping unit; pendulum pumping unit. **unité de pompage à longue course** : long-stroke pumping unit. **unité de préparation de charge** : feed-preparation unit, *a processing unit, e.g. fractionating, distillation or desulfurization, for preparing feedstock for further processing.* **unité de production** : unit of output. **unité de progradation** : offlap. **unité de proration** : proration unit, *the area in a pool that can be efficiently and economically drained by one well.* **unité de raffinage par solvant** : solvent-treating plant. **unité de récupération d'acide** : acid-recovery plant. **unité de récupération de la phase gazeuse** : vapor-recovery unit, *for the preliminary processing of a mixed gas and gasoline feed.* **unité de récupération du solvant** : solvent-recovery plant. **unité de recyclage** : cycling plant. **unité de redistillation** : rerun unit. **unité de redistillation sous vide** : vacuum rerun distillate unit. **unité de réfrigération** : cooling unit. **unité de refroidissement** : cooling unit. **unité de traitement** : treating plant, *for crude oil at the wellhead, to eliminate sediments and water.* **unité de traitement chimique** : process unit. **unité de traitement thermique** : heater treater. **unité de transfert** : transfer unit. **unité de travail de séparation (UTS)** : separative work unit (SWU), *a measure of the effort expended in separating uranium into two streams, one enriched and the other depleted.* **unité dérivée** : derived unit, *defined from base units for measurement.* **unité hors-système** : customary unit, *not belonging to a coherent system of units, especially SI*; off-system unit. **unité industrielle** : commercial-scale plant; industrial plant. **unité légale** : statutory unit, *unit of measurement perscribed by an official regulation.* **unité lithostratigraphique** : lithostratigraphic unit; rock unit. **unité mobile** : mobile plant. **unité monétaire** : currency unit. **unité pilote** : pilot plant, *an installation designed for semi-industrial production before scaling up to full industrial production*; pilot-scale plant; process-development unit. **unité principale** : mainframe. **unité réduite** : dimensionless unit. **unités SI** : SI units, *units of the International System of Units.* **unité stratigraphique** : stratigraphic unit. **unité structurale** : structural unit. **unité thermique** : heat unit. **unités troy** : troy units, *mass units, 1 troy pound = 12 ounces, 1 ounce = 20 pennyweights, 1 pennyweight = 24 grains.*

unitisation *f* – unitization, *the joint operation of all or some portions of a producing reservoir, as distinguished from pooling.*

univalence *f* – monovalency, *monovalence.*

univalve – univalve *(pal)*.

univers *m* – universe; world.

universel – all-purpose; general purpose; universal.

UOP – UOP, *Universal Oil Products, see facteur de caractérisation.*

uranate *m* – uranate.

uranifère – uraniferous.

uraninite *f* – pitchblende *(miner)*; uraninite *(miner)*.

uranium *m* – uranium, *symbol U.* **uranium appauvri** : depleted uranium. **uranium enrichi** : enriched uranium.

uranyle *m* – uranyl.
urbain – urban.
urée *f* – urea; carbamide.
uréthane *m* – *see uréthanne.*
uréthanne *m* – urethane, *ethyl carbamate.*
urgence *f* – emergency.
Urgonien *m* – Urgonian, *Lower Cretaceous division.*
uridine *f* – uridine, *a constituent of ribonucleic acid.*
usage *m* – custom; use. **usages comptables** : accounting practices. **usage délestable** : *see usage interruptible.* **usage domestique** : domestic use. **à usage exclusif** : dedicated. **usage final** : end use. **usage interruptible** : interruptible use, *use of energy (gas, electricity) of which the supply can be interrupted by agreement under predetermined conditions.* **usage non énergétique** : nonenergy use. **usage non substituable** : nonsubstitutable use, *where the form of energy used cannot realistically be substitued for by another form.* **usage professionnel** : professional use. **pour tout usage, tous usages** : all purpose; general purpose.
usagé – used.
usé – spent; subdued; used; worn. **complètement usé** : worn out.
user – use (to), *to make use*; wear (to). **user par frottement** : fret (to). **s'user** : wear (to) out.
usinabilité *f* – machinability; workability.
usinage *m* – machine work; machining; tooling. **usinage chimique** : chemical machining.
usine *f* – factory; mill; plant; works. **usine à béton** : concrete batching-and-mixing plant; concreting plant. **usine à gaz** : gas plant; gas works. **usine atomique** : nuclear power plant. **usine chimique** : chemical plant. **usine d'affinage** : iron refinery. **usine d'engrais** : fertilizer plant. **usine de bouletage** : pellet plant. **usine de laminage de cuivre** : copper rolling mill. **usine électrique** : power station. **usine flottante** : floating plant. **usine livrée clé en main** : turnkey construction. **usine marémotrice** : tidal power plant. **usine métallurgique** : metallurgical plant. **usine pétrochimique** : petrochemical plant. **usine sidérurgique** : iron works; steel plant. **usine sous cocon** : mothballed plant. **usine sur barge** : barge-mounted plant.
usiné – machined.
usiner – machine (to).
usure *f* – chafing; erosion, *of a furnace*; wear; wear and tear; wearing. **usure adhésive** : adhesive wear. **usure admissible** : allowable wear. **usure de l'embase du bras** : shirttail wear (STW), *drill bit.* **usure de roulement** : tread wear, *of a tire.* **usure des cylindres** : cylinder wear. **usure des roulements** : smearing, *depositing of metal from the cage on roller bearings.* **usure des segments** : ring wear. **usure destructive** : destructive wear. **usure en magasin** : shelf depreciation. **usure en rayons** : ridging *(metals).* **usure en sillons** : ridging. **usure excentrique** : eccentric wear. **usure excessive** : destructive wear; excessive wear. **usure normale** : fair wear and tear; normal wear and tear. **usure ondulée** : rippling. **usure par abrasion** : abrasive wear. **usure permanente** : permanent wear. **usure prematurée** : premature wear. **usure superficielle** : surface wear.
UTAC – *abbr. Union technique de l'automobile et du cycle.*
utile – serviceable; useful.
utilisable – usable.
utilisateur *m* – user. **utilisateur final** : end user; final user.
utilisation *f* – use; utilization. **utilisation des chaleurs perdues** : waste-heat utilization. **utilisation des eaux usées** : utilization of sewage. **utilisation finale** : end use. **utilisation rationnelle de l'énergie** : energy rationalization, *see also maîtrise de l'énergie.*
utiliser – use (to).
utilités *f* – utilities, *auxiliaries for an installation, e.g. steam, water, electricity, cooling water, compressed air, etc.*
UTS – SWU, *abbr. unité de travail de séparation, separative work unit.*
UV – UV, *abbr. ultraviolet.* **UV vis** : UV vis, *abbr. ultraviolet-visible.*
uvanite *f* – uvanite *(miner).*
uviol – uviol, *shortened form of ultraviolet.*

V

V – V, *symbol for volt.*

VA – VA, *symbol for volt ampere.*

vacillement *m* – jitter. **vacillement d'impulsions** : pulse jitter.

vaciller – flicker (to).

vacuolaire – vesicular; vuggy.

vacuole *f* – vesicle; vug.

vacuomètre *m* – vacuum gage.

vadose – vadose, *referring to the zone of aeration above the water table.*

va-et-vient *m* – hauling line; horizontal-stroke device; push and pull; reciprocation, *a back-and-forth movement.* **va-et-vient à câble** : ropeway.

vagile – vagile, *free to move about.*

vague *f* – water wave; wave. **vague anormale** : *see vague phénoménale.* **vague avec translation** : wave of translation, *in which the particles of water are significantly displaced in the direction of wave travel.* **vague capillaire** : capillary wave, *ripple.* **vague centenaire** : *see vague centennale.* **vague centennale** : hundred-year wave. **vague d'étrave** : bow wave. **vague de chaleur** : heat wave *(meteo).* **vague de froid** : cold wave. **vague de solidification** : ripple. **vague de soudure** : ripple. **vague de tempête** : storm surge; storm wave. **vague déferlante** : breaker. **vague libre** : free wave. **vague occasionnelle** : episodic wave. **vague phénoménale** : freak wave. **vague sableuse** : sand wave. **vague significative** : significant wave, *having the average height and period of the highest third of the waves in a given wave group.*

vaigrage *m* – ceiling *(ship).*

Valanginien *m* – Valanginian, *Lower Cretaceous stage.*

Valdonnien *m* – Valdonnian, *Upper Cretaceous stage.*

valence *f* – atomicity; chemical value; valence *(chem).*

Valentien *m* – Valentian, *Lower Silurian stage (Llandovarian).*

valérique – valeric.

valet *m* – dog, *of a tool.*

valeur *f* – value. **valeur à la casse** : scrap value. **valeur absolue** : absolute value. **valeur actualisée** : present value, *value for a given year expressed by its equivalence with a reference year (rate of discounting).* **valeur actuelle** : present value. **valeur actuelle nette (VAN)** : discounted cash flow (DCF); net discounted value; net present value (NPV), *for a given project and discounting rate, the sum of cash flows discounted at this rate.* **valeur algébrique** : algebraic value. **valeur antidétonante** : antiknock value. **valeur approchée** : approximate value. **valeur basique** : base value. **valeur brute** : gross value. **valeur capitalisée** : future value. **valeur comptable** : book value, *net worth.* **valeur d'une grandeur** : value of a quantity. **valeur de consigne** : set value. **valeur de crête** : peak value. **valeur de récupération** : salvage value. **valeur de refuge** : hedge. **valeur de remplacement** : replacement cost; replacement value. **valeur de vérité** : truth value *(math).* **valeur du pendage** : angle of dip. **valeur efficace** : rms value. **valeur en eau** : *see équivalent en eau.* **valeur extrême** : extreme value, *minimum or maximum value of a variable.* **valeur faciale** : face value. **valeur future** : future value. **valeur marchande** : market value; sales value. **valeur marchande des réserves en place** : value in ground, *proven oil reserves.* **valeur maximale d'hydrocarbures productibles** : maximum producible oil index. **valeur mesurée** : measured value. **valeur moyenne arithmétique** : arithmetic mean value. **valeur nette** : netback value. **valeur nominale** : face value; nominal value; par value. **valeur numérique** : numerical value, *of a quantity.* **valeur propre** : eigenvalue, *a scalar associated with a given linear transformation of a vector space ; a root of the characteristic equation of a matrix ; a characteristic number,* latent root *(math).* **valeur réelle** : actual value; value in real terms, *in constant money.* **valeur résiduelle** : residual value; salvage value; scrap value, *at the end of lifetime or depreciation period.* **valeur vraie d'une grandeur** : true value of a quantity.

valeurs *f* – security, *property right.* **valeurs disponibles** : quick assets *(fin).*

validation *f* – validation.

valide – live, *trace.*

validité *f* – soundness; validity.

vallée *f* – dale; valley. **vallée affluente** : tributary valley. **vallée anticlinale** : anticlinal valley. **vallée aveugle** : blind valley, *karst valley in which the stream disappears underground at one end.* **vallée conséquente** : consequent valley. **vallée d'effondrement** : collapse valley; fault-block valley. **vallée d'érosion** : destructional valley. **vallée de faille** : fault valley. **vallée de ligne de faille** : fault-line valley. **vallée de rivière** : river valley. **vallée en auge** : trough valley. **vallée en berceau** : strath, *a broad valley with a planated floor, always filled with glacial and fluvioglacial deposits.* **vallée en fond de bateau** : flat-floored valley. **vallée en U** : U-shaped valley. **vallée encaissante** : incised valley. **vallée encaissée** : entrenched valley. **vallée**

entaillée : incised valley. **vallée épigénétique** : epigenetic valley. **vallée étroite** : glen. **vallée faillée** : rift valley. **vallée glaciaire** : glacial-carved valley; glacial valley. **vallée inclinée** : dip valley. **vallée karstique** : karst valley. **vallée longitudinale** : longitudinal valley. **vallée monoclinale** : monoclinal valley. **vallée morte** : dead valley, *dry valley.* **vallée mûre** : fully mature valley; mature valley. **vallée obséquente** : obsequent valley. **vallée parvenue à la maturité avancée** : late-mature valley. **vallée perchée** : perched valley. **vallée réséquente** : resequent valley. **vallée sèche** : dry valley. **vallée sénile** : fully mature valley. **vallée sous-marine** : submarine valley. **vallée structurale** : construction valley; structural valley. **vallée submergée** : drowned valley; firth, *a former valley that was submerged during a marine transgression.* **vallée subséquente** : subsequent valley. **vallée suspendue** : hanging valley; perched valley. **vallée synclinale** : synclinal valley. **vallée tectonique** : construction valley; structural valley. **vallée transversale** : transverse valley; traverse valley.

Vallésien *m* – Vallesian, *Upper Miocene stage.*

valleuse *f* – hanging valley, *as on a chalk cliff.*

vallon *m* – dell; dingle. **petit vallon** : draw *(geol).*

valorisation *f* – pricing; upgrading; valuation. **valorisation des déchets** : upgrading of waste. **valorisation des ressources humaines** : human resource development.

valoriser – upgrade (to).

valvaire – valvate *(pal).*

valve *f* – valve. **valve à clapet** : dart valve. **valve à vent** : blast valve. **valve conique** : conical valve. **valve d'évent** : vent valve. **valve d'ouverture** : trip valve. **valve de dégonflage** : blowoff valve. **valve de gonflement** : tire valve. **valve de manodétendeur** : gas-reducing valve. **valve de pompe à boue** : mud-pump valve. **valve de sas** : swab valve, *well completion.* **valve relais d'urgence** : relay emergency valve, *trailer braking system.* **valve tiroir** : slide valve.

van *m* – van.

VAN – NPV, *abbr. valeur actuelle nette: net present value.*

vanadium *m* – vanadium, *symbol V.*

vanadyle *m* – vanadyl *(chem).*

vannage *m* – winnowing.

vanne *f* – gate; shutoff; shutter; valve. **vanne à arcade et tige à vis extérieure** : outside screw-and-yoke valve. **vanne à balancier** : balance-type float valve. **vanne à boisseau** : ball valve. **vanne à boue** : mud-operated valve; mud valve. **vanne à casque** : duplex gate valve. **vanne à chenilles** : caterpillar gate. **vanne à clapet basculant** : swing check valve. **vanne à clapet de va-et-vient** : swing valve. **vanne à coin** : wedge-type valve; wedge valve. **vanne à couteau** : knife valve. **vanne à deux positions** : two-position valve. **vanne à deux voies** : two-way valve. **vanne à enveloppe de vapeur** : steam-jacket valve. **vanne à flotteur pour réservoir** : tank float valve. **vanne à fusible** : fusible-link valve. **vanne à haute pression** : high-pressure valve. **vanne à manoeuvre rapide** : quick-operating valve. **vanne à obturateur à faces parallèles** : parallel-slide gate valve. **vanne à opercule** : plug valve. **vanne à opercule tournant** : rotary valve. **vanne à ouverture centrale** : open-center valve. **vanne à ouverture progressive** : creeper valve. **vanne à ouverture rapide** : quick-acting valve; quick-opening valve. **vanne à papillon** : butterfly valve. **vanne à passage direct** : gate valve; straight-way valve; through-conduit valve. **vanne à passage direct à coin** : gate wedge valve. **vanne à passage direct à deux opercules parallèles** : double-disk parallel-gate valve. **vanne à passage direct à étrier** : gate clamp valve. **vanne à passage intégral** : full-flow valve; full-opening valve. **vanne à pointeau** : needle valve. **vanne à quatre voies** : four-way valve. **vanne à renversement** : reversing valve. **vanne à sécurité intrinsèque** : failsafe valve. **vanne à sifflet d'alarme** : whistle valve. **vanne à tiroir** : slide valve. **vanne à trois positions** : three-position valve. **vanne à trois voies** : three-way valve. **vanne à va-et-vient** : shuttle valve. **vanne actionnée par ajustage** : fully-adjustable hydraulically-actuated valve. **vanne actionnée par un diaphragme** : diaphragm-actuated valve. **vanne antiretour** : back-pressure valve; reverse-flow check valve, *for a gas lift.* **vanne aspirante et foulante** : suction-and-pressure valve. **vanne automatique** : automatic-operated valve. **vanne basse pression** : low-pressure valve. **vanne casse-croûte** : ram-type drain valve. **vanne compensatrice** : equalizing valve. **vanne d'aération** : venting valve. **vanne d'alimentation** : feed valve. **vanne d'arrêt** : guard valve; on-off valve; stop gate. **vanne d'égalisation** : bypass valve *(drill).* **vanne d'égalisation à double verrouillage** : double-locking equalizing valve, *of a tester.* **vanne d'équerre** : angle valve. **vanne d'étranglement** : throttle valve. **vanne d'isolement** : block valve; isolating valve; shutoff valve. **vanne d'obturation** : shutter valve. **vanne d'obturation unilatérale** : counterbalance valve. **vanne d'ouverture** : retaining valve, *formation testing.* **vanne de circulation** : circulating valve. **vanne de circulation inverse** : reverse-circulation valve; reversing valve; two-way circulating valve. **vanne de commande de giffard** : jet-gun control valve. **vanne de complétion multiple** : multiple-completion valve. **vanne de contrôle de giffard** : jet-gun control valve. **vanne de contrôle manuelle** : hand-control valve. **vanne de cuiller** : bailer valve *(drill).* **vanne de curage** : crown valve. **vanne de décharge** : bleeder-line valve; dump valve. **vanne de déchargement** : unloader valve, *for a pump.* **vanne de détente** : relief valve; slide valve. **vanne de drainage du gaz** : gas-lift valve. **vanne de fermeture** : shut-in valve. **vanne de fermeture automatique** : automatic shutoff valve. **vanne de fermeture centrale** : closed-center valve. **vanne de flux** : flux gate. **vanne de fond** : bottom gate; bottom valve. **vanne de fond de cuve** : flush-bottom tank valve. **vanne de l'annulaire** : annulus valve. **vanne de laminage** : throttling valve. **vanne de manoeuvre** : governing valve. **vanne de mesure de pression de fond** : closed-in pressure valve *(drill).* **vanne de purge** : bleed valve; blowdown valve; drain valve. **vanne de réglage** : control valve. **vanne de réglage de débit** : flow-control valve. **vanne de sas** : swab valve, *well completion.* **vanne de sectionnement** : block valve. **vanne de sécurité** : annulus pressure-responsive (APR) safety valve; relief valve. **vanne de sécurité à cisaillement** : shear-relief valve, *on a mud pump.* **vanne de sécurite de fond** : storm choke; subsurface safety valve (SSSV) *(drill).* **vanne de sécurité de fond à commande en surface** :

surface-controlled subsurface safety valve (SCSSV) *(prod)*. **vanne de sécurité sous-marine** : subsea safety valve. **vanne de tête** : headgate; swab valve *(drill)*. **vanne de vidange** : blowoff valve; drain-off valve. **vanne de vidange de fond** : bottom outlet. **vanne de vide-vite** : blowoff valve. **vanne distributrice** : flow-dividing valve. **vanne du bec à boue** : bailer valve *(drill)*. **vanne électromagnétique** : solenoid valve. **vanne guide** : directional valve. **vanne hydraulique** : hydraulic valve; penstock. **vanne inférieure** : kelly valve, *lower valve on the kelly*. **vanne latérale** : wing valve. **vanne maîtresse** : master gate; master valve. **vanne mélangeuse** : mixing valve. **vanne motorisée** : motor-operated valve (MOV); servocontrol valve. **vanne motrice** : motor valve. **vanne niveleuse** : weir valve. **vanne porte** : gate valve. **vanne pour complétion triple** : triple-string valve *(prod)*. **vanne principale** : main valve. **vanne principale de contrôle** : master gate valve. **vanne régulatrice** : regulating valve. **vanne rotative** : rotary valve. **vanne sélectrice** : shuttle valve. **vanne supérieure** : upper valve.

vapeur *f* – steam, *water vapor*; vapor. **vapeur à haute pression** : high-pressure steam. **vapeur d'eau** : steam; water vapor. **vapeur d'eau saturée** : saturated steam, *at the limit of condensation*. **vapeur d'échappement** : exhaust steam. **vapeurs d'essence** : gasoline fumes. **vapeurs d'huile** : oil fumes. **vapeur de fond** : bottom steam, *mixed with oil during distillation*. **vapeur de pétrole** : oil vapor. **vapeurs de tête** : overhead vapors *(distil)*; top steam. **vapeur délétère** : fumes. **vapeur humide** : wet steam. **vapeur indirecte** : closed steam. **vapeur non saturée** : unsaturated vapor. **vapeur passive** : dead steam. **vapeur saturante** : saturated vapor. **vapeur sèche** : dry steam. **vapeurs sulfureuses** : oil fumes; sulfur fumes. **vapeur surchauffée** : overheated steam; superheated steam. **vapeur sursaturée** : supersaturated vapor. **vapeur vive** : live steam.

vapocraquage *m* – steam cracking, *cracking of hydrocarbons in the presence of steam*. **vapocraquage propre** : clean steam cracking.

vapocraqueur *m* – steam cracker.

Vaporchoc – Vaporchoc, *tradename of an offshore seismic-energy source*.

vaporeformage *m* – steam reforming.

vaporimètre *m* – vaporimeter, *for measuring vapor pressure*.

vaporisable – vaporizable.

vaporisat *m* – boil-off gas, *amount of LPG or LNG lost by vaporization during storage*.

vaporisateur *m* – spray pump; sprayer; vaporizer. **vaporisateur d'huile** : oil vaporizer.

vaporisation *f* – evaporation; spray; vaporization; vaporizing. **vaporisation au cours du stockage** : boil-off. **vaporisation différentielle du gaz** : differential gas liberation, *removal of a gas phase from the system as gas forms at bubble-point conditions*. **vaporisation éclair** : flash liberation of gas. **vaporisation éclair du gaz** : flash gas liberation, *formation of a gas from a liquid under conditions wherein the total composition of the system remains the same*. **vaporisation instantanée** : flash vaporization. **vaporisation instantanée sous vide** : vacuum flashing. **vaporisation par détente isenthalpique** : flash vaporization. **vaporisation progressive simple (VPS)** : equilibrium flash vaporization (EFV); flash vaporization, *without rectified distillation*. **vaporisation rétrograde** : retrograde vaporization.

vaporiser – spray (to).

vaporiseur *m* – vaporizer.

var *m* – var, *abbr. volt-ampere reactive, a special name for a unit of reactive power*.

varangue *f* – floor timber.

varech *m* – seaweed.

variable *f* – variable. **variable aléatoire** : random variable *(stat)*; variate *(stat)*. **variable antithétique** : antithetic variable *(stat)*. **variable continue** : continuous variable, *a variable that can take on any range of values*. **variable d'action** : action variable. **variable d'état** : state variable. **variable de fonctionnement** : operating variable. **variable discrète** : discrete variable *(stat)*. **variables duales** : dual variables. **variable endogène** : endogenous variable. **variable indépendante** : independent variable *(math)*.

variance *f* – variance, *the square of standard deviation*.

variant – variable; variant. **variant dans le temps** : time-variable (TV); time variant.

variante *f* – variation.

variateur *m* – variable-speed drive.

variation *f* – variation. **variation annuelle de la déclinaison magnétique** : annual variation of magnetic declination. **variations barométriques** : barometric changes. **variation de l'amplitude avec l'azimut (AVA)** : amplitude variation with angle of incidence (AVA). **variation de l'amplitude avec le déport (AVO)** : amplitude variation with offset (AVO) *in seismic prospecting, used as a hydrocarbon indicator for gas*. **variation de régime** : speed change, *for combustion engines*. **variation de stocks** : stocks change. **variation de vitesse** : speed change; velocity change. **variation diurne** : diurnal variation, *of the Earth's magnetic field*. **variations diurnes de la boussole** : diurnal variations of compass. **variation du niveau marin** : eustatic change, *relative change of sealevel on a global scale*. **variation du zéro** : zero shift. **variation latérale** : lateral variation. **variation latérale de vitesse** : lateral velocity change *(seis)*. **variation magnétique** : magnetic change; magnetic variation. **variations primaires en profondeur** : primary downward changes *(geol)*. **variations saisonnières** : seasonal movements; seasonal variations. **variation séculaire** : secular variation.

varicap *m* – varactor, *variable-capacitance diode*.

varier – fluctuate (to). **varier entre** : range (to) between.

variogramme *m* – variogram, *half the variance of the difference of values a given distance apart in a specific direction, used for characterizing the spatial continuity of a value*.

variole *f* – variole, *spherulite*.

variolite *f* – variolite, *aphanatic fine-grained igneous rock containing varioles*.

variomètre *m* – magnetometer, *instrument for measuring magnetic-field strength*; variometer, *instrument for measuring small magnetic variations*. **variomètre boussole** : variometer compass, *horizontal or vertical*. **variomètre de**

gravité : gravity variometer. **variomètre magnétique** : magnetic variometer.
varisque – Variscan, *see hercynien.*
varistance *f* – varistor, *semiconductor device, voltage-dependent resistor.*
varlope *f* – jack plane; jointer.
varmètre *m* – varmeter, *used to measure reactive power.*
varve *f* – varve, *sedimentary bed or laminae deposited in a body of still water within the space of one year, made up of seasonally-deposited glaciolacustrine layers.*
vase *f* – loam; mire; mud; ooze; slime; sludge; sullage. **vase à diatomées** : diatomaceous mud. **vase à ptéropodes** : pteropod ooze, *shallow-water calcareous deposit.* **vase putride** : dy, *sapropel or organic ooze precipitated in fresh water in a flocculent colloidal form*; organic slime *(geol)*; putrid slime *(geol)*; slimy sapropel *(geol)*.
vase *m* – vessel. **vase clos** : closed cup; closed tester; closed vessel. **vase d'expansion** : expansion vessel. **vase ouvert** : open cup. **vase poreux** : porous pot, *a nonpolarizable electrode used in electrical prospection.*
vaseline *f* – mineral jelly; paraffin jelly; petroleum jelly. **vaseline pure** : white petroleum jelly.
vaseux – muddy; silty.
vasière *f* – mud flat; tidal flat.
vasistas *m* – fairlight; fanlight.
vasque *f* – solution pan *(geomorph)*.
vatérite *f* – vaterite, *unstable calcium carbonate.*
VCH – VCH, *abbr. vinylcyclohexane.*
vecteur *m* – carrier; vector. **vecteurs colinéaires** : collinear vectors. **vecteur d'accélération** : acceleration vector. **vecteur d'état** : state vector. **vecteur d'onde** : wave vector. **vecteur de contrainte** : stress vector. **vecteur de déplacement** : displacement vector, *of ion.* **vecteur de migration** : migration-offset vector; migration vector *(seis)*. **vecteur de Poynting** : Poynting vector, *giving the outward flow of electromagnetic energy through a closed surface.* **vecteur de réseau** : lattice vector. **vecteur de tourbillonnement** : vorticity. **vecteur énergétique** : energy carrier. **vecteur irrotationnel** : irrotational vector. **vecteur propre** : eigenvector. **vecteurs orthonormés** : orthonormal vectors *(math)*.
vedette *f* – launch, *boat.* **vedette rapide** : speedboat.
végétal *m* – vegetable.
végétal – vegetable; vegetal. **règne végétal** : plant kingdom; vegetable kingdom.
végétation *f* – vegetation.
véhicule *m* – carrier; vehicle. **véhicule à arrière commercial** : vehicle with service body. **véhicule à chenille** : tracked vehicle. **véhicule à conduite assistée par ordinateur** : computer-controlled vehicle. **véhicule à moteur** : motor vehicle. **véhicule à trois roues** : three wheeler. **véhicule aérospatial** : aerospace vehicle. **véhicule amphibie** : amphibious vehicle. **véhicule automobile** : motor vehicle. **véhicule de loisirs** : recreational vehicle (RV). **véhicule de marais** : marsh buggy. **véhicule demi-chenillé** : halftrack. **véhicule filoguidé** : tethered vehicle. **véhicule non habité** : unmanned vehicle *(ocean)*. **véhicule soutien de plongée** : diver-assistance vehicle. **véhicule sur coussin d'air** : air-cushion vehicle. **véhicule sur roues** : wheeled vehicle. **véhicule télécommandé** : remotely controlled vehicle; remotely operated vehicle (ROV). **véhicule télécommandé lié** : tethered remotely operated vehicle (TROV). **véhicule thermique** : heat-transmission medium. **véhicule tous terrains** : off-highway vehicle, *either one designed for crosscountry travel, or else one of such size and weight that it cannot be used on public highways.*
véhiculer – carry (to).
veille *f* – watch. **veille météorologique** : weather watch. **veille technologique** : competitive intelligence.
veilleuse *f* – pilot burner; pilot light.
veine *f* – course; seam; stratum; vein. **veine de quartz** : quartz vein. **veine faillée** : fault vein. **veines inhomogènes** : striated flow, *MHD.* **veine intrusive** : intrusive vein. **veines réticulées** : linked veins *(geol)*. **veine télescopée** : telescoped vein *(geol)*.
veiné – veined; veiny.
veinule *f* – fiber *(geol)*; string; thread; veinlet; venule *(geol)*. **veinule de quartz** : quartz veinlet. **veinule de schiste** : stringer of shale.
vêlage *m* – calving, *the breaking off of an ice mass from its parent glacier, iceberg or ice shelf.*
vélocimètre *m* – motion-sensitive geophone; velocimeter, *instrument for measuring the velocity of sound in water.*
Velog – Velog, *tradename of a pseudo-acoustic log.*
vélomoteur *m* – motorbike.
vendable – marketable; merchantable; salable, *also written saleable.*
vendeur *m* – seller.
Vendien *m* – Vendian, *Upper Precambrian stage.*
vent *m* – air; wind. **vent alizé** : trade wind. **vent anabatique** : anabatic wind, *an upslope wind.* **vent chaud** : hot blast *(metal)*. **vent contraire** : crosswind; unfavorable wind. **vent de haut-fourneau** : furnace blast. **vent de sable** : sand drift, *wind-blown sand.* **vent de travers** : crosswind. **vent de ventilateur** : fan blast. **vent debout** : headwind. **vent dominant** : prevailing wind. **vent efficace** : competent wind. **vent frais** : strong breeze, *force 6 in the Beaufort scale.* **vent géostrophique** : geostrophic wind. **vent solaire** : solar wind. **sous le vent** : leeward.
vente *f* – sale; selling. **vente à la commission** : sales by agent. **vente à perte** : predatory sale. **vente à prime** : premium sale. **vente à tempérament** : installment selling. **vente au comptant** : cash sale. **vente aux enchères** : auction. **vente de liquidation** : clearance sale. **vente directe** : direct sale. **vente en vrac** : bulk sale. **vente par autorité de justice** : compulsory sale.
ventifact *m* – ventifact, *stone or pebble that has been shaped, worn, faceted. cut or polished by sandblasting.*
ventilateur *m* – aerator; air fan; blower; bug blower, *used around a drilling derrick to keep insects away*; fan; fan blower; ventilating fan; ventilator. **ventilateur à aubes** : disk fan. **ventilateur à turbine** : turbine ventilation. **ventilateur à une seule ouïe** : single-inlet fan. **ventilateur aspirant** : exhaust fan; exhaust ventilator; suction

fan; suction ventilator; vacuum fan. **ventilateur axial** : axial-flow fan. **ventilateur centrifuge** : centrifugal blower; centrifugal fan; rotary blower. **ventilateur de forge** : forge blower. **ventilateur de paroi** : partition fan. **ventilateur en circuit fermé** : recirculating fan. **ventilateur hélicoïdal** : propeller fan. **ventilateur rotatif** : rotary blower. **ventilateur soufflant** : blowing fan; pressure blower; pressure fan. **ventilateur statique** : displacement fan.

ventilation *f* – air supply; vent; ventilation. **ventilation croisée** : cross ventilation. **ventilation du carter** : blowby, *leaking of a fluid between a cylinder and piston and into the engine housing*; crankcase ventilation. **ventilation mécanique par insufflation** : forced ventilation. **ventilation naturelle** : natural ventilation.

ventiler – air (to); fan (to).

ventouse *f* – plunger; suction cup.

ventre *m* – antinode, *standing wave*; belly, *wide part of a pot, etc.*; bulge.

venturi *m* – venturi, *short form for tube de venturi: venturi tube.*

venue *f* – advent; encroachment; inflow; irruption; kick, *influx of gas during drilling*; occurrence; rush; show; inrush of water; water encroachment; water inflow. **venue d'eau salée** : salt-water influx, *in a well.* **venue de fonte en une pièce** : cast in one. **venue de gaz** : gas kick; gas show, *during drilling.* **venue de gaz naturel** : occurrence of natural gas. **venue de sable** : sand encroachment. **venue en cours de forage** : drilled show. **venue en cours de manoeuvre** : trip show *(drill)*. **venue par pistonnage** : swabbed show.

Verdet – Verdet, *see constante de Verdet.*

verdure *f* – greenness.

verge *f* – rod, wand, cane. **verge d'ancre** : anchor shank; anchor stem.

vergence *f* – vergence, *the direction of overturning or of inclination of a fold.*

verglas *m* – glaze; glazed frost.

vérificateur *m* – checker. **vérificateur de niveau** : level trier. **vérificateur de prise de terre** : earth tester. **vérificateur de tubage** : casing tester. **vérificateur des comptes** : auditor.

vérification *f* – check; checking; diagnostic check. **vérification de verticalité** : verticality survey, *of a borehole.* **vérification du zéro et de l'intervalle de mesures** : zero-and-span control.

vérifier – control (to); rate (to). **vérifier l'étanchéité** : test (to) for leaks.

vérin *m* – screw jack. **vérin à huile** : oil jack. **vérin à vis** : jackscrew. **vérin de levage** : lifting jack. **vérin de serrage** : jack tool; strut jack. **vérin de serrage d'outil** : tool jack. **vérin hydraulique** : hydraulic jack.

véritable – true.

vérité *f* – truth. **vérité terrain** : ground truth, *data acquired on the ground (ground data) in connection with a remote-sensing survey.*

vermiculaire – vermicular.

vermiculite *f* – vermiculite, *hydrated magnesium-aluminum iron silicate used as a textural material in aggregates, plaster, lubricants, drilling mud, etc.*

vernaculaire – vernacular.

vernal – vernal.

vernier *m* – vernier, *measurement.*

vernis *m* – glaze; lacquer; varnish. **vernis à l'alcool** : spirit varnish. **vernis asphaltique** : asphaltic varnish, *mixture of hard asphalt, usually natural, with a volatile solvent and a quick-drying animal or vegetable oil.* **vernis de glissement** : bonded film *(tribol)*. **vernis désertique** : desert varnish *(geol)*. **vernis imperméable** : spar varnish. **vernis isolant** : electric varnish.

verre *m* – glass. **verre armé** : armored glass; wire glass. **verre basaltique** : basaltic glass. **verre cannelé** : corrugated glass. **verre cellulaire** : foam glass. **verre de lampe** : chimney; glass lamp chimney. **verre de plomb** : flint glass. **verre de sécurité** : safety glass; safety glazing materials; shatterproof glass. **verre de Wood** : Wood's glass, *for ultraviolet radiations.* **verre dépoli** : ground glass. **verre étiré** : drawn glass. **verre flotté** : float glass. **verre fritté** : fritted glass; sintered glass. **verre gradué** : cylinder; measuring glass. **verre grossissant** : magnifying glass. **verre moulé** : molded glass; pressed glass. **verre mousse** : glass foam. **verre opale** : opal glass. **verre photochromique** : photochromic glass. **verre résistant aux agents chimiques** : chemically resistant glass. **verre rodé** : ground glass. **verre soufflé** : blown glass. **verre taillé** : cut glass. **verre uviol** : uviol glass, *highly transparent to ultraviolet radiation.* **verre volcanique** : volcanic glass.

verrerie *f* – glassmaking; glassware; glassworks.

verrou *m* – latch; lock; riegel *(geomorph)*; rock bar *(geomorph)*. **verrou d'entraînement** : catch bolt. **verrou de sécurité** : safety latch; safety lock.

verrouillage *m* – interlock; latching; lock on; locking. **à verrouillage automatique** : self locking. **verrouillage d'embrayage** : clutch lock; interlock clutch. **verrouillage de phase** : phase lock. **verrouillage sur fouillis** : clutterlock, *radar.*

verrue *f* – patch, *in a data-processing subroutine.*

versant *m* – hillside; slope. **versant amont** : stoss side, *the upstream part of a glacier in relation to its movement.* **versant d'une vallée** : valley wall. **versants de glissement** : slip-off slopes, *convex banks of meandering rivers.* **versant raide** : undercut slope, *concave river bank.*

versement *m* – disbursement. **versement du capital** : drawdown of equity *(fin)*. **versement initial** : initial installment. **versement partiel** : installment. **versement sans contrepartie** : unrequited payment.

verser – pour (to); teem (to); tip (to).

verseur *m* – pourer.

Versilien *m* – Versilian, *recent stage above the Tyrrhenian.*

vertébré *m* – vertebrate.

vertical – standing on end; upright; vertical.

verticalité *f* – verticality.

vésiculaire – vesicular.

vésicule *f* – vesicle.

vésiculé – blistered.

vestiaire *m* – change house; change room; cloakroom.

vestiges *m* – remains.

vêtement *m* – clothing; suit. **vêtement chauffant** : heated suit *(diving)*. **vêtement protecteur en amiante** : asbestos clothing.

VFI – IFP, *abbr. virgule flottante instantanée: instantaneous floating point.*

viabilisation *f* – site development.
viabilité *f* – practicability, *of a road*; viability, *workability of a process, of a system.*
vibrant – vibrating.
vibrateur *m* – vibrator, *see vibreur.*
vibration *f* – chatter; jar; kick, *vibrations of the drilling cable*; strum, *of a cable*; vibration, *an acoustical drilling technique for assessing the free length of a piece of stuck pipe.* **vibration anormale** : shimmy, *of the rotary table.* **vibrations d'une explosion** : blasting vibrations. **vibration de cisaillement** : shear vibration. **vibration de la masse suspendue** : sprung-mass vibration. **vibration de torsion** : torsional vibration. **vibrations dégénérées** : degenerate vibrations. **vibration des cônes** : cone shake, *of a drill bit.* **vibrations dues à la circulation** : traffic vibrations. **vibration entretenue** : steady-state vibration. **vibration forcée** : forced vibration. **vibation harmonique** : harmonic vibration; harmonic motion; simple harmonic motion (SHM). **vibration moléculaire** : molecular vibration. **vibration tangentielle** : hoop vibration. **vibration transitoire** : transient vibration.
vibratoire – vibrational; vibratory.
vibreur *m* – buzzer; growler; vibrator, *device producing mechanical oscillations used as a seismic source.* **vibreur de filtre** : sieve shaker. **vibreur pirate** : correction vibrator *(seis)*.
vibro *m* – vib, *colloquial for vibrator.*
vibrocarottier *m* – vibrocorer.
vibroclasseur *m* – vibrating-screen classifier; vibroclassifier.
vibrofonçage *m* – vibrodriving, *of piles.*
vibrofonceuse *f* – vibrodriver.
vibrographe *m* – vibrograph.
vibrolançage *m* – vibrojetting, *of piles.*
vibromètre *m* – vibrometer, *used for measuring the amplitude of a vibration.*
vibropercuteur *m* – vibropercussion driver.
Vibroseis – Vibroseis, *tradename of a vibroseismic shooting method.*
vibrosismique *f* – vibroseismic method, *using a vibrator as an energy source to generate a controlled wavetrain*; vibroseismic prospecting.
vibrosismique – vibroseismic.
Vicat – Vicat, *see aiguille de Vicat, essai de prise Vicat.*
vice *m* – defect. **vice caché** : latent defect. **vice de conception** : defective equipement design. **vice propre** : inherent vice.
vicié – foul.
vicinal – vicinal.
Vickers – Vickers, *see test de Vickers.*
vidage *m* – emptying.
vidange *f* – blowoff; drain; eduction; emptying. **vidange de cale** : bilge water. **vidange moteur** : oil change *(vehicle)*.
vidanger – clean (to) out; drain (to).
vide *m* – vacuum; void. **vide absolu** : absolute vacuum. **vide fin** : high vacuum. **vide imparfait, vide partiel** : partial vacuum. **vide poussé** : high vacuum.
vide – empty. **vide de** : free. **vide de gaz** : gas evacuated.
vidé – evacuated.
vidéo – video.
vider – bleed (to); dump (to), *to write the contents of computer storage*; empty (to); exhaust (to); scavenge (to). **vider avec une cuiller** : scoop (to) out. **vider de sa substance** : gut (to), *to make a well produce as quickly as possible, or else to produce only the rich parts of a deposit.* **vider l'huile d'un réservoir dans un pipeline** : run (to) a tank. **se vider** : flow (to) out.
vide-vite *m* – blowdown; sump pit.
vidicon *m* – vidicon, *a photoconduction tube used in television cameras.*
vie *f* – life; life span. **vie d'emmagasinage** : shelf life, *the time that goes by before perishables or other goods or devices become unusable because of age or deterioration.* **vie d'un catalyseur** : catalyst life. **vie moyenne** : mean life; volume lifetime. **vie utile** : useful life, *of an apparatus.*
vieille – *see masc. vieux.*
vieillesse *f* – old age, *a stage of erosion; said of a stream of water.*
vieillissement *m* – aging. **vieillissement accéléré** : accelerated aging. **vieillissement après déformation à froid** : strain aging. **vieillissement après trempe** : quench aging. **vieillissement artificiel** : artificial aging *(metal)*. **vieillissement naturel** : natural aging. **vieillissement progressif** : progressive aging. **vieillissement thermique** : thermal aging.
vierge – native; pure; unexplored; virgin.
vieux – old, *fem. vieille.* **vieille glace** : old ice, *sea ice that has survived at least one summer's melt.* **vieille glace côtière** : old bay ice, *field ice that has existed for more than one year and is undeformed, on which layers of snow have accumulated.* **vieux papiers** : waste paper.
Vieux-grès-rouges *m* – Old Red Sandstone (ORS), *nonmarine sedimentary rocks, mainly Devonian sandstones, conglomerates and shales.*
vif – bright.
vigie *f* – lookout.
vignette *f* – vignette, *a lightening of the edges of a photo so it merges into the surrounding white paper and no sharp edge is left.*
vignettisation *f* – vignetting, *reduction in intensity of illumination near the edges of the field of view of an optical instrument resulting from light-ray obstruction by the aperture edge.*
vigueur *f* – strength; vigor. **vigueur du relief** : relief intensity. **en vigueur** : in force.
vilebrequin *m* – breast drill; crank; crankshaft. **vilebrequin à quatre paliers** : four-bearing crankshaft. **vilebrequin d'angle** : corner brace.
Villafranchien *m* – Villafranchian, *Upper Pliocene to Lower Pleistocene stage.*
ville *f* – city; town.
vinasse *f* – stillage.
Vindobonien *m* – Vindobonian, *Lower Miocene stage.*
vinylation *f* – vinylation.
vinylbenzène *m* – vinylbenzene, *see styrène.*
vinylcyclohexane *m* – vinylcyclohexane.
vinylcyclohexène *m* – vinylcyclohexene.
vinyle *m* – vinyl.
vinylidène *m* – vinylidene.
vinylpyridine *m* – vinylpyridine.
vinyltoluène *m* – vinyltoluene, *methylstyrene.*

virage *m* – turn; turning point. **virage en épingle à cheveux** : hairpin bend. **virage incliné** : bank. **virage sans visibilité** : blind corner.

vire *f* – ledge, *a narrow shelf of rock.*

virement *m* – transfer *(fin)*. **virement bancaire** : bank transfer.

virer – change (to) color; heave (to) in *(navig)*; slew (to); turn (to).

virgation *f* – virgation, *a branchlike or sheaflike fault or fold pattern or topographic form.*

Virglorien *m* – Virglorian, *Middle Triassic stage (Anisian)*.

virgule *f* – decimal point *(math)*; hook crack, *welding defect.* **virgule fixe** : fixed point *(comput)*. **virgule flottante** : floating point. **virgule flottante instantanée (VFI)** : instantaneous floating point (IFP).

Virgulien *m* – Virgulian, *Upper Kimmeridgian stage, a substage of the Upper Jurassic.*

viriel *m* – virial, *half the product of stress due to the attraction or repulsion between two particles in space multiplied by the distance between them.*

virole *f* – ferrule. **virole à air** : air clip, *of a gas burner.* **virole d'extrémité** : end shell ring. **virole de bac** : shell ring. **virole renforcée** : wind ring, *on top of a tank.*

virtuel – virtual.

virure *f* – strake.

virus *m* – virus, *part of a computer program that can migrate to other programs and progressively destroy them.*

vis *f* – screw. **vis à bois** : screw nail; wood screw. **vis à droite** : right-hand screw. **vis à filet triangulaire** : triangular-thread screw. **vis à pas simple** : single-thread screw. **vis à tête** : cap screw. **vis à tête fendue** : slotted-head screw. **vis à tête fraisée** : countersunk screw. **vis à tête hexagonale** : hexagonal-head screw. **vis à tête ronde** : round-head screw. **vis autofileteuse** : self-tapping screw. **vis avec embase** : shoulder screw. **vis butée de ralenti** : idle stop screw. **vis d'Archimède** : Archimedean screw. **vis d'arrêt** : clamp screw; stop screw. **vis d'avance** : feed screw. **vis d'avancement** : temper screw *(drill)*. **vis de blocage** : catch pin; clamp screw; lock screw; set screw. **vis de calage** : leveling screw. **vis de commande de l'avance d'un tour** : feed screw. **vis de contact** : contact screw, *(elec)*. **vis de l'anneau de réglage** : nozzle-ring screw. **vis de presse-étoupe** : packing nut. **vis de purge** : bleeder screw. **vis de ralenti** : slow-running screw. **vis de rallonge** : temper screw. **vis de réglage** : adjusting screw; driving screw; regulating screw; set screw. **vis de réglage de ralenti** : idle-adjusting screw. **vis de tension** : tension screw. **vis de tension de chaîne** : chain-adjusting screw. **vis femelle** : female screw; internal screw. **vis graduée** : graduated screw. **vis mère** : lead screw. **vis micrométrique** : graduated screw; micrometric screw. **vis normalisée** : standard screw. **vis papillon** : thumbscrew. **vis platinée** : breaker point, *of a circuit breaker.* **vis pour câble d'acier** : take-up screw. **vis purgeur** : bleeder screw. **vis sans fin** : creeper; endless screw; worm; worm screw. **vis sans fin d'alimentation** : feed screw. **vis sans tête** : grub screw. **vis taraud** : self-tapping screw. **vis transporteuse** : screw conveyor.

viscoélasticité *f* – viscoelasticity.

viscoélastique – viscoelastic.

viscoplasticité *f* – viscoplasticity.

viscoplastique – viscoplastic.

viscoréducteur *m* – visbreaker; viscosity breaker.

viscoréduction *f* – visbreaking; viscosity breaking, *decreasing the viscosity of some waxy residues and heavy fuel oils, usually by low-temperature cracking.*

viscoréduit – visbroken.

viscose *f* – viscose, *a xanthate solution from cellulose, used for manufacturing textile fibers such as rayon.*

viscosimètre *m* – viscometer; viscosity meter. **viscosimètre à bulle** : bubble viscometer. **viscosimètre à chute de bille** : falling-ball viscometer, *falling-sphere viscometer.* **viscosimètre à cupule** : cup viscometer. **viscosimètre à écoulement inversé par aspiration** : suspended-level viscometer. **viscosimètre à entonnoir** : funnel viscometer. **viscosimètre à lecture directe** : direct-indicating viscometer. **viscosimètre à torsion** : torsion viscometer. **viscosimètre absolu** : pressure viscometer. **viscosimètre BRTA** : BRTA viscometer. **viscosimètre capillaire** : capillary viscometer. **viscosimètre d'Ostwald** : Ostwald viscometer. **viscosimètre de Couette** : Couette viscometer, *rotational viscometer.* **viscosimètre de MacMichael** : MacMichael viscometer. **viscosimètre de Rankine** : Rankine viscometer. **viscosimètre de Ubbelohde** : Ubbelohde viscometer, *a dynamic capillary viscometer.* **viscosimètre de Zahn** : Zahn viscometer, *for determining the viscosity of paint.* **viscosimètre Engler** : Engler viscometer, *used in the petroleum industry.* **viscosimètre Furol-Saybolt** : Saybolt Furol viscometer. **viscosimètre Marsh** : Marsh funnel, *a device for measuring the viscosity of drilling mud.* **viscosimètre Redwood** : Redwood viscometer. **viscosimètre rotatif** : rotational viscometer, *for drilling mud.* **viscosimètre Saybolt Universel** : Saybolt Universal viscometer, *used for determining the viscosity of lighter petroleum products and lubricating oils.* **viscosimètre Scott** : Scott viscometer, *for determining the viscosity of heavy oils, varnish and glue.* **viscosimètre sous pression** : pressure viscometer.

viscosimétrie *f* – viscometry.

viscosité *f* – body; viscosity, *the property of a liquid or slurry characterizing its internal friction or resistivity to flow.* **viscosité absolue** : absolute viscosity. **viscosité anormale** : anomalous viscosity, *non-Newtonian.* **viscosité apparente** : apparent viscosity, *ratio between shear stress and the rate of shear deformation.* **viscosité BRTA** : BRTA viscosity, *for pitch and bitumen, the time in seconds for 50 ml of product to flow using a BRTA viscometer.* **viscosité cinématique** : kinematic viscosity, *expressed in square meters per second in the SI system.* **viscosité critique** : breakdown viscosity; critical viscosity. **viscosité de cisaillement** : shear viscosity. **viscosité de gaz** : gas viscosity. **viscosité de grippage** : breakdown viscosity. **viscosité de structure** : structural viscosity. **viscosité de volume** : bulk viscosity. **viscosité du pétrole brut** : crude-oil viscosity. **viscosité dynamique** : absolute viscosity; dynamic viscosity, *the internal resistance of a* *fluid to flow, equal to the shearing force transmitted from one fluid plane to another ; the SI unit is the pascal-second.* **viscosité Engler :** Engler viscosity, *expressed in degrees Engler.* **viscosité extrapolée** : extrapolated viscosity, *calculated from a chart.* **viscosité intrinsèque** : intrinsic viscosity. **viscosité magnétique :** magnetic viscosity. **viscosité newtonienne** : Newtonian viscosity. **viscosité non newtonienne** : non-Newtonian viscosity. **viscosité par flottage** : float viscosity. **viscosité plastique** : plastic viscosity. **viscosité pure** : pure viscosity. **viscosité réduite** : reduced viscosity. **viscosité Redwood** : Redwood viscosity. **viscosité relative** : practical-measurement viscosity, *indices determined by calibrated-orifice viscometers and not giving absolute viscosity*; relative viscosity, *ratio of the viscosity of a solution to that of pure solvent under identical physical conditions.* **viscosité Saybolt Furol** : Saybolt Furol viscosity, *in which Furol is an abbr. of fuels and road oils.* **viscosité Saybolt Universelle** : Saybolt Universal viscosity. **viscosité sous pression** : pressure viscosity. **viscosité spécifique** : specific viscosity. **viscosité superficielle de cisaillement** : surface shear viscosity. **viscosité turbulente** : eddy viscosity. **sans viscosité** : inviscid.

visée *f* – shot *(topog)*; sight; sighting; viewing. **visée arrière** : backsight *(topog)*. **visée avant** : foresight *(topog)*. **visée latérale** : side shot. **visée sur le soleil** : sun shot.

Viséen *m* – Visean, *Lower Carboniferous stage.*

viser – aim (to); shoot (to) *(topog)*.

viseur *m* – finder *(opt)*; sight *(topog)*; sight gage.

visibilité *f* – visibility, *see échelle de visibilité.* **visibilité au sol** : ground visibility.

visible – visible.

visière *f* – visor.

vision *f* – viewing. **vision binoculaire** : binocular vision.

visite *f* – examination. **visite douanière** : customs examination.

visqueux – slimy; viscid; viscous. **non visqueux** : nonviscous.

vissage *m* – makeup; making-up *(drill)*. **vissage exagéré aux clés** : overtonging *(drill)*.

vissé – screwed. **vissé à la main** : hand tight.

visser – thread (to) up. **visser à fond** : tighten (to). **visser des joints de conduites** : push (to) tongs, *making up pipe joints.* **visser la tige d'un tour supplémentaire** : make (to) up another wrinkle.

visu *f* – monitor, *used to verify the correctness of a seismic record.*

visualisation *f* – display; visual display.

visualiser – display (to); visualize (to), *data display on a screen.*

visuel *m* – display device.

visuel – visual.

vitamine *f* – vitamin.

vitesse *f* – rate; speed; velocity. **vitesse à la sortie des duses :** nozzle velocity, *of drilling fluids.* **vitesse à la surface de référence** : datum velocity. **vitesse à vide** : free speed. **vitesse absolue de désintégration** : absolute disintegration rate. **vitesse accélérée** : accelerated speed. **vitesse acoustique** : acoustic velocity, *speed of sound.* **vitesse amont** : updip velocity. **vitesse angulaire** : angular speed, *scalar*; angular velocity, *vectorial.* **vitesse annulaire** : annular velocity; annulus velocity. **vitesse apparente** : apparent velocity. **vitesse apparente en amont-pendage** : updip apparent velocity. **vitesse au sol** : ground speed. **vitesse aval** : downdip velocity. **vitesse circonférencielle** : peripheral speed. **vitesse constante** : constant speed. **vitesse critique** : critical speed; critical velocity, *the speed of fluid flow through a given conduit above which it becomes turbulent.* **vitesse d'addition** : NMO velocity; stacking velocity, *calculated from normal-moveout measurements and a constant-velocity model, and used to maximize events in common-midpoint stacking.* **vitesse d'admission** : admission velocity. **vitesse d'affouillement** : scouring velocity. **vitesse d'agitation** : agitating speed, *concrete.* **vitesse d'alimentation** : feed rate. **vitesse d'allumage** : ignition velocity. **vitesse d'altération** : weathering velocity. **vitesse d'atterrissage** : landing speed. **vitesse d'avancement** : drilling rate; drilling thrust power; rate of penetration, *the rate in feet or meters per hour at which the drill proceeds to deepen the well bore.* **vitesse d'écoulement** : velocity of flow, *flow rate.* **vitesse d'effacement** : erasing speed. **vitesse d'élévation de tension** : rate of voltage rise. **vitesse d'emballement** : runaway speed. **vitesse d'embardée** : yaw velocity, *vehicle.* **vitesse d'énergie** : energy velocity. **vitesse d'enfouissement** : rate of burial. **vitesse d'étage** : interval velocity. **vitesse d'évasion** : *see vitesse de libération.* **vitesse d'homogénéité** : homogeneity velocity, *propagation velocity for which the ordinate of a time section may be considered to represent depths with a scale equal to that of the abscissas.* **vitesse d'intervalle** : interval velocity, *seismic propagation velocity in the subsurface interval between two reflections.* **vitesse d'usinage** : machinability rate. **vitesse dans la couche altérée** : weathering velocity *(seis)*. **vitesse de balayage** : scanning speed; sweep rate. **vitesse de calage** : stall speed, *of an engine.* **vitesse de chargement** : loading rate. **vitesse de chargement et de déchargement** : turnaround speed. **vitesse de circulation** : circulation rate, *drilling fluids.* **vitesse de circulation de la boue dans l'espace annulaire** : mud-return velocity *(drill)*. **vitesse de cisaillement** : shearing rate. **vitesse de comblement** : replacement velocity; subweathering velocity. **vitesse de combustion** : burning velocity; combustion velocity; rate of combustion; speed of combustion. **vitesse de combustion du carbone** : carbon burning rate, *quantity of carbon burned per unit time during the regeneration of a cracking catalyst.* **vitesse de correction d'obliquité** : NMO velocity. **vitesse de coupe** : cutting speed. **vitesse de croisière** : cruising speed. **vitesse de décantation** : settling velocity. **vitesse de défilement** : tape speed. **vitesse de déformation** : shear rate. **vitesse de dégagement de chaleur** : rate of heat release. **vitesse de déroulement** : tape speed. **vitesse de désintégration** : decay rate. **vitesse de désionisation** : deionization rate. **vitesse de détonation** : detonation velocity. **vitesse de dilatation** : rate of extension. **vitesse de distorsion** : shear strain rate. **vitesse de filtration** : filtration rate, *the measurement of the amount of filtrate from a drilling fluid passing into or through a porous medium over a given length of time*; seepage velocity. **vitesse de fluage** : creep rate. **vitesse de forage** : drilling speed. **vitesse de fusion** : melting rate. **vitesse de glissement** : sliding velocity; slip velocity *(fl. mech)*. **vitesse de groupe** : group velocity, *for a wavetrain*. **vitesse de l'aspiration** : induction velocity. **vitesse de l'onde sonore** : sound velocity. **vitesse de la lumière** : light velocity; speed of light. **vitesse de la table de rotation** : table speed *(drill)*. **vitesse de levage** : hoisting speed; lifting speed. **vitesse de libération** : escape velocity. **vitesse de neutrons** : neutron speed. **vitesse de phase** : phase velocity. **vitesse de pointe** : peak speed. **vitesse de pompage** : pumping speed. **vitesse de précipitation** : settlement rate. **vitesse de propagation** : propagation rate; propagation velocity, *distance traveled by a seismic wave during a given length of time*; travel speed; velocity of propagation. **vitesse de propagation d'une flamme** : flame velocity; rate of flame propagation. **vitesse de propagation dans le milieu** : bulk velocity. **vitesse de propagation des ondes magnétiques dans le vide** : velocity of propagation of electromagnetic waves in a vacuum. **vitesse de ralenti** : idling speed. **vitesse de réaction** : rate of reaction; reaction rate; reaction velocity. **vitesse de recombinaison** : recombination velocity. **vitesse de recombinaison superficielle** : surface recombination velocity. **vitesse de refoulement** : velocity of discharge. **vitesse de régime** : working speed. **vitesse de remontée** : annulus velocity *(drill)*. **vitesse de remontée des piles** : leg-raising speed, *of a jackup platform*. **vitesse de remontée des tiges** : pulling rate *(drill)*. **vitesse de remorquage** : towing speed. **vitesse de remplacement** : subweathering velocity. **vitesse de réponse** : slew rate. **vitesse de rotation de l'outil** : bit speed. **vitesse de sédimentation** : rate of sedimentation, *see also taux de sédimentation*. **vitesse de sommation** : stacking velocity *(seis)*. **vitesse de suite** : slew rate. **vitesse de tangage** : pitch velocity. **vitesse de tranche** : interval velocity *(seis)*. **vitesse de transmission** : transmission speed. **vitesse de turbulence** : swirl velocity. **vitesse de variation du niveau marin relatif** : rate of relative sealevel change, *curve showing the potential space available for sediments*. **vitesse des ondes sismiques** : velocity of seismic waves. **vitesse du débit** : velocity of discharge. **vitesse du piston** : piston speed. **vitesse du son** : sound velocity; speed of sound, *the wave velocity of a sound*. **vitesse du vent** : wind velocity. **vitesse effective** : true velocity. **vitesse efficace** : rms velocity, *root mean square velocity*. **vitesse en marche arrière** : reverse speed. **vitesse en plongée** : submerged speed. **vitesse initiale** : initial velocity. **vitesse instantanée** : instantaneous velocity. **vitesse limite** : terminal velocity. **vitesse linéaire** : linear speed; linear velocity. **vitesse massique** : mass velocity. **vitesse maximale** : run-out speed, *top speed of a vehicle*. **vitesse maximale d'alimentation** : slew rate, *of a sampler or multiplexer*. **vitesse moyenne** : average speed; average velocity; mean speed. **vitesse newtonienne** : Newtonian velocity. **vitesse nominale** : design speed; rated speed. **vitesse par tranches** : velocity layering *(seis)*. **vitesse périphérique** : annular velocity; peripheral speed. **vitesse ponctuelle** : instantaneous velocity. **vitesse pratique optimale du gaz** : optimum practical gas velocity. **vitesse quadratique moyenne** : rms velocity, *root mean square velocity*. **vitesse réelle** : true velocity. **vitesse relative de réaction** : relative reaction rate. **vitesse résiduelle** : remaining velocity. **vitesse sous la couche altérée, vitesse sous zone altérée** : subweathering velocity, vitesse spatiale : space velocity, *the relationship between the feed rate and reactor volume, defined as the volume or weight of feed under standard conditions per unit time per unit volume of reactor or per unit weight of catalyst*. **vitesse spécifique** : specific speed. **vitesse subsonique** : subsonic speed. **vitesse synchronisée** : synchromesh gear. **vitesse tangentielle** : annular velocity; tangential velocity. **vitesse transsonique** : transonic speed. **vitesse ultrasonique** : ultrasonic velocity. **vitesse uniforme** : uniform velocity. **vitesse variable** : variable speed.

vitrage *m* – glazing. **vitrage chauffant** : heated glass pane.

vitrain *m* – vitrain, *after clarain, the most widely distributed and common macroscopic constituent of humic coals, a lithological type of very bright coal found in bands or lenses*.

vitreux – glassy; hyaline; vitreous.

vitrification *f* – vitrification.

vitrinite *f* – vitrinite, *a coal maceral group distinguished by a middle level of reflectance, it includes telinite, collinite, and vitrodetrinite*.

vitriol *m* – vitriol.

vitriolique – vitriolic.

vitrique – vitric.

vitrite *f* – vitrite, *coal microlithotype containing at least 95% vitrinite*.

Vitrollien *m* – Vitrollian, *Paleocene stage*.

vivacité *f* – liveliness, *of a reaction*. **vivacité de fréquence** : frequency agility, *of a radar*.

vivant – live; living.

vivianite *f* – vivianite, *hydrated iron phosphate*.

vivipare – viviparous.

VMM – WWW, *abbr. of Veille météorologique mondiale, World Weather Watch*.

voie *f* – channel; lane; race; trail; tread; way. **voie à câble aérien** : cableway. **voie d'accès** : access road. **voie d'aérage** : wind way. **voie d'arbre** : main journal. **voie d'eau** : waterway. **voie de circulation** : gangway; shipping lane *(nav)*; traffic lane. **voie de desserte** : service road. **voie de garage** : siding. **voie de passage** : passageway. **voie de recours** : legal remedy. **par voie de terre** : overland. **voie de tramway** : tramway. **voie de triage** : distributing track. **voie détournée, voie déviée** : byroad. **voie double** : double track. **voies et moyens** : ways and means. **voie ferrée** : railway; track. **voie ferrée de mine** : mine track. **voie humide** : wet process. **voie navigable** : waterway. **voie principale** : main line. **voie sèche** : dry process. **voie suspendue** : runway. **voie unique** : single track. **à deux voies** : two-way.

Voigt – Voigt, *see onde de Voigt, solide de Voigt*.

voilage *m* – warping. **voilage des roues** : wheel wobble.

voile *f* – sail.

voile *m* – blushing; fog; haze, *from distillation*. **voile mince** : thin shell *(building)*.

voilé – bent; buckled; run out, *wheel*.

voiler – cloud (to). **se voiler** : warp (to).

voisin – conterminous; proximate. **voisin de** : akin.

voisinage *m* – neighborhood, *or neighbourhood*; vicinity. **voisinage d'un point** : neighborhood of a point.
voiture *f* – automobile; car; carriage; coach; vehicle. **voiture aérodynamique** : streamlined car. **voiture amphibie** : swamp buggy. **voiture de livraison** : delivery van. **voiture de louage** : hire car. **voiture de série** : production car, *standard-model car*. **voiture de tourisme** : passenger car. **voiture de tourisme à usages multiple** : multipurpose passenger vehicle (MPV). **voiture électrique** : electric car. **voiture particulière** : passenger car. **voiture propre** : clean car. **voiture verte** : *see voiture propre*.
voix *f* – voting rights; voice. **voix de l'hélium** : helium voice, *see effet Donald Duck*.
vol *m* – flight; fly. **vol à voile** : gliding. **vol subsonique** : subsonic flight. **vol transsonique** : transonic flight.
vol *m* – theft. **vol de cycle** : cycle stealing, *a characteristic of direct memory access*.
volant *m* – flywheel; hand wheel; steering wheel. **volant à chaîne** : chain wheel. **volant de commande** : derrick wheel. **volant de froid** : reserves of refrigeration. **volant de machine** : engine flywheel. **volant de sécurité** : reserve, *safeguard, margin for use if an unexpected event occurs*. **volant de trésorerie** : floating cash reserve *(econ)*. **volant magnétique** : flywheel magneto. **volant moteur** : engine flywheel.
volant – flying.
volatil – volatile.
volatilisation *f* – volatilization.
volatilité *f* – volatility. **volatilité des résidus de distillation** : back-end volatility. **volatilité relative** : relative volatility.
volcan *m* – volcano. **volcan actif** : active volcano. **volcan assoupi** : dormant volcano. **volcan de boue** : mud spring; mud stream; mud volcano. **volcan de sable** : sand volcano. **volcan en activité** : active volcano. **volcan en repos** : quiescent volcano. **volcan éteint** : extinct volcano. **volcan jeune** : young volcano. **volcan principal** : principal volcano. **volcan sous-marin** : submarine volcano.
volcanique – volcanic.
volcanisme *m* – volcanism.
volcanologie *f* – volcanology.
volet *m* – shutter. **volet d'aérage** : louver, *or louvre*. **volet d'air** : strangler. **volet de départ** : starting shutter. **volet de regard** : peephole door. **volet de soupape** : valve clapper.
Volgien *m* – Volgian, *Upper Jurassic stage*.
volt *m* – volt, *SI unit for electromotive force and potential difference, symbol* V. **volt-ampère** : volt ampere, *a special name for the watt used for apparent power* (VA). **volt par mètre** : volt per meter, *SI unit of electric field strength* (V/m).
voltage *m* – tension; voltage.
voltaïque – voltaic.
voltamètre *m* – coulometer, *electrolytic cell for measuring electric charges or current intensity by quantitatively determining the chemicals produced or consumed*.
voltmètre *m* – voltmeter. **voltmètre à lampe** : vacuum-tube voltmeter. **voltmètre à maxima** : peak-reading voltmeter. **voltmètre à tube à vide** : vacuum-tube voltmeter. **voltmètre thermique** : hot-wire voltmeter.
volucompteur *m* – gasoline-pump meter.
volume *m* – content; volume. **volume apparent** : apparent volume; bulk volume. **volume atomique** : atomic volume. **volume balayé** : swept volume. **volume cyclique** : swept volume. **volume d'encombrement** : displacement, *volume diplaced per minute by a pump or compressor*. **volume de combinaison** : combining volume. **volume de combustion** : combustion volume, *volume occupied by the flame and the invisible combustion zone of a fuel*. **volume de produit fabriqué par cycle** : make per run. **volume de rétention** : retention volume, *the volume of mobile phase required to elute a substance from the chromatographic column*. **volume de rétention réduit** : adjusted retention volume. **volume débité** : delivered capacity. **volume des grains** : grain volume (GV). **volume des grains de sable** : sand-grain volume, *for calculating reservoir porosity, the actual volume filled by sand grains is used without allowing for voids between grains*. **volume des pores (VP)** : pore space, *of a rock*; pore volume (PV); void space. **volume des pores apparent** : apparent pore volume. **volume des pores imprégnés d'huile** : hydrocarbon-saturated pore space. **volume des pores inaccessible** : inaccessible pore volume (IPV) *(prod)*. **volume des soutes** : capacity of the bunkers. **volume des vides interconnectés** : interconnected pore space. **volume en fin de compression** : compression volume. **volume libre** : free volume. **volume massique** : specific volume, *the volume of a substance per unit mass*. **volume molaire** : molar volume. **volume molaire normal** : standard molar volume. **volume molaire partiel** : partial molar volume. **volume moléculaire** : molecular volume. **volume mort** : clearance volume; dead volume, *in a chromatographic column*. **volume normal** : standard volume, *normal volume*. **volume par volume par heure (VVH)** : gas hourly space velocity (GHSV), *unit volume of gaseous feed processed in a reactor per unit volume of catalyst and per hour*; liquid hourly space velocity (LHSV), *unit volume of liquid feed processed in a reactor per unit volume of catalyst and per hour*. **volume poreux** : *see volume des pores*. **volume utile** : working volume.
volumètre *m* – volumeter, *a sort of picnometer used to measure the overall volume of a sample*. **volumètre de Russell** : Russell flask.
volumétrique – volumetric.
volumineux – bulky.
volute *f* – volute, *spiral casing for a centrifugal pump*.
vortex *m* – vortex, *eddy, whirlpool or other rotary fluid motion*. **vortex libre** : free vortex.
vorticité *f* – vorticity *(fl.mech)*.
voussoir *m* – arc of folding *(geol)*.
voussure *f* – arching.
voûte *f* – arch; fantail, *of a ship*; roof *(metal)*; roof arch; saddle *(geol)*; upfold *(geol)*; vault. **voûte anticlinale dénudée, voûte arasée** : aerial arch. **voûte du terrain** : ground arch. **voûte frettée** : spiral pressure layer. **voûte spiralée** : interlocked spiral-pressure layer.
voyage *m* – transit; trip. **voyage d'essai** : trial trip, *of a ship*. **voyage inaugural** : maiden voyage, *of a ship*.

voyant *m* – mark, signal. **voyant d'alarme** : danger signal. **voyant lumineux** : warning light.
VP – PV, *abbr. volume des pores: pore volume.*
VPS – EFV, *abbr. vaporisation progressive simple, equilibrium flash vaporization.*
vrac *m* – bulk. **en vrac** : in bulk.
Vraconien *m* – Vraconian, *uppermost Lower Cretaceous or lowermost Upper Cretaceous stage.*
vrai – virtual.
vraisemblance *f* – likelihood.
vraquier *m* – bulk carrier; bulker *(naut)*.
vrillage *m* – kinking. **vrillage d'un câble** : kinking of a rope.
vrille *f* – gimlet; spin.
vrombissement *m* – hum.
vue *f* – sight; view. **vue d'en haut** : top view. **vue de côté** : side elevation; side view. **vue de face** : front view. **vue éclatée** : exploded view. **vue écorchée** : cutaway view; exploded view. **vue en coupe** : cross-sectional drawing; sectional view. **vue en plan** : top view. **vue latérale** : side elevation; side view. **vue transversale** : sectional view.
vulcanien – Vulcanian, *refers to a paroxysmal or Vesuvian eruption.*
vulcanisant *m* – vulcanizing agent.
vulcanisation *f* – cure; curing; vulcanization.
vulcanisé – cured; vulcanized.
vulcaniser – cure (to); vulcanize (to).
vulcanologie *f* – volcanology.
vulgarisation *f* – popularization.
VVH – GHSV, *abbr. volume par volume par heure: gas hourly space velocity*; LHSV, *abbr. volume par volume par heure: liquid hourly space velocity.*

W

W – W, *symbol for watt.*

Waalien *m* – Waalian, *Lower Pleistocene stage.*

wacke *f* – wacke, *argillaceous sandstone consisting of angular and unsorted or poorly sorted mineral fragments.*

Wacker – Wacker, *see procédé Wacker.*

wad *m* – wad, *earthy manganese or bog manganese.*

wadden *m* – wadden, *tidal flat.*

wagon *m* – carriage; coach; wagon. **wagon à benne** : bin wagon. **wagon à marchandises** : freight car; goods truck. **wagon basculant** : cradle car; dump car; dumper. **wagon basculant de côté** : side-dump car. **wagon citerne** : tank car; tank wagon. **wagon de marchandises** : freight car. **wagon frigorifique** : reefer; refrigerator car. **wagon plat** : gondola car. **wagon plate-forme** : flatcar. **wagon réservoir** : tank car. **wagon tombereau, wagon trémie** : gondola car.

wagonnnet *m* – buggy; cart. **wagonnet à trémie** : hopper wagon. **wagonnet basculant** : hopper; tipping car. **wagonnet de chargement** : charging car *(metal)*.

Wankel – Wankel, *see moteur Wankel.*

wardite *f* – wardite *(miner)*.

warrant *m* – warrant.

warrenite *f* – warrenite, *gaseous and liquid bitumens made up mainly of a mixture of paraffins and isoparaffins.*

Wasatchien *m* – Wasatchian, *Lower Eocene stage.*

Washita *m* – Washitan, *Lower and Upper Cretaceous North American stage.*

WASSP – WASSP, *tradename of a seismic-energy source.*

Watson – Watson, *see facteur de Watson.*

watt *m* – watt, *SI unit of power for an energy system involving the uniform transfer of 1 joule per second, symbol* W. **watt crête** : peak watt, *maximum power of a photovoltaic cell under the effect of a solar flux of one kilowatt per square meter.* **watt par ampère carré** : watt per ampere squared, *see ohm.* **watt par kelvin** : watt per kelvin, *SI unit of thermal conductance* (W/K). **watt par mètre carré** : watt per square meter, *SI unit of heat flow rate, radiant exitance, irradiance, sound intensity and energy fluence rate* (W/m^2). **watt par mètre carré-kelvin** : watt per square meter kelvin, *SI unit of coefficient of heat transfer* ($W/m^2.K$). **watt par mètre cube** : watt per cubic meter, *SI unit of heat release rate* (W/m^3). **watt par mètre-kelvin** : watt per meter kelvin, *SI unit of thermal conductivity* (W/m.K). **watt par stéradian** : watt per steradian, *SI unit of radiant intensity* (W/sr). **watt par stéradian mètre carré** : watt per steradian square meter, *SI unit of radiance* ($W/sr.m^2$). **watt seconde** : watt second, *see joule.*

wattheure *m* – watt-hour, *the energy converted or consumed at a rate of 1 watt during 1 hour, 1 Wh = 3600 J.*

wattmètre *m* – wattmeter.

Waucobien – Waucoban, *Lower Cambrian series.*

wavellite *f* – wavellite, *a natural hydrated basic aluminum phosphate.*

Wb – Wb, *symbol for weber.*

Wealdien *m* – Wealden, *Lower Cretaceous stage.*

weber *m* – weber, *SI unit for magnetic flux, symbol* Wb ; see also nombre de Weber. **weber mètre** : weber meter, *SI unit of magnetic dipole moment* (Wb.m). **weber par ampère** : weber per ampere, *see henry.* **weber par mètre** : weber per meter, *SI unit of magnetic vector potential* (Wb/m). **weber par mètre carré** : weber per square meter, *see tesla.*

weddellite *f* – weddellite, *calcium oxalate.*

Weichsel *m* – Weichsel, *fourth and last glacial stage of the Pleistocene.*

Wemmélien *m* – Wemmelian, *Upper Middle Eocene stage.*

Wenlockien *m* – Wenlockian, *Middle Silurian stage.*

Wenner – Wenner, *see configuration de Wenner.*

Werfénien *m* – Werfenian, *lowermost Triassic stage.*

Weston – Weston, *see pile étalon Weston.*

Westphalien *m* – Westphalian, *Upper Carboniferous stage.*

Whacker – Whacker, *tradename of an earth impactor used as a seismic source.*

Wheatstone – Wheatstone, *see pont de Wheatstone.*

white-spirit *m* – petroleum spirit.

Whitneyen *m* – Whitneyan, *Upper Oligocen stage.*

Whitworth – Whitworth, *see filetage de Whitworth, pas de Whitworth.*

Wien – Wien, *see loi de déplacement de Wien.*

Wiener – Wiener, *see algorithme, équation, filtre de Wiener.*

Wiese – Wiese, *see formule de Wiese.*

wildflysch *m* – wildflysch, *a type of flysch exhibiting twisting and confusion in its beds, and made up of siliceous shales, clays and sandstones with exotic inclusions.*

Wisconsien *m* – Wisconsinan, *last Pleistocene glacial stage.*

withérite *f* – witherite, *native barium carbonate.*

Wittig – Wittig, *see réaction de Wittig.*

Wobbe – Wobbe, *see indice de Wobbe.*

Wolfcampien *m* – Wolfcampian, *lowermost Permian series.*

Wolff – Wolff, *see réaction de Wolff Kishner.*

wolfram *m* – wolfram, *see also tungstène and wolframite.*

wolframite *f* – wolframite, *the principal ore of tungsten.*

wollastonite *f* – tabular spar *(miner)*; wollastonite, *a natural calcium metasilicate.*

Wood – Wood, *see alliage de Wood, verre de Wood.*

Worldscale – Worldscale, *contraction of Worldwide Tanker Nominal Freight Scale, issued jointly by the Association of Ship Brokers and Agents, Inc., and the International Tanker Nominal Freight Scale Association Ltd.*

WTI – WTI, *abbr. West Texas Intermediate, marker crude.*

Wulff – Wulff, *see procédé Wulff.*

Würm *m* – Würm, *fourth glacial stage of the uppermost Pleistocene.*

Wurtz – Wurtz, *see réaction de Wurtz.*

wurtzilite *f* – wurtzilite, *an elastic bituminous substance.*

Wyllie – Wyllie, *see formule de Wyllie.*

Wyrobek – Wyrobek, *see méthode de Wyrobek.*

WZ – weathered layer; LVL, *abbr. zone altérée: low-velocity layer,* LVZ, *abbr. weathering zone: low-velocity zone.*

X

X – *colloquial expression for the Ecole Polytechnique.*
xanthane *m* – xanthan, *a polysaccharide used in polymer flooding.*
xanthate *m* – *see xanthogénate*; xanthate.
xanthène *m* – xanthene.
xanthogénate *m* – xanthate. **xanthogénate de cellulose** : cellulose xanthate. **xanthogénate de potassium** : potassium xanthate.
xanthogénique – xanthogenic.
xanthophylle *f* – xanthophyll, *an oxygen-containing carotenoid pigment.*
xanthophyllite *f* – xanthophyllite, *see clintonite.*
xénoblaste *m* – xenoblast *(petro)*.
xénoblastique – xenoblastic.
xénocristal *m* – xenocryst.
xénolite *m* – xenolith, *an inclusion in an igneous rock to which it is not genetically related.*
xénomorphe – xenomorphic *(petro)*.
xénon *m* – xenon, *symbol Xe.*
xénothermique – xenothermal.
xérogel *m* – xerogel.
xérographie *f* – xerography, *a method of dry photography and photocopying.*
xylain *m* – xylovitrain, *a constituent of coal.*
xylanthite *f* – xylanthite, *a variety of fossil resin.*
xylène *m* – xylene, *the name of three dimethylbenzene isomers: ortho-, meta- and para-xylene.* **xylène pour nitration** : nitration-grade xylene.
xylénol *m* – xylenol, *dimethylphenol, hydroxydimethylbenzene.*
xylidine *f* – xylidine, *a mixture of isomers used as dye intermediates, organic syntheses and pharmaceuticals.*
xylitol *m* – xylitol, *a nonnutritive sweetener.*
xylorétinite *f* – xyloretinite, *a white hydrocarbon similar to hartite and found in fossil wood.*
xylovitrain *m* – xylovitrain, *those coal constituents derived from lignified plant tissues and from which all structure has disappeared.*

Y

y – y *symbol for yocto.*
Y – Y, *symbol for yotta.*
yard *m* – yard, *unit of length, 1 yd = 0.914 m.*
yardang *m* – yardang, *irregular ridge between round-bottom troughs, carved by wind erosion and consisting of soft coherent deposits.*
Yarmouth *m* – Yarmouthian, *Upper Pleistocene stage.*
Yéovilien *m* – Yeovilian, *Lower Jurassic stage.*
yeux *m – see sing. oeil.*
ylem *m* – ylem, *see also plasma primitif.*
ylure *m* – ylide, *a chemical species.*
yocto – yocto, *prefix representing* 10^{-24}, *symbol* y.
yoldia *f* – yoldia, *see mer à Yoldia.*
yotta – yotta, *prefix representing* 10^{24}, *symbol* Y.
Young – *see module de Young.*
yo-yo *m* – yo-yo, *method of offshore seismic shooting.*
ypérite *f* – mustard gas, *dichlorodiethyl sulfide.*
Yprésien *m* – Ypresian, *Lower Eocene stage.*
ytterbium *m* – ytterbium, *symbol Yb.*
yttria *m* – yttria, *yttrium oxide.*
yttrium *m* – yttrium, *symbol Y.*
yttrotantalite *f* – yttrotantalite.
yugawaralite *f* – yugawaralite, *zeolite mineral.*

Z

z – z, *symbol for zepto.*
Z – Z, *symbol for zetta.*
Zahn – Zahn, *see viscosimètre de Zahn.*
Zancléen *m* – Zanclean, *Middle Pliocene stage.*
zébrure *f* – stripe.
Zechstein *m* – Zechstein, *Upper Permian series.*
ZEE – EEZ, *abbr. zone économique exclusive: exclusive economic zone.*
Zeeman – Zeeman, *see effet Zeeman.*
zéine *f* – zein, *a protein powder derived from corn.*
Zener – Zener, *see diode de Zener.*
zénith *m* – zenith.
zéolite *f* – zeolite, *a class of natural sodium or aluminosilicates, which are now manufactured artificially and used extensively as ion exchangers and water softeners.* **zéolite aciculaire** : needle zeolite. **zéolite naturelle** : natural zeolite. **zéolite synthétique** : synthetic zeolite.
zéolitique – zeolitic *(miner).*
zéolitisation *f* – zeolitization *(geol).*
zepto – zepto, *prefix representant* 10^{-21}, *symbol* z.
zéro *m* – cipher; nought; zero. **zéro absolu** : absolute zero, $0\ K = -273.16°C$ *or* $-459.72°F$. **zéro d'une carte marine** : chart datum *(nautical chart).* **zéro isopaque** : zero isopach. **au-dessous de zéro** : subzero.
zêta *m* – zeta, *letter in the Greek alphabet, see potentiel zêta.*
zetta – zetta, *prefix representing* 10^{21}, *symbol* Z.
Ziegler – Ziegler, *see catalyseur Ziegler, procédé Ziegler.*
zigzag *m* – hairpin bend; zigzag.
zinc *m* – zinc, *symbol Zn.* **zinc électrolytique** : electrolytic zinc.
zincifère – zinc bearing; zinciferous.
zingage *m* – zincification.
zingué – zinc coated.
zinkénite *f* – zinkenite, *lead antimony sulfide.*
zircon *m* – zircon.
zircone *f* – zirconia, *ziconium oxide.*
zirconium *m* – zirconium, *symbol Zr.*
zodiacal – zodiacal.
zoécie *f* – zoecium, *the skeleton of a bryozoan zooid.*
Zoeppritz – Zoeppritz, *see équation de Zoeppritz.*
zoïde *m* – zooid *(biol).*
zonage *m* – zoning, *land development.*
zonal – zonal.
zonalité *f* – zoning *(sedim).* **zonalité concrétionnée** : concretionary zoning. **zonalité de croissance** : zonal structure *(miner).*
zonation *f* – zonation; zoning. **zonation d'un réservoir** : zonation of a reservoir.
zone *f* – area; assize; belt; district; horizon; zone. **zone à petite réfraction** : low-velocity zone (LVZ). **zone à risque élevé** : high-risk area. **zone abyssale** : abyssal zone, *biogeographic oceanic zone beyond the continental shelf, generally deeper than 1000 m.* **zone altérée** : aerated layer; low-velocity layer (LVL); low-velocity zone (LVZ); weathered layer. **zone altérée double** : double-layer weathering. **zone annulaire** : annular area. **zone anodique** : anodic zone. **zone aphotique** : aphotic zone, *zone in the ocean where light does not penetrate and there is no photosynthesis, from 200 m depth to abyssal depths.* **zone aqueuse** : water layer. **zone aride** : arid region. **zone aveugle** : shadow zone *(well log).* **zone bathypélagique** : bathypelagic zone. **zone bréchique** : brecciated zone. **zone broyée** : gouge zone, *in a salt dome.* **zone classée** : classified zone. **zone conductrice** : conductive zone. **zone contiguë** : contiguous zone, *part of the high seas contiguous to territorial waters, but not stretching farther than 12 miles from the base line.* **zone côtière** : coastal area; coastal zone, *where the water is navigable.* **zone critique** : critical zone. **zone d'abondance** : *see zone d'apogée.* **zone d'accumulation pétrolière** : zone of petroleum accumulation. **zone d'action des vagues** : splash zone. **zone d'aération** : zone of aeration *(geol).* **zone d'affaissement** : structural depression *(geol)*; subsiding area. **zone d'altération** : belt of weathering; zone of weathering. **zone d'apogée** : acme zone, *biozone representing maximum development of a taxon.* **zone d'arrêt d'urgence** : emergency shut-down area. **zone d'association** : *see cénozone.* **zone d'écoulement** : zone of flow. **zone d'élasticité** : elastic range. **zone d'ennoyage** : structural saddle. **zone d'entraînement** : froth zone, *the zone situated above the plate where a mist of liquid droplets is entrained by vapor.* **zone d'épuisement** : exhausting section, *the part of a distillation column situated underneath the feed section.* **zone d'extension** : range zone, *biozone representing the total vertical and horizontal range of occurrence of fossil forms in a stratigraphic sequence.* **zone d'extension concomitante** : concurrent range zone. **zone d'extension d'un taxon** : taxon range zone. **zone d'imbrication** : imbricate zone. **zone d'impact** : impingement area, *the part of a reactor where catalyst particles collide.* **zone d'influence** : radius of influence. **zone d'instabilité dans les déplacements frontaux** : nonstabilized zone in frontal drives

(prod). **zone d'intervalle** : interval zone, *biozone between two lowest and/or highest occurrences of single taxa*. **zone d'invasion** : zone of invasion. **zone d'ombre** : blind zone; shadow zone *(seis)*. **zone d'oxydation** : zone of oxidation. **zone dangereuse** : dangerous area; hazardous area. **zone de basse pression** : low-pressure area. **zone de brèche** : zone of brecciation *(geol)*. **zone de broyage** : shatter zone *(geol)*. **zone de capillarité** : zone of capillarity. **zone de captage des eaux** : water catchement area. **zone de cémentation** : cementation zone. **zone de chargement** : loading area. **zone de cimentation** : belt of cementation. **zone de cisaillement** : shear zone. **zone de combustion** : combustion zone; zone of combustion. **zone de compensation** : zone of compensation. **zone de concrétions** : iron layer. **zone de contact** : contact aureole; contact zone. **zone de cooccurrence** : concurrent range zone, *taxon range zone*. **zone de craquage** : cracking zone. **zone de déplacement** : displacement zone. **zone de déplétion** : depletion layer, *semiconductor*. **zone de détente** : flash column. **zone de diaclases** : zone of jointing. **zone de dislocation des glaces** : shear zone. **zone de faille** : distributed fault; fault zone. **zone de fracture** : rift zone; zone of fracture *(geol)*. **zone de fractures** : fracture zone. **zones de Fresnel** : Fresnel zones, *annular rings with successively larger radii centered around a theoretical reflection point ; also called half-period zones*. **zone de fusion** : zone of fusion *(metal)*. **zone de gaz** : gas band, *created between a miscible slug and water to prevent the gas from destroying the drive during miscible-phase production*. **zone de lessivage** : leached zone *(geol)*. **zone de liaison** : bond *(weld)*. **zone de lignage** : lineage zone, *interval between lowest occurrences of taxa within an evolutionary lineage*. **zone de marnage** : splash zone, *the part of an offshore structure subjected to periodic wetting and drying due to tides, waves and spray, between 8 m above the highest tide mark and 1.5 m below the lowest tide mark*. **zone de passage** : transition zone. **zone de passage des sédiments** : sediment bypass zone, *zone lacking deposits on the coastal plain*. **zone de perte de circulation** : loss-of-circulation zone; zone of lost returns *(drill)*. **zone de perte de circulation dans un sondage** : thief zone in a well. **zone de plissement** : zone of folding *(geol)*. **zone de préchauffage** : heating zone. **zone de précipitation** : precipitation area. **zone de pression** : zone of pressure *(miner)*. **zone de raccord** : merge zone. **zone de racine** : root zone *(geol)*. **zone de rectification** : stripping section, *in a distillation unit*. **zone de réduction** : reduction zone; zone of reduction. **zone de rupture** : rupture zone *(geol)*. **zone de saturation** : phreatic zone; zone of saturation. **zone de sécurité** : safe area. **zone de segmentation** : ring belt, *of a piston*. **zone de silence** : area of no signal reception. **zone de soudure** : weld zone. **zone de subduction** : subduction zone. **zone de subsidence** : area of subsidence. **zone de surchauffe** : hot spot. **zone de surélévation** : structural high. **zone de traction** : tensile zone. **zone de transition** : transition belt *(geol)*; transition zone. **zone de virage** : end point zone *(chem)*. **zone des alizés** : trade-wind belt. **zone des brisants** : surf zone. **zone des calmes tropicaux** : horse latitude. **zone des retombées radioactives** : fallout area, *radioactivity*. **zone disphotique** : disphotic zone, *that part of the ocean that lies between the aphotic zone and the euphotic zone, where penetration of light is so low as to limit photosynthesis ; situated at marine depths ranging from 200 to 400 m*. **zone dure** : hard spot, *a locally hardened area in a tube*. **zone économique exclusive (ZEE)** : exclusive economic zone (EEZ), *area beyond and adjacent to the territorial sea and over which the coastal State has sovereign rights for the purpose of exploring, exploiting and conserving resources of all types*. **zone en extension** : pull-apart zone. **zone envahie** : flushed zone; invaded zone, *the portion of formation surrounding a well bore into which drilling fluid has penetrated, displacing some of the formation fluids*. **zone épuisée** : depleted area. **zone euphotique** : euphotic zone, *the upper levels of the ocean allowing sufficient penetration of light to support photosynthesis*. **zone externe du plateau continental** : outer continental shelf (OCS), *the part of the continental shelf belonging to the federal government and situated outside of the territorial waters where the subsoil belongs to individual states*. **zone faillée** : fault zone *(geol)*. **zone fracturée** : fractured zone. **zone franche** : free-trade zone. **zone froide** : cold area, *laboratory or plant not handling radioactive products, or kept cold to facilitate specific experiments*. **zone gazéifère** : gas zone. **zone hadale** : hadal zone, *ultraabyssal zone*. **zone houillère** : coal belt. **zone imprégnée** : pay zone. **zone industrielle** : industrial area; industrial estate. **zone industrielle portuaire (ZIP)** : industrial port zone. **zone inexplorée** : unexplored area. **zone interdite** : prohibited zone. **zone internationale des fonds marins** : International Seabed Area. **zone intertidale** : intertidal zone, *the part of the littoral zone above low-tide mark*. **zone isopique** : isopic zone. **zone lavée** : flushed zone. **zone limite** : offset zone. **zone littorale** : littoral zone; sea margin. **zone littorale profonde** : sublittoral zone. **zone marginale** : marginal zone. **zone métamorphique** : metamorphic zone. **zone métamorphique barrowienne** : Barrovian metamorphic zone. **zone minéralisée** : mineralized zone. **zone morte** : dead band, *range of values of a measured variable to which an instrument will not respond effectively*; shadow zone. **zone non contaminée** : uncontaminated zone. **zone non envahie** : uninvaded zone, *logging*; virgin zone, *logging*. **zone non prouvée** : unproven area, *where the petroleum potential has not yet been determined*. **zone orogénique** : orogenic belt. **zone personnel et services** : personnel and utility area. **zone perturbée** : disturbed area. **zone pétrolière** : oil zone. **zone pétrolière en exploitation** : developed area. **zone pétrolifère** : petroliferous area. **zone plissée** : bow area. **zone prélittorale** : sublittoral zone. **zone productrice** : pay section; pay zone; producing zone. **zone productrice nette** : net pay, *zones effectively contributing to oil production*. **zone prometteuse** : prospective acreage, *an area with good oil and gas possibilities*. **zone prouvée** : proven area. **zone radicale** : root zone, *original attachment or root of a nappe*. **zone**

réductrice : zone of reduction. **zone sans réflexion** : transparent zone. **zone sourde** : blind zone; shadow zone; wipe-out zone. **zone stérile** : barren spot. **zone superficielle** : uphole zone. **zone tempérée** : temperate zone. **zone thermique affectée (ZTA)** : heat-affected zone (HAZ) *(metal)*. **zone transformante** : transform zone *(geol)*. **zone transparente** : transparent zone; wipe-out zone. **zone tributaire** : tributary area, *an area that can be supplied by only one distribution point because of transportation costs.* **zone utile** : effective zone; fairway. **zone vadose** : vadose zone. **zone vierge** : uninvaded zone *(prod)*; virgin zone. **zone voisine du puits** : near-well zone.

zoné – interbanded; streaked; zonal.

zoogène – zoogenic, *said of biogenic rock produced by or directly attributable to the presence or activity of animals.*

zooglée *f* – zoogloea, *gelatinous mass of bacteria on an organic-rich fluid medium.*

zoologie *f* – zoology.

zooplancton *m* – zooplankton.

zwitterion *m* – zwitterion, *dipolar ion.*

zymase *f* – zymase, *an enzyme present in yeast and which converts sugars to alcohol and carbon dioxide.*

zymogène *m* – zymogen, *precursor of an enzyme, also called proenzyme.*

zymotique – zymotic, *relating to or causing fermentation.*

Composition et mise en pages
suivant un programme informatique
réalisées par l'Imprimerie Chirat
42540 Saint-Just-La-Pendue

Achevé d'imprimer en juin 1993
dans les ateliers de Normandie Roto Impression s.a.
61250 Lonrai

N° d'éditeur : 879. N° d'imprimeur : I3-1155
Dépôt légal : juin 1993

IMPRIME EN FRANCE